1953年在南京丁家桥南京农学院园艺场宿舍后苗圃地

1955年夏在中缅边境云南省维西傈僳族自治县野外森林综合调查，
同行有沈阳农学院土壤系毕业的"大胡子"李德融（右2）
解放军护卫战士与向导

1957年与张福珠在沈阳中国科学院林业土壤研究所大楼前留影

1958年夏中苏黑龙江流域综合科学考察队在小兴安岭伊春林区野外考察
后排左起张士驹，冯宗炜，王战，朱济凡，崔米克（苏方专家）等

1960年初与中国科学院林业土壤研究所所长朱济凡教授（中）
在湖南省衡山考察

1960年春在中国科学院会同森林生态实验站工作与胡仲贤站长（中）
和中南林业大学校长潘维俦教授（右）现场交流

1963年在中国科学院西双版纳热带植物园，同竺可桢、
吴征镒、蔡希陶等领导和专家参加茶胶
人工群落的讨论（右1为冯宗炜）

20世纪60年代中国科学院会同森林生态实验站
野外修路工作现场

20世纪70年代登上南岭主峰猫儿山（海拔2100m），猫儿山保护区柳主任（前左1），技术员，森林警察，桂林地区林业局司机以及上海科教电影厂王亚夫（后右2），小张，小刘等

1979年中国科学院第一次生态学考察团赴欧洲英国、瑞典考察，摄于伦敦白金汉宫前

1980年7月瑞典生态学家Andersson教授（右2）在中国科学院
会同森林生态实验站野外实验区现场交流

1980年7月瑞典皇家科学院A.A.Tomm院士夫妇（中）和Andersson教授（左1）
Baestrean教授（左2）访问中国科学院会同森林生态实验站

1983年与张云岗（左2）刘安国（右2）等参加中国科学院
1986—2000年环境与生态规划专题研究

1984年夏陪同中国科学院吴征镒院士在长白山野外考察

1984年9月冯宗炜（左1）和徐振邦研究员（右1）与日本生态学家
吉良竜夫教授（左2）在长白山亚高山林线野外考察

1984年9月吉良竜夫教授（后左4）与中国科学院林业土壤研究所
冯宗炜（后右3）等科研人员在长白山林区野外样地调查

1984年夏中国科学院沈阳分院领导在长白山高山草甸野外调查后就地午餐

1984年在重庆南山马尾松林进行酸雨危害调查

1985年6月冯宗炜（中）参加中国科学院森林植物考察团任副团长在朝鲜考察朝鲜森林植被

1987年率中国科协19个专业学会专家赴四川重庆等地考察酸雨对大农业的危害于乐山大佛受酸雨危害头部侵蚀剥落的头像前留影

1988年在日本与国际酸雨学者专家
进行野外考察交流

1988年在河南封丘主持黄淮海平原农林业
系统结构和功能研究

1989 年陪同中国科学院马世骏院士（右）
在北京会见日本学术访问团

1989 年陪同中国科学院马世骏院士（右）
在北京会见日本学术访问团

1989年中日酸雨合作研究项目与小仓纪雄（左）
户塚绩（中）在去重庆的火车上

1989年冯宗炜（前右3）于河北省石家庄参加
第三届中国生态学会理事会议

1989年中国科学院副院长孙鸿烈（左3）植物研究所陈灵芝研究员（左4）
生态环境研究中心冯宗炜研究员（右2）在北京市
门头沟北京森林生态定位站选址现场调研

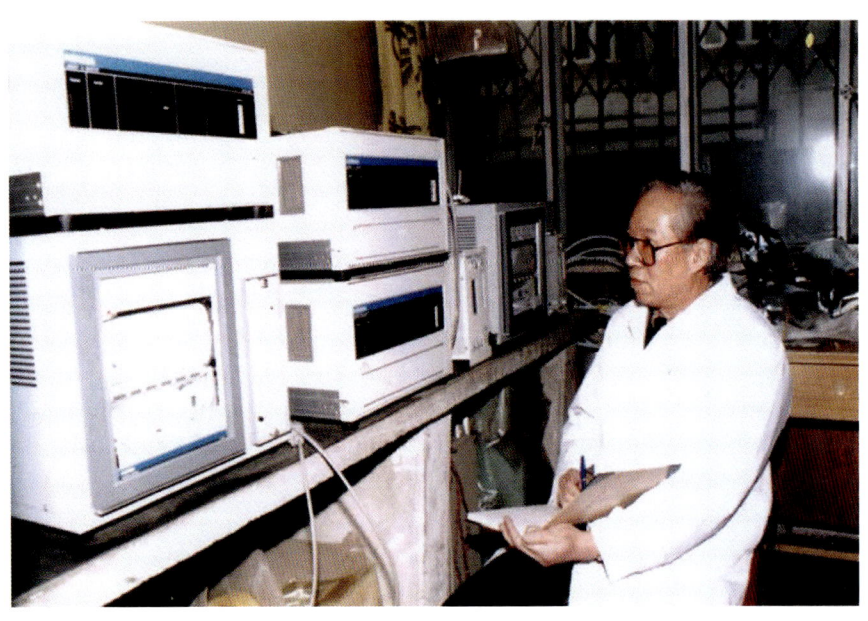

20世纪80年代在中关村实验室监测城区酸沉降的影响

1990年中日酸雨合作研究与东京大学
田村三郎教授（中后）等在重庆野外考察

1991年在西班牙塞维利亚参加 SCOPE 会议
（中国科学院生态环境研究中心刘静宜所长（右2）
冯宗炜（左1）与中国农科院的参会专家合影）

1991年中日酸雨合作研究项目专家在
四川峨眉山考察酸雨对森林的危害

1991年中日酸雨合作研究在重庆缙云山林区科学考察
(左起户塚绩，大喜多敏一，马良清，小仓纪雄，林场办公室主任，冯宗炜，方精云)

1991年中日酸雨合作研究专家在重庆真武山马尾松林内监测酸沉降
冯宗炜（前左2）沈济（右1）

1992年冯宗炜率队在南京城外考察酸雨对生态环境影响

1992年夏日本琵琶湖研究所吉良竜夫教授（左1）
来中国科学院生态环境研究中心学术访问

1993年在日本横滨召开的国际生态学大会与
巴基斯坦、印度生态学家在一起

1995年与小仓纪雄教授签订中日酸雨合作研究协议

1995年中日酸雨合作研究在日本东京农工大学小仓纪雄的研究室
（自左至右冯宗炜，张福珠教授，单运峰博士研究生）

1996年在国家自然科学基金委评估中国科学院
系统生态开放实验室评议会上作报告

2002年与研究生在天津滨海泥质盐碱滩地进行野外调查

2002年北京林业大学建校50周年与阳含熙院士（中）
贺庆棠校长（右）合影

2003年夏冯宗炜夫妇于日本千叶大学生态园

2003年参加中国科学院海南科学综合考察队于霸王岭

怀念恩师刘慎谔教授
2004年中国科学院沈阳应用生态研究所
（原林业土壤研究所）成立50周年

2004年9月中国工程院浙江生态建设院士行考察安吉县山川马家弄高效笋竹园
（自左至右宋湛谦，金鉴明，魏复盛，沈国舫，冯宗炜，张齐生）

2004年9月中国工程院浙江生态建设院士行考察淳安千岛湖生态建设
（自左至右宋湛谦，魏复盛，金鉴明，沈国舫，张齐生，钱易，冯宗炜）

2004年中国科学院沈阳应用生态研究所（原林业土壤研究所）
成立50周年重返长白山阔叶红松林地观测

2004年中国科学院青海湖科学考察
冯宗炜，孙鸿烈，王毅（自左至右）

2004年在浙江嘉兴双桥农场指导研究生进行
《近地臭氧胁迫对农作物的影响研究》室外模拟实验

2005年9月应三北防护林局邀请蒋有绪（右1）冯宗炜（右2）唐守正（左1）
三位院士赴甘肃西北防沙林区科学考察

2006年在江西红壤区科学考察接受中国中央电视台采访

2006年西藏自治区科学考察
（自左至右冯宗炜，孙鸿烈，沈保根，袁道先，郑度）

2006年西藏自治区科学考察地处海拔5013m林芝地区
（自左至右冯宗炜，袁道先，武素功）

2006年西藏自治区野外科学考察

2006年冯宗炜院士、张福珠教授与部分研究生在一起共度中秋佳节

2007年再次赴西藏自治区雅鲁藏布江河谷地带科学考察

2008年于北京东坝农业部实验基地

新一届学生毕业在即
2008年审阅研究生学位论文

2009年应邀在贵州省贵阳市讲学

2010年与吴良镛院士（右4）陈昌笃教授（右3）等
参加清华大学博士生李孟颖（左4）论文答辩会

2010年应邀出席上海世界博览会讲学
（自左至右张福珠，冯宗炜，董伊晨）

2012年时任中国科学院生态环境研究中心学位委员会主任

中国科学院生态环境研究中心第七届学位委员会

2006-06-21 中国科学院青海湖科学考察摄于鸟岛

冯宗炜院士工作剪影选编/ 编辑：董伊晨

冯宗炜文集

(上卷)

《冯宗炜文集》编辑组

科学出版社
北京

内 容 简 介

本书选编了冯宗炜院士20世纪50年代以来的重要论文、论著和报告，主要包括了冯宗炜院士60年来在生态学领域开展的一系列开拓性的工作，涵盖了中国植被、林型、森林生物量和生产力、碳氮循环、酸雨和近地层臭氧对农、林生态系统的危害，以及有关我国大、小兴安岭和西双版纳地区森林资源开发利用、生态环境保护等研究内容。

论文、论著按照发表年代编排，体现了我国生态学研究的重点和发展历史，反映了我国社会经济发展不同时期生态学家关注的主要生态环境问题，展现了冯宗炜院士的学术历程及在学科体系建设中的重要贡献。

本书适合于从事生态学、环境科学、林学、生态系统评价、规划与管理的科研和技术人员及决策者、高等院校师生阅读参考。

图书在版编目(CIP)数据

冯宗炜文集：全2卷 /《冯宗炜文集》编辑组. —北京：科学出版社，2012.10
 ISBN 978-7-03-035649-9

Ⅰ.①冯… Ⅱ.①冯… Ⅲ.①冯宗炜-文集 Ⅳ.①K826.3-53

中国版本图书馆CIP数据核字（2012）第225868号

责任编辑：李 敏 / 责任校对：陈玉凤
责任印制：徐晓晨 / 封面设计：王 浩

科学出版社 出版
北京东黄城根北街16号
邮政编码：100717
http://www.sciencep.com

北京厚诚则铭印刷科技有限公司 印刷
科学出版社发行 各地新华书店经销
*
2012年10月第 一 版 开本：787×1092 1/16
2017年 4月第二次印刷 总印张：73 3/4 插页：32
总字数：1 800 000

总定价（上、下卷）：680.00元
（如有印装质量问题，我社负责调换）

青山碧水不了情

（代序）

一

回首六十年的科研生涯，保护我国的青山碧水，任重道远，感慨万千。

1954年夏我大学毕业后，离开风景秀美的江南水乡，响应国家大建设的号召，来到了东北的哈尔滨。到中国科学院东北林业研究所工作。报到后不久，就跟随王战教授从东北的西部沙漠化地区的章古台一直到东部的辽东山地进行了一次野外考察。随后在王战教授的带领下，来到小兴安岭的带岭凉水沟林区参加森林采伐迹地红松人工更新的研究工作。通过这次野外考察和工作，使我对东北地区生态环境的整体情况有了一个初步了解，也是通过这次考察和工作，深深地感到自己所学的专业在这块辽阔的土地上是大有作为的。

1955年，我有幸参加了由中国和前苏联两国科学院合作的中、苏黑龙江流域综合考察工作。考察主要目的是为了开发黑龙江流域丰富的水能资源和保护东北珍贵的天然林。四年时间里，深入到大、小兴安岭和长白山林区进行野外森林生态系统的考察。当时考察队里汇集了中国和前苏联在这个领域里的顶级科学家。在我国著名植物学家和森林学家刘慎谔、王战、朱济凡等指导下展开工作，在野外实践中获得了大量的第一手资料。先后与这些老师联名发表了《黑龙江右岸中国境内的森林资源概况及其目前森林研究工作中的主要问题》、《小兴安岭红松阔叶混交林》、《红松人工林研究》等论文和专著。从森林动态学说的理论出发，对东北的红松林及其派生的柞树林等森林群落进行了林型分类，并根据红松不同于一般两针松林类（如：欧洲赤松、油松、马尾松等）的生物学和生态学特性的研究，大胆地提出了修改当时在东北林业生产部门盛行的"剃光头"式的大面积皆伐，改为择伐的建议。引起了学术界的高度重视和讨论，为东北珍贵的天然红松林资源的合理采伐、更新和保育提供了科学依据。

1957年，我赴前苏联进修，在前苏联科学院森林研究所、植物研究所学习林型学和植被制图学的研究工作。1958年回国后，在王战和李万英教授率领下，深入到长白山原始林区展开对温带阔叶红松林、亚高山云、冷杉林和岳桦林等林型研究，通过大量的野外调查研究，我们编制了我国第一幅以森林生态学为基础的林型图（比例尺为1∶25000），并结合长白山的自然特点和经济条件，研究组织森林经营，在《林业建设》刊物上发表了《林型在组织森林经营中的应用》的学术论文。在这篇论文中，提出了林业部门对山地森林的经营，除了出于经济目的生产木材外，对分布在大江大河上游或源头的森林、灌丛、草甸更应该重视其生态效益，发挥其对涵养水源、保持水土等生态服务的功能。此一观点为使森林经营建立在生态科学的基础上，做出了新的尝试。这一研究成果作为该所国庆10周年的献礼，在中国科学院于北京中关村举办的成果展览会上展出，受到了林业部门的重视和采纳，并在东北长白山露水河流域森林的综合规划设计中得到应用。

20世纪50年代末，中国自然区划的研究工作在全国范围内广泛展开，作为刘慎谔教授的助手我参加了东北植被区划的研究工作，通过大量的野外考察以及国内外文献和史料的研究分析，以刘慎谔和冯宗炜、赵大昌联名在《植物学报》上先后发表了《关于中国植被区划的若干原则问题》和《再论中国植被区划的若干原则问题》两篇论文，从我国森林、草原、荒漠、湿地等植被形成的自然历史特点出发，提出了不同于以往外国专家的植被区划原则和方法。当时，刘慎谔教授经常教导我们说："学习外国的理论和技术，要结合中国的实际,不能盲目照搬,不能迷信。中国人看西方人是黄头发、白皮肤、蓝眼珠;西方人看中国人是黑头发、黄皮肤、黑眼珠。从不同角度看彼此都是外国人,外国再先进的理论和技术不结合中国的实践,是解决不了中国实际问题的。"刘慎谔教授严谨的治学作风和实事求是的科学态度,一直是学生研究工作的座右铭。

二

1960年春天,在中国科学院林业土壤研究所领导的建议下,由我率领一支由森林、土壤、气象、植被、微生物、木材等多学科组成的研究人员,深入我国亚热带湘黔交界山区的我国杉木中心产区——湖南会同杉木林区,学习当地农民群众栽培杉木林速生丰产的经验。我和陈楚莹等同事们在远离县城、十分艰苦的条件下,在各级领导的大力支持下,创建了中国科学院会同森林生态实验站,总结当地农民群众长期以来的栽杉和营林的速生丰产经验,进行杉木人工林生长发育与环境之间相互关系的定位研究。

杉木是我国特有的亚热带优良速生针叶树种,分布面积广,栽培历史久,在我国商品木材生产中,一直占有重要地位。但多代纯林连栽后会使地力衰退,生产力下降,这是长期以来困扰我国南方杉木人工林区林业生产的一个难题。事实上,早在一千多年前,我国南方山区人民就已经认识了这一规律,广大劳动人民在长期生产实践中,积累和创造了丰富的经验,并利用时间、空间生态位(Niche)的配置,形成了一整套独特营造杉木人工林的栽培管理体系。

此次深入湖南会同杉木林区,在和同事们的共同努力下,最先在我国开展了对杉木人工林生长影响的营养元素循环的研究,从大气降水、植被和土壤三者之间营养元素在生态系统中输入和输出的关系,系统地揭示了杉木纯林各部分营养元素的吸收、存留和归还的规律,发现了杉木纯林在主伐年龄阶段(20—30年)营养元素的年吸收量仍大于年归还量,整个林分仍处于营养消耗阶段而得不到平衡状态,这一发现首次揭示了杉木纯林连栽地力退化的机理。这一研究成果经整理成文后,以"亚热带杉木纯林生态系统中营养元素积累、分配和循环的研究"为题于1985年发表在《植物生态学与地植物学丛刊》9卷4期上,并获得1986年辽宁省科协优秀论文一等奖。

在上述研究成果的基础上,我和站上同事们一起进而以森林生态系统的能量流和物质流的原理为指导,应用实验生态学的方法,在林区经过8年的多学科综合定位研究,终于培育筛选出了一种具有高生产力和生态协调性的杉木火力楠针阔叶混交林,这种混交类型通过树木种间相互协调和林分的"自养施肥"的调节功能,促进了林地枯落物加速分解和土壤中有益微生物的繁衍,改善了土壤理化性质,提高了土壤的肥力,并充分利用环境中的光、热、水、气条件,降低病虫害,使林分的木材蓄积量和乔木层的蓄积量比杉木纯林有了较大的提高,同时也提高了经济效益,解决了杉木连栽地力退化、生态失衡、生产力下降的难题,从理论与实践的结合上取得了重要的突破。这项研究成果受到了来自国内外专家的高度赞赏,专家鉴定认为达到了国际先进水平,荣获1989年中国科学院科技进步二等奖。

20世纪70年代末,我曾有幸参加以吴征镒和马世骏院士为正、副团长的中国科学院生态学首次赴欧考察团一行六人去英国和瑞典考察,1980年7月瑞典皇家科学院以A. A. Tomm院士为团长的考察团来我国回访时,还不辞辛劳,长途跋涉到湖南会同广坪林区我们的实验站进行实地考察和学术交流。

1983年,我应中国科学院环境科学委员会的邀请,担任中国科学院环境与生态规划专题研究组组长。和研究组的其他专家们进行了广泛的调研,经过一年的反复讨论和修改,领导并撰写了

《环境与生态规划专题研究报告》(1986年—2000年),为中国科学院在资源环境领域的研究目标、方向任务和野外生态网络建设等提供了科学的建议。在该研究报告中提出:煤炭能源开发利用过程中的环境和生态问题;大型水利工程建设对环境和生态的影响;土地开发利用中自然生态环境退化的防止与整治;城市和农村生态系统中环境优化模式;化学物质在生物圈中的行为及人体健康的关系等建议项目,已经被采纳为国家攻关和中国科学院重点研究项目。

1984年,承担了煤炭部委托在内蒙古自治区的国家重点工程项目"霍林河煤矿环境影响评价",根据他们研究所以往在东北西部和内蒙古东部土壤、植被、气候和防护林等研究的科学储备,应用生态学原理,为半干旱草原地带露天煤矿开采与环境保护提出了"林、草、矿三位一体生态工程"的建设方案,这一方案与国外的专家设计的方案相比,可以节省大量的投资,此项研究成果先后获1985年中国科学院沈阳分院开发成果一等奖(排名1)和1987年中国科学院科技进步二等奖。

1986年因工作需要,被中国科学院正式调至北京中国科学院生态环境研究中心工作。

三

20世纪80年代以来,我一直从事煤炭能源利用和城市化过程中所造成的大气污染和酸雨(酸沉降)对陆地生态系统的危害和影响的研究,这是一项战略性研究任务,研究开拓了我国酸雨生态影响和生态恢复的研究领域。酸雨是世界性的重大环境问题之一,我国南方地区是继欧洲、北美、日本之后,在世界上出现的第三大酸雨区,酸雨危害的防治是我国亟待解决的重大生态环境问题。1987年,由我主持组织了中国科协19个学会参加的"酸雨对大农业危害及其对策"的大型学术活动和野外考察,出版了《酸雨—农业》一书,这部学术著作对我国酸雨的发生规律、形成机制及对生态环境的影响进行了探讨和报道。

随后由我带领跨行业、跨学科的专家和研究生深入南方山区、林区、农村和城市开展了多年的生态监测和实验调查。首次提出了我国南方11省(区、市)130万平方公里的广大地区酸雨对森林、农作物的危害面积、减产幅度和经济损失;阐明了酸雨的生态影响机制,建立了酸雨临界负荷和敏感区划及其空间分布特征,并应用GIS技术编制了经纬度为 $1°×1°$ 的森林、农田危害损失、相对敏感区划和临界负荷等系列图件,还在重庆市酸雨区实地研究受酸雨危害严重的马尾松林生态恢复工程,提出了改良酸性土壤、引种抗酸树种和林地间作绿肥作物等系列配套技术措施。

在研究工作中,特别强调系统性、科学性和应用性。酸雨和二氧化硫复合污染对植物的影响和抗酸树种筛选等方面的研究,专家评审认为居于国际领先地位,酸雨临界负荷和敏感区划为国务院批准的酸雨和二氧化硫污染控制区划方案所采用。酸雨研究方面的多篇论文发表在国际SCI和国内核心期刊上。主持的《中国酸沉降及其生态环境影响研究》项目获1998年国家科技进步一等奖(排名1)。此外,1986年还荣获中国科学院竺可桢野外工作奖,2002年又获得了中国林学会最高学术奖——梁希奖。

四

1998年以来,我主持和承担了国家自然科学重大基金和国家973项目等课题,开展我国经济快速发展地区(长江三角洲)近地层大气环境变化对典型农业生态系统影响的研究,开创了我国酸沉降、臭氧等复合污染对生态系统危害的影响及其防治途径研究的新局面。

良好的生态环境是我们人类生存和社会经济可持续发展的基础。在人类社会发展中，不但要控制已有的生态环境问题，还要预防新的生态环境问题产生。需要一代代科学工作者的继续努力，学习国际先进的理论及研究的手段，并与我国国情紧密结合起来，把自己的研究工作与国家需求结合起来，"洋为中用、古为今用、推陈出新、开拓奋进"，做出高水平成绩，为我国生态建设与生态科学发展做出新的贡献。

冯宗炜

2012年8月27日于北京

冯宗炜院士简介

森林生态学和环境生态学家。1932年9月13日(农历)出生，浙江嘉兴人，中共党员。1950年考入国立南京大学森林系，1954年8月毕业于南京林学院林学系，先后在中国科学院东北林业研究所、中国科学院沈阳林业土壤研究所和中国科学院生态环境研究中心工作。

长期从事森林生态学、环境生态学与生态恢复工程研究，是最早公开提出保护东北红松天然林，改大面积皆伐为择伐理论依据的学者之一。率先研究我国南方杉木纯林连载地力退化的机理，培育出杉木和火力楠针阔混交林，使杉木纯林连载生态退化的难题，取得了重要突破。开拓了我国酸雨生态影响和生态恢复工程研究领域，阐明了我国酸雨对农、林生态系统的生态影响机制，建立了生态监测与实验方法，为我国大气污染防治与生态环境改善及其相关政策的制定提供了科学依据。1998年以来，主持和承担了国家自然科学重大基金和国家973项目等课题，开展了我国经济快速发展地区(长江三角洲)近地层大气环境变化对典型农业生态系统影响的研究，开创了我国酸沉降、臭氧复合污染对生态系统危害的影响及其防治途径研究的新局面。1999年当选为中国工程院院士。

现为中国科学院生态环境研究中心研究员、博士生导师、学位委员会主任；国家环境保护部和国家林业局科技咨询委员会委员、国际生物多样性计划中国国家委员会科学咨询委员会委员以及国际科联中国环境科学问题委员会、联合国工业发展组织中国投资处绿色专家委员会、中国环境科学学会、中国林学会、中国治沙学会、中国生态学会等顾问，并任《生态学报》主编，《植物生态学报》、《林业科学》等副主编。在工作中，发表了《中国森林生态系统的生物量和生产力》、《农林业系统结构和功能》等专著8部，论文150余篇。

目 录

青山碧水不了情（代序）

上 卷

1958 年
- 黑龙江右岸中国境内森林资源概况及目前森林研究工作中的主要问题 ……… （1）
- 小兴安岭红松针阔叶混交林 ………………………………………………………… （8）
- 木本油料作物——榛树 …………………………………………………………… （23）

1959 年
- 关于中国植被区划的若干原则问题 ……………………………………………… （26）
- 再论"关于中国植被区划的若干原则问题" ……………………………………… （45）

1960 年
- 小兴安岭南坡的柞林 ……………………………………………………………… （48）
- 总结群众经验，研究人工林速生丰产规律 …………………………………… （72）
- 林型在组织森林经营中的应用 …………………………………………………… （75）
- 杉木人工林及其林型的初步研究 ………………………………………………… （79）
- 人工林林型研究方法的初步意见 ………………………………………………… （118）
- 试论杉木快速丰产林的林型 ……………………………………………………… （129）

1961 年
- 在林业经营中挖掘增产粮食和油料的潜力 …………………………………… （139）

1962 年
- 关于西双版纳发展橡胶垦殖事业与保护热带森林问题 ……………………… （142）

1979 年
- 桃源县丘陵地区杉木造林密度与生物产量的关系 …………………………… （146）
- 不同经营措施对油茶林生物产量的影响 ……………………………………… （153）

1980 年
- 杉木老龄林的群落学特点 ………………………………………………………… （156）
- 杉木人工林生物产量的研究 ……………………………………………………… （167）
- 杉木人工林生长发育与环境相互关系的研究 ………………………………… （178）
- 杉木定期生长量与气候因子的相关分析 ……………………………………… （188）
- 湖南省会同县杉木人工林小气候的研究 ……………………………………… （208）
- 杉木人工林球果生物量的测定 …………………………………………………… （217）

1981 年
- 中国生态学会成立大会 …………………………………………………………… （224）

1982 年
- 研究生态认识规律搞好热带亚热带山地丘陵地区的生产建设 ……………… （226）
- 湖南会同地区马尾松林生物量的测定 ………………………………………… （230）
- 湖南省会同县两个森林群落的生物生产力 …………………………………… （238）

杉木速生丰产的生态学基础 …………………………………………………………… (248)
湖南会同杉木人工林生长发育与环境的相互关系 ……………………………………… (254)
英国、瑞典生态学研究考察简况 ………………………………………………………… (270)

1983 年
杉木幼林群落生产量的研究 ……………………………………………………………… (274)
杉木蒸腾强度与若干因子的相关分析 …………………………………………………… (285)
火力楠人工林生物产量和营养元素的分布 ……………………………………………… (291)
现代生态学的发展与国民经济建设 ……………………………………………………… (298)

1984 年
不同自然地带杉木林的生物生产力 ……………………………………………………… (304)

1985 年
坚持理论联系实际　毕生献身科学——纪念我国著名的植物学家、生态学家和
　林学家刘慎谔教授逝世十周年 ………………………………………………………… (311)
亚热带杉木纯林生态系统中营养元素的积累、分配和循环的研究 …………………… (315)
杉木人工林辐射状况的初步分析 ………………………………………………………… (325)
长白山系高山及亚高山植被 ……………………………………………………………… (331)

1986 年
重庆地区酸雨对马尾松林生产力的影响 ………………………………………………… (338)

1987 年
森林对改善生态环境的重要作用 ………………………………………………………… (347)
大兴安岭特大森林火灾对林区生态环境影响的考察报告 ……………………………… (349)

1988 年
大兴安岭北部森林生态系统特征与特大火灾后拯救与发展生产的生态学原则 ………
………………………………………………………………………………………………… (355)
模拟酸雨对马尾松和杉木幼树的影响 …………………………………………………… (361)
模拟酸雨对树木叶片的伤害和树木抗性的研究 ………………………………………… (369)
一种高生产力和生态协调的亚热带针阔混交林——杉木火力楠混交林的研究 ………
………………………………………………………………………………………………… (374)

1989 年
Effects of simulated acid rain on saplings of *Pinus massoniana* and *Cunninghamia
　lanceolata* ……………………………………………………………………………… (389)
模拟酸雨对七种森林植物生物量的影响 ………………………………………………… (396)
我国森林资源保护与合理利用的浅见 …………………………………………………… (399)

1991 年
Relative sensitivities of woody plants to acid deposition in south areas of China … (403)

1992 年
农林业系统结构和功能——黄淮海平原豫北地区研究 ………………………………… (410)
国际农林业研究委员会研究工作评介 …………………………………………………… (511)

1994 年
全球和中国生态环境变化与林业的关系 ………………………………………………… (514)

1995 年

Research progress on the effects of acid deposition on terrestrial ecosystems in Southwest China ·················· (518)

1996 年

The individual and combined effects of ozone and simulated acid rain on growth, gas exchange rate and water-use efficiency of *Pinus armandi* Franch. ············ (529)

下 卷

1997 年

江苏省森林受酸沉降影响造成的经济损失研究 ·················· (541)

植物 SOD 活性变化与其抗污能力的关系 ·························· (547)

1998 年

生态环境保护与防洪减灾 ·· (550)

重庆酸雨对陆地生态系统的影响和控制对策——中日酸雨合作研究总结 ······ (552)

Effects of acid deposition on forests in south China ·························· (560)

1999 年

中国森林生态系统的生物量和生产力 ································· (565)

北京郊外森林小流域的大气降水的水质及其变化过程 ················ (769)

中国南方生态系统的酸沉降临界负荷 ································· (776)

化感物质对土壤硝化反应影响的研究 ································· (781)

海南省桉树林分布及浆纸林生态区划 ································· (786)

2000 年

中国酸雨对陆地生态系统的影响和防治对策 ·························· (793)

Terrestrial ecosystem sensitivity to acid deposition in south China ············ (803)

Critical loads of SO_2 dry deposition and their exceedance in south China ······ (814)

臭氧对水稻叶片膜脂过氧化和抗氧化系统的影响 ····················· (820)

中国森林生态系统中植物固定大气碳的潜力 ·························· (825)

河北北部、内蒙古东部森林-草原交错带生物多样性研究 ············· (829)

西部大开发与生态环境建设 ··· (837)

2001 年

中国森林生态系统的植物碳储量和碳密度研究 ······················· (842)

Critical loads of acid deposition for ecosystems in south China — derived by a new method ·· (849)

Impacts of ozone on the biomass and yield of rice in open-top chambers ······ (854)

Chemical composition of precipitation in Beijing area, northern China ········ (860)

2002 年

尾叶桉叶片氮磷钾钙镁硼元素营养诊断指标 ·························· (869)

Effects of acid deposition on terrestrial ecosystems and their rehabilitation strategies in China ·· (876)

2003 年

Effects of ground-level ozone (O_3) pollution on the yields of rice and winter wheat in the Yangtze River Delta ·· (886)

加强京津及周边地区城市森林建设 ……………………………………………… （890）
　　Effects of Lignin on Nitrification in Soil ……………………………………… （892）
　　天津滨海盐渍土上几种植物的热值和元素含量及其相关性 ………………… （897）
2004 年
　　青海湖流域主要生态环境问题及防治对策 …………………………………… （904）
　　杉木与固氮和非固氮树种混交对林地土壤质量和土壤水化学的影响 ……… （909）
　　三江源自然保护区森林-草甸交错带植物优先保护序列研究 ………………… （920）
　　杉木、火力楠纯林及其混交林生态系统 C、N 贮量 ………………………… （930）
2006 年
　　杉木纯林与常绿阔叶林土壤活性有机碳库的比较 …………………………… （943）
　　景观组成、结构和梯度格局对植物多样性的影响 …………………………… （951）
　　河套灌区春小麦-萝卜复种模式下土壤 NO_3^--N 动态 ……………………… （963）
　　呼伦贝尔草原沙漠化现状、潜在危险及对策 ………………………………… （971）
　　呼伦贝尔沙质草原风蚀坑研究（Ⅰ）——形态、分类、研究意义 …………… （975）
2007 年
　　呼伦贝尔沙质草原风蚀坑研究（Ⅱ）——发育过程 …………………………… （993）
　　呼伦贝尔沙质草原风蚀坑研究（Ⅲ）——微地貌和土层的影响 ……………… （1002）
　　呼伦贝尔沙质草原风蚀坑研究（Ⅳ）——人类活动的影响 …………………… （1011）
　　臭氧对农作物影响的模型 ……………………………………………………… （1021）
　　Response of gas exchange and yield components of field-grown *Triticum aestivum* L.
　　　to elevated ozone in China ………………………………………………… （1029）
　　Ground-level ozone in China: Distribution and effects on crop yields ……… （1039）
　　用于测定陆地生态系统与大气间 CO_2 交换通量的多通道全自动通量箱系统 …………
　　　………………………………………………………………………………… （1051）
2008 年
　　近 40 年气候变化对江西自然植被净第一性生产力的影响 …………………… （1063）
　　庐山常绿阔叶林物种组成及其演替趋势 ……………………………………… （1070）
　　基于 BIOME-BGC 模型的红壤丘陵区湿地松（*Pinus elliottii*）人工林 GPP 和 NPP ……
　　　………………………………………………………………………………… （1083）
　　小麦产量形成对大气臭氧浓度升高响应的整合分析 ………………………… （1093）
2009 年
　　干湿交替格局下黄土高原小麦田土壤呼吸的温湿度模型 …………………… （1102）
2010 年
　　中国森林对全球碳循环及气候变化做贡献 …………………………………… （1112）
2011 年
　　Soil temperature and moisture sensitivities of soil CO_2 efflux before and after tillage in
　　　a wheat field of Loess Plateau, China ……………………………………… （1115）
2012 年
　　冬小麦气孔臭氧通量拟合及通量产量关系的比较分析 ……………………… （1128）
　　编后记
　　致谢

加强对生态环境问题研究，探索在发展经济的同时保持生态平衡的途径，控制和改善环境质量，调节人与环境之间的关系，使人类与环境协调发展，变成一个既有利当代人又有利子孙后代生存与发展的良好空间。

冯宗炜

二〇〇〇年十月二十七日

上卷

1958 年
  黑龙江右岸中国境内森林资源概况及目前森林研究工作中的主要问题 ……… （1）
  小兴安岭红松针阔叶混交林 ……………………………………………………… （8）
  木本油料作物——榛树 …………………………………………………………… （23）

1959 年
  关于中国植被区划的若干原则问题 ……………………………………………… （26）
  再论"关于中国植被区划的若干原则问题" ……………………………………… （45）

1960 年
  小兴安岭南坡的柞林 ……………………………………………………………… （48）
  总结群众经验，研究人工林速生丰产规律 ……………………………………… （72）
  林型在组织森林经营中的应用 …………………………………………………… （75）
  杉木人工林及其林型的初步研究 ………………………………………………… （79）
  人工林林型研究方法的初步意见 ………………………………………………… （118）
  试论杉木快速丰产林的林型 ……………………………………………………… （129）

1961 年
  在林业经营中挖掘增产粮食和油料的潜力 ……………………………………… （139）

1962 年
  关于西双版纳发展橡胶垦殖事业与保护热带森林问题 ………………………… （142）

1979 年
  桃源县丘陵地区杉木造林密度与生物产量的关系 ……………………………… （146）
  不同经营措施对油茶林生物产量的影响 ………………………………………… （153）

1980 年
  杉木老龄林的群落学特点 ………………………………………………………… （156）
  杉木人工林生物产量的研究 ……………………………………………………… （167）
  杉木人工林生长发育与环境相互关系的研究 …………………………………… （178）
  杉木定期生长量与气候因子的相关分析 ………………………………………… （188）
  湖南省会同县杉木人工林小气候的研究 ………………………………………… （208）
  杉木人工林球果生物量的测定 …………………………………………………… （217）

1981 年
  中国生态学会成立大会 …………………………………………………………… （224）

1982 年
  研究生态认识规律搞好热带亚热带山地丘陵地区的生产建设 ………………… （226）
  湖南会同地区马尾松林生物量的测定 …………………………………………… （230）
  湖南省会同县两个森林群落的生物生产力 ……………………………………… （238）
  杉木速生丰产的生态学基础 ……………………………………………………… （248）
  湖南会同杉木人工林生长发育与环境的相互关系 ……………………………… （254）
  英国、瑞典生态学研究考察简况 ………………………………………………… （270）

1983 年
  杉木幼林群落生产量的研究 ……………………………………………………… （274）

杉木蒸腾强度与若干因子的相关分析 ……………………………………………… (285)
火力楠人工林生物产量和营养元素的分布 ………………………………………… (291)
现代生态学的发展与国民经济建设 ………………………………………………… (298)

1984 年
不同自然地带杉木林的生物生产力 ………………………………………………… (304)

1985 年
坚持理论联系实际　毕生献身科学——纪念我国著名的植物学家、生态学家和
林学家刘慎谔教授逝世十周年 …………………………………………………… (311)
亚热带杉木纯林生态系统中营养元素的积累、分配和循环的研究 ……………… (315)
杉木人工林辐射状况的初步分析 …………………………………………………… (325)
长白山系高山及亚高山植被 ………………………………………………………… (331)

1986 年
重庆地区酸雨对马尾松林生产力的影响 …………………………………………… (338)

1987 年
森林对改善生态环境的重要作用 …………………………………………………… (347)
大兴安岭特大森林火灾对林区生态环境影响的考察报告 ………………………… (349)

1988 年
大兴安岭北部森林生态系统特征与特大火灾后拯救与发展生产的生态学原则 ………
………………………………………………………………………………………… (355)
模拟酸雨对马尾松和杉木幼树的影响 ……………………………………………… (361)
模拟酸雨对树木叶片的伤害和树木抗性的研究 …………………………………… (369)
一种高生产力和生态协调的亚热带针阔混交林——杉木火力楠混交林的研究 ………
………………………………………………………………………………………… (374)

1989 年
Effects of simulated acid rain on saplings of *Pinus massoniana* and *Cunninghamia lanceolata* …………………………………………………………………………… (389)
模拟酸雨对七种森林植物生物量的影响 …………………………………………… (396)
我国森林资源保护与合理利用的浅见 ……………………………………………… (399)

1991 年
Relative sensitivities of woody plants to acid deposition in south areas of China … (403)

1992 年
农林业系统结构和功能——黄淮海平原豫北地区研究 …………………………… (410)
国际农林业研究委员会研究工作评介 ……………………………………………… (511)

1994 年
全球和中国生态环境变化与林业的关系 …………………………………………… (514)

1995 年
Research progress on the effects of acid deposition on terrestrial ecosystems in Southwest China ……………………………………………………………………………… (518)

1996 年
The individual and combined effects of ozone and simulated acid rain on growth, gas exchange rate and water-use efficiency of *Pinus armandi* Franch. …………… (529)

黑龙江右岸中国境内森林资源概况及目前森林研究工作中的主要问题

朱济凡，冯宗炜，朱吟秋*

(中国科学院林业土壤研究所)

一　东北森林资源

根据中华人民共和国林业部1956年的统计,森林面积仅占国土总面积的7.9%。这些有限的森林资源分布极不均匀,多半集中在东北以及西南(云贵高原、横断山脉)和西北(天山、阿尔泰山)交通不便的边疆地区。

东北林区包括黑龙江、吉林、辽宁三省以及内蒙古自治区呼伦贝尔盟、哲里木盟等地。

东北森林由于清初统治阶级为保存其满族发祥之地,划为四禁地区(禁伐森林、禁采矿、禁渔猎、禁农牧)封锁数百年之久,因而保存森林面积较广。后经日伪掠夺开采以来,破坏严重,解放后,随着国民经济发展,采伐量也有增多;根据1956年林业部统计东北森林总面积为33 900 324hm^2,占全国森林总面积的44.2%,占整个东北土地面积的22.2%,木材蓄积量1 854 101 176m^3(占全国木材总蓄积37%)[①]。

表1

省(区)	林区名称	森林面积(hm^2)	蓄积(m^3)
内蒙古	大兴安岭南坡	16 200 000	880 000 000
黑龙江	大兴安岭北坡	6 400 000	322 000 000
	小兴安岭南坡	2 700 324	530 568 076
	小兴安岭北坡	3 500 000	
	完达山	1 500 000	
吉林	长白山	2 264 769	220 010 000
	长白山东部	1 035 231	93 623 100
辽宁		300 000	8 000 000
总计		33 900 324	1 854 101 176

从上述数字来看,东北森林资源还是很丰富的,对国民经济建设中保证木材供应上,无疑地起着巨大作用。

原载于:黑龙江流域综合考察学术报告,第一集.科学出版社,1958:175-182.
* 朱济凡:中国科学院林业土壤研究所所长;冯宗炜、朱吟秋:研究实习员.
① 该数字由林业部调查设计局供给,系实际的调查数字

东北森林中,根据中国科学院林业土壤研究所的初步统计,木本植物有56科,141属,464种,178变种,其中除很多品质优良,工艺价值高的树种外,还包括极为珍贵的第三纪遗留种:黄檗(*Phellodendron amurense*)及胡桃楸(*Juglans manshurica*)。常见的针叶树种有红松(*Pinus koraiensis*)、兴安落叶松(*Larix dahurica*)、黄花落叶松(*L. olgensis*)、樟子松(*Pinus sylvestris* var. *mongolica*)、鱼鳞云杉(*Picea jezoensis*)、赤松(*Pinus densiflora*)、臭松(*Abies holophylla*)、杉松(*A. nephrolepis*)、紫杉(*Taxus cuspidata*)等。阔叶树有水曲柳(*Fraxinus mandshurica*)、紫椴(*Tilia amurensis*)、糖椴(*Tilia manshurica*)、春榆(*Ulmus propinqua*)、家榆(*Ulmus pumula*)、蒙古栎(*Quercus mongolica*)、枫桦(*Betuta costata*)、白桦(*Betula platyphylla*)等。

二 东北森林分布

从最北的黑龙江到最南端的渤海湾,大致可以分成3个区。

1 大兴安岭区(亚寒带阳性针叶树林带)

本区包括黑龙江省的西北部及内蒙古自治区的东北部(呼伦贝尔盟),北部和西北部与苏联的贝加尔地区和达呼里地区的一部分相连,东部以伊勒呼里山的嫩江上游分水岭为界。本区系山区惟多呈丘陵状起伏,但起伏不大,最高峰为英吉里山,海拔400m,气候寒冷属大陆性,年平均温度在0℃以下,1月平均气温恒低于-20℃。7月平均气温恒在22℃以下,北部在16℃左右,生长季节很短约100—120d,雨量300—500mm,土壤以棕色森林土为主,成土母以火成岩(花岗岩)居多、酸性。在平坦低谷地也有沼泽土,其下1m左右具有永冻层,夏季仅融及表层。

本区森林树种组成简单,以兴安落叶松为主,占整个有林面积70%,暗针叶树种(云杉、冷杉)罕见,樟子松在山坡上或砂地上有成片生长,本区由西北往东南移动,则落叶松林逐渐被蒙古栎、黑桦林所代替、蒙古栎和黑桦在南向山坡和较干旱的地方,白桦占据的面积很少,主要分布在西南部和巴尔加高原相交地区,在森林采伐迹地和火烧迹地上,首先出现的是白桦、山杨或黑桦,本区没有椴树(*Tilia*)和槭树(*Acer*)分布,这与气候条件干旱的限制有关。

本区森林由西北往东南逐渐过渡到针阔混交林带,往南部和西部逐渐经森林草原而被草原所代替。

本区森林垂直分布界限较低,1400m起为高山草原带;1200—1400m为高山灌丛带、落叶松疏少、且呈亚乔木状、此带主要由偃松所构成;1200m以下为针叶林带、主要为兴安落叶松和樟子松所构成,山中下部及阴坡以兴安落叶松为主,山下部及阳坡以樟子松为主;夏绿林带(柞木林)仅在沿滨洲线及大兴安岭东部300—500m左右有局部分布。

2 长白山区(寒温带针阔混交林带)

本区包括长白山亚区及小兴安岭亚区,南以沈阳至安东沿线为界,北达黑龙江,西与大兴安岭区相接,东隔乌苏里江与苏联沿海边区相接,东南则与朝鲜相接壤,本区地形复杂,海拔多在500—1500m之间,最高峰长白山达2744m。年平均温度在0℃以上,南部可达6℃,1月气温在-14°至-24℃之间,绝对低温可达-40℃以上,7月气温至22℃以下,部分在22—24℃之间,平均最高温度达28—29℃,生长季节150—180d,降水量一般为

500—800mm，鸭绿江上游可达1000mm，但降雨量分布不匀，多半集中在5—9月。土壤以棕色森林土和生草灰化土为主，山间低地亦有沼泽土分布。

本区森林树种极为丰富，代表树种为红松，此外尚有下列各种：

黄花落叶松（*Larix olgensis*）

鱼鳞云杉（*Picea jezoensis*）

杉松（*Abies holophylla*）

臭松（*Abies nephrolepis*）

紫杉（*Taxus cuspidata*）

水曲柳（*Fraxinus mandshuricum*）

白牛槭（*Acer mandshuricum*）

色木（*Acer mono*）

紫椴（*Tilia amurensis*）

糠椴（*T. manshurica*）

鹅耳枥（*Carpinus cordata*）

胡桃楸（*Juglans mandshurica*）

黄檗（*Phellodendron amurense*）

岳桦（*Betula Ermanii*）

枫桦（*B. costata*）

春榆（*Ulmus prohinqua*）

家榆（*U. pumula*）

本区森林中除乔木以外，灌木也发达，主要的有胡枝子（*Lespedeza bicolor*）、山梅花（*Philadelphus tenuifolius*）、榛子（*Corylus heterophylla，C. manshurica*）、忍冬（*Lonicera chrysantha，L. praeflorens*）、溲疏（*Deutzia amurensis，D. parviflora*）、卫矛（*Euonymus pauciflora*）等，此外本具有藤本植物山葡萄（*Vitis amurensis*）、狗枣子（*Actinidia kolomikta*）和五味子（*Schisandra chinensis*）为长白区森林之特点，草本植物中经济价值很重要的人参（*Panax schinseng*）是本区的特有种。

小兴安岭亚区与长白山亚区，在植物区系上两者相同，惟小兴安岭亚区，不见杉松（*Abies holophylla*）、白牛槭（*Acer mandshuricum*）、拧筋槭（*A. triflorum*）等，而在北部出现大兴安岭区的代表树种兴安落叶松。因此愈往西北受大兴安岭的影响愈重。

本区森林以红松为主的针阔叶混交林占优势，有片断的云冷杉林和落叶松林，森林轻度破坏后，北部为白桦山杨林所更替，在南部是由杂木林所更替；极度破坏后，则经由灌丛而到草原阶段。在冷湿的条件下，谷地落叶松破坏后，则经白桦林而到以莎草为主的沼泽草原（塔头甸子）。本区地势起伏较大，森林垂直分布明显，尤以长白山亚区为著，大致可分为5带：

（1）高山草原带

2 100m以上，无乔木，仅有一些匍匐状灌木，如圆叶柳（*Salix rotundifolia*），牛皮杜鹃（*Rhododendron chrysanthum*）等。

（2）高山阔叶林带

1 800—2 100m主要岳桦林，在背风处出现云杉、冷杉、落叶松等针叶树。

(3) 针叶林带

1 000—1 800m,以红松、红皮臭松(*Picea koraiensis*)为主,夹有枫桦(*Betula costata*)的针叶林占优势。

(4) 针阔混交林带

500—1 000m 以红松为主,混有春榆(*Ulmus propinqua*)、蒙古栎、黄檗(*Phellodendron amurense*)、水曲柳(*Fraxinus manshurica*)等所组成的针阔混交林。

(5) 夏绿林带

250—500m 以蒙古栎、山杨(*Populus davidiana*)为主的次生阔叶混交林。

小兴安岭亚区与此大致相仿,惟森林分布界限稍有降低。

3 华北区(温带夏绿林带)

本区在东北森林分区中,已非中心区域,其范围包括沈阳以南的千山山脉,医巫闾山和辽东半岛。地形为丘陵状起伏,一般均在1 000m以内,气候较温暖多雨、春季有风沙,年平均温度8—16℃,1月气温至0℃以下,绝对最低温度-30°至-35°C,7月气温20—24℃,降水量600—1 000mm,无霜期150—180d,土壤以棕色森林土为主。

本区主要为夏绿林,以落叶类的麻栎(*Quercus acutissima*)、槲树(*Quercus dentata*)为主,针叶树中有山东赤松(*Pinus densiflora* var. *rubescens*)和沈阳油松(*Pinus tabulaeformis* var. *mukdensis*)。其它主要的阔叶树种有家榆(*Ulmus pumula*)、胡桃(*Juglans regia*)、板栗(*Castania mollissima*)、臭椿(*Ailanthus altissima*)、泡桐(*Paulownia tomentosa*)、枣树(*Zizyphus jujuba*)等。

本区森林以阔叶混交林为主,个别地区,如千山尚存有小面积的油松纯林,唯本区森林大部破坏殆尽,木材蓄积量很少,辽东半岛以栎树矮林经营养蚕事业很发达,是目前中国柞蚕丝的主要产地之一。

三 东北森林调查研究

最初的调查研究工作开始于本世纪初,其范围仅限于中东路租借地区,1915年 Б. А. Иващкевич 著的"满洲的森林"一书,即是牡丹江、石头河子一带林型研究及经理工作之总述。

伪满时,曾进行过森林资源调查及木材纤维、木材力学性质及林产利用(单宁等)的研究,其结果均发表在原中央研究院汇报上。

解放后随着国家经济建设扩大,调查研究工作空前发展中国林业部在苏联专家协助下曾先后进行如下的调查:

(1) 自1951—1956年曾在长白山南部(北纬41°20′—42°57′东经126°11′—128°55′)、小兴安岭南部(北纬46°29′—48°40′东经127°15′—130°04′)和大兴安岭南部等地区进行了森林经理调查,编制了施业案。

(2) 1954年—1956年在大兴安岭,小兴安岭北部和南部,长白山中部(完达山)牡丹江林区,长白山南部(敦化)等地区进行了航空测量,在大兴安岭,长白山中部等地区还进行了航调工作。

(3) 1954年林业部调查设计局综合调查队和苏联农业部特种森林调查队合作在大

兴安岭进行综合调查,1956年林业部调查设计局综合调查队在小兴安岭南部又进行了综合调查,初步划分了林型,进行了森林病害虫、森林土壤的调查,并编制了各树种(主要树种)的"生长过程表"、"材种结构表"、"出材量表"和"材积表"。

在科学研究工作方面,结合生产实践上急待解决的问题,进行了下列工作:

(1)前东北森工总局进行了红松更新的研究(主要生态性质方面)。

(2)东北森工总局研究了在小兴安岭原始林区作业,类型和林相变迁的问题。

(3)中国科学院林业土壤研究所自1953年起,进行下列各项研究:

　　①小兴安岭南坡采伐迹地的天然更新;
　　②东北主要林木种籽结实的规律;
　　③红松、落叶松的人工更新;
　　④红松直播防鼠害;
　　⑤东北林区森林防火调查;
　　⑥章古台固沙造林及针叶树的引种;
　　⑦东北的木本植物;
　　⑧杨树立枯病研究。

(4)林业部林业科学研究所在东北也作了有关长白山地区森林更新,小兴安岭,长白山地区的森林病虫害的研究。

此外,东北林学院和北京林学院结合教学实习也曾进行部分研究工作。

四　东北森林经营和利用情况

解放前东北森林主要偏重木材采伐利用,而忽视森林更新、森林有利特性以及林产品和副产品的利用,尤其是荒山面积的增加,水土流失,而造成的水灾,直接使国民经济受到巨大损失,森林火灾也使森林资源遭受破坏,解放后经过森林经理调查编制施业案后,才逐渐建立正规的森林经营机构,根据1956年统计,长白山林区建立了195个经营所,小兴安岭林区共建立了3个经营局,42个林管区,90个经营所,大兴安岭林区共建立30个经营局,130个经营所,目前主要进行森林更新、抚育、护林防火等工作(注:大兴安岭的经营局相当于小兴安岭的林管区)。

森林利用方面,目前东北仍是全国木材来源的最大基地,部分地区都采用机械化采运,除大、小兴安岭北坡尚未开发利用外,其它地区均建立了森工企业系统,据1957年统计三大林区森工企业的数字如表2。

表2

森工企业	大兴安岭林区	长白山林区	小兴安岭林区	完达山及其它散生林
森工管理局	—	—	2	—
森工局	9	11	16	18
森工实验学校	—	—	1	—

东北木材采伐量很大,根据1955年统计,占全国国有林区年伐量的91%,各林区的采伐量如表3。

表3

	大兴安岭	小兴安岭	长白山	完达山及其它散生林区
采伐企业机构数量	6	13	4	11
年采伐量(万 m³)	155	279	131	267

从1958年(第二个五年计划)起,将开始对大、小兴安岭北坡长白山地区进行开采,并对小兴安岭南坡进行全面开发,在上述地区除建立新的森林工业采伐企业外,还计划建立综合性的木材加工联合企业,进行森林资源的综合利用。

五　待解决的问题

1　东北林区森林面积甚大,且多过熟、成熟原始林,急待开发利用

由于有林地多分布在山区,地形差异很大,故这些森林除供给国家建设木材外,并在防止土壤冲蚀和涵养水源方面具有很重要的意义,中国是一个少林的国家,东北的森林是唯一的主要木材来源,因而全面地顾及到这些森林的国民经济意义及其自然特性,将其分类并在此基础上合理地确定森林的年伐量是林业上急待解决的根本问题之一。

2　正确地合理地森林主伐利用和保证其再生产,在中国迄今尚未得到解决

对于东北的森林,有些林业工作者主张采用伐区式带状皆伐,进行机械化作业和人工更新,另有些人认为,对这些异龄复层林应采用能保证天然更新的采伐方法——如在红松林中采用二次或四次渐伐和择伐等。

对于红松更新问题也存在着不同的意见,红松是东北的乡土树种,也是更新的树种,随着大规模的森林采伐,红松更新问题显得格外重要,但对更新方式各家意见不一,根据观察和试验大致有下列几种论据。

(1)采用天然更新,其理由为:

a)郁闭度较大的红松树藓蕨类林和红松灌木林下红松有幼苗而少幼树,经过人工措施可以促进天然更新。

b)常常发现新采伐迹地由于环境条件改变、红松幼苗大量死亡,亦常常看到白桦山杨林冠下红松幼树生长良好,这说明小苗不能在林外或林冠外更新,要求前更作业。

(2)采用人工更新为主,其理由为:

a)辽宁省草河口红松人工林,用5—6年生小苗移植,24年生胸高直径平均达15cm,高平均有12m,而达到同样高和直径的天然林要60—70a之久,因而人工更新既能保证更新也能加速木材收益。

b)采用2年生的小苗上山造林成活率达92%,在及时抚育情况下,造林能得到成功。

上述各种意见到目前为止,都尚未能有足够令人信服的试验研究结果的论证,而这一问题涉及东北林业发展的前途,并对目前生产实践有极大意义,因此,需要研究红松林动态演变,并结合生态生理研究影响红松更新的各项因子,这是解决红松更新问题的重要线索。

3　林型研究

林型研究可以使人们认识和揭露森林形成和发育的自然规律,借助于林型的研究能合理地组织和实施森林经营措施,因而这是一个极为重要的问题。

中国林型的研究，目前在科学研究机构尚未正式开始有关东北森林的林型调查，在20世纪初期 Б. А. Иващкевич 曾在东满一带作过调查，大规模的工作是起始于生产部门（主要为了编制生长过程表等）1954年苏联农业部森林调查设计总局特种综合调查队和中华人民共和国林业部调查设计局航空测量队合作，根据苏卡切夫院士（В. Н. Сукачев）所制定的分类原则对大兴安岭林区进行了林型划分，确定了18个林型，其中落叶松为5个林型组、8个林型：

Ⅰ 草类林型组（落叶松草类林、落叶松柞木林）

Ⅱ 灌木林型组（落叶松杜鹃林，落叶松偃松林）

Ⅲ 矶踯躅林型组（落叶松矶踯躅林、落叶松矶踯躅水藓林）

Ⅳ 溪旁林型组（落叶松溪旁林）

Ⅴ 绿苔-水藓林型组（落叶松绿苔水藓林）。

1955—1956年，林业部调查设计局综合调查队在完达山及小兴安岭南坡进行了林型调查，林型分类原则仍按苏卡切夫院士（Сукачев）的方法，并参考了 Б. П. Колесников 的远东林型分类原则，结合生产实践的要求，将红松初步分了6个林型，与 Б. П. Колесников 在相似的条件下的南部沿海州及 Б. А. Иващкевич 在东满划分的林型列入表4。

表4

调查设计局综合队小兴安岭南坡 1955—1956年	Б. П. Колесников 苏联远东 1956年	Б. А. Иващкевич 东满 1915年
林型名称		
1. 杜鹃红松林	1. 带有柞树的杜鹃红松林 2. 带有柞树的胡枝子红松树	1. 山地红松阔宽叶林
2. 榛子、胡枝子红松林	3. 带有柞树、杜鹃榛子红松林 4. 胡枝子、榛子柞树林	
3. 榛子红松林	5. 榛子红松林 6. 狗枣子、榛子红松林	
4. 灌木红松林	7. 槭树榛子红松林 8. 带有枫桦椴树的灌木红松林	2. 带有云杉的山地红松阔叶林
5. 蕨类树藓红松林	9. 带有水曲柳的珍珠梅红松林 10. 榛子山梅花红松林	
6. 沿岸红松林	11. 丁香忍冬红松林 12. 珍珠梅绿线菊红松林	3. 沿谷地的红松阔叶林

上述分类中所列举的小兴安岭林型相当于 Б. П. Колесников 分类中的"林型组"一级，这个尝试虽对生产实践较结合（编制生长过程表，森林经理调查）但是缺乏分类的系统性，过分强调了经济条件，而中国的自然条件极为复杂，故须根据中国的条件制订中国的分类方法，因此如何根据中国的自然条件，参照苏联林型分类原则来研究东北的林型，制定切合实际的林型分类原则是一项极为重要的研究。在研究东北森林的林型分类时必须注意到，地形条件的复杂情况和森林植物群落变化的多样性（如红松随发育阶段的变化），并考虑经济条件相结合来研究。

此外，为掌握森林植物群落的动态变化，认识影响林型变化，影响某些森林学特性的自然历史过程，也必须建立若干定位林型研究。

小兴安岭红松针阔叶混交林

朱济凡,刘慎谔,王战,冯宗炜,刘同生

(中国科学院林业土壤研究所)

小兴安岭伊春红松阔叶林区是世界有名珍贵树种红松的家乡,这个森林的采伐与更新问题是大家注目的问题。

1958年4月7日中共中央和国务院关于全国大规模造林的指示,对这问题提出正确的方针。

本文从主要林型、红松生物学、林学特性、更新情况、大面积皆伐评价等初步资料,提出对更新与采伐初步意见。

伊春红松林区是山区,森林必须根据综合利用原则把森林分类,森工与营林必须统一规划。采伐以后采取人工更新的方针,使红松林采伐迹地很快地恢复生产力较高的用材林。为了确保更新,在决定采伐方式时,必须考虑尽可能保存森林的环境。因此主伐方式以小面积皆伐,为主要方针,这是积极而慎重的方针。

有人创议是否可以用一条沟为单位,在确保更新的前提下,进行较大面积的皆伐做试验。窄带皆伐比较适宜。

一 阔叶红松林主要林型概述

根据苏卡乔夫院士森林生物地理群落学的理论,在伊春阔叶红松林区划分了8个主要林型,合并为4个林型组。兹将各林型间相互关系,以及和其他群系间的关系,以下列生态-植物群落系列图式来表示(这是初步的材料,待今后再加补充修正)。

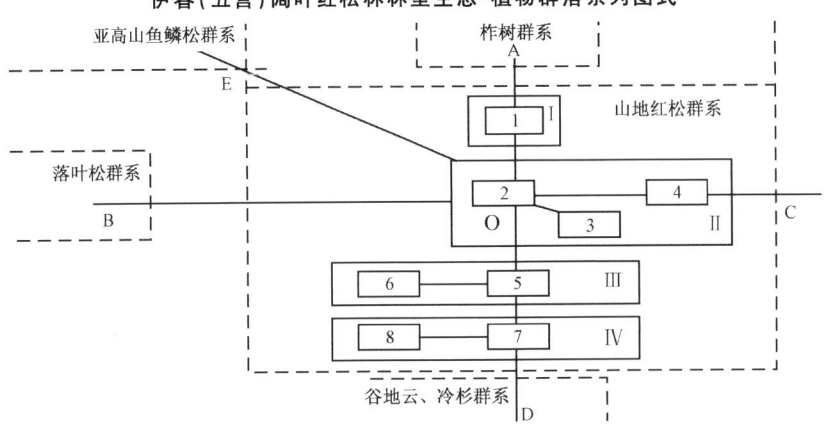

伊春(五营)阔叶红松林林型生态-植物群落系列图式

原载于:林业科学,1958,(4):355-369.

*中国科学院黑龙江考察队森林小队1957年考察总结报告之一.

Ⅰ 杜鹃红松林型组	Ⅲ 灌木红松林型组
（1）混有柞树的杜鹃苔草红松林	（5）混有枫桦的灌木红松林
Ⅱ 榛子红松林型组	（6）混有水曲柳的珍珠梅红松林
（2）混有椴树的榛子红松林	Ⅳ 苔藓红松林型组
（3）混有榆树的榛子红松林	（7）混有云杉的槭树红松林
（4）蕨类榛子红松林	（8）混有云杉的藓类蕨类红松林

O：十字纲中心点，分布混有椴树的榛子红松林，湿度适中，土壤肥力中等，普遍分布在调查地区。

O→A：干燥程度逐渐增加，这里分布生产力最低的混有柞树的杜鹃苔草红松林，这一序列红松林，若因火灾影响，干燥程度更增大则为次生柞树林所更替。

O→D：活水潮湿逐渐增加，顺序出现混有枫桦的灌木红松林，接近河谷处，出现混有云杉的槭树红松林，若湿度增大，呈现停滞水则相应地出现混有水曲柳的珍珠梅红松林及混有云杉的藓类蕨类红松林，生产力也相应减低，顺序再向下，红松林被谷地云冷杉林所代替。

O→B：沼泽化程度渐次加剧。这里红松失去生长的可能性而被落叶松林所占据。

O→C：土壤肥沃度渐次增加，分布着红松林生产力最高的蕨类榛子红松林。在该序列右下侧因土壤埋藏使立地湿度和肥沃力有所增加，而出现混有榆树的榛子红松林。

O→E：海拔增高，冷湿增加，红松不能生长，逐渐被混有红松的云杉松林型过渡到鱼鳞松林。

下面简述各林型的特征：

Ⅰ 杜鹃红松林型组

（1）混有柞树的杜鹃苔草红松林

本林型分布的向阳陡坡干燥25—30°以上，土壤为薄层棕色森林土或壤质骨骼土。林分结构比较简单，通常为10红松、阔叶树很少，第二层有柞木散生。疏密度0.8—1.0，生产力最低，为Ⅴ地位级。每公顷蓄积量400—450m³。下木以杜鹃（*Rhododendron dahuricum*）为主，林冠下1—2年生红松幼苗甚多。

Ⅱ 榛子红松林型组

（2）混有椴树的榛子红松林

本林型分布多半在阳坡或半阳坡的中上部，坡度20°—30°，土壤为薄层至中层的壤质石质的棕色森林土。林分中混有较多的椴树，能占2成。疏密度0.7—0.8。生产力中等，Ⅲ地位级，每公顷蓄积量450—600m³。下木中以榛子（*Corylus manshurica*）占优势。林冠下红松更新较其他林型为好，幼树和幼苗，1hm²能达3000株左右。

（3）混有榆树的榛子红松林

本林型立地条件与上一林型相仿，多出现在东坡上，坡度15°—20°（处在河谷上方则达25°—30°），土壤为具有埋藏剖面的发育在花岗岩残积物上的砾质壤土，较湿润。林分中裂叶榆（*Ulmus laciniata*）达2成，疏密度0.5—0.6，生产力较高，Ⅱ地位级，每公顷蓄积400—450m³。林冠下更新尚佳，唯以臭松为多。

（4）蕨类榛子红松林

本林型分布在山丘顶部及山麓向阳缓坡地,坡度5°—10°,土壤肥沃深厚,排水良好、湿润,为山地棕色森林土。林分结构复杂,第Ⅰ层中多大径级的红松,疏密度0.8,本林型立木生产最高,地位级Ⅰ—Ⅱ,每公顷蓄积达500—600m³。本林型地被物中大型蕨类（*Athyrium brevifrons* 等）组成背景植物,林冠下更新尚佳,1hm² 针阔叶幼树幼苗达6000株。

Ⅲ 灌木红松林型组

（5）混有枫桦的灌木红松林

本林型分布最广,多半出现阴坡或半阴坡之上部,坡度（10°—15°）,林内常有石头裸露。土壤为中壤质中（强）生草弱灰化棕色森林土,潮湿,但排水良好,林分组成较复杂,红松呈团状分布,枫桦能占2—3成,疏密度0.6,立木生产力中等,地位级Ⅱ—Ⅲ,每公顷蓄积400m³ 左右,下木种类繁多,发育良好,尤以疏溲（*Deutzia amurensis*）最著。

本林型另一特征是攀援植物（如狗枣子 *Actinidia kolomirta*、五味子 *Schzendera chinensis* 和山葡萄 *Vitis amurensis*）发育旺盛,能开花结实。林冠下更新以枫桦居多,红松幼苗在林穴处出现,生长尚好,唯数量不多。

（6）混有水曲柳的珍珠梅红松林

本林型分布面积不广,与上述林型常组成复区,其不同点是:分布在具有梯阶状的低洼平坦地上,坡度3°—7°,呈现水分停滞,有微度沼泽化现象。土壤为具有埋藏剖面的生草弱灰化潜育棕色森林土局部出现腐殖质潜育土。林分结构复杂,有时达3层,第1层除红松外,水曲柳能占2—3成,疏密度0.5,地位级Ⅲ,每公顷蓄积300—325m³,下木种类也多以珍珠梅（*Sorbaria sorbifolia*）,青楷械（*Acer tegmentosum*）、花楷械（*Acer unkurendense*）,林冠下更新不良,红松幼苗每公顷仅600株左右。

Ⅳ 苔藓红松林型组

（7）混有云杉的械树红松林

本林型分布在山坡中下部或下部各坡地上。坡度5°—10°,土壤为重壤质的弱（中）生草弱灰化棕色森林土,林分结构第Ⅰ层云杉（*Picea koraiensis*）占2成,臭松和其他阔叶树占1成,第Ⅱ层中主要是云、冷杉、红松仅占1成。疏密度0.5,地位级Ⅱ—Ⅲ,每公顷蓄积330m³,下木主要是青楷械、花楷械。林冠下红松幼苗1—5年生1hm² 达6000株左右。

（8）混有云杉的藓类、蕨类红松林

本林型位于上述林型与谷地云冷杉林之间,这里温度更大,土壤为弱生草弱灰化潜育的棕色森林土。林分中上层常残留单株大径的落叶松,在组成中红松林占5—6成,云杉2—3成,冷杉1—2成,疏密度0.6,Ⅲ地位级,每公顷蓄积达300m³,地被物以万年藓（*Climacium dendroides*）和拟垂枝藓（*Rhytidiadelphus trigu trus*）和大形蕨类植物为主,林冠下更新不良,红松和云杉每公顷仅300—400株幼苗。

小兴安岭谷地红松林不明显,经常被谷地云冷杉林所代替,这是由于地下水位高和土壤冻层关系,在比较宽广的低洼谷地,土壤严重沼泽化的地方,多半为落叶松所占有。小兴安岭由于采伐和火灾的破坏,出现多种派生林型,其中面积最广,扩展最大的是柞树林(有的地方也出现柞树原生林),根据 Цымек 和 Соловьев 等专家在小兴安岭共同考察中,观察到的分布最广的柞树林型有3个:

①杜鹃柞树林　分布在陡峻的石质上南坡和分水岭脊上,它是由相适应的根本林型——杜鹃苔草红松林转化而来的。

②胡枝子柞树林　分布在南向陡坡上,它是相适应的根本林型——胡枝子红松林转化而来的[1]。

③榛子柞树林　分布在南向的缓坡上,它是由榛子红松林转化过来的。

根据采伐和火烧的破坏轻重,组成中变化亦多,破坏愈轻则柞树林不仅残留红松母树,林冠下更新红松也不少,破坏愈烈,特别是经多次火烧后,则将变成萌生灌丛。因此,柞树林型形成愈久,则与根本林型(红松林)的环境条件相差愈远,土壤逐渐贫瘠,干燥,在灌木和草本植物中喜光性和喜旱性的植物代替了耐荫性的植物。这种坏境条件的改变,已经不适于红松生长和更新的条件。当然,也应承认在某种条件下,如杜绝火灾的根源和不让人为砍伐放牧等条件下,柞树林也能恢复成阔叶红松林,然而这种植被自然演变过程毕竟时间太长,而且困难也多,因此必须采用人为积极措施促进它的恢复过程,这方面人工造林措施,无疑地能起到这个作用。

小兴安岭阔叶红松林型具备几点主要特点:

①每个林型与地形条件(坡度、坡向、海拔等)有着密切的关系,地形条件重新分配了水热状况,不仅影响林木生长发育,也影响林型在空间上的分布。

②林型结构复杂,阔叶树很多,几乎在每一个林型中都存在,这是由于特殊气候——温湿季风区和满洲植物区系的历史——所形成的,阔叶树种不仅对土壤形成过程有良好作用,而且对于主要建群种红松生长和发育起着保姆作用。

③柞树林型的扩展,在很大程度上是与阔叶红松林的人为演替分不开,可以认为除了个别分布在陡坡上的红松-柞林外,在小兴安岭的柞林极大部分是派生林型。

二　红松的生物学、特性与天然更新人工更新的观察

红松是全世界稀有的珍贵树种,在国内分布在小兴安岭和长白山脉,在国外分布在苏联远东,朝鲜北部和日本北海道,В. Б. Сочава 教授在带岭考察时也认为红松林在中国小兴安岭是生长最好的典型地区。

红松寿命很长,在苏联远东能达到500年,根据在带岭凉水沟Ⅲ号标准地的材料最大年龄也达400年之久。

红松的阴阳性问题,在中国学者中间争论很多,Б. А. Ивашкевич 教授认为红松林幼年时期是以阔叶树占优势,随着年龄增加,红松相对增多,А. А. Цымек 博士也强调红松幼树在阔叶树冠下生长良好。本文也认为小兴安岭红松是幼期喜阴或耐阴树种。按红松林系统的自然发展规律,整个说来,就是阳性阔叶树与耐阴性针叶树相互更替的过程。中国科学院林业土壤研究所周多俊同志在带岭苗圃中的试验也证明郁闭度0.3—0.5时

---

[1] 胡枝子红松林型在五营地区未发现,故前未叙述,但在伊春南部调查时曾观察到过

最好（表1）。在全光下，发现有些幼苗叶子发黄，枝横展，有再生芽发生。在郁闭度大的情况下，幼苗也显得细弱，生长不良。

表1 5年生红松幼苗在不同庇阴下的生长对比

	郁闭度				
	全光	0.3	0.5	0.7	0.9
地茎(mm)	8.78	9.03	8.34	0.20	6.22
全高(cm)	29.00	33.50	30.00	30.80	23.68
1957年高生长(cm)	12.26	14.53	13.13	13.10	5.84

红松林是同龄林抑或异龄林问题，在中国林学家和林业工作者中也有争论。根据在带岭凉水沟做的皆伐标准地材料（表2）可以看出，红松植株的年龄分布延续达10个龄级，即其年龄之差异为200年左右，并且在其分布曲线（图1）上可以看出有3个高峰，这说明红松林是一种多世代同时并存的异龄林。在乌敏河安全伐木场与森工局合作的两块标准地上，查数伐根年龄的结果（表2）也证明红松经常构成异龄林的这一事实。但是红松林异龄性的幅度在不同的情况下是有差异的，有时可看到异龄林较小甚至近似同龄的红松林。从我们引用林业部调查设计局综合考察队小兴安岭丰林林管区所设的216、217号标准地的材料中可以找到证明（表3—表4）。

根据苏联专家 Цымек，Соловьев 的意见，中国小兴安岭与苏联远东红松林不同之点：苏联远东红松林中混交阔叶树多，异龄性大，相反，中国小兴安岭红松林较纯，异龄性较小。产生上述不同情况，可能是发育时期的不同。

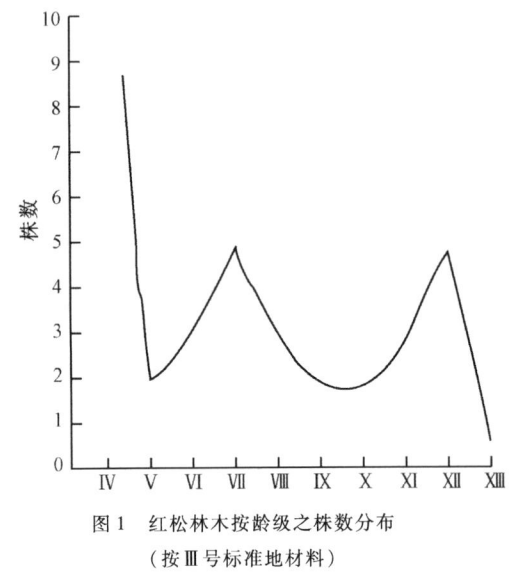

图1 红松林木按龄级之株数分布
（按Ⅲ号标准地材料）

红松林的生长过程，根据 Б. А. Иващкевич 教授的研究，红松在120年以前生长缓慢，以后树高开始增长。苏联远东林业研究所 А. А. Цымек 博士的研究证明：红松当达160年时，每公顷年生长量超过死亡量$4m^3$，180年时，年生长量和死亡量相等，200年时，生长量则小于死亡量。根据在小兴安岭伊春地区的调查材料，年龄相同的红松生长情况一般都比远东高1个地位级，这样看来，采伐年龄至少不能低于160年。

红松的天然更新情况，根据调查伐前更新按照不同林型疏密度的材料（表5）这与远东的红松林相近似。

根据苏联远东林学家 А. М. Фишер（1939年）的材料，在疏密度0.3—0.5红松林中11—40年的红松幼树最多，平均每公顷1600株，而在疏密度比较大的林木中，10年以下的红松野生苗每公顷平均2000—2600株。随着疏密度的增加，红松幼树减少而野生苗相反的增加。

表 2　不同龄级与红松株数分配状况 *

标准地地点和林型	龄级 III	IV	V	VI	VII	VIII	IX	X	XI	XII	XIII	XIV	XV	XVI	XVII	XIX	XX
							株数（最高与最低的年龄）										
I 乌敏河安全伐木场115分区11林班混有云杉的槭树红松林		11 (64, 78)	1 (88)	2 (106, 110)	2 (124, 125)	4 (151, 155)	5 (163, 176)	3 (192, 199)	2 (202, 214)	1 (226)							
II 同上115分区4林班，混有枫桦的灌木红松林			1 (100)	2 (110, 111)	1 (119)		1 (166, 175)	3 (185, 192)		1 (257)		2 (262)		2 (304, 399)	1 (323)	1 (543)	
III 带岭凉水沟第二伐木场榛类蕨类榛子红松林			2 (96, 99)	5 (103, 117)	5 (124, 137)	3 (150, 157)	2 (164, 178)	2 (185, 186)	3 (213, 220)	5 (226, 240)	1 (248)						1 (400)

* 标准地面积为 1/4hm²，株数以胸高直径 6cm 开始计算

表 3　1956 年林业部综合调查队丰林林管区 217 号（榛子红松林）皆伐标准地红松年龄与株数径级相关

径级	16	20	24	28	32	36	40	44	48	52	56	60					
株数	9	15	15	18	14	17	20	27	30	26	24	20					
平均年龄	215	205	202	197	208	211	221	209	207	211	216	221					

表 4　1956 年林业部综合调查队丰林林管区 216 号（榛子缸松林）皆伐标准地红松年龄与株数径级相关

径级	16	20	24	28	32	36	40	44	48	52	56	60	64	68	72	76	80	84
株数	5	17	13	14	17	28	26	27	30	26	24	11	11	8	6	1	1	1
平均年龄	158	198	203	197	202	207	202	209	207	211	216	218	218	220	231	259	246	226

另根据 К. П. Соловьев, А. М. Фишер 材料,红松的幼苗在庇阴大的条件下(疏密度 0.7—0.8 以上)生长最多,但是它以后的发育和向幼树过渡则需要透光,0.3—0.6 郁闭度对幼树红松的生长创造了最适宜的条件。

表5 小兴安岭五营地区红松原始林疏密度与红松更新关系表
(森林小队、林型小组 1957 年调查)

疏密度	红松幼苗幼树合计(株/hm²)	1—2年生	占总数%	3年生以上	占总数%	标准地块数
0.4	2975	1500	50	1435	50	4
0.5	1600	667	41	973	59	3
0.6	1499	866	57	673	43	6
0.7	1183	600	50	583	50	6
0.8	2020	1600	79	420	21	5
0.9	3500	3000	85	500	15	1
1.0	3600	3000	85	600	15	1

根据调查择伐后按残存林之疏密度不同,其更新情况亦不同(表6)。

表6 择伐迹地天然更新情况表
(森林小队更新小组 1957 年调查)

残存林疏密度	更新情况(株数/hm²) 针阔叶总数	红松 1年生	2—5年	6—10年	11—15年	15年	合计	标准地位置	采伐年限
0.1	4200	—	—	—	—	—	—	伊春、乌敏河森工局翠岭伐木场西山	
0.2	7300	100	200	—	—	—	—	伊春、乌敏河森工局翠岭伐木场西山	1944年采伐
0.3	5500	100	600	100	100	—	900	伊春、乌敏河森工局安全伐木场	

从表中可看出在保持一定疏密度(0.3 或 0.3 以上)情况下,红松天然更新数量,比疏密度 0.1 及 0.2 的来得多些,另外伐前更新的幼树生长良好,譬如十几年生的红松幼树,近几年来,年高生长量高达 30cm,发育也正常。

皆伐迹地红松的天然更新情况不好。如 1957 年在乌敏河森工局调查的 3 块标准地材料,可归纳如表7。

表7 皆伐迹地更新情况表

标准地位置及伐区宽度	更新情况(株数/hm²) 针阔叶总计	红松 1年生	2—5年	6—11年	11—15年	15年以上	合计
安全伐木场 250m 宽	4165	167	—	—	—	—	167
安全伐木场 250m 宽	6250	—	—	—	—	—	—
安全伐木场约为 400m	6173	156	234	78	—	—	468

上述3块标准地除最后一块为1955年冬采的,其它两块均是1956年采伐的。在采伐时期恰值红松种成熟或近于成熟时期,而特别又采用拖拉机,绞盘机集材时,不可避免地把相当数量种子埋入土中,所以第2年经常有红松幼苗出现,但是这种幼苗逐年减少,产业部门也承认此点。另外虽有2年生以上幼苗或保留下来的个别前更红松幼树,由于突然暴露于全光之下,已看到针叶枯黄现象,这说明它的发育状况不正常,可能趋于死亡。

总之,(1)就红松的生物学特性来说,它是幼年期耐阴性树种,在自然情况下红松幼苗更新和幼树生长,要求一定的庇阴度(0.3—0.5),它的更新和生长要求一个阳性阔叶树阶段,给它一定的庇阴才能完成更新和发育过程;但人工更新在全光下,虽还有一些问题,但一般生长尚好,这就提出了新的问题,红松对光的可塑性,红松的生长速度,都值得进一步加以试验探讨。(2)其次就一般来说红松是一个异龄林,根据它发育阶段的不同,异龄性的大小,有所变化,这个问题也值得进一步研究。这些问题进一步的阐明,对红松林的采伐更新与人工造林以及提高红松林的生产率上将起极大的作用。(3)红松人工更新在技术上基本已有把握,虽然尚有一些问题,今后工作中也可进一步加以解决。

三 关于红松的人工更新

研究了红松个体与群体的特性,掌握了红松生长发育的规律,从而利用这些知识,为人类服务,决不能被自然的规律所屈服。

红松的天然更新不良,红松自然生长年龄很长。为了在红松采伐迹地上很快的更新起生长率更高的红松阔叶林来,必须加上人力,用人力干预红松的自然规律,这就是人工造林。同时亦只有在干预与改造的过程中,才能把红松的特点掌握得更全面,如不然常常会被某些偏面的陈旧的观点所欺骗。

小兴安岭一带几年来红松人工造林,已经积累了一定的经验,创造了一定的成绩。

首先要考虑红松能不能加速生长?草河口30年生人工红松林,树高已经15m,胸径15cm,每公顷蓄积量为144m^3,带岭凉水沟天然林20年生的树高1.5m,直径仅2cm。这说明在红松采伐迹地人工恢复红松林,可以得出良好的结果。如果采取适当育苗措施,1年生苗能争取长到20—30cm,再加肥料与生长刺激素,适当的及时地进行抚育伐透光伐,则红松的生长能更快。天然状态红松之所以生长很慢是由于被压抑的结果。经过人为干涉,轮伐期缩短到40—60年不是没有可能的。

其次就涉及到红松的生物学特性问题,即是红松对光的要求问题。红松幼期喜阴,在郁闭度0.3—0.5生长较好,这是多次观察的结果。但是幼期喜阴这个特性不是绝对不可改变的。经试验研究的结果,如绥化林业局种树林场红松全光密播育苗试验已进行了2、3年,不复草、不架设,日复帘子,不防寒,宽条播。第1种处理每平方米1084株,苗高10.5cm,主根长10.3cm,根茎0.3cm;第2种处理每平方米108株,苗高7cm,主根长9.5cm,根茎0.35cm;第3种处理每平方米222株,苗高9cm,主根长10.3cm,根茎0.35cm。

又如美溪林业局全光育苗经验2年生苗木苗高12—14cm,主根长17.8cm,根径0.22—0.25cm,每平方米产量210—220株。天然状态下红松幼期,有喜阴的特性,在蔽阴的条件下可以生长,在自然条件下常常在其他树种的林冠下,被压抑七、八十年甚至百年以上,生长缓慢,待穿出林冠后则生长迅速。而上述人工造林的经验说明,红松幼期喜阴,也耐全光,如在全光下生长则更快。所以我们可以初步断定红松对光的可塑性很大。同时我们主张人工营造阔叶红松混交林,阔叶树一面可以为红松适当蔽阴,同时又可以增加土壤肥力,防止土壤灰化,再可以防火护林,减少森林火灾的威胁。

第三,考虑到红松直播问题。中国科学院林业土壤研究所对此已进行了4、5年的试验,已经获得成功,红松直播造林出苗率90%以上,3年生苗生长良好。红松直播在吉林省已大面积推广。

直播造林的重要问题在于把处理透的红松种子隔年埋藏后,再进行短期的温床处理,每天浇30℃温水1次,捣翻1次,待种子裂开到40%—50%时即行播种。适当提早播种,大致以4月末5月初为宜,避开鼠类繁殖期,再加适当防鼠药剂,已可保证成功。

第四,考虑到冻拔害问题,这是由于选择立地条件不当,一般应以红松迹地更新为好。在播种技术上,应该播在苗床上,不应播在穴内。即使立地条件较湿,复草也可防止冻拔害。

四 关于大面积皆伐的评价

提倡人工更新不等于说在选择采伐方式时不需要考察保留天然更新的有利条件。森林生长要求一定的立地条件,如立地条件完全变坏,则森林的生长完全受到损害,更谈不到加速生长了。

一般定义的大面积采伐,把森林剃光这是很危险的作法。

大面积皆伐不是一种新的采伐方式。在郝景盛著的造林学上写道:"皆伐作业,一般称光伐作业,16至18世纪,各国风行一时,后来,森林面积大为减少,对于气候之影响太甚,水灾、旱魃逐年严重,故德国林业界名流如:Gayer, Borggreve, Moller,以至于最近之Dangler Wiidemann 诸氏,对光伐均大加反对。故德国近数十年来,除少数地方限于某种特别情况外,皆一律禁止光伐,所以,德国之森林面积,对于国土之比例,常保持一定之恒数,而无水旱灾之降临"(344页)。

过去日本北海道对云杉林曾经进行过皆伐作业,但是经过40年之久,森林尚未自然恢复,最后改用人工造林才恢复到原有森林1/3面积。

最近,东欧如捷克斯洛伐克规定皆伐的面积不超过 0.5hm²。苏联在山区如喀尔巴阡山等地也不实行皆伐。苏联也是在本世纪才最广泛的使用皆伐为主要方式,由于苏联的特殊条件,森林资源又非常丰富,采用连续带状皆伐方式是正确的,对某些针叶树种能保证更新,但文献上也提到不是经常能保证更新的,由于更新不良也常常发生水土冲蚀。

1955年在带岭凉水沟第二伐木场所作的连续带状皆伐试点中,只注意到采伐带宽窄问题,没有把保留幼树认为是采伐时必须执行的不可缺少的条件。这是不妥当的。根据林业部主伐试点的初步总结材料,在表8中可以明显地看出幼树损害的严重程度。

对阔叶红松林来说,主伐方式(连续带状皆伐)中规定8cm以上小径木全部采伐,即不经济,又把生长旺盛的红松及珍贵阔叶树种一律砍去。甚为可惜,据了解伊春林区伐木工人也不愿意。红松在皆伐迹地更新困难,间隔期规定4年,对更新并没有好处。由于红松果实大采伐方向定为与主风垂直方向,对更新意义也并不大,反而使森工运输系统发生困难,延长线路,使森铁投资增加,准备作业常常赶不上。由于伐区带状排列,山区地形复杂的条件下,每每使机械化与畜力集材比重不易掌握,一个伐区又有机械,又有畜力,在企业管理上也发生困难。

表8 主伐试点中采伐前后幼树对比

伐区宽度 (m)	计算样地面积 (m²)	伐前幼树株数 (由1hm²折算而来)	伐后幼树株数	幼树损伤率 (%)
500	200	17	0	100
200	600	73	12	84
100	300	11	0	100

在中国尤其是在伊春红松林区,采用这种大面积达30—50hm²以上连续带状皆伐很值得考虑。如果万不得已必须采用皆伐方式,应该极其慎重,必须采取确保更新措施前提下才能采用。

五 更新与采伐的意见

小兴安岭阔叶红松林无论从蓄积量上看,或从木材质量上看,在我国的林区中占有重要的地位。它不仅目前为供应建设用材的重要基地,在林业建设中它将更为重要的木材供应基地。社会主义林业经营的特点是全面地考虑和发挥森林的各种有益特性,小兴安岭森林是山地森林,所以它又具有水源涵养保土的功能,部分沿河森林还具有护岸的作用。因此我们认为经营小兴安岭的原则应该确保森林更新,加速森林生长(提高森林生长率),保土保水、永续利用。

党中央和国务院于本年4月7日发表全国大规模造林指示中"关于森林更新方针大面积皆伐、更新赶不上的情况必须停止,以小面积皆伐采用人工更新为主,以人工促进更新和天然更新为辅助的方针,采一棵造二棵或三棵……"。这一英明指示对经营小兴安岭的森林来说是正确和完全可行的。在指示中特别提到"森工采伐和森林经营二个部合并进行工作",这一点与研究者在林区考察时所提出的建立森工营林统一的长期固定作业单位,建设繁荣林区的思想是完全一致的。

结合小兴安岭红松林型与山区的特性建议把森林分成四大类:

第1类 生长在坡度20°—25°以上的山坡和陡坡上的森林——陡坡上杜鹃红松林型组。

第2类 生长在坡度20°—25°以下的坡地和缓坡地上的森林——灌木红松林型组,藓类红松林型组和混有榆树的椴子红松林混有椴树的椴子红松林以及蕨类椴子红松林。

第3类 生长在平坦谷地和沟谷沼泽地上的云冷杉和落叶松林型。

第4类 沿河岸划出0.5—2km(按河流宽度的大小而定)的防岸林与水源保护林。

关于采伐和更新问题,国务院提出以"小面积皆伐人工更新为主"的方针是完全正确的,是积极而慎重的方针。提出下列补充意见。

1 采伐方式和更新

1.1 在第一类中森林具有保水和防护作用,除30°以上的极陡坡只能进行卫生伐外,在坡度为25°—30°坡地上应采取择伐方式,首先伐去病腐木及过熟木,保持0.6—0.7左右的郁闭度,这种采伐方式对红松天然更新有利,而且保持水土有保证。

1.2 在第二、三类森林中,是小兴安岭分布最广的森林部分,建议分别采用下列3种采伐方式:

(1)分散的小面积皆伐是今后主伐的主要方式

这种采伐方式亦称块状择伐,采伐面积1/4—2hm²为准,再扩大就不能称小面积皆伐了。采伐面积形状不限,长方的、方的、圆的均可。但两块迹地的中间距离不宜小于200m。这样做法可以保证不破坏森林的骨骼,即不改变森林的自然环境。采伐时必须保护12—16cm以下的幼树幼苗,采伐后必须清理林场,同时为了确保迅速更新,须于采伐当年或翌年进行人工更新。营造以红松为主的针阔混交林,在鼠害较少的地方可以采用红松直播或进行红松植苗造林方法,应以密植为主,1hm²以6000—8000株为宜,并应按原林型(选定其适当的树种)。

采用这种方式,对于过去的过于集中采伐设施是不相宜的,必须分散进行。急需建立林区内的交通运输网,在目前开辟林区交通的困难条件下,应以冬季集中采伐作业为主,大量利用畜力集材,集中到河边或森铁附近,再行运出,如果有条件也可以采用机械集材,但必须有一定的集材道,这样做可以使林忙(冬末)农闲相结合,又可以使机械化与畜力相结合,既可以完成森林的采伐,又可以充分地利用农村的人力和物力,增进了农民与森林的关系和爱护森林的认识。

这种分散的小面积的皆伐,在民主德国和捷克斯洛伐克已取得良好的结果。

由于现在森工设备比较集中,交通网又未铺开,因此提出下列补充的采伐方式。

(2)人工更新二次简易渐伐

根据红松的天然更新和在苗圃中的试验,对于红松幼苗幼树生长最适宜的郁闭度是0.3—0.5。因此为了给红松更新以合理的条件,不采取皆伐,而采用以保持0.3—0.4郁闭度的二次简易渐伐,第1次采伐森林的一部分,包括成过熟木及病腐木等,保留健壮的有生长力的林木,采伐后于当年或翌年按照原来林型组成,采用2—3年的红松幼苗和其它树种进行造林,也应密植,以6000株为宜,待30—40年幼树林长起后,再行第2次采伐,把全部大材砍完。这样做虽然对幼树有些损伤,因为密植的株数较多,可以保证成林。在清理伐区时同时应把被损伤的幼树伐掉,这时幼树已可以作为干材或坑木等利用。

这种方式的优点很多:

1)利用红松幼树的生长,保证红松的迅速更新。
2)充分利用成过熟林,供应木材的需要。
3)因残留一部分林木能保持水土。
4)改变森林的自然环境不大。
5)能育成大材,增加蓄积量。

这种人工更新二次简易渐伐,有些类似二段乔木作业,采伐时可以按上述第1种采伐方法,采用机械化作业。

(3)2—3次下种渐伐

按红松的生物学特性来说,采用2—3次渐伐,对于红松天然更新是有利的,如采用2次渐伐,第1次可伐去40%—50%,15—20年再进行第2次全部采伐,若采用3次渐伐方式,每次采伐约33%,每隔7—40年采伐1次。到第3次全伐。不论2次3次渐伐,均须先伐去病腐木和过熟木,在易于遭受风害的地方,采伐量应相对减少,采用这种方式,利用天然更新或人工促进更新,必要时加以人工补植,集材和运材方式,也可按上述两种采伐进行。

1.3 在第四类森林中只能进行卫生伐和抚育采伐,以改善森林状况,更发挥其护岸作用。

2 旧迹地恢复森林

由于小兴安岭是木材供应基地,因此旧迹地恢复森林,应尽可能营造珍贵的用材林,只有在裸露过久,立地条件变干变坏的地方,可以栽植速生树种。根据不同情况将旧迹地划分三类:

(1)适于天然更新,只需采用简易促进天然更新措施的迹地,如落叶松疏林,只需排水和用火烧清理,除去草类地被植物即能获得下种更新。

(2)适于人工造林的迹地,如榛丛,大面积采伐后变成的草地和灌丛地等等,可根据不同立地条件选择树种用带状或块状进行人工直播和植苗造林。

1)湿润河谷地——兴安落叶松、水曲柳、毛赤杨。
2)排水良好河谷地——红松、红皮臭、兴安落叶松、水曲柳、黄菠萝、核桃楸等。
3)湿润坡地——红松、鱼鳞松、红皮臭、水曲柳、黄菠萝、核桃楸等。
4)潮润坡地——红松、鱼鳞松、水曲柳、紫椴、枫桦等。
5)干燥的陡坡地——樟子松、色木等。

(3)必需进行土壤改良(排水)措施的迹地,如沼泽化严重的塔头甸子,和"王八坑"地方,经排水后,可营造落叶松、红松、水曲柳等树种。

3 改造低价值的次生林

小兴安岭经多次不合理采伐所形成的杂木林,可按原来的林型组成进行针叶树种的人工造林。对多次火灾影响生长不良,干形不直,病腐又多的低价柞林,可根据不同林型,采用红松及樟子松、落叶松来营造针阔混交林,如杜鹃柞树林可以樟子松为主,胡枝子和榛子柞树林可以红松为主,在山坡下部可以落叶松为主。均可采用带状造林。但采用落叶松时,则带条需加宽,一般带宽可以采用50—100m。开始造林时,应伐除腐木,有生长前途的树木,仍应保留。

4 设立采种机构和小型简易苗圃

为了保证人工更新,提供造林基本材料,应在小兴安岭林区中分散的设立采种机构和小型的简易林间苗圃(林间隙地,非林冠下的苗圃等),以便大量采集红松及珍贵的针阔叶树种种子和培养大量的各种苗木,为造林准备好有利的条件。

5 设立红松林自然保护禁伐区

改造自然必先了解自然,发展林业提高森林生长率和发挥森林的各种作用,必先掌握森林发生发展的各种规律性,和森林间各因子的互相作用互相影响的关系。因此必须在小兴安岭红松林区选择适当地点建立自然保护禁伐区,进行研究工作。初步意见,至少应分别在丰林河和带岭林管区中速建立禁伐区,否则等待这一带森林伐完后,那时再想到自然保护区的意义重大,有设立的必要时也来不及了,将是一种不可弥补的损失。希望林业部门和科学研究部门合作组织自然保护区管理委员会,共同进行工作。

6　加强森林学及林型学的研究

我国的森林很少,林业科学落后,自解放以来,才逐渐注意森林的合理经营,建立森林经营机构;逐渐重视林业科学,建立很多林业院、校和科学研究单位。但这仅是一个良好的开端,在森林经营方面还存在着问题,在林业科学方面还存在着许多的空白点。特别在生产跃进的当前(如黑龙江省提出3年绿化,3年迹地全部更新),更需要加强对森林进行全面的研究,特别加强学习苏卡切夫院士的森林生物地理群落学,掌握和提高森林学和林型学的理论。根据中国的具体条件加以发展,来解决社会主义建设中复杂而重大的问题更好地为林业生产实际服务。

7　最后讨论一下大面积采伐

大面积更新问题。有人创议伊春红松过熟林区木材60年内充分加以利用,同时采取各种措施确保更新,营造生产力更高的红松(或落叶松)用材林。据一般说法,森林全部作用中,木材利用只是一部分大面积皆伐后,如不采取适当措施,则迹地暴露,水土冲蚀,即使草被先长起来,草压树苗,使人工栽植苗木不易生长。同时7、8月雨量集中下顷,暴雨害、风害及局部沼泽化等等不能不估计进去。考虑全部有利与不利因素,提出窄带皆伐做试验的方案。

(1)除第一、四类森林之外,第二、三类森林中按一条沟的会水区自然区划来进行采伐设计。

(2)森铁从沟头铺到沟尾,沟口留200—300m的林带作为防风与水土保持之用,林带与沟向垂直。在坡度10°以下可以与沟垂直,在10°以上,应保持一定角度,角度大小以发挥保持水土作用为原则,大体上以顺沟向保持45°左右为宜。采伐100m留防护带100—200m。每次采伐隔20年左右。待采伐迹地人工更新林地郁闭以后再伐第二次,保留林带中又可以人工促进前更。

(3)采伐迹地12—16cm以下幼树幼苗,必须保留40%—55%,因此必须提高采伐技术,掌握伐倒方向,集材必需有集材道。

(4)伐后必须清理林场。

(5)当年整地,翌年植苗或播种,营造以红松为主的针阔混交林,每公顷针叶树5000株,阔叶树5000株(树种选择见旧迹地恢复森林一节)。阔叶树的作用,在于给红松幼苗蔽荫,同时又有增加土壤肥力效用。

(6)每年必需抚育,约8—10年,到郁闭为至。

(7)局部沼泽化地区,采取排水措施,杂草生长茂盛地区,整地前尚须用火烧清理林地。

主要参考文献

中共中央农村工作部长邓子恢. 在山区生产座谈会上作总结报告"建设繁荣幸福的新山区". 中国林业,1958,第1期,中国林业出版社.

中共中央国务院. 关于全国大规摸造林的指示. 人民日报,1958,4.

小兴安岭森林考察报告集(苏联专家报告)(内部刊物). 1958,6. 中国科学院林业土壤研究所出版.

王战,夏武平,李清涛. 红松直播防鼠害研究工作报告. 1958,4. 科学出版社.

刘慎谔. 再论小兴安岭的红松阔叶林的采伐和更新(油印本).

郝景盛. 造林学. 商务印书舘,1946.

聂斯切洛夫 В. Г.. 森林学. 中国林业出版社,1953.

王战、张士驹,等. 小兴安岭伊春地区森林更新调查初步报告,科学出版社:1957,2.

王战、黄家彬. 落叶松人工更新的研究"森林人工更新研究报告汇编". 科学出版社,1957,6.

王战、周多俊. 红松植苗造林"森林人工更新研究报告汇编". 科学出版社,1957,6.

王战. 对于小兴安岭红松林更新和主伐方式的意见. 林业科学,1957,第3期,科学出版社.

刘慎谔. 关于大小兴安岭的森林更新问题. 林业科学,1957,第3期,科学出版社.

韩麟风. 我对大小兴安岭森林更新问题的意见. 林业科学,1957,第4期,科学出版社.

张正昆. 读刘慎谔先生"关于大小兴安岭的森林更新问题"论文之后. 林业科学,1957,第4期,科学出版社.

索洛维也夫 К. П.(杨山译). 远东红松阔叶林和云杉、冷杉林利用和再生产和提高生产力的途径和方法. 林业译报,1957,第3期,中国林业出版社.

柯尔达诺夫 В. Я.,朱济凡. 对于珍贵有用的小兴安岭红松林的考察. 林业科学,1958,第2期,科学出版社.

朱济凡,冯宗炜,朱吟秋. 黑龙江右岸中国境内森林资源概况及目前森林研究工作中的主要问题,黑龙江流域综合考察学术报告(第一集). 科学出版社,1958.

黑龙江省林业技术更新经验交流会议文件,1958.

Фишер А. М. Естественно Возобновление Кедра Кэрейокого Магно флоре Раст и лонвы В. Ы. 1939. Влаоиэосток.

Колесников. Б. П. Кедровые леса далвнего Востока Цэд-во АН СССР 1956. Москва-Пенинград.

О КЕДРОВО-ШИРОКОЛИСТВЕННЫХ ЛЕСАХ МАЛОГО ХИНГАНА

ЧЖУ Цзи-фань и др.

Ичуньский район кедрово-широколиственных песов Малого Хингана явпяется местом произрастания ценной породы-кедра корейского, вопросы рубки и возобновления которого привлекают особое внимание.

7-го апреля 1958 г. Централвный комитет КПК и Государственный совет далиуказание о проведении мер к лесоразвитию в широком мастабе по всей стране, в котором этот вопрос поставлен правилвно.

В соответствии с данными о главных типах леса, биологическими и лесоводственными свойствами, возобновлением и оценкой сплошной рубки, в настоящей работе мы пытаемся представить предварительное мнение по вопросу о возобновлении и рубке кедровых лесов.

Ичунвский район лесов кедра корейского представляет собой горную территорию. Леса должны классифицироваться на основе комплексного исполвзования. Лесопромыщленность и лесохозяйственные отрасли допжны работать по единому плану. После рубки кедрозых лесов нужно проводить искусственное возобновление, чтобылесосеки быстро востановиваинсь и превращались в высокопроизводственные лесоматериальные леса. Для того, чтобы обеспечить песовозобновление при определении способов рубки необходимо по возможности сохранять лесную среду. Поэтому целесообразные способы главной рубки должны быть следующие: сплошная мелколесосечная рубка. Это активный и осторосный способ, а также главный вид рубки, который будет примениться в дальнейшем.

Некоторые лесоводы рекомендуют в целях обеспечения возобновления принимать горную долину с прилегающими горными склонами за единицу рубки и производить крупнолесосечиую рубку. Но из-за недостатка знания закономерностей роста и развития корейского кедра и кедровых лесов и недостаточного проверки этих знаний в производственной практике такая попытка не может дать надежного обеспечения лесовозобновления.

Однако мы считаем, что эта работа является интересной и рекомендуем делать опыты

木本油料作物——榛树

陈炳浩,冯宗炜

(中国科学院林业土壤研究所)

榛树是灌木或乔木树种。它在植物分类学上系桦木科(Betulaceae)的榛亚科(Coryleae)所隶属的榛属(*Corylus*)。

榛属的形态学特征:榛属各树种一般为灌木,很少为乔木;叶互生,单叶,通常为圆形,边缘有重锯齿;花雌雄同株,雄花着生于圆柱形的菜荑花序内,雌花序头状,子房每室有胚珠1个,或很少有2个,果实为单粒种子的坚果,2—4个簇生于枝顶,果包于绿色筒状的总苞内(此总苞乃由合生的苞片组成),果皮木质,子叶肥厚,含油量很高,发芽时留在壳内,花在早春先叶开花,8—9月果实成熟。

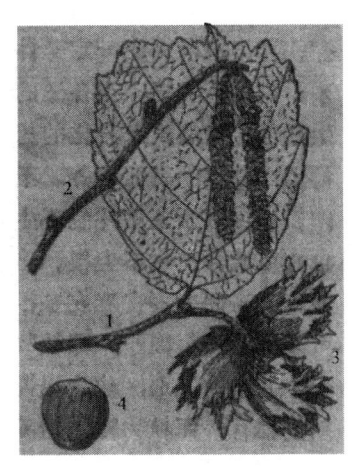

榛 1. 叶及果枝;2. 雄花枝;
3. 总苞与果实;4. 果实

榛属的灌木或乔木树种约有18种,产于欧亚及北美。中国有8种,其中东北地区分布的仅有2种,即榛(*Corylus heterophylla*)及毛榛(*C. manshurica*),湖北、四川等地产山白果榛(*C. chinensis*),西北、西南地区产刺榛(*C. tibetica*)。榛属的各树种几乎遍布各省的山区林野地带,各种不同的气候、土壤(除沼泽土外)条件都能生长,分布范围很大,榛子是我国蕴藏最丰富的野生果树资源。

榛子是多年生的木本油料作物。它有着重大的国民经济意义。榛子的经济价值就在于它的果实——榛果——是高度营养的产品。榛果含有77%的脂肪(油),18%的蛋白质,还有其他维生素营养物质。

榛仁味甘,细腻可口。糖果、点心生产上广泛采用为加工原料,榛仁可以制造有价值的(医疗用)榛子乳、榛子乳脂、榛子粉以及其它营养品。

榛果的饼楂还可以做"哈尔娃"(苏联食品,用饼楂与糖等制成的一种点心),也是一种很美味的食品。

榛子油的滋味很美,系干燥性油,是一种不变色的颜料或染料,因此应用于写生画或染料工业,或可制造肥皂,蜡烛,也用为化妆品。

榛子是鞣料植物之一。榛子的树皮含有8%—10%的单宁,而榛叶和总苞(壳斗)含

原载于:生物学通报,1958,(2):32-34.

*蒙王战先生指正,谨致敬意.

有单宁达到 15%。

榛树木材可以用为细木工艺。例如可以制造箍,筛子,柄,及农用工具等。

榛树细瘦的嫩枝常常被采用为编织筐子(篮子),而粗的枝条用为编织篱笆。由榛枝编织的篱笆可以保持使用大约 10a。

榛叶作为柞蚕的饲料亦甚适用,榛叶又是牲口很适口的饲料,辽宁安东一带的农民用榛叶喂猪。榛树开花较早,雄花上多量的花粉是最早的、最丰富的蜜源。

榛果的保存率较高,耐储藏、运输方便。因此,榛子的干果可以满足任何地方的消费者需要。

榛树,它又是优良的保持水土的树种。榛树有强大的分枝及较多的根系,能强固土壤的表层和防止冲刷和土壤的流失。对沿侵蚀沟、峡谷地带、斜坡和陡坡地方,保护野生的榛树或栽植榛树是极其重要的,榛子亦可作为营造防护林时的下木树种。

榛子的萌蘖性极强,繁殖榛子很容易,可以用无性或有性繁殖来育苗。用无性繁殖的榛子,3—4a 就开始结实,而种子繁殖的榛子,6—10a 才开始结实,一般情况,榛子的丰收年每 8—10a 1 次,但每年都有结实。

我国出产的 8 种榛树中,只有东北产的榛(*Corylus heterophylla* Fischer ex Besser),早在 1942 年林耀堂曾对榛的子实油进行了理化的分析(表 1)。分析的结果如次:

榛果的油脂含有量 48.3%,灰分 3.82%,水分 5.5%。

根据苏联的记载,与我国产的同一灌木树种,榛(*C. heterophylla*)的油脂含量达 50%,他们认为它是有价值的食品与技术油料作物。

如果用几种油料作物的种子,在绝对干燥时的脂肪含量来相比较(表 2),就可以看出榛的脂肪含量是相当高的。

在我国,对榛树的经营管理工作,尚是新的阶段,还有待于进一步开展。

榛树的栽培,在苏联某些地区如黑海沿岸栽植果木中,榛树占有第一位,而其它地区,则占第二位或第三位。设立种植场来专门经营管理,苏联的林业部门(如林管区,施业区)将榛果的生产列为主要副业经营项目。每株榛树可得榛果的收获 2—6kg,在每公顷 600 株的情况下,则可得榛果 1200—3600kg。8t 坚果中即可得 2.2t 榛子油。由此可见,经营榛子的经济收益是可观的,榛子是很有栽培前途的果木。

榛树的良种繁育在苏联也取得了很大的成就。以 И. В. 米丘林命名的中央遗传学实验室以及叔里恩斯基(Солинский)试验研究站对榛子的杂交品种做了很多的工作,培育

表 1　榛子油的物理化学性状

项目	冷压油	乙醚抽出物
比重	d_4^{20}　0.9155	d_4^{20}　0.9172
屈折率	n_4^{20}　1.4711	n_4^{20}　1.4711
粘滞度	10.72(20°), 6.99(30°), 3.63(50°)	10.77(20°)
酸价	4.32	2.10
硷化价	199.74	196.91
碘价(Wijs 法)	98.80	99.80
硫氰化价	72.51	75.79
挥发性脂肪酸测定值	1.02	0.54
不硷物	0.8%	—

表 2　各种油料作物的脂肪含量

作物名称	含脂量 %	作物名称	含脂量 %
向日葵	56.9	榛(栽培种)	77.0
蓖麻	50.8	榛(野生种)	50.0
油用亚麻	47.8	核桃	65.0
大豆	24.5	芝麻	62.0
落花生	56.5	苏子	49.6

出了数十种坚果大而含油率高的、耐寒的、高产的榛树新品种,例如米丘林榛 1 号或 4,5,7,9 号;直布里特(Гибрид)榛 1 号或 16,35,539,520,447,339 号等等。一般说来,杂交品种的榛果的子叶饱满,薄壳,味觉细腻,抗寒性强,单株榛果产量高(平均 6—8kg)。野生榛种的榛果每颗重量1g,而杂交品种的榛果,每颗重量约2g。由此可见,对榛树进行选种是提高榛果的质量与产量的必要方法。

在扩大利用榛树机能器官所提供的榛果、单宁、蜜源、饲料的同时,生产部门与研究机构应当加强对榛树果木的生物学特性及其栽培、经营管理、良种繁育等等进行深入的调查与研究。

这几年来,国家大力号召生产油料作物,找寻新的油源,挖掘潜在力量,增加油料生产。报据上述材料的讨论,榛树的利用价值是很大的,特别是榛树的果实含油率很高,榛子油质量又好,用途也很广泛,榛树植株每一部分的器官(叶、枝、树皮、花、果等)都有它的一定的利用价值。因此,我们推荐榛树将作为采用的油料作物。

榛树的果实是一种含油脂量相当高的木本油料作物,这点虽早已有所认定,但是直到现在仍然没有引起国家油脂加工部门、森林经营部门以及果树栽培业部门应有的注意。本文的写作,主要的目的是请有关方面对我国榛树的研究和利用引为重视。

关于中国植被区划的若干原则问题

刘慎谔,冯宗炜,赵大昌

(中国科学院林业土壤研究所)

О НЕКОТОРЫХ ПРИНЦИПАХ ГЕОБОТАНИЧЕСКОГО РАЙОНИРОВАНИЯ КИТАЯ

Лю Шэнв-о, Фун Цзун-вэй, Чжао Да-цан

(Институт Леса и Почв АН КНР)

  植被区划是自然区划的一个重要部分,也是社会主义计划生产的一个基本资料的一种。这是一门边缘学科,富有综合性的理论意义和生产实践的意义。但是这门边缘学科发展较迟,苏联的全国植被区划在 1947 年才公布,而中国的植被区划尚为初创,在 1956 年才提出一个草案。

  我们在承担东北植被区划[1)]的编写工作的过程中,感于中国的自然特点不同于世界任何其他部分,因而完全采取任何先进国家的成规定律,都有未能尽合中国自然特点的客观事实之处。同时,又由于各家的观点不同,概念有异,因而在区级的划分上:各有各自的主张,这是一门新兴学科的必然现象。我们为了参加讨论在本文中初步提出有关中国植被区划的若干原则问题,并在此基础之上草绘全国植被区划图一幅,希望与各方面有关专家共同商榷。

一 地植物学的概念

  地植物学一名来自英文的 Gcobotany,但 Geobotany 一字在西欧一般均指为"植物群落学,植物生态学和植物地理学"的总称。在苏联以苏卡乔夫、索恰瓦和拉甫连柯为代表的地植物学家仍然保持广义的 Geobotany 的意义,苏卡乔夫说:"作为地植物学来说,无论群体生态、个体生态都要研究,也包括植物生态地理学在内"[1];又说:"我们是把植被当作总的植物群落来研究,所以植物群落是植物群落学上最主要的概念"[1]。另外在苏联也有以谢尼阔夫和阿略兴为代表的地植物学家则认为地植物学就是研究植物群落的学说,所以在贝科夫近著地植物学(傅子祯译)[2]一书内强调地植物学与植物群落学为同名。在中国方面以开始受了阿略兴的植物地理学和谢尼阔夫的植物生态学,两书译本先入为主的影响,一般亦皆以地植物学来代替植物群落学(过去亦曾采用过植物社会学)。

原载于:植物学报,1959,(2):87-105.

1) 东北植被区划在 1958 年"七一"脱稿

在我们看来,以地植物学来代替植物群落学的意见,在西欧国家不通用,在苏联也还尚有争论,在中国方面似乎没有必要采用地植物学的名词代替我们过去用来已久的植物群落学的名词,免致在名词的概念上造成一些不必要思想认识的混乱。

二 植被区划与种属区划的关系

植物种属的分布与群体的植被分布是两门不同的学科,但在两者之间也是互相有连贯的。譬如以种属区划而论,在讨论种属的分布时,可以说而且也应该说某些树种能成纯林,某些树种又为某些树林的伴生树种,这是由种属分布到群体分布的相互关系。但

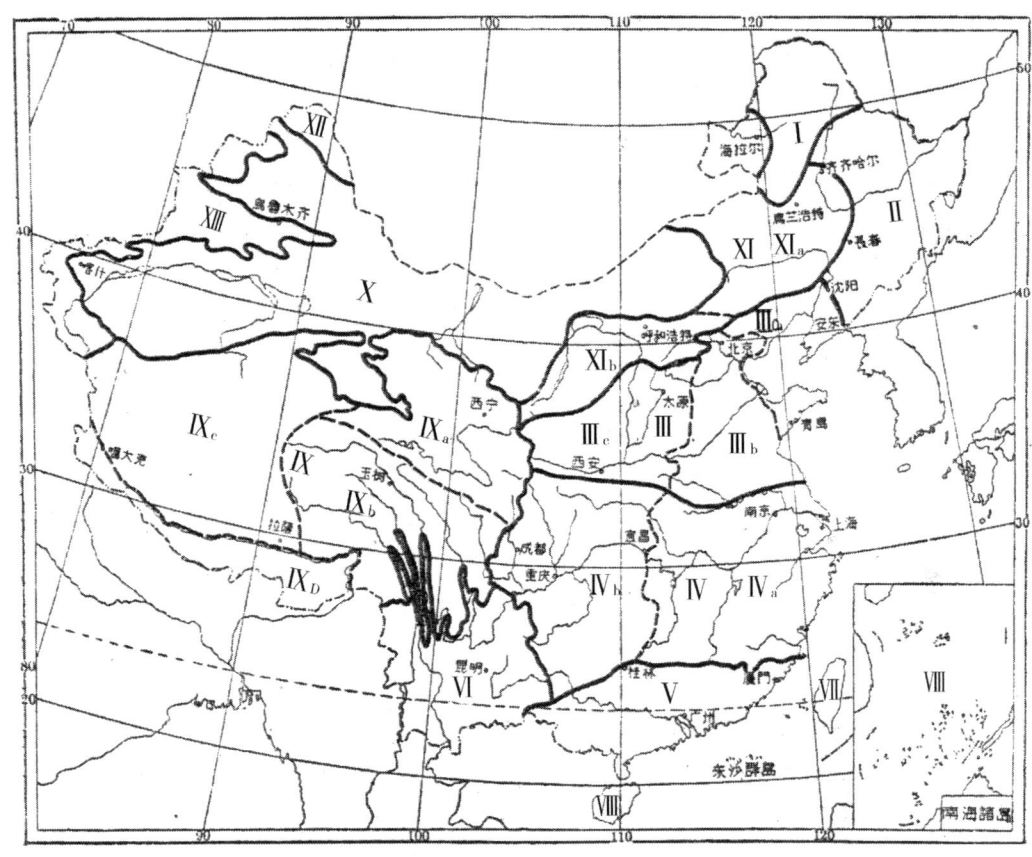

图 1 中国植被区划草图

Ⅰ 大兴安岭落叶松林区
Ⅱ 长白针阔混交林区
Ⅲ 华北松栎林区
　Ⅲa 燕山-渤海沿岸松栎林亚区
　Ⅲb 冀鲁豫散生林亚区
　Ⅲe 秦晋黄土高原松栎林亚区
Ⅳ 华中亚热带常绿林区
　Ⅳa 长江下游亚热带常绿林区
　Ⅳb 长江上游亚热带常绿林区
Ⅴ 华南亚热带热带常绿林区
Ⅵ 云南热带常绿林区
Ⅶ 台湾复合林区
Ⅷ 海南和南海诸岛热带常绿林区
Ⅸ 青藏高原荒漠-针叶林复合区
　Ⅸa 黄河上游针叶林亚区
　Ⅸb 横断山脉针叶林亚区
　Ⅸc 羌塘高原荒漠亚区
　Ⅸd 雅鲁藏布江针叶林亚区
Ⅹ 蒙新荒漠区
Ⅺ 甘蒙草原-半荒漠区
　Ⅺa 内蒙古东部草原亚区
　Ⅺb 甘蒙草原-半荒漠亚区
Ⅻ 阿尔泰针叶林区
ⅩⅢ 天山云杉林区

· 27 ·

是反转过来,在论植被区划时,有时也不能完全离开植物种属的分布,而单纯研究群体的分布,所以苏卡乔夫院士说:"进行地植物区划时要考虑到植物分布界限这一特征,尤其是建群植物的分布"[1]。又如在研究东北柞树林的起源时,不仅要研究柞树林的组成,而且还要研究柞树的分布,甚至也要研究柞树的历史分布[3]。这又是由群体分布到种属分布的相互关系。总之,种属分布与植被分布可以看成是两门互有连贯而又是各自独立的不同学科。但作为综合性的区划工作说来,则是或者分之为两种区划(种属区划与植被区划),或者合之而为一种区划。根据 Aug. Chevalier (ex De Mártonne 1927)[4] 的意见,种属区划加植被区划合称植物区划(Division in Botanical region)。H. Gausson (1954)[5] 最近采用植物地理(Géographie Plantes)为名,也曾出版了一种既有种属分布又有群落分布两者兼备的总结性书籍。我们编写东北植被区划,遵照自然区划委员会的要求,亦曾采用植被区划为名,但其内容则亦加入种属的分析。在我们看来,只有在既有群落分布特征又有种属分布特征的条件下,才能使我们划分出来的自然区域更有依据。特别在目前的情况下,一般说来,我们对植物群落分布的认识远不如对种属分布认识的清楚,因此,如果只谈群落分布而不谈种属分布,将会使我们划分出来的自然区域从植物的观点来看,显得空洞无据,或缺乏足够的特点。

三 区级的安排

植物区划或植被区划的区级一般多取四级制。在西欧国家至今尚多以 Ch. Flahault (1900)[5] 的区级名称为准则,即 I 级为 Region(区);II 级为 Domaine(地区),有时亦称 Province(省);III 级为 Sector (地段);IV 级为 District(州)。按照这一概念,Region(区)的范围很广,例如欧亚北美泛北区(Eurasi-North-American Region);Domaine(地区)的范围较狭,如中欧地区(Medioeuropea Domaine);Sector(地段)的范围更狭,如英吉利地段(Britanic Sector);District(州)的范围最狭,如法国的中部高原州(Franch Central Plateau District)。

苏联在 1947 年由拉甫连柯教授提出的苏联地植物区划(按即指植被区划),基本只分三级,即:I 级 Область(地区);II 级 Лровинция(省);和 Округ(州)[6]。现在苏联的植被区划一般皆取五级制,即:I 级 Зона(带),II 级 Область(地区),III 级 Провинция(省),Округ(州),Район(小区)[6,7]。根据苏联学者的惯例,区划本身不包括 I 级区,故又视 I 级区为 0 级[6,117页]。因此,苏联的区划亦为四级制。但若与 Ch. Flahault 的区级相比,则是苏联的区划仍然多分一级:

苏联区划	Ch. Flahault 区划
0 级 Зона 带	I 级 Region 区
I 级 Область 地区	II 级 Domaine 地区
II 级 Провинция 省	III 级 Sector 地段
III 级 Округ 州	IV 级 District 州
IV 级 Район 小区	(缺)

我们同意 0 级区名用植物带(Зона)或简称带。但也应该考虑到地中海一带(Mediterranean Region)的植物分布在其东部因受中央亚细亚和新疆蒙古沙漠以及西藏高

原地势隆起的影响打断,而失其带状分布的形状。此外,在苏联区划的Ⅱ级用省(植被省),我们因为行政省的概念在中国比在苏联为大,故如一个云南省几乎即占一个Ⅰ级区(Область),因此,以植被省为Ⅱ级区名,在中国学者看来,似乎尚不习惯。我们建议采用 Sector(地段)代替苏联的 Провинция (省)为Ⅱ级区名。如此,我们参照苏联的经验,结合中国的具体情况,建议在中国进行植被区划作如下的安排:

0级植被带或简称带,等于苏联的 Зона,西欧的 Region;Ⅰ级植被区或简称区,等于苏联的 Область,西欧的 Domaine;Ⅱ级植被地段或简称地段,等于西欧的 Sector,苏联的 Провинция;Ⅲ级植被分段或简称分段,等于苏联的 Округ,西欧的 District;Ⅳ级植被地位或简称地位,等于苏联的 Район。

在此之外,还有植物群落的侨居地(Colony),如大兴安岭林区之内,存在有海拉尔草原植被类型的侨居地,在内蒙古半荒漠的地区之中,存在有山地森林的类型(如贺兰山)。这些侨居地在植被类型分类时有意义,而在植被区划时同样也有意义。我们同意 И. В. 萨莫依洛夫的建议:在Ⅱ级以上的区划由自然区划工作委员会担任,而在Ⅲ级以下区划将分由省级地方的科学及业务机构担任[6]。但也应该特别强调Ⅱ级以上的区划的重要性,如在Ⅱ级区的安排失当,则在Ⅱ级以下的区划将会造成更大的困难。另外需要在此指出苏联植被的分布位置一般皆为南北排列的带状次序,故在植被区划方面多取带为名。而在我国的植被的分布则以北有荒漠,西有高原峻岭,因之带状分布的次序,大部已被打乱。苏卡乔夫在谈到"有关自然区划的一些问题"时也曾强调说:"中国的条件与苏联欧洲、亚洲部分都不相同,从这点也说明了中国应该研究自己的方法"[1]。因此,除在带有世界意义的0级区外,我们建议在中国内部的区划,放弃"带"的称号。

关于亚区的问题,我们知道1957年出版的"中国植被分区草案"中,已把区划草案的12个"带"改为15个"区",但又加上了46个亚区[8]。应该说亚级在每个区级之间均可有之,但也不一定非有不可;而亚区应比Ⅰ级区为小,比Ⅱ级区为大,所以亚区既不等于Ⅰ级区,也不等于Ⅱ级区。如以此一标准衡量,则在全国划分的46个亚区之中是否尽合亚区的标准,尚有待于考虑。举例来说,在分区草案中的台湾亚区可能是一个Ⅰ级区,小兴安岭亚区可能是一个Ⅱ级区,而草案中又把一个天然的准噶尔盆地划分为南北两个准噶尔亚区,亦感突出。当然我们不是说,在Ⅰ级区以下不应划分亚区,但也不认为凡与Ⅰ级区以下的级位均可轻易定为亚区。犹之在植物分类学上有亚科、亚属、亚种的分类方法,但也不能离开分类标准,任自定为亚科、亚属、亚种,植物分类是如此,植被分区也应是如此。

四 植被区划与植被类型分类

格拉西莫夫在北京一次有关自然区划座谈会上(1958年3月19日)曾经特别指出,土壤类型分类与土壤区划的意义不同;研究土壤类型的任务只是在表明相同或相近的东西,而研究土壤区划的任务则是在表明相同或相近的东西以外,也要表明不同的东西。我们认为在土壤方面是如此,而在植被方面亦当如此。如在中国植被区划草案图中的亚热带常绿林带[11]内划有暖温带混交林带[10]的飞地,似乎是植被分类或植被分布的意义而非植被区划的含义;反之,又如在中国植被分区草案图中的同一亚热带常绿林带(改称常绿阔叶林Ⅵ)之内,删去暖温带混交林带(改称落叶阔叶和常绿阔叶混交林区 Ⅴ)的飞地,又是有植被区划的意义,而非植被分类或植被分布的含义。为了更能说明植被区划与植被类型分布的不同,今举东北落叶松林为例。落叶松林在东北的分布以大兴安岭为主,但在小兴安岭和长白山林区之内亦均有分布,如论植被类型的分类或分布,则在大小兴安岭和长白山林区之内均应划出落叶松林的分布位置,但在植被区划图(指高级区划)内,则在小兴安岭和长白山林区之内均可不划出落叶松林的位置,因为在大小兴安岭和长白山林区之内,均有落叶松的存在是其共同之点,但其不同之点,则为在大兴安岭以落叶松林为主,而在小兴安岭和长白山林区之内,则又各以针阔混交林为主,故可截然划为两区。所以说植被类型分布图的任务为以类型为主,只是在表明共同的东西,而植被区划图的任务则为以地区为主,更要表明不同的东西。本来,顾名思义,分布(Distribution)与区划(Division)两者的意义,本有不同,因为分布为相同东西的分布,而区划则为不同东西的区划。

当然,我们也应当指出两区之间的界限,可能而且也必然是错综交差,甚至在某特种殊情况之下,飞地的出现不是不可能的。如蒙新荒漠在青藏高原之上出现柴达木盆地的荒漠地段,贺兰山在甘蒙草原-半荒漠地区之内形成森林植被的孤岛;但此则纯属历史植物地理所遗留的植被产物,自当别论。

五 区级的命名

在世界范围内植被类型的命名,一般多以 Brackmann-Jerash 与 Rübel (1912-15)或 Rübel (1930-1)的植被类型名为名[9-11]。在中国植被区划草案[7]中几乎完全采用这一命名方式为区划之名,如 Aciculisilva(针叶林),Aestisilva(夏绿林),Laurisilva(照叶林),Pluviisilva(雨季林),Duriherbosa(干旱草原)等等。在中国植被分区草案[3]中则在亚区方面多已改取山名或地名为名,如小兴安岭亚区,长白山亚区,但在Ⅰ级区方面仍保持一部分植被类型名为名,如常绿阔叶林区,热带雨季林区,落叶阔叶和常绿阔叶混交林区。Б. A. 贝科夫(1955)反对采用 Brockmann-Jeroch 与 Rübel 的植被类型分类方法,说这种分类方法"仅仅是根据形式主义的特征,把各个群落联合而成的"[2]、并主张采用植物群落发生学分类和拉丁文化的命名方法。但现在看来,群落发生学分类法和 Brackmann-Jerash 与 Rübei 的类型分类方法,都是属于植被类型分类的范畴,而不属于植被区划的范畴。植被区划命名方法 A. П. 谢尼阔夫(1938)在苏联科学院植物研究所植被区划原则的讨论会上曾经提出以列宁格勒植物园址为例的一个基本以地名与植被类型名相结合的例子:

"欧亚森林区,东欧省,暗针叶林带,中部亚带,涅瓦三角洲的州组,涅瓦州,城市变型,人为起源的中复合体"(重点是本文笔者外加的)[12]。

在我们看来,无论是种属区划或是植被区划,既称区划均应提出地名(或山名、省名、国名等),否则就只能称之为植被类型而不能称之为植被区划。我们同意以地名与植被类型名相结合之名为植被区划之名。但在原则方面,Ⅰ级区建议以地名结合一个植被的主要基本类型(相当于一个主要的 Climax)之名为名,如言长白针阔混交林区或大兴安岭落叶松林区。在Ⅰ级区以下的区级建议以地名结合一个基本类型的亚型或基本类型以外的类型名为名,如言小兴安岭阔叶红松林地段或三江草甸地段。上述命名是否切实可行,尚有待于商讨。当然在引文之时,植被类型之名亦可从略而只保留地名或山名,如长白针阔混交林区亦可略为长白区。

六　山地与平地的安排

总的说来,自然区划是以水平分布为原则,因为在第Ⅰ级和Ⅰ级以上的大区级主要均受大气候支配,故在同一自然区内山地的垂直分布都应该一致或接近一致的,如华中的黄山、庐山和天目山即为其例。但在两区交界线上的山地垂直分布,则又可能与自然区内的中心地区的垂直分布出现较多的差别,如秦岭为华中与华北两个自然区域的分界线,因此在秦岭北坡虽属华北部分,但其在北坡的垂直分布则与华中内部的南五台山和小五台山的垂直分布有显著的差异,这是可以理解的。

山地与平原植被的差别虽大,但就一般说来,主要为受地形、土壤和气候的局部条件的支配而与大气候的影响较少,虽然我们并不排斥小气候反回来对大气候亦能起一定的作用。B. B. 阿略兴也曾经指出说:"如果气候能够对于整个区域发生一定深刻影响,那么,在该区域内对土壤条件可能引起某些当地的变化"[11]因此,植被或植物的区划级位愈高,则植被或植物受大气候的影响亦愈深,我们建议在Ⅰ级区或由区以上地与平原不予划分,而在Ⅱ级区以下则可考虑划分。

在"中国植被分区草案"[8]中,其亚区中有以"山地"为名的(华北山地亚区,秦巴山地亚区,淮阳山地亚区)。以"平原"或低地为名的,也有三个亚区(黄河辽河平原亚区:淮河平原亚区,长江中下游低地亚区)。在我们看来,秦岭跨有华北华中两个Ⅰ级区的分界线,故在秦岭南坡为以马尾松(*Pinus massoniana*)为主,而在秦岭北坡则以油松(*Pinus tabulaeformis*)为主,故若以秦岭整个山地为亚区,有失成立亚区的统一性。论及淮河平原亚区,根据植被分区草案文中的叙述,已有枫香(*Liquidambar formosana*)和化香(*Platycarya strobilacea*)的华中植物,显然已入华中范围,但草案中根据地形,则与华北山地并列为一个Ⅰ级区(Ⅳ),这些问题似乎是值得重新考虑的。

总之在植被区划方面,大气候对高级区起主要作用,而由局部地形引起的气候影响,则对低级区起主要作用。故在某种情况下,接近某一山地的平原可以不与某一山地同属同一植被区或亚区,如淮河平原与华北山地的关系为其一例;在另一方面,同属一个山地的不同坡位,也可不属同一植被区或亚区,如秦岭山地的南北两坡的相互关系,亦为其例。

七　森林草原的安排

森林草原一名来自俄文 Лесостепь。它是具有森林与干燥草原的"过渡特征"[11]。这一植被类型在苏联"相互接邻的草原和森林之间,形成一条非常奇异的接触线"[11]。在中国方面过去很少有人谈及,解放后,在东北、西北和内蒙的干草原上开展调查和试验工作,始行提出这一名词。但还有人误以森林经过破坏之后而生长出来的湿润草甸类型为草原,以森林的残余部分为森林,合此湿润草甸和残余的森林而称之为森林草原。如在"中国植被分区草案"[8]中,已将东北西部划成一个Ⅰ级的"森林草原及草原区"。但就其森林草原的内容分析,则在草案中称:"主要树种有山杨、榆、蒙古栎、糠椴、黑桦等",在论草本植物时,则称:"除禾本科、莎草科蒿类外,尚有其他草本植物,各依季节开花,显出各种不同的花色,称为五花草塘"。按"五花草塘"一名为东北林区之内普通生长的以大叶章(*Calamagrostis Langsdorffii*)为主的湿润草甸的俗称。按草甸俄文称 Луг(英文 Meadow),而不称 Степь,故以湿润草甸(Луг)与森林混交的类型称为森林草原显然不是真正的森林草原。可知在中国植被分区[9]与在中国植被与主要土类关系[20]内所划的森林草原东界和东北界可能已超出森林草原之外,而入于长白针阔混交林区范围之内。依我们看来,真正森林草原只能存在于干草原与森林的"接触线"上,离开这一接触线的任何森林草甸类型均不宜称谓真正的森林草原。在我国森林草原的草本植物如在苏联相同[13,451页]均以羽茅(*Stipa*)一属的植物为代表,但在西北方面则以西伯利亚羽茅(*Stipa gobica*)为主,而在东北方面则以贝加尔羽茅(*Stipa baicalensis*)为主,森林树种则在东北和西北方面均为残破的榆树(*Ulmus pumila*),高尔捷夫等(1955)亦称在中国的东北的"森林草原中,榆树是主要树种",而称此植被类型谓"榆树森林草原"[14]。只有在大兴安岭西坡海拉尔地区的草原之上生长有很好的樟子松(*Pinus sylvestris* var. *mongolica*)林,此处又可称之为"樟子松森林草原"。

    森林草原的起源问题,在苏联方面争论很多[13,14]。但在中国方面似较简单。至少就目前情况看来,森林显然是让位于草原,因为一方面从气候说来,内蒙古的干燥气候是由西向东南方向发展,流动沙丘在很多地方已经冲破长城而伸入长城之内(如在陕西榆林,甘肃的中卫县境),另一方面从植物的分布说来,在张家口北部流沙之内,曾经发现有枯死的松树粗根(郝景盛)在辽宁省章古台西部的大青沟内,还保全有一片湿润的杂木林,但在沟的外围则为干草原或半荒漠的植被类型。这都说明内蒙古地区的喜干植物和喜干植物群落是在随着流沙的移动向华北和东北推进,反之,而华北和东北的中生植物和中生植物群落则是在随着喜干植物和喜干群落的前进而向后退却,所以辽宁省章古台的大青沟森林和内蒙古贺兰山的森林(崔友文)均可视为在干草原内的中生植被类型的"飞地"或"侨居地"。但在海拉尔一带(红花二济)樟子松林与草原的关系尚有争论,有人谓先有樟子松后有草原,也有人谓先有草原后有樟子松林,需要再作进一步的研究。

    总之,森林干草原在我国方面可能由于人为反复破坏的结果,似乎远远不如在苏联方面的显著,因之亦少引人注意,不易划成独立的区。我们建议按照中国的具体情况,合半荒漠、草原和森林草原列为同一Ⅰ级区位。随着向沙漠进军绿化全国的计划的迅速推进,这些荒漠地区,首先是森林草原、草原、半荒漠都要分别发展为森林、牧场或农田,而森林草原、草原、半荒漠、甚至荒漠的界限将要被人工打破,今日在区划工作方面固可勿须给予这些即将被人工征服的残破植被类型以过高的区划等级。

八　植物和植被特征

    首先我们知道在区划植被大区时,气候条件起主导作用,但就气象因子每年的平均数字计算,还不足以说明气候的特点。例如阿尔泰北端与大兴安岭两地的气候,年平均温度多在0℃以下,由于两地气象资料的平均数字相同或近似,而在中国植被区划草案中划分两地为同区(亚寒带针叶林带)[7]。但就植物特征来看,在阿尔泰山的森林主要为由西伯利亚冷杉(*Abies sibirica*)、西伯利亚云杉(*Picea obovata*)、西伯利亚红松(*Pinus sibirica*)与西伯利亚落叶松(*Larix sibirica*)所组成,而在大兴安岭的森林则主要为由兴安落叶松(*Larix dahurica*)与白桦(*Betula platyphylla*)所组成。如此,以植被特征,阿尔泰山显然不能与大兴安岭划为同一Ⅰ级区。再如按年平均气温统计数字,昆明的年平均数字与上海略相等,即两地各约在16℃与18℃之间[15,16],而在"中国植被区划草案"[7],"中国植被的类型"[7],"中国植被、土壤分区挂图"[13]和"中国植被与主要土类的关系"[19]中亦各将云南的大部、四川盆地、贵州南部、广西北部和浙、赣、湘、闽乃至广东、海南的部分地区划为同一Ⅰ级区。依"中国植被与主要土类的关系"的说明,在这一地区中"有许多突出的同属不同种的亚热带常绿阔叶树"[19,106页]。但依我们看来"同属不同种"的特征,不足以作为划分Ⅰ级区的标准,反之,正是因为有许多"同属不同种"的特征,所以这一广大地区不能属于一个Ⅰ级区。

其次是地形因子可以间接影响气候,直接影响植物的分布,因此地形因子在某种情况之下,也能在区划上起主导作用。但如果单依地形因子来划分植被区域就容易出现差错。如在"中国植被区划草案"中[7],由云南至西藏高原之间,依地势的高低,分为高原草地灌丛带(带4),亚高山针叶林带(带6)及亚热带常绿林带(带11)。而在"中国植被分区草案"[3],则又顺序更名为高山草原草甸灌丛区(区Ⅹ),西部山地针叶林区(区Ⅸ),西南山地植被区(区Ⅷ)并将区下又细分为若干亚区,但其总的轮廓基本无大变动。在我们看来,这里似乎不是三个不同水平分布的地区,而是三个乃至四个不同地区的不同垂直分布的山层。即以"植被分区草案"的西部山地针叶林区而论,则在甘南川北的云杉、冷杉树种与川西者不同,而在川西者亦与在滇西北者不同,在滇西北者又与在雅鲁藏布江者不同,显然不宜划归同一Ⅰ级区内。

再次是植物志的工作在植被区划上也起极大的作用,因为种属的不同,是植被区划或植物区划的重要理论根据。但是植物志的观点与植物区划的观点有时有显著的差别。从分类的观点来看,在一个地方只有一个产地的稀见的外来植物也可与在同一地区的优势种相提并论,但在植物区划的意义来看,不论是种属区划或是植被区划,都不能因为这些个别偶然现象或带有历史意义的个别分布情况而改变区划的界限,例如我们知道在东北南部(旅大区)存在有华中的花丽木(*Lindera obtusiloba*),刺楸(*Kalopanax semptenlobum*),但不能因此而将东北南部划归华中。同样在四川的西南也有极少数云南植物的偶然存在,如云南铁杉(*Tsuga yunnanensis*)(川西),云南松(*Pinus yunanensis*)(大渡河上游),但不能因此而将四川的西南划入云南。类同情况,还有台湾的台湾杉(*Taiwania cryptomerioides*),台湾桧柏(*Juniperus formosana*)也能出现于云南,但不能把云南与台湾归一区;长江流域的柳杉(*Cryptomeria japonica*)也能出现于日本,但不能把长江流域与日本划为一区。可知植物志是重质,而区划是既重质又重量。"中国植被区划草案"开始就把四川盆地划入云南,又合云南长江南部乃至台湾之一部划为一个Ⅰ级区(原称带),可能出于植物志的工作观点。

总括来说,自然条件和人为影响,在植被区划上都占重要地位,但若忽视甚至离开植物特征,就会失去植被区域本身的意义。只有掌握了植物的特征,并在生物与包括土壤因素和人为影响在内的自然条件的统一性的原则下,才能正确地处理植物或植被的区划工作。因此在植物区划工作中,为了要更好明确表现植物分布的特征,就需要对我们所要区划的地区进行很细致的植物分析:(1)分析这一地区的植物种源(Elements),如言在东北南部地区的花丽木(*Lindera obtusiloba*)是华中植物的种源,在长白地区的 *Drosera rotundifolia* 是欧洲植物的种源;(2)分析这一地区的特产植物(Endemics),如言红松是长白地区的特产,*Stipa baicalensis* 是内蒙古东部草原的特产。根据 Aug. Chevalier(ex de Martonne 1927)引证 Ch. Flahault 提出的标准[4]:

(1)在一个 Region(相当 0 级区)之内,要求有一定数量的特产科属;

(2)在一个 Domaine 或 Province(相当Ⅰ级区)之内,要求一定数量的特产属种;

(3)在一个 Sector(相当于Ⅰ级区)之内,一般尚有一定数量的特产种和变种;

(4)在一个 District(相当于Ⅲ级区)之内,植物的特产性几乎不显,主要表现在分布的数量和生态类型上。

这是指对种属区划而言,但对植被的区划也可有类似的要求,在与植物种源相对的现象中,则有植物群落的侨居地(Colony)可由某一地区伸入另一地区,而成间断的分布,在与特产植物相对的现象中,则有特产群落,如 *Themeda triandra* + *Andropogon Ischaemnm* 草地为华北地区的特产群落,*Calamagrostis Langsdorffii* + *Veronica sibirica* 为长白地区的特产群落。而Ⅰ级区的特产群落应与某一地区的主要基本类型(相当于 Climax)相适应,如言 *Themeda triandra* + *Andropogon Ischemam* 草地为华北主要基本类型栎林发育的一个重要过程,可以当作Ⅰ级区的特产群落,反之而在塘沽一带的盐滩上,亦有盐生植物的特产小群落,但此则当可定为划分低级区级的标准,而不应当作高级区级的标准,故区级愈高,则特产群落的分布面积应亦愈普遍,而区级愈小,则特产群落的分布应亦愈有具体条件的局限性。此外在同一大的特产群落之中,可在不同区级之内,现多少量和质的差异,犹之,同一植物在不同区级之内可有不同的变种或不同的生态类型相同。

合此而知,植物或植被的区划不是可以任自选定,而是要求有一定的标准或一定的尺度的。当然,植物种属的分析和群落的分析工作在目前说来,可能还是十分艰巨,但对区划工作说来,则是十分重要,比方说,离开了种属和群落的特征,则山地与平原的关系,垂直分布与水平分布的关系,就很难获得一致的意见。我们认为种属和群落的分析工作,这是植物分类学家,植物地理学家,植物生态学家和植物群落学家共同的任务。

九 蒙新荒漠地区的影响

1 荒漠地区的排列

蒙新戈壁[1]属于整个北半球沙漠带的一部分,故与苏联中央亚细亚部分有其共同之点,也有其特殊之点。首先在苏联中央亚细亚部分的沙漠位置,处于国境之南,故苏联的沙漠植被类型与苏联中部和北部的植被类型,成为由北向南的东西排列顺序:冻原带→森林冻原带→森林带→森林草原带→草原带→半荒漠带→荒漠(戈壁)。而在中国则有不同,因为在中国蒙新戈壁的分布,也略成东西排列的带形,但至中国内蒙古的东部和东北的西部即停止前进,故由东北东部至内蒙古东部之间的植被类型排列顺序,不是由北

---

1) 荒漠即沙漠,在蒙新地区亦称戈壁

向南,而是由东向西:森林→森林草原→干草原→半荒漠→荒漠。类似的情况亦出现于内蒙古南部和甘陕晋北部之间,但在此处的植被类型顺序则又转变为由南向北。而在阿尔泰山之南和准噶尔盆地北半段之间的植被类型顺序,则仍然保持由北向南的方向。因此在苏联用带(Зона)则有南北排列之意义,与纬度带为平行,而在中国的戈壁周围,则有南北、北南,亦有东西排列的方向,常与纬度带背道而驰。故在中国内部区划的区级安排上,前已建议放弃"带"的称号,以便与有纬度带性的植被带区别开来。

2 荒漠移动对植物迁移作用的影响

荒漠的流动如同水势的流动,所以荒漠所至之处,荒漠植物亦必随之而前进。因此,不难想到荒漠的移动亦为在荒漠地区对植物的迁移起着一定的推动作用。论及蒙新荒漠对植物迁移作用的影响,当然需要涉及蒙新荒漠的地质年代问题。就现在生存的植物说来,荒漠植物系统的代表在蒙新荒漠境内已经出现若干独立的种,如与苏联卡查赫斯坦的荒漠植物相比,则各有各自的相应种类:

卡查赫斯坦荒漠	蒙新荒漠
Calligonum ophyllum	*Caligonum mongolicum*
Holoxylon aphyllum	*Haloxylon ammodendron*
Atraphaxis frutescens	*Atraphaxis manshurica*
Artemisia arenaria	*Artemisia orthosica*(及其他)

如此可知,蒙新荒漠的存在(起源)已是第四纪以前(第三纪)的事。但在蒙新地区也有不少荒漠植物与在卡查赫斯坦生长者为同种,而此类植物的分布亦为愈东愈少。如续随子(*Capparis spinosa*)、骆驼刺(*Alhagi camelorum*)等约皆分布至新疆内部而止;名数植物如胡杨(*Populus diversifolia*)、沙枣(*Elaeagnus angustifolia*)、霸王(*Zygophyllum Fabago*)、臭红柳(*Myricaria germanica*)等则均能分布至甘肃以北为止;一部植物如泡泡刺(*Nitraria Schoberii*)、沙蓬(*Agriophyllum arenarium*)等又能由欧洲南部直达东北的西部。另有欧洲性喜盐碱的植物,随蒙新荒漠的移动而流入中国境内者亦有不少;盐角草(*Salicornia*)在新疆有两种,*S. fruticosa* 只在新疆西部,而 *S. herbacea* 则能分布至渤海沿岸,其他如獐茅(*Aeluropus littoralis*)、水芝菜(*Triglochin palustre*)、三棱草(*Scirpus maritima*)等沿蒙新荒漠的全线直至渤海沿岸亦各皆有分布。在水生植物之中,可能至少也有一部欧洲植物随蒙新荒漠的移动而流入中国北部,但属此类植物则由此道与沿西伯利亚路线而进入中国境内,两者不易分辨;但可认定欧洲水生植物进入中国境内有两路:一为沿西伯利亚路线,一为沿蒙新荒漠路线。

合起来,我们认为蒙新荒漠可能在第三纪中已存在,但在第四纪内又有新的发展。今日的贺兰山已被周围荒漠性的气候所包围,形成孤立的山林,亦足说明蒙新荒漠的干燥气候今日尚在逐渐由西向东发展之中。当然我们也应该指出,过去森林在历史上遭受破坏,也对荒漠干燥气候的进展起着一定的作用。

3 荒漠植被类型与中生植被类型的关系

在苏联南部中生植被类型已被荒漠植被类型所代替,而在中国北部的大部中生植被类型亦被戈壁或受戈壁影响的植被类型所代替。因此我们说,在中国蒙新地区如同在苏联南部和在其他沙漠地带一样,中生植被类型的位置已被荒漠干燥气候的影响打乱。因为,荒漠植被类型与中生植被类型为两者对立,互不调和的不同植被类型,而流沙或戈壁前面已经讲过可以比成水流,故在流沙与原有中生植被类型的交叉之处,一般皆为中生植被类型占据山地位置,有时亦成孤岛形(如贺兰山)或半岛形(如天山),而沙丘则占据平原位置,有时亦能通过山口而与另一沙漠平地或盆地相通(如塔里木盆地和准噶尔盆地的西部通过山口与沟谷,而与苏联的中央亚细亚荒漠相通)。因此荒漠植被类型与中生植被类型之间不能互相依属,各自应互成Ⅰ级区位的关系。我们过去曾以包括山地和荒漠在内的新疆全境划为一个混合自然区而称为新疆区[20],现在看来,显然这是不对的。

十　西藏高原之影响

中国主要地形的构造大体为西高而东低构成屋脊之形。但在屋脊上部则为包括康藏及青海在内的广阔高原,其中喜马拉雅山脉主峰(珠穆朗玛峰)海拔达8848米,号称世界最高峰;在羌塘地区(西藏西部)的平地海拔高度为4000米,而喀喇昆仑山的隘口(Pass)则为海拔5500米,号称世界最高隘口。这一大地形面积的隆起,引起中国西部植物分布上的巨大变化。首先在全部羌塘地区,高山草原的类型发育已是很不完备,最主要的植物只有两种苔草(Carex)和一种性喜荒漠的矮生藜科植物伏若藜(*Eurotia ceratoides*);木本植物之中只有在河流两侧有时出现一种平铺地面的柽柳科植物水柏枝(*Myricaria Hedinii*)。因此,这一类型的植被,可以视为高山草原的顶部,而高山草原的全部面貌乃至高山草原下部的林带分布情况,全然不得而知。其次是在旧西康和青海地区虽然由于黄河水系和横断山脉水系冲成V字形深沟,能使我们看到高山地带的林层上部情况,而对林层下部的情况则仍然不得而知。但是正是由于水流冲刷的结果,才使我们看出在横断山脉水系的植物种类,与黄河上游水系的植物种类迥有不同。所以在横断山脉水系的植被以受印度洋热带气候的影响而参入很多热带植物,而在黄河上游水系流域的植被,则又以受有北方干燥气候的影响,故有蒙古区系华北植物区系植物的侵入。因此,青藏高原整个地区虽然在地形上属于同一高原,但不属于同一植被区。中国自然区划草案曾以青藏高原的北、东、南三面的外围部分,由云南北部及旧西康地区至甘肃及青海北部,由西向东依次划为两个顺序的自然区,各为高山草地灌丛与高山针叶林带,可能只是考虑了地形的高低(等高线),而忽视了植物种类自身的分布。

由此可知,中国植被纬度带的带状分布,除在中国北部已被蒙新荒漠影响所打乱外,而在中国西部,又被青藏高原的造山运动影响再次打乱。我们根据植物特点与地形因子的统一性的原则,合称青藏高原为一复合体(Complex)。如果有人愿意划分青藏高原为一个Ⅰ级的复合区的话,则我们建议在此同一复合区之内,再划分为四个亚区,即:(1)羌塘高山荒漠亚区,以羌塘地区的内陆水系的界线为依据;(2)横断山脉针叶林亚区,以横断山脉上游水系的界线为依据;(3)黄河上游针叶林亚区,以黄河上游水系的界限为依据;(4)雅鲁藏布江针叶林亚区,以雅鲁藏布江水系(包括印度河上游水系在内)的界线为依据。

十一　河流流向对植物分布的影响

我国主要河流的流向,大部都为由西向东,如黄河、长江、珠江,小部分为由北向南

(如横断山脉水系,鸭绿江)。在东西流向的河流对植物分布的影响,产生交流作用。如柳杉(*Cryptomeria japonica*)的分布为由云南西部沿长江流域一直分布到日本,成为条状或横带状分布。铁杉(*Tsuga yunnanensis*)的分布以云南为中心,但在四川北部由于金沙江的沟通作用,亦有少量分布;刺梨(*Rosa Ruxbourgii*)在成都盆地和贵州的中部及东部的分布极为普遍,但在云南全省只有在大理一带才有分布,究其来源,可能为由于金沙江的沟通作用而产生此种不规则的分布现象。由于河流的东西流向,对植物分布所起交流作用的结果,中国三大主要河流流域——黄河流域、长江流域、珠江流域天然形成三个连续独立的自然区。不少人根据山地与平原相提并论的原则,主张以长江与珠江之间的山地划为另外一个Ⅰ级区,称为"亚热带常绿林带"[7]或常绿阔叶林区[8,18],这需要再作进一步的商讨。

在由北向南的河流流向的情况下,植物分布的交流作用较少,反之,而有放射性的分布状况(Trradiation),如渤海沿岸的赤松系统(*Pinus densiflora* var.)和华北区的花曲柳(*Fraxinus thynchophylla*)在中国境内沿鸭绿江流域而上能直达土门一带。而在长白林区的西部和小兴安岭林区均不见,赤松分布的不规则性也可由此得一解释。放射性的分布情况在横断山脉地区最为显著而突出,此一地区的热带亚热带植物沿横断山脉的河谷(怒江、澜沧江、金沙江等)而上,直至水系的上游尚有多少生存。是知在横断山脉之内,热带植物为由南向北推进,而不为由北向南退却,故在区划图上应沿江河主流作出由南向北的放射线界限。

总之,河流流向影响植物分布的位置亦各有其重要意义。假定黄河、长江、珠江的流向不为东西排列而为南北排列,则南方植物必沿河谷而由南向北推进,假定横断山脉的水系不为南北排列而为东西排列,则其放射性的分布情况,又必然也改变为东西交流的分布情况。

十二　海洋气候对植物分布的影响

如果说在中国北部植物分布的纬度带已被荒漠气候的影响所打乱,而在中国西部植物分布的纬度带又被青藏高原的造山运动影响所打乱,但在中国东部植物分布的纬度带则基本尚能保持完整。在此完整的纬度带部分,距离海面皆近,接受海洋气候的影响最深,除在东北和云南而外,植物或植被的分布范围皆成长方带状形势。试依海洋的分布地置,划分中国沿海地带为5个Ⅰ级海洋气候区:

1 长白针阔混交林区

其中直接受日本海的海洋气候的影响,但在大兴安岭落叶松林区之内,则其海洋性气候的影响已至轻微。有人认定东北的自然特点,在于其位置在季风区之内,若与欧洲相比,此说甚当。但在东北内部就长白山针阔混交林说来,则有不足。比方说,落叶松在苏联远东已公认为一最耐寒的树种,亦为在远东地区分布最向北的林木,故苏联在黑龙州东部的红松阔叶林分布在落叶松林之南(根据苏联伯力林局局长 Стариков 同志口授)。但至中国的东北,则落叶松自然分布的基地,又集中在与红松基地(小兴安岭)东西遥遥相对的大兴安岭。怎样解释这种离奇的分布现象呢?根据海洋气候的影响,我们认为大兴安岭距离海面较远,气候因之也更寒冷;所以落叶松林在苏联黑龙州东部生长在红松阔叶林之北,而在我国的东北,则又转向分布在红松阔叶林区(小兴安岭)之西(大兴安岭)。

2 华北松栎(*Quercus* spp.)林区

其中阔叶树全部为落叶树种,直接接受渤海和黄海气候的影响,西至甘肃的六盘山为止。在此渤海沿岸与六盘山之间,东西尚可划分为下列几个亚区即:(1)燕山—渤海沿岸亚区;主要包括辽宁千山医巫闾山和山东、辽东两个半岛的地位;(2)冀鲁豫平原亚区,包括泰山山脉在内;(3)秦晋黄土高原亚区,包括太行山和吕梁山在内。在此范围之内,森林植被皆以松栎为主,过六盘山而西,松栎的分布皆即停止,故约由六盘山而西直至新疆全境,栎树完全绝迹,而松树(西伯利亚松)则只有在阿尔泰山出现一种(西伯利亚关系)。什么是阻止松栎由东向西分布的原因呢?我们初步认为在松栎分布空白的广大地区之上,海洋性气候被大陆性的荒漠气候所代替,是其主导因子。在内蒙古东部和南部森林干草原地区的某些地位,今日还能见到或意识到松林(油松)或栎林消失或孤立在流动沙丘的沙面之上,亦足说明在这一地区松栎分布的来历。

3 华中亚热带常绿林区

其中阔叶树种半为常绿树种,直接接受东海海洋气候的影响,西至四川的康定雅安一带为止。在此康定、雅安与东海沿岸之间,由东向西尚可横分为两个亚区,(1)长江下游亚区,包括黄山、天目山、庐山、武夷山及南岭在内;(2)长江上游亚区,凡宜昌以西,康定、雅安以东均属之,包括秦岭南坡、巴山、南岭北坡(大庾岭北坡)及贵州安顺以东之地在内。在此广大范围之内,长江上游亚区已离海面较远,受青藏高原高山气候的影响已显。有人根据科属相同之特征,欲以本区南部的山区地带与云南的北半部[7]或南半部[18]并为一个自然区(亚热带常绿林带或常绿阔叶林区),我们认为科属相同的特点,则已超出Ⅰ级区划标准以上,而属于0级区范畴,故在中国内部划分的自然区域,仍应以Ⅰ级区为最大单位。

4 华南热带常绿林区

其中树种以常绿叶树种为主,主要包括珠江流域地区,直接受南海海洋性气候的影响。此区的东至西全皆面临海面,气候匀整,内部无亚区之分。但有人合此珠江流域地区而与台湾、海南和南海诸岛甚至也加上云南南部地区,并为同一自然区,称为热带亚热带季雨林带[7],热带季雨林区[8]或热带季风雨林区[19]。在我们看来,这些不同的地区各皆属于同一大气带的0级区,而在中国内部各应成立彼此独立的Ⅰ级区。

5 云南常绿林区

除云南而外尚包括贵州安顺以西之地,为中国唯一接受印度洋海洋气候影响的地区,植物或植被因地势高低而呈寒、温、热三带的差别,如在保山的海拔约为2000米,约当华中亚热带常绿林区的林相,但其树种则有异,出保山而西入怒江坝则海拔即下降约1000米,约当华南热带常绿林区,而树种亦不同,再沿怒江北望,雪山已遥遥出现在目前。如此是以怒江沟谷为热带,以剑川至保山一带为温带及亚热带,以怒江上部的雪山为寒带。大约在云南地区雪山的空间位置约在5000米以上,温带及亚热带的空间位置在3000—1500米之间,而热带的空间位置则在1500米以下。故在地形垂直5000米或五公里之间出现半个地球的植物或植被的分布,这是在中国自然特点之中又一突出的奇迹。

由此而知,云南一区的区划特殊意义,乃为在云南不应视为南北有不同的水平分布

Ⅰ级区(如言亚高山针叶林带、亚热带常绿林带及热带季雨林带),而当视为上下有不同的垂直分布层,如其说云南为一高原,不如说云南为一由南而北的缓慢半壁山坡。正是因为自然区划皆建立在水平分布的基础上,而垂直分布则属水平分布的内部问题,故在云南全境只能成立一个而不能成立几个自然区。我们建议依南北地势之坡度,划分云南为三段,即(1)南部热带常绿林段,包括中部乃至北部的沟谷在内,蒙自以南之地皆属之;(2)中部常绿阔叶林段,沟谷之地除外,昆明、大理、保山等地皆属之;(3)北部落叶阔叶林段,包括雪山在内,剑川以北之地皆属之。若以印度洋的海洋性气候对云南植物分布的影响,与南洋的海洋性气候对华南植物分布的影响相比,则为印度洋的热带气候至云南而与青藏高原的高山寒带气候相遇,构成两种极端气候(热带与寒带)的相互交流。亦即谓夏季有来自高山寒流的调节,冬季有来自印度洋的热流的调节,所以昆明号称"四季皆春"或"四季无寒暑"之地。根据中国植物分布的规律,凡在两种不同气候交错的山区皆易产生特种,如在秦岭(华北与华中两气候的交差线)和在南岭(华中与华南两气候的交差线)皆是;如依此类推,则凡在两种极端不同气候交差的山区,则更易产生新种,云南即为其例。因此,如全国植物的种类总数估计为25000种以上,而云南一区或一省的植物种数则有10000种以上,其中杜鹃一属的植物在欧洲全部只有一、两种,至长江下游只有十几种,而在云南则有数百种,云南植物的丰富,可想而知。如此看来,整个云南全省或全区的位置只有高山寒带与热带地区两者的交差点意义,但其交差面很广,涉及全省全区,而使我们不得为在高山寒带和热带地区之外,成立一个独立的Ⅰ级区。

十三　西伯利亚气团对植物分布的影响

如果按海洋气候对中国大陆沿岸地区植物或植被影响的结果,则可将中国大陆的东部依次由北向南划为相当Ⅰ级区的四个纬度带,即(1)寒温带(长白针阔混交林区);(2)温带(华北松栎林区);(3)亚热带(华中常绿林区);(4)热带(华南常绿林区)。此一分类结果,若与欧洲相比则出现不少差异。

首先以巴黎而论,巴黎约处北纬50度,而北京则约处北纬40度是北京的纬度位置位于巴黎纬度位置之南,相差约为10度,但在巴黎盆地的草地经冬有绿色,而在北京的草地入冬即全枯。另外北京的纬度位置又略当地中海的北部,而地中海的北岸则已开始进入亚热带地区,而中国的亚热带地区又约至上海才开始,如以地中海北岸纬度与上海纬度相比,则上海的纬度又在地中海纬度之南,相差亦约为10度,如此是以亚洲与欧洲相比,则在欧洲的寒带短而热带长,而在中国则相反,变为寒带长而热带短。格拉西莫夫从气候的观点出发,鉴于北京夏季的酷热,认定北京应属亚热带,虽然在中国方面听来似乎是很离奇,但华北地区在夏季的气候却又如此酷热,不是没有原由。诚然,如按夏季的气候北京当属当地中海的亚热带,故有很多一年生亚热带植物如甘薯、花生、棉花、水稻在华北均能生长良好;甚至少数多年生的亚热带植物如柿树也能在华北自然生长。但与欧洲不同之点,则为在中国因有来自西伯利亚的寒流,又使暖地植物能在华北夏季生长而不能在华北越冬,以栽培植物而论,如法国梧桐($Platanus\ orientalis$)在巴黎生长很好,而在北京栽培则需冬季包草保护幼苗。栽培植物如此,野生植物亦然。如此就一般说来,在欧洲方面夏季相对长而冬季则相对短;反之,而在中国方面,则为夏季相对短,而冬季则相对长。西伯利亚这一气团的存在,不仅能影响东北、华北和华中,而且亦能影响至华南,过去在广东试植橡胶,因遇寒流的侵袭,而致伤亡很重。这是说明西伯利亚寒流至少在亚洲东部的影响,已是带有很大的普遍性。但在云南地区寒流因受横断山脉的隔绝,似已经失去作用。反之,而沿此横断山脉山谷之间,热带地区的大气暖流似乎又在向北奔流,云南半自生的仙人掌(*Opuntia*)沿金沙江而北至四川西昌犹能蔓延生长自若。依此推论,如无中国西部青藏高原和横断山脉的高地障碍,则印度缅甸的热带植物可能直接进至新疆、甘肃,如此则新甘的气候又将成为地中海的气候。今日相当地中海的大气带,在苏联南部已被荒漠打断,在中国西部又被青藏高原打断,只有在中国东部,才又开始出现。但在此地,又因受西伯利亚气团的影响,故其分布地位,又由北向南大约移动北纬10度,即由北京转至上海一带。如此立论,若以中国与欧洲相比,则中国的寒温带(东北)略当北欧,温带(华北)略当中欧,亚热带(华中)略当地中海区。现在以中国亚热带的气候比之地中海的气候,尚有下列论证。我们知道在地中海区已开始有棕榈科植物如 *Chamaeropsis humilis* 的出现,而在中国华中地区则有棕树(*Trachycarpus excelsa*),此树今日犹多自生于秦岭南坡(汉中棕树沟);另在地中海的常绿叶树种特别如 *Quercus coccifera*,*Q. suber*,*Q. Ilex*,在占取优势,而在中国华中地区则在与地中海地区相适应的常绿半常绿阔叶树种亦有白栎(*Quercus Faberi*),青杠栎(*Q. glauca*),高山栎(*Q. semicarprifolia*),姜子树(*Q. Boronii*)等更多的丰富种类。因此,如以在中国境内的全部植物区域而与世界性的大气纬度带——0级区(应作带)相比拟,则由华北区界以北包括青藏复合区在内,均属欧、亚、北美泛北带的一部分;华中一区按其植物的常绿叶属性与棕榈科植物的出现,为与欧洲地中海区东西遥遥相对,但其两地的联系则为荒漠和高原打断,而其所处的纬度亦以受寒流的影响较在地中海由北向南移动10度;由华南区以南包括云南区在内,则已进入热带林带范围,而在高山地区出现高山植物或高山植被(在云南西北部),只能视为在热带和亚热带地区内部的垂直分布而已。

十四 冰川时期对植物分布的影响

冰川时期又分冰期时代和间冰期时代。我们知道在冰期时代冰势最重时期大部分欧洲部均在冰泛之下,在北美的中部和西部的冰期冰势可能还更重,在北美的东部而冰势又轻。

在中国方面是否也有冰期的存在? 开始是有人怀疑,甚至也有人在反对(德日进)。后来经过李四光教授为首的中国地质学家在中国中部的研究结果,已经证实冰期在中国的存在已无问题,但其冰势的强度远不如在欧美的严重。在东北方面冰川遗迹亦常有人陆续发现(严尚钦、刘海蓬),但也有人否定冰川在东北的存在。我们从历史植物分布的观点出发,认定在冰期时代东北虽亦出现冰川但不甚强烈。通过这一弱度的冰川作用,西伯利亚和来自欧洲的植物,皆能由北向南推进约至长白山区为止。此类植物今日多已进入长白山上部成为东北的高山植物而与西伯利亚和远东地区形成间隔的分布,如牛皮杜鹃(*Rhododendron chrysanthum*,西伯利亚系统)圆叶柳(*Salix rotundifolia*,欧洲系统)八瓣莲(*Dryas octopetala*,欧洲系统)皆为其例。另有一部分欧洲系统植物只能进入大兴安岭的高山顶部但未进入长白山,如岩高兰(*Empetrum nigrum*)即为其列。出东北而外,在旧热河省的雾灵山(海拔约2000公尺)内,即连在东北北部和东部比较普遍生长的欧洲系统植物——笃斯越桔(*Vaccinium uliginosum*)和越桔(*Vaccinium Vitis-Idaea*)亦无存在。当然在冰期时代进入东北的一般欧洲系统植物,远能超出东北范围而进入华北,但就上述来自欧洲-西伯利亚寒地植物系统而言,似乎可以认定在冰川时代东北地区的冰川可能未从高山伸入松辽平原。根据现有植物种类分布的分析,欧洲植物随冰期时代进入亚洲乃至北美(西部)是具有一定的路线,以西伯利亚为主干(见图2)。所以今日在中国东北、朝鲜和日本存在的欧洲系统植物种类,比在中国西部或中国其他任何地方为更多,亦足说明这些欧洲植物在冰期时代由西向东进展,不是由中国西部直接进入中国东部。

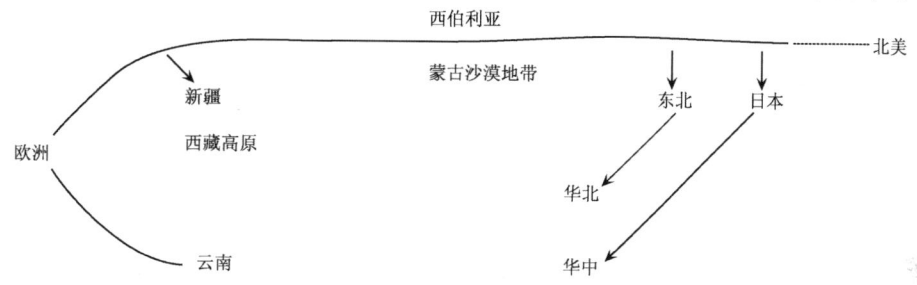

图 2　欧洲植物在冰期时代由西向东移动路线

什么是这些植物移动的推动力量?我们已经知道在冰期时代欧洲北部植物为逐渐由北向南推进;但若假定亚洲在此同时的气候比之欧洲气候为更暖,则北欧植物既由北向南的逐渐推进的方向,同时也应有由西向东的逐渐推进的另一方向。如此,就不难解释欧洲植物的推动力量为由欧亚气候失去平衡所引致。当然在冰川退却时期欧亚植物可能又会产生一种回流,但就现在植物分布的中心而论,由西向东的前进方向是主要的,而由东向西的回流方向是次要的。

什么是产生冰期的原因?冰川学家似乎尚未做出统一结论,我们相信极位变动学说[1](Simroth 1914),因此,在冰期时代北极不应在今日的位置,而应在格陵兰岛,所以格陵兰的冰泛至今还未消除,此则既足说明地球物理的惰力,亦足说明格陵兰岛冰盖形成今日冰川化石。如果承认北极的位置不是固定不移,甚至可能今天还在移动之中,那么,北极的位置移动,而南极的位置自然也当随之而移。但在南极移动的方位,应与北极移动的方位相反,亦即谓在冰期时代北极的位置在大西洋的北岸,而南极的位置应在太平洋的南岸;如此则在此时南极相当于亚洲北部的一面应为寒冷的中心,相当于欧洲北美的一面应有比较温和气候。依此极位移动学说,则在今日的冰泛之下,可能尚有地下无穷的宝藏。因此,今日世界各国争在南极洲开展的探险工作,不能仅仅视为一种好奇性或纯理论性的竞赛,更有开发地下资源的实际的重大意义。

在间冰期时代与在冰期时代相反,欧洲的气候又由冷变暖,而其影响的结果则为北欧植物又顺序由南向北退却或就近进入高山地区;同时欧洲中部和南部植物亦在随之而顺序由南向北推进。冰期在欧洲有四次,而在每两冰期之间,即有一次间冰期,故在全部冰川时期的气候则为一冷一热。亚洲在冰川时期亦与在欧洲相同,既有冰期也有间冰斯。但其差异则为我们已知亚洲在冰期的气候远远不若在欧洲之严寒,而亚洲在间冰期

---

[1] 极位变动学说(Peudulum theory)最初是由 Reibisch 提出

则又恰恰相反,远比欧洲更为酷热。因此,如果说,欧洲南部的植物今日在欧洲北部尚未留遗残有任何生存的间冰期树种,而在亚洲方面则华中植物今日在华北和东北均有生存间冰期的木本植物代表,如香丽木(*Lindera obtusiloba*)、刺楸(*Kalopanax septemlobum*)、漆树(*Rhus verniciflua*)、省沽油(*Staphylea Bumalda*),而五味子(*Schizandra chinensis*)、圆枣子(*Actinidia arguta*)、编蝠葛(*Menispermium dahuricum*)又能由东北北部分布至苏联的远东地区。此外在华南植物的代表亦在华中有代表,有人称四川峨嵋是华南植物区域的"飞地",即谓峨嵋今尚留有很多华南植物的代表之意。台湾在间冰期间尚与大陆相连,故有很多南洋植物,因有台湾海峡的暖流而至今日仍保存下来。由此可知,亚洲在间冰期间,南方植物又顺序转变而为由南向北推进,可能当时东北华北的气温,至少是不低于今日华中的气候,甚至更为温热。如此在冰间和间冰期之间亚洲植物的移动方位略可示之如下:

1　在冰期 $\begin{cases} 1.\ 由西向东,欧洲植物进入亚洲; \\ 2.\ 由北向南,普遍趋势,而其移动范围不越一个Ⅰ级区; \\ 3.\ 由高山上部至高山下部移动,植物可至平原但冰川不能达到平原。 \end{cases}$

2　在间冰期 $\begin{cases} 1.\ 欧亚植物产生由东向西回流; \\ 2.\ 由南向北,普遍趋势,可能超过一个Ⅰ级区的范围; \\ 3.\ 由高山下部至高山上部移动,在华中移动的空间范围可能在2000米以上。 \end{cases}$

总之,亚洲植物经过冰期和间冰期的反复移动,形成中国植物和植被分布的特点:

(1)在属种分布上出现远距离的间断分市,如华中植物系统的香丽木(*Lindera obutusiloba*)越华北而出现在辽东半岛(旅大区)。

(2)在植被分布上出现远距离的侨居地(Colony),如海拉尔的羽茅(*Stipa*)干草原类型越过落叶松林而深入大兴安岭内部乃至黑龙江沿岸;栓皮栎林本为华北产物,而在云南剑川一带则有纯林。

(3)在欧亚北美的泛北广大植物带中有很多同属同种的植物,不少人否定植物移动学说,认为这些植物皆出源于北极故称极地植物(boreal species);但也应该特别指出,极地植物已在欧亚北美大陆之上开始分化,如在东北的极地植物,经过植物分类学家的进一步研究,已知与欧洲的极地植物的形态有所不同,欧洲的 *Dryas octpetala* L. 在东北为八瓣莲亚洲变种(*Dryas octepetala* var. *asiatica* Nakai),欧洲的 *Empetrum nigrum* L. 在东北为岩高兰亚洲变种(*Empetrum nigrum* var. *asiaticum* Nakai)。这些分化的结果不仅出现在矮小的极地植物之内。而且也直至出现在一般树木之中;例如欧洲的 *Salix Caprea* L. 在东北为大黄柳(*Salix Raddeana* Laks.),欧洲的 *Pinus sylvestris* L. 在大兴安岭为樟子松(*Pinus sylvestris* var. *mongolica* Litv.)。

通过冰期和间冰期植物移动作用,植物发生变异的程度如何?还是一个新的问题。一般说来,在冰期移动的植物今日多取变种形状,而在间冰期移动的植物则是未发生任何形态上的变化。如此可知冰期可能远在间冰期之前。

十五　海陆变迁对植物分布的影响

我们在海陆变迁的问题上,就全国说来尚少足够的植物资料。然以北方而论,渤海湾的开始陷落时期可能较早（第三纪），但在冰期乃至在间冰期间,日本仍然与中国大陆和朝鲜连接在一起,因此,渤海湾在过去第三纪与第四纪之间曾经是一个大陆（渤海区），而今日则因海面陷落,而使日本与中国大陆和朝鲜分离。但就今日植物的种类分布而言,则在东北与日本朝鲜之间尚保存有不少的特产植物:赤松（*Pinus densiflora*）、紫杉（*Taxus cuspidata*）、小花木兰（*Magnolia parviflora*）、玉铃花（*Styrax obassia*）皆为其例。此外,今日以东北和朝鲜为分布的鱼鳞松（*Picea jezoensis*）、红松（*Pinus Koraiensis*）亦皆在日本有分布。通过过去渤海湾大陆的连系,东北与日本共有的植物种类今日在两地发生的变异,均至轻微,最大亦只到变种的程度：如在东北的白桦（*Betula platyphylla*）和黑桦（*Betula dahurica*），在日本为 *Betula platyphylla* var. *japonica*、*Betula dahurica* var. *Okboi*。足证渤海大陆的完全陷落时期不会太远。此外,在间冰期以前朝鲜、台湾皆与中国大陆相连,今日因在朝鲜南部和台湾海峡各有暖流的出现,故在朝鲜南部保持的华中系统的植物特多,而在台湾则保持的南洋系统植物特多（见中井猛之进"东亚植物"）。另外在山东崂山山脉与泰山山脉之间,虽为同一陆地,而因在地质时期曾经有过一道海水之隔,故今日在崂山山脉为以赤松林的分布面积,在泰山山脉则为油松林的分布面积。在山东半岛与辽东半岛之间,虽有渤海相隔,而因在地质时期曾经连为一地,故今日在此两个半岛之上的植物分布情况,很少有差别。如果不从海陆变迁的观点出发,就很难了解到这些大陆与海岛和大陆与大陆间的植物相互关系,换言之,即有某些植物分布的反常现象,必须借助于海陆变迁的研究,始能完成认识自然了解自然的任务。

十六　人为活动对植被分布的影响

就一般说来,在大自然界中出现千变万化的各种不同景观,很少是未受人为影响的,因此实际说来,我们通称的自然植被,已经不是单纯的自然植被,而是加上人为影响而出现的自然现象。但是在资本主义社会制度里,对自然资源采取掠夺式手段的情况下,人对自然干涉的活动不可能不带有盲目性。中国是历史悠久的古老国家。农牧业的经营很早就发展,所以人类活动对自然的影响很深,特别是过去劳动人民遭受历代封建地主阶级的残酷剥削,烧山垦荒等尤烈,自然植被遭到严重破坏,造成了水土流失,气候失调等自然灾害,这是破坏性的一面。另一方面,广大人民在长期和自然灾害作斗争的过程中,用劳动和智慧创造了许多奇迹,改变了自然面貌,例如四川的梯田,南方人工栽培的杉、松、茶、桑、竹和北方的各种防护林,都给予中国植被面貌添上了不少美丽的图案和扩大植物的资源。这样看来,人为活动的结果,对于研究中国的自然植被不仅带来了很多困难,而且也增加了不少丰富内容。区划的目的即为全面规划国家建设,有力地推动并提高国家的生产力,而植被区划对于农林牧事业的全面规划和生产力的提高,关系最为密切。因此,在进行植被区划的时候,对由人为活动而引起的植被变化必须予以重视。

总之,人为活动对植被的影响,不外乎两个方面,一个是破坏性的,另一个是建设性的,在今天全国人民正在以移山填海的声势,向自然进军,改造自然,使它更有利于社会主义和共产主义建设的需要,因此,我们在植被区划的工作中,既要摸清植被的规律,又要重视人为活动对植被的影响,并且把它反映在各个植被区级中,为改造自然,创造各种有利条件。

主要参考文献

[1] 苏联林业科学考察团在华工作专刊．林业部林业科学研究所编辑出版,1956.
[2] ь．A．贝科夫著(傅子祯译)．地植物学．科学出版社,1957.
[3] 刘慎谔．再论小兴安岭红松采伐与更新问题(油印本)．1958.
[4] Aug. Chevalier et L, Cuénot ex E. De Martonnc. Biographie (traité de geographiephysique, зmetome) Armand Colin, Paris, 1927.
[5] H. Caussen. Géographie des Plantes. Armand Colin, Paris, 1954.
[6] U．B．萨莫依洛夫．李恒等译．自然区划方法论．科学出版社,1957.
[7] 钱崇澍等．中国植被区划草案．载中国自然区划草案．科学出版社,1956.
[8] 钱崇澍．中国植被分区草案．载中国自然情况．林业部造林设计局编,1957.
[9] 正宗严敬．植物地理学．养贤堂,东京,1939.
[10] 神谷辰三郎．植物地理学．古今书院,东京(昭和八年)．
[11] B．B．阿略兴著(傅子祯译)．植物地理学．高等教育出版社,1957.
[12] А．П．Шенников: Принциibl геоботанческого районирования (Доклад А. П. Шенникова), Acta Inst, Boc. Acad. Scient. USSR Ser. Ⅲ Fasc. 4,1938.
[13] Д．Г 威林斯基．土壤学(下册)．高等教育出版社,1955.
[14] 高尔捷也夫等．哈尔滨地区沟谷森林的地植物学概说,科学出版社,1955.
[15] 中华人民共和国分省地图．地图出版社,1953.
[16] 中华人民共和国地图集．地图出版社,1957.
[17] 钱崇澍等．中国植被类型．载地理学报,XXⅡ卷 1 期,科学出版社,1956.
[18] 侯学煜,马溶之合编．中国植被、土壤分区挂图．地图出版社,1956.
[19] 侯学煜等．中国植被与主要土类关系,载中国自然情况,林业部造林设计局编,1957.
[20] 刘慎谔．中国北部及西部植物地理概论,2(9)．国立北平研究院植物学研究丛刊．

再论"关于中国植被区划的若干原则问题"

刘慎谔,冯宗炜,赵大昌

(中国科学院林业土壤研究所)

前著"关于中国植被区划的若干原则问题"[1]一文发表后引起曾昭璇教授的关心和重视,说明地理学家和植物学家"互相合作和共同研讨"的关系愈来愈密切,我们同曾教授互有同感。曾教授在其"读后"[2]一文内提出的论点同样对我们的启发和帮助很大。现在仅就曾教授提出的命题顺序作如下的扼要修正和补充说明。

1 关于植物地理学的概念

曾教授指出我们误用"植被区划"为"植物地理区划",我们完全同意。因为植被是植被类型的总称,不能包括种属区划在内,而使用植物地理一辞则可兼而有之。

2 区划与类型的关系

曾教授明确指出"类型研究是分类研究(马溶之教授称为单体研究),而区域研究是综合体的研究",如此提法更为明确,我们表示同意。但是如果过分强调综合体而把具有 5500 万 km² 荒漠面积和具有与新疆荒漠不可分割的植物种类分布的柴达木盆地置于青藏高原,不属蒙新荒漠地区范畴,则对整个国民经济的统筹安排也会有所失调。论中国荒漠面积在西内蒙古 6 个省区之内,青海占居第 3 位,现在正在全国一盘棋的统筹安排之下全面开展治理工作。因此,在我们看来,把柴达木盆地看成蒙新荒漠的一部分,不能完全说成由"类型观点作出的结论"。

3 山地与平原的安排

曾教授指出我们在论自然区划(包括植物的自然区划在内)时主张以水平分布为原则为不当。这里可能是因为我们交代的不清,需要加以补充说明。首先我们说区划是以水平分布为原则,但也并不排斥垂直分布的重要性,所以曾教授也指出了我们在许多例子上重视了垂直分布的意义。应该说水平分布与垂直分布是统一的,但是我们说区划是以水平为原则的本意,是在说区划是首先要考虑水平分布,其次是在考虑垂直分布,因为水平分布是普通的、基础的,而垂直分布是部分的、补充的。举例来说,在我国沙漠地区就几乎没有垂直分布可言,但依水平分布的原则,则区划工作仍然不受任何影响,在华北区域的中心也无垂直分布的可言,而依水平分布,则区划工作仍然不感任何困难,这就是采用以水平分布为首要条件的便利之处。

在提到同一山区两坡可以分属两个不同植物区划时,曾昭璇教授也认为是"区域和类型混乱的结果"。但如秦岭在北坡为华北油松林系,在南坡为华中区的马尾松林系,故秦岭应视为华北、华中两区的分界线。这是一道山脉分属两个不同植物区域的一个显著

原载于:植物学报,1959,(4):284-286.
1) 载植物学报 8 卷 2 期(1959)
2) "关于中国植被区划的若干原则问题"读后,载植物学报 8 卷 4 期

的例子。在我们看来,在划定区域与区域之间的界线时,只有考虑类型才能得出正确的结论。在云南地区与青藏高原复合区之间沿横断山脉水系的沟谷之中,我们作出凸入高原内部之界线也有同样用意。

4 蒙新荒漠地区的影响

我们在谈到沙漠起源时说"蒙新荒漠在第三纪时即已有存在",曾教授指出这样的说法太"笼统",我们同意曾教授对我们提出的批评意见。这里需要补充说明的是原文本意是在根据中国特产沙漠地区的沙生植物种类和植物种类形成的地质年代来估计,中国沙漠的起源,已是超出第四纪范围而入第三纪的年代中。这里是意味着一个第三纪末期的含义,但是没有用明文表达出来,这就容易使误解到种的形成必须联系到"太远的年代上去",乃至联系到第三纪的初期上去。

当然,这样说也不能说明我们在沙漠起源的地质年代上做了什么考证工作,我们的意图只是在从生活着的植物中提出几点论据,说明沙漠的成因在人为的影响以外,也还有其自然因素,因而在全部治理沙漠的工作中,不能完全依靠"封山育草育林"的经营措施,进而更要提出固沙造林更为积极的措施,这是我们提出沙漠起源的目的。

5 青藏高原的影响

曾教授指出我们把中国植被纬度带在青藏高原被"高原上升运动所打乱",说成被"造山运动"所打乱,显然这是一种错误。我们趁此机会也对原文提出声明更正。

6 海洋对植物分布的影响

曾教授似乎同意我们把云南地区划为一个由南向北倾斜山坡地形的一个独立的一级区,但不同意我们把云南当作一个垂直分布地区看法,这里也需作点补充说明。我们说云南是一个垂直分布地区,但也并不排斥区划是建立在水平分布基础之上的说法,因为我们是根据云南南部和横断山脉沟谷之间植物分布情况把整个云南地区列为热带林范畴,但并未根据云南高山植物分布情况把整个云南地区划为高山针叶林范畴,因此从字眼看来,好象我们是把水平分布和垂直分布对立起来,但从内容看来,则水平分布与垂直分布仍然是互相密切结合的。

7 冰川时期的影响

曾教授承认在中国有冰期的存在,但不同意植物有迁徙作用(migration),更怀疑我们提出由西(欧洲)向东(亚洲)的移动方位。当然,中国在冰川时期植物的迁徙作用及其移动方位还是一个比较新的课题。我们自己的意见本来也不够成熟,欢迎大家来讨论。但如离开论证,单从原则来看,曾教授既然承认在中国也有冰期的存在,但同时又认定中国植物的演化和分布,只能解释为在"局部地理环境中长期变化的结果",这就意味着既认定"局部"环境条件是固定不动的东西,但又承认古气候有忽冷忽热(冰川时期)的现象;也就是在说,既承认大气候已经发生了巨大的变化,但又否定植物的分布位置也能随之而移动,这就很难理解。当然曾教授已经指出说,在华中庐山地区的冰川作用"不是很强烈的",我们也完全同意。但是我们也在此作为商榷意见,提出两个问题:

(1)在华中地区冰川作用不是很强烈的,但是在华北,特别在东北山区的冰川作用,是否应比华中地区更为强烈?

(2)如果承认在中国(或亚洲)方面的冰川作用比在欧洲方面的冰川作用也是不很强烈,则在冰期时代欧亚两个大陆之间的大气温度是否也应因之而失去平衡?如果承认在冰期时代欧洲北部植物是在逐步由欧洲北部向欧洲南部移(这是世界已经公认的事实),而当时在欧洲东部又因亚洲气候较暖,冰川作用不很强烈,是否也能引起欧洲植物沿一定路线逐步由西(欧洲)向东(亚洲)推进的方向?当然,肯定如此立论,则在间冰期时代欧亚植物的移动方向又会产生由东(亚洲)向西(欧洲)的回流。但就今天的植物分布中心看来,前进是主要的方向,而回流是次要的方向。譬如说,欧洲赤松(*Pinus sylvestris*)今日遍布在欧洲全境,而在中国则以变种形式(樟子松)只存留在大兴安岭及呼伦贝尔盟地区。因此我们只能说,中国的樟子松是"欧洲植物种源"(European element),而不能说欧洲的欧洲赤松是"中国植物种源"。

如此在处理欧亚相同或近似种的关系上,认定其中绝大部分是由欧洲来至亚洲而不是由亚洲来至欧洲的说法(曾教授指之谓"西来说")是否会"对中国科学、文化各方面"有所"影响"?我们的意见,是因为我们研究的冰川时期问题属于地质范畴,远远超过人类社会历史活动以前的时期,当可不予考虑。

归纳起来,通过曾教授在以地理学的观点同我们在以植物学的观点来讨论地理与植物的共同的区划原则这一具体事实,我们同样发现在很大程度上我们同曾教授有不谋而合的共同认识。我们同意曾教授在"读后"的"结语",即在基本原则上我们有共同的论点:(1)以发生学为基础;(2)地带性因素与地区性因素相结合;(3)重视人为因素的影响,这是说明原则问题的重要性。

今天我们在划分植被类型的分类工作上,意见还是十分分歧,这在工作方法上可能还需要研究进一步统一。但其分歧之点,可能也不完全是方法论上的问题。在我们看来,今天划分植被类型的工作,还不是建立在发生学的基础上,植被演替规律的研究至今还未能贯彻到整个植被类型工作上去,这是一个事实,这样就使划分植被类型的工作多少停止在描述现象的水平上,而不能提高在统一的理论基础上求取统一的意见,不能不引为遗憾。我们建议在现有植被类型分类的基础之上把发生学的观点理论,贯彻到植被类型分类的工作中,同时再结合地带性因素、地区性因素和人为因素影响的特点,将会在地植物学的理论基础上和在生产实践的意义上作出更多更大的创造性的贡献。

小兴安岭南坡的柞林

陈炳浩,冯宗炜,鞠山见

目次

一　小兴安岭南坡柞林的现状
二　蒙古柞个体生态-生物学特性
三　蒙古柞木材的机械-物理特性及其利用价值
四　小兴安岭南坡的蒙古柞林型
五　蒙古柞森林群系发生学上的争论
六　讨论与建议

附件　小兴安岭南坡各施业区的蒙古柞林调查因子汇总一览表
参考文献
摘要
照片

小兴安岭南坡森林的研究开始得很晚,直到现在,对小兴安岭南坡阔叶-红松林外围占有相当面积的蒙古柞林(*Quercus mongolica* Fisch & Turcz.)的研究尚是开始阶段。鉴于蒙古柞林是小兴安岭南坡森林中的重要成分之一,因此,研究蒙古柞林的发生学特性不仅在理论上有重大意义,而且对于提高小兴安岭南坡森林生产力,尤其是当前有待解决的林分改造问题也有重要的实践意义。

1957年中苏黑龙江综合考察队森林小队在小兴安岭南坡考察期间,蒙古柞林的起源和改造问题曾引起中苏科学家们极大的兴趣和注意。本文是作者在1957—1958年两次在小兴安岭的伊春、双子河、美溪、带岭、南岔、铁力、友好等地实际工作的总结报告,在野外调查和报告整理期间,得到本所朱济凡所长和刘慎谔副所长、王战教授的指导和帮助,特致以衷心的谢意!

一　小兴安岭南坡蒙古柞森林的现状

小兴安岭主要的森林群系有阔叶-红松林、云杉-冷杉林、落叶松林、蒙古柞林等群系。

小兴安岭南坡的蒙古柞森林的分布特点系沿着松花江最大支流之一的汤旺河中游及其支流地区呈狭带状分布。同时,必须指出的一点是:蒙古柞森林分布是沿着未经采伐的阔叶红松林的外围、铁路和河流的两侧山地、以及林区城镇居民点附近。指出上述一点是重要的,它说明了蒙古柞森林的出现是与人类经营活动紧密地联系着的。其次,蒙古柞在阔叶红松林分布范围内的某些地方,如南向或西南坡向的陡坡,也有小块状的蒙古柞林分布,但并不常见。

据黑龙江省林业厅森林资源统计的资料,小兴安岭南坡地区蒙古柞林地面积共81195hm^2,占调查区总的有林地面积5.3%,林木蓄积量共10876820m^3,其中疏林地上的

原载于:中国科学院林业土壤研究所报告集,林业集刊. 科学出版社,1960,第四号,61-87.

蒙古柞林木蓄积占 23.6%，即有 2560094m³，疏林地上枯立木蓄积约有 38598m³。由此可见，小兴安岭南坡地区的蒙古柞森林也是国民财富来源之一。

小兴安岭南坡地区的蒙古柞森林是在长期的、历史性破坏的基础上出现的。因此，蒙古柞森林的生长状况并不好。蒙古柞林分状况的特点在于森林生产力很低，地位级 Ⅳ—Ⅴ(Ⅴa)，疏密度较小，单位面积上林木株数疏密不均，树干弯曲多折，枝下高度矮小，树冠长度与幅度较大；树干基部残存火迹，患心腐病的情况也很严重，木材的经济材材种出材率很低。

在林区的居民点附近，蒙古柞林分是萌蘖性质的幼林，更正确地说是"矮林"。其外貌的特点是呈团聚状或簇状，遭受居民连续砍伐的程度十分严重(虽然近年来有所改变)，目前正在自然恢复中。

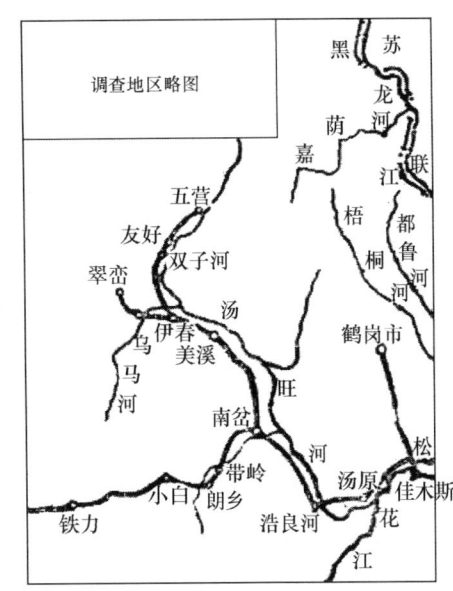

图 1 调查地区略图

对小兴安岭南坡的蒙古柞林型分类的初步研究的结果，主要有 3 个林型：杜鹃-蒙古柞林(*Quercetum Rhododendrosum*)，胡枝子-蒙古柞林(*Quercetum Lespedeziosum*)，榛子-蒙古柞林(*Quercetum Corylosum*)。

小兴安岭南坡的柞林之特点还在于它是**山地柞树林**。在调查研究范围内尚未发现有河漫滩、河谷平原的谷地柞树林。苏联远东地区西霍特-阿林(Сикотэ-Алин)、苏坡金克(Суптинк)河流的山地、冲积阶地上均有蒙古柞林的分布。

二 蒙古柞的个体生态-生物学特性

蒙古柞是我国北方的阔叶树种之一。分布在我国东北各地、华中、华北一带，朝鲜北部，蒙古东部，日本，苏联的西伯利亚、远东部分。

蒙古柞系喜光性树种，但还不如白桦、黑桦、黄菠萝那样的喜光。侧方蔽荫能够促使蒙古柞的高生长和整枝能力。黑桦(*Betula dehurica*)是蒙古柞的伴生树种。

蒙古柞在西伯利亚的条件下，零下 60℃ 的低温也不致冻死。这种耐寒能力是长期的自然适应的结果，同时，蒙古柞具有肥厚的树皮，在颇大程度上也帮助了它自身抗寒和抗火的能力。

蒙古柞的主根入土深度可达 6—7m，因而它的抗风能力很大。

在通气良好的、深厚的、湿润的土壤上，柞树形成高大的树干和质量高的木材。良好的条件下，蒙古柞高达 25m，直径达 1m，在多石块的、干燥、贫瘠土壤上，蒙古柞常常是弯曲的、多枝节的树木，树高在 10m 以下，直径不超过 15cm。

通常，经采伐后，从根桩可得到良好的萌蘖更新。大多数情况下，根株萌蘖在砍伐后第 1 年出现；特殊情况下，150—200 年生的老龄柞树伐桩须在 5a 或 5a 以上才抽出萌条，一般萌生能力在140a以后几乎停止,个别可以保持350a左右[13]。实际调查,提供了下列资料:1株中径柞木,伐根高25cm,伐根直径25cm,心材已腐朽,年龄63a,共有萌蘖植株12株,其中4cm径级者有5株,2—4cm径级者有3株,1cm径级的枯株共4株(照片4)。

据苏联文献的记载:实生的蒙古柞在16年生即开始结实,萌生的蒙古柞在30年生时结实最为丰富。柞树林木的过度稀疏也可能对结实引起不良的效果。这一看法,在某些情况下也是事实。

在小兴安岭带岭地区,对蒙古柞物候观察的结果[7]:蒙古柞的树液流动开始得很晚,直到5月上旬才开始微微地树液流动,5月中旬芽膨胀和芽开展,5月下旬开始出叶,雌雄花序形成,6月上旬至9月上旬为果实发育时期,9月中旬果实成熟,9月下旬开始休眠。蒙古柞橡实成熟后即落下,其橡实主要的特点是在成熟时能很快的发芽,因此采集橡实必须及时,当刚刚落果,即须开始采集。蒙古柞橡实秋播后能很快的生根,并能很好地越冬,受冻害也少。据苏联远东的经验,除秋播可获得良好的效果以外,还可以免去其冬藏费用。

蒙古柞整个植株的营养器官(叶)被虫啮光或叶被树冠火烧去为光秃状态时,只要树木内部生理未被破坏,枝上的侧芽仍然有萌发新叶的可能,树木依然生长无恙[12]。

在疏林状态时,蒙古柞树干的分叉性很强,干多弯曲,生长不高大,大大地降低了成材利用价值。

蒙古柞的天然野生苗出现极少,这是由于种子易遭受动物(野猪等)及昆虫(象鼻虫等)的为害的缘故。

蒙古柞树干基部腐朽病害严重,主要的病菌有 Dodales quercina,硫磺菌(Polyponys sulphyens),猴头菌(Hydnum erinaceos),橡树多孔菌(Polyonys dryophilus)等干腐病菌[10]。

苏联西伯利亚草原上采用蒙古柞为造林树种,乌拉尔尚用它作为城市绿化树种,西伯利亚地区栽培和结实情况也很好。

根据柞树的生物学特性,它是一个能够改良土壤的树种。某些人认为柞树能给土壤造成灰化作用,但是在最近的书籍中和某些人的讨论中出现了两种相反的看法。可以说这两种看法都是对的。蒙古柞在不同的立地条件下,其改良土壤的作用相差是很大的。在大兴安岭地区,混交林中的柞树所产生的灰化现象很弱,而在纯林中柞树却是能使土壤进行灰化的树种了[10]。因此,蒙古柞在纯林中是能够促使土壤灰化的树种,这一点从柞树林的土壤调查材料中得到了证实[10]。

蒙古柞的树叶在秋末时期并不从树枝上凋落于地,而仍悬挂在树枝上过冬,迄翌春落地。由于这一特性和翌春的干旱性气候条件大大地促使柞树林造成不断的火源导火物。因此,蒙古柞林经常出现的森林火灾也不是偶然的。

虽然,对蒙古柞的生态-生物学特性揭露得还是很少,可是已经有理由认为它——蒙古柞是长寿的、对土壤要求苛求的树种,它既是保土树种,又是经济的材用树种。

三 蒙古柞木材的机械-物理特性及其利用价值

蒙古柞的木材在国民经济意义上占着重要的位置。蒙古柞木材坚硬,比重大(平均比重0.734)而耐水湿,抵抗腐朽力强,其为工业部门所重视。在苏联,蒙古柞木材可用于船舶、车辆、胶合板、细工用材、酒桶板材、制造地板木块、制造木炭等很多方面,柞材特别是酒桶板业中独一无二的珍贵材料,此外柞皮及柞材可提炼单宁。

柞叶为育蚕的良好饲料,柞树果实(俗称橡实)当咖啡代用物或用作猪饲。

根据苏联 Н. Л. 列翁节夫(Н. Л. Леонтьев)对蒙古柞木材的机械-物理特性分析,其结果如下:

		质量系数	
重量(g/cm³)	0.60	织维纵压	675
干燥量系数	0.60	静止曲折	1375
织维纵压力(kg/cm³)	405	运动曲折	0.50
静止曲折(kg/cm³)	825		
运动曲折(kg/cm³)	0.30		

根据 В. И. 夏尔科娃(Шаркова)的分析,柞材中(与木材重量之比)含量有半纤维素31.9,纤维素22.13,木质素22.13,多缩戊糖24.1,水中抽出物质1.49,酒精1.45,乙醚0.91,溶胶体0.18%。

必须指出柞材的缺陷,柞材具有易桥裂的木材物理特性。最近欧美、日本各国均采用人工干燥以防桥裂。蒙古柞木材用人工干燥处理,可以纠正木材桥裂的缺陷,并将为柞材的利用开辟途径。

目前,蒙古柞木材在伊春林区被居民当作薪炭材使用,大大地减低了柞材的使用价值,在这方面需要寄予应有的注意。

四 小兴安岭南坡地区的蒙古柞林型

1 杜鹃-蒙古柞林(*Quercetum Rhododendrosum*)

杜鹃-蒙古柞林型出现,是与地形地势有严格的制约性。通常出现在岗陵脊部、近山脊或山坡上部,一般是20°以上的坡度,常见的是极陡坡、陡坡、坡度较大的斜坡,坡向以西南、南为习见,坡面有片状剥蚀或穴状侵蚀的小凹面,海拔高度300—450m。

诚如上述,小兴安岭柞树林是山地柞树林的特点。山地蒙古柞林分中尤以本林型占有干旱性的土壤,土壤机械成分多系砂质壤土或砂质粘壤土、砂质重壤土,土层厚度一般不超过40cm,个别情况下可达100cm左右,土壤构造以粒状结构为主,质地紧密或稍紧密,全层土壤颜色为棕色、带黄或带红色;随着土层厚度自上而下呈现这样的规律:草根量由多而少,树根量由少而多,继而又少;石砾由无到有,由小到大;由粒状或屑状结构以至无结构状态;土壤孔隙度由少量到多量;结持力由紧密或稍紧密至紧而易散,或疏松散碎。由此可见,该林型的土壤具有良好的排水与吸水能力;同时,极疏松而又多石的土壤为该林型的地形"崩解"造成条件,故在杜鹃-蒙古柞林型常发现有岩石崩落的露面。该林型的土壤为发育在花岗岩母质上的原积物的砂质粘壤的弱生草棕色森林土。

该林型的林木结构甚为单纯。同一层次的单层林,组成为10柞+黑桦或9柞+1黑桦。据调查的材料,80年生的蒙古柞出现了强烈的自然稀疏现象,1hm²面积上有56株枯立木,其中尤以8及12cm径级者为多,110年生蒙古柞林分,1hm²林地上有20株枯立木;140年生时,蒙古柞自然稀疏现象愈来愈少,很少出现枯立木。蒙古柞的最亲密的伴生树种——黑桦,在该林型混交比重仅占一成。若在极陡峭的或陡的南坡,仅是单株状态出现。随年龄的增长,蒙古柞林木的株数相应地减少(图2)。在主林木的生长发育过程中,并没有任何外来树种侵入现象的发生,林木组成十分稳定,完全取决于蒙古柞的优势。这主要是因为该立地条件对其他树种十分不利。

根据No.5标准地材料,该林型的主林木最大直径为44cm,平均直径15.5cm;最大高度11.5m,平均高度8.2m;优势年龄为

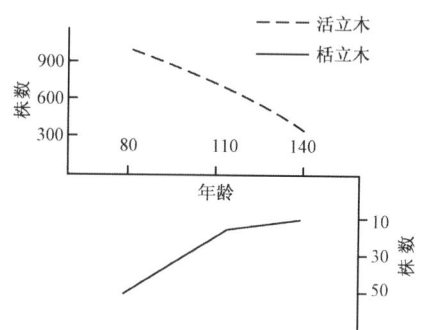

图2 杜鹃-蒙古柞林型的主林木随年龄增长,株数变动的曲线

110—140a,单位公顷上有断面积 $13.984m^2/hm^2$,地位级Va,蓄积量 $103.02m^3$,郁闭度0.5(0.7),疏密度0.5以上(0.7—1.0)。

该林型虽属同一地位级,在不同的年龄阶段上,其林型立木测算因子有着相应的变化(表1)。

表1 杜鹃-柞树林林型立木调查因子

地形地势	树种	层次	株数(hm^2) 林木	株数(hm^2) 枯立木	组成 株数	组成 断面积	直径(cm) 最大	直径(cm) 平均	高度(m) 最大	高度(m) 平均	优势年龄(年)	断面积(m^2/hm^2)	蓄积量(m^3) 活立木	蓄积量(m^3) 枯立木	地位级	郁闭度 疏密度
按No.5标准地材料																
山坡上部近山脊,陡坡、坡面有片状剥蚀的凹面;西南坡,坡度18°海拔430m	蒙古柞	I	672	20	10	10	44	15.5	11.5	8.2	110	13.780	101.38	0.64	Va	$\frac{0.7}{1.0}$
	黑桦	I	24	0	eg	eg	16	10.0	11.0	9.0	48	0.204	1.64	—		
	总计	—	696	20								13.984	103.02	0.64		
按No.1标准地材料																
岗陵脊部局部呈台阶状,西南坡,坡度20°海拔高度290m	蒙古柞	I	388	12	10	9	44	18.6	13.5	10.4	140	10.348	44.56	1.60	Va	$\frac{0.5}{0.4-0.3}$
	黑桦	I	12	0	eg	1	36	29.3	14.0	11.5	123	0.836	7.60	—		
	总计	—	400	12								11.184	52.16	1.60		
按No.7标准地材料																
山岗近山脊部,小地形由穴状、片状侵蚀,陡坡29°,坡向西南,海拔高度410m	蒙古柞	I	900	56	9	9	44	15.5	12.0	9.6	8.0	16.912	75.80	3.02	Va	$\frac{0.5}{0.7-0.8}$
	黑桦	I	20	4	0.5	0.5	24	16.5	11.5	7.0	68	0.432	1.88	0.72		
	红松	I	28	0	0.5	0.5	17.5	10.5	8.1	120		0.676	4.04	0		
	总计	—	948	60								18.020	81.72	3.74		

必须指出,该林型系蒙古柞林型中生产力最低者之一。根据No.7标准地杜鹃-蒙古柞林各径极与材种的株数分配关系(表2),该林型的主林木提供的经济用材28.4%,半经济材53.3%,薪炭材18.3%,如果按用材部分(包括经济、半经济材、薪炭材在内)和各径级分配关系来看,则12cm径级者占10.2%,24cm径级者占6.6%,28cm以上各径级木共计占2.4%。总之,这些材料具体地证明了该林型在森林工业价值的微小性。同样,该

林型的蒙古柞也均是小径级的林木,绝大部分集中在16cm以下各径级(表3),平均直径、平均高度都十分矮小和瘦细,林木的高粗度成正比。这些曲干状的蒙古柞是该立地条件的自然反映。

杜鹃-蒙古柞林型的更新情况很不好,正确地说是几乎完全没有更新(表4),甚至于连萌蘖性的柞苗也极少发生。这种情况,是该林型立地条件和蒙古柞的生物学特性给它的更新造成了极大的困难。首先是种子年周期较长;橡实是大颗的重粒种子,在陡削坡上易于滚失,幼橡树不耐上方遮荫而被枯死。同时,由于该林型的立地条件很坏,土壤贫瘠又干燥,因而蒙古柞在该林型内的更新是十分不良的。

表2 杜鹃-蒙古柞林各径级与材种的株数分配(按 No.7 标准地材料折算 1hm²)

材种	径级(cm)										总计
	8	12	16	20	24	28	32	36	40	44	(株数/hm²)
经济材(株)	32	56	92	32	28	8	0	4	0	4	256
半经济材(株)	100	168	132	52	24	0	4	0	0	0	480
薪炭材(株)	52	72	24	8	4	0	0	4	0	0	164
枯立木(株)	20	28	8	0	0	0	0	0	0	0	56
合计											
用材(株)	184	296	248	92	60	8	4	8	—	4	900
非用材(株)	20	28	8	0	0	0	0	0	—	0	56
正分数											
用材(%)	20.4	32.8	27.6	10.2	6.6	0.8	0.4	0.8	0	0.4	100
非用材(%)	25.7	50.0	14.3	0	0	0	0	0	0	0	100

表3 在1hm²面积上杜鹃-蒙古柞林型的蒙古柞经济用材各径级和平均高度、平均直径的变化(按 No.5 标准地材料)

径级(cm)	蒙古柞		
	株数	平均高度(m)	平均直径(cm)
8	172	5.80	6.5
12	176	7.30	11.4
16	140	8.20	15.5
20	96	8.80	18.8
24	48	9.00	22.3
28	16	9.00	26.7
32	20	8.80	30.5
36	—	—	—
40	—	—	—
44	4	9.00	43.5
总计	672	林分平均高度 8.2	林分平均直径 15.5

杜鹃-蒙古柞林型内主要的下木是杜鹃(*Rhododendron dahuricum*)。其次是胡枝子(*Lespedza bicolor*),杜鹃是该林型最有代表性的下木,应当强调指出:杜鹃是恶劣的立地条件上最良好的水土保持的灌木树种。它这方面的意义是不容忽视的。下木的生长和发育所以是这样的不良(表5),这是与本林型的立地条件的恶劣性和火灾发生的经常性所分不开的。

表4 杜鹃-蒙古柞林的乔木树种更新情况（按据 No.1 标准地材料折算为 1hm²）

树种	换算为每公顷的幼树幼苗的株数								总计
	年龄(a)								
	实生苗				萌生苗*				
	1—10	11—20	21—30以上	合计	1—10	11—20	21—30以上	合计	
蒙古柞	1400/100	200/0	300/0	1900/100	1000/0	—	—	1000/0	2400/100
黑桦	300/0	200/200	100/0	600/200	—	—	—	—	600/200
山杨	500/200	200/0	—	700/200	—	—	—	—	700/200
总计	2400/300	600/200	400/0	2400/500	1000/0	—	—	1000/0	3900/500

* 萌生苗 2 株折合 1 株实生苗；分母为不健康苗，分子为健康苗

表5 下木

下木树种	标准地号								
	No.5			No.1			No.7		
	多度	高度(m)	总复盖度	多度	高度(m)	总复盖度	多度	高度(m)	总复盖度
杜鹃(*Rhododendron dahuricum*)	Cop.^{2-3}	0.6—1.7	0.5	Cop.¹	1—1.5	0.5	Cop.²	1.0	0.2
胡枝子(*Lespedeza bicolor*)	Sol.	0.8—1.0		Sp.	<1		Sol.	0.8	

杜鹃蒙古柞林型的地被物发育中庸，系由旱生性植物居多，如裂叶蒿（*Artemisia laciniata*），万年蒿（*Artemisia sacrorum*），宽叶艾蒿（*Ar. stolonifera*），日本苍术（*Atrachylis japonica*），大油芒（*Spodipogon sibiricus*），乌苏里苔草（*Carex ussuriensis*），单花鸢尾（*Iris uniflora*），草莓萎陵草（*Potentilla fragarioides*），贝加尔草藤（*Vicia baicalensis*）等等，草本植物大约有 30—40 种，总复盖度 0.5—0.6。草本植物一般分为 2 层，第 1 层次的平均高度 50—80cm，第 2 层次的平均高度 30cm 以下，地被物在林地上分布情况为"均匀"，从整个林地上的分配情况看来，则又不其均匀。

该林型的地被物组成可见表6。

苔藓植物发育得也十分弱小，仅是沿山脊裸岩或岩石露面上呈点状分布，主要的藓类有：小金发藓、紫萼藓。

本林型在森工利用方面的意义不大，因为这里的蒙古柞生长矮小，弯曲多叉，不成材，蓄积量不高，材种意义不大；但是，由于该林型地处陡坡及汤旺河两岸地带起着保护土壤的作用，因此应作为保土-水源涵养林来经营。

2 胡枝子-蒙古柞林（*Quercetum-Lespedeziosum*）

胡枝子-蒙古柞林型经常是伴随着杜鹃-蒙古柞林型而出现，它占有位置仅仅是杜鹃-蒙古柞林型的下部，本林型的下端紧密地联系着榛子-蒙古柞林型（或称杂类草-榛子蒙古柞林型）。

胡枝子-蒙古柞林一般是、而且大部分是分布在中等以上斜坡，或陡坡，坡度 10°—15°，坡向以南向、西南、东南向居多，小地形缓斜，地表起伏，局部地方有裸岩，地表有径

流侵蚀现象,海拔高度 300—500m,间或可达 600m。

该林型的土壤是坡积-残积重砾质砂土层上发育的壤质山地粗骨、灰化棕色森林土。土壤剖面的特征,是带有比较高度干旱的山地森林土壤。它呈现了这样的形态:地表坚实而干燥,森林凋落物层稀薄,分解过程很慢;上层土壤为重壤土,下层为砾质粘壤土;上层土壤的孔隙较多且大,有少量的炭屑和腐根;上层土壤为粒状结构,而下层土壤为少量的粒状-屑状结构或无结构。砂粒、石块、石英随土层深度的增加而逐渐增加;该林型的排水和吸水能力十分良好。土壤中的腐根周围出现很多白色菌丝体。

表6　杜鹃-蒙古柞林型的地被物组成

植物名称		标准地 No. 5			标准地 No. 1		
		层次	多度	生活力	层次	多度	生活力
日本苍术	Atrachtylis japonica	Ⅱ	Sp.	3	—	—	—
大油芒	Spodipogon sibiricus	Ⅰ	Sol.	3	Ⅰ	Sol. —Sp	3
草莓委陵菜	Potentilla fragarioides	Ⅱ	Sol. —Sp.	3	Ⅱ	Sol.	3
单花鸢尾	lrix uniflora	Ⅱ	Sp.	3	Ⅱ	Sol. —Sp.	3
大叶草藤	Vicia pseduo-orbus	Ⅰ	Sol.	3	Ⅰ	Sot.	3
红色山萝花	Melampyrum roseum	Ⅱ	Sp. —Cop.¹	3	Ⅱ	Sp.	3
乌苏里苔草	Carex ussunensis	Ⅱ	Cop.²	3	Ⅱ	Sol. —Sp.	3
香芹	Libanatis seseloides	Ⅱ	Sol.	3	Ⅰ	Sol.	3
万年蒿	Artemisia sacrorum	Ⅱ	Sol.	3	Ⅱ	Sp.	3
屠拂子茅	Clamagrostis turczaninowi	Ⅰ	Sol.	3	—	—	—
早熟禾	Poa sp.	Ⅰ	Sol. —Sp.	3	Ⅰ	Sol.	3
宽叶艾蒿	Artemisia stolonifera	Ⅰ	Sol. —Sp.	3	Ⅰ	Sp.	3
宽裂札蒿	Chrysanthermim zawadzkii var. iatibum	Ⅲ	Sol.	3	Ⅱ	Sp.	3
伞花山柳菊	Hieracium umbellatum	Ⅱ	Sol.	3	Ⅱ	Sol.	3
轮叶沙参	Adenophora verticillata	Ⅱ	Sol.	3	—	—	—
桔梗	Platyeodon gradiflorum	Ⅱ	Sol—Sp.	3	Ⅰ	Sol.	3
贝加尔草藤	Vicia baiealensis	Ⅰ	Sol.	2	Ⅰ	Sol.	3
兴安柴胡	Bupleurum dahuricum	Ⅰ	Sol.	3	Ⅰ	Sol.	3
三七	Sedum Aizoon	Ⅱ	Sol.	2	—	—	—
野古草	Arundinella hirta	Ⅰ	Sol.	3	Ⅰ	Sol.	3
东风菜	Aster scaber	—	—	—	Ⅰ	Sol.	3
兴安犍牛儿苗	Geranium dahuricam	—	—	—	Ⅱ	Sol.	3
紫菀	Aster tataricus	—	—	—	Ⅱ	Sol.	3
裂叶蒿	Artemisia laciniata	Ⅱ	Sol.	3	Ⅱ	Sp.	3
齿苞凤毛菊	Saussurea odontolepis	Ⅰ	un.	2	Ⅰ	Sol.	2
玉竹	Polygonatum japonicum				Ⅰ	Sol.	3
四花苔草	Carex quadriflora				Ⅰ	Sol.	3
蓬子菜	Galium verum				Ⅱ	Sol.	3
展枝唐松草	Thalictrum squarrosum	—	—	—	Ⅰ	Sol.	3
羽藓	Thuidium delicatulum	Ⅲ	Sol. (gr.)	3	Ⅲ	Sol. (gr.)	3
小金发藓	Phytrichum pilitrum	Ⅲ	Sol. (gr.)	3	Ⅲ	Sol. (gr.)	3
紫萼藓	Grimmia Hartmanni	Ⅲ	Sol. (gr.)	3	Ⅲ	Sol. (gr.)	2
青藓借	Brachythecium sp.	Ⅲ	Sol. (gr.)	3	—	—	—
石蕊	Cladonia sp.	Ⅲ	Sol. (gr.)	3	Ⅲ	Sol. (gr.)	3

胡枝子-蒙古柞林型的林木结构不很复杂。混交树种仅见黑桦,个别情况下有白桦、山杨、糠椴等等混交,有时尚有小乔木状的怀槐、青楷子等混生。

该林分多数是单层林。林分的组成,按断面积的组成是8柞2黑桦,按株数计算的组成则是9柞1黑桦;假如有2层林冠情况下,第1林层的组成仍如上述所指出的组成一样,第2林层则为10椴或6椴2青楷子2怀槐+黄菠萝。

必须指出:作为该林型混交树种的黑桦,渗入该林型的频度很大,特别是随地位级而转移,一般地,Ⅳ地位级的胡枝子-蒙古柞林的黑桦株数比Ⅴ地位级的同一林型要多4—5倍左右。同样地,在相同的林型中,地位级不同,优势林龄不同,林分的总断面积的生长量却相差无几(表7)。这说明立地条件对蒙古柞生长过程的重要性。

表7 胡枝子-蒙古柞林型立木调查因子

地形地势	树种	层次	株数/hm² 活立木	株数/hm² 枯立木	组成 株数	组成 断面积	直径(cm) 最大	直径(cm) 平均	高度(m) 最大	高度(m) 平均	优势年龄	断面积(m²/hm²)	蓄积量(m³) 活立木	蓄积量(m³) 枯立木	地位级	郁闭度/疏密度
\multicolumn{17}{c}{按 No.6 标准地材料}
山坡中部,两岗之间,凹地,小地形缓斜地表起伏,稍微呈台阶台,坡向东南坡,坡度9°,海拔310m	蒙古柞	Ⅰ	388	8	8	8	64	22.1/22.0	16.5	14.8	80	14.744	106.00	0.32	Ⅳ	0.8/0.6
	黑桦	Ⅰ	112	0	2	2	28	20.5	17.5	14.7	80	3.696	38.00	—		
	总计	—	500	8	10	10	—	—	—	—	—	18.440	144.00	0.32		
\multicolumn{17}{c}{按 No.4 标准地材料}
山坡上部,坡面总的斜坡波状起伏,坡向南西,坡度16°,海拔400m	蒙古柞	Ⅰ	170	23	9	9	48.0	35.0	18.0	13.8	150	16.018	124.26	22.16	Ⅴ	0.4/0.8
	黑桦	Ⅰ	18	0	1	1	40.0	35.7	19.0	14.5	153	1.755	17.63	—		
	总计	—	186	23	10	10	—	—	—	—	—	17.773	143.80	22.16		
\multicolumn{17}{c}{按 No.8 标准地材料}
山坡上部下端,斜坡,小地形有微度起伏局部地方有裸岩,坡向西南,海拔高度600m,坡度15°	蒙古柞	Ⅰ	368	4	9	8	36.0	19.4	—	15.0	90	10.868	89.60	0.94	Ⅳ	0.5/0.6
	黑桦	Ⅰ	64	0	1	2	36.0	23.1	—	16.0	90	2.684	23.8	—		
	总计	—	432	4	10	10	—	—	—	—	—	13.552	113.40	0.94		
	糠椴	Ⅱ	24	0	10	10	16.0	13.8	—	10.0	70	0.328	2.04	—		
	总计	—	456	4	—	—	—	—	—	—	—	—	138.80	115.44		

该林型的林木生产率不高,地位级Ⅳ—Ⅴ,郁闭度0.4—0.8,疏密度0.6—0.8,Ⅴ地位级的胡枝子-蒙古柞林型蓄积量140m³左右(优势树龄150a),Ⅳ地位级的同一林型的蓄积量为110—140m³(优势树龄80—90年生)。

林木生长状况是不够满意的。树干弯曲,树冠散开,林地上并有个别粗径级的老残孤树,但皆患心腐。总的看来,黑桦的高生长较蒙古柞为快,树干也较通直。

蒙古柞的材种分配方面,经济材种的比重很大,约占80%以上,薪炭材、半经济材的比重约占20%以下。枯立木仅仅占有用材(经济材、半经济材、薪材)的2%—3%。由此可见,该林型的出材量较杜鹃-蒙古柞林型大为提高。

林分的立木在树高和直径方面也呈现相应的变化(表8)林木的株数仍然集中在16—20cm径级附近,这就证实了该林型仅仅是提供小径木或中径木材料。

表8 在1公顷面积胡枝子、蒙古柞林型的蒙古柞和黑桦各径级的株数、平均高度、平均直径的变化(按 No.6 准地材料)

径级	树种					
(cm)	蒙古柞			黑桦		
	株数	平均高度(m)	平均直经(cm)	株数	平均高度(m)	平均直径(cm)
8	20	7.0	9.0	20	7.1	9.2
12	32	11.0	11.9	4	10.3	11.2
16	108	13.0	15.1	12	13.0	14.8
20	96	14.3	20.0	28	14.7	20.0
24	76	15.3	23.6	32	16.0	22.6
28	16	—	—	16	16.8	27.0
32	—	—	—			
36	—	—	—			
40	—	—	—			
44	—	—	—			
48	12	15.1	46.5			
52	—	—	—			
56	4	14.7	55.2			
60	—	—	—			
64	4	14.3	62.3			
总计	388	林分平均高 14.8	林分平均直径 22.1	112	林分平均高度 14.7	林分平均直径 20.0

胡枝子-蒙古柞林型的更新不良(表9)。幼树的发育也不良好。究其不良的原因,应当归结于优势树种——蒙古柞与黑桦——是极端的喜光性,它们的林冠遮荫度很大,使得幼树得到少量的光照而呈弱态。当然,该林型的更新不足的原因是综合性的,但是最主要的是蒙古柞自身的生物学特性给它带来了更新的困难;还有立地条件的恶化状态,也是更新困难的一个主要原因。

幼树中的比倒分配:8 蒙古柞 1 黑桦 1 糠椴。蒙古柞的萌生苗占实生苗数量的1/3强。

表9 胡枝子-蒙古柞林型的乔木树种更新情况(按 No.6 标准地材料换算为 1hm²)

树种	每公顷的幼树、幼苗的株数							总计
	年龄(a)							
	实生苗				萌生苗			
	1—10	11—21	21—30以上	合计	1—10	11—20	21—30以上	合计
蒙古柞	800/0	200/0	—	1000/0	700/200			700/200	1350/800
黑桦	100/0	100/100		200/100					200/100
糠椴	200/100	100/0		300/100					300/100
小计	100/100	400/100		1500/200	700/200			700/200	1850/300

注:分子为健康苗,分母为不健康苗;萌生苗2株合实生苗1株

该林型的下木与幼树一样,它们发育得也很衰弱。主要是受着恶劣的立地条件和上层林木强烈的遮荫度的影响。优势下木是胡枝子(*Lespedeza bicolor*)、榛子(*Corylus hethrohylla*),有的地方也出现杜鹃(*Rhododendron dahuricum*)、怀槐(*Macckia amurensis*)及疣枝卫矛(*Evonymus, pauciflora*)等等。下木可分为 2 亚层,第 1 亚层 2.0—1.0m,第 2 亚层高度 1.0m 以下。下木复盖度达 30%—40%,应该注意到下木是非常矮小的(表10)。

表 10 下木

标准地号	No. 8			No. 4			No. 6		
下木种类	多度	高度(m)	总复盖度	多度	高度(m)	总复盖度	多度	高度(m)	总复盖度
胡枝子(*Lespedeza bicoior*)	Cop.$^{1-2}$	1.0		Cop.$^{1-2}$	0.9		Sp.	1.2	
榛子(*Corylus heterophylla*)	Sol.	>1.0		Sol. gr.	1.3		Sol. gr.	0.7	
刺梅果(*Rosa dahurica*)	um.	>1.0		—	—		Sol. gr.	1.6	
卫茅(*Evonymus Pauciflora*)	Sp.	>1.0	0.5	—	—	0.4	—	—	0.3
杜鹃(*Rhododendron dahuricum*)	Sol.	>1.0		—	—		—	—	
五味子(*Schyendra cminensis*)	Sol.	>1.0		—	—		—	—	
山葡萄(*Vitis amurensis*)	Sol.	>1.0		—	—		—	—	
怀槐(*Macckia amurensis*)	nm.	2.0		—	—		—	—	

胡枝子-蒙古柞林型的地被物发育状况较好(表11),种类和生长较杜鹃-蒙古柞林型要多得多。但较之榛子-蒙古柞林型又稍逊色。

表 11 胡枝子-蒙古柞林型的地被物组成

植物名称		标准地 No. 6			标准地 No. 4		
		层次	多度	生活力	层次	多度	生活力
戚灵仙	*Veronica sibirica*	I	Sol.	3	I	Sol.	3
地榆	*Sanquisorba officinalis*	I	Sol.	3	II	Sol.	3
大叶草藤	*Vicia pseudo-orbus*	I	Sp—Cop.^{1}	3	I	Sp.	3
草莓委陵菜	*Potentiila fragarioides*	III	Sol.	3	III	Sp.	3
单花鸢尾	*Iris uniflora*	II	Sol.	3	II	Sol.	3
东北黄蓍	*Astragalus membranaceus*	I	Sol.	3	I	Sol.	3
宽叶艾菊	*Artemisia stolonifera*	II—III	Sp.	3	II	Sp.	3
蓬子菜	*Galium verum*	II	Sol.	3	II	Sol.	3
砧草	*Galium boreale*	II	Sol.	3	—	—	—
东风菜	*Aster scaber*	I	Sol.	3	II	Sp.	3
走马芹	*Angelica dahnrica*	I	Soi.	3	—	—	—
日本苍术	*Atrachtylis japonica*	II	Sp.	3	I	Sp.	3
伞花山柳菊	*Hieracium umbellatum*	I—II	Sol.	3	—	—	—

续表

植物名称		标准地 No.6			标准地 No.4		
		层次	多度	生活力	层次	多度	生活力
大叶章	*Calamagrostis longsdorffii*	Ⅰ	Sol.—Sp.	3	Ⅰ	Sp.	3
老山芹	*Heracleum barbatum*	Ⅰ	Sol.	3	—	—	—
桔梗	*Platycodon gradiflorus*	Ⅰ	Sol.	3	—	—	—
耳状兔耳伞	*Cacalia auriculata*	Ⅱ	Sol.	3	—	—	—
耧斗菜叶唐松草	*Thalietrum aqnilegifolium*	Ⅰ	Sol.	3	Ⅰ	Sp.(gr.)	2
野古草	*Arundinella hirta*	Ⅰ	Sol.	3	Ⅰ	Sol.	3
铃兰	*Convollaria keiskei*	Ⅱ	Sol.	3	—	—	—
蕨	*Pteridum aqulinum*	Ⅰ	Sol.	3	Ⅰ	Sp.(gr.)	2
白鲜	*Dictainnus albus*	Ⅰ—Ⅱ	Sol.	3	Ⅰ	Sol.	3
齿苞风毛兰	*Sassaraea odenolipes*	Ⅱ	Sol.	3	Ⅱ	Sol.	3
大叶柴胡	*Bupbeum longiraidatum*	Ⅰ	Sol.	3	Ⅰ	Sol.	3
朝鲜白头翁	*Pulsatilla koreana*	Ⅱ	Sol.	3	—	—	—
展枝唐松草	*Thalictrum squarrosum*	Ⅰ	Sol.	3	—	—	—
贝加尔草藤	*Vicia baicalensis*	Ⅱ	Sol.	3	—	—	—
柯氏山黧豆	*Lathyrus komarovii*	Ⅱ	Sol.	3	—	—	—
西伯利亚犄牛儿	*Geranum sibiricum*	Ⅲ	Sol.	3	Ⅱ	Sol.	2
兴安犄牛儿	*Geranum dahuricum*	Ⅲ	Sol.	3	—	—	—
败酱	*Patirina scabiosaefolia*	Ⅱ	Sot.	3	Ⅱ	Sol.	3
大花金莲花	*Trollins macropetalus*	Ⅲ	Sol.	3	—	—	—
紫菀	*Aster tatericus*	Ⅱ	Sol.	3	—	—	—
东北铁线莲	*Clematis mandshurica*	Ⅰ	Sol.	3	—	—	—
车轴草	*Trifolium lupinaster*	Ⅱ	Sp.	3	Ⅱ	Sol.	3
蒙古橐吾	*Ligularia mongolica*	Ⅰ	Sol.	3	—	—	—
红色山萝花	*Malampyrum roseum*	Ⅱ	Sol.	3	Ⅱ	Sol.—Sp.	3
轮叶沙参	*Adenophora verticellata*	Ⅱ	Sol.	3	Ⅰ	Sol.	3
大油芒	*Spodipogon sibiricus*	Ⅰ	Sol.	3	Ⅰ	Sol.	3
三七	*Sedum Aizoon*	Ⅱ—Ⅲ	Cop.	3	Ⅱ	Sol.	3
早熟禾	*Poa sp.*	Ⅰ	Sol.	3	Ⅰ	Sol.	3
歪头菜	*Vicia unijuga*	—	—	—	Ⅰ	Sol.	3
万年蒿	*Artemisia sacrorum*	—	—	—	Ⅱ	Sol.	3
兴安柴胡	*Bupleum dahuricum*	—	—	—	Ⅰ	Sol.	3
宽叶札蒿	*Chrysanthemum Zawadzkii*	—	—	—	Ⅲ	Sol.	3
野葱	*Allium sp.*	—	—	—	Ⅱ	un.	3
乌苏里苔草	*Carex ussuriensis*	—	—	—	Ⅱ	Sol.—Sp.	3
宽叶苔草	*Carex sidirosticta*	—	—	—	Ⅱ	Sol.(gr.)	3
香芹	*Labanotis sesebioides*	—	—	—	Ⅱ	Sp.	3
紫萼藓	*Grimmia Hartmanni*	—	—	—	Ⅲ	Sol.—un.	2
青藓	*Brachythecium sp.*	Ⅲ	Sol.(gr.)	3	Ⅲ	Sol.(gr.)	3

植物的种类大约 50 种左右,种类丰富,一般多为草甸植物居多,大部分是喜光性的植物。地被物的地面总复盖度 0.6—0.7。最习见的植物有:大叶草藤(*Vicia pseudo-*

orbus),宽叶艾蒿(*Artemisia stolonifera*),单花鸢尾(*Iris uniflora*),蕨(*Pteridum aqulinum*),乌苏里苔草(*Carex ussuriensis*),宽叶苔草(*Carex sedirosticta*),日本苍术(*Atrachtylis japonica*),大叶柴胡(*Bupleurum longeraidatum*),草莓委陵菜(*Potentilla fragarioides*),西伯利亚牻牛儿(*Garanum sibiricum*)。

地被物一般分为3亚层,第1亚层的高度60—100cm,第2亚层的高度20—50cm,第3亚层的高度20cm以下。

林内较为干燥,苔藓不易获得生存的良好条件,这种立地条件大大地限制了苔藓低等植物的繁殖。仅仅在裸岩上紫萼藓才得生存。有时在背阴的树根基部也有少量的青藓生存。

本林型大部为派生林型,其森林面积占有全部蒙古柞群系总面积的2/3左右,蓄积量也有相当,它具有一定的森林工业意义;同时还兼具有水土保持、减弱地表径流的特性。

本林型内,黑桦在分的组成上常占有10%或20%,黑桦较同一林分中的蒙古柞,在树干完满度、出材率及生长状况方面都较蒙古柞为好,从材性特点来看,黑桦系珍贵的航空用材。由此看来,提高胡枝子-蒙古柞林型的经营强度在实践上是很有意义的。

3 榛子-柞树林(*Quercetum Corylosum*)

榛子-柞树林型常是在开旷的坡麓地带,山坡下坡,海拔高度250—400m,坡向以南坡、东南、西南坡为多,坡度10°—8°以下。该林型在分布区内并不常见。

榛子柞树林遭受人为的不合理的干涉活动极为严重,某些情况下会出现这样4种情况:(1)柞树萌蘖矮丛;(2)榛丛;(3)杂类草地(五花草塘);(4)农业用地。这些就说明:榛子—柞树林的地位逐渐在缩减。

榛子-柞树林上承胡枝子-柞树林,下接谷地草塘。林型的面积并不大。

该林型的土壤是在坡积重砾质砂土层上发育的砂壤质山地轻粗骨灰化棕色森林土。土层比一般灰化棕色森林土要厚,核状和粒状结构,颜色由上而下地从暗棕色逐渐呈现灰棕色,再往下呈现棕灰色。湿度较湿润。

林型的立木结构为单层林,第1龄级幼林,林木组成为7柞3黑桦+椴、槐;优势树种的平均高度7.5m,平均直径8.0cm,净干高度4.0m,林木总断面积6.072m²/hm²,总株数1425株/hm²,由于是幼林阶段,立木蓄积量很低微,材积几乎不超过46m³/hm²,地位级Ⅳ,疏密度0.4(表12)。

表12 榛子-柞树林型立木因子

地形地势	树种	层次	株数/hm² 林木	株数/hm² 枯立木	组成 按株数	组成 按断面积	直径(cm) 最大	直径(cm) 平均	高度(m) 最大	高度(m) 平均	优势年龄	断面积/(m²/hm²)	蓄积量(m³) 活立木	蓄积量(m³) 枯立木	郁闭度 疏密度	地位级
按岱2号标准地															
开旷的坡麓地带、山坡下部;坡向以南、东南、西南居多,坡度8—10°以下	蒙古柞	Ⅰ	888	—	6	7	20.0	8.0	9.6	7.5	20	3.752	31.08	—	0.9/0.4	Ⅳ
	黑桦		360	—	3	3	14.0	9.0	10.3	8.2	19	1.920	13.44	—		
	糠椴		48	—	+	+	8.0	6.2	—	6.6		0.136	1.20	—		
	怀槐		152	—	1	+	6.0	3.7	—	4.5		0.264	—	—		
	小计	Ⅰ	1448	—	10	10						6.072	45.72			

榛子-柞树林一般多为幼林,林木集中在4—8cm径级中(表13),植株稠密,密度很大,自然稀疏进行得很强烈,萌生起源(照片4)。呈簇状或团状分布。

表13 榛子-柞树林每公顷各径级株数分配情况

	径级(cm)									
	4	6	8	10	12	14	16	18	20	22
蒙古柞	200	320	272	32	—	16	8	—	16	—
黑桦	40	112	80	80	24	16	—	—	—	—
糠椴	16	24	8	—	—	—	—	—	—	—
怀槐	104	48	—	—	—	—	—	—	—	—
各径级株数小计	360	504	360	80	24	32	8	—	16	—

该林型的更新进行得很好,由于人为不断台刈,大大地促使了柞树的萌蘖性,因而根蘖萌生的幼苗与幼树很多。幼树分布既集中又均匀,起源萌生多于实生,柞树2—7a为多,黑桦3年生者为多,色木皆在1—2年生苗,根据实测调查的统计,幼树株数为8750株/hm^2,组成为8柞2桦+色木。幼树生长不良在根颈部分均见有心腐。

林内的下木种类较少,榛子常占绝对优势,并有相当的胡枝子及刺莓果混生(表14)。

表14 下木的组成(按标准地 No. 岱2)

植物名称	亚层	多度	生活力	复盖百分率	高度(m) 最高	高度(m) 优势	附注
榛子(Corylus heterophylla)	I	Cop^3. gr.	3	0.5	2.8	2.0	
胡枝子(Lespedeza bicolor)	II	Sol.	1	0.1	1.6	1.1	集中于林穴
刺莓果(Rosa dahnrica)	II	Sol.	2	>0.1	0.6	0.5	

下木的郁闭度0.7,由于林木分布密度很大,林下的下木呈团状地集中于林穴,其次,林冠下尚有2种藤本植物,如穿龙骨(Dioscorea nipponica)和山葡萄(Vitis amurensis),攀援的高度约2—4m,生活力旺盛。一般地,它们也出现在林穴空地。

草被甚为发育,季相明显表为苔草属各种类所构成,于早春时期的季相由森林草玉梅(Anemone sylvestris)形成耀目的景色,其它草类虽已出现,但不显著。在生长旺盛时期,由苔草、铃兰、沙参、蒿属等等形成鲜明的背景。草被的层次分为3亚层。总复盖度1.0;草根盘结度中等,草被生活力旺盛。榛子-蒙古柞林的地被物可见表15。

表15 榛子-蒙古柞林型的地被物组成

植物名称	标准地 No:岱2		
	层次	多度	生活力
万年蒿 Artemesia sacrum	I	Cop.^{1}	3
王孙 Paris mandshurica	I	Cop.^{1}	3
蕨 Pteridium aguilinum	I	Cop.^{1}	3
森林向荆 Equisetum sylvatinum	I	Cop.^{1}	2
朝鲜乌头 Aconitum koreanum	I	Cop.^{1}	2
兔耳伞 Cacalia hustata	I	Sp.	2
轮叶沙参 Adeuophora verticillta	I a	Sol.	3

续表

植物名称	标准地 No:岱2		
	层次	多度	生活力
淡色苔草 Carexpallida	I	Cop.²	3
大披针苔草 Carex lanceolata	I	Cop.²	3
大叶章 Calamagrostis Longsdorffii	I	Sol.	3
毛缘苔草 Carex campylorhina	I	Cop.³	3
落后妇 Aruncus Sylvester	Ia	Sol.	2
山牛蒡 Synurus deltoides	Ia	Cop.¹	3
森林草玉梅 Anemone Sylvestris	II	Cop.³	3
长叶凤毛菊 Saussurea elongata	II	Sol.	2
铃兰 Convallasia keiskei	II	Cop.¹	3
矮蘩豆 Lathyrus humilis	II	Sol.	3
小叶芹 Aegopodium alpestre	III	Cop.¹	1
野草莓 Fragaria orientalis	III	Sp.	3
电灯花 Polemonium caeruleum	III	Sp.	2
胡森堇菜 Viola acuminata	III	Sol.	3
五福花 Adoxa moschatellina	III	Sol.	3

榛子柞树林遭受人为反复的采伐及火灾破坏。目前在护林政策的保护下逐渐地恢复起来。

该林型为派生林型。根叶萌生、植株密集、低价值的落叶阔叶林是其主要特点之一。对于恢复起来了的这些次生的低价值的大密度或小密度的榛子-柞树林必须及时地、经常地进行抚育管理,改造林分,提高森林生产力是该林型主要任务。

五 蒙古柞森林群系发生学上的争论

蒙古柞群系的发生学是目前学术上争论问题之一。对于这个问题我们也抱有同样的兴趣。根据刘慎谔教授的研究[1],他写道:"东北地区的森林林相,主要有以针阔叶树为主的老林林相(针阔叶混交林)和由老林破坏后所形成的柞树林(相对安定林相)。……老林经过过度采伐,成杂木林(软杂木林),由杂木林内再生针叶树种而恢复老林,此为老林发育过程。但在杂木林继续破坏则可转变为柞林。柞林为干燥性气候的林相,而老林为湿润性气候的林相。……杂木林、桦杨林皆为老林发育过程的阶段(时期),而柞林则为老林转变的另一后生相对安定林相。"我们基本上同意上述的论点。

摆在面前的争论的问题是:蒙古柞是原生林或是派生林?蒙古柞群系的形成,是火和砍伐的结果呢?还是由于采伐的结果呢?

直到现在,在形成蒙古柞群系的动力的问题上,有着各种不同的说法,有人认为柞树林的出现是由于红松被砍伐的结果,有人认为柞树林的出现是由于森林火灾的结果。柞树林的形成是连续不断的火灾和砍伐的长期破坏的历史因素而造成的。

根据小兴安岭南坡地区某些林管区森林经理调查资料和我们自己的资料:伊春林区的蒙古柞林分的林龄80—150a。这说明150a以前柞树林即开始形成着。据推测,150a

以前,小兴安岭林区是绝没有人进入森林去集中采伐和利用的。但是,沿着松花江最大支流之一的汤旺河流域居住的鄂伦春少数民族出入森林打猎,这倒是常有的事。少数民族沿江河地带生活是可以理解的,他们生活上的取火和找猎上的生火一定很多很多,由于这种人为活动的火源影响并导致森林火灾的来源。其次,象雷电闪击,地表火等等自然火也足以引起森林火灾的发生。由于长期历史性的火灾连续发生和连续破坏,局部地毁灭了针阔混交林,使针阔混交林改变为柞树林。上述的论点仅是对形成柞树林的因素初步的推测。

在伊春林区的南岔、美溪、西林、双子河、乌敏河、带岭南等地区的调查与观察:虽经强度择伐或皆伐的 20a 旧迹地,仍然也没有被柞树更替,显现的仍然是一片针阔叶混交林。这说明仅仅是以采伐为手段的方式,并不能够引起红松群系转变为柞树群系。

在实际调查研究中,土壤的埋藏剖面中不止一次地发现有炭屑的存在,这也证实我们推测的论点。由于长期历史性的火灾和采伐,使之一森林景观改变为另一森林景观;以这一森林景观从属的气候、水文、土壤、动物、植物、林木组成、微生物……等特征改变为另一森林景观所从属的气候、水文、土壤、动物、植物、林木组成、微生物……等特征;我们认为森林火灾迫使不耐火灾的针叶树种退出应有的地位而让位于抗火性强的、且具有强大萌蘖性的蒙古柞树种。很明显,对于蒙古柞的发生,**火——也只有火——**是阔叶红松林改变为柞树林的主要动力,其次是**采伐**。应当指出,这两个因素是相互结合而兼施的,虽有主次之分,但有同等的重要意义。单方面地强调采伐这一动力是形成柞树林的主要因素,这是站不住脚的。

蒙古柞森林群系的形成,有它自身的时间和空间条件。阔叶-红松林群系受连续的火灾与滥伐,在漫长的时间内不断地进行着;蒙古柞森林群系集中在松花江最大支流之一的汤旺河中游地区,其发生也不是偶然的。在这个地点条件上的发生,颇大程度上与河流沿岸的人类活动的频繁而联系着。

蒙古柞能耐其他树种不能忍受的环境,极其贫薄的南坡、陡削的、极斜的坡度上、蒙古柞生长十分稳定,其他针叶树种和珍贵的阔叶树种让位于蒙古柞和黑桦。一方面,由于蒙古柞和黑桦对环境条件的不苛求性与适应性;另方面,它们的肥厚又坚硬树皮有着高度的抗火性及萌蘖性,这样就使得它们有可能不被恶劣的环境条件——森林火灾、滥伐所排斥;恰恰相反,排斥了不是蒙古柞、黑桦,而是其他针叶树种,就如此地巩固了蒙古柞树种更替其他树种的有利条件,因而形成了蒙古柞森林群系。

对于蒙古柞自身发育过程的问题,我们认为蒙古柞森林群系的各林型各有其自身的发育过程,蒙古柞各林型与红松各林型之间有着血肉不分离似的联系,就演替图式中即可看出这一点。杜鹃-蒙古柞林与胡枝子-蒙古柞林型的发育过程最为简单,导致自然演替的动力是火灾和砍伐,其中最主要动力之一者是森林火灾,在有红松种子来源的天然更替朝着人们指望的方向而迅速达到。通常这些林型(派生的蒙古柞各林型)的立地条件极坏,林木生产力极低(Ⅴ—Ⅳ),森工意义很小,但防护性能上有重大的意义。如果已由红松群系演替成为蒙古柞群系后,最好将杜鹃-蒙古柞林型保存下来,允许卫生伐和更新伐的经营活动。胡枝子-蒙古柞林型可以根据立地条件而决定人工补植珍贵的针阔叶树种,以期促进发展成为针阔叶混交林;带有椴、槭、柞的灌木-红松林型经过火灾与砍伐变成阔叶混交林,继续地遭受火灾与砍伐变成榛子-蒙古柞林,如果被居民垦荒的话,则变成农地、草地;之后,演替的方向有两个:(1)自然条件下的演替,经过榛丛阶段(有时不经过)、桦杨林、阔叶树种—灌木—红松林;(2)人工条件下的演替,经人工造林成目的树种的人工林,或人工引进珍贵的针阔叶树种形成针阔叶混交林。榛子-蒙古柞林型继续破坏后,在自然演替条件下的各个阶段,这是大致符合于刘慎谔教授的柞林演替图式[1];而杜鹃-蒙古柞林和胡枝子-蒙古柞林的演替的各阶段不若榛子-蒙古柞林那么复杂化。

综合上述的讨论,小兴安岭南部地区的蒙古柞群系的起源,我们认为主要是派生类型,它的根本类型是红松群系。小兴安岭南坡的蒙古柞群系有着它的独特之点:在自然条件上的特点是密切地与干燥的气候和山地棕色森林土壤相联系着,地理上分布的特点是介于居民点、松花江支流两岸不远的山区;地形上的特点是占有山脊、山顶、陡坡、中等斜坡、山麓地带;作为林分特征的下木、地被物的特点在于是旱生-中生类型;国民经济意义上的特点在于是森工价值不大,防护-水土保持的意义却很大;林相动态的特点是相对稳定林相之一。

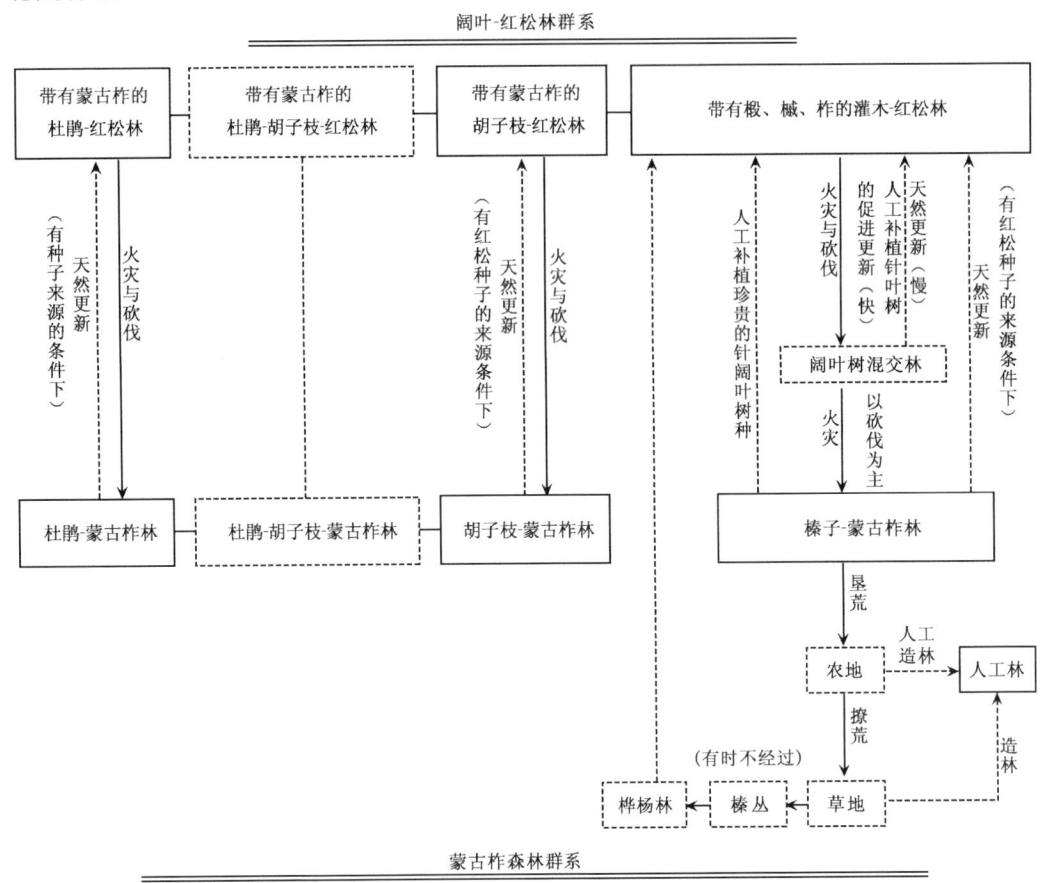

阔叶红松林与柞林的演替图式

目前,对小兴安岭蒙古柞林是原生林或是派生林,尚有很多争执,持有不同意见者各有一说。1957年8—9月期间,黑龙江综合考察队中苏双方森林小队的林学家们对此问题进行了不止一次的讨论和研究。苏方森林小队的 A. A. 崔米克(Цымек)博士,К. П. 索洛维也夫(Соповьёв)副博士认为小兴安岭蒙古柞林是派生林,由红松群系改变而来的。中方森林小队的朱济凡所长和刘慎谔教授认为：小兴安岭柞树林既是派生林，同时又是原生林类型，蒙古柞林有它特有的环境条件（土壤、水分、小气候等），有它特有的伴生树种黑桦、山杨、榛子等和特有的一系列的发育过程。从这点看来，柞树群系又好像是基本类型，亦既有原生的意义；反之，又认为，柞树林既不是一个真正的派生林类型（次生林），又不是一个真正的基本林类型（原生林）。蒙古柞林虽有次生意义，但它不同于一般的派生林类型，因为它不是红松林发育中的一个阶段。他们还认为……这样一种演替关系，可能是在植被演替过程中一种新的形式。

持有另一种不同意见的人认为：小兴安岭蒙古柞森林，在自然界最早就天然存在的。这就是说，基本的蒙古柞林的发生，至少不会迟于红松阔叶林。

此外本文作者的观点，不否认小兴安岭南部林区有大量的柞树派生林存在，但是在该地区原生柞林的存在是不能因为其所占面积较小而加以否定。在五营或伊春市郊北山，美溪等地都发现有一些面积较小的原生柞林，其中有年龄较柞树为幼的个别植株，或根本找不出红松曾存在过的遗迹，其立地条件也不同于红松林的立地条件，地被物有白鲜（*Dictamnus albus*），单花鸢尾（*Iris uniflora*），宽叶艾蒿（*Artemisia storonifera*）等在天然的条件下，这些蒙古柞林型不可能为红松林所更替，如果说，这些林地曾被红松占据，那这至少也是前几个世纪以前的事情，因此这些柞树林型应该认为是原生的或基本的林型。同时，小兴安岭地区既属于蒙古柞树种的自然分布区，则在该地区存在蒙古柞森林当系必然的现象，但由于小兴安岭是红松的故乡，因此柞林在该地区只能是小面积的分布，并且很少分布，这也是可以理解的。否定小兴安岭地区不存在有原生的柞树块状林的存在，这完全是一种不客观的、不实际的说法。

近年来，苏联学者们对远东地区的蒙古柞发生学（起源问题）有着很大的争论、早在1892年，俄国学者 С. И. 柯尔仁斯基（Коржинский）就开始对苏联远东地区柞树形成过程做了详细的记载；之后，В. Л. 柯马洛夫（1917，Комаров），Б. А. 伊万兹凯维奇（Ивашкевич），А. А. 斯德洛格（1928，Строгий）Б. П. 柯里斯尼科夫（1938，Колесников），В. Н. 瓦西也夫（1948，Васильев）等学者对蒙古柞树种演替过程的看法各各不一，直到最近，苏联莫斯科学派方面，索恰瓦，德里斯，维泼尔与远东的大多数林学家的意见相反，他们认为[14]："远东沿海边区的希好台-阿林涅山地柞树林是原生类型。理由是蒙古柞与最适合于干燥气候和土壤条件相密切联系着，甚至排斥和驱除柞树林内针叶树的可能性，……这地区的立地条件是所有山地柞树林生境中最为有利，并认为远东的柞树分布于森林草原地带"。远东派方面的大多数林学家们，其中以 А. А. 崔米克，К. П. 索洛维也夫为代表，他们认为远东蒙古柞系派生类型。蒙古柞森林是阔叶-红松林群系长期的火灾和采伐而形成的。对于柞树林分布于森林草原地带的说法，也持有相反的意见，索洛维也夫认为[10]：第一，远东地区的森林草原带的存在还是争论的问题，第二，蒙古柞的分布不仅在森林草原带有，而且在红松-宽阔叶林也有，并越过泽亚（Зею）的西部，沿着黑龙江北部直到尼古拉雅（Николая），由此可见，在苏联远东地区，蒙古柞的分布很广，并没有存在单独的橡树带，在红松-宽阔叶林有橡树，而在红松-橡树林中也有。

六　讨论和建议

1　小兴安岭南坡林区森林资源十分丰富，特别是红松群系，无论在森林工业或在水源涵养,气候改良都占有重要的意义。被研究和讨论的蒙古柞森林在森林工业上虽然微不足道,可是在水源涵养,水土保持显示了极其重要性,森林经营时必须考虑到这一特性。

2 如果小兴安岭伊春林区把柞树当作一个主要树种加以经营,则是错误的。因为蒙古柞不能满足森林经营的要求,在这个林区中森林经营工作应当以红松为主要树种,柞树是次要树种。指出上述论点是重要的。虽然如此,整个森林经营工作中,柞树的地位务须安排,我们也不能忽略。

3 对于蒙古柞的森林经营最基本的前提是保护现有森林,防止森林火灾和居民的滥伐和放牧,蒙古柞群系分布在居民点附近,火源及人类的经济活动时刻有威胁。因此,动员力量采取措施保护森林是最主要的任务。

4 小兴安岭南坡伊春林区的蒙古柞群系,林分生产率很低,把低价值的阔叶蒙古柞林改造成以红松为主珍贵的针阔叶混交林有很大的现实意义,这是符合国民经济需要的。林分改造是一项复杂而又重要的工作,这必须是在经济条件允许的基础上开展,也必须是在正确调查设计的基础上施工,改造林分的方针是:有珍贵树种天然下种可能的地方,可以天然更新;无天然下种的可能,则以人工引进珍贵的针阔树种为主;局部地方以人工造林为辅。引进的针叶树种有红松、兴安落叶松、樟子松;阔叶树种有黄蘗、水曲柳、胡桃楸等。

5 对于卫生状况不良的林分,须立即着手进行清理。这样一方面改善林分的卫生状况,另方面消除森林火灾的危险。

6 对于蒙古柞林分内混交的阔叶树种如黑桦、椴树等,必须加强保护,利用伴生树种改良土壤和促进林冠下的针叶树种更新。黑桦夹心小,树节少,出材率高,系珍贵的航空用材。因此,森工部门的任务是旨在提高黑桦木材利用价值,不应当作薪炭材利用。

7 蒙古柞群系广泛的分布在林区域城市的四周,蒙古柞林分疏伐所得的次等木材,对供给城市居民作为薪材有积极的意义。

8 确定蒙古柞采伐量时,要使各龄级的蓄积量尽可能达到平衡,目的在使今后达到森林的永久利用。对于小兴安岭现阶段具有水土保持特殊意义的蒙古柞采伐方式应当是、也只能是采用**渐伐**。采伐年龄随柞树起源不同而不同,实生的蒙古柞采伐龄100—120a,萌生蒙古柞80a,或者更应提早些。

9 分布在缓坡下部、山麓部分的蒙古柞林地,可当作开发农业用地来经营,如果不作为农业用地计划,则营造红松、黄菠萝、水曲柳、胡桃楸、落叶松等等生产力高的森林,或者营造椴树人工林来发展养蜂业。人工造林应先在半阴坡、阴坡、土层深厚的地方先着手。

10 在屡遭火灾和滥伐破坏后,乔木和灌木萌蘖植株很多的林地以及无林地、少林地,应积极引进珍贵树种营造成针阔叶混交林。

11 顺便提一下:这个地区上已形成了面积相当大的无林地属于森林资源范围内的无林地达到约束 85 万 hm^2,这些土地对于森林经营、农业经营都有很大的意义。

12 蒙古柞的森林经营活动在我国尚是开始阶段,这就必须创造经验。同时,我国的林业机构对于蒙古柞的培育和木材利用还认识不足。因而建议科学机松和生产部门给予应有的重视。

附件：小兴安岭南坡林区各施业区的蒙古栎调查因子汇总一览表*

序号	施业区名称	有林地土的蒙古栎 面积(hm²) 总面积	成过熟林的面积	占全施业区总面积(%)	有林地占总面积(%)	蓄积(m³) 总蓄积量	成过熟林的蓄积量	总蓄积量的(%)	m³/hm²	疏林地区木的蓄积量 生存木	枯立木	平均调查因子 龄级	地位级	疏密度	生长量	树种组成	备注
1	伊吉密	459	360	78.4	1.7	71 579	58 205	81.3	162	1 848	—	139	Ⅳ·6	0.70	1.1	4栎2椴1水1色1榆1桦	
2	西北河	—	—	—	—	—	—	—	—	—	—	—	—	—	—	—	
3	又气河	1 431	73	5.1	4.9	137 510	13 560	9.9	186	57 120	100	88	Ⅲ·1	0.50	1.4	5栎2椴1杨1榆	
4	丰岭	384	—	—	1.1	5 840	—	—	15	1 679	1 752	10	Ⅰ·1	0.60	1.5	6栎2杨2桦	幼林
5	八道河	126	29	39.7	0.6	20 938	5 478	26.2	189	100	—	83	Ⅳ·0	0.84	2.0	4栎1色1杨1榆	
6	北股流	394	226	57.9	1.7	62 106	34 612	55.7	152	796	240	118	Ⅳ·2	0.73	1.3	4栎3椴2杨1榆	
7	燕安	305	209	68.5	1.0	110 363	82 374	69.0	130	5 511	148	114	Ⅳ·5	0.60	1.0	3栎3椴1色1榆1播1椴	
8	上小呼兰河	656	367	55.9	1.2	104 055	63 069	60.6	172	2 155	308	111	Ⅳ·5	0.75	1.4	4栎1红1色1椴2椴1桦	
9	伊东	7 563	3 349	44.3	26.3	915 002	395 651	43.2	118	107 601	—	109	Ⅳ·1	0.63	1.1	6栎2椴1杨1椴	
10	洼心河	200	81	40.5	1.1	11 650	8 265	70.9	102	54 994	2 408	75	Ⅱ·9	0.44	1.2	5栎3椴1落1臭	集中分布在防护林经营区
1	丰林河	—	—	—	—	—	—	—	—	—	—	—	—	—	—	—	无桦林分布
2	五营河	160	160	100	0.5	18 629	18 629	100	116	1 917	189	210	Ⅳ	0.54	0.6	6栎2椴1红1臭	
3	冰鹰子	4 629	437	9.4	30.9	476 400	44 900	9.4	103	110 610	2 010	72	Ⅲ·3	0.53	1.4	5栎3椴1杨1椴	
4	扎音子	2 436	117	4.8	14.5	213 717	13 631	6.4	117	91 096	925	88	Ⅲ·3	0.56	1.6	4栎2杨2椴1椴1榕	
5	汤南	197	26	13.2	0.3	15 622	4 052	25.9	79	630	—	61	Ⅲ·3	0.49	1.3	5栎2杨2椴1椴	
6	桦皮厂	5 631	2 373	42.1	19.0	610 790	298 080	48.8	108	94 722	124	102	Ⅲ·9	0.63	1.1	7栎1杨1椴	
7	双子河	1 358	660	68.6	2.5	154 776	86 275	56.1	114	86 550	1 428	114	Ⅲ·7	0.61	1.1	5栎2杨2椴1椴	
8	三股流	5 949	914	15.4	13.7	543 674	145 043	26.7	116	160 584	103	148	Ⅳ·6	0.62	0.8	7栎2桦1椴	

附件：小兴安岭南坡林区各施业区的蒙古柞调查因子汇总一览表*（续）

序号	施业区名称	有林地土的蒙古柞 面积(hm²) 总面积	成过熟林的面积	占全施业区总面积(%)	蓄积(m³) 总蓄积量	成过熟林的蓄积量	总蓄积量的(%)	m³/hm²	疏林地柞木的蓄积量 生存木	枯立木	平均调查因子 龄级	地位级	疏密度	生长量	树种组成	备注
9	西林	1 183	—	—	88 018	—	—	74	80 865	4 182	49	Ⅲ·2	0.57	1.5	4柞2桦1红1色1椴1杨	
20	腰店	4 709	361	7.7	2.0	507 639	49 799	9.8	138	45 937	8 194	71	Ⅲ·8	0.56	1.5	5柞2桦1椴1杨1榆
1	欧根河	805	401	49.8	0.6	110 095	60 405	54.9	151	402	—	98	Ⅳ·2	0.65	1.4	3柞2桦1榆2椴1色	
2	半月河	386	—	—	—	41 676	—	—	108	—	—	57	Ⅲ·2	0.53	1.9	3柞1红2椴1桦1色	
3	昆仑	4 512	606	13.4	26.0	370 030	66 029	17.8	109	448 085	86	80	Ⅳ·8	0.56	1.3	6柞3桦1椴	
4	鸡爪河	1 722	833	48.3	4.4	233 069	111 626	47.9	134	23 989	692	94	Ⅲ·8	0.60	1.4	5柞2桦1椴1杨1色	
5	南北河	7 154	2 413	33.7	19.2	876 945	313 251	35.7	130	79 235	1 107	85	Ⅲ·7	0.62	1.4	5柞1桦1椴1杨1落	
6	下小呼兰河	1 812	1 303	71.9	10.4	250 300	185 715	74.2	143	12 659	55	123	Ⅳ·4	0.69	1.1	4柞2椴1色1榆1桦1杨	
7	呼北	—	—	—	—	—	—	—	—	—	—	—	—	—	—	—	无柞林分布
8	青山口	285	133	46.7	0.7	27 256	13 776	55.5	104	16 706	—	110	Ⅳ·9	0.47	0.9	6柞2桦1椴1杨	
9	乌敏河	743	215	28.9	1.5	67 797	22 183	32.7	103	24 118	488	81	Ⅲ·9	0.51	1.1	5柞2桦1椴1色	
30	柳树河	14 324	1 134	7.9	36.9	1 211 225	113 773	9.4	100	723 071	10 246	62	Ⅲ·8	0.54	1.4	5柞2桦1椴1杨	
1	腰山河	197	—	—	0.6	24 689	—	—	—	125	—	62	Ⅲ·7	0.56	2.0	4柞3桦1杨1落	
2	荒沟	1 699	253	14.9	5.2	133 69	33 045	24.7	131	47 042	1,407	62	Ⅲ·6	0.55	1.3	5柞1桦1椴1杨1色	
3	新青河	472	314	66.5	0.8	60 489	45 306	75.0	144	9 213	134	148	Ⅳ·4	0.63	0.9	6柞1红1落2桦	
4	抗美河	68	38	55.9	0.2	7 393	4 340	58.7	114	285	—	151	Ⅳ·2	0.46	0.7	7柞2桦1落	
5	苹兰	2 848	1 511	53.1	4.1	351 523	202 422	57.6	134	57 422	128	131	Ⅲ·7	0.62	1.1	7柞2桦1椴	
6	双兴岭	2 087	723	34.6	5.1	211 282	80 325	38.0	111	129 728	—	9	Ⅲ·9	0.58	1.1	5柞2桦1落1色1椴	

附件：小兴安岭南坡林区各施业区的蒙古柞调查因子汇总一览表*（续）

序号	施业区名称	有林地土的蒙古柞 面积(hm²) 总面积	有林地土的蒙古柞 面积(hm²) 成过熟林的面积	有林地土的蒙古柞 面积(hm²) 占全施业区总面积(%)	有林地土的蒙古柞 蓄积(m³) 总蓄积量	有林地土的蒙古柞 蓄积(m³) 成过熟林的蓄积量	有林地土的蒙古柞 蓄积(m³) 占总蓄积量的(%)	有林地土的蒙古柞 m³/hm²	疏林地区柞木的蓄积量 生存木	疏林地区柞木的蓄积量 枯立木	平均调查因子 龄级	平均调查因子 地位级	平均调查因子 疏密度	平均调查因子 生长量	平均调查因子 树种组成	备注
7	木曾河	2 493	271	11.0	116 949	29 699	25.0	110	24 358	223	36	Ⅲ·2	0.51	1.3	7柞2桦1椴	
8	西头河	1 472	79	5.4	106 243	9 290	8.7	118	16 615	—	44	Ⅱ·9	0.63	1.6	6柞2桦1椴1色	
9	汤江岭	—	—	—	—	—	—	—	—	—	—	—	—	—	—	无森林分布
40	小白河	259	45	17.4	41 341	175	12.5	115	13 245	477	104	Ⅴ·0	0.75	1.5	3柞2椴2桦1杨1色1红	
1	公河	87	54	0.2	6 453	4 374	69.1	74	29 081	288	67	Ⅳ·2	0.44	1.1	7柞2椴1桦	
—	总计	81 195	20 068	—	2 617 357	—	—	—	2 560 094	37 442	—	—	—	—	—	

*资料来源取自各施业区森林经理施业案说明书的附表

树种代号：
蒙古柞（Quercus mongolica） 山杨（Populus Davidana）
椴木（Tilia mandshurlca） 红松（Pinus koraionsis）
色木（Acer mono） 落叶松（Larix dahurica）
裂叶榆（Ulmus laciniata） 水曲柳（Fraxnus mandshurica）
白桦（Betula platyphglla） 臭松（Abies nephro lepis）
黑桦（Betula dahurica）

参考文献：

[1] 刘慎谔,等. 东北木本植物图志,1955.

[2] 朱济凡,刘慎谔. 关于小兴安岭阔叶红松林的采伐和更新问题(二次修正油印稿),1957.

[3] 刘成栋. 小兴安岭南坡林区森林施业案审查会议上的总结报告,中国林业,1955,10.

[4] 张纪光. 小兴安岭南坡森林情况与经营措施,中国林业,1955,10.

[5] 周以良,等. 小兴安岭木本植物,1955.

[6] 波洛文根. 东北硬阔叶树种利用问题,中国林业,1953,11.

[7] 王战,等. 林木物候观察的初步方法,1957.

[8] 东北林学院林学系编. 森林经理实习汇编,1953.

[9] 林业部综合调查队. 小兴安岭林型调查报告,1957.

[10] 林业部综合调查队. 大兴安岭森林资源调查报告,Ⅳ,Ⅶ,Ⅷ卷,1954—1955.

[11] 锡玉坡,等. 大兴安岭东南部雅鲁阿伦敦等林管区森林更新及经营问题调查报告(油印稿),1957.

[12] 陈炳浩. 小兴安岭西北部地区次生阔叶幼林混交树种根系的观察,林业科学,1958,第二期.

[13] Цымех А. А.. Листзенные поропы Далвнего Востока,пути их испольбзования,их воспроизводства,1956.

[14] Дылис Н. В. и Виппер П. Б.. Западного склона среднего Сихотэ- Апия,1953.

[15] Соловьёв К. П. К. Вопросу о холе роста луба монголвского,1955. Сборник Работ аып. Второй.

[16] СолоВьёа К. П.. Об изменениях кедровников в резучвтате хозяйственной деятельности неиовека, Вопросы географни Далвнего Востока,Сболрник второй,1955.

[17] Справочник таксатора,1955,Хабарозск.

[18] Нестероз В. Г.,Общее лесоводство,1954.

[19] Пахомоз И. Д.. О способах разведения дуба монгольсхого.

[20] Толмачеэ А. Н.. Деревья,Кустарники и дерезянистые лианы Сахалина,1957.

[21] Юркезич И. Д.. Естестзенное и исхусственное Возобновление дуба в БССР,1954.

[22] Смагин В. Н.. Дубовые леса приморья и пути их хозяйственного освоения,1956.

[23] Алвбенский А. В.. Методы улучшения древесных пород,1954.

[24] Солодухин Е. Д.. Песовозобновление на гарях в некоторых типах леса приморского края,1952.

[25] Куренцоза Г. Э.. Типчаховые Кедрово- дубовые леса и производные в Восточных приханкайских Районах Приморского края,вып. 2,1951.

[26] Куренцова Т. Э.. Остепненые дубовые и Сосново-дубовые леса Бассейна реки синтухн,вып. 1,1950.

[27] Ткаченко М. Е.,Общее лесоводство,1955.

ДУБОВЫЕ ЛЕСА НА ЮЖНЫХ СКЛОНАХ М. ХИНГАНА

Чэн Бин-хао Фун Цзуи-вэй Цзюй Щан-цзянь

(Резюме)

Вокруг кедрово-широколиственных лесов значительную площадь заннмают дубовые леса (*Quercus mongoliea* Fisch et Turez),исследование которых ндет еще в начальной стаднн.

1. Исследованные дубовые леса появились на продолжительных исторически разрушенных местах.

2. Всего выделено 3 типа лесе: *Quercetum Rhododendrosum*, *Quercetum Lespedeziosum* и *Quercetum corylosum*.

В исследованных районах дубовые леса болвшей частью относится к производному тнпу леса; а на крутых южных склонах дубовые леса, занимающие небольшую площадь, относятся к коренному типу леса.

3. Особенностями вторичного дубового леса являются низкая продуктивность леса, погиб большинства стволов, у оснозаний стволов следов от пожаров, серьёзная гниль и низкий выход.

4. Дубовые леса в исследованных районах имеет хотя незначительное значение в лесной промышленности, но в лесозодоохрании играет важнейшую роль. Для зтого должны обратиться внимания.

5. Большое реалвное значение для страны имеет переделка низкоценного дубового леса в высокоценный кедровошироколистзенный смещанный. Это совпадает с требоэаниями народного хозяйства.

照片1. 陡坡上的杜鹃-蒙古柞林型

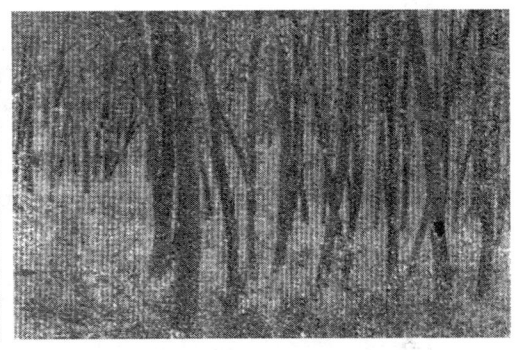

照片2. 胡枝子-蒙古柞林型

照片3. 蒙古柞及其伴生树种黑桦的树冠交接的情况

照片4. 红松林采伐迹地上残存的蒙古柞树桩,63年生,心材已腐朽,但仍未丧失萌芽能力,证明蒙古柞萌芽力持续性相当长

总结群众经验,研究人工林速生丰产规律

朱济凡,王　战,冯宗炜

党和政府十分重视林业建设。10年来全国造林面积达4400万 hm²(6.6亿亩),相当于我国解放前森林面积的46%。在轰轰烈烈的全民造林活动中,广大群众创造了丰富的造林经验。特别是在开展林木速生丰产的同时,全国各地先后发现了很多丰产林,南方杉木10年、8年甚至6年成材;桉树、苦楝树5、6年成材;北方也出现5、6年成材的杨树和泡桐。一向被人认为生长很慢,不易栽植的红松,在辽宁省草河口一带30年生每公顷木材蓄积量高达150m³以上。这些林木快速丰产的事实,更加鼓舞了广大群众造林的热情和信心,打破了林学上的很多旧理论,冲破了过去人们认为"前人栽树,后人乘凉"、"造林成材起码几十年,远水不解近渴"、"树木慢生"等旧观念。总结群众的营林经验,并把它提到理论的高度,来阐明人工林生长发展的规律。特别是速生丰产的规律就能使我们在造林之初就有预见性,避免错误,并促进林木速生丰产。这是一个重要的任务。

人工林和天然林不同,人工林是人类在利用自然规律的基础上,根据经济需要培育出来的。它有明确的生产目的性。人工林从造林起,一直到采伐止,整个林木的生命过程,始终是受人为活动的影响,所以说它是劳动的产物。而天然林是自然演替的结果,尽管天然林也或多或少受到人为活动影响,但毕竟与人工林不同。天然林形成过程中的自然演替,常常不能适合人们的经济要求。例如天然红松林从老一代森林,恢复成新的一代壮林,中间经过一、二代阔叶林,约需120—150年。而人工林,针叶树10—20年就能成林,阔叶树更快。天然林中林木参差不齐,林木之间距离远近不一,这是天然更新下种量,下种机会不等和自然选择的结果。人工林由于通过人对种子或对苗木的选择,对林木株行距的有效控制、林相整齐,每株林木都得到差不多的营养面积,整个林子的生长和发育就比天然林好,生产力自然要高。大力营造人工林,能提供社会主义建设大量需要的木材和林副产品。

我国幅员广大,树种丰富。营造人工林,首先要选择适宜树种,摸清树种的习性,主要是指树木对气候、土壤等要求。这方面群众经验很多。湖南会同林农有一句话:"当阳茶,背阴木",这是指油茶适宜向阳、光照充足的较干燥的山坡,杉木适宜于半阴或背阴的湿润山坡或山洼;北方群众有"沙杨泥柳"的说法,这是指杨树适宜于沙质土上生长,柳树适于粘质土上生长。几乎各地都有类似的宝贵经验。这些经验说明,每个树种都有它所要求的立地条件。知道树木习性后就能避免把树木栽在与它不相适应的地方,保证造林成活。但要使林木速生丰产,还必须加上其他措施。劳动人民生产实践的经验非常珍贵,应该认真总结。在这方面,我们有如下的体会。

1. 群众对培育树木的一切措施,都是为树木的良好生长和发育创造了条件,使措施与树木的习性相适应。南方杉木林区最为突出。那里的群众都知道,良种壮苗是造林成

原载于:人民日报,1960年7月20日.

功的物质基础。他们对采种母树选择严格,山洼的杉木林生长最好,但光照少,湿度大,种子质量差;一般采种是选光照充足的山坡地上结实多、种子丰满、壮龄而无病的林缘木,或林内生长好的散生木,不采火烧木和孤立木。这不仅是重视林木种子的良好遗传性,而且也考虑到今后成材的环境条件,从森林群体出发,而不是从单株树木的生态条件出发。这是很科学的。育苗时,与一般苗不同,他们采用山间有苗,选排水好、坡度不大的撂荒山(杂木林土壤)进行烧垦整地育苗。撂荒山土壤病原菌少,天然肥力高,加上烧垦,等于一次消毒,而且增加磷钾肥,也改善了土壤物理条件。山地日照短,湿度较大,能避免苗木干旱与日炙,使它不致得病,并健全粗壮,成活率高,生长好。群众对宜林地的选择,还根据树种习性,来改变立地条件。如南方山坡陡短的山地,群众植杉时,根据杉木要求水分条件好,土壤肥沃的特点,采取改变立地条件的很多有效措施。湖南有"扎排山",是在采伐迹地上火烧清理后,将遗留的大枝条,小径木沿坡横架于树桩上,形成一条排山,排山上方填茅草和枯叶,然后挖土,将土块和细泥堆在排山上,对防止冲刷、保土保水作用很大。"保土埂",是将小树根、草根等沿坡成水平堆集起来,每隔1、2天设置一条,避免水土流失。此处尚有"筑梯埂"、"闭腰门"等方法。贵州锦屏的杉木丰产林,原来坡度较大,成林后在行间改成梯形,使水分条件更有利于杉木生长。由于群众在摸清树种的习性基础上,发挥了主观能动作用,改变了立地条件,使原来立地条件不利的变成有利的,林木生长不良的变成生长良好的,创造了丰产条件。

2. 群众对各项栽培措施不是机械的,一成不变的,而是体现了因地制宜的精神。群众所营造的速生丰产林经验,都是根据立地条件,经济要求不同,采用不同措施的。例如南方杉木人工林区群众非常了解地形与气候、土壤、水文的关系。对杉木来说,以山洼(山湾)地最适宜,山坡次之,山脊(山顶)最差。在造林密度上,群众不是千篇一律的,条件愈宜的株行距大,株数少;条件愈差的株行距小,株数多。因地制宜有利于林木及早郁闭和正常生长。栽植方式上也是如此。在平坦山洼地上采用四方形或长方形,而在山坡地上采用三角形,合理利用土地,而又考虑到水土保持。根据我们调查,在相同的立地条件(同样是山洼黄棕色粘壤土上),相同林龄(19年),林木总蓄积量也相仿的两块快速杉木林,由于经济要求所决定的培育目的不同,反映在林木栽培措施的造林密度和抚育强度上,也都不同(见下表)。

培育目的	林龄 (a)	造林密度 (株/亩)	抚育强度	平均树高 (m)	平均胸径 (cm)	蓄积量 (m³/hm²)
房椽材	19	170	中度	17.0	14.2	350
板材	19	70	强度	16.7	23.3	373.5

上面例举的几个例子,证明群众在营林的实践中,掌握了森林生长和发育的规律。根据在不同条件下所反映的特点,按照人的需要,灵活地调解它。这样因地制宜的精神,完全符合于林型学说的基本理论。因此,总结群众的营林措施和丰富经验,不仅加速了森林事业的发展,而且丰富了我国林型学的理论。

3. 群众营造速生丰产林中"林粮间作"的经验,是人工林结构的一种创造。我国南北各地群众所营造的各种人工林,特别是经济林,长期以来,就有一套完整的"林粮间作"(或称农林间作)的经验。皖南山区有一首民谣:"单种树不合算,混种桐粮一举干,秋收玉米和桐籽,树木长得赛旗杆",充分表达了林粮间作的好处。林粮间作的产生,是广大群众在长期生产实践中,认识了天然林的生长和发育规律,从林木与林木之间,林木与其他层次的植被之间的互相关系中,所找出的适合经济要求和生产需要的一种造林形式。事实上,林粮间作中除了农与林间作以外,还包括了生态习性不同或寿命长短不同的林木混交或轮栽,如杉木与油桐,杉木与油茶,杉木与马尾松等等。有的地区实行林木与药材间作,如油茶与白术间作等。林粮间作使同一块地上在相同或不同时间内能生长适合人类生产需要的各种植物,不但充分利用光能和土壤肥力,并且由于耕作管理改善了土壤物理条件和植物与植物之间的互相补益,更加促进林木的生长。事实证明,造林时采用林粮间作的比不间作的生长要好。根据广东省林业厅在西江林场调查(1958),在1955年各种立地条件上所栽的杉木林,无论树高和根径,林粮间作的比不间作的均高出1至5倍。如在山腰上,林粮间作的一般高143cm,根径3.8cm,不间作的一般高37cm,根径0.6cm。又根据在陕西子长县冯家庄刺槐人工林调查(1959),4年生刺槐人工幼林林粮间作的树高450cm,根径5.4cm,不间作而抚育3次的树高390cm,根径3.3cm。当然在选择间作作物上,必须两者没有竞争,互相有利更好。因此总结群众林粮间作经验,查明不同间作物之间的生态生理关系,为各树种提出不同时期、不同立地的条件下最宜的间作物,是很重要的。从林粮间作的丰富经验中,说明群众考虑人工林群体的组成部分,不是仿效自然,而是有明确的生产观点。它启发我们更好地利用不同的林木、经济作物、粮食作物及其他资源植物,来创造比天然林内容更为丰富、生产力更高而且稳定的人工林。

  在广泛总结群众经验,研究人工林的生长和发育规律的同时,也应该对现有的天然林和广大无林区或少林区的孤立木和小片林进行调查研究。了解这些森林中林木之间,林木与环境之间的互相关系和他们的生长规律,有助于我们在从事各种造林设计时,对树种选择、混交方式以及预计将来林木的生产力提供可靠的科学依据。特别是在过去一直未长过森林的地区,如干草原、各种沙丘地的造林工作,更有指导意义。东北辽宁章古台沙丘造林的实践证明,1954年在干燥沙丘上,当它还在流动的时候,栽植杨树,效果不坏。一旦固定后,杨树不但不长反而枯梢,到现在还是1m来高。而在同样沙丘上栽植的樟子松,尽管生长稍慢,但愈长愈好,超过杨树。沙丘上营造樟子松人工林的成功,也不是碰巧的,它是同研究了内蒙古海拉尔沙丘上天然樟子松林生长和发育的规律分不开的。

  现在全国各地正大量建立各林种的林业基地,大力营造速生丰产林,这就给研究人工林的速生丰产规律创造更有利的客观条件。我们应该更深入地一方面总结群众营林经验,一方面进行定位研究,应用现代生物科学中生物物理等新技术,从林木群体生态生理方面来阐明林木速生丰产的实质,确定林木不同时期对光、热、水分和营养物质的要求,更有效地控制林木生长,达到高额丰产。我们相信在党的正确领导下,用马克思主义思想来指导总结群众营林经验,一定能创造出具有中国特点的速生丰产的森林学说。

林型在组织森林经营中的应用

冯宗炜,陈炳浩

(中国科学院沈阳林业土壤研究所)

林业建设的飞跃发展和森林经营的日趋集约,迫切要求着加强林业调查设计工作。林业调查设计所依据的林业方针和所设计的经营措施,首先取决于经济条件,但是,要使经营措施正确的实行,在很大程度上还取决于森林的自然特性。因此,只有当了解森林的自然特性以及它的发生、发展规律后,才可能较准确地预计采取何种措施能提高森林生产力,采取何种措施又会减低它的生产力,这对林业调查设计工作来说,有着非常重要的意义。

1958年,中苏两国黑龙江综合考察队在长白山和大兴安岭进行考察工作,考察期间,在林型调查的同时,先后在长白山和大其哈林场进行了根据林型组织森林经营工作,现简单介绍如下。

1 林型分类

为了获得林业设计的基本资料,首先需要熟习调查地区(林场或施业区等)范围内的林型。如果过去没有进行过林业调查且没有林型资料的地区,需要进行林型调查;过去进行过林型调查工作并具有林型资料的地区,但与目前情况不符,亦需要重新补充林型调查。林型调查方法是采用路线与标准地调查相结合进行的,其步骤如下:

(1)根据航摄照片、地形图或林型图(已进行过经理调查地区)选定1—3条能够贯穿各种地形条件和森林植被类型的调查基线,如无上述图面材料时,调查基线可与山脉或河流垂直设置;

(2)在调查基线的不同位置,根据不同类型设置各种类型的标准地,进行详细的林型调查记载;

(3)根据林型记载卡片进行分析、汇总,编制成林型分类表(表1)。

表1

林型名称	简写附号	组成	地位级	地形	土壤	更新	下木	地被物
				岳桦鱼鳞松林带(海拔1500—1750m)				
				I. 藓类岳桦鱼鳞松林型组				
1. 塔藓舞鹤草岳桦鱼鳞松林	E—1	7鱼3岳 (8—6鱼, 2—3岳,1落)	V (Ⅳ)	亚高山阶梯形平地或狭窄的分水岭延长部分,西北坡,5°—8°,海拔1500—1700m	发育在碱性粗面岩残积土—堆积物上的含砾石壤砂质粗腐质棕色泰加林土	多为年龄较大被压的冷衫、鱼鳞松,高1.0—2.0m,分布均匀,沿倒木1—3年生云冷衫幼苗密集	稀疏:花楸马氏忍冬佛头花黑果刺蘼	稀疏:舞鹤草一枝黄花七筋姑算盘子苔藓全面覆盖,主要为塔藓拟垂枝藓赤茎藓
2. ⋮								

原载于:林业建设,1960,(1):19-21.

(4) 为了便于调查员或林场工作人员掌握该地区林型与林型间在空间的关系,也可绘制林型与土壤、地形模式断面图。

2 林型小班区划与编制林型图

调查员根据林型分类表,结合每个森林地段的测树学因子(组成、年龄、林相、疏密度、出材等级等)的差异,进行林型小班区划。林型小班区划的方法与森林经理调查的小班区划大致相同,但区别之点是,区划林型小班时首先着重考虑的是林型因子的一致性,因此,区划出的小班称为林型小班。在已进行过森林经理调查的地区,可利用原有的林班线和调查线进行区划和拘绘小班界线(林型小班区划的过程;同时也是检查和补充林型图表内容的过程,如某林型的调查因子需要修正或增添新的林型等)。在全面区划林型小班的基础上,连接各林型小班,用各种深浅不同的颜色或线条表示不同的林型,绘制成林型图。林型图不仅全面地反映了各林型在林场内所占的面积和分布规律,而且可以了解各森林地段的动态——过去和将来演替的情况,同时也反映了立地条件、林型和年龄、疏密度等变化情况。根据林型图考虑区划和设计各项经营措施,会减少或避免设计中的盲目性,根据林型图并能了解到该林场内的林型分布和所占面积等等,此外,还能根据设计图找到所要经营或施工的位置为了能对林场的森林自然特点和各种林型的分布有一明显的概念,特编制了林型面积分配表(表2)。

表2　　　　　　　　　　　　　　　　　　　　　　　　　　　单位:hm²

建群树种	牛皮杜鹃	公园式	高草类	塔藓-舞鹤草	陡岩塔藓	塔藤-杜香	酢酱草-蕨类	槭树	藓类-蕨类	塔藓	草类	河漫滩	河岸	塔头苔草	总计
岳桦	313.7*														313.7
鱼鳞松			786.7	257.1	112.1	121.4		239.1**	315.0	325.5		34.0			2190.9
落叶松		98.1	434.5	304.6		64.5	343.3		1011.4	2843.2				52.3	5151.9
赤松									40.8						40.8
红松									20.4						20.4
杨树											815.0				815.0
赤杨												173.3			173.3
总计	313.7	98.1	1221.2	561.7	112.1	185.9	343.3	239.1	1326.4	3229.9	815.0	173.3	34.0	52.3	8706.0

* 其中包括部分高草类林型;** 其中包括部分苔草杜鹃林型

3 划分经营类型与设计经营措施

采取各项森林经营措施时,除了根据森林的自然特点(林型学的特点)以外,首先是取决于它的经济条件——森林经营强度问题。因此,根据森林自然特点所划分的基本单位——林型,并不等于在任何种情况下也是经营的基本单位,在不同经济条件下,经营措施可以根据林型、林型组或更大的单位(复合林型组、群系等等)进行设计,把要求经营措施相似或相同的林型或林型组合并在一起,称为"经营类型"(经营类型并不等于包括几个林型或林型组,个别情况下,也可能是一个林型或林型组)例如:白山林场森林的自然特点复杂,不仅包括了几个垂直植被带,而且森林更替现象也很复杂,相同立地条件,而生态习性完全不同的鱼鳞松(阴性)、红松(中性);落叶松或长白赤松(阳性)可以生长在一起,或者由其中的某一个形成优势,因此,林型数量就比较多。根据林场的经营强度

(Ⅲ级经理等级),以林型单位作为经营对象,是不现实的,我们便根据1)经营的主要目的;2)林地的生产力和面积;3)与林型相联系的基本的经营措施,这三方面的不同,初步确定了6个经营类型(表3)。

表3

经营类型	植被带	包括的林型	地位级	备注
风景林	亚高山岳桦林带	1. 牛皮杜鹃岳桦林 2. 高草类岳桦林 3. 公园式岳桦落叶松林	Ⅴ (Ⅳ)	
防护-利用林	岳桦鱼鳞松林带	4. 塔藓-舞鹤草岳桦鱼鳞松林 5. 塔藓-舞鹤草岳桦鱼鳞松落叶松林 6. 高草类岳桦鱼鳞松林 7. 高草类鱼鳞松落叶松林	Ⅳ (ⅢⅤ)	有条件时,可按木材利用程度,再分成两个单独的经营类型
保土-护岸林	岳桦鱼鳞松林带与红松鱼鳞松林带	8. 河岸落叶松鱼鳞松林 9. 河漫滩柳树赤杨林 10. 陡岩塔藓鱼鳞松林 11. 藓类社香落叶松鱼鳞松林 12. 藓类社得落叶松林	Ⅲ—Ⅴ (Ⅴa)	有条件时,可分成保土、护岸两个经营类型
Ⅰ类工艺用材林	同上	13. 藓类-蕨类鱼鳞松落叶松林 14. 藓类-藤类红松鱼鳞松林 15. 酢酱草蕨类鱼鳞松落叶松林 16. 槭树红松鱼鳞松林	Ⅱ (Ⅳ,Ⅰ)	
Ⅱ类工艺用材林	红松鱼鳞松林带	17. 塔藓红松鱼鳞松林 18. 塔藓鱼鳞松落叶松林 19. 塔藓鱼鳞松樟子松林 20. 塔藓落叶松红松林 21. 大叶章塔头苔草落叶松林	Ⅲ—Ⅳ (Ⅴ)	
Ⅲ类工艺用材林	同上	22. 草类杨树林	Ⅰ—Ⅱ	改变林分后可分别合并至Ⅰ、Ⅱ类工艺用材林经营类型中

此外,通过林型调查和搜集林场过去的经营活动情况和经营经验(如林场过去没进行经营,可搜集附近林场的经营经验)等资料,来为每一经营类型设计各项基本措施(表4)。

表4

经营类型	主要经营措施项目					
	采伐	伐区清理	更新	抚育	防火	防治病虫害
Ⅰ类工艺用材林	100m等带皆伐,或小面积皆伐(3—5hm²);伐区间距不少于200m	枝丫尽量运出,不能时,用堆烧法,堆的大小为1.0m×1.0m×1.5m	保留红松、鱼鳞松、香杨天然幼树,改变组成,人工更新落叶松,每公顷幼树总计8000—10000株,更新组成6落,2鱼1红1香	幼树郁闭后,按组成抚育,每3—5年1次,干形与生长抚育阶段采取上层抚育法	防火期加强巡逻,每年刈除路边杂草,并在沿公路地段设置防火工具	未经主伐林分将病朽木站干清除,风倒木剥皮

所设计的各项经营措施,是这些地段经营时的基本要求,在各种经营技术计算时(如采伐量、抚育采伐量等等),还必须根据小班的测树因子来具体计算。

同样,与编制林型图一样,可以把属于同经营类型的林型以各种颜色或线条连接起来,编制成经营类型图,为了了解林场各林型所占的比重,编制各经营类型面积分配表(表5)。

表5

经营类型	风景林	防护-利用林	保土-护岸林	Ⅰ类工艺用材林	Ⅱ类工艺用材林	Ⅲ类工艺用材林	总计
面积（hm²）	411.8	1782.9	505.3	1908.8	3282.2	815.0	8706.0
百分比(%)	4.7	20.5	5.8	21.9	37.7	9.4	100.0

杉木人工林及其林型的初步研究

湖南会同、贵州锦屏杉木人工林调查研究初报

李昌华,冯宗炜,黄家彬,郭孝仪
顾嗣芳,周崇莲,王维华,郭庆禄

(中国科学院林业土壤研究所)

目次

前言
一 杉木的生态特性和林学特性
    1 杉木的地理分布
    2 杉木栽培的主要经验及其林学特性
    3 杉木的生长和发育
    4 杉木的病虫害
二 杉木人工林的主要林
    1 主要林型组
    2 林型和栽培型的描述

三 几个问题的讨论
    1 造林地的选择
    2 造林密度和其他措施的确定
    3 关于土壤耕作制度
    4 关于杉木的病虫害
    5 杉木的生长发育和气候因素
    6 杉木的生长发育和土壤微生物的关系

参考文献
摘要

前言

杉木($Cunninghamia\ lanceolata$(Lamb.)Hook.)是我国南方主要用材树种之一,生长快,分布广,材质好,树干通直,用途多,水运方便。几年来在全国商品木材总量中约占1/4,而且采伐量逐年增加,是一个大有发展前途的针叶树种。1958年全国林木丰产会议前后,湖南会同、贵州锦屏和福建南平、建瓯等全国闻名的杉木产区先后发现很多快速丰产林,其中每亩材积最高达105.74m^3(40年),有的8年或甚至6年成材,这些事实完全打破了"树木慢生"的旧观念,使人们树立了林木可以速生丰产的信心。

杉木快速丰产的出现并非偶然,一方面,这是由于党和政府对林业生产的重视,另一方面,也是广大林农群众在长期的实践中,掌握了杉木生长发育的客观规律,特别是快速丰产的规律的结果。

为了学习林农培育杉木的丰产经验,并希望在这个基础上尝试用现代森林科学成就,特别是应用森林生态学和林型学的方法,对杉木快速丰产加以总结分析,以便阐明杉木快速丰产的客观规律,并进一步找出这些经验和规律应用于其他地区和其他树种的条件和可能性,为今后大面积林木速生丰产提供一些科学资料。中国科学院林业土壤研究所派出了由不同专业(林学、森林土壤、森林微生物、森林保护、森林气象)组成的工作小

原载于:中国科学院林业土壤研究所报告集,林业集刊,科学出版社,1960,1-41.

组,于1959年初1—3月末这一期间,在湖南会同、贵州锦屏、福建南平和建瓯等地进行了学习和总结工作。在工作中,主要是采用实地参观、访问林农、开座谈会和标准地调查相结合的方法。由于考虑到人工林和丰产林的特点,我们在调查方法上作了一些变动,并提出一些不成熟的意见。

当地党和政府以及人民公社给予我们工作上很大的支持和帮助,许多老林农细致而详尽地为我们介绍经验。北京林学院湘黔下放队的师生热情地和我们合作,并给予我们很多指导,在正文中所列举的数据中,引用部分他们的调查材料,也有一部分是我们共同调查的结果。另外,中国科学院土木建筑研究所刘雅儒同志也参加了工作,调查快速丰产杉木的材性(报告当另行发表),在工作中我们也建立了深厚的友谊。对于这些巨大的支持和帮助,在此一并致以衷心的谢意。

对于杉木来说,不仅广大林农有着丰富的经验,而且研究文献也非常丰富。其中有很多专门论著,也有很大一部分关于杉木丰产林调查和访问的总结材料。这些论著和材料,不但对我们的工作创造了方便条件,而且对我们思考问题有莫大的启发,其中有些调查数据也曾加以引用。

这篇论文就是这次在湘黔两地学习和调查的初步总结。由于时间暂短,我们水平很低,向当地林农群众学习得还不够,观察分析也还不深刻,因此,所提出的意见都是非常初步的,错误之处一定很多,望前辈专家和这方面的工作同志们多加批评和指正。

一 杉木的生态特性和林学特性

杉木有自己的生态特点和林学特性,就是说它的生长和发育对于环境条件(选地)和营林措施有一定的要求。当这些要求得到满足的时候,杉木就会获得快速丰产。因此这个问题非常重要。在这一部分里,主要叙述下面3个问题。

1 杉木的地理分布

杉木的分布和生长特点首先决定于气候条件(纬度和大区地貌的综合)。

根据造林技术参考资料(1955)的记载,"杉木分布北自秦岭南麓、桐柏山、大别山;南至雷州半岛信宜北部的云开大山及广东合浦和睦南关附近的山区;西至康藏高原东南部的河谷地区(如雅龙江、安宁河、大渡河中下游的河谷地区)及云南东部的会泽、罗平、师宗一带;东至浙闽沿海山区和台湾山地。影响杉木分布和扩展的自然因素在北界主要由于寒冷和干燥,南界由于温度过高和干旱,西界则由于高山的低温。

乐天宇等(1958)主要是根据气候特点,把杉木分布区划分为3个地理类型(区)。

(1)亚热带地理区

大致指北回归线以南的广东、广西、云南三省杉木产地以及福建东南一隅。无严寒冬季和霜期,年平均气温在22℃以上(林区较此低1—2℃),雨量约1500—2000mm(林区应较此高),年相对湿度在80%以下。除旱季外,杉木的生长与发育无停顿时期。一般侧枝徒长,树冠较大,木材生长率较小,枝叶重量常超过干的重量,繁殖力弱,病虫害和寄生等的危害较大。

(2)温带南部地理区

大致指北纬30°(大致沿长江中上游)以南,上一地理区以北的地区,年平均温度

18—22°(林区较此低 1—2℃),1—6 个月的霜期和较寒冷的冬天,年雨量 1800—2500mm(林区应较高),年相对湿度在 80% 以上。树干年轮春秋材明显,树冠和树干生长率相称,木材产量大,为我国杉木生长最优良的地区。

(3) 温带中部地理区

指长江以北和北纬 32—33°以南各山脉的杉木产区。年平均温度约 16—18℃(林区较此低 1—2℃);有较长的冬季和霜期(8 个月内可能有霜),雨量较低(600—1000mm),年相对湿度在 80% 以下。干材年轮明显,树冠生长势弱,因此木材生长率也很小,但材质坚硬。

杉木的分布和地貌条件也有密切的关系。

在上述杉木分布范围内,杉木产地都集中于几个较大的山区。例如,温带南部地理区的杉木产地都集中于下列山区:1) 福建的武夷山和戴云山区;2) 湖南、贵州的雪峰山和武陵山区;3) 江西的武功山区;4) 广东广西的南岭山区;5) 浙江、安徽的括苍山区等。其他两个地理区的情况也与此类似。

山区有自己的气候特点,一般降水较多、湿度高、风速小、蒸发小、气温稍低、冬季温暖、夏季凉爽。上述几个山区和本地理区的高雨量区完全一致。

杉木分布区的植被分区与上述地理区大致吻合。亚热带大致相当于华南亚热带常绿林区,杉木主要分布于闽粤沿海地段,非杉木主要产区,适宜的树种有马尾松和桉树等。温带南部区大致相当于华中亚热带常绿阔叶林区中部和南部,为杉木主要产区,除杉木外适宜的树种有马尾松、毛竹、檫木、油茶、油桐等。温带中部区大致相当于华中亚热带常绿林区的北部紧靠华北松栎林区,杉木主要分布于秦巴山地地段,非杉木主要产区,适宜的树种有马尾松、华山松、栎类等。

杉木的分布和土壤的关系也非常密切。亚热带区相当于红壤区带,杉木主要分布于粤闽桂台沿海丘陵砖红壤性红壤及砖红壤区,由于土壤物理性质和化学性质不好,不适于杉木生长。温带南部区相当于红壤黄壤区带,杉木主要分布于南岭山地和闽浙丘陵山地黄壤区,这里的土壤主要是山地黄壤性土壤,由于几乎没有受到红壤化作用,所以土壤的养分条件和物理性质都比较好,土壤经常是潮湿的,水分条件较好,适于杉木生长。土壤的一般性状是棕黄色或棕色;有时为棕红色,上部较厚,无石灰性反应,酸性,pH4.5—5.5,有少量代换性氢,由于风化进行比较剧烈,土壤中含有高量粘粒部分,质地以粘土者为多,由于处于山地,有一定的冲刷表现。温带中部区相当于黄褐土区带,杉木主要分布于伏牛山—大别山山地棕壤与山地黄褐土区,这里的土壤虽然有较好的物理性质和养分条件,但由于土温过低和土壤湿度不够,也不适于杉木生长。

根据上面的叙述可以看出,在气候方面,杉木需要较高的降水和较大的相对湿度,没有或者只有非常短的旱季,比较高的平均气温(18—22℃左右),并有一定的霜期和冬季。从地貌方面来看,杉木集中于较大的山区,这里有比较良好的气候变异,降水多,湿度大,旱季影响小,年温差小,风速小。从土壤方面来说,杉木适合于山地黄壤性的土壤,因为这种土壤有比较适合于杉木生长的物理性质(包括温热条件和水分条件等)和养分条件。另外,根据植被的区划可以看出,杉木产区有丰富的造林树种可以配合。

2 杉木栽培的主要经验及其林学特性

中国栽培杉木已有几百年的历史,广大林农积累了极为丰富的经验。根据我们的体会,这些经验主要体现了下面 3 个精神,即第一,杉木的一切栽培措施都是为幼苗和林木的良好生长发育创造条件。林农在生产中对杉木的林学特性有着深刻的认识,对每一个措施都非常注意生产效果,就是说要使措施完全符合于杉木的林学特性,因而能够把措施和林学特性统一起来;第二,措施是综合的和完整的。就是说,不是孤立地去看待每一个措施,而是把所有的措施作为一个整体,在这个整体的基础上来应用每个措施,例如,考虑密度就必须考虑抚育措施的配合等,而快速丰产就是所有措施适当配合的结果;第三,这些措施的应用,体现了因地因时制宜的精神。当地林农根据造林地条件、经济要求和林木发育阶段,采用不同的措施,例如采用不同的密度和抚育强度等。

下面就来叙述栽培杉木的主要经验。为了方便起见,分为4点,至于上述3个精神,将在林型部分中能进一步得到补述。

(1)育苗

杉木育苗主要是山间育苗,即那里造林,那里育苗。不遮阴、不灌溉。育苗可以分为采种、整地施肥、播种、幼苗管理和苗木鉴定几部分。

采种母树以结果较多、种子丰满、树龄18—34年和健壮无病的林缘木和混交林中的散生木较好,不采火烧木和孤立木。采种时间一般是在10月下旬到11月中旬之间球果已由青变黄、鳞片将开未开的时候。球果采到之后,放在楼板上4—5天再晒,晒时注意防雨球果约一星期即可开裂,然后用筛筛出种子,晾干,簸去干瘪子粒。种子最好放在箩筐中挂在通风凉爽处贮藏,忌潮湿烟熏。头年采种,次年即应播种。

苗圃应该选择土壤保水性好(是指粘壤土、结构好、含石块少的土壤,沙质土壤保水性不良,并且容易过热)、排水良好、全面受光的老荒山土上(即杂木林土壤,这种土壤病原菌少、肥力高、容易烧垦)、坡度不应过大(30°以下),以免通受冲刷。一般以缓坡为好,土壤肥沃的山脊或光照良好的山洼边坡也可以。

前一年夏或秋季,砍倒圃地灌木杂草,干后焚烧,然后翻挖过来。翌年正月,收集杂草树根,再烧一次,然后深挖6—8市寸,检出石块。必要时可再挖再烧一次。打碎土块,耙匀,不作床,只挖排水沟即可。

施肥主要是施草木灰和火土肥(烧土)。这两种肥料是磷钾肥,多一些并无害处,撒施后将肥料翻到下面,可促进根系向下发育。人粪尿少施可使苗木长得清秀,但稍多即易得立枯病,苗木根系发育也不好。

播种前进行浸种有良好效果。把种子放在口袋中,浸于清水(或河水)中两天两夜,再用石灰水浸20分钟,洗净阴干,然后播种。播种是分次均匀撒播,播下后稍复薄土,能盖上种子即可。然后用杉木枝条复盖,十数天后,即可出土。待幼苗大量出土后,即去掉复盖物。

出苗后即开始间苗除草。间苗时留强去弱,苗的间距应有3—4cm,太密苗木生长不好。除草是有草即除。一般不进行追肥,必要时可追草木灰和火土肥,少追或不追人粪尿。

好的苗木是1年生,粗壮(筷子粗,高7—8市寸),顶芽正常,根系非常发达。造林前应该进行苗木分级,以免造林后过分分化。

(2)造林地的选择和整地

造林以选土层深厚、肥沃、湿度较大和排水良好的山洼、山脚、缓坡等处为好。土层浅、石砾多、质地粘重和坡度很陡的地方栽杉不太适宜。

于农历 1—2 月间砍山,砍倒杂草灌木,铺平晒干。2 月间烧山,由山坡上往下,发火燃烧。烧山后撒播小米。7—9 月小米收获。1—2 月间全垦整地,即根据土层厚度不同,全面深挖 4—8 市寸。

(3) 造林方法

以往是在农历 1—2 月造林,湖南会同疏溪口劳模张万宏由 1954 年开始实行冬季造林,结果证明,冬季造林成活率高,生长快。这是因为冬季苗木先生根,春季就开始生长。

造林密度各处不同,最低者每亩 70 株,最高者每亩约 260 株。但基本原则是,森林植物条件愈好,密度愈稀,反之则密。有三角形植树和顺山成行两种排列方法。

在已整地的造林地上挖穴,最好深 1 尺,径 1 尺,然后栽苗。栽苗不能反山,反山则林木最初生长变缓。先填表土,后填心土,复土成馒头形,以免积水。然后在苗木上方 5—6 寸处打一块长 1.5 尺,宽 3 寸,厚 6 分的木牌作为护苗牌,疏溪口林农总结出深栽的经验,即植树时深埋苗木的 2/3 左右。深栽的作用是:1) 土层深处易保持水分,抗旱力强;2) 抑止侧枝的萌发;3) 抚育除草不伤苗根;4) 冬季土壤深层温度高,根系可继续生长;5) 地上部分少,栽苗后不易受风害;6) 深栽可以不压实填土,任其自然陷落,这样土壤疏松,根系舒展。

(4) 抚育

幼林抚育结合林粮间作进行。间种的作物包括玉米、小米、豆类、甘薯和蔬菜等;一般以前 3 种,特别是玉米为多。作物在造林当年 3 月播种,此时对幼林抚育 1 次,4—5 月结合作物中耕除草抚育 1 次,7—8 月玉米收获时再对幼林抚育一次。抚育的内容主要是除草松土。这样连续进行 3 年。管理细致的在林粮间作时注意施肥和作物不要过密,3 年后继续每年松土除草 2 次,6 年以后,每年 1 次,一直到 10 年左右。一般则郁闭后即不再管理。郁闭愈迟,即稀植或森林植物条件愈不良,则愈应加强抚育。

根据上述经验,可以对杉木的林学特性,提出以下补充意见:

第一,杉木喜欢土壤肥厚,水分充足,但排水良好的地方。杉木育苗则要求光照充分。

第二,杉木喜欢疏松的土壤,在养分方面,特别需要磷和钾,这种特性,在苗期更为显著。因此需要烧山全垦。

第三,杉木有强烈的趋光性,幼苗更为显著,迎光面与背光面迥然不同。栽苗时应按杉苗原来阴阳面,不可反山。

第四,虽然杉木有很强的萌生能力,但是还是以实生苗的生命力最强,生长快,延续时间长。

第五,杉木幼苗时期生命力较弱,因此需要注意保护和抚育。

3 杉木的生长和发育

杉木的生长和发育特点受到森林植物条件和人为措施的综合影响,因此,它的规律是比较复杂的,但是,它是森林的重要生产指标,所以,研究杉木的生长和发育规律应该是研究杉木快速丰产的中心。

同时,由于这里所谈的杉木不是孤立的单株立木,而是每个具体林分中的立木,杉木又都是同龄林,因此,上面所谈的杉木生长发育阶段和规律,实际上也就是林木的生长发育阶段和规律。下面仅就调查地区实生林的生长发育特点提出初步意见。

根据调查访问,杉木可以分为 4 个发育阶段,即苗期阶段、速生阶段、干材生长阶段和衰老阶段。

　　苗期阶段为幼苗和栽植后3年左右。在此阶段,杉木生长缓慢,生命力不强,抵抗外界条件能力很弱,此时主要是使器官发育完全,恢复和积累力量,为速生阶段准备条件。因此,在这一阶段内,需要非常细致的管理,而且年龄愈小,这种要求就愈需要满足。

　　速生阶段一般由出苗后第4年开始到第10年左右。这一阶段胸径和树高都急剧增大,各器官的活动最为旺盛。此时,树冠为良好的塔形、林分的郁闭度达到最大,根系也发育完全。在此阶段的后期,根据密度的不同,树冠逐渐减小,枝下高迅速增大,郁闭度开始减小。由于在此阶段生长较快,故材质较松。在此阶段内照顾和管理不需要很细致,但非常希望有适当的密度和抚育,以便充分发挥这一阶段的速生效能。根多林分之所以速生丰产都是由于充分发挥了这种性能的原故。

　　干材生长阶段由第10年左右开始,一般是随着器官活动的减弱而逐渐由速生阶段过渡到干材生长阶段。此时树高和胸径生长都逐渐缓慢,树冠的塔形根据密度的不同正在破坏或完全破坏,郁闭度逐渐变稀。在这一阶段内,材积增长是很大的,一般是材积增长最大的时期,另外,由于心材的细胞逐渐死亡、细胞壁逐渐加厚,而边材又比较致密,因此材质逐渐坚实。在这一阶段密度应当适当并固定下来,同时需要进行适当抚育(由于疏闭度降低,故林下杂草灌木开始生长),以便使材积增长的效应,充分地发挥出来。

　　在干材生长阶段,随着生长的逐渐减缓和器官生活力的逐渐减弱,开始到达衰老阶段。这个阶段的到来,一般是在第30—40年以后。此时郁闭度已经比较小,生长量很小(树高生长量下降到0.2m以下,胸径生长量下降到0.2cm以下),非常易遭病虫害的侵袭,有些则开始空心。

　　杉木的采伐期最好是在干材生长阶段的后期,即衰老阶段到来以前,此时材积最大材性最好。但是具体的采伐时期必须根据国民经济的要求决定。对于快速林分,干材生长阶段到来以后2—3年即可采伐,即对于山坡林型组来说,大约在栽苗后10—13年左右。对于快速丰产的林分,在干材生长阶段的中期也可以采伐,即对于山坡林型组来说,大约在栽苗后15—20年左右。

　　上面是杉木4个生长发育阶段的一般特点。这些特点在不同森林植物条件类型上(不同林型中)和由于措施的不同(不同栽培型),其表现情况有一定的差异。

　　根据后面所叙述的林型材料中可以知道,速生阶段一般都是由第4年开始,速生阶段的持续时间,以山洼林型组最长,一般由第4年到第15年左右,胸径和树高的增长幅度也最大(树高生长量可达2.5m或更大,胸径生长量或达3.5cm或更大)。山坡林型组年限较短,由第4年到第10年左右,幅度中等(树高生长量可达0.8—2.1m左右,胸径生长量可达0.9—2.5cm左右)。山脊林型组年限最少,由第4年到第7年,幅度最小(树高生长量最大0.7m左右,胸径生长量1.3cm左右)。

　　干材生长阶段的开始年龄和持续时间也和林型组有密切关系。山洼组年限最长,可以由第15年到第40年左右,生长量幅度最大(树高生长量最大0.5m左右,胸径生长量最大0.8cm左右)。山坡组年限中等,由第10年到第30年左右,幅度中等(树高生长量0.3—0.5m左右,胸径生长量0.3—0.6cm左右)。山脊组年限较少,由第7年到第20年左右,幅度较小(树高生长量0.3m左右,胸径生长量0.3cm左右)。兹将不同林型组各发育阶段的大致林龄列表(表1)。

表1　不同林型组各发育阶段的林龄

林型组	发育阶段			
	苗期阶段	速生阶段	干材生长阶段	衰老阶段
山洼组	第1—4年	第4—15年	第15—40年	>40年
山坡组	第1—4年	第4—10年	第10—30年	>30年
山脊组	第1—4年	第4—7年	第7—25年	>25年

从上表可以看出,由于不同林型组的各发育阶段的年龄不同,因而它们在理论上的最经济采伐期(即从材质上和生长量来说都比较合适的采伐期)有很大的不同,这在杉木林的经营中有很大的参考价值。

上面是指选地不同对生长发育的影响。除此之外,抚育措施和密度也有很大作用。

抚育措施(主要是指除草和松土)能够大大地提高各发育阶段树高和胸径生长的幅度。这种作用愈是森林植物条件较差,其效果愈大。但对各发育阶段的开始年龄和延续时间则影响不大。具体材料可以参考林型部分不同抚育强度的栽培型的生长对比。

一般密度愈稀,胸径生长幅度愈大,分化现象则较不明显。但由于郁闭所需年限较长,故抚育需适当加强。密度愈大,胸径生长愈较慢,分化现象也较明显,小径木增多,但抚育可以稍差一些,因此,只有密度适宜,才能得到良好的木材和较大材积。密度对于各发育阶段的开始年龄和延续时间影响也很小。具体材料可以参考林型部分不同密度栽培型的生长对比。

4　杉木的病虫害[*]

调查地区杉木的病虫害很少,无论是对于育苗和造林,都极少加害,同时,由于杉木一般在20年左右即行采伐,所以对于生长发育和材积增长也几乎没有什么影响。只有个别国营苗圃,由于在同一块地上连续育苗,立枯病等病虫害比较严重,下面就是本地区存在的几种病虫害:

(1)杉苗立枯病　当地立枯病症状主要为倒伏状,自幼苗出土后约一个月以内由根茎部分或根系部分发病,呈软腐状,变色而倒伏于地面。

(2)杉木心腐病　该病能使木材发生空心,被害部分木材变黄而粉碎,在树干的表面,并无任何症状可见。据了解,发病主要是在栽苗30年以后,即在干材生长阶段后期或衰老阶段。

(3)针叶落叶病　调查中观察杉木叶部病害很少,比较常见的有针叶落叶病(*Lophodermium* sp.),此病后期在病叶上生出黑色横线,把叶子分成几段,每段上生有黑点一个或数个,此即病菌的子实体,以此过冬,次年进行传染。本病在杉木林中的落叶上比较常见。

虫害方面有以下几种:

(1)杉苗地下害虫　危害杉苗的地下害虫有金龟子、地老虎、蝼蛄等。主要是加害杉苗的根部,以幼苗出土后的4—5月份加害较重。被害苗木由于根部被咬伤或咬断,致枯死而缺苗。

---

[*] 这部分材料由于工作时间恰值冬季,所以大部是由访问所得

(2）象鼻虫　危害刚出土的杉苗幼芽。该虫白天不出现，躲在土里，傍晚出现。有伪死性，一受震动即装死堕地不动。以幼苗出土后的一个月危害重，以后随着苗木生长逐渐减轻。

（3）螟蛾　危害杉木尖端髓部，致使杉木不能往上生长。据观察，这种害虫多危害造林后2—5年的幼龄杉木。

（4）吉丁虫和天牛　危害杉木的树干，在杉木树干中形成孔道，影响树液和养分的输送，致使树木矮小，生育不良，严重者则枯死。

（5）黄蚂蚁　危害杉木的树根部。

总之，如前所述，这些病虫害虽有发现，但仅是个别树木，影响很小。

二　杉木人工林的主要林型

杉木人工林林型问题，过去文献记载很少。孙章鼎等（1958）会在湖南会同作过杉木人工林林型的初步调查，根据地形、地势和土壤因素，划分了5个林型，并提出以地形和土壤（机械成分）来命名的建议。该文中还提出了若干人工林林型分类原则的讨论，对人工林林型研究有很多启示。

关于人工林生长发展的规律是与天然林生长发展的规律颇有差异，人工林生长发展的规律除了受森林植物条件、林木本身的生态特性的影响外，人的活动在很大程度上起着促进或促退的作用，这一点比之天然林受自然支配有着很大的不同。林农们非常清楚在不同的森林植物条件下杉木生长有快有慢，蓄积也有多寡，所能获得的材种出入甚大，但是在同一森林植物条件类型中，所采取的人为措施不一时，其所得效果就两样，往往有决定丰产与不丰产之差别，为了比较在不同森林植物条件和人为干涉下，杉木生长的差异，分析它们的特点，找出最宜的各项因素配合的快速丰产条件，我们在学习了当地林农朴实的林型分类（主要按地貌和土壤因素）基础上，作了杉木人工林林型系统分类的初次尝试。

在第一部分已经谈过，在我国整个杉木分布区内，从南到北有三大地理区，即亚热带地理区、温带南部地理区和温带中部地理区，每个地理区内，由于大气候和大地貌条件的差别，反映在杉木生长发育有显著不同（见第一部分"杉木的地理分布"）。调查地区会同、锦屏两县属于温带南部地理区，亦即杉木生长发育最宜的地理区。由于两县相邻，属于同一山系（雪峰山系），自然条件大致相同，属于同一亚区——湘黔边境亚区。

湘黔边境亚区的自然条件也相当复杂，并非到处都有杉木分布，今后也不可能处处营造杉木林。在沿较大河流的谷地及其附近的低丘地区，相对高度一般不超出50—100m，主要为农业用地和经济林用地。沿小河、小溪的较高山区相对高度超过50—100m，山高谷窄，除小河或小溪谷底以外，为杉木分布的地区，所划分的林型主要在这里，其海拔高度为300—800m左右。

在同一亚区内，对于山地森林来说，地貌条件的变化，影响到林木生长发育的直接生态因素——土壤、气候、水文等的差异，因此按地貌类型作为高一级的林型分类单位是有必要的，地貌条件的变化是**林型组**（группы типов леса）或**亚组**（подгруппы типов леса）划分的主要根据。

在同一林型组或亚组内，根据森林植物条件，特别是土壤的不同，划分为林型，林型应该理解为目的树种相同和森林植物条件相同的森林地段的综合。正如前面所述在杉木人工林中,由于各地人为经济条件的差别,杉木的生长发育除受森林植物条件影响外,人为经营措施的影响很大,因之,不同于天然林,杉木人工林林型分类中,在林型这一分类单位以下,有必要按影响林木生长发育的主要经营措施再划分为栽培型(тип культуры),栽培型应理解为目的树种、森林植物条件和主要经营措施相同或相类似的森林地段的综合。

我们调查的杉木林都是实生纯林,也是同龄林,其中大部分是丰产林,有些造林措施是相同的,苗木大部为1年生,砍山烧山后播种小米1年(或不播种),然后全垦整地,挖穴造林,造林时埋苗较深。抚育措施绝大部分都结合林粮间作,一般间作2—3年。幼林多半为三角形植树,成林几乎全是四方形造林。造林密度每亩约70—300株(每公顷1050—4500株),一般条件较好处较稀,条件较差处较密。造林之初,密度既已确定,除因个别损伤缺株外,一般株数不变,不进行间伐。林分分化现象不甚严重,林相整齐。

根据访问和调查,影响现有的杉木林生长发育及生产特点的人为措施主要是密度和抚育强度。因此我们按这两个措施的不同来划分栽培型。

抚育强度分为3种,即强抚育、中抚育和弱抚育。弱抚育为管理不良,杉木发育不整齐者,我们没有调查这样的林分。中抚育为结合林粮间作进行抚育,基本郁闭后即不再管理者。强抚育为林粮间作细致,注意施肥除草,基本郁闭后尚继续进行松土除草数年者。密度分为3种,其标准如表2。

表2 不同密度的栽培型的每亩(公顷)株数*

林型组	每亩(公顷)株数		
	高密度	中密度	低密度
山洼林型组	160—180 (2400—2700)	110—130 (1650—1950)	60—80 (900—1200)
山坡林型组	200—260 (3300—3900)	140—190 (2250—2850)	80—130 (1200—1800)
山脊林型组	250—290 (3750—4350)	180—220 (2700—3300)	110—150 (1650—2250)

* 表内所列的高密度、中密度、低密度是现有人工林的栽植密度,为分类比较而用。

由于我们这次工作的主要目的是学习和总结杉木丰产经验,因此对于林业部调查已确定的快速林、丰产林和快速丰产林在栽培型描述后面的括弧中注明。下面是林型组、林型和栽培型简表(表3)。

1 主要林型组

I 山脊(山塝、山岭)林型组

本林型组位于山脊或山顶上,即分水岭部分。山顶坡度不大,山脊较狭而平坦。本林型组占面积很小,这里风速较大、蒸发较大、湿度较小、光照最多。

土壤是在残积母质上发育的,浅棕红色,土层厚度较薄,但一般也大于1m,粘土,含石块。表层一般小于10cm,含少量腐殖质,因此肥力很低,一般只表层较疏松,向下即变为紧实,成核状或块状结构,物理性质不良。

山顶和山脊是典型的剥蚀区,有一定的侵蚀表现,但不很强烈。由于地处分水岭,排水良好,土壤质地粘重,结构不良,故保水性较差,除降水外,缺乏水分来源,因此水分不足。

本林型组的生产力较低,杉木生长很慢通常只能生产矮而径级较小的木材。一般直径生长和高生长的高峰时间由第4年到第7年左右,增长幅度较小,7年以后,高生长和直径生长逐渐减慢。本组没有发现丰产林。

表 3 杉木人工林林型组林型和栽培型简表

林型组	林型亚组	林型	栽培型	林龄(a)	株数 每亩	株数 每公顷	均树高(m)	平均胸径(cm)	蓄积(m³) 每亩	蓄积(m³) 每公顷	地位级*	快速丰产类型**	备注
山脊林型组	—	厚层红色粘土杉木林	中密度中抚育型	19	220	3300	9.1	9.8	8.5	127.7	II	—	标准地 13 号
	陡坡亚组	厚层轻粘土杉木林	高密度中抚育型	19	260	3900	11.4	9.5	10.6	158.7	II	—	标准地 2 号
		厚层轻粘土杉木林	高密度中抚育型	17	230	3450	9.4	9.8	10.0	150.0	I	—	标准地 10 号
山坡林型组	中坡亚组	厚层轻粘土杉木林	高密度强抚育型	7	260	3900	6.0	7.1	3.6	54.0	I_B	快速林	标准地 6 号
	山脚亚组	厚层粘壤土杉木林	低密度强抚育型	9	90	1350	11.8	16.0	11.7	175.5	I_B	快速林	标准地 24、25、26 号
		厚层粘壤土杉木林	中密度中抚育型	17	140	2100	16.6	15.2	21.0	315.0	$I_6 — I_B$	—	标准地 8 号
		粘壤土杉木林	高密度中抚育型	19	170	2550	17.0	14.2	23.3	350.0	I_B	快速林	标准地 1 号
	较陡山洼亚组	粘壤土杉木林	中密度中抚育型	33	125	1875	21.2	19.9	40.1	601.5	I_6	丰产林	标准地 7 号
		多腐殖质粘土杉木林	低密度中抚育型	19	70	1050	16.7	23.3	24.9	373.5	I_B	快速林	标准地 27 号
山洼林型组	平缓山洼亚组	多腐殖质粘土杉木林	中密度中抚育型	19	120	1800	20.3	19.0	32.2	483.0	I_B	快速丰产林	标准地 28 号
		棕色粘土杉木林	高密度中抚育型	10	190	2850	13.0	12.4	17.0	255.0	I_B	快速半产林	标准地 19 号
		多腐殖质粘壤土杉木林	中密度中抚育型	17	125	1875	20.0	16.7	29.0	435.0	I_B	未确定	标准地 21 号
		多腐殖质粘壤土杉木林	中密度中抚育型	7	130	1950	14.0	12.5	11.5	172.5	I_B	未确定	标准地 18 号

* 由林业科学研究所 1955 年研究报告，杉木人工林生长过程及立木材积表查出；

** 根据 1958 年全国林木丰产现场会议秘书处标准：快速丰产林，每亩年平均材积生长量在 2m³ 以上，林龄在 30 年以上，每亩蓄 50m³ 以上；快速林，林龄在 30 年以内生长和成林较快的；半产林，林龄在 30 年以上。

Ⅱ 山坡(山崠、崠坡)林型组

本林型组位于比较整齐的出坡上,坡度一般20—40°,也有较陡或较缓的地方,包括各种坡向。这里风力中等(迎风坡稍强)、蒸发中等、湿度中等、光照较多(上方光及侧方光)。

土壤是在坡积-残积或残积-坡积母质上发育的,在个别情况下,母质为残积物或坡积物。表层质地为粘壤土,下层常为粘土,混有石块或不混石块。土层厚度中等,一般大于两米。表层厚度20cm左右,含中量或少量腐殖质,肥力中等。一般表层疏松,为团粒结构,物理性质较好,向下逐渐紧实,为核状结构,物理性质较差。

山坡为剥蚀区或半剥蚀区,有一定的冲刷表现,特别是坡度大于35°的地方,但不强烈。由于有一定的坡度,排水良好,土壤保水性中等(由于下层的结构较差),由山坡上部及分水岭有一定的来水,但不很充足,水分蒸发损失也较多,故水分条件中等。

本林型组的生产力中等,杉木生长中等,能够生产高度和径级中等的木材。直径生长和高生长的高峰时间一般由第4年延续至第9—12年,幅度中等,第9—12年以后,高及直径生长逐渐减慢。只有极个别的快速林属于本林型组。

由于缓坡和陡坡的条件有相当显著的差异,因此本林型组可以根据坡度的不同,再划分为3个林型亚组,即陡坡亚组(坡度35—45°或更大)、中坡亚组(坡度20—35°)和山脚亚组(坡度10—20°左右)。

Ⅲ 山洼(山湾、湾头)林型组

山洼为山坡上的小谷地的底部及其近接部分,这种小谷地的最上部过渡成陡坡,向下过渡成开阔农地(小溪谷或小河谷),因此面积不大。包括各种坡向。山洼沿中线有一定的坡度,在10—30°之间。这里风力很小、蒸发小、湿度较大、光照时间较短(主要是上方光,有利于树高生长)。

山洼是堆积区或半堆积区,一般不受侵蚀影响,常进行缓慢堆积,土壤是在坡积母质上发育的,土层中常有黑色埋藏层,粘壤质,夹石块或不夹石块,土层极为深厚,一般都大于2—3m。表层厚20—30cm,含中量或多量腐殖质,比较肥沃,同时上、下层都很疏松,有很好的团粒结构,物理性质良好。

山洼由于有一定的坡度,排水良好,土壤保水力很强,由分水岭及山坡有经常的来水,水分充足,蒸发损失也小,故水分条件良好。

本林型组生产力很高,杉木生长很好。胸径和高生长的高峰时间可由第4年持续到第15年左右,增长幅度很大)15年以后,逐渐减慢。因此能生产较大径级和很高的木材。快速丰产林的绝大部分都属于本林型组。

由于山洼的坡度对水分条件和土壤条件有很大的影响,因此再根据坡度不同划分为两个亚组,即平缓山洼亚组和较陡山洼亚组。

2 林型和栽培型的描述

Ⅰ 山脊林型组

(1)山脊厚层红色粘土杉木林

林型处于山脊,较平坦,边缘有10°左右的坡度。土壤是红色粘土,全层浅红棕色,耕作层10cm左右,含甚少量腐殖质,核状结构。以下为心土层,大核状至块状。土层厚1.5m以上,混有少量已风化的页岩块。土壤的特点是耕作层薄,腐殖质含量少,结构不良,质地粘重,杉木根系发育不良,主要在30cm以上,含量中等(表4)。

本林型的森林植物条件类型是较差的,生产力低,林农很少选择这种森林植物条件类型营造杉林。

本林型只划分出一个栽培型,即中密度中抚育栽培型。根据标准地13号的材料,株行距大致为1.7m×1.8m,每亩(公顷)约220(3300)株左右。当林龄19年时,郁闭度0.6,平均胸径9.8cm,平均树高9.1m,林分分化不明显,每亩(公顷)蓄积为8.5(127.7)m³,Ⅱ地位级(由林业科学研究所1955年研究报告杉木人工林生长过程及立木材积表查出,下同)。林分分化状况及树干解析材料见表5和表6。

表4 标准地13号的土壤性质

采样地点	采样深度(cm)	pH H₂O	pH KCl	腐殖质(%)	全氮(%)	细土(<2mm)的颗粒组成(%) 物理砂 <2.00 >0.01	物理粘粒 0.01—0.001	<0.001	质地名称
湖南省会同县疏溪口西一里山顶	5—13	4.5	3.8	1.72	0.160	18.0	48.6	33.4	重粘土
	16—26	5.1	4.0	0.45	0.074	13.4	48.2	38.4	重粘土
	60—70	4.9	4.5	0.16	—	23.6	53.6	22.8	中粘土

表5 标准地13号的径级分配和树高

径级(cm)	株数 株数/亩	株数 %	树高(m)
4	2.4	1.1	3.8
6	40.5	18.4	5.0
8	65.8	29.9	7.5
10	50.6	23.0	8.7
12	40.5	18.4	9.3
14	15.2	6.9	10.2
16	5.0	2.3	11.0
9.8	220	100	9.1

表6 标准地13号平均木树干解析表

龄期(a)	树高(m) 树高	树高 生长量	胸径(cm) 胸径	胸径 生长量	材积(m³) 平均木	材积 每亩	生长量(m³) 平均	生长量 连年
2	—							
4	1.5	—	1.0	—	0.0005	0.11	0.0001	—
		1.1		1.3				0.0012
6	3.7		3.6		0.0028	0.62	0.0005	
		1.1		0.7				0.0019
8	5.8		4.9		0.0065	1.43	0.0008	
		0.6		0.5				0.0021
10	7.0		5.8		0.0106	2.33	0.0011	
		0.4		0.4				0.0014
12	7.8		6.6		0.0134	2.95	0.0011	
		0.3		0.3				0.0032
14	8.3		7.2		0.0198	4.36	0.0014	
		0.2		0.3				0.0023
16	8.7		7.8		0.0243	5.35	0.0015	
		0.2		0.3				0.0021
18	9.0		8.3		0.0285	6.27	0.0016	
		0.1		0.3				0.0027
19	9.1		8.6		0.0312	6.86	0.0016	
19带皮			9.5		0.0387	8.51	0.0020	

由上述材料得知,立木的树高和直径生长最快为4—7年,其后逐渐下降。对于这种栽培型,为了提高生产力,主要应该增加密度或加强抚育,使其成为高密度中抚育型或中密度强抚育型,最后一种栽培型生产力将会提高很多。

本栽培型经常与马尾松林成镶嵌状分布,由于郁闭度小,林下出现不少马尾松幼树,在 100m² 内多至 60—80 株,证明这里适于马尾松生长。林下草被成层,以铁芒萁（*Dicronopteris lineasis*）最多,此外有冬茅（*Miscanthus sinensis*）和狗脊（*Woodwardia japonica*）等。

Ⅱ 山坡林型组

Ⅱ-1 陡坡亚组

坡度在 35—45° 之间或更陡。陡坡是明显的剥蚀区,因此土层翻动之后,有较明显的土壤侵蚀,土石块可向下滚动。表土很薄。由于物理性质不良,保水性差,来水少,水分条件相当不好。本亚组只划分出一个林型。

（1）陡坡厚层轻粘土杉木林

土壤是在坡积-残积母质上发育的,厚度大于1m,浅红棕色或棕色,含少量或中量石块。表土为耕作层,10cm 左右,稍含腐殖质,较疏松,带核状的团粒结构,有中量根系。10cm 以下为心土层,粘土,核状结构。土壤特点是侵蚀明显,表层薄,排水好,保水性不良（表7）。

表7 标准地2号的土壤性质

采样地点	采样深度（cm）	pH H₂O	pH KCl	腐殖质（%）	全氮（%）	细土(<2mm)的颗粒组成（%）物理砂 <2.00 >0.01	物理砂 0.01—0.001	物理粘粒 <0.001	质地名称
湖南省会同县疏溪口大湾	6—16	4.8	4.2	2.72	0.142	33.2	48.0	18.8	轻粘土
	30—40	4.7	4.3	1.22	0.219	29.0	44.4	26.6	中粘土
	70—80	4.8	4.3	0.29	0.073	41.8	34.8	23.4	轻粘土

本林型的生产力很低。只划分出一个栽培型,即高密度中抚育型。根据标准地2号材料,株行距约为 1.4m×1.8m,每亩株致约为260株（株数多是由斜距换算为水平距所致）,分化不明显。当林龄19年时,郁闭度为0.8,平均胸径9.5cm,平均树高11.4m。每亩（公顷）蓄积 10.6(158.7)m³,Ⅱ地位级。林木径级分配与树干解析材料见表8和表9。

表8 标准地2号的经级分配、树高和冠幅

径级（cm）	株数/亩	%	树高（m）	冠幅（m）
4	31.5	12.1	3.0	—
6	42.6	16.4	5.5	—
8	52.0	20.0	7.4	—
10	46.5	17.9	9.0	—
12	35.4	13.6	10.4	—
14	31.5	12.1	11.0	2.09
16	18.5	7.1	13.2	2.98
18	2.0	0.7	13.6	2.89
9.5	260	100	11.4	—

表9 标准地2号平均木树干解析表

龄期(a)	树高生长过程(m) 树高	生长量	直径生长过程(cm) 胸径	生长量	材积(m³) 平均木	每亩	生长量(m³) 平均	连年
2	—		—		—	—	—	
4	2.0	0.6	0.3	0.9	—	—	—	
6	3.2	0.7	2.1	1.3	—	—	—	
8	4.5	0.6	4.7	0.7	0.0050	1.30	0.0006	0.0023
10	5.6	0.4	6.0	0.5	0.0096	2.50	0.0010	0.0027
12	6.4	0.4	7.0	0.4	0.0149	3.87	0.0013	0.0029
14	7.2	0.4	7.8	0.4	0.0207	5.38	0.0015	0.0031
16	7.9	0.3	8.5	0.2	0.0268	6.97	0.0016	0.0024
18	8.5	0.3	8.9	0.3	0.0316	8.22	0.0017	0.0035
19	8.8		9.2		0.0351	9.13	0.0019	
19带皮	—		10.0		0.0407	10.58	0.0021	

由上表可知,树高与胸径生长在第8年以前较快,其后逐渐下降。与前一林型的中抚育栽培型比较,杉木生产力稍高。提高这个栽培型的主要办法是加强抚育,即使其变为中或高密度强抚育栽培型和防止土壤侵蚀。

林下草被成层,以杜莲山(*Maesa japoica*)和铁芒箕为主。

II-2 中坡亚组

坡度在20—35°之间,坡度比较平缓,因此土壤侵蚀微弱,水分条件稍好。本亚组划分出一个林型。

(1)中坡厚层轻粘土杉木林

土壤是在坡积-残积母质上发育的,厚度大于2m。下层重粘壤土或粘土,不含或含少量石块。表层20cm左右,棕色,团粒结构,疏松,少量腐殖质,物理性质较好,根系较多。下层为心土层,红色粘土,几乎不含腐殖质,核状或小块状结构,较粘紧,根系急剧降低。因此,这种土壤的特点是表层稍厚,物理性质稍好,侵蚀微弱(表10)。杉木生长中等。

表10 标准地6号的土壤性质

采样地点	采样深度(cm)	pH H₂O	pH KCl	腐殖质(%)	全氮(%)	细土(<2mm)的颗粒组成(%) 物理砂 <2.00 >0.01	物理粘粒 0.01—0.001	<0.001	质地名称
湖南省会同县疏溪口良友冲	0—10	4.9	4.3	2.04	0.199	28.8	48.8	22.4	轻粘土
	20—30	4.9	4.3	1.41	0.156	23.8	50.8	25.4	中粘土
	60—70	5.2	4.1	0.63	0.054	16.0	48.8	35.2	重粘土

这个林型可以划分出3个栽培型,即高密度中抚育型、高密度强抚育型和低密度强抚育型。

1)高密度中抚育栽培型

根据标准地10号材料,株行距约为1.6m×1.8m,每亩230株左右,林木生产力中庸,地位级Ⅰ(幼林时地位级Ⅰ$_a$)。当林龄17年时,郁闭度为0.7,平均胸径9.8cm,平均树高9.4m,每亩(公顷)蓄积的为10(150)m³。林分分化现象不烈。林木径级分配与树干解析材料见表11和表12。

表11　标准地10号的径级分配和树高表

径级	株数		树高
(cm)	株数/亩	%	(m)
4	20.5	8.9	3.9
6	42.6	18.5	6.1
8	38.0	16.5	8.0
10	66.2	28.8	9.6
12	36.3	15.8	10.8
14	17.3	7.5	11.8
16	3.0	1.3	12.6
18	6.1	2.7	13.1
9.8	230	100	9.4

表12　标准地10号平均木树干解析表

龄期 (a)	树高生长过程(m)		直径生长过程(cm)		材积(m³)		生长量(m³)	
	树高	生长量	胸径	生长量	平均木	每亩	平均	连年
2								
4	2.8		3.1		0.0020	0.46	0.0005	
		0.7		0.9				0.0015
6	4.1		4.8		0.0049	1.13	0.0008	
		0.7		0.8				0.0016
8	5.4		6.3		0.0081	1.86	0.0010	
		0.6		0.5				0.0036
10	6.5		7.3		0.0153	3.52	0.0015	
		0.6		0.3				0.0029
12	7.6		7.9		0.0211	4.85	0.0018	
		0.5		0.3				0.0029
14	8.6		8.4		0.0269	6.19	0.0019	
		0.4		0.2				0.0030
16	9.4		8.8		0.0329	7.57	0.0021	
		0.3		0.2				0.0023
17	9.7		9.0		0.0352	8.10	0.0021	
17带皮			10.1		0.0434	9.98	0.0026	

林下植物成层,以狗脊、杜茎山等为主。

2)高密度强抚育栽培型(会同疏溪口良友冲快速林)。

根据标准地6号材料,株行距大致为1.7m×1.5m,三角形植树,每亩约为260株。生产力较高,当林龄为7年时,郁闭度为1.0,平均胸径7.1cm,平均树高5.95m,平均冠幅2.15m,Ⅰ$_B$地位级,林木分化很不明显。林木径级分配情况见表13。

表 13　标准地 6 号的径级分配、树高和冠幅*

径级 (cm)	株数		树高 (m)	冠幅 (m)
	株数/亩	%		
4	27.7	10.6	4.70	1.7
6	110.6	42.6	5.30	2.0
8	66.4	25.5	6.60	2.3
10	55.3	21.3	7.10	2.6
7.1	260	100	5.95	2.2

* 林龄 7 年每亩材积 3.6m³（根据湖南杉木临时立木材积表计算）

由于现在继续进行抚育，几乎完全缺乏林下植被。

3）低密度强抚育栽培型（锦屏龙埂陆宗吉 8 年快速林）

根据标准地 24、25 和 26 号材料，株行距约为 2.8m×2.6m，每亩约 90 株，方形植树，林相非常整齐，生产力较高。当林龄 14 年时，平均树高 14.6m，平均胸径 19.0cm，郁闭度 0.7，每亩（公顷）蓄积 18.9（283.5）m³。当林龄为 9 年时，平均树高为 11.8m，平均胸径为 16.0cm，郁闭度 0.9，每亩（公顷）蓄积 11.7（175.5）m³，I_B 地位级。林木有一定的分化。径级分配和生长过程见表 14 和表 15。

表 14　标准地 24 号的径级分配、树高和冠幅*

径级 (cm)	株数		树高 (m)	冠幅 (m)
	株数/亩	%		
10	5.3	5.9	9.5	2.3
12	5.3	5.9	9.6	—
14	10.6	11.8	11.0	3.7
16	37.1	41.2	12.0	3.45
13	19.4	21.6	12.4	3.75
20	10.6	11.8	13.0	3.75
22	1.7	1.8	13.5	—
16.0	90	100	11.8	

* 原始材料系北京林学院湘黔下放队调查

表 15　标准地 24 号平均木生长过程表*

龄期	树高生长过程 (m)		直径生长过程 (cm)		材积 (m³)		生长量 (m³)	
	树高	生长量	胸径	生长量	平均木	每亩	平均	连年
2	—		—					—
4	2.8		3.7		0.0030	0.27	0.0008	
		1.7		2.2				0.0080
6	6.1		8.0		0.0190	1.71	0.0032	
		2.1		2.9				0.0339
8	10.3		13.8		0.0868	7.81	0.0108	
		1.2		1.6				0.0344
10	12.6		17.0		0.1556	14.00	0.0156	
		0.6		0.6				0.0188
12	13.8		18.2		0.1931	17.38	0.0161	
		0.4		0.4				0.0083
14	14.6		19.0		0.2096	18.86	0.0150	

* 此生长过程是根据同一栽培型的 14、9 和 6 年的标准地的平均木用曲线法求出的，因此，胸径和材积都是指带皮的

由于现在继续进行抚育,几乎完全缺乏林下植被。

把 3 个栽培型加以比较,就可以看出,加强抚育有非常显著的效果,后面两个强抚育类型的单株和每亩材积较之同龄的中抚育类型要大得多,地位级也高得多,因此成为快速林。把两个强抚育型加以比较,可以看出,低密度的胸径增长很快,因此能很快成材,但因密度稀,材积并不很大,树高矮,树干的削度大,没有能充分利用地力和空间。高密度的则胸径增长将受到影响,将来只能长成径级较小的木材,因此,看来可能中密度比较更合适。

至于生长发育的趋势,3 个栽培型是大致一致的,即胸径和高生长的高峰大致由第 4 到第 10 年,以后逐渐减慢。

Ⅱ-3 山脚亚组

本亚组位于山坡下部,接近于平坦的农用地,坡度由 10—20% 占面积不大。

山脚为半堆积区,一般不受侵蚀影响,土层很厚,由上坡及山顶有一定的来水,水分条件较好,因此杉木生长较为良好,本亚组划分出一个林型。

(1) 山脚厚层粘壤土杉木林

土壤是在坡积或残积-坡积母质上发育的,粘壤土,有时下部为粘土,含少量石块或不含石块。表层 20cm 左右,团粒结构,少量或中量腐殖质。心土为带团粒的核状或核状结构。土壤的特点是表层较厚,物理性质较好,没有侵蚀,杉木生长较好(表 16)。

表 16 标准地 8 号的土壤性质

采样地点	采样深度 (cm)	pH H$_2$O	pH KCl	腐殖质 (%)	全氮 (%)	细土(<2mm)的颗粒组成 (%) 物理砂 <2.00 >0.01	物理粘粒 0.01— 0.001	<0.001	质地名称
湖南省会同县羊角坪罗白塘木冲	10—20	4.8	4.3	3.07	0.279	35.0	48.0	17.0	轻粘土
	30—40	4.7	4.2	2.16	0.226	34.0	45.8	20.2	轻粘土
	60—70	5.1	4.3	0.86	0.120	24.6	46.4	29.0	中粘土

本林型只划分出一个栽培型,即中密度中抚育型。

根据标准地 8 号的材料,株行距为 2.1m×2.2m,每亩约 140 株。当林龄为 17 年时,郁闭度为 0.7,平均胸径 15.2cm,平均树高 16.6m,每亩(公顷)蓄积约为 21(315)m^3,I$_6$—I$_B$ 地位级,林分分化不明显,径级分布和树干解析材料见表 17 和表 18。

这个栽培型的林下有少量植被。由上表可以看出,树高与直径生长的高峰时期一直延续到 12 年,比前一亚组的林型大 2 年左右。在生长量方面和中坡亚组的前一林型比较,既使中抚育强度,单株生长和每亩材积也差不多赶上前者的强抚育类型,如加强抚育,生长将更可提高。在密度方面,看来生长比较均匀,因此是合适的。

把本林型组的亚组、林型和栽培型加以对比,就可以看出,随着由陡坡、中坡到山脚的过渡,土壤的肥力条件和水分条件愈来愈好,生产力愈来愈高,杉木生长的高峰时期也愈来愈长。对于栽培型,看来高密度和低密度都有一些缺点,中密度是比较好的。为了使山坡林型组的杉木丰产,加强抚育是非常重要的环节,生长较好的快速林都是强抚育型,中抚育强度则不能达到这个目的。

表 17　标准地 8 号的径级分配和树高

径级 (cm)	株数/亩	%	树高 (m)
8	7.8	5.6	10.7
10	14.0	10.0	12.8
12	15.5	11.1	14.4
14	29.5	21.1	15.9
16	40.5	28.9	17.2
18	18.6	13.3	18.4
20	7.8	5.6	19.5
22	6.3	4.4	20.5
15.2	140	100	16.6

表 18　标准地 8 号平均木树干解析表

龄期	树高生长过程 (m) 树高	生长量	直径生长过程 (cm) 胸径	生长量	材积 (m³) 平均木	每亩	生长量 (m³) 平　均	连年
2	—	—	—	—	—	—	—	—
4	3.1		2.2		—	—	—	
		1.4		1.6				—
6	5.8		5.3		0.0064	0.90	0.0011	
		1.4		1.4				0.0037
8	8.5		8.0		0.0237	3.32	0.0030	
		1.2		0.9				0.0088
10	10.9		9.8		0.0413	5.78	0.0041	
		0.9		0.6				0.0100
12	12.7		10.9		0.0613	8.58	0.0051	
		0.9		0.6				0.0124
14	14.4		12.0		0.0861	12.05	0.0062	
		0.8		0.6				0.0132
16	16.0		13.1		0.1124	15.74	0.0070	
		0.7		0.3				0.0140
17	16.7		13.4		0.1264	17.70	0.0070	
17 带皮			14.2		0.1475	20.65	0.0087	

Ⅲ　山洼林型组

Ⅲ-1　较陡山洼亚组

山洼中线的坡度在 15°—30°之间，一般沿山洼中线有较明显的阶梯状小地形。本亚组划分出两个林型。

(1) 陡山洼粘壤土杉木林

土壤为黄棕色的粘壤土，含中量石块或不含石块。表土 20—30cm，灰棕色，含中量腐殖质，具良好之团粒结构，疏松，物理性质良好，含多量根系。心土层与表层相差不多，有时有较表层尚暗之夹层，一般为黄棕色。土壤的特点是肥力较高，结构良好，水分条件好，因此杉木生长良好(表 19)。

木林型组划分出 3 个栽培型，即高密度中抚育型，中密度中抚育型和低密度强抚育型。

1) 高密度中抚育栽培型(会同疏溪口大湾 18 年快带林)

根据标准地 1 号材料，株行距大致为 2m×1.9m，每亩约 170 株，生产力相当高，属 I_B 地位级，当林龄为 19 年时，郁闭度为 0.9，平均胸径 14.2cm，平均树高 17.0m，每亩(公顷)蓄积量为 23.3(350)m³。林分分化明显。径级分配及树干解析材料见表20和表21。

表19 标准地1号的土壤性质

采样地点	采样深度 (cm)	pH H₂O	pH KCl	腐殖质 (%)	全氮 (%)	细土(<2mm)的颗粒组成 (%) 物理砂 <2.00 >0.01	物理粘粒 0.01— 0.001	<0.001	质地名称
湖南省会同县疏溪口大湾	10—20	6.1	5.7	2.44	0.181	41.6	46.2	12.2	重粘壤土
	28—38	5.9	5.5	1.09	0.253	34.2	45.4	20.4	轻粘土
	60—70	5.0	4.2	0.16	0.095	30.4	45.6	24.0	轻粘土

表20 标准地1号的径级分配、树高和冠幅*

径级 (cm)	株数/亩	%	树高 (m)	冠幅 (m)
4	2.2	1.2	5.0	—
6	5.6	3.3	7.0	—
8	6.5	3.9	13.6	—
10	16.5	9.7	14.0	—
12	26.5	15.6	14.3	—
14	33.2	19.5	18.0	—
16	37.6	22.1	18.7	2.42
18	27.4	16.2	19.2	2.14
20	11.1	6.5	22.1	2.26
22	3.4	2.0	21.5	2.57
14.2	170	100	17.0	—

* 平均木单株材积为 0.137m³,每亩材积为 23.3m³(根据湖南杉木临时立木材积表计算)

表21 平均木树干解析表*

龄期	树高生长过程 (m) 树高	生长量	直径生长过程 (cm) 胸径	生长量	材积 (m³) 平均木	每亩	生长量 (m³) 平均	连年
5	3.7	0.74 1.30	3.0	0.6 1.2	—	—	—	—
10	10.2	0.86	9.0	0.52	0.0356	0.05	0.0036	0.0119
15	14.5	0.64	11.6	0.46	0.0949	16.13	0.0064	0.0049
20	16.4		13.0		0.1195	20.23	0.0080	

* 根据湖南农学院下放队,会同林业生产调查研究第91页材料计算出来的;材料不很完全,但可作参考

由于郁闭度很大,林下几乎完全缺乏植被,同时,由于密度较大,1959年春落雪时,一部分Ⅲ、Ⅳ级木遭到雪折,林相稍受破坏。

2)中密度中抚育栽培型(会同、疏溪口、调头32年丰产林)

根据标准地7号材料,洞头丰产林株行距大致为 2.2m×2.4m,每亩约125株。当林龄33年时郁闭度为0.75,平均树高21.2m,平均胸径19.9cm,平均木单株材积为 0.3207m³(根据湖南杉木临时立木材积表),每亩蓄积40.1m³,I₆地位级。林相非常整

齐,生产力高,外观秀丽。由于洞头缺乏详细的树干解析材料,再举出同一栽培型的11号标准地。这个标准地的株行距大致为2.3m×2.4m,每约120株,林分生产力相当高属I_B地位级。当林龄25年时,郁闭度为0.65,平均胸径17.8cm,平均树高20.1m,每亩(公顷)蓄积为30.2(453)m³,林分有一定的分化现象,径级分配和树干解析材料见表22和表23。

表22　标准地11号的径级分配

径级(cm)	8	10	12	14	16	18	20	22	24	26	23
株数 株数/亩	2.2	4.2	12.5	14.7	19.0	19.0	21.0	8.4	10.6	4.2	4.2	120
%	1.8	3.5	10.5	12.3	15.8	15.8	17.5	7.0	8.8	3.5	3.5	1.00

表23　标准地11号平均木树干解析表

龄期	树高生长过程(m) 树高	生长量	直径生长过程(cm) 胸径	生长量	材积(m³) 平均木	每亩	生长量(m³) 平均	连年
2	—	—	—	—	—	—	—	—
4	2.8	1.2	2.1	2.1	—	—	—	—
6	5.2	1.2	6.2	1.6	0.0079	0.95	0.0013	0.0063
8	7.6	1.5	9.4	1.2	0.0204	2.45	0.0026	0.0108
10	10.5	1.3	11.8	0.6	0.0419	5.03	0.0042	0.0115
12	13.0	1.3	12.9	0.8	0.0649	7.79	0.0054	0.0152
14	15.6	0.7	14.4	0.4	0.0952	11.42	0.0068	0.0145
16	17.0	0.5	15.2	0.3	0.1242	14.90	0.0078	0.0133
18	18.0	0.3	15.7	0.3	0.1508	18.10	0.0084	0.0099
20	18.6	0.4	16.2	0.2	0.1705	20.46	0.0085	0.0058
22	19.3	0.3	16.6	0.2	0.1821	21.85	0.0083	0.0133
24	19.9	0.2	17.0	0.2	0.2086	25.03	0.0087	0.0099
25	20.1		17.2		0.2185	26.22	0.0087	
25 带皮			18.0		0.2518	30.22	0.0107	

属于这个栽培型的两块标准地,由于郁闭度的减低,林下有一层稀疏的植被层,以杜茎山和继木(Laropetalum chinense)等为主。

3) 低密度强抚育栽培型(锦屏龙埂陆宗吉17年快速林)

根据标准地27号的材料,株行距大致为3.0m×3.2m,每亩约有70株,杉木生产力相当高,属I_B地位级,当林龄19年时,平均树高16.7m,平均胸径23.3cm。径级分配见表24。

这个栽培型由于抚育的关系,林下几完全缺乏植被。

把上面3个栽培型加以对比,就可以看出:第一,同一年龄(譬如说19年时)带皮的每亩材积大致相等,约为24m³左右;第二,生长的趋势大致一致,生长的高峰时期都是由第4年到第15年左右;以后逐渐减慢;第三,3个栽培型各有优缺点,达到上述指标低密度型需要强抚育,木材的削度很大,不能充分利用土地和空间,但胸径增长很快,可提早成

表 24　标准地 27 号的径级分配、树高和冠幅*

径级 (cm)	株数 株数/亩	%	树高 (m)	冠幅 (m)
8	7.2	1.6	7.0	2.7
10	2.3	3.3	8.5	2.5
12	—	—	—	—
14	2.3	3.3	9.0	2.6
16	5.7	8.2	13.3	2.1
16	4.6	6.6	13.3	3.5
20	6.9	9.8	14.0	4.2
22	9.2	13.1	17.1	3.8
24	14.9	21.3	18.8	4.2
26	13.8	19.7	18.8	4.1
28	4.6	6.6	19.0	5.3
30	1.1	1.6	17.0	6.0
32	1.1	1.6	20.0	6.5
34	2.3	3.3	19.5	5.5
23.3	70	100	16.7	4.0

*平均木单株材积为 0.355m³，每亩材积为 24.9m³（根据湖南杉木临时立木材积表计算），原始材料系北京林学院湘黔下放队调查

材，并可进行 3 年林粮间作。高密度型只中抚育就可以，木材削度小，但林木分化较重，小径木很多，并很易遭受雪折，林粮间作只能 2 年。中密度型只需中抚育，较能充分利用空间，径级中等没有小径木，木材削度也好。因此三者比较，以中密度为好，如培育中密度强抚育类型，则生长将能更好。

(2) 陡山洼多腐殖质粘壤土杉木林

这个林型的土壤有很厚的表层，厚 40cm 以上，上部 20cm 为灰黑色，含多量腐殖质，20—40cm 为暗棕色，含中—多量腐殖质（0—20cm，4.85%，20—40cm，2.47%，40—90cm，1.27%）。其他条件与前一林型相同。

这个林型只划分出一个栽培型，即中密度中抚育栽培型（锦屏建丰社岭榜坡 17 年快速丰产林）。

根据标准地 28 号的材料，株行距大致为 2.6m×2.1m，三角形植树，每亩约 120 株。生产力特别高。在林龄 19 年时，郁闭度为 0.7，平均树高为 20.3m，平均胸径 19.0cm，I_B 地位级。径级分配情况见表 25。

这个栽培型是我们所调查的杉木成林中最好的一个，生产力最高，19 年每亩蓄积 32.2m³。同时，林相非常整齐，径级均匀，林木高大，外观非常美丽。这说明，除了造林时所选的森林植物条件类型较为优越之外，密度、林木配置和抚育措施都非常合适，适于这个森林植物条件类型，因此达到了快速丰产。如果抚育能更加强，杉木的生长可能更好。本栽培型的林下植被甚为矮小稀疏。

表25　标准地28号的径级分配、树高和冠幅*

径级 (cm)	株数/亩	%	树高 (m)	冠幅 (m)
10	1.8	1.5	11.0	21.8
12	3.7	3.1	17.7	2.3
14	14.8	12.3	18.1	2.7
16	14.8	12.3	19.8	2.8
18	20.3	16.9	20.0	2.9
20	20.3	16.9	21.2	3.4
22	25.7	21.5	21.0	3.4
24	7.6	6.3	22.0	3.3
26	5.5	4.6	22.2	3.6
28	5.5	4.6	21.9	3.7
19.0	120	100	20.3	3.1

* 平均木单株材积为 $0.268m^3$，每亩材积为 $32.16m^3$（根据湖南杉木临时立木材积表计算），原始材料系北京林学院湘黔下放队调查

Ⅲ-2　平缓山洼亚组

山洼中线的坡度大致在 10° 左右，最大不超过 15°。由于以阶状与开阔山冲（小溪谷）连接，故有良好的排水条件。本身缺乏阶状小地形。由于坡度小，有比较陡山洼更好的水分条件。这个亚组划分出两个林型。

(1) 平缓山洼棕色粘壤土杉木林

土壤为在坡积物上发育的黄棕色粘壤土，不含石块或含少量石块。表层 20cm 左右，棕色，含少量至中量腐殖质。团粒结构，疏松，物理性质良好，含多量根系。20cm 以下为心土层，土壤性质与表层大致相同，有时含有较表土尚暗夹层，如此层在 70—80cm 以内，则此层内根系显著增多，土壤的特点是表层与心土层区别不明显，全层物理性质良好，水分条件良好。故杉木生长良好（表26）。

表26　标准地19号的土壤性质

采样地点	采样深度 (cm)	pH H_2O	pH KCl	腐殖质 (%)	全氮 (%)	细土(<2mm)的颗粒组成 (%) 物理砂 <2.00 >0.01	物理粘粒 0.01— 0.001	<0.001	质地名称
湖南省会同县吉朗细草湾	0—4	4.7	4.1	2.60	0.257	30.4	39.4	20.2	轻粘土
	30—40	4.8	4.2	2.02	0.105	31.8	46.8	21.4	轻粘土
	50—60	4.9	4.4	2.30	0.042	32.8	48.2	19.0	轻粘土
	70—80	4.8	4.1	1.30	0.083	23.6	49.4	27.0	中粘土
	100—110	4.8	4.0	1.22	0.084	23.8	48.2	28.0	中粘土

本林型划分出两个栽培型，即高密度中抚育型和中密度中抚育型。

1) 高密度中抚育栽培型（湖南会同吉朗细草湾 8 年快速丰产林）

根据 19 号标准地材料，每亩约 180—200 株。生产力非常高，I_B 地位级，当林龄 10

年时,郁闭度 1.0,平均胸径 12.4cm,平均树高 13m。每亩蓄积约 17m³(根据湖南杉木临时立木材积表计算)。

这个栽培型也是最好的栽培型之一,短期速生丰产,林相整齐,林木均匀,外观非常美丽。但是由于密度较大,高生长快,而胸径生长相对减慢。正因为如此,在今年落雪后,一部分Ⅱ、Ⅲ、Ⅳ级木遭受雪折和雪倒,使林相遭到破坏。因此,对于这种栽培型,或者减少栽植株数,或者栽植后适时进行抚育采伐,使其变为中密度型,可提高生产力,并避免雪害。

2)中密度中抚育栽培型(湖南会同吉朗邓家山)

根据标准地 21 号材料,每亩约 120—130 株,生产力非常高 I_B 地位级,当林龄 17 年时,平均胸径 16.7cm,平均树高 20m,每亩蓄积约 29m³。

这个栽培型是非常好的,速生而丰产,林木均匀,林相整齐,外观美丽。这说明密度和措施都比较合适。这块杉林由于发现较晚,未被列入林业部快速丰产典型杉林中。

(2)平缓山洼多腐殖质粘壤土杉木林

土壤表层厚 30cm 左右,暗棕色至灰黑色,含多量腐殖质,向下腐殖质逐渐减少,但有多腐殖质的埋藏层。其他特点与前一林型相同(表 27)。

表 27 标准地 18 号的土壤性质

采样地点	采样深度 (cm)	pH H₂O	pH KCl	腐殖质 (%)	全氮 (%)	细土(<2mm)的颗粒组成 (%) 物理砂 <2.00 >0.01	物理粘粒 0.01—0.001	<0.001	质地名称
湖南省会同县吉朗饭木冲	10—20	4.5	4.1	5.90	0.426	51.8	35.8	12.4	重粘壤土
	30—40	4.6	4.2	3.20	0.314	38.8	41.0	20.2	轻粘土
	50—60	4.6	4.0	2.72	0.250	32.0	45.0	23.0	轻粘土
	80—90	5.0	4.1	1.15	0.096	28.6	44.8	26.6	中粘土
	100—110	4.7	4.2	—	—	36.0	37.2	26.8	轻粘土

这个林型只划分出一个栽培型,即中密度中抚育型(湖南会同吉朗饭木冲 6 年杉)。根据 18 号标准地材料,每亩约为 130 株,生产力非常高,I_B 地位级,林龄 7 年,平均胸径 12.5cm,平均树高 14m,每亩蓄积约 11.5m³。

这个栽培型也是最好的栽培型之一,林相整齐均匀,短期速生丰产,外观非常美丽。这说明措施和密度都是非常合适的。

对比本林型组的亚组、林型和栽培型可以看出,平缓山洼亚组较陡山洼亚组水分条件好,因此生产力较高。多腐殖质土壤的林型较中或少腐殖质土域的林型的肥力条件好,因此生产力也较高。对于栽培型来说,以中密度型最好,林木均匀,生长快,材积大,中密度时,中抚育就可以有很高的生产力,而稀密度则必须进行强抚育,因其郁闭较晚。高密度则不但影响胸径生长,而且非常易遭雪害。

三 几个问题的讨论

前面两部分主要是对于所观察到的材料作一些初步整理,叙述出来。下面想就几个问题,谈谈我们的初步看法。我们认为,所讨论的这几个问题,对于其他树种的快速丰产栽培,都有很大的参考意义。本来在问题讨论中,首先应该分析杉木丰产的原因,但是,我们感觉这个问题在前两部分中已经分别分析过了。在第一部分里,谈过杉木栽培的主要经验。在林型部分里,也划出了各丰产林的林型组、林型和栽培型,并加以对比。我们看到,快速丰产林的出现是非常有规律的,每一个快速丰产林都属于特定的栽培型,就是说,都有特定的林木特性、森林植物条件和人为措施的综合,而每个快速丰产栽培型又都具有自己的特点。因此,快速丰产原因是综合的,这里不再重复。总之,我们认为,杉木之所以丰产,主要是由于广大林农在长期的杉木栽培中,在深刻认识杉木生长发育和森林植物条件之间的密切关系和杉木各发育阶段的不同要求的基础上,选择适当的造林地,因时因地制宜地和综合地运用各种措施(主要是培育健苗、合理的土壤耕作制度,适当的密度及及时抚育)的结果。下面就分别对几个问题,加以讨论。

1 造林地的选择

从第一部分和第二部分的叙述里可以清楚地看出,在调查地区内,在现在的一般措施条件下,有些森林植物条件类型,非常适于杉木生长,有些则不适宜。杉木主要适于土层深厚、土壤肥沃、水分状况和小气候条件较好的山洼、山脚和缓坡。山脊和坡度较陡、土层浅薄的山坡,条件则与上述相反,不但杉木生长不好,而且存在问题也多,例如,土壤冲刷问题就主要发生在这里,造林和抚育管理也困难。

根据我们的调查访问,在不适于杉木生长的森林植物条件类型上,有一些树种生长很好,特别是马尾松,生长既快,更新又非常容易,是相当优良的能够快速丰产的用材和水土保持树种。只是由于水运不便,过去群众不很欢迎。今后随着林区交通事业的发展,运材将逐渐方便,随着大地园林化规划的逐步实现,林区将逐渐开展多种经营,随着木材综合利用方针的贯彻,林产化学工业将逐渐发展,因此马尾松将逐渐被重视。马尾松的育苗、造林和更新都容易,劳力和投资都较小,并且材质坚硬,用途很广,也是很重要的林产化学原料。

因此,我们认为,快速丰产林主要应该在最适于杉木生长的森林植物条件类型上营造,因为在这里,同样的措施和同样的投资,可以收到最大的经济效果。一些在现有条件下杉木生长不好的森林植物条件类型,应该尽量营造一些其他树种,例如马尾松等。这样不但可以充分发挥地力,使各种森林植物条件类型都能配置适合的树种,并且可以增加木材产量,节省投资和劳动力。

2 造林密度及其他措施的确定

密度问题是目前造林措施中重要问题之一,因此大家都非常重视,但是密度并不是一个孤立的问题,它和造林地条件、其他人为措施和经济要求有着不可分割的密切关系。因此讨论密度问题势必牵涉到整个完整的造林设计问题。

我们认为,重复林型部分的所有快速丰产栽培型是完全可能的,就是说,只要杉木品种、森林植物条件和人为措施相同,任何一个栽培型都可以重复出现。但是,我们不能满足于现状,希望更提高一步,即设计新的栽培型。这样我们就必须对已有的快速丰产栽培型加以初步分析,特别是对于密度,然后找出目前最适宜的密度和密度与其他因素的关系,再确定新栽培型的密度及其他措施。

最适宜的密度和其他措施的确定,其主要目的有二:

第一,在单位面积上,以最小的投资,培育出径级大、株数多、单株材积和林分材积均达到最高指标,且树干通直、圆满度大、出材率高和材质良好的林分。

第二,根据现有的经济条件和不同的森林植物条件类型,完成国民经济对土地利用(包括林粮间作)、成材时间、蓄积、材种和材质的要求。

实际上,第一项是我们理论上的最高要求,这个要求必须根据第二项,即国民经济条件加以具体化。下面以密度为中心讨论3个问题。

第一,关于各种密度的优缺点

我们所调查的栽培型,基本上有3种密度,即高密度、中密度和低密度。都是不进行间伐(抚育采伐)的。密度标准见林型部分。

高密度的优点是能够及早郁闭,节省抚育劳动力,并能促进高生长。但是也有一些缺点,例如林分分化严重,出现很多小径木,平均胸径也较小,由于高生长较胸径生长为快,树干高而细,并易遭雪折,林粮间作年限也较少,因此高密度主要于劳力较少、经营较粗放时应用,并主要用于山脊林型组和山坡林型组的陡坡和中坡亚组。

由栽培型的对比中可以看出,除了陡坡亚组以外(由于坡度大,使实际面积增加很多),中密度的效果是最好的。中密度的栽培型林分整齐,径级均匀,圆满度大,林木分化不重,能充分利用土地及空间,对抚育没有特殊要求。不但单位面积上材积较大,而且材种均一,出材率大。因此一般造林应该尽量采用中密度。

低密度的优点是胸径生长快,成材时间短,并可以进行3年以上的林粮间作。但是缺点也是非常多的,首先是对于林地利用非常不充分。其次是木材削度很大,每公顷的材积较小。因此在一般情况下,不应继续培育低密度栽培型。

第二,关于造林设计的意见

造林设计不仅应该包括选地和各种造林措施,而且应该包括林分的预计生长过程和生产指标。因为只有这样才能使林业生产建立在严格计划的基础上。为此,造林设计必须建立在现有栽培型调查研究的基础上。根据这种要求,我们对于这个亚区设计杉木林新栽培型的意见如表28。

在提出这个设计时,我们没有考虑那些生产力特别突出的卫星林,因为这是一个非常复杂的问题。我们所考虑的只是目前经济条件能够作到的大面积丰产林,即主要是指应用现有丰产林的一些措施,投资和劳力基本上与现有丰产林相同的栽培型。因此,我们考虑,林型组和林型基本上是选地问题,不再设计,因为目前我们不可能对地貌和土壤作很大的改变。我们所要改变的是人为措施,即设计新的栽培型。根据前面的讨论和栽培型的对比,可以看出,除陡坡亚组外,最适宜的密度是中密度,抚育则强抚育最好,而且切实可行,因此新栽培型除陡坡亚组为高密度外,其他全设计为中密度,抚育强度全是强抚育。林分的生产指标和生长过程主要是根据现有最近似的栽培型的测树和树干解析材料并考虑到改变密度或抚育强度的影响确定的。

在这个设计的意见中,我们保留了当地稀植不间伐的习惯,因为目前在当地实行间伐,还有一定的困难(这一点后面还要讨论)。其次,我们也保留了当地短期采伐的习惯(当地大多植苗后20年以前采伐),只设计了15年的生长过程和生产指标,当然另一个重要原因是由于我们缺少更大林龄的树干解析材料,并不是说15年就要采伐。

表 28

林型组及林型亚组	林型	栽培型	主要栽培措施	林种	林龄(a)	株数/每亩	株数/每公顷	平均胸径(cm)/胸径	平均胸径(cm)/生长量	平均树高(m)/树高	平均树高(m)/生长量	平均木单株材积**(m³)	蓄积(m³)/每亩	蓄积(m³)/每公顷	设计根据
山洼林型组较陡山洼亚组	粘壤土杉木林	中密度强抚育	1. 油杉或云杉,苗高7—8市寸,根系发达,1年生 2. 烧山,全垦10市寸;挖穴造林,穴深1尺,直径1尺,三角形植树;株距和行距大致相同,栽苗后打护苗牌 3. 造林后林粮间作2年或3年;间种作物不应过密,注意作物施肥,每年松土除草3次以上;3—6年,每年除草2次;6—10年,每年除草1次;第3年以后将地面作成阶梯状	中径级	5	130	1950	7.0	—	6.2	—	0.0136	1.77	26.6	本林型组本林型的中密度中抚育栽培型
					8	130	1950	12.4	1.8	11.0	1.6	0.0672	8.74	131.1	
					11	130	1950	16.6	1.4	15.2	1.4	0.1547	20.11	301.7	
					13	130	1950	18.6	1.0	18.0	1.4	0.2210	28.73	431.0	
					15	130	1950	20.2	0.8	19.8	0.9	0.2952	38.38	575.7	
山坡林型组山脚亚组	厚层粘壤土杉木林	中密度强抚育		中径级	5	140	2100	6.0	—	5.8	—	0.0107	1.50	22.5	本林型组本林型的中密度中抚育栽培型
					8	140	2100	10.8	1.6	10.0	1.4	0.0430	6.02	90.3	
					11	140	2100	14.1	1.1	13.6	1.2	0.1126	15.76	236.4	
					13	140	2100	15.7	0.8	15.6	1.0	0.1609	22.53	338.0	
					15	140	2100	16.9	0.6	17.2	0.8	0.1944	27.22	408.3	
山坡林型组中坡亚组	厚层轻粘土杉木林	中密度强抚育		小径级	5	160	2400	5.0	—	5.2	—	0.0097	1.55	23.3	本林型组本林型的低密度强抚育栽培型,高密度强抚育栽培型和高密度中抚育栽培型
					8	160	2400	9.2	1.4	8.8	1.2	0.0371	5.94	89.1	
					11	160	2400	12.8	1.2	12.1	1.1	0.0748	11.97	179.6	
					13	160	2400	14.2	0.7	13.7	0.8	0.1126	18.02	270.1	
					15	160	2400	15.2	0.5	14.9	0.6	0.1376	22.02	330.3	
山坡林型组陡坡亚组	厚层轻粘土杉木林	高密度强抚育		小径级	5	250	3750	3.2	—	3.2	—	—	—	—	本林型组本林型的高密度中抚育栽培型
					8	250	3750	7.1	1.3	5.6	0.8	0.0137	3.43	51.5	
					11	250	3750	9.2	0.7	7.7	0.7	0.0292	7.31	109.7	
					13	250	3750	10.2	0.5	8.7	0.5	0.0371	9.28	139.2	
					15	250	3750	11.0	0.4	9.5	0.4	0.0517	12.93	194.0	

* 林龄由苗期开始;

** 材积按湖南杉木临时立木材积表计算

  但是,也应该指出,目前的快速丰产林(栽培型)大多是在小农经济条件下营造的,和社会主义的林业发展要求相比,还远不能适应。因为它们一般是小片的,经营强度还不够集约,经营方式和采伐年龄还不够合理,因此,随着林业生产的发展,将不断要求我们设计经营强度更大的栽培型,例如密度更大进行间伐的栽培型,措施更加多样化(包括施肥、灌水、深耕等)的栽培型等,同时也要求确定合理的经营期和经营方式。这些对于当地来说目前还缺少经验,因此应该进行广泛的试验研究,以便为将来设计新栽培型创造可靠的理论和实践基础。现在当地进行的培育快速丰产林的试验,是这方面一个良好的开端。由于材料缺乏,除了对抚育采伐主要是在理论上加以讨论外,其他问题不再讨论。

第三,关于抚育采伐(或间伐)的问题前面已经谈到,调查地区基本上没有抚育采伐的习惯,但是从今后来考虑,抚育采伐无论如何是必要的。我们认为,对于杉木人工林来说,抚育采伐有以下两个优点。

(1)抚育采伐可以减低林分分化,使径级均匀。

林分分化自然稀疏过程的快慢和强弱,主要决定于森林植物条件、密度和年龄。但是,从表29可以看出,既使密度很稀,林分中单株立木生长接近于孤立木状态,单株立木间的生长差异还很显著,并且这种趋势随年龄增长而逐渐增强。这主要是由于种子的遗传性、苗木强弱和每株立本所处条件不尽相同所致。密度愈大和土壤愈肥沃这种倾向就愈加显著。

表29 低密度栽培型林分的径级分配

林型组、林型及栽培型	每亩株数	年龄	径级分配(%)									
			4cm	6	8	10	12	14	16	18	20	22	24
山坡林型组,中坡亚组,厚层轻粘土杉木林,低密度强抚育型	90	6	14.0	28.0	30.0	18.0	8.0	2.0	—				
	90	9	—	—	—	5.8	5.8	11.8	41.2	21.6	11.8	2.0	—
	90	14				5.0	7.5	12.5	27.5	32.5	7.5	7.5	

因此,如果希望成材期所保留的立木单株胸径和树高相近,就必须适当加大密度,而后进行人工抚育采伐,除劣选优,即有目的地选择和保留一定株数大径级立木。这样就可以适当消除小径木,提高木材的出材率。

(2)在其他措施的适当配合下,可以提高平均胸径和平均树高,因而提高单位面积的蓄积。

密度加大以后,可以适当促进高生长。密度加大对于胸径虽稍有降低影响,但由于抚育采伐主要是选优去劣,因此剩下的立木的平均胸径和平均树高除补偿由于密度加大所受的损失以外,尚能有所提高。试以会同疏溪口良友冲林龄7年的幼林为例(山坡林型组、中坡亚组、厚层轻粘土杉木林型、高密度强抚育栽培型),原来株数为每亩260株,如果抚育采伐后留200株,则平均树高和平均胸径的变化如表30。

表30 会同疏溪口良友冲7年幼林抚育采伐前后平均胸径和均树高的变化*

径级(cm)	树高(m)	抚育采伐前株数		抚育采伐后株数	
		每亩株数	%	每亩株数	%
4	4.7	27.7	10.6	—	—
6	5.3	110.6	42.6	78.3	39.2
8	6.6	66.4	25.5	66.4	33.2
10	7.1	55.3	21.3	55.3	27.6
		260		200	
抚育采伐前	平均树高 5.95m 平均胸径 7.10cm		抚育采伐后	平均树高 6.40m 平均胸径 7.9cm	

* 现在并未进行抚育采伐,因此抚育采伐过程是假想的;但我们认为这样的抚育采伐是可能的

由表上可以看出,即使去掉由于较高密度对于胸径生长的不良影响,抚育采伐仍可使平均胸径有所提高。树高提高20—30cm以上,这不但对于材积有重大影响,而且抚育采伐后残留许多空间,这将更促进胸径生长。

对于杉木人工林的抚育采伐,不能像教科书上写的那样,明确地分为除伐、疏伐和生长伐等,实际上应该是这些的混合,而以干形及生长抚育为主。关于采伐方法,主要应该是下层抚育法。至于抚育采伐时期,也不能像天然林那样按龄级作业,而应该在极短时期内结束。

由于杉木的生长特性,分化过程一般在速生阶段进行最快,因此抚育采伐应该由第4或第5年开始,在速生阶段结束时完成。这样就可以充分利用杉木速生阶段的速生特性和选择特性,使抚育采伐发挥最大的作用。

上述两点是抚育采伐的主要作用。此外还有其他优点,例如间伐木材的利用等,这些就不再叙述。

但是,在提出抚育采伐这个问题的同时,不能不考虑到现在为止当地林农基本上不进行抚育采伐的历史原因。根据访问,主要有下列两方面。

(1)抚育采伐是一种较高经营水平的抚育措施。过去由于交通不便,间伐下来的小径木不能利用,而间伐又需要一定的劳力和投资,因此难以实行。

(2)抚育采伐以后,伐根大量产生萌条,而且生命力很强,难以清除。同时由于间伐主要应在5—12年这一期间进行,间伐时,因伐倒而碰伤附近保留的立木,常导致这些立木生长变坏,因此尽量避免间伐。

今天,林区的经济条件和交通条件已经有了根本的改变,人民公社具有强大的经济力量,林业经营也日趋集约,因此随着交通事业和林产化学工业的进一步发展,抚育采伐将可以逐步实行,特别是对一些丰产林来说更是如此,实际上,最近几年所营造的杉木林大多密度很大,很快就必须进行间伐。但是,也必须考虑到到现在为止未当地进行抚育采伐的原因,加以克服和解决,逐渐创造条件。同时,抚育采伐在杉木经营中经验很少,上面也只是作一些理论上的探讨,缺乏具体材料。今后应该开展这方面的试验研究,积累更多的材料来证明抚育采伐的优越性和发现其中存在的问题。下面设计两个强抚育中密度实行抚育采伐的栽培型(表31),由于多系推测,未作调查研究,因此只能作为例子来说明抚育采伐的意义。

3 关于土壤耕作制度

在杉木林的经营中,广大林农创造了一套完整的土壤耕作制度,这个制度的主要内容是烧山全垦、林粮间作、松土除草和树种轮栽。

烧山的主要作用是彻底清理林场。增加磷钾养分和改善土壤物理化学性质。烧山是最好的清理林场的方法之一,可以使林场清洁整齐,并减少病虫害及杂草。植物残体的燃烧留下大量磷、钾、钙等养分,同时提高了土壤的pH。土壤的加热,不但可以使部分磷、钾养分转变为有效性的,而且可以改善土壤物理性质,促进结构的形成,并可使杂草种子、病原菌及害虫死灭。有人认为烧山会造成氮素养料和有机质的损失,这是实际情况,但是考虑到烧山的巨大优点,就不能因为这一缺点而加以否定,同时由于杉木林地一般土壤中固氮菌类群的菌数很多(详见杉木生长发育与土壤微生物一节),因此,氮素的少量损失对杉木生长也不会有很大影响。

表 31

林型组及林型亚组	林型	栽培型	主要栽培措施	林种	林龄	每亩株数	平均胸径(cm) 胸径	平均胸径(cm) 生长量	平均树高(m) 树高	平均树高(m) 生长量	平均木单株材积** (m³)	每亩蓄积(立方米)	设计根据
山洼林型组陡山洼亚组较	粘壤土杉木林	中密度强抚育（抚育采伐）	1. 油杉或云杉，苗高7—8市寸，根系发达，1年生。2. 烧山，全垦10市寸；挖穴造林，穴深1尺，直径1尺，三角形植树，株距和行距大致相同，栽苗后打护苗牌3. 造林后林粮间作2年或3年。间种作物不应过密，注意作物施肥，每年松土除草3次以上；3—6年，每年除草2次；6—10年，每年除草1次；第3年以后将地面作成阶梯状	中径级	2	260	—	—	—	—	—	—	本林型组本林型的中密度中抚育栽培型，并适当估计强抚育和抚育采伐的效果
					5	200	7.0	—	6.5	—	0.0165	3.30	
					8	150	13.0	2.0	11.9	1.8	0.0885	13.28	
					11	130	17.8	1.6	16.7	1.6	0.2163	28.12	
					13	130	20.0	1.1	19.5	1.4	0.2952	38.38	
					15	130	21.6	0.8	21.3	0.9	0.3816	49.61	
山坡林型组中坡亚组	厚层轻粘土杉木林	中密度强抚育（抚育采伐）		中径级	2	320	—	—	—	—	—	—	本林型组本林型的高密度和低密度强抚育型以及中密度中抚育型，并适当估计抚育采伐的效果
					5	250	5.0	—	5.2	—	0.0096	2.40	
					8	200	9.8	1.6	9.4	1.4	0.0430	8.60	
					11	160	14.0	1.4	13.3	1.3	0.1126	18.02	
					13	160	15.6	0.8	14.9	0.8	0.1547	24.75	
					15	160	16.6	0.5	16.1	6.6	0.1608	25.73	

* 林龄由苗期开始；
** 材积按湖南杉木临时立木材积表计算

全垦的主要作用是疏松土壤和改善土壤物理性质，并为林粮间作打下良好基础。疏松土壤和改善土壤性质，可以大大促进根系的发展，并改善土壤水分状况。从实际调查中可以看到，全垦的一层根系特别发达，毛根最多，向下随着土壤物理性质的变化，根系显著减少。由于栽树前进行全垦，栽树后即可林粮间作。全垦容易引起土壤侵蚀，主要是在35°以上的地方，在这种情况下，一方面可以采用带垦或穴垦，另一方面是考虑更换其他树种。

林粮间作是现在条件下杉木林抚育的最重要组成部分。林粮间作的主要优点是：1）可以对杉木及时抚育，满足杉木幼林对抚育的要求，并有利于推行全垦整地，使杉木生长良好；2）充分利用土地，增产粮食，特别是增产山区人民非常喜欢的旱作杂粮；3）间作同时抚育，使抚育有收益，以短养长。有人怀疑林接间作是否会影响杉木生长，实际上，这是由于它们没有仔细分析当地的自然条件和经济条件。今天，特别是林区，粮食产量，需要继续增加，以短养长也还非常必要。同时，根据我们的调查和访问，只要作物不过密，2年以后不种蔓生作物，那么林粮间作就只会由于抚育而有利于杉木生长，绝不会影响杉木生长。

对于杉木林来说，林粮间作以后的抚育内容主要是松土和除草。除草可以减少水分和养分的损失。松土的作用很大，不但可以改变土壤表层的水分状况和物理性质，而且可以间接影响通气状况。因此抚育以后，土壤微生物的活动也可以大大增强。

树种轮栽也是杉木土壤耕作制中的重要一环。根据访问，在阔叶杂木林的土壤上，杉木生长最好，如果进行连栽，生长情况就逐渐下降，三代以后，则需要使其重新变为杂木林,以恢复地力。我们知道,在自然界中,树种更替的现象是非常普遍的,完全不经过其他树种阶段的单一树种继续不断地更新几乎是绝无仅有的,这是因为,绝大多数树种的生长都给自己的下一代留下一些不良条件。杉木也不例外。杉木对于土壤的主要影响是消耗大量养分,并使土壤物理性质逐渐变坏。因此,随着杉木的连栽,土壤养分逐渐减少,水分状况逐渐变坏。这种过程在水分和肥力条件较好的山洼中进行得比较缓慢,而在山坡和山顶则比较快。

在现阶段,在多种经营方针的指导下,逐渐实行杉木与其他树种的轮栽是完全可能和必要的。这不但有利于提高森林产品的数量,使其多样化,并可以节省投资和劳力。可以和杉木轮栽的树种相当多,许多有用的阔叶树种和毛竹都会得到良好的效果。轮栽期限可以根据不同情况决定,例如对于山洼,可以栽2—3代杉木,一代其他树种;山坡栽一代杉木,一或二代其他树种。当然,有计划的轮栽,是较高经营水平的措施,需要创造条件,逐步实行。

4 关于杉木的病虫害

前面已经谈到,杉木的育苗、造林和伐倒木都很少病虫害,这是一个非常值得注意的经验。实际上,这种现象之所以发生,并非偶然,因为,一方面杉木产区的温度很高,年雨量大,湿度高,易于病菌和害虫的繁殖,另一方面,例如把国营苗圃和林间苗圃加以对比,也很清楚,有些国营苗圃病虫害相当严重,需要极力防治,而林间苗圃则基本上没有病虫害发生,这说明人为措施的作用。根据调查访问,我们认为杉木之所以能够基本上消灭病虫害,主要是由于下列一些措施的综合。

(1)选地适当　如果森林植物条件合适,则幼苗和林木生长都很旺盛,对病虫害就会有很大的抵抗力,少受其侵害,这是一方面。另一方面,根据文献记载,病虫害的发生和土壤性质有密切关系,例如土壤湿度过大,通气不良,则病菌害虫易于繁殖,土壤保水性不良,则幼苗易于灼伤等。杉木育苗和造林都选择排水良好,保水性强的地方,因此,减少了病虫害繁殖的机会。

(2)轮栽制度　一般连栽是病虫害发生的重要原因,这是因为,连栽不但可以使幼苗和林木生长变坏,减低抵抗力,而且也可以引起病菌害虫的大量繁殖。实行轮栽就可以使杉木生长良好,使病虫害由于得不到适当的寄主而减少发生。山间苗圃都是设在老荒山土(新垦的杂木林地)上,最多连种2年,即行放弃。栽培杉木,一般最多也只三代,然后使其荒废成为杂木林。

(3)苗圃和造林地的火烧清理　枯枝落叶和杂草等常常是病菌、害虫和虫卵的所在地。例如,在杉木林内采集到的枯枝落叶经过镜检,就曾发现落叶病菌寄宿在枯叶上越冬,在枯枝上也发现了天牛。此外,有很多病菌和害虫,如苗木立枯病、地下害虫等,寄宿于土壤中,一遇适当条件,即加害幼苗和林木。由于杉木育苗地和造林地的多次或一次烧垦,不但烧掉了枯枝、落叶、杂草及其所附带的病菌、害虫和虫卵等,而且由于对土壤加温,起了部分土壤消毒的作用。

(4)良好的耕作制度和抚育制度　秋季全垦整地,可冻死在土壤中越冬的病虫害。注意排水,可不使土壤过湿。苗圃所施的肥料主要是草木灰和火土肥,即磷、钾肥料,可使苗木健壮,根系发达,基本不施氮肥。烧山也能增加磷、钾养料,使杉木增强对病虫害的抵抗力。在幼苗的管理方面,作到见草即除,早期间苗,使苗木不过密,生长健壮。对造林地注意林粮间作,抚育除草。

(5) 伐倒木剥皮　杉木木材完全不受虫害,是与贯彻了伐倒立即剥皮的作业方法有着不可分割的联系(我们看不到一株未剥皮的原条出山或保存于现地)。

综上可见,杉木林区的苗圃和林地基本上达到无病虫害的原因,主要是贯彻了防重于治的综合防治措施。这些措施,对于其他树种,也有很大的参考意义。另外,杉木林区的病虫害虽然基本消灭,但并非没有发生可能。因此还需进行试验研究,建立病虫害的调查和预报制度,以便彻底根绝病虫害的发生。

5　杉木的生长发育和气候因素

在这次学习和总结杉木丰产经验工作中,我们特别地注意了气候因素和杉木生长发育的关系。除了收集一部分当地气象站的气象观测资料以外,也作了一些短期的(每个观测点大约5—9天)小气候观测。由于这一部分工作主要是在湖南会同作的,因此在讨论杉木生长发育和气候因素的关系时,主要以会同疏溪口的材料为例。分下面几点来谈。

(1) 杉木在育苗时期就对气象条件有一定的要求。苗圃宜选择地势比较平缓开阔的山坡,坡向以东南为宜,南和西南就不好,这是因为南坡阳光过强,而西南坡则气温过高(因为东南坡早晨日出首先受热,但热多用于露水蒸发,故气温不高,午后西南坡露水早已蒸发完毕,这时太阳照在这里就只起增温作用,故较东南坡气温为高)。

(2) 表32是会同附近观测年限最多的芷江气象站的气象资料。

表32　芷江1951—1955年各气象要素逐月平均

项目	1	2	3	4	5	6	7	8	9	10	11	12	全年
气温(℃)	4.3	6.4	9.9	15.6	21.3	25.1	27.6	27.3	23.6	17.5	12.3	6.6	16.5
最高气温(℃)	7.9	10.2	14.3	20.2	25.9	30.0	32.5	32.9	29.2	22.3	17.2	11.7	21.2
最低气温(℃)	1.4	3.5	6.7	12.0	17.8	21.1	23.8	23.2	19.2	13.9	8.7	2.8	12.8
极高气温(℃)	19.5	27.2	30.0	31.4	35.5	36.6	37.1	39.9	38.1	34.1	26.6	24.0	39.9
出现年份	1952	1955	1953	1955	1951	1952	1952	1953	1951	1955	1952	1955	1953
极低气温(℃)	−7.7	−4.7	−1.7	5.0	11.9	15.2	20.0	17.5	12.3	6.3	0.2	−4.8	−7.7
出现年份	1955	1952	1954	1953	1955	1955	1955	1952	1952	1955	1953	1954	1955
相对湿度(%)	82	84	82	83	83	80	80	80	78	81	82	81	81
降水量(mm)	33.0	51.7	100.0	58.5	227.9	145.8	226.2	142.4	64.6	126.3	63.4	28.0	1367.9
日照(%)	14	16	21	28	22	41	50	57	54	28	34	32	34
总云量	8.4	8.9	8.6	8.3	8.6	8.0	8.4	7.2	6.6	8.0	7.6	7.0	8.0
平均风速(m/s)	1.9	2.4	2.2	1.9	1.7	1.8	2.0	1.8	1.8	1.7	1.8	2.0	1.9
最多风向	NE	NE	NE	NE	NE	^{C}NE	^{C}S	^{C}N	NE	NE	NE	NE	NE
风向频率(%)	34	41	34	28	19	16/13	15/13	17/13	23	25	30	28	25
蒸发量(mm)	35.8	45.0	64.7	94.7	114.3	166.3	199.9	208.0	161.9	94.5	65.0	5.3	1302.3

从表32可以看出,年平均气温为16.5℃,降水量为1367.9mm,年平均相对湿度为81%,蒸发为1302.3mm,湿润度(降水量∶蒸发量)大于1,表示这里气候温暖,空气湿润雨量充沛。4—10月,气温都在15℃以上,雨量也很充足、湿度适中,为杉木生长旺盛的

时期,11—3月温度较低,并有霜冻,故杉木生长较为迟缓。

极高极低气温为39.9℃和-7.7℃,出现时间非常暂短,对杉木不致为害。最高和最低气温为32.9℃和1.4℃,在这个温度范围内不能造成日灼和霜冻的灾害(日灼要在42℃以上才能生成,霜冻的发生也需要在-2°或-3°以下)。日照在4—12月一般都在30%以上,对于杉木来说是充分的。杉木根系浅,抗风力较差,这里平均风速较小,在1.5—2.0m/s之间,大风很少,适于杉木生长。

9月份的气候状况对杉木生长有特殊的意义。此时气温仍保持在23.6℃,最高达29.2℃。相对湿度最低,为78%。降水量也相当小,日照时间达54%,云量也最小,为6.6,风速正常。为秋老虎的干暖天气。由于这时正是杉木积累养分和种子灌浆时期,因此这种天气对于杉木养分的积累转化和种子的成熟有很好的影响,为这里适于杉木生长的重要原因。

(3)小气候观测时间虽然很短,但从结果上也可以看出一些问题。观测是在1959年2月进行的,在这里正是冬季。材料中所提到的连山为距观测点大约10余公里的林外气象站。

首先可以看出林内和林外的气温和相对湿度不同(表33)。

表33 大湾山洼林中与连山气象站观测数值的对比

地点	气温(℃)						相对湿度(%)					
	1:00	7:00	13:00	19:00	平均	较差	1:00	7:00	13:00	19:00	平均	较差
连山	7.2	7.4	11.5	9.9	9.0	4.3	97	96	81	90	91	16
林中(二树间)	7.2	7.3	10.0	9.4	8.5	2.8	94	96	84	88	91	12
近树干	7.4	7.5	10.3	9.6	8.7	2.9	94	97	86	91	92	11

1959.2.3—7日观测

从表33可以看出林内的气温较林外稍低,相对湿度稍高,气温和相对湿度的日较差林内都比林外小。

其次可以看出不同林型组的小气候要素的差异(表34)。

表34 疏溪口大丘头山脚和山顶林中与连山气象站观测数植对比

地点	气温(℃)						相对湿度(%)					
	1:00	7:00	13:00	19:00	平均	较差	1:00	7:00	13:00	19:00	平均	较差
连山	4.3	3.6	7.0	5.8	5.2	3.4	91	95	79	83	87	16
山脊林中	3.7	3.0	6.3	5.3	4.6	3.3	97	98	82	88	91	16
山脚林中	3.5	2.9	5.7	4.9	4.3	2.8	96	98	87	89	93	11

1959.2.22—26观测

从表34可以看出,就气温来说,山脚林型亚组(山坡林型组)较山脊林型组为低,就相对湿度来说,前者较后者为大。同时,也可以看出,无论是气温的日较差,或是相对湿度的日较差,山脚亚组都较山脊林型组为小,后者已相当接近于林外。这种趋势和林型部分对林型组小气候特点的描述完全一致。

6 杉木生长发育和土壤微生物关系

在这次工作中,除了分析土壤的一些物理化学性质以外,我们也作了部分的土壤微生物区系的测定。因为微生物不但对于整个林型的物质循环和转化起着重要作用,而且直接地影响着土壤中养分状况,在我们这次关于土壤微生物区系分析的数据中,也充分说明了植物生长和微生物间的密切相关性。主要测定项目有微生物总菌数(细菌总数、放线菌总数和真菌总数)及微生物的几个主要生理群的数目,包括固氮菌、丁酸菌数、硝化菌数和纤维素分解菌数及有关其生化作用强度。总菌数采用平面培养计算法,生理群除固氮菌类群采用平面培养计算法以外,其他三类群均用稀释法,生化作用强度测定中的固氮作用、氨化作用和硝化作用采用奈氏比色法,纤维素分解作用采用埋布片法。兹将在3个不同林型内采集的土壤试料进行微生物区系分析,测定结果列于表35。

表35 不同林型的土壤中不同深度微生物的数量和生化活动强度的比较

标准地号 林型组、亚组和林型	采样深度 (cm)	微生物总数 (千/g干土)			各生理群菌数 (千/g干土)				生化强度		
			细菌	放线菌	真菌	固氮菌*	丁酸菌	硝化菌	纤维素分解菌	固氮作用 (mg/g)	硝化作用** (mg/g)	纤维素分解作用 (%)
标准地13号山脊林型组,厚层红色粘土杉木林型	5—13	1812	29	8.9	899	76	14	0.8	0.01	0.40	0.52
	13—30	437	8	3.6	66	75	3	0.8	0.01	0.37	0.31
	30—90	262	4	2.9	3	31	2	0.3	0.01	0.28	0.30
标准地2号山坡林型组陡坡亚组,厚层轻粘土杉木林型	4—20	1359	72	26.0	2823	261	62	6.3	0.07	0.09	
	20—52	1797	39	10.0	1163	26	3	2.6	0.05	0.06	
	52—100	754	27	6.0	755	25	—	0.6	0.02	0.02	
标准地1号山洼林型组较陡山洼亚组粘壤土杉木林型(快速林)	4—20	6434	443	2.9	8227	728	3637	64.0	0.10	0.18	4.67
	20—46	1895	181	5.3	948	263	631	0.3	0.08	0.09	1.73
	46—82	1573	156	1.0	620	62	3.0	0.3	0.03	0.02	0.32
	82—140	1023	42	4.1	420	26	—		0.02		0.05

* 此固氮菌数系指在无氮培养基上能够生长的微生物群以计算;
** 硝化作用中标准地1、2号土样分析时土样较干故数据较13号地低,此采试料误差所致

(1)试验结果表明微生物总菌数和各生理群菌数都按树木生长优劣的不同而变化。在山洼林型组较陡山洼亚组、山坡林型组陡坡亚组及山脊林型组的顺序间,树木生长状况逐渐下降,而土壤微生物的数量及其生化活动也相应地减弱,即以快速林的1号标准地的菌数和作用为最高,这种趋势以细菌和放线菌总数及生理群中的固氮菌和硝化菌数表现最为明显,与此同时固氮作用和硝化作用的生化活动强度也相应地显著增加,纤维素分解作用加强表现得也较明显。

(2)就每个土壤剖面说,总菌数、生理群菌数及生化作用强度也随土壤深度增加而减少或减弱。这种趋势在不同林型的土层中表现的不一样在杉木生长不良的林型下,土壤下层的菌数和生化强度减弱到非常低的程度,但在快速丰产林型下,土层深达82cm以下时,菌数和生化强度,还保持在一定的水平上。

(3)上述趋势和在林型部分中所描述的各林型的土壤性质的变化趋势完全一致,换言之,随着山洼林型组、山坡林型组和山脊林型组的顺序、土壤水分状况、物理性质和养分状况逐渐变坏,在这些土壤中微生物的数量和活动也逐渐减低。对每个剖面来说,随着深度加大,土壤物理性质、水分状况、养分状况和通气状况都逐渐变坏,因此微生物的数量和活动强度也逐渐减低。但是,譬如说,由于1号标准地土壤,深达82cm以下,土壤的物理性质、水分、养分和通气状况尚保持相当良好的状态,因此微生物在这样的情况下

仍具有一定的活动性。

(4)除此以外,在这些数据中引起我们注意的是杉木林下土壤中出现的固氮菌类群的菌数相当多,特别是在杉木生长良好的山洼林型土壤中固氮菌数和固氮作用都比山脊林型组土壤高达9倍,这现象说明了固氮微生物在土壤中的活动,和杉木的速生丰产有着密切的关系。由于这些微生物的大量存在和活动,就能经常不断地供给树木营养中氮素的来源。这部分工作,分析资料有限,有待进一步探讨补充。

主要参考文献

[1] 林业部. 绿化祖国的高潮(4). 中国林业出版社,1958.
[2] 会同县林业局. 跃进中的会同林业,第一、二辑,1958.
[3] 孙章鼎等. 湖南杉木林型调查初步报告. 湖南林业科学研究室研究报告(内部刊物),第一期,1958.
[6] 阳含熙等. 杉木生态特性研究,林业科学研究所研究报告,中国林业出版社,1958.
[7] 乐天宇等. 桂、黔、湘邻境杉木品种生态型——选种原始材料初步研究. 林业科学研究所研究报告,1958.
[8] 林业部造林局. 造林技术参考资料第一辑. 中国林业出版社,1955.
[9] 林业部造林设计局编. 中国自然情况. 1957.
[10] 林业科学研究所林木生态研究室. 杉木造林. 中国林业出版社,1958.
[11] В. Н. Сукачев等. 毕国昌译. 林型研究方法. 中国林业出版社,1958.
[12] П. С. Погребняк:Основы лесной типологии,АНУС,1955.

摘要

杉木[Cunninghamia laceolata(Lamb.)Hook.]是我国南方生长快速的主要针叶树种之一,其分布广、材质好、水运方便,经济价值很高。几年来在全国商品木材总量中约占四分之一。湖南会同、贵州锦屏是全国闻名的杉木产地,群众植杉历史悠久、经验丰富。1958年该地先后出现19年生杉木平均树高达19.0m,平均胸径20.3cm,每公顷蓄积量483m^3;7年生杉木平均树高14.0m,平均胸径12.5cm等快速丰产林。

本文是在总结群众造林经验基础上,应用森林生态学和林型学的综合调查方法所提出的总结报告。初步确定了林型,并根据杉木人工林自然-历史和人为经营的特点,提出栽培型作为林型分类的低级单位。栽培型主要根据抚育强度与栽植密度的差异来确定的。通过各林型和栽培型育林学的评价,提出在各林型中简短的森林经营措施和拟定出提高森林生产力的新的栽培型的建议。

ПРЕДВАРИТЕЛВНЫЙ РЕЗУЛЬТАТ ИЗУЧЕНИЯ ИСКУС-СТВЕННЫХ ЛЕСОВ КУННИНГАМИИ И ИХ ТИПОВ ЛЕСА

(Предварительное сосбщение изучения искусственных лесов Куннингамии з уездах Хуй-тун прозинции Хунань и Цзин-пин провинции Гуйчжоу)

Ли Чан-хуа и другие

(Резюме)

Куннингамия (*Cunninghamia lanceolata*) является гларной быстрорастущей хвойной поролой юго и юго-восточного Китая. Она имеет широкое распространение, очень высокие технические свойства древесины и огромную хозяйственную ценносць, а также удобна для водного транспорта. В последние годы древесина Куннигамии стала занимать около 1/4 от всех объемов торговленных древеси. Из всех леонасаждений Куннигамии уезды Хуйтун и Цзиньпин пользуются широкой известностью. Там у крестьян имеются огромные опыты и длительная история по культуре зтой породы.

В 1958 году здесь была наблюдена быстрая и высокая продуктивность насаждения Куннигамии в возросте 19 лет при лучшем насаждений, его срелняя высота 20.3 cm. а средний диаметр 19.0 m. запас составляет 483 m^3/hm^2. А оно в возрасте 7 лет, то его средняя высота 14 m. срекний диаметр 12.5 m и запас 172.5 m^3/hm^2.

Данный отчёт был составлен на основании подведки итбгов по тредиционной лесокультуре у местных крестьян и применения комплексного (экономического и типологического) исследовательского метода.

Предварительно был установлен тип леса и одновременно был предетавлен тип культуры на основании особенности естественной исторни и человеческого хозяйства в качестве низкой единицы типологической класификацин. Тнп культуры был установлен на основании разници между интесивностью ухода за лесом и густатой насаждений. С учётом лесоводственной оценки различных типов леса и типов культуры, авторы дали в отчёте предложения краткого мероприятий лесного хозяйства по разным типам леса и предложения ноэых типов культуры, дающей повышенную лесную продуктивность.

图 1　杉木的浅根系

（会同疏溪口,山坡林型组,实生 18 年,由于雪倒,根系露出）

图 2　杉木的根系

（会同疏溪口良友冲 4 年生实生苗,深栽;下部根系发育良好,上部只有少量二重根）

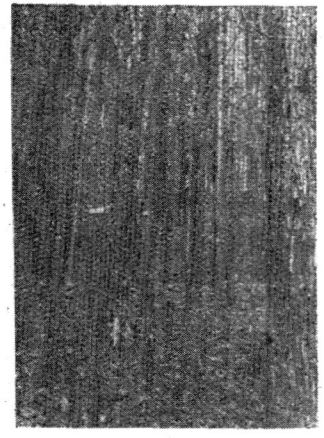 

图 3　会同疏溪口大湾 18 年快速杉林　　　　图 4　会同羊角坪 24 年杉林
（山洼林型组,较陡山洼亚组,粘壤　　　　　（山洼林型组,较陡山洼亚组,粘壤土
　土杉木林型,高密度中抚育栽培型）　　　　　杉木林型,中密度中抚育栽培型）

图 5　锦屏龙垭 16 年快速杉体
（山洼林型组，较陡山洼亚组，粘壤土杉木林型，低密度强抚育栽培型）

图 6　锦屏建丰岑榜坡 17 年快速丰产杉林
（山洼林型组，较陡山洼亚组，多腐殖质粘壤土杉木林型，中密度中抚育栽培型）

图 7　会同羊角坪 16 年杉林
（山坡林型组，山脚亚组，厚层粘壤土杉木林型，中密度中抚育栽培型）

图 8　会同疏溪口约 20 年生杉林
（山坡林型组，中坡亚组，厚层轻粘土林型，中抚育高密度栽培型）

图9 会同疏溪口大丘头16年杉林
（山坡林型组,山脚亚组,厚层粘壤土杉木林型,中密度中抚育栽培型）

图10 会同疏溪口良友冲5年快速杉林
（山坡林型组,中坡亚组,厚层轻粘土杉木林型,高密度强抚育栽培型）

图11 锦屏龙埂13年杉林
（山坡林型组,中坡亚组,厚层轻粘土杉木林型,低密度强抚育栽培型）

图12 锦屏龙埂8年快速杉林
（山坡林型组,中坡亚组,厚层轻粘土杉木林型,低密度强抚育栽培型）

图13 会同疏溪口五四青年林
（速生丰产试验林）

· 116 ·

图14　会同溪口大湾18年杉林　　　　　　图15　会同疏溪口约20年杉林
（山坡林型组，陡坡亚组，厚层轻粘土杉木林型，高密度　　（山坡林型组，陡坡亚组，厚层轻粘土杉木林型，高密度
中抚育栽培型）　　　　　　　　　　　　　　　　　中抚育栽培型）

图16　会同金龙山大面积造林的保土埂

图17　会同疏溪口广平河上的杉木捆排流送

人工林林型研究方法的初步意见

李昌华,冯宗炜,黄家彬,郭孝仪

(中国科学院林业土壤研究所)

目次

一 关于人工林林型的一些理论问题
二 关于人工林林型研究的生产目的性问题
三 关于人工林的分类系统
四 关于人工林林型的调查研究方法

林型学是一门比较新的学科,是全世界林学界都在热烈争论的问题。这是因为,它不仅是林学的基本理论问题,而且也是森林经营、经理、造林、森林保护以及其林业学科和林业措施的基础。根据我们的理解,林型学不仅是森林分类,而是在分类的基础上研究森林生长发育规律的学科。因此它是森林学的基础和中心。

1959年1月到3月,我们参加了本所组织的学习和总结南方杉木快速丰产经验的工作小组。在工作中我们首先遇到了林型的问题。因为要想了解杉木丰产的实质,把学习到的群众经验加以总结提高,首先就必须在林型的基础上研究森林生长发育的规律性,但是,我们的工作对象是杉木人工林。到目前为止,林型学虽然已经有各种分类原则和方法,可是绝大多数的文献,都是着重讨论天然林的分类或造林的森林植物条件分类的问题,很少有涉及人工林林型的文献。因此,在这种情况下,为了完成工作任务,我们就不得不在原有林型学文献和学习群众经验的基础上,结合人工林和我国的特点,讨论了对于人工林林型的看法,并初步拟出了一个工作方法。这些原则和方法,我们在工作中都曾加以试用,并根据这个精神,完成了我们的工作报告"杉木人工林及其林型的初步研究"。我们感觉,人工林林型问题不但对于我们,而且对于其他林业工作者也是存在的,因此,虽然工作时间很短,工作面很小,我们的水平很低,尽管这些原则和方法是非常初步的,可能有很多错误,但是由于我们认为这个问题很重要,所以还是大胆地提出来,作为抛砖引玉,请林学界前辈和同志们批评指正。

几千年来,我国劳动人民在生产过程中,在认识森林的类型和森林植物条件类型方面,积累了丰富的经验。但是在解放以前,由于社会制度的限制,并没有建立起自己的林型学。解放以后,由于党的重视和生产发展的需要,在学习苏联先进经验的基础上,我国展开了大规模的以森林经理和森林经营为目的的天然林调查和以造林为目的的荒山荒地的调查,这些调查有很多是在苏联专家直接帮助和指导下进行的。天然林主要是以苏联苏卡乔夫学派的方法为基础,进行了林型调查。大面积的荒山荒地主要是以苏联乌克兰学派的方法为基础,进行了森林植物条件类型的调查。近年来,我们在东北、西南和其

原载于:中国科学院林业土壤研究所报告集,林业集刊. 科学出版社,1960,第四号,42-53.

他地区进行林型研究中,亲身体会到这些工作对于我国的林业,特别是森林经营、森林经理和造林事业以及林型科学的发展,起了极大的推动作用。

1958年我国提出了以人工更新为主,加速绿化和园林化,并开展林木速生丰产运动的方针。这个方针给林型学提出了新的任务,这就是不仅应该进行天然林的调查和分类及造林地区森林植物条件的调查和分类,而且也需要和应该进行人工林的调查和分类。因为这种调查和分类是现有人工林的经营管理和在相同森林植物条件下进行完整的造林设计的基础。

远在周朝时代,我国的劳动人民就已经开始营造人工林,几千年来,人工林无论是在木材供应、水源涵养、防风固沙、水土保持和绿化美化等方面,都起了很大的作用。解放以后,由于党对林业工作的重视,造林面积年年增加。因此,我国现在已经有相当大面积的人工林,其中有很大一部分是快速丰产林。我国虽然也有大面积的天然林,而且在目前木材供应上起着主要作用,但是由于天然林生长力有限,木材需要逐渐增加,人工林在木材供应及其他方面的地位将日趋重要。因此,人工林林型的调查研究在林型学中将逐渐占有重要位置,当然,天然林和人工林的林型是统一的,而且天然林林型研究常常是研究人工林林型的基础。因此,在加强人工林林型研究的同时,不能不继续注意天然林林型的研究,只有同时并进,才能发展完整的林型学。下面我们就来讨论有关人工林林型调查研究的几个问题。

一 关于人工林林型的一些理论问题

人工林既不同于天然林,也不同于单纯的森林植物条件。因此,其分类的理论原则,也应该有某些差异。我们认为,人工林和天然林的区别主要有以下几方面:

第一,人工林有明确的目的树种和较高的生产力。人工林是人类在利用和改造自然条件的基础上,根据经济需要培育出来的。因此,它是劳动的产物。不像天然林那样,完全是自然发展的结果(当然可能或多或少地受到人为的影响)。人工林的产生有着明确的目的性,有一个或几个目的树种,这些目的树种是在人们认识森林生长发育规律和自然条件特点的基础上根据需要和可能的原则确定下来的,因此人工林一般有比天然林更高的生产力。天然林(更确切地说应该是天然植被)的自然演替,是客观存在的规律和事实。但对于经济要求来说,自然演替的本身有着很大的盲目性,这些规律和事实必须加以认识,因为我们认识了这些规律和事实,就可以利用这些规律为我们服务,加强其有利的一面,消除其不利的一面,这是人工林优于天然林的一方面。另一方面,纯自然演替毕竟还没有人来参加,主要是观察描述,人工林是人们参加了变革森林的实践,所以就更加深了对于森林发展规律的认识。就是说,对于人工林来说我们已经超越了对自然现象加以观察描述的范围,而开始对于人们在林业实践中的经验加以总结。这一点是天然林研究所完全不能有的。因此,对于培育人工林来说,除了要认识森林的自然演替规律以外,更要在培育人工林(改变自然)的实践中更深刻、更全面地认识森林生长发育的规律性,以便进一步提高森林生产力和森林的作用。

第二,人工林的人为措施起着重要的、在某种情况下、甚至是起着决定性的作用。人们培育人工林,除了在了解环境条件和林木生长关系的基础上确定树种以外,还要通过人为措施来保证人工林的生长发育。一方面,人为措施并不是人们随意制定出来的。而是在认识树木生长发育规律的基础上制定出来的。另一方面,正因为措施是这样制定出来的,所以它就具有巨大的作用,保证森林正常地生长发育。否则人工林会和天然林一样地盲目演替,最后也可能完全消灭。因此在研究人工林林型时,不仅要研究自然因素,而且应该详细了解人工林的起源和全部人为措施,研究它们与林木生长发育的关系,即研究人工林的林学特性。

第三,人工林林型是目的树种和森林植物条件综合的对立统一体,二者是相互关联、相互制约和相互统一的,而目的的树种是这个统一体的主要方面。我们完全同意苏卡乔夫对森林的看法,即"对林业来说,重要的是该森林地段的各生物学和自然地理学特性相互作用和相互联系的全部综合"和"把森林看作一定的自然统一体,在这个统一体中该森林地段的整个植被、动物区系、土壤和大气都是处于相互作用和相互联系之中",但是,具体对于人工林来说,我们认为,这个统一体应该明确地分为两个方面:一个是目的树种及其特性;一个是该地段上影响目的树种生长的森林植物条件的综合。所以说目的树种是主要方面,是因为它是生产的目的物,必须考虑到经济需要。所以说两个方面是相互关联相互制约和相互统一,是因为树种并不能任意决定,而必须考虑到森林植物条件的综合,树种特性的表现形式也决定于森林植物条件,而森林植物条件的综合一方面受到林的作用,另一方面它只有通过树种及其特性才能表现出自己的生产力和生产性质。

同时,人为措施对这两方面都有很大的影响,措施是多种多样的,某些措施对树种特性的表现影响甚大,例如密度和混交,而某些措施对森林植物条件影响甚大,例如施肥或抚育等。这样,他们之间也在统一的基础上形成了错综复杂,相互制约和相互依存的关系。所以,我们认为,人工林有三个要素,即目的树种及其特性、森林植物条件和人为措施。研究人工林林型时,无论忽略哪个要素,都会造成片面性。

根据上述人工林特点,在划分人工林林型时,我们首先根据自然条件来确定树种的分布区。其次是在树种分布区中考虑森林植物条件。因为森林植物条件不同,树种的生长发育状况是不同的。再次,人为措施是决定目的树种生长发育的重要因素,即使在属于同一森林植物条件类型的地段上,由于措施的不同,树种的生长状况也会有很大的差异,因此必须根据措施的不同来划分栽培型。虽然可能是多种多样的,但却非常必要,也是人工林分类的主要特点之一。

人工林的分类和现在一般进行的森林植物条件的分类也应该有某些不同,这主要有以下几方面:

第一,人工林林型中所指的森林植物条件是指某一个(相应的,即构成该林型的)目的树种的森林植物条件,而不是所有森林植物的森林植物条件。过去所用的森林植物条件是指一般的森林植物条件,即对一般的森林植物而言,反映的是一般的森林植物生长发育对自然条件的要求,主要是作为造林方面选择树种和一般设计用的。人工林林型中指的是某一树种的森林植物条件,即只对构成该林型的树种而言,把森林植物条件看作是林型的一部分,反映的是某一树种对自然条件的要求,这样就可以对某一树种的生态特性和林学特性有深入的了解,并作为这种树种的完整造林设计的基础。

第二,只有认识林型,才能真正深刻地认识相应的森林植物条件类型,单纯的森林植物条件类型材料对于营林来说是不完备的。我们认为森林植物条件类型的调查最好和林型调查同时进行,因为林型调查既调查森林植物条件的综合特点,也调查树种的生长发育状况和人为措施。林木的生长发育状况是森林植物条件的生产特性和生产力的客观反映,没有这种反映就难以真正深刻地认识森林植物条件。所以单纯的森林植物条件的调查材料对于营林来说是不够完备的。

第三,在相同的气候条件下,地貌因素是划分林型和森林植物条件类型的主要因素之一。到现在为止,一般确定森林植物条件类型的主要根据是土壤的养分状况和水分状况,事实上,这也确实是两个重要因素。但是,一方面,对于森林植物条件应该有全面的了解,另一方面,我们认为地貌因素较之这两个因素更有特征性,因为地貌因素不仅是决定土壤肥力和水分状况的主要因素,而且也是在外在条件上比较容易辩认的因素。因此,我们在人工林林型和森林植物条件划分上把地貌因素作为主要因素之一。

第四,人工林的森林植物条件类型可以根据措施的不同,再划分为栽培型。到现在为止,一般是把森林植物条件类型作为确定措施的基础,这是正确的,但是这只是问题的一面,因为措施不只决定于森林植物条件,而且也决定于经济条件,因此,同一森林植物条件类型上措施可能不同。前面曾谈到把林型划分为栽培型,同样,森林植物条件类型也可以根据措施的不同划分为栽培型,这就可以更深刻地认识人为措施对森林植物条件和林木生长发育的影响。

上面谈的就是我们对于人工林林型一些理论问题的初步看法。如前所述,人工林林型问题之所以产生是由于我国的自然条件和经济条件的某些特点,并且是在学习苏联先进林型理论和方法的基础上提出来的。但是,大家知道,在林型学的理论上,到目前为止还存在很多争论的问题。对于这些问题,我们了解得不多,而且很不深入。因此,上述的看法是非常肤浅的,实际上,只是实际工作中的一些体会。以前用过的方法,无论是苏卡乔夫学派的方法,或是乌克兰学派的方法,都有他们特有的优点,在我国,特别是在天然林和荒山荒地的森林植物条件调查方面,将会继续发挥它们巨大的作用。

二 关于人工林林型研究的生产目的性问题

人工林林型研究,有着明确的生产目的性。其中包括以下几方面。

第一,人工林林型的研究是分析林木生态特性和林学特性的基础。生态特性和林学特性包括的范围很广,其中主要是要阐明立木生长与自然条件和人为措施之间的关系。每一个树种的生态特性和林学特性都有其一般的表现,这是它的一般性,但在不同的森林植物条件和不同措施的条件下,其表现是有差异的,这是它的特殊性。全面的人工林林型调查可以详细地了解这些一般性和特殊性,根据大量材料加以分析综合,就可以对它们的林学特性和生态特性有深刻的了解。

第二,人工林林型的研究是有预定生产指标的造林设计的基础。到现在为止,造林设计的主要内容是选择造林地、划分造林地类型、决定树种及其配置、造林方法、整地措施和抚育措施等,一般不包括有根据地设计目的树种的生长发育过程和经济效果(例如蓄积等),就是说,我们对于林木生长发育还没有足够的预见性。实际上,在今后林业生产计划性逐渐加强的情况下,后一部分是完全必要的。人工林林型调查可以为这一部分的设计提供比较可靠的资料。

第三,人工林林型研究是总结培育森林经验,特别是林木快速丰产经验和确定各种营林措施效果的重要方法。我们知道,人工林林型调查可以为我们提供不同森林植物条件不同措施的林木生长发育状况,关于快速丰产林的这些材料,就可以帮助我们总结快速丰产的原因和推广范围。此外,根据栽培型的对比,很容易确定各种条件下不同措施的作用。

第四,人工林林型的研究为林业规划提供资料。林业规划中很重要的一部分是各种树种的配置、面积及计划产量,这一部分在以林业规划为中心的园林化规划工作的开展以后显得更加重要。过去的森林植物条件调查一般只能决定树种和面积,而比较精确的预计生产指标,则必须由林型调查提出。

上面谈的是研究人工林林型的目的性。我们认为,为了完成人工林林型研究的生产使命,最好不单独进行人工林林型的调查研究,而应该把林型研究和完成某一生产任务结合起来同时进行,譬如说,可以和造林或营林调查设计、林木丰产经验总结、园林化规划、伐区调查等任务结合起来。这样,一方面使林型研究有了明确的生产目的性,林型科学可以在生产实践中得到充实和发展,另一方面,调查材料也可以直接用于生产,取得经济效果。这是人工林林型研究的实践性。

人工林,特别是其中的栽培型是多种多样的。这是因为人工林是广大劳动林农在不同的自然和经济条件下培育出来的,每个栽培型都有自己的经营历史。了解人工林的特性和它的历史,应该而且只有依靠广大林农,总结经验,才能办到。因为培育森林的一切生产场地是研究人工林林型最广阔的和最基本的试验场地。同时,林型学只有为广大林农群众所掌握,才能发挥它最大的作用。这是人工林林型研究的群众性。

由于生产和科学的发展,旧的生产力低的栽培型将逐渐被淘汰,新的生产力更高的类型将逐渐被劳动人民创造出来,我们对于自然规律的认识愈来愈深刻,改造自然的能力越来越大,因此林型学的分类原则、研究方法和具体分类也将随之不断发展。这是人工林林型研究的发展性。

总之,人工林林型研究,一方面是生产实践的总结,一方面是为林业生产服务的工具。它不能离开生产、生产的人和社会发展。只有这样,才能为更深刻地认识林木生长发育规律、为促进林业生产发展和解决林业生产问题贡献力量。

三 关于人工林的分类系统

林型分类是一个复杂而争论较多的问题,但也非常重要,因为它是研究森林生长发育规律的手段。在总结杉木丰产经验的工作中,我们在学习苏联林型分类和总结群众经验的基础上,根据简明和解决具体问题的原则,应用了如下的人工林林型分类系统。分类是非常初步的,也是暂定的,需要在今后工作中进一步修改和补充。

第一级为树种的森林植物区。这一级的划分主要是根据气候和大区地貌特点。森林植物区下可再分亚区。这一级称为目的树种的林型区和林型亚区。所以这样划分,是因为任何一个树种的生长和发育都受自然因素的影响。一般认为,其中起主要作用的因素是气候条件和大区地貌。

第二级为林型组。林型组按地貌类型来划分。这是因为,在林型分区的范围内,地貌类型不但对于林木生长发育的其他因素起着决定性的作用,这些因素包括土壤、母质、水文状况和小气候状况,而且对很多营林措施(如抚育、整地和主伐等)也有重大影响。另外,地貌类型也是外在特征上容易辨认的因素。

林型组的范围是比较大的,也是比较容易划分的。在地貌因素的差异不足以划分为林型组时,可以在一个林型组内再划分出林型亚组。同级的森林植物条件分类单位为森林植物条件类型组和亚组。

第三级为林型,主要根据土壤条件划分。林型是目的树种和森林植物条件类型相同的森林地段的综合。同级的森林植物条件分类单位为森林植物条件类型。林型的范围是比较狭的,它是研究自然条件和目的树种生长发育关系的最小单位。

必须指出,无论在划分林型区和林型分区时,或是划分林型组和林型时,所根据的气候、地貌类型和土壤类型等都不是指的纯学科概念,而是指在树种生育和这些因素的相互关系的基础上,根据这些因素来划分的。并且划分出来的不是气候区、地貌类型或土壤类型,而是某树种的具有一定生长发育特点的林型区、林型组和林型。

例如,划分林型所根据的土壤条件,主要的并不是所谓土壤的纯发生学特点,而是那些最能影响森林生产力的土壤生产性质,其中包括母质的特点、土层厚度、腐殖层的厚度和腐殖含量、土壤质地、物理性质和酸碱度等。只有根据这种原则划分出来的林型,才能具有一定的林木发育特点。

第四级为栽培型,根据经营措施的不同,例如根据造林密度、不同抚育强度等划分。栽培型是林木及其特性、森林植物条件类型和经营措施相同或相似的森林地段的综合,因此它是多种多样的。同级的森林植物条件分类单位为森林植物条件栽培型。

栽培型是人工林分类的最小和最具体的单位,也是最重要的单位,不但对现有人工林的调查和总结快速丰产经验有用,而一般的营林也应设计到栽培型,至于对于丰产林和试验林,则应该设计更多的栽培型。

上面就是分类系统的简单叙述。

林型命名是一个非常现实的问题,因此也必需加以说明。我们在实际工作中,林型的命名主要根据分类标准。因此,树种的命名一般是没有问题的,例如杉木人工林、马尾松人工林等。林型区和林型亚区建议主要以气候特点、地名或山名命名,例如亚热带杉木林区和福建北部亚区等。对于林型组、亚组和林型,建议以地貌类型、土壤和树种命名,例如山洼林型组,平缓山洼亚组和多腐殖粘壤土杉木林等,名称前面,平时不再加林型区和亚区的名称。至于栽培型,则以主要措施命名,例如中密度强抚育栽培型。

四　关于人工林林型的调查研究方法

下面谈谈我们在人工林林型调查研究中所应用的具体方法。所谈的方法主要对象是用材林,对于其他林种,应该适当加以变通。

人工林林型的调查研究可以分为两部分,即路线调查和定位研究,在实际工作中,这两部分应该互相结合起来,并与森林植物条件调查研究同时进行。在难以配合定位研究的情况下,应该特别注意收集当地林业试验机关的材料。

路线调查工作可以分为踏查、标准地工作、内业工作和材料的分析综合几部分。踏查从收集资料和了解当地的林业概况开始,其中特别应该注意经济条件,这是过去常常忽略的。在有足够资料的情况下,可以预先确定林型区和亚区,必要时可以进行简单的重点调查和访问。对于具体调查地区,应该首先进行踏查、访问和座谈,预先初步确定当地的主要林型组、林型、森林植物条件类型和栽培型,然后选择标准地,进行标准地调查。如果能有很多当地林农参加调查工作,并以他们为主,即群众的林型调查,这将是调查的最好形式。踏查和访问工作,首先应该注意地貌类型、土壤类型和栽培措施等与林木生长发育的关系,对于这些,当地群众都有丰富的经验,应该特别加以重视。

标准地应该有足够的代表性和完整性。同一栽培型最好能有一块以上的标准地,如果能有几块不同林龄的标准地,那就更好。由于现有的人工林成林很多是小片的,因此标准地的面积只要有足够的表现性就可以了。一般幼林可以用200—400 m²,成林300—900 m²。形状最好是方形或矩形的,在有坡度的地方,边长应该加以校正。标准地最好是用仪器测量出来,使每边误差不大于3%。至于标准地的自然条件、人为措施和林木生长发育状况应该一致,这是不必说的了。标准地外业调查主要分为以下几方面。为了方便起见,可以用表格的形式添写。

1 编号、调查日期、标准地面积和形状、地理位置和四周环境等

2 森林植物条件的调查

(1) 地貌条件 包括地貌类型、坡度、坡向、小地形的表现、海拔高度、地形断面略图和小地形断面示意图等。

(2) 母岩和母质 对母岩应该指出岩石种类,如系沉积岩,应指出其颜色及易风化程度。对母质应指出沉积类型(残积、坡积或冲积等)、质地、含石块及含砾量、颜色、厚度以及各层的过渡情况。

(3) 水分状况 应包括一年中水分的一般状况和变动状况、地下水位及其变动和水分状况的分析,后者是指根据质地、坡度、坡向、地貌类型和气候状况的综合特点来分析水分平衡,即来源(来水)、水分消耗(包括排水)和保水的特点。

(4) 植被状况 如果林下有植被,应分别下木、地被物(草本及苔藓)来记载其层次、种类,特别是有代表性的种类及生长状况,同时注明其指示意义。如果林下植被很多,也可采用苏卡乔夫的地植物学调查方法,但每个调查项目都应有明确的目的性。

(5) 土壤 对土壤首先记载其一般情况,如土壤名称(特别是土名)、地表状态、土壤冲刷状况等,然后挖掘剖面,进行剖面分层描述。描述的内容包括颜色、质地、结构、结持力、根系、pH、泡沫反应、干湿程度、新生体和侵入体等,然后绘出剖面示意图,指出这个土壤的特点。描述之后采纸盒标本,如有必要,同时采分析标本。

(6) 小气候状况 由于林型调查时间很短,难以进行观测和取得正确数据,所以主要靠访问和观察来确定标准地的光照、温度、湿度、风等的特点及其与林木生长的关系。

3 目的树种的测树学调查和其他调查

(1) 一般的记载项目 包括树种、林龄(人工林的绝大多数是同龄林)、总郁闭度、各层郁闭度、树冠郁闭度、地位级、疏密度和目的树种的现在配置状况等。

(2) 每木检尺 包括每木测胸径和按径级测树高、树冠直径和枝下高。对于幼林,最好每木皆测树高和树冠直径。

(3) 树干解析 求出平均木以后,进行平均木的树干解析,平均木最好有3株,但由于人工林条件比较平均,如果选择适当,1株也是可以的。为了对于生长状况得到更精确的材料,树干解析时截取圆盘的数量应该增多,即0盘、0.4m、1.3m、2.3m、3.3m…,最后两个圆盘相隔0.5m,顶端不足1.5m的作为梢头。用解析木求材积。如果工作需要,也可以进行不同径级的树干解析。

(4)如有可能根据上述材料及观察,绘出标准地立木的纵断面图和横断面图是很有用的。前者可以了解各单株立木间(特别是树冠)的关系,后者使我们对于立木的平面布置有直观的理解,这样的图应该有一定的比例尺。

(5)病虫害调查 在每木检尺时就应注明每株立木是否健康,如不健康则指出其被害原因和被害状况。对于整个标准地则应统计病虫害种类,并分析病虫害的产生原因及发展趋势。

(6)关于材性的研究 不同的林型和栽培型,不但得到的材种不同,而且有时材性差异也很大,因此在必要时应采取平均木样本(利用作树干解析后的1.3到2.3m和2.3到3.3m两段即可),作材性试验。

4 关于造林及抚育过程的记载

这一部分是划分栽培型的重要根据,因此应该详细记载。其内容应包括苗木状况及来源、造林年月、造林人、整地方法、造林方式及方法、株行距、密度、造林前林地的利用状况、详细的抚育过程(除草培土、林粮间作、抚育采伐等的次数、进行状况和时间等)等等。这一部分材料主要是由访问中得到,因此应该尽量使其确实可靠。

标准地外业工作结束之后,对于所取得的材料和标本,应该进行整理和分析测定。其中主要包括下列几方面工作:

(1)土壤分析 土壤分析的种类和项目可根据要求确定,一般包括物理分析、化学分析和生物学分析3种。物理分析的主要项目是机械组成和风干水分,必要时作团粒分析。化学分析的主要项目是腐殖质、pH、代换总量、代换性氢,必要时测定有效性氮、磷、钾。对于碳酸盐土壤,应测定碳酸钙、可溶性盐和代换性钠(不再测代换性氢),并测定地下水的可溶性盐及pH。生物分析主要是测定微生物的种类和数量。

(2)测树学资料的整理和计算 根据标准地的每木检尺材料,计算出径级分配、各径级平均树高、平均冠幅和平均枝下高,然后计算标准地的平均胸径、平均树高、平均冠幅和每公顷(或每亩)株数。计算株数时应该用株行距加以核准,因为用标准地株数求每公顷株数有时误差很大,而且标准地愈小,误差愈大。

根据平均木树干解析材料求出胸径、树高和材积的增长过程。单株材积的增长乘以每公顷(或每亩)株数,则得每公顷(或每亩)的蓄积增长过程。过去天然林的树干解析材料是以5年作为1个龄期,对于人工林来说,特别是对于快速丰产林,这是不够的,应以1年为单位,或以2年为1个龄期,这样才能得到比较精确的材料。

内业工作结束之后,应该对于每个标准地作出评价,指出这个标准地的特点,其中包括森林植物条件的特点、造林抚育特点、林木生长发育特点和材性特点,以便于和其他标准地对比。

在调查项目中没有谈到专门的根系的调查,根系调查很重要,但工作也很繁重,因此,对于根系只能作必要的重点调查。

上述的调查项目是比较完备的,在具体情况下,应该根据对象的特点,和调查的生产目的性确定重点调查项目,必要时可再增添其他项目。方法是为了解决实际问题的,应该根据情况,灵活应用,以能够解决问题为原则。至于上述调查项目的具体表格和详细方法,可以参考过去天然林林型调查和森林植物条件类型调查的方法,为了避免重复,不再说明。

外业工作和内业工作所得到的材料,还是比较原始的,需要进一步分析综合,使其系统化,然后才能表现出明显的科学规律性,并成为解决实际问题的工具。

材料分析的第一步工作是划分林型组、林型和栽培型。这一步工作是人工林林型研究的最基本工作,主要是在标准地调查时预先确定的基础上,根据对标准地总的评价和再次对比标准地材料来确定的。这一步工作之所以必要,是因为我们在研究工作中经常采用对比法来分析问题,而这种方法一般需要在其他条件比较一致的情况下进行。划分林型组、林型和栽培型就能在这方面给我们创造足够的条件。

第二步工作是分析林木的生态特性和林学特性。根据林型区和林型亚区材料的对比,可以找出林木对气候条件和大区地貌条件的关系。根据林型组、亚组和林型材料的对比,可以找出林木适于哪一种地貌类型、土壤类型和水分条件。根据栽培型材料的对比,可以找出不同森林植物条件下各种人为措施,例如整地方法,造林方法,立木配置,密度等与林木生长的关系。根据整个材料的综合,可以找出林木的一般生长发育趋势,并可以根据这种趋势划分出生长发育阶段,指出每个阶段的特点和要求。同时也应该说明不同森林植物条件和不同措施对于每个发育阶段的影响。

如果调查的对象中包括快速丰产林分,在划分林型组、林型、栽培型和分析林木生态特性和林学特性的同时,也就能够找到速生丰产的原因。

第三步工作是对每个栽培型加以评价,指出提高现有栽培型生产力的方法,并提出设计新栽培型的建议。在划分出林型组、林型和栽培型之后,我们已经知道了每个栽培型的生产力和所需要的投资,这样就可以根据现在的国家要求和经济条件对它们加以评价,指出它们的优缺点,并提出那些栽培型可以继续重复。对于如何提高现有栽培型的生产力,也应提出建议。

由于生产发展的需要,人们永远也不会满足于现有的栽培型,而必须不断地培育新的栽培型。一般说来,新栽培型最好在改进现有栽培型的基础上产生,就是说新栽培型常常是对现有比较好的栽培型加以改进,增加或改变某些措施,使其生产力更提高。无论是重复已有的栽培型,或是提出新栽培型,其设计项目和生产指标都应该尽量详尽,其中主要应该包括树种、林型组、林型、栽培型、对苗木的要求、整地方法、造林方法、株行距和密度、每年的抚育措施(包括间伐和耕作施肥制度)和每年(或以3年或2年为1龄期)的胸径生长、树高生长、单株和公顷材积增长以及所生产的木材的材种和材性的预测,最后附以设计根据。

关于材料的分析综合这一部分,也应根据目的不同,灵活运用,我们所提出的不过是比较一般的方法。

对于定位研究我们更没有经验,不过在实际工作中,我们深切地感到它的必要性,因为路线调查是短时期的,虽然工作面很广,能够收集很多材料,但材料多是一次观察的结果,不够全面,也不细致,有些材料则收集不到。定位研究就可以弥补这些缺点。根据我们的初步意见,定位观测的内容应该以解决现在生产上所存在的问题为主:一种是永久标准地的长年观测,项目可以包括土壤性质、微生物状况、水分状况、小气候、物候和测树因子等,以深刻了解自然条件和人为措施与树种生长的关系;一种是在分布最广的一些森林植物条件类型上进行培育快速丰产林的试验,即培育新栽培型的试验。这种试验根据需要可以包括不同土壤耕作制度和施肥制度、不同密度、不同抚育措施等处理,这些结果,应该应用林型学的方法加以分析。另外,定位工作也可以包括绘制林型图、森林土壤图和林业规划图等以及森林气象站和水文站的工作。

人工林林型的研究不但是一个新问题,而且也是一个非常复杂的问题,包括和牵涉的问题很多。我们仅就这次工作中所遇到的问题提出了一些粗浅的看法。实际上,还有很多其他问题需要在今后工作中继续深入研究、发现和解决。

参考文献

[1] В. Н. Сукачев 等(毕国昌译). 林型研究方法. 中国林业出版社,1958.
[2] П. С. Погребняк:Основы лесной типологии, АНУС,1955.
[3] 孙章鼎等. 湖南杉木林型调查初步报告. 湖南林业科学研究室研究报告,第一期,1958.

摘要

1. 由于国民经济的发展,人工林在森林效益、木材供应和林产品生产方面日益占居重要位置,因此提出了研究人工林林型的问题。

2. 人工林具有比天然林更为复杂、广泛和特殊的内容,它的特征主要决定于该森林地段的林木及其特性、森林植物条件和人为措施,因此,这3个要素也就是划分人工林林型的主要依据。其中,人为措施是人工林区别于天然林的主要特点。

3. 人工林林型研究是以总结培育森林的林业实践经验为基础,因此,可以使我们更深刻地认识森林生长发育的规律。同时人工林林型研究也具有明确的生产目的性。

4. 初步拟定的人工林林型分类系统为目的树种的林型区和亚区、林型组和亚组、林型、栽培型。栽培型是最小的和最基本的分类单位。

5. 研究人工林林型需要全面地调查林木特性(特别是测树学指标)、森林植物条件和人为措施。对于划分出来的林型和栽培型,应加以分析、综合、对比和评价,并以此为基础对实践当中存在的问题加以讨论和解决。

ПРЕДВАРИТЕЛЬНЫЕ СООБРАЖЕНИЯ ПО МЕТОДАМ ИЗУЧЕНИЯ ТИПОВ ИСКУССТВЕННЫХ ЛЕСОВ

ЛИ Чан-хуа и др.

(Резюме)

1. В связи с развитием народного хозяйства исхусственные леса с каждым днем занимают важное место в областях лесного зффекта, снабжения древесиной и производства продуктов леса. Исходя из зтого, перед нами поставдены проблемы исследования тнпов искусственных лесов.

2. У искусственного леса имеется еще более сложное, широкое и особое содержание, чем у естественного леса. Признаки его определяются главным сбразом е зависимости от древостоеа и их особенностей на участке зтих лесорастительных услозпй и лесохозяйственных мероприятий. В связи с

нем эти три фактора представляют собой главную основу по выделению типов искусственных лесов, в том числе лесохозяйственное мероприятие является основным элементом, стличающим искусственные от естественных лесоа.

3. Изучение типов исхусственных лесов основано на подведении опытов лесохозяйственной ирактики в лесокультуре. Это позволяет глубже знать закономерность роста и развитие леса. Наряду с этим изучение типоз искусственных лессв имеет четхую производстзенную целенаправленность.

4. Предварительно разработанная система классификачни типов искусственных лесов составляет типологические район н подрайон, группу и подгрупну, тип леса и культуры. Тип культуры является мельчайщей и последнейшей единицей классифнкацяей.

5. Для изучения типов искусственных лесов необходимо всестороннее, выясненне свойств древостоев (особенно показателей леснсй таксацик), лесорастительных условий и лесохозяйственных мероприятий. Выделенные типы леса и культурыдолжны быть подвержены анализу, обобщению, сразнению и оценке, на основе этого существующие вопросы з практике обсуждаются и решаются.

试论杉木快速丰产林的林型

湖南会同、贵州锦屏杉木人工林林型研究初报

李昌华,冯宗炜,黄家彬,郭孝仪,周崇莲,王战,朱济凡

(中国科学院林业土壤研究所)

摘要

1. 杉木是我国主要速生用材树种之一,现已发现很多快速丰产林分,林农也有丰富的培育经验。在学习和总结这些经验中,我们试用了林型学原理与方法。

2. 在调查地区,根据地貌、土壤和栽培措施(主要是抚育强度和密度)的不同,把杉木人工林划分为3个林型组、6个亚组、8个林型和13个栽培型。

3. 比较林型组、亚组、林型和栽培型的林木生长发育状况,可以看出,快速丰产的原因是综合的,是森林植物条件、树种的生物学特性和人为措施适当结合的结果。

4. 对于今后的造林,我们建议,除了选择良种壮苗,实行烧山全垦以外,应根据不同的林型,设计合理的密度和加强抚育。并根据已有调查材料,正确估计森林将来的生长发育状况。

杉木是我国主要速生用材树种之一,分布遍于南方各省,生长快、材质好、树干通直、用途广、水运方便,同时,栽培年代悠久,广大林农群众有着丰富的经验。1958年的全国林木快速丰产运动,就是由杉木带动起来的。

为了学习和总结杉木快速丰产经验,1959年年初,我所派出了一个包括造林、林型、森林土壤、森林病虫害、森林气象等各专业的工作小组,在会同、锦屏等地工作。在工作中尝试应用了林型学原理与方法。今后准备继续进行这项工作。这是一项新的工作,而又特别重要,特将初步结果发表。希望前辈专家和同志们多加批评指正。

1 划分人工林林型的主要原则

林型学是以森林分类为手段来研究森林生长发育规律的学科,是森林经营、经理、造林、森林保护以及其他林业学科和林业技术措施的基础。因此,我们认为,在总结杉木快速丰产经验的工作中,它也应该是一个基本方法,因为快速丰产也是林木生长发育规律的一种表现。不过,在这次工作中,我们总结的对象都是人工林,而人工林的林型研究,国内外资料都很少。因此,根据生产形势的要求,我们就在学习苏联先进林型理论和群众培育杉木的丰富经验的基础上,作了一次应用林型学方法探索杉木人工林快速丰产原因的初步尝试。

森林是一个统一体,这个统一体主要可以分为两方面:一方面是林木的总体;一方面是林木所处的森林植物条件。这两方面是密切相关的。因此,要想认识森林及其生长发育规律,就需要认识森林的这两方面和它们中间的相互关系。

但是,对于人工林来说,问题就更复杂一些。因为人们参加了培育森林的实践,对于

原载于:林业科学,1960,(3):240-248.

森林的生长发育规律有了一定程度的认识,并在这个基础上采用了一系列的人为措施。这些措施包括选择树种和森林植物条件,也包括在某种程度上改变森林植物条件和调节林木之间的关系。因此,人工林一般有比天然高得多的生产力和更为复杂的多样性。这样,人工林实际上就有三个要素,即林木的总体、森林植物条件和人为措施。要想认识人工林及其生长发育规律,就必须全面地认识这三个要素及其复杂的相互关系。只有这样,我们才可能利用其有利的一面,避免其有害的一面,并对于森林的生长发育,具有充分的科学预见。

在这次工作中,我们就是在总结林农经验的基础上,主要根据这三个要素进行杉木人工林的林型划分。初步拟定的分类共分四级,第一、二、三级是根据森林植物条件划分,第四级根据人为措施划分。第一级为森林植物区,主要是根据气候和大区地貌划分,称为林型区。区下再划分亚区。这一级主要是反映森林生长发育与大区气候之间的关系。第二级为林型组,主要根据地貌类型来划分。林型组下可再分亚组。地貌类型不但对于影响林木长发育的其他因素(母质、土壤、水文和小气候状况等)起着决定性的作用,而且对于经营措施(如抚育、整地、主伐等)的进行,也有很大影响。外貌也容易辨认。林型组主要是反映森林生长发育与地貌、母质、水文等条件的关系。第三级为林型,主要根据土壤条件划分。这一级主要反映森林生长发育与土壤条件的关系。第四级为栽培型,主要根据人为措施,如密度、抚育强度等划分。这一级主要反映在各种森林植物条件下不同措施与森林生长发育的关系。

在划分林型以后,我们就比较不同的林型组、林型和栽培型的森林生长发育状况,找出它们中间的关系,分析快速丰产的原因和提出改进森林培育措施的意见。

对于林型的名称:区和亚区以地名、山名或气候条件等命名;林型组以地貌名称命名;林型以土壤名称命名;栽培型以主要人为措施命名。

2 调查地区杉木人工林的主要林型

根据文献记载[8],我国杉木有三大地理区(林型区),即亚热带地理区,温带南部地理区和温带中部地理区。其中,杉木产地几乎全部集中于温带南部地理区。我们所调查的会同、锦屏两地,即属于本地理区的会同、锦屏亚区。这个亚区年雨量约为1300mm,4个月内可能有霜,年平均温度为16—17℃,年平均相对温度为31—83℃。在地貌方面,这个亚区属于云贵高原和江南丘陵的雪峰山脉的过渡地带,原山峻谷和丘陵地相间。常见的岩石是青灰色的页岩。在植被方面,属于常绿阔叶林区。在土壤方面,属于黄壤区。主要的土壤为山地黄壤,杉木多分布在这种土壤上。河谷中多水稻土。

这个亚区的自然条件是比较复杂的,并非到处都有杉木分布。杉木主要分布于沿小河及小溪的山地。这里相对高度超过50—100m,山高谷狭。杉木就分布在山坡上。比较开阔的地方和稍宽的河谷都作为农地或经济林地利用。我们所划分的林型,只限于海拔300—800m,更高的地方没有调查。

所调查的林分都是实生纯林,其中大部分是丰产林。造林措施大致相同,即苗1年生或2年生,砍山烧山后播种谷子1年,然后全垦整地,挖穴造林。抚育大多结合林粮间作,一般间作2—3年,作物主要是玉蜀黍和谷子,郁闭后大多不再管理。造林有三角形植树和方形植树。密度每市亩由70株至300株(每公顷1050—4500株)。一般是条件愈好愈稀,条件差者较密。调查的林分全是同龄林。从造林开始,林分密度既已基本确定。除有个别缺株外,不进行抚育采伐。林相都很整齐。

根据调查和访问,在调查地区,影响杉木生长发育的主要措施是密度和抚育强度(抚育在这里是指除草、松土、培土等,不包括抚育采伐)。其他措施比较一致。因此,我们就按这两个措施的不同来划分栽培型。抚育强度分为3种:弱抚育为管理不良,杉木发育不正常者;中抚育为结合林粮间作:2—3年,基本郁闭后即不再管理者;强抚育为林粮间作细致,注意作物施肥,基本郁闭后尚进行松土除草数年者。密度也分为3种,即高密度、中密度和低密度,高、低、中系指相对而言。其标准因林型组而不同(表1)。

表1 不同林型组的密度标准

林型组	高密度 株/市亩	高密度 株/hm²	中密度 株/市亩	中密度 株/hm²	低密度 株/市亩	低密度 株/hm²
山洼林型组	160—180	2400—2700	110—130	1650—1950	60—80	900—1200
山坡林型组	200—260	3300—3900	140—190	2250—2850	80—130	1200—1800
山脊林型组	250—290	3750—4350	180—220	2700—3300	110—150	1650—2250

在这个亚区中,划分出来的林型组、林型和栽培型及其杉木生长发育状况如表2。

2.1 山脊林型组

位于山顶或山脊上,山顶坡度不大,山脊狭而平坦。这里风速较大、蒸发较大、湿度较小、光照最多。山顶和山脊是典型的剥蚀区;因此有一定的侵蚀表现。母质为残积物。一般土层比较浅薄,质地较粘重,结构不良。排水良好,土壤保水性差,来水很少,水分条件不良。这个林型组面积较小,只划分出一个亚组,一个林型。

(1)山脊厚层红色粘土杉木林

地面有10°左右的坡度。土壤为浅棕红色,粘土。耕作层10cm左右,核状结构。向下为心土层,深度1m左右,大核状结构,混有少量松软的页岩块。土壤的特点是耕作层薄,腐殖质含量少,结构不良,质地粘重。只划分出一个栽培型。

2.2 山坡林型组

位于山坡上。坡度一般在20—40°之间,也有更缓或更陡的地方。包括各种坡向。这里风速中等、蒸发中等、湿度中等、光照较多(上方光及侧方光)。山坡为剥蚀区或半剥蚀区,有一定的冲刷表现。母质是坡积-残积物或残积-坡积物,土层厚度中等。排水良好,土壤保水性中等,由分水岭或山坡上部有一定的来水,因此水分条件是中等的。这个林型组面积很大。根据坡度的不同,划分为3个亚组。

2.2.1 陡坡亚组

坡度相当陡峻,35°至45°或更大。常位于山坡上部。为明显的剥蚀区,在土层翻动之后,侵蚀现象相当明显。母质多是坡积-残积物。水分条件是山坡林型组中较差的。这个亚组只划分出一个林型。

(1)陡坡厚层轻粘土杉木林

土层厚度1m左右,红色或棕色,不含石块至含中量石块。表土10cm左右,含少量腐殖质,较疏松,带核状的团粒结构。10cm以下为心土层粘土,核状结构。土壤特点是表层薄、比较贫瘠,保水性不良。只划分一个栽培型。

表2 杉木人工林林型组、林型和栽培型简表

林型组	林型亚组	林型	栽培型	林龄(a)	株行距(m)	密度 每市亩株数	密度 每公顷株数	树高(m) 最高	树高(m) 最低	树高(m) 平均	胸径(cm) 最大	胸径(cm) 最小	胸径(cm) 平均	蓄积(m³) 每市亩	蓄积(m³) 每公顷	郁闭度	地位级*	快速丰产类型**	备注
山脊林型组	—	厚层红色粘土杉木林	中密度中抚育型	19	1.75×1.8	220	3300	11.0	3.8	9.1	16.0	4.0	9.5	8.5	127.7	0.6	Ⅱ	—	
山坡林型组	陡坡亚组	厚层轻粘土杉木林	高密度中抚育型	19	1.4×1.8	260	3900	13.6	3.0	11.4	18.0	4.0	9.5	10.6	158.7	0.8	Ⅱ	—	
			高密度中抚育型	17	1.6×1.8	230	3450	13.1	3.9	9.4	18.0	4.0	9.8	10.0	150.0	0.7	Ⅰ	—	
	中坡亚组	厚层轻粘土杉木林	高密度强抚育型	7	1.5×1.7	260	3900	7.1	4.7	6.0	10.0	4.0	7.1	3.6	54.0	1.0	Ⅰ_B	快速林	会同疏溪口良友冲
			低密度强抚育型	9	2.6×2.8	90	1350	13.5	9.5	11.8	22.0	10.0	16.0	11.7	175.5	0.9	Ⅰ_B	快速林	锦屏陆宗吉8年杉
	山脚亚组	厚层粘土杉木林	中密度中抚育型	17	2.1×2.2	140	2100	20.5	10.7	16.6	22.0	8.0	15.2	21.0	315.0	0.7	I_6–Ⅰ_B	—	
	较陡山洼亚组	粘壤土杉木林	高密度中抚育型	19	1.9×2.0	170	2550	21.5	5.0	17.0	22.0	4.0	14.2	23.3	350.0	0.9	Ⅰ_6	—	会同疏溪口大杉17杉
			中密度中抚育型	33	2.2×2.4	125	1875	29.5	9.0	21.2	42.0	6.0	19.9	40.1	601.5	0.8	Ⅰ_6	丰产林	会同洞头32杉
			低密度强抚育型	19	3.0×3.2	70	1050	19.5	7.0	16.7	34.0	8.0	23.3	24.9	373.5	0.7	Ⅰ_B	快速林	锦屏龙更陆宗吉17杉
山洼林型组		多腐殖质粘壤土杉木林	中密度中抚育型	19	2.1×2.6	120	1800	22.2	11.0	20.0	32.0	10.0	19.0	32.2	483.0	0.7	Ⅰ_B	快速丰产林	锦屏岭镑坡17杉
	平缓山洼亚组	棕色粘色粘壤土杉木林	高密度中抚育型	10	1.8×2.0	190	2850	15.5	—	13.0	19.0	6.0	12.4	17.0	255.0	1.0	Ⅰ_B	快速丰产林	会同吉朗细草湾8年杉,已受害
			中密度中抚育型	17	2.3×2.3	125	1875	22.0	—	20.0	25.0	—	16.7	29.0	435.0	0.9	Ⅰ_B	未定	会同吉朗邓家山
		多腐殖质粘壤土杉木林	中密度中抚育型	7	2.2×2.3	130	1950	19.0	5.0	14.0	22.0	6.0	12.5	11.5	172.5	1.0	Ⅰ_B	未定	会同吉朗饭冲6年杉

* 根据林业部林业科学研究所林研究报告1955年营林部分杉木人工林(实生)生过程及立木材积表查出;

** 根据1958年全国林木场现场会议,秘书处标准:快速丰产林,每市亩年平均材积生长量在2m³以上,林龄30年以下,生成成材较快;丰产林,林龄30年以上,蓄积每市亩50m³以上

· 132 ·

2.2.2 中坡亚组

坡度中等,在20°—35°之间。常位于山坡中部。土壤侵蚀不很明显,土层稍厚。水分条件在山坡林型组中是中等的。这个亚组划分出一个林型。

(1) 中坡厚层轻粘土杉木林

土层厚度大于2m,重粘壤土或粘土,不含石块至含中量石块。表层20cm左右,棕色,团粒结构,疏松,含少量腐殖质。下层为心土层,红色,核状结构,较粘紧。土壤特点是表层稍厚,物理和水分条件较好。共划分出3个栽培型。

2.2.3 山脚亚组

坡度平缓,在10°—20°之间。常位于山坡的最下部。几乎完全没有土壤侵蚀。土壤一般是在残积-坡积母质上发育的,土层较厚。水分条件是这个林型组中较好的。划分也一个林型。

(1) 山脚厚层粘壤土杉木林

土壤厚度大于1—2m,粘壤土,有时下部为粘土,含少量石块或不含石块。表层20cm左右,团粒结构,疏松。向下为心土层,棕色或红棕色,比较疏松。划分出一个栽培型。

2.3 山洼林型组

山洼为山坡下部的洼处,相当于小谷地的上游,两侧较高,中间低下。沿山洼中线有一定的坡度(10—30°之间)。这里风速小、蒸发小、湿度较大、光照时间较短,并主要是上方光(有利于树高生长)。山洼是半剥蚀半堆积区,一般不受侵蚀影响。母质是坡积物,土层深厚。由于有一定的坡度,排水良好,山坡上也有经常的来水,故水分充足。这个林型组根据山洼坡度的不同,再划分为两个亚组。

2.3.1 较陡山洼亚组

山洼中线的坡度在15—30°之间。一般沿中线有较明显的小阶状地形。由于坡度较大,虽排水良好,但水分条件不如另一亚组。土壤中常含有石块。划分出两个林型。

(1) 较陡山洼粘壤土杉木林

土层厚度在2m以上,棕色。表土20—30cm灰棕色,含中量腐殖质,良好之团粒结构。向下为心土层,除含腐殖质较少外,物理性质还很良好、并常有含腐殖质多的间层。土壤的特点是土层上下物理性质都很好。共划分出3个栽培型。

(2) 较陡山洼多腐殖质粘壤土杉木林

土壤条件和前一林型基本相同,只是表层更厚(40cm左右),并含多量腐殖质。划分出一个栽培型。

2.3.2 平缓山洼亚组

山洼中线的坡度为5—15°。本身缺乏阶状小地形。由于以阶状与开阔小溪谷相接,故有较好的排水条件。土壤中常不含石块。水分条件良好。划分出两个林型。

(1) 平缓山洼棕色粘壤土杉木林

土层厚度2m以上。表层20cm左右,含少至中量腐殖质,棕色,团粒结构,疏松。20cm以下性质与表层大致相同。有时有腐殖质间层。土壤特点是土层上下物理性质都很良好,划分出两个栽培型。

(2) 平缓山洼多腐殖质粘壤土杉木林

土壤条件与前一林型基本相同,只表层更厚(30cm 左右),并含多量腐殖质。划分出一个栽培型。

各林型下土壤的分析结果如表3。

表3 各林型的土壤分析结果

林型组	林型亚组	林型	采样深度(cm)	pH H_2O	pH KCl	腐殖质(%)	全氮(N%)
山脊林型组	—	厚层红色粘土杉木林(土号13)	5—13 16—26 60—70	4.5 5.1 4.9	3.8 4.0 4.5	1.72 0.45 0.16	0.160 0.074 —
山坡林型组	陡坡亚组	厚层轻粘土杉木林(土号2)	6—16 30—40 70—80	4.8 4.7 4.8	4.2 4.3 4.3	2.72 1.22 0.29	0.142 0.219 0.073
	中坡亚组	厚层轻粘土杉木林(土号6)	0—10 20—30 60—70	4.9 4.9 5.2	4.3 4.3 4.1	2.04 1.41 0.63	0.199 0.156 0.054
	山脚亚组	厚层粘壤土杉木林(土号8)	10—20 30—40 60—70	4.8 4.7 5.1	4.3 4.2 4.3	3.07 2.16 0.86	0.279 0.226 0.120
山洼林型组	较陡山洼亚组	粘壤土杉木林(土号1)	10—20 28—38 60—70	6.1 5.9 5.0	5.7 5.5 4.2	2.44 1.09 0.16	0.181 0.253 0.095
		多腐殖质粘壤土杉木林(土号28)	5—15 25—35 60—70	— — —	— — —	4.85 2.47 1.27	— — —
	平缓山洼亚组	棕色粘壤土杉木林(土号19)	0—4 30—40 50—60	4.7 4.8 4.9	4.1 4.2 4.4	2.60 2.02 2.30	0.257 0.105 0.042
		多腐殖质粘壤土杉木林(土号18)	10—20 30—40 50—60	4.5 4.6 4.6	4.1 4.2 4.0	5.90 3.20 2.72	0.426 0.314 0.250

3 快速丰产原因的分析

从前面的林型描述及表2中可以看出,属于不同林型组和林型的各栽培型,林木的生产力相差很大,而且生长发育各有特点。同时也可以看出,快速丰产的出现,是非常有规律的,它们都属于特定的林型组、林型和栽培型,并且各自具备自己的丰产特点。这一事实充分说明,速生丰产的原因是综合的,是森林植物条件、人为措施和林木特性在一定的经济条件下适当结合的结果。这种适当的结合,是由于广大林农在长期的杉木栽培实践中积累了丰富经验的结果。

但是,这并不是说,在快速丰产中各种因素不具备自己特殊的作用。相反的,我们正需要分析这种作用,以便进一步了解杉木快速丰产的规律。同时,这也是划分林型的主要目的之一。不过这种分析不应孤立地,而应该在综合的基础上进行我们先来讨论森林植物条件的作用。在人为措施大致相同的条件下,比较各林型组杉木的生长,可以看出由于林型组不同所造成的杉木生长差异。

表4 不同林型组杉木生长状况的比较

林型组	亚组和林型	栽培型	林龄(a)	每公顷株数	平均树高(m)	平均胸径(cm)	蓄积(m³/hm²)
山脊林型组	厚层红色粘土杉木林	中密度中抚育型	19	3300	9.1	9.5	127.7
山坡林型组	山脚厚层粘壤土杉木林	中密度中抚育型	17	2100	16.6	15.2	315.0
山洼林型组	平缓山洼棕色粘壤土杉木林	中密度中抚育型	17	1875	20.0	16.7	435.0

由表4中可以看出,在都是中密度中抚育栽培型和其他措施大致相同的条件下,在大致同年龄时,各林型组的杉木,不论在树高、胸径或蓄积方面,差异都非常明显。其中山洼组生长最好,山坡组次之,山脊组最差。

3个林型组林木的生长过程差异也很明显。以对于生长状况较有代表意义的树高为例,如图1所示。山脊组生长的高峰时间大致由第4年至第7年左右,幅度较小,7年以后,生长显著减慢。山坡组生长的高峰时间,一般由第4年至第9—12年,随着坡度向缓坡的过渡,年限逐渐加长,幅度逐渐增大。山洼组生长的高峰时间可以由第4年一直延续到第15年以后,生长幅度较大,在这以后,生长逐渐减慢。

由于这种原因,在目前,绝大多数快速林、丰产林和快速丰产林都出现于山洼组。山坡组只有极个别的快速林(主要是由于加强人为措施)。山脊组则完全没有发现任何快速林或丰产林。

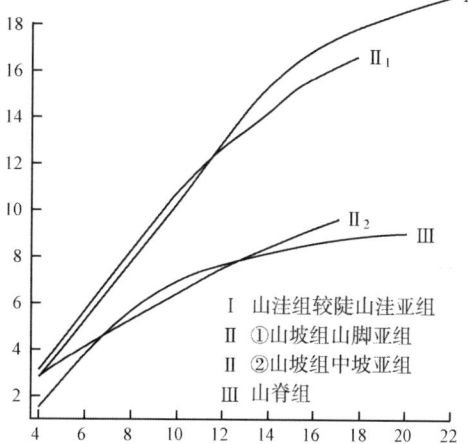

图1 在栽培措施大致相同的条件下(中密度中抚育)各林型组杉木树高生长曲线的比较

I 山洼组较陡山洼亚组
II ①山坡组山脚亚组
II ②山坡组中坡亚组
III 山脊组

对于林型亚组来说,情况也是如此。例如,如果根据树干解析材料在抚育强度、密度和林龄大致相同的情况下,比较山坡林型组的3个亚组(表5),就可以看出,由于各亚组的森林植物条件不同,杉木生长的差异很大:山脚最好、中坡次之、陡坡最差。

表5 山坡林型组各亚组杉木生长状况的比较

林型组	林型	栽培型	林龄(a)	每公顷株数	平均树高(m)	平均胸径(cm)	蓄积(m³/hm²)
陡坡亚组	厚层轻粘土杉木林	高密度中抚育型	16	3900	7.9	8.5	104.6
中坡亚组	厚层轻粘土杉木林	高密度中抚育型	16	3450	9.4	8.8	113.6
山脚亚组	厚层粘壤土杉木林	中密度中抚育型	16	2100	16.0	13.1	236.1

山洼组中较陡山洼和平缓山洼两个亚组的比较也可以说明这一点。同是中密度中抚育栽培型,平缓山洼棕色粘壤土杉木林17年带皮材积为435m³,而较陡山洼粘壤土杉木材20年去皮材积只有307m³。

不同林型杉木生长状况的比较,可以说明土壤与杉木生长的关系。例如,在相同的措施条件下,山洼林型组较陡山洼亚组的多腐殖质粘壤土杉木林较之粘壤土杉木林有更高的生产力。在林龄19年时,属于不同林型的两个中密度中抚育栽培型每公顷蓄积相差可达100m³以上。

其次,我们来讨论人为措施的意义,其中主要是讨论密度和抚育强度的意义。在同一林型中,比较不同栽培型的杉木生长状况,就可以了解在一定的森林植物条件下,不同密度和抚育强度与杉木生长的关系。例如,根据树干解析材料,在大致相同的林龄时,比较山坡林型组中坡厚层轻粘土杉木林的3个栽培型(表6),就可以看出,抚育的效果非常明显:两个强抚育型的平均树高和平均胸径都较中抚育型为大,蓄积也大得多。其次,密度的影响也很明显,虽然强抚育型的两种密度所得蓄积大致相同,但一个平均树高和胸径小,一个则较大,特别是胸径,相差非常明显。

表6 中坡厚层,轻粘土杉木林型各栽培型生长状况的比较

栽培型	林龄(a)	每公顷株数	平均树高(m)	平均胸径(cm)	蓄积(m³/hm²)
高密度中抚育型	8	3450	5.4	6.3(去皮)	27.9(去皮)
高密度强抚育型	7	3900	6.0	7.1	54.0
低密度强抚育型	7	1350	8.3	10.8(去皮)	60.0(去皮)

同样,如果根据树干解析材料,在林龄大致相同的情况下,比较山洼组较陡山洼亚组粘壤土杉木林的3个栽培型(表7),就可以看出,3个密度不同的栽培型,树高和蓄积大致相同,但平均胸径差异很大。径级分布状况也不相同:中密度径级均匀,高密度分化较烈。同时,也可以看出,为了得到相同的材积,低密度需强抚育,而其他两种密度只需中抚育。

表7 较陡山洼粘壤土杉木林型各栽培型生长状况的比较

栽培型	林龄(a)	每公顷株数	平均树高(m)	平均胸径(cm)	蓄积(m³/hm²)
高密度中抚育型	19	2550	17.0	14.2	350.0
中密度中抚育型	20	1875	18.6	16.2(去皮)	306.9(去皮)
低密度强抚育型	19	1050	16.7	23.3	373.5

由山洼组平缓山洼亚组棕色粘壤土杉木林的两个栽培型(高密度中抚育型,中密度中抚育型)的比较中可以看出,两者虽然生产力都很高,但前者由于密度过大,已经遭受雪折。因此,显然后者较好。

上述比较都说明,在调查地区,在其他措施大致相同的条件下,一般密度是中密度较好,抚育是强抚育最能促进杉木生长。

4 关于今后造林设计的一些初步意见

大家知道,森林的生长发育是有规律的。因此,前面所划分出来的栽培型,只要森林植物条件、树种和人为措施相同,都可以重复出现,不再讨论。但是,不能满足于现状,由于社会主义建设的需要,目前必须根据总结出来的经验和规律,改进现有栽培型,设计新栽培型。

在这里,不涉及试验林的设计,因为这个问题特殊而复杂。在这里只讨论最一般的大面积丰产林,即主要是在现有丰产林的一些措施的基础上,加以改进,投资和劳力增加不多,但木材产量更高的丰产林。在讨论这些丰产林的设计时,不仅考虑如何得到量大

质高的木材,而且也考虑到当时当地的经济条件。

完整的造林设计除了包括选地和各项造林措施以外,应该对于森林的整个生长发育过程作出正确的估计。因为只有这样,才能使林业生产建立在严格有计划和非常稳固的基础上,并避免错误和失败。因此,森林生长发育规律,即森林植物条件、人为措施和林木生长发育之间的关系的认识,是正确进行造林设计的基础。也就是说,上述林型研究和快速丰产原因的分析,是我们讨论造林设计的基础。

在目前的经济条件下,一般说来,虽然我们对于地貌、土壤等条件暂时还难以作很大的改变,但是,我们可以深入地认识它们对林木生长的意义,并根据不同条件应用不同的人为措施。从前面快速丰产原因分析中,可以看出,山脊组杉木生长不良,因此最好尽量避免种植杉木,更换以其他适宜树种。在人为措施方面,除良种壮苗、烧山全垦在各种条件下都大致一致外,就密度来说,除陡坡亚组,中密度最适宜。在抚育强度方面,强抚育效果都最好,并切实可行。因此,建议抚育全设计为强抚育,陡坡亚组为高密度,其余设计为中密度。表8就是根据这些意见所设计的几个新栽培型。其中林分的生长指标是根据现有栽培型的树干解析材料,并在估计到加强抚育或调整密度的效果的基础上确定的。

当然,上述对于目前造林设计的意见主要是在现有快速丰产林的基础上提出的,而且研究很不深入,因此只能作为参考。实际上,随着社会主义的发展,将不断要求设计经营强度更高的栽培型,例如密度更大并进行间伐的栽培型(当地现在尚无间伐习惯)、混交的栽培型、措施更加多样化(包括灌水、施肥等)的栽培型等。同时也要求建立相应的合理经营方式(包括确定合理的轮伐期等)。但是,这些对当地来说都还缺乏经验,因此需要进行广泛的试验,以便为将来设计新栽培型打下理论和实践基础。

主要参考文献

[1] В. Н. Сукачев,等. 林型研究方法. 毕国昌译. 中国林业出版社,1958.
[2] П. С. 波格来勃涅克. 林型学原理. 赵兴梁译. 科学出版社,1959.
[3] А. Л. Бельгарл. Руководящие иринципы типологии естественных и искусственных лесов степной зоны УССР, Массивное лесоразведение и выращивание посадочного материала, Киев,1952.
[4] Д. В. Воробьев. Методика лесотипологических исследовании, харьков,1959.
[5] 林业部. 绿化祖国的高潮(4). 中国林业出版社,1958.
[6] 会同县林处局. 跃进中的会同林业. 第一、二辑,1958.
[7] 阳含熙. 杉木生态特性研究. 林业科学研究所中国林业出版社,1958.
[8] 阳含熙,等. 杉木造林. 中国林业出版社,1958.
[9] 乐天宇,等. 桂、黔、湘邻境杉木品种生态型——选种原始材料初步研究. 林业科学研究所研究报告,1958.
[10] 林业部造林局. 造林技术参考资料,第二辑. 中国林业出版社,1955.

表 8 杉木大面积丰产新栽培型的设计简表

林型组及林型亚组	林型	栽培型	主要栽培措施	材种	林分的生长指标							设计根据
					林龄*	平均胸径（cm）		平均树高（m）		平均单株材积**（m³）	蓄积（m³）		
						胸径	生长量	树高	生长量		每市亩	每公顷	
山洼林型组 软陂山山洼亚组	粘壤土杉木林	中密度（每市亩130株，每公顷1950株）强抚育	1. 油杉或芒杉，苗高7—8市寸，根系发达，1年生。 2. 烧山，全垦造林，穴寸；挖穴造林，穴深1尺，直径1尺，三角形植树，造林后打护苗牌。 3. 造林后3年，同种作2年或3年，以后作物不应过密，注意物施肥，每年松土除草3次，每年3—6年，每年除草2次；6—10年，每年重除草一次，以后两年除一次；第3年以后，将地面成阶梯状	中径级	5 8 11 13 15	7.0 12.4 16.6 18.6 20.2	— 1.8 1.4 1.0 0.8	6.2 11.0 15.2 18.0 19.8	— 1.6 1.4 1.4 0.9	— 0.0136 0.0672 0.1547 0.2210 0.2952	1.77 8.74 20.11 28.73 38.38	26.5 131.1 301.7 431.0 575.7	本林型组本林型的中密度中抚育栽培型
山坡林型组 中坡亚组	厚层粘壤土杉木林	中密度（每市亩140株，每公顷2100株）强抚育		中径级	5 8 11 13 15	6.0 10.8 14.1 15.7 16.9	— 1.6 1.1 0.8 0.6	5.8 10.0 13.6 15.6 17.2	— 1.4 1.2 1.0 0.8	0.0107 0.0439 0.1126 0.1609 0.1944	1.50 6.02 15.76 22.53 27.22	22.5 90.3 236.4 338.0 408.3	本林型组本林型的中密度中抚育栽培型
	厚层轻粘土杉木林	中密度（每市亩160株，每公顷2400株）强抚育		小径级	5 8 11 13 15	5.0 9.2 12.8 14.2 15.2	— 1.4 1.2 0.7 0.5	5.2 8.8 12.1 13.7 14.9	— 1.2 1.1 0.8 0.6	0.0097 0.0371 0.0748 0.1126 0.1376	1.55 5.94 11.97 18.02 22.02	23.3 89.1 179.6 270.3 330.3	本林型组本林型的低密度高抚育型和高密度强抚育型
山坡林型组 陡坡亚组	厚层轻粘土杉木林	高密度（每市亩250株，每公顷3750株）强抚育		小径级	5 8 11 13 15	3.2 7.1 9.2 10.2 11.0	— 1.3 0.7 0.5 0.4	3.2 5.6 7.7 8.7 9.5	— 0.8 0.7 0.5 0.4	0.0137 0.0292 0.0371 0.0517	3.43 7.31 9.28 12.93	51.5 109.7 139.2 194.0	本林型组本林型的高密度中抚育栽培型

* 林龄由苗期开始；
** 材积按湖南杉木临时立木材积表计算

在林业经营中挖掘增产粮食和油料的潜力

郑万钧,朱济凡,冯宗炜

大办农业是全党全民的光荣任务。我们林业科学工作者也必须千方百计为增产粮食服务。除了充分发挥森林防护作用、减免自然灾害、促进农田丰收以外,必须从林业本身,挖掘增产粮食和油料的潜力。

向木本植物要粮要油

林业本身有着增产粮食的巨大潜力。根据近年来各地植物资源调查的结果,含有大量淀粉的木本粮食植物,像板栗、麻栎、甜槠、木薯等约有 200 余种;可产食油的木本油料植物,像核桃、油茶、榛子、香榧等约有 150 余种,而且遍布全国。其中板栗、核桃、油茶等已有 2000 年左右的栽培历史。板栗北起辽东半岛,南达两广,东自江、浙沿海地区,西至云、贵高原,均有分布。核桃(包括核桃楸)向有"亚洲大陆树种"之称,除长江中、下游和岭南一带少见外,全国到处都有栽培。油茶在南方 12 个省区早已大量栽培,现在正在积极向北引种。广大群众在这些树种的栽培管理上,积累了极为丰富的经验,培育了不少优良品种,创造了很多高额丰产纪录。

在一般人的印象中,以为经营这些树种的收益不如种庄稼来得快。其实,并不如此。在河南信阳一带,用野生茅栗嫁接板栗,3、5 年后就开始结实。陕西扶风一带和新疆南部的"隔年核桃",2 年生就开花结实,而且年产量比一般核桃高,在盛果期每棵结实可达 1000 个以上。湖南永兴马田公社枣子大队的油茶丰产林平均每亩产油量高达 40 多斤。由此可见,只要我们摸清树种习性,掌握它的生长发育规律,充分发挥人的主观能动作用,就能变慢生为快生。提早结果,年年丰产。

林粮间作好处多

木本粮食和木本油料植物,还有许多特点:第一,寿命长;第二,对病虫害和灾害性气候的抵抗力比较强,在一般情况,容易做到旱涝保收;第三,管理简单,花工少;第四,不占好地、平地和耕地。可见发展木本粮食和木本油料作物的生产,是很有必要来大力提倡的。

除了发展木本粮食和木本油料生产,直接向树木要粮要油外,在营林事业中,还可以利用一般树木初期生长比较慢的特点,大搞林粮间作。林粮间作是我国广大劳动人民智慧的结晶,是掌握了作物与林木在生长发育上的矛盾统一的一项创造。汉朝的《氾胜之书》中,就记载有桑树与黍间作的经验。《齐民要求》等农书还指出,在植树的同时间作农作物,有促进林木高生长之效。我国南方林区人民群众,世世代代靠山、吃山、养山,有林粮间作的习惯。公社化之后,在大面积的造林运动中,林粮间作的形式更加多样。湖南省会同县群众根据杉木幼期要求适当庇荫和需肥不多的特点,采用不同习性和成熟期的高秆作物(玉米)和低茎作物(黄豆、花生)与杉木套种,收效很好。湖南衡山群众在培育

原载于:中国林业,1961,(6):31-32.

油茶中,根据土质、树龄、光照等条件的差别,选择不同的粮食作物、油料作物、经济作物进行间作,创造了"茶山八间作"的成套复种轮作经验。全国林业生产红旗单位湖南会同县金龙山林场,1958年7400亩杉木幼林地实行大面积的林粮间作,不仅使林木的高生长比一般大1倍到2倍,而且获得平均亩产100斤的杂粮。湖南全省49个山区县由于大力推广林粮间作,增产了粮食。

我们在总结群众营林经验时发现,凡是林粮间作搞得好的地方,林木也生长得旺盛。贵州锦屏国营三江林场,把在相同土地条件和相同造林技术条件下的2块6年生杉木人工幼林(包括1年苗龄在内)作比较,实行林粮间作的1块,平均树高4.5m平均胸径6.3cm;而未间作的1块,平均树高仅2.8m,平均胸径仅3.1cm(1960年7月中旬调查)。根据湖南衡山新阳林场油茶科学研究所的调查资料,林粮间作的油茶林里,春梢平均有30cm长,没有间作而只进行垦复中耕的油茶林里,春梢平均只有17cm长。1959年本来是当地油茶结实的小年,但是由于实行林粮间作,小年变成了大年。这样的实例还有很多。这些事实决不是偶然的。中国科学院林业土壤研究所会同工作站在疏溪口杉木林区定位研究的资料说明:林粮间作可使夏季温度减低、湿度增大、光照强度减弱,这就为需要适当庇荫和良好水分状况的幼杉,创造了有利于生长发育的小气候条件。又林粮间作可使林木根际土壤微生物总数增加。土壤微生物的固氮作用和氨化作用,在林粮间作的林地都比未间作的强。同时,林粮间作的林地还出现未间作时所没有的几种氨基酸如缬氨酸、丙氨酸、壳氨酸、酪氨酸等。这又说明林粮间作使土壤微生物数量、组成和生化活性物质上都有所增进,从而为林木生长创造了良好的土壤条件。此外林粮间作所遗留下的茎秆枝叶可以增加土壤中有机物质的含量,加速土壤营养物质的循环;林粮间作还使林木受到农作物的帮助而有良好的干形。

发展山区生产的一条途径

大搞木本粮食和木本油料生产,积极扩大林粮间作面积,不仅直接支援农业,同时也是发展山区生产的一条重要途径,有利于解决农业与林业之间的矛盾,特别是反映在下列几个主要方面:(1)解决林业生产与农业生产争地的矛盾。山区耕地面积本来不多,发展农业生产只有上山。而山地多半是林业用地,应该用来生产木材或其他林产品,同时还起着水土保持、调节气候、保障农业生产的作用。历史经验证明,单纯地毁林开垦,对农业生产与林业生产都是不利的;但如停垦还林,也不是积极的办法。而在林业用地上开展木本粮食和木本油料的生产,实行林粮间作,既可以发展林业,又起着增产粮食、油料,扩大耕地面积的作用。(2)解决林业生产与农业生产争劳力的矛盾。(3)解决目前利益与长远利益的矛盾。农业生产是当年播种当年有收益,而林业生产则要几年甚至几十年后才能有收益。大搞木本粮食和木本油料,扩大林粮间作,就能做到既有粮、油,又有木材,相互衔接,收益不断,把目前利益和长远利益的矛盾统一起来,收到共同促进的效果。此外,农、林之间在生产季节和资金周转等方面的矛盾也随着上述各种矛盾的统一,能够迎刃而解。

给林业科学开拓了新的领域

大搞木本粮食、木本油料和林粮间作,以农促林,以林保农,也给林业科学指出了新的方向,开辟了更宽广的领域。首先可以大大地丰富对造林树种的研究。在我国丰富的木本植物资源中,要大力发展可以提供粮食、油料和其他重要生活物质的树种,进行一系列的调查研究和栽培试验。其次,在大搞木本粮食、木本油料的形势推动下,树木选种和良种繁育的研究必将迅速发展,创造出更多的适应性广,抵抗力强,能够速生丰产的,既能提从粮食、油料,又可产出优良用材的品种和类型。第三,林粮间作对营林技术和理论提出了新的要求。林粮间作既不同于一般单纯造林,又不同于一般种庄稼。在同一块土地上,既有多年生的林木,也有1年生的农作物,要确保这两个性质不同的群体,都能够顺利地生长发育,而且达到双丰收,必须因地制宜地找出合理的群体结构。第四,对水土保持工作也提出了新的课题。林粮间作必须作好耕垦工作。在我国南方山陡雨大的条件下,如果耕垦不合理,就容易造成水土流失,不但使林地土壤肥力衰退,而且给下游人民的生产和生活以严重威胁。如何解决这种矛盾,我国群众已经在生产实践中积累了很丰富的经验。现在需要把群众中的这些经验,加以科学的总结和提高,制订出因地制宜的耕垦方法和水土保持措施。第五,促进营林工作的技术革新。大搞木本粮食,木本油科和林粮间作,比之一般用材林的经营,要求更高的技术措施。在技术革命和技术革新的洪流中,群众创造了不少畜力开山犁、中耕器、播种器、自动喷雾器、喷粉器等半机械化的营林工具。这方面创造今后必将日益丰富和提高,必将促使林业机械化的科学研究工作迅速地发展起来。

坚决贯彻"以粮为纲"的方针,树立千方百计为农业服务,以农促林,以林保农的思想,为林业科学增加了无穷无尽的生命力,同时也必将推动其他边缘学科如森林土壤学、森林气象学、森林土壤微生物学、树木生理学等学科的迅速发展。在党的正确领导下,我们一定能够为我国林业科学的发展开辟一条崭新的道路。

(原载"光明日报",本刊略有改动)

关于西双版纳发展橡胶垦殖事业与保护热带森林问题*

朱济凡,冯宗炜

(1962年7月)

(一)

云南省西双版纳地区处于北回归线以南,是我国大陆上仅有的一块热带资源宝地,近年来,经中国科学院云南热带生物资源考察队的调查,证明本区有发展橡胶的得天独厚的自然条件,比海南岛更为优越。具体表现在:①基本上不受寒潮影响,无台风侵袭;②热量、水分能满足橡胶树正常生长的需要,有效性高;③土壤肥力条件优越,潜力大。这些特点,除了受地理因素影响外,还与生物因素特别是与浓密茂盛的热带森林的影响不可分割。自1956年农垦系统开始建立国营农场,发展橡胶以来,植胶面积逐年扩大,割胶株数也日益增多。这是极为可喜的事。但是,另一方面不能不提到,由于种植橡胶时期,对经营橡胶缺乏经验,对于热带作物与热带森林之间的相辅相成关系认识不足,对于林地、农地和植胶地缺乏全面的规划设计,尤其是这几年来,盲目追求定植高指标(现已改变),加上农场基本农田少,在以场为单位要求粮食自给的前提下,大部分农场不得不上山开荒,刀耕火种。这样砍得多、造得少,森林覆盖已经失去平衡,加上毁林开荒,乱砍乱伐,其破坏性更为严重,主要表现在:

(1)水土流失的发展 西双版纳地区干季雨季明显,干季雨水少,雨季降水多,且降水强度大,因此,森林的蓄水保土作用更显得重要。当地傣族群众一向爱森林,薪炭用材是在寨子田园培植铁刀木来解决。这几年来,毁林开荒把靠近坝地和居民点的水源林也破坏了,致使不少河流流量减少,原来常流水的河变成了季节性河。据景洪县广龙农场王德寿场长介绍,景洪农场附近有一条河,原来流量为1流量,常年流水,而现在变干了。流沙河过去在雨季总是满槽,现在水量只能达到60%—70%,过去最低流量不低于0.5个流量,但1962年3—4月间连发电也成了问题,据勐腊县李书记介绍,勐腊农场七、八生产队毁林开荒破坏森林严重,坝区群众极为不满,有的地区已经影响到人民生活用水和水田的灌溉,致使有4个寨子(马龙代、马龙叫、蛮霁、蛮东)竟提出要搬家。毁林开荒后,地面裸露,土壤流失逐年加剧,据广龙农场反映,坡地开垦后,如不作梯田,每年平均要冲走4—5cm土层,2年以后最肥沃的表土被全部冲走。这样,原来的一等橡胶宜林地过2年后就变成了二等宜林地,三等宜林地甚至不能种植要求肥沃土壤的橡胶了。

原载于:朱济凡文集,1993,110-116.

*1962年10月2日,谭震林副总理看了这个材料后批示:"这个材料反映是事实……这是一个方针性的问题。"

(2) 气候开始变热变干 当地群众已经觉察到,由于乱砍森林,使气候已经开始变热变干。这一点在景洪县更为突出,根据我们在森林破坏轻的勐仑和森林破坏较重的景洪所搜集的气候资料,就可以看出这种差异(两地相邻,勐仑海拔为521m,景洪为533m)。1959—1961年3年平均降水量,勐仑为1588mm,景洪为1057mm;最高温度,勐仑为38.9℃,景洪为41.0℃;最低温度,勐仑为5.2℃,景洪为4.1℃。景洪县这几年气温和蒸发量逐年上升的趋势也很明显,从1956—1961年平均温度上升0.9℃,蒸发量1960年比1959年上升220mm,1961年比1960年上升400mm,是破纪录的。上述数字足以表明:地方气候和小气候的变化与森林植被有着密切关系,森林的破坏和森林面积的缩小,导致气候变热变干,加上温差的增加,对于橡胶生长是不相宜的。

(3) 薪炭材及民用材日益不足 企业和人民生活用的燃料,主要依靠木材。近年来,由于交通方便和居民点附近的森林几乎破坏殆尽,因此,过去一向不成问题的薪炭材和民用材,现在日益感到不足。景洪县的用材往往要到勐海县去砍。据景洪县农水科董科长谈,许多机关单位不得不到远处去购运烧柴,这样1个月12元钱伙食费中烧柴费就占了6元之多,过去,农场垦殖只图眼前不顾将来,农场周围森林一扫而光。现在要盖房子连找些竹子也有困难,要跑上10—20里才能搞到。更值得注意的是,建立较早的部分农场,橡胶树现在已开始割胶,而且株数逐年增多,而烤制胶片需要大量木材,目前据广龙农场计算烤1kg胶需用1.5kg烧柴,现在烤制烟片还是以木材熏烟法最好。因此,不得不计划在毁林的地方重新造林,以解决薪材和民用材的不足。

(二)

目前,有些同志对毁林开荒、刀耕火种对于农业生产和橡胶生长的不良影响认识不足。诚然,发展橡胶不可无粮食,但是不能因此而产生这样一种观念:"要橡胶,就要有粮食,要粮食,就要开荒,要开荒,就得毁林刀耕火种。"这样做到底合算不合算呢?

(1) 依靠毁林开荒,扩大耕地能不能解决粮食问题 据景洪县广龙农场资料,坡地毁林开荒,只能种旱作物。如种旱稻平均亩产第一年146斤,第二年则低于120斤。开荒后,表土流失严重,2年后表层肥力被冲走,因而产量越来越低。该场工会主席杨文学同志说:如果靠旱地第一年能粮食自给;那么第二年只能供粮70%,第三年就更少了。各县开荒后丢荒现象严重,虽然每年扩大耕地面积,其实真正利用的面积并未增加。由于集中成片地大面积砍伐森林,平坝区水田的水源成了问题。据景洪县农水科同志谈:该县橄榄坝原有2000万多亩水田,由于攸栾山的森林被大面积破坏,现在几乎有一半因缺水而不能耕种了。勐腊县勐仑区曼峨的农田1957年以前全是保水田,这两年来水不足了。如果,长此下去年年开荒,年年丢荒,森林面积逐年缩小,平坝区基本农田因水源不足耕种面积逐年缩减。原来想通过毁林开荒扩大耕地面积,增加粮食产量,但结果适得其反。

(2) 毁林开荒对今后发展橡胶有利还是不利 橡胶需要一定的热带雨林的环境条件,其生长发育的好坏,能否速生丰产,又与土壤肥力关系密切。因此,保持热带森林环境,不断提高土壤肥力乃是发展橡胶生产的根本保证。近年来,滥砍乱伐森林对橡胶林生长以及橡胶工艺生产已经发生不良影响。据成立较早的景洪广龙农场王场长反映,1958年以前,气候条件较好,橡胶树每年周径能长3.5cm左右,而近两年来每年只能长3.0cm了。过去每年干季(3—4月)到来时,橡胶树不落叶,而现在出现落叶现象。由于农场将大量劳力投入毁林开荒,搞粮食自给,顾粮顾不了橡胶林,橡胶林管理粗放,经常处于荒芜状态,火烧、牛害、以致成片死亡的现象均较严重。西双版纳大勐垅农场1958—1960年共植橡胶林6713亩,到1961年10月普查仅存1218.4亩,保存面积仅18.2%,历年来胶树死亡严重:1958年定植48亩,至今尚存39.1亩,占81.5%;1959年定植610亩,现存446.2亩,占73.1%;1960年定植6055亩,现仅存733.1亩,保存面积剧降到12.1%。橄榄坝农场1957—1960年共定植9257亩,保存3807亩,保存率38.8%。飞龙农场1958—1960年共定植8487亩,现存3251亩,保存率43%(据云南省农垦厅《关于橡胶抚育管理情况的报告》)。更严重的是,无计划地毁林开荒,开荒后丢荒。据勐腊县农水科科长谈:勐腊农场七、八生产队盲目开荒,由于坡度过大,不宜植胶,丢荒400多亩,连粮食作物也没种。勐源农场丢荒也有1000多亩。另外,有的农场开垦宜林地种庄稼,由于农作物耗肥大,加上水土流失,土壤肥力很快下降,因此种1—2年庄稼后,再种橡胶时已肥力不足了,盲目毁林开荒也使割胶后,熏制烟胶片柴源缺乏。广龙农场目前因缺柴熏胶片,干脆不割胶了。由此可见,毁林开荒不仅影响橡胶生长和橡胶的产量,而且由于热带森林环境破坏越来越严重,今后很难再扩大橡胶林了。

(三)

我国热带地域有限,适于种植橡胶的面积不多,为了保证橡胶垦殖事业的发展,必须把橡胶垦殖与粮食生产、热带林业经营很好地结合起来。现根据我们调查的材料,提出下列意见,供有关部门和同志参考。

(1)种植橡胶与保持生态环境相结合

发展橡胶与保持热带森林环境并不矛盾。但是有些农场在建场之初,为了种橡胶,贪图方便省事,将成片森林砍光,其后果已如前述。因此今后必须做到:

①在建场之初,就考虑种植橡胶面积与保留原有森林面积的比例。一般来说,这一比例大约为10:3。即种植10亩橡胶,保留3亩森林。保留的森林应能够发挥防护效益,并能提供部分木材。如在山顶保留块状林,以保持水土,在山脚环山保留防护林以调节小气候和防牛害,居民点以及场部周围则保留一部分薪炭林等。

②造多少亩橡胶林,开多少亩地,严禁砍多造少,或只砍不造。对砍伐丢荒的林地,凡适合橡胶树生长的,必须优先造橡胶林,不适于橡胶树生长的则种植其他热带或亚热带经济作物,尽快地采取各种措施(包括封山育林)恢复植被,减免水土流失。

③已经开始割胶而缺乏薪炭材的农场或生产队,应该在加工厂附近有计划地营造速生树种(如铁刀木等)薪炭林,其面积可根据1斤干胶需用1.5斤烧柴的比例计算(大约3亩橡胶林:1亩薪炭林)。

(2)积极保护水源林、护路林、护岸林和自然保护区

西双版纳山地森林对于保证平坝区的农业生产、公路和水路交通安全,热带森林生物资源,科学研究都有着极为重要的意义。近年来,有些水源林,河流和公路旁的防护林,国家划定的自然保护区均遭受到不同程度的破坏。如澜沧江沿岸和昆洛小腊公路沿线的防护林被破坏,以致雨季公路塌方,澜沧江变成了"红沧江"。自然保护区森林被破坏,很多珍贵动植物(野象、双角犀牛、龙脑香等)失去了栖息生长的环境。这对于保存和发展我国热带生物资源和科学研究也是不利的。因此建议:

①各农场和有关部门必须严格遵守西双版纳自治州人民政府关于保护森林的各项指示,严禁破坏水源林、护路林、护岸林和自然保护区的森林。开垦的地方,应停垦还林。在交通方便的地方应进行人工造林恢复森林。

②建立专门的林业管理机构开展宣传教育,加强森林管理。对破坏森林者应按情节轻重给予处分,直至按法律制裁。

(3)经营基本田代替毁林开荒

建立生产粮食的专业队或农场,以经营基本农田方式代替毁林开荒"刀耕火种"的方式。发展橡胶林,必须有粮食。于是各农场都在山坡上毁林开荒"刀耕火种"。据广龙农场王场长谈:一个劳力能管旱田15亩或水田12亩。旱田每亩平均产量150斤,而水田亩产可达600斤。如果各农场建立专业队利用平坝区的荒地专搞粮食,经营基本农田,停止毁林开荒和年年开荒、年年丢荒的做法,则完全可能实现粮食自给。这样既有了粮食,又保护了森林,而且橡胶林的管理也能得到保证,从目前利益与长远利益来看均有好处。

(4)胶粮间作

"以种代管",胶粮间作是橡胶幼林结构的一种形。根据云南省热带作物研究所的研究,合理开展胶粮间作能起到"以种代管"的作用,结合给粮食作物除草中耕,同时抚育了胶林,这是一举两得之事。间作必须因地制宜,否则也会造成水土流失,或粮食作物与橡胶林争水夺肥。为此,应该注意:

①胶粮间作不能违反垦殖橡胶的技术规程。为了防止水土流失,等高水平垦地,不能损坏梯田。也不能在20°以上的坡地上种粮油作物,只可以种覆盖作物或绿肥。

②应种作物应尽量避免与橡胶树争水夺肥,或妨碍橡胶树的通风透光。间作物应以矮秆为主。特别是在橡胶林定植或芽接的1—2年内,尤应注意。间作物与橡胶树应保持适当距离。种木薯时,距橡胶树应在1.5m以上,在每行的保护带间最多种1—2行。当林地郁闭度达0.3以上,即不宜间作。

桃源县丘陵地区杉木造林密度与生物产量的关系

张家武,冯宗炜*

(中国科学院林业土壤研究所)

1972年以来,桃源县人民先后营造杉木林146065亩,为建立用材林基地打下了基础。目前,这些大面积的杉木林除丘顶和立地条件很差的地方外,大部分已郁闭成林,生长正常。在这些杉木林中,生长有快有慢,生产力有高有低,林分的生物产量差异很大。造成这一情况主要原因,除立地条件和抚育措施不同外,造林密度也是一个十分重要的因素。

实践证明:造林密度直接影响林木的生长和发育,进而影响林分和林木的生物产量。合理的造林密度能最充分地固定太阳光能和有效地利用生长空间,为我们提供更多更好的林产品。

桃源县丘陵地区营造杉木采用了多种密度,到底哪一种造林密度好,提供生物产量多,一直是人们关注的问题。为了科学回答这一问题,1978年中国科学院桃源农业现代化综合考察中,对桃源丘陵地区杉木人工林,从生态学的角度,进行了重点的调查,并根据不同密度林分与生物产量之间的关系,进行了初步的分析,基于杉木林分现状进行评价。虽然目前桃源杉木林郁闭成林不久,林分正处在速生阶段,还没有进入干材生长阶段,但这一阶段林分的生长发育和各方面表现,特别是生物产量的情况,也是衡量造林密度是否合理和需不需要抚育间伐的一个重要依据。

1 调查地区概况

调查样地分别选在桃源县东北部的陬郊、畲田、枫树、架桥和基隆各公社的社办和队办林场,因为这几个公社杉木人工林面积较大,保存率高、质量好。样地立地条件大致相同,都是低丘类型,海拔高度不超过200m,坡度在15—25°左右。土壤多是发育在板岩、页岩和砾岩坡积物上的红壤,土壤腐殖质含量很低,氮、磷、钾含量也低,保水能力差,土层厚度40—65cm,pH值4.5—5.5左右。根据桃源县气象观测站资料,丘区年平均温度16.5℃,最高温度37—40℃,最低温度－1.3－－2.9℃,大于15℃的积温4359.4℃,年降水量1443mm,年蒸发量1191.6mm,相对湿度82%,无霜期286d,属亚热带气候。

样地造林前多为天然次生的灌木马尾松林。

调查的杉木林大都是采用全垦挖穴整地造林,造林时施一部分有机底肥和化肥,造林后每年松土锄草或挖小壕抚育,基本上不再施肥。另外还有一种高标准整地抚育类型,即全垦撩壕或挖近1m见方,1m深的大穴,土壤经过翻动,筛除石砾或客土改造。造林时施足底肥,造林后每年都撩壕和多次松土锄草抚育,并年年追肥。后一种类型不多,

---

原载于:湖南林业科技,1979,(5):1-6.

* 参加外业调查测定工作的还有:郑福瑞、邓仕坚、陈存根、姚大爱和刘玉媛等同志。

基本上都是县、区、社的试验林。

造林的成活率和保存率很高,都在95%以上,没有也不需补植。

2 研究方法

生物量研究的外业调查,除包括常规测树因子外,也有一些不同的要求和作法。

生物量和测树因子的调查,都是以选择典型样地为基础的。样地面积一般为0.5亩,在样地里以1—2cm为一个径阶进行每木检尺,根据样地林木径阶分配,按各径阶分别选取1—2株标准木,实测各径阶标准木各部分的生物量,再乘以各径级株数,合计即得出样地林木层的生物量。标准木各部分生物量的测定具体步骤如下:将标准木沿地表根茎处据断伐倒,然后按1m区分段锯断,分别树干,带叶枝条和果实称重。从每一区分段按比例选取部分带叶枝条样品,混合称重,随后立即摘除针叶称重,两者重量相减就可求出样品的枝重和叶重,再按此枝叶比例推算出每一区分段乃至全株树木的枝重和叶重。在划出区分段的同时,用皮尺量测树高,用轮尺按垂直两个方向准确量出每区分段的中央直径,查直径-圆面积-材积表求出各区分段材积,将各区分段材积累加即为全株材积。标准木的根系是用镐头全部挖出,除去泥土,分粗细根称重。同时还要称取一部分干、枝、根、叶和果的样品,拿回实验室,置于80℃的烘箱中烘至恒重,求算出各部分干物质重量。

叶面积按重量法计算,即从标准木上按树冠上、中、下部位,采取一定量的鲜叶,平铺于方格纸上,描绘叶面积,求出单位鲜叶重的叶面积(m^2/kg),再乘以标准木的鲜叶重。即得出标准木的叶面积。

此外,还要把标准木的枯枝叶进行称重,并记载枯枝高度,如样地有枯枝叶凋落物,要在样地上按对角线另设1m×1m的小样方4—5块,分别搜集称重,并换算成单位面积的重量。

3 确定经验公式

要想正确地评价造林密度对林木和林分生物量的影响,最为重要的是比较精确地算出其现存生物量,这是比较的基础。

根据林木的胸径与树高同各部分生物量和材积存在着一定相关关系的规律,我们用同类型林分不同径阶的伐倒木(标准木)上所测得的数据,建立了胸径平方和树高之积与树干、枝条、针叶、根和材积的对数回归方程,求出方程式常量和回归系数,计算其相关系数和精度。考查方程式相关可靠程度,以便推算样地上各径阶不伐倒木和林分的现存生物量和材积,桃源一般整地抚育类型杉木林,其经验公式和拟合直线见表1和图1。各组分的回归方程式,除树根外相关系数都在0.90以上,极其显著。所选伐的10株标准木各组分的实测值与由上述公式导出的理论值之差都小于5%,也就是说此经验公式推算出的现存生物量,十分接近于伐倒实测的生物量。因此采用此公式计算全林分现存生物量是可靠的。

表1 一般整地抚育类型各分量回归方程式

分量	方程式	相关系数 r	精度 P(%)
树干(W_s)	$\log W_s = 0.8400 \log(D^2H) - 1.3605$	0.98	99
树枝(W_b)	$\log W_b = 0.7895 \log(D^2H) - 1.7476$	0.93	99
针叶(W_l)	$\log W_l = 0.7451 \log(D^2H) - 1.5507$	0.90	99
树根(W_r)	$\log W_r = 0.5232 \log(D^2H) - 0.9864$	0.77	98
材积(V)	$\log V = 0.8735 \log(D^2H) - 4.0178$	0.99	95

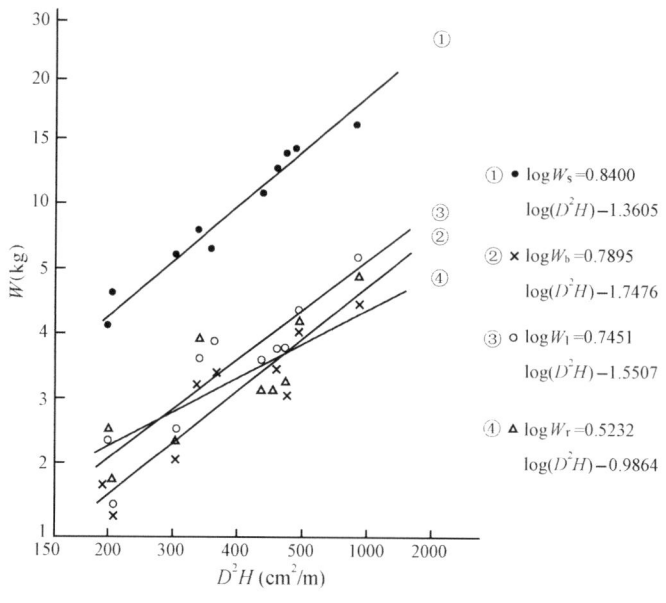

图1 D^2H 与干、枝、叶、根的相关拟合直线

4 结果和分析

造林密度不同,林分的现存生物量也是不同的。同样整地抚育措施不同,造林密度对林分现存生物量影响的规律也是不同的。下面就根据测定的数字,分析说明造林密度与现存生物量变化的关系。

在一般整地抚育类型中,由表2可以清楚看到:

(1)林分现存总生物量是随造林密度的增加而增加,每公顷7500株的密度其现存总生物量最大,每公顷干物质产量82.19t,而每公顷3000株的,最小仅44.14t,几乎和前者相差一倍。

(2)林分蓄积量同样是呈正相关的关系,随造林密度递增而递增,以每公顷7500株的密度为最多,达98.1m³,以每公顷3000株的密度为最少,仅59.4m³,4500株和3600株的介于其间。

(3)叶面积指数(LAI)也是随造林密度增加而增加。第1种密度LAI最大,为10.3m²/m²,第4种密度LAI最小,仅是第1种密度的63.2%,为6.5m²/m²。

(4)枯枝叶数量同样是遵循上面规律,以最大密度为最多达6.13t,占林分总生物现存量的7.4%,而最稀密度目前枯枝叶很少,这种天然整枝随密度增加而激烈的情况是符合自然规律的。

(5)速生阶段杉木林果实虽然不多,但也看出了果实随造林密度增加而减少的生物学普遍现象。

(6)地上部分各器官的生物量占其总生物量之比例是随造林密度的增加而下降,树干由49.65%降至44.72%,枝、叶、果也分别按顺序下降。

(7)林分净生产量即生产力是随造林密度递增而递增,最大密度的净生产量平均每年达11.8t,为密度小的6.3t的1.85倍。

表 2 一般整地抚育类型不同造林密度林分的生物量

密度 (株/hm²)	林龄 (a)	蓄积 (m³)	叶面积 指数 (m²/m²)	类别	树干 (kg)	(%)	树枝 (kg)	(%)	树叶 (kg)	(%)	果实 (kg)	(%)	树根 (kg)	(%)	枯枝叶 (kg)	(%)	总计 (kg)	(%)
7500	7	98.1	10.34	现存量	36756	44.72	11277	13.72	13760	16.74			14270	17.36	6131	7.5	82193	100
		(14.0)*		净生产量	5259		1611		1968				2039		876		11753	
4500	7	83.2	8.41	现存量	30815	46.83	9294	14.13	11171	16.99	69	0.1	10591	16.1	3826	5.82	65766	100
		(11.9)		净生产量	4402		1328		1596		10		1513		547		9396	
3600	7	71.6	7.18	现存量	26423	47.71	7915	14.29	9459	17.08	991	1.79	8829	15.94	1766	3.19	55383	100
		(10.2)		净生产量	3775		1131		1351		142		1261		252		7912	
3000	7	59.4	6.54	现存量	21920	49.65	6569	14.88	7853	17.79	918	2.08	7342	16.6			44142	100
		(8.49)		净生产量	3131		938		1122		131		1049				6306	

*括号内数字为平均年生长量

平均单株现存生物量和主要测树指标与林分的情况完全相反(见表3)。每公顷7500株的单株生物量最少,仅为10.13kg,而每公顷3000—3600株的平均单株生物量几乎达15kg。

表3 一般整地抚育类型不同造林密度林分的平均单株生物量

密度 (株/hm²)	树龄 (a)	胸径 (cm)	树高 (m)	材积 (m³)	类型	生物量(干重,kg)					
						树干	树枝	树叶	果实	树根	合计
7500	7	6.8 (0.97)*	6.05 (0.87)	0.01308	现存量	4.9	1.5	1.83	—	1.90	10.13
					净生产量	0.70	0.21	0.26	—	0.27	1.44
4500	7	7.8 (1.11)	6.6 (0.94)	0.01849	现存量	6.85	2.07	2.48	0.01	2.35	13.76
					净生产量	0.98	0.30	0.35		0.34	1.97
3600	7	8.2 (1.17)	6.75 (0.97)	0.01989	现存量	7.34	2.20	2.63	0.3	2.45	14.92
					净生产量	1.05	0.31	0.38	0.04	0.35	2.13
3000	7	8.1 (1.15)	6.75 (0.97)	0.01980	现存量	7.30	2.19	2.62	0.3	2.45	14.86
					净生产量	1.04	0.31	0.37	0.04	0.35	2.12

*括号内数字为平均年生长量

从上述情况不难看出,密度大的和密度小的,其林分和单株的生物量与材积都处于两个极端,即林分最大,单株最小,或者相反。而每公顷4500株的,无论是林分还是平均单株生物量和材积都是比较高的。可见在一般集约经营管理条件下,密度过大,虽然林分总现存生物量暂时高,但单株的各项指标都和其它密度有较大差距,利用价值最大的组分——树干占其总生物量比例最小,而枯枝叶数量多,天然整枝来得过早,说明林木个体之间争夺阳光和养分已较激烈,林木生长受到一定不良影响,需要间伐来调解其间的矛盾。每公顷4500株的密度,虽然单株胸径、材积、树高和生物量各项指标稍低于比它密度稀的林分,但差异并不像第一种密度那么显著,相反林分总生物量又较后两个密度有较大幅度的增加,林木个体之间的竞争远不像第一种密度那样激烈。

合理的造林密度不仅是林分生物量要高,而且单株生物量和各项指标也要比较高,也就是说既要有数量又要有质量的要求。因此,在评价上述4种密度时,以每公顷4500株的为好。

桃源县还有一些小面积经过高标准整地和抚育的试验林,虽然面积不大,每公顷只有3600株和2565株两种密度,但研究这种类型造林密度与生物量的关系,为今后林业生产走向现代化的集约经营,提供合理的造林密度是必要的。为此,要作比较分析。

由表4和表5可以清楚地看到:

(1)在这两种密度中,密度对林分的总生物量的影响是不明显的,分别为81.78t和81.6t,相差微小,这是不同于一般整地和抚育类型的。

(2)林分平均单株生物量差异较大,后一密度的总生物量达31.80kg,为前一密度的22.72kg的1.4倍。

表4 高标准整地抚育类型不同造林密度的林分生物量

密度 (株/hm²)	林龄 (a)	类别	树干 (kg)	(%)	树枝 (kg)	(%)	树叶 (kg)	(%)	果实 (kg)	(%)	树根 (kg)	(%)	枯枝叶 (kg)	(%)	总计 (kg)	(%)
3600	7	现存量	41512	50.8	8668	10.6	11769	14.4	13		12161	14.9	7659	9.4	81782	100
		净生产量	5930		1238		1681			1.9	1737		1094		11683	
2565	7	现存量	40661	49.8	8696	10.6	11796	14.5	10		12939	15.9	7500	9.2	81602	100
		净生产量	5809		1242		1685			1.4	1848		1071		11657	

表5 高标准整地抚育类型不同造林密度平均单株生物量

密度 (株/hm²)	树龄 (a)	胸径 (cm)	树高 (m)	类别	树干	树枝	树叶	树根	合计
3600	7	10.8	8.30	现存量	11.53	2.41	3.27	3.38	22.72
				净生产量	1.65	0.34	0.47	0.48	3.25
2565	7	13.3	8.33	现存量	15.85	3.39	4.60	5.04	31.80
				净生产量	2.26	0.48	0.66	0.72	4.54

（3）林分平均胸径也是后一密度比前一密度增长的快，即成材时间后者比前者来得早，这说明造林密度不仅会影响生物量数量，而且也影响成材时间。

两种密度的林分，在径阶分配上差异也较大（表6，样地面积1亩）。

表6 两种造林密度径阶分配

密度 (株/hm²)		合计	7	8	9	10	11	12	13	14	15	16
3600	株数	240	2	11	30	61	74	45	13	3	1	
	%	100	0.8	4.4	13	25.3	30.7	18.8	5.4	1.2	0.4	
2565	株数	171		1		3	17	39	68	34	8	1
	%	100		0.6		1.7	9.9	22.8	39.8	19.7	4.7	0.6

密度大的林分，其株数主要分配在10—11径阶，占总株数的56%，13径阶以上的株数只占7%；密度稀的林分，其株数主要分配在12—14径阶，占总株数的82.3%，可见后一密度的林木分化不大，生长也比较整齐。前一密度林分不仅株数集中的径阶小，而且集中的程度也差，比较分散。这说明在整地和抚育标准高的情况下，林木生长迅速，单株树木需要的光能和营养面积也随之要大，不然林木生物量的积累就会受到不良的影响。

根据上述情况，很明显，每公顷2565株的密度要比每公顷3600株的好。

5 结论

通过对桃源县丘陵地区7年生不同造林密度林分生物量的调查、比较和分析，提出如下看法：

(1)在一般整地和抚育管理条件下,林分的总生物量、蓄积量、叶面积指数和净生产量是随造林密度增加而增加,而平均单株的生物量、材积、胸径、树高和净生产量是随造林密度的递增而递减,在这种条件下,密度过大,林木生长发育受到限制和影响,天然整枝来得早且强烈,必须及早间伐,否则难以成材。每公顷 4500 株的密度,其生物量、蓄积量及平均单株各项指标都比较高,是比较合适的造林密度。

(2)在高标准整地抚育条件下,就现有两种密度(2565,3600 株/hm^2)而言,密度对材分总生物量的影响不明显,而两种密度的平均单株的生物量和林木平均胸径,变化很大,稀的单株生物量和平均胸径远远大于密的。密度大的林分中小径木多,径阶分配也较分散;反之中大径木多,径阶分配较集中整齐。这就是说,在整地和抚育标准高的情况下,每公顷 2565 株的密度比 3600 株的密度合理,可以在较短时间内培育出径级较大的木材,而且数量也不减少。

(参考文献略)

不同经营措施对油茶林生物产量的影响*

冯宗炜,王永安,张家武,郑福瑞,陈存根,邓仕坚

桃源县是湖南省油茶主要产区之一。1978年,在桃源参加自然资源的综合考察中,为了解现有的油茶林不同经营措施对其生物生产力的影响,曾采用标准地法作了初步的探讨。

1 调查方法

在果实近熟时期于相同立地条件和相近年龄的进入盛果期的林分中,根据不同经营措施(三保地、全垦和荒芜)设置标准地,标准地面积为100—200m^2。对标准地内的每株(丛)油茶分别测量实际树高和冠幅,用算术平均法求得平均树高和平均冠幅,然后在标准地内和附近选择1—2株能代表该林分的平均树高和平均冠幅的植株作为标准木。将标准木贴地面伐倒,用分层切割法(Monsi 1953)在现场测定干、枝、叶、果实和根的鲜重,采集各器官部分的样品,置于干燥箱内,保持80℃的恒温,烘干至恒重,并计算出各器官部分的含水率和干物质重量。根据平均木各器官部分的干物质重量,再乘以单位面积上油茶的株数,即得单位面积油茶林各器官部分的生物量,累计相加即得油茶林林木层的生物量。

油茶叶面积按重量法计算,即在选定的标准木的树冠不同层次和不同方位,摘取一定数量的叶片(30—40片),将叶片平铺于坐标方格纸上,描绘叶面积,求出单位鲜叶重的叶面积(m^2/kg),再乘以单株树木和林分的总鲜叶重,即得单株或林分的叶面积。

2 油茶各器官部分相对生长关系

植物各部分之间,各部分与整体之间,都存在着一定的相对比例生长的关系。这种关系随着人为经营措施的不同,通过重新分配达到新的平衡。在油茶林内,叶子是进行光合作用的主要器官,叶量越大,叶面积越大,产生的物质也越多。油茶林冠和一般果树相似,都呈疏开结构。利用叶量(W_l)作自变量,果量(W_f)、干量(W_s)和枝量(W_b)为依变量作图,可发现它们之间存在着幂函数的关系,这种关系的数式用对数回归方程表示(表1)。

表1 叶量与果实、干、枝(干物质量)的回归方程

部分关系	回归方程	r	Sy-x	S$\hat{y}$
叶与果	$\log W_f = 1.277\log W_l - 0.24584$	0.93	0.2121	0.0949
叶与干	$\log W_s = 1.399\log W_l + 0.2511$	0.96	0.8588	0.3841
叶与枝	$\log W_b = 0.5315\log W_l + 0.2137$	0.80	0.4521	0.2285

注:①湖南桃源油茶林;
②表中回归方程中,1.277、1.399、0.5315为参数a值,0.24584、0.2511、0.2137为参数b值;
③表中r为相关系数计算值在0.80以上为紧密;
④表中S$\hat{y}$为计算误差

原载于:林业实用技术,1979,(7):14-16.

* 参加野外考察的还有姚大爱、蔡渭源、鄢以清、刘玉媛、刘福勘等同志。

3 油茶林的生物产量

油茶林的生物产量是指包括地上部分干、枝、叶和果实以及地下部分根系在内的全部干物质重量。在地形部位相同、林龄相近的林分中,由于人为经营措施的不同,直接影响到植株的光、热、水、肥等条件的差异,反映在植物个体和群体上就产生不同的生物生产力。

3.1 油茶生物量的垂直分布

不同经营措施油茶单株(平均木)地上部分的生产结构如图1所示。图中说明近期未加管理荒芜型油茶植株,树体较矮小,干、枝、叶和果实的干物质重量最小;而三保型油茶植株,树体高大,干、枝、叶和果实的干物质重量最大;全垦型的植株则介于两者之间。从图中还可以看出荒芜型植株果实主要分布在树冠的上部,而三保型及全垦型的植株,则较均匀地分布在树冠的上、中、下各部位。

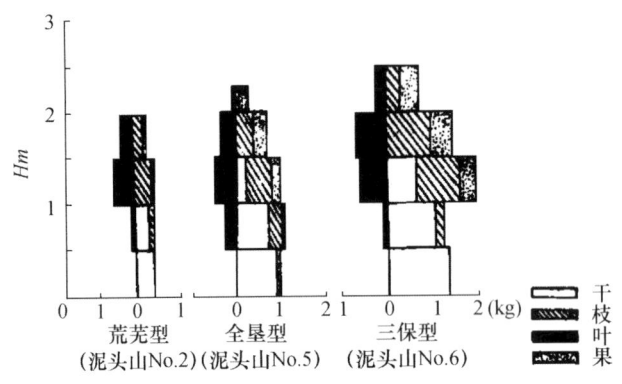

图1 60—70龄油茶单株生产结构

3.2 油茶林的总生物量及各器官部分的生物量

不同经营措施对油茶群体的总生物量和各器官部分的生物量都有明显的差异。由表2得知,无论是总生物量或各器官部分的生物量,三保型的林分均大于全垦和荒芜型。从总生物量来看,三保型为全垦型的142%,为荒芜型的168%;而全垦型的林分又为荒芜型的118%。植物地上部分干、枝、叶和果实的生物量也有同样的趋势。其中果实的生物量更明显,三保型为全垦型的206%,为荒芜型的548%;而全垦型的果实又为荒芜型的266%。地下部分根系的生物量三保型为全垦型的105%,为荒芜型的144%;而全垦型的林分又为荒芜型的127%。上述情况表明,加强经营管理措施对提高油茶林的生物产量,特别是果实的生物产量有显著的效益。

表2 不同经营措施与油茶林的生物量

经营指施	总生物量 (t/hm²)	各器官部分的生物量(t/hm²)				
		干	枝	叶	果实	根系
三保	37.58	11.58	6.18	4.42	3.40	12.55
全垦	26.46	5.68	4.55	3.15	1.65	11.43
荒芜	22.36	5.81	3.52	3.39	0.62	9.02

4 油茶林的净光合经济生产率

培育油茶林主要为的是收获果实,因此,怎样促使油茶的内在生理因素和外部生态条件向利于果实的干物质积累转化是油茶林经营的主要目的。而单位时间内油茶林每平方米叶面积,通过同化作用所积累的干物质分配到果实部分的数量即净光合经济生产率(即叶的果实生产效率),乃是评价油茶林生产力高低的重要指标。由表3得知,三保型的净光合经济生产率最高,每平方米叶面积年生产的干物质量平均为0.13kg;全垦型次之,每平方米叶面积年生产的干物质量平均为0.10kg;而荒芜型的净光合经济生产率最低,仅0.06kg。由此证明,在林分叶面积相等的情况下,加强经营管理措施能促进同化作用所积累的干物质更多地分配给果实,从而大幅度提高林分生产力。

表3　不同经营措施油茶林的净光合经济生产率

经营措施	净光合经济生产率（kg/m² 叶面积·a）
三保	0.13
全垦	0.10
荒芜	0.16

杉木老龄林的群落学特点

冯宗炜,黄合炎,方永鑫*

(中国科学院林业土壤研究所)

提要:着重提供杉木人工林老龄林阶段有关植物群落学方面的一些基各资料,并从群落的发展和演替方面进行分析和评价。阐明杉木人工林群落的发展和演替趋势,为选择适宜树种营造和发展杉木混交林提供理论依据。

The phytocoenology charecters of an old *Cunninghamia Lanceolata* forest

FENG Zongwei, HUANG Heyan, FANG Yongxin

(Institute of Forestry and Soil Science, Academia Sinica)

Abstract: The present paper presents the primary results of the study upon an old *Cunringhamia lanceolata* forest in Hua-Ping nature conservatioin station of Kwaagshsi from the view – point of phytocoenology.

The stands investigated are approximatively 80—100 years old. the floristic composition of the forest is very abundant and presented in table 1.

The community, as a whole, is a evergreen coniferous and deciduous mixed forest, for which the formula of structure according to Danseureaus new system is as follows:

Ttenxi, Tme(d)n(g,a,v)x(z)c, Tle(d)a(n)x(z)i, Fte(d)a(v)x(z)c, Fle(d)ax(z)i, Hme(d)v(a, g)x(z)h(p), Lmeaxb.

The size classes of the trees in the quadrats with their frequency and number of individuals are given in the table 5. From the devolopment of commnnity auther's divided all 47 species of trees, according to their distribution in the size classes, into 4 groups: 1) Progressive species; 2) Deleted species;3) Indiferrent species and 4) Cassual species, and indicated that the old Cunninghamia community will be succeseded by an evergreen deciduous community.

前言

我国南方林区杉木[*Cunninghamia lanceolata* (Lamb.)Hook]人工林,一般20—30年生时就采伐利用,因此,欲想了解杉木人工林(以下简称杉木林)不同年龄和发育阶段的群落特征,探究其自然生长和发展规律,往往缺乏老龄林的资料。60年代初期广西壮族

原载于:中国科学院林土所集刊. 科学出版社,1980,第四集,9-20.

*湖南省林业科学研究所.

自治区科委组织花坪林区综合考察,发现花坪林区不仅保存着较大面积的相当完整的亚热带常绿阔叶林,而且还有少部分树龄达 80—90a 以上的杉木林。这些被片断保存下来的杉木林,无论从种类成分、外貌和结构等方面,均与南方林区一般常见的杉木林不同。为此,我们曾先后两次专程前往花坪区进行杉木老龄林的调查,本文是在上述两次野外考察所获得的资料基础上写成的。由于杉木林在花坪区呈小片的不连续分布,因此,在野外调查中采用了选择样方法[4],选择的样方要求两个基本条件趋于一致,即第一,数龄80—100年之间;第二,立地条件均以山坡中部为准。每个样方面积 500m²。在样方中又分成 5 个 100m²(5m×20m)的连续中样方,来统计乔木树种各立木的种类、高度、直径、数量和频度。在每个 100m² 的中样方内于两端又设置 2 个 4m²(2m×2m)的小样方,来统计灌木、草本植物和更新苗木的种类、高度、数量和频度。这样,每个样方内统计立木的有 5 个单位,共计 500m²;统计灌木、草本植物和更新苗木的有 10 个单位,共计 40m²。

本文的目的在于提供杉木老龄林阶段有关植物群落学方面的一些基本资料,并从群落的发展和演替方面进行分析和评价。在野外工作期间承蒙花坪自然保护区粗江站、红滩站金代钧等同志的大力协助,采集的植物标本由广西植物研究所覃浩富同志和华南植物所黄成同志鉴定,本文写成后又蒙刘慎谔、王战教授审阅并提出宝贵意见,作者在此一并致以衷心的谢忱。

1 调查地区的自然条件特点

花坪林区位于广西壮族自治区龙胜各族自治县的西南部,属龙胜和临桂两县所管辖。地理位置约在东经 109°48′54″—109°58′20″,北纬 25°31′10″—25°39′36″之间。

林区气候,据红滩站的观测,年平均温度为 14℃,1 月最低,平均温度为 4℃,7 月最高,平均温度为 23.5℃。雨量丰富,年降雨量达 2000mm 左右。降水多半集中在春夏,以4—6 月份为最多。相对湿度达 85%—90%。常年风向变化显著,夏季多东南风、南风或西南风,冬季多北风、东北风。在海拔 800m 以上地区年年降雪,一般积雪达 15—20cm 深。

林区在大地构造上位于江南古陆南部边缘地区,岩层古老,成陆较早,具有古陆性质底层主要是由寒武纪、震旦纪云母细砂岩、长石云母细砂岩、黑色页岩等构成。地貌属中山类型,为南岭山越城岭支脉的一部分。峰峦连绵,山坡陡峭,坡度一般在 30°以上,河谷下切强烈,多呈"V"形狭谷,相对高度一般在 100m 以上。

土壤主要属山地森林黄壤。据石华[1]等调查,土壤剖面发生层次明显,表层呈灰棕色,其下各层均为棕黄至橙色,较紧实,土体中含有较多的母岩碎块,表层为核状结构,向下,呈小块状。全剖面呈强酸性反应,pH 4.1—4.5 有机质含量表层达 3%,代换性酸含量高,以活性铝为主,代换量为 11—17 毫克当量,盐基高度不饱和,全剖面各层均为 3% 左右,粘粒及细粉粒在剖面中迁移和沉淀十分明显,剖面中部常较其上、下部增加 10% 左右。

2 群落中植物区系的种属组成

"植被的发育很大程度上制约于具有某种空间位置的外界环境条件。这种制约不但在考察像大陆那样大的地段时表现出来,而且在极其局限的空间上(一直到个别植物群落所占据的空间上),也经常遇到这种制约性"[6]。因此,分析构成植物群落中各成员植物的种属组成,不仅有助于认识植物群落在空间和时间上的位置,反过来,也就说明了这种制约性的外界环境条件的特点。尽管杉木林在花坪林区整个自然保护区的范围内分布面积很有限，但是根据我们在总计 2000m² 的样方面积上统计结果，无论从植物种类的数量上或从种属组成上来看，均比一般中亚热带林区杉木成年群落中要丰富，总共包括 162 种植物，隶属于 74 科，112 属（表1），比福建省建瓯县高阳林区发育阶段较高的杉木长叶黄肉楠-杜茎山群落中高出 3 倍多，长叶黄肉楠-杜茎山群落中共 43 种，27 科，36 属（阳含熙等：杉木生态特性研究 I. 福建建瓯高阳乡，中国林业科学院研究报告，1958）。从这一点也可看出，调查地区的杉木林在群落发育阶段上处于更高的地位。从种属统计来看，其中以樟科（Lauraceac）、山茶科（Theaceae）、杜鹃花科（Ericaceae）、山矾科（Symplocaceae）、蔷薇科（Rosaceae）、冬青科（Aquifoliaceae）、槭树科（Aceraceae）、山毛榉科（Fagaceae）、野牡丹科（Melastomaceae）、桑科（Moraceae）、紫金牛科（Mysinaceae）、茜草科（Rubiaceae）、安息香科（Styraceae）菝葜科（Smilacaceae）、禾本科（Gramineae）等为主，上述各科中的植物数量占全部样地植物的百分率如下：

樟科	6.79%	冬青科	3.09%	紫金牛科	2.47%
山茶科	4.94%	槭树科	3.09%	安息香科	2.47%
山矾科	4.94%	山毛榉科	2.47%	茜草科	2.47%
杜鹃花科	4.94%	野牡丹科	2.47%	菝葜科	2.47%
蔷薇科	4.32%	桑科	2.47%	禾本科	2.47%

表1 广西花坪林区杉木老龄林群落中植物区系组成统计

科名	属数	种数	科名	属数	种数
石松科 Lycopodiaceae	1	2	含羞草科 Mimosaceae	1	1
卷柏科 Selaginellaceae	1	2	蝶形花科 Papilionaceae	2	2
薇科 Osmundaceae	1	1	金缕梅科 Hamamelidaceae	2	2
里白科 Dicranopteridaceae	2	3	杨梅科 Myricaceae	1	1
瘤足蕨科 Plagiogyriaceae	1	1	桦木科 Betulaceae	1	1
林蕨科 Lindsaceae	1	1	榛木科 Corylaceae	1	1
凤尾蕨科 Pteridaceae	1	1	山毛榉抖 Fagaceae	2	4
铁线蕨科 Adiantaceae	1	1	桑 科 Moraceae	1	4
铁角蕨科 Aspleniaceae	1	1	冬青科 Aquifoliaceae	1	5
金星蕨科 Thelypteridaceae	1	1	铁青树科 Olacaceae	1	1
乌毛蕨科 Blechnaceae	1	1	卫矛科 Celastraceae	1	1
叉蕨科 Aspidiaceae	1	1	胡颓子科 Elaeagnaceae	1	1
剑蕨科 Polypodiaceae	3	3	葡萄科 Vitaceae	2	2
杉 科 Taxodiaceae	1	1	槭树科 Aceraceae	1	5
木兰科 Magnoliaceae	2	3	省沽油科 Staphyleaceae	1	1
五味子科 Schizandraceae	1	1	漆树科 Anacardaceae	1	1
樟科 Lauraceae	5	11	胡桃科 Juglandaceae	1	1
木通科 Lardizablaceae	1	1	马尾树科 Rboipteleaceae	1	1
金粟兰科 Chloranthaceae	1	1	山茱萸科 Cornaceae	1	1
山龙眼科 Proteaceae	1	1	八角枫科 Alangiaceae	1	1
海桐科 Pittosporaceae	1	1	五加科 Araliaceae	3	3
茶科 Theaceae	5	8	山柳科 Cletbraceae	1	1

续表

科名	属数	种数	科名	属数	种数
五列木科 Pentaphylacaceae	1	1	杜鹃花科 Ericaceae	4	8
猕猴桃科 Actinidiaceae	1	1	越橘科 Vacciniaceae	1	1
野牡丹科 Melastomaceae	4	4	柿树科 Ebenaceae	1	3
杜英科 Elaeocarpaceae	1	3	紫金牛科 Myrsinaceae	3	4
高卡科 Erythroxylaceae	1	1	安息香科 Styracaceae	3	4
交让木科 Daphniphyllaceae	1	1	山矾科 Symplocaceae	1	5
鼠刺科 Fscalloniaceae	1	2	木犀科 Oleaceae	1	1
八仙花科 Hydrangeaceae	1	1	茜草科 Rubiaceae	4	4
蔷薇科 Rosaceae	5	7	忍冬科 Caprifoliaceae	1	1
菊科 Compositae	1	1	败酱科 Valerianaceae	1	1
报春花科 Primulaceae	1	1	薯蓣科 Dioscoreaceae	1	1
唇形科 Labiatae	1	1	兰科 Orchidaceae	1	1
姜科 Zingiberaceae	1	2	莎草科 Cyperaceae	1	2
百合科 Liliaceae	1	1	竹科 Bambusaceae	1	1
菝葜科 Smilacaceae	1	4	禾本科 Gramineae	3	3
			总计 74	112	162

诚然,从统计百分率中不难看出,全部样地植物中以主产亚热带和热带的科占多数,这与调查地区纬度较低,处于中亚热带的南端一线有关,但是由于调查地区杉木林的位置分布在中山 800—900m 左右的海拔高处,所以主产高海拔的温带植物如杜鹃花科、槭树科等在群落中也占有相当数量,这也是有别于亚热带主要杉木产地植物群落中种类组成的特征。

此外,值得提及的是在中亚热带杉木群落中常出现的落叶栎类像 *Quercus acutisisma*, *Q. uariabilis* 等在花坪林区杉木老龄林中没有发现,而本区的特有种在杉木老林中也有出现,从全部样地植物统计结果中发现有 *Lindera lungshengensis* S. Lee., *Acer lungshengensis* Fang er L, 两种,由于样地选择较集中于花坪和红滩两处,估计还不只两种,据统计花坪自然保护区特有种丰富,共有 18 种之多,占林区整个区系植物总数 1.6% 左右(李树刚等:广西花坪林区综合考察报告,五、植物区系,广西壮族自治区科学技术委员会,1962),然而,这已经足以说明调查地区杉木老龄林中区系植物种属组成方面的丰富和特殊了。

3 群落的外貌和结构

如前所述,调查地区的杉木老龄林在区系植物种属组成方面很丰富,因而,反映在群落的外貌和结构上,也远较亚热带一般常见的杉木成年林为复杂。从表2中可以看出,按外貌生活型统计结果,常绿乔木占 31.48%,落叶乔木占 21.60%,常绿灌木占 6.79%,落叶灌木占 6.17%,常绿藤本占 4.32%,落叶藤本占 6.17%,多年生草本占 11.11%,一年生草本占 0.61%,蕨类占 12.34%。若以拉恩基尔(Raunkier)的生活型来统计(表3),则高位芽植物占绝对优势,占全部植物种数的 3/4,因此,无论从常绿与落叶的比例,或者从芽在冬眠期内的位置高矮的比例来看,均反映出调查地区杉木老龄林其所处的生境条件更为暖湿的特点。

表 2　按外貌生活型统计

生活型	乔木 大乔木 常绿	乔木 大乔木 落叶	乔木 小乔木 常绿	乔木 小乔木 落叶	灌木 常绿	灌木 落叶	藤本 常绿	藤本 落叶	草本 多年生	草本 1年生	蕨类	总计
数量(种)	26	21	25	14	11	10	7	9	18	1	20	162
(%)	16.05	12.96	15.43	8.64	6.79	6.17	4.32	5.55	11.11	0.61	12.34	100

表 3　按拉恩基尔生活型统计

生活型	高位芽植物 (Ph)	地上芽植物 (ch)	地面芽植物 (H)	地下芽植物 (Cr)	1年生植物 (Th)	总计
数量(种)	123	8	20	10	1	162
(%)	75.91	4.94	12.35	6.17	0.62	100

从生活型的统计中,虽然也提供一般的群落外貌的概念,但是还不足以表征其全貌。为了进一步反映出杉木老林群落的外貌和结构的特点,兹按 Dasereau(1951)的群落结构图式绘制方法[7],将调查样方资料先分层统计(表 4),然后加以综合排列成结构公式,并绘成模式的群落结构图(图 1)。由于组成群落的各个成员植物种类繁多,企图通过写实性的剖面来表示,既费时又有一定困难,而依据以外貌生活型为基础,所绘制的这种模式图能起到醒目和取长补短之功。

表 4　各层的高度、盖度和叶型与叶组织

层次		乔木层 I	乔木层 II	乔木层 III	灌木层** IV	灌木层** V	草本层*** VI
高度(m)		>25	11—25	8—10	3—8	1—3	<1
盖度(%)		55	70	25	90	30	30
叶型与叶组织* (%)	nx	100	36.75	11.63	2.25	—	0.72
	gx	—	19.85	4.65	0.25	—	2.24
	ax	—	18.95	44.16	57.75	71.00	46.78
	az	—	18.95	28.88	29.50	23.01	13.78
	vz	—	5.10	2.32	2.00	0.56	1.25
	vx	—	0.73	—	4.75	1.70	22.36
	hx	—	—	9.30	3.50	3.69	2.77
	ak						0.36
	gz						5.00
	gf						0.45
	nf						3.94

* n:针叶或线伏叶;g:禾本科叶;a:小叶或中叶;v:复叶或丛状叶;h:宽阔叶;x:草质;z:纸质;k:肉质;f:膜质;
** 包括上层乔木的幼树标和藤木植物在内;
*** 包括上层乔、灌木和藤木植物的幼苗在内

根据图 1 结构公式,来叙述杉木老龄林群落的外貌和结构,整个群落共分为 7 层(其中包括乔木起 3 层,灌木层 2 层,草本层 1 层,层外植物 1 层)。

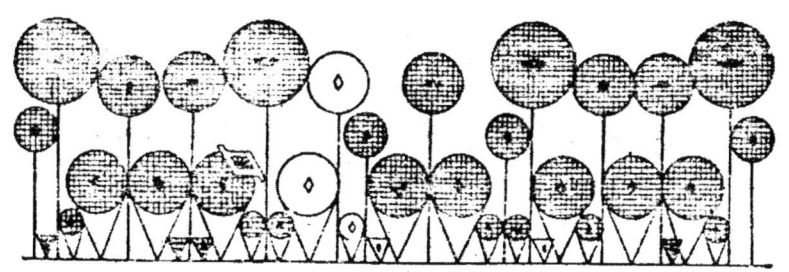

图1 花坪林区杉木老龄林的群落结构模式图

结构公式：Ttenxi；Tmc（d）n（g,a,v）x(z)c；Tle（d）a（n）x(z)i；
Fte(d)a(v)x(z)c；Flc(d)ax(z)i；
Hme(d)v(a,g)x(z)b(p)；Lmeaxb.

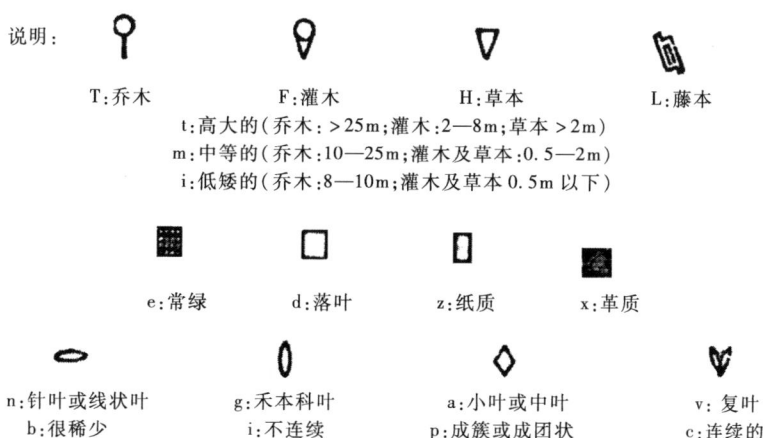

第Ⅰ层 Ttenxi

为占优势的上层大乔木。高达25m以上，全部由常绿革质的针叶树种——杉木（*Cunninghamia lanceolata*）组成，树冠不连续。

第Ⅱ层 Tme(d)n(g.a.v)x(z)c

乔木的高度为11—25m之间，除常绿革质的针叶树种杉木以外，间杂有常绿革质中型叶的阔叶树种为银木荷（*Schima argentea*）、虎皮楠（*Daphniphyllum glaucescens*）、青山矾（*Symplocos viridissima*）、长柄楠（*Machilus longipedicellta*）、华杜英（*Elaeocarpus chinensis*）、甜槠（*Castanopsis eyrei*）、杨桐（*Adinandra boekiana* var. *acutifolia*）等。常绿的禾本科叶型的毛竹（*Phylostachys edulis*）也呈块状混生其间，此外，落叶纸质中型叶的阔叶树种如拟赤杨（*Alniphyllum fortunei*）、蜡瓣花（*Corylopsis sinensis*）、威氏槭（*Acer wilsoni*）等，落叶纸质复叶的树种主要有山槐（*Albizzia kolkora*），树冠接近连续状分布。

第Ⅲ层 Tle(d)a(n)x(z)i

乔木或小乔木，高度8—10m，以常绿革质中型叶的阔叶树种为主，如岭南山矾（*Symplocos consula*）、拟多脉柃（*Eurya pseudopolyneuera*）杨桐、海南木五加（*Dendropanax hainanensis*）、山矾（*Symplocos* sp.）等，间杂有少量的杉木，落叶纸质中型叶或小型叶的阔叶树种如蜡瓣花、拟赤杨、山柳（*Clethra fabri*）、西藏山茉莉（*Huodendron tibeticum*）等，树冠彼此不相连续。

第Ⅳ层 Fte(d)a(v)x(z)c

小乔木及灌木,高度 3—8m,以常绿革质中型叶的阔叶树种为主,其中鼠刺(*Itea coiacea*, *I. chinensis*)最多,还有拟多脉栲,虎皮楠的小树,以及其他像银木荷、长柄楠等小径木,间杂的落叶纸质小型叶的阔叶灌木有贵州杜鹃(*Rhododendron rivulare*)、紫杜鹃(*Rhododendron bachii*)等,此外,较为醒目的尚有常绿革质大型叶的小乔木山龙眼(*Helicia reticulata*)渗杂中间,这层树冠基本成连续状分布。

第Ⅴ层 Flc(d)ax(z)i

灌木为主,高度 1—3m,这一层真正的灌木主要有杜茎山(*Maesa japonica*)、柃木(*Eurya* sp.),它们均属于常绿革质的中小叶型灌木,除此以外,属于前述生活型的占数量最大的有虎皮楠、长柄楠、银木荷、杨桐、海南木五如等幼树,落叶纸质的中小型叶灌木有贵州杜鹃、紫杜鹃、荚蒾(*Viburnum* sp.)等,树冠不呈连续状分布。

第Ⅵ层 Hme(d)v(a,g)x(z)b(p)

草本、乔木和灌木的幼苗,高小于 1m,草本植物以常绿革质叶的狗脊(*Woordwordia japonica*)为主。此外,尚有镰叶瘤足蕨(*Plagiogyria distinotissima*)、光里白(*Hicriopteris laevissima*)等,常绿近革质的禾本科叶型草本有淡竹叶(*Lophatherum gracile*)、莎草(*Carex* sp.)和十字苔草(*Carex cruciata*),属于常绿革质中型叶的以虎皮楠、长柄楠、银木荷、润楠(*Machilus* sp.)、鼠刺、杜茎山等幼苗居多,落叶纸质的中小型叶幼苗有蜡瓣花、贵州杜鹃、紫杜鹃等,这一层很稀疏,局部成簇状分布。

第Ⅶ层 Lmeaxb

层外植物,高 1—3m,以缠绕小藤本植物为代表,攀援于小乔木和灌木上,有常绿革质中小型叶的流苏子(*Thysanospermum diffusum*)、南五味子(*Kadusura cocoinea*)等。

综上所述,杉木林在老龄阶段时,就整个外貌看来,已是一个常绿的针阔叶混交林了,层次参差几乎呈阶梯状连续,显然,无沦从其外貌或结构方面都是很不稳定的,从发展来看,这种局面将被打破,关于这一点在下节中将进一步讨论。

4 群落的发展和演替

杉木林处于老龄阶段,进一步发展如何?这个问题不仅对于研究杉木林的生长和发育规律来说是重要的,对研究杉木林天然更新和森林抚育问题,也是需要了解的。在研究森林群落的发展和演替时,将森林中各乔木树种分为若干大小等级(size class),从它们数量和分布均匀程度方面加以评定和分析,能比较客观地表示每一树种,在该森林中发展的过去、现在和将来的重要性[2],以及确定群落在植被演替中的地位[4]。从表5中所列举的47种全部乔木树种(不包括小乔木树种)5个等级的数量和频度分配情况来看,在立木中Ⅴ级大树的数量和频度方面,杉木均占有绝对的优势,其他能达到Ⅴ级大树等级的只有虎皮楠、蜡瓣花、银木荷、青山矾、山槐、罗浮柿等6种。而且,分布局限,数量很少,有的只是单株出现。这种情况表明目前杉木在群落中仍然是最优势的树种。但是,杉木在各个等级中并非正常发展,绝大部分都集中在Ⅳ、Ⅴ两级立木方面,Ⅲ级的数量很少(在 2000m² 上只有9株),都是呈被压状态的"小老头"树,生机很差,显然不能与正常发育的幼壮木(Ⅲ级)相提并论,再者,杉木的幼树和幼苗(Ⅰ—Ⅱ级)方面,2000m² 上只有1株Ⅱ级幼树,完全可以说没有更新。从这一点来看,除了反映出杉木是人工栽培起源的同龄林外,同时还可看出,杉木的发展前途在群落中只能维持一个短时期的优势,很快将被其他树种所替代。反观其它树种,虽然目前能达到V级大树者很少,然而幼苗、幼树和幼壮木的数量不乏,个别的像银木荷、虎皮楠、蜡瓣花等还能进入到V级树的等级,这些树种从发展趋势来看,将是继杉木后在群落中最先起着重要作用者。再如长柄楠、拟多脉柃、杨桐、润楠属一种和海南木五加等,它们除了缺乏V级大树外,其他各等级均有存在,而且发育颇为正常,幼苗和幼树的数量不乏,从群落的发展来看,也将成为今后群落中的重要成员种。黄丹和球果杜英幼苗幼树和Ⅲ级立木发育也均良好,表明它们在林冠下也能够获得正常的发展条件,在不久的将来,定能取得进展。另外,与上述情况相反,毛竹在群落中虽然不是全面分布,但在各大小等级中很集中,主要是以Ⅳ级占绝对优势,毛竹一般不能长成V级,故Ⅳ级已进入成熟阶段,而Ⅲ级少,Ⅰ—Ⅱ级没有发现,这说明毛竹目前在群落中已趋于衰亡,其空间将被其他新兴树种所替代。其他一些树种,从数量上和频度上来看,在各等级中的分布,也不呈现规律,而种类却不少,这种现象恰好反映出群落现状的不稳定性,证明杉木群落在现阶段的发展已接近末期。

表5 全部乔木树种5个等级的株数(D)和频度(F)*

树种	Ⅰ D	Ⅰ F%	Ⅱ D	Ⅱ F%	Ⅲ D	Ⅲ F%	Ⅳ D	Ⅳ F%	Ⅴ D	Ⅴ F%
杉木 Cunninghamia lanceolata	0	0	1	2.5	9	35.0	58	75.0	48	75.0
虎皮楠 Daphniphyllum glaucescens	941	73.8	101	35.0	22	40.0	2	10.0	1	5.0
蜡瓣花 Corylopsis sinensis	120	27.5	13	5.0	18	25.0	2	10.0	1	5.0
长柄楠 Machilus longipedicellata	82	20.0	9	10.0	8	30.0	2	10.0	0	0
银木荷 Schima argentea	10	7.5	24	17.5	7	25.0	1	5.0	2	10.0
润楠属种 Machilus sp.	30	20.0	8	10.0	4	10.0	1	5.0	0	0
拟多脉柃 Eurya pseudopolyneuera	20	17.5	3	7.5	12	20.0	7	15.0	0	0
毛竹 Phylostachys edulis	0	0	0	0	2	10.0	31	40.0	0	0
球果杜英 Elaeocarpus japonica	28	22.5	3	7.5	12	20.0	0	0	0	0
杨桐 Adinandra boekiena var. acutifolia	2	5.0	17	15.0	10	25.0	4	20.0	0	0
黄丹 Litsea elongate	19	15.0	5	7.5	4	10.0	0	0	0	0
拟赤杨 Alniphyllum fortunei	0	0	1	2.5	14	45.0	9	25.0	0	0
五列木 Pentaphylax rancemasa	2	2.5	0	0	17	30.0	3	5.0	0	0
海南木五加 Dendropanax hainanensis	1	2.5	14	12.5	5	20.0	2	5.0	0	0
华杜英 Elaeocarpus chinensis	6	10.0	8	10.0	0	0	2	10.0	0	0
山槐 Albizia kalkora	8	10.0	0	0	1	5.0	3	15.0	3	15.0
青山矾 Symplocos viridissima / 山矾属种 Symplocos sp.	4	7.5	5	10.0	6	10.0	5	25.0	5	25.0
马氏含笑 Michilia maudiae	2	2.5	5	7.5	6	20.0	0	0	0	0
威氏槭 Acer wilsoni	3	7.5	5	10.0	1	5.0	1	5.0	0	0
疏果鹅耳枥 Carpinus fargensii	3	5.0	0	0	3	10.0	2	5.0	0	0
冬青属一种 Hex sp.	2	5.0	2	5.0	2	10.0	1	5.0	0	0
白椎 Cstanopsis ealesii	6	7.5	1	2.5	0	0	0	0	0	0
腺叶野樱 Prunus phaeosticta	1	2.5	3	7.5	2	10.0	0	0	0	0
岭南槭 Acer tutcheri	0	0	0	0	3	10.0	3	10.0	0	0
铁冬青 Ilex rotunda / 小果冬青 Ilex micrococea	6	7.5	0	0	0	0	1	5.0	0	0

续表

树种	I D	I F%	II D	II F%	III D	III F%	IV D	IV F%	V D	V F%
苦枥木 Fraxinus retusa	0	0	1	2.5	3	15.0	1	5.0	0	0
青榨槭 Acer davidii	0	0	0	0	4	20.0	0	0	0	0
马尾树 Rhoipteica chiliantha	0	0	0	0	4	10.0	1	5.0	0	0
罗浮柿 Diospyros morrisimana	0	0	0	0	4	15.0	0	0	1	5.0
枫香 Liquidambar formosana	0	0	0	0	3	15.0	1	5.0	0	0
壳斗科一种 Fagaceae sp.	3	7.5	0	0	0	0	1	5.0	0	0
润楠属一种 Machilu sp.（?）	0	0	0	0	2	25.0	1	5.0	0	0
甜槠 Castanopsis cyrei	1	2.5	1	2.5	0	0	1	5.0	0	0
香港四照花 Dendrobenthumia hongkongensis	0	0	0	0	3	5.0	0	0	0	0
安息香属一种 styrax sp.	0	0	0	0	1	5.0	2	10.0	0	0
广西木莲 Manglietia renipes	2	5.0	1	2.5	0	0	0	0	0	0
君迁子 Diospyros lotus / 柿属一种 Diospyros sp.	0	0	0	0	2	5.0	0	0	0	0
黄杞 Engelhardtia chyrsolcpsis	0	0	1	2.5	1	5.0	0	0	0	0
木漆树 Rhus succedenea	0	0	2	5.0	0	0	0	0	0	0
水青冈 Fagus longipetiolata	1	2.5	0	0	0	0	0	0	0	0
光皮桦 Betuda cylindrostachya	0	0	0	0	0	0	5	0	0	0
费伯槭 Acer faberi	0	0	1	2.5	0	0	0	0	0	0
黄牛奶树 Symplocos laurina	1	2.5	0	0	0	0	0	0	0	0
龙胜槭 Acer lungshengensis	0	0	1	2.5	0	0	0	0	0	0
总计	1304		236		185		149		61	

* 根据 H. J. Lutz 的分级[8]

I 级:高度 <0.3m 的幼苗;II 级:高度 >0.3m 胸径不及 2.5cm 的幼树;III 级:胸径 2.5—7.5cm 的幼壮木或小径木;IV 级:胸径 7.5—22.5cm 的成长大树;V 级:胸径 >22.5cm 的大树或老树

一切事物的发展都是处在不断变化不断运动的过程中。森林群落也是如此。因此在甲群落发展的末期,必然的会有一些乙群落中的成员种出现,反过来,在乙群落形成的初期,也能见到少量的甲群落中的残余的成员种。显然,前者是进展的,而后者是衰退的,这是主要的两个方面,除此而外,尚有伴随着群落的发展,而出现的一部分随遇种或偶遇种,这些种在群落的发展的初期或末期最为明显,由于这个时期,林木与林木之间的关系,特别是种间生存竞争不如盛期那样剧烈,因而,它们能占有一定的空间定居下来。当然,它们在群落中的地位,必将随着群落的发展、环境的变化和生存竞争的加剧而改变,或者成为进展种,或者成为衰退种。从上述生态和动态的观点出发,将全部 47 种乔木树种,按其目前在群落中分配情况,加以归纳为下列几类。

(1) 进展种

即在群落中各等级呈连续分布,或至少是 I—III 级是呈连续分布的,而且,幼树(I + II + III 级)的数量大于立木(IV + V 级)数量者。计有 16 种:

虎皮楠 *Daphniphyllum glaucescens*	腺叶野樱 *Prunus phaeosticata*
银木荷 *Schima argentea*	海南木五加 *Dendropanax hainanensis*
长柄楠 *Machilus longipedicellata*	球果杜英 *Elaeocarpus japonica*
蜡瓣花 *Corylopsis sinensis*	马氏含笑 *Machilia maudiae*
拟多脉柃 *Eurya pseudopolyneuera*	青山矾 *Symplocos viridissima*
杨桐 *Adinandra boekiana* var. *acutifolia*	山矾属一种 *Symplocos* sp.
黄丹 *Litsea elongata*	威氏槭 *Acer wilsonii*
润楠属一种 *Machilus* sp.	冬青属一种 *Ilex* sp.

(2) 衰退种

与进展种的情况相反。即在群落中各等级虽呈连续分布，但各等级的数量由Ⅴ级到Ⅰ级顺次递减，或者各等级不呈连续分布，只有大树而缺乏幼苗幼树者。计有3种：杉木（*Cunninghamia lanceolata*）、岭南槭（*Acer tutcheri*）毛竹（*Phylostachys edulis*）。

(3) 随遇种

即在群落中各等级不呈连续分布，有一定的等级和数量，但趋势不显著者，计有18种：

拟赤杨 *Alniphyllum fortunei*	润楠属一种 *Machilus* sp.（？）
五列木 *Pentaphylax euryoides*	枫香 *Liquedambar formosana*
华杜英 *Elacocarpus chinensis*	壳斗科一种 *Fagacear* sp.
山槐 *Albizzia kolkora*	马尾树 *Rhoiptelea chiliantha*
疏果鹅耳枥 *Carptnus fargensit*	甜桐 *Castanopsis yrei*
铁冬青 *Ilex rotunda*	安息香属一种 *Siyrax* sp.
小果冬青 *Ilex micrococea*	黄杞 *Engelhardtia chrysolapsis*
苦枥木 *Fraxinus retusa*	白椎 *Castanopsis calesit*
罗浮柿 *Diospyros morrisimana*	广西木莲 *Manglietia tenipes*

(4) 偶遇种

即在群落中仅见单株，或数量很少，只集中在某一个等级中，频度很小者共计10种：

青榨槭 *Acer davidii*	水青冈 *Fagus longipctiolata*
香港四照花 *Dendrobenthamia hongkongensis*	君迁子 *Diospyros lotus*
光皮桦 *Betula cylindrostachya*	柿属一种 *Diospyros* ssp.
费柏槭 *Acer fabei*	木漆树 *Rhus succedenea*
黄牛奶树 *Symplocos lauriana*	龙胜槭 *Acer lungshengensis*

从上述分析中，对于杉木老龄林进一步发展的动向，可以认为必然是要被亚热带的阔叶树种所替代，从16个进展种来看，除了蜡瓣花和威氏槭是落叶阔叶树种外，其他14个乔木树种全部都是常绿阔叶树种，这些树种又是本地区典型的地带性植被照叶林中主要成员树种[4,5]。因此，目前杉木林是处在向亚热带照叶林发展的一个过渡林，真正的照叶林中杉木是没有地位的。正如何景教授所指出的，照叶乔木林在发育过程中，虽然可以混杂一部分落叶树种或常绿针叶树种，但达到安定期的照叶乔木林就不再含有这两种植物[5]。由此可见，指望在亚热带地区杉木林通过其自然下种更新来形成一片新的纯杉

---

* 刘慎谔．动态地植物学．中国科学院林业土壤研究所讲学稿，1963（资料）

木林,这种可能性是极少的。甚至在自然界似乎不容易生成杉木占优势的森林[5]。刘慎谔教授把杉木林看作是人为的"偏途顶极(disclimax)"*我们认为这是符合客观实际的解释。因此,发展杉木林,扩大杉木森林资源,指望天然下种更新是困难的,人工栽培定向培育是最有效的积极措施。

参考文献

[1] 石华,等. 广西花坪林区的土壤. 土壤通报,第2期,1964.

[2] 曲仲湘,文振旺,朱克贵. 南京灵谷寺森林现况的分析. 植物学报,1,1. 1952.

[3] 曲仲湘,文振旺. 南京栖霞山林木现状的观察. 复旦大学学报(自然科学版),第1期,1955.

[4] 陈彦卓,宋永昌. 关于中国亚热带植被研究的某些主要问题. 植物生态学和地植物学丛刊,1(1-2),1963.

[5] 何景. 福建植物区域和植物群落. 中国科学,2(2). 1951.

[6] Б. А. 贝可夫. 地植物学,1953. 傅子祯译,1957.

[7] Dansereau, P.. Description and recording of Vegetations upon a structural basis. Ecology, 1951, 32, 2, 172-229.

[8] Lutz, H. J. The vegetation of hearts eontent, A virgin Forest in northwestern Pennsylania. Ecology, 1930, 11, 1, 1-29.

杉木人工林生物产量的研究*

桃源是全国绿化造林的先进县,近十余年来,共营造了17.6万亩杉木人工林(到1987年底),为建设用材林基地打下了有利的基础。丘陵地区栽杉有没有前途,能否成林成材,这是当前大家十分关注的问题。为此我们先后在桃源南部山区和中、北部红壤丘陵区对以杉木为主的人工林生态系统的生物量作了重点的研究,共设置各种人工林样地53块,伐倒标准木100株。本文是在上述考察所获得资料的基础上,从生态学的角度来探讨杉木人工林生态系统生物生产力的现状、潜力及其提高生产力的途径,为合理地利用自然条件和土地资源,营造速生丰产林提供科学依据。

1 研究方法

测定人工林生态系统生物量,最主要是要准确地测定某一间隔时期内森林群落中包括乔木、灌木、草本地被植物和枯枝落叶各层现存量(Standing Crop)的干物质增长量。

测定乔木层生物量时,首先在各种类型的林地上设立样地,进行每木调查,根据林木径级分配序列,按各径级选取1—2株标准木,伐倒后用"分层切割法(Monsi 1953)测定林木各器官的鲜重,采集各器官部分的样品置于干燥箱内,保持80℃的恒温,烘至恒重并计算出各部分的干重和含水量。将各径级立木的各器官部分的干重相加,即得各径级的单株干物质生物量(W'),再乘以单位面积上各径级的株数(n),总计起来就得到单位面积乔木层的总生物量(W)。

$$V = \sum (W'n) \tag{1}$$

同样,单位面积上立木的蓄积量(V)是根据(2)式计算的,为各径级单株立木实测的蓄积量。

$$V = \sum (V'n) \tag{2}$$

在不伐倒标准的样地上(non-destructive plots),采用"相对生长量测定法"(Allometric melhod),即利用不同类型样地上各径级伐倒木的各器官部分的生物量或蓄积量与测树学指标胸径(d^2)×树高(h)之间存在着幂函数的相关关系,即:

$$y = a(d^2h)^b \tag{3}$$

(3)式用对数表示为

$$\log y = b \cdot \log(d^2h) + \log a \tag{4}$$

用最小二乘法原理配置各种对数回归方程,求出(4)式中 a、b 参数,在按林分中每木调查资料,推算 y 值。兹将桃源各主要杉木人工林类型立木蓄积量与各器官部分的生物量和胸径平方乘以树高之积(d^2h)对数回归方程列于杉表1。由杉表1中得知,所配置的各类杉木干、枝、叶、根和蓄积量的回归方程,相关性显著,$r = 0.90—0.99$,按对数回归方

原载于:桃源综合考察报告集. 湖南科技出版社,1980,322-333.

*报告编写人:冯宗炜.

杉表1 桃源各主要杉木人工林类型各器官部分生物量和材积的回归方程

地区	类型	林龄(a)	分量	回归方程	相关系数 r	幅度 x	幅度 y	精度 P (%)
中低山区	山坡型（一般栽培管理）	7	材积	$\log V = 0.6869 \log d^2 h - 3.5958$	0.96	$d:3-8$	$h:2.8-4.7$	$0.002-0.013$	96.5
		7	干	$\log W_s = 0.5778 \log d^2 h - 0.9131$	0.99	$d:3-8$	$h:2.8-4.7$	$0.7-3.3$	97.0
		7	枝	$\log W_b = 0.4203 \log d^2 h - 0.8575$	0.95	$d:3-8$	$h:2.8-4.7$	$0.5-1.5$	98.7
		7	叶	$\log W_l = 0.4235 \log d^2 h - 0.6151$	0.99	$d:3-8$	$h:2.8-4.7$	$0.9-2.7$	98.8
		7	根	$\log W_r = 0.4910 \log d^2 h - 0.8866$	0.96	$d:3-8$	$h:2.8-4.7$	$0.6-2.0$	99.0
		14	材积	$\log V = 0.8647 \log d^2 h - 3.9219$	0.98	$d:6-18$	$h:3.8-9.9$	$0.009-0.129$	98.8
		14	干	$\log W_s = 0.7912 \log d^2 h - 1.2571$	0.99	$d:6-18$	$h:3.8-9.9$	$3.2-32.9$	99.1
		14	枝	$\log W_b = 0.9058 \log d^2 h - 2.2137$	0.98	$d:6-18$	$h:3.8-9.9$	$0.6-9.2$	95.3
		14	叶	$\log W_l = 0.9049 \log d^2 h - 2.2617$	0.98	$d:6-18$	$h:3.8-9.9$	$0.6-8.1$	95.4
		4	根	$\log W_r = 0.7586 \log d^2 h - 1.4737$	0.97	$d:6-18$	$h:3.8-9.9$	$1.6-15.4$	97.8
		19	材积	$\log V = 0.9189 \log d^2 h - 4.1047$	0.99	$d:8-18$	$h:8.5-12.2$	$0.026-0.159$	96.6
		19	干	$\log W_s = 0.8195 \log d^2 h - 1.2771$	0.99	$d:8-18$	$h:8.5-12.2$	$9.2-46.8$	97.4
		19	枝	$\log W_b = 1.1164 \log d^2 h - 3.2202$	0.98	$d:8-18$	$h:8.5-12.2$	$0.9-9.4$	95.2
		19	叶	$\log W_l = 0.7438 \log d^2 h - 1.6475$	0.91	$d:8-18$	$h:8.5-12.2$	$2.4-10.7$	93.4
		19	根	$\log W_r = 0.8851 \log d^2 h - 2.011$	0.94	$d:8-18$	$h:8.5-12.2$	$2.6-14.9$	92.1
	山坡型（一般栽培管理）	21	材积	$\log V = 0.8972 \log d^2 h - 4.0142$	0.99	$d:4-18$	$h:5-13.0$	$0.005-0.173$	98.5
		21	干	$\log W_s = 0.8307 \log d^2 h - 1.2254$	0.99	$d:4-18$	$h:5-13.0$	$2.3-61.0$	98.2
		21	枝	$\log W_b = 0.9846 \log d^2 h - 2.6164$	0.98	$d:4-18$	$h:5-13.0$	$0.2-9.0$	95.2
		21	叶	$\log W_l = 0.7311 \log d^2 h - 1.9181$	0.99	$d:4-18$	$h:5-13.0$	$0.3-5.4$	95.8
		21	根	$\log W_r = 0.5619 \log d^2 h - 1.0824$	0.92	$d:4-18$	$h:5-13.0$	$0.9-9.0$	95.0
低山区	山凹型（一般栽培管理）	21	材积	$\log V = 0.9978 \log d^2 h - 4.3514$	0.99	$d:7-18$	$h:8.5-15.1$	$0.018-0.214$	98.1
		21	干	$\log W_s = 0.9055 \log d^2 h - 1.4592$	0.99	$d:7-18$	$h:8.5-15.1$	$8.2-76.1$	89.6
		21	枝	$\log W_b = 1.4023 \log d^2 h - 4.1049$	0.99	$d:7-18$	$h:8.5-15.1$	$0.4-11.7$	81.1
		21	叶	$\log W_l = 1.0163 \log d^2 h - 2.8921$	0.99	$d:7-18$	$h:8.5-15.1$	$0.6-7.2$	99.2
		21	根	$\log W_r = 1.0345 \log d^2 h - 2.5383$	0.99	$d:7-18$	$h:8.5-15.1$	$1.5-19.00$	96.7

续杉表 1

地区	类型	林龄(a)	分量	回归方程	相关系数 r	幅度 x		幅幅度 y	精度 P(%)
丘陵区	山脊型(集约栽培管理)	7—8	材积	$\log V = 0.8768\log d^2h - 4.0390$	0.99	$d:4—10$	$h:4.1—7.7$	0.004—0.031	98.9
		7—8	干	$\log W_s = 0.79880\log d^2h - 1.3441$	0.99	$d:4—10$	$h:4.1—7.7$	1.3—9.1	97.7
		7—8	枝	$\log W_b = 0.6302\log d^2h - 1.3633$	0.96	$d:4—10$	$h:4.1—7.7$	0.6—2.9	96.9
		7—8	叶	$\log W_l = 0.6594\log d^2h - 1.4031$	0.98	$d:4—10$	$h:4.1—7.7$	0.6—3.2	97.0
		7—8	根	$\log W_r = 0.5639\log d^2h - 1.1026$	0.92	$d:4—10$	$h:4.1—7.7$	0.8—3.4	96.1
丘陵区	山坡型(集约栽培管理)	7—8	材积	$\log V = 0.8735\log d^2h - 4.0178$	0.99	$d:6—12$	$h:5.7—8.7$	0.009—0.048	95.4
		7—8	干	$\log W_s = 0.8400\log d^2h - 1.3605$	0.98	$d:6—12$	$h:5.7—8.7$	3.5—17.5	99.1
		7—8	枝	$\log W_b = 0.7895\log d^2h - 1.7476$	0.93	$d:6—12$	$h:5.7—8.7$	1.1—5.0	98.6
		7—8	叶	$\log W_l = 0.7451\log d^2h - 1.5507$	0.90	$d:6—12$	$h:5.7—8.7$	1.4—5.7	98.7
		7—8	根	$\log W_r = 0.5232\log d^2h - 0.9864$	0.77	$d:6—12$	$h:5.7—8.7$	1.6—4.3	98.1
丘陵区	山凹型(集约栽培管理)	7—8	材积	$\log V = 0.9259\log d^2h - 4.1675$	0.99	$d:8—14$	$h:7.5—9.2$	0.021—0.070	96.5
		7—8	干	$\log W_s = 0.8378\log d^2h - 1.3302$	0.99	$d:8—14$	$h:7.5—9.2$	8.2—25.0	97.5
		7—8	枝	$\log W_b = 0.4525\log d^2h - 0.7122$	0.96	$d:8—14$	$h:7.5—9.2$	3.2—5.8	94.3
		7—8	叶	$\log W_l = 0.5371\log d^2h - 0.8918$	0.92	$d:8—14$	$h:7.5—9.2$	3.5—7.2	90.7
		7—8	根	$\log W_r = 0.7275\log d^2h - 1.5362$	0.99	$d:8—14$	$h:7.5—9.2$	2.6—6.8	94.6
丘陵区	山坡型(集约栽培管理)	7	材积	$\log V = 0.8782\log d^2h - 4.0203$	0.99	$d:8—14$	$h:7.1—9.1$	0.021—0.068	96.5
		7	干	$\log W_s = 0.7197\log d^2h - 1.073$	0.99	$d:8—14$	$h:7.1—9.1$	6.9—18.5	97.3
		7	枝	$\log W_b = 0.7758\log d^2h - 1.9206$	0.97	$d:8—14$	$h:7.1—9.1$	1.4—4.0	90.2
		7	叶	$\log W_l = 0.7739\log d^2h - 1.7822$	0.97	$d:8—14$	$h:7.1—9.1$	1.9—5.4	90.3
		7	根	$\log W_r = 0.9161\log d^2h - 2.1925$	0.98	$d:8—14$	$h:7.1—9.1$	1.7—6.1	89.8
丘陵区	山麓型(集约栽培管理)	15	材积	$\log V = 0.9354\log d^2h - 4.1611$	0.99	$d:5—17$	$h:5.2—13.8$	0.007—0.166	98.9
		15	干	$\log W_s = 0.84431\log d^2h - 1.3374$	0.99	$d:5—17$	$h:5.2—13.8$	2.8—51.8	97.7
		15	枝	$\log W_b = 0.8594\log d^2h - 2.0245$	0.99	$d:5—17$	$h:5.2—13.8$	0.6—12.1	97.7
		15	叶	$\log W_l = 0.8657\log d^2h - 2.0219$	0.99	$d:5—17$	$h:5.2—13.8$	0.6—12.8	97.8
		15	根	$\log W_r = 0.8824\log d^2h - 1.9412$	0.99	$d:5—17$	$h:5.2—13.8$	0.8—17.7	95.7

程计算出来的各器官生物量的理论值与实测值之间,除极个别情况外,其精度都在90%以上(按95%可靠性水准)而按对数回归方程计算出来的林分生物量的理论值与实测值之间相比,其精度都在95%以上(按可靠性95%水准)。

为了确定各林分的叶面积指数,需要测定单位叶重的叶面积,可按下式计算:

$$S = W_{lf} \cdot S_0 \tag{5}$$

(5)式中S为林地叶面积(m^2),W_{lf}为林地叶子总鲜重(kg),S_0为每公斤鲜叶重的叶面积(m^2/kg)。实测叶面积的步骤是,从样地各径级标准木上,按树冠不同层次(上、中、下)和方向,采集一定数量的鲜叶,平铺于方格计算纸上描绘叶面积,计算出单位重量的叶面积(m^2kg),然后乘以各径级的鲜叶重,即得各径级林木的叶面积,再乘以各径级的株数,并相加即得全林地的叶面积。

灌木层的生物量测定是在样地内按对角线或品字形设置2m×2m样方4—5块,伐倒进行实测称重。草本地被植物层的生物量测定是在灌木调查的各样方中选取1/4面积(1m×1m)的小样方,将小样方内的枯枝落叶等凋落物用布袋或塑料袋收集并称重。将各样方中的灌木、草本地被物和枯枝落叶等分别采取样品,烘干至恒重并换算成为单位面积的生物重量。

2 杉木人工林的生物量及其分配规律

森林中绿色植物包括乔木、灌木和草本地被物等在单位面积上通过同化器官进行光合作用所积累的有机物质数量即生物量(Biomass),如前所述。我国亚热带杉木人工林是在人为高度控制下所形成的。因此了解在不同栽培管理水平下,在不同地域内相同或不同立地条件森林的生物量及其变化规律,乃是定量地研究杉木人工林生态系统中物质与能量循环的基础。

根据在桃源和南方杉木林区的调查,当前,由于各地自然条件,社会经济条件和木材供需情况的不一,栽培管理水平相差很大,一般来说山区比较粗放,丘陵区比较集约,大致可归纳成3种情况:

(1)一般栽培管理 全垦整地,挖穴造林,林粮间作2—3年。郁闭前每年除草抚育1—2次,郁闭后基本上不管理。

(2)集约栽培管理 全垦整地,挖大穴造林,施少量有机肥料,林粮间作1—2年,郁闭后每年深挖除草抚育1—2次,并追施氮、磷肥,近郁闭或郁闭后,撩壕抚育。

(3)高标准栽培管理 全垦撩壕地成梯土或换客土造林,施基肥(有机肥或化肥),林粮间作1—2年,每年除草松土2—3次,追施化肥,近郁闭或郁闭后,撩壕抚育。

2.1 一般栽培管理水平,杉木中、近熟林的生物量

如杉表2所示,不同地域类型杉木中、近熟林的生物量丘陵地区,条件良好的杉木林每公顷为102.5t,只相当于山地中等立地条件分的水平。山区立地条件良好的林分每公顷可达150—170t,中等立地条件的林分每公顷可达100—135t,中(低)山区由于海拔较高(600—700m),且多孤山突起,风大,气温低,由于杉木受风害和冰冻影响,产量显然不如低山区。丘陵区由于立地条件受小地形的影响,相同林龄处于不同坡位的林分,各器官部分的生物量相差悬殊,几乎达1倍左右,关于这方面的问题下面将还要讨论。杉表3为不同地域类型杉木中、近熟林(乔木层)生物量的分配情况,可以看出,丘陵区和中低山

杉表2 不同地域类型(一般栽培管理)杉木林中、近熟林的生物量(干物重)

地域类型	立地条件	林龄(a)	密度(株/hm²)	单株立木(kg/株) 干	枝	叶	果	根	合计	单株蓄积(m³)	林分(t/hm²) 干	枝	叶	果	根	合计	林分蓄积(m³)	灌木层(t/hm²)	草本层(t/hm²)	枯枝落叶层(t/hm²)	总计(t/hm²)
丘陵	丘顶部(差)	15	3000	10.52	1.98	2.00	0.02	2.91	17.47	0.0305	31.6	5.9	6.0	0.1	8.7	52.3	91.5	0.3*	1.3*	1.1*	55.0
	坡麓(良)	15	3150	17.14	3.94	4.57	0.10	5.97	31.72	0.0511	54.0	12.4	14.4	0.3	18.8	99.9	161.0	0.5*	1.0*	1.1*	102.6
中(低)山, 低山	山坡中部(中)	14	4500	9.27	2.30	2.05	3.30	4.49	18.41	0.0335	41.7	10.3	9.2	1.4	20.2	82.8	151.0		0.3	13.2	96.3
	山坡中中下部(良)	19	4500	16.12	3.81	3.96	0.19	4.80	28.88	0.0495	72.5	17.1	17.8	0.9	21.7	130.0	223.0			22.5	152.5
	山坡中部(中)	21	3750	22.37	2.93	2.15	0.14	4.53	32.39	0.0555	83.9	11.0	8.0	1.5	16.9	121.4	208.0	1.6*	0.5*	1.2	135.7
	山凹(良)	21	3100	35.48	4.70	3.23	0.67	8.14	52.22	0.0922	110.0	14.6	10.0	2.1	25.2	161.9	286.0	0.1*	1.3*	5.4	168.7

* 丘陵区和低山区受人为砍樵影响,一般数字偏低

杉表3 不同地域类型(一般栽培管理)林木中、近熟林生物量分配

地域类型	立地条件	林龄(a)	密度(株/hm²)	总生物量(t/hm²)	各成分生物量分配(%) 干	枝	叶	果	根
丘陵	丘顶部	15	3000	52.3	60.4	11.3	11.5	0.2	16.6
	坡麓	15	3150	99.9	54.1	12.4	14.4	0.3	18.8
中低山	山坡中部	14	4500	82.8	50.4	12.4	11.1	1.7	24.4
	山坡中下部	19	4500	130.0	55.8	13.2	13.7	0.7	16.6
低山	山坡中部	21	3750	121.4	67.9	9.0	6.2	1.3	15.6
	山凹	21	3100	161.9	69.4	8.7	6.6	1.2	14.1

区林木地上部分枝、叶生物量的百分率比低山区为高,而干材生物量的百分率比低山区为低,这种同化物质分配的情况与环境有密切的联系,低山区干材生物量的百分率高,枝叶生物量的百分率低,对培育用材林来说乃是最适宜的环境。

2.2 集约栽培管理水平下,杉木林的生物量

这里讲的集约栽培管理主要是指在交通方便,人口密度较大的丘陵区新发展的用材林基地。

2.2.1 立地条件与杉木林的生物量(杉表4)

杉表4　丘陵区(集约栽培管理)和山区(一般栽培管理)不同立地条件7年生林分的生物量

地区	类型	平均值及幅度	树高(m)	胸径(cm)	蓄积量(m³/hm²)	总生物量(t/hm²)	干	枝	叶	果	根	枯枝叶	样地数量
丘陵区	山凹型和山麓形	平均值	7.4	9.6	115.5	81.6	39.6	11.6	13.6	0.2	12.7	3.9	8
			5.7	6.8	98.1	61.4	32.1	6.7	9.2	0.0	9.6	0.0	
		幅度	8.6	13.3	146.2	106.3	50.6	19.7	21.0	1.1	15.7	7.7	
	山坡型	平均值	6.7	8.1	82.8	63.4	30.6	9.2	11.0	0.4	10.2	2.0	5
			5.1	6.7	59.4	44.1	21.9	6.6	7.8	0.02	7.3	0.0	
		幅度	7.5	9.6	128.2	92.7	46.8	13.8	16.2	1.0	13.9	3.8	
	山脊型	平均值	5.5	7.3	49.5	36.7	15.2	5.2	5.4	0.7	7.4	1.3	5
			4.3	4.7	32.5	30.1	11.2	4.6	4.7	0.3	6.4	0.0	
		幅度	7.5	11.5	78.4	43.4	21.8	5.7	6.1	1.0	10.2	3.1	
中低山区	山坡型		4.0	5.4	16.6	25.2	8.1	2.6	4.6		3.4	6.5(草本地被物)	牯牛山—3

在集约栽培管理水平下,丘陵区7年的杉木林在立地条件良好的山凹和山麓型最高,平均每公顷生物量达81.6t,立地条件中等的山坡型次之,为63.4t,立地条件较差的山脊型最低,仅36.7t。干材生物量也随立地条件的下降而减少,山凹和山麓型平均每公顷为39.6t,山坡型为30.6t,而山脊型仅15.2t。山凹和山麓型与山脊型相比,无论是总生物量或地上部分各器官的和林分蓄积量,两者相差均达1倍以上,其中干材生物量和果实生物量相差最大,前者为+1.65,后者为-2.5倍。丘陵区集约栽培管理的林分,不管立地条件如何,都远远超过山区一般栽培管理水平中下等立地条件的同龄林分。如杉表4所示,山区山坡型7年生林分每公顷的总生物量仅25.2,每公顷干材生物量只有8.1t,由杉表2、杉表5及杉表4中的数字比较,丘陵区集约栽培管理水平下,山坡型,山凹和山麓型的7年生杉木林的平均总生物量与山区一般栽培管理水平的14年生林分期接近,个别林分甚至还要超过。由杉表5中生物量的分配百分率来看,丘陵区7年生杉木林由于正处于速生阶段,因而不同立地条件杉木林干材生物量的百分率很接近,都在43%—48%之间,与山区山坡中等立地条件14年生的杉木林干材生物量50.3%的数字也很接近。由此可见,尽管丘陵区的气候与土壤条件对杉木生长来说不如山区,但是如选择适当的小地形如山凹或山麓,并通过人为的耕作和管理,加强培育,是可能促进林木良好的生长,缩短或成材年限,并大幅度提高林分的总生物量的。

杉表5 丘陵区(集约栽培管理)不同立地条件7年生林分生物量分配情况

类型	平均值及幅度	总生物量 (t/hm²)	各成分生物量分配百分率(%)						样地数量
			干	枝	叶	果	根	枯枝叶	
山凹型和山麓型	平均值	81.6	48.6	14.2	16.6	0.2	15.6	4.8	8
	幅度	61.4	44.7	10.6	14.4	0.0	14.5	0.0	
		106.3	52.2	18.5	19.7	1.8	17.4	9.07	
山坡型	平均值	63.4	48.2	14.4	17.3	0.7	16.2	3.2	5
	幅度	44.1	45.5	14.0	17.0	0.02	15.0	0.0	
		92.7	50.4	14.9	17.8	1.79	18.0	5.82	
山脊型	平均值	35.2	43.3	14.8	15.3	1.9	21.1	3.6	5
	幅度	30.1	38.7	12.3	10.9	0.9	17.7	0.0	
		43.4	50.2	17.0	17.8	2.6	24.3	8.2	

2.2.2 造林密度与杉木林的生物量

造林密度的大小直接影响到人工林群体结构和光能利用,合理的造林密度应能充分利用光能和地力,保证林分(群体)和林内各株树木(个体)都能获得比较良好的发展。加速生长达到速生丰产的目的。

如杉表6所示,在丘陵区集约栽培管理水平下,相同立地条件(山坡型)7年生的郁闭林分,随着造林密度由3 000增加到7 500株,林分的总生物量和材积生长量随着密度的增加而递增,每公顷3 000株的林分,总生物量和蓄积量分别为44.1t和59.6m³,每公顷7500株的林分,总生物量和蓄积量则分别为82.2t和98.1m³,而林分中平均单株立木的生物量和蓄积量则随密度的增加而趋于减小,以每公顷3 600株的林分为最高,平均单株生物量达15.39kg,平均单株蓄积量为0.01992m³。以林木各成分生物量的分配情况来看(杉表7),密度愈大的林分,它的干材生物量百分率愈小,枯枝叶量愈大;而密度愈小的林分的干材生物量百分率愈大,枝、叶、果实的生物量百分率也愈大。可见从培育用材林来说,不能单纯地追求个体的生物量或者群体的生物量愈大就愈好。丘陵区从经济而有效地利用光能和地力,提高干材生物量和总生物量,以及改善材种品质等综合来看,7年生的郁闭林分每公顷保持4 500株左右的密度,无论对群体或个体来说,都能保持较高的产量水平。而每公顷7 500株的林分,当前林木个体之间矛盾已经加剧,极需通过抚育间伐人为地加以调控。

杉表6 丘陵区山坡型(集约栽培管理)不同密度7年生杉木林的生物量和蓄积量

密度 (株/hm²)	树高 (m)	胸径 (cm)	蓄积量 (m³)	叶面积指数 (m²/m²)	总生物量 (t/hm²)	各成分生物量 (t/hm²)					
						干	枝	叶	果	根	枯枝叶
7500	6.05	6.8	98.1 (0.01308)	10.3	82.2 (10.90)	36.8 (4.90)	11.3 (1.51)	13.8 (1.84)		14.3 (1.91)	6.1 (0.81)
4500	6.60	7.8	82.9 (0.01842)	3.4	65.8 (14.62)	30.8 (6.84)	9.3 (2.07)	11.2 (2.49)	0.07 (0.02)	10.6 (2.36)	3.8 (0.84)
3600	6.75	8.2	71.9 (0.01992)	7.2	55.4 (15.39)	26.4 (7.33)	7.9 (2.19)	9.5 (2.64)	1.00 (0.28)	8.9 (2.47)	1.8 (0.50)
3000	6.75	8.1	59.6 (0.01989)	6.5	44.1 (14.90)	21.9 (7.30)	6.6 (2.20)	7.9 (2.68)	0.5 (0.31)	7.3 (2.43)	

杉表7　丘陵区山坡型（集约栽培管理）不同密度7年生杉木林分生物量分配情况

密度 （株/hm²）	各成分生物量分配百分率（%）						合计
	干	枝	叶	果	根	枯枝叶	
7500	44.7	13.7	16.8		17.4	7.4	100
4500	46.8	14.1	17.0	0.10	16.2	5.8	100
3600	47.7	14.3	17.2	1.80	16.1	3.2	100
8000	49.6	14.9	17.9	1.10	16.5		100

2.2.3 高标准栽培管理下杉木林的生物量

在桃源这类杉木林数量不多，一般都是小面积实验林，根据我们在同一地点相邻的两块样地测定的结果（杉表8），可以看出采用高标准栽培管理的杉木林，林分总生物量和干材、根系以及枯枝落叶的生物量都比一般集约栽培管理的同龄杉木林要高，两者相比林分总生物量要高10%—42%，干材生物量高22%—31%，根系生物量高10%—46%，枯枝落叶生物量高50%—200%。同样，林分的蓄积量也相应地增高44%—53%。上述情况表明，即使是在目前比较集约栽培管理的情况下，通过高标准管理，特别是在改土措施方面下功夫，增产潜力还是大有可挖的。

杉表8　丘陵区（山坡型）高标准栽培管理与一般栽培管理杉木人工林蓄积量与林分生物量比较

栽培 管理水平	编号	林龄 (a)	密度 （株/hm²）	蓄积量 （m³）	林分生物量（t/hm²）						
					干	枝	叶	果	根	枯枝叶	合计
高标准	老井—1	7	2565	146.2	10.7	8.7	11.8		12.9	7.5	81.6
集约	老井—2	7	3000	101.5	1.0	6.4	8.7		8.8	2.5	57.4
高标准	基隆—3	7	2565	110.0	32.1	6.7	9.2	1.1	9.7	2.7	61.5
集约	基隆—1	7	3000	71.7	26.4	7.9	9.5	1.0	8.8	1.8	55.4

3 杉木人工林的生物生产力

衡量人工林生物生产力的高低不应以林分总生物量的多少，而应以净生产量（Net Production）的多少为准，净生产量或净第一性生产（ΔP_N，Net Primary Production）是每年林木通过光合作用所产生的有机物质，除去呼吸作用所消耗的部分，即单位时间内净干物质生产量。

$$\Delta P_N = Y_N + \Delta L_N + \Delta G_N$$

Y_N：在$T_1—T_2$的期间植物的生长量；

ΔL_N：植物凋落物及枯损物量；

ΔG_N：被动物所吃掉的植物量。

在人为活动频繁，受干扰大的人工林中，植物凋落物及枯损物量（ΔL_N）一般都被作为烧柴拿走，灌木和草本植物也收到不同程度的破坏，而被动物所吃掉的植物量（ΔG_N），需专门定位观测才能测得。为此，文中参照藤森等（1976）的意见，改用（6）式来估算。

$$\Delta P_N = Y_{Ns} + Y_{Nb} + Y_{Nl} + Y_{Nr} \tag{6}$$

Y_{Ns}，Y_{Nb}，Y_{Nl}，Y_{Nr}分别为年平均树干、枝、叶和根系的增长量。一般来说，用（6）式进行的估算的净生产量，与实际情况相比要偏低一些，这是需加说明的。

3.1 叶面积指数与净生产量

树木通过叶片细胞里的叶绿体吸取太阳能进行光合作用，把从周围环境中摄取的CO_2、水分和无机营养物质合成碳水化合物,转运到各器官中,把太阳能转化为化学能贮存起来。因此,叶面积指数(LAI)即单位面积上叶子的总面积与其土地面积之比,与林分的产量有着密切的关系。根据我们对桃源丘陵区 7 年生杉木林 18 块样地上杉木叶面积指数与林木净生产量之间的分析,发现两者之间呈直线相关,并以(7)式的直线回归方程来表示:

$$y = 1.1550 + 0.9173x \tag{7}$$

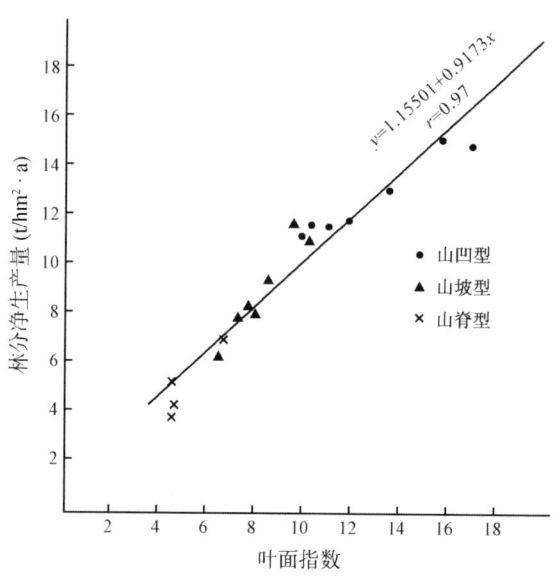

叶面积指数与林分净生产量的关系

它们之间的相关系数极显著 $r = 0.97$,其实测值与理论之间(按 95% 可靠性水准),估测精度达 99.73%。由此说明这种线形关系是客观存在的,证明增加林地叶面积指数是提高杉木林生产力的一个重要途径。但是林地面积指数与立地条件,群体结构和认为栽培管理措施有着密切的联系。从前面密度与生物量分析中可以看出,密度愈大,叶面积指数也愈大,林木的总生物量和净生产量也愈高,但林木的直径和单株材积却下降。因此从培育杉木用材林来看,为经济而有效地利用光能和地力,确保群体和个体又能获得较好的发展,对丘陵区一般山坡型集约栽培管理的 7 年生林分,叶面积株数应保持在 8.0—8.5 左右为宜。

3.2 研究地区杉木人工林与国内外同类林分净生产量的比较

由杉表 9 中看出,在一般栽培管理水平下,杉木人工林林分的净生产量是 2.30—7.30 (t/hm²·a),其中,杉木中、近熟林分的净生产量是 3.5—7.3(t/hm²·a),干材的净生物量是 2.10—5.0(t/hm²·a),枝叶的净生产量相差甚少,约占 0.4—1.0(t/hm²·a),根系的净生产量是 0.6—1.4(t/hm²·a)。

而在丘陵区集约管理水平下的 7 年生杉木人工林的净生产量与一般栽培管理水平下的杉木人工林相比,有较大幅度的提高,林分的净生产量是 4.7—11.0(t/hm²·a),接近和超过山区近熟林 5.5—7.3(t/hm²·a)的水平。桃源丘陵区在立地条件中等的山坡型也达到 8.71 (t/hm²·a)(杉表 10),比国内丘陵区高水平的朱亭林区立地条件良好的同龄林分高出 2.50—0.14(t/hm²·a),其至与杉木中心产区湖南会同 11 年的林分相比,山凹型高出 1.18(t/hm² · a),山坡型高出 2.28(t/hm² · a),与日本奈良郁杉相比,桃源的山凹型的林分也要高出 2.25(t/hm² · a)。

杉表9　桃源一般栽培管理水平的杉木人工林净生长量

地域类型	立地条件	林龄(a)	林分净生产量(t/hm²·a)	各成分净生产量 (t/hm²·a) 干	枝	叶	根
丘陵	丘顶部	15	3.47	2.10	0.39	0.40	0.58
丘陵	坡麓	15	6.64	3.60	0.83	0.96	1.25
中(低)山	山坡中部	7	2.32	0.74	0.40	0.67	0.51
中(低)山	山坡中部	14	5.82	2.98	0.74	0.66	1.44
中(低)山	山坡中下部	19	6.80	3.82	0.90	0.94	1.14
低山	山坡	21	5.44	3.81	0.50	0.36	0.77
低山	山凹	21	7.26	5.00	0.66	0.45	1.15

杉表10　桃源丘陵区集约栽培管理水平的杉木人工林与国内外同类林分净生产量比较

地区	立地条件	林龄(a)	净生产量(t/hm²·a)	各成分净生产量 (t/hm²·a) 干	枝	叶	根	样地数
桃源	山凹(良)	7	11.07	5.66	1.66	1.94	1.81	8
桃源	山坡(中)	7	8.71	4.37	1.31	1.57	1.46	5
桃源	山脊(差)	7	4.73	2.17	0.74	0.77	1.05	5
朱亭*	良	7	8.57	4.01	1.29	1.73	1.54	
朱亭*	差	7	6.51	2.97	0.98	1.39	1.17	
会同*	山脊(良)	11	9.89	5.78	0.92	0.92	2.27	
会同*	山坡(中)	11	6.43	3.54	0.65	0.72	1.52	
日本奈良**	柳杉林	11	8.82	4.82	0.51	1.89	1.60	

* 引自潘维俦(1978),** 引自 Kawanabe 等(1975)

应该指出杉木中心产区会同速生阶段林分与桃源丘陵区速生阶段林分相比,树干和根系的净生产量高,枝叶的净生产量要低,这说明会同的气候、土壤条件比桃源丘陵区为优,自然整枝好,出材量高,这一点是桃源不能比拟的。桃源丘陵区在自然条件较差的情况下,能达到目前这样高的生产量,充分说明人工林生态系统中人是最积极和活跃的因素。

4　结论

(1)杉木人工林和农田生态系统一样,都是人类在认识自然规律的基础上,根据人们的生产需要,通过人为高度控制所形成的人工生态系统。因此,研究不同栽培管理水平下,森林的生物量及其变化规律,乃是定量地研究人工林生态系统中物质与能量循环的必不可少的基础。

(2)在一般栽培管理水平下,杉木中、近熟林的生物量和净生产量,山区比丘陵区为高,山区又以低山区比中低山区为高,山区干材生物量百分率高,枝叶生物量百分率低,出材率高,说明山区的气候、土壤条件,对杉木生长比丘陵区要好,自然生产力高。

(3)在集约栽培管理水平下,丘陵区的杉木林生物量可以大幅度提高,以 7 年生杉木为例,丘陵区山凹和山麓型林分每公顷总生物量达 81.6t,山坡型达 63.4t,分别为山区一般栽培管理水平下,山坡型同年林分的 323.8% 和 255.2%。

(4)在桃源丘陵区集约栽培管理下,林木的生物生产力比国内外同类水平的林分要高,桃源为 11.07(t/hm² · a),朱亭为 8.57(t/hm² · a),会同为 9.89(t/hm² · a),日本奈良县郁杉林为 8.82(t/hm² · a)。

(5)丘陵区杉木林目前的生产力还是可以提高的,在立地条件中等的山坡型通过高标准栽培管理(撩壕整地,改土施肥等)后,林分的总生物量可增加 10%—42%,干材生物量增加 22%—31%,木材蓄积量增加 44%—53%。

(6)丘陵区相同立地条件 7 年生的杉木人工林的生物量和蓄积量,随造林密度的增加而增加,林分平均单株的生物量和蓄积量,随密度的增加而递减。从林分群体生物量和林木个体生物量两方面综合考虑,每公顷 7500 株密度的林分,群体生物量大,个体生物量小,从培育用材林来说,急需进行抚育间伐加以调控。

(7)增加叶面积指数是提高林分生物生产力的重要途径,对丘陵区山坡型 7 年生郁闭林分来说应保持在 8.0—8.5 左右为宜。这个数字可以作为培育速生丰产林和抚育间伐后保持林地叶面积指数的重要依据。

(8)从当前情况来看,桃园县山区自然条件好,管理粗放,生产力却低;丘陵区自然条件差,管理集约,生产力较高,这种局面的形成,全是人为生产活动对杉木人工林生态系统积极干预的结果。从全局来说,为经济而有效地利用自然条件和土地自愿的潜力,改变山区粗放栽培管理的现状,对提高桃源县森林的总生产力来说是带有方向性的关键问题。

参加考察人员:
  冯宗炜　（中国科学院森林土壤研究所）
  张家武　（中国科学院森林土壤研究所）
  黄全真　（中国科学院森林土壤研究所）
  邓仕坚　（中国科学院森林土壤研究所）
  郑福瑞　（湖南省林业勘测设计院）
  姚大爱　（湖南省林业勘测设计院）
  蔡谓源　（湖南省林业勘测设计院）
  陈存根　（陕西省林科所）
  陈湘砥　（桃园县森林调查队）
  刘玉媛　（桃园县森林调查队）
  鄢以清　（桃园县森林调查队）

杉木人工林生长发育与环境相互关系的研究

朱济凡,冯宗炜,陈楚莹

(中国科学院林业土壤研究所)

一

人工林是人类在认识自然的基础上,通过人为的高度控制而形成的森林群落。我国亚热带以杉木〔*Cunninghamia lanceolata*(Lamb.)Hook.〕为代表的人工林就是一个突出的典型。

杉木是我国特有的优良速生针叶树种,分布面积最广(北纬21°41′—33°41′;东经102°—122°),栽培历史悠久,在商品木材生产中,一直占有重要地位[2,8,10]。但是,在我国亚热带植被的自然演替系列中,杉木林的位置是不存在的。何景(1951)曾指出,照叶乔木林在发育过程中,虽然可以混杂一部分落叶树种或常绿针叶树种,但达到安定期的照叶乔木林就不再含有这两种植物,甚至在自然界似乎不容易生成杉木占优势的森林[9]。刘慎谔(1963)从动态演替观点将杉木林称作是人为的"偏途顶极"(Disclimax)*。我们认为这是符合实际的解释。因此,指望通过杉木自然下种更新来形成一片杉木纯林,是不可能的,只有通过人工栽培和定向培育才是最有效的积极措施。事实上,早在1000多年以前,我国南方山区劳动人民就已经认识了这个规律,并开始人工营造杉木林[2]。广大劳动人民在长期生产实践中,积累和创造了丰富的经验,形成了一整套独特的栽培管理制度,其经营的集约程度在国内外享有很高的声誉。林业科学的理论来源于实践,应用现代生物科学的成就和方法,总结群众培育杉木速生丰产林的经验,并把它提高到理论的高度,来阐明杉木生长发育的规律,就能使我们在造林之初就有预见性,避免盲目性和错误,这是一项重要的任务[5]。

建国以来,我国林业科学工作者和高等林业院校的师生曾先后多次深入湖南、福建、贵州、广东、广西、浙江、安徽、四川等省(区)杉木产区,总结群众栽培经验,开展实验定位研究,为推动我国营林科学的发展作了大量的工作[3-8,10-12]。本文是从森林生态学的角度,对杉木人工林生长发育与环境之间相互关系这方面的一些主要研究成果综述如后。

二

1 杉木人工林的生长和发育规律

营造杉木林首先应考虑杉木的生长发育特性。只有在了解它的生长发育特性的基

原载于:中国林业科技三十年 1949—1979.中国林业科学研究院情报研究所,1980,144-163.

* 刘慎谔:1963 动态地植物学中国科学院林业土壤研究所讲稿

础上,才能采取正确的营林措施,促进林木速生丰产。关于我国主要造林树种生长和发育规律研究的报道还不多,杉木是其中研究最突出的一个。兆赖之等(1960)根据湖南、贵州两省杉木人工林生长过程的研究曾将杉木人工林划分为3个阶段:根系发育阶段(造林后1—4年)、速生阶段和干材生长阶段[4]。李昌华、冯宗炜等(1960年)根据湖南省会同县实生杉木人工林生长过程,划分为4个阶段:苗期阶段、速生阶段、干材阶段和衰老阶段[10]。阳含熙等(1962)综合各地对杉木人工林的研究,根据林木生长发育的过程,将杉木人工林生长发育也划分为4个阶段:苗木阶段、速生阶段、干材阶段和成熟阶段[8]。前3个阶段与兆赖之等的分法相同,只是增加最后一个成熟阶段。根据我们在湖南、贵州、福建、广西等省(区)的调查,并结合在湖南省会同县定位观测和研究,将4个阶段的特点综合分述如下:

(1)苗木阶段 即苗木栽植后2—3年内。这一段时期,根系生长通常比地上部分要快,而苗高与径粗生长比较缓慢,对自然灾害的抵抗和对杂草灌木的竞争能力较弱。这个阶段需要细致的人工抚育管理,山区群众在杉木苗木阶段历来实行"林粮间作"的耕作制度,就是细致抚育管理的一种创造。

(2)速生阶段 一般从栽植后2—3年开始到第10年或15年为止。这一阶段树高与胸径生长都最迅速,两者连年生长量与平均生长量最大值在10—15年间出现,而两值相等则在15年以前。这一阶段树高和胸径的生长量比以后的几十年生长为快。例如:福建省南平安曹下40年生丰产林,前10年生长迅速,后30年间,直径生长比前10年增加仅为1倍,树高生长为1.5倍[8]。这一阶段各器官的活动最旺盛,树冠形成良好的塔形,林分郁闭度达到最大,并开始自然整枝,由于生长快,木材较疏松,木材物理力学性质较差(容积重0.30g/cm^3,顺纹压力24kg/cm^2,静力弯曲412kg/cm^2),在这一阶段勿使林分过于密闭,适当间伐,留优去劣,控制密度,并进行土壤管理,对于充分发挥这个阶段的速生效能,十分重要。实践证明,很多速生丰产林分如"6年杉"、"8年杉"等都是充分发挥这个阶段特性的结果。

(3)干材阶段 由10年开始至30年左右为止,这个阶段树高和直径生长量逐渐变缓,树冠由尖塔形变为卵圆形,材积生长量达至最大,通常材积连年生长量与平均生长最大值在20年与25年前出现,两值约在30年相等[8]。此时木材也起了质的变化,由于心材细胞逐渐死亡,细胞壁加厚,材质也较坚实致密,木材物理力学性质较速生阶段为优(容积重0.35g/cm^3,顺纹压力322kg/cm^2,静力弯曲562kg/cm^2),达到工艺成熟期。

(4)成熟阶段 通常在25或30年以后,这一时期林冠疏开,生长速度逐渐减缓,但以后略有回升,直到60—65年左右生长速度才急剧下降转入衰老阶段,此时木材也开始出现心腐,成熟阶段的生长速度虽不及前面两个阶段,但材积生长量仍保持一定的速度,例如广西资源70年生杉木,在60—65年生时,定期生长量仍达0.2m^3,故在需要大径级材的情况下杉木轮伐期可以延至60年左右[8,10]。

上述是杉木生长发育阶段的一般情况,但在不同立地条件的林分,其表现有一定的差异,立地条件愈好,速生阶段与干材阶段的持续期愈长。成熟期也晚,反之,立地条件愈差,速生阶段和干材阶段的持续期就愈短,进入成熟期也愈早(表1),这种差异对杉木的经营有很大参考价值。

表1 不同立地条件杉木人工林各生长发育阶段的年龄

立地条件	阶段			
	苗木阶段	速生阶段	干材阶段	成熟阶段
山洼	1—4	4—15	15—40	>40
山坡	1—4	4—10	10—30	>30
山脊	1—4	4—7	7—25	>25

2 杉木人工林的林型

关于杉木人工林的林型研究,只是解放后才开始。据报道,先后研究杉木人工林林型的有广东林学院林学系、湖南省林业科学研究室和中国科学院林业土壤研究所等单位。广东林学院林学系(1955—1958)在广东省乐昌县九峰和江口两地根据地形和地被物的特征将杉木林划分为4个林型:山脊杉木林、芒萁杉木林、里白杉木林和狗脊杉木林[4]。湖南省林业科学研究室孙章鼎等(1958)曾在湖南省会同、江华等地进行林型调查,他们根据地形、地势和土壤条件划分了5个林型:山顶瘠薄杉木林、山腰壤土杉木林、山腰粘土杉木林、山腰肥沃石砾崩积土杉木林和山洼壤土杉木林,并指出划分杉木人工林林型的主要指标应该是地形部位和土壤的机械组成,地被物的种类和发育状况虽有一定指示意义,但是受到林分密度、年龄及造林措施的影响很大[4]。中国科学院林业土壤研究所李昌华、冯宗炜等于1958—1959年,在湖南省会同、贵州省锦屏、福建省南平和建瓯等地进行杉木人工林林型的研究过程中,从理论上阐述人工林的特殊性,由于参加了培育森林的实践,对于森林的生长发育规律有了一定程度的认识,并在这个基础上采用一系列的人为措施。这些措施包括选择树种和立地条件,也包括某种程度上改变立地条件和调节林木之间的关系。因此,人工林实际上是由3个要素组成的,即目的树种及其特性、森林植物条件和人为措施。他们在吸取群众朴素的林型分类(主要是按地貌和土壤因素)的基础上,提出了杉木人工林林型4级分类系统。第一级为树种的林型区和亚区,主要是根据气候和大区地貌特点。这一级主要是反映森林生长发育与大区气候之间的关系。我国杉木林型区有3个:中亚热带林型区、南亚热带林型区和北亚热带林型区。第二级为林型组,主要是根据地貌类型来划分,其理由有:(1)在林型区范围内,地貌类型对于土壤、母质、水文和小气候的变化起着决定性的作用;(2)地貌对很多营林措施(如整地、抚育等)有重要的直接影响;(3)地貌类型易于辨认。第三级为林型,主要根据土壤条件来划分,这一级主要反映森林生长发育与土壤条件的关系,林型是目的树种相同和立地条件相同的森林地段的综合。第四级为栽培型,主要根据人为措施来划分。这一级主要反映在各种立地条件下不同措施与森林生长发育的关系。对同龄的实生杉木纯林来说,影响林木生长发育和生产特点的人为措施主要是密度和抚育强度。密度分3级:高密度、中密度和低密度;抚育强度也分3级:弱抚育为管理不良,林木生长不整齐者;中抚育为结合林粮间作进行抚育,郁闭后基本不再管理者;强抚育为林粮间作细致,注意施肥除草,郁闭后尚继续进行松土除草数年者。栽培型为目的树种、立地条件和主要人为措施相同或相似的森林地段的综合。根据上述分类原则以中亚热带林型区,湘黔边境亚区为例,划分了杉木人工林的林型组、林型和栽培型(表2)[10,11]。

表2 杉木人工林林型组、林型和栽培型

林型组	林型亚组	林型	栽培型
山脊林型组		厚层红色粘土(红黄土)杉木林	中密度中抚育型
山坡林型组	陡坡亚组	厚层轻粘土(黄泥土)杉木林	高密度中抚育型
	中坡亚组	厚层轻粘土(黄泥土)杉木林	高密度中抚育型
			高密度强抚育型
			低密度强抚育型
	山脚亚组	厚层粘壤土(黑沙土)杉木林	中密度中抚育型
山洼林型组	较陡山洼亚组	粘壤土(黑沙土)杉木林	强密度中抚育型
			中密度中抚育型
			低密度强抚育型
		多腐殖质粘壤土(黑油沙土)杉木林	中密度中抚育型
	平级山洼亚组	棕色粘壤土(黑沙土)杉木林	高密度中抚育型
			中密度中抚育型
		多腐殖质粘壤土(黑油沙土)杉木林	中密度中抚育型

确定栽培型的目的是为了研究人为措施对林木生长发育的影响,尽管由于人为措施的方式和强度可能多种多样,栽培型的划分标准尚有争论,但是这个单位的提出,对于研究人工林林型,还是有一定意义的[4]。

3 杉木生长与小气候

温暖湿润和风力微弱的气候环境是最适宜杉木生长的气候条件。一般年降水量在1 300—2 000mm,而且分配均匀,各月相对湿度在80%以上,年平均温度在16—19℃;5℃以上生长期超过310d;10℃以上的生长活跃期超过260d。全年日照为1 300—1 600;平均风力约在2级左右[8]。然而在杉木中心产区内,由于地貌条件的不同而形成的小气候条件,对于杉木的生长发育关系很密切。根据我们在会同20年生的杉木林不同林型中小气候定位观测表明,不同林型中光照强度不同,在生长季节内白天(晴朗天气)若以山脊林型为100,则山坡林型为50%—55%,山洼杉木林为10%—15%,一天内日照时数也是山脊林型最长(10h),山坡林型次之(9—10h),山洼林型最短(8—9h),由于各林型中光照条件的不同,因而导致温度的差异。以山洼林型较低,山坡林型次之,山脊林型最高。据多年观测证明,杉木速生阶段的林分,在生长季节里,当林内气温在13—20℃之间,杉木生长较慢,树高月平均净生长量仅10cm左右;当气温上升到20—23℃,杉木生长开始加快,月平均净生长量达20cm左右;当气温在23—27℃之间,杉木生长迅速加快,月平均净生长量超过20cm,最高生长达40cm,当气温超过27℃时,杉木生长受到某种抑制,月平均净生长量又下降到20cm左右。不同林型中土壤温度的变化与气温的变化相似,生长季节内土壤温度在20—26℃之间林木生长最快,低于20℃或超过26℃时,林木生长受到不同程度的限制。

林内的降雨量与树冠的郁闭度关系密切,山脊林型由于树冠较疏,树高较矮,林冠截留少,因而林内降雨量相对较多,山坡林型次之,山洼林型较少,但由于山洼林型能得三面山坡沿地表和地下侧流的水分,所以水分条件还是良好的。

不同林型中相对湿度以山洼林型最高,山坡次之,山脊最低。相对湿度的大小与各年的降雨量多寡和干旱情况有密切的关系,在正常年分,不同林型林内相对湿度都在80%以上,在生长季节里,相对湿度出现3个高峰为5、8、10月,这3个高峰期与年生长曲线的高峰是一致的。个别干旱年份(如1960年)相对湿度下降到75%以下时,杉木生长就受到抑制,甚至径向生长方面还会出现收缩现象。

小气候不仅与林型有关,在相同林型内,随着杉木人工林生长发育阶段的不同,小气候要素也随之有所不同。苗木阶段的2年生幼林地与20年生的成林光照状况相差悬殊,幼林地内13:00时光照高达10万lx,而成林内只有2.7万lx。日平均光照幼林地比成林地中高出3.4倍(表3)。其他小气候要素的变化也很明显(表4),从表4中可以看出:在杉木生长季节里(5—11月)幼林中气温高、湿度小,地表和地中温度也高,降水量因幼林未郁闭,林冠截留量少,故较成林内为多。但幼林中蒸发量也大,比成林中高出1倍多。由此可见,幼林在未郁闭前,小气候条件对于杉木幼林的生长是不利的。但随着林木的生长,杉木本身群体结构的变化,小气候条件也发生变化而有利于其本身的要求。

表3 杉木幼林和成林中光照强度日变化(lx)*

地点	9:00	10:00	12:00	13:00	16:00	17:00	平均
幼林中	48 750	66 250	70 167	100 000	75 000	7 500	61 278
成林中	7 444	30 944	35 017	27 000	6 611	530	17 924

* 观测时间为1961年9月17—18日

表4 杉木幼林和成林中小气候要素的比较(1960)

项目	地点	5月	6月	7月	8月	9月	10月	11月	5—11月平均
气温(℃)	幼林	19.7	26.5	27.0	26.9	25.6	17.5	12.0	22.2
	成林	18.7	26.1	26.6	26.6	25.2	17.7	10.9	21.7
湿度(%)	幼林	85	79	81	80	74	80	88	81.0
	成林	96	79	83	83	74	81	90	83.7
降雨量(mm)	幼林	194.1	71.9	130.2	74.0	55.7	38.4	44.8	609.1
	成林	175.5	37.6	93.8	58.9	46.0	30.4	34.7	301.4
蒸发量(mm)	幼林	68.2	143.4	134.4	94.8	140.8	68.0	48.0	697.6
	成林	32.3	44.6	54.1	49.3	51.2	48.6	34.0	281.8
地表温度(℃)	幼林	20.6	28.8	29.4	27.1	25.6	17.7	13.0	23.2
	成林	18.3	25.7	25.8	25.6	24.4	16.6	12.0	21.2
地中温度(℃) 5cm	幼林	20.1	27.8	27.9	26.7	24.9	18.7	14.9	25.7
	成林	16.9	23.1	24.2	24.1	22.1	16.3	12.1	19.8
10cm	幼林	19.1	26.3	27.5	26.4	24.7	18.3	13.6	22.3
	成林	16.5	22.9	23.9	23.6	21.9	16.3	12.2	19.6
15cm	幼林	18.8	25.7	27.8	26.5	24.7	18.3	14.1	22.3
	成林	16.6	22.5	23.8	23.4	22.0	16.8	12.8	19.7
20cm	幼林	18.9	25.4	27.1	26.4	24.8	19.1	14.5	22.3
	成林	16.5	22.2	23.9	23.8	22.1	17.0	12.3	19.7

4 杉木生长与土壤

杉木一般要求土层深厚、肥沃湿润、排水良好的酸性土壤(pH4.5—7.0左右)。我国亚热带杉木中心产区的林地土壤主要是山地黄壤。李昌华等(1962)根据各地群众的经验,结合土壤的基本性质和生产力,将杉木林地的主要土壤分为4个类型,7种土壤[12]。

4.1 黑沙土类型

主要分布在山洼和坡麓。母质为坡积物,多为砾质,剖面中有一定的小碎块,细土多为轻壤质。土壤侵蚀过程微弱,堆积作用较强。表层一般在40cm左右或更厚,颜色带黑,含有多量的腐殖质,疏松而结构良好,在1m以内,常有含腐殖质较多的夹层。这类土壤根据表层腐殖质含量的不同,可分为两种土壤:

(1)黑油沙土　表层腐殖质含量平均在4%左右;

(2)黑沙土　表层腐殖质含量平均在2%—3%。

4.2 黄泥土类型

分布面积很广,为营造杉木的主要土壤。一般分布在山坡地,母质多为坡积-残积物,有时夹有一定量的石块或粗砂,细土为粘壤质至粘质。土壤侵蚀过程较明显,表层厚度一般在20—30cm左右,棕黄色,含有中量腐殖质。根据土壤表层的厚度和质地不同,可分为3种土壤:

(1)黄泡土　表层厚度在30cm左右,腐殖质含量平均在2—3%,轻壤质;

(2)黄泥土(糯黄土)　表层厚度在20cm左右,腐殖质含量2%以上,轻壤质;

(3)黄沙土(黄沙泥)　表层厚度在10cm左右,腐殖质含量2%以上,含粗砂及石砾较多,细土重壤质。

4.3 红黄土类型

这类土壤群众也有叫硬黄土、死黄土或红土。主要分布在山坡上部,尤以山脊为多。母质多为页岩和板岩风化的红色粘质残积物。

4.4 石渣土类型

主要分布在山坡上部,尤以山脊或山顶处为多。母质为残积物,质地很粗,土层很薄,一般不适于杉木生长。

根据我们在湖南省会同县疏溪口不同土壤上6年生杉木试验林的测定,每公顷林分地上部分树干、枝叶和地下部分根系生物量以及总生物量,黑沙土类型分别为14.0、13.9、1.3t和29.2t;黄泥土类型分别为5.5、5.7、0.9t和12.1t;红黄土类型分别为3.2、3.8、0.6t和7.6t。由上述材料证明,不同土壤条件杉木人工林生物生产量有着明显差别,具有土层深厚疏松、含有多量腐殖质的肥沃表层是杉木速生丰产的主要土壤。

土壤水分的动态与杉木生长有明显关系,当土壤水分含量保持在毛管持水量的60%—65%以上时,杉木生长正常,每月树高生长达0.3m,当土壤水分含量降至毛管持水量的55%—60%时,杉木生长受到一定程度的影响,当降至55%以下时,杉木生长量较正常者下降1/2—2/3。

土壤有效养分含量按黑沙土、黄泥土、红黄土和石渣土的顺序依次降低。在生长季节里从4—8月随着气温和地温的增高,生物化学反应的加速和微生物活动的旺盛,以及有机质的分解,矿质化的迅速进行,土壤中有效养分含量就不断增加,其中尤以NH_4-N和P_2O_5为明显,自9—10月随着气温和地温逐渐下降,生物化学反应的减慢和微生物活动的减弱,有机质分解缓慢,矿质化进行也较慢,因此,土壤中有效养分的含量也相应地减少。在8月份土壤中有效养分出现一个高峰,这与杉木季节生长量的变化大致上是一致的[12]。

氮、磷、钾三要素对杉木的生长有密切关系,在土壤肥力条件较差的 8 年生林分中,每株树施 60 克 N、P_2O_5 或 K_2O 时,1 年间树高生长量增加 25%—45%,直径生长量增加 8%—39%[13]。

5 杉木生长与土壤微生物的关系

森林土壤微生物是森林群落中的重要组成部分,土壤微生物作为一个分解者,通过它的活动将动植物的残体分解,并促进有机质的矿质化,增加土壤肥力,从而对林木的生长有着密切的关系。周崇莲等(1960)对杉木林地土壤微生物区系和生化作用进行了研究,并指出杉木林地土壤微生物各类群的数量(表5、表6)和生化作用强度与林型有着密切关系[14]。微生物的总数在山洼林型中数量最多,山坡林型与山脊林型差别不大,但固氮菌类群的数量差异较大,山洼林型最多,山坡林型次之,山脊林型最少,山洼和山坡林型分别为山脊林型的 3.5 倍和 2.8 倍(表5)。

表 5 不同林型土壤微生物各类群的数量*(1000 个/g 干土)

林型	微生物总数	细菌	真菌	放线菌	孢子菌	固氮菌	纤维素分解菌	硝化菌	嫌气菌
山洼	19 517	13 806	30	833	348	16 490	18	131	132
山坡	4 296	3 700	7	452	452	13 156	17	138	10
山脊	4 320	3 700	2	544	544	4 683	7	1 266	5

* 中国科学院林业土壤研究所微生物室森林土壤微生物组测定

山脊林型中除固氮菌数量少以外,真菌和纤维素分解菌的数量也较少,从细菌的组成分析表明(表6),在一般土层中分布广的色素细菌也很少,芽孢杆菌中有 90% 是孢子型的,从微生物作用的强度也证明这类土壤中纤维素分解作用弱,有机质分解是比较缓慢的,因而土壤的肥力低,林木生长差。

表 6 不同林型土壤中细菌各组成的比较*(1000 个/g 干土)

林型	细菌总数	萤光杆菌	色素细菌	芽孢杆菌	孢子菌
山洼	18 306	3 815	2 860	10 594	348
山坡	3 700	2 700	1 430	700	452
山脊	3 700	3 200	250	380	544

* 同表 5

山坡林型土壤中微生物状况比山脊林型为好,土壤中固氮菌和纤维素分解菌多于山脊林型,微生物的生化作用较强,因而杉木生长比山脊林型为优。

山洼林型土壤中微生物状况最好,固氮菌和纤维素分解菌很活跃,细菌也较其他两类型提高 4 倍,其中大部分为营养型状态的芽孢扦菌、萤光杆菌及色素细菌。微生物生化活动有固氮、硝化、纤维素分解和呼吸作用,活动能力较强,因而杉木生长也好。

表 7 不同林型土壤微生物生化活动的比较*

林型	氨化作用 (Nmg/g 干土)	硝化作用 (NO_2mg/g 干土)	固氮作用 (mg/g 干土)	纤维素分解作用 (%)	呼吸作用 (CO_2mg/g 干土)
山洼	6.6	3.3	2.7	3.5	1.9
山坡	6.1	4.2	2.4	0.5	1.7
山脊	5.9	2.0	2.4	0.1	1.2

* 同表 5

6 杉木连栽对环境的不良影响与林木生长

目前,在杉木林区存在着一个重要问题,就是在杉木栽培过程中,林地环境,特别是土壤肥力有逐渐下降的趋势。湘、黔林区群众十分重视宜林地选择,一般栽杉最初要开垦"老荒山",即将原生的常绿阔叶林或次生的落叶、常绿阔叶杂木林,劈山、烧山、全面整地,然后栽杉,造林后一般进行2—3年的幼林抚育(松土、除草)和林粮间作,3—4年后幼林逐渐郁闭,一般即不再进行管理。杉木在栽后25—40年左右砍伐,砍伐后将木材运走,枝丫留在原地,再进行烧山和全面整地,进行第二次栽杉。一般认为,连续栽杉最多不能超过3次。开垦"老荒山"第一次栽杉的土壤称为头耕土。头耕土肥力最高,杉木生长最好。头耕土上所栽的杉木砍伐后再用来继续栽杉(或萌芽更新)的土壤称为二耕土。二耕土上所栽的杉木林砍伐后再用来继续栽杉(或萌芽更新)的土壤称为三耕土。二耕土和三耕土的肥力愈来愈低,杉木的生长也愈来愈差。据我们在会同疏溪口相同林型,年龄相似(18—20年)的林分中的观测(1960年5—11月),二耕土上的林木树高生长量为头耕土的96%,而三耕土上的林木树高生长量只为头耕土的70%,因此,一般习惯在栽杉3次后,林地即不再继续用来栽杉,而任其撩荒,自然演替成杂木林,待土壤肥力自然恢复后再进行开垦栽杉。

杉木人工纯林连栽后生长不良,主要原因是连栽后引起生态环境的恶化所致,表现在下列几方面:

(1)栽杉和幼林林粮间作要消耗许多土壤养分,这些养分很大部分由于木材砍伐和作物的收获而被带走。据中国科学院林土所会同工作站的测定,以山坡林型22年生的杉木林为例:一次栽杉砍伐后,杉木人工林地上部分由树干运走,枝叶烧掉而消耗的氮素约为480kg/hm^2,磷(P_2O_5)约为60kg/hm^2,钾(K_2O)约为130kg/hm^2(磷、钾只计算树干部分)。冯宗炜和陈楚莹等(1978,杉木幼林群落结构与生产力的研究)指出:林粮间作虽然通过杆叶还山,能有一部分有机物质归还土壤,但通过收获粮食,仍然消耗相当数量的养分。如间作玉米消耗氮素第1年为17.2kg/hm^2;第2年为10.4kg/hm^2;第3年为8.1kg/hm^2,消耗磷(P_2O_5)第1年为9.0kg/hm^2;第2年为5.5kg/hm^2;第3年为4.3kg/hm^2;消耗钾(K_2O)第1年为5.1kg/hm^2;第2年为3.1kg/hm^2;第3年为2.4kg/hm^2。

(2)每次栽杉前进行全面整地,栽杉后进行幼林抚育,因此在幼林阶段,有比较明显的土壤流失。特别是我国亚热带山地,一般坡度较陡,土壤流失是很明显的。根据中国科学院林业土壤研究所会同工作站于1963年8月—1964年6月的观测,不同林地土壤流失量差异很大。在坡度为35°的情况下,混有马尾松的栲树杂木林下,完全没有土壤流失。在山坡23年生的杉木林下,土壤流失量每公顷为47.3kg,在山坡8年生的杉木林下,土壤流失量每公顷为74.3kg,而在造林后1年生的幼林地上,土壤流失量每公顷竟达1 100kg。应该指出,由于小区面积小(80m^2),坡面短,水土流失量应较实际情况下为小,但从上述资料中,不难看出土壤的侵蚀是土壤养分流失的重要原因之一。

(3)杉木是一个针叶树种,枯枝落叶进行酸性分解,使土壤产生淋溶和灰化,降低了土壤肥力,据李昌华等(1965)杉木连栽对于生长不良影响及其原因的初步研究观测,杉木幼林在栽后6—8年开始有少量凋落物落下,最初每年约在1 000kg/hm^{2}左右,随后稍有增加,栽后20—25年,可以达到2 000kg/hm^{2}左右。而杂木林分在郁闭以前,即有大量的草本和乔灌木的凋落物,在郁闭的成林中,每年约有4 500—5 000kg/hm^2,比杉木高出

1.0—1.5倍。杉木人工林仅凋落物比阔叶杂木林少,而且营养元素含量也较杂木林低(表8),另外杉木的叶表面有较厚的角质层,凋落物的分解速度也慢,据1962—1964年的观测,在一年的时间内,白栎和枫香叶分解89.5%,栲树叶分解87.9%,而杉木叶只分解48.4%。

表8　杉木人工林和杂木林凋落物的营养元素含量*(干物%)

类型	粗灰分	N	P_2O_5	K_2O	CaO	MgO
杉木人工林(23龄)	3.73	0.58	0.09	0.13	1.54	0.45
白栎枫香杂木林	7.10	0.96	0.22	0.20	1.93	0.56
混有马尾松的栲树杂木林	4.35	0.99	0.09	0.33	1.30	0.52

* 中国科学院林业土壤研究所森林土壤组分析

(4)连栽后土壤中毒性物质的积累,不利于杉木的生长。据许光辉等(1978,杉木连栽与土壤毒素的积累)研究,杉木连栽后土壤氧化代谢能力的差异较大(表9),三耕土对葡萄糖和丙酮酸的氧化都比头耕土弱得多,特别是丙酮酸的氧化是连接碳氮代谢的纽带。因此,它的减弱说明三耕土中在氮的转化方面减弱更为明显。三耕土对香草醛的氧化能力显著高于头耕土,这说明在三耕土中可能有此类物质的积累,因此,它对这种基质适应,氧化能力较强。香草醛类物质属于土壤中的毒性物质,它在土壤中的积累,不仅对微生物的活动不利,而且对植物生长有害。显然,杉木连栽后土壤有毒物质的积累,也是杉木生长不良的原因之一,至于这些毒性物质的来源,还有待于进一步探讨。

表9　杉木连栽土壤氧化代谢能力的变化* ($O_2 \mu L/(g干土 \cdot 4h^{-1})$)

土壤	葡萄糖	丙酮酸	香草醛
头耕土	81	102	77
三耕土	52	52	110

* 中国科学院林业土壤研究所微生物室森林土壤微生物组

三

20世纪70年代以来,在南方用材林基地科研协作网的推动下,许多单位和专家研究了低山丘陵和平原地区人为措施改变环境条件与杉木生长的关系,为因地制宜发展杉木人工林,起到了积极的推动作用。鉴于愈来愈多的人认识到营造杉木纯林和纯林连栽后生态环境破坏,并造成杉木生产力下降的不良后果。近十余年来,广东、广西、浙江、湖南、福建、江西等省(区)积极开展多材种造林[15]和杉木混交造林的试验[15,18,19],对于我们进一步研究杉木人工林群落结构的多样性和稳定性,以及它们与环境之间的相互关系,为有效地改善环境质量,提高林地生产力,因地制宜选择树种,加速用材林基地建设,打下了有利的基础。

近20年来,世界各国由于《国际生物学规划》(IBP)和继后的《人与生物圈》(MAB)研究计划的开展,生态学的研究工作十分活跃,特别是近代科学技术的飞跃发展,在研究方法和手段上都有很多突破。而我国森林生态学的研究工作底子较薄,为了不断提高我国杉木人工林的科研水平,特别要加强从生态系统的整体观念进行综合研究,尽可能把物理、化学、数学、生物学的新成就应用到研究工作中来,揭露杉木人工林生态系统的物质循环和能量转化的规律,并利用系统分析和电子计算机进行数学模拟,为杉木人工林速生丰产提供最佳的设计和理论根据。

参考文献

[1] 中国农林科学院南方用材林组等. 朱亭林区栽杉经验——三深法. 中国林业科学,1976年第3期(21—27).
[2] 中国树木志编委会主编. 中国主要树种造林技术. 农业出版社,1978年(3—28).
[3] 乐天宇等. 贵、黔、湘邻境杉木品种生态型——选种原始材料初步研究. 林业科学研究所报告(1—10). 中国林业出版社1958年.
[4] 北京林学院森林学教研组. 森林学(上册). 农业出版社,1961年,203—204.
[5] 朱济凡,王战,冯宗炜. 总结群众经验研究人工林速生丰产规律. 科学通报,1960年第1期(7).
[6] 阳含熙等. 杉木生态特性的研究,1958年.
[7] 阳含熙等. 杉木造林. 中国林业出版社1958年.
[8] 阳含熙. 杉木速生丰产规律与栽培技术的研究. 林业科学,1962年第1期(1—10).
[9] 何景. 福建之植被区域与植物群落. 中国科学,1951年第2卷2期(193—213).
[10] 李昌华,冯宗炜等. 杉木人工林及其林型的初步研究. 林业集刊,1960年第4号(1—41),科学出版社.
[11] 李昌华,冯宗炜. 试论杉木快速丰产林的林型. 林业科学,1960年第3期(240—248).
[12] 李昌华,庄季屏等. 湖南会同、江华林区和贵州省锦屏林区的土壤条件及其与杉木生长发育关系. 土壤学报,1962年第10卷2期(161—174).
[13] 李昌华. 氮、磷、钾三要素对于杉木的生长、根系发育和营养元素含量的影响. 土壤通报,1966年,第2期,(34—35).
[14] 周崇莲,代祥鹏. 湖南会同杉木丰产林土壤微生物区系的研究. 林业集刊,1960年4号(54—60),科学出版社.
[15] 南方十四省用材林基地科技经验交流会议. 丘陵栽杉成材的主要经验. 林业科技通讯,1978年第5期(13—15),第6期,(10—12).
[16] 南京林产工业学院森林学教研组. 苏南丘陵杉木造林前的深翻整地. 林业科技通讯,1978年第11期(6—8).
[17] 宫融,刘行贤. 杉木北移平原造林的经验. 林业科技通讯,1977年第10期(12—13).
[18] 广东汕头地区林科所. 杉松混交效果好. 林业科技通讯,1978年第3期(35).
[19] 广东省汕头地区林科所. 先种相思后混种杉效果好. 林业科技通讯,1978年,第9期(9).

杉木定期生长量与气候因子的相关分析*

陈楚莹,冯宗炜,董明春

(中国科学院林业土壤研究所)

摘要:根据所会同森林生态实验站①6a 的定位资料和其它杉木产区的资料,利用数量化理论 I 对杉木生长与气候因子进行相关分析,发现在杉木中心产区,杉木生长与温度因子关系最密切,在杉木分布的南北亚区,杉木生长与水分因子(降雨量)的关系最密切。同时用林内外气候因子推导了预测杉木生长量的综合数学方程。

Correlative analysis between the growth of *Cunninghamia lanceolata* and climate factors

CHEN Chuying, FENG Zongwei, DONG Mingchun

(*Institute of Forestry and Pedology, Chinese Academy of Sciences*)

Abstract:The present paper is a primary results of correlative analysis between the growth of *Cunninghamia lanceolata* and climate factors by the method of quantification based on materials collected from Huitong research station during a six years period and some other regions of *Cunninghamia lanceolata*. It is found that temperture is a dominating factor affecting growth of *Cunninghamia lanceolata* in central region(Huitone), but water is a dominating factor in Northern and Southern regions. In this paper some complex factors mathematical equations for estimate the growth of *Cunninghamia lanceolata* are established.

  生态学是研究有机体与环境之间相互关系的一门科学。就环境因子而言,可分为气候因子、土壤因子和生物因子等。在这些因子中有的是数量化因子,如温度,降水量等;有的则是非数量化因子,如坡向、地形等。能否将这些非数量化因子定量地表示出来加以研究呢? 在这些众多的环境因子中如何进行定量的综合分析,找出各因子与有机体之间的关系? 林知已夫的数量化理论[1-3],为解答上述问题提供了一种较简便的方法。

  本文是应用数量化理论 I 对杉木中心产区湖南会同县和其它若干产区的气候因子与杉木生长量的关系进行研究的初步报告。文内所引用的资料见表1。

原载于:杉木人工林生态学研究论文集.中国科学院林业土壤研究所,1980,65-86.
* 参加野外工作的有朱岩、黄合炎、方永鑫、曾士余等同志;邓仕坚同志参加了部分计算.
①现为中国科学院会同森林生态实验站

表1 本文所引用的杉木林分调查和气象资料

地点	林分调查			气象资料
	立地条件	林分情况	调查日期	
湖南省会同县本所固定标准地 I	位于山坡中部、土壤为黄泥土，坡向东北，坡度35°以上	1957年春造林株行距1.4m×1.4m	1960—1961年生长季节	1960—1961年该林分内气象站资料
湖南省会同县本所固定标准地 II	位于山坡，土壤为黄泥土，坡向西南，坡度15°左右	1960年春造林，株行距1.3m×2.0m	1964—1967年生长季节	1964—1967年该林分内气象站资料
安徽省滁县安徽农学院滁县分院	位于丘陵山坡	1971年造林	1973—1974年生长季节	滁县气象站1973—1974年的气象资料
广东省怀集县怀集县林科所	位于丘陵山坡	1971年春造林	1973年生长季节	怀集气象站1973年的气象资料
江苏省阜宁县堤防管理所的蚕房和林校	位于灌溉总渠的堤顶和堤坡上	1972年春造林	1975年生长季节	阜宁典气象站1975年的气象资料
江西省赣州地区林科所龙塘实验区	土壤为红壤，土层厚2—3尺，腐殖质层极薄	3年生幼林	1971年生长季节	赣州气象台1971年的气象资料

1 数学模式

数量化理论Ⅰ是从一定数量的实际观测资料出发，经过统计分析，建立起来的一种综合数学模式，求解后在一定精度水平上对某种变量进行定量的数值预报。

假设因变量 y 依赖于自变量 $X_j(j=1,2,\cdots,M,M$ 为自变量的总个数)，X_j 为项目。若 X_j 为非数量项目，可分为若干类别；如为数量化量，则可分成若干等级，这些类别和等级统称类目。对于 X_j 可分成 r_j 类，以 C_{jK} 表示 $(j=1,2,3,\cdots,M,K=1,2,3,\cdots,r_j)$。这样得到表2，称为反应表，其中 $\delta_{i(jk)}$ 称为第 i 个样本，在 j 个项目的 K 个类目中的反应。有反应记为"1"无反应记为"0"。

表2 反应表

样本号	因变量	自变量				
		X_1	$\cdots$	X_j	$\cdots$	X_M
		$C_{11}C_{12}\cdots C_1Y_1$	$\cdots$	$C_{j1}C_{j2}\cdots C_{jk}\cdots C_{jyj}$	$\cdots$	$C_{M_1}C_{M_2}\cdots C_MY_M$
1	y_1	$\delta_{1,11}\delta_{1,12}\cdots\delta_{1,1r_1}$	$\cdots$	$\delta_{1,j1}\delta_{1,j2}\cdots\delta_{1,jk}\cdots\delta_{1,jrj}$	$\cdots$	$\delta_{1,M1}\delta_{1,M2}\cdots\delta_{1,MrM}$
$\vdots$	$\vdots$	$\vdots$		$\vdots$		$\vdots$
i	y_i	$\delta_{i,11}\delta_{i,12}\cdots\delta_{i,1r1}$	$\cdots$	$\delta_{i,j1}\delta_{i,j2}\cdots\delta_{i,jk}\cdots\delta_{j,jrj}$	$\cdots$	$\delta_{i,M1}\delta_{i,M2}\cdots\delta_{i,MrM}$
$\vdots$	$\vdots$	$\vdots$		$\vdots$		$\vdots$
n	y_n	$\delta_{n,11}\delta_{n,12}\cdots\delta_{n,1r1}$	$\cdots$	$\delta_{n,j1}\delta_{n,j2}\cdots\delta_{n,jk}\cdots\delta_{n,jrj}$	$\cdots$	$\delta_{n,M1}\delta_{n,M2}\cdots\delta_{n,MrM}$

把因变量 y 视为自变量 X_j 各自做出一定贡献的结果，当 $Xj\in C_{jk}$ 时，对 y 具有相同的贡献。因此，C_{jk} 具有一个确定的值，称得分，对于第 i 个样本，将在 $j=1,2,\cdots,M$ 中所取得的得分相加，总得分即为 y_i 的估计值 $\hat{y}_i$ 其方程式为：

$$\hat{y}_i = \sum_{j=1}^{M}\sum_{k=1}^{r_i}\hat{C}_{jk}\delta_{i(jk)} \tag{1}$$

应用最小乘法求

$$\sum_{i=1}^{n}(y_i - \hat{y}_i)^2$$

对 C_{jk} 的偏导数,令为零,便可解出 C_{jk} 的估计值 $\hat{C}_{jk}$ 为如下方程的解:

$$\sum_{j=1}^{M}\sum_{k=1}^{r_j}\hat{C}_{jk}f_{lm(jk)} = \sum_{i=1}^{n}y_i\delta_{i(lm)} \tag{2}$$

式中,$l = 1,2,\cdots,M$;$j = 1,2,\cdots,M$;$m = 1,2,\cdots,r_j$;$k = 1,2,\cdots,r_j$;$i = 1,2,\cdots,n$。

$$\delta_{i(jk)} = \begin{cases} 1 & \text{当第 } i \text{ 个样本 } X_j \in C_{jk} \\ 0 & \text{否则} \end{cases}$$

$$f_{lm(jk)} = \sum_{i=1}^{n}\delta_{i(lm)}\delta_{i(jk)}$$

实际上 $f_{lm(jk)}$ 是 $X_i \in C_{im}$,且 $X_j \in C_{jk}$ 同时发生的个数。从矩阵理论得知,公式(2)可以表示为:

$$\underset{\sim}{X}^T\underset{\sim}{X}\,\hat{\underset{\sim}{C}} = \underset{\sim}{X}^T Y \tag{3}$$

式中,$\underset{\sim}{X}$ 为反应矩阵,其转置矩阵为 $\underset{\sim}{X}^T$;$\hat{\underset{\sim}{C}}$ 为得分 $\hat{C}_{jk}$ 所形成的列向量;Y 为样本中的 Y 所形成的列向量。

这表示未知数为 $\sum_{j=1}^{M}r_j$ 个,方程个数也是 $\sum_{j=1}^{M}Y_j$ 个,但其中最多只有 $\sum_{j=1}^{M}r_j - (M-1)$ 个是线性无关的,因此可设 $C_{j1} = 0(j = 2,3,\cdots,M)$。

在此条件下,求(2)式或(3)式的解,便可唯一地解出 C_{jk},从而完成了对 X_j 的数量化。

用上述方法将生长季节每年树高和胸径的生长量设为因变量,相应月份的气候因子为自变量,用国产 DJS-21 型电子计算机和 EL-5002 型(日本)电子计算器进行运算。

2 相关分析

2.1 林内气候因子与杉木生长的相关分析

研究林内气候因子与杉木生长的关系,阐明各气候因子对杉木生长量影响的程度,为进一步创建高生产力的杉木人工林生态系统提供理论依据,具有十分重要的意义。

表 3 为湖南省会同县本所固定标准地Ⅱ 1964—1965 两年的各气候因子与杉木定期生长量关系的反应表,根据上表数据计算结果见表 4。表 4 为气候因子与杉木生长关系的得分表,各因子得分范围大小,表示它对杉木生长贡献大小,即作用大小。就树高而言,温度因子得分范围远远高于水分因子,这说明温度因子比之于水分对于杉木生长来说更为密切。就得分范围的大小来看,其重要性可排列为气温、地表温度、地中 10cm 温度和地中 20cm 温度,其次为降雨量和相对湿度。各气候因子对胸径生长的影响趋势大致与树高相同。

根据上述因子,预测杉木定期生长量的综合方程式为:

树高

$$\begin{aligned}
\hat{y}_{i(H)} = &\ 1.5636\delta_{i(11)} + 22.1024\delta_{i(12)} + 32.5638\delta_{i(13)} - 8.1055\delta_{i(22)} - \\
&\ 14.4797\delta_{i(23)} + 12.1940\delta_{i(32)} + 10.0516\delta_{i(33)} - 7.7690\delta_{i(42)} - \\
&\ 10.0575\delta_{i(43)} + 5.8364\delta_{i(52)} + 11.9524\delta_{i(62)}
\end{aligned} \tag{4}$$

表3 湖南会同固定标准地Ⅱ 气候因子与杉木生长量关系的反应表

生长量(cm/月)		气温(℃)			地表温度(℃)			地中10cm温度(℃)			地中20cm温度(℃)			相对湿度(%)		降雨量(mm)	
		16.0—20.0 C_{11}	20.1—26.5 C_{12}	26.6—29.0 C_{13}	17.0—21.0 C_{21}	21.1—26.5 C_{22}	26.6—30.0 C_{23}	15.0—19.0 C_{31}	19.1—25.0 C_{32}	25.1—30.0 C_{33}	15.0—19.0 C_{41}	19.1—25.0 C_{42}	25.1—27.0 C_{43}	85以下 C_{51}	85以上 C_{52}	100以下 C_{41}	100以上 C_{42}
胸径	树高																
0.030	5.0	1	0	0	1	0	0	1	0	0	1	0	0	0	1	1	0
0.093	7.0	1	0	0	1	0	0	1	0	0	1	0	0	0	1	1	0
0.163	10.1	1	0	0	1	0	0	0	1	0	1	0	0	0	1	1	0
0.160	10.2	1	0	0	1	0	0	1	0	0	1	0	0	0	1	1	0
0.280	12.0	1	0	0	1	0	0	0	1	0	0	1	0	0	1	1	0
0.240	12.1	1	0	0	1	0	0	1	0	0	0	1	0	0	1	0	1
0.310	12.0	1	0	0	1	0	0	1	0	0	0	1	0	0	1	0	1
0.300	12.2	1	0	0	1	0	0	1	0	0	0	1	0	0	1	0	1
0.300	14.0	0	1	0	0	1	0	0	1	0	0	1	0	1	0	1	0
0.400	19.3	0	0	1	0	1	0	0	1	0	0	0	1	1	0	1	0
0.251	19.0	0	1	0	0	1	0	0	1	0	0	1	0	1	0	1	0
0.150	20.0	0	0	1	0	0	1	0	1	0	0	1	0	1	0	1	0
0.170	20.1	0	0	1	0	0	1	0	0	1	0	0	1	1	0	1	0
0.533	20.6	0	0	1	0	0	1	0	0	1	0	1	0	0	1	1	0
0.500	20.7	0	0	1	0	0	1	0	0	1	0	0	1	1	0	1	0
0.280	21.0	0	0	1	0	0	1	0	0	1	0	0	0	1	0	1	0

续表

生长量(cm/月)		气温(℃)			地表温度(℃)			地中10cm温度(℃)			地中20cm温度(℃)			相对湿度(%)		降雨量(mm)	
胸径	树高	16.0—20.0 C_{11}	20.1—26.5 C_{12}	26.6—29.0 C_{13}	17.0—21.0 C_{21}	21.1—26.5 C_{22}	26.6—30.0 C_{23}	15.0—19.0 C_{31}	19.1—25.0 C_{32}	25.1—30.0 C_{33}	15.0—19.0 C_{41}	19.1—25.0 C_{42}	25.1—27.0 C_{43}	85以下 C_{51}	85以上 C_{52}	100以下 C_{41}	100以上 C_{42}
0.320	21.0	0	0	0	0	0	1	0	1	0	0	1	0	1	0	0	1
0.296	23.0	0	1	0	0	1	0	1	0	0	0	1	0	0	1	0	1
0.300	23.5	0	1	0	0	1	0	1	0	0	0	1	0	0	1	0	1
0.460	23.0	0	0	1	0	0	1	0	0	1	0	0	1	0	1	1	0
0.400	23.0	0	1	0	0	1	0	0	1	0	0	1	0	0	1	1	0
0.450	24.0	0	0	1	0	0	1	1	0	0	0	1	0	0	1	0	1
0.462	24.3	0	1	0	0	1	0	0	0	1	0	1	0	0	1	1	0
0.410	24.0	0	1	0	0	0	1	0	0	1	0	1	0	0	1	0	1
0.250	24.1	0	1	0	0	1	0	0	1	0	0	1	0	0	1	1	0
0.280	24.0	0	1	0	0	1	0	0	0	1	0	1	0	0	1	1	0
0.530	27.0	0	1	0	0	1	0	0	0	1	0	1	0	0	1	0	1
0.546	27.3	0	1	0	0	0	1	0	0	1	0	1	0	0	1	1	0
0.360	27.0	0	1	0	0	0	1	0	0	1	0	0	1	1	0	0	1
0.530	38.0	0	1	0	0	1	0	0	1	0	0	1	0	0	1	0	1
0.550	42.0	0	1	0	0	0	1	0	0	1	0	1	0	0	1	0	1
0.510	35.7	0	1	0	0	0	1	0	0	1	0	0	1	0	1	0	1

胸径
$$\hat{y}_{i(D)} = 0.0509\delta_{i(11)} + 0.4965\delta_{i(12)} + 0.4225\delta_{i(13)} - 0.3590\delta_{i(22)} - \\ 0.4776\delta_{i(23)} + 0.1427\delta_{i(32)} + 0.2547\delta_{i(33)} + 0.0004\delta_{i(42)} + \\ 0.2453\delta_{i(43)} + 0.0434\delta_{i(52)} + 0.1780\delta_{i(62)} \quad (5)$$

表4 湖南会同固定标准地Ⅱ林内气候因子与杉木生长量关系的得分表

项目	类目		得分 树高	得分 胸径	得分范围 树高	得分范围 胸径
气温/℃	C_{11}	16.0—20.0	1.5636	0.0509		
	C_{12}	20.1—26.5	22.1024	0.4965	31.0002	0.4456
	C_{13}	26.6—29.0	32.5638	0.4225		
地表温度/℃	C_{21}	17.0—19.0	0.000	0.0000		
	C_{22}	19.1—26.5	-8.1055	-0.3590	14.4796	0.4776
	C_{23}	26.6—30.0	-14.4797	-0.4776		
地中10cm温度/℃	C_{31}	15.0—19.0	0.0000	0.0000		
	C_{32}	19.1—25.0	12.1940	0.1427	12.1940	0.2547
	C_{33}	25.1—30.0	10.0516	0.2547		
地中20cm温度/℃	C_{41}	15.0—19.0	0.0000	0.0000		
	C_{42}	19.1—25.0	-7.7690	0.0004	10.0575	0.2453
	C_{43}	25.1—27.0	-10.0575	0.2453		
相对湿度/%	C_{51}	85%以下	0.0000	0.0000	5.8364	0.0434
	C_{52}	85%以上	5.8364	0.0431		
降雨量(mm)	C_{61}	100mm以下	0.0000	0.0000	11.9524	0.1780
	C_{62}	100mm以上	11.9524	0.1780		

根据公式(4)、(5)计算出的预测值如表5。

表5 应用湖南会同固定标准地Ⅱ林内气候因子预测林木的生长量

树高(cm/月)				胸径(cm/月)			
实测值	预测值	实测值	预测值	实测值	预测值	实测值	预测值
5.0	7.4	21.0	24.0	0.030	0.094	0.320	0.340
7.0	7.4	23.0	24.0	0.093	0.094	0.296	0.359
10.1	11.8	23.5	24.0	0.163	0.237	0.270	0.359
12.0	11.8	23.0	23.9	0.160	0.094	0.460	0.488
12.1	11.6	23.0	24.3	0.280	0.237	0.400	0.324
12.0	11.6	24.0	24.0	0.240	0.237	0.450	0.359
12.2	11.6	24.3	23.9	0.310	0.237	0.462	0.488
14.0	18.4	24.0	22.1	0.300	0.237	0.410	0.436
19.3	18.1	24.1	24.3	0.300	0.281	0.250	0.324
19.0	18.4	24.0	24.3	0.400	0.445	0.280	0.324
20.0	20.4	27.0	34.1	0.251	0.281	0.530	0.614
20.1	20.4	27.2	22.1	0.150	0.200	0.546	0.436
20.6	24.0	27.0	24.0	0.170	0.200	0.360	0.340
20.7	18.1	38.0	36.2	0.533	0.488	0.530	0.502
21.0	20.4	42.0	36.2	0.500	0.445	0.550	0.502
10.2	7.4	35.7	36.2	0.280	0.200	0.510	0.502

树高和胸径的实测值与预测值相关系数分别为 0.95 和 0.92。

按 95% 可靠性水准,公式(4)、(5)预测值的精度(P)分别为 0.9556 和 0.9370。

上述结论是同一林分连续 2a 的观测结果,这一结果是否有代表性?它是否因林分结构和立地条件等不同而异呢?将两个立地条件和林分结构等完全不同的林分,6a 的资料(湖南省会同县本所固定标准地 I 1960—1961 年、II 1964—1967)合并起来加以计算,作出的反应表如表 6、表 7,结果见表 8、表 9。由表 8 看出,各气候因子对树高生长量的影响不一,温度因子得分范围远远高于水分因子,这也就是说,温度因子对杉木高生长仍起主导作用,温度因子按得分范围排列顺序稍与前述不同,依次为地中 20cm 温度、气温、地中 10cm 和地表温度,而前三者都相差极微。各气候因子对胸径生长量的影响得分结果仍与前相同(表 9)。

产生上述情况主要原因在于地中温度的高低,取决于透入林地光线的强弱和根系层的结构,由于立地条件和林分结构改变,因而导致地温得分顺序的变化。

综上所述可以看出,在杉木中心产区,温度与杉木生长的关系最为密切,水分条件次之。

根据上述资料推导出预测杉木生长量的综合方程式为:

树高
$$\hat{y}_i(H) = 8.3999\delta_{i(11)} + 13.3843\delta_{i(12)} + 23.6368\delta_{i(13)} - 319.7990\delta_{i(14)} + \\ 8.4874\delta_{i(22)} + 339.93230\delta_{i(32)} + 339.9929\delta_{i(33)} - \\ 343.6368\delta_{i(42)} - 1.2869\delta_{i(52)} + 2.6718\delta_{i(62)} \tag{6}$$

根据公式(6)计算出的杉木树高预测值如表 10,其预测值和实侧值的相关系数为 0.88。

据 95% 可靠性水准,由公式(6)计算出的预测值精度(P)为 0.9502。

胸径
$$\hat{y}_i(D) = 0.1319\delta_{i(11)} + 0.0138\delta_{i(12)} + 0.0742\delta_{i(13)} + \\ 0.2375\delta_{i(22)} + 0.0173\delta_{i(32)} + 0.856\delta_{i(42)} \tag{7}$$

根据公式(7)计算胸径预测值如表 11。

其预测值和实测值的相关系数为 0.80。按 95% 可靠性水准,由公式(7)计算出的预测值精度(P)为 0.9033。

上述结果可以看出,无论是用同一林分连续 2a 的资料或是不同结构,不同立地条件 6a 的资料,所推导出来的公式(4)、(5)、(6)、(7),用来预测杉木的生长量,预测值和实测值的相关系数都相当高,均在 0.8 以上,而且预测值的精度也都在 0.9 以上,这充分说明了,无论用哪种公式均能达到相当满意的结果。

2.2 林外气候因子与杉木生长量的相关分析

由于森林的复盖,阻滞了林冠层上下空气的交流,阻碍了太阳光线直接射入林内,从而形成了有别于林外的林冠层以下森林内部独特的森林小气候。就目前我国现有情况看来,除个别科研单位因研究工作需要在林内设置观测场外,一般气象观测场均设置于林外空旷地,如都需要用林内观测的气候因子来分析和预测林木生长量,那将有一定困难。能否利用林外一般气象台、站、哨(气象哨)的气候资料来预测林木生长量呢?为此,专门进行了探讨。

表6 湖南会同固定标准地Ⅰ、Ⅱ林内气候因子与杉木树高生长量关系的反应表

树高生长量 (cm/月)	气温(℃) 13.0—20.0 C_{11}	20.1—23.0 C_{12}	23.1—26.4 C_{13}	26.5—29.0 C_{14}	地表温度(℃) 21.1以下/27.1以上 C_{21}	21.2—27.0 C_{22}	地中10cm温度(℃) 13.0—21.0 C_{31}	21.1—26.0 C_{32}	26.1—30.0 C_{33}	地中20cm温度(℃) 21.0以下/25.0以上 C_{41}	21.1—25.0 C_{42}	相对湿度(%) 85以下 C_{41}	85以上 C_{42}	降雨量(mm) 100以下 C_{51}	100以上 C_{52}
6.0	1	0	0	0	1	0	1	1	0	1	0	1	0	1	0
7.0	1	0	0	0	1	0	1	0	0	1	0	1	1	1	0
8.0	1	0	0	0	1	0	1	0	0	1	0	0	1	0	1
10.0	1	0	0	0	1	0	1	0	0	1	0	1	1	1	0
10.1	1	0	0	0	0	1	1	0	0	0	1	0	1	1	0
10.2	1	0	0	0	0	1	0	1	0	0	1	0	1	1	0
12.0	1	0	0	0	0	1	1	0	0	1	0	0	1	1	0
12.1	1	0	0	0	0	1	0	1	0	0	1	0	1	1	0
12.3	1	0	0	0	1	0	1	0	0	1	0	1	0	0	1
12.4	1	0	0	0	1	0	1	0	0	1	0	1	0	0	1
12.5	1	0	0	0	0	1	0	1	0	0	1	1	0	0	1
14.0	0	1	0	1	1	0	0	1	0	1	0	1	0	1	0
14.1	0	1	0	0	0	1	0	1	0	0	1	1	0	1	0
15.0	0	1	0	0	0	1	0	1	0	0	1	1	0	0	1
16.0	0	1	0	0	1	0	0	1	0	0	1	1	0	0	1
17.0	0	0	0	1	0	1	0	0	1	1	0	1	0	0	1
18.0	1	0	0	0	1	0	1	0	0	0	1	0	1	1	0
18.1	0	1	0	0	0	1	0	1	0	0	1	1	0	1	0
18.2	0	1	0	0	1	0	0	1	0	1	0	1	0	0	1
19.0	0	1	0	0	0	1	0	1	0	0	1	1	0	0	1
19.1	0	1	0	0	1	0	0	1	0	1	0	0	1	1	0
19.3	0	0	0	1	1	0	0	0	1	1	0	1	0	1	0
20.0	0	0	0	1	1	0	0	0	1	1	0	0	1	1	0
20.1	0	0	0	1	1	0	0	0	1	1	0	0	1	1	0
20.2	0	0	0	1	1	0	0	0	1	0	1	0	1	0	1

续表

树高生长量 (cm/月)	气温(℃) C₁₁ 13.0—20.0	C₁₂ 20.1—23.0	C₁₃ 23.1—26.4	C₁₄ 26.5—29.0	地表温度(℃) C₂₁ 21.1以下/27.1以上	C₂₂ 21.2—27.0	地中10cm温度(℃) C₃₁ 13.0—21.0	C₃₂ 21.1—26.0	C₃₃ 26.1—30.0	地中20cm温度(℃) C₄₁ 21.0以下/25.0以上	C₄₂ 21.1—25.0	相对湿度(%) C₄₁ 85以下	C₄₂ 85以上	降雨量(mm) C₅₁ 100以下	C₅₂ 100以上
20.3	0	0	1	0	0	1	0	0	0	0	1	1	0	0	1
20.6	0	0	0	1	1	0	0	0	1	1	0	1	0	1	0
20.7	0	0	1	1	1	0	0	0	1	1	0	0	1	0	1
21.0	0	0	0	1	1	0	0	0	1	1	0	1	0	1	0
21.1	0	0	1	0	0	1	0	0	0	0	1	1	0	0	1
22.0	0	0	0	0	1	0	0	0	1	1	0	1	0	0	1
22.1	0	0	1	1	1	0	0	1	0	1	0	1	0	0	1
23.0	0	1	0	0	1	0	1	0	0	0	1	1	0	0	1
23.1	0	0	1	1	1	0	0	0	1	0	1	1	0	1	0
23.2	0	0	0	0	0	1	0	1	0	1	0	0	1	1	0
23.5	0	1	1	0	0	1	1	0	0	1	0	1	0	0	1
23.9	0	1	0	0	0	1	1	0	0	1	0	0	1	0	1
24.1	0	0	1	0	1	0	0	0	1	1	0	1	0	1	0
24.2	0	0	1	1	0	1	0	1	0	0	1	0	1	0	1
24.3	0	1	1	0	0	1	0	1	0	0	1	1	0	0	1
24.4	0	0	1	0	0	1	0	0	0	0	1	0	1	0	1
27.0	0	0	1	0	0	1	0	1	0	1	0	1	0	1	0
27.1	0	0	1	0	0	1	0	1	0	0	1	0	1	0	1
27.2	0	0	1	0	0	1	0	1	0	0	1	0	1	0	1
27.3	0	0	1	0	0	1	0	1	0	0	1	1	0	0	1
27.4	0	0	1	0	0	1	0	1	0	0	1	1	0	0	1
31.0	0	0	1	0	0	1	0	1	0	0	1	0	1	0	1
33.0	0	0	1	0	0	1	0	1	0	0	1	1	0	0	1
33.1	0	0	1	0	0	1	0	1	0	0	1	1	0	0	1
35.7	0	0	1	0	0	1	0	1	0	0	1	1	0	0	1
38.0	0	0	1	0	0	1	0	1	0	0	1	0	1	0	1
40.0	0	0	1	0	0	1	0	0	1	0	1	1	0	0	1

表7 湖南会同固定准标地Ⅰ、Ⅱ林内气候因子与杉木胸径生长量关系的反应表

胸生长量 (cm/月)	气温(℃) 13.0—23.0 C_{11}	23.1—26.5 C_{12}	26.6—29.0 C_{13}	地表温度(℃) 21.1以下 27.1以上 C_{21}	21.2—27.0 C_{22}	相对湿度(%) 85以下 C_{31}	85以上 C_{32}	降雨量(mm) 100以下 C_{41}	100以上 C_{42}
0.030	1	0	0	1	0	1	0	1	0
0.060	0	0	1	1	0	1	0	1	0
0.090	1	0	0	1	0	1	0	1	0
0.100	0	0	1	1	0	0	1	0	1
0.110	0	0	1	1	0	0	1	0	1
0.120	0	0	1	1	0	0	1	1	0
0.140	0	0	1	1	0	1	0	1	0
0.150	0	0	1	1	0	0	1	1	0
0.160	0	1	0	0	1	1	0	1	0
0.170	0	0	1	1	0	0	1	0	1
0.171	0	0	1	1	0	0	1	1	0
0.180	1	0	0	1	0	1	0	0	1
0.181	1	0	0	1	0	1	0	0	1
0.190	0	1	0	0	1	1	0	1	0
0.191	0	1	0	1	0	0	1	0	1
0.220	0	1	0	0	1	1	0	1	0
0.221	0	1	0	0	1	0	1	1	0
0.240	0	1	0	0	1	0	1	1	0
0.241	1	0	0	1	0	1	0	0	1
0.250	0	1	0	0	1	0	1	1	0
0.251	0	1	0	0	1	0	1	1	0
0.260	0	1	0	0	1	1	0	1	0
0.280	0	1	0	0	1	0	1	1	0
0.290	0	1	0	0	1	0	1	1	0
0.300	0	1	0	0	1	1	0	0	1
0.301	0	1	0	0	1	1	0	1	0
0.310	1	0	0	1	0	1	0	0	1
0.320	1	0	0	1	0	1	0	0	1
0.360	0	1	0	0	1	1	0	0	1
0.361	0	1	0	0	1	1	0	0	1
0.400	0	1	0	0	1	0	1	1	0
0.401	0	1	0	0	1	1	0	0	1

表 8　湖南会同固定标准地 I、II 林内气候因子与杉木树高生长量关系的得分表

项目	类目		得分	得分范围
气温(℃)	C_{11}	13.0—20.0	8.3999	
	C_{12}	20.1—23.0	13.3843	343.4358
	C_{13}	23.1—26.4	23.6368	
	C_{14}	26.5—29.0	−319.7990	
地表温度(℃)	C_{21}	21.1℃以下 27.1℃以上	0.0000	8.4874
	C_{22}	21.2—27.0℃	8.4874	
地中 10cm 温度(℃)	C_{31}	13.0—21.0	0.0000	
	C_{32}	21.1—26.0	339.9323	339.9929
	C_{33}	26.1—30.0	339.9929	
地中 20cm 温度(℃)	C_{41}	21.0℃以下 25.1℃以上	0.0000	343.6368
	C_{42}	21.1—25℃	−343.6368	
相对湿度(%)	C_{51}	85%以下	0.0000	1.2869
	C_{52}	85%以上	−1.2869	
降雨量(mm)	C_{61}	100 以下	0.0000	2.6718
	C_{62}	100 以上	2.6718	

表 9　湖南会同固定标准地 I、II 林内气候因子与杉木胸径生长量关系的得分表

项目	类目		得分	得分范围
气温(℃)	C_{11}	18.0—23.0	0.1319	
	C_{12}	23.1—26.5	0.0138	0.1457
	C_{13}	26.6—29.0	0.0742	
地表湿度(℃)	C_{12}	21.1℃以下 27.1℃以上	0.0000	0.2375
	C_{22}	21.2—27.0	0.2375	
相对湿度(%)	C_{31}	85%以下	0.0000	0.0173
	C_{32}	85%以上	0.0173	
降雨量(mm)	C_{41}	100 以下	0.0000	0.0856
	C_{42}	100 以上	0.0856	

表 10　应用湖南会同固定标准地 I、II 林内气候因子预测树高生长量(cm/月)

实测值	预测值	实测值	预测值	实测值	预测值	实测值	预测值
6.0	8.4	15.0	16.5	20.6	20.2	24.3	25.5
7.0	8.4	16.0	16.5	20.7	22.99	24.4	25.5
8.0	9.8	17.0	22.9	21.0	18.9	27.0	26.8
10.0	8.4	18.0	14.0	21.1	29.5	27.1	28.2
10.1	14.0	18.1	16.5	22.0	20.1	27.2	28.2
10.2	10.3	18.2	20.1	22.1	29.5	27.3	26.8
12.0	14.0	19.0	16.5	23.0	22.9	27.4	29.5
12.1	10.3	19.1	17.9	23.1	20.2	31.0	28.2
12.3	11.1	19.3	22.9	23.2	25.5	33.0	29.5
12.4	11.1	20.0	18.9	23.5	22.9	33.1	29.5
12.5	11.1	20.1	18.9	23.9	22.9	35.7	29.5
14.0	16.5	20.2	20.1	24.1	20.2	38.0	29.5
14.1	16.5	20.3	29.5	24.2	26.8	40.0	29.5

表 11　应用湖南会同固定标准地Ⅰ、Ⅱ林内气候因子预测胸径生长量(cm/月)

实测值	预测值	实测值	预测值
0.030	0.132	0.221	0.269
0.060	0.074	0.240	0.269
0.090	0.132	0.241	0.218
0.100	0.177	0.250	0.267
0.110	0.177	0.251	0.267
0.111	0.177	0.260	0.251
0.120	0.092	0.280	0.269
0.140	0.074	0.290	0.269
0.150	0.092	0.300	0.337
0.160	0.251	0.301	0.251
0.170	0.177	0.310	0.218
0.171	0.092	0.320	0.218
0.180	0.218	0.360	0.337
0.181	0.218	0.361	0.337
0.190	0.251	0.400	0.267
0.190	0.191	0.401	0.337
0.220	0.251		

兹以湖南省会同县本所固定标准地Ⅱ(1964—1965)的树高与胸径定期生长量为因变量,分别以林内和林外气象哨的气温、相对湿度和降雨量为自变量来研究,其反应表如表 12、表 13,计算结果见表 14、表 15。由表 14、表 15 可看出,无论是林外气象哨的气候因子或是林内气候因子均以气温得分最高,其次是相对湿度或降雨量,这一结论完全与前述结果一致。

表 12　林外气候因子与杉木生长量关系的反应表

生长量(cm/月)		气温(℃)			相对湿度(%)		降雨量(mm)	
胸径	树高	16.0—20.0 C_{11}	20.1—26.5 C_{12}	26.6—29.0 C_{13}	85 以下 C_{21}	85 以上 C_{22}	100 以下 C_{31}	100 以上 C_{32}
0.030	5.0	1	0	0	0	1	1	0
0.093	7.0	1	0	0	0	1	1	0
0.163	10.1	1	0	0	0	1	1	0
0.160	10.2	1	0	0	0	1	1	0
0.280	12.0	1	0	0	0	1	1	0
0.240	12.1	1	0	0	0	1	0	1
0.310	12.0	1	0	0	0	1	0	1
0.300	12.2	1	0	0	0	1	0	1
0.300	14.0	0	1	0	1	0	0	1
0.400	19.3	0	0	1	0	1	1	0
0.251	19.0	0	1	0	1	0	0	1
0.150	20.0	0	0	1	1	0	1	0
0.170	20.1	0	0	1	1	0	1	0
0.533	20.6	0	0	1	0	1	1	0
0.500	20.7	0	0	1	0	1	1	0
0.280	21.0	0	0	1	0	1	1	0
0.320	21.0	0	1	0	0	1	0	1
0.296	23.0	0	1	0	0	1	0	1
0.300	23.5	0	1	0	0	1	0	1
0.462	23.0	0	0	1	0	1	1	0
0.400	23.0	0	1	0	1	0	0	1
0.450	24.0	0	1	0	1	0	0	1
0.460	24.3	0	1	0	1	0	1	0
0.410	24.0	0	1	0	0	1	1	0
0.250	24.1	0	1	0	1	0	1	0
0.280	24.0	0	1	0	1	0	1	0
0.530	27.0	0	1	0	0	1	1	0
0.546	27.3	0	1	0	0	1	1	0
0.360	27.0	0	1	0	1	0	0	1
0.530	38.0	0	1	0	0	1	1	0
0.550	42.0	0	1	0	0	1	1	0
0.510	35.7	0	1	0	0	1	0	1

表 13　林内气候因子与杉木生长量关系的反应表

生长量（cm/月）		气温（℃）			相对湿度（%）		降雨量（mm）	
胸径	树高	16.0—20.0 C_{11}	20.1—26.5 C_{12}	26.6—29.0 C_{13}	85 以下 C_{21}	85 以上 C_{22}	100 以下 C_{31}	100 以上 C_{32}
0.030	5.0	1	0	0	0	1	1	0
0.093	7.0	1	0	0	0	1	1	0
0.163	10.1	1	0	0	0	1	1	0
0.160	10.2	1	0	0	0	1	1	0
0.280	12.0	1	0	0	0	1	1	0
0.240	12.1	1	0	0	0	1	0	1
0.310	12.0	1	0	0	0	1	0	1
0.300	12.2	1	0	0	0	1	0	1
0.300	14.0	0	1	0	1	0	1	0
0.400	19.3	0	0	1	1	0	1	0
0.251	19.0	0	1	0	I	0	1	0
0.150	20.0	0	0	1	1	0	1	0
0.170	20.1	0	0	1	1	0	1	0
0.533	20.6	0	0	1	0	1	1	0
0.500	20.7	0	0	1	1	0	1	0
0.280	21.0	0	0	1	1	0	1	0
0.320	21.0	0	1	0	1	0	0	1
0.296	23.0	0	1	0	0	1	0	1
0.300	23.5	0	1	0	0	1	0	1
0.462	23.0	0	0	1	0	1	1	0
0.400	23.0	0	1	0	0	1	1	0
0.450	24.0	0	1	0	0	1	0	1
0.460	24.3	0	0	1	0	1	1	0
0.410	24.0	0	1	0	0	1	1	0
0.250	24.1	0	1	0	0	1	1	0
0.280	24.0	0	1	0	0	1	0	1
0.530	27.0	0	1	0	0	1	0	1
0.546	27.3	0	1	0	0	1	1	0
0.360	27.0	0	1	0	1	0	0	1
0.530	38.0	0	1	0	0	1	0	1
0.550	42.0	0	1	0	0	1	0	1
0.510	35.7	0	1	0	0	1	0	1

表 14　林外气候因子与杉木生长量关系的得分表

项目		类目	得分		得分范围	
			树高	胸径	树高	胸径
气温（℃）	C_{11}	16.0—20.0	3.6048	−0.0068		
	C_{12}	20.1—26.5	20.3858	0.2433	14.1281	0.2577
	C_{13}	26.6—29.0	17.7329	0.2509		
相对湿度（%）	C_{21}	85% 以下	0.0000	0.0000	5.4273	0.1895
	C_{22}	85% 以上	5.4273	0.1895		
降雨量（mm）	C_{31}	100 以下	0.0000	0.0000	2.7810	0.0381
	C_{32}	100 以上	2.7810	0.0381		

表 15 林内气候因子与杉木生长量关系的得分表

项目	类目		得分		得分范围	
			树高	胸径	树高	胸径
气温(℃)	C_{11}	16.0—20.0	2.6388	0.0263		
	C_{12}	20.1—26.5	18.9319	0.2387	21.7395	0.3446
	C_{13}	26.6—29.0	19.1007	0.3183		
相对湿度(%)	C_{21}	85% 以下	0.0000	0.0000	5.3982	0.1361
	C_{22}	85% 以上	5.3982	0.1361		
降雨量(mm)	C_{31}	100 以下	0.0000	0.0000	5.4345	0.0092
	C_{32}	100 以上	5.4345	0.0092		

应用上述资料推导出预测树高和胸径的综合方程式为：

树高
$$\hat{y}_i(H) = 3.6048\delta_{i(11)} + 20.3858\delta_{i(12)} + 17.7329\delta_{i(13)} + 5.4273\delta_{i(22)} + 2.7810\delta_{i(32)} \tag{8}$$

胸径
$$\hat{y}_i(D) = -0.0068\delta_{i(11)} + 0.2433\delta_{i(12)} + 0.2509\delta_{i(13)} + 0.1895\delta_{i(22)} + 0.0381\delta_{i(32)} \tag{9}$$

根据公式(8)、(9)求出的预测值如表 16。

表 16 应用林外气候因子预测林木的生长量

树高(cm/月)				胸径(cm/月)			
实测值	预测值	实测值	预测值	实测值	预测值	实测值	预测值
5.0	9.0	21.0	28.6	0.030	0.183	0.320	0.470
7.0	9.0	23.0	28.6	0.093	0.183	0.296	0.470
10.1	9.0	23.5	28.6	0.163	0.183	0.300	0.470
10.2	9.0	23.0	23.2	0.160	0.183	0.462	0.440
12.0	9.0	23.0	23.2	0.280	0.183	0.400	0.281
12.1	11.8	24.0	28.6	0.240	0.220	0.450	0.470
12.0	11.8	24.3	23.2	0.310	0.220	0.460	0.440
12.2	11.8	24.0	25.8	0.300	0.220	0.410	0.433
14.0	23.2	24.1	23.2	0.300	0.281	0.250	0.281
19.3	23.2	24.0	23.2	0.400	0.440	0.280	0.281
19.0	23.2	27.0	25.8	0.251	0.281	0.530	0.433
20.0	17.7	27.3	25.8	0.150	0.251	0.546	0.433
20.1	17.7	27.0	23.2	0.170	0.251	0.360	0.281
20.6	23.2	38.0	28.6	0.533	0.440	0.530	0.471
20.7	23.2	42.0	28.6	0.500	0.440	0.550	0.470
21.0	17.7	35.7	28.6	0.280	0.251	0.510	0.471

其预测值和实测值之间的相关系数树高为 0.83，胸径为 0.80。

按 95% 可靠性水准，由公式(8)、(9)计算出的预测值精度(P)分别为 0.9239

和 0.9069。

为了进一步比较应用林外气象哨的气候因子和林内气候因子来预测杉木生长量,还用湖南省会同县本所固定标准地Ⅱ(1964—1965)林内的气温、相对湿度和降雨量的资料,推导预测杉木生长量的综合方程式为:

树高
$$\hat{y}_i(H) = 2.6388\delta_{i(11)} + 18.9319\delta_{i(12)} + 19.1007\delta_{i(13)} + 5.3982\delta_{i(22)} + 5.4345\delta_{i(32)} \tag{10}$$

胸径
$$\hat{y}_i(D) = 0.0263\delta_{i(11)} + 0.2387\delta_{i(12)} + 0.3183\delta_{i(13)} + 0.1361\delta_{i(22)} + 0.0092\delta_{i(32)} \tag{11}$$

根据公式(10)、(11)计算出的预测值如表17。

表17 应用林内气候因子预测杉木的生长量(cm/月)

树高				胸径			
实测值	预测值	实测值	预测值	实测值	预测值	实测值	预测值
5.0	8.0	21.0	24.4	0.030	0.162	0.320	0.331
7.0	8.0	23.0	29.8	0.093	0.162	0.296	0.467
10.1	8.0	23.5	29.8	0.163	0.162	0.300	0.467
10.2	8.0	23.0	24.5	0.160	0.162	0.462	0.454
12.0	8.0	23.0	24.5	0.280	0.162	0.400	0.375
12.1	13.5	24.0	29.8	0.240	0.255	0.450	0.467
12.0	13.5	24.3	24.5	0.310	0.255	0.460	0.455
12.2	13.5	24.0	24.3	0.300	0.255	0.410	0.375
14.0	18.9	24.1	24.3	0.300	0.239	0.250	0.375
19.3	19.1	24.0	24.3	0.400	0.318	0.280	0.375
19.0	18.9	27.0	29.8	0.251	0.239	0.530	0.467
20.0	19.1	27.3	24.3	0.150	0.318	0.546	0.374
20.1	19.1	27.0	24.3	0.170	0.318	0.360	0.331
20.6	24.5	38.0	29.8	0.533	0.454	0.530	0.467
20.7	19.1	42.0	29.8	0.500	0.318	0.550	0.467
21.0	19.1	35.7	29.8	0.280	0.318	0.510	0.467

预测值和实测值之间的相关系数树高和胸径分别为 0.88 和 0.75。

按95%可靠性水准,由公式(10)、(11)计算出的预测值精度分别为 0.9315 和 0.9000。

从上述结果明显地看出,无论用林外气象哨的资料或林内的气候资料来预测林木生长量,其相关系数和预测值精度都相当高,因此,用林外气象哨的气候资料来预测杉木的生长量完全是可行的,结果也是令人满意的。

2.3 其它若干杉木产区气候因子与杉木生长量的相关分析

为了进一步研究杉木生长量和气候因子的关系,收集了有关地区的气候资料和杉木定期生长资料,现分述如下。

(1) 江西省赣州

位于东经114°50′,北纬25°5′是杉木自然分布的中心产区。根据赣州地区林科所1971年对3年生杉木月生长量的观测资料(黄后福:1974,杉木年生长观察。赣南林业科技,第5期内部资料)和赣州气象台相应月份的气温和降雨量资料作反应表18,其计算结果表明(表19):得分范围最大的为气温,达9.3664,得分范围最低的为降雨量,仅为0.2998。这一结果与湖南会同完全一致,这再一次证明,在杉木中心产区杉木生长与气温关系最为密切。

表18　江西赣州气候因子与杉木生长关系反应表

树高生长量 (cm/月)	气温(℃) 13.0—20.1 C_{11}	气温(℃) 20.2—26.5 C_{12}	气温(℃) 26.6—28.0 C_{13}	降雨量(mm) 100以下 C_{21}	降雨量(mm) 100以上 C_{22}
1.5	1	0	0	1	0
6.0	0	1	0	1	0
8.0	0	1	0	0	1
12.8	0	0	1	0	1
11.4	0	0	1	0	1
11.6	0	0	1	0	1
10.6	0	1	0	1	0
5.6	1	0	0	1	0
1.5	1	0	0	1	0

表19　江西省赣州气候因子与杉木生长量关系的得分表

项目	类目		得分	得分范围
气温(℃)	C_{11}	16.0—20.1	2.8667	
	C_{12}	20.2—26.5	8.2999	9.3664
	C_{13}	26.6—28.0	12.2331	
降雨量/mm	C_{21}	100以下	0.0000	0.2998
	C_{22}	100以上	0.2998	

应用上述资料推导出预测杉木树高生长量的综合方程为:

$$\hat{y}_i(H) = 2.8667\delta_{i(11)} + 8.2999\delta_{i(12)} + 12.2331\delta_{i(13)} + 0.2998\delta_{i(22)} \quad (12)$$

根据公式(12)计算出的预测值如表20。

表20　江西省赣州杉木树高生长量的预测值(cm/月)

实测值	1.5	6.0	8.0	12.8	11.4	11.6	10.6	5.6	1.5
预测值	2.9	8.3	8.6	12.5	12.5	12.5	8.3	2.9	2.9

预测值和实测值的相关系数为0.918。

按95%可靠性水准,由公式(12)计算出的预测值精度(P)为0.8146。

(2) 广东省怀集县

位于东经112°8′,北纬24°15′,是杉木自然分布区的南部亚区。

根据广东省怀集县林科所1973年对3年生杉木月生长量的观测资料(怀集县林科所1975,撩壕加罩,丘陵种杉成倍速生,内部资料)以及怀集县气象站的应月份气温和降雨量资料,列反应表21,其计算结果如表22,由表22看出,得分范围与杉木中心产区湖南省会同县不同,降雨最得分远远高出气温,这说明在杉木分布的南部地区,虽说降雨量较大,但分配很不均匀,雨季降雨集中,流失严重,利用率低,旱季较长,蒸发量远远大于降雨量,故降雨量成为影响杉木生长的主要因子。

表21 广东怀集气候因子与杉木生长关系的反应表

树高生长量 (cm/月)	气温(℃) 10.0—20.0 C_{11}	气温(℃) 20.1—26.5 C_{12}	气温(℃) 26.6—28.0 C_{13}	降雨量(mm) 100以下 C_{21}	降雨量(mm) 100以上 C_{22}
2.0	1	0	0	1	0
10.5	0	1	0	0	1
16.2	0	1	0	0	1
15.2	0	0	1	0	1
12.7	0	0	1	0	1
7.5	0	0	1	0	1
7.4	0	1	0	1	0
3.8	0	1	0	1	0

表22 广东省怀集县气候因子与杉木生长量关系的得分表

项目	类目		得分	得分范围
气温(℃)	C_{11}	10.0—20.0	2.00	
	C_{12}	20.1—26.5	5.60	3.60
	C_{13}	26.6—28.0	4.15	
降雨量/mm	C_{21}	200以下	0.00	7.65
	C_{22}	200以上	7.65	

应用上述资料推导出预测杉木树高生长量的综合方程式为:
$$\hat{y}_i(H) = 2.00\delta_{i(11)} + 5.60\delta_{i(12)} + 4.15\delta_{i(13)} + 7.65\delta_{i(22)} \tag{13}$$

根据公式(13)计算出的预测值如表23。

表23 广东省怀集县杉木树高生长量的预测值(cm/月)

实测值	2.0	10.5	16.0	15.2	12.7	7.5	7.4	3.8
预测值	2.0	13.3	13.3	11.8	11.8	11.8	5.6	5.6

其实测值和预测值的相关系数为0.8446。

按95%可靠性水准,由公式(13)计算出的预测值精度(P)为0.967。

(3)安徽省滁县

位于东经118°14′,北纬32°26′,是杉木自然分布区北部亚区。

应用安徽农学院林学系在滁县对3—4年生杉木人工林的月生长量的观测资料(安徽农学院林学系杉木试验小组,1977,内部资料)和滁县气象站相应月份的气温和降雨量资料,列反应表24,其得分如表25。由表25看出,得分的范围与杉木中心产区湖南省会同县也不同,仍以降雨量得分范围最大,其次是气温,这说明在杉木分布的北缘,影响杉木生长量的重要因子是降雨量。

表24 安徽省滁县气候因子与杉木生长关系的反应表

树高生长量 (cm/月)	气温(℃) 19.0—20.0 C_{11}	气温(℃) 20.1—26.5 C_{12}	气温(℃) 26.6—28.0 C_{13}	降雨量(mm) 100以下 C_{21}	降雨量(mm) 100以上 C_{22}
1.4	1	0	0	1	0
5.9	1	0	0	1	0
4.7	0	1	0	1	0
11.3	0	1	0	0	1
11.4	1	0	0	1	0
13.6	0	0	1	1	0
16.5	0	0	1	1	0
17.4	0	1	0	0	1
17.6	0	1	0	0	1
21.7	0	0	1	0	1
22.7	0	1	0	0	1
23.8	0	0	1	0	1

表25 安徽省滁县气候因子与杉木生长量关系的得分表

项目	类目		得分	得分范围
气温(℃)	C_{11}	19.0—20.0	6.23	
	C_{12}	20.1—26.5	6.40	7.47
	C_{13}	26.6—28.0	13.70	
降雨量/mm	C_{21}	100以下	0.00	10.40
	C_{22}	100以上	10.40	

应用上述资料推导出预测杉木树高生长量的综合方程式为:
$$\hat{y}_i(H) = 6.23\delta_{i(11)} + 6.40\delta_{i(12)} + 13.70\delta_{i(13)} + 10.40\delta_{i(22)} \tag{14}$$
根据公式(14)计算出的预测值如表26。

表26 安徽省滁县杉木树高生长量的预测值(cm/月)

实测值	1.4	5.9	4.7	11.3	11.4	13.6	16.5	17.4	17.6	21.7	22.7	23.8
预测值	6.3	6.3	6.4	16.8	6.2	13.7	13.7	16.8	16.8	24.1	16.8	24.1

预测值和实测值的相关系数为0.88。

按95%可靠性水准,由公式(14)计算出的预测值精度(P)为0.8236。

(4)江苏省阜宁县

位于东经119°30′,北纬33°48′的苏北滨海平原地区。

根据引种在灌溉总渠的坡上和顶部3年生杉木月生长量的观测(阜宁县堤防管理

所,江苏省植物研究所1975,杉木年生长规律的初步观察,内部资料)以及阜宁县相应月份气温和降雨量资料得反应表27,表28为气温和降雨量与杉木生长关系的得分表,由得分范围看出:气温的得分范围远远高于降雨量,这说明虽然该县地处杉木分布区以外,全年降雨量只有1000mm左右,相对湿度也在80%以下,全年蒸发量且又大于降雨量,但由于杉木生长在灌渠上,水分条件基本上能满足杉木需要,故温度就成为影响杉木生长的主要因子。

表27 江苏省阜宁县气候因子与杉木生长关系的反应表

树高生长量	气温(℃)			降雨量(mm)	
(cm/月)	16.0—20.0 C_{11}	20.1—26.5 C_{12}	26.6—27.0 C_{13}	100以下 C_{21}	100以上 C_{22}
12.8	1	0	0	1	0
11.7	1	0	0	1	0
27.1	0	1	0	0	1
23.4	0	1	0	0	1
22.8	0	0	1	0	1
22.4	0	0	1	0	1
33.4	0	0	1	0	1
30.2	0	0	1	0	1
20.1	0	1	0	1	0
25.7	0	1	0	1	0
5.7	1	0	0	1	0
9.9	1	0	0	1	0

表28 江苏省阜宁县气候因子与杉木生长量关系的得分表

项目	类目		得分	得分范围
气温(℃)	C_{11}	16.0—20.0	10.025	
	C_{12}	20.1—26.5	22.900	14.825
	C_{13}	26.6—27.0	24.850	
降雨量/mm	C_{21}	100以下	0.000	2.350
	C_{22}	100以上	2.350	

应用上述资料推导出预测杉木树高生长量的综合方程式为:

$$\hat{y}_i(H) = 10.025\delta_{i(11)} + 22.900\delta_{i(12)} + 24.850\delta_{i(13)} + 2.350\delta_{i(22)} \quad (15)$$

由公式(15)计算出的预测值如表29。

表29 江苏省阜宁县杉木树高生长量的预测值(cm/月)

实测值	12.8	11.7	27.1	23.4	22.8	22.4	33.4	30.2	20.1	25.7	5.7	9.9
预测值	10.0	10.0	25.3	25.3	27.2	27.2	27.2	27.2	22.9	22.9	10.0	10.0

实测值和预测值的相关系数为0.9092。

按95%可靠水准,由公式(15)计算出的预测值精度(P)为0.8836。

通过上述4个地区有关资料分析,应用数量化理论Ⅰ结合各地气象台、站、哨的有关气象资料,来分析研究影响杉木生长量的主要因子,以及用来预测杉木的生长量是完全可行的,而且在实际工作中可以应用。

3 结论

(1)应用数量化理论Ⅰ研究有机体和环境因子的相互关系,以及利用这些因子来预测杉木生长,均能得到满意结果,实践证明数量化理论Ⅰ在森林生态学的研究工作中,是行之有效的。

(2)在杉木中心产区湖南省会同县,杉木生长量与温度关系最为紧密,按密切程度可排列为气温、地表温度、地中10cm温度、地中20cm温度,其次为水分因子,即降雨量和相对湿度。

(3)在杉木自然分布区的北部亚区(安徽省滁县)和南部亚区(广东省怀集县)杉木生长量与水分因子(降雨量)关系密切,其次是气温。

(4)应用数量化理论Ⅰ建立起来的林内气候因子或林外气候因子与杉木生长量的综合方程式,来预测杉木的生长量,其预测值与实测值的相关系数和预测值的精度都相当高,这充分说明所建立的方程式完全可以用来预测杉木的生长量。

参考文献:

[1] 概率统计教研室下厂小组.数量化方法在研究台风预报和森林生长中的应用.吉林大学学报(自然科学版)Ⅰ,1973,43-48.

[1] 吴正达,文杰译.用环境因子数值表预测林木的生长.林业科技通讯,1979,No2:24-27.

[3] 董明春等.数量化理论Ⅰ在林木选优中的应用.中国科学林业土壤研究所集刊第四集,科学出版社,1980:21-40.

湖南省会同县杉木人工林小气候的研究*

陈楚莹,冯宗炜

(中国科学院林业土壤研究所)

摘要:根据2a在11块标准地上进行定位和半定位气象观测的资料,阐明了不同林型下小气候变化的规律,为杉木速生丰产和宜林地选择提供了理论依据。

Studies on the microclimate of the artificial *Cunninghamia lanceolata* forests in Huitong County of Hunan Province

CHEN Chuying, FENG Zongwei

(Institute of Forestry and Pedology, Chinese Acadeiny of Sciences)

Abstract:The present paper described the observation on the microclimate in different types and age-stages of *Cunninghamia lanceolata* forest during 2 years. The micorclimate under the stand canopy were also compared with open area. The results show that the microclimate in the type of bottom for the growth of *Cunninghamia lanceolata* was more available than the type of slope and top.

气候因子是杉木的主要生态因子之一,它直接影响了杉木的分布、生长、同化异化作用和生产力的高低。

杉木喜好温暖湿润和风力微弱的气候环境,杉木分布范围内的气候条件:年平均温度15—23℃,1月平均温度1—12℃,极端最低温度-17℃,年降水量800—2000mm。杉木中心产区最适宜杉木生长的气候条件是:年平均温度在16—19℃,5℃以上生长期超过310d;10℃以上的生长活跃期超过260d,年降水量在1300—2000mm,而且分配均匀,各月相对湿度在80%以上,全年日照为1300—1600h,平均风力在2级左右[1],然而,在同一地区内,由于地貌条件和杉木生长发育阶段的不同,而形成小气候的差异,这些差异与杉木关系极为密切。

为了深入研究杉木林的小气候,在杉木中心产区湖南省会同县进行了定位和半定位观测。

原载于:杉木人工林生态学研究论文集.中国科学院林业土壤研究所,1980,87-97.

* 参加野外观测还有:朱岩、黄合炎等.

1 观测站的情况

共设置11个定位和半定位的气象观测站,其中:杉木成林4个,中林2个,幼林2个,阔叶林2个,空旷地区1个。各站的环境条件与观测时间见表1。气象观测工作是按照中央气象局颁发的气象观测规范(地面部分)进行的。

光照测定全部是在无云或云量极少的晴天里进行,每块标准地内选择代表性测点5—6个,测定其光照强度。

表1 观测站的概况

观测站性质	站名	坡向	坡度(°)	部位	海拔(m)	林分状况	观测时间
定位	大湾	东北	27	山洼	400	20年生杉木林,株行距1.6m×1.7m,密度3675株/hm²,郁闭度0.8	1960年5月—1961年12月
	大湾	东北	25—33	山坡	420	20年生杉木林,株行距1.6m×1.7m,密度3675株/hm²,郁闭度0.7	1960年5月—1961年12月
	妹子湾	—	2—3	山顶	460	20年生杉木林,株行距1.5m×1.7m,密度4444株/hm²,郁闭度0.7	1960年5月—1961年12月
	桐木头	东北	25	山坡	360	2年生杉木林,株行距1.2m×1.2m,密度8019株/hm²	1960年5月—1961年5月
	黄家团	西南	15	山坡	340	2—8年生杉木林,株行距1.2m×2.0m,密度3750株/hm²	1961年5月—1967年12月
	黄家团	—	—	—	340	空旷区	1964年1月—1967年12月
半定位	雷打砭	东北	35	山坡	430	6年生杉木林,株行距1.4m×1.4m,密度5100株/hm²,郁闭度0.9—1.0	1961年9月
	陈家木湾	东北	25	山坡	420	14年生杉木林,株行距1.6m×1.7m,密度3675株/hm²,郁闭度0.9	1961年9月
	桐木头	西北	25	山坡	360	2年生杉木林	1961年9月
	牧畜场	东北	26	山坡	420	油茶林	1961年9月
	牧畜场	东北	27	山坡	420	栎树林	1961年9月

2 观测结果

2.1 光照

光是杉木人工林生态系统中生物生命活动的能源,因此,研究林内光照状况具有十分重要的意义。

2.1.1 不同林型中光照强度的变化

会同县按地貌类型和土壤条件分3个林型组,即山脊林型、山坡林型和山洼林型[2]。表2为3林型光照强度的日变化,由表2中不难看出3林型的趋势相同,上午随太阳高度的升高林内光照强度渐增,至12:00达到最高,随后急剧下降,至16:00,除山脊林型外,其它两林型都没光照了。表3为不同林型光照强度的比较,由表3明显看出:3林型内的光照强度差异较大,若以空旷地区光照强度为100,则山脊林型和山坡林型和山洼林型分别为空旷区47.8%、22.3%和7.9%。

表2 不同林型光照强度的日变化(lx)

林型		大光班		中光班		小光班		荫影	平均
		光照强度	直径(cm)	光照强度	直径(cm)	光照强度	直径(cm)		
山脊林型	9:00	9500	30—50	8667	20—30	6867	15—20	733	6442
	10:00	58000	40—50	47667	20—40	30000	13—22	7667	35834
	12:00	82333	40—50	75000	30—40	49000	18—30	6000	53083
	13:00	83333	40—50	76333	30—40	58333	20—30	6000	55999
	16:00	33667	35—50	26000	25—35	19333	20—25	4333	20833
	17:00	17666	23—50	14267	12—23	10500	10—12	3567	11500
山坡林型	9:00	28667	25—60	18000	12—18	4667	4—8	1050	13096
	10:00	40667	17—50	23333	10—17	12333	5—10	1900	19558
	12:00	52667	20—60	34333	14—20	20000	5—10	2167	27292
	13:00	66333	28—50	42667	11—20	27667	6—10	2433	34775
	16:00	—	—	—	—	—	—	883	883
	17:00	—	—	—	—	—	—	717	717
山洼林型	9:00	7900	20—24	4400	13—20	2200	8—10	800	3825
	10:00	8666	20—24	5400	11—20	3167	7—10	800	4508
	12:00	32000	25—25	6500	15—18	5233	10—15	1000	11183
	13:00	32500	17—25	6100	15—18	5333	8—10	1500	11358
	16:00	—	—	—	—	—	—	520	520
	17:00	—	—	—	—	—	—	440	440

表3 不同林型光照强度的比较(lx)

林型	时间						
	9:00	10:00	12:00	13:00	16:00	17:00	平均
山脊林型	15011	35834	53083	55999	20833	11500	32043
山坡林型	13096	19558	20542	34775	883	717	14929
山洼林型	3825	4508	11182	11358	520	440	5306
空旷区	60000	70000	80000	90000	55000	45000	66667

表4为不同林型内不同高度光照强度的变化,不论地表、地上50cm和150cm高处均以山脊林型内的光照强度最大,其次为山坡林型,最弱的为山洼林型。

形成上述林内光照状况的差异,主要是由于不同林型林木生长状况不同所致,因而太阳辐射透过林冠到达地表光量就不同。

2.1.2 杉木不同生长发育阶段光照强度的变化

随着杉木生长发育阶段的不同,林分郁闭度也不同,因而透入林内光照状况就有明显差异,表5—表8为相同立地条件不同发育阶段杉木林内光照状况的日变化,由表5—表8看出:各年龄阶段不论是光照强度或是光照时数差异较大,以2年生杉木林内光照最强,光照时数最长,其次为21年生杉木林内,6年生杉木林内光照强度最弱,时数最短。若以空旷区为100,则在2、6、12、21年生杉木林内的光照强度分别为空旷区的70.7%、6.1%、13.3%、20.7%,即2年生林内光照强度最大,其次为21年生和12年生,最小为6年生。

表4 不同林型内不同高度光照强度的变化

林型	光照强度(lx)		
	地表	50cm	150cm
山脊林型	3495	4155	4844
山坡林型	1295	2053	2453
山洼林型	1077	1610	1759

表5 2年生杉木林内光照强度的日变化(lx)

时间	8:00	10:00	12:00	14:00	16:00	18:00	平均
强度	48750	66250	70167	48750	31000	3667	44764

表6 6年生杉木林内光照强度日变化(lx)

时间	大光班		中光班		小光班		荫影	平均
	光照强度	直径(cm)	光照强度	直径(cm)	光照强度	立径(cm)		
8:00	9000	10.4	5170	5.8	3000	3.0	500	4418
10:00	11170	11.0	7300	7.0	4700	4.0	900	6018
12:00	14000	16.0	9830	8.5	5700	4.5	1260	7698
14:00	11300	11.3	8300	8.0	4300	4.0	750	6163
16:00	—	—	—	—	—	—	550	550
18:00	—	—	—	—	—	—	200	200

表7 12年生杉木林内光照强度日变化(lx)

时间	大光班		中光班		小光班		荫影	平均
	光照强度	直径(cm)	光照强度	直径(cm)	光照强度	立径(cm)		
8:00	11500	20—60	5833	15—20	1146	8—10	330	4702
10:00	41600	25—40	9830	10—20	6166	5—10	450	14512
12:00	61000	25—40	12830	10—20	9230	5—10	743	20951
14:00	31666	30—60	9166	20—25	5160	5—9	420	11603
16:00	—	—	900	10—25	275	6—9	192	456
18:00	—	—	—	—	—	—	183	183

表9为不同年龄的林分中各高度光照强度的变化,各高度均以2年生杉木林内最强,其次为21年生,最弱的还是6年生杉木林内各高度。

表8 21年生杉木林内光照强度日变化(lx)

时间	大光班 光照强度	大光班 直径(cm)	中光班 光照强度	中光班 直径(cm)	小光班 光照强度	小光班 直径(cm)	荫影	平均
8:00	16000	25—60	4333	12—18	2000	4—8	833	5792
10:00	64333	20—50	20000	10—20	8500	5—10	1500	23583
12:00	66667	20—60	24167	14—20	14666	5—10	1983	26871
14:00	49333	28—50	22666	11—20	9000	6—10	1933	20733
16:00	12000	17—50	4600	10—20	3233	4—8	1375	5302
18:00	—	—	—	—	—	—	530	530

表9 不同年龄的林分中不同高度光照强度的变化(lx)

年龄(a)	地表	50cm	150cm
2	44764	78750	83125
6	318	548	443
12	414	675	777
21	1488	1882	2635

上述差异说明6年生杉木林郁闭度最大,林冠下除苔藓外,基本没有什么草本和灌木,到12年生时,杉木天然整枝开始,树冠逐渐疏开,至21年生时,树木天然整枝良好,林内的光照也增多,林内开始生长各种耐荫的灌木、草本和蕨类。

2.1.3 杉木人工林与其它森林群落内光状况的比较

湖南会同林区除半自然的以栎类为主的常绿和落叶阔叶林外,人工经营的以杉木用材林和油茶林最为普遍。在上述不同林地观测结果表明:不同树种组成的林分内,光照的强度以常绿与落叶栎树混交林内最弱,杉木林其次,油茶林最强(表10)。各林内和空旷地光照的日变化趋势是相同的,以空旷区为100,1d内平均光照强度栎树混交林地为14%,杉木林地为49%,油茶林地则达68%。

表10 不同森林群落内光照强度的比较(lx)

林种	9:00	10:00	12:00	13:00	16:00	17:00	日平均
栎树混交林	3944	8850	12053	24000	4544	2728	9353
杉木林	19778	38556	52667	57889	22000	3311	32367
油茶林	32111	43000	67000	70778	41889	17222	45333
空旷地	60000	70000	80000	90000	55000	45000	66667

形成上述林内光照状况的差异,主要是由于生态习性不同的各树种,其叶子的形状、排列以及形成林冠结构疏密的不一,因此,太阳辐射透过林冠到达地表的光量就不同。这一点还可以从林内荫影和光斑的光照强度以及光斑大小的变化得到证明(表11)。在栎树混交林内象白栎(*Quercus fabri*)细叶栎(*Quercus chenii*)青岗栎(*Cyclobalanopsis glauca*)板栗(*Castanca mollissima*)等树种,不仅枝叶浓密,树冠扩展亦广,冠幅相互重迭,

树冠结构紧密,光照透入林地最少,光斑的直径亦最小,油茶林一般栽植较稀,枝叶排列并不紧密,树冠间隙直射光也能透入,故光斑面积虽比杉木林内要小,但光照强度反较杉木林内要强。由此可见,不同森林群落内光照强度与林冠结构关系最为密切。

表 11　不同森林群落内地面光斑与荫影的光照强度

光斑		栎树混交林	杉木林	油茶林
大	直径(cm)	17—24	40—60	30—50
	光照强度(lx)	47000	76333	83000
中	直径(cm)	8—13	30—40	12—28
	光照强度(lx)	20000	60000	76000
小	直径(cm)	4—7	25—10	4—8
	光照强度(lx)	5000	37333	53333
荫影(lx)		2700	5667	4367

2.2 温度

温度是植物生活的必需条件,树木的生长发育、生长周期长短以及树木的生理活动都在极大程度上受温度因子的制约。因此,研究不同立地条件和不同年龄的林内温度的变化具有重要意义。

2.2.1 不同林型温度的变化

表 12 为不同林型温度的变化,由表 12 明显地看出:各林型之间气温差异不大,1—4月以山洼林型和山坡林型的杉木林内气温略高于山脊林型,其它月份则相反。

表 12　不同林型气温的变化(℃)

林型	月份												平均
	1	2	3	4	5	6	7	8	9	10	11	12	
山脊林型	3.9	5.5	12.6	17.1	20.3	26.5	27.5	26.7	24.4	18.2	12.7	6.9	16.9
山坡林型	4.2	6.4	13.2	17.2	19.9	26.3	27.4	26.6	24.3	18.1	12.6	6.9	16.9
山洼林型	4.4	6.2	13.0	17.2	20.0	25.8	27.2	26.2	23.9	17.7	12.3	6.5	16.7

表 13 为不同林型气温 24h 变化,从表 13 看出:24h 的气温仍以山脊林型中的气温最高,其次为山坡林型,最低为山洼林型。

表 13　不同林型气温 24h 变化(℃)

林型	时间												较差
	1:00	3:00	5:00	7:00	9:00	11:00	13:00	15:00	17:00	19:00	21:00	23:00	
山脊	21.6	20.5	20.1	22.1	25.1	28.0	30.5	30.0	24.2	22.4	21.3	20.8	10.4
山坡	20.0	19.2	18.6	19.1	24.0	27.0	29.2	28.4	22.6	22.0	21.0	20.4	10.6
山洼	18.4	17.8	17.4	18.6	23.1	26.8	28.0	26.2	22.3	21.0	20.4	19.9	10.6

1960 年 7 月 20 日

表 14 为不同林型地温的变化,就地温的情况看来,地表温度因直接受林内光照的影响,故一年各月的平均地表温度山脊林型均大于山坡和山洼林型,而地中 5cm 和 15cm 的温度则不一,1、2、3、4 月山洼林型的地温略高于山坡林型。

表14 不同林型地温的变化(℃)

深度	林型	1	2	3	4	5	6	7	8	9	10	11	12	平均
地表	山脊	5.0	7.4	11.0	17.0	20.3	25.3	27.0	26.5	24.2	18.6	13.5	8.4	17.0
	山坡	4.8	6.5	12.6	16.1	19.4	25.0	26.5	25.7	23.3	17.2	12.5	7.6	16.4
	山洼	4.3	6.0	11.7	16.1	18.9	24.2	25.7	25.3	23.9	16.7	11.9	7.4	16.0
地中5cm	山脊	4.3	6.2	9.8	16.0	19.2	23.9	25.6	25.3	22.8	18.0	13.0	7.7	16.0
	山坡	4.3	6.2	9.8	16.0	19.2	23.9	25.8	25.0	22.8	18.0	13.0	7.6	16.0
	山洼	4.3	6.2	11.7	16.1	18.3	23.8	25.8	24.8	23.7	16.3	12.1	7.3	15.9
地中15cm	山脊	6.3	7.0	9.8	15.3	18.4	22.6	24.6	24.6	22.6	18.3	14.1	9.2	16.1
	山坡	5.0	6.5	11.1	14.9	18.2	23.0	25.0	24.5	22.0	17.3	12.8	8.0	15.7
	山洼	5.1	6.6	11.3	15.0	18.0	22.6	24.5	24.2	22.6	16.8	10.8	8.7	15.5

2.2.2 杉木林对温度的改变

由表15看出1—3月林内气温高于林外0.1—0.4℃,而5—12月则相反、林外约高于林内0.1—0.8℃。

表15 林内、外气温和地温的变化(℃)

深度	地点	1	2	3	4	5	6	7	8	9	10	11	12	平均
气温	林内	4.3	6.2	11.0	17.2	19.0	25.6	26.3	26.0	24.7	17.3	12.1	6.5	16.4
	林外	3.9	6.1	10.8	17.0	19.6	26.4	26.9	26.4	24.9	17.6	12.2	7.3	16.6
地表	林内	4.5	6.3	11.6	15.4	18.3	24.7	25.8	25.5	24.4	16.7	12.2	7.8	16.1
	林外	7.2	7.9	13.1	17.4	20.6	28.8	29.5	27.1	25.8	17.9	13.1	9.0	18.1
地中5cm	林内	4.8	6.5	11.1	16.1	17.8	23.7	25.0	24.6	22.5	16.2	12.3	7.5	15.7
	林外	5.1	7.2	11.1	17.3	19.9	27.5	28.1	26.7	24.9	18.7	14.1	8.2	17.4
地中10cm	林内	4.7	6.2	11.1	14.8	17.1	22.4	24.0	23.9	21.8	16.2	12.2	8.3	15.2
	林外	4.8	7.0	10.3	16.6	19.1	26.3	27.5	26.5	24.7	18.4	13.6	7.7	16.9
地中15cm	林内	5.0	6.5	11.1	14.9	17.3	22.8	24.1	22.2	16.7	12.7	8.9	—	15.6
	林外	5.7	7.6	10.7	16.4	18.7	25.5	27.5	26.6	24.6	18.8	14.1	8.4	17.1
地中20cm	林内	4.9	7.0	11.5	15.1	17.6	22.8	24.5	24.3	22.4	17.3	13.2	8.0	15.7
	林外	6.0	7.8	10.8	16.3	18.6	25.5	27.1	26.5	24.8	19.1	14.5	8.6	17.1

至于地温相差也十分明显,就年平均地温而言,无论地表或地中温度均是林外高于林内。1a中最高温度与最低温度的较差则以林外较大,地表、地中5cm、地中10cm、地中15cm、地中20cm分别为22.3、23.0、22.7、21.8℃和21.1℃;而林内则分别为21.3、20.2、19.3、19.4℃和19.6℃。

2.3 降雨

雨水是植物生活的主要水分来源,降雨量大小直接关系着植物的组成、外形及生产力。因此,研究降雨量的变化具有十分重要的意义。

由表16看出,不同林型内降水量相差较大,以山脊林型最大,山坡林型次之,山洼林型最小。

表16　不同林型中降水量的变化(mm)

林型	月份												合计
	1	2	3	4	5	6	7	8	9	10	11	12	
山脊	39.8	10.6	96.0	148.5	187.3	46.5	101.1	61.4	50.2	38.4	40.6	5.1	825.5
山坡	27.3	9.8	70.0	151.2	175.7	37.6	99.8	58.9	46.0	30.4	34.7	5.4	746.8
山洼	18.4	9.0	63.7	131.1	162.0	23.9	83.7	39.5	41.0	26.7	32.6	4.8	636.4

由于不同林型树木生长的差异,因而导致树冠截留降水量的差异,由表17明显看出:以山洼林型树冠截留量最大、其次为山坡林型和山脊林型。不过由于地形的影响,山洼处能承受由坡上沿地表和地下侧流的水分,所以水分条件还是良好的。

2.4　相对湿度的变化

2.4.1　不同林型相对湿度的变化

不同林型相对湿度差异较大。由表18明显看出:1a各时均以山洼林型林内相对湿度最高,其次为山坡林型,山脊林型最低。

表17　不同林型树冠截留降水量的比较(mm)

林型	1960年5月24日		1960年5月25日		1960年5月26日	
	降水量	截留量(%)	降水量	截留量(%)	降水量	截留量(%)
山脊	33.4	18	14.2	19	21.1	19
山坡	35.2	13	13.5	23	21.9	15
山洼	29.8	27	9.7	45	18.5	29
林外	40.6	—	17.6	—	25.9	—

表18　不同林型相对湿度的变化(%)

林型	月份												平均
	1	2	3	4	5	6	7	8	9	10	11	12	
山脊	83	88	86	86	87	81	86	82	77	82	88	85	84.3
山坡	93	99	86	87	37	80	83	83	77	81	90	89	86.3
山洼	99	99	86	87	89	84	83	83	77	82	90	90	87.4

2.4.2　林内外相对湿度的变化

表19为林内外相对湿度的变化,可以明显看出,林内相对湿度高于林外相对湿度。这种差异主要是由于森林覆盖和阻挡,光线弱,气温较低而变化缓和,以及林内风小,林木蒸腾与林地蒸发的水汽散失缓慢,因而大大提高了林内空气的相对湿度。

2.5　蒸发

由表20明显看出:不同林型自由水面的蒸发以山洼林型中最小,其次为山坡林型,山脊林型最大。若以林外蒸发量为100,则山脊林型、山坡林型、山洼林型分别为林外蒸发量的53%、46%和37%。

表19 林内外相对湿度的变化(%)

地点	月份												平均
	1	2	3	4	5	6	7	8	9	10	11	12	
林内	93.0	99.0	88.0	87.0	89.0	79.0	82.0	82.0	76.0	80.0	88.0	81.0	85.3
林外	84.0	86.0	88.0	83.0	86.0	79.0	81.0	82.0	76.0	80.0	88.0	81.0	82.8

表20 不同林型蒸发量的变化(mm)

地点	月份								合计
	5	6	7	8	9	10	11	12	
山脊	37.2	49.0	58.7	52.9	86.4	48.1	36.2	16.0	384.5
山坡	32.3	44.6	54.1	49.3	51.2	48.6	34.0	19.8	333.9
山洼	25.0	37.1	44.1	29.1	44.2	43.0	31.6	14.6	268.7
林外	68.2	143.4	134.4	94.8	140.8	68.0	48.0	29.0	726.6

3 结论

通过2a小气候的定位和半定位观测、得出如下结果：

(1)杉木人工林不同林型光照状况不同,若以空旷区为100,则山脊林型、山坡林型和山洼林型分别为空旷区47.8%、22.3%和7.9%。

不同发育阶段林内光照状况有明显差异,若以空旷区为100,2、6、12、21年生林分分别为空旷区的70.7%、6.1%、13.3%和20.7%,即2年生林内光照强度最大,其次为21年生,6年生林内光照强度最小。

此外,不同森林群落内光照状况不一,以常绿和落叶栎树混交林最弱,杉木林次之,油茶林较强。

(2)各林型年平均气温相差不大,但仍以山脊林型和山坡林型稍高,山洼林型气温最低。就各月相比,则1—4月份山洼林型和山坡林型气温略高于山脊林型、其它月份相反。

(3)不同林型地温变化较大,地表温度、地中5、15cm温度均以山脊林型最高,其次为山坡林型,最低为山洼林型。

林内外温度差异较大,不论气温、地温均以林外最大,1a最高温度与最低温度的温差也以林外为最大。

(4)不同林型内降水量相差较大。降水资以山脊最大,山坡林型次之,山洼林型最小。而不同林型树冠截留量则与上述相反。

(5)不同林型相对湿度变化较大,以山洼林型相对湿度最大,其次为山坡林型,山脊林型最小。

(6)不同林型蒸发不同,以山洼林型蒸发量最小,山坡林型次之,山脊林型最大。

参考文献：

[1] 阳含熙.杉木速生丰产规律与栽培技术的研究.林业科学,1962(1):1-10.
[2] 李昌华,冯宗炜,等.杉木人工林及其林型的初步研究.中国科学院林业土林研究所报告集,《林业集刊》第4号.科学出版社,1960:1-41.

杉木人工林球果生物量的测定

陈楚莹，冯宗炜，李兴慧

（中国科学院林业土壤研究所）

摘要：在实测杉木球果生物量的基础上，详细阐明了杉木球果生物量与立地条件以及测树学因子之间的相互关系，并应用树高和胸径分别推导出预测杉木球果生物量的回归方程。

Estimation of cones biomass of the artificial *Cunninghamia lanceolata* forests

CHEN Chuying, FENG Zongwei, LI Xinghui

(*Institute of forestry and Pedology, Chinese Academy of Sciences*)

Abstract: The cones biomass of different stands of *Cunninghamia lanceolata* were estimated at Huitong county, Hunan province.

The results show that the cones biomass were different with the class of tree growth, tree height, diameter breast high and site condition.

Moreover, using relations between the cones biomass and the diameter breast high or tree height, regression equations were established for estimating the biomass and the number of cones.

球果生物量是森林生物量的组成部分，由于球果从花芽原始体形成到球果成熟需要几个月，甚至有的针叶树需要 1a 以上，因此，测定森林的生物量往往都要在球果成熟前后才能进行，这就给森林生物量的测定工作带来了一定的局限性和困难。为了改变这种状况，加速森林生物量的测定，曾结合会同县广坪公社伐区作业研究了杉木球果生物量与立地条件以及测树学因子之间的相互关系。

1 测定方法

根据林型分别在山脊林型、山坡林型和山洼林型设置标准地，每块标准地面积一般为 100—300m²，对具有代表性的山坡林型进行了每木伐倒后测定球果产量，其它林型根据林木径级分配序列，按下列方法选取样木伐倒调查：

(1) 平均木（中央木）3—5 株；

(2) 其它径级 1—2 株；

总共伐倒 68 株。

将各标准木上采得的球果，置于 105℃ 烘箱箱内，烘至衡重，求其球果生物量。

原载于：杉木人工林生态学研究论文集. 中国科学院林业土壤研究所，1980：218-225.

根据伐倒木的树高和胸径与各器官生物量的相关关系[1-6]建立了预测杉木球果生物量的回归方程。

2 杉木开花和结实的物候学特点

了解杉木开花和结实的物候学特点,有助于球果生物量的研究,根据在会同的定位观察,杉木开花、结实的特点如下:

(1)树液流动 一般在2月中旬,平均气温在5—8℃,地中温度6—10℃;

(2)花芽膨胀 在2月中旬,树液开始流动,花芽即行膨胀;

(3)花芽开始展开,在2月下旬,平均温度7—8℃左右;

(4)开花 3月上旬花开放,3月中旬花普遍开放,此时平均温度在10℃左右;

(5)授粉 杉木开花后即授粉,至3月中旬受粉完毕,此时,平均温度不低于10℃,相对湿度在85%—90%;

(6)幼果形成 个别幼果在3月中旬即形成,幼果普遍形成在3月下旬—4月上旬,此时温度在15℃左右,其后幼果逐渐长大;

(7)球果开始成熟 10月中旬球果开始成熟,此时平均温度在17—18℃左右;

(8)球果成熟 在10月下旬至11月上旬,此时大多数球果成熟,球果鳞片微带黄绿色,平均温度在15℃左右;

(9)种子飞散 种子开始飞散在11月中旬,球果成熟后,鳞片开始裂开,种子开始飞散,种子全部飞散约在12月下旬至翌年1月,个别可延至2月上旬;

(10)休眠 树液停止流动在12月下旬,此时为相对休眠期,平均温度降低至4—5℃。

根据上述开花和结实物候学特点的观测明显的看出:球果生物量与测定时间关系极为密切。过早测定,球果没成熟影响产量,过晚种子飞散,也影响产量。为了准确的测定球果的生物量,在同一标准地中,选择了测树因子基本相同的标准木,分别在10月20—23日(霜降前后)和11月23日(小雪前后)测定了球果生物量,其结果如表1。由表1明显看出:10月20测定的球果生物量均高于11月23日所测定的球果生物量。

表1 球果生物量与测定时间的关系

测定时间	树高(m)	直径(cm)	球果生物量(kg/株)	种子重(g)
10月20日	13.38	12.0	0.224	58.1
11月23日	13.99	12.0	0.208	18.2

由此说明,要准确的测定杉木人工林球果的生物量必须注意测定时间,在湖南省会同县测定球果生物量最好时间在10月中下旬(霜降前后)。

3 杉木球果生物量与有关因子的分析

杉木球果的生物量除受气候因子制约外,还受立地条件以及本身发育状况等影响,为了深入研究球果生物量,从下面几方面作了探讨。

3.1 球果生物量与立地因子的关系

为了探索杉木球果生物量与立地因子的关系,选择不同立地条件的3块样地(龄级、密度和抚育管理措施基本相同),测定了球果的生物量(表2),由表2得知,球果生物量与立地条件关系极为密切,无论单株生物量或每公顷生物量均以山脊最大,山洼次之,山坡最小,其主要原因在于立地条件不同而导致小气候和土壤差异,根据森林小气候观测表明:在生长季节,山脊受光的时数每天达10h,甚至10h以上,山坡为8—9h,山洼最少,仅为7—8h,由于光照状况良好造成有利结实的条件,同时,山脊湿度较低,通风又好,这给风媒性的杉木也造成良好的授粉环境,故结实多,球果生物量也相应高,至于山坡杉木人工林球果生物量较低的原因,是由于光照状况不如山脊,土壤条件因陡坡造成侵蚀,水分养分也远不如山洼土壤条件所致。

表2 球果生物量与立地条件的关系

立地条件	株数	平均单株球果生物量(kg)	每公顷球果生物量(kg)
山脊(厚层红色粘土)	50	0.48	1425.6
山坡(厚层轻粘土)	102	0.30	1098.0
山洼(粘壤土)	50	0.44	1161.6

3.2 球果生物量与林木生长发育级的关系

在同一林分中,林木个体之间的差异较为明显,将林木生长发育级划分为3级,Ⅰ级:生长快,发育好的优势木,树高常超过林冠层;Ⅱ级:生长正常,发育良好,树高处于一般林冠层内;Ⅲ级:树高处于一般林冠层下,呈被压状态。

表3 球果生物量与林木生长发育级的关系

生长发育级	平均单株球果生物量(kg)	百分比(%)
Ⅰ	0.88	100.0
Ⅱ	0.33	37.5
Ⅲ	0.20	22.7

由表3明显看出,在同一林分中,林木个体之间的差异,不仅反映在干、枝、叶、根的生物量上,而且在球果生物量方面甚为显著,由表3看出同一林分中Ⅰ级木的球果生物量最高,Ⅱ级木次之,平均单株球果生物量尚不及Ⅰ级木一半,Ⅲ级木最低,仅为Ⅰ级木的22.7%,可见,林木生长发育级越高,球果的生物量也越大。

3.3 球果生物量与树冠部位的关系

如前所述,在同一杉木人工林内,林木生长发育级不同,球果的生物量显著不同,不仅如此,就同一株树而言,树冠不同部位球果的生物量也不一样(表4),树冠上部球果数量最多,生物量高,树冠中部次之,下部最低,这种差异产生的原因,主要取决于雌雄花在树冠上分配不匀,在正常结实年龄的杉木,雄花绝大部分集中在树冠下部,雌花在树冠上部最多,树冠中部雌花数多于雄花数,此外,光照状况也随林冠上升而渐次增强,故从结实条件来说,树冠上部优于中部和下部。

表4 杉木树冠各部位的球果生物量

树冠部位	球果个数(个)	球果生物量(kg)
上	137	0.33
中	94	0.24
下	43	0.11

3.4 球果生物量与林木胸径的关系

为了探讨球果生物量与林木胸径的关系,我们选择了代表性最广的山坡林型伐倒33

株,分别测量了 38 株树的胸径、树高和球果生物量。

图 1 为 38 株伐例木按径级归并绘制的,从图 1 明显看出,球果生物量与林木胸径存在着一定的依存关系,即球果的生物量随着胸径的增长而增大。

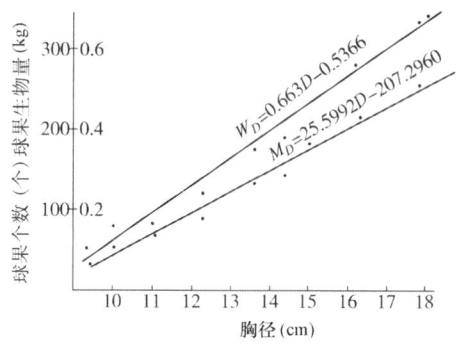

图 1　球果生物量球果个数与胸径关系

根据上述资料,用最小二乘法配合的直线回归方程为:

$$M_D = 25.5992D - 207.296 \tag{1}$$

$$W_D = 0.0663D - 0.5366 \tag{2}$$

式中,M_D = 球果个数;

W_D = 球果生物量;

D = 胸径。

公式(1)的相关系数 $\gamma = 0.93$,公式(2)的相关系数 $\gamma = 0.98$。

进行 γ 的显著性检验,当自由度为 7 时,$\gamma_{0.05} = 0.666$,$Y_{0.01} = 0.798$。

本回归方程(1)相关系数 $\gamma = 0.93 > \gamma_{0.01}$,回归方程(2)相关系数 $\gamma = 0.98 > \gamma_{0.01}$,表明相关极为显著。

进行回归关系显著性 F 检验,当自由度为 7 时 $F_{0.06} = 5.59$,$F_{0.01} = 12.25$,回归方程(1)的 $F = 75.9567 > F_{0.01}$,回归方程(2)$F = 76.512 > F_{0.01}$,表明回归关系极显著。

按 95% 的可靠性水准,公式(1)、(2)预测的精度(P)分别为 92.3% 和 92.4%。

通过相关系数显著性检验和回归关系显著性检验,两者结论是极显著,预测值精度在 92% 以上,可见,配合的直线回归方程是合理的,根据方程在 20a 左右的杉木林内,其胸径 9.3—17.8cm 范围来预测球果个数和球果生物量(附表 1)。这就为研究森林生物量时,提供了最简便求算球果个数和生物量的经验公式。

3.5　球果生物量与林木树高关系

图 2 为球果生物量、球果数量与树高的相关图(为 38 株伐倒木归并绘制成),从图中明显看出,球果生物量的多寡与树高关系十分密切,树高愈高,球果个数愈多,生物量也愈大。

球果个数和生物量与树高的回归直线方程为:

$$M_H = 35.6285H - 355.7348 \tag{3}$$

$$W_H = 0.093H - 0.9292 \tag{4}$$

式中,M_H = 球果个数;

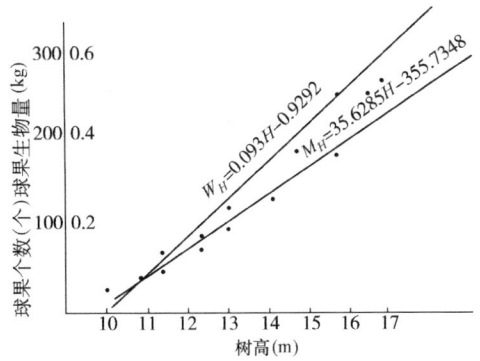

图2 球果生物量、球果个数与树高关系

W_H = 球果生物量;

H = 树高。

公式(3)、(4)的相关系数分别为 $\gamma = 0.99$ 和 $\gamma = 0.96$,通过 γ 的显著性检验看出,自由度 $= 6$ 时,$\gamma_{0.05} = 0.707$,$\gamma_{0.01} = 0.834$。

回归方程(8)相关系数 $\gamma = 0.99 > \gamma_{0.01}$,方程(4) $\gamma = 0.96 > \gamma_{0.01}$,表明相关极为显著。

再进行回归关系显著性 F 检验,当自由度 $= 6$ 时,$F_{0.05} = 5.99$,$F_{0.01} = 13.75$,回归方程(3)的 $F = 30.2661 > F_{0.01}$,回归方程(4) $= 30.97 > F_{0.01}$,表明回归关系极显著。

按95%可靠性水准,公式(3)、(4)预测值的精度(P)分别为86%和85%。

上述检验结果看出,相关系数显著性检验和回归关系显著性检验均为极显著,预测值的精度均在85%以上,故方程式(3)、(4)是合理的,可以根据此方程在树高10.0—16.7m范围内来预测球果个数和球果生物量。但预测值的精度较用公式(1)、(2)所求出的预测值精度低,而且测量树高较之胸径困难,故用公式(1)、(2)来预测比之于(3)、(4)更精确,更为简便。

此外,从表5看出,球果生物量的多寡与冠长(树冠长度)之间无一定关系。

表5 球果生物量与冠长

野外样木号	树高*(m)	冠长(m)	球果数(个)	球果生物量(g)	野外样木号	树高*(m)	冠长(m)	球果数(个)	球果生物量(g)
2		2.30	96	249.6	15		1.84	18	46.8
3		2.31	61	158.6	28		2.44	99	257.4
19		2.62	1	2.6	48		2.65	0	0
23	11	2.70	15	39.0	18	12	3.38	45	117.0
57		3.25	28	72.8	33		3.43	125	332.8
22		3.33	17	44.2	16		3.43	0	0
30		3.71	0	0	37		4.01	214	556.4
39		4.10	0	0	26		4.28	60	156.0
41		5.40	372	967.2	35		4.52	107	278.2
49		6.15	52	135.2	4		5.52	159	413.4

* 树高以1m为1级,11m代表11.0—11.99m;12m代表12.00—12.99m

4 结论

(1)球果生物量与立地条件关系极为密切,无论单株生物量或每公顷生物量均以山脊类型最高,达 1425.6kg/hm²;山洼次之,为 1098.0kg/hm²;山坡最小,仅为 1161.6 kg/hm²。

(2)林分中林木生长发育级愈高,球果生物量愈大,Ⅰ级木的球果生物量最高,Ⅱ级木次之,其球果生物量尚不及Ⅰ级木的一半;Ⅲ级木最低,仅为Ⅰ级木的22.7%。

(3)就单株林木而言,树冠上部球果生物量最高,中部次之,下部最低。

(4)球果个数、生物量与胸径大小成正比,其回归方程为:

$$M_D = 25.5992D - 207.296$$

$$W_D = 0.0663D - 0.5366$$

(5)球果个数和生物量与树高成直线相关,其回归方程为:

$$M_H = 35.6285H - 355.7348$$

$$W_H = 0.0930H - 0.9292$$

球果的生物量与冠长无关。

参考文献:

[1] Fujimori, T., Kawanabe, S., Saite, H., Grier, C. C. & Shidei, T. Biomass and primary production in forests of three majer vegetation zones of the Northwestern United States. J. Jap. For. Soc, 1976, 58(10): 360-373.

[2] Kawanabe, S., Saito,H. & Shidei, T. Studies on the effects of thinning small diametered tree (V) changes in stand conditions and biomass of *Cryptomeria Japonica* D. Don. stand during six years after thinning. J. Jap. For Soc, 1975, 57(7):215-223.

[3] Kira, T., and Shidei T. Primary production and turnover of organic matter in different forest ecosystems of the western pacific., Jap. J. Ecol., ,1967,17: 70-87.

[4] Madgwick, H. A. I.林冠的生物量和生产力模型. 植物生态学译丛,第一集.科学出版社,1974:19-25.

[5] Monsi, M.植物群落的数学模型. 植物生态学译丛,第一集.科学出版社,1974:123-144.

[6] Satoo,T.产量法研究综述. 植物生态学泽丛,第一集.科学出版社,1974:26-39.

附表1　应用胸径来预测杉木球果的个数和生物量

胸径(cm)	球果数(个)	球果生物量(kg)	胸径(cm)	球果数(个)	球果生物量(kg)
10.0	43	0.1264	14.0	151	0.3916
10.1	51	0.1330	14.1	154	0.3982
10.2	54	0.1397	14.2	156	0.4049
10.3	56	0.1463	14.3	159	0.4115
10.4	59	0.1529	14.4	161	0.4181
10.5	61	0.1596	14.5	164	0.4248
10.6	64	0.1662	14.6	166	0.4314
10.7	67	0.1728	14.7	169	0.4380
10.8	69	0.1794	14.8	172	0.4446
10.9	72	0.1861	14.0	174	0.4513
11.0	74	0.1927	15.0	177	0.4574
11.1	77	0.1993	15.1	179	0.4645
11.2	79	0.2060	15.2	182	0.4712
11.3	82	0.2126	15.3	184	0.4778
11.4	85	0.2192	15.4	187	0.4844
11.5	87	0.2259	15.5	189	0.4911
11.6	90	0.2325	15.6	192	0.4977
11.7	92	0.2391	15.7	195	0.5043
11.8	95	0.2457	15.8	197	0.5109
11.9	97	0.2524	15.9	200	0.5176
12.0	100	0.2590	16.0	202	0.5242
12.1	102	0.2656	16.1	205	0.5308
12.2	105	0.2723	16.2	207	0.5375
12.3	107	0.2789	16.3	210	0.5441
12.4	110	0.2855	16.4	213	0.5507
12.5	113	0.2922	16.5	207	0.5574
12.6	115	0.2988	16.6	218	0.5640
12.7	118	0.3054	16.7	220	0.5706
12.8	120	0.3120	16.8	223	0.5772
12.9	123	0.3187	16.9	225	0.5839
13.0	125	0.3253	17.0	228	0.5905
13.1	128	0.3319	17.1	230	0.5971
13.2	131	0.3386	17.2	233	0.6038
13.3	133	0.3452	17.3	236	0.6104
13.4	136	0.3518	17.4	238	0.6170
13.5	138	0.3585	17.5	241	0.6237
13.6	141	0.3651	17.6	243	0.6303
13.7	143	0.3717	17.7	246	0.6369
13.8	146	0.3783	17.8	248	0.6435
13.9	149	0.3850	17.9	251	0.6502
			18.0	253	0.6568

中国生态学会成立大会*

中国生态学学会于1979年12月1日在昆明正式成立。

参加会议的有来自全国26个省、市、自治区,130多个单位的273名代表。这些代表分属于25个与生态学有关专业的科学工作者。全国科协、中国科学院、中国林业科学院、云南省委、省革委、省科委和科协,以及有关研究所的负责同志也参加了这次会议。

大会主席团成员,中国科学院昆明动物所所长潘清华主持开幕式,中国科学院昆明植物所所长吴征镒致开幕词。他阐述了生态学与国民经济建设的密切关系,希望代表们一定要解放思想,坚持实践是检验真理的唯一标准,贯彻双百方针,认真开展学术讨论,使生态学研究在"四化"建设中发挥更大的作用。并指出这次学术会议是我国生态学工作者的第一次大会师。会议的主要内容是:(1)交流科研成果;(2)研究生态学科研教学的方向、任务;(3)对我国四个现代化建设中与生态学有关问题提出合理化建议;(4)成立中国生态学学会。

会议收到了120多篇论文和学术报告。科学工作者们交流了近几年的生态学科研成果,研究了生态学科研教学的方向任务。讨论会中科学家们列举大量事实,阐述了生态学与国民经济建设的密切关系。他们指出,生态学是一门研究生物系统与环境系统之间的相互作用规律及其机理的科学。过去,不少地方由于不按生态规律办事,造成资源浪费,破坏了生态平衡,给国民经济建设造成了重大损失,还引起了环境恶化等严重后果。通过讨论,大家一致认为,生态学工作者的任务是把理论研究与工农业生产建设密切联系起来,以种群生态学为基础,加强研究生态系统的结构、功能与生产力的关系,加强经济地理与生态学的定量研究,以化学生态学为主干,探索生物之间以及生物环境之间的实质联系,从而推动我国生态学的发展,为工农业生产、自然环境和自然资源保护作出贡献。

会上,来自各方面的代表联系我国实际,针对我国自然资源保护和合理开发利用、人口增长、工农业生产和城市建设,以及环境保护中亟待解决的若干重大问题,展开了热烈讨论,满腔热忱地提出了看法和建议。当谈到从生态学的理论看我国农林牧副渔业的政策的落实问题时,科学家们指出,多年来我国农业生产发展不快,主要原因是农业生产不讲实效,不按自然规律和经济规律办事,违反生态学的规律所造成的。如南方山地毁林开荒,草原种粮等等,都是不按生态系统法则办事,以致造成经济上的损失,引起严重后果。他们强调,农林牧相互依存,缺一不可,只有全面发展,才能发挥我国土地和水域的生产潜力。代表们还指出,森林是国家重要的自然资源,不仅关系到国民经济建设和人民生活问题,而且具有保护环境,维持自然生态平衡的多种效能,既要开发利用,又必须保护发展。这是关系到子孙后代的大事。他们商议山地森林经营方向要以水源涵养林

原载于:生态学报,1981,1(1):90-91.

*本文作者冯宗炜.

为主。坚决停止滥伐、滥垦、滥牧。要加强森林生态系统的定位研究,找出林、土、水以及森林与其它生态系统之间的相互联系,把林区建设好。代表们还建议大力开展自然保护的研究工作和自然保护区的建立,加强我国稀有珍贵动、植物资源的保护。代表们还根据世界和我国历代人口的变动和分布,指出"人口爆炸"是当前整个人类面临的最突出的生态学问题之一。人口激增给我国社会与经济带来了严重的压力,有效地控制人口增长十分必要。科学家们强调当前迫切需要解决生态学专业人才的培养问题,希望高等院校设置生态学专业。

全国科协副主席刘述周在大会上作了重要讲话,对生态学研究的重要性和在四化建设中的作用作了充分肯定。希望生态学学会成为国家建设的首席顾问团,为描绘社会主义四化建设的宏伟蓝图的底色,提供科学依据。号召生态学工作者要敢于直言,大声疾呼,引起各级领导的重视。要抓住生态学发展的总纲,以促进整个生态学的发展,为四化作出新贡献。会议中代表们针对我国建设中的实际情况提出了8项建议:

1　森林资源的合理开采和保护问题;
2　热带森林的综合开发利用和保护问题;
3　干旱、半干旱区自然资源的合理利用问题;
4　湖泊、海涂和沼泽的合理开发利用问题;
5　大规模水利工程的生态效应问题;
6　关于加强人口生态学的研究;
7　关于自然环境和自然资源的保护以及自然保护区的建立;
8　关于生态学机构的建立和生态学人才的培养问题。

会议期间,中国生态学学会筹备会筹备小组对中国生态学学会的筹备经过向大会作了汇报。发展了会员267人,并根据形势的发展和到会代表的迫切愿望和要求,经筹委会讨论一致通过,在这次大会期间正式成立中国生态学学会。12月1日晚召开全体会员大会,宣布正式成立,大会用等额投票选举的方式选出了马世骏等58名理事。继由理事会的无记名投票,选出了理事长、副理事长、秘书长和常务理事,并经常务理事会聘请了4位副秘书长。

这次生态学学术讨论会是我国生态学战线上的一次大检阅,它标志着我国新兴的系统生态学的发展。代表们反映这次会议开得及时,开得好。通过学术交流讨论,必将有利于推动我国生态学的进一步发展,加强国际间的学术交流,促进工农业生产,合理利用自然资源,保护环境等各方面作出新贡献,我国生态学发展前景广阔,中国生态学会将对我国生态学的发展起积极的推动作用。

研究生态认识规律搞好热带亚热带山地丘陵地区的生产建设

朱济凡,冯宗炜,严昶升

(中国科学院林业土壤研究所)

我国南方热带、亚热带地区,是我国960万 km² 壮丽山河中一块瑰玉;也是我中华民族繁衍昌盛的重要基地。长期以来,由于不合理的人为干扰,自然生态系统遭到严重破坏,生产平衡失调,使工农业生产生活日益受到威胁,搞好热带、亚热带山地丘陵的生产建设,加速恢复并创造良好的生态环境,是一项重要的战略任务。本文是根据我们多年来在这一地区考察研究和搜集的资料,略述我们的几点看法。

一 自然资源丰富 得天独厚

我国热带、亚热带地区自秦岭淮河一线以南,包括青藏高原以东的四川、贵州、云南、广西、广东、湖南、湖北、江西、安徽、江苏、浙江、福建、台湾以及河南南部、陕西南部等15个省(区),面积250余万 km²,约占全国国土面积的1/4,这里主要是山地和丘陵,占70%。人口占全国总数的一半以上。本地区气候条件优越,植物生长季长,最短均在250天以上;光能充足,日照为直射或近直射至最长可照时数与冬至最短可照时数之较差甚小,只2、3h,全年实照时数在2 000h左右;热量丰富,≥10℃年积温达4 000—8 000℃;雨量充沛,年降水量达1 000—2 000mm。世界同纬度的国家不少已沦为荒漠,而这里却得天独厚,在人为干扰少或经营保护好的地方,还保存着发育良好的亚热带常绿阔叶林、热带季雨林和雨林等顶极群落。土壤主要为红壤系列,包括砖红壤、赤红壤、红壤、黄壤和燥红土等,在植被发育良好的情况下,土壤中有机质含量和氮素养分都相当高,分别可达10%和0.35%以上,保水蓄水性能也好。

农作物一年两熟、二年五熟或一年三熟,是我国粮、棉、油的主要产区,目前,粮食产量占全国总产量的60%以上,其中稻谷产量占全国的90%以上;棉花和油料产量分别占全国总产量的40%和65%左右。

这里生物资源丰富,野生动植物种类繁多。据统计,我国热带、亚热带山地丘陵种子植物有1,467属,占全国种子植物属的51.1%,其中具有重要经济价值的植物尤多,杉、松、竹、柏不仅是优良的建筑用材,也是重要的工业原料;樟、楠、槠、柚等可供制作高级家俱、乐器;油茶、油桐、乌桕、香榧、核桃、板栗等则是传统的木本油粮;柑桔、荔枝、龙眼、杨梅、枇杷、中华猕猴桃等果木以及茶叶、桑蚕、松香、银耳、香菇、中药材等土特产,早已远

原载于:热带、亚热带山地丘陵建设与生态平衡学术论文集. 科学普及出版社,1982:28-32.

销国内外,誉满全球。此外,海南岛、西双版纳和台湾省南部,还是发展橡胶、咖啡、胡椒等热带作物的基地,南海诸岛也有丰富的特产。本地区陆栖脊椎动物种类也多,据华东师大盛和林同志介绍,约1 500余种,其中鸟类和兽类分别占全国总数的70%以上,本地区内陆水面约占总面积10%,据国家水产总局介绍,鱼类和珍贵水生动物共500多种,淡水鱼产量占全国总产量的80%以上;特别是本地区有的山地未遭到第四级冰川破坏,成为第三纪古老生物的"庇难所"和某些动植物发生的"摇篮",如著名的"活化石"——水杉和闻名世界的大熊猫都生于在这里,此外,还有银杉、珙桐、台湾杉、望天树和金丝猴、犀鸟、中华鲟、扬子鳄等珍稀动植物,真不愧是生物资源的天然基因宝库。

水利资源,我国第一大河——长江水系东西横贯全区,干流长达6 300余公里,此外,淮河、闽江、珠江各水系,干支流相互交错,汇集大觉水利、水能资源。

总之,本地区自然条件优越,生产潜力很大,是一块宝地,在我国的现代化建设中具有举足轻重的地位。

二 生态平衡破坏 后果严重

解放以来,在党的领导下,热带、亚热带地区各族人民进行了大规模的农田水利建设,粮、棉、油产量大幅度增长,成绩显著。但是,也应看到,由于人口急剧增加的压力,加上对客观规律认识不足,在生产建设中存在不少失误,特别是单一经营,盲目扩大耕地,毁林开荒,破坏植被,致使许多珍贵动植物种类锐减,水土流失严重,江湖水库日益淤积,水旱灾害频繁,在林业生产中单纯追求木材产量,重采轻育或只采不育,砍的多,种的少;种的多,活的少。再加上大面积森林火灾时有发生,森林资源不断减少,森林植被质量严重下降,生态环境急剧变坏,给工农业生产和人民生活带来了严重的威胁和灾难。

兹以全国第二大林区的云南省资料为例,全省森林覆盖率20世纪50年代为50%,目前已减少到24%,1975年全省森林蓄积量比1963年下降13%,森林消耗量大于生长量将近1倍。我国南疆仅有的十分珍稀的热带原始林破坏也极严重,西双版纳的热带森林覆盖率由50年代的60%,下降到33%。从1959—1979年的20年来,毁林382万亩,平均每年毁林19万亩,而造林包括橡胶林在内仅135万亩,只及毁林面积的1/3。湖南全省木材外调县50年代初有61个,目前只有42个,衡阳附近1000km^{2}的紫色丘陵几无森林植被,极目望去,犹如一片红色荒漠。我国热带,亚热带山地丘陵坡度较陡,降雨量大且集中,加上本地区具有大量花岗岩,渗透性强,很易崩塌;板页岩,片岩母质也易片蚀,石灰岩溶岩区面积在本区也大,一旦植被破坏,大大削弱了土壤抗蚀能力,加剧了水土流失,据估计本地区水土流失面积约50万km^2,相当于全国水土流失面积的1/3。由于长江流域特别是上游森林的大量破坏,失去了涵养水源和保土的功能,近年来长江流域年土壤流失量达24亿吨,长江入海的泥沙量达4.3亿吨,长此下去,长江有变成"第二条黄河"的危险。另据湖南省资料,湘江的输沙量近10年比前10年增加近40%,解放后30年来洞庭湖的淤积,相当于解放前的150年,严重地影响了调节洪峰的作用;一些江河由于泥沙淤积,河床抬高,航道缩短,货运减少;全省12座座大型水库,因淤积减少容量,相当于毁掉一个水库,由于水面减小,加之水质被染恶化,水产资源也减少一半以上。湖南全省每年被冲蚀带走的表土约1亿7千吨,折合损失全氮10万吨,全磷9万吨,全钾

173万吨,比1978年全省施用化肥总量还多,破坏森林使农村能源危机严重,据广西资料,全自治区严重缺柴的公社345个,占全区公社总数的35.5%,一般缺柴的公社310个,占31%,因燃料缺乏,只能把大量的农作物秸秆、杂草和枯枝落叶等当作燃料烧掉,不能还田还土,营养物质循环破坏了,土壤有机质含量减少,肥力退化,破坏粮食和农林其他作物高产稳产的生态基础,进一步降低了生物生产力。

生态平衡破坏所造成的严重后果,如不及早采取果断措施,不仅危及我们自身,也将贻害子孙后代。"前车之覆,后车之鉴",过去那种乾坤倒置,破坏生态系统的蠢事,再也不应继续下去了。

三 按客观规律办事 搞好生产建设

30年来,在热带、亚热带山地丘陵建设中,我们已经付出了巨大的代价,积累了不少经验和教训,其中最根本的一条,就是必需要按客观规律办事,才能把建设搞好。从当前和长远相结合来考虑,我们认为:

1 从全局观点出发,搞好这一地区的自然资源综合考察,制定合理开发规划

热带、亚热带山地丘陵地区的建设,牵涉面广,因素十分复杂。因此必须以整个地区作为一个统一系统来分析研究,不仅要考虑山地丘陵,也要顾及平原盆地和江河湖海,不仅要考虑农业,也要考虑林、牧、副、渔和工、交、卫生等各业,不仅要考虑生产建设,也要考虑到人民生活福利。只有把各种因素比较充分地分析清楚,搞清它们之间相互制约的关系,才能得到比较切合实际和有科学根据的结果。

2 要抓住重点,想方设法增加森林覆盖,迅速恢复和建立新的生态平衡

当今世界,人类愈来愈重视森林的综合效益,特别是森林对保护环境,维护生态平衡的重要作用,在阿根廷召开的第七届世界林业会议上,就有人提出,森林经营的主要目标,应当是"最大限度的公共福利",而不是"最大限度的产量",这是很有远见的,对占热带、亚热带总面积70%的山地丘陵,就是要抓住林业这个重点,从林业起步,要大力发展水源林、用材林、薪炭林和经济林,鉴于人工林中纯林多,特别是针叶纯林多,不利于改善地力,保护环境,抗性也差,因此要提倡发展混交林。山地丘陵森林覆盖率增加了,就能使生态系统向良性循环方向发展,为农业高产稳产,为木业开辟饲料来源,为发展水产养殖和林特土产,为水利发电、内河航运,以及外贸、旅游事业提供保障。

3 要加强法治观念,切实做好自然资源的保护

为保护自然资源,维护生态平衡,我国已先后颁布了《森林法》、《环境保护法》和《水产资源保护繁殖条例》等。当前,违反上述法令,破坏自然资源和生态平衡现象仍然非常严重,要立即制止继续对森林的破坏和不合理采伐利用,必须迅速确定林权,严格控制过量采伐。国家生产计划指标应根据采伐量不大于生长量的原则下达,要建立和健全各种生产责任制,恢复和加强自然保护机构,大力保护和发展珍贵野生动植物资源,对为追求换取外汇,滥捕、滥猎、滥采珍贵野生动植物,盲目出口,要严加管制,除了要严格贯彻执行《森林法》、《环境保护法》和《水产资源保护繁殖条例》外,还应制订《野生动植物资源管理条例》,并明确执法和监督执法部门,健全保护自然资源的各种法制。

4 要加强生态学的科学普及和研究

我国亚热带,热带山地丘陵自然资源丰富,但由于人为的破坏和干扰,自然优势不但没有充分发挥,相反生态环境恶化。造成这种原因之一,就是缺乏生态学的知识,和深入细致的科学研究工作。据日本森林公益效能的计量调查(1972),日本国土面积的64%覆盖森林,这些森林年平均贮水量2 300亿吨,阻止土砂流失57亿 m^3,栖息鸟类8 100万只,供给氧气5 200万 t,总值为12兆8 000亿日元(约合人民币860亿元),相当于日本1972年两年的全国经费预算。迄今为止,我们中间有不少同志对森林效益的认识,还只是停留在木材和林副产品上,这与缺乏生态学知识的普及宣传和开展深入的科学研究工作有关。为此,要以生态系统为中心,对热带、亚热带山地丘陵地区进行综合性的考察,并在有代表性的地点建立生态系统定位研究站,进行长期的深入研究,要重视生态学和经济学的结合,为建立有利于生态系统物质与能的最经济流通过程的大农业生产结构,提供科学根据。以便充分发扬本地区优势,抓紧粮食生产,大搞多种经营,我们相信有党中央的正确领导,有优越的社会主义制度,有各级党政领导的关怀和支持,有广大劳动人民和科技人员的勤奋劳动,只要坚持下去,经过三年、五年、十年、八载深入细致的努力工作,我们一定能将我国热带、亚热带山地地区逐步建成青山不老,绿水长流,环境优美,物产丰饶,生活富裕,文明昌盛的社会主义新山河,让我国这块得天独厚的瑰宝,放出更加绚丽的光彩。

湖南会同地区马尾松林生物量的测定

冯宗炜,陈楚莹,张家武,王开平,赵吉录,高虹

(中国科学院林业土壤研究所)

摘要:对湖南会同地区在杉木林采伐后天然更新的20年生的马尾松林进行了生物量的测定。乔木层生物量采用"相对生长测定法(Allometric method)";下木层和草本层采用"样方收获法"。结果表明,林分总生物量为103.93t/hm²,平均净生产量为5.45t/hm²·a,其中乔木层分别为100.02t/hm²和5.16t/hm²·a,远远高于同年龄的欧洲赤松人工林;与湖南会同地区速生的杉木林比较,亦相差无几。从生物量的积累和分配来看,下层木的产量结构是不合理的,应是抚育间伐的对象。

Determination of biomass of *Pinus massoniana* stand in Huitong County, Hunan Province

FENG Zongwei　CHEN Chuying　ZHANG Jiawu
WANG Kaiping　ZHAO Jilu　GAO hong

(*Institute of Forestry and Pedology, Academia Sinica*)

Abstract: A preliminary analysis of plant biomass and production of stem, bark, branches, foliages, and roots in 20 years old *Pinus massoniana* stand naturally regenerated in Huitong county of Hunan province is presented. The following regression equations were derived from the standing crop of the destructive trees:

$$\log W_s = 0.95861 \log(D^2H) - 1.77859$$
$$\log W_{bk} = 0.95724 \log(D^2H) - 2.75449$$
$$\log W_b = 1.22251 \log(D^2H) - 3.29930$$
$$\log W_l = 1.30291 \log(D^2H) - 3.78252$$
$$\log W_r = 1.12908 \log(D^2H) - 2.86012$$

The total biomass and net production in middle stand were, 103.93 t/hm² and 5.45 t/hm²·a. respectively. These data show that the biological productivity of *Pinus massoniana* stand is higher than that in *Pinus sylvestris* stand of the same age.

马尾松(*Pinus massoniana* Lamb.)林是我国亚热带地区最为常见的森林类型,也是该地区植被自然演替系列中的一个重要阶段。为了查清马尾松林有机物质的积累、变化和

原载于:林业科学,1982,18(2):127-134.

分配规律,以及产量结构的特点,于 1980 年在湖南会同林区对其生物量进行了测定,现将结果整理成文,介绍如下。

1 样地概况

样地设在湖南会同县广坪公社疏溪口,低山中上部,西南坡,坡度 30°,海拔高 300m 左右。面积 50m²。土壤为山地黄壤,土层厚度 1m 以上,腐殖质层厚 1—2cm。0—30cm 土壤中含氮量为 0.32—0.62%,磷 0.04%,钾 0.86—1.00%。本区气候温暖湿润,年平均温度 16.5℃,1 月平均气温 4.5℃,7 月平均气温 27.5℃,年降水量 1200—1400mm,年蒸发量 1100—1300mm,生长季节近 300d[4],为典型亚热带气候条件。

马尾松林是在杉木林采伐后天然更新起来的,未经管理和抚育。林龄约 20a,平均胸径 14.4cm,平均树高 12.5m,郁闭度 0.7,每公顷 1750 株。林内病虫害极少,下木和草本植物生长较茂盛。下木主要种类有:

油茶 *Camellia oleosa*,檵木 *Loropetalum chinensis*,苦槠幼苗 *Castanopsis selerophylla*,尖叶枸木 *Eurya acuminata*,杜茎山 *Maesa japonica*,野漆 *Rhus sylvestris*,白栎幼树 *Quercus fabri*,紫珠 *Callicarpa diohotoma*,山胡椒 *Lindera glauca*,枫香幼树 *Liquidambar formosana*,千年桐幼树 *Aleurites montana*,栀子 *Gardenia jasminoides*,蛇葡萄 *Ampelopsis brevipedunculata*,青篱竹 *Armulinaria* sp。

草本主要种类有:

芒草 *Miscanthus chinensis*,狗脊 *Woodwardia japonica*、淡竹叶 *Lophatherum graoile*,乌敛莓 *Cayratia japonica*,蕨 *Pteridium aquilinum*,海金沙 *Lygodium japonioum*,乌蕨 *Stenoloma chusanum*。

2 生物量测定方法和误差

森林生物生产力的研究,都是从准确地测定生物量开始的。

(1) 林分乔木层生物量是采用"相对生长测定法(Allometric method)",即认为林木各器官生物量(W)与胸径平方(D^2)和树高(H)的积(D^2H)之间存在幂函数相关关系[2,6,8,7],用公式表示为:

$$W = a(D^2H)^b \tag{1}$$

两边取对数成线性方程式:

$$\log W = \log a + b \log(D^2H) \tag{2}$$

式中,a、b 为方程式常数。

具体作法是,先在样地上伐倒一定数量不同径阶的标准木,按照 Monsi 分层切割法直接测定每一株伐倒木的树干、带叶枝和根系的鲜重。由于直接测定全树针叶很麻烦费工,我们按树冠上、中、下各不同部位选取一部分带叶枝条,在现场立即摘叶,分别称枝和叶重,求出枝、叶比率再行换算。在称重各器官同时,还要分别采集样品,带回实验室在 105℃ 恒温下烘干至恒重,求出各器官含水率,以便将各器官鲜重换算成干重。然后按照方程式(2)将 D^2H 作为自变量,W 为依变量,用最小二乘法原理求出方程式中 a、b 常数。a、b 常数一旦求出,就可根据(1)或(2)式推算出不伐倒木和林分各器官的生物量。

(2) 下木和草本层生物量是采用"样方收获法"测定[2,5],即在样地上按对角线交叉设置 5 个样方,样方面积草本为 1m×1m,下木为 2m×2m。样方内的下木、草本植物和枯落物全部收割拣起称重,优势种还要单独称重。和乔木层一样,也要采集各种植物和枯落物样品,带回实验室烘干,以便将鲜重换算成干重。

(3) 马尾松林木叶面积是根据公式推算的[5]:

$$S = \frac{1}{2}\pi l(d+d_1) + 2dl$$

式中,l 为针叶长度;d 为平坦面直径;d_1 为垂直于 d 的 1 束针叶厚度。

表 1 和图 1 是根据 7 株伐倒木各器官生物量和 D^2H 的实测数值配置的回归方程和在对数坐标纸上拟合的图线。

表 1　马尾松各器官生物量与 D^2H 的回归方程式

类别	回归方程式	相关系数（γ）	胸径幅度（cm）	树高幅度（m）
树干材	$\log W_s = 0.95861 \log(D^2H) - 1.71859$	0.998	8.0—22.3	10.7—15.12
树皮	$\log W_{bk} = 0.95724 \log(D^2H) - 2.75449$	0.998	8.0—22.3	10.7—15.1
树枝	$\log W_b = 1.22251 \log(D^2H) - 3.29930$	0.982	8.0—22.3	10.7—15.1
针叶	$\log W_l = 1.30291 \log(D^2H) - 3.78252$	0.985	8.0—22.3	10.7—15.1
根系	$\log W_r = 1.12908 \log(D^2H) - 2.86012$	0.939	8.0—22.3	10.7—15.1

用"相对生长测定法"推测林分各器官生物量,不仅理论上比平均木法优越[5,9],而且推测误差也较小。由表 2 看出采用(3),(4)、(5)、(6)、(7)公式推算 7 株伐倒木各器官生物量与实测结果相比,相对误差都不超过 -6%,特别是树干材、树皮误差更小。木村允(1976)认为,这种方法在立木大小变化大的或在择伐林分里应用更为合适[12]。冯宗炜等人(1980)在湖南桃源县用此种方法推测十几块不同类型杉木人工林生物量,除极个别外,一般精度都在 90% 以上[2]。可见用"相对生长测定法"推测乔木层生物量是比较可靠的。

3 马尾松林分生物量及分配

3.1 林分生物

马尾松林分生物量主要由乔木层、下木层和草本层 3 部分植物构成。根据测定,20 年生马尾松林分每公顷总生物量为 103.93t,其中乔木层占 96.24%,而下木和草本层合起来只占总生物量的 3.76%(表 3)。

3.2 下木和草本层生物量

下木和草本层生物量虽然数量不大,但种类较多,不像乔木层那样单纯。由表 4 可

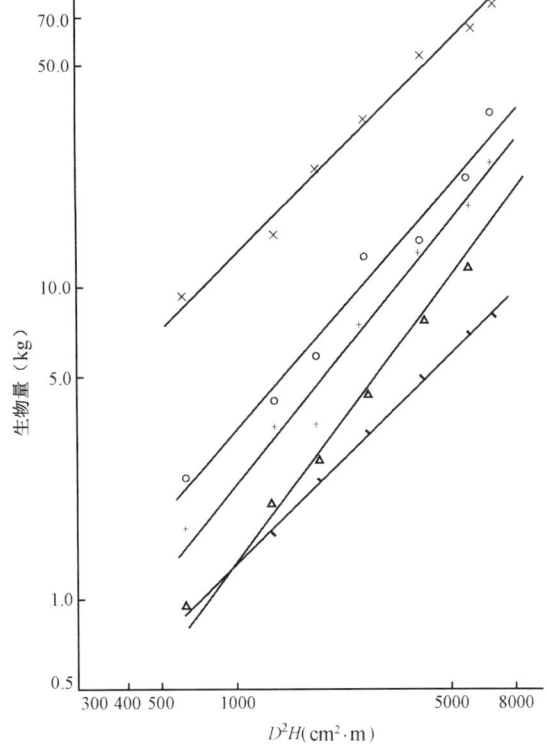

图 1　D^2H 与各器官生物量的相关关系
× 树干材　○ 树根　● 树皮+树枝　△ 树叶

看出,下木各植物同化器官叶子生物量,普遍小于非同化器官茎、枝,大致比例为1:3,而草本植物正相反,同化器官大于非同化器官,是3:1的关系。

表2 马尾松林木生物量测定误差*(kg)

类别	树干材 (W_s)	树皮 (W_{bk})	树枝 (W_b)	针叶 (W_l)	根系 (W_r)	合计
(A)实测值	271.32	28.34	77.23	50.08	95.64	622.61
(B)推测值	270.35	28.25	73.63	47.49	92.58	612.30
(B)-(A)	-0.97	-0.09	-3.60	-2.59	-3.06	-10.31
相对误差(%)	-0.40	-0.30	-4.66	-5.17	-3.19	-2.01

* 表内数字为7株树合计

表3 马尾松林分生物量

类别	乔木层	下木层	草本层	合计
生物量(t/hm²)	100.02	3.01	0.90	103.93
%	96.24	2.90	0.86	100.00

表4 下木和草本层生物量(kg/hm²)

种类	茎枝	叶	合计
下木:			
油茶	796	268	1064
桦木	713	174	887
青篱竹 (*Arundinaria* sp.)	231	42	273
其它	629	157	786
下木合计	2369	641	3010
草本:			
狗脊	74	246	320
其它	163	412	575
草本合计	237	658	895

3.3 乔木层生物量

马尾松是森林群落的主体,它不仅占有整个群落生物量的绝大部分,而且光合作用的产物,除呼吸消耗外,其积累的有机物质是按照一定比例分配到各个器官和组织的。如表5所示,树干材生物量最大,每公顷达55t,占乔木层生物量的55%,以下顺序是根系、树枝和针叶,树皮最小,只占6%,约为树干材生物量的十分之一。

表5 马尾松林乔木层各器官生物量(t/hm²)

树干				树冠				地下部分		合计	
树干材	%	树皮	%	树枝	%	针叶	%	根系	%	计	%
54.99	54.98	5.91	5.90	13.07	13.06	903	9.03	17.04	17.03	100.04	100.00

马尾松根系十分发达,主根深扎1m以下,是深根性树种。由于吸收器官发达,所以马尾松生态幅度很宽,能忍耐瘠薄的土壤条件,甚至在岩石缝隙中也能扎根,顽强生长。根系生物量按4级分别测定:即小于1cm的为细根,1—3cm的为中根,3cm以上为大根,大根上部为根桩。各类根系生物量和百分比列于表6。

表6 马尾松林地下部分生物量(t/hm²)

项目	细根	中根	粗根	根桩	合计
生物量	0.23	0.57	4.70	11.54	17.04
%	1.34	3.37	27.57	67.72	100

由表7看出,马尾松个体生物量随胸径大小而有很大差异,最小胸径单株只有15.27kg,而最大胸径单株可达165kg,是前者的11倍,径阶变化也大,最大与最小径阶相差14cm。林木分化这样明显,是由于马尾松天然落种"飞籽成林",林木分布密稀不均,生长空间和营养面积大小不一的缘故。为了合理地利用空间和地力,使每株林木都能得到良好的发展,我们认为,对天然更新的马尾松林,在成林初期应加强抚育管理,采取间密补稀措施,这不仅会改善林木的生长条件,而且还能提高林分的生物产量。

表7 不同径阶马尾松林木生物量(kg)

标准木编号	胸径(cm)	树干材	树皮	树枝	针叶	根系	合计
1	80	9.20	0.97	1.70	0.94	2.46	15.27
2	10.5	14.73	1.53	3.58	2.01	4.20	26.05
3	12.4	22.70	2.36	3.55	2.32	5.64	36.57
4	14.4	31.54	3.29	7.13	4.28	12.33	58.57
5	17.7	47.85	5.00	12.52	7.89	13.82	87.08
6	19.4	66.09	6.91	18.10	11.37	21.65	124.02
7	22.3	79.21	8.28	30.65	21.27	25.64	165.05

4 马尾松林分的净生产量

生物量是指一定面积上所有活生物体干物质现存的重量,也就是现存量(Standing crop)。它是有机物质多年累积的数量指标。衡量林分生产力高低,不应以总生物量多少,而应以净生产量的多少为准。净生产量是绿色植物在单位时间(通常是一年)除去呼吸消耗外所生产的有机物质[5,9]。公式为:

$$\Delta P_N = Y_N + \Delta L_N + \Delta G_N \tag{8}$$

式中,Y_N为T_1—T_2期间植物的生长量;

ΔL_N为植物凋落物及枯损物量;

ΔG_N为被动物吃掉的损失量;

ΔP_N为林分净生产量。

藤森等(1976)认为由于测定ΔL_N和ΔG_N比较困难,加之这部分数量不大,故可将上式改为:

$$\Delta P_N \simeq Y_{Ns} + Y_{Nb} + Y_{Nl} + Y_{Nr} \tag{9}$$

式中,Y_{Ns}、Y_{Nb}、Y_{Nl}、Y_{Nr}分别为树干(带皮)、树枝、树叶和树根的增长量。这就是说明(9)式求得乔木层净生产量仅是近似值,比实际值偏低。

由表 8 和表 9 看出：20 年生马尾松林平均每年能生产 5473kg 干物质，其中乔木层为 5163kg，占全林分的 94.34%。乔木层又以树干材净生产量最大为 2750kg/hm²·a，占乔木层的 53.26%，这和我们经营用材林的目的是一致的。

表 8　马尾松林分平均净生产量（kg/hm²·a）

层次	乔木*	下木	草本	枯落物	合计
重量	5163	151	45	114	5473
%	94.34	2.76	0.82	2.08	100

*包括树上枯枝

表 9　乔木均净生产量（kg/hm²·a）

器官	树干材	树皮	树枝*	针叶	根系	合计
重量	2750	296	815	451	852	5163
%	53.26	5.71	15.79	8.74	16.50	100.00

*包括树上枯枝

与其它林分比较，可以发现马尾松林乔木层生产力是很高的（表 10）。根据 Ovinton (1957) 测定资料，20 年生欧洲赤松人工林平均净生产量为 3.59t/hm²·a。按株平均的单株净生产量为 0.67kg/a，分别比马尾松林少 1.57t/hm²·a 和 2.29kg/a。马尾松林和我国湖南会同速生的杉木林比也相差无几。可见会同地区的马尾松生长是很快的，这里发展马尾松也是很有前途的。

表 10　不同林分乔木层平均净生产量

林分	林龄(a)	密度(株/hm²)	平均净生产量(t/hm²·a)	平均单株净生产量(kg/a)	资料来源
马尾松林	20	1760	5.16	2.95	本文
欧洲赤松人工林	20	5400	3.59	0.66	Ovinton(1957)
杉木人工林	22	3750	5.51	1.10	冯宗炜等(1980)

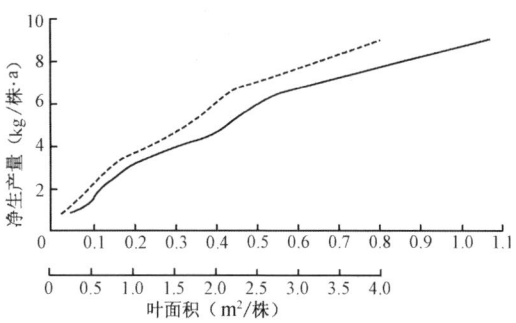

图 2　叶重、叶面积与净生产量的关系
——叶重　······叶面积

马尾松叶面积大小或叶量多少与其净生产量关系十分密切，由图 2 看出：净生产量基本上是随叶面积或叶量增加而递增，这表明增加叶面积或叶量是提高林分生产力的有效途径，在造林和抚育时要充分考虑这种关系。

5 马尾松林的产量结构

这里谈的产量结构,主要是指处于不同条件下林木各器官生物量的变化和垂直分布。研究产量结构,对于深入了解马尾松生物学特性和与环境的关系是很有益处的,可为选育优良类型和配置合理林分结构提供理论依据。

由表 11 看出,同一年龄马尾松 3 种林木的生物量是不同的,上层木最大,中间木次之,下层木最小,三者大致比例为 8∶4∶1。林木各器官的分配比例也有差别:下层木树干比例高,中间木和上层木相似;树枝和针叶是上层木比例大,下层木最小;根系是中间木大,上层木次之,下层木小。这主要是由于各类林木小生境不同引起的外观形态上的差异。

表 11 各类林木的生物量和分配

类别	生物量（kg）	各器官分配百分率(%)						
		树干材	树皮	树枝	针叶	根系	合计
上层木	124.02	53.29	5.57	14.59	9.17	17.38	100
中间木	58.57	53.85	5.62	12.17	7.31	21.05	100
下层木	15.27	60.25	6.35	11.13	6.16	16.11	100

从各器官生物量垂直分布看,3 种类型林木树干生物量都是随树高增加而减少,只是递减速度不同,上层木快,下层木慢而已。树枝、针叶分布差异较大,上层木最大树枝和针叶量分布在树冠中上部,中间木在树冠的中部,下层木整个树冠技、叶无明显差别(图3)。从生物量的积累、分配和外观表现比较,明显看出下层木的产量结构是不合理的,是抚育间伐的对象。

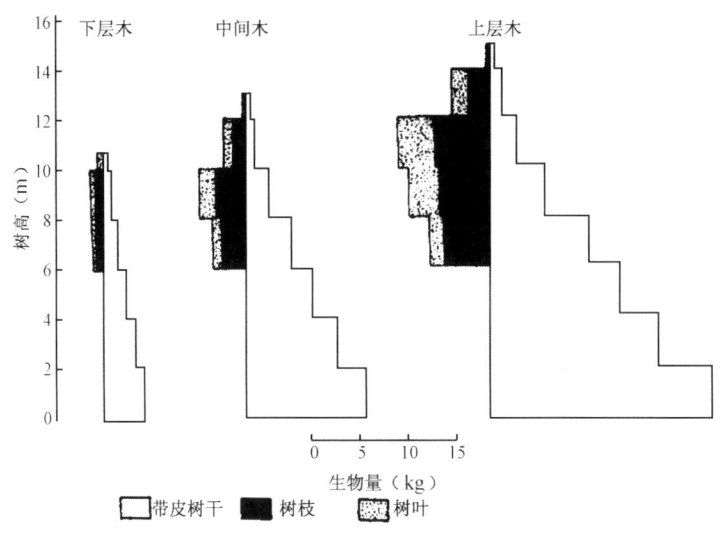

图 3 不同类型林木的产量结构

6 结论

(1)准确测定马尾松林分生物量是研究有机质积累、变化和分配的基础。用"相对生长测定法"推测马尾松林分生物量比较准确,误差不超过 -6%,特别是测定树干误差更小。

（2）会同地区20年生马尾松林分生产力是比较高的,林分总生物量为103.93t/hm²,平均净生产量为5.45t/hm²·a,其中乔木层分别为100.02t/hm²和6.16t/hm²·a,远远高于同年龄的欧洲赤松人工林,和湖南会同地区速生的杉木林相当。

（3）马尾松林分由于是随机落种更新,个别林木分布不均,有些地方过密,林木生长不良,有些地方过稀,不能充分利用空间和地力。为了提高马尾松林的产量和质量,应在其成林初期加强抚育管理和采取"间密补稀"等措施,以便改善林木的生长条件。

参考文献

[1] 祁承经,等. 植被类型及区划. 桃源综合考察报告集. 湖南科学技术出版社,1980,199-220.
[2] 冯宗炜,等. 杉木人工林生物产量的研究. 桃源综合考察报告集,湖南科学技术出版社,1980:322-333.
[3] 中国树木志编委会. 中国主要树种造林技术. 农业出版社,1978:86-88.
[4] 中国科学院林业土壤研究所.杉木人工林生长发育与环境相互关系的定位研究.杉木人工林生态学研究论文集,1980:1-29.
[5] Satoo T. 产量法研究综述. 植物生态学译丛,第一集. 科学出版社,1974:26-39.
[6] Monsi M. 植物群落的数学模型. 植物生态学译丛,第一集. 科学出版社,1974:123-144.
[7] 户莉义次. 作物的光合作用与物质生产. 科学出版社,1979:268-299.
[8] Baskerville G L. Dry-niatter production in immature Balsam Fir stands. Forest Science-Monograph,(9).
[9] Fujimori T, Kawanabe S, Saito H, Grier C C, Shidei T. Biomass and Primary production in forests of three major vegetation zones of the Northwestern United States. J. Jap For. Soc., 58(10): 360-373.
[10] Kira T, Shidei T. Primary production and turnover of organic matter in difierent forest ecosystems of the Western Pacific, Jap. J. Ecol., 1967,(17):70-87.
[11] Ovinton J D. Dry-matter producuicn by *Pinus sylvestris* I. Annals of Botany, 1957,21(82): 288-313.
[12] 木村允.陆上植物群落生厂量测定法. 共立出版株式会社,1976:1-112.

湖南省会同县两个森林群落的生物生产力*

冯宗炜,陈楚莹,张家武,王开平,赵吉录

(中国科学院林业土壤研究所)

摘要:就我国亚热带分布最广、最有代表性的两个森林群落——杉木人工林和马尾松天然次生林的生物生产力进行了测定,并从群落的现存量、营养元素和叶绿素含量以及群落中光照分布和消光系数等方面进行分析和比较。

Biological productivity of two forest communities in Huitong County of Hunan Province

FENG Zongwei, CHEN Chuying, ZHANG Jiawu, WANG Kaiping, ZHAO Jilu

(*Institute of Forestry and Pedology, Academia Sinica*)

Abstract: Standing crop of representative 20 year-old stands of natural *Pinus massoniana* and artificial *Cunninghamia lanceolata* determined by destructive analysis.

Standing crop in *Pinus masssoniana* community and *Cunningharnia lanceolata* community were respectivity 106.80 t/hm² and 156.31 t/hm². The standing crop and net production of trees layer were respectively 100.62 t/hm² and 5.03 t/(hm²·a) for *Pinus massoniana* commutnity, 150.85 t/hm² and 7.54 t/(hm²·a) for *Cunninghamia lanceolate* community.

The amount of nutrient elements in 1 t standing crop of trees layer were respectively 13.22 kg for *Pinus massoniana* community and 14.56 kg for *Cunmnghamia lanceolata* community, it is worth notice that the amount of nutrient elements in 1 t standing crop of subordinate vegetation is 3.6—4.5 times than trees layer.

Standing crop and amount of nutrient element of litterfall were respectively 2.3 t/hm², 58.37 kg/hm² for *Pinus massoniana* community; and 1.4 t/hm², 47.82 kg/hm² for *Cunninghamia lanceolata* community. Returning litterfall to soil could lead to increasing of the organic matter in soil and increasing the cycle speed of nutrient elements in *Pinus massoniana* community were better than in *Cunninghamia lanceolata* community.

Chlorophyll content and extinction coefficient of community were presented and compared. The results show that artificial *Cunninghamia lanceolata* community can use light energy more efficiently than the natural *Pinus massoniana* community.

原载于:植物生态学与地植物学丛刊,1982, 6(4):257-267.

* 参加野外工作的尚有朱南喜和高洪同志,邓仕坚同志协助绘图,谨此致谢。

会同县位于亚热带中部,森林资源很丰富。长期以来由于人为经营活动的影响,原始植被以栲属(*Castanopsis* spp.)和石栎属(*Lithocarpus* spp.)为主的亚热带常绿阔叶林已不复存在,而代之以大面积的杉木人工林和以马尾松为主的天然次生林。这两个森林群落是目前我国亚热带分布最广,最有代表性的森林类型。为了有效地提高林地生产力,1980年5—9月间从生态学角度,对上述两个群落的结构和生产力进行了研究和探讨,兹将结果整理如后,供同志们参考。

1 研究地区自然概况与样地的描述

研究地区位于湖南省的西南部,与贵州省相毗邻。该地区处于沅水上游,为云贵高原向江南丘陵的过渡地带,海拔高一般在300—1000m左右。

气候属于典型的亚热带湿润性气候,据会同县气象站的资料,年平均温度为16.5℃,年降雨量为1200—1400mm,年蒸发量1100—1300mm,相对湿度80%以上,日照全年平均在34%左右,平均风速1.5—2.0m/s。

该地区的地层很古老,以震旦纪的板溪系灰绿色板岩、变质页岩、砂页岩为主;局部地区为第三纪红色岩层。山地坡度较陡,一般在20°—30°左右。

土壤属山地黄壤,李昌华等(1962)曾将本地区土壤分为4个类型,即黑沙土类型(包括黑油沙土、黑沙土)、黄泥土类型(黄泡土、黄泥土、黄沙土)、红黄土类型(红黄土)和石渣土类型[2]。

样地设在县的西南部广坪公社疏溪口大队,位于山坡中部,西南坡,坡度20°左右。两群落——杉木林和马尾松林的林龄均为20年生,其乔木层的组成和各测树因子以及下木层和草本层的主要植物种类见表1和表2。

表1 乔木的组成和测树因子

群落类型	组成		胸径(cm)	树高(m)	蓄积(m³/hm²)	株数(株/hm²)
杉木林	10杉木	杉木	15.00	14.20	365.54	2750
马尾松林	9马尾松1杉木+苦槠	马尾松	14.38	12.70	175.10	1410
		杉木	13.14	11.50		278 1756
		苦槠	4.50	4.00		68

林地的土壤为山地黄壤的黄泥土类型,土壤的化学性质见表3。

2 研究方法

2.1 现存量测定

2.1.1 乔木层现存量的测定

在杉木林和马尾松林内分别设置20m×20m和20m×25m的样地。在样地内先进行每木调查,然后根据径阶分配序列,按每径阶各选取1—2株标准木,伐倒后地上部分采用"分层切割法"[7,9]测定各器官鲜重,地下部分根系采用全挖法,将根系全部取去,除去泥土,测定其鲜重。同时还要采集各器官部分样品,在80℃恒温下烘至恒重,测得各器官的干重,再按相对生长测定法(Allometric method)[1,9,11],推算乔木层的现存量。兹将两个群落中杉木和马尾松各器官现存量、材积与胸径的平方乘树高的回归方程以及树高的双曲线方程列入表4。

表2 群落中主要下木和草本植物

群落		植物名称	高度(cm)	多度
杉木林	下木	杜茎山 *Maesa japonica*	50	Sol
		紫珠 *Callicarpa dichotoma*	90	Sol
		野栀子 *Gardenia jasminoides*	20	Un
		尖叶枪木 *Eurya aruminata*	20	Sp
		楤木 *Aralia chinensis*	50	Un
		高梁泡 *Rubus Iambertianus*	60	Cop¹
		大青 *Clerodendrum cyrtophyllum*	60	Un
		白栎苗 *Quercus fabri*	10	Sol
		野漆 *Rhus sylvestris*	50	Un
	草本	芒草 *Miscanthus sinensis*	80	Sp.
		狗脊 *Woodwardia japonica*	80	Cop¹
		乌蔹莓 *Cayatia japonica*	30	Cop¹
		乌蕨 *Stenoloma chusanum*	50	Cop¹
		铁芒萁 *Dicranopteris linearis*	35	Sp
		鳞毛蕨 *Dryopteris championii*	40	Sol
		淡竹叶 *Lophatherum gracile*	10	Sol
		地耳草 *Hypertcum japonicum*	5	Sol
		鱼腥草 *Houttuynia cordata*	10	Sp
		五味子 *Schisandra sphenanthera*	20	Sp
		蛇葡萄 *Ampelopsis brevipedunculata*	20	Sol
		薯蓣 *Dioscorea* sp.	20	Sp
		蓬垒 *Rubus thunbergti*	50	Sp
马尾松林	下木	油茶 *Camellia oleosa*	100	Sol
		檵木 *Loropetalum chinense*	50	Un
		苦槠 *Castanopsis sclerophylla*	80—120	Cop¹
		杜茎山 *Maesa japonica*	60	Sol
		青篱竹 *Arundinaria* sp.	150	Sol
		尖叶枪木 *Eurya acuminata*	150	Cop¹
		野漆 *Rhus sylvestris*	50	Sp
		紫珠 *Callicarpa dichotoma*	40	Sol
		野栀子 *Gardenia jasminoides*	50	Sol
		枫香苗 *Liquidambar formosana*	30	Sol
		千年桐 *Aleurites montana*	100	Sp
		白栎苗 *Quercus fabri*	50	Sp
	草本	芒草 *Miscanthus sinensis*	70—80	Cop¹
		铁芒萁 *Dicranopteris linearis*	30	Cop¹
		淡竹叶 *Lophatherum graille*	30	Cop¹
		狗脊 *Woodwardia japonica*	100	Cop¹
		乌蔹莓 *Cayatia japonica*	10	Sol
		蛇葡萄 *Ampelopsis brevipedunculata*	12—15	Sp

2.1.2 下木层、草本层现存量和枯枝落叶量的测定

下木层现存量的测定是在样地内按品字形设 2m×2m 样方共 5 块,将样方中的下木(包括灌木和上层乔木的幼苗和幼树)全部砍倒后进行实测称重。草本层现存量的测定,是在下木调查的各样方中分别选取 1/4 面积(1m×1m)的 5 个小样方,将草本植物全部砍倒称重而得。枯枝落叶量的估算是在下木调查的各样方中另选取 1m×1m 的 5 个小样方,将小样方中的全部枯枝落叶用布袋收集称重,并在各样方中分别采集下木、草本植物

和枯枝落叶等样品,如同乔木层一样,烘干至恒重,换算成单位面积干重。

表3 林地土壤活血性质

群落类型	土壤层次 (cm)	全氮 (%)	全磷 (%)	全钾 (%)	代换性 Ca^{++} (毫克当量/100g 土)	代换性 Mg^{++} (毫克当量/100g 土)
杉木林	0—20	0.14	0.03	0.58	1.75	1.55
	20—40	0.07	0.02	0.46	0.72	0.79
	40—60	0.05	0.03	0.58	1.08	1.14
马尾松林	0—20	0.62	0.04	0.90	1.20	1.64
	20—40	0.32	0.04	1.00	0.55	2.69
	40—60	0.40	0.03	0.86	0.96	2.88

表4 杉木,马尾松各器官现存量、材积和树高的因归方程

树种	林龄(年)	分量	回归方程	相关系数	幅度 x	幅度 y
杉木	20	树皮	$\log W_{bk} = 0.817211 \log(D^2H) - 2.07002$	0.98	$D = 10.2-24.5$ $H = 9.95-17.1$	20.8—17.18
		树干材	$\log W_a = 0.92447 \log(D^2H) - 1.69535$	0.99	同上	12.33—102.92
		树枝	$\log W_b = 0.92684 \log(D^2H) - 2.71985$	0.96	同上	1.39—10.30
		树叶	$\log W_l = 0.91977 \log(D^2H) - 2.68044$	0.96	同上	1.46—10.56
		树根	$\log W_r = 0.84045 \log(D^2H) - 1.99534$	0.99	同上	3.84—22.81
		材积	$\log V = 0.94140 \log(D^2H) - 4.15586$	0.99	同上	0.0506—0.4242
		树高	$\frac{1}{H} = 0.02300 + \frac{0.72310}{D}$	0.95	10.2—24.5	9.95—17.1
马尾松	20	树皮	$\log W_{bk} = 0.95696 \log(D^2H) - 2.75415$	0.99	$D = 7.96-22.3$ $H = 10.7-15.12$	0.97—8.28
		树干材	$\log W_a = 0.95858 \log(D^2H) - 1.77858$	0.99	同上	9.20—78.67
		树枝	$\log W_b = 1.13038 \log(D^2H) - 3.00924$	0.99	同上	1.70—30.65
		树叶	$\log W_l = 1.30289 \log(D^2H) - 3.78836$	0.99	同上	0.94—21.27
		树根	$\log W_r = 1.05162 \log(D^2H) - 2.41559$	0.98	同上	2.46—35.64
		材积	$\log V = 0.95405 \log(D^2H) - 4.25912$	0.99	同上	0.0287—0.2456
		树高	$\frac{1}{H} = 0.05910 + \frac{0.27150}{D}$	0.91	7.96—22.3	10.7—15.1

2.2 叶绿素含量的测定

在野外测定的同时,分别不同乔木(按径阶)、下木和草本植物采取样品,装入黑纸袋内带回实验室,按 DMSO 方法测定叶绿素的含量[10]。

2.3 叶面积的测定

杉木、下木和草本植物叶面积按重量法测定[1]。马尾松针叶面积按下面公式计算:

$$S = \pi/2 \cdot l(d + d_1) + 2dl$$

式中,S 为针叶面积;l 为针叶长度;d 为针叶平坦面宽度;d_1 为与平坦面垂直的厚度。

2.4 营养元素的分析

在野外测定的同时采集养分分析样品。乔木按径级分别采集树干、树皮、树枝、树叶

和树根的样品。下木层植物的取样是将 5 个小样方内全部砍倒的植物混合后随机取样。草本层植物的取样法同下木层。

植物和土壤中的氮用凯氏法测定[4];磷用钼蓝比色法测定[4];钾用火焰光度计法测定[3]。

植物中的灰分是利用干灰化法测定。钙、镁的测定是将恒重的灰分经盐酸溶解后用 EDTA-钠盐滴定[3]

土壤中钙、镁的测定是根据 K. K·盖德洛依兹法用氯化铵浸提,用 EDTA-钠盐滴定[3]。

3 群落的现存量和分配规律

由表 5 看出:杉木林内乔木层现存量较马尾松林为高,每公顷达 150.85t,占整个群落现存量的 96.4% 马尼松林内的乔木层现存量仅为 100.62t,占整个群落现存量的 94.2%。由表 5 还明显看出,马尾松林内 3 个乔木树种的现存量差异较大,其中以马尾松最大,为 84.71t/hm², 占乔木层现存量的 84.2%,其次为杉木,苦槠的现存量最小,每公顷仅为 1.99t,仅占乔木层现存量的 2.0%。应该指出的是苦槠在群落中目前虽然现存量不高,但从演替的观点来看,马尾松和杉木的地位,将逐渐被苦槠取而代之。

表 5 群落的现存量和分配* (t/hm²)

群落类型	乔木层						下木层			草本层			枯枝落叶层	总计
	树皮	树干材	树枝	树叶	树根	合计	枝、干	叶	合计	枝、茎	叶	合计		
杉木林	16.34 (10.5)	92.83 (59.4)	8.97 (5.6)	9.25 (5.9)	23.46 (15.0)	150.85 (96.4)	1.42 (0.9)	0.04 (0.1)	1.46 (1.0)	0.67 (0.4)	1.94 (1.2)	2.61 (1.7)	1.39 (0.9)	156.31 (100)
马尾松林														
马尾松	4.76 (4.5)	46.71 (43.7)	11.10 (10.4)	7.67 (7.2)	14.47 (13.5)	84.11 (79.3)								
杉木	1.50 (1.4)	8.59 (8.0)	0.83 (0.8)	0.85 (0.8)	2.15 (2.0)	13.92 (13.0)	2.41 (2.2)	0.60 (0.6)	3.01 (2.8)	0.25 (0.2)	0.64 (0.6)	0.89 (0.8)	2.28 (2.1)	106.80 (100)
苦槠	0.05 (0.1)	0.82 (0.8)	0.52 (0.5)	0.16 (0.2)	0.44 (0.4)	1.99 (1.9)								
小计	6.31 (5.9)	56.12 (52.5)	12.45 (11.7)	8.68 (8.1)	17.06 (16.0)	100.62 (94.2)								

* 表中括号内的数字为百分数

各群落内下木层和草本层现存量也呈现出明显差别,但无论是下木层或草本层,均只占群落现存量的 3% 以下。

上面仅就两群落的现存量作了比较,但现存量不能反映绿色植物光合作用制造有机物质的速度,因而不能用它来衡量群落生产力的高低,而应以净生产量的多少为准。净生产量是植物在单位时间内($t_1—t_2$)除去呼吸消耗外所生产的有机物质。现参照藤森等(1976)[9]提出的方法,用下式来估算乔木层的平均净生产量。

$$\Delta P_N \doteq Y_{Ns} + Y_{Nb} + Y_{Nl} + Y_{Nr}$$

式中,ΔP_N 为平均净生产量;Y_{Nb}、Y_{Ns}、Y_{Nl}、Y_{Nr} 分别为年平均树干(带皮)、树枝、树叶和树根的增长量。

上述测定结果表明:20 年生的杉木林较之马尾松林生产力为高,其原因除与树种的生物学特性和人为的干涉有关外,还取决于群落中乔木层的株数,杉木林每公顷达 2750 株,而马尾松林每公顷的株数仅为 1756 株。由此可见,达到郁闭的成林中,密度与现存量之间有着密切的关系。

表6 两群落中乔木层的平均净生产量(t/(hm²·a))

群落类型	树皮	树干材	树枝	树叶	树根	合计
杉木林	0.82	4.64	0.45	0.46	1.17	7.54
马尾松林	0.32	2.81	0.81	0.43	0.85	5.03

4 营养元素的含量和分配

由表7看出,无论是灰分还是氮、磷、钾、钙、镁等营养元素的平均含量,苦槠均高于杉木和马尾松,特别是钙和镁的含量更为明显,杉木除氮的平均含量略低于马尾松外,其它均高于马尾松。就各器官营养元素的平均含量来看,杉木和马尾松呈现出叶子>树枝>树皮>树根>树干材;而苦槠则不同,呈现出树皮>树枝>树叶>树根>树干材的趋势。

表7 乔木的各器官营养元素的含量(干重%)

器官	灰分 杉木	灰分 马尾松	灰分 苦槠	N 杉木	N 马尾松	N 苦槠	P₂O₅ 杉木	P₂O₅ 马尾松	P₂O₅ 苦槠	K₂O 杉木	K₂O 马尾松	K₂O 苦槠	CaO 杉木	CaO 马尾松	CaO 苦槠	MgO 杉木	MgO 马尾松	MgO 苦槠	平均 杉木	平均 马尾松	平均 苦槠
树皮	2.40	5.57	5.54	0.28	0.49	0.71	0.16	0.09	0.11	0.08	0.16	0.24	1.13	0.52	4.93	0.54	0.36	0.62	0.44	0.32	1.32
树干材	0.62	0.76	0.87	0.07	0.33	0.28	0.03	0.05	0.08	0.06	0.06	0.06	0.36	0.22	0.32	0.11	0.39	0.33	0.13	0.21	0.21
树枝	2.39	1.50	4.48	0.57	0.50	0.49	0.16	0.11	0.17	0.35	0.17	0.24	1.08	0.42	3.90	0.89	0.85	0.68	0.61	0.41	1.10
树叶	3.41	2.35	3.80	1.23	1.11	1.29	0.21	0.16	0.19	0.48	0.51	0.56	1.54	0.33	1.64	0.98	0.65	1.29	0.89	0.55	0.99
树根	3.44	1.45	6.48	0.40	0.55	0.57	0.14	0.01	0.19	0.04	0.08	0.24	0.15	0.29	0.40	0.47	0.40	1.86	0.31	0.27	0.65
平均	2.45	2.33	4.20	0.51	0.60	0.67	0.14	0.08	0.15	0.27	0.20	0.27	0.85	0.36	2.24	0.60	0.53	1.00	0.47	0.35	0.86

表8为两群落中下木层和草本层植物的营养元素含量。由表8看出,两群落中下木层和草本层植物的营养元素含量均高于乔木树种。

杉木林每公顷的营养元素重量为2231.26kg,而马尾松林仅为1666.03kg(表9)。若以1t干物质为基础加以比较,则马尾松林的乔木层比杉木林的乔木层稍高,下木和草本植物1t干物质的营养元素重量为50—65kg,约为乔木层的3.6—4.5倍(表10)。

表8 下木层和草本层植物的营养元素含量(干重%)

层次	灰分 杉木林	灰分 马尾松林	N 杉木林	N 马尾松林	P₂O₅ 杉木林	P₂O₅ 马尾松林	K₂O 杉木林	K₂O 马尾松林	CaO 杉木林	CaO 马尾松林	MgO 杉木林	MgO 马尾松林	平均 杉木林	平均 马尾松林
下木层	8.32	5.23	1.67	1.00	0.36	0.14	1.60	1.14	1.34	1.84	1.55	0.98	1.30	1.02
草本层	7.66	6.73	1.34	1.18	0.34	0.28	1.60	1.52	0.85	1.01	1.32	1.42	1.09	1.08

两群落中枯枝落叶量及营养元素的重量也不同,马尾松林内枯枝落叶量为2.28t/hm²;而杉木林内仅为1.39t/hm²(表5)。枯枝落叶中营养元素的重量也以马尾松林为高

(表11），由此说明以马尾松为主的天然次生林在营养元素循环方面比杉木林为好。

表9　杉木林和马尾松林中的营养元素量（kg/hm²)

层次		灰分		营养元素含量										
				N		P₂O₅		K₂O		CaO		MgO		总计	
		杉木林	马尾松林	杉木林	马尾松林	杉木林	马尾松林	杉木林	马尾松林	杉木林	马尾松林	杉木林	马尾松林	杉木林	马尾松林
乔木层	树皮	392.16	303.90	45.75	27.88	26.14	6.74	13.07	8.94	184.64	44.17	88.24	25.55	357.84	113.28
	树干材	575.55	415.38	64.98	162.45	27.85	26.60	55.70	33.67	334.19	136.30	102.11	194.33	584.83	553.35
	树枝	214.38	209.38	51.13	62.78	14.35	14.42	32.29	23.11	96.88	57.61	79.83	105.28	274.48	263.20
	树叶	315.43	243.62	113.78	107.86	19.43	16.10	44.40	48.07	142.45	53.80	90.65	68.38	410.71	294.21
	树根	807.02	312.29	93.84	90.70	32.84	5.29	93.84	21.24	35.19	46.94	110.26	76.13	365.97	240.34
下木层		121.47	157.42	24.38	30.10	5.26	4.21	23.36	34.31	19.56	55.38	22.63	29.50	95.19	153.50
草本层		199.93	59.90	34.97	10.50	8.87	2.49	41.76	13.53	22.19	8.99	34.45	12.64	142.24	48.15
合计		2625.94	1701.89	428.83	492.27	134.74	75.85	304.42	182.87	835.10	403.19	528.17	511.85	2231.26	1666.03

表10　1t 干物质中的营养元素重量（kg）

层次	N		P₂O₅		K₂O		CaO		MgO		计	
	杉木林	马尾松林	杉木林	马尾松林	杉木林	马尾松林	杉木林	马尾松林	杉木林	马尾松林	杉木林	马尾松林
乔木层	2.45	4.49	0.80	0.69	1.59	1.34	5.26	3.37	3.12	4.67	13.22	14.56
下木层	16.70	10.00	3.60	1.40	16.00	11.40	13.40	18.40	15.50	9.80	65.20	50.99
草本层	13.40	11.80	3.40	2.79	16.00	15.20	8.50	10.10	13.19	14.20	54.49	54.10

表11　枯枝落叶中营养元素的重量（kg/hm²）

	灰分	营养元素					
		N	P₂O₅	K₂O	CaO	MgO	合计
杉木林	74.92	9.45	1.95	1.11	21.55	13.76	47.82
马尾松林	187.19	18.24	1.37	1.82	20.75	10.19	58.37

5　叶绿素含量和光照分布

5.1　叶绿素含量

由表12看出：乔木层的各树种之间叶绿素含量略有差异，属常绿阔叶树种的苦槠比针叶树种的杉木和马尾松为高，而乔木树种的叶绿素含量则比下木和草本植物中的含量要低。就群落中乔木层、下木层和草本层叶绿素含量来看，以乔木层为最高，杉木林和马尾松林中乔木层叶绿素量分别占群落总叶绿素量的91%和86%（表13）。杉木林每公顷叶绿素量为51.09kg，而马尾松林仅为杉木林的74.6%，这一测定结果与两群落现存量的差异完全一致，说明群落中叶绿素量的多少是衡量群落生产力高低的一个重要指标，有贺和门司曾指出"各种类型植物群落之间总生产力的差异与各群落叶绿素的含量完全一致"[8]。

表12　群落中叶绿素含量(mg/g)

杉木林			马尾松林				
乔木层(杉木)	下木层	草本层	乔木层			下木层	草本层
			马尾松	杉木	苦槠		
2.5130	4.2996	4.4101	2.5497	2.5130	2.7330	4.1784	4.5192

表13　每公顷叶绿素重量(kg)

杉木林				马尾松林			
乔木层	下木层	草本层	总计	乔木层	下木层	草本层	总计
46.51	0.17	4.41	51.09	32.57	2.84	2.69	38.10

两群落叶绿素的差异,主要是取决于群落中绿色植物叶面积和叶量的多少,杉木林每公顷叶面积为$12.8 \times 10^4 m^2$,鲜叶重为32.13t;而马尾松林则分别为杉木林的78.45%和68.36%。

5.2　群落中光照分布

图1为两个群落的产量结构与群落中相对光照状况,如图1所示,在杉木林中阳光透过乔木层、下木层和草本层其光照强度分别减少77%、87%和97%;而马尾松林中阳光透过乔木层、下木层和草本层其光照强度分别减少71%、86%和92%。

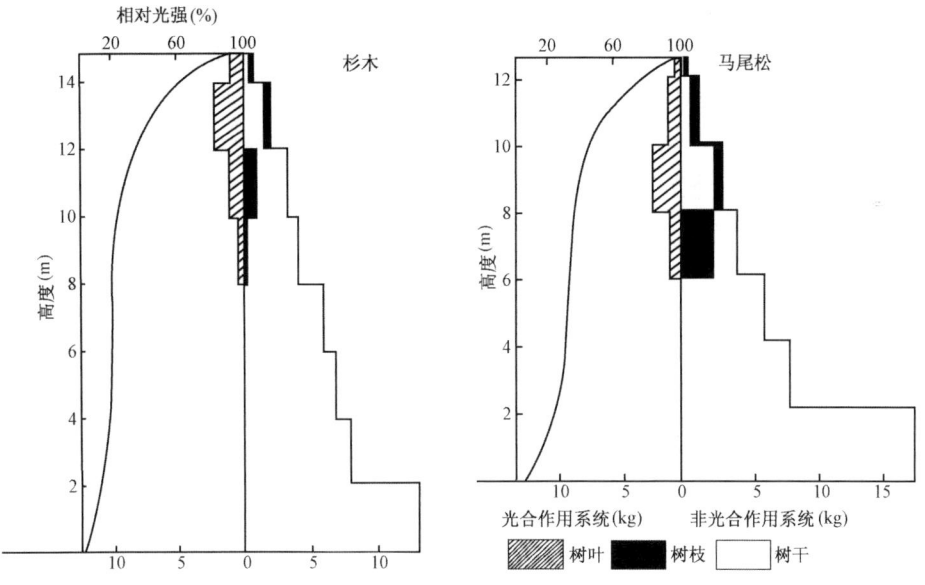

图1　森林群落的产量机构和光照分布

门司、佐伯(1953)[12]和殷宏章(1959)[5-6]等对光照强度在群落内的衰减数量的研究证明,植物群落内光照的分布符合于比耳-兰伯特(Beer-Lambert)定律,并认为可以用下列公式计算:

$$I = I_0 e^{-KF}$$

式中,I_0为植物群落上方水平光照强度;I为植物群落内一定高度的水平光照强度;F为植物群落自最上层至一定高度的叶面积指数(累积叶面积指数);e为自然对数的底数;K

为消光系数。

消光系数也称消减系数或衰减系数,是以表示辐射或光强垂直方向衰减为特征的常数,在群落中衰减,"受群落的生产结构最强烈的影响,并且,其减弱的模样,制约着群落生产结构的发展和伴随其发展的生产量"[1]。杉木林中不仅乔木层的消光系数($K = 0.1934$)比马尾松林($K = 0.1876$)为高,而且整个群落中(从乔木层至地表)的消光系数也高(表14)。

表14 群落的消光系数

群落	群落部位	$I/I_0(\%)$	累积叶面积指数(F)	消光系数(K)
杉木林	乔木层树冠上面	100		
	乔木层树冠下面	23	7.6	0.1934
	地表	3	12.8	0.2739
马尾松林	乔木层树冠上面	100		
	乔木层树冠下面	29	6.6	0.1876
	地表	8	10.0	0.2526

6 结语

(1)亚热带中部会同县20年生山坡型杉木人工林的群落现存量达156.31t/hm², 其中乔木层占群落现存量的96.4%, 平均净生产量为7.54t/(hm²·a);而相同条件下的马尾松天然次生林的群落现存量仅为106.80t/hm², 其中乔木层占群落现存量的94.2%, 平均净生产量仅为5.03t/(hm²·a)。

(2)杉木林群落中乔木层、下木层和草本层中营养元素重量每公顷分别为1993.83、95.19kg和142.24kg;而马尾松林中则分别为1464.38、153.50kg和48.15kg。若以1t干物质中的营养元素重量加以比较,则两个群落中的下木层和草本层均高于乔木层,约为乔木层的3.6—4.5倍。

(3)马尾松林的枯枝落叶量较之杉木林为多,前者每公顷达2.3t,后者仅为1.4t;枯枝落叶层中营养元素的重量也以马尾松林为多,每公顷达58.37kg,而杉木林仅为47.82kg。

(4)两个群落中乔木树种叶子中叶绿素含量不同,1g风干叶中叶绿素的含量呈现出苦槠 > 杉木 > 马尾松的趋势。

(5)两个群落中消光系数不同,杉木林较之马尾松林为高。

参考文献:

[1] 冯宗炜,等.杉木人工林生物产量的研究.桃源综合考察报告集.湖南省科学技术出版社,1980:322-333.
[2] 李昌华,庄季屏.湖南省会同、江华林区和贵州省锦屏林区的土壤条件及其与杉木生长发育关系.土壤学报,1962,10(2):161-174.
[3] 中国科学院南京土壤研究所.土壤理化分析.上海科学技术出版社,1978.
[4] 叶炳,等.土壤理化分析方法.科学出版社,1963.
[5] 殷宏章等.小麦田的群体结构与光能利用.农业学报,1959,5(10):381-396.

---

① 依田恭二,1971:森林生态学,66页,北京林学院翻译(油印本)

[6] 殷宏章等. 水稻田的群体结构与光能利用. 实验生物学报,1959,3(6):243-261.

[7] 门司(Monsi, M.). 植物群落的数学模型·植物生态学译丛,第一集. 科学出版社,1974,123-144.

[8] 户苅义次主编. 作物的光合作用与物质生产. 科学出版社,1979,295.

[9] Fujimori, T., Kawanabe, S., Saito, H., Grier, C. C & Shidei, T. Biomass and primary production in forests of three major vegetation zones of the Northwestern United States J. Jap, For. Soc., 1976, 58(10):360-373.

[10] Hiscox J. D., Israelstam. G. F. A method for the extraction of chlorophyll from leaf tissue without maceration Can. J. Bot, 1979,57: 1332-1334.

[11] Kira, T., Shidei. T. Primary production and tunover of organic matter in different forest ecosystems of the Western pacific. Jap. J. Ecol., 1967,17:70-87.

[12] Monsi, M. und Saeki. T. Ubet den Licktfaktor in den pflanzengesellschof ten und seiuo Bedeutung fur die stoffproduktion. Jap. Jour. Bot., 1953, 14(1):22-52.

杉木速生丰产的生态学基础

冯宗炜,陈楚莹,李昌华,许光辉,周崇莲

(中国科学院林业土壤研究所)

The ecological basis of fast growing and high producing Chinese fir (*Cunninghamia lanceolata*(Lamb.)Hook.)

FENG Zongwei, CHEN Chuying, LI Changhua, XU Guanghui, ZHOU Chonglian

(*Institute of Forestry and Soil Science, Academia Sinica*)

Abstracts: The relations between the growth and yield of Chinese fir and ecological factors-climate, soil and topography were discussed. Some unfavorable effects of repeated plantation of Chinese fir on the environment were also analysed. To protect the ecological balance and increase the productivity of Chinese fir, the authors suggest that it is necessary to do some experiments for changing the pure plantation to mixed one with broad-leaved trees.

  杉木[*Cunninghamia lanceolata*(Lamb.)Hook.]是我国特有的优良速生针叶树种,分布范围广,栽培历史悠久,在商品木材生产中,一直占有重要地位。但是,在我国亚热带植被的自然演替系列中,杉木林的位置是不存在的。何景(1951)曾指出,照叶乔木林在发育过程中,虽然可以混杂一部分落叶树种或常绿针叶树种,但达到安定期的照叶乔木林就不再含有这两种植物,甚至在自然界似乎不容易生成杉木占优势的森林。刘慎谔(1963)从动态演替观点将杉木林称作是"人为的偏途顶极"*,我们认为这是符合实际的解释。因此,指望通过杉木自然下种更新来形成一片杉木林是不可能的,只有通过人工栽培和定向培育才是最有效的措施。事实上,早在1000年以前,我国南方山区人民就已经认识了这个规律,并开始栽植杉木林,广大山区群众在长期的生产实践中,积累和创造了丰富的经验,形成了一套独特的栽培管理措施,其经营的集约程度在国内外享有很高的声誉。

  本文是根据多年来在杉木林区调查和研究的资料,试从生态学角度探讨杉木速生丰产与环境条件之间关系,旨在为合理地制定杉木用材林基地规划和提高林地生产力提供科学依据。

1 杉木生长与气候

  杉木喜好温暖湿润和风力微弱的气候环境。最适宜杉木生长的气候条件是,年平均

原载于:生态学杂志,1982,(1):14-19.

* 刘慎谔:动态地植物学,中国科学院林业土壤研究所讲稿,1963

温度在16℃—19℃;5℃以上的生长期超过310d,10℃以上的生长活跃期超过260d,年降雨量在1300—2000mm,分配均匀,全年降雨量超过蒸发量,各月相对湿度在80%以上,全年日照为1300—1600h,平均风力约2级左右。

我们应用数量化理论电算,分析杉木生长与气候关系的结果表明,在杉木中心产区湖南省会同县,杉木的生长量与温度关系最为紧密,其次为水分,而在杉木分布区的北部亚区(安徽省滁县)和南部亚区(广东省怀集县)则相反,杉木生长量与水分关系密切,其次为温度。

据在湖南省会同县速生阶段的林分(6年生)中多年观测,生长季节里,当林内月平均气温在13—20℃之间,杉木生长较慢,每月树高生长量只有10cm,当月平均气温上升到20—23℃时,杉木生长开始加快,每月树高生长量可达20cm,当月平均气温在23—27℃之间,杉木生长迅速加快,月生长量最高可达40cm。

中心产区内,在热量相同,水分不足的干旱的年份(如会同县1960年降雨量小于蒸发量180.8mm),杉木生长量也有明显下降。据在20年生的成林中观测,直径生长较正常年份下降达40%—60%。

上述情况表明,要使杉木速生丰产,首先应选择最宜的气候环境来栽杉,在杉木分布的南、北亚区采取各种有效的保水保湿措施对促进杉木生长将能起到良好效益。

2 杉木生长与土壤

杉木一般要求土层深厚,肥沃湿润,排水良好的酸性土壤(pH4.5—7.0左右)。

杉木中心产区湘黔杉木林区的土壤主要是山地黄壤。李昌华等(1962)根据各地群众的经验,结合土壤的基本性质和生产力,将杉木林区的土壤划分为4个类型7种土壤,即黑沙土类型(黑油沙土、黑沙土),黄泥土类型(黄泡土、黄泥土、黄沙土)、红黄土类(红黄土也叫红土)和石渣土类。群众一般只在前3种土壤类型上栽杉,石渣因质地粗,土层很薄,不适于杉木生长。杉木林地不同土壤的养分状况和物理状况以黑沙土最好,黄泥土次之,红黄土最差(表1、表2)。

表1 不同土壤类型的化学性质

土壤类型	取样深度 (cm)	pH 水浸液	pH 盐浸液	腐殖质 (%)	N (%)	P₂O₅ (%)	K₂O (%)	C/N
黑沙土	0—10	5.5	4.4	5.16	0.233	0.078	0.95	12.83
	15—25	5.9	4.4	1.77	0.103	0.056	1.26	9.90
	40—50	6.0	4.4	1.55	—	0.045	1.05	—
	80—90	5.9	4.3	0.62	—	0.026	1.10	—
黄泥土	0—10	5.4	4.1	3.64	0.154	0.045	0.95	13.70
	15—25	6.0	4.2	1.54	0.113	0.052	0.84	7.88
	40—50	5.6	4.1	0.99	—	0.058	1.61	—
	80—90	—	—	0.57	—	—	—	—
红黄土	0—9	5.1	3.6	1.27	0.093	0.024	1.05	7.74
	10—20	5.4	3.7	1.07	—	0.027	1.16	—
	40—50	5.6	3.8	0.55	—	0.031	1.15	—
	90—100	5.6	3.8	—	—	0.049	1.38	—

表2 不同土壤类型的物理性质

土壤类型	取样深度(cm)	风干水分(%)	容重(g/cm³)	孔隙度(%)	毛管持水量(占干土%)	透水速度(mm/min)
黑沙土	0—10	3.46	1.00	62.26	46.48	23.12
	15—25	2.53	1.03	61.13	35.32	15.13
	30—40	1.86	1.08	59.24	35.23	3.58
	50—60	2.42	1.28	51.70	30.52	9.28
黄泥土	0—10	2.78	1.05	60.38	44.59	30.22
	15—25	2.52	1.09	58.87	39.23	24.52
	30—40	2.58	1.27	52.07	41.91	7.52
	45—55	2.20	—	—	35.03	15.66
红黄土	0—10	3.64	1.02	61.51	45.49	45.80
	20—30	3.05	1.34	49.43	41.02	2.43
	40—50	2.93	1.35	49.06	41.62	11.68

蚯蚓对土壤肥沃程度具有很好的指示意义,不同土壤中蚯蚓的数量及分布,以黑沙土内最多,黄泥土次之,红黄土最少(表3)。

土壤微生物对物质循环和转化起着重要作用,微生物作为一个分解者,通过它的活动将林地动植物残体分解,并促进有机物的矿质化,增加土壤肥力,因而它与林木生长有着密

表3 不同土壤类型中蚯蚓的数量与分布

土壤类型	1m×1m面积上每10cm土层的蚯蚓数		
	0—10cm	10—20cm	20—30cm
黑沙土	7	1	0
黄泥土	2	1	0
红黄土	2	0	0

切的关系。根据我们在会同林区研究结果表明,无论是土壤微生物各类群的数量(表4),还是生化活动强度(表5),都是随着红黄土、黄泥土、黑沙土的次序相应递增,由于黑沙土中微生物数量多,固氮菌和纤维素分解菌等很活跃,因而土壤中氮素来源多,有机物分解较快,土壤肥力也高。

表4 不同土壤类型中土壤微生物数量的比较(1000个/g干土)

土壤类型	层次(cm)	微生物总数	细菌数	真菌数	放线菌数
黑沙土	0—20	12126	11826	89	211
	20—50	7834	7698	26	110
黄泥土	0—20	7145	7042	27	76
	20—50	3985	3917	15	53
红黄土	0—20	2624	2548	33	43
	20—50	1107	1053	14	40

据不同土壤上6年生杉木试验林生物量测定的结果,每公顷树干、枝叶和根系的生物量,黑沙土类型分别为14.0、13.9和6.8;黄泥土类型分别为5.5、5.6和4.7;红黄土类分别为3.3、3.8和3.0。上述情况表明,为使杉木速生丰产,应优先选择适合杉木生长的黑沙土和黄泥土,或相近似的土壤作为造林地。

表5 不同土壤类型中土壤微生物生理类群和生化作用的比较

土壤类型	层次(cm)	氨化菌数(1000个/g干土)	固氮菌数(1000个/g干土)	纤维素分解菌数(个/g干土)			氨化作用(Nmg/g干土)	固氮作用(Nmg/g干土)	纤维素分解作用(%)	呼吸作用([CO_2]mg/g干土)	A/B*
				细菌	真菌	放线菌					
黑沙土	0—20	12950	8033	3010	5823	9340	6.1	12.2	1.4	1.9	0.027
	20—50	7800	8217	—			3.6	10.7	1.0	0.8	0.109
黄泥土	0—20	7270	6730	1723	3580	3924	5.9	10.4	0.8	1.6	0.091
	20—50	3900	3633	—			3.5	9.4	0.6	1.3	0.154
红黄土	0—20	2550	5061	16	2142	5221	3.9	10.1	1.1	1.1	0.789
	20—50	1050	2712	—			4.5	10.6	0.4	1.2	0.641

* A/B表示芽孢杆菌中孢子型与营养型的比值,比值小代表活性强,比值大活性低。

3 杉木生长与地形

各地群众栽杉十分讲究地形的选择,地形条件对局部的气候和土壤有着密切关系,因而也就影响杉木的生长,根据在湖南省桃源县的调查,在一般栽培管理水平下,在丘陵区,中近熟杉木林的生物量,立地条件良好的林分每公顷为102.5t,只相当于山区中等立地条件林分的水平;在山区立地条件良好的林分每公顷可达150—170t,中等立地条件的林分每公顷可达100—135t;中低山区由于海拔较高(600—700m),且多孤山突起、风大、气温低,加之杉木受风害和冰冻影响,产量显然不如低山区,丘陵区和中低山区林木地上部分枝、叶生物量的百分率比低山区为高,而干材生物量的百分率比低山区为低(表6),这种同化物质分配的情况与环境有密切的联系,低山区干材生物量的百分率高,枝叶生物量的百分率低,对培育用材林来说仍是最适宜的环境。

表6 不同地域类型(一般栽培管理)杉木林产量

类别	立地条件	林龄(a)	密度(株/hm²)	林分蓄积(m³/hm²)	生物量(t/hm²)	各成分生物量分配%			
						干	枝	叶	果	根
丘陵	差	15	3000	91.5	55.0	60.4	11.3	11.5	0.2	16.6
	良	15	3150	161.0	102.5	54.1	12.4	14.4	0.3	18.8
中低山	中	14	4500	96.3	96.3	50.4	12.4	11.1	1.7	24.4
	良	19	4500	152.5	152.5	55.8	13.2	13.7	0.7	16.6
低山	中	21	3750	132.7	135.7	67.9	9.0	6.2	1.3	15.6
	良	21	3100	168.7	168.7	69.4	8.7	6.6	1.2	14.1

无论是丘陵区或山区,局部小地形对杉木的生长也有明显的差异,所谓"当阳茶,背阴木","松树岭,杉木凹",就是群众在长期生产实践中摸索出来的规律,各地速生丰产的经验证明,相同林龄处于不同坡位的林分,生长状况相差悬殊,一般山洼(山湾、山冲)或山脚比山坡、山脊的杉木生长好,产量也高(表7)。

在山区栽杉以选择半阴坡为宜,北坡过于阴湿,南坡日照时间长,除山连山的地方可栽杉木外,山区群众一般在阳坡上都习惯栽油茶或其他经济林木。在丘陵区,空气湿度和水分状况不如山区,所以应尽量选择阴坡或半阴坡为好,在杉木分布的北部地区,由于温度较低,应选择避风温暖的半阳坡;相反,在杉木分布的南部地区,由于气温高和有季节性干旱,应选择避风和空气湿度大的阴坡或半阴坡为宜。

表7 不同小地形杉木生长状况

地点	类型	林龄	树高(m)	胸径(cm)	蓄积量(m^3/hm^2)	树干生物量(t/hm^2)	样地数量
湖南桃源丘陵区	山洼	7	7.4	9.6	115.5	39.6	8
	山坡	7	6.7	8.1	82.8	30.6	5
	山脊	7	5.5	7.3	49.5	15.2	5
湖南会同山区	山洼	19	17.0	14.2	349.5	85.0	3
	山坡	19	11.4	9.8	159.0	38.3	3
	山脊	19	9.1	9.5	127.5	31.0	3

坡度的大小与土壤的厚薄有密切关系，一般在坡度大的山洼或山坡造林时，必须采取"扎排山"、水平梯田等水土保持措施。

4 杉木连栽对环境的不良影响与林木生长

杉木栽培中存在着一个重要问题，是杉木人工纯林连栽后，林木生产力逐渐下降，连栽三伐后（三耕土）一般树高生长量降低30%。根据研究资料，杉木连栽后林木生长不良，主要是因生态条件恶化所致，表现在下列几个方面：

（1）栽杉和幼林地林粮间作要消耗许多土壤养分，这些养分很大部分由木材砍伐和作物的收获而被带走。以22年生山坡杉木林为例，一次栽杉砍伐后，每公顷杉木林地由树干运走、枝叶烧掉而损失的氮素（N）为480kg，磷（P_2O_5）为60kg，钾（K_2O）为130kg（磷、钾仅指树干部分）。幼林地间作以玉米为例，间作2—3年因粮食收获每公顷林地要消耗氮素27—35kg，磷15—19kg，钾8—10kg。

（2）每次栽杉前进行全面整地，栽杉后进行幼林抚育，因此在幼林阶段，有明显的土壤流失。特别是我国亚热带山地，一般坡度较陡，土壤流失是很明显的。根据1963年8月至1964年6月在中国科学院林业土壤研究所会同森林生态站的观测，不同林地土壤流失量差异很大。在坡度35°的情况下，马尾松栲树针阔林中，没有什么土壤流失。在山坡23年生的杉木林中，土壤流失量每公顷为74.3kg，而在造林后1年生的幼林地上，土壤流失量每公顷竟达1100kg之多。

（3）据观测杉木人工幼林栽后6—8年开始有少量凋落物，最初每年约在1000kg/hm^2，栽后20—25年，可达2000kg/hm^2，而针阔叶混交林在郁闭的成林中，每年凋落物约有4500—5000kg/hm^2，比杉木林高出1.0—1.5倍。杉木人工林的凋落物的营养元素含量也较针阔混交林和阔叶林低（表8）。

表8 不同林分类型凋落物的营养元素含量（干重%）

类型	粗灰分	N	P_2O_5	K_2O	CaO	MgO
杉木人工林	3.73	0.58	0.09	0.13	1.54	0.45
白栎枫香阔叶混交林	7.10	0.96	0.22	0.20	1.93	0.56
马尾松栲树针阔混交林	4.35	0.99	0.09	0.33	1.30	0.52

另外，凋落物的分解速度杉木也较阔叶树种为慢，据观察，在一年内，白栎和枫香的叶子分解89.5%，栲树叶分解达87.9%，而杉木针叶只分解48.4%。

(4)连栽后土壤内毒性物质的积累,也是杉木生长不良的原因之一。杉木连栽后土壤氧化代谢能力的差异较大(表9),三耕土对葡萄糖和丙酮酸的氧化都比头耕土弱得多,特别是丙酮酸的氧化是连接碳氮代谢的纽带。因此,它的减弱说明三耕土中在氮的转化方面减弱更为明显。三耕土对香草醛的氧化能力显著高于头耕土,这说明三耕土中可能有此类物质的积累,香草醛属于土壤中的毒性物质,它在土壤中的积累,不仅对微生物的活动不利,而且对林木生长有害。

表9 杉木连栽氧化代谢能力的变化
($O_2 \mu L/g$ 干土·4h)

土 壤	葡萄糖	丙酮酸	香草醛
头耕土	81	102	77
三耕土	52	52	110

5 维护生态平衡促进杉木丰产

鉴于愈来愈多的人认识到集中成片营造大面积纯林和纯林连栽后造成土壤肥力衰退、病虫危害日趋严重、生态平衡破坏、杉木生产力下降的不良后果,近十多年来,各地积极开展多树种造林和营造杉木混交的实验,如杉檫、杉栗(板栗)、杉松、杉桐(泡桐)、杉木常绿阔叶林(木荷、火力楠和红栲等)等等,无疑这些试验为进一步研究杉木人工林结构的多样性和稳定件,以及它们与环境之间的相互关系提出了新的途径,为不断改善环境质量,维护生态平衡,提高林地生产力,提供了新的措施。当前我们认为除了加强作为混交树种的生物学和生态学特性的研究外,应着重从生态系统的整体观念出发,来揭示不同杉木林物质循环和能量转化的过程,研究提高杉木林光能利用率和加强营养物质平衡的各种调控措施,为建立新的杉木速生丰产人工生态系统结构提供依据。

参考文献:

[1]何景. 中国科学,1951,2,2,193-213.
[2]李昌华,庄季屏,等. 土壤学报,1962,10,2,161-174.

湖南会同杉木人工林生长发育与环境的相互关系[*]

冯宗炜,陈楚莹,李昌华,许光辉,周崇莲

(中国科学院林业土壤研究所)

Relations between the growth-development and environment of *Cunninghamia lanceolata* plantation in Huitong, Hunan province

FENG Zongwei, CHEN Chuying, LI Changhua, XU Guanhui and ZHOU Chonglian

(*Institute of Forestry and Pedology, Academia Sinica*)

Abstract: From the viewpoint of forest ecology, this paper gives some research results of a comprehensive study of the relation between the growth-development and environment of the *Cunninghamia lanceolata* plantation in southwest Hunan during the period 1960 to 1981.

The paper falls into the following parts: (1) natural conditions in the forest regions in Huitong, (2) basic features of the permanent plots and investigation methods, (3) periodic increment of height and DBH of trees in different forest types at different age stages, (4) standing crops of tree layer and stand, (5) microclimate and the growth of *Cunninghamia lanceolata*, (6) edaphic conditions and the growth of *Cunninghamia lanceolata*, (7) soil microflora and the growth of *Cunninghamia lanceolata* and (8) conclusion.

早在20世纪50年代,我国林业科学工作者和一些高等院校师生,就曾深入湖南、贵州、福建、浙江、江西、广东、广西、安徽、陕西等杉木产区总结群众栽杉的速生丰产经验[2,4-5,7-8]。这些工作对推动杉木造林和开展林木速生丰产规律的研究,起着重要作用。为阐明杉木人工林生长发育与环境之间的关系,中国科学院林业土壤研究所从1960年起在杉木中心产区——湖南省会同县疏溪口建立实验站,进行综合性的定位研究,现将所得的一些资料整理综述如后,供参考。

1 会同林区的自然概况

会同县位于湖南省西南部,地处沅水上游,为云贵高原向江南丘陵的过渡地带。境内地势北高南低,海拔一般在300—1000m左右,其中金龙山最高,海拔1100m。山地坡度较陡,一般在20°—30°左右,个别可达45°—50°。该地区的地层很古老,以震旦纪的板溪系灰绿色板岩、变质页岩和砂页岩为主,局部地区有第三纪红色岩层。

气候为典型的亚热带湿润气候,夏无酷暑,冬无严寒,气候温暖,年平均气温为

原载于:南京林业大学学报(自然科学版),1982,(3):19-38.

[*] 本项研究是在中国林学会副理事长、原中国科学院林业土壤研究所所长朱济凡的领导下进行的.

16.5℃,1月平均气温为4.5℃,7月平均气温为27.5℃,年降水量1200—1400mm,年蒸发量1100—1300mm,湿润度大于1,全年生长期长达300d左右。

自然植被主要是以多种槠、栲(Castanopsis spp.)和石栎(Litocarpas spp.)属为主的亚热带常绿阔叶林,由于长期受人为活动的影响,原始自然植被破坏殆尽,而代之以杉木为主的人工林和以马尾松(Pinus massoniana)为主的针阔混交林或以白栎(Quercus fabri)、枫香(Liquedabar iormosarta)为主的次生阔叶混交林。

本区林地土壤为山地黄壤,李昌华等(1962)曾将杉木林地土壤划分为4个类型7种土壤:即黑沙土类型(包括黑油沙土、黑沙土)、黄泥土类型(黄泡土、黄泥土、黄沙土)、红黄土类型(红黄土)、石渣土类型(石渣土)[6]。杉木主要分布在黄泥土和黑沙土上,红黄土和石渣土上分布很少。

2 标准地基本情况和研究方法

2.1 标准地的设置

从杉木林空间和时间上生长变化的观念出发,根据不同林型、林龄和发育阶段,以及连栽次数(即头耕土、二耕土、三耕土)[5],设置固定标准地共14块。标准地的位置及立地状况等因子见表1。

表1 观测标准地概况

发育阶段	标准地号	所在地名	标准地面积(m²)	林型	海拔(m)	坡向	坡度	土壤	造林时间	造林形式	密度(株数/hm²)	备注
幼林阶段(幼林)	101	桐木头	120	山洼	340	西北	20	黑沙土	1960年1月	三角形	5100	林粮间作
	103	桐木头	120	山洼	340	东北	27	黑沙土	1960年1月	三角形	5100	林粮间作
	106	桐木头	120	山坡	360	东北	31	黄泥土	1960年1月	三角形	5100	林粮间作
	107	桐木头	120	山脊	390	—	—	红黄土	1960年1月	三角形	5100	林粮间作
	108	黄家团	750	山坡	340	西南	15	黄泥土	1960年12月	三角形	3750	林粮间作
速生阶段(中林)	201	雷打砭	200	山脊	460	—	—	红黄土	1957年1月	三角形	5100	头耕土
	202	雷打砭	200	山坡	430	东北	32	黄泥土	1957年1月	三角形	5100	头耕土
	203	雷打砭	200	山洼	340	东北	9	黑沙土	1957年1月	三角形	5100	头耕土
干材阶段(成林)	301	妹子湾	302	山脊	460	—	—	红黄土	1940年	正方形	4444	头耕土
	302	大湾	300	山坡	420	东北	32	黄泥土	1940年	长方形	3675	头耕土
	303	大湾	300	山洼	400	东北	27	黑沙土	1940年	长方形	3270	头耕土
	304	大湾	270	山洼	445	东北	35	黑沙土	1940年	长方形	3915	头耕土
	305	沙塘冲	210	山洼	450	东北	15	黑沙土	1945年	长方形	3465	三耕土
	306	菜朗湾	270	山洼	460	东北	30	黑沙土	1942年	长方形	2775	二耕土

2.2 杉木生长量的调查

根据杉木生长发育的不同特点,在幼林阶段以树高为主;速生阶段树高和胸径并重;干材阶段则以胸径为主。

在幼林阶段每块标准地为全林调查。速生阶段每块标准地固定50株(隔行隔株)进行调查,树高用木制米尺(精度1mm)固定在尺垫上直接量读,胸径是用金属制的卡尺量读(精度为0.05mm)。在干材阶段,每块标准地上选定标准木5—8株(中央木2—3株,Ⅰ、Ⅲ木各1—2株)进行定期调查,树高的定期生长量是在标准地上固定测点,用勃罗莱氏(Blume-Leiss)型测高仪测定。胸径生长量的测定方法,是在树高 1.3m 处剥去 2cm 宽的树皮 1 周,用刻度精细的钢卷尺(精度 1mm)量其周长,依公式 $S = L^2/12.566$(S = 断面积;L = 周长)先求出断面积,然后换算成胸径。

2.3 现存量的测定

在幼林阶段和速生阶段的林分按平均木法,干材阶段的成林中按相对生长法测定[9-11]。

2.4 气象观测

在不同林型内设置气象观测点,进行长期的定位观测。观测项目有:气温、地温、相对湿度、降雨和蒸发。

光照测定全部是在晴天进行,每块标准地选择代表性测点 3—4 个,测定其光照强度。

2.5 营养元素的分析

土壤中氮、磷、钾、腐殖质以及土壤的机械组成的分析方法见《土壤的理化分析方法》[3]。

2.6 土壤微生物的测定

土壤微生物的数量、组成和生化作用的分析,以及土壤中游离氨基酸的组成和酶的活性方法均按《土壤微生物分析方法手册》所示方法[1]进行。

3 杉木的定期生长

3.1 幼林阶段(幼林)林木的生长

一般为造林后 1—3 年,此时林木生长较缓慢。在营林措施相同的不同林型中,杉木植株的生长状况和生长量的变化过程也有所不同,如表 2 所示。在 1960 年造林后第 1 年的生长初期,不同林型中幼树的树高生长都较缓慢,至 7 月初才开始显著上升,其中,山洼林型中的幼树生长尤快,8 月份山洼林型中的幼树高生长继续直线上升;而在山坡和山脊林型中的幼树则稍有下降。至 10 月初三者树高生长均达最高峰;此时,山脊、山坡和山洼 3 林型的树高生长量分别达 2.9、3.1cm 和 5.0cm,其后急剧下降,一直至 12 月初才停止生长。1961 年与 1960 年情况不同,生长季初期树高生长量非常显著,5 月份山洼林型树高生长量为 7.3cm,山坡林型为 5.3cm,山脊林型为 4.7cm;6 月以后除山洼林型外,山坡和山脊林型树高生长均趋下降,到 7 月下旬以后三者又开始显著回升,至 8 月下旬均达到最高峰,9 月以后,三者几乎成平行线的顺次下降。

2 年间树高生长量的测定结果(表 2)表明,不同的林型中幼树的高生长是不同的,以山洼林型最好,山坡林型次之,山脊林型最差。若均以山脊林型为 100%,则 1960 年山坡林型为 114%,山洼林型为 172%;而 1961 年山坡林型为 151%,山洼林型则为 212%。

表 2 不同林型杉木幼林树高月生长量(cm)

林型	1960									1961						
	5	6	7	8	9	10	11	12	合计	5	6	7	8	9	10	合计
山脊(107)	0.3	0.3	0.9	1.9	1.7	2.9	1.3	1.4	10.7	4.7	4.0	3.6	6.5	0.5	0.5	19.8
山坡(106)	0.3	0.4	1.1	2.4	2.4	3.1	1.5	1.0	12.2	5.3	5.0	6.0	9.0	3.0	1.5	29.8
山洼(101)	0.5	0.6	1.4	3.3	4.6	5.0	1.6	1.4	18.4	7.3	9.1	8.7	10.5	3.5	2.8	41.9

3.2 速生阶段(中林)林木的生长

一般从造林后第 4 年开始至 10 或 15 年,这个阶段树高与胸径生长量均迅速增长。由图 1 看出:1960 年不同林型中树高生长量三者的趋势是一致的,生长季节初期三者生长极为缓慢,自 5 月末起急剧增高,至 6 月中旬三者树高生长达到最高峰,其后逐渐下降,直至 10 月上旬则又稍增加;胸径增长的过程基本与树高增长过程一样,但胸径生长出现的高峰比树高生长高峰约迟一个月左右。

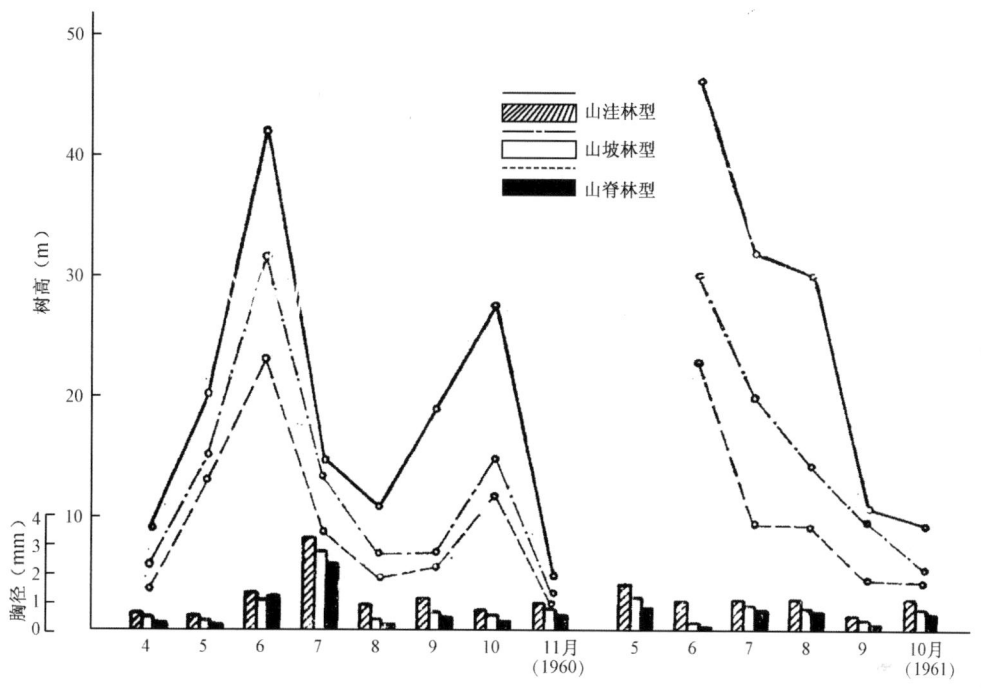

图 1 速生阶段(6—7 年)杉木树高和胸径生长量的月变化

1961 年的生长季节生长量观测的结果,也同样证明杉木的树高和胸径的生长量均呈现出山洼林型 > 山坡林型 > 山脊林型的趋势。若以山脊林型的树高和胸径生长量为 100%,则山坡林型的树高生长量为 132%(1960 年)和 144%(1961 年),胸径生长量为 101%(1960 年)和 103%(1961 年);山洼林型的树高生长量为 197%(1960 年)和 256%(1961 年),胸径生长量为 140%(1960 年)和 133%(1961 年)。

3.3 干材阶段(成林)林木的生长

一般从造林后 10 年(或 15 年)开始到 30 年为止,这个阶段树高和胸径生长逐渐变缓。

不同林型中杉木树高和胸径生长量的变化见表 3。由表 3 看出:杉木在干材阶段生长量的大小仍与林型紧密联系着,无论树高或胸径生长量均以山洼林型最大,山坡林型次之,山脊林型最小。在 1960 年观测中,各林型的树高生长量均以 8 月份增长最快,其后就逐渐下降,在山脊林型中 9 月就停止树高生长,山坡林型和山洼林型中树高生长的时间比山脊林型长 2 个月,至 11 月才停止生长;胸径生长量方面在干旱的 9 月份出现了收缩现象,此时山脊、山坡和山洼林型中的林木分别缩减 0.5、0.5mm 和 0.1mm,这一现象与哈利托诺维奇(Ф. Н. Харитонович 1958 年)在大阿纳道尔林区(Великоанадодьский лес)观测到橡树在干旱季节胸径生长出现的收缩现象[12]是相类似的。在 1961 年观测中,各月份均没有出现收缩的现象,并且在生长季节的后期(10 月)还出现了回升的现象。

表 3 干材阶段杉木胸径和树高的月生长量(mm,cm)

林型	1960 月份												
	5—6		7		8		9		10		11		合计	
	胸径	树高	胸径	树高	胸径	树高	胸径	树高	胸径	树高	胸径	树高	胸径	树高
山脊(301)	0.0	5.0	0.3	10.0	0.4	18.0	-0.5	0.0	0.0	0.0	0.1	0.0	0.3	33.0
山坡(302)	0.5	25.0	0.4	10.0	0.1	20.0	-0.5	0.0	0.2	3.0	0.2	0.0	0.9	58.0
山洼(303)	0.9	40.0	0.1	19.0	0.2	35.0	-0.1	17.0	0.5	24.0	0.0	0.0	1.6	135.0

林型	1961 月份						
	5	6	7	8	9	10	合计
	胸径	胸径	胸径	胸径	胸径	胸径	胸径
山脊(301)	0.0	0.0	0.0	0.5	0.0	0.8	1.3
山坡(302)	0.0	0.2	0.0	0.5	0.2	0.6	1.5
山洼(303)	0.0	0.6	0.0	0.4	0.1	1.0	2.3

3.4 连栽与杉木的生长

会同林区群众经验认为,杉木林生长以头耕土①最好,二耕土次之,三耕土最差。根据我们在林型相同(山洼林型)、林龄相似(15—20 年)而连栽次数不同的杉木林内所设置的固定标准地(NO:303、304、305、306)观测结果(表 4)表明,在生长季节内,杉木树高和胸径的生长量尽管并不呈现出一致的规律,但从总的生长量来看,无论树高或胸径生长量都明显地随着连栽次数的增加而递减的趋势,三耕土上树高生长量比头耕土下降约 30% 左右。

表 4 不同栽植次数杉木树径和胸高月生长量(cm,mm)

栽植次数		1960 月份												
		5—6		7		8		9		10		11		合计	
		胸径	树高	胸径	树高	胸径	树高	胸径	树高	胸径	树高	胸径	树高	胸径	树高
头耕与二耕	头耕(304)	0.8	25.0	0.2	10.0	0.2	7.0	-0.5	8.0	0.3	0.0	0.0	0.0	1.0	50.0
	二耕(306)	0.0	10.0	0.0	9.0	0.3	19.0	-0.6	10.0	0.4	0.0	0.0	0.0	0.1	48.0
头耕与三耕	头耕(303)	0.9	40.0	0.1	19.0	0.2	35.0	-0.1	17.0	0.5	24.0	0.0	0.0	1.6	135.0
	三耕(305)	0.2	15.0	0.1	10.0	0.2	25.0	-0.6	30.0	0.0	5.0	0.1	10.0	0.1	95.0

3.5 同一林分杉木年生长量的变化

表 5 为代表本地区一般杉木林生长水平的山坡林型(108)20 年来的观测结果。从表 5 看出:随着杉木年龄的增长,生长量呈现出显著差异,栽杉最初 1—2 年杉木生长十分缓慢;从第 3 年起开始迅速生长,至第 5 年生长达到最高峰,树高和胸径年生长量分别在 1.66m 和 3.1cm 以上;第 6 年后胸径年生长量开始下降,第 7 年后树高年生长量也开始

---

① 在同一块地上,连栽杉木 2—3 代(每代约 20—30 年)后,任其撩荒,自然演替成杂木阔叶林,经砍伐、炼山后第一次栽植杉木的林地称为头耕土;头耕土上的杉木林采伐后,在迹地上再栽植杉木的林地称为二耕土;依次类推为三耕土等

下降,至 21 年时胸径年生长量仅为 0.35cm,树高年生长量仅为 0.40m。

表 5 年龄与杉木生长量的关系

调查时间	年龄	发育阶段	树高(m)	胸径(cm)
1961 年 4 月	1		0.05	0.32*
1961 年 11 月	2	幼林阶段	0.34	0.69*
1992 年 11 月	3		1.40	3.38*
1963 年 11 月	4		2.62	3.31
1964 年 11 月	5		4.28	6.41
1965 年 11 月	6	速生阶段	5.53	8.94
1966 年 11 月	7		6.91	10.27
1967 年 11 月	8		8.25	11.24
1971 年 11 月	12		10.40	12.12
1979 年 4 月	19	干材阶段	14.10	14.90
1981 年 3 月	21		14.90	15.20

* 地径

若从不同发育阶段来看,幼林阶段林木生长慢,平均年生长量树高为 0.47m,地径为 1.13cm;当进入速生阶段后,林木的生长达到最高峰,此时平均年生长量树高为 0.97m,胸径为 1.10cm;而干材阶段的树高和胸径生长量又变缓慢,此时平均年生长量树高为 0.40m,胸径为 0.15cm。

4 杉木人工林的现存量

4.1 不同林型中杉木的现存量

不同林型中杉木生物产量的差异很大。根据速生阶段 201、202、203 标准地上的测定结果(表 6),无论是地上部分或地下部分现存量均以山洼林型最大,山坡林型次之,山脊林型最小;若以山脊林型的现存量为 100%,则山坡林型为 159%,山洼林型为 347%。

表 6 不同林型杉木的现存量

林型	树干 平均木(kg)	树干 每公顷(t)	树干 %	树枝 平均木(kg)	树枝 每公顷(t)	树枝 %	树叶 平均木(kg)	树叶 每公顷(t)	树叶 %	树根 平均木(kg)	树根 每公顷(t)	树根 %	合计 平均木(kg)	合计 每公顷(t)	合计 %
山脊(201)	0.64	3.25	32.4	0.34	1.71	17.0	0.40	2.05	20.4	0.59	3.02	30.2	1.97	10.03	100
山坡(202)	1.09	5.55	34.9	0.50	2.57	16.2	0.61	3.08	19.3	0.92	4.71	29.6	3.12	15.91	100
山洼(203)	2.75	14.04	40.4	1.24	6.34	18.2	1.49	7.59	21.9	1.33	6.80	19.5	6.81	34.77	100

再就各器官现存量的分配来看:地上部分无论是树干、树枝或树叶均以山洼林型最高,山坡林型和山脊林型次之;而地下部分则与地上部分相反,山脊林型的百分数最高,山坡林型次之,山洼林型最低。这种现象表明,在立地条件较差的地方,地上部分和地下部分现存量之比约为 2:1,而在立地条件较好的地方则为 4:1。

4.2 不同发育阶段杉木的现存量

从相同林型(山坡林型)不同发育阶段的杉木林分测定结果(表 7)看出:幼林阶段 3 年生时,每公顷现存量仅为 1.1t;至速生阶段 6 年生和 10 年生时,每公顷分别增到 15.91t 和 57.01t;当进入干材阶段 22 年生时,每公顷可达 178.35t。

表7 不同发育阶段杉木现存量的变化

发育阶段	林龄(a)	树干 平均木(kg)	树干 每公顷(t)	树干 %	树枝 平均木(kg)	树枝 每公顷(t)	树枝 %	树叶 平均木(kg)	树叶 每公顷(t)	树叶 %	树根 平均木(kg)	树根 每公顷(t)	树根 %	合计 平均木(kg)	合计 每公顷(t)	合计 %
幼林阶段(108)	3	0.11	0.42	38.4	0.06	0.25	19.9	0.07	0.24	24.4	0.05	0.19	17.3	0.29	1.10	100
速生阶段(202)	6	1.09	5.65	34.9	0.50	2.67	16.2	0.60	3.08	19.3	0.93	4.71	29.6	3.12	15.91	100
	10	14.84	40.81	71.6	1.19	3.27	5.7	1.24	3.41	6.0	3.46	9.52	16.7	20.73	57.01	100
干材阶段(302)	22	38.10	128.01	71.8	4.90	16.44	9.22	3.60	12.06	6.78	6.50	21.84	12.2	53.10	178.35	100

不同发育阶段的林分中林木的各器官增长也不一样。幼林阶段和速生阶段的林木均以枝叶增长速度最快,而进入干材阶段树干部分增长速度最快。即是说,杉木幼林和中林,主要是扩大制造有机物质的光合面积——树冠;当进入成林时,主要是树干部的有机物质积累,此时,树干的现存量占总现存量的70%以上。

4.3 杉木人工林的生物产量

表8为造林20年后的林分(108标准地)现存量和净生产量。由表8得知:湖南会同地区20年生的中等立地条件的山坡杉木林,现存量为157.48吨/公顷,其中乔木层的现存量占96%,而下木层、草本层和枯枝落叶层三者相加仅占4%;林分净生产量为11.25t/$hm^2 \cdot a$,其中乔木层为8.44t/$hm^2 \cdot a$。

表8 20年生杉木林的现存量和净生产量*

项目	乔木层 树皮	乔木层 树干材	乔木层 树枝	乔木层 树叶	乔木层 树根	乔木层 合计	下木层 干、枝	下木层 叶	下木层 合计	草本层 干、枝	草本层 叶	草本层 合计	枯枝落叶层	总计
现存量(t/hm^2)	16.34	92.83	8.97	9.25	23.46	150.85	1.43	0.04	1.47	0.66	1.90	2.56	2.60	157.48
净生产量(t/$hm^2 \cdot a$)	0.88	5.17	0.52	0.55	1.32	8.44	0.24	0.04	0.28	0.11	1.90	2.01	0.52	11.25

*测定方法见冯宗炜等写的《森林群落生产力研究法》一文,1981年12月油印本

5 杉木的生长与小气候的关系

在同一地区内,由于地形条件的不同而形成的小气候差异,对于杉木生长有密切的关系。根据不同林型中小气候观测结果(表9)表明,不同林型中光照强度不同,在生长季节,白天所有时间内,均以山脊林型最大,山坡林型次之,山洼林型最小。在一天内日照的时数也是山脊林型最长,山坡林型其次,山洼林型最短。

表9 不同林型内光照强度的变化(lx)

林型	9:00	10:00	12:00	13:00	16:00	17:00	平均
山洼(303)	4833	5746	7467	7667	520	440	4446
山坡(302)	7111	25444	35667	45557	883	717	19230
山脊(301)	8345	45222	65444	72667	26333	10811	38137

由于各林型内光照条件的不同,因而导致了温度的差异。

图 2 为 1960—1961 年杉木生长期内各林型(301、302、303)气温的变化。由图 2 看出,山洼林型气温较低,山坡林型次之,山脊林型最高。根据多年观测,在生长季节,当林内气温在 13—20℃ 之间,杉木树高生长缓慢,平均月生长量约 10cm 左右;当气温增至 20—30℃ 之间,杉木生长开始加快,月平均生长量在 20cm 左右;当气温在 23—27℃ 之间,杉木生长迅速加快,月平均生长量超过 20cm,最高可达 40cm 左右;当气温超过 27℃ 以上,因高温杉木生长又受到某种抑制,月平均生长量下降至 20cm 左右。

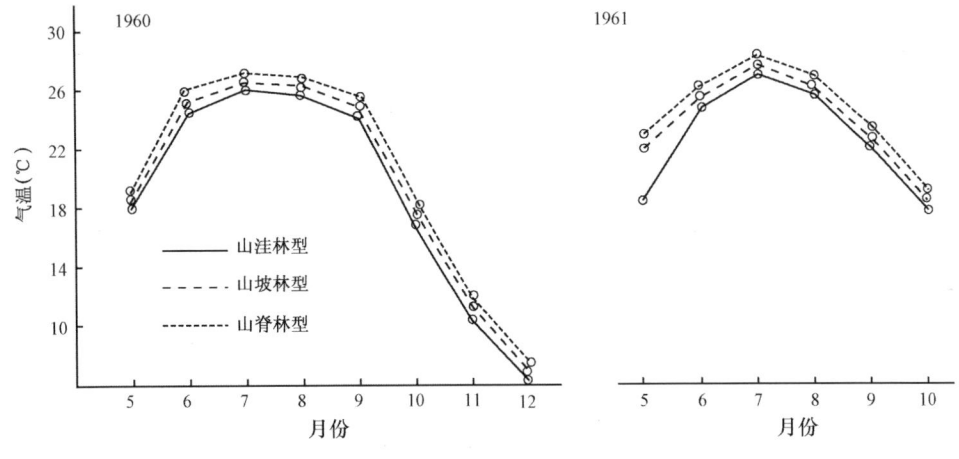

图 2　不同林型中气温的变化

不同林型(301、302、303)中土壤温度的变化与气温的变化也是一致的(表 10),以山脊林型最高,山坡林型居中,山洼林型最小。不同林型中温度的变幅由于树冠的庇荫,一般变化较小,地下温度的变化比地表温变尤小。生长季节土壤中的温度在 20—26℃ 之间,林木生长最快;低于 20℃ 或超过 26℃,杉木生长都受到不同程度抑制。

301、302、303 标准地内降雨量的观测资料(图 3)说明,在生长季前半期降水量较丰富,尤其是 5、7 月份两年均出现类似的高峰;而林内的降雨量与树冠疏密度关系极为密切,山脊林型由于林冠稀疏林木也较矮,林冠截留量少,因而降雨量相对地也较大,山坡林型次之,山洼林型最小;不过由于地形的影响,山洼处能承受由坡上沿地表和地下侧流的水分,所以水分条件还是良好的。

不同林型中蒸发量的变化(表 11)也与林型有密切的关系,山脊林型最大,山坡林型次之,山洼林型最小;特别是在干旱月份,山脊林型由于林冠较稀,光照强,温度高,蒸发量尤大。

各林型相对湿度与上述结果相反,以山洼林型最高,山坡林型次之,山脊林型最低(图 4)。1960 年杉木生长季节各月相对湿度变幅较大,特别是 9 月较干旱,因此在成林中径向生长方面出现了收缩现象;而 1961 年相对湿度的变幅较小,从 5—10 月各月的相对湿度一般均在 80% 以上。

综上所述,山洼林型在生长季节由于直射光较少,湿度大,温度稍低,蒸发量小,水分状况良好,而且林木生长期较长,故林木生长快,生物产量最高;而山脊、山坡林型中的小气候条件不如山洼林型,且林木生长期也较短,故林木生长差,生物产量也低。

表10 不同林型内地温的季节变化(℃)(1960—1961年)

	林型	5 1960	5 1961	6 1960	6 1961	7 1960	7 1961	8 1960	8 1961	9 1960	9 1961	10 1960	10 1961	11 1960	11 1961	平均 1960	平均 1961
地表	山洼(303)	17.8	19.9	24.0	24.4	25.1	26.3	24.9	25.6	23.4	24.3	16.7	17.6	11.9	12.8	20.5	21.6
地表	山坡(302)	18.3	20.4	24.7	25.3	25.8	27.1	25.5	25.8	24.4	22.2	16.7	17.7	12.2	12.8	21.1	21.6
地表	山脊(301)	19.3	21.3	25.2	25.4	26.4	27.6	26.5	26.5	25.2	23.1	18.1	19.1	13.2	13.8	22.0	22.4
5cm	山洼(303)	17.5	19.2	23.1	23.4	24.2	25.6	24.0	24.9	22.1	23.7	16.3	17.5	12.1	12.9	19.9	21.0
5cm	山坡(302)	17.8	19.6	23.2	24.3	25.0	26.6	24.6	25.6	22.5	21.8	16.2	17.6	12.3	12.7	20.2	21.2
5cm	山脊(301)	18.3	20.1	23.7	24.0	25.0	26.2	24.9	25.7	23.3	22.3	17.6	18.3	13.0	12.9	20.8	21.4
10cm	山洼(303)	17.1	18.8	22.4	22.8	23.7	25.0	23.6	24.5	21.9	21.1	16.4	27.3	12.2	12.6	19.6	21.7
10cm	山坡(302)	17.1	18.8	22.4	23.0	24.0	25.3	23.9	24.6	21.8	21.2	16.2	27.3	12.2	12.6	19.7	21.8
10cm	山脊(301)	18.0	19.7	23.1	23.6	24.6	26.0	24.6	25.4	23.0	22.3	17.5	18.6	13.5	13.5	20.6	21.3
15cm	山洼(303)	17.1	18.8	22.5	22.6	23.8	25.1	23.8	24.6	22.0	23.1	16.8	17.8	12.8	8.7	19.8	20.1
15cm	山坡(302)	17.3	19.0	22.8	23.2	24.4	25.5	24.1	24.9	22.0	21.7	16.7	17.8	12.7	12.9	20.0	20.7
15cm	山脊(301)	17.5	19.2	22.3	22.9	23.9	25.2	24.0	25.2	22.7	22.4	17.7	18.8	13.9	14.2	20.3	21.2
20cm	山洼(303)	17.0	18.7	22.3	22.6	23.9	25.2	23.9	24.8	22.1	21.8	17.0	17.9	12.9	13.5	19.9	20.6
20cm	山坡(302)	17.6	19.1	22.8	23.0	24.5	25.5	24.3	24.7	22.4	21.6	17.3	17.9	13.2	13.2	20.3	20.7
20cm	山脊(301)	16.7	18.0	21.6	21.8	23.5	24.5	23.8	24.4	22.3	21.6	17.5	17.9	13.3	13.5	19.8	20.2

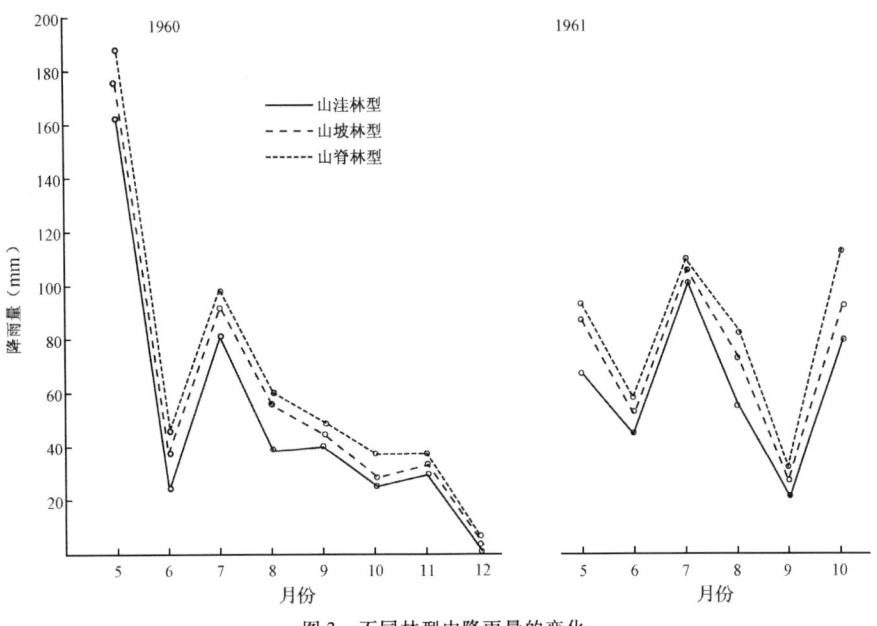

图 3 不同林型中降雨量的变化

表 11 不同林型中蒸发量的变化（mm）

林型	1960									1961						
	5	6	7	8	9	10	11	12	合计	5	6	7	8	9	10	合计
山脊（301）	37	48	58	52	84	48	36	20	383	50	58	65	44	50	40	307
山坡（302）	32	44	53	48	49	46	34	15	321	45	54	60	40	42	38	279
山洼（303）	25	36	54	28	44	42	31	13	273	31	50	50	32	35	31	229

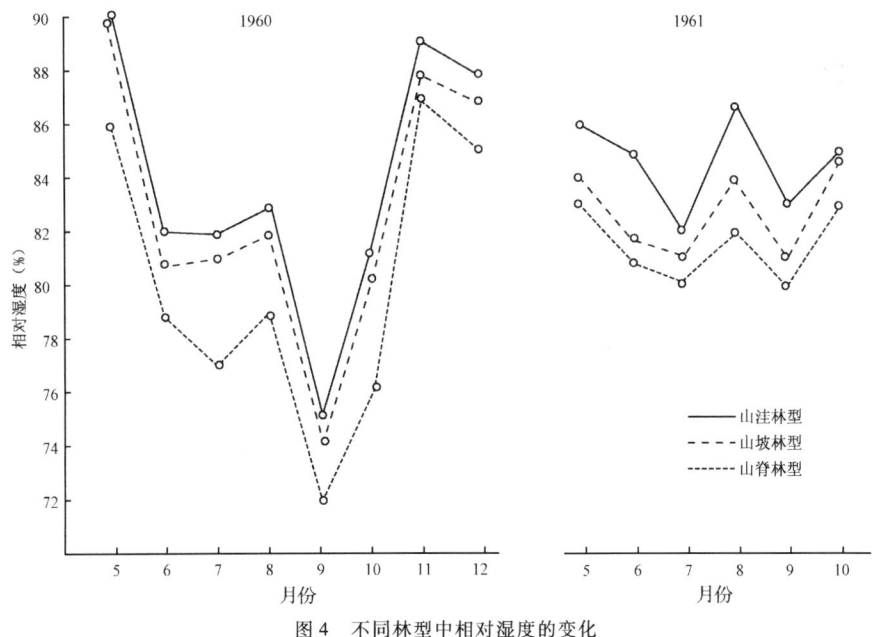

图 4 不同林型中相对湿度的变化

6 杉木生长与土壤的关系

土壤的基本性质及其肥力高低，直接影响杉木的生长发育和单位面积的生物产量。

由表12—表14得知,不同林型土壤的化学性质、物理性质和机械组成差异较大。山洼林型为黑沙土,表层深厚疏松,一般厚度在40cm以上,带灰黑色,透水性和通气性均较好,腐殖质含量高(0—10cm深处达5.16%,80—90cm深处达0.62%),养分最丰富,故杉木生长好,生物产量也高。山坡林型为黄泥土,土壤肥力中等,表土层较薄,一般厚度在20厘米以上,为棕黄色,土壤透水性和通气性较差,腐殖质含量中等(0—10cm深处为3.64%,向下渐次减少),故杉木生长中庸,生物产量一般。山脊林型为红黄土,土壤肥力低,表土层薄,一般厚度在10cm,带棕红色,土壤透水性和通气性差,腐殖质含量最少(0—9cm深处仅为1.27%),土壤肥力最低,故杉木生长差,生物产量也低。

表12 不同林型中土壤的化学性质

林型	取样深度(cm)	pH 水浸液	pH 盐浸液	腐殖质(%)	全氮(%)	全磷(%)	全钾(%)	C/N
山洼(203)	0—10	5.5	4.4	5.16	0.23	0.08	0.95	12.83
	15—25	5.9	4.4	1.77	0.10	0.06	1.26	9.90
	40—50	6.0	4.4	1.55	—	0.05	1.05	—
	80—90	5.9	4.3	0.62	—	0.03	1.10	—
山坡(202)	0—10	5.4	4.1	3.64	0.15	0.05	0.95	13.70
	15—25	6.0	4.2	1.54	0.11	0.05	0.84	7.88
	40—50	5.6	4.1	0.99	—	0.06	1.61	—
	80—90	—	—	0.57	—	—	—	—
山脊(201)	0—9	5.1	3.6	1.27	0.09	0.02	1.05	7.74
	10—20	5.4	3.7	1.07	—	0.03	1.16	—
	40—50	5.6	3.8	0.55	—	0.03	1.15	—
	90—100	5.6	3.8	—	—	0.05	1.38	—

表13 不同林型中土壤的机械分析

林型	取样深度(cm)	1.00—0.25(mm)	0.25—0.05(mm)	0.05—0.01(mm)	0.01—0.005(mm)	0.005—0.001(mm)	<0.001(mm)	<0.01(mm)	土壤质地
山洼(203)	0—10	1.54	36.18	23.51	18.33	16.38	4.06	38.77	中壤土
	15—25	2.82	23.52	20.08	16.32	26.26	11.00	53.58	轻粘土
	40—50	3.10	37.40	17.42	12.72	18.55	10.81	42.08	重壤土
	80—90	1.70	10.38	24.34	14.86	26.40	22.32	63.58	轻粘土
山坡(202)	0—10	1.06	29.24	18.58	18.92	22.38	9.82	51.12	轻粘土
	15—25	1.67	19.85	22.16	13.42	24.60	18.30	56.32	轻粘土
	40—50	1.03	15.77	19.90	14.18	24.52	24.60	63.30	轻粘土
	80—90	2.24	13.08	16.94	14.48	15.76	37.50	67.74	中粘土
山脊(201)	0—10	0.73	23.23	20.46	16.12	22.12	17.34	55.58	轻粘土
	15—25	0.39	11.19	17.06	13.66	31.74	25.96	71.36	中粘土
	40—50	0.39	6.59	20.34	21.02	12.46	39.20	72.68	中粘土
	80—90	0.35	16.87	20.70	14.68	28.14	19.26	62.08	轻粘土

表 14　不同林型中土壤的物理性质

林型	取样深度（cm）	风干水分（%）	容重（g）	孔隙度（%）	毛管持水量（占干土%）	透水速度（mm/min）
山洼（203）	0—10	3.46	1.00	62.26	46.48	23.12
	15—25	2.53	1.03	61.13	35.32	15.13
	30—40	1.86	1.08	59.24	35.23	3.58
	50—60	2.42	1.28	51.70	30.52	9.28
山坡（202）	0—10	2.78	1.05	60.38	44.59	80.22
	15—25	2.52	1.09	58.87	39.23	24.52
	30—40	2.58	1.27	52.07	41.91	7.52
	45—55	2.20	—	—	35.03	15.66
山脊（201）	0—10	3.64	1.02	61.51	45.49	45.80
	20—30	3.05	1.34	49.43	41.02	2.43
	40—50	2.93	1.35	49.06	41.62	11.68

蚯蚓对土壤肥沃程度有很大指示意义。由表 15 看出，蚯蚓的数量以黑沙土内最多，黄泥土次之，红黄土最少。

表 15　不同林型的土壤中蚯蚓的数量

林型	土壤类型	1m×1m 面积上每 10cm 土层中的蚯蚓数		
		0—10cm	10—20cm	20—30cm
山洼（303）	黑沙土	7	1	0
山坡（302）	黄泥土	2	1	0
山脊（301）	红黄土	2	0	0

不同林型的土壤速效养分的季节变化呈现出相同的趋势。由表 16 看出，从 4 月至 8 月土壤中速效性养分含量不断增加，其中尤以铵态氮为显著，而 9 月后土壤中速效性养分则趋于减少；不同林型的土壤中速效性养分在 8 月份均出现一个高峰。这种季节变化是与土壤的温度、湿度状况、微生物的活动和有机质分解以及矿化作用有关，它与杉木季节生长量的变化和出现的高峰大致相应。

表 16　不同林型中土壤速效养分的季节变化（mm/100g 土）

林型	取样深度（cm）	4 月	5 月	6 月	7 月	8 月	9 月	10 月
NH_4-N								
山洼（303）	0—65	3.48	4.17	4.44	5.21	9.44	7.00	3.83
山坡（302）	0—65	3.20	3.90	4.57	5.44	7.00	6.25	1.88
山脊（301）	0—65	2.35	3.15	3.27	5.33	7.24	5.47	2.30
P_2O_5								
山洼（303）	0—65	3.52	2.20	3.11	4.37	5.55	3.84	3.05
山坡（302）	0—65	3.67	2.60	1.40	4.00	5.54	3.50	2.51
山脊（301）	0—65	2.30	2.25	3.10	1.21	3.81	5.42	3.13
K_2O								
山洼（303）	0—65	12.56	7.38	7.67	7.81	9.41	8.10	11.55
山坡（302）	0—65	9.57	6.41	9.16	5.51	10.56	7.10	9.38
山脊（301）	0—65	6.69	3.97	5.18	5.64	8.38	4.87	9.72

此外,随杉木年龄的增加,纯林对土壤肥力的影响也甚明显。由表 17 中看出,造林后 19 年土壤肥力明显下降,在 0—60cm 土层中氮、磷、钾的含量分别为栽种前含量的 43.6%、24.3% 和 43.2%。

杉木纯林连栽后对土壤肥力影响也很明显。生长季节(4—10 月)对土壤中速效养分含量的测定表明(表 18):头耕土 NH_4-N、P_2O_5、K_2O 的月平均含量分别为 5.24mg/100g 土、3.59mg/100g 土和 9.05mg/100g 土;而二耕土和三耕土 NH_4-N 的含量分别为头耕土的 80.3% 和 77.3%,P_2O_5 为 82.4% 和 85.0%,K_2O 为 71.7% 和 67.7%。

表 17　造林 19 年后林地土壤养分的变化(%)

取样深度(cm)	采样时间	全氮	全磷	全钾
0—20	1960 年 12 月(造林前)	0.18	0.07	1.26
	1979 年 5 月(造林后 19 年)	0.09	0.01	0.46
20—40	1960 年 12 月(造林前)	0.13	0.07	1.18
	1979 年 5 月(造林后 19 年)	0.07	0.02	0.46
40—60	1960 年 12 月(造林前)	0.11	0.07	1.04
	1979 年 5 月(造林后 19 年)	0.02	0.02	0.58

表 18　杉木不同连栽次数土壤速效养分的季节变化(mg/100g 土)

连栽次数	取样深度(cm)	4 月	5 月	6 月	7 月	8 月	9 月	10 月
NH_4-N								
头耕土(303)	0—90	3.26	4.07	4.63	5.65	9.35	7.14	3.86
二耕土(304)	0—90	1.66	3.81	4.54	5.11	7.32	3.78	3.66
三耕土(305)	0—90	2.60	2.93	4.08	4.95	7.31	4.02	3.45
P_2O_5								
头耕土(303)	0—90	3.43	2.31	3.02	4.38	5.48	3.77	2.75
二耕土(304)	0—90	3.23	1.90	1.86	4.10	4.87	1.96	2.75
三耕土(305)	0—90	2.54	1.33	2.49	3.99	4.56	3.25	3.21
K_2O								
头耕土(303)	0—90	12.21	7.23	7.26	7.42	9.97	8.17	11.06
二耕土(304)	0—90	4.99	6.77	8.68	4.23	6.57	5.73	8.96
三耕土(305)	0—90	4.81	6.64	6.83	3.85	6.22	4.98	9.51

7　杉木生长与土壤微生物的关系

土壤微生物的活动能使林地植物残体分解,促进有机物的矿质化,增加土壤肥力,因而它与林木的生长有着密切的关系。由表 19 看出,不同林型下土壤微生物各类群的数量不一,以山洼林型微生物数量最多,山坡林型次之,山脊林型最少。山坡和山脊林型土壤微生物数量分别为山洼林型的 58.9% 和 21.6%。

不同林型下土壤微生物生化活性的强度不一,固氮作用、氨化作用以及纤维素分解作用均以山洼林型最强,山坡林型次之,山脊林型最差(表 20)。

总之,各林型中土壤微生物的总数、各生理类群的菌数和生化活动强度,依次以山脊林型、山坡林型、山洼林型递增,而各林型林木生长量也相应增加。

表19 不同林型中土壤微生物各类群数量的比较（1000个/g干土）

林型	层次(cm)	微生物总数	萤光杆菌	芽孢杆菌营养型	芽孢杆菌孢子型	产色细菌	分枝杆菌	无色无芽孢菌	其它	细菌数	放线菌数	真菌数
山洼(303)	0—20	12126	6017	4772	128	653	43	213	0	11826	211	89
山坡(302)	0—20	7145	3151	2404	219	353	154	237	524	7042	76	27
山脊(301)	0—20	2624	1646	299	236	83	109	167	8	2548	43	33

表20 不同林型中土壤微生物生化活动的比较

林型	氨化作用(N mg/g干土)	硝化作用(NO_2 mg/g干土)	固氮作用(mg/g干土)	纤维素分解(%)	呼吸作用(CO_2 mg/g干土)
山洼(303)	6.1	3.3	12.2	1.4	1.9
山坡(302)	5.9	4.2	10.4	0.8	1.6
山脊(301)	3.9	2.0	10.1	0.8	1.1

在同一林分中随着杉木年龄的增长，林地微生物区系发生明显的变化。由表21中看出，两块杉木纯林经过19年后林地土壤微生物总数都下降，分别为原微生物总数的41.9%和91.6%。

表21 杉木林经过19年后林地土壤微生物区系的变化（1000个/g干土）

林型	取采时间	微生物总数	细菌	真菌	放线菌
山坡(302)	1960年	39859	39350	165	344
	1979年	16687	15760	199	728
山坡(108)	1960年	17008	16900	74	34
	1979年	15581	13660	468	1453

杉木连栽次数与微生物生化活性的关系见表22。由表22看出，头耕土微生物生化活性比二耕土和三耕土要强得多。

表22 杉木连栽对土壤微生物生化活性的影响

林型	连栽次数	氨化作用(N mg/g干土)	固氮作用(N mg/g干土)	纤维素分解作用(%)	呼吸作用(CO_2 mg/g干土)
山洼(304)	头耕土	1.0	14.1	3.6	1.5
山洼(306)	二耕土	0.7	12.8	0.7	1.2
山洼(305)	三耕土	0.2	6.5	1.5	0.9

头耕土和三耕土中蛋白酶、转化酶和接触酶的活性以及土壤腐殖质碳和腐殖质氮含量的测定结果表明：杉木连栽后土壤的生物化学特征有明显差异（表23），三耕土蛋白酶、接触酶的活性以及腐殖质碳和腐殖质氮的含量都比头耕土低，而转化酶活性相对比头耕土高。土壤中酶活性的这种变化，是由于连栽土壤中杉木本身归还给土壤的有机物质较少且难分解，造成氮素供应不足，引起土壤有机质分解过程中氮、碳的转化不平衡，从而

不仅影响了有机体的进一步分解,而且也影响土壤腐殖质在土壤中的积累。

表 23 杉木连栽土壤生化活性的变化

生化活性	连栽次数	
	头耕土(304)	三耕土(306)
蛋白酶活性(NH$_2$-Nmg/g 干土)	837.000	582.000
转化酶活性(还原糖 mg/g 干土)	10.500	27.200
接触酶活性(0.1N-K$_2$MnO$_4$mg/g 干土)	62.200	27.200
腐殖质碳*	0.700	0.520
腐殖质氮*	0.087	0.074

* 为 0.1mol/L 焦磷酸钠-NaOH(pH$_{13}$)抽出物测定量

杉木连栽土壤氧化代谢能力的测定,同样也反映了这个现象(表24)。三耕土对葡萄糖和丙酮酸的氧化都比头耕土弱;然而香草醛在三耕土中却比头耕土高。香草醛类物质是含甲氧基的多酚类化合物,属毒性物质,它在土壤中的积累,不仅对微生物的活性不利,而且对杉木的生长有害,从而引起杉木生产力的降低。

表 24 杉木连栽土壤氧化代谢能力的变化(O$_2$ μL/g · 4h)

连栽次数	葡萄糖	丙酮酸	香草醛
头耕土(304)	81	102	77
三耕土(306)	52	52	110

8 结论

(1)杉木林的生长量和生物产量的高低与林型有密切关系。在营林措施基本相同的情况下,林木的生长量和现存量以山洼林型最高,山坡林型次之,山脊林型最低。这种差别主要是由于小气候条件、土壤的理化性质以及土壤微生物类群和活性的差别所致。

(2)在生长季节杉木的月生长量一般有两个高峰,一个在 6 月,其后又稍下降,至 9 月又有所回升,随后又下降。这种变化与林内温度月变化有密切关系。在速生阶段的林分(6—7 年)中,当月平均气温在 13—20℃ 时,杉木生长较慢,树高生长量只有 10cm;当月平均气温上升到 20—23℃ 时,生长开始加快,树高生长量达 20cm;当气温在 23—27℃ 时,生长迅速加快,树高生长量超过 20cm,最高达 40cm。此外,这种变化与土壤中养分特别是铵态氮的变化是相一致的。

(3)不同林型中林木地上部分无论是树干或枝叶的现存量均以山洼林型最高,山坡林型次之,山脊林型最低;而地下部分的现存量则相反,以山脊林型最高,山坡林型次之,山洼林型最低。地上部分和地下部分之比在立地条件差的地方为 2∶1,而在立地条件较好的地方则为 4∶1。

不同阶段林木各器官现存量的分配也不同,幼林和速生阶段均以枝叶比例最大,干材阶段则以树干比例最大,此时树干的现存量达 70% 以上。

(4)杉木林地土壤肥力和土壤微生物数量随杉木年龄的增加而减低。造林后 19 年在 0—60cm 的土层中氮、磷、钾的含量分别为栽种前的 43.6%、24.3% 和 43.2%;土壤微生物总数量为栽种前的 91.6%。

(5)杉木纯林连栽后林木生长衰退,主要原因是连栽后引起生态环境恶化,特别是土壤肥力减退和土壤微生物区系的改变,其中尤以连栽后土壤中有一些含甲氧基的多酚类化合物的累积,这些有毒物质不仅对微生物的活动不利,而且对林木生长有害。

参考文献:

[1] 中国科学院林业土壤研究所微生物室. 土壤微生物分析方法. 科学出版社,1960.

[2] 方奇,王淑元. 杉木速生丰产调查研究报告. 林科院林研所研究报告,第5号. 1960.

[3] 叶炳,等. 土壤理化分析方法. 科学出版社,1963.

[4] 朱济凡,王战,冯宗炜. 总结群众经验研究人工林速生丰产规律. 科学通报,1960,(1):7.

[5] 李昌华,冯宗炜,等. 试论杉木快速丰产林的林型. 林业科学,1960,(3):240-248.

[6] 李昌华,庄季屏,等. 湖南省会同、江华林区和贵州锦屏林区的土壤条件及其与杉木生长发育关系. 土壤学报, 1962,10(2):161-174.

[7] 阳含熙,等. 杉木造林,中国林业出版社,1958.

[8] 阳含熙,等. 杉木速生丰产规律与栽培技术的研究. 林业科学,1962,(1):1-10.

[9] 马奇威克(Madgwick,,H. A. I.). 林冠层的生物量和生产力模型. 植物生态学译丛,科学出版社,1974,第一集,19-25.

[10] Kira,T., and Shidei, T. Primary Production and Turnover of Organic Matter in Different Forest Ecosystem of the Western Pacific. Jap. J. Ecoi. 1967,17, 70-87.

[11] Ogawa,H., and Kira,T., Methods of Estimating Forest Biomass In "Primary Productivity of Japanese Forest Productivity of Terrestial Communities". (Shidei,T. and Kira,T. ed.) Univ. of Tokyo Press, Tokyo. 1977,15-25.

[12] Харитонович. Ф. Н. ,Сезонный Прирост у Древесных Пород в Насаждениях Велико-анадольского леса, Велико-анадольский лес, Харьков. 1958,93-104.

英国、瑞典生态学研究考察简况

A brief report on ecology investigation in Britain and Sweden

冯宗炜

(中国科学院林业土壤研究所)

根据中国科学院与英国皇家学会和瑞典皇家科学院的协议,中国科学院生态学考察团团长吴征镒教授和副团长马世骏教授及团员姜恕、沈长江、冯宗炜、程尔晋等一行6人于1979年9月29日至10月23日赴英国和瑞典进行了生态学考察。在英国访问了14个科学研究单位,在瑞典共访问了5个大学的17个研究所(室)、学系。

1 英国、瑞典两国生态学研究概况

1.1 规划

英、瑞两国对于以生态学为核心的自然资源利用和环境保护研究工作,都有比较全面的规划,并设有专门研究机构和高一级的管理和协调组织,英国设有自然保护委员会,下设自然环境研究委员会,所属有14个研究所,研究所又根据问题的性质及地区特点,设立若干研究站。瑞典在科学研究计划与协调理事会下,设环境及自然资源研究委员会,该会是瑞典与联合国教科文组织人与生物圈(MAB)计划的联系机构,负责组织、发起有关自然资源利用与环境问题的研究。两国对不同类型的自然保护区,恢复森林及草地植被以及对原始生态系统的改造、利用研究都很重视,例如英国陆地生态研究所的Furzebrook研究站就是以欧石楠灌丛(Heathland)为主要研究对象,Bangor研究站则是以高草地放牧对草地生态系统的影响为主要研究内容。瑞典根据本国的特点,设立两个国家一级的重点规划,即针叶林研究计划和波罗的海生态系统研究计划。

从两国规划及建立研究机构的情况来看,英国主要是根据问题性质、生态地理特点,作了全面布局。瑞典则是通过几个全国性重点项目,把大学及科研单位的研究力量组织起来进行研究。

1.2 研究站及田间实验站

访问过的实验站分属于3种类型:

(1)综合性的 如英国的Rothamsted实验站、伦敦大学帝国学院的SilwoodPark实验站。所进行的研究项目没有地域性限制,生态学研究课题虽占较大比例,但就规模而言,相当于一个专业的综合研究所。

(2)围绕专业问题开展多项目的研究工作站 如英国陆地生态学研究所所属的研究站。都是带有地区性专项生态学问题的研究单位,设备完善。Merlcwood研究站设有植物生态、动物生态和科学服务室(情报资料、图书馆、化学测试、仪器设备和电子计算机等),主要研究高草地和半自然的阔叶混交林生态系统,包括森林生态系统生产力、能量

原载于:植物生态学与地植物学丛刊,1982,6(3):251-254.

估算和营养元素循环等,研究站拥有现代化实验手段,装备有 2 台中小型电子计算机(美制 Digital pdp II)和连续分析与自动记录的火焰光度计等分析仪器。

Furzebrook 研究站设有脊椎动物生态、无脊椎动物生态、自然保护、植物遗传和数理统计等研究组,以欧石楠灌丛为对象,研究植被演替与土壤、动物及人类活动的关系,植物杂交选育固定砂丘的优良品种,益害虫动物群落结构及种群动态与林木生产力的关系,以及数量分类等课题。站内设有科学服务部门,即数据与资料处理的电子计算机系统与化学分析系统。

Bangor 研究站是与 Bangor 市郊的 Snowdonia 自然保护区相结合,主要内容是高地放牧对草地生态系统的影响,环境条件对草地生产力,以及土壤-土地利用-环境相互关系等。1968—1972 年在定位观察点进行了以生产力和元素循环为中心的 IBP 的研究项目。该站分动物生态、植物生态和科学服务室(数据和情报组、化学和仪器设备组)。

(3) 更专一的研究对象和内容的研究站或田间实验站 如瑞典的 ASKO 海湾实验站 Stensoffa 田间实验站和 Jadraas 野外站等。

ASKO 实验站是一个海洋生态系统的实验站,设在波罗的海海岸的 ASKO 岛上,从事的研究工作是一项属于专业的综合性基础理论课题,站上分 4 个研究小组:底栖生物、藻类、水分析、系统分析。以食物链、生产力、能流和物质循环等海洋生态系统的结构与功能研究为中心。

Stensoffa 田间实验站是 Lund 大学动物生态学系进行动物行为生态研究的实验站,研究内容包括捕食动物与被捕食的猎物之间的种群调节、集群行为、社群结构及领域等。

Jadraas 野外站是瑞典针叶林研究规划中,研究针叶林生态系统的结构、功能和生产力的一个主要的定位站。野外站装置有一套自动收集资料的系统(ECOD-AC),由 300 个感受器组成,可同时提供不同试验地上观测资料,一台 PDP11/40 型野外计算机能控制观测系统,并可将测得资料通过电话线路与设在 Uppsala 的一台 PDP 11/45 型的运算和模拟电子计算机相联结,PDP 11/45 型电子计算机又与 Uppsala 大学资料中心相联结。

1.3 生态系统的研究

生态系统的完整研究项目,通常可归纳为结构、功能与生物生产力。英、瑞两国进行生态系统研究的方式可分为两类:一类是某个地区性的课题,由一个研究单位(研究所或研究站)组织从多方面进行综合研究,如英国陆地生态研究所的 Merlewood、Baugor、Furzebrook 等研究站,英国的草地研究所和瑞典的 ASKO 实验站,所从事的落叶阔叶林、草地欧石楠灌丛和波罗的海海洋生态系统的研究即属此类。研究内容包括植物、动物、微生物区系或群落的组成,不同营养级的生物量、能流和物流的动态及其收支,以及自然因素与人为因素对生物生产量的影响等。大部分都采用野外调查、考察、实验与室内闭环式模拟方法相结合。另一类是某个研究项目,在统一规划下划分为若干个研究组,根据各研究组的课题,分别组织有关大学的学系,研究所或实验站进行,如瑞典针叶林研究项目即属此类,该研究项目是由瑞典农业科学大学生态学与环境研究中心的 F. Andersson 教授领导,并通过下列 6 个研究组来实施:

(1) 能量交换和小气候研究组(林分-土壤能量交换,小气候);

(2) 水分循环研究组(植物生物量外的水分循环,植物生物量内的水分循环,蒸腾作用);

(3)地上部分植物生物量的动态研究组(二氧化碳交换,生长量、枯枝落叶凋落物的形成,消费量);

(4)植物生物量中的同化和 NPK 的动态研究组(NPK 的动态,同化的动态);

(5)地下部分植物生物量的动态研究组(生长量和呼吸量,凋落物的形成和消费量);

(6)土壤演变过程研究组(淋溶作用,分解-矿化作用,矿化-固定作用,土壤有机体的生物量和动态,固氮作用,硝化作用和 NH_3 的吸收作用)。针叶林研究项目是一项完整的多学科的生态系统研究,一般在统一计划下,分工都比较明确,野外普通调查和直接与生产有关的课题,多数是由产业部门承担,光合作用、能流等属于基本规律的研究,则由大学和研究所进行。

值得提及的是随着人类活动日趋广阔,自然生态系统和人为生态系统之间已难以划分严格的界限,因此,自然生态-经济-社会系统已发展为 70 年代引人注意的新的研究单元。瑞典近年来亦开始进行了此类研究,如 Gotland 岛的能量、经济和生态学的相互关系的综合研究即是一例,他们把能流作为一个地区系统的人、自然和能量相互作用进行综合系统分析的共同基础,并提出了一个水-氮模型,作为估计人对该岛水-氮循环压力的一个方法,用能量(包括燃料、电力、光合作用、水、潮汐和风的动能等)作基础,可以建立一个地区系统的模型,进而可以把能量、物质、劳力和价值这样一些不同的东西联系起来,衡量人为系统与天然系统之间的相互作用和人为活动对环境的压力,以便于使一个城市系统能最大限度地利用自然能源,并使对环境的压力降至最小。

2 考察的几点体会

(1)两国生态学的研究计划理论结合实际,科研方向明确,任务具体,部分课题与整个项目的关系清楚,近期的研究结果与长远目标一致,因而能结合生产做出显著贡献。以瑞典为例,该国森林覆盖面积占全国总土地面积的 1/2 强,森林资源丰富,林产品占瑞典出口商品总收入的 25%,在整个国民经济中占有很重要的地位。瑞典自然科学研究委员会(SNSRC)于 1972 年把瑞典针叶林研究计划作为该国生态系统研究的两个重大研究项目中的一个,就是根据该国的具体情况,密切结合经济建设的实际提出来的。森林能量的研究原是森林生态系统的一项理论研究工作,但他们从改良沼泽,为能源找出路出发,结合氮、磷等物质循环的研究,种植柳、杨等速生高产树种,开展缩短轮伐期的能源林(薪炭林)的研究,提出 10 年生林分年产 $50-70 m^3/hm^2$ 木材的高产量目标,进而更结合光合生理生态的研究,通过选种育种不断提高人工林的光能利用率,这样不仅科研方向明确,任务具体,部分与整体关系清楚,而且远近结合做到目标一致。

(2)研究计划的制定经过周密考虑,科研项目上马慎重。例如瑞典的针叶林生态系统研究,于 1969 年提出,经过两年的讨论和设计,到 1972 年才制定研究计划,并得到议会的支持和瑞典自然科学研究委员会、瑞典农林研究委员会、瑞典环境保护部的财经资助,筹建经费 2 500 万瑞典克朗,该计划年度最高预算(1976—1977 年)达 580 万瑞典克朗。由于该计划制定经过周密考虑,有明确的哲学思想和目标,完整的学术设计及工作安排,根据目标确定研究战略(数学模型),然后划分若干分支课题,明确各课题所需时间及过程,依据实施计划开展野外及室内研究,每项计划都有主要负责人(教授),所属每个课题也都有课题主持人,课题主持人可根据研究项目遴选工作人员,这样科研项目上马后,在经费和人力等方面得到保证,因而使研究计划得以顺利进行。

(3)重视野外工作,不断改进实验手段和装备。英、瑞两国专项研究站或田间实验站,都设在野外现场或接近现场的地方,此类实验站虽建筑较简单,但内部设备完善,工作条件很好,诸如野外测定设备、试验分析装置,绝尘保温工作箱、冰箱、烘箱、精密的解剖镜、显微镜、中、小型的电子计算机等均具备,有的还有自动收集观测系统的装置。在交通工具方面除小汽车外,还备有专门的野外工作车、船,出外工作调查亦甚方便。在生态学研究中心的实验室内都有先进设备,包括精密快速测定分析仪器、电子计算机操作的自动控制装置,以及由德、美进口的人工气候系统。由于重视野外工作和不断改进实验手段,因而提高了工作效率,缩短了实验周期,保证了研究工作的深入进行。

(4)工作人员稳定和认真执行研究规划是研究工作不断出成果的重要保证。瑞典生态学研究工作发展到如此大规模,固然与他们过去160多年无战争,能长期安定工作下去的社会环境直接有关,但关键因素还是工作人员稳定和认真执行规划,把短期安排与长期设想很好联系起来。瑞典的环境保护研究所取得的成就和森林植被的扩大,都是近二、三十年甚至近几年的工作结果,时间并不是太长,由于可从过去的系统研究工作中找出规律为阐明当前问题提供科学依据,或进行对比,因而在生产上能较快地应用科研成果。也正由于发挥了如此作用,在经费上获得政府及有关产业部门的支持,使科研计划能更烦利的进行下去。

(5)重视科学普及、出版和学术交流,促进生态科学的发展。英、瑞两国十分重视科学普及,许多植物园都负有保存种类,普及生态知识和改造环境的责任,甚至在大英自然历史博物馆内也增设了生态学的展览馆。两国除了都有专门的定期出版的生态学杂志外,各研究所、站和大专院校都能迅速及时地将研究成果刊印出版,向国内外报道,进行学术交流。此外两国对参加国际生态学学术活动也很积极,不仅一些有成就的科学家参加了国际性学术组织,承担若干组织学术工作领导的义务,而且相当一部分的中、青年科学家也都到过国外工作或参加国际性学术会议,这样既沟通了国内外学术交流,又能及时吸取国外的新成就,加速锻练和培养人才,更有利于促进本国生态学的发展。

杉木幼林群落生产量的研究*

冯宗炜,陈楚莹

(中国科学院林业土壤研究所)

Studies on the production of young *Cunninghamia lanceolata* communities

FENG Zongwei, CHEN Chuying

(*Institute of Forestry and Soil Science Academia Sinica*)

Abstract: The field experiment was carried out at Huitong Forest Ecological Research Station in southwest part of Hunan Provice Results obtained from three types *C. lanceolata* intercropped with maiza (type A); *C. lanceolata* intercropped with upland rice (type B) and *C. lanceolata* only (type C) during 3 years are summarized as follows:

(1) The horizontal structure of trees and crops varies with the stand ages; the coverage of trees increases with increasing the stand ages and the coverage of crops decreases with increasing the stand ages.

(2) The vertical distribution of trees and crops varies with the stand ages too. At the 1st year, in different types all crops are taller than trees. At the 2nd year, the type A is similar to the 1st year, and in type B the upland rice are located in same layer with trees. At the 3rd year, in different types all trees are taller than crops.

(3) The biomass of leaf, stem, root and seed for crops decreases with increasing stand ages. At the 3rd year, the biomass of seed for maize and upland rice are 505.00kg/hm^2 and 40.50kg/hm^2 respectively. It is appearance that both crops in the communties trend toward adecline with increasing stand ages.

(4) The biomass of three types at 1,2,3 years shows A > B > C, but the biomass of trees at the 1st year in the different types of stands is A > B > C and at the 2nd year or 3rd year being A > B > C.

(5) Returning the stem, leaf and root of crops to soil could lead to increasing the organic matter in soil and promote the cycles of nitrogen, phosphorus and potassium in those stands.

(6) The microclimatic condition in type A is more favourable to the growth of trees than that in type B.

原载于:生态学报,1983,3(2):119-130.

*朱岩同志参加了本项工作,邓仕坚、邵玉华同志协助绘图.

杉木人工林是我国特有的经营历史较久的人工林群落之一。其经营集约的程度和独特的栽培方式,在国内外享有很高声誉。长期以来,南方山区群众在培养杉木人工林的实践中,就有一种"林粮间作"(或称农林间作)的经验。林粮间作的产生,是山区群众在长期的生产实践中,认识森林自然生长和发展规律的基础上,从林木与林木之间,林木与其它层次的植被之间,以及它们与环境之间的相互关系中,所找到的一种适合经济要求和生产需要的造林形式,它是人工林生态系统的一种特殊类型。由于间作的结果,同一块林地在相同或不同的时间里,出现两种或两种以上的栽培植物——多年生的树木和短期作物的组合,不同植物之间的相互关系,不仅直接反映在群落的外貌和结构的变化上,也关系到树木和作物的生长发育以及它们的生物生产量和产量。联合国粮农组织林业委员会第三届会议(1976年11月22—27日,罗马)文件之一"为地方村社发展的林业"中,对林粮间作的潜力给予很高评价,并指出:"多年生树木和短期作物或树木和家畜饲料的最好组合,取决于生态学状况和居民的饮食习惯"。因此,研究杉木林地,因间作而形成的不同群落结构,阐明群落与环境之间以及群落内各成员之间,特别是林木与作物之间的相互关系,有助于对杉木人工林生态系统物质生产过程的了解,旨在为提高杉木生长量和林地生产力,考虑相应的技术措施和选择适宜的人工林结构配置,提供理论依据。

现根据在湖南会同森林生态实验站多年定位研究观测的资料,对杉木幼林阶段不同群落结构与生产力之间的关系进行分析和探讨。

1 实验地概况

实验林地位于疏溪口大队黄家团公路边的小丘地上。坡向为西南坡,坡面平正,坡度15°左右,土壤为山地红黄壤(当地群众叫"糯黄土")。造林前为马尾松(*Pinus massoniana*),枫香(*Liguidambar formosana*)、栎类(*Quercus* spp.)和油茶(*Camellia oleosa*)等组成的亚热带次生针阔叶混交林(当地群众叫"老荒山")。经全垦整地造林,杉苗为1年生,栽植密度每公顷3750株,株行距1.3m×2.0m,采用当地群众习惯栽植的两种粮食作物——玉米和旱稻与杉木幼树间作,间作的作物株行距玉米为0.6m×0.6m;旱稻为0.4m×0.4m。实验小区按同一坡面的等高线排列,每块面积为250m²。对照区(不间作)设于中间。每个实验小区之间有间隔5m的保护带。在同一地块上,用同一品种连续试验3a。每年采取的抚育管理措施均一致,即在作物生长期间中耕除草3次。为了叙述方便起见,下文中以A表示杉木-玉米类型;B表示杉木-旱稻类型;C表示纯杉木类型(不间作的为对照区)。

2 研究方法

2.1 生物量的测定

每年8月在各实验小区内选具有代表性样方3—4块,每块面积约4m²样方内具有杉木平均木1株,生长中等的作物若干株。将它们全部挖出,用分层切割法(Kira等,1967,Monsi,1974),测定叶、干(包括枝)、根的鲜重,然后置于80℃下烘至恒重,求出各器官含水量和干重。鉴于幼树阶段直径的增长量远不如树高的增长量大,而幼树的树高与各器官生物量之间又呈明显的直线相关,故可和树高(H)与各器官的生物量(W)的直线方程($W = a + bH$)来推导出各器官的生物量。为测定作物不同生育期各类型中杉木生物量的变化,在每小区内固定30株幼树定期测量树高,然后分别代入树高与干(包括枝)、叶、根生物量的直线方程中求得杉木生物量。
2.2 小气候观测
2.2.1 观测项目
（1）光照 用照度计(测定范围 0—250000lx)测定地表光照强度,每小区取 3 个测点。

（2）气温和相对湿度 用阿斯曼通风干湿球计(温度表最小刻度 0.20℃),测定离地表高 20cm 的气温和相对湿度。

（3）地温 分地表、地中 5、10、15、20cm(地表温度计最小刻度 0.2℃；地中曲管温度计最小刻度 0.5℃)。

（4）蒸发 用直径 10cm 的表面皿,盛定量水,置于地面(株间),测定蒸发量,每小区设置 3 个。

2.2.2 观测时间
气温、湿度、地温三项在作物生长期内,每旬连续观测 3d,其中 1d 系观测日变化,从 7:00—19:00,每隔 2h 观测 1 次。光照强度与蒸发量每旬观测 1 次日变化。

2.3 营养元素的分析
每年在测定生物量的同时,分别在各小区内采集杉木和作物样品,分析各器官氮、磷、钾含量。氮的测定用凯氏法；磷的测定用钼蓝法；钾用火焰光度计法测定(叶炳,1963)。

3 结果与分析
3.1 群落结构和生物量
人工林不同于天然林,人工林群落的种群组成和结构是人为选择而确定的。但它也处于不断运动和发展的过程。速生性杉木人工林群落在幼林阶段,因林粮间作而引起的群落结构和生产力变化尤为明显。由于在同一地段上既有多年生杉木,又有 1 年生农作物,因此,这种变化显得复杂。它主要受两方的影响,一是随杉木年龄的增长而变化；一是随间作的作物不同生长发育阶段而变化,这是不同于一般人工纯林或农田生态系统的特征。

3.1.1 杉木和作物在群落的水平结构和垂直结构方面的变化
了解不同种群在群落中所占据的空间大小,及其在时间上的变化,有利于分析它们各自在群落中的地位及其稳定性。

3a 的观测表明,杉木和作物群落的水平结构,各年极不相同,由图 1 看出,在 A 类型中,杉木随其年龄增长覆盖面积相应地迅速增加,而玉米则随杉木年龄增长覆盖面积渐次缩小,但杉木和玉米的枝叶在间作的第 1、2 年,并没有明显的重叠现象。在 B 类型中因为旱稻是丛生的作物,间作第 1 年覆盖度达 90%,第 2 年和第 3 年分别为 78% 和 46%,旱稻的覆盖度逐年减少,杉木随树龄的增加覆盖度也增加,第 1、2、3 年分别为 6%、43% 和 79%,故在 B 类型中各年杉木的枝叶和旱稻叶片相互交错,形成密闭状态。

杉木和作物在群落中的垂直变化逐年不一。由图 2 看出,杉木在各类型中的高度的每年变化与其本身年龄成正比,而作物高度的变化第 1、2 年与杉木年龄成负相关,到第 3 年时,高度又稍有所增,这主要是第 3 年杉木的高度和枝叶迅速增加,作物因与杉木争光所导致的结果。由图 2 还可看出,第 1 年 A、B 类型中作物均居上层,杉木居于下层；第 2

年在 A 类型中玉米仍居上层,而在 B 类型中杉木与早稻同居一层;第 3 年时恰与第 1 年相反,杉木均居上层,作物则居下层。

综上所述可以看出,在头 3a 间作作物的杉木幼林群落的发展过程中,随杉木年龄的增加,作物无论在垂直和水平的空间位置均趋于缩小,相反,杉木则逐年增大而迅速占领了几乎整个空间,到第 3 年时,杉木水平覆盖面积已达 80%—90%,接近郁闭状态。

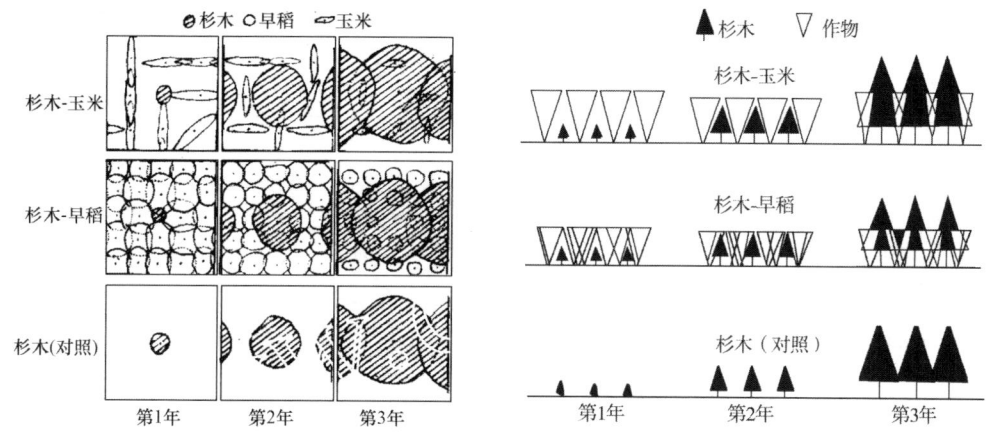

图 1　各类型水平结构的变化(1/40)　　　　图 2　各类型垂直结构的变化(1/40)

3.1.2　群落生物量

本文中群落生物量(Biomass)是指组成人工林群落中,绿色植物在单位面积内通过同化器官进行光合作用所积累的有机物质或能量。

(1)各群落中作物不同生育期间杉木生物量的变化

随着杉木年龄的变化和作物生育期的不同,杉木的生物量也呈现差异。由表 1 看出,A 类型中的杉木叶的生物量在各年的作物不同生育期内,均较 B 和 C 类型的杉木大,在 B 类型中,除第 1 年在作物各生育期内与 C 类型的杉木差异较小外,其余各生育期均小于 C 类型中的杉木。干(包括枝)、根的生物量在各年的不同生育期内,除第 1 年生长初期和生长旺盛期个别出现了 B 类型中的杉木大于 C 类型中的杉木外,其余则趋向于 A 类型 > C 类型 > B 类型。由此看出,杉木在造林后最初 3a 内,若间作玉米,它对杉木各器官生物量的增长并无影响,而间作早稻则在各生育期对杉木的生长就有不同程度的影响,这种影响反映在杉木生物量的变化上,从第 2 年起就更加明显。

(2)各群落中杉木和作物生物量的垂直分布

图 3 为 1—3a 间在作物整个生育期内,各类型地上和地下部分生物量的变化,由图 3 看出,第 1—2 年各类型中作物的生物量均大于杉木;第 3 年与第 1、2 年恰相反,杉木的生物量均大于作物。图 4 表示不同类型在第 3 年时杉木与作物地上和地下部分各器官生物量的垂直分布情况,由图 4 中看出,在第 3 年时,间作类型中作物均处于强烈的被压地位。

(3)各群落的生物量

1—3a 间作物整个生育期内,各类型的生物量和净生产量见表 2。由表 2 看出,各年度均以 A 类型最大,B 类型次之,C 类型最小。但就杉木的生物量来看,并不与群落的生物量完全一致,第 1 年以 A 类型中最多,B 与 C 类型相差不大。因此,可以认为第 1 年群落生物量的多少,主要取决于间作的作物的不同,特别是因作物不同而形成的产量(籽实)方面的差别具有决定性影响。在第 2、3 年杉木的生物量则以 A 类型中最多,C 类型中次之,B 类型中最少,这里尽管 C 类型中无作物,但杉木的生物量却比间作旱稻的 B 类型中的杉木要多,这也就是说从第 2 年起杉木本身同化所积累的有机物质,对群落的生物量来说已经开始有明显的作用,这种作用在第 3 年时,就更加突出了。

表 1 作物不同生于期间杉木生物量的变化(kg/hm²)

年龄(a)	类型	生长初期			生长旺盛期			开花结实期		
		叶	干+枝	根	叶	干+枝	根	叶	干+枝	根
1	A(杉木-玉米)	7.97	2.20	3.57	10.30	3.21	4.09	4.62	0.80	2.84
	B(杉木-旱稻)	4.97	1.09	3.43	8.07	2.37	0.85	1.69	0.48	2.59
	C(杉木)	4.62	0.81	2.79	8.30	1.85	0.64	3.51	0.45	2.53
2	A(杉木-玉米)	351.55	211.37	95.41	188.12	82.82	38.49	285.96	140.05	91.90
	B(杉木-旱稻)	94.85	160.08	76.92	37.64	48.81	11.37	83.89	99.36	64.01
	C(杉木)	206.52	201.43	89.63	105.62	73.33	29.86	193.49	128.99	70.03
3	A(杉木-玉米)	678.91	807.59	518.94	548.95	590.77	371.32	751.14	944.77	551.24
	B(杉木-旱稻)	594.73	695.80	318.48	406.75	401.87	211.59	529.63	593.96	281.43
	C(杉木)	734.35	696.76	484.42	535.14	450.31	345.44	725.89	686.31	478.52

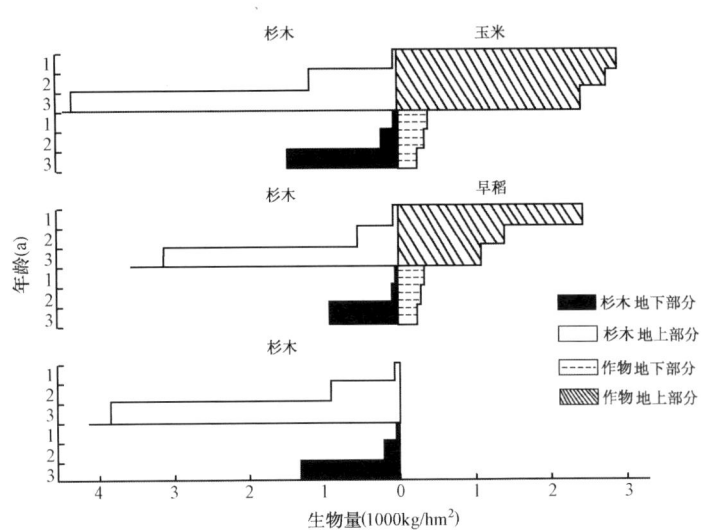

图 3 1—3 年间在作物整个生育期内,地上和地下部分生物量的变化

净生产量(net production)是绿色植物在一定时间内除去呼吸消耗部分外所生产的有机物质,它是衡量群落生产力的重要指标。计算公式为:

$$\Delta P_N = Y_{Nl} + Y_{Ns} + Y_{Nr} + Y_{Nf} + C_s$$

式中,ΔP_N = 年净生产量;Y_{Nl} = 叶子年增长量;Y_{Ns} = 干、枝年增长量;Y_{Nr} = 根系年增长量;Y_{Nf} = 籽实年产量;C_s = 作物播种量。

计算结果表明,不同类型的净生产量随杉木年龄增加而增多,其趋势为 A 类型 > B 类型 > C 类型(表 2)。

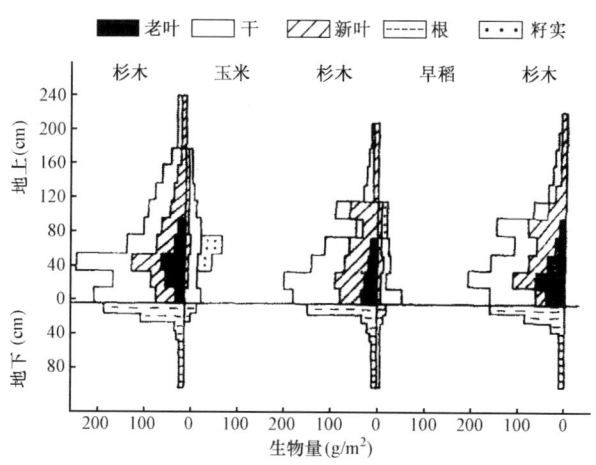

图 4 第 3 年时杉木和作物各器官生物量的垂直分布

表 2 各类型的生物量和净生产量

年龄(a)	类型		叶	干、枝	籽实	根	合计	总计	净生产量(kg/hm²·a)
1	A（杉木-玉米）	杉木	22.89	6.21		10.50	39.60	3407.10	3384.60
		玉米	716.70	1198.40	1067.50	384.90	3367.50		
	B（杉木-旱稻）	杉木	14.43	3.94		7.17	25.54	2831.94	2826.94
		旱稻	1419.50	496.60	502.40	377.90	2796.40		
	C（杉木）		16.43	3.11		5.96	25.50	25.50	25.50
2	A（杉木-玉米）	杉木	845.63	434.25		205.80	1485.68	4632.48	4570.38
		玉米	1118.00	1024.00	647.00	357.80	3146.80		
	B（杉木-旱稻）	杉木	216.38	308.25		152.30	676.93	2396.83	2366.29
		旱稻	591.35	615.00	180.15	333.40	1719.90		
	C（杉木）		485.63	423.75		189.52	1098.90	1098.90	1073.40
3	A（杉木-玉米）	杉木	1909.00	2413.13		1441.50	5763.76	8458.76	6950.58
		玉米	868.00	1058.00	505.00	264.00	2695.00		
	B（杉木-旱稻）	杉木	1531.11	1691.63		811.50	4034.24	5504.24	4822.31
		旱稻	699.00	432.00	40.50	294.00	1470.00		
	C（杉木）		1995.38	1833.38		1308.38	5137.14	5137.14	4038.24

上述情况表明，杉木幼林阶段间作作物后，能明显地提高群落的生物量和净生产量。换言之，即间作作物后，在有效利用自然潜能方面比单纯植杉要高。

3.2 生物小气候状况

随着杉木幼林的生长，群落的环境也相应地不断发生变化。林地间作作物后，在一年的生长季节里，因作物不同生育期，植株高矮和同化器官叶面积大小的变化，直接影响到林地的小气候，产生了不同的生物小气候状况。

3.2.1 光照

不同类型中生物小气候的变化，以光照最为明显。据连续 3a 在生长季节的观测资料表明(表3),通过不同的群落透入到地表的光量差别甚大,从整个作物的生育期来看,若以 C 类型中地表的光照为100,则 A 类型中地表相对光照强度变动在71%—83%之间,即使在玉米生长旺盛期相对光照也不低于63%。在 B 类型中地表相对光照强度变动在58%—72%之间,特别是在旱稻生长旺盛期,地表相对光照强度最低为40%,最高也仅为55%。

从群落中光照的垂直分配情况来看(表4),由于 A 类型在间作期间始终是复层结构,因而比 B 类型在光能利用方面更充分。

表3 各类型中地表的相对光照强度(%)

年龄(a)	类型	生长初期	生长旺盛期	开花结实期	整个生育期
1	A(杉木-玉米)	80.0	63.0	71.0	71.3
1	B(杉木-旱稻)	71.0	40.0	64.0	58.3
1	C(杉木)	100.0	100.0	100.0	100.0
2	A(杉木-玉米)	80.0	72.0	97.0	83.0
2	B(杉木-旱稻)	80.0	48.0	78.0	68.7
2	C(杉木)	100.0	100.0	100.0	100.0
3	A(杉木-玉米)	70.0	76.0	98.0	81.3
3	B(杉木-旱稻)	80.0	55.0	80.0	72.0
3	C(杉木)	100.0	100.0	100.0	100.0

表4 间作第3年各类型中相对光照强度的垂直分布(%)

离地表高度(cm)	类型	生长初期	生长旺盛期	开花结实期	整个生育期
100	A(杉木-玉米)	96.0	80.0	96.0	90.7
100	B(杉木-旱稻)	100.0	100.0	100.0	100.0
100	C(杉木)	100.0	100.0	100.0	100.0
50	A(杉木-玉米)	84.0	70.0	80.0	78.0
50	B(杉木-旱稻)	100.0	94.0	82.0	92.0
50	C(杉木)	100.0	100.0	100.0	100.0
0(地表)	A(杉木-玉米)	70.0	76.0	98.0	81.3
0(地表)	B(杉木-旱稻)	80.0	55.0	80.0	72.0
0(地表)	C(杉木)	100.0	100.0	100.0	100.0

3.2.2 温度

不同类型中由于群落结构的变化,地表裸露部分和透入到地表的光照状况不同,也直接影响到近地表层的温度状况。其中尤以地表温度的变化差别最大,据在整个作物生育期间的观测,A 类型中地表温度较 C 类型降低2.5—4.1℃;B 类型中较 C 类型降低1.5—4.1℃。在作物的各生长发育阶段则以生长旺盛期和开花结实期差别最大,由图5看出,在第3年作物生长旺盛期内,间作与未间作类型相比地表温度下降最大幅度分别达7.8℃(A 与 C 类型相比)和7.3℃(B 与 C 类型相比),随着地表面向上或向下,不同类型中温度的垂直变化差别渐次减小。

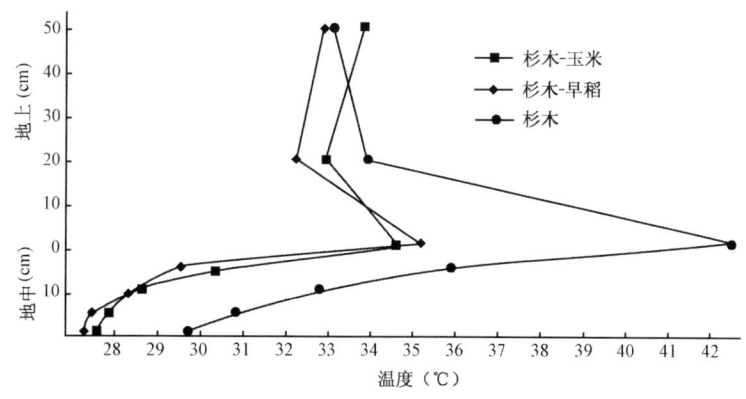

图 5 第 3 年作物生长旺盛期内各类型中温度垂直梯度的变化

3.2.3 相对湿度

不同类型中相对湿度状况,间作的类型均比未间作类型要高(表5),从整个生育期来看,相对湿度增加的幅度 A 类型比 C 类型高 3.4%—4.8%;B 类型比 C 类型高 1.5%—2.7%。各年中相对湿度增加的幅度不一,在 A 类型中相对湿度增加最大可达 7.1%(第 3 年生长初期);而在 B 类型中相对湿度增加最大为 6.1%(第 3 年开花结实期)。

表 5 各类型中相对湿度的变化(%)

年龄(a)	类型	生长初期	生长旺盛期	开花结实期	整个生育期
1	A(杉木-玉米)	82.1	88.0	91.0	87.0
	B(杉木-旱稻)	79.6	81.0	91.0	83.9
	C(杉木)	77.9	81.0	88.3	82.4
2	A(杉木-玉米)	76.0	68.6	69.6	71.4
	B(杉木-旱稻)	76.4	70.7	65.6	70.9
	C(杉木)	71.4	67.6	64.9	68.0
3	A(杉木-玉米)	75.5	75.0	69.1	73.2
	B(杉木-旱稻)	69.1	72.5	71.8	71.1
	C(杉木)	68.4	71.0	65.7	68.4

3.2.4 蒸发量

不同类型中由于植被的覆盖率的变化,地表蒸发量的差别也甚明显。从整个作物的生育期来看,若以 C 类型中地表蒸发量为 100,则 A 类型中地表蒸发量变动在 79%—96% 之间;B 类型中地表蒸发量则变动在 69%—92% 之间。各年份间作类型与未间作类型相比蒸发量减少的幅度不一,在 A 类型中蒸发量最低为 52%,而在 B 类型中蒸发量最低仅为 48%(表6)。

综上所述可以看出,在 A 类型中,间作玉米后林地光照减弱,气温和地温降低,相对湿度增高,地表蒸发量减少。在 B 类型中,间作旱稻后虽然气温、地温、相对湿度等如 A 类型一样也有所改变,但由于旱稻叶子密集,间作期间与杉木的枝叶相互重叠,致使地表光照强度很低,特别是在旱稻生长旺盛期间这种现象更为明显,由于不同类型中生物小气候的差异,因而给"幼树稍能耐荫"(中国树木志编委会,1976)的杉木造成了不同结果。

表 6 各类型中地表蒸发的变化（%）

年龄(a)	类型	生长初期	生长旺盛期	开花结实期	整个生育期
1	A(杉木-玉米)	96.0	95.0	96.0	95.7
	B(杉木-旱稻)	97.0	48.1	61.0	68.7
	C(杉木)	100.0	100.0	100.0	100.0
2	A(杉木-玉米)	94.0	58.0	84.0	78.7
	B(杉T-旱稻)	67.0	72.0	68.0	69.0
	C(杉木)	100.0	100.0	100.0	100.0
3	A(杉木-玉米)	82.0	71.0	99.0	84.0
	B(杉木-旱稻)	97.0	92.0	88.0	92.3
	C(杉木)	100.0	100.0	100.0	100.0

3.3 营养元素的含量和分布

杉木是一种常绿针叶树，喜肥沃土质而不适瘠薄土壤。杉木幼树在郁闭以前，树体基本上没有什么凋落物，一般要到郁闭后，下部受不到光的枝叶逐渐枯死，才有少量凋落物产生。因此，杉木在幼林阶段生长过程中，单纯植杉只有营养元素的消耗而无归还。间作作物后，尽管作物生长发育需要消耗土壤养分，吸取不少营养元素，但是作物收获后的根系依然留在土里，杆、叶还山指作物的地上部分残体，割倒后留在原地，归还林地土壤一部分有机质。特别是在我国南方亚热带高温高湿的气候条件下，对于加速林地营养元素的循环还是有利的。下面根据连续 3a 的观测和分析资料，试以通过作物残体还山的方式，对杉木幼林地营养元素（N、P、K）的收支加以估算和探讨。

由表 7 中看出，不同类型中氮的吸收量与归还量随群落结构变化逐年不一，杉木随其年龄增长，氮的吸收量相应地迅速增加，而间作的作物无论玉米或旱稻则渐次减少，通过作物残体还山，在 A 类型中，第 1、2、3 年分别有 26.9、32.1kg 和 27.09kg 氮，归还给林地；而在 B 类型中分别有 36.92、20.73kg 和 20.96kg 氮归还给林地。

表 7 不同类型中氮(N)的吸收量、存留量、归还量的估算（kg/hm²）

年龄(a)	类型		叶	茎、干	籽实	根	吸收量	存留量	归还量
1	A(杉木-玉米)	杉木	0.35	0.02		0.06	0.43	0.43	0
		玉米	12.56	10.48	17.19	3.86	44.09	17.19	26.90
	B(杉木-旱稻)	杉木	0.22	0.01		0.04	0.27	0.27	0
		旱稻	28.46	4.04	5.68	4.42	42.60	5.68	36.92
	C(杉木)		0.25	0.01		0.03	0.29	0.29	0
2	A(杉木-玉米)	杉木	12.74	1.18		1.18	15.10	15.10	0
		玉米	19.55	8.96	10.42	3.59	42.52	10.42	32.10
	B(杉木-旱稻)	杉木	3.14	1.03		0.82	4.99	4.99	0
		旱稻	11.83	5.00	2.02	3.90	22.76	2.03	20.73
	C(杉木)		7.24	0.60		0.88	8.72	8.72	0
3	A(杉木-玉米)	杉木	16.46	5.48		7.44	29.38	29.38	0
		玉米	15.18	9.26	8.13	2.65	35.22	8.13	27.09
	B(杉木-旱稻)	杉木	20.43	4.04		3.74	28.21	28.21	0
		旱稻	14.01	3.51	0.43	3.44	21.39	0.43	20.96
	C(杉木)		23.30	3.86		5.37	32.53	32.53	0

表8的资料表明,通过作物残体还山,归还给林地的磷数量是少的,在A类型中,第1、2、3年每公顷分别只有6.32、7.62 kg和6.48 kg;而在B类型中则更少,每公顷分别有4.09、2.55 kg和2.44 kg。

表8 不同类型中磷(P_2O_5)的吸收量、存留量、归还量的估算(kg/hm²)

年龄(a)	类型		叶	茎、干	籽实	根	吸收量	存留量	归还量
1	A(杉木-玉米)	杉木	0.05	0.01		0.01	0.07	0.07	0
		玉米	3.06	2.50	9.00	0.76	15.32	9.00	6.32
	B(杉木-旱稻)	杉木	0.04	0.01		0.01	0.06	0.06	0
		旱稻	2.82	0.75	1.53	0.52	5.62	1.53	4.09
	C(杉木)		0.04	0.01		0.01	0.06	0.06	0
2	A(杉木-玉米)	杉木	1.97	0.23		0.24	2.44	2.44	0
		玉米	4.77	2.14	5.46	0.71	13.08	5.46	7.62
	B(杉木-旱稻)	杉木	0.49	0.15		0.17	0.81	0.81	0
		旱稻	1.17	0.93	0.55	0.45	3.10	0.55	2.55
	C(杉木)		1.16	0.43		0.21	1.80	1.80	0
3	A(杉木-玉米)	杉木	2.03	1.10		1.47	4.60	4.60	0
		玉米	3.71	2.21	4.26	0.56	10.74	4.26	6.48
	B(杉木-旱稻)	杉木	3.27	8.43		0.76	12.46	12.46	0
		旱稻	1.39	0.65	0.12	0.40	2.56	0.12	2.44
	C(杉木)		3.73	1.48		1.33	6.54	6.54	0

表9 不同类型中钾(K_2O)的吸收量、存留置、归还量的估算(kg/hm²)

年龄(a)	类型		叶	茎、干	籽实	根	吸收量	存留量	归还量
1	A(杉木-玉米)	杉木	0.25	0.01		0.05	0.31	0.31	0
		玉米	20.91	24.41	5.11	7.53	57.96	5.11	52.85
	B(杉木-旱稻)	杉木	0.15	0.01		0.01	0.17	0.17	0
		旱稻	33.78	14.20	6.85	3.21	58.04	6.85	51.19
	C(杉木)		0.12	0.01		0.02	0.15	0.15	0
2	A(杉木-玉米)	杉木	8.65	0.88		0.91	10.64	10.64	0
		玉米	32.62	20.86	3.10	7.04	63.62	3.10	60.52
	B(杉木-旱稻)	杉木	2.10	1.00		0.70	3.80	3.80	0
		旱稻	14.04	17.58	2.46	3.85	38.20	2.46	35.74
	C(杉木)		3.34	1.37		0.54	5.25	5.25	0
3	A(杉木-玉米)	杉木	11.44	4.03		5.79	21.26	21.26	0
		玉米	25.33	21.55	2.42	5.19	54.49	2.42	52.07
	B(杉木-旱稻)	杉木	13.68	4.51		3.06	21.25	21.25	0
		旱稻	16.63	12.35	0.55	3.39	32.92	0.55	32.37
	C(杉木)		10.75	4.59		3.33	18.67	18.67	0

表9中的资料表明,杉木和作物对钾的吸收量较多,尤其是作物的叶子和茎杆中钾的含量较高。因此,尽管杉木随其年龄增长对钾的吸收量相应增大,但是在A与B类型

中除了籽粒所取走的一部分钾以外,其余部分均归还于林地,而且钾归还的数量较大。在 A 类型中第 1、2、3 年分别有 52.85、60.52、52.07kg;而在 B 类型中分别有 51.19、35.74 和 32.37kg。

从上述分析来看,杉木幼林阶段间作作物后,如通过作物残体还山,可增加土壤有机质含量,加速营养元素的循环。

4 结论

(1)杉木幼林间作不同作物后反映在群落结构上有明显的差别,这种差异逐年不一,第 1 年无论是间作高杆的玉米或低矮的旱稻,作物均处于优势,但随着杉木年龄的增加,作物在空间的优势迅速让位于杉木,这种情况到第 3 年时就十分明显了。

(2)在间作的类型中,杉木与作物地上和地下部分(根、干、枝、叶、籽实)生物量与它们所占空间位置的大小相一致,即杉木随其年龄的增加而上升,作物随杉木年龄的增加而下降,其中作物产量下降趋势更为明显,因此,从经济效益来看,间作以头两年较合适,第 3 年可不必间作。

(3)各类型中群落的生物量逐年增加,每年均以 A 类型最多,B 类型次之,C 类型最少。但就杉木的生物量来看,并不与群落的生物量完全一致,第 1 年 A 类型最多,B 与 C 类型基本相同,第 2、3 年则为 A 类型 > C 类型 > B 类型。

(4)在作物不同生育期间杉木生物量的增长不同,在 A 类型中,玉米的各生育期间,杉木的生物量均高于 C 类型;而在 B 类型中,在旱稻生长旺盛期内杉木的生物量明显地低于 C 类型。

(5)杉木幼林地间作农作物后,因间作物的不同,造成了不同的生物小气候。在 A 类型中由于地表光照减弱,气温和地温降低,相对湿度增高,地表蒸发量少,这种水热状况的改善,有利于幼时稍能耐荫的杉木生长。在 B 类型中由于旱稻叶子密集,与杉木的枝叶相互重叠,致使林地光照强度很低,特别是在旱稻生长旺盛期这种现象更为明显,因而对杉木的生长产生了一定的影响。

(6)杉木幼林阶段间作作物后,通过作物残体还山,可增加土壤有机质含量,加速氮、磷、钾营养元素的循环。

参考文献:

[1] 中国树木志编委会. 中国主要树种造林技术,1976,6.
[2] 叶炳. 土壤的理化分析法. 科学出版社,1963,105-140.
[3] Kira,T. and T. Shidei. Primary production and turnover of organic matter in different forest ecosystems of the Western pacific. Jap. J. Ecol.,1967,17: 70-87.
[4] Monsi, M. 植物群落的数学模型. 植物生态学译丛,第一集,1974:123-144.

杉木蒸腾强度与若干因子的相关分析*

冯宗炜，陈楚莹

（中国科学院林业土壤研究所）

Correlative analysis between the transpiration intensity of *Cunninghamia lanceolata* and some factors

FENG Zongwei, CHEN Chuying

(*Institute of Ferestry and Pedoiogy, Academia Sinica*)

摘要：实验是在湖南省会同县广坪林区高车头进行的。根据4a的观测的资料，应用数量化方法对杉木蒸腾强度与气温、相对湿度、土壤水分和叶子含水量等因子进行了相关分析，发现气温是影响杉木蒸腾的主要因子。并应用多因子观测资料建立了预测杉木蒸腾强度的回归方程。

林木蒸腾的强弱除与其生物学性状有关外，还受外界环境因子的制约，因此，研究林木蒸腾强度与这些因子的关系，有助于进一步了解林木对水分的需求，从而为制定营林措施提供理论依据。本项实验是在湖南省会同县广坪林区高车头进行，根据4a观测的资料(1960—1964年)，应用数量化方法分析研究了影响杉木蒸腾的主要因子，并应用多因子建立了预测杉木蒸腾强度的数学方程。

本项工作在电算过程中得到了卢风勇同志的帮助，特致谢意。

1 实验材料和方法

1.1 实验材料

实验地为速生阶段的7年生杉木林，郁闭度0.5—0.6（造林后第5年间伐过1次），在林内选择具有代表性的标准木6株进行测定。

1.2 测定时间和次数

在生长季节(3—11月)每隔15—20d测定1次。在非生长季节(12—2月)每月测定1次。每次从08:00起到18:00止，每隔2h测定1回，共连续测定了4年。

1.3 测定方法

(1)蒸腾强度的测定

是采用"快速称重法"[3]，即从树上剪下枝条后，立即取下针叶称重，并要求在1min

原载于：武汉植物学研究,1983,1(1):33-38.

* 参加野外工作的尚有黄合炎，朱岩，方永鑫等同志；邓仕坚同志参加了室内部分计算工作。

内称完,然后间隔3min。再第2次称重。蒸腾强度按下列公式计算:
$$Q = (a - b) \times 20 \times 1000/a \tag{1}$$
式中,

Q = 蒸腾强度,为1g鲜叶重在1h内蒸腾消耗水分的毫克数;
a = 第1次称重;
b = 第2次称重。

测定蒸腾时,每次取样均采自固定标准木的树冠中部。

(2)气温和相对湿度的测定

在每次取样的同时,用阿斯曼通风干湿球仪,测定每株固定标准木树冠中部的气温和相对湿度。

(3)叶子含水量的测定

在每次测定蒸腾的同时,从6株标准木树冠中部采取叶子样品,立即在1/1000天秤上称重,求其鲜重后105℃烘箱内烘至恒重。其计算公式为:
$$叶子含水量(\%) = A - B/A \times 100 \tag{2}$$
式中,

A = 鲜重;
B = 干重。

(4)土壤含水量

在实验地中央,挖土壤剖面1个,在测定蒸腾的日期取样,共取4层,即0—10cm,15—25cm,30—40cm,45—60cm。土壤含水量的计算如同叶子含水量方法。

1.4 杉木蒸腾强度与气温、相对湿度、土壤含水量、叶子含水量的相关分析方法

以杉木蒸腾强度日平均值为因变量,相应的日平均气温、日平均相对温度、日平均叶子含水量和土壤含水量为自变量,应用林知已夫的数量化方法[4-5],用美制的Z-80微型电子计算机进行运算。

2 实验结果与分析

2.1 蒸腾强度与气温关系

Л.А.伊凡诺夫等(1951)研究林木蒸腾的结果证明,蒸腾强度与温度之间在一定的温度范围内,存在着正比的关系[2],Б.М.斯维什尼科娃也指出:植物调节蒸腾的能力制约于温度的变化[1]。图1为杉木蒸腾强度和气温的日变化测定结果,如图1所示,一天内平均最低蒸腾强度出现在08:00,最高蒸腾强度出现在14:00,日变化曲线呈抛物线,这与气温的日变化趋势完全相一致。再从季节变化来看(图2),全年中1月份的气温最低,蒸腾强度也以1月份为最低;随着气温的升高,蒸

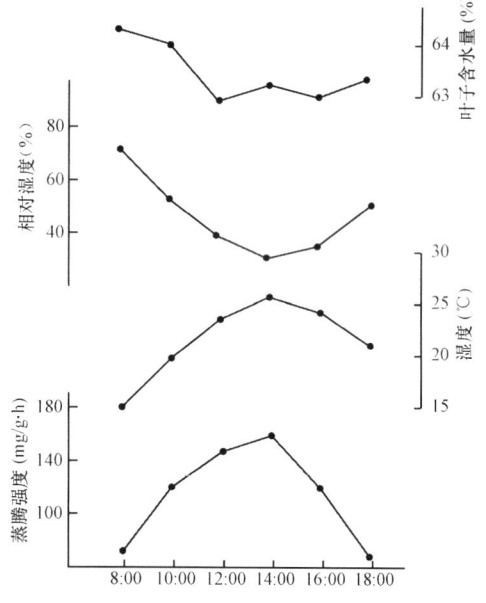

图1 杉木蒸腾强度和气温、相对湿度、叶子含水量的日变化

腾强度也相应地增加;6月份杉木的蒸腾达到全年各月的最高值,其蒸腾强度为201.2mg/g·h;然后当气温继续升高(7月和8月)平均温度超过30℃以上时,蒸腾强度反而降低;9月份后气温逐渐下降,杉木蒸腾强度也随之减弱。由此可见,杉木蒸腾强度与温度的季节变化相一致,呈抛物线。

为了进一步探讨气温与蒸腾强度之间的关系,将4a的测定结果,首先把气温从低到高依次排列,把温度间隔1℃之间的所有实测值相加,求其平均值;然后将气温所对应的蒸腾强度也相应地归并,求平均值;这样就将4年测定310次归并成35次。并根据上述资料拟合了蒸腾强度与气温的二次回归方程:

$$\hat{Y} = 13.15 + 6.60X - 0.04X^2 \quad (3)$$

式中,$\hat{Y}$ = 蒸腾强度(mg/g·h);X = 林内气温。

其相关系数 $r = 0.9496$,说明杉木蒸腾强度与气温的依存关系是十分密切的。

2.2 蒸腾强度与相对湿度的关系

由图1看出:一日中以08:00杉木蒸腾强度最低,14:00蒸腾强度最高。而相对湿度的日变化恰好相反,即杉木蒸腾强度与相对湿度的日变存在着负相关。就季节变化来看(图2),因这里为典型的亚热带湿润气候,湿润度>1,四季湿度变化很小,因而杉木蒸腾强度与相对湿度之间没有一定的依存关系。

2.3 蒸腾强度与土壤水分的关系

林木蒸腾消耗的水分补给,主要依靠根系从土壤中吸收的。根据调查资料,会同林区杉木根系的90%分布在0—60cm

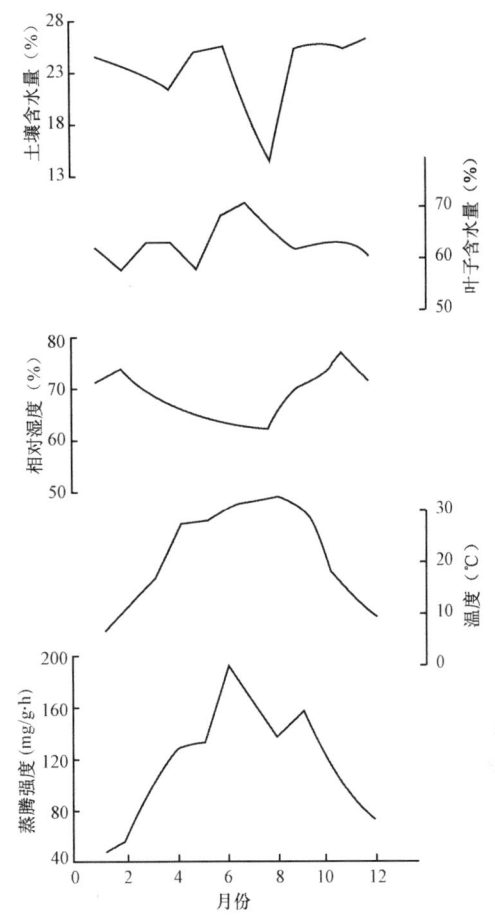

图2 杉木蒸腾强度和气温、相对湿度叶子含水量土壤含水量的季节变化

深的土层中,可见表层土壤的含水量,对于杉木蒸腾消耗水分的补给是十分重要的。测定结果表明(图2),在0—60cm的土层中,土壤含水量在一年里变动不大,除个别低于19.0%以外,其余均在21.2%—28.1%之间,土壤水分与杉木蒸腾之间的依存关系也不够明显。有人认为,林木蒸腾的强度取决于土壤水分状况[3,6-7],但这种论断是指在干旱的或半干旱的森林草原以及半荒漠地区的实验结果,而在湿润的亚热带林区,这种依存关系却不够明显。

2.4 蒸腾强度与叶子含水量的关系

实验结果表明(图2):在一年内各时期叶子含水量变化不大,最低为57%,最高为71%,一般是在60%—63%范围内波动,它与蒸腾强度的依存关系极不明显。就蒸腾强度与子含水量的日变化来看,其依存关系也不明显。

2.5 蒸腾强度与气温、相对湿度、土壤含水量和叶子含水量的相关分析

上面就气温、相对湿度、土壤含水量、叶子含水量与蒸腾强度关系分别进行了讨论,然而在这些因子中,哪个因子对杉木蒸腾强度影响最大呢?我们应用林知己夫的数量化理论Ⅰ进行了分析。表1为杉木日平均蒸腾强度与日平均气温、日平均相对湿度、日平均叶子含水量和土壤含水量4个因子相互关系的反应表(表1),反应表计算的结果列入表2。由表2得知:以气温得分范围最高,为109.862,其得分范围的百分数为55.6%,其次为相对湿度和土壤含水量,分别为35.7564和30.9141,最低为叶子含水量,仅为21.2568,得分范围的百分数尚不足11%。

表1 杉木蒸腾强度与气温、相对湿度、土壤含水量、叶子含水量关系的反应表

蒸腾强度 (mg/g·h)	土壤含水量(%) 20.0以下 C_{11}	20.1—25.0 C_{12}	25.1以上 C_{13}	叶子含水量(%) 63.0以下 C_{21}	63.1—67.0 C_{22}	67.0以上 C_{23}	相对湿度(%) 58.1以下 C_{31}	58.1—73.0 C_{32}	73.1以上 C_{33}	气温(℃) 25.0以下 C_{41}	25.1—30.9 C_{42}	31.0以上 C_{43}
84.9	0	1	0	1	0	0	0	0	1	1	0	0
91.7	0	0	1	1	0	0	0	0	1	1	0	0
111.0	0	1	0	0	1	0	0	0	1	1	0	0
117.1	0	1	0	0	1	0	0	0	1	1	0	0
120.7	1	0	0	0	0	1	0	1	0	0	1	0
125.3	1	0	0	0	0	1	0	1	0	0	1	0
144.0	1	0	0	0	0	1	0	1	0	0	0	1
146.9	1	0	0	1	0	0	1	0	0	0	0	1
154.5	0	1	0	0	1	0	1	0	0	0	0	1
158.1	0	1	0	0	0	1	0	1	0	0	1	0
159.6	0	1	0	0	0	1	0	1	0	0	1	0
161.4	0	0	1	0	1	0	1	0	0	0	0	1
166.7	0	0	1	0	1	0	0	1	0	0	1	0
167.5	1	0	0	0	0	1	0	1	0	0	1	0
170.1	1	0	0	0	0	1	0	1	0	0	0	1
178.8	0	0	1	0	0	1	0	0	1	0	1	0
184.2	0	0	1	0	0	1	0	0	1	0	1	0
194.1	0	1	0	0	1	0	0	0	1	0	1	0
198.8	0	1	0	0	1	0	0	1	0	0	1	0
207.1	0	1	0	0	1	0	0	0	1	0	1	0
208.1	0	0	1	0	0	1	1	0	0	0	1	0
209.5	0	0	1	0	1	0	1	0	0	0	0	1

从得分范围看出,气温对杉木蒸腾贡献最大,即与蒸腾强度关系最为密切,影响最大。

应用上述资料推导出的预测杉木蒸腾强度($\hat{Y}$)的综合数学方程:

$$\hat{Y} = 4.8405\delta_{i(11)} + 26.2960\delta_{i(12)} + 35.7546\delta_{i(13)} + 3.3284\delta_{i(21)} + 24.5852\delta_{i(22)} + \\ 19.3992\delta_{i(23)} + 5.5987\delta_{i(31)} + 18.8136\delta_{i(32)} + 41.3551\delta_{i(33)} + \\ 17.2020\delta_{i(41)} + 97.8534\delta_{i(42)} + 127.0640\delta_{i(43)} \tag{4}$$

式中，$\hat{Y}$ = 为第 i 个样本的预测值；$\delta_{i(11)}$ = 为第 i 个样本在 1 项目的 1 个类目中的反应；有反应记为 1，无反应为 0。根据上述公式计算出的预测值如表 3。

其预测值与实测值的相关系数为 $r = 0.90232$，由公式计算出的预测值精度 p 为 0.96。可见，预测杉木蒸腾强度的综合数学方程式是合适的，可以在实际中加以应用。

表 2 杉木蒸腾强度与气温、相对湿度、土壤含水量、叶子含水量关系的得分表

项目	类目		得分	得分范围	得分范围百分数
土壤含水量(%)	C_{11}	20.0 以下	4.8405		
	C_{12}	20.1—25.0	26.2960	30.9141	15.6
	C_{13}	25.1 以上	35.7546		
叶子含水量(%)	C_{21}	63.0 以下	3.3284		
	C_{22}	63.0—67.0	24.5852	21.2568	10.7
	C_{23}	67.0 以上	19.3992		
相对湿度(%)	C_{31}	58.0 以下	5.5987		
	C_{32}	58.1—73.0	18.8136	35.7564	18.1
	C_{33}	73.1 以上	41.3551		
气温(℃)	C_{41}	25.4 以下	17.2020		
	C_{42}	25.1—30.9	97.8534	109.8620	55.6
	C_{43}	31.0 以上	127.0640		

表 3 用气温、相对湿度、叶子含水量、土壤含水量来预测杉木蒸腾强度的预测值

实测值	预测值	实测值	预测值
84.9	88.2	161.4	183.5
91.7	97.6	166.7	177.0
111.0	109.4	167.5	140.9
117.1	109.4	170.1	170.1
120.7	140.9	178.8	194.4
125.3	140.9	184.2	194.4
144.0	140.8	194.1	167.5
146.9	140.8	198.8	190.1
154.5	183.5	207.1	190.1
158.1	162.4	208.1	187.8
159.6	162.4	209.5	187.8

3 结论

应用数量化方法研究分析杉木蒸腾强度与气温、相对湿度、土壤含水量、叶子含水量之间的关系表明，在杉木中心产区湖南省会同林区杉木蒸腾强度与气温的关系最为紧密；按密切程度可排列为气温、相对湿度、土壤含水量和叶子含水量。

应用数量化方法建立起来的杉木蒸腾强度与气温、相对湿度、土壤含水量、叶子含水量的数学方程[4]，用来预测杉木的蒸腾强度，其预测值与实测值的相关系数和预测值的精度均很高，这充分说明了所建立的方程完全可以在实际中应用。

参考文献：

［1］ B.M.斯维什尼科娃.自然生长条件植物蒸腾的研究.热水平衡及其在地理环境中作用问题.第二辑：1961，1-22.

［2］ Л.A.伊凡诺夫等.关于森林蒸腾消耗的测定.热水平衡及其在地理环境中的作用问题,第二辑,1961,42-60.

［3］ Л.A.伊凡诺夫等.自然条件下测定蒸腾的快速称重法.热水平衡及其在地理环境中的作用问题,第二辑,1961,23-41.

［4］ 概率统计教研室下厂小组.数量化方法在研究台风预报和森林生长中的应用.吉林大学学报（自然科学版）Ⅰ,1973,43-48.

［5］ 董明春等.数量化理论Ⅰ在林木选优中的应用.中国科学院林业土壤研究所集刊,第四集,1980:21-40.

［6］ Хлеоникова, H. A. , Маркова , М. И. Транспираиия молодых Древесных qастений в условиях прикарсной ниэменности. Труды ин-та леса AH CCCP IoM. ,1955,27:95-109.

［7］ Takahashi Kwnihide. Effects of shading and soil moisture conditio on transpiration and dry matter production in fir spruce and birch seedlings, J. Jap. Soc, 1975, 57:95-69.

火力楠人工林生物产量和营养元素的分布*

冯宗炜[1]，张家武[1]，陈楚莹[1]，王开平[1]，赵吉录[1]，曾士余[1]，马家禧[2]

(1. 中国科学院林业土壤研究所；2. 广西国营六万林场)

Biological productivity and nutrient distribution in artificial *Michelia Maccurei* stand

FENG Zong-wei[1], ZHANG Jia-wu[1], CHEN Chu-ying[1], WANG Kai-ping[1], ZHAO Ji-lu[1], ZENG Shi-yu[1], MA Jia-xi[2]

(1. *Institute of Forestry and Pedology Academia Sinica*; 2. *Liu Wan Forest Station of Guangxi*)

Abstract: (1) *Michelia maccurei* is a precious tree species used for wood in southern subtropical zone of China. This tree stand has been found to have considerably high biological productivity, the standing crop of 16 years old stand and net production of arbor layer being 202 t/hm^2 and 27.59 t/hm^2·a respectively. They are obviously higher than those of the same aged stand of *Cunninghamia lanceolata* in the native region.

(2) The nutrient contents (N, P, K, Ca, Mg) in the stand plants are variable with the difference of its layer and organ. They are relatively low in arbor layer and high in underwood and herbceous vegetation. But the absolute amounts of the former are greatly higher than the latter. The amount of above-mentioned five elements is 1657 kg/hm^2, possessing 94% of the total amounts in the stand, the tree canopy of which has more weight than that of other organs and especially of N, which is about 50% in it.

火力楠(*Michelia macclurei*)是我国南亚热带常绿阔叶用材树种，主要分布在广东和广西壮族自治区[1]。由于它生长快、材质好和用途广，近年来造林面积和范围逐年增加，仅广东省高州县就陆续营造了1万多亩。同时，一些林业科研单位和国营林场开展了诸如引种、嫁接建立无性系种子园、造林密度及混交试验等方面研究工作，并取得了一定的成绩。但是，火力楠人工林生产量和营养元素需求状况至今还未见报导，而这方面研究不仅是从事用材林建设首要考虑的问题，而且也是开展火力楠人工林生态系统能量流动和物质循环研究的基础。为此，于1980年在广西壮族治区玉林地区国营六万林场对上述问题进行了测定和研究，现将结果整理成文，以供参考。

1 样地概况

样地设在国营六万林场场部附近，为中低山地貌类型，海拔500m左右，坡向东坡，坡

原载于：东北林学院学报，1983，11(2)：13-20.

* 参加加外业工作和内业分析的还有李顺民、高虹同志.

度 36°—39°,坡位山中下部。气候为典型的南亚热带气候条件,气温高、雨量充沛。据玉林地区气象站 1970—1980 年气象资料:年平均温度 21.7℃,1 月平均气温 12.8℃,7 月平均气温 28.4℃,极端最高最低温度分别为 37.1℃ 和 1.0℃,5℃ 上年积温 7913.7℃,年平均降雨量 1648mm,年平均蒸发量 1465.8mm,相对湿度 80% 以上。土壤为发育在花岗岩上的红黄壤。土层较厚达 1m 以下,0—60cm 土壤中测定含氮量为 0.09%—0.18%,磷为 0.02%—0.10%,钾 0.08%—0.09%。

样地面积 1 亩,有林木 167 株,林龄 16a,平均胸径 13.3cm,平均树高 12.6m,每公顷蓄积量 208m³。林内下木、草木种类不多,生长也不茂盛,主要种类有:

下木	草本
木冬瓜 *Alniphyllum fortunei*	芒草 *Miscanthus sinensis*
柃木 *Eurya* sp.	东方乌毛蕨 *Blechnum orientale*
鸭脚木 *Schefflera Octophylla*	铁线蕨 *Adiantum* sp.
杜茎山 *Maesa japonica*	磷毛蕨 *Dryopteris* sp.
山矾 *Symplocos confusa*	铁艺其 *Dicranopteris linearis*
异叶榕 *Ficus heteromorpha*	卷柏 *Selaginella uncinata*

2 测定方式

人工林是在人为积极干预下形成的森林群落,层次简单,林木分布均匀合理。胸径和树高等测树因子与林木各器官生物量存在着较为紧密的相关关系。因此,采用"相对生长测定法(Allometric method)"估算乔木层林木的生物量是一种方便和可靠的方法[2-3,5,7]。为了推导生物量和胸径、树高回归方程式,我们在样地内按径级选伐 7 株生长正常的标准木,用"分层切割法"分别实测了干材、树皮、树枝、树叶和根系的鲜重[2-3]。同时采集各器官的样品,带回实验室置 105℃ 干燥箱烘至恒重,求出含水率,换算成干重。回归方程式确立后,就可以推算出不伐倒木各器官的生物量。然后按下面公式计算出整株林木和林分乔木层的生物量。

$$W' = W'_S + W'_{BK} + W'_B + W'_L + W'_R \tag{1}$$

$$W = \sum (W' \cdot N) \tag{2}$$

W'_S、W'_{BK}、W'_B、W'_L、W'_R 为各径级单株干材、树皮、树枝、叶和根的生物量。W' 为各径级单株林木生物量,N 为各径级林木株数,W 为林分乔木层生物量。

下木层、草本植被和枯枝落叶层的现存量采用"样方收获法"测定[3]。

营养元素分析是:氮用凯氏法测定;磷用钼兰比色法测定;钾用火焰光度计法测定和钙、镁用 EDTA-钠盐滴定法测定[4,8]。

3 火力楠人工林生物产量及其分布

3.1 乔木层生物量

表 1 和图 1 是根据伐倒木实测值配置的各器官生物量回归方程式和拟合的曲线,按这些公式推算本地区同类型火力楠林木的生物量,其精度除根系外都可达 95% 以上(按 95% 可靠性)。从国内外资料看用回归方法估测地下部分生物量误差都比较大[5-6],这和我们测定结果也是一致的。尽管我们做了很大努力,基本上将根系全部挖出,其估测精度仍然是低于其它器官的精度,这说明根系生物量与测树因子相关性不如其它器官。

表 1　火力楠各器官生物量回归方法式

回归公式	相关系数 (r)	精度 (P)	胸径范围 (D)	树高范围 (H)
W_S(干材) $= 0.03775(D^2H)^{0.90768}$	0.999	0.99	5.73—19.74	6.9—17.5
W_{BK}(树皮) $= 0.00387(D^2H)^{0.90563}$	0.999	0.99	6.73—19.74	6.9—17.5
W_B(树枝) $= 0.01714(D^2H)^{0.82604}$	0.992	0.98	5.73—19.74	6.9—17.5
W_F(树叶) $= 0.01084(D^2H)^{0.83173}$	0.993	0.98	5.73—19.74	6.9—17.5
W_R(根系) $= 0.00852(D^2H)^{0.99985}$	0.986	0.93	5.73—19.74	6.9—17.5

根据上面公式计算,火力楠人工林乔木层总生物量为 197.94t/hm²,其中干材部分最大为 100.74t/hm²,树皮部分最小为 10.16t/hm²,只占总生物量 5%(表2)。

表 2　火力楠林木生物量及分配(t/hm²)

径级 (cm)	株数 (株)	树干 干材	树干 树皮	树冠 树枝	树冠 树叶	根系	合计	%
6	255	1.499	0.153	0.434	0.283	0.566	2.935	1.48
8	165	2.011	0.203	0.543	0.356	0.817	3.930	1.99
10	330	7.013	0.710	1.802	1.185	3.010	13.720	6.93
12	585	19.463	1.966	4.803	3.171	8.746	38.140	19.27
14	585	28.285	2.849	6.751	4.464	13.198	55.547	28.00
16	420	27.955	2.814	6.481	4.297	13.474	55.021	27.80
18	165	14.518	1.461	3.282	2.180	7.201	28.642	14.47
总计	2505	100.744	10.156	24.096	15.936	47.012	197.944	100.00

表 3 为不同径级火力楠林木各器官生物量分配的百分数,由中不难看出,火力楠树冠物量的百分数是随胸径增加而逐渐减少;而地下部分根系情况正相反,是随胸径递增而递增;干材生物量的百分数与径级变化不明显,变幅很小,趋于稳定。同化器官和吸收器官这种变化对林木本身增强支撑能力和扩大吸收功能是有利的。

表 3　不同径级各器官生物量的百分数(%)

径级 (cm)	地上部分 树干 干材	树干 树皮	树干 小计	树冠 树枝	树冠 树叶	树冠 小计	合计	地下部分 根系	总计
6	51.08	5.21	56.29	14.79	9.64	24.43	80.72	19.28	100.00
8	51.11	5.16	56.33	13.82	9.06	22.88	79.21	20.79	100.00
10	51.12	5.17	56.29	13.13	8.64	21.77	78.06	21.94	100.00
12	51.02	5.15	56.17	12.59	8.31	20.90	77.07	22.93	100.00
14	50.92	5.13	56.05	12.15	8.04	20.19	76.24	23.76	100.00
16	50.81	5.11	55.92	11.78	7.81	19.59	75.51	24.40	100.00
18	50.69	5.10	55.79	11.46	7.61	19.07	74.86	25.14	100.00

3.2　火力楠林的生物生产力

目前,世界上普遍采用年间净生产量来作为评价生产力的重要指标,因为它比年平均生产量更能客观地和真实地反映林木生长的特点和各个年龄阶段的生产水平。但是,测定年间净生产量远比测定年平均生产量要麻烦和困难得多。表4是同年龄的火力楠和杉木人工林的净生产量,其树干净生产量是采用树干解析法求得,树皮、树枝和根系净生产量是假定其具有树干相同增加率测定的[5],叶的净生产量是根据同类型相近年龄林分叶量的差测定的。由于没做枯落叶定位观测,故此数字偏低。如表4所示:火力楠林年间净生产量是相当高的,可达 27.59 t/(hm²·a),其中干材 15.88t/(hm²·a),根系 5.14t/(hm²·a),枝、叶年净生产量差别不大,树皮最少。无论是干、枝、叶、根等分量,还是合计的净生产量都大大地高于当地同年龄的杉木人工林。从树干解析资料看,

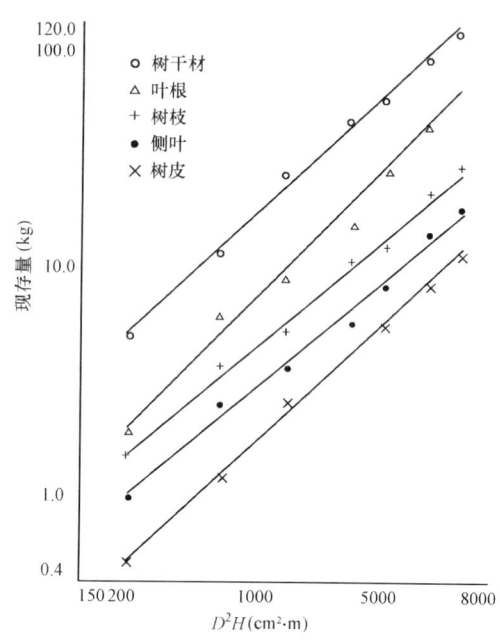

图1　D^2H与各器官生物量的相关关系

这种差异是由于当地杉木林速生期已过,年净生产量已显著下降,而火力楠林还正值速生期。可见,六万地区培育中、小径材的杉木是合适的,而火力楠可以培育中、大径材。火力楠林净生产量与日本学者木村、只木等人测定森林净生产量相比,高于原始照叶林的 21.6t/(hm²·a) 和米槠林的 18.7—22.7t/(hm²·a),与热带雨林的 28.6t/(hm²·a) 相近[6]。

表4　火力楠、杉木人工林年间净生产量的比较

林型	林龄(a)	年间净生产量/年平均生产量(t/(hm²·a))					
		干材	树皮	树枝	树叶	根系	合计
火力楠人工林	16	15.88 / 6.30	1.38 / 0.64	2.73 / 1.51	2.46 / 1.00	5.14 / 2.94	27.59 / 12.39
杉木人工林	16	4.46 / 3.30	0.67 / 0.50	1.14 / 0.85	0.88 / 0.66	1.21 / 0.91	8.36 / 6.22

3.3　火力楠林分的现存量

林分的现存量是林分的最重要的数量特征,是研究森林生态系统物质循环的基础。由表5看出,16年生火力楠人工林现存量为 201.78t/hm²,其中乔木层占绝大部分,约为 98.10%,下木、草本和枯枝落叶合起来还不到2%。

表5　火力楠林分现存量

	乔木层	下木层	草本层	枯枝落叶层	合计
现存量(t/hm²)	197.94	0.24	0.98	2.62	201.81
(%)	98.10	0.12	0.49	1.29	100.00

4 火力楠人工林营养元素的含量和分布

森林植物体内含有许多种营养元素,其中 N、P、K、Ca、Mg 对森林植物的生长有着至关重要的影响。因此,研究这 5 种营养元素的含量和分布是很重要的。

4.1 营养元素含量

如表 6 所示,植物营养元素含量随植物层次部位不同而有很大差别。例如下木和草本层一般 5 种大量元素的含量普遍高于乔木层和枯枝落叶层,特别是 P、K 高达 10—20 倍之多。乔木层尤以树叶养分含量最高,干材含量最低,突出的是 N 素含量,前者比后者高 11 倍以上。就 5 种元素比较,其规律是 N、Ca、Mg 含量高,P、K 含量低。

表 6 火力楠林分植物营养元素的浓度(%)

层次		N	P_2O_5	K_2O	CaO	MgO
乔木层	干材	0.09	0.01	0.02	0.21	0.11
	树皮	0.55	0.02	0.08	0.54	0.33
	树枝	0.42	0.02	0.03	0.30	0.31
	树叶	1.10	0.07	0.05	0.57	0.60
	根系	0.32	0.02	0.06	0.11	0.38
下木		1.75	0.23	0.23	1.28	1.08
草本		1.30	0.20	0.23	0.41	0.46
枯枝落叶		0.75	0.02	0.23	0.67	0.43

4.2 营养元素的分布

森林植物在其生命过程中,不断地从土壤水分中吸收各种营养元素,合成有机物质,把太阳能转化为化学能贮存在生物体内,同时也将矿物元素在各组分和器官中累积起来。由表 7 看出,16 年生火力楠人工林,每公顷固定 5 种大量元素为 1749kg,其中乔木层为 1657kg,占总量的 95%,而下木、草本和枯枝落叶层合计只占全林与总量的 5% 左右,可见乔木层植物无论是在生物量的积累上,还是在养分的固定和循环上都占据着主导地位。

就乔木层各器官 5 种元素分布看,树冠 5 种元素总固定量最高,树干次之,根系最少。而生物量排列顺序恰恰相反,树干最大,根系次之,树冠最小,这是由于树冠的营养元素的含量远远高于根系和树干的缘故。每一种元素在各器官的分布差异也很大;N、P 树冠分布最多为 276.50kg/hm² 和 15.98kg/hm²,占各自总固定量的 45.32% 和 39.45%。树干和根系含有等量的 K,分别占其总量的 35%,而树冠的 K 分布最少,只相当前者各自的一半。Ca 树干分布特别多,占林分总量 52.66%,根系最少,只占总量 10% 左右。Mg 的分布又不同前几种元素是根系最多,树冠次之,树干最少。

4.3 乔木层营养元素的取走量和归还量

如果按生产 1t 干物质需要的营元素来计算,那么从表 8 就可看出,乔木层林木就需从土壤中吸收 8.37kg 的 5 种营养元素,其中 N、P、K 分别为 2.9、0.19kg 和 0.36kg。但是这些元素并非被完全取走,因为目前还主要是利用干材部分,所以实际上土壤损失的养分的数量只是干材带走的量,即 2.24kg,约占乔木层 5 种元素总量的 1/4,其中

表7 火力楠林分营养元素的分布($\frac{kg/hm^2}{\%}$)

层次	现存量(t)	N	P₂O₅	K₂O	CaO	MgO	合计
乔木层	197.94/98.10	573.47/94.00	37.48/92.52	71.68/89.03	481.24/95.13	493.30/96.41	1657.17/94.77
树干	110.90/54.96	146.53/24.02	12.10/29.87	28.27/36.11	266.40/52.66	144.33/28.21	597.63/34.18
干材	100.74/49.93	90.67/14.86	10.07/24.86	20.15/25.04	211.56/41.82	110.82/21.66	443.27/26.35
树皮	10.16/5.03	55.86/9.16	2.03/5.01	8.12/10.08	54.84/10.84	33.51/6.55	154.36/8.83
树冠	40.03/19.84	276.50/45.32	15.98/39.45	15.20/18.88	163.13/32.25	170.30/33.29	641.13/36.66
树枝	24.10/7.90	101.20/16.59	4.82/11.90	7.23/8.98	72.29/14.29	74.70/14.00	260.24/14.88
树叶	15.93/7.90	175.30/28.73	11.16/27.55	7.97/9.90	90.84/17.96	95.62/18.69	380.89/21.78
根系	47.01/23.30	150.44/24.66	9.40/23.20	28.21/35.04	51.71/10.22	178.65/34.91	418.41/23.93
下木层	0.24/0.12	4.20/0.69	0.55/1.36	0.55/0.68	3.07/0.61	2.59/0.51	10.96/0.63
草本层	0.98/0.49	12.73/2.09	1.96/4.84	2.25/2.79	4.01/0.79	4.50/0.88	25.45/1.46
枯枝落叶层	2.62/1.29	19.68/3.22	0.52/1.28	6.03/7.49	17.58/3.47	11.28/2.20	55.09/3.14
合计	201.79/100.00	610.08/100.00	40.51/100.00	80.51/100.00	505.90/100.00	511.67/100.00	1748.67/100.00

表8 乔木层生产1t干物质5种元素的需要量($\frac{kg}{\%}$)

器官	N	P₂O₅	K₂O	CaO	MgO	合计
树干	0.74/25.52	0.06/31.58	0.14/38.89	1.35/55.55	0.73/29.32	3.02/36.08
干材	0.46/15.86	0.05/26.32	0.10/27.78	1.07/44.03	0.56/22.49	2.24/26.76
树皮	0.28/9.66	0.01/5.26	0.04/11.11	0.28/11.52	0.17/6.83	0.78/9.32
树冠	1.40/48.28	0.08/42.11	0.08/22.22	0.82/33.75	0.86/34.54	3.24/38.71
树枝	0.51/17.59	0.02/10.53	0.04/11.11	0.36/14.82	0.38/15.26	1.31/15.65
树叶	0.89/30.69	0.06/31.58	0.04/11.11	0.46/18.93	0.48/19.28	1.93/23.06
根系	0.76/26.20	0.05/26.31	0.14/38.89	0.26/10.70	0.90/36.14	2.11/25.21
总计	2.90/100.00	0.19/100.00	0.36/100.00	2.43/100.00	2.49/100.00	8.37/100.00

N带走的更少,仅为0.46kg,占总量N的15.86%,Ca取走的量比较大,将近一半,可是

Ca 土壤中非常丰富对其肥力降低无甚影响。相反,枝、叶、根,甚至是树皮大部分或全部留在林地,其含有的营养元素,逐渐为微生物分解,归还给土壤。可见,5 种营养元素的取走量远远小于归还量,特别是 N,80%都归还给林地。

5 结论

(1)火力楠是我国南亚热带的珍贵用材树种,生长快,生产力高——16 年生的人工林,每公顷现存量可达 202t,其中乔木层 198t,占林分总现存量 98%。乔木层年间生产量为 27.59t/(hm^2·a),比当地的同龄杉木人工林高 2 倍多,和热带雨林的年间生产量相近。

(2)林分 5 种大量元素含量随层次和器官不同而有很大差异,乔木层最低,下木、草本层高。但就营养元素固定的绝对数量看,乔木层大大多于其它层次,5 种元素合计达 1657kg/hm^2,占林分总量的 95%。乔木层中尤以树冠分布的多,特别是 N 占乔木层一半。

(3)乔木层生产 1t 干物质需要 N 2.9kg,P 0.2kg,K 0.4kg、Ca 2.4kg、Mg 2.5kg。但取走的数量仅是总量的 1/4。大部营养元素归还给林地,特别是 N,80%以上归还给林地。上述养分的收支情况可作为选地和采取经营措施的根据。

参考文献:

[1] 中国树木志编委会.中国主要树种造林技术.农业出版社,1978:558-562.

[2] 冯宗炜等.杉木人工林生物产量的研究,桃源综合考察报告集.湖南科学出版社,1980:322-333.

[3] 冯宗炜等.湖南会同地区马尾松林生物量的测定.中国林业科学,1982,18(2):127-134.

[4] 中国科学院林业土壤研究所.湖南桃源杉木人工林生态系统营养元素含量和分布的研究,1980:189-200.

[5] 木村允.陆地植物群落的生产量测定法.科学出版社,1981:58-97.

[6] 户苅义次.作物的光合作用与物资生产.科学出版社,1979:263-283.

[7] Kira T, Ono Y, Hosokawa T. Biological production in a warm-temperate evegreen Oak forest of Japan. JIBP Synthesis, 1978, 18, 69-82.

[8] Bale L. Bartos, Robert S. Jonnston. Biomass and nutrient content of quaking aspen at two sites in the western United states. Forest Science, 1978, 24: 2.

现代生态学的发展与国民经济建设

冯宗炜

(中国科学院林业土壤研究所)

摘要:简要介绍生态学的由来和发展,阐述生态平衡的概念,并联系实际说明了生态平衡与国民经济建设的关系,研究生态系统的目的以及人在改造自然生态系统中的作用。

1 生态学的由来和发展

自从1865年德国生物学家H·Reiter和1866年E. Haeckel相继正式提出生态学这个名词以来,生态学发展至今已有100多年的历史了。在这段时期内,随着生物科学和技术科学以及社会科学的发展,生态学在广度和深度方面都有了很大的进展,最初的生态学是包括在生物学中的,当初E. Haeckel给生态学下的定义是:生态学是研究生物有机体与无机环境之间相互关系的科学。生态学作为一门比较完整的独立的科学,即具有一门科学本身的理论方法,以及专门问题和阐明其规律,那还仅是从20世纪30年代开始。在这以前,它所研究的许多问题是与自然历史地理学及个体生态学相交叉的,在统计学应用到植被调查和野生动物调查以后,发展了生态统计学。

生态学的发展经历了从描述→实验→物质定量的过程,近30多年来,生态学的发展大致可分为3个阶段。

第1阶段 20世纪50年代以前,基本上以个体及单种为单元的实验工作为主,以生理生态特性及描述性的群落学研究为骨干,是以描述到实验、个体到种群的过渡阶段。当然在动物、植物及微生物之间发展是不平衡的,植物生态学方面以森林、草原方面的研究较深入。

第2阶段 20世纪60年代前后,以种群为主的生产力研究,其中包括捕食与被捕食猎物的种间关系。随着现代控制论等方法论及数理统计的进一步渗透,生态学进入了一个比较精确的定量阶段。

第3阶段 20世纪70年代以来,由于现代电子计算机和分析技术的发展,开展了以生态系统为单元的多参数的结构和功能的研究,包括部分复合生态系统在内,因而无论在定性、定量以及广度等方面都有较大的发展。

上述3个阶段也可以说是经历了个体生态学、群体(落)生态学和生态系统生态学3个阶段。国外一些新版本的生态学和教科书上,都提到生态系统是现代生态学的核心,因此,谈到生态学的发展,就要专门的谈谈生态系统。

2 生态系统的基本概念

生态系统(Ecosystem)这个名词,前几年大家听起来好像有些陌生,过去在我国高等

原载于:江西林业科技,1983,(2):1-6.

院校的教科书上很少见到,现在大家比较熟悉了。但是生态系统的概念并不是 20 世纪 70 年代产生的,而是早在 20 世纪 30 年代英国的植物生态学家 A·G Tansley(1935)就提出来的,他说:"我们对生物体的基本看法是,必须根本上认识到,有机体不能与它们的环境分开,而与它们的环境形成一个自然系统"。以后,德国生态学家 H·Ellenberg 对生态系统下了这样的定义:"生态系统是包括生活的有机体和它们某种程度上有自动调节能力的无机环境相互作用的系统单元"。简而言之,即生态系统 = 有机体群落 + 环境条件。1944 年苏联的著名地植物学家、林学家 В·Н·Сукачив 院士提出了"生物地理群落(Биогиоценоз)"的名词。现在苏联文献中生物地理群落和生态系统已是划等号的同义词了。

综上所述,可以得出这样的概念,所谓生态系统是包括整个生物群落及其所在的环境物理化学因素(通常所说的气候、土壤因素),它是一个自然系统的整体。因此,它是一个特定的生物群落及其所在的环境为基础的。这样一个生态统系的各部分——生物与非生物,生物群落与生境,可以看作是处在相互作用中的因素,而在成熟生态系统中,这些因素接近于平衡状态,整个系统通过这些因素的相互作用而得以维持。

1954 年著名生态学家 A·Odum 提出了生态系统学,它是与个体生态学相对应的。生态系统学,是研究生态系统各成分之间以及它们与环境系统之间之间的相互关系。

生态系统大的可分为陆地(生)生态系统和水生生态系统。陆地生态系统包括森林、草原、荒漠、农田等。无论是森林还是草原、农田,作为一个生态系统都是由下列 4 个基本部分所组成的。

(1)生产者(或称第一性有机体)

指的是绿色植物和某些能进行光合作用或化能合成的细菌。绿色植物通过叶绿素吸取太阳能进行光合作用,把从周围环转由摄取的无机物质(CO_2、H_2O、无机营养物质)合成碳水化合物,把太阳能转化为化学能贮藏起来。它们是通过自身的代谢功能建成有机体,是自养生物。它生产的产品是其他所有生物的食料和能源的来源,故名为生产者。

(2)消费者(或称第二性有机体,次级有机体)

指的是利用植物所制造的有机物质进行生活的生物。这是一种异养生物,故名消费者。消费者中直接以植物为生的叫食草动物,如鹿、羊、牛、田鼠类等;以食草动物为生的如狐狸、蛇等称一级食肉动物,上面还可以有好几级食肉动物,如虎、狼、熊等。但它们之间划分没有严格的界限,许多动物如熊既吃动物又吃植物,属于杂食性动物,人类也是依赖绿色植物所固定的能量为生的,也是杂食性的。人既是生产者又是最大的消费者和分解者。

(3)分解者

是指细菌等营腐生生活的微生物,它们把动、植动的排泄物及尸体等复杂有机物分解成简单的化合物释放回环境,故名为分解者。

(4)非生物环境

是生态系统中生物赖以生存的物质和能量的源泉和活动的场所。生物圈中的 3 个基质:大气圈、水圈和岩石土壤圈,即通常人们讲的光、热、水、气、土、岩石及死有机物质等。生态系统中前三者构成食物链与后者非生物环境相互联系,组成一个系统的整体。它们之间彼此影响,相互制约,并通过能量和物质交换,把有机体群落和环境紧密地联系在一起。

在自然条件下,生态系统是一个有生命的开放式的功能系统,它占有一定的空间,并随着时间发生变化。生态系统内部是处于相对的动态平衡之中,任何人为活动或自然因素如果改变了生态系统中的某一环节或破坏了生态统中某一信息系统,均可导致生态系统失去一系列连锁反应,导致生态性的灾难。这种例子是不少的。

3 生态平衡与国民经济建设

这里我们提到了一个叫做生态平衡的问题。什么叫生态平衡?这个问题不论在国内或国外,不管是搞生物科学的,还是搞自然科学的或是搞社会学的,上自中央领导,下至一般干部和群众,都很关心这个问题。这几年报纸上时常出现生态平衡失调或破坏生态平衡的词句,但大家对生态平衡的理解并不一致。中国生态学会为此于1981年11月在上海专门召开了讨论会,通过学术讨论和交流,大家对生态平衡的含义,有了比较一致的认识,即生态平衡是生态系统在一定时间内结构与功能处于相对的稳定状态,它的物质和能量的输入和输出接近相等,在外来的干扰下,通过自我调节或人为控制,能恢复到原初的稳定状态;当外来的干扰超过生态平衡系统的自我调节能力,不能恢复到原始状态,就叫生态失调,或生态平衡的破坏。生态平衡是动态的,恢复生态平衡不只是保持其原初的稳定状态,生态系统在人为的有意识的影响下可以建立新的平衡。

3.1 森林生态系统的生态平衡问题

首先以我国东北阔叶红松林生态系统为例来说,它是我国陆地生态系统中代表温带针阔叶混交林的主要的森林生态系统。用已故的著名植物生态学家刘慎谔教授的术语来说,叫做温带地区的地带性顶极(Climax)。它是与大气候相适应的植被类型,是结构复杂、生产力高而又相对稳定的生态系统。所谓相对稳定就是作为生物群落主体的红松与周围的生物和非生物的环境处于相对的动态平衡之中。在自然状态下,红松适生于气候温和、土壤肥沃、排水良好的生境;红松幼期需要在阔叶树庇护下生长;红松的种子大而味美,不仅是一些鸟类如兰大胆、松鸦等和啮齿类动物如松鼠,花鼠、等赖以生存的食物来源;而且反过来这些动物也为红松更新起到了传播种子的作用。当人民单纯为了木头,不顾生态效益,把欧洲开发温带两针松林的办法,生搬硬套到阔叶红松林中,采取不合理的剃光头式的大面积皆伐,结果采伐后红松就消失,珍贵的阔叶红松林就逆向演替变为灌丛、草地甚至裸地。随之而来的非生物的环境条件也改变了,光照增强,水分不是过多(洼地、低湿地)就是过少(坡地)。由于红松全部砍掉被运走,食物链破坏了,一些鸟类和动物失去了食物的来源和栖息的场所,因而也就无从起到传播红松种子的作用,这样不合理的采伐方式招致珍贵红松林面积日益缩小,林地生产力下降,归根到底就是破坏了生态系统的动态平衡。

第二个例子是我国南方的杉木人工林。它是人为高度控制下形成的一个人工生态系统。杉木生长要求气候暖和湿润,降水均匀,空气湿度大,温差变幅小,土壤肥沃,酸性,排水良好的气候土壤环境。著名的杉木中心产区湖南会同的群众在长期生产实践中所形成的一套栽培管理制度和措施,如"当阳茶、背阴木","头带帽、中系腰、下穿裙"(水土保持措施),以及间作、轮种等措施,其目的都是为了尽量的调节生态系统中生物群落与非生物环境之间的协调关系,维护生态平衡以保持速生丰产的高生产力。从整个会同林区来看,保持着一个比较合理的多树种、林种的混交结构,有利于杉木的速生丰产和减免病虫为害。过去杉木病虫害少,向有杉木无病虫害之说,可是20世纪60年代中期以来,由于杉木的短缺,南方交通方便的丘陵地区集中成片营造大面积杉木用材林基地,这本是一项改造自然,绿化祖国的农业基本建设的大事,但因缺乏从生态学的观点加以考虑,采取"一刀切",集中营造大面积针叶纯林,而南方亚热带自然条件下,原来的森林植被是常绿阔叶混交林,营造大面积针叶纯林后,由于缺乏阔叶树,加上针叶林树冠上部针叶密集刺手,不利于鸟类营巢栖息;而阔叶树内大小枝条密茂,便于鸟类巢隐蔽;针叶杉树的球果鸟类很少吃它,纯针叶林内昆虫种群单一,时有时无,鸟类的食物时断时续;各种阔叶树的果实(尤其是壳斗科的)或种子,成熟期不一,可不间断地为鸟类提供丰富多彩的食物,因而阔叶林能为鸟类创造良好的居住和食物条件。阔叶林内寄生性的天敌也多,例如寄生蜂等就是害虫的天敌。某些阔叶树本身的酸碱度和特殊的化学成分,如单宁、花青素等有一定抗虫性;有的树木产生分泌物及特殊气体可妨碍害虫取食,阻碍它们发育,所以营造针阔交林或在针叶林附近营造阔叶林,就为生物防治创造了良好条件。此外,阔叶树的枯枝落叶多,林内微生物类群和土壤动物也多,有利于枯枝落叶的分解。据湖南会同的定位研究结果,在1年内,自栎、枫香的落叶分解达89.5%,栲树落叶达87.9%,而马尾松针为67.7%,杉木针叶只有48.4%。由于阔叶树落叶分解快,转化为植物可利用的无机盐类贮存于土壤中,增加土壤肥力,从而促进林木生长,达到生态系统中物质循环的目的。而营造大面积针叶纯林,使自然界中固有的天敌失去栖息场所,食物单一,打破了生物种间相生相尅的环节,致使病虫危害蔓延成灾。过去很少或没有病虫为害的杉木,出现了五大病虫害如杉梢小卷蛾、白蚁、粗鞘双条杉天牛、小爪螨(红蜘蛛)、黄化病等。据湖南桃源县调查,小爪螨1a繁殖达6—7代之多,严重危害杉木幼树,影响林木生长发育。

3.2 草原生态系统的生态平衡问题

在干旱和半干旱地区的草原生态系统中,除了因载畜量过大,过度放牧,使草原退化,甚至引起沙漠化,成为不毛之地的情况引起人们的注意外,农药对草原的影响也是当今生态学中的一个严重问题。例如,开发较晚、人烟稀少、处于比较原始状态的青海草原,因飞机喷药灭蝗和羊浴,有机氯农药通过食物链由草→牲畜→牛羊肉→人体,这种有机氯在牧草中含0.012ppm,而在人的脂肪内含量达8.031ppm,富集110倍,既污染了环境又危害人畜的健康。

3.3 城市生态系统的建设与生态平衡

城市生态系统是一个以人为主的独特的生态系统。国家环保办张树中付主任指出,过去在环境保护、国土整治问题上,忽视整体观和生态观点所造成的严重后果后,着重提出了理想城市的标准,即具备人类生存的基本条件,能呼吸到新鲜空气,喝到清洁的水,有一个安静的工作和休息地方,也即是天蓝水清,优美宁静,绿树成荫,布局合理。

人与生物圈《MAB》过去10a提出从生态学角度研究城市居住区的项目,以便通过研究人类及其环境之间,以及城市居住区与农付产品供应地区之间的相互关系,为更合理地规划人类居住区打下基础。在一些国家和城市如意大利的罗马,日本的东京,巴西的圣保罗,西德的法兰克福、慕尼黑、汉诺威、斯特拉斯堡以及香港、新加坡等城市相继开展城市生态系统的研究。波兰的华沙、克拉科夫,捷克的布尔诺等也提出了一些研究成果。在世界范围内资本主义国家城市化的倾向,人口爆炸的压力,城市发展达到空前规模,城市为了寻找所需的资源,对周围的破坏范围越来越广,以致最终将会俺没有自身造成的各种废物的灾害之中,因此,研究城市生态系统对于人们生产、生活来讲是切切相关的。

城市生态系统是以人为中心的实体,人类的经济活动,对它的发展起着支配的作用。资源的合理利用,环境的定向改造,可以促进物质生产和维护生态平衡,反之,可以导致生态失调与环境污染以及人类健康结构的改变。

城市生态系统中人类是主要消费者,其数量大大超过植物生物量,据估计东京是10:1,北京为8:1。该市生态系统中的能量和物质不能满足居民的需要,因此,城市生态系统对农业、淡水、海洋等生态系统的依赖性很大,这也是城市生态系统脆弱性的表现。

3.4 一个生态系统的破坏与环境的变化对其它生态系统的影响

这方面的例子很多。国外的例子,以我国邻近的第三世界国家为例,据联合国粮农组织(FAO)1976年的"为地方村社发展的林业"报告中提到,大多数发展中国家特别是亚洲,由于不合理的开发自然资源,破坏森林和植被引起生态基础的退化,是影响这个地区粮食生产,造成农村贫困的一个主要原因。在亚洲尼泊尔这方面最为突出,森林被开拓到海拔2000m,百分之百的坡地用于耕作,农业土壤的侵蚀,使河床升高,水库淤塞。尼泊尔的特赖河的河床每年抬高15—30cm,河床不断增高是造成这个地区经常发生洪水的主要原因。据有关资料报道,不同土地类型的20cm厚的表土层,被雨水冲掉所需的时间不同,林地为57.5万a,草地8.22万a,耕地46a,裸地18a。在印度由于森林植被破坏,使其土地总面积的50%受到侵蚀,据估计1a损失约60亿t肥沃土壤。在巴基斯坦土地总面积的76%受到侵蚀,侵蚀扩大了废耕地。废耕地的比例在印度为20%;尼泊尔东部丘陵为38%;印度基杜尔山区达65%。森林破坏除影响农业生产外,也直接影响到能源。在一些严重情况下,购买烧柴比买粮食更困难,一些国家中不得不以家庭收入的30%来买燃料。由于缺乏烧材,只好把草根、稽杆和动物粪便这些有机物作燃料来烧,其结果稽杆还不了田,土壤肥力降低。为此,他们建议要建立一种特殊类型的林业——为地方村社发展的林业。来回复人与环境之间的生态平衡。

国内的例子也不少,如辽宁省西部朝阳地区,由于森林生态系统受到长期的破坏,森林复被率低,水土流失严重。据辽宁省统计,在大凌河的上园以上,从1959—1970年,年平均输入的泥沙量为4210万t,每吨土壤中含氮0.4—2.4斤,含磷3.8—5.2斤,含钾1.4—5.0斤,有机质12.4—20.4斤,这样每年平均冲走的氮、磷、钾就有2.3亿—5.3亿斤,冲走有机质5.2—8.5亿斤。1972年朝阳地区遭受特大干旱,全区104条明水河全部干涸,大凌河、老哈河断流。由于缺乏森林的庇护,造成水库泥沙淤积,建平县一个水库1958年修建,蓄水量为1090万m³到1971年13a间泥沙淤积已达640万m³,超过580万m³的死库容量,使水库完全报废。而抚顺市的大伙房水库周围树木较多,淤积就轻,1963—1972年10a间淤积量仅为死库容量的6%。

3.5 生态系统中人是最活跃最积极的因素

我国是一个农业国,历史悠久,勤劳勇敢的人民在改造大自然的过程中,按照自然规律,结合人民的需要,从实际出发创造出许多有利于保护生态平衡,提高生物生产力的人工生态系统。如人口密集,每人平均不到3分地的珠江三角洲的桑基鱼塘就是一个突出的例子。桑基鱼塘生态系统是一个完整的水陆相互作用的人土生态系统,是广东农业的一种优势,引起国内外专家的重视。桑基鱼塘系统:种桑、养蚕、养鱼,由种桑始至养鱼终,桑、蚕、鱼三者紧密联系。桑是生态系统中的生产者,蚕是第一性消费者,鱼是第二性消费者,塘里的微生物是还原者。这个生态系统的物质循环和能流是比较明显的,这三个桑、蚕、鱼任何一部分的好坏都影响到其他部门。种1亩桑,年产桑叶4000斤,每百斤桑叶产茧8斤,共可得320斤茧,每百斤茧出生丝10斤,则可得32斤生丝。养鱼方面,每百斤桑叶得60斤蚕沙,每8斤蚕沙可养活鱼1斤,亩产4000斤桑叶可得鱼300斤。

桑基鱼塘生态系统比较复杂、完善,优点也多,主要有:

(1)充分利用热量和光能,进行各种轮套、间作,每年收成较多,单位面积产量高,利用河水灌溉,利用河泥、塘泥施肥。

(2)部门复杂,收入来源多,经济效益高,全年收入比种水稻多3—4倍。

(3)农民全年有收入,如春、夏、秋三季可采桑8—9次,养茧8—9造,结茧8—9次;冬季在收割桑枝后基面可种蔬菜2次;还有鱼塘每年可收获4—6次,以及间种香蕉等,因而基塘区生产队可按月发工资。

(4)可容纳各种大小劳动力,解决劳动就业的问题。

此外,如河南商丘地区桐农同作也是一个农林双平收的人工生态系统。

地球表面生物圈的各生态系统森林、草原、农田、河流、湖泊等,它们本身内部各成分之间以及各生态系统之间是相互联系相互影响的,研究生态系统的目的,就是要研究能量的流动与物质循环,把握它的规律,采取各种有效的人为调节和控制的措施,恢复和调节生态系统的平衡,或建立新的平衡,以便达到更合理的结构、更高的生物产量、更高效的功能和更好的社会经济效益。

不同自然地带杉木林的生物生产力*

冯宗炜,陈楚莹,张家武,赵吉录,王开平,曾士余

(中国科学院林业土壤研究所)

摘要:对不同自然地带杉木林的生物生产力进行比较,结果表明:中带(相当于中亚热带)生产力最高,其后依次为南带(相当于南亚热带)和北带(相当于北亚热带)。

The biological productivity on Chinese fir stands at different zone

FENG Zongwei, CHEN Chuying, ZHANG Jiawu, ZHAO Jilu, WANG Kaiping, ZENG Shiyu

(*Institute of Forestry and Soil Science, Academia Sinica*)

Abstract: The distribution area of Chinese fir was divided into 3 zones, they are northern, central and southern zone.

(1) The standing crop of stand, the standing crop and net production of tree layer were respectively 156.31 t/hm², 150.85 t/hm² and 10.34 t/(hm²·a) for 20 years old at central zone (Hui-tong), 134.63 t/hm², 127.92 t/hm² and 8.4 t/(hm²·a) for 20 years old at southern zone (Yu-lin), and 103.63t/hm², 100.32 t/hm² and 4.8 t/(hm²·a), for 23 years old at northern zone(Xin-yang). Those data show that biological productivity of central zone is higher than other zones. So that central zone may be set up as the commercial timber forest base in China. Other zones may be used as the regional commercial timber forest base.

(2) Standing crop ratios of leave to branch and photosynthesis system to non photosynthesis system trended to wards southern zone > central zone > northern zone. Those indicated that standing crop of leave in southern zone is lower and its photosynthesis efficiency is higher than that of central zone and northern zone. Thick crown type may be chosen in southern zone and thin crown type in northeen for afforesting.

杉木是我国特有的优良、速生用材树种,栽培历史悠久,它的栽培区域遍及我国整个亚热带,约相当于东经102°—122°和北纬22°—34°之间。一般可分3个地带,南带、中带和北带。由于各地带自然条件的差异,反映在杉木林的生长发育和生产力诸方面均有不

原载于:植物生态学与地植物学丛刊,1984,8(2):93-100.

* 野外工作蒙广西六万林场、河南信阳地区林业局和南弯林场大力支持;参加部分野外工作的有广西六万林场马家禧、李顺明、熊左平和本所的高虹等同志;在此一并致谢。

同。本文是根据杉木不同地带内几个典型林区林分生物生产力研究的结果撰写而成的。旨在为南方用材林基地的合理规划和经营,提供参考。

1 调查地区的气候特点

杉木各地带的典型林区为:南带以位于广西壮族自治区玉林地区的国营六万林场为代表;中带以湖南省会同县广坪林区为代表;北带以河南省信阳地区国营南湾林场为代表。上述各地在历史上均有植杉的习惯,是传统的杉木产区。玉林地区位于南亚热带,气温高,年平均气温21.8℃,≥10℃积温为7493,年降雨量为1604.9mm,但分配不均,干、湿季较明显;会同县位于中亚热带,气候温和,年平均气温16℃,≥10℃积温为5250,雨量充沛,分布较均匀;信阳地区位于北亚热带,其水热条件远不如上述两带,特别是雨量较少,年降雨量仅为1134.7mm,年蒸发量大大超过降水量(表1)。

表1 不同地带典型林区的气候状况

地点	东经	北纬	年平均温度(℃)	极端最低温(℃)	降雨(mm)	蒸发量(mm)	相对湿度(%)	≥10℃积温	记录年代
玉林	110°10′	22°38′	21.8	0.5	1604.9	1586.4	80	7493.0	1961—1970
会同	109°45′	26°30′	16.0	-9.0	1300.0	1100.0	80	5250.0	1961—1970
信阳	114°05′	32°07′	15.2	-16.9	1134.7	1400.0	76	4815.4	1961—1970

2 样地概况和研究方法

2.1 样地概况

各样地均选择中等立地条件20年生左右的杉木人工林分。各样地的立地条件和乔木层的测树学因子见表2。下木层和草本层的组成见表3。

2.2 研究方法

(1)乔木层现存量的测定

在各样地中逐株进行每木调查,根据林木径级分配序列,按各径级选取1—2株标准木(相同类型),伐倒后用分层切割法,测定林木各层器官鲜重和干重,然后采用"相对生长测定法",即是利用不同森林群落样地上各径级伐倒木的各器官部分的现存量,与测树学指标胸径(D^2)×树高(H)之间存在着幂函数的相关关系即$y = a(D^2H)^b$,用最小二乘法求出参数a,b,再按林分中每木调查资料,推算y值[1],其回归方程见表4。

(2)下木层、草本层和枯枝落叶层现存量的测定

下木层的现存量测定是在样地内按对角线设置2m×2m样方5块,全部伐倒进行实测称重。草本层和枯枝落叶层的现存量测定是在下木调查的各样方中选取1/4面积,即1m×1m的小样方,将小样方内的草本和枯枝落叶全部收集,分别求其鲜重和干重。然后推算1 hm²下木层、草本层和枯枝落叶层的现存量[1]。

3 研究结果

杉木人工林是在人为高度控制下形成的森林群落,其乔木层通常是由单一树种所构成。因此,研究代表各带中等立地条件和相似密度情况下,杉木林的现存量及其器官分配规律,对了解各地带气候条件对杉木生产力的影响是很有意义的。

3.1 乔木层的现存量

表5为不同地带中等立地条件20—23年生杉木林的平均木现存量,由表5看出,以中带20年生杉木生长好、产量又高,其现存量为60.77kg/株;其次为南带和北带的杉木,它分别为中带杉木现存量的78.7%和54.0%。

表 2　各样地的立地条件和林分测树学因子

地带	坡位	土壤	林龄	株数（株/hm²）	胸径（cm）	树高（m）	材积（m³/hm²）
南带（玉林六万林场）	山坡中部	山地红壤	20	2750	14.05	11.27	246.3
中带（会同广坪林区）	山坡中部	山地红黄壤	20	2750	15.86	14.20	365.5
北带（信阳南弯林场）	山坡中部	山地黄棕壤	23	2750	12.55	9.56	208.5

表 3　各样地中下木层和草本层的组成

地带	下木层 植物名称	高度（m）	多度	草本层 植物名称	高度（m）	多度
南带（玉林六万林场）	野漆（Rhus sylvestris）	1.0	sol	铁芒萁（Dicranopteris linearis）	0.4	cop¹.
	小血桐（Macaranga tanarius）	2.4	un.	莎草（Cyperus rotundus）	0.2	sol.
	鼠李（Rhamnus sp.）	0.3	sol.	东方乌毛蕨（Blechnum orientale）	0.8	un.
	杜茎山（Maesa japonica）	0.5	un.	翠云柏（Selaginella uncinata）	0.5	sol.
	盐肤木（Phus chinensis）	0.2	un.	钩藤（Uncaria rhynchophylla）	0.1	sol.
	鸭脚木（Schefflera octophylla）	0.5	sol.	猕猴桃（Actinidia chinensis）	0.1	sol.
	拟赤杨（Alniphyllum forfunei）	2.6	sp.			
	山枇杷（Ilex franchetiana）	0.5	sol.			
	千年桐（Aleurites montana）	0.1	sp.			
中带（会同广坪林区）	野栀（Gardenia jasminoides）	0.2	un.	白茅（Imperata cylindrica）	0.8	sp.
	尖叶柃木（Eurya acuminata）	0.1	un.	狗脊（Woodwardia japonica）	0.8	sp.
	白栎苗（Quercus fabri）	0.1	un.	乌蔹莓（Cayratia japonica）	0.3	cop¹.
	楤木（Aralia chinensis）	0.5	un.	铁芒萁（Dicranopteris linearis）	0.4	sp.
	高粱泡（Rubus lambertianus）	0.6	cop¹	鳞毛蕨（Dryopteris sp.）	0.4	cop¹.
	大青（Clerodendron cyrtophyllum）	0.6	un.	五味子（Schisandra chinensis）	0.2	un.
				鱼腥草（Houttuynia cordata）	0.1	un.
				淡竹叶（Lophatherum gracile）	0.1	cop.
				地耳草（Hypericum japonicum）	0.1	cop.
北带（信阳南弯林场）	黄檀（Dalbergia hupeana）	0.7	un.	野苎麻（Boehmeria grandifolia）	0.8	sol.
	毛桐（Mallotus barbatus）	1.0	un.	白茅（Imperata cylindrica）	0.5	sol.
	盐肤木（Rhus chinensis）	0.6	un.	菝葜（Smilax china）	0.4	un.

表 4　不同地带杉木林各器官现存量的回归方程

地带	器官	回归方程	相关系数(r)	幅度(x)	幅度(y)	编号
南带（玉林六万林场）	树皮	$\log W_{bk} = 0.86620 \log(D^2H) - 2.18057$	0.99	$D = 8.9$—19.90	1.67—12.25	1
	树干材	$\log W_s = 0.86652 \log(D^2H) - 1.44242$	0.99	$H = 8.05$—14.90	9.16—67.23	2
	树枝	$\log W_b = 1.04234 \log(D^2H) - 2.60546$	0.97		1.94—23.51	3
	树叶	$\log W_l = 1.05600 \log(D^2H) - 3.12738$	0.99		0.72—8.58	4
	树根	$\log W_r = 0.68759 \log(D^2H) - 1.38918$	0.93		2.84—17.13	5
中带（会同广坪林区）	树皮	$\log W_{bk} = 0.81721 \log(D^2H) - 2.07002$	0.98	$D = 10.28$—24.50	2.08—17.18	6
	树干材	$\log W_s = 0.92447 \log(D^2H) - 1.69535$	0.99	$H = 6.16$—12.90	12.33—102.92	7
	树枝	$\log W_b = 0.92684 \log(D^2H) - 2.71925$	0.96		1.39—10.30	8
	树叶	$\log W_l = 0.91977 \log(D^2H) - 2.68044$	0.96		1.46—10.56	9
	树根	$\log W_r = 0.84045 \log(D^2H) - 1.99534$	0.99		21.75—165.42	10
北带（信阳南弯林场）	树皮	$\log W_{bk} = 0.830211 \log(D^2H) - 2.14968$	0.99	$D = 6.80$—19.10	0.85—8.33	11
	树干材	$\log W_s = 0.83111 \log(D^2H) - 1.46850$	0.99	$H = 6.75$—12.90	4.09—40.25	12
	树枝	$\log W_b = 0.66406 \log(D^2H) - 1.52756$	0.98		1.30—8.86	13
	树叶	$\log W_l = 0.66300 \log(D^2H) - 1.48683$	0.99		0.72—8.58	14
	树根	$\log W_r = 0.74137 \log(D^2H) - 1.49350$	0.98		2.05—17.83	15

表5 不同地带杉木林平均木的生长量和现存量

地带	生长量 树高(m)	胸径(cm)	现存量(kg) 树干材	树皮	树枝	树叶	地上部	根 0—3 cm	3—5 cm	>5cm	根桩	合计	总计
南带(玉林六万林场)	10.60	13.69	28.20	5.14	6.34	2.31	41.99	0.80	1.09	0.66	3.31	5.86	47.85
中带(会同广坪林区)	14.85	15.00	37.23	6.34	3.81	3.93	51.31	0.45	1.02	2.89	5.10	9.46	60.77
北带(信阳南弯林场)	9.40	12.69	15.69	3.25	3.86	4.20	27.00	0.85	0.85	0.48	3.65	5.83	32.83

就整个乔木层而言,仍以中带的杉木现存量最大,每公顷达150.85t,比南带的杉木高出22.93t,比北带信阳23a的杉木还高51.53t(表6)。

表6 不同地带杉木林分中乔木层的现存量(t/hm^2)

地带	年龄	树干材	树皮	树枝	树叶	树根	合计
南带(玉林六万林场)	20	70.05	12.80	18.73	6.29	20.00	127.92
中带(会同广坪林区)	20	92.83	16.34	8.97	9.25	23.46	150.85
北带(信阳南弯林场)	23	45.54	9.42	11.29	12.23	21.84	100.32

上述结果表明中带杉木的现存量最大,其次为南带,而北带的杉木最低。

3.2 杉木各器官现存量的分配规律

上面结果为不同地带杉木各器官的现存量,而现存量并不能说明各器官在树上分配规律及相互关系,由表7中数据看出:无论哪一地带均以树干材的现存量最大,其中又以中带的树干材为大,占乔木层现存量的61.5%,其次为南带的杉木;最低为北带杉木,尚不足50%。

各地带杉木树皮现存量约占乔木层现存量的10%左右,其各带树皮现存量多少的趋势与树干材基本一致。

各带杉木树枝的现存量差异很大,以南带杉木枝条积累的有机物质最多,占整个乔木层现存量的14.7%,其次为北带杉木的枝条,中带杉木树枝最小,仅占5.9%。

杉木树叶的现存量则以北带的杉木为最大,占整个乔木层生产量12.2%,其它两带较小,约占5%—6%。

表7 不同地带杉木各器官现存量的分配(%)

地带	树干材	树皮	树枝	树叶	树根
南带(玉林六万林场)	54.8	10.0	14.7	4.9	15.6
中带(会同广坪林区)	61.5	10.8	5.9	6.1	15.7
北带(信阳南弯林场)	45.4	9.4	11.3	12.2	21.7

南、中两地带杉木树根的现存量均占乔木层现存量15%左右,北带杉木树根现存量最大,占21.7%。

3.3 杉木各器官现存量之间的相互关系

各器官现存量多少只能反映他们积累有机物质的多少,而不能反映各器官之间的相互关系。表8为不同地带杉木各器官现存量的比值,从表中数据看出:树干与树冠的比值以中带的杉木最大达6.0,即中带杉木的树冠小而树干大;南带杉木的树干为树冠的3.3倍,说明树干的生长量远较树冠大,过去有人曾认为南带杉木"一般侧枝徒长,树冠较大,木材生长率较小,枝叶重量常超过干的重量"[2],但这种论断缺乏有力的数据证明,因而值得商榷;北带杉木树干与树冠的比值最小,仅为2.3。

树叶与树枝的比值以南带杉木为最大,这说明南带杉木树枝大,为树叶的3倍,同时还说明了树叶在树枝上排列较稀疏;中带和北带的杉木树叶和树枝之比约为1:1。

树叶与树干之比值和光合作用系统与非光合系统之比值均以南带杉木为最高,中带次之,北带最小,其比值分别为南带的40%和37%,为中带的50%和47%。由这一数据看出南带杉木叶少,而生产的干物质多,这充分说明南带杉木叶的光合效率最高,北带最低尚不超过南、中带杉木的1/2。

表8 不同地带杉木各器官现存量的比值

地带	树干与树冠之比值	树叶与树枝之比值	树叶与树干之比值	光合作用系统与非光合作用系统之比值
南带(玉林六万林场)	3.3	3.0	20.3	19.3
中带(会同广坪林区)	6.0	1.0	16.3	15.3
北带(信阳南弯林场)	2.3	0.9	8.2	7.2

3.4 不同地带杉木的产量结构

图1为南、中、北带的被压木、平均木、优势木产量结构图。由图1明显看出,无论被压木、平均木、优势木均以中带杉木最大,其次为南带的杉木,最小的仍为北带的杉木。从图1还明显看出,南带杉木的树冠大而长,其中树枝的现存量又大于树叶,其后依次为北带和南带杉木。

不同地带杉木树干现存量都随树高增加而减少,其中以优势木减低速度最快,被压木较慢。树枝和树叶分布的差异也较大,平均木和优势木树枝和树叶分布在树冠中上部,被压木树叶分布无明显差异。

3.5 不同地带杉木林的净生产量

现存量是指单位面积上某个时间所测得生物有机体的总重量,现存量不能反映绿色植物光合作用制造有机物质的速度,

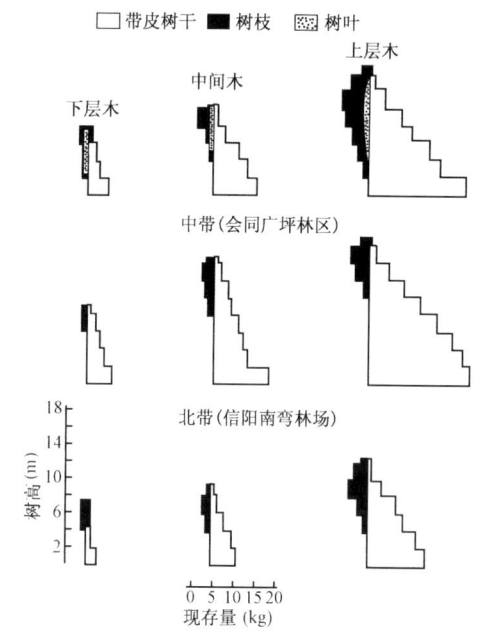

图1 不同地带杉木的产量结构

因此不能用它来衡量群落生产力的高低,而应以净生产量的多少为标准。净生产量是植物在单位时间内(t_1—t_2),除去呼吸消耗外所生产的有机物质。树干净生产量是采用树干解析法求得;树皮、树枝、树叶和树根的净生产量是假定具有树干相同增长率测的[3]。

由表9看出,各地带杉木林净生产量仍然是以中带的杉木为最高,达10.34t/($hm^2 \cdot a$),其中树干材高达6.34t/($hm^2 \cdot a$),占年生长量的61.3%,南带杉木年净生产量仅为中带杉木

的81.2%,而北带杉木的年净生产量尚不足中带杉木的50%;树枝的净生产量以南带杉木最大,中带和北带的杉木树枝仅为南带的39.9%和35.0%;而树叶的净生产量中带和北带均大于南带。但尽管如此,南带杉木的树叶和树枝的年净生长量仅为树干的36.9%,从这个数字中可再次证明,树冠的增长量绝非大于树干。杉木树根的净生产量仍以中带为最高,其次为南带和北带。

表9 不同地带杉木的净生产量* (t/(hm²·a))

地带	树干材	树皮	树枝	树叶	树根	合计
南带(玉林六万林场)	4.60 (54.8)	0.84 (10.0)	1.63 (19.4)	0.38 (4.5)	0.95 (11.3)	3.40 (100.0)
中带(会同广坪林区)	6.34 (61.3)	1.08 (10.4)	0.65 (6.3)	0.67 (6.5)	1.60 (15.5)	10.34 (100.0)
北带(信阳南弯林场)	2.81 (47.7)	0.48 (9.9)	0.57 (11.8)	0.62 (12.8)	0.86 (17.8)	4.84 (100.0)

* 未计算枯枝落叶,故此数偏低;括号内的数据为百分数

3.6 不同地带杉木林分的现存量和分配

由表10看出,中带20年生的杉木林每公顷的现存量为156.31t,比南带20a杉木林高21.7t;比北带23a的杉木林高52.6t。

表10 不同地带杉木林分的现存量* (t/hm²)

地带	乔木层	下木层	草本层	枯枝落叶层	总计
南带(玉林六万林场)	127.92 (95.02)	0.84 (0.62)	3.91 (2.90)	1.96 (1.46)	134.63 (100)
中带(会同广坪林区)	150.85 (95.51)	1.46 (0.93)	2.61 (2.61)	1.39 (0.89)	156.31 (100)
北带(信阳南弯林场)	100.32 (96.88)	0.34 (0.32)	0.59 (0.57)	2.30 (2.23)	103.63 (100)

* 表中括号数字为百分数

从表10还可看出,无论哪一地带林分现存量的分配都以乔木层为最高,均占整个林分现存量的95%以上,下木层、草本层和枯枝落叶层的现存量尚不足5%,这充分说明了杉木是森林群落的主体。

3.7 不同地带杉木的生物生产力

上面就不同地带典型样地的杉木生产力进行了研究,为了研究这些地区杉木的生物生产力,在各地调查时分别收集了不同立地条件:即好、中、差的林分生长量资料进行分析和比较。表11为不同地带,不同立地条件杉木生长量比较,可以看出,不管是林分的平均胸径或树高均同样呈现出中带>南带>北带的趋势。

将上述测树学指标按地区分别代入公式1—15(表4),求各器官平均现存量,将各器官平均现存量相加,得平均木现存量,然后乘每公顷株数,即得每公顷现存量。20年生左右的杉木林平均木现存量,南带的玉林在25.0—76.0kg,平均为47.0kg;中带的会同在35.0—76.0kg,平均为67.9kg;北带的信阳在22.0—39.8kg,平均为30.1kg。若1hm²按2750株计算,1hm²的现存量,南带玉林为68.75—209.00t,平均138.88t;中带会同为98.45—290.40t,平均194.43t;北带信阳为60.50—109.50t,平均85.00t。

表 11　不同地带、不同立地条件的杉木生长量比较

地带	测树学因子	产地条件 差			中			好		
南带(玉林六万林场)	年龄(a)	19	19	19	19	19	20	21	19	21
	平均胸径(cm)	10.7	10.3	10.9	13.7	12.0	12.0	14.1	14.1	16.5
	平均树高(m)	8.3	8.9	10.7	10.6	10.7	11.4	13.8	16.4	12.5
中带(会同广坪林区)	年龄(a)	21	19	22	21	19	20	22	20	20
	平均胸径(cm)	12.1	13.0	13.2	15.6	14.2	15.4	17.5	18.4	18.8
	平均树高(m)	13.0	13.0	14.2	16.0	17.0	14.2	18.0	18.7	17.7
北带(信阳南弯林场)	年龄(a)	22	22	22	22	21	22	23	22	22
	平均胸径(cm)	9.9	10.4	11.4	12.7	12.8	13.4	13.5	14.2	13.0
	平均树高(m)	6.1	8.2	7.9	8.2	8.3	9.1	8.2	9.3	10.7

资料来源:南带为玉林地区林业局和六万林场提供;中带为本文作者调查;北带为信阳地区林业局提供

4　结果与建议

(1)杉木不同地带林分现存量的差异较大,中带一般 20 年生杉木林分的现存量达 156.31t/hm², 比南带的杉木林多 22.93t,比北带 23 年生的杉木林还多 50.53t。其中各带杉木林分中乔木层占林分总现存量的 95% 以上;

(2)中带 20 年生的杉木年净生产量为 10.34t/(hm²·a),分别比南带和北带的杉木高 1.9t/(hm²·a)和 5.5t/(hm²·a);就各器官的年净生产量而言,均以树干生产速度最快。

(3)树叶与树枝现存量的比值和光合系统与非光合系统现存量的比值呈现出南带 > 中带 > 北带的趋势。

根据上述结果,提出如下建议:

(1)中带杉木生长快,生产力高,适于规划培育速生丰产用材林基地;南带杉木生产力较中带为低,因此只适于规划为培育中小径用材林基地;北带杉木虽能正常生长,但生产力远较南、中两带低,故仅可作为培育地方的中小径用材基地。

(2)由于南带杉木叶子少,而叶的光合效率高,故在南带造林时可考虑选择浓密型的杉木类型;北带杉木适与南带相反,因此在造林时应注意选择稀疏型的杉木类型。

参考文献:

[1]　冯宗炜等.湖南省会同县两个森林群落的生物生产力.植物生态学与地植物学丛刊,1982,6(4):257-267.
[2]　乐天宇.植物生态学.中国林业出版社,1959,192.
[3]　冯宗炜,等.火力楠人工林生物产量和营养元素的分析.东北林学院学报,1983,11(2):13-25.

坚持理论联系实际　毕生献身科学
——纪念我国著名的植物学家、生态学家和林学家刘慎谔教授逝世十周年

冯宗炜

(中国科学院林业土壤研究所)

　　刘慎谔(1897—1975)是我国老一辈著名科学家。半个多世纪以来,他一直从事植物学、生态学和森林学等方面的研究和教学工作。他热爱共产党、热爱社会主义,孜孜好学,诲人不倦,培养了一代又一代的科学工作者。为我国植物科学的发展以及在林业建设和治沙方面做出了重要的贡献。他不愧为我国植物学界的开拓者和奠基人之一。

　　刘慎谔教授1897年出身于山东省牟平县的一个农民家庭。幼时读过私塾,1913年去烟台上学,后来入济南第一中学,1918年考入保定留法高等工艺预备班,1920年去法国留学,先入郎西大学农学院及蒙彼利埃农业专科学校学习,1923年在克来孟大学理学院毕业,获理科硕士学位,继而又在里昂大学理学院和巴黎大学理学院学习。1926年法国著名的地植物学家布脑-布朗喀(Braun-Blanquet)向他提出了有关法国高斯山区植被的几个问题,为了解答这些问题,他只身一人在法国高斯山地经历了3年的调查研究,1929年完成了"高斯山植物地理的研究"(法文)学术论文,在巴黎大学通过答辩,获得法国国授理学博士学位。

　　刘慎谔在国外留学期间,时刻怀念祖国,立志为发展中国的科学事业作贡献。1924年他在法国郎西参加了留欧同学组织的"新中国农学会",这个学会是以转移社会的风俗,提倡科学的农业,促进农业经济的发展和改良农民的生活为宗旨。他在这个学会中担任植物病理组干事,他还参加了蚕学组工作,1925年留欧生物学方面的中国学生,为了使中国的生物科学独立、普及和提高,在法国里昂大学组织了"中国生物科学学会",刘慎谔被推选任该学会的总书记。他留学法国近10年,采集植物标本两万多号,1929年他满怀为发展祖国植物学科做出贡献的雄心壮志,带着一箱书和这些标本回到祖国。

　　在旧社会,刘慎谔为发展我国的植物分类和地植物学历尽艰辛,披荆斩棘,开山铺路。他回国后担任北平研究院植物学研究所所长任研究员兼主任。为了了解我国新疆和西藏地区的植物区系和植被类型,开发宝贵的植物资源,他于1931年参加了中法西北学术考察团,5月由北京出发经内蒙古到新疆考察,第二年他继续由乌鲁木齐出发去南疆调查,后又翻越海拔5500m的昆仑山经西藏北部,抵克什米尔,再入印度,经仰光、香港到上海,过南京返回北京,历时近两年。那时候政局混乱,交通不便,少数民族地区更是关系复杂,他为揭示自然界植物分布和演变的规律,冒着生命危险,克服种种艰难险阻,在人烟罕见的世界屋脊进行科学考察,搜集到了我国这一地区最早的一批植物学和生态学

原载于:生态学杂志,1985,(1):1-4.

资料,这种勇于探索、坚韧不拔的精神,永远是我们后辈学习的榜样。

抗日战争时期,他为了保护珍贵的研究图书和植物标本,几度搬迁,把图书和标本安全转移到内地。他每到一地就进行野外调查采集标本,着手筹建植物园,把植物学知识的种子传播到各地。

1948年北京解放前夕,蒋介石集团派飞机到北京,准备把一些有声望的科学家迁往台湾,刘慎谔即和王云章先生相约绝不跟国民党走,留在北京迎接解放。

1949年新中国诞生了,在党的关怀下,他满怀激情投入社会主义建设。1950年他应当时东北农学院院长刘达同志聘请来到哈尔滨,担任东北植物调查研究所所长。1953年东北植物调查研究所改为中国科学院林业研究所筹备处,他担任副主任。1954年成立中国科学院林业土壤研究所,刘慎谔任副所长兼植物研究室主任。在旧中国刘慎谔看到旧政府贪污腐化和反动卖国的本质,不愿和那些官僚打交道,他抱着科学救国思想,一心从事科研和教学,但那时他只能在艰难困苦的小天地里挣扎,不能施展他的才能。解放后,在党的领导下,随着社会主义建设的发展,给科学事业创造了广阔美好的前景,新旧社会对比,使他从内心里热爱共产党,热爱社会主义,他认真学习马列主义和毛泽东思想,努力改造世界观,他不但在科研工作方面扩大了活动领域,同时还积极地参加各项社会活动,先后担任了中国植物学会副理事长、国家科委林业组副组长、中国科学院治沙队副队长、松江省人民政府委员、辽宁省民盟副主任委员、沈阳市民盟主任委员、辽宁省政协常务委员和沈阳市副市长等职,被选为第一、二、三届全国人民代表大会代表,并参加了全国群英会,几次幸福地见到了毛主席和周总理,党和国家对他的信任,使他更加关心国家大事,关心社会主义经济建设,关心对下一代年青人的培养。

1950年美国发动侵朝战争,战火烧到了鸭绿江边,并对我国东北一些地区用飞机投放了带有细菌的树叶、昆虫和小动物,悍然发动灭绝人性的细菌战。我国政府当即提出严重抗议,并组织全国有名的科学家对投放物加以研究和鉴定,刘慎谔和植物学界的老专家钱崇澍、胡先骕、林镕、吴征镒、匡可任、俞德浚、江发瓒和唐进等一起参加了研究,他们以确凿的科学论据证明,负载有细菌的山胡椒(*Lindera glauca* Bl.)和朝鲜红柄青冈栎(*Quercus aliena* Bl. var. *rubripis* Nakai)的树叶,是在朝鲜境内分布的树种,在我国东北境内无分布,据此揭露了美帝进行细菌战的罪证,为反击美帝细菌战作出了贡献,被授予有毛主席题字"动员起来,讲究卫生,减少疾病,提高健康水平,粉碎敌人细菌战争"的奖状和奖章。

刘慎谔自从来到东北后,深深地爱上了那浩瀚的林海和无边无际的大草原,他积极地组织科研队伍,深入长白山、大小兴安岭的原始森林和内蒙古大草原,为开发林区建设草原进行大量的调查和考察,发表了一系列的学术论文和专著。建国初期,我国林业部门对东北红松林区森林采伐更新缺乏成套的经验,当时森工部门请来了一些外国专家把欧洲大陆欧洲松林区的顺序带状皆伐(林区工人把这种采伐方式叫做"剃光头")在我国作为先进方式推行。1955年刘慎谔来到小兴安岭林区,他眼看一片片密茂的森林,刹时间就变成了只剩枝丫、断木和落叶满地的凄凉情景,他非常痛心。他以动态地植物学为理论基础,深入研究东北林区森林植被演替规律,并将这些规律应用到林业生产实践中去,他认为红松是林内更新的耐阴性树种,阔叶红松混交林是几世同堂的复层异龄林,与阳性的欧洲松林不同,不适于大面积皆伐,如不改变大面积皆伐方式,长此下去珍贵的红松林资源将逐渐消失,代之而来的将是大面积的次生林和荒山秃岭。我国是多山的国家,大面积皆伐破坏森林环境条件,引起水土流失,会带来一系列的生态灾难。他深切地感到森林采伐的问题是关系到我国森林资源的合理利用和林业生产发展的大问题,决不能袖手旁观。就在当时大力推行大面积皆伐的热潮中,他挺身而出,将自己的学术观点公开地在《林业科学》等杂志上发表。首先明确提出红松林必须实行择伐,旗帜鲜明地反对大面积皆伐,他不顾当时各种各样的压力和扣上什么"古典"、"落后"、"自然主义"等等的帽子,毫不动摇自己的主张。他还利用各种学术会议和讲学的机会,宣传自己的学术观点,大声疾呼要为子孙后代着想,不能"吃祖宗饭,造子孙孽",要保护森林资源,绝不能杀鸡取卵,采伐必须做到青山常在,永续利用。他坚持理论联系实际,亲自率领课题组的同志们,深入到生产第一线去调查研究,积极支持乌敏河林业局从生产实践中总结出来的适于红松林等复层异龄林结构的采育兼顾伐(即后来大家称作的采育择伐),为了进一步探讨采育兼顾伐的合理采伐量指标,他和伊春林业局、伊春林业科学研究所共同协作,成立了采育兼顾伐试验组,分别在伊春林区友好林业局和丰林林业局进行样板试验,提出了采伐后保留一定郁闭度和一定数量的中、小径木是保证采育兼顾,永续利用的关键。随着东北林区开发面积的不断扩大,大面积皆伐造成的生态坏境恶化,更新跟不上采伐的弊病日益严重,相反采育择伐在长白山和小兴安岭林区不断得到推广,取得了明显的效益。刘慎谔的学术观点和实验结果越来越得到生产上承认,他内心受到极大的鼓舞,虽然以后他疾病缠身,身体非常衰弱,但他还坚持到林区去不断总结经验,整理实验资料撰写论文报告。他这种沤心沥血为保护森林资源,保护生态环境,发展林业生产的忘我工作的精神,受到广大林业界人士的赞扬和尊敬。伊春林业管理局书记宫殿臣同志说:"刘慎谔老先生最关心林业生产,理论联系实际,是一位有真才实学的受林区工人尊敬和爱戴的老科学家"。

刘慎谔为我国的治沙工作也作出了重大贡献。为了防止沙漠化面积的扩大,早在1953年,他就率领科学工作者在东北西部辽宁省章古台建立了一个治沙定位试验站,他根据沙化植被的演替规律,结合群众固沙的实践,总结出一套草、灌、乔相结合的人工植被类型的治沙措施,为开创我国的治沙工作起到了指导作用。1956年铁道部修建包兰铁路,其中在中卫县境内有一段要经过腾格里大沙漠。铁道部通过中国科学院委托林业土壤研究所,承担铁路沿线治沙任务,为确保包兰铁路及时通车,刘慎谔急国家之所急,接受了这项任务。随即由铁道部铁道科学研究所,第一设计院和林业土壤研究所等单位协作,开展了包兰铁路中卫段治沙研究工作。他带领科研队伍冒着风沙骑骆驼由中卫县进入沙坡头沙区,沙区风大、干旱、雨量少,面对高大的流动沙丘,大家都担心能否在短短的两年期限内,提出保证通车的固沙方案,刘慎谔就带领大家在波涛汹涌的黄河上,坐羊皮筏过河,仔细研究黄河南岸固定沙丘植被演替,调查沙区植物的分布和生态习性,提出草、灌结合加沙障的治沙方案。1959年中国科学院成立治沙队,刘慎谔兼任治沙队副队长,每年都要亲自去西北沙漠地区进行考察,指导工作。刘慎谔关于治沙的理论和措施,为我国铁路治沙工作打下了有力的基础。包兰铁路在各方面的协同配合下,按时通车了。现在每当我们乘坐列车通过腾格里大沙漠时,都深深地怀念着这位老科学家。

刘慎谔是一位学识渊博、造诣很深,既重理论,又重实际的科学家。他经常谆谆教导我们,学习外国的科学和经验,要注意联系中国的实际,不能照搬照抄,当留声机。他还教导我们说:"没有理论的实践,是盲目的实践,要解决中国生产中存在的问题,一定要深入实践中去,总结经验理论,如此往复,才能逐渐完善,才能为自然资源的合理开发利用提供科学的依据。"他是这样说的,也是这样做的。这是他著作中的一个鲜明的特点。为了发展我国的生态地植物学,培养中青年科学工作者,刘慎谔在晚年不断总结他几十年来在国内外从事科研的经验,并结合我国的实际情况和存在问题,编写出《动态地植物学》和《历史植物地理学》,他先后于1962年和1963年在沈阳召开了专题学术讲座,使来自全国有关高等院校、科研和生产单位的200多名从事植物学、地植物学和林学等方面人员加强了理论培训,获得了教益。刘慎谔在讲课中,还针对我国森林覆盖率低,自然植被和生态环境受到严重破坏,生产力不高等特点,提出了建立人工植被和自然植被改造的学说,他从东北红松林的改造,西北流动沙丘和黄土高原水土保持人工植被类型的建立,农作物的复层结构,草场改良,盐碱地改良,一直讲到南方亚热带杉木人工林的树种配置,热带橡胶林的改造。

在关于建立人工植被的问题中,他明确地提出研究和建立人工植被要抓住生产上存在的关键问题,要有明确的目的性和明确的对象,研究和建立人工植被,必须与自然植被的研究相结合,人工植被的建立,必须符合自然规律,人工植被结构的地上地下必须相协调等原则。刘慎谔的这些学说为指导我国绿化建设,改造环境,提高植被生产力,提供了科学的依据。刘慎谔爱护青年,培养青年,严格要求,诲人不倦。他把他的全部学识和经验无保留地、热情地传授给年青的一代。他走到哪里就传授到哪里。他还多次应邀去北京、长春、哈尔滨、武功、呼和浩特和兰川等地的大专院校和科研单位作"国际植物命名法规"和有关植物分类学和地植物学等方面的学术报告。他每次讲课事先总是要找年青同志一起讨论、备课。他经常地为了讲清楚一个问题连吃饭时间也忘记了。还记得有一次,他参加中苏黑龙江流域综合考察,在小兴安岭林区调查时,为了使年青同志掌握地植物学作样方调查的方法,他坐在刚采伐过的红松大树桩上,反复地讲,直到年青同志搞清楚为止,当他讲完时,裤子被树椿上的松脂油粘住了,站也站不起来。他对青年一代寄予无限的希望,总是鼓励大家既要发展学科,还要解决生产问题,要多为社会主义建设作贡献。他常常对年青同志们说:你们不要停止在我所讲的问题上,你们要在这个基础上提高,对我讲的要扩充它,发展它,纠正它。

在十年动乱中,刘慎谔受到严重打击和迫害,身缠疾病,但他仍然坚持学习马列主义、毛泽东思想,关心辽宁的粮食问题,惦念着东北西部大自然的改造,并一再提出建议和设想。刘慎谔把毕生的精力献给了我国的科学事业,他著作中许多远见卓识的学术观点,至今已成为我国植物学、生态学和农林科学方面的宝贵遗产。他领导的以动态地植物学为理论基础的"森林采伐更新理论的研究"和共同协作的"西北沙漠地区修筑铁路设计施工"两项科研成果,在1978年全国科学大会上被授予重大科技成果奖。

刘慎谔教授离开我们已整整10年了,今天我们纪念这位已故的德高望重的老科学家,就是要学习他严谨的治学态度,诲人不倦的优良作风,坚持理论联系实际,毕生献身科学的精神,继承和发扬他的学说,为我国科学事业的繁荣发展和实现四个现代化而努力奋斗。

亚热带杉木纯林生态系统中营养元素的积累、分配和循环的研究[*]

冯宗炜,陈楚莹,王开平,张家武
曾士余,赵吉录,邓仕坚

(中国科学院林业土壤研究所)

摘要:在1980—1983年中国科学院湖南会同森林生态实验站成年杉木纯林中进行定位研究时,根据所取得的观测资料,分析和论述了营养元素在林内的积累与分配,以及从降雨中的输入量,计算了营养元素的年吸收量和归还量。研究表明,杉木纯林在21—23年生时,即达到主伐年龄期,营养元素年吸收量仍大于归还量,整个林分还处在养分消耗阶段。

Studies of the accumulation, distribution and cycling of nutrient elements in the ecosystem of the pure stand of subtropical *Cunnighamia lanceolata* forests

FENG Zongwei, CHEN Chuying, WANG Kaiping, ZHANG Jiawu,
ZENG Shiyu, ZHAO Jilu, DENG Shijian

(*Institute of Foreatry and Soil Science, Academia Sinica*)

Abstract: The accumulation, distribution and cycling of nutrient elements were studied in a mature (21—23 year old) and pure stand of *Cunninghamia lanceolata* in Huitong County of Hunan Province, during 1980—1983. The results are summarized as follows:

(1) Concentration of nutrient elements in organs of the *C. lanceolata* tends toward Ca > Mg > N > K > P. The highest concentrations of nutrient elements were found in the leaf and the lowest in the trunk.

(2) Total accumulations of nutrient elements of tree layer, understorey layer and ground-cover layer were estimated to be 1993.83kg/hm², 34.46kg/hm² and 166.91kg/hm² respectively. Total accumulations of nutrient elements in one ton of standing crop were in the order of tree layer < understorey layer < ground-cover layer.

(3) Annual accumulations of nutrient elements in different layers in kg/hm² were 112.71 for tree layer, 7.4 for understorey layer and 144.33 for ground-cover layer.

(4) Annual mean amount of litterfall in the stand was 1764.35kg/hm², it appeared in two

---

原载于:植物生态学与地植物学丛刊,1985,9(4):245-256.

[*] 高洪同志参加了分析工作.

peaks in February and July. Content of nutrient elements in the litterfall was 56.07kg/hm², of which N: was 13.53, P: 3.94, K: 3.49, Ca: 27.17 and Mg: 7.94kg/hm².

(5) Input of annual amount of nutrient elements through precipitation into the stand was 1107 t/hm², of which N was 18.22; P, 11.10; K, 13.30; Ca, 35.09; and Mg, 43.56kg/hm².

(6) Annual uptakes of nutrient elements in the stand in kg/hm² was N: 41.89, P: 15.76, K: 19.65, Ca: 81.62 and Mg: 46.56. The ratios of annual return and annual uptake of nutrient elements were N: 0.43, P: 0.49, K: 0.29, Ca: 0.35, and Mg: 0.39.

1 研究地区的自然条件与样地概况

研究地区位于湖南省西南部,与贵州省相毗邻,处于沅水上游,为云贵高原向江南丘陵的过渡地带,海拔一般在300—1000m左右。属于典型的亚热带湿润性气候,据会同县气象站的资料,年平均温度16.5℃,年降雨量1200—1400mm,年蒸发量1100—1300mm,相对湿度80%以上,日照年平均在34%左右,平均风速1.5—2.0m/s。地层很古老,以震旦纪的板溪系灰绿色板岩、变质页岩、砂页岩为主,土壤为山地黄壤[4]。

样地位于会同县广坪乡疏溪口村黄家团前的小山坡中部,坡向为西南坡,坡度15°左右,样地面积为20m×25m。该杉木纯林为1960年冬季造林,每公顷为2750株。1980年调查时为21年生,平均树高14.2m,平均胸径15.0cm,蓄积量每公顷为365.54m³。灌木层平均高0.64m,覆盖度30%;草本层平均高0.37m,覆盖度80%左右。

2 研究方法

2.1 现存量的测定

(1)乔木层 在样地内先进行每木调查,然后根据径阶分配序列,在样地外相毗邻的同样立地条件的林分中,按每径阶各选取1—2株标准木,伐倒后采用"分层切割法"测定地上部分各器官鲜重;地下部分根系采用全挖法,将根系全部取出,除净泥土,称其鲜重,同时还要采集各器官部分样品,在80℃恒温下烘干至恒重,测得其干重,再按相对生长法(Allometric method),推算乔木层的现存量[3-4]。

(2)灌木层、草本层 在样地外相毗邻的同样立地条件的林分中,按样地的大小沿对角线交叉设立2m×2m样方共5块,将样方内的灌木割倒后称其鲜重,并采集样品如同乔木层一样烘干后,测得其干重。草本层现存量的测定是在灌木调查样方中分别选取1/4面积(1m×1m)的5个小样方,将小样方内的草本植物全部割倒后,如同灌木层一样测定其干重[4]。

2.2 净生产量的测定

(1)乔木层 树干净生产量是采用树干解析法,树皮、树枝和树根净生产量是采用与树干净生产量的比例法求得,叶的净生产量是根据同一类型去年与当年林分叶量的差额测得1)[6]。

(2)灌木层 以灌木层的现存量被灌木的年龄除而得其净生产量,该林分中的灌木数量不多,查其年龄一般在4—8a之间,故取其平均数以6a计算,灌木层中树叶有常绿的和落叶的,因数量不多,故在此均按1a计算1)。

---

1) 冯宗炜等:森林群落生产力研究法,1982,中国生态学会生态系统研究法讲习班讲义,中国科学院林业土壤研究所印

(3) 草本层　草本层净生产量是根据草本层的现存量被草本器官部分的年龄除而得,该林分中的草本植物以多年生的蕨类狗脊(*Woodwardia japonica*)居多,估测其年龄与灌木相仿,约为4—8a,取平均数为6a计算,草本层植物中叶子与灌木层相同,也均按1年计算[1)]。

2.3　年凋落物量的测定

在样地内按对角线设置1m×1m的凋落物收集器5个,每月收集1次,测定其干重。

2.4　基流的测定

在样地内按每径级选1—2株树,用聚乙烯管一端固定在树干上(约离树干基部1m左右),然后在树干上螺旋式的围绕3—4圈,并用沥青粘牢,最下面的一端放入靠近树干基部的接收筒中,每次下雨后进行量测。

2.5　营养元素的分析

氮用凯氏法[2]、磷用钼蓝比色法[2]、钾用火焰光度计法[1]、钙、镁用EDTA-钠盐滴定等方法进行测定[1]。

3　研究结果

3.1　乔木层营养元素的积累和分配

乔木层是森林生态系统中有机物质的主要生产者,它不断地从土壤中摄取营养物质,并将其大部存留在树木中,另一部分则通过凋落物归还给土壤。因此,在生态系统物流的研究中,阐明乔木层营养元素的积累和分配是十分重要的。

表1　杉木各器官营养元素含量(干重%)

器官	N	P	K	Ca	Mg	平均
树皮	0.28	0.16	0.08	1.13	0.54	0.44
树干材	0.07	0.03	0.06	0.35	0.11	0.13
树枝	0.57	0.16	0.36	1.08	0.89	0.61
树叶	1.23	0.21	0.48	1.54	0.98	0.89
树根	0.40	0.14	0.40	0.15	0.47	0.31
平均	0.51	0.14	0.28	0.85	0.60	0.48

由表1中看出,各器官营养元素平均含量,呈现出树叶>树枝>树皮>树根>树干材的趋势。而各种营养元素在各器官中的平均含量,则又呈现出Ca>Mg>N>K>P的趋势,这个结果表明,同一树种各器官中积累的营养元素是有较大差别的。

由表2得知,乔木层中营养元素每公顷积累量为1993.83kg,占乔木层现存量的1.32%,若将林木的器官分成树干(包括树皮)、树冠(枝条+树叶)、树根3部分,则树干的现存量最大,占乔木层现存量的72.4%,而其营养元素含量尚不及乔木层营养元素积累量的1/2,仅为47.2%;树冠和树根现存量较小,分别为乔木层现存量的12.1%和15.5%,而营养元素含量却占乔木层总积累量的34.4%和18.4%。

表3为乔木层最近一年营养元素的积累量,从中看出,需要营养元素的总量为112.71kg/hm^2,约占乔木层净生产量的1.34%。

表 2　乔木层的现存量和营养元素的积累*

器官	现存量 (t/hm²)	营养元素（kg/hm²）					
		N	P	K	Ca	Mg	合计
树皮	16.34 (10.83)	45.75 (12.38)	26.14 (21.67)	13.07 (5.46)	186.64 (23.26)	88.24 (18.73)	357.84 (17.95)
树干材	92.83 (61.54)	64.98 (17.59)	27.85 (23.09)	55.70 (23.28)	334.19 (42.12)	102.11 (21.68)	584.83 (29.33)
树枝	8.97 (5.95)	51.13 (13.84)	14.35 (11.90)	32.29 (13.49)	96.88 (12.22)	79.83 (16.95)	274.48 (13.77)
树叶	9.25 (6.13)	113.78 (30.79)	19.43 (16.11)	44.40 (18.55)	142.45 (17.96)	90.65 (19.24)	410.71 (20.60)
树根	23.46 (15.55)	93.84 (25.40)	32.84 (27.23)	93.84 (39.22)	35.19 (4.44)	110.26 (23.40)	365.97 (18.35)
合计	150.85 (100)	369.48 (100)	120.61 (100)	239.30 (100)	793.35 (100)	470.09 (100)	1993.83 (100)

* 表中括号为百分数

表 3　乔木层 1a 积累的营养元素量（kg/hm²·a）

器官	净生产量 (t/hm²·a)	N	P	K	Ca	Mg	合计
树皮	0.88	2.46	1.41	0.70	9.94	4.75	19.26
树干材	5.17	3.62	1.55	3.10	18.61	5.69	32.57
树枝	0.52	2.96	0.83	1.82	5.62	4.63	15.86
树叶	0.55	6.77	1.16	2.64	8.47	5.39	24.43
树根	1.32	5.28	1.85	5.28	1.98	6.20	20.59
合计	8.44	21.09	6.80	13.54	44.62	26.66	112.71

3.2　灌木层和草本层营养元素的积累和分配

灌木层和草本层的绿色植物也是森林生态系统中有机物质的生产者。它们中既有 1 年生植物,也有多年生植物;既有常绿的,也有落叶的,它们也参与生态系统中物质循环。由表 4 看出,灌木层和草本层植物的营养元素含量比乔木树种要高。草本层植物积累的营养元素远远高于灌木层植物,尤其是叶子中的营养元素含量更高（表 5）。草本植物叶子中积累的营养元素最高,达 140.06kg,约占草本植物营养元素积累量的 97%,分别为灌木层树叶和乔木层树叶的 67 倍和 6 倍（表 6）。

表 4　灌木层和草本层植物的营养元素含量（干重%）

	器官	N	P	K	Ca	Mg	平均
灌木层	叶	1.49	0.20	0.56	1.84	1.12	1.04
	枝、干	0.44	0.08	0.08	0.92	0.59	0.44
	平均	0.97	0.14	0.32	1.38	0.91	0.74
草本层	叶	1.61	0.46	1.60	1.80	1.75	1.44
	枝、茎	0.74	0.21	0.88	0.72	1.32	0.77
	平均	1.18	0.34	1.24	1.26	1.54	1.11

表5　灌木层和草本层植物的营养元素的积累(kg/hm²)

	器官	现存量	N	P	K	Ca	Mg	合计
灌木层	叶	40	0.60	0.08	1.22	0.72	0.45	3.07
	枝、干	1420	6.25	1.14	1.14	13.06	9.80	31.39
	合计	1460	6.85	1.22	2.36	13.78	10.25	34.46
草本层	叶	1940	31.23	8.92	31.04	34.92	33.95	140.06
	枝、茎	690	5.11	1.45	6.07	5.11	9.11	26.85
	合计	2630	36.34	10.37	37.11	40.03	43.06	166.91

表6　灌木层和草本层植物1a的营养元素积累量(kg/hm²·a)

	器官	净生产量	N	P	K	Ca	Mg	合计
草本层	叶	1940	31.23	8.92	31.04	34.92	33.95	140.06
	枝、茎	110	0.81	0.23	0.97	0.81	1.45	4.27
	合计	2050	32.04	9.15	32.01	35.73	35.40	144.33
灌木层	叶	40	0.60	0.08	0.22	0.74	0.45	2.09
	枝、干	240	1.06	0.19	0.19	2.21	1.66	5.31
	合计	280	1.66	0.27	0.41	2.95	2.11	7.4

若以生产1t干物质所需的营养元素加以比较,则呈现出草本层每年每公顷70.40kg、灌木层26.40kg、乔木层13.40kg(图1)。

3.3　枯枝落叶层营养元素的积累和分配

枯枝落叶是森林土壤中有机质的主要来源,它是森林生态系统中营养物质循环过程中的一个物质库。枯枝落叶是指凋落下来的枯枝、枯叶、花、鳞片、种子和球果等。据1981—1983年连续3a的测定,平均年凋落量为1764.35kg/hm²。凋落量的月变化2月和7月是两个高峰(图2)。2月是常绿针叶树换叶季节,这个月的叶凋落量高达203.10kg/hm²,占叶子年凋落量的48.4%;7月是当地最炎热时间,并常伴有干旱,该月落枝量达147.74kg/hm²,占全年落枝量的32.6%。凋落物中的营养元素含量的月变化与各月的凋落量成正比,即2月和7月最高,分别为年凋落物中营养元素积累量的20.11%和

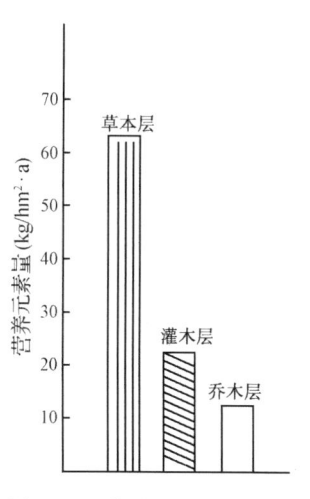

图1　1t干物质中营养元素重量

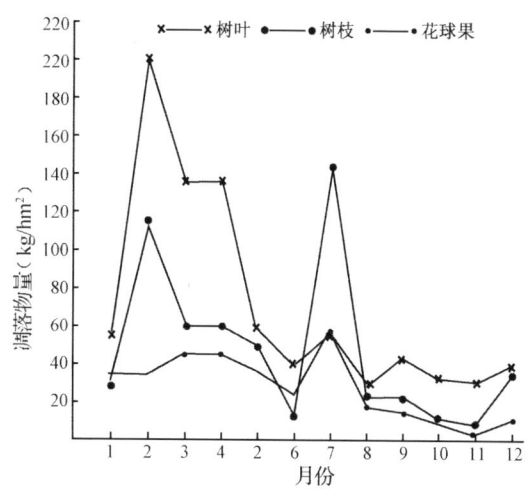

图2　成年杉木纯林中凋落物的月变化(1981—1983年3a平均数)

14.60%。再就凋落物的组成来看,以树叶中含营养元素最高,其次为树枝,最低为花、鳞片、球果和种子(表7)。

表7 3a(1981—1983)平均各月凋落物中营养元素的积累和分配(kg/hm²)

月份	树枝						树叶					
	N	P	K	Ca	Mg	计	N	P	K	Ca	Mg	计
1	0.225	0.066	0.058	0.452	0.132	0.933	0.409	0.119	0.105	0.821	0.240	1.694
2	0.896	0.261	0.230	1.797	0.525	3.709	1.558	0.454	0.401	3.128	0.914	6.455
3	0.460	0.136	0.120	0.928	0.270	1.914	1.039	0.301	0.266	2.082	0.606	4.294
4	0.462	0.132	0.118	0.924	0.270	1.906	1.035	0.303	0.268	2.080	0.608	4.294
5	0.381	0.111	0.098	0.764	0.223	1.577	0.447	0.130	0.115	0.897	0.262	1.851
6	0.088	0.026	0.023	0.177	0.052	0.366	0.301	0.087	0.077	0.603	0.176	1.244
7	1.134	0.330	0.292	2.275	0.665	4.696	0.418	0.122	0.107	0.838	0.245	1.730
8	0.174	0.051	0.045	0.349	0.102	0.721	0.228	0.066	0.059	0.458	0.134	0.945
9	0.162	0.047	0.042	0.325	0.095	0.671	0.336	0.098	0.087	0.675	0.197	1.393
10	0.095	0.028	0.025	0.191	0.056	0.395	0.242	0.070	0.062	0.486	0.142	1.002
11	0.075	0.022	0.019	0.151	0.044	0.311	0.238	0.069	0.061	0.477	0.139	0.984
12	0.265	0.077	0.068	0.531	0.155	1.096	0.305	0.089	0.079	0.613	0.179	1.265
合计	4.417	1.287	1.138	8.864	2.589	18.295	6.556	1.908	1.687	13.158	3.842	27.151

月份	花、鳞片、球果、种子						合计					
	N	P	K	Ca	Mg	计	N	P	K	Ca	Mg	合计
1	0.258	0.075	0.066	0.517	0.151	1.067	0.892	0.260	0.229	1.790	0.523	3.694
2	0.256	0.074	0.066	0.514	0.150	1.060	2.711	0.789	0.697	5.439	1.589	11.225
3	0.338	0.098	0.086	0.679	0.200	1.401	1.835	0.535	0.472	3.689	1.076	7.607
4	0.340	0.100	0.088	0.681	0.198	1.407	1.839	0.535	0.474	3.685	1.076	7.609
5	0.299	0.087	0.077	0.599	0.175	1.237	1.127	0.328	0.290	2.260	0.660	4.665
6	0.184	0.053	0.047	0.369	0.108	0.761	0.573	0.166	0.147	1.149	0.336	2.371
7	0.424	0.123	0.109	0.851	0.249	1.756	1.967	0.575	0.508	3.964	1.159	8.173
8	0.139	0.041	0.036	0.279	0.082	0.577	0.541	0158	0.140	1.086	0.318	2.243
9	0.117	0.034	0.030	0.234	0.068	0.483	0.615	0.179	0.159	1.234	0.360	2.547
10	0.093	0.027	0.024	0.186	0.054	0.384	0.430	0.125	0.111	0.863	0.252	1.781
11	0.035	0.010	0.009	0.070	0.020	0.144	0.348	0.101	0.089	0.698	0.203	1.439
12	0.085	0.025	0.022	0.171	0.050	0.353	0.655	0.191	0.169	1.315	0.384	2.714
合计	2.568	0.747	0.660	5.150	1.505	10.630	13.533	3.942	3.485	27.172	7.936	56.068

3.4 林内降水中营养元素含量

降水是森林生态系统中养分输入的一个来源,研究通过降水形式进入森林生态系统中的养分状况,是了解森林生态系统养分循环的一个重要方面。如图3所示,林内的穿透降水或茎流均小于林外空旷地的降水量,其月变化趋势林内外是一致的,树冠截留率为11.53%。林内降水中营养物质的含量高于林外氮、磷、钾、钙、镁分别高出11.24、5.09、2.92、12.67、10.51kg/hm²(表8)。林内降水中营养元素含量的增加,可能主要是来自细胞壁的蒸腾液,而细胞原生质只是选择性地从液流中吸取了当时所需要的营养元素,其余的营养物质聚结在细胞壁和角质层内,当降水时它们被氢离子(H^+)所交换出来。

表8 林内外降水中营养元素的月变化(kg/hm²)

营养元素	降水	1	2	3	4	5	6	7	8	9	10	11	12	合计
N	林内降水													
	茎流	0.20	0.71	0.30	1.22	1.20	1.15	0.11	0.08	0.18	0.39	0.36	0.27	6.17
	透穿降水	0.73	1.15	0.73	2.85	1.00	2.18	0.60	0.38	0.50	1.05	0.43	0.45	12.05
	计	0.93	1.83	1.03	4.07	2.20	3.33	0.71	0.46	0.68	1.44	0.79	0.72	18.22
	林外降水	0.30	0.58	0.32	1.22	1.07	1.30	0.23	0.46	0.49	0.50	0.26	0.25	6.98
P	林内降水													
	茎流	0.12	0.43	0.18	0.73	0.69	0.88	0.07	0.05	0.11	0.23	0.22	0.16	3.87
	透穿降水	0.44	0.69	0.44	1.70	0.60	1.31	0.36	0.23	0.30	0.63	0.26	0.27	7.23
	计	0.56	1.12	0.62	2.43	1.29	2.19	0.43	0.28	0.41	0.86	0.48	0.43	11.10
	林外降水	0.27	0.49	0.28	1.05	0.92	1.12	0.20	0.39	0.42	0.43	0.23	0.21	6.01
K	林内降水													
	茎流	0.14	0.51	0.21	0.83	0.83	1.05	0.08	0.06	0.13	0.28	0.26	0.20	4.63
	透穿降水	0.53	0.83	0.53	2.04	0.72	1.57	0.43	0.27	0.36	0.76	0.31	0.32	8.67
	计	0.67	1.34	0.74	2.92	1.55	2.62	0.51	0.33	0.49	1.04	0.57	0.52	13.30
	林外降水	0.47	0.85	0.48	1.31	1.59	1.93	0.34	0.68	0.73	0.74	0.39	0.37	10.38
Ca	林内降水													
	茎流	0.37	1.34	0.56	2.31	2.18	2.77	0.21	0.15	0.34	0.73	0.68	0.52	12.16
	透穿降水	1.39	2.18	1.39	5.40	1.91	4.16	1.15	0.71	0.96	2.01	0.82	0.85	22.93
	计	1.76	3.52	1.95	7.70	4.09	6.93	1.36	0.86	1.30	2.74	1.50	1.37	35.08
	林外降水	1.02	1.84	1.03	3.91	3.43	4.16	0.73	1.47	1.57	1.61	0.85	0.79	22.41
Mg	林内降水													
	茎流	0.46	1.67	0.70	2.87	2.71	3.44	0.26	0.19	0.42	0.91	0.84	0.64	15.11
	透穿降水	1.73	2.71	1.73	6.70	2.36	5.15	1.43	0.88	1.19	2.49	1.02	1.06	28.45
	计	2.19	4.38	2.43	9.57	5.07	8.59	1.69	1.07	1.61	3.40	1.86	1.70	43.56
	林外降水	1.50	2.72	1.52	5.77	5.05	6.14	1.08	2.17	2.31	2.37	1.25	1.17	33.05

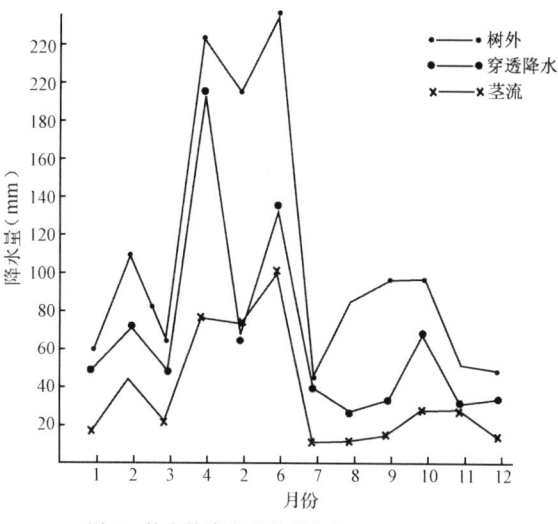

图3 林内外降水量的月变化(1981—1983)

就林内外降水中营养元素含量的月变化看,两者趋势是一致的,即雨量多的月份其营养元素含量也高。全年通过降水进入杉木纯林生态系统中 3a 平均达 1107t/hm², 其中氮为 18.22kg、磷 11.80kg、钾 13.30kg、钙 35.08kg、镁为 43.56kg。

3.5 杉木纯林生态系统中营养元素的积累和分配

整个生态系统中营养元素的总积累量为 84.86t/hm²(表9),就生态系统中各组分来看,乔木层所积累的营养元素仅占整个生态系统总积累量的很少一部分,灌木层和草本层以及枯枝落叶层更少,尚不足 2%。而绝大部分营养元素则积累在土壤中,若都以 1t 为单位加以比较,则出现相反的结果,即 1t 草本植物的干物中积累的营养元素为 63.46kg、枯枝落叶为 32.86kg、灌木为 22.92kg、乔木为 13.22kg、土壤为 12.11kg。

表9 杉木纯林生态系统中营养元素积累和分配状况(kg/hm²)

组成	N	P	K	Ca	Mg
乔木层					
树皮	45.75	26.14	13.07	184.64	88.24
树干材	64.98	27.85	55.70	334.19	102.11
树枝	51.13	14.35	32.29	96.88	79.83
树叶	113.78	19.43	44.40	142.45	90.65
树根	93.84	32.84	93.84	35.19	110.26
计	369.48 (6.00)	120.61 (6.14)	239.90 (0.64)	793.35 (3.43)	471.09 (2.88)
草本层					
叶	31.23	8.92	31.04	34.92	33.95
枝、茎	5.11	1.45	6.07	5.11	9.11
计	36.34 (0.59)	10.37 (0.53)	37.11 (0.10)	40.03 (0.17)	43.06 (0.26)
灌木层					
叶	0.60	0.08	1.22	0.72	0.45
枝、干	6.25	1.14	1.14	13.06	9.80
计	6.85 (0.11)	1.22 (0.06)	2.36 (0.01)	13.78 (0.06)	10.25 (0.06)
枯枝落叶层	13.54 (0.22)	3.94 (0.20)	3.49 (0.01)	27.17 (0.12)	7.94 (0.05)
土壤 (0—60cm)	5736.00 (93.08)	1828.00 (93.07)	36940.00 (99.24)	22270.00 (96.22)	15834.80 (96.75)
总量	6162.21 (100.00)	1964.14 (100.00)	37222.26 (100.00)	23144.33 (100.00)	16367.14 (100.00)

表中括号内数字为百分数

3.6 杉木纯林生态系统中营养元素的年吸收量和归还量

若以 A、B、C 分别代表乔木层、灌木层、草本层 1a 的吸收量, D 为凋落物中营养元素含量, E 为降水淋洗,即林内外收集的降水中营养元素含量的差额,那么 $A+B+C+D+E$ 就是 1a 的吸收量[7]。而 $D \times K$(K 为凋落物分解速率 = 48.4%) + E 则是 1a 的归还量。归还量与吸收量之比则氮、磷、钾、钙、镁分别为 0.45、0.49、0.29、0.35、0.39(表10,图4)。

表10　杉木纯林生态系统中1a的吸收量和归还量（kg/hm²）

组成	干物质(t/hm²)	N	P	K	Ca	Mg
现存量						
乔木层	150.85	369.48	120.61	239.30	793.35	471.09
草本层	2.63	36.34	10.37	37.11	40.03	43.06
灌木层	1.46	6.85	1.22	1.36	13.78	10.25
总量	154.94	412.67	132.20	277.77	347.16	524.40
一年吸收量						
乔木层非光合器官	7.89	14.32	5.64	10.90	36.15	21.27
草本层非光合器官	0.11	0.81	0.23	0.97	0.81	1.45
灌木层非光合器官	0.24	1.06	0.19	0.19	2.21	1.66
凋落物	1.76	13.54	3.94	3.49	27.17	7.94
降水淋失		12.16	5.76	4.10	15.28	14.24
总量	10.00	41.89	15.76	19.65	81.62	46.56
归还量	0.85	18.71	7.67	5.79	28.43	18.08
吸收/现存量	0.06	0.10	0.12	0.07	0.10	0.09
归还/吸收	0.09	0.45	0.49	0.29	0.35	0.39

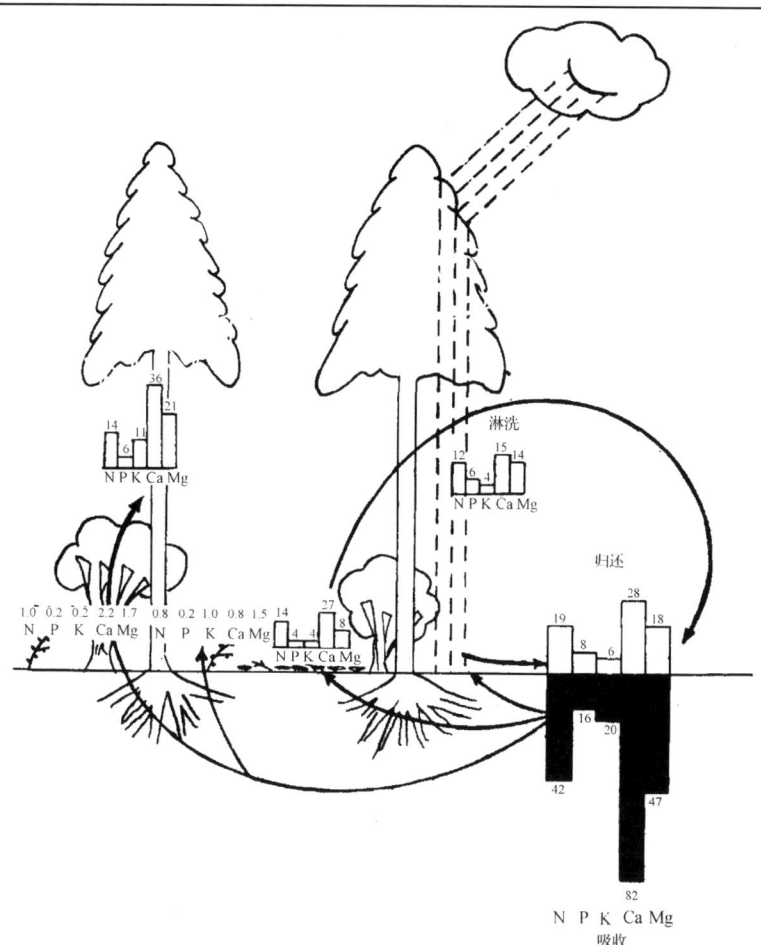

图4　杉木纯林生态系统中营养元素的年循环（kg/hm²·a）

4 结论与建议

(1) 成年杉木纯林(21—23年生)中,杉木不同器官积累的营养元素不同,各器官中营养元素的平均含量为叶子>树枝>树皮>树根>树干材;但就各种营养元素在器官中的平均含量则呈现出钙>镁>氮>钾>磷的趋势。

(2) 乔木层积累的营养元素为1993.83kg/hm^2,占乔木层现存量的1.32%,乔木层最近1a积累的营养元素为112.71kg/hm^2,占乔木层净生产量的1.34%。

(3) 灌木层和草本层中植物积累的营养元素分别为34.46和166.91kg/hm^2,最近1a的积累量分别占总积累量的21.5%和86.5%。灌木层和草本层中植物的营养元素含量为上层乔木树种的1—2倍,若以1t干物质中的营养元素加以比较,则呈现出草本植物>灌木>上层乔木树种。

(4) 成年杉木纯林(21—23年生)年凋落量平均为1764.35kg/hm^2。一年中凋落量有两个高峰(2月和7月),年凋落物中所含的营养元素(氮、磷、钾、钙、镁)为56.07kg/hm^2。

(5) 林内降水由茎流和穿透降雨两部分组成,成年杉木纯林中林内降水平均每公顷为1107t,其中含氮、磷、钾、钙、镁分别为18.22、11.10、13.30、35.08、43.56kg。

(6) 成年杉木纯林中营养元素每公顷年吸收量为:氮41.89kg、磷15.76kg、钾19.65kg、钙81.62kg、镁46.56kg。其归还量与吸收量之比分别为:氮0.45、磷0.49、钾0.29、钙0.35、镁0.39。由此可见杉木纯林在21—23年生时,即达到主伐年龄期,年吸收量仍大于归还量,整个林分还处于养分消耗阶段。

根据上述结论提出如下建议:

(1) 草本植物所含的营养元素远远高于乔木树种,为此每年在成林中刈草1—2次,对加速生态系统中物质循环是有促进作用的。

(2) 鉴于杉木纯林从栽植起直到主伐年龄期,整个林分处于养分消耗阶段,因此积极开展杉木林地施肥和营造杉木阔叶混交林,对防止林地土壤肥力下降,维持林地高生产力是很有必要的。

参考文献:

[1] 中国科学院南京土壤研究所.土壤理化分析.上海科学技术出版社,1978.
[2] 叶炳等.土壤理化分析方法.科学出版社,1963.
[3] 冯宗炜等.杉木人工林生物产量的研究.桃源综合考察报告集.湖南科学技术出版社,1980:322-333.
[4] 冯宗炜等.湖南会同县两个森林群落的生物生产力.植物生态学与地植物学丛刊,1982,6(2):257-266.
[5] Duvigheaud, P. and S. Denaeyer-De Smet. 温带落叶林矿质元素的生物循环,植物生态学译丛,第1集.科学出版社,1974:72-95.
[6] Ogawa H and Kira T. Methods of estimating forest biomass. In "Primary Productivity of Japanese Forest, JIBP Synthesis Vol. 16"(Shidei, T. and Kira, T. eds. Univ. of Tokyo Press, Tokyo,1977:15-20.
[7] Tsutsumi T. 森林生态系统中营养元素的积累和循环、植物生态学译丛,第四集.科学出版社,1982:171-179.

杉木人工林辐射状况的初步分析

曾士余,朱劲伟,冯宗炜,陈楚莹,张家武,邓仕坚

(中国科学院林业土壤研究所)

A preliminary analysis of radiation status in artificial *Cunninghamia lanceolata* forest

Zeng Shiyu, Zhu Jinwei, Feng Zongwei,
Chen Chuying, Zhang Jiawu, Deng Shijian

(*Institute of Forestry and Soil Science, Academia Sinica*)

Abstract:Observations in 1982—1983 show that in Huitong, a productive centre of *Cunninghamia lanceolata*, within the 22 years old artificial *Cunninghamia lanceolata* forest which is located in south west slope of 15 degrees, the total radiation heat in the upper part of crown canopy is 78388 cal/cm^2 · a, reflecting heat is 6848 cal/cm^2 · a, transmission heat is 8648 cal/cm^2 · a, and absorption heat is 62 892 cal/cm^2 · a.

太阳辐射是森林植物进行光合作用的主要能源,它在提高森林生产力的过程中起着重要作用。全面了解杉木人工林中太阳辐射的到达量及其再分配状况,不仅有利于杉木人工林的经营管理,同时也为建立最佳杉木人工林生态系统提供可靠的科学依据。

太阳辐射在林冠层中的分布规律,国内外很多学者曾进行过广泛研究[1-5]。为了研究杉木人工林中辐射状况的变化规律,中国科学院林业土壤研究所湖南会同森林生态实验站于1982年在实验地建立了太阳辐射定位观测站,分别观测了太阳总辐射、林冠反射、林冠透射等辐射项目。本文是基于1982—1983年的观测资料整理而成,现将研究结果分析如下。

1 观测场地的基本情况和观测方法

观测场位于湖南省会同县广坪地区杉木林内,东经109.5°,北纬26.8°。坡向为西南坡,坡度为15°。海拔高度300m左右。杉木人工林为22年生,株行距1.3m×2.0m,平均树高16m,郁闭度0.8左右,叶面积系数约为8,林下植被主要有:杜茎山(*Maesa japonica*)、尖叶铃木(*Furya acuminata*)、狗脊蕨(*Woodwardia japonica*)、乌蕨(*Stenoloma chusanum*)、阔鳞鳞毛蕨(*Dryopferis championii*)等。

根据观测工作的需要,在林内设有一座高20m的铁塔,进行有关气象要素的梯度观测。林冠反射采用DFM$_1$型天空辐射表测定。林冠透射是在林内距林地1.3m处测得的。总辐射的观测设在离铁塔100m处的楼顶上,仪器为DFY$_2$型直接辐射表和DFM$_1$型

原载于:生态学杂志,1985,(5):19-23.

天空辐射表。总辐射观测点周围 400m 内平坦宽广,无地形遮蔽。观测时间自 7:40—18:40,每天观测 12 次。

2 计算方法

2.1 直接辐射通量的计算

到达林冠作用面的直接辐射通量是指太阳直接辐射光在单位时间内到达单位林冠作用面上的热值($cal/cm^2 \cdot min$)。如果观测场周围没有地形遮蔽,此量可表示为[6]:

$$S_{\alpha\beta} = I_0 (U\sin\delta + V\cos\delta\cos t + \sin\beta\sin\alpha\cos\delta\sin t) \tag{1}$$

式中,$U = \sin\varphi\cos\alpha - \cos\varphi\sin\alpha\cos\beta$;

$V = \cos\alpha\cos\varphi + \sin\varphi\sin\alpha\cos\beta$;

α 为坡度;

β 为坡向;

t 为太阳时角;

φ 为地理纬度;

δ 为太阳赤纬;

I_0 为直射光强度。

利用上式可以计算会同地区任何时刻,任意坡面上林冠作用面直接辐射的到达量。

2.2 散射辐射通量的计算

为了计算方便起见,可认为来自天空各个方向的散射辐射是同性的。于是到达任何坡度林冠作用面上的散射辐射通量可用下式计算[6]:

$$D_\alpha = D(1 + \cos\alpha)/2 \tag{2}$$

式中,D 为到达水平面上的散射辐射通量。

2.3 辐射日总量的计算

根据(1)、(2)两式的计算,可以很容易地求得林冠作用面上的总辐射通量,即:

$$Q_{\alpha\beta} = S_{\alpha\beta} + D_\alpha \tag{3}$$

这里必须指出,认为林冠作用面的坡度和坡向与林地坡面相似。因此,林冠作用面的方位和坡度可用 β 和 α 表示。

为了求取太阳辐射的日总量,要首先确定日出日末时间,在无地形遮蔽的情况下,当地理纬度和太阳赤纬确定后,还取决于观测点的海拔高度,其影响程度可用下式表示[7]:

$$t_H = \arccos(-\text{tg}\varphi\text{tg}\delta - 0.0177 \sqrt{H}\sec\varphi\sec\delta)$$

式中,H 为海拔高度,观测点海拔高度不足 300m,经计算影响不超过 1min,可以忽略不计,故日出日落时间可用下式[7]:

$$\left. \begin{array}{l} W_S = \arccos \times \left[\dfrac{UV\text{tg}\delta \pm \sin\beta\sin\alpha \sqrt{1 - u^2(1 + \text{tg}^2\delta)}}{1 - u^2} \right] \\ W_S = \arccos \times \left[\dfrac{-u\sin\beta\sin\alpha\text{tg}\delta \mp V \sqrt{1 - u^2(1 + \text{tg}^2\delta)}}{1 - u^2} \right] \end{array} \right\} \tag{4}$$

式中,W_s 为坡面上 $S_{\beta\alpha}$ 由负值转到正值或相反转变的临界时角。

总辐射日总量:

$$Q_{总} = \frac{1}{2}(T_1 Q_1 + T_2 Q_{12}) + 30(Q_1 + Q_{12}) + 60(Q_2 + \cdots + Q_{11}) \tag{5}$$

式中，$Q_1, Q_2, \cdots, Q_{12}$ 分别为各次观测的总辐射通量；

T_1 为首次观测时间与日出时间之差；

T_2 为最后一次观测时间与日落时间之差。

同理，林冠反射，林冠透射同样可利用(5)式计算，只是代入的观测值不同而已。

3 结果分析

3.1 林冠作用面总辐射到达量

根据1982—1983年太阳辐射观测资料，利用公式(1)、(2)、(3)、(5)计算了会同林区22年生杉木人工林林冠作用面的总辐射到达量(表1)。

表1 林冠作用面总辐射的到达量($cal/cm^2 \cdot$ 月)

年份	月份												
	1	2	3	4	5	6	7	8	9	10	11	12	年总量
1982	3764	2484	4079	5159	9676	7040	12600	10797	6243	6295	3356	5891	77384
1983	3575	2987	4186	5648	8073	7962	11210	12349	8023	4854	6390	4135	79392
平均	3670	2736	4133	5403	8874	7501	11905	11573	7133	5574	4873	5013	78388

从表1看出，林冠作用面的年总辐射量平均可达78 388 $cal/cm^2 \cdot a$。生长季节(3—11月)为66 969 $cal/cm^2 \cdot a$。约占全年总辐射的85%。各月总辐射量差异很大，2月最小，7月最大。月变化曲线呈双峰型。峰值分别出现在5月和7月。

不难看出，林冠作用面上总辐射的变化规律主要受气候因子和天文因子的影响所致(图1)。

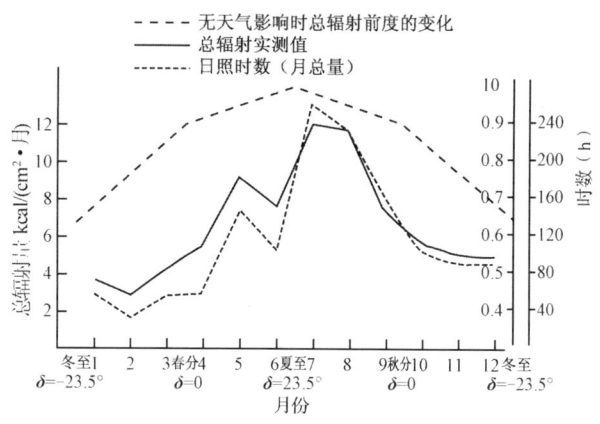

图1 日照时数和太阳赤纬的变化对总辐射的影响

从天文因子来看，辐射通量的大小与太阳赤纬有关。冬至日，太阳赤纬为$-23.5°$，太阳高度角最小，日照时间最短，辐射日总量最小。春分日，太阳赤纬为零，太阳高度角变大，日照时间变长，辐射日总量相应增大。夏至日，太阳赤纬为23.5°，太阳高度角最大，日照时间最长，辐射日总量达最大值。秋分日，太阳赤纬又为零，辐射日总量开始下降。这种变化规律是在碧空无云的条件下单纯从天文因子来考虑的。

事实上，总辐射的实测值月变化规律并非和理论值完全一致。它与气候因子日照时数有关。会同林区2月阴雨连绵，晴天只有3d，故使月总辐射出现最低值。6月虽处于夏至前后,由于受东南亚季风的影响,雨水频繁,日照时数少,总辐射月总量反而低于 5 月和 7 月。不难看出,该区总辐射的月变化出现双峰型主要是受气候因子的影响。

林冠作用面的散射辐射和直接辐射的变化规律见表2。

表2 林冠作用面散射辐射和直接辐射的到达量(cal/cm² · 月)

类别	1982 散射辐射	直接辐射	总云量	1983 散射辐射	直接辐射	总云量	平均 散射辐射	直接辐射	总云量
1	2248	1516	8.5	2217	1358	8.6	2233	1437	8.6
2	2000	484	9.4	2185	802	9.0	2093	643	9.2
3	3158	921	9.2	3117	1069	9.1	3138	995	9.2
4	4173	986	8.7	3916	1732	9.2	4044	1359	9.0
5	6382	3294	7.3	6266	1807	8.6	6324	2550	8.0
6	5550	1490	9.4	6080	1882	9.1	5815	1686	9.3
7	8462	4138	7.8	7996	3214	8.2	8229	3676	8.0
8	6202	4595	7.8	6992	5357	7.2	6597	4976	7.5
9	3966	2277	8.8	3969	4054	7.7	3967	3166	8.3
10	4383	1912	7.6	3220	1634	8.6	3801	1773	8.1
11	2603	753	9.0	3140	3250	6.9	2871	2002	8.0
12	3032	2859	7.2	3072	1063	7.8	3052	1961	7.5
年总	52159	25225		52170	27222		52164	26224	

从表2看出,散射辐射和直接辐射的变化与总辐射的变化规律基本一致。只是直接辐射的最高峰不出现在7月,而是出现在8月。

这里必须指出,会同林区天空辐射的各月总量均大于直接辐射的各月总量。这是因为该区处于亚热带地区,多云的天气较多,各月平均总云量均大于7.2,这对森林植物的生长是非常有利的。

3.2 林冠作用面的反射特征

太阳辐射到达林冠表面时,将有一部分被林冠的叶枝所反射。反射总值和反射率在不同时期有很大差异(表3和图2)。

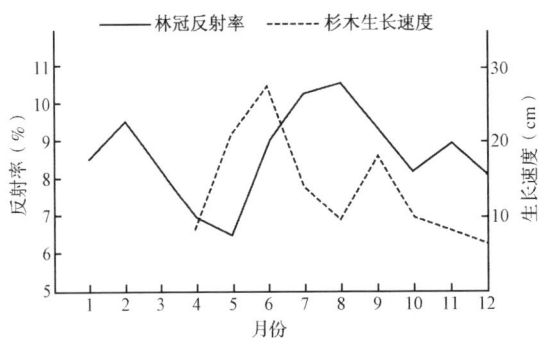

图2 林冠反射率的月变化与杉木生长速度的关系

从图2表3可以看出,反射辐射的月变化呈单峰型,峰值出现在7月。从反射率来看,出现两个低峰(5月和10月),杉木生长的高峰与反射率的低峰几乎是同步的。特别是8月,杉木生长的最低峰与林冠反射率的最高峰完全重合。这种现象并非偶合,崔启武、朱劲伟曾从理论上推导了林冠反射率与林木生长的关系,证明林冠作用面的反射率与叶子的反射率及叶面积系数成正比,与叶子的透过率成反比。随着季节的变化,杉木处在不同生长发育阶段,观测表明,新生的叶子幼嫩,反射率小,透过率相应增大,而叶面积系数比较稳定。因此,在4至6月杉木生长的第一个高峰时,反射率较小。7、8月,高温少雨,杉木几乎停止生长,反射率达到最大值。9、10月是杉木生长的第二次高峰,反射率再次降低。说明反射率的变化与杉木的生长发育的关系是非常密切的。

表3 林冠反射辐射和反射率的变化

月份	1982 反射辐射 (cal/cm²·月)	1982 反射率 (%)	1983 反射辐射 (cal/cm²·月)	1983 反射率 (%)	平均 反射辐射 (cal/cm²·月)	平均 反射率 (%)
1	343	9.1	238	6.6	290	7.9
2	240	9.7	282	9.4	261	9.5
3	376	9.2	302	7.2	339	8.2
4	400	7.8	345	6.1	372	6.9
5	721	7.5	425	5.3	573	6.4
6	572	8.1	791	9.9	682	9.0
7	1069	8.5	1377	12.3	1223	10.4
8	1070	9.9	1354	11.0	1212	10.5
9	447	7.2	882	10.9	665	9.0
10	305	4.8	492	10.1	399	7.5
11	264	7.9	617	9.6	440	8.8
12	387	6.6	398	9.6	392	8.1
年总	6194		7503		6848	

3.3 林冠层对太阳辐射的透过和吸收

太阳辐射通过林冠时,除被林冠反射外,还将被林冠所吸收,剩余的部分透射到林地。太阳辐射在林冠层中的再分配状况,见表4。

表4 林冠层中透过与吸收辐射量的变化(cal/cm²·月)

月份	1982 林冠透过	1982 林冠吸收	1983 林冠透过	1983 林冠吸收	平均 林冠透过	平均 林冠吸收
1	639	2782	363	2974	501	2878
2	484	1760	394	2311	439	2036
3	547	3156	423	3461	485	3309
4	703	4056	437	4866	570	4461
5	1275	7680	797	6851	1036	7265
6	921	5547	816	6355	869	5951
7	1493	10038	1199	8634	1346	9336
8	1257	8470	1162	9833	1209	9152
9	636	5160	852	6289	744	5724
10	430	5560	524	3838	477	4699
11	337	2755	652	5121	495	3938
12	473	5031	482	3255	477	4143
年总	9195	61995	8101	63788	8648	62892

从表4看出,透过林冠的辐射总量为8 648cal/cm² · a,占总辐射的11%。被林冠吸收的辐射总量为62 896cal/cm² · a,占总辐射的80%,这部分能量多半用于林木的蒸腾,乱流交换和光合作用。从月变化看,林冠透射和吸收都呈双峰型。而其变化规律与总辐射完全相同。

观测表明,不同林龄林冠下透射的光强和随高度的变化都有很大差异(图3)。

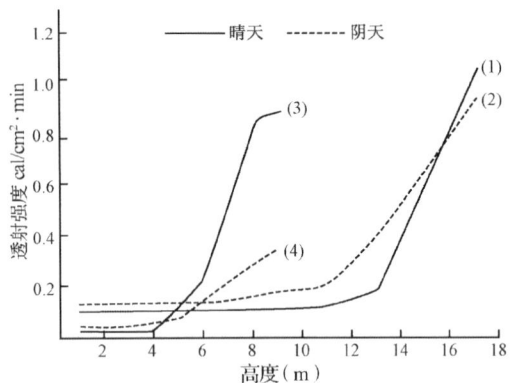

图3 不同林龄林冠下透射强度随高度的变化
(1),(2):20年生杉木林下光强随高度的变化;
(3),(4):10年生杉木林下光强随高度的变化

从图3很清楚地看出,在不同天气条件下,冠层中辐射光强随高度的变化呈指数形式衰减。衰减的速率晴天大于阴天,林冠下光强则晴天小于阴天。

观测表明,22年生的杉木林下光强要远远大于10年生的杉木林下光强,这是因为10年生的杉木林处于速生阶段。郁闭度大。而22年生的杉木林处于干材阶段,经过自然整枝,郁闭度明显降低,林下光强大大改善。为了充分利用土地和气候资源,我们已在杉木林内(17年生)引种了较耐阴的红栲等树种,这对建立多层次的杉阔混交林,提高森林生产力,改善生态环境是有很大现实意义的。

4 结论

(1)湖南省会同县杉木中心产区在坡向为西南坡,坡度为15°的条件下,太阳总辐射为78 388cal/cm² · a。由于受气候因子日照时数的影响,其月变化呈双峰型,峰值出现在5月和7月。

(2)该区散射辐射远远大于直接辐射,是直接辐射的两倍。

(3)林冠层的反射总量为6 848cal/cm² · a,占总辐射的9%。其月变化呈单峰型,而反射率的变化却呈双峰型。这与林木的生长发育阶段有关。

(4)林冠层对太阳辐射的透过总量为8 648cal/cm² · a,占总辐射的11%。吸收的总量为62 896cal/cm² · a,占总辐射的80%。这部分能量主要用于林木的蒸腾、乱流交换和光合作用。

参考文献:

[1] Monsi, M. and Saeki, T.. Jap. Jour. Bot., 1953:22-52.
[2] 崔启武,朱劲伟.地理学报,1961,36(2),196-208.
[3] 朱劲伟,崔启武.林业科学,1982,18(3),258-265.
[4] 朱劲伟,等.内蒙古东部地区风沙干旱综合治理研究.第一集.呼和浩特:内蒙古人民出版社,1984:36-44.
[5] 朱劲伟,等.林业气象论文集.北京:气象出版社,1984.
[6] 康德拉捷夫,К. Я.太阳辐射能.北京:科学出版社,1962:427.
[7] 傅抱璞.山地气候.北京:科学出版社,1983:5.

长白山系高山及亚高山植被

陈大珂
（东北林学院林学系）

冯宗炜
（中国科学院林业土壤研究所）

Vegetation in the alpine and subalpine zone of the Changbai Mountain area

Chen Dake
(North-Eastrn College of Forestry)

Feng Zongwei
(Institute of Forestry and Soil Science, Academia Sinica)

Abstract: The present paper deals with the outline of natural vegetation in alpine and subalpine zone (1700—2400m alt.) of the Changbai Mountain area. The vegetation types and their floristic coposition are varied in the altitudinal distribution zone with correspoding temperature values. Two majar typcs- temperate alpine tundra (2000—2400m alt.) and subalpine winding trunk forest (1700—2000m alt.) are briefly described and some managing measures are suggested from the standpoint of proper utilization and protection for natural resources.

前言

从世界范围来看，对高山生态系统自然环境的干扰，随着人类活动带来了新的变化。这些干扰，包括伐木、采矿、放牧、道路修建以及旅游和疗养事业的发展，使高山生态系统受到多种多样的直接或间接影响，逐渐变得脆弱。

长白山自然保护区是世界上一颗绿色明珠。自1702年最近一次火山爆发以来，长白山高山、亚高山植被的系统发育及其区系成分与极地区系的亲缘关系，至今仍不甚清楚。至于许多极地植物，在1702年以后如何散布、迁移、拓殖和演替，更少有文献记载。本文仅仅为了保存1954、1956、1958年以来有关长白山资料，给长白山作历史研究的佐证性参考；但更重要的是，作者冀求这颗明珠能得到珍视和切实的保护。

1 温带山地冻原

在东北东部山地温带针阔叶混交林区，山地冻原仅分布在长白山海拔较高(2100m)的森林线以上的高山范围内，与山地岳桦林共同占据整个火山体，并紧紧围绕着火山湖——天池的四周。这一带多为火山熔岩流所形成的平缓山脊和浅谷，主要由碱性粗面岩及玄武岩构成的锥形火山体上，覆盖着较厚的火山灰、火山砾和火山弹。

土壤为火山岩风化后发育的山地冰沼土。表层累积10cm左右的泥炭状粗腐殖质，

原载于：森林生态系统研究，第五卷．科学出版社，1985,(5):49-56．

土层极薄,20cm 以下即向富含石砾的母质过渡,中间夹杂着暗棕色含腐殖质较少的薄土层。pH 在 5.4—5.7 之间。但在根系分布层内粗腐殖质较多,有机质含量高达 8%—12%,质地疏松,SO_2 及 Fe_2O_3 在各层中变化不大。这种冰沼土,发育在山顶火山灰及岩石风化物上(其海拔约在 2500—2550m)的为原始高山冰沼土亚类,其上仅有低等的地衣及藻类生长,仍处于成土作用初期,实质上呈高山寒漠景观。在局部浅谷低洼地,由于冻层关系,下部可见潜育斑点,属潜育高山冰沼土亚类。其余地形平缓处均为高山冰沼土这一代表型的亚类。由于地表覆被以密集的毡垫状高山苔原植被,所以土壤持水性很大,十分潮湿。

长白山山地冻原,地处高寒,生长季节低温多雨,风力强劲。年均温在 -7— -5℃ 以下。7 月是最热月份,月平均温度也不超过 10℃,背阴处常年冰冻,有大片积雪不化,一日之内不时有骤雨,空气湿度甚大,常有浓雾迷漫。年降水量在 1700mm 左右,每年降雨日达 100d 以上。7、8 两月降雨量占全年降水量的 50%。风力往往在 8、9 级以上,6 级以上大风全年约有 270d,平均风速为 10—15m/s。在这样特定的生境下,植物的营养期仅 75d 左右(自 6 月中、下旬至 8 月中、下旬)。

1 年生植物在此很难完成其生活史,基本上为多年生植物,植物矮小,通常不超过 10—20cm,呈匍匐状,垫状或莲座状形态。由于低温、风大易使植物发生生理干旱,因此植物种类贫乏,且多具有一定的假旱生形态、生活型地上芽及地面芽居多。

由于生长季短,所有植物花期比较一致,而且花期较短,集中在 7 月中、下旬开花,并由于高山直射光强,紫外线比例大,故花色鲜艳,五彩缤纷,有"云间花园"之称。

植物根系很浅,贴近地表四周延伸,如圆叶柳(*Salix rotundifolia*),根系可长达 2.1m。

由于长白山山地冻原是在季风气候控制之下,与高纬度平地苔原不全相同,相对来说植物种属较多(约 200 多种),但基本上仍属于极北寒地植物为多。如八瓣莲(*Dryas octopetata* var. *asiatica*),笃斯越桔(*Vaccinum uliginosum*)、越桔(*Vaccinum vitis-idaea*)、松毛翠(*Phyllodoce caerulea*)、苞叶杜鹃(*Rhododendron redawskianum*)、圆叶柳及牛皮杜鹃(*Rododendron chrysanthum*)以及草本中的细柄茅(*Ptilagrostis mongholica*)、嵩草(*Cobresia bellardi*)、矮羊茅(*Festuca supina*)、单花萝蒂(*Lioydia serotina*)、鹿蹄蓼(*Oxyria digyna*)、岩菖蒲(*Tofieldia nutaus*)、极地米努草(*Minuartia arctica*)、蟋蟀苔草(*Carex eleusinoides*)、二叶苔草(*Carex bipartita*)、珠芽蓼(*Polygonum viviparum*)等,与极地植被非常相似,这种相似性与冰川南移有关。

冰川退却后,这些植物上山"避难"适应,在本区与极地生境相近似的长白山高山带定居下来。但在这里特定的生境长期影响下,一些种已发生了变异,以至形成一些特有种,如北假景天长白变种(*Rhodiola sachliensis* A. Bor. var. *fschaugbaischanica*)、毛山菊高山变种(*Chrysanthemum zawadzkii* var. *alpinum*)、长白地杨梅(*Luzula sudetica* var. *mandshurica*)、高山罂粟(*Papaver psudoradicatum*)、长白柳(*Salix tschanbaischanica*)、多腺柳(*Salix palyadenia*)、长白鹿蹄草(*Pyrola tschanbaischauica*)高岭凤毛菊戟形变种(*Saussurea alpicola* var. *hastata*)及长白苔草(*Carex baishanensis*)等。

长白山高山苔原由于海拔高度、坡向、地形特征及土壤条件不同,存在着群落分异,并存在着结构不同的群丛。总的趋势是随海拔增高,地形开扩,风的作用较大,植被覆盖度随之减小,植物种类减少,植株趋于矮小,苔藓种类及数量减少,而地衣种类及数量不断增大。

1.1 小灌木冻原

小灌木冻原中,以八瓣莲最占优势,其次为越桔、牛皮杜鹃和松毛翠等。但因地形变化,存在着不同的群丛。

地衣、笃斯越桔群丛　分布在2100—2200m的缓坡上,是亚高山灌木向上的直接过渡,在海拔较高处,只是小面积分布在沟底的斜坡上。以笃斯越桔占优势,其他小灌木为八瓣莲、毛毡杜鹃(*Rhododendron parvifolium conferfissimum*)。草本有轮花马先蒿(*Pedicularis verticillata*)、白山龙胆(*Geutiana jamesii*)、长白棘豆(*Oxytropis anertii*)、山茹草、大苞柴胡(*Bupleurum euphorbioides*)等,另外尚有两种石蕊:高岭石蕊(*Cladonia alpestre*)、鹿角石蕊(*C. rangiferina*)及冰岛地衣(*Cetraria islandiea* var. *orieutalis*)以及毡藓(*Rhacomitrium canescens*)、沙藓(*Rhacomitrium lanuginosum*)及毛梳藓(*Rhytidium rugosum*)。

地衣、苞叶杜鹃群丛　分布于2200m左右的缓坡上,土层较薄,以苞叶杜鹃为背景,形成绝对优势,除混生以上多种外,还有岩菖蒲、山飞莲(*Erigeron komarovii*)。

地衣、松毛翠群丛　分布在2500m缓坡上部及坡脊部,土层较薄,排水良好,其中草本植物很少,以松毛翠及牛皮杜鹃为优势,苞叶杜鹃及八瓣莲、笃斯越桔次之,其中夹有较多的圆叶柳。

地衣、八瓣莲群丛　分布于天池池口的内外壁的坡面上。介于其间的植物有越桔、长白棘豆、轮花马先蒿以及高山桧(*Juniperus sibirica*)、高山罂粟、长白蜂斗叶(*Petasifes saxatilis*)。在苔藓中,有赤堇藓(*Pieurozium schreberi*)、垂枝藓(*Rhytidum rugosum*)及曲尾藓(*Dicranum japonicum*)存在。本群丛在2500m以上,有时混入较多的长白倒根蓼(*Polygonum ochotensis*)及珠芽蓼。

此外,在小灌木冻原中,自上至下,凡有受浸蚀的小沟及狭溪谷处,全为牛皮杜鹃占据,顺坡形成狭带状分布。

1.2 石质冻原

分布于海拔2600m以上及迎风的岭脊、岭顶部,经常遭暴风的强烈侵袭和骤雨的冲刷,地表岩石裸露,植物稀少、矮小,呈斑点状分布。种类贫乏,以高山毛山菊为优势。还有高山景天、长白景天(*Sedum rosum* var. *tschaugbaischanicum*)、高山罂粟、长白棘豆、珠芽蓼、长白虎耳草(*Saxifraga laciniata*)、单花萝蒂、长白千里光(*Senecio phoeanthus*)、肾叶高山蓼(*Oxyria digyna*)、长白婆婆纳(*Veronica stelleri*)等。

在天池内壁,坡度超过30°的火山岩锥层上,无土壤发育,仅在岩屑堆上有稀疏的植物分布,主要有八瓣莲、长白棘豆、高山罂粟、毛山菊。在石缝中,生有极为短小的植物,如岩菖蒲,极地米努草,长白米努草(*M. macrocarpa*)、天池碎米荠(*Cardamine resedifolia* var. *morii*)及肉质植物钝叶瓦松(*Orostachys malacophyllus*)和长白景天。

此外,在天池内壁还分布有一些较少的植物,如白山龙胆、毛茛(*Ranunculus* sp.)、长白婆婆纳、大白花地榆(*Sanguisorba sifchensis*)、黑穗苔草(*Carex atrata*)、高山南芥(*Arabis coronata*)、鸡腿堇菜(*Viola acuminata*)、长白虎耳草及轮叶马先蒿等。

1.3 草甸冻原

湿生草甸冻原分布在沟底河流两岸及低洼背风的积水线和积水小盆地上,冬季积雪较厚,春末夏初雪融后,土壤湿度较大。草甸冻原在长白山分布不广,群丛类型也不复杂。主要由阔叶草本所组成。以大白花地榆占优势,其次为白山耧斗菜(*Aquilegia amureusis*)、景天(*Sedum spp.*)和少量的斑点虎耳草(*Saxifraga punctata*)、山飞蓬、黄花茅(*Anthoxanthum odoratum*)及冻原苔草(*C. siroumensis*)等。

在土层较厚而低湿处的水沟谷源头,则以牛皮茶为主,间或散生有天栌(*Arctous rulur*)和毛毡杜鹃高山变型等罕见种。

另在岩石裸露而经常流水的坡地上,常呈网状生长着小片草柳派(*Sect. herbaceae*)群落,组成种为多腺柳、圆叶柳及长白柳,根系交织成褥状。

在这些高山苔原的灌木、草甸群丛中,还常可见到一些草本植物及小灌木,为高山梯牧草(*Phleum alpinum*)、芒剪股颖(*Agrostis trinii*)、细叶杜香(*Ledum palustre*)和小果酸果蔓(*Oxycoccus microcarpus*)、单花橐吾(*Ligularia jamesii*)、狭苞橐吾(*L. intermedia*)、高山糙苏(*Phlomis koraiensis*)、白山芹(*Homopteryx nakaiana*)、高山南芥和高山乌头(*Aconitum monanthum*)等。

长白山最近的3次火山喷发,是在1597年、1668年及1702年。高山冻原的植被形成,当是在喷发熔岩流未到的宁静处所保存的种属逐渐发展的结果。由于特定的生境条件,森林植被很难更替它。只是在局部背风溪谷处有少数鱼鳞云杉(*Picea jezoensis* var. *komarovii*)及长白落叶松(*Larix olgensis*)沿溪上爬;个别鱼鳞云杉虽已上升到高山带,但已降低高度,呈灌木状,不能成林。

2 亚高山矮曲林

2.1 偃松矮曲林

偃松(*Pinus pumila*)集中分布在欧亚大陆东部及日本富土山以北列岛,在大陆上向南伸入北纬40°朝鲜半岛内;在我国东北东部山地几个高峰呈星散分布,为偃松分布区的南缘。其垂直分布由南向北海拔渐次降低;长白山在1400—2000m的暗针叶林及岳桦林内,有时与高山桧同时作半匍匐型生长,成常绿针叶矮曲林,与岳桦(*Betula ermanii*)林交错分布。张广才岭分布在1250—1400m的阳坡乃至绝顶附近,生长在覆盖苔藓的花岗岩大石块上,有时也生长在臭冷杉林下。小兴安岭南坡白石砬子山,生长在1100—1160m裸露的岩顶,郁闭成矮曲林。及至小兴安岭的北纬48°左右,偃松与岳桦在海拔1050—1100m处,呈稀疏的曲干矮林,为典型的亚高山森林景观。

凡有偃松生长的地方,生境条件都十分恶劣,基本上均处于森林的上限,气温低,风力强劲,特别是本区的山峰均拔出在较低的基准面之上,形成孤山,加之长期的顶部侵蚀,露头较多,土层瘠薄,仅覆盖一层苔藓,常年生理水分不足,且林下几乎全为不透水的岩层(大部分地段为花岗岩),空气相对湿度大,故死地被物分解极慢。这种生境,不仅限制住林木线的上升,也影响着偃松林的发育,难以成长乔木或小乔木林。虽然如此,但因偃松有高度耐寒性,仍然生长茂密。其次,偃松有相当喜光性,故在阴坡常不能成纯群落分布;在岳桦林冠下,也是稀疏星散,枝叶远不如阳坡生长的繁茂,生活力不强,不能开花结实。

与偃松同时构成曲干矮林的树种除岳桦外,时有个别的鱼鳞云杉,臭冷杉(*Abies*

nephrolepis)及花楸(Sorbus pohuashanensis),在海拔略低处,个别情况下还渗入少数枫桦(Betula costata)。这些树木的高度均不及5—6m。

与偃松同时生长的灌木及下木种类稀少,个别出现于阴坡的有花楷槭(Acer ukurunduense),长果刺玫(Rosa acicularis)、青楷槭(Acer tegmentosum),生长矮小。海拔稍低处,同时出现的尚有高山桧、兰甸果(Lonicera edulis)、兴安杜鹃(Rhododendron dahurica)及越桔。

草被极稀,大多数为白毛蒿(Artemisia leucophylla)、黄芩(Scutelaria sp.)及苔草(Carex spp.)。在张广才岭1400m以下阳坡的局部范围,属于碎石坡地段,有偃松-臭冷杉林的分布,草本层覆盖虽少(20%左右),但种类稍多。有两种石松:卷柏石松(Lycopodium chinese)、杉曼石松(L. annotinum)以及散生的林奈草、肾叶鹿蹄草(Pyrola renifolia)、走马芹(Angelica dahurica)及大叶章(Calamagrostis longisdorfu)。

林下藓类层片极为良好,一般覆被度均在70%以上,分布最广最多的为塔藓(Hylocomium proliferum)及拟垂枝藓(Rhytidiadelphus triquetrus)。以下藓类如毛梳藓、赤茎藓、灰藓(Hypnum pseudorevolutum)、绢藓(Entodon sp.)、曲背藓(Oncophorus wahlenbergu)、绵藓(Plagiothecium lactum)及珠藓(Bactramia halleriana)也能占25%以上。少数地衣类(Cladonia spp.)覆盖在岩石上及向阳潮湿处。

偃松及偃松林主要是分布在高山、亚高山恶劣的生境内,甚至如张广才岭主峰大秃顶子可分布至绝顶附近,故无与其竞争者,一般树种到此界限,生长势均下降,生活力衰退,而偃松既耐严寒又耐生理干旱,故有相当稳定性。由于它的喜光特性,故在海拔稍低处,郁闭的林内,不能生长繁殖,为耐荫树木所排挤。仅在岳桦林下的偃松,每年春季可借岳桦放叶前的透光时间,利用老叶进行一定时间的生长,以维持其生命。

偃松林及其与岳桦的混交林,生产力低,最大蓄积量每公顷不超过100m³。由于本群系的火灾危险等级高,故应特别注意防火工作。本群系为良好的天然貂(紫貂)场,秋天偃松的球果结在不高的树冠上,紫貂最喜赶来觅食,故应在狩猎事业和自然保护事业上注意经营。要尽量保护这类林分,不能采伐。

2.2 岳桦矮曲林

由冻原往南向针叶林过渡的森林冻原带,岳桦与偃松以及某些河谷森林加深了它的水平地带性。处于森林冻原带以外的我国东北,岳桦和偃松林只分别在各个高峰成为森林的上限。以垂直带而言,在东北东部山地,岳桦林则是由高山冻原往下向暗针叶林的直接过渡。岳桦在东北东部山地分布的高度,自北向南逐渐升高;由小兴安岭对面山(北纬48°)的700m上升到长白山(北纬42°)的2100m。岳桦林分布的高度,自北向南为:小兴安岭岭顶700—1050m;小兴安岭南坡白石砬子山(北纬46°48′)在950—1100m;张广才岭主峰大秃顶子(北纬44°40′)在1450—1760m;长白山(北纬42°)在1800—2000m(北侧在1700—2000m)。单株分布可见于1400m。小兴安岭无特殊高峰,故岳桦林在小兴安岭的分布高度,不能视为我国东北北部分布界的最高限。唯独在长白山,岳桦林具有独特的景观,并成为高山冻原向暗针叶林过渡的纽带。

岳桦林占据长白山上下数百米的宽带,生境条件恶劣,风力虽较高山冻原略弱,但常超过15m/s。主峰由本带开始迅速抬升,阻挡住海洋季风的湿气团,产生高山影响,生长季迎风面的降水量超过1000mm,大气相对湿度很高,陡坡可达30°—35°,局部为高山平湿台地。土壤属亚高山草甸森林土,但随地形和植被的变化而有所不同,分布在亚高山湿草甸的平坦地的土壤,含有机质多,土层较厚,为亚高山草甸土;分布在岳桦林下的土壤,一般为亚高山粗骨生草森林土,土层厚度随地形而变化,陡坡仅5—10cm,平湿台地也不过20—30cm。下面多为砾质母岩,物理风化强而化学风化弱,生草过程明显;稍平坦处有泥炭积累与分解不良的粗腐殖质,盐基高度不饱和,呈酸性反应。

在这样的生境下,不利于一般树木生长,只有岳桦能耐高山强烈日照及较高的空气湿度,对土壤要求不苛,耐瘠薄,且有萌芽性,能自基部分枝,成一株多干的灌木型,对常年的风暴能适应,同时种子飞散力强,故形成纯林。常因地形变化,不能连续成带,交错分布着较大面积的亚高山湿草甸和中生草甸。在北坡较平缓的台地上,少量落叶松矮树渗入林内,西南坡的背风处,有鱼鳞云杉成小片纯林与岳桦林垂直平行分布竞相上延,甚至在背风又背阴处,鱼鳞云杉可超越岳桦的分布高度。在张广才岭主峰则与偃松成块状的交错分布。在海拔不高的山峰,因达不到这一带的上界海拔高度,尚不能形成亚高山中生草甸,只有岳桦林与亚高山湿草甸相间分布。总的来看,仍以岳桦林占优势,从而形成较稳定的群系。

岳桦纯林,组成单一,呈单层林相。条件较好处,树干直立郁闭。土壤瘠薄及风口处,则树高降低,呈一株多干;在陡坡上则常呈30°的倾斜生长。一般林分,郁闭度在0.4—0.6之间,平均树高为7—12m;平均胸径可达18—30cm,大者可超过40cm。随海拔上升,风力增强,密度愈稀,郁闭度可降至0.2或呈散生状,形同疏林。

林内混交树种种类极少,仅伴生有少数花楸(*Sorbus amurensis*)。随着局部地形的变化,常伴生有自森林植物带上移的树种,如谷间河岸,岳桦林内夹杂着东北赤杨(*Alnus mandshurica*),以及沿河谷而上的鱼鳞云杉、长白落叶松和臭冷杉。

林下灌木稀少,仅见散生的笃斯越桔、高山桧、兰甸果以及越桔、牛皮杜鹃。在张广才岭的块状岳桦林下,还可见到花椒、长果刺玫(*Rosa ocicularia*)、辽东丁香(*Syringa robusta*)及柳树(*Salix* sp.)。

由于岳桦林透光度强,草被丰茂,少有标志本群系的特征植物,但大多数为阳性草本:如大叶章、山牛蒡(*Synuvus deltoides*)、一枝黄花(*Solidago vivga-aurea*)、蒿草乌头(*Aconitum artemisiaefolium*),猫爪草东亚变种(*Thalictrum aquilegifolium* var. *asiaticum*)、细叶地榆(*Sanguisorba tenuifolia*)、同色草莓(*Fragaria concolor*)以及来自下边森林带的北方广布种,如二叶午鹤草(*Maianthemum bifolium*)、七瓣莲(*Trientalis europala*)、唢呐草(*Mitelia nuda*)和酢浆草(*Oxalis acetosella*)等。张广才岭岳桦林下,还可见到独活(*Angelica dahurica*)、马先蒿(*Pedicularis resupinata*)、大舌乌头(*Aconitum arcuatum*)、贝加尔野豌豆(*Vicia baicalensis*);在稍湿处,尚有下带中的粗茎鳞毛蕨(*Dryopteris crassirhizoma*)及苔草(*Carex* spp.)。苔藓层不发育,总盖度不超过30%;有拟垂枝藓、金发藓(*Polytrichum alpinum*)、提灯藓(*Mnium* spp.)。局部岩石裸露处,镶嵌着小片地衣群聚,如高岭石蕊、鹿角石蕊,其间散生一些自上而下的苔原植物,如八瓣莲及杜鹃等。

随着地形变化,形成各种群丛。除与大秃顶子及小兴安岭共有的偃松、岳桦林外,在长白山北坡1700—1880m间尚有杜鹃-岳桦林,林下主要由毛毡杜鹃(*R. confertisimum*)构成鲜明的活地被层;在岗梁分水岭处,有以越桔为优势的越桔-岳桦林;在平湿的亚高山草甸上形成亚高山草甸岳桦林。林下主要植物有大叶章,同色草莓、一枝黄花、单花囊吾、七瓣莲和午鹤草等。局部地方如沿河谷还有牛皮杜鹃落叶松岳桦林。岳桦生长情况因群丛而异。树高变动范围从 4m 到 13m。以亚高山草甸岳桦林生产力最高。

岳桦林处于高寒地带，少有竞争者，而且具有很强的有性和无性繁殖能力，故能占据暗针叶林所不能占据的生境，成为稳定群丛存在。但在背风及背阴坡，又可能为鱼鳞云杉所代替，而在中生草甸上，岳桦可能扩张其优势，作为先锋树种，占据草甸。本群系生产力不高，且接近各山峰的绝顶，在长白山紧紧围绕天池以下地段，有保持水土的良好作用。张广才岭、小兴安岭对面山等地亦应仿长白山主峰设立保护带。但在立地条件好的地段，可对岳桦林进行适当的卫生伐，以促进岳桦林、落叶松及花楸的更新（花楸在该地天然更新良好，且有耐寒性）。平湿的岳桦林，可辟为高山鹿场，这儿是良好的饲料基地。

*   *   *

无论是自然的还是人为的对高山生态系统的干扰，都会给环境和各种生物群落带来长期的影响和后患。长白山是松辽大平原的屏障，失去高山植被比失去平原林或山地林更为严重。保护长白山高山植被确为当务之急。

重庆地区酸雨对马尾松林生产力的影响

冯宗炜,陈楚莹,曾士余,赵吉录
王开平,张家武,邓仕坚

(中国科学院林业土壤研究所)

摘要:重庆是我国西南酸雨最严重的地区之一。作者采用数量化理论Ⅰ方法分析马尾松林生长与环境因子的关系,结果表明降水pH值是影响马尾松林生长的主导因子。酸雨危害首先表现在同化器官——针叶上,针叶中叶绿素含量随降水酸度的增加而减少。在降水pH值4.5以下的地区乔木层生物量和净生产量18年生时为41t/hm²和2.2t/hm²·a,而在降水pH值4.5以上的地区,17—20年生时则达77—122t/hm²和8—10t/hm²·a。根据树干解析资料,发现在降水pH值4.5以下的地区酸雨对马尾松生长约在12—16年前就开始有影响。

Effect of acid rain on productivity of *Pinus massoniana* forest in Chongqing region

FENG Zongwei, CHEN Chuying, ZENG Shiyu, ZHAO Jilu,
WANG Kaiping, ZHANG Jiawu, DENG Shijian

(*Institute of Forestry and Soil Science, Academia Sinica*)

Abstract: Chongqing is one of the most heavily affected regions by acid rain in southwestern China. Authors utilized the method of quantification theory I to analyze the relation between growth of *Pinus massoniana* forest and environmental factors. The results show that the rain pH is a dominant factor affecting growth and yield of *Pinus massoniana* forest. Acid rain causes damages primarily to photosynthesis organ—needles; the chlorophyll content of needles decreased with increased rain acidity. Biomass and net production of tree layer were, respectively 41 t/hm², 2.2 t/hm²·a for 18 years old in area with rain pH < 4.5 and 77—122t/hm², 8—10 t/hm²·a for 16—20 years old in areas with rain pH > 4.5. Based on the data of stem analysis method, it was found that the effects of acid rain on growth of *Pinus massoniana* in areas with rain pH < 4.5 started 12—16 years ago.

早在1872年英国化学家R·A·史密斯(R·A·Smith)就提出了酸雨这一概念。但是直到20世纪40年代人们对酸雨及其影响才开给有所认识,到20世纪70年代初,酸雨出现的范围日趋扩大,降水酸度也表现逐渐增加的趋势,对生态环境产生越来越明显的影响,因而引起各国政府的关注和科技工作者的重视,欧洲和北美各国已先后开展了酸雨的物理化学成因及其对陆生和水生生态系统影响等研究。我国的酸雨研究工作

原载于:大气环境和酸雨,1986,1(3):38-45.

起步较晚,1974年在北京西郊才开始对降水中的pH值进行监测,1979年起上海、南京、重庆、贵阳等城市相继也开展了监测工作,进入80年代后在西南地区逐渐开展了酸雨的化学和物理成因研究,至于酸雨对生态环境的影响,因涉及面广,故直到近几年才开始,1984年以来中国科学院林业土壤研究所组织多学科的专业人员对重庆地区酸雨对森林生态系统的影响进行了研究,本文是酸雨对马尾松林生产力影响的研究初步结果,整理如后供参考。必须指出,在调查过程中承蒙重庆市、巴县、綦江、江津、南桐林业局和南岸区林业站的大力支持和帮助,在此一并致以衷心的谢意。

1 考察地区概况

1.1 重庆地区酸雨状况和考察的选择

根据重庆市环境科研监测所酸雨组的报道,1981—1983年重庆市各年降水的pH值都很低,酸雨出现的领率很高,1981、1982、1983年各年降水的平均pH值为4.27、4.18和4.12,各年酸雨的频率为79.3%、93.1%和94.8%[1]。上述情况表明,重庆不仅是我国酸雨最严重地区之一,也与国外一些强酸雨地区或城市相近似[1,2](表1)。

表1 重庆降水pH值与国内外其他城市和地区的比较

地点	重庆	贵阳	长沙	南宁	青岛	西德绍因斯兰	纽约	东京	瑞典韦莱恩
降水pH值	4.12	4.00	4.70	5.40	5.04	4.20	3.90	4.40	4.25
年份	1983	1982	1981	1981	1981—1982	1979	1979	1975—1978	1978

重庆酸雨分布的特点是以城区为中心,向郊外发展。据国内外有关研究结果表明,风向和气流对大气中酸性污染物的扩散、迁移以及它们的富集有极大影响,一般是主导风下风向污染物浓度高,重庆市包括12个县9个区,其中南岸区、南桐矿区、巴县、綦江县、江津县等两区三县正处于下风方向,故考察路线首先选择上述两区三县范围内进行,南岸区降水的pH值在4.5以下,其它县区降水的pH值均为4.5以上,为便于比较起见,现将降水的PH值在4.5以下作为重酸雨区,pH值在4.5—5.6为轻酸雨区。

在两区三县境内,除南岸区现有林为风景林和防护林外,其余一区三县均为重庆市规划的速生丰产用材林基地,因此了解该地区酸雨对森林的影响,对于重庆市的环境保护、旅游事业和林业生产都有密切的关系。

1.2 气候特点

重庆地区属中亚热带湿润季风气候,全年温暖湿润,四季分明,年平均气温17.1—18.8℃,1月平均温度6.2—8.0℃,7月平均温度27.3—29.3℃,全年积温5414.2—6153.3℃,年日照时数1140.5—1381.2h,年降雨量974.5mm,相对湿度77%—83%,年平均风速0.9—2.1m/s,静风率达41%,城市地面主导风向为北北东,平均占11%。

1.3 土壤状况

重庆地区海拔400—1400m的马尾松(*Pinus Massoniana*)林下土壤主要为山地黄壤,母岩为页岩和砂岩,土层厚度一般在10—50cm左右,pH值3.9—4.8。

1.4 林分状况

马尾松是该地区主要用材树种,其木材约占该地区总木材生产量19.2%左右,考察地区马尾松林多为自然更新起来的林分,林下主要灌木有:映山红(*Rhododendron* mariesii)、檵木(Loropetalum chinensis)、算盘子(Glochidion puberum)、柃木(Eurya japonica)、盐肤木(Rhus semialata)、草本植物主要有:铁芒萁(Dicranopteris dichtoma)、蕨(Pteridium aquilium)和芒草(Miscanthus sinensis)等。

2 研究方法

2.1 林分乔木层生物量的测定

在降水 pH 值 4.5 以上和 pH 值 4.5 以下地区的马尾松林分,在中等立地条件的林内,设立样地,进行每木调查,根据每木调查资料,按龄级伐倒标准木,利用标准木各器官部分的现存量(W)与胸高直径的平方(D^2)乘树高(H)之间存在的幂函数的相关关系,即 $W = a(D^2H)^b$,配置各种回归方程,然后将每块样地的调查资料代入,求算出各样地乔木层的生物[3]。

2.2 净生产量的测定

树干净生产量是采用树干解析法求得,树皮、树枝和树叶的净生产量是采用与树干净生产量的比例法求得[3]。

2.3 树木受害等级的划分

树木受害等级是在生长季节内根据树木生长发育状况和叶子受害轻重来评定的,暂分为4级:

0级 正常,即树木生长发育正常,叶部无损害,未见发黄或变色。

1级 受害轻的,即树木能正常生长发育,叶尖部稍有发黄,或有发黄现象不足总叶量的 5%。

2级 受害中等,尚能正常生长发育,但黄叶量约为总叶量的 5%—10%。

3级 受害重的,即树木生长发育不良,接近濒死,黄叶量超过总叶量 10% 以上,叶变短,而且在树枝上排列稀疏。

3 研究结果

3.1 酸雨对马尾松生长和产量影响分析

重庆地区为马尾松生长的适生区[4],马尾松生长好坏除与环境因子有关外,还与环境污染程度关系极为密切。就环境因子而言,可分为气候因子、地形因子、土壤因子、生物因子等,在这些诸因子中有的可用数量化表示,有的则为非数量化因子,如坡向、坡位等,能否将这些非数量化因子定量地表示来加以研究呢?在这些众多的环境因子中如何进行定量的综合分析,找出各因子对马尾松生长和产量的关系,即各因子对马尾松生长和产量贡献大小?林知已夫的数量化理论 I[5],为解答上述问题提供了一种可行的较简便的方法。

为探讨酸雨和其它环境因子对马尾松生产力的影响,设因变量为 Y,分别代表树高、胸径、材积、生物量和净生产量,为便于比较起见,上述各项均采用年平均数来表示。自变量 X 中,气候因子因三县两区的气温和降雨量相差甚微,故视相似,仅有降水酸化程度不一,故气候因子中用了降水中 pH 值这一因素;地形因子中则采用坡位、坡向、坡度;土壤因子,在海拔 400—1000m 马尾松林下均为山地黄壤,故土壤这一因子中包括土层厚度和表层(0—20cm)土壤 pH 值两部分,各自变量的分类目见表1。

表1　因子分类表

项目	类目	项目	类目
海拔	400—500m	降水pH值	3.0—4.5
	600—1000m		4.6—5.6
坡向	阳坡(南、西南)	土壤厚度	薄(<20cm)
	阴坡(北、东北)		中(20—40cm)
	半阴坡(东、西北)		厚(>40cm)
坡位	坡上部	土壤pH值	3.45—4.5
	坡中部		4.6—5.6
	被下部		
坡度	15°—25°		
	26°—45°		

表2—表4分别为各因子对马尾松生长量、生物量和净生产量贡献的得分表,从各表得分范围看,马尾松的生长量、生物量和净生产量与降水中pH值关系极为密切,即无论是得分范围或因子贡献的百分数来看,都是以降水中pH值贡献最大,即是说,重庆地区影响马尾松生长和产量的诸因子中酸雨是一个主导因子。

表2　马尾松树高、胸径与各因子相关关系的得分表

项目	得分范围 树高	得分范围 胸径	该项目得分占总得分的百分比 树高	该项目得分占总得分的百分比 胸径
海拔	0.0093	0.0027	1.36	0.41
坡向	0.0811	0.0842	11.89	12.99
坡位	0.1179	0.1010	17.29	15.57
坡度	0.0294	0.0592	4.31	9.12
降水中的pH值	0.3363	0.2891	49.32	44.58
土层厚度	0.0741	0.0861	10.86	13.28
土壤的pH值	0.0339	0.0263	4.97	4.06

表3　马尾松的生物量与各因子相关关系的得分表

项目	地上部分	树干	树皮	树枝	树叶	地上部分	树干	树皮	树枝	树叶
海拔	1.3135	1.0947	0.1447	0.0242	0.0602	14.60	16.86	11.60	4.36	7.00
坡向	1.2537	1.0868	0.1518	0.0232	0.3485	13.93	16.89	12.17	4.18	4.50
坡位	1.1272	0.8481	0.1351	0.0566	0.1023	12.52	13.18	10.83	10.23	11.90
坡度	0.2454	0.2240	0.0399	0.0160	0.0033	2.73	3.48	3.21	2.89	0.34
降水中的pH值	2.9653	1.6333	0.4952	0.3429	0.4938	32.95	25.39	39.73	61.95	57.43
土层厚度	1.1025	0.7982	0.1315	0.0657	0.1069	12.25	12.41	10.55	11.88	12.43
土壤的pH值	0.9903	0.7577	0.1488	0.0249	0.0588	11.01	11.78	11.94	4.50	6.84

表 4 马尾松的净生产量与各因子相关关系的得分表

项目	得分范围					该项目得分占总得分的百分数				
	地上部分	树干	树皮	树枝	树叶	地上部分	树干	树皮	树枝	树叶
海拔	0.5899	0.2119	0.1293	0.1532	0.0904	6.19	3.47	8.24	9.08	8.28
坡向	0.8703	0.8388	0.1199	0.1427	0.0991	9.13	13.74	7.64	8.19	9.08
坡位	0.5224	0.5680	0.0604	0.1216	0.0868	5.48	9.31	3.85	6.98	7.96
坡度	0.6150	0.4332	0.1081	0.0521	0.0214	6.45	7.10	6.89	2.99	1.96
降水中的 pH 值	5.4533	2.9399	0.9009	0.9953	0.6171	57.22	48.17	57.42	57.13	56.55
土层厚度	0.7564	0.2921	0.1810	0.1811	0.1021	7.94	4.79	11.54	10.40	9.36
土壤的 pH 值	0.7232	0.8194	0.0692	0.0911	0.0740	7.59	13.43	4.41	52.3	6.31

3.2 酸雨对马尾松光合系统的影响

通过在控制条件下进行人工模拟酸雨试验和实地调查结果表明:酸雨对树木的危害首先表现在同化器官叶片上,受害后的典型症状是针叶叶色褪绿变浅,针叶顶部出现黄褐色坏死斑,并逐渐向叶基部扩展至整个针叶,最后针叶枯萎脱落。

表 5 为不同酸雨区,18 株伐倒木叶子绿色部分变化情况,从表中看出,降水中 pH 值大于 4.5 的地方,马尾松针叶基本全绿,而 pH 值小于 4.5 的地方平均绿叶仅有 86%。从表 5 还可以看出,绿叶多少与离市区距离关系极为密切,市区附近的南岸区黄桷垭的马尾松叶子受害最重,距市区较近的巴县,马尾松叶子受害次之,而距市区较远的綦江、南桐、江津等地的马尾松叶子基本没有受害。

表 5 酸雨与马尾松针叶叶色的关系

酸雨状况	调查地点	绿叶占总叶量的百分数(%)		离市区直线距离(kg)
		范围	平均	
降水中的 pH 值在 4.5 以下	南岸区黄桷垭	75—95	86.0	6
	巴县长生	90—100	95.5	9
降水中的 pH 值在 4.5 以上	綦江大罗鸡公咀	100	100	93
	南桐关坝	100	100	65
	江津四面山	100	100	99
	平均	90—100	98.9	

表 6 为酸雨与马尾松叶子中叶绿素含量的关系,由表 6 中看出,降水中 pH 值在 4.5 以上各地区马尾松针叶的叶绿素含量远远高于降水中 pH 值在 4.5 以下地区,前者为后者 1.4—2.1 倍。

表6 酸雨与马尾松叶绿素含量的关系(mg/g 干重)

酸雨状况	调查地点	叶绿素含量 a	b	总量
降水中的 pH 值在 4.5 以下	南岸区	0.6515	0.2745	0.9260
	巴县	1.1347	0.4232	1.5579
	綦江	1.2188	0.4395	1.6583
降水中的 pH 值在 4.5 以上	南桐	0.9600	0.3754	1.3354
	江津	1.4027	0.4977	1.9004
	平均	1.1791	0.4340	1.6131

3.3 酸雨与马尾松生长量的关系

图1、图2为通过树干解析木比较降水不同酸化程度与不同年龄的马尾松树高、胸径定期生长的关系,图1(a)、图2(a)为26年龄的马尾松树高和胸径的定期生长量,从图1(a)、图2(a)中看出,当14年龄后降水中pH值为4.5以下地区的马尾松树高和胸径的生长量均明显地小于降水中pH值为4.5以上的地区。与此相类似的从图1(b)、图2(b)中也可看出,32年龄的马尾松,当16年龄后其树高和胸径的生长量,在降水中pH值为4.5以下的地区均小于pH值为4.5以上的地区,由此可以推测,重庆地区约在60年代末70年代初降水中pH值在4.5以下的地区对马尾松林的生长就有较明显的影响。

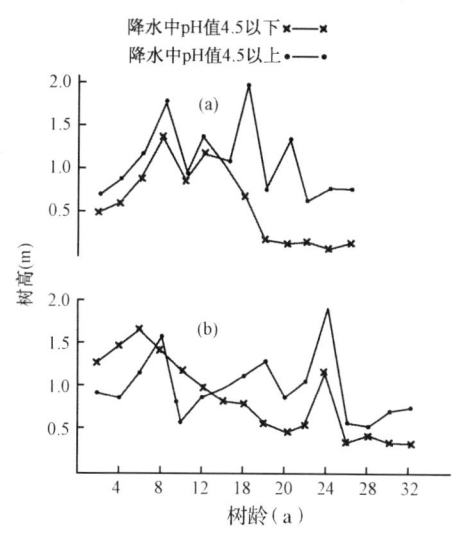

图1 降水不同酸化程度对马尾松树高定期生长量的影响

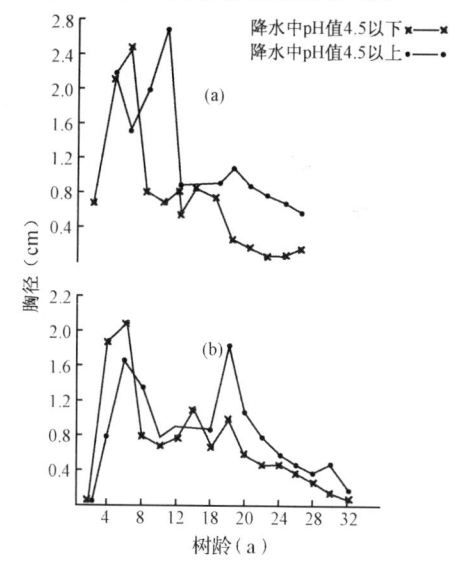

图2 降水不同酸化程度对马尾松胸径定期生长量的影响

3.4 酸雨与马尾松林生物生产力的关系

为了研究降水酸化程度对马尾松林生物量的影响,选择了立地条件、树龄和株数基本相似的几块典型样地,测量了马尾松林的生物量,其结果见表7。由表7明显看出,降水的pH值在4.5以上的巴县、綦江、南桐、江津等地20年生左右的马尾松林生物量远远大于南岸区同龄的马尾松林,约与南岸区33a的马尾松林生物量相等。

表7 酸雨与马尾松林生物量的关系(t/hm²)

酸雨状况	调查地点	林龄(a)	树干	树皮	树枝	树叶	合计
降水中 pH 值在 4.5 以下	南岸区	18	22.40	7.57	3.99	6.83	40.81
		33	62.77	17.90	21.13	10.37	112.17
	巴县	19	55.43	18.11	20.61	12.22	106.37
降水中 pH 值在 4.5 以上	綦江	19	56.53	18.37	20.82	12.34	108.06
	南桐	17	36.87	13.43	16.56	9.96	76.82
	江津	20	65.45	20.46	22.53	13.23	121.72

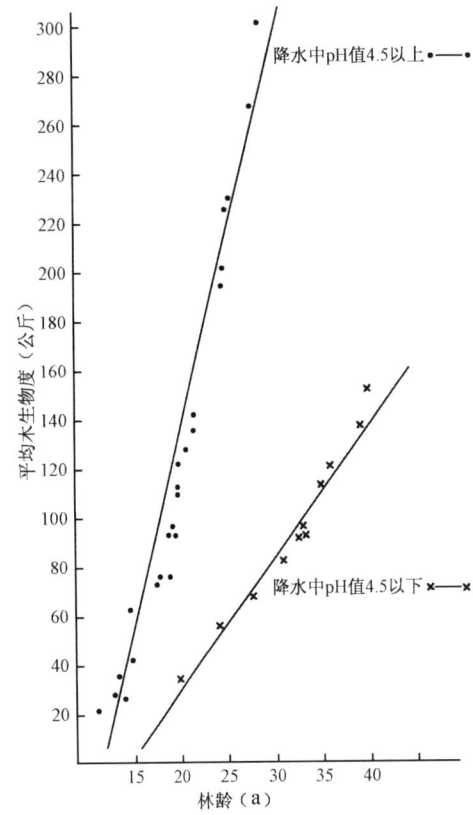

图3 不同降水酸化程度与各龄马尾松林平均木生物量的关系

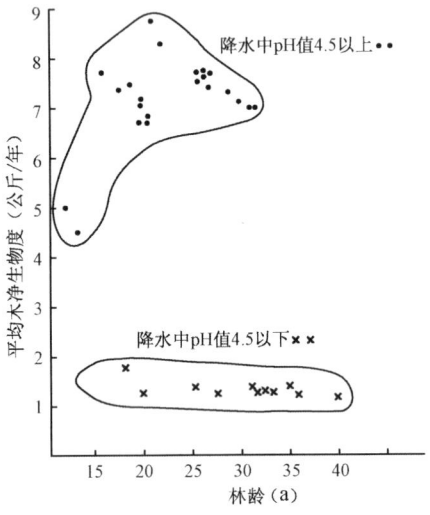

图4 不同降水酸化程度与各龄马尾松林平均木净生产量的关系

图3为不同降水酸化程度与各龄马尾松林平均木生物量的关系,由图3明显看出,降水中的 pH 值在 4.5 以下,无论哪种年龄的马尾松均较降水中 pH 值在 4.5 以上的各龄马尾松为小。

群落的净生产量是林木在一定时间内,除去呼吸消耗外所生产的有机物质,它是衡量一个群落生产力高低的重要指标。图4和表8为降水不同酸化程度与马尾松林生产力的关系,由表8看出,降水中 pH 值在 4.5 以下地区18年生马尾松林的生产力较低,33年生的马尾松林分的净生产量尚不及18年生的林分,仅为18年生的76.2%,降水中 pH 值在 4.5 以上各地的18年生左右的马尾松,其净生产量远远超过上述地区马尾松林的净生产量,约为其3—4倍。

3.5 酸雨对马尾松林造成损失的初步估算

国外近年来的研究资料证明酸雨造成大面积森林死亡,森林生产力下降[1],根据我们实际调查结果表明(表9),若以降水中 pH 值 4.5 以上各地马尾松的生产量为100%,则降水中 pH 值 4.5 以下各地马尾松所造成损失:年平均胸径、年平均树高、年平均材积、年平均生物量和净生产量则分别为39.13%、44.92%、59.89%、51.14%和56.45%,综合平均为50.3%。

表8 酸雨与马尾松林净生产量的关系(t/hm²·a)

酸雨状况	调查地点	林龄(a)	树干	树皮	树枝	树叶	合计
降水中pH值在4.5以下	南岸区	18	0.75	0.40	0.68	0.40	2.23
		33	0.95	0.27	0.32	0.16	1.70
降水中pH值在4.5以上	巴县	19	4.33	1.41	1.62	0.96	8.32
	綦江	19	4.12	1.34	1.52	0.90	7.88
	南桐	17	4.12	1.50	1.85	1.11	8.58
	江津	20	5.43	1.71	1.88	1.11	10.13

表9 酸雨对马尾松生产力造成的损失初步估算

酸雨状况	年平均胸径 (cm/株)	年平均树高 (m/株)	年平均材积 (cm³/株)	年平均生物量 (kg/株)	净生产量 (kg/株·a)
降水中pH值在4.5以下	0.42	0.38	35.73	2.99	0.27
降水中pH值在4.5以上	0.69	0.69	89.10	6.12	0.62
由于降水中pH值在4.5以下所造成损失(%)	39.13	44.92	59.89	51.14	56.45

表10 用数量化理论Ⅰ计算酸雨对马尾松所造成损失估算

酸雨状况	年平均胸径 (cm/株)	年平均树高 (m/株)	年平均材积 (cm³/株)	年平均生物量 (kg/株)	净生产量 (kg/株·a)
降水中pH值在4.5以下	0.3458	0.3435	61.4315	4.0895	1.6814
降水中pH值在4.5以上	0.6349	0.6797	104.7058	7.0549	7.1349
由于降水中pH值在4.5以下所造成损失(%)	45.53	49.46	41.33	42.03	76.43

为进一步探讨酸雨对马尾松林所造成的损失,用数量化理论Ⅰ所推导出来的公式,计算时每次令一个因子和降水的pH值不同,而其它因子相同,共组合了240次,其计算结果综合平均损失为50.9%(表10)。由表9、表10中看出,用上述两种方法计算,其平均损失的百分数是很相近的,约为50%左右。

4 小结

(1)用数量化理论Ⅰ分析马尾松的生长和产量与环境因子(海拔、坡向、坡位、坡度、降水中PH值、土层厚度)的关系,结果表明,在这众多的因子中降水酸化程度与马尾松的生长和产量关系最为密切。

(2)酸雨对马尾松的危害首先表现在同化器官的叶片上,受害后叶的典型症状是针叶的叶色褪绿变浅,针叶顶部出现黄褐色坏死斑,并逐渐向叶基部扩展至整个针叶,最后针叶枯萎脱落,调查结果还表明:离市区近的南岸区马尾松针叶受害较重,距市区较近的巴县长生马尾松林次之,而远离市区的綦江和江津等地的马尾松针叶基本不受害。

(3)降水由pH值在4.5以上的巴县、綦江、南桐和江津等地马尾松针叶的叶绿素含量远远高于 pH 值在 4.5 以下的南岸区,前者为后者的 1.4—2.1 倍。

(4) 降水中 pH 值在 4.5 以上的各地,20 年生左右的马尾松生物量远远大于 PH 值在 4.5 以下的南岸区,其净生产量前者为后者的 3—4 倍。

(5) 根据解析木资料的分析,重庆市约在 60 年代末 70 年代初降水中 pH 值在 4.5 以下地区就对马尾松林的生长和生产力产生较明显影响。

(6) 重庆地区降水中 pH 值在 4.5 以下地区的马尾松林与降水中 pH 值在 4.5 以上地区的相同年龄的林分相比,其生产力损失初步估算约为 50%。

(7) 本文系野外考察的初步结果,因大气中其他酸性污染物的资料不足,酸雨对马尾松林生产力的影响,是否包括其他污染物的协同作用,尚待进一步研究。

参考文献:

1. 重庆市环监所酸雨组. 重庆近年来酸雨发展趋势及其危害. 重庆环境保护,1984,(3):38-43.
2. 赵殿五. 国内外酸雨的研究概况. 大气污染防治技术与能源环保对策. 科技出版社,1984:139-168.
3. 冯宗炜,陈楚莹,等. 不同自然地带杉木林的生物生产力. 植物生态学与地植物学丛刊,1984,8(2):94-100.
4. 安徽农学院林学系编. 马尾松. 中国林业出版社,1980:7-9.
5. 冯宗炜,陈楚莹,等. 杉木蒸腾强度与若干因子的相关分析. 武汉植物研究,1938,1(1):33-38.

森林对改善生态环境的重要作用

冯宗炜

(中国科学院生态环境中心)

　　森林是一种可再生的宝贵的自然资源,具有多种效益。现代林业已不再是把培育森林单纯是为了伐木取材,而是把最大限度地发挥森林的多种效益作为培育森林的目标。70年代以来,森林的环境效益日益受到世界各国的重视。美国、日本等国家对森林环境效益的计量研究表明,森林环境效益的价值远远高于木材的价值,美国研究得出木材只占森林价值的1/9,日本研究得出的结果是1/25。国内也有人开始做这方面的估算,据张嘉宾同志研究,云南省贡山、福贡、碧江、泸水等四县的森林,它的保土蓄水的价值比森林的木材、燃料(能源)和肥料价值总和高出6倍。

　　我国是一个少林的国家,森林覆盖率仅12%。但又是多山的国家,山地面积占陆地总面积的2/3,绝大部分的森林、野生动植物资源和矿产资源也都在山区。所以,绿化山区,保护森林植被,对于维护山地生态平衡起着主导的作用。近数十年来,由于人口的增长,造成粮食、燃料和木材的压力,山地森林乱砍滥伐和毁林开荒,加剧了水土流失的发展。目前不仅黄土高原的面貌没有改变,就是自然条件优越的长江流域水土流失也有发展趋势,现在长江年泥沙流失量达24亿t,有的科学家担心,长此下去长江有可能变成第二条黄河的危险。1981年四川发生特大洪灾,受灾县119个,淹没县城53座,城镇580个,受重灾100万人,毁坏房屋160万间,冲毁农田1251万亩,粮食减产15亿kg。国内很多生态学家认为,这场暴雨引起的洪灾虽与大气环流有关,但长江上游森林植被大面积破坏,水源涵养功能大为削弱,使暴雨迅速汇成山洪,泥石俱下,一泻千里,加剧灾情的扩展也是不可否认的事实。中国林学会顾问、中国科学院林业土壤研究所王战教授,近年来对长江流域水土流失考察后认为,建造"森林水库"是治理长江的根本大计,要使长江无害兴利,必须以生物措施为主,以工程措施为辅,尽快恢复长江主支流森林植被,实现生态系统的良性循环。长江流域尚待绿化的土地面积约为5000万hm^2,若以每公顷300元的造林成本计算,仅需150亿元。据研究每5万苗森林所保蓄的水量,相当于一座100万m^3水库的库容,整个长江流域尚待绿化的土地绿化起来后,森林蓄水量可增加150亿多m^3。相当于两座三峡水库,而绿化所需的费用与兴建水库所需的投资相比则微不足道。另外,建造"森林水库",实现生态良性循环,防止水土流失,改善水文条件,山区水资源更加丰富,利用自然落差兴建中小型水电站,省工省力,总效益也十分可观。

　　当前,世界森林资源的锐减,森林面积不断减少,已成为全球性的重大环境问题。因为地球上森林面积的锐减,不仅使许许多多动植物种失去了生存环境,随之而消亡,而且对全球性的气候也将产生不可估量的潜在影响。

原载于:中国林业,1987,(5):9.

森林在全球性二氧化碳平衡中起着很重要的作用。据估计全球绿色植物每年吸收二氧化碳 285×10^9 t，其中森林吸收 118×10^9 t，占 42%。由于热带森林不断破坏，使大气层每年增加二氧化碳 17×10^9 t，这个数字可以与燃烧化石燃料所释放的二氧化碳水平相当。大气中二氧化碳浓度在上一个世纪以来（1880—1970），已增加 10%（由 285ppm 增至 320ppm），使低层气温增加 0.2—0.3℃。当大气中二氧化碳浓度达 400ppm 时，地球平均温度将升高 1℃。现在全世界的郁闭林正以每分钟 20hm^2 的惊人速度减少着。国外有的科学家推断，如照目前森林破坏的速度发展下去，加上燃烧化石燃料释放出二氧化碳，预计下一个世纪中叶大气中二氧化碳浓度将增加 1 倍，其结果将会大大改变全世界降雨的分布，气温将不断上升，地球中纬度地区将提高 2—3℃，使许多农业地区生产大幅度减产；地球的两极处的温度预计要比中纬度地区高 3—4 倍，最终将会导致格陵兰和南极冰块的融化，使海平面逐渐上升，淹没大量肥沃的陆地。这些问题的产生，同地球上森林的大面积消失直接和间接有密切关系。对此，生活在地球上的人们，需要共同作出最大的努力来减少森林面积破坏，绿化大地，保护森林植被，改善生态环境，使这个过程向有利于人类的方向转化，避免危及人类生活和生存的生态灾难，造福子孙后代，造福全人类。

大兴安岭特大森林火灾对林区生态环境影响的考察报告*

(生态专业组)

1987年5月6日至6月2日大兴安岭北部林区发生了持续达28天之久的特大森林火灾,这是建国以来毁林面积最大,损失最重的一场大火。党中央、国务院非常重视这场火灾对森林资源的损失及其可能引起的生态环境变化,国务院大兴安岭林区恢复生产重建家园领导小组专家组于1987年6月23日从北京出发到灾区进行考察,专家组下分4个专业组,参加生态专业组考察的有生态专业3人(冯宗炜、王在德、孙鸿良),水土保持专业2人(关君蔚、张洪江),土壤专业2人(曾昭顺、关义意),气象专业1人(陆鼎煌),昆虫专业2人(方三阳、王贵成),病害专业1人(袁嗣会),本文是生态专业组考察的初步报告,现汇报如下。

1 考察的基本情况

考察组于6月25日到达加格达奇,听取了大兴安岭林管局关于这次火灾情况介绍,6月26日至7月12日先后到塔河、阿木尔、图强和西林吉等4个受灾林业局和邻近的新林林业局进行考察,考察采取直升飞机空中视查与地面路线调查、样地调查相结合、座谈讨论与访问相结合的方式,并查阅历史资料和赴老火烧迹地进行实地调查。灾区考察范围的地理位置为北纬52°19′—53°28′,东经122°14′—124°43′,南北约134km,东西约167.5km。共计空中飞行视察3h,437km,地面路线调查425km(不包括重复路程和在灾区外的新林林区的考察里程),标准地调查25块,植被样方调查62块,挖取记载土壤剖面30个,虫害调查21个点,病害调查26处,并进行了野外摄影和录像。

2 火灾区森林的主要特点和森林资源损失的初步估计

这场大火发生在我国大兴安岭林区最北部、大兴安岭北坡,直接流入黑龙江的额木尔河、盘古河和呼玛河流域。属寒温带针叶林区域,南泰加林带落叶针叶林地带,大兴安岭北部山地兴安落叶松林区。这是我国至今保存的最大的原始林区之一,也是我国东北木材生产的主要基地之一。根据大兴安岭林管局1985年资料,火灾区四局(即西林吉、图强、阿木尔和塔河林业局简称北四局)总面积241万hm^2,有林地面积183万hm^2,森林覆盖率达76%。林区生长季节短(约100天),冬季漫长而严寒(漠河最低温度达$-52.3℃$),春季干旱而少雨,火险等级高,是森林火灾的多发区,加之土层很薄(一般只有20—30cm),有岛状永冻层,有机质分解慢,林分生产力低,结构简单,自然更新恢复的周期长,森林生态系统比较脆弱。该地区主要林型有:陡坡杜鹃-樟子松林、坡地杜鹃-落

原载于:中国科学院环境科学委员会·环境快报,1987(3):1-12.

* 本文由冯宗炜执笔。

本文后编入大兴安岭特大火灾区恢复森林资源和生态环境考察报告汇编.中国林业出版社,1987年11月:21-23.

叶松林、缓坡草类-落叶松林、平缓坡杜香-落叶松林、低湿地泥炭藓-落叶松林等,其中以草类-落叶松林生产力最高(Ⅰ—Ⅱ地位级),杜鹃-樟子松林次之(Ⅱ—Ⅲ地位级),随之为杜香落叶松林(Ⅲ—Ⅳ地位级)和泥炭藓-落叶松林(Ⅴ地位级)。这次火灾特点是沿河谷地急行推进,樟子松含松脂、树皮薄、针叶宿存,凡过火地区大小树几乎全部烧死,受害最重,落叶松各林型受害程度不等。据林业部资源司航空调查结果,这次特大火灾过火有林地和疏林地面积达114万 hm^2,过火森林蓄积达8025万 m^3,受害有林地、疏林地面积中严重火烧的(>70%的林木死亡)35万 hm^2,占40.2%;中度火烧的(31%—70%林木死亡)21万 hm^2,占24.1%;轻度火烧的(<30%的林木死亡)31万 hm^2,占35.7%。根据上述情况来看,严重火烧的林地基本上已失去森林覆盖的作用。由此看来,这场火灾使北四局的森林覆盖率已由76.0%降至61.5%。

3 森林火灾对林区生态环境的影响

3.1 对气候的影响

这场大火使大兴安岭北部森林地区的下垫面发生相当大的变化,但这种变化从天气气候的尺度来说,面积不算大,目前看来,尚不足干扰大气环流和天气过程,使周围较大范围的气候产生影响。但对局部辐射过程和地区气候是会产生一定的影响,至于影响多深,变化多大,需经长期观测才能得出准确的结论。经半个月实地考察及灾区6月份气象站的观测,对灾区气候变化趋势作如下估计。

(1)降水不会有大的增减

火烧迹地下垫面改变后,夏季局部对流会增强,火烧地区降水可能会有一些增多,如今年6月份阿木尔的降水量为71.5mm,比历年同期平均降水量66.1mm,多5.4mm(不足一成),但其增加量仍在气候本身变幅之内,对由大气流系统所形成的降水不会有影响。

(2)温度会有所增高

森林覆被破坏后,白天日射增强,加之火烧后地表色泽变暗,反射率减小,温度会有所提高。今年6月份气温阿木尔比历史同期高1.8℃,塔河高出0.9℃。温度的日变幅和年变幅也有增大的趋势。

(3)空气相对湿度减小

据6月份观测资料,阿木尔平均相对湿度为59%,比历年同期平均值低12%;塔河平均相对湿度为63%,比历年平均值低6%。

(4)霜冻和风力有加剧趋势

地表失去森林覆盖后,下垫面有效辐射失热增多,霜冻危害程度加重,机率增大。今年塔河地区6月28日还出现晚霜,比历年约推迟近20天,对农林植物生育带来一定危害,可能与这次大火有关。由于过火林区林分疏密度下降,气流摩擦减小,同时因局部对流增强,高层气流动能向下传递,将导致风力有增强趋势。

3.2 对土壤的影响

3.2.1 森林土壤有机质层(Forest floor)

过火林地有机质层受到不同程度的影响在向阳陡坡的杜鹃-樟子松林下的棕色针叶林土,凋落物层(A_{00}和A_0层)全部被烧掉,地表有0.5—1.0cm厚的碳屑层,地表已失去弹性,但腐殖质层(A_1)未受到破坏。在低洼的水湿林地如泥炭藓-落叶松林,火烧时地表多冻结,只是表层(A_{00})层烧掉,尚保留有3—5cm厚的半分解的毡状凋落物层(A_0),活藓层部分被烧掉,有的被火烤黄呈斑状仍保留在林地内。在轻度火烧林地,火速很快,土壤表层 A_{00} 层并未完全烧掉,平均炭屑层不足 0.5cm 厚。总之,由于 5 月 6 日发生森林火灾时,土壤刚开始解冻,土体仍处在冻结中,森林土壤有机物质还没有受到严重破坏。

3.2.2 土壤 pH 值

火烧林地碳屑层 pH 在 8.0—8.5 之间,其下的 A_0 层 pH 值:为 6.0—6.5,A_1(AB)层为 5.5,B 层为 5.0—5.5。而同样林地未过火的 A_{00} 层 pH 值为 5.5,A_0 层为 5.8,A_1(AB)层为 6.0,B 层为 5.5。测定结果表明,火烧后土壤表层碳(灰)屑层 pH 值增高,呈碱性反应,A_0 层 pH 值较原来的略高,而下层 pH 值基本上与原来一致,火烧后使土壤表层酸性中和,有利于凋落物的矿质化和有效养分的释放。

3.2.3 土壤温度和冻层

火烧对土壤温度有所提高。7 月 5 日 11:10 分在图强林业局奋斗林场严重火烧的泥炭藓落叶松林林地观测,地表活藓层上温度为 37.5℃,在碳(灰)屑层表面温度高达 57℃,两者相差 19.5℃,活藓层 5cm 深处温度为 23.5℃,碳(灰)屑层下 5cm 深处土温为 26℃,两者相差 2.5℃。7 月 9 日 16:20 在西林吉林业局前哨林场轻度火烧的杜香落叶松林地观测,碳(灰)屑层表面温度为 26.5℃,而活藓层上为 24.5℃,两者相差 2℃;5cm 深处分别为 21℃ 和 19℃ 两者也相差 2℃。观测表明,火烧后尤其在中午,由于地表碳黑吸收辐射热量多,土壤温度提高较明显。火烧后还能使林地土壤冻层下降,据在图强林业局奋斗林场观测,未火烧的林地,在泥炭层下 33cm 深处出现冻层,而在火烧林地挖至 50cm 深处尚未见有冻层。

3.2.4 土壤营养元素

火烧后使林地活地被物和土壤有机质矿化,使钙、镁、钾、磷等营养元素转化为易于植物吸收利用的形态,有效氮的浓度也增加了,但氮的绝对量会有减少。

3.3 对植被的影响

3.3.1 主要乔灌木树种的耐火性

不同树种对高温抵抗能力差别很大。这场大火发生时,有些树木尚处于休眠状态,加之这场大火绝大部分属速行地表火,过火 1 月后,有些树木地上部分虽烧死,但地下部分根系却未死,又萌发新条,根据过火后不同树种地下部分根系萌发能力和地上部分树冠和树皮耐火的程度,将主要乔灌木树种的耐火性,初步划分如下。

耐火性强的有:黑桦(*Betula dahurica*)、白桦(*B. platyphylla*)、钻天柳(*Chosenia macrolepis*)、山杨(*Populus davidiana*)、香杨(*P. suaveolens*)、东北赤杨(*Alnus mandshurica*)等。

耐火性中等的有:兴安落叶松(*Larix gmelinii*)、丛桦(*Betula fruticosa*)、兴安杜鹃(*Rhododendron dahuricum*)、越桔(*Vaccinium vitis-idea*)、都柿(*V. uliginosum*)、大黄柳(*Salix raddeana*)、金老梅(*Dasiphora fruticosa*)、刺玫果(*Rosa davurica*)、极地悬钩子(*Rubus arcticus*)、柳叶绣线菊(*Spiraea salicifolia*)、绣线菊(*Spiraea sericea*)、蓝靛果忍冬(*Lonicera edulis*)、接骨木(*Sambucus manshurica*)等。

耐火性差的有:樟子松(*Pinus sylvestris* var. *mongolica*)、偃松(*P. pumila*)、红皮云杉(*Picea koraiensis*)等。

3.3.2 火灾后森林植被演替趋势

根据立地条件的不同,火灾后森林植被演替大致会出现下列趋势:

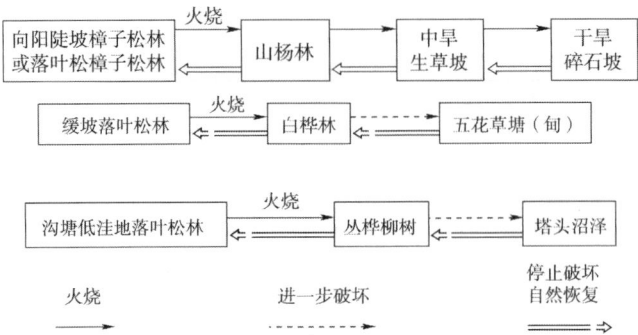

火灾后樟子松落叶松针叶树被火烧死,山杨通过根蘖、桦木通过根基萌蘖很快占据优势,如进一步受到人为或自然破坏,在极端生境的向阳陡坡将被中旱生草本植物所占据,有些地方甚至有沦为干旱碎石坡危险;在低洼湿地,进一步破坏后,失去树木生理排水作用,进而有向沼泽化发展趋势,成为塔头沼泽地。在平缓坡地,进一步破坏后将成为中(湿)生的以小叶樟(*Deyeuxia angustifolia*)为主的五花草塘(甸)。当然,停止破坏后自然植被也能自我恢复,破坏越重,恢复所需的时间越长,由草本阶段通过杨桦木过渡阶段,如有针叶树种源将恢复到乔木针叶林,需要几十年甚至几百年。因此,必须采取积极的人为措施加速恢复森林过程。

3.4 对病虫害发生发展的影响

3.4.1 害虫

过火林地由于树种单纯,次期害虫种类不多,优势种只有两种:落叶松八齿小蠹(*Ips snbelongatus* Motsch)和云杉小黑天牛〔*Monochamus Sutor*(L.)〕,次要种有长角小灰天牛(*Acanthocinus griseus* Fabricius)、松六齿小蠹(*Ips acuminatus* Gyllenhal)、云杉大黑天牛〔*Monochamus urussovi*(Fischer)〕等。在过火的落叶松林中,10—20cm 小径火烧木(形成层还新鲜)干基部几乎全被落叶松八齿小蠹寄居,胸径在 20—40cm 的火烧木上还见有云杉小黑天牛卵及初孵幼虫。严重火烧木的上部或轻度火烧木上有松六齿小蠹虫的发生。

总的看来,过火林地目前发现的次期害虫虫源地面积不大,主要是发生在公路两侧新伐区、贮木场、楞场及居民点附近,只要及时处理,不会酿成大面积残存活立木枯死。

在老火烧迹地上(1979 年 7 月 12 日雷击火引起)的所有枯立木都有被小蠹、天牛为害的痕迹,树干基部 2m 范围内虫眼最多可达 86 个,在比较干燥处,火烧 8 年后的落叶松枯立木材质尚好,未发生腐朽,而在低湿处所有枯立木都已腐朽。

3.4.2 病害

樟子松成过熟林中主干枝条上常有瘤锈病(*Cronartium quercum*),由于锈瘤积集松脂,容易燃烧,过火后均成圆形焦炭。在过火的残桩断面腐朽菌豹皮菇(*Ltntinus lepideus*)已形成长出子实体。落叶松树干见到的腐朽菌计有:豹皮菇、松木层孔菌(*Phellinus pini*)、红缘层孔菌(*Fomitopu pinicola*),在依西林场重火烧的折倒木,主干内部自干基向上腐朽高达 1—3m,腐朽类型多属白腐,过火后的燃烧烈度均较大。白桦过火林地见到的有:木蹄层孔菌(*Fomes fomentarius*)引起白色杂斑腐朽,桦革裥菌(*Lenzitis betulina*)引起白腐和桦滴孔菌〔*Piptoporus*(*Polgporus*)*betulinus*〕引起褐色腐朽,未经火烧的白桦伐桩上见有引起边材腐朽的彩绒革盖菌(Coriolus versicolor)。

此次火烧对落叶松、樟子松原木造材没有影响,木质部并无损失,从病理学角度看,林内地面小火对消灭落地病叶有一定作用,但大火灼烧树干基部会增加立木腐朽。

3.5 对水土流失的影响和估价

火灾区处于黑龙江支流呼玛河、盘古河和额木尔河流域,据塔河水利局资料,呼玛河流域每年每平方公里流失土沙 5.5t,最多年份达 13.9t;额木尔河流域每年每平方公里流失土沙 3.66t,最多年份达 13.6t。在有森林复盖的情况下,水土流失不严重,这次火灾过火地区主流带的针叶树几乎全毁,调查中发现,在 15°以上的坡地,上层林木烧死,地表植被稀少(不足 10%)或缺如的地方,已出现不连续的片状侵蚀和细沟状侵蚀,水土流失的危险性还是存在的,尤其是陡坡火烧木根系烧毁腐烂后,失去其原有的根爪的固坡固土作用,在暴雨和其他重力作用的影响下,也为浅层滑坡创造了条件。另据塔河水利局的观测资料,60 年代末至 70 年代初,降暴雨 3d 后,河水才显著增大形成较平缓的洪峰,而近几年来,相同暴雨两天后河水就显著增大形成洪峰,洪峰出现提前 24h,可能是由于森林采伐后所引起的。这场大火使北四局森林复被率降低 14.5%,森林调节和涵养水源功能大为削弱,估计今后洪峰出现时间进一步有缩短的趋势。

综上所述,这次特大火灾不仅使大兴安岭北部林区森林资源受到严重损失,更严重的是破坏了原来的生态平衡,林区生态环境已出现恶化趋势,火烧迹地次期害虫发展,森林调节气候、涵养水源功能减弱,水土流失和洪灾发生的可能性加大,特别是向阳陡坡干旱化和低洼地沼泽化的趋势,其潜在危害的严重性决不可低估。就目前情况来看,阳坡火烧后出现的还是以原来林下的中生草本植物为主,在向阳陡坡老火烧迹地上见,有极少的耐旱的植物如兔毛蒿(Artemisia sibirica)和百里香(Thymus serpyllum),但大兴安岭北部属寒温带湿润气候区,每年处于 0℃ 和地面冻结的时间达 7 个月之久,年降水量均在 400mm 以上,年干燥度在 0.8—1.0 范围,林地灌木、草本植被恢复较快,加上风力较小未发现风蚀地貌和沙源,估计短期内不会像大兴安岭南部与草原接壤地区那样形成干草原化,甚至出现沙漠化的危险。相反,低洼地由于树木蒸腾量减少,生理排水功能减低,加之地下有冻层,泥炭(土)藓类发育,排水不良,沼泽化面积会扩大,对林木更新和生长更加不利。

4 保护生态环境的对策和措施

针对这场特大火灾对大兴安岭北部林区生态环境造成的不良影响,为防止生态环境进一步恶化,加速生态平衡的恢复,并通过各种有效人为活动,使之朝着良性循环的方向发展,建设成为一个生态效益、经济效益和社会效益相协调的新型林区,特提出下列建议,供领导和决策部门参考。

4.1 大力加强现有林的保护,防止森林面积进一步缩小和生态环境的进一步破坏

从大兴安岭北部原始森林是在自然条件严酷,生态环境比较脆弱,通过漫长的时间形成的这一特点出发,必须把保护好现存森林放在首位。

(1)加强森林防火工作的管理,统筹安排,建立健全动态监测预报系统和现代化专业扑火系统,提高预测、预报、预防的准确性和扑火灭火的能力,有些地段林区防火隔离带的设置应与林区农牧业生产发展规划相结合,建立生物防火隔离带,既利用土地又起到护林防火作用。

（2）利用航空遥感等先进手段（如彩红外），加速过火林区森林资源的清查，迅速查清不同林型、不同龄级受害的程度、面积、株数和蓄积，为过火林分的拯救伐和森林更新等措施的实施提供可靠的依据。

（3）在清理火烧木时要加强水土保持工作，保护好林地荫发的乔灌木幼树和草被，注意保护好陡坡地的植被，以防止水土流失。

（4）修改森林采伐和抚育规程，改变枝丫清林方式。现行的归堆清理，既不利于枝丫的腐烂分解和加速林地养分循环，又增加林地大量可燃物（每公顷达14t），助长火灾发生的危险和蔓延，应改为冬季雪后火烧清理处理。

4.2 加速恢复森林，提高复盖率和防护——用材林的功能

（1）改变长期以来单纯依靠天然更新的观念，加强人工更新措施，提高森林生态系统的生产力和抗灾能力。

（2）人工更新时，要注意尽量营造混交林，如选择耐火性强的非豆科固氮树种赤相与针叶树混交。在大面积过火的杨桦疏林中，可"栽针保阔"使之加速成为针阔混交林，以提高林分生产力和防护——用材双功能。

（3）火灾区原有白桦林分面积占21.8%、蓄积占12.7%，针对火灾后植被演替白桦林必然大量增加的趋势，要加强白桦小径木的利用，推广新林林业局制作出口卫生筷、小农具锹把等经验，提高木材利用率和经济效益。

4.3 提高集约经营水平，充分利用林区资源，开展多种经营

认真贯彻落实"以营林为基础"和"以林为主、多种经营"的林区建设方针，在发展林业生产的同时，加速农牧副渔业的发展，以提高林区综合生产力和供应水平。

（1）林区野生浆果资源如都柿、越桔（牙疙瘩）、刺玫果等十分丰富，单塔河县年产量就可达1.8万t，采集容易，可发展无污染的原汁系列饮料，多级加工利用，大有可为。

（2）黑龙江沿岸乡镇（如漠河、十八站、伊西肯、开库康等）周围，地势开阔、热量土质条件较好，应利用沿江阶地发展小麦、燕麦等粮食和饲料作物生产，力争农业人口的粮食自给，不吃返销粮。

（3）积极发展林区职工庭园塑料大棚蔬菜生产的经验（现自给率达60%），并针对苗木短缺，有计划地发展塑料大棚育苗专业户，扩大苗木生产能力。

（4）积极开发林区非林业用地，特别是海拔较低处的草甸沼泽，有发展牧业和渔业的可能，提高土地利用率和生物能转化率，以发展牛、马大牲畜为主，兼养猪、鸡、鹅，此外人工养貂和库塘养鱼，也有成功经验，可适当发展，逐步改变林区副食供应大部依靠外调的局面。

这次考察时间很短，这场特大森林火灾究竟对生态环境影响多大，范围多广，需要进行长期的定位研究观测，才能得出定量的估计和确切的结论。鉴于大兴安岭北部林区，这方面的研究尚属空白。为此，建议设立"大兴安岭北部特大森林火灾对生态环境影响的动态观测及预测"的专题。抓紧时机，开展科学研究，乃是当务之急。这必将对灾区森林的迅速恢复和建设一个经济效益、生态效益和社会效益相协调的、生产力高、防护性能好而稳定的新林区产生深远的影响。

大兴安岭北部森林生态系统特征与特大火灾后拯救与发展生产的生态学原则*

孙鸿良[1], 冯宗炜[2]

(1. 中国农业科学院作物研究所, 北京 100080; 2. 中国科学院生态环境中心, 北京 100085)

摘要: 1987年5月6日—6月2日, 我国大兴安岭北部森林遭到特大火灾。火灾范围 133 万 hm², 过火有林地及疏林地 114 万 hm²。灾后, 在恢复生产时对这片遭受极大灾难的林子, 要认真遵循生态学原则, 以保护与拯救资源为战略方向而加以治理和建设, 避免带来第二次资源浩劫与生态环境的压迫。

拯救和发展生产的生态学原则包括: 清理火烧木时要注意环境保护, 特别是保护地被层, 以维持森林环境; 重点改造建设缓坡地, 提高植被生产力; 加强生态管理, 以加速恢复生产与提高防灾能力; 在布局上尽量将部分农、牧、渔用地纳入防火用地规划之中, 避免土地资源浪费等。

关键词: 森林火灾; 兴安落叶松林

The characteristics of ecosystem of North Daxingan Mountains forest and the ecological principles of its remedy and development after a extraordinarily serious fire-disaster

Sun Hongliang

(*Institute of Crop Breeding & Cultivation, Chinese Academy of Agricultural Sciences, Beijing 100080, China*)

Feng Zongwei

(*Research Center for Eco-Environmental Sciences Academia Sinica, Beijing 100085, China*)

Abstract: On May 6 to June 2, 1987 the North Daxingan Mountains forest area of our country was suffered from a extraordinarily serious fire-disaster, the fire covering about 1330 thousand hm². with 1140 thousand hm². of fire-stricken forestland and sparse forest land. For recovering the production of this area, the ecological principles should be followed, viz the strategic direction should be put on the conservation of natural resources, so as to avoid the secondary calamity of resources and eco-environment stress. Such ecological principles may include: checking up the

---

原载于: 中国环境科学, 1988, 8(2): 56-61.
* 本文系笔者参加国务院恢复生产、重建家园领导小组专家组考察内容之一.
野外考察时间为 1987 年 6 月 29 日—7 月 14 日; 王在德同志参加了野外样方调查, 在此谨致谢意.

burned wood, paying attention to the conservation of environment, especially the ground cover layer of forest, so as to maintain the forest environment; laying emphasis on reforming and constructing the slope land to increase the vegetation productivity; strengthening the eco-management to restore acceleratively the production and increase the ability of disaster-prevention; and in layout, covering the partial land used in agriculture, animal husbandry and fishery as far as possible in the land programme for fire prevention, so as to avoid the waste of land resource.

Key words: Forest fire-disaster; Xing'an larch.

大兴安岭针叶林区位于我国北纬49°20′(牙克石附近)以北,东经127°20′(黑河附近)以西的大兴安岭北部及其支脉伊勒呼里山的山地,海拔700—1100m,最低177.4m(呼玛),最高1530m(奥科里堆山)。这里是我国最寒冷的北部林区之一,发育着以落叶松、樟子松为建群种的寒温带针叶林,它是欧亚大陆北部泰加林向南延伸的部分。

这次特大火灾区位于大兴安岭北段,由塔河西北7.5km直至黑龙江边。大致在北纬50°19′(塔河)至53°28′(漠河乡)之间的南北130km内,海拔300—700m,为北部四个林业局——塔河,图强、阿木尔、漠河林业局所经营的范围。这里本是我国最北部的一片珍贵的原始林,现过火有林地、疏林地114万hm²(据林业部资源司资料),占四个林业局总面积240万hm²的47.5%,有的地区在宽20km长60km内呈一片焦黑。这样大的林地面积遭到不同程度的火灾为害,其影响之大不言而喻。

当今在恢复生产、重建家园时,对这片受到极大灾难的林子,要认真遵循生态学原则来加以拯救、治理与建设。切不可在受灾之后又因人为不恰当的处置而带来第二次灾难。

1 火灾区兴安落叶松林生态环境的基本特点

大兴安岭北部针叶林是在异常严酷的生境条件下发育起来的,这里生态条件有如下特点:

(1)冬季寒冷、少雪而漫长。最低温度达-53.2℃。无霜期短,有的年份6月底还有晚霜,而有时7—8月份就出现早霜,生长季短,林木生长缓慢,年平均生长量小于1m³/hm²。在过伐及火烧迹地上自然更新演替需50—100年之久。

(2)春季干旱风大,夏季短促。漠河站年平均降水量403.3mm,80%集中于7—8月;在5—6月有明显旱象,这时相对湿度在55%左右。全年也以气温在5—6月为最高,绝对最高温记录:漠河为36.8℃(1980年6月28日);塔河为35.7℃(1975年5月26日)。最大风速漠河达16.7m/s(1980年6月28日)及16.3m/s(1972年5月10日)。春季干旱伴随着高温使林内枯枝含水量常降至10%以下,因此易燃性高。在漠河—阿木尔一带,历史上即为雷击火的多发区,如遇大风天气更促火势凶猛。因此斑斑火烧迹地已使生态系统元气大伤,自我调节机制已日显脆弱。

(3)土层薄而有机质分解缓慢,林木自营养条件差。坡地土层20—40cm以下便见碎石砾,枯枝落叶虽有4—8cm厚,但分解能力差,使物质循环阻滞不畅,林木难以有效地吸收养分。缓坡与河谷沼泽地土层虽较厚,但30—40cm以下便见永冻层,使落叶松根系发育受影响,因此沼泽地上的落叶松生长更为缓慢,常成小老头树,一旦遭受破坏更难恢复。

由此可见,大兴安岭北部针叶林是在严酷生境与频繁灾害中以异常缓慢的速度发育起来的,对它的保护与抚育更显重要。

2 特大火灾后苗木萌发的现状

据这次考察团对火灾后两个月内苗木萌发情况的考察,总的情况是一些耐火性强的草本与灌丛已较快发芽生长,白桦、山杨、赤杨等阔叶阳性树种的萌条也在各自根部逐渐吐露。但在重度火烧迹地上没有见到落叶松及樟子松的任何幸存幼树;在中、轻度受害火烧地上则有时见到落叶松幼树的树梢开始转绿或整株基本上绿色而恢复生机,但樟子松幼树则全部死亡。

在样地内测定观察,可以看到一些林下灌木草本呈不均匀地团状萌发的情况,它们的株数与频度见表1—表4。

表1 绥阳坡杜鹃落叶松林重度火烧迹地上的萌生植物株数与频度(2m×2m)

植物名称	1	2	3	4	5	6	7	8	9	10	频度%
						株丛数					
白桦苗	16		1	1	1				2		50
山杨苗						1	1	4	7	5	50
赤杨苗	1		3								20
刺玫苗	2	1	5	10		1	2			15	70
牙疙瘩		2						1	6	6	40
杜鹃							6	3			20
醋栗		3		1				1	18	1	50
柳叶绣线菊										1	10
蕨菜										5	10
小叶章			1	15	1		1	7	26	94	70
苔草	24	5	16				6			4	50
千里光				1	1				5		30
大叶草藤					1			2			20
柳兰					1				4		20
茶藨子					1						10
茜草									13		10
楼斗菜				1							10
早熟禾				3							10
轮叶王孙										2	10
悬钩子					3						10
盖度%	5	2	5	5	4	2	5	10	20	35	平均 10~15

地点:阿木尔林业局伊西林场1—2支线43km
调查日期:7月2日
坡向北偏东15°、坡度5°、海拔480m、棕色针叶林土

表2 陡阳坡杜鹃樟子松林重度火烧迹地上的萌生植物株数与频度(2m×2m)

植物名称	1	2	3	4	5	频度%
	样方号					
	株丛数					
山杨苗	2		2		2	60
白桦苗	1					20
杜鹃					3	20
牙疙瘩				2		20
柳叶绣线菊		5	2	3	1	80
裂叶蒿	13	5	1		5	80
大叶草藤	15	2	6			60
耧斗菜	2			1	2	60
小叶章	20	2			1	60
地榆	8	7		2	3	80
银莲花	1	2				40
千里光	1					20
柳兰			1	2		40
野火球				2		20
苔草	7	6	3	2	2	100
箭头唐松草	1					20
鸦葱	1					20
矮山黧豆		1	1			40
细叶野豌豆				2	4	40
囊兰				1		20
盖度%	35	15	10	10	10	平均20

地点:阿木尔林业局伊西林场1—2支线29km
调查日期:7月2日
坡向:南偏东40°、坡度30°、海拔490m,棕色针叶林土

表3 山顶杜鹃落叶松+樟子松林重度火烧迹地萌生植物株数与频度(2m×2m)

植物名称	1	2	3	4	5	频度%
	样方号					
	株丛数					
白桦	10		22	3		60
赤杨				3		20
杜鹃	1	7		1	1	80
牙疙瘩	92	61	116		108	80
刺玫果	4	2				40
柳叶绣线菊	3	11				40
小叶章	57	36	119	32	31	100
千里光	1			3		20
地榆		2	1	3	1	80
苔草			20			20
盖度%	10	10	20	10	8	10—15

地点:同表2,位于其山顶;调查日期:7月2日
坡度:3°,海拔500m,棕色针叶林土

表4 缓坡草类落叶松林轻度火烧地萌生植物频度与多度*(2m×2m)

植物名称	样方号 1	2	3	4	5	频度%
			株丛数			
落叶松(幼树)				2(幼树)	1(苗)	40
刺玫果			un		Sol	40
金老梅					Sol	20
牙疙瘩					Sol	20
柳一种		un	Sol	Sol		60
野豌豆	cop²	cop¹				40
千里光	Sp	cop¹				40
苔草	Sp	Sp	Sol	Sol	Sol	100
蕗草	Sol	Sp				40
小叶章	Sp		Sp	Sol	Sol	80
柳兰	Sol	un				40
草莓	Sp					20
地榆		Sol				20
茶藨子			Sp	Sol	Sp	60
问荆					Sol	20
盖度%	80	70	35	15	50	平均 50—60

*多度等级:cop² 多,cop 较多,Sp 中等,Sol 稀少,un 1株
地点:漠河西林吉林业局河东林场三干线
调查日期:7月7日
坡向西,坡度5°,海拔500m
落叶松最大59龄,生草棕色针叶林土

由表1—3所示,在重度火烧迹地上,牙疙瘩、都柿、杜香、刺玫果、柳叶绣线菊、杜鹃以及桦、杨等发展较快,将向次生白桦林或白桦、山杨林演替,如果没有人工引入针叶树的种子或种苗的措施,也许会在相当长时期内难以向针叶林演替。虽然针叶树有一定自然更新能力,过去屡受火灾也有较快恢复的事例。例如图强潮中林场40干线15支线,海拔750m,坡度25°,约40—50年前遭火灾现今已基本恢复为杜香落叶松林。郁闭度0.6,样地落叶松高12.83m,胸径14.7cm,年龄43。林下灌木与草被覆盖率70%以上,落叶松幼树幼苗每公顷2500—5000株。此外,杜香Cop¹、牙疙瘩Cop²、白桦幼树每公顷2500—10000株,苔藓与地衣覆盖率50%;以上(表4)。但毕竟由于面积不大,周围又有针叶母树种源而恢复较快。在这次火灾大面积缺乏母树情况下,虽然留存在土壤中的松树种子会部分萌发起来,但能否顺利生长有待进一步观测与抚育。这次动物资源损失也较重(据有关方面估测约损失20%的头只数),因此要重灾区恢复至灾前生产力水平及生态平衡状况恐需几十年甚至上百年漫长时期。

3 灾后拯救建设的生态学原则

3.1 严格地保护地被层、保护土壤、尽可能维持森林环境,防止水土流失及土壤沼泽化,促进森林的自然恢复。这次特大火灾过火面积虽较大,但所幸地被物受损较小,自然恢复较快,因此严格保护森林环境,有利于森林植被演替进程的顺利进行。

3.2 清理火烧木要特别注意保护苗木,防止带来第二次生态压力与资源浩劫

清理火烧木将对正在萌生发育的次生阔叶树种及灌木带来一定的压、碰、刮等毁坏

作用,对土壤也会因机械强度作业而造成水土流失的影响,特别是对陡阳坡而言。为此,在清理火烧木时要制定一定的保护性操作规程,否则这种破坏力无异于继火灾后又给予的第二次强大压力与资源浩劫,会使苗木衰弱,植被覆盖率下降。

3.3 对轻灾区的清理火烧木工作可尽量与人工促进更新措施结合起来,使后者所需要的"破土"条件在拉木材时所起的机械松土作用中得到同样的效应。关键在于拖拉机集材要注意控制在小范围内,严禁陡坡采取串坡和拖拉机集材。

3.4 重点改造建设缓坡地提高植被生产力

在考察区,缓坡的草类落叶松林是生产力最高的林型之一,沟谷阶地草甸也是中上等草场而可发展畜牧业。因此该土地资源的生产潜力大,也最需要加以保护、控制与改造。考虑到这次火灾后坡地径流作用的加重而将会造成缓坡低地的沼泽化,采取适当排水措施为当务之急,以免林木与草群由于沼泽化而向低产劣质化方向发展。

排水使生境适当旱化不仅有利于扩大草类落叶松林的面积,而且还可改善原来处于沼泽化地段的发育不良的落叶松小老头树的立地条件,使其生产力提高。与此同时还要把农、牧、渔诸业纳入该系统中而共同组成较高产高效的复合林业生态系统。这一地区的土地资源生产潜力较大,不进行开发建设无异于是一种浪费。但开发时既要注意充分发挥优势又要遵循生态经济学原则,长短结合,起到保林而非争林地的作用。在这里,调整用地结构是最关键技术之一,要预先统筹规划,甚而通过建造模型在计算机上进行结构选优,然后投放适当的附加能量才能使生态系统功能达到最优状态,整体效应得以最大发挥,总体生产力达到应有的较高水平,也为集约经营的现代化林业树立样板。

3.5 加强生态管理工作以加速恢复生产与提高防灾能力

国外某些部门对生态管理工作给予关注而起到较好效果。在国内生态管理几乎很少有人有意识地去做,这是决策上的失误。例如大兴安岭森林生态系统过去只着眼于林,忽视了动物资源、经济灌木与草本资源,更忽视了森林的水源涵养作用与对西部草原的天然保护屏障等环境保护作用。要使整个生态系统功能最优化,各业生产繁荣昌盛,就需按生态原理加以统筹管理,这次火灾发生前已有种种火险迹象,气象部门已预测到图强、阿木尔一带起火时间与实际相符,只是由于森林生态监测站未能建立,单部门的灾情预报就显得不力。现今恢复生产也是一项大的生态管理工程。加强生态管理工作无论对当前加速恢复生产或对未来火灾的预防、缓解以及对开发建设未来林区展示良好而巩固的前景皆具重要意义。

3.6 在布局上尽量将阶地、沟塘的部分农、渔、牧业用地纳入防火用地规划之中,效果又好,又不致造成资源的浪费。今年5月开的防火道也可部分结合农、牧业加以经营。

参考文献:

[1]中国植被、植被图编写委员会编. 中国植被. 科学出版社,1980,139-166,764-771.

模拟酸雨对马尾松和杉木幼树的影响*

单运峰,冯宗炜

(中国科学院生态环境研究中心,北京)

摘要:模拟酸雨 pH 值为 6.63(对照),4.5,3.0 和 2.0。实验结果表明,杉木针叶汁液 pH 值和土壤 pH 值随模拟酸雨 pH 值下降而降低,土壤比叶汁液更容易被酸化,也更难恢复。模拟酸雨对马尾松和杉木单位叶干重净光合速率影响不显著,最高酸度的模拟酸雨由于减少光合组织而显著降低单株净光合速率。模拟酸雨显著增大了马尾松和杉木呼吸速率。模拟酸雨对茎生物量没有影响,主根和叶生物量有减少的趋势,但不显著,须根生物量有显著减少,模拟酸雨抑制植物生长的机制是增大呼吸速率使物质消耗增加和减少光合组织,导致物质生产减少。

关键词:模拟酸雨;叶汁液 pH 值;土壤 pH 值;净光合速率;呼吸速率;生物量。

Effects of acid rain on youngling of *Pinus massoniana* and *Cunninghamia lanceolata*

SHAN Yunfeng, FENG Zongwei

(*Research Center for Eco-Environmental Sciences, Academia Sinica*)

Abstract:The effects of simulatad acid rain with pH values of 2.0, 3.0, 4.5 and 6.623(control) on youngling of *Pinus massoniana* and *Cunninghamia lenceolata* were studied. The results showed that the pH of *C. lanceolata* leaf sap and soil decreased as the acidity of rainfall increased. In the case of low pH, the acid rain had significant effects on the photosynthetic rates per plant, but not on that per unit weight of dry leaf. The respiration rates of the two species were stimulated by the acid rain and root and leaf biomass, but not stem biomass, were also reduced dramatically during a seven months period.

Keywords:acid rain;soil pH;net photosynthetic rate;biomass;respiration rate.

1 前言

自 1979 年开始的降雨监测表明,我国南方不少地区出现酸性降雨[1]。据调查,酸雨对生态环境已产生了危害[2]。

酸雨对森林的影响,在国内外越来越多地引起人们的关注。鉴于森林在气候调节、水分平衡,防止土壤侵蚀中的生态重要性,森林受害将危及生命的自然基础。国外已有

原载于:环境科学学报,1988,8(3):307-314.
* 本实验是作者在中国科学院林业土壤研究所工作期间完成.

这方面的报道[3-5],国内,酸雨对农作物和蔬菜的影响已有一些报道[6-7],但酸雨对森林影响的实验研究报道不多。冯宗炜等[8]报道了重庆地区酸雨对马尾松林生产力影响的调查结果。杉木(*Cunninghamia lanceolata*)是我国亚热带广大地区人工速生丰产林的建群种,马尾松(*Pinus massoniana*)是我国亚热带分布最广的次生林和人工林建群种。鉴于杉木和马尾松在我国亚热带森林和林业生产上的重要性,1986 年 3 月—12 月期间,在中国科学院湖南会同森林生态实验站,进行模拟酸雨对杉木和马尾松幼树影响的实验研究,旨在探讨酸雨对其生长发育的影响。

2 实验材料与方法

2.1 实验材料

杉木和马尾松当年生苗木来自中国科学院会同森林生态实验站苗圃。苗木经过选择,地茎和苗高基本一致,实验苗木于 1986 年 3 月 3 日至 7 日栽植于盆钵中,每盆一株,每种处理 12 盆,盆栽所用土壤为黑沙土①。

2.2 模拟酸雨的方法

用分析纯浓硫酸和硝酸配制成硫酸根离子与硝酸根离子的摩尔比为 8∶1 的混合液,用清水配制成 pH 值为 4.5,3.0 和 2.0 的供试酸性水溶液。以清水作对照,其 pH 值为 6.6。水溶液 pH 值采用日本产 pH 51 型 pH 计测定。从 1986 年 5 月 22 日至 7 月 22 日,(除雨天外),每天浇洒供试酸雨,每次 5min,降水量为 3.8mm,该阶段总降水量为 125.4mm。从 1986 年 8 月 6 日至 11 月 26 日,改由电动喷雾装置模拟酸性降雨。除雨天外,每天 8∶00 左右连续喷雾 0.5h,降雨量为 7.3mm,该阶段总降水量为 591.7mm。实验期间模拟酸雨总降水量为 717.1mm。

2.3 光合速率的测定

用北京分析仪器厂生产的 QGD-07 型红外 CO_2 分析器测定,采用开放气路和胶泥封。杉木连体测定,马尾松因枝条较短,连体测定操作困难,用同位枝条离体测定。经准备试验,植物离体枝条的光合速率在 90min 以内未下降,用水浴法控制叶室气温(杉木为 32℃,马尾松为 27℃),用碘钨灯提供人工光照,光照强度为 2×10^4 lx。

2.4 呼吸速率的测定

用 QGD-07 型红外 CO_2 分析器测定。采用开放气路系统和胶泥封,用黑色纸和黑色塑料薄膜遮光。马尾松和杉木都采用离体枝条测定,杉木和马尾松叶室气温分别为 30℃ 和 23℃。

2.5 叶汁液 pH 值的测定

取新鲜叶,用滤纸擦干净,剪碎,称取 3g,研磨成糊状,加蒸馏水 30ml,拌匀后稳定 0.5h,测定 pH 值。

2.6 土壤 pH 值的测定

按处理分别在各个盆钵中取鲜土样,混合后称取 5g,加入 1mol/L 的 KCl 溶液 25ml,搅拌 0.5h,稳定 0.5h,测定 pH 值。

2.7 生物量的测定

在植物停止生长后,分别测定各株幼树的主根、须根、茎和叶鲜重。分别取鲜样,在

---

①中国科学院林业土壤研究所,杉木人工林生态学研究论文集,1980

70℃恒温下烘至恒重,求出主根、须根、茎和叶各自的含水率,将鲜重换算为干重,求出主根、须根、茎和叶的生物量。

3 实验结果与分析

3.1 模拟酸雨对叶子的伤害

pH 2.0 的模拟酸雨使马尾松和杉木针叶叶尖产生红棕色坏死斑。坏死斑与绿色组织间有黄绿色过渡带。随模拟酸性降雨次数的增加,坏死斑逐渐从叶尖向叶基部扩展。当年生刚伸展完全针叶比 2 年生针叶和未伸展完全的针叶受伤严重。马尾松针叶叶鞘变得明显松弛,摇动枝条就有针叶脱落。

pH≥3.0 的模拟酸雨未使马尾松和杉木针叶产生坏死斑。

3.2 模拟酸雨对叶汁液和土壤的酸化作用

从 1986 年 11 月 6 日—11 月 20 日停止模拟酸性降雨。在这期间,接受到 5 天的自然降雨(pH 为 5.6),1986 年 11 月 20 日第一次测定叶汁液 pH 值(图 2)。从 1986 年 11 月 21 日到 11 月 25 日,连续每天喷洒 0.5h 模拟酸雨,11 月 25 日第二次测定叶汁液 pH 值。

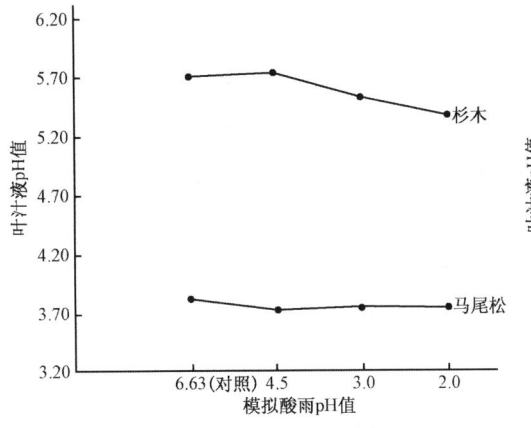

图 1 模拟酸雨对叶汁液 pH 值的影响

Fig. 1 Effects of acid rain on pH values of leaf sap of *P. massoniana* and *C. lanceolata*

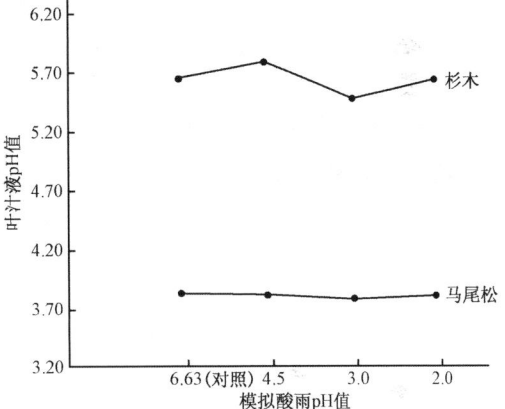

图 2 停酸雨两周后叶汁液 pH 值的恢复状况

Fig. 2 Restoration of leaf sap pH after two weeks of treatment

由图 1、图 2 可以看出,模拟酸雨对杉木针叶汁液有酸化作用,其 pH 值临界点在 4.5 和 3.0 之间。并且,停止模拟酸雨两周,被酸化的杉木针叶汁液能恢复正常。模拟酸雨对马尾松针叶汁液 pH 值没有明显影响。

1986 年 11 月 20 日测定土壤 pH 值,见图 3。

模拟酸雨使土壤酸化,两者的 pH 值呈线性正相关,相关系数 $r = 0.9795$ ($n = 4$)。pH 4.5 的模拟酸雨就使土壤酸化,且在停止酸雨两周内,土壤 pH 值未恢复正常。

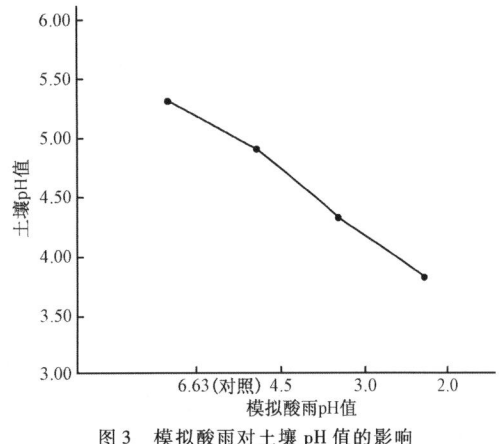

图 3 模拟酸雨对土壤 pH 值的影响

Fig. 3 Effects of acid rain on soil pH

土壤比叶汁液容易被酸化,土壤 pH 值的恢复比叶汁液更困难,说明生物比土壤(无机和有机复合体)对外界干扰有较强的抵抗能力,亦有较强的恢复和调节功能。

3.3 模拟酸雨对光合组织的影响

从表1可以看到,pH2.0的模拟酸雨使马尾松和杉木绿叶现存量分别减少38.2%和42.5%,方差分析表明影响显著。pH≥3.0的模拟酸雨对马尾松和杉木绿叶现存量没有明显影响。

表1 模拟酸雨对马尾松和杉木光合组织的影响(g(干重))
Table 1 Effects of acid rain on the photosynthetic tissue of *P. massoniana* and *C. lanceolata*

树种	标志值	对照	pH 4.5	pH 3.0	pH 2.0	差异显著性水平
马尾松	平均值	29.047	24.384	25.057	17.943	$F = 2.817^*$
	为对照%	100.0	83.9	86.3	61.8	
杉木	平均值	15.977	15.998	17.685	9.188	$F = 7.309^{**}$
	为对照%	100.0	100.1	110.7	57.5	

* 和 ** 分别表示在危险率 $\alpha = 0.05$ 和 $\alpha = 0.01$ 水平上,差异显著,以下同

模拟酸雨使光合组织减少,必将削弱植物的同化功能,光合组织的减少可能是模拟酸雨降低植物生长量的主要原因。

3.4 模拟酸雨对光合作用的影响

模拟酸雨使马尾松单位叶干重净光合速率有降低的趋势,与对照相比,pH 4.5,pH 3.0 和 pH 2.0 的模拟酸雨使马尾松单位叶干重光合速率分别下降5.3%,7.5%和32.4%,但方差分析表明,影响不显著。模拟酸雨对杉木单位叶干重的净光合速率没有影响(表2)。

表2 模拟酸雨对马尾松和杉木单位叶干重净光合速率的影响(mg CO_2/g(干重)·h)
Table 2 Effects of acid rain on leaf net photosynthetic rates of
P. massoniana and *C. lanceolat* (mg CO_2 per gram (dry weight) per hour)

树种	标志值	对照	pH 4.5	pH 3.0	pH 2.0	差异显著性水平
马尾松	平均值	8.577	8.123	7.930	5.796	$F = 2.191$
	为对照%	100.0	94.71	92.5	67.6	
杉木	平均值	10.230	10.387	11.609	10.316	$F = 0.596$
	为对照%	100.0	101.5	113.5	100.8	

如果以单株植物为单位来考察模拟酸雨对光合作用的影响,则从表3可以看出,pH 2.0 的模拟酸雨使马尾松和杉木单株净光合速率降低,方差分析表明,影响显著。pH≥3.0 的模拟酸雨对马尾松和杉木单株净光合速率没有影响。

Ferenbaugh[9] 报道,模拟酸雨增大了菜豆(*Phaseolus vulgaris*)的净光合速率。Irving[10] 报道了模拟酸雨对温室生长的萝卜(*Raphanus sativas*)单位叶面积光合作用没有影响,但较低 pH 值的模拟酸雨使叶面积减少而显著削弱单株植物的光合作用。本实验结果是模拟酸雨对马尾松和杉木单位叶干重的净光合速率没有显著影响,但 pH2.0 的模拟酸雨使叶产生坏死斑,减少了光合组织,使马尾松和杉木单株净光合速率降低,这与 Irving 的研究结果基本一致。

表3 模拟酸雨对马尾松和杉木单株净光合速率的影响(mgCO₂/株·h)

Table 3 Effects of acid rain on plant net photosynthetic rates of *P. massoniana* and *C. lanceotata* (mg CO₂ per plant per hour)

树种	标志值	对照	pH 4.5	pH 3.0	pH 2.0	差异显著性水平
马尾松	平均值	249.145	198.071	198.690	104.005	$F = 7.707^{**}$
	为对照%	100.0	79.5	79.7	41.7	
杉木	平均值	163.440	166.173	205.302	94.784	$F = 7.443^{**}$
	为对照%	100.0	101.7	125.6	58.0	

3.5 模拟酸雨对呼吸作用的影响

模拟酸雨显著增大马尾松和杉木的呼吸作用。pH 2.0 的模拟酸雨使马尾松和杉木的呼吸速率增大为对照的 155.2% 和 134.8%(表4)。

表4 模拟酸雨对马尾松和杉木呼吸速率的影响,mgCO₂/g(干重)·h

Table 4 Effect of acid rain on respiration rates of *P. massoniana* and *C. lanceolata* (mg CO₂/dry weight gram·hour)

树种	标志值	对照	pH 4.5	pH 3.0	pH 2.0	差异显著性水平
马尾松	平均值	1.094	1.143	0.910	1.697	$F = 4.090^{*}$
	为对照%	100.0	104.5	83.2	155.1	
杉木	平均值	1.518	1.370	1.728	2.047	$F = 3.207^{*}$
	为对照%	100.0	90.3	113.8	134.8	

在酸雨污染环境中,植物处于胁迫状态,其呼吸作用提高可能是比较普遍的现象。只要生命存在,就存在呼吸作用[11]。呼吸作用增大而使物质消耗增多,可能是酸雨抑制植物生长的一个重要原因。

3.6 模拟酸雨对生物量的影响

(1)对主根生物量的影响

pH 2.0 的模拟酸雨使马尾松和杉木主根生物量分别减少 36.1% 和 25.9%,但方差分析表明影响不显著(表5)。

表5 模拟酸雨对马尾松和杉木主根生物量的影响(g)

Table 5 Effects of acid rain on main root biomass of *P. massoniana* and *C. lanceolata* (gram)

树种	标志值	对照	pH 4.5	pH 3.0	pH 2.0	差异显著性水平
马尾松	平均值	5.124	5.167	5.406	3.272	$F = 1.241$
	为对照%	100.0	100.8	105.5	63.9	
杉木	平均值	4.769	4.226	4.150	3.535	$F = 1.584$
	为对照%	100.0	88.6	87.0	74.1	

(2)对须根生物量的影响

pH 2.0 的模拟酸雨使马尾松和杉木须根生物量减少 39.4% 和 25.4%,方差分析表明影响显著。pH≥3.0的模拟酸雨对须根生物量没有影响(表6)。

表6 模拟酸雨对马尾松和杉木须根生物量的影响(g)
Table 6 Effects of acid rain on lateral root biomass of *P. massoniana* and *C. lanceolata* (g)

树种	标志值	对照	pH 4.5	pH 3.0	pH 2.0	差异显著性水平
马尾松	平均值	7.648	8.145	6.990	4.635	$F = 3.358^*$
	为对照%	100.0	106.5	91.4	60.6	
杉木	平均值	14.075	15.541	17.407	10.504	$F = 4.862^{**}$
	为对照%	100.0	110.4	123.7	74.6	

(3)对茎生物量的影响

高于或等于 pH 2.0 的模拟酸雨对茎生物量没有显著影响(表7)。

表7 模拟酸雨对马尾松和杉木茎生物量的影响(g)
Table 7 Effects of acid rain on stem biomass of *P. massoniana* and *C. lanceolata* (g)

树种	标志值	对照	pH 4.5	pH 3.0	pH 2.0	差异显著性水平
马尾松	平均值	21.135	22.492	19.734	20.038	$F = 0.162$
	为对照%	100.0	106.4	93.4	94.8	
杉木	平均值	11.882	13.889	14.360	13.544	$F = 0.794$
	为对照%	100.0	116.9	120.9	114.0	

(4)对叶生物量的影响

pH 2.0 的模拟酸雨使马尾松和杉木叶生物量分别减少27.6%和2.7%,但方差分析表明影响不显著(表8)。

表8 模拟酸雨对马尾松和杉木叶生物量的影响(g)
Table 8 Effects of acid rain on leaf biomass of *P. massoniana* and *C. lanceolata* (g)

树种	标志值	对照	pH 4.5	pH 3.0	pH 2.0	差异显著性水平
马尾松	平均值	29.047	24.384	25.057	21.035	$F = 1.377$
	为对照%	100.0	83.9	86.3	72.4	
杉木	平均值	15.977	15.998	17.685	15.547	$F = 0.403$
	为对照%	100.0	100.1	110.7	97.3	

综上所述,短期内(7个月)模拟酸雨对马尾松和杉木茎生物量没有明显影响,主根和叶生物量有减少的趋势,但差异不显著,须根生物量有显著减少。Raynal 等[4]报道,pH 2.0 的模拟酸雨使糖槭植株总重量减少来自于根重减少,而叶重和叶宽未受显著影响;Lee 等[3]报道,漆树根系生长受到模拟酸雨的显著抑制,而地上部分未受显著影响。本实验结果与文献报道趋势一致。其原因可能是根无蜡质层等保护组织,并且时刻处在被逐

渐酸化的土壤里,因而比茎和叶受伤严重。

酸雨的长期作用,最终会导致植物地上部分的生长受抑制,这种潜在的影响不容忽视。

3.7 模拟酸雨抑制植物生长机制的讨论

Wood 和 Bormann 认为光合组织的减少是 pH 2.3 的模拟酸雨抑制植物生长的原因。Irving 认为模拟酸雨使植物产量减少的机制是由于减少叶面积,导制单株植物的光合速率减少的缘故。

本实验结果表明,模拟酸雨抑制植物生长的机制为:第一,使植物叶子产生坏死斑,减少了光合组织,降低了单株植物的净光合速率,减少了物质生产;第二,显著提高了植物的呼吸作用,增加了物质消耗。

3.8 对植物产生显著伤害的酸雨 pH 值临界点的讨论

从前述可知,模拟酸雨使植物产生伤害的 pH 临界点在 3.0 和 2.0 之间。

Amthor[12]综合美国大量研究结果,提出植物生长受抑制多数发生在模拟酸雨 pH 值 ≤3.0。

这样看来,在目前的酸雨 pH 值水平上,酸雨对植物不会产生危害,但实际情况并非如此,分析有下面 5 个方面的原因。

(1)由于模拟酸雨所用的酸为硫酸和硝酸等强酸,而自然酸雨中还含有有机酸和其它弱酸,这些酸在水溶液中电解不完全,因此在 pH 相同时,自然酸雨比模拟酸雨具有更高的潜在酸度。据 Galloway 和 Likens[13] 报道,澳大利亚降水中甲酸根浓度为 $10.5\mu eg/L$,印度为 $1.9\mu eg/L$,夏威夷为 $1.8\mu eg/L$。可见有机酸是酸雨中氢离子的供体之一。本实验的补充实验用硫酸、盐酸和醋酸分别配制成 pH 3.0 和 pH 2.0 的酸液,将酸液喷洒成酸雾,观察枝条的受害状况。结果 pH 2.0 的醋酸酸雾在 3d 内就使水杉叶产生伤斑,很快使叶全部变成棕色,最后叶子全部脱落。pH 2.0 的硫酸雾和盐酸雾,在 3d 内未使水杉叶产生伤斑,以后,缓慢地使水杉叶产生红棕色坏死斑,未见叶脱落。可见,pH 值相同的 3 种酸雾中,醋酸雾对植物产生的伤害更严重。

(2)据报道[13],在晚秋和早春,雨水中未转变成硫酸的 SO_2($H_2O/\ SO_2 + HSO_3^- + SO_3^{2-}$)浓度占总硫量的 13%。可见,自然酸雨中存在 SO_3^{2-},已经发现 SO_3^{2-} 的毒性是 SO_4^{2-} 的 30 倍[14]。

(3)据报道[15],在 O_3 存在情况下,模拟酸雨对北美鹅掌楸(*Liriodendron tulipifera*)伤害严重。通常,出现酸雨的地方,总是伴随其它多种污染物(例如,SO_2、O_3、NO_x 和重金属等)的存在。由于这些污染物质与酸雨的复合作用使植物伤害加重。

(4)模拟酸雨对苹果(*Malus pumila*)影响的实验结果表明[16],模拟酸雨第 1 年没有影响载果量,到第 3 年时,随模拟酸雨酸度增大,载果量减少,pH 1.5 的模拟酸雨处理的枝条载果量为零。因此,酸雨对植物产生伤害有一个累积的过程。本实验进行的模拟酸雨历时为 7 个月,但据文献[8]报道,我国重庆地区的酸雨污染大约从 12—16a 前就已经开始了。

(5)土壤和其它无机物比植物容易被酸化,通过土壤等无机环境的酸化,使植物生长不良,健康状况下降,抗干扰(干旱、病虫害等)能力减弱,间接使植物受到伤害。

综上所述,在相同 pH 条件下,自然酸雨比模拟酸雨对植物的伤害更大,自然酸雨对植物产生明显伤害的 pH 值临界点有待进一步研究。

本工作得到中国科学院林业土壤研究所陈楚莹副研究员和赵吉录工程师的帮助,特此致谢。

参考文献:

[1] 赵殿伍. 环境问题与科学技术(一),北京:海洋出版社,1983:75.
[2] 重庆市环境科研监测所.酸雨,1985,(3):18.
[3] Lee J J, et al. Forest Sci,1979,25(3):393.
[4] Raynal D J, et al. Environmental and Experimental Botany,1982,22:385.
[5] Wood T, et al. Environmental Pollution,1974,7:259.
[6] 赵远驰,等. 中国环境科学,1985,5(6):16.
[7] 张延毅,等. 中国环境科学,1986,6(1):31.
[8] 冯宗炜,等. 大气环境与酸雨,1986,1(3):38.
[9] Ferenbaugh R. W. Amer J Bof,1976,63(3):283.
[10] Irving P M. Environmental and Experimental Botany,1985,25(4):327.
[11] W O 杰姆斯. 李明启译. 植物的呼吸作用,北京:科学出版社,1959.
[12] Amthor J S. 单运峰译,陆地生态译报,1987,16(2):67.
[13] Galloway,等. 赵谦译. 大气环境与酸雨,1986,1(2):34.
[14] JB 马德,等. 刘富林译. 植物对空气污染的反应,北京:科学出版社,1984.
[15] Chappelka III, et al. Enyironmental and Experimental Botany,1985;25(3):233.
[16] John J A. Environmental and Experimental Botany,1933;23(2):167.

模拟酸雨对树木叶片的伤害和树木抗性的研究

冯宗炜[*],张家武,陈楚莹,赵吉录

邓仕坚,曾士余,王开平,高洪

(中国科学院应用生态研究所)

Injuries to tree leaves by simulated acid rain and resistant nature of the trees

FENG Zongwei, ZHANG Jiawu, CHEN Chuying, ZHAO Jilu,
DENG Shijian, ZENG Shiyu, WANG Kaiping, GAO Hong

(Institute of Applied Ecology, Academia Sinica, Shenyang)

Abstract: The paper gives a genenal description of the effects of simulaced acid rain on tree leaves. The experiments have been done in Hunan Experimental Station of Forest Ecology. After the simulated acid rain were sprayed upon tree leaves, there appeared some symptoms: discoloration of greens, tissue necrosis, dewatering and early withering. And injurious extents on leaves were fundamentally due to the rain acidity, duration of spraying and conditions of sunlight and temperature. However, because of different tissue structures of the tree leaves, their resistant capacity were varied.

近年来,我国不少地方发现酸性降水,特别是西南重庆、贵阳地区尤为严重[1]。国内外一些文献曾报道:酸性降水能影响生物的生长发育,降低生物产品的产量和质量,甚至引起鱼类和森林的死亡,破坏生态平衡[2,4]。

森林是陆地生态系统中最重要的组成部分,是人类生存和生产的必不可少的物质条件。研究酸雨对森林树木的影响和危害,是保护环境和发展林业生产的一项重要内容。为此,我们在非酸雨区的湖南会同森林生态实验站开展了模拟酸雨喷树试验。本文是试验观察的阶段研究报告,主要是描述了各种树木叶片受酸雨伤害的症状,比较了它们的抵抗酸雨危害的能力,以便为今后进一步研究和防治提供依据。

1 试验材料和方法

选取了亚热带最常见的一些乔灌木树种作为供试材料,包括常绿和落叶的,有用材、经济和绿化观赏树种。供试树种名称详见后面附表。

根据重庆等地酸雨监测分析资料,按 SO_4^{2-}、NO_3^- 4:1 配制 pH 2.0、2.5、3.0、3.5、4.0、

原载于:环境科学,1988,9(5):30-33,58.

[*] 现在中国科学院生态环境研究中心.

4.5 和自然清水(pH 6.5)作对照共 7 个处理,用喷雾器把酸雨喷洒在正常生长树木的枝叶上。除雨天外每天喷洒 1 次,其喷洒量大致等于重庆历年各月平均降雨量。随时根据叶子发生的变化进行记载,生长期结束时用叶面积测定仪计算叶伤害面积。模拟酸雨 pH 值是用日产 pH-51 型酸度计测定。

2 树木叶片受害症状

试验表明,不同树种叶子对模拟酸雨的敏感性不同。当酸雨酸度超过叶子能忍耐的限度时,常常会出现 4 种伤害症状。

2.1 退绿现象

许多树种经模拟酸雨喷洒后,叶子首先出现明显的失绿。叶色变成浅绿色或黄绿色。这是由于叶组织细胞叶绿素含量降低或分解所致。据冯宗炜等在重庆重酸雨区和轻酸雨区分别采集的马尾松针叶分析表明,前者叶绿素含量为 0.9260mg/g,大大低于后者的 1.6131mg/g[3]。退绿现象出现的早晚和持续时间的长短视树种不同而不同。有的树种酸雨喷洒 3—4d 后,叶片就开始退绿,有的需要 7—8d 或更长时间。退绿部位多在叶上部或叶缘处。一般来说,退绿现象是慢性和轻微的受害症状,一旦停止喷洒酸雨,慢慢还可以恢复。在试验和观察的树种中,明显出现退绿的有:苦楝、女真、香椿、马桂木、枇杷、垂柳、檫木、川桂、落羽杉、侧柏和华山松。

2.2 坏死斑

酸度较大的模拟酸雨通过气孔进入叶片组织后,能引起细胞中毒死亡,使叶面留下坏死斑点。和退绿现象一样,多数坏死伤斑出现在叶上部和叶边缘;掌状叶先在缺刻处出现。观察分析认为这是因为这些部位或水膜张力,或叶面粗糙不平之故,容易使酸性雨水蓄集,长时间遭受酸雨浸泡,造成细胞中毒死亡。少数叶子坏死斑出现在叶基部,这是由于此类叶子着生与枝条夹角小,酸雨往叶基部流淌停留之故。坏死斑出现部位很重要,它是区分和识别酸雨和二氧化硫气体危害最基本和有效的方法。二氧化硫伤斑为点状、块状、片状,视植物种类和浓度而异,一般分布在脉间[9]。随着喷洒时间持续延长,坏死斑逐渐增多变大,由叶尖、叶缘向下向内发展,渐渐连成片,有的还穿孔破漏,最后导致叶子枯萎死亡。据观察,不论什么树种,一般都是幼嫩叶坏死斑出现的早,受害重。不同树种坏死斑的颜色也常表现出一些差异。

2.3 早落叶

有些树种经模拟酸雨喷洒后,叶柄基部细胞分离,形成离层,叶柄支持力减弱,在重力和风力作用下,叶子很容易过早脱落,影响树木正常生长。在试验的树种中,最易表现过早落叶的有:女真、檫树、苦楝、木荷、香椿、枣树、石榴和水杉。

2.4 失水萎蔫

模拟酸雨喷洒树木,还能使叶子失水萎蔫,造成叶缘向内卷曲或叶子皱折,失去原有光泽。这种现象多发生在叶表皮薄、具绒毛无腊质层的树木叶子上,如构树、杜仲、柿树等。

3 影响树叶受害的因素

3.1 降雨酸度和喷洒时间

降雨酸度和喷洒延续时间不同,树叶受害轻重程度也大不相同。现以檫树、水杉为例说明。从表1中看到檫树和水杉随 pH 的降低和喷洒时间的延续,树叶伤害情况随之加重和发展。如酸雨 pH 在 4.0 以上时,檫树、水杉虽经近半年模拟酸雨喷洒处理,仍不见有伤害症状。pH 降到 3.5 时,喷洒 10d 后在水杉个别叶子上可见到轻微症状。但 pH 降到 2.5 以下,只喷洒几天就可在两树种叶片上出现明显伤斑;喷洒天数延长,叶子受害也日趋严重,pH 2.5 的酸雨喷洒头几天,檫树和水杉叶子只有轻微症状,而喷洒 1 个月后,大部分叶子受害、枯萎,直至枯死脱落。

表 1 不同酸度、喷洒天数的树叶伤害状况

树种	喷洒天数(d)	pH 2.0	pH 2.5	pH 3.0	pH 3.5	pH 4.0
水杉	<5	一部分针叶退绿变黄,叶尖开始枯死	少数叶尖变黄	—	—	—
	5—10	叶尖枯死增多并向下发展,开始出现落叶	针叶尖开始枯死,约占 2%	少数叶尖见黄	—	—
	10—20	30%—40% 针叶枯死,落叶严重	10% 针叶上部枯死,针叶头部分变黄枯死	针尖变黄增多尖部开始枯死	个别针叶叶尖变黄	—
	20—30	70%—80% 针叶枯死	30% 针叶上部枯死,落叶现象严重	针尖枯死增多	少数针叶尖部变黄	—
	>30	针叶全枯死,并大部分脱落	大量针叶枯死,大量落叶	叶尖枯死向下延长少数叶脱落	叶尖变黄增多	—
檫树	<5	叶面退绿,出现小坏死斑点	叶面见少量小坏死斑点	—	—	—
	5—10	坏死斑点变大、增多,受害叶面积占总喷洒叶面积 5%	小坏死斑增多	个别叶缘变黄	—	—
	10—20	受害叶面积达 20% 左右,叶缘向内卷曲	坏死斑变大,伤害面积占总喷洒叶面的 5%	出现少量小坏死斑点	—	—
	20—30	叶缘枯萎,严重卷曲	坏死斑连成小片,受伤害面积达 10%	坏死斑变大	个别叶见小黄斑	—
	>30	叶大部分枯萎、脱落	受害面积扩大,叶缘枯萎向内卷曲	坏死斑继续缓慢变大	少数叶面有小黄斑	—

其它树种也是这样,如图 1 所示。在供试的树种中,几乎全部受 pH 2.5 以下酸雨危害,pH 升到 3.5 时,受害树种大大减少,只占总数的 20% 以下,而 pH 高于 3.5 以上时,所有树木无一受害。

3.2 光照和温度

树叶伤害状况除受雨水酸度和喷洒时间影响外,还随天气温度和光照强度变化而变化。据观察,喷洒酸雨后,遇较强光照和较高温度时,能促进和加重叶子的伤害。例如对马尾松等十几个针阔叶树种的观察,傍晚喷洒 pH 2.5、3.5 模拟酸雨,连续 5 个月

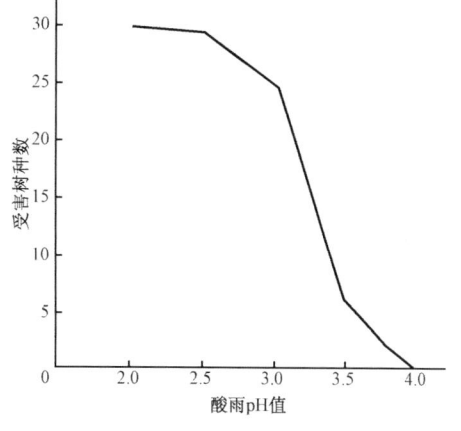

图 1 受害树种数与酸度的关系

后,除少数马尾松针叶有退绿现象外,其余树种都不见有任何伤害症状。而在白天和较高的气温下,喷洒等浓度和等量的酸雨,少则几天,多则十几天,树木叶子就陆续出现退绿、变黄和坏死斑等症状。为什么同样树种会出现这种差别呢? 分析认为,这可能因为

傍晚光照弱、气温低,叶子气孔开张度小,同化、蒸腾等生理生化活动低,有害的酸性雨水进入少的缘故。相反,白天光照要相对强得多,气温也较高,树木生命活动旺盛,蒸腾强度大,叶面上停留的酸雨会较快地浓缩并进入叶子细胞里,引起或加重了对叶子的毒害。又如在4月份做的模拟酸雨喷树试验,其叶子受害症状远比8、9月份做的试验出现的晚和轻。按上述情况推测,下过酸雨,天气很快转晴出太阳,要比连续降酸雨和阴雨天危害大。此外光照条件的变化还能引起伤斑色泽的变化。例如檫树、柳杉等一些树种,晴天时喷洒出现的伤斑多呈现棕黄色,而在连阴天是土黄色;香椿、喜树等树种在晴天喷洒后常出现黄褐色伤斑,而阴天为褐色。

4 树木叶片的抗性

由于各树种叶子形态构造和可湿性不同,叶子抵抗酸性降水危害的能力即抗性也有差异。例如降雨酸度、喷洒处理时间都在相同水平上,有些树种叶子对酸性雨水反应很敏感,很快就出现伤害症状,伤害程度也重;而有些树种反应较迟钝,不仅症状出现的时间晚,受害程度轻,而且往往是在较高一级酸度水平上才出现伤害症状。为此,根据叶子伤害症状出现早晚、叶受害面积大小和伤斑出现的酸度临界值高低对30种树木进行了综合比较,并划分为强、中、弱三类列于表2。从表2看出,多数树种抗性属中等,抗性强的树种中基本上都是常绿阔叶树种。研究和比较树种叶子抗酸性对进一步揭示其受害机理,提出酸雨危害的防治对策有重要的现实意义。

表2 不同树种叶子抗酸性的比较

抗性等级	树种	症状出现需要的时间(d)					叶子受伤害面积(%)					症状出现酸度临界值(pH)				
		<5	5—10	10—20	20—30	>30	<1	1—5	5—10	10—20	>20	2.0	2.5	3.0	3.5	4.0
强	油茶				√		√					√				
	夹竹桃				√		√						√			
	桂花				√		√						√			
	柑桔				√		√						√			
	苦槠			√			√						√			
	火力楠				√			√					√			
中	垂柳		√					√								√
	油桐		√					√							√	
	香樟		√					√							√	
	构树	√						√							√	
	马桂木	√						√							√	
	杉木		√						√						√	
	马尾松		√						√						√	
	泡桐		√						√						√	
	川桂		√						√						√	
	毛竹	√						√							√	
	侧柏	√								√					√	
	圆柏	√								√					√	
	苦楝	√								√					√	
	喜树	√							√						√	
	柳杉	√							√						√	
	青冈		√						√						√	
	女贞	√							√						√	
	香椿	√								√					√	

续表

抗性等级	树种	症状出现需要的时间(d)*					叶子受伤害面积(%)*					症状出现酸度临界值(pH)				
		<5	5—10	10—20	20—30	>30	<1	1—5	5—10	10—20	>20	2.0	2.5	3.0	3.5	4.0
弱	刺桐	√							√						√	
	檫木	√						√						√		
	法桐	√						√						√		
	水杉	√						√						√		
	楠木	√						√						√		
	木荷	√						√						√		

* 喷洒 pH 2.5 模拟酸雨,时间 6 个月

5 小结

(1)酸性降雨对树木叶子有直接伤害作用,常常会使叶子出现退绿、坏死斑、失水萎蔫和过早落叶等症状,影响树木正常生长。

(2)叶子伤害程度与模拟酸雨的酸度、喷洒日期长短和光温条件有很大关系。酸度高,喷洒延续时间长,叶子受害重,呈正相关关系,雨过天晴要比阴雨天更易受害。

(3)树种抗酸性能不同。有些树种对酸雨抗性强,只在 pH 2.5 以下才受害;有些树种对酸雨较敏感,pH 3.5 就能表现出伤害症状。相对来说常绿阔叶树种要比落叶阔叶和针叶树抗性强些。

参考文献:

[1] 赵殿五.大气污染防治技术与能源环保对策.科技出版社,139-168,1984.
[2] 曹洪法.中国环境科学,1984(3):20.
[3] 冯宗炜,等.大气环境和酸雨,1986(2):38.
[4] 陈雨莉.农村生态环境,1985(2):52.
[5] 余叔文,等.大气污染植物伤害图谱.上海科学技术出版社,1981.

附表 树种的拉丁学名

1. 马尾松 Pinus massoniana
2. 华山松 P. armandi
3. 杉木 Cunninghamia lanceolata
4. 柳杉 Cryptomeria fortunei
5. 落羽杉 Taxodium distichum
6. 水杉 Metasequoia glyptostroboides
7. 檫木 Pseudosassafras tzumu
8. 楠木 Phoebe bournei
9. 香樟 Cinnamomum camphora
10. 川桂 Cinnamomum wilsonii
11. 油茶 Camellia cleosa
12. 木荷 Schima confertiflora
13. 枇杷 Eriobtrya japonica
14. 苦槠 Castanopsis sclerophylla
15. 青冈 Cyclobalanopsis glauca
16. 枣树 Ziziphus jujuba
17. 柿树 Diospyros kaki
18. 桂花 Osmanthus fragrana
19. 女贞 Ligustrum lucidum
20. 夹竹桃 Nerium indicum
21. 油桐 Aleurites montana
22. 杜仲 Eucommia ulmoides
23. 喜树 Camptotheca acuminata
24. 毛竹 Phyllostachys pubescens
25. 苦楝 Melia azedarach
26. 香椿 Toona sinensis
27. 侧柏 Platycladus orientalis
28. 圆柏 Cupressus duclouxiana
29. 垂柳 Salix babylonica
30. 泡桐 Paulownia tomentosa
31. 火力楠 Michelia macclurei
32. 马桂木 Liriodendron chinense
33. 柑桔 Citrus reticulata
34. 构树 Broussonetia papyrifera
35. 刺桐 Erythrina indica
36. 石榴 Punica granatum
37. 法桐 Platanus acerifolia

一种高生产力和生态协调的亚热带针阔混交林*
——杉木火力楠混交林的研究

冯宗炜,陈楚莹,张家武,曾士余

(中国科学院应用生态研究所)

罗人深,陈文钊

(广西壮族自治区国营六万林场)

摘要:通过 8a 杉木针阔混交林的综合定位研究,筛选出一种高生产力和生态协调的人工林——以 8 杉木 2 火力楠为优势的混交林。林分的蓄积量和乔木层贮存的能量分别比杉木纯林高 13.7% 和 11.3%,杉木火力楠混交林提高了林分的光能利用率,改善了林内小气候;增加了林地有机质的含量;促进了土壤中有益微生物的繁衍和土壤理化性质的改良,提高了土壤肥力和蓄水保水能力;增强了林分对害虫自我抑制能力。

关键词:针阔混交林;生态效益;生产力;杉木;火力楠

A coniferous broad-leaved mixed forest with higher productivity and ecological harmony in subtropics: Study on mixed forest of *Cunninghamia lanceolata* and *Michelia macclurei*

FENG Zongwei, CHEN Chuying, ZHANG Jiawu, ZENG Shiyu

(*Institute of Applied Ecology, Academia Sinica*)

LUO Renshen, CHEN Wenzhao

(*Liuwan Forest Station of Guangxi*)

Abstract: Pure coniferous forests planted repeatedly on the same area have many defects. Planting mixed coniferous broad-leaved forests is one of the most available methods to dispel these defects. Significant effects have been seen from experiments done in the past seven years. It was found that the mixed forest of *Cunninghamia lanceolata- Michelia macclurei* with rational. proportion of arrangement has shown significant economical and ecological benefits.

原载于:植物生态学报,1988,12(3):165-180.

* 参加本项研究的还有中国科学院应用生态研究所的周崇莲、卢跃波、杨金宽、赵吉录、王开平、邓仕坚和广西壮族自治区国营六万林场的马家禧、罗桂标、蔡金荣.

The advantages of mixed forest are as follows: increasing biological productivity and utilization of solar energy, accelerating the decomposition process of organic matters and accumulation of nutrients and humus on the woodland, improving the mechanical composition, aeration condition and capacity of water retaining and supply of the soil, promoting the activities of microbes, and decreasing insect pests.

Key words Coniferous broad-leaved mixed; Productivity; Ecological effect; *Cunninghamia lanceolata*; *Michelia macclurei*

杉木(*Cunninghamia lanceolata*)是我国优良速生针叶树种,分布范围最广(北纬21°41′—33°41′;东经102°—122°),在商品木材生产中,一直占有重要地位。

近一、二十年来,随着南方大面积用材林基地建设的发展,杉木纯林连栽引起的林地土壤肥力衰退,生态环境恶化,林木生产力下降的问题愈来愈受到林学家和生态学家的关注。早在20世纪60年代中国科学院林业土壤研究所在湖南会同森林生态实验站,就曾对杉木连栽后林地环境变化和林木生产力的关系进行了多学科的综合定位研究,发现杉木连栽3代后林地土壤肥力下降,土壤中毒性物质积累,林地生产力下降近30%[1-3]。

我国南方林区群众长期以来多习惯在同一块林地栽杉3次后,任其撂荒,自然演替成杂木林,待土壤肥力自然恢复后再进行开垦栽杉。这种间歇式的依靠自然来恢复生态平衡的做法,有其可取之处,但在当前土地资源紧张,人口增长,木材供需矛盾非常突出的情况下,再沿袭过去习惯的作法,就远远满足不了国民经济发展对木材的需要。为了充分利用山区土地资源潜力,增加木材生产,维护生态平衡,1978年以来开展了杉木阔叶混交林的试验,通过7a(1978—1985)来多学科综合定位研究证明,杉木与火力楠(*Michelia macclurei* var. *sublanea*)混交是一种高生产力和生态协调发展的针阔混交林。它对我国南方用材林基地发展混交林,改善生态环境,提高林分生产量和抗逆性都有非常积极的现实意义。

1 试验地的概况

试验地位于广西玉林国营六万林场的三合水区,该场为中低山地貌类型,气候为典型的南亚热带气候,根据六万林场气象站观测,年平均气温19.6℃,1月平均气温11.4℃,7月平均气温27.0℃,极端最高、最低温度分别为34.7℃和0.4℃,5℃以上年积温6822.4℃;年平均降雨量1988.5mm;年蒸发量1039.4mm;年平均相对湿度87%以上,平均风速1.5m/s,日照时数1359.7h。土壤为山地红黄壤,坡向东南,坡度30°左右,海拔500m,1977年全垦整地,翌年1月,1年生苗木造林。试验地面积2hm²,分4个区:杉木纯林区、8杉木2火力楠混交林区、杉木(5)火力楠(5)混交林区和火力楠纯林区。区间设隔离带,每公顷2505株,每处理重复3次。

2 杉木与火力楠混交比例的选择

人工林群落的种群组成和结构是人们在认识自然的基础上,有意识选择而确定的。特别是混交林树种间生物学特性是否相适应,结构是否合理,就成了群落生产力和生态效益高低的关键。

杉木和火力楠两者都是亚热带优良的用材树种[4],前者是速生型常绿针叶乔木,喜光,浅根性,无明显的主根,侧、须根发达,耐火性差。后者为常绿阔叶乔木,对阳光要求中等(幼时偏阴),有明显主根,侧根发达,耐火性强。以用材为主要目的的混交林首先应考虑林分生产力要高,同时也要考虑生态效益要好,两者统一才能达到高生产力和生态协调的要求。根据多年来对杉木与火力楠不同混交比例林分木材蓄积量的测定结果表明:林分中以混 20% 的火力楠为最好(表1),为此将 8 杉木 2 火力楠的林分作为杉木火力楠混交林的代表,并与杉木纯林和火力楠纯林对比进行定位研究。

表1 不同混交比例林分生产力的比较
Table 1 Comparison of productivity in different mixed plantation

林分组成 Composition	林龄 Age/a	蓄积量 Growing stock/(m³)	现存量 Standing crop/(t/hm²)
杉木纯林 Pure C.[1]	8	52.40	58.39
火力楠纯林 Pure M.[2]	8	39.62	45.72
8 杉木 2 火力楠 8C. 2M.	8	59.60	65.24
5 杉木 5 火力楠 5C. 5M.	8	44.90	54.29

1) C.: *Cunninghamia lanceolata*
2) M.: *Michelia macclurei* var. *Sublanea*

3 杉木火力楠混交林的生产力

人工林群落生产力的高低是衡量群落中生物与生物之间、生物与环境之间是否协调,以及群落稳定性大小的重要标志。为了全面评价不同人工林群落的生产力,现分别就林分树高和直径生长量、现存量、净生产量和热量等方面来加以比较。

3.1 树高和直径生长量

表2 不同林分胸径(或地径)和树高的生长量
Table 2 Growth of breast height diameter (or diameter at butt-end) and height in different stands

林分 Stand	1978 地径 D_0/cm	1978 树高 H/m	1979 地径 D_0	1979 树高 H	1980 胸径 $D_{1.3}$	1980 树高 H	1981 胸径 $D_{1.3}$	1981 树高 H	1982 胸径 $D_{1.3}$	1982 树高 H	1983 胸径 $D_{1.3}$	1983 树高 H	1984 胸径 $D_{1.3}$	1984 树高 H
杉木纯林 Pure C.	1.35	0.74	3.55	1.61	2.83	3.35	4.54	4.05	6.34	6.37	7.30	7.02	7.90	7.46
火力楠纯林 Pure M.	1.22	0.73	2.67	1.54	2.18	2.32	3.73	4.28	5.29	6.12	6.35	6.37	7.00	6.82
杉木火力楠混交林 Mixed C.M.														
杉木 C.	1.41	0.73	3.75	1.71	2.99	3.55	4.88	5.24	6.74	6.64	7.80	7.34	8.70	7.88
火力楠 M.	1.30	0.77	2.58	1.49	2.31	2.79	3.68	4.19	4.98	5.34	6.00	6.12	6.70	6.61

从表2中看出,混交林中的杉木无论树高或直径的生长量均高于杉木纯林,树高分别比杉木纯林和火力楠纯林高 6.5% 和 15.5%,直径分别高 10.1% 和 24.3%,混交林中的火力楠明显低于杉木,而且也略低于火力楠纯林。

3.2 木材蓄积量

混交林分乔木层木材蓄积量各年均高于纯林,并随林木的生长、木材蓄积量增长速度加快。若以1984年为例,混交林分别比杉木纯林和火力楠纯林增加 13.7% 和 50.4%

(表3)。

表3 不同林分中乔木层木材蓄积量
Table 3 Growing stock of trees in different stands /(m³/hm²)

林分 Stand		年代 Year			
		1981	1982	1983	1984
杉木纯林 Pure C.		14.58	31.74	43.90	52.40
火力楠纯林 Pure M.		9.40	20.81	31.86	39.62
杉木火力楠混交林 Mixed C. M.	杉木 C.	13.70	29.30	40.93	52.50
		15.45	32.82	46.39	59.60
	火力楠 M.	1.75	3.52	5.46	7.10

3.3 现存量

由表4中看出,混交林中乔木层现存量各年均高于纯林,1984年混交林林分乔木层现存量分别比杉木纯林和火力楠纯林高11.7%和42.7%。

表4 不同林分乔木现存量的比较
Table 4 Comparison of standing crop of trees in different stands /(t/hm²)

林分 Stand	器官 Part	1981			1982			1983			1984		
		杉木 C.	火力楠 M.	合计 Total	杉木 C.	火力楠 M.	合计 Total	杉木 C.	火力楠 M.	合计 Total	杉木 C.	火力楠 M.	合计 Total
杉木纯林 Pure C.	干 Bole	6.77	—	6.77	14.85	—	14.85	20.62	—	20.62	24.70	—	24.70
	皮 Bark	1.12	—	1.12	2.38	—	2.38	3.26	—	3.26	3.86	—	3.86
	枝 Branch	3.48	—	3.48	6.77	—	6.77	8.93	—	8.93	10.40	—	10.40
	叶 Leaf	3.94	—	3.94	6.02	—	6.02	7.18	—	7.18	7.92	—	7.92
	根 Root	4.04	—	4.04	7.63	—	7.63	9.95	—	9.95	11.51	—	11.51
	合计 Total	19.35	—	19.35	37.65	—	37.65	49.94	—	49.94	58.39	—	58.39
火力楠纯林 Pure M.	干 Bole	—	4.34	4.34	—	9.60	9.60	—	14.91	14.91	—	18.59	18.59
	皮 Bark	—	0.39	0.39	—	1.58	1.58	—	2.39	2.39	—	2.96	2.96
	枝 Branch	—	2.39	2.39	—	4.72	4.72	—	6.79	6.79	—	8.19	8.19
	叶 Leaf	—	3.10	3.10	—	4.79	4.79	—	6.03	6.03	—	6.81	6.81
	根 Root	—	2.83	2.83	—	5.40	5.40	—	7.65	7.65	—	9.17	9.17
	合计 Total	—	13.05	13.05	—	26.09	26.09	—	37.77	37.77	—	45.72	45.72

续表

林分 Stand	器官 Part	1981 杉林 C.	1981 火力楠 M.	1981 合计 Total	1982 杉林 C.	1982 火力楠 M.	1982 合计 Total	1983 杉林 C.	1983 火力楠 M.	1983 合计 Total	1984 杉林 C.	1984 火力楠 M.	1984 合计 Total
杉木火力楠混交林 Mixed C.M.	干 Bole	6.38	0.81	7.19	13.73	1.64	15.37	19.72	2.55	21.82	24.81	3.33	28.14
	皮 Bark	1.05	0.14	1.19	2.19	0.27	2.46	3.02	0.41	3.43	3.82	0.53	4.35
	枝 Branch	3.21	0.45	3.66	6.12	0.82	6.94	8.15	1.19	9.34	10.08	1.49	11.57
	叶 Leaf	3.47	0.59	4.06	5.22	0.88	6.10	6.26	1.11	7.37	7.16	1.28	8.44
	根 Root	3.72	0.53	4.25	6.87	0.94	7.81	9.03	1.35	10.38	11.07	1.67	12.74
	合计 Total	17.83	2.52	20.35	34.13	4.55	38.68	45.73	6.61	52.35	56.94	8.30	65.24

3.4 净生产量

图1为各林分中乔木层最近1a(1984)的净生产量,混交林乔木层的净生产量最大,达12.90t/(hm²·a),其次是杉木纯林为8.45t/(hm²·a),火力楠纯林最小为7.95t/(hm²·a),混交林乔木层净生产量分别比杉木和火力楠纯林高52.3%和62.6%。

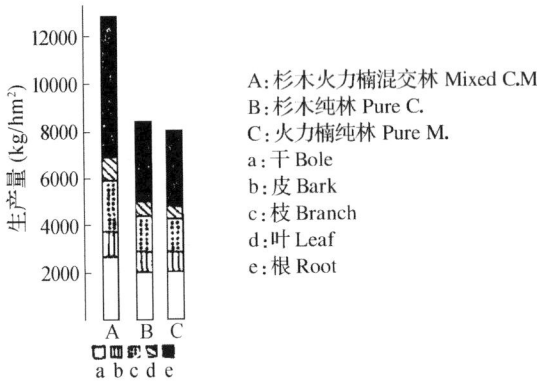

图1 不同林分乔木净生产量的比较

Fig 1 Companion of net production of trees in different stands

3.5 热能

热能是绿色植物通过光合器官将太阳能转化为生物化学能贮存于有机体中的能量(表5)。

表5 不同林分乔木层现存能量

Table 5 Heat energy in stock of the trees in different stands/(kcal/hm²)

林分 Stand	林龄 Age	杉木 C.	火力楠 M.	合计 Total
杉木纯林 Pure C.	8	2.832×10^8		2.832×10^8
火力楠纯林 Pure M.	8		2.160×10^8	2.160×10^8
杉木火力楠混交林 Mixed C.M.	8	2.760×10^8	3.927×10^7	3.153×10^8

由表 5 中看出:不同的林分贮存的能量极不相同,以混交林中乔木层贮存的能量最多,分别比杉木纯林和火力楠纯林多存 11.3% 和 46.0%,这说明混交林改善了林内空间结构,有助于林分光合系统对太阳辐射能的吸收、转化和贮存。

4 杉木火力楠混交林的生态效益

这里所说的生态效益,是指林分对环境质量改善的程度。

4.1 杉木火力楠混交林的气候效益

由于混交林林冠为复层结构,因此对投射到林冠层的辐射量吸收最多。根据 1978—1984 年观测结果表明,其吸收量分别比杉木纯林和火力楠纯林高 10.0% 和 20.5%(表 6,1983,1985 年 9—10 月共 65d 观察资料),由于林冠层吸收的辐射量大,光能利用率也高,8a 平均利用率为 0.68%,分别比杉木纯林和火力楠纯林高 11.1% 和 47.8%。若以 1984 年光能利用率来比较,则差异更大,分别比上述林分高 51.6% 和 64.9%(表 7)。

表 6 不同林分各辐射量的比较
Table 6 Comparison of radiation energy in different stands /(cal/(cm^2·d))

项目 Item	杉木纯林 Pure C.	火力楠纯林 Pure M.	杉木火力楠混交林 Mixed C. M.
总辐射 Total radiation	456.0	456.0	456.0
反射 Reflection	63.0	78.0	75.6
透射 Transmission	91.2	103.2	49.2
林冠吸收 Crown interception	301.8	274.8	331.2
吸收率 Rate of interception/%	66.0	60.0	73.0

表 7 不同林分乔木层光能利用率
Table 7 Utilization of solar energy of trees in different stands/%

光能利用率 Utilization of solar energy	杉木纯林 Pure C.	火力楠纯林 Pure M.	杉木火力楠混交林 Mixed C. M.
(1978—1984)平均 Mean(1978—1984)	0.61	0.46	0.68
1984	0.62	0.57	0.94

混交林林冠层吸收辐射率高,透射辐射量小,因此给林内创造了湿度较高的良好的小气候环境(表 8)。

表 8 不同林分内相对湿度和气温的变化[1]
Table 8 Changes of relative humidity and temperature in differrnt stands

项目 Item	杉木纯林 Pure C.	火力楠纯林 Pure M.	杉木火力楠混交林 Mixed C. M.
相对温度 Relative humidity/%	64	65	67
气温 Air temperature/℃	23.2	23.2	22.9

1)晴天 Sunny days

4.2 杉木火力楠混交林对土壤的改良效果

杉木火力楠混交试验林至今已有 8a,但和杉木纯林相比,土壤物理性质、养分状况、腐殖质含量和土壤酸度等方面均有所改善,下面分别阐述。

4.2.1 土壤物理性质

土壤物理性质的改善,首先表现在土壤机械组成的变化。土壤分析结果表明,杉木火力楠混交林的土壤表层(0—20cm),砂粒已明显地增多,特别是物理性砂粒,表层增加了6.14%,而粘粒和物理性粘粒明显地减少,分别减少了7.08%和6.13%。物理性砂、粘粒差距缩小,土壤质地由轻粘土过渡到重壤土(表9)。第二,杉木火力楠混交林的土壤容重和孔隙组成也趋于好转。它的土壤容重比杉木纯林平均低0.04%,总孔隙度比杉木纯林多1.11%,而凋萎水孔隙比杉木纯林低1.54%(表10)。第三,随着土壤机械组成和孔隙的变化,杉木火为楠混交林的土壤水分状况也有了显著的改善,如毛管持水量、田间持水量和田间有效持水量都分别比杉木纯林土壤中多2.60%、3.01%和3.93%。土壤有效贮水量也显著地增多,前者比后者每公顷多40m³(表11)。特别是杉木火力楠混交林每年凋落物的数量比杉木纯林多500kg,这也增加枯枝落叶层的厚度,大大有利于土壤表层的蓄水,减少了地表径流量,就凋落物本身吸水能力来说,前者也比后者约增加12%(表12)。

表9 不同林分的土壤机械组成
Table 9 Mechanical components of soil in different stands

林分 Stand	采样深度 Depth /cm	砂粒 Sand 1.00—0.25	砂粒 Sand 0.25—0.05	粉砂粒 Silt 0.05—0.01	粉砂粒 Silt 0.01—0.005	粉砂粒 Silt 0.005—0.001	粘粒 Clay <0.001	物理性砂粒/% Physical sand >0.01	物理性粘粒/% Physical clay <0.01	土壤质地 Texture
杉木纯林 Pure C.	0—10	22.42	7.98	6.80	4.00	11.00	47.80	37.20	62.80	轻粘土 Light clay
	10—20	23.12	7.68	6.60	4.00	10.00	48.60	37.40	62.60	轻粘土 Light clay
	30—40	21.14	7.66	6.00	4.00	9.60	51.60	34.80	65.20	轻粘土 Light clay
	50—60	22.85	5.55	6.00	4.00	9.80	51.80	34.40	65.60	轻粘土 Light clay
	平均 Mean	22.38	7.22	6.35	4.00	10.10	49.95	35.95	64.05	—
火力楠纯林 Pure M.	0—10	24.68	9.72	5.78	4.38	13.80	41.64	40.18	59.82	重壤土 Heavy loam
	10—20	25.32	11.08	6.00	9.60	14.20	33.80	42.40	57.60	重壤土 Heavy loam
	30—40	23.47	9.73	8.16	4.33	14.87	39.44	41.36	58.64	重壤土 Heavy loam
	50—60	24.86	3.92	6.00	3.73	13.46	48.03	34.78	65.22	轻粘土 Light clay
	平均 Mean	24.59	8.61	6.49	5.51	14.08	40.73	39.68	60.32	—

续表

林分 Stand	采样深度 Depth /cm	各粒级土粒(直径:mm)占/% Contents of grain(size:mm)					物理性砂粒/% Physical sand >0.01	物理性粘粒/% Physical clay <0.01	土壤质地 Texture
		砂粒 Sand		粉砂粒 Silt			粘粒 Clay			
		1.00—0.25	0.25—0.05	0.05—0.01	0.01—0.005	0.005—0.001	<0.001			
杉木火力楠混交林 Mixed C.M.	0—10	31.15	10.71	4.74	2.68	13.61	37.11	46.60	53.40	重壤土 Heavy loam
	10—20	31.10	3.66	5.51	2.76	15.85	41.12	40.27	59.73	重壤土 Heavy loam
	30—40	24.56	8.04	6.00	4.20	11.90	48.20	38.60	61.40	轻粘土 Light clay
	50—60	24.57	8.50	5.77	4.40	11.79	44.97	38.84	61.16	轻粘土 Light clay
	平均 Mean	27.85	7.73	5.51	3.51	13.29	42.85	41.08	58.92	—

表10 不同林分的土壤孔隙组成
Table 10 Proportions of soil pore in different stands

采样深度 Depth /cm	溶重 Bulk density /(g/cm³)	土壤孔隙组成 Pore space components of soil/						非毛管大孔隙 总孔隙度 Noncapillary porosity/Total porosity/%
		总孔隙度 Total porosity	通气孔隙 Aeration porosity	毛管持水孔隙 Capillary porosity	自然通气孔隙 Natural porosity	非毛管大孔隙 Noncapillary porosity	凋萎水孔隙 Wilting porosity	田间持水孔隙 Field moisture porosity	
杉木纯林 Pure C.								
0—10	1.06	58.59	17.01	53.47	25.87	5.12	9.25	41.66	8.74
10—20	1.28	51.15	12.56	63.82	21.79	-2.67	11.52	45.21	—
30—40	1.34	50.00	11.93	53.33	15.03	-3.33	15.52	34.83	—
50—60	1.33	51.64	10.01	54.58	16.31	-2.94	16.55	33.21	—
平均 Mean	1.25	52.85	12.88	56.30	19.75	-0.96	13.21	38.70	—
火力楠纯林 Pure M.								
0—10	0.97	62.69	27.48	53.84	35.13	8.85	8.34	45.28	14.12
10—20	1.09	57.59	24.03	38.03	31.17	-0.44	9.38	51.62	—
30—40	1.14	57.14	15.25	57.64	23.12	-0.50	10.86	42.09	—
50—60	1.26	52.99	12.27	58.67	21.86	-5.68	13.48	34.90	—
平均 Mean	1.12	57.60	19.76	52.05	27.82	0.56	10.52	43.47	—
杉木火力楠混交林 Mixed C.M.								
0—10	1.05	58.66	24.66	53.30	30.46	5.36	8.37	43.56	9.14
10—20	1.22	52.90	20.22	61.48	27.74	-8.58	10.36	47.10	—
30—40	1.27	52.43	16.70	51.21	22.66	1.22	13.27	40.58	2.33
50—60	1.31	51.84	14.04	57.09	18.66	-5.25	14.66	33.38	—
平均 Mean	1.21	53.96	18.91	55.77	24.88	-1.81	11.67	41.16	—

表 11 不同林分的土壤水分状况
Table 11 Soil moisture conditions in different stands

林分 Stand	采样深度 Depth /cm	凋萎含水量 Wilting moisture	毛管含水量 Capillary moisture	田间持水量 Filed moisture	田间有效持水量 Field available moisture	自然含水量 Nature moisture	有效贮水量 Available reserved moisture /(m³/hm²)
杉木纯林 Pure C.	0—10	8.73	63.89	39.20	30.47	36.33	322.98
	10—20	9.00	45.99	35.32	26.32	34.07	336.90
	30—40	11.58	37.65	25.99	14.41	25.59	193.09
	50—60	12.44	35.31	24.97	12.53	25.17	166.65
	平均 Mean	10.44	45.71	31.37	20.93	30.29	254.90
火力楠纯林 Pure M.	0—10	8.60	77.53	46.68	38.08	43.77	369.38
	10—20	8.61	75.39	47.36	38.75	40.93	422.38
	30—40	9.53	46.22	36.92	27.39	30.14	312.38
	50—60	10.70	43.51	27.70	17.00	26.65	214.20
	平均 Mean	9.36	60.66	39.67	30.31	35.37	329.59
杉木火力楠混交林 Mixed C. M.	0—10	7.97	60.55	41.49	33.52	32.07	351.96
	10—20	8.49	52.23	38.61	30.12	29.65	367.46
	30—40	10.45	42.96	31.95	21.50	26.44	273.05
	50—60	11.19	37.48	25.48	14.29	24.17	187.20
	平均 Mean	9.52	48.31	34.38	24.86	28.08	294.92

表 12 不同林分的年枯枝落时量和吸水率
Table 12 The quantity of the annual litter and rate of absorption water in different stands

林分 Stand	年凋落量 Annual litters /(kg/hm²)	以杉木纯林为100 Pure C. as 100%	凋落物吸水量 Absorption water quantity of litters /(kg/kg)	以杉木纯林为100 Pure C. as 100%
杉木纯林 Pure C.	389.50	100.00	1.36	100.00
火力楠纯林 Pure M.	2455.20	630.35	1.74	127.94
杉木火力楠混交林 Mixed C. M.	888.30	228.06	1.52	111.76

上述三方面的变化,表明杉木火力楠混交林的土壤比较疏松柔软,通气透水和蓄水保水能力都好于杉木纯林的土壤。

4.2.2 土壤养分和腐殖质含量

杉木火力楠混交林土壤在矿质营养元素和腐殖质含量上也表现了较大的差异。它的土壤全氮、全磷和速效钾的含量都分别比后者平均多 21%、25% 和 37%（表 13）。它的腐殖质含量也相当高,各层土壤平均为 6.67%,比杉木纯林多 1.56%（表 14）。

表 13　不同林分的土壤 pH 值和养分状况
Table 13　PH-value and nutrient of soil in different stands

林分 Stand	采样深度 Depth (cm)	pH 值 pH Value	全氮量 Total N (%)	全磷量 Total P (%)	速效钾 Quickacting Potassium (mg/100g)
杉木纯林 Pure C.	0—20	4.78	0.18	0.04	7.60
	20—40	4.69	0.13	0.10	3.62
	40—60	—	0.10	0.10	3.36
	Mean	4.78	0.14	0.08	4.86
火力楠纯林 Pure M.	0—20	4.96	0.26	0.11	8.00
	20—40	5.00	0.26	0.11	7.14
	40—60	—	0.25	0.11	5.87
	Mean	4.89	0.26	0.11	7.00
杉木火力楠混交林 Mixed C.M.	0—20	4.91	0.22	0.11	11.89
	20—40	4.96	0.18	0.10	4.87
	40—60	—	0.10	0.09	3.26
	Mean	4.94	0.17	0.10	6.67

表 14　不同林分土壤腐殖质的含量
Table 14　Soil humus content in different stands/%

林分 Stand	土壤剖面深度 Depth of soil profile			平均 Mean	以杉林纯林为 100 Pure C. as 100%
	0—20 cm	20—40 cm	40—60 cm		
杉木纯林 Pure C.	7.07	4.62	3.63	5.11	100.00
火力楠纯林 Pure M.	8.98	7.70	6.71	7.80	152.64
杉木火力楠混交林 Mixed C.M.	8.31	6.21	5.44	6.67	130.53

此外,混交林的土壤酸度也开始有所改善,和杉木纯林的土壤相比 pH 值平均由 4.78 提高到 4.94（表 13）,这种变化对减少养分的淋溶,改善理化性质和提高微生物生理生化活性是有利的。

4.3　杉木火力楠混交林对加速林地养分循环的效益

从表 15 中看出:杉木混火力楠后凋落物明显增加,约为杉木纯林的 2.3 倍。其凋落物中的营养元素含量也远远高于杉木纯林（表 16）。

当然,年凋落量并不等于年归还量,因为各树种分解速度不一,杉木年分解率仅为 54%,而火力楠则高达 95%,故杉木火力楠混交林的年归还量远远大于杉木纯林,为杉木纯林的 2—4 倍（表 17）。

表 15 不同林分凋落物的比较
Table 15 Comparison of litter in different stands /(kg/hm²)

凋落物成分 Component of litters		杉木纯林 Pure C.	火力楠纯林 Pure M.	杉木火力楠混交林 Mixed C. M.
杉木 C.	枝 Branch	42.93	—	19.39
	叶 Leaf	346.60	—	226.24
	合计 Total	389.53	—	245.63
火力楠 M.	花、果 Flower, fruit	—	52.34	2.33
	枝 Branch	—	51.16	17.05
	芽片 Bud scale	—	153.49	52.17
	叶 Leaf	—	2404.08	625.61
	合计 Total	—	2661.07	697.16
下木 Understory	枝 Branch	0.18	15.79	3.03
	叶 Leaf	44.86	143.15	89.83
	合计 Total	45.04	158.94	92.86
草本 Herb		38.92	79.01	51.10
合计 Total		473.49	2899.02	1086.75

表 16 不同林分凋落物的营养元素含量
Table 16 Nutrient contents of litter in different stands /(kg/hm² · a)

林分 Stand	营养元素 Nutrients	杉木 C. 枝 Branch	叶 Leaf	合计 Total	火力楠 M. 花、果 Flower, fruit	芽片 Bud scale	叶 Leaf	枝 Branch	合计 Total	下木 Under-storey	草木 Herb	合计 Total
杉木纯林 Pure C.	N	0.45	3.60	4.05	—	—	—	—	—	0.73	0.39	5.17
	P_2O_5	0.06	0.45	0.51	—	—	—	—	—	0.10	0.05	0.66
	K_2O	0.08	0.69	0.78	—	—	—	—	—	0.13	0.10	1.01
	Ca	0.43	3.50	3.93	—	—	—	—	—	0.17	0.15	4.25
	Mg	0.09	0.69	0.78	—	—	—	—	—	0.10	0.09	0.97
	合计 Total	1.11	8.93	10.05	—	—	—	—	—	1.23	0.78	12.06
火力楠纯林 Pure M.	N	—	—	—	0.30	1.89	17.07	0.36	19.62	2.57	0.78	22.97
	P_2O_5	—	—	—	0.04	0.21	1.44	0.03	1.72	0.37	0.10	2.19
	K_2O	—	—	—	0.21	0.43	6.01	0.13	6.78	0.46	0.21	7.45
	Ca	—	—	—	0.18	0.66	10.33	0.22	11.39	0.61	0.30	12.30
	Mg	—	—	—	0.14	0.35	5.53	0.12	6.14	0.35	0.17	6.66
	合计 Total	—	—	—	0.87	3.54	40.38	0.86	45.65	4.36	1.56	51.57

续表

林分 Stand	营养元素 Nutrients	杉木 C. 枝 Branch	杉木 C. 叶 Leaf	杉木 C. 合计 Total	火力楠 M. 花、果 Flower, fruit	火力楠 M. 芽片 Bud scale	火力楠 M. 叶 Leaf	火力楠 M. 枝 Branch	火力楠 M. 合计 Total	下木 Understorey	草木 Herb	合计 Total
杉木火力楠混交林 Mixed C. M.	N	0.20	2.35	2.55	0.01	0.64	4.44	0.12	5.21	1.50	0.51	9.77
	P_2O_5	0.03	0.29	0.32	0.01	0.07	0.38	0.01	0.47	0.21	0.06	1.06
	K_2O	0.04	0.45	0.49	0.01	0.15	1.56	0.04	1.76	0.27	0.13	2.65
	Ca	0.20	2.29	2.49	0.01	0.22	2.69	0.07	2.99	0.35	0.19	6.02
	Mg	0.04	0.45	0.49	0.01	0.12	1.44	0.03	1.60	0.20	0.11	2.40
	合计 Total	0.51	5.88	6.34	0.05	1.20	10.51	0.27	12.03	2.53	1.00	21.90

表17 不同林分中营养元素的年吸收量和归还量
Table 17 Annaul absorption and restitution of nutrient element in different stands/(kg/hm^2)

林分 Stand	组成 Composition			氮 N	磷 P_2O_5	钾 K_2O	钙 Ca	镁 Mg
杉木纯林 Pure C.	现存量 Standing crop	乔木层	Tree layer	252.20	61.40	232.20	258.90	46.70
		草木层	Herb layer	0.21	0.03	0.37	0.07	0.03
		下木层	Understorey layer	0.39	0.13	1.20	0.96	0.44
		总量	Total	252.80	61.56	233.77	259.93	47.17
	1a吸收量 Annaul uptake	非光合器官 Non-photosynthesis organ	乔木层 Tree layer	22.40	6.40	25.20	27.80	4.80
			草木层 Herb layer	0.01	0.01	0.09	0.01	0.01
			下木层 Understorey layer	0.09	0.02	0.13	0.11	0.05
		凋落量	Litter quantity	5.17	0.66	1.01	4.25	0.97
		总量	Total	27.67	7.09	26.43	32.17	5.83
	归还量 Return			2.79	0.36	0.55	2.30	0.52
	吸收/现存量 Uptake/Standing			0.11	0.13	0.11	0.12	0.12
	归还/吸收 Return/Uptake			0.10	0.05	0.02	0.07	0.09
火力楠纯林 Pure M.	现存量 Standing crop	乔木层	Tree layer	200.50	45.40	168.80	163.80	45.70
		草木层	Herb layer	0.86	0.11	1.49	0.26	0.10
		下木层	Understorey layer	2.56	0.43	3.88	3.11	1.41
		总量	Total	203.92	45.94	174.17	167.17	47.21
	1a吸收量 Annaul uptake	非光合器官 Non-photosynthesis organ	乔木层 Tree layer	20.20	5.80	18.20	19.50	4.90
			草木层 Herb layer	0.03	0.01	0.05	0.01	0.01
			下木层 Understorey layer	0.05	0.06	0.55	0.44	0.20
		凋落量	Litter quantity	22.97	2.19	7.45	12.30	6.66
		总量	Total	43.25	8.06	26.25	32.25	11.77
	归还量 Return			21.82	2.08	7.08	11.69	6.33
	吸收/现存量 Uptake/Standing			0.21	0.18	0.15	0.19	0.25
	归还/吸收 Return/Uptake			0.50	0.26	0.27	0.36	0.54

续表

林分 Stand	组成 Composition			氮 N	磷 P$_2$O$_5$	钾 K$_2$O	钙 Ca	镁 Mg
杉木火力楠混交林 Mixed *C. M.*	现存量 Standing crop	乔木层	Tree layer	277.00	72.30	250.00	318.10	53.40
		草木层	Herb layer	0.65	0.09	1.12	0.19	2.21
		下木层	Understorey layer	2.31	0.22	2.01	1.60	6.87
		总量	Total	279.96	72.61	253.13	319.89	62.48
	1a 吸收量 Annaul uptake	非光合器官 Non-photosynthesis organ	乔木层 Tree layer	38.20	10.70	41.00	47.20	9.30
			草木层 Herb layer	0.02	0.01	0.03	0.01	0.01
			下木层 Understorey layer	0.23	0.04	0.35	0.28	0.13
		凋落量	Litter quantity	9.77	1.06	2.65	6.02	2.40
		总量	Total	48.22	11.81	44.03	53.51	11.84
	归还量 Return			8.24	0.87	2.31	4.69	2.07
	吸收/现存量 Uptake/Standing			0.17	0.16	0.17	0.17	0.19
	归还/吸收 Return/Uptake			0.17	0.07	0.05	0.09	0.17

从表 17 中还可看出,不论何种林分直到第八年时,归还量与吸收量之比 0.5,就杉木火力楠混交林与杉木纯林相比,其比值远远大于杉木纯林。

4.4 杉木火力楠混交林对土壤微生物和菌根的影响

土壤微生物是森林生态系统中的分解者,它对整个林分中物质循环和转化起着重要作用,并直接影响着土壤中的养分状况。

4.4.1 土壤微生物数量

不同林分中土壤微生物数量差异十分明显,细菌和放线菌数量以火力楠林下土壤为最高,而以杉木纯林下土壤为最低;真菌数量则相反,杉木纯林显著高于火力楠纯林,杉木与火力楠混交后,由于阔叶树种带来的影响,土壤细菌数量明显增加,真菌数量则减少(表 19)。

表 18 不同林分中土壤微生物的数量
Table 18 Total number of soil microbesin different stands/(10^3/g soil)

林分 Stand	细菌 Bacteria	真菌 Fungus	放线菌 Actinomy
杉木纯林 Pure *C.*	1440	65	4
火力楠纯林 Pure *M.*	5450	54	17
杉木火力楠混交林 Mixed *C. M.*	3450	51	9

表 19 不同林分中菌根的数量
Table 19 Amount of mycorrhiza in different stands

孢子数 Spore	杉木纯林 Pure *C.*	火力楠纯林 Pure *M.*	杉木火力楠混交林 Mixed *C. M.*
个/100g 干土 Quantuty/100g dry soil	97	173	103
个/g 根 Quantuty/g root	155	261	160

上述结果看出,混交林比杉木纯林有促进土壤中微生物增长的效益,其中特别是细菌增长得更为显著。就细菌中芽孢杆菌(*Bacillus*)种的密度分布来说,杉木火力楠混交林中以腊状芽孢杆菌(*B. cerus*)占优势,球形芽孢杆菌(*B. sphericus*)居中,以疑集(*B. coaqulans*)、蕈状(*B. serus* var. *mycoides*)坚强(*B. firmus*)、巨大(*B. meqatherium*)等芽孢杆菌分布较少。在杉木纯林中,则以腊状芽孢杆菌的分布较多,而疑集、球形(*B. sphericus*)、蕈状等芽孢杆菌的分布较少。

混交林中细菌数量的增加,特别是能引起土壤氨化作用的芽孢杆菌数量增加,说明有效养分释放的能力比杉木纯林强。

4.4.2 菌根

杉木和火力楠均为内生菌根,菌根的多少直接关系到杉木和火力楠吸收土壤中营养物质和水分的多少。从表19中看出:阔叶树菌根多于针叶树,杉木混火力楠后菌根明显增加。

4.5 杉木火力楠混交林对杉木主要害虫的抑制作用

杉梢小卷叶蛾(*Polychosis cunninghamiacacola*)和黄翅白蚁(*Mecrotermes barneyi*)是危害杉木的主要害虫。

1984—1985年在杉木纯林、火力楠纯林和杉木火力楠混交林中连续进行了两年的调查,表明:在混交林内杉木的两种主要害虫明显减少,杉梢小卷叶蛾和黄翅白蚁被害株率分别下降22.1%—23.7%和13.3%(表20)。

表20 杉梢小卷蛾和白蚁发生量调查
Table 20 Investigation of occurrence of sugarbeet caterpillar and termites in different stands

害虫 Inscets	项目 Item	三合水 Shan He-shui 杉木纯林 Pure C.	三合水 Shan He-shui 杉木火力楠混交林 Mixed C. M.	贼考冲 Zei Lao-chong 杉木纯林 Pure C.	贼考冲 Zei Lao-chong 杉木火力楠混交林 Mixed C. M.
杉梢小卷蛾 Sugarbeet caterpillar	调查株数 Number of investigated trees	120	80	140	120
	虫害株数 Number of trees damaged by isects	90	41	94	54
	虫害株数百分数 Percentage of trees damaged by insects	75.0	51.3	67.1	45.0
	调查枝数 Number of investigated branches	9513	6439	5661	4844
	虫害枝数 Number of branches damaged by insects	445	92	429	209
	虫害枝百分数 Percentage of branches damaged by insects	4.7	1.4	7.5	4.3
白蚁 Termites	调查株数 Number of investigated trees	100	100	—	—
	虫害株数百分数 Percentage of trees damaged by insects	25.0	11.7	—	—

火力楠的主要害虫为叶部害虫,叶部害虫有火力楠潜蛾(*Caloptilia* sp.)和柑桔长卷叶蛾(*Homana ceffearia*),但这两种害虫在林中的危害率较低,其危害株率尚不到9%,且混交林中的火力楠和火力楠纯林的被害情况相差也甚微。由此可见,混交林对抑制杉木主要害虫杉梢小卷叶蛾和黄翅白蚁的效益是明显的。

从混交林的一系列生态效益的资料表明,其生态效益是显而易见的。

5　结束语

鉴于天然林面积日趋缩小,人工大面积纯林和纯林连栽后造成的生态环境恶化和生产力下降的后果已逐渐被人们认识。据报道,德国的云杉人工林第3代较第1代生产力下降57%—62%[5],我国海南岛第3代窿缘桉比第1代生产力下降50%等。显然,这是林业生产中一个极为重要的问题,特别是速生高产、优质的人工林的营造和永续利用的问题。杉木火力楠混交林营造后的8a的观测表明,它是一种很有希望的高生产力和生态协调的亚热带地区的群落结构之一,随着我国南方林区营造不同种类和结构的人工混交林的发展、将会使这方面的研究工作更加深入。

参考文献:

[1] 冯宗炜等. 湖南会同杉木人工林生长发育与环境的相互关系,南京林产工业学院学报,1982,(8)19-38.
[2] 李昌华等. 杉木中心产区林地土壤的基本性质及其与杉木生长发育的关系,土壤通报,1981,(4)1-6.
[3] 冯宗炜等. 杉木速生丰产的生态学基础,生态学杂志,1982,(1)14-19.
[4] 中国树木志编委会. 中国主要树种造林技术,农业出版社,1978;3,558.
[5] 北京林学院主编. 造林学,林业出版社,1881;177.

Effects of simulated acid rain on saplings of *Pinus massoniana* and *Cunninghamia lanceolata*

SHAN Yuenfeng, FENG Zongwei

(Research Center for Eco-Environmental Sciences, Academia Sinica, Beijing 100085, China)

Abstract: The effects of simulated acid rain with pH values of 6.63 (control, 4.5, 3.0, and 2.0 on saplings of *Pinus massoniana* and *Cunninghamia lanceolata* were studied. The results showed that the pH of *C. lanceolata* leaf sap and soil decreased as the acidity of rainfall increased. The acid rain with very low pH had significant effects on the photosynthetic rates per plant, but not on that of the per unit weight of dry leaves. The respiration rates of the two species were stimulated. Root and leaf boimass, but not stem biomass, were also reduced tremendously during a seven months period.

Keywords: acid rain; net photosynthetic rate; respiration rate; soil pH; biomass.

Introduction

Acid rain has been known in some areas of southern China since starting acid rain monitoring in 1979. The results (Liu, 1988) of rain water monitoring acid rain for four months (from July to Oct., 1985) indicated that the frequency of acid rain was 100% and the average pH of the rain, water ranged from 4.2 to 4.4 with minimum observed values around 3.6 to 4.0. It also indicated that the average pH values of the stemflow ranged from 2.63 to 2.98 with minimun observed values around 2.34 to 2.65. It has been reported that acid rain had seriously damaged the environment (Institute of Chongqing Environmental Sciences, 1985).

There is considerable interest in effects of acid rain on forest. Feng Zongwei et al. (1986) reported effects of acid rain on *Pinus massoniana* forest productivity. This paper described effects of simulated acid rain on two dominant species of subtropical forest plants observed in 1986 in an effort to determine the histological, physiological, and developmental effects of acid rain on the plants.

1 Methods and materials

1.1 Materials

Year-old seedings of *Pinus massoniana* and *Cunninghamia lanceolata* were planted in pots containing forest topsoil for 12 pots per treatment.

1.2 Methods of acid rain simulation

Simulated rain solutions with pH 6.63 (control), 4.5, 3.0 and 2.0 were prepared by diluting a mixture of reagent grade sulfuric acid and nitric acid in a 8 : 1 ratio (by mol concentration) with well water. A Model 51 Digital pH Meter made in Japan was used to prepare the solution with +/- 0.01 pH unit of the desired values. Except on rainy days, sprinklers were used to spray simulated rain upon pots and plots with planted seeding for 5 minutes per day from May 22 to July 22, which is equal in total rainfall of 125.4 mm. Atomizers applied simulated acid rain to pots with seeds for 1 minute per day from March 15 to July 22 with a rainfall equivalent of 408.8 mm. Except rainy days, from August 8 to November 26, simulated rain was applied to all the experimental plants by spraying upward through a spraying system manufactured from acid proof material for 30 minutes per day with rainfall of 591.7 mm. Therefore, two year-old saplings from seeding, which received ambient rain, would receive 717.1 mm rainfall of simulated acid rain.

1.3 Photosynthetic rate determination

Photosynthetic rate was measured by QGD-07 Model Portable Infra-red CO_2 Analyser made by Beijing Analytical Instrument Manufacturer. Open air pipe system was applied. Artificial light density was 20,000 lx. Air temperature in leaf chambers was controlled by a water bath.

1.4 Respiration rate determination

Respiration rate was measured by a QGD-07 Model Portable Infra-red CO_2 Analyser, Cycle air pipe system was used. Black paper and black plastic film were used to shade light. Air temperature in leaf chambers was controlled by water bath.

1.5 Determination of pH values of leaves sap

Fresh leaf samples were collected, washed, dried with qualitative filter paper and splited, 3 grams of samples were taken, ground, and mixed in 30 ml distilled water, then stilled for 30 minutes. A model 51 Digital pH Meter made in Japan was used to measure the pH values of leaf sap.

1.6 Determination of pH values of soil

Surface-soil samples (1—10cm depth) were collected from each pot and mixed up. The pH values of samples were measured using a 1:5 soil /1 mol/L KCl solution mixture, A Model 51 Digital pH Meter made in Japan was used.

1.7 Determination of biomass

After plant growth stopped, biomass of controlled and treated plant was measured to determine if acid rain treatment had had any effect on plant productivity. The roots, stems and foliage of plants were collected, weighed, ovendried at 70℃, and weighed again. The ratio of water weight for each plant part was observed, then the dry weight of plant parts could be calculated.

2 RESULTS

2.1 Injury symptoms

Visible injury, in the form of leaves necroses, was observed only at treatment of pH 2.0 acid rain. Necroses bagan at the tip on needle leaves of *Pinus massoniana* and *Cunninghamia*

Lanceolata. Necroses expanded with increased acid rain. There was an yellow-green band between necroses a pH treatment of 3.0 or above.

2.2 Acidification by acid rain in leaf sap and soil

From November 6 to November 20, simulated acid rain was terminated and was exposure to ambient rain at a pH of 5.64 lasted for 5 days. The pH values of leaf sap were measured for first time on November 20, 1986 (Table 2). From November 21 to November 25, 1986, plants were exposed to simulated acid rain for 30 minutes per day. The second time measurement of leaf sap pH values were taken on November 25, 1986 (Table 1). Results showed that leaf sap was acidified by simulated acid rain. The pH values at which acid rain had caused leaf sap acidification was from 3.0 to 4.5. An acidified leaf sap could restore back to normality when simulated acid rain had terminated for two weeks.

Table 1 Effects of simulated acid rain on pH values of leaf sap

Plant species	Acid rain pH			
	6.6	4.5	3.0	2.0
Sapling of *Cunninghamia lanceolata*	5.69	5.74	5.50	5.33
Sapling of *Pinus massoniana*	3.81	3.74	3.73	3.72

Table 2 Leaf sap pH values, after termination of simulated acid rain for two weeks

Sapling species	Acid rain pH			
	6.6	4.5	3.0	2.0
Cunninghamia lanceolata	5.59	5.73	5.39	5.55
Pinus massoniana	3.73	3.75	3.74	3.74

Determination of soil pH values was taken on November 25, 1986. It showed that soil pH values reduced with reduction of acid rain pH values (Table 3), and did not restore back to normality in two weeks when simulated acid rain was terminated. Therefore, soil was more seriously acidified, and more difficult to restore than leaf sap.

Table 3 Effect of simulated acid rain on soil pH values

Soil type	Acid rain pH			
	6.6	4.5	3.0	2.0
Topsoil around roots of *C. lanceolata*	5.39	4.99	4.44	3.97
Topsoil around roots of *P. massoniana*	5.00	4.81	4.46	3.53

2.3 Effects of simulated acid rain on photosynthetic tissues

Green leaf biomass of *Pinus massoniana* and *Cunninghamia lanceolata* was reduced by 38.2% and 42.5% with acid treatment at pH 2.0 (Table 5). Analysis of variance has indicated significant effects of acid rain treatment on photosynthetic tissues. The decrease of photosynthetic tissues from acid rain should reduce photosynthetic function and therefore was probably an important factor for plant growth reduction.

Table 4 Effect of simulated acid rain on photosynthetic tissues biomass of *P. massoniana* (g) and *C. lanceolata* (g)

Plant species	Acid rain treatment				Significant	level
	pH 6.6	pH 4.5	pH 3.0	pH 2.0	F value	p
P. massoniana	29.047	24.384	25.057	17.943	F = 2.82	0.05
C. lanceolata	15.977	15.998	17.685	9.188	F = 7.31	0.01

Table 5 Effect of simulated acid rain on photosynthetic rate per unit leaf dry weight (CO_2 mg/g leaf dry weight · h)

Plant species	Acid rain treatment				Significant	level
	pH 6.6	pH 4.5	pH 3.0	pH 2.0	F value	p
P. massoniana sapling	8.577	8.123	7.930	5.796	2.19	—
C. lanceolata sapling	10.230	10.387	11.609	10.316	0.05	—

2.4 Effect of simulated acid rain on photosynihesis

Net photosynthetic rate per unit dry weight of *P. massoniana* sapling leaves decreased with acidity increase, but analysis of variance indicated no significant effects of acid rain. Net photosynthetic rate per unit dry weight of sapling leaves of *C. lanceolata* did not decrease (Table 5).

However, photosynthetic rate that was expressed on a per plant basis decreased at a pH of 2.0. Analysis of variance indicated a significant effect of acid rain (Table 6).

Table 6 Effects of acid rain on net photosynthetic rate per plant unit (CO_2 mg/g per plant · h)

Plant species	Acid rain treatment				Significant	level
	pH 6.6	pH 4.5	pH 3.0	pH 2.0	F value	p
P. massoniana	249.145	198.071	198.690	104.005	7.71	0.05
C. lanceolata	163.440	166.173	205.302	94.784	7.44	0.05

Ferenbaugh (1976) reported that acid rain treatment dramatically increased the apparent of photosynthesis of *Phaseolus vulgris* L. as determined by oxygen evolution, Irving (1985) reported that analysis of variance of experimental results indicated on significant acid rain treatment effects on the photosynthetic rate per unit leaf area of *Raphanus sativas* L., but photosynthesis that was expressed on a per plant basis decreases with increasing acidity. Therefore, response of plant photosynthetic rate to acid rain varies with plant species.

2.5 Effects of simulated acid rain on respiration

Dark respiration rate of *P. massoniana* and *C. lanceolata* were all increased significantly at pH 2.0 (Table 7). Ferenbaugh (1976) reported simulated acid rain increased the respiration rate of *Phaseolus vulgaris* L. Therefore, respiration rate increases by acid rain is an significant pattern. Respiration rate increases resulting in increasing material consumption was probably an important factor in plant growth reduction from acid rain.

2.6 Effects biomass

Main root biomass of *P. massoniana* and *C. lanceolata* saplings decreased at pH 2.0

treatment by analysis of variance indicated no significant effect of acid rain. Laterial root biomass of *P. massoniana* and *C. lanceolata* saplings decreased at pH 2.0 analysis of variance indicated significant effects of simulated acid rain (Table 8).

Table 7 Effects of simulated acid rain on respiration (CO_2 mg/g leaf dry weight/h)

Plant species	Acid rain treatment				Significant	level
	pH 6.6	pH 4.5	pH 3.0	pH 2.0	F value	p
P. massoniana	1.094	1.143	0.910	1.697	4.09	0.05
C. lanceolata	1.518	1.370	1.728	2.047	3.21	0.05

Table 8 Effects of simulated acid rain on root biomass (g)

Plant species	Acid rain treatment				Significant	level
	pH 6.6	pH 4.5	pH 3.0	pH 2.0	F value	p
Sapling main root						
P. massoniana	5.124	5.167	5.406	3.272	1.24	—
C. lanceolata	4.769	4.226	4.150	3.535	1.58	—
Sapling laterial root						
P. massoniana	7.648	8.145	6.990	4.635	3.36	0.05
C. lanceolata	14.075	15.541	17.407	10.504	4.86	0.01

2.7 Stem biomass

Stem biomass of *C. lanceolata* saplings slightly increased with increasing acidity, but analysis of variance indicated no significant effects of acid rain. Stem biomass of *P. massoniana* saplings decreased at pH 2.0 treatment. Analysis of variance indicated no significant effects of acid rain (Table 9).

Table 9 Effects of simulated acid rain on stem biomass (g)

Plant species	Acid rain treatment				Significant	level
	pH 6.6	pH 4.5	pH 3.0	pH 2.0	F value	p
P. massoniana	21.135	22.492	19.734	20.038	0.16	—
C. lanceolata	11.882	13.889	14.360	13.544	0.79	—

2.8 Leaves biomass

Leaves biomass decreased at pH 2.0 treatment. Analysis of variance indicated no significant effect on saplings leaves biomasses of *P. massoniana* and *C. lanceolata* (Table 10).

Table 10 Effects of simulated acid rain on leaf biomass (g)

Plant species	Acid rain treatment				Significant	level
	pH 6.6	pH 4.5	pH 3.0	pH 2.0	F value	p
P. massoniana	29.047	24.384	25.057	21.035	1.38	—
C. lanceolata	15.977	15.998	17.685	15.547	0.40	—

3 Discussion

These experimental results showed that, among three parts of plant, stems were the most resistant one and roots were the most sensitive one to acid rain exposure. Laterial roots were more sensitive than main roots to acid rain exposure. Raynal *et al.* (1982) reported that simulated acid rain at pH 2.0 decreased total plant weight of *Acer saccaharum* resulting from weight of root reduction but no change in leaf weight or leaf width, Lee *et al.* (1979) reported that root growth of *Rhus typhina* was restrained, but the growth of above ground parts was not affected. The results of our experiment are consistent with the Lee and Raynal *et al.* A major reason may be that roots have no cuticle and always stay in soil being acidified gradually, but it is also more likely that the reduction of whole plant photosynthesis resulted in less carbon being used for root growth, therefore an indirect effect on roots should also be a possibility. It will be studied in future.

Simulated acid rain at pH 2.0 resulted in restrained plant growth through photosynthetic tissue reduction (Wood and Bormann, 1974). Plants treated with the highest acidity level (pH2.6) had reduced leaf area which resulted in lower photosynthesis per plant and may have been responsible for the reduced yields of plants (Irving, 1985). These results showed that simulated acid rain caused decreased biomass resulting from increasing respiration which increased dry material consumption and decreased photosynthetic tissue which, in turn, resulted in a dry material production decreasing.

In most cases, growth inhibition occurred only with simulated acid rain of pH $\leqslant 3$ (Amthor, 1984). These results showed that the threshold of simulated acid rain pH which resulted in visible injury or significant deleterious effects was at a pH of 3.0 or lower. However, we believe the threshold of atmospheric acid rain pH which resulted in visible injury or significant deleterious effects was 3.0 or lower. However, we believe the threshold of atmospheric acid rain pH which resulted in visible injury or significant deleterious effects was higher than that of simulated acid rain. Five possible factors are discussed as follows: (1) there are also organic acids and other weak acids that result in higher acidity in atmospheric acid rain than in simulated acid rain at same pH level. An additional experiment showed that acetic-simulated acid rain resulted in more severe deleterious effects on leaves of Metesequoia glyptostroboides than sulfuric or chloric acid simulated rain at a pH 2.0; (2) atmospheric acid rain contains sulphurous acid which is 30 times as phytotoxic as sulfuric acid to plants; (3) cumulative injurious effects of atmospheric acid rain over several years resulted in more severe deleterious effects on woody perennials than short periods of simulated acid rain over several weeks or months; (4) the combined effects of pollutants (SO_2, O_3, NO_x etc.) and acid rain on plant resulted in more seriously deleterious effects than simulated acid rain alone; (5) indirect effects which resulted from soil acidification result in plants being more seriously damaged and more sensitive to acid rain.

Acknowledgements: Authors wish to acknowledge the assistance for proper English usage in this paper provided by Mr. Joe Loh who is researching in our laboratory.

REFERENCES

Amthor, J. S. Environ. Pollution (series A), 1984, 36(1): 1 (Translated into Chinese by Shan Yunfeng)

Chang Yanyi *et al.*, China Environ. Sci., 1986, 6(1): 31

Chappelka III, A. H., Chevone, B. I. and Burk, T. E., Environ, and Experimental Botany, 1985, 25(3): 233

Feng Zongwei *et al.*, Atmosphere Environmental and Acid Rain, 1986, 2(3): 38

Ferenbaugh, R. W., Amer. J. Bot, 1976, 63 (3): 283

Galloway and Likens, Atmosphere Environment and Acid Rain, 1986, 1(2): 34 (Translated into Chinese by Zhao Dianwu)

Institute of Chongqing Environmental Science, Acid Rain, 1985, (3): 18

Irving, P. M., Environ. and Experimental Botany, 1985, 25(4): 327

John, J. A., Environ. and Experimental Botany, 1983, 23 (2): 167

Lee, J. J., and Wener, D. C., Forest Sci., 1979, 25 (3): 393

Liu Houtian *et al.*, Acta Scientiae Circumstantiae, 1988, 8 (3): 331

Mudd J. B. and Koozlowski, T. T. Response of Plants to Air Pollution, Academic Press, 1975

Raynal, D. J. Roman, J. R. and Eichenlans, W. M., Environ. and Experimental Botany, 1982, 22: 385

Wood, T. and Bormann, F. H., Environ. Pollu. 1974, 7: 259

模拟酸雨对七种森林植物生物量的影响

单运峰,冯宗炜

(中国科学院生态环境研究中心,北京)

陈楚莹

(中国科学院沈阳应用生态研究所)

The effects of simulated acid rain on biomass of seven species of forest plants

SHAN Yunfeng, FENG Zongwei

(Research Center for Eco-environmental Sciences, Academia Sinica, Beijing)

CHEN Chuying

(Shenyang Instituted of Applied Ecology, Academia Sinica)

  马尾松(*Pinus massonina* Lamb.)、杉木(*Cunninghamia lanceolata* (Lamb.) hook)、青冈(*Cyclobananopsis glauca* Thumb. Oeret)、油茶(*Camella oleifera* Abel)、木荷(*Schima superba* Gardn, et Ghamp.)、黄樟(*Cinnamomum porreotum* (Roxb) Kosterm)、火力楠(*Michelia macclurei*)属亚热带森林植物,在我国南方林业生产中占居十分重要的地位。为了探讨酸雨对植物生长和森林生产力的影响,1986年3月到12月期间于中国科学院湖南会同森林实验站对以上7种森林植物进行模拟酸雨的研究。

1 材料与方法

1.1 酸液的配制

  我国酸雨中氢离子的供体主要是硫酸和硝酸。本试验采用分析纯浓硫酸和硝酸配制成,将硫酸根离子和硝酸根离子比例为8∶1(摩尔浓度)的母液稀释为pH值4.5、3.0和2.0的酸液,以清水(pH值为6.63)作对照。采用日本产pH51型pH计测定pH值。7种植物种子分别采自湖南会同县和广西国营六万林场。

1.2 试测方法

  将种子消毒后于1986年3月13日播种于盆钵中。苗木出土前分别将不同浓度的酸液倒入喷水壶内,采用浇洒方法浇淋。每天8∶00开始浇淋,持续5min,降雨量为3.8mm/次。待苗木出土后,改用喷雾装置喷淋,8∶00开始,持续30min,降雨量为7.3mm/次。

1.3 生物量测定

  首先使苗木植株的根系与土壤分离,用清水将植株冲洗干净并凉干。将根、茎、叶称

原载于:生态学报,1989,9(3):274-276.

鲜重,取鲜样,然后置于70℃恒温下烘至恒重,求出根、茎、叶的含水率,将鲜重换称为干重,求出生物量。

1.4 叶面积测定

采用美制 Li-3000 型叶面积测定仪测定。

2 结果与分析

2.1 植物叶子伤害症状

当模拟酸雨 pH 值为 2.0 时,马尾松和杉木针叶出现红棕色坏死斑,随着降雨次数的增多,单株植物从底部针叶开始出现坏死斑,并逐渐向顶梢叶发展。单个针叶从叶尖开始坏死,并向叶基部发展。黄樟、青冈、火力楠和油茶叶片的叶缘和叶脉间产生土黄色坏死斑,坏死斑与绿色组织间产生黄绿色过渡带。当模拟酸雨的 pH 值大于或等于 3.0 时,7 种植物叶片未产生受害症状。叶片受伤害的模拟酸雨 pH 值临界点在 3.0 和 2.0 之间。

2.2 对植物生物量的影响

当 pH 值为 2.0 时,木荷、青冈根、茎、叶生物量,马尾松和黄樟根、叶生物量;杉木和火力楠根生物量受到显著影响,而对油茶根、茎、叶生物量;火力楠和杉木茎、叶生物;黄樟和马尾松茎生物量无显著负作用。根、茎、叶三大器官,以根受酸雨的伤害最严重,叶次之。茎以比叶小得多的表面积,比根系接触酸化环境少而受害最轻。以木荷、青冈、黄樟和马尾松对酸雨相对敏感,不宜在重酸雨区发展。火力楠和油茶对酸雨的抗性强,可作为绿化植物和经济林树种在酸雨区发展。当模拟酸雨 pH 值等于或大于 3.0 时,7 种森林植物生物量均未受到显著影响。

2.3 年龄不同的同种森林植物对酸雨的敏感性差异

当模拟酸雨的 pH 值为 2.0 时,1 年生火力楠根生物量比对照减少 52.3%,方差分析表明,酸雨的负作用显著(表 1)。而 2 年生火力楠主根和须根生物量比对照减少分别为 19.2 和 17.5%。方差分析表明,酸雨的影响不显著(表 2)。可见,1 年生根系对酸雨比 2 年生根系敏感,暗示幼龄植物比年龄较大的植物对酸雨敏感。

表 1 模拟酸雨对 7 种森林植物生物量的影响
Table 1 Effects of simulated acid rain on biomass of 7 species of forest plants

名称		对照 平均值(g)	对照 百分率(%)	pH4.5 平均值(g)	pH4.5 百分率(%)	pH3.0 平均值(g)	pH3.0 百分率(%)	pH2.0 平均值(g)	pH2.0 百分率(%)	差异显著性水平[①]
马尾松	根	0.104	100.0	0.118	113.5	0.107	102.9	0.040	38.5	$F = 10.127^{**} > F\,0.01$
	茎	0.133	100.0	0.120	90.2	0.137	103.0	0.084	63.2	$F = 0.386 < F\,0.10$
	叶	0.289	100.0	0.287	99.3	0.316	109.3	0.142	49.1	$F = 20.426^{**} > F\,0.01$
黄樟	根	1.230	100.0	1.417	115.2	1.137	92.4	0.216	17.6	$F = 2.810^{*} > F\,0.05$
	茎	0.613	100.0	0.500	81.6	0.572	93.3	0.200	22.6	$F = 2.140 < F\,0.10$
	叶	1.044	100.0	0.987	94.5	1.012	96.3	0.147	14.1	$F = 3.481^{*} > F\,0.05$
木荷	根	0.502	100.0	0.811	161.6	0.583	116.1	0.145	28.6	$F = 103.652^{**} > F\,0.01$
	茎	0.218	100.0	0.374	171.6	0.289	132.6	0.097	44.5	$F = 4.076^{**} > F\,0.01$
	叶	0.569	100.0	0.747	131.3	0.610	107.2	0.106	18.6	$F = 16.217^{**} > F\,0.01$

续表

名称		模拟酸雨处理								差异显著性水平①
		对照		pH4.5		pH3.0		pH2.0		
		平均值(g)	百分率(%)	平均值(g)	百分率(%)	平均值(g)	百分率(%)	平均值(g)	百分率(%)	
青冈	根	0.527	100.0	0.517	98.1	0.570	108.2	0.297	56.4	$F=14.001^{**}>F0.01$
	茎	0.284	100.0	0.310	109.2	0.320	112.7	0.243	85.6	$F=3.261^{*}>F0.05$
	叶	0.549	100.0	0.561	102.2	0.615	112.0	0.343	62.5	$F=12.498^{**}>F0.01$
杉木	根	0.873	100.0	0.722	82.7	1.002	114.8	0.342	39.2	$F=7.238^{**}>F0.01$
	茎	0.311	100.0	0.382	122.8	0.435	139.9	0.403	129.6	$F=0.600<F0.10$
	叶	0.988	100.0	1.100	111.3	1.305	132.1	0.718	72.7	$F=2.817^{*}>F0.05$
油茶	根	0.740	100.0	0.532	124.9	0.360	84.5	0.203	47.2	$F=2.275>F0.10$
	茎	0.356	100.0	0.350	98.3	0.454	127.5	0.349	98.0	$F=1.263<F0.10$
	叶	0.533	100.0	0.547	102.6	0.731	137.1	0.460	86.3	$F=2.110>F0.10$
火力楠	根	0.426	100.0	0.532	124.9	0.360	84.5	0.203	47.7	$F=3.348^{*}>F0.05$
	茎	0.208	100.0	0.229	110.1	0.237	113.9	0.164	78.8	$F=0.906<F0.10$
	叶	0.345	100.0	0.374	108.4	0.320	92.8	0.246	71.3	$F=0.636<F0.10$

① *和**分别表示危险率 α=0.05 和 α=0.01 水平上,差异显著

表2 模拟酸雨对2年生火力楠根系的影响(g)
Table 2 Effects of simulated acid rain on Two-old years saplings root system of *Michelia macclurei* Var. sublanea (g)

测定项目		模拟酸雨处理				差异显著性水平
		对照	pH4.5	pH3.0	pH2.0	
主根生物量	平均值	4.416	4.000	3.745	3.568	$F=0.583<F0.10(3.44)=2.82$
	百分率(%)	100.0	90.8	84.8	80.8	
须根生物量	平均值	7.355	8.722	8.036	6.071	$F=0.976<F0.10(3.44)=2.82$
	百分率(%)	100.0	118.6	109.3	82.5	

我国森林资源保护与合理利用的浅见

冯宗炜

(中国科学院生态环境研究中心)

摘要：针对我国森林资源的现状和发展趋势，分析森林资源下降的原因，提出按照生态经济学原则经营我国林业，树立保土安民、木材生产双重战略思想，指导我国林业建设。

1 现状和趋势

我国森林资源的形势十分严峻。最近根据第三次全国森林资源清查（1984—1988年）资料，我国现有森林面积 12465 万 hm^2，森林覆盖率为 12.98%，活立木总蓄积量 105.72 亿 m^3，森林蓄积量为 91.41 亿 m^3，人均不足 $10m^3$，仅为世界的人均量的 13%。据报道到 1981 年止全国共营造人工林 1.1 亿 hm^2，保存下来的面积为 2219 万 hm^2，但同期天然林分消耗约 2907 万 hm^2，森林资源面积的增长与消耗相比，入不抵出，出现赤字。

我国"五五"期间每年平均消耗蓄积量 2.94 亿 m^3，同期活立木年总生长量为 2.75 亿 m^3，其中林分蓄积年生长量 2.29 亿 m^3，林分年生长率 2.88%，每公顷生长量 2.4 m^3，全国年蓄积消耗量超过生长量 2000 万 m^3。特别需要指出的是，我国森林大多分布在山区或边远地区，可及率不到 1/3，因此造成已开发林区的集中过伐现象，再加上各地计划外的大量采伐，致使长期存在着消耗量超过生长量出现资源赤字。东北、西南和南方三大林区尤为惊人，据统计黑龙江省在"五五"期间森林资源年消耗量超过年生长量 54.7%，内蒙古超过 54.3%，云南超过 29.2%，四川超过 64.7%，湖南超过 38.5%。更重要的是，上述三大林区是我国主要河流的水源地，由于森林面积大为缩减，引起强烈的水土流失、泥石流和洪水泛滥等灾害。

20 世纪 70 年代末以后，我国森林资源锐减趋势十分明显，1987 年举世震惊的大兴安岭北部特大森林火灾是建国以来毁林面积最大，损失最重的一场大火，据林业部资源司航空调查结果，这场特大森林火灾过火有林地和疏林地面积达 114 万 hm^2，其中受害面积 87 万 hm^2，过火森林蓄积 8025 万 m^3，其中烧死 3960 万 m^3。这场火灾使大兴安岭北四局（塔河、阿木尔、图强和西林吉）的森林覆盖率已由 76.0% 降至 61.5%。从全国范围来看，随着人口增殖和经济发展等因素，供需矛盾突出，森林资源下降有加剧的势头。据预测，从现在起到今后若干年，我国森林覆盖率将以每 5 年减少 0.9% 的速度递减，本世纪末将降至 8% 左右，可采的成熟林资源将由现在的 26 亿 m^3 减为 12.48 亿 m^3，下降 51%。据最近第三次全国森林资源清查结果与上次（1977—1981 年）清查相比，森林面积增加 588 多万 hm^2，森林覆盖率提高了 0.98%，但是由于过量采伐和不合理消耗，用材林面积

原载于：农业现代研究，1989，10(5)：82-83.

* 本文曾于 1988 年 9 月 26 日在中国科协、1988 年学术年会上报告，现作部分修改发表.

却减少了 284.72 万 hm^2，现有用材林中成熟和过熟林蓄积量大幅度下降，7 年多时间消耗了原有量的 1/3，年均赤字采伐 1.7 亿 m^3。

人口增长、经济发展和科学技术进步，是影响木材消费的三大因素。本世纪末我国人口将超过 12 亿，据预测，2000 年时，若生产用材仍维持现在低水平消耗，则生产用材年需求量约 1 亿 m^3，折合森林资源蓄积消耗量为 1.49 亿 m^3；若生活用材，也维持目前的标准，则年需消耗 9750 万 m^3，折合森林资源蓄积消耗 1.5 亿 m^3，生活用材加上生产用材两项的年消耗量合森林资源蓄积消耗量约为 2.99 亿；若民用薪材仍按每年消耗森林蓄积 7000 万 m^3 计，则三项合计年消耗约 3.7 亿 m^3，而我国现在林分蓄积年生长量为 2.29 亿 m^3，即使根据这种低水平消耗估计，供需矛盾紧张将日益尖锐，形势非常严峻。更令人担心的是，大面积土地失去森林植被覆盖和保护，必将引起更为强烈的水土流失，风沙水旱等自然灾害，加剧生态破坏，恶性循环，后果将更加严重。

2 原因分析

我国森林资源锐减的原因是多方面的，除历史问题、国家建设与人民日益增长的需要等客观原因外，也有主观上的原因。

2.1 指导思想不清

长期以来领导部门未能认识到森林是一种生长周期长的再生性资源的特点的规律，把再生性的森林资源与非再生性的矿产资源等同看待，把林业生产与矿业采掘生产等同看待。把林业生产的采种、育苗、造林更新、抚育保护和木材及林产品利用的完整生产过程，割裂为互不相关的事业（营林）与企业（森工）两段，分而治之，只顾索取，忽视更新，以致采一片，少一片，使森林的面积，蓄积和覆盖率不断减少，林分质量明显下降。

2.2 林业政策方面的失误

对森林资源基本是不计林价，无偿采伐。国有林区采取高税利政策，而对森林资源锐减、产量下降、林区社会负担加重等实际情况认识不足，缺乏解决办法，加速了森林资源的衰竭过程，集体林区实行低价收购，实质上是盘剥林农的政策，调动不了群众营林的积极性。加之森林的权属未彻底清理和忽视森林的生态效益、社会效益，致使乱砍滥伐，重砍轻造，轻管护的偏向长期未能纠正，加剧了森林资源的下降。

2.3 生产上不按科学办事的现象比较普遍

在现有林的管理上，长期采用以完成木材采伐任务为目的的行政管理办法，没有形成一套科学的能永续利用的经营规程；在造林方面也没有形成一套科学合理的造林整体规划，造林后又轻管护，致使林分的稳定性差，病虫害严重，从而出现"四低"，即造林成活率低，保存率低，成林率低，成材率低的现象。

3 目标

我国的林业用地面积约 26743 万 hm^2，占国土面积的 28%，根据我国人口的增长，工农业生产发展对木材的需求和城乡环境保护的需要，将我国森林覆盖率达到 25% 作为长期的战略目标是比较适宜的，但这样一个目标是要经过数代人的坚持不懈努力才能实现。作为第一步，本世纪末的奋斗目标应是：调动各方面的积极性，大力营造各种人工速生丰产林，加速恢复采伐迹地更新，采育结合集约经营现有林，提高林木生长量，减少森林资源赤字，使森林面积由现在的 18 亿亩，增加到 24 亿亩，森林覆盖率提高到 16% 左右。

4 对策和措施

4.1 端正林业指导思想,改变旧观念,按照生态经济学原则经营我国林业,树立保土安民,木材生产双重战略思想,指导我国的林业建设

森林是一种宝贵的可再生性的资源,它具有经济、生态和社会多种效益。现代林业就是要通过人为的经营活动,使森林的多种效益能持续不断地发挥,要合理利用综合经营森林资源,即全面发挥它调节气候,涵养水源,保护环境、繁殖野生动物、提供木材和供人旅游休憩等诸方面作用,而不仅仅把注意力放在提供木材一个方面。在经营方法上要一改过去靠天恩赐、粗放经营为科学管理,集约经营,利用各种现代科学技术,做到良种壮苗、合理整地及时抚育、灌水施肥、控制病虫、合理采运和综合利用,以达到速生、优质、丰产和永续利用的目的。

4.2 改革林业生产管理体制,调整林业经济政策

首先要彻底改变营林与森工分割管理体制,建立以永续利用为原则,营林与森工并重的完整林业生产管理体制。要改变现有林区,特别是国有林区的高税利政策,增加林区基本建设的财政投入,制定现有林区免交利润或减税的政策和扶植林业发展的优惠政策。

4.3 建立林价制度,调整木材价格

森林资源的培育,是林木商品生产过程,林价是林木价值的货币表现。为顺应商品生产规律的要求,急需建立我国的林价制度。要调整木材价格,扩大材种差价,南方集体林区要减少木材流通过程中间环节的多种费用,使群众真正得到实惠,以利于调动群众造林,营林的积极性。

4.4 继续放宽政策,调动各方面造林积极性,建设速生丰产商品用材林基地

要进一步放宽政策,大林区也要开放,打破林业部门独家经营的闭关自守局面,鼓励用材部门,如煤炭、铁路、交通、造纸、建筑等部门营造专用林,抚顺煤矿营造的速生丰产矿柱林,就是一个成功的例证。可自营,也可联营,土地归国有,实行谁用谁造,谁管护,谁所有的政策。还可吸收外资,引进先进技术,进行中外合作造林。

4.5 发展木材综合利用,节约资源,增加木材产品

发展木材综合利用,包括废木利用、木材代用、一木多用等等,是缓解我国木材供需矛盾的一个重要途径,要大力提倡。目前我国"三板"(胶合板、纤维板、刨花板)的年产量已达280多万 m^3,除胶合板外,利用木材采伐和加工剩余物及废弃物而生产的纤维板和刨花板,年产达200万 m^3。按 $2.5 m^3$ 资源出一原木,$1 m^3$ 原木出 70% 板材计算,仅纤维板和刨花板两项,就可节约森林资源 700 多万 m^3。我国木材综合利用水平还低,增加木材产品的潜力还很大。

4.6 加强林业科学研究,依靠科技进步,加速发展森林资源

特别要重视林业建设宏观战略决策研究,建立森林资源信息库和动态监测系统,应用生态经济学原则研究不同地区的生态林业模式,研究短轮伐期和超短轮伐期人工速生丰产林的营林技术,利用生态系统各组分相生相克原理研究森林病虫害生物防治,加强林业生物工程研究,培育高产抗逆优良品种等等,依靠科学技术进步,以适应现代林业的要求。

4.7　改革林业教育,培养新一代林业专门人才

现代林业要求林业院校培养的学生,不仅要掌握林学基础知识,营林技术和林业工程技术,还要掌握较高的数理化和生物、生态科学以及经济、法律等社会科学方面的知识。为此,林业院校要增设这方面的课程,以开阔学生的视野,同时毕业前要有一年的时间下工厂、下林区、下农村对口实习,培养锻炼学生的实际工作能力,以适应未来的需要。

参考文献:

〔1〕冯宗炜. 森林对改善生态环境的重要作用. 中国林业,1987.(5).
〔2〕国务院大兴安岭林区恢复生产重建家园领导小组专家组. 大兴安岭特大森林火灾对林区资源和生态环境影响的考察报告. 中国林业出版社,1987.

Relative sensitivities of woody plants to acid deposition in south areas of China

FENG Zongwei, SHAN Yunfeng

(*Research Center for Eco-Environmental Sciences, Academia Sinica, Beijing* 100085, *China*)

Abstract: Relative sensitivities of 30 species of common woody plants to simulated acid rain with pH values of 2.0, 2.5, 3.0, 3.5, 4.5 and control were studied. The results showed that 6 species of these plants were sensitive to simulated acid rain. The moderate included 18 species. The resistant included 6. Relative sensitivities to ambient acid rain and air pollutants and visible injury degree of 30 species of common woody plants in Chongqing City were investigated. Results showed that 6 species with foliage lesion rate at above 10 percent were sensitive, that 6 species with no lesion were resistant and that other 18 species with lesion at 10 percent below were moderate. Other 7 cities (Guiyang, Zunyi, Duyun, Changsha, Zhuzhou, Liuzhou and Guilin City) were also investigated and results were consistent with those of Chongqing City. The experimental and investigated results showed relative sensitivities and visible injury degree of woody plants to simulated acid rain were consistent with those of the woody plants to ambient acid rain or air pollutants. The sensitive plants may be used as bioindicators to acid rain or air pollutants. The resistant species can be introduced to acid rain and air pollution areas to substitute damaged sensitive plants in order to improve environment.

Key words: relative sensitivity; acid rain; woody plant

1 Study areas

The study area located in South China, including Sichuan, Guizhou, Hunan Province and Guangxi Zhuang Autonomous Region (Fig. 1). These areas are the most severe regions of acid rain, SO_2 pollution in China.

2 Materials and methods

Year-old seedlings of 30 species of woody plants were planted in experiment plots at the Gele Shan Nursery of Chongqing Forestry Institute.

Simulated acid rain solution with 6.6 (control), 4.5, 3.5, 3.0, 2.5, 2.0 were prepared by diluting a mixture of reagent grade sulfuric acid and nitric acid in a 8:1 ratio (by mol con-centration) with distilled water. Except rainy days, from August to November 1987 and from April to November 1988, simulated rain was applied to all the experimental plants by spraying upward through a spraying system manufactured from acid proof material for 5 minutes per day.

Determination of biomass at the end of the growing season, biomass of control and treated

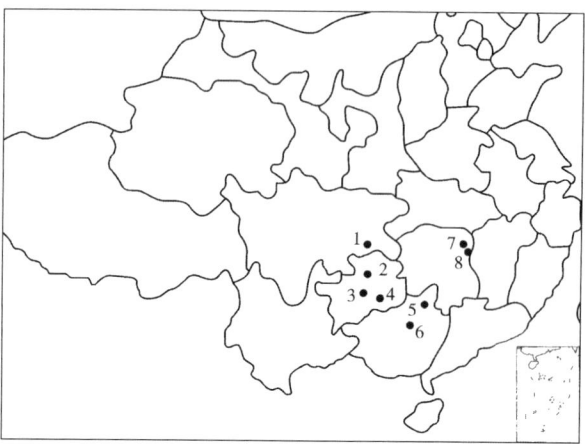

Fig. 1 Map of study areas
1. Chongqing 2. Zunyi 3. Guiyang 4. Duyun
5. Liuzhou 6. Guilin 7. Changsha 8. Zhuzhou

plant was measured to determine if acid rain treatment had any effect on plant productivity. The roots, stems and foliage of plants were collected, weighed, then oven-dried at 70℃, and weighed again. The ratio of water weight for each plant part was measured, then the dry weight of plant parts could be calculated.

Determination of leaf lesion rate leaves of plant were collected, separated leaf lesion from green tissue, oven-dried at 70℃, and weighed. Leaf lesion rates were calculated by means of formula as follows:

$$r(\%) = \frac{Lls}{Lls + Lgr} \times 100$$

where r is leaf lesion rate, Lls is leaf lesion dry weight, Lgr is green leaf tissue dry weight.

Dark respiration and net photosynthetic rate were measured by a QGD-07 model portable infra-red CO_2 analyser made in Beijing Analytical Instrument Manufacturer. Cycle and open air pipe was used. Black paper and plastic film were used to shad light. Artificial light density was 20000 lux ($mmol \cdot m^{-2} \cdot s^{-1}$). Air temperature in leaf chambers was controlled by water bath.

3 Results and discussion

3.1 Relative sensitivities of woody plants to simulated acid rain

Relative sensitivities of 30 species of woody plants to simulated acid rain were divided into three groups based on leaf lesion rate, threshold values of simulated acid rain pH and number of exposure to simulated acid rain in that leaf visible injury symptom first appeared (Table 1). The sensitive species exhibited a trend toward higher leaf lesion rates and acid rain threshold values, lower numbers of exposure to acid rain than moderate and resistant species.

3.2 Relative sensitivities of root, stem and leaf to simulated acid rain

According to relative sensitivities of 30 species of woody plants to simulated acid rain above, authors selected S. superba as sensitive species, P. massoniana, C. lanceolata and C. glauca as moderate species, and C. oleifera and M. macclurei as resistant species and measured biomass of these species for comparing the relative sensitivities of root, stem and leaf to simulated acid rain. The results showed root biomass of P. massoniana, S. superba, C. lanceolata and M. macclurei were significantly reduced (F-test) by simulated acid rain at pH 2.0 except C. oleifera. Simulated acid rain had no significant effects on stem biomass of P. massoniana, C. lanceolata, C. oleifera and M. macclurei, but significant effects on C. glauca and S. superba. Leaf biomass of P. massontana, S. superba, C. glauca, and C. lanceolata were significantly reduced (F-test) by simulated acid rain at pH 2.0, but exhibited no significant effects on that of M. macclurei and C. oleifera (Table 2).

It was found that root was more sensitive than leaf and then leaf was more sensitive than stem based on measure of changes of their biomass.

According to biomass determination in root, stem and leaf, relative sensitivities of 6 species of woody plants were ordered as follows:

In root: S. superba > P. massoniana > C. glauca > C. lanceolata > M. macclurei > C. oleifera.

In stem: S. superba > C. glauca > P. massoniana > M. macclurei > C, oleifera > C. lanceolata.

In leaf: S. superba > P. massoniana > C. lanceolata > C. glauca > M. macclurei > C. oleifera.

As mentioned above, relative sensitive order of the 6 species to simulated acid rain in leaf biomass was consistent with that root biomass, but not consistent with that in stem biomass.

3.3 The effect of acid rain on photosynthesis and respiration

P. massoniana and C. lanceolata were selected to study physiological responses to acid rain since they are two of the major commercial coniferous species in South China. The experimental results showed that net photosynthetic rate of P. massoniana decreased with acidity increase but did not decrease in that of C. lanceolata. Analysis of variance indicated no significant effects of acid rian (Table 3). Dark respiration rates of two species were increased significantly at pH 2.0 (Table 4). Ferenbaugh (1976) reported simulated acid rain increased the respiration rate of Phaseolus vulgaris L. Therefore, respiration rate increases by acid rain may be a general pattern. So that dark respiration was more sensitive than net photosynthesis to simulated acid rain (Table 3 and Table 4).

3.4 Relative sensitivities of 30 species of woody plants to ambient acid rain and air pollutants

Table 5 shows status of ambient acid rain and air pollution in investigated areas. It is clear that acid rain and SO_2 were the two main pollutants in the study areas.

In combination with simulated acid rain experiment, investigation on damaged status of ambient acid rain and air pollutants to woody plants and their relative sensitivities was Performed in some cities in South China, including Chongqing, Guiyang, Zunyi, Duyun, Changsha, Zhuzhou, Liuzhou and Guilin. Leaf lesion rate and frequency of leaf visible injury

Table 1 Relative sensitivities of 30 species of woody plants to simulated acid rain

	Plant species	Leaf lesion rate <1	1—5	6—10	11—20	Threshold of rain pH 2.0	2.5	3.0	3.5	Number of exposure <5	5—10	11—20	21—30	>31
	Schima superba				+				+	+				
	Pheobe bournei				+				+	+				
S	Metasequoia glyptostroboides				+				+	+				
	Platanus acerifolia				+				+	+				
	Sassafras tzumu				+				+	+				
	Erythrina indica		+						+	+				
	Toona sinensis				+			+		+				
	Ligustrum lucidum				+			+		+				
	Cyclobalanopsis glauca				+			+		+				
	Cryptomeria fortunei				+			+		+				
	Camptotheca acuminata				+			+		+				
	Melia azedarach				+			+		+				
	Cupressus duclouxiana				+			+		+				
	Platycadus orientalis				+					+				
	Phyllostachys pubescens				+			+		+				
M	Cinnamomum wilsonii			+				+			+			
	Cunninghamia lanceolata			+				+			+			
	Paulownia tomentosa			+				+			+			
	Pinus massoniana			+				+			+			
	Broussonetia papyrifera		+					+		+				
	Liriodendron chinense		+					+		+				
	Cinnamomum camphora		+					+			+			
	Aleurites montana		+					+			+			
	Salix babylonica		+					+			+			
	Michelia macclurei		+				+						+	
	Castanopsis sclerophylla	+					+					+		
	Citrus reticulata	+					+						+	
R	Osmanthus fragrans	+					+						+	
	Nerium indicum	+					+						+	
	Camellia oleifera	+				+	+						+	

S: sensitive; M: moderate; R: resistant

Table 2 Effects of simulated acid rain on biomass (g) of 6 species

Plant species		Simulated acid rain				Significant level
		control	pH 4.5	pH 3.0	pH 2.0	
S. superba	root	0.502	0.811	0.583	0.145	$F = 103.652^{**}$
	stem	0.218	0.374	0.289	0.097	$F = 4.076^{**}$
	leaf	0.569	0.747	0.610	0.106	$F = 16.217^{**}$
C. glauca	root	0.527	0.517	0.570	0.297	$F = 14.011^{**}$
	stem	0.284	0.310	0.320	0.243	$F = 3.261^{*}$
	leaf	0.549	0.651	0.615	0.343	$F = 12.498^{**}$
P. massoniana	root	0.104	0.118	0.107	0.040	$F = 10.127^{**}$
	stem	0.133	0.120	0.137	0.084	$F = 0.386$
	leaf	0.238	0.286	0.316	0.143	$F = 20.426^{**}$
C. lanceolata	root	0.873	0.722	1.002	0.342	$F = 7.238$
	stem	0.311	0.382	0.435	0.403	$F = 0.600$
	leaf	0.988	1.100	1.305	0.718	$F = 2.817^{*}$
C. oleifera	root	0.740	0.530	0.360	0.203	$F = 2.275$
	stem	0.356	0.350	0.454	0.349	$F = 1.262$
	leaf	0.533	0.547	0.731	0.460	$F = 2.110$
M. macclurei	root	0.426	0.532	0.360	0.203	$F = 3.348^{*}$
	stem	0.208	0.229	0.237	0.164	$F = 0.906$
	leaf	0.345	0.374	0.320	0.246	$F = 0.636$

* significant at $P < 0.05$; ** significant at $P < 0.01$

Table 3 The effect of simulated acid rain on photosynthetic rate (CO_2 mg/g leaf dry weight · h)

Plant species	Acid rain treatment				Significant level	
	CK	pH 4.5	pH 3.0	pH 2.0	F value	P
P. massoniana	8.577	8.123	7.930	5.796	2.19	—
C. lanceolata	10.230	10.387	11.609	10.316	0.05	—

Table 4 The effect of simulated acid rain on dark respiration rate
(CO_2 mg/g leaf dry weight · h)

Plant species	Acid rain treatment				Significant level	
	CK	pH 4.5	pH 3.0	pH 2.0	F value	P
P. massoniana	1.094	1.143	0.910	1.697	4.09	0.05
C. lanceolata	1.518	1.370	1.728	2.047	3.21	0.05

were used as index of relative sensitivity:

$$r(\%) = \frac{Lls}{Lls + Lgr} \quad \text{and} \quad f(\%) = \frac{n}{N}$$

where f is frequency of visible injury, n is number of city where visible injury of the plant leaf appeared, N is number of city investigated.

Table 5 Status of ambient acid rain and air pollution

Areas	Rain pH	SO$_2$	NO$_2$ (mg/m^3)	tsp	Year
Chongqing	4.09	0.51	0.08	0.64	1985
Guiyang	4.30	0.403	0.04	0.83	1985
Zunyi	4.30	0.193	0.02	—	1985
Duyun	4.80	—	—	—	1985
Changsha	5.27	0.13	0.10	0.30	1983
Zhuzhou	—	0.17	—	0.14	1981
Luizhou	4.38 (1985)	0.194	0.017	—	1982
Guilin	4.83	0.15	0.026	0.478	1981

It is clear that the sensitive species exhibited a trend toward higher leaf lesion rate and friquency of leaf visible injury than moderate and resistant species (Table 6).

Table 6 Relative sensitivities of 30 species of woodyplants to ambient acid rain and air pollutants

Relative sensitivity	Plant species	r,% 0	1—5	6—10	11—17	>17	F,% 0	1—25	26—50	51—80	>80
S	Metasequoia glyptostroboides				+						+
	Robina pseudoacacia				+						+
	Ormosia hosiei				+						+
	Taxodium ascendens		+								+
	Platanus acerxfolia		+								+
	Eucalyptus robusta		+								+
M	Cinnamomum platyphyllum		+								+
	Liqustrum lucidum		+								+
	Gleditsia sinensis		+								+
	Melia toosendan		+								+
	Eriobtrya japonica		+								+
	Sassafras tzumu		+								+
	Pinus massoniana	+									+
	Cunninghamia lanceolata		+							+	
	Pinus taeda		+							+	
	Cinnamomum japonicum		+							+	
	Paulownia tomentosa		+							+	
	Cryphomeria fortunei		+							+	
	Cedrus deadara									+	
	Cinnmomum camphora		+							+	
	Broussonetia papyrifera		+							+	
	Taxus chinensis									+	
	Erythrina indica		+								+
	Camptotheca acuminata	+							+		
R	Nerium indicum	+					+				
	Osmanthus fragrans	+						+			
	Citrus reticulata	+						+			
	Camellia oleifera	+						+			
	Cupressus funebris	+						+			
	Magnolia grandiflora	+						+			

Note: S, M, R are the same as to Table 1

Comparing Table 1 with Table 6, relative sensitivities of woody plants to ambient acid rain and air pollutants were almost consistent with those to simulated acid rain.

The sensitive plants such as S. *superba*, M. *glyptostoboides*, R. *pseudoacacia*, O. *hosiei*, T. *ascendens*, P. *accrtfolia* and E. *robusta*, may be used as bioindicators to acid deposition. The resistant plants such as C. *oleifera*, O. *fragrans*, C. *scleropkylla*, N. *indicum*, C. *reticulata*, C. *funebris* and M. *grandiflora* may be introduced to acid deposition area to substitute for damaged sensitive species in order to improve environment.

REFERENCES:

[1] Feng Zongwei, Atomsphere Environmental and Acid Rain, 1986, 2(3): 38.
[2] Feng Zongwei, Environmental Sciences, 1988, 9(5): 30.
[3] Ferenbaugh, R. W., Amer. J. Bot., 1976, 63(3): 283.
[4] Irving, P. M., Environmental and Experimental Botany, 1985, 25(4): 327.
[5] Shan Yunfeng and Feng Zongwei, Acta Scientiae Circumstantiae, 1988, 8 (3): 307.
[6] Shan Yunfeng, Feng Zongwei and Chen Chuying, Acta Ecologica Sinica, 1989, 9 (3): 274.
[7] Shan Yunfeng and Feng Zongwei, Journal of Environmental Sciences (China), 1989, 1 (2): 54.
[8] Shan Yunfeng and Feng Zongwei, Acid Rain and Agriculture, 1989: 174.
[8] Smith, W. H., Air Pollution and Forests, Springer-Verlag Press, 1981

农林业系统结构和功能
——黄淮海平原豫北地区研究

冯宗炜,王效科,吴 刚,刘国华

内容提要:这是一本介绍农林业系统的专著。作者在试验考察基础上,从生物学、生态学、经济学的高度,对黄淮海平原豫北地区的农林业系统的结构特征、生物量和生产力、能量流、物质流、价值流以及土地利用状况进行了较深入的研究,给该地区的农林业发展提供了理论依据,也可供从事农业、林业工作的科技人员参考。

目次

前言
第一章 黄淮海平原豫北地区自然条件和农业、林业生产概况
 一 自然条件
 二 农业和林业生产概况
第二章 黄淮海平原豫北地区农林业系统的分类
 一 现有的农林业系统的分类方法和原则
 二 农林业系统的结构分类法
 三 豫北平原地区农林业系统的特征和现状
 四 小结
第三章 河南封丘农林业系统试验地的自然条件和研究内容
 一 研究地点基本自然概况
 二 主要研究内容
第四章 农林业系统的结构特征
 一 农田防护林的结构特征
 二 桐粮间作的结构特征
 三 果粮间作的结构特征
 四 3种农林业系统的结构特征比较
 五 小结
第五章 农林业系统的生物量和生产力
 一 农林业系统中林木生长状况
 二 农林业系统中林木的生物量和生产力
 三 农林业系统中农作物的生物量和生产力
 四 农林业系统的生物量和生产力
 五 农林业系统与农田系统、林地系统和果园系统的生物量和生产力比较

 六 农林业系统的归还状况
 七 农林业系统的输出状况
 八 农林业系统与农田、林地和果园系统的物质归还和输出状况比较
 九 小结
第六章 农林业系统的能量流
 一 农林业系统的分室模型
 二 能量流的计算分析方法
 三 农林业系统能量的投入状况
 四 农林业系统能量的利用状况
 五 农林业系统能量的贮存状况
 六 农林业系统能量的归还状况
 七 农林业系统能量的输出状况
 八 农林业系统能量的投入输出效率
 九 农林业系统能量流与农田、林地和果园系统的比较
 十 小结
第七章 农林业系统的物质流
 一 物质流计算分析方法
 二 农林业系统物质的投入状况
 三 农林业系统物质的吸收状况
 四 农林业系统物质的贮存状况
 五 农林业系统物质的归还状况
 六 农林业系统物质的输出状况
 七 农林业系统物质的投入输出效率
 八 农林业系统的物质流与农田、林地和果园系统的比较

原版于:中国科学技术出版社,北京,1992年10月.

九　小结
第八章　农林业系统的价值流
　　一　价值流的计算分析方法
　　二　农林业系统价值的投入状况
　　三　农林业系统价值的增加状况
　　四　农林业系统价值的贮存状况
　　五　农林业系统价值的归还状况
　　六　农林业系统价值的输出状况
　　七　农林业系统价值的投入输出效率
　　八　农林业系统与农田、林地和果园系统的价值流比较
　　九　小结
第九章　农林业系统的土地利用状况
　　一　土地利用状况的表示方法和计算
　　二　小结
第十章　农林业系统的动态分析
　　一　动态模型的建立
　　二　林木生长状况的模拟
　　三　农林业系统的生物量和生产力的模拟
　　四　农林业系统的能量流模拟
　　七　农林业系统与农田、林地和果园系统的动态模拟结果比较
　　八　小结
第十一章　农林业系统的综合效益分析
　　一　综合效益评价方法
　　二　农林业系统的综合效益
　　三　农林业系统的综合效益与农田、林地和果园系统比较
　　四　小结
第十二章　黄淮海平原豫北地区农林业发展展望
　　一　豫北平原地区发展农林业生产的必要性
　　二　农林业发展的现存问题
　　三　现有农田区的农林业建设
　　四　农林业建设在沙荒地、沼泽地和盐碱地改良中的作用

前言

在我国广大的农村,无论是南方、北方、山区或平原,人口的急剧增长,带来了一系列供需矛盾和生态、经济问题,诸如粮食不足,能源紧张,土地退化,劳动力过剩,人均收入低下等等,严重影响农村社会经济建设的持续发展。现实使大家认识到,依靠传统的单一的农业或林业生产经营方式,已无法满足人们日益增长的物质和文化生活的需要。许多生态学家、农学家和林学家都在寻求新的农业、林业生产方式,旨在为广大农村摆脱贫困,使农业和林业生产得以持续发展。

国际上,在 20 世纪 70 年代有关的农林刊物上出现过"树作农业"(tree-crop agriculture)。所谓树作农业就是在农业结构中渗入林业成分,把林业看成农业的一个组成部分,将农业经营和林业经营结合起来,在同一块土地上获得农产品和林产品。近 10 年来,在这方面又有了新的进展,出现了农林业系统(agroforestry system)的研究热潮。1982 年国际农林业研究委员会(ICRAF)对农林业系统的概念作了如下的定义:"农林业系统是通过空间和时间布局安排,将多年生木本植物精心地用于农作物和(或)家畜所利用的土地经营单元内,使其形成各组分间在生态上和经济上具有相互作用的土地利用系统和技术系统的集合"。1986 年费尔南笛斯(Fernandes)和耐尔(Nair)又对上述定义作了四点补充解释:(1)农林业系统中通常包括两种以上的植物(或植物和动物),其中至少有一种植物是多年生木本植物(乔木、灌木、棕榈、竹子等);(2)一种农林业系统总是有两种以上的产品输出;(3)一个农林业系统的循环周期总是在 1 年以上;(4)从生态(系统的结构和功能)和经济方面看,即是最简单的农林业系统也比单一种植的作物系统要复杂。近年来农林业系统在第三世界一些国家推行,取得了良好的结果。如印度尼西亚爪洼岛的农林业计划,1981—1985 年间,通过实行农林间作,发展薪炭林和养蜂业,实行林牧结合,成林下种药材等,使环境得到改善,农民收入增加;在尼泊尔的格耐斯尔鲍得(Gnesselbod)林区为制止毁林开荒和恢复森林生产力的农林业计划,则是通过开发利用当地的多用途树种建立的各种类型的农林业系统,为农民提供多种生活必需品,从而减轻了对森林的破坏和水土流失,又如西非撒哈拉南部的奥克斯发姆(Oxfam)农林业计划,从改善生态环境和提高土地利用率出发,以村为单位开展农林业建设,1981 年在 6 个村建设,1982 年扩展到 15 个村,1984 年又扩展到 120 个村,该项计划使当地水土流失得以控制,农业产量取得增长。其他如印度的古吉拉特计划,泰国东北部的多样化森林恢复计划,哥斯达黎加的多目标农林业计划等等,也都取得了类似的效果。

应当指出,"农林业系统"这一名词虽然在 1978 年以后才在文献中出现,但这方面的生产实践和研究在我国有着悠久的历史,其实农林业系统就是人们在长期的生产实践中,在认识自然生态系统的基础上,模拟自然生态系统而建立起来的有明确生产目标的农林结合的人工生态系统。享有盛名的我国珠江三角洲的"桑基鱼塘",太湖流域的"桑田鱼塘"即是最突出的例证。我国是一个多山的国家,长期以来,南方山地群众在经营杉木林的实践中就有着一套完整的农林间(轮)作的经验。皖南山区有一首民谣:"单种树木不合算,混种桐粮一举干,秋收玉米和桐籽,树木长得赛旗杆",生动的表达了农林业系统的好处。

近年来,我国生态农业、生态林业有了很大的发展,特别是随着黄淮海平原大规模的中低产田综合治理和防护林体系的建设,出现了多种多样的农林业系统类型,为提高光、热、水、土资源利用率,改善生态环境,增加系统生产力和农村经济活力,开辟了广阔的途径。但是,迄今为止,把农林业系统作为一个复杂的人工生态系统,深入研究其结构和功能特点,对它的生态效益、社会效益和经济效益进行科学的定量分析和评价,这方面的研究文献和著作尚不多。有鉴于此,在参加黄淮海平原中低产田综合治理和开发之际,对豫北地区的农林业系统作了面上调查,并选择封丘县境的一些典型类型进行了定位观测研究。这本小册子就是在上述地区,通过对农林业系统的类型分类,典型类型的生物量、生产力以及能量流、物质流、价值流和综合效益进行静态和动态模拟分析,并将农林业系统与当地的农业、林业系统进行比较所获得的大量数据和资料的基础上写成的。由于研究时间所限,应该说这仅是抛砖引玉之举,不当之处,在所难免,敬请读者批评指正。

最后必须提出的是,此项研究得到中国科学院封丘农业生态实验站的资助,野外工作期间得到站上领导和同志们的大力协作,写作过程中又得到站上的领导的鼓励和支持,在本书的完成过程中,研究室的各位老师和同志也给予了很大的帮助,在此一并致以衷心的感谢。

作者
于北京中国科学院生态环境研究中心
1991 年 12 月

第一章 黄淮海平原豫北地区自然条件和农业、林业生产概况

豫北平原地区位于黄淮海平原中部、地处河南省黄河以北,包括新乡和安阳两个地区的平原部分,面积近 2 万 km^2,占河南省全省总面积的 11.3%,耕地面积 116.667 万 hm^2(750 万亩),占全省耕地的 17% 左右,是河南省重要的粮棉油生产基地,也是河南省经济发展较快的地区。

一 自然条件

豫北平原大体呈菱形,西北边为太行山,南边和东南边濒临黄河,北边与河北省接壤。从地形上可分为 3 个地理类型区:(1)太行山前冲积平原区(卫河和古阳河以西):北片小地形起伏明显,有一些残丘和岗间洼地,岗洼的面积都较大;南片除几片低洼地和两个低平岭地外,地形较为平坦,是良好的农业耕作区;(2)沙性黄河冲积平原(卫河和古阳河以东):包括了豫北平原的一半以上面积,受历代黄河的变迁影响特别大,沙地、沙丘多,沙壤土和淤土交错分布,地势低平,排水不畅,盐碱地和低洼地较多;(3)沿黄背河洼地和河滩区:此区有 3 种类型的地形,一为受黄河侧渗影响大,地下水位高,土壤盐渍化严重;二是间有沙丘,地面不平,受河流冲蚀,常有崩塌发生;三是较平坦的滩地,多为不固定的农田。地形的差异也造成了每一类型区的农业林业生产方式和发展水平有着明显差异。

豫北平原土壤类型多种多样,总的说来,平坦地多为发育在黄河冲积物上的两合土,土壤有机质含量比较高,土壤结构好,肥力较高;洼地多为淤土、沙壤土和盐渍土,土壤发育较晚,作物生长发育不好。该地区的耕地中,还有沙地 17.333 万 hm^2(260 万亩),盐碱地 12.333 万 hm^2(185 万亩),低洼易涝地 26.667 万 hm^2(40 万亩)。长期以来,由于没有足够的人力、物力、财力和技术力量,难以对这些土地进行开发利用和改良,严重地影响到这些地方农业、林业生产潜力的发挥。从土地资源看,土地利用率比较低,如新乡地区有平原面积 2216 km^2,其中耕地面积为 1313 km^2,土地利用率为 50%。黄河滩区的土地利用率更低,只有 4%。由此可见,豫北平原地区土地开发潜力相当大。如果有效地组织人力、物力和财力,采用适当的技术措施,如盐碱土改良,农业、林业和多种经营并举,可望使该区农业从单产和总产两方面都得以提高。

豫北平原属暖温带大陆性季风气候,主要气候特征是:四季分明,雨热同季,气象灾害频繁。四季气候特点可概括为:春季干旱风沙多,夏季炎热雨充沛,秋高气爽季节短,冬季干旱雨雪稀。该地区年平均气温约 14℃ 左右,西部年平均气温比东部高。年极端最高气温可达 42℃ 以上,绝大部分出现在 6 月下旬;年极端最低气温在 −16.7—−21.3℃ 之间,多出现在 1 月份。气温季节变化明显,1 月平均气温 1—10℃,7 月平均气温 27.1—27.5℃,4 月和 10 月平均气温 14.6—15.4℃。气温的日较差也比较大,平均 11℃ 左右,并随海拔高度的递增从东向西逐渐增大。年平均无霜期为 208—222d。≥10℃ 的

平均积温为4649.7℃,年平均太阳辐射(110.30—119.09)×4.184kJ,年平均光合有效辐射(54.00—58.33)×4.184kJ,年平均日照时数为2293.7—2504.8h。

豫北平原年降水量平均在550—640mm,丰水年和平水年差别很大,相对变率达20%—26%,降水季节变异也很大,夏季降水占全年降水的60%—70%。降水在地区分布上,南部比北部多,西部比东部多,全地区平均降水日数70—90d,连续降水日多出现在9月至11月,一般是9—10d,对三秋不利。

豫北平原自然灾害比较频繁,主要有旱灾、风沙、干热风、冰雹和霜冻等,并且旱涝交替,一年连续不降水日数可达70—95d,多出现在冬末夏初,据统计:新乡在近500年间,大旱平均13年1次。风沙多出现在冬春季节,平原风速大于山区,风速大于16m/s的大风日数15—25d,干热风平均2年1次,频繁的自然灾害常导致该地区农业、林业生产不稳定。

豫北平原分属于海河流域和黄河流域的一部分,按水资源特点和利用方式可将该地区分为2区:(1)水源充沛的平原区,有较丰富的地下水,黄河和其他河渠的侧渗补给量大,但有些地方易出现盐渍化,应该注意排灌结合;(2)水分富集的沿黄背河洼地区,地下水资源相当丰富,但分配不均,低洼地可以种植水稻,高岗地常常由于土壤保水能力差,而使农作物受旱。

总之,从自然环境看,该区热量和光照资源丰富,降水比较充沛,并且,雨热同季,大部分地区水资源丰富,有利于农作物和林木的生长发育,为该地区农业、林业发展提供了良好的自然条件。但是,另一方面,降水年际变化和季节变化比较大,易形成旱涝灾害,加上风沙、冰雹和霜冻等气象灾害比较频繁,也限制了该区农业、林业生产潜力的发挥,使农业和林业发展很不稳定。如果我们能够采用有效的生产方式和措施,如建设农田防护林体系,搞好农田基本建设等,都会帮助该区农业和林业走上持续高效的发展道路。此外,本地区尚有较大面积未开垦的沙荒地、盐碱地和低洼地,也为该地区农业、林业生产的发展提供了巨大的潜力。因此,采用有效的技术措施,开发尚未开垦的土地,改良中低产田,是该区经济持续稳定发展的前提。

二 农业和林业生产概况

农业是豫北平原地区的主要产业部门,约有80%—90%的劳动力从事农业生产,因而该区农业的发展对该区整个国民经济的发展至关重要,与河南省其他农业区相比,该地区的农业总的水平较高,发展速度也较快。

1 农业生产结构单一

种植业是本地区农业的第一大部门,种植业产值占整个农业产值的70%以上。粮食生产在该地区国民经济中占有举足轻重的地位。主要粮食作物有小麦、玉米、谷子、水稻、红薯和大豆等。同时本地区又是河南省重要的棉油生产基地,棉花、油菜、花生等经济作物生产也很发达。但是,农业以种植业为主的单一结构,也限制了农业生产的持续发展,特别是本区自然条件对农业发展有利也有弊,要提高光热水土资源的利用率,增加农民收入,就必须针对不同的土地类型,发展多样化的农业和林业生产方式,促进地区经济全面发展。

2 农业产量低而不稳,发展潜力很大

本地区由于自然灾害频繁,土壤多为沙性,粮食产量低而不稳。粮食平均单产只有200kg左右。目前尚有不少沙荒地、沼泽地和盐碱地未开发利用,因此农业生产潜力有待开发。采用有效措施,解决农业产量低而不稳的局面,开垦未利用的土地资源,应该是本地区农业和林业发展的主要任务。

3 林业生产发展缓慢

本地区林业生产底子薄,经过几十年的发展,人均林地面积仍低于河南全省平均水平。林业产值占整个农业产值的1%—2%,林地面积也相当有限,以新乡地区1985年为例,林地占全区土地面积的21%,森林覆盖率为13.4%,其包括西部山区和丘陵区,平原地区的远比该值小,并且林木多栽种在沙荒地、沼泽地,人为管理不善,林木生长发育不良,因而造成薪材、木材十分短缺。

近一二十年来,随着黄淮海平原中低产田综合治理和农田防护林体系的建设,出现了大面积农田防护林和以桐粮间作为主的农林业系统。农田防护林、桐粮间作和果粮间作等农林业形式在本地木材和薪材生产中占有重要地位。如前所述,豫北平原地区自然灾害频繁,森林覆盖率低,生态环境脆弱,农业产量低而不稳,农村燃料缺乏。农田防护林和桐粮间作、果粮间作等农林业系统的建设对于增加森林覆盖率,防御干热风,固沙改土,改善生态环境,保障农业生产,增加木材、燃料和果品生产,解决农村劳动力就业和提高人民经济收入等方面都已显示出或正在显示出它的优越性。但是,在黄淮海平原地区怎样进行农林业系统的建设,如何正确的对现有的农林业系统进行科学的评价,尚有许多研究工作要跟上,为此。有必要选择有代表性的类型,从生态学的原理出发,应用系统分析的方法,全面评价农林业系统的结构、功能和生产力的特征,并与单一的农田和林地系统进行比较,从中得出科学结论,旨在为该地区农林业系统的建设提供科学依据和技术指导。

第二章 黄淮海平原豫北地区农林业系统的分类

豫北平原有分布广泛,类型丰富多样的农林业系统,为了选择典型的农林业系统类型,以便研究其结构和功能特征,提出适合当地自然、社会和经济条件的优化类型模式,首先就应该对现有的农林业系统进分类。

一 现有的农林业系统的分类方法和原则

农林业系统的分类已引起国内外专家的关注,但是由于世界各地自然、社会、经济和历史条件不同,与此相应的农林业系统模式也就种类繁多,千差万别,很难统一,因此,现在还未形成一个统一的分类系统。目前国际上比较完整的分类系统是由在国际农林业研究委员会((ICRAF)工作的耐尔(Nair)于1985年提出的。ICRAF从一开始就非常重视这一项工作,首先通过收集大量非洲、南中美洲的有关农林业系统的资料,建立了农林业系统数据库(AFSI)(Nair,1987),在此基础上,提出了4种分类标准(Nair,1985):系统结构、功能、生态环境和社会经济规模。按这4个标准来作的划分见表2-1。

表2-1 不同标准进行的农林业系统划分

分类标准	解释	分类结果
系统结构	系统的组分和组分间相互关系(即组分配量)	农林业、牧草业、农林草业
系统功能	农林业的目的和价值,代表系统的输出和各组分的作用	生产功能(满足基本需要的生产),保护作用(土壤保护、土壤肥力促进)
生态环境	系统的环境基础	按生态带(湿润低地热带、干旱半干旱热带、高地热带),按热量带(热带、亚热带、温带等),按土壤性质(沙地、盐碱地)
社会经济规模	系统生态规模、管理水平、经济收入等	商业的、中等的或持久的

由于其每一分类标准都有优缺点,因而很难找到一种全球都适用的统一的分类标准,为此,在实际工作中,耐尔认为应根据工作的目的和性质选择具体的标准来划分农林业系统。无论如何,农林业系统可以被分为3个组分:多年生木本植物、1年生农作物和动物。因此,第一步可将农林业系统按组分划为农林业、林草业和农林草业等类型,然后再根据农林业的目的来做进一步划分。其分类系统的命名可将以上第一步的3个分类名之一作为后缀,如土壤保持性质的农林业(Agrisilvicultural systems for soil conservation)。耐尔(Nair,1985)根据此原则对世界主要热带地区的农林业系统进行了分类,得出了一个逻辑性强的、简单的、规范化的和目的指向的农林业分类系统。

邹晓敏等(1990)也撰文将中国的农林业系统大体上分为7种系统类型(System type)和26个系统单元(System unit),详见表2-2。其分类系统中的系统类型是指具有同性质的一组农林业系统,在该组内,主要系统组分有着经济上、社会上和环境上的密切关系,他首先将中国的农林业系统的主要组分划分为农业、林业、家畜、渔业和中药材业,根据这五种组分的不同组合做第一级分类,其命名借用其主要组分的名称组合。如农林草业、农林渔业。他提出的系统单元是指能反映主要组分间的特定生物关系和需要相似的管理策略和技术措施的基本功能单元,一个单元是由特定组分和其他组分组合而成,其命名是由每一组分的名称组合而成或特定种与概括其他种基本特征的普通名词构成。如小麦/大豆—泡桐、药用植物—竹子。

以上两种方法都可以称为组分分类法(componental classification),这两种分类方法并没有很好地反映出原作者所说的分类原则,即一个好的分类系统应该:1)能够反映系统中各组分间的生物的、社会的和经济的关系;2)易于理解和应用(邹晓敏,1989),只是简单的按组成农林业系统的各个组分来划分,既没有很好地反映出农林业系统与其他农田、林地系统的区别,也没有反映出农林业系统的结构和功能特征,只是简单的将系统的主要组分组合在一起而已。因此,根据在对黄淮海平原豫北地区现有的农林业系统调查分析结果,提出了一种新的结构分类方法(structural classification)。

表 2-2　中国农林业系统的分类(字母代表系统类型,数字代表系统单元)

系统类型	系统单元
A. 农林业系统	1. 小麦/大豆-泡桐
	2. 农作物-槐树
	3. 水稻/小麦/油料作物-池杉
	4. 玉米/大豆/小麦-核桃
	5. 谷物/棉花-毛白杨
	6. 水稻/玉米-旱冬瓜/江南桤木
	7. 谷物/棉花/油料作物-芩
	8. 茶-旱冬瓜
	9. 茶-湿地松
	10. 蔬菜-树/竹园
B. 林草业系统	11. 胡颓子-紫花苜蓿
	12. 榆-饲料作物
	13. 油茶-薪炭灌丛
C. 农林草业系统	14. 薪炭林-蛋白/油料作物-饲料作物
D. 林渔业系统	15. 鱼塘-榆树
	16. 鱼塘-水杉
	17. 鱼塘-落羽杉
	18. 鱼塘-桑树
E. 农林渔业系统	19. 鱼塘-小麦/水稻-泡桐
	20. 鱼塘-水稻-梨/棕榈
F. 林中药材系统	21. 中药材-泡桐
	22. 中药材-竹子
	23. 人参-杉木
	24. 黄连-杉木
G. 农林中药材系统	25. 农作物-杉木-黄连
	26. 农作物-泡桐

二　农林业系统的结构分类法

结构分类的理论基础是自然界植物群落的层次结构。自然界存在着各式各样的生物群落,从热带的雨林到寒带的泰加林,从湿润地区的森林群落到干旱地区的草原群落。

这些都是生物经过数万年的自然选择和生存竞争而形成的一种稳定的生物生存方式,使生物和自然达到了一种和谐的统一。人类很早就注意到了生物群落的结构的合理和功能的完美,历代许多生物学家和生态学家都对自然生物群落的结构和功能进行了研究,这些研究成果对于指导现在的生产实践意义重大。人们常常看到,自然界的植物群落中,从垂直结构上,可以分为乔木层、灌木层和草本层,使生态位不同的植物生活在一起,达到了充分利用自然界的光热水土资源,也保证了生物群落和生态系统的稳定性。实际上,从某些方面来看,农林业系统在一定程度上仿效了自然生物群落的结构,克服了传统的农业和林业的单一经营方式的弊病,因此,从农林业系统的结构出发,对农林业系统进行分类,对揭示农林业系统的功能特征以及结构和功能的关系,推广优化的农林业方式非常重要。

结构分类法首先按农林业系统的层次结构,分为双层结构和多层结构,由于农林业系统具有多层的结构特征,使其具有较高的生态效益和经济效益,不同分层结构的农林业系统在利用自然界的光热水土资源方面也存在着明显的差别。因此按农林业系统的结构层次分类,对揭示农林业系统的结构和功能特征有着重要意义。其次再按农林业系统的目的和木本植物与农作物的配置方式,双层结构的农林业系统可以分为三大类型:(1)农田防护林((Shelterbelt)型,主要是为了保护农田,将树木栽种在田缘、路旁和渠旁;(2)林粮间作(Tree intercropping with crop)型,为了同时获取木材和粮食,将树木和农作物间作;(3)果粮间作(Fruit tree intercropping with crop)型,为了同时获取果品和粮食,将果树和农作物间作。多层结构的农林业系统主要为林果农间作型。然后再按树木种类进行第三级分类,最后按农作物种类进行第四级分类,即按秋夏作物的种类及其组合划分出类型。据此我们得到了豫北平原地区主要农林业系统的分类系统(表2-3)。

表2-3 豫北平原地区农林业系统类型

一级分类单元	二级分类单元	三级分类单元	四级分类单元
双层结构	农田防护林	沙兰杨农田防护林	按农作物种类及其组合来划分
		意大利杨农田防护林	
		毛白杨农田防护林	
		泡桐农田防护林	
		白榆农田防护林	
	林粮间作	(泡)桐粮间作	
		(旱)柳粮间作	
	果粮间作	苹(果)粮间作	
		枣(树)粮间作	
		桃(树)粮间作	
		(山)楂粮间作	
多层结构	林果农间作	(泡)桐(石)榴粮间作	
		(泡)桐桃(树)粮间作	
		(泡)桐桃(树山)楂粮间作	

在以上的分类基础上,还可以进一步按照农林业系统的具体结构特征,如林带行数,株行距,林带间隔,林带长度,林带走向,农作物密度等进一步划分,如桐粮间作,有东西

向的、南北向的;有单行的、双行的;林带间隔有 5m、10m、20m、40m 等。从理论上来说,每一类型只能有一组最优的结构指标,因此,这种按结构指标的划分没有必要作为农林业系统的分类单元。

农林业系统的结构分类法可以说反映了农林业系统的本质,特别是农林业系统的结构特征,它能够有效的说明农林业系统中各组分间生物学、生态学和经济学上的相互关系,说明各生物组分如何相互协调、共同利用自然界的光热水土资源,以获得较大的经济效益、社会效益和生态效益;并且这种分类方法与中国传统的农林业方式有一致的叫法,如该分类中的农田防护林、林粮间作等与林学家的提法完全一致,这将有利于人们接受、理解、推广和应用。

三 豫北平原地区农林业系统的特征和现状

豫北平原地区的农林业系统的主要组分是树木和农作物。主要树木有沙兰杨、意大利杨、毛白杨、泡桐、白榆、旱柳和垂柳等用材树木,苹果、梨、桃、杏、山楂、石榴等果树;在该地区,种植业耕作制度为一年二熟,夏作物大多数为小麦,秋作物种类比较多。农作物主要种类有小麦、玉米、红薯、谷子等粮食作物和棉花、花生、芝麻、大豆、草莓等经济作物。将这些作物按发育期不同、生活习性不同、形态不同和种植目的不同,依照生态学基本原理,在空间上按高度进行配置,在时间上按发育期进行配置,以提高农业和林业生产中利用自然资源的能力,为人类提供更多更好的生活必需品。如树木和农作物根系的不同可以利用不同深度的土壤水分和土壤养分,一些早春开花结果的农作物(如草莓),能够在树木枝叶繁茂之前完成生育期,收获果实,而在夏秋之际树木的遮荫对耐荫性的农作物(如草莓)的生长有好处,这就是农林业系统的目的和手段。

1 双层结构农林业系统
1.1 农田防护林

农田防护林是该地区最主要的农林业系统类型,历史比较悠久,从 20 世纪 50 年代就已出现,到 80 年代得到了大发展,实践证明,这种农林业系统对于改善农田小气候已起到越来越大的作用。农田防护林中的树木以杨属的为主,以沙兰杨、意大利杨和毛白杨分布最广,其次有一部分白榆、柳树和泡桐,树木的年龄变化比较大,有不少栽种较早的杨树,有些已达十几年。农田防护林的建设分两部分:一是由公路管理部门营造的,将道路建设与路旁树木的建设结合起来,现有的柏油路基本上全部栽种了行道树,树木的株距 3—5m 不等,有些行道树为双行的,也有些为 3 行,甚至 4 行,树木的发育状况为,年幼的树木发育好,年龄大的树木常因管理不善而生长较差;另一部分农田防护林是为了改善农田小气候和收获木材,建立的农田林网,现在的面积不大,分布比较零散,一般的网格面积为 13.333hm² (200 亩)左右,株距 4—5m,这种农林业系统类型充分利用了渠旁路边的空闲地,同时也促进了农业、林业的发展,美化了环境。

1.2 林粮间作

林粮间作是该地区又一种重要的农林业系统类型,发展历史比较短,到 20 世纪 80 年代初才开始引起人们的重视,这起因于速生泡桐树种的选育成功和沙荒地治理的需要。总的来说,该地区比较重要的林粮间作类型有两种:桐粮间作和柳粮间作。桐粮间作在本地区面积比较大,主要是兰考泡桐和农作物间作,树木的株距多为5m,行距40、20、10m不等,大多数为4—6年生的泡桐,树木生长发育良好,农作物受影响不大,只是对秋作物有一点胁地效应。柳粮间作是由旱柳和农作物间作的农林业形式,多建立在沙地上,由于旱柳比较耐旱,在沙地上能够很好地生长发育,防风固沙作用明显,旱柳的栽种,保护了农作物的生长,达到了治理沙荒地的目的。

1.3 果粮间作

果粮间作是近几年发展较快的一种农林业类型。随着农村改革开放的深化,农村的多种经营得到了进一步发展,在豫北平原地区出现了果品生产的热潮,建立了不少果园,大大增加了农民的收入。与此同时,一些农民为了使粮食生产少受影响,在果园内种植一些农作物,最初,农民是在果树生长早期,在果园内种植农作物,而到果树发育长大后,由于树木的遮蔽,农作物无法生长。近来,许多农民开始有计划的栽种果树,增大果树的株行距,能够长期保证农作物的生长发育。这样,农民的经济收入增加了,农民的粮食生产也不受太大的影响。

于1989年在新乡选择了获嘉、辉县、封丘三县市进行了双层结构农林业生产现状的调查,结果见表2-4。获嘉县属平原县,农林业系统面积为1.693万hm^2(25.4万亩),占耕地面积的55.8%。封丘县农林业系统面积为1.453万hm^2(21.8万亩),占耕地面积的25.7%。辉县属山区县,农林业系统的面积较大,为5.367万hm^2(80.5万亩),占耕地面积的90.4%。整个新乡市管辖的范围内,农林业系统的面积为46.987万hm^2(704.8万亩),占耕地面积的74.2%。

表2-4 农林业生产现状调查

县市名	耕地面积/万hm^2	类型	面积/万hm^2	木材蓄积量/万m^3
获嘉	3.033	农田防护林	0.56	8.36
		桐粮间作	1.133	2.0
辉县	5.933	农田防护林	2.000	45.0
		其中:毛白杨	0.667	10.0
		沙兰杨	1.333	35.0
		桐粮间作	3.000	15.0
		果粮间作	0.370	
封丘	5.633	农田防护林	1.300	19.3
		桐粮间作	0.080	0.64
		果粮间作	0.073	
新乡市	63.289	农田防护林	33.740	
		桐粮间作	13.247	

2 多层结构农林业系统

豫北平原地区多层次的农林业系统,面积不大,但是效益比较高,值得进一步研究。主要的多层结构农林业系统类型为林果农间作,有泡桐-石榴-农作物间作和泡桐-苹果(桃、山楂)-农作物两种比较典型的类型。如在封丘县东韩邱一位农民建立的经济效益比较高的农林业系统模式-果粮间作,果树包括桃树、苹果、山楂,农作物包括小麦、草莓。这样,农民同时能够获取水果、木材和粮食,而且还能够利用各果树和农作物发育期的不同,充分安排劳动力。

还有一种多层次农林业系统是指林农组合类型,在夏季由木本植物-泡桐和农作物-小麦间作,到了秋季,农作物可以分为两层,有高杆的农作物,如玉米等,还有矮杆的农作物,如大豆、花生等,实际上,农作物和林木组成了一种三层结构的农林业系统,以充分利用夏秋季节高温多雨的气候条件。

四 小结

由以上分析可以得到以下结论:

(1) 对农林业系统的分类是研究农林业系统的结构和功能的基本起点,但是现有的农林业系统的组分分类方法存在着很大的局限性,为此我们根据自然群落的层次结构原理提出了一种新的结构分类法。

(2) 按农林业系统的结构分类法将黄淮海平原豫北地区的农林业系统划分为四级,第一级分成双层结构和多层结构,这充分反映了农林业系统的结构特征。第二级分类,双层结构的农林业系统分为农田防护林、桐粮间作和果粮间作;多层结构的农林业系统主要为林果粮间作。第三级分类按林木种类进行。第四级分类根据农作物种类划分。

(3) 黄淮海平原豫北地区的农林业系统主要为双层结构的农田防护林、桐粮间作和果粮间作,面积比较大,还有少量效益特别高的多层结构的农林业系统有待进一步研究。

参考文献:

Nair, P. K. R. Classification of agroforestry systems. Agroforestry Systems, 1988, 3: 97-128.

Zou Xiaoming, R. L. Sanford. Agroforestry systems in China, A survey and classificaton. Agroforestry systems, 1990, 11: 1985-1994.

第三章 河南封丘农林业系统试验地的自然条件和研究内容

农林业系统作为一种能够保证农业、林业生产持续发展的生态农业和生态林业模式,将其作为一个生态系统进行科学的研究为时不久。为了揭示农林业系统的结构和功能特征及其与农田、林地系统的区别,有必要对典型农林业系统类型的结构、功能和生产力及其生态、社会和经济效益进行全面地科学的研究和评价。为此在黄淮海平原豫北地区的封丘县潘店乡中国科学院封丘农业生态实验站附近,选择了3种有代表性的农林业系统类型—农田防护林、桐粮间作和果粮间作,于1989—1991年开展了农林业系统的结构、功能和生产力研究。

一 研究地点基本自然概况

1 小气候

太阳辐射1989年10月—1990年9月总值为 $4359.6 \times 10^{10} J/hm^2$,光合有效辐射为 $2179.8 \times 10^{10} J/hm^2$。年辐射变化如图3-1。

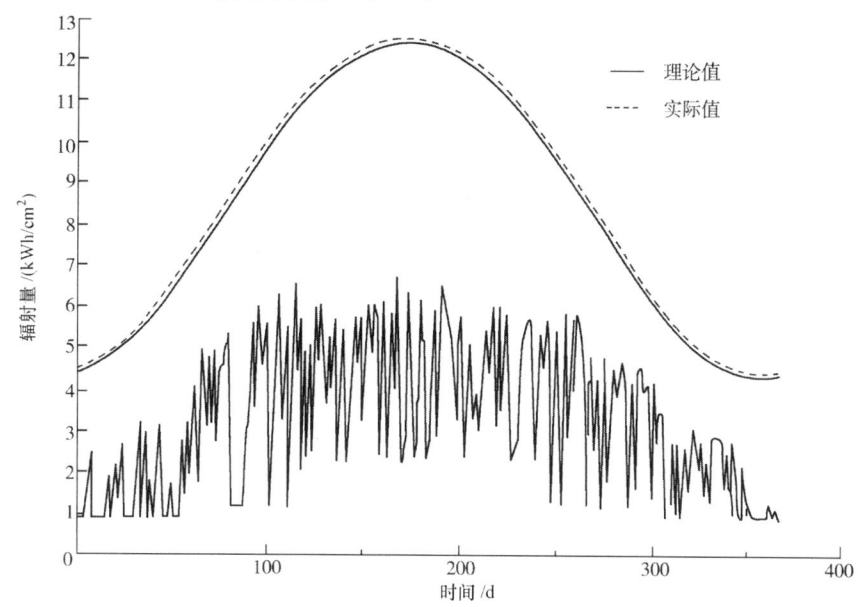

图3-1 封丘县到达地面的太阳辐射量的年内变化

多年平均气温13.9℃,多年平均降水量600.0mm,该地的气候图解如图3-2示,由图可以看出,本地气候属于湿润的季风气候。水热同季,对农作物和林木生长特别有利。

2 土壤状况

实验地的土壤为发育在河流冲积物上的两合土,土壤属沙性,有机质含量不高,土壤氮磷钾三元素的含量见表3-1,土壤水分含量一般为10%—20%。对农业生产来说,灌溉条件比较好。

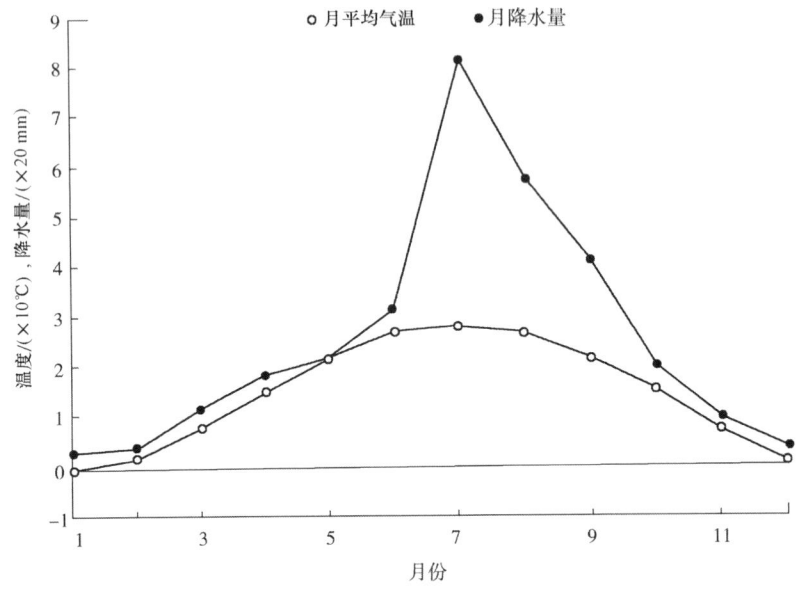

图 3-2 封丘县月平均气温和月降水量年内变

表 3-1 实验地土壤养分状况

类型	深度/cm	农田保护林	桐粮间作	果粮间作
水解氮/(ppm)	0—20	59.3	51.8	66.7
	20—40	36.9	38.5	59.5
速效磷/(ppm)	0—20	8.2	0.26	4.55
	20—40	1.02	12.6	10.14
速效钾/(ppm)	0—20	94	89	157
	20—40	97	93	171
全氮/(ppm)	0—20	759	542	776
	20—40	504	540	593
全磷/(ppm)	0—20	792	742	903
	20—40	585	778	747
全钾/%	0—20	1.07	1.09	1.20
	20—40	1.08	1.09	1.20

二 主要研究内容

关于生态系统的结构、功能和生产力的研究,目前还未建立起一个完整的科学研究体系,特别是对生态系统的社会、经济和生态三大效益的科学评价的方法。因此本书专辟一节内容,结合研究豫北平原地区农林业系统的目的,讨论生态系统结构和功能的研究方法。

1 生态系统结构和功能的研究内容

1.1 结构特征

包括系统的组分、组分间的时空关系。

1.2 功能特征

包括生产力、生物量和系统内的各种过程——能量流、物质流和价值流以及系统的整体功能-效益指标(包括社会效益、经济效益、生态效益和综合效益)。

1.3 结构和功能的关系

结构决定功能,只有弄清生态系统的结构和功能的关系,才能设计出结构合理、功能良好的人工生态系统,达到利用和改造自然的目的。研究生态系统的方法比较多,有静态分析方法和动态分析方法,野外调查方法和室内计算分析、计算机模拟方法。要想系统全面地研究生态系统的结构和功能,就应该将这几种方法有机地结合起来,以体现生态学研究的整体论思想。在研究豫北地区农林业系统的结构、功能和生产力时,就是在封丘县境内选择典型的农林业系统—农田防护林、桐粮间作和果粮间作,同时应用这些方法,既揭示了该地区的农林业系统的结构和功能基本特征,也为该地区优化的农林业系统类型提供了科学根据。

2 生态系统结构和功能研究方法

本书中农林业系统的研究是按图3-3所示思路进行的。具体步骤可以分为3部分。

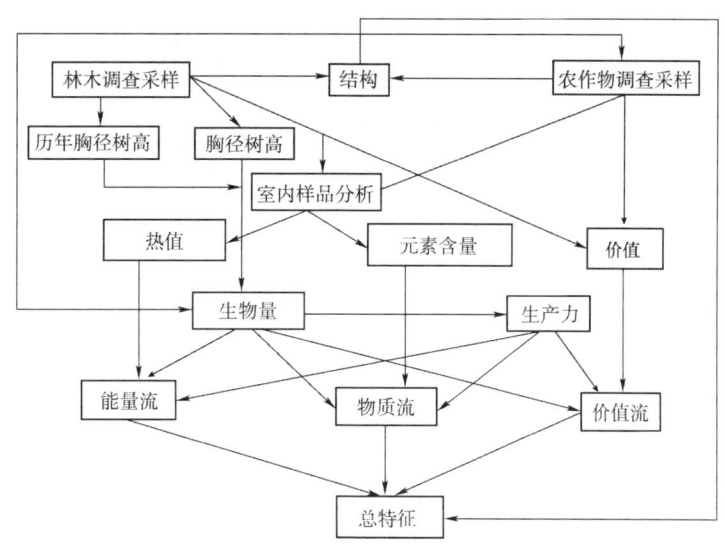

图3-3 农林业系统结构和功能研究流程图

2.1 野外调查、采样

野外调查采样是研究农林业系统结构和功能的最基础工作,由此获得的许多数据和样品为分析农林业系统的结构和功能提供了前提。野外调查一般包括以下几项工作:

(1)实验地的选择

研究选在黄淮海平原豫北地区封丘县潘店乡中国科学院封丘农业生态实验站附近,分别在农田防护林、桐粮间作和果粮间作3种农林业系统中,选择有代表性的、林木和农作物生长发育良好的、土壤状况相差不大的地段作为研究实验地。

(2)农林业系统结构的调查

在选定的实验地,调查系统中的生物组分,林木和农作物的占地比例、栽种方式、各组分个体间的相互关系。

(3)林木生长发育状况调查

选择有代表性的树木若干株,调查生长期始末的树高、枝下高、基径和胸径。

(4)农作物和林木生物量和生产力调查

对于农作物在各实验地随机选择若干个样地,在生长期末,用采样方法调查各种农作物的产量和各器官的生物量。对于林木可以对单个树木的生物量和生产力逐一调查,获得平均数据,也可以根据已有的相对生长法公式和前面观测的树木胸径和树高计算。

(5)植物样品的采集

在各个实验地,采用随机取样的方法,采集林木、农作物各器官样品。

(6)农林业系统的投入输出状况调查

调查实验地内农民实际投入的物质、能量和价值量。

(7)农业和林业市场状况的调查

在现有的农村市场,调查林木、农作物各器官的经济价值,以便进行价值流的分析。

2.2 样品的室内处理分析

(1)样品的烘干

将野外采集的植物各器官样品带回室内,放在烘箱内,先在120℃的温度下烘干2小时,然后在80℃的温度下烘干至恒重,测定植物各器官的生物量和生产力。并将一部分样品粉碎过筛,留作测定植物各器官的热值和元素含量用。

(2)样品的实验分析

测定植物各器官的热值和元素含量。热值的测定用氧弹式热量计,N、P、K含量的测定用常规分析方法。

2.3 室内计算分析

(1)结构特征的计算

对野外调查的有关农林业系统结构的数据进行分析,得到各项结构指标。

(2)生物量和生产力的计算

林木生物量由相对生长法所得的公式(本书中通过查资料得到)推算生物量,生长期始末生物量之差可作为生产力;农作物多为1年生植物,其生产力和生物量的数值相等,其生物量由样方法调查结果,经统计分析得到。

(3)能流、物流和价值流的计算

应用野外调查所得系统的投入状况、归还状况和输出状况的数据,并根据生物量和生产力以及热值、元素含量和价格经计算可得到系统的能流、物流和价值流状况。

(4)系统动态特征的模拟

根据调查资料及其它有关资料得到树木胸茎和树高的历年变化值,重复以上步骤可得到农林业系统的生物量、生产力、物质流、能量流和价值流的特征及其历年变化状况。

(5)综合效益的评价分析

分析以上所得到的系统结构、物流、能流和价值流特征指标,用多目标决策的分析方法,计算系统的综合效益。

第四章 农林业系统的结构特征

结构是一个生态系统的基本框架,反映了生态系统内部的异质性,对于农林业系统来说,其结构的研究尤为重要。前面进行农林业系统的分类时,已经讨论过农林业系统不同于传统的农业和林业系统的最大特征是结构层次复杂,这种多层结构最终反映在农林业系统在利用自然界的光热水土资源上、生态效益和经济效益上存在差异。并且从生态系统设计的角度看,所谓设计一个优化的农林业系统,使其具有较好的功能特征,首先是从结构的设计着手,为此,对在封丘选择的 3 种典型的农林业系统——沙兰杨农田防护林、桐粮间作和果粮间作,进行了其结构特征的调查和分析。

一 农田防护林的结构特征

研究的农田防护林是沙兰杨树木组成的林网,一般林网的面积为 6hm² 左右(200m×300m)。林带由 3 行树木组成,3 行树木正好将农田、马路和水渠分隔开来,马路宽度为 5m 左右,水渠宽为 3m 左右,树木的株距为 4m,林木基本上不占耕地。生长在这里的沙兰杨大多为 6 年生的,平均高度为 15m,枝下高 4m 左右,基茎 25cm 和胸茎 21cm,还有少部分为 4 年生的,其树高、枝下高、基茎和胸茎都要小的多(详见第五章)。沙兰杨的树冠多呈尖锥体型,林冠的投影面积不大。

沙兰杨在分类学上属杨柳科杨属,欧美杨的一种。沙兰杨是 1954 年从德国引进我国的,是杨树中生长最快的优良品种,沙兰杨喜光耐荫,耐寒性差,在年平均气温 15℃,年降水量 650—1650mm,土层深厚、肥沃,高温多雨的地方,生长迅速。在干旱、瘠薄、盐碱的地方生长较差。对该地区来说,沙兰杨是一种比较好的用材树种。

农田防护林中种植的农作物,夏作物 90% 以上为小麦,秋作物种类比较多,以玉米最多,其他还有少量的花生、棉花和西瓜。农作物生长良好。

二 桐粮间作的结构特征

桐粮间作中的树木是兰考泡桐,树木的株距和行距分别为 5m 和 40m,均匀地分布在农田中,树木占地面积很少,调查的树木大多为 6 年生的,平均高度为 9m,枝下高 3m 左右,基茎 31cm 和胸茎 23cm。还有少部分为 5 年生的,其树高、枝下高、基茎和胸茎都要小一些(详见第五章)。

兰考泡桐在分类上属玄参科泡桐属,是一种喜光树种,在年平均气温 12℃ 以上,年降水量 500—800mm 的地方生长良好,具有一定的耐旱性,怕水淹,深根性,喜温暖气候及土层深厚、疏松、肥沃和排水良好的沙壤土和壤土。生长快,繁殖容易,种子、根和茎干都可以繁殖,木材质轻,可做建筑、家具和文化用品。树冠疏松,主根深,细根少,与农作物间作可以利用土壤深层的水分和养分,并对生长在其附近的农作物生长影响不大。

桐粮间作中种植的农作物,夏作物 80% 以上为小麦,秋作物种类比较多,玉米为主,其他还有少量的花生、谷子、棉花和西瓜。农作物生长良好。

三 果粮间作的结构特征

果粮间作中的树木是苹果树,树木的株距和行距分别为5m和10m,均匀地分布在农田中,树木占地面积较大,调查的树木为20年生的,平均高度为5.8m,枝下高0.5m左右,基茎23cm。

苹果树在分类学上属蔷薇科,喜冷凉干燥气候,适宜的年平均气温为8—14℃,日较差大有利于苹果的生产。降水的适宜范围为500—800mm,适宜在该地区生长。

果粮间作中种植的农作物,夏作物全为小麦,秋作物种类比较多,有花生和红薯等矮秆作物。农作物生长也相当好。

四 3种农林业系统的结构特征比较

1 林木和农作物的占地情况

林木生长在农田内,一般总要占据一定的空间,根据调查,3种农林业系统中林木和农作物的占地比例如表4-1。由表4-1可以知道,果粮间作中林木占地最多,桐粮间作林木占地最少,只有0.1%。

表4-1 3种农林业系统林农占地状况比较

类型	林木名	农作物名	林木占地/%	农作物占地/%
农田防护林	沙兰杨	小麦、玉米	2.5*	97.5
桐粮间作	泡桐	小麦、玉米	0.1	99.9
果粮间作	苹果树	小麦、花生	40.0	60.0

* 包括道路和水渠占地

2 农林业系统的组分

组分是构成系统的元素,农林业系统不同于农业(主要是指种植业)和林业系统的最主要特征是其结构组分多,随着组分的增加,系统的多样性、复杂性、稳定性增加,生态系统的物质循环和能量流动过程也发生变化,生产力提高。3种农林业系统的主要组分是农作物和林木,对于林木,农田防护林为沙兰杨,桐粮间作为泡桐,果粮间作为苹果树;对于农作物,夏作物大多数为小麦,小麦的播种面积可以占整个夏粮种植面积的90%以上,秋作物种类比较多,农田防护林和桐粮间作中玉米大约占80%左右,其它为棉花、花生、谷子和红薯等,而果粮间作中,高秆作物一般很少种植,大多种植花生、红薯、大豆等矮秆作物。

3 空间结构特征

由图4-1给出的3种农林业系统的水平结构和垂直结构图,以及表4-2给出的结构指标。

3.1 农林业系统的水平结构

3种农林业系统的水平结构有明显的差别,表现在每亩株数、树冠投影面积等指标都有差别,树木在3种农林业系统中所占比重为:果粮间作>桐粮间作>农田防护林。

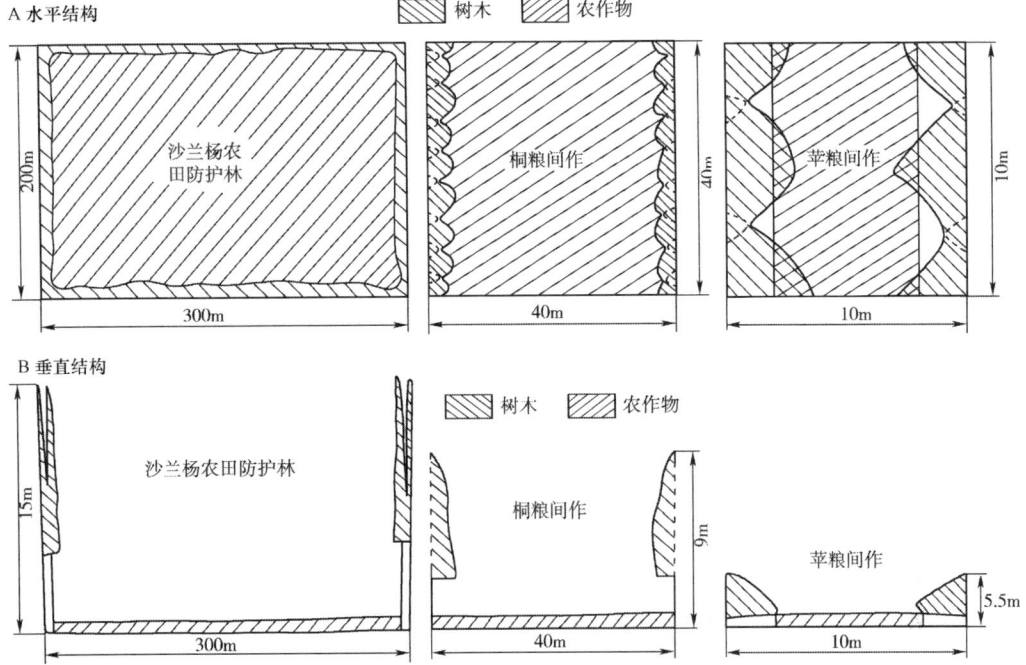

图 4-1 农林业系统水平结构和垂直结构

表 4-2 3 种典型农林业系统的结构特征

项目	农田防护林	桐粮间作	果粮间作
调查地点	封丘县潘店村南	油房乡陈寨村	潘店乡蔡东村
调查面积/hm²	13.333	6.667	2.667
树木作物关系	树木栽种于田缘	树木栽种于田中	
林带宽度/行	3	1	
林带走向	东西、南北	东西、南北	南北
林带间距/m	200—300	—	—
树木行距/m	5	40	10
树木株距/m	4	5	5
树木高度/m	15	9	5.5
枝下高/m	4	8	0.5
冠幅/m	5	5	5
密度/(株/667m²)	1.042	3.33	13.33
树冠投影/%	0.23	0.99	24.99
树木年龄/a	6	6	20

3.2 农林业系统的垂直结构

3 种农林业系统的垂直结构的差异表现在：枝下高和树高指标为沙兰杨＞泡桐＞苹果树，枝下高与树高的比值为泡桐＞沙兰杨＞苹果树。

4 农林业系统结构的季节变化

在暖温带地区的气候条件下，气温和降水等气候因子四季变化非常明显，树木和农作物的生长发育也出现了相应的阶段性变化（图 4-2）。由此而引起农林业系统的结构也发生季节性变化，如冬春之际农林业系统（如农田防护林）表现为林木和小麦的双层结构,到了夏秋之际,又表现为林木和玉米双层结构。农林业系统结构季节变化的研究,对农林业系统的设计有着重要的意义。如选择一些生长期较短或能够在树木枝叶繁茂之前收获(如小麦)的农作物,可以使农林业系统中的树木对农作物的生长影响不大,既不会影响农林业系统中的粮食生产,也可以保证林木的生长。

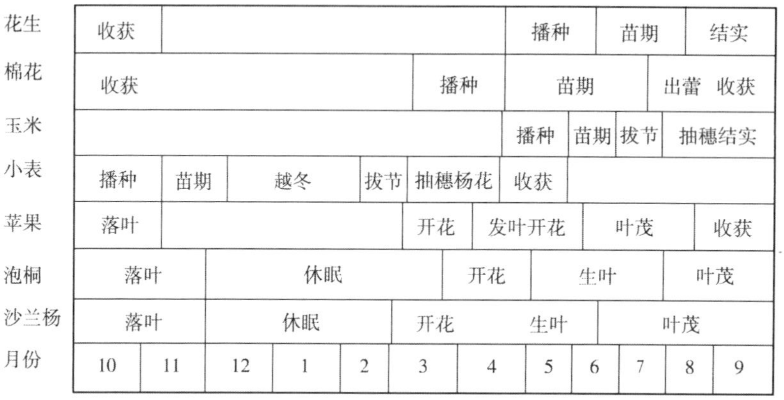

花生						播种	苗期		结实
棉花	收获				播种	苗期		出蕾	收获
玉米						播种	苗期 拔节		抽穗结实
小麦	播种	苗期	越冬		拔节	抽穗扬花	收获		
苹果	落叶				开花	发叶开花		叶茂	收获
泡桐	落叶		休眠		开花		生叶	叶茂	
沙兰杨	落叶		休眠		开花	生叶		叶茂	
月份	10	11	12	1	2	3	4	5	6	7	8	9

图 4-2　树木和农作物发育期的差异

对于研究的 3 种农林业系统,由于 3 种树木的发育期不一样,3 种农林业系统的结构的季节性变化规律也不一样,因而造成了 3 种农林业系统的功能上的差异,如泡桐开花生叶比沙兰杨和苹果树晚,这样泡桐树木的生长对夏粮作物的影响就比较小。

五　小结

由以上分析可以看出:

(1)农林业系统在结构上有着非常不同于传统的农业、林业系统的特征,最明显的是农林业系统在垂直结构上的多层性,这样将大大增强农林业系统的功能。

(2)不同的农林业系统在结构上有着一定的差别,这种差别将影响到农林业系统在利用自然资源、提高土地生产力和达到较高的经济效益及生态效益方面的差别。

(3)不同农林业系统结构差别的研究,也为进一步研究农林业系统的生物量、生产力、能量流、物质流和价值流提供了基础资料。

第五章 农林业系统的生物量和生产力

农林业系统在结构上的特点,决定了其功能上也有不同于农业和林业系统的特征。农林业系统作为一种生态系统,反映其功能的指标很多,生物量、生产力、物质流、能量流和价值流等都从不同的侧面反映了农林业系统的功能特点。无论如何,生物量和生产力是最基本的功能指标,其他的功能指标的计算都是以系统的生物量和生产力的值为基础的。

这里所说的生产力是指净生产力,它是指系统在单位时间内单位面积上的植物(对农林业系统来说,包括林木成分和农作物成分)通过光合作用固定太阳能,所产生的生物物质的数量,它反映了农林业系统利用自然界所提供的光热水土资源的能力,也反映了农林业系统一年内能够为人类提供的有用物的多少。生物量是指生态系统内现存的生物物质的数量,它是一定时间范围内,生物所产生的生物质的积累量,它反映了生态系统的一种累积效应,又对生态系统的发展有一定的调节作用。因此研究农林业系统的生物量和生产力,对正确认识和发展农林业生产有着非常重要的意义。通过研究3种典型农林业系统——农田防护林、桐粮间作和果粮间作的生物量和生产力,并与农田、林地和果园生态系统的生物量和生产力相比较,不仅为进一步研究农林业系统的能量流、物质流和价值流提供基础数据,而且能够反映黄淮海平原豫北地区主要农林业系统类型的功能特征,并说明将农林业系统的建设作为中低产田改造的一种非常有效的措施的科学根据。

一 农林业系统中林木生长状况

林木是农林业系统的一个重要组成部分,也是农林业系统与农田系统相异的主要特征,将林木引入农田系统后,与农作物生活在同一个土地经营单元内,其生长发育状况如何,对人们正确认识农林业系统的功能非常重要。林木生长参数的观测,也是计算农林业系统生物量和生产力的基础。

1 调查观测方法

反映林木生长发育的指标比较多,主要有树高、枝下高、胸径和基径。树高和枝下高的测定一般用测高仪,胸径和基径的测定一般采用先测定树木的胸围和基围,然后假定树干是圆柱体,再计算出树木的胸径和基径。在对林木的生长发育状况测定时,为了测算林木的生产力,分别在3种农林业系统实验地内,于树木生长期开始和生物量最大时,即每年的4月份和9月份分两次测定树木的生长参数。在4月份,选择了实验地内有代表性的6年生的泡桐7株,5年生的5株,6年生的沙兰杨20株,4年生的7株,20年生的苹果树6株。给每一株都进行编号和标记,测定树高、枝下高、胸围和基围。在测定胸围和基围的地方(分别在距地面1.3m处和地表面)用红油漆标上标志,以便在9月份测定树木胸围和基围时,不致由于耕地等干扰而发生测量误差,这样可以大大提高胸围和基围测定的精度。9月份重复以上各项测定。通过比较4月份和9月份两次测定的结果,得到该年内树木生长参数的年变化情况。

2 农田防护林中沙兰杨生长状况

沙兰杨是一种速生树种,生长极快,从表 5-1、表 5-2 中可以看出,6 年生的沙兰杨树木年初(4 月份)其平均树高为 14.41m,枝下高 3.79m,胸径 20.11cm,基径 24.65cm;到年末分别增加到 15.28m,4.05m,22.26cm,27.59cm,年增长量分别为 0.87m,0.26m,2.15cm,2.94cm。4 年生的沙兰杨在年初的平均树高为 11.16m,枝下高 2.02m,胸径 14.87cm,基径 19.60cm;到年末分别增加到 11.93m,3.30m,16.87cm,21.71cm,年增长量分别为 0.77m,0.28m,2.01cm 和 2.11cm。生长在这里的沙兰杨树木之间变异不大,6 年生的沙兰杨树木的变异系数(标准差/平均值)年初(4 月份)其树高为 16.3%,枝下高 26.8%,胸径 26.6%,基径 23.7%;年末分别为 10.1%,15.3%,18.8%,20.7%;由此可知,生长期末树木之间的变异系数已开始减小。对于 4 年生的沙兰杨树木的变异系数年初(4 月份)其树高为 8.8%,枝下高 23.9%,胸径 12.7%,基径 7.1%;年末分别为 9.1%,22.7%,18.6%,11.3%;由此可知,4 年生的沙兰杨树木在生长期末的变异系数增大。

表 5-1 沙兰杨树木生长状况调查

测定时间	测定地点	年龄/a	样本数	树高/m 均值	树高/m 标准差	枝下高/m 均值	枝下高/m 标准差	基径/cm 均值	基径/cm 标准差	胸径/cm 均值	胸径/cm 标准差
4月8日	潘店乡南	6	20	14.41	2.346	3.79	1.017	24.65	5.846	20.11	5.344
		4	7	11.16	0.980	2.02	0.482	19.60	1.385	14.87	1.891
9月28日		6	20	15.28	1.541	4.05	0.621	27.59	5.191	22.26	4.613
		4	7	11.93	1.083	3.30	0.748	21.71	2.445	16.87	3.142

表 5-2 不同年龄沙兰杨树木参数增加值

年龄/a	样本数	树高/m	枝下高/m	基径/cm	胸径/cm
6	20	0.865	0.26	2.935	2.149
4	7	0.770	0.28	2.108	2.01

3 桐粮间作中泡桐生长状况

泡桐是一种速生树种,生长也极快,从表 5-3,表 5-4 中可以看出,6 年生的泡桐树木年初(4 月份)其平均树高为 9.63m,枝下高 2.80m,胸径 22.62cm,基径 30.23cm;到年末分别增加到 11.03m,2.97m,25.41cm,32.60cm;年增长量分别为 1.4m,0.17m,2.99cm,2.36cm;5 年生的泡桐在年初的平均树高为 8.53m,枝下高 3.33m,胸径 20.43cm,基径 26.83cm;到年末分别增加到 9.88m,4.31m,22.60cm,29.44cm;年增长量分别为 1.35m,0.98m,2.17cm,2.61cm。生长在这里的泡桐树木之间变异不大,6 年生的泡桐树木的变异系数年初(4 月份)其树高为 14.2%,枝下高 15.6%,胸径 18.7%,基径 20.1%;年末分别为 11.8%,11.2%,13.7%,20.70%。5 年生的泡桐树木的变异系数年初(4 月份)其树高为 12.0%,枝下高 22.5%,胸径 15.6%,基径 18.1%;年末分别为 8.4%,10.8%,17.1%,18.7%。

4 果粮间作中苹果树生长状况

苹果树是一种人工定向培养的树种,人们为了获得最大的果品生产量,从而限制了树木的茎干生长,使叶、果和枝的生长量比较大,调查的 20 年生的苹果树(表 5-5,

表5-6),年初年末平均树高为5.9m,枝下高0.6m,胸径22.21cm,基径24.00cm。苹果树各生长参数年增长量很小。苹果树之间的变异系数也比较小。

表5-3 泡桐树木生长状况调查表

测定时间	测定地点	年龄/a	样本数	树高/m 均值	树高/m 标准差	枝下高/m 均值	枝下高/m 标准差	基径/cm 均值	基径/cm 标准差	胸径/cm 均值	胸径/cm 标准差
4月8日	陈寨西南	6	7	9.63	1.363	2.80	0.437	30.23	6.087	22.62	4.228
	陈寨东北	5	5	8.53	1.020	3.33	0.748	26.83	4.853	20.43	3.192
9月2日	陈寨西南	6	7	11.03	1.300	2.97	0.333	32.60	6.732	25.41	3.477
	陈寨东北	5	4	9.88	0.829	4.31	0.466	29.44	5.497	22.60	3.865

表5-4 不同年龄泡桐树木参数增加值

年龄	样本数	树高/m	枝下高/m	基径/cm	胸径/cm
6	7	1.40	0.17	2.364	2.989
5	4	1.35	0.98	2.608	2.169

表5-5 苹果树木生长状况调查表

测定时间	测定地点	年龄/a	样本数	树高/m 均值	树高/m 标准差	枝下高/m 均值	枝下高/m 标准差	基径/cm 均值	基径/cm 标准差	胸径/cm 均值	胸径/cm 标准差
4月8日	蔡东村北	20	6	5.85	0.381	0.51	0.064	23.95	2.34		
9月20日		20	6	5.86	0.231	0.57	0.182	24.09	2.346	22.21	1.897

表5-6 20年生苹果树木参数增加值

年龄/a	样本数	树高/m	枝下高/m	基径/cm
20	6	0.01	0.06	0.15

5 3种农林业系统中林木生长状况比较

由于各种树木的生物学、生态学习性不一样,其树高、枝下高、基径、胸径等生长参数的初值和年增长量也不一样。经以上分析比较可知:泡桐和沙兰杨正处于生长旺盛期,树高、枝下高、基径、胸径等都有明显的增加,尤以杨树的树高和枝下高增加最快;并且,6年生的泡桐和杨树比相应5年生的和4年生的树木增长幅度要大。而苹果树生长极为缓慢。

二 农林业系统中林木的生物量和生产力

1 调查计算方法

林木生物量是农林业系统生物量的重要组成部分,其估算一般采用相对生长测定法和野外实际调查法,对于所研究的两种在我国北方地区分布极其广泛的树木——泡桐和杨树,许多林学家已经提出了这两种树木的相对生长法的生物量估算公式[1-8],经过比较,选定表5-7,表5-8中的两组公式来计算泡桐和沙兰杨的生物量。所用公式中采用了胸径和树木各器官的生物量的相关关系,这样在野外观测中,可以省去对树高因子的测定和砍伐树木进行直接测量的麻烦,并且,用测高仪测定树高时,其精度比较差,测定的误差为 0.5m,而测定胸径时,测量精度可达到 0.01m,因而在这里避免用树高资料。

根据以上对林木生长调查的资料,利用表 5-7,表 5-8 所列出的公式,分别计算出树木在 4 月份和 9 月份各器官的生物量,两者之差则为树木生产力。

表 5-7 泡桐各器官生物量和胸径的关系

器官	计算公式	样本数	相关关系	资料来源
树干	$W_s = 0.86217 D^{2.00297}$	8	0.992	[1]
树枝	$W_b = 0.072497 D^{2.011502}$	8	0.984	[1]
树叶	$W_l = 0.035183 D^{1.63929}$	8	0.698	[1]
树根	$W_r = 0.016365 D^{2.294227}$	8	0.892	[1]
材积	$V = 0.00014 D^{2.155029}$	8	0.977	[1]

表 5-8 杨树各器官生物量和胸径的关系

器官	计算公式	样本数	相关关系	资料来源
树干	$\log W_s = 2.20721 \log D - 0.75244$	10	0.992	[6]
树枝	$\log W_b = 3.36042 \log D - 2.62547$	10	0.880	[6]
树叶	$\log W_l = 2.16360 \log D - 1.89843$	10	0.819	[6]
树根	$\log W_r = 2.58559 \log D - 2.02364$	10	0.891	[6]
材积	$V = 0.000065678245 D^{1.941} H^{0.849}$			[8]

将表 5-1,表 5-3,表 5-5 中的各种树木不同时间测定的胸径值代入表 5-7,表 5-8 两组公式中,可得各种树木生长期始末的生物量,然后再将 9 月份生物量减去 4 月份的生物量,可得各种树木不同器官的生产力(表 5-9,表 5-10)。

对于苹果树,还没有见到有关相对生长法的估算公式,因此选择了 3 棵典型树木,再通过测定和计算各树木的树干和树枝的数量和平均重量,估算了各树木的树干和树枝的生物量,再通过测定和计算 1 年生和 2 年生树枝上树叶的平均重量和数量,估算出树叶的生物量,树根的生物量根据植物地下器官的生物量约为整个树木的生物量的 1/5 来估算树根的生物量,树木果实的生物量采用实测值。果树的生产力(即树木各器官的生物量年增长量),主要用果树的叶、果实的生物量和修枝量来代替,在苹果树龄比较大时,果树干和根的生物量年变化特别小,可以忽略不计。此种估算方法可参阅文献[9]。

2 农田防护林中沙兰杨的生物量和生产力

沙兰杨是一种速生树种,其生物量年变化很大,由表 5-9 可以看出,6 年生的树木年初其总生物量为 255.27kg/株,树木间的变异系数为 54.9%,生物量在各器官的分配状况为:树干 57.1%,树枝 28.1%,树叶 4.9%,树根 9.9%。在生长期末总生物量为 356.31kg/株,树木间的变异系数为 49.8%,生物量在各器官的分配状况为:树干 53.2%,树枝 30.1%,树叶 4.6%,树根 9.7%。总生产力为 113.44kg/株,树木间的变异系数为 57.6%,生产力在各器官的分配状况为:树干 42.9%,树枝 33.6%,树叶 14.7%,树根 8.9%。对于 4 年生的沙兰杨树木年初其总生物量为 108.16kg/株,树木间的变异系数为 31.9%,生物量在各器官的分配状况为:树干 64.6%,树枝 20.3%,树叶 5.4%,树根 9.7%。在生长期末总生物量为 120.77kg/株,树木间的变异系数为 34.8%,生物量在各器官的分配状况为:树干 63.8%,树枝 21.1%,树叶 5.3%,树根 9.8%。总生产力为

23.20kg/株,树木间的变异系数为65.2%,生产力在各器官的分配状况为:树干46.1%,树枝22.9%,树叶22.7%,树根8.2%。

表5-9 不同年龄沙兰杨树木生长期始末生物量、生产力(kg/株)

树龄/a	样本数	器官	生长期始生物量 均值	生长期始生物量 标准差	生长期末生物量 均值	生长期末生物量 标准差	生产力 均值
6	20	树干	145.62	72.9732	194.32	89.3356	48.70
		树枝	71.91	47.5624	109.95	66.7323	38.14
		树叶	12.10	6.3252	16.66	7.7964	16.66
		树根	25.34	14.1720	35.38	18.1558	10.04
		全树	255.27	140.26	356.31	181.8127	113.44
		材积	0.23	0.1193	0.31	0.1493	0.08
4	7	树干	69.87	19.2293	77.01	23.3465	13.01
		树枝	21.95	9.5120	25.54	12.3821	6.46
		树叶	5.82	1.6951	6.43	2.0053	6.41
		树根	10.51	3.5008	11.79	4.2571	2.32
		全树	101.16	34.5284	120.77	41.9716	28.20
		材积	0.10	0.0310	0.11	0.0370	0.02

3 桐粮间作中泡桐的生物量和生产力

泡桐是一种速生树种,其生物量年变化很大,由表5-10可以看出,6年生的树木年初其总生物量为114.61kg/株,树木间的变异系数为35.7%,生物量在各器官的分配状况为:树干40.2%,树枝26.9%,树叶5.2%,树根19.8%。在生长期末总生物量为147.45kg/株,树木间的变异系数为28.0%,生物量在各器官的分配状况为:树干40.0%,树枝34.6%,树叶4.9%,树根20.4%。总生产力为38.80kg/株,树木间的变异系数为35.0%,生产力在各器官的分配状况为:树干33.2%,树枝28.9%,树叶18.800,树根19.1%。对于5年生的树木年初其总生物量为92.06kg/株,树木间的变异系数为28.0%,生物量在各器官的分配状况为:树干40.4%,树枝34.9%,树叶5.4%,树

表5-10 不同年龄泡桐树木生长期始末生物量、生产力/(kg/株)

树龄/a	样本数	器官	生长期始生物量 均值	生长期始生物量 标准差	生长期末生物量 均值	生长期末生物量 标准差	生产力 均值
6	7	树干	46.10	16.1666	59.01	20.0255	12.90
		树枝	39.83	14.0183	51.03	17.3813	11.20
		树叶	5.95	1.7497	7.29	2.0786	7.30
		树根	22.72	8.9580	30.13	11.4699	7.40
		全树	114.61	40.8888	147.45	50.9516	38.80
		材积	0.12	0.0453	0.16	0.0571	0.04
5	4	树干	37.21	10.2846	44.77	12.4430	7.56
		树枝	32.12	8.9045	38.67	10.7828	6.55
		树叶	5.01	1.1861	5.83	1.3815	5.83
		树根	17.72	5.4096	21.72	6.7470	4.18
		全树	92.06	25.7841	111.71	31.3533	24.1
		材积	0.10	0.0280	0.12	0.0345	0.02

根 19.2%。在生长期末总生物量为 111.71kg/株,树木间的变异系数为 28.1%,生物量在各器官的分配状况为:树干 40.1%,树枝 34.6%,树叶 5.2%,树根 19.4%,总生产力为 24.12kg/株,树木间的变异系数为 30.1%,生产力在各器官的分配状况为:树干 31.3%,树枝 27.2%,树叶 28.2%,树根 17.3%。

4 果粮间作中苹果树生物量和生产力

苹果树是一种经过人工定向培育的树种,其生物量年变化不大,由表 5-11 可以看出,对于 20 年生的树木其总生物量为 148.38kg/株,生物量在各器官的分配状况为:树干 11.2%,树枝 53.4%,树叶 3.5%,树根 21.6%,果实 9.6%。总生产力为 34.75kg/株,生产力在各器官的分配状况为,树枝 44.0%,树叶 41.1%,果实 14.9%,树干和树根的生产力非常小,可以不予以计算。

表 5-11 20 年生苹果树木的生物量、生产力/(kg/株)

树龄/a	样本数	器官	生物量	生产力
20	6	树干	16.62	—
		树枝	79.22	15.30
		树叶	5.16	5.16
		树根	32.08	—
		树果	14.29	14.29
		全树	148.38	34.75

5 3 种农林业系统中林木生物量和生产力比较

对于沙兰杨和泡桐,正处于生长旺期,6 年生的泡桐和沙兰杨分别比 5 年生的泡桐和 4 年生的沙兰杨的生物量和生产力大许多。两种 6 年生的树木比较,沙兰杨的生物量和生产力都远大于泡桐。从树木各器官的生物量分配状况看:树干 > 树枝 > 树根 > 树叶。树木的各器官的生产力比较结果为:树干 > 树枝 > 树叶 > 树根。

苹果树是经过人类定向培养的植物品种,其生物量逐年变化比较小,各器官的生物量是树枝 > 树根 > 树干 > 果实 > 树叶。果树的生产力比较小,特别是树干和树根的生物量每年基本上没有变化。

三 农林业系统中农作物的生物量和生产力

1 调查计算方法

在选择的 3 种农林业系统类型的典型地段上,小麦和花生采用 50m×50cm 的样方,玉米采用 1m×1m 的样方,在林网内或林带间不同部位采用收割法采样,并将样品带回室内烘干、称重[10],然后计算 3 种农林业系统中的农作物各器官的生物量(或生产力)。需要说明的是农作物是 1 年生植物,其生物量和生产力在数值上是相等的。表 5-12 列出了 3 种农林业系统中的各种农作物的生物量和生产力。

2 农田防护林中农作物的生物量和生产力

农田防护林中农作物的总生物量(生产力)为 2.86kg/m²,其中夏作物(小麦)占 48.6%,秋作物(玉米)占 51.4%;生物量在植物各器官的分配状况,夏作物中茎、叶、籽实和根各占 38.7%、18.4%、38.8%、4.0%;秋作物中茎、叶、籽实和根各占 22.4%、

20.4%、45.6%、0.7%。

表 5-12　几种农作物在不同农林业系统中的生产力(生物量)/(kg/m²)

作物种类	器官	农田防护林 均值	农田防护林 标准差	桐粮间作 均值	桐粮间作 标准差	果粮间作 均值	果粮间作 标准差
小麦	茎	0.537	0.1486	0.505	0.0631	0.384	0.1703
	叶	0.256	0.0703	0.306	0.0544	0.195	0.0465
	根	0.056	0.0187	0.066	0.0193	0.029	0.0053
	籽实	0.539	0.1929	0.419	0.0959	0.483	0.0053
	全株	1.388	0.4041	1.295	0.1582	1.090	0.2062
玉米	茎	0.33	0.1234	0.33	0.1145		
	叶	0.30	0.1541	0.30	0.1987		
	根	0.01	0.0087	0.01	0.0073		
	籽实	0.67	0.2143	0.67	0.1234		
	全株	1.31	0.4531	1.31	0.4322		
花生	茎					0.08	0.0247
	叶					0.05	0.0145
	根					0.01	0.0087
	籽实					0.08	0.0145
	全株					0.22	0.0998

3　桐粮间作中农作物的生物量和生产力

桐粮间作中农作物的总生物量(生产力)为 2.77kg/m²,其中夏作物(小麦)占 46.8%,秋作物(玉米)占 53.2%,生物量在植物各器官的分配状况,夏作物中茎、叶、籽实和根各占 39.0%、23.6%、32.4%、5.1%;秋作物中茎、叶、籽实和根各占 22.4%、20.4%、45.6%、0.7%。

4　果粮间作中农作物的生物量和生产力

果粮间作中农作物的总生物量(生产力)为 1.31kg/m²,其中夏作物(小麦)占 83.8%,秋作物(花生)占 16.2%,生物量在植物各器官的分配状况,夏作物中茎、叶、籽实和根各占 35.2%、17.9%、44.3%、2.7%;秋作物中茎、叶、籽实和根各占 36.4%、22.7%、36.4%、4.5%。

5　3 种农林业系统中农作物的生物量和生产力比较

3 种农作物由于其生态学和生物学特性不同,其样方生物量(或生产力)也就不一样。生长在 3 种不同农林业系统中的同一种农作物,生物量(或生产力)也存在着差异,但这种差异不大。3 种农林业系统中的农作物的总生物量(或生产力)为农田防护林 > 桐粮间作 > 果粮间作,对于夏作物(小麦)也是农田防护林 > 桐粮间作 > 果粮间作;对于秋作物玉米,农田防护林与桐粮间作基本一样,而果粮间作中花生的生物量比其它两种农林业系统中的玉米小许多。

四　农林业系统的生物量和生产力

1　调查计算方法

前面分析了 3 种农林业系统中林木和农作物的生物量和生产力,利用上述数据可以推算出的3种农林业系统中各种植物各器官的生物量和生产力,见表5-13和5-14。需要说明的是,这里计算林木生物量时所采用的植物密度列于表4-2。可以由表中的数据分析得到。

表5-13 3种典型农林业系统生物量(t/hm^2)

类型 植物名	农田防护林 沙兰杨	农田防护林 小麦	农田防护林 玉米	桐粮间作 泡桐	桐粮间作 小麦	桐粮间作 玉米	果粮间作 苹果树	果粮间作 小麦	果粮间作 花生
茎(干)	3.0373	5.3733	3.2466	2.9503	5.0485	3.3252	3.3239	3.8380	1.8144
枝	1.7185			2.5515			15.8948		
叶	0.2603	2.5133	2.9251	0.3645	3.0576	2.9958	1.0320	1.9500	1.1616
根	0.5530	0.5550	1.6283	1.5064	0.6629	1.6677	6.4150	0.2870	0.3000
果		5.9393	6.5033		4.1856	6.6607	2.8572	4.8260	1.8360
全株	5.5691	14.3809	14.3035	7.7327	12.9546	14.6495	29.5221	10.9010	5.1120
材积	4.8400			7.9050					

表5-14 3种典型农林业系统生产力($t/(hm^2·a)$)

类型 植物名	农田防护林 沙兰杨	农田防护林 小麦	农田防护林 玉米	桐粮间作 泡桐	桐粮间作 小麦	桐粮间作 玉米	果粮间作 苹果树	果粮间作 小麦	果粮间作 花生
茎(干)	0.7611	5.3733	3.2468	0.6451	5.0485	3.3252		1.5600	1.8144
枝	0.5946			0.5599			3.0600		
叶	0.2603	2.5133	2.9251	0.3645	3.0576	2.9958	1.0370	1.9500	1.1616
根	0.1570	0.5550	1.6283	0.3702	0.6629	1.6677		0.2870	0.3000
果		5.9393	6.5033		4.1856	6.6607	2.8572	4.8260	1.8360
全株	1.7730	14.3809	14.3035	1.9398	12.9546	14.6495	6.9542	10.9010	5.1120
材积	1.2504			1.840					

2 农田防护林的生物量和生产力

农田防护林的总生物量为34.2535t/hm²,林木生物量占16.26%,农作物占83.74%,其中小麦占41.98%,玉米占41.78%。农田防护林的总生产力为30.3573t/hm²,其中林木占5.84%,农作物占94.16%

3 桐粮间作的生物量和生产力

桐粮间作的总生物量为34.9768t/hm²,林木占21.08%,农作物占78.92%,其中小麦占37.04%,玉米占41.88%;桐粮间作的总生产力为29.5439t/hm²,其中林木占6.57%,农作物占93.13%。

4 果粮间作的生物量和生产力

果粮间作的总生物量为45.5351t/hm²,林木占64.83%,农作物占35.17%,其中小麦占23.94%,花生占11.23%。果粮间作的总生产力为22.9672t/hm²,其中林木占30.28%,农作物占69.72%。

5 3种农林业系统的生物量和生产力比较

3种农林业系统的总生物量为:果粮间作>桐粮间作>农田防护林。生物量构成中,林木所占的份额:果粮间作>桐粮间作>农田防护林。3种农林业系统中,农作物产量和经济输出总量为农田防护林>桐粮间作>果粮间作。

3种农林业系统的生产力是农田防护林＞桐粮间作＞果粮间作,在生产力构成中,农田防护林、桐粮间作、果粮间作3种类型中:林木分别占5.84%,6.57%和30.28%,农作物分别占94.16%,93.43%,69.72%,经济产量占总生产力分别为:44.99%,36.71%和29.01%。

五 农林业系统与农田系统、林地系统和果园系统的生物量和生产力比较

为了进一步研究农林业系统的结构和功能特征,分析农林业系统与传统的农业、林业和果园系统的异同之处,调查分析了农田系统以及以沙兰杨、泡桐林地为代表的林地系统和以苹果园为代表的果园系统的生物量、生产力。

1 计算分析方法

农田系统、沙兰杨和泡桐林地系统以及果园系统的生物量和生产力的计算,类似于农林业系统中农作物和林木的生物量和生产力的计算。对于农田系统,用采样方法调查,林地系统经过观测,发现其系统中的林木生长基本上和农林业系统中相同林木的生长状况一样,因而借用了农林业系统中单株林木的生物量和生产力的数值,再按3种林木的密度进行折算。林地系统和果园系统中林木的密度分别为:沙兰杨625株/hm²,泡桐和苹果树都为400株/hm²。计算结果见表5-15,表5-16,表5-17。

表5-15 农田系统生物量和生产力/(t/hm²)

作物名	茎	叶	根	籽实	全株
小麦	2.600	3.680	0.560	4.200	11.040
玉米	3.330	3.000	1.670	6.670	14.670

表5-16 林地和果园系统的生物量/(t/hm²)

类型	树龄	树干	树枝	树叶	树根	果实	全株
沙兰杨林地	6	12.4505	68.7197	10.4104	22.1119		222.6925
泡桐林地	6	23.6027	20.4117	2.9163	12.0510		58.9817
苹果园	20	6.6480	31.6880	2.0640	12.8300	5.7144	58.9444

表5-17 林地和果园系统生产力/(t/(hm²·a))

类型	树干	树枝	树叶	树根	果实	全株
沙兰杨林地	30.4358	23.7752	10.4104	6.2766		70.8980
泡桐林地	5.1610	4.4798	2.9163	2.9617		15.5187
苹果园		6.1200	2.0640		5.7144	13.8984

2 农田系统的生物量和生产力

农田系统的总生物量为25.71t/hm²,其中夏作物占42.9%,秋作物占57.1%,生物量在植物各器官的分配状况,对于夏作物,茎、叶、根、籽实分别为23.6%、33.3%、5.1%、38.0%,秋作物,茎、叶、根、籽实分别为22.7%、20.4%、11.4%、45.5%。

3 林地系统的生物量和生产力

沙兰杨林地的总生物量为222.6925t/hm²,总生产力为70.8980t/hm²;泡桐林地的总

生物量为 58.9817t/hm², 总生产力为 15.5187t/hm², 两种树木的生物量和生产力在植物各器官的分配状况与农林业系统中相同的林木一样。

4 苹果园的生物量和生产力

苹果园的总生物量为 58.9444t/hm², 总生产力为 13.8984t/hm², 生物量和生产力在植物各器官的分配状况与农林业系统中的苹果树一样。

5 农林业系统与农田、林地和果园系统的生物量和生产力比较

由以上分析可以看出,总生物量,林地和果园系统>3种农林业系统>农田系统,总生产力,沙兰杨林地>农田防护林,泡桐林地<桐粮间作,农田生产力小于沙兰杨林地,农田防护林和桐粮间作大于泡桐林地、苹果园和果粮间作。

六 农林业系统的归还状况

在农林业系统中,由于林木的落叶和农作物的残茬,每年都要向土壤归还一些生物质,其对增加土壤肥力,改良土壤结构等都有一定的好处。生物质的归还是农林业系统中内部过程的一个重要方面,它反映了系统内部的自我更新和自我调节能力,因此研究物质归还状况对揭示农林业系统内部的生物和土壤相互作用以及在利用自然界物质和能量的效率都非常重要。

1 计算分析方法

归还物的研究一般采用凋落物收集的办法。但是,对研究的农林业系统,采用这种方法困难比较大,原因为:

(1)农林业系统内部的空间异质性比较大,植物水平分布上表现为以较大株行距栽种的林木镶嵌在以较小株行距栽植的农作物的土地单元内;

(2)林木的归还物——落叶的分布很不规则,即距林带不同的地方,地面的落叶量差别很大。

农作物归还物的估量也不一定非用凋落物收集的办法,可将按以下方法计算农林业系统的物质归还量:

(1)林木的归还物主要是树木落叶,直接用林木叶子的生物量代替;

(2)农作物的归还物包括两部分为残茬(未完全收获的农作物茎干和叶)和根系。前者根据我们的观察,小麦的残茬约占茎叶总生物量的1/8,玉米和花生为0;农作物小麦和玉米的根系全部存留在土壤中,这部分可以用根系的生物量代替,花生根系也被收获走,因而花生的归还物为0。3种农林业系统的年生物质归还量见表5-18。

表5-18 3种典型农林业系统年生物质归还量/(t/hm²)

类型	林木归还量	夏作物归还量	秋作物归还量	总量
农田防护林	0.2603	1.5408	2.9250	4.7261
桐粮间作	0.3645	1.3835	2.9959	4.7438
果粮间作	1.0370	1.0105		2.0475

2 农田防护林的归还状况

农田防护林中年归还量为 4.7361t/hm², 其中林木占 5.5%, 农作物占 94.5%, 农作物中,夏作物(小麦)占 34.5%,秋作物(玉米)占 65.5%。小麦的归还物 36% 来自根系,64% 来自茎叶;玉米的归还物全部来自根系。

3 桐粮间作的归还状况

桐粮间作中年归还量为 4.7438t/hm²,其中林木占 7.6%,农作物占 92.4%。农作物中,夏作物(小麦)占 31.6%,秋作物(玉米)占 68.4%。小麦的归还物 47.9% 来自根系,52.1% 来自茎叶,玉米的归还物全部来自根系。

4 果粮间作的归还状况

果粮间作中年归还量为 2.0475t/hm²,其中林木占 50.6%,农作物占 49.4%,农作物的归还物全部来自夏作物(小麦)。小麦的归还物 29.7% 来自根系,71.3% 来自茎叶。

5 3 种农林业系统的归还状况比较

由以上分析可以看出,桐粮间作归还到土壤中的生物质最多,其次为农田防护林,果粮间作最少。而且归还物主要来自农作物。林木在归还物中占的份额:果粮间作 > 桐粮间作 > 农田防护林。

七 农林业系统的输出状况

农林业系统作为一个开放的生态系统,每年都有一定的物质和能量的投入和输出,投入量将在下一章讨论。农林业系统的输出是指每年输出到系统外的生物质量,通常是通过人工收获实现的,它反映了农林业系统每年向人类提供有用物质的能力。

1 计算分析方法

农林业系统是一种人为管理的生态系统,其输出的物质量就是收获量,而实际的收获量与农林业系统的生物量和生产力有着密切的关系,为此,直接可以根据农林业系统的生物量和生产力来计算其物质输出量。对于林木,在农田防护林和桐粮间作中,主要林产品——木材还未成熟,林木只有到最后收获时才有输出可谈,也就是说,6 年生的沙兰杨和泡桐就不必考虑其输出量;果粮间作中的苹果树每年都要修枝和收获果实,因而有一部分薪材和果实输出。农作物的输出包括两部分:秸秆和籽实。夏作物小麦的秸秆的输出量应除去归还到土壤中的那部分茎叶。3 种农林业系统中每年的物质输出量见表 5-19。

表 5-19 各类型农林业系统输出项的数量/(t/hm²)

项目	农田防护林	桐粮间作	果粮间作
薪材			3.06
树木果实			2.8572
小麦果实	5.9393	4.1856	4.8260
小麦秸秆	6.9008	7.0928	5.7880
玉米果实	6.5033	6.6607	
玉米秸秆	6.1718	6.3211	
花生果实			1.836
花生秸秆			3.276

2 农田防护林的输出状况

农田防护林年输出量为 25.5149t/hm²,全部来自农作物,其中夏作物占 50.3%,秋作物占 49.7%。在夏作物中,籽实占 46.3%,茎叶 53.7%;在秋作物中,籽实 51.3%,

茎叶占 48.7%。

3 桐粮间作的输出状况

桐粮间作年输出量为 24.2603t/hm², 全部来自农作物, 其中夏作物占 46.5%, 秋作物占 53.5%。在夏作物中, 籽实占 37.1%, 茎叶占 62.9%; 在秋作物中, 籽实占 51.3%, 茎叶占 48.7%

4 果粮间作的输出状况

果粮间作年输出量为 21.6387t/hm², 其中 27.3% 来自林木的收获。在林木中, 果实占 51.7%, 树枝占 48.3%; 其它的输出

来自农作物, 其中夏作物占 67.5%, 秋作物占 32.5%。在夏作物中, 籽实占 45.5%, 茎叶占 54.5%; 在秋作物中, 籽实占 35.9%, 茎叶占 64.1%。

5 3种农林业系统的输出状况比较

3种农林业系统, 从输出总量和果实输出量看, 农田防护林 > 桐粮间作 > 果粮间作。从输出构成看, 农田防护林和桐粮间作中没有林木输出, 只有农作物输出; 而果粮间作中林木和农作物输出都有。从夏秋作物的构成看, 果粮间作中, 夏作物占 2/3, 其它两种农林业系统中, 夏秋作物各输出一半左右。

八 农林业系统与农田、林地和果园系统的物质归还和输出状况比较

上面讨论了3种农林业系统的物质归还和输出状况。为了揭示农林业系统与传统的农业和林业系统的区别, 以下将分析农田、林地和果园系统的物质归还和输出状况, 并说明其与农林业系统的区别。

1 调查计算分析方法

农田系统中物质归还和输出的分析计算方法和农林业系统中的农作物一样; 林地和果园系统的物质归还和输出量的分析计算方法和农林业系统中的林木一样, 同样, 对于6年生的沙兰杨和泡桐林地, 林木还未成材, 因而没有输出。农田、林地和果园系统的物质归还、输出状况见表 5-20, 表 5-21。

表 5-20 农田、林地和果园系统年物质归还量/(t/hm²)

类型	农田系统	沙兰杨林地	泡桐林地	苹果园
物质归还量	3.0150	10.4104	2.9163	2.0640

表 5-21 农田和果园系统物质输出数量/(t/hm²)

项目	农田系统	苹果园
果实	10.8700	6.1200
薪材	11.8250	5.7144

2 农田系统的归还和输出状况

农田系统年归还量为 3.0150t/hm², 其中夏作物——小麦占 44.6%, 秋作物——玉米占 55.4%; 年输出总量为 22.6950t/hm², 其中夏作物占 42.7%, 秋作物占 57.3%。以果实形式输出的占 47.9%, 以薪材形式输出的占 52.1%。

3 林地系统的归还和输出状况

沙兰杨林地系统年归还量为 10.4104t/hm², 泡桐林地系统年归还量为 2.9163t/hm², 其全部来源于林木落叶;沙兰杨林地和泡桐林地的年输出总量为 0。

4 苹果园的归还和输出状况

苹果园的年归还量为 2.0640t/hm², 其全部来源于林木落叶;年输出总量为 11.8344t/hm², 其中 51.7% 来源于果实, 48.3% 来源于树枝。

5 农林业系统与农田、林地和果园系统的归还和输出状况比较

由以上分析可知, 物质归还量, 沙兰杨林地 > 3 种农林业系统 > 农田 > 泡桐林地 > 苹果园。物质输出量, 沙兰杨和泡桐林地没有物质输出, 其它几种类型为农田防护林 > 桐粮间作 > 农田系统 > 果粮间作 > 苹果园。

九 小结

综上所述,可以得出以下结论:

(1) 从林木生长情况看,沙兰杨和泡桐正处于生长旺盛期,各种树木生长参数(树高、枝下高、胸径和基径)增长很快,并且一年较一年快。相对来说,果树生长极其缓慢。

(2) 从单株树木生物量看,6 年生沙兰杨大于 6 年生泡桐,果树的单株生物量居中。

(3) 从单株生产力看,6 年生沙兰杨大于泡桐,再大于苹果树。

(4) 对于 3 种典型的农林业系统,从生物量看,果粮间作 > 桐粮间作 > 农田防护林,从生产力看,农田防护林 > 桐粮间作 > 果粮间作;从生物质归还量看,桐粮间作 > 农田防护林 > 果粮间作。物质输出量,农田防护林 > 桐粮间作 > 果粮间作。

(5) 将 3 种农林业系统与传统的农田、林地和果园系统相比较,生物量:林地系统 > 果园系统 > 农林业系统 > 农田系统,生产力:农田系统、农林业系统和林地系统差别不大,果园系统最少物质归还量,沙兰杨林地 > 桐粮间作 > 农田防护林 > 农田 > 泡桐林地 > 果粮间作 > 苹果园;物质输出量,沙兰杨和泡桐林地没有物质输出,其它几种类型为,农田防护林 > 桐粮间作 > 农田系统 > 果粮间作 > 苹果园。

参考文献:

[1] 杨修.农桐间作生态系统生物量和生产力研究,河南农业大学,1986,20(4):485-508.
[2] 郝祖渊,等.毛白杨生长和收获模型.林业科学,1989,25(2):120-126.
[3] 刘本瑞,等.豫西黄土区泡桐生长规律研究.林业科学,1989,25(2):10-14.
[4] 徐宏远.I-72 杨人工林生物量研究.林业科学,1990,26(1):22-29.
[5] 穆天民.北京人工林及其环境系统水分运动、交换和贮存的生理生态模型.林业科学,1990,26(1):9-16.
[6] 赵体顺.林农复合生态系统物质循环研究 I.农田林网生物量的研究,农村生态环境,1989,29:1-5.
[7] 徐孝庆,等.毛白杨人工生物量的初步研究,南京林业大学学报,1987:1-8.
[8] 林业部调查规划设计院.森林调查常用表,中国林业出版社,1988:66.
[9] Om Parkash Toky, Pradeep Kumar & Prem Kumar Khosta. Structure and function of traditional agroforestry systems in the Western Himalaya I. Biomass and Productivity, Agroforestry Systems, 1989,9:47-90.
[10] Chapman.植物生态学的方法(译著).北京:科学出版社,1974.

第六章 农林业系统的能量流

能量流和物质流是生态系统中的两个重要过程,是维持生态系统结构、功能以及结构和功能关系的纽带。人类的生产活动,就是通过改变生态系统中物质、能量流动的速率和途径来实现生态系统的调控—生态工程。而且不同的生态系统的能量和物质流动的数量和机制很不相同,即是一个生态系统在不同的演替发展阶段其特征也不尽相同,因此,研究生态系统中的物质流、能量流对揭示生态系统的基本特征和实现人为调控有着重要意义。

能量是一切生态系统的动力基础,它为生态系统中生命的维持和其他生态过程的运转提供了能源。生态系统的能量输出,反映了生态系统能够为人类提供的可利用物质的热量值。能量转换过程反映了生态系统的效率。因此研究农林业系统的能量流动不仅可以帮助人们认识农林业系统的功能特征,而且能够为农林业系统的设计提供理论根据。目前关于生态系统中能量流动的文献相当丰富,自从林德曼(Lindeman,1946)第一次提出生态系统中能量流动的概念,以后许多生态学家对各种类型的生态系统进行能量流动分析,其中以奥德姆(Odum,1955,1981,1983)和高莱(Golley,1961)的工作最为突出。农业生态系统中能量流动的分析,以皮蒙陶(Pimental,1981),闻大中(1985,1986,1987)和牛文元(1987)等文章最有影响,他们分析了不同自然环境条件下,农业生态系统中能量流动状况及其效率。

农林业系统的研究是近十几年来才得到了较大发展,关于农林业系统中能量流动的分析文献还很少。而对我国北方分布相当广泛的3种农林业系统——农田防护林、桐粮间作和果粮间作的能量流动也未见到全面系统的分析。为此,本书从生态系统分析的角度出发,在河南封丘选择典型的农林业系统,分析了农田防护林、桐粮间作和果粮间作3种类型的能量流动过程,并将其与当地条件下的农田生态系统、林地生态系统和果园生态系统相比较,试图通过研究这三种农林业系统中结构和功能的关系,为设计优化的农林业系统提供科学根据。

一 农林业系统的分室模型

农林业系统的基本组分和各组分间的关系是研究能量流、物质流和价值流的基本出发点,这里结合调查分析的具体情况,给出了一张农林业系统结构图(图6-1),将其作为能量流、物质流研究的框架。这里需要指出的一点是,出于以下4种原因,在分室结构中没有考虑到大气因子:1)大气因子主要是通过温、湿度等间接地影响到植物的生长,2)大气虽是植物中碳元素的主要来源,但是大气中CO_2含量比较稳定,并不成为植物生长的限制因子;3)大气因子也难以人为调控;4)大气与土壤进行的能量物质交换(如降水向土壤输入物质,土壤养分的溢散等)的通量很小,而且目前还缺乏实验数据。

在分析能量、物质流动时,将农林业系统分为投入部分、贮存和转换部分、归还部分和输出部分,对每一部分再按其能量、物质投入输出、贮存转换状况进行讨论。

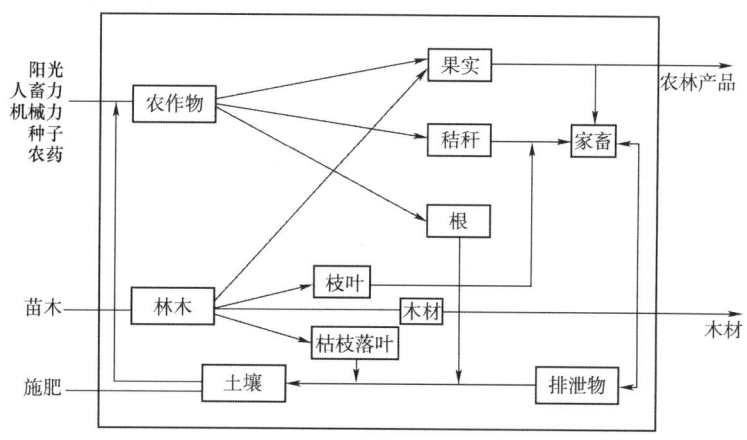

图6-1 典型的传统农林业生产模式

农林业系统的投入项包括太阳能、人畜力、有机肥、无机肥、农药、柴油以及种子。除太阳能外,其他项的投入数量是通过调查实验地的农民获得的一个平均值(表6-1),太阳能的计算见后面。农林业系统中每年新增加的生物质数量(即植物各器官生产力)见表5-14,生物质的贮存量(即生物量)见表5-13,生物质的归还数量见表5-18,输出到系统之外的各项数量见表5-19,根据这些数据,再对野外采集的林木和农作物的各器官的样品,测定其热值和氮磷钾3种元素的含量,可得各农林业系统的各投入项、转化项、贮存项、归还项和输出项的能量值或元素物质量,然后就可以分析各农林业系统的能量和物质的投入输出状况及其效率。

表6-1 各类型农林业系统投入项的数量

项目	单位(每公顷)	农田防护林	桐粮间作	果粮间作
人工	个	520	527	615
畜力	h	439	450	
柴油	L	149	150	128
有机肥	t	10.9	11.2	6.7
氮肥	kg	316	328	332
磷肥	kg	176	179	108
农药	kg	8	8	9.8
玉米种子	kg	21.9	22.5	
小麦种子	kg	204.7	209.7	126
花生种子	kg			136

二 能量流的计算分析方法

能量流的分析,首先要计算能量的各投入项、贮存项、转化项、归还项、输出项的热量值,在此基础上计算能量的投入输出效率。农林业系统中能量的输入部分是指每年自然进入或人为投入系统的能量,主要有两部分:一是太阳能,其总量是一定的,人类只考虑如何提高对太阳能的利用率;另一类为人工辅助能,包括人工能、牲力能、柴油能、有机肥料能、无机肥料能、种子能、农药能等。人工辅助能的加入,大大地提高了人类对太阳能的利用率。能量贮存和利用部分包括农作物、林木各器官的贮存能量、当年利用的能量。能量的归还部分是指以林木落叶或农作物残茬的形式进入土壤的物质所含的能量。输出部分包括林木的果实、木材和农作物的籽实、秸秆所含能量。

1 太阳辐射能的计算

太阳辐射是生态系统的能量源泉,地球上的任一生态系统都是以太阳辐射能作为动力的。农林业系统同样是一种人类采用一定的管理措施和技术手段,通过对不同的生物种进行时间和空间的合理配置,达到有效的尽可能多的利用太阳能,并将太阳能以有机物的形式贮存起来,供人类生产、生活使用。

植物所能利用到的太阳能只是到达地面的太阳辐射的一部分,因此首先要知道到达地球表面的太阳辐射能总量。由于太阳辐射的观测难度较大,现有的气象台站又很少观测,因而到达地面的太阳辐射一般采用经验公式计算。现有的国内外的计算公式大多是基于日射时数的观测值。这里也采用经验公式和封丘县气象台1989年10月—1990年9月的日射观测数据来计算。首先根据公式(6.1)、(6.2)和(6.3)计算出某一纬度到达地球大气层上部的太阳辐射量(Brock,1989),然后采用公式(6.4)计算出到达地球表面的太阳辐射量。公式(6.4)中的系数是李克煌(1990)提出的(表6-2),结果是封丘县的年太阳辐射量为 $4359.6 \times 10^{10} \text{J}/(\text{hm}^2 \cdot \text{a})$。

$$Q_0 = S_0/\pi [1 + 0.033 \times \cos(360 \times n/365)] \times [\cos L \times \cos D \times \sin H_s + (H_s \times \pi/100) \times \sin L \times \sin D] \quad (6.1)$$

式中,L 为纬度;D 为太阳赤纬:

$$D = 23.45 \times \sin[360(284 + n)/365] \quad (6.2)$$

H_s 为太阳日没时角:

$$H_s = \cos^{-1}(-\tan L \times \tan D) \quad (6.3)$$

S_0 为太阳常数($3.324 \times 10^4 \text{W} \cdot \text{h}/\text{m}^2\text{d}$)

$$Q = a + b \times Q_0 \times S \quad (6.4)$$

式中,Q 为到达地表的太阳辐射;a,b 为经验系数;S 为日射百分数;Q_0 为天文辐射。

表6-2 新乡市太阳总辐射经验公式中 a,b 系数

季节	$a/(\text{kW} \cdot \text{h}/\text{m}^2 \cdot \text{mon})$	b
冬季	28.73	0.501
夏季	69.78	0.398
春秋季	35.24	0.578

2 投入项的热值

投入项的热值计算方法比较复杂,对于大多数投入项的热值,Pimental 和闻大中都

已采用不同的计算方法对其进行了估算。因此,投入项的热值是通过查资料获得的,见表 6-3。

表 6-3　各种能量投入项的能值 /($\times 10^6$J)

项目	热值	单位	项目	热值	单位
人工	5.76	个	氮肥	88.56	kg
畜力	1.08	h	磷肥	49.45	kg
柴油	47.79	kg	农药	363.89	kg
有机肥	0.69	t	玉米种子	103.69	kg
花生种子	75.95	kg	小麦种子	18.22	kg

3　植物各器官的热值

植物的热值是含能产品的植物干物质在完全燃烧后所释放出来的热量值。热值的测定可以通过两种方法:一种是根据植物体内所含的脂肪、蛋白质和糖类的含量计算出来,另一种是用氧弹式热量计测定。在本研究中,植物热值有两类:一是根据现有资料查得的,如沙兰杨和泡桐的各器官热值,另一类是用美国生产的 Philliph 型氧弹热量计测定的,此种热量计的使用方法可参看 Philliph(1964)。

表 6-4　植物各器官的热值(10^6J/kg)

器官	沙兰杨	泡桐	苹果树	小麦	玉米	花生
干	19.15	18.54	18.72	16.76	16.34	17.26
枝	17.59	18.44	17.53			
叶	19.51	16.53	17.93	16.54	16.36	16.51
根	16.66	18.34	17.69	16.58	16.35	16.32
果			19.14	18.22	18.85	21.22

4　能量值的计算

(1) 投入项的热量

除太阳能利用上述方法直接计算获得外,其它各投入项的热量由各投入项的数量(表 6-1)和该项的热值(表 6-3)相乘而得。在研究投入能时,把除太阳能以外的其它形式的投入能量叫辅助能,这部分能量真正反映了人为管理措施对农林业系统的能量流动过程的影响程度。另外,还把柴油、农药、化肥等来自工业部门的投入项叫工业能,它反映了农林业生产与工业生产部门的联系程度。

(2) 植物各器官贮存和利用的能量

由林木和农作物各器官的热值与各器官的贮存和转化数量相乘而得,各植物器官的热值见表 6-4,贮存数量用各器官的生物量(表 5-13)表示,各器官的转化数量由其生产力表示(表 5-14)。

(3) 归还能量

以有机物形式进入土壤的归还能量由表 5-18 的物质归还量和相应植物器官的热值(表 6-4)相乘而得。

(4) 输出能量

类似于贮存能和转换能的计算方法,其系统的输出数量(表5-18)乘以表6-4中的相应植物器官的热值可得。

5 能量流动模型

把按以上方法计算出来的热量值代入分室结构图(图6-1),可得3种农林业系统的能量流动模型图(图6-2,表6-3,表6-4)。根据能量流动模型图,我们按照系统论的分析方法,从系统的能量投入输出数量、结构和效率三方面分析农林业系统的特征(表6-5,表6-6,表6-7)。

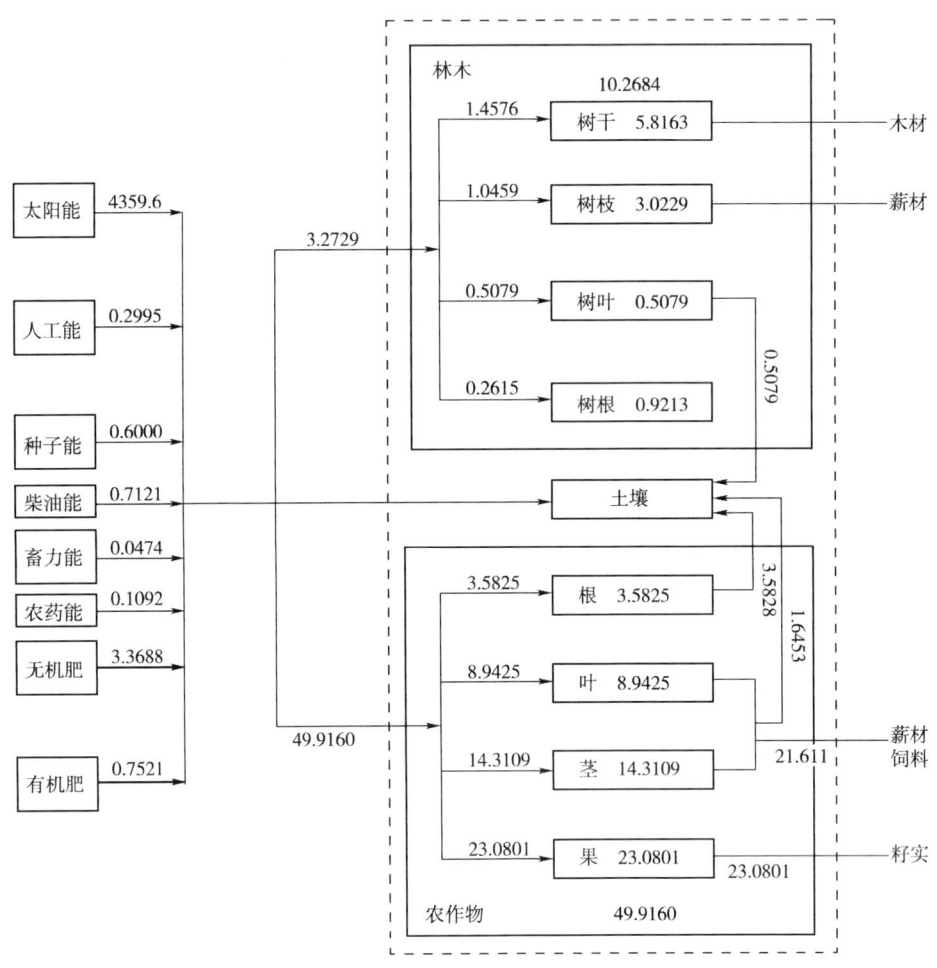

图6-2 农田防护林能量流动模型/(10^{10}J/hm^2)

表6-5 3种农林业系统的能益投入输出数量/(10^{10}J/hm^2)

类型	农田防护林	桐粮间作	果粮间作
投入能	4365.7891	4365.9121	4366.1216
净利用能	53.1918	51.3707	37.2160
贮存能	60.1873	60.4006	77.2756
归还能	5.7357	6.1181	3.8236
输出能	44.6912	42.3449	33.3923
经济输出能	23.0801	20.1816	14.5281

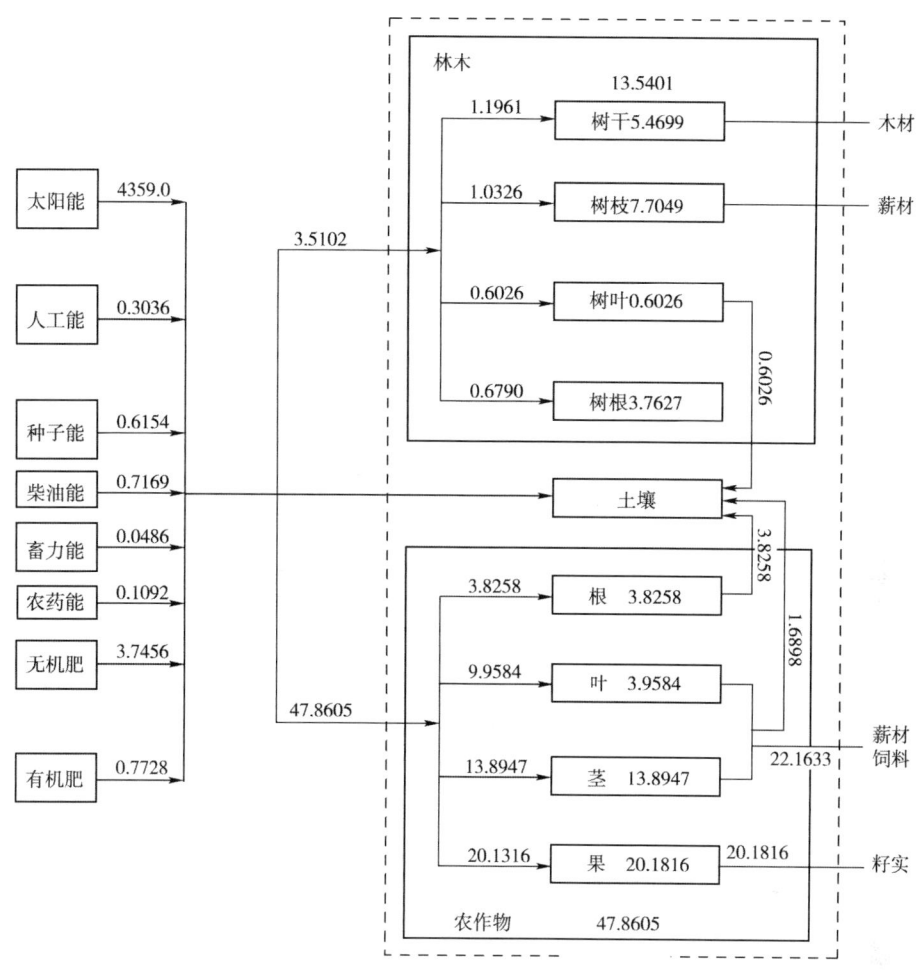

图 6-3 桐粮间作系统能量流动模型/(10^{10} J/hm²)

表 6-6 3 种农林业系统的能量投入输出结构

	类型	农田防护林	桐粮间作	果粮间作
投入结构	辅助能/太阳能	0.14	0.14	0.15
	人工能/辅助能	4.84	4.81	5.43
	畜力能/辅助能	0.77	0.77	0
	工业能/辅助能	72.55	72.43	68.12
	种子能/辅助能	9.69	9.75	19.36
	有机能/辅助能	12.15	12.24	7.09
净利用能结构	林木/农作物	6.56	7.33	31.32
	林木 干:枝:叶:果:根	5.57:4.00:1.94:0:1	1.76:1.52:0.89:0:1	0:5.36:1.65:1.86:0
	农作物 茎:叶:果:根	4.00:2.50:6.44:1	3.63:2.60:5.28:1	9.91:5.32:13.12:1
贮存能结构	林木/农作物	20.6	28.29	15.15
	林木 干:枝:叶:果:根	6.31:3.28:0.55:0:1	1.98:1.70:0.22:0:1	0.55:2.46:0.15:0.16:1
	农作物 茎:叶:果:根	4.00:2.50:6.44:1	3.63:2.60:5.28:1	9.91:5.32:13.12:1
输出结构	林木/农作物	0	0	0.276
	农作物籽实/薪材	1.068	0.911	0.938
	林木果实/薪材			0.347

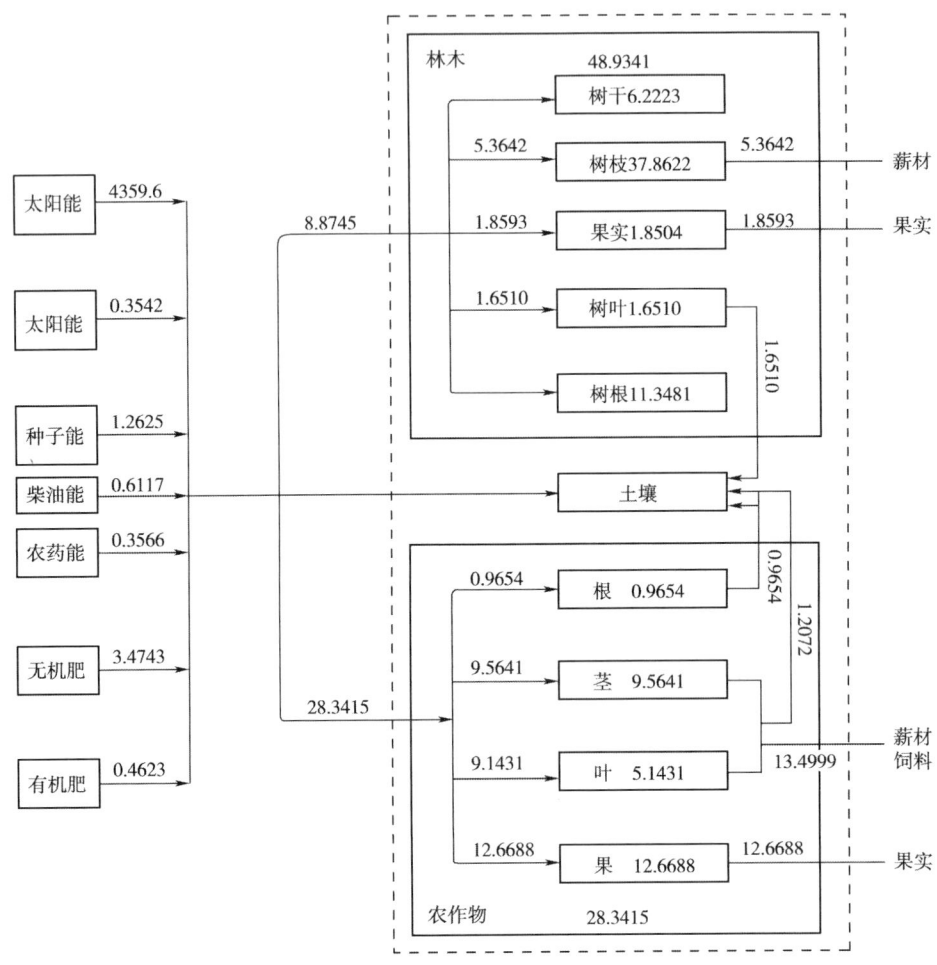

图 6-4　果粮间作系统能量流动模型/(10^{10} J/hm²)

三　农林业系统能量的投入状况

1　农田防护林中能量的投入状况

农田防护林中能量的投入总量为 4365.7991×10^{10} J/hm²。总投入能中，辅助能总量为 6.1034×10^{10} J/hm²，占总投入能的 0.14%，而辅助能投入中，以人工形式投入的能量占 4.9%，畜力形式的占 0.76%，柴油形式的占 11.7%，农药形式的占 1.8%，无机肥料形式的占 55.2%，有机肥料的占 12.3%，种子形式的占 4.8%。工业能的投入总量为 4.1901×10^{10} J/hm²，占辅助能投入的 68.7%。

2　桐粮间作中能量的投入状况

桐粮间作中能量的投入总量为 4365.9121×10^{10} J/hm²，总投入能中，辅助能投入总量为 6.1034×10^{10} J/hm²，占总投入能的 0.14%，而辅助能投入中，以人工形式投入的能量占 4.8%，畜力形式的占 0.77%，柴油形式的占 11.4%，农药形式的占 1.7%，无机肥料形式的占 59.3%，有机肥料形式的占 12.2%，种子形式的占 4.8%。工业能的投入总量为

$4.5717 \times 10^{10} \text{J/hm}^2$,占辅助能投入的 72.4%。

3 果粮间作中能量的投入状况

果粮间作中能量的投入总量为 $4366.1216 \times 10^{10} \text{J/hm}^2$,总投入能中,辅助能总量为 $6.5216 \times 10^{10} \text{J/hm}^2$,占总投入能的 0.17%,而辅助能投入中,以人工形式投入的能量占 5.4%,柴油形式的占 9.4%,农药形式的占 5.5%,无机肥料形式的占 53.5%,有机肥料形式的占 7.1%,种子形式的占 19.4%。工业能的投入总量为 $4.4486 \times 10^{10} \text{J/hm}^2$,占辅助能投入的 68.1%。

4 3 种农林业系统能量的投入状况比较

由以上分析可以看出,3 种农林业系统的能量投入状况有以下特点:投入能总量和辅助能投入总量为果粮间作>桐粮间作>农田防护林;工业能投入,桐粮间作>果粮间作>农田防护林。果粮间作中需要较多的劳动力、农药和化肥,而对其他投入能的需要则比其它两种农林业系统少,桐粮间作的各项投入均大于农田防护林,总的来说,对于 3 种不同的农林业系统,各种辅助能的投入比例不同,但差别不大。太阳能是投入能量的主要部分,其约占 99.8% 以上。在辅助能投入中,工业能最多,约占 68% 以上,其次为有机肥能、种子能、人工能和畜力能。

四 农林业系统能量的利用状况

太阳能进入农林业系统后,一部分以热的形式为植物生长发育提供一个适宜的环境条件,另一部分通过植物的光合作用,将太阳能以生物能的形式贮存在体内,这部分能量一些用来维持植物体内的新陈代谢,被呼吸作用消耗,还有一些永久的贮存在植物体内,这里所说的农林业系统利用的能量,就是指这部分能够最终能为人们利用的、以生物质形式贮存在植物体内的能量。

1 农田防护林中能量的利用状况

农田防护林 1a 利用的太阳辐射能为 $53.1918 \times 10^{10} \text{J/hm}^2$,沙兰杨树木所利用的占 6.1%,农作物所利用的占 93.9%,沙兰杨树木 1a 所利用的能量在植物体内各器官的分配状况为:树干 44.5%,树枝 32.0%,树叶 15.5%,树根 8.0%,树木的果实所利用的能量非常小,可以忽略不计。农作物所利用的能量在植物体内各器官的分配状况为:茎干 28.7%,叶 17.9%,根 7.2%,籽实 46.2%。夏粮作物所利用的能量占 49.9%,秋作物所利用的能量占 50.1%。

2 桐粮间作中能量的利用状况

桐粮间作 1a 利用的太阳辐射能为 $51.3707 \times 10^{10} \text{J/hm}^2$,泡桐树木所利用的占 6.8%,农作物所利用的占 93.2%。泡桐树木 1a 所利用的能量在植物体内各器官的分配状况为:树干 34.1%,树枝 29.4%,树叶 17.2%,树根 19.3%,树木的果实所利用的能量非常小,可以忽略不计。农作物所利用的能量在植物体内各器官的分配状况为:茎干 29.0%,叶 20.8%,根 8.0%,籽实 42.2%。夏粮作物所利用的能量占 46.5%,秋作物所利用的能量占 53.5%。

3 果粮间作中能量的利用状况

果粮间作 1a 利用的太阳辐射能为 $37.2160 \times 10^{10} \text{J/hm}^2$,苹果树木所利用的占

23.8%,农作物所利用的占 76.2%。苹果树木 1a 所利用的能量在植物体内各器官的分配状况为:树枝 60.4%,树叶 18.6%,果实 21.0%,分配到树根和树干中去的利用能比例非常小。农作物所利用的能量在植物体内各器官的分配状况为:茎干 33.7%,叶 18.1%,根 3.4%,籽实 44.7%。夏粮作物所利用的能量占 66.8%,秋作物所利用的能量占 33.2%。

4 3 种农林业系统能量的利用状况比较

从以上分析可以知道:对 3 种农林业系统,总利用能:农田防护林＞桐粮间作＞果粮间作。在植物利用能中,林木每年利用的总能量较少,农田防护林、桐粮间作和果粮间作中林木所利用的能量占系统总的利用能量的 6.1%、6.8% 和 23.8%。林木各器官所利用的能量,对沙兰杨和泡桐树种,树干＞树枝＞树叶＞树根,而对苹果树,树枝＞果实＞树叶,树干和树根每年积累的能量极少。

五 农林业系统能量的贮存状况

在农林业系统中,由于林木不是每年都能被收获,因而有一部分贮存在树木中的能量被长期保存下来,它和农作物当年利用的太阳能一起构成了农林业系统的贮存能,这部分能量对生态系统的稳定性有很大的影响。

1 农田防护林中能量的贮存状况

农田防护林中所贮存的总能量为 60.1873×10^{10} J/hm²,沙兰杨树木所贮存的占 17.1%,农作物所贮存的占 82.9%。沙兰杨树木所贮存的能量在植物体内各器官的分配状况为:树干 56.6%,树枝 29.4%,树叶 4.9%,树根 9.1%,农作物所贮存的能量在植物体内各器官的分配状况和农作物的利用能一样。

2 桐粮间作中能量的贮存状况

桐粮间作中所贮存的总能量为 60.4006×10^{10} J/hm²,泡桐树木所贮存的占 22.1%,农作物所贮存的占 77.9%。泡桐树木所贮存的能量在植物体内各器官的分配状况为:树干 40.4%,树枝 34.7%,树叶 4.5%,树根 20.4%;农作物所贮存的能量在植物体内各器官的分配状况和农作物的利用能一样。

3 果粮间作中能量的贮存状况

果粮间作中所贮存的总能量为 77.2756×10^{10} J/hm²,苹果树木所贮存的占 60.2%,农作物所贮存的占 39.8%。苹果树木所贮存的能量在植物体内各器官的分配状况为:树干 12.7%,树枝 56.90%,树叶 3.4%,果实 3.8%,树根 23.2%;农作物所贮存的能量在植物体内各器官的分配状况和农作物的利用能一样。

4 3 种农林业系统能量的贮存状况比较

由以上分析可以看出,对于贮存能总量,果粮间作＞桐粮间作＞农田防护林。林木所占总贮存能的比例对农田防护林、桐粮间作和果粮间作分别为 17.1%,22.1% 和 60.2%。这些能量在植物各器官的分配,对于林木——泡桐和沙兰杨树木,均为树干＞树枝＞树根＞树叶;而苹果树为树枝＞树干＞树根＞果实＞树叶;对于农作物类似于利用能的结构。

六　农林业系统能量的归还状况

农林业系统中有一部分能量随植物的归还物进入土壤中,为土壤中微生物的活动和土壤中其它生物过程提供了能源,它同样是农林业系统内能量流动的重要一环。

1　农田防护林中能量的归还状况

农田防护林内 1a 向土壤归还的生物质所含的能量为 $5.7357 \times 10^{10} J/hm^2$,沙兰杨树木的贡献率为 8.9%,农作物的贡献率为 91.1%。沙兰杨树木的归还能主要来自树木的落叶,农作物的归还能主要来自其茎叶残茬(占 31.5%)和根系(占 68.5%)。

2　桐粮间作中能量的归还状况

桐粮间作内 1a 向土壤归还的生物质所含的能量为 $6.1181 \times 10^{10} J/hm^2$,泡桐树木的贡献率为 8.9%,农作物的贡献率为 90.1%。泡桐树木的归还能主要来自树木的落叶,农作物的归还能主要来自其茎叶残茬(占 30.6%)和根系(占 69.4%)。

3　果粮间作中能量的归还状况

果粮间作内 1a 向土壤归还的生物质所含的能量为 $3.8276 \times 10^{10} J/hm^2$,苹果树木的贡献率为 43.2%,农作物的贡献率为 56.8%。苹果树木的归还能主要来自树木的落叶,农作物的归还能主要来自其茎叶残茬(占 55.6%)和根系(占 44.4%)。

4　3 种农林业系统能量的归还状况比较

3 种农林业系统中,能量归还总量,桐粮间作 > 农田防护林 > 果粮间作,归还能主要来自农作物。桐粮间作和农田防护林中,来自农作物的归还能达 90% 以上,果粮间作中为 56.8%;林木的归还物几乎全部来自林木落叶。农作物的归还能主要来源于茎叶和根系,桐粮间作和农田防护林中来自茎叶的不到 1/3,果粮间作中来自茎叶的多于来自根系的。

七　农林业系统能量的输出状况

农林业系统输出的能量就是农林业系统 1a 可以向社会提供的能量,农林业生产的目的就是追求最大程度的能量输出。

1　农田防护林中能量的输出状况

农田防护林通过人为收获,1a 向系统外输出的物质所含总能量为 $44.6912 \times 10^{10} J/hm^2$。由于树木此时尚未成材,输出的能量主要来自农作物,农作物的籽实提供了 56.6% 的输出能,而其它的 43.4% 由作物秸秆提供。夏粮作物所提供的输出能量占 50.0%,秋粮作物所提供的占 50.0%。

2　桐粮间作中能量的输出状况

桐粮间作通过人为收获,1a 向系统外输出的物质所含总能量为 $42.3449 \times 10^{10} J/hm^2$。由于树木此时尚未成材,输出的能量主要来自农作物,农作物的籽实提供了 47.7% 的输出能,而其它的 52.3% 由作物秸秆提供。夏粮作物所提供的输出能量占 45.9%,秋粮作物所提供的占 54.1%。

3 果粮间作中能量的输出状况

果粮间作通过人为收获,1a 向系统外输出的物质所含总能量为 33.3923×10^{10} J/hm^2,其中树木输出的能量占 16.2%,农作物输出的能量占 83.8%。树木主要由果实(占 26.7%)和枝条(占 74.3%)提供,农作物的输出能量的 48.4% 由作物籽实提供,51.6% 由作物秸秆提供。夏粮作物提供了农作物输出能量的 36.0%,秋粮作物提供了 64.0%。

4 3种农林业系统能量的输出状况比较

农林业系统每年向系统外输出的能量,从总量看,农田防护林 > 桐粮间作 > 果粮间作;从结构看,农田防护林和桐粮间作主要以农作物的秸秆和籽实的形式,其二者比例对这两种农林业系统分别为 1.0680 和 0.9106,非常接近于 1。果粮间作中每年都有林木和农作物的输出能,前者占总输出的 16.2%;其经济输出(以果实形式)占总输出能的 43.5%,其中农作物的贡献为 37.9%,林木的贡献为 5.6%。农作物提供的输出能,夏粮作物和秋粮作物在农田防护林和桐粮间作中差别不大,而在果粮间作中,秋作物提供的较多。

八 农林业系统能量的投入输出效率

能量的投入输出效率是衡量农林业系统在利用太阳能方面的能力和效率的大小,其表示方法很多,对于农林业系统来说,输出能/投入能、输出能/太阳能、净利用能/投入能、净利用能/太阳能、经济输出能(以果实形式输出的能量)/投入能、光能利用率(经济输出能/太阳能),是几个最为重要的指标(表6-7),它们从不同侧面反映了农林业系统的能量投入输出效率。

表6-7　3种农林业系统的能量投入输出效率/%

类型	农田防护林	桐粮间作	果粮间作
输出能/投入能	1.02	0.97	0.76
输出能/太阳能	1.03	0.97	0.76
净利用能/投入能	1.22	1.18	0.85
净利用能/太阳能	1.22	1.18	0.85
经济输出能/投入能	0.53	0.46	0.33
光能利用率	0.53	0.46	0.33

3种农林业系统的能量输出投入比、输出能与太阳能之比、净利用能与太阳能和投入能之比、经济输出能与投入能之比、光能利用率,均为农田防护林 > 桐粮间作 > 果粮间作。农田防护林、桐粮间作和果粮间作的光能利用率分别为 0.53%、0.46% 和 0.33%,这反映了它们的能量投入输出效率农田防护林最大,果粮间作最小。

九 农林业系统能量流与农田、林地和果园系统的比较

前面已经讨论了农林业系统与农田、林地和果园系统在结构、生产力和生物量上的差别,将从能量流动的观点来讨论这个问题。首先根据表6-8列出的农田、林地、果园系统的投入数量和表5-15、表5-16、表5-17所列农田、林地、果园系统的生产力、生物量数

据,以及表 5-20、表 5-21 所列出的生物质归还和输出量数据,按照以上计算农林业系统的能流中输入项、输出项、归还项、贮存项和转化项的计算方法,可绘制出农田、沙兰杨林地、泡桐林地和苹果园系统的能量流动模型图(图 6-5、图 6-7、图 6-8)。类似于前面对 3 种典型农林业系统的能量流动过程的分析方法,可得到表 6-9、表 6-10、表 6-11 的结果,再将其与前面 3 种典型农林业系统的分析结果比较可得以下结论。

表 6-8 农田、林地和果园系统的投入数量

项目	单位(每公顷)	农田系统	苹果园	沙兰杨林地	泡桐林地
人工	个	525	750	30	30
畜力	h	450			
柴油	L	150	37.5		
有机肥	t	10.2			
氮肥	kg	324	345		
磷肥	kg	180			
农药	kg	3	20		
玉米种子	kg	22.5			
小麦种子	kg	210			

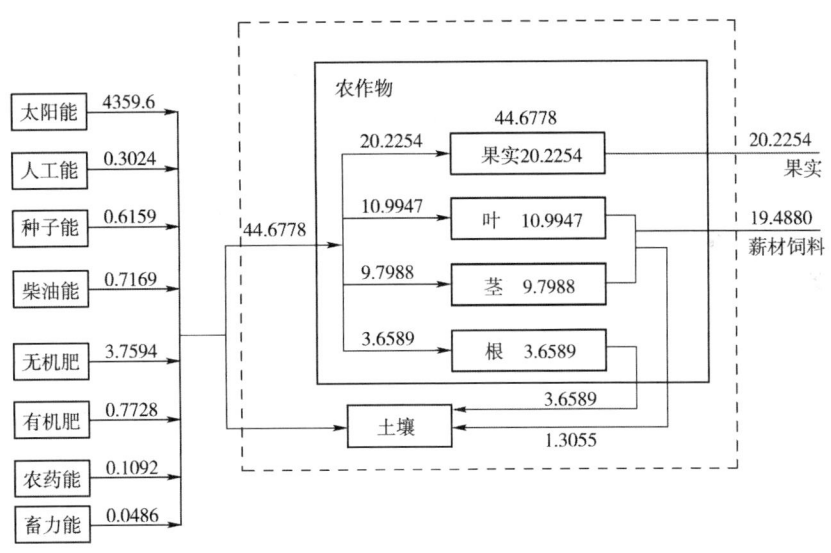

图 6-5 农田生态系统能量流动模型图/(10^{10} J/hm²)

表 6-9 农田、林地和果园系统的能量投入输出状况/(10^{10} J/hm²)

类型	农田系统	沙兰场林地	泡桐林地	苹果园
投入能	4365.9252	4359.6173	4359.6173	4363.9943
净利用能	44.6768	130.8621	28.0815	17.7311
贮存能	44.6778	410.5944	108.3208	97.6932
归还能	4.9644	20.3003	4.8206	3.7008
输出能	39.7134			14.0304

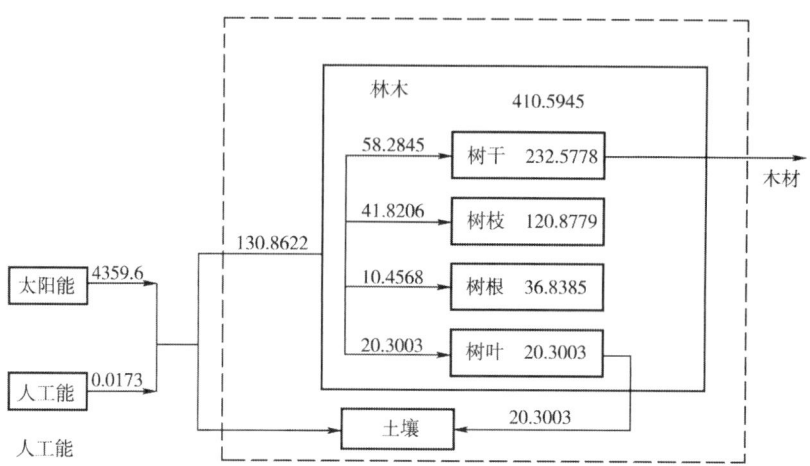

图 6-6 沙兰杨林能量流动模型图/(10^{10} J/hm²)

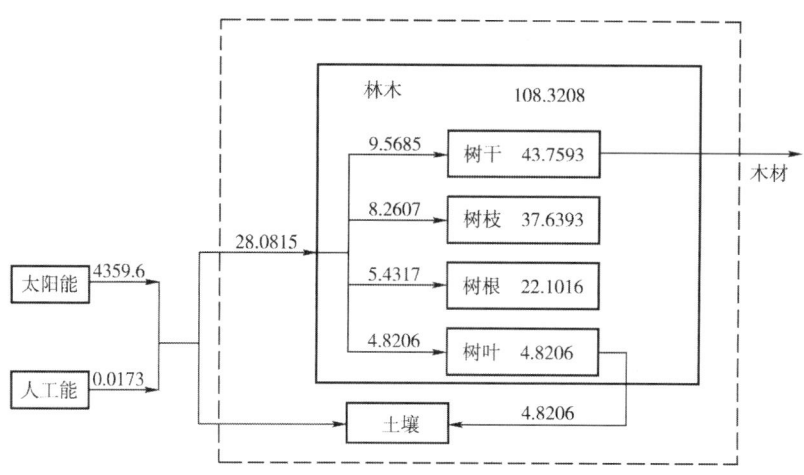

图 6-7 泡桐林能量流动模型图/(10^{10} J/hm²)

表 6-10 农田、林地和果园系统的能量投入输出结构

	类型	农田系统	沙兰场林地	泡桐林地	苹果园
投入结构	辅助能/太阳能	0.15			0.10
	人工能/辅助能	4.78			9.83
	畜力能/辅助能	0.77			
	工业能/辅助能	72.50			90.17
	种子能/辅助能	9.74			
	有机能/辅助能	12.22			
净利用能	干:枝叶:叶:果:根	2.67:3.00: 5.52:1	5.57:4.00: 1.94:0:1	1.76:1.52: 0.89:0:1	0:10.73:3.70: 3.30:1
贮存能	干:枝叶:叶:果:根	2.67:3.00: 5.52:1	6.31:3.28: 0.55:0:1	1.98:1.70: 0.22:0:1	0.55:2.40: 0.16:0.15:1
输出能	(果实)籽实/薪材	1.04:1			0.31:1

· 456 ·

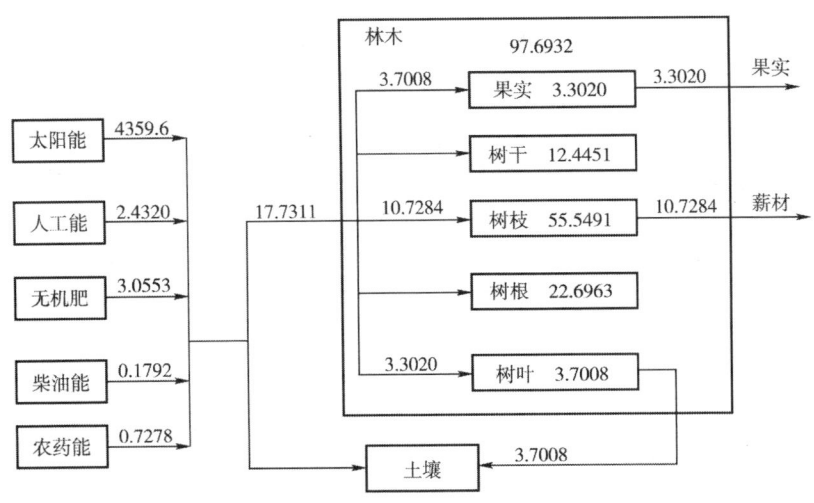

图 6-8 苹果园能量流动模型图/(10^{10} J/hm²)

表 6-11 农田、林地和果园系统的能量投入输出效率

类型	农田系统	沙兰杨林地	泡桐林地	苹果园
输出能/投入能	0.91			0.32
输出能/太阳光	0.91			0.32
净利用能/投入能	1.02	0.30	0.64	0.41
净利用能/太阳光	1.02	0.30	0.64	0.41
经济输出能/投入能	0.46			0.08
光能利用率	0.46			0.08

1 能量投入状况

从总量上看，农田系统投入能量较多，林地和果园系统的投入能量较少，3 种农林业系统居中。从投入能量的结构看，沙兰杨林地和泡桐林地除太阳能投入和极少的人工能投入外，没有其它人工辅助能的投入，农田系统的能量投入结构极类似于农林业系统，苹果园系统比果粮间作系统投入了较多的农药能，缺少种子能和有机肥料能。

2 能量的贮存和利用状况

从系统中生物组分能量贮存总量上看，林地和果园系统最多，农田最少，3 种农林业系统居中，林地和果园系统中沙兰杨林地 > 泡桐林地 > 苹果园。植物各器官的贮存能量比例，在农田系统中类似于农林业系统中的农作物，林地和果园系统类似于相应农林业系统中的林木成分。

从系统中生物利用能总量看，沙兰杨林地 > 桐粮间作 > 农田防护林 > 农田系统 > 果粮间作 > 泡桐林地 > 苹果园。利用能在植物各器官的分配，农田系统中农作物类似于农林业系统中的农作物，林地和果园系统中的林木类似于农林业系统中相应的林木。

3 能量的归还状况

归还到土壤中的能量以沙兰杨林地最多，桐粮间作和农田防护林次之，泡桐林地和沙兰杨林地再次之，果粮间作最少。归还能的来源，对于农田系统为作物残茬，对于林地和果园系统为树木落叶，农林业系统两者兼而有之。

· 457 ·

4 能量输出状况

能量输出总量,农田防护林>桐粮间作>农田系统>果粮间作>果园系统,沙兰杨林地和泡桐林地每年基本上没有输出能(指在林木未成材收获前)。

5 能量投入利用效率

从表6-11中计算出的各种能量利用指标看,净利用能与总投入能(或太阳能)相比,农田防护林>桐粮间作>农田系统>沙兰杨林地>果粮间作>泡桐林地>苹果园;总输出能与总投入能(或太阳能)之比和经济输出能与总投入能(或太阳能)之比,桐粮间作和农田防护林系统最大,其次为农田系统,再次为苹果园和果粮间作。

十 小结

综上所述,可以得到以下结论:

(1) 3种农林业系统(农田防护林、桐粮间作和果粮间作)在能量流动过程中,许多方面存在着差别。

(2) 桐粮间作投入能量较多,果粮间作投入能量较少,农田防护林居中,但三种类型差别很小。从能量投入结构看,太阳能是该系统投入能量的主要部分,其它形式的能量投入从大到小依次为工业能、有机肥、无机肥、种子能、人工能、畜力能。

(3) 从农林业系统中生物贮存能总量看,果粮间作>桐粮间作>农田防护林,其中农作物贮存能量最多。贮存能在各植物器官中分配状况,林木(除苹果树外)为干>枝>叶>根,而农作物为果>茎>叶>根。

从农林业系统中每年利用的能量看,农田防护林>桐粮间作>果粮间作。新增加能量在各植物器官的分配类似于贮存能。

(4) 每年能量输出总量农田防护林>桐粮间作>果粮间作,且以农作物籽实器官输出最多。

(5) 3种农林业系统年能量利用率,以生物利用能与总投入能(或太阳辐射能)之比计算介于0.76%—1.23%,若以经济生产力能量计算,则为0.33—0.53,各指标均为农田防护林>桐粮间作>果粮间作,果粮间作光能利用率只有农田防护林的2/3以下。

(6) 农田、林地和果园系统与农林业系统在能量流动过程中存在以下差别:

1) 与农林业系统相比,农田系统能量的投入多输出多,林地和果园系统则投入少输出也少。

2) 能量投入输出效率除果粮间作外,农林业系统稍大。

3) 农田、林地和果园系统贮存能量生物成分单一。从能量贮存总量上看,农林业系统介于农田系统、林地和果园系统之间。从生物利用能看,农田、农林业、林地和果园系统三者差别不大。

参考文献:

李克煌.农业气候资源分析.河南大学出版社,1990.

牛文元.农田生态系统物质能量交换.气象出版社,1987.

闻大中.农业生态系统能流的研究方法(一).农村生态环境,1985,(1):47-52.

闻大中.农业生态系统能流的研究方法(二).农村生态环境,1986,(1):52-56.
闻大中.农业生态系统能流的研究方法(三).农村生态环境,1986,(2):48-51.
闻大中.再论农业生态系统能流的研究方法.农村生态环境,1987,(1):61-66.
Golley F B. Energy value of ecological materials. Ecology, 1961, 42(3): 581-584.
Odum E P,(孙儒泳译).生态学基础.人民教育出版社,1981.
Odum H T. Systems Ecology, Jhon Wiley&Son,1983.
Odum H T, Odum E P. Trophical and productivity of a windward corel reef community on Eniwetok Atoll, Ecol Monogr, 1985, 251: 291—320.

第七章 农林业系统的物质流

物质循环和能量流动都是生态系统的基本功能,二者紧密结合,不可分割,构成了生态系统的核心。研究表明,元素的化学循环与生态系统的稳定性有关。生态系统中物质循环的概念最初来源于土壤学、地理学中的生物地球化学循环,其工作的范围和深度是相当广泛的。可参考伐莱吐耐(Vallentyne, 1960)和杜维格莱德(Duvigeaud et al., 1975)的文章。

农林业系统的研究是近十几年来才得到了较大发展,关于农林业系统中物质流动的分析文献较少,仅见到的有冯宗炜等(1983)和道克(Om Parkash Toky et al., 1989)两篇。而对我国分布相当广泛的3种农林业系统—农田防护林、桐粮间作和果粮间作中物质流动的分析报导尚很少,为此,从生态系统分析的角度出发,在河南封丘选择典型的农林业系统,分析了农田防护林、桐粮间作和果粮间作3种类型的物质流动过程,并将其与当地条件下的农田、林地和果园系统相比较,以揭示农林业系统在利用物质方面的效率和功能特征,为设计优化的农林业系统提供科学根据。

农林业系统中的物质循环反映了系统中物质吸收、转化和在各植物器官、系统各组分间的分配状况,农林业系统中物质投入部分包括施肥、种子;物质贮存和转换部分包括林木和农作物各器官中的元素贮存、输入输出数量以及土壤贮存物质;物质的归还部分是指以林木落叶或农作物残茬的形式进入土壤的元素物质量,输出部分包括果实、秸秆等输出项所携带出系统的物质量。分析时主要研究对农林业系统非常重要的N、P、K 3种养分元素的物质循环状况。

一 物质流计算分析方法

农林业系统中物质流的各项计算类似于能量流的分析,即为各项的数量与其物质元素含量的乘积,各项的数量采用前面能量流分析中已经用过的投入量、生物量、生产力、归还量和输出量等,植物各器官元素的含量有些我们借用别人的测定数据,如沙兰杨、泡桐树木各器官的氮磷钾元素的含量。有些是直接测定的,所用的测定方法为,氮用凯氏定氮仪,磷用比色法,钾用火焰分光光度计。植物各器官的N、P、K三元素的含量见表7-1。

1 物质投入项的计算

农林业系统的物质投入项包括施肥和种子携带的物质量,施肥包括有机肥(其数量见表6-1示,其N、P和K含量)(分别为2.4%、0.2%和0.8%)和化肥(表6-1中包括其净N、P含量),农作物种子(籽实)的N、P、K含量见表7-1,由此可得输入项的N、P、K量。

2 物质贮存和转换量的计算

植物各器官的物质贮存量和输入输出量由各器官的N、P、K含量(表7-1)和相应的生物量(表5-13)、生产力(表5-14)相乘而得。土壤中的物质贮存量对于农田系统来说,由土壤N、P、K含量(表3-1)及耕作层厚度决定,农田系统一般取60cm,而对农林业系统和林地系统来说,养分供应层厚度至少应有 2m 以上。

表 7-1　植物各器官的氮磷钾的含量/(mg/g)

元素	器官	沙兰杨	泡桐	苹果树	小麦	玉米	花生
氮	干	0.422	0.748	0.881	4.834	4.796	8.312
	枝	3.548	4.679	5.501			
	叶	9.907	10.482	10.322	5.105	7.106	7.604
	根	4.998	3.414	4.904	5.714	7.424	8.923
	果			10.411	18.438	16.109	43.847
磷	干	0.397	0.475	0.498	0.804	0.943	1.134
	枝	0.911	0.948	0.974			
	叶	1.004	3.556	3.888	1.123	1.93	1.312
	根	1.931	3.559	3.954	0.934	0.917	1.321
	果			2.935	4.145	3.743	4.231
钾	干	0.909	0.981	1.223	8.121	13.178	14.319
	枝	2.043	2.933	3.456			
	叶	4.752	4.884	5.619	5.754	13.489	16.324
	根	5.104	6.428	7.163	7.486	12.925	18.333
	果			5.862	6.198	3.234	8.765

3　物质归还量的计算

以有机物形式进入土壤的物质,由表 5-18 的物质归还量和相应植物器官的元素含量(表 7-1)相乘而得。

4　物质输出量的计算

输出量由各输出项的数量(表 5-19)和相应器官 N、P、K 元素的含量(表 7-1)决定。

将按以上各方法计算出的各项 N、P、K 数量,代入农林业系统结构图(图 6-1)中去,可得物质循环模型图(图 7-1、图 7-2、图 7-3)。应用类似于以上分析农林业系统能量流动的方法,根据物质流动模型图对 3 种农林业系统的 3 种营养元素氮磷钾物质流动状况进行分析。可得物质的投入产出状况(表 7-2),物质投入产出结构(表 7-3),物质投入产出效率(表 7-4)。

表 7-2　三种农林业系统的物质投入输出状况/(kg/hm²)

元素	类型	农田防护林	桐粮间作	果粮间作
氮	投入量	372.33	384.02	434.09
	吸收量	310.48	286.08	262.74
	贮存量	317.41	301.00	367.67
	归还量	22.69	26.31	18.53
	输出量	284.58	256.72	218.34
磷	投入量	198.80	202.43	122.50
	吸收量	68.24	64.30	46.83
	贮存量	70.93	71.33	86.33
	归还量	3.16	8.45	5.32
	输出量	63.93	57.73	35.52
钾	投入量	88.54	90.97	55.57
	吸收量	227.33	223.25	162.44
	贮存量	233.72	238.66	256.78
	归还量	33.71	13.52	18.75
	输出量	190.82	172.45	122.42

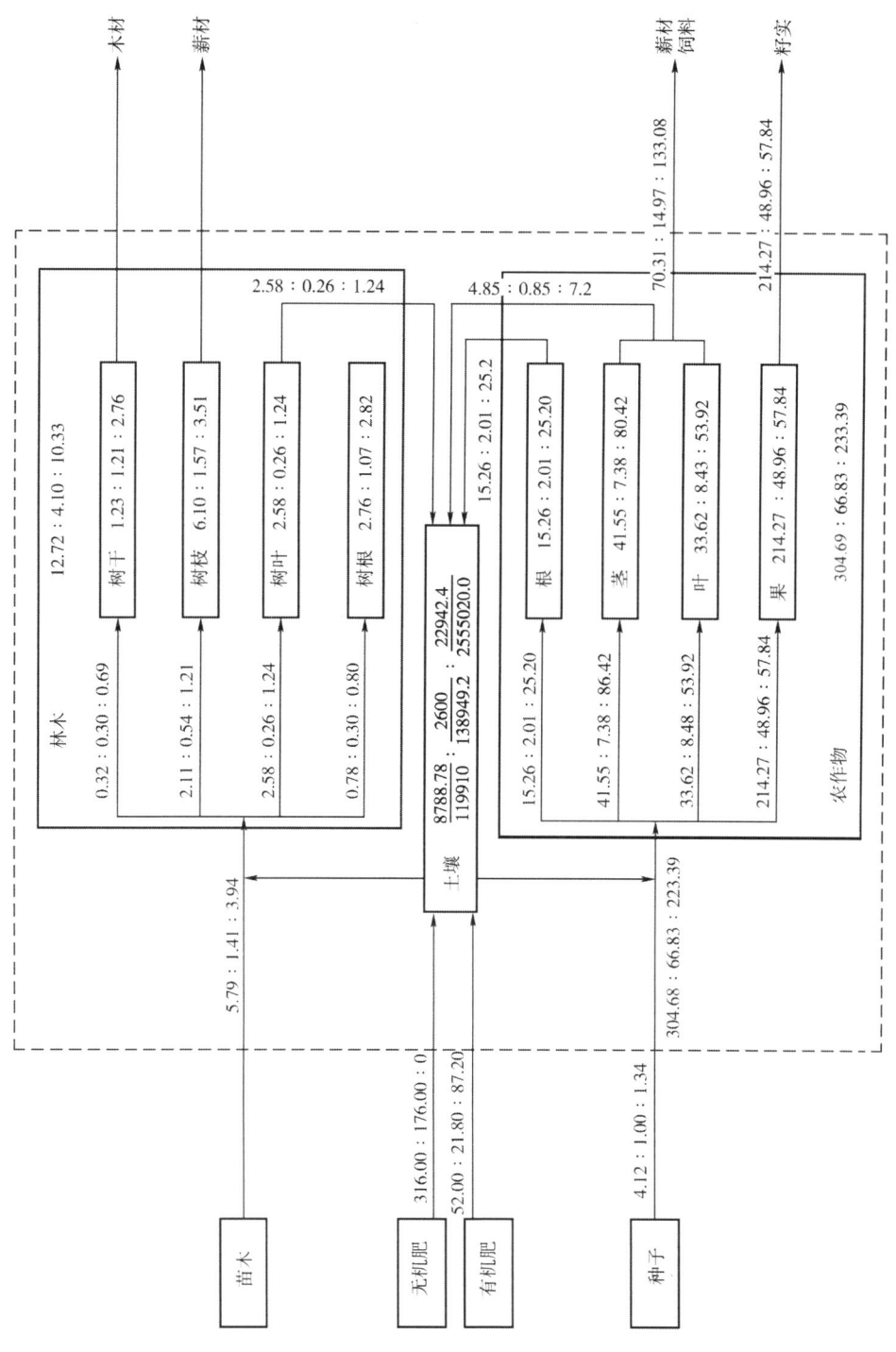

图 7-1 农田防护林物质循环模型（N.P.K）/（kg/hm²）

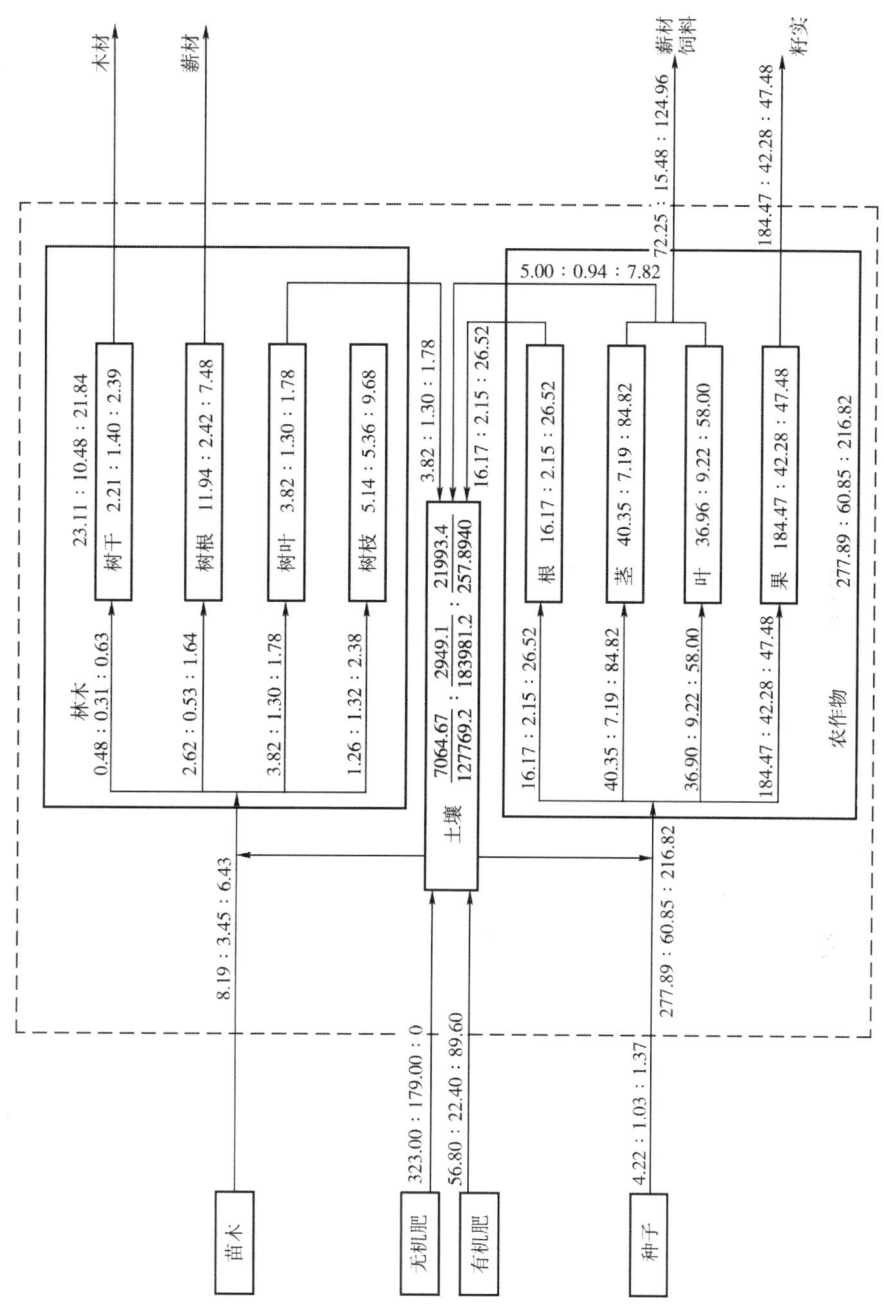

图 7-2 桐粮间作系统物质循环(N.P.K)模型/(kg/hm²)

二 农林业系统物质的投入状况

通过人为的措施向农林业系统投入一定数量的物质(N、P、K),一方面弥补了由于每年系统的输出而被携带出的养分,另一方面也大大促进了林木和农作物的生长和发育,提高了农林业系统对太阳能的利用率。

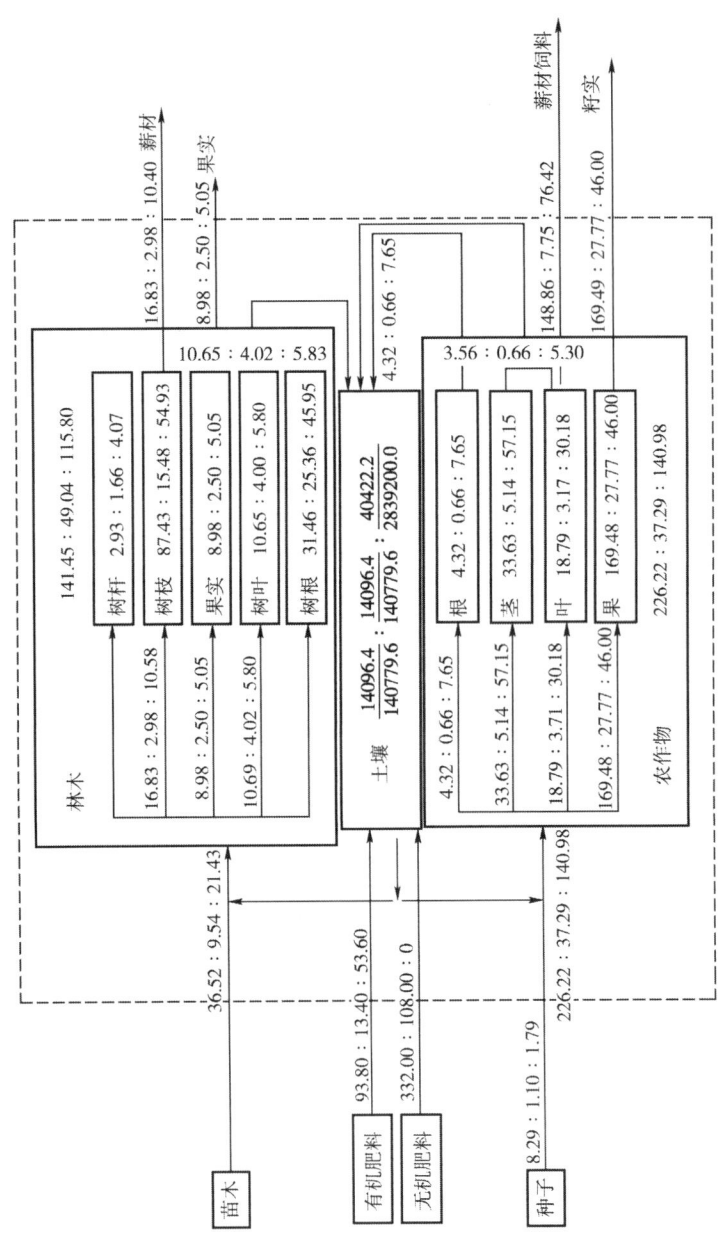

图 7-3 果粮间作系统物质循环(N.P.K)模型/(kg/hm²)

1 农田防护林中物质的投入状况

农田防护林中投入的物质总量为：N,372.22kg/hm²；P,198.80kg/hm²；K,88.54kg/hm²。这些投入物中，种子携带进来的很少，分别占总投入量的 N,1.1%；P,0.5%；K,1.5%。而施肥投入的物质较多，特别是 N、P 元素，施肥投入量占总投入量的 N,98.9%；P,99.5%；K,98.5%，其中无机肥投入占施肥投入的 N,85.9%；P,89.0%，有机肥投入占施肥投入的 N,14.1%；P,11.0%；K,100%。

表 7-3 3种农林业系统的物质投入输出结构

类型			农田防护林	桐粮间作	果粮间作
氮	投入结构	无机肥:有机肥:种子	76.70:12.61:1	76.54:13.46:1	40.07:11.32:1
	吸收量	林木/农作物	0.02:1	0.03:1	0.16:1
	结构	林木 干:枝:叶:果:根	0.41:2.71:3.31:0:1	0.38:2.08:3.03:0:1	0:16.83:10.70:8.98:0
		农作物 茎:叶:果:根	2.72:2.20:14.01:1	2.50:2.28:11.41:1	7.79:4.35:39.26:1
	贮存量	林木/农作物	0.04:1	0.08:1	0.63:1
	结构	林木 干:枝:叶:果:根	0.47:2.23:0.95:0:1	0.43:2.32:0.74:0:1	0.09:2.78:0.34:0.29:1
		农作物 茎:叶:果:根	2.72:2.20:14.04:1	2.50:2.28:14.41:1	7.79:4.35:39.26:1
	归还物	林木/农作物	0.13:1	0.24:1	1.35:1
	结构	农作物茎叶/根	0.32:1	0.31:1	0.85:1
	输出结构	林木/农作物			0.12:1
		林木果实/枝			0.53:1
		农作物籽实/薪材	3.05:1	2.55:1	3.47:1
磷	投入结构	无机肥:有机肥:种子	1.76:21.80:1	173.79:21.75:1	98.36:12.20:1
	吸收量	林木/农作物	0.02:1	0.06:1	0.26:1
	结构	林木 干:枝:叶:果:根	1:1.18:0.87:0:1	0.24:1.25:0.99:0:1	0:2.98:4.02:2.53:0
		农作物 茎:叶:果:根	3.67:4.12:24.34:1	3.35:4.29:19.68:1	7.75:5.59:41.82:1
	贮存量	林木/农作物	0.06:1	0.17:1	1.32:1
	结构	林木 干:枝:叶:果:根	1.14:1.48:0.25:0:1	0.26:0.45:0.24:0:1	0.07:0.61:0.16:0.10:1
		农作物 茎:叶:果:根	3.67:4.21:24.31:1	3.35:4.29:19.68:1	7.75:5.59:41.82:1
	归还物	林木/农作物	0.09:1	0.13:1	3.04:1
	结构	农作物茎叶/根	0.44:1	0.44:1	0.99:1
	输出结构	林木/农作物			0.16:1
		林木果实/枝			0.85:1
		农作物籽实/薪材	3.27:1	2.73:1	3.58:1
钾	投入结构	无机肥:有机肥:种子	0:65.12:1	0:65.40:1	0:27.19:1
	吸收量	林木/农作物	0.02:1	0.03:1	0.15:1
	结构	林木 干:枝:叶:果:根	0.86:1.51:1.54:0:1	0.27:0.69:0.75:0:1	0:10.57:5.83:5.06:0
		农作物 茎:叶:果:根	3.43:2.14:2.30:1	3.20:2.19:1.79:1	7.47:3.95:6.02:1
	贮存量	林木/农作物	0.05:1	0.10:1	0.82:1
	结构	林木 干:枝:叶:果:根	0.98:1.24:0.44:0:1	0.30:0.77:0.18:0:1	0.09:1.18:0.12:0.11:1
		农作物 茎:叶:果:根	3.43:2.14:2.30:1	3.20:2.19:1.79:1	7.47:3.95:6.02:1
	归还物	林木/农作物	0.04	0.22:1	0.45:1
	结构	农作物茎叶/根	0.29:1	0.67:1	0.69:1
	输出结构	林木/农作物			0.13:1
		林木果实/枝			0.49:1
		农作物籽实/薪材	0.43:1	0.38:1	0.60:1

2 桐粮间作中物质的投入状况

桐粮间作中投入的物质总量为:N,384.02kg/hm^2;P,202.43kg/hm^2;K,90.97kg/hm^2,这些投入物中,种子携带进来的很少,分别占总投入量的N,1.1%;P,0.5%;K,1.5%。而施肥投入的物质较多,特别是N、P元素,施肥投入量占总投入量的N,98.9%;

P,99.5%;K,98.5%,其中无机肥投入占施肥投入的 N,85.0%，P,88.9%,有机肥投入占施肥投入的 N,15.0%；P,11.1%;K,100%。

3 果粮间作中物质的投入状况

果粮间作中投入的物质总量为：N,433.09kg/hm²；P,122.50kg/hm²；K,55.57kg/hm²,这些投入物中,种子携带进来的很少,分别占总投入量的 N,1.9%，P,0.8%；K,3.2%,而施肥投入的物质较多,特别是 N,P 元素,施肥投入量占总投入量的 N,98.1%；P,99.2%；K,96.8%；其中无机肥投入占施肥投入的 N,78.0%，P,89.0%,有机肥投入占施肥投入的 N,22.0%；P,11.0%；K,100%。

4 3 种农林业系统物质的投入状况比较

3 种农林业系统的物质投入量,对于氮、磷二元素,果粮间作＞桐粮间作＞农田防护林,而钾元素,桐粮间作＞农田防护林＞果粮间作。氮磷的投入以无机肥的形式最多,种子携带进来的投入较少。钾的投入以有机肥、种子形式的投入为主,前者较多。3 种农林业系统中氮肥的投入最多,磷肥次之,钾肥最少。

三 农林业系统物质的吸收状况

1 农田防护林中物质的吸收状况

农田防护林中 1a 吸收的物质总量为 N,310.48kg/hm²；P,68.24kg/hm²；K,227.33kg/hm²,沙兰杨树木所吸收的占 N,1.8%；P,2.1%；K,1.7%,农作物所吸收的占 N,98.2%；P,97.9%；K,98.3%。

沙兰杨树木 1a 所吸收的物质在植物体内各器官的分配状况为:树干 N,5.5%；P,21.1%；K,17.5%,树枝 N,36.4%；P,38.6%；K,30.7%,树叶 N,44.6%；P,18.6%；K,31.5%,树根 N,13.5%；P,21.4%，K,20.3%,树木的果实所吸收的物质非常少,可以忽略不计。

农作物所吸收的物质在植物体内各器官的分配状况为:茎干 N,13.6%；P,11.0%；K,38.7%,叶 N,11.0%,P,12.7%,K,24.1%,根 N,5.0%；P,3.0%；K,11.3%,籽实 N,70.3%；P,73.3/；K,25.9%。夏粮作物所吸收的物质占 N,49.7%；P,48.3%；K,44.3%,秋作物所吸收的物质占 N,50.3%；P,51.7%；K,55.7%。

2 桐粮间作中物质的吸收状况

桐粮间作中 1a 吸收的物质总量为 N,286.08kg/hm²；P,64.30kg/hm²；K,223.25kg/hm²,泡桐树木所吸收的占 N,2.9%；P,5.4%；K,2.9%,农作物所吸收的占 N,97.1%；P,94.6%；K,97.1%。

泡桐树木 1a 所吸收的物质在植物体内各器官的分配状况为:树干 N,5.9%；P,9.0%；K,9.8%,树枝 N,32.1%；P,15.3%；K,25.5%；树叶 N,46.6%；P,37.6%；K,27.7%,树根 N,15.4%；P,38.1%；K,37.0%,树木的果实所吸收的物质非常少,可以忽略不计。

农作物所吸收的物质在植物体内各器官的分配状况为:茎干 N,14.6%；P,11.8%；K,39.1%,叶 N,13.3%；P,15.1%；K,26.8%；根 N,5.8%；P,3.5%；K,12.2%,籽实 N,66.4%；P,69.6%；K,21.9%。夏粮作物所吸收的物质占 N,43.5%；P,41.8%；K,

41.3%,秋作物所吸收的物质占 N,56.5%;P,58.2%,K,58.1%。

3 果粮间作中物质的吸收状况

果粮间作中 1a 吸收的物质总量为 N,262.74kg/hm², P, 46.83kg/hm²; K, 162.44kg/hm²,苹果树木所吸收的占 N,13.9%;P,20.4%;K,14.1%,农作物所吸收的占 N,86.1%;P,79.6%;K,85.9%。

苹果树木 1a 所吸收的物质在植物体内各器官的分配状况为:树枝 N,46.1%;P,31.4%;K,49.4%,树叶 N,29.3%;P,42.1%;K,27.1%,果实 N,24.6%;P,26.5%;K,23.6%,树干和树根分配到的物质特别少。

农作物所吸收的物质在植物体内各器官的分配状况为:茎干 N,14.9%;P,13.8%;K,40.5%,叶 N,8.3%;P,9.9%;K,21.4%,根 N,1.9%;P,1.8%;K,5.4%,籽实 N,74.9%,P,74.5%;K,32.6%。夏粮作物所吸收的物质占 N,52.7%;P,68.5%;K,52.8%,秋作物所吸收的物质占 N,47.3%;P,31.5%;K,47.2%。

4 3 种农林业系统物质的吸收状况比较

每年系统中产生的生物质所吸收的物质量,对于氮磷钾三元素均为农田防护林>桐粮间作>果粮间作,从林木和农作物两大组分对比看(表 7-3),氮磷钾三元素林木的吸收量的远小于农作物,林木吸收量占总吸收量的不足 21%,农田防护林和桐粮间作中林木吸收量不足总吸收量的 4%。吸收物质在各植物器官中的分布状况,各类型各元素差别比较大,特别是林木。

农田防护林中,N:树叶>树枝>树干>树根,P:树枝>树根>树干>树叶,K:树叶>树枝>树根>树干;

桐粮间作中,N:树叶>树枝>树根>树干,P:树枝>树根>树叶>树干,K:树叶>树枝>树根>树干;

果粮间作中,N、K:树枝>树叶>树果,P:树叶>树枝>树果。

农作物各器官中,吸收的物质分配状况为:农田防护林和桐粮间作中,氮元素为籽实>茎>叶>根,磷元素为籽实>叶>茎>根,农田防护林中钾元素为茎>籽实>叶>根,桐粮间作中钾元素为茎>叶>籽实>根;在果粮间作中,农作物的氮磷二元素为籽实>茎>叶>根,钾元素为茎>籽实>叶>根。

四 农林业系统物质的贮存状况

1 农田防护林中物质的贮存状况

农田防护林中所贮存的总物质量为 N,317.41kg/hm²;P,70.93kg/hm²;K,233.72kg/hm²,沙兰杨树木所贮存物质的占 N,4.0%;P,5.8%;K,4.4%,农作物所贮存的占 N,96.0%;P,94.2%;K,95.6%。沙兰杨树木所贮存的物质在植物体内各器官的分配状况为:树干 N,10.1%;P,29.5%;K,26.7%,树枝 N,48.0%;P,38.2%;K,34.0%,树叶 N,20.3%,P,6.2%;K,12.0%,树根 N21.7%;P,26.1%;K,27.3%,农作物所贮存的物质在植物体内各器官的分配状况与吸收的物质的分配一样。

2 桐粮间作中物质的贮存状况

桐粮间作中所贮存的总物质为 N,301.00kg/hm²;P,71.33kg/hm²;K,238.66kg/hm²,

泡桐树木所贮存的物质占 N,7.6%;P,14.7%;K,9.2%,农作物所贮存的占 N,92.4%;P,85.3%;K,90.8%。泡桐树木所贮存的物质在植物体内各器官的分配状况为:树干 N,9.6%;P,13.4%,K,13.2%,树枝 N,51,7%;P,13.4%;K,34.2%,树叶 N,16.5%;P,23.1%;K,34.2%,树根 N,22.2%;P,51.1%;K,44.3%,农作物所贮存的物质在植物体内各器官的分配状况与吸收的物质的分配一样。

3 果粮间作中物质的贮存状况

果粮间作中所贮存的总物质量为 N,367.67kg/hm²;P,86.33kg/hm²;K,256.78kg/hm²,苹果树木所贮存的物质占 N,37.6%;P,56.8%;K,45.1%,农作物所贮存的占 N,62.4%;P,43.2%;K,54.9%,苹果树木所贮存的物质在植物体内各器官的分配状况为:树干 N,2.1%;P,3.4%,K,3.5%,树枝 N,61.8%;P,31.6%;K,47.4%,树叶 N,7.5%;P,8.2%;K,5.0%,树根 N,22.2%;P,51.7%;K,39.7%,果实 N,6.3%;P,5.1%;K,4.4%,农作物所贮存的物质在植物体内各器官的分配状况与吸收的物质的分配一样。

4 3种农林业系统物质的贮存状况比较

对于3种典型的农林业系统,物质贮存量氮元素为果粮间作>农田防护林>桐粮间作;磷钾元素为果粮间作>桐粮间作>农田防护林;生物组分中的贮存量,在农作物和林木两个生物组分中,除果粮间作中,P贮存量林木稍大于农作物外,其它类型中的N、P、K均为农作物贮存量大于林木;在农田防护林和桐粮间作中,林木 N、P、K 贮存量还不到相应的系统中总量的15%。在林木的各器官中,N、P、K 的贮存量变化比较大,农田防护林中,N元素贮存量:树枝>树叶>树干>树根,P:树枝>树干>树叶>树根,K:树枝>树根>树干>树叶;桐粮间作中,N元素树枝>树根>树叶>树干,P、K两元素树根>树枝>树干>树叶;果粮间作中,N:树枝>树根>树叶>树果>树干,P:树根>树枝>树叶>树果>树干,K:树枝>树根>树叶>树果>树干。农作物中各器官 N、P、K 的贮存量,同物质吸收量在农作物各器官的分配规律一样。

五 农林业系统物质的归还状况

由于林木的落叶和作物的残茬,农林业系统中的生物每年都有一部分物质养分要返回到土壤中去,这部分物质构成了土壤肥料的一部分。

1 农田防护林中物质的归还状况

农田防护林中1a向土壤归还的物质量为 N,22.69kg/hm²;P,3.16kg/hm²;K,33.71kg/hm²,沙兰杨林木的贡献率为 N,11.5%;P,8.3%;K,3.8%,农作物的贡献率为 N,88.5%;P,91.7%;K,96.2%。沙兰杨林木的归还物主要来自树木的落叶,农作物的归还物主要来自作物茎叶残茬(占 N,24.2%;P,30.6%;K,22.5%)和作物根系(占 N,75.8%;P,69.4%;K,77.5%)。

2 桐粮间作中物质的归还状况

桐粮间作中1a向土壤归还的物质量为 N,26.31kg/hm²;P,8.45kg/hm²;K,13.52kg/hm²,泡桐树木的贡献率为 N,19.4%;P,11.5%;K,18.0%,农作物的贡献率为 N,80.6%;P,88.5%;K,82.0%,泡桐树木的归还物主要来自树木的落叶,农作物的归还物主要来自作物茎叶残茬（占 N,23.7%；P,30.6%；K,40.1%）和作物根系（占 N,66.3%；P,69.4%，K,59.9%）。

3 果粮间作中物质的归还状况

果粮间作中 1a 向土壤归还的物质量为 N,18.53kg/hm²；P,5.32kg/hm²；K,18.75kg/hm²,苹果树木的贡献率为 N,57.4%；P,75.2%；K,31.0%,农作物的贡献率为 N,42.6%；P,24.8%；K,69.0%。苹果树木的归还物主要来自树木的落叶,农作物的归还物主要来自作物茎叶残茬（占 N,45.9%；P,49,7%；K,40.8%）和作物根系（占 N,54.1%；P,50.3%；K,59.2%）。

4 3种农林业系统物质的归还状况比较

从物质归还总量看,氮钾二元素为桐粮间作＞农田防护林＞果粮间作,磷元素为桐粮间作＞果粮间作＞农田防护林。这些物质,对于农田防护林和桐粮间作归还物主要来源于农作物残茬,而果粮间作中,归还的氮磷二元素有较多的来自林木落叶,钾主要来自农作物。

六　农林业系统物质的输出状况

1 农田防护林中物质的输出状况

农田防护林通过人为收获,1a 向系统外输出的物质量为 N,284.58kg/hm²；P,63.93kg/hm²；K,190.82kg/hm²,由于树木此时尚未成材,输出的物质主要来自农作物,农作物的籽实提供了 N,75.3%；P,76.6%；K,30.6%,其余由农作物秸秆提供。夏粮作物所提供的输出物质占农作物总输出的 N,50.4%；P,48.3%；K,45.9%,秋粮作物所提供的占 N,49.6%；P,51.7%；K,54.1%。

2 桐粮间作中物质的输出状况

桐粮间作通过人为收获,1a 向系统外输出的物质量为 N,256.72kg/hm²；P,57.76kg/hm²；K,172.45kg/hm²,由于树木此时尚未成材,输出的物质主要来自农作物,农作物的籽实提供了 N,71.8%,P,73.2%；K,27.5%,其余由农作物秸秆提供。夏粮作物所提供的输出物质占农作物总输出的 N,43.7%；P,41.4%；K,38.7%,秋粮作物所提供的占 N,56.3%；P,58.6%；K,61.3%。

3 果粮间作中物质的输出状况

果粮间作通过人为收获,1a 向系统外输出的物质量为 N,218.34kg/hm²；P,35.52kg/hm²；K,122.42kg/hm²,其中树木输出的物质占 N,10.7%；P,13.8%；K,27.5%,农作物输出的物质占 N,89.3%；P,86.2%；K,72.5%,树木主要由果实提供（占 N,34.6%；P,45.9%；K,32.9%）和枝条提供（占 N,65.4%；P,54.1%；K,67.1%）。农作物籽实提供了农作物总输出的 N,77.6%；P,78.2%；K,97.5%,其余由作物秸秆提供。夏粮作物所提供的输出物质占农作物总输出的 N,45.1%；P,61.6%；K,25.0%,秋粮作物所提供的占 N,54.9%；P,38.4%；K,75.0%。

4 3种农林业系统物质的输出状况比较

从输出量看,氮磷钾三元素均为农田防护林＞桐粮间作＞果粮间作。输出的物质在农田防护林和桐粮间作中全部来源于农作物。农作物中,N,P 主要来源于籽实,K 主要来源于秸秆。果粮间作中,有一些输出物质来源于林木的薪材和果实,但其输出的氮磷钾三元素的量少于农作物收获所输出的,果粮间作中氮磷的输出仍然以籽实为主要形式,钾元素以秸秆的输出为主。

七　农林业系统物质的投入输出效率

为了反映农林业系统的物质投入输出特征,计算了几个有关投入输出效率的指标,一个是输出投入之差,它反映了农林业系统中物质的净变化;一个是吸收量与总贮存量之比,反映了农林业系统的物质积累的速率;还有一个指标为归还率(归还物量/吸收量),它反映了农林业系统每年吸收的物质归还到土壤中去的份额大小,对这3个指标的计算结果见表7-4。

表7-4　3种农林业系统的物质投入输出效率

类型	元素	输出－投入	吸收量/贮存量	归还率
农田防护林	N	－87.75	0.978	0.073
	P	－134.87	0.965	0.046
	K	182.28	0.973	0.148
桐粮间作	N	－127.30	0.950	0.092
	P	－144.67	0.901	0.131
	K	81.48	0.935	0.195
果粮间作	N	－215.75	0.715	0.071
	P	－86.98	0.542	0.114
	K	66.85	0.633	0.115

从输出与投入之差看,N、P均为输出小于投入,而K元素则输出大于投入。输出投入之差,N:农田防护林＞桐粮间作＞果粮间作,P:果粮间作＞农田防护林＞桐粮间作,K:果粮间作＞桐粮间作＞农田防护林。从吸收物质量与总贮存物质量之比看,农田防护林和桐粮间作均大于0.9,这是由于1a生农作物在物质贮存量和净吸收量中所占份额比较大。对林木占比重大的果粮间作系统此比值介于0.5—0.8之间。3种农林业系统中,归还率介于4.6%—19.5%之间,并且3种农林业系统差别比较大。

八　农林业系统的物质流与农田、林地和果园系统的比较

为了揭示农林业系统在物质流动方面的特征,下面将从物质流动的观点来讨论农林业系统的物质流与农田、林地和果园系统的差别。首先根据表6-8所列数据和表5-15,表5-16,表5-17,表5-20,表5-21所列农田系统和林地、果园系统的生产力、生物量、归还量和输出量数据,按照以上计算农林业系统中物质流的输入项、输出项、归还项、贮存项和转化项的计算方法,可绘制出农田、沙兰杨林地、泡桐林地和苹果园系统的物质流动模型图(图7-4,图7-5,图7-6,图7-7)。类似于前面对3种典型农林业系统的物质流动过程的分析方法,可得到表7-5,表7-6,表7-7的结果,再将其与前面3种典型农林业系统的分析结果比较可得以下结论。

1 物质投入状况

从投入物质总量看：N,P,K 均为农田系统投入最多,3 种农林业系统次之,苹果园较少,沙兰杨和泡桐林地没有物质投入。投入结构农田系统类似于农林业系统,果园中只有无机氮肥的投入。

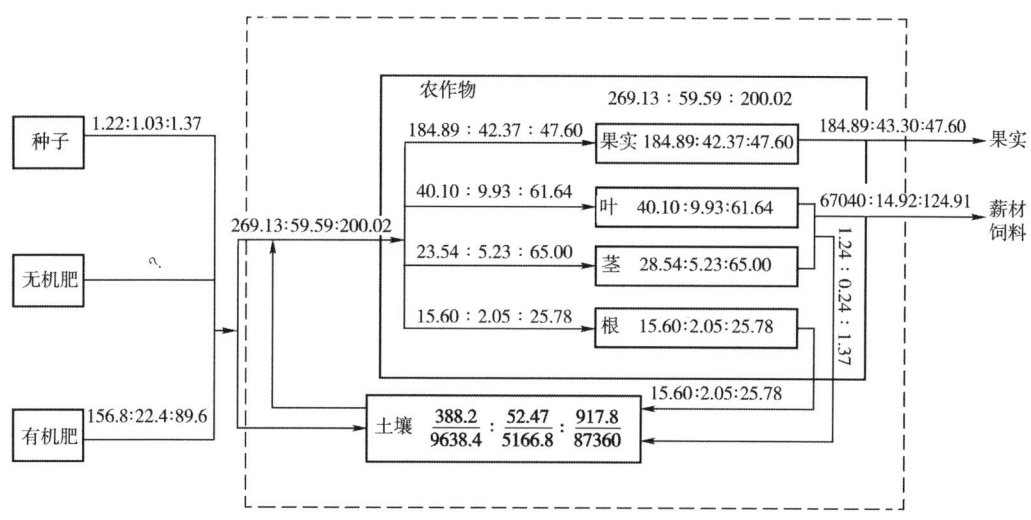

图 7-4 农田生态系统物质循环(N.P.K)模型图/(kg/hm²)

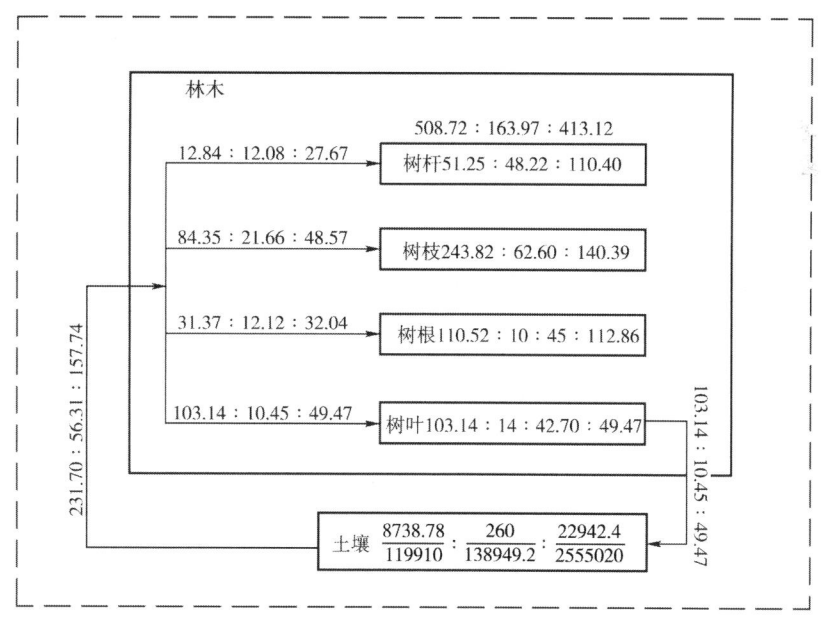

图 7-5 沙兰杨林物质循环(N.P.K)模型图/(kg/hm²)

2. 物质贮存和吸收状况

土壤养分贮存量农田系统最少,3 种林地系统分别等于相应农林业系统。生物组分中养分物质贮存量,N:沙兰杨林地＞农田防护林＞桐粮间作＞苹果园＞果粮间作＞农田

· 471 ·

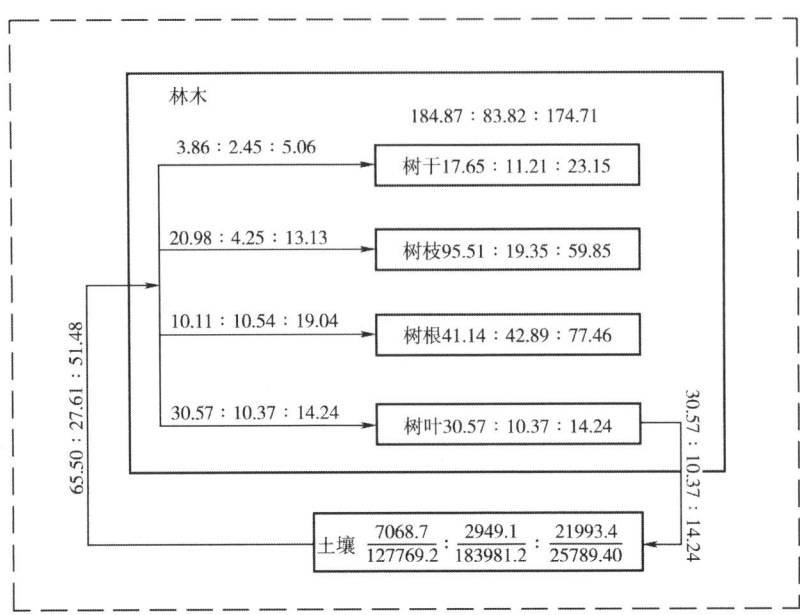

图 7-6 泡桐林物质循环(N.P.K)模型图/(kg/hm²)

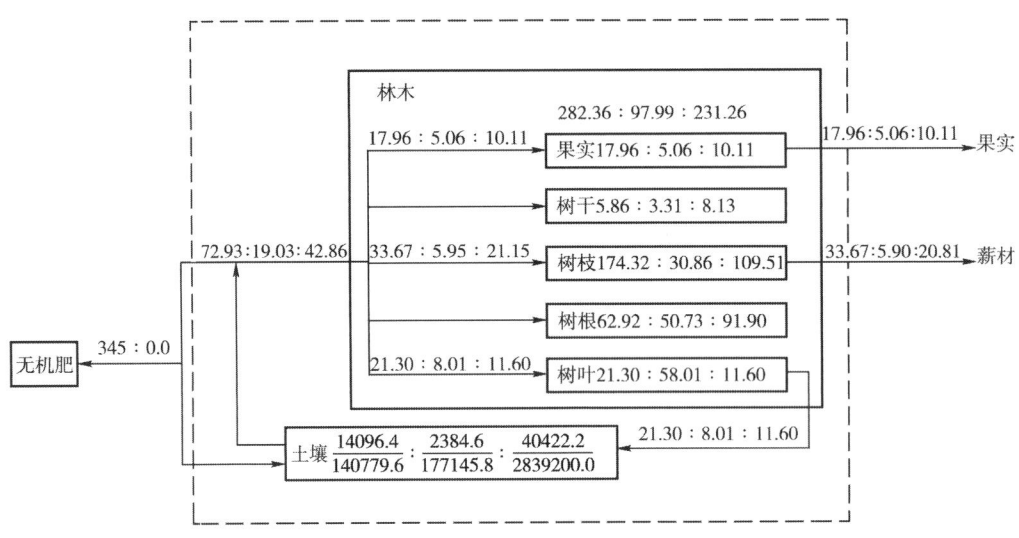

图 7-7 苹果园物质循环(N.P.K)模型图/(kg/hm²)

系统>泡桐林地;P:沙兰杨林地>苹果园>果粮间作>泡桐林地>桐粮间作>农田防护林>农田系统;K:沙兰杨林地>果粮间作>桐粮间作>农田防护林>苹果园>农田系统>泡桐林地。养分物质在植物各器官的分配,农田、林地和果园系统分别类似于农林业系统中的农作物和相应林木。

生物组分中养分物质吸收量,N:桐粮间作>农田防护林>农田系统>果粮间作>沙兰杨林地>苹果园>泡桐林地;P:农田防护林>桐粮间作>农田系统>沙兰杨林地>果粮间作>泡桐林地>苹果园;K:桐粮间作>农田防护林>农田系统>果粮间作>沙兰杨林地>泡桐林地>苹果园。吸收的养分在植物各器官中的分配类似于农林业系统中农作物和相应林木。

归还到土壤中去的养分,N:沙兰杨林地>泡桐林地>桐粮间作>农田防护林>果粮间作>苹果园>农田系统;P:沙兰杨林地>泡桐林地>桐粮间作>苹果园>果粮间作>农田防护林>农田系统;K:沙兰杨林地>农田防护林>桐粮间作>果粮间作>泡桐林地>苹果园>农田系统。农田系统中归还物为农作物部分秸秆和根系,林地和果园系统归还物主要来自林木落叶,而农林业系统中3种归还物都有。

表 7-5　农田、林地和果园系统的物质投入输出状况/(kg/hm²)

元素	类型	农田系统	沙兰杨林地	泡桐林地	苹果园
氮	投入量	485.02			354.00
	吸收量	269.13	231.71	65.50	72.93
	贮存量	269.13	508.72	184.87	282.36
	归还量	16.83	103.14	30.57	21.31
	输出量	252.30			51.63
磷	投入量	203.43			
	吸收量	59.59	56.31	27.61	19.03
	贮存量	59.59	163.97	83.82	97.97
	归还量	2.24	10.45	10.37	8.01
	输出量	57.29			11.02
钾	投入量	90.97			
	吸收量	200.02	157.75	51.48	42.86
	贮存量	200.02	413.12	174.71	231.26
	归还量	27.41	49.47	14.24	11.60
	输出量	172.51			30.92

表 7-6　农田、林地和果园系统的物质投入输出结构

	类型	农田系统	沙兰杨林地	泡桐林地	苹果园
氮投入结构	无机肥:有机肥:种子	37.16:76.78:1			
吸收量	干:枝:叶:果:根	1.83:0:2.57:11.85:1	0.41:2.69:3.29:0:1	0.38:2.07:3.02:0:1	0:33.67:21.31:17.96:0
贮存量	干:枝:叶:果:根	1.83:2.57:11.85:1	0.46:2.21:0.93:0:1	0.43:2.32:0.74:0:1	0.09:2.77:0.34:4.49:0
输出量	果实(籽实)/薪材	2.74			0.53
磷投入结构	无机肥:有机肥:种子	21.75:174.76:1			
吸收量	干:枝:叶:果:根	2.55:0:4.84:20.63:1	1:1.79:0.86:0:1	0.23:0.40:0.98:0:1	0:5.96:8.01:5.06:0
贮存量	干:枝:叶:果:根	2.55:0:4.84:20.63:1	1.13:1.47:0.24:0:1	0.26:0.45:0.24:0:1	0.07:0.61:0.16:0.1:0
输出量	果实(籽实)/薪材	2.84			0.85
钾投入结构	无机肥:有机肥:种子	65.40:0:1			
吸收量	干:枝:叶:果:根	2.52:0:2.39:1.85:1	0.86:1.52:1.54:0:1	0.27:0.69:0.75:0:1	0:21.15:11.60:10.11:0
贮存量	干:枝:叶:果:根	2.52:0:2.39:1.85:1	0.93:1.24:0.44:0:1	0.30:0.77:0.18:0:1	0.09:1.19:0.13:0.11:0
输出量	果实(籽实)/薪材	0.38			0.49

表 7-7 农田、林地和果园系统的物质投入输出效率

类型	元素	输出－投入	吸收量/贮存量	归还率
农田系统	N	－232.72	1.00	0.063
	P	－146.14	1.00	0.038
	K	81.5	1.00	0.137
沙兰杨林地	N		0.46	0.445
	P		0.34	0.064
	K		0.31	0.314
泡桐林地	N		0.35	0.467
	P		0.33	0.376
	K		0.29	0.277
苹果	N	－293.37	0.26	0.292
	P	11.02	0.19	0.421
	K	30.92	0.19	0.271

3 物质输出状况

农田系统中每年输出农作物秸秆和籽实,其总输出量大于农林业系统。苹果园每年有薪材和果实输出,其输出量小于农林业系统,其它两种林地系统每年没有输出(指在林木未成材收获前)。

4 物质投入输出效率

农田系统中 N 的输出与投入之差小于桐粮间作和农田防护林,大于果粮间作和苹果园;而农田系统中 P,K 的输出与投入之差小于农林业系统。苹果园系统中 P、K 没有投入,只有输出;沙兰杨林地和泡桐林地既无物质投入也没有输出。净吸收量与贮存量之比为农田系统＞3 种农林业系统＞林地和果园系统。物质归还率为林地和果园系统＞3 种农林业系统＞农田系统。

九 小结

综上所述,可以得到以下结论:

(1) 3 种农林业系统(农田防护林、桐粮间作和果粮间作)在物质流动过程中许多方面存在着差别。

(2) 从物质投入总量看,N、P、K 3 种元素均为桐粮间作＞农田防护林＞果粮间作,N、P 的输入以无机肥最多,有机肥次之,K 的输入非常小。

(3) 生物组分中营养物质贮存量,N:桐粮间作＞农田防护林＞果粮间作,P、K:果粮间作＞桐粮间作＞农田防护林。除果粮间作中 P 贮存量林木大于农作物外,N、P、K 元素在其它类型的农林业系统中均为农作物贮存量大于林木的贮存量,各类型中 N、P、K 元素在植物各器官中的分配比较复杂,而且差异大。

(4) 生物组分每年吸收的养分物质,N、P、K 均为农田防护林＞桐粮间作＞果粮间作,林木中物质吸收量低于整个系统吸收量的 21%。

(5) 每年生物归还土壤的 N、P 数量,桐粮间作＞农田防护林＞果粮间作,K:桐粮间作＜果粮间作＜农田防护林。养分物质以农作物秸秆和根为主要形式归还土壤,另外还

有部分林木落叶。

（6）N、P、K养分物质的输出总量，农田防护林＞桐粮间作＞果粮间作，以农作物籽实和秸秆的输出为主。N、P输出小于投入，K输出大于投入。

（7）农田、林地和果园系统与农林业系统在物质流动过程中存在着以下差别：

1）与农林业系统相比，农田系统物质的投入多输出多，林地和果园系统则投入少输出也少。

2）由于农作物根系浅，农田系统可利用的土壤养分贮存量最小。

3）N、P、K三种养分元素在生物体内贮存量、年吸收量，农田、林地和农林业系统三者的差别因元素而异。

参考文献：

冯宗炜,陈楚莹.杉木幼林群落生产量的研究.生态学报,1983,3(2):115-129.

鲁如刊,罗陶钧.农业化学手册.北京：科学出版社,1982.

刘树文,刘柄文,刘正彦.泡桐林营养元素的积累和循环.林业科学,1988,24(1):1-6.

樊巍,王广钦,宋兆民.农田防护林人工生态系统物质循环与能量流动研究.林业科学,1991,27(4):393-400.

Davigeneaud P, Denaeyer-De smet S. The mineral cycling of terrestrial ecosysems. Productivity of World Ecosystems, 1975, 153-173.

Hutchinson G E. The biochemisty of the terrestrial atmosphere, In The Earth as a Planet (G. P. O. Kripeun, ed). University of Chicago Press, 1954, 371-433.

E. P. Odum 著.孙儒泳译.生态学基础.北京：人民教育出版社,1981.

Om Parkash Toky, Pradeep Kurnar, Prem Kamar, Structure and function of traditional agroforestry systems in the Western Himalaya：Ⅰ. Biomass and Productivity, Ⅱ. Nutrient cycling. Agroforestry Systems, 1989:47-89.

Vallentyne T R. Geochemisty of the biosphere. In：McGraw-Hill Cyclopedia of Science and Technology, 1960, 2：239-245.

第八章 农林业系统的价值流

农林业作为一种人类的社会经济活动,其目的不但是为人们提供一定的粮食、木材和薪材,而且要为人们创造一定的经济收入。在人类社会中,经济杠杆是调节社会各部门间的物质分配的有力工具,因而研究农林业系统的价值流,既可以揭示农林业系统的功能特征,又可以帮助人们科学的评价农林业系统的优劣。前面比较了3种典型农林业系统之间及其与农田、林地和果园系统在结构、生物量和生产力以及物质能量流动状况等方面的异同,揭示了农林业系统的生物学生态学特性。利用经济学的一些分析方法,研究农林业系统的经济学特性,分析其经济效益,揭示其社会经济本质。

近年来,有关农林业系统的经济效益分析已有文献报导(熊文愈,1988;祝海富等,1988),但其研究仅仅应用了一些调查数据,缺乏严格的全面的经济学分析。国际农林业研究委员会(ICRAF)近几年来也一直非常重视农林业系统的经济学研究(Hockstra,1987),但也未形成比较完整的分析方法。为了弥补当前生态系统价值流研究的不足,试图采用类似于前面用来分析农林业系统能量流和物质流的计算分析方法,将农林业系统中的各个过程分成价值的投入、价值的增加、价值的贮存、价值的归还和价值的输出几个部分,同时,为了分析价值流的投入产出效率,还将利用经济学上应用比较广泛的一种方法——费用效益分析法(Cost-Benefit Analysis)(乌家培,1983)来研究3种典型的农林业系统和农田、林地和果园系统的经济效益。

一 价值流的计算分析方法

价值流的计算方法基本上类似于能量流和物质流的计算方法,对于以上所提到的价值的投入、增加、贮存、归还和输出等五部分,其数量都采用各项的价格和相应的数量的乘积。各项的价格是通过在当地农贸市场上调查和统计得到的,见表8-1。需要说明的一点是,为了简化计算,把相同实物、不同用途的物质的价格认为是一样的。各项的数量分别采用前面得到的农林业系统的投入量、生产力、生物量、归还量和输出量的数据。

表8-1 各费用项和效益项的价格

项目	单位	价格	项目	单位	价格
人工	元/个	3.00	小麦种子	元/kg	1.50
牲力	元/h	0.80	小麦果实	元/kg	1.00
柴油	元/L	0.80	花生种子	元/kg	3.00
氮肥	元/kg	2.19	花生果实	元/kg	2.40
磷肥	元/kg	1.23	苹果	元/kg(干重)	5.57
农药	元/kg	12.00	有机肥	元/t	8.00
木材	元/m³	500.00	薪材	元/kg	0.20
玉米种子	元/kg	6.00	归还物	元/kg	0.20
玉米果实	元/kg	0.80			

二 农林业系统价值的投入状况

价值的投入是指每年投入到农林业系统中去的价值量,包括用来购买化肥、柴油、农药和种子的支出,以及农林业系统中投入的人工和畜力所折合的价值量,反映了农林业系统的投资状况。

表 8-2 农林业系统的投入状况/(元/hm^2)

项目	农田防护林	桐粮间作	果粮间作
人工	1560.00	1581.00	1845.00
畜力	351.20	360.00	0
柴油	119.20	120.00	102.40
有机肥	87.20	89.60	53.60
无机肥	909.52	911.39	843.32
农药	36.00	36.00	117.60
种子	438.45	449.55	393.00
总计	3499.57	3597.54	3354.92

1 农田防护林中价值的投入状况

农田防护林中价值投入的总量为 3499.57 元/hm^2,其中用来购买农药占 10.3%,化肥占 26.0%,柴油占 3.4%,这些都属于工业产品,其价值占总投入的 39.7%,其它的投入项,如种子、人工和畜力的投入价值分别占总投入的 12.5%、44.6% 和 10.3%。

2 桐粮间作中价值的投入状况

桐粮间作中价值投入的总量为 3597.54 元/hm^2,其中用来购买农药的占 10.0%,化肥占 25.30%,柴油占 3.3%,这些都属于工业产品,其价值占总投入的 38.6%,其它的投入项,如种子、人工和畜力的投入价值分别占总投入的 12.5%、43.9% 和 10.0%。

3 果粮间作中价值的投入状况

果粮间作中价值投入的总量为 3354.92 元/hm^2,其中用来购买农药的占 3.5%,化肥占 25.1%,柴油占 3.1%,这些都属于工业产品,其价值占总投入的 31.7%,,其它的投入项,如种子、人工分别占总投入的 11.7%、55.0%。果粮间作中畜力的价值投入很小予以不计。

4 3 种农林业系统价值的投入状况比较

3 种农林业系统的投入以桐粮间作最大,农田防护林次之,果粮间作最小。

三 农林业系统价值的增加状况

农林业系统中价值的增加量是指植物(包括林木和农作物)一年所生产的生物质具有的价值量,反映了农林业系统一年创造的价值量(表 8-3)。

1 农田防护林中价值的增加状况

农田防护林中价值增加的总量为 15217.88 元/(hm$^2 \cdot$a),其中林木的价值增加量占 5.4%,农作物价值增加量占 94.6%;林木的价值增加量 75.5% 来自木材,农作物价值增加量77.4%来自籽实。

表 8-3 3种典型农林业系统价值的增加量/(元/(hm²·a))

类型	植物种	茎干	枝	叶	根	果实	木材	总计
农田防护林	沙兰杨		118.91	52.07	31.39		625.20	827.58
	小麦	1074.66		502.66	111.00	5939.30		7627.62
	玉米	649.36		585.02	325.66	5202.64		6762.68
桐粮间作	泡桐树		111.99	72.91	74.04		920.00	1178.94
	小麦	1009.71		611.52	132.58	4185.68		5939.41
	玉米	665.04		599.16	333.54	5328.56		6926.30
果粮间作	苹果树		612.00	207.40		5468.68		6288.08
	小麦	767.68		390.00	57.40	4826.00		6041.00
	花生	362.88		232.32	60.00	4406.40		5061.60

2 桐粮间作中价值的增加状况

桐粮间作中价值增加的总量为14044.64元/hm²·a,其中林木的价值增加量占8.4%,农作物价值增加量占91.6%;林木的价值增加量78.0%来自木材,农作物价值增加量73.9%来自籽实。

3 果粮间作中价值的增加状况

果粮间作中价值增加的总量为17390.76元/hm²·a,其中林木的价值增加量占3.8%,农作物价值增加量占6.2%;林木的价值增加量95.1%来自果实,农作物价值增加量83.2%来自籽实。

4 3种农林业系统价值的增加状况比较

由以上分析可知,3种农林业系统的价值增加量,果粮间作>农田防护林>桐粮间作。价值增加量来源,对于农田防护林和桐粮间作,主要为农作物,占总增加量的90%以上,而对于果粮间作,主要为林木,占总增加量60%以上。源于林木的价值增加量,农田防护林和桐粮间作,主要来自木材,果粮间作来自水果;源于农作物的价值增加量主要来自可食部分的作物籽实。

四 农林业系统价值的贮存状况

由于农林业系统中的林木不能每年都收获,因而每年都会有一些有价值的物质保留在系统内,等到木材成熟时一次收获。这部分物质的价值和农作物当年增加的价值量之和叫做农林业系统贮存的价值(表8-4),它对农林业系统的持续发展有一定的意义。

1 农田防护林中价值的贮存状况

农田防护林中价值贮存的总量为17316.67元/hm²,其中林木的价值贮存量占16.9%,农作物的价值贮存量占83.1%;林木的价值贮存量82.7%来自木材,农作物价值贮存量在各器官的分配类似于其价值增加量。

2 桐粮间作中价值的贮存状况

桐粮间作中价值贮存的总量为17702.68元/hm²,其中林木的价值贮存量占27.3%,

农作物的价值贮存量占72.9%;林木的价值贮存量81.7%来自木材,农作物价值贮存量在各器官的分配类似于其价值增加量。

表8-4 3种典型农林业系统价值的贮存量/(元/hm²)

类型	植物种	茎干	枝	叶	根	果实	木材	总计
农田防护林	沙兰杨		343.71	52.07	110.60		2420.00	2926.37
	小麦	1074.66		502.66	111.00	5939.30		7627.62
	玉米	649.36		585.02	325.66	5202.64		6762.68
桐粮间作	泡桐树		510.29	72.91	301.28		3952.50	4836.98
	小麦	1009.71		611.52	132.58	4185.68		5939.41
	玉米	665.04		599.16	333.54	5328.56		6926.38
果粮间作	苹果树		3178.80	206.40	1283.00	5468.68		10136.88
	小麦	767.68		390.00	57.40	4826.00		6041.00
	花生	362.88		232.32	60.00	4406.40		5061.68

3 果粮间作中价值的贮存状况

果粮间作中价值贮存的总量为31067.18元/hm²,其中林木的价值贮存量占64.3%,农作物的价值贮存量占7%;林木的价值贮存量79.7%来自果实,农作物价值贮存量在各器官的分配类似于其价值增加量。

4 3种农林业系统价值的贮存状况比较

从价值贮存的总量看,果粮间作>桐粮间作>农田防护林,果粮间作的价值贮存量大部分来源于林木的果实,而桐粮间作和农田防护林的价值贮存量主要来自农作物的籽实。

五 农林业系统价值的归还状况

农林业系统中,由于林木的落叶,农作物的残茬,每年都要向土壤归还一些生物质,其对增加土壤肥力,改良土壤结构等都有一定的好处。因此从经济的角度看,归还物也应该有一定的价值,但是到目前为止,归还物的价值量的计算还没有形成很好的方法,我们这里为了使分析过程简单,也就认为来自不同植物以及同一植物的不同器官的归还物都具有和薪材一样的价格,为0.20元/kg,那么,农林业系统的归还物的价值量(表8-5)就是归还物的数量乘以归还物的价格。

1 农田防护林中价值的归还状况

农田防护林中年归还物的价值总量为495.22元/hm²,其中林木占5.5%,农作物占94.5%。农作物中,夏粮作物小麦占34.5%,秋粮作物玉米占65.5%。小麦的归还物36%来自根系,64%来自茎叶;玉米的归还物全部来自根系。

2 桐粮间作中价值的归还状况

桐粮间作中年归还物的价值总量为948.75元/hm²,其中林木占7.6%,农作物占92.4%。农作物中,夏粮作物小麦占31.6%,秋粮作物玉米占68.4%。小麦的归还物47.9%来自根系,52.1%来自茎叶;玉米的归还物全部来自根系。

3 果粮间作中价值的归还状况

果粮间作中年归还物的价值总量为 409.50 元/hm², 其中林木占 50.6%, 农作物占 49.4%。农作物的归还物全部来自夏粮作物小麦。小麦的归还物 29.7% 来自根系, 71.3% 来自茎叶。

表 8-5　3 种典型农林业系统归还物的价值量/(元/hm²)

类型	林木归还量	夏作物归还量	秋作物归还量	总量
农田防护林	52.06	308.16	585.00	945.22
桐粮间作	72.90	276.70	599.18	948.75
果粮间作	207.40	202.10		409.50

4　3 种农林业系统价值的归还状况比较

3 种农林业系统的年归还物的价值总量,桐粮间作归还到土壤中的生物质价值量最大,其次为农田防护林,果粮间作最少。而且归还物主要来自农作物。林木在归还物的价值量中所占的份额,果粮间作 > 桐粮间作 > 农田防护林。

六　农林业系统价值的输出状况

农林业系统每年人为收获,都要将一部分植物体带出系统以外去,这部分植物体所具有的价值量,就是农林业系统的价值的输出量,它是农林业系统的经济效益的主要部分。3 种农林业系统的价值量输出状况见表 8-6。

表 8-6　3 种农林业系统的价值量输出状况/(元/hm²)

类型	林木	农作物籽实	农作物薪材	总计
农田防护林	—	11141.94	2613.96	13755.90
桐粮间作	—	9514.16	2682.78	12196.94
果粮间作	6080.60	9232.40	1668.10	16981.10

1 农田防护林中价值的输出状况

农田防护林的价值输出总量为 13755.9 元/hm², 主要来自农作物, 由于林木还未成材, 也就没有林木的价值量输出。农作物的价值输出中, 46.8% 来自夏粮作物, 53.2% 来自秋粮作物, 农作物的籽实提供了输出的 81.0%, 薪材提供了 19.0%。

2 桐粮间作中价值的输出状况

桐粮间作的价值输出总量为 12196.94 元/hm², 主要来自农作物, 由于林木还未成材, 也就没有林木的价值量输出。农作物的价值输出中, 51.1% 来自夏粮作物, 48.9% 来自秋粮作物; 农作物的籽实提供了输出的 78.0%, 薪材提供了 22.0%。

3 果粮间作中价值的输出状况

果粮间作的价值输出总量为 16981.10 元/hm², 35.8% 来自农作物, 林木的价值量输出占 64.2%。农作物的价值输出中, 53.6% 来自夏粮作物, 46.4% 来自秋粮作物; 农作物的籽实提供了输出的 84.7%, 薪材提供了 15.3%; 林木的果实提供了林木的价值输出总

量的 90.0%

4 3种农林业系统价值的输出状况比较

3种农林业系统的价值输出总量为,果粮间作 > 农田防护林 > 桐粮间作,输出价值构成中,农田防护林和桐粮间作主要来源于农作物,果粮间作中,输出的价值量,林木和农作物都有,并且,林木的输出价值量小于农作物。农作物的输出价值量中,秋夏作物基本上各占一半,其中籽实占78%以上。

七 农林业系统价值的投入输出效率

农林业系统价值的投入输出效率的分析,采用经济学上应用非常广泛的分析方法——费用效益分析,它的原型是费用效果分析法(Cost-Effectiveness Analysis),它被用来反映某个项目对整个经济的影响程度,主要回答某个项目的实现对整个经济是否有利。但是,由于某个项目的效果可能是多方面的,相互之间很难统一比较,因此,就是效益代替效果,费用效果分析就变为费用效益分析,其基本思想就是对在实现某个目标时,为达到一定效果而支出相应费用所得到的效益,被用来同在实现另一个目标时为达到一定效果支出相应费用所得到的效益进行比较(乌家培,1983)。其计算方法比较简单,可用效益费用率表示,BCR = 效益(B)/费用(C)。

对于农林业系统来说,费用项包括人工、牲力、柴油、有机肥、无机肥、农药、种子等,效益包括木材、薪材、果实等。这里需要说明的,是由于归还物相当于一种很好的肥料,因此它的价值也可以算作收益项。根据以上分析可得3种农林业系统的费用效益状况(表8-7)。

表8-7 3种农林业系统的费用效益分析/(元/hm^2)

项目	农田防护林	桐粮间作	果粮间作
费用总计	3499.57	3597.54	3354.92
效益总计	14592.68	13124.64	17390.76
效益 - 费用	11093.11	9527.10	14035.84
BCR	4.1518	3.6482	5.1837

(1)农田防护林中价值的投入输出效率

农田防护林的纯收入为11093.11元/hm^2,费用效益率为4.1518。

(2)桐粮间作中价值的投入输出效率

桐粮间作的纯收入为9527.107/hm^2,费用效益率为3.6432。

(3)果粮间作中价值的投入输出效率

果粮间作的纯收入为14035,84元/hm^2,费用效率为5.1837。

(4)3种农林系统价值的投入输出效率比较

无论从效益、效益-费用,还是效益费用率看,3种农林业系统相比较,结果均为果粮间作 > 农田防护林 > 桐粮间作。后两种农林业系统的纯收入和费用效益率相差很小。

八　农林业系统与农田、林地和果园系统的价值流比较

前面在研究农林业系统的物质流和能量流时，为了揭示农林业系统的生物生态学功能特征，我们将其与以农田、林地和果园系统为代表的传统的农业、林业生产方式进行了比较，同样，为了了解农林业系统的社会经济特征，也有必要将农林业系统的价值流与农田、林地和果园系统的价值流相比较。农田、林地和果园系统的价值流的计算方法，类似于前面对3种农林业系统所应用的方法。

1　价值投入状况

从价值投入总量（表8-8）看，桐粮间作最大，农田次之，再次为农田防护林、果粮间作和果园，沙兰杨和泡桐林地的投入很少，且仅为人工管理费用，农田系统与3种农林业系统的价值投入差别不大。

表8-8　农田、林地和果园系统的价值投入状况/(元/hm²)

项目	农田系统	沙兰杨林地	泡桐林地	苹果园
人工	1575.00	90.00	90.00	2250.00
牲力	360.00			
柴油	120.00			30.00
有机肥	89.60			
无机肥	914.76			
农药	36.00			240.00
种子	450.00			
总计	3545.36	90.00	90.00	2520.00

2　价值增加状况

从价值增加总量（表8-9）看，果园系统＞农林业系统＞农田系统＞林地系统。果园中价值的增加主要来源于林木果实，林地系统的价值增加主要来自木材，农田系统的价值增加主要来源于农作物籽实；农林业系统的价值增加，既有来源于农作物籽实的，也有来自林木木材或果实的。

表8-9　农田、林地和果园系统的价值增加状况/(元/hm²)

项目	农田系统	沙兰杨林地	泡桐林地	苹果园
茎干	1186.00			
枝		1255.32	592.34	1224.00
叶	1336.00	4755.04	895.96	412.80
根	446.00	2082.08	583.26	
果实	9536.00			31829.21
木材		625.20	920.00	
总计	12504.00	8717.64	2991.56	33466.01

3　价值贮存状况

从价值贮存总量（表8-10）看，果园系统＞果粮间作＞沙兰杨林地＞农田防护林＞桐粮间作＞农田系统＞泡桐林地，由于林木的价值贮存作用，使林地和农林业系统的价值

贮存量增加。

4 价值归还状况

归还到土壤的物质所具有的价值量(表8-11),沙兰杨林地 > 桐粮间作 > 农田系统 > 泡桐林地 > 农田防护林 > 苹果园 > 果粮间作,林地和果园系统的归还价值来自林木落叶,农田系统的归还价值来源于农作物残茬和根系,农林业系统二者皆有。

表8-10 农田、林地和果园系统的价值贮存状况/(元/hm²)

项目	农田系统	沙兰杨林地	泡桐林地	苹果园
茎干	1186.00			1329.60
枝		13743.94	4082.34	6337.60
叶	1336.00	2082.08	583.26	412.80
根	446.00	4422.38	2410.20	2566.00
果实	9536.00			31829.21
木材		2420.00	3952.50	
总计	12504.00	22668.40	11028.30	42475.21

表8-11 农田、林地和果园系统的价值归还状况/(元/hm²)

项目	农田系统	沙兰杨林地	泡桐林地	苹果园
归还物	603.00	2082.08	583.26	412.80

5 价值输出状况

农田系统的价值输出量为11742.75元/hm²,苹果园系统的价值输出量为33053.21元/hm²,两种林地系统的树木还需继续生长,也就没有输出。与农林业系统比较,果园系统 > 3种农林业系统 > 农田系统。

6 价值投入输出效率

从效益、效益-费用和费用效益率(表8-12)看,农林业系统与农田、林地和果园系统比较,苹果园最大,3种农林业系统次之,农田系统再次,沙兰杨林地和泡桐林地最小。

表8-12 农田、林地和果园系统的价值投入输出效率/(元/hm²)

项目	农田系统	沙兰杨林地	泡桐林地	苹果园
费用	3545.36	90.00	90.00	2520
效益	12345.76	2082.08	583.26	33466.01
效益-费用	8958.64	1992.08	493.20	20946.01
BCR	3.5274	23.1342	6.4807	13.2800

九 小结

综上所述,可以得到以下结论:

(1) 3种典型的农林业系统(农田防护林、桐粮间作和果粮间作)在价值流方面存在着差别。

(2) 桐粮间作价值投入较多,果粮间作价值投入较少,农田防护林居中,但3种类型差别很小。从价值投入结构看,人工投入的价值量最大,其次是用于购买化肥的投入。

(3) 从农林业系统中价值贮存总量上看,果粮间作 > 桐粮间作 > 农田防护林,其中农作物价值贮存量最多。林木(除苹果树)的价值贮存量主要来自木材,苹果树的价值贮存量主要来自果实,而农作物的价值贮存量主要来源于籽实。

从农林业系统中每年价值的增加量看,果粮间作 > 农田防护林 > 桐粮间作。新增加的价值量在各植物器官的分配类似于价值的贮存量。

(4) 每年价值输出总量,果粮间作 > 农田防护林 > 桐粮间作,且以农作物籽实器官输出最多。

(5) 3 种农林业系统的价值输出与投入之差(纯收入)和费用效益率,果粮间作 > 农田防护林 > 桐粮间作。

(6) 农田、林地和果园系统与农林业系统在价值流动过程中存在着以下差别:

1) 农林业系统和农田系统、果园系统价值的投入量相差不大,林地则投入少输出也少。

2) 从价值贮存总量上看,果园系统 > 果粮间作 > 沙兰杨林地 > 农田防护林 > 桐粮间作 > 农田系统 > 泡桐林地。从价值增加量看,果园系统 > 农林业系统 > 林地和农田系统。

3) 从价值输出投入差和费用效益率看,除果园系统外,农林业系统较大。

参考文献:

乌家培.经济数量分析概论.中国社会科学出版社,1983.

祝海福,钱志源.池杉林复合生态系统经济效益初探.林农复合生态系统学术讨论会论文集,东北林业大学出版社,1988:119-126.

熊文愈.林农复合生态系统的类型和效益.林农复合生态系统学术讨论会论文集,东北林业大学出版社,1988:1-5.

Hokstira D A. Economics of Agroforestry. Agroforestry systems, 1987. 5:293-300

第九章 农林业系统的土地利用状况

农林业系统作为一种替代的农业、林业生产方式,它在能量流、物质流和价值流上有不同于传统农业、林业生产的特点,如提高了光能利用率,增加了物质的归还量和增加了经济效益,它是否提高了土地资源的利用率,特别是这种多层次的生态系统结构是不是真正节约了土地,这是研究农林业系统迫切需要知道的一个问题。以下先从土地利用率的表示方法谈起,然后用此方法计算 3 种农林业系统的土地利用率,以反映农林业系统对土地的利用程度。

一 土地利用状况的表示方法和计算

首先从土地利用率的意义说起,对于大多数人来说,土地利用率只是一个定性的概念,如何才能科学的表示它,到目前为止,还未见到文献的完整报道。土地利用率是一种相对于现有土地利用方式来说,新的土地利用方式能够使土地的某些利用功能增加的多少。例如,一块土地,原来种植农作物,年收入为 1000 元/666.7m²,而现在在这一块土地上建立了一个工厂,年收入为 10000 元/666.7m²,因此我们可以说,这一块土地的利用率提高了,并且提高了 900%[(10000 - 1000)/1000]。这里需要说明一点的是:由于人类的社会需求是多方面的,因而一块被利用的土地,同时可以满足人们的几个方面的需求,如刚才所说的例子,在农田上建设一座工厂,增加了土地能够带来的收入,这只是这一块土地所具有的一个功能,实际上,建立了一座工厂,增加了社会就业机会,这也就是说从社会效益的角度,新的土地利用方式提高了土地利用率。因此,土地利用率应该等于新的土地利用方式所增加的或减少的所有的土地利用功能的相对值的代数和。

这里还有一个比较复杂的问题,如何确定计算土地利用率的基值,前面在定义中已经指出,基值是现有的土地利用方式的某种功能值,但是,在实际计算时,这样的确定方法有很大的局限性,因为没有考虑各种土地利用方式间的替代效应(即经济学上的机会成本),为此,现有的可供选择的各种土地利用方式下,以那种能够最大程度发挥土地的某种利用功能的土地利用方式的功能值作为土地利用率计算的基值。这种思想来源于米德(Mead et al., 1980)在研究不同品种农作物间作时应用的土地等价率(Land Equivalent Ratio)概念。他是这样定义土地等价率的,为生产间作方式下某种产量所需要的相对土地面积,即现有单作方式下要生产间作方式下的作物的某种产量值所需要的土地面积,其计算公式为:

$$LER = YA/SA + YB/SB \tag{9.1}$$

式中,YA、YB 分别为间作方式下作物 A、B 的产量,SA、SB 分别为作物 A、B 单作种植方式下的产量。

他给出的定义虽然难懂,但从他给出的公式并不难计算土地等价率,在这里,他将单作种植方式下的某种作物的产量作为土地等价率的计算基值。无论如何,这种土地等价率并不能完全反映作者的思想,事实上,他只给出了土地利用功能的一个方面,下面结合农林业系统的研究,说明土地利用率的表示和计算方法。

在讨论农林业系统的土地利用率的表示和计算之前,不妨说明一下农林业系统所利用的土地具有的功能。根据前面的分析,农林业系统所具有的功能应该包括以下几个方面:1)生物量和生产力;2)能量流;3)物质流;4)价值流,对于每一个方面又都包括一些具体的反映农林业系统功能的指标(表 9-1)。

表 9-1 农林业系统所利用的土地具有的功能

功能	指标
生物量	总生物量、产量、木材蓄积量
生产力	总生产力、木材材积增加量
能量流	能量贮存量、利用量、输出量、光能利用率
物质流	物质贮存量、吸收量、输出量、归还率
价值流	价值贮存量、增加量、输出量

在计算农林业系统中各功能项的土地利用率时,分别把农田、林地和果园系统的相应功能值作为计算时的基值。每一功能项的土地利用率的计算公式为:

某一功能项的土地利用率=(农林业系统中农作物的功能值/农田系统中的农作物的相应功能值)+(农林业系统中林木的功能值/林地(或果园)系统中的林木的相应功能值)

根据前几章的研究结果,得到各农林业系统、农田、林地和果园系统的各项功能指标值(表 9-2)。

将表 9-2 中的各功能指标值代入公式(9.1)中可得 3 种农林业系统的土地等价率(表 9-3)。

表 9-2 农林业系统和农田、林地、果园系统的主要功能指标值

类型		农田防护林		桐粮间作		果粮间作		农田系统 农作物	沙兰杨林地 沙兰杨	泡桐林地 泡桐	苹果园 苹果树
		沙兰杨	农作物	泡桐	农作物	苹果树	农作物				
生物量	总生物量	5.5691	28.6844	7.3727	27.4821	29.5221	16.013	25.71	222.6925	58.9817	58.9444
	产量	0	12.4426	0	10.8467	2.8572	6.662	10.87	0	0	5.7144
	木材蓄积量	4.84	0	7.906	0	0	0	0	193.5381	62.44	0
生产力	总生产力	1.773	28.6844	1.9398	10.8467	6.9542	16.013	25.71	70.898	15.5187	13.8984
	木材材积增加	1.2504	0	1.84	0	0	0	0	50	14.72	0
能量流	贮存量	10.2684	49.916	13.5401	47.8605	48.9341	28.3415	44.6778	410.5945	108.3208	97.6932
	利用量	3.2729	49.916	3.5102	47.8605	8.8745	28.3415	44.6778	130.8622	28.0815	17.7311
	输出量	0	44.6912	0	42.3449	7.2235	26.1687	39.7134	0	0	14.0304
	光能利用率	0.03	0.53	0.03	0.46	0.4	0.29	0.46	1.33	0.22	0.08
物质流	贮存量 N	12.72	304.68	23.11	277.89	141.45	226.22	269.13	508.72	184.87	282.36
	P	4.1	66.83	10.48	60.85	49.04	37.29	59.59	163.97	83.82	97.98
	K	10.33	223.39	21.84	216.82	115.80	140.98	200.02	413.12	174.71	231.26
	吸收量 N	5.79	304.68	8.19	277.89	36.52	226.22	269.13	231.7	65.5	72.93
	P	1.14	66.83	3.45	60.85	9.54	37.29	59.59	56.31	27.61	19.03
	K	3.94	223.39	6.43	216.82	21.43	140.98	200.02	157.74	51.48	42.86

续表

类型			农田防护林		桐粮间作		果粮间作		农田系统农作物	沙兰杨林地沙兰杨	泡桐林地泡桐	苹果园苹果树
			沙兰杨	农作物	泡桐	农作物	苹果树	农作物				
	输出量	N	0	284.58	0	256.72	25.81	218.35	252.3	0	0	30.57
		P	0	63.93	0	57.76	5.48	35.52	57.3	0	0	10.37
		K	0	190.8	0	172.45	15.45	122.42	172.5	0	0	14.24
	归还量	N	0.44	0.07	0.47	0.08	0.29	0.03	0.06	0.45	0.47	0.29
		P	0.18	0.04	0.38	0.05	0.42	0.04	0.04	0.06	0.38	0.42
		K	0.31	0.15	0.28	0.17	0.27	0.09	0.14	0.31	0.28	0.27
价值流	贮存量		2926.37	14390.3	4836.93	12869.71	10136.88	11102.6	12504	22668	11028.3	42475.21
	增加量		827.58	14390.3	1178.94	12865.71	6288.68	11102.6	12504	8717.645	2991.56	33466.01
	输出量		0	13755.9	0	12196.94	6080.60	10900.5	11742.75	0	0	33053.21

表 9-3 农林业系统的土地利用率

	功能		农田防护林	桐粮间作	果粮间作
生物量	总生物量		1.1407	1.1939	1.1237
	产量		1.1447	0.9979	1.1129
	木材蓄积量		0.0250	0.1266	0
生产力	总生产力		1.1407	0.5469	1.1232
	木材材积增加		0.0250	0.1250	0
能量流	贮存量		1.1423	1.1962	1.1352
	利用量		1.1423	1.1962	1.1349
	输出量		1.1253	1.0663	1.1738
	光能利用率		1.1747	1.1364	1.1304
	贮存量	N	1.1571	1.1576	1.3415
		P	1.1465	1.1462	1.1263
		K	1.1418	1.2090	1.2056
	吸收量	N	1.1571	1.1576	1.3413
		P	1.1417	1.1461	1.1271
		K	1.1418	1.2089	1.2048
	输出量	N	1.1279	1.0175	1.7097
		P	1.1157	1.0080	1.1483
		K	1.1061	0.9997	1.7947
	归还率	N	2.1444	2.3333	1.5000
		P	2.1100	2.2500	2.0000
		K	2.0714	2.2143	1.6429
价值流	贮存量		1.2800	1.4678	1.1209
	增加量		1.2458	1.4230	1.0701
	输出量		1.1714	1.0387	1.1122
平均值			1.1820	1.1818	1.1825

由表 9-3 中结果可以看出,假如单从生产木材的角度看,农林业系统的土地利用率小于 1,说明其不是一种很好的土地利用方式,再如从农作物产量和系统的生产力来看,桐

粮间作的土地利用率也小于1,从这种意义说,桐粮间作也不是一种最佳的土地利用方式。但是,从其它功能指标看,农林业系统的土地利用率大于1,说明在这些目的下,农林业系统可以使土地得到较好的利用,特别是从物质的归还率看,土地的利用程度被大大提高了,这对发展一种持续的农业、林业生产意义重大。3种农林业系统的24个功能指标的平均土地等价率分别为:农用防护林1.1820,桐粮间作1.1818,果粮间作1.1825。这充分表明农林业生产方式,从总的生产目的看,提高了土地利用率。

二 小结

由以上对农林业系统的土地利用率的分析可知:

(1)定量的表达土地利用率对研究农林业系统的结构和功能总特征非常有意义,农林业系统的土地利用率可以用系统的各项功能指标对传统的农业、林业和果园系统的相应功能值的相对值之和表示。

(2)农林业系统的平均土地等价率大于1,说明农林业系统大大提高了土地利用率。

参考文献:

Mead R, Willey R W. The concept of a land equivalentratio and advantages in yield from intercropping. Experimental Agriculture, 1980, 16: 217-228

第十章 农林业系统的动态分析

农林业系统是由多年生树木和1年生农作物构成的一种生态系统,由于树木成材周期长,因而以上所用的静态分析方法,只能反映农林业系统的短期行为和眼前利益,为了正确评价农林业系统的长远特性和持续发展特征,采用计算机模拟的方法,对3种农林业系统的长期功能进行分析,并与农田、林地和果园系统相比较。

一 动态模型的建立

在前面讨论农林业系统结构和功能的研究内容时,已经说明了农林业系统的功能(生物量、生产力、能量流、物质流和价值流)的研究步骤(图3-3),在这里为了揭示农林业系统功能的动态变化规律,在前而观测数据和研究方法的基础上,通过利用前人对林木生长过程的研究结果,并依据林木胸径和生物量的关系,研究林木生物量的动态变化规律,对于沙兰杨和泡桐的各器官的生物量的模拟采用此法;对于林木中的苹果树以及农作物,因其生物量的年际之间的变化不大,而且目前还缺乏长期的观测数据,为了使问题简单,可以认为苹果树和农作物的各器官的生物量是一个恒定值。在知道了农林业系统中各植物的生物量和生产力后,将分别根据植物各器官的热值、N、P、K元素的含量和价格,利用类似于前面能量流、物质流和价值流的静态分析时所用的计算方法,研究3种农林业系统功能的动态变化规律。进行动态分析时,由于沙兰杨和泡桐的轮伐期为10a,因而动态模拟的时段也就取10a。

动态模拟是采用lotusl-2-3软件完成的。这种软件有使用非常方便的电子数据表功能,也可以很方便地利用公式的拷贝功能进行各种数学公式的运算,还可以利用其绘图功能对计算结果绘制各种图表,直观的表达动态模拟结果。

二 林木生长状况的模拟

为了分析农林业系统功能的动态变化,就要知道农林业系统中各种植物的生长状况。对于苹果树和农作物,前面已经说过,可以认为其年际之间没有变化,而对于沙兰杨和泡桐树木,其每年的生长状况不一样,其树木的胸径和树高等都随着树龄的不同而不同,为了计算农林业系统生物量的需要,就应该知道这两种树木胸径的年变化规律。根据观测结果,查阅韩福庆等(1983)编制的杨树胸径生长过程表和陈永章(1949)编制的泡桐单株立木生长表,得表10-1和图10-1。由图可知,两种树木的胸径生长曲线呈S型,

表10-1 沙兰杨和泡桐胸径生长过程表

年龄/a	1	2	3	4	5	6	7	8	9	10
沙兰杨/cm	4.8	9.1	14.8	18.5	20.1	22.6	25.6	27.4	29.5	31.8
泡桐/cm	4.0	6.0	10.5	17.1	20.1	22.5	26.7	30.0	33.0	35.9

沙兰杨树木的胸径增长在早期快于泡桐,晚期慢于泡桐。

三 农林业系统的生物量和生产力的模拟

生物量是农林业系统的一个重要功能指标,也为计算农林业系统的能量流、物质流和价值流提供了基础数据。利用类似于第五章计算生物量的方法,将3种农林业系统中的6种植物分成两组计算。

1 沙兰杨和泡桐树木的生物量

对于沙兰杨和泡桐树木,生物量的计算用相对生长法,根据表5-7、表5-8中的公式和表10-1中的树木胸径数据,可以得到这两种树木的生物量的年变化规律(图10-2,图10-3)。需要说明的一点是由于这两种树木都为落叶阔叶树种,因而多年生产的生物质总量应为当年的生物量再加上前几年的树叶的生物量。由图10-2、图10-3可以看出,随着树龄的增长,树木各器官的生物量呈现一种非线性增加,并且在10a的生长期内,树木生物量随年龄变化的曲线的斜率有增加的趋势,说明这两种树木在10a内生长逐年加快。在整个生长过程中,生物量在植物体各器官的分配一直保持着树干>树枝>树叶>树根。

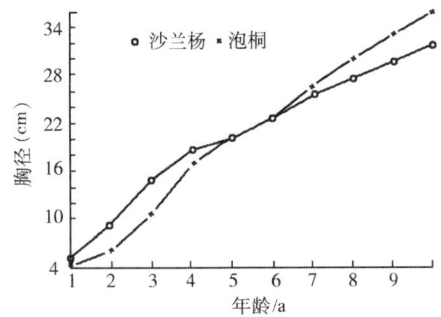

图10-1 沙兰杨和泡洞树木胸径的年变化

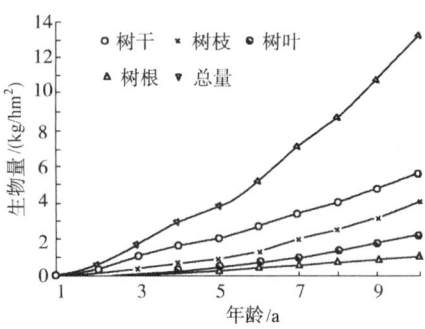

图10-2 沙兰杨树木各器官生物量的年变化

2 苹果树和农作物的生物量

对于苹果树和农作物,其生产力年变化不大,因而植物生产的生物质总量等于该植物的生产力的倍数,苹果树和农作物的各器官生物量的历年变化与时间呈现一种直线关系,生物量在植物各器官的分配和第五章中的生产力研究结果一样。

根据以上计算,得到3种农林业系统的所有植物的各器官的生物量和系统总的生物量(表10-2),从10a累积的生物量看,农田防护林、桐粮间作和果粮间作分别为:300.09,291.28t/hm²和204.71t/hm²,3种农林业系统中,林木分别占4.4%,5.7%和21.8%。从10a来3种农林业系统生产的总生物量看,农田防护林>桐粮间作>果粮间作;从树木总生物量来看,果粮间作>桐粮间作>农田防护林;从农作物总生物量来看,果粮间作最小,农田防护林稍大于桐粮间作。如果将3种农林业系统的历年生物量比较(图10-4)可知,历年生物量的变化一直为农田防护林>桐粮间作>果粮间作,但前两者相差很小。

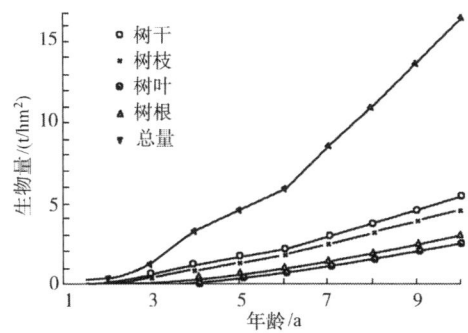
图 10-3 泡桐树木各器官生物量的年变化

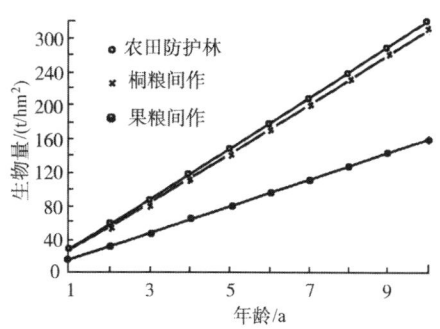
图 10-4 3 种农林业系统生物量的年变化

表 10-2 3 种农林业系统的 10a 总生物量/(t/hm²)

项目	农田防护林	桐粮间作	果粮间作
树木	13.25	16.46	44.58
农作物	286.84	274.82	160.13
总计	300.09	291.28	204.71

四 农林业系统的能量流模拟

在计算了 3 种农林业系统的生物量和生产力的基础上，采用能量流分析一章中的计算分析方法，可以得到 3 种农林业系统历年的能量投入输出状况及其光能利用率等效率指标。

为了分析农林业系统的能量流的历年变化，首先需要知道构成 3 种农林业系统的各种植物的历年能量利用状况，为此将有关的 6 种植物分成两组计算分析。

1 沙兰杨和泡桐树木历年利用的总能量

沙兰杨和泡桐树木历年利用的总能量的计算，根据前面计算出的各器官的历年生物量和相应热值相乘可得，图 10-5、图 10-6 给出了这两种树木利用的总能量的年变化规律，需要说明的一点是，由于这两种树木都为落叶阔叶树种，因而树木多年利用的总能量应为当年树木贮存的总能量再加上前几年的树叶利用的总能量。由图 10-5、图 10-6

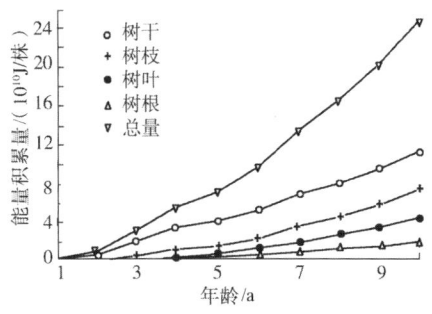
图 10-5 沙兰杨树木各器官能量积累量的年变化

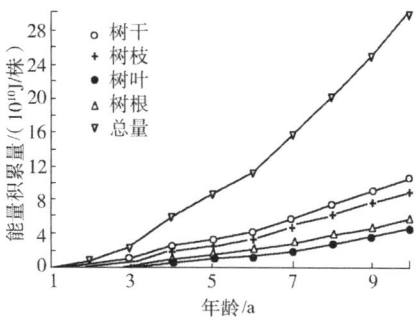
图 10-6 泡桐树木各器官能量积累量的年变化

可以看出,随着树龄的增长,树木各器官利用的总能量呈现一种非线性增加,并且在10a的生长期内,树木利用的总能量随年龄变化的曲线的斜率有增加的趋势,说明这两种树木在10a内总能量的利用逐年加快。在整个生长过程中,利用的总能量在植物体各器官的分配一直保持着树干>树枝>树叶>树根。

2 苹果树和农作物利用的总能量

对于苹果树和农作物,其生产力年变化不大,因而植物利用的总能量等于该植物一年利用的总能量的倍数。苹果树和农作物各器官利用的总能量的历年变化与时间将呈现一种直线关系。植物利用的能量在植物各器官的分配和第六章中的能量年利用量的研究结果一样。

10a内3种农林业系统生产的总能量(表10-3),农田防护林最大,果粮间作最小;从其在生物组分中的分配状况来看,树木的总能量生产以果粮间作中的果树占比例最大,桐粮间作中的泡桐次之,农田防护林中的沙兰杨最小,这明显的与3种树木的密度有关,果粮间作中农作物所利用的能量最少,是由于果树枝下高较小,密度大,占地面积大的原因。

表10-3 3种农林业系统的10a利用的总能量/(10^{10}J/hm²)

项目	农田防护林	桐粮间作	果粮间作
树木	24.58	29.82	88.75
农作物	499.19	478.60	283.42
总计	523.67	508.42	372.17

从10年能量的总投入看(表10-4),3种农林业系统差别不大,桐粮间作稍多。

表10-4 3种农林业系统的10a能量总投入输出量/(10^{10}J/hm²)

	类型	农田防护林	桐粮间作	果粮间作
投入	苗木	0.22	0.34	0.21
	树木栽种收获	0.18	0.50	0.67
	年管理投入	43657.89	43659.12	43661.22
	小计	43658.27	43659.96	43662.10
归还物		56.67	59.89	38.24
输出	薪材	221.31	236.32	188.64
	果实	230.80	201.82	145.28
	木材	10.96	10.40	0
	小计	464.15	448.55	333.92
总输出/总投入		1.06	1.03	0.76
光能利用率/%		0.55	0.49	0.33

从10a能量的总归还量看,桐粮间作>农田防护林>果粮间作,从输出总量和果实、木材的输出量看,农田防护林>桐粮间作>果粮间作。从输出能量的结构看,果实和木材等主要经济产品的能量输出占总能量输出的比例,农田防护林52.1%,桐粮间作

47.3%,果粮间作43.5%。能量输出投入比和光能利用率对农田防护林和桐粮间作基本上一样,分别为1%和0.5%,而果粮间作则较低,仅分别为0.76%和0.33%左右。

如果将3种农林业系统的历年能量生产总量相比较(图10-7),农田防护林>桐粮间作>果粮间作一直成立,并且前两者差别很小。

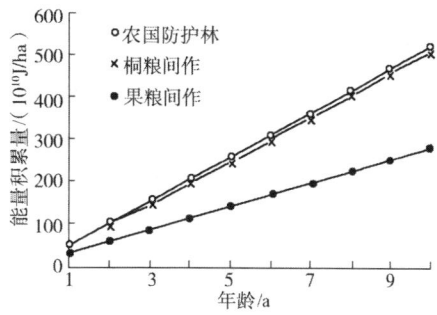

图10-7 3种农林业系统能量积累量的年变化

五 农林业系统的物质流模拟

在计算了3种农林业系统的生物量和生产力的基础上,采用物质流分析一章中的计算分析方法,可以得到3种农林业系统历年的物质投入输出状况及其效率。

为了分析农林业系统的物质流的历年变化,首先需要知道构成3种农林业系统的各种植物历年的物质吸收状况,为此将有关的6种植物分成两组计算分析。

1 沙兰杨和泡桐树木历年吸收的物质量

沙兰杨和泡桐树木历年吸收的物质量的计算,根据前面计算出的各器官的历年生物量和相应N、P、K元素的含量相乘可得,图10-8—图10-13给出了这两种树木各器官吸收的物质量的年变化规律,需要说明的一点是由于这两种树木都为落叶阔叶树种,因而树

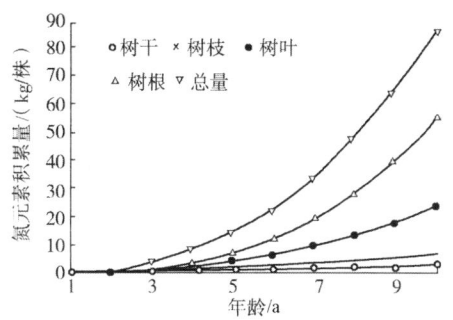

图10-8 沙兰杨树木各器官氮元素积累量的年变化

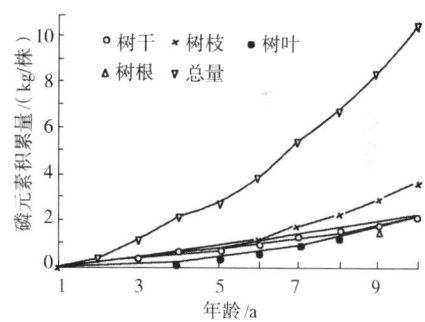

图10-9 沙兰杨树木各器官磷元素积累量的年变化年龄

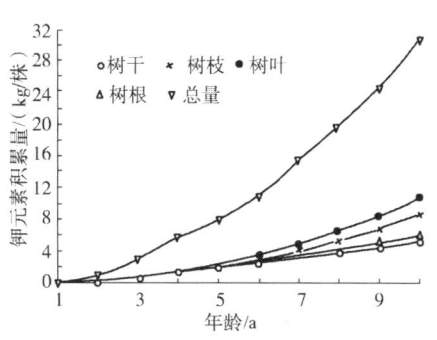

图10-10 沙兰杨树木各器官钾元素积累量的年变化

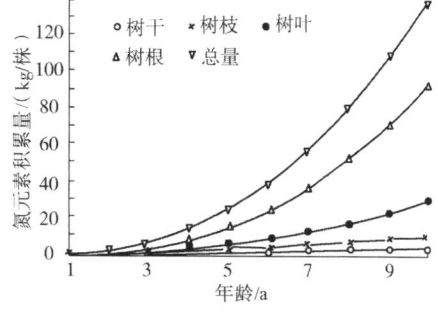

图10-11 泡桐树木各器官氮元素积累量的年变化

· 493 ·

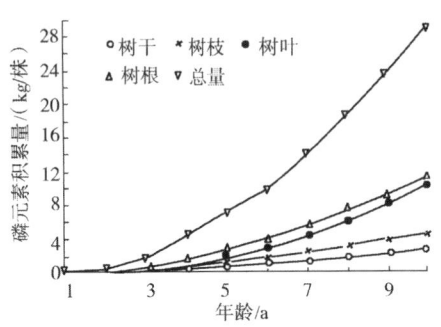
图 10-12 泡桐树木各器官磷元素积累量的年变化

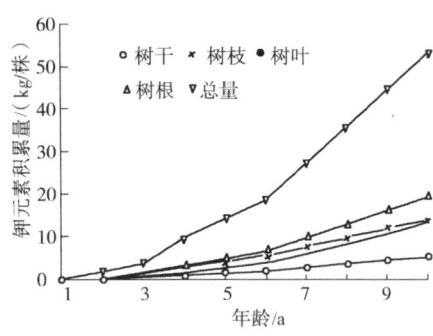
图 10-13 泡桐树木各器官钾元素积累量的年变化

木多年吸收的物质量应为当年的树木贮存的物质量再加上前几年的树叶积累的物质量。由图 10-8—图 10-13 可以看出,随着树龄的增长,树木各器官吸收的物质呈现一种非线性增加,并且在 10a 的生长期内,树木吸收的物质随年龄变化的曲线的斜率有增加的趋势,说明这两种树木在 10a 内吸收的总物质量逐年加快,但不如能量流那样有规律。在整个生长过程中,吸收的物质(N、P、K)在植物体各器官的分配比较复杂。

2 苹果树和农作物吸收的物质量

对于苹果树和农作物,其生产力年变化不大,因而植物吸收的物质等于该植物一年吸收的物质量的倍数,苹果树和农作物各器官吸收的物质的历年变化与时间将呈现一种直线关系,植物吸收的物质在植物各器官的分配和第七章中的物质吸收量的研究结果一样。

从 10a 期间 3 种农林业系统中植物所吸收的营养物质(N、P、K)总量看(表 10-5),N、P、K 三元素均为农田防护林 > 桐粮间作 > 果粮间作。

表 10-5　3 种农林业系统的 10a 物质吸收总量/(kg/hm²)

类型 元素	农田防护林			桐粮间作			果粮间作		
	N	P	K	N	P	K	N	P	K
树木	45.08	10.50	30.15	67.54	28.55	53.79	365.21	95.42	214.58
农作物	3046.93	668.30	2233.85	2778.93	608.48	2168.23	2262.23	372.93	1409.84
总计	3092.01	678.80	2265.00	2846.52	637.03	2222.02	2627.44	468.35	1624.42

从 10a 3 种农林业系统物质投入输出状况看(表 10-6),投入以 N、P 元素为主,3 种系统差别不大,桐粮间作稍多一些,果粮间作少一些。

表 10-6　3 种农林业系统的 10a 物质总投入、输出量/(t/hm²)

类型	元素	农田防护林			桐粮间作			果粮间作		
		N	P	K	N	P	K	N	P	K
投入	苗木	0.18	0.09	0.15	0.58	0.22	0.46	0.12	0.04	0.11
	年管理投入	3723.30	1988.00	885.40	3840.20	2024.30	909.70	4340.90	1225.40	555.70
	小计	3723.48	1988.09	885.55	3840.78	2024.52	910.16	4341.02	1225.44	555.81
输出	归还物	223.40	31.30	335.39	241.78	41.03	352.39	185.30	53.20	187.50
	薪材	723.48	155.62	1345.04	755.88	168.59	1275.17	656.89	107.30	868.15
	果实	2142.70	489.60	578.43	1844.78	422.81	474.83	1784.66	303.02	510.64

续表

类型	农田防护林			桐粮间作			果粮间作		
元素	N	P	K	N	P	K	N	P	K
木材	2.41	2.27	5.20	4.20	2.67	5.51	0	0	0
小计	2868.59	647.49	1928.67	2604.78	594.07	1755.50	2441.55	410.32	1378.79
总输出－总投入	－854.89	－1340.60	1043.12	－1235.42	－1430.45	845.35	－1899.47	－815.12	1322.98

从归还物质数量看,N、P、K 均为桐粮间作＞农田防护林＞果粮间作。物质输出 N、P、K 均为农田防护林＞桐粮间作＞果粮间作。从输出投入物质总量差看,N、P 投入大于输出,K 输出大于投入,3 种农林业系统各元素的输出投入差相差不大。

如果将 3 种农林业系统的历年物质吸收量相比较(图 10-14—图 10-16),N、P 二元素的物质吸收量为农田防护林＞桐粮间作＞果粮间作;K 元素的物质吸收量为桐粮间作＞农田防护林＞果粮间作,但前两者差别很小。

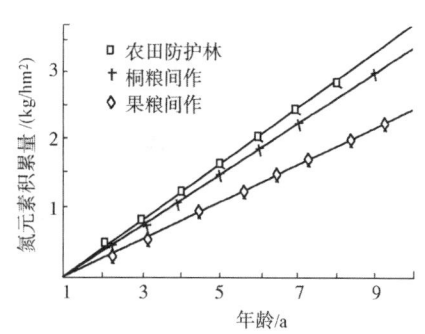

图 10-14　3 种农林业系统氮元素积累量的年变化

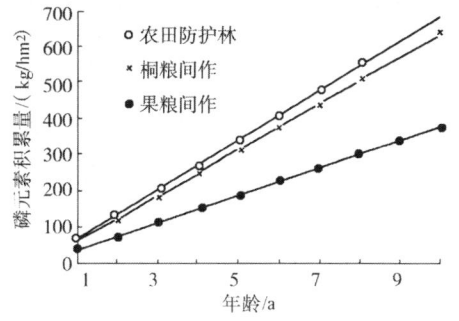

图 10-15　3 种农林业系统磷元素积累量的年变化

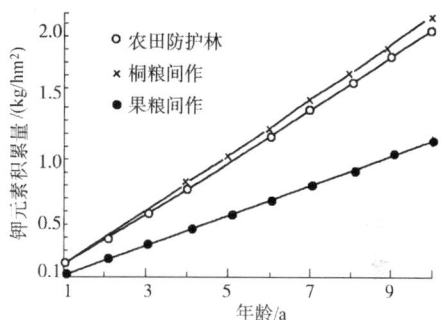

图 10-16　3 种农林业系统钾元素积累量的年变化

六　农林业系统的价值流模拟

在计算了 3 种农林业系统的生物量和生产力的基础上,前面已经分析了 3 种农林业系统的能量流和物质流的历年变化状况,这里将采用价值流分析一章中的计算分析方法,研究 3 种农林业系统历年的价值投入输出状况及其效率。

为了分析农林业系统的价值流的历年变化,首先需要知道构成 3 种农林业系统的各种植物的历年价值增加状况,为此将有关的 6 种植物分成两组计算分析。

1　沙兰杨和泡桐树木历年价值的增加量

沙兰杨和泡桐树木历年价值的增加量的计算,根据前面计算出的各器官的历年生物量和相应价格乘积,并用以下公式:

· 495 ·

$$PV = \sum [V_i(1+0.08)^i - C_i(1-0.08)^i] \tag{10.1}$$

式中,V 为收益值,C 为支出值,i 为从投资年到计算的某一年,$\sum$ 为对 i 年以前的值求和,进行贴现的换算而得。图 10-17、图 10-18 给出了这两种树木价值的增加量的年变化规律,需要说明的一点是,由于这两种树木都为落叶阔叶树种,因而树木多年价值的积累量应为那一年树木的价值的贮存量再加上前几年的树叶价值的增加量。由图 10-17、图 10-18 可以看出,随着树龄的增长,这两种树木各器官价值的增加量呈现一种非线性增加,并且在 10a 的生长期内,树木价值的增加量随年龄变化的曲线的斜率有增加的趋势,说明这两种树木在 10a 内价值的增加逐年加快(图 10-19)。在整个生长过程中,价值的增加量在植物体各器官的分配一直是木材的最大,其次为枝、叶、根。

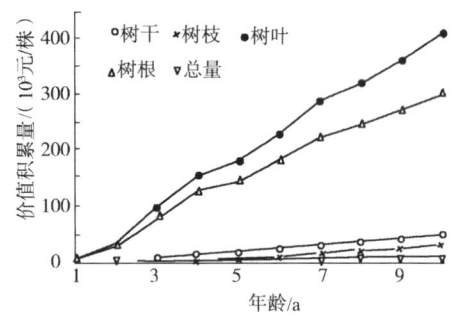

图 10-17 沙兰杨树木各器官价值积累量的年变化

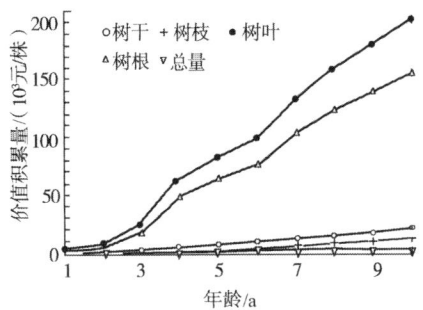

图 10-18 泡桐树木各器官价值积累量的年变化

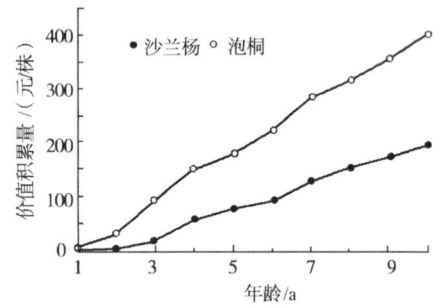

图 10-19 沙兰杨和泡桐树木价值积累量的年变化

2 苹果树和农作物价值的增加量

对于苹果树和农作物,其生产力年变化不大,因而植物价值的增加量等于该植物各年的价值增加量的净现值(按公式 10.1 计算),苹果树和农作物各器官价值的增加量的历年变化,与时间将呈现一种指数关系,植物增加的价值量在植物各器官的分配和八章中的价值增加量的研究结果一样。

从 3 种农林业系统的 10a 累积的价值投入输出状况可以看出(表 10-7),投入总量以桐粮间作最多,农田防护林次之,果粮间作最少,而输出以果粮间作最大,虽然果粮间作中农作物收入不大,特别是夏粮作物,但苹果的收入大,因而净现值和产投比均为果粮间作 > 桐粮间作 > 农田防护林。

如果将 3 种农林业系统的历年价值增加总量相比较(图 10-20),果粮间作 > 农田

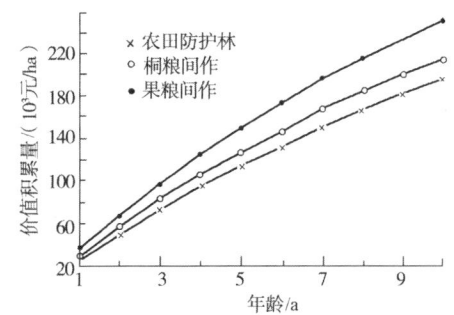

图 10-20 3 种农林业系统价值积累量的年变化

防护林＞桐粮间作一直成立,但与能量流和物质流的变化方式不一样。

表 10-7 3 种农林业系统的 10 年经济投入输出量/(元/hm²)

	类型	农田防护林	桐粮间作	果粮间作
投入	苗木	24.99	79.96	479.76
	树木栽种收获	42.18	134.97	239.88
	年管理投入	50096.80	52116.05	48601.32
	小计	50763.97	52390.98	49320.96
	归还物	9485.07	9461.14	5932.25
输出	薪材	38902.28	40461.29	26261.27
	果实	161408.61	137827.64	380252.44
	木材	4713.04	7858.00	
	小计	214509.00	266335.07	412445.96
总输出/总投入		4.23	5.08	8.36
净现值		163745.03	213944.09	363125.00

七 农林业系统与农田、林地和果园系统的动态模拟结果比较

按类似于农林业系统的能量流、物质流和价值流的动态模拟方法,计算了农田、沙兰杨林地、泡桐林地和苹果园的生物量、物质流、能量流和经济效益,结果分别列于表 10-8、表 10-9、表 10-10、表 10-11。

表 10-8 农田、林地和果园系统的 10a 总生物量、总能量生产和物质利用总量

类型	单位	农田系统	沙兰杨林地	泡桐林地	苹果园
总生物量	t/hm²	275.10	529.97	131.08	89.16
总能量生产	10^{10}J/hm²	446.78	979.14	238.56	177.50
物质利用总量 N	kg/hm²	2691.28	1803.08	540.96	730.42
P	kg/hm²	595.91	419.97	228.40	190.84
K	kg/hm²	2000.18	1205.92	430.32	429.16

表 10-9 农田、林地和果园系统的 10a 总能量投入输出量/(10^{10}J/hm²)

	类型	农田系统	沙兰杨林地	泡桐林地	苹果园
投入	苗木	0	8.68	2.71	0.41
	树木栽种收获	0	6.40	4.0	1.34
	年管理投入	4365.25	43596.17	43596.17	4363.94
	小计	43659.25	43611.25	43602.88	43641.69
	归还物	49.64	175.62	37.85	37.01
输出	薪材	194.89	366.99	117.54	107.28
	果实	202.25			33.02
	木材		438.31	83.29	
	小计	397.14	805.30	200.83	140.30
总输出/总投入		0.91	1.85	0.46	0.32
光能利用率/%		0.46	1.01	0.19	0.32

表 10-10　农田、林业和果园系统的 10a 物质总投入输出盘/(kg/hm²)

类型	元素	农田系统 N	农田系统 P	农田系统 K	沙兰杨林地 N	沙兰杨林地 P	沙兰杨林地 K	泡桐林地 N	泡桐林地 P	泡桐林地 K	苹果园 N	苹果园 P	苹果园 K
投入	苗木				7.19	3.6	6	4.64	1.76	3.68	0.24	0.08	0.22
	年管理投入	3850.2	2034.3	909.7							3450.00		
	小计	3850.2	2034.3	909.7	7.19	3.6	6	4.64	1.76	3.68	3450.24	0.08	0.22
归还物		168.40	22.95	275.11	891.78	90.38	427.75	240.00	81.42	111.83	213.05	80.08	115.97
输出	薪材	674.00	149.22	1249.05	814.56	238.04	570.07	267.35	125.66	274.43	336.70	59.60	208.11
	果实	1848.97	423.75	476.02							179.60	50.60	101.11
	木材				96.59	90.87	208.05	33.60	21.34	44.07			
	小计	2522.97	572.97	1725.07	911.15	329.41	778.12	300.95	147.00	318.55	516.30	110.20	309.22
总输出−总投入		−1327.23	−1461.33	815.37	903.96	325.81	772.12	296.31	145.24	314.82	−2933.9	110.12	309.00

表 10-11　农田、林地和果园系统 10 年经济投入输出总量/(元/hm²)

类型		农田系统	沙兰杨林地	泡桐林地	苹果园
投入	苗木		999.50	639.68	959.52
	树木栽种收获		1303.79	1303.79	36506.18
	年管理投入	51360.14	1687.13	1079.76	479.76
	小计	51360.14	3990.42	3023.23	37945.46
归还物		8735.41	22137.56	5620.32	5980.06
输出	薪材	38864.31	42207.10	12775.80	17731.51
	果实	138114.03			461096.40
	木材		188509.38	62868.00	
	小计	185776.75	2528540.04	81264.12	484808.03
净现值		134416.61	248863.62	78240.86	44682.57
总输出/总投入/%		3.62	63.36	26.88	12.78

将其结果与相应的农林业系统比较可得表 10-12，表中结果反映了按不同功能指标对 3 种农林业系统与农田、林地和果园系统的排序。

表 10-12　3 种农林业系统与林地、果园、农田系统功能指标比较

项目		农田防护林	桐粮间作	果粮间作	农田系统	沙兰杨林地	泡桐林地	苹果园
总生物量		2	3	5	4	1	6	7
总能量生产		2	3	5	4	1	6	7
总生产物质量	N	1	2	4	3	5	7	6
	P	1	2	4	3	5	6	7
	K	1	2	4	3	5	6	7
能量投入		3	1	5	2	6	7	5
能量输出		2	3	5	4	1	6	7
总输出能/总投入能		2	3	5	4	1	6	7
光能利用率		2	3	5	4	1	7	6
物质总投入	N	4	3	1	2	6	7	5
	P	3	2	4	1	5	6	6

续表

项目		农田防护林	桐粮间作	果粮间作	农田系统	沙兰杨林地	泡桐林地	苹果园
物质总输出	K	3	1	4	2	5	6	7
	N	1	2	4	3	5	7	6
	P	1	2	4	3	5	6	7
	K	1	2	4	3	5	6	7
物质总归还量	N	3	2	4	5	1	6	7
	P	6	5	4	7	1	2	3
	K	3	2	5	4	1	7	6
经济投入		2	1	4	3	6	7	5
经济产出		5	4	2	6	3	7	1
净现值		5	4	2	6	3	7	1
产出/投入		6	5	4	7	1	2	3

注：表中数字表示7种农林业、林地、果园和农田系统类型的排列顺序

八 小结

由以上结果可知，从10a累积状况看，3种农林业系统及其与农田、林地和果园系统的对比结果如下：

(1)按农田防护林＞桐粮间作＞果粮间作顺序排列的功能指标有：总生物量、利用的总能量、利用的总物质量、能量的投入和输出、能量的总输出总投入比、光能利用率、物质的总投入和总输出以及总归还量。

(2)从经济投入看，果粮间作＞农田防护林＞桐粮间作，而从经济输出、净现值和产投比看，表现为果粮间作＞桐粮间作＞农田防护林。

(3)将3种农林业系统与农田、林地和果园系统相比较所得到的结果变异比较大，因而要采用一些多目标决策的判定方法，找出优化的农林业系统类型。

参考文献：

韩福庆,吕士行.黑杨派几个无性系生长指数的研究.南京林产工业学院学报,1983,(2):60-67.
陈永章.桐粮间作下兰考泡桐不同立木型单株立木生长过程表,1989.

第十一章 农林业系统的综合效益分析

前面从静态和动态两种角度分析了 3 种农林业系统的结构和功能(生物量、生产力、物质流、能量流和价值流),将其分析结果归纳起来可以得到表 10-12 和表 11-1,从表中所列出的指标排列顺序,很难判定 3 种农林业系统、农田、林地和果园系统的绝对优劣,因而采用 AHP(层次分析法),选用一些综合指标对 3 种农林业系统以及农田、林地和果园系统进行对比分析,以便找出最优的农林业生产模式。

表 11-1 3 种农林业系统与林地、农田和果园系统功能指标比较

项目		农田防护林	桐粮间作	果粮间作	农田系统	沙兰杨林地	泡桐林地	苹果园
生物量		6	5	4	7	1	2	3
生产力		2	3	6	4	1	5	7
贮存能量		6	5	4	7	1	2	3
新增加能量		2	3	5	4	1	6	7
贮存物	N	3	2	5	4	1	7	6
	P	5	4	3	6	1	7	2
	K	5	2	1	6	4	7	3
新增加物	N	3	1	4	2	5	7	6
	P	2	1	5	3	4	6	7
	K	3	1	4	2	5	6	7
能量投入		4	3	1	2	6	6	5
能量输出		1	2	4	3	6	6	5
净利用能/太阳能		2	3	5	4	1	6	7
光能利用能		1	2	4	2	6	6	5
总输出能/投入能		1	2	4	3	6	6	5
物质投入	N	4	5	2	1	6	6	3
	P	2	2	4	1	6	6	5
	K	3	2	4	1	6	6	5
物质输出	N	1	2	4	3	6	6	5
	P	1	2	4	3	6	6	5
	K	1	3	4	2	6	6	5
物质归还	N	4	3	6	7	1	2	5
	P	6	4	5	7	1	2	3
	K	3	2	5	4	1	7	6
经济投入		3	1	4	2	6	6	5
经济产出		3	4	2	5	6	7	1
净现值		3	4	2	5	6	7	1
产出/投入		5	6	3	7	1	4	2

表中数字表示 3 种农林业、林地、果园和农田系统类型的排列顺序

一 综合效益评价方法

层次分析法是近20年来才提出的一种将定量和半定量指标有效结合起来分析的多目标评判方法,在多目标决策中应用非常广泛。它通过确定研究问题的目标,选择指标体系,计算各指标的值,然后得到综合效益值,以决定几种候选方案的优劣。

1 评价指标体系的建立

对于农林业系统这样复杂的生态系统,无论从其结构,还是从其功能看,能够反映该系统功能性质的指标非常多,但是,任一单个指标都无法反映农林业系统的总特征。为此,根据以下原则选择一些有关经济效益、社会效益和生态效益方面的一系列指标。

(1)指标应该反映农林业系统、农业系统和林业系统的整体功能,包括反映系统的稳定性、复杂性、物质流、能量流和价值流投入输出状况。

(2)指标应该能够反映系统的长期行为和短期行为,对发展一种有利于持续发展的农林业生产方式,就应该把眼前利益和长远利益结合起来考虑。

(3)指标应该能够尽量用数量表示,如果无法定量表示,应可以确定农林业系统、农田系统、林地系统和果园系统之间的相对重要程度,用其重要程度序数表示。

(4)尽量采用综合指标,指标之间应该尽量保持相互独立。

根据以上原则和前面的研究结果,选择了有关社会效益、经济效益和生态效益的指标13个,如图11-1示。

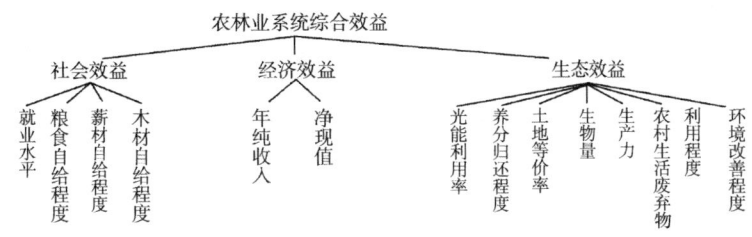

图 11-1 农林业系统综合效益评价的指标体系

2 评价过程

应用 AHP 方法进行农林业系统综合效益评价的步骤为:

(1)确定每一层次的权重系数

首先聘请有关专家和有经验的农民,采用成对比较的方法,根据建立的判断矩阵,求出每一层次目标相对于上一层次目标的单权重。

(2)确定组合权重

根据不同层次的单权重,可以求出每一指标相对于综合效益的组合权重。

(3)指标的数量化

根据各指标的数量化特征可以将所有的指标分为两类处理,一类是可以直接用数字表达的,可直接应用前面研究所得到的有关数据;另一类指标难以用数字表达,如环境改善程度,可用其指标对不同类型的相对重要性表示。然后将这些数据(表11-2)进行规范化处理,消除量纲差别,作为指标的数量化值。

(4)求出各类型的综合效益值

某一类型的综合效益值是通过各指标的数量化值乘以相应指标的组合权重,然后求和得到的。

(5)优化类型的确定

比较各类型的综合效益值,得出优化类型。

二 农林业系统的综合效益

按以上步骤,利用计算机软件 lotus 1-2-3,可以得到表 11-2 的结果,由表中内容可知,农田防护林的社会效益较大,其次为生态效益,经济效益较小,综合效益为 0.3919;桐粮间作也是社会效益也较大,其次为生态效益,经济效益较小,综合效益为 0.3744;果粮间作的经济效益最大,其次为社会效益,生态效益较小,综合效益为 0.4036。

表 11-2 各类型各指标权重系数及其各类型数量值

第一层次	单权重	第二层次	单权重	组合权重	农田防护林	桐粮间作	果粮间作	农田系统	沙兰杨林地	泡桐林地	苹果园
社会效益	0.33	就业水平	0.3	0.099	520	527	615	525	30	30	750
		粮食自给程度	0.5	0.165	12.44	10.84	4.83	10.87	0	0	0
		薪材自给程度	0.17	0.056	221.39	236.31	188.64	194.89	366.99	117.54	107.28
		木材自给程度	0.03	0.010	9.43	45.72	0		337.02	125.74	0
经济效益	0.34	年纯收入	0.6	0.204	1.12	0.97	2.51	0.93	0.20	0.049	3.09
		净现值	0.4	0.136	16.37	21.39	36.36	13.44	24.89	7.82	44.76
生态效益	0.33	光能利用率	0.10	0.033	0.55	0.49	0.33	0.46	1.01	0.19	0.32
		养分归还程度	0.05	0.017	223.40	241.71	185.30	168.40	891.78	240.00	213.05
		土地等价率	0.35	0.116	1.1368	1.1987	1.1277	1	1	1	1
		生物量	0.10	0.033	300.09	291.28	284.71	257.10	459.79	113.79	89.16
		生产力	0.10	0.033	30.36	29.54	22.97	25.71	70.90	15.52	13.90
		农村生活废弃物利用程度	0.15	0.109	10.9	11.2	6.7	11.2	0	0	0
		环境改善程度	0.15	0.109	3	2	2	1	1	1	1

将 3 种农林业系统的各个效益值进行比较,对于社会效益和生态效益,农田防护林 > 桐粮间作 > 果粮间作,而对于经济效益和综合效益,果粮间作 > 农田防护林 > 桐粮间作。

表 11-3 农林业系统、农田系统、林地系统和果园系统的各效益值

类型	社会效益	经济效益	生态效益	综合效益
农田防护林	0.4887	0.2478	0.4436	0.3919
桐粮间作	0.4558	0.2558	0.4152	0.3744
果粮间作	0.3127	0.5535	0.3401	0.4036
农田系统	0.4427	0.2049	0.3433	0.3290
沙兰杨林地	0.1421	0.1696	0.4117	0.2404
泡桐林地	0.0516	0.0514	0.2142	0.1052
苹果园	0.2006	0.6813	0.2168	0.3694

三 农林业系统的综合效益与农田、林地和果园系统比较

将农林业系统的各效益值与农田、林地和果园系统进行比较(表11-2),社会效益,农田防护林>桐粮间作>农田系统>果粮间作>苹果园>沙兰杨和泡桐林地系统,经济效益,苹果园>果粮间作>桐粮间作>农田防护林>农田系统>沙兰杨和泡桐林地;生态效益,农田防护林>桐粮间作>沙兰杨系统>农田系统>果粮间作>苹果园>泡桐林地系统。对于综合效益,果粮间作>农田防护林>桐粮间作>苹果园>农田系统>沙兰杨林地>泡桐林地。

四 小结

由以上分析可以得到以下结论:
(1)农林业系统的综合效益值比农田、林地和果园系统都大。
(2)果粮间作的综合效益值最大。
(3)3种农林业系统、农田系统、两种林地和果园系统的综合效益的排列顺序为,果粮间作>农田防护林>桐粮间作>苹果园>农田系统>沙兰杨林地>泡桐林地。

参考文献:

许树柏.层次分析法原理.天津大学出版社,1988.

Saaty T L. The Analytical Hierarchy Process. New York: McCrow-Hill inc,1980.

第十二章 黄淮海平原豫北地区农林业发展展望

一 豫北平原地区发展农林业生产的必要性

黄淮海平原是我国重要的粮食棉花油料生产基地,每年都要向我国城市居民提供大量的小麦、玉米、棉花、花生等农产品。但是,长期以来,生活在该地区的农民仍然没有摆脱贫穷的困境,走出农业生产徘徊不前,林业生产得不到发展的局面。因此,要使该地区的农民走上富裕道路,实现农业、林业生产以及社会经济持续的发展,是黄淮海平原综合治理的主要目标。

目前,阻碍黄淮海平原豫北地区农业、林业发展的因素有:1)自然条件不良,存在大量的沙地、盐碱地和沼泽地,2)粮棉产量不高不稳,3)农产品比较单一等。要克服这些问题,传统的农业、林业措施和政策已显得软弱无力,由以上的研究可以看出,农林业生产是应该特别关注的一种生产方式。

农林业生产方式只是最近才得到了重新研究,国内外有关农林业系统的研究文献大量涌现。国外的研究主要集中在热带、亚热带地区,开展了农林业系统的分类、诊断、设计、规划和实验研究,为制定适合当地自然条件和社会经济条件的农林业系统提供了科学根据。我国的农林业系统的研究有许多集中在平原地区,围绕着农田防护林和林粮间作的生态效益(防风效应、改良小气候作用等)进行。本书前部分通过对黄淮海平原豫北地区3种分布特别广泛的农林业系统—农田防护林、桐粮间作和果粮间作,从结构、生物量、生产力、能量流、物质流和价值流等方面进行了全面分析,揭示了豫北平原地区的农林业系统结构和功能特征,并将这3种类型的农林业系统与当地传统的农田、林地和果园系统相比较,得到以下几个重要结论:

(1)从生态系统的结构看,农林业系统具有多层结构,有利于利用地上太阳能和地下土壤水分养分资源。其多层结构也决定了农林业系统的功能特征。

(2)一般来说,反映生态系统的功能有许多指标,有生物量、生产力方面的,有物质流、能量流方面的,也有价值流方面的,其每一方面又包括一些具体指标,利用这些指标对农田防护林、桐粮间作、果粮间作、农田、沙兰杨林地、泡桐林地和苹果园等7种不同类型的生态系统进行比较,无论静态分析,还是动态分析的结果都没有出现一种明显的、对所有指标都成立的相对优劣顺序,这表明生态系统的功能是非常复杂的,任何单一的指标都无法反映一个生态系统的整体功能特征。为了克服单一指标的不足之处,计算了平均土地利用率,并采用了多目标决策方法(AHP)来进行综合评判,得出农林业系统的相对较优。

(3)经过对农林业系统的24个功能指标计算土地利用率,结果表明3种农林业系统的平均土地利用率都大于1,说明发展农林业可以节约土地,部分解决目前土地短缺问题。

(4)农林业系统的综合效益比农田、林地和果园系统都大,其原因为:1)农林业系统具有多目的性,输出种类多,可以满足人类生产和生活的多方面需求;2)农林业系统组分多,复杂性大,稳定性好,有利于系统的持续发展;3)无论从生态效益,还是从经济效益看,农林业系统都具有相对较高的效益。

(5)果粮间作的综合效益最大,特别是经济效益最大,因此我们在豫北平原地区首先推荐的农林业方式是果粮间作,原因为:1)该地区目前经济比较落后,许多农民还相当贫穷,能够获得最大经济效益的农林业生产方式—果粮间作,对促进该地区社会经济持续发展有重要作用,2)果粮间作需要较多的劳动力,对解决农村剩余劳动力有一定的意义。

二 农林业发展的现存问题

前面讨论豫北平原地区农林业系统的分类和特征时,已经谈到当地农林业发展的现状,总的来说,几年前发展较快,近几年基本上处于停滞不前的局势,究其原因,主要有三方面。

1 认识问题

农林业作为农业和林业的一种替代形式,在该地区出现还是比较早的,如20世纪50—60年代就开始的行道树建设。但是真正的大发展时期,只是近一、二十年的事,如大规模的桐粮间作、农田林网的营造。综观农林业在该地区发展的历史,可以说,早期的农林业发展是以人们利用"四旁"的空闲地,生产少量的木材为主要形式,这样还可以改变农民的居住环境的气候状况,如树木夏天的遮影,供农民劳动休息时乘凉。到了后来,人们认识到林木栽种到农田不但可以收获木材,而且可以改善农田小气候,促进种植业发展,因此在豫北大地上出现了轰轰烈烈的农田防护林建设。到了70年代,随着速生树种泡桐的出现,人们又开始了大规模地建造林粮间作,试图缓解该区木材极度短缺的状况。现在,有一些树木长大时,人们看见林木的胁地作用,林木附近的农作物生长不良,特别是秋作物受影响比较大,这样造成了目前豫北平原地区的农林业生产基本处于徘徊不前的状态。为此调查了许多农村的百姓和干部,大多数人限于眼前利益和直觉认识,认为林木的生长会影响农作物的生长发育,即使树木成材,其收入也微乎其微,难以补偿农作物的损失,因而发展农林业是自找麻烦,无利可图。当然,也遇到一些有知识的人,他们从长远的角度真正认识到农林业有利可图,并有一些例子可以说明农林业利多弊少,但目前具有这种认识的人还非常少。

2 技术问题

农林业生产比传统的农业和林业要求的技术水平高,如林木病虫害的防治,林木和农作物的品种搭配,密度的确定,特别是果树的栽培,更需要一系列的专门技术。而目前豫北平原地区的文化教育落后,如调查的有些村,上千人中竟然没有一个高中毕业生,就是小学教育也还不普及,农村的技术员更是寥寥无几,因而造成农林业发展中的一系列问题没法解决。如泡桐的丛枝病漫延,许多泡桐树木生长不良,有些开始死亡;有些农民栽种的果树,不会进行合理修枝、防治病虫害,而使果树产量不高;有些果树甚至发育不良;路旁的行道树,由于没有切实可行的措施,树龄大的树木得不到更新,只是任其自然,结果树木生长不良,严重者开始死亡;有些桐粮间作,由于树木的密度过大,造成林下农作物严重受损,得不偿失。这些问题都挫伤了农民发展农林业的积极性,严重影响该地区农林业的发展。

3 政策问题

我国现行的农村生产责任制,土地由农民耕种4、5年后要重新划分。1990年底,在封丘县调查时,发现农民正在大规模的砍伐泡桐树木,前去询问,他们说,他们是不得已而为之。目前这种5年生的树木正处于生长旺季,多生长一年,价值就会增加不少,但这时村里按规定将土地重新划分,因而自己的树木不能生长在别人的耕地内。这样,使可望成材的树木只能当薪材烧。这种土地使用权在较短的时间(如5a左右)的变更无法与长周期的树木生产相适应的局面,影响了农民发展农林业生产的积极性。当地政府部门在组织农民进行农林业建设时,有些县措施得当,领导带头,因而农林业发展较快,而有些县领导积极性不高,农民认识模糊,农林业的发展也就比较缓慢。

三 现有农田区的农林业建设

通过以上对黄淮海平原豫北地区农林业系统的结构和功能的研究,我们发现发展农林业对该地区农业生产的发展有一定的促进作用,而且将大大促进该地区的林业生产发展,增加农民收入,解决农村剩余劳动力,为农民提供薪材等能源,是农村走上高效持续发展的一项重要措施。前面也分析了目前农林业发展所存在的问题。如何才能改变当前农林业生产徘徊不前的局面,在豫北平原地区发展农林业主要有两方面的问题,一是如何在现有农田区开展农林业建设,二是如何在沙荒地、沼泽地和盐碱地改良中发挥农林业的作用。

从豫北平原地区的自然条件看,现有的农田区的农业生产面临的问题是:1)抗御自然灾害的能力比较弱,如每年夏初的干热风常常造成农作物的大面积减产;2)农业生产品种单一,农民收入有限,使农业生产潜力难以发挥。为了克服这两方面的问题,农林业发展模式是一种行之有效的办法。在现有的农田区发展农林业,有必要采用以下措施:

(1) 大力发展农田防护林

农田防护林在该地区已有一定的基础,但是目前仍然问题比较多,如管理措施跟不上,植树多但管理少;不注意树木的更新;到树木生长晚期,常是树木自然枯死,不能获得有用的木材。因而加强树木的管理,及时有计划的实现轮伐很有必要。当前农田防护林所用的树木多为沙兰杨和意大利杨等欧美杨,这些树木早期生长快,易遭病虫害侵扰,因而如果选择一些抗病虫害能力比较强的树木,如毛白杨,以及当地的土生树种,如柳树,将会促进农田防护林的建设。另外农田防护林的面积还非常有限,主要是在柏油路旁,而许多乡间小路还急需绿化,应该使农田防护林朝纵深的方向发展。

(2) 林粮间作的发展需要加强

以桐粮间作为主要形式的林粮间作近十几年来,在该地区发展很快,但面积仍然很有限,并且发展的高潮已经过去了。现在对发展农林业的认识不一,有些桐粮间作由于林木密度过大而影响农作物的生长,使有一些人产生要林必损农的错误认识,因而发展林粮间作必须注意林木和农作物的合理配置。根据调查,桐粮间作中泡桐的最密度的株行距为5m×40m。另外,目前桐粮间作中泡桐的丛枝病严重,还未找到一种很好的根治方法。因此,有必要加强对树木的研究,以解决泡桐丛枝病,选育抗病虫害能力比较强的树种。

(3) 应该高度重视果粮间作

研究表明,果粮间作的综合效益比较大,现在,该地区的发展面积比较小,要增加当地农民的经济收入,大力发展果粮间作很有必要。现有的大部分果树生产以果园的形式,果树密度比较大,农作物难以正常生长,这样单一的果园生产方式,如果发展过多,会影响粮食生产,因此,我们认为要发展果品生产,最好采用果粮间作的形式。目前限制果粮间作推广的一个原因为,果粮间作需要较高的技术水平,因而应该考虑为农村输送和培养大批科技人员,解决农村技术力量短缺的问题。

(4) 改革农村政策促进农林业发展

目前的农村政策特别是土地使用期较短,不利于生产周期比较长的农林业生产发展。因此,应该采用多样化的政策措施,适当延长农林业用地的使用期,或者合理进行农林业系统占用土地的使用权的更换。

四 农林业建设在沙荒地、沼泽地和盐碱地改良中的作用

目前豫北地区还有大面积的未开垦的沙荒地、沼泽地和盐碱地,急需开发。现有的工程措施常常由于耗资过大,而使财力有限的农民望而生畏。虽然工程措施常常见效快,但持续性差。在沙荒地、沼泽地和盐碱地的治理中,科技人员已开始使用农林业形式的生物措施,效果比较好,如沙荒地上发展的农田防护林和林粮间作,改善了农田小气候,防风固沙,对稳定农业生产,增加农民收入有很大的意义。

1 沙荒地上的农林业建设

本区现有沙荒地 13.333 多万 hm²,长期以来未能得到充分利用,究其原因,除人力、物力、财力等限制外,一个很重要的方面是措施不得当,农民平整沙荒地后,由于土壤肥力和结构差,土壤的稳定性也差,开始作物生长不很好,当遇到大风时,满天的风沙不是掩没了农作物,就是吹走了农作物。如果我们在新开垦的沙荒地上,建立起农林业系统,林木根深蒂固,能够有效的防风固沙,保证了农作物的良好生长,经过一段时间的土壤发育,沙荒地上的土壤得到稳定,沙荒地将变成稳产高产的良田。在该区现已经有一些成功的例子,如新乡县古固寨的沙荒地治理,封丘县黄陵的沙荒地治理。因此,今后的沙荒地开发中要充分利用农林业系统这一生产方式。

2 沼泽地的农林业建设

本地区的沼泽地大约有 20—27 万 hm²。基本上杂草丛生,人无法进入,农作物无法生长,长期弃而不用。如果我们在沼泽地栽种一些耐水淹的树木,如柳树等,利用树木强烈的蒸腾作用,减少地面积水,促进生态演替。利用这种简单的生物措施逐步改造沼泽地,到一定时期,再实行林木和水稻等合理间作,建立起农林业系统,彻底改变沼泽地,为人类提供源源不断的木材和粮食。

3 盐碱地的农林业建设

本区盐碱地面积比较大,造成粮食产量很难上去。在盐碱地的改良中,有些人就提到发展农林业,利用树木强烈的蒸腾作用,使地下水位逐渐降低,土壤表面不再由于土壤

的蒸发而富积盐分,达到改良盐碱土,开发土地生产潜力的目的。

总之,从研究结果看,在豫北平原地区发展农林业,可以说有百利而无一弊。现有的农林业生产,还远没有达到应有的发展水平。当然在本区发展农林业,还有许许多多技术问题有待研究解决,这已远非一本小册子所能完全解决。当您读完这本书时,如果能从中得到启发,从生态系统的结构和功能方面认识到农林业系统,能够促进我国农村,特别是黄淮海平原的农村社会经济持续发展,帮助宣传推广农林业生产,发挥农村生产潜力,那就是科技工作者最大的夙愿。

黄淮海平原豫北地区古固寨的沙荒地治理后第 3 年的果粮间作
(果树为桃树,地表是刚出苗不久的生长在麦茬地上的花生)

黄淮海平原典型的柳粮间作
(林木为旱柳,农作物为花生,这是一种生长在改良后的沙荒地上的林粮间作)

黄淮海平原典型的枣粮间作

黄淮海平原典型的沙兰杨农田防护林

黄淮海平原典型的桐粮间作夏季景观

黄淮海平原典型的果粮间作
（果树为苹果树、农作物为花生）

国际农林业研究委员会研究工作评介

冯宗炜,王效科,吴 刚

  国际农林业研究委员会(International Council for Research on Agroforestry,简称 ICRAF)成立于1977年,总部设在肯尼亚首都内罗毕。它是由发达国家和发展中国家共同组成的非营利机构,除开展自己的研究工作外,还与其它科研机构和国际组织合作,其宗旨是:确定对发展中国家无破坏因素存在的最佳土地利用形式,并通过推广农林业(Agroforestry),对发展中国家的社会经济发展与营养状况的改善做出贡献,鼓励和支持与农林业有关的研究和培训,搜集并传播与农林业系统有关的情报,协调国际间农林业的发展。1982年,ICRAF创办了 Agroforestry Systems(农林业系统)杂志,并在距内罗毕70km处建立了野外实验站,开展农林业实验研究,推广示范农林业系统。ICRAF的主要活动包括搜集、评价、分类和传播有关农林业的信息;组织和召集专题讨论会;传授农林业知识;鼓励切合实际的林业和农业教育,以更好地为有效使用土地服务;展示、出版和传播研究成果和其它信息。围绕这些活动,ICRAF 不但自己从事许多研究工作,而且注意总结世界各国学者的研究成果。其主要工作集中在以下几个方面。

1 农林业系统的分类

  世界各地有许多形式各异、历史背景不同的农林业系统模式,作为一种土地利用形式,均各有利弊,如要扬长避短,相互借鉴,就应首先对其分类,为评价和改进农林业系统提供基本框架。ICRAF从一开始就从事这一工作,首先通过收集大量资料,建立了数据库(AFIS),在此基础上,提出了以系统结构、功能、生态环境和社会经济规模这4个分类标准来划分(表1)。

表1 按不同标准进行的农林业系统划分

分类标准	解释	分类结果
系统结构	系统的组分和组分间相互关系(即组分配置)	农林业、林草业、农林草业
系统功能	农林业的目的和价值,代表系统的输出和各组分作用	生产功能(满足基本需要的生产) 保护作用(土壤保护、促进土壤肥力)
生态环境	系统的环境基础	按生态带(湿润低地热带、干旱半干旱热带、高地热带) 热量带(热带、亚热带、温带等) 土壤性质(沙地、盐碱地)
社会经济规模	农林业生态系统的规模、管理水平、经济收入等	商业性的、中等的或持久的

  农林业系统可以分为3个组分:多年生木本、1年生农作物、动物。第一步可将农林业系统按组分分为农林业、林草业和农林草业等类型,然后再根据农林业目的做进一步划分。其分类系统的命名可将以上3个分类名之一作为前缀,如土壤保持性质的农林业

原载于:世界林业研究,1992,(2):92-94.

（Agrisilvicultural systems for soil conservation）。Nair（1985）根据此原则对热带地区农林业进行分类，得出了一个逻辑性强、且规范化的农林业分类系统。然而，每一分类标准都有优缺点，现在还未找到一种全球都适用的统一的分类标准。

2 农林业系统的诊断、设计和规划

在 ICRAF 成立早期，就有人提出 ICRAF 的目的是发展一种分析（诊断）方法去分析农林业系统的现状，确定起作用的子系统和识别系统的局限和潜力，然后再发展或引进新技术来解决问题，这就是农林业系统的诊断和设计（D&D）。1983 年，ICRAF 的实验站在丹麦 Wageninger 农业大学的帮助下开始应用景观规划方法，从而使 ICRAF 的工作进入一个新的时期。

Raintree 在 ICRAF 成立 10 周年时，总结了 D&D 方法的发展现状和趋势，他认为：

（1）D&D 方法可以解决微观（家庭单元）、中观（地方社区或生态系统）和宏观（区域、国家、生态带）3 个不同层次的问题。Raintree 阐述了对 3 种不同层次所使用的研究方法的差异、各自的局限性和发展潜力。

（2）D&D 方法的发展趋势：趋向于概念简单化的改进；从早期的集中于小规模、家庭水平的 D&D 方法，发展到一种可变尺度的方法；

（3）将发展成更加系统、具有实际知识、经验和理论的 D&D 方法。

Dachhart 认为，景观规划法作为一种新的方法，意义在于：将实际景观的直观研究作为分析整个生物物理和社会文化过程的基础；将设计作为一种定义问题和综合来自不同学科的信息的工具；用不同农场和农林业技术的规划来研究大规模立地问题。杰出的规划代表了综合区域整治策略。

总之，ICRAF 发展的 D&D 方法和景观规划法，与传统的土地评价及农业生态系统分析法相比较，其应用层次多，目的性强，并以农林业为主要服务对象。

3 农林业系统的试验研究

ICRAF 自成立以来，就把试验研究作为一项重要的工作，目的在于弄清现有的农林业系统中树木和农作物的相互作用过程，选育适合农林业系统的树木和农作物品种，为农林业系统的设计和规划提供理论根据。ICRAF 从事的农林业试验一般开始于一系列多用途树种的引进过程，然后进行活力/物候试验，最后是不同层次的管理试验。主要包括消除试验（Elimination trials，小块实验地的短期大量筛选）、活力/物候学试验（Vigor/phenology trials，研究植物行为，以评价采用某种技术后的输出潜力）、功能/管理试验（Performance/management trials，单株树木或由小到大地块的试验）、隔离的间作试验（Screening intercropping trials，树木/作物界面试验）、管理间作试验（Management intercropping trials，全范围的间作试验）。农林业试验主要有 5 种类型（表 2）。

农林业系统未来的试验研究将包括：

（1）继续寻找有关农林业系统的信息，建立完备的农林业信息数据库和有利于应用的分类系统；

（2）继续从事各种农林业试验，特别要搞清楚农林业系统中，各组分间在利用自然界光、热、水、土资源时的生态学机制和竞争关系；

（3）建立完备的指标体系，测量和反映农林业系统中环境特征和能量、物质输入、输出状况。

表2 农林业试验的基本类型

类型	需要从事的实验
物种的选择和检验	多用途树木的引进、建立和评价试验
农林业系统改进和调查	树木/作物界面效应；简单的物理学研究；提供关于树木管理的信息；调查环境管理共享的最优化方式；土地持续性
带状农林业系统改进和调查	树木/作物界面效应；简单的管理试验(剪枝、调节株行距)，土地持续性
轮作农林业系统改进和调查	植树密度、早期管理、收获量
特别专题研究(根据特殊种类的农林业系统的问题)	例如：固氮、蜂蜜和树胶的生产、饲料价值、树木或薪材的质量等

4 ICRAF 研究工作与中国的区别

中国的农林业研究和 ICRAF 的工作都是刚刚起步，但都已有不少文献报道。对两者的主要研究工作比较一下，可以看出：

(1) 研究的出发点不同　ICRAF 的工作目的是针对一些环境状况不好、薪材及粮食无法保证的非洲、亚洲和南美洲地区，把农林业作为一种有效的土地利用形式，使其具有改良环境，发展经济的多目的性。中国的农林业研究大多是针对前几年搞起来的农田防护林、桐粮间作，大多集中在我国东部农业条件比较好的平原地区，并且大多是对现有农林业系统进行评价。

(2) 研究的内容不同　ICRAF 工作范围广，除上述3个方面外，还有经济效益评价等。中国的研究多为效益评价和一些树种选择研究。

(3) 研究深度不同　ICRAF 的研究工作总的来说比中国的范围广、深度大，如 ICRAF 对热带 100 多种农林业系统进行了分类。而中国到目前还未对其农林业系统进行全面而科学的分类。

全球和中国生态环境变化与林业的关系

冯宗炜,王效科

(中国科学院生态环境研究中心)

1 全球关注生态环境

改善全球生态环境是一个非常复杂的问题,不仅有赖于科学技术进步,而且也要有良好的政治和政策的保证;不但需要各国政府各自努力,而且需要各国政府间共同努力和合作。1992年6月3日—14日,来自183个国家的1500名代表,包括102位国家元首、政府首脑聚集巴西里约热内卢,参加了人类历史上规模最大、级别最高、人数最多、筹备时间最长、影响最深远的联合国环境与发展大会。由此可见,环境问题已是全人类共同关注的大事。

我国政府一直非常重视环境问题,并且在经济能力有限的情况下,做了大量的工作。但是,也应该看到,我国是世界上人口最多、幅员辽阔的发展中国家,开展中国生态环境的治理和研究,对全球环境变化有着深远的影响。

林业不仅是世界各国经济生活中的一个重要生产部门。而且作为陆地生态系统主体的森林也是全球环境的一个重要组成部分。在最高级的环发会议以后,研究绿色森林在全球环境变化中的作用和地位,已成为世界各国林业发展的共同目标。

2 环境变化对林业的影响

环境变化对林业的影响是多方面的,这里我们涉及的只是空气污染和酸沉降以及温室效应对林业的影响。

2.1 空气污染和酸沉降对林业的影响

目前,空气污染在大多数国家,尤其在城市和工业区,仍然是一个重大的环境问题,它影响着人类健康,危及农作物和森林的生长及水源地和建筑材料的保护。在美国,由于空气污染每年花在医疗及生产损失的费用估计高达400亿美元。

酸沉降(俗称酸雨)是严重危胁世界环境的一大问题。目前全球出现了三大片和一小片酸雨区,即欧洲、北美、中国和日本,其中北美面积最大,仅美国部分约占300万km^2,其次是中国,约有100万km^2。据调查,我国酸雨主要分布在长江以南,尤以西南地区最严重,重庆和贵阳的降水酸度月平均pH值全在5.0以下。

空气污染、酸沉降对林木的影响有时是非常明显的,当大气中SO_2、氮氧化物的浓度过高,酸雨的pH值过低时,都会使林木出现明显的伤害,由此导致林木生产力下降,甚至衰亡。据估计,在欧洲,森林由于遭受多种空气污染的危害,在较长一个时期内将会导致木材产量的下降。1987年,研究者们对遭受多种空气污染和其它胁迫因子损害的17个欧洲国家的森林进行了评估。他们估计,易遭中度或严重损害的林木总蓄积量为18.08

原载于:中国林业报,1994,第三版.

亿 m^3，几乎是这些国家林木蓄积量的 15%，为其木材年采伐量的 6 倍以上。损害尤为严重的国家是瑞士（受影响的蓄积量为全国木材蓄积量的 25%），原西德（21%）、荷兰（20%）、瑞典（20%）。最近对欧洲森林资源衰减的评估表明，在总数 1.41 亿 hm^2 的森林中，约有 5000 万 hm^2（35%）受到不同程度的伤害。中国的空气污染在一些城市也非常严重，给城市绿化工作带来了相当大的困难。我国酸雨对森林的危害在南方和西南地区比较突出。"七五"期间，我们在西南地区的研究表明，当降水的 pH 值小于 4.5 时，马尾松的树高、胸径和材积在四川省分别降低 40.1%、36.8% 和 75.9%，在贵州省分别降低 8.9%、17.1% 和 37.1%；杉木的树高、胸径和材积在四川省分别降低 51.6%、44.6% 和 85.1%，在贵州分别降低 21.7%、23.7% 和 54%。四川和贵州两省酸沉降影响的森林面积分别为 27.56 万 hm^2 和 14.05 万 hm^2。造成的直接经济损失，四川省达 3.6 亿元，贵州省达 0.5 亿元，所造成的间接经济损失更大。

2.2 温室效应对林业的影响

由于人类活动增加了大气中一些温室气体的浓度，地球表面已开始变暖。如果按目前的温室气体排放速度继续下去，下个世纪全球平均温度的上升速度将为每 10 年 0.3℃ 左右，超出过去 1000 年观察到的上升速度。据预测，2025 年时，全球平均气温比目前值升高大约 1℃，下个世纪以前升高 3℃。到 2030 年时，全球海平面平均大约上升 20cm，下世纪末大约上升 65cm。全球气候的变化将会使农业、林业和水资源利用产生很大的影响。

温室效应对森林的影响是多方面的。不仅表现在个体水平上，而且体现在群落水平上。CO_2 可以作为一种主要肥料，促进植物生产碳水化合物和有效利用水分。据估计，若大气中 CO_2 浓度增加 1 倍，C3 植物大约可以加速生长并使产量提高大约 30%—50%，C4 植物增产较少一些，产量增加约 0—10%。全球大气中温室气体浓度增加及其引起的气候变化的结果，使陆地生态系统可能面临严重的后果，温度及降雨量会突然变化，气候区也可能将在下一个 50 年内朝两极转移几百公里。植物和动物群落的转移将滞后于气候的变化，生存在现在的场所的生物群落，将会发现自己生活在不同的气候状况下。这种状况可能更适宜也可能更不适宜于它们，因而，可能增加某些物种的产量，也可能减少某些物种的产量。生态系统不可能作为一个单独的单元移动，因物种分布及丰度的交替结果，生态系统将出现新的结构。世界资源研究所的报告预计，由于全球变暖，尤其是在针叶林生长的高纬度地区，其林木生长速度加快，森林面积得以扩大。

国家气象局和世界野生生物基金会合作研究全球气候变化（温室效应）对中国森林影响的预测表明，如果到 2050 年，全球的平均气温上升 0.2℃，中国的植被带将发生移动。其最明显的特征为：寒温带针叶林和温带针阔混交林的面积显著减少，大部分寒温带针叶林将消失，这对于中国东北的木材生产将会有很大影响。由于植被对气候变化的反应机制是相当复杂的，因而植被在气候剧烈变化下所发生的许多反应还无法预测。

3 林业在改善生态环境中的作用

生态环境的改善和整治，总的来说包括两大部分：一是现有自然生态系统的保护；二是受破坏或污染环境的治理和退化生态系统的更新复壮。林业工作在这方面可以发挥作用。

3.1 林业在改善空气污染和酸沉降中的作用

空气污染和酸沉降在一些地区非常严重,这些空气污染物质通过直接或间接影响,常常会使某些林木的生长受到伤害,甚至衰亡。各种树木对空气污染物质的敏感性不同,有些树种如云杉、冷杉、水杉对SO_2和酸雨表现很敏感,而有些树种如壳斗科的槠、栲和山茶、柏木等则不敏感。我们可以通过抗污染树种的筛选和林木育种的办法,选育出一些能吸收空气中一定量的污染物质,而又能正常生长发育的树种,来替代那些对空气污染敏感的树种,进行绿化造林,以改善被污染的环境,取得一定的净化空气效果。国外有人估计,植被是全球最大的有机硫的贮存库,每年可吸收有机硫约$(2—5)\times 10^{12}$g。

3.2 林业在全球碳循环中的作用

温室效应的产生,与全球碳循环的关系非常密切。森林在全球碳循环中,有以下三方面的作用:

一是森林是世界上最大的碳贮存库。它贮存了全球陆地生态系统90%以上的碳,与其他植被相比较,林木中碳与其它元素的比率较高,单位面积的森林贮存的碳是农田的20—100倍。

二是森林破坏能引起大气中CO_2浓度的增加。国外有人估计,1989年,由于热带森林滥伐,向大气中排放的CO_2是当时全球化石燃料燃烧向大气排放碳总量的35%—50%。据统计,如果停止全球性毁林可使释入大气中的CO_2每年减少25亿t。

三是森林对大气中CO_2的吸收作用。林木通过光合作用,可吸收大气中的CO_2。假设在1hm^2的土地上造林,包括树根,每年可生长10t木材,则可吸收、固定15t CO_2。用植树的办法固定CO_2,每hm^2仅需250美元。据估算,假如热带雨林固定碳的能力为每hm^2每年6t,按现在造林面积的10倍,即1000万hm^2的面积计算,则20年后每年可吸收12亿t碳,相当于现在由于热带雨林减少而排放的CO_2量的一半。

中国森林所贮存的碳,如果按活立木蓄积量117.85亿m^3,木材与碳之间的转换系数取0.26,则可以估算出我国森林资源碳贮存量为30.64亿t碳。

3.3 林业在沙漠治理中的作用

植树造林在防风固沙、稳定土壤方面的作用已为大家所熟知。到1988年,全国以治沙为目的的造林保存面积已达1000多万hm^2,不仅使10%的沙漠化土地得到治理,而且从沙漠中新辟农田133万多hm^2。过去因土地严重沙化、盐渍化和牧场严重退化的900多万hm^2荒漠、半荒漠草原,由于封沙育林育草,使草场得到了保护和恢复,产草量增加20%以上,各地还结合封沙育林育草,营造了73.3万hm^2薪炭林,再加上多能互补,有500万农户的燃料问题得到解决。古波塔1990年在印度的拉斯坦拜研究表明,建立防护林可以减少风蚀量50%。日本的神近牧男在日本鸟取大学的沙丘周围种植了黑松和刺槐防沙林,20年中,树高达10m左右。据气象观测资料,造林以后气温日较差减小,温度升高,平均风速减少,最高气温下降,最低气温上升,沙丘的气候特征变好了。我国兰新铁路玉门段戈壁风沙流地区,实行"以林养障","林外截沙源,林内消积沙"的防治措施,取得了成效。经过20多年的治理,使戈壁段线路运行速度提高了46.5%,增加运输收入10亿多元,节省了线路设备大维修开支,农副产品的经济效益显著提高。

3.4 林业在水土流失治理中的作用

水土流失的加重,与林草植被的坏关系非常密切。据尼日利亚热带农业研究所进行的试验,砍伐后第 1 年土壤流失量可达 120t/hm^2。据中国科学院水土保持研究所观测,在降雨量 346mm 的情况下,林地上每亩的冲刷量仅为 4kg,草地上为 6.2kg,农耕地上为 238kg,在休耕地上为 450kg。据日本的观测资料,森林采伐后的径流量较采伐前增加 1.15 倍,高峰流量增加 1.05 倍。20 世纪 80 年代,四川省巫山县森林覆盖率从建国前的 23.6% 下降到 11.7%,森林的涵养水源功能下降 1054m^3。长江三峡区香溪流域,自 1970 年神农架林区开采以来,产沙量急剧上升,1980 年的产沙量较 1956 年前增加 45.5%。在黄土高原的试验观测表明,在林区汛期降水量比非林区大的情况下,森林覆盖率 67.7% 的流域较森林覆盖率 2.7% 的流域减少径流量 25%—78%。40 年来,我国累计完成水土保持综合治理面积 52.7 万 km^2,其中修梯田、坝地 933 万多 hm^2,营造水保林和经济林 3533 万多 hm^2,种草保存面积 340 多万 hm^2。通过这些治理,40 年来,坝地栏泥累积 355 亿 t,累计增加产值 630 亿多元,现有水土保持设施,每年增加保水能力 180 多亿 m^3,减少土壤侵蚀量 11 亿多 t。

3.5 林业在土壤盐渍化治理的作用

盐渍土的改良,除水改良、农业改良外,营造防护林带是一种非常重要的生物改良措施。其主要是通过林带树木的生物排水、抑制蒸发、提高温度,改良土壤结构,加强淋溶作用实现的。例如,宁夏潮湖农场解放后开荒造田,曾出现了大面积的土壤次生盐渍化,在实现林网化后,虽无排水设施,但在林木控制下,地下水位稳定在 1—1.5m,抑制了土壤盐分的增加。据观测表明,由于林带减弱了土壤表面蒸发,有延缓返盐的作用,并可以使土壤逐渐趋于脱盐过程。

综上所述,林业对改善生态环境是大有作为的。发展林业,绿化造林,保护森林资源,增加森林覆盖率已是全球环境问题中的热点,也是全人类的共同职责。为了改善人类的生存环境,我们应该加快林业建设的步伐。

Research progress on the effects of acid deposition on terrestrial ecosystems in Southwest China

FENG Zongwei

(*Research Center for Eco-Environmental Sciences, Chinese Academy of Sciences, Beijing 100085, China*)

Chongqing and its ccosystems

Chongqing is the largest industrial city with 15 million people in Southwest China, where the coal used in industries and household contains roughly 4%—5% sulfur (Quan H. and Zheng Y., 1992). Large SO_2 emission from the city is aggravated by its mountainous terrain, which blocks air convection, at the confluence of the Yangtze and the Jialing Rivers. So it is no surprise that Chongqing is the city most seriously damaged by acid precipitation in China. Since 1982, 46% area of the Masson pine (*Pinus massoniana*) forests on mountains to the south of central Chongqing has experienced decline due to air pollution and acidic deposition (Ogura N. and Feng Z., 1994). Therefore, doing research in such a city would promote not only understanding of the effects of acid precipitation on ecosystems, but also the monitoring activities in this respect.

Beginning 1990, researchers from several Japanese universities and the Chinese Academy of Sciences undertook in Chongqing a joint research entitled "Effects of Acid precipitation on Terrestrial Ecosystems and Control Strategies". The research was under the program "Research on Global Environmental Changes with Special Reference to Asian and Pacific Regions", which was sponsored by the Grant-in-Aid for Scientific Research (Creative Fundamental Research) of the Ministry of Education, Science and Culture of Japan. Most contents of my presentation are derived from this research, but verses 3.1 and 3.2 are two exceptions, they are based on studies previously carried out by the Chinese Academy of Sciences.

Fig. 1 gives a map of the research plots. The research was done mainly on mountains in the southern suburb of Chongqing (hereinafter referred to as "the southern mountains"), including Mt. Zhenwu, Laojundong and Mt. Nan. Looking down at the Central District of Chongqing across the Yangtze River, these mountains bear the brunt of the pollutants emitted by factories on the northern bank of the Jialing River and carried by the prevailing northerly wind field. Another plot was selected on Mt. Jinyun, which is about 30km upwind of Chongqing and has no major pollutant sources in its vicinity. In some parts of the research, samples of rain water, pond water, soil and plants were taken from this mountain and analyzed

原载于:Final Report of the Third Expert Meeting on Acid Deposition Monitoring Network in East Asia. Environment Agency of Japan. Niigata prefecture, Niigata city,14-16,November, 1995:234-255.

to compare with those from the southern mountains.

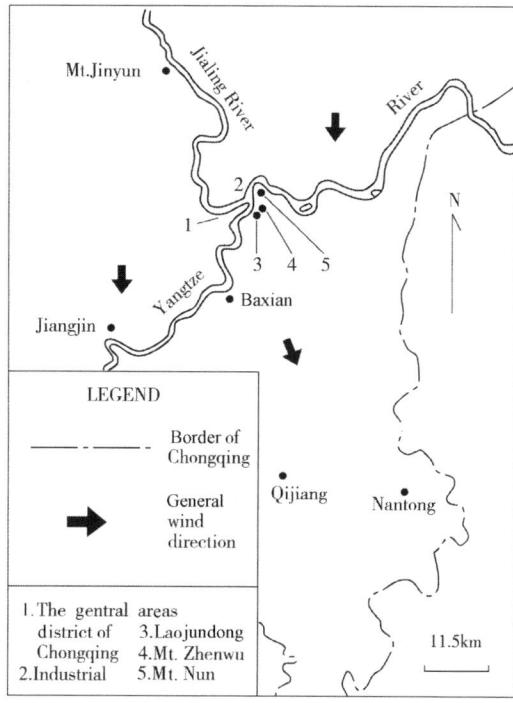

Fig. 1 The research plots in Chongqing

1 Situation of air pollution and acid precipitation

1.1 Air pollution

Using the filter pack method, Shen J. el al. conducted continuous (May 25, 1991 through May 31. 1992) monitoring for SO_x and NO_x at two sites on Mt. Zhenwu, one inside and the other outside a Masson pine forest. At the outside-forest site, annual average concentrations of gaseous SO_2 and aerosol SO_4^{2-} were found to be 220 $\mu g/m^3$ and 32 $\mu g/m^3$, respectively. SO_2 showed an obvious seasonal variation, i. e., it was more concentrated in winter (November through January) than in the rest of the year (Fig. 2). Inside the forest, annual wet and dry depositions of sulfur on forest canopy were 93.1 kg/hm^2 and 43.6 kg/hm^2, respectively.

1.2 Acid precipitation

From June 1991 through May 1992, Zhang F. et al. monitored the chemical compositions of precipitation, throughfall and stemflow in the same Masson pine forest. During the monitored period, rain water of every 10 days was combined to form one sample. Parameters analyzed were rainfall, pH, Ca^{2+}, K^+, Na^+, Mg^{2+}, NH_4^+, SO_4^{2-}, NO_3^- and Cl^-. The results are given in Table 1.

1.2.1 Precipitation

Annual rainfall and average pH of precipitation were 1240 mm and 4.5, respectively. The dominant anion in precipitation was SO_4^{2-}, whose average concentration was 469 $\mu eq/L$

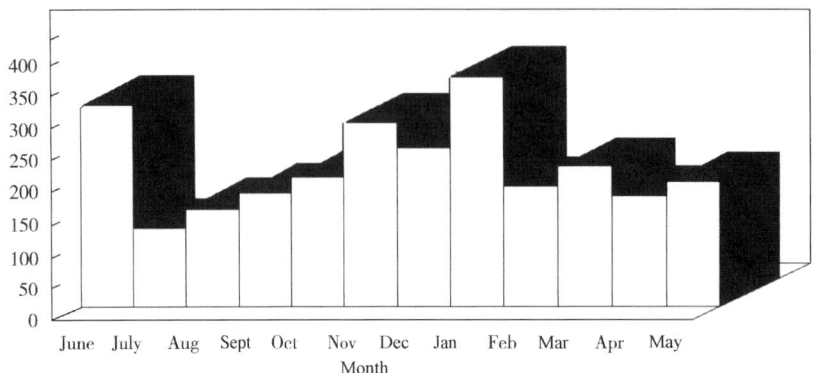

Fig. 2 Monthly average concentrations of SO$_2$ (μg/m^3) at the outside-forest site on Mt. Zhenwu (1991 to 1992)

(22.5mg/L). The maximum SO$_4^{2-}$ concentration appeared in winter in phase with that of SO$_2$ (Fig. 3). Annual deposition of SO$_4^{2-}$ through precipitation was 28 g/m^2. Among all the cations in precipitation, Ca^{2+} was the dominant one, averaging 418 μeq/L (84 mg/L).

1.2.2 Throughfall and stemflow

Annual rainfall of throughfall and stemflow were 867 mm and 0.67 mm, and pH of these two types of rain water were 3.8 and 2.9, respectively. Average concentration of SO$_4^{2-}$ in stemflow reached 4.1 meq/L, which was 8.7 times as much as that of precipitation. Yet the annual deposition of SO$_4^{2-}$ through stemflow was only a little bit more than 0.5% of that through precipitation because of the little rainfall of stemflow (only 0.80 mm). Seasonal variation of SO$_4^{2-}$ in throughfall and stemflow coincided with that of SO$_2$ outside the forest, i.e., they were higher in winter and lower in summer (Fig. 3).

1.3 Annual sulfur deposition in the Masson pine forest

Calculated according to the monitoring results for air pollution and acid precipitation, sulfur deposition in the said forest each year was 187 kg/hm^2, of which 50% was in the form of SO$_4^{2-}$ through precipitation, 25% directly on forest canopy, and 25% on forest floor in the form of dry deposition (Fig. 4).

2 Effects on freshwater ecosystems

In 1991 and 1992, Xia Y. et al. made four investigations into six waters selected on Mt. Nan and Mt. Jinyun. The investigated parameters included physical and chemical characteristics of the waters, community structures and biomass of plankton and zoobenthos.

2.1 Physical and chemical characteristics of the studied waters

The six waters were classified into three categories: acidified (pH < 5.0), slightly acidified (5.0 < pH < 6.0) and unacidified (pH > 7.0). The two ponds on Mt. Jinyun (No. 1 and 2) at 900 m MSL provide drinking water for the neighborhood, but their pH was only 4.24 and 4.69. The two on Mt. Nan (No. 3 and 4) at 600 m MSL were slightly acidified fish ponds with pH 5.08 and 5.53. The other two ponds were found unacidified. No. 5 was on Mt. Jinyun with pH 7.0, and No. 6 on Mt. Nan with pH 8.45. Physical and chemical characteristics of all the six waters are listed in Table 2.

Table 1 Monthly average pH values, ion concentrations (mg/L) and rainfall (mm) of precipitation, throughfall and stemflow in the forest on Mt. Zhenwu (1991—1992)

Month		pH	Cl$^-$	SO$_4^{2-}$	NO$_3^-$	K$^+$	Na$^+$	Ca^{2+}	Mg^{2+}	NH$_4^+$	Rain fall
June' 1991	Precipitation	4.30	0.60	16.05	1.91	2.29	0.23	2.54	0.17	2.01	150.2
	Throughfall	4.10	0.85	22.69	2.63	3.04	0.21	3.47	0.29	3.79	127.3
	Stemflow	3.20	2.04	116.30	5.96	5.23	0.25	10.87	0.60	17.90	0.140
July' 1991	Precipitation	4.09	0.56	10.84	1.25	2.70	0.22	2.79	0.15	1.40	143.2
	Throughfall	3.53	1.89	39.14	2.30	5.49	0.78	7.87	0.85	3.40	120.0
	Stemflow	2.93	3.52	170.08	4.56	8.19	0.38	25.20	2.13	16.90	0.140
Aug. '1991	Precipitation	4.80	0.48	8.76	1.73	4.15	0.14	4.46	0.23	1.76	63.3
	Throughfall	4.75	1.74	27.74	1.50	9.71	0.52	9.87	1.11	2.52	38.1
	Stemflow	3.30	3.50	269.19	26.15	14.09	0.39	30.53	3.25	16.35	0.038
Sep. '1991	Precipitation	5.80	0.97	30.63	2.65	2.67	0.20	6.15	0.40	2.25	153.6
	Through Tall	4.63	2.47	50.06	3.33	9.67	0.37	12.05	1.26	6.33	129.5
	Stemflow	3.07	4.36	158.14	8.14	11.75	0.36	24.85	2.27	21.61	0.096
Oct. '1991	Precipitation	5.20	0.63	16.12	2.14	0.97	0.24	6.61	0.33	1.56	145.6
	Throughfall	4.05	1.76	39.70	2.02	2.98	0.44	7.59	0.50	2.65	119.8
	Stemflow	3.15	4.02	106.10	7.85	6.95	0.48	22.54	2.04	18.33	0.10
Nov. '1991	Precipitation	4.41	2.20	44.84	4.76	1.36	2.83	11.15	0.88	0.96	47.7
	Throughfall	3.35	13.66	244.88	19.33	20.57	6.62	70.66	5.95	12.87	25.5
	Stemflow	2.98	8.72	287.01	20.24	27.34	6.46	133.58	8.02	30.80	0.014
Dec. '1991	Precipitation	4.45	2.34	57.22	7.05	8.30	3.98	19.79	1.01	1.84	53.9
	Throughfall	3.05	3.99	110.59	8.87	12.74	3.85	30.00	2.51	9.63	45.5
	Stemflow	2.51	6.61	589.72	25.36	21.75	3.22	130.99	7.20	33.80	0.046
Jan. '1992	Precipitation	2.61	2.61	61.19	7.41	1.71	0.85	16.40	0.87	3.88	10.2
	Throughfall	—	—	—	—	—	—	—	—	—	—
	Stemflow	—	—	—	—	—	—	—	—	—	—
Feb. '1992	Precipitation	4.13	1.43	41.00	3.54	0.92	0.43	13.45	0.55	2.82	49.4
	Throughfall	3.35	5.55	109.94	10.02	5.33	1.87	23.79	1.66	4.68	23.9
	Stemflow	2.30	4.79	393.79	19.82	15.38	1.69	17.66	4.68	18.90	0.010
Mar. '1992	Precipitation	3.93	1.12	21.62	4.45	0.69	0.48	17.61	0.82	2.25	94.3
	Throughfall	3.56	3.33	41.93	9.61	3.92	0.80	13.21	1.19	5.21	76.4
	Stemflow	2.83	7.50	287.70	27.60	13.00	1.60	35.30	3.90	21.60	0.0010
Apr. '1992	Precipitation	4.70	1.47	29.30	4.01	6.49	0.54	13.17	0.71	2.69	137.1
	Throughfall	3.60	1.01	41.07	4.93	9.91	0.52	11.42	1.13	3.48	73.5
	Stemflow	2.80	1.75	88.63	7.42	10.50	0.69	12.69	1.48	7.19	0.070
May' 1992	Precipitation	5.25	0.72	12.76	1.73	4.78	0.23	7.88	0.66	1.47	191.5
	Throughfall	4.15	0.97	27.55	2.46	6.36	0.20	14.43	0.68	2.79	88.6
	Stemflow	3.00	1.52	71.70	5.35	9.76	0.29	14.01	1.57	18.20	0.050

—not determined

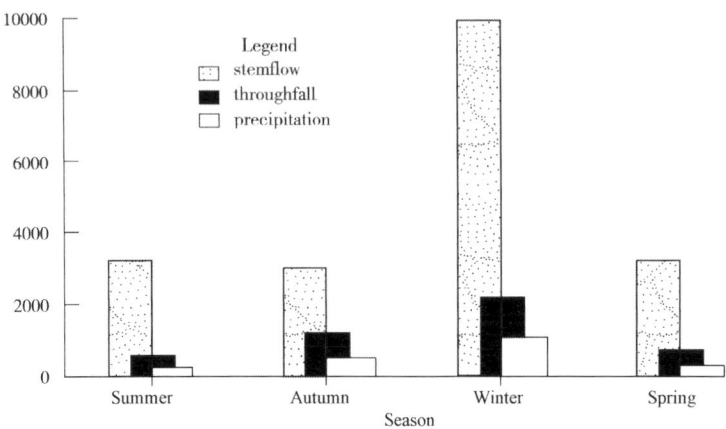

Fig. 3 Seasonal variation of SO_4^{2-} concentrations (μeq/L) in precipitation, throughfall and stemflow on Mt. Zhenwu (1991 to 1992)

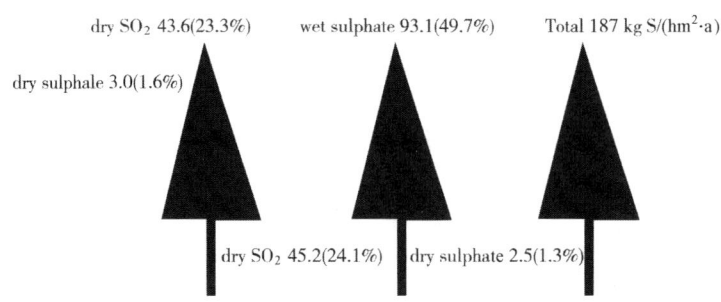

Fig. 4 Annual sulfur deposition in the Masson pine forest on Mt. Zhenwu

Table 2 Physical and chemical parameters of the six studied waters in Chongqing

Category pond No. location	Acidified		Slightly acidified		Unacidified	
	1	2	3	4	5	6
	Jinyun	Jinyun	Nan	Nan	Jinyun	Nan
pH	4.24	4.69	5.08	5.53	7.00	8.45
Transparency (m)	5.8	5.1	0.4	0.3	1.0	0.5
SO_4^{2-} (mg/L)	20.0	20.5	18.3	19.2	15.8	52.0
Total P (mg/L)	0.032	0.025	0.080	0.060	0.075	0.080
Total Al (mg/L)	2.324	1.887	0.314	0.287	0.243	0.250

2.2 Community structures of phytoplankton in the studied waters

Only 25 species of algae were found in the two acidified waters, whereas 40 species and 43 taxa were found in the slightly acidified and unacidified ponds respectively. Green algae were the dominant group in all the studied waters, representing over 50% of the total species. The second and third largest groups were blue-green algae and diatoms, representing 10%—20% of the total species. The dominant species varied with the extend to which the waters were acidified. In the acidified waters, it was *Chlorella pyrenotdosa*, in the slightly acidified water.

Chlorello pyrenotdosa, *Chlamydomaonas ovalis* and *Scendesmus quadricauda*, and in the unacidified waters, *Dinobryon divergens*, *Ankistrodesmus acicularis* and *Melosira gramlata*. It was noteworthy that, as pH and total phosphorus (TP) content lowered, cell density, biomass, chlorophyll-a content and species diversity index of algae would too decrease (Table 3).

Table 3 Growth parameters of algae in different categories of ponds*

Category	Number of species	Cell density ($\times 10^4$ ind/L)	Biomass (mg/L)	Chlorophylla (mg/m^3)	Diversity index
Acidified	15.5	36.6	0.8	1.81	0.90
Slightly acidified	23.0	567.0	14.2	20.0	1.23
Unacidified	29.5	485.0	25.0	42.5	1.66

* Values are the averages of the two ponds in each category

2.3 Community structures of zoobenthos in the studied waters

Investigation results suggested that the total density and biomass of zoobenthos increased significantly with the degree of water acidification (Table 4).

Table 4 Density (ind/m^2) and biomass (g/m^2) of zoobenthos

Category	Acidified		Slightly acidified		Unacidified	
Zoobenthos	Density	Biomass	Density	Biomass	Density	Biomass
Oligochaeta	0	0.0	94	0.5	7	0.1
Chironomus	1460	2.3	396	0.9	196	0.3
Other insects	100	3.1	23	1.3	23	0.7
Total	1560	5.4	513	2.7	226	1.1

3 Effects on forests

3.1 Sensitivity of trees to acid precipitation

Simulated acid precipitation was applied by Feng Z. et al. to 77 species of trees in a nursery of the Chongqing Forestry Institute. Sensitivity of trees to acid precipitation was classified into five categories according to three criteria, namely, percentage of visible foliar injury, number of limes that the tree had been exposed to simulated acid precipitation before injury first appeared, and pH threshold of simulated acid precipitation that induced the injury. Table 5 shows the numbers of species and the percentages in each category. The pH thresholds that might bring forth visible foliar injury varied between 2.0 and 3.0. Masson pine, the major tree species in Chongqing, was found relatively sensitive (Feng Zongwei et al., 1993).

3.2 Effects of acid precipitation on Masson pine forests in Chongqing

3.2.1 Levels of injury of trees by acid precipitation

Based on the growth of trees during the growing seasons and the seriousness of their foliar injury, conditions of forests can be divided into the following five levels. Level 0: healthy, trees can grow normally with no visible foliar injury. Level 1: slightly injured, trees grow abnormally, with yellow spots at needle tips or yellow needles fewer than 5%. Level 2: medium injured, trees decline, with yellow needles between 5 and 10%. Level 3: severely

Table 5 Relative sensitivity of 77 woody plant species to simulated acid precipitation

Category	Percentage of injured leaves(%)	Times of exposure	pH threshold of simul. a. p.	Number of species	Percentage to total(%)
Most sensitive	>25	1—4	2.5—3.0	12	15.6
Sensitive	16—25	5—6	2.0—2.5	14	18.2
Moderate	6—15	3—6	2.0—2.5	27	35.1
Resistant	1—5	7—8	2.0—2.5	9	11.7
Most resistant	0	>9	1.5—2.0	15	19.4

injured, trees decline, with yellow needles exceeding 10%. And level 4: dead.

3.2.2 Needle size, color and chlorophyll contents

Chronically subjected to precipitation with pH below 4.5, the Masson pine forest on Mt. Nan exhibited reductions in several physiological parameters. When compared to those of forests in the rural areas of Chongqing, where pH of precipitation was above 4.5, the length and width of pine needles from Mt. Nan were only 82.5% and 60.5%, ratio of green needles to total needles 86%, and total chlorophyll content between 48.7% and 69.3% (Table 6).

Table 6 Physiological parameters of Masson pine trees in Chongqing

Location	Rain water pH	Green needle percentage	Chlorophyll (mg/g dw) a	b	Total	Distance from centra Chongqing (km)
Mt. Nan	<4.5	86	0.6515	0.2745	0.9260	6
Baxian	>4.5	96	1.1347	0.4232	1.5579	9
Nantong	>4.5	100	1.2188	0.4395	1.6583	65
Qijiang	>4.5	100	0.9600	0.3754	1 3354	93
Jiangjin	>4.5	100	1.4027	0.4977	1.9000	99
(Average)		99	1.1791	0.4340	1.6131	

injured, trees decline, with yellow needles exceeding 10%. And level 4: dead.

3.2.3 Biological productivity of forests

In a survey by Feng Z. et al. in 1991, compared were diameter at breast height (*DBH*), height, increment, biomass and net productivity of Masson pine forests at different places but of similar age and under similar natural conditions. The results indicated that, on average, the difference between forests on the southern mountains and those receiving precipitation with pH above 4.5 was 50.3%. And for each of the above mentioned parameters, the differences were 39%, 45%, 60%, 51% and 56%, respectively (Table 7). The Masson pine forest on Mt. Zhenwu showed the worst growth. Average height, *DBH* and net productivity of this 30-year-old forest (density: 18 trees/100m^2) were only 9.1m, 13.3cm and 0.07 kg/m^2 · a, respectively.

3.3 Sulfur and fluorine in pine needles

Sulfur and fluorine contents in Masson pine needles are indicators of the impacts of air pollution and acidic deposition. During the growing season of 1993, the sulfur and fluorine found in pine needles from Mt. Zhenwu were both 1.3 times more than those in pine needles from Mt. Jinyun (Table 8, Totska T. et al., 1994). Therefore, like SO$_x$, fluoric compounds arc not to be neglected.

Table 7 Estimated losses in biological production of Masson pine forests induced by acid precipitation

pH of rain	Annual average				Net production (kg/tree·a)
	DBH (cm)	Height (m)	Volume (cm^3)	Biomass (kg)	
<4.5	0.42	0.38	35.73	2.29	0.27
>4.5	0.69	0.68	89.10	6.12	0.62
relative losses(%)	39.1	44.9	59.9	51.1	56.5

Table 8 Accumtilation rates of sulfur and fluoride in Masson pine forests on Mt. Jinyun and Mt. Zhenwu (μg/g dw · day)

Plot	S (May 19—Sept 3)	F (May 19—Nov. 16)
Mt Jinyun	9.4 (100)	0.066(100)
Mt Zhenwu	21.6(220)	0.149(226)

4 Effects on soils

From June 1993 through May 1994, Xu G. et al. studied the impacts that acid precipitation had brought to soils under different vegetation. The results are as follows:

4.1 Yellow soil under coniferous forests

Solutions of yellow soil under the Masson pine forests on Mt. Zhenwu and on Mt. Jinyun were extracted using extractors with ceramic cups and their chemical compositions were analyzed pH of the former was found to be 0.46 unit lower than that of the latter, and the chemical constituents in the former were higher than that of the latter. For example, SO_4^{2-} and Al^{3+} in the former were, respectively, 3.3 and 4.2 times what they were in the latter.

4.2 Yellow soil under coniferous and broad-leaved forests

Laojundong is covered by a camphor forest (*Cinnamomum camphora*). The forest floor leacheate there and under the Masson pine forest on Mt. Zhenwu are compared in Table 9. pH of the former averaged 5.38, which was 1.07 units higher than the latter. Electric conductivity and ion concentrations of the former were lower than those of the latter. Sulphate was nearly twice as high in the latter as in the former.

Table 9 Chemical compositions of foresl floor leacheate (mg/L) at Laojundong and on Mt. Zhenwu

Plot	pH	EC(μs/cm)	Ca^{2+}	Mg^{2+}	Al^{4+}	SO_4^{2-}	NO_3	Cl^-
Laojundong	5.38	322	33.89	4.37	0.064	265.56	23.73	13.94
Mt. Zhenwu	4.13	882	63.55	5.53	0.073	508.59	38.68	24.78

SO_4^{2-} and NO^{3-} in soil solution near the root systems of the pine forest were within the ranges of 0.95—15meq/L and 0.12—2.3 meq/L, respectively, while the ranges for the camphor forest were 0.96—7.6 meq/L and 0.0011—0.30 meq/L, respectively.

Exchangeable Ca^{2+} and pH of the soil under the pine forest were 1.74 meq per 100 grams of soil and 4.41, whereas the values for the camphor forest were 2.39 meq per 100 grams of soil and 4.69.

Evidently, for the same type of soil, acidification is slower under broad-leaved forests than under coniferous ones.

4.3 Purple soil in the urban area of Chongqing

Analytical results for purple soil in the urban area of Chongqing and its solution are given in Tables 10 and Tables 11. pH of the soil solution was 6.68, over 2 units higher than the average of the solution of yellow soil. And Ca^{2+} in the solution of the purple soil was 51.36 mg/l, more than twice higher than the average in the solution of yellow soil. Average pH of the purple soil was 6.53. Average exchangeable Ca^{2+} and Mg^{2+} in the purple soil were 16.90 meq and 2.59 meq per 100 grams of soil, which were 4 to 6 times higher than the average values for the yellow soil. Therefore, when compared to the yellow soil, the purple soil has a stronger buffer capacity to acid deposition.

Table 10 Chemical compositions of different soils in Chongqing (meq/100 g soil)

Plot	Soil type	pH	Exchangeable Ca^{2+}	Mg^{2+}	Al^{2+}	SO_4^{2+}	NO_3^-
Mt Zhenwu	yellow	4.41	1.74	0.59	4.70	0.90	0.028
Laojundong	yellow	4.69	2.39	0.59	3.01	0.82	0.026
Mt Jinyun	yellow	4.42	1.18	0.43	0.25	0.66	0.048
Urban area	purple	6.53	16.90	2.59	0.14	1.25	0.018

Table 11 Chemical compositions of soil solutions (mg/L)

Plot	Soil type	pH	EC (μs/cm)	Ca^{2+}	Mg^{2+}	Al^{2+}	SO_4^{2+}	NO_3^-	Cl^-
Mt Zhenwu	yellow	4.44	603	16.07	3.02	0.150	335.46	56.00	21.15
Laojundong	yellow	4.76	262	18.38	1.33	0.053	208.50	4.82	7.92
Mt Jinyun	yellow	4.90	195	9.89	1.40	0.046	79.72	26.54	10.43
urban area	purple	6.68	385	51.36	0.68	0.038	196.34	21.15	24.08

Concluding remarks

Due to the time allocated to me, I can only outline the most important features of the ecosystems in Chongqing to explain how acid precipitation have affected the natural environments in Southwest China. In closing, I would like to add that effects of acid precipitation on ecosystems require regular and widespread monitoring. So we believe that an acid precipitation monitoring network in East Asia will expedite the monitoring activities in our country. On the other hand, acid precipitation is a trans-boundary problem, and the control of it calls for bilateral and multilateral cooperation in this region. In this context, the network and guidelines are indispensable because they can facilitate the exchange of data and information, the formation of a common understanding of acid precipitation, and the coordination of strategies and measures among the East Asian countries.

Thank you very much.

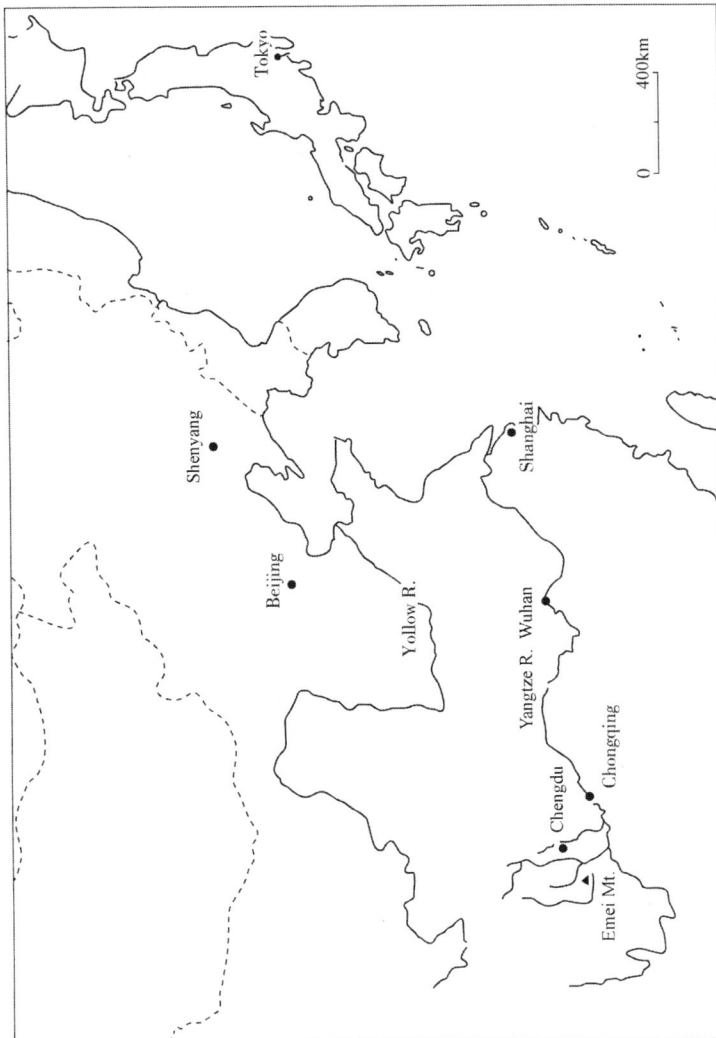

Location of Co-operative Study

References:

[1] Feng Z, Chen C, Zheng S, Zhao G, Wang K, Zhang J, Deng S. Atmospheric Environment and Acid Rain. 1986. Vol. 2, No. 3, 38-45.

[2] Feng Z. Proceedings of International Symposium: Impacts of Salinization and Acidification on Terrestrial Ecosystem and Its Rehabilitation, Sept. 26-28. 1991, Fuchu, Tokyo, Japan, 171-176.

[3] Feng Z, Shan Y, Chen C, Zhang J, Liao L. Proceedings of China-Japan Joint Symposium on The Impacts and Control Strategics of Acid Deposition on Terres- trial Ecosystems, 1993, China Sciences & Technology Press. 62-77.

[4] Ogura N, Feng Z. Proceedings of China-Japan Joint Symposium: Impacts of Salinizalion and Acidification on Terrestrial Ecosystems and Their Rehabiiitation in East Asia. Nov. 3-5, 1994, Beijing, china, 129-133.

[5] Quan H. Proceedings of the Expert Meeling on Acid Precipitation Monitoring in East Aaia. 1993, 95-105.

[6] Quan H, Zheng Y. Proceedings of International Symposium on Air Pollution Control and Strategy, Chongqing 92, 1992. 105.

[7] Shen J, Zhao Q, Tang H, Zhang F, Feng Z, Okita T, Ogura N. Proceedings of China-Japan Joint Symposium: Impacts of Salinization and Acidification on Terrestrial Ecosystems and Their Rehabilitation in East Asia. Nov. 3-5,

1994, Beijing, China, 134-137.

[8] Totsuka T, Yang L, Zhang F, Feng Z. Proceedings of China-Japan Joint Symposium: Impacts of Salinizalion and Acidification on Terrestrial Ecosysicms and Their Rehabilitation in East Asia, Nov. 3-5, 1994, Beijing, China. 142-145.

[9] Xia Y, Sakamoto M, Kuang Q, Zhuang D, Liu B, Lei Z, Liang X, Xu X. Proceedings of China-Japan Joint Symposium: Impacts of Salinization and Acidification on Terrestrial Ecosystcms and Their Rehabilitation in East Asia, Nov. 3-5, 1994, Beijing, China, 152-158.

[10] Xu G, Sun Z, Okazaki M. Proceedings of China-Japan Joint Symposium: Impacts of Salinization and Acidification on Terrestrial Ecosystems and Their Rehabilitation in East Asia, Nov. 3-5, 1994, Beijing, China, 173-178.

[11] Zhang F, Zhang J, Zhang H, Ogura N, Ushikubo A. Proceedings of China-Japan Joint Symposium: Impacts of Salinization and Acidification on Terrestrial Ecosystcms and Their Rehabilitation in East Asia, Nov. 3-5, 1994, Beijing, China, 179-184.

The individual and combined effects of ozone and simulated acid rain on growth, gas exchange rate and water-use efficiency of *Pinus armandi* Franch.

SHAN Yunfeng[1], FENG Zongwei[2], IZUTA Takeshi[3],
AOKI Masatoshi[3], TOTSUKA Tsumugu[3]

(1. *The United Graduate School, Tokyo University of Agriculture and Technology, Fuchu, Tokyo 183, Japan*; 2. *Research Center for Eco-Environmental Sciences, Chinese Academy of Sciences, Beijing 100080, China*; 3. *Department of Environmental Science and Resources, Faculty of Agriculture, Tokyo University of Agriculture and Technology, Fuchu, Tokyo 183, Japan*)

Abstract: The seedlings of *Pinus armandi* Franch. were exposed to ozone (O_3) at 300 ppb for 8 h a day, 6 days a week, and simulated acid rain of pH 3.0 or 2.3, 6 times a week, alone or in combination, for 14 weeks from 15 June to 20 September 1993. The control seedlings were exposed to charcoal-filtered air and simulated rain of pH 6.8 during the same period.

Significant interactive effects of O_3 and simulated acid rain on whole plant net photosynthetic rate were observed, but not on other determined parameters. The exposure of the seedlings to O_3 caused the reductions in the dry weight growth, root dry weight relative to the whole plant dry weight, net photosynthetic rate, transpiration rate in light, water-use efficiency and root respiration activity, and increases in shoot/root ratio, and leaf dry weight relative to the whole plant dry weight without an appearance of acute visible foliar injury, but did not affect the dark respiration rate and transpiration rate in the darkness. The decreased net photosynthetic rate was considered to be the major cause for the growth reduction of the seedlings exposed to O_3.

On the other hand, the exposure of the seedlings to simulated acid rain reduced the net photosynthetic rate per unit chlorophyll a + b content, but did not induce the significant change in other determined parameters.

INTRODUCTION

There have been many reports concerning the forest decline in Europe and North America (Johnson & Siccama, 1983; Ashmore *et al.*, 1985; Krause *et al.*, 1986; Woodman, 1987; Thornton *et al.*, 1994). In China, similar problems have also been reported widely, for example, the decline of *Pinus armandi* Franch., *Pinus massoniana* Lamb. and *Abies fabri* (Mast.) Craib in south-western China (Feng *et al.*, 1986; Ma & Yu, 1989; Chen *et al.*, 1993). Also, the dieback of trees such as *Pinus densiflora* Sieb. et Zucc. and *Cryptomeria japonica* D. Don was observed in south-western Honshu of Japan (Totsuka, 1993). Although the main causes for the forest decline and dieback of trees have not yet been clarified, acid rain and gaseous air pollutants such as O_3 and SO_2 have been suggested as possible contributors (Johnson & Siccama, 1983; Ashmore et al., 1985; Feng et al., 1986; Ma & Yu, 1989; Totsuka, 1993; Thornton et al., 1994). Many researchers have already investigated the effects of O_3 and acid rain, alone or in combination, on seedlings of forest trees mainly grown in America and Europe (Chappelka et al., 1985; Reich et al., 1986; Edwards et al., 1992). However, there are few studies on the effects of both stresses on trees grown in Asian countries such as China and Japan (Miwa et al., 1993). Therefore, it is necessary to clarify their effects on growth and physiological functions of many trees in further detail.

Ozone (O_3) produced by photochemical reactions is a phytotoxic air pollutant and its current ambient levels are able to induce severe damage to plant growth in the USA (Health, 1988; Miller, 1988; Heagle, 1989). Also, many areas in China are experiencing elevated levels of ozone with the dramatic increase of traffic and growth of the petrochemical industry. In Lanzhou, north-western China, the peak concentration, maximum hourly average concentration and summer daily average con centration recorded in 1982 were 450, 332 and 51 ppb (nl/L), respectively (Tang et al.,1987). In Beijing, a peak concentration of O_3 at 160 ppb was also reported (Tang et al., 1987).

On the other hand, acid rain has been observed in many areas of China since acid rain monitoring began in 1979 (Zhao & Sun, 1986). The monitoring data on rain-water from Nanshan Mountain in Chongqing City from July to October of 1985 showed that the frequency of acid rain was 100% and the average annual pH value of rain ranged from 4.2 to 4.4 with a minimum value of 3.6. It also indicated that the average pH values of the stem-flow ranged from 2.63 to 2.98 with minimum observed values around 2.34—2.65 (Liu et al., 1988).

Because of the potential for coincident stress by ozone and acid rain on the forest, it is necessary to investigate their effects on trees singly or combined. The dysfunction of physiological processes in plants is generally detectable prior to growth reduction; therefore, the objectives of this study were to determine the individual or combined effects of ozone and acid rain on growth and physiological functions of P. armandi and to analyze the plant parameters which are most closely correlated with the change in dry weight growth and can be used as plant indicators for whole plant response to these stresses. P. armandi was selected as the test species because it is widely distributed in mid-to-high altitude areas such as natural forests and artificial forests, and it was also widely planted in a public garden as a woody ornamental plant from the eastern Pacific Coastal areas, via North Plain to south-western and north-western parts of China. In the present study, P. armandi seedlings were exposed to relatively high concentrations of O_3, because no growth or foliar nutritional effects had been detected on either mature or juvenile scions of red spruce that had been exposed to O_3 concentrations as high as 300 $\mu g \cdot m^{-3}$ above ambient for two growing seasons (Rebbeck et al., 1993). Moreover, significant damage to Japanese cedar, which also is a wood species of gymnosperm like P. armandi, after three months exposure to 300 ppb O_3 was also not observed in our laboratory (Miwa et al., 1993). Concentrations of O_3, as high as that mentioned above have been recorded in China.

MATERIALS AND METHODS

Seeds of *P. armandi* from Yunnan province, China were sown in 300 ml plastic pots (diameter: 7 cm; height: 8 cm) containing forest surface soil (Umbric Andosols). The seedlings were grown in a greenhouse (one seedling per pot). After 11 weeks, 60 seedlings (average height at the beginning of exposures: 3.7 cm) were used for the experiments mentioned below.

Acid rain solution was prepared with deionized water and a mixture of 8:1 molar ratio of sulfuric and nitric acids was also prepared because of the similar molar ratio of SO_4^{2-} to NO_3^- in acid rain in China. The solution pH was adjusted to 3.0 or 2.3 because similar levels of simulated acid rain pH treatments were used (Takemoto et al., 1988a; Reich et al., 1986; Miwa et al., 1993) and several reports showed the lowest pHs of ambient acid rain were close to pH 2.3 (Cape, 1993). The target (pH 5.6) simulated rain contained deionized water without added acids and other materials as a control rain, but its actual pH was 6.8. The simulated rain was applied to the seedlings using a sprayer from 08:30 for 10 min, 6 times per week, for 14 weeks from 15 June to 20 September 1993. The rainfall of one exposure was 3.3 mm, and the total rainfall of simulated rain during the experiment was 277.2 mm.

After a simulated rain event, the seedlings were immediately moved to gas exposure chambers and exposed to O_3 at (300 ± 15) ppb (nl/L) or charcoal-filtered air (CF, control) for 8 h per day from 09:00 to 17:00 for 6 days a week from 15 June to 20 September 1993 in a pair of rectangular chambers (70 cm × 70 cm, 110 cm in height) made of transparent acrylic boards. An artificial illumination system placed over the chambers consisted of 14 fluorescent twin lamps (Matsushita Co. Ltd, FPR96 Ex-N/A). The reflection boards were installed on the outside ceiling of the chambers. An air conditioner (Hitachi Co. Ltd, RAV-1435) was used to regulate air temperature in the chambers. The chambers were located indoors. Air temperature, relative humidity and light intensity at the plant top in the chambers were maintained at $(30 \pm 3)\,°C$, $(70 \pm 10)\%$ and $(410 \pm 20)\,\mu mol \cdot m^{-2} \cdot s^{-1}$, respectively. Air entered the chambers as charcoal-filtered air (CF) or as CF plus O_3 by means of a ventilator at an air exchange rate of 2.6 times per minute. An air-stirring fan was installed on the base of the chambers to adjust wind velocity to $0.5\,m \cdot s^{-1}$. One chamber received charcoal-filtered air. The other received CF plus O_3. Each chamber contained 30 seedlings which were rotated between chambers on a weekly basis in order to exclude the chamber effects. Twenty minutes after the end of every exposure to CF or O_3 (17:20) all the seedlings were removed from the chambers and placed in the naturally lit phytotrons where they were kept until the next exposure (08:30). The air temperature and relative humidity in the phytotrons were maintained at 30/22 °C (day/night), $(70 \pm 10)\%$, respectively.

Ozone was generated with a silent electrical discharge O_3 generator (Nihon Ozone Co., Model 0-1-2). The concentration of O_3 in the chamber was monitored continuously during exposure with a UV absorption O_3 detector (Dasibi Co., Model DY-1500).

To determine gas exchange rates of the seedlings, all aerial parts of a seedling were accommodated in a plant assimilation chamber with a fan. Therefore, the gas exchange rates for the whole seedling or plant were obtained. The measurements were conducted during the third week of the exposure period for 14 weeks prior to the dry weight determination at the 14th week because the dysfunction of physiological processes in plants is generally detectable prior to growth reduction. The gas exchange rates were measured again at the 14th week in all seedlings for each treatment. The results showed similar patterns of treatment effects (data not shown here). To calculate the net photosynthetic rate on a leaf dry weight basis, the leaf dry weights, in the third week, were calculated from: (ratio of leaf dry weight to height of each number-marked seedling in the 14th week) × (height of corresponding number-marked seedling in the third week). Fresh air was introduced into the chambers at 21 min^{-1}. The illumination system consisted of two 400 W metal halide lamps (YOKO Lamp, Toshiba Co.) and two 500 W incandescent lamps (Matsushita Co.). The irradiated light was filtered through a heat absorbing water filter and a glass filter which were placed between the illumination system and the plant assimilation chambers. The rates of net photosynthesis, dark respiration and transpiration of the seedlings were determined from the difference in CO_2 and H_2O concentrations of air between the plant assimilation chamber and a similar blank chamber fitted with a CO_2 infrared gas analyzer (Fuji Electric Co. Ltd, Model Zap AD0 11-55) and a digital humidity analyzer (EG and E Co., Model 911 DEW ALL), respectively. During the measurement of net photosynthetic rate and transpiration rate in light, air temperature, relative humidity in the plant assimilation chamber, and light intensity at the top of the seedling were maintained at (30 ± 1)℃, $(75 \pm 5)\%$ and 700 $\mu mol \cdot m^{-2} \cdot s^{-1}$ PPFD, respectively.

Transpiration rate in the dark and dark respiration rate of the seedlings were also determined by the same method under dark condition. The water use efficiency was calculated from (net photosynthetic rate/transpiration rate in light). This measurement systems of gas exchange rates have being well used (Izuta et al., 1994).

After measurement of the gas exchange rates, 50 mg fresh leaves were randomly sampled from seedlings and used for each measurement. The chlorophyll was extracted from leaves with a mixture of acetone, ethanol and deionized water in a ratio of 4.5:4.5:1 (Chen, 1984). Absorption of the extract was measured at 663 and 645 nm with a spectrometer (Shimadzu Co., Model UV-1200) and the concentration of chlorophyll a + b was calculated with formulae proposed by Anion (1949). The net photosynthetic rates on a chlorophyll content basis were calculated by: (net photosynthetic rates on a leaf dry weight basis/chlorophyll contents on a leaf dry weight basis).

Root respiration activity was measured during the final week of the exposure period for 14 weeks by the α-naphthylamine method (Yoshita, 1966). The amount of α-naphthylamine oxidized by root per gram fresh weight per hour was measured. The root was sampled from 10 seedlings per treatment and mixed well, then the respiration activity was measured using three mixed samples of roots.

At the end of the experiment (20 September 1993), all the seedlings were harvested (final harvest) and dried at 80℃ for one week. Then, dry weights of root, stem, and leaf were measured.

In the present study, analysis of variance (ANOVA), followed by Duncan's multiple range test when interactive effect was significant, was performed to test for significance of individual and interactive effects of O_3 and simulated acid rain on parameters of *P. armandi* seedlings. The data were pooled in further analyses of individual treatment effects (data not shown here).

RESULTS

Visible foliar injury

The O_3-induced premature senescence with chlorosis of oldest basal leaves became evident during early September, while acute ozone injury and bronzing of leaves were not observed throughout the exposure period. No visible foliar injury was produced by single treatment with simulated acid rain at pH 2.3 or 3.0.

Effects on dry weight growth and blomass partitioning

The significant interactive effects of O_3 and acid rain on dry weight growth of the seedlings were not observed in the present study (Table 1). Also, there were no significant effects of simulated acid rain on the dry weight growth of the seedlings. However, the dry weight of the whole plant at final harvest exhibited a significant decrease with O_3 fumigation. The reduction in dry weight of roots showed a similar pattern to that of the whole plant, but the O_3 did not significantly affect the dry weight of stem and leaf (leaf dry weight included the dry weight of brown-yellow dead leaf and the samples for chlorophyll content measurements).

Table 1. Effects of O_3 and simulated acid rain on dry weights of *Pinus armandi* Fraiich. seedlings[a]

Rain	Leaf(mg) CF	Leaf(mg) O_3	Stem(mg) CF	Stem(mg) O_3	Root(mg) CF	Root(mg) O_3	Whole plant(mg) CF	Whole plant(mg) O_3
pH 6.8	385	445	180	170	460	354	1024	968
pH 3.0	420	459	215	162	476	303	1111	924
pH 2.3	450	419	182	169	412	322	1044	908
ANOVA[b]								
O_3		ns		ns		***		*
Rain pH		ns		ns		ns		ns
O_3 × rain		ns		ns		ns		ns

[a] The seedlings were exposed to O_3 at 300 ppb and simulated acid rain of pH 2.3 or 3.0, alone and combination, for 14 weeks from 15 June to 20 September 1993, The control seedlings were exposed to charcoal-filtered air (CF) and simulated rain of pH 6.8 during the same period; Each value represents the mean of 10 determinations;
[b] Two-factor ANOVA results: ns = not significant at $p < 0.05$; * $p < 0.05$; *** $p < 0.001$

As shown in Table 2, leaf weight ratio (LWR), stem weight ratio (SWR) and root weight ratio (RWR) relative to the whole plant dry weight were increased by 19%, not affected and decreased by 17%, respectively, by exposure to O_3 (Table 2). As a result, the shoot/root ratio (S/R, shoot dry weight/root dry weight) was increased by the O_3. There were evident tendencies of LWR increase, RWR decrease and S/R increase with rain pH reduction in single exposures of simulated acid rain (no significant difference by ANOVA), but there were not evident changes in these parameters of seedlings exposed to simulated acid rain combined with O_3 (Table 2).

Table 2. Effects of O_3 and simulated acid rain on leaf dry weight ratio (LWR), stem dry weight ratio (SWR), root dry weight ratio (RWR) and shoot/root ratio (S/R) of *Pinus armandi* Franch. seedlings. See legend to Table 1

Rain	LWR CF	LWR O_3	SWR CF	SWR O_3	RWR CF	RWR O_3	S/R CF	S/R O_3
pH 6.8	0.377	0.464	0.175	0.177	0.448	0.358	1.253	1.879
pH 3.0	0.377	0.487	0.195	0.177	0.428	0.336	1.387	2.112
pH 2.3	0.443	0.468	0.176	0.184	0.381	0.348	1.834	2.000
ANOVA[a] O_3	***		ns		***		**	
Rain pH	ns		ns		ns		ns	
O_3 × rain	ns		ns		ns		ns	

[a] Two factor ANOVA results: ns = not significant at $p < 0.05$; ** $p < 0.01$; *** $p < 0.001$

Effects on net photosynthetic rate

The net photosynthetic rate expressed on a leaf dry weight basis, on a whole plant basis, or on a chlorophyll a + b content basis of the O_3-exposed seedlings was significantly reduced to 42%, 43%, and 65% of that of the seedlings exposed to charcoal-filtered air (CF), respectively. On the other hand, the net photosynthetic rate expressed on a chlorophyll a + b content basis was also significantly reduced, but that expressed on a leaf dry weight or on a whole-plant basis was not significantly affected by the exposure to simulated acid rain. The interactive effects of O_3 and simulated acid rain on net photosynthetic rate on a leaf dry weight or on a chlorophyll a + b content basis were not significant by ANOVA. However, the interactive effects of O_3 and simulated acid rain on net photosynthetic rate on a whole plant basis were significant (Table 3). Single exposure of simulated acid rain did not reduce the net photosynthetic rates on a whole plant basis, but combined exposure of simulated acid rain and O_3 reduced those with rain pH reduction. At the same time, O_3 damage to the whole plant photosynthetic rate was also increased with rain pH reduction (Table 3).

Effects on dark respiration rate, transpiration rate, and water-use efficiency

As shown in Table 4, dark respiration rate of above-ground parts of the seedling was not significantly changed by exposure to simulated acid rain and O_3, alone or in combination.

The transpiration rate in light was significantly reduced by the exposure to O_3, but in the darkness it was not altered by the O_3 and simulated acid rain, singly or in combination (Table 4).

Table 3 Effects of O_3 and simulated acid rain on net photosynthetic rates on a unit leaf dry weight basis (P_n/leaf dry wt), on a unit chlorophyll a + b content basis (P_n/chl.) and on a whole plant basis (P_n/plant) of *Pinus armandi* Franch. seedlings[a]

Rain	P_n/leaf dry wt (mg CO_2 g^{-1} dry wt h^{-1})		P_n/chl (mg CO_2 mg^{-1} chl. h^{-1})		P_n/plant[b] (mg CO_2 plant^{-1} h^{-1})	
	CF	O_3	CF	O_3	CF	O_3
pH 6.8	6.34	3.00	2.06	1.54	2.29 a	1.32 b
pH 3.0	6.23	2.49	1.93	1.16	2.56 a	1.08 bc
pH 2.3	6.04	2.23	1.56	0.90	2.82 a	0.88 c
ANOVA[c]						
O_3	***		***		***	
Rain pH						
3.0—6.8	ns		ns		ns	
2.3—6.8	ns		*		ns	
O_3 × rain	ns		ns		*	

[a] The measurements were made during the third week of the exposure period; Each value represents the mean of 7 determinations;
[b] Values followed by different letters within a column are significantly different according to Duncan's multiple range test ($p < 0.05$);
[c] Two-factor ANOVA results: ns = not significant at $p < 0.05$; * $p < 0.05$; *** $p < 0.001$

Table 4 Effects of O_3 and simulated acid rain on dark respiration rate (R-dark), transpiration rate in the darkness (T-dark) and transpiration rate in light (T-light) and water-use efficiency (WUE) of *Pinus armandi* Franch. seedlings[a]

Rain	R-dark (mg CO_2 g^{-1} dry wt h^{-1})		T-dark (g H_2O g^{-1} dry wt h^{-1})		T-light (g H_2O g^{-1} dry wt h^{-1})		WUE (g CO_2 kg^{-1} H_2O)	
	CF	O_3	CF	O_3	CF	O_3	CF	O_3
pH 6.8	1.83	2.97	0.41	0.55	0.79	0.65	8.19	4.75
pH 3.0	2.71	2.63	0.47	0.55	0.90	0.58	6.85	3.87
pH 2.3	2.34	2.37	0.60	0.61	0.62	0.52	10.38	4.32
ANOVA[b]								
O_3	ns		ns		**		***	
Rain pH	ns		ns		ns		ns	
O_3 × rain	ns		ns		ns		ns	

[a] The measurements were made during the third week of the exposure period. Each value represents the mean of 7 determinations;
[b] Two-factor ANOVA results: ns = not significant at $p < 0.05$; ** $p < 0.01$; *** $p < 0.001$

The water-use efficiency of the seedlings exposed to O_3 was significantly reduced to 51% in seedlings exposed to charcoal-filtered air (Table 4), but those exposed to simulated acid rain were not significantly altered. No significant interactive effects of O_3 and simulated acid rain on water-use efficiency were observed in the seedlings.

Effects on root respiration activity

As shown in Fig. 1, the root respiration activity of the O_3-exposed seedlings was lower than that of the seedlings exposed to charcoal-filtered air, but that of the seedlings treated with simulated acid rain at pH 2.3 was slightly higher than that at pH 6.8.

DISCUSSION

It has been widely reported that O_3 retarded plant growth without producing visible injury (Pye, 1988). In the present study, the dry weight growth, net photosynthetic rate and water-use efficiency of P. armandi were reduced by O_3 but there was no acute visible foliar injury induced by this pollutant.

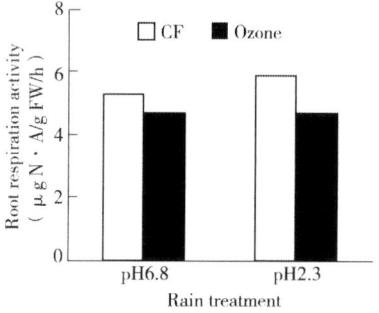

Fig. 1 Effects of O_3 and simulated acid rain on root respiration activity of P. armandi, N = α-naphthylamine

The whole plant and root dry weight was reduced by O_3 (Table 1). The LWR was significantly increased, but RWR was significantly reduced by O_3 (Table 2). Most published research has also reported that O_3 increased the retention of assimilate in leaves (Tingey et al., 1976; McLaughlin et al., 1982). These results show that O_3 induces not only inhibition of dry weight growth, but also alteration of biomass partitioning in P. armandi. Especially, it is noted that more photosynthates were retained in the leaf, while less were translocated to the root.

Net photosynthetic rate of O_3-exposed seedlings decreased (Table 3), which agreed well with the results reported by several investigators (Carlson, 1979; Coyne & Bingham, 1982; Wallin et al., 1990; Izuta et al., 1994). In the present study, the dark respiration rate was not significantly affected by O_3 (Table 4). Also, leaf dry weight was not significantly reduced by O_3 (Table 1). Therefore, the reduction in photosynthetic rate was considered as the major cause of reduction in the whole plant dry weight growth of P. armandi.

The respiratory activity of the root was decreased by O_3 in the present study (Fig. 1). Miller (1987) has reported a decrease in the respiratory CO_2 produced by the roots of O_3 treated plants. Edwards et al. (1992) also reported that root respiration rate per gram of root tissue was reduced in Pinus taeda L. exposed to twice-ambient O_3. Miller (1987) considered the inhibitory effects of ozone on the respiration of roots to be a consequence of reduced supply of assimilate from leaves. The reduction in the net photosynthetic rate and root dry weight growth of the O_3-exposed seedlings tested in the present study might support this assumption.

Root growth was reduced more than shoot growth (Table 1), but root respiratory activity was not increased by O_3 (Fig. 1). These results indicated that the root growth reduction was a decrease of downward translocation of photosynthate from leaves to roots, rather than the increase of dry matter consumption by root respiration.

Ozone-induced increase in the water-use efficiency of radish and soybean was observed by Greitner and Winner (1988). In contrast, a decrease in water-use efficiency of soybean (Reich et al., 1985; Miller et al., 1994) and radish (Atkinson et al., 1988) by exposure to

O_3 was reported. In our experiment, the water-use efficiency of *P. armandi* was significantly reduced by 49% as a result of exposure to O_3 (Table 4). These different results may be related to the varying cultivars or species. More research is necessary for a better understanding.

Only net photosynthetic rate on a chlorophyll a + b content basis was significantly decreased (Table 3), while other determined parameters were not significantly affected by simulated acid rain at pH 2.3 or 3.0 (Fig. 1, Table 1—Table 4). Eamus and Fowler (1990) reported that chlorophyll contents increased, but light saturated photosynthesis expressed as per unit chlorophyll was decreased by acid mist. Chlorophyll contents was also increased with rain pH reduction in this study (data not shown here). These results showed that the ability to absorb incident light was increased, but the efficiency of chlorophyll was reduced. Thus, it showed that acid rain causes direct damage to the photosynthesis process. However, the site (s) of action of acid rain cannot be usefully speculated upon from the available data (Eamus and Fowler, 1990). Therefore, net photosynthetic rate on a chlorophyll a + b content basis is a sensitive index of acid rain, which exhibits the complex responses of deleterious effects of H^+ on photosynthetic processes and effects of NO_3^- (fertilizer) of acid rain on chlorophyll contents, and may act as a better indicator of acid rain effects.

The significant interactive effects of O_3 and acid rain on alfalfa (Takemoto et al., 1988b) and soybean (Troiano et al., 1983) were observed, but no interactive effects on soybean (Takemoto et al., 1987), sugar maple and northern red oak (Reich et al., 1986), radish (Johnston et al., 1986), green pepper (Takemoto et al., 1988a) or loblolly pine (Edwards et al., 1992) were reported. These varying results might be due to the difference in species, environment, dose or process of exposure. However, it might also be related to the determined parameters. It was reported that there were significant interactive effects of O_3 and acid fog on leaf drop and foliar pig-ment, but not on yield in alfalfa (Takemoto et al., 1988b). In the present study, the significant interactive effects of O_3 and simulated acid rain were observed only on net photosynthetic rate on a whole plant basis (Table 3). With a reduction of simulated acid rain pH from 6.8 to 2.3, the net photosynthetic rate on a whole plant basis was increased in charcoal-filtered air, but was decreased by exposure combined with O_3. Furthermore, the inhibitory effects of O_3 were increased with reduction of simulated acid rain pH values, of which the inhibition percentage was 31% for pH 6.8, 42% for pH 3.0 and 57% for pH 2.3 (Table 3). Troiano et al. (1983) also reported that the difference in total dry mass between plants grown in filtered and unfiltered chambers increased with increase of simulated rain acidity. Although no significant interactive effect was detected by ANOVA on 14 week exposures, the response of leaf dry weight to the combined exposure of O_3 and simulated acid rain exhibited a similar trend to that of the whole plant net photosynthetic rate, which was increased in the charcoal-filtered air, but was decreased in 300 ppb O_3 with the rain pH reduction (Table 1). These results suggested that the response pattern of the whole plant net photosynthetic rate to the combined exposure of O_3 and simulated acid rain was partly attributed to leaf dry weight response to these stresses. Therefore, the change in whole plant net photosynthetic rate represents not only instantaneous response similar to that in net photosynthetic rate on a unit leaf dry weight basis, but also cumulative response from leaf growth to the combined exposure to O_3 and simulated acid rain. These results and other researchers' reports indicate that the interactive effects of O_3 and acid rain are difficult to detect. Net photosynthetic rate on a whole plant basis is easier to measure exactly and represents cumulative and complex responses of plants to O_3 and acid rain better than any other parameter tested in the present study.

ACKNOWLEDGEMENTS

The authors would like to thank Mr. Katsutoshi Horie and the other members of The Laboratory of Terrestrial Environment, Tokyo University of Agriculture and Technology, for helpful discussions, technical support and encouragement.

REFERENCES:

[1] Arnon, D. I. (1949). Copper enzymes in isolated chloroplasts, polyphenoloxidase in *Beta vulgaris*. *Plant Physiology*, 24, 1-15.

[2] Ashmore, M., Bell, N. & Rutter, J. (1985). The role of ozone in forest damage in West Germany. *Ambio*, 14, 81-7.

[3] Atkinson, C. J., Robe, S. V. & Winner, W. E. (1988). The relationship between changes in photosynthesis and growth for radish plants fumigated with SO_2 and O_3. *New Phytol*, 110, 173-84.

[4] Cape, J. N. (1993). Damage to vegetation caused by acid rain and polluted cloud. *Environ. Pollut.*, 82, 167-80.

[5] Carlson, R. W. (1979). Reduction in photosynthetic rate of Acer, Quercus and Fraxinus species caused by sulphur dioxide and ozone. *Environ. Pollut.*, ' 8, 159-70.

[6] Chappelka III, A. H., Chevone, B. I. & Burk, T. E. (1985). Growth response of yellow-poplar (*Liriodendron tulipifera* L.) seedlings to ozone, sulfur dioxide, and simulated acidic precipitation, alone and in combination. *Environ. Exp. Bot.*, 25(3), 233-44.

[7] Chen, F.-M. (1984). A study on method of a mixture solution for chlorophyll contents. *For, Sci Technol.*, 2, 4-8.

[8] Chen, C., Feng, Z. & Liao, L. (1993). Investigation on the dieback reason of *Abies fabri* in Emei Mountain in China. In *Proceedings of China-Japan Joint Symposium on the Impacts and Control Strategies of Acid Deposition on Terrestrial Ecosystems*, 1-4 November 1992, Beijing, China. Chinese Science and Technology Press, Beijing, pp. 78-96 (in Chinese).

[9] Coyne, P. I. & Bingham, G. E. (1982). Variation in photosynthesis and stomatal conductance in an ozone-stressed ponderosa pine stand: light response. *For. Sci.*, 28(2), 257-73.

[10] Eamus, D. & Fowler, D. (1990). Photosynthesis and stomatal conductance responses to acid mist of red spruce seedlings. *Plant, Cell Environ.*, 13, 349-57.

[11] Edwards, N. T., Edwards, G. L., Kelly, J. M. and Taylor Jr, G. E. (1992). Three-year growth responses of *Pinus taeda* L. to simulated rain chemistry, soil magnesium status, and ozone. *Water, Air Soil Pollut.*, 63, 105-18.

[12] Feng, Z., Chen, C., Zhang, J., Zheng, S. & Ten, S. (1986). Effects of acid rain on productivity of masson pine forest in Chongqing area. *Atmos. Environ. Acid Rain*, 2, 38-45 (in Chinese).

[13] Greitner, C. S. & Winner, W. E. (1988). Increases in ^{13}C values of radish and soybean plants caused by ozone. *New Phytol.*, 108, 489-94.

[14] Heagle, A. S. (1989). Ozone and crop yield. *Ann. Rev. Phytopathol.*, 27, 397-423.

[15] Health, R. L. (1988). Biochemical mechanisms of pollutant stress. In *Assessment of Crop Loss From Air Pollutants*, ed. W. W. Heck *et al.* Elsevier Science, London, pp. 259-86.

[16] Izuta, T., Ohtsu, G., Miyake, H. & Totsuka, T. (1994). Effects of ozone on dry weight growth, net photosynthetic rate and leaf diffusive conductance in three cultivars of radish plants. *J. Japan Soc. Air Pollut.*, 29(1), 1-8.

[17] Johnson, A. H. & Siccama, T. G. (1983), Acid deposition and forest decline. *Environ. ScL Technol.*, 17, 294-305.

[18] Johnston Jr, J. W., Shriner, D. S. & Kinerley, C. K. (1986). The combined effects of simulated acid rain and ozone on injury, chlorophyll, and growth of radish. *Environ. Exp. Bot.*, 26(2), 107-15.

[19] Krause, G. H. M., Arndt, U., Brandt, C. J., Bucher, J., Kenk, G. & Matzner, E. (1986). Forest decline in Europe: development and possible causes. *Water, Air Soil Pollute* 31, 647-68.

[20] Liu, H., Zhang, W. & Tou, Y. (1988). Relationship between acid rain and forest decline of masson pine in Chongqing Nanshan Mount. *Acta Scientia Circumstantiae*, 8, 331-7 (in Chinese).

[21] Ma, G. & Yu, S. (1989). Relationship between atmosphere pollution, acid rain and acid fog, and death of *Pinus armandi* Franch. in Fengjie county. In Acid Rain and Agriculture, ed. H. Yang & Z. Feng. Chinese Forestry Press, Beijing, pp. 157-161 (in Chinese).

[22] McLaughlin, S. B., McConathy, R. K., Duvick, D. & Mann, L. K. (1982). Effects of chronic air pollution stress on photosynthesis, carbon allocation, and growth of white pine trees. *For. Sci*, 28(1), 60-70.

[23] Miller, J. E. (1987). Effects of ozone and sulfur dioxide stress on growth and carbon allocation in plants. *Rec. Adv. Phytochem.*, 21, 55-100.

[24] Miller, J. E. (1988). Effects on photosynthesis, carbon allocation, and plant growth associated with air pollution stress. In Assessment of Crop Loss from Air Pollutants, ed. W. W. Heck et al. Elsevier, London, pp. 287-324.

[25] Miller, J. E., Booker, F. L., Fiscus, E. L., Heagle, A. S., Pursley, W. A., Vozzo, S. F. & Heck, W. W. (1994). Ultraviolet-B and ozone effects on growth, yield, and photosynthesis of soybean. *J. Environ. Qual.*, 23, 83-91.

[26] Miwa, M., Izuta, T. & Totsuka, T. (1993). Effects of simulated acid rain and/or ozone on the growth of Japanese cedar seedlings. *J. Japan Soc. Air Poliut.*, 28(5), 279-87.

[27] Pye, J. M. (1988). Impact of ozone on the growth and yield of trees: a review. *J. Environ. Qual.*, 17, 347-60.

[28] Rebbeck, J., Jensen, K. F. & Greenwood, M. S. (1993). Ozone effects on grafted mature and juvenile red spruce: photo- synthesis, stomatal conductance, and chlorophyll. *Can. J. For. Res.*, 23, 450-6.

[29] Reich, P. B., Schoettle, A. W. & Amundson, R. G. (1985). Effects of low concentration of O_3, leaf age and water stress on leaf diffusive conductance and water use efficiency in soybean. *Physiol. Plant*, 63, 58-64.

[30] Reich, P. B., Schoettle, A. W. & Amundson, R. G. (1986). Effects of O_3 and acidic rain on photosynthesis and growth in sugar maple and northern red oak seedlings. *Environ. Poliut.* (Ser. A), 40, 1-15.

[31] Takemoto, B. K., Shriner, D. S. & Johnston Jr, J. W. (1987). Physiological responses of soybean (*Glycine max* L. Merr) to simulated acid rain and ambient ozone in the field. *Water, Air Soil Poliut.*, 33, 373-84.

[32] Takemoto, B. K., Bytnerowicz, A. & Olszyk, D. M. (1988a). Depression of photosynthesis, growth, and yield in field-grown green pepper (*Capsicum annuum* L.) exposed to acidic fog and ambient ozone. *Plant Physiol.*, 88, 477-82.

[33] Takemoto, B. K., Hutton, W. J. & Olszyk, D. M. (1988b). Responses of field-grown *Medicago sativa* L. to acidic fog xand ambient ozone. *Environ. Poliut.*, 54, 97-107.

[34] Tang, X., Li, I., Chen, D., Bai, Y., Li, X., Wu, X. & Chen, J. (1987). The study of photochemical smog pollution in China. In Proc. 3rd Joint Conference of Air Pollution Studies in Asian Areas, 30 Nov-2 Dec. 1987, Tokyo, Japan, pp. 238-51.

[35] Thornton, F. C., Joslin, J. D., Pier, P. A., Neufeld, H., Seiler, J. R. & Hutcherson, J. D. (1994). Cloudwater and ozone effects upon high elevation red spruce: a summary of study results from Whitetop Mountain, Virginia. *J. Environ. Quality*, 23, 1158-67.

[36] Tingey, D. T., Wilhour, R. G. & Standley, C. (1976). The effects of chronic ozone exposures on the metabolise content of ponderosa pine seedlings. *For. Sci.*, 22(3), 234-41.

[37] Totsuka, T. (1993). Present situations of forest decline in Japan and some experimental evidence of acid rain on the growth of young Japanese Cedar trees. *J. Environ. Sci.* (Kyungpook Natl. Univ. Korea), 7, 23-32.

[38] Troiano, J., Colavito, L., Heller, L., McCune, D. C. & Jacob-son, J. S. (1983). Effects of acidity of simulated rain and its joint action with ambient ozone on measures of biomass and yield in soybean. *Environ. Exp. Bot.*, 23(2), 113-9.

[39] Wallin, G., Skarby, L. & Sellden' G. (1990). Long-term exposure of Norway spruce, *Picea abies* (L.) Karst., to ozone in open-top chambers. *New Phytol.*, 115, 335-44.

[40] Woodman, J. N. (1987). Pollution-induced injury in North American forests: facts and suspicious. *Tree Physiol.*, 3, 1-15.

[41] Yoshita, M. (1966). Measurement methods of root activity. *Japanese J. Soil Sci. Plant Nutr.*, 37(1), 63-8 (in Japanese).

[42] Zhao, D. & Sun, B. (1986). Air pollution and acid rain in China. *Ambio*, 15, 1-5.

编后记

20世纪50年代，冯宗炜院士大学毕业就投身于我国的生态保护和建设的工作之中。

早年跟随刘慎谔、朱济凡、王战等老一辈科学家，参加了中苏黑龙江流域综合资源考察、中国植被区划和森林林型研究，编制了我国第一幅以森林生态学为基础的林型图（1∶25000），强调了水利资源的开发与大江大河源头森林植被生态服务功能的保护；20世纪60年代，率队深入到亚热带湘黔边境从事杉木人工林生长发育与环境之间相互关系的研究；开展了杉木林生物量和生产力调查，为我国大范围开展森林生物量和生产力研究建立了方法学的基础；随后又对中国森林生物量和生产力的研究成果进行了系统总结，为我国森林资源可持续利用和评估森林固碳潜力与生态服务功能奠定了重要基础。20世纪80年代开始至今，开展了大气污染（包括酸沉降和臭氧）对生态系统的影响研究，首次定量研究了我国南方酸雨对农、林生态系统的危害与损失，并提出了可行的生态修复技术，为我国生态环境保护、大气污染控制及其相关政策制定提供了科学依据。开展的近地层大气环境变化对典型农田生态系统影响的研究，开创了我国酸沉降、臭氧等复合污染对生态系统危害的影响及其防治途径研究的新局面。70年代末与80年代前期协助马世骏院士筹备组建中国生态学学会、中国科学院生态环境研究中心和城市与区域生态国家重点实验室（原系统生态研究室）。

长期以来，冯宗炜院士将我国生态环境保护与国际生态学研究前沿紧密结合，为国家社会经济发展和生态环境保护做出了重要贡献。冯宗炜院士的研究历程，体现了我国生态学研究从资源环境调查、到长期定位研究、再到模拟实验研究的历史发展的过程。

在祝贺冯宗炜院士80岁生日之际，中国科学院生态环境研究中心和中国科学院沈阳应用生态研究所联合主持，编辑出版《冯宗炜文集》，总结冯宗炜院士在60年的学术生涯中的杰出成果和对我国生态学发展的重要贡献，感谢冯宗炜院士在中国科学院沈阳应用生态研究所工作期间以及在中国科学院生态环境研究中心和城市与区域生态国家重点实验室的建设和发展中的积极贡献。

文集的选编，注重了时代性、原创性和现实性，文集按照论著出版或公开的年代顺序编排，从冯宗炜院士早期与刘慎谔、朱济凡、王战等老一辈科学家共同完成的论著中，我们深切地体察到生态学先辈们为科学事业所做的艰苦卓绝的努力和不懈地传、帮、带的奋进精神；清晰地反映了冯宗炜院士的学术研究进程和学术思想的形成过程及在学科体系建设中的重要贡献。文集不但反映了冯宗炜院士60年来的学术历程，也展现了我国生态学发展的一个重要侧面，见证了我国生态学家在我国社会经济发展和生态环境保护与建设中的重要作用。

中国科学院生态环境研究中心
城市与区域生态国家重点实验室主任
2012.9.12

致谢

文集的出版,得到了中国科学院生态环境研究中心曲久辉主任和沈阳应用生态研究所韩兴国所长的大力支持。生态环境研究中心欧阳志云副主任、王效科研究员、尹玲编审和沈阳应用生态研究所的汪思龙研究员、王清奎博士等在组织编辑中进行了大量工作。《生态学报》编辑部给予了技术支持。中国科学院城市与区域生态国家重点实验室组织和资助了出版工作。

在文集编辑出版过程中,冯宗炜院士在百忙中收集整理了过去 60 年的论著和照片,介绍了论著的历史背景,并确定文集出版的原则和要求,使编辑过程减少了不必要的差错,促进了文集的编辑工作进展。文集中的论文是冯宗炜院士及其老师、同事和学生的共同辛勤工作成果,体现了他们为科学而奋斗,为祖国社会经济发展和生态环境保护做贡献的坚持不懈的精神。由于篇幅限制不能一一感谢,将他们的名字列在了文集中的论文篇首页,以表致谢。

在文集编辑出版中,董伊晨做了论文、论著、照片的收集、整理汇编等主要工作,以及文集出版的正文设计、编辑和文稿校对。冯宗炜院士的学生与城市与区域生态国家重点实验室的同学积极参加了校对工作,在此一并表示感谢。

文集编辑时,在尽量保持历史图文资料原貌的基础上,为了便于广大读者参阅,对论文、论著进行了重新排版制作,按照目前的科学出版标准,统一了简体字、数据单位;改正了过去发表时误排的文字和标点符号等。但由于时间仓促,工作量大,难免有所疏漏或考虑不周,也会有编辑不细之处,敬请专家学者和读者批评指正。

《冯宗炜文集》编辑组
2012 年 9 月

1953年在南京丁家桥南京农学院园艺场宿舍后苗圃地

1955年夏在中缅边境云南省维西傈僳族自治县野外森林综合调查，
同行有沈阳农学院土壤系毕业的"大胡子"李德融（右2）
解放军护卫战士与向导

1957年与张福珠在沈阳中国科学院林业土壤研究所大楼前留影

1958年夏中苏黑龙江流域综合科学考察队在小兴安岭伊春林区野外考察
后排左起张士驹，冯宗炜，王战，朱济凡，崔米克（苏方专家）等

1960年初与中国科学院林业土壤研究所所长朱济凡教授（中）
在湖南省衡山考察

1960年春在中国科学院会同森林生态实验站工作与胡仲贤站长（中）
和中南林业大学校长潘维俦教授（右）现场交流

1963年在中国科学院西双版纳热带植物园,同竺可桢、吴征镒、蔡希陶等领导和专家参加茶胶人工群落的讨论(右1为冯宗炜)

20世纪60年代中国科学院会同森林生态实验站野外修路工作现场

20世纪70年代登上南岭主峰猫儿山（海拔2100m），猫儿山保护区柳主任（前左1），技术员，森林警察，桂林地区林业局司机以及上海科教电影厂王亚夫（后右2），小张，小刘等

1979年中国科学院第一次生态学考察团赴欧洲英国、瑞典考察，摄于伦敦白金汉宫前

1980年7月瑞典生态学家Andersson教授（右2）在中国科学院
会同森林生态实验站野外实验区现场交流

1980年7月瑞典皇家科学院A.A.Tomm院士夫妇（中）和Andersson教授（左1）
Baestrean教授（左2）访问中国科学院会同森林生态实验站

1983年与张云岗（左2）刘安国（右2）等参加中国科学院
1986—2000年环境与生态规划专题研究

1984年夏陪同中国科学院吴征镒院士在长白山野外考察

1984年9月冯宗炜（左1）和徐振邦研究员（右1）与日本生态学家
吉良竜夫教授（左2）在长白山亚高山林线野外考察

1984年9月吉良竜夫教授（后左4）与中国科学院林业土壤研究所
冯宗炜（后右3）等科研人员在长白山林区野外样地调查

1984年夏中国科学院沈阳分院领导在长白山高山草甸野外调查后就地午餐

1984年在重庆南山马尾松林进行酸雨危害调查

1985年6月冯宗炜（中）参加中国科学院森林植物考察团
任副团长在朝鲜考察朝鲜森林植被

1987年率中国科协19个专业学会专家赴四川重庆等地考察酸雨对
大农业的危害于乐山大佛受酸雨危害头部侵蚀剥落的头像前留影

1988年在日本与国际酸雨学者专家
进行野外考察交流

1988年在河南封丘主持黄淮海平原农林业
系统结构和功能研究

1989年陪同中国科学院马世骏院士（右）
在北京会见日本学术访问团

1989年陪同中国科学院马世骏院士（右）
在北京会见日本学术访问团

1989年中日酸雨合作研究项目与小仓纪雄（左）
户塚绩（中）在去重庆的火车上

1989年冯宗炜（前右3）于河北省石家庄参加
第三届中国生态学会理事会议

1989年中国科学院副院长孙鸿烈（左3）植物研究所陈灵芝研究员（左4）
生态环境研究中心冯宗炜研究员（右2）在北京市
门头沟北京森林生态定位站选址现场调研

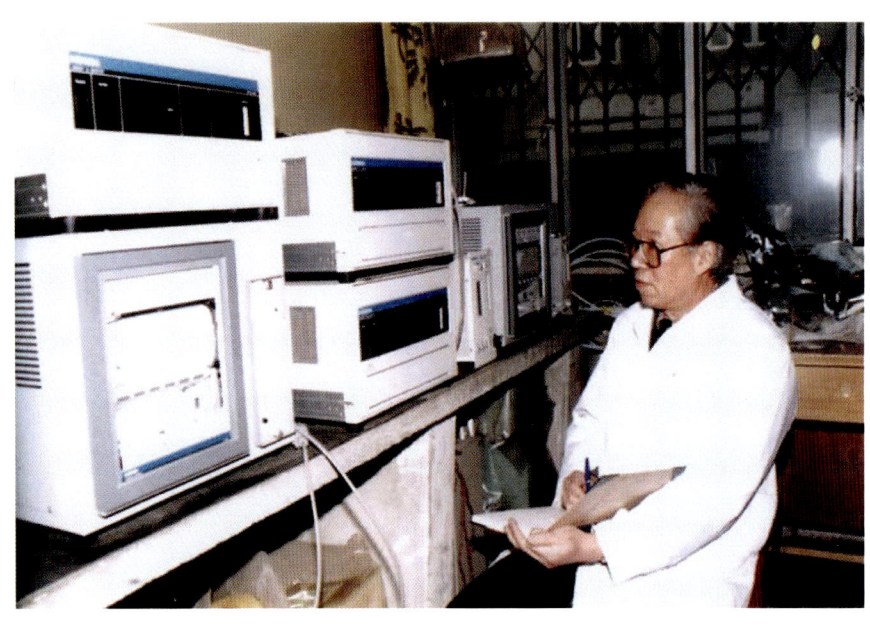

20世纪80年代在中关村实验室监测城区酸沉降的影响

1990年中日酸雨合作研究与东京大学
田村三郎教授（中后）等在重庆野外考察

1991年在西班牙塞维利亚参加 SCOPE 会议
（中国科学院生态环境研究中心刘静宜所长（右2）
冯宗炜（左1）与中国农科院的参会专家合影）

1991年中日酸雨合作研究项目专家在
四川峨眉山考察酸雨对森林的危害

1991年中日酸雨合作研究在重庆缙云山林区科学考察
(左起户塚绩，大喜多敏一，马良清，小仓纪雄，林场办公室主任，冯宗炜，方精云)

1991年中日酸雨合作研究专家在重庆真武山马尾松林内监测酸沉降
冯宗炜（前左2）沈济（右1）

1992年冯宗炜率队在南京城外考察酸雨对生态环境影响

1992年夏日本琵琶湖研究所吉良竜夫教授（左1）
来中国科学院生态环境研究中心学术访问

1993年在日本横滨召开的国际生态学大会与
巴基斯坦、印度生态学家在一起

1995年与小仓纪雄教授签订中日酸雨合作研究协议

1995年中日酸雨合作研究在日本东京农工大学小仓纪雄的研究室
（自左至右冯宗炜，张福珠教授，单运峰博士研究生）

1996年在国家自然科学基金委评估中国科学院
系统生态开放实验室评议会上作报告

2002年与研究生在天津滨海泥质盐碱滩地进行野外调查

2002年北京林业大学建校50周年与阳含熙院士（中）贺庆棠校长（右）合影

2003年夏冯宗炜夫妇于日本千叶大学生态园

2003年参加中国科学院海南科学综合考察队于霸王岭

怀念恩师刘慎谔教授
2004年中国科学院沈阳应用生态研究所
（原林业土壤研究所）成立50周年

2004年9月中国工程院浙江生态建设院士行考察安吉县山川马家弄高效笋竹园
（自左至右宋湛谦，金鉴明，魏复盛，沈国舫，冯宗炜，张齐生）

2004年9月中国工程院浙江生态建设院士行考察淳安千岛湖生态建设
（自左至右宋湛谦，魏复盛，金鉴明，沈国舫，张齐生，钱易，冯宗炜）

2004 年中国科学院沈阳应用生态研究所（原林业土壤研究所）
成立 50 周年重返长白山阔叶红松林地观测

2004 年中国科学院青海湖科学考察
冯宗炜，孙鸿烈，王毅（自左至右）

2004年在浙江嘉兴双桥农场指导研究生进行
《近地臭氧胁迫对农作物的影响研究》室外模拟实验

2005年9月应三北防护林局邀请蒋有绪（右1）冯宗炜（右2）唐守正（左1）
三位院士赴甘肃西北防沙林区科学考察

2006年在江西红壤区科学考察接受中国中央电视台采访

2006年西藏自治区科学考察
（自左至右冯宗炜，孙鸿烈，沈保根，袁道先，郑度）

2006年西藏自治区科学考察地处海拔5013m林芝地区
（自左至右冯宗炜，袁道先，武素功）

2006年西藏自治区野外科学考察

2006年冯宗炜院士、张福珠教授与
部分研究生在一起共度中秋佳节

2007年再次赴西藏自治区雅鲁藏布江河谷地带科学考察

2008年于北京东坝农业部实验基地

新一届学生毕业在即
2008年审阅研究生学位论文

2009年应邀在贵州省贵阳市讲学

2010年与吴良镛院士（右4）陈昌笃教授（右3）等
参加清华大学博士生李孟颖（左4）论文答辩会

2010年应邀出席上海世界博览会讲学
（自左至右张福珠，冯宗炜，董伊晨）

2012年时任中国科学院生态环境研究中心学位委员会主任

中国科学院生态环境研究中心第七届学位委员会

2006-06-21 中国科学院青海湖科学考察摄于鸟岛

冯宗炜院士工作剪影选编/ 编辑：董伊晨

冯宗炜文集

（下卷）

《冯宗炜文集》编辑组

科学出版社
北京

内 容 简 介

本书选编了冯宗炜院士20世纪50年代以来的重要论文、论著和报告，主要包括了冯宗炜院士60年来在生态学领域开展的一系列开拓性的工作，涵盖了中国植被、林型、森林生物量和生产力、碳氮循环、酸雨和近地层臭氧对农、林生态系统的危害，以及有关我国大、小兴安岭和西双版纳地区森林资源开发利用、生态环境保护等研究内容。

论文、论著按照发表年代编排，体现了我国生态学研究的重点和发展历史，反映了我国社会经济发展不同时期生态学家关注的主要生态环境问题，展现了冯宗炜院士的学术历程及在学科体系建设中的重要贡献。

本书适合于从事生态学、环境科学、林学、生态系统评价、规划与管理的科研和技术人员及决策者、高等院校师生阅读参考。

图书在版编目(CIP)数据

冯宗炜文集：全2卷/《冯宗炜文集》编辑组. —北京：科学出版社，2012.10
ISBN 978-7-03-035649-9

Ⅰ.①冯… Ⅱ.①冯… Ⅲ.①冯宗炜–文集 Ⅳ.①K826.3-53

中国版本图书馆CIP数据核字（2012）第225868号

责任编辑：李 敏／责任校对：陈玉凤
责任印制：徐晓晨／封面设计：王 浩

科 学 出 版 社 出版
北京东黄城根北街16号
邮政编码：100717
http://www.sciencep.com

北京厚诚则铭印刷科技有限公司 印刷
科学出版社发行 各地新华书店经销

*

2012年10月第 一 版　开本：787×1092 1/16
2017年4月第二次印刷　总印张：73 3/4　插页：32
总字数：1 800 000

总定价（上、下卷）：680.00元
（如有印装质量问题，我社负责调换）

青山碧水不了情

（代序）

一

回首六十年的科研生涯，保护我国的青山碧水，任重道远，感慨万千。

1954年夏我大学毕业后，离开风景秀美的江南水乡，响应国家大建设的号召，来到了东北的哈尔滨。到中国科学院东北林业研究所工作。报到后不久，就跟随王战教授从东北的西部沙漠化地区的章古台一直到东部的辽东山地进行了一次野外考察。随后在王战教授的带领下，来到小兴安岭的带岭凉水沟林区参加森林采伐迹地红松人工更新的研究工作。通过这次野外考察和工作，使我对东北地区生态环境的整体情况有了一个初步了解，也是通过这次考察和工作，深深地感到自己所学的专业在这块辽阔的土地上是大有作为的。

1955年，我有幸参加了由中国和前苏联两国科学院合作的中、苏黑龙江流域综合考察工作。考察主要目的是为了开发黑龙江流域丰富的水能资源和保护东北珍贵的天然林。四年时间里，深入到大、小兴安岭和长白山林区进行野外森林生态系统的考察。当时考察队里汇集了中国和前苏联在这个领域里的顶级科学家。在我国著名植物学家和森林学家刘慎谔、王战、朱济凡等指导下展开工作，在野外实践中获得了大量的第一手资料。先后与这些老师联名发表了《黑龙江右岸中国境内的森林资源概况及其目前森林研究工作中的主要问题》、《小兴安岭红松阔叶混交林》、《红松人工林研究》等论文和专著。从森林动态学说的理论出发，对东北的红松林及其派生的柞树林等森林群落进行了林型分类，并根据红松不同于一般两针松林类(如:欧洲赤松、油松、马尾松等)的生物学和生态学特性的研究,大胆地提出了修改当时在东北林业生产部门盛行的"剃光头"式的大面积皆伐,改为择伐的建议。引起了学术界的高度重视和讨论,为东北珍贵的天然红松林资源的合理采伐、更新和保育提供了科学依据。

1957年,我赴前苏联进修,在前苏联科学院森林研究所、植物研究所学习林型学和植被制图学的研究工作。1958年回国后,在王战和李万英教授率领下,深入到长白山原始林区展开对温带阔叶红松林、亚高山云、冷杉林和岳桦林等林型研究,通过大量的野外调查研究,我们编制了我国第一幅以森林生态学为基础的林型图(比例尺为1:25000),并结合长白山的自然特点和经济条件,研究组织森林经营,在《林业建设》刊物上发表了《林型在组织森林经营中的应用》的学术论文。在这篇论文中,提出了林业部门对山地森林的经营,除了出于经济目的生产木材外,对分布在大江大河上游或源头的森林、灌丛、草甸更应该重视其生态效益,发挥其对涵养水源、保持水土等生态服务的功能。此一观点为使森林经营建立在生态科学的基础上,做出了新的尝试。这一研究成果作为该所国庆10周年的献礼,在中国科学院于北京中关村举办的成果展览会上展出,受到了林业部门的重视和采纳,并在东北长白山露水河流域森林的综合规划设计中得到应用。

20世纪50年代末,中国自然区划的研究工作在全国范围内广泛展开,作为刘慎谔教授的助手我参加了东北植被区划的研究工作,通过大量的野外考察以及国内外文献和史料的研究分析,以刘慎谔和冯宗炜、赵大昌联名在《植物学报》上先后发表了《关于中国植被区划的若干原则问题》和《再论中国植被区划的若干原则问题》两篇论文,从我国森林、草原、荒漠、湿地等植被形成的自然历史特点出发,提出了不同于以往外国专家的植被区划原则和方法。当时,刘慎谔教授经常教导我们说:"学习外国的理论和技术,要结合中国的实际,不能盲目照搬,不能迷信。中国人看西方人是黄头发、白皮肤、蓝眼珠;西方人看中国人是黑头发、黄皮肤、黑眼珠。从不同角度看彼此都是外国人,外国再先进的理论和技术不结合中国的实践,是解决不了中国实际问题的。"刘慎谔教授严谨的治学作风和实事求是的科学态度,一直是学生研究工作的座右铭。

二

1960年春天,在中国科学院林业土壤研究所领导的建议下,由我率领一支由森林、土壤、气象、植被、微生物、木材等多学科组成的研究人员,深入我国亚热带湘黔交界山区的我国杉木中心产区——湖南会同杉木林区,学习当地农民群众栽培杉木林速生丰产的经验。我和陈楚莹等同事们在远离县城、十分艰苦的条件下,在各级领导的大力支持下,创建了中国科学院会同森林生态实验站,总结当地农民群众长期以来的栽杉和营林的速生丰产经验,进行杉木人工林生长发育与环境之间相互关系的定位研究。

杉木是我国特有的亚热带优良速生针叶树种,分布面积广,栽培历史久,在我国商品木材生产中,一直占有重要地位。但多代纯林连栽后会使地力衰退,生产力下降,这是长期以来困扰我国南方杉木人工林区林业生产的一个难题。事实上,早在一千多年前,我国南方山区人民就已经认识了这一规律,广大劳动人民在长期生产实践中,积累和创造了丰富的经验,并利用时间、空间生态位(Niche)的配置,形成了一整套独特营造杉木人工林的栽培管理体系。

此次深入湖南会同杉木林区,在和同事们的共同努力下,最先在我国开展了对杉木人工林生长影响的营养元素循环的研究,从大气降水、植被和土壤三者之间营养元素在生态系统中输入和输出的关系,系统地揭示了杉木纯林各部分营养元素的吸收、存留和归还的规律,发现了杉木纯林在主伐年龄阶段(20—30 年)营养元素的年吸收量仍大于年归还量,整个林分仍处于营养消耗阶段而得不到平衡状态,这一发现首次揭示了杉木纯林连栽地力退化的机理。这一研究成果经整理成文后,以"亚热带杉木纯林生态系统中营养元素积累、分配和循环的研究"为题于1985 年发表在《植物生态学与地植物学丛刊》9 卷 4 期上,并获得 1986 年辽宁省科协优秀论文一等奖。

在上述研究成果的基础上,我和站上同事们一起进而以森林生态系统的能量流和物质流的原理为指导,应用实验生态学的方法,在林区经过 8 年的多学科综合定位研究,终于培育筛选出了一种具有高生产力和生态协调性的杉木火力楠针阔叶混交林,这种混交类型通过树木种间相互协调和林分的"自养施肥"的调节功能,促进了林地枯落物加速分解和土壤中有益微生物的繁衍,改善了土壤理化性质,提高了土壤的肥力,并充分利用环境中的光、热、水、气条件,降低病虫害,使林分的木材蓄积量和乔木层的蓄积量比杉木纯林有了较大的提高,同时也提高了经济效益,解决了杉木连栽地力退化、生态失衡、生产力下降的难题,从理论与实践的结合上取得了重要的突破。这项研究成果受到了来自国内外专家的高度赞赏,专家鉴定认为达到了国际先进水平,荣获 1989 年中国科学院科技进步二等奖。

20 世纪 70 年代末,我曾有幸参加以吴征镒和马世骏院士为正、副团长的中国科学院生态学首次赴欧考察团一行六人去英国和瑞典考察,1980 年 7 月瑞典皇家科学院以 A. A. Tomm 院士为团长的考察团来我国回访时,还不辞辛劳,长途跋涉到湖南会同广坪林区我们的实验站进行实地考察和学术交流。

1983 年,我应中国科学院环境科学委员会的邀请,担任中国科学院环境与生态规划专题研究组组长。和研究组的其他专家们进行了广泛的调研,经过一年的反复讨论和修改,领导并撰写了

《环境与生态规划专题研究报告》(1986年—2000年),为中国科学院在资源环境领域的研究目标、方向任务和野外生态网络建设等提供了科学的建议。在该研究报告中提出:煤炭能源开发利用过程中的环境和生态问题;大型水利工程建设对环境和生态的影响;土地开发利用中自然生态环境退化的防止与整治;城市和农村生态系统中环境优化模式;化学物质在生物圈中的行为及人体健康的关系等建议项目,已经被采纳为国家攻关和中国科学院重点研究项目。

1984年,承担了煤炭部委托在内蒙古自治区的国家重点工程项目"霍林河煤矿环境影响评价",根据他们研究所以往在东北西部和内蒙古东部土壤、植被、气候和防护林等研究的科学储备,应用生态学原理,为半干旱草原地带露天煤矿开采与环境保护提出了"林、草、矿三位一体生态工程"的建设方案,这一方案与国外的专家设计的方案相比,可以节省大量的投资,此项研究成果先后获1985年中国科学院沈阳分院开发成果一等奖(排名1)和1987年中国科学院科技进步二等奖。

1986年因工作需要,被中国科学院正式调至北京中国科学院生态环境研究中心工作。

三

20世纪80年代以来,我一直从事煤炭能源利用和城市化过程中所造成的大气污染和酸雨(酸沉降)对陆地生态系统的危害和影响的研究,这是一项战略性研究任务,研究开拓了我国酸雨生态影响和生态恢复的研究领域。酸雨是世界性的重大环境问题之一,我国南方地区是继欧洲、北美、日本之后,在世界上出现的第三大酸雨区,酸雨危害的防治是我国亟待解决的重大生态环境问题。1987年,由我主持组织了中国科协19个学会参加的"酸雨对大农业危害及其对策"的大型学术活动和野外考察,出版了《酸雨—农业》一书,这部学术著作对我国酸雨的发生规律、形成机制及对生态环境的影响进行了探讨和报道。

随后由我带领跨行业、跨学科的专家和研究生深入南方山区、林区、农村和城市开展了多年的生态监测和实验调查。首次提出了我国南方11省(区、市)130万平方公里的广大地区酸雨对森林、农作物的危害面积、减产幅度和经济损失;阐明了酸雨的生态影响机制,建立了酸雨临界负荷和敏感区划及其空间分布特征,并应用GIS技术编制了经纬度为$1°\times1°$的森林、农田危害损失、相对敏感区划和临界负荷等系列图件,还在重庆市酸雨区实地研究受酸雨危害严重的马尾松林生态恢复工程,提出了改良酸性土壤、引种抗酸树种和林地间作绿肥作物等系列配套技术措施。

在研究工作中,特别强调系统性、科学性和应用性。酸雨和二氧化硫复合污染对植物的影响和抗酸树种筛选等方面的研究,专家评审认为居于国际领先地位,酸雨临界负荷和敏感区划为国务院批准的酸雨和二氧化硫污染控制区划方案所采用。酸雨研究方面的多篇论文发表在国际SCI和国内核心期刊上。主持的《中国酸沉降及其生态环境影响研究》项目获1998年国家科技进步一等奖(排名1)。此外,1986年还荣获中国科学院竺可桢野外工作奖,2002年又获得了中国林学会最高学术奖——梁希奖。

四

1998年以来,我主持和承担了国家自然科学重大基金和国家973项目等课题,开展我国经济快速发展地区(长江三角洲)近地层大气环境变化对典型农业生态系统影响的研究,开创了我国酸沉降、臭氧等复合污染对生态系统危害的影响及其防治途径研究的新局面。

良好的生态环境是我们人类生存和社会经济可持续发展的基础。在人类社会发展中，不但要控制已有的生态环境问题，还要预防新的生态环境问题产生。需要一代代科学工作者的继续努力，学习国际先进的理论及研究的手段，并与我国国情紧密结合起来，把自己的研究工作与国家需求结合起来，"洋为中用、古为今用、推陈出新、开拓奋进"，做出高水平成绩，为我国生态建设与生态科学发展做出新的贡献。

冯宗炜

2012年8月27日于北京

冯宗炜院士简介

森林生态学和环境生态学家。1932年9月13日(农历)出生,浙江嘉兴人,中共党员。1950年考入国立南京大学森林系,1954年8月毕业于南京林学院林学系,先后在中国科学院东北林业研究所、中国科学院沈阳林业土壤研究所和中国科学院生态环境研究中心工作。

长期从事森林生态学、环境生态学与生态恢复工程研究,是最早公开提出保护东北红松天然林,改大面积皆伐为择伐理论依据的学者之一。率先研究我国南方杉木纯林连载地力退化的机理,培育出杉木和火力楠针阔混交林,使杉木纯林连载生态退化的难题,取得了重要突破。开拓了我国酸雨生态影响和生态恢复工程研究领域,阐明了我国酸雨对农、林生态系统的生态影响机制,建立了生态监测与实验方法,为我国大气污染防治与生态环境改善及其相关政策的制定提供了科学依据。1998年以来,主持和承担了国家自然科学重大基金和国家973项目等课题,开展了我国经济快速发展地区(长江三角洲)近地层大气环境变化对典型农业生态系统影响的研究,开创了我国酸沉降、臭氧复合污染对生态系统危害的影响及其防治途径研究的新局面。1999年当选为中国工程院院士。

现为中国科学院生态环境研究中心研究员、博士生导师、学位委员会主任;国家环境保护部和国家林业局科技咨询委员会委员、国际生物多样性计划中国国家委员会科学咨询委员会委员以及国际科联中国环境科学问题委员会、联合国工业发展组织中国投资处绿色专家委员会、中国环境科学学会、中国林学会、中国治沙学会、中国生态学会等顾问,并任《生态学报》主编,《植物生态学报》、《林业科学》等副主编。在工作中,发表了《中国森林生态系统的生物量和生产力》、《农林业系统结构和功能》等专著8部,论文150余篇。

目 录

青山碧水不了情(代序)

上 卷

1958 年

黑龙江右岸中国境内森林资源概况及目前森林研究工作中的主要问题 ……… (1)
小兴安岭红松针阔叶混交林 …………………………………………………… (8)
木本油料作物——榛树 …………………………………………………………… (23)

1959 年

关于中国植被区划的若干原则问题 …………………………………………… (26)
再论"关于中国植被区划的若干原则问题" …………………………………… (45)

1960 年

小兴安岭南坡的柞林 …………………………………………………………… (48)
总结群众经验,研究人工林速生丰产规律 …………………………………… (72)
林型在组织森林经营中的应用 ………………………………………………… (75)
杉木人工林及其林型的初步研究 ……………………………………………… (79)
人工林林型研究方法的初步意见 ……………………………………………… (118)
试论杉木快速丰产林的林型 …………………………………………………… (129)

1961 年

在林业经营中挖掘增产粮食和油料的潜力 …………………………………… (139)

1962 年

关于西双版纳发展橡胶垦殖事业与保护热带森林问题 ……………………… (142)

1979 年

桃源县丘陵地区杉木造林密度与生物产量的关系 …………………………… (146)
不同经营措施对油茶林生物产量的影响 ……………………………………… (153)

1980 年

杉木老龄林的群落学特点 ……………………………………………………… (156)
杉木人工林生物产量的研究 …………………………………………………… (167)
杉木人工林生长发育与环境相互关系的研究 ………………………………… (178)
杉木定期生长量与气候因子的相关分析 ……………………………………… (188)
湖南省会同县杉木人工林小气候的研究 ……………………………………… (208)
杉木人工林球果生物量的测定 ………………………………………………… (217)

1981 年

中国生态学会成立大会 ………………………………………………………… (224)

1982 年

研究生态认识规律搞好热带亚热带山地丘陵地区的生产建设 ……………… (226)
湖南会同地区马尾松林生物量的测定 ………………………………………… (230)
湖南省会同县两个森林群落的生物生产力 …………………………………… (238)

杉木速生丰产的生态学基础 ……………………………………………………… (248)
湖南会同杉木人工林生长发育与环境的相互关系 …………………………… (254)
英国、瑞典生态学研究考察简况 ………………………………………………… (270)

1983 年
杉木幼林群落生产量的研究 ……………………………………………………… (274)
杉木蒸腾强度与若干因子的相关分析 …………………………………………… (285)
火力楠人工林生物产量和营养元素的分布 ……………………………………… (291)
现代生态学的发展与国民经济建设 ……………………………………………… (298)

1984 年
不同自然地带杉木林的生物生产力 ……………………………………………… (304)

1985 年
坚持理论联系实际　毕生献身科学——纪念我国著名的植物学家、生态学家和
　林学家刘慎谔教授逝世十周年 ………………………………………………… (311)
亚热带杉木纯林生态系统中营养元素的积累、分配和循环的研究 …………… (315)
杉木人工林辐射状况的初步分析 ………………………………………………… (325)
长白山系高山及亚高山植被 ……………………………………………………… (331)

1986 年
重庆地区酸雨对马尾松林生产力的影响 ………………………………………… (338)

1987 年
森林对改善生态环境的重要作用 ………………………………………………… (347)
大兴安岭特大森林火灾对林区生态环境影响的考察报告 ……………………… (349)

1988 年
大兴安岭北部森林生态系统特征与特大火灾后拯救与发展生产的生态学原则 ………
　…………………………………………………………………………………… (355)
模拟酸雨对马尾松和杉木幼树的影响 …………………………………………… (361)
模拟酸雨对树木叶片的伤害和树木抗性的研究 ………………………………… (369)
一种高生产力和生态协调的亚热带针阔混交林——杉木火力楠混交林的研究 ………
　…………………………………………………………………………………… (374)

1989 年
Effects of simulated acid rain on saplings of *Pinus massoniana* and *Cunninghamia
　lanceolata* ………………………………………………………………………… (389)
模拟酸雨对七种森林植物生物量的影响 ………………………………………… (396)
我国森林资源保护与合理利用的浅见 …………………………………………… (399)

1991 年
Relative sensitivities of woody plants to acid deposition in south areas of China … (403)

1992 年
农林业系统结构和功能——黄淮海平原豫北地区研究 ………………………… (410)
国际农林业研究委员会研究工作评介 …………………………………………… (511)

1994 年
全球和中国生态环境变化与林业的关系 ………………………………………… (514)

1995 年

Research progress on the effects of acid deposition on terrestrial ecosystems in Southwest China ······ (518)

1996 年

The individual and combined effects of ozone and simulated acid rain on growth, gas exchange rate and water-use efficiency of *Pinus armandi* Franch. ······ (529)

下 卷

1997 年

江苏省森林受酸沉降影响造成的经济损失研究 ······ (541)

植物 SOD 活性变化与其抗污能力的关系 ······ (547)

1998 年

生态环境保护与防洪减灾 ······ (550)

重庆酸雨对陆地生态系统的影响和控制对策——中日酸雨合作研究总结 ······ (552)

Effects of acid deposition on forests in south China ······ (560)

1999 年

中国森林生态系统的生物量和生产力 ······ (565)

北京郊外森林小流域的大气降水的水质及其变化过程 ······ (769)

中国南方生态系统的酸沉降临界负荷 ······ (776)

化感物质对土壤硝化反应影响的研究 ······ (781)

海南省桉树林分布及浆纸林生态区划 ······ (786)

2000 年

中国酸雨对陆地生态系统的影响和防治对策 ······ (793)

Terrestrial ecosystem sensitivity to acid deposition in south China ······ (803)

Critical loads of SO_2 dry deposition and their exceedance in south China ······ (814)

臭氧对水稻叶片膜脂过氧化和抗氧化系统的影响 ······ (820)

中国森林生态系统中植物固定大气碳的潜力 ······ (825)

河北北部、内蒙古东部森林-草原交错带生物多样性研究 ······ (829)

西部大开发与生态环境建设 ······ (837)

2001 年

中国森林生态系统的植物碳储量和碳密度研究 ······ (842)

Critical loads of acid deposition for ecosystems in south China — derived by a new method ······ (849)

Impacts of ozone on the biomass and yield of rice in open-top chambers ······ (854)

Chemical composition of precipitation in Beijing area, northern China ······ (860)

2002 年

尾叶桉叶片氮磷钾钙镁硼元素营养诊断指标 ······ (869)

Effects of acid deposition on terrestrial ecosystems and their rehabilitation strategies in China ······ (876)

2003 年

Effects of ground-level ozone (O_3) pollution on the yields of rice and winter wheat in the Yangtze River Delta ······ (886)

加强京津及周边地区城市森林建设 …… (890)
Effects of Lignin on Nitrification in Soil …… (892)
天津滨海盐渍土上几种植物的热值和元素含量及其相关性 …… (897)

2004 年
青海湖流域主要生态环境问题及防治对策 …… (904)
杉木与固氮和非固氮树种混交对林地土壤质量和土壤水化学的影响 …… (909)
三江源自然保护区森林-草甸交错带植物优先保护序列研究 …… (920)
杉木、火力楠纯林及其混交林生态系统C、N贮量 …… (930)

2006 年
杉木纯林与常绿阔叶林土壤活性有机碳库的比较 …… (943)
景观组成、结构和梯度格局对植物多样性的影响 …… (951)
河套灌区春小麦-萝卜复种模式下土壤 $NO_3^- $-N 动态 …… (963)
呼伦贝尔草原沙漠化现状、潜在危险及对策 …… (971)
呼伦贝尔沙质草原风蚀坑研究(Ⅰ)——形态、分类、研究意义 …… (975)

2007 年
呼伦贝尔沙质草原风蚀坑研究(Ⅱ)——发育过程 …… (993)
呼伦贝尔沙质草原风蚀坑研究(Ⅲ)——微地貌和土层的影响 …… (1002)
呼伦贝尔沙质草原风蚀坑研究(Ⅳ)——人类活动的影响 …… (1011)
臭氧对农作物影响的模型 …… (1021)
Response of gas exchange and yield components of field-grown *Triticum aestivum* L. to elevated ozone in China …… (1029)
Ground-level ozone in China: Distribution and effects on crop yields …… (1039)
用于测定陆地生态系统与大气间 CO_2 交换通量的多通道全自动通量箱系统 …… (1051)

2008 年
近40年气候变化对江西自然植被净第一性生产力的影响 …… (1063)
庐山常绿阔叶林物种组成及其演替趋势 …… (1070)
基于 BIOME-BGC 模型的红壤丘陵区湿地松(*Pinus elliottii*)人工林 GPP 和 NPP …… (1083)
小麦产量形成对大气臭氧浓度升高响应的整合分析 …… (1093)

2009 年
干湿交替格局下黄土高原小麦田土壤呼吸的温湿度模型 …… (1102)

2010 年
中国森林对全球碳循环及气候变化做贡献 …… (1112)

2011 年
Soil temperature and moisture sensitivities of soil CO_2 efflux before and after tillage in a wheat field of Loess Plateau, China …… (1115)

2012 年
冬小麦气孔臭氧通量拟合及通量产量关系的比较分析 …… (1128)
编后记
致谢

加强对生态环境问题研究，探索在发展经济的同时保持生态平衡的途径，控制和改善环境质量，调节人与环境之间的关系，使人类与环境协调发展，变成一个既有利当代人又有利子孙后代生存与发展的良好生存空间。

冯宗炜

二〇〇〇年十月二十七日

下 卷

1997 年

江苏省森林受酸沉降影响造成的经济损失研究 …………………………… (541)

植物 SOD 活性变化与其抗污能力的关系 ……………………………………… (547)

1998 年

生态环境保护与防洪减灾 …………………………………………………………… (550)

重庆酸雨对陆地生态系统的影响和控制对策——中日酸雨合作研究总结 …… (552)

Effects of acid deposition on forests in south China ……………………………… (560)

1999 年

中国森林生态系统的生物量和生产力 ……………………………………………… (565)

北京郊外森林小流域的大气降水的水质及其变化过程 ………………………… (769)

中国南方生态系统的酸沉降临界负荷 ……………………………………………… (776)

化感物质对土壤硝化反应影响的研究 ……………………………………………… (781)

海南省桉树林分布及浆纸林生态区划 ……………………………………………… (786)

2000 年

中国酸雨对陆地生态系统的影响和防治对策 …………………………………… (793)

Terrestrial ecosystem sensitivity to acid deposition in south China …………… (803)

Critical loads of SO_2 dry deposition and their exceedance in south China …… (814)

臭氧对水稻叶片膜脂过氧化和抗氧化系统的影响 ……………………………… (820)

中国森林生态系统中植物固定大气碳的潜力 …………………………………… (825)

河北北部、内蒙古东部森林-草原交错带生物多样性研究 …………………… (829)

西部大开发与生态环境建设 ………………………………………………………… (837)

2001 年

中国森林生态系统的植物碳储量和碳密度研究 ………………………………… (842)

Critical loads of acid deposition for ecosystems in south China — derived by a new method …………………………………………………………………………… (849)

Impacts of ozone on the biomass and yield of rice in open-top chambers ………… (854)

Chemical composition of precipitation in Beijing area, northern China ………… (860)

2002 年

尾叶桉叶片氮磷钾钙镁硼元素营养诊断指标 …………………………………… (869)

Effects of acid deposition on terrestrial ecosystems and their rehabilitation strategies in China ……………………………………………………………………… (876)

2003 年

Effects of ground-level ozone (O_3) pollution on the yields of rice and winter wheat in the Yangtze River Delta ……………………………………………………… (886)

加强京津及周边地区城市森林建设 ………………………………………………… (890)

Effects of Lignin on Nitrification in Soil ……………………………………………………… (892)
天津滨海盐渍土上几种植物的热值和元素含量及其相关性 …………………………… (897)

2004 年

青海湖流域主要生态环境问题及防治对策 ……………………………………………… (904)
杉木与固氮和非固氮树种混交对林地土壤质量和土壤水化学的影响 ……………… (909)
三江源自然保护区森林-草甸交错带植物优先保护序列研究 ………………………… (920)
杉木、火力楠纯林及其混交林生态系统 C、N 贮量 ……………………………………… (930)

2006 年

杉木纯林与常绿阔叶林土壤活性有机碳库的比较 ……………………………………… (943)
景观组成、结构和梯度格局对植物多样性的影响 ………………………………………… (951)
河套灌区春小麦-萝卜复种模式下土壤 NO_3^--N 动态 …………………………………… (963)
呼伦贝尔草原沙漠化现状、潜在危险及对策 ……………………………………………… (971)
呼伦贝尔沙质草原风蚀坑研究（Ⅰ）——形态、分类、研究意义 ………………………… (975)

2007 年

呼伦贝尔沙质草原风蚀坑研究（Ⅱ）——发育过程 ……………………………………… (993)
呼伦贝尔沙质草原风蚀坑研究（Ⅲ）——微地貌和土层的影响 ………………………… (1002)
呼伦贝尔沙质草原风蚀坑研究（Ⅳ）——人类活动的影响 ……………………………… (1011)
臭氧对农作物影响的模型 …………………………………………………………………… (1021)
Response of gas exchange and yield components of field-grown *Triticum aestivum* L.
　　to elevated ozone in China ……………………………………………………………… (1029)
Ground-level ozone in China: Distribution and effects on crop yields ………………… (1039)
用于测定陆地生态系统与大气间 CO_2 交换通量的多通道全自动通量箱系统 …………
　　……………………………………………………………………………………………… (1051)

2008 年

近 40 年气候变化对江西自然植被净第一性生产力的影响 …………………………… (1063)
庐山常绿阔叶林物种组成及其演替趋势 ………………………………………………… (1070)
基于 BIOME-BGC 模型的红壤丘陵区湿地松（*Pinus elliottii*）人工林 GPP 和 NPP ……
　　……………………………………………………………………………………………… (1083)
小麦产量形成对大气臭氧浓度升高响应的整合分析 …………………………………… (1093)

2009 年

干湿交替格局下黄土高原小麦田土壤呼吸的温湿度模型 ……………………………… (1102)

2010 年

中国森林对全球碳循环及气候变化做贡献 ……………………………………………… (1112)

2011 年

Soil temperature and moisture sensitivities of soil CO_2 efflux before and after tillage in
　　a wheat field of Loess Plateau, China ………………………………………………… (1115)

2012 年

冬小麦气孔臭氧通量拟合及通量产量关系的比较分析 ………………………………… (1128)

江苏省森林受酸沉降影响造成的经济损失研究

朱立民,冯宗炜

(中国科学院生态环境研究中心,北京 100085)

摘要:江苏省的森林受到了酸沉降不同程度的影响,使森林生产力下降,造成木材直接损失每年可达2840万元人民币,因生态效益下降造成的间接经济损失达2.6亿元人民币。

关键词:酸沉降森林;生产力;经济损失;江苏省

Study on economic loss caused by acid deposition in Jiangsu Province

ZHU Limin, FENG Zongwei

(*Research Center for Eco-Environmental Sciences, Chinese Academy of Sciences, Beijing* 100085)

Abstract: The forest in Jiangsu province are affected by acid deposition in different extends. It has caused the decrease of forest productivity. The direct economic loss of timber reached 28.4 milllion yuan RMB each year, and the indirect economic loss owing to the decrease of ecological benefits reached 260 million yuan RMB annually.

Key words: acid deposition, forest, productivity, economic loss, Jiangsu province

酸沉降包括酸性湿沉降和酸性干沉降,在我国酸性湿沉降主要是指由二氧化硫引起的酸性降水,即酸雨;酸性干沉降主要是指大气中的二氧化硫及硫酸盐颗粒物。酸沉降对于农作物、森林、土壤-植物系统、水生生态系统、建筑物和人体健康都有影响。冯宗炜等[1-2]对我国西南地区酸雨对于森林生产力影响作过研究,并就酸雨对森林造成的直接和间接经济损失作过估算。本文研究了江苏省酸沉降对森林的影响,并在计算酸沉降造成的森林经济损失时,考虑了二氧化硫的贡献。

1 江苏省自然条件的特点

1.1 气候

江苏省属亚热带和暖温带季风气候,地跨暖温带、北亚热带和中亚热带,气候温暖湿润,四季分明。全年日照时数2100—2600h,年平均温度介于12—16℃间,无霜期200—240 d,年平均降水量在800—1200 mm间[3]。

原载于:农村生态环境,1997,13(1):1-4,8.
国家"八五"科技攻关课题85-912-01-02 内容

1.2 土壤

江苏省林地土壤主要是棕壤、黄棕壤及黄壤,林地土壤表层pH偏酸性,一般在4.6—6.5之间,对酸沉降的缓冲作用较弱[4]。

1.3 林业资源

江苏省林分主要分布为苏南丘陵的松、杉类人工纯林,东北部赤松林及西北部的柏树林;苏北平原地区多分布农田林网及四旁树。苏南针叶树比重高达80%。主要的用材树种马尾松(Pinus massoniana)、杉木(Cunninghamia lanceolate)等人工林大都分布于苏南丘陵地区,它们对酸沉降较敏感。马尾松类占林分面积的37.6%,占蓄积量的27.9%,杉木类占林分面积的11.9%,占蓄积量的27.9%[5]。因此选择马尾松及杉木林作为酸沉降对江苏森林影响的研究对象,并对其危害作出经济损失的估算,有现实意义。

2 江苏省大气污染和酸雨

2.1 大气污染状况

江苏省的大气环境污染类型属煤烟型,主要污染物为二氧化硫(SO_2)、总悬浮颗粒(TSP)、降尘。根据85-912-01-01课题对江苏省各市1990—1993年大气SO_2年平均浓度的监测结果,苏南大部分地区SO_2年日均值均超过国家大气环境质量二级标准(0.06mg/m^3),无锡市超过三级标准(0.10mg/m^3);苏北地区除徐州、扬州、盐城等工业城市外,大部分地区SO_2都不超过或接近二级标准。

2.2 酸雨状况

早在1983—1987年间江苏大部分地区就出现过pH4左右的酸性降水,在南京、无锡、宜兴、常熟、丹阳甚至出现过pH4以下的降水[6]。近年来酸雨有加重的趋势。

3 研究方法和结论

3.1 样地调查

在酸沉降危害程度不同的地区,分别选择中等立地条件,林龄相似(20—30a)的林分设立20m×20m的样地。对样地内所有林木进行每木调查,测量胸径和树高,记载样地的海拔、坡位、坡度、坡向,测量土壤厚度和黑土层厚度,并了解样地大气污染和酸雨情况。在每木调查的基础上求得平均胸径和树高,选择平均木伐倒并称重,求得平均单株材积量和生物量,再乘以株数,求得样地的材积量和生物量。

3.2 酸沉降对林木生长和产量影响的分析

影响马尾松、杉木生长的因素很多,为了评定众多定量的和非定量的因子对马尾松、杉木生长影响的重要程度,采用了数量化理论Ⅰ模型[7]对其进行了计算分析。

因江苏各地大气候相似,仅仅是大气中SO_2浓度和降水酸化程度不同,所以在气候因子中选择这两个因子;地形因子选择了坡位、坡度和坡向;土壤因子因马尾松及杉木人工林下土壤多为黄棕壤,理化性质相似,表层酸化程度近似,因此选择土壤层厚度及黑土层厚度这两个因子。各因子的具体分类见表1。

根据上述因子分类方法,将样地资料中的各因子数量化,然后代入模型计算,各因子对于马尾松、杉木林的年平均树高、年平均胸径、年平均材积及其年平均生物量的相关关系的得分见表2、表3。

表2、表3说明,造成江苏马尾松林在树高、胸径、材积、生物量的差异的原因中,酸沉

降因素的贡献率分别是 31.55%、29.99%、32.88%、32.93%,也就是说马尾松林生长差异有 30% 左右是酸沉降造成的。这里的酸沉降因素包括干、湿沉降两种作用,涉及大气中 SO_2 年均值、酸雨年平均 pH 值两种因子。上述数值对杉木分别是 33.79%、34.14%、37.05% 和 35.04%,这说明杉木的差异有 35% 左右是酸沉降造成的。

表 1 因子分类表
Table 1 Gassification of factors

项目	类目
海拔	≤80m
	>80m
坡向	阳坡(南、西南)
	阴坡(北、东北)
	其他
坡度	5°—15°
	<5°
坡位	坡上部
	坡中部
	坡下部
土壤层厚度	≤50cm(≤80cm*)
	>50cm(>80cm*)
黑土层厚度	≤3cm
	>3cm
SO_2 年平均值	≤0.05mg/m³
	>0.05mg/m³
降水 pH 值	年均 pH5 以下,酸雨频率 50% 以上
	年均 pH5 以上,酸雨频率 50% 以下

* 代表杉木林地

3.3 酸沉降影响材积的损失计算

应用公式 1 可以计算酸沉降造成的马尾松林和杉木林材积损失率。

$$P_{ij} = \frac{C_{ij} \cdot C}{D_{ij}} \tag{1}$$

式中,P_{ij} 为 i 地区 j 森林材积损失率,%;

$C_{ij} = D_{ij} - d_{ij}$;

D_{ij} 为 i 地区 j 森林对照产量;

d_{ij} 为 i 地区 j 森林实际产量;

C 为酸沉降因子对森林产量的贡献率(%)。

计算的结果见表 4 和表 5。

3.4 各地区林分受害面积

表 6 列出了江苏各个地区的受害马尾松、杉木林面积以及受酸沉降影响程度的分级

范围。

表 2　江苏马尾松林的产量与各因子相关关系的得分
Table 2　The correlation ratios of *P. massoniana* productivities and different factors

自变量	年平均树高 得分范围	相对得分（%）	年平均胸径 得分范围	相对得分（%）	年平均材积 得分范围	相对得分（%）	年平均生物量 得分范围	相对得分（%）
海拔	0.0032	0.65	0.0150	2.56	0.0002	2.70	0.3136	2.95
坡向	0.0980	19.76	0.1253	21.41	0.0013	17.65	1.9093	17.96
坡度	0.0026	0.52	0.0022	0.38	0.0000	0.27	0.0462	0.43
坡位	0.0088	1.78	0.0121	2.06	0.0003	3.77	0.4066	3.83
土壤层厚度	0.2050	41.34	0.2137	36.51	0.0026	35.44	3.6941	34.75
黑土层厚度	0.0218	4.41	0.0416	7.10	0.0005	7.28	0.7587	7.14
大气 SO_2	0.1065	21.48	0.1405	24.00	0.0115	20.35	2.1188	19.93
降水 pH 值	0.0499	10.07	0.0351	5.99	0.0009	12.53	1.3818	13.00

表 3　江苏杉木林的产量与各因子相关关系的得分
Table 3　The correlation ratios of *C. lanccolata* productivities and different factors

自变量	年平均树高 得分范围	相对得分（%）	年平均胸径 得分范围	相对得分（%）	年平均材积 得分范围	相对得分（%）	年平均生物量 得分范围	相对得分（%）
海拔	0.0577	14.13	0.0108	5.47	0.0006	12.42	0.4698	11.32
坡向	0.0465	11.40	0.0119	6.03	0.0005	10.53	0.4017	9.68
坡度	0.0908	22.24	0.0298	15.11	0.0009	18.95	0.7882	18.98
坡位	0.0231	5.66	0.0220	11.15	0.0004	7.37	0.2858	6.88
土壤层厚度	0.0475	11.64	0.0248	12.56	0.0002	4.63	0.2566	6.18
黑土层厚度	0.0046	1.14	0.0307	15.54	0.0004	9.05	0.4947	11.92
大气 SO_2	0.0741	18.14	0.0293	14.83	0.0010	20.12	0.8488	20.44
降水 pH 值	0.0639	15.65	0.0381	19.30	0.0008	16.84	0.6062	14.60

表 4　不同地点马尾松林受酸沉影响的材积损失率
Table 4　Wood volume loss rate of *P. massoniana* in different sites

样地地点	林龄（a）	单株材积	单株材积（m^3）年平均材积	相差的年平均材积	年平均材积损失率（%）湿沉降	干沉降	合计
林科所	28	0.0987	0.00352	0.00223	4.86	7.89	12.75
铜山林场	27	0.1552	0.00575	清洁	0	0	0
磨盘山林场	27	0.1245	0.00461	0.00114	2.48	4.03	6.51
东进林场	27	0.1345	0.00498	0.00077	1.68	2.73	4.41
句容县林场	30	0.0717	0.00239	0.00336	7.32	11.89	19.21
宜兴林场	33	0.0442	0.00131	0.00444	9.68	15.71	25.39

表5 不同地点杉木林受酸沉影响的材积损失率

Table 5 Wood volume loss rate of *C. lanceolate* in different sites

样地地点	林龄(a)	单株材积(m³)			年平均材积损失率(%)		
		单株材积	年平均材积	相差的年平均材积	湿沉降	干沉降	合计
东善桥林场	19	0.10308	0.00533	0.00142	3.54	4.25	7.79
铜山林场	20	0.13745	0.00675	清洁	0	0	0
句容县林场	20	0.06788	0.00339	0.00336	8.38	10.06	18.44
磨盘山林场	21	0.11370	0.00541	0.00134	3.34	4.01	7.35
东进林场	20	0.11932	0.00597	0.00078	1.95	2.34	4.29
江阴林场	20	0.09154	0.00458	0.00217	5.41	6.50	11.90
江浦老山	17	0.08227	0.00484	0.00191	4.77	5.72	10.49
宜兴善卷乡	18	0.07918	0.00440	0.00235	5.86	7.04	12.90

表6 江苏马尾松林、杉木林各级受害所包含的地区及受害面积

Table 6 The areas and acreages of acid deposition injured *P. massoniana* and *C. lanceolate* with different injury levels

受害级别	损失率	马尾松林面积(hm²)	杉木林面积(hm²)	分布地区
一级	$P \leq 5\%$	757	732	高淳
二级	$5\% < P \leq 10\%$	11595	6641	溧水、金坛、溧阳
三级	$10\% < P \leq 15\%$	11382	4352	南京市区、江宁、江浦、六合、江阴、武进、张家港、丹阳
四级	$15\% < P \leq 20\%$	13367	8326	无锡市、无锡县、常州市、苏州市、常熟、吴县、吴江、镇江市、丹徒、句容(部分)
五级	$P > 20\%$	8465	0	宜兴市区
合计		45568	20052	

3.5 经济损失的估算

根据公式2和表4、表5数据可计算江苏省因酸沉降危害造成的木材生长损失量。

$$W_n = \sum_{n=1}^{m} G_n \cdot \theta_n \cdot P_n \qquad (2)$$

式中,W_n 为酸沉降危害木材产量损失,m³/a;

θ_n 为酸沉降危害森林面积,hm²;

G_n 为木材年生长量,m³/(hm²·a);

P_n 为损失率。

江苏30a生马尾松和20a生杉木林分的年生长量分别按平均5.75和6.75 m³/(hm²·a)计算。计算结果见表7。

表7 各级危害每年损失马尾松材积、杉木材积(m³)

Table 7 Annual wood vdume loss of *P. massoniana* and *C. lanceolate*

级别	一级	二级	三级	四级	五级	合计
马尾松损失	192	4340	8345	14765	5473	33115
杉木损失	212	3138	3232	10364	0	16946

由表7可以看出,江苏因酸沉降危害造成森林生产力下降,木材损失为马尾松林每年3.3万 m³,杉木林每年为1.7万 m³。江苏早在80年代初就有酸雨的报道,因此如果按15a计,则损失木材马尾松为50万 m³、杉木25.5万 m³。

马尾松按500元/m³、杉木按700元/m³计(不考虑时间效应),则每年造成的经济损失为2840万元,按15a计则对森林生长影响木材一项,造成的直接经济损失为4.26亿元。

除造成的木材直接经济损失外,因酸沉降影响而造成森林生态系统功能降低的生态经济效益损失(按1:9计[8])每年为2.6亿元,按15a计,则间接损失39亿元。

4 结论

(1)酸沉降对江苏森林生产力已经产生了不同程度的危害。有些地区针叶针尖变黄,早落叶,光秃带延长。而酸沉降对森林的长期作用使得材积及生物量的积累减少,这一情况在很大范围内程度不同地存在着。

(2)马尾松林受害面积达4万 hm²,杉木林受害面积达2万 hm²,分别占有林地面积的8.4%和4.2%。

(3)因受酸沉降危害,江苏每年损失马尾松木材3.3万 m³,杉木1.7万 m³。造成的直接经济损失每年近2840万元人民币,按15年计算达4.26亿元;造成的生态效益损失,即间接经济损失每年近2.6亿元,按15年计达39亿元。

参考文献:

[1] 冯宗炜,等.重庆地区酸雨对马尾松生产力的影响.大气环境和酸雨,1986,1(3):38-45.
[2] 陈楚莹,等.西南地区酸雨对森林生态系统的影响.见:阳含熙主编.酸雨文集.北京:中国环境科学出版社,1989:466.
[3] 寿孝鹤,等.中国省市自治区资料手册.北京:社会科学文献出版社,1990:482-483.
[4] 童文之,等.对影响酸雨的主要因子的初步研究.见:阳含熙主编.酸雨文集.北京:中国环境科学出版社,1989:1-9.
[5] 江苏省林业勘查设计院.江苏省林业资源调查报告.南京:江苏省林业勘查设计院,1990:1-16.
[6] 江苏省环境保护局.江苏省环境质量报告书.南京:江苏省环境保护局,1989:53-58.
[7] 朗奎健,康守正.IBM-PC系列程序集——数理统计、调查规划、经营管理.北京:中国林业出版社,1993:115-118,419-422.
[8] 刘清泉.森林树木与生态环境.太原:山西科学教育出版社,1985:56-58.

植物 SOD 活性变化与其抗污能力的关系

刘天兵[1], 冯宗炜[2]

(1. 山西大学环境科学系,太原 030006; 2. 中科院生态环境研究中心,北京 100085)

摘要:研究了模拟酸雨、SO_2 单独与复合污染对水杉、杉木、龙柏 3 种抗污能力不同的植物 SOD 活性、细胞汁酸度、细胞膜透性的影响。结果表明,SOD 活性经污染后变化规律在不同植物有所不同,而这种变化与其抗污能力有关。SOD 活性升高者,其抗污能力强,反之则弱,与本底值大小无关。

关键词:酸雨;二氧化硫;植物;超氧化物歧化酶;抗性

Relationship between SOD Activity Variation and Pollution-resistance of Plants

LIU Tianbing[1], FENG Zongwei[2]

(1. Dept. of Environmental Sciences, Shanxi University, Taiyuan 030006;
2. Research Center for Eco-environmental Sciences, Academia Sinica, Beijing 100085)

Abstract: Seedlings of three different tree species were exposed to simulated acid rain and SO_2, and their SOD activity, cell plasma acidity and cell membrane permeability were assayed. The results showed that the plants whose SOD activity increased after exposed to pollutants were usually pollution-resistant, but the plants whose SOD activity decreased were pollution-sensitive.

Keywords: acid rain; sulphur dioxide; plants SOD; pollution-resistance

二氧化硫是一种危害严重的大气污染物,它除直接对植物产生影响之外,还会在大气或水滴中经一系列物理化学过程转化为硫酸,形成酸雨,对植物、土壤、水体等产生影响。

不同植物对酸雨、二氧化硫抗性有强有弱,但长期以来,科学工作者往往通过人为提供大剂量污染物的方法,凭借植物叶片受伤害程度来判断不同植物抗性的强弱,但对于不同植物抗性差异的生理机制探讨较少。

本文试图通过比较 3 种抗污能力差异较大的植物在暴露于相同剂量污染物之后一些生理指标的变化,对不同植物抗污能力不同的内部原因进行初步探讨。

1 实验材料

实验用植物材料为水杉、杉木和龙柏 3 种,均为盆栽苗。

原载于:环境污染与防治,1997,19(1):12-13,45.

2 实验方法

SO$_2$ 熏气采用开顶式熏气设备[1]。

酸雨配制以 $m(SO_4^{2-}):m(NO_3^-):m(Cl^-)=8:1:0.8$ 的比例用 H$_2$SO$_4$、HNO$_3$、HCl 和自来水配制。

每日 8:00 至 16:00 熏气,其后喷酸雨,降水量为 5mm,持续 30min,反复进行 3d。

共 6 种组合。SO$_2$ 为 0、0.5mg/m^3;酸雨 pH 为 7.0、3.0 和 2.0。

于污染结束次日晨采样分析。

3 生理指标测定方法

3.1 SOD 活性测定

采用 GaiL L. Matters 1987[2] 的方法。

3.2 细胞膜透性的测定

取 1g 用去离子水洗净吸干水的叶片,置于试管中,加 15mL 去离子水,在真空干燥器中抽气,放气,反复多次,持续 0.5h,倾出液体,测电导率。

3.3 细胞汁酸度测定

取 1g 叶片加水 15mL 研成匀浆,测 pH 值。

4 实验结果

实验结果见表 1、表 2、表 3。

表 1 表明,酸雨和 SO$_2$ 使水杉的 SOD 活性明显下降;酸雨使杉木 SOD 活性有下降趋势,SO$_2$ 使其升高;酸雨对龙柏 SOD 活性无显著影响,而 SO$_2$ 有使之升高的趋势。

表 1 酸雨、SO$_2$ 对水杉、杉木、龙柏 SOD 活性的影响

	水杉 SOD 活性 (U/gFW)	水杉 占对照百分比 (%)	杉木 SOD 活性 (U/gFW)	杉木 占对照百分比 (%)	龙柏 SOD 活性 (U/gFW)	龙柏 占对照百分比 (%)
1 组	824a	100	780b	100	670a	100
2 组	780b	94.7	780b	100	670a	100
3 组	747c	90.7	758a	97.2	692a	103
4 组	791b	96.0	835c	107	714b	107
5 组	758c	92.0	824c	106	725b	108
6 组	736c	89.3	802bc	103	736b	110

注:1 组:SO$_2$ 0.0mg/m^3,pH 7.0,4 组:SO$_2$ 0.5mg/m^3,pH 7.0
2 组:SO$_2$ 0.0mg/m^3,pH 3.0,5 组:SO$_2$ 0.5mg/m^3,pH 3.0
3 组:SO$_2$ 0.0mg/m^3,pH 2.0,6 组:SO$_2$ 0.5mg/m^3,pH 2.0
每一列数字后同一字母表示同一显著水平,显著水平 $\alpha=0.05$

表 2、表 3 结果表明酸雨和 SO$_2$ 使水杉叶片的细胞膜透性增加,叶汁酸度增大,而对杉木影响较小,对龙柏基本没有影响。

5 讨论

水杉、杉木、龙柏的熏气试验和喷酸雨试验中,从叶片伤斑出现表明,水杉为敏感植物,杉木为中等偏抗,龙柏属抗性。

表2 酸雨、SO_2对水杉、杉木、龙柏细胞膜透性的影响（μs/cm）

	水杉电导率	杉木电导率	龙柏电导率
1组	4.1	5.2	4.2
2组	4.5	5.4	4.0
3组	4.7	5.3	4.2
4组	4.3	5.2	4.0
5组	4.6	5.4	4.2
6组	4.8	5.2	4.3

表3 酸雨、SO_2对水杉、杉木、龙柏叶汁酸度的影响（pH）

	水杉叶汁酸度	杉木叶汁酸度	龙柏叶汁酸度
1组	5.23	4.65	5.55
2组	5.07	4.63	5.55
3组	4.62	4.60	5.58
4组	4.88	4.61	5.55
5组	4.82	4.57	5.57
6组	4.41	4.45	5.56

* 表2、表3中各组与表1相同

水杉、杉木的SOD活性在酸雨作用下降低，水杉尤为突出，而且与叶汁酸度升高和细胞透性增加情况一致。这主要是由于酸度增加和污染物积累影响了酶的活性。龙柏的SOD活性未受影响，而且其细胞膜透性和细胞汁酸度也没有明显变化，这表明酸雨没有影响到细胞内部，这与龙柏表面有油性分泌物质或其解剖特性有关。

水杉SOD在SO_2作用下活性下降，而杉木、龙柏的SOD活性升高。SOD的作用是清除体内的超氧自由基，而SO_2可引起超氧自由基增加[3]。自由基能对植物造成伤害。杉木、龙柏经SO_2污染后，其SOD活性升高，有利于自由基的清除，所以对SO_2有抗性。水杉的SOD经SO_2污染，没有升高反而下降，不利于自由基的清除，所以对SO_2敏感。为什么水杉的SOD活性不能升高，而且它的膜透性、细胞内酸度变化也很大呢？这与其遗传特征有关，也与污染物剂量相关。研究关注的不是探讨不同植物反应模式不同的原因，而是首先要确立不同植物SOD活性变化趋势与其抗污能力大小之间的关系。从实验结果可以看到，植物耐受SO_2能力强弱与其经污染后SOD活性变化方式有关。SOD活性升高的植物其抗性强于SOD活性下降的植物，与SOD本底值没有直接关系。

参考文献：

[1] 陈树元. 环境污染与防治, 1983, (1): 36-38.
[2] Gail L. Matters. J. Exp. Bot, 1987, 138 (190): 842-852.
[3] Tanaka. Plant and Cell Physiology, 1980, 21 (4): 601-611.

生态环境保护与防洪减灾
Ecological environmental protection and flood control

冯宗炜

(中国科学院生态环境研究中心,北京 100085)

　　洪水灾害的出现,有其自然规律。太阳黑子活动与洪水,尤其是特大洪水有一定的相关关系。地理学家[1]根据太阳黑子活动和长江—黄河流域 1840—1994 年历史和实测的洪水资料,推断出 1997 年前后长江会出现特大洪水的预警。据四川省近 500 年洪灾的统计,较大洪灾共发生 130 多次。平均 4 年 1 次,约 30 年出现 1 次大洪水,平均受灾面积 76 万多公顷,占耕地的 11.5%。

　　高强度、长时间的暴雨是形成洪灾的根本原因,气象学家认为今年长江全流域出现暴雨洪灾与厄尔尼诺、拉尼娜现象有关。但其它如地形地貌、地质土壤构造、植被状况、水利工程设施等也影响着洪灾的范围和灾情的轻重。长江上游有森林覆盖、植被良好的山区,地表土层蓄水能力强,即使发 50mm 左右的暴雨,也只有少量的径流产生,下游无洪涝之害;而在森林被破坏、无植被破坏、无植被覆盖、水土流失严重的山区,地表土层蓄水能力只有林区的 1/2—1/5,即使只下 20mm 的降雨,也可引起山洪。据四川林科所在川西亚高山林区研究,大面积原始森林砍伐的皆伐迹地,夏季洪峰流量增大,洪峰时距缩短,采伐沟比森林沟洪峰流量大 200% 以上,采伐沟洪峰流程时距为 1 小时 30 分,而森林沟则为 11h。湖南水利厅浏阳县宝莲洞径流站据 1960 年 7 月 25 日 1h 降雨量 85.9mm 的一次洪水资料分析,林地相当于提供了占洪水总量 19.1% 的滞洪库容,当日降雨量在 100mm 以上时,11 万亩林地滞洪作用,相当于一个 100 万 m^3 的专门防洪水库。森林调节洪水的功能,除林冠截留外,林下枯枝落叶层的作用亦大,四川亚高山云冷杉复层林一次最大截留量为 5mm,而枯枝落叶层厚达 8—12cm,最大吸水量为 5—10mm,两者相加占降雨量的 35%—40%[2]。

　　当然,目前人类的科技水平还达不到控制暴雨的形成,也就不可能避免洪水的发生。但是尊重自然规律,加强生态观念,增强环境保护意识,在开发长江这条黄金水道经济产业带的同时,下决心增加投入力度,扎扎实实地加强生态环境建设,即可起到减少洪涝灾害的范围和损失的作用。从洪灾的自然特征和成因来分析,下述一些战略措施必须加强,首先在上游加强水源涵养与水土保持林的建设,同时兴修一些兴利防洪的水利工程,控制中、下游的洪水危害;在沿江干流和洞庭湖、鄱阳湖等江湖要加强河(湖)道疏浚,制止侵占河(湖)道和围垦造田,以利于泄洪蓄洪。此外要加强暴雨洪水灾情的预警预报,改善防洪报汛的通讯网络,推行防洪保险等社会保障体系。

　　应该指出,防洪减灾是一项十分复杂的系统工程。应把防洪与水利工程和全流域的

原载于:环境保护,1998,总 252 期,13.

治理结合,逐步实现上、中、下游相协调,大、中、小工程相配套,生态环境良好循环的流域开发治理模式,从而最大限度地预防和减轻洪水的危害和损失,促进大江大河沿岸经济的持续发展。

参考文献:

[1] 浙江师大冯利华、骆高远在 1997 年 6 卷 1 期《长江流域资源与环境》杂志上撰文
[2] 据马雪华资料

重庆酸雨对陆地生态系统的影响和控制对策
——中日酸雨合作研究总结

冯宗炜

(中国科学院生态环境研究中心,北京 100085)

小仓纪雄

(日本东京农工大学,东京)

摘要:中日合作研究项目酸沉降对陆地生态系统的影响及其控制对策的研究,于 1990 至 1995 年期间在中国重庆地区进行。该项目最终研究结果主要方面的报道,包括大气污染和酸雨的状况,酸沉降对池塘、森林和土壤生态系统的影响以及大气污染和酸雨控制对策。该项研究为今后酸沉降生态监测的研究,打下了有力的基础。

关键词:酸雨;陆地生态系统;对策

Impacts and control strategies of acid deposition on terrestrial ecosystems in Chongqing area, China: overviews of the cooperative study between Japan and China

Feng Zongwei

(*Research Center for Eco-Environmental Sciences, Chinese Academy of Sciences*)

Norio Ogura

(*Tokyo University, Agriculture & Technology*)

Abstract: The China and Japan Co-operative studies on impacts and control strategies of acid deposition on terrestrial ecosystems have been carried out in Chongqing area, China, during the 1990 to 1994 years. In this paper, final results of the cooperative study are briefly summarized in connection with the present state of air pollution and acid rain, effect of acid deposition on ponds, forest and acid rain. This paper will be something to help for the study of ecological monitoring to acid deposition in our country.

Key words: acid rain; terrestrial ecosystems; strategies

1 引言

在中国能源中的 75% 是靠煤炭,由燃烧产生的烟尘和 SO_2 是一大环境问题。根据 1993 年中国环境公报的统计,主要由煤炭消耗排放的 SO_2 量近 1800 万 t。

中国南方城市如重庆、贵阳等地因燃煤导致的空气污染和酸雨已对森林和农作物造成严重危害。但是近年来,酸雨在中国南方其他城市仍在扩展。重庆是长江中上游沿岸的大工业重镇,尤其是市中区人口密度和工业比重很大。该市发电主要用煤含硫量高,因此市中区周围空气污染和酸雨很重。重庆南山的马尾松林衰亡和空气污染对人体健康的危害均已有报告(冯宗炜等,1993)。

作为日本文部省科学基金资助的"亚洲太平洋地区全球环境变化"的基础研究中的一环:"酸雨对陆地生态系统的影响和控制对策"由中国科学院和日本的大学科研人员为主组成的中日合作研究组从 1990—1994 年在重庆进行了为期共 5a 的研究。其间曾于 1991 年和 1992 年,分别在日本东京都府中市和中国北京召开过两次学术研讨会,报告了有关阶段研究成果(小仓纪雄,1991;冯宗炜和小仓纪雄,1993)并于 1994 年于北京召开了总结学术研讨会(冯宗炜等,1995)。

本文概要地介绍了合作研究的最终结果,它包括下列 3 个方面:
(1)空气污染和酸雨的状况
(2)酸雨对池塘、森林和土壤生态系统的影响
(3)防治空气污染和酸雨的措施

2 研究地点

合作研究是在离市中心南面约 10km 的南山和离市中心北面约 60km 的缙云山两地(图 1)进行的。位于南山地区的真武山的马尾松林,在 1982—1983 年期间有许多树曾死于酸雨、酸雾、空气污染和病虫害等复合因素的影响。

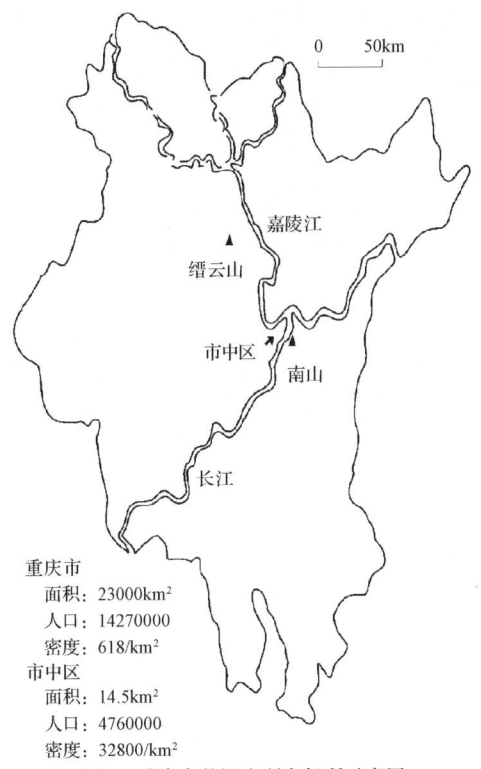

图 1　重庆市的调查研究场所示意图
(图中重庆市为未改为直辖市的范围)

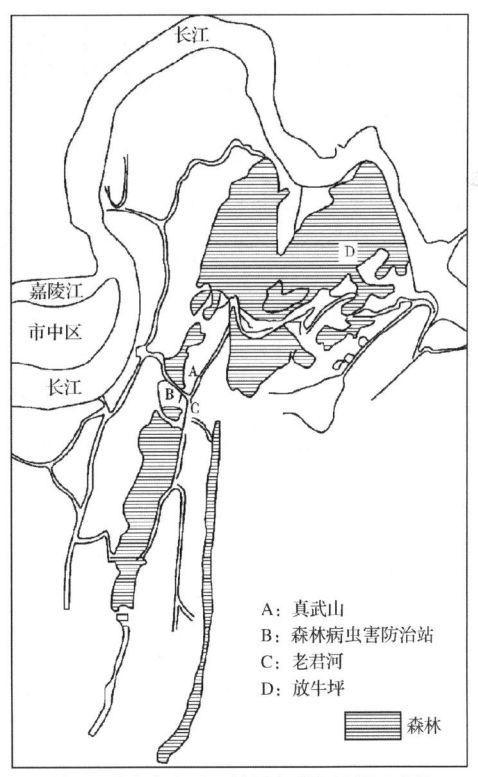

图 2　重庆南山地区的调查研究场所示意图

3 研究结果和讨论

3.1 空气污染和酸雨的状况

3.1.1 空气污染

空气污染和雨水的样品是于1991年6月至1992年5月在南山地区的真武山（林内点）和森林病虫害防治站的屋顶平台（林外点）采集的（图2）。

在两个采样点利用装有双层滤纸的抽滤器采集气体和气溶胶样品。抽滤器通过流速为0.4L/min的泵抽取空气。

颗粒物和气溶胶是用去离子水从滤纸上浸提的；采集的酸性气体是经硫酸钠丙三醇处理过的滤纸用加上几滴30%过氧化氢的去离子水浸提，所有的浸提液均用离子色谱进行分析。

林内与林外的空气温度由图3可知，最高温度约为29℃，出现在7月份，最低温度约为8℃，出现在1月份。

南山地区林内、林外 SO_2 和气溶胶（SO_4）的月变化见图4，由图得知南山地区 SO_2 的浓度很高，林外年平均浓度达 220μg/m³，比日本高出7.7倍。林内的浓度平均为155μg/m³，比林外低约30%。一年中浓度以11月至1月最高，1月份达360μg/m³超出国家三级标准250μg/m³。上述季节变化是与气候条件和煤炭的季节消耗量的格局有关。

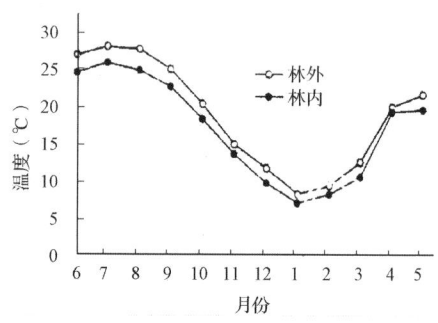

图3 南山地区林内与林外的空气温度
（沈济等，1995）

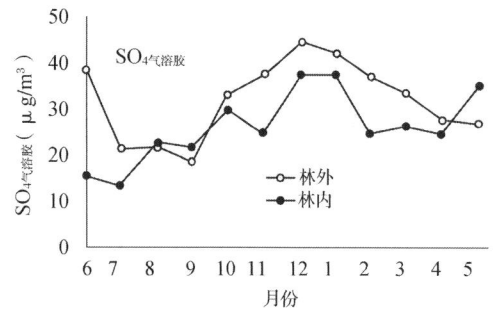
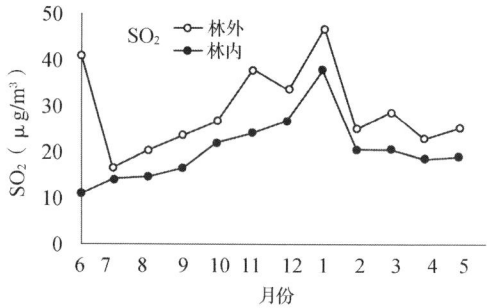

图4 南山地区林内、林外 SO_2 和气溶胶（SO_4）浓度的月变化（沈济等，1995）

3.1.2 酸雨

在南山地区森林病虫害防治站的屋顶平台上放置一个10L的采集器，上面安装有直径为148mm的聚乙烯漏斗，林外雨、林内雨（穿透雨）是在真武山马尾松林冠下设置3—5个雨量筒采集的，树干茎流是用聚乙烯管剖开一半后围绕着不同径级的10株马尾松树干向下通入塑料筒内采集的。上述雨水样品每10d采集1次，雨水的离子组分的测定，阳离子用原子吸收光谱仪，阴离子用离子色谱仪，NH_4^+ 用比色法。

雨水的离子浓度，尤其是树干茎流与日本的数据相比要高出很多（表1）。SO_4^{2-} 和 Ca^{2+} 与其它离子相比要高，SO_4^{2-} 和 Ca^{2+} 年平均浓度分别达469μeq/L（22.5mg/L）和418μeq/L（8.4mg/L），为日本全国平均的8.5倍和16倍。

降水中 SO_4^{2-} 的月变化见图 5。由图 5 中得知，从季节变化来看与空气中 SO_2 的浓度一样，11 月—1 月的冬季较高，夏季则较低。

从对空气污染物质和降水连续监测的结果，计算出城区真武山针叶林中硫的年沉降量为每公顷 187kg，其中约占 50% 是含在雨水中降下的 SO_4^{2-} 湿沉降，其中约有 25% 的干沉降降落在林冠上，还有 25% 的干沉降则降落在林床上（图 6）

表 1　重庆真武山降水化学组成（1991-06—1992-05）（张福珠等，1993）

项目	雨量 mm	pH	Cl^-	SO_4^{2-}	NO_3^-	Na^+ μeq/L	K^+	Ca^{2+}	Mg^{2+}	NH_4^+
林外雨	1240	4.6	27.6	469	45.0	23.9	82.6	418	40.3	106
林内雨	867	3.8	64.6	1008	69.8	34.8	171	629	88.8	258
树干茎流	0.79	2.9	116	4083	192	94.8	272	1505	211	1073

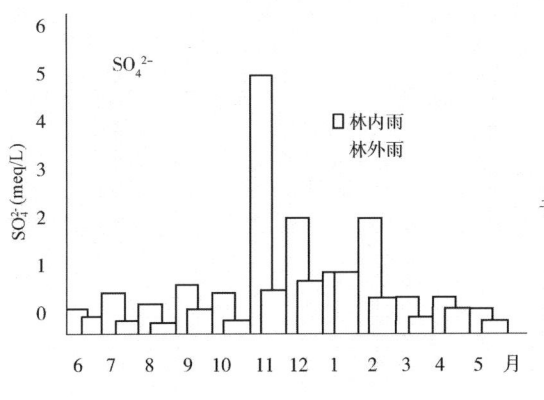

图 5　林外雨和林内雨的硫酸离子浓度的月变化（张福珠等，1993）

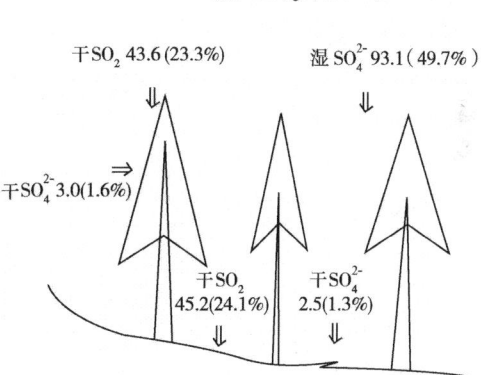

图 6　重庆真武山马尾松林硫年沉降量

3.2　酸雨对生态系统的影响

3.2.1　酸雨对池塘生态系统的影响

1991—1992 年在重庆污染重的南山和污染较轻的缙云山地区的一些小池塘中，对水体中的化学成分、浮游生物和底栖生物的现存量，物种数量等方面进行了监测和分析，结果表明（表 2），在城区和郊区的酸化小池塘中 Al 和 SO_4^{2-} 的浓度比其它小池塘中要高，与其它小池塘水体相比，酸化小池塘中浮游生物的现存量低，且物种数量少（表 3），底栖生物中 Oligochaeta 的现存量减少，但是 Chironomus 的现存量增加，由此可见酸化水体对水生生态系统有很大影响，并使其功能造成明显变化。

表 2　池塘水体的理化性质（夏宜珍等，1995）

水体类型	酸性		弱酸性		正常	
编号	A1	A2	L3	L4	N5	N6
pH	4.24	4.69	5.08	5.53	7.00	8.45
透明度（m）	5.8	5.1	0.4	0.3	1.0	0.5
SO_4^{2-}（mg/L）	20.0	20.5	10.3	19.2	15.8	52.0
全 P（mg/L）	0.03	0.03	0.08	0.06	0.08	0.09
全 Al（mg/L）	2.32	1.89	0.31	0.29	0.24	0.25

表3 池塘水体中浮游生物的物种数量(夏宜琤等,1995)*

浮游生物	物种数量		
	酸性	弱酸性	正常
绿藻(Chlorophyceae)	13[52]	23[58]	23[54]
蓝藻(Cyanophyceae)	3[12]	6[15]	7[16]
硅藻(Bacillariophyceae)	5[20]	4[10]	6[14]
其它	4[16]	7[18]	7[16]
总数	25[100]	40[100]	43[100]

* 表中方括号值为占总数的百分比

3.2.2 酸雨对森林生态系统的影响

1992—1993年对马尾松针叶林和香樟常绿阔叶林进行了研究。表4 南山地区马尾松林和樟树林生物量,由表4看出,南山马尾松林和樟树常绿阔叶林与其他正常的林分相比树林净生产力要低得多,尤其马尾松林更甚。市内真武山马尾松针叶内积蓄S和F的量比郊区缙云山的高出2.3倍,由此可见,市区森林除了SO_2外,氟化物对森林衰亡的影响也不容忽视。

表4 南山地区马尾松林和樟树林的生物量(户塚绩等,1995)

项目	马尾松林(真武山)	樟树林(老君洞)
胸径(cm)	13.3	22.5
树高(m)	9.1	16.4
总干重(kg/m²)	2.1	13.6
树干干重(kg/m²)	1.9	6.5
叶干重(kg/m²)	0.08	0.43
叶面积指数	—	1.1
林木净生产力(kg/m²·a)	0.07	0.52
林床植物净生产力(kg dw/m²)	0.19	0.33

根据实验室内试验结果,马尾松幼苗在浓度为50ppb的SO_2暴露下,干重生长量就受到明显减少,土壤pH越低影响更甚(图7)。

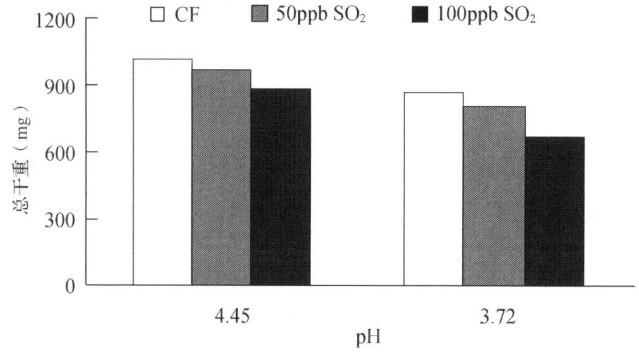

图7 马尾松幼苗在酸性土壤和暴露在不同SO_2浓度下的总干重(户塚绩等,1995)

3.2.3 酸雨对土壤生态系统的影响

1993—1994年对土壤化学性质进行了研究,土壤溶液是用一个插入土壤中带管的装置一头连结在有抽滤的三角瓶,另一头连结一个80个大气压的抽气器抽取的。土壤pH值的幅度在4.3—5.0之间,马尾松林和樟树林土壤样品的pH没有明显的差异。但马尾松林下土壤溶液的pH值比樟树林下的土壤溶液pH值明显要低(表5)。土壤溶液中NO_3^-和SO_4^{2-}的浓度的月变化见图8,从图8中看出,马尾松林下土壤溶液中的SO_4^{2-}浓度比樟树林下的要高出3倍,而NO_3^-浓度则高出10倍多,上述结果表明樟树常绿阔叶林在一定程度下对减缓黄壤的酸化起作用。

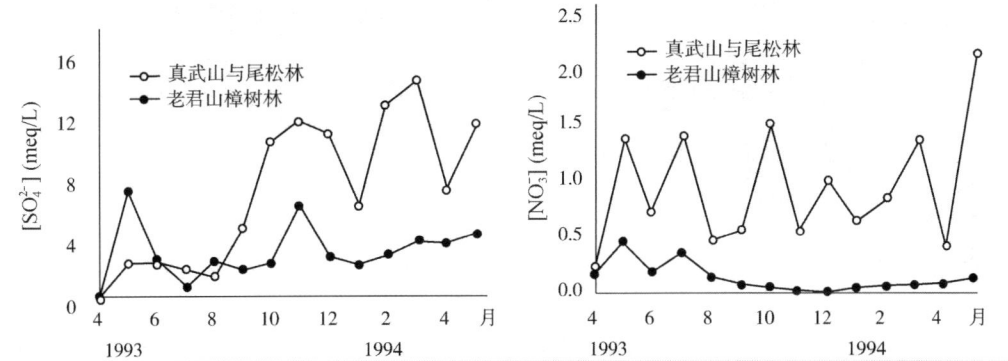

图8 在马尾松林和樟树林下的土壤溶液(10cm)中的硫酸和硝酸离子浓度(冈崎正规等,1995)

表5 土壤和土壤溶液的pH值(冈崎正规等,1995)

	土壤	土壤溶液
马尾松林(真武山)	4.4—5.0	4.3—4.6
樟树林(老君洞)	4.3—5.0	4.5—5.0

1993年7月—1994年5月

3.3 空气污染和酸雨防治的措施

从重庆4个矿区采集的煤炭样品中测得的含硫量高达4%—5%(表6)。

表6 煤炭样品分析结果(菅原拓男等,1995)

样品	C [wt %, daf]	S [wt %, dry]	灰分 [wt %, dry]	黄铁矿硫 [占总硫量的%]	有机硫 [占总硫量的%]
南桐矿	89.5	4.1	17.8	34	66
中梁矿	90.1	4.3	18.0	68	32
芙蓉矿	90.1	5.2	22.6	77	23
北芳矿	89.2	2.9	9.1	38	61

原重庆市年SO_2排放量达41万t,约占全国排放量的5%(赵殿伍等1995),因此,重庆市削减SO_2的排放措施是一个十分重要的问题。如图9所示,发电厂和大型企业的排放量占29%,中小型企业占33%,家庭民用及其它占38%。高硫煤快速高温分解与比重分离的脱硫法已进行试验,试验结果表明,有机硫去除的程度与比重间存在一种相关关系。通常,比重小,有机硫去除愈多,就芙蓉矿的煤来说,绝大多数的有机硫可事先快速

去除。

将石灰石加到煤炭中做成型煤以减轻 SO_2 排放物的效应试验表明,Ca/S 比增高,脱 S 的系数增加,脱 S 量达 60%—70%。

型煤的脱硫费用包括从设备费、保养费、动力费和脱硫运行费等与硫化床燃烧脱硫或半干法固气脱硫法相比,其脱硫费用要减少一半(图 10),值得加以推广。

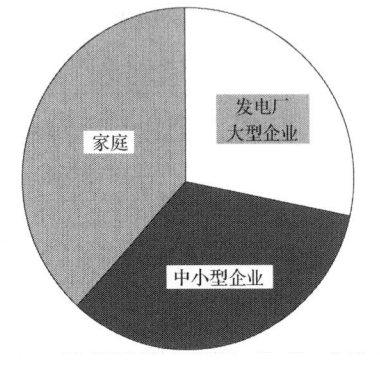

图 9 重庆不同耗煤单位对 SO_2 排放的贡献（定方正毅等,1995）

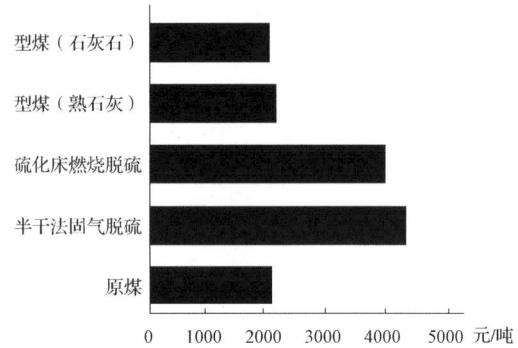

图 10 脱硫后煤炭的费用（定方正毅等,1995）

3.4 措施

当前最重要的是削减 SO_2 排放的点源,就发电厂和大型锅炉而言,下列措施是有用的,即事先在矿区洗煤,然后采用硫化床燃烧脱硫和半干法固气脱硫。对中小型锅炉和家庭燃煤来说,采取下列措施是有用的,即加石灰石的型煤,或事先在矿区洗煤和采取快速高温分解脱硫处理煤炭。

为了防治森林衰亡,削减 SO_2 和氟化物的排放是很重要的。此外在林区施石灰中和土壤也是值得采用的措施。在针叶纯林中引入抗酸性强的阔叶树种叶是一项有效的办法。在重庆南山针叶林中已实验引种阔叶树,并在进行土壤施肥等措施也取得进展。

4 今后研究的问题

为了重现清洁的蓝天和舒适的环境,下述一些问题应加以重视:

（1）在社区和学校进行环境教育;
（2）大气污染对人体健康的效益的研究;
（3）氟化物的环境污染及其对生态系统的影响;
（4）酸沉降对生态系统的临界负荷;
（5）大气污染和酸雨及其对生态系统影响的连续监测;
（6）加强中日合作研究体系。

参考文献:

[1] Feng Z W, Ogura N, eds. Proc. of China-Japan Joint Symp. On the Impacts and Control Strategies of Acid Deposition on Terrestrial Ecosystems. Nov. 1992. Beijing: China Sciences & Technology Press, 1993, 227.

[2] Feng Z W, Chen C Y, Zhang J. Research progress on the effects of acid deposition of forest in Southwestern China. In: Proc. of China-Japan Joint Symp. On the Impacts and Control Strategies of Acid Deposition on Terrestrial Ecosystems. 62—77. Beijing: China Sciences & Technology Press, 1993:227.

[3] Feng Z W, Liu C M. Ogura N, Matsumoto S, eds. Proc. of China-Japan Joint Symp. : Impacts of Salinization and Acidification on Terrestrial Ecosystems and Their Rehabilitation in East Asia. Nov. 1994, Beijing, China, 1995, 231.

[4] Ogura N, eds. Proc. of Internat. Symp. , on Impacts of Salinization and Acidification on Terrestrial Ecosystem and Its Rehabilitation in East Asia. Sep. 1991, Fuchu, Tokyo, 1992, 243.

[5] Zhang F Z, Zhang J y, Zhang H R. Ogura N, Ushikubo A. Chemical Composition of Precipitation in a Forest Area of Chongqing, Southwest China. Water, Air and Soil Pollution, 1996, 90:407-417.

[6] Zhao D, Hans M S, Zhao D, Zhang D. Pattern and Cause of acidic deposition in the Chongqing region, Sichuan Province , China. Water, Air and Soil Pollution, 1994, 77:27-48.

Effects of acid deposition on forests in south China

FENG Zongwei, TAO Fulu

(Research Center for Eco-Environmental Sciences, Chinese Academy of Sciences, Beijing 100085, China)

Abstract: Acid deposition has caused serious damage to the forests of China. In this paper, the quantification theory I is used to calculate the forest volume loss caused by acid disposition in seven provinces of south China. The results showed that contribution rates of acid deposition to forest volume loss in seven provinces of south China vary from 24.5% to 37.91%; the volume loss rates range from 7% to 20%. Total volume losses per year are $1.0145 \times 10^6 \text{m}^3$, of which Zhejiang Province is the greatest, totalling $3.841 \times 10^5 \text{ m}^3$, while Anhui Province is the least, amounting to $1.59 \times 10^4 \text{ m}^3$.

Keywords: acid deposition; damage; forest volume loss.

1 Introduction

With the fast growing of modern industry and sharply increasing of energy consumption primarily coal, air pollution and acid deposition are getting more and more serious. According to the White Paper on Environment in China, emission of SO_2 derived chiefly from combustion of coal amounted to approximately 18 million tons in 1993. Several years' monitoring data indicated clearly that acid rain in China occurs mainly in the south part of Yangtze River, and that with the lowest rain pH was concentrated around the cities of Chongqing, Guiyang, Changsha and Hangzhou. Energy consumption comes mainly from coal combustion, moreover the coal in south China has relatively high content of sulfur than that in north China, which result in relatively high concentration of SO_2 in atmosphere. The daily mean concentration of SO_2 (mg/m^3) per year and mean rain pH value from 1990 to 1993 in some cities of seven provinces in south China are listed in Table 1.

Acid deposition arising from the coal combustion has caused serious damages to the forests and crops. Declining of the masson pine forest at the Nansan Mountain of Chongqing and effects of acid deposition on forests in southwest China have been reported (Feng, 1986; 1993). During the period of "the 8th Five-Year Plan (1991—1995)" researchers from the Chinese Academy of Sciences made an investigation on the effects of acid deposition on forests in seven provinces of south China including Jiangsu, Zhejiang, Anhui, Jiangxi, Fujian, Hunan and Hubei.

2 Field investigation and methods

Field investigations were carried out by plot method. Plots were established at stands in areas polluted differently by acid deposition. In each plot the site factors, such as elevation,

Table 1 Annual dally mean concentration value of SO$_2$ (mg/m^3) and annual mean pH value from 1990 to 1993 in seven provinces of south China*

Jiangsu	Region	Nanjing	Xuzhou	Changzhou	Suzhou	Wuxi	Huaiyin	Yangzhou
	Concentration	0.065	0.083	0.076	0.069	0.129	0.028	0.076
	pH	4.85	6.91	–	6.11	5.77	5.78	4.95
Zhejiang	Region	Hangzhou	Wenzhou	Ningbo	Shaoxing	Zhoushan	Lian	Jinhua
	Concentration	0.119	0.060	0.043	0.058	0.018	0.036	0.036
	pH	4.48	4.82	4.55	4.85	4.74	4.05	4.62
Anhui	Region	Hefei	Huaibei	Huainan	Wuhu	Liuan	Yicheng	Tongling
	Concentration	0.036	0.020	0.034	0.052	0.016	0.04	0.126
	pH	5.35	6.10	6.05	4.84	–	4.90	4.70
Jiangxi	Region	Nanchang	Pingxiang	Jiujiang	Xinyu	Ganzhou	Yichun	Fuzhou
	Concentration	0.040	0.065	0.082	0.018	0.044	0.052	0.025
	pH	4.21	4.58	5.04	6.29	4.34	4.81	4.13
Hunan	Region	Changsha	Yiyang	Hengyang	Huaihua	Xiangtan	Jishou	Yueyang
	Concentration	0.125	0.134	0.053	0.061	0.071	0.212	0.034
	pH	4.42	–	4.67	4.40	4.35	4.90	–
Hubei	Region	Wuhan	Yichang	Huangshi	Ezhou	Shashi	Xingmen	Shiyan
	Concentration	0.039	0.227	0.102	0.090	0.064	0.024	0.015
	pH	–	4.59	4.35	–	4.56	–	–
Fujian	Region	Fuzhou	Xiamen	Sanming	Ningde	Longyan	Quanzhou	Zhangzhou
	Concentration	0.093	0.013	0.049	0.033	0.034	0.021	0.039
	pH	4.71	–	5.11	4.47	4.46	4.96	4.92

* The data provided by Chinese Research Academy of Environmental Sciences

slope direction, aspect, degree, soil thickness, A$_1$ layer thickness and environmental factors, such as rain pH value, concentration of SO$_2$ were recorded. In addition the dbh (diameter at breast height) and height of all trees were measured to get standing volume of sample plot.

In order to study the relationship between many factors and tree growth, the method of quantification theory I (Lang, 1993) was used.

The forest volume loss rate caused by acid deposition was calculated using the formula as follows:

$$P_{ij} = C_{ij} \cdot C/D_{ij} \quad (1)$$

where, P_{ij} is the loss rate of j forest volume at i area, %; $C_{ij} = D_{ij} - d_{ij}$; D_{ij} is the contrast volume of j forest at i area, m^3; d_{ij} is the actual volume of j forest at i area, m^3; C is the contribution rate of acid deposition to forest volume loss, %.

The forest volume loss caused by acid deposition was calculated according to the following formula:

$$W_n = \sum_{i=1}^{m} G_n \cdot \theta_n \cdot P_n, \quad (2)$$

where W_n is the forest volume loss caused by acid deposition, m^3/a; θ_n is the forest area damaged by acid deposition, hm^2; G_n is the annual growth volume of forest, m^3/(hm^2 · a); P_n is the loss rate, %.

3 Results and discussion

Based on the local natural conditions, site factors were selected and classified. Every site factors in sample data was quantified according to classification of factors and inputed into quantification theory I to get the contribution rate of acid deposition to forest volume loss, which is listed in Table 2.

Table 2 Contribution rate of acid deposition to forest volume loss in seven provinces of south China, %

	Jiangsu	Zhejiang	Anhui	Fujian	Jiangxi	Hunan	Hubei
Contribution rate to the loss of *Pinus massoniana*	32.88	32.30	31.70	30.49	29.74	33.13	27.24
Contribution rate to the loss of *Cunninghamia lancelata*	37.05	36.80	24.50	37.91	37.26	32.15	32.24

The forest volume loss rate caused by acid deposition in south China were calculated by formula 1 and mapped using a grid resolution of 1° longitude by 1° latitude as the resolution scale. The map was drawn based on the forest loss rate in every grid, which was calculated using area-weighted method, i.e., using volume loss rate of each damaged stand at different areas to multiply corresponding area damaged (θ_n) respectively, the results were added and then divided by the total area of forest of the grid to get the forest volume loss rate caused by acid deposition in the 1° × 1° grid.

Forest volume loss rates were divided into five classes, the ranges of which are listed in Table 3.

Table 3 Classes and the range of forest volume loss rate

Classes	0	I	II	III	IV
Range, %	0	1—3	3—5	5—10	>10

Considering the damage status of different types of forests to ascertain the forest volume loss rate and its class in each grid, the results were mapped with a scale of 1:6000000 (Fig. 1).

The hilly mountain area of the seven provinces is one of the commercial forest zones in China and the area of timber forest accounted for 64 percent of the total forest area there. Due to the pollution of acid deposition, however forest growth there has been decreased to different degrees. The results of investigation on damaged forest area in the seven provinces of south China are listed in Table 4.

Table 4 The forest area damaged by acid deposition in the seven province of south China, 10000 hm²

Province	Total forest area	Timber stand area	*Pinus massoniana*	Area damaged *Cunninghamia lanceolata*	Total	Percentage of damaged area to total forest area	Percentage of damaged area to timber stand area
Jiangsu	47.80	14.60	4.08	2.01	6.09	12.74	41.71
Zhejiang	403.72	273.79	33.55	5.13	38.68	9.58	14.13
Anhui	225.61	146.59	2.63	0.28	2.91	1.29	1.99
Fujian	614.84	405.81	6.66	10.38	17.04	2.77	4.10
Jiangxi	546.23	374.89	12.04	14.95	26.99	4.85	7.20
Hunan	753.84	421.33	9.65	8.13	17.78	2.36	4.22
Hubei	477.25	328.57	10.47	8.25	18.72	3.92	5.70
Total	3069.29	1965.58	79.08	49.13	128.21	4.18	6.52

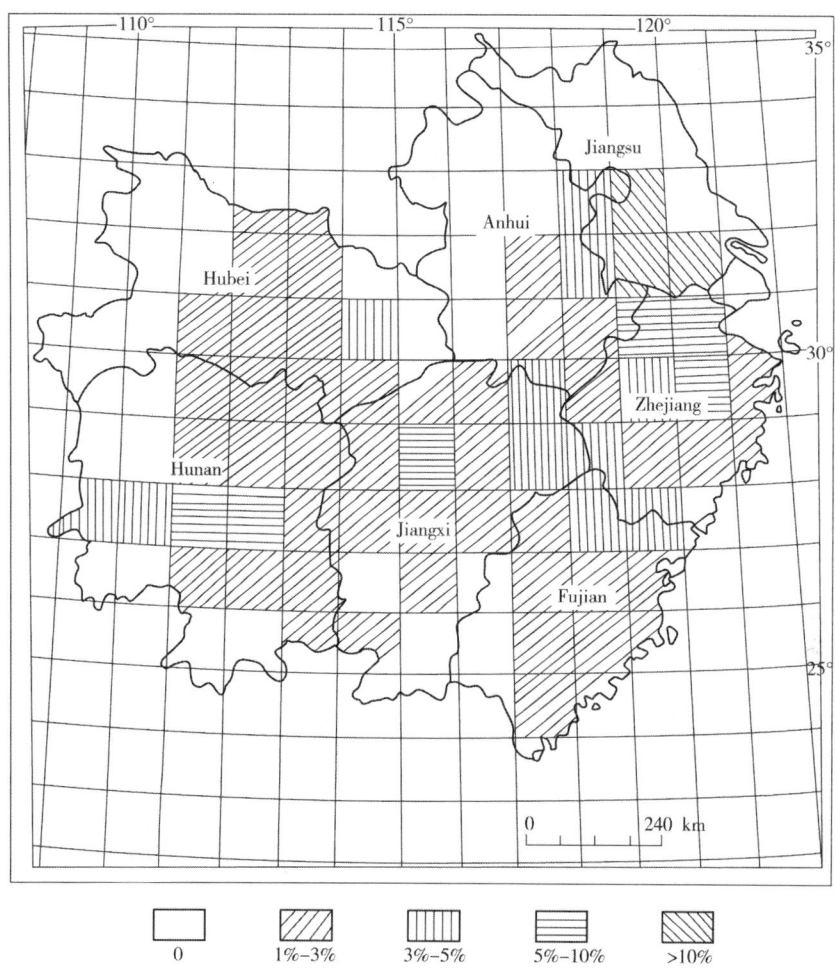

Fig. 1 Distribution map of forest volume loss caused by acid deposition in the seven provinces of south China

The data from Table 4 show that the total forest area damaged by acid deposition in seven provinces of south China amounted to 1.2821×10^6 hm^2, of which *Pinus massoniana* stands was 7.908×10^5 hm^2, and *Cunninghamia lanceolata* stands was 4.913×10^5 hm^2. Damaged forest area took up 4.18% of the total forest area and 6.52% of timber stand area respectively. Among the seven provinces, Zhejiang Province was the most serious, and the forest area damaged was 3.868×10^5 hm^2; Anhui Province was the least and the area is 2.91×10^4 hm^2.

Acid deposition damaged forest health and would further result in the reduction of timber production. The volume loss of forests in the seven provinces of south China was calculated by Formula (2) and listed in Table 5.

As Table 5 shows, influenced by acid deposition, the volume loss rate ranged from 7% to 20% and averaged 13.2%. Those of *Pinus massoniana* stands and *Cunninghamia lanceolata* stands were 12.4% and 13.9% respectively; annual volume loss totalled 1.0145×10^6 m^3, that of Zhejiang Province was the greatest, totalling 3.841×10^5 m^3; Anhui was the least, amounting to 1.59×10^4 m^3.

Table 5 The volume loss of forest damaged by acid deposition in seven provinces of south China

Province	Volume loss rate, %			Annual volume loss, 1000 m³		
	Pinus Massoniana	Cunninghamia lanceolata	Average	Pinus Massoniana	Cunninghamia lanceolata	Total
Jiangsu	13.7	10.5	12.1	3.31	1.70	5.01
Zhejiang	20.2	19.4	19.8	29.91	8.50	38.41
Anhui	7.9	7.1	7.5	1.35	0.24	1.59
Fujian	7.0	12.1	9.6	2.93	7.97	10.90
Jiangxi	14.7	15.9	15.3	8.19	13.33	21.52
Hunan	10.3	18.3	14.3	4.78	8.01	12.79
Hubei	12.9	14.3	13.6	5.94	5.29	11.23
Total	12.4(Average)	13.9(Average)	13.2(Average)	56.41	45.04	101.45

References

Feng Z W, Chen C Y, Zhang J W, Zeng S Y, Zhao J L, Deng S J. Atmosphere Environment and Acid Rain, 1986, 2(3):38-45.

Feng Z W, Chen C Y, Zhang J W. Research progress on the effects of acid deposition of forest in Southwestern China. In: Proc. of China-Japan joint symp. on the impacts and control strategies of acid deposition on terrestrial ecosystems. Beijing: Sciences & Technology Press, 1993:62-77.

Lang K J, Kang S Z. IBM-PC programme series-mathematical statistics, investigation and planning, management and supervision. Beijing: Chinese Forestry Press, 1993:115-118.

中国森林生态系统的生物量和生产力

冯宗炜,王效科,吴 刚

内容提要：本书全面系统地总结和分析了我国自 20 世纪 60 年代以来的森林生态系统生物量和生产力的研究资料,并在此基础上提出了我国森林生态系统主要类型生物量和生产力特征及其分布格局,揭示了不同自然地带或地区森林生态系统物质生产规律,模拟研制了我国森林生态系统生产力与气候因子的模型,并绘制成我国森林生态系统生产力分布图。

本书适合于从事植物生态学、林学、树木学和森林生态系统研究等专业人员及相关专业的大专院校师生参考阅读。

目次

前言
第一章 研究的历史、现状和趋势
　第一节 研究的历史和现状
　第二节 研究的发展趋势
　第三节 研究分类和代表类型
第二章 森林生态系统的生物量和生产力的研究方法
　第一节 生物量和生产力测定原理
　第二节 生物量的测定方法
　第三节 生产力的测定方法
　第四节 生物量和生产量测定案例
　　　　——以杉木(*Cunninghamia lanceolata*)林为例
　第五节 区域生物量的估算方法
第三章 寒温带森林生态系统的生物量和生产力
　第一节 自然地理概况
　第二节 森林生态系统主要类型
　第三节 森林生态系统主要类型的生物量和生产力
　第四节 小结
第四章 温带森林生态系统的生物量和生产力
　第一节 自然地理概况
　第二节 森林生态系统的主要森林类型
　第三节 森林生态系统主要类型的生物量和生产力
　第四节 小结
第五章 暖温带森林生态系统的生物量和生产力
　第一节 自然地理概况
　第二节 森林生态系统主要类型
　第三节 森林生态系统主要类型的生物量和生产力
　第四节 小结
第六章 亚热带森林生态系统的生物量和生产力
　第一节 自然地理概况
　第二节 森林生态系统主要类型
　第三节 森林生态系统主要类型的生物量和生产力
　第四节 小结
第七章 热带森林生态系统的生物量和生产力
　第一节 自然地理概况
　第二节 森林生态系统主要类型
　第三节 森林生态系统主要类型的生物量和生产力
　第三节 小结
第八章 青藏高原森林生态系统的生物量
　第一节 自然地理概况
　第二节 森林生态系统的特点和主要类型
　第三节 森林生态系统主要类型的生物量
　第四节 小结
第九章 林农复合生态系统生物量和生产力
　第一节 研究地区自然概况和特征
　第二节 林农复合生态系统的生物量和生产力
　第三节 小结
第十章 中国森林生态系统生物量和生产力的分布规律
　第一节 不同气候带森林生态系统的生物量和生产力比较
　第二节 中国森林生态系统生物量和生产力与世界同类型森林的比较
　第三节 中国森林生态系统的生产力与气候的关系

原版于:科学出版社,北京,1999 年 3 月.

前言

自20世纪60年代中期《国际生物学计划》(IBP)和继后的《人与生物圈》(MBA)研究计划开展以来,森林生态系统研究工作十分活跃。在全球范围内,从北方针叶林、温带阔叶林、暖温带常绿阔叶林、地中海硬叶阔叶林一直到热带雨林都开展了森林生态系统生物量和生产力的研究。最初是为了分析森林生态系统的生产能力,后来是为评价森林生态系统能量利用率和养分循环以及为森林的多途径利用提供基础数据。鉴于地球上天然森林面积日趋缩小,木材和林副产品供应日益紧缺,人类生存环境面临严重威胁,欧洲大陆工业发达国家、日本和新西兰等国日益重视人工林生态系统生产力的研究。我国森林资源贫乏,覆盖率低,研究森林生态系统生产力与环境之间的相互关系,有助于我们揭露森林生态系统物质生产规律,为扩大森林资源,使其达到高产、稳产提供了理论依据。随着工业化的迅猛发展,矿物质燃料(石油、煤炭等)消耗的剧增,每年向大气中排放大量的二氧化碳等气体,大气中二氧化碳的浓度倍增,将导致地球表面温度升高,这种温室效应引起的全球气候变化,其后果对人类社会来讲将是难以估量的灾难。森林生态系统在全球碳循环中意义十分重大,有报道(Dixon, et al., 1994)估计全球陆地生态系统的碳储量为2050Pg,而森林生态系统的碳储量为1164Pg,占56%。在目前全球气候变化的研究中,准确的估计森林生态系统的生物量和生产力,对于回答每一个森林生态系统单元中,到底有多大碳贮存密度,森林生长到底能吸收多少大气中的二氧化碳是至关重要的。

早在20世纪60年代初,我在中国科学院湖南会同森林生态站就开始连续研究杉木人工林幼林阶段群落的生物量和生产力。但是由于众所周知的历史原因,这方面的研究一度被迫中断。70年代后期,特别是改革开放以来,我国科研工作者奋起直追,北起寒温带,南至亚热带、热带,东自滨海,西至青藏高原,在森林生态系统生物量和生产力的研究方面作了大量工作,付出了艰辛的劳动,陆续发表了不少文献,积累了丰富的数据资料。"森林生态系统生物量和生产力规律"是"八五"期间国家自然科学基金重大项目"我国森林生态系统结构和功能规律研究"(9390011)中的一个课题,其目的是在整理和分析现有文献资料的基础上,找出我国森林生态系统主要类型生物量和生产力的分布格局,揭示不同地带森林生态系统的物质生产规律,旨在为进一步研究我国森林生态系统能量转化、物质循环和全球气候变化中的作用提供可靠的基础数据,并为我国森林资源的持续发展和经营管理提供决策依据。

本专著共分十章,第一、二、六、七章由冯宗炜、王效科执笔;第三、四、五章由吴刚执笔;第八、九、十章由王效科、冯宗炜执笔,文中的插图由赵闯绘制,初稿汇总后由冯宗炜统稿修改完成。

最后应当指出,由于工作量大,时间紧,本书虽几经修改,但不当和错误之处仍在所难免,敬请读者批评指正。

冯宗炜
1996年5月于北京

第一章 研究的历史、现状和趋势

第一节 研究的历史和现状

森林生态系统生物量和生产力的大规模研究,是从20世纪60年代中期国际生物学计划(IBP)中关于不同类型森林生物量和生产力的调查和研究开始的。到了80年代后期,随着对全球碳循环研究的重视,研究者利用以前的样地生物量和面积统计资料,估算由于土地利用变化引起的一个区域向大气中释放的碳量。近年来为了科学地评价森林生态系统在全球大气中碳的源和汇的作用,开始研究森林生态系统的潜在生物量和人类、自然干扰引起森林生态系统生物量和生产力的动态变化过程。

生物量和生产力作为生态系统中积累的植物有机物总量,是整个生态系统运行的能量基础和营养物质来源。最早有关生物量和生产力的研究报道,可以追溯到100年前,Ebermeryer(1982)在德国进行了几种森林的树枝落叶量和木材重量的测定,这些研究成果被地球化学家在计算生物圈内化学元素时引用了50多年(Lieth and Whittaker,1975)。Boysen-Jensen(1910)根据有机物的生产量和消耗量分析了森林的耐荫性,后来,他还在研究森林自然稀疏问题时,研究了森林的初级生产量。1929—1953年,瑞士的Burger研究了树叶生物量和木材生产的关系。但是,总的来看,在20世纪50年代以前,森林生物量和生产力的研究并不被人们重视。到了50年代,人们才开始关心生态系统到底能为人类提供多少有机物,因而在日本(Satoo,1955),苏联(Remezov,1959),英国(Rennie,1955;Ovington,1956),科学家们开始对各自国家内的主要森林生态系统生物量和生产力进行实际调查和资料收集。

20世纪70年代初期,随着IBP(国际生物学计划)在许多发达国家的实施,使森林生物量和生产力的研究工作得到了很大的发展,一些主要国家研究的森林类型和代表研究者见表1-1。这些研究成果,为了解全球森林生态系统生物量和生产力的分布格局提供了基础。Reichle等(1975)、Duvingneaud(1971)、木村允(1976)、佐藤大七郎等(1977)、Leith和Whittaker(1975)以及Cannell(1982)编辑的代表作,比较全面地总结了当时的研究成果,得出了主要森林生态系统类型(Olson,1975;Radin et al.,1978)和主要气候带的森林生态系统的生物量和生产力(表1-2、表1-3和表1-4)。

表1-1 IBP期间国外森林生物量研究的主要类型和代表作者

国家	研究的森林类型	代表作者
美国	北美温带森林生态系统	Olson(1971)
	大烟山(Great Smoky Mountains)	Whittaker(1966)
	橡树岭(Oak Ridge)	Whittaker等(1963)
	布洛克海文森林(Brook Haven Forest)	Whittaker and Woodwell(1969)
加拿大	北方林	MacLean and Wein(1976)
英国	英国人工林	Ovington(1965)

续表

国家	研究的森林类型	代表作者
日本	日本温带森林	Satoo(1970)
德国	温带森林	Ellenking(1971)
前苏联	北方泰加林	Marchenko and Karlov(1962)
瑞典	北方人工林	Andersson(1971)
泰国	热带雨林	Ogawa et al.(1965)
		Kira and Ogawa(1971)
巴西	热带雨林	Jordan(1982)
波多黎各	热带雨林	Jordan(1982)
全球		Cannell(1982)
		Lieth and Whittaker(1975)
		Duvingneaud(1971)
		Olson(1985)

表 1-2　世界主要气候带森林生物系统的生物量和生产力(Whittaker and Likens,1975)

生态系统类型	面积 /(10^6km^2)	生产力 范围/(t/(hm^2·a))	平均值/(t/(hm^2·a))	总计/(10^9t/(hm^2·a))	生物量 范围/(t/hm^2)	平均值/(t/hm^2)	总计/(10^9t/hm^2)
热带雨林	17.0	10—35	22	37.4	60—800	450	765
热带季雨林	7.5	10—25	16	12.0	60—800	350	260
常绿林	5.0	6—25	13	6.5	60—2000	350	175
落叶林	7.0	6—25	12	8.4	60—600	300	210
北方森林	12.0	4—20	8	9.6	60—400	200	240
林地和灌丛	8.5	2.5—12	7	6.0	20—200	60	50

表 1-3　全球主要森林生态系统的生物量和生产力(Atjay et al.,1979)

森林类型	面积 /10^6km^2	生产力 /(t/hm^2)	总生产力/(10^9t) 干物质	碳	活生物质 /(t/hm^2)	生物量/10^9t 干物质	碳
森林	31.3		48.68	21.9		950.5	427.73
热带潮湿林	10	23	23	10.35	420	420	189
热带季风林	4.5	16	7.2	3.24	250	112.5	50.62
红树林	0.3	10	0.3	0.14	300	9	4.05
温带常绿阔叶针叶混交林	3	15	4.5	2.02	300	90	40.5
温带落叶阔叶针叶混交林	3	13	3.9	1.76	280	84	37.8
北方林(郁闭林)	6.5	8.5	5.53	2.49	250	162.5	73.13
北方林(疏)	2.5	6.5	1.63	0.73	170	42.5	19.12
林木种植园	1.5	17.5	2.62	1.18	200	30	13.5
温带林地	2	15	3	1.35	180	36	16.2

在我国,由于众所周知的历史原因,森林生物量和生产力的研究,20 世纪 70 年代末期才见有报道。最早以杉木人工林生物量和生产力的研究报道为多(潘维俦等,1978;冯宗炜等,1980;朱守谦等,1981;俞新妥等,1982),再就是对马尾松人工林进行研究(冯宗

表 1-4　全球森林生态系统的生物量和生产力(Olson,1975)

森林类型	面积 /$10^6 km^2$	活物质干重 /(t/hm^2)	总生物量 /10^9t	生产力 /(t/($hm^2 \cdot a$))	总生产力 /10^9t
北方和半北方生态系统	17.005		379.42		11.007
泰加针叶林、软阔叶林	10.096		248.57		6.804
北部泰加林地:潜育土	0.880	125	11.00	5	0.440
北部、中部泰加林地:永冻土	2.463	200	49.26	6	1.478
中部泰加林地:灰化土	3.571	260	92.85	7	2.500
南部泰加林:苏打盐土	3.182	300	95.46	7.5	2.386
半北方森林和林地	6.909		130.85		4.203
亚高山林地:永冻土	3.040	160	48.64	5	1.520
其它山地针叶林:灰化土	2.696	170	45.83	6	1.618
混交林:黄壤	0.393	350	13.75	10	0.393
混交林:黄石灰土	0.301	350	10.53	10	0.301
软阔叶林:灰土	0.227	200	4.54	8	0.182
混交林:灰色山土	0.252	300	7.56	7.5	0.189
温带森林和林地	18.191		583.29		36.493
寒冷针叶林:山地、河谷土壤	3.269	320	104.45	12	3.269
巨大的和海岸针叶林:灰色土	0.500	700	35.00	25.06	1.253
寒冷的:阔叶为主的森林					
北部:灰色土	0.711	370	26.31	8	0.569
中部:棕色、灰棕色土	2.485	400	99.40	13	3.230
中部:石灰土	0.027	370	0.99	12	0.032
湿地:泥质潜育土	0.346	288	9.96	13.6	0.469
其它类型	0.193	90	1.78	12	0.238
温暖的:常绿和落叶林	5.763		226.99		15.298
山地:黄红壤	2.537	410	104.02	18	4.567
低地:红黄壤	1.977	450	88.96	20	3.954
低地:石灰土	0.172	380	6.54	16	0.275
湿地:洪积沼泽土	0.126	400	5.04	22	0.277
湿地:洪积三角洲土	0.269	200	5.38	130	3.497
其它特殊类型	0.682	250	17.05	40	2.728
温暖的或山地的半干旱林地	3.829		53.91		5.456
山地林地:棕壤	2.236	120	26.83	13	2.907
其它有干季的林地	1.593	170	27.08	16	2.549
温暖的低地:潮湿肥沃土壤					
半干旱地区	0.629	250	15.72	40	2.728
干旱地区	0.439	200	8.78	90	3.951

炜等,1982)。李文华等(1981)对长白山温带天然林的研究,使我国森林生态系统生物量的研究在人工林和天然林两个方面都得到发展。经过 10 多年的研究,南至亚热带、热带,北起寒温带,东自滨海,西达青藏高原,现已报道的森林生物量和生产力的资料比较丰富。如果对这些成果加以总结,可以看出:

(1)生物量的研究方法主要有相对生长法和皆伐法。第一种方法的应用比较广泛。对这两种方法的成功应用可参看表 1-5。

(2)生产力的研究方法主要有树干解析法、相对生长法、比值法和气体交换法。前两种方法的应用比较多。对这些方法的成功应用可参看表 1-5。

(3)对于中国主要森林生态系统的生物量和生产力,目前大都进行了不同程度的调查研究,但生物量的调查数量远比生产力的调查数量为多。

表 1-5　中国森林生态系统生物量和生产力研究主要应用的方法

研究方法	代表的森林类型	代表作者
相对生长法测定生物量	杉木林、马尾松林	冯宗炜等(1980、1982)
	长白山温带森林	李文华等(1981)、徐振邦(1985)
	兴安落叶松林	刘世荣等(1992)
	暖温带针叶林	陈灵芝等(1984)
	青冈林	陈启瑺(1992)
	西南硬叶常绿阔叶林	党承林等(1992)
皆伐法测定生物量	热带山地雨林	李意德等(1992)
树干解析法测定生产力	杉木林、马尾松林	冯宗炜等(1980、1982)
	长白山温带森林	李文华等(1981)、徐振邦(1985)
	西南硬叶常绿阔叶林	党承林等(1992)
相对生长法测定生产力	青冈林	陈启瑺(1992)
	西南硬叶常绿阔叶林	党承林等(1992)
比值法测定生产力	青冈林	陈启瑺(1992
气体交换法测定生产力	常绿阔叶林	彭少麟等(1995)

第二节　研究的发展趋势

森林生态系统中的碳在不断地通过植物光合和呼吸作用、死生物质的分解以及土壤呼吸作用,与大气间进行交换。作为陆地生态系统的最大碳库,森林生态系统中碳的贮存量与大气中的 CO_2 浓度升高密切相关,其任何增减,都会涉及到大气中 CO_2 浓度的变化。因此,森林生态系统总生物量和生产力的研究,是判断森林生态系统是大气中 CO_2 的源和汇的重要标志。以下几个方面的研究已经引起了生态学界和林学界的极大关注。

1　土地利用方式的变化引起的森林生态系统总生物量变化及其对大气中 CO_2 浓度的影响

大气中 CO_2 浓度的增高,不但是由于矿物质燃烧造成的,而且森林砍伐等引起的土地利用方式变化也会增加大气中 CO_2 的浓度。据估计,1980 年,由于热带森林砍伐,向大气中释放的 CO_2 量相当于矿物质燃烧释放的 10%—50%(Houghton,1990)。土地利用方式的改变直接影响了大气中排放的 CO_2,这是由于森林生态系统中总生物量的变化所造成的。为此,这就需要估算所研究地区的总生物量。Houghton 等(1983)在估算自从 1860年以来,森林面积减少向大气排放 CO_2 时,就是根据森林在遭到破坏时,森林生态系统中总生物量的变化过程得出的。

2　估计森林生态系统吸收大气中 CO_2 的能力

森林既然是陆地生态系统中最大的碳库,并具有较高碳的贮存密度,那么森林生态系统在减轻全球气候变化中的作用如何,这就是如何增加森林生态系统的总生物量,目前的分析途径有以下几种:

(1)增加森林面积　即意味着增加陆地生态系统的总生物量,减少大气中 CO_2 浓度的增加。这方面的研究较多。Grubler(1993)总结了以前的几种造林方案所能达到的吸收大气中CO_2的目标。无论哪种方案,都是建立在对森林生态系统总生物量研究的基础上的。

(2) 潜在生物量(Potential biomass density)的估算 生长在某种环境下的某一森林类型,总存在一种最大的生物量。当该森林未发育成熟或受到人为干扰时,实际生物量(Actual biomass density)总比潜在生物量低(Iverson et al.,1993,1994)。Iverson 在评价东南亚森林在吸收大气CO_2的能力时,引入了此概念,并利用当地的地形、土壤和植被资料,用地理信息系统(GIS)编绘了东南亚潜在生物量分布图。根据他们的估算(Iverson et al.,1994),东南亚热带雨林的平均潜在生物量为 370t/hm^2。而由于土地退化和人为干扰,实际生物量仅有 194t/hm^2。即要达到潜在生物量,该地区森林生态系统中的碳贮存量将增加 1 倍多。

(3) 森林生态系统的总有机物量和净生产量(NEP)的研究 以前对于森林生态系统的生物量和生产力的研究是不完全的。大多数研究只注重森林中乔木层的生物量和生产力,对森林中下木层和草本层的研究还很不够。只有很少的研究调查了森林生态系统中的枯立木量和凋落物的量。目前,随着人们对森林生态系统在全球变化中的作用的重视,提出了森林生态系统的总有机物量和净生产量(NEP)的估算,这不但包括了森林中植物物质的生物量和生产力,而且包括了土壤中的有机物量和有机物积累量。

(4) 森林生态系统生产力模型的研究 由于森林生态系统的生产力是受多种因素影响的,不但有自然的,如地形、气候、土壤等,而且有人为的,如人为集约经营和破坏。早期的森林生产力与气候的关系研究,主要是采用经验模型,包括 Miami 模型、纪念模型、筑坡模型。近来,随着研究全球气候变化对森林生态系统研究的不断深入,关于气候与生产力的关系的研究也就成为一个研究热点。一些生物地球化学循环模型的出现有着重大意义。

第三节 研究分类和代表类型

目前我国森林生态系统的分类和区划有许多种,如《中国植被》中的植被分类和区划(1980),中国森林立地的划分(中国森林立地编委会,1984),《中国山地森林》中的分类和区划(林业部调查规划院,1981)以及周以良(1990)编写的《中国森林》中的中国森林主要类型的划分等。这些分类在地带性森林类型的划分上基本一致,但进一步划分则差别较大,这是由于不同的研究者进行类型划分的目的和方法不同所致。根据中国森林生态系统生物量和生产力的研究现状,结合我国的气候、地形和人为活动的特点,在本项研究中采用的中国森林生态系统分类和代表类型见表 1-6。

表 1-6 中国森林生态系统分类和代表类型

森林生态系统	代表类型
寒温带	
针叶林	兴安落叶松、阿尔泰落叶松林、樟子松林
温带	
针叶林	阔叶红松林、长白落叶松林、长白松林、鱼鳞云杉冷杉林

续表

森林生态系统	代表类型
落叶阔叶林	蒙古栎林、水曲柳林、杨桦林、山杨林、胡杨林
暖温带	
针叶林	油松林、华山松林、赤松林、侧柏林
落叶阔叶林	栓皮栎林、辽东栎林、杨桦林、赤柏林
亚热带	
针叶林	
暖性针叶林	杉木林、马尾松林、云南松林、思茅松林
温性针叶林	云杉林、紫果云杉林、油麦吊云杉林、长苞冷杉林
常绿阔叶林	
东部常绿阔叶林	青冈林、栲树林、黄果厚壳桂林、厚壳桂林、粘木林、木荷林
西部常绿阔叶林	水果石栎林、短刺栲林、黄毛青冈林、灰背栎林、黄背栎林、元江栲林
常绿阔叶人工林	青钩栲林、木荚红豆树林、樟树林、米槠林、观光木林、楠木林、火力楠林
常绿落叶阔叶林和	喀斯特山地常绿落叶阔叶混交林（以青冈、乌桕、化香为主）
落叶阔叶混交林	落叶阔叶混交林（以落叶栎类、枫香为主）
竹林	毛竹林、慈竹林、水竹林、箭竹林
热带	
雨林和季雨林	山地雨林、山地季雨林
海岸红树林	秋茄林、海莲林、木榄林、海桑林
青藏高原	
亚高山寒温性针叶林	冷杉林、铁杉林、落叶松林、高山松林、乔松林、长叶松林
山地暖性针叶林	云南松林
山地硬叶阔叶林和落叶林	高山栎林、长穗桦林、长序杨林
山地常绿阔叶林	樟、楠、槭混交林、通麦栎阔叶林、青冈阔叶混交林
低山热带林	低山热带雨林
农林生态系统	农田防护林、桐粮间作、果粮间作

第二章 森林生态系统的生物量和生产力的研究方法

从森林生态系统生物量和生产力的研究历史分析可以看出,要获得对森林生态系统生物量和生产力的可靠估计,研究方法至关重要。而在我国,有关这方面的介绍只散见于一些研究文献中,没有系统的研究方法的文献出版。作者(冯宗炜)曾于1981年,应中国生态学会的邀请在《生态系统研究法》讲习班上,根据自己多年来研究的实际系统地讲授了森林生态系统生物量和生产力的基本研究方法及其原理。尽管这些年来,计算机及遥感技术的发展,使生物量和生产力的研究和分析更为快速容易,但有关这方面研究的基本方法和原理,仍深感有介绍的必要。

第一节 生物量和生产力测定原理

1 生物量和生产力的基本概念

为了进行森林生态系统生物量和生产力的测定和研究,首先需要对一些常见的术语和它们之间的关系有明确的概念。

1.1 第一性生产或初级生产和第二性生产或次级生产

第一性生产或初级生产(Primary production),即森林生态系统中的绿色植物生产者,将来自太阳的光能以化学能固定为其他消费者和分解者能够利用的有机物的形态,这是最初的能量储存过程,也是产生生态系统的特有的物质循环的原动力,在第一性生产力中本应还包括自养细菌通过化学合成所形成的有机物生产在内,但后者在数量上很少,故一般在此不予考虑。

第二性生产或次级生产(Secondary production),即第一性生产者之外的其它有机体包括消费者和分解者,它们利用第一性生产的有机物进行同化作用的再生产。

1.2 总生产量和净生产量

第一性生产包括下面两个概念:

(1)总生产量或总第一性生产量(Gross production or gross primary production) 即一定时期内植物从无机物生产出来的有机物质的总量。其中包括同期间内植物呼吸所引起的有机物质消耗量(R)。

(2)净生产量或净第一性生产量(Net production or net primary production) 即从总生产量减去植物呼吸的消费量后剩下来的数量。也即一定时期内,经植物的组织或贮藏物质的形式所表现而蓄积起来的有机物质的数量。

植物生态学家一般都对净生产量很关注,并进而常常根据植物或植被的某一特定部分(地上部分、根系或种子的产量等)加以分析说明。

1.3 生产力、总生产力和净生产力

生产力(Productivity),即对生产量的表示,是指单位面积和单位时间(通常为1 a)所生产有机物质的量,也即生产的速率,通常用有机物质 kg/($m^2 \cdot a$)或用能量 J/($cm^2 \cdot a$)

表示。

总生产力(Gross productivity),即植物在单位面积和单位时间内从无机物生产出来的有机物质的总量。

净生产力(Net productivity),即上述的有机质的数量减去单位面积和单位时间内的植物呼吸的消耗量所剩下的数量。

1.4 生物量和现存量

生物量(Biomass)是泛指单位面积上所有生物有机体的干重,前面谈到的净生产量和净生产力所积累的干物质,实际上就是生物量和一年的生物量。

现存量(Standing crop)是指单位面积上某个时间所测得生物有机体的总重量。通常把现存量看成生物量的同义语。生物量与生产力的区别关键在于,前者表示一段时期积累的生产量,后者表示单位时间(通常为1a)内所产生的生物量,后者仅是前者的一部分,即一年的生物量,表示积累的速率。

2 生物量和生产力的测定原理

1977年,Ogawa和Kira等人曾指出,在森林群落中,采用有机物质收支表的方法,很容易理解测定第一生产的一些原理,设时间为t,则将时刻t_1至t_2的这段时间的长度定为Δt:

$$\Delta t = t_2 - t_1 \tag{2.1}$$

设在某时刻t的单位面积上生物有机体的总量即现存量为Y,设在t_1和t_2时的现存量Y_1和Y_2,把在Δt这段时间的现存量的变化称之为群落生长量,以ΔY表示之。即:

$$\Delta Y = Y_2 - Y_1 \tag{2.2}$$

在Δt这段期间新合成的有机物质的总量称为总生产量,以ΔP_g表示之,而由植物体的呼吸所消耗的有机物质的量为呼吸消耗量,以ΔR表示之。这两者之差是在Δt这段期间所形成的植物体量(不管在t_2时是否活着),把它称之为净生产量,以ΔP_n表示之。

$$\Delta P_n = \Delta P_g - \Delta R \tag{2.3}$$

在Δt这段期间,由群落的活的植物有机体量中,通过落叶、落枝、枯死的花或脱落的果实鳞片之类物所失去的生物量称之为枯死凋落量,以ΔL表示,由于动物等异养生物的摄食所失去的量称之为被食量,以ΔG表示之。

表2-1是表示在Δt的这段期间,从t_1到t_2时间内森林群落中有机物质输入和输出的收支状况。作为收入项有t_1的现存量Y_1和在Δt这段期间的总生产量ΔP_g,作为支出项目有:在Δt这段期间的呼吸消耗量ΔR,枯死凋落量ΔL,被食量ΔG以及在t_2时的现存量Y_2,作为这类收支表,收入项的合计和支出项的合计必须相等,所以:

$$Y_1 + \Delta P_g = \Delta R + \Delta L + \Delta G + Y_2 \tag{2.4}$$

表2-1 t_1到t_2期间,植物群落的有机物质收支表

收入	支出
在t_1时的现存量:Y_1	呼吸消耗量:ΔR
同化合计或总生产量:ΔP_g	植物枯死、凋落量:ΔL
	被食量:ΔG
	在t_2时的现存量:Y_2
$Y_1 + \Delta P_g$	$\Delta R + \Delta L + \Delta G + Y_2$

由(2.2)(2.3)及(2.4)可导出下列关系：
$$\Delta P_g = \Delta Y + \Delta R + \Delta L + \Delta G \tag{2.5}$$
$$\Delta P_n = \Delta Y + \Delta L + \Delta G \tag{2.6}$$

若利用上述这种关系，即使不测定光合作用，只需通过测定在 Δt 期间的现存量的生长量和 ΔL、ΔG、ΔR，就可求得 ΔP_g 和 ΔP_n。这种将各项的定值累积，推算 ΔP_g 和 ΔP_n 的方法，可称之谓"累积法"（也称群落收获法或现存量法）。

另外也可以测定表2-1中左边收入项，即收入法，可通过光合和呼吸的气体代谢量的方法，直接测出 ΔP_g 和 ΔP_n。这种方法需要精密的仪器，由于森林中的树体高大，测定时困难较多，所以在测定森林生产力的大量文献中，大部分是采用"累积法"，甚至有人认为是唯一的方法（伊田，1971），下面将"累积法"再展开加以讨论，在 $t_1 - t_2$ 这段期间，生物量是可分成老的和新生的两部分，老的那部分是指在 t_1 以前就已形成，量符号字母后面带有下角 O 字母；而新的部分是指从 t_1 到 t_2 这段期间所生长的那部分，量符号字母后面带有下角 N 字母），表2-2表示了从 t_1 到 t_2 这段期间植物群落中老的和新生的部分有机物质的收支状况，由表2-2中得出：

$$Y_1 + \Delta P_{gO} + \Delta_N J_O = \Delta_O J_N + \Delta R_O + \Delta L_O + Y_{2O} \tag{2.7}$$
$$\Delta_O J_N + \Delta P_{gN} = \Delta_N J_O + \Delta R_N + \Delta L_N + Y_{2N} \tag{2.8}$$

$$\begin{aligned}
\text{因为} \quad & \Delta P_g = \Delta P_{gO} + \Delta P_{gN} \\
& \Delta P_n = \Delta P_{NO} + \Delta P_{NN} \\
& \Delta R = \Delta R_O + \Delta R_N + \cdots + \text{等} \\
\text{所以} \quad & \Delta Y_N = Y_{2N} \\
& \Delta Y_N = Y_{2O} - Y_1 \\
& \Delta Y = \Delta Y_O + Y_{2N}
\end{aligned} \tag{2.9}$$

表2-2　从 t_1 到 t_2 这段期间植物群落老的和新生的部分有机物质收支表

收入	支出
t_1 时的现存量：Y_1	由老的部分成为新生的部分的量：$\Delta_O J_N$
总生产量：ΔP_{gO}	呼吸消耗量：ΔR_O
由新生的部分转成为老的部分的量：$\Delta_N J_O$	枯死落量：ΔL_O
	被食量：ΔG_O
	t_2 时的现存量 Y_{2O}
$Y_1 + \Delta P_{gO} + \Delta_N J_O$	$\Delta_O J_N + \Delta R_O + \Delta L_O + \Delta G_O + Y_{2O}$

新生部分

收入	支出
由老的部分转成为新生的部分量：$\Delta_O J_N$	由新生的部分转成为老的部分的量：$\Delta_N J_O$
总生产量：ΔP_{gN}	
	呼吸消耗量：ΔR_N
	枯死凋落量：ΔL_N
	被食量：ΔG_N
	t_2 时的现存量：Y_{2N}
$\Delta_O J_N + \Delta P_{gN}$	$\Delta_N J_O + \Delta R_N + \Delta L_N + \Delta G_N + Y_{2N}$

不难看出(2.4)式是(2.7)和(2.8)两式相加而得。以 $\Delta_O J_N$ 和 $\Delta_N J_O$ 表示新生的和老的两部分有机物质的转移,可将它们简化成:

$$\Delta J = \Delta_O J_N - \Delta_N J_O$$

并代入前述的一些公式中去,由(2.7)(2.8)和(2.9)式得出:

$$\Delta P_g = (Y_{2N} + \Delta R_N + \Delta L_N + \Delta G_N) + (\Delta Y_O + \Delta R_O + \Delta L_O + \Delta G_O) \quad (2.10)$$

$$\Delta P_n = (Y_{2N} + \Delta L_N + \Delta G_N) + (\Delta Y_O + \Delta L_O + \Delta G_O) \quad (2.11)$$

进而得:

$$\Delta P_{gO} = \Delta Y_O + \Delta R_O + \Delta L_O + \Delta G_O + \Delta J \quad (2.12)$$

$$\Delta P_{gN} = Y_{2N} + \Delta R_N + \Delta L_N + \Delta G_N - \Delta J \quad (2.13)$$

$$\Delta P_{nO} = \Delta Y_O + \Delta L_O + \Delta G_O + \Delta J \quad (2.14)$$

$$\Delta P_{nN} = Y_{2N} + \Delta L_N + \Delta G_N - \Delta J \quad (2.15)$$

由(2.6)式可看出,净生产量可由增加的生物量的量(ΔY)和支出各项相加而得,而无须测定其收入项,这是上面所介绍的累积法的基本原理。为了得到 ΔY 的量,必须要测定在 t_1 和 t_2 时刻的两部分生物量,但在森林群落中,这常常是不能实现的,作为一个变通的办法,常以测定在 t_2 时的新生部分的量 Y_{2N} 来代替 ΔY,即:

$$\Delta P_n = Y_{2N} + \Delta L + \Delta G \quad (2.16)$$

虽然从收支表中可以看出,Y_{2N} 并不完全和 ΔY 一样,因此,若利用 Y_{2N} 来测定净生产量和总生产量时,必须根据实际情况,在测定步骤上来一些变动。现根据 Ogawa(1977)的资料,举几个例子来说明,为了简便起见,例中的 t_1 和 t_2 是以相应的生育期的开始和结束来代表的。

例1 在温带多年生草本植物群落和落叶阔叶林群落中,当 t_1 时老叶早已全部掉光,故 $\Delta P_{gO} = 0$;即:

$$\Delta P_g = \Delta P_{gN} = Y_{2N} + \Delta R_N + \Delta L_N + \Delta G_N - \Delta J$$

上述测定步骤难以用到森林群落中,因为把呼吸消耗量分成的 ΔR_O 和 ΔR_n 常常是不可能的,虽然在多年生草本植物群落中,只是在地下部分生物量中新生的和老的部分是共存的,而在某一些种,新生的和老生的部分是能分开的(Iwaki and Midorikawa, 1968)。此外,ΔJ 的量与净生产量相比是相当大的(Midorika and Mutoh, 1968)。公式(2.12)ΔJ 的测定如下:

$$\Delta J = -(\Delta Y_O + \Delta R_O + \Delta L_O + \Delta G_O)$$

例2 假如在 $t_1 - t_2$ 这段时间内,老的一部分生物量除了死亡或枯落和被异养动物消耗外,没有什么变化($Y_O = Y_1 - \Delta L_O - \Delta G_O$)。并且从老的部分转入到新生的部分,是处于相等的抵消的状态而达到平衡($\Delta J = 0$),则由公式(2.15)可望得到:

$$\Delta P_n = P_{nN} = Y_{2N} + \Delta L_N + \Delta G_N \quad (2.17)$$

这种估算值最初是由 Kira 等人(1967)提出,继后又得到另一些人的采纳。然而,这个公式从逻辑上来说,其前提是必需承认(2.14)式和(2.15)式中:

$$\Delta Y_O = -(\Delta L_O + \Delta G_O)$$

$$\Delta P_n O = \Delta J$$

换句话说,即由老的部分转入成为新生部分的有机物质量与净生产量是相等的。这可通过调查老的部分的一些保留物质,例如草本植物的根茎(Iwaki and Midorikawa,

1968;Mutoh et al.,1968)和针叶树的老的常绿针叶(Kimura,1969)等来做实验性的校正。

例3 在1年生草本群落中,其老的部分在t_2时,已完全不存在($Y_{20}=0$)则由(2.9)式得出:

$$\Delta Y = \Delta Y_{2N} - Y_1 \qquad (2.18)$$

因此,净生产量可由(2.6)和(2.18)式中所得到下式来测定:

$$\Delta P_n = (Y_{2N} + \Delta L + \Delta G) - Y_1$$

上述3个例子表明,只有在ΔY和Y_{2N}之间的相互关系是相对简单的情况下,才能利用Y_{2N}来测定净生产量和总生产量。从收支表中也易了解,在较复杂的相互关系的情况下,测定净生产量和总生产量所必需的一些条件,而这些条件很少能被实验证实。

第二节 生物量的测定方法

森林生物量的测定,不可能像农田或草原生物量测定那样,将一定面积的森林全部连根挖出来称重,这样做不但要花费巨大的劳动和很长的时间,而且在实际中往往也是不可能的。因此需要采取一种变通的办法。目前在国际上常采用设立所谓"破坏性样地(Destructive plot)"的方法来进行测定。

1 样地的设置

1.1 样地的选择

在林区路线踏查的基础上,选择立地条件、森林起源、树种组成、林龄和营林措施(尤其是人工林)等方面基本相同的,林相比较完整而有代表性的森林地段设置样地(或称标准地)。

1.2 样地的面积

样地一般采用正方形或长方形,其一边的长度,最好至少要比该地段的最高树木的树高还要高些,通常在一般的森林中可取20m×20m,30m×30m或更大些,在树种组成单一、林相整齐而又较密的中、幼林中,可适当地减少到100—200m²,反之,则面积可适当增加到1000—2500m²。

1.3 样地的一般记载

样地确定后,应按要求进行编号,记录各项自然条件,并要把直接观察和简单测定所能得到的项目,尽量地记载一下,例如森林的树种组成、林龄、层次、结构、郁闭度、下木和草本地被物的状况等等,在人工林中,通过访问还要把造林的措施和经营活动情况记录下来,以便作为分析和讨论中的参考。

2 每木调查

所谓每木调查就是把样地内的全部树木(包括活立木和死立木),从一定的起始径级(通常在壮年林或近熟林中为4cm;在成过熟林中为6cm)开始,逐一地测定其种类、胸高直径和树高等测树学因子。在林学上,每木调查有时也称每木检尺,通常是指只测定胸高直径,但在生态学中以生物生产的测定为目的时,常常也包括树高等其它因子的测定。对于小于起始径级的树木和幼树,不进行每木检尺,通常将它们视作为下木处理(这部分将见下文)。

测定胸高直径(D),通常是由测手一名和记录员一名组成小组进行。胸高是指离地表1.3m处的树高,一般林木在这个高度已不受树基部膨大的影响,而且测定起来最不费劲。测定时,测手要准备好一根1.3m长度的标准木杆,从地面起将木杆贴靠在树上,在坡地则要从树干上坡一侧的地表面算起,如在树高1.3m处恰好遇到节疤、枝条或因藤蔓缠绕和其他机械损伤而引起树干畸形时,则要避开那个部位,向上或向下稍移动到被认为是树干生长正常的高度处进行测定。测定直径一般使用轮尺,有时也使用卷尺。测定时将轮尺平放卡紧树干部位,要从东西(或左右)和南北(或上下)两个方向各测一次,取其平均值,并以1cm(幼壮林)或2cm(成过熟林)为单位进行记录,凡测过的树木要打记号,即在树干的同一个方向用粉笔做上记号,以免重测或漏测。

测定树高通常也是需要记录员1名、测手1名和助手1名来进行。测高的工具有测杆或测高器,测杆用于测量小树的树高,测量的测手将测杆从树根部向上伸展;助手则摇晃树木,使记录员能看清树梢,在坡地调查时,记录员要站在山的上坡,并尽量离开树木,让测手上下移动测杆的顶端,使它与树梢相一致,读测杆的刻度,记录之。对一般大树可利用测高器测量,测高量器种类不一,应用较广泛的有威氏(Weise)圆筒测高器和布鲁迈-莱司(Blume-Leiss)测高器,还有能测出树高和任意高度直径和树冠直径等的林分速测镜(例如史坡杰尔速测镜)(Spiegel-Relascope)和巴尔、史特劳德的测树仪(Barr and Stroud Dendrometer)等,这类仪器测定方便精密度高,其测定原理和使用方法可参考测树学教课书及专门文献。

每木调查时最大的误差来自漏测,因此,在调查时要沿"S"形一行一行地进行测量,如果是坡地,应从坡下开始向坡上调查。

3 标准木(样木)的选定和伐倒调查

3.1 标准木(样木)的数量和选取方法

随着乔木层生物量(现存量)测定方法的不同而异,这里先介绍标准木选定的一般要求和伐倒后调查的项目和步骤,标准木应在样地内选择,如果该样地是固定样地需要长期观察研究,则标准木可在邻近的地段条件相一致或类似的林分来选取,对林缘木,被压木、病虫危害大和其它受自然或人类因素干扰破坏的立木,都不应选为标准木。

3.2 地上部分的调查和测定

对伐倒的标准木,首先要用卷尺和轮尺,分别将树高(H)、第一活枝高(H_b)、最下叶层高(H_1)、树冠直径(R)、地表直径(D_0)、地上部分0.3m处直径($D_{0.3}$)、胸径($D_{1.3}$)和1/10树高处的直径($D_{0.1}$)等逐一量测,并记录下来,这些项目对资料分析和计算有参考价值。随后,将地上部分树干连同枝、叶、果实,按分层切割法,即在1.3、3.6m处和以后每2m作为一个区分断开,树梢部不足1m的作梢头处理。根据林分中树木的大小,一般幼树或平均直径不足10cm者,按1m长度区分;大树或平均直径10cm以上者,按2m长度区分,甚至也可按4m或8m长度区分。这是因为不能不考虑木材利用的缘故。对断开的区分段,要分别不同高度或层次测定干、枝、叶和果实的鲜重,如有必要时,也可分别测定新枝、新叶、枯枝(叶)和干果的重量。有的树种枝叶繁茂如云杉、杉木等,在野外现场测定针叶的重量很费劲。可根据树冠的不同层次(上、中、下)和不同方位(东、南、西、北)分别按比例取一部分带叶的枝条样品,混合称重,随后立即将叶迅速摘除称重,根据两者重量之差,即可求得单位重量的枝叶比,然后再按这个比例,来求算各区分段或整株的枝和叶的鲜重,要分别采取部分树干、枝、叶、果等样品,拿回实验室置于105℃的烘箱中烘干至恒重,求出各部分的干重与鲜重的比,再以各部分的鲜重乘以干重率求出各部分的干重。

对于不能直接称重的大树的树干,则可分别测量其长度(l)和两端的直径(d_1, d_2),由直径-圆面积表中,查出两端的断面积(g_1, g_2),按(2.19)式求出其容积即材积(V),再按树干重量(W_s)等于容积(V)乘以木材比重(W_g)来推算之,木材比重可查阅有关木材材性的资料和文献,或按(2.20)式计算:

$$V = (g_1 + g_2)/2 \times l \tag{2.19}$$
$$W_g = W'_s / V'_s \tag{2.20}$$

式中,W'_s为试样的干重,V'_s为试样的容积。

3.3 地下部分的调查和测定

地下部分根系的调查和测定,一般比较困难,需要花费大量的劳动和时间,特别是大径级的树木,往往非常困难,不得不被省略。对一些浅根性的树种,如落叶松、杉木等,可将根系全部挖出,清除泥土,并将根系按表2-3中的分级法,分门别类地单独将各级根系称重,并求出其鲜重,将各部分的鲜重合计,即为整株样木的地下部分根系的鲜重。采取各个等级的根系样品,混合之。然后,按前面所述的求干重的方法,求得整个根系的干重。

表2-3 根系的等级

根系等级	根系直径/cm
细根	<0.2
小根	0.2—0.5
中根	0.5—2.0
大根	2.0—5.0
粗根	>5.0
根桩	不分权部分的实体

土块取样法(Soil block sampling method)如图2-1所示,将被树木所占据的土体3部分,再分成若干个土块。将这些土块中的根系全部取出,按表2-3中所确定的等级分类,并称重之,从树干基径处起分成1—3个水平区带和从地表面向下相应的有Ⅰ、Ⅱ、Ⅲ、Ⅳ、Ⅴ个垂直层。不管是水平的或是垂直的方向都进而分成①—④个段。这样区分是在野外条件下能较方便地围绕着树来做。应该指出:从这种土块中取出的所有根系,并不完全属于位于中心的这株树,但由这种方法所得到的根系重量与完全挖掘出来所得的重量十分相似。在山地按土块取样法调查,坡下部的一半(②和③)约为坡上部的一半(①和④)的1.1—3.0倍,但左边的一半土块(③和④)与右边的一半(①和②)之间通常没有什么差异,因此,在实际中也可以省去左边或右边的部分不挖。挖掘根系所需的时间和劳动量是取决于树种、树体大小和土壤条件的不同而异。例如底面积为24cm的树木,只挖掘一半面积的约可节省劳动力40%。图2-2为从挖掘根系一直到最后测定干重的全部程序的图式,在全部程序中,第5、6个步骤,即小径级根系的分类是最花时间的,这样不可避免地要采取用小样品的方法来作分类。根据日本学者(Karizumi,1977)对柳杉(*Cryptomeria japonica*)根系的实验表明,在第5个步骤中,取300g的样品测定中根的生物量是足够的,能达到95%以上可靠性水准时,相对误差不超过10%,而在第6个步骤中,

测定细根生物量时,取150g样品,就足够达上述同样的统计学精度的水平。对大根(系)的测定则不必取样,因为大根容易区别开来称重。

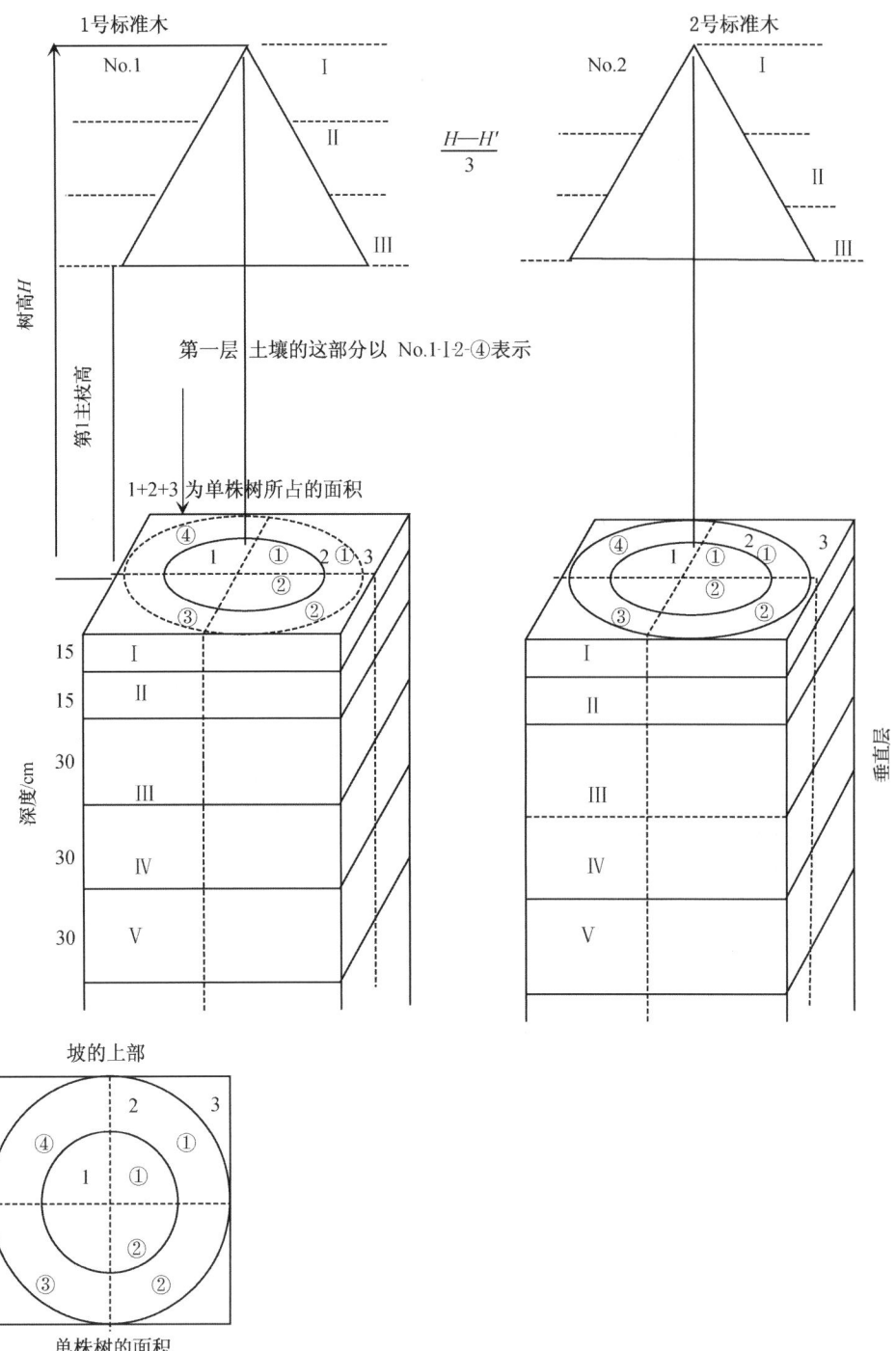

图 2-1 用土块取样法测定根系生物量的取样示意图(根据 Karizumi, 1977)

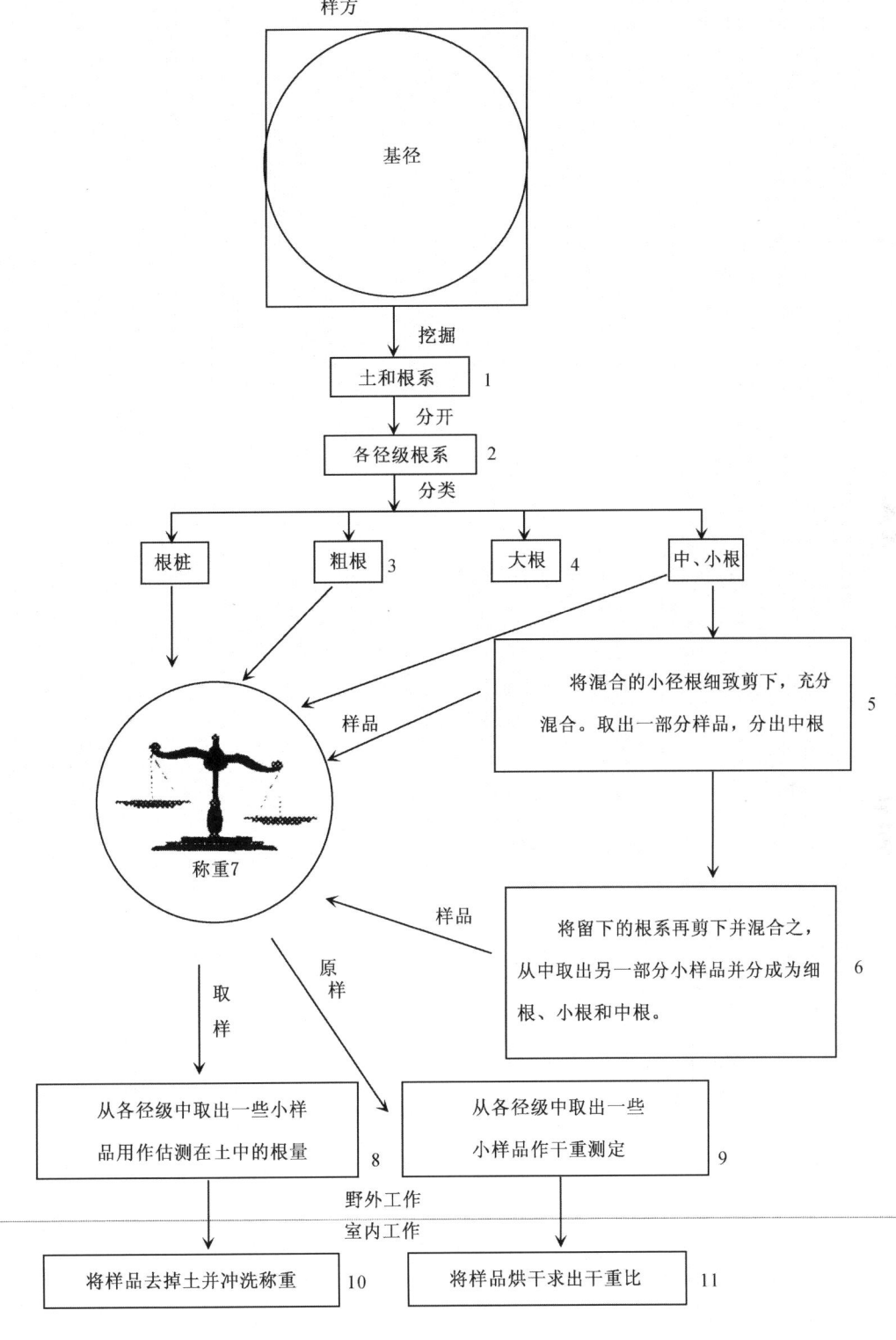

图 2-2　根据生物量测定取样程序图式（根据 Karizumi, 1977）

4 乔木层生物量的测定

一般有 3 种方法:皆伐法、平均木法和相对生长法。

4.1 皆伐法

为了精确地测定乔木层的生物量,或用来作为标准,以检验其他方法的精确程度,需要用皆伐法。皆伐法也可以结合伐区作业进行,即是将一定单位面积上的林木,逐个的伐倒后测定其各部分(树干、枝、叶、果和根系等)的鲜重。并换算成干重,将各部分的重量合计,即为单株树木的生物量(W),将各单株生物量累计相加,即为林分的乔木层生物量(W_t),可用(21)式来表示:

$$W_t = \sum W \qquad (2.21)$$

在森林生物量测定中,林下植物(下木层、草本层和地被层)的生物量测定常在一定样方面积上采用此法(Whittaker and Mark,1975)。对于乔木层生物量测定,皆伐实测法的精度高,但花时间和人工多,除了个别学者作为研究方法对此采用外,一般很少采用。在热带地区,由于森林的乔木层植物种类组成多样,群落结构复杂,用皆伐法可以取得更为客观的生物量数据,在我国海南岛尖峰岭热带山地雨林生物量的调查测定中,也曾结合森林采伐应用了此法 (李意德等,1992)。

4.2 平均木法

这种方法是根据样地每木调查的资料计算出全部立木的平均胸高断面积,选出代表该样地最接近于这个平均值的数株标准木,并以这些标准木为根据,伐倒后求出平均木的生物量($\bar{W}$),再乘以该林分单位面积上的株数(N),得单位面积上林分乔木层的生物量(W_t),即

$$W_t = N \cdot \bar{W} \qquad (2.22)$$

另一种方法是将各个标准木生物量之和($\sum W$),乘以单位面积上胸高断面积合计(G)与各个标准木的胸高断面积合计 $\sum g$ 之比,即得单位面积林分乔木层的生物量(W_t),即:

$$W_t = \sum W \cdot (G/\sum g) \qquad (2.23)$$

这种方法比较适用于人工林。因为人工林的林木大小具有小的或中等离散度的正态频率分布。这种方法被 Ovington 及其同事们用于欧洲的人工林研究中(Ovington,1957)。这里需要注意的是,根据不同的测树因子(胸径、树高、断面积和干材积)选取的平均木是不同的, 由此可以得出不同的林分生物量(Baskervile, 1965)。

4.3 径级选择法

这种方法是在样地每木调查的基础上,根据林木的径级分配,按比例从各径级中选出标准木,将它们伐倒后,测定其生物量(W),将各个标准木生物量之和($\sum W$),乘以该样地上林木胸高断面积合计(G)与各标准木断面积之和($\sum g$)之比,即得单位面积林分乔木层的生物量(W_t),此法也可用(2.23)式来表示。

4.4 相对生长法(Allometry method)

亦称维量分析法(Dimension analysis),回归式法或相关曲线法,由于上述介绍的 3 种方法,存在着一定的局限性,平均木方法虽然比较简单,但受到不少研究者的指责,他们认为,根据某一测树学指标(例如根据树干断面积)确定的平均木,对于另外的测树学指标(例如林冠的重量)来说,就不代表平均木 (Ovington and Madgwick 1959, Madgwick,

1963；Baskervile，1965；Attiwill，1966；Attiwill and Ovington，1967），而采用相对生长法来测定则无异议，因此这种方法是目前在生态学文献和测定森林生物产量时应用最多的一种方法。

用相对生长法来推算森林生物量，是以 Huxley(1932) 提出的相对生长（allometry relative growth）的法则为依据的，即生物体的两部分 X 和 Y 或整个 X 和部分 Y 之间存在着下列关系：

$$Y = aX^b$$

在森林生物量测定方面，最早是 Kittredge(1944) 提出应用这种公式以表示叶重与胸径之间关系，成功地拟合了推算白松（White pine）等树种叶生物量的回归方程。以后不少生态学家，特别是日本的学者，如 Satoo 等多应用这个方法研究森林生物量。这种方法是在样地每木调查基础上，根据林木的径级分配，按径级选取大小不同的标准木，一般在株数较多的中央径级选取 2—3 株，其它各径级选取 1—2 株，对两端的径级特别是最大的径级至少要有一株标准木，按前述的标准木调查方法，测定林木的各种生物量(W)，再根据林木的各种生物量与某一测树学指标之间存在的相关关系，利用数理统计配置回归方程，在森林群落中，胸高直径(D)是最容易测定的因子，一般都尽量利用这个因子作自变量来推算其他因子。如根据林木的各种生物量与胸高直径(D)之间存在的幂函数的关系，即：

$$W = aD^b \tag{2.24}$$

(2.24)式中，a、b 为由标准木所得出的参数，将(2.24)式用对数表示，则为：

$$\log W = \log a + b \log D \tag{2.25}$$

W 与 D 之间的关系，在双对数图上表现为直线，$\log a$ 为截距，b 则为这一直线的斜率。利用最小二乘法求出回归方程(2.25)式中的 a 和 b 参数，再按样地每木调查资料，根据各直径所对应的生物量，求得样地的或单位面积的生物量。但是应该指出，利用胸高直径为变量得到的 a、b 参数，在林龄、密度和立地条件等不同的林分中，往往有较大的变化。为此，日本四大学森林生产力研究组(1960)和 Ogawa(1961) 等提出利用树高(H)作为第二变量，引入到相对生长关系式中，以胸高直径平方乘以树高 (D^2H)来代替胸高直径(D)，即：

$$W = a(D^2H)^b \tag{2.26}$$

取对数表示之

$$\log W = \log a + b \log D^2H \tag{2.27}$$

这样，林分间的差异几乎消失（图 2-3）。2.27 式不仅在树种相同的纯林中可以应用，在树种不同的混交林中也可适用，当然引入第二变量树高(H)，在郁闭的林分中测定树高(H)不像胸高直径(D)那样容易，有时即使利用光学仪器测定树高，也不是轻而易举的。在这种情况下，可利用伐倒的标准木所测得的胸高直径(D)和树高(H)绘制 $D\text{-}H$ 曲线（图 2-4），$D\text{-}H$ 曲线图中根据胸高直径就可以求出树高的数字。Ogawa,(1965)；Kira 和 Ogawa,(1971)认为，$D\text{-}H$ 曲线是森林群落的最重要的属性，它反映出地上部分结构的特点，并和它的生物量紧密相关。Ogawa 的研究(1968)还证明这个曲线，即 D 与 H 之间关系，可通过双曲线方程(28) 来表示。

$$\frac{1}{H} = \frac{1}{aD^b} + \frac{1}{H_{\max}} \tag{2.28}$$

并指出在阳性树种的林分中,相对生长系数(b)常大于1,但在稳定的耐荫性树种的林分中,相对生长系数 b 趋近于 1 左右,所以上述(2.28)式可变成:

$$\frac{1}{H} = \frac{1}{aD} + \frac{1}{H_{\max}} \tag{2.29}$$

式中,$H_{\max}$是指该林分的树高的最上限的值,利用上述(2.28)或(2.29)式来测定林分中的各林木树高就相当的方便了。

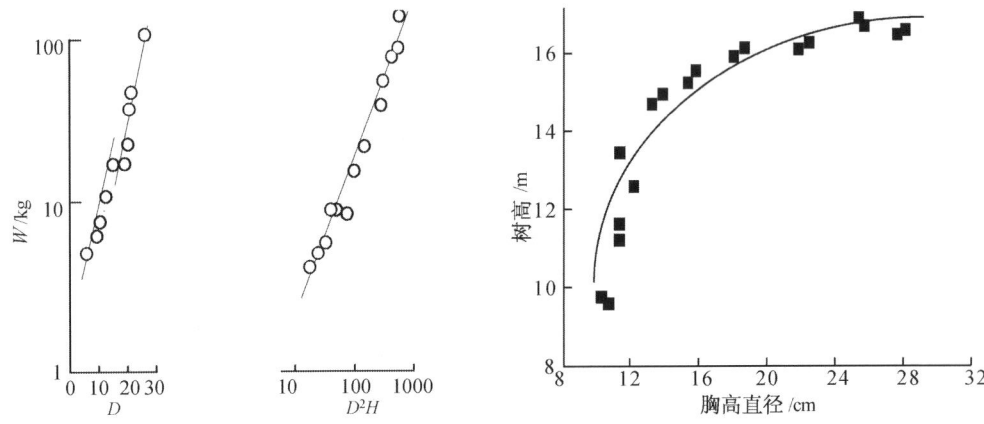

图 2-3 湖南桃源不同林龄的杉木人工林的干物质重和 D 及 D^2H 的相对生长关系

图 2-4 20 年生杉木胸高直径和树高曲线(D-H)曲线

1978 年冯宗炜等参加中国科学院桃源综合考察时,在研究人工林生物量中,除了采用前面介绍的相对生长式外,根据杉木不同年龄林分生长的特点,在幼龄林中曾采用过林木各部分生物量(W)与胸高直径(D)的直线相关式,即:

$$W = a + bD \tag{2.30}$$

在近成熟林中还采用过林木各部分生物量(W)与胸高直径(D)的抛物线相关式,即:

$$W = a + bD + cD^2 \tag{2.31}$$

利用(2.30)和(2.31)式来推算林木生物量,也可以获得满意的结果。

下面具体介绍一下,用相对生长式来推算林木各部分的生物量。

4.4.1 树干生物量(W_s)

在成熟林分中,一般树干生物量约占林木生物量的60%—70%,不同树种的树干形状,特别是温带和亚热带树种基本上相似,差异小,因此,树干生物量能比较正确地推算,通常都利用 W_s–D 或 W_s–D^2H 的相对生长关系,如(2.32)和(2.33)式来推算:

$$W_s = aD^b \tag{2.32}$$

$$W_s = a(D^2H)^b \tag{2.33}$$

如表 2-4 中所示,在同龄的针叶树人工林中,这种相对生长关系十分密切,相对生长系数(b)的分布也较集中,如利用(2.32)式求得的相对生长系数(b),常集中在 2.10—2.40 之间,平均为 2.15。如利用(2.33)求得的相对生长系数则更集中,由表 4 看出,集中在 0.80—0.90 之间,平均为 0.85。因此以 D^2H 代替 D 引入相对生长关系式中,不仅可以在不同的林分中应用,而且也提高了测定的精度(后面还要谈到)。Ogawa 等(1961,1965)研究还发现,这个公式在树种众多的热带混交林中也是适用的。如果在混交林中不同树种的木材比重差异很大,有的很重,有的很轻,则可先按(2.20)式求出不同树种的树干木材比重,然后再将它们分成若干不同木材比重的组,再分别求算 W_s,则将更为合适。

表 2-4 不同针叶树种(红松、杉木、马尾松)林分中相对生长系数(b)的分布和各级的样地数*

相对生长系数的分级	$W=aD^b$				$W=a(D^2H)^b$			
	W_s	W_b	W_l	W_r	W_s	W_b	W_l	W_r
0.40—0.49						2	1	1
0.50—0.59					1	1	4	4
0.60—0.69						3	4	1
0.70—0.79					7	6	8	4
0.80—0.89					13	7	4	8
0.90—0.99					8	5	4	2
1.00—1.09					1	1	2	2
1.10—1.19								
1.20—1.29			3					
1.30—1.39				1				
1.40—1.49			1	2				
1.50—1.59			1	1				
1.60—1.69								
1.70—1.79	2	2	1	2				
1.80—1.89		4	4					
1.90—1.99	3		2	1				
2.00—2.09	1	2	1	2				
2.10—2.19	4	1		4				
2.20—2.29	1	1		1				
2.30—2.39	5		1	1				
2.40—2.49		1		1				
2.50—2.59	1	1	1					
2.60—2.69		1	1	1				
2.70—2.79								
2.80—2.89								
2.90—2.99								
3.00—3.09		1						
样地数	17	14	16	17	30	25	27	22
平均 b 值	2.15	2.15	1.84	1.98	0.85	0.79	0.76	0.78

* 据中国科学院林业土壤研究所森林室资料整理

4.4.2 枝条生物量(W_b)

枝条生物量的测定,同样地也可通过破坏性取样,选择标准木伐倒后配制成 W_b-D 或 W_b-D^2H 的相对生长式来推算,由表 2-4 中可看出,在 W_b-D 的相对生长式中,相对生长系数(b)的分布较分散,而以 D^2H 代替 D,则相对生长系数(b)的分布较集中,故一般推算枝条生物量多采用 W_b-D^2H 的相对生长式,即:

$$W_b = a(D^2H)^b \tag{2.34}$$

也可以利用树干生物量(W_s)与枝条生物量两者之间的相对生长系数,以下式来推算:

$$W_b = a \cdot W_s^b \tag{2.35}$$

当然采用表(2.34)和(2.35)来推算,精度有提高,但是不同林分之间的差异还是存在的。

Shinozaki 等(1964)根据他们的树型管道模型的理论曾提出,树木的枝条和叶的生物量与树冠最下面的第一活枝高交叉处的树干面积成比例,如以该处的树干直径(D_b)来代替胸高直径(D)引入到相对生长式中:

$$W_b = a \cdot D_b^b \tag{2.36}$$

则几乎就可以消除林分之间存在的差异。不过测定树冠最下面的活枝高处的直径,除了在幼林可以直接测量外,在成林中测量技术上尚有一定困难,当然利用新式的光学测树仪器如林分速测镜,可以测定树干任意高度的直径,这种困难就能解决。

日本森林生产力研究组(1966)曾研究并提出以树冠最下面的第一活枝的直径 D_b 平方,乘以树冠长度(HC),即树高(H)减去第一活枝高(H_b)的长度,来代替胸高直径(D)平方乘以树高(H),引入到相对生长式中,并获得较高精度。但树高与第一活枝高(H_b)的相对生长关系不怎么规整,而且,在每木调查时测量树冠长度(HC)也较困难,故在实践中很少采用。

4.4.3 叶的生物量(W_l)

叶的生物量的测定,如同前述的枝生物量的测定一样,可根据 W_l-D、W_l-D^2H 或 W_l-D_b 等相对生长式来推算,但根据 W_l-D 和 W_l-D^2H 相对生长式来推算,误差有时比枝条的生物量还大,据 Shinozaki 等(1964)研究,采用 D_b^2 代替 D^2 引入相对生长式中,就能把不同林龄和不同树种的桦树林分(43年生的 *Betula platyphlla* var. *japonica*,18年生的 *B. ermanii* 和 7年生的 *B. maximowiczii*)之间的差异消除掉,因此可采用(2.37)式:

$$W_l = a \cdot D_b^{2b} \tag{2.37}$$

来推算叶的生物量是很有利的。Ogawa 等(1965)研究叶的生物量与树干生物量之间的相关关系,发现树木的叶的生物量以下列(2.38)式来推算,大体上可获得相当好的结果:

$$\frac{1}{W_l} = \frac{1}{aW_s} + \frac{1}{b} \tag{2.38}$$

4.4.4 根的生物量(W_r)

根的生物量的测定,也可根据 W_r-D、W_r-D^2H 相对生长式来推。Yoda(1968)对照叶林根量进行了详细的研究,指出根重与 D^2H 之间成立很好的相对生长关系,即:

$$W_r = a(D^2H)^b \tag{2.39}$$

另外,W_r 和 W_s、W_r 和地上部分重(W_t)或 W_r 与 D^2 之间也常成立相对生长关系(Kira 和 Shidei,1967;Kira and Ogawa,1968),因为在 W_s 和 D^2H 之间存在良好的相对生长关系,所以 W_r 和 D^2H 之间的相对生长系数为1或极接近于1。故可用(40)式来计算较方便:

$$W_r = a(D^2)^b \text{ 或 } W_r = aD^2 \tag{2.40}$$

4.5 叶面积的测定

树木的叶子是光合作用的主要器官,它截取太阳能,将二氧化碳和水合成有机物质,从而把光能变为人类和一切生物所能利用的化学能。因此,林冠的叶面积是能量的积聚和干物质生产的基础。森林群落中的叶面积通常是用叶面积指数(LAI)来表示的。叶面积指数是指单位面积上的叶面积与土地面积之比值,常以 hm^2/hm^2 或 m^2/m^2 为单位表示,叶面积的大小和动态变化是与林分的产量有着密切的关系。根据我们在湖南桃源丘陵地区对速生阶段 7 年生杉木的研究证明,叶面积指数与林分的净生产量成直线相关,为使群体和个体都能获得较好的发展,在速生阶段的叶面积指数宜保持在 8.0—8.5 之间(冯宗炜等,1980)。由此可见,叶面积指数是衡量森林群落结构是否合理的一个重要指标。所以在研究森林生产力时,叶面积的测定甚至比叶的生物量更重要。但是,要正确地测定叶面积,一般比较困难,这主要是由于叶面积比(叶面积与叶重之比),因树叶在林冠层中所处的部位和叶龄等不同而有很大的差异。如日本学者的研究证明,在山毛榉林中的叶面积比(以干叶重计),处于林冠表面的平均为 $13m^2/kg$,而在近地表处则达 $40m^2/kg$,在米槠(*Castanopsis cuspitata*)林内,处于林冠表面的叶面积比为 $7m^2/kg$,而在近地表处则为 $15m^2/kg$(Ogawa 和 Kira,1977)。又如杉木叶面积比(以干叶重计)是与叶龄成反比,1 年生叶为 $6.4m^2/kg$,2 年生叶为 $5.4m^2/kg$,3 年生以上老叶为 $4.9m^2/kg$(潘维俦等,1981)。这样,如果只是根据少数样品所测得的叶面积比,用它来推算单株树木或林分的叶面积,那会产生较大的误差,因此在实际测定时,可结合标准木伐倒后,通过分层切割法,按不同层次和叶龄采取样品,一般阔叶树至少 100 片以上、针叶树则要更多一些,同时按不同层次计算出每层单位叶重的叶面积(m^2/kg),再乘以每层的鲜叶重即得每层的叶面积,将每层的叶面积合计,即得标准木的叶面积。

测定叶面积的方法较多,有用直接测定法,间接测定法和叶面积仪测,下面介绍几种常用的方法。

4.5.1 求积仪测定法

把待测的叶片平铺在纸上,用铅笔钩绘出叶片的轮廓,或用有色液体喷雾,显示叶片的轮廓,中小叶片可用晒像纸显示出轮廓,用求积仪求其面积,为了减少误差,一般需重复 3 次,求其平均值,此法对阔叶树较合适,精度高,但效率低。

4.5.2 方格计算法

在透明的有机玻璃板上,画上 0.5 cm × 0.5 cm 的方格板,将叶片平铺在木制的记录板上,上面压上有机玻璃方格数,数出叶片所占的格数。叶缘不足半格者不计。超过半格者按一格计数,最后将叶片所占的格数合计,即可换算出叶面积。此法对阔叶树较合适,关键是要细致地计数,勿重记或漏记。

4.5.3 剪纸称重法

把待测定的叶片平铺在厚薄均匀,质量高的坐标纸上,描绘出轮廓,按叶形剪下称重,并按下式计算之:

$$S_A = P_s \times C_{wl}/P_w \tag{2.41}$$

式中,S_A 为单个叶面积,P_s 为单位面积坐标纸,C_{wl} 为剪下的叶形纸的重量,P_w 为单位面积坐标纸的重量。

4.5.4 经验公式法

针叶树叶面积测定较困难,常采用此法以经验公式来推算。

(1) 两针松类 根据Ovington(1956)建议采用下式计算:

$$S_i = \pi \times L \times (d+d_1)/2 + 2dL \tag{2.42}$$

式中,S_i为一束针叶面积、L为针叶长度,d为针叶平坦面的宽度,d_1为与平面坦面垂直的厚度。

(2) 五针松类 根据陈传国等(1980)对红松(*Pinus Koraiensis*)叶面积的研究,建议采用下式计算:

$$S_i = (2\pi R/5 + R + R) \cdot L \cdot n = 3.25 R L \cdot n \tag{2.43}$$

式中,S_i为一束针叶的叶面积,R为针叶平均内径,L为针叶长度,n为针叶数5。

(3) 云杉类(四棱形) 可采用下式来计数:

$$S_A = 2\sqrt{a^2 + b^2} \times L \tag{2.44}$$

式中,S_A为单个针叶面积,a、b为棱形的两端边长,L为针叶长度。

4.5.5 叶面积测定仪法

用这类仪器测定植株的叶片面积,具有快速而较精确的优点,尤其是对阔叶树效果更好。如国产的GCY-200型光电叶面积仪,就是这类仪器的一种。这种仪器是利用光电转换方法来测定叶片面积值的。当以均匀光源照明仪器的磨砂玻璃,由于漫反射,而使其成为一均匀散光亮面,这一均匀亮面经透镜成像于光电池上,使光电池产生光电流,经直流差分放大器放大后,由微安表指示。若将被测叶片放在均匀亮面前,则亮面面积相应减少,产生的光电流也相应减少,故可利用其定量关系(2.45)式来测定叶面积:

$$X = M - M/A \cdot Y \tag{2.45}$$

式中,X为被测叶面积(cm^2),M为亮面面积(cm^2),A为未加叶片时,亮面M成像于光电池上产生的光电流读数(μA),Y为叶片放在亮面下时光电流读数(μA)。

由上式可见,X与Y成线性关系,即被测叶片面积同亮面积之比等于光电流减少同亮面产生的电流之比。

4.5.6 相对生长式法

根据单株林木叶的总面积(U)和叶重(W_1)之间有很好的相对生长关系(Ogawa和Kira,1977)可采用下式来计算:

$$U = a \cdot W_1^b \tag{2.46}$$

由上述公式中可以看出树木叶面积与叶重之比是随着树木的增大而变小的趋势。

4.6 乔木层生物量测定的计算程序

据Ogawa等(1977)建议,从每木调查开始,对林木各部分生物量连续计算的程序,可按下列图式(图2-5)进行。

计算的标准程序如下:

(1) 由每木调查H-D的双曲线方程式求出林木的树高;

(2) 由D^2H用公式$W_s = a(D^2H)^b$计算

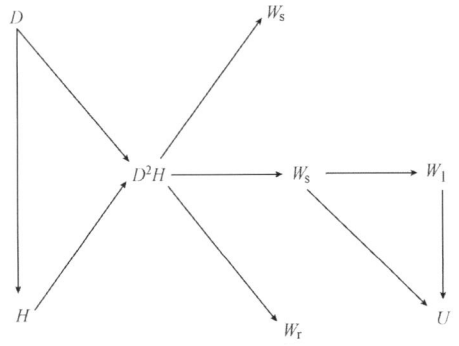

图2-5 表示从径级每木调查开始,对林木各部生物量连续计算的程序图式

树干生物量(W_s);

(3) 由 D^2H 用公式 $W_b = a(D^2H)^b$ 或 $W_b = aW_s^b$ 和 $W_r = a(D^2H)^b$,计算枝条和根系的生物量(W_r);

(4) 叶生物量通常由 W_l-W_s 回归式计算:

$$\frac{1}{W_l} = \frac{1}{aW_s} + \frac{1}{b}$$

有时也用 W_l-D^2H 的相对生长式来推算;

(5) 单株树木的总叶面积测定,由 W_l 可采用 $U = a \cdot W_l^b$ 来推算;

(6) 将 W_s、W_b、W_l 和 W_r 的测定值相加,得出全株树的生物量;

(7) 由各单株树的生物量相加得林分乔木层的生物量。

相对生长法已经被广泛应用于森林尤其是异龄林生物量的调查中(Whittaker and Marks,1975),这里有两个问题需注意:

(1) 用对数计算引起的系统误差(Baskerville,1972)。用对数计算估计出的相对生长式的系数,可能会使生物量低估 10%—20%,尽管已有方法减少这种误差,但现在,计算机技术的发展,可以使我们直接方便地求出非线性回归参数。

(2) 在传统的相对生长式中,假定林木器官间的相对生长率是常数,而实际上,相对生长率是随林木个体大小而变动,因而现在较多地应用变率相对生长式(Variable allometrical equation)。这样,可以获得对林木生物量更可靠的估算(Rurck et al.,1987)。

4.7 不同方法测定的比较

在研究乔木层生物量时,由于森林群落类型的不同,除了采用皆伐实测外,想找出一种适合于各种类型的万能的简便的测定方法是不可能的,只能根据各地森林的实际情况,通过各种方法的实验比较,选择该地区合适的测定方法。表 2-5 为根据日本学者的资

表 2-5　各种方法推算生物量的相对误差/%(皆伐实测法相比) *

项目	树干	枝条	叶	地上部分	叶面积
22 年生岳桦林(Satoo,1970)					
平均木:断面积法	+1.5	-13.5	-2.9	-0.8	-18.3
株数法	-0.2	-15.0	-4.3	-2.5	-19.8
分级取标准木:断面积法	+2.1	-1.3	-0.7	-2.3	+5.7
aD^b	+0.6	-4.8	0	+26.0	+2.3
$a(D^2H)^b$	+1.4	-6.6	-1.4	+22.0	+4.9
15 年生赤松林(Satoo 1968)					
全部皆伐木的 aD^b	+3.4	+10.7	+8.8	+6.6	
平均木:株数法	+3.8	-6.7	-4.4	+3.0	
分级取标准木:断面积法	+1.3	+13.9	+9.4	+3.5	
aD^b	+2.9	+13.0	+5.0	+4.2	
水青冈林(Ogino,1977)					
分级取标准木:$a(D^2H)^b$	+3.7	+6.7	+9.5	+4.1	-13.2
泰国热带雨林(Ogawa 等,1965)					
分级取标准木:$a(D^2H)^b$	-4.5	+11.7	+5.1	-0.3	+4.7

* 根据 Ogawa(1977)

料,介绍用不同方法推算森林生物量的相对误差。由表2-5中看出,用不同方法推算树干的生物量和皆伐实测相比较其误差均不超过5%,而枝条生物量和叶面积的相对误差则较大,尤其是取少数标准木按平均木法推算时,分别可达到15%和20%。故木村(1976)认为,在立木变化幅度比较小的同龄林或与其接近的单层林的情况下,采用胸高断面积比的方法,便是足够的;在立木大小变化幅度大的择伐林的森林里,恐怕可以说采用相对生长法是无可非议的。

中国科学院林业土壤研究所的研究人员,1978年度在桃源测定杉木人工林生物量时,也曾以杉木单株生物量的实测值与推算值为基础,对4种不同的方法进行比较,其相对误差的结果见表2-6。由表2-6可以看出:按 $W = a + bD$ 式推算相对误差最大,全株平均为7%,立木的各部分变动在7.1%—11%之间,而按 $W = a + bD + cD^2$ 式推算平均相对误差最小为2.9%,立木的各部分变动在2.2%—5.5%之间,比前者小2倍多,其余两种方法即 $W = aD^b$ 和 $W = a(D^2H)^b$ 处于中间。另外不管何种方法都是以测定树干生物量的误差最小,枝条和根系的误差较大,这说明林木的胸高直径(D)与树干生物量之间存在最紧密的相关系数,而与枝条和根系的相关程度较差。

表2-6 不同方法推算杉木人工林生物量的相对误差/% *

项目	$W = a + bD$ 幅度	平均	$W = aD^b$ 幅度	平均	$W = a(D^2H)^b$ 幅度	平均	$W = a + bD + cD^2$ 幅度	平均	样地数
全株	1.3—17.3	7.0	3.0—10.9	5.1	2.6—8.8	4.2	0.5—5.2	2.9	8
干	1.6—17.5	7.0	1.4—13.1	5.6	1.4—10.5	4.5	0.8—4.9	2.2	8
枝	5.3—31.2	11.0	5.3—21.2	9.3	4.9—18.4	8.6	1.0—7.7	4.7	8
叶	4.6—12.5	7.1	3.5—10.2	7.2	4.7—10.2	7.3	1.0—9.9	5.1	8
根	3.3—13.7	8.7	3.7—12.9	8.3	3.1—10.6	8.4	1.0—11.2	5.5	8

* 根据张家武(1980)

5 下木层和草本地被物层生物量的测定

5.1 下木层生物量的测定

是在样地内按对角线或品字形设置 $2m \times 2m$ 或 $4m \times 4m$、$4m \times 5m$ 的样方(Subplot)4—5块,也有的是在样地内随机设置 $0.5m \times 2m$ 的样方20块(Whittaker and Woodwell,1971)来进行测定的,样方面积的大小和数量视林分的具体情况而定,一般下木种类多、分布不匀的,样方面积可稍大或样方数量可增多;反之,下木种类贫乏、分布均匀的,则样方面积可缩小或样方数量可减少。测定时首先统计每块样方内的下木的(包括每木调查时不足起始检尺的 $D \leq 4.0$ 或 ≤ 6.0 cm 的上层乔木树种的幼树在内)种类和数量。然后砍倒进行直接称其鲜重,有条件或需要时也可分别种类,并按枝、叶、根分别称重,分种类或混合采取部分植株的样品,拿回实验室在105℃下烘干至恒重,求出干鲜重之比,将每个样方中的下木鲜重按干鲜重之比换算成干重(W_{ui}),累积相加得样方面积的下木生物量($\sum W_{ui}$),再按(表2-47)式求出每公顷的下木层生物量(W_u):

$$W_u = \sum W_{ui}/(a \cdot n) \times 10000 \tag{2.47}$$

式中,a 为样方的面积,n 为样方的数量。

5.2 草本地被物层生物量的测定

在样地中随机设置 $1m \times 1m$ 的小样方若干块,或在下木调查的各样方中选取 $1m \times 1m$ 的小样方进行测定,测定时首先按小样方逐个地统计在该小样方内的草本植物(包括苔藓、地衣等)的种类和数量,然后切割直接称其鲜重,并如同下木层生物量的推算方法

一样,换算成每公顷的草本地被物层的生物量(W_g)即

$$W_g = \sum W_{gi}/(a \cdot n) \times 10000 \qquad (2.48)$$

式中,a 为样方的面积,n 为小样方的数量,$\sum W_{gi}$ 为各小样方的干重。

6 森林群落的生产结构图

利用分层切割法测定得到的森林群落中光合系统(叶)和非光合系统(干、枝、根、果)物质在空间的配置状况,并按一定的方式将这种结构状况用图表示出来,这样的图称为森林群落的生产结构图。森林群落进行分层切割时,与草本植物群落不同,一般先在森林群落内选取标准木 1—2 株,用照度计自标准木的近地表下方起,每隔 2m 为一层,逐层向上进行光照强度的测定。由于在林内,即使处于同一层次光的分布也并不均匀,因此,在同一层内要在东、西、南、北四个不同方位各测 3—5 样点,然后求出各层的平均光照强度。测定宜选择在水平光较为均一的阴天或早晨和傍晚,也就是说在散光状态下进行测定。然后将标准木伐倒,从树基部向上按每 2m 区分段锯开,将每 2m 区分段的光合系统(叶)和非光合系统(干、枝、果等)分别称重之,并测定各层的叶面积,兹将我们在南亚热带广西六万大山 20 年生的山坡杉木林中测定的结果为例列入表 2-7。

表 2-7　20 年生杉木林地上部分用分层切割法测定结果($kg/4m^2$,$m^2/4m^2$)

高度/cm	乔木层 光合系统 叶干重	乔木层 光合系统 叶面积	乔木层 非光合系统干重 树干	乔木层 非光合系统干重 皮	乔木层 非光合系统干重 枝	乔木层 非光合系统干重 果	下木、草本地被物层 光合系统 叶干重	下木、草本地被物层 光合系统 叶面积	下木、草本地被物层 非光合系统干重 干·枝
0—2			10.15	1.85			1.19	3858	0.72
2—4			8.21	1.50					
4—6	0.42	1.30	5.67	1.03	0.41				
6—8	1.74	5.38	3.26	0.59	1.65				
8—10	4.12	12.74	0.88	0.16	3.91	0.33			
10—10.6	0.38	1.18	0.03	0.01	0.37	0.15			

根据门司(1953)、佐伯(1958)和殷宏章等(1959,1960)研究结果证明,植物群落内光能分布符合比耳-兰伯特(Beer-Lambert)定律,并认为可以用相似的公式(2.49)计算,即:

$$I = I_0 \times e^{-KF} \qquad (2.49)$$

式中,I_0 为森林群落上方水平光照强度;I 为每层的水平光照强度;F 为群落自最上层至一定高度的叶面积指数(累计叶面积指数);K 为群落叶层的消光系数,e 为自然对数的底数。(2.49)式可稍加改变,则为:

$$\frac{I}{I_0} = e^{-KF}$$

又两边取对数,则成:

$$\ln(I/I_0) = -KF \qquad (2.50)$$

式中,I/I_0 是表示群落内的相对光照强度,这个(2.50)式是表示群落内相对光照强度的对数与 F 值之间存在着直线关系,而其斜率为 K 值,应用此种关系,便可算出 K 值,即是说通过群落内各层的光照强度的测定,求出各层的 I/I_0 值,再根据自群落最上层至各层的叶面积累计,便可求得各层的 F 值,将这些数值代入(2.50)式,即得各层的消光系数 K 值。兹以 20 年生杉木林为例,将测定计算的结果列入表 2-8。综合表 2-7 和表 2-8

的材料绘制成杉木林(20a)群落的生产结构图(图2-6)。

表2-8 20年生杉木林内的光照分布和消光系数

高度 /m	相对光照强度 I/I_0/%	相对光照强度的对数 $-\ln(I/I_0)$	累积叶面积指数 F	消光系数 /K
0—2	3.3	1.1087	14.80	0.0749
2—4	18.1	1.7093	5.15	0.3319
4—6	18.1	1.7093	5.15	0.3319
6—8	20.1	1.6045	4.83	0.3322
8—10	25.5	1.3665	3.46	0.3949
10—10.6	80.0	0.2231	0.30	0.7437

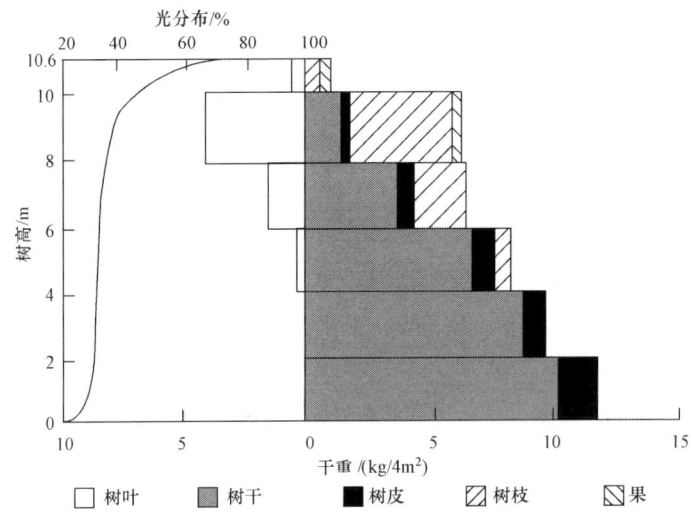

图2-6 杉木林(20年生)生产结构图

第三节 生产力的测定方法

森林群落的生产力一般以净生产量来表示,通常有两种测定方式,其一是可通过光合和呼吸的气体代谢的方式直接测定,其二是通过测定在某个期间植株现存量的变化,并以此为基础来推算,即采用"累积法"的方式来测定,在森林群落中通常采用的主要是后一种方法,所以在这里我们拟按"累积法"的测定来介绍,关于"累积法"测定原理在第一节中已经叙述,不再赘述。

森林在某期间(t_1-t_2)的净生产量ΔP_n用"累积法"测定,主要可按(2.6)式求出:

$$\Delta P_n = \Delta Y + \Delta L + \Delta G \tag{2.6}$$

因此,要求得t_1-t_2期间的净生产量,必须测定t_1-t_2期间植物现存量的增长量(生产量)ΔY和在t_1-t_2期间植物枯死和凋落的损失量(枯死、凋落量)ΔL以及t_1-t_2期间植物因被动物所摄食的损失量(被食量)ΔG。下面分别介绍这三方面的具体测定方法。

1 森林群落生长量的测定

测定t_1-t_2期间森林群落生长量可用(2.2)式作定义,Y_1及Y_2分别为t_1、t_2的现存量。

因为 $\Delta Y = Y_2 - Y_1$，所以 ΔY 即是在 $t_1 - t_2$ 期间现存量之差，通常农作物群落或 1 年生草本植物群落都是通过生育期间的开始和结束两次测定植株的现存量而求得。

对多年生的森林群落来说，现存量的直接测定总是对林分要有破坏的，所以对同一林分测定两次往往是不可能的，一个变通的办法就是可在邻近相同的森林中进行标准木的伐倒调查，把在那里所得到的相对生长关系或平均木的资料运用于调查的林地，这样根据在 t_1 和 t_2 前后两次的每木调查所得到的资料就可以推算出现存量 Y_1 和 Y_2，再由 $Y_2 - Y_1$ 即可求得群落的生长量，这个方法非常确实而且所得的精度也较高，缺点就是需要费时间，至少要隔 1a 或者好几年，当然在定位研究时，通过定期或每年取样测定来求得还是方便的，表 2-9 是根据上述的方法在湖南会同杉木的幼林中连续测定的结果，由表 2-9 中可以看出，杉木幼林阶段，随年龄的增加，群落的现存量和生长量都增加很快，由于杉木幼林在林冠于闭前一般针叶都不脱落，因此叶的现存量和生长量的增长比干和根要快。

表 2-9　杉木幼林群落的现存量和生长量（kg/hm^2 和 $kg/(hm^2 \cdot a)$）*

年龄/a	现存量				生产量			
	叶	干	根	合计	叶	干	根	合计
1	16.43	3.11	5.96	25.50	16.43	3.11	5.96	25.50
2	485.63	427.75	189.52	1098.90	469.20	420.64	183.56	1073.40
3	1995.38	1833.38	1308.38	5137.14	1509.75	1409.63	1118.88	4038.20

*根据冯宗炜和陈楚莹（1980）

由于各种原因，特别是在边远地区调查或非定位研究时，进行前后两次测定和每木调查常常不能实现，因此必须设法用 1 次测定的结果来推算 ΔY，如在第一节中所提到的，以 $Y_2 N$ 来代替 ΔY，但这往往不能真实地反映在 $t_1 - t_2$ 期间的群落生长量。

在一般的树木中，除热带雨林或季雨林的树种外，树干的年轮大体都是 1a 形成 1 个年轮，在温带森林的树木，尤其是针叶树年轮很明显，因此，借用测树学上常用的以年轮的增加求树干材积生长过程的树干解析法，来推算树干的生长量，并通过树干与枝、叶、根等的相对生长关系，来求出单株树木的生长量，然后再推算森林群落的生长量，这是一种比较切实可行的方法。

2　用树干解析法推算群落生长量的方法

为了研究不同树种的立木生长过程的特点，在测树学中常将树木伐倒区分若干段，进行分析其胸高直径（D）、树高（H）、形数（f）和材积（V）等因子的变化规律和生长过程，这种方法叫做树干解析。对于森林生产量调查来说，主要是弄清最近一年间的生长量，当然对于林内被压木或濒于停止生长的老树，一年间的直径生长量很小，测定误差大，所以一般采用测定最近 5a（速生树种为 2a）或 10a 前的树干材积生长量，求出那时刻与调查时刻之间生长量的差异，再由此推算出最近一年间的树干生长量，下面简略地叙述一下用树干解析法测定的步骤和方法。

2.1　测定的时间

一般宜选择林木生长停止的时期进行为好，在温带森林约在秋末冬初，这时测得的结果较正确。

2.2 选择标准木截取圆盘

选作树干解析的标准木应尽量与样地中的各级大小的标准木结合进行,在伐倒前要先测定好根颈的位置(0m 处),确定好树干的南北方向,并用粉笔标好,伐倒后按前面样地调查中伐倒木的调查项目,一一测量并记录下来,要把树干上标定好的南北方向线用粉笔将它延长一直至树梢,然后按 1.3m,以下按 2m 为一段,即 3.6m、5.6m、7.6m,… 等长度截取圆盘,最后不足 1m 长作梢头处理,并在其底部截取圆盘。截取圆盘时应注意:

(1)截取圆盘时必须与树干成 90°垂直方向锯断,不要偏斜。
(2)圆盘向根颈的一面要恰好在各段的中央位置,用该圆断面作为工作图。
(3)圆盘不宜过厚,应根据树干直径大小的不同而异,一般以 3—5cm 厚为宜。
(4)截取的圆盘要使断面平滑。

截下来的圆盘要在非工作面进行编号,一般用分数形式记录,分子上标明解析木号,分母上标明圆盘号和断面高度,如 NO.3/1—1.3m,并用箭头标明南北方向,在"0"号圆盘上还要记载树种名称,取样地点和时间。

2.3 量测各龄阶的直径

将圆盘的工作面刨光,以便查清年轮。先将在沿根颈处截取的"0"号圆盘上,由内向外查数年轮数以确定树木的年龄。查数时用铅笔在圆盘上通过髓心画东西和南北两个方向线,由髓心向外,按规定的龄阶(2a、5a、10a)查定,并在各半径上标出各龄阶的记号,其他各个圆盘的龄阶均由外向内查定,这是因为已知树木最外一层木材是最近一年生长的,而各圆盘髓心处的年龄,却无法直接读出,确定好龄阶后,用精密的直尺贴靠在圆盘的各直径线上,分别量取各个圆盘东西和南北两个方向上各龄阶的直径及最后期间的带皮直径和去皮直径,往前期间只量去皮直径,分别计算各自两个方向的平均值,并将数字记入树干圆盘测定表中(表 2-10)。

表 2-10 树干圆盘测定表

圆盘	圆盘高	径 方向	各龄阶横断面直径/cm								
	年轮数		年			年	年	年	年	年	年	年
			带皮	去皮							
		EW									
		SN									
		平均									

2.4 确定各龄阶的树高、树木年龄与各个圆盘的年轮数之差

即是达到该断面高度的年龄数,根据断面高及达到该断面的年龄数,在坐标纸上以横坐标为年龄,纵坐标为树高,绘制出树高生长过程曲线图(图2-7),由该图中查出各龄阶的树高。

2.5 绘制树干纵断面图

在坐标纸上以横坐标为各龄阶的直径,纵坐标为树高,在各断面高度的位置上,按各龄阶直径的大小,绘制成树干纵断面图(图2-8)。这个图显示出现在和过去的各龄阶的树干纵断面的形状。绘图时直径和树高的比例要适当,一般以1:20为宜。

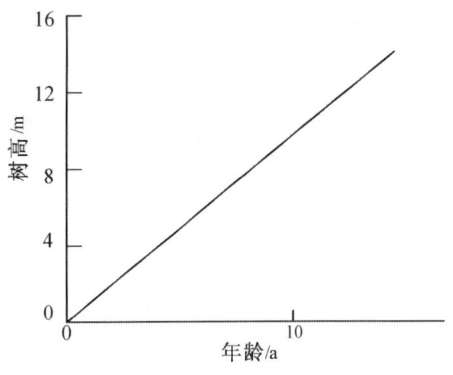

图2-7 杉木树高与年龄图

2.6 计算各龄阶的材积

各龄阶的树干材积等于各区分段材积与稍头材积的和。在操作中,为了少截取一个圆盘,以胸高直径的断面作为第一段的中央断面,故这段长度为2.6m,其材积为:

$$V_1 = g_{1.3} \cdot 2.6\text{m} \cdots \quad (2.51)$$

式中,V_1为第一区分段的材积;$g_{1.3}$为胸高直径的断面积;其他各段长度都是2m,可根据森林调查员手册中2m区分段材积表直接查得。在计算各段材之前,必须先按各龄阶的树高确定各龄阶稍头木底端直径查圆面积表,求出稍头的底端的断面积(g_t),测量稍头长度(l_t),按(52)式求出稍头材积(V_t)。

$$V_t = g_t/3 \cdot l_t \quad (2.52)$$

将计算出来的结果填入表2-11中,并将各龄阶各高度的材积相加,即可求出单株的带皮材积,去皮材积和各龄阶为2年前、5年前或10年前的材积,这样就能绘出材积生长过程的曲线。

2.7 推算群落生长量

结合树干解析工作,把材积换算成干重,可采用干鲜重比的方法,即在野外将锯下的各区分段的木材先称其鲜重,然后截取每区分段的圆盘也称其鲜重。将各圆盘经生长测定后,在实验室内置于105℃烘箱中

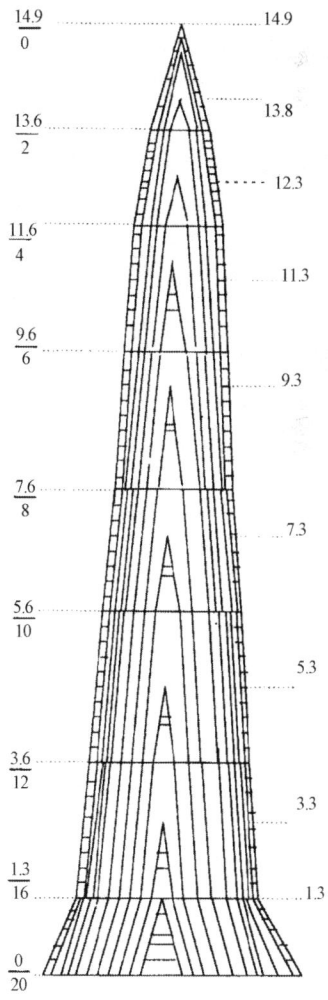

图2-8 杉木纵剖面图

烘干至恒重,求出各圆盘的干重率,然后乘以各区分段木材的鲜重,即得各区分段树干的干重。将各区分段树干的干重合计,即得整株树干的干重和各龄阶的树干的干重。

表 2-11　盘材积测定表

圆盘号	达到各断面之年龄	年			年		年		年		年		年		年	
		带皮		去皮													
		直径	材积	直径	材积	直径	材积	直径	材积	直径	材积	直径	材积	直径	材积	直径	材积
材积合计																	
各龄阶树高																	

为了弄清最近一年间的树干生长量(ΔW_s),可利用现在(即伐倒时)的树干重量 W_s 和 t 年前的树干重量 W'_s,用下列公式求得:

$$\Delta W_s = \frac{W_s - W'_s}{t} \tag{2.53}$$

上述情况是以树干的干重与年龄呈直线关系为前提的。如果树木正处于速生阶段生长达最旺盛时,树干的干重与年龄呈指数函数的关系时,用(2.53)式来推算就显得偏少,此时,可改用下式来推算,至于采用何种公式为宜,要视该树木最近的材积生长曲线来判断。

$$\Delta W_s = W_s(1 - e^{-r}) \tag{2.54}$$

式中,　　　　　　　　　$r = 1/t \ln(W_s/W'_s)$

全株树的生长量(ΔW)可由下式得出,即

$$\Delta W = \Delta W_s + \Delta W_{sb} + \Delta W_b + \Delta W_l + \Delta W_r \tag{2.55}$$

式中,ΔW_{sb}、ΔW_b、ΔW_l 和 ΔW_r 分别代表近一年间的树皮生长量、枝条生长量、叶生长量和根生长量。由树干解析方法测得的树干生长量(ΔW_s)和前述测定方法所获得的树干生物量(W_s)、树皮生物量(W_{sb})、树枝生物量(W_b)、树叶生物量(W_l)和树根的生物量(W_b),因此可采用比例法,间接地来推算树皮生长量(ΔW_{sb})、树枝生长量(ΔW_b)、树叶生长量(ΔW_l)和树根的生长量(ΔW_r),即:

$$\left. \begin{array}{l} \Delta W_{sb} = \Delta W_s \cdot (W_{sb}/W_s) \\ \Delta W_b = \Delta W_s \cdot (W_b/W_s) \\ \Delta W_l = \Delta W_s \cdot (W_l/W_s) \\ \Delta W_r = \Delta W_s \cdot (W_r/W_s) \end{array} \right\} \tag{2.56}$$

上述这种间接推算方法,在近熟林或生长趋于变化小而稳定的林分中,特别是采用 2a 为 1 个龄阶所作树干解析来求树干生长量时,则采用比例法推算较方便而且也较

可靠。

3 枯死、凋落量的估算

森林群落的枯死、凋落量(ΔL)是第一性生产量的一个主要组成部分。它是在Δt时期内枯死的个体量(ΔL_D)和活着的个体的部分枯死量(ΔL_d)之和,即

$$\Delta L = \Delta L_D + \Delta L_d \tag{2.57}$$

Ogawa(1968)曾就枯死、凋落量的问题做了进一步研究,并以下式来表示:

$$\Delta L = \Delta L'_d + \Delta Y_D \tag{2.58}$$

在式(2.58)中,$\Delta L'_d$为在Δt时期内枯死部分的脱落量,ΔY_D为在Δt时期内枯死部分现存量的增长量。

枯死、凋落量的估算,目前一般大都限于地上部分,根系枯死量的测定方法,需要了解各级粗度的根系新陈代谢的周转率,即要掌握各级粗度的根系一年间的枯死多少和新生出多少,如知道了根系的周转率和直径的函数关系就能推算出根的枯死量。

森林群落地上部分枯死、凋落量的测定通常有两种方法。

(1) 直接测定法

在t_1时对要测定的林分内的全部枯立木包括活立木上挂在空中的枯死部分砍去,设计凋落物收集器(Litter trap)定期测定落叶、落枝的量。在t_2时再收集该林分内全部枯立木和所有的枯死部分并称重之,然后再加上t_1-t_2期间的落叶、落枝量即为ΔL。

(2) 间接测定法

在t_1时,对所要测定的林分内的枯死部分的现存量(Y_{D1})不加破坏地进行测定,再在林分内设置凋落物收集器,在t_1-t_2期间定期地测定落叶、落枝量,在t_2时再次测定林分内枯死部分的现存量(Y_{D2}),求出枯死部分现存量的增长量(Δy_D)再加上t_1-t_2期间的枯死部分落叶、落枝量($\Delta L'_d$),就得到枯死凋落量(ΔL),在原始林的演替顶极群落中,由于林内枯死部分可视为一定,即$\Delta Y_D = 0$。

此时,由凋落物收集器所接取的凋落量(ΔL_I)就等于枯死凋落量(ΔL)。

如上所述,无论是直接测定法或是间接测定法,都需要设置凋落物收集器。下面介绍一下用凋落物收集器测定凋落物的方法。

在森林群落测定从林冠凋落下来的落叶、落枝的一种常见方法,是用一定面积的网状物来回收,然后再换算成单位面积的凋落量。凋落物收集器通常有圆网形和方框形的两种(图2-9),是在框上安装既耐水湿又透水性良好的尼龙、维尼伦或萨冉树脂之类的细眼网,网孔一般2mm以下即可。但重

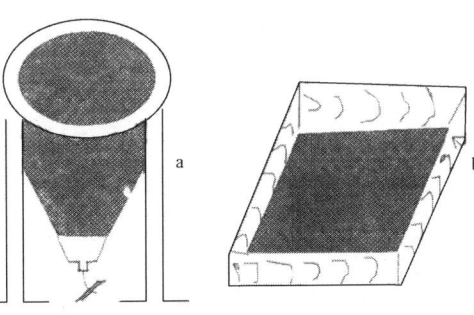

图2-9 凋落物收集器(a. 圆形;b.方框形)

点放在收集昆虫类便时,网眼要更细,网孔0.5mm以下,框的面积是0.5—1m²、通常是用粗铁丝或木材来做框架,在离地面1m处用木桩或塑料管将框固定,网底的开口可用塑料或木夹子来夹住并固定在地面上。凋落物收集器在林内可随机地放置或按一定的间隔距离放置一个。为了达到一定的精度,设置收集器的面积合计应不低于样地面积的1%,即约每10m×10m设置一个。

每隔一定期间进行回收,一般最好不超过 1 个月,将落入收集器内凋落物按枝、叶、树皮、果实或鳞片、昆虫遗体、粪便等分开,如有可能时,将叶按树种分开,并称其鲜重和干重、最后将各月的测定按年加以总计。

用凋落物收集器不能满意地获得直径 1cm 以上的大枝的落枝量,这是因为大枝的脱落在时间上和空间上都非常不规则的。因此,常在林分中另外设置若干个数 1m 见方的落枝收集块状小区,通常块状小区的总面积应不少于林分面积的 10%,小区内事先要清除落枝,然后按月收集并称重。

必须指出,由凋落物收集器和落枝回收小区所测得的量,是来自林冠的凋落量,而非这一时期的枯死量。由于树叶尤其是落叶阔叶树通常是一经枯死就脱落,所以把凋落量和枯死量看成几乎是一致的。但枝条在枯死后常能挂在树冠上达数月甚至数年之久,而后才突然落下,所以枝条的脱落量的季节变化与枯死量的季节变化几乎无关。并受风和雪压等物理因子所左右,因此落枝量的年度变动相当大,为了得到正确的结果,至少要再连续测几年。由于挂在树上的枝条随着时间的推迟而分解,所以当最终落到地面时的枝条重量,要减少相当一部分,为了获得这一部分损失量,需要通过刚落下的枝条与活的枝条之间体积的比重间比较而得出(Müller et al.,1954)。

同样,落在收集器内的一些凋落物,在称重前,因相隔较长时期取出,也会发生分解而引起量的减少,据 Kirita 和 Hozumi(1969)的研究,如收集的时间是每月 1 次,则在日本温带森林中,在高湿高温的月份里,因分解而损失的量约为 5%—6%。所以在枯死凋落量的估算时,需要把因分解而损失的量加以补充进去。

4 被食量的估算

森林被食量(ΔG)的估算是一项复杂的工作,计算起来是极困难的,在森林中被食量包括有食叶性的昆虫、鸟类以及哺乳类动物的摄食量,目前这方面的研究工作还很薄弱,还没有定出标准的方法。有人认为森林的食草动物的大部分是食叶性的昆虫,要是能够正确的控制叶的被食量,则其值也可作为真的被食量的第 1 次的近似(伊田,1971)。

在食叶性的昆虫中,以鳞翅目(Lepidoptera)的幼虫占的比率最大。日本学者古野(1963—1970)的研究证明,各种鳞翅目昆虫的食叶量(L_W)与脱粪量(E)之间存在着下列的关系,即:

$$L_W = AE^\alpha \tag{2.59}$$

式中,系数 A 和 α 的值,由于蛾的种类及一年间的发生世代以及饵叶的种类不同,各有少量的差异,但种的差异不那么大。一般结论是在摄食相同树种时,如其时期相同,则即使食叶害虫的种类不同,但在其摄食量和脱粪量之间也可求得同样的关系式。古野研究认为,阔叶林中食叶性蛾类摄食量和脱粪量之间的关系,可用下列公式来表示:

$$L_W = 1.7E^{0.964} \tag{2.60}$$

取对数式即:

$$\log L_W = 0.964 \log E + 0.230 \tag{2.61}$$

若再作粗略地近似,使 $\alpha = 1$,则:

$$L_W = 1.2E \tag{2.62}$$

即是说阔叶林的食叶性蛾类的摄食量约为脱粪量的 1.2 倍。

在针叶林中食叶性的尺蠖蛾类,按(2.59)式的 α 值大致等于 1,A 值较阔叶林中食性蛾类稍小,大约 $A = 1.15$。

食叶性鳞翅目幼虫的粪便,可通过凋落物收集器中定量的采取,为此目的,最好使用比一般的凋落物收集器的网眼更小的收集器,由于虫粪一经水湿,便容易溃碎,故采取的间隔时间,一般不应太长,约 1 周左右收集 1 次为宜。将由收集器中收集到的虫粪选出干燥称重,若是阔叶林可乘 1.2 倍,若是针叶林则乘 1.15,那即是该期间内由鳞翅目造成的叶被食量。

被食量的另外一种估算方法是叶片痕迹法,即是在森林中随机地采集相当数量的活叶,描绘在透图纸上,用求积仪测定被食的面积,或者同面积大致相同的但未被摄食的叶子进行称重对比,也可用测定落叶的被食面积来推算等等,使用此种方法时,实际被动物所食掉的部分与因基部被食而损失的部分是很难辨别的。因此,把所有的因动物摄食活动损失的叶量都计算作被食量,则被食量显然是过大的,在还没有完全展开的幼叶被食的残余部分,随着叶的展开又逐渐变大,在这种情况下,如果根据展开后的残叶来估算被食量,也是显然过大的。若动物啃食过程时连柄也一起被食掉,如在估算时忽视了这一点,则被食量计算结果则将过小。

另外,为了从昆虫的粪便量来求推算被食量,或者为了找出昆虫的体重和摄食量之间的关系,可通过饲养该种食植性动物,进行代谢测定。若以鳞翅目的幼虫来说,可用玻璃培养皿或塑料容器,在其底部垫以湿润的滤纸,把幼虫和树叶分别称其鲜重后放入其中,使之采食。在采食后 24h 或 48h 后,再称幼虫的体重,残余叶的鲜重,干重和粪便的干重。由此就可计算出该时间内的被食量以及被食量和粪便量的比例关系。这样反复地进行,就能测定出一定时间内的幼虫成长量、被食量和粪便量之间的关系。

对于钻到木质部的昆虫所啃食的被食量,是很难以估算的,除了结合标准木伐倒调查时,专门对其木质部的损失加以估算外,别无其他方法。

对于鸟类和哺乳类动物的被食量的估算,需要依靠动物学家的共同努力,进行专门调查研究才能估算。

总之,被食量的研究尚处于初期阶段,估算的方法还有待于进一步探讨,目前累积的资料还不多,现将有关各种森林群落中昆虫的遗体、粪便量和取食的叶量的资料列入表 2-12,供参考。

表 2-12 不同森林类型中昆虫遗体、粪便量和被食量/(kg 干重/(hm² · a))

森林类型	地点	林龄/a	昆虫遗体	粪便量	被食量	作者
低海拔热带雨林	马来西亚西部	–	12	245	280*	Ogawa and Kira (1973)、Kira (1976)
暖温带常绿栎林	日本熊本	50—60	–	47	56	Nishioka (1978)
铁杉林	日本高知	120—443	2	63	93	Ando et al. (1977)
冷杉林	日本高知	97—145	8	67	52	Ando et al. (1977)
冷杉和铁杉混交林	Wakayama	–	0.62	79.2	139*	Furuno and Yamada (1974)
大王松人工林	Wakayama	10	–	25.6—64.4	42—106	Furuno (1972)
日本花柏人工林	日本志贺	约 40	1.4—2.3	18	27*	Saito and Shidei (1973)、Saito (1977)
日本花柏人工林	日本爱知	18	2.57	47.2	75.5	Hacihara et al. (1978)

* 包括养虫所损失的叶子在内

第四节 生物量和生产量测定案例
——以杉木(*Cunninghamia lanceolata*)林为例

杉木林是我国亚热带分布最广、栽培面积最大的人工林,从产量生态学的角度来讲,开展的研究工作最早。兹以杉木中心产区湖南省会同县广坪黄家团20年生的山坡型杉木人工林为例,将森林的生物量和净生产量(生产力)测定结果介绍如下。

1 研究地区的自然概况

研究地区位于湖南省西南部与贵州省相毗邻,为云贵高原向江南丘陵的过渡地带,一般海拔在300—1000m左右。气候属典型的亚热带湿润性气候,年平均温度为16.5℃,年降雨量1200—1400mm,年蒸发量1100—1300mm,日照全年平均在34%左右。该地区地层很古老,以震旦纪的板溪系灰绿色板岩、变质页岩和砂页岩为主,土壤为山地黄壤。

2 样地设置和调查

样地位于山坡中部,坡向为西南坡,坡面平整,坡度15°左右。该林地为1960年冬季造林,调查时的林龄为20年,样地面积为20m×20m,每公顷株数为2150株。在样地内先进行每木调查。用轮尺测定胸高直径(D),树高(H)是根据伐倒木实测,并绘制胸高直径—树高曲线(图2-4)查得,其主要的林分测树学因子见表2-13。

表2-13 杉木林的主要测树学因子

林龄/a	组成	平均胸高直径/cm	平均树高(H)/m	蓄积(V)/(m^3/hm^2)	株数(N)(株/hm^2)
20	10杉	15.00	14.9	365.5	2750

3 生物量的测定

3.1 乔木层的生物量测定

在样地每木调查的基础上,根据林木的径级分布序列,按每个径级各选取标准木1—2株,为了不破坏样地的林分结构(该样地为固定样地),标准木是从样地外相毗邻的同样条件的林分中选取的,标准木各部分生物量的测定具体步骤如下:将标准木沿地表根颈处锯断伐倒,用分层切割法按2m为一层锯断,分别将树干、带叶的枝条和果实称重,从每一层中按比例选取部分带叶的枝条和果实称重,随后立即迅速摘除叶片称重,根据两者重量之差即可算出样品的枝重和叶重,再按此枝叶比例推算出每一层乃至全株树木的枝重和叶重。在分层的基础上,将每一段的中央直径用轮尺准确地按垂直的两个方向量出,取其平均值,查直径-圆面积-材积表求出每层的材积,最上层的一段按梢头材积公式(2.52)求出,然后累积相加即得全株材积。地下部分根系因杉木属浅根性树种、根幅也不大,故采用镐头全部挖出,除去泥土,分级称重。同时还要采取一部分干、枝、叶、根、果等样品,拿回实验室置于105℃的烘箱中烘干至恒重,求出干鲜重比,再换算出各部分器官的干重,将标准木各部分器官的干重相加即得单株的干物质重量。

乔木层全部林木生物量的测定,是利用各径级伐倒木的各部分器官的生物量与测树因子胸高直径的平方(D^2)乘树高(H)之间存在的幂函数的相关关系即(2.26)及(2.27)式:

$$W = a(D^2H)^b$$

或

$$\log W = \log a + b \cdot \log(D^2H)$$

用最小二乘法原理,配置各种对数回归方程,求出(2.27)式中的 a、b 参数,兹将杉木林各器官部分生物量的相对生长式列入表2-14,由表2-14得知,所配制的回归方程相关系数(r)都在0.96—0.99,这表明按回归方程计算出来的生物量的理论值与实际值相关极为紧密。

根据上述杉木各器官生物量的相对生长式,将样地每木调查的资料代入,即可计算出乔木层的生物量(表2-15)。

表2-14 杉木各器官生物量的相对生长式

分量	回归方程	相关系数	幅度 X	幅度 Y/kg
树皮	$\log W_{sb} = 0.81721\log(D^2H) - 2.07002$	0.98	D:10.2—24.5cm	2.08—17.18
树干	$\log W_s = 0.92447\log(D^2H) - 1.69535$	0.99	H:9.95—17.1m	12.33—102.92
枝条	$\log W_b = 0.92684\log(D^2H) - 2.71985$	0.96		1.39—10.30
叶	$\log W_l = 0.91977\log(D^2H) - 2.68044$	0.96		1.46—10.56
根	$\log W_r = 0.84045\log(D^2H) - 1.99534$	0.96		21.75—165.42

表2-15 20年生杉木人工林乔木层生物量/(t/hm²)

树种	树皮	树干	枝枝	叶	根	合计
杉木	16.34	92.83	8.97	9.25	23.46	150.85

3.2 下木层的生物量测定

在样地内按对角线设置 $2m \times 2m$ 的样方5块,共计 $20m^2$,在每块样方中记载下木的种类、高度和多度,并逐个砍倒进行实测称重,在各样方中采集部分样品,拿回实验室在105℃下烘干至恒重,求其干鲜重比,然后将鲜重换算成干重。兹将测定结果列入表2-16。

3.3 草本地被物层生物量测定

草本地被层物生物量测定,是在下木调查的各样方中选取1/4面积($1m \times 1m$)的小样方,共计 $5m^2$,每个小样方内,如同下木样方中一样进行调查和测定,兹将测定结果列入表2-17。

3.4 净生产量的测定

净生产量(ΔP_n)是根据"累积法"按(2.6)式来推算的,即:

$$\Delta P_n = \Delta Y + \Delta L + \Delta G$$

第1步求群落的生长量 ΔY

ΔY 是由乔木层生长量(ΔY) + 下木层生长量(ΔY_u) + 地被物生长量(ΔY_g)而得,首先 ΔY_t 如前所述通过每木调查计算求得平均木的胸高直径(D)为15cm,平均树高(H)为14.9m,将符合该条件的林木选作标准木。伐倒后按0、1.3、3.6、5.6、7.6、9.6、11.6、13.6(m)、…等长度截取圆盘,进行树干解析,并按2a为1龄阶,计算出树干材积生长过程(表2-18),与此同时,结合树干解析进行单株生长量的测定,各部分器官和全株的生物量见表2-19。为了弄清最近一年间的树干生长量(ΔW_s),首先要求出20年生树干材积

表 2-16　20 年生杉木林内下木层的生物量

种类	样方 1 高度/m	样方 1 多度	样方 1 枝干 kg/4m²	样方 1 叶 kg/4m²	样方 2 高度/m	样方 2 多度	样方 2 枝干 kg/4m²	样方 2 叶 kg/4m²	样方 3 高度/m	样方 3 多度	样方 3 枝干 kg/4m²	样方 3 叶 kg/4m²	样方 4 高度/m	样方 4 多度	样方 4 枝干 kg/4m²	样方 4 叶 kg/4m²	样方 5 高度/m	样方 5 多度	样方 5 枝干 kg/4m²	样方 5 叶 kg/4m²	t/hm² 枝干	t/hm² 叶	总计
高粱（泡）Rosa lambertianus	0.6	cop¹											0.7	sol			0.4	un					
尖叶柃木 Eurya acuminata					0.2	un							0.1	un			0.8	un					
杜茎山 Maesa japonica	0.6	sol															0.9	sol					
紫珠 Callicarpa dichotoma	0.9	un	0.74	0.01			0.68	0.01			0.57	0.02			0.63	0.02			0.23	0.02	1.43	0.04	1.47
白栎苗 Quercus fabri					0.1	un																	
大青 Clerodendrum cyrtophyllu									0.6	un													
楤木 Aralia chinensis					0.5	un			0.9	un													
野栀子 Gardenia jasminoides					0.2	un																	
野漆 Rhus sylvestris	0.5	un			0.2	un																	

表 2-17 20年生杉木林内草本植被层的生物量

种类	样方1 高度/m	样方1 多度	样方1 枝干 kg/4m²	样方1 叶	样方2 高度/m	样方2 多度	样方2 枝干 kg/4m²	样方2 叶	样方3 高度/m	样方3 多度	样方3 枝干 kg/4m²	样方3 叶	样方4 高度/m	样方4 多度	样方4 枝干 kg/4m²	样方4 叶	样方5 高度/m	样方5 多度	样方5 枝干 kg/4m²	样方5 叶	总计 叶 t/hm²	总计 枝干	总计
狗脊 Woodwardia japonica	0.9	cop¹	0.02	0.05	0.8	sp			0.8	cop2	0.05	0.14	0.8	cop2	0.04	0.10	0.9	sp	0.01	0.02			
乌蕨 Stencloma chusanum	0.3	sol			0.5	sol			0.5	sol			0.5	sol			0.4	sol					
乌莓 Cayratia japonica	0.5	sp			0.3	sol																	
芒草 Miscanthus sinensis					0.8	sp																	
铁芒箕 Dicranopteris linearis	0.4	sp	0.01	0.05	0.4	sp	0.04	0.14			0.02	0.07			0.03	0.09			0.10	0.29	0.66	1.90	2.56
鱼腥草 Houttuynia cordata	0.1	sp																					
蓬蔂 Rubus thunbergii	0.5	sp																					
淡竹叶 Lophatherum gracile	0.2	sp			0.2	sol			0.3	sp			0.2	sp			0.3	sp					
地耳草 Hypericum japonicum					0.1	sol																	
蛇葡萄 Ampelopsis brevipedunculata									0.2	un													
薯芋 Dioscorea sp.	0.2	un																					

与干重比,由表 2-18 和表 2-19 中得知 20 年生树干的干重(W_s)为 37.23kg,树干材积(V_s)为 0.11106m³,则:

$$W_s/V_s = 335 \text{ kg}$$

即 1m³ 的树干材积为 335kg。由表 2-19 中看出 18 年生时材积为 0.09988m³(V'_s),则 18 年生的树干的干重 W'_s 为 0.09988×335kg = 33.48kg,根据(2.53)式则最近一年间的树干生长量(ΔW_s)为:

$$\Delta W_s = \frac{W_s - W'_s}{t} = \frac{37.23 - 33.48}{2} = 1.88 \text{ kg}$$

单株树的生长量(ΔW)可由下列得出即:

$$\Delta W = \Delta W_s + \Delta W_{sb} + \Delta W_b + \Delta W_l + \Delta W_r \tag{2.55}$$

(2.55)式中的 ΔW_{sb}、ΔW_b、ΔW_l 和 ΔW_r 分别代表最近一年间的树皮生长量、枝条生长量、叶的生长量和根的生长量。由于 20 年生的杉木生长开始变慢,趋于稳定。因此在这个一年的期间,林木个体各部分之间的相对生长关系没有什么变化。现在知道了树干的生长量 ΔW_s。并且由表 19 中知道 20 年生杉木的树干、树枝、叶和根的现存量,故可采用比例法,间接地来推算 ΔW_{sb}、ΔW_b、ΔW_l 和 ΔW_r,即将上述林木各部分的数字代(2.56)式得

$$\Delta W_{sb} = 1.88 \times \frac{6.34}{37.23} = 0.32 \text{kg}$$

$$\Delta W_b = 1.88 \times \frac{3.81}{37.23} = 0.19 \text{kg}$$

$$\Delta W_l = 1.88 \times \frac{3.93}{37.23} = 0.20 \text{kg}$$

$$\Delta W_r = 1.88 \times \frac{9.46}{37.23} = 0.48 \text{kg}$$

表 2-18 20 年生杉木树干材积生长过程

年龄/a	材积总生长量/m³	年龄/a	材积总生长量/m³
2		12	0.04445
4	0.00052	14	0.06433
6	0.00294	16	0.08353
8	0.01141	18	0.09988
10	0.02781	20	0.11106

将以上计算所得的树干、树皮、枝条、叶和根的生长量代入(2.55)式中,即得单株树木的生长量(ΔW)为:

$$\Delta W = 1.88 + 0.32 + 0.19 + 0.20 + 0.48 = 3.07 \text{kg}$$

而 20 年生的杉木人工林乔木层生长量(ΔY_t)则为:

$$\Delta Y_t = N \cdot \Delta W = 27.50 \times 3.07 = 8442.5 \text{ kg/(hm}^2 \cdot \text{a)}$$

下木层生长量(ΔY_u),是根据下木层的生物量(W_u)被下木器官部分的年龄(n)除而得,本林分中下木不多,而查其年龄一般在 4—8a 左右,取平均数为 6a,由表 2-16 中得知下木层的干+枝生物量为 1.43t/hm²,则下木层的干+枝的生物量为 1.43÷6 = 0.24 t/(hm²·a),在下木层的种类中叶子有常绿的也有落叶的,因数量不多,故在此均按 1a 计算,这样,下木层中叶的生物量就等于生长量即为 0.04 t/(hm²·a)。将下木层干+枝的生

长量与叶的生长量相加,即得下木层生长量$(\Delta Y_u) = 0.24 + 0.04 = 0.28 \text{t}/(\text{hm}^2 \cdot \text{a})$。此数据由于缺少根系的生长量,故与实际情况相比可能偏小。

表 2-19　20 年生杉木单株的生物量

地点	林龄/a	树干	树皮	枝	叶	根	合计
湖南省会同县广坪公社黄家团山坡(实测)	20	37.23	6.34	3.81	3.93	9.46	60.77
杉木人工林		38.62*	6.47*	3.53*	3.65*	9.28*	59.55*

* 按相对生长式求出

草本地被物层生长量(ΔY_g)的推算与下木层相同。由表 2-17 得知草本地被物的种类以多年生的蕨类狗脊居多,根据会同林区的观察,这些林木植物在高度郁闭的速生阶段(8—12a),由于林下阴暗几乎不见阳光,因此估计其年龄与下木相仿,约为 4—8a,取平均数为 6a。由表 2-17 中得知草本植物茎的生物量为 $0.66 \text{t}/\text{hm}^2$,则草本地被物层中的茎的生长量为 $0.66 \div 6 = 0.11 \text{t}/(\text{hm}^2 \cdot \text{a})$。在草本地被物层的种类中叶子也有常绿的和落叶的,在此也按 1a 计算,则其叶的生物量就等于生长量即 1.94t,将茎的生长量与叶的生长量相加,即得草本地被物层的生长量$(\Delta Y_g) = 0.11 + 1.94 = 2.05 \text{t}/(\text{hm}^2 \cdot \text{a})$。由于缺少地下部分的生长量,故也有偏小之可能。

将乔木层生长量(ΔY_t)、下木层生长量(ΔY_u)和草本地被物层生长量(ΔY_g)三者相加,即得出群落的生长量$(\Delta Y) = 8.44 + 0.28 + 2.05 = 10.77 \text{t}/(\text{hm}^2 \cdot \text{a})$。

第 2 步求枯死凋落量(ΔL)

为了取得这一部分数量,在样地中设置 5 个 1m×1m 的方形框型凋落量收集器,通过一年间按每月收集凋落物的数量合计为:枝(枝 + 空球果)$1092 \text{kg}/(\text{hm}^2 \cdot \text{a})$,针叶 $1058 \text{kg}/(\text{hm}^2 \cdot \text{a})$,总计为 $2600 \text{kg}/(\text{hm}^2 \cdot \text{a})$。由于杉木的枝和针叶枯死后并不立即脱落,仍然挂在树上保持 1—10a 之久,按平均挂在树上 5a 计算,则实际上年凋落量枝(枝 + 空球果)为 $218 \text{kg}/(\text{hm}^2 \cdot \text{a})$,叶为 $302 \text{kg}/(\text{hm}^2 \cdot \text{a})$,合计为 $0.52 \text{t}/(\text{hm}^2 \cdot \text{a})$。这个数字因下木及地被物的凋落物不计在内,故与实际情况相比也有偏低。

第 3 步是求被食量

因中心产区杉木林病虫害极少,而又未为此设立专门的收集器,故此处忽略不计。

综上所述,20 年生杉木林的净生产量为:

$$\Delta P_n = \Delta Y + \Delta L = 10.77 + 0.52 = 11.29 \text{t}/(\text{hm}^2 \cdot \text{a})$$

以上估算结果,因缺被食量和下木,地被物的地下部分生长量,故与实际相比有偏小之处。

最后,综合生物量和净生产量的测定数字列入表 2-20,由表 2-20 得知湖南会同 20 年生的中等立地条件的山坡杉木群落每公顷生物量(现存量)为 157.48t,年净生产量即生产力为每公顷为 11.25t。

表 2-20　湖南会同 20 年生山坡杉木林的生物量和净生产量

项目	生物量(现存量)/(t/hm²) 相对生长法	生物量(现存量)/(t/hm²) 平均木计算法	净生产量 /(t/(hm²·a))
乔木层			
树皮	16.34	17.79	0.88
干	92.83	100.71	5.17
枝	8.97	9.71	0.52

续表

项目	生物量(现存量)/(t/hm²) 相对生长法	生物量(现存量)/(t/hm²) 平均木计算法	净生产量/(t/(hm²·a))
叶	9.25	10.04	0.55
根	23.46	25.52	1.32
合计	150.85	163.77	8.44
下木层			
干、枝		1.43	0.24
叶		0.04	0.04
合计		1.47	0.28
草本地被层			
干、枝		0.66	0.11
叶		1.90	1.90
合计		2.56	2.01
枯枝落叶层		2.60	0.52
总计	157.48	170.40	11.25

第五节 区域生物量的估算方法

随着人们对全球气候变化的关注,森林与大气间的碳交换研究越来越受到重视,特别是由于土地利用方式的变化。目前主要关注的是由于森林面积的变化,引起的向大气中释放的碳量(Houghton et al. 1985)。这种估算实际上是土地利用方式变化前后区域总生物量的变化。为此,就需要计算一个地区森林生态系统的总生物量。

一个地区森林生态系统的总生物量(B)的估算,可以用以下两种方法:

1 蓄积量推算法

$$B = V_{total} \cdot EF \tag{2.63}$$

式中V_{total}为该地区木材蓄积量,EF为木材转换为生物量的数量,一般取 0.52 (Marland,1988)。该方法是用在粗略的估算某个地区的生物量。

2 平均生物量推算法

$$B = \sum_{i=1}^{n} B_i \cdot A_i \tag{2.64}$$

式中,A_i和B_i分别为该地区某一种森林类型的面积和平均生物量。森林生态系统的平均生物量B_i的获得有两种方法,生态调查法和森林普查法(Brown et al.,1989;Brown and Iverson,1992)。

2.1 生态调查法

利用在野外样地对森林生物量直接测定的数据,尽管现在已有各主要气候带、优势种类型的生物量测定数据(表1-1、表1-2 和表1-3)。但是,对于大面积的平均生物量估计,不能不注意到以下问题:

(1)样地调查资料的有限性 样地调查费工费时,并需有一定的专业知识。尽管获得的数据信息量大,精度也较高,但只能做有限的调查,能够获得的样地的数据是非常有限的。

(2)样地的代表性 样地的选取往往不是随机的,这样常常会造成估计的区域总生物量的偏高或偏低。

（3）样地的定位　在设置样地中,是否包括有大径级的树木,对测定结果影响非常大。因为单株的生物量随直径呈几何级数增长(Brown and Lugo,1992),大径级的林木的生物量在群落总生物量中常占有重要地位。

总之,生态调查法得到的数据具有样地水平上的高精确度,但大区域的代表性较差。

2.2　森林普查法

利用森林资源普查资料(按径级统计的林木株数或每 hm^2 蓄积量)推算森林生物量,这种方法的优点是,森林普查资料一般数据量大,有大量的样地资料,并且有统一的调查方法,使所得样地资料能够较为有代表地区森林特点。根据森林普查资料,可以用两种方法得到森林的平均生物量:

（1）相对生长法　利用林木生物量与胸径的平方和树高之积或与胸径的相对生长公式,根据样地调查得到的各径级林木株数,推算出调查样地的生物量,这种方法已被广泛地应用于森林生态学中。Brown 等(1989)在对热带的森林生物量调查时得出了不同立地条件下的林木生物量与胸径及胸径平方和树高之积的相对生长式。

（2）蓄积量转换法　利用森林普查中的蓄积量资料,转换成生物量:

$$B_i = V_i \times WD_i \times BEF_i \tag{2.65}$$

式中,V_i、WD_i 和 BEF_i 分别为研究的生态系统类型或区域的平均蓄积量、木材比重和生物量扩展因子 BEF(Biomass expansion factor,即总生物量/树干生物量)。在我国,木材比重的研究可参看《中国主要树种的木材物理力学性质》(中国林业科学研究院木材工业研究所,1982)。

生物量扩展因子在后期的生物量研究中已被重视。Satoo(1982)指出,如果地上部分或全部生物量与树干生物量有密切的关系,就可以利用现已广泛存在的林分蓄积和树干材积增长量资料,推算森林生物量和生产力。这种关系到底如何呢,由于地上部分生物量资料比总生物量的数据多,测定容易和精度较高。因而许多研究者估算了地上部分生物量与树干的比例(表 2-21)。

表 2-21　森林生态系统中地上部分与树干生物量之比

森林类型	树干/地上部分生物量	作者
森林	1.3—1.4	Spurr and Vaux(1976)
Fagus crenata 林	1.3	Satoo(1982)
温带森林	1.4	Armentano and Raston(1980)
美国硬阔叶林	1.43	Delcourt *et al.*(1981)
美国软阔叶林	1.25	Delcourt *et al.*(1981)
美国东南部森林	1.3	Decourt and Harris(1980)
热带雨林	1.75—7.5	Brown and Iverson(1992)

应该注意,尽管大多数研究者假定的地上部分与树干生物量之比介于 1.3—1.4,实际情况要复杂得多。例如热带雨林树干与地上生物量的比值相差几倍(1.75—7.5)(Brown and Iverson,1992);地上部分与树干生物量的比值还受许多因素的影响。Satoo(1982)发现在日本柳杉(*Cryptomeria japonica*)林和赤松(*Pinus densiflora*)林中,该比值随着树干生物量的增加而呈曲线减少,当树干生物量大于 80 或 100 t/hm^2 时,该比值才变得

稳定。Brown 等(1989)通过对南美洲和东南亚热带雨林的地上部分和树干生物量的分析,发现该比值对林分直径的平方和(Quandratic stand diameter, QSD)比较敏感。QSD 可以用以下公式计算:

$$QSD = \sqrt{(\sum D^2)/n} \quad (2.66)$$

或

$$QSD = \sqrt{BA/n \times 4\pi} \quad (2.67)$$

式中,D 为林分中各林木的直径,n 为林木个数,BA 为林分断面积。对热带雨林,地上部分与树干生物量之比(RBA)与 QSD 有以下关系(Brown et al., 1989):

$$RBA = \begin{cases} \exp[5.7671 - 1.5309 \times \ln(QSD)] & \text{当 } QSD < 30\text{cm} \\ 1.75 & \text{当 } QSD \geq 30\text{cm} \end{cases}$$

$$(R^2 = 0.77, MSE = 0.03103, n = 82)$$

有了地上部分与树干生物量的比值后,就可以根据蓄积量推算出林分树干生物量。再假设树根生物量是地上生物量的 25%(Radin and Bazilevish, 1967),就可以估算出林分的总生物量(Anmentano and Raston, 1980, Delcourt et al., 1980)。Johnson and Sharpe(1983),根据美国的生物量研究资料,直接分析了 BEF(总生物量与树干之比)。在美国东部的弗吉尼亚,BEF 介于 2.1—5.0,平均值为 2.7。该值比以前用 $BEF = 1.75$ 的大 55% 左右(如 Armentano and Raston, 1980)。

表 2-22 不同纬度带的森林面积、总生物量和平均生物量

纬度带	面积/10^6hm² 1	面积/10^6hm² 2	总生物量(C.Pg) 1	总生物量(C.Pg) 2	平均生物量/(C.t/hm²) 1	平均生物量/(C.t/hm²) 2
高纬度	1372	1249	88	64	64	51
俄罗斯	884	760	74	46	83	61
加拿大	436	376	12	14	28	37
阿拉斯加	52	52	2	2	39	38
斯堪的纳维亚		61		2		32
中纬度	1038	600.0	59	33.7	57	56
陆地美国	241	243.2	15	13.9	62	57
欧洲	283	90.0	9	5.1	32	57
中国	118	45.0	17	2.6	114	58
澳大利亚	396	39.8	18	2.3	45	58
比利时		6.3		0.4		63
加拿大(东部)		26.8		1.0		37
智利		7.5		0.4		53
日本		24.7		1.4		40
新西兰		7.5		1.4		187
俄罗斯		100.0		5.7		57
乌克兰		9.2		0.5		54
低纬度	1755		212		121	
亚洲	310		41—54		132—174	
非洲	527		52		99	
美洲	918		119		130	
总计	4165		359		86	

资料来源:1. Dixon et al. 1995; 2. Sampson and Wisniiewski 1993;北方林来自 Apps et al. 1993,温带森林来自 Heath et al. 1993,热带来自 Brown et al. 1993

利用森林普查法估算平均生物量时应该注意以下问题：

（1）森林普查资料中只包括那些直径大于一定值的林木。如在热带，最小统计直径通常大于30cm(Gillesple *et al.*, 1992)。森林普查时，常按直径分级统计数据，而最大直径级常会将直径相差很大的林木统计成一个等级，这样会忽视大直径林木对森林生物量的贡献(Brown and Lugo, 1992)。

（2）在可利用的蓄积量资料中，经常缺少更详细的资料（如立地条件、林龄等），因此，选择可靠的 *BEF* 很困难。只有有较详细的普查资料时，才能选取更切合实际的 *BEF*，提高估算生物量的精度。

（3）森林普查的资料只包括那些木材价值较大的林木，而对一些木材价值较低的林木及林下植物的生物量难以得到较可靠的数据。

利用以上方法，现有人已对世界许多地区和国家的森林总生物量进行初步估计。Dixon 等(1994)和 Sampson 和 Wisniiewski(1993)给出的全球森林总生物量估计（表2-22），就是一例。

第三章 寒温带森林生态系统的生物量和生产力

第一节 自然地理概况

中国寒温带森林主要分布在东北寒温带地区,西北寒温带地区有少量分布。

1 东北寒温带地区

东北寒温带地区位于黑龙江以南,洮河以北,呼伦贝尔高原和额尔古纳河以东,小兴安岭和松嫩平原以西。地理位置为北纬46°18′—53°34′,东经119°19′—127°15′。行政区划包括黑龙江省的漠河县,呼玛县和黑龙江大兴安岭林业管理局所属的各林业局及内蒙古自治区大兴安岭林业管理局所属的各林业局。总面积2755万hm²,约占全国土地面积的2.9%(吴征镒,1980;中国森林立地分类编写组,1989)。

东北寒温带山地为一古老褶皱断块山,经长期侵蚀和剥蚀,呈现准平原化地貌。山顶浑圆,多不相接;坡度平缓,谷地宽坦,海拔高度在400—1530m,东侧由东向西依次为丘陵、低山和中山,以低山丘陵面积最大。西侧平缓,山势缓慢地没入蒙古高原,多为波状丘陵。北部多为破碎丘陵和台原。该地区属寒温带大陆性季风气候区,冬季严寒漫长。局部地区有常年冻土。年温差大,全区年平均气温 -2℃ — -6℃,1月平均气温 -20— -30℃,极端最低气温在漠河为 -52.3℃,7月平均气温为17—20℃,极端最高气温在漠河为35℃。年日照时数2600h,日照率60%,春夏均在700h以上。年降水量350—500mm,5—8月占年总降水量的70%以上,3—5月和9—11月气候干燥,风力大。区内气候差异明显,东坡因承受东南湿气流,较西坡湿润;西坡受蒙古—西伯利亚气流影响,较东坡干冷;山地南段较北段温暖,滨洲线以南逐渐过渡为温带气候(徐文铎,1986;中国森林立地分类编写组,1989)。森林土壤:海拔500m以下,多为暗棕壤;海拔500—1000m之间,多为棕色针叶林土;海拔1000m以上,多为冻层针叶林土(中华人民共和国林业部编《中国林业图集》,1990)。

2 西北寒温带地区

本区地处北纬40°50′—49°10′,东经85°50′—95°25′的阿尔泰山山地,西北与俄罗斯接壤,东北与蒙古国毗邻。南部西段至额尔齐斯河谷地,东段至北塔山南麓。总面积801.9万hm²,占国土面积的0.84%。

阿尔泰山山脉在我国境内为其西南坡,长约800km,宽度西北部约150km,东南部仅80km。最高海拔4374m(友谊峰)。阿尔泰山林区属寒温带针叶林气候区,冬季严寒而漫长,热量资源较小,西北部寒冷,降水量较多,东南部干燥少雨。阿勒泰市(海拔750m),1月平均气温为 -18.6℃,极端最低气温 -40.3℃;富蕴县(海拔1177m)1月平均气温为 -29.6℃,极端最低气温 -50.8℃。日温小于0℃的天数,阿勒泰市175d,富蕴县250d。7月平均气温阿勒泰市25.2℃,富蕴县17.9℃,≥10℃年积温,阿勒泰市2450℃,富蕴县1487℃。无霜期阿勒泰市149d,富蕴县100—110d。降水量西北部可超过600mm,中部为322.6mm(富蕴县),东南部为259.3mm(青河),降水量随海拔升高而增,1000m以下时为 250mm 左右,1000—1500m 为 250—350mm,1500—3000m 为 350—800mm(新疆森林编委会,1989)。森林土壤多为山地棕色针叶林土(中华人民共和国林业部,1990)。

第二节 森林生态系统主要类型

1 兴安落叶松(*Larix gmelinii*)林

兴安落叶松林是我国东北寒温带针叶林区北段的地带性植被类型,为俄罗斯东西伯利亚明亮针叶林向南延伸部分,兴安落叶松是该地带的优势树种,由于气候寒冷,土壤潮湿和岛状永冻层的存在,使阔叶林的发育受到极大的抑制,而兴安落叶松却得到了广泛的生长,成为本地区的优势树种。因此,它具有我国温暖指标的最低值,温暖指数(Warmth index,WI)为36℃·月,湿度指数(Humidity index,HI)为12.0mm/℃·月(徐文铎,1986)。在该兴安落叶松林内常常混生一些其它树种,如,在伊勒呼里山北坡,混生有一些樟子松(*Pinus sylvestris* Var. *mongolica*);在东坡低山下部和丘陵阳坡、半阳坡,常混生一些蒙古栎(*Quercus mongolica*),在火烧后或采伐后形成的次生林中多有先锋树种白桦(*Betula platyphylla*)的分布。另外还混生少量的山杨(*Populus davidiana*)、黑桦(*Betula davurica*)、红皮云杉(*Picea Koraiensis*)等。兴安落叶松林的主要林型有:草类兴安落叶松林、杜鹃-兴安落叶松林、杜香-兴安落叶松林、泥炭藓-杜香-兴安落叶松林、偃松-兴安落叶松林、石塘-兴安落叶松林、塔头苔草-兴安落叶松林、溪旁-兴安落叶松林和蒙古栎兴安落叶林。

2 阿尔泰落叶松(*Larix sibirica*)林

阿尔泰落叶松林是西北寒温带阿尔泰山西南坡山地的地带性森林类型,约占该区有林地的78.5%。主要林型有草类-阿尔泰落叶松林和灌木-阿尔泰落叶松林。群落内常常混生有西伯利亚云杉(*Picea obovata*)。

3 樟子松(*Pinus sylvestris* var. *mongolica*)林

樟子松林主要集中在我国东部寒温带地区的大兴安岭山地和呼伦贝尔沙地一带,在小兴安岭北坡(逊克)一带有零星分布。其分布的地理范围是 46°30′N 和 118°21′E—130°8′E 之间。樟子松是欧洲赤松的一个地理变种,是在第四纪冰川期,由于欧洲赤松受到冰川气候的排挤,逐步向东南推移,往西伯利亚迁至我国(刘慎谔等,1959)。樟子松林分布区的土壤,在大兴安岭山地,以山地棕色针叶林土为主。在呼伦贝尔高原沙地以疏林沙土或风沙土为主(张万儒等,1989)。主要有两种类型:山地樟子松林和沙地樟子松林(内蒙古森林编委会,1989)。

第三节 森林生态系统主要类型的生物量和生产力

1 落叶松(兴安落叶松、阿尔泰落叶松)林

研究样地资料主要包括在内蒙古大兴安岭林业管理局、黑龙江省大兴安岭林业管理局和西北部阿尔泰山林区。样地选择标准是:落叶松(兴安落叶松、阿尔泰落叶松)占9成以上,郁闭度0.7以上,近期(10a)未经人为干扰的林分,且分布基本均匀的天然幼、中、成熟林分。

1.1 生物量

根据相对生长法建立的兴安落叶松和阿尔泰落叶松的各器官生物量(W)与胸径(D)平方和树高(H)乘积之间的相对生长式,见表3-1。

表3-1 寒温带落叶松各器官生物量与 D^2H 的相对生长式

森林类型	回归方程	相关系数	适用范围 D/cm, H/m	资料来源
兴安落叶松林				
中龄及近熟龄林				
杜香-落叶松林	$W_s = 0.04607(D^2H)^{0.8722}$	0.95	4.74—8.7	程云霄等,1989
	$W_b = 0.0356(D^2H)^{0.5624}$	0.94	5.9—9.6	
	$W_l = 0.01397(D^2H)^{0.5628}$	0.87		
	$W_r = 0.007534(D^2H)^{0.9725}$	0.98		
	$W_t = 0.05526(D^2H)^{0.6050}$	0.99		
杜鹃-落叶松林	$W_s = 0.01837(D^2H)^{0.9559}$	0.99	9.9—18.6	程云霄等,1989
	$W_b = 0.001695(D^2H)^{1.0685}$	0.99	10.3—20.4	
	$W_l = 0.00118(D^2H)^{0.7122}$	0.96		
	$W_r = 0.03966(D^2H)^{0.7537}$	0.95		
	$W_t = 0.06389(D^2H)^{0.8890}$	0.97		
草类-落叶松林	$W_s = 0.01380(D^2H)^{1.0110}$	0.99	11.2—21.3	程云霄等,1989
	$W_b = 0.0007979(D^2H)^{1.1271}$	0.98	10.2—22.4	
	$W_l = 0.002291(D^2H)^{0.8659}$	0.94		
	$W_r = 0.001699(D^2H)^{1.1179}$	0.98		
	$W_t = 0.10285(D^2H)^{0.3304}$	0.99		
成熟龄林				
杜香-落叶松林	$W_s = 0.3429(D^2H)^{0.6829}$	0.98	9.5—27.3	冯林等,1985
	$W_b = 0.0037(D^2H)^{0.8589}$	0.89	8.34—32.5	
	$W_l = 0.0026(D^2H)^{0.7199}$	0.84		
	$W_r = 0.0426(D^2H)^{0.7921}$	0.998		
杜鹃-落叶松林	$W_s = 0.0818(D^2H)^{0.8248}$	0.98	7.28—35.6	冯林等,1985
	$W_b = 0.0003(D^2H)^{1.2131}$	0.97	9.3—28.1	
	$W_l = 0.0020(D^2H)^{0.7979}$	0.83		
	$W_r = 0.0208(D^2H)^{0.8881}$	0.99		
泥炭藓杜香-落叶松林	$W_s = 0.0319(D^2H)^{0.9683}$	0.99	7.44—36.2	冯林等,1985
	$W_b = 0.0635(D^2H)^{0.4798}$	0.95	9.0—25.0	
	$W_l = 0.0259(D^2H)^{0.918}$	0.92		
	$W_r = 0.0766(D^2H)^{0.7228}$	0.98		
阿尔泰落叶林				
成熟林				
灌木杜香-落叶松林	$W_s = 0.03984(D^2H)^{0.8718}$	0.84	7.21—39.4	据《新疆森林》,
	$W_b = 0.03389(D^2H)^{0.5511}$	0.96	8.9—26.3	1989生长数据
	$W_l = 0.1388(D^2H)^{0.8438}$	0.89		推算
	$W_r = 0.006984(D^2H)^{0.9724}$	0.94		

W_s:树干生物量;W_b:树枝生物量;W_l:树叶生物量;W_r:树根生物量;W_t:总生物量

落叶松林乔木层的生物量是根据样地的生长调查资料,按上述表3-1回归方程式计算而得。下木层、草本层和凋落物层生物量按样方收获法求得。寒温带落叶松林的生物量及其在各层中的分配见表3-2。

由表3-2可以看出,寒温带落叶松天然林群落生物量,在成熟林阶段,西北寒温带阿尔泰落叶松林>东北寒温带兴安落叶松林;在东北寒温带兴安落叶松林中,东南亚区兴安落叶松林>中部亚区兴安落叶松林>北部亚区兴安落叶松林。

中龄林和幼龄林的生物量变化规律亦同成熟林。不同森林类型生物量的变化为:中龄林和幼龄林均是草类落叶松林>杜鹃落叶松林>杜香落叶松林;成熟林为杜鹃落叶松林>杜香落叶松林>草类落叶松林。

表3-2 寒温带落叶松林群落的生物量及其在各层中的分配

分布区	森林类型	林龄/a	生物量/(t/hm²) 乔木层	下木层	草本层	凋落层	合计	资料来源
幼龄林								
东北东南部亚区	杜鹃落叶松林	29	49.84	2.202	0.354	2.984	55.38	程云霄等,1989;
	草类落叶松林	29	108.6	6.05	0.11	1.98	116.74	刘志刚等,1990
东北中部亚区	杜香落叶松林	29	37.74	3.69	—	0.66	42.09	
	杜鹃落叶松林	29	46.31	5.65	—	0.94	52.90	
	草类落叶松林	29	76.33	2.51	—	1.82	80.66	
东北北部亚区	杜香落叶松林	34	27.08	1.76	4.72	1.00	34.56	
	杜鹃落叶松林	33	39.39	25.63	8.87	—	73.89	
	草类落叶松林	32	79.04	0.00	0.19	—	79.23	
中龄林								
东北北部亚区	杜香落叶松林	53	48.21	2.44	0.84	0.77	52.26	冯林等,1985
	杜鹃落叶松林	54	63.61	8.66	0.77	1.41	74.75	程云霄等,1989;
	草类落叶松林	50	82.61	0.00	2.06	1.44	86.11	刘志刚,1990
东北中部亚区	杜香落叶松林	55	52.73	1.02	2.04	2.22	58.01	
	杜鹃落叶松林	55	86.71	24.29	8.40	—	119.40	
	草类落叶松林	56	154.09	0.00	0.18	—	154.27	
成熟林								
东北北部亚区	杜香落叶松林	126	61.04	2.31	4.62	0.49	68.46	冯林等,1985;
	杜鹃落叶松林	112	68.83	30.69	10.61	—	110.13	徐振邦,1988;
	草类落叶松林	131	168.00	0.00	0.29	—	168.29	程云霄等,1989
东北中部亚区	杜香落叶松林	127	117.34	78.54	—	0.20	196.08	
	杜鹃落叶松林	109	249.21	35.94	—	0.12	285.27	
	草类落叶松林	130	182.64	0.00	1.04	—	182.68	
	藓类落叶松林	107	60.43	20.05	—	34.21	115.14	
成熟林								
西北寒温带	灌木落叶松林	112	252.38	17.38	—	13.20	282.96	据《新疆森林》,1989生长数据推算

乔木层生物量占森林群落生物量的百分比分布规律为成熟林:东北寒温带中部亚区兴安落叶松林>北部亚区兴安落叶松林>西北寒温带阿尔泰落叶松林;中龄林:东北寒

温带东南部亚区兴安落叶松林＞西北寒温带阿尔泰落叶松林＞东北寒温带中部亚区兴安落叶松林＞东北寒温带北部亚区兴安落叶松林；幼龄林：东北寒温带东南部亚区兴安落叶松林＞中部亚区兴安落叶松林＞北部亚区兴安落叶松林。

我国寒温带落叶松天然林乔木层生物量占群落生物量的52.45%—99.98%之间；下木层生物量占群落总生物量的1.76%—40.06%之间，草本层占的比例很小，凋落物层生物量占群落总生物量的0.04%—29.75%之间。

我国寒温带落叶松天然林群落生物量范围在34.56—285.96t/hm²之间，平均为143.67 t/hm²。其中，东北寒温带兴安落叶松天然林群落生物量范围为34.56—285.96t/hm²之间，平均为105.05 t/hm²。西北寒温带阿尔泰落叶松天然林群落生物量为282.96t/hm²。

我国寒温带落叶松天然幼龄林群落生物量平均为66.93 t/hm²，天然中龄林群落生物量平均为90.76 t/hm²，天然成熟林群落生物量平均为160.86 t/hm²。

1.2 地上部分生物量与优势木林分密度的关系

根据东北寒温带兴安落叶松天然林的年龄、立地特点，分别选择收集林龄、立地条件相近，能代表和反映各不同分布区森林特点的16块标准地（每块面积为0.1hm²）材料，探讨寒温带落叶松林地上部分生物量随优势木林分密度变化的规律（吴刚和冯宗炜，1995）。

东南部亚区　对于树高级12.0和14.0m两组样本分析，林分最低密度大致始于3000株/hm²，地上部分生物量随优势木林分密度的增加而保持稳定。当树高级为16.0m时，优势木林分密度小于3000株/hm²时，地上部分生物量随优势木林分密度增加而增大，当优势木林分密度大于3000株/hm²时，地上部分生物量趋于稳定。当树高级为18.0m时，优势木林分密度在2200—3700株/hm²时，地上部分生物量迅速增加，优势木林分密度大于3700株/hm²后，地上部分生物量则保持稳定。可见，该地区优势木林分密度在3000—3700株/hm²时，地上部分生物量较高。

中部亚区　要保持高而稳定的地上部分生物量，在树高级为12.0m时，优势木林分密度为6000株/hm²左右；树高级为14.0m时，优势木林分密度在5000株/hm²；树高级为16.0m组时，优势木林分密度为3300株/hm²左右。可见，在该地区，兴安落叶松天然幼林要保持高的地上部分生物量，优势木林分密度在5000—6000株/hm²之间，立地条件好的地段，优势木林分密度可在3000—4000株/hm²之间。

北部亚区　要保持高而稳定的地上部分生物量，树高级为10.0m时，优势木林分密度为15000—20000株/hm²，树高级为12.0m时，优势木林分密度应在11000—15000株/hm²之间，树高级为14.0m及16.0m时，优势木林分密度应为6000—9000株/hm²之间。

综上所述，可见在我国东北寒温带地区，要保持兴安落叶松林具有较高的地上部分生物量时，其优势木的林分密度自北向南逐渐减少，也就是说，在东北寒温带兴安落叶松林，同样林分密度，自北向南，落叶松林地上部分生物量逐渐增大。

1.3 生产力

寒温带落叶松林群落的生产力研究采用间接收获法，即按平均木方法估测乔木层的生产力。根据每木调查，选取平均木，称取平均木各部分器官的生产力，然后用单位面积上林木株数乘以平均木的生产力而得出单位面积上的生产力。下木层的生产力采用收获法测得生物量,然后除以下木层的平均年龄,估算而得下木层的生产力。草本层采用收获法测得生物量来代替生产力。

我国寒温带兴安落叶松天然林和阿尔泰落叶松天然林群落的生产力及其在各层次中的分配情况见表3-3。

表3-3 寒温带落叶松林的生产力及其在各层中的分配

分布区	森林类型	林龄/a	生物生产力/(t/(hm²·a)) 乔木层	下木层	草本层	凋落层	合计	资料来源
幼龄林								
东北东南部亚区	杜鹃落叶松林	29	7.39	—	—	—	7.39	程云霄等,1989;
	草类落叶松林	29	12.31	—	0.14	—	12.45	刘志刚,1990
东北中部亚区	杜香落叶松林	29	4.29	1.10	—	—	5.39	
	杜鹃落叶松林	29	5.01	1.84	0.16	—	7.11	
	草类落叶松林	29	7.21	—	2.20	—	9.41	
东北北部亚区	杜香落叶松林	34	3.69	0.53	0.64	—	4.86	
	杜鹃落叶松林	33	4.21	1.90	0.23	—	6.34	
	草类落叶松林	32	8.88	—	0.14	—	9.02	
中龄林								
东北北部亚区	杜香落叶松林	53	4.86	2.96	0.14	—	7.96	冯林等,1985;
	杜鹃落叶松林	54	6.34	3.21	0.11	—	9.66	程云霄等,1989;
	草类落叶松林	50	7.59	—	2.44	—	10.3	刘志刚,1990
东北中部亚区	杜香落叶松林	55	4.92	0.10	0.21	0.44	5.67	
	杜鹃落叶松林	55	5.99	1.62	0.56	—	8.17	
	草类落叶松林	56	9.63	—	0.14	—	9.77	
成熟林								
东北北部亚区	杜香落叶松林	126	6.28	2.36	—	—	8.64	冯林等,1985;
	杜鹃落叶松林	112	6.88	1.49	—	—	8.34	徐振邦,1988;
	草类落叶松林	131	9.32	—	0.21	—	9.53	程云霄等,1989
东北中部亚区	杜香落叶松林	127	4.91	4.91	—	0.04	9.86	
	杜鹃落叶松林	109	5.46	1.85	—	0.03	7.34	
	草类落叶松林	130	7.17	—	0.43	—	7.60	
	藓类落叶松林	107	1.56	1.46	—	5.30	8.32	
成熟林								
西北寒温带	灌木落叶松林	112	5.41	3.31	—	—	8.72	据《新疆森林》,1989生长数据推算

由表3-3分析可知,寒温带落叶松林不同年龄阶段群落生产力不同,在幼龄林中,东北寒温带兴安落叶松林群落生产力有以下趋势:东南部亚区(9.92 t/(hm²·a))>中部亚区(7.30t/(hm²·a))>北部亚区(6.47t/(hm²·a)),平均生产力为7.75t/(hm²·a);在中龄林中,东北寒温带东南部地区兴安落叶松林群落生产力(9.46t/(hm²·a))>中部亚区(9.31t/(hm²·a))>北部亚区(7.87t/(hm²·a));东北寒温带兴安落叶松林中龄林平均生产力为8.59t/(hm²·a);在成熟林中,西北寒温带阿泰落叶松林(8.72t/(hm²·a))大于东北寒温带兴安落叶松林(8.52t/(hm²·a))。东北寒温带兴安落叶松林中,中部亚区

($8.84t/(hm^2·a)$)）＞北部亚区（$8.28t/(hm^2·a)$）。整个寒温带落叶松成熟林群落平均生产力为 $8.08t/(hm^2·a)$。

在东北寒温带兴安落叶松林幼龄林和中龄林中，生产力均表现出：草类落叶松林＞杜鹃落叶松林＞杜香落叶松林。

总的来看，我国寒温带落叶松林群落的生产力为 $8.47t/(hm^2·a)$，其中东北寒温带兴安落叶松为 $8.31t/(hm^2·a)$，西北寒温带阿尔泰落叶松林为 $8.72t/(hm^2·a)$。在东北寒温带兴安落叶松林中，东南部亚区为 $9.92t/(hm^2·a)$；中部亚区为 $8.18t/(hm^2·a)$；北部亚区 $7.60t/(hm^2·a)$。

上述分析表明，我国寒温带兴安落叶松林和阿尔泰落叶松林群落的生产力明显受热量的影响，温暖指数越大，生产力越高。乔木层生产力的变化规律的趋势和群落生产力的变化规律相一致。

2 樟子松林

2.1 生物量

樟子松林林木生物量采用相对生长法测定，表 3-4 为林木生物量（W）与胸径（D）之间的相对生长公式（徐振邦，1988；王立明，1986；裴新华，1992）。

表 3-4 樟子松林各器官生物量与胸径（或胸径与树高）的相对生长式

森林类型	回归方程	相关系数	适用范围 D/cm	资料来源
山地樟子松林	$W_s = 0.424D^{2.5137}$	0.998	8.0—40	徐振邦，1988
	$W_b = 0.3248D^{1.2788}$	0.94		
	$W_l = 0.3547D^{0.9985}$	0.93		
沙地樟子松林	$W_s = 0.3364D^{2.0067}$	0.95	4.0—36	王立明，1986；
	$W_b = 0.2983D^{1.144}$	0.94		裴新华，1992
	$W_l = 0.2931D^{0.8486}$	0.92		

W_s：树干生物量；W_b：树枝生物量；W_l：树叶生物量；W_r：树根生物量

根据样地生长调查资料，由表 3-4 可以求出乔木层平均木的生物量，然后在根据单位面积内乔木层林木的株数推算出乔木层生物量，下木层和草本层生物量采用收获法而得。从而推算出东北寒温带不同森林类型的樟子松林，即山地樟子松林和沙地樟子松林的生物量及其在各层次上的分配见表 3-5。

表 3-5 樟子松林的生物量及其在各层中的分配

森林类型	样地地点	生物量/（t/hm^2）				资料来源
		乔木层	下木层	草本层	合计	
山地樟子松林	大兴安岭满归	38.00	9.60	2.46	50.06	徐振邦，1988
沙地樟子松林	海拉尔西沙丘	25.67	0.28	1.52	27.47	王立明，1986；裴新华，1992

从表 3-5 可以看出，山地樟子松林群落的生物量（$50.06/hm^2$）＞沙地樟子松林群落的生物量（$27.47/hm^2$）。山地樟子松林和沙地樟子松林乔木层的生物量随林龄的变化而呈现出规律性的变化，见表 3-6。

从表 3-6 可以看出，随着年龄的增大，乔木层中树干生物量所占的比例随之增加。从林龄为 40a 开始至林龄为 200a 时，山地樟子松林和沙地樟子松林树干生物量占地上生物量的比例,分别由57.0%和79.3%增加到92.1%和94.4%;树枝生物量占地上生物量的比例随年龄的增加而减少,分别由40a时的27.2%和13.3%减少到200a时的5.8%和4.14%;树叶生物量变化规律同树枝生物量,分别由40a时的15.8%和7.38%减少到200a时的2.1%和1.46%。

表3-6 不同年龄组樟子松林乔木层各器官生物量占其地上部分生物量的比例

森林类型	林龄/a	胸径/cm	生物量/% 树干	生物量/% 树枝	生物量/% 树叶	资料来源
山地樟子松林	40	9.4	57.0	27.2	15.8	徐振邦,1988
	60	16.2	73.2	17.9	8.9	
	80	22.4	80.7	13.3	6.0	
	100	27.9	84.9	10.6	4.5	
	120	33.0	87.5	8.9	3.6	
	140	37.5	89.2	7.8	3.0	
	160	41.6	90.5	6.9	2.6	
	180	45.3	91.4	6.3	2.3	
	200	48.7	92.1	5.8	2.1	
沙地樟子松林	40	6.9	79.3	13.3	7.38	由裴新华,1992
	100	16.8	90.0	7.0	2.98	数据和表3-5
	200	32.6	94.4	4.14	1.46	推算而得

上面分析可以看出,相似年龄组的山地樟子松林的生物量均大于沙地樟子松林的生物量,约为沙地樟子松林生物量的1.53—2.25倍。

2.2 生产力

用收获法求算平均木的生物量,然后根据树干解析求出平均木的生产力,从而推算乔木层的生产力;灌木层采用收获法求出其生物量,在除以平均年龄,推算灌木层的生产力;草本层生产力根据样方收获法而得(徐振邦,1988,裴新华,1992)。寒温带樟子松林的生产力分析结果见表3-7。

表3-7 山地樟子松林和沙地樟子松林群落的生产力及其层次分配

森林类型	样地地点	年生物生产力/(t/(hm²·a)) 乔木层	下木层	草本层	合计	资料来源
山地樟子松林	大兴安岭满归	3.26	0.46	0.14	3.86	徐振邦,1988
沙地樟子松林	海拉尔西沙丘	2.61	0.16	0.11	2.88	王立明,1986;裴新华,1992

从表3-7中可以看出,山地樟子松林群落生产力(3.86 t/(hm²·a))大于沙地樟子松林群落的生产力(2.88 t/(hm²·a))。我国寒温带地区樟子松林生产力在2.88—3.86 t/(hm²·a)之间。其中,乔木层生产力在2.61—3.26 t/(hm²·a)之间,占群落生产力的84.46%—90.62%;下木层的生产力在0.16—0.46 t/(hm²·a)之间,占5.56%—11.92%;草本层的生产力在0.11—0.14 t/(hm²·a)之间,占3.62%—3.82%。

在同一龄组内,山地樟子松林的乔木层生产力大约是沙地樟子松林生产力的2倍左右。从上面分析可见,我国寒温带樟子松林的生物量和生产力的变化除与热量条件有关外,水分状况的影响也很大,地处呼伦贝尔半干旱沙地的樟子松林,水分状况不如大兴安岭山地,因而生产力较低。

第四节 小结

（1）我国寒温带总面积为3556.9万hm^2,占全国土地面积的3.74%。森林生态系统生物量和生产力的研究,主要类型有东北寒温带的兴安落叶松林、樟子松林和西北寒温带阿尔泰落叶松林。

（2）我国寒温带落叶松林群落的平均生物量为143.67 t/hm^2,其范围在34.56—285.96t/hm^{2}之间。东北寒温带兴安落叶松林天然林的平均生物量为105.5 t/hm^2,其范围在34.56—285.96t/hm^{2}之间。西北寒温带阿尔泰落叶松天然林的平均生物量为182.27 t/hm^2,其范围在110.69—285.96 t/hm^{2}之间。

（3）我国寒温带落叶松林群落生产力平均为7.836 t/(hm^2·a),其范围在4.86—10.3 t/(hm^2·a)之间。东北寒温带兴安落叶松天然林平均生产力为8.52 t/(hm^2·a),其范围在4.8—10.0 t/(hm^2·a)之间。西北寒温带阿尔泰落叶松天然林平均生产力为8.72 t/(hm^2·a)。

（4）我国寒温带落叶松林的生产力随温暖指数(WI)的增长而增大。随着林龄的增加而逐渐增大,即天然幼龄林(29—34年生) < 中龄天然林(54—56年生) < 成熟天然林(101—120)年生。

（5）我国寒温带落叶松林保持最大生物量的允许优势木林分密度由北向南逐渐增大,也就是说立地条件相同的情况下,如果林分密度相近,则由北向南生物量逐渐增大。

（6）我国寒温带樟子林群落生物量随林龄的增加而增大,山地樟子松林范围在37.67—50.06 t/hm^{2}之间,平均为50.00 t/hm^2,沙地樟子松林范围在20.47—36.44 t/hm^{2}之间,平均约为27.47 t/hm^2。

（7）我国寒温带樟子松林群落生产力在2.88—5.00 t/(hm^2·a)之间,其中山地樟子松林在3—6 t/(hm^2·a)之间,平均为3.86 t/(hm^2·a),沙地樟子松林在2—5 t/(hm^2·a)之间,平均为2.88 t/(hm^2·a),相同年龄阶段山地樟子松林群落生产力约为沙地樟子松林的2倍左右。这表明东北寒温带樟子松林的生物量和生产力除与热量条件有关外,水分状况的影响有直接作用。

第四章 温带森林生态系统的生物量和生产力

第一节 自然地理概况

中国温带森林分布区域为北纬40°—50°，东经122°—135°。该区域属大陆季风性气候和温带半湿润、半干旱季风气候区。气候南北差异较大，北部气温最低，年均气温0—3℃，年降雨量450—500mm，西部气温偏高，较干燥，年平均气温3.3℃，年降水量360—460mm，东部较湿润，年平均气温约1.7℃，年降水量450—650mm，由于受陆地和海洋气流交换的影响，季风更替现象明显，春季风大，秋季由于受西伯利亚高压影响，风速较夏季大，但比春季小。主风向为西南风。土壤多为暗棕壤（吴征镒，1980；中国立地分类编写组，1989）。

第二节 森林生态系统的主要森林类型

温带森林植被是长白、兴安、蒙古、华北植物区系分布及其分布区的交汇地带，植物种类成分较为丰富，植被类型较多。

1 阔叶红松（*Pinus koraiensis*）林

阔叶红松林属典型的长白区系植被类型，分布面积较广，主要分布在长白山山地、小兴安岭的南坡。其垂直分布的海拔范围为150—1000m，林下土壤多为暗棕壤，以红松为建群种，混生有多种阔叶和少量的针叶树种。阔叶红松林，根据温暖指数（Warmth index, WI）和水平地带性特征，可以分为3个地带性植被类型，即Ⅰ：云杉、冷杉红松林，主要分布在小兴安岭北坡；Ⅱ：枫桦、水曲柳红松林，主要分布在小兴安岭南坡；Ⅲ：沙松、鹅耳枥红松林，主要分布在长白山山脉南部及辽东山地。

2 长白落叶松（*Larix olgensis*）林

长白落叶松林主要分布长白山林区，张广才岭也有些分布。长白落叶松是以长白山为中心，北至北纬45°20′处的穆棱与鸡西林场，南至辽宁省的宽甸县，即北纬40°30′，西界为松辽平原的东缘，即东经124°30′，东至国境。《东北落叶松林》一书中指出："长白落叶松分布于北纬47°以南地区，北部起于完达山脉，"但没指出具体地点。在分布区内，由北到南是连续分布的。由于长白落叶松生态幅度广，所以由低海拔的平地到高海拔的山地都能分布。在长白山上部的1800m处高山草甸带边缘也有长白落叶松的零星分布。长白落叶松林的群落类型主要有：苔草长白落叶松林、杜香长白落叶松林、蕨类长白落叶松林、藓类长白落叶松林、笃斯越橘长白落叶松林、小叶章长白落叶松林、藓类云、冷杉长白落叶松林、草类云、冷杉长白落叶松林等。

3 长白松（美人松）（*Pinus sylvestris* var. *sylvestriformis*）林

长白松属欧洲赤松分布最东的一个地理变种（有待进一步验证），是长白山区的珍稀树种。仅零散分布于长白山北坡（海拔700—1600m），由于前些年未严加保护，现仅见在二道白河和三道白河沿岸的狭长地段留存小片天然纯林及散生林木。下木层以榛子（*Corylus heterophylla*）和胡枝子（*Lespedeza bicolor*）为主，草本层主要有羊胡子苔草（*Carex callitrichos*）、凸脉苔草（*Carex lanceolata*）、蒙古蒿（*Artemisia mongolica*）和蕨（*Pteridium aquilinum*）等。

4 温带云杉（*Picea*）、冷杉（*Abies*）林

在我国东北温带山地主要是由鱼鳞云杉（*Picea jezoensis*）、红皮云杉（*P. koraiensis*）、和臭冷杉（*Abies nephrolepis*）组成，在内蒙古白音敖包沙地有小片的红皮云杉林，在贺兰山地分布有青海云杉（*P. crassifolia*）林，向西至新疆天山有雪岭云杉（*P. schrenkiana*）林，云冷杉林也称暗针叶林或暗泰加林。

5 落叶阔叶林

落叶阔叶林是阔叶红松林及针阔混交林遭受破坏后，根据破坏程度及天然下种机会，而衍生的各种类型的次生林，基本上也就是次生演替中的某个阶段，温带的落叶阔叶林不同于华北暖温带落叶林，它的生活型谱与长白山森林的生活型谱是相一致。

东北温带落叶阔叶林的群落类型主要有蒙古栎（*Quercus mongolica*）林，水曲柳（*Fraxinus mandshurica*）林，杨桦（*Populus davidiana* 和 *Betula platyphylla*）林，山杨（*Populus davidiana*）林等，此外还包括西北干旱和半干旱地区的胡杨（*Populus diversifolia*）林。

第三节 森林生态系统主要类型的生物量和生产力

1 阔叶红松林

1.1 生物量

根据相对生长法建立的红松阔叶林中针、阔叶树种各器官的生物量（W）与胸径（D）平方和树高（H）乘积的相对生长式见表4-1。

阔叶红松林乔木层生物量是根据样地的生长调查资料，按表1回归方程计算而得。下木、草本植物和枯落物生物量按样方收获法求得。温带阔叶红松林的生物量及其在各层中的分配见表4-2。

表 4-1 阔叶红松林中针、阔叶树种各器官生物量（W）与 D^2H 的相对生长式

树种	森林类型	回归方程	相关系数	适用范围 D /cm	资料来源
红松	枫桦、水曲柳红松林	$W_s = 0.02195(D^2H)^{0.8754}$	0.89	10.0—50.0	陈传国,1983
		$W_b = 0.0138(D^2H)^{0.7304}$	0.91		
		$W_l = 0.0663(D^2H)^{0.5011}$	0.85		
		$W_r = 0.02695(D^2H)^{2.3795}$	0.85		
	沙松、鹅耳枥红松林	$W_s = 0.02375(D^2H)^{0.9660}$	0.99	8.0—46.0	
		$W_b = 0.0138(D^2H)^{0.7304}$	0.94		
		$W_l = 0.0663(D^2H)^{0.5011}$	0.96		
		$W_r = 0.02785(D^2H)^{0.885}$	0.91		
	云、冷杉红松林	$W_s = 0.0205(D^2H)^{0.8045}$	0.97	8.0—44.0	
		$W_b = 0.0138(D^2H)^{0.7304}$	0.96		
		$W_l = 0.0663(D^2H)^{0.5011}$	0.95		
		$W_r = 0.02588(D^2H)^{0.844}$	0.93		

续表

树种	森林类型	回归方程	相关系数	适用范围 D /cm	资料来源
白桦		$W_s = 0.0494(D^2H)^{0.9011}$	0.93	8.0—36	
		$W_b = 0.0142(D^2H)^{0.7686}$	0.93		
		$W_l = 0.0109(D^2H)^{0.6472}$	0.91		
		$W_r = 0.0110(D^2H)^{0.9209}$	0.91		
山杨		$W_s = 0.2286(D^2H)^{0.6933}$	0.95	5.0—28.0	
		$W_b = 0.0247(D^2H)^{0.7378}$	0.93		
		$W_l = 0.0108(D^2H)^{0.8181}$	0.94		
		$W_r = 0.1553(D^2H)^{0.5951}$	0.91		
槭树		$W_s = 0.3274(D^2H)^{0.7218}$	0.87	8.0—26	
		$W_b = 0.01347(D^2H)^{0.7198}$	0.94		
		$W_l = 0.02347(D^2H)^{0.6929}$	0.86		
		$W_r = 0.0976(D^2H)^{0.6925}$	0.88		
椴树		$W_s = 0.01275(D^2H)^{1.0094}$	0.99	12.0—32.0	
		$W_b = 0.00182(D^2H)^{0.9746}$	0.97		
		$W_l = 0.00024(D^2H)^{0.9907}$	0.99		
		$W_r = 0.1473(D^2H)^{0.5099}$	0.96		
柞树		$W_s = 0.03147(D^2H)^{0.7329}$	0.81	10.0—26.0	
		$W_b = 0.002127(D^2H)^{2.9504}$	0.85		
		$W_l = 0.00321(D^2H)^{2.4735}$	0.72		
榆树		$W_s = 0.03146(D^2H)^{1.032}$	0.81	10.0—28.0	
		$W_b = 0.007429(D^2H)^{2.6745}$	0.91		
		$W_l = 0.002754(D^2H)^{2.4946}$	0.85		

W_s：树干生物量；W_b：树枝生物量；W_l：树叶生物量；W_r：树根生物量

表 4-2 温带阔叶红松林群落的生物量及其在各层中的分配

森林类型	平均林龄 /a	生物量/(t/hm²) 乔木层	下木层	草本层	合计	资料来源
柞树红松林	100—200	369.524	0.54	0.13	370.194	徐振邦等,1985
%		99.75	0.15	0.10	100	
阔叶红松林	100—200	287.202	2.16	6.64	296.002	
%		97.03	0.73	2.24	100	
红松阔叶林	100—200	206.946	2.82	0.62	210.386	
%		98.36	1.34	0.3	100	
阔叶林(有红松小树)	100—200	197.322	2.13	0.49	199.942	
%		98.69	1.07	0.24	100	
灌木阔叶红松林	100—200	320.12	6.12	2.07	328.31	李文华等,1981
%		97.51	1.86	0.63	100	

由表 4-2 可以看出,柞树红松林群落的生物量(370.200t/hm²)＞下木阔叶红松林(328.31 t/hm²)＞阔叶红松林(296.002t/hm²)＞红松阔叶林(210.386t/hm²)＞混生红松小树的阔叶林(199.942t/hm²)。乔木层生物量占群落生物量的比例在 97%—99.8%,下

木层和草本层占的比例很小,在 0.2%—3.0% 之间。

我国温带红松阔叶林群落生物量范围在 199—371t/hm² 之间,平均生物量为 281t/hm²。

1.2 生产力

用树干解析法求出平均木的生产力,从而推算乔木层的生产力;下木层采用收获法求出其生物量,利用基径得出平均年龄,然后求出下木层的生产力;草本层的生产力用生物量来代替,结果见表 4-3。

由表 4-3 可以看出,阔叶红松林群落生产力因类型不同而异,呈现出下木阔叶红松林 (20.19t/(hm²·a)) > 阔叶红松林 (15.034 t/(hm²·a)) > 混生红松小树的阔叶林 (10.193t/(hm²·a)) > 红松阔叶林 (8.789t/(hm²·a)) > 柞树红松林群落的生产力 (7.903 t/(hm²·a))。乔木层生产力占群落生产力的比例在 41.5%—91.5%;下木层占的比例在 6.8%—32% 之间;草本层占的比例在 1.7%—44.1% 之间。上述情况因类型和林龄的不同而变化较大。

表 4-3 温带阔叶红松林群落的生产力及其在各层中的分配

森林类型	平均林龄/a	生产力/(t/(hm²·a)) 乔木层	下木层	草本层	合计	资料来源
柞树红松林	100—200	7.233	0.54	0.13	7.903	徐振邦等,1985
%		91.52	6.83	1.65	100	
阔叶红松林	100—200	6.243	2.16	6.64	15.043	
%		41.50	14.36	44.14	100	
红松阔叶林	100—200	5.349	2.82	0.62	8.789	
%		60.86	32.09	7.05	100	
阔叶林(有红松小树)	100—200	7.573	2.13	0.49	10.193	
%		74.30	20.90	4.80	100	
灌木阔叶红松林	100—200	16.11	2.01	2.07	20.19	李文华等,1981
%		79.79	9.96	10.25	100	

从现有的调查资料(李文华等,1981;徐振邦等,1985)来看,我国温带红松阔叶林群落生产力范围在 7.9—20.2t/(hm²·a),平均生产力为 12.4 t/(hm²·a),其中乔木层生产力在 5.3—16.1t/(hm²·a) 之间,乔木层生产力平均为 8.5 t/(hm²·a)。

2 长白落叶松林

2.1 生物量

根据相对生长法建立的长白落叶松各器官生物量(W)与胸径(D)之间的相对生长式见表 4-4。

长白落叶松林乔木层生物量是根据样地的生长调查资料,按表 4-4 回归方程计算而得。下木、草本植物和枯落物生物量按样方收获法求得。长白落叶松林(各种类型均为成熟林,林龄在 121—180 年之间)群落的生物量及其在各层中的分配见表 4-5。

从表 4-5 可以看出,不同森林类型的长白落叶松林群落生物量差别比较大,最大的杜香长白落叶松林为 276.70 t/hm²,最小的笃斯越橘长白落叶松林为 131.57t/hm²。不同森林类型反映在群落的生物量的这种差别是与其处的立地条件密切相关。

表 4-4　长白落叶松各器官生物量(W)与胸径(D)之间相对生长式

森林类型	回归方程	相关系数	适用范围 D/cm	资料来源
杜香长白落叶松林	$W_s = 0.098675 D^{2.26348}$	0.98	8.0—44.0	张洪涛,1992
	$W_b = -28.69 + 35.9\log(D)$	0.94		
	$W_l = -27.27 + 32.74\log(D)$	0.93		
苔草长白落叶松林	$W_s = 0.1195 D^{2.0123}$	0.97	8.0—46.0	张洪涛,1992
	$W_b = 0.1772\exp(2.90817 D)$	0.94		
	$W_l = 0.0702\exp(3.21583 D)$	0.95		
藓类长白落叶松林	$W_s = 0.0896 D^{2.2135}$	0.94	8.0—38.0	刘玉喜,1993
	$W_b = -29.31 + 34.92\log(D)$	0.95		
	$W_l = -28.46 + 33.19\log(D)$	0.95		

W_s:树干生物量;W_b:树枝生物量;W_l:树叶生物量

表 4-5　长白落叶松林的生物量及其在各层中的分配

森林类型	平均林龄/a	生物量/(t/hm²) 乔木层	下木层	草本层	凋落层	合计	资料来源
杜香长白落叶松林	130	251.49	20.81	1.24	3.16	276.70	张洪涛,1992
苔草长白落叶松林	134	161.40	5.42	1.30	1.49	169.61	
藓类长白落叶松林	128	245.10	19.20	0.82	0.41	265.53	刘玉喜,1993
小叶章长白落叶松林	134	246.90	4.89	0.11	—	251.90	
草类云冷杉长白落叶松林	136	208.66	21.76	1.21	0.33	231.96	
笃斯越橘长白落叶松林	136	116.30	12.34	1.52	1.41	131.57	

乔木层生物量在杜香长白落叶松林、苔草长白落叶松林、藓类长白落叶松林、小叶章长白落叶松林、草类云、冷杉长白落叶松林、笃斯越橘长白落叶松林中分别占各森林群落生物量的 90.89%、95.16%、92.31%、98.02%、89.96% 和 88.39%;下木层的生物量占群落生物量分别为 7.52%、3.20%、7.23%、1.94%、9.38% 和 9.38%;草本层的生物量占群落生物量分别为 0.45%、0.77%、0.31%、0.04%、0.52% 和 1.16%。这说明在六种类型中,乔木层生物量在群落生物量中均占主导地位。

上述分析表明,我国温带长白落叶松林成熟林群落的生物量范围在 131.57—276.70 t/hm² 之间,平均为:221.21 t/hm²。其中乔木层生物量的范围在 116.30—251.49 t/hm² 之间,平均为 204.98 t/hm²。

2.2　生产力

用树干解析法求出长白落叶松林乔木层平均木的生产力,从而推算乔木层的生产力;下木层采用收获法求出其生物量,利用基径得出平均年龄,然后求出下木层的生产力;草本层的生产力用生物量来代替(刘玉喜,1993;张洪涛,1992),结果见表 4-6。

表 4-6　长白落叶松林的生产力及其在各层中的分配

森林类型	平均林龄/a	生产力/(t/(hm²·a)) 乔木层	下木层	草本层	合计	资料来源
杜香长白落叶松林	130	5.66	2.60	1.24	9.50	张洪涛,1992
苔草长白落叶松林	134	4.31	0.68	1.30	6.29	张洪涛,1992
藓类长白落叶松林	128	5.42	2.40	0.82	8.64	刘玉喜,1993
小叶章长白落叶松林	134	5.94	0.61	0.11	6.66	刘玉喜,1993
草类云冷杉长白落叶松林	136	6.48	1.26	1.21	8.95	刘玉喜,1993
笃斯越橘长白落叶松林	136	3.60	1.54	1.52	6.66	刘玉喜,1993

从表 4-6 中可以看出,长白落叶松林群落生产力在 6.29—9.50 t/(hm²·a)之间,最大的杜香长白落叶松林生产力为 9.50 t/(hm²·a),最小的苔草长白落叶松林生产力为 6.29 t/(hm²·a)。长白落叶松林群落生产力平均为 7.78 t/(hm²·a)。

不同林型:杜香长白落叶松林、苔草长白落叶松林、藓类长白落叶松林、小叶章长白落叶松林、草类云、冷杉长白落叶松林、笃斯越橘长白落叶松林乔木层生产力占各森林群落生产力分别为 59.89%、68.52%、62.73%、89.19%、72.40% 和 54.05%;下木层的生产力占各森林群落生产力分别为 27.37%、10.81%、27.78%、9.16%、14.08% 和 23.12%;草本层的生产力占各森林群落生产力分别为 13.05%、20.67%、9.49%、1.65%、13.52% 和 22.82%。这说明乔木层生产力在不同林型的群落生产力中均占主导地位。

3 长白松林

3.1 生物量

根据相对生长法建立的长白松树木各器官生物量与胸径的相对生长式,见表 4-7。由样地调查资料按表 4-7 中回归方程而得长白松林的乔木层生物量,下木层、草本层和凋落物层生物量按样方收获法而得,长白松林群落生物量及其在各层的分配见表 4-8。

表 4-7 长白落叶松各器官生物量(W)与胸径(D)的相对生长式

森林类型	回归方程	相关系数	适用范围 D/cm	资料来源
笃斯越橘长白松林	$W_s = 0.02919 D^{2.290}$	0.94	8.5—28.8	张洪涛,1992
	$W_b = 0.001246 D^{3.3953}$	0.88		
	$W_l = 0.0004117 D^{3.692}$	0.91		
苔草长白松林	$W_s = 0.0159368 D^{2.949}$	0.97	6.8—17.5	邹春静,1995
	$W_b = 0.0557699 D^{2.483}$	0.95		
	$W_l = 0.0001090 D^{4.293}$	0.91		
	$W_r = 0.2000322 D^{1.495}$	0.92		
	$W_t = 0.3171758 D^{2.024}$	0.94		

W_s:树干生物量;W_b:树枝生物量;W_l:树叶生物量;W_r:树根生物量

表 4-8 长白松林的生物量及其在各层中的分配

森林类型*	生物量/(t/hm²)					资料来源
	乔木层	下木层	草本层	凋落层	合计	
笃斯越橘长白松林	116.45	3.846	1.581	1.21	123.09	张洪涛,1992
苔草长白松林	106.15	2.230	2.264	1.34	111.98	邹春静,1995

*均为成熟林

从表 4-8 中可以看出,笃斯越橘长白松林和苔草长白松林两种森林群落中乔木层、下木层、草本层、凋落层的生物量占群落生物量的比例分别为:94.61%、3.12%、1.28%、0.99% 和 94.79%、1.99%、2.02%、1.2%。

3.2 生产力

用树干解析法求出长白松林乔木层平均木的生产力,从而推算乔木层的生产力;下木层采用收获法求出其生物量,利用基径得出平均年龄,然后求出下木层的生产力;当年生草本层的生产力用生物量来代替(张洪涛,1992;邹春静,1995),长白松林群落生产力及其在各层中的分配见表 4-9。

表 4-9　长白松林群落的生产力及其在各层中的分配

森林类型	生产力/(t/(hm²·a))				资料来源
	乔木层	下木层	草本层	合计	
笃斯越橘长白松林	7.554	0.441	1.052	9.047	张洪涛,1992
苔草长白松林	7.465	0.223	1.182	8.87	邹春静,1995

从表 4-9 中可以看出,笃斯越橘长白松林和苔草长白松林两种森林类型乔木层、下木层、草本层的生产力占群落生产力的比例分别为:83.5%、4.88%、11.62% 和 84.16%、2.51% 和 13.33%。

从分析可见,我国长白松天然成熟林群落的生物量范围在 110—125 t/hm² 之间,平均为 117.535 t/hm²。生产力范围在 8.9—9.1 t/(hm²·a) 之间,平均为 9.0 t/(hm²·a)。

4　云冷杉林

4.1　生物量

我国温带云冷杉林的生物量和生产力方面的工作做的较多,陈炳浩等(1980)、张瑛山等(1980)、李文华等(1981)、穆天民等(1981)等相继对白音敖包沙地红皮云杉、天山山地雪岭云杉、长白山云冷杉林、贺兰山青海云杉等进行了较为系统的生物量和生产力测定研究,生物量测定方法同阔叶红松林,表 4-10 为温带云冷杉各器官生物量与 D^2H 的相对生长式。

表 4-10　温带云冷杉林木各器官生物量与 D^2H 的相对生长式

森林类型	地点	回归方程	相关系数	适用范围 D /cm	资料来源
红皮云杉林	内蒙古白音敖包	$\log W_s = 0.1636 + 0.8962\log D^2H$	0.99	8—36	陈炳浩,1980
		$\log W_b = 0.0617 + 0.8352\log D^2H$	0.87		
		$\log W_l = 0.0216 + 0.6342\log D^2H$	0.81		
		$\log W_r = 0.0975 + 0.8500\log D^2H$	0.99		
雪岭云杉林	新疆天山	$\lg W_s = 0.88217\lg D^2H - 1.32362$	0.99	6—44	张瑛山,1980
		$\lg W_b = 1.03981\lg D^2H - 2.72343$	0.98		
		$\lg W_l = 0.78914\lg D^2H - 1.83820$	0.96		
青海云杉林	内蒙古贺兰山	$\log W_s = 2.0306 + 0.7528\log D^2H$	0.98	6—30	穆天民,1981
		$\log W_b = 1.6937 + 0.8138\log D^2H$	0.99		
		$\log W_l = 1.6203 + 0.6923\log D^2H$	0.98		

W_s:树干生物量;W_b:树枝生物量;W_l:树叶生物量;W_r:树根生物量

不同地区的云冷杉林群落生物量表现不一。从表 4-11 可以看出,我国温带云冷杉林群落(近、成熟林)生物量范围在 130.35—285.24 t/hm² 之间,平均为 211 t/hm² 左右。总的来看,不同地区的云冷杉林随着年龄的增长,云冷杉林群落的生物量有逐渐递增的趋势。

4.2　生产力

我国温带云冷杉林群落的生产力及其在各层中的分配见表 4-12。

从表 4-12 可以看出,不同地区的云冷杉林群落的生产力随立地条件和林龄的不同而异,对一般近、成熟林而言,我国温带地区云冷杉林生产力范围在 6—13.5 t/(hm²·a) 之间。呈现出东北山地云冷杉林(13.45 t/(hm²·a)) > 西北山地云冷杉林(9.9 t/(hm²·a))

>内蒙古山地沙地云冷杉林(7.0t/(hm²·a))的趋势,这反映出在同纬度地区,热量条件相似情况下,水分条件对云冷杉林生产力的影响很明显。

表 4-11　我国温带云冷杉林群落的生物量及在各层次的分配

森林类型	林龄/a	分布地点	乔木层	下木层	草本层	枯落层*	合计	资料来源
云冷杉林	104	黑龙江伊春	203.35	2.34	1.11	—	207.80	周晓峰,1981
云杉天然林	122	新疆吉木	276.81	2.50	3.56	—	282.87	罗天祥,1996
雪岭云杉林	108	新疆天山	218.10	1.28	3.50	—	222.88	张瑛山,1980
红皮云杉林	170	内蒙古白音敖包	97.25	6.12	5.51	25.40	134.28	陈炳浩,1980
青海云杉林	75	内蒙古贺兰山	127.26	0.98	2.114	—	130.35	穆天民,1981
云冷杉林	96	甘肃卓尼县	233.01	2.50	2.60	—	238.11	罗天祥,1996
云冷杉林	142	吉林长白山	264.53	21.13	1.15	—	285.24	李文华,1981

* 枯落物包括:凋落物;枯立木;枯枝;倒木

表 4-12　温带云冷杉林群落的生产力及在各层中的分配

森林类型	林龄/a	分布地点	乔木层	下木层	草本层	合计	资料来源
云冷杉林	104	黑龙江伊春	9.40	0.35	1.03	10.78	周晓峰,1981
云杉天然林	122	新疆吉木	6.40	0.61	1.28	8.29	罗天祥,1996
雪岭云杉林	108	新疆天山	7.42	0.36	1.13	8.91	张瑛山,1980
红皮云杉林	170	内蒙古白音敖包	5.03	0.21	0.45	5.69	陈炳浩,1980
青海云杉	75	内蒙古贺兰山	7.71	0.24	0.43	8.38	穆天民,1981
云冷杉林	96	甘肃卓尼县	10.9	0.41	1.18	12.49	罗天祥,1996
云冷杉林	142	吉林长白山	9.99	2.31	1.15	13.45	李文华,1981

我国温带云冷杉林群落的生产力范围在 6—13.5t/(hm²·a) 之间,平均为 9.7 t/(hm²·a),其中乔木层生产力在 5—11t/(hm²·a) 之间,平均为 8.1 t/(hm²·a)。

5　蒙古栎林

5.1　生物量

蒙古栎林是我国东北温带山地最常见的天然次生林群落类型之一,生物量的研究一般都采用相对生长法,蒙古栎各器官生物量(W)与胸径(D)和树高(H)的相对生长式见表 4-13。

表 4-13　蒙古栎各器官生物量与 D^2H 的相对生长式

森林类型	地点	回归方程	相关系数	适用范围 $D/\text{cm}, H/\text{m}$	资料来源
蒙古栎林（成熟林）	黑龙江伊春	$W_s = 0.03930(D^2H)^{0.8514}$	0.96	$D:6.5—28.0$	李俊清,1988
		$W_b = 0.005014(D^2H)^{3.005}$	0.88	$H:6.9—14.0$	
		$W_1 = 0.01749(D^2H)^{2.1639}$	0.89		
		$W_r = 0.1389(D^2H)^{1.7711}$	0.92		

W_s:树干生物量;W_b:树枝生物量;W_1:树叶生物量;W_r:树根生物量

根据蒙古栎各器官生物量与胸径和树高的回归方程(表 4-13)和标准地的有关资料推算而得蒙古栎林的乔木层生物量,下木层及草本层生物量采用样方(2m×2m)收获法而得,凋落物采用样方(1m×1m)收获法而得,蒙古栎林群落的生物量及在各层次中的分配见表4-14。

表4-14 蒙古栎林群落的生物量及在各层次中的分配

森林类型	林龄/a	生物量/(t/hm²)					资料来源
		乔木层	下木层	草本层	枯落层*	合计	
杜鹃蒙古栎林	30	76.38	16.56	1.45	4.60	98.99	李俊清,1988
胡枝子蒙古栎林	32	92.31	15.38	1.44	5.21	144.35	
榛子蒙古栎林	36	108.45	16.44	1.63	6.33	132.85	

* 枯落层包括:凋落物;枯立木;枯枝;倒木

从表4-14可以看出,蒙古栎林群落生物量在98.99—144.35 t/hm²之间,平均生物量为111.46t/hm²。在蒙古栎生林群落中,乔木层生物量大约占77%—82%之间。不同蒙古栎林群落的生物量呈现出胡枝子蒙古栎林>榛子蒙古栎林>杜鹃蒙古栎林;其中乔木层生物量为榛子蒙古栎林>胡枝子蒙古栎林>杜鹃蒙古栎林。

5.2 蒙古栎林的生产力

根据标准地的有关资料推算而得蒙古栎林的乔木层生产力,下木层生产力采用收获法而得的生物量除以平均年龄推算获得,草本层生产力用生物量代替,蒙古栎林群落生产力及其在各层中的分配见表4-15。

从表4-15可以看出,蒙古栎天然次生林群落的生产力在4—6 t/(hm²·a)之间,其中,榛子蒙古栎林最大,为5.8t/(hm²·a);胡枝子蒙古栎林次之,为5.0 t/(hm²·a);杜鹃蒙古栎林最小,为4.5t/(hm²·a),平均为5.1 t/(hm²·a)。乔木层生产力在2.5—3.6 t/(hm²·a)之间,占群落生产力的56%—62%,平均为3.1 t/(hm²·a)。

表4-15 蒙古栎林的生产力及在各层次中的分配

森林类型	林龄/a	生产力/(t/(hm²·a))				资料来源
		乔木层	下木层	草本层	合计	
杜鹃蒙古栎林	30	2.548	0.552	1.450	4.548	李俊清,1988
胡枝子蒙古栎林	32	3.077	0.513	1.440	5.030	
榛子蒙古栎林	36	3.615	0.548	1.630	5.793	

6 水曲柳林

6.1 生物量

水曲柳是东北珍贵的"三大硬阔"树种之一,是我国重要的用材林树种。采用相对生长法建立的水曲柳的生物量(W)与胸径(D)和树高(H)的相对生长式,见表4-16。根据表4-16及标准地调查资料推算而得水曲柳天然林的生物量见表4-17。

表4-16 水曲柳各器官生物量(W)与D^2H的相对生长式

森林类型	地点	回归方程	相关系数	适用范围 D/cm;H/m	资料来源
水曲柳天然林(成熟林)	黑龙江帽儿山	$W_s = 0.02511(D^2H)^{0.9271}$	0.99	D:8.0—38.0	丁宝永,1989
		$W_b = 0.00957(D^2H)^{0.9740}$	0.96	H:7.6—23.0	
		$W_l = 0.8725(D^2H)^{0.2634}$	0.89		
		$W_r = 0.0303(D^2H)^{0.8058}$	0.91		

W_s:树干生物量;W_b:树枝生物量;W_l:树叶生物量;W_r:树根生物量

从表 4-17 可以看出,我国东北温带山地水曲柳天然林(中龄林)群落生物量大约在 119—164 t/hm² 之间,群落生物量随着年龄增大而增加的趋势明显。群落平均生物量为 135 t/hm²。在水曲柳天然林群落中,乔木层生物量大约占 95%—97%之间。不同年龄段的水曲柳天然林群落生物量中乔木层生物量所占的比例均占绝对优势,下木层平均生物量为 2.8 t/hm²,草本层为 1.1 t/hm²,枯落物层为 1.8 t/hm²,三者合计约占 3%—5%之间。

表 4-17 水曲柳天然林的生物量及在各层次中的分配

森林类型	林龄/a	生物量/(t/hm²)					资料来源
		乔木层	下木层	草本层	枯落层*	合计	
水曲柳天然林	21	113.61	3.69	1.23	0.96	119.49	丁宝永,1989
水曲柳天然林	43	141.63	2.44	1.06	1.63	146.76	及东北林业
水曲柳天然林	55	145.46	2.71	1.24	2.42	151.83	大学帽儿山
水曲柳天然林	71	157.63	2.16	0.96	2.31	163.06	资料

* 枯落层包括:凋落物;枯立木;枯枝;倒木

6.2 生产力

水曲柳天然林(中龄林)群落的生产力及在各层次上的分配,见表 4-18。

从表 4-18 可以看出,水曲柳天然林群落生产力大约在 6—8 t/(hm²·a)之间,且呈现出随着平均年龄的增大而减少。平均生产力为 7.3 t/(hm²·a)。在水曲柳天然林群落中,乔木层生产力大约占 80%—82%之间。不同年龄段的水曲柳天然林生产力中乔木层生产力所占的比重基本相同。约为 80%左右。

表 4-18 水曲柳天然林的生产力及在各层次中的分配

森林类型	林龄/a	生产力/(t/(hm²·a))				资料来源
		乔木层	下木层	草本层	合计	
水曲柳天然林	21	6.323	0.37	1.23	7.923	丁宝永,1989
水曲柳天然林	43	6.058	0.25	1.06	7.368	及东北林业
水曲柳天然林	55	5.687	0.27	1.24	7.197	大学帽儿山
水曲柳天然林	71	5.139	0.21	0.96	6.309	资料

7 杨桦林

7.1 生物量

我国温带杨桦林多为山地杨桦林,系由杨柳科的杨属、桦木科的桦属组成的森林群落,绝大多数林分是森林破坏或砍伐后出现的天然次生林类型,是一种群落演替过程中的过渡性群落类型。

采用相对生长法求算杨桦林中林木生物量(W)与树木胸径(D)和树高(H)的相对生长式,见表 4-19。

根据不同林区的标准地资料和有关发表文献及表 4-19 的回归方程推算而得山地杨桦林(中龄林)的生物量,见表 4-20。

从表 4-20可以看出,我国温带山地杨桦林群落(中龄林)生物量的范围在 64.11—189.92 t/hm²之间。其中平均生物量为 125.03 t/hm²。乔木层生物量范围在 62.00—183.68 t/hm²之间,平均乔木层生物量为 120.91 t/hm²,占群落生物量的 96.7%,从

表4-20中还可以看出,我国温带东北山地杨桦林的生物量从东向西、从南向北有减低的趋势。

表4-19　杨桦林主要乔木生物量(W)与 D^2H 的相对生长式

树种	分布地点	回归方程	相关系数	适用范围 D /cm	资料来源
山杨	吉林长白山	$W_s = 0.2268(D^2H)^{0.6933}$	0.96	8.0—28.0	陈传国,1983
		$W_b = 0.0247(D^2H)^{0.7378}$	0.97		
		$W_l = 0.0108(D^2H)^{0.8181}$	0.94		
		$W_r = 0.1553(D^2H)^{0.5951}$	0.93		
白桦	吉林长白山	$W_s = 0.04939(D^2H)^{0.9011}$	0.91	6.0—26.0	陈传国,1983
		$W_b = 0.01417(D^2H)^{0.7686}$	0.89		
		$W_l = 0.0109(D^2H)^{0.6472}$	0.88		
		$W_r = 0.0110(D^2H)^{0.9209}$	0.92		
白桦	黑龙江帽儿山	$W_s = 0.1193(D^2H)^{0.8372}$	0.91	6.0—28.0	张成林,1991
		$W_{b1} = 0.00018(D^2H)^{0.98}$	0.99		
		$W_{b2} = 0.00011(D^2H)^{0.98}$	0.99		
		$W_{b3} = 0.00065(D^2H)^{0.87}$	0.99		
		$W_{b4} = 0.002(D^2H)^{1.12}$	0.99		
		$W_l = 0.000015(D^2H)^{1.427}$	0.92		

W_s:树干生物量;W_l:树叶生物量;W_r:树根生物量;W_{b1}:当年生枝条;W_{b2}:2年生枝条;W_{b3}:3年生枝条;W_{b4}:多年生枝条

表4-20　不同地区山地杨桦林的生物量

地区	平均林龄/a	生物量/(t/hm²) 乔木层	下木层	草本层	凋落层	合计	资料来源
黑龙江帽儿山	32	169.44	1.26	2.10	2.40	175.20	陈大珂,1982
黑龙江伊春	68	155.76	1.64	2.61	1.05	161.06	
吉林长白山	58	146.08	1.51	2.06	1.40	151.05	李飞,1984
吉林汪清县	68	183.68	2.14	2.10	2.00	189.92	1987 年东北林业
内蒙额尔古纳	58	109.17	1.13	2.58	—	112.88	大学森林调查资
内蒙古赤峰	50	62.00	1.44	0.97	—	64.11	料整理而得

7.2　生产力

我国温带不同地区山地杨桦林的生产力见表4-21。

表4-21　不同地区山地杨桦林的生产力

地区	平均林龄/a	生产力/(t/(hm²·a)) 乔木层	下木层	草本层	合计	资料来源
黑龙江帽儿山	32	14.40	0.40	1.83	16.63	陈大珂,1982
黑龙江伊春	68	12.27	1.25	1.25	14.77	
吉林长白山	58	12.63	0.30	1.62	14.12	李飞,1984
吉林汪清县	68	14.84	1.00	1.42	17.26	1987 年东北林业
内蒙古额尔古纳	58	8.92	0.63	0.81	10.36	大学森林调查资
内蒙古赤峰	50	4.88	0.20	0.61	5.69	料整理而得

从表 4-21 可以看出,我国温带山地杨桦林群落(中龄林)生产力的范围在 6—17 t/(hm²·a)之间。平均生产力为 13.27 t/(hm²·a)。乔木层生产力范围在 5—14 t/(hm²·a)之间,乔木层平均生产力为 11.67 t/(hm²·a),与生物量的地区分布一样,杨桦林的生产力从东向西、从南向北呈减少的趋势。

8 山杨林

8.1 生物量

根据相对生长法建立的山杨林乔木层林木各器官的生物量(W)与胸径(D)和树高(H)之间的相对生长式见表 4-22。

表 4-22 山杨各器官的生物量(W)与 D^2H 相对生长式

森林类型	地点	回归方程	相关系数	适用范围 D/cm;H/m	资料来源
青海山杨	青海	$W_s = 33.88386(D^2H)^{0.87652}$	0.95	D:6.0—14.0	朱兴武,1988
天然林	大通县	$W_b = 0.42042(D^2H)^{1.38703}$	0.91	H:5.2—10.9	
(成熟林)		$W_l = 0.31081(D^2H)^{1.20433}$	0.91		
		$W_r = 21.53283(D^2H)^{0.77569}$	0.90		

W_s:树干生物量;W_b:树枝生物量;W_l:树叶生物量;W_r:树根生物量

根据山杨林各器官生物量与胸径和树高的回归方程(表 4-22)和标准地的有关资料推算而得山杨林的乔木层生物量,下木层及草本层生物量采用样方(2m×2m)收获法而得,凋落物也采用样方(0.5m×0.5m)收获法而得,山杨林的生物量及在各层次中的分配见表 4-23。

表 4-23 山杨林的生物量及在各层次中的分配

森林类型	林龄/a	生物量/(t/hm²) 乔木层	下木层	草本层	枯落层*	合计	资料来源
山杨天然林	21	29.28	4.03	1.22	1.18	35.71	朱兴武等,1988
山杨天然林	30	42.65	4.16	1.31	5.19	53.31	
山杨天然林	39	65.46	5.00	1.06	9.23	80.75	
山杨天然林	48	68.51	7.82	0.96	6.98	84.27	

* 枯落层包括:凋落物;枯立木;枯枝;倒木

从表 4-23 可以看出,山杨天然次生林(中龄林)群落生物量大约在 35.71—84.27 t/hm² 之间,群落的生物量随着林龄的增大而增加,平均生物量为 64t/hm²。在山杨天然次生林群落中,乔木层生物量大约占 80%—82%之间。不同年龄段的山杨天然次生林群落生物量中乔木层生物量所占的比例基本相同,约为 81%左右。

8.2 生产力

根据标准地的有关资料推算而得山杨林的乔木层生产力,下木层生产力采用收获法而得的生物量除以平均年龄推算获得,草本层生产力用生物量代替,山杨林的生产力及在各层次中的分配见表 4-24。

从表 4-24 可以看出,山杨天然次生林群落生产力大约在 2.97—4.60 t/(hm²·a)之间,山杨林群落生产力随着林龄的增大而呈减少的趋势,平均为 3.3 t/(hm²·a)。在山杨天然次生林群落中,乔木层生产力大约占 51%—65%之间。不同年龄段的山杨天然次生林生物量中乔木层生产力所占的比例随林龄增大有减少趋势,39 年龄段和 48 年龄段的山杨天然次生林中乔木层生产力所占的比例相同,也就是说,山杨天然次生林在40—50年龄时,生产力趋于稳定。

表4-24　山杨林的生产力及在各层次中的分配

森林类型	林龄/a	生产力/(t/(hm²·a))				资料来源
		乔木层	下木层	草本层	合计	
山杨天然林	21	2.98	0.40	1.22	4.60	朱兴武等,1988
山杨天然林	30	2.36	0.41	1.31	4.08	
山杨天然林	39	1.68	0.50	1.06	3.24	
山杨天然林	48	1.54	0.47	0.96	2.97	

9　胡杨林

9.1　生物量

我国温带西北荒漠地区河流两岸由于河水的浸润和地下水的补给发育着非地带性的以胡杨为主的森林群落。

根据相对生长法建立的胡杨林乔木层林木各器官生物量(W)与胸径(D)和树高(H)之间的相对生长式见表4-25。

表4-25　胡杨各器官生物量(W)与D^2H之间的回归方程式

树种	回归方程	相关系数	适用范围 D/cm;H/m	资料来源
胡杨 (成熟林)	$W_s = 0.0161(D^2H)^{1.0011}$	0.99	D:3.7—18.1	陈炳浩,1984
	$W_b = 0.0495(D^2H)^{0.7422}$	0.91	H:3.6—11.1	
	$W_l = 0.00661(D^2H)^{0.6807}$	0.68		
	$W_r = 0.007007(D^2H)^{1.0015}$	0.93		
胡杨 (中龄林)	$W_s = 0.0611(D^2H)^{0.7858}$	0.93	D:3.5—33.5	
	$W_b = 0.0679(D^2H)^{0.6698}$	0.68	H:3.2—12.6	
	$W_l = 2.40 \times 10^{-4}(D^2H)^{3.34}$	0.80		
	$W_r = 0.0548(D^2H)^{0.6767}$	0.94		

W_s:树干生物量;W_b:树枝生物量;W_l:树叶生物量;W_r:树根生物量

根据表4-25胡杨林中乔木层林木各器官生物量的回归方程及标准地的实测数据推算胡杨林的乔木层生物量,下木层、草本层及地被物采用小样方(5m×5m)收获法测得,胡杨林群落生物量及其在各层的分配,见表4-26。

从表4-26可以看出,胡杨成熟林群落的生物量范围在78.28—81.20 t/hm²之间,平均为80 t/hm²左右。中龄林群落生物量范围在69.40—75.16 t/hm²之间,平均为72t/hm²左右。幼龄林生物量为31.55 t/hm²,胡杨林群落生物量平均为67t/hm²。胡杨林乔木层生物量在整个群落生物量中占的比例最大,为72.40%—75.10%之间,平均占73.00%,乔木层生物量平均为49t/hm²。枯落物层次之,为19.10%—23.30%之间,平均为21.50%。下木层和草本层占的比例较小。

9.2　生产力

表4-27为胡杨林群落的生产力及其在各层次中的分配情况。

从表4-27可以看出,胡杨林成熟林群落生产力范围在2.0—2.6 t/(hm²·a)之间,平均为2.3 t/(hm²·a)。中龄林群落生产力范围在3.0—3.3 t/(hm²·a)之间,平均为3.2 t/(hm²·a)。幼龄林生产力为3.9 t/(hm²·a),胡杨林群落生产力平均为3.0t/(hm²·a)。在胡杨林群落中,乔木层生产力在整个群落生物量中占的比例最大,为69.40%—89.20%之间,平均占75.30%,乔木层生产力平均为2.5t/(hm²·a)。下木层和草本层占的比例较小。胡杨林群落的生产力幼龄林＞中龄林＞成熟林,其中幼龄林的生产力是成熟林的1.9倍,是中龄林的1.2倍。可见,在胡杨森林群落整个生长发育过程中,幼龄林阶段的生产力最高,因此,在对胡杨林经营时,采取合理的措施抚育管理幼龄林,对促进胡杨林生长非常必要。

表4-26 胡杨林的生物量及其在各层次中的分配

森林类型	林龄/a	生物量/(t/hm²)					资料来源
		乔木层	下木层	草本层	枯落层*	合计	
胡杨林幼龄林	11	20.75	4.03	0.02	6.75	31.55	陈炳浩,1984
胡杨林中龄林	19	54.45	0.82	4.27	15.62	75.16	
胡杨林成熟林	33	59.23	2.51	0.54	18.92	81.20	
以胡杨为主的荒漠河岸林	15	52.11	0.91	3.16	13.22	69.40	
以胡杨为主的荒漠河岸林	40	58.64	2.45	0.41	16.78	78.28	

* 枯落层包括:凋落物;枯立木;枯枝;倒木

表4-27 胡杨林群落的生产力及其在各层次中的分配

森林类型	林龄/a	生产力/(t/(hm²·a))				资料来源
		乔木层	下木层	草本层	合计	
胡杨林幼龄林	11	3.459	0.40	0.02	3.879	陈炳浩,1984
胡杨林中龄林	19	2.867	0.18	0.26	3.307	
胡杨林成熟林	33	1.795	0.25	0.54	2.585	
以胡杨为主的荒漠河岸林	15	2.561	0.11	0.30	2.971	
以胡杨为主的荒漠河岸林	40	1.552	0.21	0.41	2.172	

第四节 小结

(1) 我国温带红松阔叶林群落生物量的范围在199—371t/hm²之间,群落生物量平均为281t/hm²;红松阔叶林群落生产力的范围在7.9—20.2t/(hm²·a)之间,群落生产力平均为12.4t/(hm²·a)。乔木层生物量在5.3—16.1t/(hm²·a),平均为8.5t/(hm²·a)。

(2) 我国温带长白落叶松成熟林群落生物量范围在131.57—275.70t/hm²之间,平均为220.93t/hm²;长白落叶松林群落生产力在6.29—9.50 t/(hm²·a)之间,最大为杜香长白落叶松林,最小的为苔草长白落叶松林。长白落叶松林群落生产力平均为7.78 t/(hm²·a)。

(3) 我国温带长白松群落天然成熟林的生物量范围在110—125 t/hm²之间,平均生物量为117.5t/hm²。生产力范围在8—9.1 t/(hm²·a)之间,平均为8.96 t/(hm²·a)。

（4）我国温带云冷杉林（近、成熟林）群落的生物量范围在 130.35—285.24t/hm² 之间，平均为 211t/hm²，随着林龄的增长，云冷杉林群落的生物量逐渐递增。我国温带云冷杉林（近、成熟林）群落的生产力范围在 6—13.5 t/(hm²·a) 之间，平均为 9.7 t/(hm²·a)。呈现出东北山地云冷杉林 > 西北山地云冷杉林 > 内蒙古山地沙地云冷杉林的趋势。

（5）我国温带蒙古栎天然次生林（中龄林）群落生物量大约在 98.99—144.35 t/hm² 之间，平均生物量为 111.46t/hm²；在蒙古栎天然次生林群落中，乔木层生物量大约占 77%—82% 之间；森林群落的生物量：胡枝子蒙古栎林 > 榛子蒙古栎林 > 杜鹃蒙古栎林；乔木层生物量：榛子蒙古栎林 > 胡枝子蒙古栎林 > 杜鹃蒙古栎林。蒙古栎天然林群落的生产力在 4—6 t/(hm²·a) 之间，其中，榛子蒙古栎林最大，为 5.8t/(hm²·a)；胡枝子蒙古栎林次之，为 5.0 t/(hm²·a)；杜鹃蒙古栎林最小，为 4.5 t/(hm²·a)；乔木层生产力平均为 3.1 t/(hm²·a)。

（6）我国温带水曲柳天然林群落生物量大约在 119—164 t/hm² 之间，群落的生物量随着林龄的增大而增加，群落生物量平均为 135 t/hm²；在水曲柳天然林群落中，乔木层生物量大约占 95%—97% 之间；不同年龄段的水曲柳天然林生物量中乔木层生物量所占的比例基本相同。水曲柳天然林群落生产力大约在 6—8 t/(hm²·a) 之间，且随着林龄的增大而减少，群落生产力平均为 7.3 t/(hm²·a)；在水曲柳天然林群落中，乔木层生产力大约占 80%—82% 之间；不同年龄段的水曲柳天然林群落生产力中乔木层生产力所占的比例基本相同。

（7）我国温带山地杨桦林群落生物量的范围在 64.11—189.92 t/hm² 之间，平均为 125.03 t/hm²。乔木层生物量范围在 62.00—183.68 t/hm² 之间，平均为 120.91 t/hm²。我国温带山地杨桦林群落生产力的范围在 6—17t/(hm²·a) 之间。平均为 13.27 t/(hm²·a)。乔木层生产力范围在 5—14t/(hm²·a) 之间，平均为 11.67 t/(hm²·a)，呈现出从东向西、从南向北减少的趋势。

（8）我国温带山杨天然次生林群落生物量大约在 35.71—84.27 t/hm² 之间，群落的生物量随着林龄的增大而增加，平均为 64t/hm²；在山杨天然次生林群落中，乔木层生物量大约占 80%—82% 之间；不同年龄段的山杨天然次生林群落生物量中乔木层生物量所占的比例基本相同，约为 81% 左右。山杨天然次生林群落生产力大约在 2.97—4.60 t/(hm²·a) 之间，群落的生产力随着林龄的增大而减少，平均为 3.3 t/(hm²·a)；在山杨天然次生林群落中，乔木层生产力大约占 51%—65% 之间。山杨天然次生林群落生物量中乔木层生产力所占的比例随林龄增大而减少，山杨天然次生林到 40—50 年龄时，生产力趋于稳定。

（9）我国温带胡杨成熟林群落生物量范围在 78.28—81.20 t/hm² 之间，平均生物量为 80 t/hm²；中龄林群落生物量范围在 69.40—75.16 t/hm² 之间，平均为 72t/hm²；幼龄林生物量为 31.55 t/hm²，胡杨林群落生物量平均为 67 t/hm²。成熟林群落生产力范围在 2.0—2.6 t/(hm²·a) 之间，平均为 2.3 t/(hm²·a)；中龄林生产力范围在 3.0—3.3 t/(hm²·a) 之间，平均为 3.2 t/(hm²·a)；幼龄林生产力为 3.9 t/(hm²·a)，胡杨林群落生产力平均为 3.0 t/(hm²·a)。乔木层生产力平均为 2.5 t/(hm²·a)。胡杨林群落的生产力幼龄林 > 中龄林 > 成熟林，幼龄林是成熟林的 1.9 倍，是中龄林的 1.2 倍。

第五章 暖温带森林生态系统的生物量和生产力

第一节 自然地理概况

中国暖温带森林分布区域位于北纬32°30′—42°30′,东经103°30′—124°10′之间,北与温带针阔混交林相接,南以秦岭、伏牛山、淮河为界,东至辽东、胶东半岛,西至甘肃微成盆地。

我国暖温带森林分布区域属季风气候,冬季受西伯利亚和蒙古高压的影响,多西北风,寒冷干燥;夏季受东南海洋气流北移的影响,雨水较多。总的说来,全区由北至南气温逐渐增加,特别是冬季南北温差显著。由冬季经春季进入夏季天气转变很急,春季很短;由夏季经秋季转变到冬季的天气也较快。降水量年际变动大。据北京气象记录,最高年降水量达1115.7mm(1956年),最低年降水量只162.5mm(1891年)。降水量主要集中在夏季,一般夏季降水占全年的70%以上,北京夏季降水占全年的76%。

该地区的北部及西部为草原、半荒漠。土壤多为栗钙土。栗钙土剖面发育比较完善,层次分化明显,表层为栗色,暗栗色或灰棕色的腐殖质层,呈粒状结构,pH值7.0—9.0之间,东北部略有黑钙土,有较多的腐殖质累积,pH值为6.5—8.5之间。西部还有风沙土。山区主要为褐土及棕壤。燕山山地、山东山地丘陵及河南南部山地棕壤分布较褐土为广。华北平原为冲积黄土平原,属潮土;北部主要为黄潮土,土壤微碱性,pH值7.4—8.0之间,南部有沙姜黑土。由于过去河道的泛滥、决口改道分布有沙土和盐碱土。

第二节 森林生态系统主要类型

我国暖温带森林生态系统的主要建群种:针叶类主要有油松(*Pinus tabulaeformis*)、华山松(*Pinus armandi*)、赤松(*Pinus densiflora*)、侧柏(*Platycladus orientalis*);阔叶树主要有栎属(*Quercus*)的一些种类,其次还有以桦木属(*Betula*)、杨属(*Populus*)、柳属(*Salix*)、榆属(*Ulmus*)、槭属(*Acer*)、椴属(*Tilia*)等树种所组成的各种落叶阔叶混交林。由于长期的人类活动影响,暖温带天然林残存无几,代之以各种次生林和人工林为主。

1 针叶林

我国暖温带的主要针叶林有油松林、华山松林、赤松林和侧柏林。

1.1 油松林

油松林是我国暖温带森林中分布最广的针叶树种之一。油松是我国的特有种,其自然分布以黄河流域为中心,常见于辽宁、河北、山西、山东、河南、陕西、内蒙古、宁夏、甘肃、青海、四川、北京等12省、自治区、市(冯林,1981;徐化成,1994)。分布范围为30°00′N—44°00′N和101°30′E—124°45′E,其东界为辽宁东部山区西丰-本溪-熊岳一线;西界为青海省互助县北山和贵德县东山一带;北界为大兴安岭南端的黄岗梁以及白音敖包和白银库伦等地;南界为秦岭南坡。除在暖温带地区分布外,在北亚热带山地也有少量天然油松林分布(在此一并介绍,不再在亚热带森林生态系统生物量和生产力的章节中重复)。根据油松林分布区的气候特征(表 5-1),可将其区划为 4 个气候分布区。

表 5-1 油松林不同气候分布区的气候特征*

气候区	平均气温/℃	平均降雨量/mm	平均日照时数/h	≥5℃年积温/℃	相对湿度/%	无霜期/d
暖温带北部半湿润区(A)	6.80	361.0	2922.8	3424.9	49	148.6
暖温带东部湿润区(C)	12.20	689.0	2098.2	4315.4	66	199.0
暖温带南部湿润半湿润区(B)	5.20	898.8	2372.1	3341.2	69	138.3
亚热带湿润区(D)	17.90	1038.0	1568.7	5138.5	78	265.8

* 马钦彦,北京林业大学博士论文,1988;吴刚,冯宗炜,1995

按 4 个气候分区选择代表地资料来分析油松林群落特点,油松林可明显地分为乔木层、下木层和草本层。在暖温带分区中多为人工林,大多数已郁闭成林,由于天然下木、草本植物不断入侵,致使人工油松林已成为半天然状态,在亚热带山地分布的油松天然林,林龄分布幅度大,人为干扰较小,下木和草本植物发达,这一部分油松林相对分布较少,和在本章中一并讨论。

1.2 华山松林

华山松是我国暖温带森林的主要建群种之一,在秦岭山地、河南西部和山西省等的一些地区均有分布,此外,在西南地区的亚高山,如川、黔、滇山地亦有分布。其自然分布范围是北纬 23°30′—36°30′,东经 83°50′—113°00′之间,垂直分布于海拔 1000—3500m 之间。

1.3 赤松林

赤松的天然分布,北起辽东半岛南部,经山东半岛向南达江苏北部的云台山,南北长约 600km,东西宽约 100—200km 的范围内。在吉林省的图门江、鸭绿江流域,其中龙井、安图、汪清等低山丘陵、朝鲜半岛和日本也均有分布。

1.4 侧柏林

侧柏林在我国暖温带华北山地分布很广。侧柏耐贫瘠干旱的生境,在水土流失严重、土层很薄,甚至岩石裸露的陡坡石缝中也能顽强的生长,适应性很广。一般在华北山地分布在海拔 200—900m 的阳坡和半阳坡,不论是在酸性岩类或石灰性母岩上发育的土壤都能生长,但一般在石灰性母岩发育的土壤上分布较多。土壤为山地褐土,呈微酸性或中性反应。

2 落叶阔叶混交林

落叶阔叶混交林是我国暖温带的主要森林类型,构成森林群落的优势种约有 35 种,分属于 12 科,18 属,主要有杨柳科、壳斗科、桦木科、榆科、豆科、胡桃科及玄参科等。由于长期以来受人为干扰活动(采伐、开垦、放牧等)和森林火灾的影响,原始的落叶阔叶林破坏严重,现有的大多是经破坏后,保存下来的次生林。主要有:栓皮栎(*Quercus variabilis*)林、辽东栎(*Q. liaotungensis*)林、桦木(*Betula sp.*)林、赤杨(*Alnus hirsata*)林等。

2.1 栓皮栎林

栓皮栎林广泛分布于我国的暖温带,在亚热带和热带山地也有一些分布,其分布范围约为北纬 22—29°,东经 99°—122°之间,分布中心是鄂西、秦岭和大别山区。垂直分布多集中在 300—700m 之间,在泰山 1200m 以下均有分布。

2.2 赤杨林

赤杨林是我国暖温带山地(主要为山东省山地)特有的林分,生于低湿滩地、山沟、河谷和溪旁。

2.3 辽东栎落叶阔叶林

辽东栎落叶阔叶林主要分布在我国暖温带海拔 1100m—1500m 左右的中山地带,该森林类型乔木层主要为辽东栎,并伴生有五角枫(*Acer mono*)、椴类(*Tilia*)、桦木类(*Betula*)、榆类(*Ulmus*)等。

2.4 桦木林

桦木林是我国暖温带主要的次生林森林类型之一,多分布在暖温带海拔为 1200m—1650m 的中山地带,常与五角枫、糠椴等混生。

第三节 森林生态系统主要类型的生物量和生产力

1 油松林

1.1 生物量

这里我们按上述油松的气候分布区来分别讨论油松林的生物量。根据相对生长公式建立油松各器官的生物量(W)与胸径(D)平方和树高(H)乘积之间的相对生长式,见表 5-2。

表 5-2 油松各器官生物量(W)与 D^2H 相对生长式

气候区	代表地点	回归方程	相关系数	适用范围 D/cm	资料来源
暖温带北部湿润区(A)	内蒙古赤峰 (A1)	$\ln W_s = -8.6105 + 0.8527\ln(D^2H)$	0.99	6.0—32.0	马钦彦,1988 吴刚,冯宗炜,1994
		$\ln W_b = -5.2913 + 0.5414\ln(D^2H)$	0.96		
		$\ln W_l = -6.4899 + 0.5879\ln(D^2H)$	0.98		
		$\ln W_r = -2.4426 + 0.3350\ln(D^2H)$	0.86		
		$\ln W_t = -5.3862 + 0.6693\ln(D^2H)$	0.99		
	北京西山 (A2)	$\ln W_s = 0.8446 + 0.6640\ln(D^2H)$	0.91	7.5—36.0	马钦彦,1988 吴刚,冯宗炜,1994
		$\ln W_b = 0.2754 + 0.9220\ln(D^2H)$	0.88		
		$\ln W_l = 0.3485 + 0.8330\ln(D^2H)$	0.87		
		$\ln W_r = 0.4656 + 0.7570\ln(D^2H)$	0.91		
		$\ln W_t = 0.9324 + 0.6075\ln(D^2H)$	0.90		
	青海互助 (A3)	$\ln W_s = -1.7373 + 0.9140\ln(D^2H)$	0.95	6.0—36.0	马钦彦,1988 吴刚,冯宗炜,1994
		$\ln W_b = -2.73346 + 0.909\ln(D^2H)$	0.86		
		$\ln W_l = -3.1011 + 0.7684\ln(D^2H)$	0.75		
		$\ln W_r = -3.1396 + 0.7553\ln(D^2H)$	0.96		
		$\ln W_t = -1.6399 + 0.9230\ln(D^2H)$	0.88		
暖温带南部湿润半湿润区(B)	山东泰山 (B1)	$\ln W_s = -8.4834 + 0.8572\ln(D^2H)$	0.99	8.0—40.0	马钦彦,1988 吴刚,冯宗炜,1994
		$\ln W_b = -10.2671 + 0.9199\ln(D^2H)$	0.99		
		$\ln W_l = -9.3658 + 0.7788\ln(D^2H)$	0.99		
		$\ln W_r = -10.1954 + 0.8948\ln(D^2H)$	0.99		

续表

气候区	代表地点	回归方程	相关系数	适用范围 D/cm	资料来源
	山西灤川 (B2)	$\ln W_t = 8.0661 + 0.8712\ln(D^2H)$	0.99	8.0—38.0	马钦彦,1988
		$\ln W_s = -8.8606 + 0.8728\ln(D^2H)$	0.98		吴刚,冯宗炜,1994
		$\ln W_b = 11.1271 + 0.9157\ln(D^2H)$	0.98		
		$\ln W_l = -9.6123 + 0.8017\ln(D^2H)$	0.95		
		$\ln W_r = -7.9194 + 0.7508\ln(D^2H)$	0.89		
	秦岭北坡 (B3)	$\ln W_t = 7.834 + 0.8428\ln(D^2H)$	0.97	6.8—42.0	马钦彦,1988
		$\ln W_s = -10.4964 + 0.9905\ln(D^2H)$	0.98		吴刚,冯宗炜,1994
		$\ln W_b = -11.6038 + 0.9820\ln(D^2H)$	0.96		
		$\ln W_l = -12.2948 + 0.9894\ln(D^2H)$	0.97		
		$\ln W_r = -11.6578 + 0.9880\ln(D^2H)$	0.97		
暖温带东部湿润区(C)	辽宁恒仁	$\ln W_t = 9.9136 + 0.9894\ln(D^2H)$	0.98	9.0—46.0	马钦彦,1988
		$\ln W_s = -7.8705 + 0.8178\ln(D^2H)$	0.99		吴刚,冯宗炜,1994
		$\ln W_b = -11.6323 + 0.9514\ln(D^2H)$	0.99		
		$\ln W_l = -11.8178 + 0.8971\ln(D^2H)$	0.99		
		$\ln W_r = -6.9557 + 0.6791\ln(D^2H)$	0.80		
亚热带湿润区(D)	四川巫溪	$\ln W_t = 7.28731 + 0.8082\ln(D^2H)$	0.99	9.2—38.0	马钦彦,1988
		$\ln W_s = -9.5785 + 0.9520\ln(D^2H)$	0.98		吴刚,冯宗炜,1994
		$\ln W_b = -12.1612 + 0.9884\ln(D^2H)$	0.95		
		$\ln W_l = -12.5292 + 0.9376\ln(D^2H)$	0.87		
		$\ln W_r = -13.3472 + 1.0722\ln(D^2H)$	0.93		
		$\ln W_t = -9.5522 + 0.9684\ln(D^2H)$	0.90		

W_s:树干生物量;W_b:树枝生物量;W_l:树叶生物量;W_r:树根生物量;W_t:总生物量

根据油松分布气候区的各典型样地油松林的调查资料,按油松各器官生物量的回归方程,计算乔木层的生物量;下木、草本植物和枯落物的生物量采用样方收获法测定,其结果见表5-3。

表5-3 油松林群落的生物量及其在各层中的分配

气候区	代表地	林龄/a	生物量/(t/hm²) 乔木层	下木层	地被层	合计	资料来源
暖温带北部半湿润区	内蒙赤峰	30	88.9	0.8423	0.1046	89.9269	马钦彦,1988
	北京西山	28	42.5	1.3265	0.654	44.5337	吴刚,冯宗炜,1994
	青海互助	30	86.0	0.912	0.3296	87.1216	
暖温带南部湿润半湿润区	山东泰山	29	110.0	1.286	7.490	118.586	
	山西灤川	30	107.0	1.268	9.210	117.238	
	秦岭北坡	28	96.7	1.407	7.580	106.067	
暖温带东部湿润区	辽宁恒仁	27	117.0	24.09	9.650	151.130	
亚热带湿润区	四川巫溪	33	94.0	31.063	12.61	145.593	

从表5-3中可以看出以下趋势:30a左右生的已郁闭的油松林群落生物量暖温带东部湿润区(151.13t/hm²) > 亚热带湿润区(145.593 t/hm²) > 暖温带南部湿润半湿润区

(113.937 t/hm²)>暖温带北部半湿润区(71.77 t/hm²)。其中,乔木层生物量为暖温带东部湿润区(117.39 t/hm²)>暖温带南部湿润半湿润区(104.44 t/hm²)>亚热带湿润区(43.98 t/hm²)>暖温带北部半湿润区(71.77 t/hm²);下木层为亚热带湿润区(31.063 t/hm²)>暖温带东部湿润区(24.09 t/hm²)>暖温带南部湿润半湿润区(1.280 t/hm²)>暖温带北部半湿润区(1.002 t/hm²);草本层为亚热带湿润区(8.44 t/hm²)>暖温带南部湿润半湿润区(3.36 t/hm²)>暖温带东部湿润区(3.09 t/hm²)>暖温带北部半湿润区(0.1965 t/hm²);枯落物层为亚热带湿润区(12.17 t/hm²)>暖温带东部湿润区(5.76 t/hm²)>暖温带南部湿润半湿润区(4.86 t/hm²)>暖温带北部半湿润区(0.1963 t/hm²)。

油松林群落生物量主要集中于乔木层,占群落生物量的64.55%—98.86%。体现了乔木层在生态系统中所起的决定性作用。暖温带北部半湿润区及暖温带南部湿润半湿润区下木层很少(仅占总生物量的0.97%—2.97%;0.68%—1.4%);暖温带东部湿润区及亚热带湿润区下木层较多(分别占总生物量的16.48%和21.29%),上述情况是与暖温带北部半湿润区及暖温带南部湿润半湿润区人为干扰(取薪柴等)较多,而暖温带东部湿润区及亚热带湿润区人为干扰相对较小有直接关系。

我国暖温带油松林群落的生物量范围在44—152 t/hm²之间,平均生物量为96.365 t/hm²(根据不同气候区油松林的生物量及分布面积推算而得)。

1.2 生产力

不同气候区典型样地油松林群落的生产力状况见表5-4。

表5-4 油松林群落生产力及其在各层中的分配

气候区	代表地	林龄/a	生物力/(t/(hm²·a)) 乔木层	下木层	地被层	合计	资料来源
暖温带北部半湿润区	内蒙赤峰	30	5.60	0.11	0.08	7.79	马钦彦,1988
	北京西山	28	2.75	0.16	0.067	2.797	吴刚,冯宗炜,
	青海互助	30	4.35	0.16	0.094	4.604	1994
暖温带南部湿润半湿润区	山东泰山	29	8.69	0.26	2.46	11.40	
	山西滦川	30	8.68	0.22	3.14	12.04	
	秦岭北坡	28	8.50	0.21	2.03	10.74	
暖温带东部湿润区	辽宁恒仁	27	11.93	1.98	3.00	16.91	
亚热带湿润区	四川巫溪	33	5.10	2.03	4.30	11.34	

从表5-4可以看出,30年左右生的已郁闭的油松林群落的生产力呈现出暖温带东部湿润区(16.91 t/(hm²·a))>暖温带南部湿润半湿润区(11.39 t/(hm²·a))>亚热带湿润区(11.34 t/(hm²·a))>暖温带北部半湿润区(5.07 t/(hm²·a));下木层和草本层的生产力与人为干扰有关,呈现出:亚热带湿润区(2.03 t/(hm²·a),4.30 t/(hm²·a))>暖温带东部湿润区(1.98 t/(hm²·a),3.00 t/(hm²·a))>暖温带南部湿润半湿润区(0.23 t/(hm²·a),2.54 t/(hm²·a))>暖温带北部半湿润区(0.14 t/(hm²·a),0.08 t/(hm²·a))。

我国暖温带油松林群落的生产力变幅范围较大,在3—17 t/(hm²·a)之间,群落生产力平均为9.2 t/(hm²·a)。

从上面结果可以看出,油松林群落的生物量和生产力均以东部湿润区(C区)最大,北部半湿润区(A区)最小。这说明油松林的生长与水热条件密切相关,暖温带东部湿润区是油松的最适生长区,而暖温带北部半湿润区是油松生长较慢的分布区。

2 华山松林

2.1 生物量

根据相对生长法建立的华山松各器官生物量(W)与胸径(D)和树高(H)之间的相对生长式,见表5-5。

根据表5-5的回归方程及标准地的调查资料计算出华山松林乔木层的生物量,下木层及草本层的生物量采用收获法而得,其结果见表5-6。

表5-5 华山松各器官生物量(W)与胸径(D)和树高(H)的相对生长式

树种	地点	回归方程*	相关系数	适用范围 D/cm	资料来源
华山松	甘肃小陇山	$W_s = 0.02791(D^2H)^{0.9222}$	0.96	6.0–28.0	陈存根,1982
		$W_b = 0.060867D^{2.27631}$	0.94		
		$W_l = 0.0637D^{1.3829}$	0.91		
		$W_r = 0.0090(D^2H)^{1.0150}$	0.94		
	秦岭地区	$W_s = 0.01308(D^2H)^{1.0038}$	0.92	8.0–36.0	陈存根,1982
		$W_b = 0.0055(D^2H)^{1.0439}$	0.91		
		$W_l = 0.0011(D^2H)^{1.12566}$	0.93		
		$W_r = 0.0033(D^2H)^{01.0148}$	0.93		

W_s:树干生物量;W_b:树枝生物量;W_l:树叶生物量;W_r:树根生物量

表5-6 华山松天然林的生物量及其在不同层次上的分配

气候区	代表地	林龄/a	生物量/(t/hm²) 乔木层	下木层	草本层	凋落层	合计	资料来源
华山松天然林	秦岭林区	36	79.69	10.085	0.250	15.803	105.83	陈存根,1982
		30	79.67	2.862	0.214	14.913	97.66	
		20	65.30	0.664	0.114	9.636	75.72	
		16	60.30	1.128	0.159	5.648	67.24	
	甘肃小陇山	33	76.78	2.855	1.110	10.43	91.18	

由表5-7可以看出,30—36年生的华山松林群落的生物量约为91.18—105.83 t/hm²。不同分布区华山松林生物量差异比较表5-明:在秦岭林区,30—36年生的华山松林群落生物量为97.66—105.83 t/hm²,而在甘肃小陇山林区相同年龄阶段的华山松林群落生物量为91.18 t/hm²,秦岭林区的华山松林群落生物量大于小陇山林区。在同一分布区,华山松林群落的生物量随林龄的增加而增大。不同林龄的华山松林生物量在各层中分配的比例也不相同,乔木层随林龄增加生物量占群落生物量的比例由89.68%下降至75.30%左右;下木层的生物量由0.88%上升至9.53%左右;草本层的生物量差异不大,在0.15%—0.24%之间;而枯落物生物量则由8.40%上升至15.27%。

2.1.1 华山松林乔木层生物量

不同林区的生态条件不仅影响华山松林群落的生物量,而且影响乔木层生物量在各器官上分配的比例,表5-7为不同分布区华山松天然林乔木层生物量在各器官的分配。

表 5-7　不同分布区华山松天然林乔木层生物量在各器官的分配

分布区	密度/(株/hm²)	土层厚度/cm	林龄/a	乔木层生物量及其分配/(t/hm²)							资料来源
				树干	树皮	树枝	树叶	球果	根系	合计	
秦岭林区	1366	20—45	30	36.05	5.41	20.13	5.84	0.21	12.03	79.67	陈存根,1982
/%				45.25	6.79	25.27	7.33	0.26	15.10	100	
甘肃小陇山	957	30—60	33	27.07	4.14	24.27	7.52	0.18	13.13	76.78	
/%				35.26	5.39	32.22	9.79	0.23	17.11	100	

从表 5-7 可以看出,秦岭林区的华山松天然林生产的干物质主要分配在树干上,树干、树皮及球果生物量所占的比例分别为:45.25%、6.79%、0.26%;均大于甘肃小陇山林区华山松天然林树干、树皮及球果生物量所占的比例(35.26%、5.39%、0.23%)。秦岭林区树枝、树叶及根系生物量所占的比例分别为:25.27%、7.33%、15.10%;分别小于甘肃小陇山林区华山松天然林树枝、树叶及根系生物量所占的比例(32.22%、9.79%、17.11%)。两分布区生物量在林木各器官间分配比例的差异与其立地条件和林分密度有关。与秦岭林区比较,小陇山林区华山松林分比较低矮稀疏,枝条得到充分发育,树干生物量较秦岭林区要高。根系生物量的增加似与小陇山的气候和土壤条件有关,这一地区年降雨量只有秦岭林区的 80% 左右,加上土层较深厚,因而促进了根系发育,形成较高的生物量比例。

2.1.2　下木层、草本层的生物量

华山松天然林林下植物的生物量及其分配(以秦岭林区为例),见表 5-8。

表 5-8　华山松天然林林下植物生物量及其分配/(t/hm²)

海拔/m	林龄/a	下木层生物量/(t/hm²)			草本层	合计	资料来源
		树干、树枝	树叶	树根			
1750—2000	30	2.353	0.473	1.927	0.214	4.967	陈存根,1982
2000—2300	31	6.614	3.921	3.615	0.250	13.950	

由表 5-8 可以看出,秦岭林区的华山松天然林林下植被具有明显的层次结构,下木、草本层具有较大的生物量。华山松天然林下植物的生物量是随海拔升高而增加的。中、高海拔的华山松林是天然更新形成的,群落内林木分布不均,并存在"天窗",加之高海拔的华山松天然林一般密度较低,郁闭度小,从而使林下植被得到了比较充分的发育,在林地积累了较高的生物量。

从上面分析可见,我国暖温带华山松中龄林群落生物量范围在 67.24—105.83t/hm² 之间,平均为 88.90 t/hm²。

2.2　生产力

华山松天然林群落生产力及其在各层中的分配情况见表 5-9。

表 5-9　华山松天然林群落的生产力及其在各层中的分配

森林类型	地点	林龄/a	生产力/(t/(hm²·a))				资料来源
			乔木层	下木层	草本层	合计	
华山松天然林	秦岭林区	34	3.568	0.34	1.111	5.019	陈存根,1982
	甘肃小陇山	33	3.032	0.294	0.966	4.292	

由表 5-9 可以看出,33—34 年生的华山松林群落生产力在 4.3—5.0 t/(hm²·a)之间,不同林区其生产力有差异,在秦岭林区,34 年生的华山松林群落生产力为 5.0t/(hm²·a),在甘肃小陇山的林区,33 年生的华山松林林分生产力为 4.3t/(hm²·a)。秦岭林区的华山松林群落生产力大于小陇山林区。不同林区乔木层生产力占群落生产力相差不大,均为 70% 左右;下木、草本及藤本植物约占 30% 左右。

从上面分析可见,我国暖温带华山松中龄林群落的生产力范围在 4.3—5.0 t/(hm²·a)之间,平均接近 5.00 t/(hm²·a)左右。

3 赤松林

3.1 生物量

根据"相对生长法"建立的赤松各器官生物量(W)与胸径(D)和树高(H)的相对生长式,见表 5-10。

表 5-10 赤松各器官生物量(W)与胸径(D)和树高(H)相对生长式

种树	地点	回归方程	相关系数	适用范围 D /cm	资料来源
赤松	辽宁北部	$\ln W_s = -0.5658 + 0.4856\ln D^2H + 0.0001D^2H$	0.97	9.5—28.0	金永焕,1995
		$\ln W_b = -2.075 + 0.5364\ln D^2H + 0.0001D^2H$	0.96		
		$\ln W_p = 0.1261 + 0.1422\ln D^2H + 0.0001D^2H$	0.97		
		$\ln W_l = -5.9671 + 0.8370\ln D^2H + 0.0001D^2H$	0.95		
	辽东半岛	$\ln W_s = -0.4968 + 0.5321\ln D^2H + 0.0001D^2H$	0.92	9.6—42.0	金永焕,1995
		$\ln W_b = -2.088 + 0.6534\ln D^2H + 0.0001D^2H$	0.91		
		$\ln W_p = 0.1368 + 0.16241\ln D^2H + 0.0001D^2H$	0.93		
		$\ln W_l = -6.0451 + 0.9241\ln D^2H + 0.0001D^2H$	0.93		

W_s:树干生物量;W_b:树枝生物量;W_l:树叶生物量;W_p:树皮生物量

根据表 5-10 的回归方程及标准地的调查资料计算赤松林乔木层的生物量,下木层及草本层的生物量采用样方(2m×2m)收获法而得,赤松天然林群落的生物量及其分配见表 5-11。

表 5-11 赤松天然林群落的生物量及其分配

森林类型	密度 /(株/hm²)	林龄 /a	生物量/(t/hm²) 乔木层	下木层	草本层	合计	资料来源
赤松天然林							
辽宁北部	550	66	44.151	1.081	1.281	46.513	金永焕,1995
	780	63	75.66	0.833	0.751	77.294	
	960	60	82.824	0.795	0.599	84.218	
	1300	58	100.293	0.718	0.362	101.19	
	1500	56	122.003	0.178	0.168	122.35	
	2000	58	123.010	0.172	0.133	123.32	
辽东半岛	855	60	84.581	0.782	0.695	86.058	

从表 5-11 可以看出,在相同年龄阶段的林分(60 年)随着密度的增大,赤松林群落中乔木层生物量逐渐增大,但群落中的下木层和草本层的生物量则逐渐减小。当密度为

1500—2000 株/hm² 时,群落生物量及乔木层生物量均达到较大值,且变化较小,分别为 122.35 t/hm²、123.32t/hm²。这说明,赤松天然林林龄在 60 年左右时,林分密度为 1500—2000 株/hm² 时,群落生物量最大。

我国暖温带赤松林群落生物量范围在 47—123 t/hm² 之间,群落生物量平均为 89.27t/hm²。

3.2 生产力

赤松林群落生产力随着密度的增加而增大。而且,群落中不同层的生产力也分别具有不同的变化规律,随着密度的增大,乔木层的生产力逐渐增大,下木层和草本层的生产力则逐渐减小,表现出乔木层的生产力与下木及草本层生产力之间的互补关系。另外,从群落生产力随密度的变化规律看,当密度达到 1500 株/hm² 左右以后,群落的生产力的变化很小,此时,赤松林群落的生产力为约 6.4t/hm²,见表 5-12。

从表 5-12 可以看出,密度小的林分,林下层植物(包括下木和草本)的生产力较高,约占群落生产力的 32.08%(密度为 550 株/hm²),但是,随着密度的增大,林冠层郁闭度增大,林下光照强度大大减弱,下木和草本植物得不到充足的光照,生物量也减少。因而林下草下木的生产力也很低,林分密度为 1500 株/hm² 时,下木层和草本层的生产力仅占群落生产力的 3.0%。由此可见,乔木层生产力随密度的增大而增大,而下木层和草本层生产力随着密度的增大而减少;当密度为 1500—2000 株/hm² 时,乔木层的生产力为 6.2 t/(hm²·a),占群落生产力的 97%,达到了现实最高生产力,下木及草本层的生产力为 0.2 t/(hm²·a)。

表 5-12 赤松天然林群落的生产力及其在不同层次中的分配

森林类型	密度/(株/hm²)	林龄/a	生产力/(t/(hm²·a))				资料来源
			乔木层	下木层	草本层	合计	
赤松天然林							
辽宁北部	550	66	3.198	0.135	1.281	4.415	金永焕,1995
	780	63	4.981	0.110	0.751	5.841	
	960	60	5.167	0.099	0.599	5.866	
	1300	58	5.700	0.066	0.362	6.128	
	1500	56	6.183	0.022	0.168	6.373	
	2000	58	6.075	0.021	0.133	6.229	
辽东半岛	855	60	5.066	0.086	0.695	5.847	

从上面分析可见,我国暖温带 60 年左右生的赤松天然林生产力范围在 4.4—6.4 t/(hm²·a)之间,平均生产力为 5.8t/(hm²·a)。

4 侧柏林

4.1 生物量

根据相对生长法建立的北京山区侧柏各器官生物量(W)与胸径(D)和树高(H)之间的相对生长式见表 5-13。

根据标准地每木调查的资料及表 5-13 的相对生长式计算而的北京山区侧柏人工林乔木层的生物量,下木层和草本层的生物量采用样方收获法测得,侧柏人工林的生物量及其在各层次的分配见表 5-14。

表5-13　侧柏各器官生物量(W)与胸径(D)和树高(H)之间的相对生长式

森林类型	林龄/a	回归方程	相关系数	适用范围 D/cm;H/m	资料来源
侧柏人工林	31	$W_s = 0.00012531(D^2H)^{0.733}$	0.99	D:3.0—10.2	陈灵芝,1986
		$W_b = 0.000137403 + 0.000012887(D^2H)$	0.84	H:3.0—6.5	
		$W_l = 0.00005349 + 0.00000997(D^2H)$	0.94		
		$W_r = 0.00001109(D^2H) - 0.000160386$	0.98		

W_s:树干生物量;W_b:树枝生物量;W_l:树叶生物量;W_r:树根生物量

表5-14　侧柏人工林群落的生物量及其在各层次的分配

森林类型	林龄/a	生物量/(t/hm²) 乔木层	下木层*	草本层*	合计	资料来源
侧柏人工林	31	32.58	6.47	0.7	39.75	陈灵芝,1986
%		81.96	16.28	1.76	100	

* 地下部分生物量根据地上下木层和草本层生物量的比例推算而得

从表5-14可以看出,31年生的侧柏人工林生物量为39.75 t/hm²,其中乔木层生物量占81.96%,下木层和草本层生物量占18.04%。可见侧柏林属于生长很慢的树种。

4.2　生产力

根据侧柏人工林乔木层、下木层的生物量及年龄推算乔木层、下木层树干和树枝的生产力,树叶的生产力根据树叶的生物量和树叶的平均生长期推算,草本层的生产力用生物量来代替,侧柏人工林群落的生产力及其分配见表5-15。

表5-15　侧柏林群落的生产力及其分配

森林类型	林龄/a	生产力/(t/hm²·a) 乔木层	下木层	草本层	合计	资料来源
侧柏人工林	31	1.05	0.21	0.7	1.96	陈灵芝,1986
%		53.57	10.71	35.72	100	

从表5-15可以看出,侧柏人工林的生产力很低,仅为1.96t/(hm²·a),其中乔木层占53.57%,下木层占10.71%,草本层占35.72%。

5　栓皮栎林

5.1　生物量

根据相对生长法建立栓皮栎林木各器官生物量(W)与胸径(D)和树高(H)的相对生长式,见表5-16。

表5-16　栓皮栎各器官生物量(W)与胸径(D)和树高(H)的相对生长式

森林类型	回归方程*	相关系数	适用范围 D/cm;H/m	资料来源
栓皮栎林	$W_s = 0.05012(D^2H)^{0.92}$	0.99	D:3.0——11.0	鲍显诚,1984
	$W_b = 0.0199(D^2H)^{0.98}$	0.93	H:4.5—10.0	
	$W_l = 0.00295(D^2H)^{0.91}$	0.93		
	$W_r = 0.04677(D^2H)^{0.75}$	0.95		

W_s:树干生物量;W_b:树枝生物量;W_l:树叶生物量;W_r:树根生物量

栓皮栎林乔木层以栓皮栎为主,散生少量的麻栎,都是萌蘖形成的萌芽林、异龄,但是尚未形成2层林。林下下木种类稀少,草本植物种类少,一般分为2层,第1层盖度为25%。第2层盖度为20%。根据表5-16的回归方程及标准地的调查资料计算出栓皮栎林乔木层的生物量,下木层及草本层的生物量采用样方收获法而得,栓皮栎林群落的生物量及其分配见表5-17。

从表5-17可以看出,26年生的栓皮栎林群落的生物量为56.756 t/hm²,其中乔木层生物量占群落生物量的94.51%,下木层生物量占群落生物量的4.08%,草本层生物量占群落生物量的1.41%。

表5-17 栓皮栎林群落的生物量及其分配

森林类型	林龄/a	生物量/(t/hm²):56.756 t/hm²					资料来源
		乔木层	样方	下木层	草本层	合计	
栓皮栎林	26	树干 32.16	1	3.5	0.08	3.13	鲍显诚等,1984
		树枝 9.85	2	2.42	1.21	3.62	
		树叶 1.68	3	2.48	—	2.48	
		树根 9.95	4	0.26	0.50	0.76	
		小计 53.64	5	2.42	2.40	4.82	
			平均	2.316	0.80	3.116	

5.2 生产力

栓皮栎林乔木层树干、树枝、树根生产力的计算,根据生物量及平均年龄推算而得,树叶的生产力按年平均生物量代替;下木层的生产力根据生物量与平均年龄推算求得;草本层的生产力用当年的生物量代替。栓皮栎林群落的生产力及其分配见表5-18。

从表5-18可以看出,26年生的栓皮栎林群落的生产力为6.074t/(hm²·a),其中乔木层生产力占群落生产力的76.23%,下木层生产力占群落生产力的6.49%,草本层生产力占群落生产力的17.28%。

从上面分析可见,我国暖温带栓皮栎林26年生群落的生物量为56.756 t/hm²;生产力为6.074t/(hm²·a)。

表5-18 栓皮栎林群落的生产力及其分配

森林类型	林龄/a	生产力/(t/hm²):6.074 t/hm²					资料来源
		乔木层	样方	下木层	草本层	合计	
栓皮栎林	26	树干 1.24	1	0.58	0.08	0.66	鲍显诚等,1984
		树枝 0.88	2	0.41	1.21	1.62	
		树叶* 1.68	3	0.41	—	0.41	
		树根 0.83	4	0.14	0.50	0.64	
		小计 4.63	5	0.43	2.40	2.83	
			平均	0.394	1.05	1.444	

* 含枯枝及枯叶量

6 辽东栎林

6.1 生物量

根据相对生长法建立辽东栎林木各器官生物量(W)与胸径(D)和树高(H)之间的相对生长式,见表5-19。

表 5-19　辽东栎林木各器官生物量(W)与胸径(D)和树高(H)的相对生长式

地点	回归方程*	相关系数	适用范围 D/cm;H/m	资料来源
陕西子午岭	$\ln W_s = 0.85136\ln(D^2H) - 3.00984$	0.98	D:2.0—26.0	张柏林,1990
	$\ln W_{ba} = 0.78269\ln(D^2H) - 3.39474$	0.97	H:3.0—14.0	
	$\ln W_b = 3.09503\ln(D^2H) - 5.31497$	0.90		
	$\ln W_l = 2.17397\ln(D^2H) - 3.98976$	0.90		
	$\ln W_r = 1.79711\ln(D^2H) - 1.93175$	0.90		

* W_s：树干生物量；W_{ba}：树皮生物量；W_b：树枝生物量；W_l：树叶生物量；W_r：树根生物量

根据表 5-19 的回归方程及标准地的调查资料计算出辽东栎林乔木层的生物量,林下植物和枯落叶层生物量用样方法测定。辽东栎林群落生物量及其分配见表 5-20。

表 5-20　辽东栎林群落的生物量及其分配

地点	林龄/a	生物量/(t/hm²)				资料来源
		乔木层	下木层	枯落物层	合计	
陕西子午岭	33	32.799	1.410	7.247	41.456	张柏林,1990
%		79.1	3.4	17.5	100	

从表 5-20 可以看出,我国暖温带辽东栎中龄林群落的生物量为 41.50t/hm²,其中乔木层占近 80%,下木草本植物很少,只占 3.4%,枯落物层占 17.5%。在乔木层中各器官生物量树干(含树皮)占 51.8%,树枝占 15.0%,树叶占 7.7%,树根占 25.5%(见表 5-21)。

表 5-21　辽东栎林乔木层各器官部分的生物量及其分配

地点	林龄/a	生物量/(t/hm²)						资料来源
		树干	树皮	树枝	树叶	树根	合计	
陕西子午岭	33	13.096	3.904	4.915	2.528	8.356	32.799	张柏林,1990
%		39.9	11.9	15.0	7.7	25.5	100	

6.2　生产力

辽东栎林乔木层树干、树枝、树根生产力是根据生物量及平均年龄推算而得,树叶的生产力按年平均生物量代替。见表 5-22。

表 5-22　辽东栎林乔木层各器官的生产力及其分配

地点	林龄/a	生产力/(t/(hm²·a))						资料来源
		树干	树皮	树枝	树叶	树根	合计	
陕西子午岭	33	0.874	0.213	0.309	2.528	0.311	4.259	张柏林,1990
%		20.5	5.0	7.3	59.4	7.8	100	

从表 5-22 可以看出,我国暖温带 33 年生的辽东栎中龄林乔木层的生产力为 4.3t/(hm²·a)之间,其中以树叶的生产力最高,占乔木层生产力的 59.4%;树干的生产力次子,占乔木层生产力的 20.5%;其它各器官部分均在 8% 以下,呈现出树叶 > 树干 > 树根 > 树枝 > 树皮的趋势。

7 桦木林
7.1 生物量

根据相对生长法建立桦木林各器官生物量(W)与胸径(D)和树高(H)之间的相对生长式,见表5-23。

表5-23 桦木林各器官生物量(W)与胸径(D)和树高(H)的相对生长式

树种	回归方程*	相关系数	剩余回归标准差	置信度	适用范围 D/cm;H/m	资料来源
黑桦	$W_s = 0.14114(D^2H)^{0.7234}$	0.99	1.0585	0.001	D:2—26	江洪,1992
	$W_b = 0.00724(D^2H)^{1.0225}$	0.88	7.4186	0.02	H:3—12	
	$W_l = 0.01513(D^2H)^{0.8085}$	0.91	1.5681	0.01		
	$W_{r1} = 0.0449(D^2H)^{0.8153}$	0.85	13.8853	0.05		
	$W_{r2} = 0.0074(D^2H)^{0.7304}$	0.84	0.7859	0.05		
	$W_{a1} = 0.11878(D^2H)^{0.8231}$	0.96	9.4043	0.001		
	$W_{a2} = 0.0616(D^2H)^{0.7892}$	0.86	4.52	0.05		
	$W_r = 0.16034(D^2H)^{0.8354}$	0.92	23.1807	0.01		
白桦	$W_s = 0.04939(D^2H)^{0.9011}$	0.93			D:8.0—36.0	陈传国,1983
	$W_b = 0.01417(D^2H)^{0.7686}$	0.93				
	$W_l = 0.0109(D^2H)^{0.6472}$	0.91				
	$W_r = 0.0110(D^2H)^{0.9209}$	0.91				

*W_s:树干生物量;W_b:树枝生物量;W_l:树叶生物量;W_{r1}:根颈生物量;W_{r2}:粗根生物量;W_{a1}:地上部分生物量;W_{a2}:地下部分生物量;W_t:全株生物量

根据表5-23的回归方程及标准地调查资料计算出桦木林乔木层的生物量,见表5-24。

从表5-24可以看出,我国暖温带桦木林的生物量范围在40—125t/hm²之间,平均生物量为84.47t/hm²。其中,以白桦、花楸、黑桦、糠椴、黄花柳为主要建群种的白桦林生物量最高,为123.44t/hm²;以五角枫、花楸、白桦、糠椴为主要建群种的白桦林生物量最低,为40.53t/hm²。

表5-24 桦木林乔木层的生物量及其分配

森林类型	主要建群种	林龄/a	乔木层生物量/(t/hm²) 树干	树枝	树叶	根系	合计	资料来源
黑桦林	五角枫;黑桦;椴;黄花柳;山杨;	44	48.941	28.184	6.160	27.622	110.388	江洪,1992
黑桦林	辽东栎;五角枫;黑桦;山杨	35	27.708	14.471	4.933	16.403	63.514	
白桦林	五角枫;花楸;白桦;糠椴	31	18.337	10.482	2.573	9.140	40.532	
白桦林	白桦;花楸;黑桦;糠椴;黄花柳	45	55.485	33.853	5.851	28.489	123.444	

7.2 生产力

桦木林乔木层树干、树枝、树根的生产力根据生物量及平均年龄推算而得,树叶的生产力按年平均生物量代替。桦木林乔木层生产力及其分配见表5-25。

表 5-25 桦木林乔木层的生产力及其分配

森林类型	主要建群种	林龄/a	乔木层生产力/(t/(hm²·a))					资料来源
			树干	树枝	树叶	根系	合计	
黑桦林	五角枫;黑桦;椴;黄花柳;山杨;	44	0.906	0.514	6.160	0.535	8.115	江洪,1992
黑桦林	辽东栎;五角枫;黑桦;山杨	35	0.509	0.260	4.933	0.390	6.092	
白桦林	五角枫;花楸;白桦;糠椴	31	0.290	0.160	2.573	0.172	3.195	
白桦林	白桦;花楸;黑桦;糠椴;黄花柳	45	0.778	0.461	5.851	0.405	7.496	

从表 5-25 可以看出,我国暖温带桦木林的生产力范围在 3.0—8.2t/(hm²·a)之间,平均生产力为 6.2t/(hm²·a)。其中,以五角枫、黑桦、椴、黄花柳、山杨为主要建群种的黑桦林生产力最高,达 8.1t/(hm²·a);以五角枫、花楸、白桦、糠椴为主要建群种的白桦林生产力最低,为 3.2t/(hm²·a)。

8 赤杨林

8.1 生物量

根据相对生长法建立赤杨林木各器官生物量(W)与胸径(D)和树高(H)之间的相对生长式,见表 5-26。

表 5-26 赤杨林木各器官生物量(W)与胸径(D)和树高(H)的相对生长式

林分	回归方程*	相关系数	适用范围 $D(cm);H(m)$	资料来源
赤杨林	$W_s = 0.02706(D^2H)^{0.9279}$	0.99	D:6.0—28.0	关洪书,1993
	$W_b = 0.0061(D^2H)^{0.9505}$	0.96	H:5.0—15.5	
	$W_l = 0.0078(D^2H)^{0.7584}$	0.96		
	$W_r = 0.0428(D^2H)^{0.7621}$	0.90		

W_s:树干生物量;W_b:树枝生物量;W_l:树叶生物量;W_r:树根生物量

赤杨林乔木层以赤杨为主,散生少量的其它阔叶树种。林下下木种类稀少,草本植物种类少,一般分为二层,第一层盖度为 17%。第二层盖度为 26%(关洪书,1993)。根据表 5-26 的回归方程及标准地的调查资料计算出赤杨林乔木层的生物量,下木层及草本层的生物量采用样方(2m×2m)收获法而得,赤杨林群落的生物量及其分配见表 5-27。

表 5-27 赤杨林群落的生物量及其分配

森林类型	林龄/a	生物量/(t/hm²);70.785 t/hm²						资料来源
		乔木层		样方	下木层	草本层	合计	
赤杨林	29	树干	45.17	1	2.84	0.21	3.05	关洪书,1993
		树枝	15.84	2	2.96	1.03	3.99	
		树叶	2.16	3	2.49	1.06	3.55	
		树根	13.90	4	3.41	0.86	4.27	
		小计	77.07	平均	2.925	0.79	3.715	

从表 5-27 可以看出,29 年生的赤杨林群落的生物量为 80.785 t/hm²,其中乔木层生物量占群落生物量的 95.40%,下木层生物量占群落生物量的 3.62%,草本层生物量占群落生物量的 0.98%。

8.2 生产力

赤杨林乔木层树干、树枝、树根的生产力根据生物量及平均年龄推算而得,树叶的生产力按年平均生物量代替;下木层的生产力根据生物量与平均年龄推算求得;草本层的生产力用当年的生物量代替。赤杨林群落的生产力及其分配见表 5-28。

从表 5-28 可以看出,29 年生的赤杨林群落的生产力为 7.04t/(hm²·a),其中乔木层生产力占群落生产力的 82.95%,下木层生产力占群落生产力的 5.82%,草本层生产力占群落生产力的 13.53%。

从上面分析可见,我国暖温带赤杨林中龄林的生物量为 80.785t/hm²;生产力为 7.04t/(hm²·a)。

表 5-28 赤杨林群落的生产力及在分配

森林类型	林龄/a		生产力/(t/(hm²·a)):7.04t/(hm²·a)					资料来源
			乔木层	样方	下木层	草本层	合计	
赤杨林	29	树干	1.56	1	0.41	0.21	0.62	关洪书,1993
		树枝	1.13	2	0.36	1.03	1.39	
		树叶*	2.16	3	0.49	1.06	1.55	
		树根	0.99	4	0.38	0.86	1.24	
		小计	5.84	平均	0.41	0.79	1.20	

* 含枯枝及枯叶量

第四节 小结

(1) 我国暖温带 30 年左右生的油松林群落生物量范围在 44—152 t/hm² 之间,平均为 96.37t/hm²;群落生产力范围在 3—17t/(hm²·a) 之间,平均为 9.2t/(hm²·a)。

(2) 我国暖温带 30—36 年左右生的华山松林群落生物量范围在 67.24—105.83t/hm² 之间,平均为:88.90 t/hm²;生产力范围在 4.3—5.0t/(hm²·a) 之间,平均接近 5.0 t/(hm²·a) 左右。

(3) 我国暖温带 60—70 年左右生的赤松林群落生物量范围在 46.51—123.32t/hm²,平均为 89.27t/hm²;生产力范围在 4.4—6.4t/(hm²·a),平均为 5.8t/(hm²·a)。

(4) 我国暖温带侧柏林群落的生物量和生产力很低,31 年生群落生物量仅为 39.75t/hm²,生产力仅为 1.96t/(hm²·a)。

(5) 我国暖温带栓皮栎中龄林群落的生物量为 56.76t/hm²;生产力为 6.1t/(hm²·a)。

(6) 我国暖温带辽东栎中龄林群落的生物量为 41.5t/hm²,乔木层生产力为 4.3t/(hm²·a)。

(7) 我国暖温带桦木中龄林群落的生物量范围在 40—125t/hm² 之间,平均生物量为 84.5t/hm²。其中,以白桦、花楸、黑桦、糠椴、黄花柳为主要建群种的白桦林生物量最高,

达 $123t/hm^2$；以五角枫、花楸、白桦、糠椴为主要建群种的白桦林生物量最低，仅为 $40.53t/hm^2$。我国暖温带桦木林的生产力范围在 $3.0—8.2t/(hm^2·a)$ 之间，平均生产力为 $6.22t/(hm^2·a)$。其中，以五角枫、黑桦、椴、黄花柳、山杨为主要建群种的黑桦林生产力最高，达 $8.1t/(hm^2·a)$；以五角枫、花楸、白桦、糠椴为主要建群种的白桦林生产力最低，为 $3.2t/(hm^2·a)$。

（8）我国暖温带赤杨林群落的生物量为 $80.8t/hm^2$；生产力为 $7.0t/(hm^2·a)$。

第六章　亚热带森林生态系统的生物量和生产力

第一节　自然地理概况

中国的亚热带分布的面积广阔，约占全国总面积的 1/5，北界沿秦岭—淮河一线，约北纬 34°，南界在北回归线附近，西界基本上是以沿青藏高原东坡至云南的西疆国界线。包括浙江、福建、江西、湖南和贵州等省的全部，江苏、安徽、湖北和四川等省的大部分地区，河南、陕西、甘肃等省的南部和云南、广西、广东和台湾等省的北部，以及西藏的东部。

亚热带属东亚季风气候，东部夏季受太平洋的暖湿气团影响，冬季受来自西伯利亚冷气团的影响，因而夏季气温高，降水多，冬季寒冷、降水少。西部夏季受印度洋西南季风影响，冬季受西部热带大陆干热气团的影响，因而夏秋多雨，冬春干寒，干湿季比较明显。年平均气温 15—20℃，≥10℃ 的年积温 4500—7500℃，最冷月平均气温 0—15℃，最热月平均气温 22—29℃，无霜期 220—350d。我国亚热带年降雨量大于 1000mm，最高可达 3000mm 以上，一般 4—10 月降水量占全年的 70% 以上。

中国亚热带的地形复杂多样，山地、丘陵、高原和平原交错分布。西部为海拔较高的山地，中部和南部地区多为中等海拔的山地，如川中丘陵、大别山、桐柏山、天目山以及浙江南部山地和福建东部山地等。其中的平原有成都平原和长江中下游平原。目前，亚热带的平原地区，除湖泊、河流、城市用地外，几乎所有的土地都被开垦为农田。森林主要分布在山区。

第二节　森林生态系统主要类型

据统计，我国亚热带有种子植物 2674 属 14600 种，植物区系中热带成分丰富，与热带东南亚、大洋洲等区域的植物区系有广泛的联系，而且古老植物和孑遗植物丰富，特有物种也非常丰富。由于人为的影响和开垦，该地带的天然林已很少，代之为广泛分布的针叶人工林杉木(*Cunninghania lanceolata*)林和马尾松(*Pinus massoniana*)林和少量阔叶人工林，即使是现在残存的天然林，绝大部分也是天然次生林。

我国亚热带的地带性森林为常绿阔叶林，主要包括 3 种类型：常绿阔叶林、硬叶常绿阔叶林和常绿落叶阔叶混交林。除此之外，暖性针叶林在该区具有非常重要的意义，杉木林和马尾松林几乎遍布整个亚热带，在亚热带的西部有云南松(*Pinus yunnanensis*)林和思茅松(*Pinus kesiya* var. *langbianensis*)林，在亚热带中山上部，还分布有温性的针叶林，如高山松(*P. densata*)林和云冷杉(*Picea* and *Abies*)林。竹林(*Bambusoideae*)作为亚热带一种特殊的森林类型也占有重要位置。

常绿阔叶林乔木组成种类以壳斗科(*Fagaceae*)、樟科(*Laureceae*)、山茶科(*Theaceae*)和木兰科(*Magnoliaceae*)的常绿树种为主，上层优势种多为青冈栎属、栲属和石栎属种类。常绿林的外貌终年为常绿，一般呈暗绿色而稍微闪烁发光，只有当上层种类的季节性换叶或开花时,才出现嫩绿、褐黄色与绿色相当的外貌。林冠整齐、浓密,因上层大树的树冠圆浑而林冠呈微波状起伏。树高一般15—25m,郁闭度在0.7—0.9以上,分层现象较明显。

硬叶常绿阔叶林是亚热带夏干冬雨型地区由硬叶常绿阔叶树种构成的一种森林类型。在我国西南地区,特别是金沙江中、上游河谷两侧山地,具有夏季多雨、冬季干冷的气候,由于树木长期适应冬季干冷的气候,表现出旱生形态特征。常绿叶革质坚硬,叶面光滑而叶背一般都密披黄色或灰色短绒毛;树干多弯曲,木材坚硬,树皮厚而纹粗,分枝多而密集。硬叶常绿林多为单优势种林,随生境变化会出现乔木林、矮林等。树种以壳斗科的栎属为主。

常绿落叶阔叶混交林主要分布于亚热带北部的丘陵低山区和中南部的山地,上层主要建群种以壳斗科树种为主,落叶阔叶树种主要有栎属(*Quercus*)、水青冈属(*Fagus*)、槭属(*Acer*)、桦木属(*Betala*)和鹅耳枥属(*Carpinus*)等。在石灰岩地区,榆属(*Ulmus*)和其它喜钙树种较多。常绿阔叶树种主要有青冈栎属(*Cyclobalanopsis*)、栲属(*Castanopsis*)和石栎属(*Lithocarpus*)等。常绿落叶混交林一般优势种不明显,林相参差不齐,多呈波状起伏。

杉木林是我国亚热带非常重要的用材林,栽培历史悠久,人工林面积辽阔,主要为纯林。杉木喜光、喜温、喜湿,适生于温暖湿润、土壤深厚、静风的山凹谷地。其中心产区主要分布在武夷山、南岭山地和湖南、贵州、广西交界处的山区。

马尾松林和杉木林一样,是我国亚热带东部湿润地区分布最广、资源储量最丰富的森林类型,以天然林为主,并有大面积的人工林,一般深山区马尾松林高大整齐,而在低山丘陵地区则较低矮且多弯曲,林冠疏散。组成以马尾松为主,有时常伴生有栎属、栗属(*Catanea*)、青冈属、木荷属(*Schima*)、化香树属(*Platycarya*)等阔叶树。马尾松适应性强,耐干旱脊薄,是亚热带荒山荒地造林树种和植被次生演替的先锋植物。

云南松林和思茅松林是云贵高原上重要的暖性针叶林,也是西部偏干性亚热带森林的典型代表。云南松林的分布以滇中高原为中心,北到四川的西昌、木里,东北至贵州西部的毕节、水城,南达云南西南部,东部延至广西的西部,西界达西藏察隅一带,至中缅国境线仍有零星分布。云南松林常为同龄林,在成、过熟林中以纯林为主。云南松耐干旱和脊薄,对环境适应性较强,结籽多,易飞散,天然更新良好。思茅松林仅见于云南中南部的无量山脉以及哀牢山脉以西地区。思茅松喜温暖湿润气候。亚热带西部横断山脉地区中上部气候湿润高寒地区,还分布有天然的温性针叶林,主要有高山松和云冷杉林等。在人为干扰破坏少的地方天然更新良好。

竹林是由禾本科(*Gramineae*)竹类植物组成的一种木本状多年生常绿森林类型,它是由竹类构成的单优势种林,在我国分布非常广泛,南自海南,北至黄河流域,东到台湾,西到西藏的聂拉木地区。竹类的适应性很强,但绝大多数竹林要求温暖湿润的气候和较深厚肥沃的土壤。竹林的分布以亚热带和热常最为集中。我国竹林面积很大,约占全世界的一半,不但有天然林分布,而且有大面积人工林栽培。

第三节 森林生态系统主要类型的生物量和生产力

亚热带由于面积广大、气候类型和地貌单元多样,森林生态系统的类型变化大,而且复杂。在我国的亚热带,除西部外,其它地区均为人口稠密区,对森林资源的开发和破坏都非常大。目前大部分森林的林龄不大,且人工林占有相当比例,天然原始林所存非常有限。有关森林生态系统生物量和生产力的研究,以人工林最多,不但包括许多针叶林,如杉木林和马尾松林,而且包括阔叶林和针阔混交林,天然林的研究报导相对较少,且以天然次生林研究为主,难得有原始林的测定,即使是原始森林,也或多或少受到了人为干扰的影响。

在亚热带森林生态系统生物量和生产力的研究方法上,生物量大多采用相对生长法,通过选择各径级标准木或有代表性的样木,砍伐称重,取样烘干,建立林木各器官的生物量与测树因子(一般多采用树高和胸径)之间的相对生长关系式,然后根据样地密度或样地中林木测树因子的调查资料,估算林地的生物量。生产力大多由生物量推算得来的,在计算生产力时,有些作者没有测定每年的凋落物量,而采用简单的平均生物量法。值得一提的是,在广东鼎湖山森林群落的主要优势种的第一性净生产力测定时,采用了红外 CO_2 气体分析仪,通过测定光合速率和呼吸速率得出第一性净生产力(彭少麟等,1990;彭少麟和张祝平,1994)。

1 东部常绿阔叶林

1.1 生物量

从现有的调查资料看,调查的年龄最大的森林是位于广东鼎湖山的黄果厚壳桂林(*Cryptocarya conicinna*)和厚壳桂林(*C. chinensis*),林龄为 400a。亚热带典型常绿阔叶林的生物量研究,对于乔木层一般采用相对生长法,表 6-1 和表 6-2 给出了亚热带东部常绿阔叶林中的主要林木各器官生物量和测树因子间的相对生长式。

从表 6-3 可以看出,亚热带东部常绿阔叶林群落的生物量随林龄增加而增加,30—35a 的青冈(*Castanopsis glauca*)林、栲树(*C. fargesii*)林和木荷(*Schima superba*)林的总生物量为 111.27—202.60t/hm², 100 年生粘木(*Ixonanthes chinensis*)林的总生物量为 357.98t/hm², 400 年生的黄果厚壳桂林和厚壳桂林的总生物量分别为 380.66t/hm² 和 425.47t/hm²。乔木层的生物量随林龄的变化具有与群落总生物量相类似的趋势,即随林龄增加而增加。30—35 年生青冈林、栲树林和木荷林的乔木层生物量分别为 107.48t/hm²、192.01t/hm² 和 107.51t/hm²,分别占各自群落总生物量的 96.6%、94.8% 和 80.2%(表 6-4);100 年生粘木林的乔木层生物量为 353.52t/hm²,占群落总生物量的 98.8%;400 年生的黄果厚壳桂林和厚壳桂林乔木层的生物量分别为 334.22t/hm² 和 419.68t/hm²,分别占各自群落总生物量的 87.8% 和 98.6%。由此可以看出,典型常绿阔叶林中,乔木层生物量占群落总生物量的 80.2%—98.8%。该比例似乎与群落的林龄关系不大,而与群落的发育和人为干扰影响有关。林龄为 35 年的位于杭州附近的木荷次生林,是原有的杉木和马尾松林破坏后,在人为保护下,自然更新发育起来的,而且发育时间不长,样地中有濒临枯死的杉木和马尾松(俞益武等,1993),因而乔木层发育还不郁闭,这样使乔木层占总群落生物量的比例较小。

下木层生物量除黄果厚壳桂林和木荷林分别为 28.93t/hm² 和 12.76t/hm² 外,其它被调查的常绿阔叶林的下木层生物量均小于 3.81t/hm²(表 6-3),这说明大多数常绿阔叶林群落的林下灌木发育较差。下木层生物量占群落总生物量的比例,除黄果厚壳桂林和木荷林分别为 7.6% 和 9.5% 外,其它被调查的常绿阔叶林小于 3%(表 6-3)。从表 6-3

中还可以看出,下木层生物量深受乔木层的控制,如黄果厚壳桂林和木荷林的乔木层生物量所占比例相对较小,这是由于该林地的郁闭度较差,林下光照较多,有利于下木层的发育,因而下木层生物量所占比例相对较大。

表 6-1 亚热带东部天然常阔叶常绿林中主要树种各器官生物量与胸径和树高的相对生长式

群落名	树种	器官	公式*	相关系数	资料来源
黄果厚壳桂林	黄果厚壳桂	树干	$W_s = 0.0440(D^2H)^{0.9169}$	0.9873	张祝平,彭少麟,1989
		树皮	$W_{bk} = 0.023(D^2H)^{0.7115}$	0.9484	
		树枝	$W_b = 0.0104(D^2H)^{0.9994}$	0.9217	
	胸径 >10cm	树叶	$W_e = 0.0188(D^2H)^{0.8024}$	0.9106	
		树根	$W_r = 0.0197(D^2H)^{0.8963}$	0.9976	
		全株	$W_t = 0.0911(D^2H)^{0.9145}$	0.9958	
栲树林	栲树	树干	$W_s = 0.9624 + 29.4023\log(D^2H)$	0.9068	卢崎,1990
		树皮	$W_{br} = 0.05599 + 0.003754(D^2H)$	0.9968	
		多年生枝	$W_{b1} = 5.2646 + 8.5526 \times 10^{-7}(D^2H)^2$	0.9963	
		1年生枝	$W_{b2} = 0.6683 + 2.1708 \times 10^{-8}(D^2H)^2$	0.9040	
		树叶	$W_l = 0.9929 + 7.8079 \times 10^{-8}(D^2H)^2$	0.9730	
		地上	$W_{ab} = 27.500 + 2.352 \times 10^{-6}(D^2H)^2$	0.9929	
粘木林	粘木	树干	$W_s = 0.0532 \cdot D^{2.694}$	0.924	陈章和等,1993
	胸径 >10cm	树枝	$W_b = 0.0194 \cdot D^{2.515}$	0.716	
		树叶	$W_l = -13.107 + 1.312 \cdot D$	0.547	
		树根	$W_r = 0.0218 \cdot D^{2.625}$	0.910	
	10cm > 胸径 >3.2cm	树干	$W_s = 0.0799 \cdot D^{2.604}$	0.981	
		树枝	$W_b = 0.0122 \cdot D^{2.734}$	0.932	
		树叶	$W_l = 0.0175 \cdot D^{2.297}$	0.869	
		树根	$W_r = 0.0408 \cdot D^{2.336}$	0.944	
	胸径 <3.2cm	树干	$W_s = 0.0896 \cdot D^{2.492}$	0.935	
		树枝	$W_b = 0.0252 \cdot D^{2.072}$	0.769	
		树叶	$W_l = -0.266 + 0.177 \cdot D$	0.713	
		树根	$W_r = 0.0234 \cdot D^{2.765}$	0.746	

表 6-2 青冈林乔木层和亚乔木层各样木组的各器官生物量的相对生长式*

样木组	回归方程**	相关系数	回归方程***	相关系数	样木数
青冈乔木	$B_s = -27.373 + 5.6370x$	0.9961	$B_s = 0.501xe^{0.00224}$	0.9928	20
	$B_{br} = -43.558 + 25.5989\ln x$	0.9976	$B_{br} = -46.782 + 9.6293x$	0.9921	20
	$B_l = -14.021 + 8.1667\ln x$	0.9909	$B_l = -15.137 + 3.0862\ln x$	0.9900	20
	$B_f = -134.286 + 8.8151x^2$	0.9808	$B_f = 36.613 + 1.0717x$	0.9703	20
	$B_{rn} = -6.374 + 1.2636x$	0.9916	$B_{rn} = -1.961 + 4.4285\ln x$	0.9843	20
	$B_r = -0.737 + 0.0731x^2$	0.9951	$B_r = -0.011xe^{-0.000159x}$	0.9902	20
	$B_a = -45.151 + 9.4051x$	0.9968	$B_a = 0.084xe^{-0.000214x}$	0.9902	20
	$B_u = -13.746 + 2.7020x$	0.9956	$B_u = 0.021xe^{-0.000127x}$	0.9896	20
	$B_t = -58.897 + 12.1071x$	0.9975	$B_t = 0.105xe^{-0.000197x}$	0.9908	20
石栎乔木	$B_s = -23.588 + 5.3030x$	0.9966	$B_s = 90.054xe^{-0.000351x}$	0.9934	20
	$B_{br} = 5.472e^{0.2736x}$	0.9939	$B_{br} = -0.628 + 0.01420x$	0.9885	20
	$B_l = 0.013x^{2.2864}$	0.9899	$B_l = x/(231.367 + 0.0468x)$	0.9881	20
	$B_f = -74.032 + 4.7859x^2$	0.9297	$B_f = 0.679xe^{-0.000215x}$	0.9257	20
	$B_{rn} = -8.530 + 1.5140x$	0.9745	$B_{rn} = -8.175 + 5.4304\ln x$	0.9631	20
	$B_r = -1.675 + 0.0871x^2$	0.9859	$B_r = 0.010xe^{-0.000030x}$	0.9723	20

续表

样木组	回归方程**	相关系数	回归方程***	相关系数	样木数
	$B_a = -3.114 + 0.4371x^2$	0.9974	$B_a = x/(0.0043x + 13.774)$	0.9955	20
	$B_u = -3.475 + 0.1680x^2$	0.9856	$B_u = -1.872 + 11.7994\ln x$	0.9680	20
	$B_t = -6.585 + 0.6057x^2$	0.9970	$B_t = 0.089xe^{-0.000183x}$	0.9940	20
常绿伴生乔木	$B_s = -25.673 + 5.4221x$	0.9975	$B_s = 0.043xe^{-0.000030x}$	0.9962	18
	$B_{br} = -2.832 + 0.1486x^2$	0.9893	$B_{br} = -0.271 + 0.0158x$	0.9876	18
	$B_l = -6.297 + 1.1531x$	0.9615	$B_l = -0.147 + 0.0065x$	0.9454	18
	$B_f = -51.200 + 4.492x^2$	0.9885	$B_f = 26.000 + 0.4760x$	0.9905	18
	$B_{rn} = -7.150 + 1.3583x$	0.9953	$B_{rn} = 0.043 + 0.0077x$	0.9929	18
	$B_r = -7.639 + 1.5049x^2$	0.9962	$B_r = 0.340 + 0.0085x$	0.9899	18
	$B_a = -46.974 + 9.4131x$	0.9955	$B_a = x/(0.0014x + 15.990)$	0.9938	18
	$B_u = -14.789 + 2.8632x$	0.9969	$B_u = 0.376 + 0.0162x$	0.9925	18
	$B_t = -63.547 + 12.4250x$	0.9927	$B_t = x/(12.782 + 0.000598x)$	0.9985	18
栎属乔木	$B_s = -19.353 + 4.5207x$	0.9954	$B_s = x/(20.361 + 0.0126x)$	0.9970	20
	$B_{br} = 0.002x^{3.5494}$	0.9922	$B_{br} = 0.006xe^{0.000423x}$	0.9899	20
	$B_l = -0.225 + 0.0225x^2$	0.9874	$B_l = 0.008x^{0.827378}$	0.9981	20
	$B_s = -120.920 + 7.3339x^2$	0.9972	$B_s = x/(1.24 + 0.000067x)$	0.9925	20
	$B_{br} = -1.526 + 0.0817x^2$	0.9945	$B_{br} = 0.016 + 0.0083x$	0.9941	15
	$B_r = -1.643 + 0.0909x^2$	0.9941	$B_r = 0.082 + 0.0093x$	0.9917	15
	$B_a = -4.082 + 0.3904x^2$	0.9965	$B_a = 0.120x^{0.8509}$	0.9977	20
	$B_u = -3.169 + 0.1726x^2$	0.9948	$B_u = 0.098 + 0.0176x$	0.9934	15
	$B_t = -7.446 + 0.5661x^2$	0.9964	$B_t = 0.072xe^{-0.000166x}$	0.9982	15
落叶伴生乔木	$B_s = -17.388 + 4.2883x$	0.9925	$B_s = 0.343x^{0.644458}$	0.9917	15
	$B_{br} = 0.031xe^{0.254608x}$	0.9972	$B_{br} = 0.854 + 0.00000495x^2$	0.9981	15
	$B_l = 0.200e^{0.01676x^2}$	0.9954	$B_l = 0.286e^{0.00168x}$	0.9955	15
	$B_f = -561.600 + 118.4300x$	0.9850	$B_f = x/(0.962 + 0.000370x)$	0.9885	15
	$B_{rn} = -7.196 + 1.3714x$	0.9911	$B_{rn} = 0.621 + 0.0069x$	0.9792	15
	$B_r = -7.194 + 1.4594x$	0.9900	$B_r = 1.119 + 0.0074x$	0.9798	15
	$B_a = 0.885xe^{0.121687x}$	0.9962	$B_a = 4.892 + 0.0340x$	0.9937	15
	$B_u = -14.393 + 2.8312x$	0.9919	$B_u = 1.740 + 0.0143x$	0.9808	15
	$B_t = -3.672 + 0.4815x^2$	0.9962	$B_t = 6.633 + 0.0483x$	0.9947	15
青冈亚乔木	$B_s = -583.150 + 200.4315x^2$	0.9877	$B_s = 29.823xe^{-0.000753x}$	0.9956	20
	$B_{br} = 20.463xe^{0.4419x}$	0.9969	$B_{br} = 22.421 + 5.8865x$	0.9875	20
	$B_l = -24.706 + 14.6006x^2$	0.9847	$B_l = 6.949x^{0.7585}$	0.9919	20
	$B_{rn} = 12.232 + 31.1794x^2$	0.9947	$B_{rn} = 29.462x^{0.6468}$	0.9884	20
	$B_r = 9.747 + 35.2905x^2$	0.9950	$B_r = 34.091x^{0.6409}$	0.9938	20
	$B_a = 72.975x^{2.6855}$	0.9915	$B_a = x/(0.024 + 0.000029x)$	0.9980	20
	$B_u = 21.979 + 66.4318x^2$	0.9960	$B_u = 63.609x^{0.6436}$	0.9924	20
	$B_t = 142.921x^{2.4368}$	0.9944	$B_t = 103.714x^{0.8348}$	0.9978	20
常绿伴生乔木	$B_s = 66.692x^{2.5497}$	0.9869	$B_s = 40.756x^{0.9199}$	0.9978	20
	$B_{br} = x/(0.022 - 0.0032x)$	0.9951	$B_{br} = 20.992 + 6.2817x$	0.9920	20
	$B_l = 20.335e^{0.5544x}$	0.9840	$B_l = 46.687 + 1.9358x$	0.9837	20
	$B_{rn} = 48.278e^{0.2332x}$	0.9498	$B_{rn} = 33.010x^{0.6382}$	0.9952	20
	$B_r = 22.973 + 35.2905x^2$	0.9965	$B_r = 35.070x^{0.6499}$	0.9966	20
	$B_a = 122.768xe^{0.4215x}$	0.9938	$B_a = 248.253 + 33.3112x$	0.9992	20
	$B_u = 99.863xe^{0.2391x}$	0.9968	$B_u = 68.564x^{0.6430}$	0.9971	20
	$B_t = 215.831xe^{0.3665x}$	0.9953	$B_t = 136.175x^{0.7897}$	0.9987	20

续表

样木组		回归方程**	相关系数	回归方程***	相关系数	样木数
落叶亚乔木		$B_s = 55.037x^{2.7153}$	0.9846	$B_s = 28.579xe^{-0.000309x}$	0.9915	20
		$B_{br} = 4.325x^{3.2499}$	0.9832	$B_{br} = 2.222x^{1.1548}$	0.9897	20
		$B_l = 4.551x^{3.3727}$	0.9946	$B_l = 2.816x^{0.8415}$	0.9941	20
		$B_{rn} = 61.399 + 24.439x^2$	0.9944	$B_{rn} = 36.042x^{0.5741}$	0.9931	20
		$B_r = 52.772xe^{0.2185x}$	0.9915	$B_r = 38.031x^{0.5902}$	0.9925	20
		$B_a = 62.255x^{2.8269}$	0.9780	$B_a = -222.704 + 35.686x$	0.9926	20
		$B_u = 103.465 + 54.277x^2$	0.9942	$B_u = 74.066x^{0.5827}$	0.9950	20
		$B_t = 143.211x^{2.4470}$	0.9800	$B_t = 86.589x^{0.8699}$	0.9876	20
乔木层样木组间组合	a	$B_s = -26.021 + 5.5057x$	0.9964	—	—	58
	b	$B_s = -18.397 + 4.4056x$	0.9937	$B_s = 0.214x^{0.71624}$	0.9931	35
	c	$B_{rn} = -7.314 + 1.3918x$	0.9837	$B_{rn} = 0.429 + 0.0078x$	0.9684	88
	d	$B_r = -1.525 + 0.0869x^2$	0.9884	$B_r = 0.363 + 0.0091x$	0.9787	35
	e	$B_r = -7.275 + 1.4467x$	0.9910	$B_r = 0.010xe^{-0.0000726x}$	0.9810	53
	d	$B_u = -2.948 + 0.1666x^2$	0.9886	—	—	35
	e	$B_u = -14.004 + 2.7596x$	0.9939	—	—	53
亚乔木层样木组间组合	h	$B_s = 57.353x^{2.6651}$	0.9845	$B_s = 30.883xe^{-0.000814x}$	0.9946	
	g	$B_{rn} = 28.310e^{0.6874x}$	0.9963			
	g	$B_l = 15.213x^{0.5917x}$	0.9828			
	g	$B_{rn} = 24.765 + 30.761x^2$	0.9942			
	g	$B_r = 49.773xe^{0.2500x}$	0.9958			
	h	$B_a = 83.936x^{2.6008}$	0.9803			
	g	$B_u = 95.618xe^{0.2466x}$	0.9961			
	h	$B_t = 166.476x^{2.3387}$	0.9865			

* 资料来自陈启璠(1992),回归方程中的符号:B_s、B_{br}、B_l、B_f、B_{rn}、B_r、B_a、B_u 和 B_t 分别代表树干、树枝、树叶、果实、根茎、根系、地上部分、地下部分和总的生物量;果实生物量的单位为 g,其余均为 kg;组合样木组代号:a. 常绿乔木;b. 落叶乔木;c. 所有乔木;d. 石栎和栎属乔木;e. 青冈和常绿、落叶伴生乔木;g. 常绿亚乔木;h. 所有亚乔木;

** 式中 x 为胸径(cm);

*** 式中 x 为胸径的平方与树高之积($cm^2 \cdot m$)

表 6-3 亚热带东部天然常绿阔叶林群落的生物量及其在各层中的分配

群落名	调查地*编号	林龄/a		乔木层	下木层	草本层	苔藓层	藤本植物	凋落物层	总计
青冈林	1	30	生物量/(t/hm²)	107.48	3.16	0.17	0.002	0.46	—	111.27
			分配比例/%	96.6	2.8	0.2	0.002	0.4	—	
栲树林	2	30	生物量/(t/hm²)	192.01	2.42	1.50	—	—	6.67	202.60
			分配比例/%	94.8	1.2	0.7	—	—	3.3	
黄果厚壳桂林	3	400	生物量/(t/hm²)	334.22	28.93	17.51	—	—	—	380.66
			分配比例/%	87.8	7.6	4.6	—	—	—	
厚壳桂林	4	400	生物量/(t/hm²)	419.68	2.67	3.12	—	—	—	425.47
			分配比例/%	98.6	0.6	0.7	—	—	—	
粘木林	5	100	生物量/(t/hm²)	353.52	3.81	0.64	—	—	—	357.98
			分配比例/%	98.8	1.1	0.2	—	—	—	
木荷林	6	35	生物量/(t/hm²)	107.51	12.76	6.39	—	—	7.47	134.11
			分配比例/%	80.2	9.5	4.8	—	—	5.6	

* 1:浙江建德的 19—35 年生的青冈林(陈启璠,1992);

2:广西恭城县西北部的海洋山东南坡上的 25—35 年生的栲树林(卢崎,1990);

3:广东省鼎湖山自然保护区的黄果厚壳桂 + 锥栗 + 厚壳桂 + 荷木群落(彭少麟等,1994);

4:广东省鼎湖山自然保护区的锥栗 + 厚壳桂 + 黄果厚壳桂群落(张祝平等,1989);

5:广东省黑石顶的粘木 + 小叶胭脂 + 光叶红豆 + 生虫树群落(陈章和等,1993);

6:样地在浙江省杭州市北高峰南坡,由木荷 + 米槠 + 青冈栎组成的 32—39 年生天然次生林群落(俞益武等,1993)

草本层的生物量与下木层一样,与乔木层的发育关系比较密切。由表6-3中得知,黄果厚壳桂林和木荷林的草本层生物量分别达17.51t/hm²和6.31t/hm²,分别占群落总生物量的4.6%和4.8%。其它类型林地的草本层生物量占群落总生物量的不足1%。此外,苔藓层、层外藤本植物层和凋落物层等的生物量测定报导很少,可能有两个原因:一是苔藓层和藤本植物的发育较差,生物量很小,如青冈林中,苔藓层和藤本植物不足群落总生物量的0.5%,测定起来也比较困难;二是有些作者在测定森林生物量时,忽视了这些测定。从仅有的对栲树林和木荷林凋落物层生物量测定结果看,亚热带东部天然常绿阔叶林的凋落物层生物量为6—7t/hm²,占群落总生物量的3%—6%。

由于乔木层的生物量在群落总生物量中占有较大比例,因此,有必要对乔木层的生物量在各树种和各器官中的分配状况进行分析。乔木层的生物量是由树干、树皮、树枝、树叶、果实和树根的生物量组成的。树干是林木的支撑部分,并担任着水分养分由下向上的传导功能和生物有机质从上向下的传输功能,在乔木层生物量中,树干生物量占有的比例很大,达49%以上(表6-4)。树干生物量占乔木层生物量的百分比随着林龄的增加有增加的趋势,但在成熟林阶段则趋于平稳或略有所下降。从表6-4得知,30—35年生的青冈林、栲树林和木荷林的树干生物量分别为52.76t/hm²、101.39t/hm²和53.59t/hm²,分别占各自群落乔木层生物量的49.0%、53.3%和49.9%;100年生的粘木林树干生物量为221.10t/hm²,占乔木层生物量的62.5%;400年生的厚壳桂林树干生物量为216.18t/hm²,占乔木层生物量的51.5%。从现有的以上研究报道来看,亚热带东部天然常绿阔叶林树干生物量占乔木层生物量的比例多在50%—60%左右。树皮的生物量的报导较少,只见于栲树林,为20.415t/hm²,占其乔木层地上部分生物量的10.7%。树枝的生物量并不严格地随年龄而增加,如30年生青冈林的树枝生物量为21.64t/hm²,30年生的栲树林为62.51t/hm²,35年生的木荷林只有17.00t/hm²,三者的差异非常大。林龄为100a的粘木林和林龄为400a的厚壳桂林的树枝生物量分别为45.20t/hm²和60.95t/hm²。树枝生物量占乔木层生物量的比例大部分集中在12%—16%,在青冈林中较大,约为20%。在所有被调查的群落中,树叶生物量最大为粘木林的,达14.88t/hm²,其它类型介于4—11t/hm²之间。树叶生物量占乔木层生物量的百分比介于2.5%—6.0%之间,因群落类型而异。林木果实生物量的测定很少,只有青冈林的报道为1.37t/hm²,

表6-4 亚热带东部天然常绿阔叶林乔木层生物量及其在各器官的分配*

群落名	调查地*编号	林龄/a		树干	树皮	树枝	树叶	果实	树根	总计
青冈林	1	30	生物量/(t/hm²)	52.76	—	21.64	6.49	1.37	25.50	107.75
			分配比例/%	49.0	—	20.1	6.0	1.3	23.7	
栲树林	2	30	生物量/(t/hm²)	101.39	20.42	62.51	6.03	—	—	192.01
厚壳桂林	4	400	生物量/(t/hm²)	216.18	—	60.95	10.75	—	131.79	419.68
			分配比例/%	51.5	—	14.5	2.6	—	31.4	
粘木林	5	100	生物量/(t/hm²)	221.10	—	45.20	14.88	—	72.34	353.52
			分配比例/%	62.5	—	12.8	4.2	—	20.5	
木荷林	6	35	生物量/(t/hm²)	53.591	—	17.00	4.84	—	31.97	107.51
			分配比例/%	49.9	—	15.8	4.5	—	29.8	

*调查地编号见表6-3

占乔木层生物量的 1.27%。树根生物量是最难测定的部分。由表 6-4 中可以看出,树根生物量随林龄而增加,30 年生的青冈林为 25.50t/hm^2,35 年生的木荷林为 31.97t/hm^2,100 年生的粘木林为 72.34t/hm^2,400 年生的厚壳桂林为 131.79t/hm^2。树根生物量占乔木层总生物量的比例变化较大,一般介于 20%—31% 之间,400 年生的厚壳桂林的树根生物量占乔木层的比例最大,达 31.4%。

亚热带天然常绿阔叶林中乔木层的生物量常由多种树种组成,乔木层的生物量在各树种(即主要树种)间的分配状况,不同森林类型间有明显的差异。从表 6-5 和表 6-6 分析可知,在青冈林、栲树林和木荷林中,最优势的树种的生物量占乔木层生物量的一半左右,如青冈林中青冈的生物量占乔木层的 45.7%,木荷林中木荷的生物量占乔木层的 75.5%。在这些群落中,少数的几种优势树种集中了乔木层的生物量的绝大部分,如青冈林中的青冈、石栎(*Lithocarpus glaber*)、甜槠(*Castanopsis eyrei*)和木荷四种树木集中了乔木层总生物量的 80%,其余 37 种树木的生物量总和才占了 20%;栲树林中,栲树、木荷、罗浮栲(*Castanopsis fabri*)3 种树木集中了乔木层地上生物量的 96.4%;木荷林中木荷、细叶香桂(*Cinnamomum chigi*)、青冈栎(*Cyclobalanopsis glauca*)和米槠 *Castanopsis carlesii*)4 种林木集中了乔木层地上部分生物量的 97.7%。与这种情况不同的是处于鼎湖山的 400 年生的黄果厚壳桂林和厚壳桂林,它们的优势种生物量并不占绝对优势。如黄果厚壳桂林中,黄果厚壳桂的生物量仅占乔木层总生物量的 18%,即使黄果厚壳桂、木荷、华润楠(*Machilus chinensis*)、鼎湖钓樟(*Lindera chunii*)5 种树木的总生物量也仅占乔木层的 66.7%;在厚壳桂林中,这种优势作用更弱,如其中生物量最大的黄果厚壳桂,其生物量占乔木层的 11.3%,生物量最大的 6 种树木:黄果厚壳桂、椎栗、厚壳桂、红东(*Syzygium reherianum*)、凤凰桢楠(*Machilus phoenix*)、陈氏钓樟(*Lindera chunii*)的总生物量仅占整个乔木层的 42.3%。不同树木由于在群落中的作用和地位不同,不但生物量的绝对数量不同,而且各种树木种群生物量在各自器官的分配比例不同,这个问题常与森林的演替阶段中不同树种所处的地位有关,从厚壳桂的两个成熟林来看,黄果厚壳桂和厚壳桂正处于被其它更耐荫的树种所代替的阶段,因而在乔木层中生物量所占的比例不大。当然这个问题很复杂,有待于进一步研究。现以青冈林为例(陈启璜,1992),处于乔木层的青冈树生物量在干、枝、叶、果和根中的分配百分比分别为 46.3%、23.3%、7.1%、1.3% 和 22.0%,而处于亚乔木层中的青冈树的生物量在相应器官的分配比例分别为 58.7%、14.2%、4.5%、0% 和 22.6%,处于下木层的青冈树的生物量在干枝、叶和根中的分配百分数分别为 27.5%、16.8% 和 55.7%。位于同一层中的不同植物,这种生物量分配比例也是有差别的,如在青冈林中,位于乔木层(包括上面所说的乔木层和亚乔木层)的青冈树,干、枝、叶、果和根的生物量占乔木层生物量的百分比分别为 47.0%、22.8%、7.0%、1.2% 和 22.0%;冬青树(*Ilex purpurea*)各器官生物量的相应百分比分别为 51.1%、18.5%、7.2%、0.5% 和 22.8%。

1.2 生产力

我国东部天然常绿阔叶林的生产力研究,现有 5 个样地资料。不同作者测定时所用的方法不尽相同,其中青冈林、粘木林和木荷林的生产力是通过测定群落生物量增量和凋落物得到的。陈启璜(1992)曾获得了青冈林乔木层和亚乔木层的各样木组的生长量与树高和胸径的相对生长式(表 6-7)。黄果厚壳桂林和厚壳桂林的生产力是通过测定群落的呼吸强度和光合强度获得的。

表 6-5 亚热带东部天然常绿阔叶林的乔木层中主要树种的生物量*/(t/hm²)

树种	拉丁名	株数/%	树干	树皮	树枝	树叶	果实	树根	总计
青冈林									
青冈	Cyclobalanopsis glauca	39.4	23.118		11.239	3.438	0.594	10.823	49.204
石栎	Lithocarpus glaber	17.5	15.398		4.898	1.266	0.188	6.452	26.200
甜槠	Castanopsis eyrei	2.9	2.174		0.972	0.386	0.031	1.043	4.607
木荷	Schima superba	1.4	1.062		0.457	0.188	0.014	0.493	2.214
冬青	Ilex purpurea	2.9	0.848		0.306	0.120	0.009	0.378	1.658
四川山矾	Symplocos setchuensis	0.9	0.420		0.176	0.068	0.005	0.194	0.862
四照花	Dendroberthamia japonica	0.9	0.392		0.154	0.061	0.004	0.180	0.791
苦槠	Castanopsis sclerophylla	1.1	0.297		0.111	0.027	0.004	0.120	0.571
栲树	C. fargesii	0.3	0.252		0.103	0.045	0.003	0.121	0.525
厚皮香	Ternstroemia gymnanthera	2.0	0.352		0.102	0.040	0.003	0.150	0.646
山矾	Symplocos caudata	0.8	0.212		0.072	0.028	0.002	0.089	0.404
微毛冬青	Ilex pubescens	0.2	0.142		0.060	0.026	0.002	0.059	0.298
蚊母树	Distylium racemosum	0.6	0.146		0.052	0.021	0.002	0.065	0.285
老鼠矢	Symplocos stellaris	0.3	0.115		0.042	0.016	0.002	0.048	0.223
豹皮樟	Litsea coreana	0.8	0.120		0.040	0.015	0.001	0.051	0.227
檵木	Loropetalum chinensis	4.9	0.149		0.036	0.016		0.083	0.283
格药柃	Eurya muricata	0.5	0.027		0.006	0.003		0.015	0.051
马银花	Rhododendron ovatum	0.3	0.029		0.005	0.002		0.012	0.049
连蕊茶	Camellia fraterna	0.6	0.026		0.005	0.002		0.013	0.047
浙江樟	Cinnamomum chekiandensis	0.2	0.014		0.002	0.001		0.006	0.023
乌饭树	Vaccinium bracteatum	0.6	0.008		0.002	0.001		0.006	0.017
米饭树	Vaccinium sprengelii	0.2	0.007		0.001	0.001		0.004	0.013
栀子	Gardenia jasminoides	0.3	0.003		0.001	0.001		0.002	0.007
乌药	Lindera aggregata	0.2	0.001		0.001	0.000		0.001	0.003
常绿树种计		79.9	43.300		18.845	5.782	0.866	25.193	89.208
短柄枹	Quercus glandulifera var. brevipetiolata				7.0	3.461	0.893	0.268	11.622
白栎	Quercus fabri	3.2	1.659		0.666	0.142	0.042	0.977	3.486
麻栎	Quercus acutissima	1.4	1.864		0.709	0.128	0.040	0.920	3.161
拟白杨	Alniphyllum fortunei	1.5	0.743		0.167	0.055	0.015	0.364	1.352
山合欢	Albizzia kalkora	1.1	0.674		0.104	0.030	0.016	0.350	1.174
黄檀	Dalbergia hupeana	1.3	0.501		0.069	0.020	0.010	0.239	0.840
榔榆	Ulmus parvifolia	0.6	0.332		0.092	0.031	0.008	0.181	0.644
青皮木	Schoepfia jasminodora	0.3	0.166		0.021	0.006	0.004	0.084	0.281
野山樱	Prunus discoidea	0.3	0.147		0.017	0.005	0.003	0.071	0.244
野柿	Diospyros kakli var. sylvestris	0.3	0.089		0.008	0.004	0.001	0.020	1.22
尾叶樱	Prunus dielsiana	0.2	0.047		0.004	0.002	0.001	0.013	0.067
野漆树	Toxicodendron succedaneaum	1.2	0.153		0.025	0.007	0.001	0.049	0.232
山胡椒	Lindera glauca	0.3	0.028		0.005	0.001		0.09	0.044

续表

树种	拉丁名	株数/%	树干	树皮	树枝	树叶	果实	树根	总计
郁香野茉莉	Styrax odoratissima	0.3	0.019	0.003	0.001			0.008	0.031
盐肤木	Rhus chinenesis	0.2	0.017	0.003	0.001			0.006	0.026
伏毛八角枫	Alangium platanifolium	0.3	0.006	0.001	0.000			0.004	0.011
映山红	Rhododendron simsii	0.3	0.002	0.000	0.000			0.002	0.004
落叶树小计		20.1	9.459	2.795	0.703	0.216		5.096	18.271
合计		100	52.759	21.639	6.485	1.369		25.502	107.754
栲树林									
栲树	Castanopsis fargesii	31.4	83.142	16.828	48.512	4.854			153.336
荷木	Schima superba	11.3	10.847	2.297	6.891	0.589			20.624
罗浮栲	C. fabri	3.4	3.275	0.639	1.791	0.206			5.911
大叶栎	C. fissa	1.9	0.439	0.072	0.173	0.037			0.721
虎皮楠	Daphniphyllum glaucescen	1.9	0.445	0.077	0.193	0.035			0.750
冬桃	Elaeocarpus assimilis	6.1	0.264	0.039	0.088	0.027			0.418
大新樟	Neolitsea chuii	3.4	0.270	0.042	0.098	0.025			0.435
其它			2.703	0.422	0.996	0.253			4.374
总计			101.385	20.415	58.744	6.027			186.57
木荷林									
木荷	Schima superba		40.999		13.474	4.233		22.342	81.156
细叶香桂	Cinnamomum chigii		1.035		0.411	0.191		0.766	2.403
青冈栎	Cyclobalanopsis glauca		2.733		0.948	0.088		1.456	5.225
米槠	Castanopsis carlesii		7.513		1.643	0.091		6.426	15.673
其它			1.311		0.520	0.242		0.976	3.048
总计			53.591		16.996	4.835		31.66	107.505

* 资料来源：青冈林(陈启镌,1992)，栲树林(卢琦,1990)，木荷林(俞益武等,1993)

表6-6 黄果厚壳桂和厚壳桂林中乔木层各树种生物量和生产力

群落名	树种名	重要值	生物量 /(t/hm²)	生产力 /(t/(hm²·a))	资料来源
黄果厚壳桂林	黄果厚壳桂 cryptocarya concinna	34.96	34.58	1.17	彭少麟等，1994
	荷木 Schima superba	18.32	30.53	1.13	
	华润楠 Machilus chinensis	21.48	27.63	0.96	
	锥栗 Castanopsis chinensis	16.32	25.86	1.57	
	鼎湖钩樟 Lindera chunii	40.95	9.19	0.42	
	其它(37种)	167.97	63.89	2.44	
	合计	300	191.68	7.69	
厚壳桂林	椎栗 Castanopsis chinensis	10.50	30.263	1.160	张祝平等，1989
	荷木 Schima superba	3.43	14.647	0.977	
	黄果厚壳桂 Cryptocarya cocinna	19.28	39.053	2.384	
	厚壳桂 Cryptocarya chinensis	14.37	24.091	1.193	
	云南银柴 Aporosa yunnanensis	3.30	12.009	0.874	
	柏拉木 Blastus cochinchinensis	2.28	7.874	0.480	
	白东 Syzygium levinei	0.95	5.108	0.397	
	绒楠 Machilus velutina	1.13	5.696	0.339	

续表

群落名	树种名	重要值	生物量/(t/hm²)	生产力/(t/(hm²·a))	资料来源
	水石梓 *Sarcosperma laurinum*	0.98	6.963	0.440	
	陈氏钩樟 *Lindera chunii*	4.20	16.319	0.969	
	降真香 *Acronychia pedunculata*	1.50	9.828	0.685	
	九节 *Psychotria rubra*	0.80	4.775	0.268	
	薄叶梧桐 *Calophyllum lanceolatem*	3.45	13.655	0.626	
	黄枝木 *Xanthophyllum hainanse*	2.77	9.157	0.742	
	金叶树 *Chrysophyllum lanceolata*	0.56	3.220	0.197	
	红车 *Syzygium reherianum*	5.57	19.759	1.410	
	红皮紫桱 *Craibiodendron kwangtungense*	1.98	9.882	0.644	
	柄果木 *Mischocarpus oppsitifolius*	0.50	3.909	0.361	
	凤凰桢楠 *Machilus phoenix*	3.57	16.932	0.859	
	光叶红豆 *Ormosia glaberrima*	1.75	7.883	0.416	
	柳叶空心花 *Maesa salicifolia*	0.80	5.775	0.298	
	新木姜子 *Neolitsea pulchella*	0.98	6.963	0.320	
	短花楠 *Machilus breviflora*	2.42	8.381	0.599	
	轮叶木姜子 *Litsea verticillata*	2.10	7.659	0.959	
	大果山龙眼 *Helicia reticulata*	1.65	6.661	0.093	
	其它(46种)	9.18	49.586	3.478	
	总计	100	346.048	23.263	

表 6-7 青冈林乔木层和亚乔木层各样本组的生长量的相对生长式*

样木组	回归方程**	相关系数	回归方程***	相关系数	样木数
青冈乔木	$G_s = -984.4 + 251.64x$	0.9956	$G_s = 16.3x^{0.6983}$	0.9929	20
	$G_{br} = -657.0 + 29.94x^2$	0.9962	$G_{br} = -91.2 + 0.68x$	0.9885	20
	$G_l = -9327.2 + 5424.671\ln x$	0.9982	$G_l = -10046.5 + 2046.301\ln x$	0.9936	20
	$G_f = -134.3 + 8.82x^2$	0.9908	$G_f = 36.6 + 1.07x$	0.9703	20
	$G_{rn} = -34.4 + 6.76x^2$	0.9875	$G_{rn} = 5.3x^{0.7605}$	0.9901	20
	$G_r = 169.3e^{0.1939x}$	0.9981	$G_r = 245.9 + 1.51x$	0.9869	20
	$G_a = -8041.2 + 1588.14x$	0.9983	$G_a = 15.5xe^{-0.00014x}$	0.9903	20
	$G_u = 75.5e^{0.0927x}$	0.9965	$G_u = 402.4 + 2.35x$	0.9927	20
	$G_t = -9670.6 + 1957.91x$	0.9977	$G_t = x/(0.058 + 0.000015x)$	0.9929	20
石栎乔木	$G_s = 36.0x^{1.6299}$	0.9956	$G_s = 28.0x^{0.6129}$	0.9931	20
	$G_{br} = 93.5e^{0.3067x}$	0.9949	$G_{br} = 2.8xe^{0.00017x}$	0.9906	20
	$G_l = 6.2x^{2.4286}$	0.9987	$G_l = 2.7xe^{0.00013x}$	0.9976	20
	$G_f = -74.0 + 4.79x^2$	0.9297	$G_f = 0.7xe^{0.00021x}$	0.9257	20
	$G_{rn} = -806.3 + 165.37x$	0.9788	$G_{rn} = 1.4xe^{-0.00024x}$	0.9762	20
	$G_r = -80.1 + 14.45x^2$	0.9976	$G_r = x/(0.39 + 0.00015x)$	0.9964	20
	$G_a = 131.0xe^{0.1455x}$	0.9976	$G_a = 511.6 + 7.71x$	0.9926	20
	$G_u = -139.1 + 22.98x^2$	0.9964	$G_u = 3.9xe^{-0.00027x}$	0.9958	20
	$G_t = 189.9xe^{0.1398x}$	0.9984	$G_t = 832.5 + 10.18x$	0.9965	20

续表

样木组	回归方程**	相关系数	回归方程***	相关系数	样木数
常绿伴生伴生乔木	$G_s = -833.6 + 237.78x$	0.9970	$G_s = 22.6x^{0.6327}$	0.9942	18
	$G_{br} = -596.1 + 28.73x^2$	0.9962	$G_{br} = x/(0.37 - 0.000023x)$	0.9973	18
	$G_l = -3428.8 + 642.29x$	0.9883	$G_l = 1.7 + 3.59x$	0.9692	18
	$G_f = -51.2 + 4.49x^2$	0.9885	$G_f = 26.0 + 0.48x$	0.9905	18
	$G_{rn} = 23.4xe^{0.1063x}$	0.9905	$G_{rn} = 115.4 + 0.74x$	0.9811	18
	$G_r = 174.1e^{0.1895x}$	0.9924	$G_r = 476.6e^{0.0011x}$	0.9856	18
	$G_a = -7516.1 + 1487.07x$	0.9960	$G_a = 9.5xe^{-0.000072x}$	0.9949	18
	$G_u = 248.0e^{0.1994x}$	0.9942	$G_u = 935.8 + 0.0012x^2$	0.9799	18
	$G_t = -934.6 + 98.24x^2$	0.9971	$G_t = 27.1x^{0.8707}$	0.9971	18
栎属乔木	$G_s = -8857.3 + 1213.28\ln x$	0.9941	$G_s = x/(0.45 + 0.00045x)$	0.9942	20
	$G_{br} = 90.6e^{0.2858x}$	0.9960	$G_{br} = 581.3 + 0.0014x^2$	0.9890	20
	$G_l = -0.2 + 0.023x^2$	0.9874	$G_l = 0.008x^{0.8274}$	0.9981	20
	$G_f = 120.9 + 7.33x^2$	0.9972	$G_f = x/(1.24 + 0.000067x)$	0.9925	20
	$G_{nr} = 39.4e^{0.2532x}$	0.9929	$G_{nr} = 193.3 + 0.00042x$	0.9731	15
	$G_r = 84.1e^{0.2306x}$	0.9972	$G_r = 145.4 + 0.94x$	0.9899	15
	$G_a = -507.7 + 56.62x^2$	0.9903	$G_a = 600.7 + 5.68x$	0.9938	20
	$G_u = x/(0.018 - 0.001x)$	0.9954	$G_u = 214.6 + 1.50x$	0.9907	15
	$G_t = 142.7xe^{0.1475x}$	0.9899	$G_t = 821.6 + 7.09x$	0.9941	15
落叶伴生乔木	$G_s = -531.3 + 144.39x$	0.9927	$G_s = 14.1x^{0.6259}$	0.9898	15
	$G_{br} = 34.7xe^{-0.14762}$	0.9945	$G_{br} = 667.4 + 0.0011x^2$	0.9872	15
	$G_l = 0.2e^{0.0168x2}$	0.9954	$G_l = 0.3e^{0.0017x}$	0.9955	15
	$G_f = -561.6 + 118.43x$	0.9850	$G_f = x/(0.96 + 0.00037x)$	0.9885	15
	$G_{rn} = 0.9x^{2.8151}$	0.9954	$G_{rn} = -46.1 + 0.87x$	0.9910	15
	$G_r = 86.0e^{0.2295x}$	0.9997	$G_r = 415.1 + 0.00059x^2$	0.9932	15
	$G_a = 290.9e^{0.2649x}$	0.9974	$G_a = 1752.5 + 0.0033x^2$	0.9942	15
	$G_u = 36.0xe^{0.1333x}$	0.9992	$G_u = 134.0 + 1.71x$	0.9921	15
	$G_t = 409.2e^{0.2587x}$	0.9979	$G_t = 2387.8 + 0.0043x^2$	0.9938	15
青冈亚乔木	$G_s = 13.8e^{0.6452x}$	0.9987	$G_s = 19.6 + 2.15x$	0.9883	20
	$G_{br} = x/(0.12 - 0.0175x)$	0.9980	$G_{br} = 39.9 + 0.0037x^2$	0.9780	20
	$G_l = -19.3 + 9.78x^2$	0.9954	$G_l = 4.2x^{0.7752}$	0.9964	20
	$G_{rn} = x/(0.079 - 0.00701x)$	0.9887	$G_{rn} = 25.1 + 0.49x$	0.9847	20
	$G_r = 12.8e^{0.4952x}$	0.9884	$G_r = 27.2 + 0.78x$	0.9887	20
	$G_a = 26.8e^{0.6567x}$	0.9987	$G_a = 41.3 + 4.41x$	0.9919	20
	$G_u = 26.2e^{0.4636x}$	0.9903	$G_u = 62.1 + 1.24x$	0.9883	20
	$G_t = 50.2e^{0.5952x}$	0.9980	$G_t = 103.4 + 5.64x$	0.9923	20
常伴绿生亚乔木	$G_s = 13.2e^{0.6541x}$	0.9978	$G_s = 18.3 + 2.41x$	0.9961	20
	$G_{br} = 17.0e^{0.0854x^2}$	0.9940	$G_{br} = 0.03 + 1.27x$	0.9909	20
	$G_l = 15.9e^{0.5125x}$	0.9922	$G_l = 35.6 + 1.17x$	0.9927	20
	$G_{rn} = 11.2e^{0.4521x}$	0.9911	$G_{rn} = 23.9 + 0.55x$	0.9937	20
	$G_r = x/(0.072 - 0.00836x)$	0.9918	$G_r = 8.5x^{0.6072}$	0.9925	20
	$G_a = x/(0.022 - 0.00293x)$	0.9988	$G_a = 54.5 + 4.845x$	0.9988	20
	$G_u = x/(0.039 - 0.00418x)$	0.9925	$G_u = 54.0 + 4.58x$	0.9933	20
	$G_t = x/(0.014 - 0.00179x)$	0.9978	$G_t = 106.2 + 6.19x$	0.9937	20

续表

样木组		回归方程**	相关系数	回归方程***	相关系数	样木数
落叶亚乔木		$G_s = -1.6 + 9.82x^2$	0.9938	$G_s = 7.1x^{0.6890}$	0.9964	20
		$G_{br} = -2.6 + 5.01x^2$	0.9967	$G_{br} = x/(0.76 + 0.00346x)$	0.9926	20
		$G_l = 4.6x^{2.3727}$	0.9946	$G_l = 2.8x^{0.8415}$	0.9941	20
		$G_{rn} = -9.2 + 21.42x$	0.9874	$G_{rn} = -19.8 + 22.69\ln x$	0.9882	20
		$G_r = -35.3 + 43.01x$	0.9954	$G_r = 11.6x^{0.5421}$	0.9891	20
		$G_a = 18.2x^{2.1438}$	0.9965	$G_a = 11.7x^{0.7609}$	0.9973	20
		$G_u = -44.5 + 64.43x$	0.9953	$G_u = 20.7x^{0.5188}$	0.9841	20
		$G_t = 30.8 + 32.83x^2$	0.9971	$G_t = 29.6x^{0.6595}$	0.9966	20
乔木层样木组间组合	a	$G_s = -902.8 + 245.66x$	0.9950	—	—	58
	b	$G_s = -522.5 + 143.90x$	0.9930	—		35
	a	$G_{rn} = -12.6 + 7.58x^2$	0.9729			58
	b	$G_{rn} = 9.6e^{0.1703x}$	0.9880	$G_{rn} = 194.4 + 0.00046x^2$	0.9797	30
	c	$G_r = 170.3e^{0.1928x}$	0.9964			38
	b	$G_r = 85.1e^{0.2305x}$	0.9989			30
亚乔木层样木组间组合	d	$G_s = 13.5e^{0.6504x}$	0.9982	$G_s = 19.8 + 2.26x$	0.9891	40
	d	$G_{br} = 17.0e^{0.08538x^2}$	0.9953			40
	d	$G_{rn} = x/(0.083 - 0.00762x)$	0.9894			40
	d	$G_u = x/(0.039 - 0.00406x)$	0.9907			40
	d	$G_t = x/(0.015 - 0.00195x)$	0.9990			40

* 资料来自陈启瑺,(1992),回归方程中的符号:G_s、G_{br}、G_l、G_f、G_{rn}、G_r、G_a、G_u 和 G_t 分别代表树干、树枝、树叶、果实、根茎、根系、地上部分、地下部分和总的生物量;果实生物量的单位为 g/a,其余均为 kg/a;组合样木组代号:a. 常绿乔木;b. 落叶乔木;c. 青冈和常绿伴生乔木;d. 常绿亚乔木;

** 式中 x 为胸径(cm);

*** 式中 x 为胸径的平方与树高之积($cm^2 \cdot m$)

群落生产力最高的是 100 年生的粘木林,达 29.61 t/($hm^2 \cdot a$)(不包括林下植物的生产力),其次为 400 年生的黄果厚壳桂林(23.26 t/($hm^2 \cdot a$)),35 年生木荷林(18.47 t/($hm^2 \cdot a$)),青冈林(17.22 t/($hm^2 \cdot a$))和厚壳桂林(15.08 t/($hm^2 \cdot a$))(表 6-8)。从这些资料中,我们很难看到生产力与林龄之间的关系,这可能是由于生产力受不同树种、立地条件的影响非常大。这 5 种群落中,乔木层生产力介于 12.59—29.61 t/($hm^2 \cdot a$)之间,最大最小值差别达 2 倍多,这与人类干扰的影响有关。生产力大的粘木林是一向保护比较好的森林,而木荷林是一种人为破坏后正在更新的次生林。乔木层生产力占群落的总生产力一般接近或大于 90%(表 6-8),而发育不很好的木荷林乔木层生产力仅占 68%。下木层生产力占群落的生产力的比例因群落不同而异,青冈林为 2.9%,黄果厚壳桂林为 6.6%,厚壳桂林为 0.9%,木荷林为 17.1%。草本层生产力的比例类似于下木层的生产力,因群落而变化,依次分别为 0.4%、3.6%、1.7% 和 14.7%。这里需指出的是:木荷林由于乔木层生物量所占比例小,林下植物能够得到较多的光照(俞益武等,1993),下木层和草本层的生产力较高,占群落总生产力的比例也大。陈启瑺(1992)对青冈林的苔藓层和藤本层的生产力进行了测定,分别为 0.02 t/($hm^2 \cdot a$) 和 0.16 t/($hm^2 \cdot a$),分别占群落总生产力的 0.01% 和 0.9%。

东部天然常绿阔叶林的生产力在林木各器官的分配比较复杂,与各群落中不同树种的生物学特性和其所处的环境条件有关。从现有的研究报导看(表6-9),30年生的青冈林和栲树林的地上各器官的生产力比较接近,树干为2.85—3.29 t/(hm²·a)(包括树皮),树枝4.23—5.89 t/(hm²·a),树叶4.02—4.42 t/(hm²·a)。35年生的木荷林具有较高的树干生产力(5.09 t/(hm²·a))和较低的树枝生产力(1.54 t/(hm²·a))。30年生青冈林与35年生木荷林的树叶和根系生产力差异不大。对于100年生的粘木林,树干的生产力达8.18 t/(hm²·a),是木荷林的1.6倍,是青冈林和栲树林的2.7倍多。由于对粘木林根系生产力的深入研究,特别是将细根的生产力(10.68 t/(hm²·a))包括在内,因而使粘木林根系的生产力达13.17 t/(hm²·a),比其它群落的测定值多10 t/(hm²·a)左右,这提醒人们在估计森林群落根系生产力时,是不是考虑细根的作用,对生产力的测定结果有较大的影响。

表6-8 亚热带东部天然常绿阔叶林群落生产力及其在各层的分配

群落名	调查地编号*	林龄/a		乔木层	下木层	草本层	苔藓层	藤本植物	总计
青冈林	1	30	生产力/(t/(hm²·a))	16.49	0.50	0.06	0.002	0.16	17.22
			分配比例/%	95.8	2.9	0.4	0.01	0.9	
黄果厚壳桂林	3	400	生产力/(t/(hm²·a))	20.89	1.54	0.84	—	—	23.26
			分配比例/%	89.8	6.6	3.6			
厚壳桂林	4	400	生产力/(t/(hm²·a))	14.70	0.13	0.25			15.08
			分配比例/%	97.5	0.9	1.7			
粘木林	5	100	生产力/(t/(hm²·a))	29.61	—	—			29.61
木荷林	6	35	生产力/(t/(hm²·a))	12.59	3.16	2.72	—	—	18.47
			分配比例/%	68.1	17.1	14.7			

*调查地编号见表6-3

表6-9 亚热带东部天然常绿阔叶林乔木层的生产力及其在各器官的分配

群落名	调查地编号*	林龄/a		树干	树皮	树枝	树叶	果实	树根	总计
青冈林	1	30	生产力/(t/(hm²·a))	2.85	—	4.23	4.42	1.08	3.91	16.49
			分配比例/%	17.3		25.7	26.8	6.6	23.8	
栲树林	2	30	生产力/(t/(hm²·a))	2.73	0.56	5.89	4.02	—	—	13.21
粘木林	5	100	生产力/(t/(hm²·a))	8.18	—	3.40	4.28	0.58	13.17	29.61
			分配比例/%	27.6		11.5	14.5	2.0	44.5	
木荷林	6	35	生产力/(t/(hm²·a))	5.09	—	1.54	3.18	—	2.82	12.59
			分配比例/%	40.1		12.2	25.2		22.4	

*调查地编号见表6-3

林木各器官的生产力占乔木层总生产力的比例因群落而异(表6-9)。木荷林群落中树干所占比例最高,达40.1%;青冈林最小,为17.3%;树枝所占比例,青冈林较大(25.7%),粘木林较小(11.5%);树叶所占比例,各群落间变化比较大,粘木林中为14.5%,木荷林和青冈林中分别为25.2%和26.8%,这可能是由于林龄差异而造成的;由于粘木林的根系生产力特别大,其占乔木层的比例也就特别高,达44.5%,而青冈林和木荷林根系生产力占乔木层的比例分别为23.7%和22.4%。

天然常绿阔叶林通常是由多种树木组成的,不同树木对整个群落,特别是对乔木层的生产力贡献如何呢？从现有的野外测定结果中(表6-6和表6-10)，可以明显地分两种情况，一是优势种贡献率特别高，二是生产力比较均匀地分散在不同树种之间，即使作为优势种的林木，其作用不是特别明显。前者如青冈林和栲树林。如在青冈林中，青冈树的生产力占乔木层生产力的47.2%，青冈和石栎两种树木的总生产力占乔木层的71.8%；在栲树林中，栲树生产力占乔木层地上部分的80.5%。在黄果厚壳桂林和厚壳桂林中，优势种生产力贡献不大，如黄果厚壳桂林中，生产力贡献最高的是锥栗，其生产力仅占乔木层总生产力的20.4%；厚壳桂林中，黄果厚壳桂树种的生产力最大，也不过占

表6-10 亚热带东部天然常绿阔叶林的乔木层中主要树种生产力/($t/(hm^2 \cdot a)$)*

群落名	树种名	树干	树皮	树枝	树叶	果实	树根	合计	资料来源
青冈林	青冈	1.312		1.905	2.250	0.594	1.725	7.786	陈启瑺等，
	石栎	0.750		1.226	0.829	0.188	1.041	4.034	1992
	甜槠	0.122		0.182	0.222	0.031	0.159	0.716	
	木荷	0.060		0.086	0.108	0.015	0.075	0.344	
	冬青	0.060		0.057	0.072	0.009	0.062	0.260	
	四川山矾	0.026		0.033	0.039	0.005	0.032	0.135	
	四照花	0.026		0.030	0.035	0.004	0.027	0.122	
	苦槠	0.022		0.020	0.023	0.004	0.028	0.097	
	栲树	0.014		0.019	0.026	0.004	0.016	0.079	
	厚皮香	0.027		0.019	0.027	0.003	0.030	0.106	
	山矾	0.015		0.012	0.017	0.003	0.018	0.065	
	檵木	0.015		0.007	0.009	-	0.012	0.043	
	其它常绿树种(14种)	0.045		0.041	0.054	0.006	0.064	0.210	
	常绿树种	2.494		3.637	3.711	0.866	3.277	13.997	
	短柄枹	0.131		0.210	0.267	0.076	0.207	0.891	
	白栎	0.059		0.105	0.142	0.042	0.118	0.466	
	麻栎	0.044		0.102	0.128	0.040	0.131	0.445	
	拟赤杨	0.028		0.049	0.055	0.015	0.049	0.196	
	山合欢	0.025		0.041	0.030	0.016	0.039	0.151	
	黄檀	0.021		0.026	0.020	0.010	0.028	0.105	
	榔榆	0.012		0.025	0.031	0.008	0.025	0.101	
	其它落叶树(共10种)	0.031		0.034	0.032	0.049	0.040	0.186	
	小计	0.351		0.592	0.705	0.216	0.637	2.541	
	合计	2.846		4.229	4.416	1.082	3.914	16.538	
栲树林	栲树林	2.152	0.451	4.791	3.236			10.630	卢琦，
	荷木	0.252	0.054	0.597	0.393			1.296	1990
	罗浮栲	0.097	0.019	0.196	0.138			0.450	
	大叶栎	0.021	0.004	0.032	0.025			0.082	
	虎皮楠	0.019	0.003	0.020	0.023			0.065	
	冬桃	0.017	0.003	0.021	0.018			0.059	
	大新樟	0.015	0.003	0.020	0.017			0.055	
	其它	0.154	0.025	0.205	0.169			0.553	
	总计	2.728	0.561	5.894	4.018			13.190	

乔木层生产力的 10.2%,如果考虑占优势的六种树木:黄果厚壳桂、厚壳桂、锥栗、陈氏钓樟、红东和凤凰桢楠,它们的总生产力占乔木层生产力的 34.3%。形成这两种林木生产力在树木间分配格局差异的主要原因是林龄的差异,对于比较年轻的林分,林分的种类组成比较简单,优势种明显,如 38 年生青冈林中,一共有 41 种林木,青冈树占总株数的 39.4%;而 400 年生的厚壳桂林,一共有 71 种林木,最优势的黄果厚壳桂的重要值仅为 19.28。林分年龄的增大,受各种环境因子影响的次数多,作用过程和程度复杂,各种林木都会找到适当的生态位,共生相处,使个别优势种的作用被逐渐淡化了。

2 西部常绿阔叶林(含硬叶阔叶林)

2.1 生物量

尽管我国西部常绿阔叶林生物量和生产力的研究开展较晚,但中国科学院昆明生态研究所和云南大学生态学与地植物学研究所的野外调查测定结果,为分析亚热带西部常绿阔叶林的生物量和生产力特征提供了很好的资料。

1984 年中科院昆明生态研究室首先测定了木果石栎(*Lithocarpus xylocarpus*)林的生物量(邱学忠等,1984),1992 年和 1994 年云南大学生态学与地植物学研究所又在云南省测定了我国亚热带西部不同林龄的常绿阔叶林群落的生物量(党承林等,1992;1994;吴兆录,1992;1994),包括栲属群落:短刺栲(*Castanopsis echidnocarpa*)林和元江栲(*C. orthacantha*)林,栎属群落:灰背栎(*Quercus senescens*)林和黄背栎(*Q. pannosa*)林和青冈属群落:黄毛青冈(*Cyclobalanopsis delavaye*)林。西部常绿阔叶林的林木层的生物量的测定,一般采用相对生长法,表 6-11 列出了我国亚热带西部常绿阔叶林中一些林木各器官的生物量(W)与测树因子(胸径 D 和树高 H)的相对生长式。

表 6-11 亚热带西部常绿阔叶林中主要林木各器官生物量的相对生长式*

树种	器官	回归方程式	相关系数	资料来源
短刺栲幼龄林				
短刺栲	树干	$W_s = 1.33258E - 02(1.8224 + D)^3$	0.9757	党承林等, 1992
	树枝	$W_b = 0.6053 + 1.0218E - 03D^4$	0.9684	
	树叶	$W_l = 0.5028 + 2.9591E - 04D^4$	0.9341	
	树根	$W_r = 2.6540E - 03(4.0212 + D)^3$	0.9432	
其它常绿阔叶树种	树干	$W_s = 0.1597(-0.3699 + D)^2$	0.9933	
	树枝	$W_b = 6.0763 - 0.6(5.3554 + D)^5$	0.9649	
	树叶	$W_l = 0.1135 + 1.7756E - 0.3D^3$	0.9701	
	树根	$W_r = 0.8718\exp(0.2166 + D) - 0.796$	0.9801	
落叶树	树干	$W_s = 0.2062D^{2.0025} - 0.498$	0.9951	
	树枝	$W_b = 7.6778E - 03(0.3822 + D)^3$	0.9861	
	树叶	$W_l = -1.1257E - 02 + 0.0316D^2$	0.9749	
	树根	$W_r = -2.3455 + 1.2299D$	0.9792	
所有样木	树干	$W_s = 0.0835D^{2.3804}$	0.9764	
	树枝	$W_b = 0.07041 \times 6441D$	0.9073	
	树叶	$W_l = 2.06668E - 03(1.2815 + D)^3$	0.9061	
	树根	$W_r = 0.3482 + 7.1074E - 02D^2$	0.9530	

续表

树种	器官	回归方程式	相关系数	资料来源
短刺栲中龄林				党承林等,1992
短刺栲	树干	$W_s = 9.7566 + 1.4877\mathrm{E}-02D^2$	0.9899	
	树枝	$W_b = 1.4497 + 6.9051\mathrm{E}-03D^3$	0.9764	
	树叶	$W_l = 3.01523\mathrm{E}-02(-0.262+D)^2$	0.9627	
	树根	$W_r = 6.5368\mathrm{E}-05(8.2279+D)^4$	0.9931	
其它常绿阔叶树种	树干	$W_s = -5.51287 + 0.4034D^4$	0.9693	
	树枝	$W_b = 0.7361\mathrm{E}+0.403D^2$	0.9406	
	树叶	$W_l = -1.3657 + 0.4336D$	0.9630	
	树根	$W_r = -0.1193 + 9.3730\mathrm{E}-02D^2$	0.9791	
落叶树	树干	$W_s = 0.0237\mathrm{E}-02(0.9067+D)^3$	0.9998	
	树枝	$W_b = 1.9941 + 5.8425\mathrm{E}-02D^2$	0.9828	
	树叶	$W_l = -0.9807 + 0.4225D$	0.9635	
	树根	$W_r = 3.2221\mathrm{E}-03(4.0749+D)^4$	0.9968	
所有样木	树干	$W_s = 8.0443\mathrm{E}-02 \cdot D^{2.8142}$	0.9850	
	树枝	$W_b = 2.9416\mathrm{E}-06 \cdot (7.507+D)^4$	0.9506	
	树叶	$W_l = 0.84424 \cdot \exp(0.1214 \times D) - 0.965$	0.9375	
	树根	$W_r = 7.1613\mathrm{E}-05 \cdot (7.4892+D)^4$	0.9848	
黄背栎林				吴兆录等,1994
黄背栎	树干	$W_s = 1058.27\exp(-38.5672/D)^4$	0.9840	
	树皮	$W_{sb} = 5.0100\mathrm{E}-4(11.4492+D)^3$	0.9724	
	树枝	$W_b = 5.3970\mathrm{E}-7(11.7932+D)^5$	0.9427	
	树叶	$W_l = 0.3768\exp(0.1350D-0.5670)$	0.9724	
	根颈	$W_{rn} = 195.9141\exp(-35.5221/D)$	0.9389	
	根系	$W_{rs} = 4.3361\mathrm{E}-4D^{3.5125} + 3.371$	0.9427	
黄毛青冈林				党承林等,1994
黄毛青冈	树干	$W_s = 5.7785\mathrm{E}-3(5.3385+D)^3$	0.9992	
	树枝	$W_b = 4.2624\mathrm{E}-3(1.8986+D)^3$	0.9979	
	树叶	$W_l = 9.7505\mathrm{E}-4(2.7778+D)^3$	0.9979	
	树根	$W_r = 2.2407 \times 1.1662D$	0.9975	
	总计	$W_t = 2.3743\mathrm{E}-4(10.3579+D)^4$	0.9996	
云南松	树干	$W_s = -0.2712 + 0.1288D^2$	0.9980	
	树枝	$W_b = -2.2753 + 2.0447\ln D$	0.9563	
	树叶	$W_l = -0.7779 + 0.2586D$	0.9910	
	树根	$W_r = -1.8978 + 0.6544D$	0.9577	
	总计	$W_t = -8.2784 + 2.9045D$	0.9904	
披针叶米饭花	树干	$W_s = 2.6894 - 5.2195/D$	0.9645	
	树枝	$W_b = 0.8309 - 1.4361/D$	0.9650	
	树叶	$W_l = -3.6263\mathrm{E}-2 + 1.2614\mathrm{E}-2D^2$	0.9287	
	树根	$W_r = 0.3631D^{1.5937} + 0.79$	0.9187	
	总计	$W_t = 0.2598\exp(0.7941D) + 0.396$	0.9731	

续表

树种	器官	回归方程式	相关系数	资料来源
元江栲林				党承林等,1994
元江栲	树干	$W_s = 0.3507(-1.1948+D)^2$	0.9903	
	树枝	$W_b = 3.0170\mathrm{E}-2D^{2.3643}+0.051$	0.9882	
	树叶	$W_l = -0.2477+1.8128\mathrm{E}-2D^2$	0.9893	
	树根	$W_r = 0.1278(-5.0370\mathrm{E}-2+D)^2$	0.9868	
	总计	$W_t = 0.6131(-0.9678+D)^2$	0.9952	
乳状石栎	树干	$W_s = 0.4229(-1.4459+D)^2$	0.9711	
	树枝	$W_b = 7.2593\mathrm{E}-5(7.6894+D)^4$	0.9747	
	树叶	$W_l = 2.0582\mathrm{E}-2(-1.8341+D)^2$	0.9865	
	树根	$W_r = 0.2684D^{1.8209}$	0.9774	
	总计	$W_t = 0.7205(-1.0400+D)^2$	0.9907	
厚皮香	树干	$W_s = 1.7432\mathrm{E}-2(0.9622+D)^3$	0.9638	
	树枝	$W_b = 1.4294\mathrm{E}-2(1.4116+D)^2$	0.9880	
	树叶	$W_l = 0.7126\exp(6.6357/D)$	0.9445	
	树根	$W_r = 0.5512 \cdot 1.2659^D$	0.9812	
	总计	$W_t = 8.9031\mathrm{E}-4(4.2707+D)^4$	0.9706	
锈叶杜鹃	树干	$W_s = -1.5572+1.0809D$	0.9530	
	树枝	$W_b = 6.9214\mathrm{E}-3D^{3.2908}$	0.9695	
	树叶	$W_l = 6.7818\mathrm{E}-3(0.3698+D)^2$	0.9623	
	树根	$W_r = 0.1370+2.1445\mathrm{E}-2D^3$	0.9893	
	总计	$W_t = -0.1327+0.2986D^2$	0.9833	
灰背栎林				吴兆录等,1994
灰背栎	树干	$W_s = 0.1286172D^{2.368575}$	0.98973	
	树皮	$W_{sb}gW_= 58.56591(1.7953\mathrm{E}-12)^{1/D}$	0.98016	
	树枝	$W_b = 8.636576\mathrm{E}-3D^{2.761584}$	0.97661	
	树叶	$W_l = 3.369783\mathrm{E}-4D^{3.14554}$	0.99096	
	根颈	$W_{rn} = 5.356623\mathrm{E}-2D^{2.253911}$	0.98283	
	根系	$W_{rs} = 0.44443449 \cdot 1.180075^D$	0.98457	
杜鹃等	树干	$W_s = 0.1154122D^{2.079088}$	0.97876	
	树皮	$W_b = D/(-0.1023555D+6.636983)$	0.80808	
	树叶	$W_l = D/(-3.757947D+35.96228)$	0.83524	
	根颈	$W_{rn} = 1.676612\mathrm{E}-2D^{2.761663}$	0.93314	
	根系	$W_{rs} = 5.300356\mathrm{E}-2 \cdot 1.655203^D$	0.79394	
木果石栎林				邱学忠等,1984
木果石栎	树干	$\lg W_s = 1.4597+0.9470\lg D^2H$	0.9972	
	树树	$\lg W_b = -2.745+0.9112\lg D^2H$	0.9590	
	树叶	$\lg W_f = -2.1455+0.6893\lg D^2H$	0.9277	
	地上部分	$\lg W_o = -1.3478+0.9339\lg D^2H$	0.9972	
	地下部分	$\lg W_r = -1.6143+0.9512\lg D^2H$	0.9966	
腾冲栲	树干	$\lg W_s = -1.7510+1.0168\lg D^2H$	0.9981	
	树枝	$\lg W_b = -1.4388+0.6530\lg D^2H$	0.9842	

续表

树种	器官	回归方程式	相关系数	资料来源
	树叶	$\lg W_f = -0.8144 + 0.2948 + \lg D^2 H$	0.8727	
	地上部分	$\lg W_o = -1.5106 + 0.9696 \lg D^2 H$	0.9981	
	地下部分	$\lg W_r = -2.0407 + 0.93395 \lg D^2 H$	0.9973	
滇木荷	树干	$\lg W_s = 0.4443 + 0.34712 \lg D^2 H$	0.8657	
	树枝	$\lg W_b = -0.6792 + 0.471 \lg D^2 H$	0.7507	
	树叶	$\lg W_f = -1.6908 + 0.33097 \lg D^2 H$	0.9710	
	地上部分	$\lg W_o = 0.5358 + 0.35391 \lg D^2 H$	0.9436	
	地下部分	$\lg W_r = 0.2885 + 0.35391 \lg D^2 H$	0.9436	
绿叶桢楠	树干	$\lg W_s = -1.5489 + 0.9560 \lg D^2 H$	0.9927	
	树枝	$\lg W_b = 1.5451 + 0.6756 \lg D^2 H$	0.9661	
	树叶	$\lg W_f = 1.2211 + 0.4320 \lg D^2 H$	0.8697	
	地上部分	$\lg W_o = -1.3338 + 0.9145 \lg D^2 H$	0.9925	
	地下部分	$\lg W_r = -5.446 + 1.6480 \lg D^2 H$	0.9331	
红花木莲	树干	$\lg W_s = -0.2985 + 0.5682 \lg D^2 H$	0.9015	
	树枝	$\lg W_b = -2.1437 + 0.9219 \lg D^2 H$	0.9974	
	树叶	$\lg W_f = -1.6474 + 0.6260 \lg D^2 H$	0.9976	
	地上部分	$\lg W_o = -0.832 + 0.9711 \lg D^2 H$	0.9777	
	地下部分	$\lg W_r = -1.4389 + 0.79111 \lg D^2 H$	0.9777	

* D 为胸径(cm), H 为树高(m),生物量单位为 kg/株, W_s、W_b、W_f、W_o、W_r 分别为树干、树枝、树叶、地上部分、地下部分的生物量

林龄是决定群落生物量大小的关键因子。由表 6-12 中可以看出,100 年生的木果石栎林,其群落生物量达 499.70t/hm², 成熟的黄背栎林, 群落生物量为 354.48t/hm²; 中龄的元江栲林、灰背栎林和短刺栲林的群落生物量分别为 269.73、328.89t/hm² 和 166.96t/hm²; 幼龄的黄毛青冈林和短刺栲林的群落生物量分别为 135.91t/hm² 和 92.66t/hm²。乔木层的生物量同样是由林龄决定的,成熟的木果石栎林和黄背栎林乔木层的生物量分别达 491.17t/hm² 和 344.85t/hm², 中龄的灰背栎林、元江栲林和短刺栲林的乔木层生物量分别为 323.35、260.22t/hm² 和 158.95t/hm², 幼龄的黄毛青冈林和短刺栲林的乔木层生物量分别为 125.29t/hm² 和 80.40t/hm²。下木层的生物量相对变化较小,木果石栎林中最大为 7.39t/hm², 中龄的元江栲林和灰背栎林较小, 分别为 0.53t/hm² 和 0.73t/hm², 这可能与这两种森林的林冠郁闭度较大有关。木果石栎林的草本层生物量最大,也只有 1.14t/hm², 中龄的元江栲林中只有 0.06t/hm², 成熟的黄背栎林中草本层生物量为 0.82t/hm², 中龄的短刺栲林和灰背栎林中草本层生物量分别为 0.84t/hm² 和 0.46t/hm², 比幼龄的短刺栲林和黄毛青冈林中(分别为 0.23t/hm² 和 0.21t/hm²)的大。从对短刺栲林中藤本植物生物量调查看,藤本植物的生物量很小,仅为 0.40—0.60t/hm²。凋落物层的生物量的范围为 2—9t/hm², 因森林类型和立地情况而异。

由表 6-12 可以看出,亚热带西部天然常绿阔叶林中,乔木层的生物量占整个群落生物量的 87.1%—98.3%。成熟林中乔木层生物量的比例相对大一些,如木果石栎成熟林中为 98.3%, 黄背栎林的成熟林中为 97.3%; 幼龄林乔木层生物量的比例相对小一些,如 12 年生的短刺栲林中为 87.1%, 20 年生的黄毛青冈林中为 92.2%。由于乔木层生物量

在群落总生物量中占有举足轻重的地位,乔木层生物量的比例的提高,从一个侧面反映了该森林的郁闭度高,林木生长发育旺盛,从而使整个群落的生物量也会增加。假如我们比较42年生的短刺栲林和38年生的灰背栎林的群落生物量构成,前者的乔木层所占比例为95.1%,后者为98.3%,前者的群落生物量仅为158.95t/hm², 而后者达328.8t/hm²,尽管前者的群落生物量构成中,下木层和草本层的贡献比后者大,但其绝对量太小,对群落总生物量影响非常小。

在亚热带西部常绿阔叶林中,下木层生物量占整个群落生物量小于7.1%。在中龄林和成熟林中,由于林木郁闭度增加,下木生长困难,其生物量比例一般小于2.0%。草本层所占的比例也相当小,最大也不过0.5%,在大多数被调查的群落中为0.1%—0.3%。藤本植物生物量所占比例和草本层差不多,如12年生和42年生的短刺栲林中,藤本植物生物量分别占0.6%和0.2%。枯枝落叶层的生物量所占比例一般不大于5.0%,大多数介于1%—5%之间,成熟的黄背栎林中,该比例仅为0.5%(表6-12),这可能由于该林分密度较大,林内湿度大,枯落物分解快有关;值得提及的是,由于地面的枯枝落叶层分布极不均匀,测量时误差也可能较大。

表6-12 亚热带西部天然常绿阔叶林群落的生物量及其在各层的分配比例

群落名	调查地*编号	林龄/a		乔木层	下木层	草本层	藤本植物	凋落物层	总计
木果石栎林	1	100	生物量/(t/hm²)	491.17	7.39	1.14	—	—	499.70
			分配比例/%	98.3	1.5	0.2			
短刺栲林	2	12	生物量/(t/hm²)	80.40	6.60	0.23	0.60	4.50	92.88
			分配比例/%	87.1	7.1	0.3	0.6	4.9	
短刺栲林	2	42	生物量/(t/hm²)	158.95	2.37	0.84	0.40	4.52	166.96
			分配比例/%	95.1	1.4	0.5	0.2	2.7	
黄毛青冈林	3	20	生物量/(t/hm²)	125.29	5.07	0.21	—	5.34	135.91
			分配比例/%	92.2	3.7	0.2		3.9	
灰背栎林	4	38	生物量/(t/hm²)	323.35	0.73	0.46	—	4.33	328.89
			分配比例/%	98.3	0.2	0.1		1.3	
黄背栎林	5	成熟林	生物量/(t/hm²)	344.85	7.02	0.82	—	1.92	354.48
			分配比例/%	97.3	2.0	0.2		0.5	
元江栲林	6	中龄林	生物量/(t/hm²)	260.22	0.53	0.06	—	8.92	269.73
			分配比例/%	96.5	0.2	0.1		3.3	

*1:云南省哀牢山徐家坟地区的木果石栎林(邱学忠等,1984);
2:云南省普洱县短刺栲季风常绿阔叶林(党承林等,1992);
3:云南省富民县的黄毛青冈半湿润常绿阔叶林(党承林等,1994);
4:云南省富民县的灰背栎林(吴兆录等,1994);
5:云南省中甸县吉迪林场的黄背栎林(吴兆录等,1994);
6:云南省嵩明县的元江栲林(党承林等,1994)

乔木层林木各器官的生物量因群落和林龄而异。由表6-13中可以看出,对于树干和树根的生物量,有随林龄而增加的趋势。对于100年生的木果石栎林,树干和树根生物量可以分别达 307.34t/hm² 和 149.45t/hm²；成熟的黄背栎林，树干和树根的生物量分别为 229.35t/hm²（包括树皮生物量）和 76.65t/hm²；12 年生的短刺栲林，树干和树根生物量分别为 40.12t/hm² 和 18.99t/hm²。树枝生物量幼龄林最小，12 年短刺栲林和 20 年生黄毛青冈林的树枝生物量分别为 15.14t/hm² 和 20.98t/hm²，中龄林和成熟林的树枝生物量介于 30.02—44.99t/hm² 之间。树叶的生物量随群落而异，最小的是木果石栎林，其树叶生物量为 3.64t/hm²，最大是黄背栎林，为 8.82t/hm²。

由表 6-13 可以看出，树干生物量占整个乔木层生物量的 50% 以上，并随林龄的增加而有所增加，如 12 年生短刺栲林和 20 年生黄毛青冈林树干生物量分别占乔木层的 49.9% 和 51.1%，而 100 年生的木果石栎林和成熟的黄背栎林的树干生物量分别占乔木层的 62.6% 和 66.5%（包括树皮部分）。树枝生物量占乔木层的生物量比例，成熟林较小，木果石栎林和黄背栎林分别为 6.3% 和 8.7%，其它被调查的硬叶阔叶林中，该比例为 10.8%—21.6%。树叶生物量占乔木层的百分数最小为木果石栎林（0.7%）；其次为 38 年生的灰背栎林（1.3%）；其它被调查的亚热带西部常绿阔叶林，其百分数介于 2.5%—7.6% 之间，最大的是 12 年生的短刺栲林（7.6%），这可能是由于年幼群落中树干生物量较小之缘故。树根生物量占乔木层生物量的比例因群落而异。一般在 19%—30% 左右，最大的为木果石栎林（30.4%），最小的为 42 年生短刺栲林（18.7%）。

表 6-13　亚热带西部天然常绿阔叶林乔木层中各器官的生物量及其分配

群落名	调查地编号*	林龄/a	树干 生物量/(t/hm²)	树干 比例/%	树皮 生物量/(t/hm²)	树皮 比例/%	树枝 生物量/(t/hm²)	树枝 比例/%	树叶 生物量/(t/hm²)	树叶 比例/%	树根 生物量/(t/hm²)	树根 比例/%	总计 生物量/(t/hm²)
木果石栎林	1	100	307.34	62.6			30.74	6.3	3.64	0.7	149.45	30.4	491.17
短刺栲林	2	12	40.12	49.9			15.14	18.8	6.14	7.6	18.99	23.6	80.40
短刺栲林	2	42	88.63	55.8			34.38	21.6	6.26	3.9	29.69	18.7	158.95
黄毛青冈林	3	20	64.07	55.1			20.98	16.7	5.95	4.7	34.29	27.4	125.29
灰背栎林	4	38	182.98	55.0	18.85	5.7	36.04	10.8	4.38	1.3	90.15	27.1	323.35
黄背栎林	5	成熟林	206.91	60.0	22.45	6.5	30.02	8.7	8.82	2.6	76.65	22.2	344.85
元江栲林	6	中龄林	147.38	56.6			44.99	17.3	7.79	3.0	60.06	23.1	260.22

* 调查地编号见表 6-12

亚热带西部常绿阔叶林中，乔木层中主要树种生物量构成状况见表 6-14。由表 6-14 可以看出，在木果石栎林中，木果石栎的地上生物量最大，为 104.24t/hm²，占整个乔木层的 29.9%，地上部分生物量大于 10t/hm² 的还有其它 4 种：绿叶桢楠（*Machilus viridis*）、腾冲栲（*Castanopsis wattii*）、滇木荷（*Schima noronhae*）、红花木莲（*Manglietia insingnis*），这 5 种林木的地上总生物量占乔木层的 90%。在灰背栎林中，灰背栎的生物量占整个乔木层的 88.5%，如包括生物量比较大的其它 4 种林木：多衣（*Docynia delavayi*）、绣叶杜鹃（*Rhododendron siderophyllum*）、马樱花（*R. delavayi*）和鸡嗉子（*Dendrobenthamia capitata*），其总生物量将占整个乔木层的 97.9%。对于短刺栲林，两种林龄不同的群落生物量在树种间的分配状况不一样。在 12 年生的短刺栲林中，仅短刺栲的生物量比较大，但也只占乔木层生物量的 1/6，其余种类均在 1/10 以下。而在 42 年生的短刺栲林中，优势种短刺栲的生物量达 100.28t/hm²，占乔木层生物量的 63.1%，这是由于幼龄阶段，种间竞争或

表 6-14　亚热带西部常绿阔叶林乔木层中主要树种的生物量/(t/hm²)

群落	树种	树干	树皮	树枝	树叶	树根	总计	资料来源
木果石栎林 (100a)	木果石栎 Lithocarpus xylocarpus	90.63		12.34	1.27			邱学忠等，1984
	绿叶桢楠 Machilus viridis	82.91		3.97	0.59			
	腾冲栲 Castanopsis wattii	78.53		3.46	0.38			
	滇木荷 Schima noronhae	17.81		4.16	0.10			
	红花木莲 Manglietia insignia	13.85		3.23	0.46			
	舟柄茶 Hartia sinensis	8.49		1.14	0.16			
	七裂槭 Acer heptalobum	5.78		0.58	0.05			
	山青木 Meliosma kirkii	2.79		0.35	0.03			
	灰木 Symplocos stapfiana	1.60		0.27	0.03			
	云南柃木 Eurya obliquifolia	1.34		0.31	0.11			
	景东石栎 Lithocarpus chintungensis	0.94		0.19	0.03			
	总状灰木 Symplocos botryantha	0.74		0.12	0.02			
	滇四角柃 Eurya paratetragonoclada	0.42		0.23	0.07			
	小花山茶 Camellia forrestii	0.53		0.11	0.03			
	长尾青冈 Cyclobalanopsis stewardiana var. langicaudata	0.32		0.22	0.06			
	异珊瑚冬青 Ilex corallina var. aberrans	0.41		0.04	0.01			
	木姜子 Litsea coreana var. lanuginosa	0.15		0.01	0.005			
	多果新木姜 Neolitsea polycarpa	0.09		0.006	0.05			
	黄丹木姜子 Litsea elongata	0.01		0.005	0.001			
短刺栲幼林 (12a)	短刺栲	6.776		2.957	1.078	2.458	13.289	党承林等，1992
	栲属和石栎属	14.147		6.220	2.385	5.567	28.119	
	其它常绿树	11.146		3.230	1.360	6.087	21.823	
	落叶树	8.054		2.935	1.320	4.877	17.186	
	总计	40.123		15.142	6.143	18.989	80.397	
短刺栲中龄林 (42a)	短刺栲	54.604		23.636	3.821	18.222	100.283	党承林等，1992
	栲属和石栎属	14.015		7.050	1.298	5.356	27.719	
	其它常绿树	14.401		2.950	0.905	4.682	22.938	
	落叶树	5.613		0.739	0.235	1.419	8.006	
	总计	88.633		34.375	6.259	29.686	158.946	
灰背栎林 (38a)	灰背栎 Querucs senscens	166.875	18.355	33.117	3.776	63.999	286.122	吴兆录等，1994
	多衣 Docynia delavayi	4.904	0.496	0.984	0.114	1.913	8.411	
	锈叶杜鹃 Rhodcdendroit siderophylla	3.398		0.739	0.208	2.697	7.042	
	马樱花 R. delovvayi	2.514		0.374	0.065	3.170	6.123	
	爆仗花杜鹃 R. spinuliferum	0.250		0.085	0.025	0.148	0.509	
	马桑 Coriaria sinica	1.886		0.226	0.045	0.935	3.092	
	鸡嗉子 Dendrobenthamia	1.427		0.162	0.033	7.404	9.026	
	柃木 Eurya sp.	0.358		0.088	0.035	0.248	0.729	
	南烛 Lyonia ovalifolia	0.304		0.073	0.029	0.206	0.612	
	其它	1.063		0.192	0.053	1.087	2.395	
	合计	182.979	18.851	36.040	4.383	90.151	324.060	

自然释疏还不太强烈,到了中龄林,短刺栲占绝对优势。对不同林龄的短刺栲林进行比较,还可以看出,幼龄林中,落叶树种有较高比例(21.4%),而在中龄林中,落叶树种的生物量的比例下降到5.0%,这也说明,随着林分发育,林内的水分状况好转,比较耐干旱的落叶树种会逐渐被该群落的优势种短刺栲林所取代。

2.2 生产力

从现有的调查资料看,对于亚热带西部常绿阔叶林的生产力的估计,由于采用树干解析法,因而在对树干解析资料的分析基础上,还可以得出了一些常绿阔叶林木的各器官生长量与测树因子间的相互关系(表6-15)。

表6-15 亚热带西部常绿阔叶林中主要林木各器官生长量的相对生长式*

树种	器官	回归方程式	相关系数	资料来源
短刺栲幼龄林				党承林等,1994
短刺栲属和	树干	$G_s = 5.5533 - 0.5(5.5603 + D)^3$	0.9684	
石栎属	树枝	$G_b = 0.2125 + 2.4867E - 04D^4$	0.9499	
	树叶	$G_l = 6.2630E - 0.2 \cdot 1.3814^D$	0.9249	
	树根	$G_r = 0.1298 \cdot 1.3179^D$	0.9429	
其它常绿阔叶	树干	$G_s = -1.0849E - 02 + 2.2513E - 02D^2$	0.9813	
树种	树枝	$G_b = -4.0736E - 02 + 1.7382D^2$	0.9208	
	树叶	$G_l = 4.3357E - 02 + 1.7692E - 03D^3$	0.9860	
	树根	$G_r = 3.7094E - 07(12.5881 + D)^5$	0.9055	
落叶树	树干	$G_s = 1.7789E - 02 + 2.7312E - 02D^2$	0.9978	
	树枝	$G_b = 2.2476E - 03(0.4944 + D)^3$	0.9973	
	树叶	$G_l = -1.1257E - 02 + 0.0316D^2$	0.9795	
	树根	$G_r = 0.0444D^{1.7132}$	0.9871	
所有样木	树干	$G_s = 6.6151E - 05(4.6974 + D)^4$	0.9558	
	树枝	$G_b = 5.3104E - 02 + 2.5165E - 03D^3$	0.9517	
	树叶	$G_l = 1.3144E - 06(7.0112 + D)^5$	0.9426	
	树根	$G_r = 5.4859E - 04(5.6073 + D)^3$	0.9265	
短刺栲中龄林				党承林等,1992
短刺栲	树干	$G_s = 0.2943 + 2.7093E - 02D^2$	0.9948	
	树枝	$G_b = 0.0143D^{2.1212}$	0.9730	
	树叶	$G_l = 0.8311\exp(9.4346E - 02D)^{-0.9860}$	0.9689	
	树根	$G_r = 0.9372\exp(8.855E - 02D) - 0.853$	0.9946	
其它常绿	树干	$G_s = 2.7483E - 03 + 2.8845E - 02D$	0.9699	
阔叶树种	树枝	$G_b = 1.7730E - 07(11.4629 + D)^5$	0.9385	
	树叶	$G_l = 1.8617E - 07(11.5930 + D)^5$	0.9303	
	树根	$G_r = 4.1705E - 04(5.5842 + D)^3$	0.9716	
落叶树	树干	$G_s = 3.9192E - 02 + 3.2177E - 02D^2$	0.9923	
	树枝	$G_b = 0.5303D^{0.6926} - 0.965$	0.9669	
	树叶	$G_l = -0.9807 + 0.4225D$	0.9635	
	树根	$G_r = 0.1667 + 2.4044E - 02D^2$	0.9986	
所有样木	树干	$G_s = 0.1522 + 2.7843E - 02D^2$	0.9981	
	树枝	$G_b = 0.8046\exp(0.1088D) - 0.941$	0.9606	

续表

树种	器官	回归方程式	相关系数	资料来源
	树叶	$G_l = -4.8738\text{E}-02 + 1.3714\text{E}-02 D^2$	0.9441	
	树根	$G_r = 4.1705\text{E}-04(5.5842 + D)^3$	0.9716	
黄毛青冈林				党承林等,1994
黄毛青冈	树干	$G_s = 2.4674\text{E}-4(8.9035 + D)^3$	0.9975	
	树枝	$G_b = 6.33197\exp(-19.5996/D)$	0.9416	
	树叶	$G_l = 6.0605\text{E}-3 D^{2.2577}$	0.9954	
	树根	$G_r = 0.2122 + 3.7659\text{E}-4 D^3$	0.9940	
	总计	$G_t = 4.4372\text{E}-7(14.6880 + D)^5$	0.9995	
云南松	树干	$G_s = 5.8532\text{E}-2 + 1.1904\text{E}-3 D^3$	0.9988	
	树枝	$G_b = -0.2365 + 8.6677\text{E}-2 D$	0.9558	
	树叶	$G_l = -0.6054 + 0.2113 D$	0.9911	
	树根	$G_r = -1.9843\text{E}-2 + 4.1232\text{E}-3 D^2$	0.9771	
	总计	$G_t = -2.1741\text{E}-2 + 4.1441\text{E}-3 D^2$	0.9759	
披针叶米饭花	树干	$G_s = 2.5607\text{E}-3 D^{3.2637}$	0.9198	
	树枝	$G_b = 9.7249\text{E}-3 \cdot 1.9001^D$	0.9236	
	树叶	$G_l = -3.6263\text{E}-2 + 1.2614\text{E}-2 D^2$	0.9287	
	树根	$G_r = 2.0111\text{E}-3 D^{3.2859}$	0.9581	
	总计	$G_t = 1.4695\text{E}-2 \cdot 2.6415^D$	0.9429	
元江栲林				党承林等,1994
元江栲	树干	$G = 2.6504\text{E}-4(7.3774 + D)^3$	0.9817	
	树枝	$G_b = 1.2532\text{E}-2(-1.4455 + D)^2$	0.9711	
	树叶	$G_l = 2.1138\text{E}-4(5.3381 + D)^3$	0.9749	
	树根	$G_r = 2.7021\text{E}-2 + 7.6280\text{E}-3 D^2$	0.9692	
	总计	$G_t = 2.8062\text{E}-2 + 4.3414\text{E}-2 D^2$	0.9850	
乳状石栎	树干	$G_s = 1.5273\text{E}-2(0.5010 + D)^2$	0.9758	
	树枝	$G_b = 5.4605\text{E}-3 D^{2.2032}$	0.9713	
	树叶	$G_l = 4.69355\text{E}-3 D^{2.2053}$	0.9761	
	树根	$G_r = 0.1869 D^{1.0895} \pm 0.793$	0.9530	
	总计	$G_t = 6.4301\text{E}-2 D^{1.8865} \pm 0.286$	0.9907	
厚皮香	树干	$G_s = -8.0711\text{E}-4 + 1.0397\text{E}-2 D^2$	0.3995	
	树枝	$G_b = 0.4500 - 0.7550/D$	0.9205	
	树叶	$G_l = 0.4552\exp(-6.7008/D)$	0.9259	
	树根	$G_r = 2.3696\text{E}-7(9.9715 + D)^5$	0.9608	
	总计	$G_t = 1.3836\text{E}-6(9.1849 + D)^5$	0.9567	
锈叶杜鹃	树干	$G_s = 4.3481\text{E}-2 + 8.8311\text{E}-4 D^4$	0.9395	
	树枝	$G_b = 2.1921\text{E}-6(4.4729 + D)^5$	0.9672	
	树叶	$G_l = 4.8244\text{E}-3(0.4978 + D)^2$	0.9611	
	树根	$G_r = 2.1744\text{E}-2 + 1.1505\text{E}-3 D^3$	0.9656	
	总计	$G_t = 2.1521\text{E}-6(7.3319 + D)^5$	0.9716	

* D 为林木胸径,G_s、G_b、G_l、G_r 和 G_t 分别为树干、树枝、树叶和树根的生长量;单位:生长量为(kg/株·a);胸径为 cm

由表6-16可以看出,亚热带西部常绿阔叶林的生产力是比较高的,最高的为12年生的短刺栲林,其生产力为 22.60 t/(hm²·a),生产力最低的为黄毛青冈林,为 13.96 t/(hm²·a),后者的生产力低是由于其生长在受人为破坏的干旱阳坡上,生境条件较差所致。其它被调查的群落,42年生短刺栲林的生产力为 20.06 t/(hm²·a),38年生的灰背栎林为 21.29 t/(hm²·a),黄背栎成熟林为 17.57 t/(hm²·a)。元江栲中龄林为 19.22 t/(hm²·a)。亚热带西部常绿阔叶林乔木层的生产力最大为 38 年生的灰背栎林,达 20.80 t/(hm²·a),最低的为 20 年生的黄毛青冈林(13.37 t/(hm²·a)),成熟的黄背栎林乔木层的生产力为 16.88 t/(hm²·a)。亚热带西部常绿阔叶林中,下木层的生产力在 0.14—1.74 t/(hm²·a)之间变动。对大多数该类森林来说,下木层的生产力一般小于 1.00 t/(hm²·a)。12 年生短刺栲林的下木层生产力大是由于林分年龄小,还未达到郁闭,林下植物生物旺盛之故。草本层的生产力最高为 42 年生的短刺栲林,达 0.45 t/(hm²·a),最低为元江栲林,仅 0.03 t/(hm²·a)。藤本植物层的生产力只在两种短刺栲林中进行了测定,幼龄林和中龄林分别为 0.25 t/(hm²·a)和 0.18 t/(hm²·a)。

西部常绿阔叶林的生产力在各层的分配状况为(表6-16):乔木层生产力占整个群落的90%以上,最高的为元江栲林,乔木层生产力占99.1%,最低的为12年生的短刺栲林(90.4%)。下木层生产力占整个群落的百分数介于0.7%—7.7%,最高为12年生的短刺栲林,这是由于该林分中,乔木层还未完全郁闭,林下植物发育较好之故;最低的为成熟的元江栲林。草本生产力仅占整个群落的0.1%—2.2%,层间植物的生产力占0.9%—1.1%。

表6-16 亚热带西部天然常绿阔叶林群落生产力及其在各层分配

群落名	调查地编号*	林龄/a	乔木层 生产力/(t/(hm²·a))	比例/%	下木层 生产力/(t/(hm²·a))	比例/%	草本层 生产力/(t/(hm²·a))	比例/%	藤本植物 生产力/(t/(hm²·a))	比例/%	总计 生产力/(t/(hm²·a))
短刺栲林	2	12	20.43	90.4	1.74	7.7	0.28	0.8	0.25	1.1	22.60
短刺栲林	2	42	18.79	93.7	0.64	3.2	0.45	2.2	0.18	0.9	20.06
黄毛青冈林	3	20	13.37	95.8	0.51	3.6	0.09	0.6			13.96
灰背栎林	4	38	20.80	97.7	0.18	0.9	0.31	1.4			21.29
黄背栎林	5	成熟林	16.88	96.1	0.38	2.2	0.31	1.7			17.57
元江栲林	6	中龄林	19.58	99.1	0.14	0.7	0.03	0.1			19.22

*调查地编号见表6-12

亚热带西部常绿阔叶林乔木层各器官的生产力见表6-17。从表6-17中可以看出,西部天然常绿阔叶林的树干生产力最高的为42年生短刺栲林,为 6.86 t/(hm²·a),其次为中龄的元江栲林为 6.40 t/(hm²·a),12年生的短刺栲林为 6.19 t/(hm²·a),20年生的黄毛青冈林为 5.26 t/(hm²·a)、黄背栎林为 5.06 t/(hm²·a),最低的为灰背栎林,仅 4.04 t/(hm²·a)。树皮的生产力只对黄背栎林进行了单独测定,为 1.12 t/(hm²·a)。亚热带西部常绿阔叶林的树枝生产力介于2.82—4.92 t/(hm²·a)之间,元江栲林最高,黄毛青冈林最低。灰背栎林为 4.85 t/(hm²·a),12年和42年生的短刺栲林分别为 4.51 t/(hm²·a)和 4.34 t/(hm²·a),黄背栎林为 2.85 t/(hm²·a)。树叶的生产力变化幅度比较小,为3.13—4.65 t/(hm²·a),树叶生产力最高的为元江栲林,最低的为黄毛青冈林,

12年和42年生的短刺栲林分别为4.02 t/(hm²·a)和3.77 t/(hm²·a),成熟的黄背栎林为3.40 t/(hm²·a),灰背栎林为3.13 t/(hm²·a)。树根的生产力变化幅度较大,最大为灰背栎林9.98 t/(hm²·a),这可能与该林分林木丛生特性有关;最低的为20年生黄毛青冈林,仅2.36 t/(hm²·a)。12年和42年生短刺栲林的树根生产力分别为5.42 t/(hm²·a)和3.82 t/(hm²·a),黄背栎林为4.46 t/(hm²·a),元江栲林为3.56 t/(hm²·a)。

亚热带西部常绿阔叶林,乔木层各器官生产力所占的百分比因器官和林分而异(表6-17)。树干生产力所占比例为18.4%—38.8%,最高为黄毛青冈林,最低为灰背栎林。12年生和42年生短刺栲林中,树干生产力分别占各自乔木层生产力的分别为30.7%和36.5%,黄背栎林和元江栲林分别为30.0%和32.8%。树皮生产力占乔木层生产力的百分比,对于黄背栎林为6.61%。树枝生产力所占比例,黄背栎林最低为16.9%,元江栲林最高为25.2%,其它群落中为20.8%—22.4%不等。树叶生产力占乔木层生产力的百分比介于14.2%—23.8%,最高为元江栲林,最低为灰背栎林,12年生和42年生的短刺栲林的树叶生产力百分比分别为19.9%和20.1%,黄毛青冈林为23.0%,黄背栎林为20.1%。树根生产力占乔木层总生产力的变化幅度很大,最大灰背栎林为45.4%,最小的黄毛青冈林为17.4%。对12年和42年生的短刺栲林,其百分比分别为26.9%和20.3%,黄背栎林为26.4%,元江栲林为18.2%。

表6-17 亚热带西部天然常绿阔叶林乔木层生产力及其在各器官的分配

群落名	调查地编号*	林龄/a	树干 生产力(t/(hm²·a))	树干 比例/%	树皮 生产力(t/(hm²·a))	树皮 比例/%	树枝 生产力(t/(hm²·a))	树枝 比例/%	树叶 生产力(t/(hm²·a))	树叶 比例/%	树根 生产力(t/(hm²·a))	树根 比例/%	总计 生产力(t/(hm²·a))
短刺栲林	2	12	6.19	30.7			4.51	22.4	4.02	19.9	5.42	26.9	20.43
短刺栲林	2	42	6.86	36.5			4.34	23.1	3.77	20.1	3.82	20.3	18.43
黄毛青冈林	3	20	5.26	38.8			2.82	20.8	3.13	23.0	2.36	17.4	13.37
灰背栎林	4	38	4.04	18.4			4.85	22.0	3.13	14.2	9.98	45.4	20.80
黄背栎林	5	成熟林	5.06	30.0	1.12	6.6	2.85	16.9	3.40	20.1	4.46	26.4	16.88
元江栲林	6	中龄林	6.40	32.8			4.92	25.2	4.65	23.8	3.56	18.2	19.06

* 调查地编号见表6-12

亚热带西部常绿阔叶林乔木层中不同树种的生产力构成见表6-18。由表6-18中可以看出,在12年生的短刺栲林乔木层中,优势种短刺栲仅占总生产力的14.7%,落叶树种占22.3%,而在42年生的短刺栲林中,优势种短刺栲的生产力所占比例上升到55.6%,而落叶树种仅占9.2%,这说明在短刺栲林发育的初期,多树种共同利用自然界的光热水土资源,生产有机物,而到发育中期,由于竞争作用,优势种短刺栲林的绝对优势地位建立,该群落的有机物生产主要归功于优势种。在短刺栲林的不同发育阶段,落叶树种生产力所占比例由高到低大幅度下降,说明在我国西南亚热带地区,如果林地破坏后,林地可利用的水分减少,落叶树种将会侵占并每年生产相当比例的有机物,而随着林分发育,土壤水分状况好转,落叶树种逐渐被常绿树种所取代。对中龄的元江栲林乔木层的树种组成的研究表明,它也具有与42年生短刺栲林相类似的树种生产力分配规律。在该林分中,优势种元江栲的生产力占乔木层的62.4%,落叶树的生产力仅占8.9%。

表 6-18 亚热带西部常绿阔叶林(短刺栲林)群落中主要树种的生产力/(t/(hm²·a))*

群落	树干	树枝	树叶	树根
幼龄林				
短刺栲	10.18	0.76	0.49	0.68
栲属和石栎	2.23	1.59	1.08	1.55
其它常绿树	1.77	1.26	1.13	2.11
落叶树	1.18	0.90	1.32	1.08
总计	6.19	4.51	4.02	5.42
中龄林				
短刺栲	3.69	2.72	1.92	1.92
栲属和石栎	1.29	9.12	0.63	0.63
其它常绿树	1.49	0.58	0.63	0.95
落叶树	0.40	0.12	0.24	0.31
总计	6.86	4.34	3.41	3.82

* 资料来源:党承林等,1992

最后值得一提的是:在测定群落的生产力时,应包括测定动物采食量。在研究亚热带西部常绿阔叶林的生产力时,党承林等(1994)分别测定了元江栲林和短刺栲林群落中的树叶被采食量。在元江栲群落中,树叶的被采食量为 0.276 t/(hm²·a),占该群落总生产力的 1.4%;在 12 年和 42 年生的短刺栲林中,树叶的被采食量分别为 0.304 t/(hm²·a)和 0.361 t/(hm²·a),分别占各自群落总生产力的 1.3% 和 1.8%。对于大多数群落来说,总生产力中叶的被采量的测定数字虽然不很大,但从研究整个生态系统的能流、物流及竞争规律来说是很有意义的。

3　常绿阔叶人工林

常绿阔叶林是我国亚热带的地带性植被。但由于长期以来,人类不断砍伐森林,开垦土地,使常绿阔叶林的面积不断锐减。为了保护自然环境,发展林业生产,人工栽植常绿阔叶树种的工作得到了一定的发展。为此,关于常绿阔叶人工林生物量和生产力的研究工作也已开始。从目前的研究报导来看,研究的地点主要有福建省三明市的莘口林场、广西壮族自治区的六万大山和四川省都江堰市灵岩山。研究主要群落有火力楠(*Michelia macclurei*)林、楠木(*Phoebe bournei*)林、观光木(*Tsoongiodendron odorum*)林、米槠(*C. carlesii*)林、樟树(*Cinnamomum campora*)林、红豆树(*Ormosia hosiei*)林和青钩栲(*Castanopsis kawakamii*)林。从研究的群落林龄看,以幼龄林为主,最大被调查的群落的林龄为 46a,大多数被调查的人工林群落的林龄为 20a 左右。

3.1　生物量

常绿阔叶人工林生物量的研究一般采用相对生长法。表 6-19 给出了几种常绿阔叶人工林中林木各器官生物量与测树因子间的相关关系式。

常绿阔叶人工林生物量与林龄的关系特别大。在亚热带常绿阔叶人工林中(表 6-20),5—8 年生的火力楠林的群落总生物量为 21.40—48.38t/hm²,10 年生米槠林的总生物量为 75.31 t/hm²,13 年生观光木林的总生物量为 57.87 t/hm²,16—30 年生的常绿阔叶林(包括青钩栲林、红豆树林、樟树林、楠木林和火力楠林)的总生物量为 71.70—201.78t/hm²,46 年生火力楠林的生物量可达 264.20t/hm²。常绿阔叶林群落的生物量主

表 6-19 估算常绿阔叶林中林木各器官的生物量的相对生长公式

群落	调查地点	林龄/a	样本数	胸径/cm	树高/m	器官	公式编号*	系数 a	系数 b	系数 c	相关系数	资料来源
火力楠林	广西六万林场	16	7	5.73—19.74	6.9—17.5	树干	1	0.037750	0.907680		0.9990	冯宗炜等,1983
						树皮	1	0.003870	0.905630		0.9990	
						树枝	1	0.017140	0.826040		0.9920	
						树叶	1	0.010840	0.831730		0.9930	
						树根	1	0.008520	0.999850		0.9860	
樟树林	福建三明市	21		12.1	10.6	树干	1	0.075815	0.788010		0.9738	廖涵宗和郑燕明,1986
						树干	2	0.086426	2.323114		0.9662	
						树枝	1	0.001392	1.101086		0.7368	
						树枝	2	0.001227	3.345386		0.7533	
						树叶	1	0.120572	0.184982		0.6577	
						树叶	2	0.005649	0.717314		0.6716	
						树根	1	0.119049	0.636566		0.8022	
						树根	2	0.105177	1.972736		0.8359	
						地上	1	0.069390	0.828257		0.9476	
						地上	2	0.076929	2.456647		0.9462	
						全株	1	0.145305	0.774251		0.9328	
						全株	2	0.278763	2.055569		0.9076	
						根蔸	1	0.088363	0.533763		0.7032	
						树蔸	2	0.092801	1.583409		0.7019	
						粗根	1	0.043240	0.698171		0.6977	
						粗根	2	0.032425	2.217354		0.7458	
						细根	1	0.001734	0.865735		0.6872	
						细根	2	0.005875	2.036350		0.5751	
楠木林	四川盆地西缘	30	9	18	15.6	树干	3	−1.429900	0.941900		0.9680	马明东等,1989
						树皮	3	−2.845200	1.010600		0.9744	
						树枝	3	−2.326200	0.995200		0.9488	
						树叶	3	−2.863200	1.010800		0.9194	
						树根	3	−4.762900	1.722200			
						地上	3	−1.369500	0.959900			
						根桩	3	−4.415400	1.574500			
						粗根	3	−7.297400	2.247800			
						中根	3	−4.270900	1.244600			
						小根	3	−7.454600	2.024100			
						细根	3	−6.717700	1.721600			
楠木林	福建省三明市	24	10	4—22	5.1—12	树干	3	−1.446730	0.927680			廖涵宗等,1989
						树枝	3	−1.424980	0.762700			
						树叶	3	−1.184980	0.540800			
						树根	3	−0.898250	0.681090			
						地上	3	−1.051370	0.854140			
						全株	3	−0.719340	0.796690			
						细须根	3	−1.095420	0.558080			

续表

群落	调查地点	林龄/a	样本数	胸径/cm	树高/m	器官	公式编号*	系数 a	系数 b	系数 c	相关系数	资料来源
						水平干	3	−2.000460	0.889450			
						垂直干	3	−2.136420	0.747080			
						树桩	3	−1.355190	0.639370			
木荚红豆树林	福建省三明市	22	10	6—24	9.8	树干	4	0.059300	0.857100	1.686E−10	0.9961	邱道生等,1991
						树枝	4	0.000410	1.470100	−1.416E−4	0.9936	
						树叶	4	0.002660	1.048300	−4.701E−5	0.9811	
						树根	4	0.028020	0.776200	5.828E−5	0.9802	
红豆树林	福建省三明市	23	10			树干	4	0.019300	1.034450	−7.0E−5	0.9974	廖涵宗,1992
						树枝	4	0.000530	1.385060	−1.0E−4	0.9710	
						树叶	4	0.000210	1.322850	−1.7E−4	0.9847	
						树根	4	0.008260	1.054640	−8.0E−5	0.9807	

1: $W = a(D^2H)^b$, 2: $W = aD^b$, 3: $\log(W) = \log a + b\log(D^2H)$, 4: $W = a(D^2H)^b \cdot e^{(c(D^2H))}$

要贮存在乔木层中,其占总生物量的62.3%—98.8%(表6-20),其最大最小值分别对应于5年生的火力楠林和10年生的米槠林,这说明乔木层占总生物量的比例不但与林龄有关,即随林龄的增加,林冠发育日趋闭合,便会限制林下植物的生长发育,因而使乔木层生物量所占比例增加;而且与林木本身特性有关,米槠林即使10年生的,其叶面积指数为21年生樟树林的4.74倍(廖涵宗等,1991),较大的叶面积指数限制了林下植物发育,而使米槠林群落中乔木层生物量占有较大比例。5—8年生的火力楠群落乔木层的生物量为13.40—45.72t/hm²。乔木层占群落总生物量(不包括枯落物量)的比例,5和7年生的火力楠群落中分别为62.6%和73.7%。10年生米槠林、13年生观光木林、24年生楠木林、21年生樟树林和24年生火力楠林的乔木层生物量为60.50—74.40t/hm²。乔木层占群落总生物量比例,在79.4%(樟树林中)—98.8%(米槠林)之间。16、19年生火力楠林、22、23年生红豆树林、23年生青钩栲林、30年生楠木林的乔木层生物量介于100—200t/hm²之间,乔木层占群落总生物量的比例大于92%。被调查的亚热带常绿人工阔叶林的乔木层最大生物量为46年生的火力楠林,达255.4t/hm²,占该群落总生物量的96.7%。在被调查的常绿阔叶人工林中,下木层生物量最大为广西博白县松山的24年生火力楠林,为6.3—11.2t/hm²,占群落总生物量的7.8%—15.6%。其次为19年生的火力楠林,其下木层生物量为3.6t/hm²,占群落总生物量的3.2%,其它被调查的观光木林、楠木林、红豆树林和青钩栲林,其下木层生物量小于2t/hm²,且大部分小于1t/hm²,占群落总生物量的百分比小于1.5%,且在不少群落中小于0.5%。这是人工林的最大特点。草本层生物量因群落变化较大,其幅度为0.1—16.7t/hm²,在有些群落中,由于人工采樵的缘故,下木层的生物量非常小,难以估算,而相应的草本层生物较高,如六万大山地区被调查的4个火力楠林中,有3个林下缺下木层,而草本层的生物量为7.4—8.8t/hm²,楠木林中草本层的生物量也较高,为3.62—7.22t/hm²。其它的几种常绿阔叶人工林:青钩栲林、红豆树林和观光木林中,草本层生物量小于3.1t/hm²。草本层占群落生物量的百分比介于0.07%—37.38%。在草本层比较发育的群落中,如5—7年生的火力楠林和樟树林中,草本层占群落总生物量的20%以上。在其它群落中,草本层所占比例很少超过 10%。在米槠林、观光木林中,草本层生物量所占百分比小于 1%。藤本植物的生物量只在四川省的 30 年生的楠木林中有调查,为 1.5t/hm²,占群落总生物量的 0.89%。枯落物层的生物量在常绿阔叶人工林中是比较低的,最高的在 23 年生的青钩栲林中,为 6.66t/hm²,占相应群落总生物量的 5.7%。在其它几种被调查的群落中:观光木林、8 年和 16 年生火力楠林、23 年红豆树林、30 年生楠木林、枯落物层生物量介于 1.4—2.8t/hm²,占相应群落总生物量的百分比为 1.2%—4.9%。

表 6-20 亚热带常绿阔叶人工林群落生物量及其在各层的分配

群落名	调查地点	林龄		乔木层	下木层	草本层	藤本层	枯落物层	总计	资料来源
青钩栲林	福建省三明市	23	生物量/(t/hm²)	105.47	0.22	1.85		6.66	116.26	廖涵宗等,1992
			比例/%	92.5	0.2	1.6		5.7		
		23	生物量/(t/hm²)	169.40	0.62	0.12		6.66	176.80	
			比例/%	95.8	0.4	0.1		3.4		
木荚红豆树林	福建省三明市	22	生物量/(t/hm²)	161.57	0.44	3.10			165.12	邱道生等,1991
			比例/%	97.9	0.3	1.9				
红豆树林	福建省三明市	23	生物量/(t/hm²)	118.61	0.39	2.48		1.40	122.89	廖涵宗等,1991
			比例/%	96.5	0.3	2.0		1.2		
樟树林	福建省三明市	21	生物量/(t/hm²)	64.23	16.67				80.90	廖涵宗,郑燕明,1986
			比例/%	79.4	20.6					
米槠林	福建省三明市	10	生物量/(t/hm²)	74.40	0.31	0.61			75.31	廖涵宗等,1991
			比例/%	98.8	0.4	0.8				
观光木林	福建省三明市	13	生物量/(t/hm²)	53.04	1.86	0.14		2.83	57.87	廖涵宗等,1991
			比例/%	91.7	3.2	0.2		4.9		
楠木林	福建省三明市	24	生物量/(t/hm²)	77.95	1.24	7.22			86.41	廖涵宗等,1989
			比例/%	90.2	1.4	8.4				
	福建省三明市	30	生物量/(t/hm²)	166.77	0.75	3.62	1.51	1.71	174.36	马明东等,1989
			比例/%	95.6	0.4	2.1	0.89	0.9		
火力楠林	广西六万林场	8	生物量/(t/hm²)	45.72				2.86	48.38	冯宗炜等,1988
			比例/%	94.5				5.5		
		16	生物量/(t/hm²)	197.94	0.24	0.98		2.62	201.78	冯宗炜等,1983
			比例/%	98.10	0.1	0.5		1.3		
	广西博白县	24	生物量/(t/hm²)	74.20	6.30				80.50	黎向东,1984
			比例/%	92.2	7.8					
		24	生物量/(t/hm²)	60.50	11.20				71.70	
			比例/%	84.4	15.6					
	广西六万大山	5	生物量/(t/hm²)	13.40		8.00			21.40	齐元尧等,1985
			比例/%	62.6		37..4				
		7	生物量/(t/hm²)	20.70		7.40			28.10	
			比例/%	73.7		26.3				
		19	生物量/(t/hm²)	104.20	3.60	3.50			111.30	
			比例/%	93.6	3.2	3.1				
		46	生物量/(t/hm²)	255.40		8.80			264.20	
			比例/%	96.7		3.3				

常绿阔叶人工林乔木层生物量在各器官的分配状况见表6-21。由表6-21中可以看出,30年生以下的亚热带常绿阔叶人工林中,树干生物量最大为102.0t/hm²(四川盆地西缘的30年生楠木林),而广西的火力楠人工林中,8年生的树干生物量仅有18.59t/hm²,24年生的为22.4—34.0t/hm²。被调查的有一种人工集约管理的优质高产火力楠林,16年生树干生物量可达100.74t/hm²。在福建省莘口林场被研究的各种常绿阔叶人工林,树干生物量为26.41—91.39t/hm²,即使同样的树种和林龄,如青钩栲,Ⅱ类立地上栽种的23年生群落中树干生物量比Ⅰ类立地上的高出70%。上述情况表明,亚热带常绿阔叶人工林造成树干生物量的这种差异,除与林龄和树种的不同外,还与立地条件和人工管理的不同有直接关系,树干生物量占乔木层生物量的百分比介于37.0%—71.5%,最大的是13年生的观光木林,最小的为10年生米槠林。对大多数被调查的群落来说,该比例介于40%—60%。同样的楠木林,四川盆地边缘30年生的树干生物量占总乔木层的61.2%,而生长在福建省莘口林场的楠木林,该百分比仅为48.8%。在福建省莘口林场的几种20多年生的常绿阔叶林:青钩栲林、红豆树林、樟树林,其树干生物量占乔木层生物量的百分比范围较小,为50.5%—54.2%。在广西的火力楠林中,由于16年生的群落具有较高的人工集约管理水平,因而树干生物量占总生物量的百分比比林龄为24年的火力楠人工林的还高出5—13个百分点。树皮生物量只在少数几种人工林中被调查,其范围为2.9—10.2t/hm²,最大的为广西六万大山林场16年生的火力楠林,最小的为8年生的火力楠林。树皮生物量占乔木层生物量的4.2%—7.8%。树枝生物量的变化范围较大,为6.17—40.04t/hm²,最小的为13年生观光木林,最大的为22年生木荚

表6-21 亚热带阔叶人工林乔木层生物量及各器官分配比例

群落名	调查地点	林龄/a	树干 生物量/(t/hm²)	比例/%	树皮 生物量/(t/hm²)	比例/%	树枝 生物量/(t/hm²)	比例/%	树叶 生物量/(t/hm²)	比例/%	树根 生物量/(t/hm²)	比例/%	总计 生物量/(t/hm²)	资料来源
青钩栲林	福建省三明市	23	54.96	52.11			21.88	20.75	7.98	7.57	20.64	19.51	105.47	廖涵宗等, 1992
		23	91.39	54.18			37.40	22.17	10.70	6.43	29.18	17.30	168.67	
木荚红豆树林	福建省三明市	22	83.52	51.70			40.04	24.78	13.53	8.37	24.47	15.15	161.57	邱道生,1991
红豆树林	福建省三明市	23	59.92	50.52			25.02	21.09	4.62	3.90	29.04	24.48	118.61	廖涵宗,1991
樟树林	福建省三明市	21	37.61	51.54			17.07	23.34	1.40	1.91	17.07	23.34	73.15	廖涵宗, 郑燕明,1986
米槠林	福建省三明市	10	26.41	36.99			24.17	33.85	7.41	10.38	13.41	18.78	71.40	廖涵宗等,1991
观光木林	福建省三明市	13	37.90	71.74			6.17	11.63	2.21	4.17	6.75	12.73	53.03	刘春华等,1993
楠木林	福建省三明市	24	38.05	48.81			12.03	13.43	4.25	5.45	23.62	30.30	77.95	廖涵宗等,1989
	四川省都江堰	30	102.01	61.17	7.04	4.22	20.50	12.29	6.67	4.00	30.55	18.32	166.77	马明东等,1989
火力楠林	广西六	8	18.59	40.66	2.96	6.47	8.18	17.91	8.81	14.90	9.17	20.06	45.72	冯宗炜等,1988
		16	100.74	50.90	10.16	5.13	24.10	12.17	15.94	8.05	47.01	23.75	197.94	冯宗炜等,1983
	广西	24	34.00	45.82	5.80	7.82	14.20	19.14	4.20	5.66	16.00	21.56	74.20	黎向东,1984
	博白县	24	22.40	37.02	3.20	5.29	14.80	24.46	4.30	7.11	15.80	26.75	60.50	

红豆树林。树枝生物量占乔木层总生物量的百分比介于 11.8%—33.9%。该比例最大为 10 年生的米槠林,其树枝生物量为 24.17t/hm², 接近其树干生物量 26.41t/hm²。楠木林中,树枝生物量占乔木层总生物量的比例较小,为 11.6%—15.4%。火力楠林中,树枝生物量占乔木层总生物量的比例变化较大,其幅度在 12.2%—24.5% 之间。福建的青钩栲林、红豆树林和樟树林中,该百分比比较接近。常绿阔叶人工林树叶生物量的变化幅度较大,最小的为 21 年生的樟树林,仅 1.4t/hm², 最大的为 16 年生的火力楠林,达 15.94t/hm²。树叶生物量占乔木层生物量的比例的变幅较大,介于 1.9%—14.9%,其中最小的为樟树林,最大的为 8 年生火力楠林。但对大多数群落来说,该比例介于 3.9%—8.4% 之间。两种楠木林中,树叶占乔木层生物量的百分比较低,介于 4%—5.5% 之间。

亚热带常绿阔叶人工林中,树根生物量介于 6.75—47.01t/hm²。8 年生火力楠林和 13 年生的观光木林的树根生物量小于 10t/hm²。16 年生的人工集约管理的火力楠林,树根生物量可达 47.01t/hm²。24 年生火力楠林的树根生物量为 15.8—16.0t/hm², 青钩栲林和红豆树林的树根生物量为 20—29t/hm²。樟树林和米槠林的树根生物量不大,为 13.4—17.1t/hm²。树根生物量占乔木层生物量的百分比在 12.7%—30.3% 之间。最小的为观光木林,最大的为 24 年生的楠木林。对大多数群落来说,该百分比为 20% 左右。几种火力楠林和樟树林中树根生物量占乔木层生物量的比例较高一点。两种楠木林由于生长环境不同而使该比例的差异较大。

3.2 生产力

由于生产力的测定要比生物量的测定更为困难,因而对亚热带常绿阔叶人工林生产力的研究报导较少。尽管在对福建省莘口林场的人工林研究时,有生产力的报导,而实际上,那里所说的生产力是平均生物量的增长量,而不是我们这里所说的森林净初级生产力。目前可供我们参考的亚热带常绿阔叶人工林的生产力的报导只有一种群落类型——火力楠林。从群落总生产力看(表 6-22),19 年生和 46 年生的火力楠林分别为 25.59 t/(hm²·a) 和 26.06 t/(hm²·a)。乔木层的生产力,19 生和 46 年生的火力楠林分别为 15.81t/hm² 和 20.69 t/(hm²·a),下木层及地被物层生产力,19 年和 46 年生火力楠林分别为 4.18 t/(hm²·a) 和 1.47 t/(hm²·a)。枯落物层每年接受的枯枝落叶量,19 年和 46 年生的火力楠林中分别为 5.6 t/(hm²·a) 和 3.9 t/(hm²·a)。乔木层生产力占群落总生产力的百分比(表 6-22),19 年生和 46 年生的火力楠林中分别为 61.9% 和 79.4%,下木及草本层总生产力占群落总生产力的百分比,19 年生和 46 年生的火力楠林分别为 16.3% 和 5.6%,凋落物对群落总生产力的贡献,19 年生和 46 年生的火力楠林分别为 21.6% 和 15.0%。对这种火力楠林生产力各层构成比较可以看出,19 年生火力楠林具有较低的乔木层生产力,却有较高的下木和地被层生产力。

表 6-22 亚热带火力楠人工林的群落生产力及其在各层分配比例[*]

调查地点	林龄/a	乔木层 生产力 (t/(hm²·a))	乔木层 比例 /%	下木及草本层 生产力 (t/(hm²·a))	下木及草本层 比例 /%	枯落物层 生产力 (t/(hm²·a))	枯落物层 比例 /%	合计 /(t/(hm²·a))
广西六万大山	19	15.81	61.87	4.18	16.33	5.60	21.63	25.59
	46	20.69	79.39	1.47	5.64	3.90	14.94	26.06

* 引自齐元尧等,1985

对乔木层生产力在各器官的分配研究只有对16年生火力楠林的报导(表6-23)。树干生产力为15.88 t/(hm²·a),占乔木层总生产力的57.6%;树皮生产力为1.38 t/(hm²·a),占乔木层总生产力的5.0%;树枝生产力为2.73 t/(hm²·a),占乔木层总生产力的9.9%;树叶生产力为2.46 t/(hm²·a),占乔木层总生产力的8.9%;树根生产力为5.14 t/(hm²·a),占乔木层总生产力的18.6%。

表6-23 亚热带16年生的火力楠人工林乔木层生产力*

	树干	树皮	树枝	树叶	树根	总计
生产力(t/(hm²·a))	15.88	1.38	2.73	2.46	5.14	27.59
比例/%	57.56	5.00	9.89	8.92	18.63	100.00

*引自冯宗炜等(1988)在广西六万林场的调查

4 常绿落叶阔叶混交林和落叶阔叶混交林

亚热带常绿落叶阔叶混交林和落叶阔叶混交林生物量和生产力的研究报道很少,究其原因,一是常受人为的干扰破坏,林相残破不全,优势种不明显;其二是带有亚热带向暖温带过渡区域的中间类型。近年来在进行中亚热带贵州茂兰喀斯特森林的调查中,对保存相对完整的天然常绿落叶阔叶混交林进行了森林生物量的研究(杨汉奎等,1991;朱守谦等,1995),此外在南京附近空青山和宝华山以栎林为主的天然次生林也有一些报导(孙多等,1992;梁海珍等,1992)。

4.1 中亚热带喀斯特山地常绿落叶阔叶混交林的生物量

以贵州茂兰喀斯特山地常绿落叶阔叶混交林为例,乔木层生物量的测定采用相对生长法,灌木层、草本层及枯落物层采用样方法。乔木层林木各器官部分生物量与测树因子的相对生长式见表6-24。

表6-24 中亚热带喀斯特山地常绿落叶阔叶混交林乔木层树种地上部分各器官生物量的相对生长式

器官部分	回归方程*	参数 a	参数 b	相关系数	资料来源
树干	1	2.20700	−0.76141	0.98787	杨汉奎等,
树枝	1	2.72483	−1.74996	0.900112	1991
树叶	1	2.67824	−2.68590	0.91673	
地上部分	1	2.34582	−0.75012	0.98120	
树干	2	0.0414	0.9354	0.9945	朱守谦等,
树枝	3	0.0320	2.3399	0.9391	1995
树叶	2	0.03177	0.7258	0.8487	
地上部分	2	0.0755	0.8941	0.9872	

* 1: $\lg W = \lg a + b\lg D$; 2: $W = a(D^2 H)^b$; 3: $W = aD^b$

式中,W为某一器官的单株生物量,D和H分别是林木的胸径和树高

由于喀斯特山地森林树种组成多样复杂,表6-24为由多树种(常绿、落叶)组成的样木建立的估测乔木层生物量的相对生长式。从表6-24中可以看出,在相对生长式中引入树高变量后,回归方程的相关系数略有提高。

4.1.1 群落的生物量

喀斯特山地常绿落叶阔叶混交林因其所处的生境不同,反映在群落生物量上也有差

异。表6-25为不同作者在同一地点研究的结果。由表6-25中可以看出,中亚热带喀斯特山地常绿落叶阔叶混交林群落生物量介于120—212t/hm²左右,平均为164.14 t/hm²。不同类型之间群落生物量以坡地喀斯特类型最高,漏斗喀斯特类型次之,山脊喀斯特类型最低。不同类型中乔木层、下木层、草本层生物量和枯落物量与群落生物量的高低呈现一致趋势。群落生物量的构成中以乔木层占绝对优势,平均达91.95%,下木层为2.25%,草本层为0.21%,枯落物层为5.59%。

表6-25 中亚热带喀斯特山地常绿落叶阔叶混交林群落生物量/(t/hm²)

调查地点及森林类型	林龄/a	乔木层 地上部分	乔木层 地下部分	下木层	草本层	枯落物层	总计	资料来源
贵州茂兰喀斯特森林	中龄林	89.20	17.84*	5.75	0.26	6.50	119.55	杨汉奎等,1991
贵州茂兰漏斗喀斯特森林	43—53	147.74	29.55*	3.22**	0.38**	10.77***	191.66	朱守谦等,1995
贵州茂兰坡地喀斯特森林	43—53	164.07	32.81*	3.61**	0.43**	11.96***	212.88	朱守谦等,1995
贵州茂兰山脊喀斯特森林	43—53	102.08	20.42*	2.25**	0.27**	7.44***	132.46	朱守谦等,1995
平均		125.77	25.16	3.70	0.34	9.17	164.14	

* 根据朱守谦等(1995)实测样木根系生物量占乔木层地上部分20%计算

** 根据朱守谦等(1995)测定的乔木层地上部分与下木层、草本层生物量的比例计算

*** 根据杨汉奎等(1991)测定的乔木层地上部分与枯落物层生物量的比例计算

4.1.2 乔木层中各树种地上部分生物量

中亚热带喀斯特山地常绿落叶阔叶混交林乔木层中树种组成复杂多样,表6-26为贵州茂兰海拔600m的鸡子山西南坡地(坡度31°—40°、裸岩率95%)的一块样地上的调查结果。由表6-26中可以看出,由23种树种组成的乔木层中地上部分生物量为89.2 t/hm²,其中常绿树种青冈占明显优势,达25.9%,硬樟木、乌叶柏和圆果化香等3种林木生物量占的比例均在10%以上;齿叶黄皮、紫檀、小叶栾树、皂荚、粗糠柴、巴东栎、女贞等均在10%以下,还有12种树种均不到1%。在乔木层地上生物量中树干占的比例最高达65.2%,树枝占31.62%,树叶占3.18%。不同类型中的乔木层生物量的构成中,常绿和落叶及针叶树种的比例也不同。由表6-27得知,山脊喀斯特森林类型从种类和株数来看,常绿阔叶树种占优势,分别为45.40%和67.23%,但从生物量来看,则针叶树占比例最大(65.38%),常绿阔叶树种次之(25.73%),落叶阔叶树种最小(8.89%);这说明在光照充足、风大、相对湿度低、水分胁迫严重的生境,常绿和落叶阔叶树种有更好的适应性。但针叶树种只限于分布在山脊两侧不超过1000m的范围内。坡地和漏斗喀斯特森林从种类和株数来看,常绿阔叶树种与落叶阔叶树种相比,均占绝对优势,但坡地喀斯特森林的生物量常绿阔叶树种不占优势,仅占39.65%,落叶阔叶树种占60.95%。而在漏斗喀斯特森林则相反,常绿阔叶树种生物量占67.44%,落叶阔叶树种占32.56%。上述情况进一步说明喀斯特常绿落叶阔叶混交林中,不同生活类型的树种其所占的生态位不同,常绿阔叶树种对水、土、肥、热的要求较之于落叶阔叶树种更高。

表 6-26 中亚热带喀斯特山地常绿落叶阔叶混交林乔木层中各树种地上部分生物量/(t/hm²) *

树种	树干	树枝	树叶	地上部分	占总计/%
青冈 Cyclobalanopsis glauca	14.376	7.941	0.789	23.106	25.90
硬樟叶 Cinnamomum calcareum	7.220	4.106	0.408	11.743	13.16
圆叶乌桕 Sapium rotundifium	6.961	3.212	0.325	10.498	11.17
园果化香 Platycarya longipes	5.979	2.810	0.248	9.073	10.17
齿叶黄皮 Clausena dunniana	4.635	2.294	0.231	7.160	8.03
紫檀 Plerocarpus indicus		2.399	0.237	6.691	7.50
小叶栾树 Koelreuteria minor	4.712	1.615	0.168	6.495	7.28
皂荚 Gleaditsia sinensis	1.874	0.976	0.097	2.938	3.29
粗糠柴 Mallotus philipmenis	2.054	0.602	0.063	2.719	3.05
巴东栎 Quercus engleriana	1.387	0.578	0.059	2.024	2.27
女贞 Ligustrum lucidum	0.918	0.315	0.033	1.266	1.42
多脉榆 Ulmus castaneifolia	0.642	0.220	0.023	0.885	0.99
榔榆 U. parvifolia	0.611	0.242	0.025	0.878	0.98
野漆树 Toxicodendron succedaneum	0.472	0.176	0.018	0.878	0.75
猴樟 Cinnamomum bodinieri	0.390	0.139	0.014	0.543	0.61
苦栎木 Fraxinus retusa	0.390	0.139	0.014	0.543	0.61
朴树 Celtis sinensis	0.345	0.120	0.012	0.477	0.53
掌叶木 Handeliodendron bodinieri	0.320	0.093	0.010	0.423	0.47
榕树 Ficus gibbosa	0.270	0.089	0.009	0.368	0.41
密花树 Rapanea neriifolia	0.253	0.070	0.007	0.330	0.37
蚊母树 Distylium racemosum	0.146	0.041	0.004	0.191	0.21
清香木 Pistacia weinmanifolia	0.076	0.019	0.002	0.097	0.11
裂果卫矛 Euonymus dielsianus	0.073	0.018	0.002	0.093	0.10
总计	58.159	28.205	2.834	89.198	100.00

* 引自杨汉奎等(1992)

表 6-27 喀斯特常绿落叶阔叶混交林不同类型乔木层树种构成与生物量的关系 *

类型	树种类别	种数 总计	%	株数 总计	%	生物量/kg 总计	%
漏斗喀斯特森林	常绿	43	67.69	317	79.85	8967.23	67.44
	落叶	21	32.31	80	20.15	4329.72	32.56
	合计	64	100	397	100	13296.95	100
坡地喀斯特森林	常绿	41	80.39	217	80.07	5854.84	39.65
	落叶	10	19.61	54	19.93	8911.79	60.35
	合计	51	100	271	100	14766.63	100
山脊喀斯特森林	常绿	20	45.45	279	67.23	2364.16	25.73
	落叶	19	43.18	58	13.98	816.37	8.89
	针叶	5	11.36	78	18.19	6006.23	65.38
	合计	44	100	415	100	9186.76	100

* 引自朱守谦(1995)

4.2 亚热带落叶阔叶混交林的生物量

亚热带天然落叶阔叶混交林生物量的研究极少,近年来对江苏镇宁山脉地区以栓皮栎(*Quercus varibilis*)、麻栎(*Q. acutissima*)、白栎(*Q. fabri*)、槲栎(*Q. aliena*)、短柄泡

(*Q. glandurifera* var. *brevipetiolata*)、茅栗(*Castanea sequinii*)、枫香(*Liquidambar formasana*)和黄连木(*Pistacia chinensis*)等组成的森林的研究较为全面(孙多等,1992;梁珍海等,1992)。乔木层优势种生物量采用相对生长法,其他伴生树种采用平均木法测定。下木层、草本层和枯落物层采用样方法。乔木层优势种各器官生物量的相对生长式见表6-28。

表6-28 亚热带落叶阔叶混交林优势种(栓皮栎)各器官生物量(W)与胸径(D)和树(H)高相对生长式 *

器官	回归方程	相关系数	剩余标准差	回归精度($a=0.05$)
树皮	$W=0.0182(D^2H)^{0.8436}$	0.9485	3.6977	89.81
树干	$W=0.0233(D^2H)^{0.9849}$	0.9903	8.8593	94.33
树枝	$W=0.00004(D^2H)^{3.7854}$	0.9623	7.5480	81.80
树叶	$W=0.00003(D^2H)^{1.3784}$	0.9456	1.2640	82.27
树根	$W=0.00018(D^2H)^{1.1608}$	0.9925	3.4524	93.85

* 引自孙多等(1992)

4.2.1 群落生物量

亚热带天然落叶阔叶混交林不少是受人为干扰后而保护起来的次生林,一般为中龄林。表6-29为江苏省句容县境内空青山和宝华山两处以栓皮栎为主的林分测定的结果。由表6-29中可以看出,亚热带落叶阔叶混交林中中龄林的群落生物量为157—206 t/hm², 平均为 181.47 t/hm², 其中乔木层生物量占群落生物量的94.22%(地上部分占78.00%,地下部分占16.22%),是群落生物量的主体,下木层生物量占1.86%,草本层生物量只占0.32%,枯落物层占3.60%。下木层和草本层生物量少这与中龄林郁闭度大(90%),林下灌木草本植物发育较差有关。

表6-29 亚热带落叶阔叶混交林群落生物量/(t/hm²)

地点	坡位	林龄	乔木层 地上部分	乔木层 地下部分	下木层	草本层	枯落物层	总计	资料来源
江苏句容空青山	山坡中下部	48年	157.60	37.00	3.50	0.60	7.70	206.4	孙多等,1992
江苏句容宝华山	山坡中下部	中龄林	125.45	21.93	3.24*	0.56*	5.36	156.54	梁珍海等,1992
平均			141.53	29.46	3.37	0.58	6.53	181.47	

* 根据空青山测定的乔木层与下木层、草本层的比例计算而得

4.2.2 乔木层不同树种生物量及其分配

亚热带天然落叶阔叶混交林乔木层一般由不同树种组成,表6-30为乔木层不同树种的生物量及其在各器官中的分配。由表6-30中可以看出,乔木层中栓皮栎优势树种的生物量在树干、树叶、树枝和树根中占明显地位,其中树干平均占65.4%左右,树枝占16.8%,树叶占2.6%,树根占16.5%,地上部分生物量与地下部分生物量之比为1:0.2。乔木层中伴生树种的生物量占13.4—16.4%,平均为15%左右。就整个群落来看,亚热带落叶阔叶混交林在40年左右时,乔木层生物量在150—200 t/hm²之间,平均为175 t/hm²,其中树干约占65%,树枝占16.3%,树叶占1.7%,树根占17%,伴生树种地上部分与地下部分生物量之比与乔木层中优势种之比接近,约为1:0.2。

表 6-30　亚热带落叶阔叶混交林乔木层不同树种的生物量及其分配（t/hm², %）

地点	林龄/a	树种	树干	树枝	树叶	树根	合计	资料来源
江苏句容空青山	38	栓皮栎	109.50 (64.9)	23.20 (13.8)	4.10 (2.4)	31.68 (18.8)	165.80 (100)	孙多等,1992
		麻栎	8.60 (65.6)	1.90 (14.5)	0.30 (2.1)	2.30 (17.8)	13.10 (100)	
		枫香	7.20 (55.4)	2.30 (17.7)	0.60 (4.6)	2.90 (22.3)	13.00 (100)	
		合计	125.2 (64.3)	27.4 (14.1)	5.0 (2.6)	37.0 (19.0)	196.40 (100)	
江苏句容宝华山		栓皮栎	80.00 (64.9)	24.40 (19.8)	1.21 (1.0)	17.65 (14.3)	123.26 (100)	梁珍海,1992
		马尾松	12.77 (70.1)	2.14 (11.8)	0.11 (0.6)	3.19 (17.5)	18.21 (100)	
		枫香	2.12 (57.0)	0.76 (20.4)	0.14 (3.8)	0.70 (18.8)	3.72 (100)	
		短柄枹	1.48 (67.6)	0.30 (13.7)	0.02 (0.9)	0.39 (17.8)	2.19 (100)	
		合计	96.37 (65.4)	27.60 (18.7)	1.48 (0.7)	21.93 (14.9)	147.38 (100)	

4.3 亚热带常绿落叶阔叶混交林和落叶阔叶混交林的生产力

亚热带常绿落叶阔叶混交林和落叶阔叶混交林生产力的研究资料很少,根据现有发表的资料估算乔木层的生产力见表 6-31。

表 6-31　亚热带常绿落叶阔叶混交林和落叶阔叶混交林平均生产力/(t/(hm²·a))

森林类型	样地数	林龄/a	乔木层 地上部分	乔木层 地下部分	凋落物	合计	资料来源
贵州茂兰喀斯特常绿落叶阔叶混交林	4	43—53	2.52	0.50	—	3.02	杨汉奎等,1991;朱守谦等,1995
江苏句容落叶阔叶混交林	2	38	4.68	0.86	0.54	6.08	孙多等,1992;梁海珍等,1992

由表 6-31 中得知,亚热带常绿落叶阔叶混交林在喀斯特山地特殊生境条件下,中龄林乔木层平均生产力很低,仅 3.0t/(hm²·a)左右,而在受人为干扰破坏后天然更新起来的落叶阔叶混交林 38 年生时达 6 t/(hm²·a)左右,必须指出,由于缺少乔木层外其它层的生产力测定,上述数字显然偏低。

5 暖性针叶林

5.1 杉木林

杉木是我国亚热带特有的优良速生针叶树种,分布面积几乎遍及整个亚热带(东经102°—122°,北纬22°—34°),并且栽培历史悠久,在我国亚热带地区商品木材生产中,一直占有重要地位。但是在我国亚热带植被自然演替系列中,杉木林的位置是不存在的。何景(1951)曾指出,照叶乔木林在发育过程中,虽然可以混杂一部分落叶树种或常绿针叶树种,但达到安定期的照叶乔木林就不在含有这两种植物,甚至在自然界似乎不容易形成杉木占优势的森林。1963 年刘慎谔在动态地植物学讲座中,从动态演替观点将杉木林称作"人为的偏途顶极"(冯宗炜,1982)。事实上,早在 1000 多年前,我国南方山区人民就认识了这个规律,并开始营造杉木人工林,广大劳动人民在长期的生产实践中,积累和创造了丰富的经验,形成了一套独特的栽培管理措施,其经营的集约程度,在国内外享有较高的声誉。因此,探讨杉木林的生物生产力,既要与我国亚热带优裕和复杂的自然条件相联系,也要与人为的经营活动相关联,研究杉木林生态系统的形成和发展过程中,生态系统各组分间相互关系及其物质的积累、分配和运转的特点,这对于充分利用自然资源的潜力,不断提高杉木林生产力,有着重要的意义。

应该指出的是,我国森林生态系统生物量和生产力的研究,最早是从杉木林开始的,有关这方面的报道文献较多,但以往由于不同作者研究的目的和地区不同,难以对我国杉木林生态系统的生物生产力有一个总体的了解,因而有必要在广泛收集和分析已有资料的基础上,从宏观角度按不同层次对我国杉木林生物量和生产力及其影响的诸因素进行分析研究。

5.1.1 研究样地资料的选择

在众多的有关杉木林生物量和生产力的报道资料中,按以下3个原则选择典型样地资料进行研究:

(1)地域的代表性 尽量选择能够代表我国杉木主要分布地带和区域生态环境特征的样地资料。

(2)方法上的可靠性 选择采用相对生长法和计算过程可靠的样地资料。

(3)比较上的一致性 采用比较生态学研究样地资料,应力求基准一致或相似,如选择林龄20年左右的成林,地貌类型和人为栽培管理措施一致或相似的样地进行不同地带和区域的比较,在时间尺度上(不同年龄阶段)比较时,其它环境因子和人为栽培管理措施也力求一致。

根据以上研究样地资料的选择原则,表6-32列出了具有代表性的杉木林生物量和生

表6-32 典型杉木林区调查样地的气候特征

地带	地点	经度	纬度	年均气温/℃	极端最低气温/℃	年降水量/mm	相对湿度/%	积温/℃	资料来源
北带	河南信阳	113°42′	32°07′	15.2	−15.9	1134	76	4815	冯宗炜等,1984
	江苏宜兴	119°8′	31°3′	15.7		1167	80	5000	叶镜中等,1983
	安徽金寨	115°8′	31°6′	15.8	−15.3	1381	79	4757	吴中伦,1984
中带西区	四川西昌	102°1′	27°9′	17.1	−3.4	1043	61	5355	吴中伦,1984
中带中区	湖南会同	109°8′	26°5′	16.0	−9.0	1300	80	5250	冯宗炜等,1984
	贵州三都	107°2′	25°5′	18.1		1365			朱守谦等,1978
中带东区	福建洋口	117°8′	26°8′	18.4	−4.0	1757			钱能智等,1992
(山区)	福建南平	118°2′	26°6′	19.3	−5.8	1679	79	6156	吴中伦,1984
	福建建瓯	118°4′	27°1′	18.8	−6.2	1667	81		吴中伦,1984
(丘陵区)	湖南桃源	110°0′	29°0′	16.5	−15.8	1443	82	5162	冯宗炜等,1980
	江西南昌	115°7′	28°8′	16.1	−10.0	1820		4748	石玉麟,1989
	广西宜山	108°7′	24°5′	19.2		1240			温远光等,1988
南带	广西玉林	110°2′	22°6′	21.8	0.5	1605	80	7493	冯宗炜等,1984
	广西岑溪	110°0′	23°1′	19.1		1750			温远光等,1988
	广东信宜	109°8′	22°4′	22.4	0.5	1725	78	7809	吴中伦,1984

产力的调查地点的地理位置和气候特征,表 6-33 给出了典型样地的立地条件和 20 年生左右的林木生长状况,表 6-34 给出了主要杉木林区下木层和草本层的植物种类组成,表 6-35 列出了各典型样地杉木各器官生物量的相对生长式。表 6-36 和表 6-37 列出了各典型样地的乔木层生物量和生产力,表 6-38 和表 6-39 列出了各典型样地的乔木层生物量和生产力在各器官的分配状况。表 6-40 和表 6-41 分别为不同区域的不同林龄的杉木林乔木层生物量的变化。

表 6-33 各林区典型杉木林调查样地的立地条件和林木生长状况

地带	地点	坡位	土壤	林龄/年	密度/(株/hm²)	胸径/cm	树高/m	资料来源
北带	河南信阳	山坡中部	黄棕壤	23	2750	12.55	9.56	冯宗炜等,1984
	江苏宜兴	山坡	黄棕壤	20	3000	12.2	9.8	叶镜中等,1983
	安徽金寨	山坡	黄棕壤	20	3000	12.5	8.9	叶桂艳,1960
中带西区*	四川西昌	中山	黄壤	20	2500	13.5	11.9	
中带中区	湖南会同(1)	山坡中部	黄红壤	20	2750	15.86	14.20	冯宗炜等,1984
	贵州锦屏	山坡	红黄壤	20	2000	17.6	19.5	吴中伦,1984
	贵州三都	山坡	红黄壤	18	1950	17.6	16.5	朱守谦等,1978
	湖南会同(2)	山坡	黄红壤	20	2598	15.9	16.5	阳含熙等,1962
中带东区	福建洋口	山坡	红壤	20	2250	18.0	17.4	钱能智等,1992
(山区)	福建南平	山坡	红壤	20	2993	17.4	16.2	阳含熙等,1962
	福建建瓯	山坡	红壤	20	1478	18.5	17.8	阳含熙等,1962
(丘陵区)	湖南桃源	丘陵	红壤					冯宗炜等,1980
	江西南昌	丘陵	黄红壤					石玉麟,1989
	广西宜山	丘陵	红壤	20	1000	17.9	15.3	温远光等,1988
南带	广西玉林	山坡中部	红壤	20	2750	14.05	11.27	冯宗炜等,1984
	广西苓溪	山坡中上部	红壤	21	1570	14.1	11.6	温远光等,1988
	广东信宜	山坡中部	红壤	20	2612	13.5	10.3	阳含熙等,1959

* 根据《四川植被》(1992)中的山地杉木林调查资料

表 6-34 主要杉木林区的下木层和草本层的组成

地带	地点	灌木层	草本层	资料来源
北带	河南信阳	黄檀 Dalbergia hupeana	野苎麻 Boehmeria grandifolia	冯宗炜等,1984
		毛桐 Mallatus barbatus	白茅 Imperata cylindrica	
		盐肤木 Rhus chinensis	拔葜 Smilax china	
中带西区	四川米德	银木荷 Schima argenta	茜草 Rubia cordifolia	《四川植被》编
		山杨 Populus daviana	冷水花 Pilea japonica	委会,1992
		旱冬瓜 Alnus nepalensis	唐松草 Thalictrum aquilegifolium	
		野核桃 Jaglans cathayensis	荩草 Arthraxon hispidus	
		毛叶柿 Diospyros mollifolia	凤尾蕨 Pteris nervosa	
		水红木 Viburnum cylindricum	鳞毛蕨 Dryopteris pychopteroides	
		毛叶杜鹃 Rhododendron potardii		
		西南红山茶 Camellia pitardii		
		滇红茶 Camellia reliculata		
		荛花 Wikstroemia canescens		

续表

地带	地点	灌木层	草本层	资料来源
中带中区	湖南会同	栀子 Gardenia jasminodes 尖叶柃木 Eurya acuminata 白栎苗 Quercus fabri 楤木 Aralia chinensis 高粱泡 Rubus lambertianus 大青 Clerodendron cyrtophyllum	白茅 Imperata cylindrica 狗脊 Woodwardia japonica 乌蔹莓 Cayratia japonica 铁芒萁 Dicranopteris linearis 鳞毛蕨 Dryopteris sparsa 五味子 Schisandra chinensis 鱼腥草 Houttuynia cordata 淡竹叶 Lophatherum gracile 地耳草 Hypericum japonica	冯宗炜等,1984
中带东区	江西大岗山	檵木 Loropetalum chinenses 油茶 Camellia oleifera 映山红 Rhododendron mariesii	铁芒萁 Dicranopteris dichotoma 有线铁蕨 Adiantum spp. 乌韭 Stenoloma chusanum	惠刚盈,1989
		红淡 Adinandra spp. 柃木 Eurya spp. 山橿 Lindera reflexa 鼠李 Itea chinensis	狗脊 Woodwardia japonica 渐尖毛蕨 Cyclosorus spp. 凸轴蕨 Metathelypteris spp. 鳞毛蕨 Dryopteris spp. 复叶尔蕨 Arachniodes spp. 中华短肠蕨 Allantodia chinensis 乌毛蕨 Blechnum spp. 牛膝 Achyranthes bidentata	
南带	广西玉林	野漆 Rhus sylvestris 小血桐 Macaranga tanarius 鼠李 Rhamnus sp. 杜茎山 Maesa japonica 盐肤木 Rhus chinensis 鸭脚木 Schefflera octophylla 拟赤杨 Alniphyllum fortunei 山枇杷 Ilex franchetiana 千年桐 Aleurites montana	铁芒萁 Dicranopteris linearis 莎草 Cyperus rotundus 东方乌毛蕨 Blechnum orientale 翠云柏 Selaginella uncinata 钩藤 Uncaria rhynchophylla 猕猴桃 Acrinidia chinensis	冯宗炜等,1984

表 6-35 各典型样地杉木各器官生物量的相对生长公式

地带或区域	地点	器官	回归方程式*	参数 a	参数 b	相关系数	公式编号	资料来源
北带	河南信阳	树皮	(1)	0.83021	-2.14968	0.99	(1)	冯宗炜等,1984
		树干	(1)	0.83111	-1.46850	0.99		
		树枝	(1)	0.66406	-1.52756	0.98		
		树叶	(1)	0.66300	-1.48683	0.98		
		树根	(1)	0.74137	-1.49350	0.98		
	江苏宜兴	树干	(2)	0.1243	0.6800	0.9704	(2)	叶镜中等,1983
		树枝	(2)	0.2031	0.3851	0.7223		
		树叶	(2)	0.8500	0.1893	0.6567		
		树根	(2)	0.3372	0.4178	0.9709		
中带中区	湖南会同	树皮	(1)	0.81721	-2.07002	0.93	(3)	冯宗炜等,1984
		树干	(1)	0.92447	-1.69535	0.99		

续表

地带或区域	地点	器官	回归方程式*	参数 a	参数 b	相关系数	公式编号	资料来源
		树枝	(1)	0.92684	-2.71985	0.96		
		树叶	(1)	0.91977	-2.68044	0.96		
		树根	(1)	0.84045	-1.99534	0.99		
	贵州三都	树皮	(1)	0.71849	-1.77025	0.989	(4)	朱守谦等,1978
		树干	(1)	0.88473	-1.47876	0.997		
		树枝	(1)	0.50504	-0.96898	0.900		
		树叶	(1)	0.34617	-0.36989	0.870		
		树根	(1)	0.58674	-0.92920	0.977		
中带东区 (山区)	福建邵武	树干	(3)	2.78432	-1.69225	0.949	(5)	俞新妥等,1979
		树枝	(3)	1.39088	-0.5151	0.907		
		树叶	(3)	1.2504	-0.6405	0.729		
		树根	(3)	1.91366	-1.0864	0.944		
	福建洋口	树干	(2)	0.0217	0.9417	0.9753	(6)	钱能智等,1992
		树枝	(2)	0.0015	0.8448	0.9263		
		树叶	(2)	0.0203	0.6627	0.9329		
		树根	(2)	0.1482	0.8309	0.9744		
(丘陵区)	湖南桃源	树干	(1)	0.8195	-1.2771	0.99	(7)	冯宗炜等,1980
		树枝	(1)	1.1640	-3.2202	0.98		
		树叶	(1)	0.7438	-1.6475	0.91		
		树根	(1)	0.8851	-2.011	0.94		
	江西南昌	树皮	(2)	0.013775	0.84463	0.9756	(8)	石玉麟,1989
		树干	(2)	0.073429	0.86262	0.9870		
		树枝	(3)	0.000482	1.23314	0.9734		
		树叶	(2)	0.019638	0.78969	0.9341		
		树根	(2)	0.043050	0.7358	0.9423		
	广西宜山	树皮	(1)	0.7916	-1.9639	0.9807	(9)	温远光等,1988
		树干	(1)	0.9258	-1.6839	0.9938		
		树枝	(1)	0.8970	-2.3859	0.9530		
		树叶	(1)	0.7063	-1.7702	0.9439		
		树根	(1)	0.8761	-2.0174	0.9651		
南带	广西玉林	树皮	(1)	0.86620	-2.18057	0.99	(10)	冯宗炜等,1984
		树干	(1)	0.86652	-1.44242	0.99		
		树枝	(1)	1.04234	-2.60546	0.97		
		树叶	(1)	1.05600	-3.12738	0.99		
		树根	(1)	0.68759	-1.38918	0.93		
	广西芩溪	树皮	(1)	0.8022	-2.0626	0.9712	(11)	温远光等,1988
		树干	(1)	0.9464	-1.7344	0.9873		
		树枝	(1)	1.2414	-3.5235	0.9552		
		树叶	(1)	0.8915	-2.3319	0.9527		
		树根	(1)	0.9294	-2.2543	0.9960		

*1: $\log(W) = \log a + \log b(D^2H) + b$; 2: $W = a(D^2H)b$; 3: $\log(W) = \log a + \log b(D)$; W:各器官生物量; D:胸径; H:树高

表 6-36　各典型样地杉木林乔木层各器官的生物量/(t/hm²)*

地带	地点*	林龄/a	树皮	树干	树枝	树叶	果实	树根	总计	资料来源***
北带	河南信阳	23	9.45	45.54	11.29	12.23		21.84	100.32	冯宗炜等,1984
	江苏宜兴 C	20		49.50	9.71	9.94		20.39	89.55	(2)
	安徽金寨 C	20	8.65	41.78	10.88	11.87		20.60	93.78	(1)
中带西区	四川西昌 C	20	11.33	61.21	5.89	6.11		16.09	100.63	(3)
中带中区	湖南会同	20	16.34	92.83	8.97	9.25		23.46	150.85	冯宗炜等,1984
	贵州锦屏 C	20	20.94	126.23	12.18	12.54		30.44	202.33	(4)
	贵州三都	19	16.4	191.8	6.4	8.4		29.3	252.4	朱守谦等,1978
	湖南会同 C	20	20.10	116.45	11.23	11.59		28.97	188.33	(3)
中带东区(山区)	福建洋口	20		165.23	15.92	13.76		39.34	234.38	钱能智等,1992
	福建南平 C	20		172.96	48.58	24.37		58.04	303.94	(5)
	福建建瓯 C	20		101.31	26.13	12.99		32.23	172.65	(5)
	福建华安	21							152.2	俞新妥,1982
(丘陵区)	湖南桃源	19		72.5	17.1	17.8	0.9	21.7	130.0	冯宗炜等,1980
	江西南昌	20	9.97	61.41	7.43	9.25	0.99	17.72	106.77	石玉麟,1989
	广西宜山	21	9.36	57.22	8.99	7.00		17.23	99.80	温远光等,1988
南带	广西玉林	20	12.8	70.05	18.78	6.29		20.00	127.92	冯宗炜等,1984
	广西芩溪	21	7.7	46.89	7.89	7.68		12.39	81.92	温远光等,1988
	广东信宜 C	20	11.80	64.73	16.73	5.58		18.99	117.84	(10)

*标有(C)的地点的生物量是由胸径和树高的调查值与相对生长式计算出来的;

**未列出树皮生物量时,树皮的生物量包括在树干生物量中;

***括号内的数字为表 6-35 中相对生长式的编号,其对应生物量是由表 6-33 中的相应地点的胸径和树高的值代入此相对生长式中计算得到的

表 6-37　各典型样地杉木林乔木层各器官的生产力/(t/(hm²·a))

地带	地点	树龄/a	树皮*	树干	树枝	树叶	树根	总计	资料来源
北带	河南信阳	23	0.48	2.31	0.57	0.62	0.86	4.84	冯宗炜等,1984
中带中区	湖南会同	20	1.08	6.34	0.65	0.67	1.60	10.34	冯宗炜等,1984
中带东区	江西南昌	23		5.79	0.99	0.62	1.30	8.69	石玉麟等,1990
	福建洋口	20		8.26	0.8	0.69	2.00	11.75	钱能智等,1992
南带	广西玉林	20	0.94	4.6	1.63	0.38	0.95	8.40	冯宗炜等,1984
北带	江苏宜兴	11		2.74	0.41	0.13	0.72	4.00	叶镜中等,1983
中带中区	湖南会同	11		5.78	0.92	0.92	2.27	9.98	潘维俦等,1979
中带东区	福建洋口	12		8.71	0.83	0.84	2.52	12.90	钱能智等,1992
	湖南朱亭	11		2.65	0.66	0.94	1.16	5.73	潘维俦等,1979
中带中区	湖南会同	8	0.64	4.07	1.09	1.69	1.06	8.55	潘维俦等,1978
中带东区	福建邵武	7						10.82	俞新妥等,1979
	湖南桃源	7		0.74	0.4	0.67	0.51	2.32	冯宗炜等,1980

*树皮生物量未列出时,表明树干生物量中包括树皮生产力

表 6-38　各典型样地杉木林乔木层的生物量在各器官中的分配比例/% *

地带	地点	树龄/a	树皮	树干	树皮+树干	树枝	树叶	果实	树根
北带	河南信阳	20	9.4	45.4	54.8	11.3	12.2		21.8
	江苏宜兴	20			55.3	10.8	11.1		22.8
	安徽金寨	20	9.2	44.6	53.8	11.6	12.7		22.0
中带西区	四川	20	11.3	60.8	72.1	5.9	6.1		16.0
中带中区	湖南会同	20	10.8	61.5	72.3	5.9	6.1		15.6
	贵州锦屏	20	10.3	62.4	72.7	6.0	6.2		15.0
	贵州三都	19	6.5	76.0	82.5	2.5	3.3		11.6
	湖南会同	20	10.7	61.8	72.5	6.0	6.2		15.4
中带东区	福建洋口	20			70.5	6.8	5.9		16.8
	福建南平	20			56.9	16.0	8.0		19.1
	福建建瓯	20			58.7	15.1	7.5		18.7
	湖南桃源	19			55.8	13.2	13.7	0.7	16.7
	江西南昌	20	9.3	57.5	66.8	7.0	8.7	0.9	16.6
	广西宜山	21	9.4	57.3	66.7	9.0	7.0		17.3
南带	广西玉林	20	10.0	54.8	64.0	14.7	4.9		15.6
	广西芩溪	21	9.4	57.2	66.6	9.6	9.4		15.1
	广东信宜	20	10.0	54.9	64.9	14.2	4.7		16.1

* 根据表 6-36 计算

表 6-39　各典型样地杉木林乔木层的生产力在各器官中的分配比例/% *

地带	地点	树龄/a	树皮	树干**	树枝	树叶	树根
北带	河南信阳	23	9.9	47.7(57.6)	11.8	12.8	17.8
中带中区	湖南会同	20	10.4	61.3(71.7)	6.3	6.5	15.5
中带东区	江西南昌	23		66.6	11.4	7.1	14.9
	福建洋口	20		70.3	6.8	5.9	17.0
南带	广西玉林	20	11.2	54.8(66.0)	19.4	4.5	11.3
北带	江苏宜兴	11		68.5	10.3	3.3	18.0
中带中区	湖南会同	11		57.9	9.2	9.2	22.7
中带东区	福建洋口	12		67.5	6.4	6.5	19.5
	湖南朱亭	11		46.2	11.5	16.4	20.2
中带中区	湖南会同	8	7.5	47.6(55.1)	12.7	19.8	12.4
中带东区	湖南桃源	7		31.9	17.2	28.9	22.0

* 根据表 6-37 计算；
** 未列出树皮生产力时，树皮的生产力被包括在树干生产力中；括号中的数字为树干和树皮之和的比例

表 6-40　不同区域杉木林乔木层的生物量随林龄变化状况/(t/hm²)

地点	林龄/a	密度/(株/hm²)	胸径/cm	树高/m	树皮	树干	树枝	树叶	果实	树根	总计	资料来源
北带	3	5940	2.2	1.9		2.7	2.8	5.6		5.5	16.6	叶镜中等,
	5	5940	5.5	4.5		19.3	5.2	14.1		15.4	54.0	1983
	10	3855	9.4	7.0		39.5	7.1	11.8	0.5	18.9	77.8	
	15	3765	10.7	7.6		50.8	8.8	12.1	1.2	21.6	94.5	

续表

地点	林龄/a	密度/(株/hm²)	胸径/cm	树高/m	树皮	树干	树枝	树叶	果实	树根	总计	资料来源
	17	3765	10.9	7.7		52.8	9.2	12.1	4.1	22.1	100.3	
	23	2750	12.6	9.6	9.4	45.5	11.3	12.2		21.8	100.3	冯宗炜等,1984
	63	945				196.9	15.6			16.1	228.6	《安徽植被》编委会,1990
中带中区	7	2903	8.2	6.4	4.7	27.2	5.6	9.0		6.6	53.0	潘维俦等,1980
	9	3874	8.5	6.5	5.6	38.0	7.5	11.4		10.5	72.9	
	12	3120	11.6	10.0	7.0	47.1	7.9	8.9		16.2	89.9	
	14	2310	14.6	14.1	12.8	67.4	7.5	5.9		7.7	101.2	
	18	2310	15.5	15.4	18.4	101.3	10.3	7.7		8.7	146.4	
	25	2685	15.7	19.5	31.9	185.8	15.7	13.0		25.6	275.9	
	38	1560	20.3	23.0	58.7	192.1	9.8	11.2		17.6	289.5	
	53	1290	23.2	22.5	65.7	187.9	9.9	11.7		16.4	291.6	
	56	1665	23.0	21.5	31.5	213.6	23.2	6.4	0.3	53.7	328.6	邓士坚等,1980
	63	1530	28.9	28.1	61.6	430.7	45.6	10.9	0.4	94.9	644.1	
中带东区(山地)*	5	20666	2.4	4.1		4.80	21.33	14.13		9.05	49.31	
	10	3687	9.8	10.0		43.08	26.93	14.64		23.83	108.49	
	15	2304	14.7	14.3		83.26	29.58	15.19		32.35	160.38	
	20	1759	18.5	17.8		120.57	31.09	15.46		38.35	205.47	
	25	1446	21.8	21.0		156.53	32.11	15.61		43.16	247.42	
	30	1264	24.2	24.0		189.40	33.02	15.79		47.18	285.39	
	35	1109	27.2	26.7		222.32	33.51	15.78		50.56	322.17	
	40	900	29.7	29.4		230.47	30.73	14.30		48.55	324.05	
	45	934	32.0	31.0		294.39	35.38	16.29		58.12	404.17	
中带东区	7	4500	8.1	6.7		30.6	9.2	11.0	0.4	10.2	61.4	冯宗炜等,1980
	14	4500				41.7	10.3	9.2	1.4	20.2	82.8	
	19	4500				42.5	17.1	17.8	0.9	21.7	130.0	
南带**	5	3494	1.1	1.9	0.05	0.26	0.02	0.01		0.25	0.59	
	10	3494	7.1	5.5	3.01	16.51	3.05	0.99		6.82	30.38	
	15	3033	10.8	8.1	7.56	41.46	9.50	3.14		13.76	75.41	
	20	2612	13.5	10.3	11.80	64.73	16.73	5.58		18.99	117.84	
	25	2303	15.7	12.2	15.65	85.86	24.11	8.09		23.16	156.86	
	30	2067	17.6	14.1	19.41	106.48	31.93	10.77		26.86	195.45	
	35	1878	19.3	15.8	22.83	125.27	39.59	13.40		29.96	231.06	
	40	1734	20.8	17.4	26.09	143.17	47.25	16.05		32.77	265.32	

* 各年龄的杉木林生物量由文献(阳含熙等,1958)中的树高、胸径和密度资料根据相对生长公式(5)(表6-35)计算而来;

** 各年龄的杉木林生物量由文献(阳含熙等,1959)中的树高、胸径和密度资料根据相对生长公式(10)(表6-35)计算来

表 6-41 不同区域杉木林乔木层生物量在各器官的分配比例随林龄变化状况/% *

地点	林龄/a	树皮	树干	树枝	树叶	果实	树根
北带	3		16.3	16.7	33.6		33.3
	5		35.7	9.6	26.2		28.5
	10		50.8	9.1	15.2	0.6	24.3
	15		53.7	9.4	12.8	1.3	22.8
	17		52.7	9.2	12.1	4.1	22.0
	23	9.4	45.4	11.3	12.2		21.8
	63		86.1	6.8			7.0
中带中区	7	8.8	51.3	10.6	16.9		12.4
	9	7.7	52.1	10.3	15.6		14.4
	12	7.8	52.3	8.7	9.9		17.9
	18	12.6	69.2	7.0	5.2		6.0
	25	11.5	67.3	5.7	4.7		9.3
	38	20.3	66.4	3.4	3.9		6.1
	53	22.5	64.4	3.4	4.0		5.6
	56	9.6	65.0	7.1	2.0	0.1	16.3
	63	9.6	66.9	7.1	1.7	0.1	14.7
中带东区（山地）	5		9.7	43.3	28.7		18.3
	10		39.7	24.8	13.5		22.0
	15		51.9	18.4	9.5		20.2
	20		58.7	15.1	7.5		18.7
	25		63.3	13.0	6.3		17.4
	30		66.4	11.6	5.5		16.5
	35		69.0	10.4	4.9		15.7
	40		71.1	9.5	4.4		15.0
	45		72.8	8.8	4.0		14.4
中带东区（丘陵）	7		49.8	15.0	17.9	0.7	16.6
	14		50.4	12.4	11.1	1.7	24.4
	19		55.8	13.2	13.7	0.7	16.7
南带	5	8.1	44.2	3.5	1.1		43.1
	10	9.9	54.3	10.0	3.3		22.5
	15	10.0	55.0	12.6	4.2		18.2
	20	10.0	54.9	14.2	4.7		16.1
	25	10.0	54.7	15.4	5.2		14.8
	30	9.9	54.5	16.3	5.5		13.7
	35	9.9	54.2	17.1	5.8		13.0
	40	9.8	54.0	17.8	6.0		12.3

* 根据表 6-40 计算

5.1.2 不同地带（纬向）杉木林的生物量和生产力

杉木林分布区从北到南可以分为 3 个地带：北带、中带和南带。北带和中带的分界线由大巴山南坡、巫山北坡、大别山南坡、经黄山、天目山到杭州湾一线；中带和南带的分界线自滇东南边界起，沿滇桂边界到右江、红水河，顺南岭山脉南麓，直抵海滨（吴中伦，

1984)。由于不同地带大气候条件的差异,反映在杉木林生长发育和生产力诸方面均有不同(冯宗炜等,1984)。

(1)群落生物量

不同地带杉木林群落的生物量也反映出具有中带(150.85 t/hm²)>南带(127.92 t/hm²)>北带(100.32 t/hm²)(表6-42)。其中,乔木层的生物量在总生物量中占95%以上(表6-42)。北带乔木层占群落生物量的比例(96.85%)>中带(95.51%)>南带(95.02%),这是由于北带的太阳辐射较弱,林下的植物发育较差,因而林下的活生物量较少。北带林下的枯落物较多是由于气温较低,枯落物的分解速率较慢所致。

表6-42 不同地带杉木林群落的生物量及其在各层的分配*

地带	地点	林龄/a		乔木层	灌木层	草本层	枯落物	总计
北带	河南信阳	23	生物量/(t/hm²)	100.32	0.34	0.59	2.30	103.63
			比例/%	96.85	0.32	0.57	2.57	
中带	湖南会同	20	生物量/(t/hm²)	150.85	1.46	2.61	1.39	156.31
			比例/%	95.51	0.93	2.61	0.89	
南带	广西玉林	20	生物量/(t/hm²)	127.92	0.84	3.91	1.96	134.63
			比例/%	95.02	0.62	2.90	1.46	

* 资料来源冯宗炜等(1985)

(2)乔木层生物量

表6-43给出了不同地带的20年生杉木林乔木层的生物量及其在不同器官的分配规律。从表6-43中可以看出,20年生杉木林乔木层的总生物量中带(平均为198.48 t/hm²)的最大,其次为南带(平均为109.23 t/hm²,为中带的55.0%),北带相对最小(97.88 t/hm²,为中带的49.3%)。

表6-43 不同地带的20年生山地中坡杉木林乔木层的生物量的比较*

项目	杉木林类型	平均值	变化范围
总生物量/(t/hm²)	北带	97.88	93.78—100.32
	中带	198.48	150.85—252.40
	南带	109.23	81.92—127.92
树干比例/%**	北带	54.6	53.8—55.3
	中带	75.0	72.3—82.5
	南带	65.1	64.0—66.6
树枝比例/%	北带	11.2	10.8—11.6
	中带	5.1	2.5—6.0
	南带	12.8	9.6—14.7
树叶比例/%	北带	12.0	11.1—12.7
	中带	5.5	3.3—6.2
	南带	6.3	4.7—9.4
树根比例/%	北带	22.2	21.8—22.8
	中带	14.4	11.6—15.6
	南带	15.6	15.1—16.1

* 根据表6-36和表6-38计算;

** 树干包括树皮和树干两部分

不同地带杉木林乔木层的生物量存在着地带性差异,反映在各器官中的分配比例也不同。从表6-43可以看出,树干所占的比例北带(54.6%)和南带(65.1%)分别比中带(75.0%)减少了27.2%和13.3%。树枝所占的比例中带(5.1%)较低,而北带(11.2%)和南带(12.8%)较高;树叶和树根所占的比例北带最高,中带和南带差异不大。这进一步说明,中亚热带的杉木林不但乔木层的总生物量最大,而且干材所占的比例也最大,即该地的杉木林不但具有较高的生物量,而且具有较高的木材生产量。

(3) 乔木层的生物量随林龄的变化

从表6-40中可以看出,中带的杉木林乔木层生物量一直保持最大,63年生的杉木林乔木层生物量在湖南会同可达644.1 t/hm², 而北带的63年生的杉木林生物量仅为228.6 t/hm²。3带的生物量在林木生长初期差别不大,随着林龄的增长,这种差别增大。其中树干所占的比例随林龄的增大而增加(表6-41),而树枝和树叶所占的比例则下降。除北带63年生的杉木林外,中带的树干生物量占乔木层总生物量的比例总是比同龄的南带和北带大。

(4) 乔木层生产力

不同地带成林阶段20年生的杉木林乔木层的生产力也表现出了类似于生物量的规律。从表6-37中可以看出,20年生的杉木林乔木层生产力北带、中带、南带3带分别是4.84 t/(hm²·a)、10.34 t/(hm²·a)和8.40 t/(hm²·a),其比例为0.47∶1∶0.81。从表6-39中可以看出,树干生产力在乔木层中所占的比例最大,并且中带(71.7%)>南带(66.0%)>北带(57.6%)。

从以上分析可以看出,中亚热带的气候最适应于杉木林的生长。因而20年生的杉木林生物量和生产力最大,各年龄段的生物量和整个群落的生物量均为中亚热带最大,其次为南带,北带最小。这不但因为中亚热带热量条件较佳,而且降雨较丰,空气的湿度较大(表6-32)。由此带向北,由于气温较低,特别是冬季的低温大大限制了杉木的正常生长;向南,由于热量增加较多,而降水增加不足,使得空气的相对湿度降低,同样不利于杉木的生长。

5.1.3 不同区域(经向)杉木林乔木层生物量和生产力

如前所述,不同地带杉木林在中带生长最好,在中带范围内,由东向西按水热条件的不同可以分为:西、中和东3个区。中带西区与中区的分界线南起滇东南国境线及广西右江流域,沿红水河、北盘江顺川滇边界经四川峨边、汉源、宝兴、灌县一线,到达平武。中区和东区的分界线,南起贵州罗甸,沿黔贵边界至荔波,顺柳江至湖南新宁,再沿雪峰山到达桃源、石门(吴中伦,1984)。这里主要讨论由于从西向东的区域变化造成的杉木林生物量和生产力差异。

(1) 乔木层生物量

从表6-44中可以看出,中带不同区域的20年生的杉木林生物量从西向东增加,东区(平均为215.79 t/hm²)和中区(198.48 t/hm²)分别为西区的246.4%和197.2%。总生物量在各器官的分配,树干所占比例以中区最高(72.1%),东区最低(62.0%);树叶和树根所占的比例各区差别不大;而东区的树枝所占的比例(11.7%)是其它两区的2倍多。这说明东区杉木林生物量较大起源于树枝生物量的增加。

(2) 乔木层生产力

从表6-37中可以看出,20年生的杉木林,位于东区的福建洋口(11.75 t/(hm²·a))>中区的湖南会同(10.34 t/(hm²·a))>西区的四川西昌(5.03t/(hm²·a))。对于11年生的杉木林,位于东区的福建洋口(12.90 t/(hm²·a))比位于中区的湖南会同的平均(9.98 t/(hm²·a))高,20年生的杉木林生产力在各器官的分配比例东区和中区差别不大(表6-44)。而11年生的杉木林生产力树干所占比例,中区(57.9%)小于东区(67.5%),树枝、树叶和树根所占比例中区比东区大。

表6-44 中带不同区域的20年生山地中坡杉木林乔木层生物量的比较*

项目	杉木林类型	平均值	变化范围
总生物量/(t/hm²)	中带西区	100.63	
	中带中区	198.48	150.85—252.40
	中带东区***	215.79	205.47—303.94
树干比例/%**	中带西区	72.1	
	中带中区	75.0	72.3—82.5
	中带东区***	62.0	56.9—70.5
树枝比例/%	中带西区	5.9	
	中带中区	5.1	2.5—6.0
	中带东区***	11.7	6.8—16.0
树叶比例/%	中带西区	6.1	
	中带中区	5.5	3.3—6.2
	中带东区***	7.1	5.9—8.0
树根比例	中带西区	16.0	
	中带中区	14.4	11.6—15.6
	中带东区***	18.2	16.8—19.1

*根据表6-36和38计算;
**树干包括树皮和树干两部分;
***中带东区指山地部分

造成以上杉木林生物量和生产力由西向东增加的趋势,主要是由于东区的山地降水量比较大,有利于杉木林的生长;西区降水相对较少,有明显的干季,空气的相对湿度小,限制了杉木的生长和生物质的积累。

5.1.4 不同地貌类型对杉木林乔木层生物量及生产力的影响

在杉木分布的中带东区,两种不同的地貌单元造成了杉木林生物量和生产力的差异(表6-36和表6-37)。从20年生杉木林的平均生物量来看(表6-45),山地(247.93 t/hm²)是丘陵(112.19 t/hm²)的2.2倍。地形对生物量在各器官的分配比例的影响表现在山地上生长的杉木林,树枝和树根的生物量比例有明显的增加,而树叶和树干的生物量比例略有减少(表6-45),这说明山地杉木林生物量的增加是与树高增加造成树枝生物量的增加有关。但无论如何,山区的树干生物量的绝对值仍然大于丘陵区的。

由表6-40所示的山区和丘陵的杉木林乔木层生物量随时间变化状况可以看出,山区生物量总是高于丘陵地区的同林龄的生物量。

20年生杉木林乔木层生产力(表6-37),位于丘陵区的江西南昌(8.96t/(hm²·a))是位于山区的福建洋口(11.75 t/(hm²·a))的73%;11年生杉木林的生产力,位于丘陵区的湖南朱亭(5.73 t/(hm²·a))是位于山区的湖南会同(9.98 t/(hm²·a))的57%;对于7年生的杉木林,位于丘陵区的湖南桃源(2.32 t/(hm²·a)),只有位于山区的福建邵武(10.82 t/(hm²·a))的21%;湖南会同(8.55t/(hm²·a))的29%。形成这种情况的原因是，由于山区受地形的影响，降水较多，空气湿度较大，同时，山区有效的防止了冬季来自北方寒潮的入侵，而丘陵地区降水不及山区，空气湿度也相对较小且冬季易受寒潮的影响，其最低气温要比山区低(表6-32)，这对杉木林木生长不利。

表6-45 不同地貌类型的20年生杉木林乔木层生物量的比较*

项目	杉木林类型	平均值	变化范围
总生物量/(t/hm²)	中带东区(山地)	215.79	205.47—303.94
	中带东区(丘陵)	112.19	99.80—130.0
树干比例/% **	中带东区(山地)	62.0	56.9—70.5
	中带东区(丘陵)	63.1	55.8—66.8
树枝比例/%	中带东区(山地)	11.7	6.8—16.0
	中带东区(丘陵)	9.7	7.0—13.2
树叶比例/%	中带东区(山地)	7.1	5.9—8.0
	中带东区(丘陵)	9.8	7.0—13.7
树根比例/%	中带东区(山地)	18.2	16.8—19.1
	中带东区(丘陵)	16.9	16.6—17.3

* 根据表6-36和表6-38计算；** 树干包括树皮和树干两部分

5.1.5 不同地形部位的杉木林生物量和生产力的差异

位于山地不同地形部位的杉木林，其所处环境的水热状况是不同的。一般山脊风力大，空气比较干燥，并且由于坡面径流，土壤中的水分和养分的含量也比较低，林木的生长就会受到影响；而山麓或山洼，坡面径流所携带的水分和养分在这里沉积，因而土层深厚，土质肥沃，水分丰富，而且由于山洼的风力小，地面蒸发弱，空气湿度大，对杉木林的生长发育非常有利。山坡的立地条件则介于山脊和山洼之间。从山脊到山洼林木生长立地条件的变化，使得杉木林乔木层的生物量和生产力也表现出了相应的变化。表6-46、表6-47分别整理出了一些位于不同地形部位的杉木林乔木层生物量和生产力的研究报导。如果以山洼为基准，分析一下杉木林乔木层生物量和生产力从山脊向山洼变化的规律(表6-48)。尽管杉木林的生物量和生产力从山脊向山洼变化的速率因地区和林龄而不同，但从山脊向山洼一直保持增加的趋势。生物量和生产力同时具有这种变化

表6-46 不同地形部位杉木林乔木层的生物量(t/hm²)的差异

地点	地形部位	树龄/a	树皮*	树干	树枝	树叶	果实	树根	总计	资料来源
湖南会同	山坡	11		38.9	7.1	7.9		16.8	70.7	潘维俦等,1979
	山麓	11		53.6	7.1	12.1		18.8	91.6	
	山谷	11		63.9	10.2	10.1		22.4	106.6	
江西南昌	山脊	20	7.01	42.13	8.15	8.85	0.21	16.81	83.16	石玉麟,1989
	上坡	20	7.29	50.38	8.93	10.23	0.25	17.90	94.09	
	中坡	20	9.98	61.41	7.43	9.25	0.99	17.72	106.77	
	下坡	20	12.03	69.50	9.57	11.02	1.59	20.12	123.82	
	山凹	20	17.81	114.41	11.42	12.31	4.30	33.59	193.85	
湖南桃源	山脊	7		15.2	5.2	5.4	0.7	7.4	33.9	冯宗炜等,1980
	山坡	7		30.6	9.2	11.0	0.4	10.2	61.4	
	山洼	7		39.6	11.6	13.6	0.2	12.7	77.7	

* 未列出树皮生物量时,树皮的生物量被包括在树干生物量中

趋势,说明山洼不但能够积累较多的有机物,而且具有较高的积累速率(生产力)。从表 6-48 还可以看出,湖南会同山区的杉木中心产区山脊与山洼之间的生物量差异较小(山脊为山洼的 66.3%),而位于江西南昌、湖南桃源的杉木一般产区的丘陵地区,杉木林乔木层的生物量从山脊到山洼的变化幅度较大(山脊仅为山洼的 42%—43%),说明杉木一般产区的生物量受地形的影响较大。从不同年龄的杉木林的生产力从山脊向山洼的变化可以看出(表 6-48),随着林龄的增加,这种变化程度将减小。

杉木林乔木层的生物量和生产力在树干中的分配比例(表 6-49 和表 6-50)从山脊向

表 6-47 不同地形部位杉木林乔木层生产力的差异

地点	地形部位	树龄/a	树干	树枝	树叶	果实	树根	总计	资料来源
湖南桃源	丘陵顶	15	2.10	0.39	0.40		0.58	3.47	冯宗炜等,1980
	坡麓	15	3.60	0.83	0.96		1.25	6.64	
湖南桃源	山坡	22	3.81	0.50	0.36		0.77	5.44	冯宗炜等,1980
	山洼	22	5.00	0.66	0.45		1.15	7.26	
江西南昌	山脊	24	5.56	0.26	0.90	0.13	1.67	8.53	石玉麟,1990
	上坡	24	5.69	0.76	0.92	0.15	1.56	9.07	
	中坡	24	5.78	0.94	0.65	0.50	1.27	9.15	
	下坡	24	5.66	0.95	0.70	0.77	1.24	9.32	
	山凹	24	5.83	0.89	0.49	1.86	1.32	10.39	

* 树干生产力包括树干和树皮两部分

表 6-48 不同地形部位相对于山洼的杉木林乔木层的生物量和生产力的变化状况*

项目	地点	林龄/a	山脊	上坡	中坡	下坡	山洼
生物量	湖南会同	11	66.3			85.2	100
	江西南昌	20	42.9	48.5	55.1	63.9	100
	湖南桃源	7	43.6		79.0		100
生产力	湖南桃源	15	52.3				100
	湖南桃源	22			74.9		100
	江西南昌	24	82.1	87.3	88.1	89.7	100

* 根据表 6-46 和表 6-47 计算

表 6-49 不同地形部位杉木林乔木层的生物量在各器官中分配比例(%)的差异*

地点	地形部位	树龄/a	树皮	树干**	树枝	树叶	果实	树根
湖南会同	山坡	11		55.0	10.0	11.2		23.8
	山麓	11		58.5	7.8	13.2		20.5
	山谷	11	8.4	59.9	9.6	9.5		21.0
江西南昌	山脊	20	7.7	50.7(59.1)	9.8	10.6	0.3	20.2
	上坡	20	9.3	53.5(61.2)	9.5	10.9	0.3	19.0
	中坡	20	9.7	57.5(66.8)	7.0	8.7	0.9	16.6
	下坡	20	9.2	56.1(65.8)	7.7	8.9	1.3	16.2
	山凹	20		59.0(68.2)	5.9	6.4	2.2	17.3
湖南桃源	山脊	7		44.8	15.3	15.9	2.1	21.8
	山坡	7		49.8	15.0	17.9	0.7	16.6
	山洼	7						

* 根据表 6-46 计算;

** 未列出树皮生物量时,树皮的生物量被包括在树干生物量中;括号中的数字为树干和树皮之和的比例山洼逐渐增加,特别是生物量的这种增加趋势非常明显,如江西南昌20年生的杉木林树干(包括树皮)的生物量所占的比例从山脊的59.1%增加到山洼的68.2%。树枝、树叶和树根占乔木层生物量和生产力的比例从山脊向山洼有减少的趋势,但有时有波动而且变化比较小。这说明,从山脊到山洼,随着立地条件的变好,不但杉木林的生物量和生产力提高,而且木材的蓄积量和生产量也会增加。

杉木林群落的生物量也随地形部位的不同而有差异。以江西南昌的调查结果为例(表6-51),当杉木林为20年生时,群落生物量从山脊的87.68 t/hm² 增加到山洼的199.84 t/hm²,增加了127%。其增加量主要来源于乔木层的生物量增加,其次为枯落物的增加,草本层也有类似的增加趋势,这也反映在群落生物量在各层的分配比例的差异上。

杉木林群落的生产力也有类似于生物量的地形差异特点,表6-52列举的江西南昌杉木林生产力的调查资料说明了这一点。

表6-50　不同地形部位杉木林生产力在各器官中比例(%)的差异*

地点	地形部位	树龄/a	树干**	树枝	树叶	果实	树根
湖南桃源	丘陵顶	15	60.5	11.2	11.5		16.7
	坡麓	15	54.2	12.5	14.5		18.8
湖南桃源	山坡	22	70.0	9.2	6.6		14.2
	山洼	22	68.9	9.1	6.2		15.8
江西南昌	山脊	24	65.2	3.0	10.6	1.5	19.6
	上坡	24	62.7	8.4	10.1	1.7	17.2
	中坡	24	45.3	15.3	10.6	8.1	20.7
	下坡	24	60.7	10.2	7.5	8.3	13.3
	山凹	24	56.1	8.6	4.7	17.9	12.7

* 根据表6-47计算;

** 未列出树皮生产力比例时,树皮的生产力比例被包括在树干生产力比例中。括号中的数字为树干和树皮生产力之和的比例

表6-51　不同地形部位杉木林群落的生物量*

地点	地形部位	林龄/a	生物量/(t/hm²,(%))					
			乔木层	灌木层	草本层	苔藓层	枯落物	总计
江西南昌	山脊	20	83.16	1.55	0.17		2.80	87.68
			(94.84)	(1.77)	(0.19)		(3.19)	
	南上坡	20	94.62	0.64	0.17	0.95	3.55	99.93
			(94.69)	(0.64)	(0.17)	(0.95)	(3.55)	
	南中坡	20	117.99	0.26	0.16	1.05	3.29	122.75
			(96.12)	(0.21)	(0.13)	(0.86)	(3.55)	
	南下坡	20	139.09	0.22	0.24	1.43	3.59	144.57
			(96.21)	(0.15)	(0.17)	(0.99)	(2.68)	
	山洼	20	193.84	0.51	0.36	0.56	4.57	199.84
			(97.00)	(0.26)	(0.18)	(0.28)	(2.29)	

* 资料来源于石玉麟(1989)

表 6-52 不同地形部位杉木林群落的生产力及其分配比例

地点	地形部位	林龄/a	生产力/(t/(hm²·a),(%))					
			乔木层	灌木层	草本层	苔藓层	枯落物	总计
江西南昌	山脊	24	8.53 (85.64)	0.64 (6.43)	0.25 (2.51)	0.02 (0.20)	0.52 (5.22)	9.96
	南上坡	24	9.06 (86.37)	0.28 (2.67)	0.34 (3.24)	0.12 (1.14)	0.69 (6.58)	10.49
	南中坡	24	9.18 (82.78)	0.13 (1.17)	0.45 (4.06)	0.13 (1.17)	1.20 (10.82)	11.09
	南下坡	24	9.16 (84.11)	0.48 (4.14)	0.68 (6.24)	0.29 (2.66)	0.28 (2.57)	10.89
	山洼	24	10.39 (75.58)	0.57 (4.16)	1.21 (8.83)	0.05 (0.36)	1.49 (10.87)	13.71

* 资料来源:石玉麟(1989)

5.1.6 密度对杉木林生物量的影响

从理论上来说,林木的生长要想取得较高的持续生产力(即生物量和生产力同时较大),林分必须有合适的密度。表 6-53 给出了几组关于杉木林生物量随密度变化的研究报导。从表 6-53 中发现,在湖南朱亭,杉木林分的密度从 3690 株/hm² 增加到 5085 株/hm² 时,11 年生林分的生物量随密度增加而减少;江西大岗山 12 年生的杉木林生物量当密度从 1530 株/hm² 增加到 2955 株/hm² 时,生物量增加;江西南昌的 20 年生的密度为 1800 株/hm² 和 2742 株/hm² 的杉木林比较,后者的生物量较大。由此可以看出,杉木林的密度为 3000 株/hm² 左右时,生物量可达最大。需要指出的是,在湖南桃源的报导表明,杉木林的生物量当密度从 3000 株/hm² 增加到 7500 株/hm² 时,生物量仍然增加,这可能是由于集约经营和林龄较小的缘故,并且在当时的研究中,作者认为杉木林的密度不应过高,以 4500 株/hm² 为宜。

表 6-53 密度对杉木林乔木层生物量的影响

地点	树龄/a	密度/(株/hm²)	各器官生物量/(t/hm²)							资料来源
			树皮	树干	树枝	树叶	果实	树根	总计	
湖南朱亭	11	3690		33.5	6.9	10.2		12.1	62.7	潘维俦等,1979
	11	4395		29.4	7.2	10.0		12.7	58.3	
	11	4785		27.7	7.1	10.1		12.6	57.5	
	11	5085		26.0	6.7	10.6		12.0	55.3	
湖南桃源	7	3000		21.9	6.6	7.9	0.5	7.3	44.2	冯宗炜等,1980
	7	3600		26.4	7.9	9.5	1.0	8.9	53.7	
	7	4500		30.8	9.3	11.2	0.1	10.6	62.0	
	7	7500		36.8	11.3	13.8		14.3	76.2	
江西大岗山	12	1530		58.64	7.22	10.11		13.89	89.87	惠刚盈等,1989
	12	1845		64.93	8.00	11.18		15.55	99.67	
	12	2115		66.82	8.24	11.49		16.24	102.79	
	12	2407		70.68	8.72	12.13		17.35	108.88	
	12	2955		77.71	9.60	13.32		19.36	119.98	
江西南昌	20	1800	13.56	78.50	11.03	12.36	1.87	22.54	139.86	石玉麟,1989
	20	2742	17.45	114.71	15.63	11.91	4.11	39.11	202.93	

从湖南朱亭、桃源和江西大岗山的实验结果(表6-54)还可以看出,随密度增加,乔木层生物量在树干中的分配比例略有减少,其减少的幅度因地而异。石玉麟(1989)在江西南昌的观察发现,当杉木林的密度由1800株/hm²增加到2742株/hm²时,树干占乔木层生物量的比例增加,这表明只有密度合适时,杉木的木材生产量才最高。

表6-54 不同密度下杉木林乔木层生物量在各器官中分配比例的差异*

地点	树龄/a	密度	树皮	树干**	树枝	树叶	果实	树根
湖南朱亭	11	3690		53.4	11.0	16.3		19.3
	11	4395		50.4	12.3	17.2		21.8
	11	4785		48.2	12.3	17.6		21.9
	11	5085		47.0	12.1	19.2		21.7
湖南桃源	7	3000		49.5	14.9	17.9	1.1	16.5
	7	3600		49.2	14.7	17.7	1.9	16.6
	7	4500		49.7	15.0	18.1	0.2	17.1
	7	7500		48.3	14.8	18.1		18.8
江西大岗山	12	1530		65.2	8.0	11.2		15.5
	12	1845		65.1	8.0	11.2		15.6
	12	2115		65.0	8.0	11.2		15.8
	12	2407		64.9	8.0	11.1		15.9
	12	2955		64.8	8.0	11.1		16.1
江西南昌	20	1800	7.6	56.1	7.9	8.8	1.3	16.1
	20	2742	8.6	56.5	7.7	5.9	2.0	19.3

* 根据表6-53计算;

** 除南昌外,其余树干生物量比例为树干和树皮的之和

5.1.7 管理措施对杉木林生物量和生产力的影响

对杉木人工林来说,不同的管理措施对其生物量和生产力的影响程度如何,对生产实际很有指导意义。表6-55列举出了不同管理措施下杉木林的生物量。无论是杉木的中心产区,如福建的邵武,还是一般产区,如湖南桃源,浙江临安、龙泉,从野外调查结果可以看出,集约经营的杉木林乔木层生物量可达到一般经营的2倍以上。集约经营还可以提高树干在乔木层生物量中所占份额,增加木材产量(表6-56)。这充分说明如果采用集约经营,可以大大提高杉木林的生物量和木材生产量。从表6-55中列举的湖南桃源的研究报导可以看出,不但同年龄的杉木林,集约经营管理时的生物量和生产力比一般经营时高,而且集约经营7a的杉木林生物量和生产力可以超过在杉木中心产区湖南会同的一般经营的11年生的杉木林生物量。因此,如果在杉木一般产区,采用集约经营方式发展杉木林,在初期也可以获得较高的生物量和生产力。

5.2 马尾松林

马尾松林是代表我国亚热带东部湿润地区典型的针叶林,分布广,遍及我国东南15个省市区。据第三次森林资源普查资料(1984—1988),现有蓄积量达3256.6万m³。由于马尾松林的分布地区,受人为活动的影响比较严重,所以现存的马尾松林在不同程度上都受到人为的干扰。关于马尾松林生物量的研究,早在20世纪80年代初期就已开始(冯宗炜等,1982)。从现有的研究报道看,研究的区域包括浙江、湖北、湖南、广东、广

西、四川和贵州等省区。

表 6-55 不同人为管理措施下的杉木生物量和生产力差异

地点	管理措施	树龄/a	树干	树枝	树叶	果实	树根	总计	生产力/(t/(hm²·a))	资料来源
湖南桃源	集约经营	7	30.6	10.1	12.1	0.4	10.2	64.3	8.7	冯宗炜等,1980
	一般经营	7	8.1	4.9	8.8		3.4	25.2	2.3	
湖南朱亭	集约经营	7	26.5	8.5	11.4		10.2	56.6		潘维俦等,1979
	一般经营	7	19.6	6.5	8.8		7.7	42.6		
	一般经营	11	29.0	6.9	10.0		12.4	58.5		
湖南会同	一般经营	11	31.81	5.64	8.96		6.55	52.96		
福建邵武	集约经营	15						171.6		俞新妥等,1979
	一般经营	15						85.8		
浙江临安	集约经营	9	21.71	6.73	12.03	1.69	12.87	55.04		高智慧,1986
	一般经营	9	10.11	4.15	7.43	0.21	7.06	28.96		
浙江龙泉	集约经营	8	39.81	7.52	10.40		13.01	70.74		高智慧,1986
	一般经营	8	10.77	5.15	9.41		6.49	33.36		

表 6-56 不同管理措施下杉木林生物量在各器官中比例的差异*

地点	地形部位	树龄/a	树干	树枝	树叶	果实	树根
湖南桃源	集约经营	7	49.8	15.0	17.9	0.7	16.6
	一般经营	7	32.1	10.3	18.3		25.8
湖南朱亭	集约经营	7	46.8	15.0	20.1		18.0
	一般经营	7	46.0	15.3	20.7		18.1
	一般经营	11	49.6	11.8	17.1		21.2
湖南会同	自然	7	60.1	10.6	16.9		12.4
浙江临安	集约经营	9	39.4	12.2	21.9	3.1	23.4
	一般经营	9	34.9	14.3	25.7	0.7	24.4
浙江龙泉	集约经营	8	56.3	10.6	14.7		18.4
	一般经营	8	32.3	15.4	28.2		19.5

* 根据表 6-55 计算

5.2.1 马尾松林的生物量

马尾松乔木层生物量的测定,一般都采用相对生长法,下木层、草本层和枯落物层等生物量的测定采用样方法。表 6-57 为不同调查地点马尾松林木各器官的生物量与测树因子间的相对生长式。

（1）群落生物量

尽管对马尾松林生物量的研究报导不少,但对整个群落生物量的全面野外测定的资料还较少,表 6-58 为马尾松林群落生物量研究的一些结果。由表 6-58 中可以看出,在林龄为 20—30 年、林分密度相似的情况下,马尾松林群落生物量,由北向南呈现增加的趋势,位于南亚热带的广东省增城（144 t/hm²）>中亚热带的湖南会同和安徽皖南（104—110 t/hm²）>北亚热带的安徽滁、巢丘陵和大别山（80—86 t/hm²）。这种趋势在乔木层的生物量中反映明显,下木层、草本层和枯落物层中反映不明显,这与人为的采樵等干扰

表 6-57 估算马尾松林中林木各器官生物量的相对生长公式

调查地点	林龄/a	样本数	胸径/cm	树高/m	器官	公式*	系数 a	系数 b	系数 c	相关系数	资料来源
四川省江北县	20	28	5.0—12.1	3.45—8.80	树干	1	0.040929	0.840195		0.9939	罗韧,1989
					树皮	1	0.004932	0.902224		0.9888	
					树枝	1	0.004919	1.016021		0.9279	
					树叶	1	0.005821	0.877990		0.9903	
					地上	1	0.053958	0.885896		0.9986	
					树根	1	0.007496	0.930740		0.9951	
					全株	1	0.061166	0.892101		0.9985	
广东省流溪河	29	12			树干	3	−9.959800	0.88600		0.9930	管东生,1986
					树干	4	−10.819900	2.798300		0.9900	
					树枝	3	−13.182300	1.066700		0.9760	
					树枝	4	−14.182600	3.350200		0.9590	
					树叶	3	−14.594000	1.096800		0.9830	
					树叶	4	−15.555900	3.421400		0.9600	
广东省鼎湖山	50	5	20—120	4—15	树干	1	0.742000	0.969000		0.9990	彭少麟等 1989
					树皮	1	0.349000	0.514000		0.9080	
					树枝	1	0.009600	1.070000		0.9940	
					树叶	1	0.004500	0.926000		0.9750	
湖南省会同	20	7	8.0—22.3	10.7—15.12	树干	3	−1.778590	0.958610		0.9980	冯宗炜等,1982
					树皮	3	−2.754490	0.957240		0.9980	
					树枝	3	−3.299300	1.222510		0.9820	
					树叶	3	−3.782520	1.302910		0.9850	
					树根	3	−2.860120	1.129080		0.9390	
福建省龙溪县	6	48			树干	2	0.671300	1.481400		0.9620	林开敏等,1993
					树枝	2	0.567300	1.226400		0.7670	
					树叶	2	0.592000	1.093900		0.7430	
					树根	2	0.654000	1.220600		0.8110	
					地上	2	0.892800	1.716600		0.9490	
					全株	2	1.015200	1.796500		0.9520	
					树干	5	0.285800	1.885600	0.076900	0.8700	
					树枝	5	0.140800	1.592400	0.464800	0.7300	
					树叶	5	0.126200	1.133600	0.938600	0.6900	
					树根	5	0.681000	2.663600	1.643400	0.7900	
					地上	5	0.599600	1.650900	0.329400	0.8900	
					全株	5	1.071500	1.363300	−0.151100	0.8800	
浙江省南部	18	54	4—14	3—14	树干	4	−1.805700	3.103400		0.9711	江波等,1992
					树枝	4	−2.647100	2.963100		0.9481	
					树叶	4	−1.051100	1.388100		0.9968	
					地上	4	−1.385500	2.775100		0.9664	
					树干	3	−1.955600	1.091900		0.9970	
					树枝	3	−2.732500	0.991200		0.9871	
					树叶	3	−2.023500	0.745400		0.9995	
					地上	3	−1.579400	0.979700		0.9827	

续表

调查地点	林龄/a	样本数	胸径/cm	树高/m	器官	公式*	系数 a	系数 b	系数 c	相关系数	资料来源
贵州省德江县	20		5—22		树干	1	0.051110	0.850080		0.9860	安和平等,1991
					树枝	1	0.032000	0.678540		0.9150	
					树叶	1	0.390940	0.263170		0.5083	
					树根	1	0.027770	0.732980		0.9792	
					地上	1	0.145680	0.746150		0.9846	
					全株	1	0.177470	0.739280		0.9900	

* 1: $W=a(D^2H)^b$, 2: $W=aD^b$, 3: $\log W = \log a + b\log(D^2H)$, 4: $\log W = \log a + b\log D$, 5: $W=aD^bH^c$

有直接关系。因而列举的群落生物量测定数据,一般来说,较实际情况要低。尽管如此,但还可以明显看出,马尾松林群落生物量的高低,与纬度的增高、热量和水分状况的减少有密切关系。应该指出的是,广东肇庆鼎湖山50年生马尾松林的群落生物量反而不及其它地点调查的20年生的马尾松林,其原因是该马尾松林处于次生演替的初级阶段,并且人为干扰破坏大,林冠层发育不良(张祝平等,1989),因而乔木层生物量不高,而下木和草本植物发育较好,生物量较其它地方为高。另外四川江北苁竹林场20年生的马尾松林群落生物量较其它同纬度的中亚热带地区的为低,主要是丘陵地区群众烧柴困难,人为干扰破坏频繁所致。

马尾松林群落生物量在各层中的分配,以受人为活动干扰破坏较轻的中亚热带-湖南会同广坪林区为例,乔木层占比例最大,为96.1%,下木层占2.9%,草本层占0.9%,枯落物层仅占0.1%。

表6-58 马尾松林群落生物量/(t/hm²)

调查地点	林龄/a	密度	乔木层	下木层	草本层	枯落物层	合计	资料来源
安徽大别山	20	1605	79.56	0.94	0.19	—	80.69	朱锡春等,1992
安徽滁巢丘陵	20	1785	84.11	0.68	1.31	—	86.10	
安徽皖南中、北部	20	1737	106.84	0.87	0.25	—	107.96	
安徽皖南南部	20	1659	108.34	1.68	0.50	—	110.52	
湖南会同广坪	20	1750	100.04	3.01	0.90	0.11	104.04	冯宗炜等,1982
广东增城中部	30		140.43	—		3.51	143.94	徐英宝等,1990
四川江北苁竹林场	20		36.66	0.31	0.19	0.38	37.54	罗韧,1988

(2) 乔木层的生物量

从现有的马尾松林乔木层的生物量的调查资料来看(表6-59),被调查林分的林龄介于6—50年。乔木层的生物量介于29.92—155.17t/hm²,这里需指出的是,林龄是影响乔木层总生物量的重要因子,许多林分的生物量随林龄有较大变化,如在贵州德江县板桥河流域的马尾松林,当林龄从11年变为30年时,乔木层生物量则从29.12t/hm²增加到155.17t/hm²。人为干扰和管理对马尾松林生物量的影响也是巨大的,湖南省会同20年生的马尾松林,由于管理保护较好,生物量为100.04t/hm²,而广东鼎湖山的人为干扰破坏严重的50年生马尾松林生物量仅有63.19t/hm²,四川江北县的20年生马尾松林,生物量为36.60t/hm²。

表 6-59 亚热带马尾松林乔木层生物量

调查地点	林龄/a	生物量/(t/hm²) 树干	树皮	树枝	树叶	树根	总计	资料来源
福建省龙溪县	6	21.59		7.95	7.88	9.93	47.35	林开敏等,1993
浙江省南部	20	73.82		6.83	5.79		86.43	江波等,1992
	22	71.79		7.58	3.55		82.92	
	20	43.88		5.86	5.53			
	17	72.22		7.87	5.62			
湖南省会同县	20	54.99	5.91	13.07	9.03	17.04	100.04	冯宗炜等,1982
	17	67.37		12.11	4.79			梁立平,1984
	28	110.18		5.07	5.07			
	58	243.56		22.19	2.45			
	84	233.30		24.18	2.78			
	29	104.22		12.08	9.60			
	28	98.04		19.43	3.87			
	27	116.12		15.68	3.48			
	28	108.11		21.74	6.54			
广东省鼎湖山	50	34.39		8.14	5.43	15.23	63.19	张祝平等,1989
	50	35.89	5.58	10.09	1.57	10.88	64.01	彭少麟等,1989
广东省增城县中部	30	89.25	6.60	12.70	8.52	23.36	140.43	徐英宝等,1990
广东省流溪河水库林区	29	142.88		31.90	10.20			管东生,1986
广东省鹤山	14	70.31		22.70	10.73	5.03	108.47	彭少麟等,1987
广西武宣县禄峰山林场	14	52.16	9.12	13.20	6.67	11.44	92.59	田大伦,1989
	14	61.68	10.82	18.73	7.50	13.33	112.06	
	14	62.18	11.01	13.66	8.17	14.59	109.61	
	14	54.82	9.86	10.46	6.72	11.45	93.31	
四川省江北县茨竹林场	20	17.82		6.42	3.43	5.73	36.66	罗韧,1988
贵州省德江县	11	18.04		3.73	3.56	4.59	29.92	安和平等,1991
	21	68.92		11.32	5.71	15.00	100.95	
	30	108.92		16.70	6.92	22.63	155.17	

(3) 不同林龄级乔木层的生物量

表 6-60 给出了不同林龄级的马尾松林乔木层各器官生物量的平均值和范围。从表中可以看出,幼龄林、中龄林和成熟林的马尾松林乔木层平均生物量分别为 84.64、106.65t/hm² 和 63.60t/hm²。成熟林生物量低是由于被调查的林地经过"拔大毛"和多次人为干扰,导致马尾松林退化所致。幼龄林和中龄林的马尾松林乔木层生物量变化幅度很大,是由于不同地方的立地条件差异大,人为管理措施不同。马尾松林树干生物量随林龄而增加,幼、中和成熟林树干生物量平均值分别为 55.60、86.35t/hm² 和 136.79t/hm²。对于同一龄级,树干生物量的变化幅度也非常大。从现有调查资料来看,树干生物量最大值为 243.56t/hm²(湖南会同林区 58 年生)。马尾松林的树皮生物量调查数据有限,在一些调查中,没有将树皮生物量单独分开,而和树干生物量合在一起,从现有资料看,树皮生物量对幼龄林、中龄林和成熟林分别为 10.20、6.26t/hm² 和 5.58t/hm²。树枝生物量也有随林龄而增加的趋势,幼龄林、中龄林和成熟林的树枝生物量分别为 12.27、

13.32t/hm² 和 16.15t/hm²。需指出的是树枝生物量在各林龄级内的变化都较大。最大树枝生物量为 31.90t/hm²，为广东流溪河流域的 29 年生马尾松林。树叶生物量平均值在幼龄林、中龄林和成熟林中分别为 6.85、6.30t/hm² 和 3.06t/hm²。成熟林树叶生物量较小是由于广东鼎湖山 50 年生的马尾松林正处于衰退时期。树叶生物量在各林龄级内变化也比较大。最大树叶生物量是广东鹤山 14 年生的马尾松林，达 10.73t/hm²。马尾松林的树根生物量，对于幼龄林、中龄林和成熟林分别为 10.05、16.75t/hm² 和 13.06t/hm²。成熟林树根生物量低是由于被调查的 50 年生马尾松林处于衰退阶段。各林龄级内树根生物量变化比较大，最大树根生物量出现在广东增城县 30 年生的马尾松林中，为 23.36t/hm²。中龄林树根生物量比幼龄林高。

表 6-60　各林龄组马尾松林乔木层各器官生物量的平均值和范围/(t/hm²)*

器官	幼龄林(0—20a) 平均值	范围	中龄林(20—40a) 平均值	范围	成熟林(>40a) 平均值	范围
树干	55.60	18.04—82.18	86.35	17.82—116.11	136.79	34.39—243.56
树皮	10.20	9.80—11.01	6.26	5.91—6.66	5.58	5.58
树枝	12.27	3.73—22.70	13.31	5.86—31.90	16.15	8.14—24.18
树叶	6.85	3.56—10.73	6.30	3.43—10.20	3.06	1.57—5.43
树根	10.05	4.59—14.59	16.75	5.73—23.36	13.06	10.88—15.23
乔木层	84.64	29.92—112.06	106.65	36.66—140.43	63.60	63.19—64.01

* 根据表 6-59 计算

对于有树根生物量的调查数据，计算了乔木层生物量在各器官的分配比例（表 6-61），再按林龄级进行统计，得出表 6-62 所示的不同林龄级林木各器官生物量占乔木层总生物量的百分数。树干生物量占乔木层总生物量的百分数，中龄林（61.7%）大于幼龄林（57.1%），这说明随林龄增加，有较多的生物质被分配到树干组织中。对于成熟林，

表 6-61　亚热带马尾松林乔木层生物量在各器官的分配比例*

调查地点	林龄/a	生物量分配比例/% 树干	树皮	树枝	树叶	树根
福建省龙溪县	6	45.60		16.79	16.64	20.97
湖南省会同县	20	54.97	5.91	13.06	9.03	17.03
广东省鼎湖山	50	54.42		12.89	8.59	24.10
	50	56.07	8.71	15.76	2.46	16.99
广东省增城县中部	30	63.55	4.70	9.04	6.07	16.63
广东省鹤山	14	64.64		20.87	9.86	4.62
广西武宣县禄峰山林场	14	56.33	9.85	14.26	7.20	12.36
	14	55.04	9.66	16.71	6.69	11.90
	14	56.73	10.04	12.46	7.45	13.31
	14	58.75	10.57	11.21	7.20	12.27
四川省江北县茨竹林场	20	53.35		19.22	10.27	17.16
贵州省德江县	11	60.28		12.48	11.90	15.35
	21	68.27		11.22	5.66	14.86
	30	70.19		10.76	4.46	14.59

* 根据表 6-59 计算

由于被调查的马尾松林处于衰退阶段,发育不良,因而树干生物量所占比例较小。树干生物量占乔木层总生物量的百分比最大可达 70.2%(贵州省德江县 30 年生的马尾松林)。该百分数最小为 8 年生的马尾松林(45.6%)。树皮生物量占乔木层的比例介于 5.9%—10.6%。对于幼龄林、中龄林和成熟林,该比例分别为 10.0%、5.9% 和 8.7%。树枝生物量占乔木层的比例介于 9.0%—20.9%。对于幼龄林、中龄林和成熟林其平均值分别为 14.9%、12.7% 和 14.3%,不同龄级间的平均值的差异小于各龄级内不同调查地间的差异,这说明,树枝生物量占乔木层生物量的比例随年龄变化不大。树叶生物量占乔木层生物量的百分比介于 4.5%—16.6%。尽管不同林龄级间的差异不大,但还可以看出,其平均值幼龄林(9.6%)大于中龄林(7.0%),再大于成熟林(5.5%)。树根生物量占乔木层总生物量的比例介于 4.6%—21.0%,幼龄林、中龄林和成熟林分别为 13.0%、16.1% 和 20.6%,表现出随林龄而增加的趋势。

表 6-62　各林龄组马尾松林乔木层生物量在各器官分配的平均值和范围/%*

器官	幼龄林(0—20a) 平均值	范围	中龄林(20—40a) 平均值	范围	成熟林(>40a) 平均值	范围
树干	57.1	45.6—64.6	61.7	55.0—70.2	55.2	54.4—56.1
树皮	10.0	9.8—10.6	5.9	5.9	8.7	8.7
树枝	14.9	11.2—20.9	12.7	9.0—19.2	14.3	12.9—15.8
树叶	9.6	6.7—16.6	7.0	4.5—11.9	5.5	2.5—8.6
树根	13.0	4.6—20.9	16.1	14.8—17.2	20.6	17.0—24.1

* 根据表 6-61 计算

5.2.2　马尾松林的生产力

有关马尾松林群落生产力的研究资料报道有限,根据林令为 20 年生,密度相近似的马尾松林的平均净生产量计算的资料来看(表 6-63),马尾松林群落生产力介于 4.0—5.5 t/(hm²·a)左右,乔木层的生产力为 4.0—5.4t/(hm²·a)左右,与前述的马尾松林群落生物量的分析相似,一般由南向北,随纬度的增高,热量和水分状况的减少而递减。在低纬度的南亚热带(表 6-64),热量和水分状况充分的条件下,广东流溪河水库区 29 年生的马尾松林乔木层地上部分的生产力高 18.82 t/(hm²·a)。另据在广东肇庆鼎湖山 50 年生的马尾松林用气体交换法测得的结果,乔木层生产力为 8.45t/(hm²·a)。

表 6-63　亚热带马尾松林群落生产力/(t/(hm²·a))

调查地点	林龄/a	密度	乔木层	下木层	草本层	枯落物	合计	资料来源
安徽大别山	20	1605	3.978	0.047	0.0095		4.035	朱锡春等,1992
安徽滁巢丘陵	20	1785	4.206	0.034	0.0655		4.305	
安徽皖南中北部	20	1737	5.342	0.044	0.0125		5.398	
安徽皖南南部	20	1659	5.417	0.084	0.0250		5.526	
湖南会同广坪	20	1750	5.163	0.151	0.0450	0.114	5.473	冯宗炜等,1982

5.3　云南松林

云南松是我国亚热带西部分布广,而且具有生态地理特征的树种。云南松林在亚热带西部特殊的自然条件下,在植被演替进程中,一般都处于初级阶段,但在气候偏干旱、土质贫瘠的生境,其它常绿树种难以立足的地方,常常也形成相对稳定的森林群落。有关云南松林生物量和生产力的研究报导还比较少。根据现有的报道,仅见有在四川省凉山地区调查的飞播云南松林和对云南省易门县境内的不同林龄的天然次生云南松林(党承林等,1991)。

表6-64　南亚热带马尾松林乔木层生产力及其在各器官的分配比例

调查地点	林龄/a	生产力/(t/(hm²·a),(%))					资料来源
		树干	树皮	树枝	树叶	树根	总计	
广东鼎湖山	50						8.45	彭少麟,1989
广东增城县中部	30	2.59	0.18	0.36	0.23	0.71	4.08	徐英宝等,1990
		(63.6)	(4.4)	(8.9)	(5.7)	(17.4)		
广东流溪河水库林区	29	10.58		2.87	5.17		18.82	管东生,1986

5.3.1 生物量

云南松林生物量的测定一般采用的是相对生长法。表6-65列出了云南松林林木各器官生物量的相对生长式。

表6-65　云南松林中林木各器官的生物量的相对生长式

调查地点	林龄/a	器官	回归方程*	系数a	系数b	相关系数	资料来源
四川凉山	6—23	树干	1	1.3214	−1.0429	0.97	江洪等,1985
		树枝	1	1.2743	−1.6841	0.92	
		树叶	1	1.0210	−1.4218	0.91	
		树根	1	0.4603	−1.179	0.93	
		地上部分	1	1.2660	−0.8093	0.97	
云南易门县	4	树干	2	0.021	1.738	0.97	党承林等,1991
		树皮	2	0.0705	1.451	0.99	
		树枝	2	0.000093	2.7404	0.93	
		树叶	2	0.3037	1.321	0.93	
		树根	3	0.9941	2.844	0.94	
	11	树干	4	0.2951	20.3106	0.97	
		树皮	4	0.4960	68.2403	0.97	
		树枝	4	0.1784	86.2093	0.99	
		树叶	5	0.0452	0.0086	0.99	
		树根	4	0.2703	110.4367	0.99	
	23	树干	6	0.0105	1.0652	0.99	
		树皮	6	0.043	0.6628	0.97	
		树枝	6	0.8775	0.0043	0.98	
		树叶	7	0.033	0.9352	0.97	
		树根	8	−0.5572	9.3745	0.99	

* 1: $\log(W) = \log a + b\log(D^2H)$; 2: $W = aH^b$; 3: $W = a(Db)^b$; 4: $W = D^2H/(aD^2H + b)$; 5: $W = a + b(D^2H)$; 6: $W = a(D^2H)^b$; 7: $W = a(DH)^b$; 8: $W = D/(aD + b)$

式中,W为单株的某一器官的生物量(kg),D和H分别为林木的胸径(cm)和高度(m)

(1) 群落的生物量

从表6-66可以看出,4、11年生和23年生的云南松林群落的生物量分别是9.99、27.88t/hm²和69.85t/hm²。乔木层的生物量随林龄增加有较大幅度的增长,11年生和

23年生的云南松林生物量分别为25.83 t/hm²和67.24t/hm²,是4年生(4.64t/hm²)的5.6倍和14.5倍。云南松林的灌木层和草本层的生物量分别是0.27—2.76t/hm²和1.78—2.59t/hm²,其中4年生的幼龄林最大,这与幼龄林阶段,郁闭度小,林地空隙大,有利于灌木和草本的滋生。从各层生物量占群落总生物量的比例看(表6-66),乔木层、灌木层和草本层的生物量所占的比例分别是46.4%—97.3%、0.8%—27.6%和2.9%—26.0%。乔木层生物量所占的比例随林龄增长而增加,相反灌木层和草本层的生物量所占的比例则随林龄的增长而减少。

表6-66 云南松林森林群落的生物量及其分配*

调查地点	林龄/a		乔木层	灌木层	草本层	总计
云南易门县	4	生物量/(t/hm²)	4.64	2.76	2.59	9.98
		分配/%	46.4	27.6	26.0	
	11	生物量/(t/hm²)	25.83	0.27	1.78	27.87
		分配/%	92.7	1.0	6.3	
	23	生物量/(t/hm²)	67.24	0.58	2.03	69.85
		分配/%	96.3	0.8	2.9	

* 引自党承林等(1991)

(2)乔木层的生物量

由表6-67中可以看出,云南松林乔木层的生物量以四川省凉山地区异龄林的最大(94.51t/hm²),而且大于云南易门的23年生的云南松天然次生林,这是由于多次在同一地方飞播造林形成的结果。从不同林龄的云南松林乔木层生物量的分析中可以看出,云南松林乔木层中树干、树皮、树枝和树根的生物量均随林龄的增长而增加。树叶的生物量具有4年生的<23年生的<11年生的规律。

表6-67 云南松林乔木层的生物量及其分配比例

调查地点	林龄/a		树干	树皮	树枝	树叶	果实	树根	总计	资料来源
四川凉山地区	6—23	生物量/(t/hm²)	38.63		10.87	6.42		8.59	94.51	江洪等,1985
		分配/%	72.6		11.5	6.8		9.1		
云南易门县	4	生物量/(t/hm²)	0.47	0.83	0.34	2.02		0.58	4.64	党承林等,1991
		分配/%	18.8	17.9	7.4	43.5		12.4		
	11	生物量/(t/hm²)	7.62	3.51	4.87	5.90	0.34	3.59	25.83	
		分配/%	29.5	13.6	18.9	22.8	1.3	13.9		
	23	生物量/(t/hm²)	34.26	6.49	9.66	3.92		12.92	67.24	
		分配/%	51.0	9.6	14.4	5.8		19.2		

从乔木层的生物量在各器官的分配比例看,树干生物量占乔木层生物量的比例为18.8%—72.6%,以四川凉山地区的异龄林最大(其中包括树皮生物量),云南易门县云南松林乔木层生物量中,树干所占比例从4年生的18.8%增加到23年生的51.0%。树皮生物量占乔木层的9.6%—17.9%,并随林龄的增长而减少。树枝生物量占乔木层的7.4%—18.9%,随林龄的变化规律不明显。树叶生物量占乔木层生物量的6.8%—43.5%,树叶生物量所占比例随林龄的增长而减少。树根生物量占乔木层的9.1%—19.2%,也反映出随林龄的增加而增长的趋势。

5.3.2 生产力

（1）群落生产力

云南松林乔木层的生产力是根据林木解析法和比值法计算的，灌木层和草本层的生产力是用生物量除以其年龄得到的。云南易门县的云南松林群落的生产力（表6-68），4年生、11年生和23年生的分别为 5.30t/(hm²·a)、12.01t/(hm²·a)和10.60t/(hm²·a)。4年生、11年生和23年生的乔木层生产力分别是 2.26t/(hm²·a)、10.73t/(hm²·a)和8.45t/(hm²·a)，分别占群落总生产力的 42.7%、89.3%和79.8%（表6-68）。云南松林灌木层的生产力是 0.11—0.45t/(hm²·a)，占总生产力的 0.9%—8.4%。云南松林草本层的生产力是 1.18—2.59t/(hm²·a)，占总生产力的 9.7%—48.9%。

表6-68 云南松林群落的生产力*

调查地点	林龄/a		乔木层	灌木层	草本层	总计
云南易门县	4	生产力/(t/(hm²·a))	2.26	0.45	2.59	5.30
		分配/%	42.7	8.4	48.9	
	11	生产力/(t/(hm²·a))	10.73	0.11	1.18	12.01
		分配/%	89.3	0.9	9.7	
	23	生产力/(t/(hm²·a))	8.45	0.11	2.03	10.60
		分配/%	79.8	1.0	19.1	

＊引自党承林等（1991）

（2）乔木层生产力

在云南松林的乔木层中，树干、树皮、树枝、树叶和树根的生产力分别为 0.22—2.56t/(hm²·a)、0.21—1.55t/(hm²·a)、0.13—1.69t/(hm²·a)、1.55—4.58t/(hm²·a)和1.27—1.83t/(hm²·a)（表6-69），分别占乔木层总生产力的 9.6%—23.0%、9.2%—12.4%、5.9%—15.0%、35.9%—68.6%和6.7%—8.5%（表6-69）。11年生的云南松林的果实生产力为 0.34t/(hm²·a)。

从获得的云南松林群落生产力和乔木层生产力的数字看，11年生的云南松林较23年生的云南松林的年间生产力要高，这与云南松生长发育阶段不同有关，由于11年生时正处于速生阶段，故年间的生产力较高。

表6-69 云南松林乔木层的生产力/(t/(hm²·a))*

调查地点	林龄/a		树干	树皮	树枝	树叶	果实	树根	总计
云南易门县	4	生产力(t/(hm²·a))	0.22	0.21	0.13	1.55		0.15	2.26
		分配/%	9.6	9.2	5.9	68.6		6.7	
	11	生产力(t/(hm²·a))	2.56	1.55	1.69	4.58	0.34	1.82	10.73
		分配/%	20.4	12.4	13.5	36.5	2.8	14.5	
	23	生产力(t/(hm²·a))	1.95	0.94	1.27	3.03		1.27	8.46
		分配/%	23.0	11.1	15.0	35.9		8.5	

＊引自党承林等（1991）

5.4 思茅松林

思茅松林是我国西部云南省南亚热带的暖性针叶林。分布范围较集中，分布区的地理范围为北纬 24°24′以南，东经 99°5′—102°。主要成林分布在海拔 850—1850m 之间，也可下至 600m 的澜沧江边（《云南植被》编写组，1987）。由于森工采伐，目前主要的成林面积是幼、中龄林。有关思茅松林生物量和生产力的研究只是近年来才见到有中、幼龄林的报道。

5.4.1 生物量

思茅松林生物量研究的测定方法和云南松林相仿,党承林等(1992)采用相对生长法原理,通过样地调查、选取标准木测定后拟合林木各器官生物量与胸径(D)和树高(H)的相对生长式(表6-70)。

表 6-70 思茅松林乔木层器官生物量的相对生长式*

林龄/a	器官	回归方程式	相关系数	剩余标准差
云南省普洱县				
12	干材	$W_s = 0.01888 \times (D^2H)^{0.9654}$	0.9883	0.0924
	干皮	$W_{sb} = 0.00890(D^2H)^{0.8829}$	0.9901	0.0777
	枝	$W_b = 0.00002(D^2H)^{1.6272}$	0.9401	0.3659
	叶	$W_n = 0.00018(D^2H)^{1.1974}$	0.9181	0.3207
	根颈	$W_{rn} = -0.0274 + 0.0009D^2$	0.9658	0.4317
	根系	$W_{rs} = -0.9259 + 0.0019D^2H$	0.9526	1.0997
23	干材	$W_s = 0.01218(D^2H)^{0.9904}$	0.9930	0.1135
	干皮	$W_b = 0.02340D^{2.4247}$	0.9940	0.1017
	枝	$W_{rs} = 0.00028(D^2H)^{1.2526}$	0.9864	0.1986
	叶	$W_n = D^2H/(0.0235D^2H - 1967.57)$	0.9946	0.0560
	果实	$W = -0.4357 + 0.0335D$	0.9224	0.0952
	根颈	$W_{rn} = D^2H/(-0.0210D^2H - 1213.67)$	0.9948	0.0338
	根系	$W_{rs} = 1.8091 - 0.0016D^2H$	0.9948	2.4727
云南省昌宁县				
13	干材	$W_s = 6.2124E-03(2.1697-D)^3$	0.9855	5.7331
	干皮	$W_{sb} = -6.5034E-02 + 2.3739E-0.2D^2$	0.9829	0.7598
	枝	$W_b = -0.5176 + 4.2376E-03D^3$	0.9911	2.3809
	叶	$W_n = 3.8541E-02(-2.2887+D)^2$	0.9495	1.9383
	根颈	$W_{rn} = 2.9338E-02(-2.5483+D)^2$	0.9878	0.6458
	根系	$W_{rs} = 4.1892E-02(-3.2307+D)^2$	0.9882	0.8556
35	干材	$W_s = -32.5253 + 0.4088D^2$	0.9978	12.6440
	干皮	$W_{sb} = 7.0386E-02(-9.1031+D)^2$	0.9926	2.8925
	枝	$W_b = -285.4302/(D-44.5559)$	0.9972	1.3607
	叶	$W_n = -109.1338/(D-45.0181)$	0.9882	0.9542
	根颈	$W_{rn} = 5.177E-0.12(-6.5012+D)^2$	0.9926	2.2566
	根系	$W_{rs} = -0.1307 + 1.3450 - 0.3D^2$	0.9883	4.2617

*资料来源:吴兆录等,1992

(1) 群落生物量

思茅松林群落生物量及其在各层的分配见表6-71。从表6-71中可以看出,思茅松幼、中龄林群落生物量随林龄的增长而增加,12—13年生的幼林群落生物量在100—110t/hm²左右,23年生的接近140t/hm²,至35年生时接近220t/hm²,其中乔木层占群落生物量的比例最大,在86—94%之间,也呈现出随林龄的增长而增加的趋向;下木层生物量在2—9t/hm²之间,有随林龄的增长而减少的趋势;草本层的生物量很少,在0.7—

1.5t/hm²之间,占群落生物量的比例不到1%;枯落物层生物量在4—10t/hm²之间,占群落生物量的比例在3.8%—8.7%之间。从整个思茅松中幼龄林群落来看,乔木层生物量占绝对优势,呈现出乔木层>枯落物层>下木层>草本层的趋势。

表6-71 思茅松林群落生物量及其在各层的分配比例*

调查地点	林龄/a	乔木层	下木层	草本层	枯落物层	总计	资料来源
云南省普耳县	12	75.67	9.17	0.72	4.20	109.76	吴兆录等,1992
		(87.1)	(8.4)	(0.7)	(3.8)		
	23	120.11	6.48	0.96	10.09	137.65	
		(87.3)	(4.7)	(0.7)	(7.3)		
云南省昌宁县	13	88.07	4.40	0.93	8.90	102.30	
		(86.1)	(4.3)	(0.9)	(8.7)		
	35	205.35	1.95	1.55	9.63	218.54	
		(93.9)	(1.0)	(0.7)	(4.4)		

(2)乔木层生物量

表6-72为思茅松林乔木层生物量及其在各器官部分的分配状况,由表6-72中可以看出,乔木层的生物量也如同群落生物量的变化规律一样,12—13年生时为86—92t/hm²,至23年生时达119t/hm²,至35年生时可超过205t/hm²。乔木层中树干生物量占的比例最大,12—13年生时树干生物量为41—53t/hm²,至23年生时达64t/hm²,至35年生时可达147t/hm²,随林龄增长而增加较明显。树根生物量也呈现随林龄增长而增加的趋势,12—13年生时在9—12t/hm²之间,至23年生时为15t/hm²,至35年生时可达28t/hm²。其它地上部分随林龄增长反映不明显,这可能与人为活动干扰(采樵等)和昆虫采食影响有关。

表6-72 亚热带思茅松林乔木层生物量及其在各器官的分配

调查地点	林龄/a	树干	树皮	树枝	树叶	果实	树根	总计	资料来源
云南省普耳县	12	52.54	12.43	14.48	3.48		9.36	92.29	吴兆录等,1992
		(56.9)	(13.5)	(15.7)	(3.8)		(10.1)		
	23	63.86	22.46	14.87	2.42	0.11	15.48	119.20	
		(53.6)	(18.8)	(12.5)	(2.0)	(0.1)	(12.9)		
云南省昌宁县	13	41.22	6.21	17.67	7.71		12.44	85.67	
		(48.1)	(7.7)	(20.6)	(9.0)		(14.5)		
	35	147.08	14.16	11.28	4.18		27.80	204.50	
		(71.9)	(6.9)	(5.5)	(2.1)		(13.6)		

5.4.2 生产力

思茅松幼、中龄林群落生产力较高(表6-73),在18—27t/(hm²·a)之间,其中乔木层的生产力占绝对优势(占89%—94%),下木层次之(占3%—8%),草本层最少(占2%—4%)。在12—13a的幼龄林中,群落生产力高达25—27t/(hm²·a),在这一阶段,林木高粗生长很快,其后,随着林分的郁闭,自然疏稀造成的密度下降和人为活动及昆虫的采食而生产力有所下降(表 6-73)。

思茅松幼、中龄林乔木层生产力较高,在 17—23t/(hm²·a)之间,如同群落生产力的变化趋势相一致,12—13 年生时高达 23t/(hm²·a),其后有所下降。在乔木层中,树干生产力最高,各器官的生产力的顺序依次为树干 > 树叶 > 树根 > 树枝(表 6-74)。

思茅松幼、中龄林群落生产力和乔木生产力较高,这与其所处的南亚热带特殊的自然条件有关,如在思茅松林分布的云南普洱地区,年平均总辐射为 5.1264×105 J/cm²,年平均气温 19.4℃,>10℃积温高达 6572.6℃,无霜期达 354d,年平均降水量为 1250mm(其中 5—10 月雨季占 86%),相对湿度达 80%,由于光、热、水分条件丰富,思茅松和亚热带其它松属的树种一样,又耐干旱贫瘠土壤,因而早期生长快,生产力高。

表 6-73　亚热带思茅松林群落生产力及在各层的分配

调查地点	林龄/a	生产力/(t/(hm²·a),(%))				资料来源
		乔木层	下木层	草本层	总计	
云南省普耳县	12	24.202	2.037	0.721	26.960	吴兆录等,1992
		(89.8)	(7.5)	(2.7)	(100.0)	
	23	21.296	1.695	0.964	23.955	
		(88.9)	(7.1)	(4.0)	(100.00)	
云南省昌宁县	13	23.082	0.998	0.464	24.544	
		(94.0)	(4.1)	(1.9)	(100.0)	
	35	17.275	0.486	0.599	18.360	
		(94.1)	(2.6)	(3.3)	(100.0)	

表 6-74　亚热带思茅松林乔木层生产力

调查地点	林龄/a	生产力/(t/(hm²·a),(%))							资料来源
		树干	树皮	树枝	树叶	果实	树根	总计	
云南省普耳县	12	9.610	2.483	5.134	3.484*		2.685	23.396	吴兆录等,1994
		(41.1)	(10.6)	(21.9)	(14.9)		(11.5)		
	23	8.460	2.756	3.391	2.423*	0.105	1.825	18.960	
		(44.6)	(14.5)	(17.9)	(12.8)	(0.6)	(9.6)		
云南省昌宁县	13	6.045	1.628	4.862	7.715		2.832	23.082	
		(26.2)	(7.1)	(21.1)	(33.4)		(12.2)		
	35	4.870	3.039	1.980	4.181		3.205	17.275	
		(28.2)	(17.6)	(11.5)	(24.2)		(18.6)		

* 不包括被昆虫采食量在内

5.5　福建柏林

5.5.1　生物量

福建柏(*Forienia hodginsii*)是我国亚热带特有树种,在南岭山地都庞岭一带常见于常绿阔叶林和常绿落叶阔叶混交林中,湖南省株洲市朱亭林区于 20 世纪 70 年代中期开始营造人工林取得成效。表 6-75 为福建柏林单株生物量的相对生长公式。

由表 6-76 中可以看出,福建柏林乔木层生物量随林龄的增大而增加。各部分器官生物量占乔木层生物量的比例(6—10 年生时)变幅不大,树干占 45.6%—47.5%,树皮占 7.6%—7.9%,树枝占 12.4%—12.8%,树叶占 2.16%—2.86%,树根占 27.8%—

29.7%。上述数据表明,随着林龄的增大,树干、树皮和树枝所占的比例变幅较小,而树叶所占的比例显著下降,树根所占的比例有明显的增加。

表 6-75 福建柏单株林木各器官生物量的相对生长式

地点及类型	林龄/a	器官	回归方程*	参数 a	参数 b	参数 c	相关系数	资料来源
湖南株洲人工林	6—15	树干	1	0.34308	0.85574		0.99	薛秀康等,1992
		树皮	1	0.005725	0.85573		0.99	
		树枝	2	0.007557	2.5338		0.97	
		树叶	3	3.392	−0.8938	0.0822	0.96	
		树根	4	0.29451	1.2834		0.98	
		全株	2	0.13058	2.2045		0.99	
湖南江永都庞岭天然林	95—143	树干	1	0.02987	1.1306		0.99	根据王安等,
		树枝	1	0.41171	0.7625		0.93	(1981)9 株标
		树叶	1	1.2612	0.9229		0.93	准木生物量
		地上部分	1	0.031412	1.0501		0.99	准木计算
		树根	1	0.15422	0.8877		0.96	准木
		全株	1	0.027241	1.0087		0.99	

*1:$W=a(D^2H)^b$;2:$W=aD^b$;3:$W=a+bD+cD^2$;4:$W=aD^d$

表 6-76 福建柏林乔木层生物量

林龄/a	密度/(株/hm²)	生物量/(t/hm²) 树干	树皮	树枝	树叶	树根	合计	资料来源
6	5100(人工林)	20.00	3.34	5.41	6.21	8.74	43.70	薛秀康等,1993
7	5100(人工林)	28.93	4.84	7.90	8.46	11.72	61.84	
12	2680(人工林)	35.80	5.97	9.42	10.34	13.86	75.39	
13	2740(人工林)	38.65	6.49	10.29	11.39	15.32	82.10	
15	2260(人工林)	38.13	6.36	10.55	11.97	16.65	83.66	
95	1117(天然林)	51.22	8.03	12.30	2.21	28.34	102.09	王永安等,1983,
143	333(天然林)	50.21	5.18	17.02	3.07	31.39	107.41	

5.2.2 生产力

根据以湖南省株洲市朱亭林区福建柏人工林乔木层平均净生长量表示生产力的结果来看(表 6-77),6—15 年生阶段,乔木层生产力变动在 5.5—9.0 t/(hm²·a)之间,平均为 6.9 t/(hm²·a),其中林分密度的差异与生产力之间有密切的关系。随林龄的增长,单位面积株数的逐渐减少,生产力也有下降。当林分的年龄达 15a,密度每公顷为 2260 株时,福建柏人工林的生产力为 5.6 t/hm²。

表 6-77 福建柏人工林乔木层平均净生长量

林龄/a	密度/(株/hm²)	平均净生产量/(t/(hm²·a)) 树干	树皮	树枝	树叶	树根	合计
6	5100	3.333	0.557	0.902	1.035	1.457	7.283
7	5100	4.133	0.690	1.129	1.209	1.674	8.834
12	2680	2.983	0.498	0.785	0.862	1.155	6.283
13	2740	2.973	0.496	0.793	0.876	1.178	6.315
15	2260	2.542	0.426	0.703	0.198	1.110	5.577

6 温性针叶林

6.1 亚热带天然云冷杉林

四川西部、云南西北部横断山脉亚高山地区的云冷杉林,是我国西南林区的主要组成部分。该地区的天然云冷杉林是由多种云、冷杉组成的,这里介绍的包括以云杉(*Picea asperata*)、紫果云杉(*P. purpurea*)、油麦吊云杉(*P. brachytyla* var. *complanata*)和长苞冷杉(*Abies georgei*)等为主的天然林的生物量和生产力。研究的林分一般以中龄林为主,最大为200年生的。

6.1.1 生物量

对亚热带天然云冷杉林乔木层生物量的研究都采用的是相对生长法,下木层和草本地被层的生物量测定都采用样方法。表6-78为亚热带天然林云冷杉林乔木层林木各器官生物量的相对生长式。

表6-78 云杉中龄林的林木各器官的生物量的相对生长式

类型	器官	回归方程	相关系数	剩余标准差	资料来源
云杉林	树干	$W_s = 0.0374(D^2H)^{0.9336}$	0.9070	0.1203	江洪等,1986
(中龄林)	树皮	$W_{sb} = 0.003445(D^2H)^{0.9343}$	0.9082	0.0324	
(30—80a)	树枝	$W_b = 2.0644(D^2H)^{0.2721}$	0.9122	0.1421	
	树叶	$W_f = 1.1520(D^2H)^{0.27236}$	0.9216	0.0908	
	地上部分	$W_g = 0.149707(D^2H)^{0.8013}$	0.9577	0.1436	
	根系	$W_{rs} = 0.19758(D^2H)^{0.6058}$	0.9465	0.2320	
紫果云杉林	树干	$W_s = 3.1660(D^2H)^{0.4537}$	0.9392	0.0309	江洪等,1986
(中龄林)	树皮	$W_{sb} = 0.8657(D^2H)^{0.4109}$	0.9500	0.0254	
(40—51a)	树枝	$W_b = 12.4382(D^2H)^{0.1928}$	0.9433	0.0456	
	树叶	$W_f = 2.9259(D^2H)^{0.3129}$	0.9519	0.0167	
	根系	$W_{rs} = 14.8482(D^2H)^{0.1960}$	0.9248	0.0365	
油麦吊云杉林	树干	$W_s = 5.610378E-2D^{2.24537}$	0.98979	0.07468	吴兆录等,1994
油麦吊云杉	树皮	$W_{sb} = 1.246136E-2D^{2.306031}$	0.99098	0.11313	
	枝	$W_b = 1.058998E-2D^{2.453911}$	0.94796	0.26431	
	叶	$W_n = -5.963317 + 0.9984121D$	0.92562	0.30581	
	根颈	$W_m = 4.193225E-2D^{1.877691}$	0.91609	0.30400	
	根系	$W_{rs} = 3.098259E2D^{1.994342}$	0.94103	0.26243	
杜鹃	树干	$W_s = 11.32671(2.275479E-3)^{1/D}$	0.98916	0.06711	
	枝	$W_b = 2.348572(1.358609E-3)^{1/D}$	0.84387	0.45577	
	叶	$W_n = 0.8558951(1.070168E-2)^{1/D}$	0.81128	0.26909	
	根	$W_{rs} = -0.1888665 + 0.257977^{1/D}$	0.98654	0.09281	
长苞冷杉林	树干	$W_s = 0.3274(-3.6998 + D)^2$	0.9986	8.6307	党承林等,1994
长苞冷杉	树皮	$W_{sb} = 5.4124E-2(-3.5024 + D)^2$	0.9977	0.0487	
	枝	$W_b = 2.6259 + 6.3333E-2D^2$	0.9671	8.8262	
	叶	$W_l = 3.5207E-4(15.9739 + D)^3$	0.9949	0.0529	
	根颈	$W_m = 3.5112E-4(-0.7762 + D)^2$	0.9435	6.3354	
	根系	$W_{rs} = 6.1369E-2(3.6620 + D^2$	0.9709	6.8731	

续表

类型	器官	回归方程	相关系数	剩余标准差	资料来源
其它树种	树干	$W_s = 0.1793(-0.6190+D)^2$	0.9634	0.3769	
	枝	$W_b = -0.8228 + 0.4210D$	0.9807	0.0828	
	叶	$W_l = -1.1560\text{E}-2 + 7.0544\text{E}-3D^3$	0.9565	0.1184	
	根颈	$W_{rn} = 1.4905\text{E}-2 + 3.0309\text{E}-2D^2$	0.9426	0.0975	
	根系	$W_{rs} = 2.7710\text{E}-2 + (-0.4184+D)^2$	0.9764	0.0497	

(1) 群落生物量

亚热带天然云冷杉林为复层异龄林,群落层次分明,一般包括乔木层(上层和下层)、下木层(灌木和乔木层的幼树)、草本层、苔藓层及枯落物层,尤其是苔藓层很发育,厚度可达8—10cm以上,盖度达85%以上。表6-79为亚热带云冷杉林群落生物量及其在各层的分配比例。由表6-79可以看出,亚热带天然云冷杉林不同优势种组成的群落,反映在群落生物量上有所差异。尽管如此,但从中不难看出,随着林龄的增长,群落生物量增加的一般规律表现明显。40—50a的中龄林群落生物量在130—160 t/hm²左右,150a的近熟林群落生物量达300t/hm²,而到200a左右的成熟林群落生物量可超过350 t/hm²。群落生物量在各层中的分配,以群落的主体乔木层占绝对优势,在四川西部的云杉和紫果云杉为主的中龄林,乔木层生物量占群落生物量的比例在75%—85%左右。而在云南西北部的油麦吊云杉和长苞冷杉为优势种的群落中,乔木层生物量高达97%以上。下木层、草本层、苔藓层和枯落物层不同地区反映不同,同样为中龄林,四川西部的下木层生物量占群落生物量的比例在2%—4%之间,而云南西北部的仅为0.1%;草本层、苔藓层的生物量所占群落生物量的比例,也是四川西部的云杉林远较云南西北部为高,这可能主要是由于海拔高度不同(前者调查地区在3000m左右,而后者在3500m以上)造成垂直气候差异,影响林下植被发育不同所致。

表6-79 亚热带云冷杉林群落生物量及其在各层的分配比例

群落名	林龄/a	乔木层	下木层	草本层	苔藓层	枯落物层	总计	资料来源
云杉林	30—80	212.77 (74.4)	11.40 (4.0)	17.74 (6.2)	15.45 (5.4)	28.54 (10.0)	285.90	江洪,1986
紫果云杉林	40—51	134.41 (84.7)	2.85 (1.8)	4.27 (9.0)	—	7.25 (4.5)	158.78	江洪,1986
油麦吊云杉林	50	128.46 (99.2)	0.13 (0.1)	0.02 (0.02)	0.09 (0.07)	0.82 (0.6)	129.52	吴兆录等,1994
	150	311.69 (99.3)	0.09 (0.03)	0.04 (0.01)	1.17 (0.4)	0.99 (0.3)	313.99	
长苞冷杉林	200	344.14 (97.9)	0.48 (0.1)	0.61 (0.2)	2.35 (0.7)	4.05 (1.2)	351.62	党承林等,1994

生物量/(t/hm²)(群落总生物量的比例/%)

(2) 乔木层生物量

如前所述,亚热带云冷杉林群落生物量中乔木层生物量均占绝对优势,如表6-80所示,乔木层生物量中,40—50年生的中龄林在128—134 t/hm²,200年生的近熟林可达

344 t/hm²。树干生物量占乔木层生物量的比例在45%—63%之间,且呈现出随林龄的增长而增高的趋势,在中龄林中树干生物量所占的比例在45%—55%之间;近熟林可达60%左右;而成熟林可达62%以上。树枝生物量中龄林在16—26 t/hm²之间,近熟林接近40 t/hm²,而成熟林可达44 t/hm²,其所占的比例一般在13%左右,中龄林稍高,可达20%。树叶生物量在10—28 t/hm²之间,中龄林所占的比例高于近、成熟林,前者在7—10%;后者在5—8%左右。地下部分根系生物量在23—57 t/hm²之间,且随林龄的增长而增高,其所占的比例中龄林在18%—20%之间,近、成熟林在5%—8%之间,呈现出随林龄的增长而有所下降的趋势。

表6-80 亚热带云冷杉林乔木层生物量及其分配比例

群落名	林龄/a	生物量/(t/hm²,(%))					资料来源
		树干	树皮	树枝	树叶	树根	总计	
云杉林	30—80	116.79 (54.9)	10.83 (5.2)	26.49 (12.5)	14.80 (7.1)	43.84 (20.3)	212.77	江洪等,1986
紫果云杉林	40—51	59.90 (44.6)	7.98 (5.9)	26.21 (19.5)	14.24 (10.6)	26.08 (19.4)	134.41	江洪,1986
油麦吊云杉林	50	68.90 (53.6)	10.03 (7.8)	16.51 (12.9)	9.57 (7.5)	23.44 (18.2)	128.46	吴兆录等,1994
	150	189.18 (60.7)	25.65 (8.3)	39.79 (12.8)	15.09 (4.8)	41.34 (13.4)	311.69	
长苞冷杉林	200	215.62 (62.6)		43.77 (12.7)	27.51 (8.1)	57.24 (16.6)	344.14	党承林等,1994

(3)生产力

表6-81为亚热带云冷杉林群落生产力及其分配比例,由表6-81中看出,中龄林的群落生产力在3—6 t/(hm²·a)之间,近熟林的群落生产力最高接近14 t/hm²,成熟林群落生产力达12 t/(hm²·a)。在群落生产力中,乔木层所占的比例最高,在75%—99%之间。下木层的比例在四川西部所占的比例为2%—4%,而在云南西北部则不到1%,草本层所占的比例也与下木层相似,苔藓层所占的比例较草本层为高,在近、成熟林中可达2%—3%左右。

表6-81 亚热带云冷杉林群落生产力及其在各器官的分配

群落名	林龄/a	生产力/(t/(hm²·a),(%))					资料来源
		乔木层	下木层	草本层	苔藓层	枯枝落叶层	总计	
云杉林	38—80	4.676 (74.4)	0.250 (4.0)	0.730* (11.6)		0.627 (10.0)	6.284	江洪等,1986
紫果云杉林	40—51	2.891 (88.7)	0.061 (1.9)	0.307 (9.4)			3.259	江洪,1986
油麦吊云杉林	50	4.992 (99.2)	0.022 (0.4)	0.006 (0.1)	0.012 (0.2)		5.032	吴兆录等,1994
	150	13.494 (98.1)	0.016 (0.1)	0.010 (0.1)	0.236 (1.7)		13.756	吴兆录等,1994
长苞冷杉林	200	11.645 (94.6)	0.086 (0.7)	0.201 (1.6)	0.375 (3.1)		12.306	党承林等,1994

*含苔藓层在内

乔木层生产力随林龄的变化而不同,在云南西北部,乔木层生产力中龄林为 5 t/hm²;近熟林最高达 13.5 t/hm²;成熟林在 12 t/hm² 左右(表 6-82)。

乔木层生产力中以树干所占的比例最高在 27%—35% 之间,树皮占 3%,树枝比例为 20%—27%,树叶比例为 10%—26%,树根的比例为 18%—21%,呈现出树干 > 树枝 > 树根 > 树叶 > 树皮的顺序(表 6-82)。

表 6-82 亚热带云冷杉林乔木层生产力及其器官分配状况

群落名	调查地点	林龄/a	生产力(t/(hm²·a),%)					资料来源
			树干	树皮	树枝	树叶	树根	总计	
紫果云杉林	四川阿坝	40—51	1.288	0.172	0.564	0.306	0.561	2.891	江洪,1986
			(44.6)	(5.9)	(19.5)	(10.6)	(19.4)		
油麦吊云杉林	云南省中甸县	50	1.343	0.158	1.170	1.276	1.044	4.992	吴兆录等,1994
			(26.9)	(3.2)	(23.4)	(25.6)	(20.9)		
		150	4.142	0.437	3.692	2.798	2.425	13.494	
			(30.7)	(3.2)	(27.4)	(20.7)	(18.0)		

另据江洪(1986)在四川西部天然云杉林中龄林按平均净生产量表示的生产力测定结果表明(表 6-83),在同一地区随海拔高度的增高,云杉林的群落生产力和乔木层生产力与海拔高度呈一种二次抛物线的相关关系,当海拔在 2800—3250m 的范围内,随海拔的增高,群落和乔木层的生产力分别由 1.87 t/(hm²·a) 和 1.34 t/(hm²·a),逐渐上升到 6.12 t/(hm²·a) 和 5.75 t/(hm²·a);当海拔超过 3250 m 之后,随海拔高度上升到 3500 m 左右,群落和乔木层的生产力则下降到分别为 2.82 t/(hm²·a) 和 2.11 t/(hm²·a)。

表 6-83 四川西部不同海拔高度的云杉天然林的生产力变化

海拔高度/m	群落生产力/(t/(hm²·a))	乔木生产力/(t/(hm²·a))	资料来源
2800	1.87	1.34	江洪,1986
3250	6.12	5.75	
3500	2.82	2.11	

6.2 高山松林

6.2.1 生物量

高山松林在我国西南的云南省西北部山区和四川西部集中分布,在海拔 3000 - 3400 米左右的山地,在森林垂直分布中处于云冷杉林和云南松林之间,是我国松类林中分布最高的一种森林类型。高山松林生物量和生产力研究文献很少,云南大学生态与地植物学研究所近年来在云南西北部林区开展了这方面的研究(吴兆录等,1994)。被研究的高山松林乔木层中除高山松外,还混有一些黄背栎(*Quercus pannosa*)和乔木状的杜鹃(*Rhododendron* sp.)和南烛(*Lyonia* sp.)等常绿阔叶和落叶树种。高山松林生物量的研究方法同云冷杉林的生物量的研究方法一样。表 6-84 为高山松林乔木层各器官生物量与胸径之间的相对生长式。

(1)群落生物量

高山松林群落生物量及其在各层中的分配比例见表 6-85,由表 6-85 中可以看出,高山松林群落中乔木层生物量占绝对优势,40年生时高山松林群落生物量为294 t/hm²。其中乔木层生物量为293.52 t/hm²,占99.7%。当达到100年生时,高山松林群落生物量为231.50t/hm²,其中乔木层为230.82 t/hm²,占99.7%。下木层草本层和枯落物层生物量三者在群落生物量中不到1 t/hm²,从不同林龄的高山松林群落生物量中乔木层生物量的变化可以看出,100年的高山松林已处于衰退阶段。

表 6-84 高山松林乔木层器官生物量(W)与胸径(D)之间的相对生长式

种类	器官	回归方程式	相关系数	剩余标准差
高山松	树干	$W_s = 2.443397E-2D^{2.622401}$	0.98597	0.06191
	树皮	$W_{sb} = 1.741721E+2D^{2.271812}$	0.98136	0.09503
	枝	$W_b = 1.060044E+2D^{2.600282}$	0.94199	0.16632
	叶	$W_n = -4.847236 + 0.7290146D$	0.94950	0.21005
	根颈	$W_{rn} = 1.646017E-2D^{2.250535}$	0.97860	0.10576
	根系	$W_{rs} = 8.440256E-3D^{2.35953}$	0.95229	0.19170
黄背栎	树干	$W_s = 1/(0.6159436 - 0.2371913\ln D)$	0.90913	0.18695
	枝	$W_b = 0.3057521 \cdot 1.337344^D$	0.88285	0.48259
	叶	$W_n = 0.124309 \cdot 1.36856^D$	0.77238	0.60970
	根	$W_{rs} = -5.216876 + 1.585895D$	0.90691	0.19895
其它树种	树干	$W_s = 8.08756E-2D^{2.347181}$	0.98234	0.17839
	枝	$W_b = -1.306596 + 0.5672449D$	0.92747	0.28777
	叶	$W_n = -4.499736E-2 + 6.781977E-2D$	0.89443	0.41017
	根	$W_{rs} = -0.6919278 + 0.5684925D$	0.90188	0.23826

* 资料来源:吴兆录等,1994

表 6-85 高山松林群落生物量及其在各层的分配比例 *

林龄/a	生物量/(t/hm²,(%))				
	乔木层	下木层	草本层	枯落物层	总计
40	293.52	0.11	0.04	0.64	294.31
	(99.7)	(0.04)	(0.01)	(0.2)	
100	230.82	0.12	0.04	0.52	231.50
	(99.7)	(0.05)	(0.02)	(0.2)	

* 资料来源:吴兆录等,1994

(2) 乔木层生物量

如前所述,高山松林乔木层生物量在群落生物量占绝对优势。从表6-86可以看出,乔木层生物量中随着高山松林林龄的增加而有所下降,当40年生时为293.52 t/hm²,而到100年生是则下降为230.84t/hm²,约下降24%。乔木层各器官的生物量所占的比例

表 6-86 高山松乔木层生物量及其在各器官的分配 *

林龄/a	生物量/(t/hm²,(%))					
	树干	树皮	树枝	树叶	树根	总计
40	143.53	26.72	56.07	14.65	52.55	293.52
	(48.9)	(9.1)	(19.1)	(5.0)	(17.9)	
100	102.12	17.91	45.23	13.50	52.23	230.82
	(44.2)	(7.8)	(19.6)	(5.9)	(22.6)	

* 资料来源:吴兆录等,1994

两者相接近,但伴生树种所占的比例则有所不同(表6-87),黄背栎在40年生的林分中占11%;而在100年生的林分中则上升至22%,杜鹃由不到1%提高到3%,其它树种的比例也相应的有所提高。这表明高山松林群落在自然演替过程中,群落中各树种间将发生变化,黄背栎随着林龄的增长,最终有可能取代高山松成为优势树种的趋势。

表 6-87 高山松林中主要树种的生物量

群落名	林龄/a	树种	生物量/(t/hm²) 树干	树皮	树枝	树叶	树根	总计	占比例/%
高山松林	40	高山松	124.561	26.724	50.063	11.986	40.949	254.283	86.6
		黄背栎	16.878		5.152	2.457	10.164	32.652	11.1
		杜鹃	1.041		0.434	0.115	0.878	2.377	0.8
		南烛	0.665		0.271	0.062	0.438	1.436	0.5
		其它树种	0.387		0.152	0.028	0.208	0.776	0.3
		合计	143.532	26.724	56.072	14.648	52.546	293.522	100.0
	100	高山松	84.529	17.912	33.957	7.533	27.477	171.408	76.3
		黄背栎	11.711		9.967	5.670	22.448	49.796	21.6
		杜鹃	4.879		0.970	0.227	1.589	7.683	3.3
		南烛	0.577		0.198	0.041	0.297	1.113	0.5
		其它树种	0.424		0.147	0.031	0.222	0.824	0.4
		合计	102.120	17.912	45.231	13.502	52.233	230.824	100.0

* 资料来源:吴兆录等,1994

(3) 生产力

高山松林群落生产力和乔木层生产力测定方法同云南松林和思茅松林(吴兆录等,1992)。高山松林乔木层各器官的生长量(G)和胸径(D)之间的相对生长式见表6-88。高山松林群落生产力和乔木层生产力测定的结果分别见表6-89和表6-90。由表6-89中可知,云南西北部高山松林群落生产力40年生时高达12.2t/(hm²·a),100年生时稍有

表 6-88 高山松林乔木层各器官生长量的相对生长式 *

种类	器官	回归方程式	相关系数	剩余标准差
高山松	木材	$G_s = D/(-1.46369D + 45.83548)$	0.96384	0.18207
	树皮	$G_{sb} = 2.449146E-3 D^{1.970495}$	0.95576	0.23456
	枝	$G_b = -0.5174522 + 8.231875E-2 D$	0.97003	0.15733
	叶	$G_n = -1.41034 + 0.2113622 D$	0.95016	0.20892
	根颈	$G_{rn} = -0.1697399 + 2.951876E-2 D$	0.95463	0.18865
	根系	$G_{rs} = 6.081234E-3 D^{1.394903}$	0.83840	0.27634
黄背栎	木材	$G_s = 4.449545E-2 \cdot 1.30053^D$	0.88783	0.20779
	枝	$G_b = 3.010247E-2 \cdot 1.34033^D$	0.88854	0.38921
	叶	$G_l = 5.095177E-2 \cdot 1.364879^D$	0.77183	0.48717
	根	$G_{rs} = 2.044649E-2 \cdot 1.367104^D$	0.81743	0.25124
其它树种	木材	$G_s = 4.066299E-3 D^{2.336817}$	0.98059	0.06167
	枝	$G_b = 2.914398E-3 \cdot 2.15377^D$	0.88914	0.16415
	叶	$G_n = -0.019033 + 3.357341E-2 D$	0.89989	0.39595
	根	$G_{rs} = 8.278306E-3 D^{1.576387}$	0.92559	0.08162

* 资料来源:吴兆录等,1994

下降,达 10 t/(hm²·a)左右,其中乔木层占绝对优势,所占比例高达 99% 以上,下木和草本层生产力极小,两者均不到 1%(表 6-90)。在高山松林乔木层生产力中,40 年生的林分达 12.16 t/(hm²·a),100 年生的林分为 9.98 t/(hm²·a),不同林龄阶段乔木层中各树种生产力占乔木层生产力的比例(表 6-91),也如同乔木层中各树种生物量的变化一样,与 40 年生的林分相比,在 100 年生的林分中,高山松所占的比例由 81% 下降 65%,而黄背栎所占的比例则由 16% 上升至 38%,其它如杜鹃和南烛所占的比例随林龄也有上升,由此也证明,在自然演替的过程中,高山松在乔木层中的地位在减弱,而黄背栎等常绿阔叶树种的作用在增强。

表 6-89　高山松林群落生产力及其在各层中的分配 *

调查地点	林龄/a		乔木层	下木层	草本层	总计
云南省中甸县	40	生产力/(t/(hm²·a))	12.160	0.018	0.014	12.192
		分配/%	99.7	0.2	0.1	
	100	生产力/(t/(hm²·a))	9.980	0.021	0.012	10.013
		分配/%	99.7	0.2	0.1	

* 资料来源:吴兆录等,1994

表 6-90　高山松林乔木层生产力及其在各器官的分配 *

调查地点	林龄/a	树干	树皮	树枝	树叶	树根	总计
云南省中甸县	40	3.336	1.362	1.734	4.236	1.490	12.160
		(27.4)	(11.2)	(14.3)	(34.8)	(12.3)	
	100	2.158	0.898	1.502	3.769	1.653	9.980
		(21.6)	(9.0)	(15.1)	(37.8)	(16.6)	

* 资料来源:吴兆录等,1994

表 6-91　高山松林中主要树种的生产力 *

群落名	林龄/a	树种	生产力/(t/(hm²·a))						占比例/%
			树干	树皮	树枝	树叶	树根	总计	
高山松林	40	高山松	2.611	1.362	1.385	3.470	1.21	9.849	81.0
		黄背栎	0.621		0.267	0.661	0.401	1.951	16.0
		南烛	0.052		0.034	0.059	0.037	0.182	1.5
		杜鹃	0.052		0.048	0.046	0.031	0.178	1.5
		合计	3.336	1.362	1.734	4.236	1.490	12.160	100.0
	100	高山松	1.033	0.898	0.868	2.181	0.642	5.621	56.3
		黄背栎	0.981		0.483	1.446	0.918	3.828	38.4
		南烛	0.095		0.064	0.105	0.067	0.331	3.3
		杜鹃	0.049		0.087	0.037	0.026	0.200	2.0
		合计	2.158	0.898	1.502	3.769	1.653	9.980	100.0

* 资料来源:吴兆录等,1994

7　竹林

竹林在我国亚热带分布广,人工栽培已经有很长的历史了。竹林的收获期短,是重要的森林资源。但是对竹林的生物量和生产力的研究只是在最近几年才开始。从目前的研究报导看,只有水竹(*Phyllostachys heteroclada*)、慈竹(*Sinocalamus offinis*)、箭竹

(*Sinarundinaria*)和毛竹(*Phyllostachys pubescens*)林生物量的研究。上述几种竹林,箭竹是天然林,慈竹是半天然林,其它均为人工林。

竹林生物量的研究主要是采用相对生长法。通过在竹林中砍伐一定数量的立竹,建立单株各器官的生物量(W)与测树因子的相对生长关系式,然后根据样地调查资料,估算竹林的生物量。由于竹林样地内部的个体分布比较均一,因此,竹林的样地面积一般取 10m×10m 就可以了,不需要一般森林群落那么大。表 6-92 列出了水竹、箭竹和毛竹的单株各器官的相对生长公式。

表 6-92 竹林中单株生物量估计的相对生长公式

调查地点及类型	器官	系数 a	系数 b	系数 c	相关系数	公式编号*	资料来源
安徽舒城	秆	0.3809	1.8948		0.97	(2)	孙天任等,1986
水竹林		0.1556	0.7110		0.98	(4)	
	枝叶	0.2692	0.8308		0.79	(2)	
		0.1954	0.4415		0.82	(5)	
	地上部分	0.6439	1.5373		0.91	(2)	
		0.3008	0.5908		0.90	(4)	
	鞭	0.3404	1.1899		0.97	(2)	
		0.3372	0.4179		0.97	(4)	
	支根	0.3087	1.2892		0.80	(2)	
		0.2031	0.4851		0.72	(4)	
	全竹重	0.7683	1.4117		0.90	(2)	
		0.7820	1.3257		0.88	(4)	
甘肃白水江糙	秆	160.942	0.227		0.91	(1)	黄华梨,1993
花箭竹林	枝条	76.008	0.039		0.82	(1)	
	叶	80.643	0.051		0.80	(1)	
	鞭系	285.554	0.074		0.94	(1)	
江西大岗山	秆	0.0925	2.081		0.99	(2)	聂道平,1994
毛竹林	枝叶	1.1340	−0.3054	0.933	0.94	(3)	

* (1):$W = a + b\,(D^2 NH)$,式中,W 单位面积某一器官的生物量(g/m^2),D 和 H 分别为林木的地径(cm)和高度(cm),N 为单位面积的密度(株/m^2);

(2):$W = aD^b$; (3):$W = a\,N^b\,D^c$; (4) $W = a(D^2 H)^b$; (5) $W = a\,e^{b/D}$

式中,W 某一器官的单株生物量(kg),D 和 H 分别为林木的胸径(cm)和高度(m);N 为立竹度

从表 6-93 中可以看出,4 种竹林的林木层生物量有较大的差别,水竹林为 93.67—156.26 t/hm²,慈竹林为 156.41t/hm²,毛竹林为 60.98—99.55 t/hm²,箭竹林最低为 16.28 t/hm²。形成这种状况的原因可能是来自多方面的:1)竹林的生活型差异,2)立地条件的差异和 3)人为经营的不同。箭竹林的生物量最低是由于其高度矮(一般为 1—3m),生长在高海拔。毛竹林的生物量不高是由于人为过度砍伐,使目前的大岗山毛竹林大多呈残破低产状态(聂道平,1994),水竹林和慈竹林的生物量较高,是与其立地好有关。密度对竹林的生物量影响也是很大的,如安徽舒城的水竹林,密度 37500 株/hm² 时,生物量最大,超过 37500 株时,生物量又下降。在大岗山的毛竹林中,当竹林的密度由 2788 株/hm² 增加到 4545 株/hm² 时,生物量从 60.98t/hm² 增加到 99.55t/hm²,增加了 63%。密度对林下植物生物量的影响,毛竹林的林下植物生物量为 1.59—2.09t/hm²,随密度的变化没有明显变化。江西大岗山毛竹林群落的生物量为 63.07—101.59t/hm²,并随密度的增加而增加。毛竹林的地表凋落物量为 2.63—3.53t/hm²,是对应群落生物量

的 3%—4%。

表 6-93 竹林的生物量

调查地点	竹林名	密度 /(t/hm²)	地上部分 /(t/hm²)	地下部分 /(t/hm²)	林木计 /(t/hm²)	林下植被 /(t/hm²)	总计 /(t/hm²)	枯落物 /(t/hm²)	资料来源
安徽舒城	水竹	30000	39.03	54.64	93.67				孙天任等,1986
		37500	65.11	91.15	156.26				
		45000	48.58	53.44	102.02				
		52500	50.45	70.63	121.08				
四川缙云山	紫竹	70180	124.46	31.95	156.41				智先和等,1991
江西大岗山	毛竹	2788	30.05	30.93	60.98	2.09	63.07	2.63	聂道平,1994
		3900	49.81	36.48	86.29	1.59	87.87	3.53	
		4545	56.80	42.75	99.55	2.05	101.59	3.32	
甘肃白水江	箭竹	11000—75000	11.48	4.80	16.28				黄华梨,1993

在毛竹林中,林木层的生物量占群落总生物量的 97%—98%,林下生物量占是群落生物量的 2%—3%。这说明竹林中林下植物在总生物量中的作用很小。

由表 6-94 中可以看出,不同种类的竹林中,林分生物量随林龄分布,因人为管理措施不同而反映不一,在半自然状态的慈竹林中,林木层中 3 年生立竹的生物量占的比例最大,达 41.9%,5 年生的立竹最小,为 7.4%。而在人为管理条件下的水竹林,以 1—2 年生立竹的生物量占比例较大(31.7%—22.0%),5—6 年生的立竹生物量占的比例小(4.2%—9.3%)。

表 6-94 慈竹林和水竹林的生物量的林龄分布

类型	林龄级	地上部分	地下部分	总计	地上/地下	占总生物量/%	资料来源
慈竹林	1	17.24	4.93	22.17	3.49	14.2	苏智先等,1991
	2	33.91	3.98	37.89	8.53	24.2	
	3	46.13	19.42	65.55	2.38	41.9	
	4	16.98	2.26	19.24	7.55	12.3	
	5	10.19	1.36	11.45	3.9	7.4	
	平均	24.89	6.39	31.28			
水竹林	1	14.43	15.87	30.30	0.91	31.7	孙天任等,1986
	2	9.51	14.27	23.78	0.67	22.0	
	3	7.55	25.67	33.22	0.29	17.5	
	4	6.61	22.47	29.08	0.29	15.3	
	5	4.03	13.70	17.73	0.29	4.2	
	6	1.79	2.51	4.30	0.71	9.3	
	平均	7.32	15.57	23.07			

竹林在同一块林地立竹年龄不一,有关专门生产力的研究缺少报导,从已有的资料分析估计,1 年生慈竹林可达 22 t/(hm²·a),水竹可达 30 t/(hm²·a),平均生产力,慈竹达 31 t/(hm²·a),水竹不及慈竹,达 23 t/(hm²·a)。

第四节 小结

根据以上分析,可以将亚热带主要森林群落生物量和生产力的总结列出下表(表6-95和表6-96)。从表中可以看出,我国亚热带主要森林的乔木层平均生物量为48.06—418.01t/hm^2,群落平均生物量为35.90—427.09t/hm^2;乔木层平均生产力为6.93-27.0 t/(hm^2·a),群落生产力为8.13—25.83t/(hm^2·a)。无论生物量还是生产力,总的来看,天然林大于人工林。对于杉木林和马尾松林来说,从现有的调查数据看,它们的生产力并不高常绿阔叶林。

表6-95 亚热带不同类型森林群落的生物量

森林类型	林龄范围/a	乔木层生物量/(t/hm^2) 样本数	平均值	范围	群落生物量/(t/hm^2) 样本数	平均值	范围
东部常绿阔叶林	30—35	3	135.67	107.48—192.01	3	149.33	111.27—202.60
	100	1	353.52		1	357.98	
	400	2	376.95	334.22—419.68	2	403.07	380.66—425.47
西部常绿阔叶林	12—42	5	189.64	80.40—323.35	5	198.87	92.88—328.89
	100	2	418.01	344.85—491.17	2	427.09	354.48—499.70
常绿阔叶人工林	5—30	17	103.74	13.40—255.40	17	107.68	21.40—264.2
落叶阔叶混交林	中龄林	2	170.99	147.38—194.60	2	181.47	156.54—206.40
喀斯特常绿阔叶混交林	中龄林	4	150.93	107.04—196.88	4	164.14	119.55—212.88
杉木林	19—21	18	150.30	81.92—303.94	3	131.52	103.63—156.31
马尾松林	20—30	7	93.71	36.66—140.43	7	95.83	37.54—143.94
云南松林	4—23	4	48.06	4.64—94.51	3	35.9	9.98—69.85
思茅松林	12—35	4	122.30	88.07—205.35	4	142.06	102.30—218.54
福建柏林	6—15	5	69.34	43.70—83.66			
	95—143	2	104.75	102.09—107.41			
云冷杉林	30—80	3	158.55	128.46—212.77	3	191.40	129.52—285.90
	150—200	2	327.92	311.69—344.14	2	332.81	313.99—351.62
高山松林	40—100	2	262.17	230.82—293.52	2	262.91	231.50—294.31
竹林		9	99.17	16.28—156.41	3	87.34	65.70—104.91

表6-96 亚热带不同类型森林群落的生产力

森林类型	乔木层生产力/(t/(hm^2·a)) 样本数	平均值	范围	群落生产力/(t/(hm^2·a)) 样本数	平均值	范围
东部常绿阔叶林	5	18.85	12.59—29.61	5	20.73	15.08—29.61
西部常绿阔叶林	6	18.31	13.37—20.80	6	19.12	13.96—21.29
常绿阔叶人工林	2	18.25	15.81—20.69	2	25.83	25.59—26.06
杉木林	13	8.40	2.32—12.90	5	11.23	9.96—13.71
马尾松林	2	6.93	4.08—18.82			
云南松林	3	7.15	2.26—10.71	3	9.31	5.30—12.01
思茅松林	4	21.46	17.28—24.20	4	23.45	18.16—26.96
福建柏林	5	6.86	5.58—8.83			
云冷杉林	5	7.54	2.89—13.49	5	8.13	3.26—13.76
高山松林	2	11.07	9.98—12.16	2	11.10	10.01—12.19
竹林	2	27.0	23.0—31.0			

第七章 热带森林生态系统的生物量和生产力

第一节 自然地理概况

热带森林是位于我国最南端,其北界在北回归线附近,包括我国台湾、广东、广西、云南和西藏南部及海南省全部。我国的热带森林属于东亚热带森林的北缘,因而既具有东南亚热带森林的一些特征,如种类组成、结构和外貌,同时又具有独特性,特别是具有向亚热带常绿阔叶林过渡的性质。

我国的热带属热带季风气候,年平均气温20—26℃,最冷月均温10—13℃以上,绝对最低气温一般在5℃以上,其北部偶尔有0℃的低温和轻霜出现。年降雨量在1500 mm以上,有明显或不很明显的季节分配差异,一般冬季有相对的干旱季节。在该区域内,无论是降水量还是降水量的季节分配都具有明显地区差异。如降水量局部地区可达3000—5000mm,而有些地方仅有800多mm。在降水季节分配变异大的地方,5—10月的雨量约占全年的80%以上,其余各月较少,具有明显的干湿季之分。

我国的热带,东西部的气候具有明显的差异。东部地区濒临南海,受东南季风控制,夏季受北太平洋热带气团控制,降水丰沛。冬季受极地大陆气团影响,气温偏低,特别是处于寒潮通道的地区,甚至会出现0℃左右的短暂低温。因而东部地区年平均气温较高,气温的年较差大,冬季也有一定的来自寒潮影响的锋面雨。西部地区冬春季主要受热带大陆气团的控制,再加上北部高原和山地对北方冷气团的阻挡,多晴天,多日照,气温较高,温暖而干燥。夏秋季节受印度洋西南季风的影响,降雨量相对集中,干湿季明显。

我国热带森林地区的地形,可以分为以下几部分:广东、广西沿海、雷州半岛和海南岛北部为海拔150m以下的丘陵台地,海南岛中南部为海拔500—1800m的放射状山系,广西西南部为海拔500—600m石灰岩丘陵山地,云南南部和西藏南部为中低山和深切河谷相间的山地地形。我国热带森林土壤以砖红壤为主。

热带森林的植物种类丰富,植物区系东西部有差异,东部以马来西亚东部区系为主,西部以印度缅甸的成分为主。林分中75%以上的树种和80%左右的植株是常绿树种。由于人类开垦活动的影响,天然林的面积残存很有限,人工营造的橡胶林、用材林和防护林等占有重要比例。

第二节 森林生态系统主要类型

我国热带天然森林生态系统主要包括季雨林、雨林和红树林。

季雨林的外貌具有明显的季相变化,落叶期是在冬季和干季相结合的季节,在结构上,大多数情况下乔木层有两层结构,少数有3层或1层,树高一般15m左右,少数可达20m,包括3种类型:落叶季雨林、半常绿季雨林和石灰岩季雨林。

雨林组成种类结构都非常复杂,乔木层可划分为3层,上层林高30—40m,树干上附生和寄生植物繁多,藤本植物发达,林木板根和茎花现象普遍。但现存面积很小。包括3种类型:雨林、季节雨林和山地雨林。

红树林主要分布在背风的热带海岸和海湾,外貌变化很大,有的是高30m的海岸森林,也有的仅是2m高的灌丛。组成红树林植物的根系复杂多样,如有支柱根、板状根和呼吸根。我国红树林主要包括7类:木榄(*Bruguiera*)林、红树(*Rhizophora*)林、秋茄(*Kandelia candel*)林、桐花树(*Aegiceras corniculatum*)林、海榄(*Avicennia marina*)林、海桑(*Sonneratia caseolaris*)林和水椰树(*Nypa fruticans*)林。

第三节 森林生态系统主要类型的生物量和生产力

热带森林由于林木高大,组成复杂,其生物量和生产力的测定,野外工作量大。从现有研究报导来看,热带季雨林和雨林只进行了地上部分生物量的野外测定,而红树林的生物量和生产力的调查研究比较深入。研究方法上,季雨林和雨林采用的是样地皆伐法,红树林采用的是相对生长法。我国热带季雨林和山地雨林生态系统的生物量测定结果见表7-1。

表7-1 中国热带季雨林、雨林生态系统的生物量/(t/hm²)

	器官	季雨林①	季雨林②	山地雨林③	山地雨林④	雨林⑤
乔木层	树干	118.02	96.91	322.8	406.63	167.97
	树皮			30.7	44.50	25.72
	枝枝	17.65	9.74	121.6	150.97	55.06
	树叶	5.53	4.73	8.75	23.23	7.76
	花果				0.015	
	板根			8.8		
	树根			80.2		
	总量	140.21	111.38	572.85	625.35	256.51
下木层	幼树				8.55	7.38
	幼苗				0.63	0.90
	灌木				3.39	1.92
	总量	33.27	84.96	13.86	12.56	10.20
草本层			0.08			
藤本层			0.67	1.31	0.21	
附生植物			0.06			
寄生植物			0.15			
凋落物层				6.00	6.00	
总量		173.47	196.35	587.67	645.23	272.91
叶面积指数		6.25	6.11	9.57	16.70	9.07

①样地设在海南岛尖峰岭主峰两侧,主要树种有大叶鼠刺(*Itea macrophylla*)、水锦树(*Wendlandia vavriifolia*),翻白叶(*Pterospermum heterophyllum*)、短齿叶柃(*Eurya loquaiana*)等44种乔木,5种灌木和38种草本和藤本植物;样地坡向为西北坡;受人为活动干扰(阳云等,1988);②样地同①,坡向东北坡,主要树种有琼台石栎(*Lithocarpus ilvicolarum*),大沙叶(*Aporosa chinensis*)、短齿叶柃、木荷(*Schima superba*)等37种乔木,8种灌木和草本藤本植物25种;受人为活动干扰(阳云等,1988);③样地设在海南省琼中县黎母山林区,主要树种有陆均松(*Dacrydium pierrei*)、尖峰槇楠(*Machilus monticola*)、青兰(*Xanthophyllum hainanensis*)等47种乔木,灌木以刺轴棕榈(*Licuana spinosa*)及其它棕榈、藤类为主,茜草科的鸡屎树(*Lasianthus* spp)也有一定的优势,木质藤本及附生兰种植物丰富,蕨类植物丰富(分别有5、10、8种),灌木状寄生植物有3种(黄全等,1991);④样地设在海南岛尖峰岭。主要树种为壳斗科的石栎属(*Lithocarpus*),梧桐科的梭罗属(*Reevesia*),樟科的厚壳桂属(*Cryptocarya*)、尖叶槇楠(*Machilus ontida*)、油丹(*Alseodaphne hainanensis*)等,林龄系老龄林,林分密度可达2133株/hm²(李意德等,1992);本样地为原始林;⑤样地设在海南岛尖峰岭,为1964年皆伐迹地上的天然更新林。主要树种为壳斗科的闽粤栲(*Castanopsis fissa*)和公孙椎(*C. tonkinensis*)、榆科的白颜树 *Gironniera subaequalis*),樟科的广东油楠(*Sindera kwangturgensis*)等,林分密度为1839株/hm²(李意德等,1992)

1 热带季雨林

阳云等(1988)在海南岛尖峰岭研究了热带季雨林的生物量(表 7-1),发现受人为活动干扰影响的热带季雨林植物群落地上部分生物量为 173.47—196.35t/hm²。乔木层所占地上部分总生物量的比例,因样地而异。在样地 I 中,乔木层占地上部分总生物量的80.8%,在样地 II 中占 56.7%。这是与两个样地受人为干扰(主要是伐木)的程度不同有直接关系。由两样中地上总生物量在乔木层和灌木草本层的分配可以看出,当样地 I 中乔木层占地上部分生物量较大时,其林下灌木草本层的生物量则较小。这说明乔木层和林下其它层间在生物量上有一种互补效应。在乔木层地上部分生物量中,树干占 84%—87%,树枝占 8%—12%,树叶占 3%—5%。

乔木层地上部分的生物量($W_{地上}$)与树高(H)和胸径(D)的关系,可以用近似回归式表示。

$$W_{地上} = 4.696446 \cdot e^{(0.082080 \cdot H + 0.110112 \cdot D)} \quad (r = 0.83) \quad (7.1)$$

或:

$$W_{地上} = 0.034080 \cdot H^{1.17844} \cdot D^{1.820034} \quad (r = 0.89) \quad (7.2)$$

2 热带山地雨林

黄全等(1991)和李意德等(1992)分别在海南岛的黎母山和尖峰岭调查和测定了热带山地雨林的生物量。热带山地雨林的乔木层各器官的相对生长公式列于表 7-2 中。经调查还发现,藤本植物的生物量(W)与藤长(L)和胸径(D)有如下关系:

$$W = 0.113063(D^2 L)^{0.706095} \quad (r^2 = 0.95) \quad (7.3)$$

由表 7-1 中可以看出,原始森林在未受到人为干扰时,尖峰岭热带山地雨林的生物量可达 645.23t/hm²,如果再加上占总生物量 14% 的乔木根系生物量,其总生物量达 727.15t/hm²。在黎雨山的 300a 前曾受过一次干扰的热带山地雨林,地上总生物量为 507.47t/hm²。如加上 80.2t/hm² 的估算地下生物量,总生物量为 587.67t/hm²。在尖峰岭 27a 前受过人为破坏而天然更新的林分,总生物量不包括乔木根系时为 272.91t/hm²,如再加上估算的根系生物量时,总生物量可达 317.34t/hm²。

表 7-2 热带雨林乔木层单株生物量的相对生长式*

器官	系数 a	系数 b	相关系数	样本数
地上部分	0.045691	0.960662	0.924	171
树干	0.031134	0.961226	0.929	171
树皮	0.005354	0.961226	0.712	171
树枝	0.003990	1.037314	0.753	168
树叶	0.005765	0.761225	0.634	170

* 资料引自李意德等(1992);相对生长式为:$W = a(D^2 H)^b$,W 为某一器官生物量,D、H 分别为林木胸径和树高;这公式适用范围为 $D:5—100 cm, H:4—28 m$

在只考虑地上部分生物量的情况下,乔木层的生物量占总的地上部分生物量 94%—97%,下木层占 2%—4%。必需指出的是,根据测定,热带山地雨林凋落物总量为 6t/hm²。在乔木层中,各器官生物量占乔木层地上部分总生物量的比例,树干占 65% 左右(不包括树皮),树枝占 21%—25%,树叶占 1.8%—3.7%。乔木层的生物量在不同径级的林木间分布,有随着径级的增大而增大的趋势(表 7-3),这种趋势常常会被某些干扰而打乱,如黎母山的山地雨林中,胸径 68—76cm 级的缺少,可能就是 300a 前受到干扰的佐证(表7-3)。热带雨林的乔木层一般比较高大,可以分为几个亚层(表7-4)。在各亚层林木的生物量分布,以上层林木所占比例较大。对于原始林来说,第Ⅱ亚层的生物量最大;而更新林,绝大部分(69%)生物量集中在第Ⅰ亚层。

热带山地雨林生产力,据李意德等(1995)研究估算,海南岛尖峰岭热带山地雨林原始林的生物量年平均净积累量为 $6.24t/hm^2$,而 26 年生的天然更新林为 $9.87t/hm^2$,明显地高于成熟的原始林。

表7-3 热带雨林乔木层生物量在各径级的分布*

黎母山		尖峰岭		
径级/m	生物量比例/%	径级/m	生物量比例/%	
			原始林	更新林
4—12	2.84	<8	0.98	1.83
12—20	7.27	8—16	5.59	12.87
20—28	8.65	16—24	6.58	26.25
28—36	6.90	24—32	10.53	7.03
36—44	4.25	32.40	8.88	39.04
44—52	8.96	40—48	23.99	12.99
52—60	12.23	48—56	4.12	
60—68	7.67	56—64	0	
68—76	0	64—72	14.28	
76—84	7.52	72—80	25.05	
84—92	11.41			
92—100	22.38			

* 资料来源:黎母山的引自黄全等(1991),尖峰岭的引自李意德等(1992)

表7-4 热带雨林乔木层各亚层的生物量分配*

	黎母山		尖峰岭		
	平均树高/m	生物量比例/%	树高范围/m	原始林中生物量/%	更新林生物量/%
第Ⅳ亚层	6.7	0.73	<8	1.32	1.15
第Ⅲ亚层	11.7	19.79	8—16	26.46	29.49
第Ⅱ亚层	18.5	45.02	16—24	47.16	69.36
第Ⅰ亚层	25.3	34.46	24—32	25.06	

* 资料来源:黎母山的引自黄全等(1991),尖峰岭的引自李意德等(1992)

3 红树林

对于红树林生物量的研究,廖宝文等(1993)根据相对生长法建立了木榄和海桑树各器官生物量的相对生长公式(表7-5)。由表7-6列出的我国红树林群落生物量的研究结果可以看出,随着林龄增长,各种红树林的生物量变化很大。55 年生的海莲林群落生物量为 $420.30t/hm^2$,5 年生的海桑天然更新林总生物量只有 $47.24t/hm^2$。同为 20 年生的秋茄林和木榄林,群落生物量分别为 $162.63t/hm^2$ 和 $91.54t/hm^2$。其差异除由于物种间的部分差异外,还与其起源有关,前者是一种人工林,而后者为天然更新林,后者的生长状况不如前者。这 4 种红树林群落,除海莲林长的比较高大外,树高可达 14—15m,其它 3 种群落树高仅 4—5m。树高的差异,是造成生物量差别的一个重要原因。下木层的生物量在总生物量中所占比例差异较大,一般在成年林中,小于3%。5 年生的海桑林,因乔木层发育不充分,透射到林下的太阳辐射比较多,下木层植物生长旺盛,其生物量可占群落生物量的58.3%,这是一般其它森林生态系统所没有的。死生物量的贮存在红树林生态系统中较少,除占群落生物量1%左右的死枝,凋落物的数量极少。这可能是由于红树林经常受到海水侵扰,枯死的生物量很快被海水带走有关。

表7-5 红树林中树木各器官生物量的相对生长公式 *

树种	器官	$\log W = a \log D + b$			$\log W = a \log(D^2 H) + b$		
		a	b	r	a	b	r
木榄树	树干	2.3691	-1.1702	0.9955	0.9687	-1.3802	0.9989
	树皮	1.6414	-1.4986	0.9205	0.6760	-1.6570	0.9304
	树枝	3.1275	-1.9915	0.9783	1.2596	-2.2188	0.9670
	树叶	2.6345	-1.9902	0.9922	1.0746	-2.2171	0.9933
	花果	3.3699	-3.9071	0.9263	1.3606	-4.1607	0.9179
	树根	1.5542	-0.3282	0.9196	0.6226	-0.4322	0.9041
海桑树	树干	2.1094	1.8449	0.9982	0.8070	1.6787	0.9975
	树皮	2.0779	1.0239	0.9965	0.7947	0.8609	0.9954
	树枝	2.4994	1.3091	0.9792	0.9510	1.1247	0.9733
	树叶	2.4276	0.5426	0.9650	0.9313	0.3450	0.9671
	花果	2.4616	-0.5192	0.9073	0.975	-0.8045	0.9212
	树根	2.0419	1.5472	0.9785	0.7768	1.3969	0.9724

* 资料来源:廖宝文等(1993)

表7-6 中国红树林生态系统的生物量/(t/hm^2) *

	秋茄林①	海莲林②	木榄林③	海桑林④
调查地点	福建省龙海	海南省琼山	海南省文昌	海南省文昌
林龄/a	20	55	20	5
树干	58.07	151.71	26.78	8.32
树皮	12.69	17.01	2.25	1.18
树枝	13.85	53.13	25.89	5.33
树叶	5.87	10.63	7.80	0.79
花果	0.26	1.00	0.57	0.07
树根	69.26	171.80	26.83	3.67
乔木层总计	159.98	405.29	90.12	19.36
下木层	0.17	12.49	1.42	27.55
死枝	2.48	2.52		
凋落物				0.33
总计	162.63	420.30	91.54	47.24

* 资料来源:①林鹏等(1989),② 林鹏等(1990),③廖宝文等(1992),④廖宝文等(1990)

在乔木层中,生物量在树干中的分配比例不高,5a海桑林中树干生物量占42.9%,20年生天然更新的木榄林中树干生物量仅占29.7%,其它两种红树林群落中树干生物量占36%—38%,树根生物量所占比例也因群落而异,5a海桑林中树根生物量仅占18.9%;秋茄和海莲林中,树根生物量占42%—44%。树枝和树叶分别占乔木层生物量的8—28%和3%—9%。

由于不同的根系在林木生长中的生理意义不同,有研究者将根系分为根桩、粗根、中根和细根,分别测定各部分的生物量。由于各研究者进行区分的标准不同,很难对不同研究者的结果进行比较(表 7-7)。

红树林的根系属浅根系,一般深度不超过 1.2m。林鹏等(1990)对 55 年生的海莲林根系生物量的测定表明,海莲根系的干重随土壤深度而急剧减少。0—30cm 的根系干重占总根系的 64%。

表 7-7 红树林根系生物量*

	海莲林		海桑林	
	分级标准/cm	生物量比例/%	分级标准/cm	生物量比例/%
根桩		10.8		51.2
粗根	0.5—2	44.4	>2	31.26
中根	0.2—0.5	3.8	1-2	7.69
细根	<0.2	41.0	<1	9.33

* 资料来源:海莲林引自林鹏等(1990),海桑林引自廖宝文等(1990)

林鹏等(1990)在对 55 年生的海莲红树林测定时,发现其净初级生产力为 29.5t/(hm²·a),其中枯叶的贡献量为 13.1t/(hm²·a)。各器官的生产力列于表 7-8。从表中可以看出,落叶占总生产力的比例最大,达 34.5%;其次为树枝,占 19.4%;根系占 16.7%。树干仅占 14.8%,远小于其它森林生态系统。从表中还可以看到落叶落花归还到地表的物质占总生产力的 39.3%。此外,廖宝文等(1993)报道了幼年的海桑林和木榄林的生产力分别为 3.87t/(hm²·a)和 2.84t/(hm²·a),需指出的是,由于他们没有测定每年的枯枝落叶量,按年平均生物量计算的数据显然偏低。

表 7-8 海莲红树林各器官的生产力(t/(hm²·a))*

	树干	树皮	树枝	气生根	落叶	落花	果	下木	根系	总计
生产力/(t/hm²)	4.35	0.45	5.72	0.21	10.16	1.42	1.48	0.77	4.93	29.49
比例(%)	14.8	1.5	19.4	0.7	34.5	4.8	5.00	2.60	16.7	100.0

* 资料来源:林鹏等(1990)

第三节 小结

由于热带森林生态系统具有较高的生物多样性和生物质贮存量,特别是热带森林砍伐对全球碳循环有很大影响,因而热带森林生物量和生产力的研究是全球生态学界普遍关注的一个问题。尽管我国热带森林的面积不大,但其具有独特的过渡性特点,既与典型热带雨林有着相似之处,又与我国亚热带的常绿阔叶林有紧密联系。目前我国热带森林的生物量和生产力研究,仅仅是刚开始起步,还有许多空白,特别是对我国西部的热带雨林和季雨林的生物量和生产力还未见报道。我国东部热带雨林和季雨林的生产力还缺乏切实可靠的测定。以下根据现有的资料,对我国热带森林的生物量和生产力特征进行小结。

我国热带山地雨林和季雨林的生物量和生产力(不包括地下部分)存在着明显差异。从生物量来看,热带山地雨林为 507.47—645.23t/hm²,热带季雨林为 173.47—196.35t/hm²。乔木层生物量在林木各器官的分配也因森林类型而不同,一般热带山地雨林地下部分生物量占总的14%左右,热带山地雨林中树干生物量占地上生物量的65%,而季雨林树干占84%—87%。这两种热带森林类型的树枝和树叶生物量所占比例差异不大。

热带森林的生物量随年龄和群落组成而不同。海南岛尖峰岭的热带山地雨林,原始林生物量($645.23t/hm^2$)是更新林($272.91t/hm^2$)的2.4倍;

红树林作为热带一种特殊的森林类型,55年生的海莲红树林为$420.30t/hm^2$(表7-5),而55年生海莲红树林的地下生物量占42%,树干生物量占地上生物量的65%。相同林龄,不同建群种的红树林生物量不同,同为20年生的秋茄林和木榄林,乔木层的生物量前者为$159.98t/hm^2$,后者为$90.12t/hm^2$,前者比后者高出78%。

我国热带森林生产力的测定资料非常缺乏,从仅有的报道中看出,海莲红树林的生产力最高为$29.5t/(hm^2·a)$。其它是与生产力有关的年平均生物量累积的报道,如尖峰岭热带山地雨林为$6.24t/(hm^2·a)$和$9.87t/(hm^2·a)$。

第八章 青藏高原森林生态系统的生物量

第一节 自然地理概况

青藏高原是由于第三纪以来,随着印度板块插入欧亚板块而迅速隆起形成的、地球上最高、最大和最年轻的高原,平均海拔高度在4000m以上。青藏高原的隆起,形成了其独特的自然地理环境,在此基础上,也形成了独特的植被类型和森林生态系统。因此研究青藏高原森林生态系统的生物量和生产力,对于全面分析中国森林生态系统的生物量和生产力具有非常重要的意义。故在此单独立一章。

青藏高原的地势,总的来说具有西北高东南低的特点。地貌基本特征是山高、谷狭、坡陡,高山和狭谷相间。青藏高原的气候夏季主要受印度洋西南季风的控制,冬季受西风环流的影响。西南季风沿纵切喜马拉雅山的河谷通道向内部深入。降水最多的地区位于西藏的东南部,特别是雅鲁藏布江大峡谷以下直到边界地区,这是西藏降水最为充沛的地区,最大降水量可达4494mm,这里山谷海拔较低,热量丰富,在水热条件的综合作用下,出现大面积茂密的原始森林,并构成以热带或亚热带植被为基带的完整的湿润山地森林垂直带谱。由于海拔的升高,青藏高原的热量和降水量都以上述地区为中心,向北、西和东3个方向逐渐减少。在横断山南段以及念青唐古拉山地区,降水量通常在600—1000mm,年平均相对湿度达60%以上,气候温凉湿润,出现了以亚高山暗针叶林和山地松林为基带的湿润山地森林垂直带谱。在往西藏的内部,出现半湿润的气候,森林植被只能片段的出现在山体中上部或阴坡湿度较大的地段。到西藏中部,零星分布的森林逐渐被灌丛植被取代,最后,形成高寒荒漠景观(中国科学院青藏高原综合考察队,1985)。

第二节 森林生态系统的特点和主要类型

青藏高原的森林生态系统据中国科学院青藏高原综合考察队(1985)调查表明具有以下特点:

(1)森林覆盖率低 青藏高原的大部分地区处于高寒干旱的气候条件下,森林的发育受到了极大的限制。森林的覆盖率低,如西藏自治区的森林覆盖率为5.1%,特别是3000万hm^2的阿里地区,没有林地。

(2)森林类型多 由于青藏高原森林,主要分布在其东南边缘地区,山地的垂直高差大,因而形成了从雨林、常绿阔叶林、落叶阔叶林、亚高山落叶针叶林和亚高山暗针叶林的完整垂直带谱。

(3)森林的蓄积量大 由于青藏高原的特殊气候和地形,加之森林生态系统的人为影响比较少,因此保存了一些原始森林,林分蓄积量都非常大,不少林分的蓄积量大于$1000m^3/hm^2$。

根据中国科学院青藏高原综合考察队(1985)在《西藏森林》一书中的分类,西藏森林生态系统有以下几种主要类型:

(1)亚高山暗针叶林 主要有3种群系组——冷杉林、云杉林和铁杉林。冷杉林的主要优势种有:急尖长苞冷杉(*Abies georgei var. smithii*)林、川滇冷杉(*A. forrestii*)林、西藏冷杉(*A. spectabilis*)林、苍山冷杉(*A. delavayi*)林、墨脱冷杉(*A. delavayi var. motuoensis*)林、亚东冷杉(*A. densata*)林、黄果冷杉(*A. ernestii*)林、鳞皮冷杉(*A. squamata*)林。云杉林的主要优势种有:林芝云杉(*Picea likiangensis var. linzhensis*)林、川西云杉(*P. likiangensis var. balfouriana*)林、长叶云杉(*P. smithiana*)林、西藏云杉(*P. spinulosa*)林。铁杉林主要是云南铁杉(*Tsuga yunnanensis*)针阔混交林。

(2)亚高山落叶针叶林 主要是指落叶松林,以各种红杉林为主,如西藏红杉(*Larix griffithiana*)林、怒江红杉(*L. speciosa*)林、喜马拉雅红杉(*L. himalaica*)林、大果红杉(*L. potaninii var. macrocarpa*)林。

(3)山地柏林 主要为西藏柏(*Cupressus torulosa*)林、巨柏(*C. gigantea*)林、圆柏(*Sabina*)林。

(4)山地温性松林 主要为乔松(*Pinus griffthii*)林、华山松林、高山松林、西藏长叶松(*P. roxburghii*)林、西藏白皮松(*P. gerardiana*)林、云南松林。

(5)温性硬叶常绿栎林 主要为高山栎(*Quercus semecarpifolia*)林、川滇高山栎(*Q. aquifolioides*)林、川西高山栎(*Q. gilliana*)林。

(6)山地落叶阔叶林 包括桦木林、山杨林、赤杨林和沙棘(*Hippophae thibetana*)林。桦木林主要为:白桦林、长穗桦(*Betula cylindrastachya*)林。杨树林主要为:山杨林、银白杨(*Populus alba*)林、吉隆绿毛杨(*P. ciliata*)林、大叶杨(*P. lasiocarpa*)林、藏青杨(*P. szehuanica var tibetica*)林。赤杨林主要为旱冬瓜(*Alnus nepalensis*)林。

(7)山地亚热带常绿阔叶林 包括上部的常绿与落叶阔叶混交林和下部的常绿阔叶林,前者如樟、楠、槭阔叶混交林和通麦栎(*Quercus tungmaigensis*)阔叶混交林,后者如青冈林。

(8)热带雨林。

根据中国科学院青藏高原综合考察队(1985)在《西藏森林》一书中对西藏森林调查结果,总结西藏主要森林生态系统类型的分布区的气候特征,如表8-1。

第三节 森林生态系统主要类型的生物量

目前,对青藏高原的森林生态系统生物量和生产力的研究还很少的,看到的只有徐凤翔(1987)对西藏林芝地区的林芝云杉成熟林生物量的测定(表8-2)。所测定的林分位于海拔2750m的西藏波密林区,该林分的蓄积量达3831m³,总生物量达1604 t/hm²,其中乔木层的地上部分生物量占了89.46%,根系生物量占了8.19%。除乔木层和凋落物层外,其它各层的生物量所占比例均不足群落生物量的1%(表8-2)。在乔木层地上生物量在第Ⅰ、Ⅱ和Ⅲ林层中的分配比例分别为89.9%、6.8和3.3%。在乔木层生物量中(表8-3),树干、树枝和树叶的生物量分别占89.2%、8.1%和2.7%。

鉴于青藏高原的森林生物量研究资料很少,为了比较全面的分析青藏高原森林生态

表 8-1 西藏各种森林生态系统分布区的气候状况*

类型	海拔高度/m	年平均气温/℃	最冷月均气温/℃	最热月均气温/℃	积温/℃	温暖指数	无霜期	降水量/mm	相对湿度/%
寒温性冷杉林	3000—4000								
黄果冷杉林	2100—3000	10	17		2800	72	6月	00	65
林芝云杉林	3000—3500	4—9	-6—0	11—16	880—2260	21—57	3.5月	600—1000	55—70
长叶云杉林			6—13		1100—3800	29—100	4—8月	700	
川西云杉林	3600—4200	1—5	-10—-5	10—12	500—1000	21—25	2—4月	300—500	
南亚铁杉林	2400—3100	7	-2	15	1700	44		900	70
西藏红杉林	2800—4000	0		10					
圆柏林		<0	-10	8	100	5	2月	400—600	50
乔松林	1800—3500	5—15	-4—7	12—21	1100—3600	28—110	4—8月	800—2000	60—80
华山松林	2400—3000	5—11	-1—3	13—20	1500—3000	30—80	4—7月	600—1000	70
西藏长叶松林	1500—2500	10	3	18	3000	77	7月	600—1700	60
西藏白皮松林	2000—3300	7—13	-1—5.6	15—20	2000—3800	45—100	5—7月	400	
高山松林	2600—3500	4—10	-5—2	12—17	1000—2800	25—72	3月	500—1000	50—70
云南松林	1500—3000	8—16	0—9	15—23	1900—5000	48—132	5—9月	800	60
高山栎林	2600—3500	2—10			600—2800	16—72	3—6月	500	55
寒温性杨桦林	3000—4100								
长穗桦林	1500—2500	10—16	2—8	17—23	2800—5000	72—132	6—9月	1000	
吉隆缘毛杨林	1500—3000	8—15	0				5月	600	
尼泊尔桤木林	1500—2500	10—18	2—11	17—24	2800—5600	72—153		700	70
山地常绿阔叶林	1000—1800	15—18	7—12	21—25	4200—6000	110—116	8—10月	1000—2000	70
常绿落叶阔叶混交林	1800—2400	11—15	3—7		3000—3600	77—110	7—8月	700—1000	60
低山热带林	600	22	15	27	7200	198		1000	

*资料来源：根据中国科学院青藏高原综合考察队(1985)

系统的生物量,根据《西藏森林》一书中的有关森林蓄积量的资料(表 8-4)和测定得出的西藏主要木材的密度资料(表 8-5),得出主要森林生态系统中树干的生物量。然后,收集了我国与青藏高原森林类型的优势种属于同一属的林木为优势种的森林生态系统中的树干与乔木层生物量的比值(表 8-6)。根据这种比值,就可以得出西藏主要森林生态系统的乔木层生物量(表 8-7)。需要指出的是,由于可以利用的森林蓄积量资料主要是对成熟林和过熟林的调查结果,因此,对西藏主要森林生态系统的乔木层生物量的估计值是对应于成熟林和过熟林的。

表 8-2 林芝云杉林的群落生物量*

项目	生物量/(t/hm²)	比例/%
地上部分		
乔木层	1435.21	89.46
第Ⅰ层	1290.19	80.42
第Ⅱ层	97.70	6.09
第Ⅲ层	47.32	2.95
更新层	0.11	0.01
灌木层	1.34	0.08
草本层	0.45	0.03
苔藓层	1.50	0.09
凋落物	34.37	2.14
地下部分		
根系层	131.33	8.19

*引自徐风翔(1987)

表 8-3 林芝云杉乔木层各器官生物量*

	树干	树枝	树叶	总计
生物量/(t/hm²)	1280.28	116.19	38.72	1435.21
比例/%	89.2	8.1	2.7	100.0

*引自徐风翔(1987)

表 8-4 西藏主要森林生态系统的蓄积量资料*

类型	调查地点	海拔高度/m	树种组成	林龄/a	蓄积量/m³
灌木草类冷杉林	聂拉木	2780	10 冷 + 铁-高山栎	Ⅹ	1160
		2800	10 冷 + 铁	Ⅹ	829
箭竹冷杉林	吉隆	3280	8 冷 1 云 1 桦	Ⅷ	660
	林芝	3420	8 冷 2 落 + 云	Ⅺ	590
苔藓冷杉林	工布江达	3600	9 冷 1 云 + 桦	Ⅶ	690
		3800	10 冷	Ⅶ	410
杜绢冷杉林	亚东	4100	8 冷 2 桦 + 柏	Ⅹ	125
黄果冷杉林	察隅				850
林芝云杉林	波密	3300	9 云 1 冷	过熟	1032
	波密	3100	7 云 3 冷	过熟	778
	波密	3100	8 云 2 冷	过熟	685
	米林	3200	10 云-冷-阔	过熟	601
	波密	3180	8 云 2 桦-冷	过熟	1780
	波密	3200	10 云-桦	过熟	1553

续表

类型	调查地点	海拔高度/m	树种组成	林龄/a	蓄积量/m³
箭竹云杉林	米林	3410	7云1栎1冷1落	过熟	658
	林芝	3550	7云2冷1阔	过熟	521
	林芝	3300	7云2冷1阔	过熟	509
	林芝	3500	8云1冷1阔	过熟	425
	林芝	3500	10云	过熟	358
	林芝	3500	8云2冷	过熟	496
高山栎云杉林	米林	3100	6云2栎2松-冷	过熟	404
	林芝	3080	7云3栎+松	过熟	531
	林芝	3150	6云3栎1松	过熟	241
	林芝	3150	8云1栎1冷-松	过熟	425
川西云杉林				过熟	380
铁杉林	察隅	2700	10铁杉+青冈	>200	560
	吉隆	2600	10铁杉+紫杉	>200	1027
	聂拉木	2400	9铁1鹅耳枥+桤木	80	203
	墨脱	3000	9铁1冷	>200	455
	聂拉木	2600	10铁	130	402
落叶松林				IV	500
	林芝		6落4冷	150	1094
圆柏林	昌都		10柏	300	25
	昌都		10柏	100	16
乔松林	吉隆			50	500
	吉隆			100	1000
华山松林				近熟	400
长叶松林				100	400
高山松林	波密			成熟	359
	米林			成熟	395
	林芝			成熟	240
	八宿			成熟	145
灌木蕨类云南松林	察隅		10松	135	690
	察隅		10松	140	920
	察隅		10松	135	920
	察隅		10松+赤杨	50	620
	察隅		10松	110	810
	察隅		10松杨	60	680
	察隅		10松+栎	70	490
	察隅		10松	50	460
	察隅		10松	76	580
陡坡禾草云南松林	察隅		10松	90	180
	察隅		10松	90	220
	察隅		10松	90	220
	察隅		10松	70	75
	察隅		10松	100	120

续表

类型	调查地点	海拔高度/m	树种组成	林龄/a	蓄积量/m³
灌木高山栎林	聂拉木				260
川滇高山栎林	拉萨、林芝	3100	9栎1松+杨	80	153
	拉萨、工布	3400	7栎3阔	80	120
	昌都、波密	3000	10栎+云	30	266
	昌都、察隅	3000	9栎+华山松	成熟	257
	日喀则	3000	9栎1桦	成熟	372
长穗桦林	察隅			17	154
长序杨林					400
亚热带常绿阔叶林（山地下部）	墨脱				200
樟楠槭混交林	察隅	2100		V	311
	察隅	2020		V	434
	察隅	2280		V	430
通麦栎阔叶混交林	波密	2000			225
青冈阔叶混交林	上察隅	2100	5楠3青冈2香椿	V	334
	上察隅	2150	5楠3香椿2青冈	V	351
	上察隅	2100	5青冈2楠2槭1紫	V	425
	上察隅	2180	4楠4香椿2青冈	V	626
	上察隅	2200	6杨2楠2青冈	V	290
低山热带森林	米什米山地	1000			200

* 根据中国科学院青藏高原综合科学考察队(1985)

表 8-5 西藏主要木材的密度

树种	急尖长苞冷杉*	林芝云杉*	高山栎*	铁杉*	西藏红杉*	圆柏*	乔松*	华山松
密度/(t/m³)	0.41	0.44	0.63	0.46	0.38	0.51	0.34	0.35
树种	西藏长叶松	高山松	云南松	杨	桦	樟	楠	槭
密度/(t/m³)	0.33	0.41	0.48	0.33	0.53	0.51	0.46	0.56

带有 * 的木材密度值来自中国科学院青藏高原科学考察队(1985)，其它来自中国林业科学研究院木材研究所(1982)

表 8-6 估算西藏各森林生态系统的生物量时选用的树干与乔木层的比值

森林生态系统类型	林龄级	树干/乔木层生物量/%	来源
油麦吊云杉林	过熟林	60.82	吴兆录等,1994
川西云杉林	近熟林	55.41	江洪等,1986
长苞冷杉林	过熟林	62.11	吴兆录等,1994
红杉林	近熟林	54.85	周世强等,1991
黄柏林	成熟林	51.73	张家贤等,1989
华山松林	近熟林	47.27	陈存根,1984
高山松林	过熟林	44.21	吴兆录等,1994
云南松林	中龄林	50.95	党承林等,1991
山杨林	中龄林	56.40	陈大荷等,1982
白桦林	成熟林	67.38	徐振邦等,1988
木果石栎林	成熟林	62.57	邱学忠等,1984
热带雨林*	成熟林	52.01	

* 热带雨林的树干与乔木层之比计算时，由于原报道中没有测定树根的生物量，这里按树根的生物量占乔木层生物量的20%估计

表 8-7 西藏主要森林生态系统乔木层的生物量

类型	调查地点	海拔高度/m	树种组成	林龄/a	树干生物量/(t/hm²)	乔木层生物量/(t/hm²)
灌木草类冷杉林	聂拉木	2780	10 冷 + 铁 + 高山栎	X	475.60	765.74
		2800	10 冷 + 铁	X	339.89	547.24
箭竹冷杉林	吉隆	3280	8 冷 1 云 1 桦	Ⅷ	270.60	435.68
	林芝	3420	8 冷 2 落 + 云	Ⅺ	241.90	389.47
苔藓冷杉林	工布江达	3600	9 冷 1 云 + 桦	Ⅶ	282.90	455.48
		3800	10 冷	Ⅶ	168.10	270.65
杜绢冷杉林	亚东	4100	8 冷 2 桦 + 柏	X	51.25	82.51
黄果冷杉林	察愉				348.50	561.10
林芝云杉林	波密	3300	9 云 1 冷	过熟	454.08	746.60
	波密	3100	7 云 3 冷	过熟	342.32	562.84
	波密	3100	8 云 2 冷	过熟	301.40	495.56
	米林	3200	10 云 + 冷 + 阔	过熟	264.44	434.79
	波密	3180	8 云 2 桦 + 冷	过熟	783.20	1287.73
	波密	3200	10 云 + 桦	过熟	683.32	1123.51
箭竹云杉林	米林	3410	7 云 1 栎 1 冷 1 落	过熟	289.52	476.03
	林芝	3550	7 云 2 冷 1 阔	过熟	229.24	376.92
	林芝	3300	7 云 2 冷 1 阔	过熟	223.96	368.23
	林芝	3500	8 云 1 冷 1 阔	过熟	187.00	307.46
	林芝	3500	10 云	过熟	157.52	258.99
	林芝	3500	8 云 2 冷	过熟	218.24	358.83
高山栎云杉林	米林	3100	6 云 2 栎 2 松-冷	过熟	177.76	292.27
	林芝	3080	7 云 3 栎 + 松	过熟	233.64	384.15
	林芝	3150	6 云 3 栎 1 松	过熟	106.04	174.35
	林芝	3150	8 云 1 栎 1 冷-松	过熟	187.00	307.46
川西云杉林				过熟	167.20	301.75
铁杉林	察隅	2700	10 铁杉 + 青冈	>200	257.60	419.07
	吉隆	2600	10 铁杉 + 紫杉	>200	472.42	768.54
	聂拉木	2400	9 铁 1 鹅耳枥 + 槭木	80	93.38	151.91
	墨脱	3000	9 铁 1 冷	>200	209.30	340.49
	聂拉木	2600	10 铁	130	184.92	300.83
落叶松林				Ⅳ	190.00	346.40
	林芝		6 落 4 冷	150	415.72	757.92
圆柏林	昌都		10 柏	300	12.75	24.65
	昌都		10 柏	100	8.16	15.77
乔松林	吉隆			50	170.00	359.64
	吉隆			100	340.00	719.27
华山松林				近熟	140.00	296.17
长叶松林				100	132.00	298.57
高山松林	波密			成熟	147.19	332.93
	米林			成熟	161.95	366.32
	林芝			成熟	98.40	222.57
	八宿			成熟	59.45	134.47

续表

类型	调查地点	海拔高度/m	树种组成	林龄/a	树干生物量/(t/hm²)	乔木层生物量/(t/hm²)
灌木蕨类云南松林	察隅		10 松	135	331.20	650.05
	察隅		10 松	140	441.60	866.73
	察隅		10 松	135	441.60	866.73
	察隅		10 松+赤杨	50	297.60	584.10
	察隅		10 松	110	388.80	763.10
	察隅		10 松杨	60	326.40	640.63
	察隅		10 松+栎	70	235.20	461.63
	察隅		10 松	50	220.80	433.37
	察隅		10 松	76	278.40	546.42
陡坡禾草云南松林	察隅		10 松	90	86.40	169.58
	察隅		10 松	90	105.60	207.26
	察隅		10 松	90	105.60	207.26
	察隅		10 松	70	36.00	70.66
	察隅		10 松	100	57.60	113.05
灌木高山栎林	聂拉木				163.80	261.79
川滇高山栎林	拉萨、林芝	3100	9 栎 1 松+杨	80	96.39	154.05
	拉萨、工布	3400	7 栎 3 阔	80	75.60	120.82
	昌都、波密	3000	10 栎+云	30	167.58	267.83
	昌都、察隅	3000	9 栎+华山松	成熟	161.91	258.77
	日喀则	3000	9 栎 1 桦	成熟	234.36	374.56
长穗桦林	察隅			17	81.62	121.13
长序杨林					132.00	234.04
亚热带常绿阔叶林（山地下部）	墨脱				110.00	175.80
樟楠槭混交林	崇隅	2100		V	171.05	273.37
	察隅	2020		V	238.70	381.49
	察隅	2280		V	236.50	377.98
通麦栎阔叶混交林	波密	2000			123.75	197.78
青冈阔叶混交林	上察隅	2100	5 楠 3 青冈 2 香椿	V	183.70	293.59
	上察隅	2150	5 楠 3 香椿 2 青冈	V	193.05	308.53
	上察隅	2100	5 青冈 2 楠 2 槭 1 紫	V	233.75	373.58
	上察隅	2180	4 楠 4 香椿 2 青冈	V	344.30	550.26
	上察隅	2200	6 杨 2 楠 2 青冈	V	159.50	254.91
低山热带森林	米什米山地	1000			110.00	211.50

  西藏的主要森林生态系统的乔木层平均生物量（表 8-8），冷杉林为 415.15t/hm²，云杉林为 431.06t/hm²，铁杉林为 396.17t/hm²，落叶松林（红杉林）为 552.18t/hm²，圆柏林为 20.21t/hm²，乔松林为 539.45t/hm²，华山松林为 296.17t/hm²，长叶松林为 298.57t/hm²，高山松林为 264.07t/hm²，云南松林为 399.71t/hm²，高山栎林为 248.50t/hm²，长穗桦林为 121.13t/hm²，长序杨林为 234.04t/hm²，常绿阔叶林为 368.51t/hm² 和低山热带森林为 211.50t/hm²。从西藏不同森林生态系统的比较来看，针叶林的生物量比较大，阔叶林的生物量较少。这主要是由于阔叶林所处的海拔高度比较低，受人为干扰比较大，森林的发育不如高海拔的针叶林好。

表 8-8　西藏主要森林生态系统类型的乔木层平均生物量

类型	样本数	乔木层生物量/(t/hm²) 平均值	范围
灌木草类冷杉林	2	656.49	547.24—765.74
箭竹冷杉林	2	412.57	389.47—435.68
苔藓冷杉林	2	363.07	270.65—455.48
杜鹃冷杉林	1	82.51	
黄果冷杉林	1	561.10	
冷杉林平均	8	415.15	82.51—765.74
林芝云杉林	6	775.17	434.79—1123.51
箭竹云杉林	6	357.74	258.99—476.03
高山栎云杉林	4	289.56	174.35—384.15
川西云杉林	1	301.75	
云杉林平均	17	431.06	174.35—1123.51
铁杉林	5	396.17	151.91—768.54
落叶松林	2	552.16	346.40—757.92
圆柏林	2	20.21	15.77—24.65
乔松林	2	539.45	359.64—719.27
华山松林	1	296.17	
长叶松林	1	298.57	
高山松林	4	264.07	134.47—366.32
灌木蕨类云南松林	9	645.86	433.37—866.73
陡坡禾草云南松林	5	153.56	70.66—207.26
云南松林平均	14	399.71	70.66—866.73
灌木高山栎林	1	261.79	
川滇高山栎林	5	235.21	120.82—374.56
高山栎林平均	6	248.50	120.82—374.56
长穗桦林	1	121.13	
长序杨林	1	234.04	
亚热带常绿阔叶林(山地下部)	1	175.80	
樟楠槭混交林	3	344.28	273.37—381.49
通麦栎阔叶混交林	1	197.78	
青冈阔叶混交林	5	356.18	254.91—550.26
常绿阔叶林平均	10	268.51	175.80—550.26
低山热带森林	1	211.50	

第四节　小结

青藏高原具有特殊的自然地理和人文环境,尽管西藏的森林面积很小,但是森林的生物量却比较大,如林芝云杉林的生物量是目前我国森林生物量研究报道中的最大值。根据西藏主要森林生态系统林分的蓄积量推算的针叶林的乔木层生物量也是比较大的。通过我们的研究,对于西藏不同海拔高度的森林生物量有了一个初步的概念。关于青藏高原的森林生态系统生物量的研究文献报导很少,尤其是生产力的研究目前还未见到报导,这可能是我国目前森林生态系统生产力研究的最大不足,而从区域的特殊性来看,也是非常值得重视研究和需要花时间进行调查观测的地区。

第九章 林农复合生态系统生物量和生产力

林农复合生态系统(又称农林业系统,Agroforestry systems)作为一种特殊的森林生态系统类型,它是人类在长期的生产实践活动中,根据自然生态系统的特征(如自然群落的层次结构),总结和发展起来将林木和农作物结合在一起,共同利用自然界所提供的光热水土资源的生产方式。在我国,林农复合生态系统作为一种生产方式,具有悠久的历史,目前类型多种多样,但是,分布最为广泛,在农业、林业生产中意义比较重要的是农田防护林、林粮间作和果粮间作3种类型。这里将1989—1991年我们在黄淮海平原地区对这3种林农复合生态系统的生物量和生产力的研究结果介绍如后,目的是为今后进一步研究林农复合生态系统的能量流、物质流和价值流等提供一些基础数据和开展同类研究作参考。

第一节 研究地区自然概况和特征

1 自然概况

研究地区位于黄淮海平原河南省封丘县潘店乡中国科学院封丘农业生态实验站附近,选择的3种有代表性的林农复合生态系统类型为:农田防护林、桐粮间作和果粮间作类型。太阳辐射(1989年10月—1990年9月)总值为 4359.6×10^{10} J/hm²,光合有效辐射为 2179.8×10^{10} J/hm²。多年平均气温13.9℃,多年平均降水量600.0mm左右。土壤为发育在河流冲积物上的两合土,属沙性,有机质含量不高,土壤氮磷钾三元素的含量见表9-1,土壤水分含量一般为10%—20%。对农业生产来说,灌溉条件比较好。

表 9-1 研究地点土壤养分状况

项目	深度/cm	农田防护林	桐粮间作	果粮间作
水解氮(ppm)	0—20	59.3	51.8	66.7
	20—40	36.9	38.5	59.5
速效磷(ppm)	0—20	8.2	0.26	4.55
	20—40	1.02	12.6	10.14
速效钾(ppm)	0—20	94	89	157
	20—40	97	93	171
全氮(ppm)	0—20	759	542	776
	20—40	504	540	593
全磷(ppm)	0—20	792	742	903
	20—40	585	778	747
全钾/%	0—20	1.07	1.09	1.20
	20—40	1.08	1.09	1.20

2 林农复合生态系统的结构特征

2.1 农田防护林的结构特征

农田防护林是由沙兰杨(*Populus xeuramericana* cv."Sacrau 79")组成的林网

(表9-2),一般林网的面积为6hm²左右(200m×300m),林带由3行树木组成,3行树木正好将农田、马路和水渠分隔开来,马路宽度为5m左右,水渠宽为3m左右,林木的株距为4m。沙兰杨大多为6年生的,少部分为4年生。沙兰杨的树冠多呈圆锥体型,林冠的投影面积不大。农田防护林中种植的农作物,夏作物90%以上为小麦(*Triticum aestivum*),秋作物种类比较多,以玉米(*Zea mays*)最多,其他还有少量的花生(*Arachis hypogaea*)、棉花(*Gossypium hirsutum*)和西瓜(*Citrullus lanatus*),农作物生长良好。

2.2 桐粮间作的结构特征

桐粮间作中的树木是兰考泡桐(*Paulownia elongata*)(表9-2),树木的株距和行距分别为5m和40m,均匀地分布在农田中,树木占地面积很少,调查的树木大多为6年生的,还有少部分为5年生的。桐粮间作中种植的农作物,夏作物80%以上为小麦,秋作物种类比较多,玉米较多,其他还有少量的花生、谷子(*Setaria italica*)、棉花和西瓜。农作物生长良好。

2.3 果粮间作的结构特征

果粮间作中的树木是苹果树(*Malus pumila*)(表9-2),树木的株距和行距分别为5m和10m,均匀地分布在农田中,树木占地面积较大,调查的树木为20年生的。果粮间作中种植的农作物,夏作物全为小麦,秋作物种类比较多,有花生和红薯(*Dioscorea fordii*)等矮秆作物。农作物生长也相当好。

表9-2 3种典型林农复合生态系统的结构特征

项目	农田防护林	桐粮间作	果粮间作
调查地点	封丘县潘店村南	油房乡陈寨村	潘店乡蔡东村
调查面积/亩	200	100	40
林木	沙兰杨	兰考泡桐	苹果树
农作物	小麦、玉米	小麦、玉米	小麦、花生
林木占地/%	2.5	0.1	40.0
树木作物栽种方式	树木栽种于田缘	树木栽种于田中	
林带宽度/行	3	1	1
林带走向	东西、南北	东西、南北	南北
林带间距/m	200—300	—	—
树木行距/m	5	40	10
树木株距/m	4	5	5
树木高度/m	15	9	5.5
枝下高/m	4	3	0.5
冠幅/m	5	5	5
密度/(株/hm²)	1.042	3.33	13.33
树冠投影/%	0.23	0.99	24.99
树木年龄/a	6	6	20

第二节 林农复合生态系统的生物量和生产力

1 林农复合生态系统中林木生长状况

林木是林农复合生态系统的一个重要组成部分,也是林农复合生态系统与农田系统不同的主要特征,将林木引入农田系统后,与农作物生活在同一个土地经营单元内,其生长发育状况如何,对正确认识林农复合生态系统的功能非常重要。林木生长参数的观测,是计算林农复合生态系统生物量和生产力的基础。

1.1 调查观测方法

反映林木生长发育的指标比较多,主要有树高、枝下高、胸径和基径。树高和枝下高的测定一般用测高仪,胸径和基径的测定一般采用先测定树木的胸围和基围的周长,然后按直径与周长的关系,计算出树木的胸径和基径。在对林木的生长状况测定时,为了测算林木的生产力,分别在3种林农复合生态系统样地内,于树木生长期开始和生物量最大时,即每年的4月上旬和9月下旬分两次测定树木的生长参数。共选择代表性的样木:6年生的泡桐7株,5年生的5株,6年生的沙兰杨20株,4年生的7株,20年生的苹果树6株,给每一株都进行编号和标记,测定树高、枝下高、胸围和基围,在测定胸围和基围的地方(分别在距地面1.3m处和地表面)用红油漆标上标志,以便在测量时不致于发生测量部位误差。通过比较四月份和九月份两次测定的结果,得出该年内树木生长参数的年变化情况。

1.2 农田防护林中沙兰杨生长状况

沙兰杨是一种速生树种,生长极快,从表9-3和表9-4中可以看出,6年生的沙兰杨树木,树高、枝下高、胸径和基径的年增长量分别为0.87、0.26、2.15cm和2.94cm。4年生的沙兰杨的树高、枝下高、胸径和基径的年增长量分别为0.77、0.28、2.01cm和2.11cm。生长在这里的沙兰杨树木之间变异不大,6年生的沙兰杨树木的变异系数(标准差/平均值)4月上旬时,其树高为16.3%,枝下高26.8%,胸径26.6%,基径23.7%;至9月下旬时,分别为10.1%,15.3%,18.8%,20.7%。对于4年生的沙兰杨,树木的变异系数4月份上旬时,其树高为8.8%,枝下高23.9%,胸径7.1%,基径12.7%;至9月下旬时分别为9.1%,22.7%,11.3%,18.6%。

表9-3 沙兰杨树木生长状况调查

测定时间	测定地点	年龄/a	样本数	树高/m 均值	树高/m 标准差	枝下高/m 均值	枝下高/m 标准差	基径/m 均值	基径/m 标准差	胸径/m 均值	胸径/m 标准差
4月8日	潘店乡南	6	20	14.41	2.346	3.79	1.017	24.65	5.849	20.11	5.344
		4	7	11.16	0.980	2.02	0.482	19.60	1.385	14.87	1.891
9月20日	潘店乡南	6	20	15.28	1.541	4.05	0.621	27.59	5.191	22.26	4.613
		4	7	11.93	1.083	3.30	0.748	21.71	2.445	16.87	3.142

表9-4 不同年龄沙兰杨树木参数增加值

年龄/a	样本数	树高/m	枝下高/m	基径/cm	胸径/cm
6	20	0.87	0.26	2.94	2.15
4	7	0.77	0.28	2.11	2.01

1.3 桐粮间作中泡桐生长状况

泡桐是一种速生树种,生长极快,从表9-5和表9-6中可以看出,6年生的泡桐树木的树高、枝下高、胸径和基径的年增长量分别为1.4、0.17、2.99cm和2.36cm;5年生的泡桐的树高、枝下高、胸径和基径的年增长量分别为1.35、0.98、2.17cm和2.61cm。生长在这里的泡桐树木之间变异不大,6 年生的泡桐树木的变异系数年 4 月上旬时,其树高为 14.2%,枝下高 15.6%,胸径 18.7%,基径 20.1%;至 9 月下旬分别为 11.8%,11.2%, 13.7%,20.7%。5 年生的泡桐树木的变异系数 4 月份上旬时,其树高为 12.0%,枝下高 22.5%,胸径 15.6%,基径 18.1%;9 月下旬时,分别为 8.4%,10.8%,17.1%,18.7%。

表 9-5 泡桐树木生长状况调查表

测定时间	测定地点	年龄/a	样本数	树高/m 均值	树高/m 标准差	枝下高/m 均值	枝下高/m 标准差	基径/m 均值	基径/m 标准差	胸径/m 均值	胸径/m 标准差
4 月 8 日	陈寨西南	6	7	9.63	1.363	2.80	0.437	30.23	6.087	22.62	4.228
	陈寨东北	5	5	8.53	1.02	3.33	0.748	26.83	4.853	20.43	3.192
9 月 2 日	陈寨西南	6	7	11.03	1.300	2.97	0.333	32.60	6.732	25.41	3.477
	陈寨东北	5	4	9.88	0.829	4.31	0.466	29.44	5.497	22.60	3.865

表 9-6 不同年龄泡桐树木参数增加值

年龄/a	样本数	树高/m	枝下高/m	基径/cm	胸径/cm
6	7	1.4	0.17	2.36	3.00
5	4	1.35	0.98	2.61	2.17

1.4 果粮间作中苹果树生长状况

苹果树是一种人工定向培养的树种,人们为了获得最大的果品生产量,从而限制了树木的茎干生长,使叶、果和枝生长量比较大,从对调查的 20 年生的苹果树(表 9-7)发现,苹果树各生长参数年增长量很小,有些难以观测出来。苹果树之间的变异系数也比较小。

表 9-7 苹果树木生长状况调查表

测定时间	测定地点	年龄/a	样本数	树高/m 均值	树高/m 标准差	枝下高/m 均值	枝下高/m 标准差	基径/cm 均值	基径/cm 标准差
4 月 8 日	蔡东村北	20	6	5.85	0.381	0.51	0.064	23.95	2.34
9 月 20 日	蔡东村北	20	6	5.86	0.231	0.57	0.102	24.09	2.346

1.5 3 种林农复合生态系统中林木生长状况比较

由于各种树木的生物学特性和栽培的目的不同,其树高、枝下高、基径、胸径等生长参数的初值和年增长量也不一样。从以上分析比较可知:泡桐和沙兰杨正处于生长旺盛期,树高、枝下高、基径、胸径等都有明显的增加,尤以杨树的树高和枝下高增加最快;并且,6 年生的泡桐和杨树比相应 5 年生的和 4 年生的树木增长幅度要大。而苹果树生长极为缓慢。

2 林农复合生态系统中林木的生物量和生产力

2.1 调查计算方法

林木生物量是林农复合生态系统生物量的重要组成部分,其估算一般采用相对生长法和野外实际调查法,研究的两种在我国北方地区分布极其广泛的树木泡桐和杨树,近 10a 来,有人已经提出了这两种树木的相对生长法的生物量估算公式(杨修,1986;郝祖渊等,1989;刘本瑞等,1989;徐宏远,1990;李清等,1990;赵体顺,1990;徐孝庆等,1987),经过比较,选定表 9-8 和表 9-9 中的两组公式来计算泡桐和沙兰杨的生物量。所用公式中采用了胸径和树木各器官的生物量的相关关系,这样在野外观测中,既可以省去对树高因子的测定和砍伐树木进行直接测量的麻烦,同时测定胸径时,又可以获得较高的测量精度,对估算林木的生物量较方便。

根据上述林木生长调查获得的资料,利用表 9-8 和表 9-9 所列出的公式,分别计算出树木在 4 月上旬和 9 月下旬各器官的生物量,两者之差则为树木的年净增长量,即树木的生产力。

表 9-8　泡桐各器官的生物量和胸径的相对生长式*

器官	计算公式	样本数	相关关系
树干	$W_s = 0.086217 D^{2.00297}$	8	0.992
树枝	$W_b = 0.072497 D^{2.011502}$	8	0.984
树叶	$W_e = 0.035183 D^{1.63929}$	8	0.698
树根	$W_r = 0.016865 D^{2.294227}$	8	0.892
材积	$V = 0.00014 D^{2.155029}$	8	0.977

* 引自杨修(1986)

表 9-9　杨树各器官生物量和胸径的相对生长式*

器官	计算公式	样本数	相关关系
树干	$\log W_s = 2.20721 \log D^{-0.75244}$	10	0.992
树枝	$\log W_b = 3.36042 \log D^{-2.62547}$	10	0.880
树叶	$\log W_e = 2.16360 \log D^{-1.89843}$	10	0.819
树根	$\log W_r = 2.58559 \log D^{-2.02364}$	10	0.891
材积	$V = 0.000065678245 D^{1.941} H^{0.849}$		

* 引自赵体顺(1989)

对于苹果树生物量的测定,前人没有做过,因此选择了 3 棵典型树木,再通过测定和计算各树木的树干和树枝的数量和平均重量,估算了各树木的树干和树枝的生物量,再通过测定和计算 1 年生和 2 年生树枝上树叶的平均重量和数量,估算出树叶的生物量,树根的生物量根据植物地下器官的生物量约为整株树木生物量的 1/5 来估算树根的生物量,树木果实的生物量采用实测值。果树的生产力(即树木各器官的生物量的年增长量),主要用果树的叶、果实的生物量和修枝量来代替,研究的苹果树龄比较大,果树干和根的生物量年变化特别小,在此参照 Toky 等(1988)的估计做法,可以忽略不计。

2.2　农田防护林中沙兰杨生物量和生产力

沙兰杨的生物量年变化比较大,由表 9-10 可以看出,6 年生的树木年初其生物量为 225.27kg/株,树木间的变异系数为 54.9%,生物量在各器官的分配状况为:树干 57.0%,树枝 28.1%,树叶 4.9%,树根 9.9%。在生长期末生物量为 356.31kg/株,树木间的变异系数为 49.8%,生物量在各器官的分配状况为:树干 53.2%,树枝 30.1%,树叶 4.6%,树根 9.7%。生产力为 113.44kg/株,树木间的变异系数为 57.6%,生产力在各器官的分配状况为:树干 42.9%,树枝 33.6%,树叶 14.7%,树根 8.9%。对于 4 年生的沙兰杨树木年初其生物量为 108.16kg/株,树木间的变异系数为 31.9%,生物量在各器官的分配状况为:树干 64.6%,树枝 20.3%,树叶 5.4%,树根 9.7%。在生长期末生物量为 120.77kg/株,树木间的变异系数为 34.8%,生物量在各器官的分配状况为:树干 63.8%,树枝 21.1%,树叶 5.3%,树根 9.8%。生产力为 28.20kg/株,树木间的变异系数为 65.2%,生产力在各器官的分配状况为:树干 46.1%,树枝 22.9%,树叶 22.7%,树根 8.2%。

表 9-10　不同年龄沙兰杨树木生长期始末生物量、生产力/(kg/株)

树龄/a	样本数	器官	生长期始生物量 均值	生长期始生物量 标准差	生长期末生物量 均值	生长期末生物量 标准差	生产力 均值	生产力 标准差
6	20	树干	145.62	72.9732	194.32	89.3356	48.70	28.2396
		树枝	71.91	47.5624	109.95	66.7323	38.14	25.3447
		树叶	12.40	6.3252	16.66	7.7964	16.66	7.7964
		树根	25.34	14.1720	35.38	18.1558	10.04	6.1011
		全树	255.27	140.26	356.31	181.8127	113.44	65.2873
		材积	0.23	0.1193	0.31	0.1493	0.08	0.0486
4	7	树干	69.87	19.2293	77.01	23.3465	13.01	7.8811
		树枝	21.95	9.5120	25.54	12.3821	6.46	4.8249
		树叶	5.82	1.6951	6.43	2.0053	6.41	4.2590
		树根	10.51	3.5008	11.79	4.2571	2.32	1.5065
		全树	108.16	34.5284	120.77	41.9716	28.20	18.3798
		材积	0.10	0.0310	0.11	0.0370	0.02	0.0128

2.3　桐粮间作中泡桐的生物量和生产力

泡桐的生物量年变化比较大,由表 9-11 可以看出,6 年生的树木年初其生物量为 114.61kg/株,树木间的变异系数为 35.7%,生物量在各器官的分配状况为:树干 40.2%,树枝 26.9%,树叶 5.2%,树根 19.8%。在生长期末生物量为 147.45kg/株,树木间的变异系数为 28.0%,生物量在各器官的分配状况为:树干 40.0%,树枝 34.6%,树叶 4.9%,

表 9-11　不同年龄泡桐树木生长期始末生物量、生产力/(kg/株)

树龄/a	样本数	器官	生长期始生物量 均值	生长期始生物量 标准差	生长期末生物量 均值	生长期末生物量 标准差	生产力 均值	生产力 标准差
6	7	树干	46.10	16.1666	59.01	20.0255	12.90	4.6958
		树枝	39.83	14.0183	51.03	17.3813	11.20	4.0866
		树叶	5.95	1.7497	7.29	2.0786	7.30	2.0786
		树根	22.72	8.9580	30.13	11.4699	7.40	2.9342
		全树	114.61	40.8888	147.45	50.9516	38.80	13.5624
		材积	0.12	0.0453	0.16	0.0571	0.04	0.0140
5	4	树干	37.21	10.2846	44.77	12.4430	7.56	2.4123
		树枝	32.12	8.9045	38.67	10.7828	6.55	2.0977
		树叶	5.01	1.1861	5.83	1.3815	5.83	1.3815
		树根	17.72	5.4096	21.72	6.7470	4.18	1.4620
		全树	92.06	25.7841	11.17	31.3533	24.12	7.2520
		材积	0.10	0.0280	0.12	0.0345	0.02	0.0071

树根 20.4%。生产力为 38.80kg/株,树木间的变异系数为 35.0%,生产力在各器官的分配状况为:树干 33.2%,树枝 28.9%,树叶 18.8%,树根 19.1%。对于 5 年生的树木年初其生物量为 92.06kg/株,树木间的变异系数为 28.0%,生物量在各器官的分配状况为:树干 40.4%,树枝 34.9%,树叶 5.4%,树根 19.2%。在生长期末生物量为 111.71kg/株,树木间的变异系数为 28.1%,生物量在各器官的分配状况为:树干 40.1%,树枝 34.6%,树叶 5.2%,树根 19.4%。生产力为 24.12kg/株,树木间的变异系数为 30.1%,生产力在各器官的分配状况为:树干 31.3%,树枝 27.2%,树叶 24.2%,树根 17.3%。

2.4 果粮间作中苹果树生物量和生产力

苹果树受人工定向培育,成年树的生物量年变化不大,由表 9-12 中可以看出,对于 20 年生的树木其生物量为 148.38kg/株,生物量在各器官的分配状况为:树干 11.2%,树枝 53.4%,树叶 3.5%,树根 21.6%,果实 9.6%。生产力为 34.75kg/株,生产力在各器官的分配状况为,树枝 44.0%,树叶 41.1%,果实 14.9%,树干和树根的生产力非常小,在此可以不予以计算。

表 9-12　20 年生苹果树木的生物量、生产力/(kg/株)

树龄/a	样本数	器官	生物量	生产力
20	6	树干	16.62	—
		树枝	79.22	15.30
		树叶	5.16	5.16
		树根	32.08	—
		树果	14.29	14.29
		全树	148.38	34.75

2.5　3 种林农复合生态系统中林木生物量和生产力比较

对于沙兰杨和泡桐,正处于生长旺期,6 年生的泡桐和沙兰杨比 5 年生的泡桐和 4 年生的沙兰杨的生物量和生产力大许多。两种 6 年生的树木比较,沙兰杨的生物量和生产力都大于泡桐。从树木各器官的生物量分配状况看:树干>树枝>树根>树叶。树木的各器官的生产力比较结果为:树干>树枝>树叶>树根。

苹果树是经过人类定向培养的植物品种,成年树的生物量逐年变化比较小,各器官的生物量具有:树枝>树根>树干>果实>树叶。果树的生产力变化比较小,呈现树枝>果实>树叶的趋势。

3　林农复合生态系统中农作物的生物量和生产力

3.1　调查计算方法

在选择的 3 种林农复合生态系统类型的典型地段上,小麦和花生采用 50cm×50cm 的样方,玉米采用 1m×1m 的样方,在林网内或林带间不同部位采用收割法采样,并将样品带回室内烘干、称重(Chapman,1974),然后计算 3 种林农复合生态系统中的农作物各器官的生物量(或生产力)。需要说明一点的是:农作物是 1 年生植物,其生物量和生产力在数值上是相等的。表 9-13 列出了 3 种林农复合生态系统中的各种农作物的生产力。

3.2　农田防护林中农作物的生物量和生产力

农田防护林中农作物的生物量(生产力)为 2.86kg/m²,其中夏作物(小麦)占 48.6%,秋作物(玉米)占 51.4%;生物量在植物各器官的分配状况,夏作物中茎、叶、籽实和根各占 38.7%、18.4%、38.8% 和 4.0%；秋作物中茎、叶、籽实和根各占 22.4%、20.4%、45.6% 和 0.7%。

表 9-13 几种农作物在不同林农复合生态系统中的生产力/(kg/m²)

作物种类	器官	农田防护林 均值	农田防护林 标准差	桐粮间作 均值	桐粮间作 标准差	果粮间作 均值	果粮间作 标准差
小麦	茎	0.537	0.1486	0.505	0.0631	0.384	0.1703
	叶	0.256	0.0703	3.058	0.0544	0.195	0.0465
	根	0.056	0.0187	0.066	0.0193	0.029	0.0053
	籽实	0.539	0.1929	0.419	0.0959	0.483	0.0053
	全株	1.388	0.4041	1.295	0.1582	1.090	0.2062
玉米	茎	0.33	0.1234	0.33	0.1145		
	叶	0.30	0.1541	0.30	0.1987		
	根	0.01	0.0087	0.01	0.0073		
	籽实	0.67	0.2143	0.67	0.1234		
	全株	1.47	0.4531	1.47	0.4322		
花生	茎					0.08	0.0247
	叶					0.05	0.0145
	根					0.01	0.0087
	籽实					0.08	0.0145
	全株					0.21	0.0998

3.3 桐粮间作中农作物的生物量和生产力

桐粮间作中农作物的生物量(生产力)为 2.77kg/m²，其中夏作物(小麦)占 46.8%，秋作物(玉米)占 53.2%，生物量在植物各器官的分配状况，夏作物中茎、叶、籽实和根各占 39.0%、23.6%、32.4% 和 5.1%；秋作物中茎、叶、籽实和根各占 22.4%、20.4%、45.6% 和 0.7%。

3.4 果粮间作中农作物的生物量和生产力

果粮间作中农作物的生物量(生产力)为 1.3kg/m²，其中夏作物(小麦)占 83.8%，秋作物(花生)占 16.2%，生物量在植物各器官的分配状况，夏作物中茎、叶、籽实和根各占 35.2%、17.9%、44.3% 和 2.7%；秋作物中茎、叶、籽实和根各占 38.1%、23.8%、38.1% 和 4.8%。

3.5 3 种林农复合生态系统中农作物的生物量和生产力比较

3 种农作物由于其生物学和生态学特性不同，其生物量(或生产力)也就不一样。生长在 3 种不同林农复合生态系统中的同一种农作物，生物量(或生产力)也存在着差异，但这种差异不大。3 种林农复合生态系统中的农作物的生物量(或生产力)为农田防护林 > 桐粮间作 > 果粮间作；对于夏作物(小麦)为：农田防护林 > 桐粮间作 > 果粮间作；对于秋作物玉米，农田防护林与桐粮间作基本一样，而果粮间作中花生的生物量比其它两种林农复合生态系统中的玉米和小麦要小。

4 林农复合生态系统的生物量和生产力

前面分析了 3 种林农复合生态系统中林木和农作物的生物量和生产力，利用上述数据可以推算出的 3 种林农复合生态系统中各种植物各器官的生物量和生产力，见表 9-14

和表9-15。需要说明的是,这里计算林木生物量时所采用的植物密度见表9-2。由表9-14和表9-15中的数据分析可以得出3种典型的林农复合生态系统的生物量和生产力变化规律。

表9-14 3种典型林农复合生态系统生物量/(t/hm²)

类型 植物名	农田防护林			桐粮间作			果粮间作		
	沙兰杨	小麦	玉米	泡桐	小麦	玉米	苹果树	小麦	花生
茎(干)	3.04	5.37	3.25	2.95	5.05	3.33	3.32	3.84	1.81
枝	1.72			2.55			15.89		
叶	0.26	2.51	2.93	0.36	3.06	3.00	1.03	1.95	1.16
根	0.55	0.56	1.63	1.51	0.66	1.67	6.42	0.29	0.30
果		5.94	6.50		4.19	6.66	2.86	4.83	1.84
全株	5.57	14.38	14.31	7.37	12.96	14.65	29.52	10.91	5.11
材积	4.84			7.91					

表9-15 3种典型林农复合生态系统生产力/(t/(hm²·a))

类型 植物名	农田防护林			桐粮间作			果粮间作		
	沙兰杨	小麦	玉米	泡桐	小麦	玉米	苹果树	小麦	花生
茎(干)	0.76	5.37	3.25	0.65	5.05	3.33	1.56	1.81	
枝	0.59			0.56			3.06		
叶	0.26	2.51	2.93	0.36	3.06	3.00	1.04	1.95	1.16
根	0.16	0.56	1.63	0.37	0.66	1.67		0.29	0.30
果		5.94	6.50		4.19	6.66	2.86	4.83	1.84
全株	1.77	14.38	14.31	1.94	12.96	14.65	6.95	10.91	5.11
材积	1.25			1.84					

4.1 农田防护林的生物量和生产力

农田防护林的生物量为34.26t/hm²,林木生物量占16.26%,农作物占83.74%,其中小麦占41.97%,玉米占41.77%。农田防护林的生产力为30.46t/(hm²·a),其中林木占5.81%,农作物占94.19%。

4.2 桐粮间作的生物量和生产力

桐粮间作的生物量为34.98t/hm²,林木占21.07%,农作物占78.93%,其中小麦占37.05%,玉米占41.89%;桐粮间作的生产力为29.55t/(hm²·a),其中林木占6.57%,农作物占93.43%。

4.3 果粮间作的生物量和生产力

果粮间作的生物量为45.54t/hm²,林木占64.82%,农作物占35.18%,其中小麦占23.95%,花生占11.23%。果粮间作的生产力为22.97t/(hm²·a),其中林木占30.26%,农作物占69.74%。

4.4 3种林农复合生态系统的生物量和生产力比较

3种林农复合生态系统的生物量为:果粮间作>桐粮间作>农田防护林。生物量构成中,林木所占的份额:果粮间作>桐粮间作>农田防护林。3种林农复合生态系统中,农作物产量和经济输出总量为农田防护林>桐粮间作>果粮间作。

3种林农复合生态系统的生产力:农田防护林>桐粮间作>果粮间作,在生产力构成中,农田防护林、桐粮间作、果粮间作3种类型中:林木分别占5.81%、6.57%和30.26%,农作物分别占94.19%、93.43%和69.74%,从现实经济产量占生产力的百分比分别为:40.84%、36.71%和41.49%。

第三节 小结

综上所述,可以得出以下结论:

(1)从林木生长情况看,沙兰杨和泡桐正处于生长旺盛期,各种树生长参数(树高、枝下高、胸径和基径)增长很快,并且一年较一年快。相对来说,果树生长极其缓慢。

(2)从单株树木生物量看,6年生沙兰杨大于6年生泡桐,果树的单株生物量居中。

(3)从单株生产力看,6年生沙兰杨大于泡桐,再大于苹果树。

(4)对于3种典型的林农复合生态系统,从生物量看,果粮间作>桐粮间作>农田防护林,从生产力看,农田防护林>桐粮间作>果粮间作。从现实经济生产力看,果粮间作>农田防护林>桐粮间作。

第十章 中国森林生态系统生物量和生产力的分布规律

第一节 不同气候带森林生态系统的生物量和生产力比较

前面,我们根据我国现有的森林生态系统生物量和生产力研究资料,分别总结了我国寒温带、温带、暖温带、亚热带以及热带森林生态系统主要类型的生物量和生产力的研究现状、方法和结果。为了分析研究我国森林生态系统生物量和生产力的分布规律,在以上研究的基础上,我们统计了寒温带、温带、暖温带、亚热带以及热带森林生态系统主要类型的群落和乔木层生物量和生产力的平均值和范围。

1 不同地带森林生态系统的生物量

从表 10-1 列出的中国不同地带森林生态系统主要类型的生物量中可以看出,现有的生物量研究报导包括:寒温带的落叶松林和樟子松林,温带的阔叶红松林、长白落叶松林、长白松林、鱼鳞云杉冷杉林、蒙古栎林、水曲柳林、杨桦林、山杨林、胡杨林;暖温带的油松林、华山松林、赤松林、侧柏林、栓皮栎林、辽东栎林、杨桦林和赤杨林,亚热带的暖性针叶林:杉木林、马尾松林、云南松林、思茅松林和温性针叶林:云杉林、紫果云杉林、油麦吊云杉林、长苞冷杉林;东部常绿阔叶林:青冈林、栲树林、黄果厚壳桂林、厚壳桂林、粘木林、木荷林;西部常绿阔叶林:木果石栎林、短刺栲林、黄毛青冈林、灰背栎林、黄背栎林、元江栲林;常绿阔叶人工林:青钩栲林、木荚红豆树林、樟树林、米槠林、观光木林、楠木林、火力楠;喀斯特山地常绿落叶阔叶混交林(以青冈、乌桕、化香为主)和山地落叶阔叶混交林;竹林:毛竹林、慈竹林、水竹林、箭竹林等;热带的山地雨林、山地季雨林以及海岸红树林:秋茄林、海莲林、木榄林、海桑林,青藏高原的亚高山寒温性针叶林:冷杉林、铁杉林、落叶松林、高山松林、乔松林、长叶松林;山地暖性针叶林:云南松林;山地硬叶阔叶林和落叶阔叶林:高山栎林、长穗桦林、长序杨林;山地常绿阔叶林:樟、楠、槭混交林、通麦栎阔叶林、青冈阔叶混交林以及低山热带雨林。对于这些森林类型,有些有几个不同的林龄段的生物量研究,有些只有一个林龄段的生物量研究。如果将表 10-1 中的乔木层和群落生物量的数据,按不同地带分林龄级进行统计,可以得到我国不同地带的生物量(表 10-2)。

表 10-1 中国不同气候带主要森林生态系统类型的生物量

地带	森林类型	林龄范围/a	乔木层 样本数	平均值/(t/hm²)	范围/(t/hm²)	群落 样本数	平均值/(t/hm²)	范围/(t/hm²)
寒温带	落叶松林	29—34	8	58.04	27.08—108.60	8	66.93	34.56—116.74
		53—56	6	81.33	48.21—154.09	6	90.80	52.26—154.27
		101—131	8	144.98	60.43—252.38	8	176.12	68.46—285.27
	樟子松林	中龄林	2	31.38	25.67—38.00	2	38.77	27.47—50.06

续表

地带	森林类型	林龄范围/a	样本数	乔木层 平均值/(t/hm²)	范围/(t/hm²)	样本数	群落 平均值/(t/hm²)	范围/(t/hm²)
温带	阔叶红松林	100—200	5	276.22	197.32—369.52	5	280.97	199.94—370.19
	长白落叶松林	128—136	6	245.97	116.30—251.49	6	265.45	131.57—276.70
	长白松林	—	2	111.30	106.15—116.45	2	117.54	111.98—123.09
	云冷杉林	75—142	7	202.90	97.25—276.81	7	214.50	130.35—285.24
	蒙古栎林	30	3	92.38	76.38—108.45	3	125.40	98.99—144.35
	水曲柳	21—71	4	139.58	113.61—157.61	4	145.29	119.49—163.06
	杨桦林	21—68	10	103.20	29.28—183.68	10	110.83	35.70—189.92
	胡杨林	11—68	5	49.50	20.75—59.23	5	67.12	31.55—81.20
暖温带	油松林	27—33	8	92.76	42.50—117.00	8	107.53	44.53—151.13
	华山松林	16—36	5	73.34	65.30—79.69	5	104.14	83.29—134.03
	赤松	58—66	7	90.36	44.15—123.01	7	91.56	46.51—123.32
	侧柏林	31	1	32.58		1	39.75	
	栓皮栎林	26	1	53.64		1	56.76	
	辽东栎林	33	1	32.80		1	41.46	
	桦木林	31—45	4	84.47	63.40—123.44			
亚热带	东部常绿阔叶林	30—35	3	135.67	107.48—192.01	3	149.33	111.27—202.60
		100	1	353.52		1	357.98	
		400	2	376.95	334.22—419.68	2	403.07	380.66—425.47
	西部常绿阔叶林	12—42	5	189.64	80.40—323.35	5	198.87	92.88—328.89
		100	2	418.01	344.85—491.17	2	427.09	354.48—499.70
	常绿阔叶人工林	5—30	17	103.74	13.40—255.40	17	107.68	21.40—264.2
	落叶阔叶混交林	中龄林	2	170.99	147.38—194.60	2	181.47	156.54—206.40
	喀斯特常绿阔叶混交林	中龄林	4	150.93	107.04—196.88	4	164.14	119.55—212.88
	杉木林	19—21	18	150.30	81.92—303.94	3	131.52	103.63—156.31
	马尾松林	20—30	7	93.71	36.66—140.43	7	95.83	37.54—143.94
	云南松林	4—23	4	48.06	4.64—94.51	3	35.9	9.98—69.85
	思茅松林	12—35	4	122.30	88.07—205.35	4	142.06	102.30—218.54
	福建柏林	6—15	5	69.34	43.70—83.66			
		95—143	2	104.75	102.09—107.41			
	云冷杉林	30—80	3	158.55	128.46—212.77	3	191.40	129.52—285.90
		150—200	2	327.92	311.69—344.14	2	332.81	313.99—351.62
	高山松林	40—100	2	262.17	230.82—293.52	2	262.91	231.50—294.31
	竹林		9	99.17	16.28—156.41	3	87.34	65.70—104.91
热带	热带雨林	成熟林	3	484.90	256.51—625.35	3	501.94	272.91—645.23
	季雨林	成熟林	2	125.80	111.38—140.21	2	184.91	173.47—196.35
	红树林	20	2	125.05	90.12—159.98	2	127.09	91.54—162.63
		55	1	405.29		1	420.30	
青藏高原	冷杉林	成熟林	8	415.15	82.51—765.74			
	云杉林	成熟林	17	431.06	174.35—1123.51			
	铁杉林	成熟林	5	396.17	151.91—768.54			
	落叶松林	成熟林	2	552.16	346.40—757.92			
	圆柏林	成熟林	2	20.21	15.77—24.65			

续表

地带	森林类型	林龄范围/a	乔木层 样本数	乔木层 平均值/(t/hm²)	乔木层 范围/(t/hm²)	群落 样本数	群落 平均值/(t/hm²)	群落 范围/(t/hm²)
	乔松林	成熟林	2	539.45	359.64—719.27			
	华山松林	成熟林	1	296.17				
	长叶松林	成熟林	1	298.57				
	高山松林	成熟林	4	264.07	134.47—366.32			
	云南松林	成熟林	14	399.71	70.66—866.73			
	高山栎林	成熟林	6	248.50	120.82—374.56			
	长穗桦林	成熟林	1	121.13				
	长序杨林	成熟林	1	234.04				
	常绿阔叶林	成熟林	10	268.51	175.80—550.26			
	低山热带	成熟林	1	211.50				

表 10-2 中国不同地带的森林生态系统的生物量

地带	林龄范围/a	乔木层 样本数	乔木层 平均值/(t/hm²)	乔木层 范围/(t/hm²)	群落 样本数	群落 平均值/(t/hm²)	群落 范围/(t/hm²)
寒温带	中幼林	16	56.92	25.67—154.09	16	65.50	27.47—154.27
	成熟林	8	144.98	60.43—252.38	8	176.12	68.46—285.27
温带	中幼林	22	96.16	49.50—139.58	22	112.16	31.55—189.92
	成熟林	18	241.70	97.25—369.52	18	253.64	130.35—370.19
暖温带	中幼林	27	65.71	32.58—123.44	27	73.53	39.75—151.13
亚热带	中幼林	77	134.96	4.64—323.35	54	145.70	9.98—328.89
	成熟林	9	301.05	102.09—491.17	7	364.62	332.81—499.70
热带	中幼林	2	125.05	90.12—159.09	2	127.09	91.54—162.63
	成熟林	6	351.93	111.36—625.35	6	382.66	173.47—645.23
青藏高原	成熟林	75	313.09	15.77—1123.51			

从表 10-2 中可以看出，乔木层的生物量，对于中幼林来说，呈现出：寒温带＜暖温带＜温带＜热带＜亚热带；对于成熟林来说，呈现出：寒温带＜温带＜亚热带＜热带，青藏高原的生物量介于亚热带与热带的生物量之间。群落生物量，对于中幼林来说，呈现出：寒温带＜暖温带＜温带＜热带＜亚热带；对于成熟林来说，则出现出：寒温带＜温带＜亚热带＜热带。形成这种趋势的主要原因是，亚热带人工林面积较大，人为的集约经营活动的影响，打破了自然植被按纬度带热量条件所能形成的生物量分布格局。

2 不同地带森林生态系统的生产力

表 10-3 为我国不同气候带森林生态系统主要类型的生产力，将表 10-3 中列出的各类型生产力的数据，按不同气候带进行归并（表 10-4），则可以看出，乔木层的生产力呈现出：寒温带＜暖温带＜温带＜亚热带＜热带，群落生产力则呈现出：寒温带＜暖温带＜温带＜亚热带。形成上述森林生产力分布格局，反映出暖温带森林生产力不如温带森林生产力高的特点，主要是我国暖温带森林开发早，受人为干扰破坏大，加之气候干旱、水土流失、水肥条件等制约而造成的结果。

表 10-3 中国不同气候带森林生态系统主要类型的生产力

地带	林龄范围	乔木层 样本数	平均值/ (t/(hm²·a))	范围/ (t/(hm²·a))	群落 样本数	平均值/ (t/(hm²·a))	范围/ (t/(hm²·a))
寒温带	落叶松林	22	6.33	1.56—12.31	22	8.27	4.86—12.45
	樟子松林	2	2.94	2.61—3.26	2	3.37	2.88—3.86
温带	阔叶红松林	5	8.50	5.35—16.11	5	12.42	7.90—20.19
	长白落叶松林	6	5.24	3.60—6.48	6	7.78	6.29—9.50
	长白松林	2	7.51	7.47—7.55	2	8.96	8.87—9.05
	云冷杉林	7	8.12	5.03—10.9	7	9.71	8.87—9.05
	蒙古栎林	3	3.08	2.55—3.61	3	5.12	4.55—5.79
	水曲柳林	4	5.80	5.14—6.32	4	7.20	6.31—7.92
	杨桦林	10	7.65	1.54—14.84	10	9.37	2.97—17.26
	胡杨林	5	2.45	2.17—3.88	5	2.98	2.17—3.88
暖温带	油松林	8	6.95	2.75—11.93	8	9.69	2.79—16.90
	华山松林	4	3.16	2.69—3.57	2	4.66	4.29—5.02
	赤松林	7	5.20	3.20—6.18	7	5.81	4.42—6.37
	侧柏林	1	1.05		1	1.96	
	辽东栎林	1	4.26				
	赤杨林	1	5.84		1	7.04	
	桦木林	4	6.22	3.20—8.12			
亚热带	东部常绿阔叶林	5	18.85	12.59—29.61	5	20.73	15.08—29.61
	西部常绿阔叶林	6	18.31	13.37—20.80	6	19.12	13.96—21.29
	常绿阔叶人工林	2	18.25	15.81—20.69	2	25.83	25.59—26.06
	杉木林	13	8.40	2.32—12.90	5	11.23	9.96—13.71
	马尾松林	2	6.23	4.08—8.45			
	云南松林	3	7.15	2.26—10.71	3	9.31	5.30—12.01
	思茅松林	4	21.46	17.28—24.20	4	23.45	18.36—26.96
	福建柏林	5	6.86	5.58—8.83			
	云冷杉林	5	7.54	2.89—13.49	5	8.13	3.26—13.76
	高山松林	2	11.07	9.98—12.16	2	11.10	10.01—12.19
	竹林	2	27.0	23.0—31.0			
热带	红树林	1	29.49				
	热带山地雨林	2	8.06	6.24—9.87			

表 10-4 中国不同气候带森林生态系统的生产力

地带	乔木层 样本数	平均值/ (t/(hm²·a))	范围/ (t/(hm²·a))	群落 样本数	平均值/ (t/(hm²·a))	范围/ (t/(hm²·a))
寒温带	24	4.64	1.56—12.31	24	5.82	2.88—12.45
温带	42	6.04	1.54—16.11	42	7.94	2.17—20.19
暖温带	26	4.67	1.05—11.93	19	5.83	1.96—16.90
亚热带	49	13.74	2.26—31.0	32	16.11	3.26—29.61
热带	3	18.78	6.24—29.49			

第二节 中国森林生态系统生物量和生产力与世界同类型森林的比较

在第一章中介绍了国外森林生态系统生物量和生产力的研究概况,在20世纪70年代,Whittaker 和 Likens(1975)在总结各国科学家的调查研究基础上,得出了世界不同地带森林生态系统主要类型的生物量和生产力的结果(表10-5)。这里应该指出的是他们在总结中,并未掌握到我国的实际调查数据。尽管国外研究者所用的森林生态系统分类方法和以上研究中国森林生态系统生物量和生产力时所用的有些差异,但是,还是可以对表10-5中的结果与前面研究所得出的结果(表10-5和表10-4)进行比较。在比较时,按照表10-6中的森林类型对应关系进行。

表10-5 世界主要森林生物系统的生物量和生产力 *

生态系统类型	生产力/(t/(hm²·a)) 范围	平均值	生物量/(t/hm²) 范围	平均值
热带雨林	10—35	22	60—800	450
热带季雨林	10—25	16	60—800	350
温带森林				
常绿的	6—25	13	60—2000	350
落叶的	6—25	12	60—600	300
北方森林	4—20	8	60—400	200

* Whittaker and Likens, 1975

表10-6 世界和我国森林生态系统生物量和生产力研究中森林类型划分对应关系

世界研究的类型	中国研究的类型
热带雨林、热带季雨林	热带林
温带常绿林	亚热带林
温带落叶林	暖温带林、温带林
北方林	寒温带林

1 生物量方面

中国的森林生态系统生物量只取成熟林的群落值,对于暖温带,由于没有成熟林的研究,这里未予以考虑。从比较中可以发现:

(1)我国热带森林的生物量平均值为382.66t/hm²,比世界热带雨林和季雨林的平均值450 t/hm² 稍低;

(2)我国亚热带森林的生物量平均值为364.42t/hm²,比世界温带常绿林的平均值350 t/hm² 稍高;

(3)我国温带森林的生物量平均值为253.64t/hm²,比世界温带落叶林的平均值300t/hm² 要低;

(4)中国寒温带森林的生物量平均值为176.12t/hm²,比世界北方林的平均值200t/hm² 也要低

2 生产力方面

中国的森林生态系统生产力只取群落值,对于热带森林,由于没有群落的研究报道,只取乔木层的生产力,从比较中可以发现:

(1) 我国热带森林的生产力平均值为 18.78t/(hm²·a),与世界热带雨林和季雨林的平均值 19t/(hm²·a)相接近。

(2) 我国亚热带森林的生产力平均值为 16.11t/(hm²·a),比世界温带常绿林的平均值 13 t/(hm²·a)要高。

(3) 我国暖温带和温带森林的生产力平均值为 6.89t/(hm²·a),比世界温带落叶林的平均值 12 t/(hm²·a)要低。

(4) 中国寒温带森林的生产力平均值为 5.82t/(hm²·a),比世界北方林的平均值 8 t/(hm²·a)要低。

第三节 中国森林生态系统的生产力与气候的关系

在前面各章分析我国森林生态系统不同类型生产力的实际调查资料时,已经涉及气候差异对一些代表性的森林类型的(如落叶松林、油松林、杉木林)的生产力的影响。下面将从宏观的角度,分析讨论我国森林生产力与主要气候因子间的数量关系。为了分析气候对森林生产力的影响,刘世荣等(1994)从现有的我国森林生产力调查的样地资料中,选择了一些具有代表不同地带气候特征的森林生产力及其生境数据,拟合了下列森林生产力与主要气候因子之间的关系:

$$P = e^{(1.902\,651\,80 + 0.087\,404\,81t)} \quad (r = 0.89) \quad (10.1)$$

$$P = 39.761\,850\,e^{(-932.727/P_r)} \quad (r = 0.88) \quad (10.2)$$

式中,P 为森林生产力,t 为年平均气温,P_r 为年降水量。

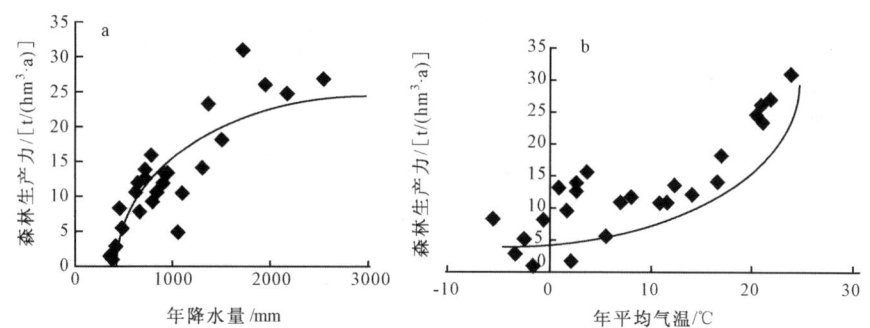

图 10-1 中国森林生产力与年降水量和年平均气温的关系

图 10-1 表示了中国森林生产力与年平均气温和年降水量之间的关系。从图 10-1 中可以看出,森林的生产力随年平均气温和年降水量的增加而成呈现出非线性的增加。实际上,森林生产力的分布同时受制于气温和降水两个因素,这里将采用将按年平均气温和年降水量分别估算的森林生产力取最小值的方法,即:

$$P = \min(P_t, P_r) \quad (10.3)$$

式中,P_t 和 P_r 分别为按年平均气温和年降水量分别估算的森林生产力。

为了得出我国森林生产力的分布规律,采用了地理信息系统(GIS)的方法,利用环境规划软件 EPPL7,将中国年平均气温分布图和年降水量分布图,根据式(10.1)—(10.3)的关系式叠加起来,可以得到图 10-2 所示的中国森林生态系统生产力分布图。

从图 10-2 中可以看出,中国森林生产力的分布格局大致可以分为 4 个区:
(1)寒温带湿润和半干旱地区,年平均温度 -6—4℃,年平均降水量在 500 mm 以下,森林生产力在 6 t/(hm²·a)以下;
(2)温带暖温带半湿润地区,年平均温度 -3—9℃,年平均降水量在 500—800 mm,森林生产力在 6—10 t/(hm²·a);
(3)温带暖温带湿润地区,年平均温度 -1—14℃,年平均降水量在 800—1000 mm,森林生产力在 10—14 t/(hm²·a);
(4)北亚热带湿润地区和云贵高原地区,年平均温度 14—16℃,年平均降水量在 800—1200 mm 以上,森林生产力在 14—18 t/(hm²·a);
(5)中热带和南亚热带西部地区,年平均温度 16—18℃ 以上,年平均降水量在 1200—1500 mm,森林生产力在 18—22 t/(hm²·a);
(6)我国东南部的亚热带热带湿润地区,年平均温度 18℃ 以上,年平均降水量在大于 1500 mm 以上,森林生产力大于 22 t/(hm²·a)。

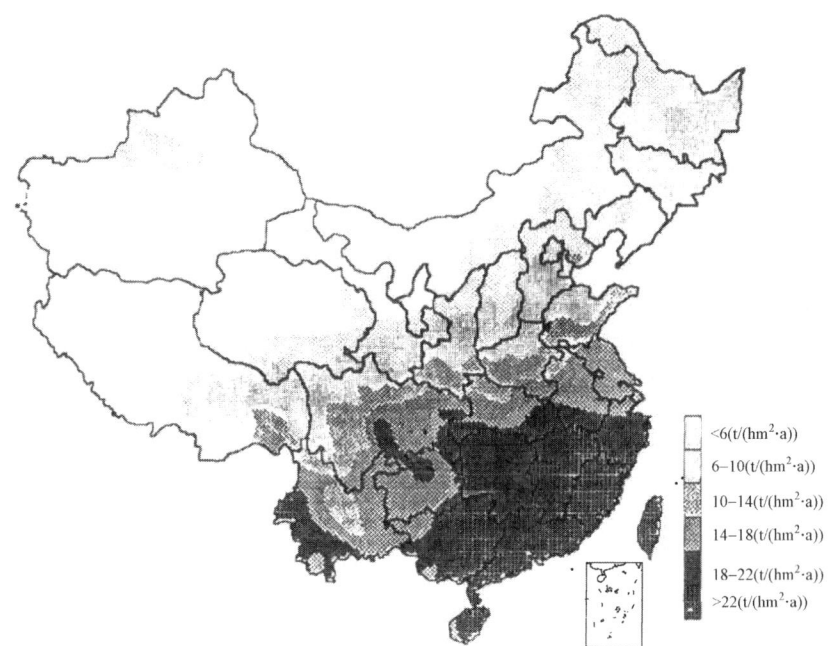

图 10-2 中国森林生产力分布示意图

模拟结果(图 10-2)与表 10-4 根据现实森林生产力调查资料数据得出的中国不同气候带的森林生产力大体上是相符合的。当然,在这里必须指出,由于影响我国森林生产力的因素远较世界同纬度其他地区为复杂,我国森林不但受东亚季风气候和西伯利亚高压直接控制的影响,而且受地形、地貌、土壤条件和人为活动的影响,尤其是我国东部暖温带和亚热带、热带地区的天然次生林和人工林长期以来受人为干扰和森林经营活动的影响大,与一般受人为活动干扰少的天然林不同,从模拟气候生产力所反映的森林生产潜力,与我国的现实的森林生产力尚有出入,因此,怎样在构建中国森林生产力模型中,除了已经考虑的上述气候因素外,更全面地考虑一些其它的参数,使之更适合我国森林的实际。这是尚待今后进一步研究解决的问题。

参考文献

《安徽植被》编辑委员会.1990.安徽植被.中国林业出版社.

《河北森林》编辑委员会,1988.河北森林.中国林业出版社.

《吉林森林》编辑委员会.1988.吉林森林.吉林科学技术出版社/中国林业出版社.

《辽宁森林》编辑委员会.1990.辽宁森林.中国林业出版社/辽宁科学技术出版社.

《内蒙古森林》编辑委员会.1989.内蒙古森林.中国林业出版社.

《宁夏森林》编辑委员会.1990.宁夏森林.中国林业出版社.

《山东森林》编辑委员会.1986.山东森林.中国林业出版社.

《山西森林》编辑委员会.1992.宁夏森林.中国林业出版社.

《陕西森林》编辑委员会.1989.陕西森林.陕西科学技术出版社/中国林业出版社.

《四川植被》编辑委员会.1992.四川植被.中国林业出版社.

《新Ⅱ森林》编辑委员会.1989.新疆森林.新疆人民出版社/中国林业出版社.

《云南植被》编辑委员会.1987.云南植被.中国林业出版社.

《植被生态学研究》编辑委员会.1994.植被生态学研究.科学出版社.

《中国森林立地分类》编辑委员会,1989.中国森林立地分类.中国林业出版社.

《中国树木志》编辑委员会.1981,中国主要树种造林技术.中国林业出版社.

安和平,金小麒,杨成毕,1991.板桥河小流域治理前期主要植被类型生物量生长规律及森林生物量变化研究.贵州林业科技,19(4):20-34.

白云庆.1982.凉水红松人工林的现存量.东北林学院学报,(增刊):29-37.

鲍显诚,陈灵芝,陈清朗.1984.栓皮栎林的生物量.植物生态学与地植物学报,8(4):313-320.

陈炳浩.1980.沙地红皮云杉森林群落生物量的研究.林业科学,16(4):269-278.

陈炳浩,李护群.1984.新疆塔里木河中游胡杨天然林生物量的研究.新疆林业科技,(3):8-16.

陈楚莹,王开平,冯宗炜.1980.湖南桃源杉木人工林生态系统营养元素含量和分布的研究.杉木人工林生态学研究论文集.189-200,中国科学院林业土壤研究所.

陈传国.1983.阔叶红松林生物量的回归方程,延边林业科技,(1):2-19.

陈传国,彭永山,郭杏芬,王战,朱济凡.1986.红松人工林生物生产力的研究.陆地生态,72-92,中国科学院林业土壤研究所.

陈存根.1984.秦岭华山松林生产力的研究 I.华山松林乔木层的生产量.西北林学院学报,(1):1-18.

陈大珂,周晓峰,赵惠勋.1982,天然次生林四个类型的结构功能和演替.东北林学院学报,(2):1-19.

陈灵芝,陈清朗,鲍显诚.1986.北京山区的侧柏林及其生物量研究.植物生态学与地植物学学报,10(1):17-24.

陈灵芝,任继凯,鲍显诚.1984.北京西山(卧佛寺附近)人工油松林群落学特性及生物量的研究.植物生态学与地植物学报,8(3):173-181.

陈启瑺,1992.青冈林生产力研究.杭州大学出版社.

陈章和,张宏达,王伯荪.1993.广东黑石顶常绿阔叶林生物量及其分配的研究.植物生态学与地植物学报,17(4):289-298.

陈章水,方奇.1988.新疆杨元素含量与生物量研究,林业科学研究,1(5):535-540.

程伯容,丁桂芳,许广山.1987.长白山红松阔叶林的生物养分循环.土壤学报,24(2):160-168.

程积民,邹厚远.1990.六盘山森林生物量与生态水文作用的研究.北京林学院学报,12(1):55-63.

程云霄,李忠孝.1989.兴安落叶松三个主要材型森林生物量的初步研究.内蒙古林业调查设计,(4):29-39.

党承林,吴兆录,1991.云南松林的生物量研究.云南植物研究,13(1):59-64.

党承林,吴兆录.1992.季风常绿阔叶林短刺栲群落的生物量研究.云南大学学报(自然科学版),14(2):95-107.

党承林,吴兆录.1994.元江栲群落的净第一性生产量研究.云南大学学报(自然科学版),16(3):200-204.

党承林,吴兆录,1994,元江栲群落的生物量研究.云南大学学报(自然科学版),16(3):195-199.

党承林,吴兆录,张泽,1994.黄毛青冈群落的生物量研究.云南大学学报(自然科学版),16(3):205-210.

邓根云.1980.我国光温资源与气候生产潜力.自然资源,(4):11-16.

邓士坚,王开平,高虹.1988.杉木老龄人工林生物产量和营养元素含量的分布.生态学杂志,7（1）：13-18.
翟明普.1982.北京西山地区油松、元宝枫混交林生物量和营养元素循环的研究.北京林学院学报,4（4）：67-77.
翟其骅,赖羡光,方奇,1960.杉木生态特性研究（Ⅲ.湖南祁阳金洞乡）,中国林业研究所研究报告.
邸道生,廖涵宗,张春能,1991.木荚红豆树人工林生态系统生产力和林木生长规律的研究.南京林业大学学报,15（3）：60-65.
丁宝永,鞠永贵,张树森.1982.人工落叶林群落结构的研究.东北林学院学报,（4）：11-22.
丁宝永,孙桂华.1989.水曲柳天然林生物生产力及营养元素的积累与分布的研究.东北林业大学学报（4）：1-6.
丁宝永,孙继华.1989.东北东部山区红松人工林群落生物量的研究,植物研究,9（3）：149-156.
丁宝永.1990.落叶松人工林群落生物生产力的研究,植物生态学与植物学学报,4（3）：226-236.
董世仁.1980.油松生态系统的研究(1)山西太岳油松林的生产力初报.北京林学院学报:1-20.
方奇.1990.加强土壤和地被物管理对杉木生态系统生物量能量利用和养分循环的影响.林业科学,26（3）:201-208.
房昌琳,朱兴武,张鸿昌.1991.青海云杉天然次生林生物量和生产力的初步研究.青海大学学报,（1）：71-77.
冯林.1981.内蒙古地区油松、白桦、山杨生物量的研究.内蒙古林学院学报,（3）:1-17.
冯林,杨玉琪.1985.兴安落叶松原始林三种林型生物产量研究.林业科学,21（1）：86-92.
冯宗炜,陈存根,王永安.1979.不同经营措施对油茶产量的影响.林业科技通讯,(7):14-16.
冯宗炜,张家武,邓仕坚.1980.杉木人工林生物产量的研究.桃源综合考察报告集.322-333,河南科学技术出版社.
冯宗炜,张家武,邓仕坚.1980.我国亚热带湖南桃源杉木人工林生态系统生物量的研究.杉木人工林生态学研究论文集.中国科学院林业土壤研究所.
冯宗炜,陈楚莹,周崇莲,朱岩.1980.杉木幼林群落结构与生产力的研究.杉木人工林生态学研究论文集.30-47,中国科学院林业土壤研究所.
冯宗炜,陈楚莹,李昌华.1982.湖南会同杉木人工林生长发育与环境的相互关系.南京林产工业学院学报,（3）：19-23.
冯宗炜,陈楚莹,李昌华,许志辉,周崇莲.1982.杉木速生丰产林的生态学基础.生态学杂志,(1)：14-19.
冯宗炜,陈楚莹,张家武.1982.湖南会同地区马尾松林生物量的测定.林业科学,18（2）：127-134.
冯宗炜,陈楚莹.1983.杉木幼林群落的生产量的研究.生态学报,3（2）：119-130.
冯宗炜,陈楚莹,张家武,王开平,赵吉录.1982.湖南会同两个森林群落的生物生产力.植物生态学与地植物学丛刊,6（4）：257-267.
冯宗炜,张家武,陈楚莹.1983.火力楠人工林生物产量和营养元素的分析.东北林学院学报,11（2）：13-20.
冯宗炜,陈楚莹,张家武,赵吉录,王开平,曾士余.1984.不同自然地带杉木林的生物生产力.植物生态学与地植物学丛刊,8（2）：93-100.
冯宗炜,陈楚莹,王开平,赵吉录,邓仕坚,高洪.1985.亚热带杉木纯林生态系统营养元素的积累、分配和循环的研究.植物生态学与地植物学丛刊,9（4）：245-256.
冯宗炜,陈楚莹,曾士余,赵吉录,王开平,张家武,邓仕坚.1986,重庆地区酸雨对马尾松生产力的影响.大气环境和酸雨,1（3）：38-45.
冯宗炜,陈楚莹,张家武.1988.一种高生产力和生态协调的亚热带针阔混交林-杉木火力楠混交林研究.植物生态学与地植物学报,12（3）：165-180.
冯宗炜,王效科,吴刚,刘国华.1992.农林业系统的结构和功能.中国科学技术出版社.
高甲荣.1987.秦岭火地塘林区油松人工营养元素生物循环的研究,西北林学院学报,2（1）：23-24.
高智慧.1986.不同栽培管理水平杉木人工林生物产量的初步研究.浙江林业科技,6（2）：25-30.
关玉秀,董世仁.1986.油松森林生态系统的研究（Ⅱ）.北京林业大学学报,（1）：1-10.
管东生.1986.流溪河水库林区四个林分类型的生物量和生产力,生态科学,（2）：45-52.
郝祖渊等.1989.毛白杨生长和收获模型.林业科学,25（2）：120-126.
何景,1951.福建之植被区域与植物群落.中国科学,2（2）：193-213.
黄华梨.1993.白水江自然保护区糙华箭竹生物量与生产力的研究,植物生态学与地植物学学报,17（4）：371-377.
黄全,李意德,赖巨章.1991.黎母山热带山地雨林生物量研究.植物生态学与地植物学报,15（3）:197-206.
黄惜河.1988.西江地区杉木人工林生物量和营养元素含量及其分配的研究.中南林业调查规划,（1）：13-21.

惠刚盈,罗云伍,张校林.1989.江西大岗山丘陵区杉木人工林生产力的研究.林业科学,25(6):564-569.

贾云.1985.辽宁草河口地区人工纯林生物量的调查研究.辽宁林业科技,(5):18-23.

江波,袁位高,朱光泉.1992.马尾松、湿地松和火炬松人工林生物量与生产结构的初步研究,浙江林业科技,12(5):1-8.

江洪.1986.云杉天然林分生产力与生态条件的初步研究.植物学报,28(5):538-548.

江洪.1992.植物生态专题研究.博士后论文.中国科学院植物研究所.

江洪.1986.紫果云杉天然中龄林分生物量和生产力的研究.植物生态学与地植物学报,10(2):146-152.

江洪,林鸿荣.1985.飞播云南松林分生物量和生产力的系统研究.四川林业科技,6(4):1-10.

江洪,朱家骏.1993.云杉天然林分生物量和生产力的研究,四川林业科技,7(2):6-13.

姜志林,赵珊.1992.火炬松人工林生物量的研究.下蜀森林生态系统定位论文集,10-15,姜志林编,中国林业出版社.

焦树仁.1985.辽宁樟子松人工林的生物量与营养元素分布的初步研究.植物生态学与地植物学报,9(4):257-265.

金永焕.1994.赤松林群落生物生产力的研究.硕士论文.北京林业大学学报.

黎向东.1984.不同立地火力楠人工林的生物量和营养元素分配的初步研究.广西农学院学报,(2):88-100.

李飞.1984.红松阔叶林及其次生杨桦林生物生产力的研究.生态学杂志,(2):8-12.

李俊清,柴一新,张力东.1990.北京人工林及其环境系统水分交换及贮存的生理生态模型.林业科学,26(1).

李文华,邓坤枚,李飞.1981.长白山主要生态系统生物量生产量的研究.森林生态系统研究(试刊),34-50,中国科学院长白山森林生态系统定位研究.

李意德,曾庆波,吴仲民.1992.尖峰岭热带山地雨林生物量的初步研究.植物生态学与地植物学报,16(4):293-300.

梁立平.1984,马尾松天然林生长规律及生物产量的调查.怀化林业科技,(1):1-6.

梁海珍,洪必恭.1992.宝华山栎林生态系统乔木层的营养元素循环.南京大学学报,28(3):478-483.

廖宝文,郑德璋,郑松发.1990.海桑林生物量的研究.林业科学研究,3(1):47-54.

廖宝文,郑德璋,郑松发.1992.木榄林生物量和生产力的研究.林业科学研究,4(1):22-28.

廖涵宗.1992.红豆树人工林生态系统生产力的研究.林业科技通讯,(10):5-8.

廖涵宗,邱道生,张春能.1992.青钩栲人工林生态系统生产力的研究.林业科学,28(5):439-444.

廖涵宗,张春能,陈德叶,1989.人工楠木林的生物量.福建林学院学报,8(3):252-257.

廖涵宗,张春能,邱道生.1991.米槠人工林生物量的研究.福建林学院学报,11(3):313-317.

廖涵宗,郑燕明.1986.樟树林的生物量测定.林业科技通讯,(9):15-18.

林开敏,郑郁善,黄祖清.1993.杉木和马尾松幼林生物产量模型的研究.福建林学院学报,13(4):351-356.

林鹏.1989.福建九龙江口秋茄红树林的生物量和六元素的累积与循环,武汉植物学研究,7(3):251-257.

林鹏,卢昌义,王恭礼.1990.海莲红树林的生物量和生产力.厦门大学学报(自然科学版),29(2):209-213.

林生明,徐士根,周国模.1991.杉木人工林生物量的研究.浙江林学院学报,8(3):288-294.

林业部调查规划设计院.1988.森林调查常用表,66.中国林业出版社.

刘本瑞等.1989.豫西黄土区泡桐生长规律研究.林业科学,25(2):10-14.

刘春华,张春能,郑燕明,1993.观光木及其混交林生态系统生物量和生产量的研究.福建林学院学报,13(3):267-272.

刘志刚.1990.兴安落叶松林生物量及生产力的研究,硕士论文.北京林业大学.

刘世荣.1990.兴安落叶松人工林群落生物量及净初级生产力的研究.东北林业大学学报,18(2):40-46.

刘世荣,徐德应,王兵.1994.气候变化对中国森林生产力的影响:Ⅱ.中国森林第一性生产力的模拟.林业科学研究,7(4):425-430.

刘兴聪.1992.祁连山哈溪林场青海云杉林生物量的测定.甘肃林业科技,(1):7-10.

刘志刚,马钦彦.1992.华北落叶松人工林生物量及生产力的研究.北京林学院学报,14(增):114-123.

卢崎,1990.栲树林生物生产力模型.广西农学院学报,9(3):55-64.

罗韧.1988.马尾松人工林生物量及抚育间伐对生产力的影响,重庆林业科技,(2):64-71.

罗天祥.1996.中国主要森林类型生物生产力格局及其数学模型,博士论文.中国科学院自然资源综合考查委员会.

罗天祥,李治基,黎向东.1990.龙胜里杉木林下植物营养元素循环的初步研究.广西农学院学报,9(1):37-44.

马建路,庄立文.1992.红松的地理分布,东北林业大学学报,20(5):40-48.

马建路,庄立文.1993.红松的地理分布与气候条件的关系.凉水自然保护区研究(I),116-123,东北林业大学出版社.

马良清,王继武,李辉乾.1989.重庆四面山栲树生态系统生产力的研究.重庆林业科技,(2):30-57.

马明东,江洪,杨俊义.1989.四川盆地西缘楠木人工林分生物量的研究.四川林业科技,10(3):6-14.

马钦彦.1987.内蒙古黑里河油松生物量的研究.内蒙古林学院学报,(2):13-21.

马钦彦.1988.油松生物量及第一性生产力的研究.博士学位论文,北京林业大学.

马钦彦.1989.油松分布区气候区划.北京林业大学学报,11(2):1-9.

马钦彦.1989.中国油松生物量的研究.北京林业大学学报,11(4):1-10.

木村允(姜恕译),1981.陆地植物群落的生物量测定法.科学出版社.

穆天民.1981.贺兰山青海云杉森林群落生物量的初步研究.内蒙古林学院学报,(3):18-31.

聂道平.1993.不同立地条件的杉木人工林生产量和养分循环,林业科学研究,6(6):643-649.

聂道平.1994.毛竹林结构的动态特征.林业科学,30(3):201-207.

潘维俦,李利村,高正衡.1979.两个不同地域类型杉木林的生物产量和营养元素分布,中南林业科技,(4):1-14.

潘维俦,李利村,高正衡,张湘琼,唐东元.1978.杉木人工林生态系统中的生物产量及其生产力的研究,中南林业科技,(2):2-14.

潘维俦,田大伦,李利村,高正衡.1981.杉木人工林养分循环研究(一)不同生育阶段杉木林的产量结构和养分动态.中南林学院学报,1(1):1-21.

裴新华.1992.樟子松林生物量和生产力的研究.硕士论文.东北林业大学.

彭华昌.1993.杜仲人工林生物量研究简报.贵州林业科技,21(1):58-60.

彭少麟,李鸣光.1989.鼎湖山马尾松种群生物生产量初步研究,热带亚热带森林生态系统研究,5:75-82.

彭少麟,余作岳,张文其.1991.广东鹤山亚热带丘陵人工林群落分析Ⅳ针叶林.生态科学,(1):20-25.

彭少麟,张祝平.1994.鼎湖山地带性植被生物量生产力和光能利用率.中国科学(B辑),24(5):497-502.

齐元尧,马家禧,李顺明.1985.火力楠人工林生物量生产力的讨论.生态学杂志,(2):17-19.

钱能智,叶镜中.1992.福建省洋口林场杉木混合家系人工林的生物量.南京林业大学学报,16(3):19-24.

邱学忠,谢寿昌,荆桂芬.1984.哀牢山徐家坝地区木果石栎林生物量的初步研究.云南植物研究.6(1):85-92.

翟保国,宋从和,张宏达.1992.山西太岳山林区森林生态定位的油松人工林生物量和生产力的研究初探.北京.林学院学报,14(增):156-163.

石玉麟.1989,南昌(湾里区)长岭杉木人工林生态系统生物量的研究.江西农业大学学报,11(4):32-46.

石玉麟.1990.长岭杉木人工林生态系统叶面积指数及净生产力的研究.江西农业大学学报,12(4):40-46.

苏智光,钟章成.1991.缙云山慈竹种群生物量结构研究,植物生态学与地植物学报,15(3):240-251.

孙多,阮宏华,叶镜中,1992.空青山天然次生栎林的生物量结构.下蜀森林生态系统定位论文集,16-22,姜志林编,中国林业出版社.

孙天任.1986.水竹(Phyllostachys heteroclada)人工林生物量结构研究.植物生态学与地植物学报,10(3):190-198.

覃志刚.1992.杞木薪炭林群落学特征及生物量的研究,四川林业科技,13(1):24-28.

谭学江,王中利,路治林.1990.人工阔叶红松林主要混交类型群落结构及其生物量的调查研究.辽宁林业科技,(1):18-23.

田大伦.1989.马尾松林杆材阶段养分循环及密度关系的研究.林业科学,25(2):106-112.

王贺新.1989.辽西山地樟子松、油松生物产量的研究.辽宁林业科技,(1):26-29.

王立明.1986.山地樟子松天然林干、枝、叶生物量测定.内蒙古林学院学报,(2):63-68.

王孟本.1988.晋西北油松人工林的生物量与营养前景的研究.山西大学学报(自然科学版),11(4):98-102.

王永安等.1983.都庞岭东坡福建柏天然林综合考察报告.林业部中南林业规划设计院.

王战主编.1992.中国落叶松林,中国林业出版社.

温达志,杨思河,伊忠馥.1993.柞蚕林生物生产力和干物质转化研究.生态学杂志,12(1):5-10.

温远光,梁乐荣,黎洁娟,韦炳二,熊长德.1988.广西不同生态地理区域杉木人工林的生物生产力.广西农学.院学报,7(2):55-66.

闻殿犀,邓琢人,向黄怀.1987.大青杨人工林生产力的研究,东北林业大学学报,15(2):42-48.

翁启杰,郑海水,黄世能.1993.马占相思短轮伐期人工林生长的研究.林业科技通讯,(4):10-12.

吴刚,冯宗炜.1994.中国油松林群落学特征及其生物量的研究.生态学报,14(4):415-422.
吴刚,冯宗炜.1995.中国五针松群落学特征及其生物量的研究.生态学报,15(3):260-267.
吴兆录,党承林.1992.云南昌宁地区思茅松林的生物量和净第一性生产力.云南大学学报(自然科学版),14(2):137-145.
吴兆录,党承林.1992.云南普洱地区思茅松林的生物量.云南大学学报(自然科学版),14(2):119-127.
吴兆录,党承林.1994.昆明附近灰背栎林生物量和净第一性生产力的研究.云南大学学报(自然科学版),16(3):235-239.
吴兆录,党承林.1994.云南普洱地区思茅松林的净第一性生产力,云南大学学报(自然科学版),16(3):225-229.
吴兆录,党承林,和兆荣.1994.滇西北黄背栎林生物量和净第一性生产力的初步研究.云南大学学报(自然科学版),16(3):245-249.
吴兆录,党承林,和兆荣.1994,滇西北油麦吊云杉林生物量的初步研究.云南大学学报(自然科学版),16(3):230-234.
吴兆录,党承林,王崇云.1994.滇西北高山松林净第一性生产力的初步研究.云南大学学报(自然科学版),16(3):225-229.
吴兆录,党承林,王崇云.1994.滇西北高山松林生物量的初步研究.云南大学学报(自然科学版),16(3):220-224.
吴兆录,党承林,王崇云.1994.云南中甸长苞冷杉群落的生物量和净生产力研究.云南大学学报(自然科学版),16(3):215-219.
吴兆录,张泽.1994.黄毛青冈群落的净第一性生产量研究.云南大学学报(自然科学版),16(3):211-214 吴征镒主编,1980.中国植被,科学出版社.
吴中伦主编,1984.杉木.中国林业出版社.
夏礼煜,李四春.1987.湿地松人工林生物量的研究.亚热带林业科技.(1):20-25.
萧瑜.1988.白桦天然次生林生产力的研究.高原生物学集刊,8:147-157.
肖扬.1983,油松地上部分生物量研究,山西林业科技,2:5-10.
肖瑜.1990,陕西不同气候地区油松人工林生物量和生产力的比较研究.植物生态学与地植物学报,M(3):237-246.
肖瑜.1992.巴山松天然林生物量和生产力的研究.植物生态学与地植物学报,16(3):225-233.
徐凤翔.1987.西藏波密林区高蓄积量云杉林的结构生长生物量之研究.西藏高原生态论文集(1),177-194.西藏高原生态研究所编.
徐宏远.1990.I-72杨人工林生物量研究.林业科学,26(1):22-29.
徐鸿远,郑世锴,卢永农.1990.I-72杨人工林生物量的研究.林业科学,26(1):22-29.
徐化成,范兆辉.1981,油松天然林的地理分布和种源区的划分.林业科学,(3):258-269.
徐文铎.1981.长白山植被垂直分布与热量指数关系的初步研究.中国科学院长白山森林生态系统定位站主编.森林生态系统研究(Ⅱ),88-95.
徐文铎.1993.内蒙古沙地云杉生长与生态条件关系的研究.应用生态学报,4(4):368-373.
徐孝庆.1987.毛白杨人工林生物量的初步研究.南京林业大学学报,(1):130-136.
徐英宝,陈红跃.1990.马尾松藜蒴混交林养分生物循环的研究.热带亚热带森林生态系统研究,7:148-157.
徐振邦,戴洪才.1988,大兴安岭左要森林类型的生物生产量.生态学杂志,7(增刊):49-51.
徐振邦.1987.长白山阔叶红松林主要树种根系分布规律的研究,生态学杂志,6(4):19-24.
徐振邦.1988,长白山阔叶红松林生物生产量的研究,中国科学院长白山森林生态系统定位站主编.森林生态系统研究(5).
薛秀康,盛炜彤,1993,朱亭福建柏人工林生物量研究,林业科技通讯,(4):16-18.
阳含熙,陈仲镇,翟其骅,李昌华,陈佛寿.1962.杉木速生丰产规律与栽培技术研究.林业科学,(1):1-10.
阳含熙,方奇,叶桂艳.1958.杉木生态特性研究(Ⅰ.福建建瓯高阳乡).中国林业研究所研究报告.
阳含熙,方奇,叶桂艳.1959.杉木生态特性研究(Ⅱ.广东信宜大坪乡).中国林业研究所研究报告.
阳云,李意德,曾庆波.1988.海南岛尖峰岭热带季雨林群落结构及其地上部分生物量的研究.海南大学学报,6(4):26-32.
杨汉奎,1991.贵州茂兰喀斯特森林群落生物量研究,生态学报,11(4):307-312.

杨修.1986.农桐间作生态系统生物量和生产力研究.河南农业大学,20（4）：485-508.

姚国清,池桂清.1986.人工红松林三种林型生产力的研究.东北林业大学学报,14（4）：42-47.

姚茂和,盛炜彤,熊有强.1991.杉木林林下植物及其生物量的研究.林业科学,27（6）：644-648.

叶桂艳.1960.杉木生态特性研究(安徽金寨大湾乡).中国林业研究所研究报告.

叶镜中,姜志林,1983,苏南丘陵杉木人工林的生物量结构.生态学报,3（1）：7-14.

叶镜中,姜志林,周本琳.1984.福建省洋口林场杉木林生物量的年变化动态.南京林业学院学报,(4)：1-9.

叶镜中,姜志林,周本琳,韩福庆.1984.福建洋口林场杉木林生物量的年变化动态.南京林学院学报,(4)：1-9.

伊田恭二.1971.森林生态学.筑地书馆.东京.

殷宏章等.1959.水稻田的群体结构与光能利用.实验生物学报,6（3）：243-261.

殷宏章等.1959.小麦田的群体结构与光能利用.农业学报,10（3）：381-396.

俞新妥,陈存及,林思祖.1979.福建杉木人工林生态系生物产量的初步研究.林业科技资料(1),福建林学院,46-68.

俞新妥编著.1982.杉木,福建科学技术出版社.

俞益武,施德法,将秋怡.1993.杭州木荷次生林生物量的研究.浙江林学院学报,10（2）：157-161.

詹鸿振,刘传照,刘吉春.1990.阔叶红松林的生物量和营养元素含量的研究,林业科学,26（1）：80-85.

张柏林.1990.子午岭地区辽东栎林生物生产量的研究.西北林学院学报,5（1）：1-7.

张柏林.1992.渭北油松人工林生产力初报.西北林学院学报,7（1）：64-67.

张成利,周晓峰.1991.天然次生白桦林生物量的研究.森林生态系统定位研究(1),428-435,东北林业大学出版社.

张峰,上官铁梁.1992.关帝山华北落叶松林的群落学特征和生物量.山西大学学报(自然科学版),15（1）：72-77.

张福珠,梁辉.1991.怀柔山区油松林氮磷硫生物地球化学循环的研究.环境科学学报,11（2）：131-141.

张洪涛.1992.长白松林生物量的初探.吉林林业科技,(3)：5-7.

张家武,冯宗炜.1979.桃源丘陵地区杉木造林密度与生物产量的关系.湖南林业科技,(5)：1-6.

张家武.1980.杉木人工林生物量测方法的比较.杉木人工林生态研究论文集,209-217.中国科学院林土所.

张家贤,罗威,周伟.1989.黄柏人工林生物量研究.贵州林业科技,17（2）：39-34.

张家贤,袁永珍.1988.海南五针松人工林分生物量的研究.植物生态学与地植物学报,12（1）：63-69.

张瑛山等,1980.雪岭云杉林生物量测定的初步研究.新疆八一农学院学报,(3)：19-25.

张祝平,丁明懋,在国良.1991.鼎湖山黄果厚壳桂群落的生物量,生态科学,(1)：8-11.

张祝平,彭少鳞.1989.鼎湖山森林群落植物量和第一性生产力的初步研究,热带亚热带森林生态系统研究,5：63-73.

赵体顺.1989.林农复合生态系统物质循环研究,I.农田林网生物量的研究.农村生态环境,(29)：1-5.

郑福瑞.1984.I-69杨生物生产力与林地土壤特性的初步研究.中南林业调查规划,(2)：12-16.

中国科学院林业土壤研究所编著.1982.红松林.中国林业出版社.

中国科学院青藏高原综合考察队.1985.西藏森林.科学出版社.

中国林业科学研究院木材工业研究所.1982.中国主要树种的木材物理力学性质,中国林业出版社.

中华人民共和国林业部编.1990.中国林业地图集.测绘出版社.

中央人民政府林业部编印.1951.中国主要树木生长量汇编(第一辑).

中央人民政府林业部编印.1952.中国主要树木生长量汇编(第二辑).

周立江,蔡凡隆,潘发明.1993.马尾松大头茶针阔混交林森林结构的研究.四川林业科技,14（1）：15-25.

周世强,黄金燕.1991,四川红杉人工林分生态学和生产力的研究,植物生态学与地植物学报,15（1）：9-16.

周晓峰,王义四.1981.几种用材树种的生长规律,东北林业大学学报,(2)：49-60.

朱守谦,魏鲁明,陈正仁,张从贵.1995.茂兰喀斯特森林生物量构成初步研究.植物生态学报,19（4）：358-367.

朱守谦,杨世逸.1978.杉木生产结构及生物量的初步研究,林业科技资料.贵州农学院,1-14.

朱兴武.1988.山杨天然次生林生物量的初步研究.青海农林科技,(1)：35-38.

朱兴武.1993.青海大通宝库林区乔灌木生物量的初步研究.青海农林科技,(1)：15-20.

邹春静.1995.长白山人工林群落生物量和生产力的研究.应用生态学报,6（2）：123-127.

佐藤大七郎(聂绍荃等译).1985.陆地植物群落的物质生产.科学出版社.

Ajtay G. L., P. Ketner and P. Duvigneaud. 1979. Terrestrial primary production and phytomass. In: The Global Carbon Cycle, SCOPE 13. John Wiley & Sons, Chichester, 129-181.

Andersson F. 1974. Ecological studies in a Scandian woodland and meadow area, Southern Sweden, Plant biomass, primary production and turnover of organic matter. Bot. Notiser 123: 8-51.

Apps M. J., W. A, Kurz, R. J, Luxmoore, L. O. Nilsson, R, A. Sedjo, R. Schimidt, L. G, Simpson and T. V. Vinson, 1993. Boreal forest and tundra. Water, Air and Soil Pollution 70 : 39-54.

Armentano T. V. and C. W. Ralston. 1980. The role of temperate zone forests in the global carbon cycle. Can. J. For. Res, 10: 53-60.

Armentano T. V. 1985. Effects of increased wood energy consumption on carbon storage in forests of the United States. Environmental Management, 8: 529-539.

Attiwell P. M. 1979. Nutrient cycling in a Eucalyptus obliqua forest. Aust. J. Bot. 27: 439-358.

Baskerville C. L. 1965. Dry-matter production in immature Balsam fir stands. Forest Science-Monograph, (9).

Baskerville G. L. 1965. Estimation of dry weight of tree components and total standing crop in conifer stands. Ecology, 46; 867-869.

Baskerville G. L. 1972. Use of logarithmic regression in the estimation of plant biomass. Can. J. Forestry, 2: 49-53.

Boysen Jensen P. 1910, Studier over skovtraernes forhold til lyset Tidsskr. f. Skorvaessen 22: 11-16.

Brown S. and A. E. Lugo. 1982. The storage and production of organic matter in tropical forests and their role in the global carbon cycle. Biotropica, 4 : 161-187.

Brown S. and A. E. Lugo. 1984. Biomass of tropical forests: A new estimate based on forest volumes. Science, 233: 1291-1293.

Brown S, and A, E. Lugo. 1992. Aboveground biomass estimates for tropical moist forests of the Brazilian Amazon. Interciencia, 17: 8-18.

Brown S., A. J. R, Gillespie and A. E. Lugo. 1989. Biomass estimation methods for tropical forests with applications to forest inventory data. Forest Science, 35: 881-902.

Brown S., L. R, Iverson. 1992. Biomass estimates for tropical forests. World Resource Review, 4: 366-384.

Brown S., C. A. S. Hall, W. Knabe, J. Raich, M. C. Trexlerand P. Woomer. 1993 Their past, present, and potential future role in the terrestrial carbon budget. Water, Air and Soil Pollution, 70: 71-94.

Burger H. 1952. Holz, Blattmenge und Zuwachs, 12. Fichten im Plenterwald Mitteil, Schweiz, Anst. Forttl. Versuchsw, 28: 109-156.

Buringh P. 1984. Organic carbon in soils of the world, In: The Role of Terrestrial Vegetation in the Global Carbon Cycle: Measurement by Remote Sensing, Woodwell G. M. (ed), 91-110, SCOPE 23, John Wiley & Sons, Chichester.

Cannell M. G. R. 1982. World Forest Biomass and Primary Production Data, Academic Press, London.

Delcourt H. R. and W. F. Harris. 1980. Carbon budget from the southeastern U. S. Biota: Analysis of historical change in trend from source to sink. Science, 210: 321-322.

Delcourt H. R., D. C, West and P. A. Delcourt. 1981. Forests of the southeastern United States: quantitative maps for aboveground woody biomass, carbon and dominance of major tree taxa. Ecology, 62: 879-887.

Dixon R. K., S. Brown, R. A. Houghton, A. M. Solomon, M. C. Trexler and J. Wisniewski. 1994. Carbon. pools and flux of global forest ecosystems. Science, 263: 185-190.

Duvingneaud P. 1971. Productivity of forest ecosystems, Proc. Brussels Symp. 1969, Ecol and Cons, 4: 1-684. UNESCO, Paris.

Ebermeryer E. 1876. Die gesamte lehre der Waldstreu mit Rucksicht auf die chemische statik des Waldbaues, J. Springer, Berlin, SS300: 116.

Ellenberg H. (ed). 1982. Integrated Experimental Ecology, Methods and Results of Ecosystem Research in the German Solling Project. Chapman and Hall Ltd, London.

Esser G. 1987. Sensitivity of global carbon pools and fluxes to human and potential climate impacts. Tellus, 39B: 245-260.

FAO. 1980. Production Yearbook, FAO, Rome.

Fujimori F., Kawanabe S., Saito H., Grier C. C., and Shidei T. 1976. Biomass and primary production in forests of three major vegetation zones of the Northwestern United States. J. Jap. For, Soc. 58: 360-373.

Fujimori T. 1977. Stem biomass and structure of a mature Sequoia sempervirens stand on the Pacific Coast of Northern California. J. Jap. For. Soc. ,59: 435-441.

Gillespie A. J. R. , S. Brown and A. E. Lugo. 1992. Tropical forest biomass estimation from truncated stand tables. Forest Ecology and Management 48: 69-87.

Grubler A. 1993. Enhancing carbon sink, Energy 18: 499-522.

Hagihara A. Suzuki M. and Hozum K, 1978. Seasonal fluctuations of litter fall in a Chamaecyparis obtusa plantation. J. Jap. For. Soc. 60: 397-404.

Heath L. S. P. E. Kauppi P. Burschel H. Gregor R. Guderian G. H. Kohlrnaier S. Lorenz, Overdieck F. Scholz. H. Thoasius and M. Weber, 1993. Contribution of temperate forests to the world's carbon budget. Water, Air and Soil Pollution 70: 55-70.

Houghton R. A. , J. E. Hobbie, J. M. Mellilo, B. Moore, B. J. Peterson, G. R. Shaver and G. M. Woodwell. 1983, Changes in the carbon content of terrestrial biota and soils between 1860 and 1980: A net release of CO_2 to the atmosphere, Ecol. Monograph 53: 235-262.

Houghton R. A. , R. D. Boone, J. M. Melillo, C. A. Palm, G. M. Woodwell, N. Myers, B. Moore and D. L. Skole. 1985. Net flux of carbon dioxide from tropical forests in 1980, Nature 316: 617-620.

Houghton R. A. ,R. D. Boone, J. R. Fruci, J. E. Hobbie, J. M. Mellilo, C. B. Palm, B. J. Peterson, G. R. Shaver. G. M. Woodwell, B. Moore, D. L. Skole, N. Myers. 1987. The flux of carbon from terrestrial ecosystems to the atmosphere in 1980,due to changes in land use: geographic distribution of the global flux. Tellus 39B: 122-139.

Iverson L. R. , S. Brown, A. Grainger, A. Prasad and D. Liu. 1993. Carbon sequestration in tropical Asia: an assessment of technically suitable forest lands using geographical information systems analysis. Climate Research 3: 23-38.

Iverson L. R. , S. Brown, A. Prasad, H. Mitasova, A. J. R. Gillespie and A. E. Lugo. 1994. Use of GIS for estimating potential and actual forest biomass for continental south and southeast Asia, In: Effects of Land Use Change on Atmospheric CO2 Concentrations: South and Southeast Asia as a Case Study, Dale V. H. (ed). 67-116, Springer-. Verlag, New York.

Johnson W. C. and D. M. Sharpe. 1982. The ratio of total to merchantable forest biomass and its application to the global carbon budget. Can. F. For. Res. 13 : 372-383.

Jordan C. F. 1982. Amazon rain forest. Am. Sci. 70: 394-401.

Karizum N. 1977. Methods for estimating root biomass. In : Primary Productivity of Japanese Forests-Productivity of Terrestrial Communities,Shidei T. and Kira T. (eds). 25-39, University of Tokyo Press, Tokyo.

Kawahara T. , Kanazawa Y. and Sakura S. 1981. Biomass and net production of man-made forests in the Philipines. J. Jap. For Soc. , 63: 320-327.

Kira T. and H. Ogawa. 1971. Assessment of primary production in tropical and equatorial ecosystems, In: Productivity of forest ecosystems, Duvingneaud (ed). Proc. Brussels Symp. , Ecol, and Cons. 4: 319-321, UNESCO, Paris.

Kira T. and Shidei T. 1967. Primary production and turnover of organic matter in different forest ecosystem of the western Pacific, Jap. J. Ecol 17: 70-87.

Kittrerge J. 1944. Estimation of amount of foliage of trees and shrubs. J. Forest 42: 905-912.

Kjelvik S. and L. Karenlampi. 1975. Plant biomass and primary production of fennoscandian subarctic and subalpine forests and alpine willow and heath ecosystems, In : Fennoscandian Tundra Ecosystems, Part I: Plants and micro-or-ganisms. Ecol. Stud. 16: 111-120, Springer-Verlag, Berlin.

Klinger H. and W. A. Rodrigues. 1968. Litter production in an area of Amazonian terra firme forest. I. Litter fall, organic carbon and total nitrogen contents of litter, Amazoniana 1 : 287-302.

Klinger H. 1973. Biomass and soil organic matter in the central Amazonian forest ecosystem. Acta Cient. Venezolana 24: 174-181.

Klinger H. 1976. Balanzierung von Hauptnahrstoffen im Okosytem tropischer Regenwald (Manaus). Vorlaufige Daten, Biogeographica 7: 59-77.

Kormondy E. J. 1976. Concepts of Ecology, 2nd ed, Prentice-Hall, Inc.

Leith H. and R. H. Whittaker (eds.). 1975. Primary Productivity of Biosphere. Springer-Verlag, Berlin.

Levine J. S., W. R. Cofer Ⅲ D. R. Cahoon Jr. and E. L. Winstead. 1995. Biomass burning: A driver for global change. Environ. Sci. Tech, 29A: 120-125.

Lossaint and Rapp. 1971. In: Duvingneaud P. (ed), Productivity of forest ecosystems. Proc. Brussels Symp. 1969, Ecol. and Cons. 4: 1-684. UNESCO, Paris.

Maclean D. A. and R. W. Wein. 1976. Biomass of jack pine and mixed hardwood stands in southern New Brunswich. Can. J. For. Res. 6: 441-447.

Madgwick. 1974. H. A. I. 林冠层的生物量和生产力模型.植物生态学译丛,第一集,19-25,科学出版社.

Malaisse F., R. Freson, G. Goffinet and M. Malaisse-Mousset. 1972. Litterfall and litter breakdown in Miombo, In: Tropical Ecosystems: Trends in Terrestrial and Aquatic Research, Golley F. B. and E. Medina (ed), Ecol. Stud, 11: 137-152, Springer-Verlag, Berlin.

Marchenko A. I. and Y. M. Karlov. 1962. Mineral exchange in spruce forests of the Northern Taiga and the forest-tundra of the Arkangel Province. Sov. Soil Sci. 722-734.

Marland G. 1988. The prospect of solving the carbon dioxide problem through global forestation, U. S. Department ofEnergy, DOE/NBB-0082, Oak Ridge National Laboratory, TN.

Moshi, M. 1974.植物群落的数学模型,植物生态学译丛,第一集,123-144,科学出版社.

Ogawa H. and Kira T. 1977, Methods of estimating forest biomass, In: Primary Productivity of Japanese Forests-Productivity of Terrestrial Communities, Shidei T. and Kira T. (eds), 15-25, University of Tokyo Press, Tokyo.

Ogawa H., K. Yoda and T. Kira. 1961. Comparative ecological studies on three main types of forest vegetation in Thailand: Ⅱ. Plant biomass, Nature Life Southeast Asia (Kyoto) 1: 49-80.

Ogawa H. 1977. Pricinple and methods of estimating Primary Production in forests. In: Primary Productivity of JapaneseForests-Productivity of Terrestrial Communities, Shidei T. and Kira T. (eds), 29-38′ University of Tokyo Press, Tokyo.

Olson J. S. 1971. Primary productivity: Temperate forest, especially American deciduous type. In: Productivity of forest ecosystems. Proc. Brussels Symp., Duvingncaud P. (ed), Ecol and Cons, 4: 235-258′ UNESCO, Paris.

Olson J. S., J. A. Watts and L. J. Allison. 1985. Major World Ecosystems Ranked by Carbon in Live Vegetation: A Database, Oak Ridge National Laboratory, TN, NDP-017.

Om Parkash Toky, Pradeep Kumar and Prem Kumar Khosta, 1989. Structure and function of traditional agroforestry systems in the Western Himalaya, 1. Biomass and Productivity, Agroforestry Systems, 9: 47-90.

Ovinghton J. D. 1956. The form, weights and productivity of tree species grown in close stands, New Phytol. 55:289-304.

Ovinghton J. D., D, Heitkamp and D. B. Lawrence. 1963. Plant biomass and productivity of prairie, savanna, oak wood and maize field ecosystems in Central Minnesota. Ecology 44: 52-63.

Ovinghton J. D. 1965. Organic production, turnover and mineral cycling in woodlands, Biol Rev, 40: 295-336.

Reichle D. E., J. F. Franklin and D. E. Goodwell (eds). 1975. Productivity of World Ecosystems, National Academy of Sciences, Washington D. C.

Remezov N. P. 1959. Method studying the biological cycles of elements in forest. Soviet Soil Sci, 1: 59-67.

Rennie P. J. 1955. The uptake of nutrients by mature forest growth. Plant and Soil 7: 49-95.

Rodin L. E. and N. I. Bazilevich. 1967. Production and Mineral Cycling in Terrestrial Vegetation. Oliver & Boyd, London.

Rodin L. E., N. I. Bazilevich and N. N. Rozov. 1975, Productivity of the world's main ecosystems. In: Productivity of World Ecosystems, Reichle D. E., J. F. Franklin and D. W. Goodwell (eds), Proc. Seatle Symp., 13-26, Nat. Acad. Sci., Whashington D. C.

Ruark G. A., G. L. Martin and J. G. Bockheim, 1987. Comparison of constant and variable allometric ratios for estimating Populus tremuloides biomass. Forest Science 33: 294-300.

Satoo. 1982. Forest Biomass, Martinus Nijhoff/Dr. W. Junk Publisher, The Hague.

Satoo T. 1955, Physical basis of growth of forest trees. In: Recent Advance in Silvicultural Sciences, 116-141 Asakura, Tokyo.

Satoo T. 1970. A synthesis of studies by the harvest method: Primary production relations in the temperate deciduous forests of Japan. In: Analysis of Temperate Forest cosystems. Ecol. Stud. 1: 55-72' Springer-Verlag, NY.

Shidei T. and T. Kira (eds). 1977. Primary Productivity of Japanese Forests, JIBP Synthesis, Vol. 16' University of Tokyo Press, Tokyo, Japan.

Shinozaki K., K. Yoda, K. Hozumi and T. Kira. 1964, A quantitative analysis of plant form-the pipe mode theory, I. Basic analysis. Jap. J. Ecol 14: 97-105.

Siegenthaler U. and J. L. Sarmiento. 1993. Atmospheric carbon dioxide and ocean. Nature 365: 119-125.

Smith T. M., R. Leemans and H. H. Shugart. 1992. Sensitivity of terrestrial carbon storage to CO_2-induced climate change: Comparison of four scenarios based on general circulation models. Climatic Change, 21: 367-384.

Spurr S. H. and H. J. Vaux. 1976. Timber-biological and economic potential. Science, 191: 752-756.

Ulrich B, R., R. Mayer and H' Heller. 1974. Data analysis and data synthesis of forest ecosystems, Gottinger Bodenk. Ber. ,30: 1-459.

Westman W. E. and R. W. Rogers. 1977. Biomass and structure of a subtropical Eucalypt forest. North Stradbroke Island, Qust. J. Bot. 25: 171-191.

Whittaker R. H. 1966. Forest dimension and production in the Great Smoky Mountains. J. Ecol. 47: 103-121.

Whittaker R. H. and G. M. Likens, 1975. Carbon in the biota. In: Carbon and the Biosphere, Woodwell G. M. and E. V. Pecan (eds), National Technical Information Service, CONF-720510,Springfield, VA.

Whittaker R. H. and G. M. Woodwell. 1968. Dimension and production relations of trees and shrubs in the Brookhaven Forest, NY, J. Ecol. 56: 1-25.

Whittaker R. H. and P. L. Marks, 1975. Method of terrestrial productivity. In: Primary Productivity of Biosphere, Leith H. and R. H. Whittaker (eds.), Springer-Verlag, Berlin.

Whittaker R. H. and Woodwell O- M. 1971. Measurement of net production of forests. In : Productivity of Forest Ecosystems, P. Duvigneaud (ed.), 159-175' UNESCO Paris.

Whittaker R. H., N. Cohen and J. S. Olson. 1963. Net production relations of three tree species at Oak Ridge, TN, Ecology 44 : 806-810.

Woodwell G. M. and R. H. Whittaker. 1968. Primary production in terrestrial communities Amer. Zoologist 8: 19-30.

Yoda K. 1968. A preliminary survey of the forest vegetation of Eastern Nepal, Ⅲ. Plant biomass in the sample plots chosen from different vegetation zones. J. Call. Arts and Sci. Chiba Univ. 5: 277-302

北京郊外森林小流域的大气降水的水质及其变化过程

冯延文[1], 冯宗炜[2], 小仓纪雄[1], 黄益宗[2]

(1. 日本东京农工大学,东京 183; 2. 中国科学院生态环境研究中心,北京 100080)

摘要:中日合作研究项目:大气沉降物对森林小流域影响的研究,于 1995 年至 1998 年期间分别在北京郊外和东京郊外进行,该项目在北京郊外昌平县蟒山国家森林公园开展的有关森林小流域大气降水的水质及其变化过程研究的结果,文中包括大气降水、林内雨、树干流、土壤水和径流水的水质变化及其机制。

关键词:森林小流域;大气降水;水质变化过程

Water quality and change process of atmospheric precipitation at forest small catchment of Beijing suburb, China

FENG Yanwen[1], FENG Zongwei[2], Norio Ogura[1], HUANG Yizong[2]

(1. Tokyo University, Agriculture & Technology, Tokyo 183;
2. Research center for Eco-Environmental Sciences, Chinese Academy of Sciences, Beijing 100080, China)

Abstract: The China and Japan co-operative studies on impacts of atmospheric precipitation on forest small catchment have been carried out in Beijing suburb(China) and Tokyo suburb(Japan), during the 1995 to 1998 years. In this paper, results of the cooperative study in Mangshan National Forest Park, Beijing suburb, are briefly summarized in connection with water quality and change process of bulk precipitation, throughfall, stem flow, soil water and runoff water.

Keywords: forest small catchment; atmospheric precipitation; water quality and change process

1 前言

森林是陆地生态系统的重要组成部分,具有丰富的生物多样性,它不仅在提供木材和林副产品上带给人们巨大的经济效益,而且具有涵养水源,保持水土,防风固沙,净化空气,美化环境等多种生态环境效益。当前,世界上的很多森林都遭受到不同程度的人为因素影响,特别是受到大气污染和酸沉降的影响而使森林的多种效益受到损害。为了正确掌握这些人为因素对森林带来的影响及保持森林的良好发展,有必要了解森林小流域的物质收支状况。

原载于:环境科学进展,1999,7(4):112-119.

森林小流域物质的输入、输出以及系统内物质的移动是通过各种各样的形式来进行的,溶解在水中的物质的移动也是其中之一。森林小流域中水的移动主要是由于降水而引起,因此可以通过测定不同的降水量,预测径流的输出量以及溶解物质的移动情况。

从 1995 年以来,中国科学院生态环境研究中心与日本东京农工大学开展了题为"大气沉降物对森林小流域影响"的合作研究,本文是此项合作研究在北京市昌平县蟒山国家森林公园开展的有关森林小流域大气降水的水质及其变化过程的研究进展,旨在探讨降水对森林小流域物质收支的影响。

2 实验地点概况

实验地点位于昌平县蟒山国家森林公园,距北京市中心约 40km 左右,实验地点的森林小流域面积 12.3hm²,海拔高度为 138—400m。气候为暖温带半湿润大陆性气候,年平均温度 11.8℃,年平均降水量 613mm,降水主要集中在 7、8 和 9 三个月,此时期降水量可占全年的 76% 左右。土壤类型为山地褐色森林土,母岩为凝灰岩和花岗岩,实验地土壤一般较浅薄,土层浓度 50cm 左右。土壤的基本理化性质见表 1。森林植被为建国初期 20 世纪 50 年代人工营造的针阔叶混交林,针叶树主要是油松(*Pinus tabulaeformis* Carr.),阔叶树以辽东栎(*Quercus liaotungensis* Koiz.)为主,树龄一般在 40a 左右。下木主要有黄栌(*Cotinus coggygria* Scop.)、荆条(*Vitex negundo* L.)、酸枣(*Zizyphus jujuba* var. *Spinosa*(Bunge)Hu)等。

表 1 实验地土壤基本理化性质

土壤深度(cm)	含水量(%)	有机质(%)	总 N(%)	总 P(%)	pH
0—10	15.2	3.02	0.112	0.048	7.21
10—20	13.4	1.67	0.098	0.042	7.11
20—30	13.7	1.15	0.101	0.037	7.25
30—40	12.1	1.03	0.099	0.051	7.03
40—50	12.9	0.87	0.081	0.022	7.31

3 试验样品采集和测定方法

3.1 雨水样品的采集

雨水样品包括大气降水、林内雨或称穿透雨(Throughfall)和树干流(Stem flow)。样品采集是在 1995—1998 年每年降水量最集中的 6—9 月间进行的。大气降水是在林外空旷地设一个点,林内雨则分别在林内的针叶树油松树冠下和阔叶树辽东栎树冠下各设 4 个点,每个点上装置直径为 20cm SM1 型雨量器,采集每次降雨后的样品。

3.2 树干流的采集

将聚乙烯塑料管剖开一半后,从离地表 1.0m 的高度围绕不同径级的树干(油松 6 株,辽东栎 4 株)由上而下将管的末端插入聚乙烯塑料桶内,用来采集每次降雨后的树干流。

3.3 土壤水的采集

土壤水(Soil water)或称土壤溶液是通过毛细陶瓷管采集的,即将毛细陶瓷管用胶密封于硬塑料管上,按不同的土壤浓度埋入土层中,然后用手泵将土壤溶液徐徐吸入缓冲瓶内,进行采集。

3.4 径流水的采集

径流水(Rumff water)是在每年降水量多的6—9月间,大雨降后,在小流域的坡沟直接采集水样。

3.5 测定项目和方法

每个采集的样品一部分在现场测定水量和pH值,另一部分带回实验室后用Whatman GF/C玻璃纤维滤膜(平均孔径1.2μm)过滤,过滤清液用于化学成分和含量的测定。

样品的离子组分测定:阴离子(F^-,Cl^-,NO_2^-,NO_3^-,SO_4^{2-})用离子色谱仪(Yokogawa,I200)测定,阳离子(K^+,Na^+,Ca^{2+},Mg^{2+})用原子吸收光度计(Shimadzu,670/AA)测定,NH_4^+用分光光度计(Shimaszu,UV-140-01)测定。降水pH平均值均以H^+浓度和降水体积加权表示,降水离子浓度平均值为离子浓度与降水体积加权表示。

4 结果和讨论

4.1 大气降水、林内雨和树干流的水质及其变化

由图1可见,大气降水所含各种溶解物质的浓度是明显不同的。阴离子中SO_4^{2-}占优势,降雨量最少的1998年9月表现出最高值为1075μeq/L。这主要与我国的能源75%靠燃煤有关。Ca^{2+}在阳离子中占有绝对优势,1997年7月表现出最高值,达2000μeq/L。另外,从降水量和林外雨的溶解物质的年际变化中也可以看出,降雨量和溶解物质的浓度大体上具有相似的年际变化倾向,即随着降雨量的减少,溶解物质的浓度相应提高,特别是降雨量比较少的1998年9月溶解物质的浓度表现出最高值。这个研究结果与作者同时在东京郊外八王子市的研究结果是相一致的。这主要是由于以下两个原因产生:一是降雨期间雨滴的蒸发可提高溶解物质的浓度,降雨量大时大气湿度较高,雨滴的蒸发作用随之减弱;二是降水云系所含的水分越多,由于稀释作用而使溶解物质的浓度降低。

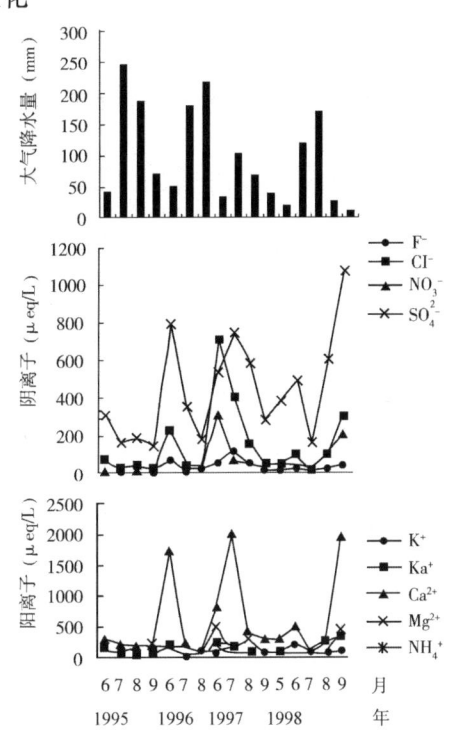

图1 大气降水量和溶解物质月平均浓度的年际变化

林内雨和树干流的雨量与各种溶解物质的年际变化也十分相似。从林内雨的年际变化(图2)来看,针叶树油松和阔叶树辽东栎的林内雨量和大气降水量之间存在着很好的线性关系,具有相同的年际变化。各种溶解物质的年际变化也与大气降水十分相似。即降雨量少的月份,浓度较高。大气降水量与针叶树和阔叶树的林内雨的雨量和溶解物质浓度之间的相关系数见表2。由表2可以看出,除了NH_4^+以外,大气降水量、针叶树油松的林内雨量与溶解物质浓度之间存在着有意义的负相关关系。由此可以看出降雨量的多少对大部分溶解物质的浓度变化影响较大。但是很多溶解物质的浓度和降雨量之

间的相关系数并不是很高。另外,阔叶树辽东栎的林内雨量和阳离子之间也表现为正相关关系,这说明除了降雨量以外,大气中处于浮游状态的干性沉降物,尤其是被吸附在树体中(枝、叶等)的物质的淋溶对离子浓度的变化也起着相当重要的影响。

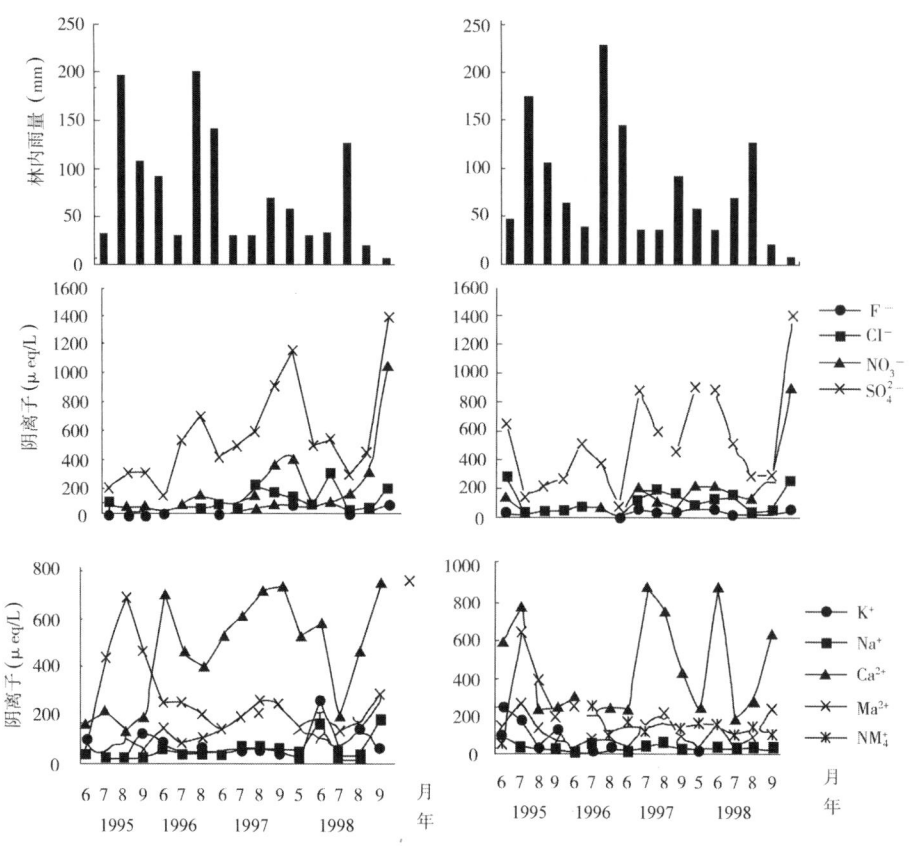

图 2 油松和辽东栎林内雨量和溶解物质月平均浓度的年际变化

表 2 大气降水和林内雨的雨量与溶解物质浓度间的相关性

	K^+	Ca^{2+}	Mg^{2+}	Na^+	NH_4^+	F^-	Cl^-	NO_3^-	SO_4^{2-}
大气降水	-0.46	-0.62	-0.38	-0.45	0.02	-0.31	-0.42	-0.47	-0.58
林内雨									
油松	-0.32	-0.47	-0.51	-0.54	0.39	-0.44	-0.45	-0.34	-0.29
辽东栎	0.04	0.07	-0.13	0.10	0.49	-0.64	-0.56	-0.51	-0.62

4.2 土壤水的水质及其变化

土壤水中的溶解物质的组成是受诸如温度、降雨量等环境因素,植被及其生长状况等生物因素,施肥、酸雨等人为因素,以及土壤所固有的内在因素等影响的,由于土壤水的水质与降雨强度、立地条件、植被特点以及人为活动等有着密切的关系,因而处于经常的变动状态。试验地区由不同土壤深度抽出的土壤水的溶解物质的组成及其浓度变化见图3,由图3可以看出,土壤水主要的溶解物质为Ca^{2+},NO_3^-和SO_4^{2-},其浓度随土壤深度的不同而变化,土壤水中的阳离子Ca^{2+},Mg^{2+},Na^+,K^+在深层土壤水中的浓度比上层土壤水中的浓度要高,而土壤水中的阴离子Cl^-,NO_3^-,SO_4^{2-}的浓度则与之相反,随着土壤深度的增加而减少。大类清和等(1995)的研究指出,土壤水的水质变化主要与土壤的含水量,土壤有机物的矿化和硝化作用,阴离子的交换容量和伴随着土壤呼吸的矿物质风化作用有关。本项的研究结果也与其有相似之处,由于上层土壤中有机物的矿化和硝化作用,NO_3^- 产生较多,相反,深层土壤通气条件较差,氧含量少,容易进行反硝化作用,NO_3^- 被还原为气态氮损失掉,因此表层土壤水中的 NO_3^- 浓度比深层中要高。而土壤水中 SO_4^{2-} 浓度表层高于深层,则与深层土壤中阴离子交换容量的增加,促进了土壤固相对 SO_4^{2-} 的吸收有关。另外,由于深层土壤矿物质的风化作用,H^+ 被消耗,而使土壤 pH 值随土壤深度的增加而升高。

4.3 径流的流量、水质及其变化

根据参考文献[2],有关试验地区森林的径流量和降水量的关系式如下:

$$Q = -0.016 + 0.0631P$$

式中,Q 为流量;P 为降水量

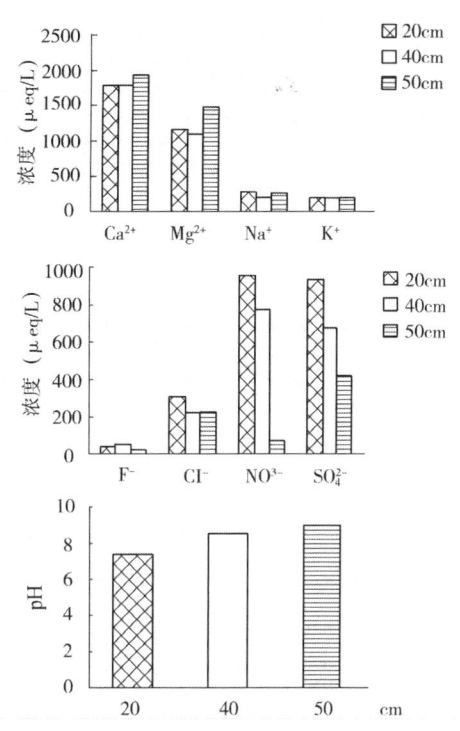

图3 不同深度土壤溶液的 pH 值和溶解物质的平均浓度

径流的流量和水质的年际变化如图4所示。1995年的径流流量最大为0.04L/sec。除了1996年的 SO_4^{2-},Ca^{2+} 以外,98年的径流水中溶解物质的浓度最大。一般认为地表径流中 Ca^{2+},SO_4^{2-},K^+,Mg^{2+},NO_3^- 的浓度是随着径流流量的增加而升高的(大类清和等,1995)。1998年6月和7月溶解物质浓度增加是因为这两个月下了暴雨,森林小流域

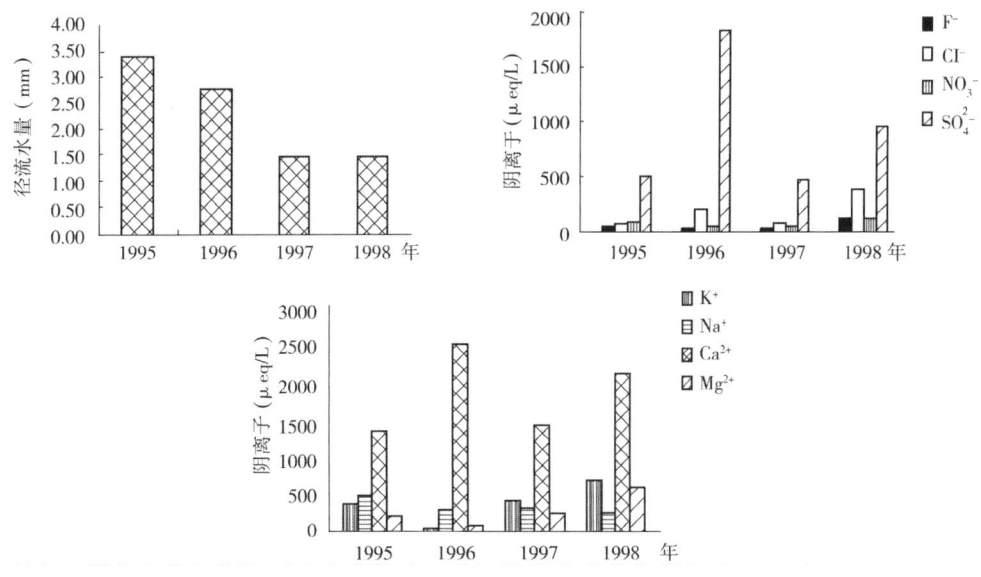

图4 径流水量和溶解物质平均浓度的年际变化

的径流水流量大量增加所致。

径流水的平均 pH 值为 7.91（表3），属弱碱性。溶解物质中 SO_4^{2-}，Ca^{2+}，K^+ 所占的比例很大,其中 SO_4^{2-} 浓度是 NO_3^- 的 6.6 倍,这个比值与大气降水中的对 SO_4^{2-}/NO_3^- 比值(为 6.0)相对一致。这是因为试验地区径流水,只有在每年的 6—9 月间 30mm 以上的大雨降下后,才会产生。由于径流水和土壤的接触时间短,造成了经过土壤有机物的矿化和硝化作用所产生的 NO_3^- 没能全部溶入径流中,因此可以认为试验地区的径流水水质是易受大气降水影响的。

4.4 从大气降水到径流的水质变化

表3为调查期间试验地区大气降水、林内雨、树干流、土壤水及径流水中溶解物质的平均浓度。近年来一些文献(大类清和等,1995；Zhang, F. Z.等,1996；李海涛等,1997)指出,林内雨和树干流的溶解物质的浓度高于大气降水。由表3中看出,大气降水经过林冠层形成林内雨和树干流后,溶解物质的浓度都有所提高,林内雨和大气降水相比,溶解物质浓度增加的幅度,其中：K^+ 0.8—1.1 倍，Na^+ 0.1—0.6 倍，Mg^{2+} 1.0—1.5 倍，NH_4^+ 0.8—1.1 倍，F^- 0.01—0.3 倍，Cl^- 0.02—0.17 倍，NO_3^- 0.8—1.6 倍，SO_4^{2-} 0.2—0.5 倍；树干流和大气降水相比,溶解物质浓度增加的幅度更大,其中：K^+ 6.5—12.7 倍，Na^+ 0.03—0.1 倍，Ca^{2+} 1.4—1.7 倍，Mg^{2+} 5.6—6.5 倍，NH_4^+ 6.3—8.1 倍，F^- 1.5—1.7 倍，Cl^- 0.2—0.7 倍，NO_3^- 1.6—3.2 倍，SO_4^{2-} 1.8—3.3 倍。这是除了森林本身的蒸发散作用,使大气降水浓缩,而使溶解物质浓度升高外,还和冠层交换过程中,树木枝叶截留的气溶胶的冲刷和植物代谢盐类的淋洗有关。北京地区大气降尘中主要阳离子为 Ca^{2+}，K^+，NH_4^+(王伟,1997),这些溶解物质随雨水一起进入林地使其浓度大大提高。

表3 大气降水、林内雨、树干流和径流水中溶解物质的平均浓度($\mu eq/L$)

	K^+	Ca^{2+}	Ca^{2+}	Mg^{2+}	NH_4^+	F^-	Cl^-	NO_3^-	SO_4^{2-}	pH
大气降水	30.7	35.4	371	49.9	139	24.3	73.2	53.4	319	6.68
林内雨										
油松	56.6	39.8	409	102	300	32.5	74.5	141	483	6.60
辽东栎	64.9	56.5	424	125	248	24.7	85.8	98.2	375	6.70
树干流										
油松	232	40.9	988	331	1017	61.6	125	223	1360	5.67
辽东栎	389	36.5	903	372	1261	41.1	85.5	141	902	5.82
土壤水										
20cm	181	256	1778	1160	0.00	19.6	227	949	931	7.30
40cm	186	197	1792	1094	0.00	14.9	234	768	667	8.50
50cm	181	246	1926	1472	0.00	24.7	304	71.2	418	8.90
径流水	343	359	1272	214	0.00	28.4	56.4	68.6	452	7.91

大气降水通过森林植被进入林地土壤的过程中，Ca^{2+}，Mg^{2+}，NO_3^- 的浓度显著增高。正如前面所那样,土壤水中这些溶解物质浓度的增高,是与土壤有机物的矿化和硝化作用所产生的 Ca^{2+}，Mg^{2+}，NO_3^- 等有密切关系。从深层土壤水(50cm)到径流水的过程中，Na^+ 的浓度上升显著,这是与矿物风化过程中 Na^+ 的产生有关,相反 NO_3^- 的浓度显著降低,是由于深层土壤容易发生反硝化作用,因此 NO_3^- 的浓度显著减少。

综上所述,导致北京郊区昌平县蟒山森林地区大气降水到径流水水质变化的原因,除了森林本身的蒸发作用外,还与树冠层的交换和淋洗,土壤有机物的矿化和硝化作用,土壤矿物质的风化作用以及深层土壤的反硝化作用等有关。

参考文献：

[1] 王伟. 中国的酸性雨及大气降尘的污染的化学特征及其关系. 日本琦玉大学博士论文,1997:30-40.

[2] 李海涛,陈灵芝. 暖温带山地森林生态系统的水文学及降水化学的研究. 暖温带森林生态系统的结构和功能的研究. 北京:科学出版社,1997:163-173.

[3] Xu G S, Sun P S. and Okazaki M. Effects of acid precipitation on some soils under different vegetation in Chongqing, China. In: Proceedings of China-Japan joint symposium-Impacts of salinigation and acidification on terrestrial ecosystems and their rehabilitation in East Asia, 1994:173-179.

[4] Zhang F Z, Zhang J Y, Zhang H R. Ogura N. and Ushikubo A. Chemical composition of precipitation in a forest area of Chongqing, Southwest China, Water, Air and Soil pollution,1996,90:407-417.

[5] 大类清和,相场芳宪,生原喜久雄. 森林小集水域的水质变化过程. 水文、水资源学会志,1995,8:367-381.

[6] 木平英一,杨宗兴,户田任重,八木一行,日顺平,本良刚. 森林谷府部土壤的脱氮作用-NO_3^--N 氮安定同位素的解析. 日本林学会志,1997,79:83-88.

中国南方生态系统的酸沉降临界负荷

陶福禄,冯宗炜

(中国科学院生态环境研究中心系统生态开放室,北京 100080)

摘要:将中国南方生态系统的酸沉降敏感性等级与用 MAGIC 模型在对应样点计算的临界负荷值相结合,对中国南方生态系统的酸沉降临界负荷进行了研究,并编制了 1°×1°经纬度网格的临界负荷图。研究结果表明,中国南方生态系统硫沉降临界负荷大多在 2.3—5.2g/m²a 之间,在地域分布上由东南向西北逐渐增大,其中临界负荷小于 3.0g/m²a 的极敏感地区为浙江南部、广东与福建交界地区、贵州西南部和广西中部。

关键词:酸沉降;敏感性;MAGIC 模型;临界负荷

Critical loads of acid deposition for ecosystems in South China.

TAO Fulu, FENG Zongwei

(Department of System Ecology, Research Center for Eco-Environmental Science, Chinese Academy of Science, Beijing 100080, China)

Abstract: The critical loads of acid deposition for ecosystems in South China are studied by combining ecosystem sensitivity with site-specific studies, which are done using MAGIC model. A critical load map of acid deposition for ecosystems in South China with a resolution of 1°×1° is produced. The result showed that the critical loads of sulfur for ecosystems in South China vary from 2.3—5.2 g/m²a and increase from the southeast to the northwest on the whole. The four most sensitive areas where the critical loads are less than 3.0g/m²a are the south of Zhejiang Province, the areas between Fujian and Guangdong Provinces, the southwest part of Guizhou Province and the central part of Guangxi Zhuang Autonomous Region.

Key words: acid deposition; sensitivity; MAGIC model; critical loads

中国南方酸雨区迅速扩展,已成为世界第三大酸雨区,生态系统的酸沉降临界负荷是政府部门为控制酸雨危害,制定削减大气酸性污染物排放量的主要依据,我国南方酸雨是典型的硫酸型,本文中酸沉降临界负荷是指硫沉降的临界负荷。作者在总结国家"七五"、"八五"课题中有关酸雨对生态环境影响研究的基础上,将生态系统对酸沉降的敏感性等级与用 MAGIC 模型在其对应样点计算的临界负荷值相结合,对我国南方酸雨

原载于:中国环境科学,1999,19(1):14-17.
基金项目:国家"九五"科技攻关课题(96-911-05-03)

区生态系统的酸沉降临界负荷进行了研究,并参考文献[1]中介绍的方法,编制了 1°×1°(经纬度)网格中国南方生态系统酸沉降临界负荷图。

1 研究区概况

研究区包括:上海、江苏、安徽、浙江、福建、江西、湖北、湖南、广东、广西、贵州全境以及四川和云南的东部,属于华中、华南湿润亚热带地区,气候属湿润的亚热带季风气候。该地区是全国降水量最丰富的地区之一,年降水量除北部外一般都超过 1000mm;各地年平均温度在 16—20℃左右;土壤是赤红壤、红壤和黄棕壤,其中红壤是主要的地带性土壤。充足的光热条件和充沛的降水给这一地区的农林业生产带来有利条件,同时使土壤遭受强烈的风化淋溶作用,土壤酸化作用明显,降水酸度较大。

2 研究方法

生态系统的酸沉降临界负荷与生态系统对酸沉降的敏感性,都反映了生态系统对酸沉降的缓冲能力,较大范围地区酸沉降临界负荷往往首先对该区生态系统进行敏感性评价,再结合样点研究给每个敏感性等级赋予临界负荷区间值[1]。

生态系统对酸沉降的敏感性评价应当依据影响点位敏感性的环境因子,根据前人的研究及中国南方生态系统的特点,选择岩石类型、土壤类型、植被类型和土地利用现状以及水分盈亏量 4 个因子。岩石类型常用来表征点位的风化速率,可根据其风化速率的快慢将其分为两类:含有硅质和其它低风化速率的岩石,例如花岗岩,缓冲能力低;石灰岩等风化速率高的岩石,缓冲能力高。土壤类型可根据其 pH 值、盐基饱和度和阳离子交换总量(CEC)分为两类:强酸性热带土壤(如强淋溶土和铁铝土)、酸性土壤(如灰化土和有机土)为敏感性土壤;富含营养的非钙质土壤、含钙土及干旱区发育的土壤为非敏感性土壤。不同的植被类型和土地利用状况对酸沉降有不同的作用,针叶林增加点位的敏感性,阔叶林覆盖的点位对酸沉降的敏感性较低,农耕地对酸沉降的敏感性最低。水分盈余量是降雨量和蒸发量之差,水分盈余量越大,盐离子的淋溶越强烈,对酸沉降就更敏感。利用周修萍建立的亚热带生态系统相对敏感性分级指标[2],对中国南方生态系统的酸沉降敏感性进行评价。

软件采用 ARC/IFO 系统,土壤类型图、岩石类型图、植被类型和土地利用图[3]以及水分盈亏图[4]用数字化仪输入。研究区经度跨度 21°,纬度跨度 16°,以 1°×1° 为制图单元,为叠加分析时统计方便,将各制图单元分为 20×20 共 400 份,栅格化后得到的地图为 320 行×420 列,然后进行叠加分析,计算各栅格的敏感性等级指数,以其面积加权平均值作为制图单元的敏感性等级指数。根据后者将敏感性分为极敏感、敏感、中等敏感、较不敏感和不敏感 5 个等级。

MAGIC 模型即集水区地下水酸化模型(Model of Acidification of Groundwater in Catchments)[5]是一个动态的地球化学模型。MAGIC 模型考虑了控制土壤酸化的一些主要土壤化学过程,把 SO_4^{2-} 吸附作为一个重要的土壤过程进行考虑,对我国南方硫酸型的酸沉降和以红黄壤为主的地区是比较适合的,故在该研究中选用该模型进行样点研究。鉴于"七五"、"八五"期间的研究多在我国的西南和东部地区,作者在两广及云南的一些地区进行了补充研究,将这些研究一并作为样点,根据样点所在敏感性评价中的等级,给每个敏感性等级赋予临界负荷区间值。

3 结果与讨论

表1列举了在两广、云南的研究结果及"七五"、"八五"期间前人在中国西南和东部地区的研究结果,同时也列举了这些样点在敏感性评价中的等级。

由表1可知,中国南方生态系统的酸沉降临界负荷大多在 2.3—5.2 g/m²a 范围内,分属5个敏感性等级,其间的对应关系见表2。

表1 中国南方部分地区生态系统的酸沉降临界负荷及其敏感性等级
Table 1 Critical loads of acid deposition and sensitivity class for ecosystems in some areas of South China

地点	所在经纬度	敏感性等级	临界负荷/(g/m²a)	地点	所在经纬度	敏感性等级	临界负荷/(g/m²a)
广东省*				云南省*			
广州	113—114,23—24	IV	4.2	昆明	102—103,25—26	III	3.8
中山	113—114,22—23	IV	4.2	个旧	103—104,23—24	IV	4.3
湛江	110—111,21—22	III	3.8	楚雄	101—102,25—26	III	3.9
潮州	116—117,23—24	II	3.4	文山	104—105,23—24	IV	4.4
广西壮族自治区*				浙江省**			
南宁	108—109,22—23	II	3.3	丽水	119—120,28—29	I	2.9
桂林	110—111,25—26	III	3.5	台州	121—122,28—29	II	3.4
玉林	110—111,22—23	III	3.5	衢州	118—119,28—29	I	2.6
百色	106—107,23—24	IV	4.3	宁波	121—122,29—30	II	3.0
柳州[6]	109—110,24—25	I	0.7—3.2	绍兴	120—121,29—30	II	3.5
福建省**				湖北省**			
漳州	117—118,24—25	II	3.3	咸宁	114—115,29—30	II	3.4
龙岩	116—117,25—26	I	2.8	鄂西	109—110,30—31	IV	4.5
泉洲	118—119,24—25	II	3.0	随州	113—114,31—32	V	5.2
三明	117—118,26—27	II	3.2	黄冈	115—116,30—31	IV	4.5
福州	119—120,26—27	II	3.2	宜昌	111—112,30—31	V	4.7
南平	117—119,26—28	II	3.1	郧阳	110—111,32—33	V	4.7
宁德	119—120,26—27	II	3.3				
安徽省**				江苏省**			
黄山	117—119,29—30	II	3.4	宁镇丘陵区	118—119,31—32	IV	3.8
宣城	118—119,30—31	II	3.0	六合—江浦	118—119,32—33	IV	3.8
安庆	116—117,30—31	III	4.0	高淳—溧水	119—120,31—32	III	3.6
六安	116—117,31—32	IV	4.4				
湖南省**				江西省**			
常德	111—112,28—30	III	3.7	宜春	114—116,27—29	III	4.0
怀化	110—111,27—28	III	3.8	永丰	115—116,27—28	II	3.5
零陵	111—112,25—26	III	4.0	井冈山	114—115,26—27	II	3.4
郴州	113—114,26—27	II	3.5	赣州	114—115,25—26	II	3.1
益阳	111—112,27—28	III	3.5	上饶	116—118,28—29	III	3.5
邵阳	113—114,28—29	III	3.5	景德镇	116—118,29—30	II	3.4
长沙	113—114,29—30	III	3.5				
岳阳	109—110,28—29	III	4.0				
吉首	109—110,28—29	III	3.9				
贵州中部黄壤[7]	104—106,27—28	I—II	2.3—3.3	四川盆地紫色土[7]	104—108,29—32	III—IV	4.2

*本研究计算;**来源于国家"八·五"科技攻关课题(85-916-01)"中国酸沉降及其生态环境影响研究"(课题总报告)

表2 中国南方生态系统的酸沉降敏感性等级及其临界负荷范围
Table 2 Sensitivity class to acid deposition and its critical load range for ecosystems in South China

敏感性等级	敏感性	临界负荷/(g/m²a)
Ⅰ	极敏感	<3.0
Ⅱ	敏感	3.0—3.5
Ⅲ	中等敏感	3.5—4.0
Ⅳ	较不敏感	4.0—4.5
Ⅴ	不敏感	>4.5

由表2及评价结果,编制中国南方生态系统的酸沉降临界负荷图(图1)。

由图1可知,中国南方生态系统酸沉降临界负荷在地域分布上,由东南向西北逐渐增高,这与中国气候、土壤及植被地带性分布基本一致。东南沿海地区,水热条件丰富,脱硅富铝化作用强烈的红壤广泛分布;成土母质主要是花岗岩等酸性结晶岩,因此这些地区的临界负荷较低;而江苏和安徽北部,土壤主要为水稻土和潮土,对酸沉降的缓冲能力较强,临界负荷较大。贵州西南部在高温湿润生物气候条件下,黄壤成土母质风化后硅酸盐矿物大量分解,土壤淋溶强烈,铁铝相对聚集,使该地区酸沉降临界负荷较低,为 2.3—3.3g/m²a。

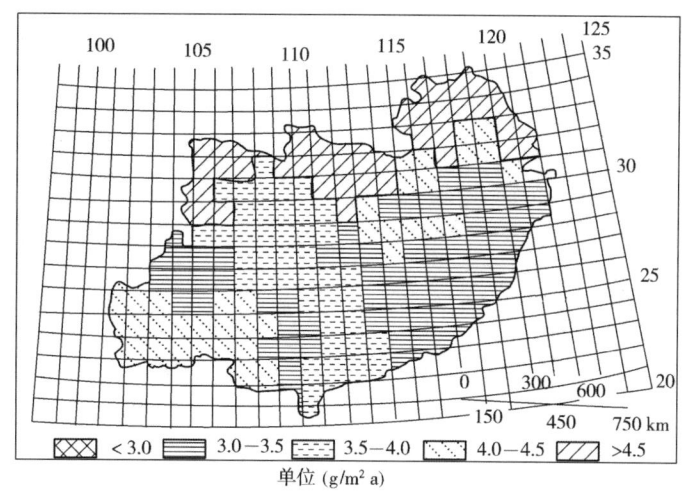

图1 中国南方生态系统的酸沉降临界负荷
Fig. 1 Critical loads map of acid deposition for ecosystems in South China

临界负荷小于3.5g/m²a的敏感区广泛分布在中国东南沿海地区。4个临界负荷小于3.0g/m²a的极敏感区是浙江南部、广东与福建交界地区、贵州西南部和广西中部。

MAGIC模型较稳定状态质量平衡模型(SMB)所需的参数多,资料相对难得,较少用于大范围的研究,将其与敏感性评价相结合的方法用于大范围的研究是可行的。但MAGIC模型没能考虑生物过程的作用,所求得的临界负荷可能偏小,这有待于今后继续研究。

本研究结果与以前RAINS-Asia模型的研究结果[8]有较大的差别,前者所求得临界负荷明显较后者大,这是采用不同的模型结果。

4 结论

4.1 中国南方生态系统的酸沉降临界负荷大多在 2.3—5.2g/m^{2}a；在地域分布上,由东南向西北逐渐增高,这与中国气候、土壤及植被的地带性分布基本一致。

4.2 4 个临界负荷小于 3.0g/m^{2}a 的极敏感区是浙江南部、广东与福建交界地区、贵州西南部和广西中部。

参考文献：

[1] Kuylenstierna J C I, Cambridge H, Cindsrby S, *et al*. Terrestrial ecosystem sensitivity to acidic deposition in developing countries [J]. Water, Air and Soil Pollution, 1995, 85: 2319-2324.

[2] 周修萍.我国东部七省生态系统对酸沉降的相对敏感性[J].农村生态环境,1996,12(1):1-5.

[3] 熊毅,李锦主编.中国土壤图集[M].北京:地图出版社,1986.

[4] 高国栋,陆渝蓉.中国物理气候图集[M].北京:农业出版社,1981.

[5] Cosby B J, Wright R F, Hornberger G M, *et al*. Modeling the effects of acid deposition: estimation of long-term water quality responses in a small forest catchment [J]. Water Resour. Res., 1985, 21: 1591-1601.

[6] 谢绍东,郝吉明,周中平.柳州地区酸沉降临界负荷的确定[J].环境科学,1996,17(5):1-4.

[7] 赵殿五,张晓山,熊际翎.大气污染防治技术研究[M].北京:科学出版社,1992:903-911.

[8] Hetlelingh J P, Sverdrup H, Zhao D. Deriving critical loads for Asia [J]. Water, Air and Soil Pollution, 1995, 85: 2565-2570.

化感物质对土壤硝化反应影响的研究

黄益宗,冯宗炜,张福珠

(中国科学院生态环境研究中心,北京 100080)

摘要:研究了 4 种化感物质对土壤硝化反应的影响。试验结果表明,化感物质能减少 NH_4^+ 向 NO_3^- 氧化,且高浓度比低浓度效果显著。4 种化感物质的硝化抑制顺序为:阿魏酸 > 对叔丁基苯甲酸 > 对羟基苯甲酸 > 苯甲酸。不同的温度和肥料可影响化感物质的硝化抑制作用。

关键词:化感物质;硝化反应;抑制作用

Effect of allelochemicals on nitrification in soil

HUANG Yizong, FENG Zongwei, ZHANG Fuzhu

(*Research Center for Eco-environmental Sciences*, *Academia Sinica*, *Beijing* 100080. *China*)

Abstract: The effects of four allelochemicals on nitrification in soil have been determined in this paper. Results show that allelochemicals can inhibit oxidization of NH_4^+ to NO_3^-, and the inhibiting effects increase with concentration. The average effectiveness of these allelochemicals for inhibiting nitrification decrease in the order: trans-ferulic acid > p-ter-benzoic acid > p-hydroxybenzoic acid > benzoic acid. Also, the inhibiting effects are affected by different temperature and nitrogen fertilizers.

Key words: allelochemicals; nitrification; inhibition

氮肥施入土壤后,在土壤微生物的作用下,进行硝化反应,把 NH_4^+ 氧化为 NO_3^-。NO_3^- 还原为 NO_2^-、NO、N_2O、N_2,这一过程称为反硝化反应。硝化和反硝化反应过程均产生 N_2O[1],N_2O 升入高空,对臭氧层具有破坏作用。N_2O 也是一种温室气体,对全球的气候变暖也有贡献作用。NO_3^- 在土壤中比 NH_4^+ 易于移动,因此比较容易淋失掉。氮肥经过硝化反应产生大量的 NO_3^-,在作物来不及吸收利用的情况下,淋失到水体,是水体 NO_3^- 污染的主要原因之一。

如何抑制土壤的硝化反应,提高氮肥的利用率,减少农田氮肥对环境的污染,是目前国内外关注的热点之一。

本文着重研究作物秸秆产生的 4 种化感物质对土壤硝化反应的影响,为筛选新的硝

原载于:土壤与环境,1999,8(3):203-207.
基金项目:国家自然科学基金项目(39790100)

化抑制剂作有意义的探讨。

1 材料与方法

1.1 供试土壤

土壤采自北京市北郊农场史各庄科技园耕地的表土(0—20cm),为偏碱性棕壤,pH8.58;有机碳7.8g/kg,全氮1.0g/kg,C/N比7.8。

1.2 供试肥料

尿素、硫酸铵和磷酸二铵均为分析纯。

1.3 供试化感物质

化感物质苯甲酸、对羟基苯甲酸、对叔丁基苯甲酸和阿魏酸均为化学纯以上。

1.4 不同化感物质对土壤硝化反应的影响试验

称取10g土壤(风干,过2mm筛),置入50ml试管,尿素、硫酸铵和磷酸二铵的施用量均按1kg土施0.2g纯氮量计算。苯甲酸、对羟基苯甲酸、对叔丁基苯甲酸和阿魏酸各设4种浓度:0(CK)、5、25μg/g和50μg/g。以目前比较常用的硝化抑制剂双氰胺(DCD)作为对比,调节水分至田间持水量的70%,在20℃和30℃的温度下进行通气培养4周。每个处理3次重复。每两天对试管进行称重,损失的水分及时补充。

在培养7、14、21d和28d后,把试管从培养箱中取出,分析试管中土壤的NH_4^+-N和(NO_3^- + NO_2^-)-N含量,并由下式计算化感物质对土壤的硝化抑制作用[2]。

$$硝化抑制率\% = (C - T)/C \times 100$$

式中,C为不加化感物质时土壤的净(NO_3^- + NO_2^-)-N生成量;

T为加化感物质时土壤的净(NO_3^- + NO_2^-)-N生成量。

由于土壤中生成的NO_2^--N极少,因此NO_2^--N可以忽略不计。

1.5 土壤分析方法

土壤pH值用1:2.5的土/水比率进行测定,土壤有机碳用重铬酸钾法,全氮用高氯酸-硫酸消化法[3],土壤的NH_4^+-N和NO_3^--N用蒸馏法测定[4]。

2 试验结果

2.1 不同化感物质对土壤硝化反应的影响

不同化感物质(苯甲酸、对羟基苯甲酸、对叔丁基苯甲酸和阿魏酸)对土壤NH_4^+-N和NO_3^--N含量的影响详见图1—图4。由图1可以看出,不施苯甲酸时,NH_4^+-N含量由刚开始培养的115.64μg/g土急剧下降到第7天的36.4μg/g土,而NO_3^--N则由26.04μg/g土迅速提高到135.8μg/g土。从第7天到第28天NH_4^+-N含量降低缓慢,NO_3^--N除了从第7天到第14天稍微提高外,第14天后也缓慢下降。加入苯甲酸后,NH_4^+-N的含量比不加苯甲酸时提高,高浓度的苯甲酸比低浓度的苯甲酸使其提高的幅度大;而NO_3^--N的含量则减少,苯甲酸的浓度越高则使其减少越多。图2—图4的NH_4^+-N和NO_3^--N含量的变化趋势与图1基本相似,即对羟基苯甲酸、对叔丁基苯甲酸和阿魏酸均比不加化感物质的处理(CK)提高土壤中的NH_4^+-N含量,降低NO_3^--N含量,且高浓度比低浓度效果显著。

当培养温度为30℃,供试肥料为硫酸铵时,施用量分别为5、25μg/g和50μg/g土的

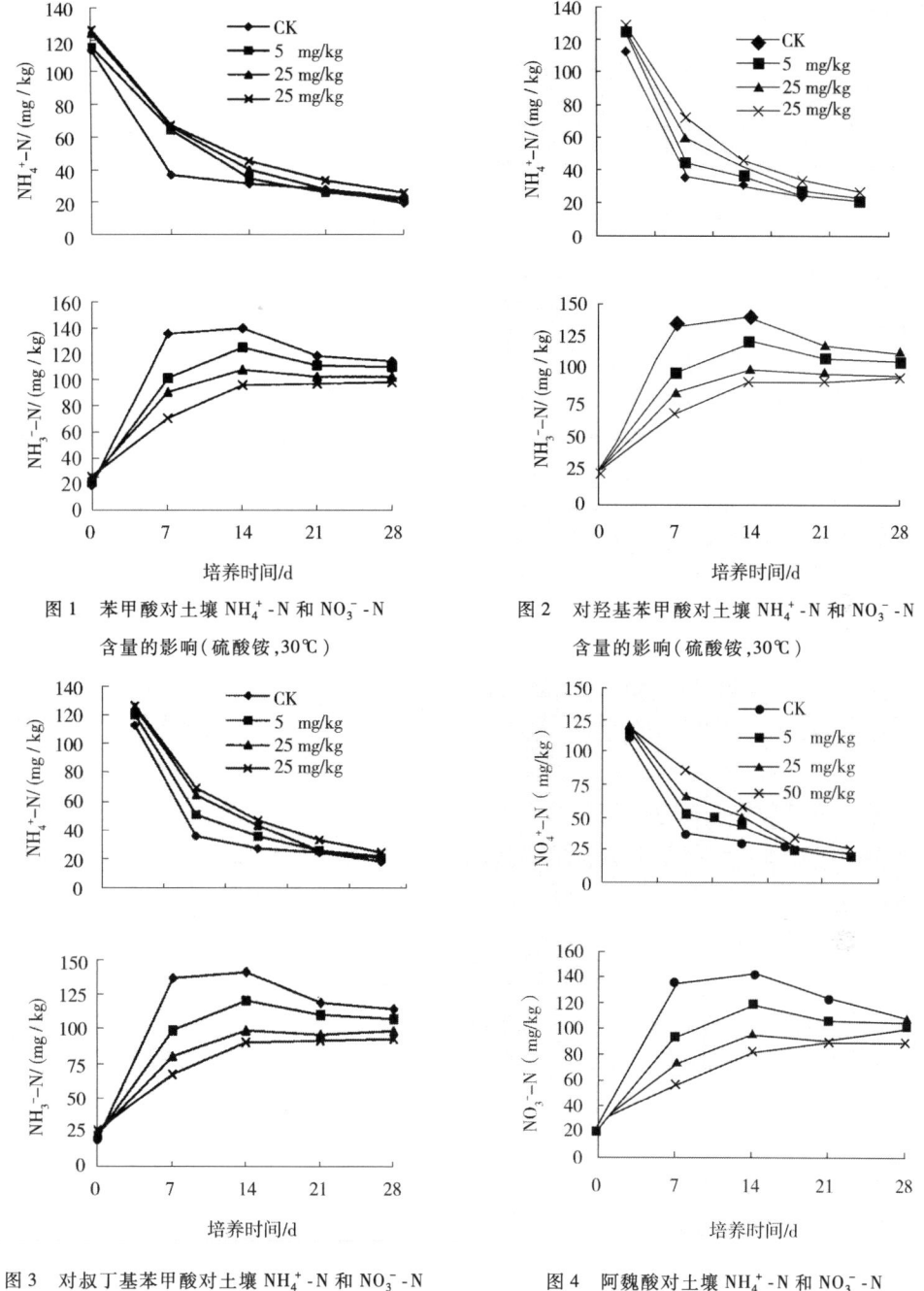

图1 苯甲酸对土壤 NH_4^+-N 和 NO_3^--N 含量的影响（硫酸铵,30℃）

图2 对羟基苯甲酸对土壤 NH_4^+-N 和 NO_3^--N 含量的影响（硫酸铵,30℃）

图3 对叔丁基苯甲酸对土壤 NH_4^+-N 和 NO_3^--N 含量的影响（硫酸铵,30℃）

图4 阿魏酸对土壤 NH_4^+-N 和 NO_3^--N 含量的影响（硫酸铵,30℃）

苯甲酸、对羟基苯甲酸、对叔丁基苯甲酸和阿魏酸对土壤硝化反应的抑制作用分别为 14.4%—42.3%,15.1%—45.6%、17.7%—46.7% 和 18.6%—53.5%,即各化感物质的硝化抑制作用从大到小的顺序为:阿魏酸>对叔丁基苯甲酸>对羟基苯甲酸>苯甲酸。同样,在培养温度为30℃,供试肥料为尿素和磷酸二铵,或者培养温度为20℃,供试肥料为尿素、硫酸铵和磷酸二铵时,也可以看出这个趋势。但是,这些化感物质的硝化抑制作用均比 DCD 差(表1)。

表1 化感物质对土壤硝化反应的抑制作用(培养14d)

化感物质	施用量/(μg/g)	在20℃下的抑制作用/%			在30℃下的抑制作用/%		
		施用尿素	施用硫酸铵	施用磷酸二铵	施用尿素	施用硫酸铵	施用磷酸二铵
苯甲酸	5	17.3	22.8	23.8	10.3	14.4	15.5
	25	29.7	41.1	49.2	20.7	30.9	34.7
	50	46.4	64.6	71.7	29.7	42.3	43.2
对羟基苯甲酸	5	20.6	24.3	28.7	12.4	15.1	18.1
	25	35.8	47.1	52.1	23.0	34.4	36.4
	50	49.4	71.2	76.9	34.0	45.6	47.2
对叔丁基苯甲酸	5	21.5	26.1	28.3	12.0	17.7	19.2
	25	37.6	52.9	57.7	24.6	37.2	37.1
	50	53.6	75.1	78.2	36.8	46.7	48.1
阿魏酸	5	22.1	30.3	30.9	14.5	18.6	20.4
	25	46.4	58.9	62.2	29.4	40.5	41.1
	50	67.3	83.5	93.5	41.6	53.5	54.0
DCD	5	34.2	58.6	75.2	27.1	38.4	42.0
	25	76.1	86.5	118.6	57.0	71.6	88.7

2.2 不同温度和氮肥条件下化感物质对土壤硝化反应的影响

由表1可以看出,在不同的温度和氮肥条件下,化感物质对土壤硝化反应的抑制作用不一样。化感物质在20℃比30℃硝化抑制作用显著。同为尿素处理,施用量分别为5、25μg/g和50μg/g土的苯甲酸、对羟基苯甲酸、对叔丁基苯甲酸和阿魏酸的硝化抑制作用在20℃时分别为17.3%—46.4%、20.6%—49.4%、21.5%—53.6%和22.1%—67.3%,而在30℃时分别减少为10.3%—29.7%、12.4%—34.0%、12.0%—36.8%和14.5%—41.6%。同样,硫酸铵和磷酸二铵处理也是20℃比30℃效果好。

当培养温度与土壤温度相同时,化感物质在不同的氮肥条件下的硝化抑制作用大小顺序为:磷酸二铵 > 硫酸铵 > 尿素。例如,20℃时,用量为50μg/g土的阿魏酸与磷酸二铵施用时,硝化抑制率为93.5%;与硫酸铵施用时,减少为83.5%;而与尿素施用时,又减少为67.3%(表1)。

3 讨论

化感物质(Allelochemicals)是指由一种植物产生并释放到环境中,对另一种植物有直接或间接作用的物质[5]。化感物质对土壤的硝化反应有抑制作用,可能是因为它对土壤的硝化微生物生长具有抑制作用。Rice 和 Pancholy(1973)发现,在分别由高草、橡树、橡树-松树组成的生态群落中,土壤中硝化微生物数量和 NO_3^- 含量依次降低,而 NH_4^+ 含量依次升高;这是由于群落的演替越接近顶极,其释放到土壤中的化感物质越多,而这些化感物质对亚硝化单胞菌(*Nitrosomonas*)等硝化细菌具有生长抑制作用[6]。

White(1988)认为单萜烯化合物抑制硝化反应是通过抑制铵氧化酶的活性,抑制效果依化合物分子结构的不同而异[7]。本试验所应用的4种化感物质对土壤的硝化反应具有不同的抑制作用,这可能也与它们的化学分子式结构和官能团的不同有关。

温度对土壤中物质的降解和挥发具有重要影响。提高温度能促进 DCD 的降解,降低其硝化抑制作用[8]。化感物质在温度为 30℃下进行培养时,比在 20℃下易于降解和挥发,因此,30℃时的硝化抑制效果较差。化感物质与铵基肥料混合施用,硝化抑制效果较好,而与尿素施用时效果较差,说明肥料也是影响化感物质对土壤硝化抑制作用的一个重要因素。

由上面的试验结果看出,化感物质对土壤的硝化抑制效果比 DCD 差,但这不说明对化感物质的硝化抑制研究没有意义,因为秸秆还田是我国农业生产中的一项传统技术,尤其是南方许多省份水稻收割后,绝大多数的稻秆都返回田里,这些稻秆腐解后将产生许多化感物质[9],当化感物质累积到较大的浓度时,将对硝化反应产生显著的抑制作用。另外,化感物质对病虫害的产生,杂草的蔓延也有预防作用。因此,对化感物质的研究应综合考虑其各方面的作用,使之更适合现代农业生产的要求。

参考文献:

[1] Bremner J M, Blackmer A M. Nitrous oxide: emission from soils during nitrification of fertilizer nitrogen [J]. *Science*, 1978, 199:295-296.

[2] McCarty G W, Bremner J M. Evaluation of 2-ethynylpyridne as soil nitrification inhibitor[J]. *Soil Sci Soc Am J*, 1990, 54: 1017-1021.

[3] 中国科学院南京土壤研究所.土壤理化分析[M].上海:上海科学技术出版社,1978.

[4] 佩奇,米勒.土壤分析法[M].闵九康等译.北京:中国农业科技出版社,1991.

[5] Rice E L. *Allelopathy*[M], Second edition. New York: Academic Press, 1984. 422.

[6] Rice E L. Pancholy S K. Inhibition of nitrification by climax ecosystems: II. additional evidence and possible role of tannins[J]. Amer J Bot, 1973, 60(7): 691-702.

[7] White C S. Nitrification inhibition by monoterpenoids: theoretical mode of action based on molecular structures[J]. *Ecology*, 1988, 69(5): 1631-1633.

[8] Bronson K F. Decomposition rate of dicyandiamide and nitrification inhibition[J]. *Commun In Soil Sci Plant Anal*, 1989, 20(19 & 20): 2067-2078.

[9] 马瑞霞,刘秀芬,袁光林等.小麦根区微生物分解小麦残体产生的化感物质及其生物活性的研究[J].生态学报,1996,16(6): 632-639.

海南省桉树林分布及浆纸林生态区划

冯宗炜,王效科,欧阳志云

(中国科学院生态环境研究中心,北京 100080)

摘要:海南省具有发展桉树林生产的适宜生态环境条件。在分析海南省目前桉树林生产的区域差异的基础上;根据海南省影响桉树林生产的气候、地貌、土壤和土地利用的分布现状,提出了海南省桉树林生态区划,将为今后海南省桉树林的生产布局提供理论根据。

关键词:桉树;生态区划;海南省

Distribution of eucalyptus forest and ecological regionalization in Hainan Province

FENG Zongwei, WANG Xiaoke, OUYANG Zhiyun

(DSE, Research Center for Eco-environmental Sciences, Chinese Academy of Sciences, Beijing 100080, China)

Abatrsct: Hainan province is of a good condition for eucalyptus growing. In this paper, the regional difference in eucalyptus production was analyzed. Based on the distribution of climatic, topological, edaphic, and land use factors that influence eucalyptus growth, an ecological regionalization of eucalyptus was proposed. This will provide some theoretical base for spatial planning of eucalyptus production.

Key words: eucalyptus; ecological regionalization; Hainan province

海南省地处我国最南端,为我国最大的热带宝岛,具有得天独厚的自然条件,蕴藏着极其珍贵而丰富的热带资源,开发生产潜力巨大[1-2]。海南省土地总面积339.10万 hm^2,占我国热带总面积的42.40%。

海南省的森林覆盖率在找国比较高,达48.7%。除天然热带阔叶林外,人工林占有较大比重,尤以桉树林最为重要,占林地总面积的21.5%。由于桉树具有生长快,易于栽植等特点,在海南的发展较快。桉树纸浆材是海南林业生产的一个重要产品。海南岛引种桉树已有70多年的历史了,特别是解放以后,经过40多年的发展,桉树林生产已形成了较大规模。解放初期(1950—1957年),以四旁植树、小面积试种为主;1958—1979年,发展了约6万 hm^2 桉树林,但经营粗放;1980—1986年为全岛植桉高潮时期,桉树林面积达到14万 hm^2,造林经营逐渐集约化;1986年以后,桉树林的生产注重优树无性系育苗造林等新技术,使桉树林生产力有较大幅度的提高[3]。据近来完成的海南省森林资源二

原载于:土壤与环境,1999,8(3):168-173。

基金项目:中国科学院重大B项目(KZ951-B1-208)

类调查报告,全省现有桉树林面积达19.9万hm², 林木蓄积量为780万m³。

海南省是一个穹窿海岛,从中部山体向四周沿海逐级降低,构成一个由山地、丘陵、台地、平原组成的近似环形的层状地形,梯级结构明显。该省地处热带季风气候,光热资源丰富,雨量充沛,具有发展多种热作及热带珍贵林木的条件。降水东部多,西部少,中部山区最高;东、西、中的土壤-植被差异明显[4]。

由于海拔高度垂直变化明显,形成了土壤和植被的垂直地带分布。在海南山地的东坡,由基带上的砖红壤,随着海拔的升高而递变为山地赤红壤和山地黄壤;在西南坡,基带上的土壤为燥红土或褐色砖红壤亚类。水湿条件影响土壤、植被的分布,使西部成为半干燥的赤红壤稀疏草原,东南部则为砖红壤热带雨林和季雨林[5-6]。

海南省的气候、土壤和植被的水平和垂直分布,会影响到桉树林的生长发育。为了合理地规划以桉树为主的浆纸林基地,为浆纸林的经营管理提供基础,在分析海南省桉树林生产现状及其分布的基础上,提出了海南以桉树林为主的浆纸林生态区划。

1 海南桉树林分布现状和生产力差异

1.1 桉树的生态生物学特性

桉树一般要求年平均温度15℃以上,对雨量的要求不很严格,但在年降水量1000mm以上生长较好,生长量随雨量充沛而显著增加。桉树一般适生于酸性的红壤、黄壤、砖红壤性红色土、黄色土或深厚的冲积土上,对土壤要求并不很严格,但土层深厚,土质较为疏松,才有利于桉树更好地生长。桉树生长所需要的这些生态条件,在海南省都能够得到满足。桉树从生物学特性上看,树干高大,根系发达,木质坚硬,对风害有一定的抵抗能力。桉树还具有一些有利于人工栽培的优点:如繁殖容易,萌芽更新能力强,且易于杂交产生新种。利用杂交优势,有利于生产力的提高[7-8]。

海南岛目前的桉树品种多达40多个,已形成一定的生产力,并有成片林木的有7种:窿缘桉(*Eucalyptus exserta*)、雷林1号(*E. leizhou* No.1)、刚果12号桉(*E. tereticornis* ABL12)、柠檬桉(*E. citriodora*)、赤桉(*E. camaldulensis*)、巨桉(*E. grandis*)、尾叶桉(*E. urophylla*)。不同桉树品种的生物生态学特性有明显差异。如尾叶桉,原产印度尼西亚东部群岛,在低温度地区生长迅速;窿缘桉,原产澳大利亚东北部沿海,能耐高温、轻霜及干旱瘠薄土壤;刚果12号桉,原产非洲刚果,能耐低温,对土壤要求不严,但土壤深厚、湿润、肥沃时,生长最好。

1.2 海南岛桉树生产力分布

由于地形、气候的影响和立地条件的差异,海南省桉树林的分布和生产力存在明显的地域差异。从桉树面积分布看(图1),澄迈和儋州的桉树林面积最大,通什和海口的面积最小。从桉树覆盖率看(图2),临高和澄迈较高,达10%—13%以上;其次为儋州、定安和琼海,桉树覆盖率达8%—10%;中部山区和东北部的文昌,桉树覆盖率较低;最低的县,桉树覆盖率只有0.1%。这是因为中部山地多为天然阔叶林生长,桉树特别适宜在地形平坦、地力较好的地区生长。从桉树的蓄积量看(图3),屯昌、琼中和保亭较高,达15m³/hm²以上,其中保亭县的桉树林木平均蓄积量最高,为52.42m³/hm²。中部的通什和西部的昌江、东方的桉树林木蓄积量较低,小于2.5m³/hm²。西部的干旱可能是造成桉树林蓄积量低的主要原因。

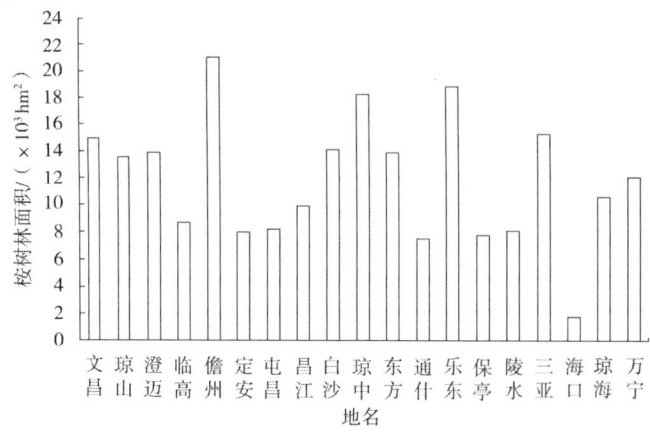

图1 海南省各县的桉树林面积

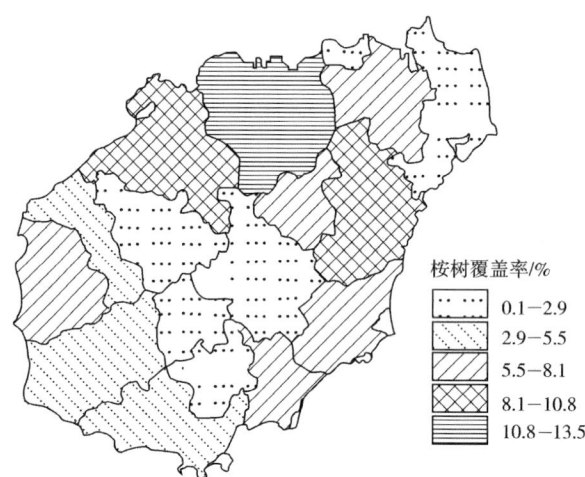

图2 海南省桉树林占总土地面积百分比分布图

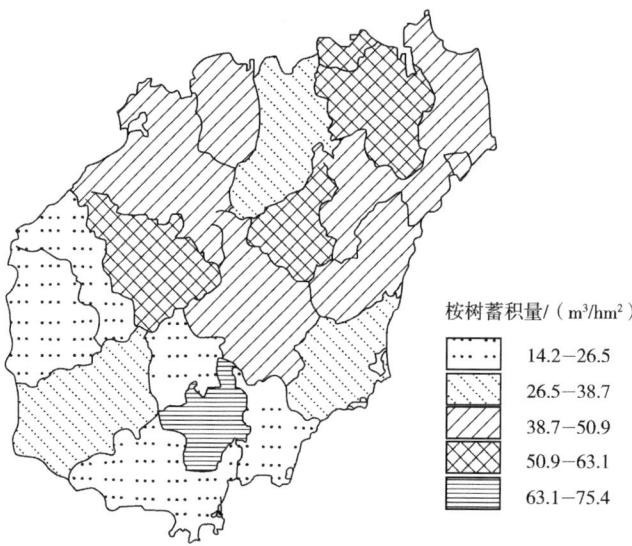

图3 海南省桉树林单位面积蓄积量分布

2 桉树浆纸林生态区划

为了加强海南以桉树为主的浆纸林生产的管理,达到因地制宜,对不同地区采用不同的桉树树种和经营管理措施,有必要对海南省桉树浆纸林进行生态区划。

2.1 生态区划的原则和方法

桉树浆纸林生态区划主要基于如下原则:(1)海南岛气候、土壤以及地貌类型的地域分异规律;(2)海南岛生态系统类型及生态服务功能的空间分异特征;(3)桉树林树种的生物学特性以及对立地条件的要求。

区划时,采用多种方法,综合考虑。主要采用以下分析方法:(1)气候分析。评价影响桉树林生长发育的气候因子,尤其是年平均温积温、绝对低温、降水、台风路径等制约桉树的引种分布及生产潜力的一些重要因素。(2)土壤适宜性分析。海南土壤除沼泽地、沿海滩涂、泥炭土不宜种植桉树外,其余在滨海各地、平原、丘陵、低山的十个土类都适宜桉树的生长。在坡度较大,地力较差的地区,桉树生长不良,生产力较低。(3)生产力分析。综合考虑桉树在不同地域的生产力及蓄积量,以评价不同地域的适宜性等级。(4)垂直带分析。海拔 10—500m 为适宜区,500—800m 的山地为次适宜区。同时,坡度大于 25°的坡地为不适宜区。(5)生态系统及生态服务功能分析。评价不同地域生态系统的类型、分布格局、植被的状态、生态敏感性特征以及对海南生物多样性保护、水源涵养、水土保持的作用。

2.2 生态区划方案

根据区划原则与区划方法,海南桉树浆纸林可划分为 7 个生态区(图4),即:

Ⅰ 琼东北海积阶地平原桉树次适宜区

Ⅱ 琼北台地平原桉树适宜区

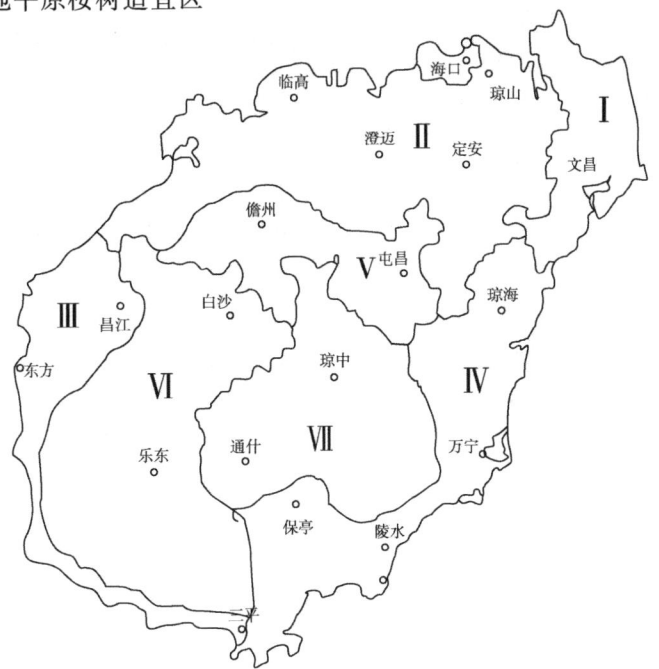

图4 海南省桉树浆纸林生态区划图

Ⅲ 琼西南滨海台地及丘陵桉树次适宜区
Ⅳ 琼东南滨海台地及丘陵桉树适宜区
Ⅴ 琼中北山前丘陵桉树次适宜区
Ⅵ 琼西山地桉树次适宜区
Ⅶ 琼中山地桉树次适宜区

各区自然环境特征及土地利用现状各不相同(表1),每个区发展浆纸林的潜力也存在明显的差异。

表1 各区土地资源及土地利用面积

分区	年平均温度/℃	年平均降水量/mm	总面积	有林地	经济林	疏林地	灌木林地	未成林地	耕地	无林地	其他用地	范围
Ⅰ	23.5—24.5	1500—1800	23.73	5.52	3.58	0.46	0.10	0.25	3.29	0.46	10.09	文昌县东部
Ⅱ	23.5—24.0	1600—1800	86.01	15.36	12.82	0.34	4.93	1.20	16.87	0.57	33.92	文昌西部,琼山,海口,澄迈北部,临高,安定
Ⅲ	24.0—25.0	900—1600	27.68	6.59	1.39	0.17	5.32	0.19	2.86	0.10	11.05	三亚,乐东,东方,昌江等县西南部分
Ⅳ	24.5—25.5	1400—2200	50.61	14.74	11.55	0.16	3.82	0.38	6.24	0.69	13.03	琼海,万宁,保宁,陵水
Ⅴ	22.5—23.5	1800—2200	31.60	6.72	5.76	0.10	1.74	0.76	4.57	0.21	11.74	儋州,澄迈与安定的南部,屯昌大部
Ⅵ	22.0—25.0	1400—2000	71.16	23.16	5.63	0.67	9.54	1.36	6.43	0.73	23.64	东方与昌江的东部,白沙,乐东大部,儋州南部
Ⅶ	22.0—25.0	1800—2400	48.28	25.42	5.55	0.90	2.31	1.99	2.53	0.32	9.26	通什,琼中的大部,保停,陵水北部

3 桉树浆纸林生态分区论述

3.1 琼东北海积阶地平原桉树次适宜区

主要包括文昌县东部面积2183.8km²。该区为海积阶地平原,海拔在30m以内;土壤为砂质砖红壤,并分布着滨海砂土、盐渍土;平均降水量1500—1800mm,年平均气温23.5—24.5℃,年平均受台风影响2—3次,8级以上台风平均每年有1.8次。由于受台风的影响,该区主要适宜种植抗风的桉树,如刚果12号、赤桉。此外该区水土流失严重,土壤肥力较低。

3.2 琼北台地平原桉树适宜区

主要包括文昌西部、琼山、海口市、澄迈北部、临高、定安大部、儋州北部等地,面积7530.3km²。该区主要为台地及平原,地势平坦,海拔在100m以下。土壤以铁质砖红壤为主,其次是浅海沉积物发育的砖红壤。年平均气温23.5—24℃,年平均降雨量1600—1800mm。

本区东部地区台风较频繁,宜以桉树中抗风强的刚果12号、赤桉等为主栽树种。本区西部如澄迈、临高和儋州北部地区,发展桉树有基础,可通过施肥等,促进土壤肥力,以增加桉树产量。

3.3 琼西南滨海台地及丘陵桉树次适宜区

本区位于海南岛西南部,包括三亚、乐东、东方、昌江等县,南起三亚,西达昌江南罗,沿海岸线构成环状狭长地带,面积4182.7km²。本区地貌主要是丘陵、台地,海拔50—

400m不等,沿海各地地貌平坦在滨海地区,植被以热带滨海砂土植物为主;在丘陵地区,则以落叶季雨林为主。其土壤类型呈带状有规律地分布,沿海一线为滨海砂土,阶地为浅海沉积物发育的燥红土,丘陵地带则为褐色砖红壤。本区年平均温度24—25℃,年平均降雨量900—1600mm。

该区降雨量少,年蒸发量大;水分不足是制约该区桉树林生产的主要因素。此外,干旱、半干旱气候,也是其制约因素。尤其是在滨海砂土地带,生态系统比较脆弱,一旦破坏,需较长的时间才能恢复,因此,保护植被显得尤为重要,不宜大面积发展桉树。

3.4 琼东南滨海台地及丘陵桉树次适宜区

本区位于海南东南沿海,包括琼海、万宁、保亭、陵水,面积5139.3km^2。本区地貌主要是丘陵及台地,其自然植被为热带雨林与季雨林,主要土壤类型有黄色砖红壤,沿海地带分布着滨海砂土。年平均气温24.5—25.5℃,年平均降水量1400—2200mm。

本区北部,受台风及暴风雨影响较大,宜以抗风能力较强的桉树品种为主;而本区南部湿润,雨量丰沛,台风影响较弱,是桉树高产品种的适宜区域。

3.5 琼中北山前丘陵桉树次适宜区

本区包括儋州、澄迈、定安南部与屯昌大部分地区,面积4444.8km^2。地貌以中低丘陵为主;南部海拔较高,起伏较大,坡度较大;北部较为平缓。主要土壤类型为砖红壤。全区年平均温度22.5—23.5℃,年平均降雨量1800—2200mm。

该区雨量比较丰沛,受台风影响较少,在海拔较低及坡度小于25°的地段可种植高产的桉树树种。该区南部地形比较复杂,坡度也较大,并且是海南北部主要河流的集水区及水源涵养地,不宜大面积发展轮伐期短的桉树林。

3.6 琼西山地桉树次适宜区

该区位于黎母岭山脉西北坡,雅加大岭、尖峰岭、霸王岭地区以及五指山脉西南麓,其范围包括三亚、乐东的北部、东方和昌江的东部、白沙大部及儋州的南部,面积583.7km^2。本区属中低山地貌类型,山体比较高大,地形复杂。土壤类型垂直分异明显,山前丘陵发育着砖红壤,随海拔的升高,依次有黄色赤红壤、黄壤、灰化黄壤、黄壤性土等多种土壤类型。全区年平均气温22.0—25.0℃,年均降雨量1400—2000mm。该区仍保存了部分原始森林,并且由于地形复杂,生境多样,发育并保存了丰富的热带生物资源,是我国生物多样性保护最具潜力的地区之一。

此外该区又是海南岛主要河流的发源地和重要水源涵养区,具有极重要的保护生物多样性及生态环境的价值。从长远来看,该区应逐步恢复自然植被。因此不宜大范围,大面积营造桉树林。

3.7 琼中山地桉树次适宜区

该区指白马岭、五指山脉、吊罗山地区及黎母岭东南坡,并包括其间的山间盆地和山前丘陵;从县、市来说,包括通什、琼中的大部分,保亭和陵水县北部,面积4668.9km^2。该区以高耸广阔的中低山地貌为显著特征,海南岛最高的山峰五指山(海拔1867m)即位于该区。土壤类型也表现为明显的垂直分带性,山前丘陵为砖红壤,随海拔升高,发育着赤红壤、黄色赤红壤、黄壤、灰化黄壤、黄壤性土、山地灌丛草甸土等多种类型的土壤。该区年平均温度22.0—25℃,年平均降雨量1800—2400mm,气候湿润,雨量丰沛。该区的低矮丘陵,可以适当发展高产桉树品种。

由于该区地形复杂,生境多样,是我国保护生物多样性最具潜力的地区之一,同时,该区还是海南岛主要河流的发源地及水源涵养地,因此还必须保护和恢复自然植被及生境,不宜大范围和大面积地发展桉树林。

4 结语

在海南发展以桉树为主的人工林,对促进海南经济发展和解决林业系统的职工就业困难有很大好处;在人为破坏或自然形成的沙荒地发展桉树林,对改善这些地区的生态环境也有好处。但是我们必须强调,在海南发展桉树林,应该因地制宜,不能以造林的名义破坏生态环境。因此,建议必须严格采用以下措施,保证海南"生态省"的建设。

(1)鉴于海南岛暴雨、暴晒的气候特点及陡坡采伐后水土流失严重的特点,25°以上的坡地应严格保护,不宜营造桉树林。中部山区是生物多样性保护最具潜力的地区,应该适当控制人工林面积。

(2)采用集约经营的方法。改传统粗放低产的经营方式为高投入、高产出的经营方式;应以增加单位面积的生产量,而不仅仅是以扩大面积来增加总生产量。

(3)必须充分认识到大面积单一树种具有生物多样性低、生态风险大的特点,如果管理不当,可能造成严重的生态退化和灾难。故应多发展混交林,如桉树-相思树(*Acacia* ssp.)等混交林。

(4)桉树林生态服务功能较其它森林差,在水源涵养区、生物多样性保护区、水土流失敏感区,应在造林前严格控制桉树林的发展,并严格控制面积总量。

参考文献:

[1] 曾庆波,李意德,陈步峰,等.热带森林生态系统研究与管理[M].北京:中国林业出版社,1997:1-80
[2] 朱济凡,姜志林.扩大森林资源,发挥森林多种效益,促使海南岛生态环境向良性发展[A].见:朱济凡文集[C].北京:中国林业出版社,1993:285-297
[3] 李意德.海南岛热带森林的变迁及生物多样性的保护对策[J].林业科学研究,1995,8(4):455-461
[4] 蒋有绪,卢俊培.中国海南岛尖峰岭热带森林生态系统[M].北京:科学出版社,1991:1-120
[5] 曾水泉.海南岛土壤环境质量现状评价[J].中山大学学报,1984(4):52-61
[6] 王景华.海南岛土壤和植物中的化学元素[M].北京:科学出版社,1987:1-120
[7] 王豁然.桉树分类学进展及其研究动向[J].林业科学,1986,22(4):393-399
[8] 祁述雄.中国桉树[M].北京:中国林业出版社,1989:1-100

中国酸雨对陆地生态系统的影响和防治对策

冯宗炜

(中国科学院生态环境研究中心,北京,100085)

摘要:我国是继欧洲、北美之后,在世界上出现的第三大酸雨区。长江以南各省是我国酸雨的主要分布区。酸雨对陆地生态系统的危害日益严重。文章阐述了酸雨对农作物、森林、土壤和水生生物的影响及其经济损失的估算。并根据可持续发展的战略思想,提出防治对策。

关键词:酸雨;陆地生态系统;经济损失;防治对策

Impacts and control strategies of acid deposition on terrestrial ecosystems in china

Feng Zongwei

(Research Center for Eco-environmental Science, Chinese Academy of Sciences, Beijing 100080, China)

Abstract: South China has become the third largest region with heavy acid deposition after Europe and North America. The land seriously impacted by acid deposition has extended from 1.75 million km² in 1985 to 2.8 million km² in 1993. Acid deposition has serious damaged the terrestrial ecosystems. In this paper, the results of experimental and field studies on the impacts of acid deposition on agricultural crops, forests, soils and aquatic biota is reported. Annual economic losses in crops and forests due to acid deposition in 11 provinces of South China were estimated to be 4.26 billion Yuan (RMB) and 18.3 billion Yuan (RMB), respectively. Acid deposition in south China is typical "sulfuric acid type" According to the view of sustainable development, some control strategies are brought forward: (1) Strengthing environmental management, specifying acid deposition control area, and controlling and abating the total emission amount of SO_2. (2) Employing practical techniques of clean coal, such as techniques of washing pyrite off from raw coal, industrial sulfur-fixed briqutte, and abating sulfur from waste gas, etc. (3) Developing alternative energy sources to replace coal, including hydroenergy, nuclear, solar and wind energy, etc. (4) In acid deposition region of South China, selecting acid-resistant crop and tree species to reduce agriculture and forestry losses, planting more green fertilizer crops, using organic fertilizers and liming to raise buffer capacities of soils.

Key words: acid deposition; terrestrial ecosystems; economic loss; control strategy

1 引言

酸雨是世界十大环境问题之一。我国是继欧洲、北美之后,在世界上出现的第三大

原载于:中国工程科学,2000,2(9):5-11,28.

酸雨区。随着我国经济建设、工业化和城市化的迅速发展,能源的消耗量日益增加。我国能源结构以煤为主(约占75%),据统计,1990年全国煤炭消耗量为$10.52 \times 10^8 t$,1995年增至$12.8 \times 10^8 t$,燃煤排放的SO_2 1995年达$2370 \times 10^4 t$,超过欧洲和美国,居世界首位[1]。大量排放的SO_2和烟尘,导致越来越严重的酸雨和大气污染。国家环保局对全国2177个环境监测站13年(1981—1993)的监测结果表明,有62.3%的城市SO_2年平均浓度超过国家二级标准($0.06mg/m^3$),日平均浓度超过国家三级标准($0.25mg/m^3$)[1];年平均降水pH值低于5.6的酸雨覆盖面积约占国土的30%[2]。我国酸雨主要分布在长江以南各省市,其面积已由1985年的$175 \times 10^4 km^2$增至1993年的$280 \times 10^4 km^2$。

日益严重的酸雨对陆地生态系统的影响和造成的巨大经济损失,已成为制约我国农林业生产和社会经济发展的重要因素之一。文章介绍本文作者15年来我国酸雨生态影响的研究,阐述酸雨对农作物、森林、土壤和水生生物的危害及其经济损失的定量估算,并根据可持续发展的战略思想,提出减免酸雨对陆地生态系统危害的防治对策,以期改善我国酸雨区的生态环境质量,促进社会经济建设的持续发展。

2 酸雨及其对陆地生态系统危害过程的概述

2.1 酸雨的概述[3]

酸雨(Acid Rain, Acid Precipitation)是指pH值小于5.6的雨水,也包括雪、雾、雹等其它形式的大气降水。酸雨是通常的叫法,科学上称作酸沉降(Acid Deposition),包括湿沉降如酸雨、酸雪、酸雾、酸霾、酸雹和干沉降如二氧化硫(SO_2)、氮氧化物(NO_x)、氯化合物(HCl)等气体酸性物。形成酸雨的酸性物质有自然源和人为源。在自然界自然产生的酸性物质,在正常的降雨过程中能稀释,使它们不会产生什么危害。人为源如燃煤发电厂、工业燃煤的锅炉、家庭炊用和取暖用煤以及机动车等排放的大量含硫和含氮的废气。这些人类活动排放到大气中的含硫和含氮的氧化物在运行过程中,经过复杂的大气化学和大气物理作用,形成硫酸盐和硝酸盐,与空气中水分反应形成酸,随雨、雪等降落到地面,就形成了酸雨,即硫酸和硝酸的水溶液。

2.2 酸雨对陆地生态系统影响过程概述

图1是以森林为例说明酸雨对陆地生态系统危害过程的框图。酸雨包括干、湿沉降物由空中降下,首先影响植被,然后经土壤和地下水影响湖泊水体生态系统[4]。酸雨对陆地生态系统中绿色植物生产者的影响大致可分为直接影响和间接影响[3]。直接影响一般是指酸雨降落在植物表面积最大的植冠或林冠部分的叶子部位而引起的形态结构,如褪绿、坏死斑、失水萎蔫和早落叶等以及生理生化过程的变化,如叶片细胞膜透性增加、膜脂过氧化作用加剧、气孔扩散传导率增高、酶活性的增高或降低、叶细胞pH值和原生质等电点的下降、叶绿素含量减少、光合作用速率下降和呼吸作用速率上升等导致植物生长量减少和生产率的下降。间接影响包括酸雨通过对土壤化学性质的改变如土壤pH值下降、土壤盐基淋失、盐基饱和度下降、铝的活性增加导致植物营养不良、生产率下降;通过对土壤微生物区系和活性的改变如抑制土壤微生物的硝化、氨化和固氮作用等,改变土壤氮素水平和土壤养分的循环,从而抑制植物的生长。

3 酸雨对农作物的影响

3.1 酸雨对农作物产量的影响

酸雨对农作物产量的影响,不同作物反应不一。8种主要农作物对模拟酸雨敏感性

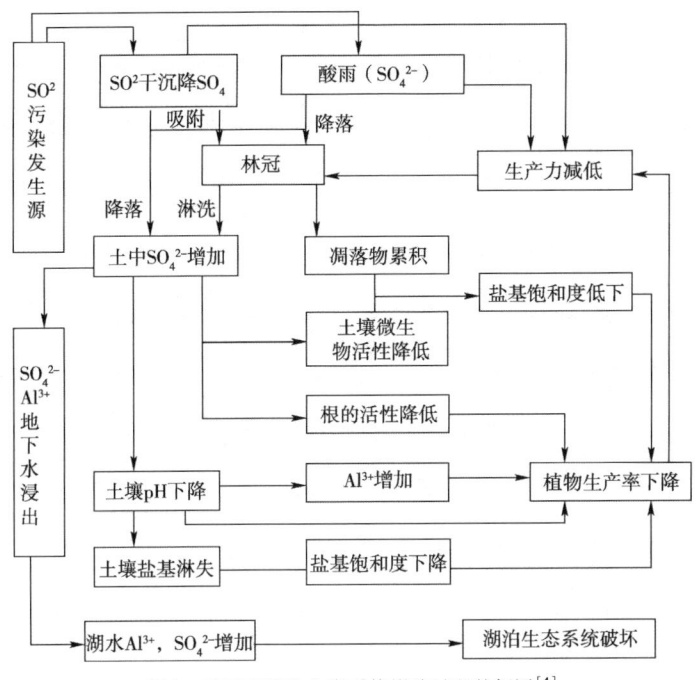

图1 酸雨对陆地生态系统影响过程的框图[4]

Fig. 1 The process diagram of effects of acid rain on terrestrial ecosystems

反应和产量影响的试验结果表明,在酸雨 pH 值 3.0 左右时,油菜最敏感,小麦、玉米、大麦等次之,水稻不敏感,烟草和黄麻最不敏感,其敏感性排列次序为:油菜＞小麦＞玉米＞大麦＞大豆＞水稻＞烟草＞黄麻[5]。蔬菜比谷类作物易受酸雨危害,15 种蔬菜试验结果表明,如以 pH 值 3.5 的模拟酸雨为准,则属于敏感性的有 6 种:番茄、芹菜、茄子、春瓢白、豇豆和黄瓜,其产量下降 20% 以上;属于中等敏感的有 4 种:生菜、冬瓢白、四季豆和辣椒,其产量下降 10%—20%;属于抗性较强的有 5 种:青椒、甘蓝、菠菜、小白菜和胡萝卜,其产量影响在 10% 以下[3]。必须指出叶菜类的蔬菜由于叶片受酸雨危害出现伤斑或叶片褪绿,也会使其质量降低,直接影响市场价格。

模拟酸雨和 SO_2 单一污染与复合污染对农作物减产影响的基准也有不同(表1、表2、表3),三者比较表明,模拟酸雨和 SO_2 复合污染具有明显的协同效益[6-7]。

表1 模拟酸雨对农作物产量影响的基准值[7]

Table 1 Criteria values of simulated acid rain affecting crops yield

作物类型	减产幅度/%	酸雨 pH 值
抗性作物 (水稻、大豆、花生等)	5.0	3.2—3.8
	10—15	2.8—3.0
	20—25	<2.6
中等敏感作物 (小麦、玉米、薯类等)	5.0	4.0—4.6
	10—15	3.6—4.0
	20—25	<2.8
敏感作物 (大部分蔬菜)	5.0	4.6—5.2
	10—15	3.8—4.4
	20—25	<3.0

表2 SO₂对农作物产量影响的基准值[7]

Table 2 Criteria values of SO₂ affecting crops yield

作物类型	减产幅度/%	SO₂浓度/(mg·m⁻³)	SO₂剂量/(mg·m⁻³·h⁻¹)
抗性作物 （水稻、大豆、花生等）	5.0	0.09—0.16	35—38
	10—15	0.13—0.19	76—114
	20—25	0.20—0.32	120—190
中等敏感作物 （小麦、玉米、薯类等）	5.0	0.07—0.10	25—30
	10—15	0.09—0.17	50—100
	20—25	0.19—0.28	105—170
敏感作物（大部分蔬菜）	5.0	0.03—0.05	14
	10—15	0.06—0.10	16—24
	20—25	0.12—0.14	30—61

表3 模拟酸雨和SO₂复合污染对农作物产量影响的基准值[7]

Table 3 Criteria values of combined pollution of simulated acid rain and SO₂ affecting crops yield

作物类型	减产幅度/%	酸雨 pH 值	SO₂浓度/(mg·m⁻³)	SO₂剂量/(mg·m⁻³·h⁻¹)
抗性作物 （水稻、大豆、花生等）	5.0	4.6	0.28—0.20	68—50
	10—15	4.0—3.6	0.37—0.28	90—68
	20—25	<2.6	0.43—0.37	125—90
中等敏感作物 （小麦、玉米、薯类等）	5.0	4.6	0.15—0.20	28—36
	10—15	4.0—3.6	0.20—0.28	48—50
	20—25	<2.8	0.28—0.37	68—90
敏感作物 （大部分蔬菜）	5.0	5.2—4.8	0.08—0.13	21—33
	10—15	4.6—4.0	0.13—0.24	32—58
	20—25	≤3.0	0.24—0.37	58—78

3.2 酸雨对农作物危害损失

根据"七五"、"八五"国家攻关酸雨课题组在四川（含重庆）、贵州、广东、广西、浙江、安徽、福建、江西、湖南、湖北等11省（区）的研究结果，农作物受酸雨危害的播种面积为 $1288.74 \times 10^4 hm^2/a$，经济损失达 42.6×10^8 元/a（表4）。

4 酸雨对森林的影响

4.1 酸雨对森林的危害

酸雨对森林危害造成森林衰亡的现象最早是在我国西南地区出现。据研究报道[8]，重庆南山 $1500hm^2$ 马尾松（*Pinus Massoniana*）林已死亡46%；四川峨眉山冷杉（*Abies Fabri*）林死亡率达40%；四川奉节县茅草坝林场 $6000hm^2$ 华山松（*Pinus Armandii*）林已经死亡达96%。此外，广西柳州市郊、广东广州市郊、浙江杭州市郊和天目山等地酸雨对林木的危害也比较严重。

不同树种对酸雨的敏感性和生态效应不同。亚热带东部地区108种树种对酸雨和 SO₂复合污染危害的敏感性试验结果表明[6]，根据伤害阈值、叶伤斑比率、初次出现症状时的剂量和初次出现症状的时间等四项指标综合的比较，属于敏感的树种有27种，中等敏感的树种有55种，抗性的树种有26种，其中在敏感树种中有我国特有的珍贵树种水杉（*Metasequoia gfyptostroboides*）、银杏（*Ginkgo biloba*）和珙桐（*Davidia involucrata*）等。

表4 中国南方11省(区)每年农作物受酸雨危害的播种面积和经济损失
Table 4 Annual economic losses of crops damaged by acid deposition in 11 provinces of South China

省(区)名称	粮食作物 面积/$10^4 hm^2$	损失/10^8元	经济作物 面积/$10^4 hm^2$	损失/10^8元	蔬菜 面积/$10^4 hm^2$	损失/10^8元	合计 面积/$10^4 hm^2$	损失/10^8元	资料来源
江苏	178.83	2.218	81.82	1.753	39.99	2.800	300.65	677.0	文献[6]
浙江	21.38	0.257	16.97	0.283	24.95	2.310	63.29	2.850	同上
安徽	120.62	2.725	56.83	1.419	21.89	1.901	199.34	6.045	同上
福建	8.35	0.076	11.45	0.074	32.74	3.168	52.53	3.318	同上
江西	4.70	0.024	29.18	0.542	28.3	3.038	62.17	3.604	同上
湖南	15.25	0.10	37.22	0.963	42.3	4.970	94.76	5.938	同上
湖北	107.99	1.945	68.36	2.418	42.74	4.100	219.09	8.463	同上
四川	100.77	1.000	71.25	0.300	13.33	0.600	185.35	1.900	文献[5]
贵州	31.04	0.100	14.23	0.100	2.93	0.100	48.21	0.300	同上
广东	0.09*	0.006	—	—	31.17*	1.911	31.26*	1.917	文献[7]
广西	10.20*	0.196	—	—	21.91*	1.276	32.11	1.472	同上
合计	599.22	8.652	387.31	7.852	301.51	26.074	1288.74	42.578	

*为危害面积

4.2 酸雨对森林生长量的影响

据在贵州和四川对相近年龄阶段的马尾松林和杉木林的研究[5,9],降水pH值大于4.5地区的胸径年平均生长量比降水pH值小于4.5地区分别高出13.7%—33.3%和26.7%—44.3%,树高年平均生长量分别高出6.0%—37.9%和25.8%—50.6%,材积年平均生长量分别高出34.3%—77.6%和51.4%—88.9%(表5)。当然还不能就此认为这些生长差别完全是由降水pH值决定的。根据在贵州或四川调查地区样地所处的气候条件即温湿度和降雨量相近似,而立地条件如海拔高度、坡向、坡位、坡度、土壤厚度、A层厚度和降雨酸度等有差异,将这些因子作为影响林分生长的自变量,选用胸径、树高、材积年均生长量作因变量,采用数量化理论I数学模型分析,结果表明,降水pH值对森林生长量影响相对得分都高于其它因子,而从降水pH值这一因子相对得分来看pH值4.5以上又大于降水pH值4.5以下的,这表明pH值4.5以下的降水即

表5 酸雨对马尾松、杉木林年平均生长量的影响
Table 5 Effects of acid deposition on annual mean increment of Masson Pine and Chinese Fir

降水pH值	省份	树种	样地数	平均林龄/a	胸径/cm	树高/m	材积/(m^3·株$^{-1}$)
4.5以下	贵州	马尾松	272	22.7	0.63	0.63	0.0044
		杉木	60	24.8	0.55	0.46	0.0039
	四川	马尾松	20	22.0	0.44	0.41	0.0011
		杉木	11	8.0	0.39	0.38	0.0001
4.5以上	贵州	马尾松	75	23.5	0.73	0.67	0.0067
		杉木	66	23.6	0.75	0.62	0.0070
	四川	马尾松	40	23.6	0.66	0.66	0.0049
		杉木	32	8.0	0.70	0.77	0.0009

酸雨对森林生长有不利影响。数量化相关分析得出贵州省酸雨对森林胸径、树高、材积生长影响的贡献率：马尾松为48.97%、33.90%和48.32%，杉木为31.86%、32.38%和25.17%；而在四川省相应的马尾松为45.40%、46.40%和29.19%，杉木为46.50%、33.90%和33.98%；其后按公式(1)计算酸雨对胸径、树高、材积的年平均生长量的损失率。

$$P_n = \frac{(y_0 - y_1) \times C \times 100}{y_0} \quad (1)$$

式中　P_n——年平均生长量损失的百分率

　　　y_0——未受酸雨危害的森林年平均生长量

　　　y_1——降水pH值4.5以下受害的森林年平均生长量

　　　C——相关分析得出的酸雨对森林生长影响的贡献率

由表6中得知，pH值4.5以下的酸雨对贵州马尾松林的胸径、树高和材积年生长量分别下降6.71%、2.02%和16.37%，杉木林的胸径、树高和材积年生长量分别下降8.50%、8.36%和13.26%；而四川马尾松林的胸径、树高和材积年生长量分别下降15.12%、17.59%和22.15%，杉木林的胸径、树高和材积年生长量分别下降14.72%、14.85%和29.06%。

表6 酸雨对森林年平均生长量的损失率/%
Table 6　Percentage of annual increment losses caused by acid deposition

省份	树种	胸径	树高	材积
贵州	马尾松	6.71	2.02	16.37
	杉木	8.50	8.36	13.26
四川	马尾松	15.12	17.59	22.15
	杉木	14.72	14.85	29.06

4.3 酸雨对森林危害损失

4.3.1 酸雨对森林危害经济损失的估算[5-6]　酸雨对森林的危害损失，分为直接损失和间接损失。直接损失通常以能用货币价值来度量的木材材积来计算。根据公式(2)先计算酸雨危害木材的年损失量，然后按公式(3)进行木材经济损失的估算。间接损失是指生态效益的损失。森林生态效益通常包括涵养水源如防止洪水减缓枯水，保护国土如防止水土流失，风沙危害，保健游憩，保护野生动物，净化大气和调节气候等方面。日本研究表明，森林生态效益的价值占森林总效益的93%，木材效益仅占7%；美国测算，森林生态效益与木材价值之比为9∶1；刘清泉对山西的研究得出，森林生态效益的价值占森林总价值的91%。本文对森林生态效益危害的经济损失，按90%计算。

$$W_n = \sum_{n=1}^{m} G_n \cdot \theta_n \cdot P_n \quad (2)$$

式中，W_n为酸雨危害木材的年损失量(m^3)；

　　　G_n为单位面积木材年生长量($m^3/hm^2 \cdot a$)；

　　　θ_n为酸雨危害森林的面积(hm^2)。

$$T_n = \sum_{n=1}^{m} K_n \cdot W_n \quad (3)$$

式中,T_n为酸雨危害森林的木材年经济损失价值(10^8元);

K_n为单位 m^3 木材价格(元/m^3)。

4.3.2 中国酸雨对森林危害的经济损失 根据"七五"、"八五"国家攻关酸雨课题在11省(区)的研究结果表明,木材经济损失为 18.02×10^8 元/a;森林生态效益经济损失为 162.30×10^8 元/a(表7)。

表7 我国酸雨区11省(区)酸沉降对森林造成的年经济损失估算
Table 7 Annual economic losses of forests damaged by acid deposition in eleven provinces of China

省(区)名称	木材经济损失/(10^8元·a^{-1}) 马尾松林	杉木林	合计	生态效益经济损失/(10^8元·a^{-1}) 马尾松林	杉木林	合计	资料来源
江苏	0.17	0.12	0.29	1.50	1.10	2.60	文献[6]
浙江	1.5	0.60	2.1	13.50	5.40	18.90	同上
安徽	0.07	0.02	0.09	0.60	0.20	0.80	同上
福建	0.15	0.56	0.71	1.40	5.00	6.40	同上
江西	0.41	0.93	1.34	3.70	8.40	12.10	同上
湖南	0.24	0.56	0.80	2.20	5.00	7.20	同上
湖北	0.30	0.37	0.67	2.70	3.30	6.00	同上
四川	1.36*	0.05	1.41	12.20*	0.50	12.70	文献[5]
贵州	0.49	0.05	0.54	4.40	0.50	4.90	同上
广东			3.52**			31.70***	文献[7]
广西			6.55**			59.00***	同上
合计			18.02			162.30	

*含华山松林在内;**指针叶林合计;***按文献[5]估算

5 酸雨对土壤的影响

5.1 酸雨对土壤化学性质的影响

土壤长时期的受酸雨影响后,土壤化学性质发生变化,造成土壤 pH 值下降,土质恶化,使正常的生态系统失去原有的平衡。

我国西南重庆市区内,重酸雨区的黄壤和污染较轻的郊区黄壤的土壤 pH 值测定结果,市区在 4.51—4.84 之间,平均为 4.56;而郊区在 4.55—5.63 之间,平均为 5.04,市内比郊区下降达半个 pH 单位[10]。不同植被覆盖的黄壤也有差异,重庆南山马尾松林下土壤溶液的 pH 值为 4.3—4.6,明显比樟树(*Cinnamomum camphora*)下土壤溶液的 pH 值(4.5—5.0)低,樟树林下的土壤溶液中的 SO_4^{2-} 浓度比马尾松林下的要高出 3 倍,NO_3^- 浓度高出 10 倍。上述情况表明,樟树常绿阔叶林对减缓土壤酸化起一定作用[11]。模拟酸雨对重庆黄壤化学性质影响的试验结果表明,无论是表层土(0—4cm)还是深层土(15—20cm)活性铝含量随土壤 pH 值下降而增加,而交换性钙、镁离子和盐基饱和度则相反,呈下降的趋势(表8)[5]。

5.2 酸雨对土壤微生物的影响

土壤中繁衍着数量巨大、种类繁多、代谢类型各异的微生物种群,它们对生态系统的能量循环和物质转化具有重要作用,同时生态环境的变化又直接和间接地影响微生物种群的组成及其功能的发挥。

表 8 模拟酸雨对黄壤化学性质的影响
Table 8 Effects of simulated acid rain on chemical properties of yellow soil

采样部位	模拟酸雨 pH 值	土壤 pH 值 H$_2$O	KCl	盐基饱和度/%	Al /(mmol·100g^{-1}干土)	Ca	Mg
表土 (0—4cm)	2.0	3.26	2.96	17.24	0.91	0.22	0.05
	3.0	3.95	3.16	33.04	0.79	0.86	0.06
	4.5	4.77	3.98	51.93	0.26	1.77	0.32
	对照	6.12	5.05	82.94	0	2.51	0.84
深层土 (15—20cm)	2.0	3.69	3.20	27.12	1.50	0.10	0.03
	3.0	3.81	3.33	29.88	1.00	0.59	0.04
	4.5	4.75	3.92	51.47	0.30	1.33	0.30
	对照	5.76	4.75	74.67	0	2.40	0.64

5.2.1 酸雨对土壤微生物种群数量的影响[12] 酸雨对土壤微生物种群数量有明显的影响。重庆地区的重酸雨区、轻酸雨区和相对清洁区的马尾松林下土壤微生物分析结果表明(表9),受酸雨的影响土壤中微生物总数明显减少,其中细菌数量减少最显著,放线菌数量略有下降。而真菌数量有所增加。土壤细菌中芽胞杆菌具有较强的氨化能力,对土壤中蛋白质等含氮有机质的转化有重要作用,酸雨的影响使细菌中芽胞杆菌数量减少,在重酸雨区南山土壤中,蕈状芽胞杆菌(*Bacillas mycoides*)、巨大芽胞杆菌(*B. megatherium*)、蜡状芽胞杆菌(*B. cereus*)和枯草芽胞杆菌(*B. subtilis*)的数量与相对清洁区的江津四面山相比,数量明显减少。受酸雨的影响,土壤中真菌数量增加,但种类减少,数量增加主要是由于较喜酸性的青霉(*penicilliun*)和木霉(*Trichoderma*)数量增加有关。

表 9 酸雨对土壤微生物数量的影响/(1000 个·g^{-1}干土)
Table 9 Effects of acid deposition on soil microbes

地点	酸雨状况	微生物总数	细菌	放线菌	真菌
南山	重酸雨区	817	271	46	500
巴县	轻酸雨区	2239	1700	36	503
江津	相对清洁区	52681	51890	31	760

5.2.2 酸雨对土壤微生物生化活性影响[13] 酸雨明显减弱土壤微生物的氨化作用强度,在重酸雨区氨化作用强度较轻酸雨区下降27%,经折算每 kg 土减少约 50mg 氨态氮。较相对清洁区下降50%,约相当于每 kg 土减少约 500mg 氨态氮。酸雨的影响也使硝化作用有所下降,固氮作用变化不明显(表10)。

表 10 酸雨对土壤微生物的生化活性的影响
Table 10 Effects of acid deposition on biochemical activity of soil microbes

地点	酸雨状况	氨化作用 /(NH$_3$ mg·g^{-1}干土)	硝化作用 /(NO$_3$ mg·g^{-1}干土)	固氮作用 /(N mg·g^{-1}干土)
南山	重酸雨区	0.68	17.22	0.23
巴县	轻酸雨区	0.33	11.54	—
江津	相对清洁区	1.40	17.94	0.23

6 酸雨对水生生物的影响

6.1 水质酸化对鱼类的影响[14]

水质酸化对白鲢、鳙鱼和草鱼的早期生活阶段的发育、孵化、存活、畸形率等影响研究发现,这三种鱼对低 pH 值水体的敏感性没有显著差异,但不同生活阶段的敏感性不同,受精卵、仔鱼和幼鱼能存活的 pH 值水平分别为 6.0、5.5 和 4.5;当 pH<6.0 值时,仔鱼畸形率随 pH 值的降低而升高。

6.2 水质酸化对其它水生生物的影响[5]

低 pH 值对浮游生物大型溞(*Daphnia magna*)存活、生长和生殖影响的急性试验结果表明,24h LL_{50}(半致死水平)为 pH 值 4.66±0.19,48h LL_{50} 为 pH 值 4.94±0.20。慢性试验中平均存活时间在 0 天(pH 值 4.00)至 11 天(pH 值 7.00 和对照)之间。溞自出生到第 11 天试验结果,随 pH 值降低,溞的平均体长逐渐减少,生殖量逐渐下降。低 pH 值对底栖软体动物椭圆萝卜螺(*Radix swinhoei*)的耐受性研究发现 pH 值 3.6、3.8、4.0 时的 96h 死亡率分别是 100%、60%、20% 和 10%。

6.3 水体酸化现状及水生生物的影响

我国酸雨严重的四川、重庆、贵州地区的大江大河如长江、嘉陵江、涪江、岷江、沱江等水体,目前 pH 值在 7.6—8.4 之间,总碱度在 1.52—2.3mol/L 之间,电导率在 170—440mS/m 之间,都不是酸化水体。四川稻田养鱼近 $30×10^4 hm^2$,其中位于降雨年平均 pH 值 5.0 等值线之内的近 $27×10^4 hm^2$。据调查,泸州地区水田碱度平均 1.92mol/L,pH 值在 7.0—7.6 之间,加上施肥量大,近期也不可能酸化。紫色土区水库、池塘目前也未被酸化[5]。仅在重庆黄壤地区个别小池塘发现 Al 和 SO_4^{2-} 的浓度稍高,浮游生物(藻类)的现存量和物种减少[11]。据统计,四川、重庆和贵州有可能酸化(pH 值 6.5)的养殖渔业水体近 $2.3×10^4 hm^2$,如不采取措施,估计 10a 后可能渔业损失每年将达(6000—7500)× 10^4 元[5]。

7 防治对策

中国酸雨成因主要是燃煤排放的大量 SO_2,是典型的"硫酸型酸雨"[15]。中国煤含硫量低于 1% 的低硫煤只占 20%,2/3 分布在秦岭以北。在秦岭以南,含硫量大于 4% 的特高硫煤约占 3/4。全国平均每吨原煤排放 SO_2 30kg 左右。中国是燃煤大国,防治酸雨的主要控制对象是 SO_2,根据可持续发展的战略思想,提出下列对策:

1)强化环境管理,确定酸雨控制区,严格实行 SO_2 排放总量控制,削减 SO_2 排放量。

2)因地制宜选择适用清洁煤炭能源技术,如洗选煤、型煤固硫,循环流化床燃烧脱硫和烟气脱硫等技术。

3)大力发展煤炭替代能源,包括加速开发水电,积极发展核能和开发利用新能源如太阳能、风能等。

4)在煤炭能源尚不能完全解决脱硫的情况下和基于酸雨不分国界,有远距离输送问题的现实条件下,在我国酸雨分布区还应该尽量选用抗酸性强的农作物和树种,减少农、林业的损失;多种绿肥,施有机肥,在酸化土壤地区还可施石灰,提高土壤缓冲能力,缓解土壤酸化进程。

参考文献:

[1] 国家环境保护总局.酸雨控制区和二氧化硫污染控制区划方案[J].环境保护,1998,(3):7-11.

[2] 国家环境保护总局.跨世纪的中国环境保护[J].环境保护,1998,(8):3-5.

[3] 冯宗炜.酸雨的生态效应[A],丁一汇,高素华主编.痕量气体对我国农业和生态系统影响的研究[M].北京:中国科学技术出版社,1995:232-301.

[4] 户塚绩.酸雨と森林衰亡[J].燃料协会志(日本),1989,6(3):200-209.

[5] 冯宗炜主编.酸雨对生态系统的影响[M].北京:中国科学技术出版社,1993:21-56,133-143,108-177.

[6] 冯宗炜,曹洪法,周修萍,等.酸沉降对生态系统的影响及其生态恢复[M].北京:中国环境科学出版社,1999:79-178.

[7] 曹洪法,舒俭民,刘燕平,等.酸沉降对两广地区农作物、森林影响的经济损失[A].国家环境保护局.大气污染防治技术研究[M].北京:科学出版社,1993:844-851.

[8] 酸雨考察组.酸雨对大农业的危害及其对策综合学术考察报告[A].中国林学会主编.酸雨与农业[M].北京:中国林业出版社,1989:1-9.

[9] 张家武,陈楚莹,邓仕坚,等.酸雨对森林生长影响的研究[A].国家环境保护局.大气污染防治技术研究[M].北京:科学出版社,1993:805-813.

[10] 程伯容,许广山,耿晓源.酸雨对重庆黄壤土影响的初步研究[A].中国林学会主编.酸雨与农业[M].北京:中国林业出版社,1993:170-173.

[11] 冯宗炜,小仓纪雄.重庆酸雨对陆地生态系统的影响和控制对策[J].环境科学进展,1998,6(5):1-8.

[12] 周崇莲,齐玉臣,卢耀波,等.酸雨对土壤微生物种群分布的影响[J].大气环境,1987,2(6):43-46.

[13] 周崇莲,齐玉臣.酸雨对土壤微生物活性的影响[J].生态学杂志,1988,7(2):21-24.

[14] 王德铭,李辛夫,庄德辉.酸雨对水体影响的生态学研究及一些建议[A].中国林学会主编.酸雨与农业[M].北京:中国林业出版社,1989:74-78.

[15] Zhang, F Z, Zhang J Y, Zhang H R, et al. Chemical Composition of Precipitation in a Forest Area of Chongqing, Southwest China [J]. Water, Air and Soil Pollution, 1996, 90: 407-417.

Terrestrial ecosystem sensitivity to acid deposition in south China

TAO Fulu, FENG Zongwei

(Department of System Ecology, Research Center for Eco-Environmental Sciences,
Chinese Academy of Science, Beijing 100080, China)

Abstract: Ecosystem sensitivity to acid deposition can be a basis for the derivation of cost-effective strategies to sulfur and nitrogen pollutant control, consequently is widely concerned around the world. In the article, the relative sensitivity of terrestrial ecosystem to acid deposition in South China is assessed and mapped using a new sensitivity classification system suitable to subtropical ecosystem. The result shows that the distribution of ecosystem sensitivity to acid deposition in South China is almost zonal, on the whole, sensitivity increases from the north and west to the south and east. The most sensitive areas are the northwest and southeast of Zhejiang province, the central part of Fujian province, and the northeast of Guangdong province and Guangxi Zhuang Autonomous Region, which are all in the old acid soil areas with high precipitation and coniferous forests. The resulting distribution of sensitive regions is different other maps, including the sensitivity map which is implemented in the RAINS-Asia model.

Keywords: acidification, air pollution, critical loads, ecological factors

1 Introduction

With the rapid economic development and population growth in Asia, the world third acid rain area emerged in this region, following Europe and North America (Dovland, 1989; Winstanley, 1993; Cheng, 1989; Han, 1993). The main part of this acid rain area is located in the southern part of China, and the area affected is estimated to exceed one million km^2 (Wang et al., 1993). Soil acidification was indicated in South China both by observation and by model calculation (Zhao and Seip, 1991). High acidity of rainfall and elevated levels of atmospheric SO_2 have caused severe damages to crops, forests and building materials in some regions of South China (Zhao and Xiong, 1988; Feng and Tao, 1998).

The impact of acid deposition on the natural environment depends on the interaction between the magnitude of deposition and the sensitivity to acidification of ecosystems. The delineation of 'sensitive' and 'susceptible' areas, on a regional scale, is considered necessary for a number of purposes. By identifying the extent and distribution of areas which subjected to risk of acidification, the selection may be simplified of sites which require more detailed ecological research. Regional sensitivity assessments combined with measured input loads can be used to project the impact of acid deposition on the regional economy. This, in turn, can be used to provide part of the basis for emission control strategies. For example, a

原载于：Water, Air, and Soil pollution, 2000, 118: 231-243.

Regional Air Pollution, Information and Simulation model for Asia (RAINS-Asia) has been developed to assess the relationship between the energy system, sulfur emissions, long-range dispersion and environmental impacts on a Asian wide scale. The impact module of RAINS-Asia (Hettelingh et al., 1995a) is used to provide information on the probability of damage due to emission reduction alternatives by identifying areas where acid deposition exceeds critical loads (Foell et al., 1995).

Sensitivity mapping has predominantly been carried out in North America (Lucas and Cowell, 1984; McFee, 1980; Norton, 1980) (Edmunds and Kinniburgh, 1986; Chadwick and Kuylenstierna, 1991). So far, the critical load concept has been used in UN/ECE negotiations of the reduction of sulfur emission in Europe (Hettelingh et al., 1995b). A preliminary mapping of relative sensitivity of terrestrial ecosystem in Asia has been performed by Kuylenstierna (1992), but the research focused actually on tropical ecosystem. All though some subtropical ecosystems in Asia were included in research on developing countries (Kuylenstierna et al., 1995). However the research was a global scale and the accuracy was limited. The maps of sensitivity and critical loads for Asia have also been assessed as part of the RAINS-Asia project (Hettelingh et al., 1995a). These studies have described the sensitivity and critical loads of soil, terrestrial ecosystems, ground and surface water and have used soil, geology, climate and land cover characteristics.

In China, the map of critical load has been worked out using the steady state mass balance (SSMB) method and incorporated into RAINS-Asia model (Zhao et al., 1995; Hettelingh et al., 1995a). For some regions in China, critical loads were also calculated using MAGIC (Model of Acidification of Groundwater in Catchments) 90 (Zhao and Seip, 1991), which turned out to be higher. Moreover the distribution of them are not in good accordance with results of a sensitivity assessment for East China (Zhou, 1996). These discrepancies require further certification resulting in a new research project 'The critical loads of acid deposition for ecosystems in the regions influenced by acid deposition in China', as a part of a ninth five-year national key project. This article presents the final results of this project, which focuses in great detail on particular characteristics of South China.

These can be summarized as follows: (1) South China mostly belongs to the subtropical monsoon climate zone. (2) The dominant soils are red soils, lateritic and yellow brown soils, the properties of which are different from those of podzols in Nordic countries. (3) The population density is high and vegetation is disturbed by intensive human activities. (4) Acid deposition is dominated by sulfurate due to the primary role of coal in energy consumption and the concentration of NH_4^+ is relatively high (Galloway et al., 1987). In a word, the meteorology, soil, vegetation and chemical components of acid deposition are all different from those in Europe. So the data have to be verified more thoroughly to adequately derive ecosystem sensitivity or critical load for South China while the methods that have successfully been applied in Europe are applied in South China.

In this article, the relative sensitivity of ecosystems to acid deposition has been worked out by identifying a limited number of variables reflecting site sensitivity (bedrock lithology, soil type, land cover and moisture profit and loss), there variables are merged into a small number of categories to which weights are assigned. The result is a distribution of sensitivity classes in South China of which illustrative maps are shown in this article.

2 Description of the Study Area

The region influenced by acid deposition in China lies mainly in South China, including Jiangsu, Anhui, Zhejiang, Fujian, Jiangxi, Hubei, Hunan, Guangdong, Guizhou, Sichuan and Yunnan provinces, Guangxi Zhuang Autonomous Region and Shanghai municipality (Figure 1).

Figure 1   The region of research

The area is subjected to a great variety of natural and economic characteristics. The area predominantly consists of red earth and also includes lateritic and yellow brown soil types. The meteorology reflects humid subtropical monsoon climate characteristic. Annual precipitation is mostly above 1000 mm and annual average temperature is between 16—20℃. It is favorable to agricultural and forestry production, in the meantime causes soil to experience intensive weathering and leaching. The dominant vegetation is subtropical evergreen broadleaf forests. The area of farmland, including paddy field and upland field, is only second to that of forestry land. In summary, it is the main production area of food crop, cash crop and timber in China, however acidified intensively due to natural and anthropogenic influences in the last two decades.

3 Sensitivity Assessment for Ecosystems in South China

Ecosystem relative sensitivity to acid deposition may be worked out from the distribution of ecological site factors such as soil and vegetation or could be assessed from regionalized chemical data for soil relevant to the survival of biota. But some soil data such as the base cation weathering rate (BC_w) for a large area do not exist in sufficient detail, therefore indirect methods are attempted to assess regional sensitivity.

The methodology for deriving relative sensitivity classes relies on distinguishing a limited number of explanatory ecological variables and recognizing a small number of categories of them. Weights are used to combine the explanatory variables so that they broadly represent the degree to which they reflect site sensitivity to acidication.

3.1 Selection of ecological site factors

The sentitivity assessment is based upon the existence of buffering systems in ecosystems that partially resist changes induced by acid deposition and the environmental characteristics determining the different distribution of plant species. So the ecological site factors relevant to the climatic characteristics, soil characteristics, geology characteristics and land cover should all be considered. On a large scale, Bedrock lithology, soil type, land cover and a measure of moisture are generally used to ecosystem sensitivity to acidification (see also Kuylenstierna et al., 1995; Chadwick and Kuylenstierna, 1991).

3.2 Bedrock lithology

The weathering processes of rocks neutralize acidity and therefore resist increases in soil acidity. The weathering rates of rocks, specially chemical weathering rates have an important influence on the neutralizing capacity of a site to acid deposition. The weathering rates are related to soil mineralogy and notoriously difficult to determined. On a large scale, the weathering rates for many rocks are usually inferred from rock types. Rock types have been assigned to one of two categories based on their weathering rates. Table I shows a classification of rock typs according to their abilities to buffer acid inputs. The rocks in group A are weathering slowly and have low buffering capacity; those in groups B, C and D have higher buffering capacity.

Table I The acid neutralizing ability potential of rock types

Group	Acid neutralizing	Rock type
A	None—low	Granite, syenite, granite-gneisses, quartz sandstones (and their meta-morphic equivalent) and other siliceous (acid) rocks, grits, orthoquartz, decalcified sandstones, some quanternary sands/drifts
B	Low—medium	Sandstones, shales, conglomerates, high grade metamorphic felsic to intermediate igneous, calcsilicate gneisses with no free carbonates, metasediments free of carbonates, coal measures
C	Medium—high	Slightly calcareous rocks, low-grade intermediate to volcanic ultramafic, glassy volcanic, basic and ultrabasic rocks, calcareous sandstones, most drift and beach deposits, mudstones, marlstones
D	'Infinite'	Highly fossiliferous sediment (or metamorphic equivalent), limestones, dolostones.

Source: Norton, 1980; Kinniburgh and Edmunds, 1986; Lucas and Cowell, 1984; Kuylenstierna et al., 1989

3.3 Soil type

Soil is a large buffering system to acid deposition, the buffering ability of soil is related to the buffering processes. Acid deposition in soil can be neutralized by carbonate/bicarbonate reaction, by cation exchange, by secondary minerals and by weathering of rocks. In the longer term, the weathering rate of rock represents the maximum neutralization capacity rate of acid neutralization capacity production, which is identified by bedrock lithology. However initially the buffering of soil to acid deposition will be through the existing capacity of the primary minerals present in the soil. This capacity is related to the pH, base saturation (BS) and cation exchange capacity (CEC) in root zone, and can be identified by soil type. BS and pH are intensity parameters to indicate the supply rate of base cations to the upper soil horizons and rate of neutralizing weathering reactions. The CEC is a capacity-limited parameter related to the rate at which base saturation will decrease due to acid deposition rates above the weathering rate (McFee, 1980). Based on the typical pH, BS, CEC, total exchange base and the ratio of C and N in root zone, the soil types in China were reclassified into four classes which reflect their buffering capacity (Table II). The soil types in groups A and B are regarded as sensitive to acid deposition and those in groups B and D are regarded as insentive (Kuylsenstierna, 1995; Zhou, 1996).

Table II The buffering abilities of different types of soils

Group	Acid buffering ability	Soil type
A	Most low	Latosols, Cinnamon latosols
B	Low	Yellow-brown earths, dark brown earths, yellow-red earths, red earths, yellow earths, cinnamon-red earths, brown-red earths
C	Medium	Eutric, non-calcareous soil type
D	High	Calcareous soil types and soils typically developed in arid region.

3.4 Land cover

The vegetation type present at a site integrates the different environmental factors at that site, the presence of that vegetation indicating the selection by site factors to maintain the existing vegetation. So vegetation type indicates features relevant to site sensitivity such as rooting depth, occurrence of flooding, land management, mineralization rates, leaf litter quality, nutrient cycling rates and tolerance of vegetation to acid conditions, and consequently gives an indication of the buffering rate, considered to a mixture of buffering mechanisms in the soil and the biological dynamics of the system that buffer (Hettelingh et al., 1995a).

Sites covered by coniferous forest vegetation tend to be sensitive to acidification. This is due to the way in which conifers confer certain hydrological features to a site (Miller, 1985), and because of the characteristics of the typical acid mor organic layer characteristics formed under coniferous forest stands (Mikola, 1985).

Deciduous forest vegetation products less acid, mull humus which has a higher decomposition and lower organic acid production rate than a mor humus (Mikola, 1985). Hardwoods often have deep roots which bring up nutrients from deeper horizons, which may lead to a certain amount of surface soil layer enrichment (Black, 1986). Sites with deciduous forest vegetation therefore have a lower relative sensitivity than sites with vegetation causing the production of a mor humus.

Land-use practices, such as liming, increase buffering, and seasonal flooding enriches the soil with high buffering rate minerals, both impacts lead to decreased sensitivity (McFee, 1980).

Thus, to some extent, the vegetation present can be used to indicate the sensitivity of an ecosystem to prevailing site factors.

3.5 A measure of moisture

The moisture net conduction is positively related to ecosystem sensitivity. In dry areas, the net upward movement of water leads to the accumulation of the products of weathering which precipitate out in the upper soil crust and are available to buffer the acid deposition. Where soil moisture is higher leaching of base cations may occur and such ecosystems are potentially sensitive to acidification. As moisture increases, the potential for base cation leaching will also increase leading to conditions more conductive for acidification (Cresser et al., 1986).

Precipitation alone is not sufficient to reflect the degree of ion leaching without considering evapotranspiration. The precipitation to potential evapotranspiration ($P:E$) ratio represents the effectiveness of precipitation and can be used to indicate site leaching characteristic. However, the ratio is meaningless in South China because it does not vary. The moisture profit and loss (V) is selected to represent the amount of moisture net conduction in upper soil horizons, which is calculated as follows:

$$V = P - PE \qquad (1)$$

where, P represents precipitation, PE represents potential evapotranspiration, which is defined as the maximum quantity of water which can be evaporated by a uniform cover of dense short grass when the water supply to the soil is not limited (Jones and Thomasson, 1985). The Penman formula (Frére and Popov, 1979) is regarded by meteorologists as the most accurate technique available for estimating PE (Show, 1988).

The moisture profit and loss in upper soil horizons is classified into three classes, which will be listed in Table Ⅲ.

TABLE Ⅲ Classification system of sensitivity to acid deposition for subtropical ecosystem

Factor	Weight	Category	Weight
Rock type	1	• The A group of rocks in Table Ⅰ	1
		• Other groups of rocks but A in Table Ⅰ	0
Soil type	1	• The A and B groups of soils in Table Ⅱ	1
		• The C and D groups of soils in Table Ⅱ	0
Land cover	2	• Coniferous forest	1
		• Broadleaf forest, scrubs, grassland, alpine vegetation	0.5
		• Farm land	0
Moisture profit and loss	2	• >600 mm a^{-1}	1
		• 300—600 mm a^{-1}	0.5
		• <300 mm a^{-1}	0

3.6 Weighting procedure and sensitivity classidication system

Weights to describe their relative roles in reflecting site sensitivity should respectively be assigned to the ecological factors and their categories before being combined to derive the site sensitivity to acidification. weights were taken from Zhou (1996) and are summarized in Table III.

3.7 Formulation of final sensitivity classes

The maps of rock type (Map of Soil Parent Materials of China, 1984), soil type (Soil Map of China, 1984), land cover (Vegetation Map of China, 1984) and moisture profit and loss (Map of Annual Moisture Profit and Loss, 1981) are respectively mapped using digitizer as data coverages (Figures 2 to 5), then the four data coverages are combined to form the sensitivity map. The coverages reinforce each other and give a more representative distribution of sensitivity than from one coverage alone (Lucas and Coweoll, 1984).

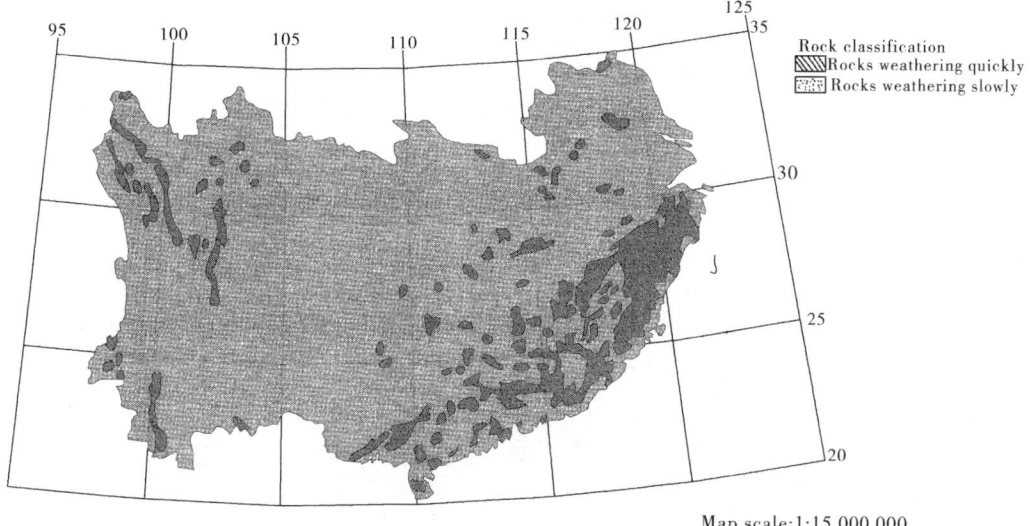

Figure 2. The map of rock classification in South China

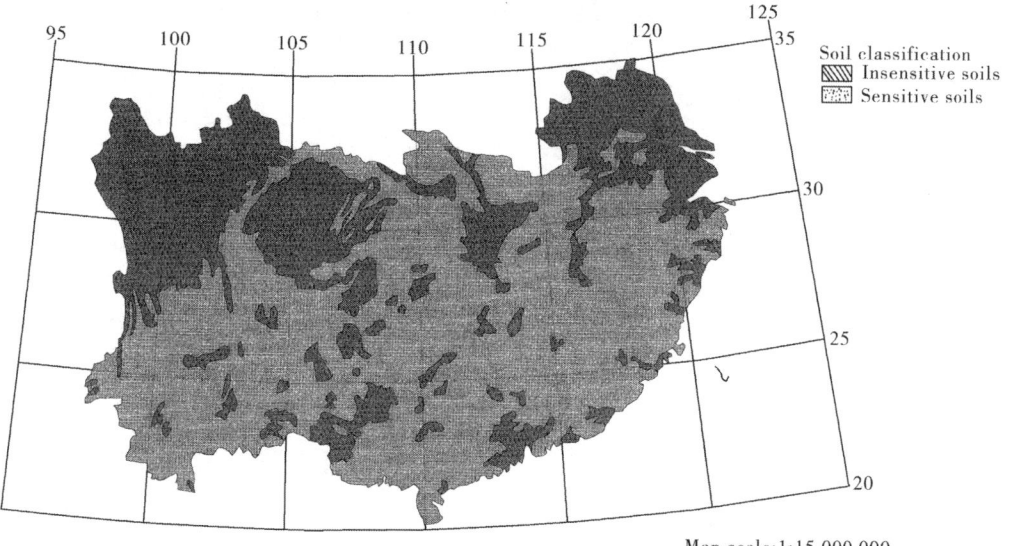

Figure 3. The map of soil classification in South China

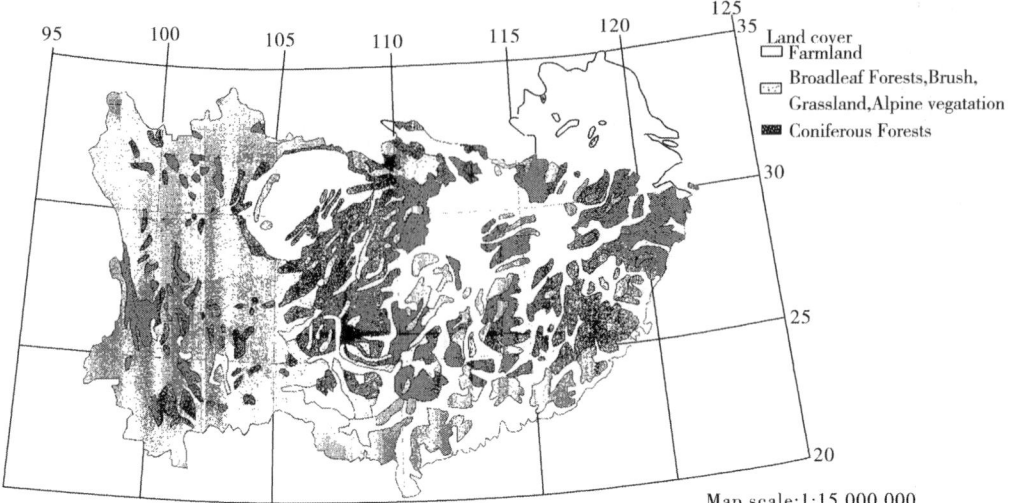

Figure 4. The map of land cover classification in South China

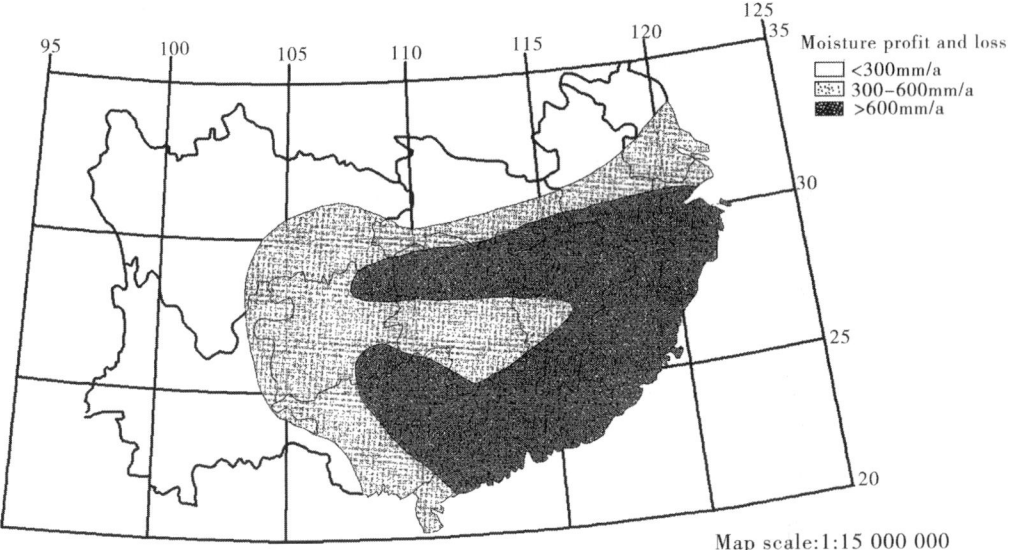

Figure 5. The map of moisture profit and loss classification in South China

Seven relative sensitivity classes (0—6) are the result of combining the four factors and their weights (see Table III). The relative sensitivity of ecosystem is arbitrarily classified into five classes to facilitate the assessment of the risk of acid deposition particularly in sensitive areas. The allocation of the seven possible classes to five is shown in Table IV. The resulting map is shown in Figure 6.

TABLE IV The classification criteria of sensitivity

	\multicolumn{5}{c}{Sensitivity}
	least	slightly	medially	high	most
Sensitivity from combination	0—1	2	3	4	5—6
Sensitivity class shown on the map	1	2	3	4	5

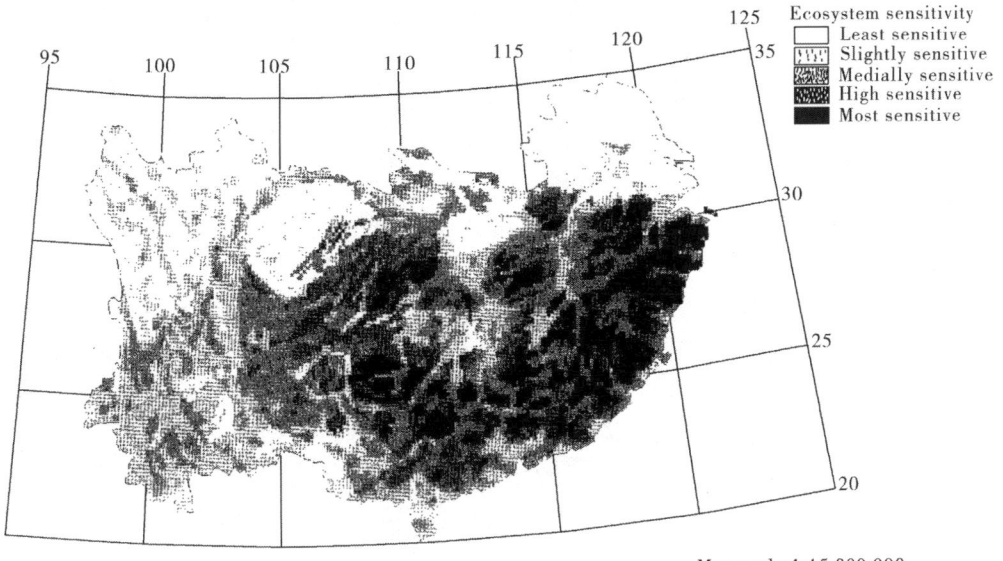

Figure 6. The terrestrial ecosystem sensitivity to acid deposition in South China

4 The Distribution of Sensitivity

From Figure 6, it is found that the distribution of ecosystem sensitivity to acid deposition in South China is almost zonal, on the whole sensitivity increases from the north and west to the south and east, which is in accordance with the zonal distribution of climate and soils. The most sensitive areas are the northwest and southeast of Zhejiang province, the central part of Fujian province, the northeast of Guangdong province and Guangxi Zhuang Autonomous Region, which are all in the old acid soil areas with high precipitation and coniferous forests.

The distribution of sensitivity is not in good accordance with both that derived in RAINS-Asia model (Zhao et al., 1995; Hettelingh, 1995a) and that derived by Kuylenstierna (1995). For example, in RAINS-Asia model, the south of Guangxi Zhuang Autonomous Region and the areas between Sichuan and Yunnan provinces are high or most sensitive, where the weathered materials of limestone, some limestone soils, scrubs and broadleaf forests are distributed, as well the moisture profit and loss is below 600 mm a^{-1} or even 300 mm a^{-1}. While the central and south of Zhejiang province and the whole Fujian province are slightly or medially sensitive, where the weathered materials of light crystalline rocks, red soils and coniferous forests are distributed, as well the moisture profit and loss is above 600 mm a^{-1}. In the sensitivity map derived by Kuylenstierna (1995), the most sensitive areas are also in South China, while Zhejiang province is slightly sensitive.

In combination of different ecological factors, weights should be such that the resulting relative sensitivity matches field observations and experience of such sites. Different weights would end up with a different map. Weights, therefore, may have to be modified as new information becomes available. Weights used here try to reflect the characteristics of subtropical ecosystem, which is different from those assigned by Kuylenstierna (1995, 1992).

Nevertheless further work is needed to verify the robustness of sensitivity classes under varying weighting systems.

5   Conclusion

Ecosystem relative sensitivity to acid deposition may be worked out from the distribution of ecological relevant site factors. The factors such as bedrock lithology, soil type, land cover, moisture profit and loss amount (V) are important to subtropical ecosystems in South China.

Distribution of ecosystem sensitivity to acid deposition in South China is almost zonal, on the whole sensitivity increases from the north and west to the south and east, which is in accordance with the zonal distribution of climate and soils. The most sensitive areas are the northwest and southeast of Zhejiang province, the central part of Fujian province, the northeast of Guangdong province and Guangxi Zhuang Autonomous Region, which are all in the old acid soil areas with high precipitation and coniferous forests.

The resulting distribution of sensitive regions is different from other maps, including the sensitivity map which is implemented in the RAINS-Asia model. Further work is needed to verify the robustness of sensitivity classes under varying weighting systems.

Acknowledgements

This research is a part of a ninth five-year national key project and funded by National Environmental Protection Bureau.

References

Black, C. A.: 1986, *Soil-Plant Relationships*, 2nd edition, Wiley, New York.

Chadwick, M. J. and Kuylenstierna, J. C. I.: 1991, *Perspectives in Energy* 1, 71.

Cheng, Z.: 1989, in *Proceedings of the Expert Meeting on Acid precipitation Network in East Asia*, Toyama, Japan, October 26-28, 1993, 209-237.

Cresser, M. S., Edwards, A. C., Ingram, Skiba, U. and Peirson-Smith, T.: 1986, *J. of the Geological Society* 143, 649.

Dovland, H.: 1989, *Proceedings of EMEP-the European Monitoring and Evaluation Programme*, ibid, pp. 84-87.

Edmunds, W. M. and Kinniburgh, D. G.: 1986, *Journal of the Geological Society* 143, 707.

Feng, Zongwei and Tao, Fulu.: 1998, *J. of Environ. Sci.* (China), 10(4), 505.

Feoll, W., Green, C., Amann, M., Bhattacharya, S., Camichael, G., Chadwick, M., Cinderby, S., Haugland, T., Hettelingh, J.-P, Hordijk, L., Kuylenstierna, J., Shah, J., Shrestha, R., Streets, D. and Zhao, D.: 1995, *Water, Air, and Soil Pollut.* 85, 2277.

Frére, M. and Popov, G. F.: 1979, Agrometeorological Crop Monitoring and Forecasting, *FAO Plant Production and Protection*, Number 17, Plant Production and Protection Division, FAO, Rome.

Galloway, J. N., Zhao, Dianwu, Xiong, Jiling and Liens, G. E.: 1987, *Science*, 236, 1559.

Han, G.: 1993, in *Prediction of China Environmental Protection Objects* (in Chinese), China Environmental Science Publishing House, Beijing, China.

Hettelingh, J-P., Chadwick, M. J., Sverdrup, H. U. and Zhao, D. (eds.): 1995a, 'Assessment of Environmental Effects of Acid Deposition', *Report from the 'Acid Rain and Emission in Asia' Project*, RIVM, Bilthoven.

Hettelingh., J.-P., Posch, M., De Smet, P. A. M. and Downing, R. J.: 1995b, *Water, Air, and Soil Pollut.* 85, 2381.

Jones, R. J. A. and Thomasson, A. J.: 1985, An Agroclimatic Databank for England and Wales, *Technical Monograph Number* 16, Soil Survey. Harpendon.

Kinniburgh, D. G. and Edmunds, W. M.: 1986, *Hydrogeological Report*, British Geological Survey No. 86/3.

Kuylenstierna, J. C. I. and Chadwick, J. M.: 1989, in Kamari, J., Brakke, D. F., Jemkins, A. and Wright, R. F. (eds.), *Regional Acidification Models: Geographic Extent and Time Development*, Springer-Verlag, Berlin, pp. 3-21.

Kuylenstierna, J. C. I., Cinderby, S. and Chadwick, M. J.: 1992, *A preliminary mapping of relative sensitive sensitivity of terrestrial ecosystems to acidic depositions in Asia*, Stockholm Environment Institute at York, York, U.K.

Kuylenstierna, J. C. I., Camberidge, H., Cinderby, S. and Chadwick, M. J.: 1995, *Water, Air, and Soil Pollut.* 85, 2319.

Lucas, A. E. and Cowell, D. W.: 1984, in O. P. Bricker (eds.), 'Geological Aspects of Acid Deposition', *Acid Precipitation Series* 7, Annual Arbor, Butterworth. Boston, pp. 113-129.

Map of Annual Moisture Profit and Loss: 1981, in Gao Guodong and Lu Yurong (eds.), *The Physical Climate Atlas of China*, Agricultural Publishing House, Beijing, China.

Map of Soil Parent Materials of China: 1984, 'Institute of Soil Science', in Academia Sinica (ed.), *The Soil Atlas of China*, Cartographic Publishing House, Beijing, China. p. 19.

McFee, W. W.: 1980, in D. S. Shriner, C. R. Ricghmond and S. E. Lindberg (eds.), '*Atmospheric Surfur Deposition: Environmental Impact and Health Effects*', Ann Arbor, Michigan, pp. 495-505.

Mikola, P.: 1985, *The effect of tree species on the biological prological properties of forest soil*, National Swedish Environmental Protection Board Report, 3017.

Miller, H. G.: 1985, *Soil Use and Management* 1, 28.

Norton, S. A.: 1980, in D. S. Shriner, C. R. Ricghmond and S. E. Lindberg (eds.), *Atmospheric Sulfur Deposition Environmental Impact and Health Effects*, Ann Arbor, Michigan, pp. 521-32.

Shaw, E. M.: 1988, Hydrology on Practice, Van Norstrand Reinhold, London.

Soil Map of China: 1984, 'Institute of Soil Science', in Academia Sinica (ed.), The Soil Atlas of China, Cartographic Publishing House, Beijing, China, p. 9.

Vegetation Map of China: 1984, 'Institute of Soil Science', in Academia Sinica (ed.), The Soil Atlas of China, Cartographic Publishing House, Beijing, China, p. 7.

Wang, W., Zhang, W., Hong, X. and Shi, Q.: 1993, J. of Chinese Environmental Sciences (in Chinese), 13(1), 401.

Winstanley: 1993, The United States National Acid Precipitation Program, in Preceedings of the Expert Meeting on Acid Precipitation Network in East Asia, Toyama, Japan, October 26-28, 1993, pp. 46-60.

Zhao, D. and Xiong, J.: 1988, 'Acidification in Southwestern China' in H. Rodhe and R. Herrera (eds.), op. cit. pp. 317-347.

Zhao, D. and Seip, H. M.: 1991, Water, Air, and Soil Pollut. 60, 83.

Zhao, D., Zhang, X., Yang, J., Mao, J, and Xiong, J.: 1995, Journal of Environmental Sciences 7(3), 325.

Zhou, X. P.: 1996, Rural Eco-Environment (China), 12(1), 5.

Critical loads of SO₂ dry deposition and their exceedance in south China

TAO Fulu, FENG Zongwei

(Department of System Ecology, Research Center for Eco-Environmental Science, Chinese Academy of Sciences, Beijing, China)

Abstract: The critical loads of SO₂ dry deposition in South China, which is transferred from critical level, as well the excess of critical loads are computed and mapped. The areas with the lowest critical load and the highest excess are, respectively, identified. The research is complementary to the previous researches on critical loads for soils, and expected to be integrated with them to make efficient sulfur emission abatement strategy.

Keywords: critical level, critical loads, exceedance, SO₂ dry deposition

1 Introduction

With the rapid economic development, energy consumption of China has increased significantly in the last decade. Coal consumption, as the main process of primary energy consumption, has generated large amount of acid precursors and resulted in acid deposition in some areas of China. In South China SO₂ is the main acidifying substance of anthropogenic emission, atmospheric SO₂ concentration is about 20 $\mu g\ m^{-3}$ and rain water SO_4^{2-} concentration is about 100 μeqL^{-1}. The average (wet and dry) sulfur deposition is about 1 $gSm^{-2}a^{-1}$ in these areas, and over 10 $gSm^{-2}a^{-1}$ in some cities such as Chongqing and Guiyang (Dai et al., 1998). The direct effects of SO₂ and indirect effects of acid deposition (acidification) on ecosystems have both been demonstrated (Zhao and Xiong, 1988; Shen et al., 1995; Feng and Tao, 1998).

In efforts to combat environmental acidification and its damage, critical load and critical level, as powerful technical and scientific basis to reduce accurately the emission of atmospheric pollutants, have been widely concerned. Organisms may be subject to a combination of stress including excessive deposition and air concentration, for each of which critical limits are required (Hettelingh et al., 1995). However previous researches (Hettelingh et al., 1995; Tao and Feng, 1999) put emphasis on establishing critical loads for a large variety of soil and vegetation combinations, which only reflect the indirect effects of acid deposition, rather than direct effects. Atmospheric concentrations of SO₂ have been shown to cause direct damage to natural ecosystems and crops, as well as having health effects on local and regional scale, even supposed to be the more likely cause than acid deposition for the dieback of the masson pine trees in some

---

原载于: Water, Air, and Soil pollution, 2000, 124: 429-438.

areas of South China (Shen *et al.*, 1995). So SO₂ critical level has an equivalent importance as critical load of acid deposition for soil, at least in South China.

Critical level, represented as air concentrationm may be not conveniently used to control pollutants emission as critical loads, and is consequently represented as equivalent SO_2 dry deposition load called critical load of SO_2 dry deposition.

The objective of this article is to map the critical loads of SO_2 dry deposition and their exceedance in South China, which are expected to be integrated with the previous researches on the critical loads for soils to make efficient SO_2 emission abatement strategy.

2 Description of the Study Area

The region influenced by acid deposition in China lies mainly in South China, including Jiangsu, Anhui, Zhejiang, Fujian, Jiangxi, Hubei, Hunan, Guangdong, Guizhou, Guangxi Zhuang Autonomous Region, the eastern part of Sichuan and Yunnan provinces, Chongqing and Shanghai municipalities (Figure 1).

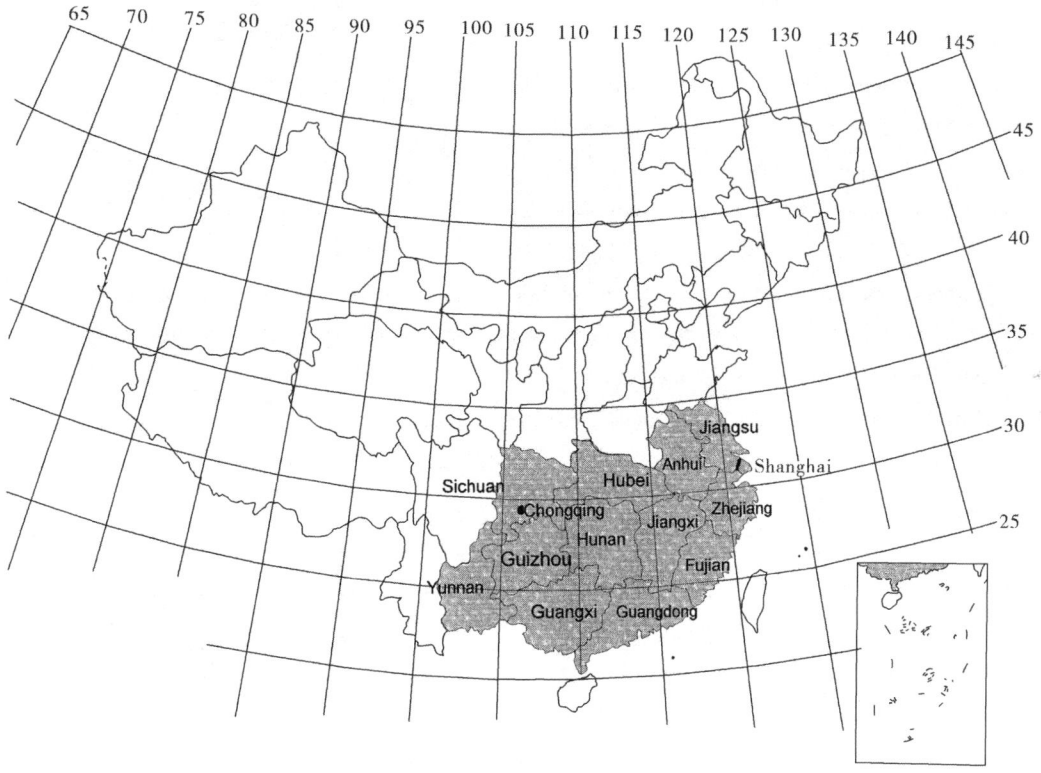

Figure 1 The study area

The area is subjected to a great variety of natural and economic characteristics. The soil predominantly consists of red earth and also includes lateritic and yellow brown soil types. The meterology reflects humid subtropical monsoon climate characteristic. Annual precipitation is mostly above 1000 mm and annual average temperature is between 16—20 °C. It is the main production area of food crop, cash crop and timber in China, however acidified intensively due to natural and anthropogenic influences in the last two decades.

3 Critical Loads of SO₂ Dry Deposition in South China

3.1 Methods

Inferential technique (Erisman and Baldocchi, 1994) is currently used to assess regional scale SO_2 dry deposition, by which depositiom is studied from the receptor point of view to determine the flow of SO_2 into the various ecosystems from SO_2 dry deposition velocity and SO_2 ambient concentration. So the critical load of SO_2 dry deposition can be derived from SO_2 dry deposition velocity and critical level of SO_2 for vegetation by inferential technique.

3.2 SO₂ dry deposition velocity in South China

In National Key Project in Eighth Five-year Plan (1990—1995), the ground and spatial meteorological data such as wind speed, temperature and radiation from observatories in South China, surface characteristics and conditions, etc. in 1992 were inputted into the predictive meteorological transport model of MM4 to drive the fields of temperature, humid and wind at 40m above ground, as well roughness length, etc. These data were further

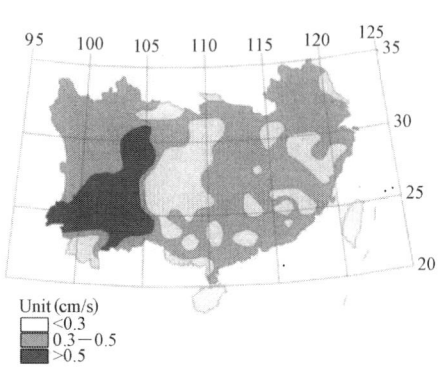

Figure 2 Annual average SO₂ dry deposition velocity in South China

incorporated into the multiple-resistance transfer model (Erisman and Baldocchi, 1994) to compute and map the SO_2 dry deposition velocity in South China in 1992 (Chinese Research Academy of Environmental Sciences et al., 1996). Here it is transferred as Figure 2.

The annual average SO_2 dry deposition velocity ranges from 0.3 to 0.5 cm s^{-1} in most areas of South China, with the lowest (below 0.3 cm s^{-1}) located in most areas of Guizhou province, and the highest (above 0.5 cm s^{-1}) located in the central areas of Yunnan province.

3.3 SO₂ critical level for vegetation in South China

Information is needed on quantitative relations between exposure and effect in order to assess critical level. It is not available because not enough experiments have been made. Moreover due to the complexity of species and their sensitivity in the relatively large research area, it is unrealized to list the SO_2 critical levels for all kinds of species. In literatures, SO_2 critical levels for deciduous

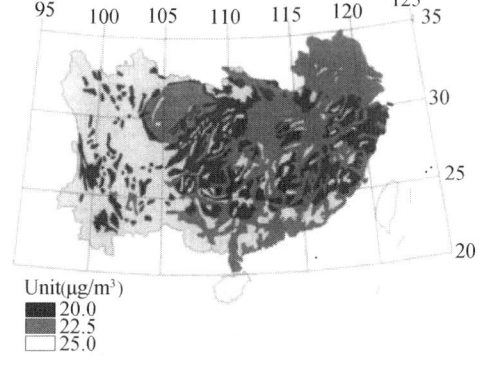

Figure 3 Critical levels of SO₂ for vegetation in South China

forest and coniferous forest range mostly from annual average 20 to 25 μg m^{-3} (Materna, 1986; de Vries and Hei, 1991). Considered the relative sensitivity of different kinds of species, the SO₂ critical levels for coniferous forest, crop and broadleaf forest are assumed to be annual average 20, 22.5 and 25 μg m⁻³, respectively. Then the SO₂ critical levels for vegetation in South China are mapped as Figure 3.

3.4 Critical loads of SO₂ dry deposition in South China

The critical loads of SO₂ dry deposition in South China are computed and mapped as Figure 4.

The critical loads of SO₂ dry deposition are mostly less than 1.77 gSm⁻²a⁻¹ in South China, with the lowest (below 1.15 gSm⁻²a⁻¹) located in most areas of the Guizhou province, the east of Sichuan province, Chongqing municipality, the southwest of Zhejiang and Fujian Provinces, with the highest (above 1.77 gSm⁻²a⁻¹) located in the central areas of Yunnan province.

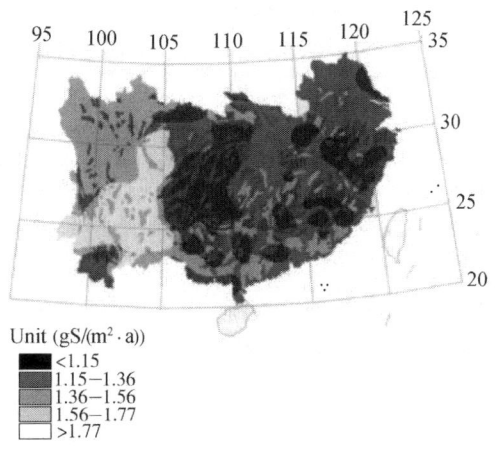

Figure 4 Critical loads of SO₂ dry deposition in South China

Critical loads need to be represented in 1°×1°grid cell to compute the exceedance. The cover of a 1°×1° grid cell may contain more than one critical load values, the lowest of which is selected to represent the critical load of the grid cell, then the critical load map in 1°×1°grid cell is obtained (Figure 5).

4 Exceedance of critical loads of SO₂ dry deposition in South China

The exceedance of critical load of SO₂ dry deposition can be derived from critical load of SO₂ dry deposition and SO₂ dry deposition.

4.1 SO₂ dry deposition in South China

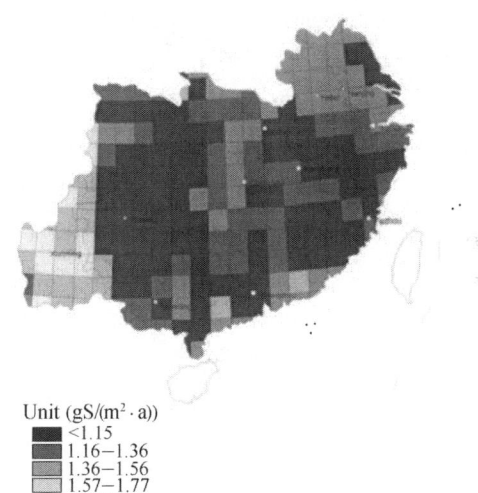

Figure 5 Critical loads of SO₂ dry deposition in South China (in grid cell)

In National Key Project in Eighth Five-year Plan (1990—1995), a three dimensional regional Eulerian model of sulfur deposition and transport was developed and validated (Huang et al., 1995). It includes emission, transport, diffusion, gas-phase and aqueous-phase chemical process, dry deposition, rainout and washout process. A 'looking up table' method is provided to deal with the gas-phase chemical process including sulfur transfer. The meteorological data and the emission inventory for SO₂ used for the model have been described by Huang et al. 1995). The total SO₂ dry deposition in South

China in 1992 was computed by the model and mapped (Chinese Research Academy of Environmental Sciences et al., 1996). It is represented in 1° × 1° grid cell as Figure 6. In each grid cell, the highest deposition is selected to represent the deposition of the grid cell.

The areas with SO_2 dry deposition above 2 $gSm^{-2} a^{-1}$ are mainly located in Jiangsu province, Zhejiang province, Shanghai municipality, the areas around Chongqing municipality and the central areas of Guangxi Zhuang Autonomous Region.

4.2 Exceedance of critical loads of SO_2 dry deposition

In Figure 5, the values of 1.00, 1.21, 141, 1.62 and 1.82 $gSm^{-2} a^{-1}$ are, respectively, chosen to represent the ranges of <1.15, 1.16–1.36, 1.36–1.56, 1.57–1.77 and >1.77 $gSm^{-2} a^{-1}$, then combined with the SO_2 dry deposition, the excess of critical loads of SO_2 dry deposition in South China is computed and mapped as Figure 7.

The areas with the largest excess are located in most areas in Jiangsu province, some areas of Zhejiang province, Chongqing and Shanghai municipalities, with peaks above 1.0 $gSm^{-2} a^{-1}$ where the SO_2 dry deposition is higher and SO_2 dry deposition velocity is lower.

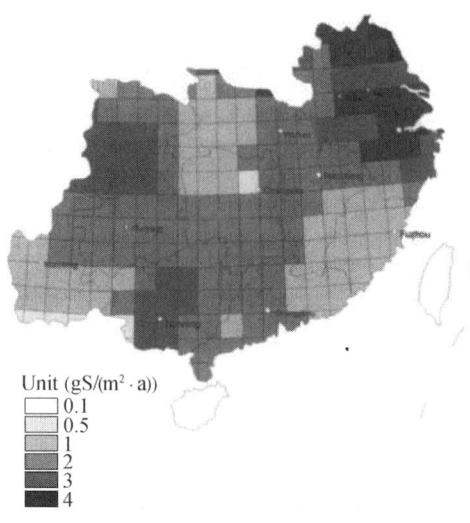

Figure 6 SO_2 dry deposition in South China

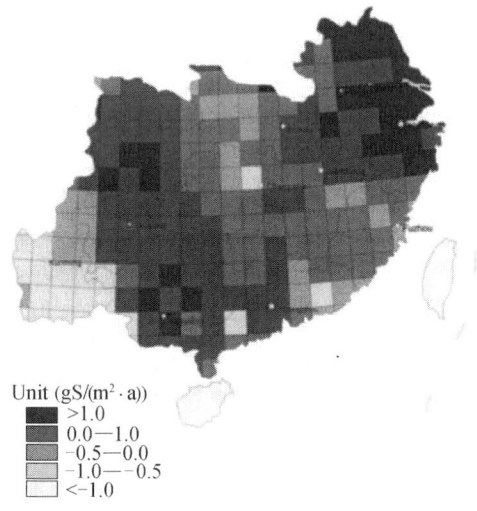

Figure 7   Excess of critical loads of SO_2 dry deposition in South China

5   Conclusion and Discussion

Previous researches put emphasis on establishing critical loads for a large variety of soil and vegetation combinations, which only reflect the indirect effects of acid deposition (acidification). However in South China, the direct effects induced by local and regional SO_2 pollution are obvious and consequently should also be paid attention to.

Critical level, represented as air concentration, may be not conveniently used to control pollutants emission as critical load, and is consequently represented as equivalent SO_2 dry deposition load called critical load of SO_2 dry deposition. The critical load of SO_2 dry deposition can be derived by inferential technique.

The critical loads of SO_2 dry deposition are less than 1.15 $gSm^{-2}a^{-1}$ in most areas of Guizhou province, the east of Sichuan province, Chongqing municipality, the southwest of Zhejiang and Fujian provinces.

The excess of critical loads of SO_2 dry deposition is above 1.0 $gSm^{-2}a^{-1}$ in most areas of Jiangsu province, some areas of Zhejiang province, Chongqing and Shanghai municipalities.

Compared with the critical loads for soils (Hettelingh et al., 1995; Tao and Feng, 1999), the critical loads of SO_2 dry deposition derived here put emphasis on direct effects. So the two methods are complementary to each other, and further works are needed to integrate them to make efficient sulfur emission abatement strategy.

Acknowledgement

This work is funded by National Natural Foundation.

References:

Chinese Research Academy of Environmental Sciences; Research Center for Eco-Environmental Sciences, Chinese Academy of Sciences; Environmental Sciences Center, Beijing University; Department of Environmental Engineering, Tsinghua University: 1996, *Research Report on Acid Deposition and Its Effects on Ecosystems of China*, a National Key Project in Eighth Five-years Plan, pp. 235-250 and 306-317.

Dai, Z., Liu, Y., Wang, W. and Zhao, D.: 1998, *Water, Air, and Soil Pollut.* 108, 377.

de Vries, W. and Heij, G. J.: 1991, 'Critical Loads and Critical Levels for the Environmental Effects of Air Pollutions', in G. J. Heij and T. Schneider (eds), *Acidification Research in The Netherlands*, Elsevier, pp. 205-214.

Erisman, J. W. and Baldocchi, D.: 1994, Tellus 46B, 159.

Feng, Z. and Tao, F.: 1998, *Journal of Environmental Sciences* 10(4), 505.

Hettelingh, J.-P., Chadwick, M. J., Sverdrup, H. U. and Zhao, D. (eds): 1995, *Assessment of Environmental Effects of Acid Deposition*, report from the 'Acid Rain and Emission in Asia', project, RIVM, Bilthoven.

Huang, M., Wang, Z., He, D., Xu, H. and Zhou, L.: 1995, *Water, Air, and Soil Pollut.* 85, 1921.

Materna, J.: 1986, 'Air Quality: Direct Effects of SO_2 and NO_x', in T. Schneider (ed.), *Acidification and Its Policy Implications*, Elsevier, pp. 161-170.

Shen, J., Zhao, Q., Tang, H., Zhang, F., Feng, Z., Okita, T., Ogura, N. and Totsuka, T.: 1995, *Water, Air, and Soil Pollut.* 85, 1299.

Tao, F. and Feng, Z.: 1999, *China Environmental Science* 19(1), 14.

Zhao, D. and Xiong, J.: 1988, 'Acidification on Southwestern China', in H. Rodhe and R. Herrea (eds.), *Acidification in Tropical Countries*, SCOPE Report 36, John Wiley & Sons, pp. 317-376.

臭氧对水稻叶片膜脂过氧化和抗氧化系统的影响

金明红,冯宗炜,张福珠

(中国科学院生态环境研究中心,北京 100083)

摘要:采用 OTC-1 型开顶式气室研究臭氧对不同生育时期水稻叶片膜脂过氧化和抗氧化系统的影响。实验结果表明,随着臭氧浓度增加,水稻叶片叶绿素含量、叶绿素 a/b 值下降,膜相对透性和丙二醛(MDA)含量上升,过氧化物酶(POD)活性逐渐上升,过氧化氢酶(CAT)、超氧化物歧化酶(SOD)活性开始被诱导上升,当浓度达到 200nl·L^{-1}时反而下降。叶绿素含量及叶绿素 a/b 值与 MDA 含量呈显著负相关,膜透性与 MDA 含量呈显著正相关,叶绿素含量与 POD 活性呈负相关。臭氧造成活性氧的产生和清除之间的失衡,加剧了膜脂过氧化作用,对水稻的膜系统产生了危害,降解叶绿素,加速叶片的老化。

关键词:臭氧,膜脂过氧化,抗氧化系统,水稻

Effects of ozone on membrane lipid peroxidation and antioxidant system of rice leaves*

JIN Minghong, FENG Zongwei, ZHANG Fuzhu

(Research Center for Eco-Environmental Sciences, Chinese Academy of Sciences, Beijing 100083)

Abstract: Rice plants were used to investigate effects of ozone on membrane lipid peroxidation and antioxidant system of rice leaves in varied growth stage. The plants were exposed in open top chambers (OTCs) in field conditions to four levels of O$_3$ concentration (charcoal filtered air, 50nl·L^{-1}, 100nl·L^{-1}, 200nl·L^{-1}) from 1999-07-04 to 1999-10-01. With O$_3$ concentration increasing, chlorophyll content and chlorophyll a/b in rice leaves were significantly declined; membrane permeability and the level of lipid peroxidation (MDA) content were significantly increased; the activity of CAT, SOD increased first and decreased afterward; the activity of POD gradually increased Chlorophyll content was negatively correlated with MDA content and membrane permeability was positively correlated with MDA content Those observations indicated the O$_3$ stress induce in vivo oxidative injury and affect the activities of antioxidant enzymes The effects resulted in imbalance of activated oxygen produce and scavenge, accelerated process of lipid peroxidation, imposed on the rice leaves detrimentally.

Keywords: ozone; membrane lipid peroxidation; antioxidant system; rice

臭氧对植物细胞产生氧化伤害,膜脂过氧化(lipid peroxidation,LP)被认为是测定氧

原载于:环境科学 2000,21(3):1-5.

* 国家自然科学基金资助项目(Project Supported by the National Natural Science Foundation of China):49899270

化伤害程度的可靠指标[1]。植物体内的抗氧化系统是决定植物细胞对氧化胁迫抗性的关键因素,它能清除体内的活性氧和膜脂过氧化所产生的有毒产物,以利于植物在逆境中的生存。超氧化物歧化酶(SOD)、过氧化氢酶(CAT)、过氧化物酶(POD)是抗氧化系统中酶促子系统的3种重要的保护酶。这些抗氧化酶能清除机体内的活性氧,有利于植物维持体内活性氧产生和淬灭的动态平衡,从而阻抑膜脂过氧化的进程。但是,当逆境胁迫超过一定阈值时,过高的活性氧累积会破坏植物的保护防御系统[2-3]。

臭氧对植物特别是农作物的形态、生态、生理生化影响成为国际的研究热点,在国外有不少报道,但对植物膜脂过氧化过程中生化响应机制特别是对内源抗氧化酶的诱导或抑制作用及其机理还不甚清楚,已有的文献表达也不尽一致[3-4],国内尚未见有关报道。本研究以水稻为材料,研究臭氧对水稻叶片膜脂过氧化和抗氧化系统的影响。

1 实验材料和方法

1.1 实验材料及臭氧处理

材料为我国主要农作物水稻(*Oryza sativa* L.)。实验是在中国气象局农业气象试验基地中进行,OTC-1型开顶式气室由过滤器、风机、通风管路、框架与室壁5部分组成,具体结构见文献[5]。臭氧由清华大学生产的QHG-1型高频臭氧发生器产生,采用日本崛场(HORIBA)公司的臭氧监测仪对各气室中的臭氧浓度进行监控。

水稻于1999-05-01播种于大田,06-09秧苗移入顶口直径36cm、深26cm的瓦盆,土壤为大田表土,各盆之间土壤质地相同。每盆定株为20(4株×5)株。07-01移入气室适应,07-04开始通气,至10-01水稻成熟,停止通气,共设4个处理,臭氧浓度依次为:处理1对照,(5 ± 3) nl·L^{-1}(活性碳过滤空气,CFA);处理2 (50 ± 4) nl·L^{-1};处理3 (100 ± 6) nl·L^{-1};处理4 (200 ± 8) nl·L^{-1}。气室内臭氧浓度变异系数小于5%。每天通气时间为9:00—16:00,其中11:00—11:15,14:00—14:15停止通气30min,下雨天停止通气。对水稻施肥、浇水以及防病虫害措施各气室保持一致,并使水肥条件不成为限制因子。

1.2 测定时间和项目

实验分别于07-14(分蘖期)、08-03(孕穗初期)、08-22(开花末期)、08-31(灌浆普遍期)、09-01(乳熟期)对各处理的水稻叶片进行取样,随机取同一叶位的叶子数片,取叶片中部做实验测定用,每个实验4个重复。

叶绿素用80%丙酮提取,采用Arnon D.I法测定,单位为mg·g^{-1}(FW)。膜透性用DDS-11型电导率测定叶浸提液的电导率占煮后电导率的百分比表示。MDA含量以硫代巴比妥酸(TBA)法测定,单位为n·md·g^{-1}(FW)。POD活性采用愈创木酚法测定,单位为OD$_{470}$·min^{-1}·g^{-1}(FW)。CAT活性采用高锰酸钾滴定法测定,单位为H$_2$O$_2$ mg·min^{-1}·g^{-1}(FW)。SOD活性以每单位时间内抑制光化还原50%的氮蓝四唑(NBT)为一个活性单位(u)[6]。

2 结果与分析

2.1 臭氧胁迫对水稻叶片叶绿素含量的影响 实验结果表明(图1,a):叶绿素含量随着生育期进程而减少。各生育期叶片叶绿素含量(叶绿素a+叶绿素b)均随着臭氧处理浓度增加而逐渐下降,二者呈显著负相关关系($R^2 = 0.885$—0.997).臭氧浓度为100nl·L^{-1}和200nlL^{-1}处理与其他处理差异均极显著($P<0.01$),同时从植物外部形态看,这2个处理系列的叶片较对照和50nl·L^{-1}处理的叶片褪绿发黄。

在叶片衰老的进程中,叶绿素 a 比叶绿素 b 下降速率更快,叶绿素 a/b 值可作为叶片衰老的指标[7]。从图 1(b)可看出,随着臭氧浓度增加,叶片叶绿素 a/b 值逐渐下降,二者在各生育期都呈负相关关系($R^2 = 0.842—0.950$),50nl·L^{-1}处理与对照差异不显著,100nl·L^{-1}和 200nl·L^{-1}的处理与其他处理差异均极显著($P < 0.01$)。这表明臭氧具有加速水稻叶片衰老进程的作用。同时,由于受到臭氧伤害,叶片老化加速,水稻发育期提前、生育期缩短。田间观察显示,100nl·L^{-1}和 200nl·L^{-1}处理的水稻,开花期、乳熟期、成熟期比对照提前 1—4d。在所测定的几个生育期中,叶绿素 a/b 在孕穗期最大,其变化幅度也大;在乳熟期最小,其变化幅度也最小。

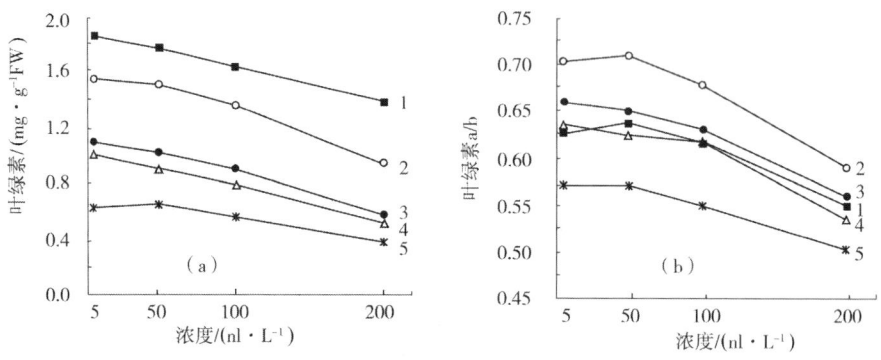

1. 分蘖期, 2. 孕穗初期, 3. 开花末期, 4. 灌浆普遍期, 5. 乳熟期

图 1　臭氧对水稻不同生育时期叶片叶绿素含量(a)和叶绿素 a/b(b)的影响

Fig 1　The effects of ozone on chlorophyll contents of rice leaves in varied growth stage

2.2　臭氧胁迫对水稻叶片膜透性的影响

植物细胞原生质膜的选择透性是植物最重要的功能之一,其大小可反映环境胁迫对植物的伤害程度。实验结果表明(图 2):膜透性随着生育期进程而增加。各个生育期的叶片膜相对透性均随臭氧浓度增加而上升,开始时上升趋势比较平缓,到 200 nl·L^{-1}处理时急剧上升,二者呈显著正相关关系($R^2 = 0.895—0.934$)。100nl·L^{-1}和 200nl·L^{-1}处理与其他处理差异均极显著($P < 0.01$)。说明在臭氧胁迫下,水稻叶片的膜系统受到了伤害。

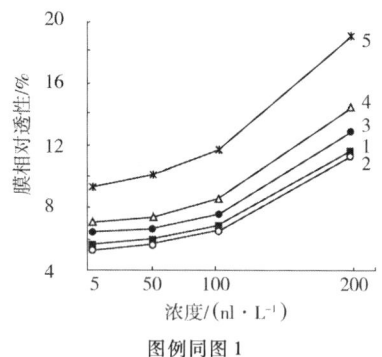

图例同图 1

图 2　臭氧对水稻不同生育时期叶片膜透性的影响

Fig 2　The effects of ozone on membrane permeability of rice leaves in varied growth stage

2.3　臭氧胁迫对水稻叶片 MDA 含量的影响

MDA 是膜脂过氧化的产物,是衰老生理的重要指标。实验结果表明(图 3):叶片的 MDA 含量随着生育期进程而增加。各个生育期叶片 MDA 含量均随臭氧浓度增加而上升,二者呈显著正相关关系($R^2 = 0.950—0.998$)。各浓度处理之间差异均极显著($P < 0.01$)。说明了臭氧加剧水稻叶片的膜脂过氧化作用,加速了叶片的衰老进程。

2.4　臭氧胁迫对水稻叶片抗氧化酶活性的影响

随着臭氧浓度增加,抗氧化酶活性发生了明显变化(图 4)。在各生育期中,叶片的

CAT、SOD 活性开始均随臭氧浓度增加而迅速增加,到达一个峰值后而急剧或逐渐下降,甚至可能低于对照水平各个生育期叶片的 POD 活性均随臭氧浓度增加而持续上升,开始上升趋势相对比较平缓,到 200nl·L^{-1} 处理时急剧上升,二者呈显著正相关关系($R^2 = 0.893—0.964$)。

在所测定的几个生育期中,CAT、SOD 活性在孕穗期、开花期较大,在乳熟期较小。这与植物在不同生育期生理活性、抗逆性强弱有关。

POD 活性随着生育期进程而增加。一

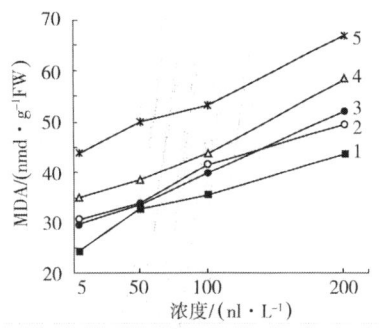

图例同图 1

图 3　臭氧对水稻不同生育时期叶片 MDA 的影响

Fig. 3　The effects of ozone on MDA contents of rice leaves in varied growth stage

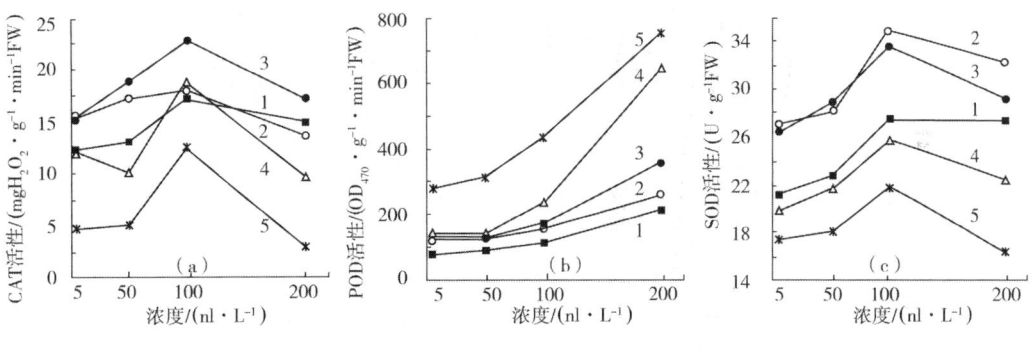

图例同图 1

图 4　臭氧对水稻不同生育时期叶片 CAT(a)、POD(b)、SOD(c)活性的影响

Fig 4　The effects of ozone on CAT、POD and SOD activity of rice leaves in varied growth stage

些研究也表明,POD 活性与器官幼嫩、老化有关,它与生长速率呈负相关。这可能是 POD 具有 IAA(生长素)氧化酶的性质所致[7]。

3　讨论

考虑到在臭氧等氧化剂胁迫下,植物叶片的蛋白质含量将有不同程度的增加[1],所以本文叶绿素、MDA 含量、酶含量均以鲜重为基准,而不是以蛋白质为基准。氧自由基学说认为:植物在正常条件下的新陈代谢也产生膜脂过氧化,但在环境因子,如光、温、水、缺乏矿质元素、有毒金属、大气污染(O_3、SO_2、NO_X 等)胁迫下,植物体内的活性氧(reactive oxygen spices,ROS)如超氧自由基(O_2^-)、氢氧自由基(·OH)、单态氧($^1O_2$)、过氧化氢(H_2O_2)等产生会显著增加,进而导致和加剧膜脂过氧化和降解[8-9],使植物膜系统受到伤害。在本实验中,随着臭氧浓度的增加,水稻叶片的 MDA 含量增加,膜透性上升,叶绿素含量下降,叶绿素 a/b 值下降,膜透性与 MDA 含量二者呈显著正相关($R = 0.883—0.984$),叶绿素含量、叶绿素 a/b 值与 MDA 含量呈显著负相关($R_{叶绿素,MDA} = -0.937— -0.995,R_{a/b,MDA} = -0.813— -0.981$). 表明了在臭氧胁迫下,植物产生了大量活性氧,并由此加剧了膜脂过氧化,造成了膜系统损害,叶绿素降解,叶片老化。

叶绿素降解不仅与叶绿体膜系统的脂质过氧化有关[10],还与 POD-H_2O_2 分解系统有密切的关系[2,11]。在本实验中,在臭氧胁迫下,叶绿素含量及叶绿素 a/b 值下降,POD 活性上升,二者呈显著负相关($R_{叶绿素,POD}$ = -0.935——-0.996)。当臭氧浓度为 200nl·L^{-1} 时,SOD、CAT 活性下降,使更多活性氧扩散到叶绿体中参与叶绿素降解,同时 POD 活性急剧上升也加剧叶绿素降解,使叶片叶绿素含量迅速下降(图1)。

膜脂过氧化作用与植物体内活性氧产生以及抗氧化系统的酶促和非酶反应对活性氧清除的动态平衡密切相关。随着臭氧浓度增加,当植物体内活性氧累积超过正常水平,CAT、POD、SOD 等抗氧化酶由于底物浓度增加而被诱导加速生物合成。SOD 清除 O_2^- 形成 H_2O_2,CAT、POD 催化 H_2O_2 形成 H_2O。这些酶活性增加,机体内抗氧化系统被诱导而加强生理活动,是对臭氧等逆境的胁迫响应,加速了活性氧清除,有效地阻止了它在体内过多地累积,阻抑了膜脂过氧化,保护了膜系统。另一方面,当臭氧浓度为 200 nl·L^{-1} 时,水稻叶片 CAT、SOD 活性下降(图4),MDA 含量和膜透性急剧上升(图2,图3),植物受到严重损害。这表明:在较强臭氧胁迫下,当叶细胞中活性氧累积超过一定限度,对其多种功能膜和酶系统产生了破坏,致使叶片 CAT、SOD 活性下降。这些能清除活性氧的抗氧化系统功能下降,将导致机体内活性氧更迅速累积,也加速了 O_2^-、$^1O_2$、H_2O_2 通过 Fenton 和 Haber-weiss 反应向毒性极强的·OH 转化[9],从而将大幅度地加剧膜脂过氧化作用,极大破坏膜系统,加速叶绿素降解,导致细胞器官的破坏,代谢的失调,加剧叶片衰老进程,对植物的生物量及产量产生十分不利的影响。

参考文献:

[1] Jita P, Brahma B P. A comparison of biochemical responses to oxidative and metal stress in seedlings of barley, *Hordeum vulgare* L. Environmental Pollution, 1998, 101: 99-105.

[2] 严重玲,洪业汤、傅舜珍等 Cd、Pb 胁迫对烟草叶片中活性氧清除系统的影响生态学报,1997,17(5): 488-492.

[3] Saxe H. Photosynthesis and stomatal response to pollution air, and the use of physiological and biochemical responses for early detection and diagnostic tool Adv in Bot Res, 1991, 18: 1-128.

[4] Tang Y, Chevone B I, Hess J L. Ozone-responsive protein in a tolerant and sensitive clone of white clove(*Trifolium repens*). Environmental Pollution, 1999, 104: 89-98.

[5] 王春乙,高素华等 OTC-1 型开顶式气室的结构和数据采集系统气象,1993,19(4): 15-31.

[6] 张宪政.作物生理研究法.北京:农业出版社,1992. 207-217.

[7] Bandurski R S, Nonhebel H M. In wilkins advanced plant physiology. London: Pitman Press, 1984. 1-16.

[8] Blokhina O B, Fagerstedt KV, *et al.* Relationship between lipid peroxidation and anoxia tolerance in a range of species during post-anoxia reaeration Physiologia plantarum. 1999, 105: 625-632.

[9] 蒋明义.水分胁迫下植物体内的·OH 产生与细胞的氧化损害.植物学报,1999,41(3): 229-234.

[10] Rajinder S D, Pamela P D, *et al.* Leaf senescence: correlated with increased levels of membrane permeability and peroxidation, and decreased levels of superoxide dismutase and catalase. Journal experiment botany, 1981, 32(126): 93-101.

[11] Yomouchi N, Choudhuri M A. Chlorophyll degradation by peroxidase in parsley leaves. J. Jap. Soc. Hort Sci, 1985, 54: 265.

中国森林生态系统中植物固定大气碳的潜力

王效科,冯宗炜

(中国科学院生态环境研究中心系统生态室,北京 100080)

The potential to sequester atmospheric carbon through forest ecosystems in China

WANG Xiaoke, FENG Zongwei

(Department of System Ecology, Research Center for Eco-Environmental Sciences, Chinese Academy of Sciences, Beijing 100080)

Abstract: In the field of global climate change study, scientists have paid an great attention to identify CO_2 sources and sinks in the terrestrial ecosystems. It has been predicted that the forest ecosystems would become a CO_2 sink because of its huge capacity for storing carbon. Based on our previous study on the biomass of forest ecosystems in China, this study is to analyze the temporal change in carbon storage of forest ecosystems, and estimate the difference between actual and potential carbon storage of forest ecosystems in China. It is showed that the actual carbon storage is only 44.3 % of the potential one in the forest ecosystem of China.

Key words: forest ecosystem, carbon pools, carbon sink.

1 前言

在引起全球温室效应的痕量气体中,尤以含 C 气体的作用最为显著。CO_2 和 CH_4 两种含碳气体的贡献将达到 75%[1]。而且,在大气中这两种气体的浓度正在不断增加[2]。为了弄清大气中这些含碳痕量气体的来源和归宿,首先应该搞清楚全球主要碳库的现有贮量及其潜力。森林是全球陆地生态系统中的最大有机碳库,它贮有 1146PgC,占整个陆地碳库的 56%[3]。而且更重要的是森林生态系统具有较高的碳贮存密度(carbon density,即与别的土地利用方式相比,单位面积内可以贮存更多量的有机碳)。据研究,森林生态系统中的平均植物碳贮存密度为 189MgC·hm^{-2}[3],而草原和农田的植物碳贮存密度分别为 21MgC·hm^{-2} 和 5MgC·hm^{-2}[4],分别为森林生态系统的 24% 和 6%。由此可见,森林生态系统碳贮量的研究,对寻找陆地生态系统中 CO_2 的源和汇有重要意义。

Iverson 等[5]在南亚和东南亚的研究发现,热带森林生态系统的实际生物量只有潜在生物量的 52%。这表明,如果让现有的森林生态系统自然生长,它将是全球大气 CO_2 的

原载于:生态学杂志,2000,19(4):72-74.
* 国家自然科学基金重大资助项目(9390011);中国科学院重大资助项目(KZ951-B1-208)

一个重要的汇。如果这种结论正确,人们可以得出一个令人鼓舞的结论。全球现有的森林植物碳贮存量为359PgC[3],如果其只占全球森林潜在碳贮存量的一半,这样全球的森林生态系统还可以固定359PgC,即目前全球大气碳库(750Pg)的48%[6]。假设目前的森林碳库饱和需150a的时间,即每年森林生态系统平均可以吸收2.4Pg的碳,该值大于目前的全球大气碳的平衡值$((1.8 \pm 1.3)Pg)$[7]。

本文根据作者以前对中国森林生态系统的生物量的研究结果,分析了中国森林生态系统碳贮存密度随林龄的变化,估算了中国森林生态系统的实际碳贮量和潜在碳贮量及其两者的差异。

2 研究方法

对于森林生态系统中植物碳贮量的估计,目前普遍采用的方法是通过将生态学调查资料和森林普查资料结合起来进行[3]。首先计算出各森林生态系统类型乔木层的碳贮存密度(P_C, Mg C·hm^{-2})。

$$P_C = V \times D \times R \times C_C \tag{1}$$

式中,V是某一森林类型的单位面积森林蓄积量(来源于林业部第三次全国森林普查资料汇编),D是树干密度[8],R是树干生物量占乔木层生物量的比例,C_C是植物中碳含量(该值在不同植物间变化不大,为简便起见,常采用0.45[9])。然后再根据乔木层生物量与总生物量的比值,估算出各森林类型的单位面积总生物质碳贮量。在这里,树干占乔木层生物量的比例和乔木层与总生物量的比值是根据150多篇中国森林生态系统生物量的研究文献综合得出的[1)]。

采用上述方法,依次对各森林生态系统类型的幼龄林、中龄林、近熟林、成熟林和过熟林的植物碳贮存密度进行估算,再根据相应森林类型的面积得到中国各森林生态系统类型的植物碳贮量,最后得出中国森林生态系统的现存的植物碳贮量。

森林生态系统潜在的植物碳贮量是指在当地的自然条件下,森林生态系统所能够积累的以碳为单位的最大生物量。这种生物量的测定比较困难。在这里,采用成、过熟林的植物碳贮存密度代替。

3 结果和讨论

3.1 植物碳贮存密度随林龄的变化

从表1可以看出,对于绝大多数森林生态系统类型来说,植物碳贮存密度随林龄级增长而增加,到过熟林时达到最大。这表明,未到过熟林的森林,如幼龄林、中龄林、近熟林和成熟林,其碳贮存密度尚未达到最大,即随着林木的生长,这些林木还能够固定一定量的大气碳。如果能够有效地保护中幼龄林,发挥它们固定积累大气碳的作用,这将有利于减缓大气中的CO_2浓度的升高。

在我国,由于有些森林的成、过熟林大面积已经受到了的人为破坏,造成林木的单位面积蓄积量大幅度降低,使得森林生态系统植物碳贮存密度随林龄而增加的规律有些间断,如杉木,成熟林的植物碳密度略低于近熟林。

---

1) 王效科. 中国森林生态系统植物碳贮量和生物质燃烧释放的含碳痕量气体研究. 博士论文, 中国科学院生态环境研究中心. 1996.

表 1 中国森林生态系统实际和潜在的植物碳贮存量

Tab. 1 The actual and potential carbon storage in forest ecosystems of China

森林类型	碳贮存密度(Mg·hm^{-2})					碳贮量(Tg)		实际占潜
	幼龄林	中龄林	近熟林	成熟林	过熟林	实际的	潜在的	在碳贮量的%
红松	11.99	39.72	61.36	90.51	102.87	28.38	64.61	43.93
冷杉	22.04	73.15	104.61	137.35	126.81	314.43	337.49	93.17
云杉	19.14	53.88	73.32	102.49	106.83	330.17	410.96	80.34
铁杉	145.83	113.30	93.47	99.42	133.84	25.51	30.58	83.42
柏木	8.59	22.82	45.87	14.15	54.57	27.25	103.98	26.21
落叶松	29.59	37.84	73.52	66.39	80.82	450.18	758.74	59.33
樟子松	16.46	39.54	52.86	44.98	52.86*	15.50	26.79	57.86
赤松	6.25	14.52	16.67		16.67*	0.12	0.15	80.00
黑松	7.21	19.23			19.23*	0.21	0.48	43.75
油松	4.05	17.68	28.55	29.39	48.23	20.41	99.42	20.53
华山松	3.67	18.57	25.28	28.88	73.04	9.46	37.91	24.95
油杉	7.95	22.48	16.93	22.00	45.63	3.52	9.12	38.60
马尾松	5.37	16.44	22.48	38.29	62.44	138.58	812.25	17.06
云南松	15.73	22.91	23.77	52.46	94.11	110.73	353.73	31.30
思茅松	23.46	36.86	28.68	61.27	61.67*	24.97	41.73	59.84
高山松	36.25	35.54	33.11	81.30	71.13	58.34	66.51	87.72
杉木	3.08	9.77	18.52	15.59	31.33	63.69	240.71	26.46
柳杉	0.99	15.63	39.06		39.06*	0.33	1.56	21.15
水杉	2.50	21.43			21.43*	0.08	0.23	34.78
针叶混	17.57	33.53	46.47	98.87	131.96	29.83	93.10	32.04
针阔混	13.59	46.44	58.00	86.85	116.48	76.69	180.84	42.41
水胡黄	19.48	47.11	61.01	82.22	96.67	18.08	37.35	48.41
樟树	13.33	29.07	43.75	79.17	79.17*	1.56	4.82	32.37
楠木		25.00	33.26	46.88	140.63	2.89	10.65	27.14
栎类	23.93	60.21	78.76	99.46	125.93	835.94	1953.88	42.78
桦木	11.73	31.40	40.17	39.64	47.52	233.92	405.86	57.64
硬阔类	18.33	50.55	67.04	80.52	118.75	192.96	549.58	35.11
椴树类	16.95	33.75	55.04	83.54	104.94	21.52	46.73	46.05
檫树	25.00	6.25	6.25		25.00*	0.12	0.24	50.00
桉树	2.78	12.36	19.44	20.83	20.83*	1.89	6.08	31.09
木麻黄	3.47	13.54	68.06	56.25	68.06	2.11	6.86	30.76
杨树	6.52	20.22	25.20	35.89	58.27	100.96	317.85	31.76
桐类	5.69	17.65	12.50		35.94	0.65	1.92	33.85
软阔类	5.05	19.48	29.78	47.19	84.46	94.13	301.10	31.26
杂木	20.08	57.76	64.18	71.22	93.22	31.58	66.29	47.64
阔叶混	17.13	36.83	46.51	50.14	79.65	429.77	925.14	46.45
热带林	30.87	82.95	110.83	134.09	287.50	28.04	109.71	25.56
合计						3724.50	8414.95	44.26

* 对于目前没有过熟林的碳贮存密度统计数据的森林生态系统类型,采用前4个林龄级中的最大值代替

3.2 植物碳贮存量

根据以上的估算(表1),中国森林生态系统的植物碳贮存量为3.72Pg C。栎类和落叶松类占有较大比例,分别占全国森林植物碳贮存量的23%和12%。

3.3 潜在的植物碳贮存量

中国森林生态系统潜在的植物总碳贮量可达8.41Pg(表1),栎类所占比例最大,占24%,这与栎林的面积较大有关;其次为马尾松林,占9.6%,这主要是因为现有的马尾松林以中幼林为主;落叶松类占全国潜在的植物碳贮存量的9.0%。

从表1还可以看出,现有的实际碳贮存总量为潜在的植物总碳贮量的44.3%。对于不同的森林类型,该比例介于17%—93%。对于我国的云冷杉林,主要成、过熟林占有较大的比例,现存的大部分分布于高山或偏远的地方,受人为活动影响比较小,其实际碳贮存总量为潜在的83.34%—93.17%。对于马尾松林和杉木林,情况正好相反。

与Iverson等在南亚和东南亚的研究结果比较[5],尽管在估算潜在的植物碳贮量时采用的方法不一样,但得出的结论是一致的,即现有的森林生态系统的实际碳贮量只有潜在的一半左右。因此,如果能够很好地保护现有的森林不被破坏,让其自然生长,中国森林生态系统将是大气中CO_2的一个重要的汇。

参考文献:

[1] Rodhe, A. Comparison of the contribution of various gases to the greenhouse effect. *Science*, 1990, 248: 1217-1219.

[2] Houghton, R. A. et al. Climate Change: the IPCC Scientific Assessment, Cambridge University Press, Cambridge, UK, 1990.

[3] Dixon, R. K. et al. Carbon pools and flux of global forest ecosystems. *Science*, 1994, 263:185-190.

[4] Ajtay, G. L. et al. Terrestrial primary production and phytomass. The Global Carbon Cycle, SCOPE 13, John Wiley & Sons, Chichester, 1979. 129-181.

[5] Iverson, L. R. et al. Use of GIS for estimating potential and actual forest biomass for continental south and southeast Asia. Effects of Land Use Change on Atmospheric CO_2 Concentrations: South and Southeast Asia as a Case Study, Dale, V. H. (ed). Springer-Verlag, New York, 1994. 67-116.

[6] Siegenthaler, U. and J. L. Sarmiento. Atmospheric carbon dioxide and ocean. *Nature*, 1993, 365: 119-125.

[7] Heimann, M. Closing the atmospheric CO_2 budget. Global Change Newsletter, No. 28, IGBP, 1996.

[8] 中国林科院林业工业研究所.中国主要木材物理力学性质.北京:中国林业出版社,1982.

[9] Levine, J. S. et al. Biomass burning: a driver for global change. Environmental Science & Technology, 1995, 29A:120-125.

河北北部、内蒙古东部森林-草原交错带生物多样性研究

王庆锁[1]，冯宗炜[2]，罗菊春[3]

(1. 中国农业科学院畜牧研究所,北京 100094；2. 中国科学院生态环境研究中心,北京 100080；
3. 北京林业大学森林资源与环境学院,北京 100083)

摘要：河北北部、内蒙古东部森林-草原交错带富于高的生物多样性。在森林-草原交错带森林草甸区森林斑块的数量最多,其次为森林带,再次为森林-草原交错带草甸草原区,草原带没有森林斑块。植物群落的 α 多样性在森林群落和草原群落表现不同,森林群落从森林带到草原带依次减低；草原群落则表现出在森林-草原交错带植物多样性高,特别是在森林草甸区最明显。在森林-草原交错带 β 多样性指数较高,表现在 β 多样性指数在森林-草原交错带与森林带和草原带之间以及森林-草原交错带内森林草甸区和草甸草原区之间的边界不同程度地出现峰值。

关键词：生物多样性；森林-草原交错带；河北和内蒙古

Biodiversity of a forest-steppe ecotone in northern Hebei Province and eastern Inner Mongolia

WANG Qingsuo[1], FENG Zongwei[2] and LUO Juchun[3]

(1. Institute of Animal Science, Chinese Academy of Agricultural Sciences, Beijing 100094; China)
(2. Research Centre for Eco-Environment Science, Academia Sinica, Beijing 100080; China)
(3. Forest Resources and Environment College, Beijing Forestry University, Beijing 100083; China)

Abstract: The forest-steppe ecotone in northern Hebei and eastern Inner Mongolia is characterized by high biodiversity. The number of forest patches in forest-meadow regions is greater than that in the forest zone and in meadow-steppe regions. Diversity of forests decreased from the forest zone in the east to the steppe zone in the west via an ecotone. Steppe diversity, however, is characterized by higher plant diversity in the ecotone, especially in the forest-meadow region. β diversity indices of plant communities reached peak values at the boundaries between the ecotone and the forest zone or the steppe zone, and between the forest-meadow region and the meadow-steppe region within the ecotone.

Key words: Biodiversity, Forest-steppe ecotone, Hebei and Inner Mongolia

---

原载于：植物生态学报,2000,24(2)141-146.
基金项目：国家自然科学基金资助项目(39370561)

森林-草原交错带是地处森林带和草原带之间的过渡区,属于生物群区(Biome)大尺度生态交错带(Ecotone),以森林和草原两种植被共存为特色,具有高的生物多样性。我国森林-草原交错带北起内蒙古东北额尔古纳河边的吉拉林,沿着大兴安岭西麓向西南方向延伸,经河北坝上高原、山西大同盆地、陕西黄土高原,到甘肃渭源一带结束(刘慎, 1965;李博等,1980;吴征镒,1980;邹厚远等,1994)。中外学者,特别是建国以后我国研究人员,对森林-草原交错带的植物种类、植被类型、分布规律和植被生产力进行了详细的研究。本文在上述工作的基础上,以水分生态梯度为主线,对河北北部、内蒙古东部森林-草原交错带天然植被的生物多样性(森林斑块多样性、植物群落物种多样性)进行了定量研究,旨在探讨大尺度生态交错带的生物多样性变化规律。

1 研究范围和自然条件

研究范围位于河北省北部坝上高原、内蒙古高原浑善达克沙地东部,界于北纬42°10′—43°18′、东经116°30′—117°33′之间。南到坝上高原的南缘,北至达里诺尔,东临大兴安岭南段山脉和燕山山脉最北端西麓,西达多伦-好鲁库-达里诺尔一线(图1)。

本区地势由东(或东南)向西(或西北)倾斜,海拔1100—1800m,东部的大兴安岭山脉和东南部的燕山山脉对东南季风暖湿气流具有明显的阻挡作用,降水量自东向西逐渐减少,气候由湿润转为干旱,植被由森林变为草原。本区年降水量350—450mm,年均温 -1.6—1.6℃,7月温度17.4—24.1℃;地带性土壤为灰色森林土和淡栗钙土。这里还是水系外流区和内流区之间的过渡区。

2 研究方法

为了研究森林-草原交错带生物多样性沿着水分生态梯度的变化规律,与毗邻的森林带和草原带进行比较是非常必要的。

2.1 森林斑块数据的统计

森林斑块的数据来源于河北省塞罕坝机械林场地形林相图(1:2.5万),选择的对象是天然林小班,以营林区为单位把天然林小班合并为森林斑块,统计各营林区的森林

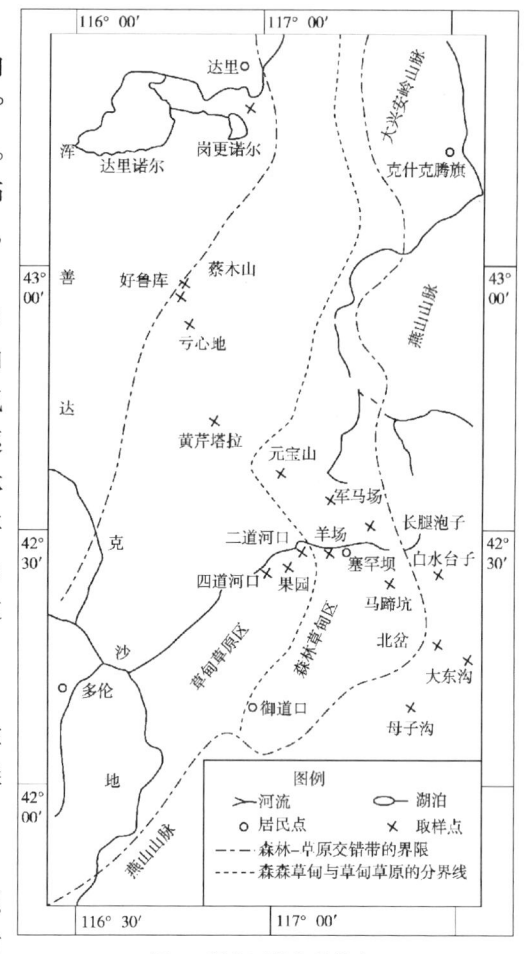

图1 研究区域和采样点

Fig. 1 The study area and sampling sites

斑块数,计算100km²的斑块数、森林斑块平均面积、森林覆盖率。

2.2 植物群落野外调查

植物群落野外调查时间分别在1995年和1996年的7—9月。选择典型的植物群落进行调查,在每一地点调查20个样方,草原群落的样方面积为1m×1m,森林群落的样方面积为2m×1m,调查的内容有样方内出现的植物种数,每种的盖度、株数、高度,森林群

落也调查每平方米的植物种数。

2.3 生物多样性指数计算
2.3.1 α多样性
Shannon-Wiener 指数
$$H' = -\sum P_i \ln(P_i)$$
式中,H' 为物种多样性指数,P_i 为物种盖度。

2.3.2 β多样性指数
$$\beta_T = (a+b)/(A+B)$$
式中,β_T 为β多样性指数,A、B 分别为两群落统计到的物种数,a 为群落 A 沿着环境梯度到群落 B 失去的物种数,b 为群落 A 沿着环境梯度到群落 B 增加的物种数。

3 结果与分析
3.1 森林斑块多样性

从东部的森林带到西部的森林-草原交错带,各营林区森林斑块的数量特征见表1。从表1可以看出,在森林-草原交错带森林草甸区马蹄坑,森林斑块数量最多,每 100km² 达 63.73;其次是坝下森林带白水台子,每 100km² 为 46.12。而西部的草甸草原区,每 100km² 平均为 22.46,最少的是最西边的四道河口,仅为 12.73。森林斑块在草原带不存在。上述结果显示出森林斑块数量的最大值不在森林-草原交错带的中间,而是偏向森林带一侧的森林草甸区。

表1 森林斑块特征
Table 1 The characteristics of forest patches

地形植被地带 Topography and vegetation zones	坝下山地 森林带 Forest zone in baxia mountain	坝上高原森林-草原交错带 Forest-steppe ecotone in Bashang plaeteau				
		森林草甸区 Forest-meadow region	草甸草原区 Meadow-steppe region			
地点 Sites	白水台子 Baishuitaizi	马蹄坑 Matikeng	羊场 Yangchang	二道河口 Erdaohekou	果园 Guoyuan	四道河口 Sidaohekou
面积 Area/hm²	4770.1	5806.2	5653.1	4483.5	2519.0	3141.4
斑块数 Patch number	22	37	15	12	6	4
斑块数·100km⁻² Patch number per 100km²	46.12	63.73	26.53	26.76	23.82	12.73
斑块平均面积 Average patch size/hm²	111.1	35.2	18.8	16.4	7.2	13.4
森林覆盖率 Forest coverage/%	51.24	22.46	4.58	4.39	1.72	1.71

但森林覆盖率和森林斑块的大小却是由东向西自森林带经森林-草原交错带向草原带递减。坝下森林带白水台子森林覆盖率为 51.24%,坝上森林草甸区马蹄坑为 22.46%,而草甸草原区东部的羊场和二道河口为 4.5% 左右,西部的果园和四道河口为 1.7%。森林斑块的平均面积在白水台子为 111.1hm²,马蹄坑为 35.2hm²,羊场为 18.8hm²,果园为 7.2hm²。

尽管森林带森林覆盖率很高,但由于山地地形和气候湿润,森林大面积生长,森林斑块大,所以森林斑块数量少。到了坝上高原森林草甸区,地形由山地变为孤立的低山丘陵和高大的沙丘,气候由湿润变为半干旱,森林仅以斑块状分布在低山丘陵和沙丘的阴坡,森林覆盖率下降,森林斑块变小,但数量增多。西部的草甸草原区以沙地为主,地形起伏较小,加之气候更为干旱,森林仅出现在高大沙丘的阴坡,森林覆盖率低,森林斑块数量少。通过以上分析可以看出,森林斑块数量(N_P)是气候和地形的函数。即:

$$N_P = f(气候,地形)$$

在森林-草原交错带,环境因素首先是气候在起着主导作用。因为在森林-草原交错带,湿润气候达到了边缘,在这样的生态背景条件下,组成森林群落的树种,不可能出现在森林-草原交错带的任意地点,从而也就不可能形成大面积的森林。其次是地形,地形的起伏,引起热量和水分的重新分配,在阴坡温度较低、相对湿度较高,土壤含水量多,利于树木的生长,从而使森林得以存在,并在低山、丘陵和高大沙丘的阴坡成斑块状分布。

3.2 植物群落的物种多样性

3.2.1 α多样性

(1)白桦林和山杨林

从坝下山地大东沟到内蒙古高原好鲁库东南西一线,各点白桦(*Betula platyphylla*)林和山杨(*Populus davidiana*)林群落的物种数、每平方米物种数和Shannon-Wiener指数见表2。表2表明:从森林带经森林-草原交错带到草原带,白桦林和山杨林的植物多样性逐渐降低。坝下森林带白桦林群落物种数在70种以上,每平方米物种数多于20种,Shannon-Wiener指数在1.5884—1.6708之间。在坝上高原森林草甸区,白桦林群落的物种数、每平方米物种数和Shannon-Wiener指数平均为52种、17种和1.0231,植物多样性最高的是靠近坝缘的马蹄坑,其白桦林的物种数、每平方米物种数和Shannon-Wiener指数仅分别为61种、19种和1.2289。在草甸草原区的好鲁库,山杨林的植物多样性更低,其群落的物种数、每平方米物种数和Shannon-Wiener指数分别为32、8种和0.7251。

表2 不同地点白桦林和山杨林群落植物多样性
Table 2 Plant diversity of *Betula platyphylla* and *Populus davidiana* forests

地形 Topography	坝下山地 Baxia mountains		坝上高原 Bashang plateau			内蒙古高原 Inner Mongolia Plateau	
植被地带 Vegetation zones	森林带 Forest zone		森林-草原交错带 Forest-steppe ecotone				
			森林草甸区 Forest-meadow region			草甸草原区 Meadow-steppe region	
地点 Sites	大东沟 Dadonggou	北岔 Beicha	马蹄坑 Matikeng	长腿泡子 Changtuipaozi	军马场 Junmachang	元宝山 Yuanbaoshan	好鲁库 Haoluku
森林类型 Vegetation types	黑桦+白桦	毛榛+白桦	白桦	黑桦+白桦	黑桦+白桦	虎榛子+白桦	虎榛子+山杨
郁闭度 Canopy density	0.80	0.70	0.85	0.80	0.75	0.85	0.50
群落的物种数 Total species	70	73	61	54	42	49	32
物种数/m² Species	21	23	19	17	15	16	8
Shannon-Wiener指数 Shannon-Wiener index	1.5884	1.6708	1.2289	1.0195	1.0105	0.8334	0.7251

* 黑桦 *Betula dahurica*,白桦 *B. platyphylla*,山杨 *Populus davidiana*,毛榛 *Corylus mandshurica*,虎榛子 *Ostropsis davidiana*

(2) 草原群落

在森林-草原交错带,草原群落的植物多样性高于森林带的母子沟蒙古栎(*Quercus mongolica*)林和草原带的大针茅(*Stipa grandis*)草原,其群落的物种数、每平方米物种数和 Shannon-Wiener 指数分别高于 50 种、25 种和 1.2,特别是在森林草甸区最明显,群落中每平方米物种数达 30 种以上,Shannon-Wiener 指数大于 2.1;而蒙古栎林和大针茅群落的物种数分别为 33 种和 35 种,每平方米的物种为 12 种和 21 种,Shannon-Wiener 指数 1.1348 和 1.1422(表3)。

表3 草原群落的植物多样性
Table 3 Plant diversity of steppe communities

地形 Topography	坝下山地 Baxia mountains	坝上高原 Bashang plateau				内蒙古高原 Inner Mongolia Plateau
植被地带 Vegetation zones	森林带 Forest zone	森林-草原交错带 Forest-steppe ecotone				草原带 Steppe zone
		森林草甸区 Forest-meadow region		草甸草原区 Meadow-steppe region		
地点 Sites	母子沟 Muzigou	马蹄坑 Matikeng	军马场 Junmachang	黄芹塔拉 Huangqintala	亏心地 kuixindi	岗更诺尔 Ganggengnuoer
植被类型 Vegetation types	蒙古栎林 *Quercus mongolica* forest	五花草甸 Five flowers meadow flowers		贝加尔针茅草原 *Stipa baicalensis* steppe	冷蒿草原 *Artemisia frigida* steppe	大针茅草原 *S. grandis* steppe
人为活动 Human activities	轻牧 Slight grazing	无 None	轻牧 Slight grazing	轻牧 Slight grazing	轻牧 Slight grazing	围育 Closure
草层高度 Herbal height/cm		50	31	25	30	30
总盖度 Coverage/%	80	100	100	75	80	95
群落的物种数 Total species	33	65	58	52	54	38
物种数/m² Species/m²	12	29	31	27	25	21
Shannon-Wiener 指数 Shannon-Wiener index	1.1348	2.2165	2.1053	1.3993	1.2000	1.1422

3.2.2 β 多样性

在一定的地理区域,沿着某一生态梯度,一些物种会消失,另一些物种又会出现,物种沿生态梯度的变化即为 β 多样性。一般来说,在环境条件基本一致的生态系统的中心,生态梯度小,物种相对变化小,即 β 多样性较低。当从一个生态系统向另一个生态系统过渡时,生态梯度变化较大,有时可能不连续,物种变化相对较大,即 β 多样性增加。

(1) 白桦林和山杨林

从坝下森林带的大东沟至草甸草原区的好鲁库,各地点间白桦林和山杨林群落的 β 多样性指数如图2。从图2可以看出,所有植物的 β 多样性指数在好鲁库和元宝山之间有一高的峰值,而木本植物的多样性指数有两个峰值,其一是在好鲁库和元宝山之间,其二是在马蹄坑和北岔之间。无论是所有物种的 β 多样性指数,还是木本植物 β 多样性指数,在好鲁库和元宝山之间都有峰值,说明两地植物有很大的差异,植物种类变化较大,反映出两地不同的植被特点,它们之间恰是森林草原交错带内森林草甸区和草甸草原区的界线。在马蹄坑和北岔之间,所有植物的 β 多样性指数变化不大,但木本植物的多样性指数较高,说明两地森林群落的结构存在显著的差异,两者之间恰是森林带和森林-草原交错带的界线。

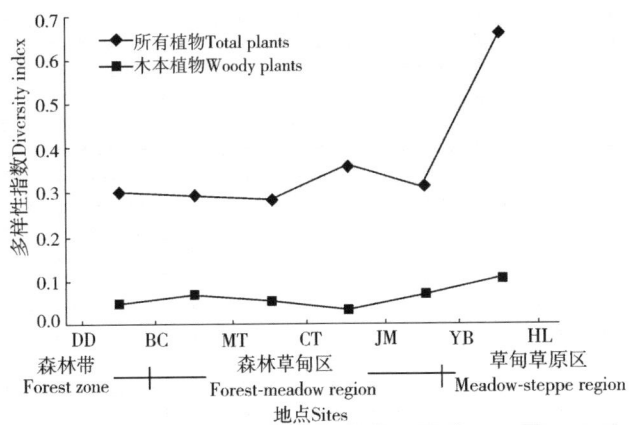

图 2 白桦林和山杨林群落的 β 多样性

Fig. 2 β diversity of *Betula platyphylla* and *Populus davidiana* forests

DD:大东沟 Dadonggou,BC:北岔 Beicha,MT:马蹄坑 Matikeng,CT:长腿泡子 Changtuipaozi,JM:军马场 Junmachang,YB:元宝山 Yunbaoshan,HL:好鲁库 Haoluku

(2)草原群落 β 多样性

从坝下森林带的母子沟蒙古栎林至草原带的岗更诺尔大针茅草原,各点间的 β 多样性指数如图3。从图3可以看出,岗更诺尔和蔡木山、马蹄坑和母子沟间各有一高的峰值,说明岗更诺尔和蔡木山、马蹄坑和母子沟之间植物种类差异大,岗更诺尔和蔡木山之间恰是森林-草原交错带和草原带的界线,而马蹄坑和母子沟之间是森林带和森林-草原交错带的界线。另外在黄芹塔拉和军马场间,β 多样性指数也有一较高的峰值,两者之间是森林-草原交错带内森林草甸区和草甸草原区的分界线。

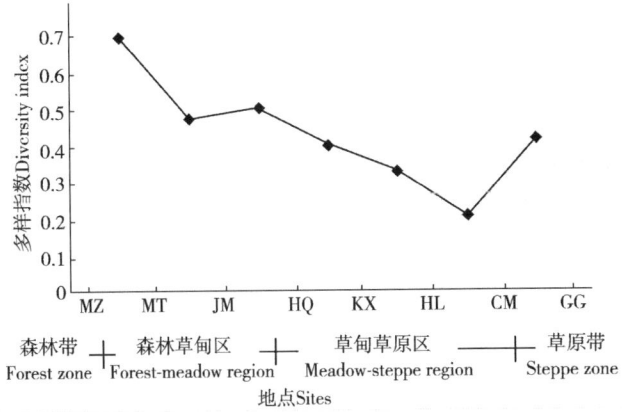

图 3 草原群落的 β 多样性

Fig. 3 β diversity of steppe communities

MZ:母子沟 Muzigou,MT:马蹄坑 Matikeng,JM:军马场 Junmachang,HQ:黄芹塔拉 Huangqintala,KX:亏心地 Kuixindi,HL:好鲁库 Haoluku,CM:蔡木山 Caimushan,GG:岗更诺尔 Ganggengnuoer

综上所述,在森林-草原交错带与森林带和草原带之间以及森林-草原交错带内森林草甸区和草甸草原区之间,β多样性指数高。这与森林-草原交错带地处湿润气候和干旱气候的过渡区,中生植物和旱生植物在此相遇,物种沿着环境梯度变化较大有关。

4 结论与讨论

森林斑块的数量在森林-草原交错带森林草甸区最多,其次是森林带,再次是森林-草原交错带草甸草原区,草原带没有森林斑块,而不是整个森林-草原交错带都高于森林带和草原带,其最大值偏向森林带一侧。这与Neilson(1991)和Gosz(1993)假想的在生物群区生态交错带具有高的斑块多样性不一样。因为在森林-草原交错带,湿润气候达到了边缘,大面积的森林生长已不可能。在这里,地形控制着森林斑块的分布。一般的情况下,地形平坦处没有森林,但在温度低、相对湿度高、土壤含水量多的低山和高大沙丘的阴坡可形成斑块状的森林。在森林草甸区有许多低山丘陵和高大的沙丘,所以森林斑块数量多。而森林-草原交错带的西部草甸草原区,地形起伏较小,加之气候干旱,所以森林斑块少,而且比森林带还少。

在森林-草原交错带,森林群落和草原群落的α多样性不同。森林群落从森林带到草原带依次降低;而草原群落则是在森林-草原交错带高,特别是森林草甸区最明显,其最高值也偏向森林带一侧。关于森林-草原交错带森林群落和草原群落生物多样性为什么有这么大的差异,还有待进一步研究。

生态交错带富有高的生物多样性,但并不是说所有的生态交错带生物多样性就一定高。一般情况下,在生物群区的中心,环境条件基本一致,许多物种能适应这种相对稳定的环境,α多样性高,而且沿着环境梯度,物种变化较少,β多样性低。当从一个生物群区向另一个生物群区过渡时,生态梯度变化大,许多物种不适应变化的环境而退出,α多样性低,但是沿着环境梯度,物种变化大,β多样性高(Neilson et al., 1992)。本文研究的结果同样具有这样的规律。β多样性指数在森林-草原交错带与森林带和草原带之间以及森林-草原交错带内森林草甸区和草甸草原区之间的边界不同程度地出现峰值,说明在森林-草原交错带不同的边界具有高的β多样性。

参考文献:

Gosz, J. R. Ecotone hierarchies. Ecological Applications, 1993, 3(3): 369-376.

Li, B.(李博), Sun H. L.(孙鸿良), Zeng S. D.(曾泗弟) & Pu H. X.(浦汉昕). Vegetation resources and their utilization of grasslands in animal husbandry region of Hulunbil range, Namral Resources(自然资源), 1980,(4): 30-36 (in Chinese).

Liu, L.(刘濂). A survey of the steppe vegetation in Bashang Plateau of Hebei Province. Acta Phytoecologica et Geobotanica Sinica(植物生态学与地植物学丛刊),1965, 3(2): 307-316(in Chinese).

Neilson, R. P. Climatic constraints and issues of scale controlling regional biomes // Holland, M. M., P. G. Risser & R. J. Naiman eds. Ecotones: the role of landscapes boundaries in the management and restoration of changing environment. New York: Chapman and Hall, 1991:31-51.

Neilson, R. P., G. A. King, R. L. DeVelice J. M. Leniham. Regional and local vegetation patterns: the response of vegetation diversity to subcontinent air masses // Hansen, A. J. & F. di Castri eds. Landscape boundaries: consequences for biotic diversity and ecological flows. New York: Springer-Verlag. 1992.

Wu, Z. Y. (吴征镒). Vegetation of China. Beijing: Science Press. 1980:926-927 (in Chinese).

Zou, H. Y. (邹厚远), L. Li(李玲) & K. J. Liu(刘克俭). Vegetation in the Loess Plateau and its rational utilization and protection // Jiang S. (姜恕) & C. D. Chen(陈昌笃) eds. Researches on vegetation ecelogy. Beijing: Science Press, 1994:146—153(in Chinese).

西部大开发与生态环境建设

王效科,冯宗炜,欧阳志云

(中国科学院生态环境研究中心,北京 100085)

实施西部地区大开发战略,加快中西部地区的发展,是党中央面向新世纪所作出的重大决策。这对于推动国民经济的持续增长,促进各地区的经济协调发展,最终实现共同富裕,加强民族团结,维护社会稳定和巩固边防,都具有重大意义。但是,西部开发面对的是相当脆弱的生态系统,这就决定了在西部大开发中,首先要认识到保护生态环境,防止生态环境继续恶化的重要性,其次在开发工作中,必须有切实可行的、科学的生态环境保护措施。否则将对东部的社会经济也造成极大影响,甚至将西部的大开发变成大破坏。

1 西部脆弱的生态环境

我国西部地区自然环境的最大特点是山高谷深,气候干旱。正是这种比较恶劣的生态环境,限制了该地区的经济发展,贫困人口难以致富,也因此而产生了一系列的生态环境问题,最典型的是沙漠化、盐渍化、水土流失和酸雨,它们在我国的西部远比东部严重且分布范围广。

沙漠化是与气候的干旱密切相关的。我国西北干旱地区,分布着广泛的各种类型的沙漠,这些沙漠严重地影响到我国西部的居民生活、工业生产和交通运输。如青海龙羊峡水库,因受沙漠化影响而进入库区的总泥沙量每年有 $3130 \times 10^4 hm^3$,造成的损失近 47000 万元[1]。建于 1977 年的陕西神木县瓦罗水库设计容量为 $626 \times 10^4 m^3$,1988 年时被淤满泥坝,并淹没了 $20 \times 10^4 hm^2$ 川地。据调查,西藏自治区目前有 748 个村的建筑物受到风沙危害,仲巴县因风沙危害将耗资 3000 万元搬迁,边防重镇阿里也正在受到风沙的严重威胁,如果搬迁预计将耗资 2 亿多元[1]。近半个世纪以来,我国西北地区的沙漠化正在随着人类社会经济活动的增长而加剧,沙尘暴天气与此关系很大,发生越来越频繁,影响的范围可以到达我国的东部沿海[2]。

土壤盐渍化与气候的干燥有关系。在我国西部,当地下水埋深较浅时,地面的大量蒸发将水中的盐分聚积在土壤表层,形成盐碱地,直接影响植物的生长。我国西部干旱地区的农业基本上是建立在灌溉基础上的。如果不能达到排灌结合,会形成严重的土壤次生盐渍化,使农田逐渐退化。以新疆为例,灌溉定额高达 $1.5—2.25$ 万 m^3/hm^2,有的甚至达到 3.75 万 m^3/hm^2,超过全国平均水平的 3 倍以上;渠系利用系数平均为 0.4—0.45,年渠系渗漏损失量为 14.2 亿 m^3,约占地下水总补给量的 38.4%;全区灌区每年引水量为 460 亿 m^3,排水量只有 30—40 亿 m^3,灌排比远远低于通常要求的 3∶1 的比例,导

原载于:全球变化——区域响应研究. 人民教育出版社,2000:94-102.
基金项目:中国科学院重大项目(KZ951-B1-208);国家自然科学基金项目(49971038)

致严重的土壤次生盐渍化。以前全区 1000 万 hm² 宜农荒地中,盐渍化土地占 70%—80%;现有的 443 万 hm² 耕地中,120 万 hm² 由于缺水和盐渍化而弃耕;在已利用的 323 万 hm² 耕地中,次生盐渍化面积达 100 万 hm²;据估计,土壤盐渍化使新疆每年损失粮食 2—2.5 亿 kg,棉花 2.5 万 t[1]。

水土流失与地形、土壤和降水的关系非常密切。西部的高原地形及黄土高原的土壤质地特点,再加上干旱气候或石灰岩地形下,地表植被发育不好,这些因素共同加重了水土流失。如黄土高原,水土流失面积 45 万 km²,侵蚀模数高达 2—3 万 t/hm²·a,是土壤容许流失量(1000t/hm²·a)的 20—30 倍。长江上游地区,有严重水土流失面积 10.8 万 km²,年侵蚀量 15.6 亿 t,侵蚀模数 4000t/hm²[3],是土壤允许流失量(500t/hm²·a)的 80 倍。水土流失,破坏了土地资源,土地支毛沟密布,沟道纵横,千沟万壑,使土地失去利用价值;水土流失也造成土壤养分的流失,土地生产力下降;更严重的是水土流失造成下游的河床抬高,湖泊水库淤积。如黄河下游的地上河、长江中游的湖泊水库淤积都是由于西部地区的水土流失造成的。

酸雨的危害在我国是从西部开始,开始以重庆、贵阳为中心,并逐渐向东部地区扩散。在西南地区的研究表明,当降水的 pH 值小于 4.5 时,马尾松的树高、胸径和材积在四川省分别降低 40.1%、36.8% 和 75.9%,在贵州省分别降低 8.9%、17.1% 和 37.1%;杉木的树高、胸径和材积在四川省分别降低 51.6%、44.6% 和 85.1%,在贵州分别降低 21.7%、23.7% 和 54%。四川和贵州两省受酸沉降影响的森林面积分别为 2755km² 和 1400km²,造成的直接经济损失,四川省达 3.6 亿元,贵州省达 0.5 亿元,其所造成的间接经济损失则更大[4]。

酸雨的危害是多方面的,不但会引起森林的大面积死亡,而且使人体产生不良反应。在重庆市严重污染区,7—12 岁的学龄儿童慢性鼻炎、咽炎等患病率增加,60 岁以上老人眼部、呼吸道患病率增加[5]。

2 西部生态环境建设的意义

我国西部生态环境的保护,不但对促进西部地区的社会经济发展具有重大意义,而且对东部生态环境的改良和生产生活水平的提高同样具有重大意义。

2.1 对西部社会经济的影响

长江水土流失治理工程开展 10 多年来,治理区水土流失面积从 65% 下降到 36%,年均土壤侵蚀量减少 1.8×10^8t。四川省大英县蓬莱镇的寸塘口水库,设计容量 1.44×10^6 m³。水库上游治理前,大雨之后入库浑水 6—13d 变清。经 1989—1993 年治理之后,3—5d 变清。经测算,上游各项措施减少水库淤积 5.6×10^4 m³。相反,同属相同侵蚀强度区而上游未治理的蓬溪县仁隆远景水库,1976 年建成后的 22a 中淤积了 1.89×10^5 m³,占总库容的 74%[6]。

植树造林在防风固沙,稳定土壤方面的作用已为大家所熟知,到 1988 年,全国以治沙为目的造林保存面积已达 0.1 亿多 hm²,不仅使 10% 的沙漠化土地得到治理,而且从沙漠中新辟农田 130 多万 hm²。过去因土地严重沙化、盐渍化和农场严重退化的 900 万 hm² 荒漠、半荒漠草原,由于封沙育林育草,使草场得到了保护和恢复,产草量增加 20% 以上;各地还结合封沙育林育草,营造了 73 万 hm² 薪炭林,再加上多能互补,有 500 万农户的燃料问题得到解决[4]。

中国兰新铁路玉门段戈壁风沙流地区,实行"以林养障","林外截沙源,林内治积沙"的防治措施,取得了成效。经过20多年的治理,使戈壁段线路运行速度提高了46.5%,增加运输收入10多亿元,节省了线路设备大维修开支,农副产品的经济效益显著[4]。

2.2 对东部生态、社会经济的影响

我国的东部和西部在区域上是紧密相连的,大气环境将西部的沙尘运送到东部,影响了东部的大气质量。如北京出现的沙尘天气,与西部沙漠地区和黄土高原的风蚀有很大关系。

长江、黄河更是将我国东部和西部连接在一起。长江和黄河将西部水资源源源不断地输运到东部,用于生产和生活。与此同时,长江和黄河也将洪水、污染物、泥沙输送到东部,在东部形成一系列生态环境问题。如洪水、河床抬高、湖泊水库淤积,每年从长江宜昌站输送的泥沙为6亿t,从黄河三门峡站输送的泥沙为16亿t[7]。据测定,黄河下游铁谢—利津站河段,1950—1993年淤积泥沙$5.09 \times 10^{10} m^3$,年均$1.18 \times 10^{10} m^3$。目前,泥沙淤积使黄河下游河床平均每年抬高10cm左右,致使下游的"地上悬河"日趋严重,黄河的河滩比河南新乡市地面高约20m,比河南开封市地面高13m,比山东济南市高5m。尽管长江从宜昌站到入海口,河床基本稳定,宜昌站输沙率没有显著增加,但上中游区水土流失严重,大量的粗颗粒泥沙淤积于上中游各支流和水库,降低了调洪和滞洪能力。长江上中游地区现有的大中型水库年平均淤积$1.2 \times 10^9 m^3$,累计损失库容超过$1.00 \times 10^{10} m^3$。长江流域江西省的9000余座水库,每年因泥沙淤积损失库容达$1.05 \times 10^7 m^3$。相当于损失一座大型水库[8]。

3 西部生态环境问题形成的人为原因

造成西部生态环境问题的原因是多方面的,除自然环境恶劣外,人为的不合理开发利用是一个重要原因,这也是在西部大开发中应该吸取的教训。

3.1 人口压力

尽管西部地区自然环境差,生态承载力低,但许多地方的人口增长率仍然非常高。经计算,从1955到1994年底,全国总人口增加了约1.05倍,而新疆为2.07倍,宁夏为1.60倍,内蒙古为1.70倍,青海为1.47倍,甘肃为1.10倍。除甘肃外,都远远高于全国平均水平。人口的快速增长导致很多地区人口严重超标,如位于半干旱地区的陕西榆林市从1949年的14.3人/km^2,增加到1992年的45人/km^2。人口的增长带来对食物、燃料等生活资料需求的增长,土地压力不断增长,必然造成资源的过度开发。粗放、落后的生产经营方式又加速了这一过程,造成"越垦越荒,越荒越穷,越穷越垦,沙漠化不断加强"[1]。

3.2 森林砍伐

森林砍伐,破坏了生态系统的蓄水和保持水土的能力,引起了水土流失加重,洪灾加剧,水资源减少。如四川的森林覆盖率从20世纪50年代的20%下降到80年代的13%,四川盆地仅为4%,年土壤侵蚀量1.027亿t。长江上游水土流失的面积已达35.5万km^2,占长江流域水土流失总面积的62.6%,年土壤侵蚀量达1.57亿t。森林砍伐,长江上游的蓄水能力降低,不再能够降低洪峰,枯水期的水资源减少[8]。如岷江上游各支流的森林覆盖率,由20世纪50、60年代的40%—60%,经过30多年大面积砍伐,已降为

20%—30%。森林大面积的破坏,导致岷江上游的洪水量增加 8.27m³/s,枯水流量减少 10.82m³/s,河流径流的平均含沙量增加 1—3 倍[8]。

3.3 生产技术落后

农业生产方式和技术手段落后,如传统的大水浸灌的农田灌溉方式,不但浪费了水资源,而且将大量盐分积聚在土壤中,造成土壤的次生盐渍化。在西北干旱地区,这种情况比较普遍。由于资金、技术限制,不能采用合理的灌排结合,灌区农田的土壤盐渍化越来越严重。

工业生产技术落后,在西北、西南的三线建设中,应用的生产技术都比较落后,排污量大。近 10 年来,许多企业不能及时地进行技术改造,再加上西南地区煤炭的含硫量高,这就产生了大量 SO_2,形成了大面积的酸雨。

3.4 不合理的生产活动

由于贫困,对一些资源的开发往往是掠夺式的,在一些坡度大于 25°的坡地上开荒种地,不但产量低,而且造成了严重的水土流失;在一些沙荒地和草原上开垦土地,造成地力下降,沙漠化严重;在宁夏地区,一些贫困地区的农民,大批涌入草原采挖甘草、麻黄、搂发菜,对草地的破坏非常惊人,大大加速了土地的沙漠化。

4 西部大开发中生态环境问题的对策

由于西部生态环境脆弱,开发与保护必须并重,甚至在一些地区,保护远比开发的意义重大。现在我国的西部大开发,必须吸取以前开发过程和东部经济发展中的历史教训,以科技为先导,更新观念,使开发活动能够达到可持续发展。

(1)处理好开发与保护的关系

提倡保护生态环境,并不是反对西部开发。通过西部开发,增加经济收入,吸引人民从事非直接的资源开发项目,可以减少贫困地区对生态环境的压力,并增加对生态环境保护的投资。但是,在绝大部分情况下,开发与破坏是一对孪生兄弟,如果管理不好,常常会形成小开发、小破坏,大开发、大破坏。在以前的西部开发过程中,砍伐森林加重了水土流失,三线工程的建设,出现了严重的酸雨危害。因此,西部开发,应对开发项目有严格的生态环境影响评价,确保项目不破坏生态环境。在项目建设中,必须保证生态环境保护投资。

(2)搞好种树种草问题

种树种草,是改善西部脆弱生态环境的一个重要措施,在水土保护和沙漠化治理中意义重大。这一点已被广泛接受。现在的问题是:种什么树,种什么草;谁来投资;退耕还林后,农民的收入从哪里来,怎样使农民的生活能够持续下去。西部种树种草,应以保护生态环境为目的,树种草种的选择,应该选择生态保护价值比较大的树种草种,并提倡利用当地树种,草灌林结合。应该清楚地看到,目前我国西部广泛栽种的速生树种马尾松和杨树,抗病虫害比较差。近来在四川就形成了大面积马尾松虫害袭击,造成大量马尾松死亡。果树种植应该科学论证,确保因地制宜,产销对路。前几年,我国不少地方都出现过果树栽了砍,砍了再栽的悲剧。在西部脆弱的生态环境下进行种树种草,必须有大量的投资保证。多年来,林木栽植了不少,但成活率特别低,其中一个重要原因是投资不足。西部生态环境保护,关系到东部的社会经济发展,因此,东部地区应该大力投资帮助西部种树种草。退耕还林,首先应该解决农民的出路。如果农民找不到别的工作,没有经济来源,那么发展起来的林地和草地势必会被重新利用。近来,在西部地区,由于国家禁伐森林后,许多林业工人的出路没有着落,出现林业工人盗伐林木的严重事件,森林防火工作不能正常进行,这有可能造成更大的生态环境问题。这种教训应该吸取。在西部地区,如果能够真正解决当地人民的生活来源问题,对生态环境的破坏也会减少。

(3)严格执行生态影响评价制度

我国的项目环境影响评价制度已经开展了许多年,对于污染项目的环境评价方法已经比较完备,但对于生态影响评价,从评价方法上还不完整。生态评价没有得到应有的重视。应该看到,生态影响的后果有时远比对环境的影响大,而且一旦破坏,恢复起来极其困难。即使生态环境保护项目,包括种树种草,也应该进行生态环境影响评价。生态环境影响评价虽然具有一票否决权,但有些部门在执行过程中,都没有按科学办事,使其走过场。如在北方地区,有些项目要求在冬天完成,这是不现实的。因为北方的冬天植物处于休眠期,降水也比较少,许多生态环境问题不能在冬天监测。因此,环境保护管理部门对生态影响评价应该有时间规定,至少一年。如果时间太短,势必只能是走过场。

(4)科学办事

尊重科学、尊重知识,不能只是一种口号,应该体现到具体工作中。西部的生态环境非常脆弱,只有采用科学的方法,才能达到保护与开发的统一。在西部大开发中,应该广泛宣传科学,按科学规律办事,加强生态环境保护的科学研究。就拿西北地区的退耕来说,如果退耕后不能及时采取有效措施保护土地,土地沙化的速度将很快。在西北地区,由于缺水,有许多地方是不能种树的。

(5)加强管理

在我国,生态环境的破坏很大程度上是由于管理上存在严重问题。虽然国家对长江黄河上游的森林禁止砍伐,但落实情况如何,应该重视。据统计,我国"八五"期间总共超采林木 $1.72 \times 10^8 m^3$,年均超采 $3431 \times 10^4 m^3$,接近全国 1995 年木材产量的 $1/2$[9]。为什么会出现这种情况,主要是管理上漏洞比较多。在西部的大开发中,如果对生态环境问题,仍然不能进行严格的科学管理,大开发有可能变成大破坏。

参考文献:

[1] 童光荣,吴波,慈龙骏等.我国荒漠化现状、成因与防治对策.中国沙漠,1999,19(4).
[2] 沈孝辉.沙尘暴带来的困惑与警示.北京晚报,2000,3 月 28 日.
[3] 毛文永.生态环境影响评价概论.中国环境科学出版社,1998.
[4] 冯宗炜,王效科.全球和中国生态环境变化与林业的关系.中国林学会编,森林环境持续发展学术讨论会文集.中国林业出版社,1995,1-8.
[5] 冯宗炜,张福珠,陶福禄.中国酸雨危害与可持续发展的生态对策.李政道、林宗棠、孙鸿烈主编.中国酸雨及其控制研讨会.中国高等科学技术中心,1997:47-58.
[6] 马雪华.长江上游森林破坏与水灾.国家科委国家计委国家经贸委自然灾害综合研究研究组和中国可持续发展研究会减灾专业委员会编.中国长江 1998 年大洪灾反思及 21 世纪防洪减灾对策.海洋出版社,1998:41-43.
[7] 中国科学院环境评价部和长江水资源保护研究所编.长江三峡水利枢纽环境影响报告书(简写本).科学出版社,1996.
[8] 穆兴民,李锐.论水土保持在解决中国水问题中的战略地位.水土保持通报,1999,19(3).
[9] 汪永晨.来自香格里拉的遗憾.华声月报,2000,(3).

中国森林生态系统的植物碳储量和碳密度研究

王效科,冯宗炜,欧阳志云

(中国科学院生态环境研究中心,北京 100080)

摘要:提高森林生态系统 C 贮量的估算精度,对于研究森林生态系统向大气吸收和排放含 C 气体量具有重大意义。中国的森林生态系统植物 C 贮量的研究刚刚开始,由于估算方法问题,不同估算结果存在着较大的差异。以各林龄级森林类型为统计单元,得出中国森林生态系统的植物 C 贮量为 3.26—3.73Pg,占全球的 0.6%—0.7%;各森林类型和省市间有较大的差异。森林生态系统植物 C 密度在各森林类型间差异比较大,介于 6.47—118.14 Mg·hm^{-2},并且有从东南向北和西增加的趋势。这种分布规律与我国人口密度的变化趋势正好相反,两者有一种对数关系。这说明我国实际森林植物 C 密度大小首先取决于人类活动干扰的程度。

关键词:森林生态系统;植物 C 贮量;植物 C 密度

Vegetation carbon storage and density of forest ecosystems in China.

WANG Xiaoke, FENG Zongwei, OUYANG Zhiyun

(Research Center for Eco-Environmental Sciences, Chinese Academy of Sciences, Beijing 100080)

Abstract: To improve the estimatation of carbon pool of forest ecosystems is very important in studying their CO_2 emission and uptake. The estimation of vegetation carbon pool in China has just begun. There is a significant difference among estimates from different methods applied. Based on forest inventory recorded by age class, the vegetation carbon storage of forest ecosystems in China was estimated to be 3.26—3.73Pg, accounting for 0.6—0.7% of the global pool. The carbon densities were difference among forest types and provinces, in range of 6.47—118.14Mg·hm^{-2}. There is an incremental tendency from southeast to north and west. This trend is negatively related with the change in population density in logarithmic mode, which indicates that the actual forest carbon density is prominently determined by human activities.

Key words: Forest ecosystem, Vegetation carbon storage, Vegetation carbon density.

1 引言

森林生态系统贮存了陆地生态系统的 76%—98% 的有机 C[13]。它对大气中 CO_2 浓

原载于:应用生态学报,2001,12(1):13-16.
* 中国科学院重大项目(KZ951-B1-208);中国科学院生态环境研究中心主任基金资助

度的影响越来越受到科学家的关注[5]。而森林生态系统的 C 储量是研究森林生态系统与大气间 C 交换的基本参数[5],也是估算森林生态系统向大气吸收和排放含 C 气体的关键因子[13]。目前,前苏联[1]、加拿大[2]、美国[11]等国家对森林生态系统的植物 C 贮量的估计研究均有较大进展。在国外资料中[5],对中国森林生态系统植物 C 贮量估计引用较多的为 17Pg。按此估计,我国单位面积的森林植物 C 贮量(称 C 密度)应为 114 Mg·hm^{-2},但这一估计显然与我国的实际情况相差太远。近年来,Fang 等[6]根据野外调查资料,建立了我国主要森林类型的林木蓄积量与生物量之间相关式,提高了中国森林生态系统的植物 C 贮量的估算精度。但是,现有的估计没有充分考虑:1)林龄对林木蓄积量与生物量之间的关系的影响;2)群落中林下植物生物量;3)对我国森林生态系统 C 密度的分布规律和影响因素的分析。本研究在分析中国主要森林生态系统类型和各地带的森林生态系统的各林龄级的生物量与蓄积量的关系基础上,根据全国第三次森林资源普查资料中的按省市和按各优势种调查统计的各林龄级的蓄积量资料,分别估计了中国森林生态系统的植物 C 贮量,并分析了中国森林生态系统植物 C 密度的分布规律和影响因素。

2 研究方法

森林生态系统植物 C 贮量的估算,早期是利用森林生物量的野外样地调查资料和森林统计面积。由于在实际森林样地调查时,一般都选取生长较好的地段进行测定,其结果往往高估了森林植物的 C 贮量[3,6,13]。近年来,以建立生物量与蓄积量关系为基础的植物 C 贮量估算方法已得到广泛应用[5]。本研究也采用该方法,不同的是首先将我国 1994 年底以前 160 多篇有关森林生物量的研究报道中 561 个调查样地的生物量调查资料按林龄级依次分为幼龄林、中龄林、近熟林、成熟林和过熟林,归并成 16 种森林类型[12],统计得出各林龄级各个森林类型的林木树干与乔木层生物量的比值(SB)和乔木层和群落总生物量(包括林下所有植物的生物量)的比值(BT),然后再将这些森林类型归并为中国森林资源普查的统计单元:森林优势种类型和省市[12]。利用下式,可得出中国各类型和各省市(台湾除外)的森林植物 C 贮量(TC,Tg):

$$TC = V \times D \times SB \times BT \times (1 + TD) \times Cc \tag{1}$$

式中,V 是某一森林类型或省市的森林蓄积量(m^3),来自林业部第三次全国森林资源普查资料;D 是树干密度(Mg·m^{-3}),采用中国林业科学研究院木材工业研究所的研究结果[8]。Cc 是植物中 C 含量,该值在不同植物间变化不大,因此,为简便起见,常采用 0.45[4]。然后统计中国森林生态系统的总植物 C 贮量。并进一步分析各类型和各省市的 C 密度差异和影响因素,并用地理信息系统 Arc/View 做出中国森林植物 C 密度分布图,建立了中国各省市森林植物 C 密度与人口密度间的关系。

3 结果与讨论

3.1 各森林类型植物 C 贮量和 C 密度

根据中国 38 种优势种森林的蓄积量估算出,中国森林生态系统的植物 C 总贮量是 3724.50Tg(表 1)。从林龄级分布看,幼龄林、中龄林、近熟林、成熟林和过熟林分别占 14.6%、29.7%、12.0%、29.5% 和 14.2%。从类型构成看,栎类林最大,占 22.4%(这是因为栎类在我国分布的面积较大),其次为落叶松林,占 12.1%,阔叶混交林占 11.5%。

表1 中国各森林生态系统的总生物质C贮量
Table 1 Vegetation carbon storage of every forest ecosystems in China /Tg

林型 Forest type	幼龄林 Young	中龄林 Middle-aged	近熟林 Premature	成熟林 Mature	过熟林 Postmature	总计 Total	比例 Percentage
1	3.12	4.85	4.32	14.30	1.79	28.38	0.76
2	1.71	25.26	33.80	140.28	113.38	314.43	8.44
3	5.81	35.80	19.70	235.86	33.00	330.17	8.86
4	0.70	2.13	2.72	10.31	9.65	25.51	0.68
5	7.84	7.17	1.50	8.59	2.15	27.25	0.73
6	90.11	101.90	57.39	142.87	57.91	450.18	12.09
7	3.85	5.88	1.20	4.57	0.00	15.50	0.42
8	0.01	0.09	0.02	0.00	0.00	0.12	0.00
9	0.16	0.05	0.00	0.00	0.00	0.2	0.01
10	5.38	10.50	2.25	0.92	1.36	20.41	0.55
11	0.59	3.71	2.22	1.45	1.49	9.46	0.25
12	0.60	1.34	0.74	0.11	0.73	3.52	0.09
13	42.12	67.14	18.85	7.86	2.61	138.58	3.72
14	21.57	24.98	12.90	24.77	26.51	110.73	2.97
15	4.28	6.72	4.54	6.47	2.96	24.97	0.67
16	4.31	5.84	2.50	37.56	8.13	58.34	1.57
17	9.98	31.61	11.73	7.50	2.87	63.69	1.71
18	0.03	0.05	0.00	0.25	0.00	0.33	0.01
19	0.02	0.06	0.00	0.00	0.00	0.08	0.00
20	2.65	12.34	4.21	6.13	4.50	29.83	0.80
21	5.51	28.54	12.04	21.27	9.33	76.69	2.06
22	2.25	7.41	3.27	3.70	1.45	18.08	0.49
23	0.32	0.91	0.14	0.19	0.00	1.56	0.04
24	0.00	0.28	1.56	0.60	0.45	2.89	0.08
25	163.53	281.72	108.82	180.72	101.15	835.94	22.44
26	32.61	117.90	25.21	36.84	21.36	233.92	6.28
27	39.44	78.68	22.76	35.42	16.66	192.96	5.18
28	2.22	4.32	2.13	10.30	2.55	21.52	0.58
29	0.08	0.01	0.03	0.00	0.00	0.12	0.00
30	0.55	0.90	0.14	0.30	0.00	1.89	0.05
31	0.15	0.39	0.49	1.08	0.00	2.11	0.06
32	14.90	34.20	14.60	24.23	13.03	100.96	2.71
33	0.19	0.21	0.02	0.00	0.23	0.65	0.02
34	6.25	21.48	11.57	20.10	34.73	94.13	2.53
35	5.56	20.35	2.67	2.45	0.55	31.58	0.85
36	61.13	143.02	59.97	107.32	58.33	429.77	11.54
37	3.63	17.52	2.66	3.54	0.69	0.69	0.75
总计 Total	543.16	1105.26	448.67	1097.86	529.55	3724.50	100.00

1. 红松 *Pinus koraiensis*, 2. 冷杉 *Abies*, 3. 云杉 *Picea*, 4. 铁杉 *Tsuga chinensis*, 5. 柏木 *Platycladus and Cupressus*, 6. 落叶松 *Larix*, 7. 樟子松 *Pinus sylvestris*, 8. 赤松 *Pinus densifolia*, 9. 黑松 *Pinus thunbergii*, 10. 油松 *Pinus tabulaeformis*, 11. 华山松 *Pinus armandi*, 12. 油杉 *Keteleeria*, 13. 马尾松 *Pinus massoniana*, 14. 云南松 *Pinus yunnanensis*, 15. 思茅松 *Pinus kisiya*, 16. 高山松 *Pinus densata*, 17. 杉木 *Cunninghamia lanceolata*, 18. 柳杉 *Cryptomeria fortunei*, 19. 水杉 *Metasequoia glyptostroboides*, 20. 针叶混交林 Mixed coniferous, 21. 针阔混交林 Mixed coniferous and broad-leaf forest, 22. 水胡黄 *Fraxinus, Juglans, Phellodendron*, 23. 樟树 *Cinnamomum*, 24. 楠木 *Phoebe*, 25. 栎类 *Quercus*, 26. 桦木 *Betula*, 27. 硬阔类 Hardwood, 28. 椴树类 *Tilia*, 29. 檫树 *Sassafras tzume*, 30. 桉树 *Eucalyptus*, 31. 木麻黄 *Casuarina*, 32. 杨树 *Populus*, 33. 桐类 *Davidia*, 34. 软阔类 Softwood, 35. 杂木 *Acer, Tilia, Ulmus*, 36. 阔叶混交林 Mixed broad-leaf forest, 37. 热带林 Tropic forest

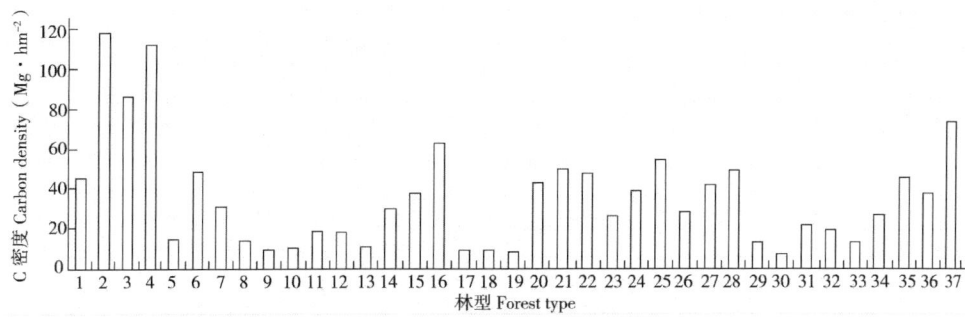

图 1 不同森林生态系统类型的植物 C 密度比较

Fig. 1 Comparison of vegetation carbon density among forest ecosystem types.

林型同表 1. Forest type as table 1

由图 1 可以看出,各森林类型的植物 C 密度差异较大,介于 6.47—118.14 Mg·hm^{-2}。云杉林、冷杉林、高山松和热带林的植物 C 密度较高, >60 Mg·hm^{-2}。而黑松林、油松林、马尾松林、杉木林、柳杉林、水杉林和桉树林的植物 C 密度较小, <15 Mg·hm^{-2}。这主要是由于林龄差异造成的,云杉林、冷杉林、高山松和热带林中,成熟林和过熟林占的比例较大,黑松林、油松林、马尾松林、杉木林、柳杉林、水杉林和桉树林中,人工林占的比例较大,多为幼、中龄林。

3.2 各省市的森林植物 C 贮量和 C 密度

根据中国 30 个省市地区的针叶林和阔叶林蓄积量资料,估计出中国森林生态系统的植物 C 总贮量是 3255.71Tg(表 2)。从林龄级的分布看,幼龄林、中龄林、近熟林、成熟林和过熟林分别占 14.3、30.6、11.4、29.7 和 14.0%。与以上结果基本一致。从各省市的构成看,黑龙江省最大,占 17.7%,其次为四川和云南省,分别占 15.4% 和 14.0%,内蒙古自治区占 11.6%。

表 2 中国各省市森林生态系统的总生物质 C 贮量

Table 2 Vegetation carbon storage of every province in China/Tg

省市 Province	幼龄林 Young	中龄林 Middle-aged	近熟林 Premature	成熟林 Mature	过熟林 Post-mature	总计 Total	比例 Percentage
北京 Beijing	1.09	0.64	0.11	0.02	0.00	1.86	0.06
天津 Tianjin	0.19	0.26	0.04	0.01	0.00	0.50	0.02
河北 Hebei	3.85	15.00	1.95	1.21	0.00	22.01	0.68
山西 Shanxi	3.44	11.31	2.32	0.79	0.11	17.97	0.55
内蒙古 Neimenggu	79.86	138.42	33.10	96.39	29.83	377.60	11.60
辽宁 Liaoning	13.10	37.27	4.09	3.33	0.23	58.02	1.78
吉林 Jilin	35.91	101.66	38.62	94.45	38.02	308.66	9.48
黑龙江 Heilongjiang	72.97	230.19	109.03	125.65	38.99	576.83	17.72
上海 Shanghai	0.01	0.00	0.00	0.00	0.00	0.01	0.00
江苏 Jiangsu	0.56	0.90	0.35	0.09	0.01	1.91	0.06
浙江 Zhejiang	7.58	9.28	3.22	3.40	0.75	24.23	0.74
安徽 Anhui	7.69	10.27	1.25	0.69	0.36	20.26	0.62
福建 Fujian	17.00	42.67	7.25	3.70	1.01	71.63	2.20
江西 Jiangxi	12.38	20.86	6.78	4.55	1.39	45.96	1.41

续表

省市 Province	幼龄林 Young	中龄林 Middle-aged	近熟林 Premature	成熟林 Mature	过熟林 Post-mature	总计 Total	比例 Percentage
山东 Shandong	2.27	2.38	0.00	0.64	0.00	5.29	0.16
河南 Henan	7.78	7.69	1.94	2.28	0.45	20.14	0.62
湖北 Hubei	10.04	12.28	2.68	3.48	1.29	29.77	0.91
湖南 Hunan	12.52	14.16	4.29	6.55	1.20	38.72	1.19
广东 Guangdong	8.98	17.57	5.54	2.09	0.63	34.81	1.07
广西 Guangxi	4.43	13.05	12.02	10.61	12.71	52.82	1.62
四川 Sichuan	32.30	74.25	49.73	189.56	156.01	501.85	15.41
贵州 Guizhou	18.44	19.62	3.03	6.34	2.56	49.99	1.54
云南 Yunnan	88.50	102.46	41.96	110.81	112.65	456.38	14.02
西藏 Xizang	0.01	0.00	0.21	233.80	0.00	234.02	7.19
陕西 Shaanxi	6.04	47.21	16.35	23.00	35.32	127.92	3.93
甘肃 Gansu	9.03	28.11	10.51	14.57	9.70	71.92	2.21
青海 Qinghai	1.76	4.95	1.90	2.41	1.04	12.06	0.37
宁夏 Ningxia	0.85	1.68	0.00	0.19	0.00	2.72	0.08
新疆 Xinjiang	3.69	18.69	10.49	22.79	10.98	66.64	2.05
海南 Hainan	4.36	13.82	2.05	2.52	0.46	23.21	0.71
总计 Total	466.63	996.65	370.81	965.92	455.70	3255.71	100.00

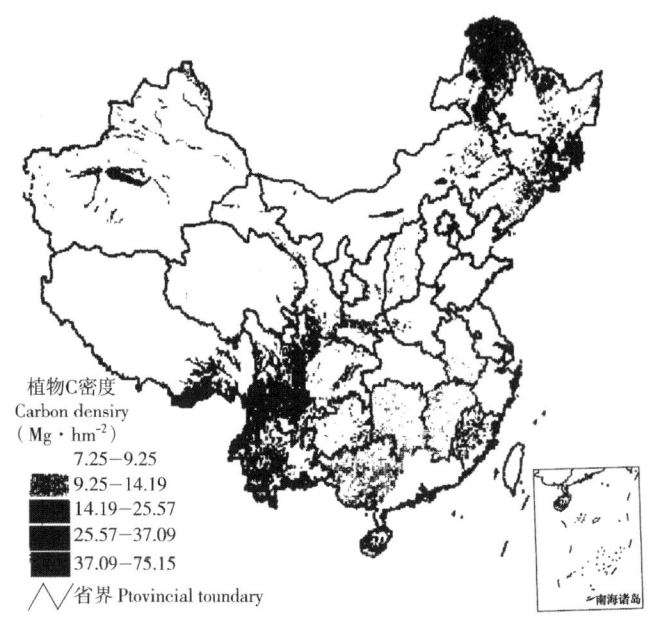

图 2　中国森林生态系统植物 C 密度分布

Fig. 2　Distribution of vegetation carbon density of forest ecosystem in China

　　从图 2 可见,中国森林生态系统的植物 C 密度有从东南向东北和西增加的趋势. 我国森林植物 C 密度较高的省份为黑龙江、吉林、西藏和海南, <53.1 Mg·hm^{-2}。尽管西藏的森林面积很小,但现存森林的植物 C 密度很高,如西藏的雅鲁藏布江的大拐弯处是我国目前森林生物量最高的地方[12]。植物 C 密度较小的省包括广东、广西、湖北、湖南、江西、浙江、江苏、安徽和山东, <12.4 Mg·hm^{-2}。森林植物 C 密度的这种分布规律与我国

人口密度的变化趋势正好相反,两者呈显著的对数相关关系(图3),说明我国实际森林植物C密度大小首先取决于人类活动干扰的程度。可以说人类的干扰程度已经完全掩盖了气候条件对森林植物C密度的影响和制约。本文对中国森林生态系统生物量野外样地资料的分析也反映了人类活动对我国森林生物量有巨大影响[7]。

3.3 中国森林生态系统在全球C库中的作用

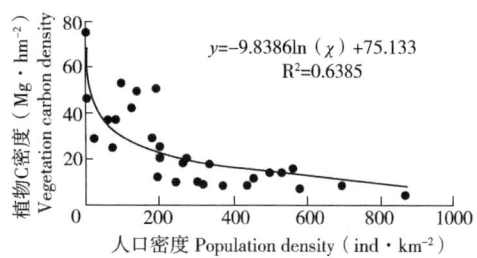

图3 中国森林生态系统植物C密度与人口密度的关系
Fig. 3 Relationship between vegetation carbon density of forest ecosystem and population density in China

在以上的估计中,由于估算过程中的资料统计单元的不同,得出的结果有差异,相对误差为13%。对于中国森林生态系统C贮量,Fang等[6]给出的估计值为4.30Pg。他估计的植物C含量取值是0.5,如植物的C含量取值与本文一样(0.45),则中国森林的C贮量为3.87Pg。该值略大于本文的估计,与其估计值的相对误差为4%—19%。Dixon等[5]引用的中国森林的C贮量估计值(17Pg)与我们的估算差异很大,不能真正反映我国森林生态系统C贮量的实际情况。Wang等在1994年利用美国学者Marland用的参数[10],根据中国森林的总蓄积量估算了中国森林生态系统的植物C贮量为2.1Pg[14],远比现在的估计值小。这也说明要得出中国森林生态系统植物C贮量的可靠值,必须采用中国的参数和按类型或区域进行详尽的统计,并且应该不断更新数据库,引用最新的森林生物量的生态调查结果[9,15]。

表3 中国、加拿大、美国和俄罗斯的森林生态系统植物C贮量比较
Table 3 Comparison of vegetation carbon storage among Canada, United States, Russion and China

国家 Country	植物C贮量/Pg Vegetation carbon storage	占全球的比例/% Contribution to the globe	C密度/($Mg \cdot hm^{-2}$) Vegetation carbon density
中国 China	3.26-3.87	0.6-0.7	36-42
加拿大 Canada	12	2.3	28
美国大陆 United States	12.1	2.3	61
俄罗斯 Russion	28.0	5.4	36

如果全球森林生态系统植物C贮量取平均值520Pg[13],中国森林生态系统的C贮量占全球的0.6%—0.7%(表3)。与世界上有关国家的C贮量研究结果比较,我国森林的植物C贮量远小于俄罗斯[1]、加拿大[5]和美国[11]。植物C密度,除美国较大外,其他国家差异不大。这说明这些国家的森林也都受到了人为干扰,造成了森林生态系统的实际植物C贮量较小。

参考文献:

[1] Alexeyev V, Birdsey R, Stakanov V, *et al.* Carbon in vegetation of Russian forests: methods to estimate storage and geographical distribution. *Water, Air and Soil Poll*, 1995,(82):271-282.

[2] Apps MJ and Kurz WA. The role of Canadian forests in the global carbon budget. In: Kanninen M ed. Carbon Balance of world's forested ecosystems: Towards a Global Assessment. Finland: SILMU. 1994,

12-20.

[3] Brown S and Iverson L R. Biomass estimates for tropical forests. *World Resour Rev*, 1992, (4): 366-384.

[4] Crutzen P J and Andreae M O. Biomass burning in the tropics: impact on the atmospheric chemistry and biogeochemical cycles. *Sci*, 1990, 250: 1669-1678.

[5] Dixon R K, Brown S, Houghton R A, *et al*. Carbon pools and flux of global forest ecosystems. *Science*, 1994, 262: 185-190.

[6] Fang J, Wang G G, Liu G, *et al*. Forest biomass of China: an estimate based on the bimoass – volume relationship. *Ecol Appl*, 1998, 8: 1084-1091.

[7] Feng Z-W(冯宗炜), Wang X-K(王效科) and Wu G(吴刚). Biomass and productivity of Forest Ecosystems. Beijing: Science Press, 1999, (in Chinese).

[8] Institute of Forestry Industry, Chinese Academy of Forestry Sciences(中国林业科学院木材研究所). Major Physical and Chemical Properties of Woods in China. Beijing: Chinese Forestry Press, 1982, (in Chinese).

[9] Li L H(李凌浩), Lin P(林鹏) and Xing X R(邢雪荣). Fine root biomass and production of *Castanopsis eyrei* forest. *Chin J Appl Ecol*(应用生态学报), 1998, 9(4): 337-340.

[10] Marland G. The prospect of solving the carbon dioxide problem through global reforestation. Oak Ridge National Laboratory, DOE/NBB-0082, Oak Ridge, TN, USA. 1988.

[11] Turner D P, Koepper G T, Harmon M E, *et al*. A carbon budget for forests of the conterminous United States. *Ecol Appl*, 1995, 5: 421-436.

[12] Wang X K(王效科). Biomass of Forest Ecosystems and Carbon-Containing Gases Released from Biomass Burning in China. Ph D Thesis. Beijing: Research Center for Eco-Environmental Sciences, Chinese Academy of Sciences, 1996, (in Chinese).

[13] Wang X K(王效科), Feng Z W(冯宗炜). The history of research on biomass and carbon storage of forest ecosystems. In: Wang R S(王如松) eds. Hot Topics in Modern Ecology. Beijing: China Science and Technology Press, 1995: 335-347(in Chinese).

[14] Wang X, Zhuang Y and Feng Z. Carbon dioxide release due to change in land use in China mainland. *J Environ Sci*, 1994, 6: 287-295.

[15] Wang Y(王燕) and Zhao S D(赵士洞). Biomass and net productivity of *Picea schrenkiana* var. *tianshanica* forest. *Chin J Appl Ecol*(应用生态学报), 1999, 10(4): 389-391.

Critical loads of acid deposition for ecosystems in south China-derived by a new method

FULU TAO[1,2], ZONGWEI FENG[2]

(1. Agrometeorology Institute, Chinese Academy of Agricultural Sciences, Beijing 100081, China;
2. Research Center for Eco-Environmental Sciences, Chinese Academy of Sciences. Beijing 100085, China)

Abstract. Critical loads of acid deposition for ecosystems in South China are derived by synthesizing the critical loads of acid deposition for soils, the critical loads of SO_2 dry deposition for ecosystems, as well their exceedance. The results show in the southeast of Sichuan province around Chongqing municipality, the central and north of Guizhou province around Guiyang municipality, and the most areas of Jiangsu province, both the critical loads for soils and critical loads of SO_2 dry deposition are exceeded. In Guangxi Zhuang Autonomous Region and some areas among Jiangxi, Zhejiang and Anhui provinces, the critical loads of SO_2 dry deposition is the only restricting factor. There is no area where the critical load for soil is the only restricting factor in South China, so only the critical load for soil is not enough to be the basis to make sulfur abatement scheme.

Keywords: critical loads of acid deposition, SO_2 dry deposition, exceedance, South China

1 Introduction

With regard to the effects of acid deposition on vegetation it is not only the indirect impact via soil, but also the direct above-ground exposure to certain concentrations and the above-ground uptake (dry deposition) which is important. However the critical loads of acid deposition, which are usually derived by soil acidification models so far, only reflect the indirect effects of acid deposition, rather than the direct effects of dry deposition (Tao and Feng, 1999a) The concept of critical loads has consequently been criticized because of the difficulties in estimating dry deposition and deposition via fog on the required scales.

In South China, the direct effects of SO_2 and indirect effects of acid deposition (acidification) on ecosystems have both been demonstrated (Shen et al., 1995; Feng and Tao, 1998). Atmospheric concentrations of SO_2 have been shown to cause direct damage to natural ecosystems and crops, as well as having health effects on local and regional scale, and are even supposed to be the more likely cause than acid deposition for the dieback of the masson pine trees in some areas of South China (Shen et al., 1995). So both the direct effects of SO_2 and indirect effects of acid deposition on ecosystems should be simultaneously taken into account.

In this paper, the critical loads of acid deposition for ecosystems in South China are

---

原载于:Water, Air, and Soil Pollution, 2001,130: 1187-1192.

derived by synthesizing the critical loads of acid deposition for soils, the critical loads of SO$_2$ dry deposition for ecosystems, as well their exceedance. The use of the critical load map for making efficient sulfur abatement is also discussed.

2 Description of the Study Area

The region influenced by acid deposition in China lies mainly in South China, including Jiangsu, Anhui, Zhejiang, Fujian, Jiangxi, Hubei, Hunan, Guangdong, Guizhou, Guangxi Zhuang Autonomous Region, the eastern part of Sichuan and Yunnan provinces, Chongqing and Shanghai municipalities (Fig. 1). See also Tao and Feng, 2000a for detailed description.

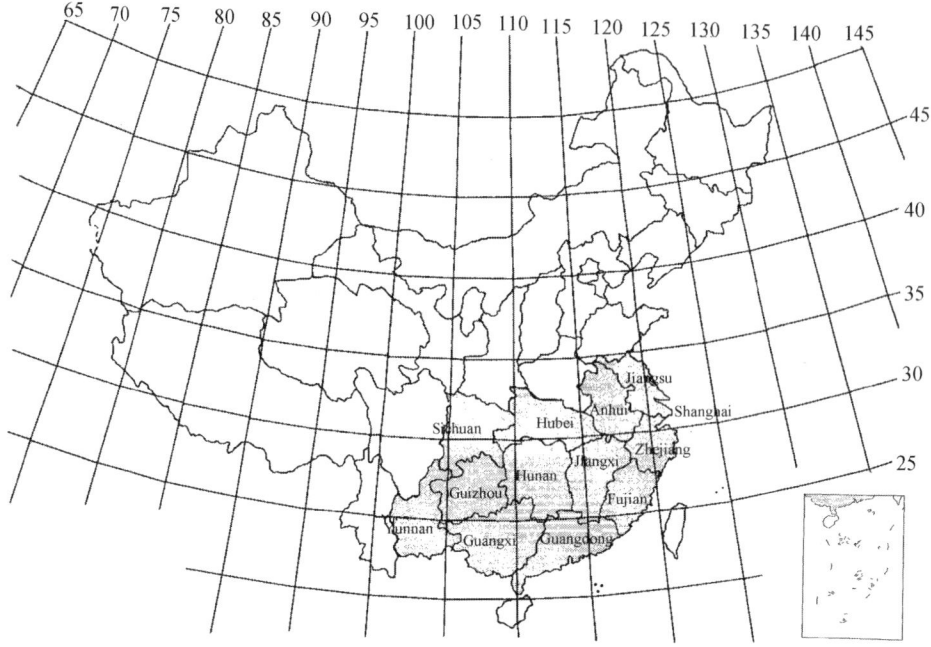

Figure 1. The study area

3 Critical Loads of Acid Deposition for Soils and their Exceedance

3.1 Critical loads of acid deposition for soils

Terrestrial ecosystem sensitivity to acid deposition in South China was assessed by combining the soil type, bedrock lithology, land cover and moisture profit and loss (Tao and Feng, 2000a). Then the critical loads of acid deposition for soils were mapped by combining the ecosystem sensitivity with site-specific studies conducted by MAGIC (Model of Acidification of Groundwater in Catchments)(Tao and Feng, 1999b); (Fig. 2).

The critical loads of acid deposition for soils in South China vary from 2.3—5.2 gSm^{-2} yr^{-1} and increase from the southeast to the northwest on the whole. The most sensitive areas where the critical loads are less than 3.0 gSm^{-2}a^{-1} are the south of Zhejiang province, the areas between Fujian and Guangdong provinces, the southwest part of Guizhou province and the central part of Guangxi Zhuang Autonomous Region.

3.2 Exceedance of critical loads of acid deposition for solis

The exceedance of critical loads for soils can be derived from the critical loads of acid

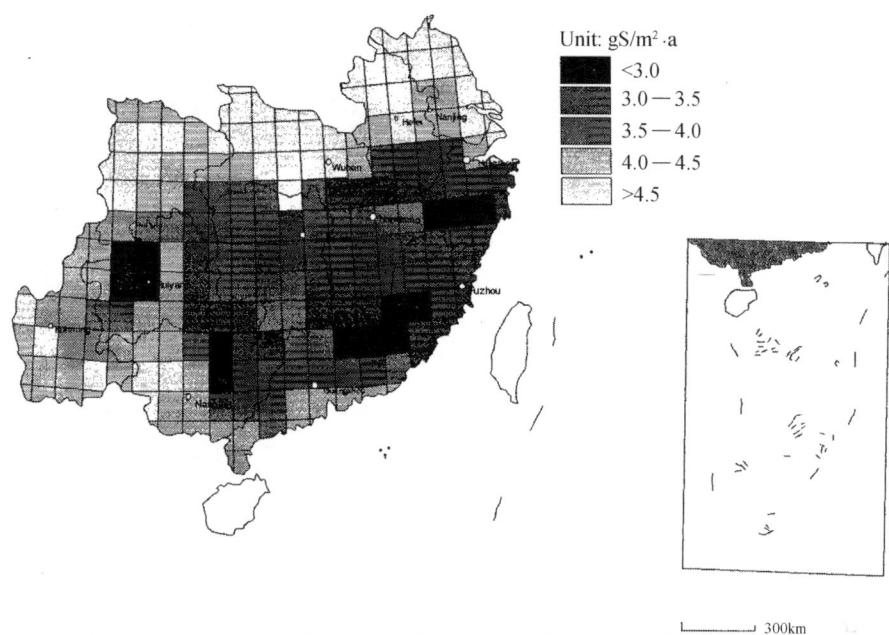

Figure 2. Critical loads of acid deposition for soils in South China

deposition for soils and the total sulfur deposition (Dai et al., 1998). In the Figure 1, if the values of 2.625 gSm^{-2}a^{-1}, 3.125 gSm^{-2}a^{-1}, 3.625 gSm^{-2}a^{-1}, 4.125 gSm^{-2}a^{-1} and 4.625 gSm^{-2}a^{-1} are respectively selected to represent the ranges of < 3.0 gSm^{-2}a^{-1}, 3.0—3.5 gSm^{-2}a^{-1}, 3.5—4.0 gSm^{-2}a^{-1}, 4.0—4.5 gSm^{-2}a^{-1}, > 4.5 gSm^{-2}a^{-1}, and the highest deposition is selected as the representative value in every grid cell, then the excess of critical loads for soils in South China is computed and mapped as Figure 3.

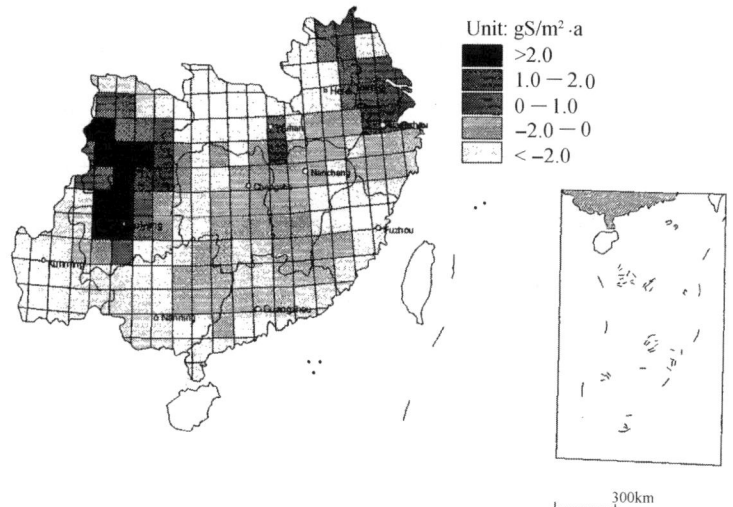

Figure 3. Excess of critical loads for soils in South China

The areas with excess sulfur deposition located in the southeast of Sichuan province, the central and north of Guizhou province, and the most parts of Jiangsu province. The areas with the highest excess (above 2 gSm^{-2}a^{-1}) located in the areas around Chongqing municipality and Guiyang city.

4 Critical Loads of SO$_2$ Dry Deposition for Ecosystems and their Exceedance

Atmospheric concentrations of SO$_2$ can cause direct damage to natural ecosystems and crops, when above the SO$_2$ critical level. However the critical level, represented as air concentration, may not be conveniently used to control pollutants emission as critical load, so it is transferred to equivalent SO$_2$ dry deposition load called the critical load of SO$_2$ dry deposition. The critical loads of SO$_2$ dry deposition in South China were derived from SO$_2$ dry deposition velocity and critical level of SO$_2$ for vegetation by inferential technique. The SO$_2$ dry deposition velocity was from simulation and observations. The SO$_2$ critical levels for coniferous forest, crop and broadleaf forest are assumed to be annual average 20 g m^{-3}, 22.5 g m^{-3} and 25 g m^{-3} according to some references. The exceedance of the critical loads of SO$_2$ dry deposition in South China was computed and mapped (see also Tao and Feng, 2000b).

5 Synthesizing the Critical Loads for Soils and Critical Loads of SO$_2$ Dry Deposition

An attempt to synthesize the critical loads for soils and the critical loads of SO$_2$ dry deposition on one map is needed to prevent confusion among policy-makers when considering abatement schemes. Firstly the restricting factor(s) should be determined in every grid cell according to the critical loads and the degrees to which they are exceeded. The restricting factors can be classified into four categories: critical loads for soils, both critical loads for soils and critical loads of SO$_2$ dry deposition, critical loads of SO$_2$ dry deposition and no excess. The areas in South China are grouped into categories according to their restricting factors and mapped as Figure 4.

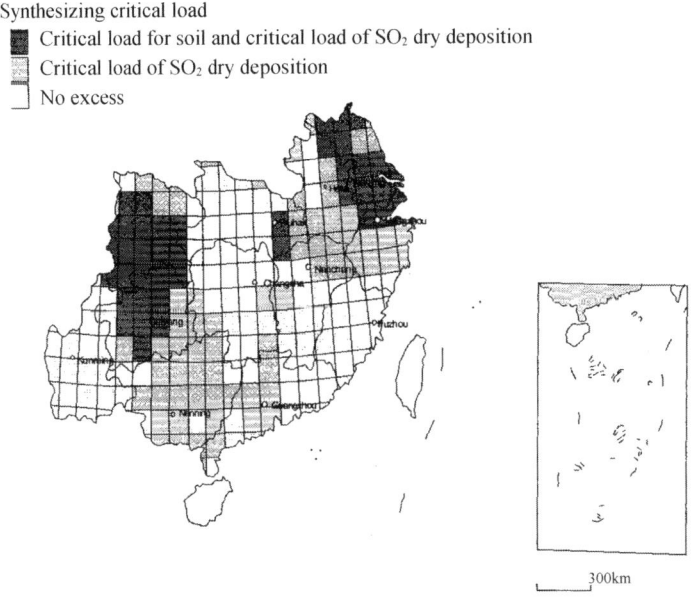

Figure 4. Synthesizing the critical loads for soils and critical loads of SO$_2$ dry deposition

In the southeast of Sichuan province around Chongqing municipality, the central and north of Guizhou province around Guiyang municipality, and the most areas of Jiangsu province, both the critical loads for soils and critical loads of SO_2 dry deposition are exceeded. The both are consequently the restricting factors there, and should be taken into account while the sulfur abatement scheme is made. In Guangxi Zhuang Autonomous Region and some areas among Jiangxi, Zhejiang and Anhui provinces, the critical loads of SO_2 dry deposition is the only restricting factor. There is no area where the critical load for soil is the only restricting factor in South China, so only the critical load for soil is not enough to be the basis to make sulfur abatement scheme. In Fujian province, southeast of Yunnan province, most areas of Hubei and Hunan provinces, both the critical load for soil and critical load of SO_2 dry deposition are not exceeded.

Acknowledgements

The research was funded by the Natural Science Foundation of China (No. 40001023).

References

Dai, Zh., Liu, Y., Wang, X. and Zhao, D: 1998, *Water, Air and Soil Pollution* 108, 377.

Feng Z. and Tao, F.: 1998, *J. of Environ. Science.* 10(4), 505-509.

Shen, J., Zhao, Q. and Tang, H.: 1995, *Water, Air and Soil Pollution* 85, 1299.

Tao, F. and Feng, Z.: 1999a, *China Environmental Science* 19(2), 123.

Tao, F. and Feng, Z.: 1999b, *China Environmental Science* 19(1), 14-17.

Tao, F. and Feng, Z.: 2000a, *Water, Air and Soil Pollution* 118, 231.

Tao, F. and Feng, Z.: 2000b, *Water, Air and Soil Pollution* 124, 429.

Impacts of ozone on the biomass and yield of rice in open-top chambers

JIN Minghong, FENG Zongwei, ZHANG Fuzhu

(*Research Center for Eco-environmental Sciences, Chinese Academy of Sciences, Beijing* 100085. *China*)

Abstract: The impacts of different O_3 concentration on the biomass and yield of rice were studied by using OTC-1 open-top chambers. Experimental treatments included the activated charcoal-filtered air (CFA), 50nl/L (CF50), 100nl/L (CF100) and 200 nl/L (CF200) concentrations of O_3. The O_3 treatments significantly decreased the total biomass per plant. The elevated O_3 exposure resulted in a more decrease in the root growth than in the shoot growth. Assessments of yield characteristics at the final harvest revealed an O_3-induced decrease in the number of grains per plant, resulting from fewer ears per plant, fewer grains per ear and more unfilled grains per ear. The 1000 grain dry weight and the harvest index (HI) were not changed significantly under 50 nl/L or 100 nl/L O_3 exposure, but reduced by 17.0% and 4.8% by 200nl/L O_3 treatment, respectively. Compared to the CFA treatment, CF50, CF100 and CF200 treatments caused a 8.2%, 26.1%, 49.1% decrease of the grain yield per plant, and a 14.2%, 31.7%, 51.7% decrease of the total biomass per plant, respectively. Linear regression showed that the 7h-daily mean O_3 concentration exposure for 3 months (July-September) and AOT40 (cumulative exposure accumulation over threshold 40 nl/L) were well correlated with the relative grain yield. A yield loss of 10% was estimated to be at 46.9 nl/L O_3 for 7h-daily mean O_3 concentration exposure or at 12930 nl/(L·h) O_3 for AOT40.

Key words: open-top chambers; ozone; rice; biomass; yield

Introduction

Ozone (O_3) formed as photochemical smog is the most danger and widespread component in the air pollution. Nowadays, the typical daily maximum O_3 concentrations in urban-suburban and areas have reached 100—400 nl/L and 50—120 nl/L, respectively. Under certain meteorological condition rural O_3 concentrations can exceed suburban one (Colbeck, 1994). Many studies have demonstrated that ambient O_3 reduces the growth and productivity in a wide range of crop in North America (Heck, 1983; Altshuller, 1988), Europe (Fuhrer, 1997), and in many parts of the developing world (Wahid, 1995a, b), in the USA, the National Crop Loss Assessment Network (NCLAN) study has estimates of economic losses resulting from the impacts of O_3 pollution on crop in excess of $ 3 × 10^9$ per year (Adams, 1988). Moreover, the duration and frequency of photochemical episodes are expected to

---

原载于：Water, Air and Soil Pollution, 2001, 125: 345-356.

Foundation item: The National Natural Science Foundation of China (No: 49899270-04)

continue to increase. Long-term records show that the tropospheric O_3 concentration in the north hemisphere is increasing at a rate of 1%—2% per year (Fishman, 1991). To protect agricultural crops from O_3 pollution in long term, regulatory policies are designed such as air quality standards (US), objectives (Canada), guidelines (FRG) and critical levels (Europe). The Europe critical level to protect vegetation against the adverse effects of O_3 is specified as the accumulated exposure over a threshold of 40 nl/L (AOT40) (Grunhage, 1999).

Rice (*Oryza sativa* L.) constitutes the most important agricultural crop in China, consisting of 34.54% of the total cereals plants, occupying an area amounting to 31765.19 × 10^3 hm^2 (China Agriculture Yearbook, 1998a; 1999). Thus, effects of chronic exposures to elevated levels of O_3 on this crop are of great concern to growers, scientists and governments. But in the past research on effects of ozone on crop growth was taken seriously in China. This paper demonstrated that O_3 could make a great impact on the biomass and yield of rice. This paper may be helpful for assessment of crop loss from the O_3 pollution and identification of an critical level to protect crops against adverse effects by O_3 in China.

1 Materials and methods

1.1 Fumigation and cultivation

Experiments were performed at the Agricultural Meteorological Experimental Station of the Chinese Meteorological Bureau, at Dingxing County, Hebei Province. The OTC-1 open-top chamber is octagon, at 3m in diameter, 2.4m in height and 16 m^3 in volume. The construction and performance of the OTCs have been described in detail by Wang Chunyi *et al.* (Wang, 1993). Ozone was generated from pure oxygen by electric discharge (QHG-1 Ozonator, Qinghua University, Beijing). O_3 flux was controlled by a rotor flowmeter to control O_3 flux, and it was mixed with activated charcoal filtered flesh air (CFA), then was applied to chambers through a sublateral tube to provide desired O_3 concentrations, which in each chamber was measured in the center of the OTC. A teflon tubing was used to draw an air sample from each OTC. Control and feedback adjustments of the O_3 concentration were made using an O_3 analyzer model APOH-350E linked to a datalogger (Singlechip, model MCS51).

On 1 May 1999 rice seeds were planted under field condition. Then on 9 June rice seedlings were transplanted to crock pots 36 cm in diameter at top, 26 cm in depth containing surface soil of the field, sand loam in texture and were grown outdoors. In each pot there were 20 plants (4 plant × 5). On 1 July plants were transferred to OTCs to acclimate microenvironment of OTCs. Then plants were exposed to CFA or CFA with different O_3 concentrations for 7 h/d (09:00—16:00) from 4 July to 1 October except on rainy days. Four O_3 exposure levels were used: CFA (5 nl/L), 50 nl/L, 100 nl/L and 200 nl/L, referred to as CFA, CF50, CF100 and CF200, respectively. The plants were well fertilized and were watered with tap water as required. Same agronomic measures were applied to all plots to provide the same cultivation regime over whole growing period.

1.2　Crop measurements

At the final harvest stage (October 2), after seed ripening, 20 plants were harvested from each pot. The root separated from the shoot and the each part of the plant was dried at 70℃ to constant weight before recording the total biomass (dry weight (DW)), the DW of the straw and the root as well as the 1000 grain weight. The number of ear, grain per ear, infertile floret per ear on each plant were also calculated. These data provided the basis for calculation of the straw and the grain weight per plant, the harvest index (HI: ratio of the grain DW to the total above ground DW) and the root: shoot allometric coefficient (K) according to Hunt (Hunt, 1990).

1.3　Statistical analyses

Statistical analyses of data were performed using SPSS 8.0 (SPSS Inc., Chicago, USA), Data were subjected to ANONA to investigate the influence of Chamber/Pot and O_3 on measured variables and to determinate the significant differences among treatments with the Student's t test. No significant differences among chambers/pots were found. Relative yield was regressed linearly against the 7h-daily mean O_3 concentration and AOT40, respectively.

2　Results

2.1　Biomass production

No visible symptoms characteristic of O_3 injury or premature senescence were observed under 50 nl/L O_3 exposure during the experiment. But relatively elevated O_3 exposure (CF100 and CF200 treatments) resulted in visible injuries or leaf senescence such as small lightgreen, yellowish or brown dots, necrolic flecks and chlorotic leaves, and it shortened the growth period to some extent. Effects of elevated O_3 on the total biomass per plant at final harvest are shown in Fig. 1. O_3 fumigation was found to significantly decrease the total biomass per plant. 50 nl/L, 100 nl/L and 200 nl/L resulted in a large decrease in both straw yield (-16.1%, -29.0%, -44.1%, respectively; $P < 0.01$) (Table 1) and the total biomass per plant (-14.2%, -31.7%, -51.7%, respectively; $P < 0.01$). The partitioning of dry matter between root and shoot, as indicated by K, was significantly altered by O_3 (Fig. 2). A larger decrease in the root growth than in the biomass above ground was observed in the relatively elevated O_3 (100 nl/L and 200 nl/L).

2.2　Yield components

The effects of the elevated O_3 on yield components at the final harvest (October 2) are shown in Table 1. Significant effect of elevated O_3 on grain yield per plant were observed. Compared to the CFA treatment, CF50, CF100 and CF200 treatments caused a -8.17% ($P < 0.01$), 26.07% ($P < 0.01$), -49.05% ($P < 0.01$) decrease in grain yield per plant, respectively. Elevated O_3 (CF50, CF100 and CF200) resulted in significant decrease in the number of filled grains per plant—a consequence of an O_3-induced reduction in the number of ears per plant (-1.91%, -6.55%, -16.68%, respectively), in the number of filled grains per ear (-5.22%, -17.92%, -26.45%, respectively) and increase in the number of unfilled grains per ear (30.4%, 62.57%, 157.85%, respectively). However, there were

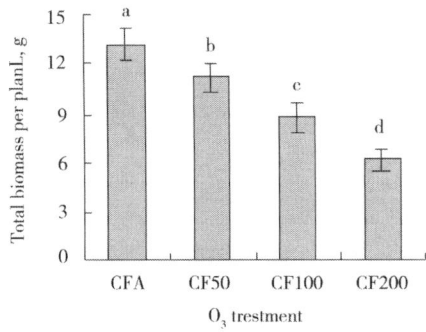

Fig. 1 Effects of elevated O_3 on the total biomass per rice plant; Values represent mean ± SE (n = 20); Different letters above the histogram indicate significant difference among the treatments; $P < 0.01$

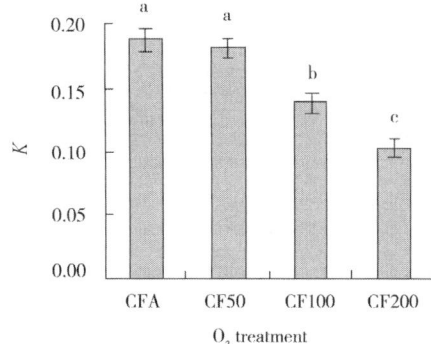

Fig. 2 Effects of elevated O_3 on the allometric root: shoot coefficient (K) of rice plant. Different letters above the histogram indicate significant difference among the treatments; $P < 0.01$

Table 1 Effects of elevated O_3 on the yield components of rice plant

No.	Yield component	Treatment			
		CFA	CF50	CF100	CF200
1	Ears per plant	2.20 ± 0.25a	2.16 ± 0.17a	2.06 ± 0.19a	1.83 ± 0.12b
2	Grains per ear	96.1 ± 11.52a	91.1 ± 9.41b	78.9 ± 10.62c	70.7 ± 9.32d
3	Infertile florets per ears	3.82 ± 1.26a	4.98 ± 1.34b	6.21 ± 1.81c	9.85 ± 2.37d
4	1000 grain dry weigh, g	25.0 ± 3.1a	24.7 ± 2.8a	24.1 ± 2.4a	20.8 ± 2.5b
5	Grain yield per plant, g	5.28 ± 0.57a	4.85 ± 0.55b	3.90 ± 0.47c	2.69 ± 0.37d
6	Straw yield per plant, g	5.70 ± 0.41a	4.78 ± 0.39b	4.05 ± 0.57c	3.19 ± 0.46d
7	Harvest index, %	48.1 ± 7.1a	50.4 ± 6.3a	49.1 ± 5.4a	45.8 ± 4.9b

Notes: Values represent mean ± SE; n = 60 for No. 2,3; n = 20 for No. 1,5,6; n = 4 for No. 4,7; Different letters after the means indicate significant difference among treatments; $P < 0.05$; Harvest index (%) indicate the ratio of the grain DW to the total above ground DW

no significant effects of exposure to elevated O_3 on the 1000 grain DW except a reduction ($P < 0.01$) of the 1000 grain DW induced by 200 nl/L O_3 (-16.99%). The decrease in grain yield per plant, coupled with the reduced above ground biomass and root biomass per plant, resulted in a large impact of elevated O_3 on both the straw yield and the total biomass per plant. The partitioning of dry matter between the grain and the straw (i.e. HI) was not changed significantly by elevated O_3 exposure except CF200 treatment.

2.3 Exposure-crop response

Grain yield per plant in each treatment was calculated and plotted as relative to the yield of CFA treatment. In Fig. 3 it was shown that the linear model was able to accurately predict the relative grain yield as a function of the seasonal (July—September) 7h (9:00—16:00)-daytime mean O_3 concentration (R^2 = 0.991). It was calculated that yield losses of 10% occured at seasonal daytime mean concentration of 46.9 nl/L O_3. In Fig. 4 it is shown that the relatively grain yield also well regressed in linearity against AOT40 (R^2 = 0.971). The estimated accumulated O_3 exposure corresponding to a grain yield loss of 10% was at 12930 nl/(L·h) for AOT40.

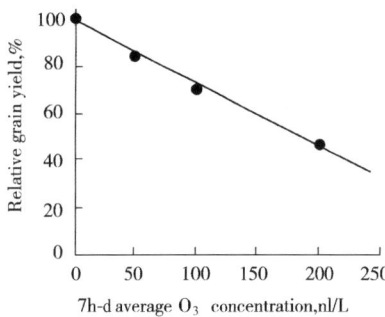
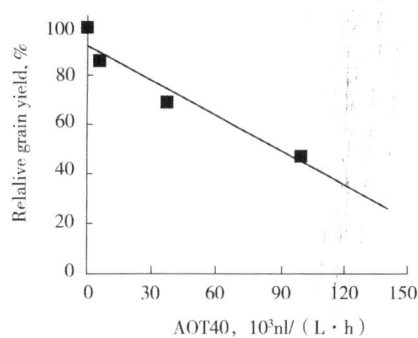

Fig. 3 Linear regression for the relative grain yield of rice plant as a function of the seasonal (July—September) 7h-daily mean O₃ concentration
Model equation: $y = -0.259x + 102.12$ ($R^2 = 0.991$); where y is relative yield (%) and x is mean O₃ concentration

Fig. 4 Linear regression for the relative grain yield of rice as a function of AOT40
Model equation: $y = -0.465x + 96.01$ ($R^2 = 0.971$); where y is relative yield (%) and x is AOT40

3 Discussion

The productivity of rice, the most commonly cereal in China, was found to be significantly decreased as a result of exposure to elevated concentration of O₃ in the open-top chambers. The most common strain of rice in the US was found to be relatively insensitive to O₃ (Adams, 1988). However, our data suggest that common strains of rice used in China are considerably sensitive. Interestingly, the detrimental impacts of the 50 nl/L O₃ on plant often occurred before any typical visible symptoms of O₃ damage were observed- supporting the view that visible damage is not a reliable index for the effects of O₃ on the growth and yield of plant (Davison, 1998).

The reduction in grain yield per plant induced by O₃ was the result of (1) a decrease in the number of ears per plant; (2) a decrease in the number of grains per ear; (3) a increase in the unfilled grains per ear and (4) decreases in the 1000 grain DW or the harvest index under 200ppb treatment. No significant effect of O₃ pollution the 1000 grain DW or the harvest index was found under 50ppb or 100ppb treatment in the present study. The reduction in individual grain size has been related to decreased photosynthesis, accelerated flag leaf senescence, and/or a limitation to the translocation of photoassimilates from the flag leaf. In the present study, CF200 treatment significantly altered K (-61.6%) or HI (-4.8%), indicating there were significant influence on the priority of biomass allocation, and shortening the growth period- premature about 4 days ahead compared to CFA treatment. Those results caused a large decreases in the 1000 grain DW and the grain yield per plant (-17%, -49%, respectively).

Regression analyses showed that the relative grain yield of rice was correlated linearly with the 7h- daily mean O₃ concentration and AOT40. Considering the ambient daytime O₃ concentration in site, was very probably beyond 47 nl/L which may an cause 10% yield losses, about 30—80 nl/L (data not shown in detail here) from July to September. Thus, the ambient O₃ concentration is sufficiently high to cause adverse effect on rice in the open field to large extent.

Finally, the deposition of O_3 and thus the dose, is restricted by a number of resistance in the crop field (Leuning, 1979), which he different from those in OTC. The boundary layer conditions around the exposed plants may allow a faster O_3 deposition compared to the canopy boundary layer in the cultivated field (Heagle, 1988). Thus, the yield loss observed in this experimental system could probably be overestimated compared to that in the natural field situation. Reich suggested that O_3 uptake by plants may be a more suitable parameter accounting for O_3 effects on the plant than O_3 concentration itself (Reich, 1987). Thus, at present, lack of knowledge concerning O_3 uptake by plant in the chamber may impose some limitations to the predictive capacity of the OTC as a test system for a quantitative estimation of crop loss due to the O_3 air pollution.

References:

Adams R M., Glyer J D, Mccarl B A, 1988. The NCLAN economic assessment: approaches and findings and implications [M] (Ed. by Heck, W. W., Taylor, O. C., Tingey, D. T.), Assessment of crop loss from air pollution. London: Elsevier. 473-504.

Altshuller A P, 1988. Assessment of crop loss from air pollutant [M] (Ed. by W. W. Heck, O. C. Taylor and D. T. tingey). London: ELsevier Applied Since. 65-89.

Colbeck 1, Mackenzie A R, 1994. Air pollution by photochemical oxidants [M]. London: Elsevier. 232-234.

Davison A W, Barnes J D, 1998. Effect of ozone on wild plants [J]. New Phytologist, 139: 135-151.

Fishman J, 1991. The global consequence of increasing tropospheric ozone concentration [J]. Chemosphere, 1991: 22: 685-695.

Fuhrer J, Skarby L, Ashmore M R, 1997. Critical levels for ozone effects on vegetation in Europe [J]. Environmental Pollution, 97 (1/2): 91-106.

Grunhage L, Jager H J et al., 1999. The European critical level for ozone: improving their usage [J]. Environmental Pollution, 105:163-173.

Heagle A S, Kress L W et al., 1988. Factors influencing ozone dose-yield response relationships in open-top field chamber studies [M]. Assessment of crop loss from air pollutants (Ed. by W. W. Heck, O. C. Taylor and D. T. Tingey). London: Elsevier Applied Science. 141-179.

Heck W W, Adams R M, Cure W W et al., 1983. A reassessment of crop loss from ozone [J]. Environmental Science and Technology, 12: 572A-581A.

Hunt R, 1990. Basic Growth Analysis [M]. London: Unwin Hyman.

Leuning R, Neumannn H H, Thurtell G W, 1979. Ozone uptake by corn (*Zermays* L.): A general approach [J]. Agric Meteorol, 20, 115-135.

Reich P B, 1987. Quantifying plant response to ozone: A unifying theory [J]. Tree Physiol, 3, 63-91.

The Editorial Committee of China Agriculture Yearbook, 1999. China Agriculture Yearbook 1998 [M]. Beijing: China Agriculture Press. 306.

Wahid A, Maggs R et al., 1995a. Air pollution and its impacts on wheat yield in the Pakistan Punjab [J]. Environmental Pollution, 88, 147-154.

Wahid A, Maggs R et al., 1995b. Effects of air pollution on rice yield in the Pakistan Punjab [J]. Environmental Pollution, 90: 323-329.

Wang C Y et al., 1993. The construction and the system for data collection of Open-Top Chambers (OTC-1) [J]. Meteorology, 19(4): 15-19.

Chemical composition of precipitation in Beijing area, northern China

FENG Zongwei[1], HUANG Yizong[1], FENG Yanwen[2], NORIO Ogura[2]
and ZHANG Fuzhu[1]

(1. Research Center for Eco-Environmental Sciences, Chinese Academy of Sciences, Beijing, 100080, China
2. Tokyo University, Agriculture & Technology, Tokyo, 183)

Abstract: Variations of anions (SO_4^{2-}, NO_3^-, NO_2^-, Cl^- and F^-), cations (K^+, Na^+, Ca^{2+}, Mg^{2+} and NH_4^+) and pH values in precipitation, througfall and stemflow samples collected over a four-year period (1995-1998) in Beijing (two sites Zhongguancun and Mangshan) are presented. The annual volume-weighted range of pH values were 6.57—7.11 in precipitation, 5.46—6.86 in thoughfall and 5.32—6.41 in stemflow. The fominant anion was SO_4^{2-}, while Ca^+ and NH_4^+ were the main cations in precipitation, throughfall and stemflow. Most of ion concentrations with precipitation, throughfall and stemflow volume showed negative correlation, except for some ones. Significant correlation values were also found between ions (SO_4^{2-}, NO_3^-, Cl^-, F^-, Ca^{2+}, Mg^{2+} and Na^+) in precipitation, throughfall and stemflow indicated the common sources of these ions such as coal combustion, automobile emission and fertilizers application. Compared to precipitation, there was an increased ion concentration in throughfall or in stemflow. Changes of ion concentrations were in *Quercus liatungensis* Koiz. and *Pinus tabulaefornis* Carr. throughfall (or stemflow) because of different crown and bark qualities of tree species.

Key words: chemical composition, precipitation, small forested catchment

1 Introduction

Acid deposition has received attention due to its damage to the ecosystem. Not only deterioration of marble structures and ancient moniments are reported, also the acidification of water bodies and soils (Camuffo *et al.*, 1984; Cheng *et al.*, 1987; Hendriksen *et al.*, 1988; Ulrich, 1989). Ogura and Feng (1994) showed that productivity of coniferous and broad-leaved trees were lower in high frequency areas of acid deposition. Moreover, emergence rate of chronic rinoantries and chronic pharyngitis for children as well as prevalence diseases of eyes and respiratory system for elder were increased at seriously acid rain polluted areas (Feng *et al.*, 1998). Study on chemistry of atmospheric deposition has been taken as an efficient method for investigation of forest health, biogeochemical budgets, and surface water acidification (Likens *et al.*, 1977; Schwartz, 1989). Therefore intensive researches in precipitation chemistry have been reported (Dillon *et al.*, 1988; Balls, 1989; Gillet *et al.*, 1990; Clarke *et al.*, 1990; Laurilla, Norden, 1991; Alebic-Juretic, 1994; Shibata *et al.*,

原载于：Water, Air and Soil Pollution, 2001, 125: 345-356.

1995; Krupa and Nosal, 1999). Some researches of acid deposition have been carried out in the southern and southwest China (Zhao et al., 1994; Zhang et al., 1996). In this work the results of precipitation throughfall and stemflow analyses in the Beijing area (city and suburb), northern China, are given. This study is part of the cooperative research between China and Japan on impacts of atmospheric precipitation on small forested catchment areas.

2 Experimental Sites and Methods

Two experimental sites in the Beijing area were chosen for this study (Figure 1): Zhongguancun and Mangshan. Zhongguancun is located in Beijing city with a heavy traffic. The other site is located in Mangshan National Forest Park (Changping country), about 40 km from Beijing city with light traffic. The annual average temperature is 11.8 °C and average precipitation 613 mm. The precipitation of three months (July, August and September) accounts for about 76% of annual precipitation. The Mangshan site has altitudes from 138 to 400 m, with area 12.3 hm^2. The forest in the catchment represents man-made, coniferous-broad leaf mixed forest, about 40 a of stand age. The dominant coniferous species is P*inus tabulaefornis* Carr. and dominant broad-leaved species Q*uercus liaotungensis* Koiz.

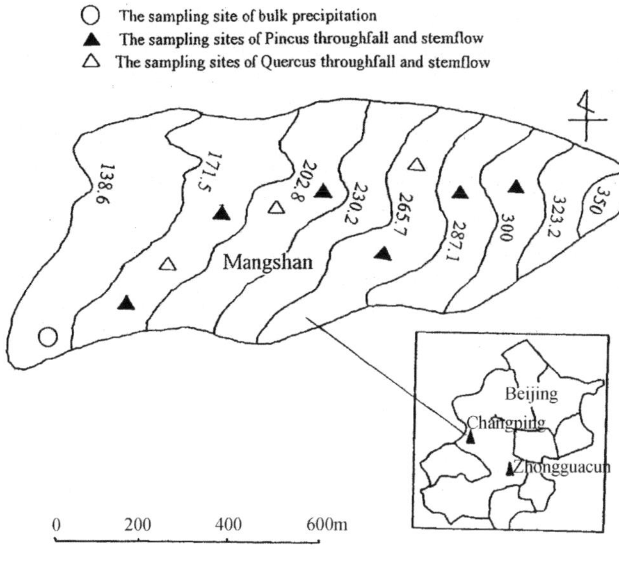

Figure 1. Map of the sampling sites in Beijing area.

From 1995 to 1998, precipitation in Zhongguancun and precipitation, throughfall and stemflow in Mangshan were collected every 10-day period. Throughfall and stemflow were collected under canopies and from stems of trees (*Pinus* and *Quercus*) respectively, while precipitation was collected outside the forest. Rainfall mainly occurred in June, July, August, September and October, therefore, we couldn't collect enough samples to analyze in other month.

The samples were refrigerated prior to chemical analyses in the laboratory. The pH of the samples was determined by pH-meter (PHL-20). The concentrations of F^-, Cl^-, NO_3^-, SO_4^{2-} were determined by ion chromatography (Yokogawa, 1200). Concentrations of K^+,

Na^+, Ca^{2+}, Mg^{2+} were determined by atomic absorption spectrometry (Shimadzu, 670/AA). The concentrations of NH_4^+ were determined by spectrophotometrically (Shimaszu, UV-140-01).

Annual ion average concentrations and pH values were calculated by volume-weighted average concentrations, VWA.

$$CWA = 6ViCi/6Vi$$

where Ci and Vi are the ion concentration and volume in sample i, with $i = 1,2,3,\ldots,n$ and n total number of samples. The hydrogen ion concentration was calculated from the individual events pHs converted to HC and volume-weighted.

3 Results and Discussions

3.1 pH Values

The pH values of precipitation, throughfall and stemflow are shown in Table 1. During the period 1995—1998, pH values in Zhongguancum and Mangshan of precipitation ranged from 6.35—7.30 and 6.35—7.52, respectively, while the volume-weighted average pH values were 6.87 and 6.68, respectively. The pH values in rain water are affected by acidic materials (mainly SO_4^{2-} and NO_3^-) and alkaline materials (mainly Ca^{2+}, Mg^{2+} and K^+). In this study, high concentrations of alkaline materials such as Ca^{2+}, NH_4^+, Mg^{2+}, K^+ and Na^+ are found in the rainwater (Table 2), many of which are derived from soil dust. Negative correlation is found between H^+ and other ions, especially H^+ and other ions, especially H^+ and Ca^{2+}, Mg^{2+}, SO_4^{2-} and F^-, having signification correlation values (Table 3). Acid neutralizing capacity of alkaline resulted in neutral or alkaline rainwater in Beijing area.

Table 1 The ranges and volume-weighted average pH values in precipitation, throughfall and stemflow

Sample	1995	Mean	1996	Mean	1997	Mean	1998	Mean
Precipitation								
Zhongguancun	6.63-7.19	6.76	6.40-7.20	6.91	6.40-7.30	7.11	6.35-6.98	6.77
Mangshan	6.50-6.93	6.70	6.40-7.20	6.95	6.40-7.20	6.75	6.35-7.52	6.57
Throughfall								
Pinus	6.59-7.03	6.65	6.20-7.10	6.86	6.20-6.90	6.60	4.70-6.44	5.46
Quercus	6.47-6.87	6.59	6.30-7.00	6.78	6.30-6.80	6.71	4.91-6.78	6.22
Stemflow								
Pinus	5.21-6.00	5.73	5.90-6.70	6.17	5.60-6.60	6.07	5.09-6.04	5.32
Quercus	5.33-6.18	5.99	6.10-6.70	6.41	5.10-7.00	5.82	5.05-5.77	5.49

Except for several samples pH < 5.6 in 1998, the pH values in *Pinus* throughfall and *Qwercus* throughfall were comparable with that of precipitation in the other three years. The volume-weighted average pH values were 6.44 and 6.59 respectively for *Pinus* throughfall and *Quercus* throughfall during the 1995—1998 period. Either *Pinus* stemflow or *Quercus* stemflow, pH values were lower than that of precipitation, which ranged from 5.09—6.70 and 5.05—7.00, respectively. The volume-weighted average pH values in *Pinus* stemflow and *Quercus* stemflow were 5.91 and 6.04, respectively. This is likely due to the solution of organic acid from trees which resulted in low pH values in throughfall and stemflow.

Table 2 Ion concentrations (μeq/L) and pH values of rainwater in Beijing area (1995—1998) and several other cities (areas)

	Zhong-guansun	Mangshan	Average[a]	Hakyuchi (Japan)[b]	Chongqing (China)[c]	Amman (Jordan)[d]	Manchester (U. K.)[e]
pH	6.87	6.66	6.76	4.56	4.47	6.15	
H^+	0.16	0.20	0.18	27.5	33.6		20.8
F^-	26.9	19.2	23.0	3.0		63.3	
Cl^-	97.2	86.2	91.7	37.0	27.6	128.9	176.0
NO_2^-	3.4	7.1	5.3	0.5			
NO_3^-	54.5	76.5	65.5	39.0	45.0	46.9	35.5
SO_4^{2-}	358.6	334.7	346.6	47.4	469.1	248.8	
K^+	33.3	70.4	51.9	5.3	82.6	19.7	5.5
Na^+	57.2	70.8	64.0	20.1	24.0	137.2	152.1
Ca^+	464.1	228.4	346.2	54.1	417.7	293.9	99.6
Mg^{2+}	86.0	83.5	84.7	13.0	40.3	78.7	34.4
NH_4^+	134.8	115.7	125.3	29.2	105.7	48.6	45.5

[a] The average of Zhongguancun and Mangshan;
[b] Parts of this study. [c] Zhang et al., 1996;
[d] Jaradat et al., 1999. [e] Lee and Longhurst, 1992

Table 3 Correlation Matrix of ion concentrations and volume in precipitation ($n = 35$)

	volume	H^+	F^-	Cl^-	NO_2^-	NO_3^-	SO_4^{2-}	K^+	Na^+	Ca^{2+}	Mg^{2+}	NH_4^+
volume	1.000											
H^+	-0.075	1.000										
F^-	-0.108	-0.370*	1.000									
Cl^-	-0.208	-0.300	0.703**	1.000								
NO_2^-	0.033	-0.221	0.295	0.333*	1.000							
NO_3^-	-0.301	-0.214	0.332*	0.768**	0.321	1.000						
SO_4^{2-}	-0.337*	-0.389*	0.505**	0.476**	0.519**	0.583**	1.000					
K^+	-0.167	-0.135	0.101	0.096	0.144	0.248	0.140	1.000				
Na^+	-0.086	-0.051	0.529**	0.704**	0.657**	0.591**	0.398*	0.113	1.000			
Ca^+	-0.245	-0.407*	0.691**	0.613**	0.288	0.518**	0.840**	0.103	0.318	1.000		
Mg^{2+}	-0.258	-0.360*	0.433**	0.853**	0.281	0.772**	0.493**	0.072	0.434**	0.594**	1.000	
NH_4^+	-0.108	-0.261	0.079	0.012	0.032	0.196	0.183	-0.192	0.107	0.002	0.043	1.000

Significance levels: * $p < 0.05$ ** $p < 0.01$

3.2 Variations of ion concentrations in precipitation, throughfall and stemflow

3.2.1 Ion Concentrations in Precipitation

Annual variability of ion concentrations in precipitation was presented in Figure 2a, b. Most of the ions had the largest concentrations in 1997 when there was the smallest precipitation volume (323 mm) at Zhongguancun, while at Mangshan the variability was little between years. Correlation calculations showed a negative correlation between most ion concentrations (except for NO_2^-) and precipitation volume, especially SO_4^{2-} volume, having a significant correlation value ($r = 0.337$) (Table 3). This might be due to rainwater dilution; decrease of ion concentrations when precipitation volume increased, otherwise, ion concentrations increased.

The dominant anion is SO_4^{2-}, with volume-weighted average concentration 358.6meq L^{-1} at Zhongguancum and 334.7 meq L^{-1} at Mangshan, accounting for 66.3 and 63.9% of the measured anions respectively at these two sites. This indicated that acid rain pollution in Beijing area is of a sulphuric-acid type. Similar results were also found in several cities of China (Zhao and Sun, 1986; Quan and Li, 1988). This was ascribed to taking coal as the major energy resource in China. The second highest anion, Cl^-, had concentrations of 97.2 meq L^{-1} at Zhongguancun and 86.2 meq L^{-1} at Mangshan.

The main cations at Zhongguancun were Ca^{2+} and NH_4^+, with concentrations 464.1 meq L^{-1} and 134.8 meq L^{-1} respectively, making up 77.2% of the measured cations. At Mangshan these two cations had concentrations 228 and 115.7 meq L^{-1}, respectively. Concentrations of Mg^{2+} were 86.0 meq L^{-1}, Na^+ 57.2 meq L^{-1} and K^+ 33.4 meq L^{-1} at Zhongguancun and Mg^{2+} were 83.5 meq L^{-1}, Na^+ 70.8 meq L^{-1} and K^+ 70.4 meq L^{-1} at Mangshan. Although only few industries and light traffic were found at Mangshan, ion concentrations at this site were close to those at Zhongguancun, indicating that atmospheric pollution would transfer from city to suburb.

Significant correlation values were found between ions (SO_4^{2-}, NO_3^-, Cl^-, F^-, Ca^{2+}, Mg^{2+} and Na^+) indicating that these elements have a common source (Table 4). The main source of these elements is soil dust. Ca^{2+}, K^+, NH_4^+ are predominant constituent of soil dust in Beijing area (Wang, 1997). Another source of these elements is industrial activity as well as agricultural activity near the study site. The Na^+/Cl^- ratio of seawater in 0.86 (Brewer, 1975). About 39% of the samples had Na^+/Cl^- ratio in the range of 0.86 ± 0.15 for Zhongguancun and 53% for Mangshan. This indicated that sea salt was likely one of the sources of these elements.

Comparison of chemical compositions of rainwater in Beijing area and in several other cities (areas) was presented in Table 2. Concentrations of SO_4^{2-}, NO_3^-, Ca^{2+}, Mg^{2+}, K^+ and NH_4^+ in Beijing area were higher than those reported in Amman, Manchester and Hakyuchi. The high concentrations of these ions may be attributed to soil dust and antropogenic factors such as coal combustion, auto mobile emission and fertilizers application. Concentrations of Cl^- and Na^+ in Beijing area were higher than those in Hakyuchi, but lower than those in Amman and Manchester. This indicates that the contribution of sea salt in these cities (areas) is different. The mains ions of rain water in Beijing area and Chongqing were SO_4^{2-}, Ca^{2+} and NH_4^+ indicating that either in the south or in the north of China, there is the common trend of atmospheric pollution. The same result was reported by Zhang et al. (1996).

3.2.2 Ion Concentrations in Throughfall and Streamflow

Figure 2.c,f showed the annual variation of ion concentrations in throughfall and stemflow. The same as in precipitation, high ion concentrations occur when the volume of throughfall and stemflow is small Except for BH_4^+, negative correlation values were found between most of ion concentrations and volume of throughfall and stemflow (Table 4 and Table 5).

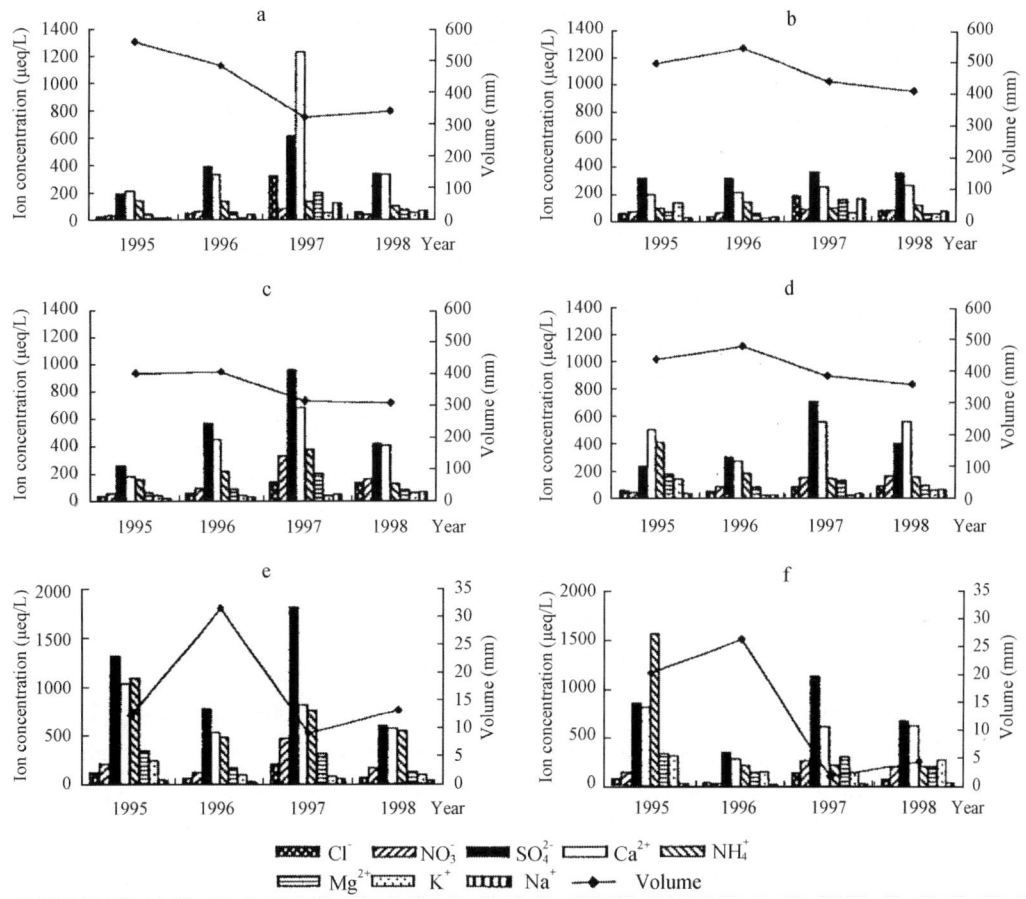

Figure 2. Annual veriation of ion concentrations in precipitation, throughfall and stemflow
a: precipitation at Zhongguancum; b: precipitation at Mangshan; c: *Pinus* throughfall; d: *Quercus* throughfall; e: *Pinus* stemflow; f: *Quercus* stemflow

Table 4 Correlation Matrix of ion concentrations and volume in throughfall ($n = 32$)

	volume	H^+	F^-	Cl^-	NO_2^-	NO_3^-	SO_4^{2-}	K^+	Na^+	Ca^{2+}	Mg^{2+}	NH_4^+
volume	1.000											
H^+	-0.022	1.000										
F^-	-0.313	-0.165	1.000									
Cl^-	-0.356*	-0.195	0.482**	1.000								
NO_2^-	0.289	-0.190	0.042	-0.060	1.000							
NO_3^-	-0.371*	0.126	0.526**	0.456**	-0.054	1.000						
SO_4^{2-}	-0.322	-0.124	0.806**	0.598**	0.212	0.816**	1.000					
K^+	-0.297	0.000	0.027	0.420*	-0.202	0.586**	0.319	1.000				
Na^+	-0.083	-0.221	0.250	0.758**	0.026	0.240	0.322	0.379*	1.000			
Ca^+	-0.336	-0.084	0.478**	0.555**	-0.050	0.842**	0.725**	0.682**	0.526**	1.000		
Mg^{2+}	-0.173	-0.184	0.466**	0.382*	-0.018	0.486**	0.475**	0.504**	0.497**	0.763**	1.000	
NH_4^+	0.342*	-0.210	0.141	-0.132	0.212	0.059	0.093	0.071	0.026	0.139	0.495**	1.000

Significance levels: * $p < 0.05$ ** $p < 0.01$

Table 5 Correlation Matrix of ion concentrations and volume in stemflow ($n=33$)

	volume	H$^+$	F$^-$	Cl$^-$	NO$_2^-$	NO$_3^-$	SO$_4^{2-}$	K$^+$	Na$^+$	Ca^{2+}	Mg^{2+}	NH$_4^+$
volume	1.000											
H$^+$	-0.118	1.000										
F$^-$	-0.242	-0.138	1.000									
Cl$^-$	-0.389*	0.199	0.681**	1.000								
NO$_2^-$	-0.147	-0.010	0.145	0.201	1.000							
NO$_3^-$	-0.376*	0.483**	0.059	0.532**	-0.099	1.000						
SO$_4^{2-}$	-0.430**	0.258	0.388*	0.778**	0.109	0.854**	1.000					
K$^+$	-0.276	0.272	0.024	0.341	0.225	0.149	0.302	1.000				
Na$^+$	-0.295	0.337*	0.641**	0.792**	0.165	0.300	0.580**	0.510**	1.000			
Ca$^+$	-0.317	0.464**	0.133	0.635**	-0.061	0.732**	0.758**	0.556**	0.565**	1.000		
Mg^{2+}	-0.366*	0.389*	0.036	0.525**	0.029	0.720**	0.718**	0.587**	0.393*	0.887**	1.000	
NH$_4^+$	0.294	-0.174	0.047	0.053	-0.024	0.013	0.203	0.079	0.047	0.115	0.109	1.000

Significance levels: * $p<0.05$ ** $p<0.01$

Sulphate was the dominant anion in throughfall as well as in stemflow, while Ca^{2+} and NH_4^+ were the main cations. These were also the same as in precipitation. Most of ions had the increased concentrations in throughfall or in stemflow compared to precipitation. This was in accord with several studies (Babe et al., 1995, Li and Chen, 1997; Ukonmaanaho et al., 1998). The increase of ion concentrations in stemflow was larger than that in throughfall. The throughfall : precipitation ratios of the measured ions came in the following order, from highest: NH_4^+ (1.9 to 2.1), Ca^{2+} (1.8 to 2.1), NO_3^- (1.5 to 2.0), F^- (1.5 to 1.7), Mg^{2+} (1.3 to 1.6), SO_4^{2-} (1.2 to 1.6), NO_2^- (0.7 to 1.7), Cl^- (0.9 to 1.1), K^+ (0.7 to 1.0) and Na^+ (0.7), while the stemflow : precipitation ratios were (in decending order): NH_4^+ (5.6 to 8.3), Mg^{2+} (2.6 to 3.2), Ca^{2+} (2.8 to 2.9), K^+ (1.7 to 3.7), F^- (2.0 to 3.1), SO_4^{2-} (2.1 to 2.9), NO_3^- (1.6 to 2.5), Cl^- (0.8 to 1.1), NO_2^- (0.6 to 0.9) and Na^+ (0.5).

Ion concentrations in throughfall and stenflow differed between tree species (Table 6). For all measured ions, concentrations of Ca^{2+}, Mg^{2+}, K^+, NH_4^+ and F^- on Quercus throughfall were higher than those in Pinus throughfall, while concentrations of SO_4^{2-}, NO_3^-, Cl^- and Na^+ were lower in Quercus throughfall than in Pinus throughfall. In Quercus stemflow, concentrations of SO_4^{2-}, NO_3^-, Cl^-, F^- and Na^+ were lower than those in Pinus stemflow, except for K^+ and NH_4^+. Significant correlation values were also found between ions (SO_4^{2-}, NO_3^-, Cl^-, F^-, Ca^{2+}, Mg^{2+}, K^+ and Na^+) in throughfall and stemflow (Tables 4 and Table 5), indicating that these ions have the common sources such as soil dust, coal combustion and so on. Soil dust adsorbed by trees varied in magnitude depending to tree species, as well as by crown and bark qualities. The leaching of soil dust from crown and bark resulted in higher ion concentrations in throughfall and stemflow than in precipitation. Differences in ion concentrations between Quercus and Pinus throughfall (or stemflow) in this study probably contributed to taller and wider canopies of Quercus than Pinus. Moreover, ions uptake in leaves, branches and bark was probably one of the reasons.

Table 6 Ion concentrations (μeq/L) of precipitation, throughfall and stemflow at Mangshan (1995—1998)

Ion	Precipitation	Throughfall Pinus	Throughfall Quercus	Stemflow Pinus	Stemflow Quercus	TP/P [a]	TQ/P [b]	SP/P [c]	SQ/P [d]
F^-	19.2	28.9	32.9	60.1	37.9	1.5	1.7	3.1	2.0
Cl^-	86.2	92.5	76.7	92.6	71.6	1.1	0.9	1.1	0.8
NO_2^-	7.1	11.8	4.9	4.0	6.5	1.7	0.7	0.6	0.9
NO_3^-	76.5	155.4	115.7	194.1	125.2	2.0	1.5	2.5	1.6
SO_4^{2-}	334.7	538.1	412.2	985.8	709.6	1.6	1.2	2.9	2.1
K^+	70.4	51.9	69.3	122.6	258.1	0.7	1.0	1.7	3.7
Na^+	70.8	47.1	46.4	34.3	32.5	0.7	0.7	0.5	0.5
Ca^+	228.4	420.2	475.7	672.8	630.0	1.8	2.1	2.9	2.8
Mg^{2+}	83.5	112.3	130.1	213.5	267.5	1.3	1.6	2.6	3.2
NH_4^+	115.7	221.2	238.7	647.2	954.9	1.9	2.1	5.6	8.3

[a] The Pinus throughfall: precipitation ratio of ions. [b] The Quercus throughfall: precipitation ratio of ions. [c] The Pinus stemflow: precipitation ratio of ions. [d] The Quercus stemflow: precipitation ratio of ions.

4 Conclusions

Rainwater in Beijing area was non-acidic. The volume-weighted average pH value of precipitation was 6.87 at Zhongguancun and 6.68 at Mangshan during the period 1995 to 1998. The pH values in Pinus throughfall (6.44) and Quercus throughfall (6.59) were close to those in precipitation, but decreased in Pinus stemflow (5.91) and Quercus stemflow (6.04).

In precipitation SO_4^{2-} was the dominant anion, accounting for 66.3% of the measured anions at Zhongguancum and 63.9% at Mangshan, while Ca^{2+} and NH_4^+ made up 77.2 and 60.5% of the measured cations at these two sites, respectively. Similar results were also found in throughfall and stemflow.

Most of ion concentrations were higher in throughfall or in stemflow than in precipitation. The throughfall: precipitation ratios were in descending order: NH_4^+ (1.9 to 2.1), Ca^{2+} (1.8 to 2.1), NO_3^- (1.5 to 2.0), F^- (1.5 to 1.7), Mg^{2+} (1.3 to 1.6), SO_4^{2-} (1.2 to 1.6), NO_2^- (0.7 to 1.7), Cl^- (0.9 to 1.1), K^+ (0.7 to 1.0) and Na^+ (0.7), while the stemflow: precipitation ratios were: NH_4^+ (5.6 to 8.3), Mg^{2+} (2.6 to 3.2), Ca^{2+} (2.8 to 2.9), K^+ (1.7 to 3.7), F^- (2.0 to 3.1), SO_4^{2-} (2.1 to 2.9), NO_3^- (1.6 to 2.5), Cl^- (0.8 to 1.1), NO_2^- (0.6 to 0.9) and Na^+ (0.5).

Most of the ion concentrations with precipitation, throughfall and stemflow volume showed a negative correlation. Sigificant correlation values were also found between ions (SO_4^{2-}, NO_3^-, Cl^-, F^-, Ca^{2+}, Mg^{2+} and Na^+) in the precipitation, throughfall and stemflow, indicating the common sources of these ions.

Ion concentrations in throughfall and stemflow differed between tree species (Quercus and Pinus) due to taller and wider canopies of Quercus than Pinus.

Acknowledgments

We thank Mangshan National Forest Park for providing experimental sites. The study was finacially supported by the Grant-in-Aid for Scientific Research of the Ministry of Education, Science and Culture of Japan.

References

Alebic-Juretic, A. A.: 1994, *Water, Air, and Soil Pollut.* 78, 343.

Baba, M., Okazaki, M. and Hashitani, T.: 1995, *Water, Air, and Soil Pollut.* 85, 1215.

Balls, P. W.: 1989, *Atmos. Environ.* 23, 2751.

Brewer. P. G.: 1975, *Chemical Oceanography*, Academic Press, New York, 1, pp 417.

Camuffo, D., Del Monte, M. and Ongaro, A.: 1984, *Sci. Total. Environ.* 40, 125.

Cheng, R. J., Hwu, R. J., Kim, J. T. and Leu, S. M.: 1987, *Annal. Chem.* 59, 104A.

Clarke, A. G., Lambert, D. R. and Willson, M. J.: 1990, *Atmos. Environ.* 24B, 159.

Dillon, P. J. and Lusis, M., Reid, R. and Yap, D.: 1988, *Atmos. Environ.* 22, 901.

Feng, Z. W., Zhang, F. Z. and Tao, F. L.: 1998, in CCAST-WL Series (Chinese), 78, 47.

Gillet, R. W. and Ayers, G. P.: 1990, *Sci. Total. Environ.* 92, 129.

Hendriksen, A., Lien, L., Traaen, T. S., Sevaldrud, I. S. and Brakke, D. F.: 1988, *Ambio* 17, 259.

Jaradat, Q. M., Momani, K. A., Jiries, A. G., El-Alali, A., Batarseh, M. I., Sabri, T. G. and Al-Mimani, I. F.: 1999, *Water, Air, and Soil Pollut.* 112, 55.

Krupa, S. and Nosal, M.: 1999, *Environ. Pollut.* 104, 477.

Laurilla, T.: 1990, *Water, Air. and Soil Pollut.* 52, 295.

Lee, D. S. and Longhurst, J. W.: 1992, *Atmos. Environ.* 26A, 2868.

Li, H. T. and Chen, L. Z.: 1997, in *Study on Structure and Function of Forest Ecosystem at Warm-Temperate Zone* (Chinese), p. 163.

Likens, G. E., Bormann, F. H., Piece, R. S., Eaton, J. S. and Johnson, N. M.: 1977, *Biogeochemistry of a Forested Ecosystem*, Springer-Verlag, New York, p. 44.

Norden, U.: 1991, *Water, Air, and Soil Pollut.* 60, 209.

Norio, N. and Feng, Z. W.: 1994, in Proceedings of China-Japan Joint Symposium-Impact of Salingation and Acidification on Terrestrial Ecosystems and Their Rehabilitation in East Asia, 173.

Qgura, W. and Li, Y.: 1988, *Acid Rain and Agriculture* (Chinese), p. 55.

Schwartz, S. E.: 1989, *Science* 243, 753.

Shibata, H., Satoh, F., Tanaka, Y. and Sakuma, T.: 1995, *Water, Air, and Soil Pollut.* 85, 1119.

Ukonmaanaho, L., Starr, M. and Ruoho-Airola, T.: 1998, *Water, Air, and Soil Pollut.* 105, 353.

Ulrich, B.: 1989, in *Acidic Precipitation* 2, Springer-Verlag, New York, 189.

Wang, W.: 1997, Doctor's Paper Saitama University (Japan), 30.

Zhang, F. Z., Zhang, J. Y., Zhang, H. R., Orgura, N. and Ushikubo, A.: 1996, *Water, Air, and Soil Pollut.* 90, 407.

Zhao, D. and Sun, B.: 1986, *Ambio* 15(1), 2.

Zhao, D. W., Hans, M. S., Zhao, D. W. and Zhang, D. B.: 1994, *Water, Air, and Soil Pollut.* 77, 27.

尾叶桉叶片氮磷钾钙镁硼元素营养诊断指标

黄益宗[1], 冯宗炜[1], 李志先[2], 黎向东[2], 杨炳强[2]

(1. 中国科学院生态环境研究中心系统生态开放研究实验室, 北京 100085; 2. 广西大学林学院, 南宁 530001)

摘要: 采用临界值法对尾叶桉幼林材积生长进行叶片营养诊断。试验结果表明, 氮、磷、钾、钙、镁和硼等营养元素的临界浓度分别为 15.3g/kg、1.2g/kg、4.2g/kg、16.1g/kg、2.5g/kg 和 0.019g/kg; 最适浓度范围分别为 15.3—18.1g/kg、1.2—1.7g/kg、4.2—5.6g/kg、16.1—19.8g/kg、2.5—3.0g/kg 和 0.019—0.031g/kg。而对树高生长进行营养诊断时, 上述结果稍微有些变化。试验还得到各营养元素比值的临界值和最适范围。

关键词: 尾叶桉; 叶诊断; 临界值

Diagnosis of foliar nutrients (N, P, K, Ca, Mg, B) of young *Eucalyptus urophylla* Trees

HUANG Yizong[1], FENG Zongwei[1], LI Zhixian[2], LI Xiangdong, YANG Bingqiang

(1. Research Center for Eco-Environmental Sciences, Chinese Academy of Science, Beijing 100085, China; 2. Forestry College, Guangxi University, Nanning 530001, China)

Abstract: Plant nutrient diagnosis can forecast and evaluate fertilizer effectiveness and assist in adjusting fertilization of plants *Eucalyptus urophylla* is a tree species that has many advantages, such as fast growth, resistance to aridity, multiple uses and is widely planted in south China. How to apply fertilizers appropriately for *Eucalyptus urophylla* is a question in the area. The aim of this study was to compute indices for the nutrients N, P, K, Ca, Mg, B related to the volume of *Eucalyptus urophylla*, which could guide fertilizer application. Experiments involving optimal N, P, K and B ratio for fertilization in young trees of *Eucalyptus urophylla* (two years old) were carried out using "416-A" Optimum-Mixed Design, a new experimental method developed in the last twenty years. The nutrition status of *Eucalyptus urophylla* was diagnosed using the Critical Value Approach. Fifteen parabolic regression equations (Significance level: $\alpha \leq 0.1$) were obtained for foliar nutrient concentrations and their specific values relating to the volume. From these equations, maximal volumes (theoretical values) of *Eucalyptus urophylla* were computed. Generally speaking, the critical value of foliar nutrient is the corresponded concentration when volume of *Eucalyptus urophylla* account for ninety percent of maximal volume (theoretical values). The critical values of N, P_2O_5, K_2O were respectively 15.3g/kg, 1.2g/kg and 4.2g/kg, while their optimal content ranges were 15.3—18.1g/kg, 1.2—1.7g/kg and 4.2—5.6g/kg, respectively. Nutrient indices for CaO, MgO and B were also obtained. The critical values and optimal content ranges were

原载于: 生态学报, 2002, 22(8): 1254-1259.

16.1g/kg and 16.1—19.8g/kg for CaO, 2.5g/kg and 2.5—3.0g/kg for MgO, 0.019g/kg and 0.019—0.031g/kg for B. Boron was an important microelement for *Eucalyptus urophylla*. Fertilizers (N, P$_2$O$_5$, K$_2$O) plus B resulted in faster growth than without B treatment. The specific values of nutrient elements were also useful indices for *Eucalyptus urophylla* nutrient diagnosis The critical values of N/CaO, N/B, P$_2$O$_5$/CaO, P$_2$O$_5$/MgO, K$_2$O/CaO, K$_2$O/B, CaO/MgO, CaO/B and MgO/B were respectively 0.81, 550, 0.065, 0.45, 0.23, 140, 6.04, 540, 100, and their optimal content ranges were 0.81—1.07, 550—900, 0.065—0.095, 0.45—0.57, 0.23—0.34, 140—260, 6.04—8.13, 540—1280 and 100—150, respectively. We compared nutrient indices for volume growth to nutrient indices for height growth and found that results differed little. For example, the critical values and optimal content ranges of N were respectively 15.3g/kg and 15.3—18.1g/kg for volume growth, but for height growth, were 15.0g/kg and 15.0—17.6g/kg. The critical values and optimal content ranges for B were respectively 0.019g/kg and 0.019—0.031g/kg for volume growth, and 0.017g/kg and 0.017—0.030g/kg for height growth Similar results were seen for other nutrient elements and their specific values. Therefore, nutrient element indices for volume growth are not useful for height growth.

Key words: *Eucalyptus urophylla*; foliar nutrient diagnosis; Critical Value Approach.

营养诊断是涉及植物营养与土壤化学的一项技术,是预测和评估肥效的一种手段。叶片营养诊断自20世纪20年代在农业上推广后一直沿用至今,为农业的发展做出了极大的贡献,是公认的较成熟的方法。通过对植物叶片的营养诊断研究,可以找出有关营养元素在植物体中的亏缺、适宜和过量的指标值,从而为植物各种缺素症的预测、发生缺素症的矫正和合理施肥提供依据。叶片营养诊断技术目前应用较多的为临界值法(CVA, Critical Value Approach)和综合诊断施肥法(DRIS, Diagnosis and Recommendation Integrated System)[1-2]。最近,加拿大人Khiari等应用营养组成诊断法(CND, Compositional Nutrient Diagnosis)对玉米和马铃薯等作物进行营养诊断,并与临界值法、综合诊断施肥法比较,取得了一系列有价值的营养诊断指标[3-5]。也有报道应用相关值法对尾叶桉和湿地松进行营养诊断[6]。林木营养诊断的研究历史不长,仅二三十年左右,因此,有关这方面的研究报道较少[1,6-9]。本文通过对尾叶桉叶片的分析,用临界值法求出尾叶桉叶片氮、磷、钾、钙、镁和硼等营养元素的临界浓度和最适浓度,以此为桉树的合理施肥,大面积推广提供科学依据。

1 试验地概况

试验地位于广西壮族自治区南宁市郊区的江西乡境内海拔190m无名高地南面的小山丘上,处22°50′N,108°08′E,海拔140—150m,坡度15°以下。属北热带季风性气候,年平均气温22.1—22.3℃,1月平均气温12—13℃,极端最低气温-1— -1.6℃,极端最高气温38.1—40℃,全年≥10℃的积温7685.5℃。年平均降雨量1171.6—1200mm,相对湿度70%—75%。土壤属第四纪红土母质赤红壤,土层深厚。土壤化学分析结果:试验地土壤呈酸性,pH4.0—4.5,有机质11.733—20.290g/kg,全N 0.6497—0.9118g/kg,速效P 0.81—1.48mg/kg,速效K 17.189—23.256mg/kg,有效B 0.1518—0.2716mg/kg。试验地造林前为马尾松疏林。

2 试验方法

2.1 试验设计

采用"416-A"最优混合设计[10],以氮、磷、钾和硼肥的施用量为自变量,以尾叶桉幼林的树高或材积为目标函数。根据"416-A"最优混合设计的要求,对试验因子(自变量)的设计水平进行无量纲线性编码代换(表1),根据自变量编码值相应的肥料施用量,拟订出16个施肥处理组合(表2),以不施肥为对照(CK),处理小区随机排列,2次重复,每小区50株,小区与小区之间有1行保护行。株行距2.0m×3.0m,试验面积1hm²。

表1 自变量水平编码表
Table 1 Coding table of independent variable level

自变量 Independent variable	变化间距 Change clearance	自变量设计水平 Independent variable level (kg/hm²)							
		-1.685	-1.495	-1	-0.908	0	0.644	1	1.685	1.784
N	47.48	0.00		32.52		80.00		127.48	160.00	
P_2O_5	23.74	0.00		16.26		40.00		63.74	80.00	
K_2O	23.74	0.00		16.26		40.00		63.74	80.00	
B	1.40		0.41		1.29		3.40			5.00

表2 施肥试验处理组合
Table 2 Fertilizer recipes of different treatment test (kg/hm²)

处理号 Treat.	N(X_1)	P_2O_5(X_2)	K_2O(X_3)	B(X_4)	处理号 Treat	N(X_1)	P_2O_5(X_2)	K_2O(X_3)	B(X_4)
1	0(80.00)	0(40.00)	0(40.00)	1.784(5.00)	9	-1(32.52)	1(63.74)	1(63.74)	0.644(3.40)
2	0(80.00)	0(40.00)	0(40.00)	-1.494(0.41)	10	1(127.48)	1(63.74)	1(63.74)	0.644(3.40)
3	-1(32.52)	-1(16.26)	-1(16.26)	0.644(3.40)	11	1.685(160.00)	0(40.00)	0(40.00)	-0.908(1.23)
4	1(127.48)	1(16.26)	-1(16.26)	0.644(3.40)	12	-1.685(0.00)	0(40.00)	0(40.00)	-0.908(1.23)
5	-1(32.52)	1(63.74)	-1(16.26)	0.644(3.40)	13	0(80.00)	1.685(80.00)	0(40.00)	-0.908(1.23)
6	1(127.48)	1(63.74)	-1(16.26)	0.644(3.40)	14	0(80.00)	-1.685(0.00)	0(40.00)	-0.908(1.23)
7	-1(32.52)	-1(16.26)	1(63.74)	0.644(3.40)	15	0(80.00)	0(40.00)	1.685(80.00)	-0.908(1.23)
8	1(127.48)	-1(16.26)	1(63.74)	0.644(3.40)	16	0(80.00)	0(40.00)	-1.685(0.00)	-0.908(1.23)

2.2 整地方式与苗木定植

试验地拖拉机全垦整地,深度20—30cm,再在种植行机耕开沟,深40cm。苗木为尾叶桉容器实生苗,由南宁市郊区林业局提供。苗木出圃高度25—40cm。苗木定植在雨后进行,定植时间1996年4月。

2.3 肥料与施肥方法

N:尿素,含有效 N 46%;P:钙镁磷肥,含 P_2O_5 18%;K:氯化钾,含 K_2O 60%;B:硼酸,含有效 B 17%。施肥时间1996年6月,环状开沟一次性施入。

2.4 试验观测

苗木种植之前采集土壤样品,1997年1月采集叶样,样品采集、处理均按国家标准局颁布的"中华人民共和国国家标准"GB7830—7832-87、GB7848—7858-87、GB7877—7883-87和GB7884—7892-87进行。土壤有机质、全氮、速效磷、速效钾和有效硼分别用重铬酸钾比色法、重铬酸钾-硫酸消化法、钼蓝比色法、火焰光度法和姜黄素比色法测定;植物叶样中氮、磷、钾和硼的含量分别用靛酚蓝比色法、钼锑抗比色法、火焰光度法和姜黄素比色法测定,钙和镁的含量用原子吸收光谱法测定。

于1998年1月对树高和胸径进行每木测定。采用单株材积公式计算材积[11]:

$$V = 0.000060288 D^{2.1187} H^{0.6568}$$

3 结果与讨论

植物组织中某营养元素低于临界浓度时,该植物的生长就会受到影响,即有明显的肥效反应。临界浓度一般较难确定,它易受环境条件和其他养分元素的影响。目前,临界浓度的确定多采用"能获得90%最高产量所对应的浓度"[12],建立生长量或产量与植株养分浓度的抛物线回归方程,经检验显著后就可当作诊断用方程。

依据上述原则,应用电子计算机分别拟合出尾叶桉叶片氮、磷、钾、钙、镁和硼的浓度以及两两营养元素之比值与材积之间的抛物线关系,经显著性检验达0.1以上水平显著的有15个方程,见表3。表3中,除了K_2O的浓度与材积的回归检验仅达到0.1显著水平外,其余均达到0.05、0.01或以上显著水平。说明回归方程拟合程度较高,可以用它们来求出尾叶桉叶片各养分元素或比值的临界值。

表3 尾叶桉幼林叶片养分浓度及其比值与材积(Y)的抛物线回归关系

Table 3 Parabolic regression equation relation of foliar nutrient concentrations and their specific values and volume (Y) of *Eucalyptus urophylla* young trees

因变量 Component	自变量 Independent variable	回归方程($n=17$) Regression equation	r值	显著性 Significance
材积(Y) Volume	X_1(N)	$Y = -322.6 + 41.57X_1 - 1.24X_1^2$	0.7055	$>r_{0.01}$
	X_2(P_2O_5)	$Y = -86.32 + 154.92X_2 - 53.85X_2^2$	0.7215	$>r_{0.001}$
	X_3(K_2O)	$Y = -87.11 + 45.02X_3 - 4.58X_3^2$	0.4087	$>r_{0.01}$
	X_4(CaO)	$Y = -199.74 + 24.97X_4 - 0.70X_4^2$	0.7514	$>r_{0.001}$
	X_5(MgO)	$Y = -297.92 + 233.68X_5 - 42.39X_5^2$	0.4830	$>r_{0.05}$
	X_6(B)	$Y = -25.21 + 4100.6X_6 - 82262X_6^2$	0.6503	$>r_{0.01}$
	X_7(N/CaO)	$Y = -96.79 + 256.94X_7 - 136.62X_7^2$	0.7633	$>r_{0.001}$
	X_8(N/B)	$Y = -18.66 + 0.12X_8 - 0.00008X_8^2$	0.6286	$>r_{0.01}$
	X_9(P_2O_5/CaO)	$Y = -48.63 + 1837.3X_9 - 11478X_9^2$	0.7817	$>r_{0.001}$
	X_{10}(P_2O_5/MgO)	$Y = -165.54 + 747.42X_{10} - 732.73X_{10}^2$	0.5069	$>r_{0.05}$
	X_{11}(K_2O/CaO)	$Y = -51.58 + 534.01X_{11} - 939.62X_{11}^2$	0.6527	$>r_{0.01}$
	X_{12}(K_2O/B)	$Y = -2.40 + 0.28X_{12} - 0.0007X_{12}^2$	0.5997	$>r_{0.01}$
	X_{13}(CaO/MgO)	$Y = -89.82 + 32.43X_{13} - 2.29X_{13}^2$	0.7708	$>r_{0.001}$
	X_{14}(CaO/B)	$Y = 9.38 + 0.032X_{14} - 0.00002X_{14}^2$	0.8070	$>r_{0.001}$
	X_{15}(MgO/B)	$Y = -35.84 + 0.99X_{15} - 0.0039X_{15}^2$	0.8370	$>r_{0.001}$

根据方程做抛物线图(图1),在曲线上求出最大材积理论生长量的90%相应的养分浓度为临界值和最适浓度范围,见表4。

从表4可以看出,尾叶桉幼林叶片全氮、全磷和全钾的临界值分别为15.3g/kg、1.2g/kg和4.2g/kg,最适浓度范围分别为15.3—18.1g/kg、1.2—1.7g/kg和4.2—5.6g/kg。叶片全钙、全镁和全硼的浓度指标,在苹果、桃、梨、葡萄等果树中见有报道[13],但桉树极少见报道,本实验得出,尾叶桉幼林叶片全钙、全镁和全硼浓度的临界值分别为 16.1g/kg、2.5g/kg 和 0.019g/kg,最适浓度范围分别为 16.1—19.8g/kg、2.5—3.0g/kg 和 0.019—0.031g/kg。

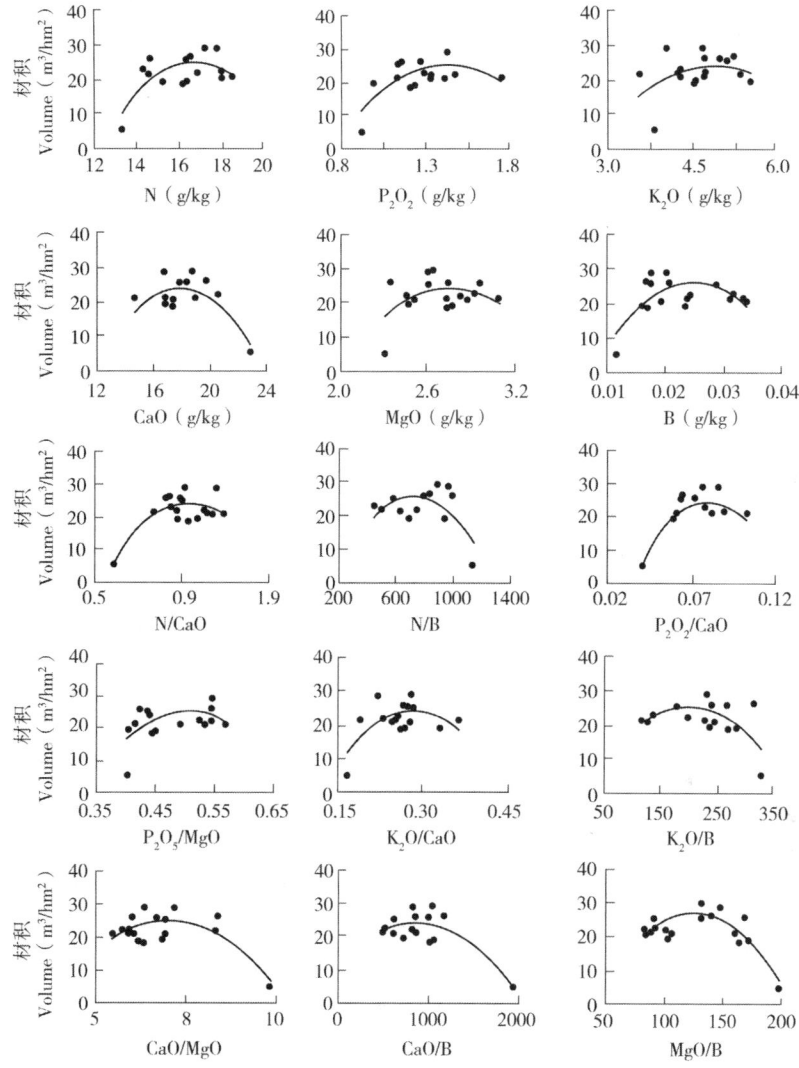

图 1 尾叶桉幼林叶片各营养元素及其比值与材积生长的抛物线关系

Fig. 1 Parabolic regression relation of foliar nutrient concentrations and their specific values and volume of *Eucalyptus urophylla* young trees

硼在农作物中含量一般在 0.002—0.1g/kg 之间,当作物含硼量少于 0.015g/kg 时,就会感到硼素不足,在 0.02—0.1g/kg 之间属于丰富而不过量,超过 0.2g/kg 时,则往往出现硼素的毒害[14]。本试验得出尾叶桉幼林叶片硼浓度的临界值为 0.019g/kg,稍微大于一般作物 0.015g/kg 的缺硼水平。最适浓度范围 0.019—0.031g/kg,比苹果(0.02—0.06g/kg)、桃(0.025—0.06g/kg)、梨(0.02—0.05g/kg)、葡萄(0.013—0.06g/kg)[13]的适宜范围窄,说明尾叶桉对微量元素硼较敏感,施用中需谨慎从事。

· 873 ·

表4　尾叶桉幼林叶片养分浓度及其比值营养指标

Table 4　Foliar nutrient indices of elements and their specific values for *Eucalyptus urophylla* young trees

养分浓度及比值 Nutrient concentration and specific value	材积生长 Growth of volume 临界值 Critical value	材积生长 Growth of volume 最适范围 Optimal content range	树高生长* Growth of tree height 临界值 Critical value	树高生长* Growth of tree height 最适范围 Optimal content range
N (g/kg)	15.3	15.3—18.1	15.0	15.0—17.6
P_2O_5 (g/kg)	1.2	1.2—1.7	1.2	1.2—1.6
K_2O (g/kg)	4.2	4.2—5.6	4.0	4.0—4.9
CaO (g/kg)	16.1	16.1—19.8	14.6	14.6—18.5
MgO (g/kg)	2.5	2.5—3.0	2.5	2.5—2.9
B (g/kg)	0.019	0.019—0.031	0.017	0.017—0.030
N/P_2O_5	—	—	7.23	7.23—12.20
N/CaO	0.81	0.81—1.07	0.82	0.82—1.07
N/B	550	550—900	—	—
P_2O_5/K_2O	—	—	0.26	0.26—0.42
P_2O_5/CaO	0.065	0.065—0.095	0.066	0.066—0.092
P_2O_5/MgO	0.45	0.45—0.57	0.44	0.44—0.52
K_2O/CaO	0.23	0.23—0.34	0.22	0.22—0.31
K_2O/B	140	140—260	130	130—230
CaO/MgO	6.04	6.04—8.13	5.14	5.14—7.35
CaO/B	540	540—1280	420	420—1120
Mg/B	100	100—150	90	90—140

＊见文献[15]　See reference[15]

　　以上数值是指示尾叶桉材积生长的营养指标。在此之前,也曾经利用尾叶桉树高生长与叶片营养浓度的关系进行了营养诊断[15]。经过比较,不管是利用树高生长或者是利用材积生长来进行营养诊断,尾叶桉幼林叶片全氮、全磷、全钾和全镁浓度的临界值变化均不大,而全钙和全硼的临界值,用后者诊断比用前者诊断稍大。这6种元素的最适浓度范围,用后者诊断比用前者诊断也稍往后延(表4)。说明利于树高生长的营养指标,也不一定完全适用于材积生长。

　　植物体内各种养分元素的比值在植物的营养诊断中非常有用。营养元素进入植物体后,相互关系极其复杂,但在一定的生长状况下,总是以一定的比例维持其生态平衡。经统计,尾叶桉幼林叶片养分元素比值的临界值为 N/CaO、N/B、P_2O_5/CaO、P_2O_5/MgO、K_2O/CaO、K_2O/B、CaO/MgO、CaO/B 和 MgO/B 分别为 0.81、550、0.065、0.45、0.23、140、6.04、540 和 100;最适范围分别为 0.81—1.07、550—900、0.065—0.095、0.45—0.57、0.23—0.34、140—260、6.04—8.13、540—1280 和 100—150。这是利用材积生长进行营养诊断的结果。当用树高生长进行营养诊断时,以上数值也有不同程度的变化,N/B 与树高的抛物线关系不显著,因此不能求算出来,反而 N/P_2O_5 和 P_2O_5/K_2O 与树高的抛物线关系达到显著水平,能求出它们的临界值和最适浓度范围(表4)。临界值法易受环境条件、植株年龄、采样方法等因素影响,它有时不能诊断出某营养元素的临界值。据李倘弟报道,立地条件较好时,应用临界值法不能诊断出湿地松幼林叶某些营养元素的临界值[6],同样李淑仪等应用临界值法对尾叶桉进行营养诊断也未能得到 K 的临界值[7]。这是临界值法的一些不足,因此有人提出临界值法应与 DRIS 法结合使用。由于本试验所用的试验树种为 1—2 年生的尾叶桉幼树,因此试验结果非常适合于这个年龄段的尾叶桉叶片营养诊断。

应用叶片营养诊断技术来指导实际生产的施肥时,只能得出应增加或减少某种或某几种营养元素肥料的施用,但不能提出应增加或应减少的数量。因此,叶片营养诊断技术应与田间试验相结合,这样既可以解决定性问题,又可以解决定量问题。

参考文献:

[1] Beaufils E R. Diagnosis and Recommendation Integrated System (DRIS). *Soil Bulletin*, 1973, 1:6-8.

[2] Deenik J, Ares A and Yost R S. Fertilization response and nutrient diagnosis in peach palm (*Bactris gasipaes*): a review. *Nutrient Cycling in Agroecosystems*, 2000, 56 (3): 195-207.

[3] KhiariL, ParentL E and Tremblay N. Selecting the highyield subpopulation for diagnosing nutrient imbalance in crops. *Agronomy Journal*, 2001, 93: 802-808.

[4] KhiariL, Parent L E and Tremblay N. Critical compositional nutrient indexes for sweet corn at early growth stage *Agronomy Journal*, 2001, 93: 809-814.

[5] KhiariL, Parent L E and Tremblay N. The phosphorus compositional nutrient diagnosis range for potato. *Agronomy Journal*, 2001, 93: 815-819.

[6] Li T D (李倘弟), Ye D Y (叶淡元), Wu Z P (吴泽鹏), *et al*. Study on the nutrient diagnosis by the correlation value and fertilization technique. *Forestry Science and Technology in Guangdong* (in Chinese)(广东林业科技), 1999, 15(3): 15-21.

[7] Li S Y (李淑仪), Lin S R (林书蓉), Liao G R (廖观荣), *et al*. A study on nutrient status and foliar nutrient diagnosis in *Ecalyptus*. *Scientia Silvae Sinicae* (in Chinese)(林业科学), 1996, 32(6): 481-490.

[8] Fan S H (范少辉), Yu X T (俞新妥). Studies on nutrient diagnosis of nitrogen in Chinese Fir seedling. *Journal of Fujian College of Forestry* (in Chinese)(福建林学院学报), 1986, 6(2): 1-10.

[9] Chen D D (陈道东), LiYQ (李贻铨), Xi Q Y (徐清彦). Simulate diagnosis of optimal foliar nutrient in trees. *Scientia Silvae Sinicae* (in Chinese)(林业科学), 1991, 27(1): 1-7.

[10] Yang Y Q (杨义群) ed. *Regress design and multianalysis: application in agriculture* (in Chinese). Shanxi: Tianze Press 1990. 113-116.

[11] Chen S X (陈少雄), Xiao W G (肖文光). Study on calculated formulae of volume in *Eucalyptus urophylla*. *Forestry Science and Technology in Guangdong* (in Chinese)(广东林业科技), 1996, 12(3): 43-46.

[12] Richards B N and Bevege D I. Principles and practices of foliar analysis as a basis for crop logging in pine plantations. *Plant Soil*, 1972, 36: 109-119.

[13] Huang X G (黄显淦)ed. Nutrient fertilization and soil management in fruit tree (in Chinese). Beijing: Chinese Agricultural Science and Technology Press, 1993. 83-86.

[14] Liu Z Y (刘芷宇), Tang Y L (唐永良), Luo Z C (罗质超) ed. Symptom and atlas of nutrient maladjustment in severalmain crops (in Chinese). Beijing: Agriculture Press, 1982.

[15] Huang Y Z (黄益宗), Li X D (黎向东), Yang B Q (杨炳强), *et al*. Study on fertilization effect and nutrient diagnosis of Eucalyptus urophylla by "416-a" Optimum-Mixed Design. *Scientia Silvae Sinicae* (in Chinese)(林业科学), 1999, 35(6): 10-18.

Effects of acid deposition on terrestrial ecosystems and their rehabilitation strategies in China

FENG Zongwei, MIAO Hong, ZHANG Fuzhu, HUANG Yizong

(Research Center for Eco-Environmental Sciences, Chinese Academy of Sciences, Beijing, 100085, China)

Abstract: South China become the third largest region associated with acid deposition following Europe and North America, the area subject to damage by acid deposition increased from 1.75 million km^2 in 1985 to 2.80 million km^2 in 1993. Acid deposition has caused serious damage to terrestrial ecosystems. Combined pollution of acid rain and SO$_2$ showed the obvious multiple effects on crops. Vegetable was more sensitive to acid deposition than foodstuff crops. Annual economic loss of crops due to acid deposition damage in eleven provinces of south China was 4.26 billion RMB yuan. Annual economic loss of wood volume was about 1.8 billion RMB yuan and forest ecological benefit loss 16.2 billion in eleven provinces of south China. Acid deposition in China was typical "sulfuric acid type". According to the thoughts of sustainable development, some rehabilitation strategies were brought forward as follows: (1) enhancing environmental management, specifying acid-controlling region, controlling and abating the total emission amount of SO$_2$; (2) selecting practical energy technologies of clean coal, for example, cleansing and selecting coal, sulfur-fixed-type industrial briqutting, abating sulfur from waste gas and so on; (3) developing other energy sources to replace coal, including water electricity, atomic energy and the new energy such as solar energy, wind energy and so on; (4) in acid deposition of south China, selecting acid-resistant type of crop and tree to decrease agricultural losses, planting more green fertilizer crops, using organic fertilizers and liming, in order to improve buffer capacities of soil.

Key words: acid rain; agriculture; forestry; economic loss; rehabilitation strategies

Introduction

China is one of the largest countries of coal combustion, which account for 75% of total energy consumption. Coal combustion increased from 0.6 billion tons in 1980 to 1.28 billion tons in 1995, and would reach to 1.45 billion tons in 2000. Emission of SO$_2$ increased with increasing coal consumption, from 18 million tons in 1993 to 23.7 million tons in 1995 (Xie, 1997). According to the forecast of Wang (1994), coal will also be the major energy for a long time in China. Coal combustion will reach to 1.81 billion tons, which will make up of 72% of total energy consumption in 2020.

During the 1980's, acid rain in China occurred mainly in several provinces of the south China including Sichuan, Guizhou, Guangdong and Guangxi, with area of about 1.7 million km². In the medium of the 1990's, acid rain expanded to the south part of Yangtze Rive, the east part of Qingzhang Altiplano and Sichuan Basin, with area of about 2.7 million km². Xie (1997) reported that almost 40% of China is subject to average annual rainwater conditions with a pH levels < 5.6. Further, many regions experienced average annual rainwater having pH levels less than 4.0 and acid rain events nearly ninety percent of the time.

Acid deposition resulted mainly from coal combustion has caused serious damages to forest and crops. During "the 7th Five-Year Plan (1986—1990)" and "the 8th Five-Year Plan (1991—1995)", effects of acid deposition on agriculture and forestry in ten provinces and one Autonomous Region of south China were investigated.

1 Effects of acid deposition on plant

1.1 Direct effect

(1) Visual foliage damaged symptom: yellowing, necrosis speck, dehydration wilting and falling down too early; (2) cell membrane penetrability of foliage enlarging result in lots of K^+ exuding; (3) influence on stoma conduction rate; (4) activate foliage enzyme activity (e.g. Peroxidase); (5) decrease pH value of leaf cell; (6) decline chlorophyll content of foliage and change chlorophyll a/ chlorophyll b ratio; (7) affect on photosynthesis and respiration of plant; (8) inhibit plant grow.

1.2 Indirect effect

(1) Alter soil chemical properties: (a) soil acidification; (b) soil Al activation; (c) loss of nutrient elements; (2) influence on soil microorganism, mycorhiza fungi and nitrogen-fixing bacteria activity; (3) induce secondary-pest outbreaks.

Table 1 Critical values of acid rain affecting crops yield (Feng et al. 1999)

Corps	Decrease of yield, %	Acid rain pH
Rice	3	No decrease of yield at
	5	acid rain pH > 2.8
	10	
Wheat	3	4.99
	5	4.59
	10	3.58
Cotton	3	4.86
	5	4.37
	10	3.14
Soybean	3	4.93
	5	4.48
	10	3.38
Vegetable	3	4.80—5.52
	5	4.35—5.01
	10	3.12—4.42

2 Effects of acid deposition on crops

The response of crops to acid deposition varied with pH of acid rain and crop species. The results of simulated acid rain experiments showed that wheat yield decreased 13.7%, 21.6% and 34.0% at acid rain pH 3.5, pH 3.0 and pH 2.5, respectively, while rice did not exhibit significant damage even at acid rain pH 2.8. This indicated rice was more resistance to acid rain than wheat. Compared to field crops, vegetable were sensitive crops responded to acid rain. For example, both yields of radish and tomato decreased at acid rain pH 4.5. In addition, reduce of crops quality had been seen when crops exposed in acid rain. Protein content of soybean decreased at acid rain pH 4.0.

Combined pollution of acid rain and SO_2 showed obvious multiple effects on crops. Effects of simulated acid rain, simulated SO_2 pollution and combined pollution of acid rain and SO_2 on crops yield are presented in Table 1, 2 and 3, respectively.

During "the 7th Five-Year Plan (1986—1990)" and "the 8th Five-Year Plan (1991—1995)", researchers from the Chinese Academy of Sciences and Chinese Research Academy of Environmental Sciences made an investigation into the effects of acid rain on crops in south China, including ten provinces (Jiangsu, Zhejiang, Anhui, Jiangxi, Fujian, Hunan, Hubei, Sichuan, Guizhou and Guangdong provinces) and Guangxi Zhuang Autonomous Region. Corresponding economic losses were also assessed. The results showed that damaged crops area was 12.9 million hm^2 and economic loss 4.26 billion yuan (Renminbi, RMB) per year (Table 4).

Table 2 Critical values of SO_2 affecting crops yield (Feng et al. 1999)

Corps	Decrease of yield, %	Concentration of SO_2, mg/m^3
Rice	3	0.274
	5	0.459
	10	0.914
Wheat	3	0.111
	5	0.186
	10	0.371
Cotton	3	0.119
	5	0.199
	10	0.397
Soybean	3	0.104
	5	0.174
	10	0.347
Vegetable	3	0.059—0.080
	5	0.098—0.134
	10	0.197—0.267

Table 3 Critical values of combined pollution of acid rain pH and SO₂ affecting crops yield (Feng et al. 1999)

Corps	Decrease of yield, %	Acid rain pH	Concentration of SO_2, mg/m^3
Rice	3		
	5	—	—
	10		
Wheat	3	4.92	0.099
	5	4.46	0.166
	10	3.33	0.331
Cotton	3	5.02	0.106
	5	4.63	0.176
	10	3.66	0.353
Soybean	3	4.96	0.094
	5	4.54	0.157
	10	3.47	0.313
Vegetable	3	5.02—5.11	0.068—0.072
	5	4.64—4.79	0.114—0.120
	10	3.68—3.98	0.228—0.240

Table 4 Annual economic loss of crops damaged by acid deposition in south China (Damaged area, $10000 hm^2$; economic loss, million RMB yuan/a)

Provinces	Foodstuff crops Damaged area	Foodstuff crops Economic loss	Economic crops Damaged area	Economic crops Economic loss	Vegetable Damaged area	Vegetable Economic loss	Total Damaged area	Total Economic loss
Jiangsu	178.8	221.8	81.8	175.3	40.0	280.0	300.6	677.1
Zhejiang	21.4	25.7	17.0	28.3	24.9	231.0	63.3	285.0
Anhui	120.6	272.5	56.8	141.9	21.9	190.1	199.3	604.5
Fujian	8.4	7.6	11.4	7.4	32.7	316.8	52.5	331.8
Jiangxi	4.7	2.4	29.2	54.2	28.3	303.8	62.2	360.4
Hunan	15.3	10.5	37.2	96.3	42.3	487.0	94.8	593.8
Hubei	108.0	194.5	68.4	241.8	42.7	410.0	219.1	846.3
Sichuan	100.8	100.0	71.2	30.0	13.3	60.0	185.3	190.0
Guizhou	31.0	10.0	14.2	10.0	2.9	10.0	48.2	30.0
Guangdong	0.1	0.6	0.0	0.0	31.2	191.1	31.3	191.7
Guangxi *	10.2	19.6	0.0	0.0	21.9	127.6	32.1	147.2
Total	599.2	865.2	387.3	785.2	302.2	2607.4	1288.7	4257.8

* Guangxi Zhuang Autonomous Region

Table 5 Relative sensitivities of 108 tree species to combined pollution of acid rain and SO₂

No. Tree species	SO_2 0.75	1.5	3.0	4.5	pH 6.5	4.5	3.0	2.0	3h	6h	24h	1—5	6—15	>15
Sensitive (27)														
1 Albizzia julibrissin	*								*					*
2 Pterocarya stenoptera	*								*					*
3 Davidia involucrata	*								*					*
4 Dalbergia hupeana	*								*				*	

Table 5-contined

		SO₂ concentration, ppm and pH of symptom occur				Time of symptom occur			Leaf lesion rate, %		
No.	Tree species	SO₂ 0.75	1.5	3.0	4.5	3h	6h	24h	1—5	6—15	>15
		pH 6.5	4.5	3.0	2.0						
5	*Photinia serrulata*	*				*				*	
6	*Acer palmatum*	*				*				*	
7	*Ginkgo biloba*	*				*				*	
8	*Acer negundo*	*				*			*		
9	*Hypericum chinense*	*				*			*		
10	*Platanus acerifolia*	*				*				*	
11	*Distylium racemosum*	*					*			*	
12	*Salix babylonica*	*					*			*	
13	*Prunus armenica*	*					*		*		
14	*Sophora japonica*	*					*		*		
15	*Acer buergerianum*	*					*		*		
16	*Taxodum ascendens*	*					*		*		
17	*Taxodum distichum*	*					*		*		
18	*Adina rubella*		*			*					*
19	*Pinus elliottii*		*			*					*
20	*Viburnum awabuki*		*			*					*
21	*Jasminum nudiflorum*		*			*					*
22	*Prunus persica*		*			*				*	
23	*Metasequoia glyptostroboides*		*			*			*		
24	*Sequoia sempervirens*		*			*			*		
25	*Forsythia viridissima*		*			*			*		
26	*Prunus mume*		*			*			*		
27	*Pyracantha fortuneana*		*			*			*		
Moderately sensitive (55)											
28	*Toona ciliata* var. *pubescens*		*			*					*
29	*Liriodendron chinense*		*			*					*
30	*Cedrus deodara*		*			*					*
31	*Magnolia denudata*		*				*			*	
32	*Cunninghamia lanceolata*		*				*			*	
33	*Viburnum dilatatum*		*				*			*	
34	*Sinojackia dolicho carpa*		*				*			*	
35	*Bischofia polycarpa*		*				*			*	
36	*Platycladus orientalis* cv. Sieboldii		*				*			*	
37	*Carya illinoensis*		*				*			*	
38	*Deutzia scabra*		*					*	*		
39	*Camptotheca acuminata*		*					*	*		
40	*Quercu accutissima*		*					*	*		
41	*Hydrangea paniculata*		*					*	*		
42	*Robinia pesudoacacia*			*		*			*		
43	*Punica granatum*			*		*			*		
44	*Eucommia ulmoides*			*		*			*		
45	*Tapiscia sinensis*			*		*			*		

Table 5 - contined

	No.	Tree species	SO₂ 0.75 pH 6.5	1.5 4.5	3.0 3.0	4.5 2.0	3h	6h	24h	1—5	6—15	>15
			\multicolumn{4}{c}{SO₂ concentration, ppm and pH of symptom occur}	\multicolumn{3}{c}{Time of symptom occur}	\multicolumn{3}{c}{Leaf lesion rate, %}		
	46	*Acer mono*			*			*		*		
	47	*Pinus taeda*			*			*		*		
	48	*Pinus thunbergii*			*			*		*		
	49	*Liquidambar formosana*			*			*		*		
	50	*Abelia dielsii*			*			*			*	
	51	*Cryptomeria fortunei*			*			*		*		
	52	*Ilex purpurea*			*			*		*		
	53	*Photinia davidsoniae*			*				*		*	
	54	*Cercis chinensis*			*			*		*		
	55	*Magnolia grandiflora*			*			*		*		
	56	*Aesculus chinensis*			*			*		*		
	57	*Pistacia chinensis*			*				*	*		
	58	*Koetreuteria integrifoliola*			*				*	*		
	59	*Chamaecyparis pisifera*			*			*		*		
	60	*Pseudolarix kaempferi*			*			*				*
	61	*Euconymus japonicus*			*			*				*
	62	*Chimonanthus parecox*			*			*				*
	63	*Castanea mollissima*			*			*				*
	64	*Phoebe sheareri*			*			*				*
	65	*Ailanthus alitissima*			*			*				*
	66	*Buxus sinica*			*			*				*
	67	*Mahonia fortunei*			*				*			*
	68	*Pteroceltis satarinowii*			*				*			*
	69	*Diospyros kaki*			*		*			*		
	70	*Pinus massoniana*			*		*					*
	71	*Fraxinus chinensis*			*				*			*
	72	*Melia azedarech*				*	*					*
	73	*Magnolia liliflora*				*	*					*
	74	*Celtis sinensis*				*	*					*
	75	*Sapium sebiferum*				*	*					*
	76	*Reevesia pubescens*				*	*					*
	77	*Prunus serrulata*				*	*			*		
	78	*Sabina chinensis* cv. "Pyramidalis"				*	*			*		
	79	*Cinnamonum japonicum*				*	*			*		
	80	*Hibiscus syriacus*				*	*			*		
	81	*Ilex cornuta*				*	*			*		
	82	*Ligustrum lacidum*				*	*			*		
Insensitive (26)												
	83	*Sabina chinensis* cv. "Henanbai"		*				*				*
	84	*Osmanthus fragrans*		*				*			*	
	85	*Sabina chinensis* cv. "Wilsonii"		*				*			*	
	86	*Cinnamonum camphora*			*			*			*	

Table 5-contined

No.	Tree species	SO₂ concentration, ppm and pH of symptom occur					Time of symptom occur			Leaf lesion rate, %		
		SO₂ pH	0.75 6.5	1.5 4.5	3.0 3.0	4.5 2.0	3h	6h	24h	1—5	6—15	>15
87	*Cyclobalanopsis glauca*					*		*		*		
88	*Brousssonetia papyrifera*					*		*		*		
89	*Morus alba*					*		*		*		
90	*Ulmus parvifolia*					*			*	*		
91	*Platycladus orientalis*					*			*	*		
92	*Cornus walteri*					*			*	*		
93	*Hovenia acerba*					*	*			*		
94	*Podocarpus macrophyllus*					*	*			*		
95	*Firmiana simplex*					*	*			*		
96	*Nadina domestica*					*			*	*		
97	*Aucuba chinensis*					*			*	*		
98	*Ficus carica*					*			*	*		
99	*Ligustrum japonicum*					*			*	*		
100	*Pinus griffithii*					*			*	*		
101	*Lonicera maackii*					*			*	*		
102	*Ilex latifolia*											
103	*Elaeagnus pungens*											
104	*Sabina chinensis* cv. "Kaizuca"											
105	*Pittosporum tobira*											
106	*Lagerstroemia indica*											
107	*Edgeworthia chrysantha*											
108	*Taxus chinensis*											

* Symptom occur Souce: Feng *et al.* 1999

* Symptom occur; Tree species No. 102—108 haven't any damaged symptom.

3 Effects of Acid Deposition on Forest

Decline and death of forest caused by acid deposition was reported in southwest China (Yu *et al.*, 1985; Feng *et al.*, 1986; Feng *et al.*, 1993). The death rate was 46% of 1500hm² Masson Pine (*Pinus massoniana* Lamb.) stand at Nanshan in Chongqing city and 96% of 6000hm² of Armand Pine (*Pinus armandii* Franch) stand in Maocaoba Forest Farm at Fengjie county, Sichuan province.

Moreover, serious damages of forest due to acid deposition were also found in Liuzhou suburb (Guangxi Zhuang Autonomous Region), Guangzhou suburb (Guangdong province), Hangzhou suburb and Tianmushan Mountain (Zhejiang province).

Acording to the research of "the 7th Five-Year Plan (1986—1990)" and "the 8th Five-Year Plan (1991—1995)", some results were found as follows:

(1) The relative sensitivities of 108 species of woody plants to simulated acid rain were divided into three groups: sensitive species (27), moderately sensitive species (55) and

insensitive species(26). Some rare and endangered species such as Dovetree (*Davidia involucrata* Baill.), Ginkgo (*Ginkgo biloba* L.) and Water Tree (*Metasequoia glyptostroboides* Hu et Chung) were found to belong to the sensitive species (Table 5).

(2) Needles of Masson Pine and Chinese Fir in rainwater pH < 4.5 region were shorter and narrower than those of rainwater pH > 4.5 region. Furthermore, higher yellowing rate, earlier falling and less chlorophyll content of needle were found in rainwater pH < 4.5 than in pH > 4.5 region.

Table 6 Effects of acid rain on the increments of tree height, diameter and volume of Masson Pine and Chinese Fir in Sichuan and Guizhou provinces

Province	Acid rain	Tree species	Age, y	Height, m	Diameter, cm	Volume, m^3/tree
Sichuan	pH <4.5	Masson Pine	22	0.41	0.44	0.0258
		Chinese Fir	8	0.38	0.39	0.0010
	pH >4.5	Masson Pine	23	0.66	0.66	0.1069
		Chinese Fir	8	0.77	0.70	0.0069
Guizhou	pH <4.5	Masson Pine	23	0.63	0.63	0.0044
		Chinese Fir	25	0.46	0.53	0.0034
	pH >4.5	Masson Pine	24	0.67	0.73	0.0067
		Chinese Fir	24	0.62	0.75	0.0078

(3) Compared to the rainwater pH > 4.5 region, the increments of tree height, diameter and volume in rainwater pH < 4.5 region decreased 38%, 33% and 76% respectively for Masson Pine and 51%, 44% and 86% respectively for Chinese Fir in Sichuan province. While in Guizhou province, the decrease values were 6%, 14% and 34% respectively for Masson Pine and 26%, 29% and 56% respectively for Chinese Fir (Table 6).

(4) Acid rain altered the physiology of trees and therefore made them more susceptible to pest attack, in especially, inducted secondary-pest outbreaks such as *Dendrolimus punctatus*, *Gravitarnata margarotana*, *Blaslophagus piniperda*, *Monochamus sinensis*, *Cinara formosana*, and so forth. Moreover, some pathogen such as *Polyporus schweinitzii* and *Fomes pini* burst out in acid rain pollution region. Outbreaks of pest and pathogen speeded up forest declining and dying.

(5) Microbe population component reflected the biochemical activity in soil. The results of simulation experiments and field investigation demonstrated that total microbes of soil in rainwater pH < 4.5 region were lower than those of rainwater pH > 4.5 region. Ammonification and fixation of nitrogen in soil were inhibited due to decrease of number of ammonifying bacteria and nitrogen fixing bacteria in acid rain pollution region. Enzymatic vigor inhibited by acid rain was also found in this investigation.

(6) Annual economic losses of wood volume and ecological benefit of forest damaged by acid deposition in south China were 1.8 and 16.2 billion RMB yuan, respectively (Table 7).

Table 7 Annual economic loss of forest damaged by acid deposition in eleven provinces of south China (million RMB yuan/a)

Provinces	Economic loss of wood volume			Economic loss of ecological benefit		
	Masson Pine	Chinese Fir	Total	Masson Pine	Chinese Fir	Total
Jiangsu	17	12	29	150	110	260
Zhejiang	150	60	210	1350	540	1890
Anhui	7	2	9	60	20	80
Fujian	15	56	71	140	500	640
Jiangxi	41	93	134	370	840	1210
Hunan	24	56	80	220	500	720
Hubei	30	37	67	270	330	600
Sichuan	136	5	141	1220	50	1270
Guizhou	49	5	54	440	50	490
Guangdong			352			3170
Guangxi*			655			5900
Total			1802			16230

* Guangxi Zhuang Autonomous Region

4 Ecological strategies to sustainable development of controlling acid rain

Formation of acid rain in China resulted mainly from coal combustion. To obtain equal thermal value, the consumption of coal was 1.5 times higher than that of heavy oil and dust emission was 100—300 times higher than that of heavy oil. The percent of coal with S < 1% was only 2% of total coal consumption in China, while coal with S > 4% occupies about 75%. The average emission of SO_2 from original coal was about 30 kg/t, which was higher than that from oil or natural gas.

Acid rain in China was typical "sulfuric acid type", therefore decreasing SO_2 emission was the major work for controlling acid rain in China. According to the thoughts of sustainable development, some strategies were brought forward as follows: (1) Enhancing environmental management, specifying acid-controlling region, controlling and abating the total emission amount of SO_2; (2) selecting practical energy technologies of clean coal, for example, cleansing and selecting coal, sulfur-fixed-type industrial briqutting, abating sulfur from waste gas and so on; (3) developing other energy sources to replace coal, including water electricity, atomic energy and the new energy such as solar energy, wind energy and so on; (4) in acid deposition of south China, selecting acid-resistant type of crop and tree to decrease the losses of agriculture and forestry; (5) planting more green fertilizer crops, using organic fertilizers and liming, in order to improve buffer capacities of soil.

References:

Feng, Z. W., Cao, H. F., and Zhou, X. P. Effects of acid deposition on ecological environment and ecological rehabilitation [M]. Beijing: Chinese Environment Science Press, 1999:82-83.

Feng, Z. W., Chen, C. Y., and Zhang, J. W. Research progress on the effects of acid deposition of forest in southwestern China [C]. In: Proceeding of China-Japan joint symptom on the impacts and control strategies of acid deposition on terrestrial ecosystems. Beijing: Sciences & Technology Press, 1993:62-77.

Feng, Z. W., Chen, C. Y., Zhang, J. W., *et al*. Effects of acid rain on production of Masson Pine in Chongqing area, southwestern China [J]. Atmosphere Environment and Acid Rain, 1986, 2: 38-45.

Wang, W. X. Study on the reason of acid rain formation in China [J]. Environmental Science of China, 1994, 14: 323-329.

Xie, Z. H. Control of acid rain in China [C]. Acid rain and control in China. CCAST-WL Workshop Series, 1997, 78: 7-16.

Yu, S. W., Yu, Z. W., Ma, G. J., *et al*. Save forest: report of declining of vast forest in Sichuan province, southwestern China [J]. Atmosphere Science, 1985, 6: 63-66.

Effects of ground-level ozone (O_3) pollution on the yields of rice and winter wheat in the Yangtze River Delta

FENG Zongwei, JIN Minghong, ZHANG Fuzhu, HUANG Yizong

(*Research Center for Eco-Environmental Sciences, Chinese Academy of Sciences, Beijing 100085, China*)

Abstract: Effects of elevated O_3 on the yields of rice and winter wheat were studied by using open-top chambers(OTCs). Results showed that compared to the control treatment, 200 ppb, 100 ppb, 50 ppb treatments caused a 80.4%, 58.6% and 10.5% decrease in grain yields per winter wheat plant and a 49.1%, 26.1% and 8.2% derrease in grain yield per rice plant, respectively. According to the dose-response relation educed from OTCs experiment and the monitor data of O_3 concentrations in spots, it was estimated that the yield losses of rice and winter wheat resulted by O_3 pollution in the Yangtze River Delta region in 1999 were 0.599 million ton and 0.669 million ton, economic losses were 0.539 billion RMB Yuan and 0.936 billion RMB Yuan, respectively.

Keywords: rice; winter wheat; O_3; Yangtze River Delta

Introduction

In China, with the rapid economic development and unprecedented changes in land use, artificial emission of NOx and VOCs has increased significantly to the double during the past 11 years and reaches the same level as USA and Europe (Elliott, 1997). As a result, the ground-level O_3 concentration is increasing at a striking rate. The latest studies showed that ambient O_3 concentration in many rural areas is high enough to reduce crop yield (Chameides, 1999; Jin, 2001). This paper educed the dose-response relation between O_3 concentration and the yield of rice and winter wheat and assessed yield and economical losses of those crops caused by O_3 pollution in Yangtze River Delta region.

1 Effects of O_3 on yields of rice and winter wheat

Field study was carried out by using open top chambers (OTCs). Plants were exposed to 5 O_3 levels included control treatment(carbon filter air, CF), no filter air (NF), 50 ppb, 100 ppb and 200 ppb. Winter wheat(*Tritcium sastivum*, L.) cultivar is Jingdong-6. On 3 October 1998 winter wheat seeds were planted into crock pots. On 3 April 1999 plants were transferred to OTCs and began to expose. On 4 June 1999 exposures stopped. Rice (*Oryza Sativa*, L.) cultivar is Zhongzuo-9321. On 1 May 1999 rice seeds were planted under field condition. Then on 9 June rice seedlings were transplanted to crock pots. Then plants were exposed to O_3 from 4 July to 1 October. The duration of exposures per day is 7 h/d(9:00—16:00).

原载于:Journal of Environmental Sciences, 2003, 15(3): 360-362.

Foundation item: The National Natural Science Foundation of China(No. 49899270)

Decrease in grain yield under O_3 stress was found in Fig. 1. Compared to the control treatment, 200 ppb, 100 ppb and 50 ppb, NF treatments caused −80.4%, −58.6%, −10.5% and +4.7% decrease respectively in grain yield per winter wheat plant and −49.1%, −26.1%, −8.2% and −7.3% decrease in grain yield per rice plant, respectively. Though no significant change was found less than 50 ppb and NF treatment, 200 ppb and 100 ppb O_3 result to 60.0% and 47.2% decrease respectively in the 1000 grain dry weight of winter wheat, respectively. 200 ppb O_3 caused a 17.0% decrease in the 1000 g dry weigh of rice. Whereas the other treatments did not cause significant changes in the 1000 g dry weight of rice.

2 Assessment of yield and economic losses of rice and winter wheat caused by O_3 pollution in Yangtze River Delta region

According to the results of OTCs experiment mentioned above, remarkable linear relation between the grain yield reduction rate and O_3 dose was established. The equation is as follows: Winter wheat: $y = -1.296x$; Rice: $y = -0.526x$, where, y is the loss rate of yield (%) and x is the AOT40 (accumulated exposure over a threshold of 40 ppb, AOT40 = $\Sigma(O_3 - 40\ ppb)$).

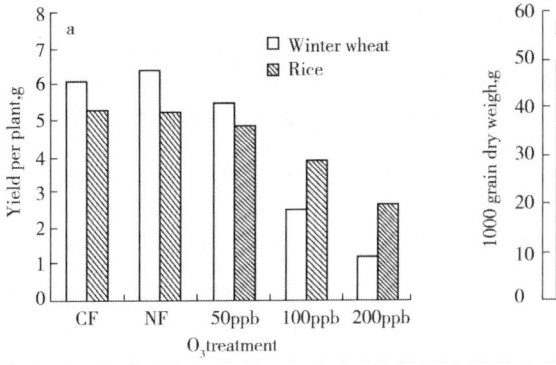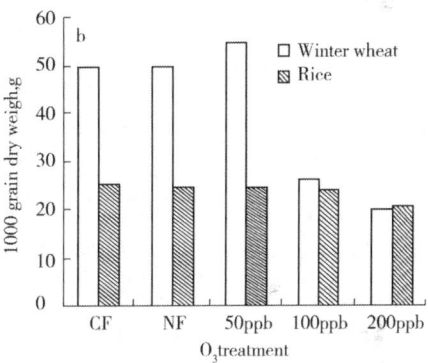

Fig. 1 Effects of O_3 on the yields(a) and 1000 g dry weight(b) of rice and winter wheat plant

According to the dose-response relation mentioned above and the monitor records of O_3 AOT40 in the Yangtze River Delta region (Table 1), the loss rates of crop yield in 6 monitoring points (Sheshan, Changshu, Jianhu, Gourong, Lin'an, Jiaxing) were calculated. Due to the similarity of geography and economical situation of the Yangtze River Delta region, 6 monitoring points represented the different areas in Yangtze River Delta region, respectively. Then the special distribution of loss rate of yield in Yangtze River Delta region was plotted. Fig. 2 clearly showed a larger decrease in yield of winter wheat(>10%, except Jianhu) and a smaller decrease in yield of rice(<5%) resulted from O_3 pollution.

Table 1 O_3 dose (AOT40) in the Yangtze River Delta region (ppm/h)

Monitoring points	Sheshan	Changshu	Jianhu	Gourong	Lin'an	Jiaxing
Winter wheat (Apr.—May)	10.362	8.347	–	8.722	7.924	10.559
Rice (Jul.—Sep.)	5.528	6.007	2.700	–	5.376	4.625

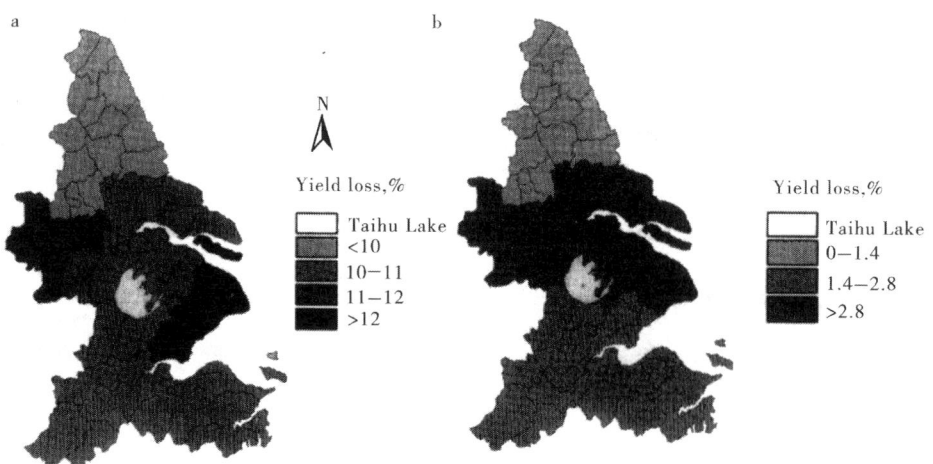

Fig. 2 Loss rate (%) of crop yields caused by O₃ pollution in Yangtze River Delta region
(a: winter wheat; b: rice)

The losses of crops yields caused by O₃ pollution in the Yangtze River Delta region was calculated using the formula as follows:

$$y = a \times b/(1-b)$$

where y is the loss of yield, a is the actual crop yield, b is the loss rate of yield. In the formula, $b/(1-b)$ represents the theoretic yield of rice or winter wheat free from O₃ pollution. The direct economic losses were calculated by the losses of yield multiplying unit price 0.9 RMB Yuan/kg(rice) and 1.4 RMB Yuan/kg(winter wheat). Table 2 shows that the yield and economic losses caused by O₃ pollution in the Yangtze River Delta region in 1999 is 0.599 million ton and 0.539 billion RMB Yuan for rice, 0.669 million ton and 0.936 billion RMB Yuan for winter wheat, respectively.

Table 2 Yield and economic losses of rice and winter wheat caused by O₃ pollution in Yangtze River Delta region in 1999 (Yield, million ton; economic loss, billion RMB Yuan)

Province	City	Rice Total yield*	Yield loss	Economic loss	Winter wheat Total yield*	Yield loss	Economic loss
	Shanghai	1.591[a]	0.048	0.043	0.403[a]	0.063	0.088
Jiangsu	Nanjing	1.250[b]	0.041	0.037	0.329[b]	0.042	0.058
	Wuxi	1.070[b]	0.035	0.032	0.362[b]	0.044	0.061
	Changzhou	1.188[b]	0.039	0.035	0.297[b]	0.036	0.050
	Suzhou	1.695[b]	0.056	0.050	0.514[b]	0.062	0.087
	Nantong	1.604[b]	0.053	0.048	0.811[b]	0.098	0.137
	Yancheng	2.391[b]	0.034	0.030	1.441[b]	0.072	0.101
	Yangzhou	1.625[b]	0.023	0.021	0.777[b]	0.039	0.054
	Zhenjiang	0.870[b]	0.029	0.26	0.299[b]	0.038	0.053
	Taizhou	1.688[b]	0.056	0.050	0.914[b]	0.111	0.155
Zhejiang	Hangzhou	1.265[c]	0.037	0.033	0.212[c]	0.024	0.034
	Ningbo	1.504[c]	0.044	0.039	0.030[c]	0.003	0.005
	Jiaxing	1.353[c]	0.034	0.030	0.113[c]	0.018	0.025

Province	City	Rice			Winter wheat		
		Total yield*	Yield loss	Economic loss	Total yield*	Yield loss	Economic loss
	Huzhou	0.907[c]	0.026	0.024	0.093[c]	0.011	0.015
	Shaoxing	1.554[c]	0.045	0.041	0.079[c]	0.009	0.013
	Total	21.555	0.600	0.539	6.674	0.668	0.936

* Sources: a) Shanghai Agriculture and Forestry Bureau (ed.), Rural Statistic Yearbook of Shanghai, 2000;
b) Jiangsu Agriculture and Forestry Bureau (ed.), Rural Statistic Yearbook of Jiangsu Province, 2000;
c) Zhejiang Agriculture and Forestry Bureau (ed.), Agricultural Statistic Datum of Zhejiang Province in 1999, 2000

References:

Chameides W L, Li X S, Tian X Y, et al. 1999. Is ozone pollution affecting crop yield in China? [J]. Geophy Res Letts, 26: 867-870.

Elliot S, Black D R, Duce R A, et al. 1997. Motorization of China implies changes in Pacific air chemistry and primary production[J]. Geophys Res Letts, 24:2671-2674.

Grunhage L, Jager H J, Haenel D, et al. 1999. The European critical level for ozone: improving their usage [J]. Environmental Pollution, 105:163-173.

Jin M H, Feng Z W, Zhang F Z. 2001. Impacts of ozone on the biomass and yield of rice in open-top chamber [J]. J Environ Sci, 13(2): 233-236.

加强京津及周边地区城市森林建设

——在中国城市森林建设研讨暨经验交流会上的发言

冯宗炜

(中国工程院院士)

　　北京是伟大祖国的首都,全国政治、文化和国际交往的中心。天津是北方的工业中心,对外开放的海港大城市。京津唐和京津保两个三角形的城市群形成了拥有 4000 多万人口、近 70000km² 的首都圈,首都圈也即"大北京地区"。这个地区生态环境的质量,是反映国家繁荣昌盛、人民群众精神面貌和社会文明进步的一个重要标志。

　　党中央、国务院一贯重视首都圈的生态环境建设,改革开放以来,1986 年 2 月国务院批准建立京津周围地区绿化工程建设项目,在京津冀三省市 76 个市县开展大规模绿化建设,到 1997 年已累计造林种草 2800 万亩,森林覆盖率有了明显提高,生态环境面貌也得到相应改善。但是这与将首都建设成为清洁优美、生态环境达到世界一流水平的现代化国际大都市,进一步从全球的视野明确北京作为世界城市的定位要求来看,还有相当大的差距。随着改革开放的深入、城市化和经济建设的迅猛发展、资源和能源的大量消耗,出现了一系列新的生态环境问题。众所周知,我国能源结构以煤炭为主,煤烟型的大气污染还十分严重。2000 年,北京市区大气中二氧化硫浓度年均值为 $73\mu g/m^3$,超标率 16.2%;二氧化氮浓度年均值为 $74\mu g/m^3$,超标率 6.0%;总悬浮颗粒物浓度年均值为 $340\mu g/m^3$,超标率 46.1%;可吸入颗粒物浓度年均值为 $161\mu g/m^3$,超标率 44.3%(北京市环境质量报告,1991—2000)。另据报刊报道,1998 年 1 月 2 日至 3 月 27 日连续 13 周城市空气质量统计,北京市空气煤烟型污染与机动车排气污染并重,机动车排出的氮氧化物,已是像北京这样特大型城市空气污染的一种新趋势,氮氧化物浓度增加,排放量增大,在夏、秋季节强烈的太阳光作用下已存在发生光化学烟雾的潜在危险。

　　北京地区大气环境质量与周围地区生态环境质量的好坏有密切的联系,据报道,北京北部丰宁县小坝子沙漠化土地面积仍在扩张,由原来的占土地面积的 4.3% 增加到 11.2%;张家口、承德坝上地区沙漠化土地面积从 20 世纪 80 年代的 40% 增加到 90 年代中期的 48%。20 世纪末,北京地区连续多次发生沙尘暴袭击再次提醒我们,1991 年内罗毕会议将北京列为沙漠化边缘城市之一,"风沙紧逼北京城"的威胁依然存在。

　　除此之外,京津地区水资源短缺、水体污染、山区水土流失、泥石流等灾害仍然严重制约了京津地区经济、社会的可持续发展。

　　自 1992 年联合国环境与发展大会以来,作为陆地生态系统主体的森林,在全球环境中的作用和地位。日益受到重视。研究绿色森林在改善全球生态环境中的作用,已成为

原载于:今日国土,2003,4:24-25.

世界各国林业发展的共同目标。

随着我国成功加入世贸组织,特别是申奥成功,北京首都圈绿化工程建设的重要性紧迫性更为突出,这是一项关系国家声誉、国际形象、经济社会可持续发展的基础性工程。针对北京当前存在的一系列环境问题,北京市政府作出了首都3个生态圈的绿色屏障建设规划。第一道绿色屏障是环绕北京的太行山、燕山绿化工程,从十渡到金海湖;第二道绿色屏障是平原地区的五河、十路绿化和农田林网建设;第三道绿色屏障是城市中心边缘和边缘集团之间建立城市绿化隔离带。这是我国城市森林建设的伟大创举,目前,这一规划,随着2008年奥运会的到来,正在加大力度实施。但从北京建设成世界城市的定位来看,为确保北京首都圈的生态安全,还应该打破行政管辖的界限,从区域生态环境建设出发,组建专门的机构对北京、天津、河北省环北京周边的城镇作出区域性的城市森林建设规划。

在城市森林建设中应遵循以下几个原则,即:(1)要充分考虑植被地带性的原则,如纬度地带性、经度地带性和山地垂直地带性等,植树种草应以地带性的乡土种为主;(2)要充分发挥森林自然功能的原则,如生物多样性、群落结构的成层性等,(3)要充分发挥森林防护功能的原则,如防止水土流失、保护涵养水源,改善空气质量,防止噪音等;(4)要充分发挥森林物质生产功能的原则,如保持土地生产力,保持木质和非木质林产品生产的持久性;(5)要充分发挥森林的文化和休憩功能的原则,如森林景观与保持民族文化传统(绘画、赋诗、音乐等)的联系,为城镇居民提供优美、安静的环境,以利于人们体力、精神休养恢复的作用,也有利于生态旅游业的发展。

城市森林是陆地生态系统的重要组成部分,它不同于天然林,城市森林是以人为中心,以一定生态环境条件为背景,以经济为基础的社会、经济、自然复合生态系统。城市森林建设是一项社会、经济可持续发展的基础性工程,是为全社会服务的。森林多功能效益的发挥也是多部门、多行业都能得益的。北京市林业局总工程师周冰冰等对北京市森林多功能效益价值计量的研究表明,北京市森林资源总价值超过2000亿元为2313.37亿元,其中林地价值20.80亿,林产出价值159.16亿元,社会效益价值13.53亿元,环境效益价值2119.88亿元,环境效益占森林资源总价值的9成以上,为林木产出价值的13.3倍。

环境保护是我国的基本国策,城市森林的建设是一项十分复杂的系统工程,不仅有赖于科学技术的进步,更要有良好的政治和政策保证。按照谁破坏谁治理,谁得益谁补偿的原则,国家应该相应地建立生态环境效益补偿基金,从有关得益部门的税收中提取一定比例的育林基金,作为补偿资助,增加投入力度,以加速首都圈城市森林基础工程建设的步伐,早日实现把首都建设成为清洁优美、生态环境质量达到世界一流的现代化国际大都市。把京津周边地区的市、区(县)广大平原、丘陵、山区建设成山川秀美、城乡繁荣的新农村,为绿色万里长城增添新的光辉。

Effects of Lignin on Nitrification in Soil

HUANG Yizong*, FENG Zongwei, ZHANG Fuzhu, LIU Shuqin

(*Research Center for Eco-Environmental Sciences, Chinese Academy of Sciences, Beijing, 100085, China*)

Abstract: The effects of two lignins isolated from black liquor from pulping process on nitrification in soils after addition of urea, $(NH_4)_2SO_4$ and $(NH_4)_2HPO_4$ were investigated by incubation at 20 or 30℃ for 7 or 14 d. The effects of lignin on nitrous oxide emissions from soil were also determined. The results showed that both lignin were more effective for inhibiting nitrification of NH_4^+-N as $(NH_4)_2SO_4$ or $(NH_4)_2HPO_4$ as compared to urea-N. The effectiveness of lignin on nitrification was markedly affected by different soil type and temperature. Nitrous oxide emissions from soil declined when lignin was used. Urea plus 20 and 50g/kg lignin reduced N_2O emissions by about 83 and 96%, respectively, while $(NH_4)_2HPO_4$ plus 20 and 50g/kg lignin respectively reduced emissions by 83 and 93%. Because of its low cost and nonhazardous characteristics, lignin has potential value as a fertilizer amendment to improve N fertilizer efficiency.

Key words: lignin; nitrification; soil; N_2O emission

Introduction

Energy and chemical raw material shortages provide a new focus for underutilized renewable resources. Lignin is one of these resources. A great deal of lignin-rich black liquor from pulping process is discharged to rivers every year in China, with the result that lignin is wasted as a natural resource and become a water pollutant. Reusing lignin from black liquor from pulping process would provide economic benefit and reduce environmental pollution.

Several methods have been used to isolate lignin from black liquor in the pulping process. The method of isolation has a significant influence on the structure, chemical, and physical properties of lignin. The use of lignin for different purposes has been reported by some researchers (Sarkanen and Ludwig, 1971; Glasser, 1981). Lignin has also been proposed as an adhesive and a controlled release agent of fertilizers (Hsu and Glasser, 1976; Glasser, 1980). In this paper we examined the effects of two lignins obtained by different separation techniques from black liquor in the pulping process on nitrification in soils treated with different fertilizers.

1 Materials and methods

The soils used were sampled at Shigezhuang (Beijing) and Gannan (Gansu province) at a depth of 20 cm. Each sample was air-dried and crushed to pass through a 2mm screen. Some characteristics of the two soils are presented in Table 1.

Table 1. Sample analysis of soils

Soil	pH	Organic matter/(g/kg)	Total N/(g/kg)	Sand/%	Silt/%	Clay/%
Shigezhuang	8.58	13.4	1.0	23.6	48.3	28.1
Gannan	8.53	50.1	2.9	43.4	34.5	22.1

Two lignin used in this study were obtained from Lab for Reutilization of Black Liquor from Pulping Process, Research Center for Eco-Environment Sciences, Chinese Academy of Sciences. The first lignin (lignin A) was isolated by acidic treatment of black liquor of pulping process, and the second lignin (lignin B) was from alkaline treatment.

To determine the effects of lignin on nitrification in soil, 20-g samples of soil were placed in 250-mL square glass bottles and treated with 6mL of water containing 4 mg of N as urea, $(NH_4)_2SO_4$ or $(NH_4)_2HPO_4$ and 0, 10, 50, 200mg/kg of lignin. The bottles were then placed unsealed in incubators maintained at 20 or 30 ℃. Every two days the glass bottles were weighed and water was added to maintain a constant water content.

After 7, 14 or 21d, triplicate bottles were removed from the incubator, and their contents were analyzed for NH_4^+-N, NO_3^--N and NO_2^--N by a steam distillation method, following the extraction of the soil mixture by 2mol/L KCl (1:10 soil/extractant ratio). None of the incubated soil samples contained more than 1 mg/kg NO_2^--N of soil.

The NO_3^--N levels in the soil were used to calculate the percent inhibition of nitrification which was given by the equation (Bundy and Bremner, 1973):

$$\text{Inhibition of nitrification } (\%) = (C - S)/C \times 100$$

where C = the amount of NO_3^--N produced in the control (no lignin added), and S = the amount of NO_3^--N produced in the soil sample treated with lignin.

The following procedure was used to study the effects of lignin on nitrous oxide emission from soil. Twenty grams samples of Shigezhuang soil were placed in 50mL test tubes and treated with 2mL of water containing 4mg of N as urea or $(NH_4)_2HPO_4$, mixed with different amounts of lignin A (0, 20 and 50g/kg), and moistened to about 70% of their water holding capacity. The test tubes were then sealed with rubber stoppers and incubated at 30℃ for 27d.

After 3, 6, 9, 12, 15, 18, 21, 24 or 27d, triplicate test tubes were removed from the incubator, and gas samples were collected by syringes (30mL). Nitrous oxide was determined by gas chromatography equipped with Poropak Q packed column and electron capture detector.

2 Results and discussion

2.1 Effects of lignin on NH_4^+-N and NO_3^--N concentrations in soil treated with different fertilizers

Fig. 1 shows the effects of different amounts of lignin A on the NH_4^+-N and NO_3^--N concentrations in soil treated with urea, $(NH_4)_2SO_4$ and $(NH_4)_2HPO_4$ at 20℃ for 0, 7 and 14d. The NH_4^+-N concentration in both $(NH_4)_2SO_4$ and $(NH_4)_2HPO_4$ treatments were 4.6 times more than that of urea treatment at 0d. From 0d to 7d, NH_4^+-N decreased sharply in both $(NH_4)_2SO_4$ and $(NH_4)_2HPO_4$ treatments, but increased slightly in urea treatment, as a result of nitrification and hydrolysis of urea by soil urease. Due to oxidation of NH_4^+ to NO_3^-, the NO_3^--N concentration increased sharply from 0 d to 7d in all urea, $(NH_4)_2SO_4$ and $(NH_4)_2HPO_4$ treatments.

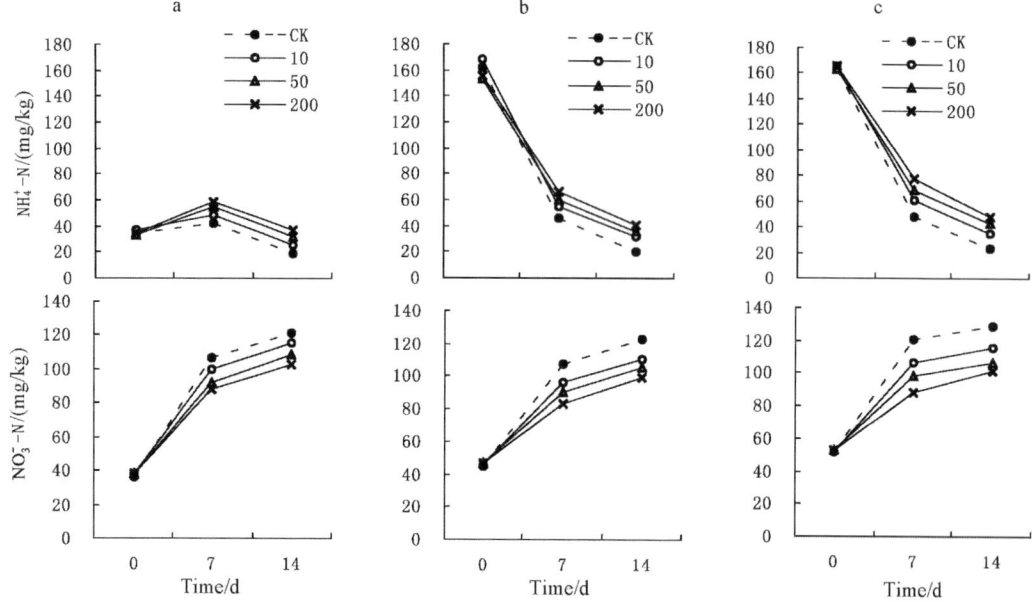

Fig. 1 Effect of lignin on NH_4^+-N and NO_3^--N content in soil treated with different fertilizers
(a: urea, b: $(NH_4)_2SO_4$, c: $(NH_4)_2HPO_4$)

When lignin was applied at the rates of 10, 50 and 200 mg/kg soil, NH_4^+-N increased, but NO_3^--N decreased with increasing rates of lignin application in all fertilizers treatments. Both $(NH_4)_2HPO_4$ and $(NH_4)_2SO_4$ treatments were more effective for inhibiting oxidation of NH_4^+ to NO_3^- than urea treatment when lignin was applied. For example, at 7d, compared to non-lignin treatment, $(NH_4)_2HPO_4$, $(NH_4)_2SO_4$ and urea plus lignin at the rate of 200 mg/kg soil increased NH_4^+-N concentration 29.7, 21.0 and 16.2 mg/kg soil, but decreased NO_3^--N concentration 31.9, 24.9 and 17.9 mg/kg soil, respectively.

2.2 Effects of lignin on nitrification at different lignin and temperature

There were not significant differences between lignin A and lignin B for inhibiting nitrification (Table 2 and Table 3). Therefore, the effects of lignin on nitrification was not influenced by the methods of isolation from acidic treatment and alkline treatment.

Table 2 Effects of lignin on nitrification at different temperature (Inhibition of nitrification/%)

Lignin	Amount added	20℃		30℃	
	mg/kg	7d	14d	7d	14d
Lignin A	10	20.4	15.5	18.5	14.5
	50	30.9	23.1	25.9	17.8
	200	43.7	32.1	38.6	23.8
Lignin B	10	22.6	18.4	19.3	11.5
	50	32.6	26.4	26.7	21.9
	200	44.5	33.7	39.4	28.6

At 20℃, the inhibition of nitrification values were 20.4, 30.9 and 43.7% at 7d for the 10, 50 and 200 mg/kg soil lignin A rates, respectively, while decreased to 18.5, 25.9 and 38.6% at 30℃, respectively (Table 2). There were similar results for lignin B. In summary, both lignin A and lignin B were more effective at 20℃ than at 30℃.

Table 3 Effects of lignin on nitrification in different soils (Inhibition of nitrification/%)

Lignin	Amount added (mg/kg)	Shigezhuang 7d	Shigezhuang 14d	Gannan 7d	Gannan 14d
Lignin A	10	20.4	15.5	10.8	5.0
	50	30.9	23.1	17.6	10.6
	200	43.7	32.1	25.3	22.1
Lignin B	10	22.6	18.4	11.2	6.8
	50	32.6	26.4	18.1	12.7
	200	44.5	33.7	26.6	23.5

2.3 Effects of lignin on nitrification in different soils

Both lignin A and lignin B were more effective with the Shigezhuang soil (low organic matter contents) than with Gannan soil (high organic matter contents) for inhibition of nitrification (Table 3). In the Shigezhuang soil, the percentage inhibition of nitrification values at 7d were 43.7 and 44.5% for lignin A and lignin B at rates of 200 mg/kg soil, respectively, while in the Gannan soil, the values were only 25.3 and 26.6%, respectively. The inhibitory effects of other nitrification inhibitors decreased with the increase in organic matter contents in soils were also reported by other researchers (McClung et al. 1983; McCarty and Bremner, 1990).

2.4 Effects of lignin on nitrous oxide emission from soil

The effects of lignin on nitrous oxide emission from soil treated with urea and $(NH_4)_2HPO_4$ are shown in Fig. 2 and Fig 3. Nitrous oxide fluxes reached a maximum rate of 52.6 mg/m^3 at 6d in the urea-alone treatment (Fig. 2), but N_2O emissions from urea plus 20 and 50g/kg lignin declined dramatically, to below 5 mg/m^3. Lignin reduced N_2O emissions in urea treatment by 83% and 96% at lignin rate of 20 and 50g/kg respectively.

N_2O emissions from soil were influenced by the type of fertilizers, compared to urea-alone treatment, $(NH_4)_2HPO_4$-alone resulted in N_2O emissions increased from 27.0 mg/m^3 at 3d to 99.7 mg/m^3 at 18d, but declined sharply after 18d (Fig. 3). In $(NH_4)_2HPO_4$ treatment, the rate of 20 and 50g/kg lignin A decreased N_2O emissions by about 83% and 93%, respectively.

Urea coated with lignin has a lower water-solubility than urea without lignin, and can inhibit the activity of urease in soil as well as the hydrolysis of urea resulting in less loss of fertilizers. Also, urea coated with lignin provides crops for more available N than urea without lignin (Mu et al. 1999). Recently some works of other researchers in our institute (Jia and Hu, unpublished data) showed that the use of urea or $(NH_4)_2HPO_4$ coated with lignin resulted

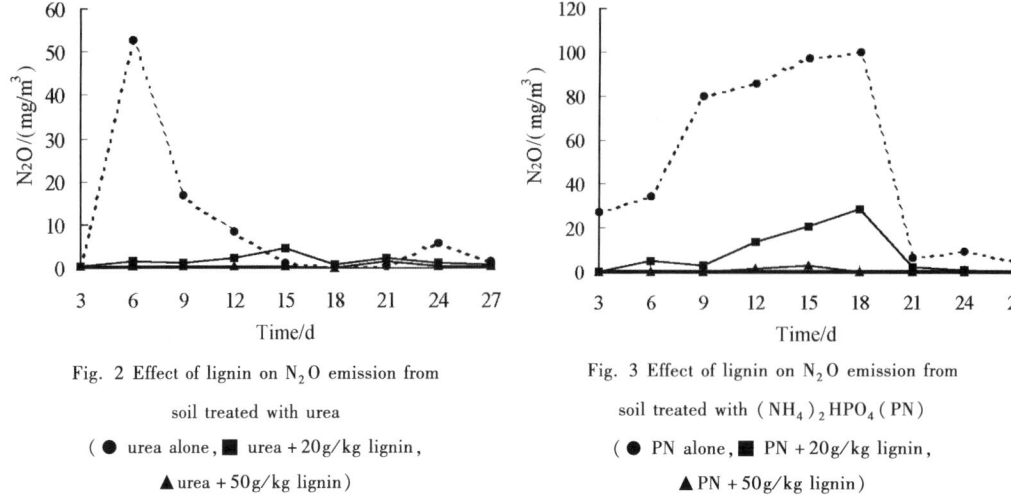

Fig. 2 Effect of lignin on N$_2$O emission from soil treated with urea
(● urea alone, ■ urea + 20 g/kg lignin, ▲ urea + 50 g/kg lignin)

Fig. 3 Effect of lignin on N$_2$O emission from soil treated with (NH$_4$)$_2$HPO$_4$ (PN)
(● PN alone, ■ PN + 20 g/kg lignin, ▲ PN + 50 g/kg lignin)

yield increase in corn by 4%—14% as compared with urea or (NH$_4$)$_2$HPO$_4$ without lignin.

As a product of natural lignocellulosic resources, lignin was probably harmless to crops even if applied at large amounts. According to our findings and other researchers' results, lignin would probably become a potential substance as a fertilizer amendment to improve N fertilizer efficiency.

Acknowledgments

Thanks to Mrs. M. Q. Cao for laboratory assistance. Suggestions from Professor Y. H. Zhuang for this work were greatly appreciated. The research was supported by a grant from the National Natural Science Foundation of China (No. 39790100).

References:

Bundy, L. G., and J. M. Bremner. Inhibition of nitrification in soils. Soil Sci. Soc. Am. Proc. 1973, 37: 396-398.

Glasser, W. G. "Lignin," Chapter 2 in Pulp and Paper, 3rd Edition, Vol. I, J. P. Casey, ed. John Wiley and Sons, Inc., N. Y., 1980: 39-110.

Glasser, W. G. Potential role of lignin in tomorrow's wood utilization technologies. 1981, Forest Prod. J. 31 (3): 24-29.

Hsu, O. H.-H., and W. G. Glasser. Polyurethane adhesives and coatings from modified lignin. Wood Sci. 1976, 9(2): 97-103.

McCarty, G. W., and J. M. Bremner. Evaluation of 2-Ethynylpyridine as a soil nitrification inhibitor. Soil Sci. Soc. Am. J, 1990, 54: 1017-1021.

McClung, G., D. C. Wolf, and J. E. Foss. Nitrification inhibition by nitrapyrin and etridiazol in soils amended with sewage sludge compost. Soil Sci. Soc. Am. J, 1983, 47: 75-80.

Mu, H. Z., Zeng, W., Huang, Y. C. and Xun, Y. F. Development of urea coated with lignin and its effectiveness. Agricultural Environment Protect, 1999, 18(6): 251-253.

Sarkanen, K. V., and C. H. Ludwig, ed. Lignins- Occurrence, Formation, Structure and Reactions. Wiley-Interscience, N. Y, 1971: 916pp.

天津滨海盐渍土上几种植物的热值和元素含量及其相关性

徐永荣[1,3],张万均[2],冯宗炜[1*],张金龙[2]

(1.中国科学院生态环境研究中心,北京 100085;2.天津开发区园林绿化公司,天津 300457;
3.华中农业大学园艺林学学院,武汉 430070)

摘要:研究了天津开发区滨海防护圈 9 种植物的热值、灰分含量和元素含量以及他们之间的相关关系。结果表明:平均干重热值和去灰分热值都表现为乔木(18442.72、19136.23J/g)>灌木(18138.18、18701.295J/g)>多年生草本(15643.11、18622.185J/g)>1 年生草本(13119.33、17907.91J/g)。具体数值随植物种和组分的不同而异。从植物的元素含量看,常量元素 N、P、K 在乔木的根、枝、皮中含量较于高;在灌木中 N 和 P 表现为根>枝,K 则反之;而多年生草本地上部分和地下部分含量较接近。对于本研究区土壤主要盐分元素 Na、Ca、Mg、Cl$^-$而言,乔木基本与常量元素 N、P、K 一致,仍是根、皮、枝含量高于于,灌木均为根<枝,与 K 一样,和 N、P 相反。多年生草本除大米草 Ca 含量外都是地上部分含量比地下部分高。植物碳含量总体上根的含量低于其他组分。植物的干重热值与碳含量呈极显著的正相关关系,与灰分含量及 Na、Mg、Cl$^-$含量呈极显著的负相关关系、与 Ca 含量呈显著负相关关系。去灰分热值与碳含量和干重热值呈极显著的正相关关系。

关键词:天津开发区;滨海盐渍土;热值;元素含量;相关性

Caloric values, elemental contents and correlations between them of some plants on sea-beach salinity soil in Tianjin, China

XU Yongrong[1,3], ZHANG Wanjun[2], FENG Zongwei[1], ZHANG Jinlong[2]

(1. Research center for Eco-environmental Science, CAS, Beijing 100085, China;
2. Afforestation company in TADA, Tianjin 300457, China;
3. College of Horticulture and Forestry, Huazhong Agricultural Universify, Wuhan 430070, China)

Abstract: The two objectives of this paper were to examine the allocation patterns of caloric values and elemental contents for plants on sea-beach salinity soil, and to summarize correlations between caloric values and elemental contents. In March 2002, nine plant species were sampled from five sea-beach artificial communities in Tianjin Economic and Technological Development Area (TADA), China. They were *Populus tomentosa* Carr, *Robinia pseudoacacia* L., *Fraxinus pennsylvanica* Marsh, *Lonicera maackii* Maxim., *Tamarix chinensis* Lour., *Medicago sativa* L., *Spartina*

原载于:生态学报,2003,23(3):450-455.

alterniflora Loiseleur, *Spartira patens* Mahl, and *Suaeda glauca* Bge. The harvest method was applied to estimate the biomass of each organs, from three sample mean trees for each tree species, five plots with 2m × 1m for brushes and also five plots with 1m × 1m for herbs samples were separated in organs except *Suaeda glauca* Bge., were dried in 65℃ until the weight was constant. The gross caloric values (GCV) were measured by auto-calorimeter of WZR-1 that made in Changsha China. Meanwhile, ash, the total contents of C, N, P, K, Na, Ca, Mg and Cl$^-$ were analyzed according to analytical standards of China (GB 7885-87、7886-87、7887-87、7888-87).

The ash free caloric values (AFCV) = GCV/(1-ash content).

The results showed that GCV and AFCY varied in both plant species and different organs. The mean gross caloric values and the mean ash free caloric values decreased in the following order: tree (18442.72, 19136.23J/g), shrub (18138.18, 18701.95J/g), perennial herb (15643.11, 18622.185J/g), and annual plant (13119.33, 17907.91J/g).

For maero-elements(N,P,K), contents in stem of trees were lower than those in root, bark and branch, contents in aboveground and underground of perennials performed approximate N and P contents in root of shrubs were larger than those in branch, but were contrary to the K contents. Contents of Na, Ca, Mg and Cl$^-$ in trees were similar to contents of N, P and K, but those in brushes were different: root < branch, and in perennial plants were underground > aboveground except Ca content of *Spartina alteniflora* Loiseleur. The contents of C in root were lower than those in other organs exclude *Loniccra macckii* Maxim.

GCV was great significant positive correlated with C content ($r = 0.984$, $n = 25$), but was great significant negative correlated with contents of ash ($r = -0.948$), Na($r = -0.8$), Mg($r = -0.797$) and Cl$^-$ ($r = -0.851$), and significant negative correlated with Ca contents ($r = -0.465$). AFCV was great significant positive correlated with C content ($r = 0.558$) and GCV ($r = 0.572$).

Key words: Tianjin; sea-beach salinity soil; caloric values; elemental contents; correlation

生态系统的物质循环和能量流动是生态系统的基本功能,也是生态系统研究的基础。植物热值是生态系统能流的介质和载体。从20世纪60年代以来,国内外学者对植物的热值作了大量的研究,但我国主要集中在草本植物和南方亚热带森林植物[1-17],目前尚未有热值与营养成分之间相关关系的研究。本研究旨在阐明暖温带地区天津开发区滨海生态防护圈几种植物热值和元素含量的分布规律以及植物热值和元素含量的相关关系,为暖温带滨海人工生态系统的能流研究提供基础数据。

1 材料与方法

试验选取天津开发区滨海生态防护圈的9种植物:互花大米草(*Spartina altemiflora* Loiseleur)、柽柳(*Tamarix chinensis* Lour)、狐米草(*Spartira patens* Mahl)、白蜡(*Fraxinus pennsyvanica* Marsh)、毛白杨(*Pcpulus tanentosa* Carr)、刺槐(*Robinia pseudoacacia* L.)、金银木(*Loniccra macckii* Maxm.)苜蓿(*Medicago sativa* L.)碱蓬(*Suaeda glauca* Bge)。

2002年3月通过样地调查(面积20m×20m,3次重复)各群落乔木种树高胸径、灌木种的平均高和每丛株数、草本的平均高度。分别抽取乔木种平均木每种3株、灌木种每种2m×1m小样方5个、草本种每种1m×1m小样方5个,收获法分不同组分测定全株生物量,并采取鲜样回实验室,以供分析。

鲜样风干后,粉碎过2mm筛,105℃测定含水量,65℃烘干至恒重。WZR-1全自动热量计(长沙产)测定干重热值(GCV),3次重复(平行误差<150J);550℃恒重法测定灰分含量;硫酸-高氯酸消煮火焰光度法测定全钾全钠含量、干灰化原子吸收分光光度法测定全钙全镁含量、硝酸银电位滴定法测定氯离子含量。去灰分热值(AFCV) = 干重热值/(1-灰分含量)。采用含量和生物量加权平均法计算各项平均值。数据经SPSS软件进行相关分析。

2 结果与分析

2.1 植物不同组分的热值

表1为各植物不同组分在休眠期的干重热值、灰分含量和去灰分热值,从中可以看出,干重热值和去灰分热值平均值都是乔木(18442.72、19136.23J/g) > 灌木(18138.18、18701.295J/g) > 多年生草本(15643.11、18622.185J/g) > 1年生草本(13119.33、17907.91J/g)。

表1 各植物种不同组分的热值
Table 1 Caloric values of plant

植物种 Plant species	组分 Composition	干重热值/(J/g) GCV	灰分含量/% Ash content	去灰分热值/(J/g) AFCV
毛白杨	根瘤 Root nodule	17735.63	12.07	20170.17
Populus	根 Root	18494.55	4.44	19353.86
tanentosa	干 Stem	18623.77	0.66	18747.50
Carr.	枝 Branch	19213.2	1.79	19563.38
	皮 Bark	19008.13	4.56	19916.32
	平均 Mean	18721.17	3.01	19550.81
白蜡	根 Root	18030.30	3.53	18690.06
Fraxinus	干 Stem	18408.40	0.86	18568.09
chinensis	枝 Branch	18375.93	2.64	18874.21
Roxb.	皮 Bark	17495.2	8.43	19105.82
	平均 Mean	18228.16	2.59	18712.59
刺槐	根 Root	17767.10	5.07	18716.00
Robinia	干 Stem	18742.07	0.76	18885.60
pseudoacacia L.	枝 Branch	18679.93	3.62	19381.55
	皮 Bark	18334.57	8.59	20068.45
	平均 Mean	18378.84	4.00	19145.28
金银木 Loniccra	根 Root	18276.93	3.45	18930.01
macckii Maxm.	枝 Branch	18409.67	2.92	18963.40
	平均 Mean	18359.11	3.12	18950.73
柽柳 Tamartx	根 Root	17768.1	3.36	18554.83
chinensis Lour.	地上 Aboveground	18042.16	2.51	18487.72
	平均 Mean	17917.25	2.90	18451.86
苜蓿	根 Root	16946.23	8.83	18587.51
Medicagosta tiva L.	平均 Mean	16946.23	8.83	18587.51
大米草 Spartina	根 Root	12778.75	29.54	18136.18
altemiflora Loiseleur.	地上 Aboveground	15679.50	16.18	18706.16
	平均 Mean	13811.585	24.78	18362.33
狐米草 Spartira	根 Root	17701.40	4.81	18595.86
patens Mahl.	地上 Aboveground	17348.00	8.93	19049.08
	平均 Mean	17474.635	7.45	18882.04
咸蓬 Suaeda	全株 The whole plant	13119.33	26.74	17907.91
glauca Bge.	平均 Mean	13119.33	26.74	17907.91

乔木种干重热值和去灰分热值为毛白杨(18721.17、19550.81J/g)>刺槐(18378.84、19145.28J/g)>白蜡(18228.16、18172.59J/g),但相差不大;灌木种中金银木(18359.11、18950.73J/g)>柽柳(17917.25、18451.86J/g);多年生草本就根系而言干重热值相差很大,从高到低依次为狐米草17701.4J/g、苜蓿16946.23J/g、互花大米草12778.75J/g,去灰分热值则很接近,分别为狐米草18595.86J/g、苜蓿18587.51J/g、互花大米草18136.18J/g。

各植物种不同组分的热值不同,乔木种干重热值表现为毛白杨枝>皮>干>根>根瘤、白蜡干>枝>根>皮、刺槐枝>干>皮>根,去灰分热值为毛白杨根瘤>皮>枝>根>干、白蜡皮>枝>根>干、刺槐皮>枝>干>根;灌木种金银木和柽柳干重热值和去灰分热值均为枝>根;多年生草本狐米草干重热值为地下>地上,互花大米草则相反为地上>地下,去灰分热值都是地上>地下。

天津开发区滨海生态防护圈9种植物休眠期(3月份)去灰分热值均高于世界陆生植物的平均热值(11.77kJ/g)[8]。3种落叶乔木各组分去灰分热值与侯庸等对广东黑石顶常绿阔叶林几种常绿乔木在冬季(12月份)的测定值较为接近[9],稍低于林光辉、林鹏在3月份测定的红树植物秋茄的器官热值[11]。一般认为植物叶片的热值较高[3],由于本研究测定的是休眠期,可能导致结果偏低。多年生草本植物互花大米草和狐米草的地上枯落物去灰分热值均低于胡自治等测定的高寒草甸植物珠牙蓼枯黄期(11月份)热值(19690J/g)[14]。本研究区域为暖温带地区年均温和降水高于高寒草甸,与Golley等认为高寒植物热值高于热带[17]是相吻合的。

2.2 植物各组分元素含量

植物的元素含量随植物种类和组分的不同而异(表2)。常量元素N、P、K在乔木的根、枝、皮中含量较干高;在灌木中N和P表现为根>枝,K则反之;而多年生草本地上部分和地下部分含量较接近。对于本研究区土壤主要盐分Na、Ca、Mg、Cl⁻等元素而言,乔木基本与常量元素N、P、K一致,仍是根、皮、枝含量高于干;灌木均为根<枝,与K一样,和N、P相反。多年生草本除大米草Ca含量外都是地上部分含量比地下部分高。

植物碳含量表现出与去灰分热值一致的规律,即乔木>灌木>多年生草本>1年生草本,总体上根的含量低于其他组分。

2.3 植物热值与元素含量的关系

植物干重热值与碳含量呈极显著的正相关关系(表3),与Na、Mg、Cl⁻和灰分含量呈极显著的负相关关系;与Ca含量呈显著的负相关关系;与N、K含量有微弱的负相关关系,但相关性不显著;与全磷含量几乎不相关($r=0.001$)。说明植物热值既与有机物含量有关,也与矿物质成分有关,有机物含量越高干重热值越大,燃烧后的灰分中主要为矿质元素,因而灰分含量越高干重热值越小、矿质元素含量越高干重热值越小。

去灰分热值与碳含量和干重热值呈极显著的正相关关系。

元素含量之间,碳与其他测定元素均呈负相关,其中与Na、Mg、Cl⁻达极显著水平,与Ca达显著水平,N与P、K呈极显著正相关,另外,P与K、Na与Mg、Na与Cl⁻、Ca与Mg、Mg与Cl⁻均呈极显著正相关关系。

表 2 植物各组分元素含量
Table 2　Elemental contents of plants

植物种 Plant species	组分 Compositions	氮(%) N	磷(%) P	钾(%) K	钠(%) Na	钙(%) Ca	镁(%) Ma	氯(%) Cl	碳(%) C
毛白杨	根瘤 Root nodule	1.0246	0.1943	0.6276	0.2163	0.1981	0.2727	0.3542	43
Populus	根 Root	0.8253	0.1748	0.4543	0.0677	0.2632	0.1592	0.3722	45.34
tanentosa	干 Stem	0.121	0.0526	0.0596	0	0.0268	0.0461	0.0606	46.04
Carr.	枝 Branch	0.6324	0.1035	0.1846	0.0108	0.1889	0.1587	0.1147	46.35
	皮 bark	1.0983	0.1474	0.4276	0.0078	0.5446	0.1702	0.1906	47.05
白蜡	根 Root	0.9466	0.1935	0.2839	0.0599	0.1193	0.1224	0.1334	45.39
Fraxinus	干 Stem	0.1452	0.0635	0.106	0.0021	0.0566	0.0547	0	45.59
chinensis	枝 Branch	0.518	0.1206	0.1527	0.0201	0.398	0.1629	0.1067	45.6
Roxh.	皮 bark	0.5177	0.0618	0.341	0.0757	0.5844	0.2551	0.1874	44.27
刺槐	根 Root	1.9376	0.2488	0.4684	0.0155	0.2127	0.4099	0.3209	43.14
Robinia	干 Stem	0.1962	0.0401	0.0595	0	0.1411	0.0325	0.0055	45.65
pseudoacacia L.	枝 Branch	1.0152	0.1572	0.2979	0.0235	0.4676	0.1728	0.2287	45.18
	皮 bark	1.9754	0.1752	0.2816	0.0329	1.0105	0.1224	0.2111	45.3
金银木 Loniccra	根 Root	1.5253	0.3264	0.31	0.0393	0.0914	0.1106	0.2177	45.12
maccki Maxm.	枝 Branch	0.4801	0.142	0.3204	0.0495	0.1099	0.1331	0.173	44.985
苜蓿 Medicago	根 Root	1.6532	0.5098	1.0859	0.3229	0.1642	0.2407	0.7547	40.04
stativa L.									
大米草 Spartina	根 Root	0.7529	0.1108	0.4841	1.539	0.7828	0.4027	5.5806	30.37
alterniflora	地上	0.71	0.0966	0.0493	3.2451	0.2549	0.4442	6.4222	39.36
Loiseleur.	Aboveground								
狐米草 Spartira	根 Root	1.1511	0.1572	0.2911	0.0936	0.0466	0.1175	0.4249	43.05
Patens Mahl.	地上 Aboveground	1.2078	0.1087	0.3431	0.2996	0.1959	0.202	1.4403	41.89
柽柳 Tamartx	根 Root	1.466	0.2117	0.1772	0.076	0.2704	0.2182	0.2373	42.56
chinensis Lour.	地上 Aboveground	0.6079	0.1236	0.1903	0.1364	0.2089	0.1835	0.2517	44.26
碱蓬 Suaeda	全株	1.1335	0.112	0.2737	2.5543	1.2927	1.1272	3.812	30.73
glauca Bge.	The whole plant								

表 3 植物元素含量及热值的相关关系 ($n=25$)
Table 3　Correlation of caloric values and elemental compositions

项目 Item	GCV	AFCV	灰分含量 Ashcontent	C	N	P	K	Na	Ca	Mg	Cl⁻
GCV	1	0.572**	-0.948**	0.984**	-0.124	0.001	-0.187	-0.800**	-0.465*	-0.797**	-0.851**
AFCV		1	-0.283	0.558**	0.099	-0.018	0.168	-0.376	0.042	-0.386	-0.382
Ash content			1	-0.937**	0.178	-0.013	0.280	0.790**	0.564**	0.787**	0.847**
C				1	-0.158	-0.057	-0.251	-0.762**	-0.414*	-0.805**	-0.814**
N					1	0.71**	0.506**	-0.020	0.120	0.231	-0.014
P						1	0.761**	-0.141	-0.208	0.007	-0.140
K							1	-0.073	0.084	0.138	-0.004
Na								1	0.321	0.757**	0.940**
Ca									1	0.543**	0.286
Mg										1	0.633**
Cl											1

** Correlation is significant at the 0.01 level (2-tailed), * Correlation is significant at the 0.05 level (2-tailed)

3 结论

3.1 天津滨海盐渍土上9种植物的热值表现为乔木＞灌木＞多年生草本＞1年生草本。不同植物种的不同组分规律不一。

3.2 从植物的元素含量看,一般地,乔木种无论是常量元素N、P、K还是当地土壤主要盐分Na、Ca、Mg、Cl$^-$等元素都是根、皮、枝高于干;在灌木中N和P表现为根＞枝,K则反之;而多年生草本N、P、K含量地上部分和地下部分较接近。对于本研究区土壤主要盐分元素Na、Ca、Mg、Cl$^-$而言,灌木均为根＜枝,与K一样,和N、P相反。多年生草本除大米草Ca含量外都是地上部分含量比地下部分高。植物碳含量表现出与去灰分热值一致的规律:乔木＞灌木＞多年生草本＞1年生草本,总体上根的含量低于其他组分。

3.3 植物的干重热值与碳含量呈极显著的正相关,与灰分含量及Na、Mg、Cl$^-$含量呈极显著的负相关、与Ca含量呈显著负相关关系。去灰分热值与碳含量和干重热值呈极显著的正相关关系。

References:

[1] Zhang H F, Chen Z Z. Seasonal variation of the caloric values of the several dominant plants in the typical stipagrandis steppe. Chinese Bulletin of Botany, 1993, 10(1): 51-53.

[2] You W H, Song Y C. A study on energy in vascular aquatic macrophyte communities in Dianshan Lake. Acta Phytoecologica Sinica, 1995, 19(3): 208-216.

[3] Ren H, Peng S L, Liu H X, et al. The cabric value of main plant species at Dinghushan, Guangdong, China. Acta Phytoecologica Sinica, 1999, 23(2): 148-154.

[4] Guo J X, Wang R D. Calorific value and energy character of deminant *Leymus chinensis* in northeast grassland. Acta Pratacuturae Sinica, 2000, 9(4): 28-32.

[5] Lin P, Shao C, Zheng W J. Study on the caloric values of dominanting plants in a subtropical rain forest in Hexi of Fujian. Acta Phytoecologica Sinica, 1996, 20(4): 303-309.

[6] Lin Y M, Li H Y, Lin P, et al. Caloric values of bamboo species in the subtropical rain forest at Huboliao of Nan-jing County, Fujian. Journal of Bamboo Research, 2000, 19(1): 57-62.

[7] Lin Y M, Lin P, Li Z J, et al. Study on energy of *Castanopsis eyrei* community in Wuyi Mountains. Acta Botanica Sinica, 1996, 38(12): 989-994.

[8] Lin C C. Calorific values and nutrient composition of the leaves of monsoon evergreen broad-leavedforest and some forest-edge plants on Gushan Mountain in Fuzhou. Acta Ecologica Sinica, 1999, 19(6): 832-836.

[9] Hou Y, Wang B S, Zhang H D, el al. Study on the caloric values of five dominants for the tree layer in the south subtropical evergreen broad-leaved forest in Heshiding Nature Reserve, Guangdong province. Acta Ecologica Sinica, 1998, 18(3): 263-268.

[10] Ren H, Peng S L, Yu Z Y, et al. Energy flux characteristics and solar radiation utilization efficiency of the native species mixed forest in Heshan. Journal of Graduate School, Academic Sinica, 1996, 13(1): 54-60.

[11] Lin G H, Lin P. The change of caloric values of a mangrove species, Kandelia Candel in china. Acta ecologica Sinica, 1991, 11(1): 44-48.

[12] Zhou D W, Sun G, Wang P. Response of nutrient and caloric value in grassland plant following burning. Journal of Northeast Normal University, 1999(4): 100-104.

[13] Li Y D, Wu Z M, Zeng Q B, et al. Caloric values of main species in a tropical mountain rain forest at Jianfengling, Hainan Island. Acta Phytoecologica Sinica, 1996,20（1）：1-10.

[14] Hu Z Z, Sun J X, Zhang Y S, et al. Preliminary studies on caloric value and nutrient composition in Tianzhu Alpine Polygonum Viviparum meadow. Acta Phytoecologicaet Geobotanica Sinica, 1990, 14 (2)：185-190.

[15] Lin Y M, Zheng M Z, Lin P, et al. Ash content and caloric value in leaves of garden bamboo species. Journal of Xiamen University (Natural Science), 2000, 39(1)：136-140.

[16] BlissL C. Caloric and lipid content in alpine tundra plant. Ecology, 1962,43(4)：753-757.

[17] Golley F B. Calorie values of wet tropical forest vegetation. Ecology, 1969,50(3)：517-519.

参考文献：

[1] 张鸿芳,陈佐忠. 大针茅典型草原几种主要植物热值的季节变化. 植物学通报,1993,10(1)：51-53.

[2] 由文辉,宋永昌. 淀山湖水生维管束植物群落能量的研究. 植物生态学报,1995,19(3):208-216.

[3] 任海,彭少麟,刘鸿先,等. 鼎湖山植物群落及其主要植物的热值研究. 植物生态学报,1999,23（2）：14-154.

[4] 郭继勋,王若丹. 东北草原优势植物羊草热值和能量特征. 草业学报,2000,9(4):28-32.

[5] 林鹏,邵成,郑文教. 福建和溪亚热带雨林优势植物叶的热值研究. 植物生态学报,1996, 20(4)：303-309.

[6] 林益明,李和阳,林鹏,等. 福建南靖虎伯寮亚热带雨林竹类植物热值的研究. 竹子研究汇刊,2000,19(1);57-62.

[7] 林益明,林鹏,李振基,等. 福建武夷山甜槠群落能量的研究. 植物学报,1993,38(12):989-994.

[8] 林承超. 福州鼓山季风常绿阔叶林及其林缘几种植物叶热值和营养成分. 生态学报,1999,19(6):832-836.

[9] 侯庸,王伯荪,张宏达,等. 广东黑石顶自然保护区南亚热带常绿阔叶林5种优势植物的热值研究. 生态学报,1998,18(3):263-268.

[10] 任海,彭少麟,余作岳,等. 鹤山乡土混交林的能量特征及光能利用率. 中国科学院研究生院学报,1996,13(1):54-60.

[11] 林光辉,林鹏. 红树植物M热值及其变化的研究. 生态学报,1991,11(1):44-48.

[12] 周道玮,孙刚,王平. 火烧后草原植物营养和热值的变化. 东北师范大学学报(自然科学版),1999,(4):100-104.

[13] 李意德,吴仲民,曾庆波,等. 尖峰岭热带山地雨林主要种类能量背景值测定分析. 植物生态学报,1996,20(1):1-10.

[14] 胡自治,孙吉雄,张映生,等. 天祝高寒珠牙蓼草甸群落的热值和营养成分的初步研究. 植物生态学与地植物学学报,1990,14(2):185-190.

[15] 林益明,郑茂钟,林鹏,等. 园林竹类植物叶的热值和灰分含量研究. 厦门大学学报(自然科学版),2000,39(1):136-140.

青海湖流域主要生态环境问题及防治对策

冯宗炜,冯兆忠

(中国科学院生态环境研究中心,北京 100085)

摘要:分析了青海湖流域主要生态环境问题:湖水水面下降,水质恶化;草地退化日趋严重,"草原三害"面积不断增大;土地沙漠化面积不断扩大,水土流失严重;珍稀濒危野生动物濒临灭绝;渔业资源濒临枯竭。在此基础上,提出了 5 项防治对策:(1)提高广大干部群众的生态意识;(2)将"社会-经济-自然复合生态系统"概念引入到流域的治理中;(3)加强国家级自然保护区的建设;(4)大力发展林-草间作,增加植被覆盖度;(5)尽快组建"青海湖流域生态环境监测管理中心"。

关键词:青海湖流域;生态环境问题;对策

Major ecological and environmental problems and countermeasures in the Qinghai Lake watershed, Qinghai

FENG Zongwei, FENG Zhaozhong

(Research Center for Eco-environmental Sciences, Chinese Academy of Sciences, Beijing 100085, China)

Abstract: Due to the adverse nature conditions and irrational social and economic activities, the fragile eco-environment around Qinghai Lake watershed has been severely aggravated. The main problems are as follows: the continuous decrease of the lake water level and deterioration of water quality; the extension of the areas of grassland degradation and damage by venomous grass, mice and grasshoppers; the spread of land desertification and severe water and soil erosion; danger of extinction of some rare and endangered wild animals and fishery. In order to protect and improve the eco-environment and make it sustainable development within the watershed or beyond, the following five countermeasures should be taken into account: (1) to improve the whole society's the ecological awareness in significance of Qinghai Lake; (2) to apply the concept of the "social-economy-nature compound ecosystem" into treatment of the watershed; (3) to strengthen the construction of national nature reserve; (4) to extensively develop the forest-grass inter-cropping system and increase vegetation coverage degree; (5) to construct "the management center for monitoring eco-environment of the Qinghai Lake watershed" as soon as possible.

Key words: Qinghai Lake watershed; ecological and environmental problems; countermeasures

原载于:生态环境,2004,13(4):467-469.

青海湖是我国面积最大的内陆咸水湖泊,地处青藏高原的东北部。它以其巨大的水体与流域内的天然草场和林地共同构成了阻挡西部荒漠风沙向东蔓延的生态屏障。其独特的自然生态环境和生物多样性,在西部大开发和生态建设中具有重要的意义。近几十年来,由于自然环境条件变化和人为活动的综合影响,流域内生态环境不断恶化。湖区周边沙漠化趋势严重,草场植被退化,湖水水位下降,青海湖特有的珍稀鱼类裸鲤(*Gymnocypris przewalskii*)也由于过度捕捞数量锐减,鸟类栖息地日益恶化。目前青海湖流域的生态环境状况引起了党和国家领导人及广大科研工作者的共同关注,因此在西部大开发之际,如何改善青海湖流域生态环境,维护其生态平衡,已成为目前的一项刻不容缓的任务。

1 流域自然概况

青海湖流域位于青海省祁连山东南部,北依大通山,南靠青海南山,东邻日月山,西以阿木尼尼库山为界。地处北纬36°15′—38°20′,东经97°50′—101°20′之间,是一个四面群山环绕的封闭式内陆盆地。海拔高3194-5174m,东西长109km,南北宽165km,土地总面积约2.98万km²,占全省总面积的4.1%。行政区划包括共和县、海晏县、刚察县、天峻县、都兰县。年均气温在-3.0—3.0℃之间,气温日较差大;年日照时数为2430—3330h,蒸发量1440mm左右;年均降水量在300—400mm,个别丰水年达到500mm以上,5—9月占全年雨量的90%左右,属内陆高原半干旱气候。土壤类型多样,主要有高山寒漠土、高山草甸土、高山草原土、山地草甸土、灰褐土、黑钙土、栗钙土、沼泽土、风沙土等。主要植被类型有高寒草甸、高寒草原、高寒流石坡稀疏植被、沙生植被、盐生草甸、寒漠草原和沼泽草甸等。入湖较大的河流有布哈河、泉吉河、伊克乌兰河、哈尔盖河和黑马河。其中布哈河最大,年径流量为7.09亿m³,占流域年径流量的53%。流域内居住着藏、汉、蒙古、回、土、撒拉等12个民族,约10.3万人,少数民族约为人口总数的70%。

青海湖距西宁市136km,湖面东西最长106km,南北最宽67km,湖周长365km,湖面海拔3194m,湖水最深26m,平均深度19m,水域面积4392.8km²。1994年,青海湖被列入国际重要湿地名录,1997年被国务院批准为国家级自然保护区。环湖分布有普氏原羚(*Procapra przewalskii*)、雪豹(*Panthera unicia*)、藏野驴(*Equus kiang*)、黑颈鹤(*Grus nigricollis*)等国家一类保护动物11种,二类保护动物24种;分布有种子植物445种。

2 主要生态环境问题

2.1 湖水水面下降,水质恶化

青海湖的主要补给水源是地表水和降水。但由于生态恶化,原来补给湖水的100多条河流,现在减少为50多条,而且大多数出现季节性断流,水量减少60%,致使青海湖水位不断下降。近100a来,湖水位下降了13m之多,湖面萎缩720余km²。其中,1956—1996年的40a间,湖面年均萎缩9.31km²,湖水下降3.6m,年均下降10.53cm。但从1988—2001年的13a间,湖水水位下降的速度明显加快,年均下降12cm[1]。

随着水位的下降、湖面萎缩,湖水的矿化度增加,由1962年的12.49g/L增加到1986年的14.15g/L,甚至有的年份达到了16g/L。碱度比海水还要高,平均pH值已由过去的9.0上升到9.2以上,有的水域高达9.5。青海湖水的盐碱化对水生饵料生物和鱼类的生存及繁衍造成严重威胁。同时,湖水水面下降的直接后果是湖面退缩后湖底泥沙沉积暴露,成为湖区风沙的主要来源。

据青海省环境地质水文总站对青海湖水均衡计算,每年地表水入湖水量为 15.19 亿 m³,地下水入湖水量为 6.15 亿 m³,湖面降水补给为 14.49 亿 m³,而湖面蒸发耗水量每年为 40.39 亿 m³,湖水每年亏损 4.56 亿 m³[2]。其中人为活动耗水量约占亏水量的 8.7%。

2.2 草地退化日趋严重,"草原三害"面积不断增大

青海湖流域是青海省的主要牧业基地,全省牧区人口的 24%,牧区草食牲畜的 29% 集中在这一地区。据调查,湖区的优良草场由 20 世纪 50 年代的 201 万 hm²,下降到 90 年代末的 109 万 hm²,产草量下降了 50%,平均年产草量减少 6 亿多 kg[3]。近 10 多年来,由于超载过牧和大面积开垦草场,该区域草场退化不断加剧,退化面积达 93.3 万 hm²,占可利用草场面积的 49%。其中,中度以上退化面积为 65.67 万 hm²,占该区域草地面积的 34.90%。

由于草场退化,"草原三害"——毒草、鼠害和虫害大面积发生。杂草和毒草像狼毒(*Stellera chamaejctsme*)、黄花棘豆(*Oxytropis ochroephala*)等有毒牧草已发展成为群落的优势种,草场鼠虫灾害频繁,使大面积的草场沦为"黑土滩",并以每年 8% 的速度退化,严重影响了青海湖流域畜牧业生产和牧民的生活。据刚察县林业局的调查,2002 年该区内鼠害发生面积 13.3 万 hm²,草原蝗虫发生面积 10 万 hm²,杂草、毒草危害面积达 6.7 万 hm²。

2.3 土地沙漠化面积不断扩大,水土流失严重

据航片和卫片勾绘计算,1956、1986、2000 年沙丘及沙化土地面积分别达到 452、757、1248 km²[4]。与 1986 年相比,14a 间沙漠化面积扩大了 491km²,平均每年以 35.07 km² 的速度增加,年扩散速率约为 4.63%。其中严重沙漠化土地面积达 5.09 万 hm²,占目前沙化面积的 40.8%,潜在沙漠化面积为 4.64 万 hm²,占流域总面积的 1.56%。目前,风沙活动范围已经扩展到整个湖区。被誉为一颗璀璨明珠的鸟岛也因沙漠化扩展发生了巨变,20 世纪 60 年代的鸟岛还是湖中之岛,到了 70 年代成了半岛,80 年代变成了脱离湖体 26.7km² 的风沙地。在布哈河、江西沟、甘子河、倒淌河等沿河地区也局部见有沙丘或平沙地分布。布哈河河口沿岸向北 6km 以上的湖底全部暴露,成为新的沙地。

据青海省林业局调查,该区目前水土流失面积(包括水蚀、风蚀和冻融)为 2.21 万 km²,已超过全区土地面积的 75%,且呈加剧趋势。其中天峻县最为严重,达到 1.39 万 km²,占整个流域流失面积的 62.8%;刚察县次之,为 0.45 万 km²,占流域流失面积的 20.2%;共和县最低,约占 6.66%。河流泥沙含量增加,布哈河的泥沙含量高达 7.57kg/m³,内陆河每年流入青海湖的沙量达 987 万 t[5]。

2.4 珍稀濒危野生动物濒临灭绝

由于青海湖流域特殊的自然生态环境,使之成为青藏高原野生动物的重要栖息地。野生动植物资源极为丰富,其中国家一、二类保护动物 35 种,占全国的 32.3%。但目前野生动植物资源有 15%—20% 濒临灭绝,高出全国平均水平 5 个百分点。普氏原羚是我国特有的珍稀物种,数量不足 300 只,比大熊猫还要稀少,仅生存于青海湖流域。近年来草原上人为设置的栅栏阻隔了普氏原羚不同种群间的迁徙通道,导致近亲繁殖,普氏原羚数量越来越少,有专家预计,不到 20a,普氏原羚将灭绝。藏原羚(*Tibetan gazelle*)、野牦牛(*Bos mutus*)以及鹰、雕等动物,几经捕猎或草原灭鼠引发的二次中毒而大量死亡。鸟岛连陆、萎缩也使大量的鸟类迁徙。据最新调查,来鸟岛筑巢繁殖的鸟类仅有 3 种[2]。

2.5 渔业资源濒临枯竭

青海湖裸鲤(湟鱼)不仅是青海水产业的支柱,更是青海湖特有的鱼类资源,被国家列为名贵的鱼类资源,其分布数量约占湖内生长鱼类资源总量的95%以上。由于湖区气候相对较为寒冷和鱼类饵料相对贫乏,湖中鱼类的生长速度十分缓慢。一般平均体质量250g的一条湟鱼平均年龄约为8—9a;平均体质量500g的湟鱼年龄约为11—12a[6]。然而,从20世纪80年代开始,过度捕捞和偷捕使鱼类资源锐减,可捕量下降,鱼体变小,性早熟,产卵量减少。近几年来,青海湖的来水量锐减,在亲鱼产卵季节,由于各补给河流处于干旱半干旱状态和过度捕捞,目前青海湖湟鱼资源总量已下降到7500t左右,是40年前的10%,溯河产卵的亲鱼数量已不足60年代的5%,资源再生能力下降为1%[7],湟鱼的群体数量急剧减少,个体不断变小,其资源量已经到了最低临界点。

3 防治对策

引起青海湖流域生态环境恶化的原因主要是由自然气候因素和人为因素造成。对于自然气候因素,人类目前还难以大规模驾驭。因此,当前重点应是控制人为因素对生态环境的逆向干扰。

3.1 提高广大干部群众的生态意识

通过广大干部技术培训和中小学素质教育,提高全民生态意识,增强对青海湖流域生态环境建设重要意义的认识。针对目前出现的一系列生态环境问题,使广大干部群众树立危机感,增强治理的紧迫感和责任感,积极投身于生态环境建设中。要引导农牧民改变不利于生态环境建设的落后的生产和生活方式,正确处理好眼前与长远、局部与整体、个人与社会间的关系,共同为建设一个世界美好的高原明珠贡献力量。

3.2 将"社会-经济-自然复合生态系统"的概念引入到整个流域的治理中

生活贫困,经济落后及人口增加等社会、经济因素是青海湖流域生态恶化的主要驱动力。在青海湖流域治理过程中,应将原来把青海湖当作一个"自然生态系统"来看待的概念扩展为"社会-经济-自然复合生态系统"的概念中。通过系统学的观点,协调和处理好生态环境治理、区域经济发展与社会稳定、人民生活水平提高之间的关系,从而实现经济的持续增长、资源的永续利用、社会的和谐共存、传统文化的延续及自然活力的维系等可持续发展模式。

3.3 加强国家级自然保护区的建设

青海湖国家级自然保护区是以鸟类和湿地为主要保护对象的自然保护区,是我国高原湖区重要的鸟禽集中繁育栖息地,是世界上高原生物物种多样性宝库。因此有必要将现在的以青海湖区的保护区范围扩大到整个青海湖流域集水区范围,树立大生态的概念,从景观生态学的角度开展流域治理,确保生态系统完整性及保护功能的有效性。要继续加大保护区的投资力度和执法力度,限制保护区内一切可能的污染源,保证水禽鸟类的栖息和繁育环境。增加普氏原羚的迁徙廊道,防止近亲繁殖。

3.4 大力发展林-草间作,增加植被覆盖度

继续实行退耕还林还草政策,尤其在湖滨因风蚀、干旱与低温,产量低而不稳的地带。在已有的退耕还草试验基础上,大力推广"4m林带8m草带"的林草间作体系。根据环湖气候、土壤特点,湖北、湖西应以草-灌木林带为主,湖东除建立草-灌木林带外,也可以营造部分灌木林。但目前灌木品种单一,主要为沙棘,可在湖周降雨量300—400mm地

区引种一些适宜于当地生存条件的灌木树种,将有利于防风固沙(土),增加植被覆盖度,且对当地生物多样性的保护也会起到良好作用。

3.5 尽快组建"青海湖流域生态环境监测管理中心"

为增强青海湖流域水文、气象、环境、生物多样性以及生态高效牧业、林草业、生态农业等监测技术服务体系、监测管理体系及预警系统网络的建设及完善,促进青海湖流域生态环境的可持续发展,建议青海省政府组建省一级的跨部门跨行业的"青海湖流域生态环境监测管理中心"进行统一管理,协调好各个职能部门和各个监测站的数据共享。同时,根据青海湖流域可持续发展优化模式和发展战略,组织进行辅助决策模型、专家系统和预警系统的研究与建设,建立适合于青海湖流域的环境评价专家系统,以及青海湖流域可持续发展决策支持系统和预警系统,为青海湖流域的综合治理提供科学依据。

参考文献:

[1] 王黎军.青海湖水位下降的成因分析与对策[J].青海大学学报(自然科学版),2003,21(5):28-31.
[2] 刘小园.青海湖水位变化趋势分析[J].干旱区研究,2001,18(3):58-62.
[3] 青海省地方志编纂委员会.青海省志:(八)青海湖志[M].西宁:青海人民出版社,1998.
[4] 张登山,武健伟,鲁瑞洁,等.环青海湖区沙漠化综合治理规划研究[J].干旱区研究,2003,20(4):307-311.
[5] 杨修,孙芳,任娜.环青海湖地区生态环境问题及其治理对策[J].地域研究与开发,2003,22(2):39-42.
[6] 赵利华,王似华.青海湖裸鲤的年龄、生长[M].北京:科学出版社,1979.
[7] 史建全,陈大庆.青海湖裸鲤资源评价[J].淡水渔业,2000,30(11):38-40.

杉木与固氮和非固氮树种混交对林地土壤质量和土壤水化学的影响

黄　宇[1,2]，冯宗炜[1]，汪思龙[2]，于小军[2]，高　红[2]，王清奎[2]

（1. 中国科学院生态环境研究中心，北京　100085；
2. 中国科学院会同森林生态实验站，湖南会同　418307）

摘要：第1代人工杉木林皆伐后，3种不同的经营模式，即连载杉木纯林、杉木与固N阔叶树混交林和杉木与非固N阔叶树混交林，对林地土壤质量和土壤水化学的影响进行了比较。结果表明，在杉树与阔叶树混交经营模式下，土壤养分含量增加，物理性状改善，土壤生物活性提高，微生物商（$C_{mic}:C_{org}$）上升，代谢商（qCO_2）稍有下降，但杉木与固N树种的混交对土壤质量的改善效果比杉木与非固N树种混交好；相反，杉木连载只能导致林地土壤质量的逐渐恶化；土壤溶液中，主要来自于大气中的一些离子浓度，如SO_4^{2-}、Cl^-、Na^+和Mg^{2+}，在杉木纯林中显著高于混交林，而主要受系统内影响较大的一些离子，如K^+和NH_4^+、NO_3^-，在经营模式间变异较小；H^+和Al^{3+}浓度也是杉木纯林比混交林高。另外，研究结果还表明，总有机C、CEC和微生物C与其它土壤理化性质与生物学性质之间存在着较好的相关性，所以可以将总有机C、CEC和微生物C作为红黄壤地区亚热带人工林土壤质量的指示指标。

关键词：杉木；固N树种；非固N树种；土壤质量；土壤水化学

Effects of Chinese-fir mixing with N-fixing and non-N fixing tree species on forestland quality and forest-floor solution chemistry

HUANG Yu[1,2], FENG Zong-Wei[1], WANG Si-Long[2],
YU Xiao-Jun[2], GAO Hong[2], WANG Qing-Kui[2]

(1. Department of Systems Ecology, Research Center for Eco-Environmental Sciences, Chinese Academy of Sciences, Beijing 100085, China; 2. Huitong Experimental Station of Forest Ecology, Chinese Academy of Sciences, Huitong Hu'nan Province 418307, China)

Abstract: Chinese fir (*Cunningharnia lanceolata*), a type of subtropical fast-growing conifer tree, widely distributed in South China, and its plantation area in China is more than 7×10^6 hm^2, accounting for 24% of total area of planted forest in China. In recent decades, the system of

---

原载于：生态学报，2004，24（10）：2190-2199．
基金项目：中国科学院知识创新工程资助项目（KZCX2-406，KZCX3-SW-418）

successive plantation of Chinese fir is widely used in the southern china for an anticipated high economic return. However, recent studies have documented that the practice of this system led to dramatic decreases in soil fertility and forest environment as well as in productivity. Compared with the first plantation generation of Chinese-fir, soil organic C, N, P, K and forest productivity, respectively, decrease 12.0%, 18.8%, 16.7%, 10.2% and 12.5% for the second rotation, 18.5%, 31.2%, 27.5%, 25.4% and 45.5% for the third rotation. Therefore, in recent years, increasing concern about the sustainable productivity of Chinese fir plantation forest has emphasized the need to seek a way to control the forest land degradation effectively and maintain soil quality.

Some forest ecologists and managers recognize the ecological role performed by broadleaf trees growing in mixtures with conifers, and a great deal of studies on mixtures effects have been conducted, particularly on mixture species of temperate and boreal forest, but these research results were not completely consistent each other. Maybe the mixtures effects depend in large part on specific site conditions, the interact ions among species in mixtures and biological characteristics of species, etc.. Although some researchers also studied the effects of mixtures of Chinese fir and broadleaf tree species on soil fertility, forest environment and tree growth status, little information is available about systematic studies in mid-subtropical region on different forest management models such as mixtures of Chinese-fir and broadleaf trees (including N-fixing and non-N-fixing tree species), effects on soil quality, in particular on soil microbiological and biological properties. Similarly, repots about effects of different forest management models on forest-floor solution chemistry are also very scarce.

The experimental site was situated at Huitong Experimental Stat ion of Forest Ecology, Chinese Academy of Sciences, Hunan Province (N 26° 40′—27° 09′ latitude and E 109° 26′—110° 08′ longitude). It locates at the transition zone from the Yunnan-Guizhou plateau to the low mountains and hills of southern bank of Yangtz River at an altitude of 300—1100m above mean sea level and at the same time, it is also a member of the Chinese Ecosystem Research Network (CERN), sponsored by the Chinese Academy of Sciences (CAS). This region has a humidmid-subtropical monsoon climate with a mean annual precipitation of 1200—1400mm, most of the rain falling between April and August, and a mean temperature of 16.5℃ with a mean minimum of 4.9℃ in January and a mean maximum of 26.6℃ in July. The soil of the experimental field is red-yellow soil.

After a clear-cutting of the first generation Chinese-fir planted forest (*Cunninghamia lanceolata*) in autumn of 1989, three different forest management models, viz. mixture of Chinese-fir and N-fixing alder (A lnus crem astogyne) (MCA), mixture of Chinese-fir and non-N-fixing Kalopanax septem lobus (MCK) and pure Chinese-fir stand (PCS), were established in spring of 1990. The effects of these three planted forest stands on soil characteristics were evaluated by measuring physico-chemical, microbiological, biochemical parameters and soil solution chemistry. Both MCA and MCK exerted a favourable effect on soil fertility maintenance, the improvement being greater under MCA. The concentrations of the mainly atmospherically derivedions in soil solutions, including SO_4^{2-}, Cl^-, Na^+ and Mg^{2+}, were significantly higher under the conifer (PCS) than under the mixtures (MCA and MCK). Whereas the concentrations of ions that mainly controlled by with in system processes such as K^+, NO_3^- and NH_4^+ varied small among the management models. The concentrations of H^+ and Al^{3+} were highest under PCS. SO_4^{2-} was the dominant anion and Ca^{2+} the main cation in soil solutions. In addition, the observed evidence from this study also suggests that, total organic C (TOC), cation exchange capacity (CEC) and microbial biomass-C (C_{mic}) can be used as indicators of soil quality in planted forest ecosystem under subtropical region.

Key words: Chinese fir; N-fixing tree species; non-N-fixing tree species; soil quality; soil solution chemistry

杉木(*Cunninghamia lanceolata*)是我国亚热带常绿阔叶林区特有的重要速生用材树种,分布在我国南方的 16 个省(区),约占南方人工林面积的 1/2,在我国森林蓄积量和木材生产中占有重要的地位[1]。但由于杉木人工林的针叶化、纯林化以及多代连载现象的加剧,杉木人工林生态系统固有的生态弱点日益显现出来,水土流失增加,生物多样性下降,地力衰退,病虫害增加等等[2-6]。据冯宗炜等人的研究,杉木林地土壤肥力和土壤微生物随杉木年龄增加而下降,造林后 19a, 土壤 N、P、K 含量分别为造林前的 43.6%、24.3% 和 43.2%;土壤微生物为造林前的 91.6%[2]。另据报道,杉木连载土壤肥力和生产力下降非常明显,2 耕土和 3 耕土有机质的含量分别为头耕土的 83.8% 和 66.3%、全 N 为 80.0% 和 65.0%、全 P 为 83.3% 和 33.3%、全 K 为 96.6% 和 89.1%、林分蓄积量为 68.5% 和 45.35%[7]。

针对杉木人工林地力衰退现状及其机理,冯宗炜等人首先提出了营造杉木混交林的解决途径并在广西对杉木与火力楠 13 年生混交林作了大量的研究工作[8]。研究结果表明,选择适当的阔叶树种与杉木混交,可增加林地凋落物量,加速其分解速率,提高养分的归还量,从而维持甚至提高土壤肥力,防止杉木人工林连载生产力下降[8]。

但在中亚热带区域,从土地生产力的角度对杉木与固 N 树种和非固 N 树种混交两种模式对林地土壤质量与土壤水化学影响的系统性研究到目前鲜有报道。本研究就是在前人研究的基础上进一步论证与探讨杉木与阔叶树种混交林对土壤性质的影响,以为建立亚热带杉木混交林持续高效的经营模式提供科学依据。

1 材料与方法

1.1 试验地概况

本研究在中科院会同森林生态试验站(CERN)进行,该站位于湖南省西部地区——会同县,属典型的亚热带湿润气候,年平均气温 16.5℃,1 月平均气温 4.5℃,7 月平均气温 27.5℃,年降水量 1200—1400mm,年蒸发量 1100—1300mm,相对湿度在 80% 以上,林地土壤为山地红黄壤。

1989 秋第 1 代人工杉木林皆伐后,1990 年春设置了 3 种种植模式,即杉木纯林(PCS)、杉木与桤木(*Alnus cremastogyne*)针阔混交林(MCA);杉木与刺楸(*Kalopanax septemlobus*)针阔混交林(MCK)。3 种人工林树种种植密度均为 2000 株/hm², 杉木与阔叶树的比例为 8:2。

1.2 土样采集与测定

2003 年 6 月分别在 3 种林型取 10 个分析土样,每个土样采用多点法取 0—10cm 表层土壤,混合制样供室内分析。用于某些土壤生物学性状的土壤同期采取,放置于 4℃ 的冰箱中备分析。土壤溶液采用土壤溶液取样器,每年分春、夏、秋、冬四个季节抽取,土壤溶液中各离子浓度采用体积加权平均获得。

全氮含量采用凯氏法;全磷含量采用氢氧化钠碱熔——钼锑抗比色法;全钾含量采用火焰光度法;有机质含量采用重铬酸钾法;水解 N 含量测定采用扩散法;速效 P 含量测

定采用碳酸氢钠法;速效 K 含量测定采用醋酸铵提取——火焰光度法;阳离子交换量(CEC)采用醋酸铵法;土壤颗粒组成采用比重计法;土壤容重、土壤毛管水含量、毛管孔隙度测定采用环刀法[9]。土壤脲酶(UR)采用扩散法;土壤蛋白酶(PR)、酸性磷酸酶(AP)和脱氢酶(DH)采用比色法;土壤过氧化氢酶(CA)采用滴定法;土壤微生物 C(C_{mic})测定采用熏蒸法;土壤呼吸强度采用碱石灰吸收法[10]。土壤溶液中 F^-、Cl^-、NO_3^-、NO_2^- 和 SO_4^{2-} 测定采用离子色谱法;K^+、Na^+、Ca^{2+}、Mg^{2+}、Al^{3+} 测定采用原子吸收法;NH_4^+ 测定采用比色法;H^+ 浓度在土壤溶液抽取后采用酸度计立即测定[9]。凋落物每个月收集 1 次,年凋落量由每月凋落量之和所得。

代谢商或呼吸商(qCO_2)是土壤呼吸强度与微生物 C 的比值(mgCO_2-C/(h·g 微生物-C));微生物商($C_{mic}:C_{org}$)是微生物-C 与总有机-C 的比值。

2 结果与讨论

2.1 土壤物理性状

不同的经营模式对土壤颗粒组成有一定的影响(表1),混交林土壤砂砾含量比杉木纯林稍高,而粘粒含量有所降低,但其差异并不显著($P>0.05$)。土壤容重是土壤紧实度的一个敏感性指标,也是表征土壤质量的一个重要参数[11-12]。从表2可以看出,与杉木纯林相比,杉木-桤木与杉木-刺楸混交模式其土壤容重分别降低9.52%和3.17%。土壤容重的降低可能主要是由砂砾和粘粒含量的改变而导致的,有研究表明土壤容重与土壤颗粒组成之间有着密切的相关性[13]。土壤孔隙是土壤通气和水分渗透的一个重要指数,它能影响土壤与大气之间水和气体的交换以及植物体对土壤中水分和养分的吸收[14-15]。在本研究中,土壤总孔隙度和非毛管孔隙度都是杉木-桤木混交林和杉木-刺楸混交林稍高于杉木纯林,但无显著差异($P>0.05$)。随着混交林土壤孔隙状况的改善,其土壤贮水量和自然含水量也都有不同程度的提高,这对植株的生长以及土壤中微生物活性等都有极大的促进作用。

表1 土壤机械组成
Table 1 Soil particle size distribution

林分组成 * Stand composition	土壤颗粒组成 Soil particle size/%						
	2.0—1.0mm	1.0—0.5mm	0.5—0.25mm	0.25—0.05mm	0.05—0.02mm	0.02—0.002mm	<0.002mm
杉木纯林 PCS	0.68b	0.95a	0.74b	2.80b	5.40a	42.60a	46.83a
杉木+桤木 MCA	0.80a	0.83a	0.79b	3.69a	5.32a	42.95a	45.62a
杉木+刺楸 MCK	0.90a	0.92a	1.05a	3.48a	5.90a	41.54a	46.21a

表中同一栏数据带不同字母的表示达到了5%的显著水平 Values in the same columns that do not contain the same letters are significantly different at the 5% level; * 下同 the same below

表2 土壤容重、孔隙度与水文性状
Table 2 Soil bulk density, porosity and hydrological properties

林分组成 Stand composition	容重 Bulk density /(g/cm³)	总孔隙度 Total porosity/%	非毛管孔隙度 Non-capillary porosity/%	毛管孔隙度 Capillary porosity/%	孔隙比 Porosity ratio	毛管水含量 capillary moisture content/%	自然含水量 Natural moisture content/%	土层厚度 Soil thickness /cm
PCS	1.26a	52.82a	4.06b	48.76a	0.083b	51.74a	29.38a	77a
MCA	1.14a	56.51a	7.33a	49.18a	0.15a	55.26a	32.80a	92a
MCK	1.22a	54.13a	6.37a	47.76a	0.13a	53.54a	30.76a	86a

表中同一栏数据带不同字母的表示达到了5%的显著水平 Values in the same columns that do not contain the same letters are significantly different at the 5% level

2.2 土壤化学性状
2.2.1 土壤养分含量和土壤 pH 与交换性酸

土壤有机质被认为是土壤质量的一个重要的指示指标,它是土壤养分的源与库,并能改善土壤的物理和化学性状,促进土壤生物活动[16-17]。森林生态系统中有机质的积累在很大程度上受到凋落物和细根的影响[18]。混交林土壤总有机 C(TOC)含量同杉木纯林比较有所增加($P>0.05$)(表 3),其原因可能主要是混交林凋落物量大于杉木纯林,特别是杉木-桤木混交林总凋落量比杉木纯林高出 60.4%(表 4)。凋落物量增加,其相应的营养元素的积累量也增加。由于桤木是固 N 树种,其林地土壤全 N 含量与杉木纯林相比提高了 23.39%($P<0.05$),比杉木-刺楸混交林土壤也高出 10.87%($P>0.05$)。土壤的 C/N 比在 3 种种植模式之间没有明显差异。土壤 CEC 是土壤保肥性能的一个重要指标,杉木-桤木与杉木-刺楸混交林土壤 CEC 同杉木纯林相比分别提高了 19.12%($P>0.05$)和 11.44%($P>0.05$),表明混交林能提高林地土壤的保肥性能。从表 5 可以看出,杉木纯林的土壤 pH 和交换性酸总量都要稍高于混交林($P>0.05$),说明杉木连载可能会导致土壤的酸化。

表 3 土壤养分含量
Table 3 Soil nutrient content

林分组成 Stand composition	TOC /(g/kg)	全 N Total N /(g/kg)	C/N	全 P Total P /(g/kg)	有效 P Available P /(mg/kg)	全 K Total K /(g/kg)	速效 K Available K /(mg/kg)	水解 N Hydrolyzable N /(mg/kg)	CEC /(cmol/kg)
PCS	13.21a	1.24b	10.65a	0.075a	1.08b	13.31a	56.13b	64.95c	11.19a
MCA	16.17a	1.53a	10.57a	0.12a	1.55a	15.54a	84.62a	122.34a	13.33a
MCK	14.66a	1.38ab	10.62a	0.086a	1.23a	13.87a	103.07a	87.89b	12.47a

表中同一栏数据带不同字母的表示达到了 5% 的显著水平 Values in the same columns that do not contain the same letters are significantly different at the 5% level

表 4 年凋落量以及叶凋落物中营养元素的积累量
Table 4 Annual litterfall mass and nutrient accumulation from leaf litterfall

项目 Item	PCS	MCA	MCK
凋落量 Litterfall mass/(kg/(hm²·a))			
叶 Leaf	1970.8	3591.7	2559.7
其它 Non-leaf	1140.2	1398.5	1030.0
总计 Total	3111.0	4990.2	3589.7
叶凋落物中营养元素的积累量 Nutrient accumulation from leaf litterfall/(kg/(hm²·a))			
C	928.90	1716.19	1175.88
N	23.85	68.11	31.18
P	1.79	4.15	3.67
K	7.69	15.75	13.29

2.2.2 土壤腐殖质组成及其特性

土壤腐殖质是土壤有机质的一个重要组成部分,它的组成和特性是土壤肥力状况的一个指示指标[15]。在 3 种种植模式中,杉木-桤木混交林土壤腐殖质 C 含量最高,其次为杉木-刺楸混交林,杉木纯林土壤腐殖质 C 含量最低,但三者之间差异不显著($P>0.05$)(表 6)。胡敏酸是土壤腐殖质最活跃的部分,它提高土壤的吸收性能,增加土壤中养分和水分的贮量,同时也能促进土壤结构的形成[15]。杉木-桤木混交林胡敏酸 C 含量显著高于杉木纯林,同杉木-刺楸混交林相比也有所提高。土壤腐殖化度即胡敏酸占土壤总有机 C 的百分比,则是衡量腐殖质品质有劣的主要标志之一[15]。混交林土壤腐殖化度比杉木纯林高,因而有利于土壤腐殖质品质的改善。另外,混交林土壤 HAC/FAC 值亦比杉木纯林有所增加($P>0.05$),表明土壤的腐殖质聚合程度较高。

表 5　土壤 pH 与交换性酸
Table 5　Soil pH and exchangeable acid

林分组成 Stand composition	pH KCl	pH H$_2$O	交换性酸总量 Exchangeable acid (mmol/kg)	交换性 H Exchangeable H (mmol/kg)	交换性 Al Exchangeable Al (mmol/kg)
PCS	3.6a	4.2a	54.21a	46.08a	8.13a
MCA	3.8a	4.4a	34.08b	28.40b	5.68b
MCK	3.8a	4.5a	40.79b	34.37b	6.42b

表中同一栏数据带不同字母的表示达到了 5% 的显著水平 Values in the same columns that do not contain the same letters are significantly different at the 5% level

表 6　土壤腐殖质组成及其特性
Table 6　Soil humus properties

林分组成 Stand composition	TOC	腐殖质 C Humified organic C	胡敏酸 C Humic acids C	富里酸 C Fulvic acids C	HAC/FAC
PCS	13.21a	6.21a	1.59b	4.62b	0.34a
MCA	16.17a	8.84a	2.55a	6.29a	0.41a
MCK	14.66a	7.12a	1.91b	5.21ab	0.37a

表中同一栏数据带不同字母的表示达到了 5% 的显著水平 Values in the same columns that do not contain the same letters are significantly different at the 5% level

2.3　土壤生物学性状

2.3.1　土壤微生物 C(C_{mic})与呼吸强度

不同的经营模式对土壤微生物量的影响是非常明显的(表 7)。与杉木纯林比较,微生物 C 含量在杉木-桤木与杉木-刺楸混交林下分别提高 61.51%($P<0.01$)和 28.17($P<0.05$),这可能主要与有机质和矿质养分含量有关。经相关分析表明,林地土壤微生物 C 与总有机 C($P<0.01$)、全 N($P<0.01$)、全 P($P<0.01$)和全 K($P<0.05$)存在着密切的正相关。土壤呼吸强度是衡量土壤微生物活性的一个常用的参数[19]。在本研究中,混交林土壤呼吸强度要高于杉木纯林,其中杉木-桤木混交林与杉木纯林之间的差异达到了显著差异水平($P<0.05$)。微生物商($C_{mic}:C_{org}$)是土壤有机质变化的一个指示指标,有的研究工作者甚至将它认为土壤质量的一个参数,如果土壤退化,微生物 C 库下降的速度大于有机 C 的下降,因而微生物商随之降低[19]。从表 7 看出,微生物商($C_{mic}:C_{org}$)在杉木-桤木(2.52)与杉木-刺楸混交林(2.20)下高于连载杉木林(1.91),这表明混交林土壤含有较多的易为生物降解的有机质。代谢商(qCO_2)是微生物生物活性的一个较敏感的指标,在一个较稳定和成熟的系统内往往表现出一个较低的值。代谢商(qCO_2)在 3 个处理中以杉木纯林最高,混交林稍低,这可能与杉木纯林一个低水平的有机 C 含量有关。

2.3.2　土壤酶活性

土壤酶活性是维持土壤肥力的一个潜在性指标[20]。脱氢酶活性被认为能够较全面反映土壤微生物的氧化特性,是土壤微生物生物活性的一个极好指标[20];脲酶、蛋白酶

表7 土壤微生物C与呼吸强度
Table 7 Microbial biomass-C and basal respiration

林分组成 Stand composition	微生物C (C_{mic}) Microbial biomass C (mg/kg 干重)	TOC	微生物商 (C_{mic}: C_{org}) Microbial quotient	呼吸强度 basal respiration (mg CO_2C/ (g 干重·d))	代谢商(qCO_2) Metabolic quotient
PCS	252b	13.21a	1.91b	9.5b	1.57a
MCA	407a	16.17a	2.52a	13.9a	1.42a
MCK	323a	14.66a	2.20ab	11.4ab	1.47a

表中同一栏数据带不同字母的表示达到了5%的显著水平 Values in the same columns that do not contain the same letters are significantly different at the 5% level

（都是水解酶）直接参与土壤中含N有机化合物的转化，其活性强度常用来表征土壤N素供应程度[19]；酸性磷酸酶（水解酶）能加速土壤有机林的脱磷速度，从而提高磷的有效性[15]；过氧化氢酶（氧化还原酶），是细胞内的一种氧化还原酶，在微生物细胞体外仍然能保持其活性[21]。在此研究中，混交林土壤5种酶活性都高于连载杉木林（表8），它们之间的差异基本都达到了显著水平（$P<0.01$ 或 $P<0.05$），这表明混交模式土壤中C、N和P营养物质循环强度比杉木纯林的大，有机残体分解速度亦比杉木纯林的快。特别是混交林土壤酸性磷酸酶活性的提高，这对缺P的红黄壤作用尤为明显。混交林土壤酶活性的增强与其矿质养分含量的提高有着紧密的联系，例如，总有机C几乎与测定的5种酶活性都存在显著的相关性（$P<0.01$ 或 $P<0.05$），酸性磷酸酶活性与有效P之间也存在着密切的正相关（$P<0.01$）。

表8 土壤酶活性
Table 8 Enzyme activities of soils

林分组成 Stand composition	脱氢酶 DH (μg TPF/ (g 干重·24h))	脲酶 UR (μmol NH_3/ (g 干重·h))	蛋白酶 PR (μmol NH_3/ (g 干重·h))	过氧化氢酶 CA (μmol $KMnO_4$/ (g 干重·h))	酸性磷酸酶 AP (μg P-nitrophenol/ (g 干重·h))
PCS	111.4b	0.37b	0.87b	3.17b	57.7b
MCA	186.9a	0.61a	1.36a	7.60a	101.6a
MCK	134.3b	0.49a	1.18a	5.79a	86.2a

表中同一栏数据带不同字母的表示达到了5%的显著水平 Values in the same columns that do not contain the same letters are significantly different at the 5% level

2.4 土壤有机C、CEC、微生物C与其它理化性状和生物学性状之间的相关性

从表9和表10可以看出，除全K外，总有机C、CEC与所有其它测定的酶活性和理化性质之间都存在显著的相关性（$P<0.01$ 或 $P<0.05$）；微生物C与总孔隙度（$r=0.0279, P>0.05$）和容重（$r=-0.0117, P>0.05$）相关性不是很明显，但与其它理化性质、生化特性之间都有着密切的相关性（$P<0.01$ 或 $P<0.05$）。因此，可以把这三者作为亚热带红黄壤地区人工林地土壤质量的指示指标。

2.5 土壤水化学

从表11可以看出，主要来自于大气中的一些离子浓度，如 SO_4^{2-}、Cl^-、Na^+ 和 Mg^{2+}，在杉木纯林中显著地高于混交林（$P<0.01$ 或 $P<0.05$），其主要原因可能是这些离子沉降到针叶树冠的量要比阔叶多；而主要受系统内影响较大的一些离子，如 K^+ 和 NH_4^+，

表 9 有机 C、CEC、微生物 C 与酶活性之间的相关性
Table 9 Correlation coefficients between TOC, CEC, Cmic and Enzyme activities

项目 Item	TOC	CEC	C_{mic}	DH	UR	PR	CA	AP
TOC	1							
CEC	0.641**	1						
C_{mic}	0.685**	0.676**	1					
DH	0.561**	0.581**	0.571**	1				
UR	0.492**	0.590**	0.580**	0.468**	1			
PR	0.429*	0.558**	0.581**	0.437*	0.479**	1		
CA	0.350*	0.440*	0.478**	0.359*	0.374*	0.436*	1	
AP	0.379*	0.399*	0.408*	0.375*	0.274	0.368*	0.384*	1

* $P<0.05$, ** $P<0.01$, $n=28$

表 10 有机 C、CEC 与理化性质之间的相关性
Table 10 Correlation coefficients between TOC, CEC, Cmic and physico-chemical properties

项目 Item	TOC	CEC	C_{mic}	总孔隙度 Total porosity	全 K Total K	全 N Total N	全 P Total P	容重 Bulk density
TOC	1							
CEC	0.642**	1						
C_{mic}	0.685**	0.676**	1					
Total porosity	0.686**	0.662**	0.0279	1				
Total K	0.0130	0.116	0.441*	0.103	1			
Total N	0.697**	0.661**	0.616**	0.147	0.0864	1		
Total P	0.578**	0.564**	0.673**	0.126	0.119	0.488**	1	
Bulk density	-0.492**	-0.458*	-0.0117	-0.589**	-0.0921	-0.395*	-0.384*	1

* $P<0.05$, ** $P<0.01$, $n=30$

NO_3^-,在经营模式间变异较小($P>0.05$),此研究结果与有关科研工作者所作的研究基本一致[22-23]。NO_3^-浓度在不同经营模式之间的差异可能主要是由不同硝化速率造成的。较高的凋落物分解速率和较快的养分元素释放以及自身的固 N 作用可能是杉木-桤木混交林 NO_3^- 浓度增加的主要原因。H^+ 和 Al^{3+} 浓度也是针叶林比混交林高,H^+ 和 Al^{3+} 浓度的提高可能会导致林地土壤的逐渐酸化。将表 11 与表 12 数据分析比较可以看出,欧洲森林生态系统下土壤溶液中 SO_4^{2-} 与 Al^{3+} 浓度显著高于本研究地相应离子浓度,其原因之一可能与土壤结构和特性有关,红壤吸附 SO_4^{2-} 与 Al^{3+} 的能力较强,据有人研究,红壤对 SO_4^{2-} 的最大吸附量可达 1380mg/kg[24];另外一个方面因整个欧洲,特别是西欧工业化革命较早,硫化物或 SO_2 排放量远比中国高,经穿透雨作用沉降到系统内部的量也相应增加,因而林地土壤溶液中 SO_4^{2-} 浓度提高。由表 11 亦可看出,土壤溶液中主要的阴离子是 SO_4^{2-},而 Ca^{2+} 是主要的阳离子。另外,土壤溶液中各离子之间有着密切的相关性(表 13),这与众多研究工作者结果基本一致[22-23]。H^+ 与 Al^{3+} 之间存在密切的正相关($r=0.558, P<0.01$),这说明酸性环境有利于活性铝的释放,同时 H^+ 也是铝活化的一个

表 11 不同人工林生态系统下土壤溶液的化学组成(μmol/L)
Table 11 Element concentration (μmol/L) of soil solution under three forest ecosystems

项目 Item	PCS	MCA	MCK
SO_4^{2-}	182.88a	118.76b	134.83b
NO_3^-	44.71a	51.35a	39.37a
NO_2^-	2.60a	3.12a	2.83a
F^-	35.76a	29.94a	32.82a
Cl^-	86.52a	51.17b	57.92b
H^+	11.50a	9.26a	9.77a
NH_4^+	3.27a	2.60a	2.74a
K^+	27.24a	21.06a	23.73a
Na^+	213.64a	120.21b	133.92b
Ca^{2+}	395.07a	357.48a	369.16a
Mg^{2+}	94.07a	56.16b	59.22b
Al^{3+}	4.93a	3.94a	4.17a

表中同一栏数据带不同字母的表示达到了 5% 的显著水平 Values in the same columns that do not contain the same letters are significantly different at the 5% level

表 12 欧洲森林生态系统下土壤溶液组成(μmol/L)[26]
Table 12 Element concentration (μmol/L) of soil solution under forest ecosystems in Europe[26]

地点 Site	H^+	Al^{3+}	NH_4^+	Ca^{2+}	Mg^{2+}	K^+	Na^+	NO_3^-	SO_4^{2-}	Cl^-
Kootwijk	295	995	123	150	160	48	513	771	778	711
Solling	66	797	14	81	63	32	186	302	665	212
Hoglwald	90	971	26	266	518	23	155	1751	1316	134

表 13 土壤溶液中各离子之间的相关性
Table 13 Correlation coefficient between ions

项目 Item	SO_4^{2-}	NO_3^-	NO_2^-	F^-	Cl^-	H^+	NH_4^+	K^+	Na^+	Ca^{2+}	Mg^{2+}	Al^{3+}
SO_4^{2-}	1.000											
NO_3^-	0.375*	1.000										
NO_2^-	0.232	0.381*	1.000									
F^-	0.317	0.295	0.175	1.000								
Cl^-	0.614**	0.362*	0.204	0.436**	1.000							
H^+	0.175	0.414*	0.213	0.079	0.283	1.000						
NH_4^+	0.144	0.131	0.129	0.107	0.109	-0.257	1.000					
K^+	0.596**	0.447*	0.087	0.105	0.569**	0.024	0.071	1.000				
Na^+	0.332*	0.209	0.046	0.074	0.577**	0.019	0.026	0.362*	1.000			
Ca^{2+}	0.647**	0.516**	0.102	0.082	0.308	0.033	0.108	0.587**	0.543**	1.000		
Mg^{2+}	0.571**	0.391*	0.061	0.050	0.281	0.153	0.225	0.491**	0.376*	0.613**	1.000	
Al^{3+}	0.114	0.087	0.035	0.044	0.143	0.558**	0.071	0.026	0.035	0.079	0.169	1.000

* $P < 0.05$, ** $P < 0.01$, $n = 35$

必要因素($Al(OH)_3 + 3H^+ \rightarrow Al^{3+} + 3H_2O$)。因 Al^{3+} 对植物根系和土壤生物有着潜在的毒害作用,在欧洲($Ca^{2+} + Mg^{2+} + K^+$)/Al^{3+} 比值常用作森林土壤酸化的一个指示指标[25]。但本研究结果表明,因土壤结构和性质的差异,此比值不适应于红壤或红黄壤地区的森林生态系统。杉木纯林下土壤 Al^{3+} 浓度的增加对植株生长不利。

3 结论

(1)以杉木与阔叶树混交这种经营模式能增加土壤养分含量,改善土壤物理性状,提高土壤生物活性,从而维持或提高林地土壤质量,达到杉木人工林生态系统可持续经营的目的。相反,杉木连栽只能导致林地土壤质量的逐渐恶化。

(2)杉木连栽能导致土壤退化,土壤质量下降,而且还有酸化的趋势,这势必对杉木林地的持续经营产生不利的影响。

(3)在构建杉木与阔叶树混交模式时,须把阔叶树种的选择作为一个重要的方面来考虑。

(4)土壤有机 C、CEC 和微生物 C 与土壤其它理化性质和生物学性质之间都有着较好的相关性,因此可作为此研究地区林地土壤质量的指示指标。

(5)土壤生物学性状对由不同森林经营模式而导致的土壤肥力变化的反应比土壤理化性状更敏感,因此,土壤生物学性状是土壤质量评价的一个重要组成部分。

(6)($Ca^{2+} + Mg^{2+} + K^+$)/Al^{3+} 比值用作森林土壤酸化的一个指示指标在亚热带红黄壤地区人工林生态系统条件下是不太适合的。

参考文献:

[1] Zhao K, Tian D L. Study of the biomass and productivity of mature Chinese fir stand in Huitong County. Journal of Central South Forestry University, 2000, 20 (1): 7-13.

[2] Feng Z W, Chen C Y, Zhang J W. Localized studies on growth and development and its relationship with environment in Chinese-fir planted forest ecosystem. Proceedings in studies on Chinese-fir planted forest. Institute of Forest Soil, Chinese Academy of Sciences, 1980.

[3] Yu Y C, Deng X H, Sheng W D, et al. Effects of continuous plantation of Chinese fir on soil physical properties. Journal of Nanjing Forestry University, 2000, 24 (6): 36-40.

[4] Liu F, Luo R Y, Jiang J P. Soil nutritive conditions and tree growth of Chinese fir. Journal of Nanjing Forestry University, 1991, 15(2): 41-46.

[5] Zhou X J, Luo R Y, Ye J Z. Effect of continuous cropping with Chinese fir upon soil nutrients and its feedback. Journal of Nanjing Forestry University, 1991, 15 (3): 44-49.

[6] Ding Y X, Chen J L. Effect of continuous plantation of Chinese fir on soil fertility. Pedosphere, 1995, 5 (1): 57-66.

[7] Feng Z W, Chen C Y, Wang K P, et al. Studies on the accumulation, distribution and cycling of nutrient elements in the ecosystem of the pure stand of subtropical Cunningharnia lanceolata forests. Acta Phytoecogica Et Geobotanica Sinica, 1985, 9 (4): 245-256.

[8] Feng Z W, Chen C Y, Zhang J W, et al. A coniferous broad-leaved mixed forest with higher productivity and eco logical harmony in subtropics—— study on mixed forest of Cunning hernia lanceolata and Michelia macclurei. Acta Phytoecogica Et Geobotanica Sinica, 1988, 12 (3): 165-180.

[9] ACSC, CSS. General analysis method of soil agricultural chemistry. Beijing: Science Press, 1983. 55-169.

[10] Guan S Y. Soil enzyme and it sanalysis method. Beijing: Agriculture Press, 1986.

[11] Whalley W R, Dumitru E, Dexter A R. Biological effects of soil compaction. Soil and Tillage Research, 1995, 35: 53-68.

[12] Acosta-Martinez V, Reicher Z, Bischoff M, et al. Therole of tree leafmulch and nitrogen fertilizer on turfgrass soil quality. Biology and Fertility of Soils, 1999, 29: 55-61.

[13] Guerrero C, Gomez I, Mataix S J, et al. Effect of so lid waste compost on microbio logical and physical properties of a burnt forest soil in field experiments. Biology and Fertility of S oils, 2000, 32: 410-414.

[14] Zheng Y S, Ding Y X. Effect of mixed forests of Chinese-fir and Tsoong's tree on soil properties. Pedosp here, 1998, 8 (2): 161-168.

[15] Yang Y S, Yu X T, Qiu R H. Study on stand productivity and soil fertility under the management pattern of planting Chinese-fir with keeping broad-leaved trees. Scientia Silvae Sinicae, 1999, 35 (4): 9-13.

[16] Campbell C A, Mcconkey B G, Zentner R P, et al. Tillage and croprotation effects on soil organic C and N in a coarse-textured Typic Hap loboroll in southwestern Saskatchewan. Soil and Tillage Research, 1996, 37: 3-14.

[17] Moria de la Paz J. Soil quality: a new index based on microbio logical and biochemical parameters. Biology and Fertility of S oils, 2002, 35: 302-306.

[18] Morrison I K, Foster N W. Fifteen-year change in forest flooro rganic and element content and cycling at the Turkey Lakes Watershed. Ecosystems, 2001, 4: 545-554.

[19] Hernandez T, Garcia C, Reinhardt I. Short-term effect of wildfire on the chemical, biochemical and microbio logical properties of Mediterranean pine forest soils. Biology and Fertility of S oils, 1997, 25: 109-116.

[20] Moscatelli M C, Fonck M, Angelis P D, et al. Mediterranean natural forest living at elevated carbon dioxide: soil biological properties and plant biomass growth. Soil Use &Management, 2001, 17: 195-202.

[21] Perucci P, Bonciarelli U, Bianchi A A, et al. Effect of rotation, nitrogen fertility and management of crop residues on some chemical, microbio logical and biochemical activity of soils under cultivation. Biology and Fertility of Soils, 1997, 13: 242-247.

[22] Feng Z W, Cao H F, Zhou X P, et al. Effect of acid deposition on ecological environment and ecological rehabilitation. Beijing: Environmental Science Press, 1999.

[23] Feng Z W, Huang Y Z, Feng Y W, et al. Chemical composition of precipitation in Beijing area, northern China. Water, Air and Soil Pollution, 2001, 125: 345-356.

[24] Xu Y G, Zhou G Y, Luo T S, et al. Soil so lutionchemistry and element budget in the forest ecosystem in Guangzhou. Acta Ecologica Sinica, 2001, 21 (10): 1670-1681.

[25] Robertson S M C, Hornung M, Kennedy V H. Water chemistry of throughfall and soil water under four tree species at Gisburn, northwest England, before and after felling. Forest Ecology and Management, 2000, 129: 101-117.

[26] Kreutzer K, Beier C, Bredemeier M, et al. Atmosphericdeposition and soil acidification in five coniferous forest ecosystems: aconparison of the control plots of the EXMAN sites. Forest Ecology and Management, 1998, 101: 125-142.

[1] 赵坤,田大伦.会同杉木人工林成熟阶段生物量的研究.中南林学院学报,2000,20(1):7-13.

[2] 冯宗炜,陈楚莹,张家武.杉木人工林生长发育与环境相互关系的定位研究.杉木人工林生态研究论文集.中国科学院林业土壤研究所,1980.

[3] 俞元春,邓西海,盛炜彤,等.杉木连载对土壤物理性质的影响.南京林业大学学报,2000,24(6):36-40.

[4] 刘方,罗汝英,蒋建屏.土壤养分状况与杉木生长.南京林业大学学报,1991,15(2):41-46.

[5] 周学金,罗汝英,叶镜中.杉木连载对土壤养分的影响及其反馈.南京林业大学学报,1991,15(3):44-49.

[7] 冯宗炜,陈楚莹,王开平,等.亚热带杉木纯林生态系统中营养元素的积累、分配和循环的研究.植物生态学与地植物学丛刊,1985,9(4):245-256.

[8] 冯宗炜,陈楚莹,张家武,等.一种高生产力和生态协调的亚热带针阔混交林——杉木火力楠混交林的研究.植物生态学与地植物学学报,1988,12(3):165-180.

[9] 中国土壤学会农业化学专业委员会编.土壤农业化学常规分析方法.北京:科学出版社,1983.55-169.

[10] 关松荫.土壤酶及其研究法.北京:农业出版社,1986.

[15] 杨玉盛,俞新妥,邱仁辉.栽杉留阔模式生产力和土壤肥力的研究.林业科学,1999,35(4):9-13.

[22] 冯宗炜,曹洪法,周修萍,等.酸沉降对生态系统的影响及其生态恢复.北京:中国科学出版社,1999.

[24] 徐义刚,周光益,骆土寿,等.广州市森林土壤水化学和元素收支平衡研究.生态学报,2001,21(10):1670-1681.

三江源自然保护区森林-草甸交错带植物优先保护序列研究

何友均[1],崔国发[1],冯宗炜[2],郑杰[3],董建生[3],李永波[3]

(1. 北京林业大学,北京 100083; 2. 中国科学院生态环境研究中心,北京 100085; 3. 青海省林业局,西宁 810000)

摘要:运用系统分析方法和原理,在资料收集和实地调查的基础上,借助专家咨询系统构建了三江源自然保护区森林-草甸交错带植物受威胁等级、优先保护定量分级评价指标体系以及相应的定量评价标准。评价体系包括物种濒危系数、遗传损失系数和利用价值系数3个评价系统层和10个评价指标层。利用专家咨询法和层次分析法,定量确定各个系统层和指标层的权重。通过数学模型和计算机程序计算,分别度量了三江源自然保护区森林-草甸交错带植物物种受威胁状况和优先保护序列状况的濒危系数和优先保护系数;对照植物濒危等级和优先保护序列区域性评价标准,定量评价了植物物种濒危等级和优先保护等级。评价结果表明,三江源自然保护区森林-草甸交错带的种子植物有濒危种4种,脆弱种68种,敏感种179种,安全种695种;该地区种子植物一级保护物种8种,二级保护物种78种,三级保护物种164种,暂缓保护物种696种。最后,针对植物物种优先保护序列评价的指标体系与权重分配问题,物种濒危等级与优先保护序列之间的关系,物种濒危等级评价的空间尺度问题进行了分析和探讨。

Conservation priorities for plant species of forest-meadow ecotone in Sanjiangyuan Nature Reserve

HE Youjun[1], CUI Guofa[1], FENG Zongwei[2], ZHENG Jie[3], DONG Jiansheng[3], LI Yongbo[3]

(1. College of Resources and Environment, Beijing Forestry University, Beijing 100083, China; 2. Research Center for Eco-Environmental Sciences, Chinese Academy of Sciences, Beijing 100085, China; 3. Provincial Forestry Administration of Qinghai Province, Xining 810000, China)

Abstract: Based on field survey, information collection and experts consultation, the quantitative grading index system and assessment standards for preference conservation of rare and endangered plant species of forest-meadow ecotone in Sanjiangyuan Nature Reserve were established by using the methods and principles of systematical analysis. The quantitative grading index system included

---

原载于:应用生态学报,2004,15(8):1307-1312.

*国家"十五"科学技术攻关资助项目(2001BA510B10203)

endangered coefficient, genetic coefficient, and useful value coefficient. In addition, 10 indicators used to evaluate endangered grading and conservation priorities sequence, were also included in 3 subsystems respectively. Furthermore, the weights of 3 subsystem and 10 indicators were given through experts consultation and analytic hierarchy process. Endangered coefficient and conservation priorities coefficient, which respectively described the endangered grading, and preferential conservation of plant species were calculated by mathematic models and computer program. Contrasting to the standards of endangered grading and conservation priorities for plant species, we quantitatively evaluated the status of endangered and conservation priorities of plant species. The results showed that the number of endangered species was 4, vulnerable species 68, lower risk species 179, safety species 695; the number of the first class species was 8, the second class species 78, the third class species 164, and the delayed conservation species 696. Finally, we discussed the problems of indicator system and its weight, the relationship between endangered grading and conservation priorities sequence, and the spatial scale problem of plant species assessment.

1 引言

30多亿年前,地球上开始出现生命。经过地质时期的变迁,各种生命形成了丰富多彩的生物多样性。然而,随着人口的增加,经济活动的不断加剧和土地利用格局的改变,生物多样性正在急剧下降,大量物种已经灭绝或处于灭绝边缘[6-7,9,20]。为了保护生态环境和生物多样性,物种多样性保护已成为人类共同面临的全球性问题。确定哪些地区和物种应优先保护,是物种多样性保护的首要任务[4,13]。根据科学原则,构建合理的评价指标体系,评定物种受威胁状况和保护级别,是一个国家或地区有效开展物种保护工作的前提,也是当前保护生物学研究的焦点问题[2]。IUCN自20世纪60年代开始发布濒危物种红皮书,根据物种受威胁程度和估计的灭绝风险,将物种划分为不同的濒危等级,但大多是依据经验和研究者的直觉,而不是用定量的方法来对物种进行分类。这种方法具有相当大的主观性,而且没有对空间水平、时间水平和物种的风险水平(rank level)作精确规定[17]。1980年,IUCN在《世界保护大纲》中提出了确定优先保护顺序的方案。当时,这一方案被普遍采用,但也带有相当大的主观模糊性。为了使濒危物种等级评价标准更加趋于定量化,1984年,IUCN召开题为"灭绝之路"的研讨会,分析当时评价标准的不足,探讨对标准的修改,遗憾的是没有达成一致方案。1991年,Mace等[11]首次提出了根据在一定时间内物种的灭绝概率来确定物种濒危等级的思想,并且建议将物种分为极危种、濒危种和易危种3类。1994年11月,IUCN第40次理事会议正式将经修订的Mace-Lande物种濒危等级作为新的IUCN濒危物种等级系统,并定义了8个濒危等级[14]。2001年,由IUCN正式出版的《IUCN红色名录类型和标准(版本3.1)》对1994年的等级系统标准进行了修改和补充[15,18]。这些标准和优先保护方案对全球或区域尺度的物种优先保护评价提供了准则,具有非常重要的参考价值和科学意义。由于不同的生物类群有不同的面积尺度(area-scale),对物种进行受威胁和优先保护评价时,评价结果部分依赖于评价的时间和空间尺度,而合适的尺度选择又依赖于生物类群本身。因此,到目前为止,还没有一个适合于任何生物地理区的物种优先保护评价标准,但也不能就此停止对生物类群的评估。寻找合适的空间尺度和数据来源是物种优先保护评价工作的当务之急。在不同的空间尺度和不同的生物地理区,寻求制定合理的物种濒危程度和优先保护序列标准,是优先保护不同生物地理区生物多样性的迫切要求,也是制定更大尺度(如国家尺度)物种多样性优先保护标准的首要任务。

三江源自然保护区森林-草甸带地处青藏高原腹地,生态系统十分脆弱,加之近年来过度放牧、病虫害泛滥、盗猎猖狂、采挖无度、水土流失严重、土地利用格局发生变化等自然和人为活动影响,生物多样性迅速减少,植物物种濒危和灭绝速度加快[1]。经调查研究和统计分析,该地区植物物种大部分为青藏高原特有种和中国特有种,虽然列入中国植物红皮书的珍稀濒危野生保护植物物种很少,但这些狭域特有种的受威胁程度并不亚于那些已列入保护植物名录的种类[5]。因此,制订该地区植物受威胁程度和优先保护序列的区域性标准,并对植物物种进行定量评价,列出植物受威胁程度和植物优先保护等级清单,是保护好该地区生物多样性的关键。

2 研究地区与研究方法

2.1 研究地区概况

三江源自然保护区森林-草甸交错带地处青藏高原腹地,95°22′—102°16′E,31°32′—35°38′N,行政区划包括囊谦县、玉树县、称多县、达日县、班玛县、久治县、甘德县、玛沁县、河南县、同德县和泽库县。该地区属典型的高原大陆性气候,具有高寒特点,年均气温2.3℃。高原日照时间长,太阳辐射强,气温日较差大,年较差小,结冰期长,无霜期短。该地区年降雨量256.7—746.6mm,降雨主要集中在6月、7月和8月。随着海拔由高到低,土壤类型依次为高山寒漠土、高山草甸土、高山草原土、山地草甸土、灰褐土、栗钙土和山地森林土,以高山草甸土为主。植被具有典型的高寒特征。随着海拔从高到低,依次出现高山流石滩植被、草甸、灌丛和森林类型植被。根据2002和2003年的野外调查和收集的相关资料,该地区共有种子植物65科,291属,946种(变种、亚种和变型)。其中,裸子植物3科,6属,22种(变种、亚种和变型);被子植物62科,285属,924种(变种、亚种和变型)。

2.2 研究方法

2.2.1 植物优先保护序列指标体系构建

评价指标体系既力求反映物种自身潜在适应力,又重反映自然环境、社会经济、人类活动、生态环境等总量指标,还要符合物种优先保护的内涵。选取评价指标时必须遵循以下几个原则:1)科学重点性原则。突出重点性原则,从众多目标中选取紧密相关的指标,全面反应物种优先保护评价的整体效应;2)可比性原则,指标体系能够在统一的基础上,比较系统自身在不同空间尺度和时间尺度中的评价效果;3)可操作性原则,包括评价方法具有可操作性,评价标准符合客观实际,选取的指标可以量化,资料获取方便等;4)静态与动态相结合的原则,物种通常处在自然-社会-经济这样一个复杂、开放的大系统中,其系统结构、功能都会随着不同时间和空间尺度变化而不断变化,在选取评价指标时必须考虑到系统的演化规律和演变趋势;5)独立性原则,所选取的评价指标尽量具有独立性,能从不同角度反映物种的生存状况,避免各指标之间的交叉重复。

评估体系的关键是确定评价系统层和评价指标层[12-13]。根据上述建立三江源自然保护区森林-草甸交错带植物优先保护序列指标体系的基本原则和植物优先保护的内涵,确定了评价系统层中的3个系统,即物种濒危系数和遗传价值系数利用价值系数,以及评价指标层的10个具体评价指标(图1)。图1中,PC代表优先保护总体目标,S_1、S_2、S_3分别代表物种濒危系统、自然干扰系统和人类干扰系统,I_1—I_{10}代表10个不同的评价指标。

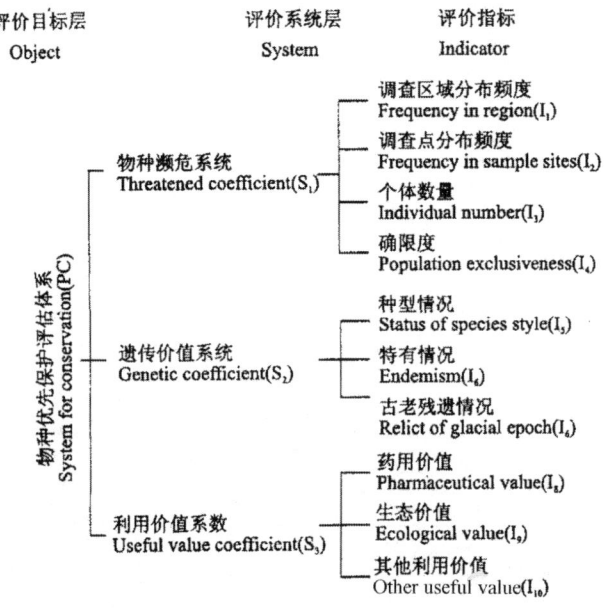

I_1—I_{10}代表10个不同的评价指标

图1 植物濒危等级和优先保护评价指标体系

Fig. 1 Index of evaluation on endangered rank and conservation priority for plant species

2.2.3 指标体系权重确定

指标体系权重的准确与否在很大程度上影响植物濒危等级和优先保护评价的合理性、科学性和可靠性。为了克服对权重确定时的主观判断和随意性,本研究采用 Delphi(专家咨询法)和 AHP(层次分析法)相结合的方法,相互取长补短,解决单独运用其中一种方法不可克服的矛盾[10,16,24]。根据专家咨询法和层次分析法,最后得出评价指标体系的指标层对目标层合成排序的结果(表1)。

一致性检验:CR = 0.0061 < 0.1,故层次总排序的结果具有满意一致性。

2.2.3 评价指标量化处理

通过2002和2003年在三江源自然保护区进行长期调查研究、资料收集和分析、调查问卷等形式,获取了10个评价指标体系的定性和定量数据。为了使研究方便,我们对定量和定性数据都通过专家打分统一量纲,对每一种植物所属的10个指标分成不同的等级打分,不同等级从高到低的打分依次按照5分递减。根据不同情况,有的指标最高分可达25分,有的指标最高分则只有10分,最低为0分。

2.2.4 植物濒危程度和优先保护序列评价标准

根据专家意见和三江源自然保护区植物生存状况的差异,并参照《国际濒危物种等级新标准》[15],制定了三江源自然保护区植物濒危等级和优先保护序列的区域性标准(表2、表3)。

表1 指标层对目标层合成排序

Table 1 Synthetical arrangement of indicator layer

指标层 Indicator layer	S_1 $W_1 = 0.637$ P_j	S_2 $W_2 = 0.258$ P_j	S_3 $W_3 = 0.105$ P_j	合成权重 Synthetically weights ($w_j = p_j w_i$, $i = 1, 2, 3$; $j = 1, 2, \cdots, 9, 10$)
I_1	0.1424			0.091
I_2	0.0861			0.055
I_3	0.5064			0.323
I_4	0.2651			0.169
I_5		0.3333		0.086
I_6		0.3333		0.086
I_7		0.3333		0.086
I_8		0.5000		0.053
I_9			0.2500	0.026
I_{10}			0.2500	0.026

表2 植物濒危等级划分标准

Table 2 Standards of endangered grading for threatened plants

濒危系数(V_1)取值范围 Scale of endangered coefficient	濒危等级 Endangered grading
$V_1 \geqslant 0.500$	濒危种 Endangered species
$0.350 \leqslant V_1 < 0.500$	脆弱种 Vulnerable species
$0.200 \leqslant V_1 < 0.350$	敏感种 Lower risk species
$V_1 < 0.200$	安全种 Safety species

表3 植物优先保护级别划分标准

Table 3 Standards of conservation priorities for plant species

优先保护系数(V)取值范围 Scale of conservation priorities coefficient	保护级别 Classification of species
$V \geqslant 0.800$	一级保护 The first class conservation
$0.600 \leqslant V < 0.800$	二级保护 The second class conservation
$0.400 \leqslant V < 0.600$	三级保护 The third class conservation
$V < 0.400$	暂缓保护 The delayed conservation

(5)综合评价方法 在评价标准中,以物种濒危系数(V_1)表示植物受威胁程度,以物种优先保护系数(V)表示植物的优先保护序列。物种濒危系数:

$$V_1 = \sum_{j=1}^{4} w_j \frac{x_j}{\max_j}$$

遗传价值系数:

$$V_2 = \sum_{j=5}^{7} w_j \frac{x_j}{\max_j}$$

利用价值系数:

$$V_3 = \sum_{j=8}^{6} w_j \frac{x_j}{\max_j}$$

物种优先保护系数:
$$V = V_1 + V_2 + V_3$$
式中,w_j 为指标体系的权重,x_j 为评价指标实际得分,$\max_j$ 为评价指标最高得分。

根据综合评价模型,求出每种植物的濒危系数 V_1 和物种优先保护系数 V,对照表2、3的评价标准,通过计算机编程求出每种植物的濒危程度和优先保护序列。

3 结果与分析
3.1 植物物种受威胁程度

依据上述植物濒危程度和优先保护序列的评价方法,结合评价标准和参照《国际濒危物种等级新标准》,定量评价了三江源自然保护区森林-草甸交错带植物受威胁程度和优先保护序列,见表4、表5。从表4可以看出,三江源自然保护区森林-草甸交错带的种子植物有濒危种4种,占该地区种子植物总数的0.42%,其中桃儿七(Sinopodophyllum hexandrum)和麦吊云杉(Picea brachytyla)被列为中国珍稀濒危保护植物名录中的3级保护物种;脆弱种68种,占该地区种子植物总数的71.9%,其中羽叶点地梅(Pomatosace filicula)被列为国家重点保护野生植物名录2级保护物种;敏感种179种,占该地区种子植物总数的18.92%;安全种695种,占该地区种子植物总数的73.47%。目前,虽然濒危种和脆弱种数量很少,但也不能忽视敏感种和安全种的生存状况,因为该地区地处青藏高原腹地,许多植物物种都是地方特有种、区域特有种和中国特有种[5],它们的生存地域非常狭窄,保护好这些特有种对于研究植物区系起源演化、种的形成、演化、传播及传播方向和传播途径等问题具有重要意义。另外,即使现在处于安全的物种,如果不管护好,随着时间的推移,它们也许会转换成脆弱种和濒危种。对于目前处于濒危和脆弱状态的物种,我们需要采取人工扩繁或迁地保护措施,恢复种群数量,改善种群结构。另外,优化物种的生存环境和生态系统的功能,也是保护好受威胁物种的重要途径。

表4 三江源自然保护区森林-草甸交错带植物物种濒危状况
Table 4 Evaluation on endangered grading of plant species in ecotone between forest and meadow in Sanjiangyuan Nature Reserve

濒危等级 Endangered grading	物种数量 Number of species	代表种 Representative plant species
濒危种 Endangered species	4	桃儿七(Sinopodophyllum hexandrum)、华福花(Sinadoxa corydalifolia)、麦吊云杉(Picea brachytyla)、红杉(Lari xpotaninii)
脆弱种 Vulnerable species	68	羽叶点地梅(Pomatosace filicula)、茵垫黄芪(A. mattam)、青海肉叶荠(Braya kokonorica)、红花绿绒蒿(Meconopsis punicea)、膜荚黄芪(Astragalus membranaceus)、太白韭(Allium prattii)、麻花艽(Gentiana straminea)、垂枝祁连圆柏(Sabina. f. pendula)、紫果云杉(Picea purpurea)
敏感种 Lower risk species	179	马尿泡(Przewalskia tangutica)、山莨菪(Anisodus tanguticus)、星叶草(Circaeaster agrestis)、落地金钱(Habenaria aitchisoni)、三蕊草(Sinochasea trigyna)、黄三七(Souliea vaginata)、掌叶大黄(Rheum palmatum)、千里香杜鹃(Rhododendron thymifolium)
安全种 Safety species	695	瞿麦(Dianthus superbus)、葶苈(Draba nemorosa)、阿尔泰狗哇花(Heteropappus altaicus)、重冠紫菀(Aster diplostephioides)、黑柴胡(Bupleurum smithii)、肉果草(Lancea tibetica)、草原老鹳草(Geranium pratense)、椭圆叶花锚(Halenia elliptica)、假繁缕(Pseudostellaria maximowicziana)

3.2 植物物种优先保护级别

从表5可以看出,该地区种子植物一级保护物种8种,占种子植物总数的0.85%,这些物种除了部分是国家珍稀濒危物种外,还有些物种是该地区的关键种和优势种,如川西云杉(*P. likiangensis*)、紫果云杉、大果圆柏(*S. tibetica*)和密枝圆柏(*S. convallium*)等;二级保护物种78种,占种子植物总数的8.25%,这些物种包括列为国家重点保护野生植物名录的部分种和兰科植物,如三蕊草、羽叶点地梅、山莨菪、广布红门兰(*Orchis chusua*)、落地金钱和紫点杓兰(*Cypri pedium guttatum*)等;三级保护物种164种,占种子植物总数的17.33%,这些物种几乎包括了该地区所有的灌木和部分草本植物,如康定柳(*Salixpraplesia*)、美丽茶藨子(*Ribes pulchellum*)、四川忍冬(*L. szechuanica*)、掌叶大黄和多花黄芪(*A. floridus*)等;暂缓保护物种696种,占种子植物总数的73.57%,大部分都是该地区常见、数量较多、受干扰后有较强恢复能力的草本。优先保护序列主要强调物种保护价值和实用性,着重反映管理者的管理意图,是在物种濒危等级基础上对自然和人为干扰活动做出的一种补偿性保护,与植物受威胁等级存在一定的依赖关系,但又并不完全正相关。川西云杉和大果圆柏是该地区的优势种,数量较多,由于它们具有保持水土和涵养水源等特殊价值,特别是受到损扰后,种群基本不能恢复,故本次评价列为一级保护物种,需要受到特别保护。近年来,由于人类活动的影响,具有较高观赏价值、经济价值和药用价值的植物资源受到了严重威胁,因此将这些物种列入二级保护,以保护植物物种的种质资源和基因。灌木是三江源地区非常重要的植被类型,由于它们不仅具有生态价值,而且破坏后难以恢复,所以绝大部分灌丛植被也是保护的主要对象,故列为三级保护。从表5还可以看出,有73.57%的植物列为暂缓保护系列,它们绝大部分是草本植物。"暂缓保护"并不是置之不管,在条件允许的情况下,仍然需要采取保护措施。这主

表5 三江源自然保护区森林-草甸交错带植物物种优先保护级别
Table 5 Evaluation on conservation priorities for threatened plants in ecotonebetween forest and meadow in Sanjiangyuan Nature Reserve

保护级别 Classification of species	物种数量 Number of species	代表种 Representative plant species
一级保护 The first class conservation	8	麦吊云杉、川西云杉、华福花、青海云杉(*P. crassifolis*)、膜荚黄芪、密枝圆柏、大果圆柏、紫果云杉
二级保护 The second class conservation	78	羽叶点地梅、太白韭、桃儿七、马尿泡、山莨菪、三蕊草、青海肉叶荠、星叶草、茴垫黄芪、麻花艽、落地金钱、紫点杓兰、广布红门兰、草麻黄(*Ephedra sinica*)、红花绿绒蒿、二色党参(*C. bicolor*)
三级保护 The third class conservation	164	掌叶大黄、康定柳、美丽茶藨子、细枝绣线菊(*Spiraea myrtilloides*)、小叶忍冬(*Lonivera microphylla*)、四川忍冬、千里香杜鹃、金露梅(*Potentilla fruticosa*)、银露梅(*P. glabra*)、光亮杜鹃(*R. nitidulum*)、贵南柳(*S. juparica*)、鲜黄小檗(*Berberis diaphana*)、多花黄芪、窄叶鲜卑花(*Sibiraea angustata*)
暂缓保护 The delayed conservation	696	重冠紫菀、椭圆叶花锚、草原老鹳草、葶苈、阿尔泰狗哇花、天蓝苜蓿(*Medicaglo lupulina*)、黑柴胡、牛儿苗(*Erodium stephanianum*)、田旋花(*Convolvuslus arvensis*)、早熟禾(*Poaannua*)、嵩草(*Kobresia bellardii*)、甘青老鹳草(*Gerani um pylzowianum*)、康定棱子芹(*Pleurospermum prattii*)、圆穗蓼(*Polygonum macrophyllum*)、三脉梅花草(*Parnassia trinervis*)、宽叶羌活(*Notopterygium forbesii*)、青甘韭(*Allium przewalskianum*)、白条纹龙胆(*G. burkillii*)、管花马先蒿(*Pedicularis siphonantha*)

要是因为三江源自然保护区森林-草甸交错带内除了过度放牧和任意采挖等破坏性活动外,气候变暖,降雨增加并未出现在植物生长有利的夏季,冰川冻融等也是物种生存的潜在威胁,这些威胁因子可能使"暂缓保护物种"在一定时间内受到干扰或破坏。

4 讨论

对物种的濒危等级和优先保护序列进行评价时,指标体系和权重分别表达了影响植物受威胁和需要优先保护程度的信息和差异程度。构建合理的指标体系框架和分配合适的权重,对评价物种的结果有很重要的影响。一般而言,指标体系应反映物种生殖生物学特征、生态地理学特征、遗传损失效应、进化与系统学特征、群落学、历史状况、保护价值和管理措施等方面的信息。本项研究综合考虑了物种自身濒危影响因子、遗传价值因子和利用价值因子等3个系统水平,所包含的具体指标体系也反映了上面所说的各种信息。权重分配过程中慎重考虑了各种因素。与前人研究相比[3,8-9,19,21-22],本研究结合专家咨询和层次分析法,对各个评价层次相应的评价指标给出了定量权重,反映了不同指标体系对评价总目标影响程度的差异,使得评价结果更具说服力。

物种濒危等级强调物种受威胁状况的科学功能,是对物种濒危状况的科学评估。因此,评价物种濒危等级的指标体系大都包含生殖生物学、区系地理、群落学和个体数量等指标。濒危等级划分级别比较细,一般都包含3个以上的受威胁等级,例如《IUCN 红色名录类型和标准(3.1)版》就将等级划分成9个不同的等级[15]。本项研究,主要关注受威胁的等级,将其划分成濒危、脆弱、敏感和安全4个级别。而优先保护序列主要强调保护价值和实用性,它一般结合各种法律和规章条款进行操作,着重反映管理者的管理意愿。优先保护是在物种濒危等级的基础上,对自然和人为活动干扰做出的一种补偿性保护。

一般而言,物种濒危等级越高,相应的优先保护序列值也越高,应该得到优先保护,但也不完全如此。有些物种虽已被列入濒危等级,而由于目前还未发现可利用的经济价值,很少受经济利益驱动而遭到破坏,这样的种也不必列入最优先保护的序列。例如,本次评价中桃儿七被列为濒危级别,但保护级别却被列为二级保护,而未列为一级保护。有些物种虽然现在被评为脆弱种,但由于其具有较高的经济价值和科学价值,而受到严重的人为干扰,如果不加限制,就有可能成为濒危种,所以在制定保护管理措施时将其列为抢救性保护物种。例如,膜荚黄芪在本次评价中列为脆弱种,但由于具有重要的药用价值而遭到大量挖掘,种群数量在迅速减少,因此被列为一级保护物种。另外,有些物种数量虽然很多,但由于是生态系统的优势种和关键种,对生态环境具有重大影响,本次研究也被列为一级保护物种,如川西云杉和大果圆柏等。

物种濒危等级与生物类群地理分布区大小、生境占有面积和生境质量等因子密切相关,涉及非常复杂的空间尺度和尺度转换问题[15]。IUCN 制定的物种濒危等级和类型标准适用于全球尺度,对地区尺度、国家尺度和地方尺度也具有借鉴意义,使用时要注意评价的空间尺度问题。对于同一生物类群物种,由于在不同的空间尺度进行评价,其评价结果可能不一样。如某个物种在全球范围内评定为濒危,可能是该生物类群只在全球尺度的某个边缘有少量集中分布,从全球尺度来看,它们的数量很少或者正在下降,而在某个地区尺度下进行评价,同样类群的物种可能被列为稀有种或安全种,因为这些物种在此种尺度下数量较多,而且种群不存在很大的波动;反之亦然。因此,前人所做的类似工作[3,8,19,21-22],往往把某个地方尺度物种评价结果与中国濒危物种红皮书上列出的结果进行比较,寻求评价结果与之有高度一致性的做法值得商榷。总之,对物种进行受威胁和优先保护评价时,评价结果部分依赖于评价的空间尺度,而合适的尺度选择又依赖于生物类群本身。很难给出一个统一的标准,因为不同的生物类群有不同的面积尺度,但也不能就此停止对生物类群的评估,寻找合适的空间尺度和数据来源是评价工作的当务之急。

根据专家意见和三江源自然保护区植物生存状况的差异,并参照《国际濒危物种等级新标准》,制定了三江源自然保护区植物濒危等级和优先保护序列的区域性标准。通过数学模型和计算机程序,结合权重定量评价出三江源自然保护区森林-草甸交错带植物物种的濒危系数、遗传价值系数、利用价值系数和物种优先保护系数,以物种濒危系数和物种优先保护系数分别度量物种的濒危等级和优先保护级别。对照制定的植物濒危等级和优先保护序列的区域性标准,定量评价出植物物种受威胁和优先保护序列状况。结果表明,三江源自然保护区森林-草甸交错带的种子植物有濒危种 4 种,脆弱种 68 种,敏感种 179 种,安全种 695 种;该地区种子植物一级保护物种 8 种,二级保护物种 78 种,三级保护物种 164 种,暂缓保护物种 696 种。

参考文献:

[1] Bai W-Q(摆万奇), Zhang Y-L(张镱锂), Xie G-D(谢高地), et al. 2002. Analysis of formation causes of grassland degradation in Maduo county in the source region of Yellow River. *Chin J Appl Ecol*(应用生态学报),13(7):823-826 (in Chinese).

[2] Cui G-F(崔国发), Cheng K-W(成克武), Lu D-Z(路端正), et al. 2000. Evaluation on threatened situation and protection classes of vegetation in Beijing Labagoumen reserve. *J Beijing For Univ*(北京林业大学学报),22(4):8-13 (in Chinese).

[3] Fu Z-J(傅志军), Zhang P(张萍). 2001. A quantitative analysis on priority of conservation of the national protected plants in Taibai Mountain Ⅱ. *J Hanzhong Teach Coll* (Nat Sci)(汉中师范学院学报(自然科学版)),19(1):71-74 (in Chinese).

[4] Ginsberg J. 1999. Global conservation priorities. *Cons Biol*,13:5.

[5] He Y-J(何友均), Du H(杜华), Zou D-L(邹大林), et al. 2004. Spermatophyte flora in upper reaches of Lancang River in Sanjiangyuan Nature Reserve. *J Beijing For Univ*(北京林业大学学报),26(1):21-29 (in Chinese).

[6] He Y-J(何友均), Li Z(李忠), Cui G-F(崔国发), et al. 2004. Advances in conservation methods of endangered species. *Acta Ecol Sin*(生态学报),24(2):338-346 (in Chinese).

[7] Li A(李昂), Ge S(葛颂). 2002. Advances in plant conservation genetics. *Chin Biodiver*(生物多样性),10(1):61-71 (in Chinese).

[8] Li X-K(李先琨). 1997. A assessment of rare and endangered plants for priority of conservation in Guangxi. *J Guangxi Acad Sci*(广西科学院学报),13(3):9-16 (in Chinese).

[9] Li Y-M(李义明), Li D-M(李典谟). 1994. Changes of natural habitats on Zhoushan Island and their effects on species extinction of mammals. *Chin J Appl Ecol*(应用生态学报),5(3):269-275 (in Chinese).

[10] Liu Z-Q(刘振乾), Liu H-Y(刘红玉), LüX-G(吕宪国). 2001. Ecological fragility of wetlands in Sanjiang Plain. *Chin J Appl Ecol*(应用生态学报),12(2):241-244 (in Chinese).

[11] Mace GM, Lande R. 1991. Assessing extinction threats: toward reevaluation of IUCN threatened species categories. *Cons Biol*, 5(2):148-157.

[12] Ni H-E(倪海儿), Lu J-H(陆杰华). 2003. Construction and evaluation of indicator system for sustainable use of fishery resources in Zhoushan fishing ground. *Chin J Appl Ecol*(应用生态学报),14(6):985-988 (in Chinese).

[13] Norman M, Russell AM, Cristina GM, et al. 2000. Biodiversity hotspots for conservation priorities. *Nature*, 103: 853-858.

[14] SSC/IUCN. 1994. IUCN Red List Categories (Version 2.3). Gland, Switzerland: IUCN.

[15] SSC/IUCN. 2001. IUCN Red List Categories and Criteria (Version 3.1). Gland, Switzerland and Cambridge: IUCN Publications Services Unit.

[16] Sun Z-W(孙昭文), Yang J-X(杨俊行), Li L(李莉). 1994. The application of analytic hierarchy process for comprehensive evaluation. *J Tianjin Univ* (Nat Sci)(天津大学学报(自然科学版)), 27(4): 487-493 (in Chinese).

[17] Todd CR, Burgman MA. 1998. Assessment of threat and conservation priorities under realistic levels of university and reliability. *Cons Biol*, 12(5):966-974.

[18] Wang X-P(王献溥), Guo K(郭柯). 2002. On the new revisions of IUCN red list categories and criteria. *J Plant Resour Environ*(植物资源与环境学报), 11(3):53-56 (in Chinese).

[19] Wei H-T(魏宏图), Deng M-B(邓懋彬), Jin N-C(金念慈), et al. 1993. Quantitative microcomputorization on grading of rare and endangered plants in China. *Acta Bot Sin*(植物学报), 35 (supp.): 111-118 (in Chinese).

[20] Wu C-H(吴春华), Chen X(陈欣). 2004. Impact of pesticides on biodiversity in agricultural areas. *Chin J Appl Ecol*(应用生态学报), 15(2): 341-344 (in Chinese).

[21] Xu Z-F(许再富), Tao G-D(陶国达). 1987. The preliminary methods study on assessment of threat and conservation priorities under biological region level. *Acta Bsot Yunnan*(云南植物研究), 9(2): 193-202 (in Chinese).

[22] Xue D-Y(薛达元), Jiang M-K(蒋明康), Li F-Z(李正方), et al. 1991. Study on the grading indexes for the rare and endangered plants in Jiangsu, Zhejiang and Anhui Provinces. *Chin Environ Sci*(中国环境科学), 11(3):161-166 (in Chinese).

[23] Yuan X-Z(袁兴中), Liu H(刘红), Lu J-J(陆健健). 2001. Assessment of ecosystem health —Concept framework and indicator selection. *Chin J Appl Ecol*(应用生态学报), 12(4):627-629 (in Chinese).

[24] Zheng J-M(郑景明), Jiang F-Q(姜凤岐), Zeng D-H(曾德慧). 2003. Eco-value level classification and ecosystem management strategy of broad-leaved Korean pine forest in Changbai Mountain. *Chin J Appl Ecol*(应用生态学报), 14(6): 839-844 (in Chinese).

杉木、火力楠纯林及其混交林生态系统 C、N 贮量

黄 宇[1,2]，冯宗炜[3*]，汪思龙[4]，冯兆忠[3]，张红星[3]，徐永荣[3]

(1. 湖南农业大学生态研究所,长沙 410128;2. 湖南省科技厅,长沙 410001;
3. 中国科学院生态环境研究中心,北京 100085;4. 中国科学院会同森林生态实验站,湖南 会同 418307)

摘要：研究比较第 2 代连载杉木纯林、杉木与火力楠混交林以及火力楠纯林 3 种人工林生态系统的 C、N 贮量。结果表明,杉木与火力楠混交林生态系统 C 贮量要高于杉木纯林和火力楠纯林,而生态系统 N 贮量是火力楠纯林和杉木与火力楠混交林高于杉木纯株;生态系统 C 和 N 贮量的空间分布基本一致,土壤层占主要部分,其次为乔木层,再次是根系,林下植被层和凋落层所占比例最小;相关分析表明,土壤 C、N 贮量分别和林下植被生物量以及与森林凋落物现存量之间都具有良好的线性关系,说明林下植被和森林凋落物对土壤 C、N 贮量有着深刻的影响。

关键词：杉木人工林；混交林；碳贮量；氮贮量

C and N stocks under three plantation forest ecosystems of Chinese-fir, *Michelia macclurei* and their mixture

HUANG Yu[1,2], FENG Zongwei[3*], WANG Silong[4], FENG Zhaozhong[3], ZHANG Hongxing[3], XU Yongrong[3]

(1. Research Institute of Ecology, Hu'nan Agricultural University, Changsha, Hunan 410128, China;
2. Science and Technology Department of Hunan Province, Changsha 410001, China; 3. Deparment of Systems Ecology, Research Center for Eco-Environmental Sciences, Chinese Academy of Sciences, Beijing 100085, China;
4. Huitong Experimental Station of Forest Ecology, Chinese Academy of Sciences,
Hu'nan Province, 418307, China)

Abstract: Chinese fir (*Cunningharnia lanceolata*), a type of subtropical fast-growing conifer tree, widely distributed in South China, and its plantation area in China is more than 7×10^6 hm^2, accounting for 24% of total area of plantation forest in China. In recent decades, the system of successive plantation of Chinese fir is widely used in the Southern China for an anticipated high economic return. However, recent studies have documented that the practice of this system led to dramatic decreases in soil fertility and forest environment as well as in productivity.

Some forest ecologists and managers recognize the ecological role performed by broadleaf trees growing in mixtures with conifers, and a great deal of studies on mixtures effects have been conducted, particularly on mixture species of temperate and boreal forest, but these research results

原载于：生态学报,2005,25(12):3146-3154.
基金项目：中国科学院知识创新工程资助项目(KZCX3-SW-418,KZCX2-406)

were not completely consistent. Maybe the mixtures effects depend in large part on specific site conditions, the interactions among species in mixtures and biological characteristics of species, etc. Although some researchers also studied the effects of mixtures of Chinese fir and broadleaf tree species on soil fertility, forest environment and tree growth status, little information is available about the effects of Chinese fir and its mixtures with broadleaves on carbon and nitrogen stocks.

The experimental site was situated at Huitong Experimental Station of Forest Ecology, Chinese Academy of Sciences, Hu'nan Province (N 26°40′—27°09′ latitude and E 109°26′—110°08′ longitude). It locates at the transition zone from the Yunnan-Guizhou Plateau to the low mountains and hills of southern bank of Yangtz River at an altitude of 300—1100m above mean sea level and at the same time, it is also a member of the Chinese Ecosystem Research Network (CERN), sponsored by the Chinese Academy of Sciences (CAS). This region has a humidmid-subtropical monsoon climate with a mean annual precipitation of 1200—1400 mm, most of the rain falling between April and August, and a mean temperature of 16.5℃ with a mean minum of 4.9℃ in January and a mean maxinum of 26.6 ℃ in July. The soil of the experimental field is red-yellow soil.

After a clear-cutting of the first generation Chinese-fir (*Cunninghamia lanceolata*) plantation forest in 1982, three different plantation forest ecosystems, viz. mixture of *Michelia macclurei* and Chinese-fir (MCM), pure *Michelia macclurei* stand (FMS) and pure Chinese-fir stand (PCS), were established in spring of 1983. Comparative study on C and N stocks under these three plantation forest ecosystems was conducted in 2004. The results showed that, the carbon stocks were greater under the mixtures than under the pure Chinese fir forest and the pure broad-leaved forest, and the broadleaves and the mixtures showed higher values in the nitrogen stocks compared with the pure Chinese fir forest. The spatial distribution of carbon and nitrogen stocks was basically consistent, the value being greater in soil layer, followed by tree layer, roots, understory and then litter layer. The carbon and nitrogen stocks in soil layer were, respectively both highly correlated with the biomass in understory and litter layer, indicating understory and forest litterfall exerted a profound effect on soil carbon and nitrogen stocks under plantation ecosystems. However, correlations between soil carbon, nitrogen stocks and below ground biomass of stand have not been observed in this study.

Key words: Chinese fir plantation; mixtures of Chinese fir and broad-leaved forest; carbon stock; nitrogen stock

碳循环是森林生态系统物质和能量循环的主要过程,森林植物一方面吸收空气中的 CO_2,通过光合作用将 CO_2 转化为有机化合物,固定在森林植物体内;另一方面植物在维持自身的生命活动中的呼吸,动物、微生物的呼吸和枯枝落叶的分解又向大气中释放 CO_2,这就是森林的碳汇和碳源(森林生态系统碳平衡包括输入和输出两个过程,两者之差即为生态系统的净生产量 NEP,若 NEP 为正,表明生态系统是 CO_2 汇,反之则为 CO_2 源)。这也决定了森林生态系统碳循环研究的复杂性。

国内外对森林生态系统碳贮量和贮存潜力进行了大量的研究,但大都局限于天然林[1-2],对人工林的研究不多。关于杉木(*Cunninghamia lanceolata*)人工林的研究更少,到目前为止只有陈楚莹等[1]、方晰等[2-3]和何宗明等[4]作过一些报道,而对连栽杉木纯林、杉-阔混交林以及阔叶纯林等不同人工林生态系统的比较研究未曾报道。本研究对杉木纯林、杉-阔混交林、阔叶纯林等3种不同人工林生态系统碳贮量作初步研究与探讨,旨为杉木林可持续生产力提供科学依据,同时也为我国森林生态系统C平衡的估算和动态模拟提供基础数据,进而也可为政府部门制定森林发展规划和环境保护政策提供理论支撑。

氮是生态系统中含量最丰富的元素之一,也是大多数陆地生态系统初级生产过程中受限制的元素之一[4-8]。同时,氮与碳、磷、硫等元素的循环是相互耦合的,氮素也能形成多种温室气体因此,有关氮素的研究一直备受关注。N作为一种大量营养元素,在森林生态系统物质循环中同样扮演着非常重要的角色,国内外对森林生态系统氮贮量研究甚少,关于杉木人工林系统氮贮量研究到目前为止未见报道。研究杉木纯林、杉-阔混交林等不同人工林生态系统的氮贮量,旨在了解和预测系统的物质生产潜力,通过对比杉木纯林和混交林的N贮量,为杉木林土地可持续生产力提供理论基础。

1 材料与方法

1.1 试验地概况

本研究设在中国科学院会同森林生态试验站(CERN)进行,该站位于湖南省西部地区——会同县,属典型的亚热带湿润气候,年平均气温16.5℃,1月平均气温4.5℃,7月平均气温27.5℃,年降水量1200—1400mm,年蒸发量1100—1300mm,相对湿度在80%以上,林地土壤为山地红黄壤。

1982年秋第1代人工杉木林皆伐后,1983年春在皆伐迹地上设置了3种人工林生态系统,即杉木(*Cunninghamia lanceolata*)纯林(PCS)、火力楠(*Michelia macclurei*)纯林(PMS)以及杉木与火力楠的针阔混交林(MCM)。3种人工林密度均为2000株/hm²。针阔混交林的杉木与阔叶树的比例为8:2。在整个试验过程中,除调查与取样外,没有其它包括人为的干扰。

1.2 土样采集、生物量调查以及与元素的测定

2005年3月分别在3种林型采用多点法取6个土壤层次的土壤(0—10cm、10—20cm、20—40cm、40—60cm、60—80cm、80—100cm),制样供室内分析。乔木层生物量按平均木法测定,根系采用挖掘法测定,林下植被和草本生物量采用收获法,林分凋落物量采用收集法[11]。土壤容重测定采用环刀法;全氮含量采用凯氏法,有机质含量采用重铬酸钾法[12]。

1.3 碳和氮贮量的测算

对所采集的树干、树枝、树皮、树叶、树根样品测定其碳含量,并计算出单位生物量的碳含量。在树干每2m间取10—20g鲜样进行称重,对枝、叶分层(上、中、下),根系分级(粗、中、细),然后各层(级)分别取10—20g鲜样,凋落物则取其混合样品100—200g各4个样品进行称重和测定其含碳量和含氮量。植被部分(包括乔木层、根系和凋落物)C、N贮量采用每部分生物量与其碳(氮)含量之积进行计算[13]。

土壤碳和氮含量的测定则按6个土壤层次进行,即0—10cm、10—20cm、20—40cm、40—60cm、60—80cm、80—100cm分别取土样进行碳和氮含量测定。100 cm土层C、N贮量$S(g/cm^2)$采用以容重$BD(g/cm^3)$、C或N含量$C(\%)$及土层厚度$T(cm)$进行计算,其计算公式为[14]:

$$S = BD \times C \times T$$

1.4 数据处理方法

根据野外调查观测资料和实验室内的分析资料,用EXCEL(2000)图表处理软件和SPSS(10.0)统计分析软件进行数据处理分析。

2 结果与讨论

2.1 人工林生态系统植被C贮量及其空间分布格局

根据植被各部分C含量可以计算出系统植被各部分C贮量(表1)。从表1可以看出,杉-阔混交林的植被C贮量要高于杉木纯林与阔叶纯林。杉木-火力楠混交林植被C贮量为86.29 t/hm², 比杉木纯林增加8.79%;与火力楠纯林相比提高幅度更大, 达31.70%。本研究杉木纯林植被C贮量与陈楚莹等人的研究结果大体一致[1]。另外,将不同人工林生态系统植被C贮量与植被生物量进行回归分析发现,植被C贮量与植被生物量呈线性相关(图1), 但与植被C平均含量线性关系不明显, 说明植被C贮量主要受植被生物量的影响。

表1 生态系统植被C贮量及其空间分布
Table 1 C stocks of vegetation and its spatial distribution under different plantation ecosystems

项目 Item	杉木纯林 PCS C stock/(t/hm²)	/%	杉木+火力楠混交林 MCM C stock/(t/hm²)	/%	火力楠纯林 PMS C stock/(t/hm²)	/%
树干 Stemwood	48.81	61.54	53.31	61.78	41.33	63.08
树皮 Stembark	1.17	9.04	7.58	8.78	3.65	5.57
树枝 Branch	4.28	5.40	5.10	5.91	4.95	7.55
树叶 Foliage	5.57	7.02	5.56	6.44	5.35	8.17
根系 Root	11.35	14.31	12.03	13.94	7.65	11.68
合计 Sum	77.18	97.31	83.58	96.85	62.93	96.05
林下植被和草本 Under story and herbage	1.25	1.58	1.70	1.97	1.51	2.30
凋落层 Litter	0.89	1.11	1.01	1.18	1.08	1.65
总计 Total	79.32	100	86.29	100	65.52	100

从各林分植被C贮量空间分布来看,植被C主要集中乔木层,基本占整个植被C贮量的95%以上;而树干又是乔木层C贮量的主体,基本维持在各林分植被C贮量的60%以上,占乔木层C贮量的比例一般都超过了70%;林下植被层和凋落层C贮量所占比例非常小,一般不超过2%(表1)。植被C贮量的空间分配格局也因树种不同而存在差异。在杉木纯林中,乔木层C贮量占整个植被C贮量的97.31%,林下植被层和凋落层分别占1.58%和1.11%;其中乔木层树干C贮量所占比例最大,为61.54%,其次是根系(14.31%),然后依次为树皮(9.04%)、树叶(7.02%)和树枝(5.40%)。而作为常绿阔叶树种的火力楠,乔木层C贮量占整个植被C贮量的96.05%,林下植被层和凋落层分别占2.30%和1.65%;其中乔木层树干C贮量的所占比例也是最大(63.08%),根系所占的比例次之(11.68%);但与杉木不同的是,火力楠树叶(8.17%)和树枝(7.55%)所占的比例大于树皮(5.57%)所占的比例,这种差异可能主要是不同树种间生物学特性引起的。杉木-火力楠混交林植被C贮量其空间分布为:树干>根系>树皮>树叶>树枝。

2.2 人工林生态系统植被N贮量及其空间分布格局

根据植被各部分N含量可以计算出各人工林生态系统不同部分植被N贮量(表2)。

从表 2 可以看出,杉-阔混交林的植被 N 贮量要高于杉木纯林与阔叶纯林。杉木-火力楠混交林植被 N 贮量为 0.94 t/hm², 比杉木纯林增加 8.05%,与火力楠纯林相比提高幅度高达 28.77%。本研究中的 3 个人工林生态系统植被 N 贮量都高于平均林龄超过 140a 的挪威杉混交林植被(根系和凋落物也包括在内) N 贮量(0.584 t/hm²)[13]。另外,将不同人工林生态系统植被 N 贮量与植被生物量进行回归分析发现两者之间有着良好的线性相关(图2),同样说明植被 N 贮量主要受植被生物量的影响。

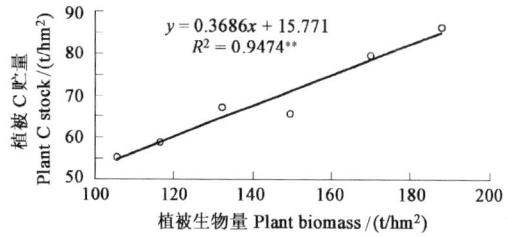

图 1 植被 C 贮量与植被生物量之间的关系

Fig 1 Relationship between plant C stock and plant iomass

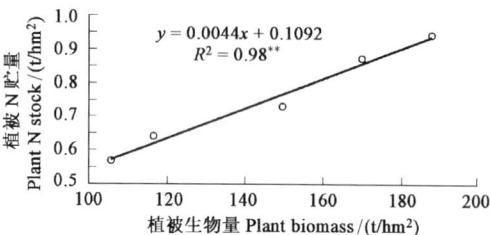

图 2 植被 N 贮量与植被生物量之间的关系

Fig 2 Relationship between plant N stock and plant iomass

表 2 人工林生态系统植被 N 贮量及其空间分布

Table 2 N stocks of vegetation and its spatial distribution under different plantation ecosystems

项目 Item	杉木纯林 PCS C stock/(t/hm²)	/%	火力楠纯材 MCM C stock/(t/hm²)	/%	杉木+火力楠混交林 PMS C stock/(t/hm²)	/%
树干 Stemwood	0.39	44.83	0.39	41.49	0.20	27.40
树皮 Stem bark	0.079	9.08	0.10	10.64	0.087	11.92
树枝 Branch	0.031	3.56	0.049	5.21	0.095	13.01
树叶 Foliage	0.16	18.39	0.16	17.02	0.17	23.29
根系 Root	0.15	17.24	0.16	17.02	0.10	13.70
合计 Sum	0.81	93.10	0.86	91.38	0.65	89.32
林下植被和草本 Understory and herbage	0.038	4.37	0.055	5.85	0.046	6.30
凋落层 Litter	0.019	2.53	0.026	2.77	0.033	4.38
总计 Total	0.87	100	0.94	100	0.73	100

从各林分植被 N 贮量空间分布来看,植被 N 主要集中乔木层,基本占整个植被 N 贮量的 90% 以上(但杉木-火力楠混交林乔木层 N 贮量除外,为 89.32%);而树干又是乔木层 N 贮量的主体,基本在各林分植被 N 贮量的 27.40%—44.83% 之间波动,占乔木层 N 贮量的比例处于 30.59%—48.15% 之间;凋落层 N 贮量所占比例非常小,一般不超过 5%;林下植被层 N 贮量也比较低。植被 N 贮量的空间分配格局也因树种不同而存在差异。在杉木纯林中,乔木层 N 贮量占整个植被 N 贮量的 93.10%,林下植被层和凋落层分别占 4.37% 和 2.53%;其中乔木层树干 N 贮量所占比例最大,为 44.83%,其次是树叶(18.39%),然后依次为根系(17.24%)、树皮(9.08%)和树枝(3.56%)。而火力楠乔木层 N 贮量占整个植被 N 贮量的 89.32%,林下植被层和凋落层分别占 6.30% 和 4.38%,其中乔木层树干 N 贮量所占比例也是最大(27.40%),树叶所占的比例次之,高达 23.29%,然后再依次为根系(13.70%)、树枝(13.01%)和树皮(11.92%)。杉木植被 N

贮量明显集中于树干、树叶和根系3个部分,三者所占植被N总贮量的比例高达80.46%;但火力楠没有这么集中,它这3个部分的比例为64.39%,而林下植被和草本以及凋落层三者N贮量占植被N总贮量的比例是杉木的3.21倍,这种差异也可能主要是因不同树种生物学特性引起的。

2.3 人工林生态系统土壤C贮量及其空间分布格局

根据土壤C含量和土壤容重可以计算出林地土壤C贮量(图3)。从图3可以看出,杉-阔混交林和火力楠纯林的土壤C贮量要高于杉木纯林。其中,杉木-火力楠混交林土壤C贮量为100.59 t/hm², 比杉木纯林增加11.51%, 火力楠纯林与杉木纯林相比提高幅度更大, 达16.23%。从空间尺度分析, 土壤C贮量基本上也是杉-阔混交林和阔叶纯林稍大于同一土壤层次相对应的杉木纯林。40cm土层以下土壤C贮量呈递减趋势。本研究所得的杉木纯林土壤C贮量与方晰等人的研究结果基本一致[3];但本研究中的阔叶纯林、针阔混交林、杉木针叶纯林其土壤C贮量要低于周玉荣等人曾报道过的我国类似森林类型土壤C贮量平均值(这3种森林类型土壤C贮量平均值分别为205.23、335.58、101.30 t/hm²)[15], 特别是前两种森林类型其土壤C贮量仅为平均水平的1/2和1/3左右。其原因可能主要是以下几个方面:

(1)土层厚度的差异 考虑到人为干扰和全球变化对土壤影响的深度一般不超过1m, 一些研究对土壤碳库的计算, 传统上是根据1m以内的含量得出。而我国森林多分布山区, 地形起伏大, 土壤土层厚度不一, 这就直接影响了森林土壤碳库的估算。有研究表明土壤碳密度与土层厚度有着密切的正相关[16]。

(2)研究方法的差异 对森林土壤碳贮量的估算, 很多是基于土壤普查或收集一些文献上的数据, 而对实地调查较少, 包括森林和植被类型、土壤质地等, 从而影响最终的估算结果;即使是相同的土壤质地与森林和植被类型, 不同的林龄也可能导致土壤C贮量的估算差异。例如, 据方晰等人对不同林龄的杉木林土壤C贮量的研究发现,10年生杉木林土壤C贮量为107.73t/hm², 而7年生杉木林土壤C贮量为88.06 t/hm², 前者比后者高出22.34%[3]。另外, 对森林生态系统类型的选择也是一个重要原因之一。

(3)不同气候带对土壤有机C的积累有影响 热带地区, 全年热量丰富, 雨量充沛, 生物循环旺盛, 有机物质代谢快, 不利于土壤有机质的积累。据方运霆等人研究发现, 水热因子是限制土壤碳密度大小的重要因素[16]。

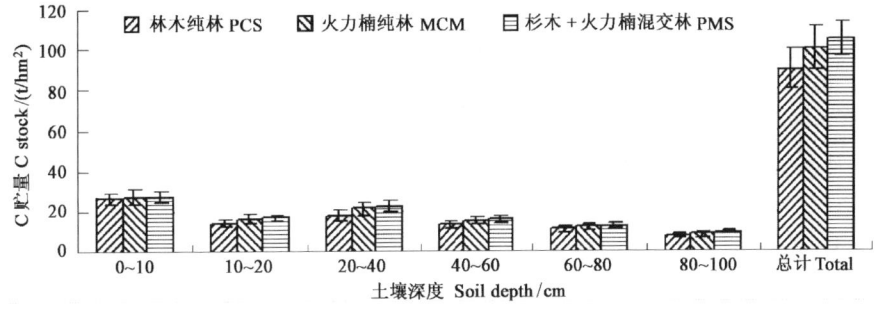

图3 土壤有机C贮量

Fig 3 C stocks of soil in different soil depths

另外,本研究 20 年生杉木纯林土壤 C 贮量要高于陈楚莹等人对相同林龄杉木林的土壤 C 贮量,其原因可能主要是取样深度的差异,陈楚莹等人对土壤 C 贮量的估算是基于 0—60cm 土层[1],而本研究测算的是 0—100 cm 土层的土壤 C 贮量。

所以,在同一气候带下只有全面考虑土壤质地、森林和植被类型以及林龄的基础上,采用不同的土壤碳含量才可较准确地估算森林生态系统的碳贮量。对于我国整个杉木林生态系统土壤碳贮量的较准确估算则需在考虑气候带、土壤质地和林龄 3 个基本要素的前提下进行。

森林动植物的残体和森林枯枝落叶作为土壤有机 C 的主要来源,并由于气候、生物等因素的作用,在林地土壤中形成了层次结构,其有机 C 含量和 C 贮量也将随着土壤深度的变化而变化。从林地土壤 C 贮量空间分布来看,林地土壤表层(0—10 cm)的有机 C 含量明显高于其它土壤层次,其 C 贮量占土壤总 C 贮量的 24.49%—29.32%;然后是 20—40 cn 土层,占土壤 C 贮量的 19.27%—21.35%。所以,0—40cm 土层 C 是土壤 C 贮量的主体,占土壤 C 总贮量的 60.45%—64.79%。方晰等人也曾经报道,杉木林地 0—30cm 土层 C 贮量占土壤总 C 贮量的 53.52%[2]。正因为土壤中的 C 主要分布在土壤表层,而人类的各种经营活动也主要作用于土壤表层。因此,人类的经营活动方式对土壤中的 C 必将产生深刻的影响,这也往往决定了森林土壤中的 C 库是"源"或是"汇"的作用。根据 Baties 对全球各类土壤 C 贮量的研究,0—100 cm 的土壤 C 贮量中,0—30 cm 和 0—50 cm 所占的比例在 37%—59% 和 62%—81% 之间,平均为 49% 和 67%[16]。另据 Detwiler 关于热带和亚热带地区土地利用变化对土壤碳库影响的研究,0—40cm 所贮存的碳占 0—100cm 总 C 的比例为 35%—80%,平均为 57%[2]。可见本研究试区 0—40 cm 土层所贮存的碳量的比重略高于其它地区,这从另一个侧面可反映出该人工林土壤较脆弱,人为干扰容易造成土壤碳损失。因此,减少人为对森林的干扰活动,加强对森林植被的保护以维持和增加土壤碳贮量,对维护全球气候变化,特别是减缓大气 CO_2 浓度上升等有着重要的意义。

2.4 人工林生态系统土壤 N 贮量及其空间分布格局

根据土壤全 N 含量和土壤容重可以计算出林地土壤全 N 贮量(图 4)。从图 4 可以看出,杉-阔混交林和阔叶纯林的土壤全 N 总贮量要高于杉木纯林。其中杉木-火力楠混交林土壤全 N 总贮量为 15.42 t/hm²,比杉木纯林增加 14.99%,火力楠纯林与杉木纯林相比提高幅度更大,达 18.34%。从不同土壤层次来看,土壤全 N 贮量一般也是杉-阔混交林和阔叶纯林大于同一土壤层次的杉木纯林—与 C 贮量基本一致,40cm 土层以下土壤全 N 贮量呈递减趋势。3 个人工林土壤 N 贮量远比原始热带山地雨林土壤 N 贮量(9.58 t/hm²)高[13],也远超过了平均林龄 140 多年的挪威杉混交林土壤 N 贮量(2.258 t/hm²)[13]。所以,正如估算森林生态系统的碳贮量一样,只有在全面考虑土壤质地、森林和植被类型、气候带以及林龄等的基础上,采用不同的土壤氮含量才可较准确地估算森林生态系统的氮贮量。对于我国杉木林生态系统土壤氮贮量的较准确估算则同样需在考虑气候带、土壤质地和林龄 3 个基本要素的前提下进行。

森林动植物的残体、森林凋落物和降雨作为土壤 N 的主要来源,并由于气候、生物等因素的作用,在林地土壤中形成层次结构,其全 N 含量和全 N 贮量也将随着土壤深度的变化而变化。从林地土壤全 N 贮量空间分布来看,与 C 贮量的分布不同,虽然林地表层

(0—10cm)土壤全 N 含量高于其它土层,但 20—40cm 土层全 N 贮量最高,一般占土壤总贮量的 20.03%—25.95%,这说明土壤容重与土壤深度对土壤 N 贮量影响很大;表层(0—10cm)土壤 N 贮量仅次于 20—40 cm 的土层,一般占土壤总贮量的 15.19%—20.03%;40cm 以下土层 N 贮量占土壤总贮量的比例也都在 40% 以上。碳贮量的分布相对集中于土壤上层特别是 0—40cm 土层,而氮贮量的分布则相对分散,0—40cm 土层 N 占土壤总贮量的比例未超过 60%,一般在 52.62%—58.39% 之间波动。因此,人类的经营活动方式对土壤 N 必将会产生影响,但一些自然的生态过程,包括降雨、淋溶、矿质化作用等等,对土壤中营养元素的含量和分布的影响也不容忽视。

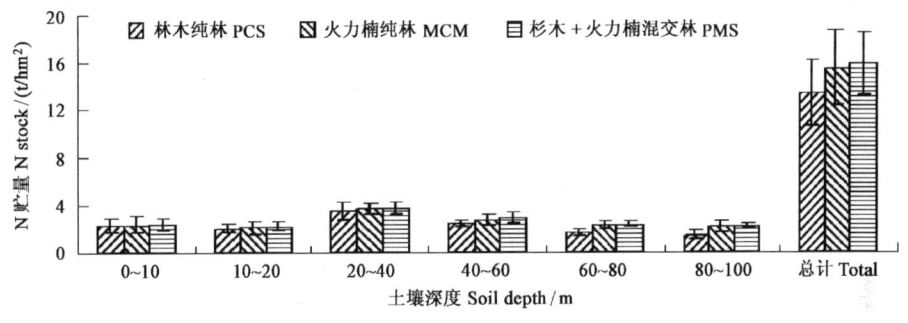

图 4 土壤 N 贮量

Fig 4 N stocks of soil in different soil depths

2.5 人工林生态系统 C 贮量及其空间分布格局

从图 5 可以看出,杉-阔混交林生态系统总 C 贮量要高于杉木纯林和阔叶纯林,其 C 贮量依次为:杉木-火力楠混交林(186.88 t/hm²)>火力楠纯林(170.37 t/hm²)>杉木纯林(169.53 t/hm²)。火力楠纯林虽然其土壤 C 贮量要高于杉木纯林,但因生物量低于杉木纯林,其植被 C 贮量比杉木纯林低,所以两个林分的 C 贮量相差不大。本研究的 3 个人工林 C 贮量都高于暖性针叶林

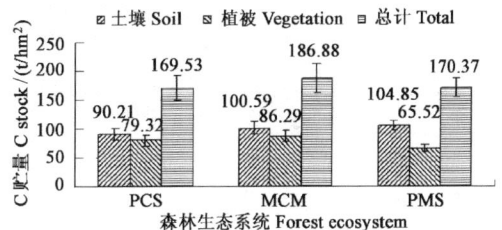

图 5 人工林生态系统 C 贮量

Fig 5 C stocks under different plantation ecosystems

平均水平 163.8 t/hm²[14]。20 年生杉木纯林 C 贮量要高于 11 年生杉木纯林 C 贮量(144.22 t/hm²)[18]。一般说来,随着林龄的增长,杉木林生态系统中 C 贮量增加,7 年生、10 年生、11 年生杉木林 C 贮量分别为 106.01、139.80、144.22 t/hm²[18]。另外,本研究中 20 年生杉木纯林 C 贮量要高于陈楚莹等人的研究结果(144.9 t/hm²),这与估算的土壤深度不一致有关[1]。

3 种人工林生态系统有机 C 贮量的空间分布基本一致,土壤层是主要部分,一般占总量的 52.23%—61.54%,其次为乔木层(32.45%—41.71%),再次是根系,林下植被层和凋落层所占比例最小(都不到 1%)(表 3),这与陈楚莹等人的研究结果不一致[1]。据陈楚莹等人研究指出,植被层(包括凋落层)是杉木林生态系统的主要碳库,占总量的 59.7%,而土壤只占 40.3%[1]。植被层(包括凋落层)C 贮量所占总量的比例(38.46%—47.77%)要高于暖性针叶林植被层(未包括林下植被层和凋落层)C 贮量所占总量的平

均百分数32.66%[15],说明该研究试区土壤C贮量相对较低。据阮宏华等人对亚热带苏南地区不同森林类型地上部分与地下部分C贮量之比的研究发现,40年生栎林为1:1.1,27年生杉木林为1:1.2,18年生国外松林为1:1.0[19]。本研究结果表明,地上部分与地下部分C贮量比例分别为:杉木纯林1:1.53,杉木-火力楠混交林1:1.55,火力楠纯林1:2.0。可见,本研究中的3种人工林生态系统地上部分与地下部分C贮量比例相对较低,说明3种人工林生态系统还有一定的固碳潜力,特别是植被部分,理论上的固碳潜力以阔叶纯林最大。另外,尽管凋落层C贮量不到总量的1%,但它却是土壤有机C的主要来源,也是土壤-植物系统碳循环的联结库,而且因覆盖于地面,有效地减少或防止了土壤的碳流失。有研究指出,森林凋落物现存量的变化对土壤C贮量影响很大[18-19]。杉木人工林凋落物现存量为0.72—5.944 t/hm²之间,其土壤(0—60cm)C贮量为88.06—107.33 t/hm²之间[18]。另据阮宏华等人的研究结果显示,大兴安岭落叶松林凋落物现存量为42.8 t/hm²,其土壤(10—78 cm)C贮量为347.4 t/hm²;下蜀次生栎林凋落物现存量为9.2 t/hm²,其土壤C贮量为69.7 t/hm²[19]。

表3 人工林生态系统有机C贮量的空间分布/%
Table 3 Spatial distribution (%) of C stocks under different plantation ecosystems

项目 Item	土壤层 Soil layer	乔木层 Tree layer	根系 Root layer	林下植被和草本 Understory and herbage layer	凋落层 Litter layer	总计 Total
PCS	53.21 (8.96)	38.83 (5.03)	6.69 (1.14)	0.74 (0.17)	0.52 (0.18)	100
MCM	53.83 (9.12)	38.29 (6.41)	6.44 (1.47)	0.91 (0.16)	0.54 (0.17)	100
PMS	61.54 (7.87)	32.45 (4.79)	4.49 (0.47)	0.89 (0.21)	0.63 (0.14)	100

括号内数字为标准方差 Standard deviation in parentheses

根据森林凋落物现存量、林下植被量和根系量,分别建立凋落物现存量、林下植被量、根系量和土壤C贮量关系的散点图(图6、图7和图8),根系量和土壤C贮量之间线性关系不是很明显(图8),但图6和图7表明土壤C贮量和森林凋落物现存量($y = 7.2583x + 45.638, R^2 = 0.8206, p < 0.05$)以及土壤C贮量和林下植被生物量($y = 14.286x + 41.406, R^2 = 0.9348, p < 0.01$)之间都具有良好的线性关系,说明林下植被和森林凋落物对土壤C贮量有着非常重要的影响。

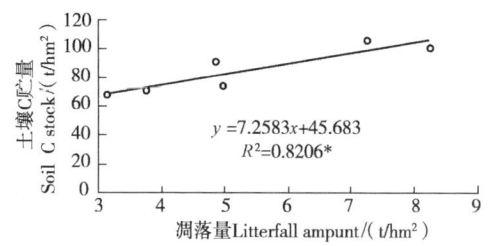

图6 森林凋落物现存量和土壤C贮量之间的关系
Fig 6 Relationship between litterfall and C tock

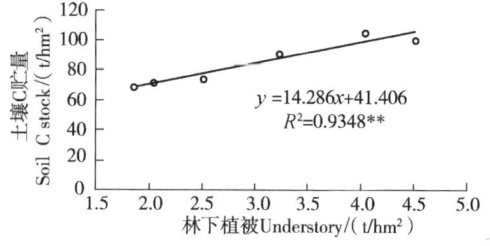

图7 林下植被层生物量和土壤C贮量之间的关系
Fig 7 Relationship between understory and C stock

2.6 人工林生态系统N贮量及其空间分布格局

从图9可以看出,生态系统N贮量以阔叶纯林最高,其次为混交林,杉木纯林最小。

20 年生人工林其系统 N 贮量以火力楠纯林最高,为 16.60 t/hm², 其次是杉木-火力楠混交林(16.36 t/hm²), 杉木纯林最低(14.28 t/hm²)。火力楠纯林和杉木-火力楠混交林 N 贮量要高于有关科研工作者报道的成熟林阶段杉木纯林平均 N 贮量(14.03 t/hm²), 而 20 年生杉木纯林 N 贮量与此平均值大体一致[18]。本研究中的 3 种人工林生态系统 N 贮量远超过了平均林龄 140 多年的挪威杉混交林生态系统 N 贮量(2.842 t/hm²)[14]。

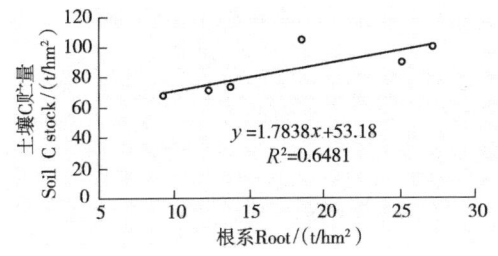

图 8 根系生物量和土壤 C 贮量之间的关系

Fig 8 Relationship between root and C stock

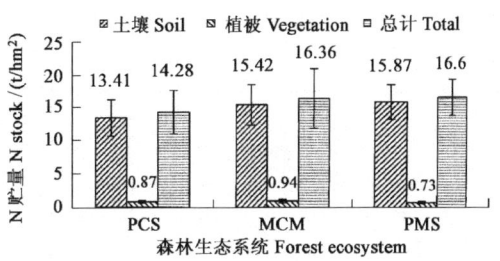

图 9 人工林生态系统 N 贮量

Fig 9 N stocks under different plantation cosystems

3 种人工林生态系统 N 贮量的空间分布基本一致, 土壤 N 贮量占绝对优势, 一般是总量的 91.54%—95.60%, 其次为乔木层(3.31%—7.01%), 然后是根系, 林下植被层和凋落层所占比例最小(都不到 1%)(表 4)。这种生态系统 N 贮量的空间分布格局大体与 Leena 等的研究结果一致[13]。杨玉盛等也曾研究指出, 在杉木人工林生态系统中, 营养元素绝大部分贮存于土壤中, 植被层营养元素的贮量是很有限的; 在植被部分(未包括根系部分), 乔木层所含营养元素的贮量占主导地位, 1 代、2 代、3 代杉木林乔木层占植被部分(未包括根系部分)营养元素总量的比例分别为 92.90%、88.37% 和 80.57%[20]。根据对中亚热带地区不同林龄的杉木林地上部分与地下部分 N 贮量之比的研究发现, 速生阶段为 1:79.19, 杆材阶段为 1:59.49, 成熟阶段为 1:31.18, 过熟阶段为 1:31.87[18]。本研究地上部分与地下部分 N 贮量比例分别为: 杉木纯林 1:18.21, 杉木-火力楠混交林 1:19.45, 火力楠纯林 1:25.54。可见, 本研究中的 6 个人工林生态系统地上部分与地下部分 N 贮量比例相对较高, 说明此 6 个人工林生态系统还有较大空间的固氮潜力, 特别是土壤 N 部分, 其中以阔叶纯林理论上的固氮潜力最大。另外, 尽管凋落层 N 贮量不到总量的 1%, 但它却是土壤 N 的主要来源之一, 也是土壤-植物系统氮循环的联结库, 而且因覆盖于地面, 有效地减少或防止了土壤氮的淋失。

表 4 人工林生态系统 N 贮量的空间分布/%

Table 4 Spatial distribution (%) of N stocks under different plantation ecosystems

项目 Item	土壤层 Soil layer	乔木层 Tree layer	根系 Root layer	林下植被和草本 Understory and herbage layer	凋落层 Litter layer	总计 Total
PCS	93.91 (10.19)	4.62 (1.13)	1.05 (0.27)	0.27 (0.065)	0.13 (0.033)	100
MCM	94.25 (12.14)	4.28 (1.51)	0.98 (0.30)	0.34 (0.079)	0.16 (0.047)	100
PMS	95.60 (8.79)	3.31 (0.94)	0.60 (0.14)	0.28 (0.045)	0.20 (0.029)	100

括号内数字为标准方差 Standard deviation in parentheses

根据森林凋落物现存量、林下植被量和根系量,分别建立凋落物现存量、林下植被量、根系量和土壤 N 贮量关系的散点图(图10、图11 和图12),与土壤 C 贮量一样,土壤 N 贮量和森林凋落物现存量($R^2=0.8388,p<0.01$)以及土壤 N 贮量和林下植被生物量($R^2=0.9485,p<0.01$)之间也都具有良好的线性关系,说明森林凋落物和林下植被对土壤 N 贮量都有着非常重

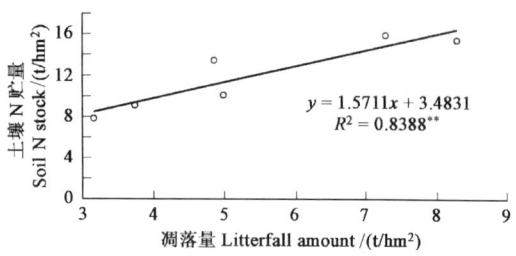

图 10　森林凋落物现存量和土壤 N 贮量之间的关系

Fig 10　Relationship between litterfall and N tock

要的影响;而根系量和土壤 N 贮量之间线性关系不明显(图12)。由于林下植被营养元素含量较高而寿命较短,因此林下植被在营养元素生物循环研究中备受人们重视[20-23]。据杨玉盛等人对杉木人工林生态系统的研究,虽然林下植被数量相当有限,但林下植被中营养元素的年积累量除第 1 代低于乔木层外,第 2 代和第 3 代林下植被中营养元素年积累量均高于乔木层,其中第 3 代林下植被营养元素年积累量是乔木层的 3.28 倍[20],这也再次证明了林下植被对杉木人工林包括 N 在内的土壤养分的积累具有很大影响,其数量和质量对林地地力的恢复起着极其重要的作用。

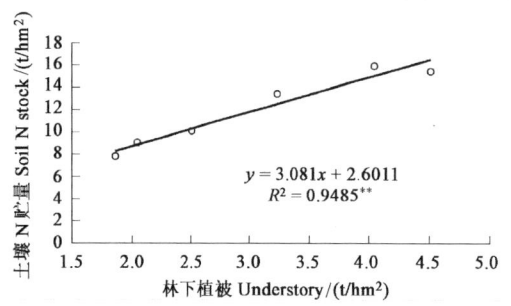

图 11　林下植被生物量和土壤 N 贮量之间的关系

Fig 11　Relationship between understory and N stock

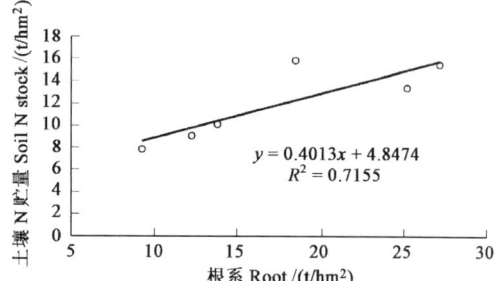

图 12　根系生物量和土壤 N 贮量之间的关系

Fig 12　Relationship between root and N stock

3　小结

杉-阔混交林生态系统 C、N 贮量都要高于杉木纯林和阔叶纯林。3 种人工林生态系统有机 C、N 贮量的空间分布格局基本一致,土壤层是主要部分,其次为乔木层,然后是根系,林下植被层和凋落层所占比例最小(都不到1%)。土壤 C、N 贮量分别和林下植被生物量、森林凋落物现存量之间都具有良好的线性关系,说明林下植被和森林凋落物对土壤 C、N 贮量有着深刻的影响。同时,只有在全面考虑土壤质地、森林和植被类型、气候带以及林龄等的基础上,采用不同的土壤碳、氮含量才可较准确地估算森林生态系统的碳、氮贮量。对于我国杉木林生态系统土壤碳、氮贮量的较准确估算则同样需在考虑气候带、土壤质地和林龄 3 个基本要素的前提下进行。

References:

[1] Chen C Y, Liao L P, Wang S L. Carbon allocation and storage in Chinese fir plantation ecosystems. Chinese Journal of Applied Ecology,2000, 11(supp.): 175-178.

[2] Fang X, Tian D L, Xiang W H. Effects of different management patterns on soil carbon storage of the deforested lands

in Chinese fir plantation. Journal of Central South Forestry University, 2004, 24(1): 1-5.

[3] Fang X, Tian D L, Xiang W H, et al. Carbon dynamics and balance in the ecosystem of the young and middle-aged second-generation Chinese fir plantatbn. Joumal of Central South Forestry University, 2002, 22(1): 1-6.

[4] He Z M, Li L H, Wang Y X, et al. Carbon stock and carbon sequestration of a 33-year-old Fokienia hodginsii plantation. Journal of Mountain Science, 2003, 21(3):298-303.

[5] Han X G, Li L H, Huang J H. An Introduction to Biogeochemistry. Beijing: Higher Education Press, 1999.197-244.

[6] Vitousek P M, Gosz J R, Grier C C, et al. Nitrate losses from distributed ecosystems. Science, 1979, 204: 469-474.

[7] Vitousek P M, Howarth R W. Nitrogen limitation on land and in the sea: How can it occur. Biogeochemistry, 1991, 13: 87-115.

[8] Mooney H A, Vitousek P V, Matson P A. Exchange of materials between terrestrial ecosystems and the atmosphere. Science, 1987, 238: 926-932.

[9] Ludwig J A, Whitford W G, Cornelius J M. Effects of water, nitrogen and sulfur amendments on cover, density and size of Chihuahuan desert ephemeraIs. Journal of Arid Envi roronent, 1989, 16:35-42.

[10] Peterjohn W T, Schlesinger W H. Nitrogen loss from deserts in the southwestern United States. Biogochenistry, 1990, 10: 67-79.

[11] Feng Z W, Wang X K, Wu G. Biomass and productivity of forest ecosystem s in China Beijing: Science Press, 1999.

[12] Liu G S. Observation and standard analysis method of Chinese Ecosystem Research Network: Physiochemical analysis and profile description of soil. Beijing: China Standard Press, 1996.

[13] Leena F, Hannu M, Sirpa P, et al. Carbon and nitrogen pools in an old-growth, Norway spruce mixed forest in eastern Finland and changes associated with clear-cutting. Forest Ecology and Managonent, 2003, 174:51-63.

[14] Luo T S, Chen B F, Chen Y F, et al. Variation of the soil carbon and nitrogen for initial stage after the felling in tropical montane rainforest of awangling, Hainan Ialand. Forest Research, 2000, 13(2): 123-128.

[15] Zhou Y R, Yu Z L, Zhao S D. carbon storage and budget of major Chinese forest types. Aeta Phytoecologica Sinica, 2000, 24(5):518-522.

[16] Fang Y T, Mo J M, Sandra Brown, et al. Storage and distribution of soil organic carbon ID inghushan. Biosphere Reserve, 2004, 24(1):135-142.

[17] Baties N H. Total carbon and nitrogen inn the soils of the world. European Journal of Soil science, 1996, 47: 151-163.

[18] Tian D L, Kang W X, Wen S Z, et al. Studies on Chinese fir plantation ecosystem. Beijing: Science Press, 2003.

[19] Ruan H H, Jiang Z L, Gao S M. Study on carbon cycling of major forest types in South Jiangsu: content and distribution. Chinese Joumal of Ecology, 1997, 16(6):17-21.

[20] Yang Y S, et al. Studies on sustainable managenent of Chinese fir stands. Beijing: China Forestry Press, 1998.

[21] Feng Z W, Chen C Y, Wang K P, et al. Studies on the accumulation, distribution and cycling of nutrient elements in the ecosystem of the pure stand of subtropical *Cunninghamia lanceolata* forests. Aeta Phytoecogica Et Geohotanica Sinaca, 1985, 9(4): 245-256.

[22] Feng Z W, Chen C Y, Zhang J W, et al. A coniferous broad-leaved mixed forest with higher productivity and ecological harmony in subtropics--study on mixed forest of *Cunninghamia lanceolata* and *Michelia macclurei*. Aeta Phytoecogica Et Geohotanica Sinica, 1988, 12(3): 165-180.

[23] Robert F L. Vegetation management in tropical forest plantations. Canadian Joumal of Forest Research, 1993, 23(10): 2006-2014.

参考文献：

[1] 陈楚莹,廖利平,汪思龙. 杉木人工林生态系统的碳素分配与贮量的研究. 应用生态学报,2000,11(增刊):175-178.

[2] 方晰,田大伦,项文化. 不同经营方式对杉木林采伐迹地土壤 C 储量的影响. 中南林学院学报,2004,24(1):1-5.

[3] 方晰,田大伦,项文化,等. 第二代杉木中幼林生态系统碳动态与平衡. 中南林学院学报,2002,22(1):1-6.

[4] 何宗明,李丽红,王义祥,等. 33年生福建柏人工林碳库与碳吸存. 山地学报,2003,21(3):303.

[5] 韩兴国,李凌浩,黄建辉. 生物地球化学导论. 北京:高等教育出版社,1999.197-244.

[11] 冯宗炜,王效科,吴刚. 中国森林生态系统的生物量和生产力. 北京:科学出版社,1999.

[12] 刘光崧主编. 中国生态系统研究网络观测与分析标准方法——土壤理化分析与剖面描述. 北京:中国标准出版社,1996.

[14] 骆土寿,陈步峰,陈永富,等. 海南岛霸王岭热带山地雨林采伐经营初期土壤碳氮储量. 林业科学研究,2000,13(2):123-128.

[15] 周玉荣,于振良,赵士洞. 我国主要森林生态系统碳量和碳平衡. 植物生态学报,2000,24(5):518-522.

[16] 方运霆,莫江明,Sandra Brown,等. 鼎糊山自然保护区土壤有机碳量和分配特征. 生态学报,2004,24(1):135-142.

[18] 田大伦,康文星,文仕知,等著. 杉木林生态系统学. 北京:科学出版社,2003.

[19] 阮宏华,姜志林,高苏铭. 苏南丘陵主要森林类型碳循环研究——含量与分布规律. 生态学杂志,1997,16(6):17-21.

[20] 杨玉盛,等. 杉木林可持续经营的研究. 北京:中国林业出版社,1998.

[21] 冯宗炜,陈楚莹,等. 亚热带杉木纯林生态系统中营养元素的积累、分配和循环的研究. 植物生态学与地植物学丛刊,1985,9(4):245-256.

[22] 冯宗炜,陈楚莹,等. 一种高生产力和生态协调的亚热带针阔混交林-杉木火力楠混交林的研究. 植物生态学与地植物学学报,1988,12(3):165-180.

杉木纯林与常绿阔叶林土壤活性有机碳库的比较

王清奎[1,2]，汪思龙[1]，冯宗炜[3]

(1. 中国科学院会同森林生态实验站,会同 418307； 2. 中国科学院研究生院,北京 100039；
3. 中国科学院生态环境研究中心,北京 100085)

摘要：森林土壤有机碳库占全球土壤有机碳库的 70%,其贮量的微小变化,都可显著地引起大气 CO_2 浓度的改变。为了解森林类型转换对土壤活性有机碳库的影响,作者于 2005 年 5 月在中国科学院会同森林生态实验站采样分析了杉木纯林和常绿阔叶林 0—10cm 和 10—20cm 土层内土壤活性有机碳含量。结果表明,杉木纯林土壤微生物量碳、可溶性有机碳、自由态和闭锁态轻组有机碳含量均显著低于阔叶林土壤($P<0.05$)。但各活性有机碳组分占土壤有机碳的比率没有规律；两种林分土壤的自由态、闭锁态轻组有机碳和重组有机碳含量与土壤有机碳总量均呈极显著的正相关($P<0.01$),而土壤微生物量碳、可溶性有机碳仅在常绿阔叶林下与土壤有机碳总量呈显著正相关；杉木纯林土壤各有机碳组分与土壤养分的相关性低于常绿阔叶林,且与全磷的相关性低于有效磷,这说明磷的有效性影响杉木纯林的土壤肥力。

关键词：杉木纯林,常绿阔叶林,土壤活性有机碳库

Comparison of active soil organic carbon pool between Chinese fir plantations and evergreen broadleaved forests

WANG Qingkui[1,2], WANG Silong[1], FENG Zongwei[3]

(1. Huitong Experimental Station of Forest Ecology, Chinese Academy of Sciences, Huńan Province, 418307, China;
2. Graduate University of Chinese Academy of Sciences, Beijing, 100039, China;
3. Research Center for Eco-Environmental Sciences, Chinese Academy of Sciences, Beijing, 100085, China)

Forest soil contains more than 70 % organic carbon pool of the earth. So small changes in forest soil organic carbon (SOC) pool can remarkably cause the variance in CO2 density of atmosphere. At Huitong Experimental Station of Forest Ecology, CAS, Hu′nan Province in May 2005, the authors analyzed the active SOC under Chinese fir plantations and evergreen broadleaved forests in the depth of 0—10 cm and 10—20 cm to assess the effects of forest conversion on active SOC pool. Results showed that the contents of soil microbial biomass carbon(MBC), dissolved organic carbon(DOC), free (FLOC) and occluded (OLOC) light fraction organic carbon under Chinese fir plantations were significantly lower than that of evergreen broadleaved forests. However, the rules of percentages of different active SOC to total SOC under two forest soils were not found.

原载于：北京林业大学学报,2006,28(5):1-6.
基金项目：中国科学院知识创新工程重要方向项目(KZCX3-SW418)；国家自然科学基金资助项目(30270268).

The significant correlations were observed between FLOC and SOC, OLOC and SOC, as well as between heavy fraction organic carbon (HOC) and SOC under the two forests. The close relationships between MBC and SOC along with DOC and SOC were only found under evergreen broadleaved forests. It was also found that the correlation coefficients between active fraction organic carbon and soil nutrients under Chinese fir plantations were lower than that of evergreen broadleaved forests, and their relationships with available phosphor were higher than total phosphor. This indicated that phosphor availability affected soil fertility of Chinese fir plantations.

Key words: Chinese fir plantations, evergreen broadleaved forests, active soil organic carbon pool

土壤活性有机碳是指土壤中有效性较高、易被土壤微生物分解利用、对植物养分供应有直接作用的那部分有机碳[1]。虽然土壤活性有机碳占土壤有机碳含量的比例很小，但它能够在土壤全碳变化之前反映因管理措施等人为活动所引起的土壤的微小变化[1-2]，同时，还是土壤养分循环的驱动力。因此，它对土壤肥力保持、土壤碳收支以及全球变化具有重要意义。

土壤活性有机碳可以用土壤微生物量碳、可溶性有机碳、轻组有机碳等指标来表征[3]。森林土壤中的有机碳主要来自于凋落物的分解补充与累积，不同化学组成的凋落物以及在杉木(*Cunninghamia lanceolata*)林营造过程中的皆伐、炼山、整地等管理措施将使不同林分下所形成的土壤活性有机碳库存在一定差异。因此，研究同一地区不同森林类型土壤活性有机碳库含量对揭示土地利用方式变化对土壤碳库的影响具有十分重要的意义。徐秋芳等[3]比较了灌木林和阔叶林土壤有机碳库的变化，但对常绿阔叶林与杉木人工林土壤活性有机碳库的比较研究还鲜见报道。本文以常绿阔叶林和杉木人工林为研究对象，研究这两种森林类型土壤活性有机碳的含量，以探讨森林类型改变对土壤活性有机碳库的影响以及土壤活性有机碳与土壤养分的关系。

1 研究区概况与研究方法

1.1 研究区概况

研究区设在中国科学院会同森林生态实验站(110°08′E、27°09′N)，海拔介于200—500m之间，为低山丘陵地貌类型，气候属亚热带湿润气候，年均气温16.5℃，年均降雨量约1200mm，年平均相对湿度80%。土壤为山地丘陵红黄壤，主要由板岩和页岩发育而成，土层厚度约50cm。该研究区的常绿阔叶林为典型的亚热带常绿阔叶林，主要乔木树种有：壳斗科、樟科、蔷薇科、金缕梅科、木犀科、胡桃科等16个科；优势乔木有青冈属(*Cyclobalanopsis*)、栲属(*Castanopsis*)、桢楠属(*Machilus*)、枇杷属(*Eriobotrya*)、枫香属(*Liquidambar*)；其他还有山胡椒属(*Lindera*)、女贞属(*Ligustrum*)、刺楸属(*Kalopanax*)、樟属(*Cinnamomum*)等。常见树种主要有栲树(*Castanopsis fragesii*)、刨花楠(*Machilus pauhoi*)、青冈(*Cyecobalanopsis glauce*)、石栎(*Lithocarpus glabra*)、黄杞(*Engelhardtia roxburghiana*)、木荷(*Schima superba*)、苦槠(*Castanopsis sclerophylla*)等。常见灌木种类有：米碎花(*Eurya chinensis*)、山胡椒(*Lindera glauca*)、油茶(*Camellia oleosa*)、盐肤木(*Rhus semialata*)等，林内草本植物很少。杉木人工林为1990年春季营造的杉木纯林。

1.2 土壤采集

2005年5月在研究区内确定杉木纯林样地9个，并尽量确定立地条件(表1)基本相似、有可比性的典型地带性常绿阔叶林样地6个，然后在每个样地内多点(10个)分层

(0—10cm 和 10—20cm)采集土样,将相同土层的土壤混合组成混合土样.样品采集后去除可见的根系等动植物残体和石块并带回室内过 2mm 筛后分成两份。其中一份供测定土壤微生物量碳和可溶性有机碳,另一份风干后用于测定土壤有机碳总量、轻组有机碳和土壤养分等。

表1 实验林地的基本情况
TABLE 1 General conditions of experimental forest stands

	树高/m	胸径/cm	密度/(株·hm^{-2})	海拔/m	坡向	坡位	土层厚度/m
杉木纯林	19.3	22.0	2000	521	东南	中	50
常绿阔叶林	14.0	22.2	1124	422	西南	中	50

1.3 土壤分析

土壤有机碳总量采用 Elementar High C 分析仪测定;土壤微生物量碳采用氯仿熏蒸浸提法,滤液中的有机碳用 Phoenix-8000 TOC 分析仪测定[5];可溶性有机碳按照 Liang 等[3]的方法测定,用蒸馏水浸提(水与土质量比为 2.5∶1)后离心 10min(4000r/min),用 0.45μm 的玻璃纤维滤膜过滤,滤液中的有机碳也在 Elementar High C 分析仪上测定。采用一定相对密度的溶液将土壤有机碳分为轻组和重组来表示其对外界因素的敏感性和周转速度,轻组有机碳根据其在土壤结构上的分布和功能又可以分为自由态和闭锁态,前者活性更强、周转更快.按照 Golchin 等[6]的方法采用密度为 1.80g/cm³ 的 NaI 重液将有机碳分离为自由态轻组、闭锁态轻组和重组有机碳,其中各组分有机碳含量用 Elementar High C 分析仪测定。土壤养分采用常规方法测定[7]。

1.4 数据分析

应用 SPSS11.5 的单因素多重比较 LSD 法分析常绿阔叶林和杉木纯林土壤活性有机碳的差异显著性,用 Pearson 相关性系数表示土壤活性有机碳各组分与土壤有机碳总量及土壤养分的相关性。

2 结果与讨论

2.1 杉木纯林与常绿阔叶林土壤活性有机碳含量

土壤有机碳是土壤的重要组成部分,是植物所需养分和土壤微生物生命活动的能量来源,保持或提高土壤有机碳含量可以保持土壤物理、化学和生物学性状,还可以降低大气碳库中碳的含量,有利于降低温室效应的影响[8]。表2显示,在0—10cm 和10—20cm 两个土层中,杉木纯林土壤有机碳平均含量分别为 12.5 和 10.4g/kg,比常绿阔叶林土壤低,且其差异性达到了显著($P<0.05$)或极显著水平($P<0.01$)。这说明常绿阔叶林土壤积累了更多的有机物质。这是因为常绿阔叶树凋落物数量和根系分泌物多,且容易分解转换,有利于碳的积累。

土壤微生物量碳是土壤有机质中最活跃和最易变化的部分,是土壤中易被植物利用的养分库及有机物分解和 N 矿化的动力,与土壤中的 C、N、P、S 等养分循环密切相关,因此近年来被推荐为评价土壤质量的敏感生物学指标[9]。在0—10cm 和10—20cm 两个土层中,杉木纯林土壤微生物量碳含量显著低于常绿阔叶林,分别仅为常绿阔叶林的 47.1% 和 59.4%。一方面,土壤微生物量碳含量与土壤有机碳总量有关。大量研究表明,

表2 杉木纯林与常绿阔叶林土壤有机碳含量的比较
TABLE 2　Comparison of the contents of SOC between Chinese fir plantations and evergreen broadleaved forests

林分	土层/cm	SOC/(g·kg⁻¹)	MBC/(mg·kg⁻¹)	DOC/(mg·kg⁻¹)	FLOC/(g·kg⁻¹)	OLOC/(g·kg⁻¹)	HOC/(g·kg⁻¹)
杉木纯林	0—10	12.5(1.3)a	272.4(34.1)a	127.4(17.5)a	2.00(0.28)a	0.62(0.15)a	9.87(1.09)a
常绿阔叶林		27.2(5.6)b	578.0(70.0)b	181.1(10.6)b	5.70(1.43)b	2.08(0.50)b	19.42(3.77)b
杉木纯林	0—20	10.4(2.5)A	220.9(16.0)a	95.0(18.6)a	1.48(0.44)a	0.53(0.25)a	8.37(2.05)A
常绿阔叶林		14.1(3.9)B	371.7(44.6)b	121.6(10.2)b	1.71(0.45)a	0.67(0.20)b	11.70(3.51)B

注:不同大写字母表示差异显著($P<0.05$),不同小写字母表示差异极显著($P<0.01$);SOC 为土壤有机碳,MBC 为微生物量碳,DOC 为可溶性有机碳,FLOC 为自由态轻组有机碳,OLOC 为闭锁态轻组有机碳,HOC 为重组有机碳;括号中数值为标准差,下表同

土壤微生物量碳与土壤有机碳总量具有较好的相关性。本次研究结果显示在这两种林分下土壤微生物量碳与土壤有机碳总量也都具有不同程度的线性相关,但在常绿阔叶林下相关性达到了极显著水平,而在杉木纯林下不显著(图1)。另一方面,土壤微生物量碳含量也决定于林地内的微环境。杉木没有常绿阔叶树的庞大根系群,且林下植被覆盖度较大,造成遮光等现象,因此其微生物活性不强,微生物数量少。另外,与常绿阔叶林土壤相比,杉木纯林土壤理化性状较差,如土壤容重较高、孔隙度低、土壤 pH 较低[10],也不利于土壤微生物活动。

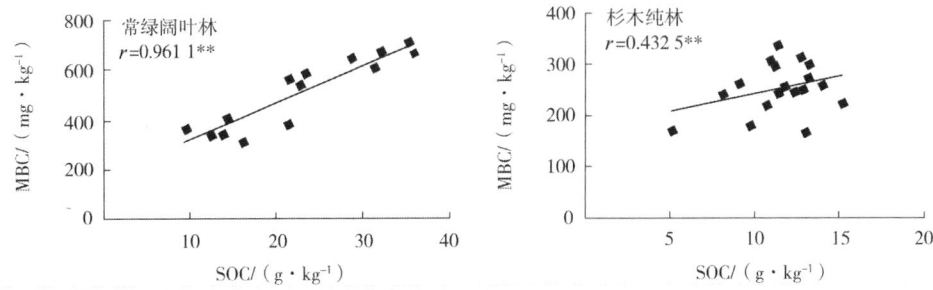

图1　杉木纯林与常绿阔叶林土壤微生物量碳与土壤有机碳总量的相关性
FIGURE 1　Correlation between soil MBC and SOC in Chinese fir plantations and evergreen broadleaved forests
**表示差异达极显著水平($P<0.01$),下图同

土壤微生物量碳含量与土壤有机碳总量的比值可以用来指示土壤碳的平衡、积累或消耗,预测土壤有机质长期变化或监测土地退化及恢复[11]。由表3可知,杉木纯林和常绿阔叶林土壤微生物量碳占土壤有机碳的比率在2.19%—2.73%之间。在0—10cm土层,两种林分土壤微生物量碳占土壤有机碳的比率接近;在10—20cm土层,杉木纯林土壤微生物量碳占土壤有机碳的比率低于常绿阔叶林,但差异均不显著。这是由于常绿阔叶林土壤总有机碳含量太高,而微生物量碳的含量并不随有机碳含量的增加等幅增加,但这也表明了常绿阔叶林变成杉木纯林后土壤有退化的趋势。

土壤可溶性有机碳虽然仅占土壤活性有机碳库的很小一部分,但是微生物直接利用的有机物质,在提供森林土壤养分方面起着重要的作用,同时,还会影响土壤中有机和无机物质的转化、迁移和降解[12]。在0—10cm和10—20cm土层内,杉木纯林的土壤可溶性有机碳含量均低于常绿阔叶林,差异达极显著水平($P<0.01$)(表2)。一般认为可溶性有机碳主要来源于植物凋落物、土壤腐殖质、微生物和根系及其分泌物等[13],与土壤有

机碳和土壤微生物量碳有较好的相关性[4,10]。而这一现象在杉木纯林土壤中并没有得到很好地反映(图2),但在常绿阔叶林中得到很好的体现。这是因为杉木凋落物、根系及其分泌物比常绿阔叶树少得多,土壤中可溶性有机碳产生的少,且被微生物快速分解利用,以及土壤对其吸附能力低,随水分运移到更深土壤中。杉木纯林的土壤可溶性有机碳占土壤有机碳的比例高于常绿阔叶林,且在0—10cm土层内其差异达到显著水平(表3)。森林土壤可溶性有机质主要是以富啡酸和分子量较小的有机酸、碳水化合物为主,且杉木纯林土壤腐殖质含大量富啡酸,酸性强,容易分散,因而杉木纯林的土壤可溶性有机碳含量占土壤有机碳总量的比例高。另一方面,杉木纯林土壤有机碳总量背景值相对较低。

表3 杉木纯林与常绿阔叶林土壤有机碳各组分的含量占土壤有机碳总量的百分比
TABLE 3 Percentages of different SOC fractions to total SOC under Chinese fir plantations and evergreen broadleaved forests

林分	土层/cm	MBC/SOC/%	DOC/SOC/%	FLOC/SOC/%	OLOC/SOC/%	HOC/SOC/%
杉木纯林	0—10	2.19(0.29)a	1.039(0.217)a	16.00(1.62)a	4.91(0.98)a	79.09(2.26)a
常绿阔叶林		2.16(0.28)a	0.685(0.113)b	20.80(1.28)b	7.62(0.40)b	71.58(1.63)b
杉木纯林	10—20	2.28(0.71)a	0.961(0.260)a	14.12(2.90)a	5.16(1.81)a	80.71(3.03)a
常绿阔叶林		2.73(0.46)a	0.918(0.278)a	12.14(1.83)a	4.72(0.64)a	83.51(2.71)b

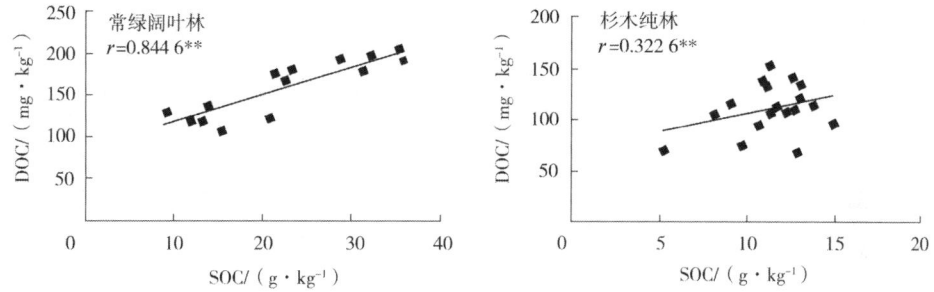

图2 杉木纯林和常绿阔叶林土壤可溶性有机碳与土壤有机碳总量的相关性
FIGURE 2 Correlation between DOC and SOC in Chinese fir plantations and evergreen broadleaved forests

轻组有机碳主要包括处于不同分解阶段的植物残体、小的动物和微生物,分解率高,周转期短,与有机碳储存和短期动态有关[14]。此外,轻组有机碳还是土壤养分的短期储存库[15]。杉木纯林土壤自由态和闭锁态轻组有机碳的含量低于常绿阔叶林(表2),这表明杉木纯林土壤中活性有机碳的含量比常绿阔叶林低,土壤肥力下降。在0—10cm土层,杉木纯林土壤中自由态、闭锁态轻组有机碳含量分别为2.00和0.62g/kg,是常绿阔叶林的35.1%和29.8%,差异达极显著水平;在10—20cm土层内,杉木纯林土壤自由态、闭锁态轻组有机碳含量分别是常绿阔叶林的86.5%、79.1%。在这两种林型下,土壤自由态、闭锁态轻组有机碳均与土壤有机碳呈现较好的正相关性(图3、图4)。由于土壤重组有机碳含量占土壤有机碳总量的比率很高(表3),所以它与土壤有机碳总量具有较强的线性相关性(图5)。土壤自由态和闭锁态轻组有机碳含量占土壤有机碳总量的百分比分别在12.1%—20.8%和4.7%—7.6%之间。在表层(0—10cm)土壤中,杉木纯林的土壤自由态和闭锁态轻组有机碳含量占土壤有机碳的百分比低于常绿阔叶林,而在下层(10—20cm)土壤中则相反,即杉木纯林的土壤自由态和闭锁态轻组有机碳含量占土壤有机碳的百分比高于常绿阔叶林。这是由于在杉木纯林营造过程中,炼山和整地等活动对表层土壤有机碳的影响远远大于下层,且经人为扰动,部分表土进入下层。

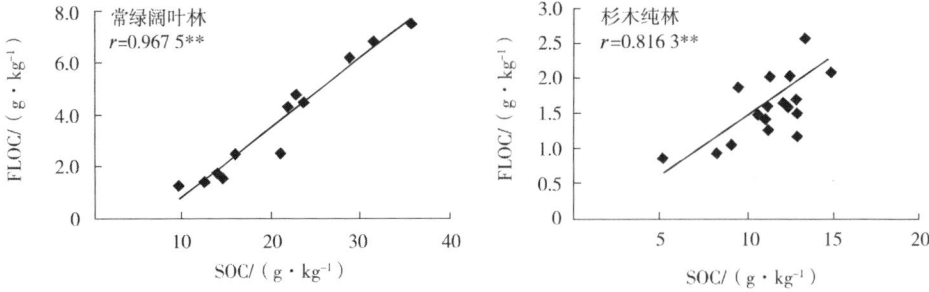

图3　杉木纯林和常绿阔叶林土壤自由态轻组有机碳与土壤有机碳总量的相关性
FIGURE 3　Correlation between FLOC and SOC in Chinese fir plantations and evergreen broadleaved forests

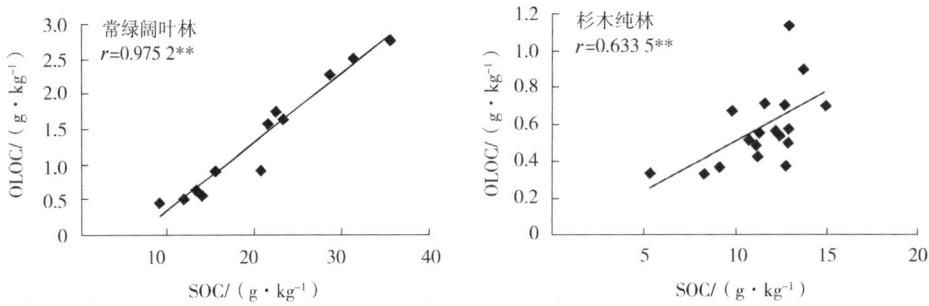

图4　杉木纯林和常绿阔叶林土壤闭锁态轻组有机碳与土壤有机碳总量的相关性
FIGURE 4　Correlation between CLOC and SOC in Chinese fir plantations and evergreen broadleaved forests

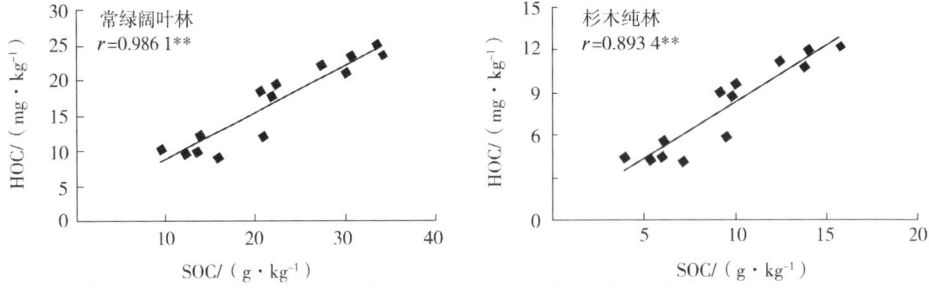

图5　杉木纯林和常绿阔叶林土壤重组有机碳与土壤有机碳总量的相关性
FIGURE 5　Correlation between HOC and SOC in Chinese fir plantations and evergreen broadleaved forests

2.2　土壤有机碳与土壤养分的相关性分析

对土壤有机碳与土壤养分之间进行了相关分析,分析结果见表4。从结果可以看出,杉木纯林的土壤有机碳各组分与土壤养分的相关性低于常绿阔叶林,其中闭锁态轻组有机碳表现得最为明显。无论是杉木纯林还是常绿阔叶林,土壤有机碳、微生物量碳、可溶性有机碳及自由态轻组有机碳与土壤硝态氮、有效磷的相关性均达到显著或极显著水平,这主要是土壤氮和磷的有效性决定于土壤有机碳含量和土壤微生物活性,而微生物量碳、可溶性有机碳、自由态轻组有机碳与土壤有机碳总量又呈现不同程度的相关性(图

1—图3)。与常绿阔叶林不同的是杉木纯林闭锁态轻组有机碳与土壤养分相关性低,而常绿阔叶林土壤的这种相关性极显著。杉木纯林土壤活性有机碳各组分与土壤铵态氮、全磷具有极弱的相关性,而常绿阔叶林土壤相关性极显著。本研究的结果与王清奎等[16]的试验结果不尽一致。这是由于取样地点、人为活动影响不同以及土壤基本理化性质有所差异。

表4 杉木纯林和常绿阔叶林土壤有机碳与土壤养分的相关系数
TABLE 4　Correlation coefficients between SOC fractions and nutrients in Chinese fir plantations and evergreen broadleaved forests

		全氮	铵态氮	硝态氮	全磷	有效磷	全钾	速效钾
杉木纯林	SOC	0.901**	-0.628**	0.490*	0.104	0.558*	0.464	0.256
	MBC	0.549*	-0.103	0.783**	0.217	0.756**	0.834*	0.479*
	DOC	0.557*	-0.304	0.679**	0.453	0.743**	0.881**	0.619**
	FLOC	0.761**	-0.419	0.600**	0.304	0.655**	0.698**	0.231
	OLOC	0.271	-0.151	0.127	-0.121	0.078	-0.028	0.182
	HOC	0.909**	-0.667**	0.450	0.067	0.528*	0.411	0.286
常绿阔叶林	SOC	0.957**	-0.907**	0.907**	0.871**	0.965**	0.950**	0.712**
	MBC	0.939**	-0.949**	0.867**	0.830**	0.949**	0.969**	0.841**
	DOC	0.829**	-0.796**	0.696**	0.886**	0.897**	0.925**	0.821**
	FLOC	0.913**	-0.880**	0.875**	0.895**	0.972**	0.960**	0.753**
	OLOC	0.914**	-0.881**	0.879**	0.901**	0.974**	0.974**	0.760**
	HOC	0.953**	-0.894**	0.896**	0.824**	0.927**	0.908**	0.658*

注:* 表示相关性显著($P<0.05$),** 表示相关性极显著($P<0.01$)

3 结论

通过对湖南会同地区杉木纯林和常绿阔叶林土壤活性有机碳库的对比研究,可以得出如下结论:

1)常绿阔叶林改变为杉木纯林降低了土壤有机碳的含量。在0—10cm和10—20cm土层内,杉木纯林土壤微生物量碳、可溶性有机碳、自由态和闭锁态轻组有机碳及重组有机碳含量低于常绿阔叶林土壤,且差异达显著或极显著水平。

2)土壤微生物量碳与土壤有机碳的比率,杉木纯林与常绿阔叶林之间比较接近。在0—10cm土层,杉木纯林的土壤可溶性有机碳、轻组有机碳和重组有机碳占土壤有机碳的比率与常绿阔叶林之间的差异性达极显著水平。

3)在杉木纯林和常绿阔叶林下,土壤自由态、闭锁态轻组有机碳和重组有机碳含量与土壤有机碳总量均呈极显著的正相关,而土壤微生物量碳、可溶性有机碳在常绿阔叶林下与土壤有机碳具有显著正相关,在杉木纯林下相关性没有达到显著水平。

4)杉木纯林土壤有机碳各组分与土壤养分的相关性均低于常绿阔叶林;杉木纯林和常绿阔叶林土壤有机碳各组分与全氮、全钾的相关性高于速效氮和速效钾,与全磷的相关性低于有效磷。

参考文献:

[1] BLAIR GJ, LEFROYRDB, LISLEL. Soil carbon fractions based on their degree of oxidation and the development of a carbon management index for agricultural systems [J]. Aust J Agric Res, 1995, 46(7): 1459-1466.

[2] WHITBREAD AM, LEFROYR DB, BLAIR GJ. A survey of the impact of cropping on soil physical and chemical properties in northwestern New South Wales [J]. Aust J Soil Res, 1998, 36(4):669-682.

[3] LIANG B C, MACKENZIE A F, SCHNITZER M, et al. Management-induced change in labile soil organic matter under continuous corn in eastern Canadian soils [J]. Biol Fertil Soils, 1998, 26(2): 88-94.

[4] 徐秋芳,姜培坤,沈泉.灌木林与阔叶林土壤有机碳库的比较 研究[J].北京林业大学学报,2005,27(2):18-22.
XU Q F, JIANG P K, SHEN Q. Comparison of organic carbon pool of soil in bush and broad-leaved forests [J]. Journal orf Beijing Forestry University, 2005, 27(2):18-22.

[5] WU J, JOERGENSEN R G, POMMEREMING B, et al. Measurement of soil microbial biomass C by fumigation-extraction: An automated procedure [J]. Soil Boil Biochem, 1990, 22(8): 1167-1169.

[6] GOLCHINA, OADESM, SKTEMSTADJ O, et al. Study of free and occluded particulate organic matter in soils by solid state 13CCP/MAS NMR spectroscopy and scanning electron microscopy[J]. Soil Boil Biochem, 1991, 23(3): 285-290.

[7] 鲁如坤.土壤农业化学分析方法[M].北京:中国农业科技出版社,2000:147-195.
LU R K. Method of soil agricultural chemistry analysis[M]. Beijing: China Agricultural Science and Technology Press, 2000: 147-195.

[8] 张金波,宋长春.土地利用方式对土壤碳库影响的敏感性评价指标[J].生态环境,2003,12(4):500-504.
ZHANG J B, SONG C C. The sensitive evaluation indicators of effects of land use change on soil carbon pool [J]. Ecology and Environment, 2003, 12(4): 500-504.

[9] SAGGAR S, MCLNTOSH P D, HECLEY CB, et al. Changes in soil microbial biomass, metabolic quotient, and organic matter turnover under Hieracium (H. pilosella L.) [J]. Biol Fert Soil,1999, 30(3): 232-238.

[10] 王清奎,汪思龙,高洪,等.杉木人工林土壤活性有机质变化特征[J].应用生态学报,2005,16(7):1270-1274.
WANG Q K, WANG S L, GAO H, et al. Dynamics of soil active organic matter in Chinese fir plantations [J]. Chinese Journal of Applied Ecology, 2005, 16(7): 1270-1274.

[11] HART PBS, AUGUST J A, WEST A W. Long-term consequences of topsoil mining on select biological and physical characteristics of two New Zealand loessial soils under grazed pasture [J]. Land Degrad Rehab, 1989,1(1):77-88.

[12] MCGILL W B, HUNT H W, WOOEMANSEE R G, et al. PHOENIX, a model of the dynamics of carbon and nitrogen in grassland soils[J]. Ecol Bull, 1981, 33 (1): 49-115.

[13] KALBITZK, SCLINGER S, PARKJ H, et al. Controls on the dynamics of dissolved organic matter in soils: A review [J]. Soil Sci, 2000, 165(4): 277-304.

[14] POST W M, KWON K C. Soil carbon sequestration and land-use change: processes and potential [J]. Global Change Biology, 2000, 6(3): 317-327.

[15] GREGORICH E G, CARTERMR, ANGERSD A, et al. Towards a minimum data set to assess soil organic matter quality in agricultural soils [J]. Can J Soil Sci, 1994, 74(3):376-385.

[16] 王清奎,汪思龙,冯宗炜.杉木纯林土壤可溶性有机质及其与土壤养分的关系[J].生态学报,2005,25(6):1299-1305.
WANG Q K, WANG S L, FENG Z W. A study on dissolved organic carbon and nitrogen nutrients under Chinese fir plantation: Relationships with soil nutrients [J]. Acta Ecological Sinica, 2005, 25 (6): 1299-1305.

景观组成、结构和梯度格局对植物多样性的影响

高俊峰[1,2],马克明[2]**,冯宗炜[2]

(1.北京林业大学省部共建森林培育与保护教育部重点实验室,北京 100083;
2.中国科学院生态环境研究中心系统生态重点实验室,北京 100085)

摘要:植物多样性作为生物多样性研究的主要内容,一直以来受到广泛关注。近20年来,随着景观生态学的兴起和地理信息技术的发展,景观生态学与岛屿生物地理学、异质种群理论相结合,在植物多样性的保护和利用研究中得到运用。在这3个理论的基础上,简述了景观组成(斑块、廊道、基质)、景观结构(斑块面积、边缘、隔离程度)和梯度格局(海拔、演替、土壤养分、干扰)对植物多样性的影响,强调了地理信息技术应用的重要性和景观层次上进行植物多样性研究的必要性。因此,在多个尺度上共同研究多个影响因子对植物多样性的复合作用,利于进一步揭示植物多样性的变化过程及其机制,有利于植物多样性的保护和利用。

关键词:景观要素,组成,结构,梯度格局,植物多样性

Effects of landscape composition, structure and gradient pattern on plant diversity.

GAO Junfeng[1,2], MA Keming[2], FENG Zongwei[2]

(1. Key Laboratory for Silviculture and Conservation of Education Ministry, Beijing Forestry University, Beijing 100083, China; 2. Key Laboratory for System Ecology, Research Center for Eco-Environmental Sciences, Chinese Academy of Sciences, Beijing 100085, China)

Plant diversity is an important research content of biodiversity. With the development of landscape ecology and GIS, the theories of landscape ecology, meta-population, and island biogeography were applied jointly in the protection and utilization of plant diversity in past 20 years. Based on these theories, this paper discussed the effects of landscape composition (patch, corridor, and matrix), its structure (patch area, edge, and isolation), and its patterns along environmental gradient (altitude, succession, soil nutrients, and disturbance) on plant diversity, with the focus on the significance of GIS application and the necessity of plant diversity research in landscape scale. To study the combined effects of multi-factors on plant diversity in multi-scale could be helpful to the research of plant diversity change and its related

原载于:生态学杂志,2006,25(9):1087-1094.
*国家自然科学基金资助项目(30470315)

mechanisms, and to the protection and utilization of plant diversity.

Key words: landscape element, composition, structure, gradient pattern, plant diversity.

1 引言

生物多样性是人类赖以生存的物质基础,是社会经济稳定的根本保障,对于全球生态平衡维持和人类的可持续发展具有重大意义。植物多样性是生物多样性的重要研究内容,植物多样性的保护和利用也一直是生态学家研究的核心问题。近50年来,由于人类活动加剧,全球各地区生态环境进一步恶化,造成大量物种灭绝,植物多样性下降。以热带雨林为例,植物和动物选择性的灭绝、生物入侵、生境破碎化、气候改变、群落内微生境的变化、森林周转率变化和人类活动的干扰都会对植物多样性产生有利或不利的影响,其中,人类活动干扰和生境条件的改变是主要的影响因素[70]。

1939年,德国生物地理学家第一次把景观引入生态学,强调景观生态学是将地理学和生态学结合在一起的综合研究,至20世纪80—90年代,随着国际景观生态学会议的召开,现代景观生态学开始兴起和发展,景观生态学逐渐成为一个重要的生态学研究领域。尤其在北美和欧洲地区,逐渐形成了偏重生物生态学的北美学派和偏重地生态学的欧洲学派。尽管北美的景观生态学研究起步较晚,但发展很快[25-26,35]。至今,景观生态学已发展成为一个综合地理学、生态学和信息科学等多种学科的新型交叉学科,在生物多样性保护、土地持续利用和全球变化等方面都得到广泛应用。就生物多样性保护而言,景观生态学强调景观组成和结构与生物个体在群落及生态系统多个时空尺度上的作用。景观要素"斑块、廊道、基质"都影响植物多样性的变化,斑块的类型、大小、形状和动态影响斑块内的物种迁移和植物多样性变化;廊道和基质影响斑块间和整个景观的连通性,对斑块间物种、物质和能量的流动起着重要作用,此外,植物多样性的变化还与海拔、演替、土壤、干扰4个环境梯度因子有关。本文从景观组成、结构和梯度格局3个方面综述其对植物多样性的影响,旨在为植物多样性景观尺度上的研究提供理论依据,为景观和群落2个尺度上植物多样性的结合研究提供方法和思路,为植物多样性的保护和利用提供支持。

2 理论基础

2.1 岛屿生物地理学理论

MacAthur等[55-56]于1963和1967年在研究岛屿生境大小与生物多样性的关系时,提出岛屿生物地理学理论。该理论认为岛屿的物种多样性取决于物种的迁入率和灭绝率。总结出一条函数公式 $S = f(+$ 生境多样性 $-$ 干扰 $+$ 面积 $-$ 隔离程度 $+$ 年龄$)$($+$表示正相关,$-$表示负相关)。该理论强调:1)岛屿物种的迁入率随斑块隔离程度的增加而降低,物种灭绝的可能性随斑块面积增加而减小;2)物种-面积关系,区域物种的数量随面积的增加呈现幂函数递增。有2个假说可以用来解释物种-面积相关性:1)生境异质性假说,认为高的生境异质性产生高的物种数量;2)面积平衡假说,认为入侵-灭绝机制引起物种数量随生境面积增加而增长[76]。岛屿生物地理学理论在20世纪70—80年代得到了迅速发展,主要用来研究生境破碎化对物种丰富度的影响和最小存活种群等。

2.2 异质种群(meta-population)理论

Levins[50]于1969年提出异质种群概念,即在相对独立的地理区域内,由空间上相互隔离,功能上相互联系的2个或多个局部种群组成的种群镶嵌体系。有4个基本假定:1)生境以离散斑块的形式存在,斑块均被局部种群占据;2)所有的局部种群都有灭绝的风险,否则种群会一直存在下去,形成"大陆-岛屿"型的异质种群;3)生境间的隔离程度不能过大,否则将导致斑块内分散种群的灭绝,这是一个非平衡异质种群;4)各局部种群的动态不能完全同步,如果完全同步,异质种群不会比灭绝风险最小的局部种群保存更长的时间。这种特性保证所有的局域种群不会同时灭绝。

2.3 景观要素特征

景观生态学是研究具有异质性的多个生态系统组成的镶嵌体结构、功能和动态。Forman等[25]认为,景观的基本组成要素可分为3类:斑块(patch)、廊道(corridor)和基质(matrix),他们称之为景观生态学的"斑块、廊道、基质"模式。从空间特征和生态学的角度来看,斑块是特定地域点状或面状地物构成的特殊生境,廊道是线状或带状地物构成的特殊生境或通道。斑块与斑块、斑块与廊道、廊道与廊道之间的空间关系可看作点、线、面的形式。景观中的斑块在时空上是连续变化的,斑块边缘对斑块间的物质和能量流动起着控制和过滤的作用,景观中廊道对斑块间的连通性和景观格局及其动态具有重要意义。近年来,随着岛屿生物地理学和异质种群理论研究的不断深入,以斑块、廊道和基质为核心的一系列概念、理论和方法逐渐成为了现代景观生态学研究的一个重要方面。

3 景观组成对植物多样性的影响

3.1 斑块

斑块的类型、大小、形状和动态都能对植物多样性产生影响。有人提议阻止植物多样性丧失的方法是建立大面积的保护区,尤其在热带地区[67]。但也有人认为小面积的森林斑块对植物多样性保护的潜在作用也需要考虑,因为大型斑块在干扰后常呈现出小型化格局[42,87],如在巴西大西洋沿岸的森林斑块尺寸均<10hm²[72]。因此,有关斑块对植物多样性的影响就存在了2种不同的争论,一种观点认为小型斑块是由边缘生境类型组成的,边缘效应会减少森林内部物种的生长条件,造成植物多样性下降[83-84]。Leigh等[48]在巴拿马运河由于泄洪产生的岛屿状森林群落研究中发现,6个岛屿内的植物多样性明显低于连续的森林斑块;另一种观点则认为小型斑块能够增加生境间的连通性,有利于物种生存[51,79]。Pither等[71]研究了伯利茨城峡谷地区的森林群落发现,物种在森林斑块中的增加速度明显大于灌丛斑块。小型森林斑块的网状分布能够为更多的物种提供生存空间,对于地区性的生物多样性保护是有利的。同样,Corlett等[19]在新加坡和香港的森林斑块研究中也发现,植物物种多样性没有因为大面积森林的消失而发生较大变化。Thomas[87]在马来西亚的森林研究中也有相同的结论,植物物种多样性在小型森林斑块中仍存在。尽管以上研究较多支持小型森林斑块对地区植物多样性保持具有重要作用,有利于植物生境的多样化[55]和地区性植物种群保护[91]的观点,但这一观点的普遍性仍有待进一步研究探讨[54,91]。

3.2 廊道

廊道影响斑块间的连通性,对斑块间物种、物质和能量的流动起着通道和过滤的作用。如树篱,可以为植物种子通过鸟类传播和中小型动物穿越斑块提供通道,Petit 等[69]研究了英国低山地区森林群落指示种丰富度与斑块面积、形状的关系,发现低山地区指示种丰富度与斑块面积和树篱长度有关。树篱长度比面积更能反映物种丰富度的变化。低山地区的树篱和高山地区的林线增加了生境间的连通性,更有利于物种生存[36-37,57]。植物能够将小型斑块作为连接 2 个或多个大型斑块的"跳板"[26],起到廊道的作用。一般认为,廊道在景观中的正确运用是物种多样性保护和管理的有效途径。廊道的结构、宽度和长度等都是重要的考虑因素。

3.3 基质

基质控制着整个景观的连接度,基质异质性的变化可能造成生境斑块的"岛屿化"效应,进而影响斑块间物种的迁移,引起植物种群波动和多样性变化。生物多样性保护的研究重点不能只是考虑斑块面积和形状、廊道的宽窄和曲直,而需要从包括斑块、廊道和基质在内的所有景观要素中进行考虑[3]。

4 景观结构对植物多样性的影响

4.1 面积效应

面积效应来源于 MacAthur 等[56]提出的岛屿生物地理学理论,认为生境面积越大,种群规模也越大,种群灭绝率随生境面积的增加而减小,生境面积越大越有利于植物多样性保护。生境面积是影响植物物种丰富度和多样性的主要因子[80],但并非所有的物种都平等地受生境面积的影响[90],生境特有种比广布种更多地受生境面积的影响[93],定居能力小的物种在生境面积变小后更容易灭绝[11]。森林物种对生境面积变化有强烈的响应[36],耐荫物种比阳性物种对生境变化更敏感[59],大多数功能群包括特有种在内均与生境面积正相关[9]。Krauss 等[43]研究了中欧地区石灰质草地的物种多样性,发现特有种和广布种的物种丰富度都随生境面积的增大而增大,特有种未表现出比广布种更多的受生境面积的影响,可能是长生命周期植物对环境变化响应延迟的结果。然而,也有人认为大面积的森林保护区并不适合保护所有物种[86]。Lovett-Doust 等[53]研究了加拿大南安大略省的自然保护地,考虑了保护区周长、面积、分离程度对植物多样性的影响,结果表明,面积对稀有物种丰富度和其它物种多度有显著影响,植物多样性受样地面积、延伸长度和内外边缘周长比影响。Freemark 等[27]也观察到生境面积对植物多样性的影响,植物多样性受面积/周长比率强烈影响,他们都认为小面积的保护地具有更多的稀有物种[10],小的保护地也可能变为物种迁移的廊道[32]。但对于大型动物而言,小的保护地不能提供动物所需的范围。此外,Haig 等[31]研究了加拿大尼亚加拉崖地生物保护地后却发现,在不同面积的森林中,植物物种多度、丰富度和多样性与生境面积没有相关性。一般在研究中,较多强调大面积生境的保护,很少强调小面积生境的保护,但随着大面积生境内局部种群灭绝的发生,对这一理论应用性的怀疑不断增加[16,34,77]。

4.2 边缘效应

边缘效应是指在 2 个或多个不同性质的生态系统交互作用处,由于某些生态因子(物质、能量、信息、时机或地域)或系统属性的差异和协同作用而引起系统某些组分及行为(如种群密度、生产力和多样性等)不同于系统内部的变化[2]。斑块边缘环境条件发生变化,进而对内部物种和边缘物种生存产生影响。小型斑块和分维数高的斑块对边缘效应特别敏感,边缘效应可能造成森林边缘至林内的连通性变化[98]、林缘干燥[41]、林隙出现和高的物种死亡率[52]。当生境斑块面积下降时,斑块内部生境丧失,边缘面积和形状改变,造成植物多样性的下降[49]。在亚马逊河流域,Laurance等[44,45]研究了森林生境变化引起的边缘效应对植物多度的负面影响,认为这是不连续森林破碎化和人类影响相关的物理和生物条件改变的结果[6]。然而,在挪威南部自然和半自然的干草草原,Norderhaug等[61]却发现草原生境改变后仍具有高的物种多样性,边缘效应的负面影响并不存在,相反,在小路的边缘是物种生存的重要生境。在瑞典中南部农业景观中,草场具有较高的物种丰富度,耕地边缘和路边也具有较高的植物多样性。因此,边缘效应具有方向性,对于植物多样性的影响是正向边缘效应还是负向边缘效应,可能取决于生境破碎化的程度。Fahrig[23]预测生境破碎化程度达到生境总面积的20%时才会影响物种种群的生存,否则多种生境类型的混合生境反而有利于多物种生存。此外,由于植物是固着生活,依靠种子和花粉来扩散,具有长的生活周期,能够较长时间的抵抗环境条件变化的影响,植物多样性对边缘生境变化的反映可能产生延迟[22]。

4.3 隔离效应

生境隔离描述了相邻生境类型间的距离和同一生境类型在所有生境中的比例[74]。生境隔离较多地影响特有种,对低散布能力的植物物种影响明显[30]。种群间的隔离有可能导致种群生存率下降和种群灭绝。高的生境多样性和生境间的连通性有可能增加物种丰富度,能为广布种提供更多的生存空间和资源[40]。Petit等[69]研究了英国低山地区指示种丰富度变化与空间隔离的关系,发现隔离程度对物种丰富度有显著影响,随隔离程度增加物种丰富度下降。然而,Soule等[81]发现圣地亚哥破碎化生境间距离与灌丛物种丰富度无相关性。Mccoy等[58]的研究也发现,邻近灌丛间的距离与物种丰富度只有较小的相关性。生境隔离对植物种群和植物多样性的影响取决于植物的生活策略,不同生活策略的物种对隔离的敏感程度不同,造成植物物种以小种群的形式存在或由于传粉失败和近亲衰退使该物种灭绝[64]。

5 景观梯度格局对植物多样性的影响

5.1 海拔梯度格局

植物分布格局是与植物所处的气候条件明显相关的,气候条件又在很大程度上与海拔相互关联,因此,沿海拔梯度植物表现出明显的规律性分布[97],海拔梯度是研究较早较多的一种梯度格局,一般认为单峰变化是一种常见的变化模式[1,4,29,95-96]。此外,植物多样性随海拔升高而下降在一些地区也较多见[66],在地中海地区Montalvo等[60]的研究发现,植物多样性随海拔升高持续下降,主要是由于在半干旱低海拔地区占优势的草本植物下降。在新热带地区研究中,发现从干旱森林到雾林的连续样带上,林下灌木、草本和藤本随海拔升高数量明显下降,物种数从134种下降到43种,由于随海拔升高,更多的物种为了适应环境而减小自身的体积,尽管物种多度增加,但物种趋于均一化,异质性减少,植物多样性下降。然而,Lee等[47]研究了加拿大的1050—2680m山地森林群落后发现,随海拔升高,植物群落物种多样性不断增加,峰值出现在高海拔地区,这一现象可能与海拔引起的土壤湿度变化,导致苔藓植物种类大量增加有关。

5.2 演替梯度格局

森林群落演替是通过森林群落结构和物种组成变化来体现的,并首先体现在植物群落物种丰富度和多样性的变化上。最早有关森林演替梯度格局研究的学者是

Eggeling[21],他研究了乌干达 Budorgo 森林 1930~1940 年的植被情况,认为森林长期扩充产生了明显的群落演替序列。描述了演替序列后发现,在演替初期,物种数量有一个增长,在演替中期,达到最大值,在演替后期略有下降。这可以说是森林演替单峰变化格局的最初描述,这个经典的研究随后被 Connell 等[18]进一步衍生出了中度干扰假说。此后,Odum[62]、Reiners 等[73]也在不同地区对这种格局进行了描述,认为植物多样性演替格局的单峰变化是普遍的,较成熟的梯度格局。

5.3 养分梯度格局

土壤作为植物生存的重要环境条件之一,影响植物群落的结构和功能,土壤养分的差异会导致群落中植物多样性的变化[88]在所有的环境变量中较多采用了 N、P、K 3 种元素在土壤中的含量作为量测指标。研究发现 N、P 和 K 与维管植物的物种丰富度和多样性呈负相关[5,28,89]。在植物种类较少的群落内,植物多样性和多度与 N 负相关显著[28]。MacAthur 等[56]研究了蒙古沙漠化草原、低山草原和高山草原 3 个生态系统,发现 P 和 K 是该地区植物多样性变化的主要驱动力,植物多样性的变化与 P 和 K 负相关,Lee 等[47]研究了美国明尼苏达州东北部的针叶林,随 N 的增加,植物多样性下降,可能是 N 的增加影响了种子萌发和幼苗的生长。植物多样性与 N、P、K 负相关。可能由于土壤养分饱和后,增加土壤养分导致植物多样性下降,但未饱和情况下是否增加植物物种多样性需进一步探讨。

5.4 干扰梯度格局

干扰是一种在自然界普遍存在的现象,对植被动态和植物多样性都有显著的影响。干扰是指一种环境条件变化,这种变化导致了生物在时间和空间上组成的差异,干扰是时空尺度上环境异质性的主要来源[94]。干扰可分为 2 种,人为干扰和自然干扰。干扰对植物多样性的影响多数由于人为干扰。干扰水平是通过干扰的强度、频度和时间表现的。干扰在新热带地区对植物多样性的影响较大,这些影响与人类活动有关,如伐木、狩猎和森林火灾等。在亚马逊河流域和大西洋沿岸森林地区,干扰与短期或长期的人类活动相关,也与持续增长的森林资源利用和商业需要有关[20],此外,狩猎活动[68]、商业性工业化伐木和植物收割[14-15]、工业化活动的增加[92]也严重影响了当地的植物多样性现状和保护。

Cadotte 等[12]在马达斯加沿海,Chittibabu 等[13]在印度东部山地,Laurance 等[44]在亚马逊河流域研究中均发现,受人为干扰强烈的森林斑块,植物多样性、丰富度和密度、物种组成明显小于未受干扰森林斑块,植物多样性的变化与干扰负相关[82]。此外,Shackleton 等[78]在南非东部 Transvall 的农业景观研究中也发现了相同的现象。可见,人为干扰对于植物多样性有显著的负面影响,但也有一种相反的观点,认为中度干扰有助于植物多样性达到峰值。

5.4.1 放牧压力

放牧的影响是一种系统内的改变,依赖于环境条件、生产力水平和时空特征的评价[63]。对于植物而言,放牧的影响集中在放牧梯度上植物物种丰富度和多样性的变化,距水源点的距离提供了放牧强度变化的空间梯度[24]。放牧压力的大小与植物多样性有明显的相关性,轻度和中度放牧通常比重度放牧和从未放牧的草原具有更高的植物多样性,特别是在高草草原[75]。中度放牧能增加高草草原和多种草混生草原的植物物种多样性。而重度放牧则清除了90%的地上生物量,减少了植物物种多样性[7,17]。中度放牧能增加植物物种多样性,强度放牧能导致植物多样性的下降[35]。随放牧程度下降植物多样性先增加后减少[28,46,85]。Pither 等[71]研究了美国科罗拉多矮草草原,在中度、轻度、重度不同放牧强度下植物多样性变化,发现植物多样性在轻度和中度放牧强度下最大,除放牧强度外,还与啮齿类动物的数量有关[33]。

5.4.2 林火

林火的频率和强度能够影响林冠层的林木密度,进而影响林下植物的物种组成和多样性。Risser 等[75]研究了美国路易斯安那州东南的针叶林,发现适度的火干扰改变了乔木和灌木的密度和分布格局,促进了草本植物的生长和繁荣,增加了林下的植物多样性。另外,林火也能与放牧共同发挥作用,增加高草草原的植物多样性,但对低草草原影响不大。

5.4.3 施肥(N)

施肥(N)对林下植物的影响与林地土壤中的 N 素含量是否饱和有关,当 N 饱和时,额外 N 的输入,会减少植物物种多样性。Ostertag 等[65]检测了施肥(N)对夏威夷山地雨林植物多样性、丰富度和覆盖度的影响,发现在年老土层的样地中,植物生长受 N 肥的影响较小,而在年轻土层的样地中,植物生长受到 N 肥的影响较大,植物多样性和丰富度均有不同程度的下降。

6 结论与展望

有关植物多样性动态的研究可简单划分为景观和群落 2 个层次,景观层次上研究斑块、廊道、斑块隔离程度、景观多样性的影响,群落层次上研究干扰、微环境条件(如土壤、水分等)的影响,但以往研究多集中在群落层次上的植物多样性研究,对景观层次上的研究较少。随着景观生态学、岛屿生物地理学、异质种群理论的交叉融合和地理信息系统、遥感技术的发展,多数研究者认识到了景观层次上的研究对于理解植物多样性的维持机制和变化过程具有重要意义[8],并做出了一些有益的尝试,产生了一些景观层次上评价植物多样性指标体系[25-26],为植物多样性的研究提供了更多的理论支持和新的研究方法。Iverson 等[39]用地理信息系统建模估算了植物多样性的变化;Clark 等[14]借助 GIS 研究土壤养分梯度对热带雨林植物多样性,Hutchinson 等[38]也利用 GIS 研究了 N、土壤水分和 pH 值对林下植物多样性和丰富度的影响。尽管研究者们也注意到用地理信息系统来精确预测植物多样性的变化有一定困难,因为景观尺度上的分析可能或多或少地忽略了环境因子和干扰对植物多样性的影响[9,26,38],但景观层次上的研究对于植物多样性动态探讨仍有重大意义。

景观是受气候、地貌、土壤、植被、水文、生物等自然因素及人为干扰作用下形成的斑块、廊道、基质的镶嵌体[80]。斑块的大小、形状;廊道的宽窄、弯曲程度;基质的形态、连通性;面积效应、边缘效应和隔离效应等,都影响着特定景观格局控制下的植物多样性变化,景观梯度格局则反映了植物多样性变化的地带性差异。本文所论述的海拔、演替、土壤养分和干扰 4 个梯度格局对植物多样性的影响,但这种影响有时是包括海拔、土壤和干扰的复合梯度格局,是多种环境因子共同作用的结果,要将各因子的影响完全分开,是比较困难的,这就需要借助地理信息系统,将传统调查方法与新的技术相结合,运用多种数量生态学方法(如,主成分分析 PCA、去对应分析 DCA、典范对应分析 CCA、小波分析、线形回归分析、TWINSPAN 分类、多因素方差分析、协方差分析等),建立线性和非线性模型进行综合研究。

总之,景观尺度上的植物多样性研究仍是不够的,但景观生态学、异质种群理论和岛屿生物地理学理论的相互补充,地理信息系统和遥感技术在景观生态学研究中的应用,植物多样性数量分析方法的不断发展,均为植物多样性的深入研究提供了有利的条件。因此,运用多种技术手段在多尺度下研究多种影响因子对植物多样性的复合作用能够为植物多样性的保护和利用积累丰富的经验,并提供有益的理论指导。

参考文献:

[1] 马克平,黄建辉,于顺利,等.1995.北京东灵山地区植物群落多样性的研究——丰富度、均匀度和物种多样性指数[J].生态学报,15(3):268-277.
[2] 王如松,马世骏.1985.边缘效应及其在经济生态学中的应用[J].生态学杂志,4(2):38-42.
[3] 李晓文,胡远满,肖笃宁.1999.景观生态学与生物多样性保护[J].生态学报,19(3):399-407.
[4] 黄建辉,陈灵芝.1994.北京东灵山地区森林植被多样性的分析[J].植物学报,36(增刊):178-186.
[5] Austrheim G, Gunilla E, Olsson A, et al.1999. Land-use impact on plant communities in semi-natural sub-alpine grasslands of Budalen, central Norway [J]. Biol. Conserv., 87: 369-379.
[6] Bierregaard RO, Laurance WF, Gascon C, et al. 2001. Principles of forest fragmentation and conservation in the Amazon [A]. In: Bierregaard RO, eds. The Ecology and Conservation of a Fragmented Forest [C]. New Haven: Yale University Press, 371-385.
[7] Biondini ME, Patton BD, Nyren PE. 1998. Grazing intensity and ecosystem processes in a northern mixed-grass prairie, USA [J]. Appl. Ecol., 8: 469-479.
[8] Blois S, Domon G, Bouchard A. 2002. Landscape issues in plant ecology [J]. Ecography, 25: 244-256.
[9] Bruun HH. 2000. Patterns of species richness in dry grassland patches in an agricultural landscape [J]. Ecography, 23: 641-650.
[10] Burke DM, Nol E. 2000. Landscape and fragment size effects on reproductive success of forest-breeding birds in Ontario [J]. Ecol. Appl. 10: 1749-1761.
[11] Butaye J, Jacquemyn H, Hermy M. 2001. Differential colonization causing non-random forest plant community structure in a fragmented agricultural landscape [J]. Ecography, 24: 369-380.
[12] Cadotte MW, Franck R, Reza L, et al. 2002. Tree and shrub diversity and abundance in fragmented littoral forest of southeastern Madagascar [J]. Biodivers. Conserv., 11: 1417-1436.
[13] Chittibabu CV, Parthasarathy N. 2000. Attenuated tree species diversity in human-impacted tropical evergreen forest sites at Kolli hills, Eastern Ghats, India [J]. Biodivers. Conserv., 9: 1493-1519.
[14] Clark DA, Clark DB, Sandoval MR, et al. 1995. Edaphic and human effects on landscape-scale distributions of tropical rain forest palms [J]. Ecology, 76: 2581-2595.
[15] Clark DB, Clark DA, Read JM. 1998. Edaphic variations and the mesoscale distribution of tree species in a tropical rain forest [J]. Ecology, 86: 101-112.
[16] Collinge SK. 1996. Ecological consequences of habitat fragmentation: Implications for landscape architecture and planning [J]. Landsc. Urban Plan., 36: 59-77.
[17] Collins SL. 1987. Interaction of disturbances in tall grass prairie: A field experiment [J]. Ecology, 68: 1243-1250.
[18] Connell JH, Lowman DL. 1989. Low-diversity tropical rainforests: Some possible mechanisms for their existence [J]. Am. Nat., 134:88-119.
[19] Corlett RT, Turner IM. 1997. Long-term survival in tropical forest remnants in Singapore and Hong Kong [A]. In: Laurance WF, eds. Tropical Forest Remnants: Ecology, Management and Conservation of Fragmented Communities [C]. Chicago: University of Chicago Press, 333-345.
[20] Cullen LJ, Bodmer RE, Valladares-Pódua C. 2000. Effects of hunting in habitat fragments of the Atlantic forest,

Brazil [J]. Biol. Conserv., 95: 49-56.

[21] Eggeling WJ. 1947. Observations on the ecology of the Budongo rainforest, Uganda [J]. J. Ecol., 34: 20-87.

[22] Eriksson A, Eriksson O, Berg L H. 1995. Species abundance patterns of plants in Swedish semi-natural pastures [J]. Ecography, 18: 310-317.

[23] Fahirg L. 1998. When does fragmentation of breeding habitat affect population survival? [J]. Ecol. Model., 105: 273-292.

[24] Fernandez-Gimenez M, Allen-Diaz B. 2000. Vegetation change along gradients from water sources in three grazed Mongolian ecosystems [J]. Plant Ecol., 9: 1-18.

[25] Forman RTT, Gbdron M. 1986. Landscape Ecology [M]. New York: John Wiley and Sons, 20-53.

[26] Forman RTT. 1998. The Ecology of Landscapes and Regions [M]. Cambridge: Cambridge University Press, 1-23.

[27] Freemark KE, Merriam HG. 1986. Importance of area and habitat heterogeneity to bird assemblages in temperate forest fragments [J]. Biol. Conserv., 31: 95-105.

[28] Frelich LE, Machado JL, Reich PB. 2003. Fine-scale environmental variation and structure of understorey plant communities in two old-growth pine forests [J]. J. Ecol., 91: 283-293.

[29] Gentry AH. 1988. Changes in plant community diversity and floristic composition on environmental and geographical gradients [J]. Ann. Mo. Bot. Gard., 75:1-34.

[30] Grashof-Bokdam C. 1997. Forest species in an agricultural landscape in the Netherlands: Effects of habitat fragmentation [J]. J. Veg. Sci., 8: 21-28.

[31] Haig AR, Matthes U, Larson DW. 2000. Effects of natural habitat fragmentation on the species richness, diversity, and composition of cliff vegetation [J]. Can. J. Bot., 78: 787-797.

[32] Hale ML, Lurz PW, Shirley MD, et al. 2001. Impact of landscape management on the genetic structure of red squirrel populations [J]. Science, 293: 2246-2248.

[33] Hart RH. 2001. Plant biodiversity on short-grass steppe after 55 years of zero, light, moderate or heavy cattle grazing [J]. Plant Ecol., 155: 111-118.

[34] Higgs AJ. 1981. Island biogeography theory and nature reserve design [J]. Biogeography, 8: 117-124.

[35] Hobbs RJ, Huenneke LF. 1992. Disturbance, diversity and invasion: Implication for conservation [J]. *Conserv. Biol.*, 6: 324-337.

[36] Honnay O, Endels P, Vereecken H, et al. 1999. The role of patch area and habitat diversity in explaining native plant species richness in disturbed suburban forest patches in northern Belgium [J]. Divers. Distrib., 5: 129-141.

[37] Honnay O, Hermy M, Coppin P. 1999b. Impact of habitat quality on forest plant species composition [J]. For. Ecol. Manage., 115: 157-170.

[38] Hutchinson TF, Boerner RE, Iverson LR, et al. 1999. Landscape patterns of understory composition and richness across a moisture and nitrogen mineralization gradient in Ohio (USA), Quercus forests [J]. Plant Ecol., 144: 177-189.

[39] Iverson LR, Prasad A. 1998. Estimating regional plant biodiversity with GIS modeling [J]. Divers. Distrib., 4: 49-61.

[40] Jonsen ID, Fahrig L. 1997. Response of generalist and specialist insect herbivores to landscape spatial structure [J]. Landsc. Ecol., 12: 185-197.

[41] Kapos V. 1989. Effects of isolation on the water status of forest patches in the Brazilian Amazon [J]. J. Trop. Ecol., 5: 173-185.

[42] Kellman M. 1996. Redefining roles: Plant community reorganization and species preservation in fragmented systems [J]. Glob. Ecol. Biogeogr. Lett., 5: 111-116.

[43] Krauss J, Klein AM. 2004. Effects of habitat area, isolation and landscape diversity on plant species richness of calcareous grasslands Netherlands [J]. Biodivers. Conserv., 13: 1427-1439.

[44] Laurance WF, Cochrane MA. 2001. Special section: Synergistic effects in fragmented landscapes [J]. Conserv. Boil., 15: 1488-1535.

[45] Laurance WF, Ferreira LV, Merona RD, et al. 1998. Effects of forest fragmentation on recruitment patterns in Amazonian tree communities [J]. Biol. Conserv., 12: 460-464.

[46] Le Floch E, Aronson J, Dhillion S, et al. 1998. Biodiversity and ecosystem trajectories: First results from a new L TER in southern France [J]. Acta Oecol., 16: 285-293.

[47] Lee TD, Laroi GH. 1979. Bryophyte and understory vascular plant beta diversity in relation to moisture and elevation gradients [J]. Vegetatio, 40: 29-38.

[48] Leigh EG, Wright J, Herre EA, et al. 1993. The decline of tree diversity on newly isolated tropical islands: A test of a null hypothesis and some implications [J]. Evol. Ecol., 7: 76-102.

[49] Levenson JB. 1981. Woodlots as biogeography islands in southeastern Wisconsin [A]. In: Burgess RL, eds. Forest Island Dynamics in Man-dominated Landscape [C]. Berlin: Springer, 13-39.

[50] Levins R. 1969. Some demographic and genetic consequences of environmental heterogeneity for biological control [J]. Bull. Entomol. Soc. Am., 15: 237-240.

[51] Loehle C, Li BL, Sundell RC. 1996. Forest spread and phase transitions at forest-prairie ecotones in Kansas, USA [J]. Landsc. Ecol., 11: 225-235.

[52] Lovejoy TE, Rankin JM, Bierregaard RO, et al. 1984. Ecosystem Decay of Amazon Forest Remnants [A]. In: Nitecki MH, ed. Extinctions [C]. Chicago: University of Chicago Press, 23-45.

[53] Lovett-Doust J, Biernacki M, Page R, et al. 2003. Effects of land ownership and landscape level factors on rare-species richness in natural areas of southern Ontario, Canada [J]. Landsc. Ecol., 18: 621-633.

[54] Lyon J, Horwich RH. 1996. Modification of tropical forest patches for wildlife protection and community conservation in Belize [A]. In: Schelhas J, eds. Forest Patches in Tropical Landscapes [C]. Washington DC: Island Press, 205-230.

[55] MacAthur RH, Wilson EO. 1963. An equilibrium theory of insular zoogeography [J]. Evolution, 17: 373-387.

[56] MacAthur RH, Wilson EO. 1967. The theory of Island Biogeography [M]. Princeton: Princeton University Press, 12-20.

[57] Mccollin D, Jackson JI, Bunce RGH, et al. 2000. Hedgerows as habitat for woodland plants [J]. J. Environ. Manage., 60: 77-90.

[58] Mccoy ED, Mushinsky H. 1994. Effects of fragmentation on the richness of vertebrates in the Florida scrub habitat [J]. Ecology, 75: 446-457.

[59] Metzger J P. 2000. Tree functional group richness and landscape structure in a Brazilian tropical fragmented landscape [J]. Ecol. Appl., 10:1147-1161.

[60] Montalvo J, Casado MA, Levassor L. 1993. Species diversity patterns in Mediterranean grasslands [J]. J. Veg. Sci., 4: 213-212.

[61] Norderhaug A, Ihse M, Pedersen O. 2000. Biotope patterns and abundance of meadow plant species in a Norwegian rural landscape [J]. Ecology, 15: 201-218.

[62] Odum EP. 1969. The strategy of ecosystem development [J]. Science, 164: 262-2705.

[63] Olff H, Ritchie ME. 1998. Effects of herbivores on grassland plant diversity [J]. Trends Ecol. Evol., 13: 261-265.

[64] Oostermeijer JGB, Eijck MW, Nijs JCM. 1994. Offspring fitness in relation to population size and genetic variation in the rare perennial species Gentiana pneumonanthe (Gentianaceae) [J]. Oecologia, 97: 289-296.

[65] Ostertag R, Verville JH. 2002. Fertilization with nitrogen and phosphorus increases abundance of non-native species in Hawaiian montane forests [J]. Plant Ecol., 162: 77-90.

[66] Peet RK. 1978. Forest vegetation of the Colorado, Front Range: Pattern of species diversity [J]. Vegetatio, 37: 65-78.

[67] Peres CA. 1994. Exploring solutions for the tropical biodiversity crisis [J]. Trends Ecol. Evol., 9: 164-165.

[68] Peres CA. 2001. Synergistic effects of subsistence hunting and habitat fragmentation on Amazonian forest vertebrates [J]. Conserv. Biol., 15: 1490-1505.

[69] Petit S, Griffiths L, Simon S. 2004. Effects of area and isolation of woodland patches on herbaceous plant species

richness across Great Britain [J]. Landsc. Ecol. , 19: 463-471.

[70] Phillips OL. 1997. The changing ecology of tropical forests [J]. Biodivers. Conserv. , 6: 291-311.

[71] Pither R, Kellman M. 2002. Tree species diversity in small, tropical riparian forest fragments in Belize, Central America [J]. Biodivers. Conserv. , 11: 1623-1636.

[72] Ranta P, Blom T, Niemela J, et al. 1998. The fragmented Atlantic rain forest of Brazil: Size, shape, and distribution of forest fragments [J]. Biodivers. Conserv. , 7: 385-403.

[73] Reiners WA, Worley IA, Lawrence DB. 1971. Plant diversity in a chro no sequence at Glacier Bay, Alaska[J]. Ecology, 52: 55-69.

[74] Ricketts TH. 2001. The matrix matters: Effective isolation in fragmented landscapes [J]. Am. Nat. , 158: 87-99.

[75] Risser PG, Birney EC, Blocker HD, et al. 2000. The True Prairie Ecosystem [M]. Stroudsburg, Pennsylvania: Hutchinson Ross, 32-45.

[76] Rosenzweig ML. 1995. Species Diversity in Space and Time [M]. Cambridge: Cambridge University Press, 39-55.

[77] Saunders DA, Hobbs RJ, Margules CR. 1990. Biological consequences of ecosystem fragmentation: A review [J]. Conserv. Boil. , 5:18-32.

[78] Shackleton CM, Griffin NJ, Banks DI, et al. 1994. Community structure and species composition along a disturbance gradient in a communally managed South African savanna [J]. Vegetatio, 115:157-167.

[79] Shafer CL. 1995. Values and shortcomings of small reserves [J]. Bioscience, 45: 80-88.

[80] Shaffer ML. 1981. Minimum population sizes for species conservation [J]. Bioscience, 31: 131-134.

[81] Soule ME, Bolger DT, Alberts AC. 1992. The effects of habitat fragmentation on chaparral plants and vertebrates [J]. Oikos, 63: 39-47.

[82] Svenning JC. 1998. The effect of land-use on the local distribution of palm species in an Andean rain forest fragment in northwestern Ecuador [J]. Biodivers. Conserv. , 7: 1529-1537

[83] Tabarelli M, Mantovani W, Peres CA. 1999. Effects of habitat fragmentation on plant guild structure in the montane Atlantic forest of southeastern Brazil [J]. Biol. Conserv. , 91: 119-127.

[84] Tabarelli M, Maria J, Silva CD, et al. 2004. Forest fragmentation, synergisms and the impoverishment of Neotropical forests [J]. Biodivers. Conserv. , 17: 1419-1425.

[85] Tatoni T, Magnin F, Bonin G, et al. 1994. Secondary successions on abandoned cultivation terraces in calcareous Provence. I Vegetation and soil[J]. Acta Oecol. , 15: 431-447.

[86] Thiollay JM. 1989. Area requirements for the conservation of rain forest raptors and game birds in French Guiana [J]. Conserv. Biol. , 3:128-137.

[87] Thomas SC. 2002. Ecological correlates of tree species persistence in tropical forest fragments [A]. In: Locos L, eds. Forest Diversity and Dynamism: Results from Large-scale Demographic Plots[C]. Chicago: Chicago University Press, 35-40.

[88] Tilman D, Wedin D, Knops J, et al. 1989. The influence of functional diversity and composition on ecosystem processes [J]. Science, 277: 1300-1302.

[89] Tilman D. 1993. Species richness of experimental productivity gradients: How important is colonization limitation ? [J]. Ecology, 74: 2179-2191.

[90] Tscharntke T, Steffan-Dewenter I, Kruess A, et al. 2002. Characteristics of insect populations on habitat fragments: A mini review [J]. Ecol. Res. , 17:229-239.

[91] Turner IM, Corlett RT. 1996. The conservation value of small isolated fragments of lowland tropical rain forest [J]. Trends Ecol. Evol. , 11: 330-333.

[92] Verssimo A, Barreto P, Tarifa R, et al. 1995. Extraction of a high-value natural resource in Amazonian: The case of mahogany [J]. For. Ecol. Manage. , 72: 39-60.

[93] Warren MS, Hill JK, Thomas JA, et al. 2001. Rapid responses of British butterflies to opposing forces of climate and habitat change [J]. Nature, 414: 65-69.

[94] White PS, Pickett STA. 1985. Natural disturbance and patch dynamics: An introduction [A]. In: Pickett STA,

eds. The Ecology of Natural Disturbance and Patch Dynamics [C]. New York: Academic Press, 12-35.

[95] Whittaker RH. 1956. Vegetation of the Great Smoky Mountains [J]. Ecol. Monogr., 26:1-80.

[96] Whittaker RH, Niering WA. 1975. Vegetation of the Santa Catalina Mountains, Arizona. V. Biomass, production, and diversity along the elevation gradient [J]. Ecology, 56: 771-790.

[97] Whittaker RH. 1978. Classification of plant communities [M]. The Hague: W. Junk Publishers, 408-412.

[98] Williams-Linera G. 1990. Vegetation structure and environmental conditions of forest edges in Panama [J]. J. Ecol., 78: 356-373.

河套灌区春小麦-萝卜复种模式下土壤 NO_3^--N 动态

冯兆忠,王效科,冯宗炜

(中国科学院生态环境研究中心系统生态国家重点实验室,北京 100085)

摘要:研究了河套灌区春小麦-萝卜复种模式下,土壤、土壤溶液和地下水 NO_3^--N 浓度的动态变化。结果表明:随着试验时间的延长,土壤表层 NO_3^--N 含量降低,深层(100—150cm)增加;土壤溶液中、下层 NO_3^--N 浓度(70、120cm)显著高于上层(30cm),尤其是在萝卜生长季。当前的灌溉条件下,不同年度、不同生长季土壤 NO_3^--N 淋失量的多少与土壤水分的下渗量密切相关,且输入的氮素中有 30% 以上以 NO_3^--N 的形式淋失掉。施肥区地下水 NO_3^--N 浓度显著高于未施肥区,且 65.5% 的水样超过 WHO 规定的上限(11.3mg/L)。总之,经过连续 2a 的春小麦与萝卜复种可使表层土壤 NO_3^--N 含量明显降低,但由于中、下层土壤剖面中残留大量的 NO_3^--N,因此在当前灌溉措施下,短期内 NO_3^--N 淋失是不可避免的。

关键词:NO_3^--N 淋失;春小麦-萝卜复种;地下水;干旱地区;河套灌区

NO_3^--N Dynamics in a Spring Wheat and Radish Multiple-Crop System in the Hetao Irrigation District

FENG Zhaozhong, WANG Xiaoke, FENG Zongwei

(*State Key Laboratory of Systems Ecology, Research Center for Eco-Environmental Sciences, Chinese Academy of Sciences, Beijing 100085, China*)

Abstract: The NO_3^--N dynamics of the soil, soil solution and groundwater were studied under spring wheat and radish multiple-crop system in Hetao Irrigation District over two years. A strong tendency of NO_3^--N to move from upper layer to deeper layer could be observed and soil NO_3^--N was increased at the layer of 100—150cm. NO_3^--N concentration of soil solution at the depth of 70 and 120cm was significantly higher than that at the depth of 30 cm, especially in the radish growth season. NO_3^--N leaching amount was correlated with deep percolation at both different crop growth seasons and different years and it accounted for higher than 30 % of total N input across two years. In the fertilizer plot, the concentration of NO_3^--N in groundwater was far higher than that in the nonfertilizer plot, and 65.5 % samples were over the safe standard of WHO (11.3mg/L) in the fertilizer plot. The topsoil NO_3^--N content was markedly decreased during the two years multiple-

---

原载于:环境科学,2006,27(6):1223-1228.
基金项目:国家自然科学基金项目(30070149);国家自然科学基金委创新群体项目(40321101)

crop system. However, NO_3^--N leaching was inevitable in the near future due to a large amount of residual NO_3^--N in the middle and deeper soil profiles.

Key words: NO_3^--N leaching; spring wheat and radish multiple-crop system; groundwater; arid areas; Hetao Irrigation District

在农田生产系统中,氮肥是影响作物产量的最活跃的因子之一。为了提高单位土地面积的粮食产量,满足人口对农产品的需求,农田氮肥的使用量逐年增长。目前我国氮肥使用量已跃居世界第一,单位面积的施用量也高于世界平均水平,但氮肥利用率仅为30%—41%[1]。研究表明:施入的氮肥除一部分被作物吸收外,大部分以 NO_3^--N 淋溶、反硝化、NH_3 挥发等途径从土壤中损失掉,其中 NO_3^--N 淋溶对地下水(饮用水源)的污染备受关注[2]。根据 Bin 等[3] 用模型预测的结果,在自然生态系统中,淋失的 NO_3^--N 仅为 10kg/($hm^2 \cdot a$),然而在农田生态系统中,随着施氮量的增加,硝态氮的淋失量可达到 20kg/($hm^2 \cdot a$),特别是美国、欧洲和我国的有些地区最大硝态氮淋失量可达 133kg/($hm^2 \cdot a$)。许多研究者试图通过轮作、间作等农艺措施降低土壤 NO_3^--N 的含量,结果表明玉米-大豆、小麦-大豆、水稻-小麦轮作等都可明显减少 NO_3^--N 的淋失[4-6],但复种模式能否减少 NO_3^--N 的淋溶鲜见报道。本文以河套灌区春小麦-萝卜复种为例,探讨了干旱地区灌溉农业下土壤、土壤溶液及地下水 NO_3^--N 浓度的动态变化,为当地水环境保护提供科学依据。

1 材料与方法

1.1 自然概况

内蒙古河套灌区是中国三大灌区之一,地处北纬 40°19′—41°18′,东经 106°20′—109°19′,年降水量 139—222mm,且集中在 7—8 月间。年蒸发量达 2200—2400mm,蒸降比在 10 以上,年均温 6—8℃,全年封冻期 5—6 个月,无霜期 135—150d,年均日照时数 3100—3300h,属于典型的大陆性气候。该地区主要作物是春小麦、玉米、葵花(油葵和花葵),耕作方式为单种、套种和复种,氮肥施用量按纯氮计一般每年可达到 450 到 600kg/hm^2。试验土壤为沙壤土,基本理化性质如下:容重 1.51g/cm^3,pH(H_2O)为 817,有机碳 1.02%,总氮 0.94%,碱解氮 104.1mg/kg,速效 P 55.4mg/kg,速效 K 121.1mg/kg,属于高肥力土壤。

1.2 试验设计

以春小麦(*Triticum aestivum* L.)和萝卜(*Raphanus sativus* L.)为供试作物,于 2002-03—2003-10 进行,共 4 个生长周期。春小麦品种为永粮 24 号,该品种抗盐性强,灌浆快,生育期 100d 左右,是解放闸灌域大面积种植的当家品种。2002 年施用的底肥为磷酸二铵(N18%,P_2O_5 46%),在追肥时施用硝铵(N35%)。2003 年底肥为磷酸二铵,在追肥时施用尿素(N46%)。磷钾肥全部基施,施肥量为 P_2O_5:388kg/hm^2,K_2O:150kg/hm^2。2002 年按照当地施肥时期施肥,施肥量也按照当地的习惯。2003 年施肥分为基肥和追肥(拔节期灌溉时地表撒施或块茎膨大期)2 次施入,基肥占总施氮量的 40%,耕前撒施。试验期间的施肥量、施肥时期、供水量见表 1 和表 2。试验区面积为 5m×3m=15m^2,3 个重复。在每个小区深 100cm 周围用塑料布圈住,防止小区间水分和养分的相互流动。在实验开始前于每个试验小区中间安装 200cm 长的 TDR 探管来监测不同土壤剖面水分的变化。分别在地表以下 30cm、70cm、120cm 深度竖埋陶瓷头吸取杯(直径 115cm,长 5cm),并且每个陶瓷头相距 15cm,尽可能地靠近 TDR。通过这 3 个吸取杯获得的土壤溶液,分别代表来自于 20—40、60—80、110—130cm 土层的土壤溶液。在灌溉后 3—5d,抽取不同土层的土壤溶液,溶液经过 0.45μm 的滤膜后,于 -20℃ 冷冻保存。2002-08 分别在小区内、外建设了 2 座地下水观测井,用于监测地下水位和 NO_3^--N 浓度的变化。

表1 不同年度的施肥时期和施氮量/(kg·hm^{-2})
Table1 Nitrogen application time and rates at different years

年份	春小麦				萝卜		
	播前	拔节期	开花期	合计	播前	膨大期	合计
2002	55	100	70	225	30	130	160
2003	90	135	0	225	0	120	120

表2 试验期间的降雨量和灌溉量/mm
Table 2 Precipitation and irrigation in crop growth season

年份	作物	降雨量	灌水量	总供水量
2002	春小麦	96.3	384	480.3
	萝卜	29.1	236	265.1
2003	春小麦	57.5	292	349.5
	萝卜	86.9	331	417.9

1.3 取样方法

2002 年分别在春小麦播种前、拔节期、收获期,萝卜块茎膨大期、收获期共取土 5 次进行土壤 NO_3^--N 的测定。采样深度为 0—150cm,按照 0—20,20—40,40—60,60—80,80—100,100—120,120—150cm 的土壤层次,每个小区随机取 2 钻,相同层次的土壤混合为 1 个样。土壤溶液从 5 月中旬第一水灌溉完开始,平均 15—20d 抽取 1 次,全年共取 10 次。在抽取时利用手泵抽负压至 90Pa,15h 后取回溶液进行 NO_3^--N 的分析。2003 年土壤样品 NO_3^--N 的测定分别在春小麦播种前、拔节期、收获期、萝卜块茎膨大期、秋浇后(收获期)共 5 次,采样深度同 2002 年。土壤溶液的抽取及测定项目同 2002 年。

1.4 分析方法

1.4.1 土壤水分的测定

利用 TRIME-FM 型 TDR(德国)测定,每 20cm 为一层次,直至 140cm。2002 年每 5d 测定 1 次,灌溉时每天测定 1 次,大的降雨时加测。2003 年每 7d 测定 1 次,大的降雨、灌溉时每天测定 1 次,直至数据变化幅度低于 5%。

1.4.2 土壤 NO_3^--N 的测定

样品取后用自封袋封好,冰冻保存。样品测定时先解冻,2mol/L KCl 浸提 60min 后过滤,滤液立即在紫外分光光度计 220nm 和 275nm 比色,同步测定土壤含水率(烘干法)。

1.4.3 土壤溶液 NO_3^--N 的测定

土壤溶液 NO_3^--N 的测定采用紫外分光光度法。

1.5 结果计算
1.5.1 土壤水分下渗量的计算

土壤水分下渗量计算采用土壤水分质量平衡法。即在某一时段内,一定面积和一定土层厚度的各来水项和去水项应该相等。其方程可简单地表达为式(1):

$$P + I = D + ET + \Delta W \tag{1}$$

式中,ΔW 为平衡土层内土壤储水量变化(mm),数据来自 TDR 的测定结果;P 为降水量(mm);I 为灌水量(mm);D 为渗漏水量(mm);ET 为实际蒸散量(mm),根据 Penman-Monteith 公式计算参考作物蒸散量(ET_0),然后根据作物不同生长阶段的 K_C,计算出实际蒸散量(ET)。即:

$$ET = ET_0 \times K_C \tag{2}$$

1.5.2 NO_3^--N 淋失量的计算

土壤 NO_3^--N 淋失量计算公式为:

$$L_N = 0.1 \times D \times c_{NO_3^- \text{-} N} \tag{3}$$

式中,D 为土壤水分下渗量(mm);$c_{NO_3^- \text{-} N}$ 为 120cm 深度处土壤溶液的 NO_3^--N 浓度;0.1 为单位转换系数。

2 结果与讨论
2.1 土壤 NO_3^--N 含量的动态变化

由图 1 可见,试验前表层土壤 NO_3^--N 含量较高,随着土壤深度的增加,NO_3^--N 含量降低,但在 60—80cm 达到最高值,随后又降低,说明 NO_3^--N 主要积累在 60—80cm 处。2002 年在春小麦拔节期灌溉追肥后(播种后 62d),除 20—40cm 外,其它剖面 NO_3^--N 含量明显增加。但由于在 2003-05-27 取样前进行了 2 次灌溉(共 146mm),使得拔节期追肥不但没有增加表层 NO_3^--N 含量,反而明显低于播种前,且 NO_3^--N 累积高峰向下迁移了 20cm,说明灌溉是引起干旱地区土壤 NO_3^--N 向深层迁移的主要因素。随着春小麦生长速度的加快,其对氮素的吸收强度逐渐增大,收获期(112d 和 07-25)表层土壤 NO_3^--N 含量低于播种前,在 100cm 以下,NO_3^--N 发生了累积。由于 2002 年在萝卜播种前与块茎膨大期进行了 2 次灌溉施肥(表 1),因此 168d 的结果显示,NO_3^--N 累积高峰由

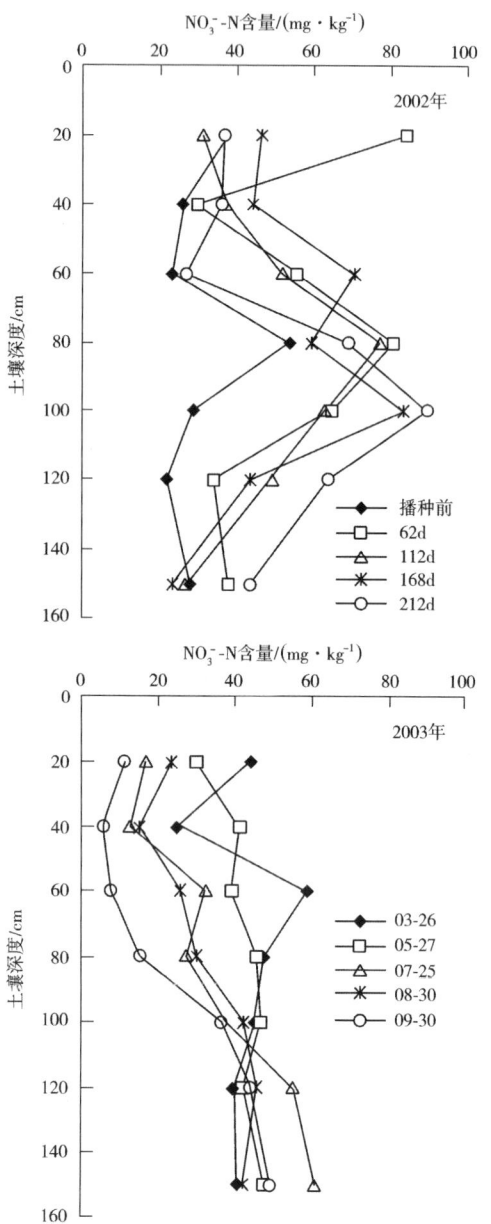

图 1 不同土壤深度 NO_3^--N 含量的动态变化

Fig. 1 Dynamics of soil NO_3^--N in different soil depths

60—80cm 向下移动了 20cm,且出现了明显的次高峰(40—60cm);但 2003 年追肥并未引起 $NO_3^- - N$ 含量的明显增加,这一方面由于萝卜播种前只灌溉未施肥,另一方面可能因为萝卜是浅根系作物,对土壤养分的利用只在耕作层。秋浇(212d 和 09-30)引起土壤表层 $NO_3^- - N$ 含量下降,深层 $NO_3^- - N$ 含量升高,其中 2002 年土壤 $NO_3^- - N$ 含量在 80cm 以下达到 1a 来所测定的最高值,说明秋浇引起大量 $NO_3^- - N$ 向土壤深层迁移并发生了淋失。总的来看,2003 年不同土壤剖面 $NO_3^- - N$ 含量比 2002 年低,尤其是萝卜生长季。

2.2 土壤溶液 $NO_3^- - N$ 浓度的动态变化

由图 2 可见,随着试验时间的延长,$NO_3^- - N$ 在土壤中的迁移规律不同。2002 年各个土壤层次的 $NO_3^- - N$ 浓度呈波浪式变化,并且 30cm 与 70cm 处土壤溶液 $NO_3^- - N$ 的平均浓度分别为 177.9mg/L 和 184.5mg/L,显著高于下层 120cm 处(116.2mg/L)。经过 1a 耕作后,30cm 处 $NO_3^- - N$ 平均浓度仅为 83.1mg/L,显著低于 70cm 和 120cm 处(158.3mg/L 和 153.9mg/L),尤其是在萝卜生长季(07-19 之后),这种变化趋势更加明显。另外,不同土壤深度的 $NO_3^- - N$ 浓度的年际间变化较大。与 2002 年相比,2003 年 30cm 处的 $NO_3^- - N$ 浓度显著下降,为 2002 年的 46.7%;120cm 处 $NO_3^- - N$ 浓度却显著增加,为 2002 年的 1.32 倍,70cm 处 $NO_3^- - N$ 浓度下降了 85.8%,但差异不显著。由图 2 还可以看出,灌溉后上层 $NO_3^- - N$ 浓度降低,而中下层 $NO_3^- - N$ 浓度增加,待土壤水分稳定后,上层 $NO_3^- - N$ 浓度又有所升高,这可能是土壤蒸发通过毛管水将下层 $NO_3^- - N$ 带到上层。秋浇(09-18—09-30)引起了土壤上、中层 $NO_3^- - N$ 浓度显著降低。

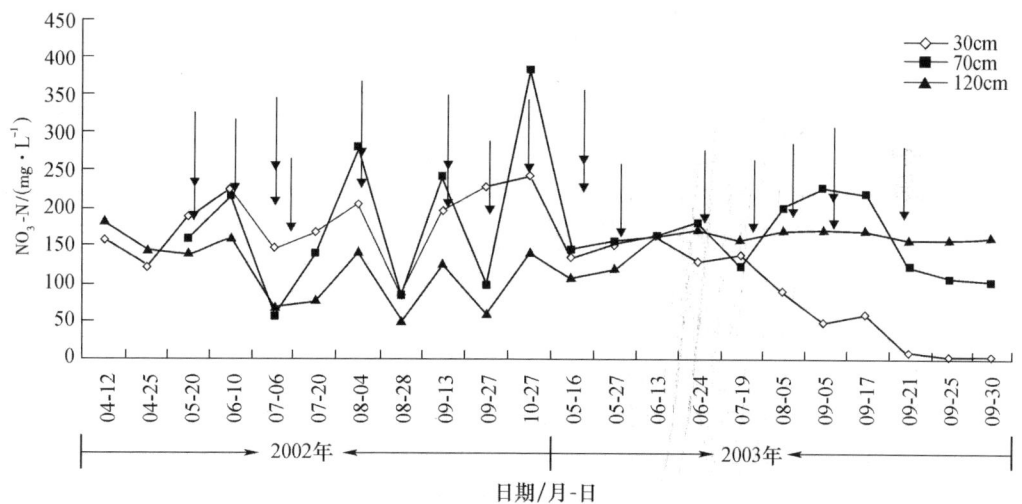

单箭头表示只灌溉,双箭头表示灌溉和追肥

图 2 不同土壤深度土壤溶液 $NO_3^- - N$ 浓度的动态变化

Fig.2 Dynamics of $NO_3 - N$ in soil solution at different soil depths

2.3 $NO_3^- - N$ 淋失量

2.3.1 土壤水分下渗量

在现有的灌溉措施下,土壤水分的渗漏量是相当大的(表 3、图 3)。2002 和 2003 年春小麦-萝卜复种期间全年总土壤水分渗漏量分别为 278.3mm 和 209.2mm,为地表获得总水量(降雨量+灌溉量)的 37.3% 和 27.3%,为灌溉水量的 44.9% 和 33.6%。由表 3

可见,不同年份土壤水分下渗量的主要发生时期也不同。2002 年主要发生在春小麦生长季,占全年的 59.3%,而 2003 年则为秋浇期间,占全年的 44.3%,造成这种差异是由于在 2002 年小麦生长后期试验田被淹。

表 3 试验期间各个生长季及秋浇期间下渗水量/mm
Table 3 Deep percolation during plant growth and autumn-irrigation period/mm

年份	小麦	萝卜	秋浇	总计
2002	165.1	69.5	43.7	278.3
2003	62.1	54.4	92.4	209.2

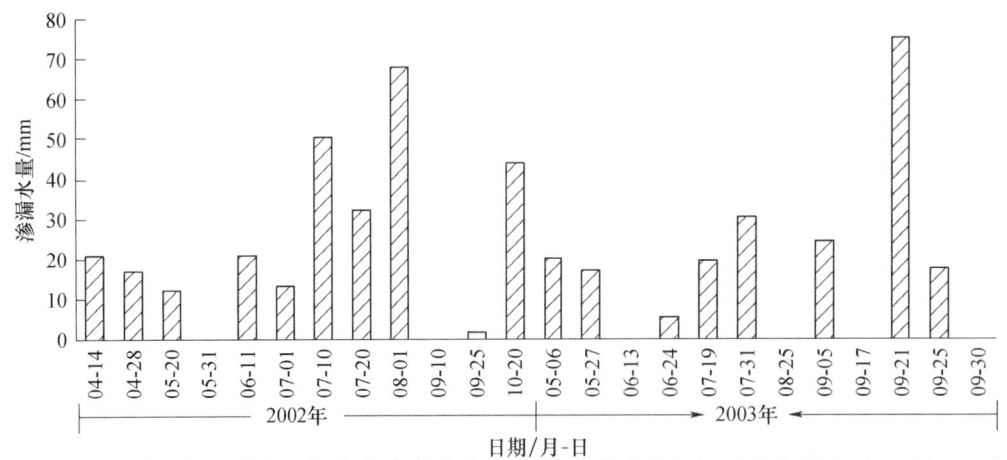

图 3 试验期间土壤水分下渗量
Fig.3 Water percolation amount during the two cycle of a spring wheat and radish cropping

从图 3 可看到,土壤水分渗漏峰值分别出现在 2002 年 7 月上旬,2002 年 7 月中下旬,2002 年 8 月初,2002 年 10 月下旬,2003 年 7 月下旬,2003 年 9 月下旬,正好与大的降雨、裸地灌溉、秋浇等相对应,其它时期观测的下渗量也是在相应的灌溉后出现的。另外 2a 内均发现在萝卜生长期间,水分下渗主要发生在播种前的裸地灌溉,这可能与萝卜对水分的吸收较大有关。可见,在当地的灌溉习惯下,土壤水分下渗是很严重的,因此有必要对当前的灌溉措施进行改善。

2.3.2 NO_3^--N 淋失量

由表 4 可见,不同年度 NO_3^--N 淋失量的发生时期不同。2002 年 NO_3^--N 淋失主要发生在春小麦和萝卜生长期,分别占总淋失量的 35.9% 和 45.3%;而 2003 年则为萝卜生长期和秋浇,分别占总量的 36.1% 和 47.4%。2002 年 NO_3^--N 淋失量比 2003 年高 31.1%。这一方面是由于 2002 年土壤溶液中 NO_3^--N 浓度较高,另一方面也与下渗水量较大有关(表 3)。表 5 显示,2002 年总输入的氮素为 969.2kg/hm²,比 2003 年低 85.8%,且输入的氮素中有 30% 以上以 NO_3^--N 形式淋失掉。

表 4 各个生长季及秋浇期间 NO_3^--N 的淋失量/(kg·hm^{-2})
Table 4 NO_3^--N leaching amount during crop growth and autumn-irrigation period

年份	小麦	萝卜	秋浇	总计
2002	172.1	217.1	89.8	479.0
2003	60.6	131.7	173.0	365.3

表5 氮素输入与 NO_3^--N 淋失量/(kg·hm^{-2})

Table 5　Nitrogen input and NO_3^--N leaching amount

年份	施氮量	播前	灌溉水	雨水	N 淋失量
2002	385	562	21.57	1.05	478.9
2003	345	766.7	16.74	1.20	365.3

2.4　地下水 NO_3^--N 浓度的变化

土壤 NO_3^--N 的淋失必然引起地下水 NO_3^--N 浓度的升高。在不同时间采集的水样中,1号井(施肥区内)65.5%的水样 NO_3^--N 浓度超过 WHO 规定的上限 11.3 mg/L,而2号井(非施肥区内)仅有 27.6%(图4)。全年的监测结果2号井水平均值为 (7.67 ± 4.48) mg/L $(n=29)$,明显低于1号井水平均值 (17.55 ± 15.02) mg/L $(p<0.01)$。2口井除施肥外,灌溉和其他生产措施均相同,地下水埋深也无明显差异,可见施肥是地下水 NO_3^--N 浓度增高的主要原因之一。

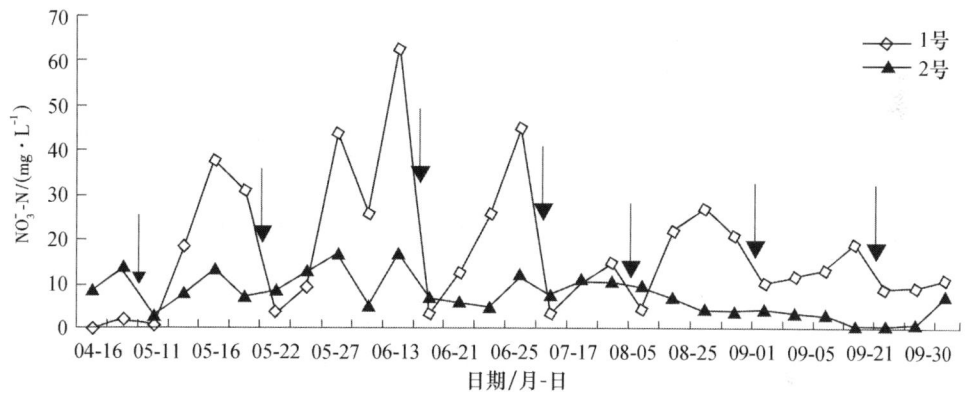

图4　地下水 NO_3^--N 浓度的动态变化(箭头代表灌溉日期)

Fig. 4　Dynamics of NO_3^--N in groundwater during 2003. Arrows denote irrigation

2.5　讨论

土壤硝态氮的淋失是农田氮素损失的重要途径之一,又是地下水硝酸盐浓度升高的主要原因[7-9]。许多研究表明,土壤中大量残留硝酸盐及水分运动是土壤 NO_3^--N 淋失的必要条件[9-10],而且土壤 NO_3^--N 的淋失最易发生在施肥后立即灌溉或大强度的降雨。由于河套灌区长期形成的高施肥量和高灌溉量,因此任一次灌溉都可能引起大量的 NO_3^--N 从植物根区以下淋失掉。笔者的试验结果显示了该地区土壤 NO_3^--N 含量较高(图1,2),这是试验前农民施肥量过高,造成大量的 NO_3^--N 残留于土壤剖面中,这在当地是比较普遍的。由于近些年来农产品价格不断上涨,高产成为农民的追求目标,因此农民通过盲目的大量施肥来增加产量,但是施肥量已经超过了作物吸收量,造成了大量的氮素在土壤中累积,这无疑为 NO_3^--N 的淋失提供了大量的氮源。同时也发现,该地区土壤水分渗漏的产生总是与灌溉或大的降雨时期相吻合,这为 NO_3^--N 的淋失提供了载体。事实上,每次灌溉或大的降雨之后,都可观察到表层 NO_3^--N 浓度降低,中、下层浓度增加,且地下水 NO_3^--N 浓度增加的规律,尤其是经过 1a 控制实验后,这种现象更加明显(图2、图4)。由表3和表4可见,不同年度、不同生长季土壤 NO_3^--N 淋失量的多少与土壤水分的下渗量密切相关,这说明在当地的水肥条件下,NO_3^--N 能够向土壤深层迁移并有大量的 NO_3^--N 从植物根区以下淋失掉,并且灌溉是当地土壤 NO_3^--N 向深层迁移的主要因素(图1)。秋浇是河套灌区的一种特殊灌溉制度,一般在9月下旬至11月中下旬进行的一次非生长季灌溉,是灌区内1a来灌水量最大的1次,约1800—2000m^3/hm^2。秋浇引起了大量的土壤 NO_3^--N 淋失,最大可达到170kg/hm^2以上,这与笔者以前的研究结果相似[11]。值得注意的是,在萝卜播种前的裸地灌溉中,土壤水分下渗量较大(图3),这必然会引起较高的 NO_3^--N 淋失,甚至在整个萝卜生长季节中都占有较大的份额。

3 结论

(1)河套灌区农田生态系统土壤 NO_3^--N 含量呈现表层低,中、下层高的趋势。由于土壤 NO_3^--N 的迁移,中、下层土壤溶液中的 NO_3^--N 浓度随着灌溉次数的增加而升高。

(2)当前的灌溉条件下,不同年度、不同生长季土壤 NO_3^--N 淋失量的多少与土壤水分的下渗量密切相关,且输入的氮素中有30%以上以 NO_3^--N 的形式淋失掉。土壤 NO_3^--N 的淋失主要发生在萝卜播种前的裸地灌溉和秋浇。

(3)在灌溉量和其他生产条件相同的情况下,施肥区井水 NO_3^--N 浓度(17.55 ± 15.02)mg·L^{-1}明显高于未施肥区浓度(7.67 ± 4.48)mg·L^{-1},且65.5%的水样 NO_3^--N 浓度超过 WHO 规定的生活饮用水 NO_3^--N 浓度上限值(11.3mg·L^{-1})。可见施肥是地下水 NO_3^--N 浓度增高的主要原因之一。

(4)经过连续2a的春小麦与萝卜复种可使表层土壤 NO_3^--N 含量明显降低。但由于中、下层土壤剖面中残留大量的 NO_3^--N,因此在当前灌溉下,短期内 NO_3^--N 淋失是不可避免的。

参考文献:

[1] 朱兆良,文启孝. 中国土壤氮素[M]. 南京:江苏科学技术出版社,1992:213-249.
[2] 朱兆良. 农田中氮肥的损失与对策[J]. 土壤与环境,2000,9(1):1-6.
[3] Bin L L, Sakoda A, Shibasaki R, et al. A modeling approach to global nitrate leaching caused by anthropogenic fertilization [J]. Water Res., 2001, 35 : 1961-1968.
[4] Owen L B, Malone R W, Shipitalo M J, et al. Lysimeter study of nitrate leaching from a corn-soybean rotation [J]. J. Environ. Qual., 2000, 29 : 467-474.
[5] Owen L B, Van Keuren R W, Edwards W M. Groundwater quality changes resulting from a surface bromide application to a pasture[J]. J. Environ. Qual., 1985, 14 : 543-548.
[6] Aulakh M S, Khera T S, Doran J W, et al. Yield and nitrogen dynamics in a rice-wheat system using green manure and inorganic fertilizer[J]. Soil Sci. Soc. Am. J., 2000, 64 : 1867-1875.
[7] Pereira L S, Gilley J R, Jensen M E. Research agenda on sustainability of irrigated agriculture[J]. J. Irrig. Eng., 1996, 122 : 172-177.
[8] Watts D G, Hergert G W, Nichols J T. Nitrogen leaching losses from irrigated Orchard grass on sandy soils [J]. J. Environ. Qual., 1991, 20 : 355-362.
[9] Ritter W F. Nitrate leaching under irrigation in the United States —— A review [J]. J. Environ. Sci. Health A, 1989, 24 : 349-378.
[10] Ottman M J, Tickes B R, Husman S H. Nitrogen-15 and bromide tracers of nitrogen fertilization movement in irrigated wheat production[J]. J. Environ. Qual., 2000, 29 : 1500-1508.
[11] 冯兆忠,王效科,冯宗炜,等. 河套灌区秋浇对不同类型农田土壤氮素淋失的影响[J]. 生态学报,2003,23(10):2027-2032.

呼伦贝尔草原沙漠化现状、潜在危险及对策

张德平[1]，冯宗炜[2]

(1. 呼伦贝尔市国土资源局；2. 中国科学院生态环境研究中心)

呼伦贝尔草原是生态环境脆弱区。由于恶劣气候环境的影响，加之近百年以来人类不合理的过度利用产生的负面作用，导致草原出现了不同程度的破坏，生态恶化环境破坏逐步加剧。呼伦贝尔草原大规模沙漠化的生态灾难正在向我们逼近，这对东北、西部松辽平原的生态安全也将构成威胁。面对近年来沙漠化加速发展的现实，必须果断采取积极有效的措施，应对生态安全面临的挑战。

1 沙质草原生态地质环境的脆弱性

强劲的风力构成风蚀沙化的动力，巨厚的松散沉积物为风蚀沙化准备了丰富的物质来源，干旱少雨、冬季漫长、温差显著的气候条件，阻隔强风与散沙结合为害的草原植被和土层非常薄弱。以上是构成沙质草原脆弱生态地质环境的四个关键要素。呼伦贝尔草原具备了以上全部条件。

1.1 深厚的松散沙层是风蚀沙化的物质基础

以海拉尔河、呼伦湖-克鲁伦河为分界线，呼伦贝尔草原大体分为三大生态地质单元：(1)海拉尔河北部的典型草原，(2)呼伦湖-克鲁伦河以西的干旱草原，(3)兴安岭以西的伊敏河两岸，海拉尔河以南，克鲁伦河以东广大地带的半湿润、半干旱沙质草原，其范围大致与海拉尔构造盆地相当。严重的风蚀沙化主要发生在沙质草原上。

新生代中期，曾经被夷平的大兴安岭地带开始间歇式穹曲-断块上升运动，并持续到新生代晚期的晚更新世。伴随大兴安岭地带的上升，海拉尔盆地从新生代早期开始形成并接受沉积，在晚更新世形成分布广泛、松散无胶结的海拉尔组含砾中-细砂、黄土状亚砂土和粉土，其平均厚38m，最厚102m，最薄9.5m。

海拉尔组松散细粒沉积物构成草原的成壤母质，同时也构成风蚀沙化的丰富沙源，是呼伦贝尔草原风蚀沙化的物质基础。

1.2 气候干旱多大风，为沙漠化创造条件并提供强大动力

沙质草原区多年平均降水量240—350mm，多集中在7—9月且变率较大。年平均气温 -1℃—3℃，冬季干燥寒冷漫长，春季少雨多大风，夏季短促。年大风日数达20—40天，集中在春秋两季，4—5月份多西北风，9—10月份多西南风，年平均风速4—5m/s。

干旱的气候使植被退化、土层干裂、土层中的中—细颗粒物质活性增大，极端干旱化和显著温差引起的寒冻风化作用使土层的整体性不断遭受破坏，为风力吹蚀发挥作用创造条件。

原载于：北方经济，2006，(8)：23-24.

1.3 薄弱的土层使强风有更多的机会和可能与下伏散沙结合为害

土层是草原沙漠化过程中的关键要素。沙质草原区广泛分布的地表土层主要为沙质栗钙土,厚度仅有0.1—0.3m。不及下伏散沙平均厚度38m的1%。如果说38m厚的散沙相当于13层楼房的高度,那么土层厚度仅相当于1—2级台阶。土层的规模非常有限。

沙质草原区的地表土层具有以下特点:

(1)地表土层的机械物质组成与现代风积沙、土层下伏的海拉尔组散沙非常接近,中细沙粒成分在土层中占85.3%,现代风积沙中占88.4%,散沙中占90.2%。土层中粒径小于0.125mm的极细沙和粘粉粒物质含量为7.8%,比海拉尔组散沙的5.7%和现代风积沙的5.6%稍高。

(2)地表土层具有"三明治"型分层结构:上部为植物根系密布、有机质含量比较高的沙质栗钙土层,中部为粗化松散层,下部为钙积层。

在土层中部10—20cm深度,粒径小于0.125mm的颗粒物质含量存在低值区。土层中距地表10cm深度的草原植被根系层坚实度最高,在根系层以下距地表20cm深度有一个坚实度低值区。

总之,土层上部粘粉粒成分高、有机物含量高、又有草原植物根系把持,所以强度较高。土层中部粘粉粒成分含量低、坚实度低、极少植物根系把持,故土层松散且强度低。钙积层粘粉粒含量较高、强度较大,但是在裸露时植被形成缓慢,容易遭受沙流磨蚀或被降水浸泡软化冲蚀破坏。

土层下伏的沙层坚实度虽然比较大,但是由于粘结程度极差、机械强度极低,容易崩解形成散沙,一旦与强风结合则形成规模巨大、危害能力极强的风沙流。

(3)土层中普遍发育沙土楔网格,将土层切割成多边形的"马赛克"块体,块体的内部还有次一级的裂隙或节理。沿沙土楔和裂隙网格随季节变化的冻胀融缩和湿胀干缩作用在土层中形成终年活动的软弱带。当失去草被保护时,土层沿沙土楔网格的风力侵蚀速度明显快于土层其他部位,土层中部粗化层活化破坏形成沙流,磨蚀下部的钙积层形成土层破口,使土层下伏的松散沙层直接暴露在强风吹蚀之下。风通过土层破口的掏蚀作用使土层下伏的散沙被快速搬运出来并造成土层临空,失去支撑的土层由于重力作用开始沿沙土楔网格或裂隙节理成块崩落加速瓦解,逐渐形成规模巨大的风蚀坑;由风蚀坑掏蚀搬运出来的沙子以平均8倍于风蚀坑破坏草原的面积压埋下风向的草地,更大规模且难于控制的、持续的沙漠化由此开始。

可见,隔绝强大风能与巨厚散沙,在沙漠化控制中起关键性屏障作用的土层,无论从组成成分、分层结构、厚度、整体性来看都非常脆弱、规模极其有限,是干旱区脆弱生态系统和珍稀自然资源。土层与草原植被及其根系结合在一起才能发挥显著的抗风蚀防沙化作用。因此,保护土层,特别是浅地表的草原植被及其根系层是防止沙漠化发生发展的关键,促进土层以及草原植被的形成与恢复是沙漠化控制的根本途径。

2 草原沙漠化现状及存在问题

据有关资料,1989年呼伦贝尔草原的沙漠化及潜在沙漠化土地总面积为8065km^2,2000年为20893km^2,2004年沙漠化土地面积13052km^2、有明显沙化趋势的土地面积11061km^2。沙漠化速度之快,对于素来有着"北国碧玉""绿色净土"之称的呼伦贝尔草原来说是惊人的。

相应地,1986年至1996年呼伦贝尔新开垦耕地36.13万hm^2,耕地面积增加了34.8%,耕地重心向西北移动了33.5km。新增耕地的79.7%来自沙质草原区东南部沙漠化土地分布面积最广、沙漠化危险性最大的新巴尔虎左旗和鄂温克族自治旗的沙质草地。与此同时,呼伦贝尔1989到1999牧业年度大小牲畜头数从192.7万头只增加到386.8万头只,2004年达到579.6万头只。呼伦贝尔草原植被及生态地质环境正面临着人类干扰活动持续增强的空前压力。

风蚀坑是沙质草原风蚀沙化的主要形式,呼伦贝尔各大沙带都是由风蚀坑及风蚀洼地的坑后沙丘组成的。对海拉尔河沙带沙质草原187个现代风蚀坑的调查发现,87%的现代风蚀坑由人类活动引起。其中翻耕、道路、人类定居活动诱发的风蚀坑分别占35.8%、34.8%、16%。人类定居及相关活动诱发的风蚀坑分布范围最广,翻耕诱发的风蚀坑有97%处于活动状态。翻耕造成的土壤损失对当地的地质环境破坏严重且影响深远。放牧不会破坏土层并诱发风蚀坑,但是能促使固定风蚀坑活化并助长风沙活动,也能促进风蚀坑加速消亡。合理确定放牧压力是关键。

沙丘的固定是困难的,组成呼伦贝尔几大沙带的古沙丘自大约5000—3000年前形成以来一直处于时强时弱的活动状态,至今仍未能形成足够厚度的土层,彻底固定并演化为典型的草原。而在2004年的野外调查中发现:20世纪60—70年代集中形成的现代风蚀坑原本固定的沙丘大部分活化,表明呼伦贝尔沙质草原正面临新一轮沙漠化的严重威胁。

干旱区传统农耕土地利用方式不但产量极低,还会造成珍贵土层的严重损失甚至完全风蚀消失,引起沙漠化快速发展以及环境恶化的严重后果,风险极大、得不偿失、难以持续。在今后干旱半干旱沙质草原区土地利用中,需要汲取北方游牧民万千年来积累下来的宝贵经验,探索顺应自然规律、适合当地环境特点、环境友好的新方式。

3 对策建议

3.1 重新树立并强化保护土层的观念

北方游牧民族,特别是游牧蒙古人,曾经把土壤根系层的保护作为环境保护中最重要、最紧迫的事情在习惯法、成文法中明确规定,以国家意志强力实施。游牧蒙古人的土层保护意识还体现在生活习俗、文学艺术、伦理道德等方方面面,形成了独特的生态文化。我们应当继承和发扬这些优秀的文化传统,重新树立并不断强化土层保护的观念,将土层保护作为沙质草原区环境保护的最重要原则,贯穿于人类干旱半干旱草原区的一切活动中。

3.2 响应环境变化,根据草原承载能力调整和安排资源利用

响应环境变化,积极调整人类自身活动,努力保持并不断优化生态环境质量,是人与自然相和谐的核心理念。及时主动地调整,可以为草原植被自我恢复留下余地并争取宝贵的时间,缩短生态恢复周期,节省大量治理费用。因此,应当建立健全草原生态状况适时监测机制,拟定各种生态状况下草原利用方式预案,根据监测结果及时调整草原利用方式和资源利用量,实现人与环境的良性互动。可以考虑采取以下几种可能的做法:(1)将整个草原区划定为禁垦区。要像保护我们自己的肌肤一样保护草原植被和土层,禁止一切破坏或扰动土层的做法。在沙质草原区建设现代化道路网络体系,严禁机动车随意碾压草原破坏土层;(2)生态状况较好的沙质草原地带,可以安排放牧生产,但是必须严格控制载畜量;(3)生态状况危险的沙质草原地带,应当迁出超载居民。由留守居民承担生态保护义务,结合民族文化和生态旅游业,只放牧指定限额的牲畜;(4)生态状况严重恶化的沙质草原地带,停止一切草地资源利用行为,迁出绝大部分居民,建立生态保护区,保留少量人员看护建设;(5)持续扩大通过太阳能、风能获取能源的份额。将强太阳辐射及其派生的风害转化为电能和风利,最大限度地保护草原植被以充分发挥其生态价值;(6)开展北方民族生态文化旅游业、资源环境科学研究基地和生态警示教育基地建设及野生动植物园区建设。在努力保持和恢复草原植被原生态的前提下,寻求一条符合沙质草原区生态特点的循环经济发展模式。

3.3 高度重视呼伦贝尔草原区的水生态安全

提倡发展节水产业,保护珍贵的水资源用于保障草原生态用水的需要,防止湿地垦荒"人赶水走"、水资源过度利用以及不合理水利工程设施建设对地表水、地下水及二者联系和动态平衡的不良影响,及其对森林、草原生态系统的联系及相互作用的破坏造成生态恶化甚至生态灾难的发生。

3.4 实事求是地拟定符合当地生态保护需要的绿色 GDP 考核体系

针对草原区的具体情况制定并实施符合当地生态保护需要的绿色 GDP 考核体系,引导经济活动、行政管理、社会生活等方方面面为生态建设和环境保护而共同努力。

3.5 国家应统筹考虑给予草原区资金支持和政策优惠

在土地利用政策上充分考虑当地环境特点,改变单一粮食生产但同时具有严重生态破坏作用的传统"耕地保护",为兼有农牧业生产和生态保护作用的"基本草牧场保护"以及重要生态价值保护为主要目的的"生态用地保护"。大力扶持环境影响小、附加值高的新能源利用、矿产品精深加工和转换、绿色健康食品、高新技术、生态文化旅游等产业的发展。

呼伦贝尔沙质草原风蚀坑研究(Ⅰ)
——形态、分类、研究意义

张德平[1,2],王效科[1],哈斯[3],孙宏伟[4],
赵家明[5],刘秀[6],冯宗炜[1]

(1.中国科学院生态环境研究中心系统生态开放研究室,北京 100085;2.呼伦贝尔市国土资源局,内蒙古呼伦贝尔 021008;3.北京师范大学中国沙漠研究中心,北京 100875;4.内蒙古自治区第六地质矿产勘查开发院,内蒙古扎兰屯 162657;5.呼伦贝尔市生态环境监测站,内蒙古呼伦贝尔 021008;6.内蒙古自治区测绘院,内蒙古呼和浩特 010051)

摘要:采用野外调查和测量、航片判读、室内制图、统计分析等方法对呼伦贝尔沙质草原典型地带的风蚀坑及坑后风沙沉积进行了研究。发现:①风蚀坑是由一个沙坑和坑后沙丘共同组成,两者具有一一对应关系;②风蚀坑和坑后沙丘可以根据形态特征、发展阶段、诱发原因进行分类;③呼伦贝尔三大沙带均由风蚀坑洼地及其坑后沙丘和背景沙质草原组成;④沙质草原风蚀坑的发生与人类活动关系密切,为气候干旱化与人类大范围强度活动干扰土层相耦合的环境事件所造成。该研究对沙质草原沙漠发生学,沙质草原地貌演化和沙漠化监测研究具有科学意义,对草原合理利用和沙漠化防治具有现实意义。

关键词:风蚀坑;分类系统;人类世;环境事件;沙漠化;风沙地貌

HulunBuir sandy grassland blowouts: geomorphology, classification, and significances

ZHANG A MunkhDalai[1,2], WANG Xiaoke[1], Hasiee rdun[3], SUN Hongwei[4],
ZHAO Jiaming[5], LIU Xiu[6], FENG Zongwei[1]

(1. Research Center for Eco-Environmental Sciences, Chinese Academy of Sciences, Beijing 100085, China; 2. Bureau of Land and Resources of HulunBuir City, HulunBuir 021008, Inner Mongolia, China; 3. China Center of Desert Research at Beijing Normal University, Beijing 100875, China; 4. The 6th Mineral Exploration and Mining Company, Zhalantun 162657, Inner Mongolia, China; 5. Monitoring Station for Eco-environment of HulunBuir City, Hulunbuir 021008, Inner Mongolia, China; 6. Institute of Surveying and Map ping of Inner Mongolia, Hohhot 010051, China)

Abstract: Research into blowouts has been carried out based on field survey and mapping combined with aerophotograph interpretation and analysis in HulunBuir sandy grassland, Inner

Mongolia. It is discovered that: (1) a blowout consists of a pit hollowed out by aeolian erosion and an adjoining sand deposition transported by wind from the pit; (2) blowouts can be classified geomorphologically in accordance with their shape, stages of development, and initiating factors; (3) all of the three sandy tracts of HulunBuir sandy grassland are consisted of aeolian depressions and adjoining dunes formed by blowouts; (4) large scale occurrence of blowouts in Anthropocene is closely related with human activities, as result of environmental coupling event of the coinstantaneous extremity of drought and wide spread intense human disturbance of the fragile soil layer and sandy grassland ecosystem. The research is significant in the study of the initiation of sandy desertification, and in the study of geomorphology evolution of the sandy grassland. It will also be helpful to rational utilization of grasslands, and prevention and harness of sandy desertification of grasslands.

Key words: blowout; geomorphology; Anthropocene; environmental event; sandy desertification; Aeolian landform

沙漠化是一个全球性的生态环境问题,是造成许多地区贫困和落后的主要原因之一。位于我国东北的呼伦贝尔草原是我国目前保存最好的草原之一,但也面临着沙漠化的威胁。据估计,呼伦贝尔草原的沙漠化土地总面积已经从1989年的8065km^2[1]增加到2000年的20893km^2[2],11a间沙漠化土地总面积增长了12828km^{2}或159%。呼伦贝尔草原风蚀的主要形式——风蚀坑对草原的破坏触目惊心:呼伦贝尔草原南部沙带风蚀坑的最大深度可达21m[3]。以风蚀坑发生发展为特点的呼伦贝尔草原沙漠化指数为2.24,沙漠化率为12.96%,而沙漠化潜力为32.31。沙漠化潜在危险性极大[4-6]。这对于素有"北国碧玉"、"绿色净土"之称的呼伦贝尔草原的生态安全和社会经济可持续发展构成了严重的威胁。

风蚀坑作为一种分布比较广泛的风沙地貌形态,国内外学者都已经有一些研究报道。国外近年的研究主要集中在海岸沙丘及沙丘上发育的风蚀坑,多采用卫星影像和航空照片[7-8],风蚀杆和集沙仪[7,9],从风蚀过程与形态监测[7],到风速与菌类表皮的关系[10],风蚀坑的形成与人类活动压力的关系[11],风蚀坑形成的动力机制[8]等方面进行了详细研究[12]。新中国成立以来我国在沙漠和沙漠化研究方面取得了丰硕成果[13-24],但是针对风蚀坑的专门研究很少[25]。对科尔沁南部大青沟地区的风蚀洼地在地表形态形成过程中的作用有比较系统的研究,将其区分为风蚀破口,风蚀窝,风蚀碟形地,以及风蚀盘[26]。对于风蚀坑防治也开展了工作[27]。然而,有关风蚀坑的形成发育、其在沙漠化发生发展过程中的重要作用还没有任何专门报道。虽然通过开展土壤风蚀风洞模拟试验[28-29],沙丘风沙流的观测研究[30-31],获得了大量重要的实验数据,得出土壤风蚀是土地沙漠化过程的重要组成部分和首要环节的结论[29],但是对于以风蚀这个首要环节为特征的沙漠化如何大规模发生、发展仍然缺少野外资料验证和深入研究。

在呼伦贝尔沙质草原区的沙漠化调查工作中发现大量风蚀坑,其形态特征和形成时期各异,成因类型多样。对呼伦贝尔沙质草原风蚀坑进行深入的研究,可以为合理利用草原,切实有效防治沙质草原区土地沙漠化提供科学依据。对理解沙质草原沙漠化过程,评估风蚀坑的形成所反映的环境事件对草原地貌过程的影响,设计新的沙漠化监测和评估方法,因地制宜地采取措施预防和治理以风蚀坑为主要形式的沙漠化过程对草原的破坏等,都具有重要的意义。

1 研究地区和方法

1.1 研究区

呼伦贝尔沙质草原分布于内蒙古高原东部的海拉尔构造盆地,大体位于大兴安岭以西,海拉尔河以南,克鲁伦河以东的地带,西南部与蒙古国东部塔木察格布拉格构造盆地和草原连为一体。沙质草原上重要的地貌特点是被前人描述为北部、中部、南部的三条沙带,大体走向均为东西方向。沙带基本上都是由固定和半固定的梁窝状沙丘组成,沙丘的高度多在 5—15 m 之间,密集程度不大,沙丘间普遍有广阔的低平地,宽几十米到几百米,甚至可以间隔 1000 m 以上,风蚀洼地和风蚀坑多发育在这种低平地上。风蚀残丘常常是附加在风蚀洼地和风蚀坑中,或者出现在地面坡折的地方[3]。

该区属温带半干旱草原气候。年平均降水量 240—350 mm,多集中在 7—9 月且变率较大,年平均气温 −1—−3℃。冬季干燥寒冷,春季少雨多大风,夏季短促。年大风日数达 20—40 d,集中在春秋两季,4—5 月份多 NW 向风,9—10 月份多 SW 向风。年平均风速 4—5 m·s^{-1}。研究区沉积基底为上更新统海拉尔组,主要成分是松散无胶结的含砾中—细砂,黄土状亚砂土和粉砂土。其平均厚度 30—45 m,最厚 102 m,最薄 9.5 m[3,32]。地表土层主要为沙质栗钙土,厚度稳定在 0.1—0.3 m,在整个研究区广泛分布。土层下部普遍存在钙富集层,使植物根系难以穿透。沙带的固定、半固定沙丘上发育风沙土[33]。

强劲的风力构成风蚀沙化的强大动力,巨厚的松散沉积物为风蚀沙化准备了丰富的物质来源。而普遍存在的薄弱土层与同样脆弱的草原植被一道,阻隔着强风与散沙结合为害,使得风力只能在植被和土层破坏以后,以掏蚀的方式发挥作用。以上三者构成了风蚀坑形成发展的必要条件,决定了风蚀坑在沙质草原沙漠化过程中的特殊地位。

本研究主要通过卫星影像和航片判读,在呼伦贝尔三条沙带中的北部沙带,即海拉尔河沙带不同类型风蚀坑比较发育的典型区域设置了 3 个实验样地。东部实验样地面积约 24 km^2,中部和西部样地面积各约 9 km^2(图 1)。

1.2 方法

在样地内采用野外调查、测量和室内航空照片判读、制图相结合的方法开展研究。

为获得统计需要的基础量,对东部样地仪器通视范围内的所有风蚀坑都进行了测量;中部和西部样地随机选取一定范围内的风蚀坑进行测量。野外测量采用 GPS 定位仪 RTK(厘米级精度动态实时差分测量技术)设置基本控制点,并布设观测控制点。在观测控制点架设 SOKKIA SET2110 全站仪,配合反光棱镜采集各观测点的坐标和高程数据。用铁锹和钢尺获取土层和坑后积沙厚度数据。

野外调查中对风蚀坑产出的微地貌部位和风蚀揭露的地质记录进行记述;对石器、陶器、居所、墓葬、耕作、取土、道路等人类活动破坏土层诱发风蚀坑的遗迹和迹象进行描述和采样。

对野外采集的数据进行室内制图,对风蚀坑以及沙斑的长度、宽度、深度、积沙厚度或沙丘高度、长轴方向进行统计、分析。结合航空照片判读、解译、制图,对风蚀坑的发生时间进行判断,并进行实地查证。

2 风蚀坑及坑后风沙沉积的形态特征

风蚀坑在海岸沙丘研究中又称风蚀坑沙丘(blowout),指形成于先期存在的沙沉积物

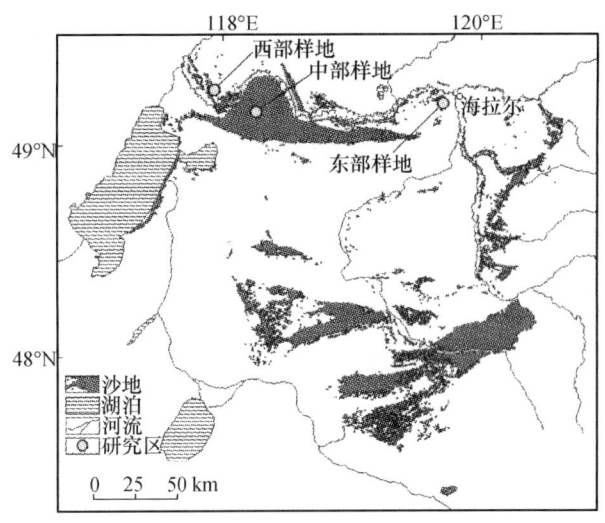

图 1 呼伦贝尔沙质草原区沙地景观分布现状及研究区位置示意图
(图中沙地包括裸沙和可识别的乔灌草植被不同程度固定的沙丘,
据 2003 年 TM 卫星影像目视解译获得)
Fig.1 Distribution of sand lands in HulunBuir Grassland and location of research area

上的碟形、杯形、或槽状风蚀低地或洼地。由风蚀洼地被风搬运并在邻接处沉积下来的积沙和沉积形成的凸起的叶部或环丘(lobe)通常被认为是风蚀坑的组成部分[34,12]。

作为呼伦贝尔草原风蚀沙化和风沙地貌的基本单位,沙质草原风蚀坑由形成于薄层土壤及其下伏松散沙沉积物上的沙坑,以及被风从沙坑中掏蚀搬运到邻接的坑外侧堆积形成的积沙两个基本要素组成。风蚀坑以风蚀为主的沙坑严格受土层控制,以土层露头与风积形态的坑后积沙明确区分(图2)。

2.1 风蚀坑

呼伦贝尔沙质草原风蚀坑的沙坑平面形态大致呈进风端略尖,出风端浑圆的椭圆形或扇形,长轴方向与盛行风方向基本一致。海拉尔河南沙质草原发育充分的风蚀坑最长可达190m,最宽79m,最深12m,最大面积16413m²。风蚀坑侧壁的典型地层剖面自上而下为:现代风积砂—砂质栗钙土层—海拉尔组河湖相冲积砂。

风蚀坑的进风端常有一个相对狭窄的进风口。出风端的边长占风蚀坑周边长度的比例,根据坑的形态、成因和发展阶段的不同而变化。在进风口和出风端相对硬度较大的土层或风蚀柱上,常有风沙流运动留下的磨蚀痕迹。进风口土层上的磨蚀痕分布范围较窄,由靠近坑口的地面向进风口会聚并向下转折,在土层接近垂直的断面平行分布。出风端的磨蚀痕分布范围较宽,总体沿风向呈放射状分布,并有一定的纵深。这是风沙流纵向以较小的仰角斜切磨蚀土层造成的。土层下部海拉尔组散沙中见不到磨蚀痕,但是可以有粗化现象和沙波形成(照片1)。

风蚀坑侧壁顶部的边缘为土层的垂直崩落面,崩落面以下为崩解的土块和垮落的散沙自然休止形成的坡面。土层崩落的现象也出现在进风端,以及出风端(比较少见),因此进风端坑壁的坡度较陡。出风端的坑壁总体要平缓得多,坡度根据风蚀强度和土、沙层的抗风蚀强度而变化。出风端坑壁在坑边缘以土层的磨蚀带为界,向坡度更为平缓的

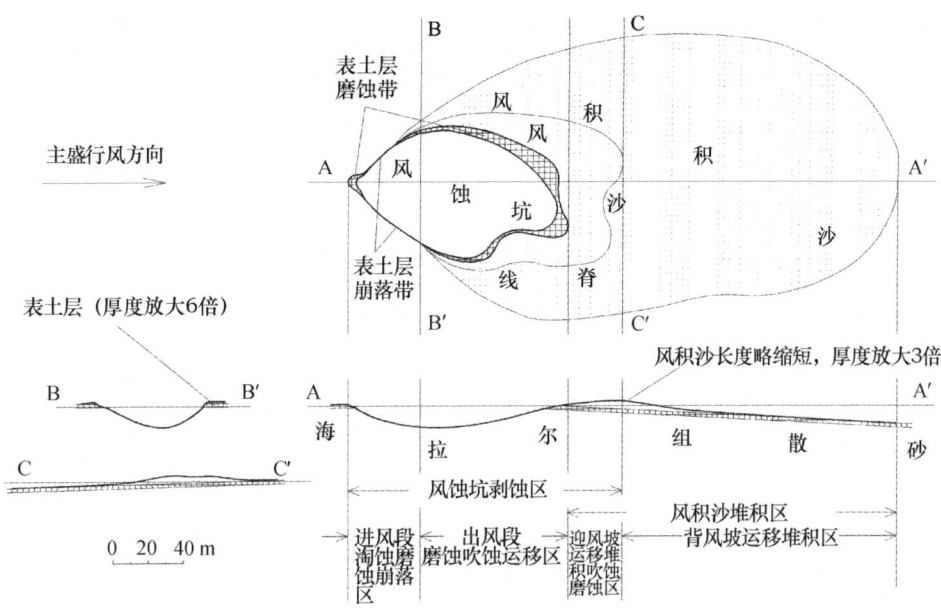

图 2 呼伦贝尔沙质草原单一风向下人居-翻耕复合成因的现代风蚀坑及
坑后积沙组成的单元沙斑形态发育及要素划分示意图
Fig.2 Sketch of a blowout initiated by basement dwelling and cultivation in HulunBuir Grassland

坑后沙丘的迎风坡面过渡。风蚀坑底通常为近椭球面形态,与坑壁平滑过渡。当坑底接近风蚀基准面的湿沙层或者沙层中抗风蚀能力较强的细粉砂或粘土夹层时,因风的淘蚀作用受阻变平,周边以散沙的休止角与侧壁相接。

2.2 坑后积沙

由风蚀坑中被搬运出来的沙物质遇草被阻挡,在风蚀坑的周围特别是盛行风下风方向沉积下来,形成包围风蚀坑的坑后沙丘,其平面形态大体为椭圆形,最大相对高(厚)度可达 5.7m,整体形态类似抛物线形沙丘。风蚀坑及坑后积沙具有一一对应关系。

随着盛行风方向的变化,风蚀坑的主剥蚀与沉积部位也发生相应改变。中部和西部样地的风蚀坑,可以见到在 NW 和 SW 两个方向盛行风的作用下,风蚀坑朝相应的方向发展,分别在 SE 和 NE 两个方向产生较大规模坑后风沙堆积的现象。

3 风蚀坑的分类

3.1 形态特征分类

根据形态特征,风蚀坑可以划分为简单类型风蚀坑和复合类型风蚀坑两大类型(图 3)。

简单型的风蚀坑多是由一个基本连续,没有被植被固定坑壁而打断的风蚀过程所形成,形态简单。主要类型有:

(1)卵圆形或扇形风蚀坑 是风蚀坑的基本形态(图 2,图 3a;照片 2—照片 4)。

(2)串珠状风蚀坑 两个或两个以上规模相当的简单型风蚀坑以不大的间距沿着废弃的道路,或者沿着靠近古砂垄、古砂丘的脊顶部位连续分布。坑的长轴线可能互相连接,也可能互相平行斜列(图 3b;照片 2,照片 5)。

(3)带状或槽状风蚀坑 呈宽度大致相同的带状或槽状。沿机动车、草原自然路、防火道、公路或铁路两侧就地取料区或反复植树带的风蚀裸地发展形成。通常规模巨大,

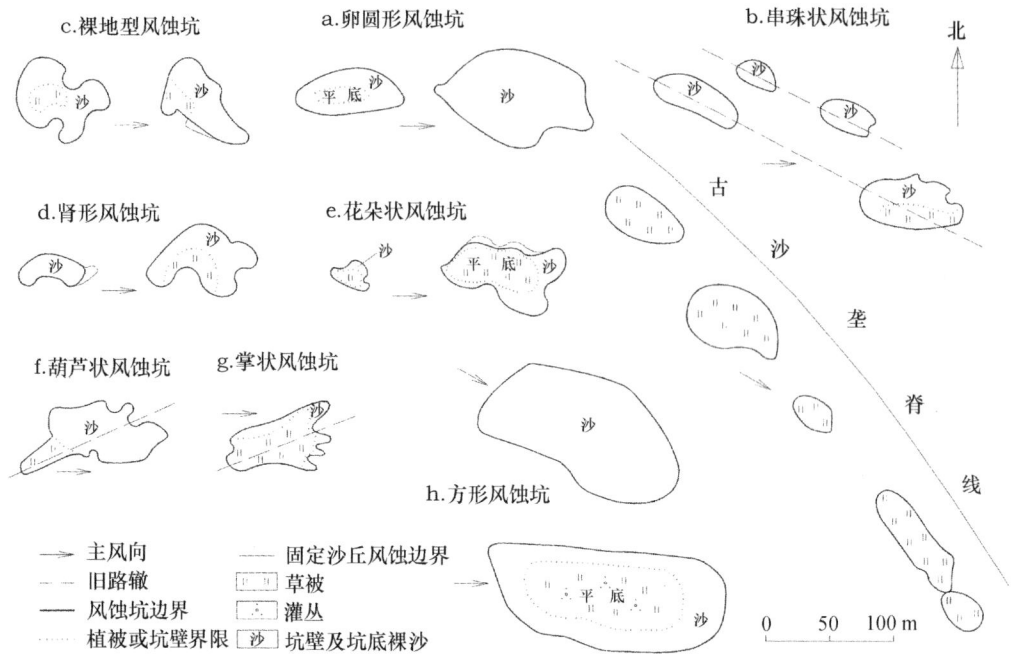

图 3 呼伦贝尔沙质草原现代风蚀坑的形态分类示意图
（根据实测结果改绘、综合；a,b 为简单类型风蚀坑,c—h 为复合类型风蚀坑）
Fig.3 Morphological classification of blowouts in HulunBuir Grassland

深度变化大(照片 6)。

复合型风蚀坑在下蚀到达侵蚀基准面之前,其发展过程曾经被一次或多次植被固定坑壁的风蚀沙化逆过程打断。后续风蚀过程在已形成的母坑坑壁,包括坑底的一个或多个薄弱部位继续发展或重新形成。从而形成叠加在母坑上的、或者附加在母坑边缘或沙丘上的子坑。同期形成的简单类型风蚀坑在发展过程中扩大、联结,也可形成复合的风蚀坑。

复合型风蚀坑总体形态复杂多样。有时剧烈发展的复合型风蚀坑的总体形态亦趋向简单化。主要类型有：

(1)裸地型风蚀坑　平面形态通常不规则、深度不超过 1m 的风蚀裸地斑块(图 3c；照片 7)。

(2)肾形风蚀坑　总体形态为向北拱曲的肾形。坑南侧壁通常有草被固定(图 3d；照片 8)。

(3)花朵状风蚀坑　母坑固定,周边植被发育较差的点有新风蚀坑发生,平面形态如花朵(图 3e；照片 9)。

(4)葫芦状风蚀坑　在已经被植被完全固定的风蚀坑出风端或侧壁植被、土层薄弱部位叠加发育另外一个风蚀坑。通常第一个较小,有时不明显,第二个较大。子母坑的轴线重合或者平行(图 3f；照片 10)。

(5)掌状风蚀坑　在母坑出风边植被薄弱点发育有长轴与主风向一致的狭长子坑群。整体形状如手掌(图 3g；照片 11)。

(6)方形风蚀坑。平面形态略呈方形或菱形,坑底较平,多为湿沙或散沙中的粉砂质或粘土质夹层。风蚀坑规模较大,坑壁完全为裸沙,或侧壁为裸沙、坑底被乔灌草被固定(图3h;照片12)。

需要指出的是方形风蚀坑为风的下蚀停止、侧蚀发展的产物,是风蚀坑向风蚀洼地或风蚀坑洼地的过渡形态或雏形。

3.2 发展阶段分类

风蚀裸地。平面形态不规则,深度一般不超过1m,侧壁不明显或陡立,底面较平,沙质,没有植被覆盖。下风方向有薄层风积沙,草原植被盖度降低或基本不受影响(照片6)。

活跃发展的风蚀坑。通常为深度超过1m,坑底无积水,形态比较圆滑的干风蚀坑。坑壁散沙裸露无植被覆盖,风蚀活动剧烈。坑侧壁的坡角接近于或等于沙土的休止角。坑侧壁和坑底部可以见到侧壁边缘土层崩落的碎块。坑后积沙厚度较大,形成沙影、沙席、沙丘。坑的出风端和坑后沙丘上可以见到风蚀残丘、风蚀柱(照片2—照片4、照片6—照片8)。

固定或消亡的风蚀坑。固定风蚀坑具有风蚀坑的典型形态特征,但是沙坑和坑后沙丘均为植被覆盖,无土层剥蚀面和裸沙出露。坑壁坡角比较小,沙丘通常不显著。整体呈现为逆盛行风方向缓倾斜的凹坑,凹坑周边位于下风方向的最高点为固定的坑后沙丘顶点。有些固定风蚀坑内生长草被或者灌丛、树木。土层开始沉积生成(照片5,照片13)。

当风蚀坑处于消亡阶段时,边坡非常平缓,相对深度较浅,平面形态圆化。坑底、坑壁、坑缘难以明确区分。坑内植被接近或无异于周边背景草原的植物群落。坑后积沙不显著,或者由于后期风力改造变化巨大或残破、消失(照片14)。沙坑部分充水的湿风蚀坑,逐步形成"微型湖沼",沼生植物群落或灌丛、树木繁盛(照片15)。风蚀坑夷平消亡阶段形成风蚀坑洼地疏林草原(照片16)。

活化的风蚀坑。沿已经固定的风蚀坑边缘的土层露头处,或者在已经固定的沙丘的迎风坡面或顶部形成新的叠加风蚀坑(照片9)。

3.3 成因分类

自然形成的风蚀坑。目前识别出的主要有沿漫圆的古沙垄脊线顶部的西南侧呈串珠状分布的风蚀坑(照片5)。其形成可能与干旱、大风气候条件下地带性植被枯萎死亡、地表干裂或土层碎裂瓦解、动物掘穴破坏土层等有关。

人类活动诱发风蚀坑主要有翻耕、道路、人居复合三种。人居复合活动主要指与人类定居有关的开掘地穴(地窖子)或建筑取土、炉灶、土地耕作、道路、土葬并持续取土维护坟丘、战争等一系列破坏、扰动土层的活动。

翻耕型风蚀坑受耕地和防火道控制。由于翻耕对土层的面状破坏,诱发的风蚀坑在总体上也多呈面状散乱分布,风蚀坑长宽比小。形态有不规则裸地、椭圆形或扇形、肾形、方形等(图2,图3c;照片3,照片4,照片7)。沿防火道多形成带状裸地、槽状风蚀坑(照片6)。

道路型风蚀坑受草原机动车自然路控制。由于道路呈线状或带状破坏土层,其诱发的风蚀坑为长宽比相对较大的椭圆形或裸地型。道路型风蚀坑呈线状分布,组合成串珠状、葫芦状,或形成带状或槽状风蚀坑。沿反复植树带形成的风蚀坑具有类似道路型风蚀坑的特点(图3b上,图3f—h下;照片2,照片8,照片11,照片12)。

人居复合型风蚀坑兼有道路型和翻耕型风蚀坑的形态特征。

在当今条件下,放牧不会对草原原始土层造成破坏并诱发风蚀坑。但是牲畜踩踏造成已经固定风蚀坑边缘的植被破坏、土层崩落,可以促使风蚀坑活化,同时也促使风蚀坑边坡变缓并逐渐夷平、固定、消亡。在各类沙丘地带,放牧是促使沙丘活化的主要因素。

东部样地与旧路辙伴生的现代风蚀坑坑后沙丘被再次风蚀之后,显露出原始地表土层表面保存的垄沟,表明道路和翻耕在先,风蚀坑形成同期或稍后。考虑到"整个区域曾在1960年大范围开垦耕地,随即于1962年由于'黑风暴'的爆发弃耕"[3]。可以确定本区成串分布规模较大的现代风蚀坑,以及弃耕地中广泛分布的裸地型风蚀坑,集中发生年代应当为机动车和机械化大型农机具大规模引进草原之后,即大开荒的20世纪60年代初期到70年代初期。这与Sheng-Hua Li等运用释光测年技术得到的海拉尔河沙带完工、哈日干图两个剖面顶部的沙层形成年龄为40a的结果一致[35]。安志敏1962年在海拉尔西部进行考古调查时与道路伴生的风蚀坑尚不存在[36],对当地居民的调查也支持以上判断①。以上表明大规模诱发风蚀坑的原因是干旱多大风的恶劣自然环境背景,与人类开垦草原的大范围、高强度干扰土层环境事件的耦合(照片17)。

研究发现呼伦贝尔草原三大沙带均由规模大致相当、分布密度和联结程度各不相同的沙斑组成。组成沙斑的风蚀坑洼地及与其伴生的沙丘,洼地中风蚀坑侧向迁移留下的凹坑,沙丘压覆的土层经追索与沙质草原上的土层连续的事实,表明组成沙带的沙斑是与风蚀坑的形成发展密切相关的,这在航空照片上有明确体现,并为野外调查所证实(图4;照片16)。

风蚀坑和风蚀坑洼地土层风蚀面上、沙坑中经常可以见到细石器,黑色、褐色、红色夹砂粗陶碎片,以及泥质褐陶、泥质灰陶碎片[36]。代表定居活动的粗砂陶碎片在海拉尔河沙带有比较广泛的发现。分布特点是不以聚落的形式出现,而是以比较近的距离散布。原地埋藏的陶器碎片比较集中地出现在古土壤主体顶部颜色稍浅的古风沙堆积中。

这表明古人类定居活动的集中出现与大暖期末的气候剧变基本同期,表现出与科尔沁、燕北地区类似的人地关系特点[37-38]。尽管风蚀坑洼地的发生与北方古人类原始定居农业或原始畜牧业活动的关系还有待深入研究,但是按照刘东生先生将全新世的开始(约11000 a BP)或者以人类文化的新石器时代的到来作为人类世开始的观点[39],如果将呼伦贝尔人类世的开始确定在扎赉诺尔人出现的1万多年前,那么以风蚀坑洼地的广泛形成为标志的几大沙带沙地地貌的发端,可以初步认定为呼伦贝尔草原人类世气候干冷化与人类活动大规模出现两种破坏性地质营力的耦合所造成的一次草原沙漠化重大环境事件。

4 坑后积沙的分类

根据平面形态、积沙厚度、以及沙斑相互之间的关联程度,风蚀坑后沙丘可以分为沙影、沙席、沙丘。

沙影:厚度很小,平面形态呈椭圆形,长轴与盛行风方向一致,并与沙坑的长轴同轴。沙影分布区的植被与周边草原植物群落一致,但是盖度降低,个别种类开始消失。沙影为坑后积沙的初期形态,对应风蚀裸地和活跃发展风蚀坑后积沙的外边缘(图2;照片2,

---

①武书增,81岁,1955年来到布敦胡硕(1958年改建为以渔业和牧业为主的51社):1964年至1966年大面积开荒种菜种瓜,当时雨勤不给水,1966年至1970年风沙活动最甚。1967年政府派工作队将耕种者全部撤走,当时耕地的多为海拉尔老户,来时的路只有南北两条(北路当是指穿过东部样地北部的最早机动车旧路辙——作者注),近年发展愈多

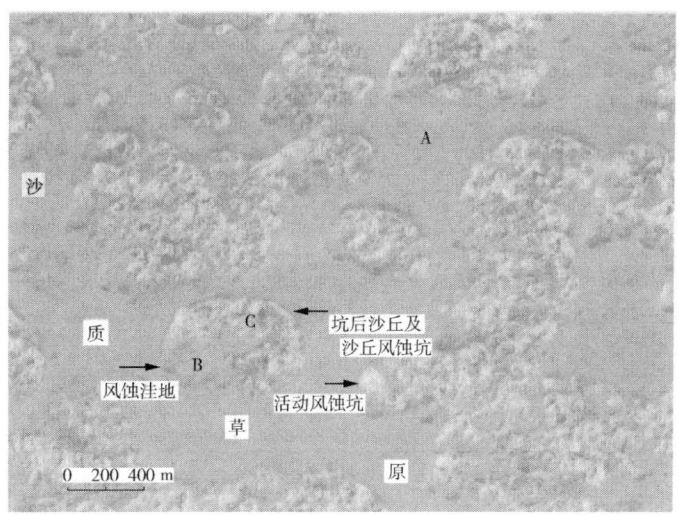

图 4 呼伦贝尔沙质草原海拉尔河沙带中部风蚀坑洼地(B)及其沙丘(C)组成的沙斑、丘间平地(A)的航空照片
(示风蚀坑洼地及坑后积沙的一一对应关系,风蚀坑阶段性侧向迁移在洼地中留下的凹坑,沙斑的扩展联合,
以及沙丘上后期风蚀坑的叠加现象;丘间平地大致代表风蚀坑发生前的背景沙质草原)
Fig. 4 Aerophotograph of a section of Hailar river sand land tractin HulunBuir Grassland, showing background sandy grassland (A), aeolian depression (B), and highly altered adjoining dune (C) created by blowouts

照片 7,照片 18)。

沙席:为相邻沙影加厚并联结形成的覆盖沙丘之间草地的席状或被状风沙堆积。平面形态不规则。沙席裸露无植被,进一步加厚时向沙丘过渡(照片3,照片7,照片19)。

沙丘:紧靠风蚀坑出风端部分的沙席高(厚)度增加最快,形成沙丘。平面形态为主体顺风向弯曲,两条丘臂环抱沙坑的类似抛物线形沙丘。沙丘迎风面向风蚀坑缓倾斜,顶部浑圆,向后部和旁侧迅速变缓、变薄并过渡为沙席、沙影。沙丘和沙席上有时叠加落沙坡,并逐步形成移动沙丘。活跃发展风蚀坑的沙丘裸露,固定或消亡风蚀坑的沙丘覆盖沙生植物或草被(图2;照片8,照片18—照片20)。

坑后沙丘的平面形态主要受风力和风蚀坑发育程度控制,同时受微地貌和草层高度、盖度的影响。坑后沙丘形成于迎风坡时长宽比比较小,形成于背风坡时长宽比比较大。野外调查发现,如果风蚀坑下风方向为平坦草原,当风蚀坑较小时,坑后积沙供应量少,风沙流遇草被阻挡并散布于较大面积的草地上,厚度远远小于草层高度形成沙影。随着风蚀坑逐步扩大、加深,供沙量也急剧增加。当沙影厚度接近草被平均高度时(0.2—0.5m),草原植物群落完全消失,沙席形成。而当风蚀坑进一步扩大,供沙量稳定或增加时,紧靠风蚀坑出风端的沙席迅速加厚长高,沙席上开始形成雏形沙丘。随着沙斑联结成片,沙席规模扩大时,阻挡散沙流动的草丛消失后的沙席上形成沙波、沙堆,并开始形成移动沙丘。积沙形态开始向沙地地貌甚至沙漠地貌演进。

风蚀坑后积沙的形态在形成阶段除受风蚀坑两侧和出风端供沙量的变化控制外,风蚀坑发展扩大过程中风力对先期形成的风沙堆积的再剥蚀也对坑后积沙起塑造作用。风蚀坑后沙丘与抛物线形沙丘形态相似,不排除二者存在成生联系,特别是在植被和土层比较薄弱的条件下。经过长期改造的沙丘,由于植被干扰和新沙斑的叠加,形成复杂多变的沙地地貌形态(图4)。

5 结论与讨论

（1）风蚀坑相关研究有助于深入理解风成过程或风沙活动的地面表现，以及沙质草原地貌演化的过程，建立沙漠化程度定量化描述和监测的新方法，探索沙漠化防治的新途径。呼伦贝尔沙质草原沙漠化是严重的，其地面表现形式既有风蚀坑，也有坑后积沙。在开展沙漠化土地调查统计时，不能只注意各种活动程度不同的积沙形态，而应当对风蚀形态给予充分重视。

（2）风蚀坑和坑后积沙具有一一对应关系，表明草原积沙或沙化的物质来源是风蚀坑提供的。因此治理草原沙化，关键在于防治草原风蚀特别是风蚀坑。沙源遏止了，风沙流及坑后积沙也就消失了。如果光治理草原流沙而不治理风蚀，则治不胜治。

（3）风蚀坑根据形态特征可以划分为简单类型风蚀坑和复合类型风蚀坑两大类型。简单类型风蚀坑包括卵圆形或扇形风蚀坑、串珠状风蚀坑和带状或槽状风蚀坑等。复合型风蚀坑包括裸地型风蚀坑、肾形风蚀坑、花朵状风蚀坑、葫芦状风蚀坑、掌状风蚀坑和方形风蚀坑等。

根据发展阶段可分为风蚀裸地、活跃发展的风蚀坑、固定的或消亡的风蚀坑、活化的风蚀坑等。

根据诱发原因可以分为自然形成的和人类活动诱发的风蚀坑。

坑后积沙根据发育程度可以分为沙影、沙席和沙丘。

（4）呼伦贝尔沙质草原三大沙带均由规模大致相当、分布密度和联结程度各不相同的风蚀坑洼地及坑后沙丘组成。其特点是：①坑—丘一一对应关系，风蚀坑洼地的长轴线总体方向一致，指示盛行风向；②坑破坏的土层与坑后沙丘压覆的土层是一体、连续、可追索的。表明风蚀坑洼地是在破坏地表土层的前提下形成的。

（5）呼伦贝尔草原现代风蚀坑主要是干旱多风的恶劣自然环境与人类大面积开垦草地环境事件耦合造成的。以风蚀坑的广泛形成为标志的各大沙带沙地地貌的发端，初步判定也和气候干冷化与人类大范围强度活动出现相耦合有关。我们应当汲取历史经验和教训，积极适应环境变化，当自然环境恶化时，及时调减生态环境资源利用的广度和强度，努力避免生态资源利用方向与生态变化的恶性耦合。

致谢：研究工作得到内蒙古自治区测绘局吴齐文，内蒙古自治区航空遥感测绘院沈亮、王承安，呼伦贝尔市国土资源局张秀林，呼伦贝尔市林业局张德柱等的大力支持和协助。参加野外工作的还有王志民，王国安，吴俊军，孟志涛，金维林，文德子等。董光荣研究员对研究工作和论文撰写给予了热情指导。作者在此深表谢忱。

参考文献(References)：

[1] 朱震达,刘恕,等.中国的沙漠化及其治理[M].北京:科学出版社,1989.9-17,43-48.
[2] 王涛,吴薇,薛娴,等.中国北方沙漠化土地时空演变分析[J].中国沙漠,2003,23:230-235.
[3] 陈永宗.呼伦贝尔高平原地区风沙地貌的初步研究[J].地理集刊第13号.北京:科学出版社,1981.73-84.
[4] 韩广.呼伦贝尔草原沙漠化的综合评估研究[J].中国草地,1995(2):20-25.
[5] 韩广,张桂芳.30多年来呼伦贝尔草原沙漠化的演变特点及防治对策研究[J].中国沙漠,1998,18(3):221-225.
[6] 韩广,张桂芳.呼伦贝尔草原沙漠化土地的综合整治区划[J].中国沙漠,2000,20(1):25-29.
[7] Jungerius P D, Meulen F. The development of dune blowouts, as measured with erosion pins and sequential air photos [J]. *Catena*, 1989, 16: 369-376.
[8] Jeffery P, Maun A M, Pazner M I. Blowout dynamics on Lake Huron sand dunes: analysis of digital multispectral data

from colour air photos[J]. *Catena*, 2005, 60: 165-180.
- [9] 赵学勇摘译.新泽西州岛滩国家公园内海岸沙丘风蚀坑的地形变化[J].世界沙漠研究,1994,(4):44-47.
- [10] Pluis J L A, van Boxel J H. Wind velocity and algal crusts in dune blowouts[J]. *Catena*, 1993, 20: 581-594.
- [11] Catto N R, MacQuarrie K, Hermann M. Geomorphic response to Late Holocene climate variation and anthropogenic pressure, northeastern Prince Edward Island, Canada[J]. *Quaternary International*, 2002, 87: 101-117.
- [12] Hesp P A. Foredunes and blowouts: initiation, geomorphology and dynamics[J]. *Geomorphology*, 2002, 48: 245-268.
- [13] 常学礼,高玉葆.区域沙漠化研究中的沙漠化数量表征[J].中国沙漠,2003,23(2):106-110.
- [14] 董治宝.中国风沙物理研究五十年(Ⅰ)[J].中国沙漠,2005,25(3):293-305.
- [15] 刘新民,杨劼.干旱、半干旱区几种典型生境大型土壤动物群落多样性比较研究[J].中国沙漠,2005,25(2):216-222.
- [16] 王葆芳,刘星晨,王君厚,等.沙质荒漠化土地评价指标体系研究[J].干旱区资源与环境,2004,18(4):23-28.
- [17] 王涛,朱震达.我国沙漠化研究的若干问题——1.沙漠化的概念及其内涵[J].中国沙漠,2003,23(3):209-214.
- [18] 王涛.我国沙漠化研究的若干问题——2.沙漠化的研究内容[J].中国沙漠,2003,23(5):477-482.
- [19] 王涛.我国沙漠化研究的若干问题——3.沙漠化研究和防治的重点区域[J].中国沙漠,2004,24(1):1-9.
- [20] 王涛,朱震达,赵哈林.我国沙漠化研究的若干问题——4,沙漠化的防治战略与途径[J].中国沙漠,2004,24(2):115-123.
- [21] 王涛,吴薇,赵哈林,等.科尔沁地区现代沙漠化过程的驱动因素分析[J].中国沙漠,2004,24(5):519-528.
- [22] 王涛,赵哈林.中国沙漠科学的五十年[J].中国沙漠,2005,25(2):145-165.
- [23] 孟祥亮,严平,宋阳,等.风蚀容忍量研究进展及其若干问题的探讨[J].中国沙漠,2005,25(3):315-319.
- [24] 薛娴,王涛,吴薇,等.中国北方农牧交错区沙漠化发展过程及其成因分析[J].中国沙漠,2005,25(3):320-328.
- [25] 吴正,等.风沙地貌与治沙工程学[M].北京:科学出版社,2003.117-118.
- [26] 史培军.试论科尔沁南部大青沟地区沙漠化土地的地表形态特征及其发育过程[J].内蒙古师大学报(自然科学版),1986,(1):43-54.
- [27] 赵友.风蚀坑对草原的破坏及治理[J].内蒙古草业,2001,(1):56.
- [28] 贺大良,邹本功,李长治,等.地表风蚀物理过程风洞实验的初步研究[J].中国沙漠,1986,6(1):25-31.
- [29] 董光荣,李长治,金炯,等.关于土壤风蚀风洞模拟实验的某些结果[J].科学通报,1987,32:297-301.
- [30] 邹学勇,朱久江,董光荣,等.风沙流结构中起跃沙粒垂直初速度分布函数[J].科学通报,1992,23:2175-2177.
- [31] 哈斯.腾格里沙漠东南缘沙丘表面风沙流结构变异的初步研究[J].科学通报,2004,49:1099-1104.
- [32] 内蒙古自治区地质矿产局.内蒙古自治区区域地质志[M].北京:地质出版社,1991.
- [33] 戴旭.呼伦贝尔草原土地类型的初步研究[J].地理学报,1980,35:33-34.
- [34] McKee E D 主编(赵兴梁译).世界沙海的研究[M].银川:宁夏人民出版社,1993.1-497.
- [35] Li Shenghua, Sun Jimin, Zhao Hui. Optical dating of dune sands in the northeastern deserts of China[J]. *Palaeogeography, Palaeoclimatology, Palaeoecology*, 2002, 181: 419-429.
- [36] 安志敏.海拉尔的中石器遗存——兼论细石器的起源和传统[J].考古学报,1978,(3):289-315.
- [37] 邓辉.全新世大暖期燕北地区人地关系的演变[J].地理学报,1997,52(1):63-71.
- [38] 夏正楷,邓辉,武宏麟.内蒙西拉木伦河流域考古文化演变的地貌背景分析[J].地理学报,2000,55(3):329-336.
- [39] 刘东生.开展"人类世"环境研究,做新时代地学的开拓者——纪念黄汲清先生的地学创新精神[J].第四纪研究,2004,24(4):369-378.

照片1 风蚀坑出风端土层露头上的磨蚀痕;缺乏细颗粒粘合的沙质土层在失去草被保护后非常容易遭受风沙流的磨蚀,或在下伏散沙被风掏蚀后失去支撑崩落瓦解
Pic. 1 Abration at the leeward end of blowout pit of soil layer, which has very low content of clay, and is vulnerable to wind abration once the protection of grassland vegetal is removed

照片2 正在发展的道路型串珠状风蚀坑;示风的掏蚀作用和土层的崩解,以及正在扩展的沙影和形成中的沙席(图中人站立位置到图左边缘,顺风向拍摄)
Pic. 2 Developing road initiated blowouts; When the loose Hand is hollowed out from under the soil layer, it would collapse and disintegrate, with fine particles of soil blown away; Sand sheet forming

照片3 反复翻耕地带由风蚀裸地演变而来的活跃发展风蚀坑全貌;风蚀坑之间的积沙互相联结形成沙席;细粒物质在土层崩解后析出并被风吹走,使得风蚀坑和沙丘上土层的形成非常级慢困难(逆风向拍摄)
Pic. 3 A developing blowout initiated by repeated cultivation; Neighboring sand depositions are joining with each other and a Hand sheet formed

照片 4 图 2 所示单一风向下人居-翻耕复合成因巨型活跃发展风蚀坑局部；坑内人站立于背风坑壁上部，其上部为进风口，两侧依次为土层崩落区和出风段磨蚀区；人下部的坑底正在形成稀疏植被（逆风向拍摄）
Pic. 4 Part of a cultivation-initialed-blowout; From above the person in the blowout to sides are: air-inflow mouth, soil layer falling sections, abrasion section; Vegetation forming on the bottom

照片 5 图 3b（下）所示自然形成的串珠状固定风蚀坑；近景裸沙为固定沙丘上叠加的现代风蚀沙斑；深色部分为坑，浅色部分为坑间脊或背景草地；沿 NW-SE 方向古沙垄脊部的西南侧形成（沿风蚀坑连线面向西北拍摄）
Pic. 5 A string of grass fixed blowouts (dark hollows) formed along the SW side at the top of an ancient sand ridge running from NW to SE; Close shot is an abration spot generated at lop of a fixed dune

照片 6 活跃发展的带状风蚀裸地；沿植树带外围的翻耕型防火道形成；远景部分正在向槽状风蚀坑发展（逆风向拍摄）
Pic. 6 The practice of plowing to uproot grass enables firebreak to keep fire out of shelter belts, and also serve to break soil regularly to facilitate wind erosion, and even formation of blowouts

· 987 ·

照片7 弃耕地中活跃发展的裸地型风蚀坑;沙席开始形成;由坑壁自然形成的剖面可以看到地表土层在局部地段几近风蚀消失(顺风向拍摄)
Pic. 7 Active bare land style blowout formed in discarded farmland; Sand sheet forming; It could be seen from the wall of the blowout that the original soil layer has almost eroded to disappearance

照片8 剧烈发展扩大中的肾形风蚀坑以及坑后沙丘、沙席(远景黑色土层露头线与地平线之间的白色裸沙、顺风向拍摄)
Pic. 8 A kidney shaped blowout and its lobe (in the distance) in rapid development; It is developed on the north slope of a once fixed preexisting blowout, with part of the south slope preserved (in the right)

照片9 图3中e所示花朵状风蚀坑北侧壁和东侧壁局部;显示沿固定风蚀坑的坑壁边缘土层附近的点状活化斑点已经发展成带状活化沙斑的现象(顺风向拍摄)
Pic. 9 Part of a once fixed flower shaped blowout with north and east walls in activation; The bottom of the blowout is still in fixation

照片10 葫芦形风蚀坑;远景活跃发展的子坑叠加发生在中景已经固定的母坑出风端和固定沙丘上,使原已固定的沙丘残破(顺风向由母坑向子坑方向拍摄)

Pic. 10 Adjoining blowouts; The active blowout in distance is formed at the slope facing wind of the lobe, breaking the once fixed lobe (dune) and the apper part of the east shope of the fixed mother blowout

照片11 图3g所示掌状风蚀坑在出风端因灌丛局部固定而不均衡发展,形成附加在母坑边缘的指状子坑(中、右上部裸沙;面向东北方向拍摄子坑群)

Pic. 11 A hand shaped blowout. Due to uneven fixation by shrubs, blowout develops at several points along the leeward end; Blowout lakes the form of a hand: mother blowout as palm and the rest as fingers

照片12 图3h(下)道路引起并侧向发展的方形风蚀坑(雏形风蚀坑洼地);长190m,宽75m,深10.3m,坑后沙丘高2.7m形成于向西迎风倾伏梁顶的转折部位;坑底和沙丘上的固沙梢物主要为沙柳灌丛(面向东北拍摄)

Pic. 12 Rectangle blowout or rudiment aeolian depression; It is formed when a blowout stops deepening but continue to develop along its side walls, especially along north and leeward eastern walls

照片13 固定风蚀坑;沙丘顶部正在发生新的风蚀斑点;可以看到坑底部和背阴的南坡植被状况明显好于向阳的北坡和丘顶迎风的西坡植被(顺风向向东拍摄)

Pic. 13 A small fixed blowout; Vegetation at the bottom and south (right hand) slope are much better than that at north (left hand) slope, with now erosion spots forming at the top of east slope

照片14 围封打草区的消亡风蚀坑;长138m,宽80m,深4.15m;坑后沙丘经受强烈改造但形态尤存,生长树木,残存高度5.1m;植被发育良好,存在明显植物群落分异,中右背风的东北向坡植被发育最好(顺风向拍摄)

Pic. 14 A dieing out blowout, with highly diversified plant populations;. The forested lobe still remain its original outline though seriously destroyed by later formed superimposing blowouts

照片15 湿风蚀坑,充水并完全被沼生植被固定,形成微型沼泽

Pic. 15 A wet blowout with a pond formed in it, and wetland vegetation developed; The hlowout is in its progress of dieing out

· 990 ·

照片16 图4B所示风蚀坑洼地；风蚀坑阶段性迁移形成的凹坑及坑间脊明显；近景裸沙为坑后沙丘上叠加的现代沙斑，远景平展地带为背景沙质草原，地平线上为组成沙带的坑（洼地）后沙丘（面向西北拍摄）

Pic. 16 An aeolian depression; The tree is located at a ridge separating bottom of two blowouts; The line at top of the tree represents the undisturbed flat sandy grassland, and the distance dunes

照片17 道路引起风蚀坑曾经固定的坑后沙丘在近年活化再次风蚀破坏后显露出原始地表垄沟的遗迹；表明风蚀坑为翻耕和道路共同引起；还表明沙丘对风蚀的敏感度要比草被保护下的土层高得多（顺风向拍摄）

Pic. 17 Ridges and furrows unearthed by wind from under the dune (lobe) behind a blowout initiated by road, indicating the contribution of cultivation to the formation of the blowout

照片18 形成于平草地的道路型风蚀坑的坑后沙丘、沙席和沙影；摄影包所处位置为沙影的边界，远景为裸沙丘，上部的风蚀残墩表明沙丘原本固定并具有相当高度，后期风沙活动将固定沙丘破坏并再沉积（逆风向拍摄）

Pic. 18 The lobe (or dune), sand sheet and sand shade behind a road initiated blowout. The bag is just at the frontier of sand shade

· 991 ·

照片19 沙影加厚联结成片形成沙席,并开始形成移动沙丘播盖风蚀坑(面向西南方向拍摄)
Pic. 19 When the thickness of sand shades exceed (he height of grass vegetation and join up with each other, sand sheet forms and migrating dunes begin to lake their shape

照片20 风蚀坑后沙丘上侧风改造形成的落沙坡;移动沙丘开始形成(面向西南方向拍摄)
Pic. 20 Sandfalls on the dune (lobe) of a blowout; Migrating dunes begin to form

呼伦贝尔沙质草原风蚀坑研究(Ⅱ)
——发育过程

张德平[1,2],孙宏伟[3],王效科[1],冯宗炜[1]

(1. 中国科学院生态环境研究中心系统生态开放研究室,北京 100085;
2. 呼伦贝尔市国土资源局,内蒙古呼伦贝尔 021008;
3. 内蒙古自治区第六地质矿产勘查开发院,内蒙古扎兰屯 162657)

摘要:沙质草原风蚀坑的发育过程主要有以下几个阶段:风蚀裸地→土层破口→活跃发展风蚀坑→固定风蚀坑→消亡风蚀坑。固定或消亡的风蚀坑可能活化,并重新进入活跃发展阶段。地貌发育则相应地经历典型草原景观→沙漠-草原景观→沙地-草原景观的总体演变过程。风蚀坑的发展有极限控制。但是各类沙丘的固定非常困难,有向大规模典型沙漠景观发展的高度危险。风蚀坑的形成发展和植被的演替将平坦单调缺水的典型草原改造成地形起伏多变,并有星散分布的风蚀坑湿地点缀其间、植被类型丰富多样的乔、灌、草相结合的沙地疏林草原。因地制宜地保护和利用沙质草原,可以保持其生态系统不致恶化并促进其不断优化。

关键词:地表土层;掏蚀作用;风蚀坑;发育过程;沙漠化;风沙地貌

Hulun Buir sandy grassland blowouts: process of development and landscape evolution

ZHANG A MunkhDalai[1,2], SUN Hongwei[3], WANG Xiaoke[1], FENG Zongwei[1]

(1. Research Center for Eco-Environmental Sciences, Chinese Academy of Sciences, Beijing 100085, China;
2. Bureau of Land and Resources of HulunBuir City, HulunBuir 021008, Inner Mongolia, China;
3. The 6th Mineral Exploration and Mining Company, Zhalantun 162657, Inner Mongolia, China)

Abstract: Development of sandy grassland blowout has mainly the following stages: Aeolian bare soil, crevasse in soil layer, actively developing blowout, fixed blowout, dieing out blowout. Fixed and dieing blowouts may re-active when environment condition worsens or human disturbance increases. Accordingly landform changes from typical grassland to desert-grassland, and sandland-grassland when blowouts are fixed by grassland vegetation but dunes remain active or to some degree fixed by shrubs or trees. The ultimate result of blowout is aeolian depression, which is somewhat easy to control, the coinstantaneous dunes are difficult to fix, and are highly dangerous for further development toward desert landscape. The development of blowouts and succession of vegetations

原载于:中国沙漠,2007,27(1):20-24.
基金项目:国家自然科学基金项目(40471013);内蒙古自治区自然科学基金项目(200308020512);呼伦贝尔市农业攻关与社会发展项目(2002-01-15)资助

change the typical flat, monotonous and dry grassland into undulating sand land- grassland with colorful vegetation of grass, shrubs and trees, and scattered blowout ponds. Efficient protection and rational utilization of sandy grassland in accordance with the practical situation along with its direction of evolution could maintain the natural ecosystem and even to facilitate it toward optimization, instead of the opposite.

Keywords: top soil layer; basal sapping; process of blowout development; sandy desertification; aeolian geomorphology

对于我国农牧交错带东部薄弱土层沙质草原沙漠化的现状、过程和成因等,近年来学者们从多方面进行了研究[1-10]。但是有关风蚀洼地这种沙质草原典型地貌的研究并不多见:依照发展阶段将风蚀洼地区分为风蚀破口,风蚀窝,风蚀碟形地,以及风蚀盘[11]。指出地下水位和不易侵蚀的土层可以成为局部风蚀基准面[12]。对风蚀沙坑的生物治理措施也进行了报道[13]。而有关风蚀坑的发育过程则尚未见到任何专题研究。近年国外对海岸沙丘及沙丘上发育风蚀坑的研究文献比较丰富,其手段方法可资借鉴[14-19]。

本文将重点对呼伦贝尔沙质草原现代风蚀坑的发育过程进行研究,为深入理解呼伦贝尔草原局部地带气候、地貌、土层、人类活动因子恶性耦合条件下风蚀坑的发生发展规律,因地制宜采取措施防治风蚀坑对草原的破坏,降低草原沙漠化进一步加速发展的危险性提供依据。

1 风蚀坑的发育过程

在水分、植被、土层、下伏散沙、风力、重力、动物和人类活动营力等主要因子综合控制下,风蚀坑的形成和发展大体经历以下几个过程:

1.1 地表土层破口的形成与地下散沙的出露

当地表草原植被以及土壤植物根系层由于自然的,人类翻耕、机动车辆碾压、取土、或者其他原因破坏后,在干旱条件下,地表的强风作用使失去草被及其根系保护的松散土层中的细粒成分首先形成扬尘随风飘失,形成风蚀裸地。失去细粒物质的粘着,土层中的沙砾活性大为增加并形成挟沙风或风沙流,对剩余土层的磨蚀能力急剧增加,使土层的磨蚀进程加快并逐渐沿沙土楔或鼠洞等等的松散、软弱处形成破口[20-21],地表土层下伏的几乎无任何胶结的散沙出露。

机动车自然路的深路辙、废弃的地穴式居所和墓葬等人类活动,以及地表径流冲蚀破坏土层、钙积层,可以造成整个土层的一系列破口并使地下散沙出露,风蚀作用直接进入下一个阶段(照片1—照片3)。

1.2 风的掏蚀作用的产生

通过土层破口直接暴露在风蚀作用下的松散沙质,在风遇到破口改变方向产生的湍流和由于气流绕流加速产生的低压作用下,被迅速从破口内吹扬出来,在下风侧的草原由于草丛阻挡被阻滞沉积下来形成片状沙层,并逐步积累增加厚度。由于粘粉粒物质含量较高,又有植物根系和钙积层保护的土层与下伏散沙机械性质的显著差异,散沙的侵蚀损失速度要比土层的侵蚀损失速度快得多,从而产生特有的风力掏蚀作用(basal sapping),逐渐使土层失去支撑而临空。

1.3 植被及土层的崩解与掏蚀作用的加速——风蚀坑形成

当风力掏蚀对土层下伏散沙的侵蚀进行到一定程度时,失去支撑的土层连同草被在自身重力作用下,沿着垂直土层表面的沙土楔网格或节理裂隙成块坍塌、坠落、崩解,细粒物质被风力吹扬损失,沙粒则被搬运到下风侧加入风沙堆积,风蚀坑开始形成(照片4—照片5)。

风的掏蚀和重力崩塌的共同作用使土层的风蚀破口加速扩展。随着深度的增加,风蚀坑快速发展,坑壁的表面积迅速扩大,风蚀速度和侵蚀量也随之急剧增加,风沙流的规模和强度大为增加,对风蚀坑出风端土层的磨蚀作用显著增强。

1.4 风蚀坑的侧向发展

对于活跃发展的风蚀坑,地下水位或沙层中的粘土或细粉沙夹层可以构成风力侵蚀基准面,也是风蚀坑向下发展的极限。侵蚀基准面使风的下蚀作用受阻或停止,风蚀只能侧向发展,风蚀坑开始向底部总体较平的风蚀洼地转变。由于这种风蚀洼地是由风蚀坑演变而来,我们称其为风蚀坑洼地。

由于风蚀坑的坑底、背阴坡和背风坡水分条件改善,开始发育植被,风蚀便沿着植被发育差、土层薄弱的向阳坡和迎风坡发展。长期作用的结果是:设想正西风为主导风向,则风蚀坑逐步向西北、正北、东北三个方向发展,并形成长轴为东西向、短轴为南北向大致呈平底菱形或方形的理想形态风蚀坑洼地。

风蚀坑的发育过程经常具有非均衡的阶段性特征,反映在风蚀坑洼地底部经常不是绝对平坦的,而是由多个长碟形凹坑组成。每个碟形凹坑代表一个风蚀阶段形成的风蚀坑底部植被发育良好的地带。碟形凹坑之间的脊线与风蚀坑的长轴方向平行,脊线的数目 N 表明该风蚀坑洼地至少经历过 N+1 个风蚀阶段。

1.5 地下水位的下降与风蚀坑规模的扩大

风蚀坑底部已经被植被固定的多期次风蚀形成的高低有别的侵蚀面,反映着地下水位的变迁。因为当地下水位下降时,风蚀坑内水分条件恶化,向下的风蚀作用会继续得到发展,直至接近新的地下水位。

如果后期向下的侵蚀不是发生在坑底,而是发生草被发育较差的部位,或向下的侵蚀同时伴随侧向侵蚀时,就能够保留先期形成的坑底。先期的坑底与后期侵蚀基准面控制形成的新坑底一道组合成阶梯状,显示地下水位的变迁过程。如果后期向下的侵蚀剧烈发展,风蚀坑的扩展也有可能将先期形成的坑底面完全侵蚀而不留任何痕迹,形成规模更大的活动风蚀坑。

1.6 风蚀作用的停滞和风蚀坑的固定

当风力减弱或降水量增加,或两者共同发生作用时,植被的发育使风蚀坑进入固定或稳定阶段,侵蚀作用和沉积作用达到平衡。在有水的湿风蚀坑中,水芹、柳、杨、桦、松等植物和动物很快在水坑及其周围的坑壁形成繁盛的"微型沼泽"生态系统,沙丘也被沙生植物、樟子松等固定下来。

在无水的干风蚀坑中,植被首先在背风坡、阴坡和水分条件较好的坑底发育并达到某个种类的顶极群落。新的土层也在这两个部位最先发育形成。越是靠近风蚀坑阳坡和迎风坡顶部边缘土层崩落面的地带,植被发育越差、盖度越低。这些部位是风蚀坑活化扩展或叠加发生的危险部位。

人类活动干扰程度的减轻或者撤除也能促进植被恢复并促使风蚀坑固定。

1.7 风蚀坑的活化

如果环境条件再次恶化,水分条件变差,或者人类活动干扰增强促使植被退化,风蚀作用加强,则已经固定的风蚀坑或正在消亡的风蚀坑会发生活化,进入新一轮活跃发展阶段并进一步发展扩大。

风蚀坑的活化通常以新风蚀坑叠加发生的方式实现。通常是沿坑北侧壁坡度较陡,水分条件最差,植被发育最差的顶部,或者沿已经固定沙丘顶部迎风的阳坡,呈点状或带状发生新的风蚀坑。沿固定风蚀坑周边点状活化的结果形成花朵状风蚀坑,沿风蚀坑北侧边缘以及东、西两端带状活化发展的结果形成肾形风蚀坑。后期强烈发展也可能将先前形成风蚀坑的整个坑壁完全侵蚀,形成形态简单规模巨大的活跃发展风蚀坑。

牲畜的踩踏造成固定风蚀坑边缘土沙塌落,可以造成风蚀坑活化。但是在水分条件较好时,牲畜的踩踏在促进风蚀坑边坡放缓充填坑底的同时,也改善了立地条件,牲畜粪便的散布增强土壤肥力,撒布植物种子,促使草原植被加速形成,从而加快风蚀坑的消亡进程。

1.8 风蚀坑的萎缩和消亡

如果环境条件持续稳定或者进一步优化,则处于固定状态的风蚀坑进入萎缩消亡阶段。

在这一阶段,整个坑壁将被植被覆盖,并逐步向周边的草原顶极植物群落演替。由于崩落、寒冻风化、动物踩蹋,以土层为食物索取和居住目标的昆虫、沙燕、鼠类掘穴等作用,风蚀坑边缘的土层持续瓦解后退,坑壁的坡度持续变缓。坑缘的剥蚀后退和坑底的沉积作用使坑的相对深度变小,风蚀坑的剖面和平面形态均趋向圆化、夷平,风蚀坑趋向消亡。充水的湿风蚀坑由于水力风化作用,以及风力和生物沉积作用较强,萎缩消亡的速度会更快一些。

风蚀坑的另一种消亡形式,是在风蚀沙化剧烈发展的情况下,风积形态快速发展,沙斑联结沙席加厚,沙丘形成、移动并填充下风方向的风蚀沙坑,风蚀坑沙斑联结成片,形成典型沙漠的起伏沙丘地貌景观(照片6)。

2 风蚀坑发育的影响因子分析

在风蚀坑发育过程中,水分、风力、植被和动物、土层等各种环境控制因子并不是统一、均衡地发挥作用。随着时间推移和控制因子作用的变化,风蚀坑可能会在其中任何一个中间阶段停止发育而固定下来,也可能在固定之后活化并再度发展(表1)。

表1 呼伦贝尔沙质草原风蚀坑各发展阶段自然影响因子的作用及风蚀坑形态发育过程
Tab.1 Stages of blowout in development and changes of natural dominating elements

影响因子	发生	发展	固定	萎缩 无积水	萎缩 有积水	消亡
水分	降水缺乏,地下水位稳定或下降	降水缺乏,地下水位稳定或下降	降水缺乏或增加,地下水位稳定或上升	降水缺乏或增加,地下水位稳定或下降	地下水位上升,风蚀坑积水	地下水位相对下降,积水消失
风力	磨蚀作用为主	磨蚀和强烈下蚀、掏蚀,散沙被快速大量吹扬到坑后堆积	停止、减弱,或虽然强烈但能量被吸收、转换,侵蚀作用被抵消	减弱、停止,或虽然强烈但能量被吸收、转换,侵蚀作用停止	减弱、停止,或虽然强烈但能量被吸收、转换,侵蚀作用停止	减弱、停止,或虽然强烈但能量被吸收、转换,侵蚀作用停止

续表

影响因子	发生	发展	固定	萎缩 无积水	萎缩 有积水	消亡
植被和动物	原生植被和土壤根系层破坏	原生植被由于表土层崩塌瓦解加速毁灭性破坏，植物无法迁入定居生长	沙生植被开始形成并覆盖风蚀沙坑和沙丘	沙地植被开始向草原植被演替	湿地植被、喜湿乔、灌木植被以及水生动物、微生物群落发育	沙地植被退出，湿地植被萎缩并让位给耐旱品种如榆、丛桦、黄柳、樟子松等。草原顶极群落开始形成
土层	表土层由于破坏、吹蚀、或流失发育裸地，钙积层破坏形成土层破口	沿风蚀坑边缘崩落瓦解。细粒成分吹蚀消失。出风端磨蚀作用显著	接受周边物质风力搬运沉积、地表片流沉积、生物搬运沉积，缓慢的原地生成	接受周边物质风力搬运沉积、地表片流沉积，缓慢的原地生成	接受周边物质风力搬运沉积、地表片流沉积。生物沉积活跃，原地生成较快	表土层恢复，但总体较原表层土壤厚度小、细粒成分降低、粗粒成分增加、抗风蚀能力下降
风蚀坑形态	地表土层破口形态受破坏土层的因子控制。深度较小	进风口、坑壁散沙坡度接近休止角，地表土层由于崩落形成陡坎。平面形态为进风口端略尖、长轴与盛行风向一致的卵圆形或扇形	坑壁坡角开始变缓，表土层剥落后退而不明显。平面形态开始圆化	坑壁坡角进一步变缓，平面形态进一步圆化，相对深度逐渐减小，渐趋夷平	坑壁坡角进一步变缓，平面形态进一步圆化，相对深度逐渐减小，夷平速度快	坑壁平缓、坑底圆平、平面形态圆化，夷平程度高，难于识别

3 坑后积沙的演化和沙带的形成

3.1 抛物线沙丘的形成

由风蚀坑被风吹蚀搬运出来的地下散沙由于草被阻滞，最初在破口的周围主要是下风侧形成椭圆形的片状积沙——沙影。风蚀沙坑位于沙影的盛行风上风部位。

风蚀坑发展扩大，供沙量迅速增加。积沙的厚度逐步增加并形成抛物线沙丘的雏形。风蚀坑沿盛行风方向扩展造成先期形成的积沙被侵蚀，积沙的迎风坡长度缩减，沙丘主体在高度增加的同时顺风向加积，两个环抱风蚀沙坑的侧臂或兽角随风蚀沙坑的扩大逐步发育。风蚀坑的发展和坑后积沙堆积改造的结果是坑后积沙逐步形成迎风坡短而较陡，背风坡长而较缓的抛物线沙丘形态特征。

3.2 风蚀坑的扩展联合及风蚀坑后积沙的发展——沙带的形成

风蚀坑不断发展扩大的结果，使它们有机会联结成片。与此同时，坑后积沙发展扩大和联结形成沙席或沙被。沙席或沙被进一步改造则逐步形成由相当规模和高度的沙丘群组成的沙地地貌甚至典型沙漠地貌景观。

呼伦贝尔沙质草原上的沙带，是由独立的古风蚀坑造成的风蚀坑洼地及坑后沙丘组成的单元沙斑，以及单元沙斑逐步发展、扩大、联合形成的不同规模的复合沙斑形成的沙地地貌，与沙斑之间残留的背景沙质草原地貌共同组合而成的沙地-草原地貌景观地带（图1）。

3.3 沙质草原风蚀坑地貌景观的演替

随着风蚀坑的固定，夷平和成壤作用使其地貌和植被特征再次向草原地貌回归。低

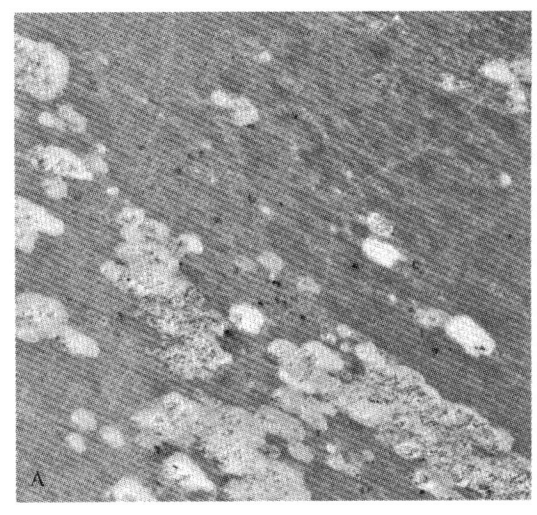 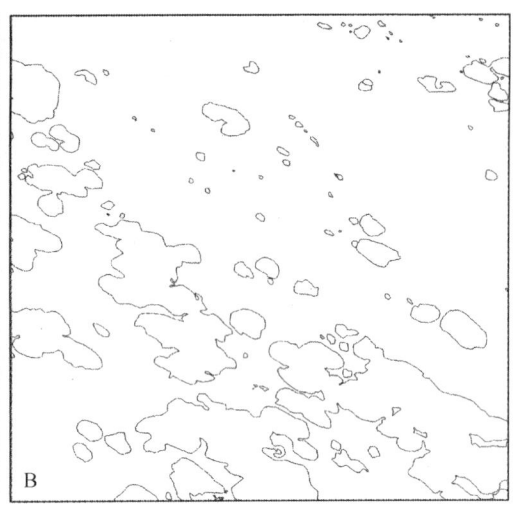

A. 皇德车站附近的航空照片； B. 同一区域各类沙斑的轮廓线

图 1 呼伦贝尔沙质草原海拉尔河沙带中部风蚀坑沙斑的扩大联结以及沙带的组成

Fig.1 Aerophotograph (A) and draft of outline of bare sands (B) interpreted from it taken from a section of Hailar river sand land tract, showing enlargement and merging of bare sands created by development of blowouts, and formation of sand lands

洼地形的水分优势,使风蚀沙坑植被向周边草原顶极植物群落演替。但是,风积形态微地形特点,及其土质和植被的脆弱性,决定了其受风力改造的机会和程度比风蚀沙坑要高得多。结果是古砂丘自形成之后,主要是在地形、气候、植被、风力、人类活动干扰等诸因子的共同作用下,后期单元沙斑持续不断地在古砂丘上叠加发生,逐步将其改造成为目前高度、形态变化多端的固定、半固定沙丘群——沙地地貌景观。

沙地是脆弱和敏感的生态系统:在优越的水热条件下,如果人类活动压力减轻,随着植被的繁盛、地貌的夷平和土层快速形成,沙地有可能最终被完全固定并逐步向沙质草原转化。相反,如果水热条件极端恶化,或人类活动压力增强并保持,沙地景观也有可能进一步向沙漠地貌景观发展,并形成真正的沙漠。

综上所述,沙质草原风蚀坑不断发展的结果是典型草原面积的不断缩减,以及风蚀坑和坑后积沙为特征的沙地风沙地貌面积的持续扩大。在当前气候条件下,虽然单个风蚀坑的发展是有极限的,风蚀坑最终将被某种类型的植被固定,并向草原顶极植物群落缓慢演替。但是,逐步扩大并联结成片的各类沙丘的固定却非常困难,经常处于活动状态,并存在向大规模典型沙漠地貌景观转变的高度危险性。

在地下水位较高的地带,随着风蚀坑和坑后沙丘群的形成和发展、植被的演替,平坦单调缺水的草原及其植被被改造成地形起伏多变、植被类型丰富多样的乔、灌、草相结合的沙地疏林草原,并有星散分布的风蚀坑湿地点缀其间。多数大型或巨型坑都有一期甚至多期从细石器、陶器、直到铁器的古今人类活动的遗迹分布,单一方向到相互垂直的两个方向,或相互交叉的 3 个方向的犁痕,表明当时这些风蚀坑曾经有水,适合人类的居住和生存活动。如果能够因地制宜地加强保护,利用和发挥沙地草原的特点和优势,是可以在保持其生态系统不致恶化甚或促进其不断优化的前提下合理利用的。

4 结论

1)沙质草原风蚀坑的发育主要有以下几个阶段:风蚀裸地→土层破口→活跃发展风蚀坑→固定风蚀坑→消亡风蚀坑。当环境条件恶化时,固定和消亡的风蚀坑可以活化,重新演变为活跃发展风蚀坑。

2)伴随风蚀坑的发生发展,沙质草原的地貌发育相应经历典型草原景观→沙漠-草原景观→沙地-草原景观的总体演变过程。

3)由于侵蚀基准面的控制,风蚀坑最终将被某种类型的植被固定,并向草原顶极植物群落演替。但是,逐步扩大并联结成片的各类沙丘的固定非常困难,经常处于活动状态,并存在向大规模典型沙漠地貌景观转变的危险性。

4)随着风蚀坑和坑后沙丘群的形成发展和植被的演替,平坦单调缺水的典型草原被改造成地形起伏多变,并有星散分布的风蚀坑湿地点缀其间、植被类型丰富多样的乔、灌、草相结合的沙地疏林草原。如果能够因地制宜地加强保护,利用和发挥沙地草原的特点和优势,可以在保持其生态系统不致恶化或促进其不断优化的前提下合理利用。

参考文献(References):

[1] 乌兰图雅.科尔沁沙地近50年的垦殖与土地利用变化[J].地理科学进展,2000,19(3):273-278.
[2] 乌兰图雅.20世纪科尔沁的农业开发与土地利用变化[J].自然资源学报,2002,17(2):158-161.
[3] 乌云娜,裴浩,白美兰.内蒙古土地沙漠化与气候变化和人类活动[J].中国沙漠,2002,22(3):292-297.
[4] 赵杰,赵士洞.农牧交错带典型偏农区土地利用变化及其原因分析——以奈曼旗尧勒甸子村为例[J].中国沙漠,2003,23(1):73-78.
[5] 任鸿昌,吕永龙,杨萍,等.科尔沁沙地土地沙漠化的历史与现状[J].中国沙漠,2004,24(5):544-547.
[6] 薛娴,王涛,吴薇,等.中国北方农牧交错区沙漠化发展过程及其成因分析[J].中国沙漠,2005,25(3):320-328.
[7] 王新平,张志山,张景光,等.荒漠植被影响土壤水文过程研究述评[J].中国沙漠,2005,25(2):196-201.
[8] 刘新民,杨劼.干旱、半干旱区几种典型生境大型土壤动物群落多样性比较研究[J].中国沙漠,2005,25(2):216-222.
[9] 常学礼,赵学勇,韩珍喜,等.科尔沁沙地自然与人为因素对沙漠化影响的累加效应分析[J].中国沙漠,2005,25(4):466-471.
[10] 吕世海,卢欣石,曹帮华.呼伦贝尔草地风蚀沙化地土壤种子库多样性研究[J].中国草地,2005,27(3):5-10.
[11] 史培军.试论科尔沁南部大青沟地区沙漠化土地的地表形态特征及其发育过程[J].内蒙古师大学报(自然科学版),1986(1):43-54.
[12] 吴正,等.风沙地貌与治沙工程学[M].北京:科学出版社,2003:117-118.
[13] 赵友.风蚀坑对草原的破坏及治理[J].内蒙古草业,2001(1):56.
[14] Jungerius P D, Meulen F. The development of dune blowouts, as measured with erosion pins and sequential air photos [J]. Catena, 1989, 16:369-376.
[15] Jeffery P, Anwar Maun D M, Pazner M I. Blowout dynamics on Lake Huron sand dunes: analysis of digital multi spectral data from colour air photos [J]. Catena, 2005, 60(2):165-180.
[16] 赵学勇摘译.新泽西州岛滩国家公园内海岸沙丘风蚀坑的地形变化[J],世界沙漠研究,1994(4):44-47.
[17] Pluis J L A. van Boxel J H. Wind velocity and algal crusts in dune blowouts[J]. Catena, 1993, 20:581-594.
[18] Catto N R, MacQuarrie K, Hermann M. Geomorphic response to Late Holocene climate variation and anthropogenic pressure, northeastern Prince Edward Island, Canada[J]. Quaternary International, 2002, 87:101-117.
[19] Hesp P A. Fore dunes and blowouts: initiation, geomorphology and dynamics [J]. Geomorphology, 2002, 48:245-268.
[20] 贺大良,邹本功,李长治,等.地表风蚀物理过程风洞实验的初步研究[J].中国沙漠,1986,6(1):25-31.
[21] 董光荣,李长治,金炯,等.关于土壤风蚀风洞模拟实验的某些结果[J].科学通报,1987,32:297-301.

照片 1 翻耕造成耕作土层风蚀消失,钙积层出露;交叉的犁痕表明该处草地至少经历过两期耕作活动的人为破坏

Pic. 1 Tilth layer has totally disappeared with Calcic horizon exposed to aeolian erosion; Intercrossed plow traces indicate the grassland had been dug up at lest twice

照片 2 弃耕后自然恢复的沙质草原上沿机动车自然路容易形成大面积裸地;当道路延伸方向与风向接近时,为风沙流形成并发挥威力磨蚀破坏土层创造了条件

Pic. 2 Natural recovered sandy grassland vegetation after cultivation abandoned is vulnerable to grinding of motor vehicles to form bare soil, which makes blowouts highly possible to generate

照片 3 草原机动车碾压破坏土层,造成下伏散沙直接暴露在强风作用之下;土层锁闭之下的散沙是无害的;但是一旦散沙与强大的风能结合则沙害无分

Pic. 3 Crevasses in soil layer just caused by motor vehicles; Sand locked by the top soil does no harm, but it is dangerous now because it is exposed to the strong wind and to gain its energy

照片 4 沙土楔网格切割土层,构成土层风蚀的软弱带。沿楔体松散带容易形成风蚀破口,并使土层极易在张力的作用下解体破坏

Pic. 4 Sandy soil wedge network cutting soil layer which is vulnerable to aeolian erosion to form crevasse, and makes soil layer blocks break off along the wedge under the action of tensile force

照片 5 风的掏蚀作用使土层下伏的散沙风蚀速度较快,造成抗风蚀能力较强的土层临空,并在自身重力作用下沿沙土楔网格和节理裂缝崩落瓦解

Pic. 5 Basal sapping of sand and disorganization of soil layer. Erosion of sand is much faster than that of soil layer, causing the impending soil layer to break off along sand soil wedges

照片 6 海拉尔河沙带哈日干图附近迅速成长的沙席覆盖风蚀坑,互相联结形成起伏沙丘,造成草原植被地带性消失,形成典型沙漠景观

Pic. 6 Growing sand sheet joins up with each other and covers up blowout sand pits. Dunes begin to form and typical desert landscape replaces grassland

呼伦贝尔沙质草原风蚀坑研究(Ⅲ)
——微地貌和土层的影响

张德平[1,2],王效科[1],胡日乐[3],冯宗炜[1]

(1.中国科学院生态环境研究中心系统生态开放研究室,北京 100085; 2.呼伦贝尔市国土资源局,
内蒙古呼伦贝尔 021008; 3.呼伦贝尔学院小学教育分院,内蒙古呼伦贝尔 021000)

摘要: 采用剖面测量,沿剖面选取不同微地貌部位测量土层厚度、坚实度、粒度构成,并进行室内统计比较和分析的方法,对呼伦贝尔沙质草原区风蚀坑的发育受微地貌部位和土层控制的情况进行了研究。发现在接近自然状态下风蚀坑主要发育于西南坡和南坡的上部和中部;由于翻耕、机动车道路等人类活动诱发,也形成于平坦的草地,北坡和东坡甚至低地。沙质草原区的土层中部存在一个粗化层,在失去草被和上部的土壤-根系层保护时特别容易遭受风蚀的侵害,形成风沙流破坏钙积层并导致风蚀坑的形成。沙质草原是生态地质环境脆弱区,呼伦贝尔沙质草原区的西坡、南坡的中上部、梁岗丘等微地貌部位是风蚀沙化的危险地带。干旱半干旱气候区沙质草原的土层是稀缺的自然资源,地表土壤-植物根系层是珍贵的生态系统。保护地表土层对于保护草地资源和生态环境,以及沙漠化防治具有极端重要性。

关键词: 风蚀坑;微地形;地表土层;沙土楔;沙漠化;风沙地貌

Hulun Buir Sandy Grassland Blowouts: Influence of Soil Layer and Microrelief

ZHANG A MunkhDalai[1,2], WANG Xiaoke[1], U. Hurrle[3], FENG Zongwei[1]

(1. Research Center for Eco-Environmental Sciences, Chinese Academy of Sciences, Beijing 100085, China;
2. Bureau of Land and Resources of HulunBuir City, HulunBuir 021008, Inner Mongolia, China;
3. Primary Education College of HulunBuir University, HulunBuir 021000, Inner Mongolia, China)

Abstract: Thickness, compactness and grain composition of top soil layer were tested along sections across west Hailar, HulunBuir sandy grassland to determine how blowouts are controlled by microrelief and top soil layer. It was discovered that when west wind prevails, blowouts mostly develop in the upper to middle parts of SW and S slopes. Blowouts could also develop in flat sandy grasslands, N and E slopes, and even in low lands when initiated by human activities of plowing and motor vehicle natural roads which cut soil layer and let the underlying sand expose to and gain energy from strong wind. There is a coarsened layer in middle of top soil layer that is considered to be the result of an ancient aeolian erosion process. The coarsened layer, loose and low in compact-

---

原载于:中国沙漠,2007,27(1):25-31.
基金项目:国家自然科学基金(40471013);内蒙古自治区自然科学基金(200308020512);呼伦贝尔市农业攻关与社会发展项目(2002-01-15)资助

ness, is vulnerable to wind erosion and easy to form sand flow to break the calcic horizon the bottom soil, crucial to sandy grassland blowout formation. Sandy grassland is fragile geo-ecosystem. The middle and upper parts of W, SW, and S slopes, ridges and hillocks on grasslands are dangerous regions for aeolian erosion. The top soil layer is the rarest natural resource, and the soil-root layer is the most precious ecosystem on arid and semiarid sandy grasslands. The protection of top soil layer has utter most importance in protection of grassland resources and ecosystem, and in prevention of sandy desertification.

Keywords: blowout; microrelief; top soil layer; sandy soil wedge; sandy desertification; aeolian geomorphology

沙质草原风蚀坑的形成与微地貌部位,土层的土壤粒度构成、厚度、构造有密切关系。当盛行风方向少有变化时,微地貌部位的高低和坡面的朝向决定着风力、水力、太阳辐射、植被、动物活动,包括人类活动对土层的扰动等等地质外营力综合作用强度,引起土层的厚度和物理、化学性质的变化。土层是沙质草原生态地质环境的关键要素,在风蚀坑的形成发展过程中具有重要作用。土壤风蚀的实验研究表明,干草原区土层下伏的古风成砂的风蚀量是栗钙土型粉沙质壤土风蚀量的132倍[1]。也就是说土层的抗风蚀能力比下伏的古风成砂要高出一百多倍。可以说沙质草原区土层的存在,或土层与下伏散沙的巨大物性差异,是风蚀坑发生和发展的前提条件。

国内外文献中有关沙质草原风蚀坑的报道非常少。国内作者就沙漠化土地的地表形态发育[2],不同地形部位迎风坡、坡顶和背风坡、滩地地貌土壤的变化[3-5]开展了研究。发现天然草场翻耕后的风蚀强度是未翻耕的66—306倍[6]。地形起伏对气流速度的影响进行的风洞实验[7],以及对缓坡丘陵区土壤风蚀的研究[5]表明,最大土壤风蚀区出现在迎风坡上部,而不是地形最高、风速最高的丘顶。过去国内有关土壤风蚀的研究局限在少数土类的少数风蚀影响因子[8],在土壤理化性质对土壤风蚀的影响机制方面缺乏有力研究[9]。有关风蚀沙化过程中微地貌的作用基本局限在迎风坡、坡顶、背风坡与平地的对比[5]。着眼于各微地貌部位的全面研究还没有展开。近年来开展了沙地地表沉积物粒度与可风蚀性的关系[10],风蚀容忍量[11],荒漠植被影响土壤水文过程[12],植被固沙区生物结皮对土壤水文过程的调控作用[13],干旱、半干旱区典型生境大型土壤动物群落多样性[14],风蚀沙化草地土壤种子库多样性[15],等方面的研究。但是将土层作为一个整体进行研究的理念还没有建立,有关土层的整体组成、结构和构造,以及土层在沙质草原区沙漠化控制的机理及其重要性方面的研究几乎还是空白。

本文的目的,是将包括土壤-植物根系层和钙积层的土层作为一个整体,通过研究沙质草原各微地貌部位土层状况和风蚀坑分布的关系,试图解释地貌、土层对风蚀坑的控制,揭示土层在沙质草原区环境系统中的特殊重要地位。本研究对于划分草原风蚀沙化的危险地带,制定相应土地利用对策,因地制宜地对草原加以保护和利用具有科学和现实意义。

1 研究区和方法

1.1 研究区

选择海拉尔河沙带东北侧的呼伦贝尔沙质草原区靠近海拉尔的人类活动压力大、现代风蚀坑分布比较密集的陈巴尔虎旗呼和诺尔苏木约4km×6km作为实验样地。整个样地均曾经不同程度地开垦为耕地。中、北部分布由海拉尔呈NWW向横穿整个研究区的机动车自然路,在穿越梁、岗的局部地带路辙多达34条,占地宽达300m。样地的南部为多期翻耕的弃耕地,广泛分布缺失地表土层的风蚀裸地或劣草地。风蚀坑主要沿着中、北部的机动车自然路,以及南部弃耕地发育的风蚀裸地集中区分布。

研究区属典型的"漫岗草原"。地貌总体西低东高,最大相对高差24m。大体东西向的宽缓沟谷和漫圆的梁岗构成最主要的地貌单元。研究区的中、西部分布有数个直径350—750m,深4—8m的宽缓洼地,其间有梁、岗、平缓的草地分隔。平缓草地或梁岗脊部偶有孤立的小丘。

研究区的沉积基底为上更新统海拉尔组含砾中-细砂、黄土状亚砂土和粉土。海拉尔组平均厚38m,最厚102m,最薄9.5m[16-17]。地表土层主要为栗钙土,土层厚度稳定在0.1—0.3m。土层下部普遍存在钙富集层,使植物根系难以穿透。沙带的固定、半固定沙丘上发育风沙土[18]。

区内年平均降水量308—345mm,多集中在7—9月且变率较大,年平均气温 −2.1— −2.6℃,为温带半干旱、半湿润气候区。冬季干燥寒冷,春季少雨多大风,夏季短促。年平均风速3.3—3.5ms^{-1}。年大风日数达23—25d,集中在春秋两季,4—5月份多NW向风,9—10月份多SW向风。

1.2 方法

1.2.1 剖面测量

设置大致呈W-E,N-S方向剖面各两条,呈"井"字覆盖整个研究区。W-E方向的北部剖面基本沿道路设置,南部剖面横穿弃耕地分布区。N-S方向的两条剖面均纵向贯穿道路和弃耕地分布区。采用SOKKIA SET2110全站仪测量剖面上各测点的坐标和高程。

1.2.2 土层数据的获得

沿剖面在坡面,梁、岗丘等高地,沟谷、洼地,以及平缓草地的典型地段挖掘土层剖面,按照距地表0—10cm,10—20cm,20—30cm的深度分别采取混合土样,在室内用套筛按1.0—0.5mm,0.5—0.25mm,0.25—0.125mm,0.125—0.063mm,<0.063mm粒级做粒度分析并称重计算各粒级重量百分含量。

将土层剖面整平,用TG-1型弹簧杆机械式土壤坚实度计分别测取距地表0,5,10,20,30 cm的土壤坚实度。每个深度测1组3个数据,取平均值为该深度土壤坚实度值。

1.2.3 微地貌分类和风蚀坑产出部位的确定

具体确定以下微地貌类型:

1)平地 具有一定延伸范围的平缓草原地带。通常可以根据规模、相对高差、与其他微地貌单元的关系进一步区分为开阔草原地带和相对较高的台地草原地带。

2)梁和岗 大致呈WE方向延伸的高地为梁,NS方向延伸的高地为岗。梁和岗顶部平缓漫圆,亦称"漫岗",相对高差约8m。

3)丘 发育在平缓草地或附加在梁、岗上相对孤立的漫圆高地。相对高差通常在2—4m以内。

4)洼地 平面形态总体浑圆,周壁平缓倾角很小,没有明确边界,无外排水道的低洼地带。相对高差4—8m以内。

5)谷地 有明确的走向,谷底宽缓开阔,侧壁平缓,没有明确边界的干谷。相对高差约8m。

6）坡地　连接正地形与负地形的大致单向缓倾斜地带。根据总体倾斜方向进一步划分为 W 坡,NW 坡,N 坡,NE 坡,E 坡,SE 坡,S 坡和 SW 坡。坡度（两点高差与水平距离之比）0.005—0.02,平均坡度 0.01。

综合野外观测、测量所获数据,以及地形图和航空照片判读结果,确定风蚀坑的产出地貌部位。并按照微地貌部位对风蚀坑进行统计。

1.2.4　风蚀坑规模的划分

根据经验,按照风蚀坑的长度作以下规模划分：

小型风蚀坑　长度 <40m；
中型风蚀坑　长度 40m— <70m；
大型风蚀坑　长度 70m— <100m；
巨型风蚀坑　长度 ≥100m。

2　结果

2.1　风蚀坑的微地貌部位分布

对研究区测量的 161 个风蚀坑在各微地貌部位的分布情况的统计发现：有 60% 分布于坡地,22% 分布于平地,17% 分布于梁岗丘等高地,分布于低洼地带的风蚀坑不到 1%（表1）。

坡地风蚀坑主要分布于 SW 坡,占 48%,其次为 S 坡,占 20%。分布于 NW,N,NE 坡的风蚀坑占坡地风蚀坑总数的 27%,其中有 73% 为道路诱发。S 坡的风蚀坑有 47% 为人类定居活动诱发。

表1　海拉尔西北部各地貌部位风蚀坑的分布
Tab. 1 Distribution of blowouts of different sizes at different microreliefs, west of Hailar, HilunBuir Grasslands

风蚀坑		W	NW	N	NE	E	SE	S	SW	梁	岗	丘	平地	洼地	谷地	合计
规模	小型/个	3	4	4	1			13	26	4	9	1	24	1		90
	中型/个		4	5	1		1	5	13	7		1	8			45
	大型/个		1	2			1	1	5	1		1	3			15
	巨型/个		1		3				2	2	1	1	1			11
	小计/个	3	10	11	5		2	19	46	14	10	4	36	1		161
合计/个					96							28	36	1		161

小型:中型:大型:巨型风蚀坑的数量比例总体为 8:4:1.4:1。NW,N,NE 坡和梁上大型及巨型坑占较大比例。

坡地风蚀坑的 54% 分布于坡地上部,31% 分布于坡地中部,15% 分布于坡地下部。NW,N,NE 坡和 S 坡风蚀坑的分布较 SW 坡有较大偏离（表2）。

表2　海拉尔西北部各倾斜方向坡地不同部位风蚀坑的分布
Tab. 2 Distribution of blowouts at different parts of slopes facing different directions, west of Hailar, Hulun Buir Grasslands

坡地部位	W	NW	N	NE	E	SE	S	SW	合计
上部/个	3	2	6	1		2	6	32	52
中部/个		2	5	4			10	9	30
下部/个		6					3	5	14

2.2 土层的机械物质组成及结构构造
2.2.1 土层结构及物质组成

研究发现沙质草原区的地表土层是由上部有机质含量比较高的沙质栗钙土与植物根系层,下部的钙积层组成的统一体。土层的机械物质组成与现代风积沙、土层下伏的棕黄色散沙非常接近,不同的是土层中粒径小于0.125mm的极细沙和粘粉粒物质含量稍高。在土层的10—20cm深度,粒径小于0.125mm的物质含量存在低值层(表3)。

表3 海拉尔西北部沙质草原地表土层与下伏散沙、现代风积沙物质机械组成比较
Tab.3 Comparison of grain composition among modern aeolian sand, different layers of top soil, and underlying sand on sandy grassland, west of Hailar, HulunBuir Grasslands

取样层位	各粒级百分含量/%				
	1.0—0.5 mm	0.5—0.25 mm	0.25—0.125 mm	0.125—0.063 mm	<0.063 mm
现代风积沙	0.9	28.6	59.8	5	5.6
地表 0—10cm	0.9	24.8	59.2	6.7	8.4
土层 10—20cm	0.8	28.1	58.6	5.6	6.9
20—30cm	0.6	30.6	54.7	6.1	8
土层下伏棕黄沙	0.6	26.5	63.7	3.5	5.7

W坡、S坡的极细沙和粘粉粒物质含量较低,表现出风蚀特征。N坡、E坡极细沙和粘粉粒物质含量较高,表现出风积特征。洼谷地显示水力沉积作用参与沉积的混合特征(表4)。

表4 海拉尔西北部沙质草原各微地貌部位地表土层0—10cm深度物质机械组成比较
Tab.4 Grain composition at 0—10cm depth of top soil on different microrelief of sandy grassland, west of Hailar, Hulun Buir Grasslands

微地貌部位	各粒级百分含量/%				
	1.0—0.5 mm	0.5—0.25 mm	0.25—0.125 mm	0.125—0.063 mm	<0.063 mm
S坡	0.85	28.15	58.4	6.1	6.5
W(迎风)坡	0.80	26.78	60.69	5.2	6.53
平地	0.98	23.72	59.13	9.12	7.05
梁岗丘	0.65	24.07	60.24	6.84	8.2
洼谷地	1.32	25.41	56.47	8.51	8.29
E(背风)坡	0.75	24.45	58.9	7.05	8.85
N坡	1.20	19.65	59.5	7.7	11.95

2.2.2 土层坚实度变化

剖面土沙的坚实度值总体随深度增加。土层中距地表10cm深度的草原植被根系层存在一个坚实度高峰值,在根系层以下距地表20cm深度存在一个坚实度低谷值。土层下伏的沙层坚实度比较大,但是由于粘结程度极差造成机械强度低,极易崩解形成散沙(图1)。

2.2.3 土层构造

土层中普遍发育垂直土层层面,平均长度1.7m的沙土楔网格,将土层切割成多边形的"马赛克"土层块体。土层块体的内部还有次一级的裂隙或节理。沙土楔和裂隙网络随季节变化的冻胀融缩和湿胀干缩作用在土层中造成终年活动的软弱带。

野外观察发现,失去草被保护的土层沿沙土楔网格的风力侵蚀速度明显快于土层其他部位,使裸露的土层表面出现类似花岗岩球状风化的现象。一旦土层被磨蚀穿透并形成土层破口,土层下伏的散沙就会由于风的掏蚀作用快速损失造成土层临空,失去支撑的土层便开始沿沙土楔网格或裂隙节理成块崩落瓦解。沿沙土楔平行土层层面纵向侵蚀速度加快的结果是形成犬牙交错状的土层侵蚀断面。

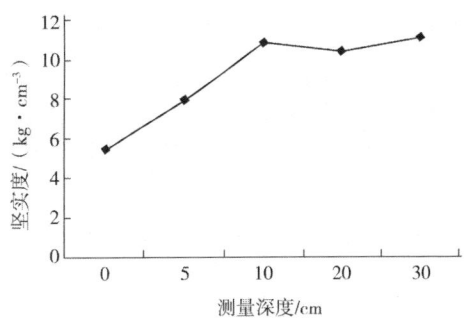

图1 海拉尔西北部沙质草原地表土层与下伏散沙土壤坚实度

Fig. 1 Changes of soil compactness at different levels of sandy grassland, west of Hailar, HulunBuir Grasslands

2.2.4 土层的厚度变化

研究区地表土层厚度一般 0.15—0.40m,平均厚度 0.28m,仅相当于沙质草原土层下伏的海拉尔组散沙层平均厚度 38m 的 0.7%。土层厚度的变化特点是:S 坡 < 梁岗丘 < W 坡 < 平地 < N 坡 < E 坡 < 洼谷地(表5)。

表5 海拉尔西北部各微地貌部位土层平均厚度

Tab. 5 Average thickness of top soil at different microreliefs on sandy grassland, west of Hilar, Hulun Buir Grasslands

微地貌部位	S坡	梁岗丘	W(迎风)坡	平地	N坡	E(背风)坡	洼谷地
土层平均厚度/m	0.15	0.21	0.22	0.3	0.31	0.33	0.4

与地表土层机械物质组成的变化规律相类似,土层厚度的上述变化规律符合水力和风力侵蚀和沉积规律。

3 讨论

3.1 关于风蚀坑的发生部位

野外观察发现风蚀坑多形成于迎风坡、梁岗丘顶的迎风面,或者当梁的延伸方向与风向近乎一致时则形成于其顶部的南侧面。对航空照片上的洼地及其伴生风蚀坑的研究发现,风蚀坑通常形成于洼地东北侧壁靠近边缘的部位,即洼地 SW 向坡的顶部。对长期受风力改造的风蚀坑洼地及其沙丘的研究发现,后期叠加的风蚀坑通常也发生在风蚀坑洼地的东北边缘。对风蚀坑分布状况的统计支持以上观察结果。

风蚀坑在迎风坡上部的高频率发生与风的爬坡加速现象有关。观测表明随着风爬坡加速,在迎风的坡面特别是坡顶部的丘顶达到最大风速[19]。风洞实验研究表明:气流在爬坡过程中速度越来越大,坡面上的摩阻系数也随之增大,造成坡面上的土壤侵蚀率逐渐增大。但由于气流下层速度增加幅度比上层速度增加幅度大,上下层气流之间的剪切力又阻碍坡面土壤侵蚀率无限制增大。气流爬坡过程中两种对立的影响有时会在坡面上的某一部位达到平衡[7]。对内蒙古后山缓坡丘陵区土壤风蚀的研究表明,最大土壤风蚀区出现在迎风坡上部[5],而不是地形最高、风速最高的丘顶。推测风蚀坑形成的迎风坡上部,应当是风蚀作用最强的部位。而更高的部位则从风蚀风积作用的平衡点过渡为丘后背风坡风积作用为主的地带。

风蚀坑高发坡位不是直接迎风的 W 坡,而是向南偏移到 SW 坡,应当与 S 坡水分条件差、植被发育差、风蚀强度比较大、土层比较薄弱有关。

NW,N,NE 坡水分条件、植被发育好,土层发育和风力堆积条件也比较优越,不利于风蚀坑的形成。所以道路局部破坏土层形成的小型风蚀坑常常被很快固定。但是在道路大面积破坏土层,特别是梁顶由于土层较薄道路经常易辙造成大面积土层破坏的地带,则容易发育大规模的风蚀坑。道路的人为性还使道路诱发和控制的风蚀坑打破了在坡地上部比较集中的分布规律。

S 坡为人类居所的首选地带,调查结果也显示 S 坡风蚀坑多由人类定居活动诱发。靠近水源是人类定居活动的主要原则。因此,由居所建设和翻耕诱的 S 坡风蚀坑的分布便出现了坡位偏低的现象。

3.2 土层对风蚀坑的控制

各微地貌部位地表土层厚度和 0—10cm 深度机械物质组成的变化符合水力和风力侵蚀和沉积规律,也与接近自然状态下风蚀坑多发生在 SW 坡顶部的现象吻合。北坡土层厚度较平地土层厚度大与北坡植被状态较好,具有较强的水力和风力沉积物滞留捕捉能力有关。南坡厚度最薄,除阳坡植被条件差、土层自然发育差以外,应当与研究区南部广泛分布的弃耕地有关。因为比较南部弃耕地和旁侧草地地表高度和土壤剖面发现:弃耕地的地面高度较草地低 0.13m,土层厚度小 0.14m。表明弃耕地大约有相应厚度的土层风蚀损失了。

土层 10—20cm 深度埋藏的极细沙和粘粉粒物质含量低值层,应当是历史时期强风蚀作用使地表土壤粗化的产物。推测其形成时代对应大暖期草原土层主体形成之后的一次强风沙活动期。该期风沙活动制造了呼伦贝尔沙质草原分布范围最广的风蚀坑活动,形成了在各大沙带广泛分布的风蚀坑洼地。由风蚀坑洼地搬运下伏海拉尔组散沙到坑后堆积的古砂丘经过后期持续改造形成目前呼伦贝尔的几条沙带。该极细沙和粘粉粒物质含量低值层的物质构成与土层下伏的棕黄沙更为接近,不排除至少其部分物质成分直接来源于风蚀坑洼地形成时掏蚀出来的海拉尔组散沙的可能性。

土层 10—20cm 深度极细沙和粘粉粒物质含量低值层还是草原风蚀沙化的一个重要隐患,强调着其上覆土壤-植物根系层保护的重要性。

地表土层是沙质草原最重要的,也是最脆弱的地质体和生态系统之一。土层的重要性在于其可以隔绝并防止下伏深厚的散沙与高能量的强风相结合,形成危害力强大的挟沙风或风沙流[1,20]。土层的脆弱性在于极细沙和粘粉粒含量较高、坚实度较大、容纳草被根系层的腐殖土厚度仅有 10cm。下部为极少植物根系把持,极细沙和粘粉粒含量低且坚实度低的松散层。腐殖土-植物根系层破损后松散层极易风蚀活化形成风沙流和裸地,以更大的破坏力磨蚀下伏的钙积层并最终造成土层破口。在草被保护下完整土层的强度是相当高的。然而一旦形成破口,下伏巨厚的海拉尔组散沙层开始活化,由于掏蚀作用快速流失,则悬空的土层受张力作用会轻易崩落瓦解,在风力吹扬作用下迅速消失。

因此,沙质草原区的地表土层,特别是处于脆弱的物质和应力平衡状态的腐殖土-植物根系层,是沙质草原区的稀缺自然资源。在草原利用和沙漠化防治过程中,需要对以腐殖土-植物根系层为主的土层的完整性给予高度的重视和特别的保护。

3.3 人类活动干扰与自然因子的失效

由于研究区总体地形平缓,土层质地为沙壤且厚度很小,人类活动可以轻易破坏土层并对自然因子的平衡造成强烈干扰。自然破坏性因子的作用会由于和人类活动作用方向相同而被"放大",而自然恢复性因子的作用则会由于人类活动影响力远大于其抗力而"失效",脆弱的平衡被打破以后,生态地质环境迅速恶化。

研究区北部翻耕对土层的扰动较弱,土层保存较好厚度较大。但是道路长期、持续、大面积碾压破坏土层诱发了规模巨大的风蚀坑,其分布违反常规,在背风坡甚至洼谷地同样可以出现。研究区南部的弃耕地,由于翻耕和人类定居活动对土层的持续扰动,使背风坡和洼谷地地表土层严重风蚀损失,形成大面积风蚀裸地和密集的风蚀坑,S 坡风蚀坑的分布坡位下移。

沙质草原是生态地质环境脆弱区。沙质草原区的西坡、南坡的中上部,梁岗丘等高地,是沙质草原生态地质环境的危险地带。沙质草原区不合理的土地利用方式可以引发严重环境破坏的后果。因此,在沙质草原区需要特别注意对人类土地利用方式环境影响的评估和论证。人类谨慎选择、及时调整自身的活动方式并严格控制活动强度,对于沙质草原生态地质环境的保护是非常重要和必要的。

4 结论

1)当盛行西风时,沙质草原区的风蚀坑主要发育于朝向西南和朝南的坡地上部和中部。在人类活动干扰下,也形成于平坦的草地,向北、向东的坡地甚至洼地。

2)沙质草原区风蚀坑受微地貌部位、土层厚度、土壤质地、植被发育状况综合控制。人类活动可以通过对草被和土层的强烈干扰,使风蚀沙化的抑制性因子失效,使破坏性因子的作用大大加强,并极大促进沙质草原风蚀沙化的强度和进程。

3)沙质草原区的土层中部存在一个粗化层,可能对应历史时期古风蚀坑的发育期,也可能与开垦草原有关。粗化层的存在,使失去地表植物根系层保护的草原地带特别容易遭受风蚀沙化的侵害并形成风沙流,土层下部会由于风沙流的作用加速侵蚀形成破口,为风蚀坑的形成创造条件。

4)沙质草原是生态地质环境脆弱区。沙质草原区的西坡、南坡的中上部,梁岗丘等微地貌部位,是沙质草原生态地质环境的危险地带,需要加以特别的关注和保护。

5)干旱半干旱气候区沙质草原的地表土层处于脆弱的物质应力平衡状态,当受到自然或人为的外力干扰破损时,极易出现失衡、崩溃、消失。加强对沙质草原土层的研究和保护具有重要意义。

6)干旱半干旱气候区沙质草原的土层是稀缺的自然资源,植物根系-土壤生态系统是珍贵的生态系统。保护土层对于保护草地资源和保护生态环境,防治草原沙漠化具有极端重要性。

致谢:研究工作得到呼伦贝尔市国土资源局张秀林、林业局张德柱、环境科学研究所吴锁柱、国土资源局海拉尔分局红光、白玉华,内蒙古煤田 109 勘探队李春生、赵金义等的大力支持和协助。吴庆标博士曾经提出过很好的建议。参加野外工作的还有王国安、张咸勇。内蒙古自治区第六地质矿产勘查开发院实验室承担了全部土壤粒度分析工作。董光荣研究员对研究工作和论文撰写给予了热情指导。作者在此深表谢忱。

参考文献(References):

[1] 董光荣,李长治,金炯,等.关于土壤风蚀风洞模拟实验的某些结果[J].科学通报,1987,32:297-301.
[2] 史培军.试论科尔沁南部大青沟地区沙漠化土地的地表形态特征及其发育过程[J].内蒙古师大学报(自然科学版),1986,:43-54.
[3] 陈玉福,董鸣.鄂尔多斯高原沙化景观坡地地貌的土壤变化特点[J].第四纪研究,2000,20(6):569.
[4] 宗月香.浑善达克沙地气候因子与土壤质地相关性初探[J].内蒙古大学学报(自然科学版),2003,34(3):334-337.
[5] 李忠辉,郑大玮,潘志华.农牧交错带缓坡丘陵区土壤风蚀研究——以内蒙古后山地区为例[J].中国水土保持,2004,(6):17-18.
[6] 何文青,高旺盛,妥德宝,等.北方农牧交错带土壤风蚀沙化影响因子的风洞试验研究[J].水土保持学报,2004,18(3):1-8.
[7] 李振山.地形起伏对气流速度影响的风洞实验研究[J].水土保持研究,1999,6(4):75-79.
[8] 李小雁,李福兴,刘连友.土壤风蚀中有关土壤性质因子的研究历史与动向[J].中国沙漠,1998,18(1):91-95.
[9] 杨秀春,严平,刘连友.土壤风蚀研究进展与评述[J].干旱地区农业研究,2003,21(4):147-153.
[10] 曹振,胡克,张永光,等.科尔沁沙地表沉积物粒度分析与可风蚀性讨论[J].中国沙漠,2005,25(1):15-19.
[11] 孟祥亮,严平,宋阳,等.风蚀容忍量研究进展及其若干问题的探讨[J].中国沙漠,2005,25(3):315-319.
[12] 王新平,张志山,张景光,等.荒漠植被影响土壤水文过程研究述评[J].中国沙漠,2005,25(2):196-201.
[13] 李守中,肖洪浪,罗芳,等.沙坡头植被固沙区生物结皮对土壤水文过程的调控作用[J].中国沙漠,2005,25(2):228-233.
[14] 刘新民,杨劼.干旱、半干旱区几种典型生境大型土壤动物群落多样性比较研究[J].中国沙漠,2005,25(2):216-222.
[15] 吕世海,卢欣石,曹帮华.呼伦贝尔草地风蚀沙化地土壤种子库多样性研究[J].中国草地,2005,27(3):5-10.
[16] 陈永宗.呼伦贝尔高平原地区风沙地貌的初步研究[C]//地理集刊第13号.北京:科学出版社,1981.
[17] 内蒙古自治区地质矿产局.内蒙古自治区区域地质志[M].北京:地质出版社,1991.
[18] 戴旭.呼伦贝尔草原土地类型的初步研究[J].地理学报,1980,35(1):33-34.
[19] Hesp P A. Foredunes and blowouts: initiation, eomorphology and dynamics[J]. Geomorphology,2002,48:245-268.
[20] 贺大良,邹本功,李长治,等.地表风蚀物理过程风洞实验的初步研究[J].中国沙漠,1986,6(1):25-31.

呼伦贝尔沙质草原风蚀坑研究(Ⅳ)
——人类活动的影响

张德平[1,2],王效科[1],孙宏伟[3],冯宗炜[1]

(1.中国科学院生态环境研究中心系统生态开放研究室,北京 100085;
2.呼伦贝尔市国土资源局,内蒙古呼伦贝尔 021008;
3.内蒙古自治区第六地质矿产勘查开发院,内蒙古扎兰屯 162657)

摘要:对呼伦贝尔沙质草原 187 个现代风蚀坑野外调查获得的形态指标、发展阶段、诱发原因、现代放牧压力进行了对比分析。发现 87% 的风蚀坑由人类活动引起。其中翻耕、道路、人类定居活动诱发的风蚀坑分别占 35.8%、34.8% 和 16%。人类定居活动诱发的风蚀坑分布范围最广。翻耕诱发的风蚀坑有 97% 处于活动状态。翻耕造成的土壤损失对生态地质环境破坏严重且影响深远。放牧既能促使固定风蚀坑活化并助长风沙活动,也能促进风蚀坑加速消亡。合理确定放牧压力很重要。翻耕造成的面状土层破坏诱发大量风蚀裸地和规模巨大的短轴型风蚀坑。道路切割土层诱发受道路延伸方向控制串状分布的长轴型风蚀坑。呼伦贝尔沙质草原正面临新一轮沙漠化的严重威胁。保护沙质草原区植被和地表土层不受破坏是防止风蚀坑发生发展的关键。促进土层以及草原植被的形成与恢复是风蚀坑控制的根本途径。

关键词:风蚀坑;成因;形态变化;沙漠化;风沙地貌;地表土层;呼伦贝尔沙质草原

Hulun Buir sandy grassland blowouts: influence of human activities

ZHANG A MunkhDalai[1,2], WANG Xiaoke[1], SUN Hongwei[3], FENG Zongwei[1]

(1. Research Center for Eco-Environmental Sciences, Chinese Academy of Sciences, Beijing 100085, China;
2. Bureau of Land and Resources of HulunBuir City, HulunBuir 021008, Inner Mongolia, China;
3. The 6th Mineral Exploration and Mining Company, Zhalantun 162657, Inner Mongolia, China)

Abstract: The shapes, development stages, and formation causes of 187 modern blowouts in HulunBuir Sandy Grassland were compared on the background of different grazing and human activity pressures. It was discovered that 87% of blowouts are caused by human activities, with plowing, grassland motor vehicle natural road, and resident related activities counting for 35.8%, 34.8%, and 16% respectively. Blowouts caused by resident related activities have the widest spread. And 97% of the plowing-caused bare soil and blowouts are in active development,

---

原载于:中国沙漠,2007,27(2):214-220.
基金项目:国家自然科学基金项目(40471013);内蒙古自治区自然科学基金项目(200308020512);呼伦贝尔市农业攻关与社会发展项目(2002-01-15)共同资助

indicating destruction to soil layer structure and material loss brought forth by plowing is serious and has long aftereffect. Herding can bring fixed blowouts back to active along their edges and at dunes, as well as to facilitate blowouts' process of level off and revegetation. What is important is to set herding pressure or quota in a reasonable scale. With regard to morphological change of blowouts in relation to causes, large scale destruction of top soil layer by plowing results in wide spread bare soil and large round blowouts, whereas motor vehicle natural roads results in string lined elongated blowouts when the ruts mill and cut through top soil layer. HulunBuir Grassland is endangered by a new phase of sandy desertification. Protection of grassland vegetation and top soil layer is vital to avoiding the development of blowouts. Facilitate the resumption of soil layer formation and revegetation is the fundamental way to control blowouts.

Keywords: blowout; cause of formation; morphological change; sandy desertification; aeolian geomorphology; top soil layer; HulunBuir Sandy Grassland

对于我国北方的草原沙漠化，学者们从历史与现状[1-2]、过程与起因[3-5]、土地利用[6-9]、放牧干扰[10]、自然与人为因素综合作用[11-12]，乃至文化层面[13-14]进行了广泛深入的分析。指出道路践踏破坏地表植被和土壤结构造成长条状分布的沙漠化土地[15]。土壤风蚀风洞模拟试验所获得的数据，以及沙丘风沙流的观测研究，有助于理解风力、水分、土层和土表结皮、土壤物质组成、植被等自然因子对翻耕和樵柴、放牧等人类活动干扰的响应[16-19]。然而国内针对人类活动对风蚀坑发育的影响尚未见到任何专题报道。国外近年来对海岸前丘上发育的风蚀坑采用卫星影像和航空照片[20-21]，以及风蚀杆和捕沙仪等手段[20-22]，从风蚀过程与形态监测[20]，到风速与菌类表皮的关系[23]，风蚀坑形成的动力机制[21]等方面进行了详细研究[24]。但是也只有个别作者提及风蚀坑的形成与人类活动扰动的关系[25]。在呼伦贝尔河流沟渠不发育、地形起伏不大的波状沙质草原区，人类交通、农业耕作等活动对土层的强烈扰动对风蚀坑的发育具有关键作用。加强这方面的研究，根据沙质草原区生态地质环境实际情况合理安排土地利用方式非常重要。

据测算，从 1989 到 2000 年的 11a 间，呼伦贝尔草原沙漠化土地总面积从 8 065 km² 扩大到 12 828 km²[26-27]，增幅达 159%。相应地 1986 年至 1996 年呼伦贝尔新开垦耕地 36.13 万 hm²，耕地面积增加了 34.8%，耕地重心向西北移动了 33.5km[28]。新增耕地的 79.7% 来自沙质草原区东南部沙漠化土地分布面积最广、沙漠化最严重的的新巴尔虎左旗和鄂温克族自治旗的草地[28-29]。而 1989 年到 1999 年牧业年度（6 月末）呼伦贝尔大小牲畜头数却从 271 万增加到 480 万[30-31]。呼伦贝尔草原生态环境正面临着人类干扰活动持续增强的空前压力。

地表土层和降水一道构成干旱多风的沙质草原区最稀缺的，也是最容易损失的自然资源。沙质草原区地表土层的珍贵之处，在于其可以承载地带性最具生命力的草原生态系统，并与草原植被一道锁闭下伏的巨厚散沙。草原植被和地表土层隔绝、抵消和转化风能，有效防止土层下伏的散沙与强风结合，形成危害力强大的挟沙风或风沙流[16-17]。对风蚀坑及其发生发展规律进行研究，可以揭示地表土层在防止风蚀坑的形成，保护沙质草原生态系统中的关键作用，为沙质草原的有效保护、合理利用和沙漠化控制提供支持和帮助。

本文将着重对呼伦贝尔沙质草原风蚀坑的发育与人类活动关系进行研究。为因地制宜地调整人类活动,减轻对草原生态地质环境的压力,预防和治理以风蚀坑为主要形式的沙漠化过程对草原的破坏提供依据。

1 研究区和方法

1.1 研究区概况

研究区位于呼伦贝尔沙质草原区北部沙带,即海拉尔河沙带及其南北两侧沙质草原上现代风蚀坑比较发育的地带(图1)。

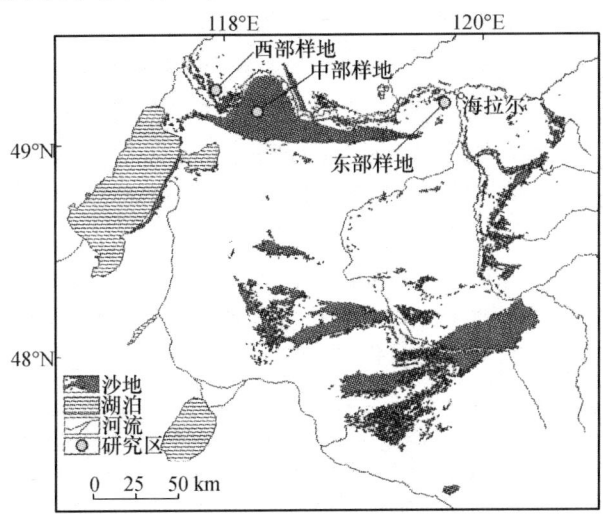

图 1 呼伦贝尔沙质草原区沙地景观分布现状及研究区位置示意图
Fig. 1 Distribution of sandy lands in HulunBuir Grassland, bare or fixed by vegetation
图中沙地包括裸沙和可识别的乔灌草植被不同程度固定的沙丘;据2003年TM卫星影像目视解译获得

在沙质草原现代风蚀坑发育比较密集的地带选择东部、中部、西部3个实验样地。

东部样地位于陈巴尔虎旗呼和诺尔苏木,面积约 24 km²,靠近海拉尔城区,人类活动压力远大于其他两个样地。该样地整个区域曾在1960年大范围开垦耕地,随即于1962年由于"黑风暴"的爆发弃耕[32]。弃耕地的地表沙质栗钙土层有平均 0.13m 的厚度损失。弃耕地草原植被已经恢复,航片上已经无法识别。但仍保存着大部分为 W—E、个别地带为 N—S 的单一方向垄沟或犁痕。南部特别是西南部土壤和水分条件较好的低洼地带的弃耕地有 W—E,N—S 两个方向,甚至 W—E,N—S,SW—NE 三个方向的相互重叠的垄沟或犁痕,地表黑土层近乎完全损失,风蚀裸地普遍发育。南部弃耕地草原植被恢复也比较差,从航片上可以明显看到沙漠化土地和风蚀坑的分布受弃耕地控制。整个东部样地有众多机动车自然路纵横分布,绝大多数是从海拉尔向西呈放射状延伸的交通干道。北部梁顶有多达34条新旧路辙,占据宽度超过300m的地带。现代放牧压力大。

中部样地位于沙带腹地新巴尔虎左旗嘎拉布尔苏木,面积约 9 km²。远离水源,没有人类聚居地,只有散居的牧户从事半定居的游牧业,人类活动影响小,接近自然放牧状态。该区有小范围分布的弃耕地。道路稀少,没有交通干道。放牧压力较大。

西部样地位于新巴尔虎左旗嵯岗镇嵯岗国有农牧场正北的海拉尔河古阶地边缘,面积约 9 km²。道路影响微小,未见开垦迹象。现代定居放牧压力大。该区是3个样地中惟一可以从1:5万航片上明确分辨出牛群往来于舍区与取食区草场之间的通道——即"牛道"的地带。经测量牛道平均宽度 0.35m,深度 0.02—0.09m。野外观测到主道由多达 18 条并行的牛道组成,占据宽度近 20 m 的地带。牛道在接近牛群取食区的草场时分散消失。

1.2 研究方法

对风蚀坑的野外测量数据进行整理,获得风蚀坑的形态指标、诱发原因、发展阶段数据。对研究区内 3 个样地所调查的风蚀坑的发展阶段、形成原因,放牧压力分别进行统计对比,揭示三者之间的关系。按照诱发原因和发展阶段对风蚀坑进行归类,并对各类风蚀坑的形态指标与诱发原因、发展阶段之间的关系进行分析。

现代放牧压力的判定主要是通过对风蚀坑内、坑后积沙以及背景草原上的植被情况、放牧迹象的观察确定。判据为草层高度和盖度,牛道密度,牲畜蹄印密度。草层高度和盖度小,牛道密度大,牲畜蹄印密度大,表明放牧压力大。相反,草层高度和盖度大,牛道密度小,牲畜蹄印密度小,则表明放牧压力小。

2 结果和讨论

2.1 人类活动压力与风蚀坑的形成发展

本次研究总共调查了 203 个现代风蚀坑,对其中分布于上述 3 个样地的 187 个风蚀坑按照形成原因、发展阶段分别进行统计,并与放牧压力进行对比(表1)。

表1 呼伦贝尔沙质草原风蚀坑按形成原因、放牧压力、发展阶段的统计对比分析
Tab. 1 Number/Percentage of blowout pits of every causes, and at every stages of development in the east, middle, and west testing sites

样地	调查总数/个	形成原因/(数量/%)				放牧压力	发展阶段/(数量/%)				
		道路	翻耕	人居复合	不明		裸地	活跃发展	固定	活化	消亡
东部	158	65/41.1	66/41.8	20/12.7	7/4.4	重度	37/23.4	46/29.1	33/20.9	42/26.6	
中部	17		1/5.9	5/29.4	11/64.7	中度	1/5.9	2/11.8	9/52.9	3/17.6	2/11.8
西部	12			5/41.7	7/58.3	重度		3/25.0	4/33.3	3/25.0	2/16.7
合计	187	65/34.8	67/35.8	30/16.0	25/13.4		38/20.3	51/27.3	46/24.6	48/25.7	4/2.1

2.1.1 人类活动与风蚀坑的发生

187 个风蚀坑中,人类活动诱发的占 87%。其中翻耕、道路、人类定居活动成因的风蚀坑分别占 35.8%、34.8%、16%。

东部样地风蚀坑的成因与人类活动的关联程度最高,达 95.6%。翻耕和道路对风蚀坑形成的贡献相当。人类定居活动遗迹从历史时期的陶片、大型石器、细石器、铁器、直到现代建材塑料制品均有发现。

西部样地与人类活动直接相关的风蚀坑数量占总数的 41.7%。

中部样地与人类活动相关的风蚀坑所占比例最低,为 35.3%。

中、西部样地的共同特点是诱发风蚀坑的人为原因主要是人类定居活动。

2.1.2 土地利用方式与风蚀坑的活动状态

东部样地处于裸地、活跃发展、活化阶段风蚀坑的比例为 3 个样地中最高,固定坑比例在 3 个样地中最低。表明在大面积弃耕地上持续的人类活动强大压力下,风蚀坑广泛形成并普遍处于高度活跃状态。

中部样地裸地、活跃发展、活化风蚀坑比例最低,固定坑比例最高。表明单一的游牧状态下风蚀坑的活跃程度低。

西部样地的最大特点是处于活跃发展、固定、活化、消亡阶段的风蚀坑均占一定比例。风蚀坑的总体活动程度低于东部样地。

2.1.3 现代放牧与风蚀坑的发育

牛道是定居与自然放牧相结合的产物。从事完全游牧的草原区牛道不显著。由于定居,牲畜每天从舍区经由特定区域前往天然草地取食,之后再返回舍区。牛群排队赶路的习性造成了分布于通行区域的牛道。

本次实地调查没有发现草原上连接牲畜舍区与取食区之间的牛道切穿土层并引发大范围风蚀裸地或诱发风蚀坑的现象。考虑到牧马、牧羊等其他放牧活动都不是因循固定的道路进行,其对土层产生的扰动都不及牛道的强度大。因此推断沙质草原区的放牧活动不会破坏土层并诱发风蚀坑。但是牛道以及其他牲畜在穿过沙丘带时扰动薄弱土层,确实存在引起固定、半固定沙丘活化的现象。此外,牲畜踩踏造成风蚀坑边缘陡坎薄弱的土层破碎、塌落,从而引起风蚀坑活化的现象比较普遍。

风蚀坑壁边缘土层崩落面是掘土穴居昆虫的集中分布地带。土层之下沙层形成的陡壁则是沙燕等鸟类的掘穴场所。较平缓的固定坑或正在消亡风蚀坑的坑壁中部,可以见到鼠类洞穴。动物对风蚀坑壁的扰动,既可以使土层和风蚀坑壁松动利于牲畜踩踏塌落,为风蚀坑的活化创造条件,同时也促进了风蚀坑侧壁变缓夷平逐步消亡。

2.1.4 风蚀坑的成因与发展阶段

弃耕地中的风蚀坑多数处于高度活动状态的风蚀裸地、活跃发展和活化阶段,较少处于固定和消亡状态。道路型风蚀坑固定状态和活动状态的数量比例相当。人居复合型风蚀坑多处于活动状态的活化和活跃发展阶段(表2)。

表2 呼伦贝尔沙质草原各发展阶段风蚀坑成因类型统计
Tab. 2 Number of blowouts of every causes at every stages of development

成因	裸地阶段	活跃发展阶段	固定阶段	活化阶段	消亡阶段	合计/个
翻耕型	29	18	2	18		67
道路型	6	20	29	10		65
人居复合型	3	9		15	3	30
成因不明		4	15	5	1	25
合计/个	38	51	46	48	4	187

产生以上现象的原因是:翻耕造成土层大面积破坏,土壤风蚀损失,土壤种子库损失严重[33],生态地质环境恶化,草原植被恢复缓慢。道路对土层破坏的特点是集中连续深度切割。在梁岗丘土层薄弱地带,由于土层易于破损道路易辙频率加大,形成条带状加宽的土层破损带,强劲的风力容易诱发大规模风蚀坑且持续发展难以固定。在非梁岗丘地带,同样的易辙现象,由于道路切割造成的土层破坏面积有限,较弱的风力和较好的水分和沉积条件使风蚀坑比较容易固定。

各样地现代风蚀坑以及坑后积沙有一个共同特点:风蚀坑的出风端和坑后积沙部位经常可以见到风蚀残丘。积沙部位的风蚀残丘被沙生植物固定,并被低平的现代裸沙丘包围。这表明风蚀坑正在发展扩大,原来曾经高大且固定的沙丘正在被再次风蚀改造甚至完全破坏。考虑到广泛存在的风蚀坑的活化扩展现象,许多丘顶树木的成片死亡,以及固定沙丘被风蚀破坏后露出的沙生植物成片的根系残迹。还考虑到沿着现代机动车道路、翻耕型防火道、新修筑公路两侧用推土机路旁就地取料的料场、铁路两侧的反复植树带、部分深翻或掘坑不恢复土层和草被的植树带、坟墓等,正在产生新的风蚀沙化活跃区,形成面积广大的风蚀裸地,并有风蚀坑形成和迅速发展。可以推断该地区至少在近几年进入了一个新的风沙活动活跃期,其诱发原因可能是自然和人为多重的。鉴于近年呼伦贝尔草原沙漠化土地总面积大幅增加,耕地面积增加且重心正在向西北的沙质草原腹地沙漠化严重地带靠近,而草原上承载的牲畜头数也在持续快速增长。生态环境所承受的空前压力令人深感忧虑。

2.2 人类活动与风蚀坑的形态发育

2.2.1 风蚀坑的形态指标

对风蚀沙坑和形态发育比较完整、边界清楚的裸沙斑测量数据进行统计,获得各发展阶段和成因类型沙斑和风蚀沙坑的平均形态指标(表3)。

表3 呼伦贝尔沙质草原各发展阶段和成因类型现代风蚀坑平均形态指标

Tab. 3 Average indexes of blowouts of every causes at every stages of development

发展阶段	成因类型	风蚀沙坑指标/m 长	宽	深	长:宽:深	长轴方位角/(°)	裸沙斑指标/m 长	宽	丘高	长:宽:高	长轴方位角/(°)
裸地斑块	翻耕	33.9	21.3	1.0	32:21:1	115.1					
	道路	27.0	13.4	0.8	32:16:1	115.0					
	复合	19.1	10.6	0.6	32:18:1	118.2					
	平均	26.7	15.1	0.8	33:19:1	116.1					
活跃发展	翻耕	58.9	36.5	4.2	14:9:1	97.9	154.3	70.0	1.1	140:64:1	85.7
	道路	78.1	33.4	4.5	18:7:1	100.4	247.0	111.7	1.6	152:68:1	93.0
	复合	84.6	44.8	4.8	18:9:1	102.4	324.0	140.7	2.6	127:55:1	106.8
	平均	73.9	38.2	4.5	16:8:1	100.2	241.8	107.5	1.8	140:62:1	95.2
固定	翻耕	21.6	16.0	1.2	18:13:1	91.8					
	道路	30.8	17.6	1.8	17:10:1	109.1	74.2	34.2	0.7	102:47:1	87.1
	不明	58.4	32.8	2.2	26:15:1	116.2	288.8	119.7	1.2	245:101:1	97.6
	平均	36.9	22.1	1.7	20:13:1	105.7					
活化	翻耕	37.3	25.2	2.5	15:10:1	64.6	82.3	38.7	0.9	88:42:1	98.6
	道路	54.8	26.3	2.3	24:12:1	104.5	88.0	48.2	0.9	95:52:1	93.3
	复合	48.5	32.9	2.8	17:12:1	104.1	130.9	65.8	1.4	92:46:1	101.9
	平均	46.9	28.1	2.5	19:11:1	91.1	100.4	50.9	1.1	92:47:1	97.9
消亡	不明	140.1	72.8	4.4	32:17:1	127.4	370.2	150.5	3.6	103:42:1	119.8
	总平均	64.9	35.3	2.8	24:14:1	108.1	237.5	103	2.2	112:50:1	104.3

2.2.2 风蚀坑的面积和长轴方向

203个现代风蚀坑的面积绝大多数分布在100—10 000 m²范围内(图2)。

风蚀坑的面积与长度并非简单的直线相关。反映出大型坑向风蚀洼地转变时,面积增加的主要贡献来自侧向发展,大型的方形风蚀坑属于晚期发展阶段的形态特征(图3A)。

面积较小风蚀坑的长轴方向分布发散,反映裸地阶段风蚀坑方向性不明显。随着风蚀坑逐步发育面积增大,方向性开始体现,长轴方向逐步向盛行风(偏西风)方向集中(图3B)。

2.2.3 诱发原因对风蚀坑形态的控制

研究区土层厚度0.15—0.40m,平均0.28m。翻耕和道路都可以对土层造成完全的破坏。因此,风蚀坑的形态特征受破坏土层并诱发风蚀坑因子的影响很大。翻耕型风蚀坑的长:宽:深比值平均为17:11:1,道路型平均为20:9:1,复合型介于上二者之间(图4)。

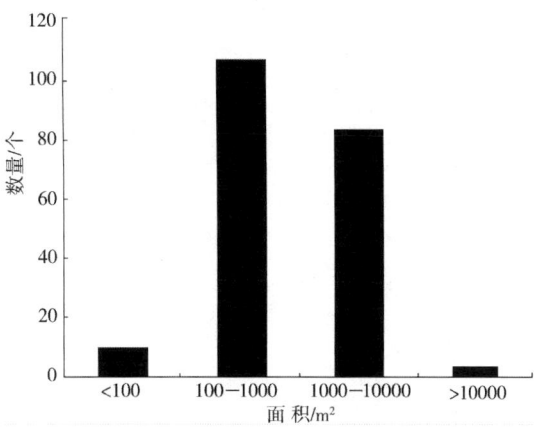

图2 呼伦贝尔沙质草原现代风蚀坑的面积分布
Fig. 2 Distribution of blowout sand pit areas in HulunRuir Sandy Grassland

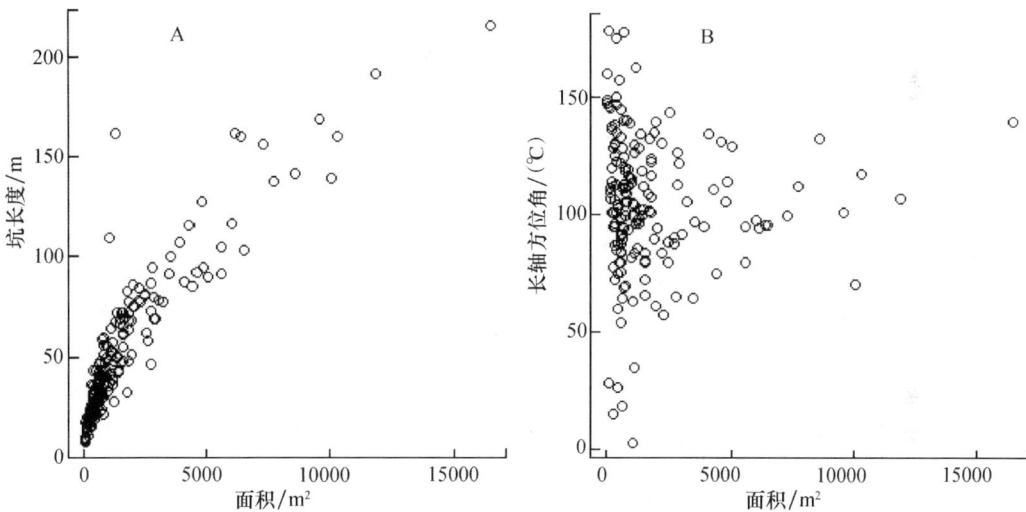

图3 呼伦贝尔沙质草原现代风蚀坑的面积与风蚀坑长度(A)、长轴方位角的关系(B)
Fig. 3 Scatter diagrams of blowout sand pit area against length (A) and long axis position angle (B) in HulunBuir Sandy Grassland

这是因为道路对土层的破坏呈线状或带状延伸,其所引发的风蚀坑由于沿着道路销蚀或破坏土层的方向发展速度较快而呈现为长轴型。研究区诱发风蚀坑道路的总体方位角为116°—124°,其所诱发风蚀坑的总体长轴方向为107.5°。偏差为盛行的偏西风改造的结果。

翻耕造成土层的面状破坏使裸地可以达到较大面积,为风蚀坑充分发育时达到较大规模创造了条件,并使风蚀坑充分发育时呈现短轴型形态(图5)。

2.2.4 风蚀坑因发展阶段的形态变化

道路引发的风蚀坑在发展过程中长宽比逐步变小。固定阶段长宽比变小是由于风蚀坑的长度停止发展,比较陡立的侧壁自然垮塌,风蚀坑圆化。活化阶段长宽比进一步变小,是由于新的风蚀区以发生在坑的北缘为主,风蚀坑侧向发展宽度加大(图6A)

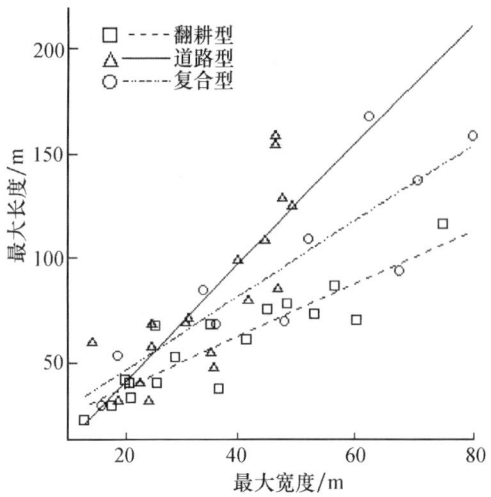

图4 呼伦贝尔沙质草原跃发展阶段现代
风蚀坑按成因类型的形态指标分布

Fig. 4 Distribution of morphological indexes of actively developing blowouts with different formation causes in HulunBuir Sandy Grassland

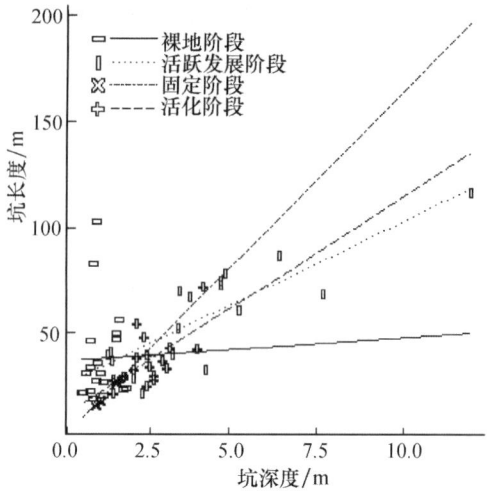

图5 呼伦贝尔沙质草原各发展阶段翻耕成因
现代风蚀坑的形态分布

Fig. 5 Distribution of morphological indexes of plowing type blowouts at their developing stages in HulunBuir Sandy Grassland

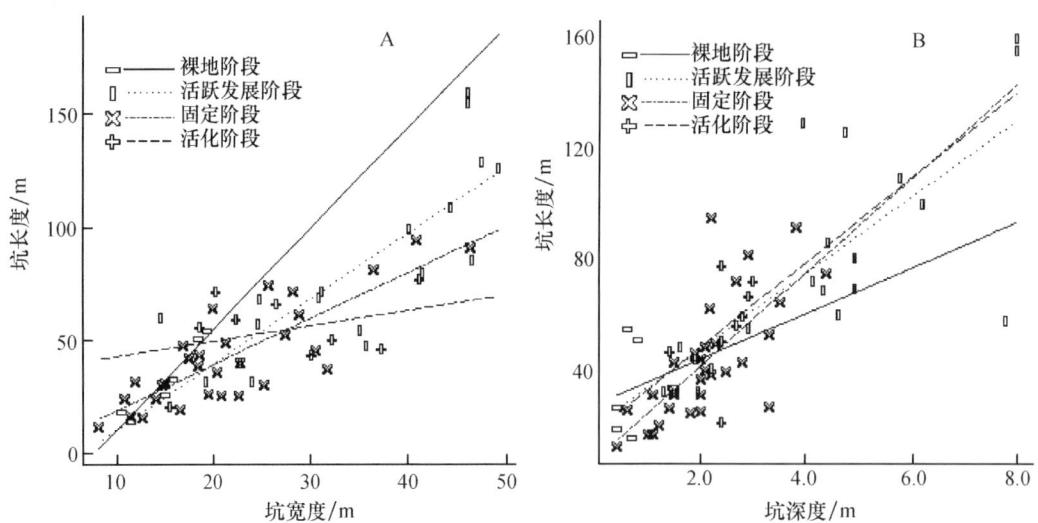

图6 呼伦贝尔沙质草原各发展阶段道路成因现代风蚀坑的形态指标分布

Fig. 6 Distribution of morphological indexes of road type blowouts at their developing stages in HulunBuir Sandy Grassland

除形成初期长深比较大以外,其他各阶段道路型风蚀坑的长深比非常接近,其原因尚不清楚(图6B)

3 结论

1)呼伦贝尔沙质草原人类活动诱发的风蚀坑占风蚀坑总数的87%,其中翻耕,机动车自然路,历史时期以来人类定居活动诱发的风蚀坑分别占调查风蚀坑总数的36%,35%,以及16%。人类定居活动诱发的风蚀坑分布范围最广。人类活动破坏土层是沙质草原区诱发风蚀坑的最主要原因。

2)翻耕诱发的风蚀坑有97%处于裸地、活跃发展或活化阶段,翻耕引起土壤细粒物质和土壤种子库损失,造成地表土层粗化或完全消失,生态地质环境恶化,草原植被恢复困难,容易产生新的风蚀沙化且难于控制。

3)沙质草原区的放牧活动不会破坏土层诱发风蚀坑,牲畜踩踏能引起风蚀坑活化,也能促进风蚀坑加速消亡。保持适度的放牧压力是合理利用草原,保护和优化沙质草原生态地质环境的关键。

4)风蚀坑形态受诱发原因控制。翻耕造成土层面状破坏,诱发大面积风蚀裸地和规模巨大的短轴型风蚀坑。道路切割土层诱发受道路延伸方向控制的长轴型风蚀坑。

5)呼伦贝尔沙质草原区正处在一个新的风蚀沙化活跃期和草原沙漠化高度危险期。

6)保护沙质草原区土层不受破坏是防止风蚀坑发生发展的关键。促进地表土层以及草原植被的形成与恢复是风蚀坑控制的根本途径。

致谢:参加野外工作的还有张骞,卫志远,王国强,王长山,高航,智磊等。董光荣研究员对研究工作和论文撰写给予了热情指导。作者在此深表谢忱。

参考文献(References):

[1] 孙继敏,刘东生.中国东北黑土地的荒漠化危机[J].第四纪研究,2001,21(1):72-78.

[2] 任鸿昌,吕永龙,杨萍,等.科尔沁沙地土地沙漠化的历史与现状[J].中国沙漠,2004,24(5):544-547.

[3] 孙继敏,丁仲礼.中国东部沙区的荒漠化过程与起因[J].第四纪研究,1998(5):156-164.

[4] 薛娴,王涛,吴薇,等.中国北方农牧交错区沙漠化发展过程及其成因分析[J].中国沙漠,2005,25(3):320-328.

[5] 王涛,吴薇,赵哈林,等.科尔沁地区现代沙漠化过程的驱动因素分析[J].中国沙漠,2004,24(5):519-528.

[6] 乌兰图雅.科尔沁沙地近50年的垦殖与土地利用变化[J].地理科学进展,2000,19(3):273-278.

[7] 乌兰图雅.20世纪科尔沁的农业开发与土地利用变化[J].自然资源学报,2002,17(2):158-161.

[8] 赵杰,赵士洞.农牧交错带典型偏农区土地利用变化及其原因分析——以奈曼旗尧勒甸子村为例[J].中国沙漠,2003,23(1):73-78.

[9] 曹军,吴绍洪,杨勤业.科尔沁沙地的土地利用与沙漠化[J].中国沙漠,2004,24(5):548-552.

[10] 李瑜琴,赵景波.过度放牧对生态环境的影响与控制对策[J].中国沙漠,2005,25(3):404-408.

[11] 乌云娜,裴浩,白美兰.内蒙古土地沙漠化与气候变化和人类活动[J].中国沙漠,2002,22(3):292-297.

[12] 常学礼,赵学勇,韩珍喜,等.科尔沁沙地自然与人为因素对沙漠化影响的累加效应分析[J].中国沙漠,2005,25(4):466-471.

[13] 刘书润.体制和文化与内地的趋同——内蒙古草原大规模退化人为因素的核心[C]//曾经草原——内蒙古生态与游牧文化展专题研讨会论文集.北京:中国文化书院.绿色文化分院,2003.

[14] 恩和.草原荒漠化的历史反思:发展的文化维度[J].内蒙古大学学报(人文社会科学版),2003,35(2):3-9.

[15] 史培军.试论科尔沁南部大青沟地区沙漠化土地的地表形态特征及其发育过程[J].内蒙古师大学报(自然科学版),1986,(1):43-54.

[16] 贺大良,邹本功,李长治,等.地表风蚀物理过程风洞实验的初步研究[J].中国沙漠,1986,6(1):25-31.

[17] 董光荣,李长治,金炯,等.关于土壤风蚀风洞模拟实验的某些结果[J].科学通报,1987,32:297-301.

[18] 邹学勇,朱久江,董光荣,等.风沙流结构中起跃沙粒垂直初速度分布函数[J].科学通报,1992,23:2175-2177.

[19] 哈斯.腾格里沙漠东南缘沙丘表面风沙流结构变异的初步研究[J].科学通报,2004,49:1099-1104.

[20] Jungerius P D, Meulen F. The development of dune blowouts, as measured with erosion pins and sequential air photos[J]. Catena, 1989, 16:369-376.

[21] Jeffery P, Maun A M, Pazner M I. Blowout dynamics on Lake Huron sand dunes: analysis of digital multispectral data from colour air photos[J]. Catena, 2005, 60:165-180.

[22] 赵学勇摘译.新泽西州岛滩国家公园内海岸沙丘风蚀坑的地形变化[J].世界沙漠研究,1994(4):44-47.

[23] Pluis J L A, van Boxel J H. Wind velocity and algal crusts in dune blowouts[J]. Catena, 1993, 20:581-594.

[24] Hesp P A. Foredunes and blowouts: initiation, geomorphology and dynamics[J]. Geomorphology, 2002, 48:245-268.
[25] Catto N R, MacQuarrie K, Hermann M. Geomorphic response to Late Holocene climate variation and anthropogenic pressure, northeastern Prince Edward Island, Canada [J]. Quaternary International, 2002, 87:101-117.
[26] 朱震达,刘恕,邸醒民.中国的沙漠化及其治理[M].北京:科学出版社,1989:9-17,43-48.
[27] 王涛,吴薇,薛娴,等.中国北方沙漠化土地时空演变分析[J].中国沙漠,2003,23(3):230-235.
[28] 王秀兰.基于遥感的呼伦贝尔盟农牧业土地利用变化及其对地区农业持续发展影响的研究[J].地理科学进展,1999,18(4):322-329.
[29] 封建民,王涛.呼伦贝尔草原沙漠化现状及历史演变研究[J].干旱区地理,2004,27(3):356-360.
[30] 呼伦贝尔盟史志编撰委员会.呼伦贝尔盟志[M].海拉尔:内蒙古文化出版社,1999:810-811.
[31] 呼伦贝尔盟统计局.呼伦贝尔盟统计年鉴[Z].海拉尔,1999.
[32] 陈永宗.呼伦贝尔高平原地区风沙地貌的初步研究[C]//地理集刊第13号.北京:科学出版社,1981:73-84.
[33] 吕世海,卢欣石,曹帮华.呼伦贝尔草地风蚀沙化地土壤种子库多样性研究[J].中国草地,2005,27(3):5-10.

臭氧对农作物影响的模型

姚芳芳,王效科,冯宗炜,欧阳志云

(中国科学院生态环境研究中心城市与区域生态国家重点实验室,北京 100085)

摘要:对流层臭氧(O_3)浓度增加对作物的不利影响已受到广泛关注,臭氧模型研究自然已成为该领域的热点之一。建立有效的模型对臭氧造成的作物产量损失进行评估和预测,能为中国臭氧污染的控制和农业安全提供科学依据。根据模型与作物生长关系的紧密程度,可将其分为统计模型和机理模型2大类。依据模型的研究进程,依次阐述了浓度响应、剂量响应、通量响应3个统计模型;重点分析国内外影响较大的 CLASS、Martin 和 AFRCWHEAT2-O_3 3个机理模型;指出各模型的局限性,并对相关研究发展方向的可行性措施进行讨论。

关键词:臭氧;模型;农作物;通量;光合作用

Research advances simulation models of ozone impact on crops

YAO Fangfang, WANG Xiaoke, FENG Zongwei, OUYANG Zhiyun

(*State Key Laboratory of Urban and Regional Ecology, Research Center for Eco-Environmental Sciences, Chinese Academy of Sciences, Beijing 100085, China*)

Abstract: The impact of increasing ozone (O_3) concentration in troposphere on crops has being drawn more and more concern, and its simulation study has become a hotspot. To build effectual simulation models to evaluate and predict the crop loss by O_3 would help to the ozone pollution control and agriculture safely. According to the relationships between crop growth and O_3, the models could be classified as statistical models and mechanism models. In this paper, concentration-, dose/exposure- and flux-based statistical models were introduced, based on their development process, and three influential mechanism models (CLASS, Martin, and AFRCWHEAT2-O_3) were discussed in pivot. The limitations of each model were pointed out, and the development trends of related studies in China were put foward

Key words: ozone; model; crop; flux; photosynthesis

1 引言

臭氧是由3个氧原子组成的高活性强氧化性气体,是光化学烟雾污染的主要成分,已成为危害最严重的二次污染物之一。在过去的几十年里,科学界致力于对流层臭氧浓度升高对农作物影响的研究(John & Christian, 2003; Jürg & Fitzgerald, 2003; Ashmore,

---

原载于:生态学杂志,2007,26(4):571-576。
*国家重点基础研究发展规划项目(2002CB410803);国家自然科学基金资助项目(30670387)

2005；Edwin et al，2005）。研究表明，近地层高浓度臭氧环境能够引起作物减产，且这种负面影响有累积效应。累积效应一方面与暴露浓度和频度有关；另一方面与作物自身敏感程度有关，不同物种对臭氧敏感性大不相同，甚至同一物种不同品种间的差异也很大。

通常的试验研究仅局限于特定条件和样方尺度，这样获得的数据有限，而用模型则可以克服以上缺陷，并可以对很多实验无法获得的条件进行模拟。此外，模型还可用于臭氧污染区域风险评价及农作物经济损失评估。因此，利用臭氧模型反映大气环境中臭氧浓度变化对作物生长和产量影响的研究已成为该领域的热点之一。中国人口众多，粮食问题尤为重要，很多地区由于出现高浓度臭氧污染严重影响农业产量。国内在臭氧对作物影响的研究方法、危害机理、产量损失估算等方面做了较多工作（王春乙等，1996；周秀骥，2004；郑昌岭和王春乙，2004），但在臭氧模型研究方面缺乏系统的研究。本文综合分析了国内外臭氧模型，为臭氧污染的控制和农业安全提供科学依据。

2 臭氧对作物影响的统计模型

2.1 浓度响应关系模型

1980年美国农业部和环境保护局创建了全国农作物损失评价网（The National Crop Loss Assessment Network，NCLAN），在全美范围内利用农田开顶式气室（OTC），使用标准的试验方案研究臭氧对农作物（大麦、棉花、马铃薯、小麦、玉米、莴苣、花生、菜豆、大豆、芜菁、高粱、烟草等）生长和产量的影响。研究最初认为臭氧浓度增加与作物产量下降存在较好的线性关系，用7h（9：00—16：00）生长季节内平均臭氧体积分数和作物产量建立浓度响应关系模型（Heck & Adams，1983），进而根据单株产量推算出O_3浓度与作物产量损失百分率，关系式为：

$$y = a + bx \tag{1}$$

式中，y为作物单株产量，x为生长季内每天7h臭氧浓度平均值，a、b为回归系数。

以Admas等（1989）为代表的学者认为臭氧浓度增加与作物产量下降是非线性的，服从Weibull函数分布：

$$y = \alpha \exp[-(C(O_3)/\omega^\lambda)] \tag{2}$$

式中，y为作物产量，α为臭氧浓度为0时的理论产量，ω为臭氧剂量的尺度参数，λ为损失率变化的形态参数。α包含了试验地、品种等外在因素造成的影响。

随后，欧洲和其它国家也按照NCLAN的基本方法和试验设计研究臭氧对农作物的损失影响（Mathy，1988）。这种模拟方式主要是运用数学统计分析的方法处理试验数据，该模型虽然方法简单，但只是将臭氧浓度作为唯一影响因素，忽略了暴露时间及作物生长的其它环境因素的影响机制，机理性较差。

2.2 剂量响应关系模型

随着研究的深入，发现农作物长期暴露在高浓度臭氧环境中会造成负面的累积效应，仅仅用浓度指标不能完全真实地反映问题。美国环境保护局（USEPA）提出用累积暴露指标（cumulative exposure index）——SUM06（临界浓度为60 nmol·mol^{-1}）作为植物保护标准（USEPA，1997）。在欧洲，研究者认为40 nmol·mol^{-1}的临界浓度更适合欧洲地区，并相应建立AOT40指标（Fuhrer et al，1997；Fuhrer & Achermann，1999），联合国欧洲经济委员会（UNECE）和世界健康组织（WHO），就以此制定了大气质量标准。SUM06、AOT40计算公式如下：

$$SUM06 = \sum (C_{O_3})(C_{O_3} \geqslant 60 \text{ nmol} \cdot \text{mol}^{-1}) \tag{3}$$

$$AOT40 = \sum (C_{O_3} - 40)(C_{O_3} \geqslant 40 \text{ nmol} \cdot \text{mol}^{-1}) \tag{4}$$

剂量响应关系模型已关注到臭氧浓度和暴露时间这 2 个臭氧伤害作物的最主要因子,也已认识到臭氧暴露量与光合效率、作物生长产量呈明显负相关。试验证明,臭氧累积量指标与季节平均浓度指标相比,前者预测效果更好(USEPA,1997;Massman et al, 2000;Grünhage & Jäger,2003;Massman,2004)。然而,剂量响应关系模型简单地将周围大气中的臭氧量与植物吸收量统一起来,而忽略了植物的吸收。事实上,大气臭氧浓度很高时,如果植物气孔阻力很大,吸收量就不会太大(Krupa et al,1998;Grünhage et al, 1999)。另外,不同植物、同一植物的不同生育期以及不同环境条件下,植物对臭氧的敏感程度不一样,而剂量模型没有考虑植物本身的防御力、解毒能力以及作物夜间的修复能力,因而模型在一定程度上高估了臭氧的负面效应(Grünhage et al,1999)。

2.3 通量响应关系模型

为了更准确地评估臭氧胁迫下作物产量损失,研究者开始从通量(flux)角度进行研究。理论上,通过气孔进入植物叶片的臭氧量直接对作物产生效应,因此比实际大气臭氧浓度和臭氧剂量 2 种指标更能直接反映其对作物的伤害,可以更准确地进行产量损失评估。植物生理学上将气孔通量定义为气孔导度和气体内外浓度差的乘积:

$$F = gO_3 [C_{O_3}^b - C_{O_3}^i] \tag{5}$$

式中,F 为通量,gO_3 为作物对臭氧的气孔导度,$C_{O_3}^i$ 和 $C_{O_3}^b$ 分别为气孔内、外臭氧浓度,计算时一般忽略植物叶片内的臭氧浓度。

气孔通量(stomatal flux)主要由臭氧浓度和气孔导度 2 方面决定,其中气孔导度的准确模拟在此起到关键作用。Emberson 等(2000)、Danielsson 等(2003)、Grünhage 等(2000)基于 Jarvis 模型,认为臭氧气孔导度除受到叶温(T)、水气压差(VPD)、有效光合辐射(PAR)和土壤水势(SWP)等的影响外,还与叶龄、植物体内臭氧累积量相关(Nussbaum et al,2003;Bassin et al,2004)。还有一些研究者基于 Ball-Berry 模型,即气孔导度-光合作用模型,预测气孔通量(Zeller & Nikolov,2000;Zeller,2002),进而分析与产量的关系。研究表明,臭氧通量对作物生长与产量有较大影响,是进行产量预测和损失评估的一个较好指标(Pleijel et al,2002,2004)。

通量模型通过与气孔导度模型的结合,既考虑了环境因素与植物自身的物候因素,又考虑了作物对周围环境改变的生理响应,这个优点是其它模型所不具备的。但由于作物解毒力是不断变化的,很难量化和模拟,因此通量模型不包含对作物解毒能力的模拟。此外,由于人们对气孔导度与臭氧吸收响应机制尚未了解透彻,所以仍需要不断完善气孔导度模型。总之,用臭氧通量响应关系代替臭氧剂量响应关系,接近实际水平(Uddling et al,2004;Musselman et al,2006),更能真实地反映臭氧对作物的伤害,已成为国内外臭氧模型研究的一个重点。

3 臭氧对作物影响的机理模型

3.1 CLASS 模型

CLASS(Crop Loss Assessment System)模型(Kobayashi,1992)将臭氧浓度与作物生长过程相联系(图 1)。模型中,干物质生产是太阳辐射有效利用率与辐射吸收量的乘积。臭氧暴露影响到冠层辐射利用率,进而降低作物生长率,减少作物产量。

$$\varepsilon = \begin{cases} \varepsilon_v - C_v[O_3]^2 & \text{营养生长期} \\ \varepsilon_r - C_r[O_3] & \text{生殖生长期} \end{cases} \tag{6}$$

式中,$[O_3]$为臭氧浓度;ε_v、ε_r分别为无臭氧影响下营养生长期和生殖生长期的太阳辐射利用率;C_v、C_r为参数。相关参数通过薰气试验确定。

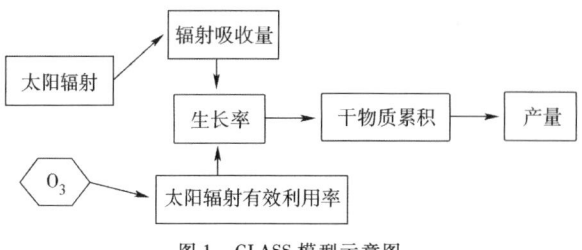

图 1 CLASS 模型示意图

Fig 1 Sketch of CLASS model

CLASS 模型从臭氧影响植物光合作用角度,研究臭氧浓度与作物生长过程的关系,反映了臭氧在水稻生长过程中的动态影响。但是该模型只是将产量下降简单归因于辐射利用率的变化,并没有将臭氧与羧化过程联系起来,因而不能充分阐述臭氧对作物生理机理过程的影响。

3.2 Martin 模型

Martin 等(2000,2001)基于叶片内氧化反应机理,结合气孔导度模型,研究短期臭氧暴露对小麦叶片光合作用的影响,并分析进入植物体内的有效臭氧量与羧化率下降的关系(图2)。

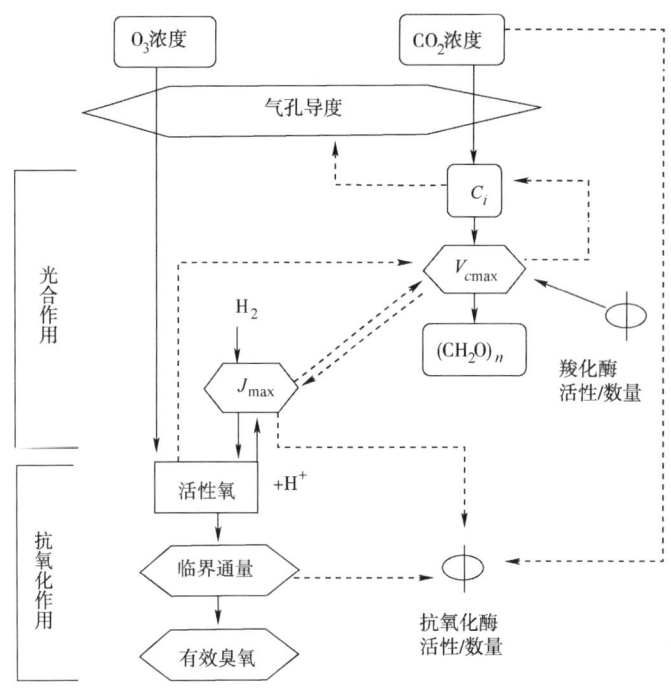

图 2 Martin 模型示意图(叶片尺度)

Fig 2 Sketch of Martin model (on leaf scale)

Martin等认为,当进入叶片的臭氧量超出植物体的抗氧化能力,就会在一定程度上抑制作物光合作用,对作物造成伤害。有效臭氧量(F'_{O_3eff})是最关键因子,它诱导气孔关闭,减少进入叶片的CO_2量,导致胞间CO_2浓度下降,并影响到最大羧化率。最大羧化率下降量($\triangle V_{cmax}$)计算为:

$$\triangle V_{cmax} = K_z \cdot F'_{O_3eff} \tag{7}$$

式中,K_z为作物对臭氧伤害的敏感程度。

有效臭氧量是臭氧通量值与对作物造成伤害的臭氧临界值($F_{(O_3)0}$)的差值,临界值由作物自身的抗氧化能力决定。

$$F'_{O_3eff} = (\int_0^t [O_3]g_z - F_{(O_3)0})dt \tag{8}$$

式中,g_z为对臭氧的气孔导度。模型中小麦$F_{(O_3)0} = 37 nmol \cdot m^{-2} \cdot s^{-1}$。

该模型从氧化机理角度,在叶片尺度上模拟短期臭氧暴露对光合作用羧化率的影响。与CLASS模型相比,该模型考虑的作物生理响应过程更复杂,并突出了作物本身的抗氧化能力,确定了伤害临界值。但仍存在不足的是:时间上该模型只适应于短期作用,不能体现出O_3影响的累积效应;空间上只适应于单个叶片,还未能在大尺度上进行验证。因此,将Martin模型从小时间尺度上推到整个生育期,并从叶片尺度上推到整株作物乃至更大区域范围,还需深入研究。同时,模型确定的临界通量值是否适应于该物种的不同生育期及其它物种,还有待于验证。

3.3 AFRCWHEAT2-O₃模型

Ewert和Porter(2000)在作物生长模型AFRCWHEAT2的基础上,加入臭氧因子(图3),研究臭氧对作物(小麦)短期和长期的影响。该模型从2个方面进行数值模拟:一方面是抑制光合作用;另一方面臭氧加速叶片的衰老,减少叶面积。

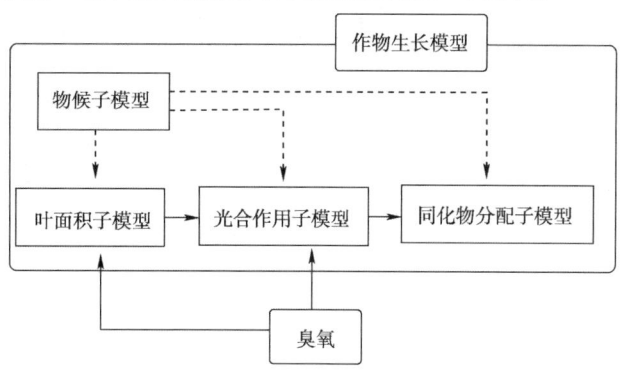

图3　AFRCW HEAT2-O₃模型示意图
Fig 3　Sketch of AFRCW HEAT2-O₃ model

AFRCWHEAT2-O₃模型从臭氧降低羧化速率角度出发,在作物生长过程模型的基础上进行研究,反映了臭氧在小麦生长过程中的动态影响。同时模型考虑到植物自身的抗氧化能力,提出适合该模型的伤害临界值,并将臭氧加速叶片衰老过程与叶面积子模型相关联,实现了臭氧对作物慢性效应的模拟。此外,该模型还表达了作物的自我修复功能。AFRCWHEA T2-O₃模型考虑因素比较全面,其它作物可以参考这种方法进行研究。另一方面,由于生理机制的复杂性和生理过程的不确定性,也导致该模型在通用性上存在一定缺陷。

4 臭氧对作物影响模型研究的发展趋势

纵观臭氧对作物影响模型的发展历程,可以看出,模型是从简单到复杂、从经验性的统计方法向机理理论性研究方向发展的,但仍存在一些不足之处(表1)。

表1 臭氧模型优缺点比较
Tab 1 Advantages and disadvantages in O₃ models

模型类型		优点	缺陷
统计模型	浓度响应关系模型	方程的参数容易理解	臭氧影响过程处理得过于简单,忽略了环境因素和作用时间的影响,忽略了O_3对作物生长过程的影响
	剂量响应关系模型	关注到O_3浓度和暴露时间这2个臭氧伤害作物的最主要因子,也已认识到O_3暴露量与光合效率、作物生长产量呈明显负相关关系	没有体现臭氧效应和环境因素的关系,忽略了植物实际吸收与浓度的关系;忽略了植物对臭氧的响应,即防御力和解毒能力
	通量响应关系模型	结合气孔导度模型,考虑了环境因素与物候因素,考虑了作物对环境尤其是对O_3变化的生理响应,反映出高浓度O_3环境诱导作物气孔关闭的现象	对气孔导度与臭氧吸收响应尚未了解透彻,没有对作物的解毒效应进行模拟,忽略了作物夜间的修复过程
机理模型	CLASS模型	考虑臭氧对太阳辐射有效率的影响,将臭氧与光合作用相联系,反映了O_3在水稻生长过程中的动态影响	没有将臭氧与羧化率下降相联系,没有把握臭氧造成作物产量下降的关键,不能充分说明臭氧对作物生理机理过程的影响
	Martin模型	基于叶片内氧化反应机理,结合气孔导度模型,在叶片尺度模拟臭氧对光合作用的短期效应,并考虑作物自身的抗氧化机制,计算出对小麦叶片造成伤害的臭氧临界通量值	空间上没有推广到整个植株;时间上未能适应整个生育期,且所得臭氧临界通量值是否适用于其它物种仍有待于验证
	AFRCWHEAT2-O₃模型	结合作物生长过程模型和气孔导度模型,将臭氧导致的羧化率下降归为有效臭氧量作用和加速叶片衰老作用的协同效应,实现了在植株水平上对臭氧胁迫效应的长期模拟	生理机制的复杂性和生理过程的不确定性,导致模型在通用性上存在一定缺陷

臭氧模型在研究臭氧与作物之间相互关系的同时,还涉及植物生理学、气象学、土壤学等领域。但由于各学科之间发展的不平衡性,如对边界层理论的认识相对成熟,对植物生理机制与生理过程的相对不确定,所以从机理入手进行模拟难度很大,尤其很难模拟出作物对臭氧胁迫的反馈作用。因此,现有的机理模型都是在一定理论框架基础上的简化。寻求模型在简化和机理之间的平衡,是当前臭氧模拟研究的热点和难点。

随着计算机语言的发展、各种模型的不断完善和作物对臭氧耐受机制的清晰化,今后研究必然会将臭氧模型与近地层产生臭氧变化的光化学模型相耦合,建立大气环境下臭氧作为限制因子之一的作物模型,这是臭氧对作物影响模型研究的重要发展方向,也是切实可行的方案。这样的模型可以从臭氧产生量、沉降量、有效臭氧积累、净固碳速率、有机物分配的依次过程出发,研究臭氧对整片农田生长发育过程的影响,进而通过尺度调控对局部地区、区域、国家甚至全球作物产量和经济损失进行预测和评估。

5 结语

臭氧对植物的伤害是人们关注的热点问题之一。建立模型模拟臭氧对作物生理生化机理的影响,能够为今后进一步精确预算臭氧对农业的影响提供重要参数,为国家制定符合国情的大气环境质量标准、预防和治理大气污染提供科学依据。

本文主要介绍了国内外臭氧浓度变化对作物影响模型研究的成果。通过分析和讨论,可以发现模型的发展与观测水平的提高是分不开的。所以只有继续深入地建立观测网络和数据库,扩大研究的作物品种,探讨植物生理活动对臭氧的响应,才能更好地发展和完善适用于中国的臭氧统计模型和机理模型,才能适应中国生态农业发展的需求。

参考文献:

王春乙,郭建平,郑有飞. 1996. 二氧化碳、臭氧、紫外辐射与农作物生产. 北京:气象出版社.

周秀骥·2004. 长江三角洲低层大气与生态系统相互作用研究. 北京:气象出版社.

郑昌岭,王春乙. 2004. 臭氧对作物影响的模型研究概述. 气象科技,32(3):143-148.

Adams RM, Glyer SL, Johnson SL, et al. 1989. A reassessment of economic effects of ozone on U.S. agriculture. *Journal of the Air Pollution Control Association*, 39: 960-968

Ashmore MR. 2005. Assessing the future global impacts of ozone on vegetation. *Plant Cell and Environment*, 28: 949-964.

Bassin S, Calanca P, Weidinger T, et al. 2004. Modeling seasonal ozone fluxes to grassland and wheat: Model inprovement, testing, and application. *Atmospheric Envirorment*, 38: 2349-2359.

Danielsson H, Karlsson GP, Karlsson PE, et al. 2003. Ozone uptake modelling and flux- response relationshps: An assessment of ozone-induced yield loss in spring wheat. *Atmospheric Envirorment*, 37: 475-485.

Edwin LF, Fitzgerald LB, Kent OB. 2005. Crop responses to ozone: Uptake, models of action, carbon assimilation and partitioning. *Plant, Cell and Envirorment*, 28: 997-1011.

Emberson L, Ashmore MR, Cambridge HM, et al. 2000. Modelling stomatal ozone flux across Europe. *Environmental Pollution*, 109: 403-413.

Ewert F, Porter JR. 2000. ozone effects on wheat in relation to CO_2: Modelling short- term and long- term responses of leaf photosynthesis and leaf duration. *Global Change Biology*, 6: 735-750.

Fuhrer J, Achermann B. 1999. Critical Levels for Ozone: AUN-ECE Workshop Report Liebefeld-Bem, Switzerland: Swiss Federal Research Station for Agricultural Chemistry and Environmental Hygiene.

Fuhrer J, Skarby L, Ashmore M. 1997. Critical levels for ozone effects on vegetation in Europe. *Environmental Pollution*, 97: 91-106.

Grünhage L, Haenel HD, Jäger HJ. 2000. The exchange of ozone between vegetation and atmosphere: Micrometeorolobgical measurement techniques and models. *Environmental Pollution*, 109: 373-392.

Grünhage L, Jäger HJ, Haenel HD, et al. 1999. The European critical levels for ozone: Inproving their usage. *Environmental Pollution*, 105: 163-173.

Grünhage L, Jäger HJ. 2003. From critical levels to critical loads for ozone: A discussion of a new experimental and modelling approach for establishing flux-response relationships for agricultural crops and native plant species. *Environmental Pollution*, 125: 99-110.

Heck WC, Adams RM. 1983. Reassessment of crop loss from ozone. *Environmental Science and Technology*, 17: 572-581.

John AL, Christian PA 2003. Ozone and natural systems: Understanding exposure, response, and risk. *Environment International*, 29: 155-160.

Jürg F, Fitzgerald B. 2003. Ecological related to ozone: Agricultural issues. *Environment International*, 29: 141-154.

Kobayashi K 1992 Modeling and assessing the impact of ozone on rice growth and yield// Berglund RL, ed. Tropospheric Ozone and the Environment Pittsburgh: Air & Waste Management Association: 537-551.

Krupa SV, Nosal M. Legge AH. 1998. A numerical analysis of the combined open-top chamber data from the USA and Europe on ambient ozone and negative crop response. *Envirormental Pollution*, 101: 157-160.

Martin MJ, Host GE, Lenz KE, et al 2001. Simulating the growth response of aspen to elevated ozone: A mechanistic approach to scaling a leaf-level model of ozone effects on photosynthesis to a complex canopy architecture. *Environmental Pollution*, 115: 425-436.

Martin MJ, Peter FK, Steve HW, et al 2000. Can the stomatal changes caused by acute ozone exposure be predicted by changes occurring in the mesophyll? A simplification for models of vegetation response to the global increase in tropospheric elevated ozone episodes. *Australian Journal of Plant Physiology*, 27: 211-219.

Masaman WJ, Musselman RC, Lefohn AS 2000. A conceptual ozone dose-response model to develop a standard to protect vegetation. *Atmospheric Environment*, 34: 745-759.

Massman WJ. 2004. Toward an ozone standard to protect vegetation based on effective dose: A review of deposition resistance and a possible metric. *Atmospheric Environment*, 38: 2323-2337.

Mathy P 1988. The European open-top chambers programme: Objectives and implementation// A ssessment of Crop Loss from Air Pollutants. New York: Elsevier Applied Science: 505-513.

Musselman RC, Lefohn AS, Massman WJ, *et al.* 2006. A critical review and analysis of the use of expose- and flux-based ozone indices for predicting vegetation effects. *Atmospheric Environment*, 40: 1869-1888.

Nussbaum S, Remund J, Rihm B, *et al.* 2003. High-resolution spatial analysis of stomatal ozone up take in amble crops and pastures. *Environment International*, 29: 385-392.

Pleijel H, Danielsson H, Ojanperä K, *et al.* 2004. Relationships between ozone exposure and yield loss in European wheat and potato: A comparison of concentration- and flux-based exposure indices. *Atmospheric Environment*, 38: 2259-2269.

Pleijel H, Danielsson H, Vandermeiren K, *et al.* 2002 Stomatal conductance and ozone exposure in relation to potato tuber yield: Results from the European CHIP programme. *European Journal of Agronany*, 17: 303-317.

Uddling J, Günthardt-GoergMS, Matyssek R, *et al.* 2004. Biomass reduction of juvenile birch is more strongly related to stomatal up take of ozone than to indices based on external exposure. *Atmospheric Environment*, 28: 4709-4719.

USEPA. 1997. National ambient air quality standards for ozone: Final rule Federal Register, 62: 38855-38896. Environmental Protection Agency, July 18, 1997.

Zeller K, Nikolov N. 2000. Quantifying simulations fluxes of ozone, carbon dioxide and water vapor above a subalpine forest ecosystem. *Environmental Pollution*, 107: 1-20.

Zeller K 2002. Summer and autumn ozone fluxes to a forest in the Czech Republic Brdy Mountains. *Environmental Pollution*, 119: 269-278.

Response of gas exchange and yield components of field-grown *Triticum aestivum* L. to elevated ozone in China

Z.-Z. FENG*, F.-F. YAO, Z. CHEN, X.-K. WANG*, Q.-W. ZHENG, and Z.-W. FENG

(*State Key Laboratory of Urban and Regional Ecology, Research Center for Eco-Environmental Sciences, Chinese Academy of Sciences, Beijing, 100085, P. R. China*)

Abstract: To assess photosynthesis and yield components' response of field-grown wheat to increasing ozone (O_3) concentration (based on diurnal pattern of ambient O_3) in China, winter wheat (*Triticum aestivum* L.) cv. Jia 403 was planted in open top chambers and exposed to three different O_3 concentrations: O_3-free air (CF), ambient air (NF), and O_3-free air with additional O_3 (CF + O_3). Diurnal changes of gas exchange and net photosynthetic rate (P_N) in response to photosynthetic photon flux density (PPFD) of flag leaves were measured at the filling grain stage, and yield components were investigated at harvest. High O_3 concentration altered diurnal course of gas exchange [P_N, stomatal conductance (g_s), and intercellular CO_2 concentration (C_i)] and decreased significantly their values except for C_i. Apparent quantum yield (AQY), compensation irradiance (CI), and saturation irradiance (SI) were significantly decreased, suggesting photosynthetic capacity was also altered, characterized as reduced photon-saturated photosynthetic rate (P_{Nmax}). The limit of photosynthetic activity was probably dominated by non-stomatal factors in combination with stomatal closure. The significant reduction in yield was observed in CF + O_3 treatment as a result of a marked decrease in the ear length and the number of grains per ear, and a significant increase in the number of infertile florets per ear. Even though similar responses were also observed in plants exposed to ambient O_3 concentration, no statistical difference was observed at current ambient O_3 concentration in China.

Additional key words: apparent quantum yield; diurnal pattern of O_3; net photosynthetic rate; irradiance; stomatal conductance; yield components.

1 Introduction

Ozone (O_3) has become one of the most important phytotoxic gaseous pollutants in many parts of the world (Krupa *et al.* 2001). As predicted by IPCC (2002), ambient O_3

原载于:Photosynthetica, 2007, 45(3): 441-446.

Abbreviations: AQY - apparent quantum yield; C_i - intercellular CO_2 concentration; CF- O_3-free air; CF + O_3 - O_3-free air with additional O_3; C_I - compensation irradiance; g_s - stomatal conductance; NF- ambient air; OTCs- open top chambers; P_N - net photosynthetic rate; P_{Nmax} - photon-saturated photosynthetic rate; P_{Nmean} - diurnal mean photosynthetic rate; PPFD - photosynthetic photon flux density; SI - saturation irradiance; T - air temperature.

Acknowledgements: The work is financed by the Ministry of Science and Technology of People's Republic China with 973 Project (No. 2002CB410803) and the National Natural Science Foundation of China (No. 30670387).

concentration at summer would be over 70 mm^3 m^{-3} in Northern Hemisphere at the end of the century if current levels of anthropogenic activity were maintained. O_3 at ambient concentrations in the United States, Europe, and Asia causes a range of effects including reduced photosynthetic activities, altered carbon metabolism, and yield reductions (Soja and Soja 1995, Bosac et al. 1998, Heagle et al. 1998, Meyer et al. 2000, Dizengremel 2001, Fuhrer and Booker 2003, Calatayud et al. 2004, 2006a,b, Skotnica et al. 2005), but the detrimental effects of O_3 are dependent on the genetic background, development phase of the plants, O_3 doses, and climate (Heath 1994). In China, model simulations and open top chamber (OTC) experiment indicated that O_3 pollution is likely to worsen in the coming decades and ground-level O_3 is sufficiently high to depress yields of winter wheat and rice (Chameides et al. 1999, Feng et al. 2003).

Ozone enters the plant through open stomata. The phytotoxicity of O_3 inside the leaves is due to its high oxidative capacity (redox potential +2.07 V) and the consequential formation of radicals and reactive oxygen species (ROS) in exposed plants, such as hydrogen peroxide (H_2O_2), superoxide radical anions (O_2^-), and hydroxyl radicals (OH) (Heath 1987, Pell et al. 1997). In the chloroplast, these reactions could directly or indirectly impair the light and dark reactions of photosynthesis (Calatayud et al. 2004). Hence, O_3 alters photosynthetic activity through various mechanisms. The direct effect of ozone on stomata is a main role in the impairment of photosynthesis (Plazek et al. 2000, Guidi et al. 2001, Calatayud et al. 2004). Moreover, O_3 can also inhibit the synthesis of photosynthetic pigments, decreasing the electron transport rate between both photosystems (Calatayud et al. 2004). Clark et al. (2001) indicated that photosynthetic capacity is an ideal physiological activity to monitor when the health and vitality of plants is under scrutiny. Therefore, gas exchange also provides an important source of information about plant growth under O_3-enriched environment.

However, most results mentioned above were mostly based on constant concentration fumigation regimes. Meyer et al. (2000) indicated that ozone treatments with comparatively high peak concentration induce more pronounced damage than ozone patterns with moderate peaks under equal dose conditions. Ozone has a typical diurnal profile with peak concentration during the afternoon and low concentrations at night when other pollutants are present. Hence the dynamic fumigation regime according to O_3 diurnal changes can really simulate the response process of the plants to increasing ambient O_3, and scientifically evaluate the yield loss of crops. The diurnal trend in gas exchange is often recognized as one of the best indications in reflecting the ability of plants to maintain their photosynthetic apparatus to readily respond to environment (Geiger and Servaites 1994). Therefore, the objectives of this study were (1) to assess responses of photosynthesis and yield components of field-grown wheat to elevated O_3 level with significant diurnal changes under field condition, and (2) to clarify potential mechanisms of reduced photosynthesis rate.

2 Materials and methods

Experimental site was located in Shuangqiao Farm (31°53′N, 121°18′E) at Jiaxing

City, Zhejiang Province. The site is about 100 km far from Shanghai (the biggest city in China). In this region, annual average temperature and precipitation are 15.5 °C and 1 199 mm, respectively. The prevailing cultivation rotations are the rape and rice or wheat and rice. Ozone was the main phytotoxic pollutant present in ambient air reaching a 7-h mean of 46 mm^3 m^{-3} and a maximum hourly peak of 197 mm^3 m^{-3} (Zheng et al. 2005).

Plants: Winter wheat (*Triticum aestivum* L.) seeds (cv. Jia No. 403) were sown in plots (2 × 2 m) on 7 November, In each plot, 60 kg N, 60 kg P_2O_5, and 60 kg K_2O per ha were fertilized into soil surface when wheat was planted, and followed by an additional 69 kg N per ha at the tillering stage. Plants were maintained in the plots until harvest on 16 May 2006. The plants exposed to O_3 fumigation in OTCs started from 13 March 2006, at the jointing stage, and ended on 28 April. The O_3 fumigation was carried out from 09:00 to 17:00 per day, and suspended when it was rainy and cloudy. In fact, there were 30 d for O_3 fumigation during the growth season. No irrigation water was applied to the plots from the germination to harvest of wheat.

OTCs were made of steel frame and polythene plastic film, including charcoal filter system, ventilation and gas distribution system, and framework part. Ozone was generated from pure O_2 by electric discharge (ozone generator, QHG-1, Yuyao, China) and then mixed with charcoal filtered air to give different ozone concentrations. The mixed gas was transported to every OTC. Concentrations of ozone within the chambers were measured at plant height continuously on a 5 min interval by a *ML9810B* ozone analyst (*Monitor*, USA). There were three treatments and three replicates of each treatment in this experiment. Three OTCs were ventilated by passing air through activated charcoal filter (CF), three OTCs were ventilated with non-filtered air (NF), and three received additional O_3 (CF + O_3) based on diurnal change pattern of ambient O_3 (Fig. 1). Ozone was added to charcoal-filtered air by means of flow controllers linked to a desktop computer programmed with the individual exposure profiles.

Gas exchange: After 25 d of exposure to O_3, at the stage of grain filling, leaf gas exchange rates, *i.e.* net photosynthetic rate (P_N), stomatal conductance (g_s), and intercellular CO_2 concentration (C_i) photosynthetic photon flux density (PPFD), and leaf temperature were simultaneously recorded every hour from 08:00 to 16:00 excluding 15:00 on sunny day with a portable photosynthetic system (*CIRAS*-1, *PP Systems*, UK). The flag leaves for experiment were all fully exposed and oriented to normal irradiation during measurements to find gas exchange at the highest possible PPFD. Five replications were done for each treatment at each time.

P_N-PPFD response curves were also measured by a portable infra-red gas analyzer *CIRAS*-1 in the morning when there was no cloud. CO_2 and air temperature in the leaf chamber were maintained at 360 μmol mol^{-1} and 25 °C, respectively. PPFD started at 1 400 μmol m^{-2} s^{-1} and decreased stepwise to 40 μmol m^{-2} s^{-1}. Apparent quantum yield (AQY) was calculated from the initial slopes by linear regression using PPFD values below 200 μmol m^{-2} s^{-1}. Compensation irradiance (CI), saturation irradiance (SI), and photon-saturated photosynthetic rate (P_{Nmax}) were estimated.

Yield components: The ears length and numbers of grains, spikelets, and infertile florets per ear on each plant were recorded The plants were dried in oven at 80 ℃ for 72 h and dry mass (DM) of grains as well as 1 000-grain mass were also recorded.

Statistical analysis: Variance analysis (ANOVA) was performed on experimental data, and the results were analyzed by *SPSS* 10.0 *for Windows*. The least significant differences (LSD) between the means were estimated at 95 % confidence level. Unless indicated otherwise, significant differences among different treatments are given at $p < 0.05$.

3 Results

Air quality: The data for O_3 concentration and environmental conditions during fumigation period are summarized in Table 1. In CF + O_3 treatment, 8-h mean O_3 concentration inside the chambers was about 1.0-fold higher than that of NF. The mean of high-peak in CF + O_3 treatments during fumigation was approximately 1.3-fold higher than the high-peak mean in NF conditions. The mean O_3 concentration in CF chambers was lower than 10 mm^3 m^{-3}. The environmental conditions were similar in all treatments during the fumigation.

Table 1. Summary of ozone concentrations and environmental conditions in OTCs during the fumigation of wheat plants.

Treatment	$[O_3]_{mean}$	$[O_3]_{min}$	$[O_3]_{max}$	T_{mean}	T_{min}	T_{max}	RH
CF	9.7	—	—	13.90	8.41	20.10	66.5
NF	52.4	34.9	68.1	13.82	8.59	19.80	65.8
CF + O_3	105.0	59.0	156.0	13.72	8.48	19.50	67.2

$[O_3]_{mean}$, mean O_3 concentration [mm^3 m^{-3}]; $[O_3]_{min}$ and $[O_3]_{max}$, means of the minimum and maximum concentrations during 30 d in 8 h a day [mm^3 m^{-3}], respectively; T_{mean}, mean 24-h air temperature [℃]; T_{min} and T_{max}, minimum and maximum air temperatures [℃], and RH [%], air relative humidity

Gas exchanges: In general, P_N was the highest in CF treatment and the lowest in CF + O_3 treatment (Fig. 2B). The diurnal mean photosynthetic rate (P_{Nmean}) in CF + O_3 was significantly lower (about 40 %) than that in CF and NF, but the difference between CF and NF was insignificant (Table 2). P_N displayed a double-peaked diurnal curve at three O_3 treatments (Fig. 2B). The midday depressions of wheat occurred at about 12:00 for CF and NF treatments, and at about 11:00 for CF + O_3 treatment. The highest P_N value occurred in

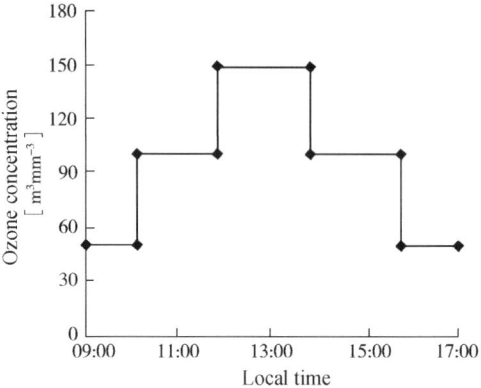

Fig. 1. The profile of O_3 concentration in OTCs in the CF + O_3 treatment.

11:00 for CF and NF treatments, whereas its maximum value occurred at 10:00 in CF + O_3 treatment and was 42.4 % lower than that in CF. Ozone altered diurnal course of g_s and decreased significantly its values (Fig. 2C). The midday depression of g_s was observed at

12:00 and 14:00 for CF and CF + O_3 treatments, respectively. However, the changes in C_i were just contrary to those of P_N (Fig. 2D). A significant positive correlation between P_N and g_s and a negative correlation between g_s and C_i were observed (Fig. 3).

As shown in Fig. 4, all the P_N-PPFD response curves reacted rapidly from 0 to 250 μmol m^{-2} s^{-1}, then the curves were gradually at a plateau. O_3 fumigation induced a significant decrease in AQY (Table 2), indicating that high O_3 concentration led to less efficiency of photon energy use of wheat at the same photon density. In different treatments, CI and SI changed at the range of 27—89 μmol m^{-2} s^{-1} and 906—1 252 μmol m^{-2} s^{-1}, respectively. CI was the highest in CF and was 1.3-fold and 1.7-fold higher than that in NF and CF + O_3, respectively. In CF + O_3 treatments, P_{Nmax}, and SI were 27.6% and 40.3% lower than those in CF, respectively (Table 2). There was no significant difference between CF and NF except for CI and SI.

Yield components: In comparison with CF, O_3 caused a significant reduction (28.6%) in the number of grains per ear as a result of an O_3- induced reduction in the length per ear (9.5%) and an increase in the number of infertile florets

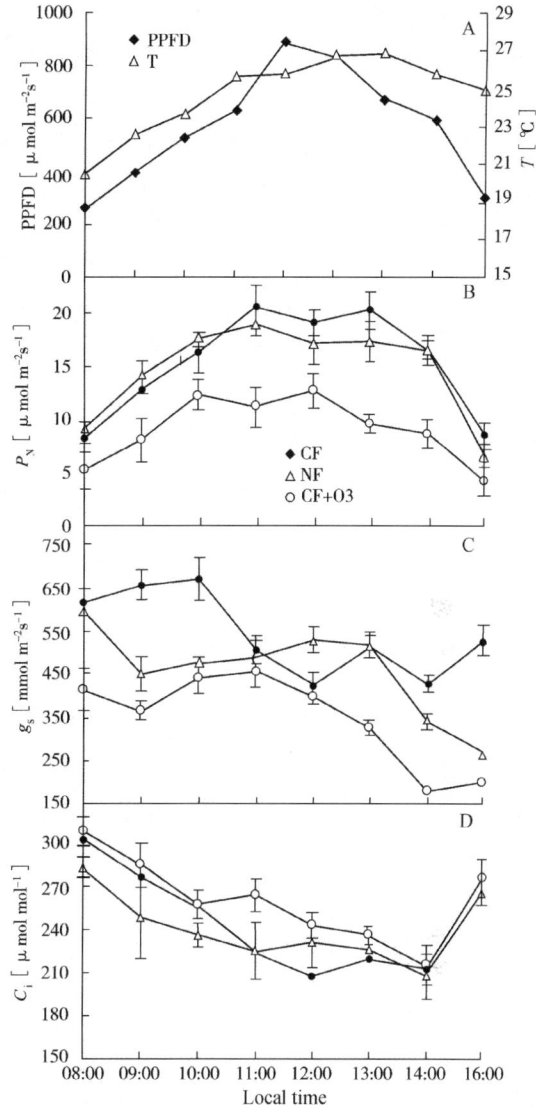

Fig. 2. Diumal trends of photosynthetic photon flux density (PPFD) and air temperature (T) (A), net photosynthetic rate (P_N), stomatal conductance (g_s), and intercellular CO_2 concentration (C_i) of wheat flag leaf exposed to different O_3 concentrations (B-D). SEs are shown (n =5)

per ear (128%), although no significant differen-ces were observed in the number of spikelets per ear (Table 3). Moreover, 1 000-grain mass and grain yield of wheat exposed to CF + O_3 treatment were reduced by 20.6 and 36.0 respectively, compared with CF treatment. Even though ambient O_3 concentration also decreased the yields and 1 000-grain mass, no statistical difference was observed between CF and NF.

4 Discussion

Most studies indicated that O_3 significantly induced a decrease in and crop yields (Bosac *et al.* 1998, Heagle *et al.* 1998, Meyer *et al.* 2000, Feng *et al.* 2003, 2006, Calatayud *et al.* 2004). In our study, O_3 affected the photosynthetic capacity in wheat plants, including changes in diurnal pattern of gas exchanges and P_N-PPFD response parameters, and thus a decrease in yield components was observed.

Photosynthesis is the primary physiological process by which plants respond to changes in environmental air conditions. Most studies showed stomata closure under stress, and consequent decrease in P_N (Farquhar and Sharkey 1982, Calatayud *et al.* 2004). However, environmental stress may usually act on chloroplast directly with a decrease in P_N, thus becoming non-stomata factors in restricting P_N (Heath 1987, Mackemess 2000, Zheng *et al.* 2000). Therefore, the factors causing a decrease in P_N can be grouped into stomatal and non-stomatal ones (Shangguan *et al.* 1999). The closure of stomata results in the shortage of CO_2 (Boyer 1976). Non-stomatal factors include: (1) the increase in diffusive resistance to CO_2 in mesophyll; (2) the decrease in activities of photosystem 2, photophosphorylation, and ribulose-1,5-bis-phosphate carboxylase; (3) the decrease in chlorophyll content and inhibition of electron transport (Wise *et al.* 1992, Heath 1994, Shangguan *et al.* 1999, Mackemess 2000, Hassan 2006), *etc*. If stomatal factors are the main ones, P_N and g_s decrease owing to the decline in C_i. Otherwise, the decrease in is dominated by nonstomatal factors. We found that the close positive correlation between P_N and g_s (Fig. 3A) indicated that the midday depression of P_N in wheat might be due to stomatal closure. But the increase in g_s was always accompanied by a decrease in C_i (Fig. 3B), suggesting the midday depression of P_N was not caused primarily by the lower g_s, but rather by non-stomatal factors. The results may be related with designed ozone concentration scenario. In this scenario, comparatively high peak of O_3 concentration did not accompany the highest PPFD, thus O_3 went into mesophyll cells through stomata easily. Once O_3 entered into mesophyll, it severely damaged the structure and function of photosynthetic organ (Lütz *et al.* 2000), and was accompanied by a series of physiological and biochemical characters altering in plant, such as an increase of membrane permeability, protein decomposition, and lipid peroxidation (Jin *et al.* 2000, Lütz *et al.* 2000, Plazek *et al.* 2000, Calatayud *et al.* 2004). Therefore, a significant decrease in P_N was found in additional O_3 treatment (CF + O_3), which was also observed by Meyer *et al.* (2000) under two different O_3 concentration peak regimes.

The asymptotic part of the P_N-PPFD curve (PPFD > 400 μmol m^{-2} s^{-1}) is predominantly limited by ribulose1,5-bisphosphate carboxylase/oxygenase (RuBPCO; *e. g.* Feng *et al.* 2006), hypothesizing a decrease of RuBPCO amount and activity among O_3 treatments (Fig. 4). Also, Eckardt and Pell (1995) demonstrated a decrease of RuBPCO carboxylase efficiency in potato leaves in response to increased O_3. Values of AQY demonstrated a stronger damage of assimilation apparatus by excess photon absorption and photochemical utilization in plants exposed to CF + O_3 treatment (decrease by 28.6 % relative to CF). SI and CI are the important traits for photon energy utilization capability. In comparison with CF, O_3 caused a significant decrease in SI (about 40 %) and CI (70%), which indicted that lower effective irradiance was utilized by O_3-treated plants (Table 2). Even though saturated photon irradiance was applied, the plants in CF + O_3 treatment had a lower P_{Nmax} ($P < 0.05$), suggesting photosynthetic capacity of wheat exposed to additional O_3 had been seriously depressed.

Table 2. Comparison of mean net photosynthetic rate (P_{Nmean}), photo synthetic characteristics (P_{Nmax}, photon-saturated photosynthetic rate; AQY, apparent quantum yield; SI, saturation irradiance; CI, compensation irradiance) in wheat leaves under three O_3 treatments.

Treatment	P_{Nmean} [μmol m^{-2} s^{-1}]	P_{Nmax} [μmol m^{-2} s^{-1}]	AQY	SI [μmol m^{-2} s^{-1}]	CI [μmol m^{-2} s^{-1}]
CF	15.10 ± 0.53a	23.10 ± 2.51a	0.063 ± 0.001a	1252 ± 38a	89.44 ± 4.85a
NF	14.90 ± 0.60a	19.10 ± 2.39ab	0.058 ± 0.005a	1095 ± 47b	30.71 ± 5.09b
CF + O_3	8.92 ± 0.68b	13.80 ± 1.34b	0.045 ± 0.003b	906 ± 42c	27.12 ± 4.56b

Means ± SE of four replicates. Values in columns followed by the different letters are statistically different at $p < 0.05$ (LSD-test)

Table 3. Yield components of wheat exposed to three O_3 treatments.

	Ear length	Spikelets per ear	Grains per ear	Infertile florets per ear	1 000-grain dry mass [g]	Grain yield [g plant^{-1}]
CF	11.00 ± 0.36a	17.90 ± 0.74a	46.90 ± 3.93a	2.50 ± 0.33a	37.40 ± 1.37a	1.75 ± 1.01a
NF	11.00 ± 0.53a	17.70 ± 0.95a	46.20 ± 4.25a	2.60 ± 0.22a	32.00 ± 0.78ab	1.31 ± 0.11ab
CF + 100	9.95 ± 0.47b	16.40 ± 1.06a	33.50 ± 3.29b	5.70 ± 1.04b	29.70 ± 1.20b	1.12 ± 0.11b

Means ± SE of three replicates. Values in columns followed by different letters are statistically different at $p < 0.05$ (LSD-test)

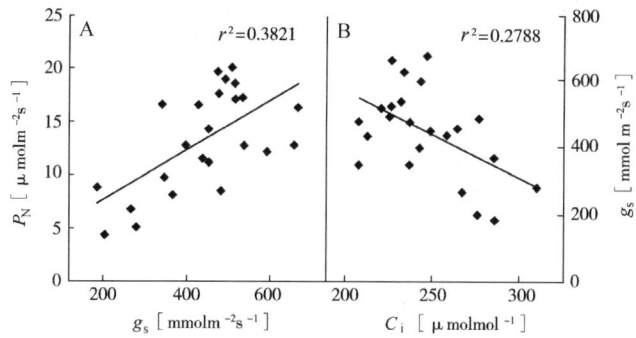

Fig. 3. Relationship between (A) net photosynthetic rate (P_N) and stomatal conductance (g_s) or (B) between and intercellular CO_2 concentration (C_i) of wheat flag exposed to different O_3 concentrations ($n = 24$)

Literature on wheat productivity in response to enhanced O_3 is contradictory. Most studies underlined a reduction in yields (Ojanpera et al. 1998, Feng et al. 2003), whereas Finnan et al. (1996) reported higher biomass and yield of wheat exposed to low O_3 concentration and no significant changes were also observed in spring wheat (Mulholland et al. 1997). In our paper, the reduction in yield was observed in CF + O_3 treatment ($p < 0.05$), but not in NF in comparison with CF, which were the results of (1) a marked decrease in the ear length and the number of grains per ear, and (2) a significant increase in the number of infertile florets per ear. Similar results were also observed in spring wheat (Finnan et al. 1996). Such reductions

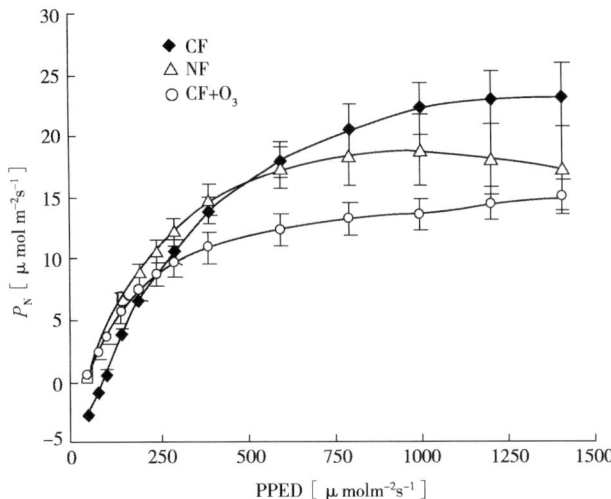

Fig. 4. Photo synthetic photon flux density (PPFD) response curves of net photosynthetic rate (P_N) of field-grown wheat under different O_3 treatments. P_N was measured at CO_2 concentration of 360 μmol mlo^{-1}, temperature of 25 ℃, and PPFD of 0 – 1 400 μmol m^{-2} s^{-1}. SEs are shown ($n = 4$).

in grain yield have been attributed to decreased P_N (Meyer *et al.* 2000, Feng *et al.* 2006) and accelerated flag leaf senescence or alteration in Chl fluorescence (Calatayud *et al.* 2004).

From the above results, ozone episodes (diumal pattern) as applied in this experiment are capable of reducing significantly the physiological vitality and yields of wheat Hence setting of thresholds for atmospheric ozone should consider peak concentrations more effectively. For more realistic effects of O_3 on crops, further investigations are important concerning the influence of environmental factors on the actual absorbed ozone dose of plants (O_3 flux).

References:

Bosac, A., Black, V. J., Roberts, J. A., Black, C. R.: Impact of ozone on seed yield and quality and seedling vigour in oilseed rape (*Brassica napus* L.). -J. Plant Physiol. 153: 127-134, 1998.

Boyer, J. S.: Water deficits and photosynthesis. -In: Kozlowski, T. T. (ed.): Water Deficits and Plant Growth. Vol. IV. Pp. 153-190. Academic Press, New York-San Francisco-London 1976.

Calatayud, A., Iglesias, D. J., Talon, M., Barreno, E.: Response of spinach leaves (*Spinacia oleracea* L.) to ozone measured by gas exchange, chlorophyll *a* fluorescence, antioxidant systems, and lipid peroxidation. -Photosynthetica 42: 23-29, 2004.

Calatayud, A., Iglesias, D. J., Talon, M., Barreno, E.: Effects of long-term ozone exposure on citrus: Chlorophyll *a* fluorescence and gas exchange. -Photosynthetica 44: 548-554, 2006a.

Calatayud, A., Pomares, F., Barreno, E.: Interactions between nitrogen fertilization and ozone in watermelon cultivar Reina de Corazones in open-top chambers. Effects on chlorophyll *a* fluorescence, lipid peroxidation, and yield. -Photosynthetica 44: 93-101, 2006b.

Chameides, W. L., Li, X., Tang, X., Zhou, X., Luo, C., Kiang, C., John, S., Saylor, R. D., Liu, S., Lam, K. S., Wang, T., Giorgi, F.: Is ozone pollution affecting crop yield in China? -Geophys. Res. Lett. 26: 867-870, 1999.

Clark, A. J., Landolt, W., Bucher, J. B., Strasser, R. J.: Beech (*Fagus sylvatica*) response to ozone exposure assessed with a chlorophyll *a* fluorescence performance index. -Environ. Pollut. 109: 501-507, 2000.

Dizengremel, P.: Effects of ozone on the carbon metabolism of forest trees. -Plant Physiol. Biochem. 39: 729-742, 2001.

Eckardt, N. A., Pell, E. J.: Oxidative modification of Rubisco from potato foliage in response to ozone. - Plant Physiol. Biochem. 33: 273-282,1995.

Farquhar, G. D., Sharkey, T. D.: Stomatal conductance and photosynthesis. - Annu. Rev. Plant Physiol. 33: 317-345, 1982.

Feng, Z. W., Jin, M. H., Zhang, F. Z.: Effects of ground-level ozone (O_3) pollution on the yields of rice and winter wheat in the Yangtze River Delta. -J. environ. Sci. 15: 360-362,2003.

Feng, Z. Z., Wang, X. K., Zheng, Q. W., Feng, Z. W., Xie, J. Q., Chen, Z.: Response of gas exchange of rape to ozone concentration and exposure regime. - Acta ecol. sin. 26: 823-829,2006.

Finnan, J. M., Jones, M. B., Burke, J. I.: A time-concentration study on the effects of ozone on spring wheat (*Triticum aestivum* L.). 1. Effects on yield- Agr. Ecosyst. Environ. 57: 159-167,1996.

Fuhrer, J., Booker, F.: Ecological issues related to ozone: Agricultural issues. - Environ. Int. 29: 141-154, 2003.

Geiger, D. R., Servaites, J. C.: Diurnal regulation of photosynthetic carbon metabolism in C_3 plants. - Annu. Rev. Plant Physiol. Plant mol. Biol. 45: 235-256, 1994.

Guidi, L., Nali, C., Lorenzini, G., Filippi, F., Soldatini, G. F.: Effect of chronic ozone fumigation on the photosynthetic process of poplar clones showing different sensitivity. - Environ. Pollut. 113: 245-254, 2001.

Hassan, I. A.: Effects of water stress and high temperature on gas exchange and chlorophyll fluorescence in *Triticum aestivum* L. - Photosynthetica 44: 312-315, 2006.

Heagle, A. S., Miller, J. E., Pursley, W. A.: Influence of ozone stress on soybean response to carbon dioxide enrichment. III. Yield and seed quality. - Crop Sci. 38: 128-134,1998.

Heath, R. L.: The biochemistry of ozone attack on plasma membrane of plant cells. - Rec. Adv. Phytochem. 21: 29-51,1987.

Heath, R. L.: Possible mechanisms for the inhibition of photosynthesis by ozone. - Photosynth. Res. 39: 439-451,1994.

IPCC: Climate Changes 2001. - Cambridge University Press, Cambridge - New York 2002.

Jin, M. H., Feng, Z. W., Zhang, F. Z.: Effects of ozone on membrane lipid peroxidation and antioxidant system of rice leaves. - Environ. Sci. 21: 1-5,2000. (In Chin.)

Krupa, S., McGrath, M. T., Andersen, C. P., Booker, F., Burkey, K., Chappelka, A., Chevone, B., Pell, E., Zilinskas, B.: Ambient ozone and plant health. - Plant Disease 85: 4-12,2001.

Lutz, C., Anegg, S., Gerant, D., Alaoui-Sosse, B., Gerard, J., Dizengremel, P.: Beech trees exposed to high CO_2 and to simulated summer ozone levels: Effects on photosynthesis, chloroplast components and leaf enzyme activity. - Physiol. Plant. 109: 252-259,2000.

Mackemess, S. A. H.: Plant responses to ultraviolet-B (UV-B: 280-320 nm) stress: what are the key regulators? - Plant Growth Regul. 32: 27-39,2000.

Meyer, U., Kollner, B., Willenbrink, J., Krause, G. H. M.: Effects of different ozone exposure regimes on photosynthesis, assimilates and thousand grain weight in spring wheat. - Agr. Ecosyst. Environ. 78: 49-55,2000.

Mulholland, B. J., Craigon, J., Black, C. R., Colls, J. J., Atherton, J., Landon, G.: Effects of elevated carbon dioxide and ozone on the growth and yield of spring wheat (*Triticum aestivum* L.). -J. exp. Bot. 48: 113-122,1997.

Ojanpera, K., Patsikka, E., Ylaranta, T.: Effects of low ozone exposure of spring wheat on net CO_2 uptake, Rubisco, leaf senescence and grain filling. - New Phytol. 138: 451-460,1998.

Pell, E. J., Schlagnhaufer, C. D., Arteca, R. N.: Ozone-induced oxidative stress: mechanisms of action and reaction. - Physiol. Plant. 100: 264-273,1997.

Plazek, A., Rapacz, M., Skoczowski, A.: Effects of ozone fumigation on photosynthesis and membrane permeability in leaves of spring barley, meadow fescue, and winter rape. - Photosynthetica 38: 409-413,2000.

Shangguan, Z., Shao, M., Dyckmans, J.: Interaction of osmotic adjustment and photosynthesis in winter wheat under soil drought. -J. Plant Physiol. 154: 753-758,1999.

Skotnica, J., Gilbert, M., Weingart, I., Wilhelm, C.: The mechanism of the ozone-induced changes in thermoluminescence glow curves of barley leaves. - Photosynthetica 43: 425-434,2005.

Soja, G., Soja, A.-M.: Ozone effects on dry matter partitioning and chlorophyll fluorescence during plant development of wheat. - Water Air Soil Pollut. 85: 1461-1466, 1995.

Wise, R. R., Ortiz-Lopez, A., Ort, D. R.: Spatial distribution of photosynthesis during drought in field-grown and acclimated and nonacclimated growth chamber-grown cotton. - Plant Physiol. 100: 26-32, 1992.

Zheng, Q. W., Wang, X. K., Feng, Z. Z., Song, W. Z., Feng, Z. W.: [*In situ* effects of ozone on chlorophyll content and lipid per-oxidation in the leaves of winter wheat.] - Acta bot. boreal.-Occident. Sin. 25: 2240-2244, 2005. (In Chin.)

Zheng, Y., Lyons, T., Ollerenshaw, J. H., Barnes, J. D.: Ascorbate in the leaf apoplast is a factor mediating ozone resistance in *Plantago* major. - Plant Physiol. Biochem. 38: 403-411, 2000.

Ground-level ozone in China: Distribution and effects on crop yields

Xiaoke Wang[a,*], William Manning[b], Zongwei Feng[a], Yongguan Zhu[a]

(a. Research Center for Eco-Environmental Sciences, Chinese Academy of Sciences, Beijing 100085, China
b. Department of Plant, Soil and Insect Sciences, University of Massachusetts, Amherst, MA 01003-9320, USA)

Abstract: Rapid economic development and an increasing demand for food in China have drawn attention to the role of ozone at pollution levels on crop yields. Some assessments of ozone effects on crop yields have been carried out in China. Determination of ozone distribution by geographical location and resulting crop loss estimations have been made by Chinese investigators and others from abroad. It is evident that surface level ozone levels in China exceed critical levels for occurrence of crop losses. Current levels of information from ozone dose/response studies are limited. Given the size of China, existing ozone monitoring sites are too few to provide enough data to scale ozone distribution to a national level. There are large uncertainties in the database for ozone effects on crop loss and for ozone distribution. Considerable research needs to be done to allow accurate estimation of crop losses caused by ozone in China.

Keywords: Ozone effect; Crop loss; China

1 Introduction

As the most populous country in the world, China must provide food for one fifth of the world's population with only 7% of the world's land area. After nearly three decades of effort, China produced 0.43 billion tons of grain in 2003, which met the country's minimum food requirement (Xinhua News Agency, 2004). Grain production, however, is threatened by agricultural land loss due to economic development and urbanization and air pollution effects on yields. The Chinese government has addressed the land loss issue by passing laws to protect agricultural land. Yield losses due to air pollution, especially ozone, have received little governmental attention, even though there are published reports that ground-level ozone may be adversely affecting grain production (Chameides et al., 1999; Feng et al., 2003; Wang and Mauzerall, 2004; Wang et al., 2005).

Economic expansion in China is driven by increasingly higher consumption of fossil fuels. Primary energy consumption increased by 53% from 1990 to 2002. In 2002, primary energy consumption was 1.514 billion coal equivalent tons, of which 66.3% was coal, 23.5% was oil, and 2.6% natural gas. Energy consumption is estimated to reach 4 billion coal equivalent tons in 2020 (China Energy Middle-Long-Term Development Plan). In the future, more than 75% of energy will be derived from fossil fuels. Measures to limit electricity consumption now were established in China in 2003.

Increasing consumption of fossil fuels in China results in increased emissions of sulfur oxides (SOx) and nitrogen oxides (NOx) as well as soot and fine particulates and carbon dioxide. In Europe and North America, emissions from fossil fuel consumption are decreasing, while in China, they are rapidly increasing, especially in cities and industrial areas (He et al., 2002; Coyle et al., 2003; Ashmore, 2005). NOx includes both nitrogen dioxide (NO$_2$) and nitric oxide (NO). NO$_2$ is the starting point for the photochemical oxidant cycle that results in formation of ozone. Increasing levels of NOx also means increasing levels of ozone in China.

The Yangtze Delta is one of the world's continental scale Metro-Agro-Plexes (MAPs). As Chameides et al. (1994) point out, the growth of MAPS results in increased ground-level ozone to pollution levels. Yet few papers have estimated present and future crop losses from ozone in the Yangtze Delta and elsewhere in China. There is an urgent need to address this problem. Here we present what is known about current distribution of surface levels of ozone and their effects on crop yields and consideration of how to improve crop loss estimates for current and future levels of ozone in China.

2 Surface level ozone distribution and implications for crop losses

In the 1980s, air pollution began to receive attention in China. Air quality monitoring stations were established by the government in cities, such as Beijing and Shanghai, and capitals of the provinces. In many cities, SOx, NOx, and particulates are monitored routinely (He et al., 2002). There are only a few ozone analyzers in some of the large developed cities in eastern coastal areas. Little of the ozone monitoring data is available.

Individual Chinese scientists have established ozone-monitoring programs. As early as 1983, Su et al. (1987) began monitoring ozone in the Beijing—Tianjing Region, in collaboration with W. E. Wilson, Atmospheric Science Research Laboratory, US EPA. Since then, ozone monitoring has been carried out at urban, suburban and rural sites (Fig. 1). Due to equipment shortages and problems with funding and logistics, records from these sites are often short-term and or incomplete.

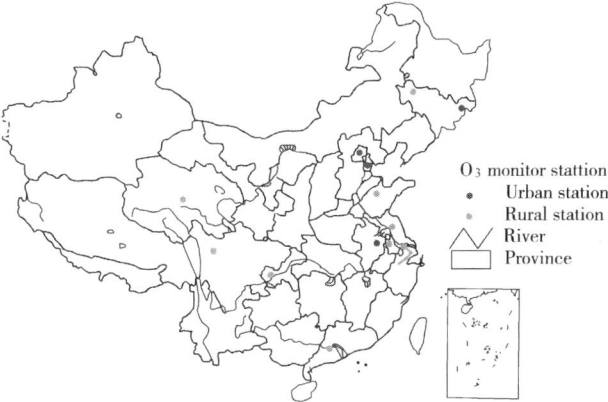

Fig. 1　The distribution of O$_3$ monitoring stations in China.

Two projects supported by the National Nature Science Foundation of China focused on ozone monitoring on a countrywide scale. Project PRO1 focused on five sites, with monitoring data available from August 1994 to July 1995. The five sites included: a WMO baseline station (Waliguan site); two WMO regional baseline stations (Longfeng Shan and Linan sites); a CEPA monitoring site (Qindao site); and a background station in Hong Kong (Luo et al., 2000). Project PRO2 focused on six sites in the Yangtze Delta: one of the most highly polluted areas in China. Ozone was monitored at Changsu, Linan, Shesan, Jiaxing, Jianhu and Jurong from June 1999 to June 2000 (Zhou, 2004).

Looking at the data for all locations, the maximum hourly mean ozone concentrations were larger than 56 ppb, suggesting that they could cause crop losses. Ozone concentrations were not highest in urban areas. In Guanzhou, for example, ozone concentrations were of the order urban < suburban < rural areas. In remote areas, such as the Emei and Taishan sites, ozone concentrations are high (Table 1).

This implies that crops in these regions might be damaged by high ozone concentrations. Su et al. (1987) found that ozone exceeded 80 ppb on 50% of the days they monitored in the Beijing-Tianjin region, with a maximum reading of 170 ppb reported during 1983—1986. Results from recent ozone monitoring in the Yangtze Delta shows that 6.1—10.4% of the hourly mean concentrations exceeded 60 ppb. A maximum high concentration of ozone at 196 ppb was reported from Sheshan, near Shanghai (Zhou, 2004).

In most locations, ozone concentrations were lower in the winter. Peak concentrations vary with location (Table 1). At the central station of Guangzhou city, Guangdong Province in 1999, the seasonal mean and maximal ozone concentrations were 23 ppb and 55 ppb in spring, 24 ppb and 53 ppb in summer, 34 ppb and 76 ppb in fall, and 39 ppb and 82 ppb in winter (Wang et al, 2003). In PRO1 peaks occurred in fall/early winter (Luo et al., 2000). In PRO2, peaks occurred in summer, followed by fall. Summer and fall are times when crops are growing fast. Peaks of ozone during these times could result in crop losses.

Multiple-day episodes of high ozone concentrations have been noted at some sites in Eastern China, due to the presence of a strong and stationary high-pressure ridge (Luo et al., 2000). The impacts of these episodes on crop production, however, are unknown.

Long-term ozone monitoring data from established sites in China is either non-existent or not readily available. There is a WMO baseline monitoring site at Wanliguan that has been active for more than 10 years. Data from 1994 to 2001 indicate a linear increment trend for ozone in a 9% slope (Nie et al, 2004).

Many descriptors can be used to express cumulative ozone data in relation to crop loss. Indices such as mean and cumulative can be based on timescales such as hourly, daily, monthly, seasonally and yearly. Initially a 7-hour (09:00—16:00) seasonal mean index (M7) was proposed. This was later extended to a 12-hour (08:00—20:00) seasonal mean index (M12) to include late day high ozone concentrations (Hogsett et al., 1988). Since then, cumulative indices have become more widely used (SUM 0, SUM60, W126).

Table 1 Mean O₃ concentrations at monitoring sites by season

Site	Location	Measurement period	Annual	Spring	Summer	Fall	Winter	Hourly maximum	Reference
Beijing-Tianjin region	Urban	1983—1986	45	32	45	67	37	170	Su et al., 1987
Mount Omei	Rural	8—20 Oct. 1985					25	56*	Hong, 1988
Xiaozhangzhuang, Hefei	Suburban	Oct. 1993					24	57.9	Yao et al., 1995
DongquXiaoyuan, Hefei	Urban	Oct. 1993					19.8	65.6	Yao et al., 1995
Waliguan	Rural	Aug. 1994—Jul. 1995						130	Li et al., 1999
Longfengshan	Rural	Aug. 1994—Jul. 1995						80	Li et al., 1999
Linan	Rural	Aug. 1994—Jul. 1995						120	Li et al., 1999
Qingdao	Rural	Aug. 1994—Jul. 1995						90	Li et al., 1999
Jinhushan	Rural	Jul. 1998—Jun. 1999	20	21	16	15	27	55*	Bai et al., 2003
Central Station, Guangzhou	Urban	Jan.—Dec. 1999	59	45	47	66	77	161	Wang et al., 2003
Luhu Park, Guangzhou	Suburban	Jan.—Dec. 1999	74	74	71	75	74	180	Wang et al., 2003
Longgui, Guangzhou	Rural	Jan.—Dec. 1999	74	59	77	75	84	174	Wang et al., 2003
Changshu	Rural	Jun. 1999—Oct 2000	31	25	45	28	26	120*	Zhou, 2004
Linan	Rural	Jun. 1999—Oct. 2000	35	29	43	29	37	136*	Zhou, 2004
Sheshan	Rural	May 1999—Jun. 2000	33	31	43	28	31	196*	Zhou, 2004
Jiaxing	Rural	May 1999—Jun. 2000	29	35	40	27	12	188*	Zhou, 2004
Jianhu	Rural	May 1999—Dec. 1999			41	27	32	114*	Zhou, 2004
Jurong	Rural	Dec. 1999—Jun. 2000		17	37			141*	Zhou, 2004
Waliguan, Qinghai	Rural	Aug. 1994—Dec. 2001	48	44.9	54.2	50.6	41.5	65	Nie et al., 2004
Hongkou, Shanghai	Urban	Jan.—Dec. 2002	19	20.5	21	23.5	12	128	Zhang et al., 2003
Yanji, Jilin	Urban	Mar.—May 2003		29	19			48.8	Li et al., 2003
Jinan, Shangdong	Urban	May—Oct. 2003			54.5	46.5	30	316	Yin et al., 2004
Taishan, Shandong	Rural	Jul.—Nov. 2003			62	49		120	Gao et al., 2005
Jiangbei, Chongqing	Rural	1993—1996		7	8	21		93	Zheng et al., 1998

* Maximum O₃ concentration monitored.

SUMO is the sum of all ozone exposure in ppb or ppm hours. SUM60 is the accumulated hourly mean ozone concentrations in three consecutive months at 60 ppb and above, expressed as ppb or ppm hours. W126 weights the accumulated hourly means to give preference to higher values. SUM60 and W126 have been used to analyze crop loss due to ozone (US EPA, 1996; Wang and Mauzerall, 2004). The European Union has developed the AOT40 cumulative index. This includes hourly ozone averages at 40 ppb and above during daylight hours during the growing season, expressed as ppm hours.

In project PR02, SUM06, AOT40 and M7 indices were calculated for the period of April to June in Changsu, Shesan, Linan, Jurong, and Jiaxing. The relationship between SUM06 and AOT40 was strong and significant ($r^2 = 0.97$), while both were weakly related to M7 ($r^2 \leq 0.1$) (Zhou, 2004). Averages for SUM60, AOT40, and 7M for the five stations in the wheat-growing period from April to June were 33 ppm h, 19 ppm h, and 59 ppb (Wang et al., 2005).

China is a very large country with many climatic regions. This makes application of exposure indices difficult as the crops and cropping practices are different in each region and are subject to varying climatic influences. The periods of consecutive months for calculating indices will vary with each location.

In China, the main crops are winter wheat, oilseed rape, rice, corn and soybeans. Except for Northeastern China, where crops are limited by precipitation and temperature, and parts of Southwestern China, where crops are limited by temperature, more than one crop is planted during one year. Spring and fall seasons are the most important seasons for growing crops. Elevated ozone concentrations during these times could adversely affect crop growth and yields.

Calculations of seasonal changes in SUM60 were made for Longfeng San, Qingdao, Linan, and Hong Kong (Fig. 3 in Chameides et al., 1999). Taking local cropping practices into account, assessment of ozone impact on crop yields can be determined. Com and soybean are sown in Longfen San in May and harvested in September. SUM06 was highest there from September to January of the next year. This indicates that ozone effects on com and soybeans there would likely be small. In Linan, winter wheat and rape are sown in late winter and harvested in May. Com and rice are sown in June and harvested in October. While SUM60 values are higher here, they occur during early season slow crop growth periods. In Hong Kong, SUM60 values peak from October to December, when much cropland is fallow. In Qindao, SUM60 values peak from July to September and could seriously affect yields of later seasonal crops of corn and rice.

3 Plant responses to ozone in China

3.1 Screening plants for ozone sensitivity by exposure to ozone in chambers

A wide variety of plants have been screened for sensitivity to ozone, based on foliar injury expression following exposure under controlled conditions (Table 2). Wheat seemed to be one of the most sensitive crop plant under these conditions (Jin et al, 2001). Variation in sensitivity within genotypes was also noted, especially for tobacco (Yang et al., 2004).

Table 2 Results and screening studies for ozone sensitivity in crop plants

Authors	Indicator for assessment	Results
Zheng et al.,1998	Growth response to exposure of elevated O_3 of 15 ppb overnight rising to a midday maximum of 75 ppb for 28 days	Nicotiana tabacum 'Bel-W3' > Planago major 'Valsain' > Triticum Aestivum 'Hanno' > Raphanus sativa 'Cherry Bell' > Capsicum annum 'Yu2' > Capsicum annum 'Yu3' > Oryzasaliva 'Xiaoyou 2' > Capsicum annum 'Yu4' > Capsicum annum 'Yu5' > Solarium melongena 'Sanyue' > Brassica oleracea 'Mogu' > Brassica pekinensis 'Lubei 1' > Lycopersicon esculentum '85004' > Lactuca saliva 'Erqingpi' > Triticum aestivum 'Yumai 4' > Zea mays '3203' > Raphanus saliva '88059' > Cucurbita pepo 'Zhaoqin'
Jin et al.,2001	Production reduction in exposure to O_3 concentration of 100 and 200 ppb for 3 months	Spinacia oleracea 'Zhongbo 1' > Brassica chinensis 'Wuyueman' > Triticum aestivum 'Jingdong 6' > Oryza saliva 'Zhongzuo 9321'
Zhou and Feng,2001	Symptoms with fumigation under 150 ppb for 0.5 h	Most sensitive vegetables: Spinacia oleracea, Cucumis sativus, Ipomoea aquatica, Lycopersicon esculentum, Raphanus sativus, Capsicum annuum Sensitive vegetables: Solarium melongena, Vigna unguiculata, Phaseolus Vulgaris, Brassica pekinensis, Luffa cylindrica Insensitive vegetables: Brassica alboglabra, Brassia juncea, Momordica charantia
Yang et al.,2004	Flecks on leaf in exposure to O_3 concentration of 332 ppb for 12 h	Nacotiana tabacum 'K326' > 'NC628' > 'K346' > 'Yunyan 85' > 'Yunyan 87'

3.2 Short-term investigations in open-top chambers (OTCs)

Short-term experiments (most less than one month) were done with ozone and a variety of plants in OTCs. Aspects of visible symptom expression, microanatomical effects, reproduction, nutrient status, stomatal physiology, antioxidant responses, pollen development and ethylene emission were investigated. (Wang and Guo,1990; Huang and Wang, 1991; Huang et al., 2004; Wang and Men, 1991; An and Wang, 1994; Qiu et al., 1994; and Yu et al., 1994; Jiang and Totsuka, 995; Sun et al, 1998; Jin and Feng, 2000; Jin et al, 2000; Bai et al., 002; Yang et al., 2004; Huang et al., 2004). Results of these investigations, while useful, cannot be extrapolated to crop loss studies and are mentioned here to provide a complete record of research done on ozone effects on plants in China.

3.3 Long-term crop loss studies with OTCs in the field

The National Nature Science Foundation of China supported an OTC dose/response study with wheat and rice in Hebei Province. The Chinese Academy of Meteorological Sciences established 5 OTCs in Dingxing. Wheat and rice were exposed to either non-filtered air (NF), charcoal-filtered air (FA), FA + 50ppb ozone, FA +100ppb ozone, or FA + 200 ppb ozone for 3—4 months. Only one OTC was used for each ozone exposure regime. When crop yields for wheat were compared to those from FA + ozone at 50,100, and 200 ppb, reductions of 10.5, 58.6, and 80.4% occurred. Similar comparisons for rice resulted in reductions of 8.2, 26.1 and 49.1% for rice (Feng et al., 2003).

Using these results, Jin et al. (2001) proposed the following dose/response relationships for wheat and rice:

$$Y_{wheat} = -1.296x$$

$$Y_{rice} = -0.256x$$

where Y_{wheat} and Y_{rice} are % yield losses and x is an AOT40 in ppm h during the exposure period. From this, it was concluded that yield loss for wheat was 5 times that for rice at the same ozone exposure regimes.

3.4 Other yield effects investigations

Huang et al. (2004) exposed soybean plants to 100 ppb ozone and obtained a yield reduction of 60%. They concluded that soybean was more sensitive to ozone than wheat. Pakchoi biomass was reduced by 38—84% and 69—86% after exposure to ozone at 100 or 200 ppb for 20 days (Bai et al., 2002).

4 Chemical treatments to prevent ozone injury

Wang and his colleagues have evaluated a variety of chemical compounds to prevent ozone injury on plants in China (Table 3). The experiments, however, were all of short duration and very high ozone concentrations were used. Additional work involving using these chemical compounds under ambient conditions might lead to useful results.

Table 3 Comparison and effectiveness of a variety of chemical compounds in prevention of ozone effects on plant

Chemicals	Method	Plant	Results	Reference
Plant growth regulator, Mefluidide	10 ppm spray	Broadbean (Vicia faba)	Photosynthesis recovery from 0.2 ppm O_3 fumigation for 4 h	Wang et al., 1991
Fertilizer containing rare earth	3 g/L in a solvent spray	Wheat (Triticum aestivum)	Preventing of reduction in chlorophyll, and increase in membrane permeability due to O_3 exposure	An and Wang, 1994
Magnetized water	Watering	Pepper (Capsicum annuum)	Prevention of reduction in growth due to O_3 exposure	Wang and Huang, 1999
$CaCl_2$	Seeds soaked with 3% $CaCl_2$ before planting	Wheat (Triticum aestivum)	Preventing of reduction in chlorophyll, and increase in membrane permeability due to O_3 exposure	Wang et al., 1993

Ethylenediurea (N-[2-(2-oxo-1-imidazolidinyl)ethyl]-N'-phenylurea), abbreviated as EDU, used as a foliar spray, soil/potting medium drench, or stem injection, is systemic and persistent in plants. It has been widely used to prevent foliar ozone injury and determine ozone effects on growth and yield of many plants (Gatta et al, 1997; Manning, 2000, 2005). Tiwari et al. (2005) used EDU with two cultivars of wheat in India and were able to demonstrate ozone effects on yields. Elagoz and Manning (2005) used EDU to assess ozone impact on snapbeans in Massachusetts. EDU is especially useful in areas where electricity and other infrastructure are limited.

5 Ozone interactions with other gases

5.1 Sulfur dioxide

In the USA, Canada and most of Europe, emissions of sulfur dioxide have been reduced by as much as 70% (Grennfelt and Munthe, 2005). In China, however, coal is used extensively and its use will increase in the future, unless emission controls are improved. The effects of combined exposure to sulfur dioxide and ozone on plants have not been investigated extensively in China. In one experiment, tobacco plants were exposed to ozone and sulfur dioxide alone and in combination for 8 h in OTCs. Synergism was found for effects on foliar injury when plants were exposed to both sulfur dioxide and ozone (Chen et al, 1996). EDU protects plants from ozone injury, but not from injury caused by sulfur dioxide. Its use in the field would allow identification of injury caused by ozone or sulfur dioxide.

6 Projecting ozone concentration and resulting crop loss

6.1 Determining ozone distribution in China

In recent years, models have been developed to estimate ozone distribution at various geographic scales (He and Huang, 1993; Chameides et al., 1999; Aunan et al., 2000; Luo et al., 2000; Wang and Mauzerall, 2004; Wu et al, 2004; Yang and Lu, 2004; Zhang et al, 2004; Zhao et al, 2004; Zheng et al, 2003). Ozone distribution for China was modeled, using MOZART-2, CTM, and updated RADM, by Wang and Mauzerall (2004) and Luo et al., (2000). Validating the models is difficult due to a lack of actual data. Wang and Mauzerall (2004) concluded that MOZART-2 over-estimated ozone concentrations for all but one month by several to 20 ppb at the Lian site. Luo et al. (2000) concluded that their model could estimate key features of ozone distribution, but that there was a poor relationship in day-to-day variations in ozone at a given site between the model predictions and actual observations.

The highest ozone concentrations have occurred in the Yangtze Delta region where industry and population are concentrated. The SUM06 for the Yangtze Delta for the 1990 s were more than the 50 ppm h and 25 ppm h predicted by the models of Aunan et al., (2000) and Chameides et al., (1999).

6.2 Projecting ozone concentrations

Wang and Mauzerall (2004) predicted that in July 2020, surface ozone concentrations in central China will exceed 65 ppb, an increase of 15 ppb over 1990 levels. Almost all exposure indices, except the 7-h mean, will increase dramatically for winter wheat. SUM06 for soybeans will increase by 6—70 ppb. Aunan et al. (2000) predict an increase for SUM06 (June-August) from less than 10 ppm h to 30—66 ppm h by 2020.

6.3 Crop losses

Rapid economic development has resulted in high ozone concentrations in the Yangtze River Delta and other sites, such as Lian. Using a variety of methods, several crop loss scenarios have been established or projected (Table 4). Feng et al. (2003) concluded a 10% loss for wheat and 5% for rice in the Yangtze River Delta in the 1990s. Aunan et al. (2000) and Wang et al. (2004) have estimated crop loss from ozone in China at 0—23%. Increased ozone levels in the future may range from 2.3—64% (Table 4). Even though there are large uncertainties in these estimations, they indicate that ozone may significantly reduce crop yields in the future in China.

Table 4 Crop loss estimated in China in 1990 and 2020

Estimator	Region	1990s Winter wheat	Rice	Corn	Soybean	2020 Winter wheat	Rice	Corn	Soybean
Wang and Mauzerall, 2004	China	6—13	3—5	1—9	15—23	7—63	7—10	16—64	24—64
Aunan et al., 2000	China	0—1.7	1.1—1.5	0—2.8	1.9—11.7	2.3—13.4	3.7—4.5	7.2	17.8—20.9
Feng et al., 2003	Yangtze River Delta	>10	<5						
Wang et al., 2005	Yangtze River Delta	20–30							

7 Conclusions

Surface level ozone concentrations that would affect crop productivity are fairly recent in China. While there is not enough monitoring or crop loss data available, several conclusions can be drawn.

1. There appears to be widespread occurrence of levels of surface ozone that exceed background levels that could cause crop losses.

2. While some experiments have been conducted on ozone effects on crop loss and some modeling of ozone effects on crop losses has been done, much remains to be learned about ozone effects on crop losses. Long-term experiments with different crops and local conditions need to be done, with both open-top chambers and the protectant EDU, to develop a database for crop losses. Models that relate well to crops and conditions in China need to be developed.

3. A national program of air quality monitoring for ozone, integrated with assessment of ozone effects on crop losses, needs to be developed and implemented.

Acknowledgments

This research was supported by Ministry of Science and Technology of China under 973 project (No. 2002CB410803).

References

An, L., Wang, X., 1994. Effects of ozone on growth of spring wheat and the prevention of rare earth to ozone injury. Acta Ecologica Sinica 14, 76-98 (in Chinese).

Ashmore, M. R., 2005. Assessing the future global impact of ozone on vegetation. Plant, Cell and Environment 28, 949-964.

Annan, K., Bemtsen, T., Seip, H., 2000. Surface ozone in China and its possible impact on agricultural crop yields. Ambio 29, 294-301.

Bai, Y., Wang, C., Liu, L., Guo, J., Wen, M., 2002. A diagnostic experiment and study of the influence of O_3 on Pakchoi. Journal of Applied Meteorological Science 13, 364-370 (in Chinese).

Bai, J., Xu, Y., Chen, H., Wang, G., Shi, L., Men, Z., Huang, Z., Kong, G., 2003. The variation characteristics and analysis of ozone and its precursors in the Dinghushan Mountain forest area. Climatic and Environmental Research 8 (3),370-380 (in Chinese).

Chameides, W. L., Kasibhatla, P. S., Wenger, J., Levy II, H., 1994. Growth of continental-scale metro-agro-plexes, regional ozone pollution, and world food production. Science 264,74-77.

Chameides, W. L., Li, X., Tang, X., Zhou, X., Luo, C., Kiang, C., St John, J. C., Saylor, R. D., Liu, S., Lam, K. S., Wang, T., Giorgi, F., 1999. Is ozone pollution affecting crop yields in China? Geophysical Research Letters 26, 867-870.

Chen, J., Lan, Z., Su, Z., Zen, J., Wang, Y., 1996. The dynamic stress exposure test on tobacco blade disease caused by SO_2 and O_3. Chinese Journal of Applied Environmental Biology 2,189-192.

Coyle, M., Smith, R. I., Fowler, D., 2003. An ozone budget for the UK: using measurements from the national ozone monitoring network; measured and modelled meteorological data, and a 'big-leaf' resistance analogy model of dry deposition. Environmental Pollution 123,115-123.

Elagoz, V., Manning, W. J., 2005. Factors affecting the effects of EDU on growth and yield of field-grown bush beans (Phaseolus vulgaris L.) with varying degrees of sensitivity to ozone. Environmental Pollution 136, 385-395.

EPA, 1996. Air quality criteria for ozone and related photochemical oxidants. United States Environmental Protection Agency (EPA). pp. 1-1 to 1-33.

Feng, Z., Jin, M., Zhang, F., 2003. Effects of ground-level ozone (O_3) pollution on the yields of rice and winter wheat in the Yangtze River Delta. Journal of Environmental Science (China) 15,360-362.

Gao, J., Wang, T., Ding, A., Liu, C., 2005. Observational study of ozone and carbon monoxide at the summit of mount Tai (1534 m a. s. l) in central-eastern China. Atmospheric Environment 39,4779-4791.

Gatta, L., Mancino, L., Federico, R., 1997. Translocation and persistence of EDU (ethylenediurea) in plants: the relationship with its role in ozone damage. Environmental Pollution 96,445-448.

Grennfelt, P., Munthe, J., 2005. Current and future issues in transboundary air pollution science and policy. Ambio 34,1.

He, D., Huang, M., 1993. Numerical simulation of tropospheric ozone over China. Scientia Atmopsherica Sinica 17,741-749 (in Chinese).

He, K., Hong, H., Zhang, Q., 2002. Urban air pollution in China: Current status, chaiacteristics, and progress. Annual Review of Energy and the Environment 27,397-431.

Hogsett, W. E., Tingey, D. T., Lee, E. H., 1988. Ozone exposure indices: concepts for development and evaluation of their use. In: Heck, W. (Ed.), Assessment of Crop Loss From Air Pollutants. Elsevier Science Publishers, London, pp. 107-138.

Hong, S., 1988. The time-space distribution pattern for atmospheric ozone over the mount Omei. Research of Environmental Sciences 1,31-37 (in Chinese).

Huang, Y., Wang, X., 1991. The effects of ozone on photosynthesis of pepper in different growing stages. Agro-Environmental Protection 10 (2), 60-63 (in Chinese).

Huang, H., Wang, C., Bai, Y., Wen, M., 2004. A diagnostic experimental study of the composite influence of increasing O_3 and CO_2 concentration on soybean. Chinese Journal of Atmospheric Sciences 28,601-612 (in Chinese).

Jiang, B., Totsuka, T., 1995. Effect of O_3 exposure on plant photosynthesis. Journal of Shanxi Agricultural University 15, 139-141 (in Chinese).

Jin, M., Feng, Z., 2000. Effects of ozone on membrane protective system of winter wheat leaves. Acta Ecologica Sinica 20, 444-447 (in Chinese).

Jin, M., Feng, Z., Zhang, F., 2000. Effects of ozone on membrane lipid peroxidation and antioxidant system of rice leaves. Journal of Environmental Science 21,1-5 (in Chinese).

Jin, M., Feng, Z., Zhang, F., 2001. Impacts of ozone on the biomass and yield of rice in open-top chamber. Journal of Environmental Science (China) 13,233-236.

Li, X., He, Z., Fang, X., Zhou, X., 1999. Distribution of surface ozone concentration in clean areas of China and its possible impact on crop yields. Advances in Atmospheric Sciences 16,154-158 (in Chinese).

Li, X., An, J., Wang, Y., Chen, W., Hu, F., Chen, H., Shi, L., 2003a. Atmospheric ozone observed in summer on meteorological tower in Beijing. China Environmental Science 23, 353-357 (in Chinese).

Li, S., Jin, D., Chen, T., Pu, Y., Jin, Q., Jin, F., 2003b. Measurements and analyses of the concentrations of O_3, NO_x, CO and SO_2 over Yanji in Spring. Journal of Yanbian University (Natural Science) 29 (4), 257-260 (in Chinese).

Luo, C., St John, J. C., Zhou, X., Lam, K. S., Wang, T., Chameides, L., 2000. A nonurban ozone air pollution episode over eastern China: Observations and model simulations. Journal of Geophysical Research 105, 1889-1908.

Maiming, W. J., 2000. Use of protective chemicals to assess the effects of ambient ozone on plants. In: Agrawal, S. B., Agrawal, M. (Eds.), Environmental Pollution and Plant Response. Lewis Publishers, Boca Raton, FL, pp. 247-258.

Maiming, W. J., 2005. Establishing a cause and effect relationship for ambient ozone exposure and tree growth in the forest: Progress and an experimental approach. Environmental Pollution 137, 443-453.

Nie, H., Nie, S., Wang, Z., Tang, J., Zhao, Y., 2004. Characteristic analysis of surface ozone over clean area in Qinghai-Tibet Plateau. Arid Meteorology 22 (1), 1-7 (in Chinese).

Qiu, Q., Jing, L., An, L., Yang, C., 1994. Influences of O_3 on the metabolism of nucleic acid and soluble protein in the leaf of wheat seeding. Journal of Gansu Sciences 6, 36-39 (in Chinese).

Su, W., Song, Z., Luo, C., Zhang, Q., Yuan, J., Wilson, W. E., 1987. Ozone pollution in Beijing-Tianjin region. Acata Scientiae Circumstantiae 7, 503-507 (in Chinese).

Sun, H., Li, Q., Zhu, G., Zhou, X., 1998. An exploration on the aetiological agent of tobacco weather fleck. Acta Phytophylacica Sinica 25, 305-310 (in Chinese).

Tiwari, S., Agrawal, M., Manning, W. J., 2005. Assessing the impact of ambient ozone on growth and productivity of two cultivais of wheat in India using three rates of application of ethylenediurea (EDU). Environmental Pollution 138, 153-160.

Wang, X., Guo, Q., 1990. The effects of ozone on respiration of the plants Fuchsia hybrida Voss. And Vicia faba L. Environmental Science 11, 31-33 (in Chinese).

Wang, X., Huang, Y., 1999. Effects of magnetized water on the growth and yield of red pepper (Capsicum annuum) and on prevention of O_3 injury. J. Lanzhou University (Natural Sciences) 25, 130-133 (in Chinese).

Wang, X., Mauzerall, L., 2004. Characterizing distributions of surface ozone and its impact on grain production in China, Japan, and South Korea: 1990 and 2020. Atmospheric Environment International-Asia 38, 4383-4402.

Wang, X., Men, X., 1991. Effects of ozone on pollen genrmination and growth of pollen tubes of horticultural plants. Xibei Zhiwu Xuebao 11, 50-56 (in Chinese).

Wang, X., He, J., Huang, Y., 1991. Effect of ozone on photosynthetic intensities of broad bean (Vicia Faba L.) and the prevention of Mefluidide for ozone impact. Acta Ecologica Sinica 11, 189-190 (in Chinese).

Wang, X., Chen, X., Lu, X., 1993. A study on prevention of calcium to the wheat injury by ozone. Acta Botanica Boreal Occident Sinica 13, 163-169 (in Chinese).

Wang, X., Han, Z., Lei, X., 2003. Study on ozone concentration change of Quangzhou District. Acta Scientiarum Naturliurn Unversitatis Sunyatsen 42, 106-109 (in Chinese).

Wang, H., Kiang, C. S., Tang, X., Zhou, X., Chameides, W. L., 2005. Surface ozone: A likely threat to crops in Yangtze delta of China. Atmospheric Environment 39, 3843-3850.

Wu, J., Jiang, W., Chen, X., Wang, W., Guo, S., Xie, Y., Liu, H., 2004. Simulation of effects to tropospheric ozone over southeast Asia and south China from biomass burning. Environmental Science 25, 1-6.

Xinhua News Agency, 2004, Total grain production amounts to 0.43 billion tones, < http://news.xinhuanet.com/newscenter/2004-02/09/content_1304918.htm >. (in Chinese).

Yang, J., Lu, D., 2004. Simulation of stratosphere-troposphere exchange effecting on the distribution of ozone over eastern Asia. Chinese Journal of Atmospheric Sciences 28, 579-588 (in Chinese).

Yang, T., Yin, Q., Ding, Y., Zhang, Y., 2004. Relationships between ozone injury and stoma parameters and activities of antioxidant enzymes. Acta Phytoecologica Sinica 28, 672-679 (in Chinese).

Yao, K., Chen, Y., Zhang, H., Huang, M., Shen, Z., Shi, L., 1995. Measurements and analysis of SO_2 and O_3 near the ground surface in "the first eco-agriculture village" - Xiaozhangzhuang and Hefei areas. Plateau Meteorology 14, 334-341 (in Chinese).

Yin, Y. , Li, C. , Ma, G. ,Cui, Z. , 2004. Ozone concentration distribution of urban. Environmental Science 25,16-20 (in Chinese).

Yu, F. ,Xu, Y. , Qin, W. , 1994. The effect of SO2, NO2, O3 and their combination on ethylene emission. Journal of Environmental Science 5,69-71 (in Chinese).

Zhang, Y. , Zheng, Y. , Lou, W. , 2003. State of ozone pollution and its change in the center urban area of Shanghai. Environmental Monitoring Management and Technology 15,15-20 (in Chinese).

Zhang, M. ,Xu, Y. , Uno, I. ,Akimoto, H. ,2004. A numerical study of tropospheric ozone in the springtime in east Asia. Advance in Atmospheric Sciences 21,163-170.

Zhao, C. ,Peng, L. , Sun, A. , Qin, Y. , Liu, H. ,Li, W. ,Zhou, X. , 2004. Numerical modeling of tropospheric ozone over Yangtze Delta region. Acta Scientiae Circumstantiae 24,525-533 (in Chinese).

Zheng, X. ,Zhou, X. ,Qin, Y. , Tang, J. , Li, W. ,2003. Analysis for a case of ozone downward transport from stratosphere to troposphere as observed over Xining, China. Acta Meteorologica Sinica 61,257-266 (in Chinese).

Zheng, Y. , Stevenson, K. J. , Barrowcliffe, R. , Chen, S. , Wang, H. ,Barnes, J. D. , 1998. Ozone levels in Chongqing: a potential threat to crop plants commonly grown in the region? Enviroinmental Pollution 99, 299-308.

Zhou, X. , 2004. The Interaction Between the Atmosphere and Ecosystems in Yangtze Delta Region. Meteorological Press, Beijing (in Chinese).

Zhou, K. ,Feng, Y. , 2001. Influence of ozone on the growth of cultivating vegetables in Guangzhou. Journal of Huangzhong Agricultural University 20 (4),344-347 (in Chinese).

用于测定陆地生态系统与大气间 CO_2 交换通量的多通道全自动通量箱系统

张红星[1],王效科[1],冯宗炜[1],宋文质[1],刘文兆[2],欧阳志云[1]

(1. 中国科学院生态环境研究中心 城市与区域生态国家重点实验室,北京 100085;
2 中国科学院水土保持研究所,陕西杨凌 712100)

摘要:陆地生态系统与大气间 CO_2 交换是全球碳循环的最重要组成部分,科学地测定其 CO_2 交换通量一直是陆地生态系统碳循环研究的核心工作之一。提高观测的效率和减少观测对自然的干扰,是科学精确地估算区域和全球尺度上的陆地生态系统与大气间 CO_2 交换量的关键。在参考国内外已有的陆地生态系统与大气间 CO_2 交换通量式法观测技术的基础上,发展了一套多通道全自动通量箱系统用来连续观测陆地生态系统或土壤与大气间的 CO_2 交换通量。在黄土高原中国科学院长武农业生态试验站的麦田和苹果园中进行了系统测试,结果表明,该系统不但能够实现自动、连续、多点观测,而且对自然环境的影响比较小,在田间的实验观测中,该系统运行稳定,能够比较客观地得到陆地生态系统与大气间的 CO_2 交换通量。

关键词:全自动多通量箱系统;CO_2 交换通量;农田生态系统

Multi-channel automated chamber system for continuously monitoing CO_2 exchange between agro-ecosystem or soil and the atmosphere

ZHANG Hongxing, WANG Xiaoke[1], FENG Zongwei, SONG Wenzhi[1],
LIU Wenzhao[2], OUYANG Zhiyun[1]

(1. State Key Laboratory of Urban and Regional Ecology, Research Center for
Eco-envirfonmental Sciences Chinese Academy of Sciences Beijing 100085, China
2. Institute of Soil and Water Conservation, Chinese Academy of Sciences; Yang ling 712100, China)

Abstract: CO_2 exchange between the biosphere and the atmosphere is one of the most important components of the global carbon cycle. The CO_2 exchange should be monitored continuously and at multiple geographical points because of great temporal and spatial variations. A Multi-channel automated chamber system was developed for continually monitoring CO_2 exchange between the agro-ecosystem or the soil and the atmosphere. This system consisted of an automated chamber

---

原载于:生态学报,2007,27(4):1273-1282.
基金项目:国家自然科学基金资助项目(40321101);国家重点基础研究发展规划(973)项目(2002CB412503);中国科学院创新工程重大项目(KZCX1-SV-01-17)

subsystem and a CO_2 concentration analysis and data logging subsystem. Both subsystems were under the control of a programmable logic controller (PLC). The automated chamber subsystem contained 18 chambers and a compressor. The chambers, 50 cm × 50 cm × 50 cm, were constructed of clear PVC fixed to an aluminum alloy frame. The chambers had PVC lids hinged at the sidewall and each lid was closed and opened automatically by the push and pull of a pneumatic cylinder mounted on the opposite sidewall. The pneumatic cylinders were controlled by high pressure air from a compressor regulated by the PLC. Fans were fixed on each pneumatic cylinder to mix the air inside the chamber completely when their lids were closed. A buffer pine (L = 1.5m) with an inner diameter of 0.4 mm was inserted through the lid to keep the air pressure balanced between the inside and the outside of the chamber. During measurement, one of the 18 chambers was closed for measuring and the others were kept open to allow precipitation and leaf litter to reach the enclosure surface, to maintain the soil conditions as natural as possible. Three minutes of closure time was needed for each chamber for measurement at separate locations. Regulated by the PLC, measurements for the 18 chambers were completed in 54 minutes, and another cycle of measurement began after a six-minute interval. The CO_2 concentration analysis and data logging subsystem was composed of a CO_2 analyzer, a multi-channel gas valve and a data logger. The multi-channel gas valve was controlled by the PLC to switch gas between the chambers and the CO_2 analyzer. During the analysis, one chamber was closed and the air inside it was continuously withdrawn by a pump through a multi-channel gas valve into the CO_2 analyzer. After the CO_2 concentration was measured, the air was returned into the chamber through another multichannel valve to minimize changes of the air within chamber. The results of the CO_2 concentration were recorded by the data logger at intervals of 10 seconds. In addition, environmental variables were simultaneously measured by sensors and these results were recorded by the data logger. The CO_2 exchange was calculated as the slope of change in CO_2 concentration within chamber, adjusted for air temperature and pressure.

The reliability of the multi-channel automated chamber system was tested and the system was used to monitor the CO_2 exchange between a wheat ecosystem and the soil respiration of a wheat field and an apple orchard with the atmosphere. The results showed that the equilibrium of the system could be reached within 60 seconds and the turbulence of the fans had no significant effect on this CO_2 exchange. The changes in air and soil temperature and soil moisture inside the chambers due to enclosure of the chambers were within the degree of acceptability for field study. The net ecosystem CO_2 exchange for the wheat ecosystem was -2.35 $\mu mol \cdot m^{-2} \cdot s^{-1}$ and the soil respiration was 3.87 $\mu mol \cdot m^{-2} \cdot s^{-1}$ in the wheat field and 6.61 $\mu mol \cdot m^{-2} \cdot s^{-1}$ in the apple orchard. In conclusion, the system was reliable for monitoring CO_2 exchange continuously and automatically at multiple points, and had little influence on natural conditions.

Key words: automated multi-channel chamber system; CO_2 exchange; agro-ecosystem

陆地生态系统与大气间 CO_2 交换是全球碳循环的最重要组成部分[1],是判断陆地生态系统是"碳源"或"碳汇"的重要指标。科学地测定其 CO_2 交换通量一直是陆地生态系统碳循环研究的核心工作之一。提高观测的效率和减少观测对自然的干扰,是科学精确地估算区域和全球尺度上的陆地生态系统与大气间 CO_2 交换量的关键。陆地生态系统与大气间 CO_2 的交换通量的测定和估算可以从两个角度进行,一是测定要研究的陆地生态系统的碳库变化,即碳库变化法;二是直接测定要研究的陆地生态系统与大气间的CO_2交换通量,即通量测定法。后者可以很好地表征CO_2交换通量的短期变化或瞬时量。但后者需要较复杂的技术。不但要有可靠的大气CO_2浓度的测定技术,而且需要有适当的方法反映陆地生态系统与大气间CO_2的交换通量。大气CO_2浓度的测定技术包括碱吸收法[2-3]、气相色谱法[4]和红外CO_2分析仪法[5]。相对来说,红外CO_2分析仪法所需要的响应时间短、仪器的携带也比较方便,测定结果更为精确。测定交换通量的方法一般分为通量箱法和微气象学法。尽管微气象学法对自然干扰小且快速简便,但被观测的陆地生态系统要求有一定的空间一致性和气象条件[6]。因而,通量箱法也一直被广泛的应用。

为了克服通量箱观测法不能连续观测和人工操作的费时,科学家开始建立和改进自动通量箱,现在也出现了一些商业化的自动箱,如Licor-8100。全自动通量箱的自动开启系统一般采用电动机驱动或汽缸驱动。国外应用较多的有单通道全自动通量箱和多通道全自动通量箱。测定时也多采用红外CO_2分析仪和具有气体回路的动态通量箱,可以较多的保证通量箱内气体体积的稳定。

尽管国外已经有较多的全自动通量箱的观测技术报道[7-12],但国内该项技术的应用还比较少。"八五"期间中国科学院大气物理所曾在常熟和广州利用全自动通量箱测定稻田甲烷的排放工作。2002年段晓男等在内蒙古河套灌区的小麦田进行了短期的农田生态系统与大气间CO_2交换通量的观测[13]。为了深刻理解土壤呼吸和农田生态系统与大气间的CO_2交换规律,有必要开发一套高频率、多通道、全自动、对观测对象扰动小的连续观测系统本研究在参考国内外已有的陆地生态系统与大气间CO_2交换通量箱式法观测技术的基础上,发展了一套多通道全自动多通量箱系统用来连续观测农田生态系统或土壤与大气间的CO_2交换通量。并对系统的可靠性进行检验,对通量箱放置引起的"箱效应"从温度和水分方面进行了测定。

1 多通道全自动通量箱系统结构

多通道全自动通量箱系统由两个子系统组成:CO_2浓度分析和记录子系统及全自动通量箱子系统(图1)。两个子系统都在一台可编程逻辑控制器(PLC,Programmable Logic Controller)控制下工作。

1.1 全自动通量箱子系统

该子系统由18个全自动通量箱和一台空气压缩机组。成全自动通量箱是长、宽、高均为50cm的正方体,框架是由铝合金制成箱体四壁采用透明的亚克力板(透光率98%),并通过双面密封胶条和铝合金框架粘接起来用螺钉固定箱盖采用较厚的亚克力板(透光率98%),与箱体间用普通合页链接。为了防止箱盖的热胀冷缩变形,箱盖的外表面固定有高强度U型铝合金板。箱体与箱盖间镶有高密度密封条以提高气密性。箱盖中部位置和箱体的一侧中部位置之间固定一个适当长度的气缸。当气缸完全伸展时,箱盖完全打开,保持与外界很好的气体交换;当气缸回缩后,箱盖完全关闭,进行通量的测定。气缸往返动作由PLC控制的电磁阀控制,由空气压缩机的压缩空气驱动。在气缸缸体上固定着一个风扇,用于通量测定时进行箱内气体的混合。通量箱盖关闭时,风扇开始运转以充分搅拌通量箱中的气体。箱体的一侧靠上位置安装有出气管,对侧的靠下位置安装进气管,分别与CO_2分析子系统相连。在通量箱的顶部接一根长1.5m的塑料管(4mm×6mm)以平衡通量箱内外气压差[14-15]。

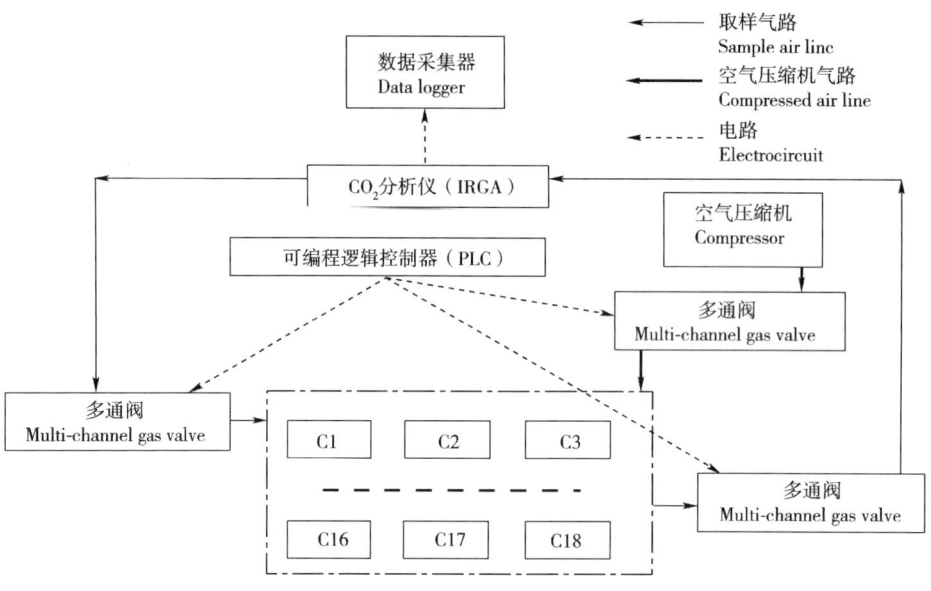

图 1 多通道全自动通量箱系统结构示意图
Fig. 1 Multi-channel automated chamber system

数据采集器 Data Logger (CR10X); CO$_2$分析仪 IRGA: Infrared Gas Analyzer; 可编程逻辑控制器 PLC: Programmable Logic Controller; 空气压缩机 Compressor; 多通阀 Multi-channel gas valve; C1—C18: 通量箱编号 The serial numbers of the chambers in the system

1.2 CO$_2$浓度分析和记录子系统

该子系统由 LI-820 红外 CO$_2$分析仪、缓冲管、干燥器、过滤器、流量计、气泵、多通阀和数据采集器组成。气泵将通量箱中的空气抽出,并经过多通阀、缓冲管、干燥器、过滤器和流量计后,进入红外 CO$_2$分析仪,测定通量箱中的空气 CO$_2$浓度,测定的结果由数据采集器记录,分析后的气体经过另外一个多通阀流回通量箱。多通阀有 19 个接口,每个接口处连有一个电磁阀,由 PLC 控制,用于将要测定的通量箱的空气导出和导入。另外,测定环境条件因子(光合有效辐射、气温、大气湿度、土壤温度和土壤湿度等)的传感器连接在数据采集器上(CR10X)。数据采集器设定为每 10s 记录一次红外 CO$_2$分析仪的读数,3min 记录一次环境条件因子的测量值。观测时,将各通量箱底部埋入土壤中 5cm,在 PLC 的控制下,每个通量箱依次关闭 3min,闭合期间由 CO$_2$分析仪测定指定通量箱内的 CO$_2$浓度变化,54min 完成 18 个箱在 18 个不同地点的测定,6min 的间隔后,进入下一个循环的测定。利用下式计算特定箱内生态系统或土壤与大气间的交换通量:

$$A = \frac{dv}{dt} \frac{V}{S} \frac{P}{RT} \quad (1)$$

式中,A 是单位面积上单位时间内 CO$_2$ 释放量($\mu mol \cdot m^{-2} \cdot s^{-1}$);$c$ 是 CO$_2$摩尔浓度($\mu mol \cdot mol^{-1}$);t 是时间(s);V 是通量箱体积(m^3);S 是通量箱底面积(m^2);P 是大气压(KPa);R 是气体常数($8.310^{-3} m^3 \cdot kPa \cdot mol^{-1} \cdot K^{-1}$);是通量箱内气体温度(K)。方程(1)中 dc/dt 是通量箱中浓度变化率,即将所测得的一组 CO$_2$浓度及其相应的时间回归所得直线方程的斜率[16]。

2 多通道全自动通量箱系统的性能测试

2.1 系统的响应过程和稳定性

通量箱与红外 CO_2 分析仪间的连接气路长度为 17m,内径为 4mm,总体积约 213ml。测定时气体的流量控制在 0.8—1.0L/min,这样通量箱内的气体到达红外 CO_2 分析仪的时间为 12—16s,即红外 CO_2 分析仪的读数有最大 16s 的延迟。通量箱自动开闭的时间一般控制在 3—10s。通量箱关闭过程中,箱盖会将部分空气压入通量箱,这样会增大通量箱的气压。但由于通量箱接有与大气连通的 1.5m 长的平衡管。可以减少这些原因造成的测量误差。为了减少通量箱关闭和气路的影响,取通量箱关闭指令发出后 60 s 以后到通量箱开启指令发出前 20s 的数据进行通量计算。

为了测试系统的反应时间以及平衡管对测定结果的影响,从两方面做了验证。其一,测定空白情况下(在闭合的通量箱内部鼓入一定量的 CO_2),通量箱内部的 CO_2 浓度在闭合期间的变异情况。即在没有测定任何对象,箱内既无释放也无固定的情况下,测定单位时间内通量箱内部 CO_2 浓度的变化。把通量箱下口密闭,当其闭合时在其中鼓入一定量的 CO_2,通量箱内浓度 180s 内变化过程见图2。起初鼓入的气体没有混合均匀,这是开始第一个点浓度值较低的原因。但气体迅速混合均匀,浓度在相邻 30s 内的平均变异系数为 0.079%,这样的变异速度在仪器精度范围内,不足以影响通量箱内 CO_2 浓度的相对变化。据此可以认为,箱盖上的平衡管在气体扩散过程中不对相对变化构成明显影响,进而不影响对 CO_2 交换量的估算。其二,对实测情况下的 CO_2 浓度变化率进行检验。图 3 是连续 3 个相邻通量箱内部依次闭合期间 CO_2 浓度的变化情况。C3 和 C4 内部罩有小麦,C5 罩着小麦田的土壤。从图上可以看出,该系统在测定生态系统净交换(C3、C4)和土壤呼吸(C5)时通量箱内部的 CO_2 浓度的变化在达到平衡后呈线性变化。当选取闭合 60s 后到开启前 20s 的数据进行回归时,该斜率可以比较真实地反映测定地点的情况。此外,对 5—10 月的数据分析可知,该系统在测定小麦田、小麦田土壤和苹果园土壤 CO_2 排放时,通量箱内 CO_2 浓度变化的斜率是稳定的,相关系数平均在 95% 以上。但在日出和日落前,测定小麦田生态系统净收支的个别通量箱,因其内部光合作用固定 CO_2 和呼吸作用释放 CO_2 速率接近平衡,导致箱内 CO_2 浓度变化率比较小,造成直线拟合时相关系数较小(但不小于 85%)。该情况的发生,不会对整体观测构成较大影响。因此,利用该系统测定和记录的通量箱 CO_2 浓度变化可以反映被测定的农田或土壤与大气间的 CO_2 交换通量。

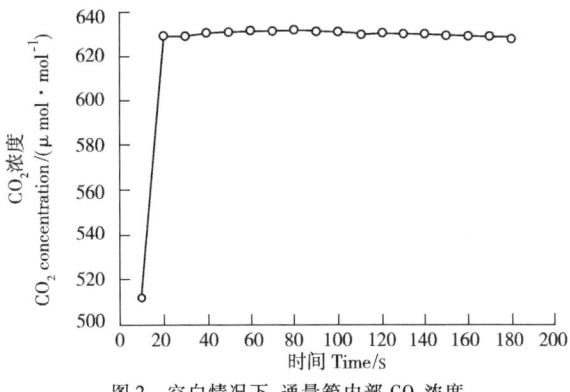

图 2 空白情况下,通量箱内部 CO_2 浓度

Fig. 2 CO_2 concentrations in the chambers on condition that there were no CO_2 release and assimilation

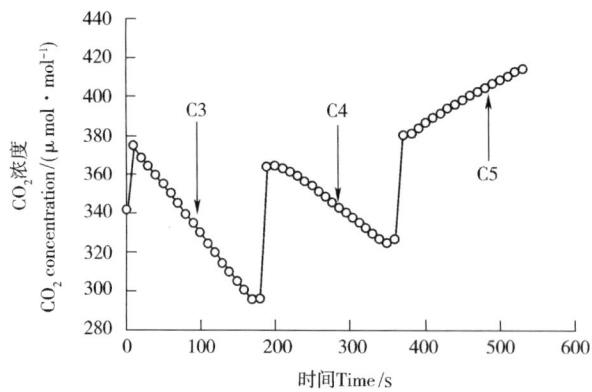

图 3 测定过程中,3 个相邻通量箱内部 CO_2 浓度变化

Fig. 3 Changes in the CO_2 concentrations in three chambers during measurement

C3、C4、C5 即通量箱编号,C3 与 C4 测定小麦田生态系统净交换量,C5 测定土壤呼吸 C3,C4 and C5 are serial numbers of chambers, Wheat was covered in C3 and C4 and soil was in C5

2.2 风扇搅拌的影响

在全自动通量箱内,为了使箱内空气搅拌充分,但又不能影响测定结果,将计算机机箱散热用的普通风扇(12V,0.5A,半径 4.5cm)固定在通量箱中部的汽缸上,以 30°—45°的角度面向地面。风扇的前端有使风向四周扩散的片网,避免风扇直吹地面。采用 A199Lz 形风速计(Vector Instrument, UK)测得风扇出口风速为 6.2—6.8m/s,风速与其距离风扇出口的距离以指数函数递减(图 4),距出口 30cm 处的风速为 1.2—1.8m/s。大量研究表明,介于 0—2.8m/s 间的风速对地表 CO_2 释放过程影响不明显[12]。本研究中通量箱内部风扇距地面及作物冠层的斜向距离大于 30cm,所以可以认为通量箱内的风速对 CO_2 释放影响不明显。此外,按风扇半径为 4.5cm 和出口风速计算,通量箱内的气体在不到 1s 的时间内被混合均匀。为了评价风扇的搅拌强度对地表与大气间 CO_2 交换的影响,采用了 3 个风扇进行实验。在通量箱关闭后先由一个风扇搅拌,在第 60 秒两个风扇同时开动,第 120 秒 3 个风扇同时开动。结果表明,CO_2 浓度变化率并未受到明显影响(图 5)。同样的试验重复了 3 次,得到了相似的结果。

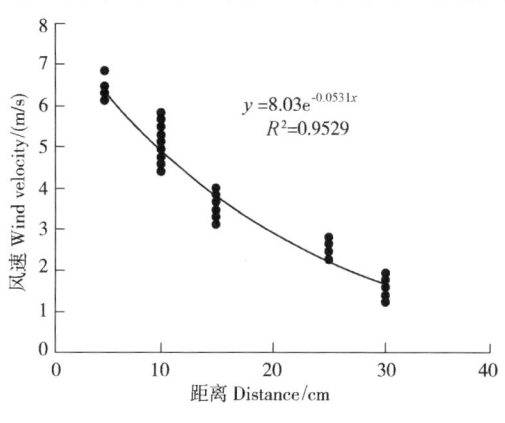

图 4 风扇出口不同距离处的风速

Fig. 4 Changes in wind velocity with different distances from fan

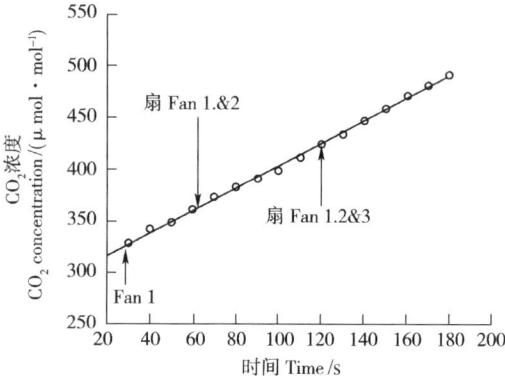

图 5 随风扇数目增加通量箱内部 CO_2 浓度随时间的变化

Fig. 5 Changes in CO_2 concentrations with fans increased

2.3 通量箱内外的环境条件变化

通量箱测定陆地生态系统与大气间 CO_2 交换通量时,存在的问题之一是通量箱的放置可能会改变被观测地点的环境条件,从而造成观测值和实际值的偏离。为了尽可能地减少对环境条件的影响,本文设计的多通道全自动通量箱系统,在测定时箱盖自动开闭,观测时通量箱关闭的时间只有 3min,在 1h 内有 57min 箱盖是打开的,与外界保持能量和物质的正常交换。尽管如此,还是有必要对多通道全自动通量箱系统对所测地点环境的改变情况进行测定。

对多通道全自动通量箱系统对被测地点环境条件影响的评估主要考虑了如下气象因子:气温、土壤温度和水分。采用普通温度计测定气温,红外温度计(TH1-700F)测定土壤表面温度,探针式红外温度计(AD-5604)垂直插入土壤测定 10cm 处土壤温度,土壤水分观测采用湿度计(HH2 Moisture Meter)。观测主要是在 5 月到 9 月气温比较高的时期,随机选取白天不同时间进行测定。测定的地点为中国科学院长武农业生态试验站。评估时分两种情况:一是评价通量箱关闭时箱内气温的变化,二是评价通量箱的长期放置对通量箱覆盖区域内的气温、土壤温度和土壤湿度的影响。

2.3.1 通量箱关闭时箱内气温的变化

通量箱盖的闭合切断了箱内外通过箱顶进行能量交换的途径,在太阳辐射较强的白天,导致通量箱内部气温的升高。从 8 月 27 日到 9 月 9 日,在每天白天太阳辐射相对最强的时间段(气温介于 26℃ 到 33.5℃ 之间),对通量箱外部气温和闭合 3min 后的内部气温进行测定,并对二者的差异利用 SPSS 软件,进行检验(Independent-Samples T test),结果表明,小麦田通量箱闭合 3min 后,内外温度差异达到极显著水平。苹果园内的通量箱闭合 3min 后,内外温度差异不显著(表 1)。在全光照情况下,尽管闭合时间很短,通量箱内部气温还是有较大的升高。类似现象在其他通量箱系统上也有发生[7]。有关通量箱内部气温的控制机理还有待深入探讨研究。

表 1 通量箱关闭 3min 后,内部气温与外部气温差值/℃ *

Table 1 Temperature difference between the inside and the outside of the chambers after the chambers were closed for 3 minutes

土地利用类型 Land use type	样本数 N	最大差值 Maximum	最小差值 Minimum	平均值 Mean	显著性 Significance
苹果园 Apple orchard	24	3	0	1.1	$P > 0.05$
小麦田 Wheat field	24	6.5	0.2	3.6	$P < 0.01$

*温度差值是通量箱内部气温减外部气温的差值;$P > 0.05$,差异不显著;$P < 0.01$,差异显著 Temperature difference is the temperature inside the chambers minus the temperature outside the chambers; $P > 0.05$ indicates that the difference is insignificant; $P < 0.01$ indicates that the difference is significant

2.3.2 通量箱打开状态下,箱内外气温的差异

在通量箱盖打开的情况下,从 8 月到 9 月对通量箱内外气温进行了 11 个晴天的测定,对测得结果进行检验(Independent-Samples T test),结果表明,通量箱内外气温差异不显著(表 2)。这也表明,在不测定时通量箱的上盖自动打开,保持开放状态有利于箱内外能量交换,使内外温度差别不明显。

表2 小麦田、苹果园内的通量箱在开盖情况下内外气温差值/℃ *
Table 2 Air temperature difference (℃) between the inside and the outside of the chambers when they were open

土地利用类型 Land use type	样本数 N	最大差值 Maximum	最小差值 Minimum	平均值 Mean	显著水平 Significance
苹果园 Apple orchard	28	260	0.00	0.71	$P>0.05$
小麦田 Wheat field	28	4.00	-1.50	1.48	$P>0.05$

* 是通量箱内部气温减外部气温的差值;$P>0.05$,差异不显著 Temperature difference is the temperature inside the chambers minus the temperature outside the chamber, $P>0.05$ indicates that the difference is insignificant

2.3.3 地表温度和土壤10cm温度

在开盖情况下,5月到9月期间10个晴天的观测结果表明(表3),无论小麦田还是苹果园,通量箱内外平均地表温度差异和10cm土壤温度平均差值都在1℃以内,小麦田内外土壤及地表温度差别较苹果园略大。检验(Independent-Samples T test)的结果表明,在放置半年期间,通量箱内部的地表温度和土壤10cm温度与其外部环境的地表温度和土壤10cm温度差异均不显著($P>0.05$)。

表3 通量箱内外土壤温度差值/℃ *
Table 3 Soil temperature difference between the inside and the outside of the chambers when they were open

土地利用类型 Land use type		样本数 N	最大差值 Maximum	最小差值 Minimum	平均差值 Mean	显著水平 Significance
苹果园 Apple orchard	地表温度 Temperature at the depth of 0cm	365	6.4	-4.8	0.38	$P>0.05$
	土壤10cm温度 Temperature at the depth of 10cm	177	3.9	-3.2	0.14	$P>0.05$
小麦田 Wheat field	地表温度 Temperature at the depth of 0cm	190	10	-3.6	0.75	$P>0.05$
	土壤10cm温度 Temperature at the depth of 10cm	35	2.8	-3.7	-0.19	$P>0.05$

* 温度差值是通量箱内部温度减外部温度的差值(℃);$P>0.05$,差异不显著 Temperature difference is the temperature inside the chambers minus the temperature outside the chambers; $P>0.05$ indicates that the difference is insignificant

表4 通量箱内外表层土壤湿度差值/($m^3 \cdot m^{-3}$) *
Table 4 Soil moisture difference between the in side the outside of the chambers

土地利用类型 Land use type	样本数 N	最大差值 Maximum	最小差值 Minimum	平均差值 Mean	显著性水平 Significance
苹果 Apple orchard	75	0.597	-0.790	-0.129	$P>0.05$
小麦田 Wheat field	52	0.619	-0.580	0.127	$P>0.05$

* 土壤湿度差值为通量箱内部的土壤湿度减去外部的土壤湿度所得的差值;$P>0.05$,差异不显著 Moisture difference is the soil moisture inside the chambers minus the soil moisture outside the chambers; $P>0.05$ indicated that the difference is insignificant

2.3.4 土壤湿度

在5月到10月,测定了放置在小麦田和苹果园里的通量箱的内部和外部的表层土壤湿度。测定的深度范围为从地表向下5cm。这样的测定随机进行了5次。利用SPSS软件,对测定结果进行分析。检验(Independent-Samples T test)的结果表明,通量箱内外土壤表层5cm范围内的湿度差异不显著(表4)。

3 多通道全自动通量箱的测定结果

3.1 麦田生态系统与大气间CO_2交换通量、麦田土壤呼吸和果园土壤呼吸

4月21日到4月22日在中国科学院长武农业生态试验站对小麦田和果园进行了研究。4月21日,小麦田生态系统与大气间的CO_2生态系统净收支(NEE, Net Ecosystem Exchange)如图6(a)所示,在0:00到6:00间整体表现为释放,从0:00到4:00变化相对平缓,5:00有所降低,6:00略有升高,7:00左右,生态系统由释放CO_2转化为吸收固定CO_2。在9:00时间段,小麦生态系统吸收固定CO_2的强度达到最大,然后降低,到18:00生态系统再次由吸收固定CO_2转为释放CO_2,表现为由负值逐渐变为正值。19:00时,生态系统释放CO_2的强度最小。生态系统释放CO_2水平在晚上20:00时间段最大,然后逐渐降低。由4月21日和22日两天的连续观测结果来看,小麦生态系统净收支的日变化的特点是,晚间变化相对平缓,7:00左右、晚上19:00左右是生态系统吸收固定和释放的转折时间点,9:00到10:00生态系统的吸收固定强度最大。连续2d的夜间麦田生态系统的排放强度分别在3.34—6.92 $\mu mol \cdot m^{-2} \cdot s^{-1}$间变化。在晴天呈现近似单峰变化。连续2d的$CO_2$吸收最大强度分别为$-15.9 \mu mol \cdot m^{-2} \cdot s^{-1}$和$-17.1 \mu mol \cdot m^{-2} \cdot s^{-1}$。连续观测2d的麦田生态系统与大气间的$CO_2$交换通量平均值为$-2.35 \mu mol \cdot m^{-2} \cdot s^{-1}$,即该时期的麦田生态系统整体上吸收固定$CO_2$的能力强于释放$CO_2$的能力。

果园和麦田的土壤呼吸速率的日变化趋势如图6(b),果园的平均呼吸速率是6.61 $\mu mol \cdot m^{-2} \cdot s^{-1}$,麦田是3.87 $\mu mol \cdot m^{-2} \cdot s^{-1}$。果园土壤的呼吸强度在15:00到16:00左右最大,约9.8 $\mu mol \cdot m^{-2} \cdot s^{-1}$到10 $\mu mol \cdot m^{-2} \cdot s^{-1}$。麦田土壤的呼吸强度分别在16:00和12:00左右最大,约5.2 $\mu mol \cdot m^2 \cdot s^{-1}$到5.4 $\mu mol \cdot m^2 \cdot s^{-1}$。

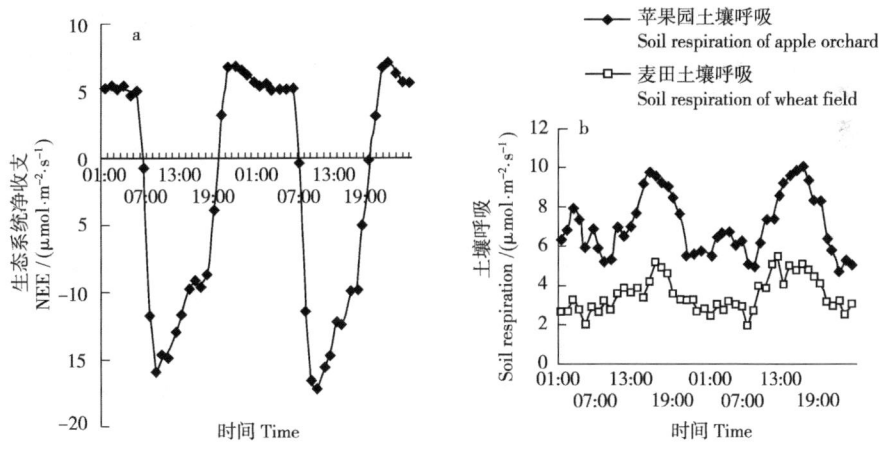

图6 小麦田生态系统NEE(a)、苹果园和麦田土壤呼吸(b)的日变化

Fig.6 Diumal changes of NEE of wheat ecosystem (a) and soil respiration of wheat field and apple orchard (b)

3.2 环境因子

该系统能够同步监测大气温度、大气湿度、光强、土壤湿度、土壤温度等环境因子(图7)。4月21日是较为典型的晴天,大气湿度从0:00开始升高,到凌晨4:00达到最大,然后开始降低,到14:00时,空气湿度在一天中最小,然后逐渐上升。气温从0:00开始降低,到凌晨4点达到最低,然后开始升高,16:00,气温升至最大,然后开始下降。光强从

6:00开始变化,在正午出现很规则的波峰。一天当中,土壤湿度呈现微弱的波动,苹果园的湿度较麦田的大。土壤10cm温度从0:00开始降低,到7:00达到最低,然后升高,到16:00达到最大。土壤20cm温度从0:00开始降低,到10:00达到最低,然后开始上升,到19:00达到最大。苹果园和小麦田的地温变化趋势一致,且在同一深度到达最高或最低值的时间一致对环境因子的同步精准测定对于理解土壤呼吸的环境响应有非常重要的意义。

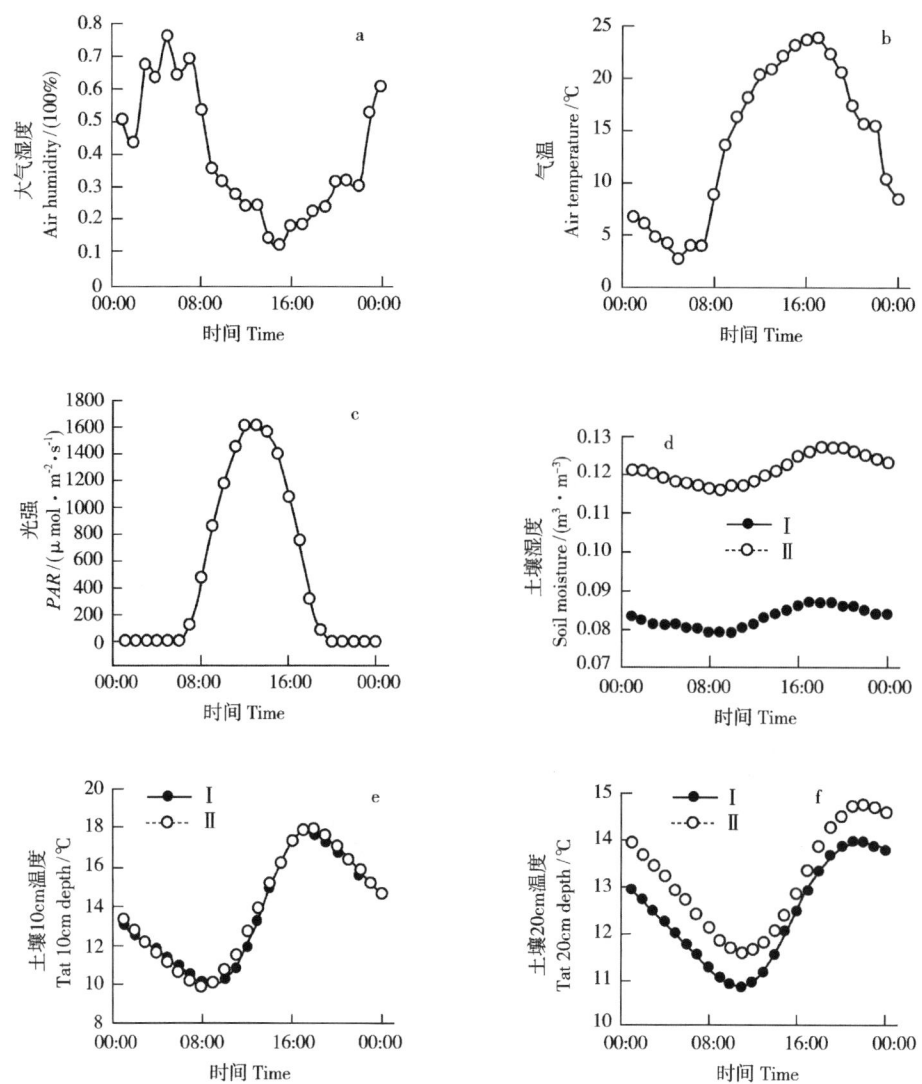

图7 环境因子日变化

Fig.7 Diumal changes of environmental factors

(a)空气湿度的日变化;(b)气温的日变化;(c)光强的日变化;(d)土壤湿度的日变化;(e)10cm地温的日变化;(f)20cm地温的日变化,其中,Ⅰ代表麦田,Ⅱ代表果园(a) Diumal course of air humidity, (b) Diumal course of air temperature; (c) Diumal course of PAR; (d) Diumal course of soil moisture; (e) Diumal course of soil temperature at 10cm depth; (f) Diumal course of soil temperature at 20on depth; I represents wheat field, Ⅱ represents apple orchard

4 结论与讨论

经过在黄土高原长武农业生态试验站为期半年度系统测试及试运行,证明该系统比较稳定,数据也比较可靠。该系统的特点如下:

(1)测定基本准确可靠 该系统采用国际通用的 Li-cor 公司的 LI-820 CO_2 分析仪,该分析仪具有压力补偿机制,在保证气路密闭的条件下可以准确测定相对湿度95%以下的空气内的 CO_2 浓度(LI-820 CO_2 Gas Analyzer Instruction Manual)。为了控制水分在仪器要求范围内,在干燥管内填充变色硅胶,吸收样品气体中的水分,当硅胶的80%变红时即行更换。进行的系统测试结果表明,箱盖上的平衡管以及风扇的搅拌都不对结果构成明显的影响。在苹果园里,在10月28日,就相似地块,本系统测得土壤呼吸的结果为 2.79 $\mu mol \cdot m^{-2} \cdot s^{-1}$,比 Li-6400-09 呼吸室测定结果(2.36 $\mu mol \cdot m^{-2} \cdot s^{-1}$)略高。造成这样结果的可能原因是 Li-6400-09 土壤呼吸室覆盖地面时,被测定地表因为被阻隔了太阳辐射而温度降低,或者可归因为土壤呼吸的空间变异,本研究中,10月28日白天,果园土壤呼吸的空间变异系数平均为31.3%。

(2)通量箱的反应速度快,对环境改变相对较小,连续性强 Bubier 的自动监测系统完成一个点的测定要18min,循环一遍要3h,连续性不够[10]。梁乃申教授开发出了一套开放气路全自动循环测定系统,然而由于该系统采用开放气路,每个通量箱,从闭合达到平衡所需要时间长达20min,引起了箱内温度的较大升高,当外界温度为30—35℃时,通量箱内部温度甚至升高15℃[12]。本研究开发的多通道全自动通量箱测定系统中,每个通量箱闭合3min就可以完成对一个地点的测定,测定期间通量箱内部温度升高比梁乃申教授开发的系统要小。因为系统反应速度快,测定的连续性也得到了很大的提高。此外,由于通量箱绝大部分时间处于打开状态,雨、雪、凋落物都可以进入通量箱,这样能够更好地反映生态系统的自然状况。本研究的测定结果表明,通量箱内外的气温、土壤温度和湿度在较长时间内没有明显差异。

(3)取样面积大 自制通量箱覆盖面积(0.25 m^2)比 LI-6400-09 土壤呼吸室(0.00716—0.008 m^2)大,有效地减小了"边缘效应"[17]和土壤呼吸空间异质性所造成的观测误差。

(4)通量箱数目多 本系统含有18个通量箱,是单箱自动监测系统的发展[13]。本系统是目前公开发表的文献中包括通量箱数目最多的多通量箱系统。Drewitt 的系统包括6个通量箱[8],Bubier 的系统包括10个通量箱[10],梁乃申的系统包括16个通量箱[12]。通量箱数目多其好处在于,其一,测定 NEE 时,较多的重复可以有效避免偶然现象造成的误差。比如,浮云的影响。其二,反映地表 CO_2 释放或者土壤呼吸的空间变异并且使代表性更强;其三,可以允许不同水平的较多重复,方便比较研究。

(5)自动化程度高,维护保养简单易行 系统一旦调试成功,在正常供电情况下,可完全自动运行,较少需要人力维护。实现了全天候自动监测。维护主要是进行空气压缩机的定期排水、干燥剂更换、通量箱内汽缸定期润滑和定期校正 CO_2 分析仪。

(6)比较经济 该系统除 CO_2 红外分析仪外,全部采用国内生产的配件,投资较少。运用 PLC 控制代替数据采集器控制通量箱的自动开启闭合[8],有效地降低了成本。

在经过近1a的运行后,也注意到了该系统还可以进行以下改进,进一步提高稳定性和可靠性:

（1）测定 NEE 的通量箱框架不可避免的遮挡了一部分光线进入通量箱，这可能会造成对植物光合作用的变化的较低估计。因此建议采用透光率高的材料直接压制成没有框架的通量箱。

（2）进行原位长期土壤呼吸测定的通量箱的高度应该尽可能地降低，并且采用顶盖不透光而四周透明的半透明箱，这样当通量箱盖打开时，有利于通量箱内外能量的良好交换，闭合期间内部温度不至于升高或降低太快，使内外环境基本一致。

References：

[1] Law B E, Kelliher F M, BaldocchiD D, et al. Spatial and temporal variation in respiration in a young ponderosa pine forests during a simmer drought. Agric For Meteorol, 2001, 110: 27-43.

[2] Kirita H. Re-examination of the absorption method of measuring soil iration under field conditions IV. An imp roved absorption method using a disc of plastic sponge as absorbent holder. Jpn J. Ecol, 1971,21: 119-127.

[3] Biscoe P V, Scott R K, Monteith J L. Barley and its environment Ⅲ. Carbon budget of the stand. J. Appl Ecol, 1975, 12:269-291.

[4] Loftfield N S, Brumme R, Beese F. Automated monitoring of nitrous oxide and carbon dioxide flux from forest soils. Soil Sci Soc. Am J., 1992,56: 1147-1150.

[5] Bekku Y, Koizumi H. Measurement of soil respiration use closed chamber method with an IRGA technique. Ecological Research, 1997, 10:369-374.

[6] Baldocchi D D. Assessing the eddy covariance technique for evaluating carbon dioxide exchange rates of ecosystems: past, present and future. Global Change Biology, 2003, 9: 479-492.

[7] Steduto P, petinkÖkÜÖ, Albrizio R. Automated closed-system canopy-chamber for continuous field-crop monitoring of CO_2 and H_2O fluxes. Agric For Meteorol, 2002, 111:171-186.

[8] Drewitt G B, Black T A, Nesic Z, et al. Measuring forest floor CO_2 fluxes in a Douglas-fir forest. Agric For Meteorol, 2002, 110: 299-317.

[9] Bubier J, Crill PMosedale A, et al. Peatland responses to varying interannual moisture conditions as measured by automatic CO_2 chambers Gbbal B bgeochem. Cycles, 2003, 17(2) 1066 dor. 1029/2002 GB001946, 2003.

[10] Bubier J, Crill P, Mosedale A. Net ecosystem CO_2 exchange measured by autochambers during the snow-covered season at a temperate peatland. Hydrological Processes, 2002, 16:3667-3682.

[11] Jukka Pumpanen. CO_2 efflux from boreal forest soil before and after clear-cutting and site preparation. University of Helsinki, Finland, 2003.

[12] NaishenL, Gen I and Yasumi F. A multichannel automated chamber system for continuous measurement of forest soil CO_2 efflux. Tree physiolog, 2003, 23:825-832.

[13] Duan X, Wang X, Feng Z, et al. Study of Net Ecosystem Exchange for seedling stage of spring wheat ecosystem in Hetao Irrigation District, Inner Mongolia. Acta Scientiae Circumstantiae, 2005, 25 (2):166-171.

[14] Hutchinson G L & Mosier A R. Improved soil cover method for field measurement of nitrous oxide fluxes. Soil Science Society of America Joumal 1981,45: 311-316.

[15] Griffis T J, B lack T A, Gaumont-Guay D, et al. Seasonal variation and partitioning of ecosystem respiration in a southern boreal aspen forest. Agric For Meteorol, 2004, 125:207-223.

[16] Reicosky D C. Canopy gas-exchange in the field: closed chambers. Remote Sensing Rev., 1990,5(1): 163-177.

[17] Norman J M, Kucharik C J, Gower S T, et al. A comparison of six methods for measuring soil-surface carbon dioxide fluxes. J. Geophys Res, 1997, 102(28):771-777.

参考文献：

[13]段晓男,王效科,冯兆忠,等.内蒙古河套灌区春小麦苗期生态系统CO_2通量变化研究.环境科学学报,2005,25(2):166-171.

近 40 年气候变化对江西自然植被净第一性生产力的影响

曾慧卿[1,2,3,4], 刘琪璟[2]*, 殷剑敏[5], 冯宗炜[1]

(1. 中国科学院生态环境研究中心城市与区域生态国家重点实验室,北京 100085; 2. 中国科学院地理科学与资源研究所,北京 100101; 3. 南昌大学环境科学与工程学院,江西南昌 330029; 4. 中国科学院研究生院,北京 100039; 5. 江西省气象科学研究所,江西南昌 330046)

摘要:根据全球气候变化的趋势,采用植被净第一性生产力模型,对江西省南昌、吉安、赣州 3 地近 40 年气候变化对自然植被净第一性生产力(NPP)的影响进行研究,并模拟了 3 地自然植被 NPP 在未来气候 3 种水热条件下的变化趋势。此外还以 1980 年江西全省自然植被 NPP 为例分析了自然植被 NPP 的区域分布特征,结果表明:3 地近 40 年自然植被 NPP 平均值分别为 13.19、13.11 和 13.20 t/hm² a,总体上都呈上升的趋势。当年均气温增加 2℃且降水量增加 20% 时,NPP 值增加了 14.9%—15.85%;随着年均气温增加 2℃且降水量减少 20%,NPP 减少了 4.77%—5.16%;当年均气温增加 2℃且降水量不变时,NPP 增加了 5.30%—5.69%。江西自然植被 NPP 区域分布特征由东、南、西 3 个方向向北呈放射状分布,随着地形由高山向丘陵、平原的方向变化而减小。

关键词:净第一性生产力;植被;气候变化;江西省

Impact of climatic variation on net primary productivity of natural vegetation in Jiangxi in recent 40 years

ZENG Huiqing[1,2,3,4], LIU Qijing[2], YIN Jianmin[5], FENG Zongwei[1]

(1. State Key Laboratory of Urban and Regional Ecology, Research Center for Eco-Environmental Sciences, Chinese Academy of Sciences, Beijing 100085, China; 2. Institute of Geographic Sciences and Natural Resources Research, Chinese Academy of Sciences, Beijing 100101, China; 3. Environmental Science and Engineering College of Nanchang University, Nanchang 330029, China; 4. Graduate University of Chinese Academy of Sciences, Beijing 100039, China; 5. Meteorological Science Institute of Jiangxi Province, Nanchang 330046, China)

Abstract: According to the trend of global climate changes, impact of climatic variation on net primary productivity (NPP) of natural vegetation in three regions, Nanchang, Jian and Ganzhou, in Jiangxi Province in recent 40 years was studied. The change trend was simulated based on combinations of thermal and hydrological conditions. Also, NPP pattern of the whole region of Jiangxi Province was analyzed with vegetation productivity in 1980s. The average values of NPP in

---

原载于:长江流域资源与环境,2008。
基金项目:国家重大基础研究项目(编号 2002CB4125);中国科学院资源环境科学与技术局生态野外台站基金项目

the three regions during past 40 years were 13.19, 13.11, and 13.20 t/hm² a, respectively, showing an overall tendency of slight increase. Based on the presumption that the temperature and precipitation increased by 2℃ and 20%, respectively, the value of NPP would ascend by 14.9%—15.85%. When the temperature and precipitation increased by 2℃ and −20%, respectively, it would decreased by 4.77%—5.16%. For the scenario of increased temperature (+2℃) and unchanged precipitation, the increase of NPP was predicted as 5.30%—5.69%. A radius form from the center to east, south and west characterized the spatial pattern of NPP distribution, and it declined from mountains to hills and plains.

Key words: net primary productivity (NPP); vegetation; climate change; Jiangxi Province

全球气候变化是当前全球生态系统研究的一个热门的领域[1],气候的变化必然导致自然生态系统的变化,进而引起自然植被净第一生产力(Net Primary Productivity,NPP)的变化。NPP作为表征陆地生态过程的关键参数,是理解陆地碳循环过程不可或缺的部分,国际地圈-生物圈计划(IGBP)、全球变化与陆地生态系统(GCTE)和京都协定(Kyoto Protocol)等都把植被NPP的研究确定为核心内容之一[2-3]。气候对自然植被NPP存在显著的影响,其影响程度、规律等均值得探讨。气候变化对不同生态系统的生产力的影响前人做了一定的研究[4-8],但气候变化对江西自然植被生产力的影响未见报道。本文对全省的自然植被NPP进行了模拟,并选择代表平原、丘陵、山地的南昌、吉安、赣州3地作为研究区域,利用江西气象站1961—2000年近40a的气象资料,根据自然植被NPP模型,计算并分析NPP随气候变化的规律和特点,同时对CO_2倍增后未来情景条件下NPP变化进行敏感性分析,为合理开发利用江西自然资源以及对全球变化所产生的影响采取相应的策略和途径提供科学依据。

1 研究地概况

江西省地处亚热带季风气候区,年平均气温11.6—19.6℃年平均降水量为1 300—2 000 mm。境内东、南、西三面环山,中间丘陵起伏,北部为鄱阳湖及其平原。本研究的3个地区总面积为7.21万km²。

南昌(E115°55′,N28°36′),年均温17.5℃,年均降水1 600 mm左右;吉安(E114°58′,N27°07′),地处丘陵地带,年均温18.4℃,年均降水约1 500 mm;赣州(E114°57′,N25°51′),处于武夷山脉、南岭山脉与诸广山脉交汇地带,年均温19.4℃,年均降水1450 mm左右。

2 研究方法

2.1 气象资料的来源

气象资料来自江西省气象科学研究所,数据包括江西省内83个气象台站1961—2000年的逐日气象观测记录,气候数据包括平均气温和降水量以及地理坐标等多项指标。

2.2 自然植被NPP的估算

国内外诸多学者利用统计学模型对自然植被的气候生产潜力及其对气候变化的反应进行了研究[9-12]。本文拟采用在我国有较好适用性的自然植被NPP模型[7],该模型基本原理是以植被表面的CO_2通量方程与水汽通量方程之比确定植被对水的利用效率为基础,根据地球表面水量平衡方程和热量平衡方程从能量与水分对蒸发影响的物理过程出发推导出联系两者平衡方程的区域蒸散模式,并利用相应的气候要素建立自然植被净第一性生产力模型该模型通过验证,证明效果较好模型的具体方法为:

$$NPP = RDI^2 \times \frac{r(1 + RDI + RDI^2)}{(1 + RDI)(1 + RDI^2)} \times \exp(+ \sqrt{9.87 + 6.25 \times RDI})$$

$$RDI = (0.629 + 0.237\, PER - 0.00313\, PER^2)^2$$

$$PER = PET/r = BT \times 58.93/r$$

$$BT = \sum t/365 \text{ 或 } \sum T/12$$

式中,RDI 为辐射干燥度;r 为年降水量,mm;PER 为可能蒸散率;PET 为年可能蒸散量,mm;BT 为年平均生物温度,℃;t 为小于30℃与大于0℃的日均值;T 为小于30℃与大于0℃的月均值。

2.3 数值模拟

根据若干大气环流模型(GCMs)对 CO_2 浓度倍增后3地自然植被 NPP 对气候变化的反应进行模拟。预测的情景为:

A 情景:年均气温增加2℃,年降水量增加20%;B 情景:年均气温增加2℃,年降水量减少20%;C 情景:年均气温增加2℃,年降水量不变。

3 结果

3.1 不同地区近40a气候因素的变化

南昌、吉安、赣州3地近40a平均气温、降水量距平值结果见表1。从中可见,1970s、1980s 温度比1960s 有所下降,1990s 以后,温度则呈现上升的趋势气温变化的波动幅度由大到小分别为南昌、吉安、赣州。3地降水量1960s 为负值,1990s 转为正值,从总体上均呈上升趋势(表1)。3地降水变化的波动依次为南昌、吉安、赣州。

表1 近40a江西3个地区温度与降水及其变动的比较
Tab. 1 Fluctuations of Temperature and Precipitation in Recent 40 Years in Three Regions of Jiangxi Province

年代		气温/℃			降水/mm		
		南昌	吉安	赣州	南昌	吉安	赣州
40年平均		17.6	18.4	19.4	1 589.0	1 507.6	1 444.2
距平值	1960s*	0.0	0.0	0.0	-106.3	-33.9	-50.0
	1970s*	-0.1	-0.1	-0.1	+1.2	-94.6	-21.6
	1980s*	-0.1	-0.1	-0.1	-103.9	+22.4	+5.0
	1990s*	+0.3	+0.2	+0.1	+208.9	+106.2	+66.5

* 1960s 为1961—1970年;1970s 为1971—1980年;1980s 为1981—1990年;1990s 为1991—2000年;下同

3.2 不同地区近40a NPP的变化

图1为南昌、吉安、赣州3地区近40a自然植被 NPP 值时间变化曲线,由图可见,3地自然植被 NPP 年际变化趋势大体上相似,在1990s 呈现上升的趋势,在近40a 内有4个高值期和3个低值期,高峰期为1970s 初、1980s 末、1990s 初和1990s 末。3地在1960s、1970s 和1980s 中期有明显的低值期,南昌、吉安在1980s 自然植被 NPP 波动较小,但赣州在1980s 中期和后期出现了明显的低值期。

表2为3地不同年代的自然植被 NPP 值的比较从总体上来看,赣州平均值最大,南昌次之,吉安最小,1960s 至1990s 3地的自然植被 NPP 值呈现上升的趋势,并且均在1990s 达到最高值。

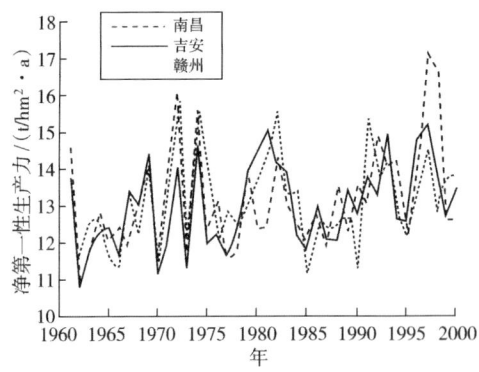

图 1 江西省 3 个地区 NPP 年际变化曲线

Fig. 1 Annual Variation Curve of NPP in the Three Regions of Jiangxi Province

表 2 江西南昌、吉安、赣州不同年代自然植被 NPP 值比较/(t/hm² · a)

Tab. 2 Temporal Change of NPP of Natural Vegetation in Nanchang, Jian and Ganzhou of Jiangxi

	南昌 NPP	距平值*	吉安 NPP	距平值*	赣州 NPP	距平值*
1960s	12.72	-0.47	12.97	-0.14	13.00	-0.20
1970s	13.14	-0.05	12.66	-0.45	13.08	-0.12
1980s	12.70	-0.49	13.16	+0.05	13.19	-0.01
1990s	14.19	+1.00	13.66	+0.55	13.53	+0.33
平均	13.19	-	13.11	-	13.20	-

* 距平值(DNF = Deviation from normal)

3.3 近 40a NPP 的区域分布特征

以江西 1980 年 83 个气象台、站的气象资料计算自然植被 NPP 值并绘制其示意分布图(图 2),江西气候资源的特点是热量资源南多北少,水分资源东多西少,此特点在自然

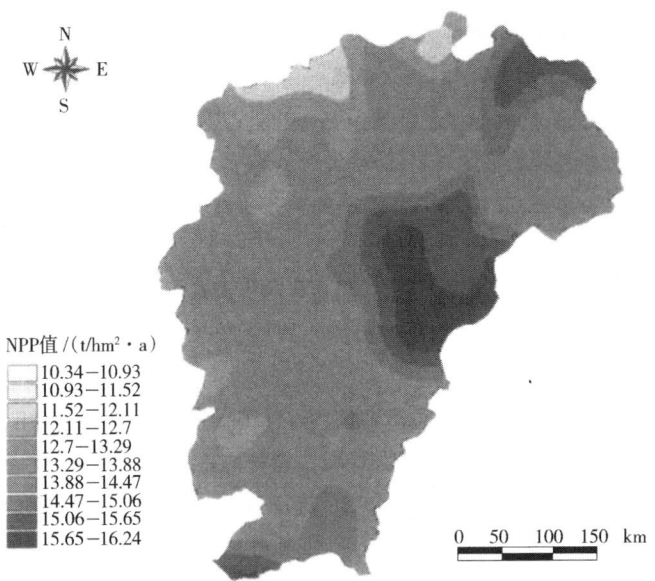

图 2 1980 年全省 NPP 示意图

Fig. 2 NPP Sketch Map of Jiangxi Province in 1980

植被 NPP 的区域分布上得到了充分的体现。江西自然植被 NPP 基本上由东、南、西 3 个方向向北呈放射性分布,随着高山→丘陵→平原地形的变化而逐渐减小。从图 2 可见,江西东部的武夷山脉及南部的南岭等水热条件较好的地区,自然植被 NPP 值较高,而平原区域自然植被 NPP 值相对来说较低(低于 13.00 t/hm² a)。

3.4 全球气候变化对 NPP 影响分析

3 种情景预测南昌、吉安、赣州自然植被 NPP 值变化情况见表 3。

在 A 情景条件下,3 地自然植被的 NPP 值均有较大的增加,南昌、吉安、赣州的增加率分别为 15.85%、15.41%、14.92%。对于 B 情景,3 地的自然植被的 NPP 值均低于现实值,南昌、吉安、赣州的减少率分别为 5.16%、4.81%、4.77%。对于 C 情景,南昌、吉安、赣州 3 地自然植被的 NPP 值均有较小的增加,其增加率分别为 5.46%、5.49%、5.30%。

表 3 目前及 CO_2 浓度增加后江西 3 地的自然植被 NPP 值
Tab. 3 NPP-value of Natural Vegetation of Three Areas in Jiangxi Province Under Present Situation and the Gobal Warming Caused by Doubled CO_2

NPP 值	目前	A 情景	B 情景	C 情景
南昌	13.19	15.28	12.51	13.91
吉安	13.11	15.13	12.48	13.83
赣州	13.20	15.17	12.57	13.90

4 讨论

4.1 气候变化对自然植被 NPP 值的影响

自然植被 NPP 值的大小是地区水热条件的综合反映,温度和降水的变化直接影响着 NPP 的变化。年均降水量和年均温度与森林植被 NPP 相关紧密,森林生产力的分布格局主要取决于气候环境中的水热条件;本文的研究亦证明,温度和降水的变化影响着自然植被 NPP 值的大小。从总体上来看,3 地自然植被 NPP 均呈现为上升的趋势,进入 1990s 为高值期。这与高素华(1994 年)、刘文杰(2000 年)的研究结果相反[4-5],与闫淑君等(2001 年)的研究 NPP 的变化规律相同[8],可能地域的水热状况不一致导致了自然植被 NPP 的变化规律存在一定的差异。1998 年由于全球厄尔尼诺现象的影响,年平均温度、年降水量、年太阳辐射均明显比其它年份高,从而使得 1998 年自然植被 NPP 表现出较高的水平。本文的研究亦显示出自然植被 NPP 受 1998 年气候变化的高值影响(见图 1),与柯金虎等(2003 年)研究的结果一致[14]。

针对中国全国及区域气温变化诸多研究表明,1970s、1980s 是一个温度相对较低的时期,1990s 是一个高温期[14-16],长江南岸包括江西在内的区域降水量在 1990s 亦呈上升的趋势[14]。本文的研究亦表明了近几十年气候变化的这一特点(见表 1),这也是自然植被 NPP 在 1990s 受温度升高和降水增加后呈现上升趋势的原因。

4.2 地形变化对自然植被 NPP 的影响

地形的变化引起气候、降水等气候因子的变化[17],进而影响自然 NPP 的变化,尤其是地形在山地范围内对降水造成的影响较大。江西的地形由周向内、由南向北依次为山地、丘陵、平原,鄱阳湖、赣江为江西水汽南北的重要通道,冷空气自北向南长驱直入,使北部平原气温显著下降。江西南部受地形、山脉等的影响,加之地理位置偏南,冷空气造成的影响较小。这可能是近40a南昌、吉安、赣州的多年平均气温呈低、中、高排列及年平均降水呈高、中、低排列的原因之一。

有研究表明,海拔高度与森林NPP的相关性与年均降水量和年均温度相比较差,但海拔高度与降水量、温度与森林NPP呈较强的多元线性相关[13]。本研究全省自然植被NPP区域分布特征示意图(图2)显示不同地形自然植被NPP值为山地高于丘陵,丘陵高于平原,亦表明地形与温度、降水量共同作用于自然植被NPP的分布特征。

4.3 自然植被NPP值现实值及未来情景预测

本文计算的江西自然植被NPP值与常绿阔叶林NPP值[12]相比是一致的。据报道,四川自然植被的NPP值最大值为15.0t/hm² a,最低为5.0 t/hm² a[18],略小于江西自然植被的NPP值,这与江西的水热条件优于四川的水热条件相符合。

C情景条件下3地自然植被NPP值的增加说明气温的适度升高有利于干物质的积累,从而提高自然植被的生产力。尽管有研究表明由于长江中下游地区降水相对丰沛,植被生长的主要限制因子是热量条件[14],但本文C情景条件下降水增加(即A情景条件)能较大幅度地提高自然植被的生产力和B情景条件下自然植被NPP值的下降,皆表明水分条件是江西自然植被生长的重要影响因子之一。与周广胜等(1996)[12]A情景条件下自然植被的增加值相比,本研究3地自然植被NPP的增加值偏小,这可能与进行自然植被NPP预测的总年份数不同有一定的关系。

4.4 问题与展望

本文的研究仅从温度和降水两个气候因子和地形因子分析了江西自然植被NPP的变化,但自然植被NPP的变化还受到地貌、土壤、人为干扰、自然灾害等诸多因子的影响,此外对于未来气候变化情景的预测和自然植被NPP对于未来变化情景的响应,也仅仅考虑了温度和降水两个气候因子的大体上的变化。因此对于气候变化与自然植被NPP的关系,有待于综合更多的因子开展深入的研究。

参考文献:

[1] 倪绍祥.全球系统研究的某些动向及启示[J].长江流域资源与环境,1995,4(2):183-187.

[2] IGBP. A study of global change [R]. The International Geosphere-Biosphere Programme; The initial core projects. Report 12. Stockholm, 1990.

[3] IGBP. The terrestrial carbon cycle: implication for the Kyoto Protocol [J]. Science, 1998, 280:1393-1394.

[4] 高素华.气候变化对植物气候生产力的影响[J].气象,1994,20(1):30-33.

[5] 刘文杰.西双版纳近40年气候变化对自然植被净第一性生产力影响[J].山地学报,2000,18(4):296-300.

[6] 郑元润,周广胜,张新时,等.农业生产力模型初探[J].植物学报,1997,39(9):830-836.

[7] 周广胜,郑元润,陈四清,等.自然植被净第一性生产力模型及其应用[J].林业科学,1998,34(5):3-10.

[8] 闫淑君,洪伟,吴承祯,等.福建近41年气候变化对自然植被净第一性生产力的影响[J].山地学报,2001,19(6):522-536.

[9] Uchijiam I, Seino H. Agroclimatic evaluation of net primary productivity of natural vegetation, Chikugo model for evaluation net primary productivity [J]. Journal of Agriculture Meteorology, 1985, 40: 343-352.

[10] 张宪洲.我国自然植被净第一性生产力的估算和分布[J].自然资源,1993,(1):15-21.

[11] 朱志辉.我国植被净第一性生产力估算模型[J].科学通报,1993,38(15):1 422-1 426.

[12] 周广胜,张新时.全球气候变化的中国自然植被的将第一性生产力研究[J].植物生态学报,1996,20(1):

11-19.
[13] 刘世荣,郭泉水,王兵.中国森林生产力对气候变化响应的预测研究[J].生态学报,1998,18(5):478-483.
[14] 柯金虎,朴世龙,方精云.长江流域植被净第一性生产力及其时空格局研究[J].植物生态学报,2003,27(6):764-770.
[15] 杨保,周清波,施雅风.长江下游地区过去300年的气候变化(英文)[J].长江流域资源与环境,2002,11(4):352-357.
[16] 丁一汇,戴晓苏.中国近百年来的温度变化[J].气象,1994,20(12):19-26.
[17] 傅抱璞.地形和海拔高度对降水的影响[J].地理学报,1992,47(4):302-314.
[18] 胥晓.四川植被净第一性生产力(NPP)对全球气候变化的响应[J].生态学杂志,2004,23(6):19-24.

庐山常绿阔叶林物种组成及其演替趋势

万慧霖[1,2],冯宗炜[1,3]

(1.北京林业大学资源与环境学院,北京 100083;2 江西省,中国科学院庐山植物园,庐山 332900;
3.中国科学院生态环境研究中心,北京 100085)

摘要:常绿阔叶林是庐山地带性植被,历经近 70a 的保护和恢复,形成不可多得的既有地带性又有地域特征的植被类型。采用典型群落调查法和每木调查法调查了群落的物种组成、分析了群落的结构特征,通过对木本植物主要种群的结构进行分析,依据各种群径级频率分布规律将群落内物种分为 4 种类型:扩展种,隐退种,稳定入侵种和随机入侵种。在 63 种木本植物中,扩展种 22 种,占总数的 34.92%;隐退种 18 种,占总数的 28.57%;稳定入侵种 14 种,占总数的 22.22%;随机入侵种 9 种,占总数的 4.29%。依据这 4 种类型的物种在群落中的地位和作用,以及它们的生物学和生态学特性,可以判定群落的演替发展趋势,庐山常绿阔叶林正在向顶极演替。

关键词:常绿阔叶林;种群;径级频率分布;演替趋势

Species composition and succession trend of evergreen broad-leaved forest in Lushan Mountain, Jiangxi Province, China

WAN Huilin[1,2], FENG Zongwei[1,3]

(1. Beijing Forest University, College of Resources and Environment, Beijing 100083, China;
2. Jiangxi Province, Chinese Academy of Sciences, Lushan Botanical Garden, Lushan 332900, China;
3. Research Center for Eco-Environmental Science, Chinese Academy of Sciences; Beijing 100085, China)

Abstract: Evergreen broad-leaved forest is the zonal vegetation type in Mt Lushan. After nearly 70 years of protection and vegetation-restoration, a typical vegetation type has been established both with zonal and local characteristics According to typical community investigation method, this paper investigated and analyzed the species composition and community structure of the forest Based on the size-class frequency distribution pattern of the population structure of the different tree species, four types was categorized: Expansion, seclusion, enhancing invasion, and randomly invasion. Among the total 63 tree species, there are 22 expansive species, making up 34.92%; 18 seclusive species, accounting for 28.57%; 14 enhancing invasive species, making up 22.22%; and 9 randomly invasive species, making up 4.29%. It was estimated that the succession trendy of the

原载于:生态学报,2008,28(3):1147-1157.
基金项目:江西省中国科学院庐山植物园资助项目
致谢:庐山植物园庞宏东先生、梁同军参加了野外调查工作,赖书绅先生帮助鉴定了部分标本,在此一并致谢!

community based in the analysis of the tree species biological and ecological characteristic, as well as the role and position of the four types of tree species in the forest. The evergreen broad-leaved forest of Lushan is under their succession way to the climax communities.

Key Words: evergreen broad-leaved forest; population; *DBH* frequency distribution; succession trend

庐山常绿阔叶林是庐山地带性植被[1],历经近70a的保护[2],在海拔200—600m之间。形成了以石栎、甜槠和米槠为建群种组成的常绿阔叶林。这一个典型常绿阔叶林在中亚热带非常少见。因为在同一地带这个海拔范围内,大部分常绿阔叶林遭到破坏。庐山由于得益于长期的保护,这一典型的常绿阔叶林得于幸存并发展,形成不可多得,既有地带性又有地域特征的典型植被类型,为研究常绿阔叶林次生植被的恢复和演替规律提供了理想的材料,所以开展对它的研究对于揭示亚热带常绿阔叶林的演替规律,为亚热带常绿阔叶林恢复和重建提供理论指导具有现实的意义。

庐山常绿阔叶林的研究始于20个世纪60年代。在庐山常绿阔叶林的恢复早期阶段,陈彦卓等开展了庐山常绿阔叶林研究,在分析和总结了庐山常绿阔叶林的基本特点及其分布概况后,确定了常绿阔叶林为庐山地带性植被,并对庐山当时的常绿阔叶林类型进行了划分。陈彦卓这一研究成果为今天的庐山常绿阔叶林的研究提供了很好的时间尺度上的参照,50多年过去了,现对50a后庐山常绿阔叶林的物种组成及演替趋势加以研究。

1 研究地区与研究方法

1.1 研究区域概况

庐山位于江西省九江市东南,地理坐标为115°50′—116°10′E,29°28′—29°45′N。最高峰海拔1474.8m,相对高差约1400m,是其周围方圆60km范围内最高峰。庐山处于我国东部中亚热带东南季风区,位于海拔1100m的牯岭镇,年均温11.9℃,极端高温32℃,极端低温-16.8℃,年平均降水1918mm,雨日168d,相对湿度年平均78%以上,冬季有短时积雪,常出现雾凇,云雾日184d,结冰日可达80d,无霜期仅135d,年平均日照量1932.7h,蒸发量1016.5mm,年平均大风日163d。山脚年均温度16.7℃,绝对最高温41℃,最低温-7.6℃,年降水量1300mm,降水日约130d,雾日3.5d,结冰日29d,大风日35d,无霜期250d左右。由于垂直落差大,在庐山西坡保留有完整的植被垂直带谱,从山脚到山顶依次为常绿阔叶林,常绿落叶阔叶混交林,落叶阔叶林,地带性植被为常绿阔叶林[3],地带性土壤为红壤和黄壤[4]。

1.2 研究方法

1.2.1 样地设置

根据群落外貌来选定样地,所选择的样地尽量涵盖庐山常绿阔叶林主要植被类型,样地面积大小不等,从500m²到2500m²,样地面积大小主要根据样地所在地的坡度和坡向的一致性以及群落林相整齐性来确定。

1.2.2 调查内容

(1)样地的基本情况,如经纬度、海拔、坡度、坡位和坡向(表1)。

表 1 样方的基本情况
Table 1 Basic information of samples

编号 No	海拔/m Altitude	坡度/° Slope	坡向/(°) Aspect	面积/m² Area	层盖度/% Cover	坡位 Slope location	代表性群落类型 Major community
1	210	24	242	900	70	下 Low	樟树 Cinnamomum camphora, 秀丽锥 Castanopsis jucunda
2	240	29	202	500	60	下	马尾松 Pinus massoniana, 樟树 Cinnamomum camphora
3	240	21	92	500	60	下	苦槠 Castanopsis sclerophylla, 樟树 Cinnamomum camphora
4	250	25	192	500	75	下	苦槠 Castanopsis sclerophylla, 石栎 Lithocarpus glaber
5	300	28	130	500	50	下	石栎 Lithocarpus glaber, 拟赤杨 Alniphyllum fortunei
6	310	26	305	600	70	下	石栎 Lithocarpus glaber
7	350	29	300	600	65	上 High	石栎 Lithocarpus glaber, 甜槠 Castanopsis eyrei
8	370	30	220	1500	70	中 Mid	石栎 Lithocarpus glaber
9	400	25.5	25	2500	90	中	石栎 Lithocarpus glaber
10	430	30	225	500	75	下	石栎 Lithocarpus glaber, 浙江柿 Diospyros glaucifolia
11	440	38	159	500	80	中	甜槠 Castanopsis eyrei, 米槠 Castanopsis carlesii
12	460	35	207	500	75	下	青冈 Cyclobalanopsis glauca, 南酸枣 Choerospondias axillaris
13	530	46	210	400	60	中上	石栎 Lithocarpus glaber
14	605	27.5	190	750	65	上	甜槠 Castanopsis eyrei, 青冈 Cyclobalanopsis glauca
15	610	35.5	230	500	70	上	细叶青冈 Cyclobalanopsis myrsinaefolia, 青冈 Cyclobalanopsis glauca

（2）记录样地内出现的所有的物种,乔木层测定所有植株的高度和胸径,并估测其盖度;灌木层测量高度 $H \geqslant 1.3$ m 的所有植株的高度,胸径,并估测其盖度,高度 $H < 1.3$ m 的植株,则记录株数;更新层记录木本更新苗的株数;草本植物(包括蕨类植物)记录株数,盖度。木本层间植物测量胸径和高度,并视其高度到达那一层,则记录在那一层内。草质藤本植物记录株数和盖度。

1.2.3 物种重要值的测定

重要值 VI =（相对优势度＋相对多度＋相对频度）/3　　　　　　　　　　　　　　　　(1)
相对频度(%) = 100 × 某个种在统计样方中出现的次数/所有种出现的总次数　(2)
相对优势度(%) = 100 × 某个种的胸高断面积/所有种的胸高断面积之和　　　(3)
相对多度(%) = 100 × 某个种的株数/样方内所有种的总株数　　　　　　　　(4)

1.2.4 群落优势种的测定[5-6]

$$d = \frac{1}{N}\left\{\sum_{i \in T}(x_i - x')^2 + \sum_{j \in U} x_j^2\right\} \quad (5)$$

式中, x_i 为相对基部面积(RBA%)排在前位的树种(top species)的实际测量的相对基部面积(%),前位树种的数量是由假定的优势种数量确定的。x为假定的优势种(dominant species)数量确定的优势种理想百分比(ideal percentage share),x_i为剩余种(remaining species)的百分比,即总种数减去假定的优势种数量确定的前位树种数。N为种总数。如果假定群落只有1个优势种,则优势种的理想百分比为100%。如果假定有2个优势种,则它们的理想百分比为50%,如果假定有3个优势种,则理想百分比为33.3%,依次类推。最后优势种的数量由d来确定,当d的数值最少(处于拐点时)的前位树种数为优势种数。在群落优势种明显时,这个公式还是非常有效的;如果群落优势种不明显,就会出现计算量大,还不能确定优势种的情况。

2 结果与分析

2.1 物种组成

对15个样地资料进行统计分析(乔木层总面积计11250 m²、灌木层3050 m²、草本层191 m²、更新层2125 m²,合计16616 m²),发现有维管植物81科147属236种,其中蕨类植物8科10属14种,种子植物73科137属222种。在种子植物中,裸子植物3科3属3种,被子植物70科134属219种;在被子植物中,单子叶植物7科12属22种,双子叶植物63科122属197种。

从各具体科、属所含的植物种数进行分析,可以发现在庐山常绿阔叶林中,含10种的科只有4科,占全部科数的4.94%,而这些科所含的种数为55种,占全部维管植物种数的23.31%,它们分别是蔷薇科(9属,18种,(下同))、樟科(6,14)、壳斗科(5,13)和冬青科(1,10);含1种的科有38科,占全部科数的46.91%,表现出单种科较多。对各属所含种数进行分析,含10种的属只有冬青属1属,而含有1种的属则有99,占全部属数的67.35%,整个常绿阔叶林群落表现为单种属科较多,对这种现象有两种相反的看法,一种认为同一地区同一属中种数愈多则生境变化愈大,另一种看法则相反。从对科、属所含种数情况来看,在庐山的常绿阔叶林内,既有含10种的大属,也有占总属数的41.95%的单种属,所以属内所含种数的多少似乎和该地区的生境多样性无关。这可能一方面和这个属的分布型有关,即和这个属内的物种起源和进化有关,另一方面似乎更反映了该地区生境的过渡性,表现在不同属的物种都能在此生长,其结果是看哪一个属内的物种抢占了生存的先机。这一点似乎和庐山处于中亚热带北缘相吻合。

为了更清楚认识群落的物种组成,从群落层片入手($H ≥ 8$m:乔木层;1.5m$≤ H ≤ 8$m:灌木层;$H < 1.5$m:更新层),分层片来统计分析群落物种构成。可以看出,在236种植物中,进入乔木层的物种有46种;在更新层的67个物种中,有35种和乔木层的树种相同,32种为群落中新出现的乔木树种。这样乔木树种78种,灌木种类68种,草本种类43种,层外植物(藤本)种类47种(表2)。

2.2 胸径和树高的频度分布

个体大小是表征群落结构的重要方面[7],图1和图2分别表示庐山常绿阔叶林树木胸径和高度的频度分布图。图1是群落中$DBH ≥ 2$cm的所有木本植物(不包括藤本)的频度分布图,从图1中可以看出,在所有统计的2094株木本植物中,$DBH ≤ 5$cm的小径级木本植物占有绝对优势,随着径级的增大,立木株数逐渐减少胸径级55cm$ ≤ DBH ≤ 60$cm只有6株,特大径级($DBH ≥ 80$cm)只有1株。图2表示的是常绿阔叶林高度级频度分布图,这个图和径级图形相似,均为L形,表现出高植株小,矮植株多的格局。

表2 常绿阔叶林物种组成
Table 2 Floristic composition of broad-leaved forest in Mt Lushan

科数 No. of families	属数 No. of Genera	乔木层 Canopy layer	更新层 Regeneration layer 见于乔木层* In canopy layer	更新层 不见于乔木层 Not in Canopy layer	灌木层 Shrub layer	草本层 Herb layer	层外 Liane	总计 Total
1 蔷薇科 Rosaceae	9	4	2	3	5		6	18
2 樟科 Lauraceae	6	3	3	6	5			14
3 壳斗科 Fagaceae	5	9	8	4				13
4 冬青科 Aquifoliaceae	1	1	1	1	8			10
5 大戟科 Euphorbiaceae	5	2	2	4	3			9
6 茶科 Theaceae	5	1		1	6			8
7 茜草科 Rubiaceae	8				3		5	8
8 蝶形花科 Papilionaceae	6	2	1		2	2	1	7
9 莎草科 Cyperaceae	2					6		6
10 安息香科 Styraceae	3	3	3	2	1			6
11 葡萄科 Vitaceae	2						5	5
12 马鞭草科 Verbenaceae	3				5			5
13 漆树科 Anacardiaceae	3	3	2	2				5
14 禾本科 Gramineae	4	1				4		5
15 菊科 Compositae	5					5		5
16 山矾科 Symplocaceae	1	2	2		2			4
17 桑科 Moraceae	2						4	4
18 紫金牛科 Myrsinaceae	2				4			4
19 杜鹃花科 Ericaceae	1				3			3
20 荚蒾科 Vibumaceae	1				3			3
21 堇菜科 Violaceae	1					3		3
22 薯蓣科 Dioscoreaceae	1						3	3
23 唇形科 Labiatae	2					3		3
24 兰科 Orchidaceae	2					3		3
25 卫矛科 Celastraceae	2				1		2	3
26 金缕梅科 Hamamelidaceae	3	2	2		1			3
剩余科合计 Sum of the remaining families	62	13	9	9	16	17	21	76
合计 Total	147	46	35	32	68	43	47	236

* 此列数据已计入乔木层,不再计入总数 Not summed

2.3 主要树种特征

从表3可以看出,庐山常绿阔叶林的优势种明显,乔木层主要由石栎、甜槠(Castanopsis eyrei)、樟树(Cinnamomum camphora)、青冈(Cyclobalanopsis glauca)、苦槠(Castanopsis sclerophylla)和马尾松(Pinusm assoniana)等组成,其中石栎占有绝对优势,其重要值(VI = 51.30);小乔木主要由檵木(Loropetalum chinense)和老鼠矢(Symplocos stellaris)组成;灌木主要由尖叶连蕊茶(Camellia cuspidate)、赤楠(Syzygium buxifolium)、微毛柃(Eurya hebeclados)和油茶(Camellia oleifera)等组成。

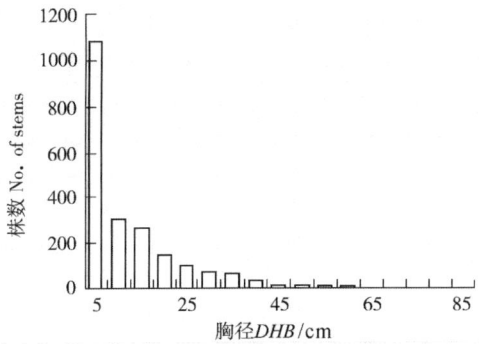

图 1 庐山常绿阔叶林植株径级频度分布图
Fig. 1 DBH frequency distribution for all the trees (DBH≥2cm) in the evergreen broad-leaved forest in Mt. Lushan

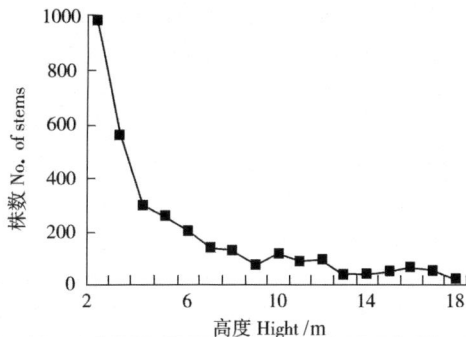

图 2 庐山常绿阔叶林植株高度级频度分布图
Fig. 2 The high-frequency distribution for all the trees in the evergreen broad-leaved forest in Mt. Lushan

表 3 庐山常绿阔叶林主要树种特征
Table 3 Characteristics of the top 62 tree species in the evergreen broad-leaved forest in Mt Lushan

物种 Species	株数 N /(stem/hm²)	总胸高断面积 BA /(m²/hm²)	最大树高 H_{max}/m	最大胸径 DBH_{max}/cm	平均胸径 DBH_{avg}/cm	相对多度 Dr/%	相对显著度 Pr/%	相对频度 Fr/%	重要值 IV
石栎 Lithocarpus glaber*	448	11.58	18	51.5	12.88	13.39	35.27	2.65	51.30
檵木 Laropetahum chinense*	410	1.58	13	22.2	5.71	12.25	4.81	3.13	20.19
甜槠 Castanopsis eyrei*	211	2.53	18	45.4	7.91	6.30	7.70	1.20	15.20
尖叶连蕊茶 Camellia cuspidate	356	0.17	8	9.5	2.15	10.64	0.51	2.89	14.05
樟树 Cinnamomum camphora*	41	2.96	17	60	25.70	1.22	9.02	1.93	12.17
青冈 Cyclobalanopsis glauca*	175	1.21	15	25.3	7.08	5.22	3.69	2.17	11.07
苦槠 Castanopsis sclerophylla*	43	2.21	17	48.3	21.30	1.28	6.72	1.93	9.94
马尾松 Pinus massoniana	31	2.18	18	60.6	26.36	0.93	6.65	1.45	9.03
老鼠矢 Symplocos stellaris	103	0.35	11	17.3	5.49	3.09	1.07	2.65	6.81
秀丽锥 Castanopsis jucunda	35	1.00	16	44.4	12.57	1.05	3.04	1.69	5.77
短柄枹栎 Quercus glandulfem var brevipetiolata	31	0.75	17	28	16.60	0.93	2.29	2.17	5.39
赤楠 Syzygium buxifolium	128	0.07	7	9.6	2.29	3.82	0.23	0.72	4.77
油茶 Comellia oleifera	96	0.04	6	6	2.06	2.86	0.13	1.69	4.68
微毛柃 Eurya hebeclados	61	0.03	6	6.4	2.05	1.84	0.09	2.65	4.58
黄檀 Dalbergia hupeana	38	0.19	14	18.3	5.76	1.14	0.57	2.41	4.11
杜鹃花 Rhododendron simsii	78	0.03	4	4.5	2.0CC3	2.33	0.09	1.45	3.87
乌饭树 Vaccinium bracteatum	34	0.11	11	17	4.65	1.02	0.34	2.17	3.53
八角枫 Alangium chinense	23	0.11	13	14.9	5.83	0.70	0.33	2.41	3.44
细叶青冈 Cyclobalanopsis myrsinaefolia	16	0.71	16	36.8	22.01	0.47	2.18	0.72	3.36
满山红 Rhododendron mariesii	73	0.04	5	4.7	2.41	2.19	0.12	0.96	3.27
山鸡椒 Litsea cubeba	28	0.09	9	15.8	5.48	0.85	0.27	1.93	3.04
山胡椒 Lindera glauca	52	0.02	7	3.9	1.72	1.55	0.05	1.45	3.04
红淡比(杨桐) Cleyera japonica	29	0.04	6.5	11	3.24	0.87	0.12	1.93	2.93
山橿 Lindera reflexa	40	0.01	3.5	2.5	1.16	1.20	0.02	1.69	2.90

续表

物种 Species	株数 N /(stem/hm²)	总胸高断面积 BA /(m²/hm²)	最大树高 H_{max}/m	最大胸径 DBH_{max}/cm	平均胸径 DBH_{avg}/cm	相对多度 Dr/%	相对显著度 Pr/%	相对频度 Fr/%	重要值 IV
马银花 Rhododendron ovatum	29	0.02	5	5.5	2.29	0.87	0.05	1.93	2.85
枫香树 Liquidambar fomosana	8	0.52	16	59	25.34	0.23	1.59	0.96	2.79
拟赤杨(赤杨叶)Alntphyllum fortunei	20	0.25	18	31	9.04	0.58	0.76	1.45	2.79
大青 Clerodendnm cyrtophyllum	36	0.01	10	6.9	1.72	1.08	0.04	1.45	2.56
格药柃 Eurya muricata	43	0.01	6	5.2	1.65	1.28	0.04	1.20	2.53
浙江柿 Diospyros glaucifolia	15	0.27	17	21.4	14.55	0.44	0.81	1.20	2.45
中华石楠 Photinia beauverdiana	26	0.14	12	14.8	6.61	0.79	0.43	1.20	2.42
山矾 Symplocos sumuntia	24	0.06	16	15.3	4.07	0.73	0.19	1.45	2.36
化香树 Platycarya strobilacea	15	0.22	15	21	12.91	0.44	0.68	0.96	2.08
华紫珠 Callicarpa cathayana	42	0.01	3.5	3	1.45	1.25	0.03	0.72	2.00
合欢 Albizia julibrissin	11	0.15	15	17.9	13.05	0.32	0.46	1.20	1.99
糙叶树 Aphananthe aspera	2	0.52	15	81.7	44.85	0.06	1.57	0.24	1.87
油桐 Vemicia fordii	11	0.11	13	14.4	10.73	0.32	0.32	1.20	1.85
冬青 Ilex purpurea	14	0.07	14	14.5	6.34	0.41	0.22	1.20	1.84
石灰花楸 Sorbus folgneri	12	0.07	16	17.8	6.78	0.35	0.21	1.20	1.77
羽叶泡花树(红枝柴)Meliosma oldhamii	6	0.03	12	17.1	5.15	0.17	0.08	1.45	1.70
黄连木 Pistacia chinensis	5	0.35	15	46.5	26.68	0.15	1.07	0.48	1.69
光叶石楠 Photinia glabra	30	0.02	9	8.1	2.32	0.90	0.05	0.72	1.68
小蜡 Ligustrum sinensis	12	0.01	4.4	4.5	2.02	0.35	0.02	0.72	1.09
臭蜡树 Euodia fargesii	4	0.06	13	16.7	14.25	0.12	0.20	0.72	1.04
钩锥 Castanopsis tibetata	12	0.06	15	17.3	6.18	0.35	0.20	0.48	1.03
毛果漆 Toxicodendron trichocarpum	6	0.08	12	18	11.92	0.17	0.24	0.48	0.89
玉兰 Magnolia denudata	3	0.18	15	32	28.07	0.09	0.56	0.24	0.89
江南越桔(米饭花) Vaccinium mandarinorum	10	0.01	7	4.4	3.08	0.29	0.02	0.48	0.80
栲 Castanopsis fargesii	6	0.11	16	32.1	11.33	0.17	0.34	0.24	0.76
赛山梅 Styrax confusus	4	0.04	16	21.2	8.10	0.12	0.12	0.48	0.72
山合欢 Albizia kalkora	4	0.03	12	13	10.18	0.12	0.10	0..48	0.70
四川冬青 Llex szechwanensis	6	0.01	8	12.5	3.28	0.17	0.04	0.48	0.70
尾叶冬青 Llex wilsonii	5	0.02	8	11.4	6.08	0.15	0.06	0.48	0.69
野黄桂 Cinnamomum jensenianum	6	0.01	9	5.6	4.23	0.17	0.03	0.48	0.68
白背叶 Mallotus apelta	5	0.01	6	8.8	2.98	0.15	0.02	0.48	0.65
杨梅 Myrica rubra	1	0.08	15	32.4	32.40	0.03	0.25	0.24	0.52
野柿 Diospyros kaki var silvestris	7	0.01	7	6.8	4.01	0.20	0.03	0.24	0.48
檫木 Sassafras tzumu	1	0.07	14	29.5	29.50	0.03	0.20	0.24	0.47
紫茎 Stewartia sinensis	1	0.02	16	17	17.00	0.03	0.07	0.24	0.34
厚壳树 Ehretia thyrsiflora	1	0.02	10.5	14.3	14.30	0.03	0.07	0.24	0.32
山樱花 Cerasus serrulata	1	0.01	10	12.1	12.10	0.03	0.03	0.24	0.30
湖北马鞍树 Maackia hupehensis	1	0.01	12	10.8	10.80	0.03	0.03	0.24	0.30

* 群落的优势种 Dominant species in the community; BA: Basal area

2.4 群落的自疏

自疏现象是伴随着群落的演替和发展而出现的,随着群落的发展,初生植物(primary plants)越来越大,植株越来越少,整个群落形成大植株少,而小植株多的L形格局(图3)。在群落发展演替这个过程中,自疏过程一直在群落中进行。图3显示,在庐山常绿阔叶林中,在高度大于15m的所有统计植株中,胸径级小于5cm、5—10cm、10—15cm 3个径级频度的植株死亡多,其中胸径级为5—10cm的植株死亡株数最多,死亡率也最高,其次是10—15cm的植株的死亡率,即植株处于小乔木阶段更容易死亡。

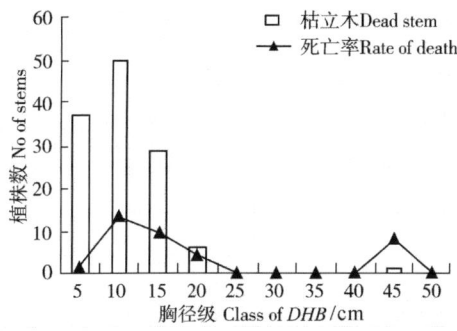

图3 庐山常绿阔叶中的枯立木和植株死亡率

Fig 3 The DBH-class frequency distribution for the Dead stems and mortality of trees in the evergreen broad-leaved forest in Mt Lushan

2.5 主要木本植物的种群结构和发展趋势

种群是构成群落的基本单位,对群落中乔木植物的种群结构进行分析,能客观地反映庐山常绿阔叶林群落结构和群落发展趋势(表4),按目前乔木树种在群落中各径级的分配情况加以归纳为4类[8]。

表4 常绿阔叶林中乔木树种的径级结构

Table 4 The DBH class of main canopy tree in the evergreen broad-leaved forest

物种 Species	Ⅰ $R \leqslant 2.5$	Ⅱ $2.5 < R \leqslant 7.5$	Ⅲ $7.5 < R \leqslant 22.5$	Ⅳ $R > 22.5$
常绿针叶树 Evergreen conifer trees				
马尾松 Pinus massoniana*	0	0	15	17
三尖杉 Cephalotaxus fortunei	5	0	0	0
常绿阔叶乔木 Evergreen bioad-leaved trees				
石栎 Lithocarpus glaber*	993	64	98	125
苦槠 Castanopsis sclerophylla*	257	4	7	24
青冈 Cyclobalanopsis glauca*	159	24	78	1
秀丽锥 Castanopsis jucunda	141	3	4	11
甜槠 Castanopsis eyrei*	132	63	42	23
檵木 Loropetalum chinense	120	197	116	0
细叶青冈 Cyclobalanopsis myrsinaefolia	56	1	6	8
老鼠矢 Symplocos stellaris	44	50	30	0
樟树 Cinnamomum camphora*	29	0	22	18
光叶石楠 Photinia glabra	22	8	1	0
钩锥 Castanopsis tibetata	18	2	5	0
山矾 Symplocos sumuntia	18	6	5	0
乌饭树 Vaccinivm bracteatum	16	12	7	0
冬青 Ilex purpurea	10	1	7	0
钓皮樟 Litsea coreana var sinensis	10	0	0	0

续表

物种 Species	径级 Class of DBH			
	I $R \leq 2.5$	II $2.5 < R \leq 7.5$	III $7.5 < R \leq 22.5$	IV $R > 22.5$
红楠 Machilus thunbergii	8	0	0	0
栲 Castanopsis fargesii	7	2	2	1
短梗冬青 Ilex buergeri	3	1	0	0
宜昌润楠 Machilus ichangensis	3	0	0	0
铁冬青 Ilex rotunda	2	0	0	0
野黄桂 Cinnamanum jensenianum	1	6	0	0
秀辨杜英 Elaeocarpus glabripetalus	1	2	0	0
小蜡 Ligustrum sinensis	1	0	0	0
厚皮香 Temstroemia gymnanthera	1	3	0	0
杨梅 Myrica rubra	0	0	0	1
落叶阔叶乔木 Deciduous broad-leaved trees				
大青 Clerodendrum cyrtophyllum	59	3	0	0
八角枫 Alangium chinense	24	4	9	0
横檀 Dalbergia hupeana	24	9	14	0
山鸡椒 Litsea cubeba	14	19	6	0
中华石楠 Photinia beauverdiana	12	8	11	0
拟赤杨 Alniphyllum fortunei	11	4	6	2
野茉莉 Styrax japonica	11	0	0	0
朴树 Celtis sinensis	6	0	0	0
羽叶泡花树 Melioma oldhamii	5	2	1	0
灰叶野茉莉 Styrax calvescens	5	1	0	0
短柄枹栎 Quercus glandulifera var brevipetiolata	4	1	26	5
石灰花楸 Sorbus folgneri	4	3	5	0
赛山梅 Styrax confusus	4	1	1	0
化香树 Platycarya strobilacea	3	1	13	0
山乌桕 Sapium discolor	3	1	0	0
油桐 Vernicia fordii	3	2	9	0
山合欢 Albizia kalkora	2	1	3	0
糙叶树 Aphananthe aspera	2	0	1	1
野桐 Mallotus japonicus var floccosus	2	1	0	0
木蜡树 Toxicodendron sylvestre	2	0	0	0
白檀 Symplocos paniculata	2	2	0	0
合欢 Albizia julibrissin	1	1	10	0
浙江柿 Diospyros glaucifolia	1	0	15	0
毛果漆 Toxicodendron trichocarpum	1	0	5	0
野柿 Diospyros kaki var silvestris	1	6	0	0
臭蜡树 Euodia fargesii	1	0	4	0
玉兰 Magnolia denudata	1	0	0	3
橉木稠李 Padus buergeriana	1	0	0	0

续表

物种 Species	径级 Class of DBH			
	I $R \leq 2.5$	II $2.5 < R \leq 7.5$	III $7.5 < R \leq 22.5$	IV $R > 22.5$
青榨槭 Acer davidii	0	1	0	0
锥栗 Castanea henryi	0	1	0	0
山樱花 Cerasus serrulata	0	0	1	0
南酸枣 Choerospondias axillaris	0	1	7	3
厚壳树 Ehretia thyrsiflora	0	0	1	0
枫香树 Liquidambar fornosana	0	1	3	4
湖北马鞍树 Maackia hupehensis	0	0	1	0
黄连木 Pisiacia chinensis	0	0	3	2
紫茎 Stewartia sinensis	0	0	1	0
日本乌桕 Saptum japonicum	0	1	0	0
合计 Total	2266	524	601	249

* 优势种,由优势种分析法(Ohsawa,1984)计算得到

(1)扩展种

即在群落中各等级呈连续分布,或至少是 I—III 级呈连续分布,IV 或 III 级有较多数量,且 I + II > IV 或 I + II > III,即幼树的数量大于立木数量,这种类型物种多为持久幼苗库更新型(Grime,2001),如石栎、苦槠、甜槠、细叶青冈、青冈和檵木等,他们也多为初生树种。共计 22 种,占总乔木树种的 34.92%:

石栎 Lithocarpus glaber*　　　　　山矾 Symplocos sumuntia
檵木 Loropetalwn chinense*　　　　拟赤杨 Alniphyllum fortunei
苦槠 Castanopsis sclerophylla*　　　钩锥 Castanopsis tibetata
老鼠矢 Symplocos stellaris　　　　　栲 Castanopsis fargesii
青冈 Cycloba lanopsis glauca*　　　乌饭树 Vaccinium bmeteaturn
黄檀 Dalbergia hupeana　　　　　　羽叶泡花树 Melioma oldhamii
秀丽锥 Castanopsis jucunda　　　　山鸡椒 Litsea cubeba
八角枫 Alangium chinense　　　　　石灰花揪 Sorbus folgneri
甜槠 Castanopsis eyrei*　　　　　　中华石楠 Photinia beauverdiana
光叶石楠 Photinia glabra　　　　　赛山梅 Styrax confusus
细叶青冈 Cyclobalanopsis myrsinaefolia　冬青 Ilex purpurea

(2)隐退种

即在群落中 IV 级或 III 级植株较多,而在 I 级、II 级数量较少,或没有。如果在各等级中呈连续分布,也是大径级的植株多于小径级的植株或幼苗,即从 IV 到 I 级数量递减,它们多为先锋树种(pioneer species)。在群落的恢复早期阶段进入,在群落的恢复后期往往在较大的林窗中实行斑块镶嵌循环更新,在更新类型上也多是持久种子库更新类型,如枫香、化香,马尾松等。共有 18 种,占总乔木树种的 28.57%:

短柄枹栎 Quercus glandulifera var brevipetiolata　　玉兰 Magnolia denudata
化香树 Platycarya strobilacea　　　　　　　　　　油桐 Kemicia fordii

马尾松 *Pinus massoniana**	毛果漆 *Toxicodendron trichocarpum*
山合欢 *Albizia kalkora*	杨梅 *Myrica rubra*
枫香树 *Liquidambar formosana*	臭蜡树 *Euodia fargesii*
浙江柿 *Diospyros glaucifolia*	厚壳树 *Ehretia thyrsiflora*
南酸枣 *Choerospondias axillaris*	山樱花 *Cerasus serralata*
合欢 *Albizia julibrissin*	湖北马鞍树 *Maackia hupehensis*
黄连木 *Pistacia chinensis*	紫茎 *Stewartia sinensis*

(3)稳定侵入种

即在群落中Ⅳ和Ⅲ都没有,而在Ⅰ级或Ⅱ级数量较多,如果Ⅰ级或Ⅱ级都有,且Ⅰ级的数量往往多于Ⅱ级。共计14种,占总乔木树种的22.22%,它们中有的是地带性植被树种,即初生树种,如豹皮樟、红楠、宜昌润楠等。越来越多的初生树种进入群落,反映了群落正在向地带性顶极群落恢复:

野茉莉 *Styrax japonica*	大青 *Clerodendrum cyrtophyllum*
豹皮樟 *Litseacoreana var sinensis*	三尖杉 *Cephalotaxus fortunei*
灰叶野茉莉 *Styrax calvescens*	白檀 *Symplocos paniculata*
红楠 *Machilus thunbergii*	宜昌润楠 *Machilus ichangensis*
短梗冬青 *Ilex buergeri*	野桐 *Mallotus japonicus var fbccosus*
朴树 *Celtis sinensis*	铁冬青 *Ilex rotunda*
山乌桕 *Sapium discolor*	木醋树 *Toxicodendron sylvestr*

(4)随机入侵种

即在群落中Ⅳ和Ⅲ级不存在,如在Ⅰ级或Ⅱ级存在,数量也很少或是单株。共计9种,占总乔木树种数的14.29%。

野黄桂 *Cinnamomum jensenianum*	厚皮香 *Temstroemia gymnanthera*
青榨槭 *Acer davidii*	秃瓣杜英 *Elaeocarpus glabripetalus*
小蜡 *Ligustrwn sinensis*	锥栗 *Castanea henryi*
野柿 *Diospyros kaki var silvestris*	日本乌桕 *Sapium japon*
橉木稠李 *Padus buergeriana*	

从上面的分析中可以看出,已进入群落冠层的初生树种正在扩展数量,还有许多初生树种正在侵入群落,而先锋树种正在逐渐从群落中隐退,不再像演替早期阶段表现为群落的优势树种,说明庐山常绿阔叶林群落内小环境越来越适合组成地带性植被的物种生存和发展。在现在所有的隐退树种中,只有马尾松还是群落的优势种,在群落中还有较多大径级的马尾松存在,表明庐山常绿阔叶林正在朝正向演替,但还未到顶极阶段。随着群落的演替进展,先锋树种在群落中的地位和作用将进一步弱化,但不一定会从群落中完全退出,正如在多数情况下看到,在常绿阔叶林中,高大落叶的先锋树种往往突出在群落冠层,形成一个不连续的超高层。这一方面是由先锋树种生物学和生态学特性所决定,如生长快,株形高大,多为持久种子库更新类型,但寿命短;另一方面也取决于自然界中长期存在的干扰,如树倒、山崩、滑坡等所形成的大大小小的林窗,为先锋树种实现斑块镶嵌循环演替提供了机会。

次生常绿阔叶林恢复是一个复杂的生态过程,在群落恢复过程中,既出现许多稳定入侵种,但也出现许多随机侵入种。稳定入侵种如野茉莉、豹皮樟、红楠、朴树、三尖杉、宜昌润楠等。表明群落内小环境正有利于这些物种的迁移和侵入,而随机入侵种如野黄桂、厚皮香、日本乌桕、锥栗、青榨槭和小蜡等,说明物种侵入也带有随机性,表明群落恢复过程的复杂性,群落恢复过程中的物种扩展、隐退和入侵,从景观角度展现出一个物种共存和竞争的恢宏场景,对在这个过程中出现的各种现象可能要从多尺度多角度分析才有助于理解,次生常绿阔叶林恢复过程中生态问题的深奥和复杂还有待于进一步研究[9,11]。

3　结论

本文研究了庐山常绿阔叶林物种组成及其演替趋势,可以得出以下几点结论:

(1)在11250m² 调查样方内、发现有维管植物81科147属性236种,其中蕨类植物8科10属14种,种子植物73科137属性222种。在种子植物中,裸子植物3科3属3种,被子植物70科134属219种;在被子植物中,单子叶植物7科12属22种,双子叶植物63科122属197种。

(2)常绿阔叶林群落优势种明显,乔木层主要由石栎、甜槠、樟树、青冈、苦槠和马尾松等组成,其中石栎占有绝对优势,其重要值少($VI=51.30$);小乔木主要由榧木和老鼠矢组成;灌木主要由尖叶连蕊茶、赤楠、微毛柃和油茶等组成。

(3)从种群结构分析可知,庐山常绿阔叶林群落正在向顶极演替,从群落中物种组成结构可以判断群落处于正向演替的中后期。

References:

[1] Chen Y Z, Song Y S, Zhang S, Feng Z J. The basic characters, classification and distribution of broad-leaved forest in Lushan, Jiangxi Journal of East China Normal University (Natural Science Editon), 1965, 1: 77-89.

[2] Qin R C. Suggestions for protecting Lushan forest ForestV, 1936, Jury, 69-75.

[3] Zhou ZD, Zhang H J, Xu S J. Study on the vertical zone of vegetation in the Lushan Mountain In the geographical society of China, Speciality of Physical geography, Utilization and protection of the biological and soil reaources. Beijing Scince Press, 1993. 6-11.

[4] Hwang S T, Tai C H, Chen P P, et al. Characteristics of the soils of the Lushan area, central China. Acta Pedobgica Sinica, 1957, 5(2): 117-135.

[5] DA L J, Yang Y C, Song Y C. Population structure and regeneration types of dominant species in an evergreen broad-leaved forest in Tiantong National Forest Paik, Zhejiang Province, East China. Acta Phytoecologica Sinica, 2004, 28(3):376-384.

[6] Tang C Q and Ohsawa M. Zonal transition of evergreen, deciduous and coniferous forests along the altitudinal gradient on a humid subtropical mountain, Mt Emei, Sichuan, China Plant Ecobgy, 1997, 133:63-78.

[7] Fang J Y, Li YD, Zhu B, et al. Community structures and species richness in the montane rain forest of Jiangfengling, Hainan Island, China Biodiversity Science, 2004, 12(1):29-43.

[8] Feng ZW, Huang H Y, Fang Y X. The community characteristic of old-growth Chinese-fir forest. Bulletin of the institute forestry and pedology Academia Sinica, 1980, Ⅳ:9-19.

[9] Song Y C. Vegetation ecology. Shanghai: East China Nomal University Press, 2001.

[10] Wu Z Y. Vegetation of China Beijing: Science Press, 1980.

[11] Manabe T, Nishmura N, Miura M & Yamamoto S. Population structure and spatial pattems for trees in a temperate old-growth evergreen broad-leaved forest in Japan Plant Ecobgy, 2000, 151: 181-197.

参考文献：

[1] 陈彦卓,宋永昌,张绅,等.庐山常绿阔叶林的基本特点类型划分和分布概况.华东师范大学学报(自然科学版),1965,1:77-89.

[2] 秦仁昌.保护庐山森林的意见.林学,第五号,1936.69-75.

[3] 卓正大,张宏建,徐颂军.庐山植被垂直带的研究.见:中国地理学会自然地理专业委员会.生物与土壤资源利用和保护.北京:科学出版社,1993.6-10.

[4] 黄瑞采,戴朱恒,陈邦杰,等.庐山区土壤的特征·土壤学报,1957,5(2):117-135.

[5] 达良俊,杨永川,宋永昌.浙江天童国家森林公园常绿阔叶林主要组成种的种群结构及更新类型.植物生态学报,2004,28(3):376-384.

[7] 方精云,李意德,朱彪,等.海南岛尖峰岭雨林的群落结构、物种多样性以及在世界雨林中的地位.生物多样性,2004,12(1):29-43.

[8] 冯宗炜,黄合炎,方永鑫.杉木老龄林的群落学特点.中国科学院林业土壤研究所集刊,1980,Ⅳ:9-19.

[9] 宋永昌.植被生态学.上海:华东师范大学出版社,2001.

[10] 吴征镒.中国植被.北京:科学出版社,1980.

基于 BIOME-BGC 模型的红壤丘陵区湿地松 (*Pinus elliottii*) 人工林 GPP 和 NPP

曾慧卿[1,2,3], 刘琪璟[4,*], 冯宗炜[2,3], 王效科[2,3], 马泽清[4]

(1. 南昌大学环境科学与工程学院 南昌 330031;
2. 中国科学院生态环境研究中心城市与区域生态国家重点实验室,北京 100085;
3. 中国科学院研究生院,北京 100049;4. 中国科学院地理科学与资源研究所,北京 100101)

摘要:应用生物地球化学模型 BIOME-BGC 模型估算了 1993—2004 年红壤丘陵区湿地松林总第一性生产力(GPP)、净第一性生产力(NPP),并分析 GPP、NPP 年际变化对气候的响应以及未来气候变化情景下 GPP、NPP 的响应。结果表明,湿地松林 1993—2004 年 GPP、NPP 的总量变化波动于 1777—2160 g C m^{-2} a^{-1} 之间和 453—828 g C m^{-2} a^{-1} 之间,平均值分别为 1941 g C m^{-2} a^{-1} 和 695 g C m^{-2} a^{-1}。在研究时段内,GPP、NPP 有缓慢增长趋势,GPP、NPP 总量平均值从 1990 年代初期(1993—1996 年)的 1 826、687 g C m^{-2} a^{-1} 上升到 21 世纪初期(2001—2004 年)的 2 026、693 g C a^{-1}。这主要是由于研究时段内 GPP、NPP 对降水缓慢增长的正响应造成的。未来气候变化情景分析表明,CO$_2$ 浓度倍增不利于湿地松林 GPP、NPP 的增长,但均不超过 1.5%。在 CO$_2$ 浓度不增加条件下,GPP 正向响应了降水单独变化和温度升高 1.5℃ 且降水增加情景,正向响应 NPP 的情景条件是降水的单独变化;当 CO$_2$ 浓度倍增和气候改变时,预测的 GPP 正向响应了降水的变化,同时正向响应了温度升高 1.5℃ 且降水变化;正向响应 NPP 的情景条件是降水的变化。

关键词:气候变化;总初级生产力;净初级生产力;湿地松林;红壤丘陵区

GPP and NPP study of *Pinus elliottii* forest in red soil hilly region based on BIOME-BGC model

ZENG Huiqing[1,2,3], LIU Qijing[4,*], FENG Zongwei[2,3], WANG Xiaoke[2,3], MA Zeqing[4]

(1. *College of Environmental Science and Engineering, Nanchang University, Nanchang 330031, China;*
2. *State Key Laboratory of Urban and Region Ecology, Research Center for Eco-Environmental Science, Chinese Academy of Sciences, Beijing 100085, China;*
3. *Graduate University of Chinese Academy of Sciences, Beijing 100049, China;*
4. *Institute of Geographic Sciences and Natural Resources Research, Chinese Academy of Sciences, Beijing 100101, China*)

原载于:生态学报,2008,28(11):5314-5321.
基金项目:国家重点基础研究发展规划资助项目(2002CB4125);国家科技部国际合作资助项目(2006DFB91920)

Abstract: In this study, we used a biogeochemical model, BIOME-BGC model, that was validated to estimate GPP (Gross Primary Productivity) and NPP (Net Primary Productivity) of *Pinus elliottii* forest in red soil hilly region and their responses to interannual climate variability during the period of 1993—2004 and climate change scenario in the future. Results showed that the average annual total GPP and NPP were 1941 g C m^{-2} a^{-1} and 695 g C m^{-2} a^{-1}. GPP and NPP showed an increasing trend during the study period. The precipitation was the key factor controlling the GPP and NPP variations. Scenario analysis showed that double CO_2 would not benefit for GPP and NPP with less than 1.5% decrease. When CO_2 concentration fixed, GPP responded positively to precipitation change only, temperature increase by 1.5℃ while precipitation increase and NPP responded positively to precipitation change only. When CO_2 concentration doubled and climate changed, GPP and NPP responded positively to precipitation changed and GPP also responded positively to temperature increased by 1.5℃ while precipitation changed.

Key Words: climate change; GPP; NPP; *Pinus elliottii* forest; red soil hilly region

总第一性生产力(GPP, Gross primary productivity)是指一定时期内植物从无机物生产出来的有机物质的总量。其中包括同期间内植物呼吸所引起的有机物质消耗量(respiration)。净第一性生产力(NPP, net primary productivity)是指从总生产量减去植物呼吸的消费量后剩下来的数量。也即一定时期内,经植物的组织或贮藏物质的形式所表现而蓄积起来的有机物质的数量[1]。NPP是表示植被活动的关键变量,代表了生态系统固定CO_2的能力,NPP与异养呼吸速率的平衡(即净生态系统生产力NEP)决定了是否有生物圈对过量大气CO_2的累积,是大气中CO_2浓度季节变化的主要原因。准确估算NPP有助于了解全球碳循环,此外,NPP也是陆地生态系统中物质与能量运转研究的基础,除了供给植物本身外,还为所有有机体生命提供了能量和物质,因而陆地NPP的研究也为合理开发、利用自然资源提供科学依据。国内外学者采用不同方法对全球或区域净第一性生产力进行研究。应用模型对NPP的研究在近几十年得到了迅速的发展,从最初的MIAMI模型[2]、Chikugo模型[10]到基于卫星遥感数据的NPP模型[11],目前基于过程的陆地生物地球化学模型较为流行,这些模型能比较准确和详细地描述植物生长的过程,对GPP和NPP的估算有较高的可信度。

BIOME-BGC模型是模拟全球生态系统不同尺度(局地生态系统、区域生态系统、全球生态系统)植被、凋落物、土壤中水、碳、氮储量和通量的生物地球化学模型。在BIOME-BGC模型中,NPP是GPP与植被呼吸之差,GPP是大气CO_2浓度、太阳辐射、气温、植被叶面积以及水分和氮素有效性的函数。该模型是一种平衡态的生态系统模型,应用空间分布资料,包括气候、海拔高度、植被和水分条件对每年、每天的碳进行估计。本研究试图利用中国科学院千烟洲生态定位站(简称千烟洲站)1985—2004年气候资料作为BIOME-BGC模型的气候驱动数据,估算红壤丘陵区湿地松人工林NPP的变化规律,并探讨基于大气环流模型(GCMs, general circulation models)不同气候变化情景下GPP和NPP的响应,有助于研究人为干扰在全球变化中所起的作用,为评价红壤丘陵区植被恢复对生态环境的影响以及人工林的管理提供科学依据。

1 研究区概况

研究区位于中国科学院千烟洲生态定位研究站(简称千烟洲站)(115°04′13″E,26°

44′48″N）。平均海拔多在 100 m 左右,相对高度 20—50 m,属典型的红壤丘陵地貌。地带性土壤为红壤,成土母质多为红色砂岩、砂砾岩或泥岩,以及河流冲积物。气候具有典型亚热带季风气候特征,根据千烟洲站 1985—2004 年气象资料,年平均降水 1487 mm,年平均气温 18℃,≥0℃ 活动积温 6523℃,≥10℃ 活动积温 6015℃,年日照时数 1406 h,年日照百分率 43%,太阳年总辐射量 4349 MJ·m^{-2},无霜期 323 d。千烟洲站现在林分主要为 1985 年前后营造的人工林,主要树种有马尾松（*Pinus massoniana* Lamb.）、湿地松（*Pinus elliottii* Engelm）、杉木（*Cunninghamia lanceolata* (Lamb.) Hook.）、枫香（*Liquidambar formosana* Hance）、板栗（*Castanea mollissima* Blume）,伴有少量木荷（*Schima superba* Gardn. et Champ.）、山鸡椒（*Litsea cubeba* (Lour.) Pers.）等,常绿植被覆盖面积占土地总面积的 76%。据 1999 年调查,湿地松活立木平均高度为 12.2 m,胸径 16.3 cm,密度 1736 株/hm^2。

2 研究方法

2.1 BIOME-BGC 模型

BIOME-BGC 模型由 FOREST-BGC 模型发展而来,其模型构建的机理见于文献[12-13],经过 20 多年的发展,模型不断地进行改进,目前最新 BIOME-BGC 模型(版本为 4.1.2)以日为步长对生态系统进行有效模拟,模型的主要驱动包括 3 部分:(1)初始化文件:主要包括研究地的经纬度、海拔、土壤有效深度、土壤颗粒组成、大气中 CO_2 浓度年际变化、植被类型的选择以及对输入输出文件的设定等等;(2)以日为步长的气象数据:最高温、最低温、白天平均温、降水、饱和蒸气压差、太阳辐射等等;(3)生态生理指标参数:包括 44 个参数,如叶片 C:N 比、细根 C:N 比、气孔导度、冠层消光系数、冠层比叶面积、叶氮在羧化酶中的百分含量等等。本文以千烟洲的气候数据、土壤指标以及生态生理指标输入模型进行 GPP 和 NPP 的计算。具体的参数见表 1,包括地方参数以及 38 个生态生理指标参数(另外 6 个参数是以 0 和 1 对植被类型的选择性参数)。其中以下常绿针叶林(ENF)的生态生理参数为样地实测参数:叶片 C:N 68.3(kg C/kgN);细根 C:N 118(kg C/kgN);活立木 C:N 179(kg C/kg N);冠层光吸收系数 0.5053(DIM);冠层平均比叶面积 12.08(m^2/kg C);投影叶面积与叶片表面积比 2.57(DIM)。其他生态生理参数为模型本身的常绿针叶林参数。

2.2 数值模拟

根据亚洲低纬度地区气候的变化情况[14]以及若干大气环流模型(GCMs)[15]对未来气候变化的情景设为:

年均气温增加 1.5℃、增加 3.0℃;

年降水量增加 10%、减少 10%;

CO_2 浓度不变、倍增。

3 结果

3.1 模型检验

根据千烟洲站湿地松林研究资料[17]及 2003、2004 年样地调查实测资料,计算得到湿地松实测的 NPP 结果。与 BIOME-BGC 模型模拟结果比较可见,1985—1992 年模拟值均大于实测值,1993—2004 年模拟值较接近于实测值(图 1)。

表1 湿地松的 BIOME-BGC 模型参数值

Table 1 Parameters of *Pinus elliottii* in BIOME-BGC model

参数 Parameters	单位 Unit	值 Value		单位 Unit	值 Value
地方参数 Site parameters					
Effective soil depth	m	1.0	Clay percentage	%	25
Sand percentage	%	40	Site elevation	m	86
Silt percentage	%	35	Site shortwave albedo	DIM	0.18
生态生理参数 Ecophysiological parameters					
Transfer growth period as fraction of growing	prop.	0.3*	Litterfall as fraction of growing season	prop.	0.3*
Annual leaf and fine root turnover fraction	1/a	0.26*	Annual live wood turnover fraction	1/a	0.7*
Annual whole-plant mortality fraction	1/a	0.005*	Leaf litter lignin proportion	DIM	0.33*
Annual fire mortality fraction	1/a	0.005*	Fine root labile proportion	DIM	0.34*
New fine root C: new leaf C	ratio	1.4*	Fine root cellulose proportion	DIM	0.44*
New stem C: new leaf C	ratio	2.4*	Fine root lignin proportion	DIM	0.22*
New live wood C: new total wood C	ratio	0.076*	Dead wood cellulose proportion	DIM	0.7*
New croot C: new stem C	ratio	0.31	Dead wood lignin proportion	DIM	0.30*
Current growth proportion	prop.	0.5*	Canopy water interception coefficient	1/LAI/d	0.05*
C·N of leaves	kgC/kgN	68.3*	Canopy light extinction coefficient	DIM	0.5053*
C·N of leaf litter	kgC/kgN	130*	All-sided to projected leaf area ratio	DIM	2.57*
C·N of fine roots	kgC/kgN	118*	Canopy average specific leaf area	m²/kgC	12.08*
C·N of live wood	kgC/kgN	179*	Fraction of leaf N in Rubisco	DIM	0.033*
C·N of dead wood	kgC/kgN	710*	Maximum stomatal conductance	m/s	0.0065*
Leaf litter labile proportion	DIM	0.39*	Cuticular conductance	m/s	6×10^{-5}
Leaf litter cellulose proportion	DIM	0.28*	Boundary layer conductance	m/s	0.09*
Leaf water potential: start of conductance reduction	Mpa	-0.7*	Vapor pressure deficit: start of conductance reduction	pa	610*
Leaf water potential: complete conductance reduction	Mpa	-2*	Vapor pressure deficit: complete conductance reduction	pa	3100*

DIM: dimensionless; LAI: leaf area index

* 数据来源于文献 White et al., 2000[16]; Data came from White et al., 2000[16]

研究时段内湿地松林实测 NPP 与 BIOME-BGC 模拟 NPP 线性相关关系显著($R^2 = 0.6391$, $p < 0.01$)(图2),两者20a 平均 NPP 值相差 8.12%,估测值与实测值相差范围为 -10.53%—53.78%。湿地松林郁闭后即 1993—2004 年模型值与实测值的相关分析表明,模拟值与实测值线性相关关系显著($R^2 = 0.7603$, $p < 0.01$)(图3),模拟值与实测值相差范围为 -11.53%—18.84%,且1993—2004 年平均 NPP 相差仅为 0.42%。

3.2 湿地松林 GPP、NPP 年际变化

模拟结果表明,1993—2004 年,湿地松林 GPP、NPP 年平均值分别为 1941 gCm^{-2}a^{-1}、695 g C m^{-2}a^{-1};GPP 年总量变化在 1777—2160 g C m^{-2}a^{-1} 之间,NPP 年总量变化在 453—828 g C m^{-2}a^{-1} 之间,均表现出十分明显的年际变化,其中 1997 年、1999 年、2001 年和 2002 年 GPP、NPP 总量相对较大,2003 年 GPP、NPP 总量较小;GPP 最大值出现在

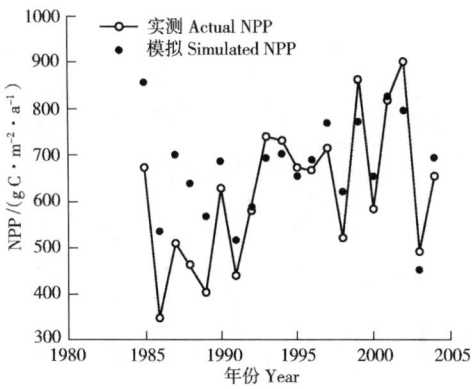
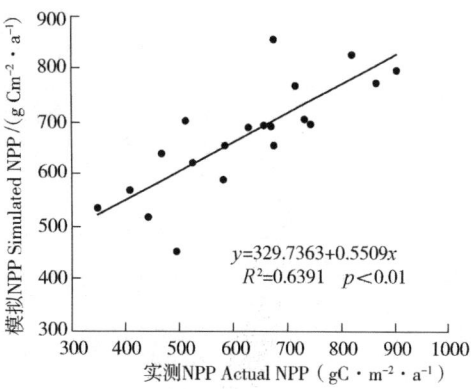

图 1 近20a湿地松林实测NPP与模拟NPP
Fig. 1 Actual and simulated NPP of *Pinus elliottii* forest in recent 20 years

图 2 近20a湿地松林实测NPP与模拟NPP相关分析
Fig. 2 Relation analyze between actual and simulated NPP of *Pinus elliottii* forest in recent 20 years

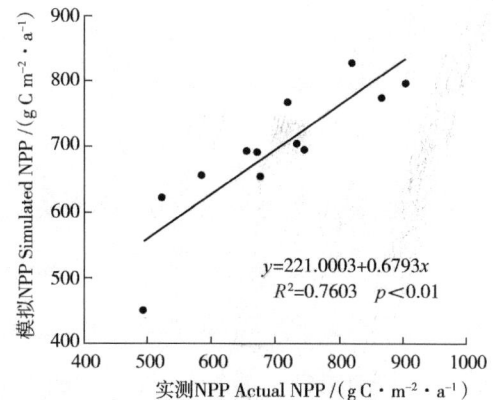

图 3 1993—2004年湿地松林实测NPP与模拟NPP相关分析
Fig. 3 Relation analyze between actual and simulated NPP of *Pinus elliottii* forest during 1993—2004

2002年,NPP最大值出现在2001年,GPP最小值出现在1993年,NPP最小值出现在2003年(图1和图4)。

1993—2004年,湿地松林GPP、NPP总量呈现高值、低值波浪变化,但总体上呈缓慢增长趋势。如将研究时段每4a分为1个时段,可以发现1993—1996年、1997—2000年和2001—2004年的GPP年总量平均分别为1826、1972、2026 g C m^{-2} a^{-1},NPP年总量平均分别为687、705、693 g C m^{-2} a^{-1},可见在1993—2004年GPP和NPP总量总的趋势是增长的。

3.3 湿地松林GPP、NPP年际变化与气候变化的关系

千烟州站1993—2004年平均温度和降水的分布曲线见图5。从图5中可见,温度的波动幅度较大,总体上亦呈上升的趋势,并呈波浪式增加形式。在1994—1996年和1998—2000年有一个明显的下降时期,1993年平均温度为17.46℃,在1996年达到历年最低值17.39℃,1996年后温度上升迅速,于1998年达到最高值18.97℃。1993—2004年平均温度为17.94℃,从总体上来看,温度呈上升的趋势。降水量在1993—2004年内平均为1 577.6 mm,从图5可见,最大值出现2002年,降水量为2 410.4 mm。最大值出现年份的第二年为降水量最低的2003年份,降水量仅为944.9 mm。

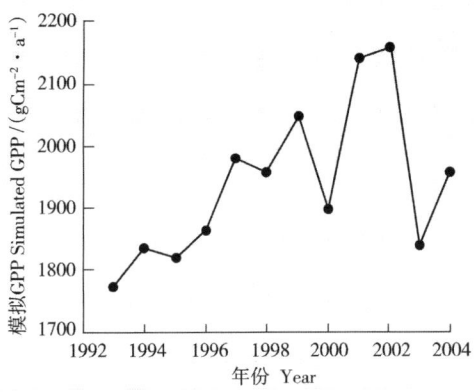
图 4 1993—2004 年湿地松林 GPP 变化曲线图
Fig. 4 Curve of GPP change of *Pinus elliottii* forest during 1993—2004

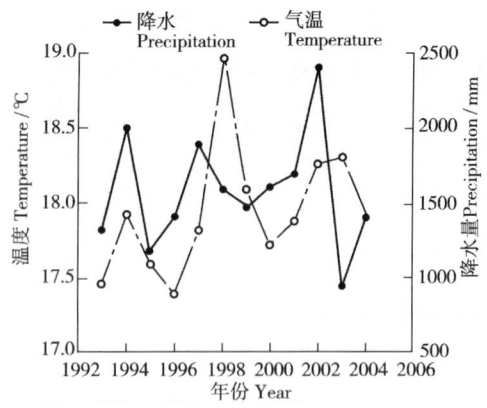
图 5 1993—2004 年温度和降水量变化曲线图
Fig. 5 Curve of temperature and precipitation change during 1993—2004

将湿地松林 GPP、NPP 年际变化图与降水量年际变化图进行比较,可以发现:年降水量与 GPP、NPP 的相关拟合曲线十分相似。图 6 和图 7 分别为 GPP、NPP 估算值与研究时段内的年降水量相关关系图,相关分析表明,GPP、NPP 年际变化同降水量显著正相关(GPP: $R = 0.5988$ $p < 0.05$; NPP: $R = 0.6746$ $p < 0.01$)。但温度与 GPP、NPP 年际变化相关性较弱。这说明在研究时段内,降水量是控制该地区湿地松林 GPP、NPP 年际变化的主要气候因子。

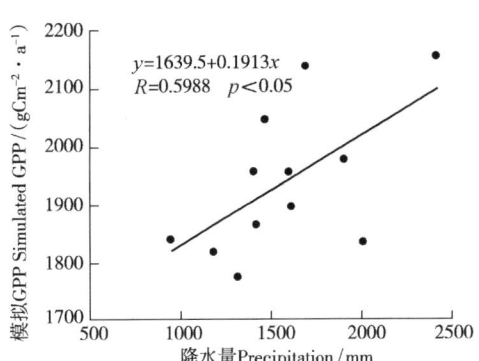
图 6 湿地松林模拟 GPP 与降水相关分析
Fig. 6 Relation analyze between simulated GPP of *Pinus elliottii* forest and precipitation

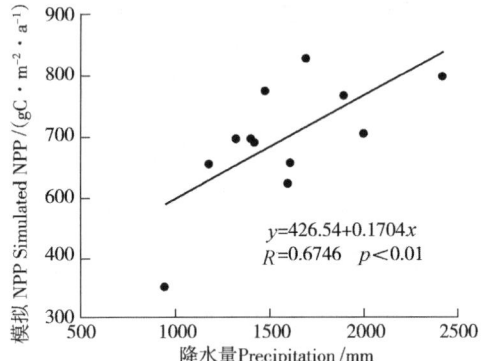
图 7 湿地松林模拟 NPP 与降水相关分析
Fig. 7 Relation analyze between simulated NPP of *Pinus elliottii* forest and precipitation

3.4 未来气候变化情景 GPP 与 NPP 的变化

未来气候变化不同情景下 GPP、NPP 的模拟值见表 2,通过模拟 CO_2 增加但气候不变化、气候变化而 CO_2 不增加以及 CO_2 增加气候也变化来区别和综合 CO_2 升高和气候变化的效应。

在 CO_2 增加但气候不变的情况下,预测的 GPP、NPP 均有较小的减少($C_2T_0P_0$),但均不超过 1.5%。在 CO_2 不增加但气候变化的情况下,预测的 GPP、NPP 对温度和降水的变化有不同的响应。温度的单独变化以及与降水的协同变化大都不利于 GPP 的增长,但在温度升高 1.5℃且降水增加情景下 GPP 增长了 1.13%($C_0T_1P_1$);降水的单独变化亦有利于 GPP 的增长。温度和降水同时变化以及温度的单独变化都不利于 NPP 的积累,但降水的单独变化有利于 NPP 的积累。

当 CO_2 浓度和气候改变时,预测的 GPP、NPP 对 CO_2 浓度、温度和降水的变化亦有不同的响应。预测的 GPP 正向响应了降水的变化,同时正向响应了温度升高 1.5℃ 且降水变化,但反向响应了温度升高 3.0℃ 且降水变化;预测的 NPP 仅正向响应了降水的变化。

表 2 湿地松林情景变化前后 NPP 及 GPP 变化表
Table 2 Simulated NPP and GPP of *Pinus elliottii* forest responses to the different climatic scenario in the future

情景 Scenario	GPP 模拟值 Simulated GPP ($g C m^{-2} a^{-1}$)			NPP 模拟值 Simulated NPP ($g C m^{-2} a^{-1}$)		
	P_{-1}	P_0	P_1	P_{-1}	P_0	P_1
$C_0 T_0$	1983	1941	1979	711	695	709
$C_0 T_1$	1914	1927	1963	646	651	664
$C_0 T_2$	1751	1787	1812	556	568	577
$C_2 T_0$	1959	1909	1951	708	689	704
$C_2 T_1$	1892	1907	1942	644	649	661
$C_2 T_2$	1738	1772	1794	557	568	576

C_0 为 CO_2 浓度不变,C_2 为 CO_2 浓度倍增;T_0 为温度不变,为温度增加 1.5℃,T_2 为温度增加 3.0℃;P_0 为降水不变,P_1 为降水增加 10%,P_{-1} 为降水减少 10%; C_0: CO_2 concentration unchage; C_2: double CO_2; T_0: temperature unchanged; T_1: temperature increase 1.5℃; T_2: temperature increase 3.0℃; P_0: precipitation unchanged; P_1: precipitation increase10%, P_{-1}: precipitation decrease 10%

4 结论与讨论

(1)在 1993—2004 研究时段内,湿地松林 GPP 和 NPP 的年总量变化在 1 777—2 160 $g C m^{-2} a^{-1}$ 之间和 453—828 $g C m^{-2} a^{-1}$ 之间,GPP、NPP 年平均值分别为 1 941 $g C m^{-2} a^{-1}$ 和 695 $g C m^{-2} a^{-1}$,随时间变化呈缓慢增长趋势,其原因主要与全球大气 CO_2 浓度增加以及研究时段内该地区降水量有所增加有关。这一变化趋势与朴世龙等估算的 NPP 变化趋势是一致的。从与其它研究结果的比较来看,BIOME-BGC 对亚热带湿地松林 NPP 的模拟结果高于诸多研究[4,6,8,18]对常绿针叶林的模拟值,这与大部分学者研究的常绿针叶林分布于温带与寒带有关。尽管研究区域内 NPP 模拟结果大于其他诸多学者模拟值,但仍在实测的常绿针叶林的 NPP 范围之内[19-20]。

(2)在研究时段内,温度对于湿地松林 GPP 和 NPP 年际变化的影响不大,降水是控制湿地松林 GPP($R = 0.5988, p < 0.05$)、NPP($R = 0.6746, p < 0.01$)年际变化的主要影响因子。有研究亦指出影响森林生态系统 NPP 水平和格局的主导因素是降水量[20],对中国东北净初级生产力年际变化的研究指出[21],NPP 的年际变化不仅年降水量呈正相关($R = 0.3, p < 0.01$),而且与温度呈负相关($R = -0.31, p < 0.01$)。温度不能成为影响湿地松林 GPP、NPP 年际变化主导因子的原因可能是温度对干物质积累的双重效应引起的:总体上呈上升趋势的温度变化一方面加速了植被的光合作用、呼吸作用,有利于植被干物质的积累;另一方面加速了枯枝落叶的分解、土壤 CO_2 的释放,不利于干物质的积累,同时大气 CO_2 浓度增加亦有可能抵消这种作用。

(3)通常来说,决定模型模拟精度最重要的因素包括数据来源以及模型参数。BIOME-BGC 模型运行需要不同类型的参数,而获得大量的实测参数是较困难的,并且一些参数在国内尚未研究。本文在部分参数实测的情况下,大部分参数参照相关的文献以及模型本身自带的参数。此外,作为驱动模型运转的气象数据,辐射数据只有近8a的资料,对其他年份辐射数据进行插补亦会造成一定的误差来源。由于模型从气象因子出发而没有考虑林分的年龄,人工湿地松林幼苗8a后才开始逐渐郁闭,模型中的冠层水分截留系数及冠层比叶面积等参数在林分郁闭前为动态变化的参数,而文中采用的是林分郁闭后稳定态的参数,因此1993年之前模型模拟NPP值大于实测结果;对于郁闭前林分NPP的模拟,应采用相应的幼龄林分冠层参数及叶面积参数。1993年始林分郁闭后,模型中的生态生理参数接近林分实际情况,因此,1993年—2004年NPP模型模拟值与实际值十分接近。BIOME-BGC模型检验结果表明BIOME-BGC能较好地模拟已经郁闭的中幼龄林分,这对于以模型手段预测我国南方大面积人工林对全球变化的响应具有重要的启发。

(4)Cao[20]指出全球CO_2增加,肥力降低,且当CO_2浓度超过500μmol/mol时,相对的NPP增幅明显地减少。本研究得出的结论为CO_2浓度倍增(>600μmol/mol),NPP基本没有什么增加,甚至还有可能略有减少,即CO_2浓度增加对NPP的积累效应表现并不明显(表2)。在CO_2浓度不增加条件下,预测的GPP、NPP对温度和降水的变化有不同的响应,GPP仅在降水单独变化和温度升高1.5℃且降水增加情景下有少量的增长,有利于NPP积累的情景为降水的单独变化。当CO_2浓度倍增和气候改变时,预测的GPP正向响应了降水的变化,同时正向响应了温度升高1.5℃且降水变化;正向响应NPP的情景条件是降水的变化。通常森林植被NPP与温度和实际蒸发量均存在正相关关系[23],温度升高有可能使NPP增加,多项研究亦表明植被GPP、NPP正向响应于温度的升高和降水的增加[15,24,25]。但这并不意味着温度升高必然引起生态系统NPP的增加,甚至使NPP减少。本研究表明,温度的升高反向响应于亚热带湿地松林GPP、NPP的增长,尤其是温度增加3.0℃时湿地松林GPP增长和NPP积累受到抑制。这是因为温度的升高加速了土壤水分的蒸发,降低了土壤的含水量,从而降低了生态系统的生产力。就亚热带森林而言,如果不考虑CO_2的影响,由于温度升高引起的蒸发加大、呼吸作用加强、云量增加等一系列问题将使光合作用效果下降,导致亚热带湿地松林GPP、NPP的下降。

本研究仅仅依据气候与GPP、NPP之间的平衡关系进行响应研究,尚未考虑植被对CO_2浓度和气候的敏感度、生态系统尺度上植被的演替等过程以及植被在气候变化过程中的生理、生态、生长等方面的适应与驯化等因素。因此湿地松林GPP、NPP对未来气候变化情景的响应研究还有待于进一步开展。

Rferences:

[1] Feng Z W, Wang X K, Wu G. Biomass and Productivity of Forest Ecosystem in China. Beijing: Science Press, 1999.

[2] Lieth H. Modeling primary productivity of the world. In: Lieth H, Whittaker R H. Primary productivity of the Biosphere. Vol. 14. New York: Springer-Verlag, 1975. 237-263.

[3] Melillo J M, McGuire A D, Kicklighter D W, et al. Global climate change and Terrestrial net primary production. Nature, 1993, 363: 234-240.

[4] Xiao X M, Melillo J M, Pan Y. McGuire A D, Helirich J. Net primary production of terrestrial ecosystems in China and its equilibrium responses to changes in climate and atmospheric CO_2 concentration. Acta Phytoecologica Sinica, 1998, 22: 97-118.

[5] Cramer W, Kicklighter D W, Bondeau A, et al. Comparing global models of terrestrial net primary productivity (NPP):

overview and key results. Global Change Biology, 1999, 5 (Suppl.):1-15.
[6] Liu Mingliang. Land-use/cover change and terrestrial ecosystem phytomass carbon pool and production in China. In: The Doctoral Dissertation of the Institute of Remote Sensing Applications. CAS, 2001.
[7] Piao S L, Fang J Y, Guo Q H. Terrestrial net primary production and its spatio-temproal patterns in China during 1982—1999. Acta Scientiarum Naturalium Umiversitatis Pekinensis, 2001, 37(4): 563-569.
[8] Sun R. Effect of climate change of terrestrial net primary productivity in China. Journal of Romate Sensing, 2001, 5 (1): 58-61.
[9] Fang J Y, Chen A P, Peng C H, et al. Changes in forest biomass carbon storage in China between 1949 and 1998. Science, 2002, 292: 2320-2322.
[10] Uchijima Z, Seino H. Agriclimatic evaluation of net primary productivity of nature vegetation. The Society of Agricultural meteorology of Japan, 1985, 40: 343-352.
[11] Knorr W, Heimann M. Impact of drought stress and other factors on seasonal land biosphere C02 exchange studied through an atmospheric tracer transport model. Tellus, 1995, 47B: 471-489.
[12] Running S W, Coughlan J C. A general model of forest ecosystem processes for regional applications. I. Hydrologic balance, canopy gas exchange and primary production processes. Ecology Model, 1988, 42: 125-154.
[13] Running S W, Hunt R E. Generalization of a forest ecosystem process model for other biomes, BIOME_BGC, and an application for global-scale models. Ehleringer J R and Field C B. Scaling Physiologic Processes: Leaf to Globe. San Diego: Academic Press, 1993. 141-158.
[14] Yang X, Wang M X, Huang Y. Modeling study of terrestrial carbon flux response to climate change I. past century. Acta Ecologica Sinica, 2002, 2: 270-277.
[15] Zhen Y R, Zhou G S, Zhang X S, et al. Sensitivity of terrestrial ecosystem to global change in China. Acta Botanica Sinica, 1997, 39(9): 837–840.
[16] White M A, Thornton P E, Running S W. et al. Parameterization and sensitivity analysis of the BIOME-BGC terrestrial ecosystem model: Net primary production controls. Earth Interactions, 2000, 4: 1-85.
[17] Yuan X H. Effects on organic carbon storage in different land use systems in red earth hilly area. The Master Dissertation of the Institute of Remote Sensing Applications. CAS, 1999.
[18] Luo T X. Distribution of the net primary production of forest ecosystems in China. Ph. D. Thesis of Commission of Integrated Survey of Natural Resources, Chinese Academy of Sciences, 1996.
[19] Liu S R, Xu D Y, Wang B, et al. The impacts of climate change on productivity of the forests in China. In: Xu Deying ed. A Study on the Impacts of Climate Change on Forests in China. Beijing: China Science and Technology Press, 1997. 75-93.
[20] Liu S R, Guo Q S, Wang B. Prediction of net primary productivity of Forests in China in Response to Climate Change. Acta Ecologica Sinica, 1998, 18(5): 478-483.
[21] Gao Z Q, Liu J Y, Cao M K, et al. Impacts of land use and climate change on regional net primary productivity. Acta Geographica Sinica, 2004, 59(4): 581–591.
[22] Cao M K, Woodward F I. Dynamic responses of terrestrial ecosystem carbon cycling to global climate change. Nature, 1998, 393: 249-252.
[23] Raich J W, Rastetter E B, Melillo J M, et al. Potential net primary production in South America: application of a global model. Ecological Applications, 1991, 1(4): 399-429.
[24] Yan S J, Hong E, Wu CZ, et al. Impact of climate variation on net primary productivity of natural vegetation in Fujian in recent 41 years. Journal of Mountain Science, 2001, 19(6): 522-526.
[25] Su H X, Sang W G. Simulations and analysis of net primary productivity in *Quercus liaotungensis* forest of Donglingshan Mountain range in response to different climate change scenarios. Acta Botanica Sinica, 2004, 46 (11): 1281-1291.

参考文献：

[1] 冯宗炜,王效科,吴钢.中国森林生态系统的生物量和生产力.北京:科学出版社,1999.

[6] 刘明亮.中国土地利用/土地覆盖变化与陆地生态系统植被碳库和生产力研究.中国科学院遥感应用研究所博士论文,2001

[7] 朴世龙,方精云,郭庆华.1982—1999年我国植被净第一性生产力及其时空变化.北京大学学报,2001,37(4):563-569.

[8] 孙睿.气候变化对中国陆地生态系统净第一性生产力影响的初步研究.遥感学报,2001,5(1):58-61.

[14] 杨昕,王明星,黄耀.地-气间碳通量气候响应的模拟 I.近百年来气候变化.生态学报,2002,2:270-277.

[15] 郑元润,周广胜,张新时.等.中国陆地生态系统对全球变化的敏感性研究.植物学报,1997,39(9):837-840.

[17] 袁小华.红壤丘陵区土地利用变化对陆地生态系统有机碳储量的影响.中国科学院地理科学与研究所硕士论文,1999

[18] 罗天祥.中国主要森林类型生物生产力格局及其数学模型.中国科学院自然资源综合考察委员会博士论文,1996.

[19] 刘世荣,徐德应,王兵,等.气候变化对中国森林生产力的影响.见:徐德应主编,气候变化对中国森林影响研究.北京:中国科学技术出版社,1997.75-93.

[20] 刘世荣,郭泉水,王兵.中国森林生产力对气候变化响应的预测研究.生态学报,1998,18(5):478-483.

[21] 高志强,刘纪远,曹明奎,等.土地利用和气候变化对区域净初级生产力的影响.地理学报,2004,59(4):581-591.

[24] 闫淑君,洪伟,吴承祯,等.福建近41年气候变化对自然植被净第一性生产力的影响.山地学报,2001,19(6):522-526.

小麦产量形成对大气臭氧浓度升高响应的整合分析

冯兆忠[1,2],小林和彦[2],王效科[1],冯宗炜[1]

(1. 中国科学院生态环境研究中心城市与区域生态国家重点实验室,北京 100085;
2. Department of Global Agricultural Sciences, Graduate School of Agricultural and Life Sciences,
The University of Tokyo, Tokyo 113-8657, Japan)

摘要:应用整合分析(meta-analysis)方法定量研究了大气臭氧(O_3)浓度增加对小麦光合色素、气体交换和产量形成的影响。通过 Web of sciences 和中国期刊全文数据库检索,共收集39 篇原始论文。结果表明,大气臭氧浓度增加可导致小麦的产量在当前环境浓度的基础上降低 26%,籽粒重、穗粒数和穗数分别降低 18%,11%和 5%,收获指数减少 11%。叶片生理对大气臭氧浓度增加的响应比产量敏感的多,如光饱和光合速率、气孔导度和叶绿素含量分别下降 40%,31%和 46%。春小麦和冬小麦对臭氧的响应相似。大部分的指标显示了小麦叶片生理和产量的降低随着臭氧浓度增加而线性增加的趋势。在小麦灌浆期,臭氧浓度增加引起叶片的光合速率、气孔导度和叶绿素含量降低地最大。大气 CO_2 浓度升高可以明显减轻或抵消大气臭氧浓度增加引起的减产效应。

关键词:整合分析;CO_2 浓度升高;小麦;臭氧;气体交换;产量

近地层大气臭氧(O_3)是一种对陆地植被有很强植物毒性作用的气态污染物[1],自 20 世纪 60 年代,一些发达国家的环境大气臭氧浓度已引起许多 C_3 作物生长受阻,产量下降[2-3]。近几十年来,由于大量使用化石燃料及含氮化肥,大气中 NO_x 和 VOC_s 浓度剧增,对流层中臭氧浓度不断增加[4]。据估计,目前全球近 1/4 的国家和地区在夏季面临大气臭氧浓度 60 ppb (1 ppb = 10^{-9} g/L)以上的威胁,并且近地层臭氧浓度正以每年 0.3%—2.0%的速度增加[5]。若维持当前的释放速率,预计 2050 年地表臭氧浓度将在现有的基础上增加 20%—25%,2100 年将增加 40%—60%[4]。另外,由于含氮化合物和 VOCs 的长距离传输,导致许多农业区、森林及边远地区臭氧浓度经常超过植物受害阈值[6]。目前地表臭氧已经被认为是许多农村和城市地区植物受损的主要环境问题之一[7-8]。

研究表明,臭氧通过叶片的气孔进入到植物叶肉组织中,与质膜上的不饱和脂肪酸等发生化学反应转化成活性氧自由基,导致抗氧化系统失衡,细胞死亡,促进衰老[9]。从个体水平看,低浓度的臭氧能够引起植物叶片的可见伤害症状,如冬小麦叶片表现为褪绿型、褐斑型和坏死型,水稻叶片则表现为褪绿型、褐斑型和水锈型[10]。臭氧浓度增加可引起大部分植物的生物量和产量下降[3,7,11-13]。小麦是对臭氧极其敏感的作物之一[14-15],甚至在低浓度的环境大气里冬小麦产量损失高达 47%[16]。但这种破坏性作用不仅因臭氧暴露剂量(浓度×时间)、基因型等有较大差异,而且臭氧暴露时期和方式对

原载于:科学通报,2008,53(24):3080-3085.
* 国家自然科学基金资助项目(30670387);日本环境省生态前沿资助项目(07-C062-03);国家重点基础研究发展规划资助项目(2002CB410803)

小麦产量的影响也不容忽视。如 Pleijel 等人[17]在春小麦不同生育期进行相同的剂量试验,结果表明,在开花期到成熟期进行臭氧熏蒸引起的产量损失远大于开花期前的暴露。Meyer 等人[18]研究发现,在相同的臭氧暴露剂量下,动态的臭氧熏蒸方式(有浓度峰值)引起小麦产量损失显著大于恒定的臭氧熏蒸方式。

为了正确评估臭氧对植物生长和产量的影响,其他环境问题,如大气 CO_2 浓度升高、干旱和高温等与日益升高的大气臭氧浓度之间复杂的交互作用也不容忽视。气孔在控制作物对臭氧吸收方面起着重要作用,因此凡是引起气孔关闭的因子,如干旱和高浓度的 CO_2 等均不同程度地减轻臭氧对作物的伤害,而使气孔开张的因素,如湿度或水分增加,则使作物所受伤害变大[19-20]。由此可见,影响因素的复杂性导致相关研究结果间存在着很大的差异。因此非常有必要综合各种因素,定量揭示了近地层臭氧浓度增加对作物的影响及其作用机理。

整合分析(meta-analysis)是一种专门对单个研究进行统计综合、找出普遍结论并发现差异的定量研究方法。自 20 世纪 90 年代初引入生态学和进化生物学以来,该方法已得到了迅速的发展[21-23]。*Ecology* 杂志在 1999 年的专刊上发表了整合分析在生态学中应用的专题,系统介绍了整合分析在生态学中的应用实例、前景及存在的问题[22]。随着对全球变化问题的日益关注,整合分析近年来在全球气候变化研究中得到了广泛应用,如评价生态系统对 CO_2 浓度升高和全球变暖的响应、生态系统对臭氧的响应、土地利用和管理对气候变化的影响等方面[21-23]。雷相东等人[21]介绍了整合分析方法的原理、步骤和优缺点,并综述了其在气候变化研究中的应用成果。但整合分析在中国生态学领域的实际应用却很少[24-25]。

本文运用整合分析方法综合了有关臭氧对小麦影响的研究成果,以当前环境大气臭氧浓度为对照,定量地揭示大气臭氧浓度增加对小麦光合作用和产量的影响,并阐明小麦生态型、叶片熏蒸时间、生育期及大气 CO_2 浓度增加等因素的影响。这对于预测未来大气环境变化条件下小麦的粮食安全具有重要的科学意义。

1 材料与方法

(i) 数据库的建立　通过 Web of sciences (ISI, USA)及中国期刊全文数据库(CNKI,中国),输入关键词臭氧和小麦,检索年限为 1980—2007 年。符合以下条件的视为有效文献:(1)同时报道环境大气和臭氧浓度增加的处理;(2)臭氧熏蒸要 10 d 以上;(3)具有重复报道的数据只选用其中一篇;(4)具有本研究选定的指标参数:产量(Y)、籽粒重(GW)、穗粒数(GNE)、小穗数(ENP)、收获指数(HI)、地上生物量(Bs)、光饱和光合速率(A_{sat})、气孔导度(Gs)、叶绿素含量(Chl)。通过筛选,共有 39 篇有效文献。由于整合分析要求各个观测值都是独立的,因此假定任何一篇文献中的任一品种、臭氧浓度、时期及与其他复合处理等的观测值都是独立的[26]。提取每篇文献的环境臭氧浓度(对照)和臭氧增加处理(处)下各个指标的平均值(x_C 和 x_E)、标准差(SD_C 和 SD_E)和样本个数(N_C 和 N_E)。表和文章中的数据直接提取,图中的数据用 GRAFULA 软件来提取。为了探讨不同因素对大气臭氧浓度增加引起小麦产量降低的相对贡献,对原始数据进行了分类。按臭氧浓度分 30—59, 60—89, 90—119, ≥120 ppb;小麦类型分春小麦和冬小麦;生育期的划分:营养生长,孕穗期-开花期及灌浆期;叶片暴露时间分为:3—10, 11—20, 20 d 以上;按有无交互处理分为:无其他处理以及与大气 CO_2 浓度升高的复合处理。

(ii) 整合分析 采用反应比(r)的对数作为计算的效应值(E),其计算公式如下:$E = \ln(X_E/X_C)$[19,26]。根据 Curtis 和 Wang[26] 介绍的方法,利用 MetaWin 软件中的混合效应模型(随机效应模型)对原始数据进行整合分析,得到平均反应比。这里所采用的方法与以前在单个作物上的研究相似[19,27]。由于许多研究中未报道标准差或标准误及样本个数,导致效应值的方差无法计算,因此本研究利用软件中的再取样技术获得方差,即非加权的整合分析法,95% 的置信区间由自助法获得[28]。

相对于环境大气臭氧浓度,大气臭氧浓度增加后小麦产量形成及生理指标的变化百分率为$(r-1) \times 100\%$[27]。若 $r = 1$,即百分率为零,表明大气臭氧浓度增加并未引起变化;若 $r < 1$,计算出的百分率为负值,表明臭氧浓度增加引起该参数的降低;若百分率为正值,表明臭氧浓度增加引起该参数的升高。若某个指标的 95% 的置信区间不与 0 重叠,那么就认为臭氧处理已引起该指标的显著变化;若进行不同种类的比较,它们的 95% 的置信区间不重叠,则表明它们之间的差异显著[19,26]。

2 结果与分析

2.1 近地层臭氧浓度升高对小麦光合作用和产量形成的平均影响

从图 1 可见,大气臭氧浓度升高引起小麦叶片生理指标的降低程度比产量大的多。从光饱和光合速率、气孔导度和叶绿素含量水平上看,日益增加的臭氧可导致这些指标在当前的臭氧水平上降低 30% 以上,其中叶绿素含量降低最大为 46%,其 95% 的置信区间是 39%—53%。大气臭氧浓度增加可引起光合速率降低 40%,这可能由于叶绿素含量和气孔导度(-31%)共同下降引起的。与环境大气臭氧浓度(35ppb)相比,平均大气臭氧浓度为 77 ppb 可降低小麦产量 26%,这主要由于籽粒重、穗粒数和穗数分别下降 18%、11% 和 5% 共同作用的。尽管臭氧并未引起地上生物量发生明显的变化,但小麦的收获指数(HI)降低 11% 以上。

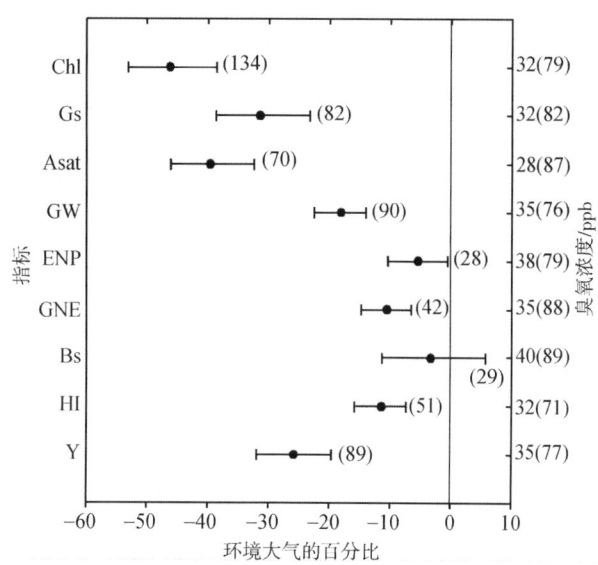

图 1 大气臭氧浓度增加对小麦生长及产量形成的影响百分比
每个误差线后的数字表示自由度;纵坐标的数值表示近地层大气的臭氧浓度,
括号的数值表示增加的臭氧浓度

2.2 影响因素分析

（ⅰ）小麦类型 从所选指标来看,并未发现春小麦和冬小麦对大气臭氧浓度增加的响应存在统计学上的差异(图2),这说明尽管它们的生态型不同,但对臭氧的响应方式是相似的。

（ⅱ）生育期和叶片暴露时间 比较了不同生育期小麦叶片对大气臭氧浓度增加的响应差异(图3)。臭氧对叶片的影响随着小麦的生长而加剧。从影响的平均值看,光合速率、气孔导度和叶绿素含量在营养生长时期降低幅度最小,灌浆期最大。另外,在营养生长时期,与当前环境臭氧浓度相比,大气臭氧浓度增加并未明显降低小麦光合速率、气孔导度和叶绿素含量。但在灌浆期,小麦叶片光合速率、气孔导度和叶绿素含量的降低程度明显大于其他时期。

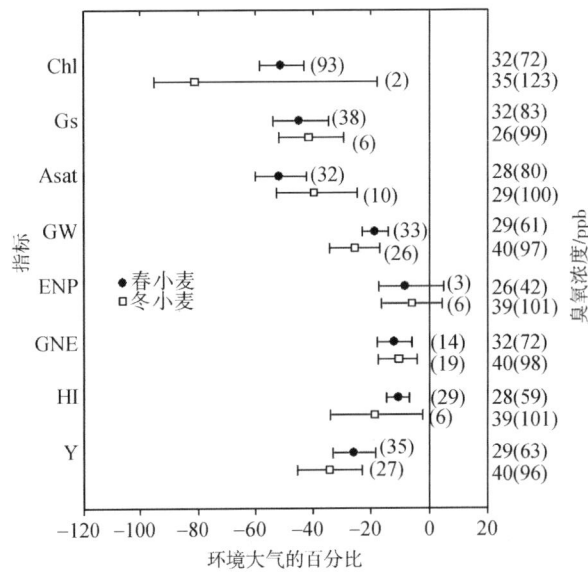

图2 春小麦和冬小麦对大气臭氧浓度增加的响应差异

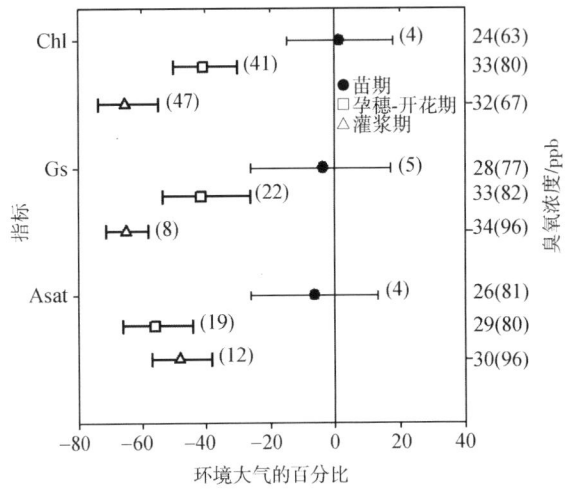

图3 大气臭氧浓度增加对小麦不同生育期叶片生理指标的影响

图 4 显示,臭氧降低小麦叶片光合速率和气孔导度的程度随着暴露时间的增加而明显增大。在叶片暴露 10 d 以内时,大气臭氧增加可导致叶片光合速率和气孔导度降低 15% 和 4%,但叶片暴露 20 d 以上时,光合速率和气孔导度的降低分别为 71% 和 58%。

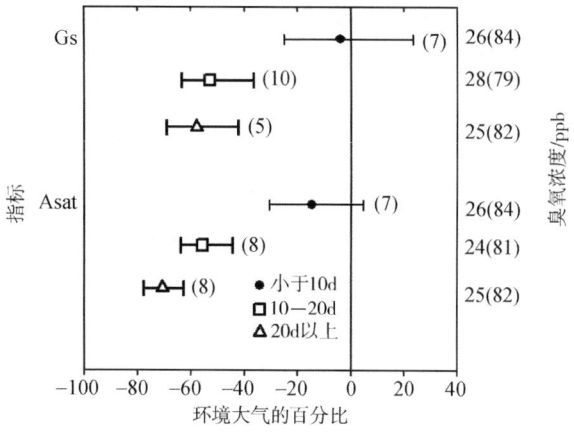

图 4 叶片熏蒸时间对生理指标响应的影响

(ⅲ) 大气臭氧浓度 除穗数和叶绿素外,臭氧引起叶片光合作用和地上生物量的降低随臭氧浓度的增加呈线性增大的趋势(图 5)。与环境臭氧浓度相比,大气臭氧浓度为 51 ppb 时,引起小麦减产 17%,当臭氧浓度为 75 ppb,产量可减产 24%。籽粒重也呈现相似的变化规律。叶片光合速率对大气臭氧浓度增加是非常敏感的。与环境臭氧浓度相比,平均臭氧浓度为 49 ppb 可引起光合速率下降 33%;而当平均臭氧浓度升高到 81 ppb,光合速率则下降一半以上。另外,低于 60 ppb 的臭氧可引起小麦大部分生理和产量指标

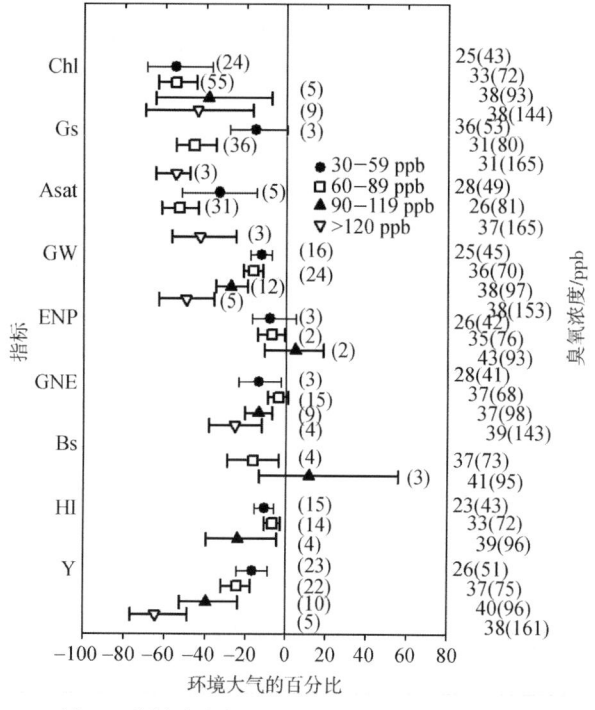

图 5 不同大气臭氧浓度对小麦产量形成指标的影响

的明显下降,但对穗数和气孔导度的影响不显著(图5)。

(ⅳ)大气CO_2浓度升高 从光合作用和产量指标看,大气CO_2浓度增加明显减轻臭氧对小麦的伤害作用,甚至抵消了臭氧的减产效应(图6)。当大气CO_2和臭氧浓度同时升高时,小麦的产量、收获指数、穗粒数等并没出现明显的降低(即与0重叠)。如没有其他复合处理的情况下,大气臭氧浓度增加可引起小麦减产30%,籽粒重和穗粒数分别降低22%和11%;但在大气CO_2浓度升高的情况下,大气臭氧浓度增加只引起小麦产量、千粒重和穗粒数在当前环境臭氧浓度的基础上分别下降2%,3%和5%。另外,在大气CO_2和臭氧浓度同时升高时,叶片光合速率的下降仅为大气臭氧浓度增加引起的降低值的35%(图6)。在没有其他复合处理的情况下,大气臭氧浓度增加引起叶片气孔导度降低45%,远大于平均结果31%(图1),而与大气CO_2浓度升高复合处理,气孔关闭的程度明显减轻(-9%)。

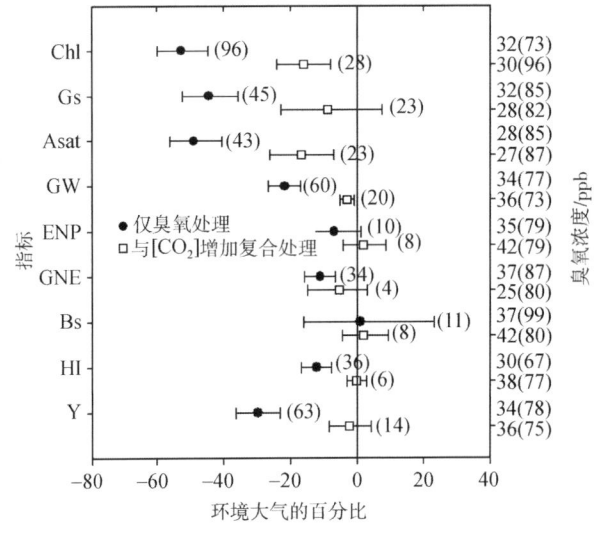

图6 大气臭氧及与大气CO_2浓度升高复合处理对小麦产量形成的影响

3 讨论

利用整合分析方法,定量地评价了臭氧浓度增加对小麦叶片生理指标和产量的影响。结果显示,大气平均臭氧浓度增加到77 ppb可引起小麦产量在当前的浓度基础上降低26%,其中95%的置信区间为20%—32%(图1),这意味着作为全球主要的粮食作物,小麦的产量在不久的将来将可能遭受严重损失。尽管小麦穗粒数和穗数不同程度的降低,但臭氧对小麦籽粒重的影响(-18%)是其产量降低的主要原因,说明臭氧严重影响了小麦的籽粒灌浆过程。Feng等人[29]利用开顶式装置研究发现大气臭氧浓度升高明显增加了小麦瘪粒的数量。

小麦叶片的生理指标,如光合速率和光合色素对大气臭氧浓度增加的反应比产量要敏感的多。在135次测量中,平均大气臭氧浓度为79 ppb可引起叶绿素含量降低46%,这表明臭氧明显加促叶片的衰老。在其他作物如大豆[30]马铃薯[31]和玉米[32]等也都发现臭氧引起了叶片早衰。叶片光合速率的显著降低直接影响了碳水化合物的固定及其向籽粒中的转运。气孔导度的降低说明小麦叶肉细胞内臭氧吸收量超过一定的阈值而采取气孔部分关闭,因为这样可以阻止大量的臭氧进入到叶肉细胞,但同时也减少了叶

片对大气 CO_2 的吸收。

就小麦的类型来看,春小麦和冬小麦对臭氧的响应方式是相似的(图2)。图中冬小麦的臭氧暴露浓度要明显高于春小麦,这主要因为臭氧浓度的计算方式的不同。春小麦大都是欧洲的研究结果,大部分是将整个生育期的臭氧浓度进行平均。而冬小麦的臭氧熏蒸都是从拔节期之后开始的,重要的是报道的臭氧浓度结果大都是以实际熏蒸天数进行平均的,即扣除未熏蒸天数的臭氧浓度。

从本研究结果来看,在小麦的灌浆期,大气臭氧浓度增加引起叶片的光合速率、气孔导度和叶绿素含量等降低的程度最大(图3),这与大豆的研究结果相似 Pleijel 等人[17]比较研究了春小麦不同生育期熏蒸臭氧对产量损失的影响,结果发现在小麦灌浆期熏蒸,小麦的产量损失最大。但这并不能断定这一生育期对臭氧最敏感,因为臭氧对植物的作用机理是通过累积效应达到一定程度才开始影响到植物的生理响应,进而影响到植物的生物量和产量,这一观点可由图4证实。并发现当臭氧浓度为 80 ppb 左右时,尽管熏蒸 10d 以内有的叶片也出现不同程度地降低,但只有连续熏蒸 10 d 以上叶片的光合速率和气孔导度才有明显的降低(图4)。

研究表明,大气 CO_2 浓度增加能明显降低叶片的气孔导度[27,33],因此也限制了叶肉细胞的臭氧通量,这在一定程度可以减轻臭氧对植物的伤害。本研究结果也支持了这种观点,即大气 CO_2 和臭氧浓度同时升高小麦叶片的光合速率和叶绿素含量降低的程度远小于当前大气 CO_2 浓度下臭氧浓度增加带来的负面影响;同时气孔关闭的程度明显减轻(图6)。Wittig 等人[20]利用整合分析方法研究了各种树木对大气臭氧和 CO_2 同时升高的响应,也发现了相似的规律。但在大豆上的整合分析结果恰恰相反,Morgan 等人[19]发现大气 CO_2 浓度增加进一步加剧了臭氧浓度增加引起的气孔关闭。在个体水平上,大气 CO_2 浓度升高明显减轻了因大气臭氧浓度增加引起的小麦减产(图6),这主要因为大气 CO_2 浓度升高增加了小麦碳水化合物的合成及向籽粒中的转运[34],导致了籽粒重和小穗数的降低程度明显减轻。在大豆的研究也发现了相似的结果[19]。

总之,本研究通过整合分析方法综合各种影响因素,定量地回答了将来大气臭氧浓度增加对小麦产量形成及光合生理的影响。结果表明,籽粒重的降低是大气臭氧浓度增加(77 ppb)引起小麦产量损失(26%)的主要原因,小麦叶片的生理指标对臭氧的反应比产量要敏感的多,大气 CO_2 浓度升高明显减轻臭氧引起的负作用。本结果仅是运用整合分析方法研究环境变化的一个案例,希望国内的研究者能够更多地将该方法运用到生态学的研究中,尤其是全球气候变化的研究。

参考文献:

[1] Krupa S, McGrath M T, Andersen C P, et al. Ambient ozone and plant health. Plant Dis, 2001, 85:4-12

[2] Brasher E P, Fieldhouse D J, Sasser M. Ozone injury in potato variety trials. Plant Dis Rep, 1973,57:542-544

[3] Heagle A S. Ozone and crop yield. Ann Rev Phytopathol, 1989. 27:397-423

[4] Meehl G A, Stocker T F, Collins W D. et al. Global Climate Projections. Cambridge: Cambridge University Press, 2007

[5] Fowler D, Cape J N, Coyle M, et al. Modelling photochemical oxidant formation, transport, deposition and exposure of terrestrial ecosystems. Environ Pollut, 1999, 100:43-55

［6］ Ashmore M R. Assessing the future global impacts of ozone on vegetation. Plant Cell Environ, 2005, 28：949-964

［7］ Karnosky D, Skelly J, Percy K, et al. Prospecrives regarding 50 years of research on effects of tropospheric ozone air pollution on US forests. Environ Pollut, 2007, 147：489-506

［8］ Prather M, Gauss M, Bernrsen T, et al. Fresh air in the 21st century? Geophys Res Lett, 2003, 30(2)：11 00

［9］ Long S P, Naidu S L. Effects of oxidants at the biochemical, cell and physiological levels. In：Treshow M, ed. Air Pollution and Plants. London：John Wiley, 2002. 69-88

［10］白月明,郭建平,王春乙,等.水稻与冬小麦对臭氧的反应及其敏感性试验研究.中国农业生态学报,2002,10(1)：13-16

［11］ Benton J, Fuhrer J, Gimeno B S, et al. An inrernarional cooperative programme indicates the widespread occurrence of ozone injury on crops. Agr Ecosyst Environ, 2000, 78：19-30

［12］ Feng Z W, Jin M H, Zhang F Z, et al. Effects of ground-level ozone (O_3) pollution on the yields of rice and winter wheat in the Yangtze River Delta. J Environ Sci, 2003, 15：360-362

［13］ Fuhrer J, Booker F. Ecological issues related to ozone：Agricultural issues. Environ Int, 2003, 29：141-154

［14］ Mills G, Buse A, Gimeno B, et al. A synthesis of AOT40-based response functions and critical levels of ozone for agricultural and horticultural crops. Atmos Environ, 2007, 41：2630-2643

［15］ Wang X K, Zheng Q W, Yao F F, et al. Assessing the impact of ambient ozone on growth and yield of a rice (*Oryza sativa* L.) and a wheat (*Triticum aestivum* L.) cultivar grown in the Yangtze Delta, China, using three rates of application of ethylenediurea (EDU). Environ Pollut, 2007, 148：390-395

［16］ Wahid A, Maggs R, Shamsi S R A, et al. Air pollution and its impacts on wheat yield in the Pasistan Punjab. Environ Pollut, 1995, 88：147-154

［17］ Pleijel H, Danielsson H, Gelang J, et al. Growth stage dependence of the grain yield response to ozone in spring wheat (*Triticum aestivum* L.). Agr Ecosyst Environ, 1998, 70：61-68

［18］ Meyer U, Kollner B, Willenbrink J, et al. Physiological changes on agricultural crops induced by different ambient ozone exposure regimes. 1. Effects on photosynthesis and assimilate allocation in spring wheat. New Phytol, 1997, 136：645-652

［19］ Morgan P B, Ainsworth E A, Long S P. How does elevated ozone impact soybean? A mera-analysis of photosynthesis, growth and yield. Plant Cell Environ, 2003, 26：1317-1328

［20］ Wittig V E, Ainsworth E A, Long S P. To what extent do current and projected increases in surface ozone affect photosynthesis and stomatal conductance of trees? A mera-analyric review of the last 3 decades of experiments. Plant Cell Environ, 2007, 30：1150-1162

［21］雷相东,彭长辉,田大伦,等.整合分析(Meta-analysis)方法及其在全球变化中的应用研究.科学通报,2006,51(12)：2587-2597

［22］ Osenberg C W, Sarnelle O, Cooper S, et al. Resolving ecological questions through meta-analysis：Goals, metrics and models. Ecology, 1999, 80：1105-1117

［23］彭少麟,唐小焱.Meta 分析及其在生态学上应用.生态学杂志,1998,17(5)：74-79

［24］郑凤英,彭少麟.捕食关系的 Meta 分析.生态学报,1999,19(4)：448-452

［25］郑凤英,彭少麟.植物生理生态学指标对大气 CO_2 浓度倍增响应的整合分析.植物学报,2001,43(11)：1101-1109

［26］ Curtis P S, Wang X. A meta-analysis of elevated CO_2 effects on woody plant mass, form and physiology. Oecologia, 1998, 113：299-313

［27］ Ainsworth E A, Davey P A, Bernacchi C J, et al. A meta-analysis of elevated [CO_2] effects on soybean (*Glycine max*) physiology, growth and yield. Global Change Biol, 2002, 8：695-709

[28] Adams D C, Gurevitch J, Rosenberg M S. Resampling tests for meta-analysis of ecological data. Ecology, 1997, 78: 1277-1283

[29] Feng Z Z, Yao F F, Chen Z, et al. Response of gas exchange and yield components of field-grown *Triticum aestivum* L. to elevated ozone in China. Photo synthetica 2007, 45:441-446

[30] Dermody O, Long S P, DeLucia E H. How does elevated CO_2 or ozone affect the leaf-area index of soybean when applied independently? New Phytol, 2006, 169:145-155

[31] Donnelly A, Craigon J, Black C R, et al. Does elevated CO_2 ameliorate the impact of O_3 on chlorophyll content and photosynthesis in potato (*Solanum tuberosum*)? Physiol Plant, 2001,111: 501-511

[32] Leitao L, Bethenod O, Biolley J P. The impact of ozone on juvenile maize (*Zea mays* L) plant photosynthesis: Effects on vegetative biomass, pigmentation, and carboxylases (PEPc and Rubisco). Plant Biol, 2007, 9: 478-488

[33] Ainsworth E A, Rogers A. The response of photosynthesis and stomatal conductance to rising [CO_2]: mechanisms and environmental interactions. Plant Cell Environ, 2007, 30: 258-270

[34] Wall G W, Garcia R L, Kimball B A, et al. Interactive effects of elevated carbon dioxide and drought on wheat. Agron J, 2006, 98:354-381

干湿交替格局下黄土高原小麦田土壤呼吸的温湿度模型

张红星[1],王效科[1],冯宗炜[1],宋文质[1],刘文兆[2],李双江[2],朱元骏[2],庞军柱[1],欧阳志云[1]

(1.中国科学院生态环境研究中心 城市与区域生态国家重点实验室,北京 100085;
2.中国科学院水土保持研究所 长武黄土高原农业生态试验站,陕西 722400)

摘要:全球气候变化的直接后果是气温升高,同时还可能引起强降雨增多和干旱频发,形成干湿交替的格局。土壤呼吸在全球变化过程中发挥着重要作用。以黄土高原沟壑区小麦田土壤为研究对象,采用3个全自动多通道箱以及相应的气象监测系统,对土壤呼吸和环境因子全天候连续测定,利用已有的单因子模型、双因子模型对测定的土壤呼吸与气温和湿度的关系进行了拟合,通过优化,根据实际情况提出 E-Q(exponential-quadratic)模型。结果表明:(1)干湿交替格局下,基于气温的单因子模型(指数模型,幂函数模型和线性模型)不适合模拟土壤呼吸;(2)基于土壤湿度的单因子模型中,二次曲线模型最适合模拟干湿交替格局下土壤呼吸的响应情况;(3)基于气温和土壤湿度的双因子模型中,E-Q 模型 $SR = ae^{bT}(c + dW + fW^2)^g$,既能反映土壤呼吸随气温的正向指数变化,又能表现土壤湿度对土壤呼吸的双向调节作用,解释了土壤呼吸 73.05% 的变化情况,比其他双因子模型和单因子模型更能有效描述干湿交替情况下土壤呼吸对气温和土壤湿度协同变化的响应特征。

关键词:干湿交替;黄土高原;小麦田;土壤呼吸;温度;湿度;模型

Modeling soil respiration using temperature and soil moisture under alteration of dry and wet at a wheat field in the Loess Plateau, China

ZHANG Hongxing[1], WANG Xiaoke[1,*], FENG Zongwei[1],
SONG Wenzhi[1], LIU Wenzhao[2], LI Shuangjiang[2],
ZHU Yuanjun[2], PANG Junzhu[1], OUYANG Zhiyun[1]

(1. *Research Center for Eco-environmental Sciences, Chinese Academy of Sciences, Beijing* 100085, *China*;
2. *Institute of Soil and Water Conservation, Chinese Academy of Sciences, Shaanxi* 722400, *China*)

Abstract: Soil heterotrophic respiration is a major way leading to losses of soil carbon into the atmosphere and plays an important role in global carbon cycle. Global wanning may cause increases

---

原载于:生态学报,2009,29(6):3028-3035.
基金项目:国家自然科学基金资助项目(40321101);国家重点基础研究发展规划(973)资助项目(2002CB412503);中国科学院创新工程重大资助项目(KZCXI-SW-01-17)

in rainfall or droughts that would enhance the variation of soil moisture. However, it is unclear that how the soil respiration will respond the co-effects of the simultaneous changes in air temperature and soil moisture. Our experimental site was located in a wheat field in the Loess Plateau of China. Rainfall was the sole way to deliver water into the soil at the site. It was observed that three heavy rainfall events caused significant alterations of the soil moisture in the period from spring to summer in 2005. During the same period, the air temperature increased significantly due to the monsoon climate. Soil respiration rates were measured in situ with three chambers of an automated multi-channel chamber system; relevant environmental factors were also simultaneously recorded. Correlations of the soil respiration rates with (1) the air temperature, (2) the soil moisture, and (3) both the air temperature and soil moisture were calculated. Temperature dependent models, soil moisture dependent models and double predictor models which based on both air temperature and soil moisture were used to fit the data. Through the tests against our field data sets, we built a E-Q model as $SR = ae^{bT}(c + dW + fW^2)^g$. Our conclusions are as follows: (1) the single predictor models based on only air temperature were not capable of predicting the soil respiration rates for the experimental field due to the significant alterations in the soil moisture; (2) among the soil moisture dependent models, the quadratic model was better than the linear model or the exponential model; (3) the E-Q model, which predicted soil respiration rates based on the exponential relation with air temperature as well as the opposite effect of soil moisture, was more capable for soil respiration predictions for the fields in this climate zone.

Key Words: alteration of dry and wet; the Loess Plateau; wheat field; soil respiration; temperature; soil moisture; model

土壤呼吸是全球碳循环的重要组成部分,在全球变化中发挥着重要作用。全球尺度上,通过土壤呼吸途径释放到大气中的 CO_2 每年约为 75—80.4Pg[1-2],是化石燃料燃烧释放的 CO_2 的 11 倍[3]。土壤呼吸的轻微改变可能对大气中 CO_2 浓度造成很大的影响。

温度和湿度是影响土壤呼吸的重要环境因子,为了预测土壤呼吸,学者们建立了不同的经验模型,包括温度或湿度为主导的单因子模型,以及温度和湿度共同主导的双因子模型。温度主导的单因子响应模型有线性模型[4]、幂函数模型[5]以及指数模型[6-10],其中指数模型应用最为广泛。湿度响应模型包括线性模型[11-13]、指数模型[14]和二次曲线模型[15-17]。然而,事实上温度和湿度对土壤呼吸的影响是同时存在的,为了更好的模拟土壤呼吸,科学家提出了双因子模型。常见的有指数模型[18]、指数-幂函数模型[19]、Mielnick & Dugas 模型[20-21]、线性模型[22-23]。其中,指数-幂函数模型得到了比较多的应用[24-25]。

全球变化的可能后果是温度升高,强降雨增多,干旱频发。在温度升高和干湿交替的复合影响下土壤呼吸的响应机制有待深入探讨,尤其是用双因子模型模拟土壤呼吸显得非常必要。在 2005 年春夏之交,在气温上升的同时,黄土高原沟壑区塬面发生了明显的干湿交替。本研究旨在通过对黄土高原沟壑区塬面小麦田土壤呼吸及其相应的环境因子的全天候连续监测,探讨干湿交替情况下黄土高原半干旱区域土壤呼吸的温度湿度协同响应规律。基于同一组数据,对不同的单因子、双因子土壤呼吸模型进行验证、对比,进而选择能够恰当反映该区域干湿交替格局下土壤呼吸变化特点的双因子模型。

1 材料与方法

1.1 研究区自然概况

本研究的样地设置于中国科学院长武农业生态试验站,该站位于黄土高原中南部的陕甘交界处。北纬35°12′,东经107°40′,海拔1200m,属暖温带半湿润大陆性季风气候,雨热同季。降雨分布不均,干旱频繁,尤其春季干旱少雨,年均降水584mm,多分布在7月到9月份,农业生产全部依靠自然降水,属典型的旱作农业区,年平均气温9.1℃,土壤属黑垆土。土质均匀疏松,pH值为8.4。

1.2 样地特征及处理

本研究以黄土高原沟壑区塬面上主要的土地利用类型小麦田为研究对象。小麦田每年在秋耕秋播时施肥,施肥标准一般为300kg/hm²氮肥,750kg/hm²磷肥。在小麦田中,从小麦扬旗期到小麦收割后期间,干旱和强降雨交错,形成了明显的干湿交替的格局,此间处于春夏之交,环境气温整体处于上升的趋势(图1)。这为原位研究气候变化条件下,温度升高,干旱和强降雨交错发生可能引起的土壤呼吸改变提供了客观条件。采用3个通量箱原位连续取样,随机布点,点位之间的距离大于4m。单个通量箱覆盖的面积为50cm×50cm,在布置通量箱的前一个月连根拔除其内部的小麦。

1.3 环境因子及土壤呼吸测定

采用温湿传感器(HMP45C)测定气温,ECH₂O 传感器测定土壤10cm 容积含水量,数据采集器(CR10X)每3min 记录1次湿度及温度数据。降雨量数据来源于中国科学院长武农业生态试验站自动气象站。

本研究中,采用多通量箱自动测定系统[26]中的3个通量箱,从2005年5月7日到7月14日,对小麦田土壤呼吸进行连续全天候监测。将3个通量箱分别设置在小麦里,进行原位连续循环测定,每个小时内各通量箱依次自动关闭3min用于测定,其他时间内都处于打开状态。因为通量箱的关闭时间比较短,降雨过程中被排除在通量箱外的水分比较少。箱内外的土壤湿度差别不显著[17]。

1.4 数据处理

1.4.1 数据处理

用C++语言编写程序,把下载到计算机里的原始数据(CO_2浓度数据和气象数据)分配到各个对应的通量箱,计算出通量箱内CO_2浓度变化率。为了减小偶然误差,剔除$R^2 < 0.95$的数据;为了排除因为通量箱关闭对测定的影响,在计算CO_2浓度变化率时,选取通量箱闭合60s后到打开前20s的CO_2浓度数据。依据公式计算土壤呼吸速率:

$$A = \frac{dc}{dt} \frac{V}{S} \frac{P}{RT}$$

式中,A是单位面积上单位时间内CO_2释放量($\mu mol CO_2 \cdot m^{-2} \cdot s^{-1}$);$c$是$CO_2$摩尔浓度($\mu mol \cdot mol^{-1}$);$t$是时间(s);$V$是通量箱体积($m^3$);$S$是通量箱底面积($m^2$);$P$是大气压(kPa);$R$是气体常数($8.3 \times 10^{-3} m^3 \cdot kPa \cdot mol^{-1} \cdot k^{-1}$);$T$是通量箱内气体温度(K);$dc/dt$是通量箱中$CO_2$浓度变化率。从2005年5月7日到7月14日,每小时内,3个通量箱测定的土壤呼吸的平均值即为该小时内的土壤呼吸速率,每天24h的平均值为当天的平均土壤呼吸;土壤湿度以及气温采用和3个通量箱测定时间对应的平均值。在拟合土壤呼吸的温度响应、湿度响应以及温湿响应模型时,温度采用气温,土壤湿度采用土壤10cm深处的土壤湿度。

1.4.2 数据分析

用Excel(2003)软件绘制土壤呼吸、土壤温度、土壤湿度在研究期间的变化趋势图;用Sigma plot 10.0软件分析土壤呼吸和温度、土壤湿度间的关系,分别拟合土壤呼吸对气温的单因子响应模型,土壤呼吸对土壤湿度的单因子响应模型,以及土壤呼吸对温度和湿度的双因子响应模型。在模型拟合过程中,Sigma plot 10.0软件对模型进行正态检验、方差检验。模型的选择标准是:(1)模型能够同时通过方差检验和正态检验,否则该模型不适合,需要更换模型;(2)模型和模型的拟合参数概率极显著或显著;(3)模型的复决定系数(R^2)相对较大。用于模拟土壤呼吸变化的模型罗列在表1中。包括两类,一类是单因子模型,包括用气温模拟土壤呼吸的单因子模型和用土壤湿度模拟土壤呼吸的单因子模型;一类是双因子模型,双因子模型同时包含气温和土壤湿度两个预测因子。

表1 土壤呼吸的单因子和双因子模型
Table 1 Soil respiration models based on single predictor and double predictors

单因子模型 Single-predictor	双因子模型 Double-predictor
$SR = a + bT$	$SR = a + bTW$
$SR = aT^b$	$SR = a + bT + cW$
$SR = ae^{bT}$	$SR = e^{a + bT + cW}$
$SR = ae^{bW}$	$SR = ae^{bT}W^c$
$SR = a + bW$	$SR = ae^{bT}(W-c)(d-W)^f$
$SR = a + bW + cW^2$	$SR = ae^{bT}(c + dW + fW^2)^g$

SR:土壤呼吸;T:温度;W:土壤湿度;a,b,c,d,f,g:需要拟合的模型参数;SR:Soil respiration;T:Temperature;W:Soil moisture;a,b,c,d,f,g:Coefficients of models

2 结果与分析

2.1 土壤呼吸和环境因子在干湿交替期间随时间的变化规律

由图1a可以看出,土壤湿度存在明显的消长,气温在波动中整体上升。气温和土壤湿度之间存在明显的负相关关系,土壤湿度的降低总是伴随着气温的相应升高,也可能是气温升高促进了蒸发,降低了土壤湿度。土壤呼吸和土壤湿度间存在明显的相关关系(图1b)。但是,土壤呼吸的高峰总是滞后于土壤湿度高峰,甚至出现了土壤湿度高峰和呼吸低谷同期出现的现象。这说明在该研究区域,在干湿交替的情况下,土壤湿度对土壤呼吸有双向的调节作用,不是单纯的促进或抑制。

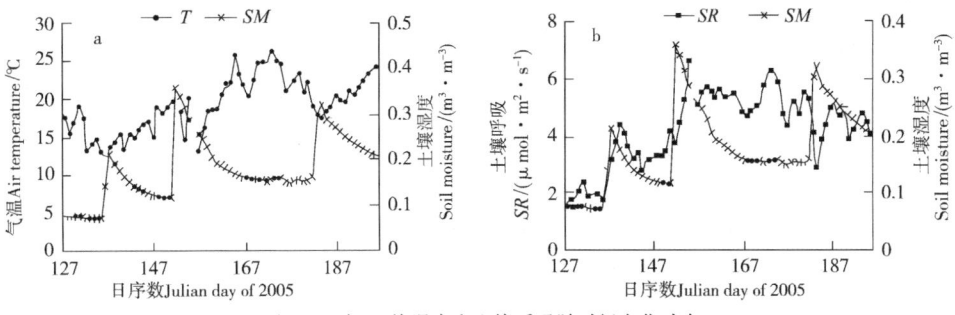

图1 温度、土壤湿度和土壤呼吸随时间变化动态
Fig. 1 Air temperature (T), soil moisture (SM) and soil respiration (SR) changed with day

2.2 土壤呼吸的单因子模型

尽管事实上在自然状态下,土壤呼吸同时受控于多个环境因子,尤其是温度和湿度,但在特定情况下,可能某一因素对土壤呼吸的影响远大于其他因素,为了预测土壤呼吸,学者们建立了以温度或湿度为主导的单因子模型。

2.2.1 土壤呼吸的温度模型

全球变暖的直接后果是气温升高,气温是影响土壤呼吸的关键因子。在不考虑土壤湿度影响时,用指数模型、幂函数模型和线性模型拟合土壤呼吸和气温之间的关系。指数模型的概率值和各拟合系数的概率值达到了极显著水平(表 2),比线性模型和幂函数模型略优,但是这 3 类模型的共同缺点是都没有通过方差检验,所以都不能恰当的描述土壤呼吸的变化特征。

表 2 基于温度的土壤呼吸模型及检验结果

Table 2 Temperature dependent models of soil respiration and the testing results

模型 Model	系数 Coefficient a	系数 Coefficient b	正态检验 N-Test	方差检验 CV-Test	复决定系数 R^2	显著水平 Sig.
$SR = a + bT$	-0.1864	0.2289**	P	F	0.4119	**
$SR = aT^b$	0.1909*	1.0465**	P	F	0.4208	**
$SR = ae^{bT}$	1.4831**	0.0534	P	F	0.4165	**

* 表示模型和系数的敏感性达到了显著水平;** 表示模型或系数的敏感性达到了极显著水平;P 表示通过检验,F 表示没有通过检验

* signifies the model or the coefficient was significant; ** signifies the model or the coefficient was extreme significant; P signifies that the model passed the test and F signifies failed to pass the corresponding test; N-Test is normality test and CV-Test is constant variance test

2.2.2 土壤呼吸的湿度模型

在本研究中,分别用直线模型、二次曲线模型和指数模型,拟合了土壤呼吸和土壤湿度的关系。模型的拟合情况(表 3)表明,指数模型和幂函数模型都没有通过方差检验,不适合模拟土壤呼吸的变化。线性模型和二次曲线模型既通过了正态检验也通过了方差检验,都适合用来预测土壤呼吸。但是,二次曲线模型的复决定系数(R^2)明显比线性模型的大,所以,在用土壤湿度模拟土壤呼吸时,二次曲线模型比指数模型、幂函数模型、线性模型更适合。原因可能是,土壤湿度是影响土壤呼吸的关键因子,当土壤处于相对缺水状态时,土壤湿度的增加促进土壤呼吸;当土壤湿度超过某个范围时,土壤水分填充了土壤空隙,使土壤微生物缺氧,同时阻碍 CO_2 的释放[28],土壤呼吸随土壤湿度的增加而降低。也即土壤湿度对土壤呼吸有双向调节作用[29]。因此,在明显的干湿交替条件下,如果土壤湿度的增加并非单向促进土壤呼吸,用土壤湿度预测土壤呼吸时,能够反映土壤呼吸随土壤湿度双向变化的二次曲线模型比其他土壤呼吸随土壤湿度单向变化的模型更优。

2.3 土壤呼吸的温度和土壤湿度双因子模型

目前,主要用温度和土壤湿度两个因子来模拟土壤呼吸的响应情况。在本研究中,选用气温和土壤 10cm 湿度作为预测因子,分别用直线模型、指数模型、指数-幂函数模型、Mielnick & Dugas 模型以及 E-Q 模型对数据进行了拟合。各个模型的拟合系数见表 4。表 5 是各模型的检验结果。除线性模型 $SR = a + bTW$ 外,其他模型都通过了正态检验

和方差检验,并且模型均达到了极显著水平。从模型对数据的解释力(R^2)来看,E-Q模型最好,可以解释73.05%的土壤呼吸变化;Mielnick & Dugas 模型较好,与 E-Q 模型比较接近,其解释力为68.56%。它们明显大于指数模型和普遍采用的指数-幂函数模型。在双因子模型中,线性模型对干湿交替条件下土壤呼吸响应的模拟效果最弱。

表3 基于土壤湿度的土壤呼吸模型及检验结果
Table 3 Soil moisture dependent models of soil respiration and the testing results

模型类型 Model	系数 Coefficient			正态检验 N-Test	方差检验 CV-Test	复决定系数 R^2	显著水平 Sig.
	a	b	c				
$SR = ae^{bW}$	3.1376**	1.6236*		P	F	0.1825	*
$SR = a + bW$	2.676**	8.606**		P	P	0.2225	**
$SR = a + bW + cW^2$	-1.7222**	60.0885**	-130.4956**	P	P	0.5908	**

* 表示模型和系数的敏感性达到了显著水平;** 表示模型或系数的敏感性达到了极显著水平;P 表示通过检验,F 表示没有通过检验
* signifies the model or the coefficient was significant; ** signifies the model or the coefficient was extreme significant; P signified that the model passed the test and F signifies the model failed to pass the corresponding test; N-Test is normality test and CV-Test is constant variance test

表4 基于气温和土壤湿度的土壤呼吸模型拟合系数表
Table 4 The coefficients table of models based on air temperature and soil moisture

模型类型 Model type	系数 Coefficient					
	a	b	c	d	f	g
$SR = a + bTW$	2.0498**	0.6336**				
$SR = a + bT + cW$	-1.3229**	0.2101**	8.48**			
$SR = e^{a+bT+cW}$	0.1037	0.0514**	1.8212**			
$SR = ae^{bT}W^c$	3.34**	0.0464**	0.3792**			
$SR = ae^{bT}(W-c)(d-W)^f$	155.4072	0.0251**	0.05**	0.5*	1.6719	
$SR = ae^{bT}(c + dW + fW^2)^g$	2.1867**	0.0323**	-1.2298**	22.8534**	-47.3**	0.4206**

* 表示模型和系数的敏感性达到了显著水平;** 表示模型或系数的敏感性达到了极显著水平 * signifies the model or the coefficient was significant; ** signifies the model or the coefficient was extreme significant

表5 基于气温和土壤湿度的土壤呼吸模型检验表
Table 5 The testing results of models based on air temperature and soil moisture

模型类型 Model type	正态检验 N-Test	方差检验 CV-Test	复决定系数 R^2	显著水平 Sig.
$SR = a + bTW$	P	F	0.4718	**
$SR = a + bT + cW$	P	P	0.4208	**
$SR = e^{a+bT+cW}$	P	P	0.5746	**
$SR = ae^{bT}W^c$	P	P	0.5908	**
$SR = ae^{bT}(W-c)(d-W)^f$	P	P	0.6856	**
$SR = ae^{bT}(c + dW + fW^2)^g$	P	P	0.7305	**

P:通过检验,F 没有通过检验 ** signifies the model or the coefficient was extreme significant; P signifies that the model passed the test and F signifies the model failed to pass the corresponding test; N-Test is normality test and CV-Test is constant variance test

3 讨论与结论

从表2和表3看,在单因子模型中,基于土壤湿度的二次曲线模型远优于其他模型。尽管基于土壤湿度的线性模型同时通过了正态检验和方差检验(表3),但其复决定系数

(R^2)过低,解释力有限。除此而外,所有其他的基于温度或土壤湿度的单因子模型,都没有通过正态检验,从统计意义上不适合选用。与单因子模型相反的是,除双因子模型除线性模型 $SR = a + bTW$ 外,其他模型都通过了正态检验和方差检验,并且模型均达到了极显著水平。在有明显干湿交替的情况下,气温和湿度相互影响(图1),协同作用于土壤呼吸[22],单因子很难客观描述土壤呼吸的复杂变化,双因子能相应提高模型的预测能力。

在双因子模型中(表5),强调土壤湿度对土壤呼吸双向调节作用的 E-Q 模型和 Mielnick & Dugas 模型比其他模型更能恰当描述干湿交替情况下土壤呼吸对气温和土壤湿度协同变化的响应规律。特别是,E-Q 模型比 Mielnick & Dugas 模型的复决定系数大5个百分点,能够解说更多的数据变化(R^2较大)情况,并且能够给出相对明确的土壤湿度拐点,为判断土壤湿度的临界状况提供了依据。土壤呼吸的土壤湿度的平均拐点是 $0.24 m^3 \cdot m^{-3}$。当土壤湿度高于此拐点时,在相应的温度条件下,土壤呼吸都将相对地弱化。

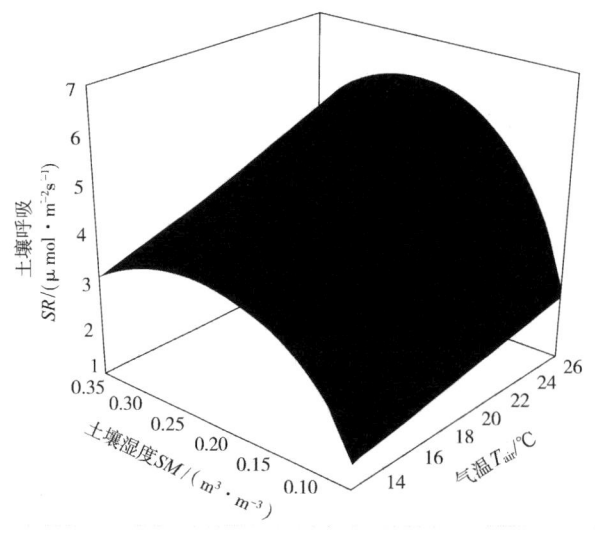

图2 土壤呼吸的温度湿度响应趋势面
Fig.2 Response surface of soil respiration (SR) to air temperature(T-air) and soil moisture (SM)

图2是基于 E-Q 模型的土壤呼吸对气温和土壤湿度协同变化的响应趋势面。该土壤呼吸的温度湿度响应趋势面(图3)有如下意义:(1)土壤呼吸随温度增加而增强;(2)土壤呼吸随土壤湿度增加而增强,但当湿度增加到一定程度以后,湿度的进一步增加会抑制土壤呼吸,湿度对土壤呼吸有双向调节作用;(3)土壤湿度状况影响土壤呼吸的温度敏感性[30]。在湿度特别低或特别高时,土壤呼吸随温度变化缓慢。土壤呼吸随温度变化有一个比较合适的湿度范围,在这个范围内,土壤呼吸的温度敏感性相对较强。(4)温度和土壤湿度对土壤呼吸的影响有互补性。温度比较低且同时土壤湿度比较高条件下的土壤呼吸,可能接近于温度较高并且土壤湿度比较低条件下的土壤呼吸。(5)温度和土壤湿度对土壤呼吸的影响有协同性。在土壤湿度处于拐点附近时,气温越高,土壤呼吸越强。

尽管生态系统多样,气候类型各异,土壤条件多变,但温度和湿度作为影响和驱动土壤 CO_2 释放的原动力这一点是相同的,只是其在特定的条件下表现的方式不同。在泥炭地,土壤湿度足够,土壤呼吸对土壤湿度的变化不敏感,其变化主要受温度的影响,所以,温度的线性或指数模型都很好地模拟了当地的情况[4]。类似的,在土壤呼吸对温度变化不敏感而对土壤湿度相对敏感的区域,学者们建立了相应的土壤湿度模型。在草地生态系统中[12],土壤呼吸随土壤湿度增加而增加,建立了正相关的线性模型;稻田中土壤呼吸随其增加而减小,建立了负相关的线性模型[13]。在林业生态系统中,当土壤湿度小于 0.12 $m^3 \cdot m^{-3}$ 时,Davidson用正相关的线性模型,而土壤湿度大于 0.12 $m^3 \cdot m^{-3}$ 时,用负相关的线性模型[11]。同样,为了反映土壤湿度对土壤呼吸的这种双向的调节作用,Sotta等人在热带林业系统中建立了二次曲线模型[15];在半干旱的农田生态系统中讨论了土壤水分和温度对这种二次曲线关系的影响,认为二次曲线关系存在与否及可靠性,取决于土壤湿度,在干湿交替情况下,二次曲线关系明显,土壤湿度较大时,此关系弱化[17]。

很多学者采用指数-幂函数模型模拟土壤呼吸。陈全胜等在锡林河流域研究发现指数-幂函数模型能够解释85.84%的土壤呼吸变化[24]。王小国等研究发现,四川盆地中部紫色土丘陵地不同土地利用方式下,指数-幂函数模型能解释土壤呼吸的64%—90%[25]。但是,在本研究中,这一普遍采用的模型解说了数据变化的59.08%,而E-Q模型解说了数据变化的73.05%。显然,在模拟干湿交替条件下土壤呼吸的响应情况时,E-Q模型更为优越。原因可能是E-Q,模型既体现了土壤呼吸随温度的正向指数变化,又体现了土壤中的水分对土壤呼吸的双向调节作用,能比较客观地再现干湿交替格局下土壤呼吸的可能响应特征。

虽然E-Q模型如其他任何经验模型一样不具备普适性,但是黄土高原特定的研究区域和特定的土壤湿度变化特点,给人们提供了理想的研究土壤呼吸对干湿交替的响应的条件,这使人们能够客观的回答全球变化背景下干湿交替可能对土壤呼吸造成的严重后果。温度升高,暴雨和干旱交替频发,对于干旱和半干旱区域而言,可能导致土壤湿度始终处于比较利于土壤呼吸的范围内,土壤呼吸随温度变化剧烈,进而促进土壤通过呼吸释放更多的 CO_2,引起大气 CO_2 的进一步升高,更加加剧温室效应。各种不同的生态系统中土壤呼吸的经验性研究应该不断加强,以加深人们对复杂生态系统的认识,也为更加复杂的过程模型模拟提供基本的理论依据。

References:

[1] Schlesinger W H, Andrews J A. Soil respiration and the global carbon cycle. Biogeochemistry, 2000,48(1):7-20.

[2] Raich J W, Potter C S, Bhagawati D. Interannual variability in global soil respiration, 1980—1994. Global Change Biology, 2002,8(8):800-812.

[3] Marland G, Boden T A, Andres R J. Global, regional, and national CO_2 emissions. In Trends: A Compendium of Data on Global Change. Carbon Dioxide Infermation Analysis Center, Oak Ridge National Laboratory, US Department of Energy, Oak Ridge, Tennessee, 2000. Available at http://cdiac.oml.gov/trends/emis/tre-prc-htm.

[4] Chimner R A. Soil respiration rates of tropical peatlands in Micronesia and Hawaii. Wetlands, 2004, 24(1):51-56.

[5] Li L H, Wang Q B, Bai Y F, et al. Soil respiration of a Leymus Chinensis grassland stand in the XiLin River basin as affected by over-grazing and climate. Acta Phytoecologica Sinica, 2000, 24(6):680-686.

[6] Kang S, Doh S, Lee D S, et al. Topographic and climatic controls on soil respiration in six temperate mixed-hardwood forest slopes, Korea. Global Change Biology, 2003, 9 (10): 1427-1437.

[7] Fang Cand Moncrieff J B. The dependence of soil CO_2 efflux on temperature. Soil Biology & Biochemistry, 2001, 33 (2): 155-165.

[8] Xu M and Qi Y. Spatial and seasonal variations of Q_{10} determined by soil respiration measurement at a Sierra Nevadan forest. Global Biogeochemical Cycles, 2001, 15 (3): 687-696.

[9] Luo Y, Wang S, Hui D, Wallace L L. Acclimation of soil respiration to warming in a tall grass prairie. Nature, 2001, 413 (6856): 622-625.

[10] Buchimann N. Biotic and abiotic factors controlling soil respiration rates in Picea abies stands. Soil Biology &Biochemistry, 2000, 32 (11-12): 1625-1635.

[11] Davidson E A, Belk E, Boone R D. Soil water content and temperature as independent or confounded factors controlling soil respiration in a temperate mixed hardwood forest. Global Change Biology, 1998, 4 (4): 217-227.

[12] Wang W, Zhou X M, Guo J X, et al. Effect of environmental factors on CO_2 release rate of soil respiration of two main communities in Lymus chinensis grassland in northeastern China. Acta Pratoculturae Sinica, 2002, 11(1): 12-16.

[13] Zou J W, Huang Y, Zong L G, et al. A field study on CO_2, CH_4 and N_2O emissions from rice paddy and impact factors. Acta Scientiae Circumstantiae, 2003,23(6): 758-764.

[14] Keith H, Jacobsen K L, Raison R J. Effects of soil phosphorus availability, temperature and moisture on soil respiration in *Eucalyptus pauciflora* forest. Plant and Soil, 1997,190(1): 127-141.

[15] Sotta E D, Meir P, Malhi Y, et al. Soil CO_2 efflux in a tropical forest in the central Amazon. Global Change Biology, 2004, 10(5): 601-617.

[16] Sha L, Zheng Z, Tang J, et al. Soil respiration in tropical seasonal rain forest in Xishuangbanna, SW China. Science in China (earth science), 2005, 48: 189-197.

[17] Zhang H X, Wang X K, Feng Z W, et al. The great rainfall effect on soil respiration of wheat field in semi-arid region of Loess Plateau. Acta Ecologica Sinica, 2008,28 (12): 6189-6196.

[18] Tufekcioglu A, Raich J W, Isenhart T M, et al. Soil respiration within riparian buffers and adjacent crop fields. Plant and soil, 2001, 229(1): 117-124.

[19] Xu M and Qi Y. Soil-surface CO_2 efflux and its spatial and temporal variations in a young ponderosa pine plantation in northern California. Global Change Biology, 2001, 7(6): 667-677.

[20] Mielnick P C, Dugas W A. Soil CO_2 flux in a tall grass prairie. Soil Biology & Biochemistry, 2000, 32(2):221-228.

[21] Lee M S, Nakane K, Nakatsubo T, et al. Effects of rainfall events on soil CO_2 flux in a cool temperate deciduous broad-leaved forest. Ecological Research, 2002, 17(3): 401-409.

[22] Wildung R E, Garland T R, Buschbom R L. The interdependent effect of soil temperature and water content on soil respiration rate and plant root decomposition in arid grassland soils. Soil Biology and Biochemistry, 1975, 7(6): 373-378.

[23] Reinke J J, Adriano D C, McLeod K W. Effects of litter alteration on carbon dioxide evolution from a South Carolina pine forest floor. Soil Science Society of America Journal, 1981, 45: 620-623.

[24] Chen Q S, Li L, H, Han X G, et al. Influence of temperature and soil moisture on soil respiration of a degraded steppe community in the XiLin River Basin of inner Mongolia. Acta Phytoecology Sinica, 2003, 27(2): 202-209.

[25] Wang X G, Zhu B, Wang Y Q, et al. Soil respiration and its sensitivity to temperature under different land use conditions. Acta Ecologica Sinica, 2007, 27(5):1960-1968.

[26] Zhang H X, Wang X K, Feng Z W, et al. Multi-channel automated chamber system for continuously monitoring CO_2 exchange between agroecosystem and the atmosphere. Acta Ecologica Sinica, 2007, 27(4): 1273-1282.

[27] Reicosky D C. Canopy gas-exchange in the field: closed chambers. Remote Sensing Reviews, 1990,5(1): 163-177.

[28] Bouma T J, Bryla D R. On the assessment of root and soil respiration for soils of different texture: interactions with soil moisture contents and soil CO_2 concentrations. Plant and Soil, 2000, 227(1-2): 215-221.

[29] Wang M, Ji L Z, Li Q R, et al. Effects of soil temperature and moisture on soil respiration in different forest types in Changbai Mountain. Chinese Journal of Applied Ecology, 2003, 14(8): 1234-1238.

[30] Chen Q S, Li L H, Han X G, et al. Temperature sensitivity of soil respiration in relation to soil moisture in 11 communities of typical temperate steppe in Inner Mongolia. Acta Ecologica Sinica, 2004, 24(4): 831-836.

参考文献：

[5] 李凌浩,王其兵,白永飞,等.锡林河流域羊草草原群落土壤呼吸及其影响因子的研究.植物生态学报,2000,24(6):680-686.

[12] 王娓,周晓梅,郭继勋,等.东北羊草草原两种主要群落环境因素对土壤呼吸贡献量的影响.草业学报,2002,11(1):12-16.

[13] 邹建文,黄耀,宗良纲,等.稻田 CO_2、CH_4 和 N_2O 排放及其影响因素.环境科学学报,2003,23(6):758-764.

[17] 张红星,王效科,冯宗炜,等.黄土高原小麦田土壤呼吸对强降雨的响应研究.生态学报,2008,28(12):6189-6196.

[24] 陈全胜,李凌浩,韩兴国,等.水热条件对锡林河流域典型草原退化群落土壤呼吸的影响.植物生态学报,2003,27(2):202-209.

[25] 王小国,朱波,王艳强,等.不同土地利用方式下土壤呼吸及其温度敏感性.生态学报,2007,27(5):1960-1968.

[26] 张红星,王效科,冯宗炜,等.用于测定陆地生态系统与大气间 CO_2 交换量的多通道全自动通量箱系统.生态学报,2007,27(4):1273-1282.

[27] 王淼,姬兰柱,李秋荣,等.土壤温度和水分对长白山不同森林类型土壤呼吸的影响.应用生态学报,2003,14(8):1234-1238.

[28] 陈全胜,李凌浩,韩兴国,等.典型温带草原群落土壤呼吸温度敏感性与土壤水分的关系.生态学报,2004,24(4):831-836.

中国森林植被生物量和碳储量评估结果显示：
中国森林对全球碳循环及气候变化做贡献

冯宗炜

（中国工程院院士）

森林是陆地上最大的储碳库，约80%的地上碳储量和40%的地下碳储量存在森林生态系统之中，因此，森林固碳能力是评价全球大气碳收支的重要参数，而森林固碳能力主要的计算基础是森林生物量。所以，森林生物量的估算成为现代林业科研的热点问题之一，特别是大尺度区域森林生物量的估算更是人们关注的焦点。

我国地域广阔，自然气候条件复杂，森林资源丰富多样，在世界上占有相当重要的地位，森林面积和蓄积均居世界前列，人工林面积位居世界第一。我国还是《联合国气候变化框架公约》缔约国之一，也是《生物多样性公约》等多个国际性公约签约国，承担着维护、改善世界生态环境的重要职责，承诺到2020年全国森林面积比2005年增加4000万 hm^2，森林蓄积量增加13亿 m^3，力求通过增加森林碳汇减少大气中的温室气体浓度。因此开展森林生物量及碳储量评估意义重大。

森林植被生物量和碳储量评估研究有必要

改革开放以来，我国对森林生物量的调研研究积累了大量研究文献和资料。但由于历史原因，这些研究只是关于典型林分或森林群落生物量的实测和估算，只是某一时间段森林现存的生物量，缺乏在较大时空尺度上对森林生物量，特别是碳储量的动态变化进行研究，全国性的森林资源连续清查森林植被生物量还是在近几年才开始的。

《中国森林植被生物量和碳储量评估》（以下简称《评估》）的研究项目弥补了过去的不足，客观地反映出我国森林在全球碳循环及全球气候变化中的贡献，让全社会能够更好地了解和认识森林，明确林业在国民经济中的重要地位。

同时，还明确了中国在"京都议定书"等国际公约中的国家责任，为缓解温室气体减排压力，以及我国经济社会的发展赢得了更为广泛的空间，并获国际认可。

森林植被生物量和碳储量评估方法科学

由中国林业科学研究院研究员、中国科学院院士唐守正率领的团队和国家林业局调查规划设计院、国家林业局中南林业调查规划设计院等单位的30多位专家参加了本项目研究。

《评估》以乔木林、疏林地、灌木林（不包括乔木林下灌木）、竹林、散生木和四旁树为研究对象，把全国乔木（包括疏林、散生木、四旁树，但不包括竹林）分成49个优势树种（组），按31个省级区域，采用二元生物量回归模型作为生物量计算方法，合计样地所有

原载于：科报视点.科技日报.第005版,2010-06-08.

树木生物量得到样地水平的生物量,并推算到林分水平,加权平均后得到省级尺度的生物量转换因子(生物量和蓄积量的比值),然后乘以各省优势树种(组)的蓄积量,累积合计得到中国乔木林总生物量;再以木材学中各个树种纤维素、半纤维素、木质素含量含碳率作为生物量转换为碳储量的系数,从而获得中国乔木林总碳储量。

而竹林生物量的计算方法,是以全国竹林平均胸径计算单株生物量,乘以总株数获得其生物量,进而换算得到碳储量。灌木林总生物量和碳储量分省用单位面积生物量和碳密度乘以总面积获得,其中关键的灌木林单位面积生物量和碳密度,则根据有关文献和各省的乔木林的单位面积生物量进行综合考虑确定,由于没有资料可供验证,计算结果较为保守。计算范围未包括台湾地区、香港特别行政区和澳门特别行政区。

《评估》依据的基础数据是第七次全国森林资源连续清查体系的调查成果,主要包括用于拟合49个优势树种(组)树高曲线15万个固定样地树高测定数据,用于推算林分生物量和加权平均生物量转换因子的约240万个样木资料,用于计算生物量的分省乔木林分优势树种(组)面积和蓄积统计、计算疏林、散生木、四旁树生物量的分省相关统计表、竹林生物量的分省竹林面积和株数统计表和灌木林生物量的分省灌木林面积统计表等。

《评估》采用的乔木林生物量模型来源于两部分:即一是"二元立木生物量模型及其相容的一元自适应模型系列研究"的研究成果,二是从相关文献收集的生物量模型,如桉树生物量模型和国家林业局中南调查规划院建立的马尾松模型等。

《评估》按优势树种、区域、起源和龄组等分类方法对全国森林生物量和碳储量的数量、比例、分配等进行评价,并根据单位面积蓄积、立地分类等对转换因子进行分析,来确保以后各次清查之间资料和方法的连续性和数值结果的稳定性,以及对森林资源连续清查数据的耦合支持程度等。

《评估》还从微观和宏观不同尺度,系统总结了国内外森林生物量和碳储量估测方法的研究成果,详细分析现有的国内外估测方法的适用条件,以及优缺点。以全国第六、七次森林资源连续清查资料为基础,研究比较了3种方法的估算结果,从而为我国估算森林生物量和森林碳储量提出了比较适合的估算方法。在此基础上估算了全国森林植被生物量和碳储量。

森林植被生物量和碳储量评估结果可重复验证

此次《评估》结果可重复、可验证。在同等条件下,具有可比性,并通过了专家论证。其结果显示:第七次全国森林清查期间中国森林植被生物量总量为1577167.20万t,其中乔木林1339103.53万t,占84.91%,单位面积生物量为86.07t/hm^2;疏林地、散生木和四旁树126777.09万t,占8.04%;灌木林71560.24万t,占4.54%;竹林39726.34万t,占2.52%。乔木林中,针叶林总生物量542190.53万t,占40.49%,单位面积生物量80.13t/hm^2,阔叶林总生物量796910.00万t,占59.59%,单位面积生物量90.64t/hm^2。

中国森林植被生物量总量主要分布在西南和东北,占全国森林植被总生物量的59.95%。其中,乔木林单位面积生物量大于全国平均水平。

《评估》结果表明,中国森林植被碳储量总量为781146.08万t,其中乔木林666221.08万t,占85.29%,碳密度为42.82t/hm^2;疏林地、散生木和四旁树59281.71万t,占7.59%;灌木林35780.12万t,占4.58%;竹林19863.17万t,占2.54%。乔木林中,针叶树碳储量为273835.62万t,占41.10%,碳密度为40.47t/hm^2;阔叶树碳储量为

392385.45万t,占58.90%,碳密度为44.63t/hm^2。

中国森林植被碳储量主要集中在东北和西南两大区,分别占全国20%和40%,其乔木林碳密度大于全国平均水平。均与森林分布一致。

中国乔木林分起源生物量及碳储量分布状况为:中国乔木林总生物量为1339103.53万t,其中天然林1115298.55万t,占83.29%,人工林223804.98万t,占16.71%。中国乔木林总碳储量为666221.08万t,其中天然林553285.91万t,占83.05%,人工林112935.17万t,占16.95%。

在中国乔木林中,不同树种(组)生物量分布状况为:阔叶混、栎类、杉木、杨树、马尾松和落叶松等树种的生物量较大,均占全部乔木林总生物量的5%以上,其中,生物量最大的树种是阔叶混,占总生物量的22.23%;楝树、檫木、油杉和枫香等树种生物量较小,它们合计生物量不足全部乔木林总生物量的1%,其中,生物量最小的树种(组)是檫木,不足总生物量的0.01%。

中国乔木林不同树种(组)碳储量分布状况为:阔叶混、栎类、杉木、杨树、落叶松和白桦等树种的碳储量较大,均占全部乔木林总碳储量的5%以上;而楝树、檫木、赤松和油杉等树种碳储量较小,它们合计碳储量不足乔木林总碳储量的1%。

《评估》结果表明:现有中国森林植被生物量总量主要分布在我国西南和东北,占全国森林植被总生物量的59.95%。

Soil temperature and moisture sensitivities of soil CO₂ efflux before and after tillage in a wheat field of Loess Plateau, China

Hongxing Zhang[1], Xiaoke Wang[1,*], Zongwei Feng[1], Junzhu Pang[1], Fei Lu[1], Zhiyun Ouyang[1], Hua Zheng[1], Wenzhao Liu[2], Dafeng Hui[3]

(1. State Key Laboratory of Urban and Regional Ecology, Research Center for Eco-Environmental Sciences, Chinese Academy of Sciences, Beijing 100085, China;
2. Institute of Soil and Water Conservation, Chinese Academy of Sciences and Ministry of Water Resources, Shaanxi 722400, China;
3. Department of Biological Sciences, Tennessee State University, 3500 John A. Merritt Blvd. Nashville, TN 37209, USA)

Abstract: As a conventional farming practice, tillage has lasted for thousands of years in Loess Plateau, China. Although recent studies show that tillage is a prominent culprit to soil carbon loss in croplands, few studies have investigated the influences of tillage on the responses of soil CO_2 efflux (SCE) to soil temperature and moisture. Using a multi-channel automated CO_2 efflux chamber system, we measured SCE *in situ* continuously before and after the conventional tillage in a rain fed wheat field of Loess Plateau, China. The changes in soil temperature and moisture sensitivities of SCE, denoted by the Q_{10} value and linear regression slope respectively, were compared in the same range of soil temperature and moisture before and after the tillage. The results showed that, after the tillage, SCE increased by 1.2—2.2 times; the soil temperature sensitivity increased by 36.1%—37.5%; and the soil moisture sensitivity increased by 140%—166%. Thus, the tillage-induced increase in SCE might partially be attributed to the increases in temperature and moisture sensitivity of SCE.

Key words: soil CO_2 efflux; Loess Plateau; moisture sensitivity; temperature sensitivity; tillage; wheat field

Introduction

Soil is the largest carbon pool in terrestrial ecosystems. Release of CO_2 from cropland soils to the atmosphere due to agriculture practice plays an important role in global carbon cycling (Van Oost et al., 2005). It has been estimated the carbon loss from croplands in China was 78 Tg C/a in 1990s (Li et al., 2003). Recent estimation showed that conversion of cropland practice from conventional tillage to no-tillage will potentially sequester 4.60 Tg C/a (Lu et al., 2009). As a conventional farming practice, tillage has lasted for thousands of years in China. The reason might be: (1) tillage prevents soil from compacting and so seeds can be sown easily; (2) wheat stubble incorporation after tillage provides more fertilizer for new wheat growing; (3) tillage accelerates nutrient mineralization, prevents weeds and reduces crop diseases; (4) in arid regions, tillage improves rainwater infiltration, and stored in soils for new wheat growing (Hou et al., 2009). However, tillage also stimulates soil organic matter decomposition, releases more CO_2 into the atmosphere, and contributes to global warming (Baker et al., 2007). Measurement of SCE provides a sensitive indication of soil carbon dynamics with high temporal resolution (Grant, 1997) and reveals early signal of tillage-induced changes in soil carbon (Fortin et al., 1996).

Field measurements have shown that tillage increases soil CO_2 efflux (SCE) (Reicosky et al., 1997; Morris et al., 2004; La Scala et al., 2006; Gesch et al., 2007). For example, Calderon et al. (2001) reported that after the tillage, SCE increased by 44% and the increment lasts for 4 days. Reicosky (2002) reported substantial short-term losses of CO_2 immediately after moldboard tillage of mineral soils. La Scala et al. (2006) reported that conventional tillage caused the highest CO_2 emission during almost the whole study period of 4 weeks. Most of these previous studies have been done in relative short term after tillage (Gesch et al., 2007; La Scala et al., 2008) or with less frequent measurements (Curtin et al., 2000; Elder and Lal, 2008; Ussiri and Lal, 2009), due to probably lack of adequate measurement facility. Although there are studies showed that changes in soil temperature and moisture could have a great influence on SCE, less is known about whether the responses of SCE to temperature and soil moisture were changed after tillage. The advent of automated CO_2 efflux monitoring facility provides valuable information that is often missed with less frequent manual measurements (Carbone and Vargas, 2008). With the highly frequent and continuous SCE measurements *in situ*, the dynamic responses of SCE around tillage may be better documented and revealed.

In this study, we measured SCE continuously using 3 chambers of a multi-channel automated chamber system in a period of 74 days around the tillage in a wheat field of Loess Plateau, China. Our aims were to document and reveal the changes in SCE before and after tillage and quantify the effects of tillage on the responses of temperature and soil moisture sensitivities of SCE.

1 Materials and methods

1.1 Site description

This study was conducted at Changwu Agro-Ecological Experimental Station of Chinese Academy of Sciences located in the south of central Loess Plateau (35°12′N, 107°40′E). The elevation is approximately 1200 m above sea level. The climate is classified as semi-arid continental monsoon. The mean annual precipitation and temperature are 584 mm and 9.1℃, respectively, and about more than 60% rainfall concentrated from June to September which overlaps with high temperature of the year. The soil is moderately loamy Heilu soil with much porous and high water holding capacity, and subjected to moisture deficit frequently. Soil pH is about 8.4 and soil organic matter content is about 3%. Wheat field is one of the major traditional land use types and occupies 44% of the cultivated area in the Loess Plateau (Jin et al., 2007).

1.2 Farming practice

The winter wheat in the study field was sown in September, 2006, and harvested on Julian day of 166, 2007 (June 15, 2007). After harvesting, the wheat field was left stubble covered. On Julian day of 204 (July 23, 2007), 37 days after the wheat harvesting, the land was tilled up to a depth of 20 cm by moldboard plow as a normal farming practice. The stubble was incorporated into soil by the tillage. Then the field was in fallow till next wheat sowing.

1.3 Automated chamber system

SCE was measured *in situ* continuously by a multichannel automated chamber system (Zhang et al., 2007, Fig. 1) improved from the methods introduced by Goulden and Crill (1997), Liang et al. (2003) and Bubier et al. (2002).

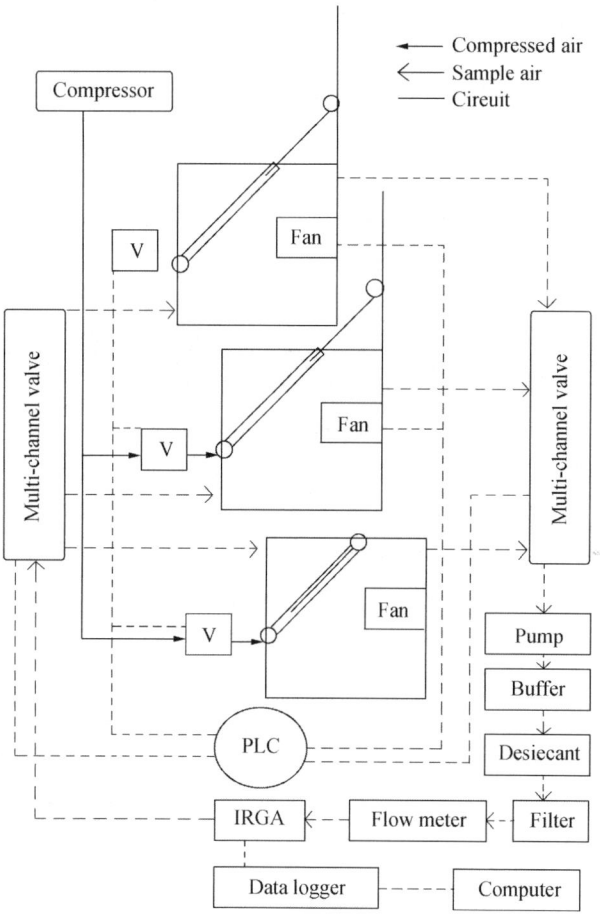

Fig. 1 Diagram of the multi-channel automated chamber system for SCE measurement
PLC: programmable logic controller; V: solenoid valve; IRGA: inferred gas analyzer

The measurement chambers (50 cm × 50 cm × 50 cm, length × width × height) had walls made from transparent PVC glued and fixed to the aluminum alloy and had opaque lids hinged at the sidewalls. The high-density rubber gaskets were glued to the upper edge of the chambers for tight closing. A small fan within each chamber was used for mixing the air when the lid was closed. A tube of 1.5 m in length and 4 mm in inner diameters was inserted through the lid of each chamber to maintain the pressure inside the chamber near the ambient air pressure when chamber was closed (Griffis et al., 2004). A cylinder was positioned within each chamber and pneumatically driven by high-pressured air from a compressor to control the opening and closing of chamber lid (Liang et al., 2003). IRGA (Li-820, LiCor Inc., USA) was used to monitor the CO_2 concentration change within the chamber by the dynamic close method. Air sample was pumped from one chamber which was closed for measuring to pass through a multi-channel valve, the buffer tube, the desiccant tube, the filter, and the flow controller into the IRGA for CO_2 concentration measurement, then return to the chamber. A programmable logical controller (PLC, Master-K120S, LG, Korea) was employed to control a series of solenoid valves for opening and closing the target chamber, and air gas sample from target chamber. Each chamber was closed for 3 min (Drewitt et al., 2002) for the measurement. The flow rate was controlled at 1 L/min. The CO_2 concentrations were monitored continuously by the IRGA and recorded at the interval of 10 sec by a data logger (CR10X, Campbell Scientific Inc., USA). The T-type thermocouple and ECH_2O (EC-5, Decagon Device Inc., USA) sensor was used to measure the soil temperature and moisture at the depth of 10cm near each chamber. Air temperature inside chamber was measured with T-type thermocouple along with SCE measurement. Air temperature at 1.5 m above the soil surface was measured with HMP45C (Campbell Scientific Inc., USA). The temperature and soil moisture were recorded at an interval of 3 min in the data logger (CR10X). The daily rainfall and hourly air pressure data were derived from Changwu Agro-Ecological Experiment Station of Chinese Academy of Sciences, only 50 m away from the experimental site.

1.4 Measurement of SCE

Three replicate chambers were inserted 5 cm into the soils on Julian day of 166 after wheat harvesting and kept *in situ* till to the end of the measurement. The distance from one chamber to another was 4-5 m. The chambers were taken off temporarily before tillage on Julian day 204 and immediately inserted into the same plot after tillage to ensure that the measurement position was not altered and the continuity of the measurement. SCE measurement started on Julian day 166,2007, and ended on Julian day 240, covering the fallow period.

1.5 Data processing

Data were downloaded every day from the data logger to computer. The CO_2 concentration data from 1 min after chamber closed to 20 sec before the chamber opening were used to calculate the change in CO_2 concentration, which is the slope of the linear regression of CO_2 concentration and the time when the correlation coefficient is larger than 0.95. SCE was calculated using Eq. (1) (Davidson et al., 1998; Steduto et al., 2002; Drewitt et al., 2002):

$$R = (\frac{dc}{dt}) \times (\frac{V \times P}{S \times r \times T}) \qquad (1)$$

where, R ($\mu mol/(m^2 \cdot sec)$) is the SCE; c ($\mu mol/mol$) is the mole raction of the CO_2; dc/dt (ppm/sec) is the change rate in CO_2 concentration; V (m^3) is the volume of the chamber; S (m^2) is the ground surface area enclosed by the chamber; P (kPa) is the atmospheric pressure inside the chamber; r (8.3×10^{-3} ($m^3 \cdot kPa$)/(mol $\cdot$ K)) is the universal gas *constant*; T (absolute air temperature) is the air temperature inside the chamber.

The sensitivity of SCE to soil temperature was assessed using Q_{10} derived from the exponential function (Davidson et al., 1998; Buchmann, 2000; Xu and Qi, 2001; Luo et al., 2001; Hui and Luo, 2004):

$$R = a \times e^{b \times T} \tag{2}$$

$$Q_{10} = e^{10 \times b} \tag{3}$$

where, T (℃) is the soil temperature; a and b are parameters to be estimated by fitting Eq. (2) to field measured data.

The sensitivity of SCE to soil moisture was assessed by the slope (c) of the linear regression of SCE to soil moisture (Smith, 2005):

$$R = c \times W + d \tag{4}$$

where, W (m^3/m^3) is the soil moisture; c and d are parameters.

Previous investigations have demonstrated that soil temperature and moisture sensitivities of SCE are strongly confounded by the changes in soil temperature and moisture themselves (Borken et al., 2003; Harper et al., 2005; Sponseller, 2007). In undisturbed ecosystems, temperature and moisture are most crucial because both can account for 69%—95% of the temporal variability of SCE (Davidson et al., 1998; Xu and Qi, 2001; Tufekcioglu et al, 2001). In order to identify the tillage effect on SCE, we excluded the confounding effects of temperature and moisture by comparing SCE measured under similar soil temperature and moisture conditions. The common ranges of soil temperature and soil moisture before and after the tillage were determined to be 20—30℃ for soil temperature and 0.24—0.30 m^3/m^3 for soil moisture in this study. All data were grouped into two groups according to soil temperature (i.e., 20—25℃ and 25-30℃ and three groups according to soil moisture (i.e., 0.24—0.26 m^3/m^3, 0.26—0.28 m^3/m^3, and 0.28—0.30 m^3/m^3). For each group, soil temperature and moisture, SCE and its soil temperature and moisture sensitivities were calculated.

The Student's *t*-test was conducted to test the differences in temperature, soil moisture and SCE before and after tillage using SPSS software (v13.0, SPSS Inc, USA). To assess soil temperature and soil moisture sensitivities, the exponential and linear regressions of SCE with soil moisture and temperature were established, respectively, using Sigma Plot software (v10.0, Systat Software Inc., USA).

2 Results

2.1 Meteorological factors before and after the tillage

There was no significant difference in air temperature before and after tillage ($P > 0.05$, Fig. 2). Rainfall after the tillage (117.9 mm) was 19.21% more than that before the tillage (98.9 mm). The mean soil temperature and moisture were significantly higher after the tillage than those before tillage ($P < 0.001$, Fig. 3). The mean soil temperature at 10cm depth was (22.33 ± 2.63)℃ before the tillage and (23.58 ± 3.67)℃ after tillage. The mean soil moisture at 10 cm depth was (0.22 ± 0.05) m^3/m^3 before tillage and (0.26 ± 0.05) m^3/m^3

after tillage. The diurnal variation in soil temperature was also higher after the tillage than before the tillage (Fig. 3a).

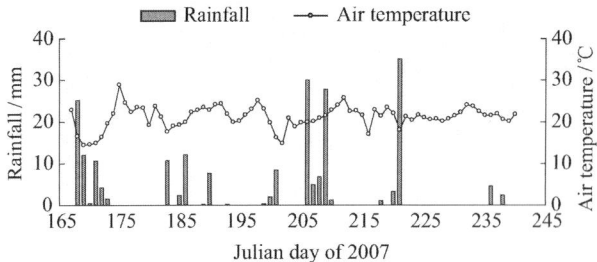

Fig. 2 Air temperature and rainfall at the experimental site

2.2 SCE before and after the tillage

SCE significantly increased after the tillage, especially immediately after rainfalls (Fig. 3b). The mean SCE increased from (2.56 ± 0.66) μmol/(m² · sec) before the tillage to (6.73 ± 3.61) μmol/(m² · sec) after the tillage ($P < 0.001$), with an increment of 2.6 times. The significantly higher SCE after the tillage lasted over 37 days (Fig. 3). By comparing SCE measured before and after the tillage in the same ranges of soil temperature and moisture, the CO_2 efflux increased by 1.2—2.2 times (Table 1).

Table 1 SCE averaged for each ranges of soil temperature and moisture before and after the tillage

	Soil moisture/(m³/m³)	SCE/(μmol/(m² · sec)) 20—25℃	SCE/(μmol/(m² · sec)) 25—30℃
Before tillage	0.24—0.26	1.90 (0.18)	2.18 (0.22)
	0.26—0.28	2.25 (0.33)	2.49 (0.22)
	0.28—0.30	3.09 (0.24)	3.05 (0.42)
After tillage	0.24—0.26	4.16 (0.91)	5.34 (1.12)
	0.26—0.28	5.69 (0.66)	7.87 (1.22)
	0.28—0.30	6.81 (0.96)	7.51 (1.31)
Increment (%)	0.24—0.26	118	145
	0.26—0.28	153	216
	0.28—0.30	121	146

Numbers in parentheses represent standard deviations.

2.3 Temperature sensitivity before and after the tillage

The exponential relationships between SCE and soil temperature were significant in each of the three soil moisture groups (0.24—0.26 m³/m³, 0.26—0.28 m³/m³ and 0.28—0.30 m³/m³) ($P < 0.001$) both before and after the tillage except in the group of 0.28—0.30 m³/m³ before the tillage (Fig. 4). The soil temperature sensitivity (Q_{10}) was 1.22—1.37 before the tillage and 1.33—1.86 after the tillage. Q_{10} increased 36.1%—37.5% after the tillage.

2.4 Soil moisture sensitivity before and after the tillage

There were significant linear relationships ($P < 0.001$) between SCE and soil moisture in each soil temperature group (20—25℃ and 25—30℃) both before and after the tillage (Fig. 5). The soil moisture sensitivity of CO_2 efflux (i.e., the slope of the regression of CO_2 efflux

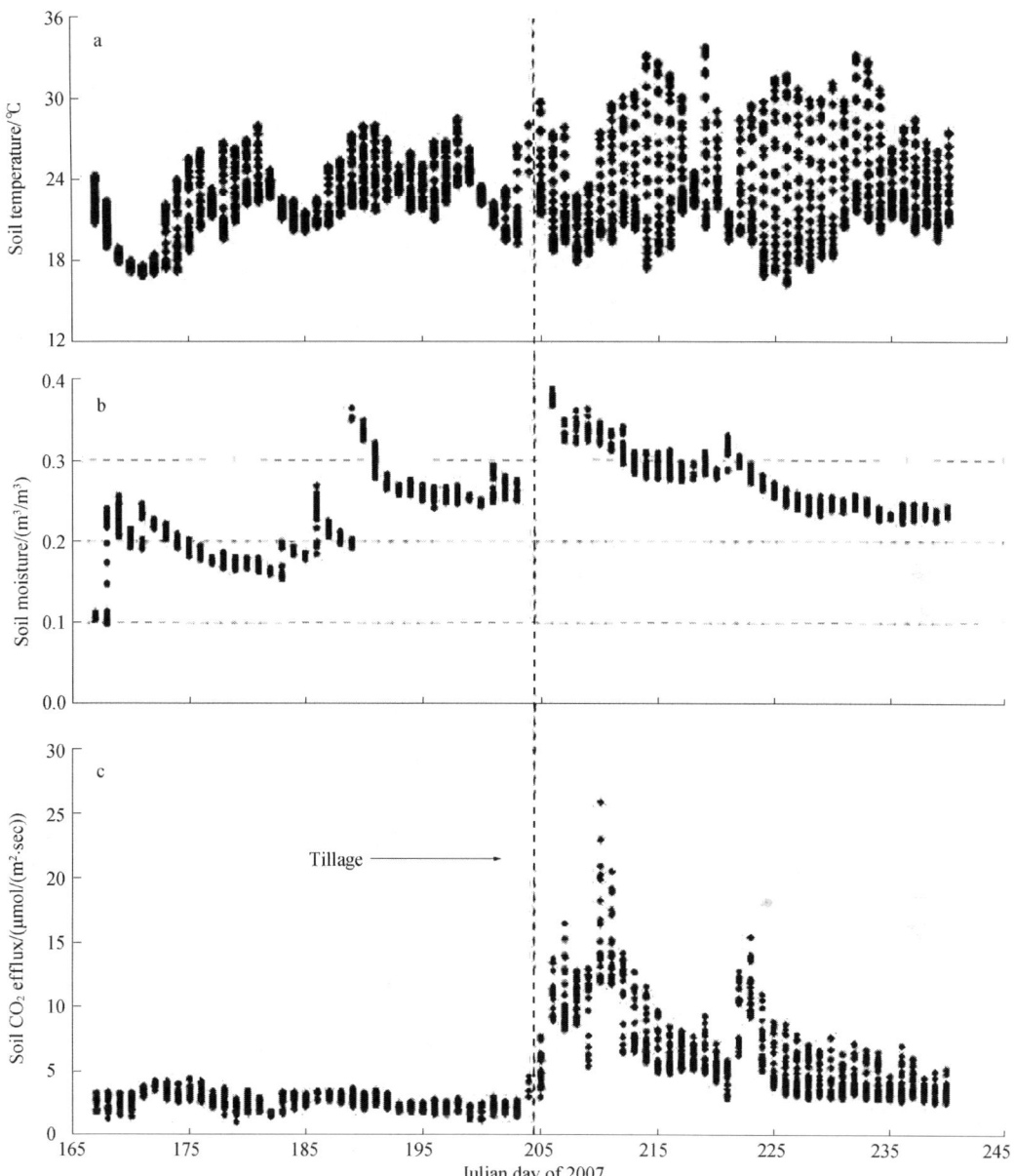

Fig. 3 Soil temperature at 10 cm depth (a), soil moisture at 10 cm depth (b), and SCE (c) before and after the tillage in the wheat field. Dashed line designates the time when the tillage was taken

to moisture) after the tillage was remarkably higher (140%—160%) than those before the tillage in each soil temperature ranges, increased from 25.29—26.17 before the tillage to 62.70—67.26 after the tillage (Fig. 5).

3 Discussion

3.1 Tillage's effect upon SCE

Using an automated chamber system, we measured SCE *in situ* continuously before and after the tillage. We found that SCE increased by 1.1—2.2 times (Table 1) after the tillage. This is consistent to previous reports. For example, the annual total SCE in wheat cultivation

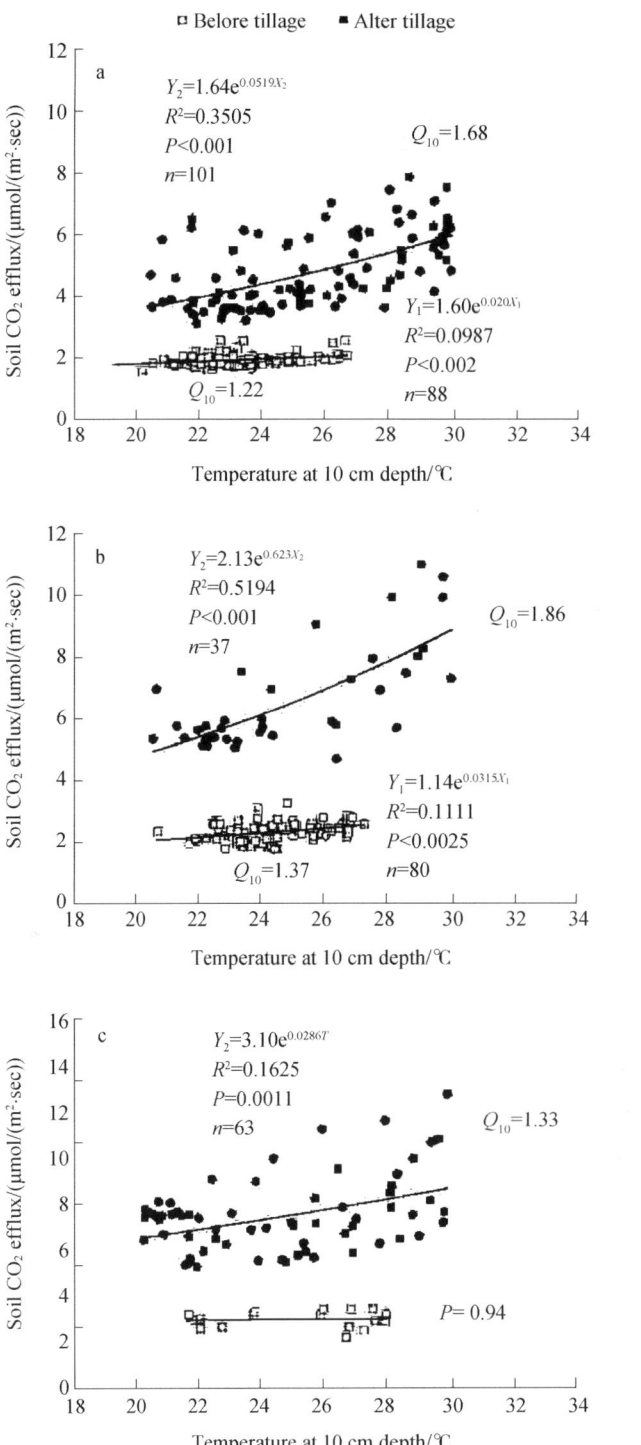

Fig. 4 Exponential relationships between SCE and soil temperature before and after the tillage within soil moisture ranges of 0.24—0.26 m³/m³ (a), 0.26—0.28 m³/m³ (b), and 0.28—0.30 m³/m³ (c)

enhanced 20%—23% due to tillage in 1995—1996 (Curtin et al., 2000). The SCE increased by 160% due to conventional tillage in a sugar cane field in Brazil (La Scala et al.,

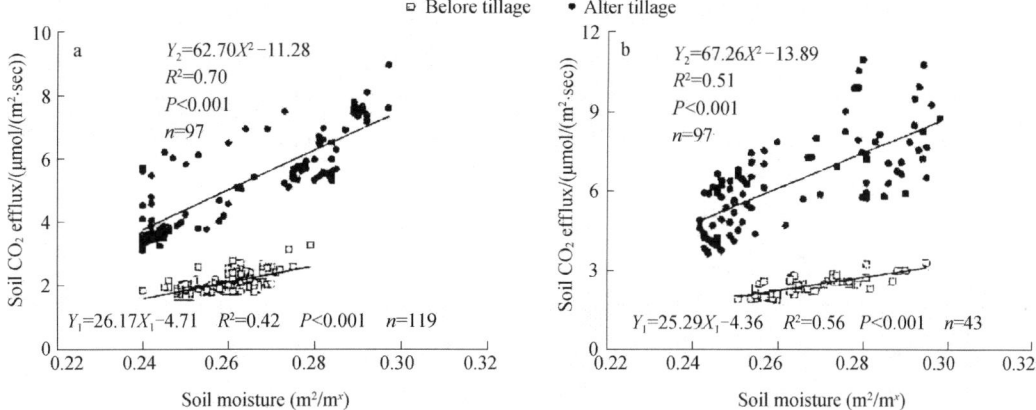

Fig. 5 Linear relationships between SCE and soil moisture at 10 cm depth before and after the tillage within soil temperature ranges of 20—25℃ (a) and 25—30℃ (b)

2006). On average, the conventional tillage resulted in an increase of 130%—500% of SCE in Turkey (Akbolat et al., 2009). Till-induced increments in mean SCE in our study were close to these measured in short-term experiments during summer or fall season but markedly higher than those measured over a year, because our experiment was conducted at the peak period of SCE of the year with high temperature and precipitation.

The mechanism underlying the effect of tillage on SCE is complicated. Tillage could change soil physical factors, such as soil temperature, soil moisture, O_2 concentration, the contact of soil microbes with substrate, and substrate distribution. In this study, soil temperature and moisture increased significantly after the tillage, although the air temperature and rainfall did not differ much. The reason may be that the tillage-loosed soil was favorable to heat exchange and rainfall infiltration. In the semi-arid Loess Plateau, conventional tillage has been considered as a useful management measure to store soil water in fall to meet wheat growth in the next drought spring (Hou et al., 2009). Tillage also could disrupt soil aggregate and transferring labile or fresh organic matter once protected by aggregates to unprotected readily decomposable organic matter exposing to microbial attack (Beare et al., 1994; De Gryze et al., 2006; Grandy and Robertson, 2007; La Scala et al., 2008).

Change in soil organic matter could also contribute to the variation in SCE. While there was no additional organic matter input to cropland ecosystems during our measurements, the tillage practice changed the distribution of organic matter. Tillage incorporated crop residue into soils and improved soil aeration condition and diffusion of gases into soils (Reicosky, 1997). As a result, we observed the higher SCE rate after the tillage (Beare et al., 1994; Kladivko, 2001; Calderon et al., 2001). The lower SCE before the tillage might be due to slower decomposition of crop residues placed on the soil surface than when they were incorporated into mineral soils after the tillage (Curtin et al., 2000).

3.2 Temperature sensitivity of SCE

In the three equal soil moisture stages (0.24—0.26 m^3/m^3, 0.26—0.28 m^3/m^3, 0.28—0.30 m^3/m^3), and in the same temperature range (20—30℃), we found Q_{10} after tillage increased by 36.1%—37.5% compared to that before the tillage (Fig. 4). The Q_{10} was in the range of 1.22—1.86, smaller than 2 as frequently reported in other studies (Wan and Luo, 2003; Xu and Qi, 2001). This may be due to the relatively higher temperature during our measurements. SCE was measured around the tillage when the temperature was the highest of the year and the soil became less sensitive to temperature. Bekku et al. (2003) previously reported that the Q_{10} in the temperate soil decreased with increasing incubation temperature: from 2.8 in soils incubated at 8℃ to 2.5 at 12℃ and 2.0 at 16℃.

There were only a few studies that focused on Q_{10} changes due to tillage in spite of its great significance in carbon models. For example, La Scala et al. (2005) studied the SCE after rotary tillage of a tropical soil and evaluated their temperature sensitivity using linear model. They found that the slopes of the linear models increased with rotation speed of blade. Unlike other studies, we compared Q_{10} before and after the tillage under the same soil moisture and soil temperature ranges to avoid the influences of soil temperature and moisture (Lloyd and Taylor, 1994; Davidson et al., 1998; Conant et al., 2004). The result indicates that, in addition to soil temperature and moisture, tillage might exert significant effect upon Q_{10} of SCE. The increases in Q_{10} after the tillage were probably due to that tillage incorporated residue into soil and increased soil carbon substrate. Q_{10} is partially depends on substrate available (Davidson and Janssens, 2006). Tillage exposed organic carbon to aeration environment, changed soil microbial community structure and function (Jackson et al., 2003), and released more soil CO_2 from loosed soil (Beare et al., 1994; Kladivko, 2001) which might also influence Q_{10} of SCE.

3.3 Soil moisture sensitivity of SCE

By grouping data into two temperature ranges (i.e., 20—25℃ and 25—30℃), in the equal soil moisture range (0.24—0.30 m^3/m^3), we found that soil moisture sensitivity to SCE increased after the tillage (Fig. 5). The increases were probably due to the similar reasons that the tillage increased soil substrate, and changed microbial community and environmental conditions, as described above. In a similar experiment, the SCE sensitivity to soil moisture enhanced about 280% due to tillage in a tropical sugar cane ecosystem (La cala et al., 2006) which was higher than those in our study (140%—160%). Differences in soil moisture state might contribute to this different effect of tillage upon soil moisture sensitivity (Conant et al., 2004). In addition to this, tillage method and strength, soil temperature state (Smith, 2005) might also influence the soil moisture sensitivity. Higher temperature in the tropical region might amplify the effect of tillage upon soil moisture sensitivity of SCE. In Loess Plateau of China, tillage usually occurs in wet season. The increasing soil moisture sensitivity due to tillage might exert great influence on SCE.

4 Conclusions

Using a multi-channel automated CO_2 efflux chamber system, we measured SCE continuously in a wheat field of Loess Plateau, China around the tillage to assess the tillage effect. The SCE increased remarkably and the enhancements lasted over 35 days of the measurement. The soil temperature and moisture sensitivities of SCE also increased after tillage. We suggested that the enhancements in SCE might be partially related to the increases in temperature and soil moisture sensitivities of SCE. The relatively higher soil temperature and moisture accompanied by enhanced temperature and moisture sensitivities would release more CO_2 from soils after the tillage, intensify the global warming. Tillage is still a farming practice widely used in Loess Plateau, China and overlaps with hot and wet summer. From this point of view, the conventional tillage practice should be reevaluated.

Acknowledgments

This work was supported by the National Natural Science Foundation of China (No. 71003092), the National Basic Research Program (973) of China (No. 2010CB833504-2). We thank Dr. Patrick Crill from University of New Hampshire, USA and Dr. Naishen Liang from National Institute for Environmental Studies, Japan, for providing advices and help on automatic chamber SCE measurement. We gratefully acknowledge the constructive comments of the subject editor and two anonymous reviewers on an earlier version of this manuscript.

References

Akbolat D, Everndilek F, Coskan A, Ekinci K, 2009. Quantifying soil respiration in response to short-term tillage practices: a case study in southern Turkey. *Acta Agriculturae Scandinavica, Section B-Plant Soil Science*, 59(1): 50-56.

Baker J M, Ochsner T E, Venterea R T, Griffis T J, 2007. Tillage and soil carbon sequestration—What do we really know? *Agriculture, Ecosystems & Environment*, 118(1-4): 1-5. Bekku Y S. Nakatsubo T, Kume A, Adachi M, Koizumi H, 2003. Effect of warming on the temperature dependence of soil respiration rate in arctic, temperate and tropical soils. *Applied Soil Ecology*, 22(3): 205-210.

Beare M H, Cabrera M L, Hendrix P F, Coleman D C, 1994. Aggregate-protected and unprotected organic matter pools in conventional and no-tillage soils. *Soil Science Society of America*, 58: 787-795.

Borken W, Davidson E A, Savage K, Gaudinski J, Trumbore S E, 2003. Drying and wetting effect on carbon dioxide release from organic horizons. *Soil Science Society of America*, 67(7): 1888-1896.

Bubier J, Crill P M, Mosedale A, 2002. Net ecosystem CO_2 exchange measured by auto-chambers during the snowcovered season at a temperate peatland. *Hydrological Processes*, 16: 3667-3682.

Buchmann N, 2000. Biotic and abiotic factors controlling soil respiration rates in *Picea abies* stands. *Soil Biology and Biochemistry*, 32(11-12): 1625-1635.

Calderon F J, Jackson L E, Scow K M, Rolston D E, 2001. Short-term dynamics of nitrogen, microbial activity, and phospholipid fatty acids after tillage. *Soil Science Society of America*, 65(1): 118-126.

Carbone M S, Vargas R, 2008. Automated soil respiration measurements: new information, opportunities and challenges. *New Phytologist*, 177(2): 295-297.

Conant R T, Dalla-Bettab P, Klopatekc C C, Klopatek J M, 2004. Controls on soil respiration in semi arid soils. *Soil Biology & Biochemistry*, 36(6): 945-951.

Curtin D, Wang H, Selles F, McConkey B G, Campbell C A, 2000. Tillage effects on carbon fluxes in continuous wheat and fallow-wheat rotations. *Soil Science Society of America*, 64(6): 2080-2086.

Davidson E A, Belk E, Boone R D, 1998. Soil water content and temperature as independent or confounded factors controlling soil respiration in a temperate mixed hardwood forest. *Global Change Biology*, 4(2): 217-227.

Davidson E A, Janssens I A, 2006. Temperature sensitivity of soil carbon decomposition and feedbacks to climate change. *Nature*, 440: 165-173.

Drewitt G B, Black T A, Nesic Z, Jorka E M, Swansona R, Ethierb G J et al., 2002, Measuring forest floor CO_2 fluxes in a

Douglas-fir forest. *Agricultural and Forest Meteorolo*110(4): 299-317.

De Gryze S, Six J, Merckx R, 2006. Quantifying water-stable soil aggregate turnover and its implication for soil organic matter dynamics in a model study. *European Journal of Soil Science*, 57(5): 693-707.

Elder J W, Lai R, 2008, Tillage effects on gaseous emissions from an intensively farmed organic soil in North Central Ohio. *Soil and Tillage Research*, 98(1): 45-55.

Fortin M C, Rochette P, Pattry E, 1996. Soil carbon dioxide fluxes from conventional and no-tillage small-grain cropping systems. *Soil Science Society of America*, 60: 1541-1547.

Gesch R W, Reicosky D C, Gilbert R A, Morris D R, 2007. Influence of tillage and plant residue management on respiration of a Florida Everglades Histosol. *Soil and Tillage Research*, 92(1-2): 156-166.

Grant R F, 1997. Changes in soil organic matter under different tillage and rotation: Mathematical modeling in ecosystems. *Soil Science Society of America*, 61(4): 1159-1175.

Goulden M L, Crill P M, 1997. Automated measurements of CO_2 exchange at the moss surface of a black spruce forest. *Tree Physiology*, 17(8-9): 537-542.

Griffis T J, Black T A, Gaumont-Guay D, Drewitt G B, Nesic Z, Barr A G et al., 2004. Seasonal variation and partitioning of ecosystem respiration in a southern boreal aspen forest. *Agricultural and Forest Meteorology*, 125(3-4): 207-223.

Grandy A S, Robertson G P, 2007. Land-use intensity effects on soil organic carbon accumulation rates and mechanisms. *Ecosystems*, 10(1): 58-73.

Harper C W, Blair J M, Fay P A, Knapp A K, Carlisle J D, 2005. Increased rainfall variability and reduced rainfall amount decreased soil CO_2 flux in a grassland ecosystem. *Global Change Biology*, 11(2): 322-334.

Hou X, Jia Z, Li Y, Yang B, 2009. Effects of different tillage practices in summer fallow period on soil water and crop water use efficiency in semi-arid areas. *Agricultural Research in the Arid Areas*, 27(5): 52-58.

Hui D F, Luo Y Q, 2004. Evaluation of soil CO_2 production and transport in Duke Forest using a process-based modeling approach. *Global Biogeochemical Cycles*, 18(4): GB4029. DOI: 10.1029/2004GB002297

Jackson L E, Calderon F J, Steenwertha K L, Scow K M, Rolston D E, 2003. Responses of soil microbial processes and community structure to tillage events and implications for soil quality. *Geoderma*, 114(3-4): 305-317.

Jin K, Cornells W M, Schiettecatte W, Lu J, Yao Y, Wu H et al., 2007. Effects of different management practices on the soilwater balance and crop yield for improved dryland farming in the Chinese Loess Plateau. *Soil and Tillage Research*, 96(1-2): 131-144.

Kladivko E J, 2001. Tillage systems and soil ecology. *Soil and Tillage Research*, 61(1-2): 61-76.

La Scala Jr N, Lopes A, Panosso A R, Camara F T, Periera G T, 2005. Soil CO_2 efflux following rotary tillage of a tropical soil. *Soil and Tillage Research*, 84(2): 222-225.

La Scala Jr N, Bolonhezi D, Pereira G T, 2006. Short-term soil CO_2 emission after conventional and reduced tillage of a no-till sugar cane area in southern Brazil. *Soil and Tillage Research*, 91(1-2): 244-248.

La Scala Jr N, Lopes A, Spokas K, Bolonhezi D, Archer D W, Reicosky D C et al., 2008. Short-term temporal changes of soil carbon losses after tillage described by a first-order decay model. *Soil and Tillage Research*, 99(1): 108-118.

Li C S, Zhuang Y H, Frolking S, Galloway J, Harriss R, Moore B et al., 2003, Modeling soil organic carbon change in croplands of China. *Ecological Applications*, 13(2): 327-336.

Liang N S, Inoue G, Fujinuma Y, 2003, A multichannel automated chamber system for continuous measurement of forest soil CO_2 efflux. *Tree Physiology*. 23(12): 825-832.

Lloyd J, Taylor J A, 1994, On the temperature dependence of soil respiration. *Functional Ecology*, 8(3): 315-323.

Lu F, Wang X K, Han B, Ouyang Z Y, Duan X N, Zheng H et al., 2009. Soil carbon sequestrations by nitrogen fertilizer application, straw return and no-tillage in China's cropland. *Global Change Biology*, 15(2): 281-305.

Luo Y Q, Wan S Q, Hui D F, Wallace L, 2001. Acclimatization of soil respiration to warming in a tall grass prairie. *Nature*, 413: 622-625.

Morris D R, Gilbert R A, Reicosky D C, Gesch R W, 2004, Oxidation potentials of soil organic matter in Histosols under different tillage methods. *Soil Science Society of America*, 68(3): 817-826.

Reicosky D C, Dugas W A, Torbert H A, 1997. Tillage-induced soil carbon dioxide loss from different cropping system. *Soil and Tillage Research*, 41(1-2):105-118.

Reicosky D C, 2002. Long term effect of moldboard plowing on tillage-induced CO_2 loss. In: Agricultural Practices and Policies for Carbon Sequestration in Soil (Kimble J M, Lai R, Follett R F, eds.). CRC Press, Boca Raton, FL. 87-96.

Smith V R, 2005. Moisture, carbon and inorganic nutrient controls of soil respiration at a sub-Antarctic island. *Soil Biology & Biochemistry*, 37:81-91.

Sponseller R A, 2007. Precipitation pulses and soil CO_2 flux in a Sonoran Desert ecosystem. *Global Change Biology*, 13(2): 426-436.

Steduto P, Cetinkoku 0, Albrizio R, Kanber R, 2002. Automated closed-system canopy-chamber for continuous field-crop monitoring of CO_2 and H_2O fluxes. *Agricultural and Forest Meteorology*, 111(3): 171-186.

Tufekcioglu A, Raich GW, Isenhart T M, Schultz R C, 2001. Soil respiration within riparian buffers and adjacent crop fields. *Plant and Soil*, 229(1): 117-124.

Ussiri D A, Lai R, 2009. Long-term tillage effects on soil carbon storage and carbon dioxide emissions in continuous com cropping system from an alfisol in Ohio. *Soil and Tillage Research*, 104(1): 39-47.

Van Oost K, Govers G, Quine T A, Heckrath G, Olesen J E, Gryze S D et aL, 2005. Landscape-scale modeling of carbon cycling under the impact of soil redistribution: The role of tillage erosion. *Global Biogeochemical Cycles*, 19: GB4014. DOI: 10.1029/2005GB002471.

Wan S Q, Luo Y Q, 2003. Substrate regulation of soil respiration in a tall grass prairie: Results of a clipping and shading experiment. *Global Biogeochemical Cycles*, 17(2): 1054. DOI: 10.1029/2002GB001971.

Xu M, Qi Y, 2001. Spatial and seasonal variations of Q_{10} determined by soil respiration measurements at a Sierra Nevadan forest. *Global Biogeochemical Cycles*, 15(3): 687-696.

Zhang H X, Wang X K, Feng Z W, Liu W Z, Ouyang Z Y, 2007. Multi-channel automated chamber system for continuously monitoring CO_2 exchange between agro-ecosystem or soil and the atmosphere. *Acta Ecologica Sinica*, 27(4): 1273-1282.

冬小麦气孔臭氧通量拟合及通量产量关系的比较分析

佟 磊[1], 冯宗炜[1,*], 苏德·毕力格[2], 王 琼[2], 耿春梅[3], 逯 非[1], 王 玮[3], 殷宝辉[3], 王效科[1]

(1. 中国科学院生态环境研究中心城市与区域生态国家重点实验室,北京 100085;
2. 中国环境科学研究院生态环境研究所,北京 100012;
3. 中国环境科学研究院大气化学与气溶胶研究室,北京 100012)

摘要:基于田间原位开顶箱(Open-Top Chambers, OTCs)实验,研究了不同浓度臭氧(O_3)处理下(自然大气处理,AA;箱内大气处理,NF;箱内低浓度 O_3 处理,NF + 40 nL/L;箱内中等浓度 O_3 处理,NF + 80 nL/L;箱内高浓度 O_3 处理,NF + 120 nL/L),冬小麦(Triticum aestivum L.)旗叶气孔运动对不同环境因子的响应,并通过剂量反应分析,比较了冬小麦产量损失与累积气孔 O_3 吸收通量($AF_{st}X$)和累积 O_3 暴露浓度(AOT40 和 SUM06)的相关性差异。结果表明:冬小麦旗叶气孔运动的光饱和点和最适温度分别约为 400 $\mu mol \cdot m^{-2} \cdot s^{-1}$ 和 27 ℃,水汽压差、土壤含水量和 O_3 剂量的气孔限制临界值分别约为 1.4 kPa、-100 kPa 和 20 $\mu L \cdot L^{-1} \cdot h^{-1}$,超过此临界值时,气孔导度会明显下降。利用 Jarvis 气孔导度模型对冬小麦旗叶气孔导度和气孔 O_3 吸收通量进行了预测,结果表明 Jarvis 模型解释了冬小麦实测气孔导度 60% 的变异性。由于不同时期植物体气孔导度的差异,冬小麦旗叶生长期内累积气孔 O_3 吸收通量($AF_{st}X$)呈非线性增加趋势。O_3 吸收速率临界值(X)为 4 $nmol \cdot m^{-2} \cdot s^{-1}$ 时,累积 O_3 吸收通量($AF_{st}4$)与冬小麦产量的相关性最高($R^2 = 0.76$),该数值介于 O_3 暴露指标 AOT40 和 SUM06 的剂量反应决定系数(0.74 和 0.81)之间。与 O_3 浓度指标(AOT40 和 SUM06)相比,O_3 通量指标($AF_{st}X$)在此试验冬小麦产量损失评价中未表现出明显优势。

Stomatal ozone uptake modeling and comparative analysis of flux-response relationships of winter wheat

TONG Lei[1], FENG Zongwei[1,*], Sudebilige[2], WANG Qiong[2], GENG Chunmei[3], LU Fei[1], WANG Wei[3], YIN Baohui[3], WANG Xiaoke[1]

(1. *State Key Laboratory of Urban and Regional Ecology, Research Center for Eco-Environmental Sciences, Chinese Academy of Sciences, Beijing 100085, China*;
2. *Institute of Ecology, Chinese Research Academy of Environmental Sciences, Beijing 100012, China*;

原载于:生态学报,2012,32(9):2890-2899.
基金项目:环境保护公益性行业科研专项资助经费(200809152);国家自然科学基金资助项目(31170424);国家 863 计划资助项目(2006AA06A306);中国科学院战略性先导科技专项(XDA05050602,XDA05060102)

3. *Atmospheric Chemistry and Aerosol Research Division, Chinese Research Academy of Environmental Sciences, Beijing* 100012, *China*)

Abstract: An Open-Top Chambers (OTCs) experiment on field-grown winter wheat (*Triticum aestivum* L.) was conducted for the purpose of studing the relationships between stomatal conductance (g_s) of wheat flag leaves and different environmental variables. Dose-response analysis was also made in order to compare the performance of flux-based and exposure-based indices in predicting the yield loss of winter wheat. Five different ozone (O_3) treatments (Ambient air, AA; Non-filtered air, NF; Non-filtered air with additional O_3 of 40 nL/L, NF + 40; Non-filtered air with additional O_3 of 80 nL/L, NF + 80; and Non-filtered air with additional O_3 of 120 nL/L, NF + 120) were adopted. 1471 data points of g_s were obtained from twelve measurements through the experiment. Based on the boundary-line analysis, the limiting effects of environmental variables on g_s of wheat flag leaves were analyzed. A typical light response curve was found for g_s with light saturation at approximately 400 $\mu mol \cdot m^{-2} \cdot s^{-1}$ photosynthetically active radiation (*PAR*). The response of g_s to air temperature (*T*) was characterized by a typical single-peak curve with the physiological optimum temperature at 27 ℃. The critical values for g_s responses to water vapor pressure deficit (*VPD*), soil water potential (*SWP*) and O_3 dose (*AOT*0) were approximately 1.4 kPa, -100 kPa and 20 $\mu L \cdot L^{-1} \cdot h$, respectively, and g_s decreased sharply when the critical values were exceeded. A Jarvis type multiplicative model was drawn up and parameterized to predict g_s and stomatal O_3 uptake ($AF_{st}X$) of wheat flag leaves from environmental variables (*PAR*, *T*, *VPD*, *SWP* and *AOT*0), which were measured continuously through the experiment. Approximately 60% variation of measured g_s could be accounted for by the Jarvis type model. Different phenological variations were found for exposure-based indices (*AOT*40 and *SUM*06) and flux-based index ($AF_{st}X$). Due to the variation of g_s which was affected by environmental factors and plant development, accumulated stomatal O_3 uptake increased nonlinearly during the growing period of wheat flag leaves. The relationship between relative yield loss and accumulated stomatal O_3 uptake ($AF_{st}X$), using a threshold (*X*) for the O_3 uptake rate of 4 $nmol \cdot m^{-2} \cdot s^{-1}$, provided a higher R^2-value (0.76) than $AF_{st}X$ with any other threshold, and this R^2-value was between those of relationships based on *AOT*40 (0.74) and *SUM*06 (0.81). Compared to exposure-based indices (*AOT*40 and *SUM*06), flux-based index ($AF_{st}X$) represented no significant advantage for the risk assessment of O_3 on winter wheat in our experiment.

近年来,我国近地层臭氧(O_3)浓度日益升高,这已对我国粮食生产构成严重威胁[1-3]。建立科学的 O_3 风险评价方法对指导我国大气污染防治和改善农业生产意义重大。

*AOT*40[4](大于 40 nL/L 的小时平均大气 O_3 浓度与 40 nL/L 差值的累积值)和 *SUM*06[5](大于 60 nL/L 的小时平均大气 O_3 浓度的累积值)是两个主要的 O_3 风险评价指标,因其能够较好地反映 O_3 污染对植物体的潜在威胁,所以被广泛用于 O_3 的胁迫分析中。但越来越多的研究发现,O_3 对植物的危害与植物体的 O_3 吸收量直接相关[6]。*AOT*40 和 *SUM*06 因只考虑了环境 O_3 浓度的变化,却忽略了植物体气孔运动对 O_3 吸收的调节,所以不能用于对作物产量损失的定量分析。为准确估计 O_3 对作物产量的影响,基于气孔

O_3通量(F_{st})的研究方法被提出并被用于O_3剂量反应研究中[7]。为获取连续的气孔导度数据以计算作物生育期内的累积O_3吸收通量(AF_{st}),Emberson等[8]根据Jarvis[9]的乘积运算方法提出了适用于冠层叶片的气孔导度模型。该模型综合考虑了植物个体发育和环境因子对气孔导度的影响,从生理层面描述了气孔导度与各影响因子之间的关系,因而基于该模型的O_3通量指标在作物产量损失评估方面比O_3浓度指标更具优势[10-11]。目前,我国O_3污染研究以暴露实验为主,对植物O_3通量的研究很少[12],利用模型预测我国作物的O_3吸收通量和产量损失将有利于O_3风险评价方法的进一步完善。

本研究基于大田开顶箱(OTC)实验,以我国京津唐地区冬小麦为研究对象,旨在通过对冬小麦气孔导度与环境因子的关系进行拟合,实现不同O_3浓度下冬小麦气孔O_3通量的预测,同时结合冬小麦产量数据,明确不同O_3评价指标在我国北方冬小麦产量损失评估中的优劣。

1 材料与方法

1.1 实验地点和材料

实验地点位于北京市昌平区种子管理站(40°12′N,116°8′E)。该站位于北京市西北部,属暖温带大陆性季风气候,全年四季分明,年均降水量为550.3 mm,雨量集中在6—8月份,雨热同期,年均温为11.8 ℃,年均日照时数为2684 h,无霜期为200 d左右。冬小麦为当地主要粮食作物。

实验用冬小麦品种为北农9549(*Triticum aestivum* L. Beinong 9549),由北京农学院提供。2009年9月28日播种,播种前施用堆肥,2010年4月26日追施尿素(225 kg/hm²),2010年6月23日收获冬小麦。当地土壤类型为潮土,质地为砂壤;土壤基本理化性质为:有机质含量为16.4 g/kg,全氮0.9 g/kg,速效磷38.1 mg/kg,速效钾102.1 mg/kg,pH值8.3。整个生长期内的田间管理方式与当地保持一致。

1.2 实验设计

通过自制的开顶式熏气系统[13]进行冬小麦原位O_3胁迫实验。实验共设15个小区,其中包括12个O_3处理小区(OTC)和3个空白小区(自然环境)。开顶式熏气系统主要由开顶箱、箱内布气系统、鼓风机、O_3发生器、浓度控制系统和O_3分析仪组成,其中开顶箱由钢筋焊接而成,其主体为高2 m的棱柱体,横截面为正八边形,边长为1 m,最大直径为2.6 m。为减少外界气流对箱内气体运动的影响,箱体顶端增加了一段向内倾角为45°的收缩口,收缩口高0.7 m,顶口边长为0.24 m。箱内面积约为4.8 m²,体积约为7.1 m³。箱内气体由大型离心式鼓风机供气,气体流量约为15 m³/min,从而保证箱内气体每分钟交换2次以上,箱内增温幅度被控制在约4 ℃。箱体外围由透明的聚乙烯薄膜包被(薄膜透光率约为85%),从而使箱内光强尽可能接近外界光强。系统内O_3通过医用纯氧(99.5%)经O_3发生器(SK-CFG-3,济南)高压放电作用产生。通过质量流量计(GFC17,Aalborg Industries, Inc., Carson, CA)和组态王工控软件(MCGS 6.2,北京)调节O_2流量,进而控制系统内O_3浓度。箱内和自然大气O_3浓度通过2台O_3分析仪(Model 49c,Thermo Electron Co., Franklin, USA)进行连续监测。

实验共设计5个O_3浓度水平:(1)自然大气处理(Ambient air,以下简称AA);(2)箱内大气处理(Non-filter,以下简称NF);(3)箱内低浓度O_3处理(NF + 40 nL/L);(4)箱内中等浓度O_3处理(NF + 80 nL/L);(5)箱内高浓度O_3处理(NF + 120 nL/L)。每个水平设

置3个重复。实验从2010年4月5日开始熏气,每天熏气10 h(8:00—17:00),6月12日停止熏气,共熏气50 d。

1.3 产量测定①

2010年6月23日冬小麦收获时,在每个处理地块上选取1 m²样地采集冬小麦样品,在70 ℃条件下烘干至恒重,测定各处理下冬小麦实际产量。

1.4 气孔导度和环境因子测定

利用CIRAS-1便携式光合作用系统(PP systems, Hitchin, UK)测定冬小麦旗叶气孔导度。测量时采用透明叶室,不控制叶室内光强和CO_2浓度。实际测量从冬小麦旗叶完全展开开始,每个星期测量1次,每次测量时间为7:00—18:00。气孔导度测量在全部5个O_3处理中进行,每小时完成1次所有处理的气孔导度测量,并对各处理分别计算1h平均值。为缩短重复测量的时间间隔以降低气孔导度重复数据间的变异性,每个O_3处理只选取2个开顶箱重复,每个重复内选取2—3株冬小麦进行定株测定。每株冬小麦测量1个数据点,每小时共测得20—30个气孔导度数据。

开顶箱内外环境参数(光强、温度、湿度、土壤含水量)分别由Watchdog气象站(900ET, Spectrum Technologies, Inc., USA)和HOBO气象站(H21-001, Onset Computer Corporation, USA)进行连续监测。开顶箱内外各设置1个观测点,根据冬小麦生长情况,光强、温度和湿度参数均在距地面1 m高处进行测量,土壤含水量参数均在距地表5—10 cm深处进行测量。实验期间对环境因子进行24 h连续监测,每10min记录1组数据,每小时共记录144组数据。

1.5 气孔导度模型

根据Jarvis气孔导度模型[7,9]对气孔导度进行拟合:

$$g_{s,H_2O} = g_{max} \times \min(f_{phen}, f_{O_3}) \times f_{PAR} \times \max[f_{min}, (f_{temp} \times f_{VPD} \times f_{SWP})] \quad (1)$$

式中,g_{s,H_2O}为基于投影叶片面积(PLA)的实测气孔导度($mmolH_2O \cdot m^{-2} PLA \cdot s^{-1}$),$g_{max}$为最大实测气孔导度($mmolH_2O \cdot m^{-2} PLA \cdot s^{-1}$)。$f_{phen}$、$f_{O_3}$、$f_{PAR}$、$f_{temp}$、$f_{VPD}$和$f_{SWP}$分别为物候期(phen)、$O_3$暴露剂量(AOT0,作物生育期内大于0 nL/L的小时平均大气O_3浓度的累积值)、光强(PAR)、温度(T)、水汽压差(VPD)和土壤含水量(SWP)对气孔导度的限制函数($0 \leq f \leq 1$),反映了各环境因子对最大气孔导度的降低程度,其中AOT0的计算公式如下:

$$AOT0 = \sum C_{O_3} \qquad C_{O_3} \geq 0 nL/L \quad (2)$$

式中,C_{O_3}为太阳总辐射大于50 W/m²时的小时平均大气O_3浓度(nL/L)。

各限制函数通过对某一环境因子影响下的相对气孔导度g_{rel}($g_{rel} = g_s/g_{max}$)进行边界线分析[14-15]获得,即以环境因子为横坐标,以g_{rel}为纵坐标做散点图,利用已有文献中的函数形式[16-18],对最外围数据点进行拟合,从而确定限制函数中各参数数值。f_{min}为最小相对气孔导度,由最小气孔导度和最大气孔导度的比值确定。边界线分析中的光强和温度参数由CIRAS-1光合仪直接测得,水汽压差由CIRAS-1光合仪测得的温度和相对湿度数据推导而得[19],土壤含水量由Watchdog气象站的土壤水势传感器(Watermark

---

① 冬小麦产量数据来自中国环境科学研究院生态环境研究所

6450WD，Spectrum Technologies，Inc.，USA）测得，O_3 暴露剂量根据 O_3 分析仪（Model 49c，Thermo Electron Co.，Franklin，USA）测得的 O_3 浓度数据计算而得。

1.6 累积 O_3 浓度和累积 O_3 吸收通量

累积 O_3 浓度的计算公式为[4-5]：

$$AOT40 = \sum (C_{O_3} - 40) \qquad C_{O_3} \geq 40 \text{nL/L} \qquad (3)$$

$$SUM06 = \sum C_{O_3} \qquad C_{O_3} \geq 60 \text{nL/L} \qquad (4)$$

式中，$AOT40$ 为作物生育期内大于 40 nL/L 的小时平均大气 O_3 浓度值与 40 nL/L 差值的累积值（$\mu L \cdot L^{-1} \cdot h^{-1}$），$SUM06$ 为作物生育期内大于 60 nL/L 的小时平均大气 O_3 浓度的累积值（$\mu L \cdot L^{-1} \cdot hh^{-1}$），$C_{O_3}$ 为太阳总辐射大于 50 W/m^2 时的小时平均大气 O_3 浓度（nL/L）。

有实验表明叶片内部 O_3 浓度为零[20]，因而气孔 O_3 吸收通量只取决于叶片外部 O_3 浓度和叶片阻力。根据阻力相似原则[21]，气孔 O_3 吸收通量的计算公式如下[18]：

$$F_{st,O_3} = \frac{[O_3]_{can}}{R_{b,O_3} + R_{s,O_3}} \qquad (5)$$

式中，F_{st,O_3} 为叶片气孔 O_3 吸收通量（$nmol \cdot m^{-2} \cdot s^{-1}$），$[O_3]_{can}$ 为植株冠层高度处 O_3 浓度（$nmol/m^3$），R_{b,O_3} 和 R_{s,O_3} 分别为 O_3 的边界层阻力和气孔阻力（s/m）。

O_3 的边界层阻力 R_{b,O_3} 的计算公式如下[7]：

$$R_{b,O_3} = 1.3 \times 150 \times \sqrt{\frac{L}{u}} \qquad (6)$$

式中，"1.3"为气孔对 O_3 和热量的扩散率比值，"150"为边界层对热量的扩散阻力常数，L 为叶片的特征尺寸（m），本研究中取值 0.02 m[7]，u 为冠层顶部风速（m/s）。

O_3 的气孔阻力 R_{s,O_3} 的计算公式如下[22]：

$$R_{s,O_3} = \frac{1.63}{g_{s,H_2O}} \qquad (7)$$

式中，"1.63"为气孔对 H_2O 和 O_3 的扩散率比值，g_{s,H_2O} 为气孔对 H_2O 的导度（m/s）。

累积气孔 O_3 吸收通量计算公式如下：

$$AF_{st}X = \sum (F_{st} - X) \qquad (8)$$

式中，F_{st} 为气孔 O_3 吸收速率（$nmol \cdot m^{-2} \cdot s^{-1}$），$X$ 为气孔 O_3 吸收速率临界值（$nmol \cdot m^{-2} \cdot s^{-1}$），$AF_{st}X$ 为气孔 O_3 吸收速率高于临界值 X 时的累积 O_3 吸收通量（$mmol/m^2$）。

1.7 回归分析

对冬小麦产量与各 O_3 风险评价指标（$AOT40$，$SUM06$ 和 $AF_{st}X$）进行线性回归分析，将回归线的截距作为参考产量，实际产量与参考产量比值即为冬小麦的相对产量。以 O_3 风险评价指标为横坐标，相对产量为纵坐标进行冬小麦剂量反应分析。参考 Pleijel 等[18]的分析方法，本研究对气孔 O_3 吸收速率临界值（X）从 0—14 进行连续整数取值，分析不同临界值下 $AF_{st}X$ 与冬小麦相对产量的关系，通过与 $AOT40$ 和 $SUM06$ 的分析结果进行比较，从而确定最佳 O_3 风险评价指标。

2 结果与分析

2.1 气孔导度模型

根据1471个冬小麦旗叶气孔导度数据进行模型拟合(图1,表1)。本研究中最大实测气孔导度(g_{max})为863 $mmolH_2O·m^{-2}PLA·s^{-1}$。最小气孔导度约为最大气孔导度的2%($f_{min}=0.02$)。

表1 气孔导度模型限制函数及其参数值
Table 1 Limiting functions of stomatal conductance model and values of function parameters

限制函数 Limiting functions	函数公式 Formula	参数 Parameters	参数值 Parameter values	单位 Units
g_{max}	—	—	863	$mmolH_2O·m^{-2}·s^{-1}$
f_{min}	—	—	0.02	—
f_{PAR}	$1-\exp^{-aPAR}$	a	0.01	—
f_{temp}	$T'_{min}<T<T'_{max}$时, $(T-T_{min})/(T_{opt}-T_{min})$ $[(T_{max}-T)/(T_{max}-T_{opt})]^b$; $b=(T_{max}-T_{opt})/(T_{opt}-T_{min})$ $T\geq T'_{max}$或$T\leq T'_{min}$时, f_{min}	b T_{min} T_{max} T_{opt} T'_{min} T'_{max}	0.9 12.9 39.7 27.2 13.0 39.6	— ℃ ℃ ℃ ℃ ℃
f_{VPD}	$1/[1+(VPD/c)^d]$	c d	2.6 3.4	— —
f_{SWP}	$1/[1+(-SWP/e)^f]$	e f	146.6 7.6	— —
f_{O_3}	$1/[1+(AOT0/g)^h]$	g h	35.7 5.9	— —

g_{max}:最大气孔导度,f_{min}:最小相对气孔导度,f_{PAR}:气孔导度光强限制函数,f_{temp}:气孔导度温度限制函数,f_{VPD}:气孔导度水汽压差限制函数,f_{SWP}:气孔导度土壤含水量限制函数,f_{O_3}:气孔导度O_3限制函数,T_{min}:气孔活动的数学最小温度,T_{max}:气孔活动的数学最大温度,T_{opt}:气孔活动的最适温度,T'_{min}:气孔活动的生理最小温度,T'_{max}:气孔活动的生理最大温度,a,b,c,d,e,f,g,h:函数常数.

图1可见,冬小麦气孔导度具有典型的饱和光响应变化趋势。弱光下气孔导度较低,随着光强的增加气孔导度迅速上升。光合有效辐射(PAR)约为400 $μmol·m^{-2}·s^{-1}$时气孔导度达到最大。

气孔导度的温度(T)响应过程为典型的单峰型曲线模式。冬小麦气孔运动的生理最低和最高温度分别为13.0 ℃和39.6 ℃(表1)。气孔导度在27 ℃时达到最大,温度较高或较低时气孔导度均明显下降。

水汽压差(VPD)较低时,冬小麦气孔完全开放。随着VPD的增加(>1.4 kPa时),气孔导度迅速线性下降。当VPD高于6 kPa时,气孔趋于关闭。

土壤水势(SWP)较高时,冬小麦气孔维持最大开度,气孔导度随SWP变化缓慢。当SWP小于-100 kPa时,气孔导度迅速下降,气孔开放受到明显抑制。

O_3暴露剂量($AOT0$)较低时,O_3对冬小麦气孔导度没有明显影响,气孔完全开放。O_3限制作用随O_3暴露剂量的增加而增加。当$AOT0$大于20 $μL·L^{-1}·h$时,气孔导度迅速下

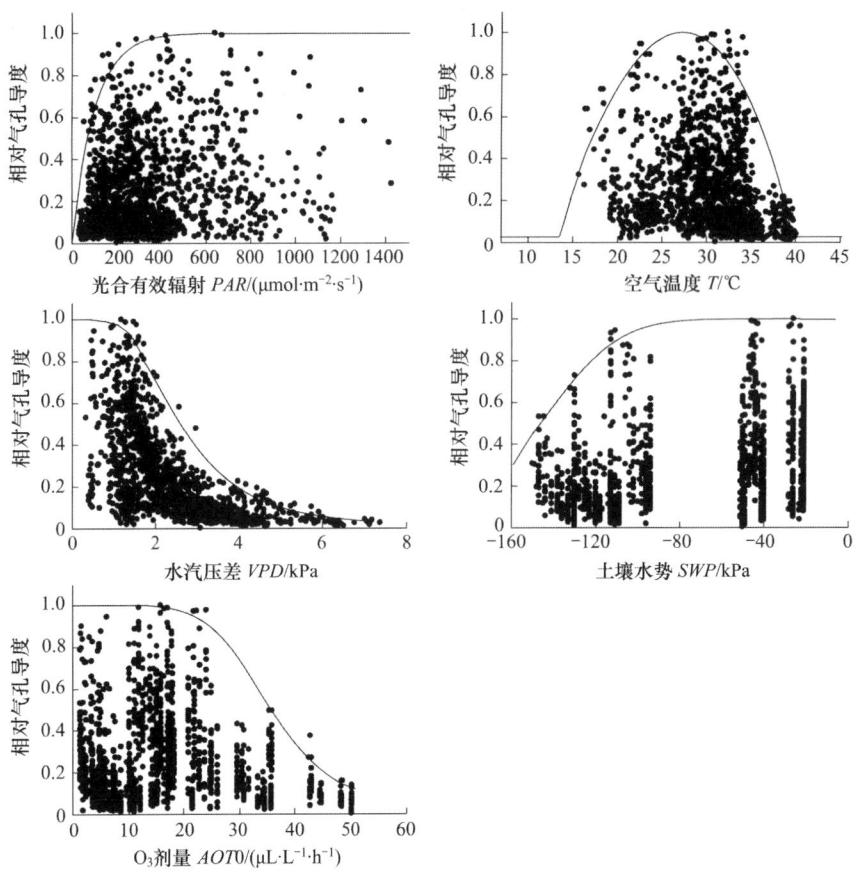

图 1　环境因子对气孔导度限制作用的边界线分析

Fig. 1　Boundary line analysis of the limiting effects of environmental variables on stomatal conductance

降，$AOT0$ 大于 50 μL·L^{-1}·h 时，气孔趋于关闭(图 1)。

气孔导度随物候期(phen)的变化并不规则，参考 Gerosa 等[23]的气孔导度拟合方法，在本实验中 f_{phen} 仅被看作"开关"函数来反映冬小麦旗叶 O_3 累积的开始与结束。以冬小麦开花中期为积温零点(0 ℃·d)，当 -270 ℃·d ≤ EAT ≤ 700 ℃·d 时[7]，f_{phen} = 1，当 EAT < -270 ℃·d 或 EAT > 700 ℃·d 时，f_{phen} = 0。EAT 为以 0 ℃ 为生物学下限温度的有效积温(℃·d)。

模型检验的结果表明(图 2)，Jarvis 模型整体高估了冬小麦旗叶气孔导度，高估程度随实测气孔导度的增加而降低，该模型解释了气孔导度 60% 变异性(R^2 = 0.60)。回归

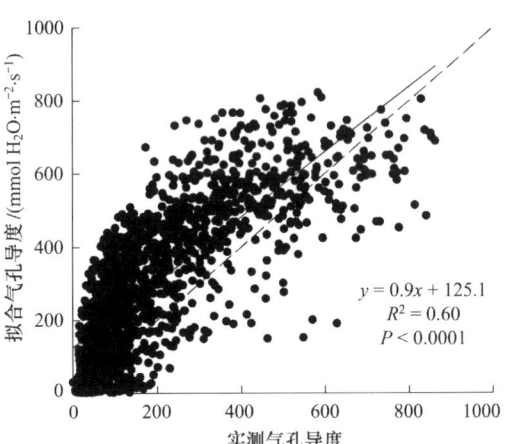

图 2　气孔导度观测值和拟合值的线性回归分析

Fig. 2　Regression analysis between observed and modeled stomatal conductance

实线代表回归线，虚线代表理论 1∶1 线

线显著偏离于"1∶1"线($P<0.001$),斜率为0.9,截距为125.1,该截距约为最大气孔导度的14%。

2.2 O₃暴露剂量和O₃吸收通量

冬小麦旗叶生长期内,累积O₃暴露指数($AOT40$ 和 $SUM06$)稳定增长,不同处理间的 $AOT40$ 和 $SUM06$ 差异明显(图3),且差异随着时间的增加而增加。与O₃暴露指数相比,旗叶生长期内累积O₃吸收通量($AF_{st}0$)呈波动上升趋势(图4)。不同处理间 $AF_{st}0$ 的差异在冬小麦发育中期较大,后期较小。

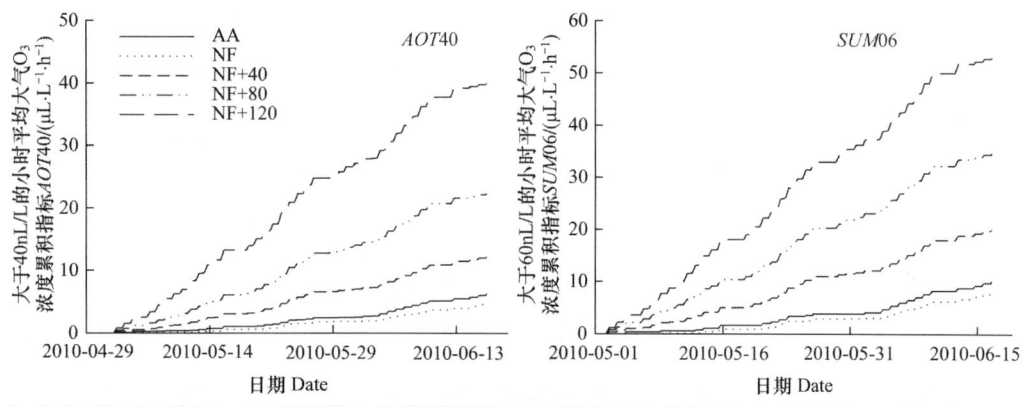

图3 冬小麦生育期内 $AOT40$ 和 $SUM06$ 的变化

Fig. 3 $AOT40$ and $SUM06$ during the growing season of winter wheat

2.3 产量与不同风险评价指标的关系

各O₃风险评价指标与冬小麦产量均具有显著的线性关系($P<0.001$)。气孔吸收速率临界值(X)等于 4 $nmol·m^{-2}·s^{-1}$ 时,累积O₃吸收通量($AF_{st}4$)与冬小麦相对产量的相关性最高($R^2=0.76$)(图5),该数值介于 $AOT40$($R^2=0.74$)和 $SUM06$($R^2=0.81$)两暴露指标的剂量反应相关系数之间(图6)。

3 讨论

3.1 最大气孔导度及其对各环境因子的响应

本实验测得的最大气孔导度(g_{smax})为 863 mmol $H_2O·m^{-2}$ $PLA·s^{-1}$,约为 529 $mmolO_3·m^{-2}$ $PLA·s^{-1}$,该数值在 Gonzalez-

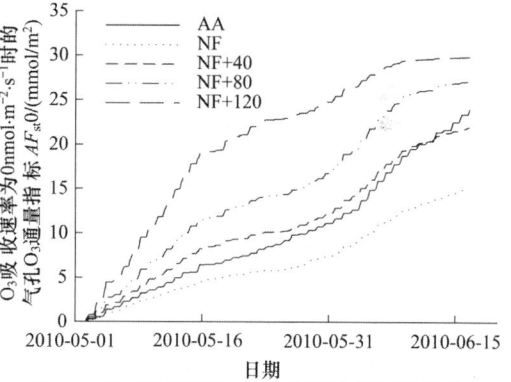

图4 冬小麦生育期内 $AF_{st}0$ 的变化

Fig. 4 $AF_{st}0$ during the growing season of winter wheat

Fernandez 等[24]给出的欧洲冬小麦 g_{smax} 范围(396—649 $mmolO_3·m^{-2}$ $PLA·s^{-1}$)之内,但明显高于国内大部分冬小麦实验结果(≤476 $mmolO_3·m^{-2}$ $PLA·s^{-1}$)[25-29]。最大气孔导度(g_{smax})反映了各环境因子同时处在最佳条件时气孔的开放程度,在野外非控制实验条件下,需要测得大量的气孔导度数据以获取准确的 g_{smax}。与国内冬小麦光合实验相比,本实验获得的数据样本量更大。大量的气孔导度测量包含了冬小麦各种生境条件,更好地满足了 g_{smax} 的野外测量要求,这可能是本研究 g_{smax} 相对较高的主要原因。此外,冬小麦最大气孔导度通常出现在上午叶片水分较为充足时[30],我国北方干燥的环境条件导致上午冬小麦个体蒸腾强度较高,这可能也导致了本研究中冬小麦的 g_{smax} 相对较大。

本实验中,光照和温度函数参数(表1)与欧洲小麦通量实验结果相似,但气孔开放的水汽压差(VPD)临界值(约1.4 kPa,图1)和土壤含水量(SWP)临界值(约 -100 kPa,图1)明显高于欧洲实验结果(VPD:0.9—1.2 kPa,SWP: -300 kPa)[7,10,30-31]。欧洲气孔导度拟合实验多以春小麦为研究对象,而本研究采用的为我国北方冬小麦,不同小麦品种的生理特征可能存在差异,从而导致其气孔对环境因子的响应方式有所不同。除品种因素外,生长环境的差异可能也会影响植物个体对环境因子的响应。与欧洲湿润的实验环境(温带海洋性气候)相比,本实验地受温带大陆性季风影响,气候寒冷干燥,对我国北方干燥环境的长期适应可能使本冬小麦品种具有较强的耐旱性,小麦个体对土壤水分含量的变化可能更为敏感,因此其气孔运动的水汽压差和土壤含水量临界值相对较高。类似的生态效应在对欧洲乔木 O_3 通量的研究中也有报道[23]。

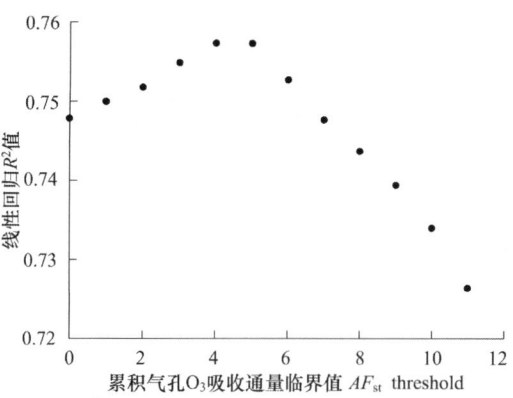

图5 相对产量与 $AF_{st}X$ 回归分析的决定系数(R^2)与 AF_{st} 临界值(X)的关系

Fig. 5 R^2-values for the regressions between relative yield and AF_{st} X using different thresholds of O_3 uptake rate (X)

高浓度 O_3 胁迫可能会加速植物个体的衰老。本研究发现 AOT0 超过 20 μL·L^{-1}·h^{-1} 时,冬小麦气孔导度迅速下降(图1),这与 Grüters 等[32]的实验结果相同,表明 O_3 对小麦的胁迫具有一定的累积效应,O_3 暴露剂量高于某一临界值时小麦气孔的开放会明显受到抑制。在分析 O_3 对农作物(小麦、水稻)生长的影响时也发现了类似的累积效应[33-34]。因此,在作物主要的生长期内,将环境 O_3 浓度累积值控制在某一胁迫阈值之内对缓解 O_3 的农业危害具有重要意义。

本研究中,模型检验的决定系数(R^2)为0.60,与 Danielsson 等[30]对小麦的研究结果(R^2 = 0.59)相当,但明显高于 Grüters 等[32]的研究结果(R^2 = 0.40)。土壤含水量会明显制约小麦个体的生长。与 Grüters 的实验相比,本研究在模型中增加了土壤水分限制函数(f_{SWP}),更全面地描述了环境因子对小麦生长的影响,从而改善了 Jarvis 模型对小麦气孔导度的预测能力,但与欧洲林木气孔导度拟合结果相比(0.66 < R^2 < 0.90)[17,35],本模型的解释能力仍然较低。边界线分析方法要求有连续且分布均匀的气孔导度数据以保证边界线上变量限制效应的独立[9],本实验虽然测得大量的气孔导度数据,但仍未充分满足边界线分析的这一理论前提(如土壤含水量数据分布存在明显间断(图1)),数据不足引起的变量效应叠加会降低各限制函数的拟合精度,这可能是本实验模型解释能力相对较低的主要原因。此外,为准确预测气孔导度,Jarvis 模型应包含对气孔运动具有重要限制作用的全部驱动因子,物候期因子在生育期时间尺度上明显控制着作物气孔导度的变化[36-37],但由于数据不足,本研究未能给出物候期因子限制函数(f_{phen}),而仅以"开关"函数来代替,这也在一定程度上降低了模型的预测能力。

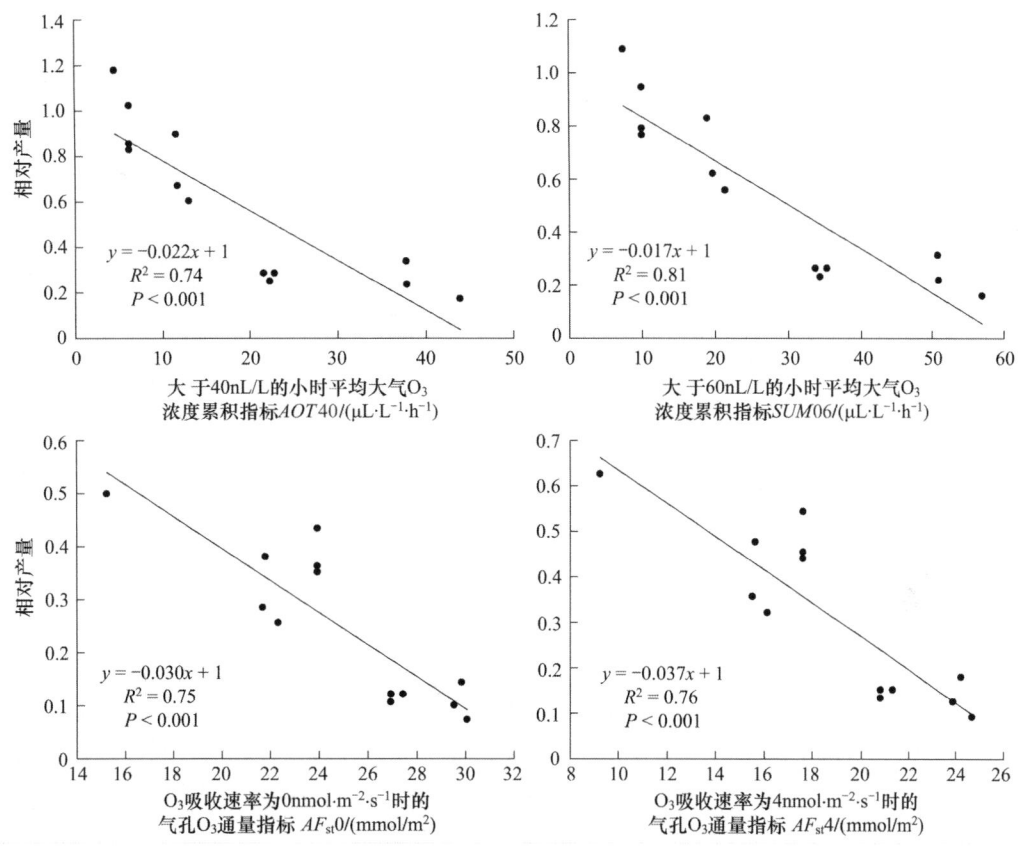

图 6　冬小麦相对产量与 $AOT40$, $SUM06$, $AF_{st}0$ 和 $AF_{st}4$ 的关系
Fig.6　Relative yield of winter wheat in relation to $AOT40$, $SUM06$, $AF_{st}0$, $AF_{st}4$

3.2　不同 O_3 指标的风险评价能力比较

本研究中,由于环境因子和冬小麦个体发育对气孔导度的影响,O_3 通量指标($AF_{st}0$)与浓度指标($AOT40$ 和 $SUM06$)的生育期变化趋势存在明显差异(图3和图4),但两种指标对 O_3 处理下冬小麦产量损失的拟合度相差较小(图6)。与 O_3 浓度指标相比,通量指标在本实验冬小麦产量损失评估中并没有明显优势,这与预期的实验结果不同,其原因可能为:本研究中气孔导度数据的不足降低了模型参数的拟合精度,进而限制了基于模型的 O_3 通量指标对冬小麦产量损失的评价能力。Gonzalez-Fernandez 等[24]在进行欧洲冬小麦 O_3 通量研究时,也发现模型参数拟合的不确定性会明显影响 O_3 通量指标对作物产量损失的评估。相反地,Pleijel 等[31]通过仔细调整模型函数参数,明显改善了 O_3 通量指标($AF_{st}X$)对春小麦和西红柿产量损失的预测结果。因此,在科学建立模型数据样本的基础上,不断优化模型函数参数将有助于提高 O_3 通量指标的风险评价能力。

植物体可以通过自身的抗氧化系统来清除进入体内的 O_3[38],这种抗氧化机制保证了 O_3 吸收通量小于某一临界值时植物体不会受到明显伤害。本研究得到的 O_3 吸收速率最佳拟合临界值为 4 $nmol·m^{-2}·s^{-1}$,该值低于其它学者对欧洲小麦的研究结果(5—14 $nmol·m^{-2}·s^{-1}$)[24,30-31],这表明本实验小麦品种的抗氧化能力相对较低。本实验地区属半干旱气候,小麦旗叶生长期内空气较为干燥,白天平均相对湿度只有44%,这可能限制了小麦叶片气孔的开放,导致气孔对 O_3 的吸收量相对较少,因而用于抵抗 O_3 胁迫的抗氧化机能相对较弱。

通过本研究发现,欧洲学者广泛使用的 Jarvis 气孔导度模型可以用于我国北方冬小麦气孔导度和气孔 O_3 通量的预测,但模型中的限制函数参数以及 O_3 吸收速率临界值与欧洲实验结果有所不同,需结合具体实验数据进行调整,以实现对我国作物产量损失的合理评估。虽然基于 O_3 通量的风险评价方法充分考虑了环境因子对植物体 O_3 吸收的调节,从理论上弥补了传统评价方法的不足,但该方法对模型参数拟合的准确性要求较高,因此,需根据边界线分析方法的要求,合理建立气孔导度和环境因子的数据样本,准确进行模型参数化,这对提高通量模型的风险评价能力具有重要意义。

References:

[1] Aunan K, Berntsen T K, Seip H M. Surface ozone in China and its possible impact on agricultural crop yields. Ambio, 2000, 29(6): 294-301.

[2] Feng Z W, Jin M H, Zhang F Z, Huang Y Z. Effects of ground-level ozone (O_3) pollution on the yields of rice and winter wheat in the Yangtze River Delta. Journal of Environmental Sciences, 2003, 15(3): 360-362.

[3] Wang X K, Manning W J, Feng Z W, Zhu Y G. Ground-level ozone in China: distribution and effects on crop yields. Environmental Pollution, 2007, 147(2): 394-400.

[4] Fuhrer J, Skärby L, Ashmore M R. Critical levels for ozone effects on vegetation in Europe. Environmental Pollution, 1997, 97(1/2): 91-106.

[5] US Environmental Protection Agency. Air Quality Criteria for Ozone and Related Photochemical Oxidants. Vol II. NC. US EPA Report No EPA 600/P-93/004bF. Washington DC: US Environmental Protection Agency, Office of Research and Development, Research Triangle Park, 1996.

[6] Roshchina V V, Roshchina V D. Ozone and Plant Cell. Dordrecht: Kluwer Academic Publishers, 2003: 31-34.

[7] Mills G. Mapping critical levels for vegetation//UN-ECE. Mapping Manual 2004. Berlin: Convention on Long-Range Transboundary Air Pollution Germany, 2004.

[8] Emberson L D, Simpson D, Tuovinen J P, Ashmore M R, Cambridge H M. Towards a model of ozone deposition and stomatal uptake over Europe. EMEP MSC-W Note 6/2000. Oslo: Norwegian Meteorological Institute, 2000.

[9] Jarvis P G. The interpretation of the variations in leaf water potential and stomatal conductance found in canopies in the field. Philosophical Transactions of the Royal Society B: Biological Sciences, 1976, 273(927): 593-610.

[10] Pleijel H, Danielsson H, Karlsson G P, Gelang J, Karlsson P E, Sellдén G. An ozone flux-response relationship for wheat. Environmental Pollution, 2000, 109(3): 453-462.

[11] Uddling J, Günthardt-Goerg M S, Matyssek R, Oksanen E, Pleijel H, Selldén G, Karlsson P E. Biomass reduction of juvenile birch is more strongly related to stomatal uptake of ozone than to indices based on external exposure. Atmospheric Environment, 2004, 38(28): 4709-4719.

[12] Wu R J, Zheng Y F, Zhao Z, Hu C D, Wang L X. Assessment of loss of accumulated dry matter in winter wheat based on stomatal conductance and ozone uptake model. Acta Ecologica Sinica, 2010, 30(11): 2799-2808.

[13] Zheng Q W, Wang X K, Feng Z Z, Song W Z, Feng Z W, Ouyang Z Y. Effects of elevated ozone on biomass and yield of rice planted in open-top chamber with revolving ozone distribution. Chinese Journal of Environmetal Science, 2007, 28(1): 170-175.

[14] Webb R A. Use of the boundary line in the analysis of biological data. Journal of Horticultural Science and Biotechnology, 1972, 47(3): 309-319.

[15] Schnug E, Heym J, Achwan F. Establishing critical values for soil and plant analysis by means of the boundary line development system (Bolides). Communications in Soil Science and Plant Analysis, 1996, 27(13/14): 2739-2748.

[16] Emberson L D, Ashmore M R, Cambridge H M, Simpson D, Tuovinen J P. Modelling stomatal ozone flux across

Europe. Environmental Pollution, 2000, 109(3): 403-413.

[17] Emberson L D, Wieser G, Ashmore M R. Modelling of stomatal conductance and ozone flux of Norway spruce: comparison with field data. Environmental Pollution, 2000, 109(3): 393-402.

[18] Pleijel H, Danielsson H, Vandermeiren K, Blum C, Colls J, Ojanperä K. Stomatal conductance and ozone exposure in relation to potato tuber yield-results from the European CHIP programme. European Journal of Agronomy, 2002, 17(4): 303-317.

[19] Buck A L. New equations for computing vapor pressure and enhancement factor. Journal of Applied Meteorology, 1981, 20(12): 1527-1532.

[20] Laisk A, Kull O, Moldau H. Ozone concentration in leaf intercellular air space is close to zero. Plant Physiology, 1989, 90(3): 1163-1167.

[21] Unsworth M H, Heagle A S, Heck W W. Gas exchange in open-top field chambers. I. Measurement and analysis of atmospheric resistances to gas exchange. Atmospheric Environment, 1984, 18(2): 373-380.

[22] Campbell G S, Norman J M. An Introduction to Environmental Biophysics. 2nd ed. Berlin: Springer, 1998: 286-286.

[23] Gerosa G, Marzuoli R, Desotgiu R, Bussotti F, Ballarin-Denti A. Visible leaf injury in young trees of *Fagus sylvatica* L. and *Quercus robur* L. in relation to ozone uptake and ozone exposure. An Open-Top Chambers experiment in South Alpine environmental conditions. Environmental Pollution, 2008, 152(2): 274-284.

[24] Gonzalez-Fernandez I, Kaminska A, Dodmani M, Goumenaki E, Quarrie S, Barnes J D. Establishing ozone flux-response relationships for winter wheat: Analysis of uncertainties based on data for UK and Polish genotypes. Atmospheric Environment, 2010, 44(5): 621-630.

[25] Yao F F, Wang X K, Chen Z, Feng Z Z, Zheng Q W, Duan X N, Ouyang Z Y, Feng Z W. Response of photosynthesis, growth and yield of field-grown winter wheat to ozone exposure. Journal of Plant Ecology, 2008, 32(1): 212-219.

[26] Xu X, Zhou R, Gu Y F, *Ding S Y*. Effect of water and nitrogen interaction on main photosynthetic characteristics in flag leaves of wheat. Journal of Henan University: Natural Science, 2010, 40(1): 53-57.

[27] Jiang G M, Hao N B, Bal K Z, Zhang Q D, Sun J Z, Guo R J, Ge Q Y, Kuang T Y. Chain correlation between variables of gas exchange and yield potential in different winter wheat cultivars. Photosynthetica, 2000, 38(2): 227-232.

[28] Yu Q, Zhang Y Q, Liu Y F, Shi P L. Simulation of the stomatal conductance of winter wheat in response to light, temperature and CO_2 changes. Annals of Botany, 2004, 93(4): 435-441.

[29] Oue H, Feng Z Z, Pang J, Miyata A, Mano M, Kobayashi K, Zhu J G. Modeling the stomatal conductance and photosynthesis of a flag leaf of wheat under elevated O_3 concentration. Journal of Agricultural Meteorology, 2009, 65(3): 239-248.

[30] Danielsson H, Karlsson P G, Karlsson P E, *Pleijel H*. Ozone uptake modelling and flux-response relationships-an assessment of ozone-induced yield loss in spring wheat. Atmospheric Environment, 2003, 37(4): 475-485.

[31] Pleijel H, Danielsson H, Emberson L D, Ashmore M R, Mills G. Ozone risk assessment for agricultural crops in Europe: further development of stomatal flux and flux-response relationships for European wheat and potato. Atmospheric Environment, 2007, 41(14): 3022-3040.

[32] Grüters U, Fangmeier A, Jäger H J. Modelling stomatal responses of spring wheat (*Triticum aestivum* L. cv. Turbo) to ozone at different levels of water supply. Environmental Pollution, 1995, 87(2): 141-149.

[33] Feng Z Z, Kobayashi K, Ainsworth E A. Impact of elevated ozone concentration on growth, physiology, and yield of wheat (*Triticum aestivum* L.): a meta-analysis. Global Change Biology, 2008, 14(11): 2696-2708.

[34] Liang J, Zeng Q, Zhu J G, Xie Z B, Liu G, Tang H Y, Cao J L, Zhu C W. Effects of O_3-FACE (ozone-free air control enrichment) on gas exchange and chlorophyll fluorescence of rice leaf. Spectroscopy and Spectral Analysis, 2010, 30(4): 991-995.

[35] Livingston N J, Black T A. Stomatal characteristics and transpiration of three species of conifer seedlings planted on a

high elevation south-facing clear-cut. Canadian Journal of Forest Research, 1987, 17(10): 1273-1282.

[36] Soja G. Growth stage as a modifier of ozone response in winter wheat // Knoflacher M, Schneider J, Soja G, eds. Exceedance of Critical Loads and Levels. Conference Papers Vol 15. Vienna: Federal Environment Agency, 1996: 115-163.

[37] Pleijel H, Danielsson H, Gelang J, Sild E, Selldén G. Growth stage dependence of the grain yield response to ozone in spring wheat (*Triticum aestivum* L.). Agriculture, Ecosystems and Environment, 1998, 70(1): 61-68.

[38] Kangasjärvi J, Talvinen J, Utriainen M, Karjalainen R. Plant defence systems induced by ozone. Plant, Cell and Environment, 1994, 17(7): 783-794.

参考文献：

[12] 吴荣军, 郑有飞, 赵泽, 胡程达, 王连喜. 基于气孔导度和臭氧吸收模型的冬小麦干物质累积损失评估. 生态学报, 2010, 30(11): 2799-2808.

[13] 郑启伟, 王效科, 冯兆忠, 宋文质, 冯宗炜, 欧阳志云. 用旋转布气法开顶式气室研究臭氧对水稻生物量和产量的影响. 环境科学, 2007, 28(1): 170-175.

[25] 姚芳芳, 王效科, 陈展, 冯兆忠, 郑启伟, 段晓楠, 欧阳志云, 冯宗炜. 农田冬小麦生长和产量对臭氧动态暴露的响应. 植物生态学报, 2008, 32(1): 212-219.

[26] 徐璇, 周瑞, 谷艳芳, 丁圣彦. 不同水氮耦合对小麦旗叶主要光合特性的影响. 河南大学学报: 自然科学版, 2010, 40(1): 53-57.

[34] 梁晶, 曾青, 朱建国, 谢祖彬, 刘钢, 唐昊冶, 曹际玲, 朱春梧. 开放式臭氧浓度升高对水稻叶片气体交换和荧光特性的影响. 光谱学与光谱分析, 2010, 30(4): 991-995.

《冯宗炜文集》(下卷)
正文设计/责任编辑：董伊晨

编后记

20世纪50年代，冯宗炜院士大学毕业就投身于我国的生态保护和建设的工作之中。

早年跟随刘慎谔、朱济凡、王战等老一辈科学家，参加了中苏黑龙江流域综合资源考察、中国植被区划和森林林型研究，编制了我国第一幅以森林生态学为基础的林型图（1:25000），强调了水利资源的开发与大江大河源头森林植被生态服务功能的保护；20世纪60年代，率队深入到亚热带湘黔边境从事杉木人工林生长发育与环境之间相互关系的研究；开展了杉木林生物量和生产力调查，为我国大范围开展森林生物量和生产力研究建立了方法学的基础；随后又对中国森林生物量和生产力的研究成果进行了系统总结，为我国森林资源可持续利用和评估森林固碳潜力与生态服务功能奠定了重要基础。20世纪80年代开始至今，开展了大气污染（包括酸沉降和臭氧）对生态系统的影响研究，首次定量研究了我国南方酸雨对农、林生态系统的危害与损失，并提出了可行的生态修复技术，为我国生态环境保护、大气污染控制及其相关政策制定提供了科学依据。开展的近地层大气环境变化对典型农田生态系统影响的研究，开创了我国酸沉降、臭氧等复合污染对生态系统危害的影响及其防治途径研究的新局面。70年代末与80年代前期协助马世骏院士筹备组建中国生态学学会、中国科学院生态环境研究中心和城市与区域生态国家重点实验室（原系统生态研究室）。

长期以来，冯宗炜院士将我国生态环境保护与国际生态学研究前沿紧密结合，为国家社会经济发展和生态环境保护做出了重要贡献。冯宗炜院士的研究历程，体现了我国生态学研究从资源环境调查、到长期定位研究、再到模拟实验研究的历史发展的过程。

在祝贺冯宗炜院士80岁生日之际，中国科学院生态环境研究中心和中国科学院沈阳应用生态研究所联合主持，编辑出版《冯宗炜文集》，总结冯宗炜院士在60年的学术生涯中的杰出成果和对我国生态学发展的重要贡献，感谢冯宗炜院士在中国科学院沈阳应用生态研究所工作期间以及在中国科学院生态环境研究中心和城市与区域生态国家重点实验室的建设和发展中的积极贡献。

文集的选编，注重了时代性、原创性和现实性，文集按照论著出版或公开的年代顺序编排，从冯宗炜院士早期与刘慎谔、朱济凡、王战等老一辈科学家共同完成的论著中，我们深切地体察到生态学先辈们为科学事业所做的艰苦卓绝的努力和不懈地传、帮、带的奋进精神；清晰地反映了冯宗炜院士的学术研究进程和学术思想的形成过程及在学科体系建设中的重要贡献。文集不但反映了冯宗炜院士60年来的学术历程，也展现了我国生态学发展的一个重要侧面，见证了我国生态学家在我国社会经济发展和生态环境保护与建设中的重要作用。

中国科学院生态环境研究中心
城市与区域生态国家重点实验室主任
2012.9.12

致谢

文集的出版,得到了中国科学院生态环境研究中心曲久辉主任和沈阳应用生态研究所韩兴国所长的大力支持。生态环境研究中心欧阳志云副主任、王效科研究员、尹玲编审和沈阳应用生态研究所的汪思龙研究员、王清奎博士等在组织编辑中进行了大量工作。《生态学报》编辑部给予了技术支持。中国科学院城市与区域生态国家重点实验室组织和资助了出版工作。

在文集编辑出版过程中,冯宗炜院士在百忙中收集整理了过去60年的论著和照片,介绍了论著的历史背景,并确定文集出版的原则和要求,使编辑过程减少了不必要的差错,促进了文集的编辑工作进展。文集中的论文是冯宗炜院士及其老师、同事和学生的共同辛勤工作成果,体现了他们为科学而奋斗,为祖国社会经济发展和生态环境保护做贡献的坚持不懈的精神。由于篇幅限制不能一一感谢,将他们的名字列在了文集中的论文篇首页,以表致谢。

在文集编辑出版中,董伊晨做了论文、论著、照片的收集、整理汇编等主要工作,以及文集出版的正文设计、编辑和文稿校对。冯宗炜院士的学生与城市与区域生态国家重点实验室的同学积极参加了校对工作,在此一并表示感谢。

文集编辑时,在尽量保持历史图文资料原貌的基础上,为了便于广大读者参阅,对论文、论著进行了重新排版制作,按照目前的科学出版标准,统一了简体字、数据单位;改正了过去发表时误排的文字和标点符号等。但由于时间仓促,工作量大,难免有所疏漏或考虑不周,也会有编辑不细之处,敬请专家学者和读者批评指正。

《冯宗炜文集》编辑组
2012 年 9 月